INTRODUCTION À L'ANALYSE GÉNÉTIQUE

INTRODUCTION À L'ANALYSE GÉNÉTIQUE

•GRIFFITHS•WESSLER•
•LEWONTIN•GELBART•
•SUZUKI•MILLER•

Traduction de la 8ᵉ édition américaine par Chrystelle Sanlaville
Révision scientifique de Dominique Charmot-Bensimon

de boeck

Ouvrage original :
Introduction to Genetic Analysis, eighth edition.
First published in the United States by **W.H. FREEMAN AND CO.**, New York and Basingstoke.
© 2004 by W.H. Freeman and Co. All rights reserved.

Introduction to Genetic Analysis, huitième édition.
Ouvrage publié pour la première fois aux États-Unis par **W.H. FREEMAN AND CO.**, New York et Basingstoke.
© 2004 par W.H. Freeman and Co. Tous droits réservés.

Pour toute information sur notre fonds et les nouveautés dans votre domaine de spécialisation, consultez notre site web : **www.deboeck.com**

© De Boeck & Larcier s.a., 2006   4e édition
Éditions De Boeck Université
Rue des Minimes 39, B-1000 Bruxelles
Pour la traduction et l'adaptation française

Imprimé en Espagne

Dépôt légal :
Bibliothèque nationale, Paris : septembre 2006
Bibliothèque royale de Belgique : 2006/0074/034

ISBN : 2-8041-5019-4
ISBN13 : 978-2-8041-5019-8

Sommaire

Table des matières

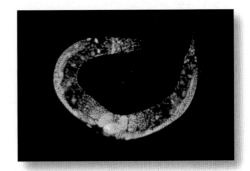

Figure 1-15d

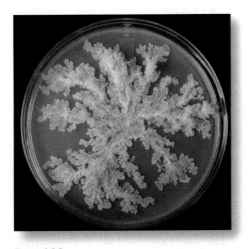

Page 100

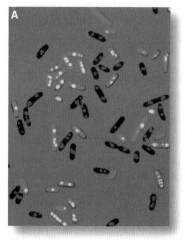

Figure 5-9a

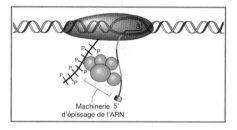

Figure 8-13b

Figure 10-30

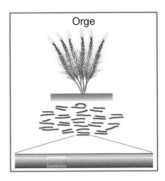

Figure 13-25

Partie IV : LA NATURE DU CHANGEMENT HÉRÉDITAIRE

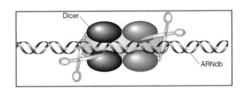

Figure 16-19

Part V : DES GÈNES AUX PROCESSUS FONCTIONNELS

Figure 16-24

**Partie VI : LES CONSÉQUENCES DE
LA VARIATION GÉNÉTIQUE**

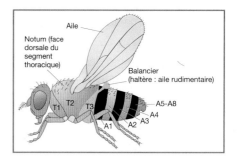

Figure 18-24a

Figure 20-1

Avant-propos à la huitième édition américaine

Ces vingt-cinq dernières années, *Introduction à l'analyse génétique* a évolué pour refléter les changements de la génétique. Dans cette édition, la partie moléculaire centrale du livre – huit chapitres – a été largement remaniée pour mettre en avant le raisonnement génétique. Pour cette raison, nous sommes heureux d'accueillir Susan R. Wessler au sein de notre équipe d'auteurs. Susan est une spécialiste de la génétique moléculaire des plantes et plus particulièrement des éléments mobiles chez les végétaux. Elle apporte non seulement une approche botanique mais est également experte d'une classe fascinante d'éléments génétiques impliqués dans de nombreuses disciplines de la génétique telles que l'étude de mutations, la génomique et la génétique de l'évolution. Ses réponses aux questions suivantes vont permettre d'éclairer sa contribution et d'expliquer quelques-unes des nouvelles directions suivies par cette édition.

Dans votre recherche, vous vous intéressez particulièrement aux éléments transposables – les «gènes sauteurs». Pourquoi ce domaine spécifique de recherche?

Les éléments transposables sont amusants, mystérieux et peuvent constituer plus de la moitié d'un génome. Depuis que de nombreux génomes ont été séquencés, on en trouve bien davantage que ce qui était prévu et parfois, les éléments transposables en sont même le composant principal – et de loin. On dit parfois que le génome est plus qu'un plan de construction, qu'il contient également notre histoire génétique. De ce point de vue, les éléments transposables renferment des informations importantes sur la façon dont nous sommes devenus des êtres humains.

Qu'est-ce qui vous a incitée à participer à la rédaction d'un livre, et plus particulièrement de celui-ci?

J'aime beaucoup expliquer ce que je fais à un nouvel auditoire et j'ai toujours aimé écrire. Je souhaitais écrire davantage pour un public étudiant lorsque cette opportunité s'est présentée à moi. Même si *Introduction à l'analyse génétique* était déjà un livre respecté, faisant autorité en la matière, j'ai senti que je pourrais y apporter quelque chose, sur la direction prise par ce domaine et sur la façon de l'expliquer aux étudiants. Certaines personnes pensent que plus nous apprenons, plus les choses deviennent compliquées et plus il est difficile de les enseigner. Je pense exactement l'inverse: plus nous possédons de connaissances, plus celles-ci peuvent s'agencer entre elles et plus il est facile d'en raconter l'histoire. Nous sommes capables actuellement de réaliser des choses étonnantes, de communiquer aux étudiants des éléments de recherche très pointus si nous les enseignons étape par étape et si nous les mettons en relation les uns avec les autres.

Quelle est votre contribution spécifique à cette nouvelle édition?

En ce qui concerne la mise à jour de l'ouvrage, je souhaitais souligner entre autres choses l'intérêt croissant porté à l'ARN ainsi que le transfert de connaissances des Procaryotes vers les Eucaryotes observé dans notre domaine. Du point de vue de la communication, j'ai saisi l'opportunité de raconter des histoires réunissant des éléments dispersés autrefois dans différentes sections, comme notre nouveau chapitre unique sur la réparation, la mutation et la recombinaison. Nous avons également des thèmes récurrents dans tout cet ouvrage, qui sont une autre façon d'aider les étudiants à percevoir l'intégration de tous les éléments. L'un de ces thèmes est le rôle des machineries biologiques dans la coordination des processus cellulaires fondamentaux tels que la réplication, la transcription et la traduction. L'utilisation des organismes modèles, que nous observons toujours dans le contexte de recherche, en est un autre exemple. Si l'on dresse juste la liste des organismes modèles, il n'y a aucune raison que les étudiants leur trouvent un intérêt. Mais si on en parle au moment adéquat – par exemple en montrant le rôle du maïs dans la compréhension du fonctionnement des éléments transposables ou en expliquant ce que nous a appris la levure sur la régulation des gènes chez les Eucaryotes – les organismes modèles font alors une impression plus durable aux étudiants.

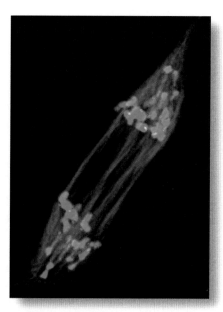

p. 428 Les chromosomes du maïs (en vert) et les fibres du fuseau (en bleu).

Les chapitres moléculaires profondément remaniés

Ces dernières décennies, nous avons été témoins de la «révolution moléculaire» et en même temps qu'elle, du développement de la génétique moléculaire et de la technologie de l'ADN recombinant, qui ont abouti à la discipline relativement récente de la génomique. L'édition actuelle comporte un développement significatif de ces domaines. Le nouveau thème développé des «machineries moléculaires» présente aux étudiants les systèmes génétiques comme la traduction, la transcription et la régulation tels qu'on les comprend aujourd'hui dans les laboratoires – c'est-à-dire comme des processus intégrés et cohérents. Voici certains exemples de la façon dont cette nouvelle édition a augmenté et actualisé leur explication au niveau moléculaire

- Des discussions entièrement réécrites sur les mécanismes de la réplication de l'ADN, de la transcription et de la traduction (Chapitres 7 à 9)

- Les premiers aperçus du ribosome au niveau moléculaire et de son fonctionnement (Chapitre 9)

- Des discussions entièrement nouvelles sur la régulation des gènes chez les Eucaryotes, avec une mention particulière pour le rôle de la chromatine et les mécanismes épigénétiques (Chapitre 10)

- Un chapitre sur la génomique totalement repensé et réécrit, qui présente les stratégies actuelles du séquençage du génome et de l'analyse bioinformatique (Chapitre 12)

- De nouvelles discussions sur le contrôle des éléments transposables par l'hôte et sur la façon dont ceux-ci influencent l'évolution du génome dans le chapitre actualisé intitulé «Le génome dynamique : les éléments transposables» (Chapitre 13)

- Un nouveau chapitre intitulé «L'analyse de la fonction des gènes» dans lequel sont décrites les techniques expérimentales les plus récentes telles que l'ARNi (Chapitre 16)

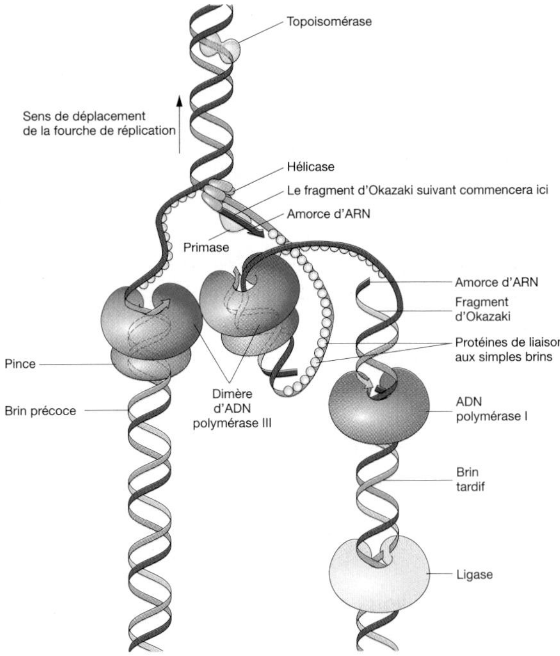

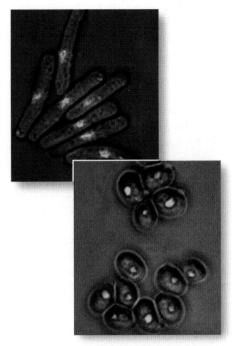

Figure 7-18 Le réplisome.

Un nouveau regard sur les organismes modèles

Cet ouvrage comporte traditionnellement une description des organismes modèles, mais nous avons tenu dans cette nouvelle édition à offrir une description des systèmes modèles dans des formats commodes et flexibles à la fois pour les étudiants et les enseignants.

- Le Chapitre 1 comporte une nouvelle section sur les organismes modèles.

- Des encadrés sur les organismes modèles à des endroits stratégiques du texte fournissent des informations essentielles sur l'organisme dans la nature et sur son usage expérimental.

- Un guide de quelques organismes modèles à la fin du livre donne accès à l'information pratique essentielle à propos des utilisations d'organismes modèles spécifiques dans la recherche.

- Un index des organismes modèles dans les pages de garde au début du livre indique des références chapitre par chapitre aux discussions sur des organismes spécifiques dans le texte, ce qui permet aux enseignants et aux étudiants de réunir facilement les informations comparées de ces organismes.

Figure 16-9 Des mutants de levure.

De nouvelles façons d'intéresser les étudiants

Notre but est de raconter une histoire intéressante, cohérente et qui a du sens pour les étudiants. Pour garantir un texte lisible, nous avons réexaminé chaque explication et recherché des moyens d'augmenter leur clarté. De plus, nous avons réalisé les améliorations suivantes.

Le nouveau thème des machineries moléculaires

L'analogie facilement compréhensible des machineries moléculaires impose un ordre de déroulement aux processus complexes à étapes multiples, ce qui aide les étudiants à comprendre la façon dont les composants des systèmes génétiques sont reliés les uns aux autres.

Une présentation plus claire

En disposant de façon nouvelle les différentes parties et en examinant attentivement le texte pour éliminer les informations obsolètes, nous avons réduit le nombre de chapitres de cette édition de 26 à 21 et raccourci cet ouvrage d'environ 10 % par rapport à l'édition précédente.

Une nouvelle disposition des sujets

Nous avons déplacé de grandes quantités de matériel au sein des chapitres et entre eux pour mieux mettre en parallèle les sujets apparentés. Ces nouveaux arrangements permettent au lecteur de saisir les connexions dans un domaine et d'avoir une meilleure vision d'ensemble.

Des illustrations nouvelles et remaniées, réalisées par Lynne Hunter, de l'Université de Pennsylvanie

Cet ouvrage comporte plus de 100 illustrations nouvelles et plus de 200 illustrations remaniées pour offrir aux étudiants davantage de précision, de clarté et de simplicité. Une palette de couleurs plus vives garantit la clarté des illustrations lorsqu'elles sont projetées sur un écran.

De nouveaux outils pédagogiques

Les auteurs présentent des nouveautés destinées à rendre les chapitres plus accessibles aux étudiants, tels que

Des questions clés au début des chapitres

Une figure représentant une vue d'ensemble du chapitre
 (voir la **Figure 16-1** à droite)

Des paragraphes résumant l'ensemble du chapitre

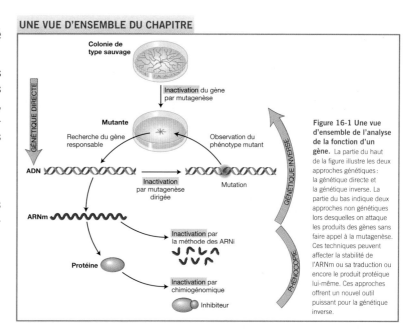

UNE VUE D'ENSEMBLE DU CHAPITRE

Figure 16-1 Une vue d'ensemble de l'analyse de la fonction d'un gène. La partie du haut de la figure illustre les deux approches génétiques : la génétique directe et la génétique inverse. La partie du bas indique deux approches non génétiques lors desquelles on attaque les produits des gènes sans faire appel à la mutagenèse. Ces techniques peuvent affecter la stabilité de l'ARNm ou sa traduction ou encore le produit protéique lui-même. Ces approches offrent un nouvel outil puissant pour la génétique inverse.

Davantage d'exercices à résoudre

Quelle que soit la clarté avec laquelle on expose un sujet, une compréhension profonde demande que l'étudiant manie personnellement les informations. C'est pourquoi nous poursuivons nos efforts pour encourager les étudiants à résoudre des problèmes. S'appuyant sur ce qui est unanimement reconnu, l'analyse génétique, la nouvelle édition offre aux étudiants davantage d'opportunités de tester leur capacité de résolution de problèmes :

Des problèmes variés

Les problèmes couvrent une vaste gamme de degrés de difficulté. Dans cette édition, les problèmes sont classés suivant leur niveau de difficulté – simple ou complexe.

Des problèmes plus simples

Les problèmes regroupés à la fin de chaque chapitre comportent 20 % de problèmes élémentaires en plus, ce qui donne aux étudiants davantage d'occasions de mettre en pratique les concepts fondamentaux.

Remerciements

Nous tenons à exprimer nos remerciements et notre gratitude à nos collègues qui ont relu cette édition et dont les remarques et les conseils nous ont été précieux :

James B. Anderson, *Université de Toronto*
Spencer A. Benson, *Université du Maryland*
Edward Berger, *Collège Dartmouth*
Susan E. Bergeson, *Université du Texas à Austin*
Daniel R. Bergey, *Université d'État de Black Hills*
John L. Bowman, *Université de Californie, Davis*
Mary C. Colavito, *Collège Santa Monica*
Doreen Cupo, *Université George Mason*
Tamara L. Davis, *Collège Bryn Mawr*
Alyce DeMarais, *Université de Puget Sound*
Richard E. Duhrkopf, *Université Baylord*
Robert G. Fowler, *Université d'État de San Jose*
Andreas Fritz, *Université Emory*
T. J. Gill, *Université de Houston*
Michael A. Goldman, *Université d'État de San Fransisco*
Gary Grothman, *Collège St. Mary*
Nancy A. Guild, *Université du Colorado*
Stanley Hattman, *Université de Rochester*
David C. Hinkle, *Université de Rochester*
Stanton Hoegerman, *Collège de William & Mary*
Nancy M. Hollingsworth, *Université d'État de New York à Stony Brook*
Richard B. Imberski, *Université du Maryland*
John B. Jenkins, *Collège Swarthmore*
Maurice Kernan, *Université d'État de New York à Stony Brook*
Sidney R. Kushner, *Université de Géorgie*
John Locke, *Université de l'Alberta*
Maggie Lopes, *Université du Queens*

Kim S. McKim, *Université Rutgers*
Philip M. Meneely, *Collège Haverford*
Beth A. Montelone, *Université d'État du Kansas*
Bryan Ness, *Collège Pacific Union*
Todd Nickle, *Collège du Mont Royal*
Robin E. Owen, *Collège du Mont Royal*
Inés Pinto, *Université de l'Arkansas*
James Price, *Collège d'État de la vallée de l'Utah*
Mitch Price, *Université d'État de Pennsylvanie*
Todd Rainey, *Collège Bluffton*
Dennis T. Ray, *Université de l'Arizona*
Mark Rose, *Université de Princeton*
Charles Rozek, *Université de Case Western*
Inder Saxena, *Université du Texas, Austin*
Malcolm D. Schug, *Université de Caroline du Nord, Greensboro*
Trudi Schupbach, *Université de Princeton*
Rodney J. Scott, *Collège Wheaton*
Mark Seeger, *Université d'État de l'Ohio*
Nava Segev, *Université de l'Illinois, Chicago*
David Sheppard, *Université du Delaware*
Richard N. Sherwin, *Université de Pittsburgh*
Carol Hopkins Sibley, *Université de Washington*
Laurie G. Smith, *Université de Californie, San Diego*
Justin Thackeray, *Université Clark*
James N. Thompson Jr., *Université de l'Oklahoma*
Harold Vaessin, *Université d'État de l'Ohio*
Esther Verheyen, *Université Simon Fraser*
Rick Ward, *Université d'État du Michigan*
David B. Wing, *Collège Shepherd*
Paul Wong, *Université de l'Alberta*
Andrew J. Wood, *Université du sud de l'Illinois*
S. M. Wood, *Université du Queens*

Les auteurs souhaitent témoigner de leur profonde gratitude pour le travail des employés de la société W. H. Freeman and Company. Ils expriment un remerciement particulier à Susan Moran, chef de projet éditorial, dont l'imagination, le dévouement et les longues heures de travail ont largement contribué à rendre ce livre plus clair et plus accessible. Merci également à Jason Noe chargé de la normalisation éditoriale qui a mené le projet jusqu'à sa publication avec tant de compétence et de bonne humeur. La clarté des illustrations doit beaucoup aux révisions détaillées suggérées par Lynne Hunter de l'Université de Pennsylvanie. Les éditeurs du manuscrit, William O'Neal et Patricia Zimmerman ont donné une plus grande fluidité au texte et ont supprimé de nombreuses incohérences. Bill Fixsen «l'homme des réponses» a largement contribué à l'aspect pédagogique des problèmes présentés dans cet ouvrage grâce à ses solutions détaillées. Dans les dernières étapes de l'édition, Mary Louise Byrd a permis le respect des délais et son œil d'aigle pour repérer les erreurs a fortement amélioré la qualité du livre. Nous remercions également Julia DeRosa, la directrice de production, Diana Blume, la responsable du graphisme, Bill Page le coordinateur des illustrations ainsi que Meg Kuhta et Bianca Moscatelli, les éditeurs photographiques.

1

LA GÉNÉTIQUE ET L'ORGANISME

La variation génétique de la couleur des grains de maïs. Chaque grain représente un individu de constitution génétique distincte. La photographie symbolise l'histoire de l'intérêt du genre humain pour l'hérédité. L'homme améliorait déjà le maïs des milliers d'années avant l'avènement de la discipline moderne de la génétique. C'est maintenant l'un des principaux organismes étudiés en génétique classique et en génétique moléculaire. *(William Sheridan, Université du Dakota du Nord ; photographie de Travis Amos.)*

QUESTIONS CLÉS

- Quel est le matériel héréditaire ?

- Quelles sont la structure chimique et la structure physique de l'ADN ?

- Comment l'ADN est-il copié lors de la formation des nouvelles cellules et dans les gamètes qui produiront les descendants d'un individu ?

- Quelles sont les unités fonctionnelles de l'ADN qui portent l'information spécifiant le développement et la physiologie ?

- Quelles molécules sont les principaux déterminants des propriétés structurales et physiologiques fondamentales d'un organisme ?

- Quelles sont les étapes de la traduction de l'information, de l'ADN jusqu'aux protéines ?

- Qu'est-ce qui détermine les différences de physiologie et de structure entre les espèces ?

- Quelles sont les causes de variation entre les individus d'une même espèce ?

- Quelle est l'origine de la variation dans les populations ?

SOMMAIRE

1

L'ESSENTIEL DU CHAPITRE

Pourquoi étudier la génétique? Il y a deux raisons fondamentales à cela. La première, c'est que la génétique est devenue une plaque tournante de la biologie; comprendre la génétique est donc capital pour tous ceux qui désirent étudier sérieusement la vie des plantes, des animaux ou des micro-organismes. La seconde, c'est que la génétique, plus que toute autre discipline scientifique, occupe une position centrale dans divers secteurs des activités humaines et à ce titre, concerne le genre humain de bien des façons. En effet, des questions liées à la génétique se posent quotidiennement et il n'est plus possible de prétendre en ignorer les découvertes. Ce chapitre présente un panorama de la génétique en tant que science et montre de quelle façon elle en est arrivée à occuper cette position essentielle. La manière d'aborder les chapitres suivants y est en outre exposée.

Commençons par définir la génétique. Certains la présentent comme l'«étude de l'hérédité», mais les phénomènes héréditaires ont intéressé l'homme bien avant que la biologie ou la génétique ne constituent les disciplines scientifiques que nous connaissons aujourd'hui. Les peuples anciens amélioraient déjà les plantes cultivées et les animaux domestiques en sélectionnant des individus qu'ils réservaient à la reproduction. Ils ont certainement été intrigués par la transmission des caractères chez l'homme et se sont vraisemblablement demandés «pourquoi les enfants ressemblent à leurs parents» ou «comment certaines maladies se transmettent dans les familles». Cependant, on ne pouvait qualifier ces personnes de «généticiens». La génétique en tant qu'ensemble de principes et de méthodes analytiques débuta seulement dans les années 1860, lorsqu'un moine augustin nommé Gregor Mendel (Figure 1-1) réalisa une série d'expériences qui mirent en évidence des éléments biologiques que nous appelons désormais des *gènes*. Le mot *génétique* vient du terme «gène» et les gènes constituent l'objet principal de cette discipline. Que les généticiens mènent leurs études au niveau de la molécule, de la cellule, de l'organisme, de la population ou encore de l'évolution, les gènes sont toujours au centre de leurs préoccupations. En termes simples, la génétique est l'étude des gènes.

Qu'est-ce qu'un **gène**? Un gène est une fraction d'une molécule filiforme organisée en double hélice, appelée **acide désoxyribonucléique**, abrégé en **ADN**. La découverte des gènes et la compréhension de leur structure moléculaire et de leurs fonctions ont permis des avancées spectaculaires dans la résolution de deux des plus grands mystères de la biologie:

1. Qu'est-ce qui fait d'une espèce ce qu'elle est? Nous savons que les chats engendrent toujours des chatons et les humains, des bébés. Cette observation de simple bon sens a naturellement soulevé des questions sur la détermination des propriétés d'une espèce. Cette détermination doit être héréditaire puisque par exemple, la capacité des chats à engendrer des chatons est transmise à chaque génération de chats.

2. Qu'est-ce qui est responsable de la variation au sein d'une espèce? Nous pouvons nous distinguer les uns des autres, comme nous pouvons reconnaître notre propre chat parmi d'autres chats. De telles différences à l'intérieur d'une espèce demandent des explications. Certaines des caractéristiques permettant de distinguer les individus sont à l'évidence d'origine familiale; par exemple, certains animaux d'une couleur unique particulière ne donnent naissance qu'à des petits de la même couleur et, dans les familles humaines, certaines particularités telles que la forme du nez, apparaissent régulièrement dans la famille. Nous pouvons donc nous attendre à ce qu'un composant héréditaire explique au moins une partie de la variation au sein d'une espèce donnée.

La réponse à la première question est que les gènes dictent les propriétés inhérentes à une espèce. Les produits de la plupart des gènes sont des **protéines** spécifiques. Les protéines sont les principales macromolécules d'un organisme. Lorsque nous regardons un organisme, ce que nous voyons est soit une protéine, soit quelque chose de fabriqué par une protéine. La séquence d'acides aminés d'une protéine est codée dans un gène. Les moments et les taux auxquels apparaissent les protéines et les autres composants cellulaires dépendent à la fois des gènes présents dans les cellules et de l'environnement dans lequel l'organisme vit et se développe.

La réponse à la seconde question est que n'importe quel gène peut exister sous plusieurs formes, présentant des

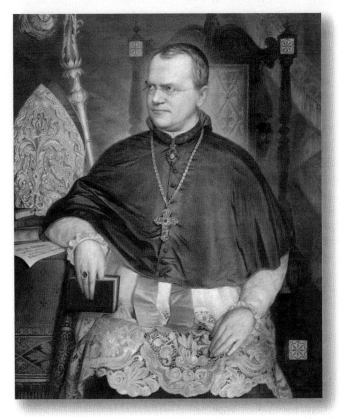

Figure 1-1 Gregor Mendel (Musée Morave, Brno.)

différences les unes par rapport aux autres, généralement de faible ampleur. On appelle les différentes formes d'un gène, des **allèles**. La variation allélique est responsable de la variation héréditaire au sein d'une espèce. Au niveau protéique, la variation allélique devient une variation protéique.

Les sections suivantes de ce chapitre montrent de quelle façon les gènes influencent les propriétés inhérentes à une espèce et comment la variation allélique contribue à la variation au sein d'une espèce. Ces paragraphes donnent une vue d'ensemble de ces sujets. La plupart des détails seront présentés dans des chapitres ultérieurs.

1.1 Les gènes sont les déterminants des propriétés inhérentes à une espèce

Quelle est la nature des gènes et de quelle façon remplissent-ils leurs rôles biologiques ? Trois propriétés fondamentales sont nécessaires aux gènes et à l'ADN dont ils sont constitués.

1. La *réplication*. Les molécules héréditaires doivent pouvoir être copiées lors des deux étapes essentielles du cycle vital (Figure 1-2). La première étape est la production du type cellulaire qui garantira la perpétuation d'une espèce, d'une génération à la suivante. Chez les plantes et les animaux, ces cellules sont les gamètes : ovule et spermatozoïde. L'autre étape est le moment où la première cellule d'un nouvel organisme subit de multiples cycles de division pour produire un organisme pluricellulaire. Chez les plantes et les animaux, c'est le stade auquel l'œuf fécondé, le zygote, se divise de façon répétée pour produire l'apparence de l'organisme complexe que nous reconnaissons.
2. La *création de la forme*. Les structures actives qui fabriquent un organisme peuvent être imaginées comme une forme ou une substance. L'ADN quant à lui possède l'« information » nécessaire pour créer la forme.
3. La *mutation*. Un gène qui est passé d'une forme allélique à une autre a subi une mutation – un événement qui se produit rarement mais régulièrement. La mutation ne permet pas seulement la variation au sein d'une espèce, mais à long terme, c'est également le matériel fondamental de l'évolution.

Nous examinerons la réplication et la création de la forme dans cette section et la mutation dans la section suivante.

L'ADN et sa réplication

On appelle **génome**, la garniture élémentaire d'ADN d'un organisme. Les cellules somatiques de la plupart des plantes et des animaux contiennent deux copies de leur génome (Figure 1-3). Ces organismes sont **diploïdes**. Les cellules de la plupart des champignons, algues et bactéries contiennent

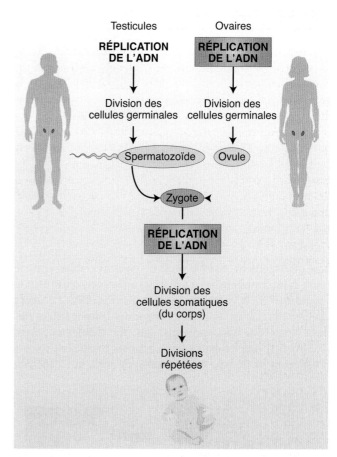

Figure 1-2 La réplication de l'ADN est la base de la transmission de la vie au travers des âges.

une seule copie de leur génome. Ces organismes sont **haploïdes**. Le génome lui-même est constitué d'une ou plusieurs molécules extrêmement longues d'ADN, organisées en **chromosomes**. Les gènes sont simplement les régions de l'ADN chromosomique impliquées dans la production des protéines par la cellule. Chaque chromosome dans le génome porte un ensemble différent de gènes. Dans les cellules diploïdes, chaque chromosome et les gènes qu'il porte sont présents en deux exemplaires. Par exemple, les cellules somatiques humaines contiennent deux jeux de 23 chromosomes, soit un total de 46 chromosomes. Deux chromosomes possédant le même ensemble de gènes sont dits **homologues**. Lorsqu'une cellule se divise, tous ses chromosomes (sa copie unique ou ses deux copies du génome) sont répliqués puis se séparent. Ainsi, chaque cellule fille contient la garniture chromosomique complète.

Pour comprendre la réplication, il faut comprendre la nature fondamentale de l'ADN. L'ADN est une structure linéaire en double hélice, qui ressemble à un escalier en colimaçon. La double hélice est composée de deux chaînes entrelacées d'éléments de construction appelés **nucléotides**. Chaque nucléotide est constitué d'un groupement phosphate, d'une molécule de désoxyribose (un sucre) et de l'une des quatre bases azotées différentes possibles : l'adénine, la guanine, la cytosine ou la thymine. Chacun des quatre nucléotides est généralement désigné par la première lettre de la

Figure 1-3 Des agrandissements successifs, de l'organisme au matériel génétique.

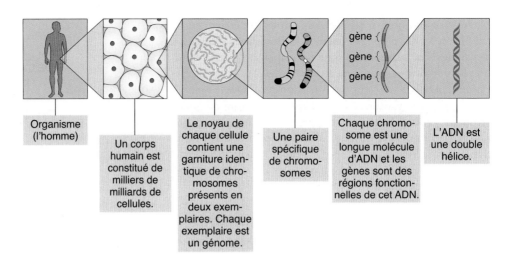

base qu'il contient : A, G, C ou T. Les liaisons établies entre le sucre et le phosphate des nucléotides adjacents constituent le «squelette» de la chaîne et assurent son maintien. Les deux chaînes entrelacées sont associées par des liaisons faibles formées entre des bases présentes sur des chaînes opposées (Figure 1-4). Les bases des brins opposés s'associent grâce à un ajustement de type «clé-serrure», de sorte que l'adénine s'apparie uniquement avec la thymine et la guanine, avec la cytosine. Les bases qui forment des paires sont dites **complémentaires**. On pourrait par exemple trouver dans l'ADN la séquence nucléotidique arbitraire suivante :

$$\cdots\cdot CAGT\cdots\cdot$$
$$\cdots\cdot GTCA\cdots\cdot$$

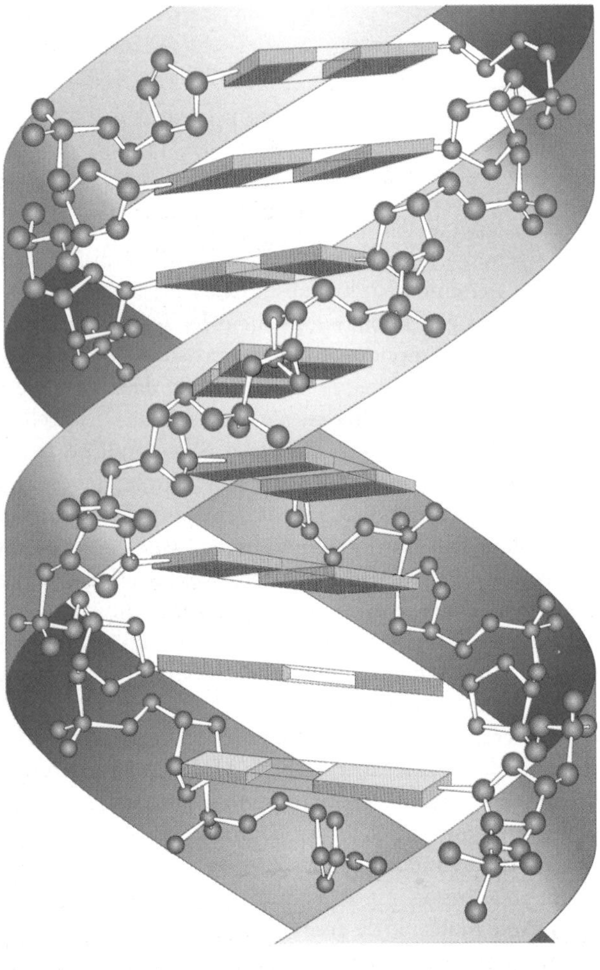

MESSAGE L'ADN est constitué de deux chaînes nucléotidiques antiparallèles, maintenues ensemble par les appariements complémentaires de A avec T et de G avec C.

Pour que la réplication de l'ADN puisse avoir lieu, les deux brins de la double hélice doivent se séparer, un peu comme lors de l'ouverture d'une fermeture éclair. Les deux chaînes nucléotidiques exposées jouent ensuite le rôle de guides d'alignement, ou matrices, pour l'addition de nucléotides libres. Ceux-ci sont ensuite reliés les uns aux autres par une enzyme, l'ADN polymérase, pour former un nouveau brin. Le point essentiel, illustré dans la Figure 1-5, est qu'en raison de la complémentarité des bases, les deux **molécules filles d'ADN** sont identiques entre elles et à la molécule mère.

MESSAGE L'ADN est répliqué grâce au déroulement des deux brins de la double hélice et à la formation d'un nouveau brin complémentaire de chacun des brins séparés de la double hélice d'origine.

La création de la forme

Si l'ADN représente l'information, qu'est-ce qui détermine la forme au niveau cellulaire ? La réponse est simple : ce sont «les protéines», car la grande majorité des structures dans une cellule sont des protéines ou ont été fabriquées par des protéines. Dans cette section, nous allons décrire les étapes au travers desquelles l'information devient forme.

Le rôle biologique de la plupart des gènes est de porter l'information spécifiant la composition chimique des protéines ou les signaux régulateurs qui gouvernent leur production par la cellule. Cette information est codée par la séquence nucléotidique. Un gène type contient l'information

Figure 1-4 La représentation en ruban de la double hélice d'ADN. Bleu = squelette sucre-phosphate ; marron = bases appariées.

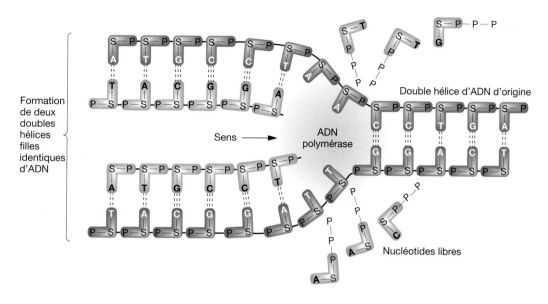

Figure 1-5 Le déroulement de la réplication de l'ADN. Bleu = nucléotides de la double hélice d'origine ; jaune = nouveaux nucléotides en cours de polymérisation pour former les chaînes sœurs. S = sucre ; P = groupement phosphate.

spécifiant une protéine particulière. L'ensemble des protéines qu'un organisme est capable de synthétiser, ainsi que le moment et le niveau de la production de chaque protéine sont des déterminants extrêmement importants de la structure et de la physiologie des organismes. Une protéine assure en général l'une ou l'autre de deux fonctions, selon le gène qui la code. La protéine peut être un composant structural et contribuer aux propriétés physiques des cellules ou des organismes. Les protéines des microtubules, des muscles ou des cheveux sont des exemples de **protéines de structure**. La protéine peut également être un agent actif dans des processus cellulaires – comme les protéines de transport actif ou les **enzymes** qui catalysent l'une des réactions chimiques de la cellule.

La structure primaire d'une protéine est une chaîne linéaire d'acides aminés, que l'on appelle un **polypeptide**. La séquence d'acides aminés de cette chaîne primaire est spécifiée par la séquence des nucléotides du gène. La chaîne primaire achevée s'enroule et se replie – et dans certains cas, s'associe à d'autres chaînes ou petites molécules – afin de former une protéine fonctionnelle. Une séquence donnée d'acides aminés peut se replier en un grand nombre de conformations stables. L'état replié final d'une protéine dépend à la fois de la séquence d'acides aminés spécifiés par le gène qui la code et de la physiologie de la cellule au moment du reploiement.

> **MESSAGE** La séquence nucléotidique d'un gène spécifie la séquence d'acides aminés assemblés par la cellule pour produire un polypeptide. Ce polypeptide se replie ensuite sous l'influence de sa séquence d'acides aminés et d'autres conditions moléculaires dans la cellule, afin de former une protéine.

LA TRANSCRIPTION La première étape suivie par la cellule pour fabriquer la protéine consiste à copier, ou **transcrire**, la séquence nucléotidique d'un brin du gène en une molécule simple-brin complémentaire appelée **acide ribonucléique (ARN)**. Comme l'ADN, l'ARN est composé de

nucléotides, mais le sucre de ces nucléotides est le ribose et non le désoxyribose. De plus, à la place de la thymine (T), l'ARN contient de l'uracile (U), qui, comme la thymine, s'apparie avec l'adénine. Les bases de l'ARN sont donc A, G, C et U. Le processus de transcription, qui se déroule dans le noyau de la cellule, ressemble beaucoup à la réplication de l'ADN, car le brin d'ADN sert de matrice pour la synthèse de la copie d'ARN, que l'on appelle un transcrit. Le transcrit d'ARN, qui, dans de nombreuses espèces subit certaines modifications structurales, devient une «copie de travail» de l'information contenue dans le gène, une sorte de molécule «message» appelée **ARN messager (ARNm)**. L'ARNm gagne ensuite le cytoplasme, où il est utilisé par la machinerie cellulaire pour diriger la synthèse d'une protéine. La Figure 1-6 résume le processus de la transcription.

> **MESSAGE** Au cours de la transcription, l'un des brins d'ADN d'un gène sert de matrice pour la synthèse d'une molécule complémentaire d'ARN.

LA TRADUCTION La fabrication d'une chaîne d'acides aminés à partir de la séquence nucléotidique de l'ARNm s'appelle la **traduction**. La séquence nucléotidique d'une molécule d'ARNm est «lue» d'une extrémité à l'autre, par groupes de trois bases successives. Ces triplets sont appelés des **codons**.

AUU	CCG	UAC	GUA	AAU	UUG
codon	codon	codon	codon	codon	codon

Puisqu'il existe quatre nucléotides différents, il y a $4 \times 4 \times 4 \times 4 = 64$ codons distincts possibles, codant chacun un acide aminé ou un signal de terminaison de la traduction. Puisque 20 types seulement d'acides aminés sont utilisés dans les polypeptides constituant les protéines, plusieurs codons peuvent correspondre au même acide aminé. Par exemple, AUU, AUC et AUA codent tous les trois l'isoleucine, UUU et UUC codent la phénylalanine et UAG est un codon de terminaison de la traduction («stop»).

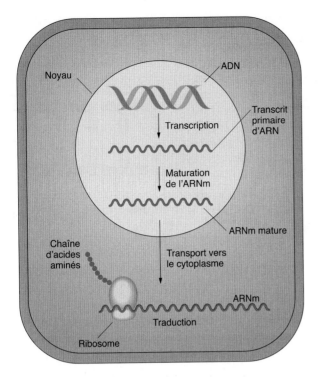

Figure 1-6 La transcription et la traduction dans une cellule eucaryote. L'ARNm subit une maturation dans le noyau, puis est transporté vers le cytoplasme en vue d'être traduit en une chaîne polypeptidique.

La synthèse protéique se déroule sur des organites cytoplasmiques appelés **ribosomes**. Un ribosome se fixe à une extrémité d'une molécule d'ARN et se déplace le long de celle-ci, en catalysant l'assemblage de la chaîne d'acides aminés qui constituera la chaîne polypeptidique primaire de la protéine. Chaque type d'acide aminé est apporté au ribosome par une molécule spécifique appelée **ARN de transfert** (**ARNt**), complémentaire du codon d'ARNm lu par le ribosome à ce moment-là.

Des processions de ribosomes parcourent une molécule d'ARNm et chaque membre de la procession fabrique le même type de polypeptide. À la fin de l'ARNm, un codon de terminaison entraîne le détachement du ribosome et son recyclage sur un autre ARNm. Le déroulement de la traduction est décrit dans la Figure 1-7.

> **MESSAGE** L'information contenue dans les gènes est utilisée par la cellule en deux étapes de transfert d'information : l'ADN est transcrit en ARNm, qui est ensuite traduit en une séquence d'acides aminés formant un polypeptide. Le flux d'information de l'ADN vers l'ARN puis vers la protéine est l'un des fondements de la biologie moderne.

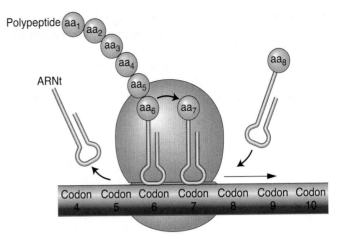

Figure 1-7 La traduction. Un acide aminé (aa) est ajouté à une chaîne polypeptidique en cours d'élongation lors de la traduction de l'ARNm.

LA RÉGULATION DES GÈNES Examinons plus en détail la structure d'un gène, qui détermine la forme finale de la «copie de travail» d'ARN ainsi que le déroulement de la transcription dans un tissu donné. La Figure 1-8 représente la structure générale d'un gène. À une extrémité se trouve une région régulatrice à laquelle se fixent différentes protéines impliquées dans la régulation de la transcription du gène, ce qui permet la transcription de celui-ci aux bons moments et en quantité adéquate. Une région à l'autre extrémité du gène signale le site de terminaison de la transcription du gène. Entre ces deux régions terminales se trouve la séquence d'ADN qui sera transcrite afin de spécifier la séquence d'acides aminés d'un polypeptide.

La structure des gènes est plus complexe chez les Eucaryotes que chez les Procaryotes. Les **Eucaryotes**, qui comprennent tous les végétaux pluricellulaires et les animaux, sont les organismes dont les cellules possèdent un noyau délimité par une membrane. Les **Procaryotes** sont des organismes avec une structure cellulaire plus simple, dépourvue de noyau, comme les bactéries. Dans les gènes de nombreux Eucaryotes, la séquence codant les protéines est entrecoupée par un ou plusieurs segments d'ADN appelés **introns**. L'origine et les fonctions de ces introns ne sont pas encore bien comprises. Ils sont excisés du transcrit primaire au cours de la formation de l'ARNm. On appelle **exons** les segments de séquence codante situés entre les introns.

Certains gènes codant des protéines sont transcrits plus ou moins en continu; ce sont les gènes «de ménage», qui sont toujours nécessaires aux réactions élémentaires. D'autres gènes peuvent être rendus illisibles ou lisibles, pour répondre aux besoins de l'organisme à des moments donnés et dans

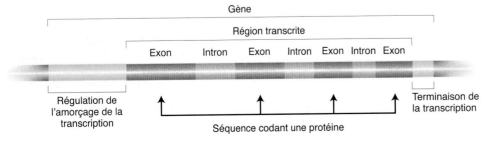

Figure 1-8 La structure générale d'un gène eucaryote. Dans cet exemple, le gène comporte trois introns et quatre exons.

des conditions externes précises. Le signal qui masque ou démasque un gène peut venir de l'extérieur de la cellule, par exemple d'une hormone stéroïde ou d'un nutriment. Le signal peut également provenir de la cellule elle-même à la suite de la lecture d'autres gènes. Dans les deux cas, des séquences régulatrices spéciales dans l'ADN sont directement affectées par le signal et influencent à leur tour la transcription du gène codant la protéine. Les substances régulatrices qui jouent le rôle de signal se fixent à la région régulatrice du gène cible pour contrôler la synthèse des transcrits.

La Figure 1-9 illustre l'essentiel de l'action des gènes dans une cellule eucaryote type. Hors du noyau de chaque cellule se trouve un ensemble complexe de structures

Figure 1-9 Une vue simplifiée de l'action des gènes dans une cellule eucaryote. Fondamentalement, le flux d'information génétique a lieu de l'ADN vers l'ARN puis vers les protéines. Quatre types de gènes sont présentés ici. Le gène 1 répond à des signaux régulateurs externes et fabrique une protéine destinée à être exportée. Le gène 2 répond à des signaux internes et code une protéine qui sera utilisée dans le cytoplasme. Le gène 3 code une protéine destinée à être transportée dans un organite. Le gène 4 appartient à l'ADN d'un organite et code une protéine destinée à être utilisée dans celui-ci. La plupart des gènes eucaryotes contiennent des introns, qui sont des régions (généralement non codantes) éliminées lors de la préparation de l'ARN messager fonctionnel. Remarquez que de nombreux gènes d'organites possèdent des introns et qu'une enzyme de synthèse de l'ARN est nécessaire à la synthèse des ARNm des organites. Ces détails n'ont pas été représentés pour que la figure reste claire. (Les introns seront expliqués en détail dans les chapitres suivants.)

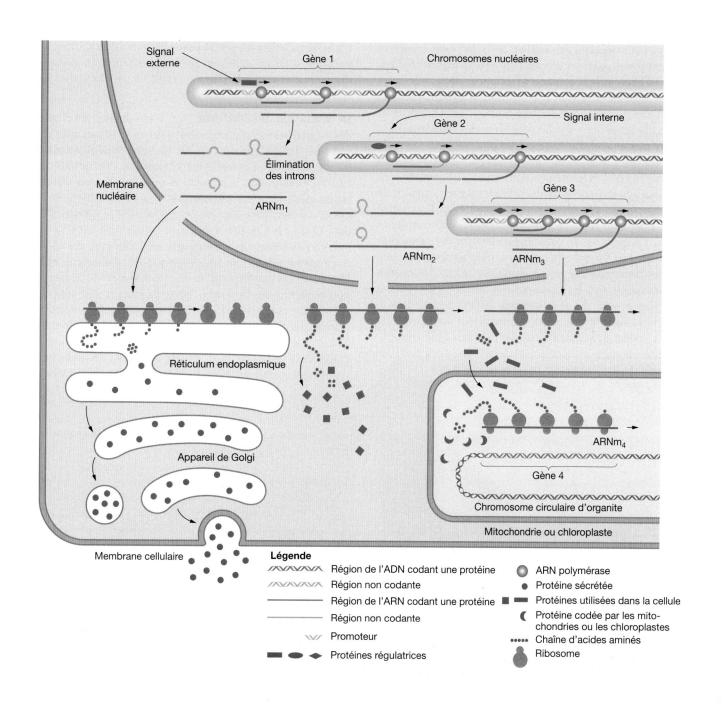

Légende

∿∿∿∿∿ Région de l'ADN codant une protéine	⬤ ARN polymérase
∿∿∿∿∿ Région non codante	• Protéine sécrétée
—— Région de l'ARN codant une protéine	■ ▬ Protéines utilisées dans la cellule
—— Région non codante	☾ Protéine codée par les mitochondries ou les chloroplastes
ᴧᴧ Promoteur	••••• Chaîne d'acides aminés
▬ ⬭ ◆ Protéines régulatrices	⬤ Ribosome

membraneuses, comprenant le réticulum endoplasmique, l'appareil de Golgi et des organites tels que les mitochondries et les chloroplastes. Le noyau renferme la plus grande partie de l'ADN mais il faut savoir que les mitochondries et les chloroplastes contiennent également de petits chromosomes.

Chaque gène code une protéine particulière qui exerce des fonctions spécifiques dans la cellule (par exemple les protéines violettes rectangulaires de la Figure 1-9) ou est exportée vers d'autres parties de l'organisme (les protéines violettes rondes). La synthèse des protéines destinées à être exportées (protéines sécrétées) a lieu sur les ribosomes situés à la surface du réticulum endoplasmique rugueux, un système constitué de larges vésicules aplaties. Les chaînes d'acides aminés achevées passent dans la lumière du réticulum endoplasmique, où elles se reploient spontanément et adoptent leur structure tridimensionnelle. Les protéines peuvent être modifiées à cette étape, mais elles gagnent toutes les chambres de l'appareil de Golgi et, de là, les vésicules sécrétoires qui fusionnent en dernier lieu avec la membrane cellulaire et libèrent leur contenu à l'extérieur de la cellule.

Les protéines exerçant leur rôle dans le cytoplasme et la plupart des protéines intervenant dans les mitochondries et les chloroplastes sont synthétisées dans des ribosomes non liés aux membranes. Par exemple, les protéines qui jouent le rôle d'enzymes dans la voie de la glycolyse sont synthétisées de cette façon. Les protéines destinées aux organites sont spécialement étiquetées pour pouvoir gagner ceux-ci de façon spécifique. De plus, les mitochondries et les chloroplastes possèdent leurs propres petites molécules circulaires d'ADN. La synthèse des protéines codées par des gènes présents dans l'ADN mitochondrial ou chloroplastique a lieu dans des ribosomes présents à l'intérieur même des organites. Par conséquent, les protéines des mitochondries et des chloroplastes sont de deux origines différentes : elles peuvent être codées dans le noyau et importées dans l'organite ou bien codées dans l'organite et synthétisées dans celui-ci.

> **MESSAGE** Le flux d'information de l'ADN vers l'ARN puis vers les protéines est un thème central de la biologie moderne.

1.2 La variation génétique

Si tous les membres d'une espèce possèdent le même ensemble de gènes, comment peut-il y avoir une variation génétique ? Comme nous l'avons indiqué plus tôt, la réponse vient de l'existence de différentes formes d'un même gène, appelées *allèles*. Dans une population, chaque gène peut exister sous la forme d'un ou plusieurs allèles différents. Toutefois, la plupart des organismes ne possédant qu'un ou deux jeux de chromosomes par cellule, un organisme donné ne peut porter qu'un ou deux allèles de chaque gène. Les allèles d'un gène sont tous présents à la même position chromosomique. La variation allélique est à la base de la variation héréditaire.

Les types de variation

Une grande partie de la génétique concerne l'analyse des variants, c'est pourquoi il est important de comprendre les types de variation rencontrés dans les populations. Une classification utile est celle qui divise la variation en variation *discontinue* et *continue* (Figure 1-10). La variation allélique apporte sa contribution aux deux.

LA VARIATION DISCONTINUE Au siècle dernier, la plupart des recherches en génétique ont porté sur la variation discontinue car il s'agit du type de variation le plus simple et le plus facile à analyser. Dans la **variation discontinue**, un caractère existe dans la population sous deux formes distinctes ou plus, appelées **phénotypes**. Les « yeux bleus » et les « yeux marron » sont des phénotypes, comme le « groupe sanguin O » ou le « groupe sanguin A ». On s'aperçoit souvent que de tels phénotypes alternatifs sont codés par les allèles d'un même gène. Un bon exemple est l'albinisme chez l'homme, qui correspond à des phénotypes du caractère « pigmentation de la peau ». Chez la plupart des gens, les cellules de la peau sont capables de fabriquer un pigment marron ou noir appelé *mélanine*, la substance qui donne à notre peau sa couleur, pâle chez les personnes d'origine européenne jusqu'au brun ou au noir chez les personnes d'origine tropicale ou subtropicale. Quoique rares, on trouve

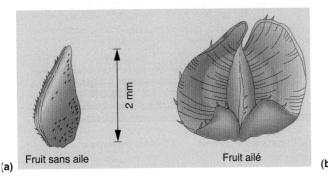

Figure 1.10 Des exemples de variation discontinue et de variation continue dans des populations naturelles. (a) Les fruits de *Plectritis congesta* ont deux formes possibles. Chaque plante a soit tous ses fruits ailés, soit tous ses fruits sans aile. (b) La variation de hauteur, du nombre de rameaux et du nombre de fleurs de la plante *Achillea*. [Partie b, Carnegie Institution, Washington.]

Figure 1-11 Un albinos. Le phénotype résulte de l'homozygotie d'un allèle récessif, *a/a*. L'allèle dominant *A* spécifie une étape dans la synthèse chimique de la mélanine (un pigment noir) dans les cellules de la peau, des cheveux et de la rétine. Chez les individus *a/a*, cette étape ne fonctionne pas et la synthèse de mélanine est bloquée. (© Yves Gellie/Icone.)

des albinos dans toutes les populations; leur peau et leurs cheveux sont entièrement dépourvus de pigments (Figure 1-11). La différence entre la présence et l'absence de pigment est due à différents allèles d'un gène qui code une enzyme participant à la synthèse de mélanine.

Par convention, les allèles d'un gène sont désignés par des lettres. L'allèle codant la forme normale de l'enzyme impliquée dans la fabrication de la mélanine est appelé *A* et l'allèle codant la forme inactive de cette enzyme (qui aboutit à l'albinisme) est désigné par *a*, pour montrer que ces deux allèles sont apparentés. La constitution allélique d'un organisme est son **génotype**, qui est le pendant héréditaire de son phénotype. Puisque tous les êtres humains possèdent deux jeux de chromosomes dans chaque cellule, les génotypes peuvent être *A/A*, *A/a* ou *a/a* (la barre oblique montre que les deux allèles constituent une paire). Le phénotype de *A/A* est pigmenté, *a/a* est albinos et *A/a* est pigmenté. La *capacité* de fabriquer le pigment est exprimée de façon prépondérante par rapport à l'*incapacité* (on dit que *A* est dominant, comme nous le verrons au Chapitre 2).

Bien que des différences alléliques entraînent des différences phénotypiques telles que la pigmentation ou l'albinisme, ceci ne signifie pas nécessairement qu'un seul gène affecte la couleur de la peau. On sait d'ailleurs que plusieurs gènes sont impliqués, même si l'on ignore encore leur identité et leur nombre. Toutefois, la *différence* entre une peau pigmentée, même pâle et une peau albinos est due à une *différence* au niveau des allèles d'un gène – le gène qui détermine la capacité de synthèse de la mélanine; la composition allélique de tous les autres gènes n'intervient pas.

Dans certains cas de variation discontinue, il y a une relation terme à terme prévisible entre génotype et phénotype dans la plupart des conditions. Autrement dit, les deux phénotypes (et leurs génotypes sous-jacents) peuvent la plupart du temps être distingués les uns des autres. Dans l'exemple de l'albinisme, l'allèle *A* permet toujours une certaine formation de pigments, tandis que l'allèle *a* aboutit toujours à l'albinisme lorsqu'il est présent en deux exemplaires. Pour cette raison, la variation discontinue a été utilisée avec succès par les généticiens pour identifier les allèles correspondants et leurs rôles dans les fonctions cellulaires.

Les généticiens distinguent deux catégories de variation discontinue. Dans une population naturelle, l'existence de deux variants discontinus courants ou plus est appelée **polymorphisme** (du grec: de nombreuses formes). Les différentes formes sont appelées des **morphes**. On s'aperçoit souvent que ces morphes sont déterminés par les allèles différents d'un seul gène. Pourquoi les populations présentent-elles un polymorphisme génétique? Des types spécifiques de sélection naturelle peuvent expliquer quelques cas, mais dans d'autres cas, les morphes semblent neutres du point de vue de la sélection.

Les variants discontinus rares sont appelés **mutants**, tandis que le phénotype correspondant le plus courant («normal») est défini comme le **type sauvage**. La Figure 1-12 montre un exemple de phénotype mutant. Une fois encore, dans de nombreux cas, les phénotypes mutants et sauvages sont déterminés par les allèles différents d'un même gène. Les mutants et les polymorphismes sont apparus à la suite de changements rares dans l'ADN (mutations), mais d'une façon ou d'une autre, les allèles mutants d'un polymorphisme sont devenus courants. Ces changements rares de l'ADN ont pu être des substitutions d'une paire de nucléotides ou de petites délétions ou duplications. Ces mutations ont modifié la composition en acides aminés de la protéine. Dans le cas de l'albinisme par exemple, l'ADN d'un gène codant une enzyme impliquée dans la synthèse de mélanine est modifié, ce qui provoque le remplacement d'un acide aminé fondamental par un autre acide aminé ou sa perte, aboutissant à une enzyme non fonctionnelle. Les mutants (comme par exemple, les albinos) peuvent apparaître spontanément dans la nature ou être induits par un traitement par des mutagènes chimiques ou une exposition à des

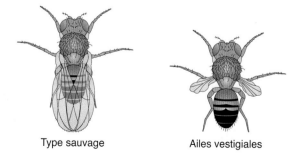

Type sauvage   Ailes vestigiales

Figure 1-12 Un mutant de drosophile avec des ailes anormales et une mouche normale (de type sauvage) comme élément de comparaison. Ces deux phénotypes sont le résultat d'allèles différents d'un même gène.

radiations. Les généticiens induisent régulièrement des mutations de façon artificielle pour réaliser des analyses génétiques, car les mutations qui affectent une fonction biologique donnée permettent d'identifier les différents gènes qui interagissent pour créer cette fonction.

> **MESSAGE** Dans de nombreux cas, une différence allélique portant sur un seul gène peut aboutir à des formes phénotypiques discrètes qui facilitent l'étude du gène et de la fonction biologique associée.

LA VARIATION CONTINUE Un caractère présentant une **variation continue** affiche une gamme ininterrompue de phénotypes dans la population (voir Figure 1-10b). Les caractères mesurables tels que la taille, le poids ou l'intensité de la couleur sont de bons exemples de ce type de variation. Les phénotypes intermédiaires sont généralement plus courants que les phénotypes extrêmes. Parfois, l'ensemble de la variation est dû à l'environnement et n'a aucune cause génétique, comme dans le cas des langues différentes parlées par des groupes humains distincts. Dans d'autres cas, il y a une composante génétique due à une variation allélique d'un ou de plusieurs gènes, comme les différentes nuances de la couleur des yeux chez l'homme. Pour la plupart des caractères à variation continue, la variation est à la fois d'origine génétique et environnementale. Dans la variation continue, il n'y a pas de correspondance directe entre génotype et phénotype. Pour cette raison, on sait peu de choses sur les types de gènes débouchant sur une variation continue et c'est seulement récemment que des techniques sont apparues, permettant de les identifier et de les caractériser.

Dans la vie quotidienne, la variation continue est plus courante que la variation discontinue. Nous pouvons tous citer des exemples de variation continue tels que la variation de taille ou de forme dans les populations animales ou végétales que nous avons observées – il existe également de nombreux exemples dans la population humaine. L'amélioration des plantes et des animaux est un domaine dans lequel la variation continue est importante. Beaucoup des caractères sélectionnés dans les programmes d'amélioration, tels que la masse des graines ou la production laitière sont dus à l'interaction de nombreuses différences de gènes avec la variation liée à l'environnement. Leurs phénotypes présentent une variation continue dans les populations. Les animaux et les plantes d'une extrémité de la gamme sont choisis et croisés de façon sélective. Avant cette sélection, il faut connaître les proportions respectives des composants génétique et environnemental de la variation. Nous reviendrons sur ces techniques au Chapitre 20, mais dans la plus grande partie de ce livre, nous traiterons de gènes à variation discontinue.

L'origine moléculaire de la variation allélique

Considérons la différence entre les phénotypes pigmentés et albinos chez l'homme. La mélanine, un pigment noir, présente une structure complexe. Elle est le produit terminal d'une voie biochimique de synthèse. Chaque étape de la voie est une conversion d'une molécule en une autre, avec la formation progressive de mélanine. Chaque étape est catalysée par une enzyme différente, codée par un gène spécifique. La plupart des cas d'albinisme résultent de changements dans l'une de ces enzymes – la tyrosinase. La tyrosinase catalyse la dernière étape de la voie biochimique, c'est-à-dire la conversion de la tyrosine en mélanine.

Pour cette conversion, la tyrosinase fixe son substrat, une molécule de tyrosine, et facilite les changements moléculaires nécessaires pour produire la mélanine. Il y a une concordance de forme de type « clé-serrure » entre la tyrosine et le site actif de l'enzyme. Le **site actif** est une poche formée de plusieurs acides aminés essentiels dans le polypeptide. Si l'ADN du gène codant la tyrosinase est modifié de telle sorte que l'un de ces acides aminés est remplacé par un autre acide aminé, ou perdu, alors plusieurs conséquences sont possibles. Premièrement, l'enzyme peut avoir conservé sa capacité d'action, mais avec une efficacité amoindrie. Un tel changement peut n'entraîner qu'un faible effet au niveau phénotypique, si faible qu'il peut même être difficile à observer, mais il peut également conduire à une diminution de la quantité de mélanine formée et par conséquent, à une coloration plus claire de la peau. Remarquez que dans ce cas, cette protéine est toujours présente sous une forme plus ou moins intacte, mais sa capacité de convertir la tyrosine en mélanine a été touchée. Deuxièmement, l'enzyme peut être incapable de toute fonction, auquel cas, l'événement mutationnel dans l'ADN du gène a produit un allèle de l'albinisme, que nous avons appelé précédemment allèle *a*. Ainsi, une personne de génotype *a/a* est un albinos. Le génotype *A/a* est intéressant. Il aboutit à une pigmentation normale car la transcription d'une copie de l'allèle de type sauvage (*A*) permet la synthèse d'une quantité suffisante de tyrosinase pour fabriquer des quantités normales de mélanine. Les gènes sont dits *haplo-suffisants* si l'on obtient une fonction quasiment normale en présence d'une seule copie du gène normal. Les allèles de type sauvage sont souvent haplo-suffisants, en partie parce que de faibles diminutions de l'efficacité de la fonction ne sont pas mortelles pour l'organisme. Les allèles qui ne codent pas de protéine fonctionnelle sont appelés **allèles nuls** (mutations complètes) et en général, ils ne s'expriment pas au niveau du phénotype lorsqu'ils sont en combinaison avec des allèles fonctionnels (chez des individus de génotype *A/a*). L'origine moléculaire de l'albinisme est illustrée dans la Figure 1-13. Troisièmement, plus rarement, la protéine modifiée peut remplir sa fonction plus efficacement et donc être à l'origine d'une évolution due à la sélection naturelle.

Le site de l'ADN au niveau duquel se produit la mutation peut être de différents types. Le type plus courant et le plus simple est la **substitution d'une paire de nucléotides**, ce qui peut conduire au remplacement d'un acide aminé par un autre ou à l'apparition de codons stop prématurés. De petites **délétions** ou **duplications** sont également courantes. Même la délétion ou l'insertion d'une seule base provoque des dégâts considérables au niveau protéique. En effet, l'ARNm étant lu à partir d'une extrémité du « cadre de lecture », par groupes de trois nucléotides, la perte ou le gain

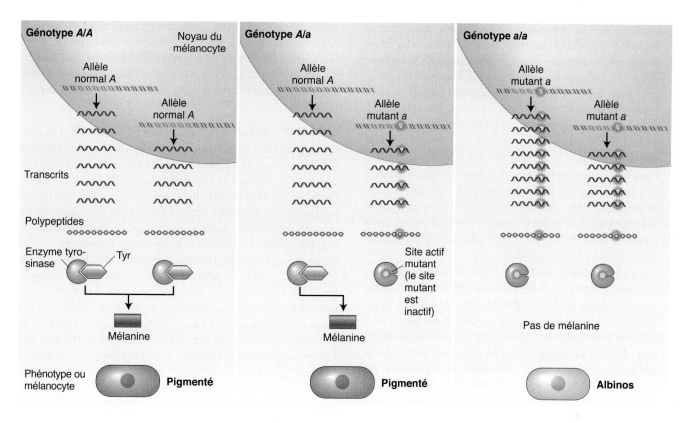

Figure 1-13 L'origine moléculaire de l'albinisme. *À gauche*: Des mélanocytes (cellules synthétisant le pigment) contenant deux copies de l'allèle normal de la tyrosinase (*A*) produisent l'enzyme tyrosinase, qui convertit la tyrosine (un acide aminé) en mélanine (un pigment). *Au centre*: Des mélanocytes contenant une copie de l'allèle normal fabriquent suffisamment de tyrosinase pour permettre la production de mélanine et pour produire le phénotype pigmenté. *À droite*: Des mélanocytes contenant deux copies de l'allèle porteur d'une mutation complète (*a*) sont incapables de synthétiser l'enzyme tyrosinase.

d'une paire de nucléotides décale le cadre de lecture et tous les acides aminés dont les codons sont situés après ce site seront incorrects. De telles mutations s'appellent des **mutations par décalage du cadre de lecture**.

Au niveau protéique, la mutation change la composition en acides aminés d'une protéine. Les conséquences les plus importantes sont les changements de taille et de forme. De tels changements peuvent aboutir à l'absence de la fonction biologique concernée (ce qui est la caractéristique fondamentale d'un allèle nul) ou à une fonction réduite. Plus rarement, la mutation peut entraîner l'apparition d'une nouvelle fonction du produit protéique.

> **MESSAGE** De nouveaux allèles formés par mutation peuvent aboutir à l'absence de la fonction correspondante, à la diminution de cette fonction ou encore à l'apparition d'une nouvelle fonction au niveau protéique.

1.3 Les méthodologies utilisées en génétique

Une vue d'ensemble

L'étude des gènes s'est révélée une approche puissante pour comprendre les systèmes biologiques. Puisque les gènes affectent quasiment chaque aspect de la structure et de la fonction d'un organisme, être capable d'identifier et de déterminer le rôle des gènes et des protéines qu'ils spécifient est une étape importante pour l'étude des différents processus sous-jacents à un caractère donné. Il est intéressant que les généticiens étudient non seulement les mécanismes héréditaires, mais également *tous* les mécanismes biologiques. De nombreuses méthodologies différentes sont utilisées pour étudier les gènes et leurs activités. On peut les résumer brièvement de la façon suivante:

1. L'isolement des mutations affectant le processus biologique en cours d'étude. Chaque gène mutant révèle un composant génétique du processus et l'ensemble de ces gènes permet d'établir la gamme des protéines interagissant au cours de ce processus.

2. L'analyse des descendants d'unions contrôlées («croisements») entre des mutants et des individus de type sauvage ou d'autres variants discontinus. Ce type d'analyse permet d'identifier les gènes et leurs allèles, leurs positions sur les chromosomes et leurs modes de transmission. Ces méthodes seront traitées au Chapitre 2.

3. L'analyse génétique des processus biochimiques de la cellule. On peut considérer globalement la vie comme un ensemble de réactions chimiques. C'est pourquoi, étudier la façon dont les gènes interviennent dans ces

réactions est un bon moyen de disséquer cette chimie complexe. Les allèles mutants déterminant une fonction déficiente (voir technique 1) sont essentiels à ce type d'analyse. L'approche élémentaire consiste à découvrir de quelle façon la chimie cellulaire est perturbée chez l'individu mutant et, à partir de cette information, à déduire le rôle du gène. Les déductions obtenues à partir de nombreux gènes sont rassemblées pour donner une vue d'ensemble.

4. **L'analyse microscopique.** La structure des chromosomes et leurs déplacements ont longtemps été du domaine de la génétique, mais de nouvelles technologies ont fourni des moyens directs pour marquer les gènes et leurs produits, permettant ainsi de visualiser facilement leurs positions sous le microscope.

5. **L'analyse directe de l'ADN.** Le matériel génétique étant composé d'ADN, la caractérisation ultime d'un gène est l'analyse de la séquence d'ADN elle-même. De nombreuses techniques, y compris le clonage des gènes, sont utilisées pour cela. Le clonage est un procédé permettant d'isoler et d'amplifier (de créer un grand nombre de copies) un gène individuel pour produire un échantillon pur à des fins d'analyse. L'un des protocoles utilisés consiste à insérer le gène étudié dans un petit chromosome bactérien et à mettre la bactérie dans des conditions lui permettant de copier l'ADN inséré. Après avoir obtenu le clone d'un gène, on peut déterminer sa séquence nucléotidique et par conséquent avoir accès à des informations importantes sur sa structure et sa fonction.

Les génomes complets de nombreux organismes ont été séquencés grâce aux applications des techniques décrites ci-dessus, ce qui a donné lieu à une nouvelle discipline au sein de la génétique, appelée **génomique**. Il s'agit de l'étude de la structure, de la fonction et de l'évolution des génomes considérés dans leur intégralité. La génomique comprend également la **bioinformatique**, qui est l'analyse mathématique des informations contenues dans les génomes.

Détecter des molécules spécifiques d'ADN, d'ARN et de protéines

Qu'ils étudient des gènes individuellement ou des génomes complets, les généticiens ont souvent besoin de détecter la présence d'une molécule spécifique d'ADN, d'ARN ou de protéine, qui sont les principales macromolécules de la génétique. Ces techniques seront décrites en détail au Chapitre 11, mais nous aurons besoin d'en connaître les principes fondamentaux dans les premiers chapitres.

Comment des molécules spécifiques peuvent-elles être identifiées parmi les milliers contenues dans une cellule ? La technique la plus utilisée pour détecter des macromolécules spécifiques dans un mélange est l'utilisation de **sondes**. Cette technique repose sur la spécificité de la fixation intermoléculaire, dont nous avons parlé à plusieurs reprises. Un mélange de macromolécules est mis au contact d'une molé-cule – la sonde – qui se fixera uniquement à la macromolécule recherchée. La sonde est marquée d'une façon ou d'une autre, soit à l'aide d'un atome radioactif, soit par un composé fluorescent ; le site de fixation peut ainsi facilement être détecté. Examinons des sondes de l'ADN, de l'ARN ou des protéines.

LES SONDES SPÉCIFIQUES D'UN ADN PARTICULIER Un gène cloné peut servir de sonde pour localiser des fragments d'ADN présentant la même séquence ou une séquence très proche. Par exemple, si l'on a cloné un gène G isolé chez un champignon, il peut être intéressant de chercher si les plantes possèdent le même gène. L'utilisation d'un gène cloné comme sonde nous ramène au principe de la complémentarité des bases. L'utilisation de la sonde repose sur le fait qu'en solution, le déplacement aléatoire des molécules de sonde leur permet de trouver des séquences complémentaires et de s'hybrider avec elles. L'expérience doit être menée avec des simples-brins d'ADN, car les sites de liaison des bases sont libres dans ce cas. L'ADN d'une plante est extrait et coupé par différents types d'**enzymes de restriction**, qui reconnaissent des séquences cibles spécifiques de quatre bases ou plus et y introduisent une coupure. Les séquences cibles sont situées aux mêmes positions dans toutes les cellules de la plante. Par conséquent, l'enzyme coupe le génome en populations définies de fragments de tailles spécifiques. Les fragments peuvent être séparés en groupes de fragments de même longueur (fractionnés) par électrophorèse.

L'électrophorèse sépare une population de fragments d'acide nucléique en fonction de leur taille. Le mélange coupé est placé dans un petit puits d'une plaque gélatineuse (un gel) et le gel est soumis à un champ électrique puissant. L'électricité provoque le déplacement des molécules dans le gel à des vitesses inversement proportionnelles à leur taille. Après fractionnement, les fragments séparés sont transférés sur une membrane poreuse, sur laquelle ils conservent les mêmes positions relatives. On appelle cette procédure un **transfert de type Southern** (ou **Southern blot**). Après avoir été chauffée pour que les doubles-brins d'ADN se séparent et que l'ADN conserve sa position, la membrane est placée dans une solution contenant la sonde. La sonde simple-brin trouvera sa séquence complémentaire d'ADN et s'hybridera avec elle. Par exemple,

TAGGTATCG	Sonde
ACTAATCCATAGCTTA	Fragment génomique

Sur le transfert, cette fixation concentre le marquage en une tache, comme on le voit dans la partie gauche de la Figure 1-14.

LES SONDES SPÉCIFIQUES D'UN ARN PARTICULIER Il est souvent nécessaire de déterminer si un gène est transcrit dans un tissu donné. Pour ce faire, on peut utiliser une adaptation de l'analyse de type Southern. La totalité des ARNm est extraite du tissu, fractionnée par électrophorèse et transférée sur une membrane (on appelle ce protocole un **transfert de type Northern** ou **Northern blot**). Le gène cloné est utilisé comme sonde et son marquage permettra de repérer

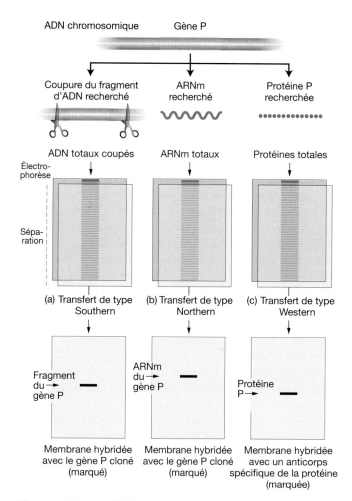

Figure 1.14   Le criblabe de mélanges d'ADN, d'ARN et de protéines.

l'ARNm correspondant s'il est présent (partie centrale de la Figure 1-14).

LES SONDES SPÉCIFIQUES D'UNE PROTÉINE PARTICU-LIÈRE On recherche généralement des protéines à l'aide d'anticorps, car un anticorps présente une correspondance spécifique de type «clé-serrure» avec sa protéine cible ou antigène. Le mélange de protéines est séparé par électrophorèse en bandes de protéines distinctes, puis transféré sur une membrane (on appelle ce protocole un **transfert de type Western** ou **Western blot**). La position d'une protéine spécifique sur la membrane est révélée par l'immersion de celle-ci dans une solution contenant l'anticorps obtenu à partir d'un lapin ou d'un autre hôte auquel la protéine a été injectée. La position de la protéine est révélée par le marquage porté par l'anticorps (partie droite de la Figure 1-14).

1.4 Les organismes modèles

Les aspects de la génétique traités dans cet ouvrage sont destinés à comprendre les principes de la transmission et du développement caractéristiques des organismes en général. Certaines de ces particularités, plus spécialement au niveau moléculaire, sont vraies pour toutes les formes vivantes connues. Pour d'autres, il existe une certaine variation entre

des grands groupes d'organismes, par exemple entre les bactéries et l'ensemble des espèces pluricellulaires. Cependant, même dans le cas de ces caractéristiques variables, cette variation existe toujours entre des grands groupes de formes vivantes, ce qui évite d'étudier un phénomène fondamental au niveau de multiples espèces. En fait, tous les phénomènes de la génétique ont été étudiés grâce à des expériences menées sur un petit nombre d'espèces, les **organismes modèles**, dont les mécanismes génétiques sont communs à toutes les espèces ou à un groupe important d'organismes apparentés.

Les enseignements des premiers organismes modèles

L'utilisation d'organismes modèles remonte aux travaux de Gregor Mendel, qui utilisa des croisements entre des variétés de pois, *Pisum sativum*, pour établir les lois fondamentales de l'hérédité. L'utilisation de ces variétés de pois par Mendel est révélatrice des avantages et des inconvénients de l'étude d'organismes modèles. Mendel étudiait la transmission de trois différences de caractères : la taille petite ou grande des plantes, la couleur violette ou blanche des fleurs et l'aspect lisse ou ridé des graines. Tous ces caractères se transmettent comme des différences simples portant sur un seul gène. Les hybrides obtenus à partir de ces variétés aux caractères contrastés étaient toujours identiques à l'un des deux parents, mais leurs descendants présentaient l'un des types parentaux d'origine et les autres, l'autre type parental, toujours dans les mêmes rapports. Ainsi, un croisement entre une variété violette et une variété blanche produisait des hybrides violets alors qu'un croisement des hybrides aboutissait à des descendants violets et des descendants blancs dans un rapport de 3:1. De plus, si les deux variétés différaient au niveau de deux de leurs caractères, la transmission de l'une des ces différences de caractères, comme la couleur violette ou blanche, était indépendante de la transmission de l'autre caractère, par exemple la taille petite ou grande. À la suite de ces observations, Mendel proposa trois «lois» pour la transmission :

1. La loi de la ségrégation : les «facteurs» alternatifs de caractères qui se retrouvent conjointement dans les descendants se séparent à nouveau dans les gamètes de ces descendants.
2. La loi de la dominance : les hybrides issus de deux formes alternatives d'un caractère ressemblent à l'un des types parentaux.
3. La loi de l'assortiment indépendant : les différences concernant un caractère sont transmises indépendamment des différences concernant un autre caractère.

Ces lois servirent de fondement à la génétique et établirent que l'hérédité est basée sur la transmission simultanée de particules discrètes dans les gamètes, puis sur leur séparation lorsque le descendant produit à son tour des gamètes, et non sur la transmission d'un liquide. Mais Mendel n'aurait pas pu déduire ce mécanisme s'il avait étudié la variation de la taille de la plupart des autres plantes. En effet, cette variation qui dépend alors de nombreuses différences de gènes est continue. De plus, la loi de la dominance ne s'applique pas dans le cas de nombreuses différences de caractère chez un grand nombre d'espèces. Si Mendel avait étudié la couleur des fleurs du pois de senteur, *Lathyrus odoratus*, il aurait obtenu des descendants à fleurs roses à la suite du croisement entre une variété rouge et une variété blanche, et n'aurait pas observé de dominance. Enfin, de nombreux caractères, y compris chez le pois, ne présentent pas de transmission indépendante mais sont liés sur les chromosomes.

La nécessité d'une gamme variée d'organismes modèles

Même si l'utilisation d'un organisme modèle particulier peut révéler des caractéristiques assez générales de l'hérédité et du développement, on en ignore encore la portée, tant que l'on ne réalise pas d'expériences portant sur différents caractères héréditaires chez une grande variété d'organismes modèles dont les modes de reproduction et de développement sont très différents.

Les organismes modèles ont été choisis en partie pour leurs propriétés biologiques fondamentales différentes et en partie pour la petite taille des individus, la brièveté du renouvellement des générations et la facilité avec laquelle ils peuvent être cultivés et croisés, dans des conditions contrôlées simples. Il est plus facile d'étudier la génétique des vertébrés avec des souris qu'avec des éléphants.

La nécessité d'étudier une vaste gamme de caractères génétiques et biologiques a conduit à utiliser un large éventail d'organismes modèles issus de chacun des grands groupes biologiques (Figure 1-15).

LES VIRUS Ce sont des particules non vivantes simples, dépourvues de toute machinerie métabolique. Les virus infectent une cellule hôte et en détournent la machinerie de biosynthèse pour se reproduire et répliquer leurs gènes. Les virus infectant des bactéries, appelés *bactériophages*, constituent la référence (Figure 1-15a). Les virus ont principalement servi à l'étude des structures chimique et physique de l'ADN et des mécanismes fondamentaux de la réplication de l'ADN et de la mutation.

LES PROCARYOTES Ces organismes vivants unicellulaires n'ont pas de membrane nucléaire ni de compartiments intracellulaires. Bien qu'il existe une forme particulière de croisement et d'échange génétique entre des cellules procaryotes, elles sont haploïdes durant la plus grande partie de leur vie. L'entérobactérie *Escherichia coli* est le modèle le plus utilisé. Certains généticiens travaillant sur *E. coli* étaient même tellement convaincus des ressemblances entre leur organisme modèle et les autres organismes, que les services postaux de leur université éditèrent un timbre représentant une cellule d'*E. coli* retouchée pour ressembler à un éléphant.

LES EUCARYOTES Toutes les autres formes vivantes sont constituées d'une ou plusieurs cellules avec une membrane nucléaire et des compartiments cellulaires.

Les levures Les levures sont des champignons unicellulaires qui se reproduisent en général par division de cellules haploï-

des puis formation de colonies. Cependant, elles sont également capables de reproduction sexuée par fusion de deux cellules. Le produit diploïde de cette fusion peut se reproduire par division cellulaire et formation de colonies mais celle-ci se poursuit en général par une méiose et par la production de spores haploïdes qui donnent naissance à de nouvelles colonies haploïdes. Saccharomyces cerevisiae est le principal modèle utilisé dans cette espèce.

Les champignons filamenteux Chez ces champignons, la division nucléaire et la croissance produisent de longs fils ramifiés qui se séparent de manière irrégulière en «cellules» grâce à la formation de membranes et de parois cellulaires. Toutefois, l'un de ces compartiments cellulaires peut contenir plusieurs noyaux haploïdes. La fusion de deux filaments aboutit à un noyau diploïde qui subit ensuite une méiose pour produire une fructification de cellules haploïdes. *Neurospora* (Figure 1-15b) est l'organisme modèle standard chez les champignons car sa fructification (voir Chapitre 3) contient huit spores alignées, qui reflètent l'appariement des chromosomes et la synthèse de nouveaux brins chromosomiques au cours de la méiose.

L'importance des bactéries, des levures et des champignons filamenteux en génétique réside dans leur organisation biochimique. En effet, leur métabolisme et leur croissance nécessitent uniquement une source de carbone comme un sucre, quelques minéraux tels que le calcium et dans certains cas une vitamine, par exemple la biotine. Tous les autres constituants chimiques de la cellule, y compris la totalité des acides aminés et des nucléotides, sont synthétisés par leur machinerie cellulaire. Il est donc possible d'étudier les conséquences des changements génétiques dans la plupart des voies biochimiques fondamentales.

Les organismes pluricellulaires Pour étudier d'un point de vue génétique la différenciation des cellules, des tissus et des organes, ainsi que le développement du corps, il faut faire appel à des organismes plus complexes. Ces organismes doivent être faciles à cultiver dans des conditions contrôlées, avoir des cycles de vie suffisamment courts pour permettre des expériences de croisements pendant de nombreuses générations et être suffisamment petits pour que la production d'un grand nombre d'individus soit commode. Les principaux organismes modèles qui remplissent ces conditions sont :

- *Arabidopsis thaliana*, une petite plante à fleurs qui peut être cultivée en un grand nombre de plants dans une serre ou en laboratoire (Figure 1-15c). Son génome est petit et distribué entre cinq chromosomes seulement. C'est un modèle idéal pour étudier le développement des végétaux supérieurs et comparer le développement des animaux et des plantes ainsi que la structure de leur génome.

- *Drosophila melanogaster*, la mouche du vinaigre qui possède seulement quatre chromosomes. Au stade larvaire, ces chromosomes présentent un profil de bandes caractéristique, qui permet de repérer les changements physiques tels que les délétions et les duplications. Celles-ci

Figure 1-15 Quelques organismes modèles. (a) Des bactériophages λ fixés à une cellule infectée d'*E. coli* ; des particules phagiques filles sont en cours de maturation à l'intérieur de la cellule. (b) Croissance de *Neurospora* sur un arbre brûlé après un incendie de forêt. (c) *Arabidopsis*. (d) *Caenorhabditis elegans*. [Partie a, Lee D. Simon/Science Source/Photo Researchers ; partie b, aimablement communiquée par David Jacobson ; partie c, Wally Eberhart/Visuals Unlimited ; partie d, AFP/CORBIS.]

peuvent ensuite être corrélées aux changements génétiques de morphologie et de biochimie. Le développement de la drosophile produit des segments dans le sens antéro-postérieur du corps, qui est un exemple de formation du plan d'organisation du corps, commun aux invertébrés et aux vertébrés.

- *Caenorhabditis elegans*, un minuscule ver nématode constitué seulement de quelques milliers de cellules à l'âge adulte. Ces cellules forment un système nerveux, un tractus digestif avec une bouche, un pharynx et un anus, ainsi qu'un système reproducteur capable de produire à la fois des ovules et des spermatozoïdes (Figure 1-15d).

- *Mus musculus*, la souris commune, l'organisme modèle des vertébrés. La souris a permis de comparer les fonde-

ments génétiques du développement des vertébrés et des invertébrés et d'explorer la génétique des systèmes antigène-anticorps, des interactions materno-fœtales *in utero* et de comprendre la génétique du cancer.

Les génomes de tous les organismes modèles décrits ci-dessus ont été séquencés. En dépit de différences importantes au niveau biologique, ces organismes présentent de grandes ressemblances dans leur génome. La Figure 1-16 représente une comparaison des génomes des Eucaryotes, Procaryotes et virus.

À la fin de ce livre, se trouvent un résumé et une comparaison des découvertes génétiques permises par l'utilisation de ces différents modèles.

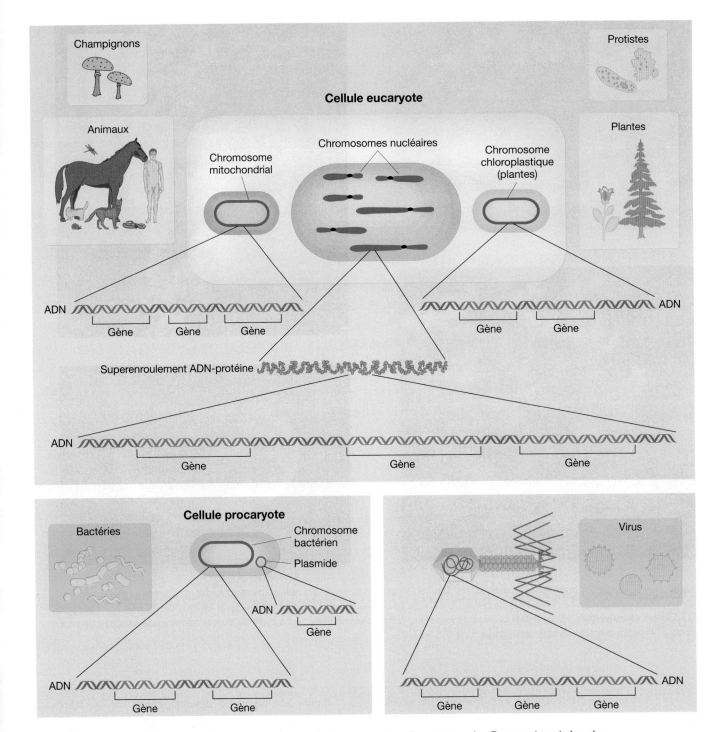

Figure 1-16 **La comparaison structurale des composants du génome des Eucaryotes, des Procaryotes et des virus.**

1.5 Les gènes, l'environnement et l'organisme

Les gènes ne peuvent, seuls, dicter la structure d'un organisme. L'autre composant essentiel de cette détermination est l'environnement. L'environnement influence l'action des gènes de nombreuses façons, qui seront traitées dans des chapitres ultérieurs. Toutefois, il est opportun de dire ici que l'environnement fournit les matériaux de base nécessaires aux processus de synthèse contrôlés par les gènes. Un gland devient un chêne, en utilisant lors de ses réactions chimiques uniquement de l'eau, de l'oxygène, du dioxyde de carbone et quelques composants inorganiques présents dans le sol, ainsi que de l'énergie lumineuse.

Modèle I : la détermination génétique

Il est évident que presque toutes les différences entre espèces sont dues à des différences entre leurs génomes. Il n'existe aucun environnement dans lequel un lion donne naissance à un mouton. Un gland se développe en un chêne tandis qu'une spore de mousse se développe en mousse, bien que tous deux vivent côte à côte dans la même forêt. Les deux plantes résultant de ces processus développementaux ressemblent à leurs parents et diffèrent l'une de l'autre, bien qu'elles aient accès à la même gamme limitée de matériaux dans leur environnement.

Même au sein d'une espèce, il existe une certaine variation qui est une conséquence exclusive des différences génétiques et ne peut en aucun cas être modifiée par un changement de ce que nous considérons couramment comme l'environnement. Les enfants des esclaves africains avaient la peau noire, ce qui n'a pas été modifié par le déplacement de leurs parents d'Afrique tropicale vers l'État plus tempéré du Maryland aux États-Unis. Une grande partie de la génétique expérimentale repose sur le fait que de nombreuses différences de phénotype entre les individus mutants et de type sauvage dues à des différences alléliques sont insensibles aux conditions environnementales. La propriété de détermination des gènes apparaît souvent au travers de différences dans lesquelles l'un des allèles est normal et l'autre pas. La maladie héréditaire humaine, appelée anémie à cellules falciformes en est un bon exemple. Cette maladie est due à l'existence d'un variant de l'hémoglobine, la protéine qui transporte l'oxygène dans les globules rouges. Les personnes non affectées ont un type d'hémoglobine appelé *hémoglobine A*, codée par un gène. Un seul changement de nucléotide dans l'ADN de ce gène conduit au changement d'un seul acide aminé dans le polypeptide, ce qui aboutit à une hémoglobine de forme légèrement différente, appelée *hémoglobine S*. Chez les personnes possédant uniquement de l'hémoglobine S, ce petit changement dans l'ADN conduit à une maladie grave – l'anémie à cellules falciformes – généralement mortelle.

De telles observations ont permis d'établir un modèle d'interaction entre les gènes et l'environnement, représenté dans la Figure 1-17. Dans ce modèle, les gènes jouent le rôle d'un manuel d'instructions ordonnant l'entrée de plus ou moins de matériaux indifférenciés de l'environnement chez un organisme spécifique, comme les plans d'une maison déterminent la forme de celle-ci, à construire à partir des éléments de construction. Les mêmes briques, mortier, bois et poutres peuvent aboutir à une maison pentue ou à toit plat, selon les plans. Un tel modèle implique que les gènes sont effectivement les éléments dominants dans la détermi-

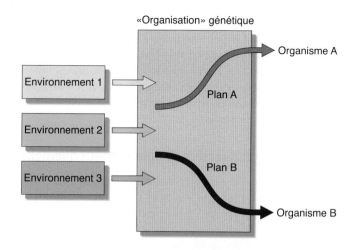

Figure 1-17 Un modèle de détermination qui met en avant le rôle des gènes.

nation phénotypique. L'environnement se contente de fournir les matériaux de base indifférenciés.

Modèle II : la détermination liée à l'environnement

Considérons deux jumelles monozygotes («vrais jumelles»), les produits d'un œuf fécondé unique qui s'est divisé et a donné naissance à deux bébés complets avec des gènes identiques. Supposons que les jumelles soient nées en Angleterre, séparées à leur naissance et élevées dans des pays différents. Si l'une est élevée en Chine par des parents adoptifs parlant le chinois, elle parlera le chinois, tandis que l'autre, élevée en Hongrie par des parents parlant le hongrois, parlera le hongrois. Chacune absorbera les valeurs traditionnelles et les coutumes de son environnement. Bien que les jumelles aient commencé leurs vies avec des propriétés génétiques identiques, les différents environnements culturels dans lesquels elles vivent créeront des différences entre elles (et des différences avec leurs parents biologiques). À l'évidence dans ce cas, les différences seront dues à l'environnement et les effets génétiques n'interviendront pas dans la détermination de ces différences.

Cet exemple suggère le modèle de la Figure 1-18, qui est l'inverse de celui présenté dans la Figure 1-17. Dans le modèle de la Figure 1-18, les gènes affectent le système en délivrant certains signaux généraux pour le développement,

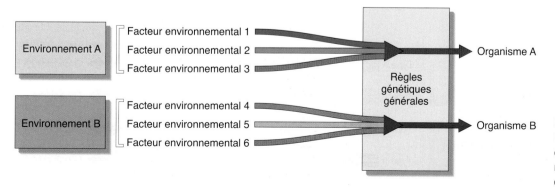

Figure 1-18 Un modèle de détermination qui met en avant le rôle de l'environnement.

mais l'environnement détermine le déroulement véritable de l'action. Imaginons un manuel d'instructions pour une maison, qui spécifie simplement «un plancher qui supportera 500 kg par mètre carré» ou «des murs avec une isolation de 1 mètre d'épaisseur», l'aspect global et les autres caractéristiques de la structure seront déterminés par les matériaux de construction disponibles.

Modèle III : l'interaction génotype-environnement

En général, on s'intéresse à des organismes qui diffèrent tant sur le plan des gènes que sur celui de l'environnement. Si nous voulons prédire de quelle façon se développera un organisme vivant, nous devons connaître à la fois la constitution génétique reçue de ses parents et la succession historique des événements auxquels l'organisme a été soumis au cours de son développement. Tout organisme a sa propre histoire de développement entre sa vie et sa mort. Ce que deviendra un organisme à un moment ultérieur dépend fortement à la fois de son état actuel et de l'environnement dans lequel il vit durant cette période. L'organisme réagit différemment non seulement aux environnements qu'il rencontre, mais également à l'ordre dans lequel il les rencontre. Une mouche du vinaigre (*Drosophila melanogaster*) par exemple, se développe en temps normal à 25°C. Si la température est brièvement augmentée à 37°C au début du stade pupal de son développement, la mouche adulte sera dépourvue du patron normal des veines sur ses ailes. Pourtant, si ce «choc thermique» est administré 24 heures plus tard, le patron des veines sera normal. Un modèle général dans lequel les gènes et l'environnement déterminent conjointement (suivant certaines lois du développement) les caractéristiques d'un organisme est décrit dans la Figure 1-19.

> **MESSAGE** Lorsqu'un organisme passe d'un état à un autre au cours de son développement, ses gènes interagissent avec l'environnement dans lequel il vit à chaque moment de son existence. L'interaction des gènes et de l'environnement détermine ce que sont les organismes.

L'utilisation du génotype et du phénotype

La discussion précédente nous permet désormais de mieux comprendre l'utilisation des termes *génotype* et *phénotype*.

Un organisme typique ressemble plus à ses parents qu'à des individus avec lesquels il n'a aucune parenté. C'est pour-

quoi nous nous exprimons souvent comme si les caractéristiques individuelles elles-mêmes étaient héréditaires : «Il a le cerveau de sa mère», ou «Elle a hérité du diabète de son père». Pourtant, nous avons vu dans les sections précédentes que de telles affirmations sont inexactes. «Son cerveau» et «son diabète» se développent au terme de séquences complexes d'événements dans l'histoire des personnes affectées. Les gènes, aussi bien que l'environnement, interviennent dans cette succession d'événements. Au sens biologique, les individus ne reçoivent que les structures moléculaires contenues dans les œufs fécondés à partir desquels ils se développent. Ils héritent de leurs gènes, et non des produits finaux de leur propre développement.

Pour éviter de telles confusions entre les gènes (qui sont héréditaires) et les résultats de leur action (qui ne le sont pas), les généticiens font une distinction fondamentale entre le génotype et le phénotype d'un organisme. Des organismes ont le même génotype s'ils possèdent le même jeu de gènes. Des organismes présentent le même phénotype s'ils se ressemblent sur le plan morphologique ou fonctionnel.

Au sens strict, le génotype représente le jeu complet des gènes reçus par un individu, tandis que le phénotype décrit tous les aspects de la morphologie, de la physiologie, du comportement et des relations de ce même individu avec son environnement. En ce sens, deux individus n'ont jamais exactement le même phénotype, parce qu'ils présentent toujours quelque différence, si minime soit elle, sur le plan morphologique ou physiologique. De plus, sauf pour des individus produits à partir d'un autre organisme par reproduction asexuée, deux organismes quelconques présentent toujours au moins une légère différence de génotype. En pratique, on utilise les termes de *génotype* et de *phénotype* dans un sens plus restrictif. On s'intéresse à la description d'un phénotype partiel (par exemple la couleur de l'œil) et d'un sous-ensemble donné du génotype (par exemple les gènes qui influencent la pigmentation de l'œil).

> **MESSAGE** Lorsque l'on utilise les termes de phénotype et de génotype, on fait en général référence à un « phénotype partiel » et à un « génotype partiel » et l'on désigne un seul ou un petit nombre de caractères et de gènes qui nous intéressent.

Il faut noter une différence très importante entre génotype et phénotype : le génotype est par essence un caractère stable d'un organisme donné ; il reste constant pendant toute

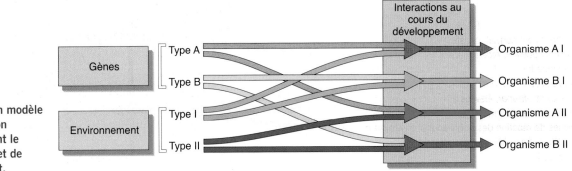

Figure 1-19 Un modèle de détermination qui met en avant le rôle des gènes et de l'environnement.

la vie de cet organisme et n'est quasiment pas affecté par les changements de l'environnement. La plupart des phénotypes changent constamment au cours de la vie d'un organisme, en fonction des interactions de ses gènes avec une succession d'environnements. La constance du génotype n'implique pas la constance du phénotype.

La norme de réaction

Comment quantifier la relation qui existe entre le génotype, l'environnement et le phénotype ? Pour un génotype donné, on peut dresser un tableau montrant le phénotype qui résulterait du développement de ce génotype dans chaque environnement possible. L'ensemble des relations environnement-phénotype pour un génotype déterminé est sa **norme de réaction**. En pratique, on ne peut construire un tel tableau que pour un génotype partiel, un phénotype partiel et pour certains aspects particuliers de l'environnement. On peut par exemple représenter la taille des yeux de drosophile après leur développement à diverses températures constantes. Ceci pourrait être réalisé pour plusieurs génotypes de tailles différentes d'yeux, afin d'établir les normes de réaction de cette espèce.

La Figure 1-20 représente précisément les normes de réaction pour trois génotypes de la taille des yeux chez *Drosophila melanogaster*. Le graphique est un résumé commode des données plus complètes contenues dans les tableaux. La taille de l'œil de la mouche est mesurée en comptant le nombre de facettes ou de cellules individuelles. L'axe vertical du graphique indique le nombre de facettes (sur une échelle logarithmique) ; l'axe horizontal représente la température constante à laquelle la mouche se développe.

Trois normes de réaction sont présentées sur le graphique. Lorsque des mouches ayant le génotype sauvage caractéristique des populations naturelles, sont élevées à des températures plus hautes que la normale, elles développent des yeux un peu plus petits que ceux des mouches sauvages élevées à des températures plus basses. Le graphique montre que pour les phénotypes sauvages, le nombre de facettes varie de 700 à 1 000 – la norme de réaction de type sauvage. Une mouche de génotype *ultrabar* a des yeux plus petits que les mouches de type sauvage, quelle que soit la température de développement. La température a un effet plus marqué sur le développement des mouches de génotype *ultrabar* que sur celui des mouches de génotype sauvage, comme le montre la pente plus accentuée de la droite correspondant à la norme de réaction *ultrabar*. Toutes les mouches de génotype *infrabar* ont également des yeux plus petits que ceux des mouches de type sauvage, mais la température a un effet opposé sur les mouches de ce génotype. Les mouches *infrabar* élevées à de hautes températures ont tendance à avoir des yeux plus grands que celles élevées à basses températures. Ces normes de réaction indiquent que les relations entre génotype et phénotype sont complexes.

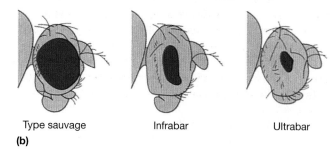

Type sauvage   Infrabar   Ultrabar

(b)

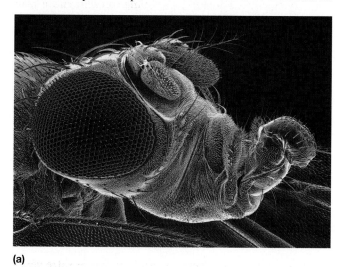

(a)

Figure 1-20 Les normes de réaction en fonction de la température de trois génotypes différents de la taille de l'œil chez la drosophile. (a) Un grossissement montrant l'œil normal, constitué de centaines d'unités appelées *facettes*. Le nombre de facettes détermine la taille de l'œil. (b) Les tailles relatives des yeux chez les mouches de type sauvage, *infrabar* et *ultrabar*, élevées à la température la plus élevée de la gamme. (c) Les courbes des normes de réaction des trois génotypes. [Partie a, Don Rio et Sima Misra, Université de Californie, Berkeley.]

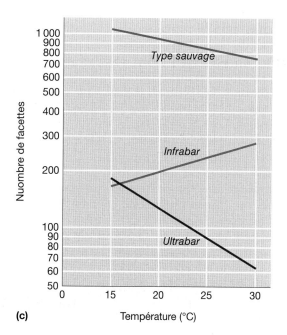

(c)

> **MESSAGE** Un même génotype peut produire des phénotypes différents selon l'environnement dans lequel l'organisme se développe. Le même phénotype peut être produit par des génotypes différents en fonction de l'environnement.

Si nous savons qu'une drosophile est de génotype sauvage, cette information seule ne nous dit pas si son œil comporte 800 ou 1 000 facettes. D'autre part, savoir que l'œil d'une drosophile possède 170 facettes ne nous indique pas s'il s'agit d'un génotype *ultrabar* ou *infrabar*. On ne peut même pas tirer de conclusion générale quant à l'effet de la température sur la taille de l'œil de drosophile, puisque cet effet est inverse pour deux génotypes différents. Nous voyons dans la Figure 1-20 que certains génotypes ont des phénotypes clairement différents, quel que soit l'environnement : une mouche de type sauvage a toujours les yeux plus grands qu'une mouche *ultrabar* ou *infrabar*. Mais d'autres génotypes ont des expressions phénotypiques chevauchantes : les yeux d'une mouche *ultrabar* peuvent être plus grands ou plus petits que ceux d'une mouche *infrabar*, selon la température régnant au cours de leur développement.

Pour obtenir une norme de réaction semblable à celles de la Figure 1-20, il faut laisser se développer plusieurs individus de génotypes identiques dans de nombreux environnements distincts. Pour réaliser une telle expérience, il faut pouvoir obtenir ou produire de grandes quantités d'œufs de génotype identique. Par exemple, pour tester un génotype humain dans dix environnements différents, il faudrait disposer de frères ou sœurs génétiquement identiques et les élever chacun dans un milieu distinct. Ceci n'est possible ni du point de vue biologique, ni du point de vue éthique. À l'heure actuelle, on ne connaît la norme de réaction d'aucun génotype humain, quel que soit le caractère ou l'environnement considéré. Pas plus d'ailleurs qu'on ne sait comment cette information pourra jamais être acquise sans avoir recours à des manipulations inacceptables pour des êtres humains.

Chez certains organismes expérimentaux, des techniques génétiques spéciales permettent de répliquer les génotypes et donc de déterminer les normes de réaction. Ces études sont particulièrement faciles chez les plantes qui peuvent être multipliées suivant un mode végétatif (c'est-à-dire par bouturage). Les boutures prélevées sur une même plante ont toutes le même génotype. Par conséquent, tous les descendants obtenus de cette manière auront des génotypes identiques. Une telle étude a été réalisée sur la millefeuille, *Achillea millefolium* (Figure 1-21a). Les résultats expérimentaux sont présentés dans la Figure 1-21b. De nombreuses plantes ont été récoltées et trois boutures ont été prélevées sur chaque plante. Une bouture de chaque plante a été plantée à basse altitude (30 mètres au-dessus du niveau de la mer), une deuxième à moyenne altitude (1 400 mètres), et la troisième à haute altitude (3 050 mètres). La Figure 1-21b montre les individus adultes qui se sont développés à partir des boutures de sept plantes ; chaque groupe de trois plantes de génotype identique est aligné verticalement pour permettre la comparaison.

(a)

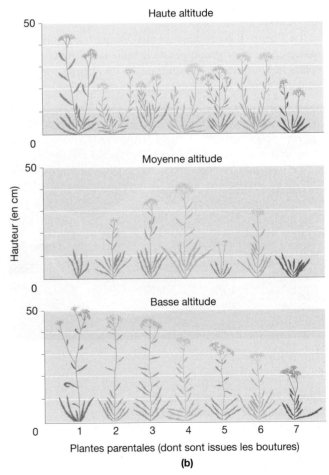

(b)

Figure 1-21 Une comparaison du génotype et du phénotype chez l'Achillée millefeuille. (a) Achillée millefeuille (*Achillea millefolium*). (b) Les normes de réaction en fonction de l'altitude pour sept plants différents d'achillée (sept génotypes différents). Une bouture de chaque plante a été mise à pousser à faible, moyenne et haute altitude. (Partie a, Harper Horticultural Slide Library ; partie b, Institution Carnegie de Washington.)

Nous constatons tout d'abord un effet général de l'environnement: les plantes se développent mal à moyenne altitude. Toutefois, ceci n'est pas vrai pour tous les génotypes; la bouture de la plante 4 a mieux poussé à moyenne altitude. En second lieu, on remarque qu'aucun génotype n'a une croissance supérieure à celle des autres dans toutes les conditions. La plante 1 présente la meilleure croissance à basse et haute altitudes, mais la plus mauvaise à moyenne altitude. La plante 6 se place à l'avant-dernière place pour la croissance à basse altitude mais à la deuxième pour la haute altitude. Une fois encore, nous percevons la complexité de la relation entre génotype et phénotype. Le graphique de la Figure 1-22 représente les normes de réaction déduites des résultats de la Figure 1-21b. Chaque génotype a une norme de réaction différente et les normes se croisent, de telle sorte qu'il est impossible d'identifier le «meilleur» génotype ou le «meilleur» environnement pour la croissance d'*Achillea*.

Nous avons rencontré deux profils différents de normes de réaction. L'écart entre le génotype sauvage et les génotypes de taille anormale des yeux chez la drosophile est tel que les phénotypes correspondants sont toujours différents, quel que soit l'environnement. Les mouches de génotype sauvage ont toutes les yeux plus grands que ceux des mouches des autres génotypes; dès lors nous sommes autorisés à parler (de façon simplificatrice) de génotypes à «grands yeux» et à «petits yeux». Dans ce cas, les variations des phénotypes correspondant à des génotypes différents sont beaucoup plus grandes que les variations causées pour un même génotype, par l'utilisation d'environnements distincts pendant le développement des mouches. Dans le cas d'*Achillea* au contraire, la variation d'expression du même génotype dans différents environnements est si importante que les courbes des normes de réactions se croisent et ne conduisent à aucun profil cohérent. Dans ce cas, identifier un génotype au moyen d'un phénotype n'a aucun sens, sauf en termes de réponse à des environnements particuliers.

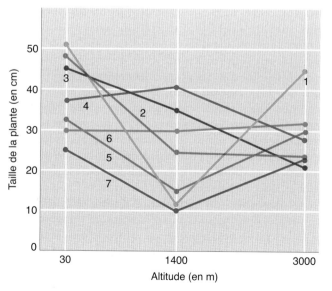

Figure 1-22 Une représentation graphique de l'ensemble des résultats présentés dans la Figure 1-21. Chaque courbe représente la norme de réaction d'une plante.

Le bruit de fond développemental

Jusqu'à présent nous avons admis que le phénotype n'est déterminé que par l'interaction d'un génotype et d'un environnement spécifiques. Mais un examen plus attentif révèle des variations inexplicables. D'après la Figure 1-20, une drosophile de génotype sauvage élevée à 16°C possède 1 000 facettes dans chaque œil. En fait, ceci n'est qu'une valeur moyenne; une mouche élevée à 16°C peut avoir 980 facettes et une autre, 1 020. Ces variations pourraient être dues à de légères fluctuations locales de l'environnement ou à des différences minimes dans les génotypes. Toutefois, un comptage peut montrer qu'une mouche a, par exemple, 1 017 facettes dans l'œil gauche et 982, dans le droit. Chez une autre mouche de type sauvage élevée dans les mêmes conditions expérimentales, l'œil gauche aura un peu moins de facettes que le droit. Pourtant, les yeux gauche et droit d'une même mouche sont génétiquement identiques. De plus, dans des conditions expérimentales normales, la mouche forme d'abord une larve (longue de quelques millimètres) qui s'enfouit dans un aliment artificiel homogène, à l'intérieur d'un flacon, et termine son développement à l'état de pupe (également longue de quelques millimètres), collée verticalement contre la paroi de verre, très haut au-dessus de la surface nutritive. Il n'y a certainement aucune différence significative d'environnement entre les deux côtés de la mouche. Si les deux yeux connaissent la même succession d'environnements et sont génétiquement identiques, pourquoi présentent-ils une différence phénotypique?

Les différences de forme et de taille dépendent en partie du processus de division cellulaire qui transforme le zygote en organisme pluricellulaire. La division cellulaire, à son tour, est sensible à des événements moléculaires qui ont lieu dans la cellule, et ceux-ci peuvent avoir une composante aléatoire relativement importante. Par exemple la biotine, une vitamine, est essentielle à la croissance de la drosophile, mais sa concentration moyenne n'est que d'une molécule par cellule. À l'évidence, la vitesse de tout processus dépendant de la présence de cette molécule sera sensible aux fluctuations de sa concentration. Il est possible qu'un nombre inférieur de facettes se développe si, du seul fait du hasard, il y a moins de biotine disponible au cours de la période relativement brève au cours de laquelle se forme l'œil. Dès lors, nous devons nous attendre à des variations aléatoires de caractères phénotypiques tels que le nombre de facettes de l'œil, l'abondance des soies ou d'autres petits détails morphologiques, aussi bien qu'à des variations des connexions entre neurones dans un système nerveux central très complexe – même lorsque le génotype et l'environnement sont fixés de manière très précise. Des événements aléatoires au cours du développement conduisent à des variations du phénotype, que l'on appelle le **bruit de fond développemental**.

MESSAGE Pour certains caractères comme les facettes de l'œil chez la drosophile, le bruit de fond développemental est une source majeure de variations pour le phénotype.

Figure 1-23 Un modèle
de détermination
phénotypique qui montre
de quelle façon les gènes,
l'environnement et le bruit
de fond développemental
interagissent pour produire
un phénotype.

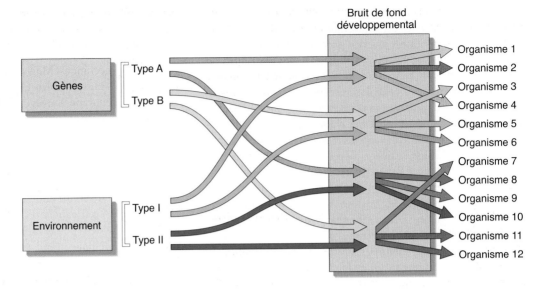

En ajoutant le bruit de fond développemental à notre modèle de développement phénotypique, nous obtenons un modèle proche de celui représenté dans la Figure 1-23. Pour un génotype et un environnement donnés, il y a toute une gamme de résultats possibles pour chaque étape du développement. Mais le processus du développement comporte des systèmes de contrôle rétroactif (*feedback* en anglais) qui tendent à maintenir les écarts dans certaines limites, de manière à éviter que leur amplitude n'augmente indéfiniment au cours des nombreuses étapes du développement. Néanmoins, ces contrôles rétroactifs ne sont pas parfaits : pour un génotype donné et une succession déterminée d'environnements au cours du développement, il subsiste une certaine incertitude quant au phénotype précis qui sera obtenu.

Trois niveaux de développement

Le Chapitre 18 de ce livre traite de la façon dont les gènes interviennent dans le développement et ne prend en compte à aucun moment le rôle de l'environnement ou l'influence du bruit de fond développemental. Comment pouvons-nous, au début de ce livre, souligner le rôle conjoint des gènes, de l'environnement et du bruit de fond dans la détermination du phénotype si notre manière d'aborder la génétique du développement ignore ensuite l'environnement ? La réponse tient dans le fait que la génétique moderne du développement traite des processus élémentaires de la différenciation, qui sont communs à tous les membres d'une même espèce ainsi qu'à des animaux aussi différents que les drosophiles et les mammifères. Comment la partie antérieure d'un animal se différencie-t-elle de la partie postérieure et la face ventrale de la face dorsale ? Comment le corps est-il segmenté et pourquoi les membres se forment-ils à partir de certains segments et pas des autres ? Pourquoi les yeux se développent-ils sur la tête et non au milieu de l'abdomen ? Pourquoi les antennes, les ailes et les pattes d'une mouche sont-elles si différentes les unes des autres alors que dans l'évolution, elles proviennent toutes d'appendices similaires chez leurs ancêtres ? À ce stade du développement, qui est commun à

tous les individus et à toutes les espèces, la variation environnementale normale ne joue aucun rôle et l'on peut affirmer sans se tromper que les gènes « déterminent » le phénotype. Ainsi, les effets des gènes peuvent être considérés individuellement à ce stade du développement et les processus semblent communs à une large variété d'organismes. C'est précisément pour ces raisons que la génétique du développement s'est concentrée sur la compréhension de ces mécanismes, parce qu'ils sont plus faciles à étudier que les caractéristiques pour lesquelles la variation environnementale joue un rôle important.

À un deuxième niveau développemental, il existe des variations dans les domaines élémentaires du développement, qui diffèrent d'une espèce à l'autre mais sont constants au sein d'une même espèce. Cela peut également se comprendre par l'action des gènes, même si pour le moment, ils ne font pas partie de l'étude de la génétique du développement. Ainsi, bien que les lions et les moutons aient quatre pattes, disposées de la même manière, les lions donnent toujours naissance à des lionceaux et les moutons à des agneaux et nous pouvons sans difficulté les distinguer l'un de l'autre quel que soit l'environnement. Une fois encore, nous avons le droit de dire que les gènes « déterminent » la différence entre les deux espèces, même s'il faut garder une certaine prudence. Deux espèces peuvent présenter des différences importantes parce qu'elles vivent dans des environnements très différents et, à moins de pouvoir les élever dans le même environnement, on ne peut jamais être sûr du rôle joué par l'influence environnementale. Considérons par exemple deux espèces de babouins vivant en Afrique, l'une dans les plaines desséchées de l'Éthiopie, et l'autre dans les zones plus fertiles de l'Ouganda, qui présentent un comportement de recherche de nourriture et une structure sociale très différents. Sans transférer des colonies des deux espèces d'un milieu à l'autre, il est impossible de savoir dans quelle mesure la différence est une réponse directe de ces primates aux conditions différentes de nourriture.

C'est au troisième niveau, les différences de morphologie, de physiologie et de comportement entre des individus d'une même espèce, que les facteurs génétiques, environnementaux et un bruit de fond développemental se superposent, comme nous l'avons vu dans ce chapitre. L'une des plus grandes erreurs de compréhension de la génétique par les non-généticiens est la confusion entre la variation à ce niveau et la variation aux niveaux supérieurs. Les expériences et découvertes traitées au chapitre 18 ne sont pas, et ne sont pas censées être, des modèles pour expliquer les causes de la variation individuelle. Elles s'appliquent directement et uniquement à ces caractéristiques, choisies délibérément, qui sont les grandes lignes du développement, dans lesquelles l'environnement ne semble jouer aucun rôle.

RÉPONSES AUX QUESTIONS CLÉS

- **Quel est le matériel héréditaire ?**

L'ADN.

- **Quelles sont la structure chimique et la structure physique de l'ADN ?**

Il s'agit d'une double hélice formée de deux chaînes de nucléotides orientées en sens inverse. Au centre de l'hélice, les nucléotides contenant la base G s'apparient avec les nucléotides contenant la base C, et les nucléotides contenant A s'apparient avec ceux contenant T.

- **Comment l'ADN est-il copié lors de la formation des nouvelles cellules et dans les gamètes qui produiront les descendants d'un individu ?**

Les brins se séparent et chacun sert de matrice pour la synthèse d'un nouveau brin.

- **Quelles sont les unités fonctionnelles de l'ADN contenant l'information concernant le développement et la physiologie ?**

Les unités fonctionnelles sont les gènes, des régions portant les séquences signal qui permettent une transcription en ARN.

- **Quelles molécules sont les principaux déterminants des propriétés structurales et physiologiques d'un organisme ?**

Plusieurs milliers de types différents de protéines.

- **Quelles sont les étapes de la transformation en protéines, de l'information portée par l'ADN ?**

Dans le cas de la plupart des gènes, la transcription de la séquence d'ADN en ARNm, puis la traduction de la séquence d'ARN en une séquence d'acides aminés constituant une protéine.

- **Qu'est-ce qui détermine les différences de physiologie et de structure entre les espèces ?**

Les différences entre espèces résultent en grande partie des différences entre l'ADN de ces espèces, qui se reflètent dans les différences de structure des protéines ainsi que dans le déroulement et la localisation de leur synthèse dans la cellule.

- **Quelles sont les causes de variation entre des individus d'une même espèce ?**

La variation entre individus au sein d'une même espèce est le résultat de différences génétiques, de différences liées à l'environnement, de l'interaction entre les gènes et l'environnement, ainsi que du bruit de fond développemental.

- **Quelle est l'origine de la variation dans les populations ?**

La variation entre les individus est due à la fois à la variation génétique, à la variation liée au développement et à des événements aléatoires pendant les divisions cellulaires au cours du développement.

RÉSUMÉ

La génétique est l'étude des gènes à tous les niveaux, des molécules aux populations. Elle est devenue une discipline moderne à partir des travaux de Gregor Mendel qui, dans les années 1860, fut le premier à formuler l'idée de l'existence de gènes. Nous savons maintenant qu'un gène est une région fonctionnelle de la longue molécule d'ADN qui constitue la structure fondamentale d'un chromosome. L'ADN est composé de quatre nucléotides, contenant chacun un sucre, le désoxyribose, du phosphate, et l'une des quatre bases – l'adénine (A), la thymine (T), la guanine (G) et la cytosine (C). L'ADN est formé de deux chaînes nucléotidiques orientées en sens inverse (antiparallèles) et maintenues ensemble par la liaison de A avec T et de G avec C. Lors de la réplication, les deux chaînes se séparent et leurs bases, qui sont alors exposées, sont utilisées comme matrices pour la synthèse de deux molécules filles identiques d'ADN.

La plupart des gènes codent la structure d'une protéine (les protéines sont les principaux déterminants des propriétés d'un organisme). Pour fabriquer une protéine, l'ADN doit d'abord être transcrit par une enzyme, l'ARN polymérase, en une copie simple-brin fonctionnelle appelée *ARN messager* (*ARNm*). La séquence nucléotidique de l'ARNm est traduite en une séquence d'acides aminés qui constitue la structure primaire d'une protéine. Les chaînes d'acides aminés sont synthétisées dans des ribosomes. Chaque acide aminé est apporté au ribosome par une molécule d'ARNt qui se fixe grâce à l'hybridation de son triplet (appelé l'*anticodon*) au codon (un triplet complémentaire) de l'ARNm.

Il peut exister plusieurs formes d'un même gène, que l'on appelle *allèles*. Les individus peuvent être classifiés en fonction de leur génotype (leur constitution allélique) ou de leur phénotype (les caractéristiques observables de leur apparence ou de leur physiologie). Les génotypes et les phénotypes présentent tous deux une certaine variation au sein d'une population. La variation peut être de deux sortes : discontinue, avec l'existence de deux phénotypes distincts ou plus, ou continue, avec des phénotypes présentant une vaste gamme de valeurs quantitatives. Les variants discontinus sont souvent déterminés par les allèles d'un gène. Par exemple, les personnes ayant une pigmentation normale de la peau possèdent l'allèle fonctionnel codant la conversion de la tyrosine en mélanine, un pigment noir, tandis que les albinos possèdent une forme mutée du gène qui code une protéine incapable de catalyser la conversion.

La relation du génotype et du phénotype dans plusieurs environnements distincts est appelée la *norme de réaction*. Au laboratoire, les généticiens étudient les variants discontinus dans des conditions où existe une correspondance terme à terme entre le génotype et le phénotype. À l'inverse, dans les populations naturelles, où l'environnement et le bruit de fond génétique varient dans la plupart des cas, la relation entre phénotype et génotype est généralement plus complexe et les génotypes peuvent produire des phénotypes chevauchants. C'est pourquoi la plupart des expériences d'analyse génétique commencent par l'étude de variants discontinus.

Les principaux outils de la génétique sont l'analyse des croisements de variants, la biochimie, la microscopie et une analyse directe de l'ADN à l'aide d'ADN cloné. L'ADN cloné peut fournir des sondes utiles pour détecter la présence d'ADN ou d'ARN apparentés.

MOTS CLÉS

Acide désoxyribonucléique (ADN) (p. 2)
Acide ribonucléique (ARN) (p. 5)
Allèle nul (p. 10)
Allèles (p. 2)
ARN de transfert (ARNt) (p. 6)
ARN messager (ARNm) (p. 5)
Bioinformatique (p. 12)
Bruit de fond développemental (p. 21)
Codon (p. 5)
Complémentaire (p. 4)
Délétion (p. 10)
Diploïde (p. 3)
Duplication (p. 10)
Enzyme (p. 5)
Enzymes de restriction (p. 12)
Eucaryotes (p. 6)
Exons (p. 6)

Gène (p. 2)
Génome (p. 3)
Génomique (p. 12)
Génotype (p. 9)
Haploïde (p. 3)
Homologue (p. 3)
Introns (p. 6)
Morphes (p. 9)
Mutants (p. 9)
Mutation par décalage du cadre de lecture (p. 10)
Norme de réaction (p. 19)
Nucléotides (p. 3)
Organismes modèles (p. 13)
Phénotypes (p. 8)
Polymorphisme (p. 9)
Polypeptide (p. 5)
Procaryotes (p. 6)

Protéine de structure (p. 5)
Protéines (p. 2)
Recherche à l'aide d'une sonde (p. 12)
Ribosome (p. 6)
Site actif (p. 10)
Substitution d'une paire de nucléotides (p. 10)
Traduction (p. 5)
Transcription (p. 5)
Transcrit (p. 5)
Transfert de type Northern (p. 12)
Transfert de type Southern (p. 12)
Transfert de type Western (p. 13)
Type sauvage (p. 9)
Variation continue (p. 10)
Variation discontinue (p. 8)
Zygote (p. 3)

PROBLÈMES

PROBLÈMES ÉLÉMENTAIRES

1. Définissez la *génétique*. Croyez-vous que les éleveurs de chevaux de course de l'Égypte ancienne étaient des généticiens ? En quoi leurs méthodes différaient-elles de celles des généticiens modernes ?

2. Comment l'ADN détermine-t-il les propriétés générales d'une espèce ?

3. Quelles sont les caractéristiques de l'ADN qui lui permettent de remplir le rôle de molécule héréditaire ? Pouvez-vous imaginer d'autres types de molécules héréditaires susceptibles d'exister chez des êtres vivants extra-terrestres ?

4. Combien de molécules différentes d'ADN de 10 paires de nucléotides de long peut-il exister ?

5. Si la thymine constitue 15 % des bases dans un échantillon d'ADN donné, quel sera le pourcentage de cytosine ?

6. Si le contenu de G+C d'un échantillon d'ADN est de 48 %, quel sera le pourcentage de chacun des quatre nucléotides ?

7. Chaque cellule somatique du corps humain contient 46 chromosomes.

   a. D'après cette affirmation, combien y a-t-il de molécules d'ADN ?

   b. Combien de types différents de molécules d'ADN cela représente-t-il ?

8. Un certain segment d'ADN a la séquence nucléotidique suivante dans l'un de ses brins :

   ATTGGTGCATTACTTCAGGCTCT

   Quelle doit être la séquence de l'autre brin ?

9. Dans un simple-brin d'ADN, est-il possible que le nombre d'adénines soit supérieur au nombre de thymines ?

10. Dans une double hélice normale d'ADN, est-il vrai que

    a. A + C est toujours égal à G + T?
    b. A + G est toujours égal à C + T?

11. Supposons que la molécule d'ADN ci-dessous se réplique pour produire deux molécules filles. Dessinez-les en écrivant en noir les nucléotides polymérisés au départ et en rouge les nucléotides nouvellement polymérisés.

    TTGGCACGTCGTAAT
    AACCGTGCAGCATTA

12. Dans les molécules d'ADN du problème 11, supposons que le brin du bas soit le brin matrice. Dessinez le transcrit d'ARN.

13. Dessinez les transferts de type Northern et Western des trois génotypes de la Figure 1-13. (Supposez que la sonde utilisée dans le transfert de type Northern soit un clone du gène de la tyrosinase.)

14. Qu'est-ce qu'un gène? Citez des problèmes posés par votre définition.

15. Le gène de l'albumine humaine s'étend sur une région chromosomique de 25 000 paires de nucléotides (25 kilobases, ou kb) du début de la séquence codant la protéine à la fin de cette même séquence, mais l'ARN messager de cette protéine n'est long que de 2,1 kb. À votre avis, qu'est-ce qui explique cette différence importante?

16. On extrait de l'ADN des cellules de *Neurospora*, un champignon haploïde (*n* = 7), de petit pois, un végétal diploïde (*2n* = 14), de la mouche commune, un animal diploïde (*2n* = 12). Si ces ADN sont séparés au moyen d'une électrophorèse, combien de bandes produira chacune des trois espèces?

17. Imaginez une formule qui mette en rapport la taille d'un ARNm, la taille du gène correspondant, le nombre d'introns et la taille moyenne de ces introns.

18. Si un codon d'ARNm est UUA, dessinez l'anticodon de l'ARNt qui s'hybriderait avec ce codon.

19. Deux mutations apparaissent dans des cultures séparées d'un champignon normalement rouge (qui possède un seul jeu de chromosomes). On découvre que les deux mutations sont situées dans des gènes différents. La mutation 1 donne une couleur orange et la mutation 2, une couleur jaune. Les biochimistes travaillant sur la synthèse du pigment rouge chez cette espèce ont déjà décrit la voie biochimique suivante:

précuseur incolore $\xrightarrow[\text{enzyme A}]{}$ pigment jaune $\xrightarrow[\text{enzyme B}]{}$

pigment orange $\xrightarrow[\text{enzyme C}]{}$ pigment rouge

    a. Quelle enzyme est déficiente chez le mutant 1?
    b. Quelle enzyme est déficiente chez le mutant 2?
    c. Quelle serait la couleur d'un double mutant (1 et 2)?

PROBLÈMES D'ÉVALUATION

20. Chez le pois de senteur, la couleur violette des pétales est contrôlée par deux gènes, *B* et *D*. La voie de biosynthèse est la suivante:

précurseur incolore $\xrightarrow{\text{gène } B}$ pigment anthocyanine rouge
précurseur incolore $\xrightarrow{\text{gène } D}$ pigment anthocyanine bleu $\Big\}$ violet

    a. À votre avis, quelle sera la couleur des pétales chez une plante qui porte deux copies d'une mutation complète (allèle nul) pour *B*?

    b. Quelle sera la couleur des pétales chez une plante qui porte deux copies d'une mutation complète pour *D*?

    c. Quelle sera la couleur des pétales chez une plante double mutante, c'est-à-dire qui porte à la fois deux copies d'un allèle nul pour *B* et *D*?

DÉCOMPOSONS LE PROBLÈME N° 20

Dans de nombreux chapitres, il vous sera demandé dans un ou plusieurs problèmes de «décomposer» l'énoncé. Les questions posées à cette fin sont conçues pour vous aider à résoudre le problème en vous montrant les informations sous-jacentes, souvent très nombreuses, contenues dans l'énoncé d'un problème. La même approche peut être utilisée par le lecteur pour résoudre les autres problèmes. Si vous rencontrez des difficultés pour résoudre le Problème 20, essayez de répondre aux questions ci-dessous. Si cela est nécessaire, relisez les parties du livre dont vous ne vous rappelez pas. Essayez ensuite de résoudre à nouveau le problème en utilisant les informations obtenues en répondant aux questions ci-dessous.

1. Que sont les pois de senteur et en quoi diffèrent-ils des petits pois?
2. Qu'est-ce qu'une voie de biosynthèse, dans le sens utilisé ici?
3. Combien de voies de biosynthèse apparaissent dans ce système?
4. Ces voies sont-elles indépendantes?
5. Définissez le terme *pigment*?
6. Que signifie incolore dans ce problème? Donnez un exemple de liquide incolore.
7. À quoi ressemblerait un pétale contenant uniquement des pigments incolores?
8. La détermination de la couleur des pétales du pois de senteur ressemble-t-elle à un mélange de peintures?
9. Qu'est-ce qu'une mutation?
10. Qu'est-ce qu'une mutation complète (allèle nul)?
11. Quelle pourrait être la cause d'une mutation complète au niveau de l'ADN?
12. Que signifie «deux copies»? (Combien de copies de leurs gènes, les pois de senteur possèdent-ils normalement?)
13. Quel rôle jouent les protéines dans ce problème?

14. Est-il important que les gènes *B* et *D* soient situés sur le même chromosome ?

15. Dessinez un allèle de type sauvage de *B* et un allèle nul (mutation complète) au niveau de l'ADN.

16. Faites de même pour le gène *D*.

17. Faites de même pour le double mutant.

18. Comment expliqueriez-vous la détermination génétique de la couleur des pétales chez les pois de senteur à un jardinier sans formation scientifique ?

21. Douze allèles nuls (mutants complets) d'un gène sans intron de *Neurospora* sont examinés et l'on découvre que tous les sites mutants sont regroupés dans une région occupant le tiers central du gène. Comment pourrait s'expliquer cette découverte ?

22. On obtient une souris mutante albinos qui ne possède pas de mélanine, un pigment normalement fabriqué par l'enzyme T. En effet, le tissu de ce mutant est dépourvu de toute activité détectable de l'enzyme T. Pourtant, un transfert de type Western révèle la présence d'une protéine ayant des propriétés immunologiques identiques à celles de l'enzyme T dans les cellules de ce mutant. Comment cela est-il possible ?

23. En Norvège en 1934, une mère ayant deux enfants présentant un retard mental a consulté le médecin Asbjørn Følling. Au cours de l'entretien, Følling apprit que l'urine des enfants avait une odeur curieuse. Il testa cette urine avec du chlorure ferrique et découvrit que l'urine des enfants restait verte au lieu de devenir marron comme l'urine normale. Il déduisit de ceci que le responsable chimique devait être l'acide phénylpyruvique. En raison de sa ressemblance chimique avec la phénylalanine, il semblait probable que cette substance se soit formée à partir de la phénylalanine présente dans le sang, mais il n'existait à ce moment-là aucun moyen de mettre la phénylalanine en évidence. Toutefois, une bactérie pouvait convertir la phénylalanine en acide phénylpyruvique. On pouvait donc mesurer le taux de phénylalanine en utilisant le test au chlorure ferrique. On découvrit que les enfants présentaient une concentration élevée de phénylalanine dans le sang, ce qui était probablement à l'origine de la présence de l'acide phénylpyruvique. Cette maladie, que l'on appelle maintenant phénylcétonurie (PCU), est héréditaire et est due à un allèle récessif.

Il devint évident que la phénylalanine était la coupable, que cette substance chimique s'accumulait chez les malades atteints de PCU et était transformée, atteignant des concentrations élevées en acide phénylpyruvique. Ceci interférerait alors avec le développement normal du tissu nerveux. Cette observation conduisit à la mise au point d'un régime alimentaire spécial, pauvre en phénylalanine, que l'on pouvait donner aux nouveau-nés chez lesquels on avait diagnostiqué une PCU et qui permettait leur développement sans retard psychomoteur. On découvrit également qu'après le développement du système nerveux chez l'enfant, le malade pouvait abandon-

ner son régime spécial. Malheureusement, de nombreuses femmes atteintes de PCU qui s'étaient développées normalement grâce au régime spécial eurent des enfants présentant un retard mental dès la naissance, et sur lesquels le régime spécial mis au point n'avait aucun effet.

a. À votre avis, pourquoi les bébés des mères atteintes de PCU présentaient-ils un retard mental à la naissance ?

b. Pourquoi un régime spécial n'avait-il aucun effet sur eux ?

c. Expliquez la raison de la différence de résultats entre les bébés PCU et les bébés des mères PCU.

d. Proposez un traitement qui pourrait permettre aux mères PCU d'avoir des enfants normaux.

e. Écrivez un texte court sur la PCU, en y incorporant les différents concepts aux niveaux génétique, diagnostique, enzymatique, physiologique, ainsi qu'au niveau de l'arbre généalogique et de la population.

24. Normalement la thyroxine, une hormone de croissance thyroïdienne, est fabriquée dans le corps par une enzyme, de la façon suivante :

$$\text{tyrosine} \xrightarrow{\text{enzyme}} \text{thyroxine}$$

Si l'enzyme est défectueuse, elle entraîne des symptômes qui constituent le syndrome *crétino-goîtreux* (GGC pour *genetic goiterous cretinism* en anglais), un syndrome rare qui consiste en une croissance lente, une thyroïde surdimensionnée (goître) et un retard mental.

a. Si l'allèle normal est haplo-suffisant, pensez-vous que le GGC sera transmis sous la forme d'un phénotype dominant ou récessif ? Expliquez pourquoi.

b. Faites des hypothèses sur la nature de l'allèle responsable du GGC, en comparant sa séquence moléculaire à celle de l'allèle normal. Dans le cadre de votre modèle, montrez pourquoi cela induit une enzyme inactive.

c. Comment les symptômes du GGC pourraient-ils être atténués ?

d. À la naissance, les enfants atteints de GGC sont parfaitement normaux et ne développent leurs symptômes que plus tard. À votre avis, pourquoi ?

25. Indiquez les points communs et les différences entre les processus au cours desquels l'information devient forme, dans un organisme et lors de la construction d'une maison.

26. Essayez de trouver des exceptions à l'affirmation du chapitre 1 selon laquelle «lorsque vous regardez un organisme, ce que vous voyez est soit une protéine, soit quelque chose qui a été fabriqué par une protéine».

27. En quoi les normes de réaction interviennent-elles dans la variation phénotypique au sein d'une espèce ?

28. Quels sont les différents types de variation phénotypique au sein d'une espèce et quelle est leur importance ?

29. La formule «génotype + environnement = phénotype» est-elle exacte ?

2

LES MODES DE TRANSMISSION HÉRÉDITAIRE

Le monastère de Gregor Mendel. On peut voir une statue de Mendel à l'arrière-plan. Aujourd'hui, cette partie du monastère de Mendel est devenue un musée et les conservateurs ont planté des bégonias rouges et blancs selon des motifs qui illustrent le type de modes de transmission obtenus par Mendel avec les pois. [Anthony Griffiths.]

QUESTIONS CLÉS

- Comment peut-on affirmer qu'un variant phénotypique a une origine génétique ?

- Les variants phénotypiques sont-ils transmis suivant des modes récurrents à travers les générations ?

- Au niveau du gène, qu'est-ce qui explique les modes de transmission des variants phénotypiques ?

- Le mode de transmission est-il influencé par la position du ou des gènes correspondants dans le génome ?

- Le mode de transmission d'un phénotype est-il indépendant de celui des phénotypes d'autres caractères ?

SOMMAIRE

2.1 La transmission autosomique

2.2 Les chromosomes sexuels et l'hérédité liée au sexe

2.3 La transmission cytoplasmique

L'ESSENTIEL DU CHAPITRE

L'essentiel de la génétique est basé sur la variation héréditaire. Nous avons vu au Chapitre 1 qu'au sein d'une espèce, les individus peuvent présenter des caractéristiques variées. Même si les individus d'une espèce ont en commun la majorité des attributs de celle-ci, il existe souvent des différences qui nous permettent de distinguer les individus les uns des autres. Les différences peuvent porter sur une caractéristique telle que la couleur des yeux, la taille ou la forme du corps, une maladie ou encore le comportement. On appelle **variants** les individus qui présentent des différences. L'analyse génétique commence en général avec deux variants. Dans les analyses génétiques élémentaires réalisées par Gregor Mendel et décrites dans ce chapitre, les deux variants étaient des plants de pois à fleurs blanches et à fleurs violettes.

Dans tous les cas de variation, l'étape clé consiste à décider si la variation observée est héréditaire ou non. Une question connexe concerne l'origine de cette variation. Pour cela, il nous faut connaître le nombre de gènes impliqués et leur mode de transmission d'une génération à l'autre.

Pour répondre à ces questions, il faut analyser le *mode de transmission héréditaire*. Les deux variants distincts sont croisés et leurs descendants sont étudiés pendant plusieurs générations. Sur quels points nos observations doivent-elles porter ? Il faut d'abord vérifier si les caractéristiques des variants apparaissent dans les générations suivantes. Si c'est le cas, il est important de connaître les proportions dans lesquelles cela se produit.

Il existe un nombre limité de modes standard de transmission héréditaire. À partir de ceux-ci, un ou plusieurs gènes à l'origine de la variation peuvent être identifiés. Des études ultérieures peuvent alors être menées pour étudier la nature moléculaire des gènes concernés.

Dans ce chapitre, nous étudierons les modes de transmission héréditaire rencontrés lors de l'analyse de variants *discontinus*, les variants qui peuvent être regroupés en au moins deux formes ou phénotypes. Nous pouvons citer des exemples simples tels que la couleur rouge ou bleue des pétales de certaines espèces végétales ou encore la couleur noire ou marron du pelage des souris. Dans de nombreux cas, cette variation est héréditaire et peut s'expliquer par des différences portant sur un seul gène. Ces différences sont à

UNE VUE D'ENSEMBLE DU CHAPITRE

Figure 2-1 Un mode de transmission héréditaire type. Si deux souris noires portant chacune les allèles de la couleur du pelage *B* = noir et *b* = brun sont croisées, les descendants présentent un rapport mathématique précis : 3/4 des individus sont noirs et 1/4 sont bruns. Le tableau représente les quatre fusions possibles des ovules et des spermatozoïdes.

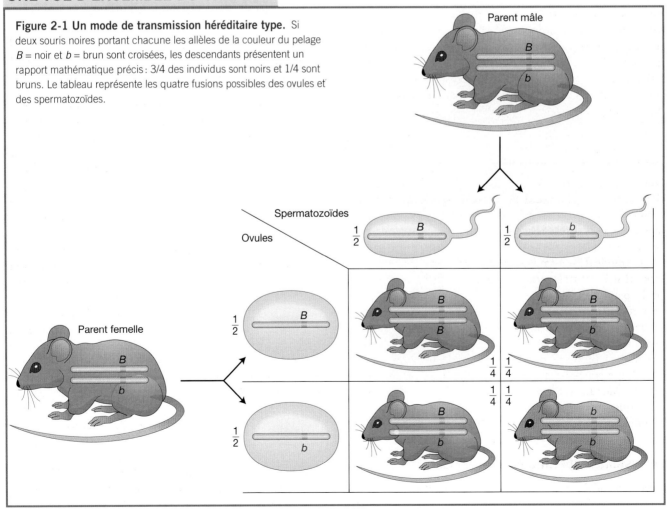

l'origine d'une part importante de la génétique décrite dans ce texte. Les modes de transmission héréditaire se répartissent en trois grandes catégories, selon les différentes positions possibles de ce gène unique :

- La *transmission autosomique*, basée sur la variation de gènes uniques présents sur les chromosomes non sexuels (autosomes).
- La *transmission liée au sexe*, due à la variation de gènes uniques présents sur les chromosomes sexuels.
- La *transmission cytoplasmique*, causée par la variation de gènes uniques présents sur les chromosomes des organites.

(Les modes de transmission de la variation continue sont plus complexes et seront traités au Chapitre 20.)

Le schéma résumant le chapitre (Figure 2-1) présente un mode typique de transmission héréditaire que nous examinerons sous peu. Il s'agit en fait d'un exemple de transmission autosomique. Ce mode de transmission est le plus courant, car les autosomes portent la plupart des gènes. La figure présente un croisement expérimental entre deux souris noires d'un type génétique spécifique. Le tableau dans la figure montre un mode de transmission fréquent qui se manifeste dans la descendance du croisement : un rapport 3/4 : 1/4 des animaux à pelage noir ou à pelage marron. Les symboles des gènes indiqués sur chaque souris signalent le mécanisme génétique à l'origine de ce mode de transmission. On fait l'hypothèse que les deux souris parentales portent deux formes différentes (allèles) d'un gène autosomique qui affecte la couleur du pelage, symbolisées par *B* et *b*. La séparation de ces allèles dans les gamètes et leur combinaison chez les descendants expliquent parfaitement le mode de transmission observé.

2.1 La transmission autosomique

Nous commencerons notre étude par le mode de transmission héréditaire observé dans le cas de gènes situés sur des **autosomes**, qui correspondent à l'ensemble des chromosomes présents dans le noyau des cellules, à l'exception des chromosomes sexuels.

Ce mode de transmission que nous appelons aujourd'hui *transmission autosomique*, a été découvert au dix-neuvième siècle par le moine Gregor Mendel. Son travail a eu une importance considérable car il a non seulement découvert ce mode de transmission héréditaire, mais en l'analysant, il a réussi à en déduire l'existence des gènes et de leurs formes alternatives. En outre, on utilise encore de nos jours l'approche qu'il a suivie pour découvrir les gènes. Pour toutes ces raisons, Mendel est considéré comme le fondateur de la génétique. Nous utiliserons les expériences historiques de Mendel pour illustrer la transmission autosomique.

Le système expérimental de Mendel

Gregor Mendel est né dans la région de Moravie, qui appartenait alors à l'Empire austro-hongrois. À la fin de ses études

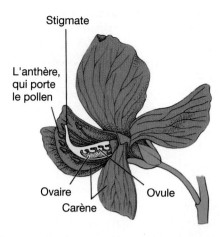

Figure 2-2 Les organes reproducteurs de la fleur du pois. Une fleur de pois dont la carène a été coupée et ouverte pour exposer les organes reproducteurs. L'ovaire est représenté en coupe. [D'après J. B. Hill, H. W. Popp et A. R. Grove, Jr., *Botany*, Copyright 1967 par McGraw-Hill.]

secondaires, il entra au monastère augustinien de St Thomas, dans la ville de Brünn, l'actuelle Brno de la République tchèque. Son monastère était consacré à l'enseignement des sciences et à la recherche scientifique, c'est pourquoi Mendel fut envoyé à l'université de Vienne pour y obtenir ses diplômes d'enseignement. Cependant, il rata ses examens et retourna au monastère de Brünn. Il s'engagea alors dans le programme de recherche sur l'hybridation de végétaux qui lui valut à titre posthume le titre de fondateur de la génétique.

Les travaux de Mendel constituent un exemple remarquable de bonne technique scientifique. Il choisit un matériel de recherche convenant bien à l'étude du problème à résoudre, conçut minutieusement ses expériences, recueillit un grand nombre de données et recourut à l'analyse mathématique pour montrer que les résultats s'accordaient à l'hypothèse qu'il formulait pour les expliquer. Les prédictions de l'hypothèse furent ensuite testées au cours d'une nouvelle série d'expériences.

Mendel choisit d'étudier le pois (*Pisum sativum*) pour deux raisons essentielles. En premier lieu, il pouvait trouver chez les grainetiers un vaste éventail de variétés de pois, de formes et de couleurs distinctes, aisément identifiables et analysables. En second lieu, les fleurs de pois peuvent soit **s'autoféconder**, soit subir une fécondation (ou **pollinisation**) croisée. On dit qu'une plante s'autoféconde lorsqu'elle se reproduit grâce à la fécondation de ses ovules par les spermatozoïdes de son propre pollen. Chez toutes les plantes à fleurs, les parties mâles d'une fleur (anthères) libèrent le pollen contenant les spermatozoïdes et ceux-ci fécondent les ovules libérés par les ovaires, la partie femelle de la fleur. Il est facile de réaliser une autofécondation des pois car les anthères et les ovaires de la fleur sont enfermés dans un compartiment appelé **carène** (Figure 2-2). Si l'on n'intervient pas, le pollen tombe simplement sur le stigmate de sa propre fleur. Le jardinier ou l'expérimentateur peut

Figure 2-3 L'une des techniques de pollinisation croisée artificielle présentée chez *Mimulus guttatus*, le mimule tacheté. Pour transférer le pollen, l'expérimentateur met en contact les anthères provenant du parent mâle et le stigmate d'une fleur dépouillée de ses anthères qui joue le rôle de parent femelle. [Anthony Griffiths.]

également procéder à volonté au croisement de n'importe quelle paire de plants de pois. Les anthères d'une plante sont retirées avant d'avoir pu émettre leur pollen, une opération réalisée pour empêcher l'autofécondation. Le pollen d'une autre plante est alors transféré sur le stigmate récepteur à l'aide d'un pinceau ou en utilisant les anthères elles-mêmes (Figure 2-3). L'expérimentateur peut donc choisir de laisser s'autoféconder les plantes ou de les croiser lui-même.

D'autres motifs d'ordre pratique expliquent le choix de Mendel; les pois étaient bon marché et il était facile de s'en

procurer. Ils prennent peu de place, leur temps de génération est court et ils produisent une descendance nombreuse. Ces considérations entrent souvent en jeu lors du choix d'un organisme destiné à un programme de recherche génétique.

Les croisements de végétaux différant par un caractère

Mendel choisit d'étudier sept *caractères* différents. Le terme *caractère*, dans ce sens, désigne une propriété spécifique d'un organisme. Les généticiens l'utilisent comme synonyme de caractéristique.

Pour chacun des caractères choisis, Mendel se procura des lignées végétales, qu'il cultiva pendant deux ans afin d'être sûr de disposer de lignées pures. Une **lignée pure** est une population dont les individus donnent des descendants identiques à eux-mêmes (qui ne présentent aucune variation) en ce qui concerne le caractère considéré. En d'autres termes, dans toute la descendance produite par autofécondation ou par croisement au sein de la population, ce caractère est identique. S'assurer de disposer de lignées pures était une façon intelligente de commencer son travail: Mendel établissait ainsi les conditions qui lui permettraient d'attribuer une signification scientifique à tout changement observé à la suite d'une manipulation délibérée. En réalité, il avait conçu là une expérience de contrôle.

Deux des variétés de pois étudiées par Mendel se révélèrent pures quant au caractère «couleur de la fleur». L'une des lignées donnait des fleurs violettes, l'autre des fleurs blanches. Toute plante de la lignée à fleurs violettes – qu'elle fût autofécondée ou croisée avec d'autres plantes de la même lignée – donnait des graines qui produisaient toutes des plantes à fleurs violettes. Quand ces plantes étaient à leur tour autofécondées ou croisées au sein de la lignée, leur descendance présentait également des fleurs violettes et ainsi de suite. De la même manière, la lignée à fleurs blanches ne produisait que des fleurs blanches au fil des générations. Mendel obtint sept paires de lignées pures pour sept

Figure 2-4 Les sept différences de caractères étudiées par Mendel. [D'après S. Singer et H. Hilgard, *The Biology of People*. Copyright 1978 par W.H. Freeman and Company.]

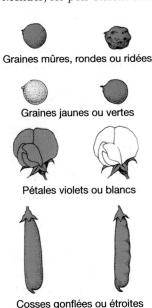

Graines mûres, rondes ou ridées

Graines jaunes ou vertes

Pétales violets ou blancs

Cosses gonflées ou étroites

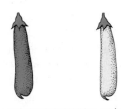

Cosses immatures vertes ou jaunes

Fleurs axiales ou terminales

Tiges longues ou courtes

caractères, chaque paire ne différant des autres que par un caractère (Figure 2-4).

On dit de chacune des paires de lignées choisies par Mendel qu'elle présente une **différence au niveau d'un caractère** – une différence notable entre deux lignées d'un organisme (ou entre deux organismes) pour un caractère donné. Ces différences contrastées pour un caractère donné sont le point de départ de toute analyse génétique. Les lignées distinctes (ou individus) représentent des formes différentes que peut prendre le caractère : on peut les appeler *formes de caractères*, *variants*, ou **phénotypes**. Le terme *phénotype* (dérivé du grec) signifie littéralement «la forme visible»; c'est celui qui est utilisé aujourd'hui par les généticiens. Même si des mots tels que *gène* ou *phénotype* n'ont pas été inventés ni utilisés par Mendel, nous les emploierons pour décrire ses résultats et ses hypothèses.

Revenons à présent à l'analyse de Mendel de lignées pures pour la couleur des fleurs. Dans l'une de ses premières expériences, Mendel prit du pollen d'une plante à fleurs blanches pour polliniser une plante à fleurs violettes. On appelle ces plantes originaires de lignées pures la **génération parentale (P)**. Toutes les plantes issues de ce croisement présentaient des fleurs violettes (Figure 2-5). Cette génération de descendants est appelée **première génération filiale (F_1)**. (Les générations suivantes produites par autofécondation seront appelées F_2, F_3 et ainsi de suite.)

Mendel réalisa des **croisements réciproques**. Chez la plupart des plantes un croisement peut se faire de deux

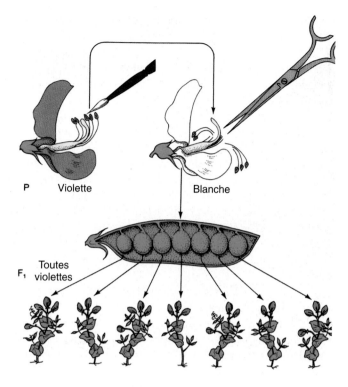

Figure 2-6 Un croisement effectué par Mendel entre une ♀ à fleurs blanches et un ♂ à fleurs violettes a montré que les descendants d'un croisement réciproque ont également tous des fleurs violettes.

façons, selon que les phénotypes considérés sont portés par le mâle (♂) ou par la femelle (♀). Par exemple, les deux croisements suivants :

phénotype A ♂ × phénotype B ♀
phénotype B ♂ × phénotype A ♀

sont des croisements réciproques. Mendel effectua un croisement réciproque en fécondant une fleur blanche par du pollen d'une plante à fleurs violettes. Ce croisement produisit le même résultat (rien que des fleurs violettes) dans la F_1 (Figure 2-6). Mendel en conclut que la manière dont on effectuait le croisement ne changeait rien à l'affaire. Si l'une des lignées parentales pures porte des fleurs violettes et l'autre des fleurs blanches, tous les plants de la F_1 produiront des fleurs violettes. La couleur violette des fleurs de la génération F_1 est identique à celle de la lignée parentale à fleurs violettes.

Mendel laissa ensuite les plantes de la F_1 s'autoféconder, permettant au pollen de chaque fleur de tomber sur son propre stigmate. De cette opération il obtint 929 graines de pois (les individus de la F_2) qu'il planta à leur tour. Résultat intéressant, certaines d'entre elles donnèrent naissance à des plantes à fleurs blanches. Le phénotype blanc, absent de la génération F_1 était réapparu dans la F_2. Il en déduisit que d'une certaine façon, le «caractère blanc» devait être présent mais non exprimé dans la F_1. Il utilisa les termes **dominant** et **récessif** pour décrire ce phénomène. Dans le cas présent, le phénotype violet était dominant et le blanc, récessif. (Nous verrons plus tard que ce sont en réalité les déterminants

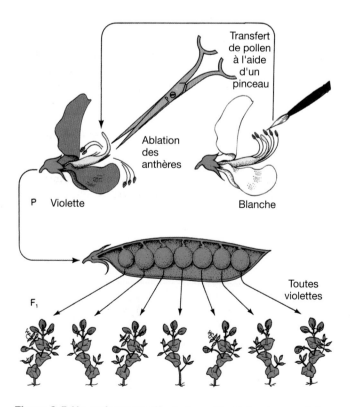

Figure 2-5 Un croisement effectué par Mendel entre une ♀ à fleurs violettes et un ♂ à fleurs blanches a produit uniquement des descendants à fleurs violettes.

génétiques des phénotypes qui sont dominants ou récessifs.) C'est donc le phénotype des individus de la F_1, établi en croisant différentes lignées pures contrastées, qui fournit la définition opérationnelle de la dominance : le phénotype exprimé chez les individus de la F_1 est par définition le phénotype dominant.

Mendel fit alors une chose qui, plus que toute autre, marque la naissance de la génétique moderne : il *compta* les plantes possédant chacun des phénotypes. Cette façon de procéder n'avait jamais été suivie au cours des études génétiques qui précédèrent le travail de Mendel. D'autres que lui avaient obtenu des résultats fort semblables à la suite de croisements mais n'avaient pas dénombré les représentants de chaque classe. Dans la F_2, Mendel compta 705 plantes à fleurs violettes et 224 à fleurs blanches. Il se rendit compte que le rapport 705 : 224 était presque exactement un rapport 3 : 1.

Mendel répéta cette opération pour les six autres paires de différences affectant des caractères héréditaires du petit pois. Il trouva le même rapport 3 : 1 dans la génération F_2 pour chacune des paires (Tableau 2-1). À ce stade, il devait sûrement commencer à attribuer une signification importante au rapport 3 : 1 et à en chercher l'explication. Dans chaque cas, un des phénotypes parentaux disparaissait dans la F_1 et réapparaissait chez le quart des individus de la F_2.

Mendel continua à tester minutieusement la classe des individus de la F_2 présentant le phénotype dominant. Il découvrit (apparemment par hasard) qu'il y avait en fait deux sous-classes génétiquement distinctes. En l'occurrence, il travaillait sur les deux phénotypes de couleur de la graine. Chez le pois, la couleur de la graine est déterminée par la constitution génétique de la graine elle-même et non par celle du parent maternel comme chez certaines espèces de plantes. Cette caractéristique est très commode puisqu'elle permet au chercheur de considérer chaque grain de pois comme un individu et d'observer directement son phénotype sans devoir préalablement le laisser germer puis fleurir comme il le faudrait pour pouvoir observer la couleur des fleurs. Comme les pois sont petits, cela permet d'examiner de grands nombres de descendants et rend plus aisée l'analyse des générations ultérieures. La couleur des graines utilisées par Mendel était soit jaune, soit verte. Il croisa une

lignée pure à graines jaunes avec une lignée pure à graines vertes et observa que tous les pois de la F_1 étaient jaunes. Symboliquement

$$P \quad \text{jaunes} \quad \times \quad \text{verts}$$
$$\downarrow$$
$$F_1 \quad \text{tous jaunes}$$

Dès lors, par définition, le jaune est le phénotype dominant et le vert est récessif.

Mendel fit pousser une génération F_1 de plantes à partir de ces pois F_1 et les laissa s'autoféconder. Les pois qui se formèrent sur ces plantes de la F_1 constituaient la génération F_2. Il observa que dans les cosses des plantes F_1, trois-quarts des pois F_2 étaient jaunes et un quart, verts :

$$F_1 \quad \text{tous jaunes (autofécondation)}$$
$$F_2 \quad \begin{cases} \frac{3}{4} \text{ jaunes} \\ \frac{1}{4} \text{ verts} \end{cases}$$

Le rapport dans la F_2 est simplement le rapport phénotypique 3 : 1 rencontré précédemment. Pour continuer à tester les membres de la F_2, Mendel laissa s'autoféconder de nombreuses plantes. Il prit un échantillon de 519 pois jaunes de la F_2 et les fit germer. Il laissa ces plantes jaunes s'autoféconder et compta à nouveau les pois de chaque couleur.

Mendel trouva que 166 de ces plantes ne portaient que des pois jaunes et que sur chacune des 353 plantes restantes il y avait à la fois des pois jaunes et des pois verts dans le rapport 3 : 1. En outre les plantes obtenues à partir des pois verts de la F_2 ne produisirent après autofécondation que des pois verts. En résumé, tous les pois verts de la F_2 étaient de lignée pure verte, comme la lignée parentale verte, mais parmi les F_2 jaunes, environ deux tiers étaient semblables aux pois jaunes de la F_1 (produisant des graines jaunes et vertes dans un rapport 3 : 1) et le tiers restant était comme le parent de lignée pure jaune. L'étude des autofécondations

Tableau 2-1 Les résultats de croisements effectués par Mendel entre parents différant par un seul caractère.

Phénotype parental	F_1	F_2	Rapport dans la F_2
1. Graines rondes × ridées	Toutes rondes	5474 rondes ; 1850 ridées	2,96 : 1
2. Graines jaunes × vertes	Toutes jaunes	6022 jaunes ; 2001 vertes	3,01 : 1
3. Pétales violets × blancs	Tous violets	705 violets ; 224 blancs	3,15 : 1
4. Cosses gonflées × étroites	Toutes gonflées	882 gonflées ; 299 étroites	2,95 : 1
5. Cosses vertes × jaunes	Toutes vertes	428 vertes ; 152 jaunes	2,82 : 1
6. Fleurs axiales × terminales	Toutes axiales	651 axiales ; 207 terminales	3,14 : 1
7. Tiges longues × courtes	Toutes longues	787 longues ; 277 courtes	2,84 : 1

révéla que le rapport phénotypique 3:1 de la génération F_2 était en fait un rapport plus fondamental 1:2:1.

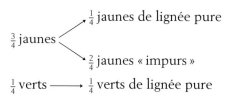

Des études ultérieures établirent que ces proportions 1:2:1 étaient sous-jacentes à tous les cas de rapports de phénotypes 3:1 que Mendel avait observés. Dès lors, le véritable problème était non pas d'expliquer le rapport 3:1, mais le rapport 1:2:1. L'hypothèse que Mendel fournit pour expliquer ces observations est un exemple classique de modèle ou d'hypothèse issu(e) de l'observation et se prêtant particulièrement bien à l'épreuve de nouvelles expériences. Son modèle contenait les concepts suivants:

1. *L'existence des gènes.* Les différences entre les phénotypes contrastés et leurs modes de transmission héréditaire furent attribuées à d'authentiques particules héréditaires. Aujourd'hui, nous appelons ces particules des *gènes*.

2. *Les gènes existent par paires.* Un gène peut exister sous différentes formes, correspondant chacune à l'un des phénotypes alternatifs d'un caractère. Les différentes formes d'un gène sont appelées **allèles**. Dans les plants de pois adultes, chaque gène est présent en deux exemplaires dans chaque cellule, ce qui constitue une **paire de gènes**. Dans des plantes différentes, une paire de gènes peut comporter les deux mêmes allèles ou des allèles différents de ce gène. Ici le raisonnement de Mendel était probablement le suivant: les plantes de la F_1 devaient posséder un allèle responsable du phénotype dominant et un autre allèle, responsable du phénotype récessif, celui qui se révèle seulement dans les générations ultérieures.

3. *La séparation des paires de gènes dans les gamètes.* Chaque gamète possède un seul membre de chaque paire de gènes. Pour qu'ils soient exprimés dans les générations ultérieures, les allèles doivent gagner les gamètes – les ovules et les spermatozoïdes. Toutefois, afin d'empêcher le nombre de gènes de doubler à chaque fusion des gamètes, Mendel proposa qu'au cours de la formation de chaque gamète, la paire de gènes se divisait en deux.

4. *La ségrégation égale.* Les membres de chaque paire de gènes ségrégent (ou se disjoignent) de manière égale lors de la formation des gamètes. Le mot clé «égale» signifie que 50% des gamètes porteront l'un des membres de la paire de gènes et les 50% restants, l'autre membre.

5. *La fécondation aléatoire.* L'union de deux gamètes parentaux pour former la première cellule (**zygote**) d'un nouveau descendant est aléatoire – c'est-à-dire que les gamètes se forment sans tenir compte de l'allèle porté.

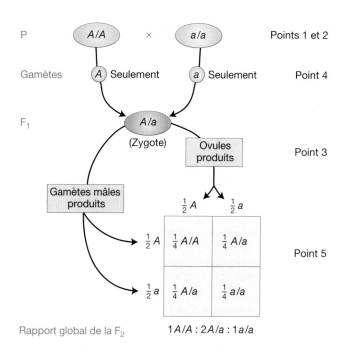

Figure 2-7 L'explication de Mendel du rapport 1 : 2 : 1. La représentation mendélienne des déterminants héréditaires d'une différence de caractère dans les générations P, F_1 et F_2 explique le rapport 1 : 2 : 1. Les parties de la figure qui illustrent chacun des cinq concepts de Mendel sont indiquées à droite.

Nous avons symbolisé ces points dans un schéma, désignant (ainsi que le fit Mendel) l'allèle qui détermine le phénotype dominant par A et l'allèle du phénotype récessif par a, tout comme un mathématicien utilise des symboles pour représenter des entités abstraites de différentes sortes. Dans la Figure 2-7, ces symboles sont utilisés pour illustrer la façon dont le modèle de Mendel explique le rapport 1:2:1. Comme nous l'avons vu au chapitre 1, les membres d'une paire de gènes sont séparés par une barre oblique. Cette barre oblique est utilisée pour montrer qu'il s'agit d'une paire de gènes.

Le modèle complet donnait un sens logique aux données. Cependant, de nombreux modèles, pourtant séduisants, ne résistèrent pas aux tests. La tâche suivante de Mendel consistait à tester son modèle. Une part essentielle de ce modèle porte sur la nature des individus de la F_1, qui sont supposés posséder deux allèles différents, et leur ségrégation égale dans les gamètes. Mendel choisit donc une plante de la F_1 (obtenue à partir d'une graine jaune) et la croisa avec une plante obtenue à partir d'un pois vert. Le principe de ségrégation égale signifie que l'on pouvait prévoir un rapport 1:1 entre les graines jaunes et vertes pour la génération suivante. Si nous désignons par Y l'allèle qui détermine le phénotype dominant (graines jaunes: *yellow* en anglais) et par y l'allèle qui détermine le phénotype récessif (graines vertes), nous pouvons représenter les prédictions de Mendel par le schéma de la Figure 2-8. Dans cette expérience, Mendel obtint 58 jaunes (Y/y) et 52 verts (y/y), résultat très proche du rapport 1:1 attribué à la ségrégation égale de Y et de y chez les individus de la F_1.

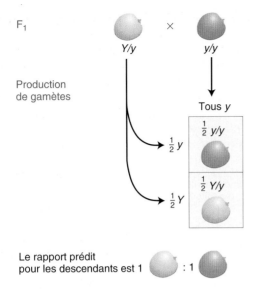

Figure 2-8 Le croisement d'un hétérozygote présumé *Y/y* avec un homozygote récessif présumé *y/y* produit des descendants dans un rapport 1 : 1.

C'est ce concept de **ségrégation égale** que l'on appelle la **première loi de Mendel** : *Les deux membres d'une paire de gènes se disjoignent (ou ségrégent) lors de la formation des gamètes, de telle manière qu'une moitié des gamètes reçoit l'un des membres de la paire et la moitié restante, l'autre membre.*

Il nous faut maintenant introduire quelques termes supplémentaires. Les individus représentés par *A/a* sont appelés **hétérozygotes** ou parfois **hybrides**, alors que les individus d'une lignée pure sont dits **homozygotes**. Dans ces termes, *hétéro-* signifie «différent» et *homo-*, «identique». Donc une plante *A/A* est dite **homozygote dominante**; une plante *a/a* est homozygote pour l'allèle récessif ou **homozygote récessive**. Comme nous l'avons vu au chapitre 1, la constitution génétique correspondant au(x) caractère(s) étudié(s) est appelée le **génotype**. Donc *Y/Y* et *Y/y*, par exemple, sont des génotypes différents même si les graines des deux types ont le même phénotype (en l'occurrence jaune). On voit bien par cet exemple que le phénotype peut être considéré simplement comme la manifestation extérieure du génotype sous-jacent. Remarquez que le rapport phénotypique 3:1 sous-jacent dans la F$_2$ est en réalité un rapport génotypique 1:2:1 de *Y/Y*:*Y/y*:*y/y*.

Comme nous l'avons noté plus haut, les termes *dominant* et *récessif* sont des propriétés du phénotype. Le phénotype dominant se déduit de l'aspect de la F$_1$. Il est cependant évident qu'un phénotype (c'est-à-dire une simple description) ne peut réellement exercer une dominance. Mendel a montré que la dominance d'un phénotype sur un autre résulte en fait de la dominance exercée par l'un des membres d'une paire de gènes sur l'autre.

Arrêtons-nous un moment pour bien nous pénétrer de la portée de ce travail. L'apport de Mendel fut de développer un schéma analytique permettant d'identifier des gènes affectant un caractère ou une fonction biologique. Considé-

rons l'exemple de la couleur des pétales. Partant de deux phénotypes distincts (violet et blanc) concernant un seul caractère (la couleur des pétales), Mendel put montrer que cette différence était due à une seule paire de gènes. Les généticiens modernes diraient que l'analyse de Mendel a permis d'identifier un gène de la couleur des pétales. Cela signifie qu'il existe chez ces organismes, un gène qui exerce un effet marquant sur la couleur des pétales. Ce gène peut exister sous différentes formes : une forme dominante du gène (représentée par C) détermine les pétales violets et une forme récessive du gène (représentée par *c*) détermine les pétales blancs. Les formes C et *c* sont des *allèles* (formes alternatives) de ce gène de la couleur des pétales. L'utilisation de la même lettre indique que ces allèles sont des formes du même gène. Nous pourrions exprimer ceci autrement en disant qu'il existe un gène, désigné phonétiquement par «sé», avec des allèles C et *c*. Chaque plante de pois aura toujours deux gènes «sé», formant une paire de gènes, et les membres de cette paire de gènes pourront être C/C, C/*c* ou *c*/*c*. Bien que les membres d'une paire de gènes puissent produire des effets différents, notez qu'ils affectent tous deux le même caractère.

> **MESSAGE** L'existence des gènes a été déduite à l'origine (et est encore déduite aujourd'hui) de l'observation de rapports mathématiques précis entre les effectifs des classes de descendants de deux individus parentaux génétiquement différents.

L'origine moléculaire et cellulaire de la génétique mendélienne

Maintenant que nous avons examiné la façon dont Mendel a identifié l'existence des gènes chez le pois, nous pouvons traduire sa notion de gène dans le contexte actuel. Pour Mendel, le gène était une entité imaginaire qu'il dut inventer pour expliquer un mode de transmission héréditaire. Cependant, le gène est maintenant une réalité et de très nombreuses recherches lui sont consacrées afin de connaître sa nature exacte. Nous examinerons ces recherches tout au long de cet ouvrage, mais résumons dès à présent la vision actuelle du gène.

Mendel pensait que les gènes pouvaient exister sous différentes formes que nous appelons désormais *allèles*. Quelle est la nature moléculaire des allèles ? Lorsque des allèles tels que *A* et *a* sont étudiés au niveau de l'ADN grâce à la technologie moderne, on observe en général quasiment la même séquence et leur différence porte seulement sur quelques nucléotides parmi les milliers qui constituent le gène. Nous voyons donc qu'en réalité les allèles sont des versions différentes du même gène de départ. Autrement dit, *gène* est le terme générique et *allèle* est spécifique. (Le gène de la couleur des pois possède deux allèles codant le jaune et le vert.) Le schéma ci-dessous figure l'ADN de deux allèles d'un gène : la lettre « x » représente une différence dans la séquence nucléotidique :

Allèle 1
Allèle 2

Lorsque l'on étudie n'importe quel type de variation allélique, il est souvent utile de disposer d'un standard qui puisse servir de point de référence fixe. Que peut-on utiliser comme allèle « standard » d'un gène ? Dans la génétique actuelle, le « type sauvage » est l'allèle utilisé comme standard. C'est la forme d'un gène donné que l'on observe dans la nature, en d'autres termes, dans les populations naturelles. Dans le cas des pois, le type sauvage n'est pas familier à la plupart d'entre nous. Il nous faut donc étudier la longue et intéressante histoire du pois pour en déterminer le type sauvage. Des recherches archéologiques ont montré que les pois ont été l'une des premières espèces végétales mises en culture, en Orient et dans le Moyen-Orient, sans doute déjà vers 8 000 av. J.-C. Le pois d'origine était sans doute *Pisum elatium*, qui est assez différent du *Pisum sativum* étudié par Mendel. Chez ce précurseur sauvage, les humains observèrent les variants apparus spontanément et sélectionnèrent ceux qui avaient le meilleur rendement, le meilleur goût, etc. Le résultat net de toutes ces sélections pendant de nombreuses générations est *Pisum sativum*. Les gènes de *Pisum elatium* sont donc probablement ceux qui se rapprochent le plus de ceux que nous pouvons définir comme les allèles sauvages du pois. Par exemple, les pois sauvages ont des pétales violets et l'allèle qui donne des pétales violets est donc l'allèle de type sauvage.

Considérons à présent le mécanisme cellulaire par lequel ce gène affecte la couleur des pétales du pois. Comment la présence d'un allèle peut-elle entraîner l'apparition du phénotype correspondant ? Par exemple, comment la présence de l'allèle de type sauvage de la couleur du pois rend-elle les pétales violets ? La couleur violette des pois sauvages est due à un pigment appelé *anthocyanine*, qui est une substance chimique synthétisée dans les cellules des pétales. L'anthocyanine est le produit terminal d'une série de conversions chimiques consécutives, un peu comme une chaîne d'assemblage chimique. Chacune des conversions est contrôlée par une enzyme spécifique (un catalyseur biologique) et la structure de chacune de ces enzymes (essentiellement sa séquence d'acides aminés) est dictée par la séquence nucléotidique d'un gène particulier. Si la séquence nucléotidique de *n'importe lequel* des gènes de cette voie biochimique est modifié à la suite d'un « accident » chimique exceptionnel, un nouvel allèle est créé. On appelle ces changements, des *mutations* : elles peuvent se produire n'importe où le long de la séquence nucléotidique d'un gène. L'une des conséquences habituelles d'une mutation est le changement d'un ou plusieurs acides aminés dans l'enzyme correspondante. Si le changement se fait au niveau d'un site essentiel, le résultat est la perte de la fonction enzymatique. Si l'un de ces allèles mutants est homozygote, la voie de biosynthèse est bloquée à un endroit et aucun pigment violet n'est produit. L'absence de pigment signifie qu'aucune longueur d'onde de la lumière n'est absor-bée par le pétale. Il réfléchira alors la lumière solaire et de ce fait, sera blanc. Si la plante est hétérozygote, la copie fonctionnelle fournit généralement une activité enzymatique qui permet la synthèse d'une quantité suffisante de pigment pour rendre le pétale violet. L'allèle déterminant la couleur violette est donc dominant, comme le découvrit Mendel (voir Tableau 2-1). Si nous représentons l'allèle de type sauvage par *A* et l'allèle mutant récessif correspondant par *a*, nous pouvons résumer ce qui se déroule au niveau moléculaire par :

$$A/A \longrightarrow \text{enzyme active} \longrightarrow \text{pigment violet}$$
$$A/a \longrightarrow \text{enzyme active} \longrightarrow \text{pigment violet}$$
$$a/a \longrightarrow \text{enzyme inactive} \longrightarrow \text{blanc}$$

Remarquez que l'inactivation de *n'importe lequel* des gènes de la voie de biosynthèse de l'anthocyanine pourrait produire le phénotype blanc. Pour cette raison, le symbole *A* pourrait représenter n'importe lequel de ces gènes. Il faut savoir qu'il existe de nombreuses façons d'inactiver un gène par mutation. Tout d'abord, le dommage créé par la mutation peut se produire au niveau d'un grand nombre de sites différents. Nous pouvons représenter la situation de la façon suivante, avec le schéma dans lequel le bleu indique la séquence d'ADN normale de type sauvage et le rouge associé à la lettre X représente la séquence modifiée aboutissant à une enzyme non fonctionnelle :

Allèle sauvage   *A′*
Allèle mutant   *a′*
Allèle mutant   *a′′*
Allèle mutant   *a′′′*

Lorsque les généticiens utilisent le symbole *A* pour représenter un allèle de type sauvage, il correspond à une séquence spécifique d'ADN. Mais lorsqu'ils utilisent le symbole *a* pour représenter un allèle récessif, celui-ci peut représenter n'importe lequel des types possibles de changements susceptibles de conduire à des allèles récessifs non fonctionnels.

Nous avons vu plus haut que le concept d'allèles s'explique au niveau moléculaire par des séquences variables d'ADN. Pouvons-nous également expliquer la première loi de Mendel ? Pour cela, nous devons observer le comportement des chromosomes sur lesquels se trouvent les allèles. Chez les organismes diploïdes, il existe deux copies de chaque chromosome, contenant chacune l'un des deux allèles. Comment la première loi de Mendel, la ségrégation égale des allèles lors de la formation des gamètes, est-elle réalisée au niveau cellulaire ? Chez un organisme diploïde tel que le pois, toutes les cellules de l'organisme contiennent deux jeux de chromosomes. Les gamètes cependant, sont haploïdes et contiennent un seul jeu de chromosomes. Les gamètes sont produits par des divisions cellulaires spécialisées dans les cellules diploïdes du tissu germinal (ovaires et anthères). Le noyau se divise également au cours de ces divisions cellulaires spécialisées, lors d'un processus appelé **méiose**. Des déplacements hautement programmés des chromosomes lors de la méiose conduisent chaque allèle d'une paire de chromosomes vers un gamète distinct. Lors de la méiose chez un hétérozygote *A/a*, le chromosome portant *A* gagne le pôle opposé au chromosome portant *a*. La moitié des gamètes résultant portera donc *A* et l'autre moitié, *a*. La situation peut être résumée de façon simplifiée comme suit (la méiose sera revue en détail au Chapitre 3) :

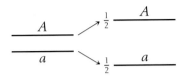

La force qui permet le déplacement des chromosomes vers les pôles de la cellule est produite par le fuseau nucléaire, un ensemble de microtubules constitués de tubuline (une protéine) qui fixent les centromères des chromosomes et les tirent vers les pôles de la cellule. L'orchestration de ces interactions moléculaires est complexe et constitue la base des lois de la transmission héréditaire chez les Eucaryotes.

Les croisements de végétaux différant par deux caractères

Les expériences de Mendel décrites jusqu'ici concernaient deux lignées parentales pures qui ne différaient que par un caractère. Comme nous l'avons vu, de telles lignées produisent des descendants F$_1$ hétérozygotes pour un gène (génotype *A/a*). On appelle parfois ce type d'hétérozygotes, des **monohybrides**. L'autofécondation ou le croisement d'individus hétérozygotes F$_1$ identiques (symboliquement *A/a × A/a*) est appelé(e) **croisement monohybride**, et c'est ce type de croisement qui a donné les rapports de descendants 3 : 1, rapports qui ont suggéré le principe de ségrégation égale. Mendel analysa ensuite les descendants de lignées pures qui diffèrent par *deux* caractères. Il nous faut ici utiliser un symbolisme général pour représenter les génotypes comprenant deux gènes. Si les deux gènes sont situés sur des chromosomes différents, les paires de gènes sont séparées par un point-virgule – par exemple, *A/a ; B/b*. S'ils sont situés sur le même chromosome, les allèles d'un chromosome sont écrits côte à côte sans signe de ponctuation et sont séparés de ceux situés sur l'autre chromosome par une barre oblique – par exemple, *AB/ab* ou *Ab/aB*. Il n'existe pas de symbolisme universel pour le cas où on ignore si les gènes sont situés ou non sur le même chromosome. Nous séparerons alors les gènes par un point – par exemple, *A/a · B/b*. Un double hétérozygote *A/a · B/b* est également appelé un **dihybride**. En étudiant les **croisements dihybrides** (*A/a · B/b × A/a · B/b*), Mendel découvrit un autre principe important de l'hérédité.

Les deux caractères spécifiques qu'il commença par étudier étaient la forme et la couleur des graines. Nous avons déjà suivi le croisement monohybride pour la couleur de la graine (*Y/y × Y/y*), qui donnait un rapport des descendants de 3 jaune : 1 vert. Les phénotypes de la forme des graines (Figure 2-9) étaient rond (déterminé par l'allèle *R*) et ridé

Figure 2-9 Des petits pois ronds (*R/R* ou *R/r*) et ridés (*r/r*) dans la cosse d'une plante hétérozygote (*R/r*) autofécondée. Le rapport des phénotypes dans cette cosse se trouve être exactement le rapport 3 : 1 que l'on s'attend à trouver en moyenne dans la descendance de cette autofécondation. (Des études moléculaires ont montré que l'allèle ridé utilisé par Mendel est dû à l'insertion dans le gène d'un segment d'ADN mobile du type traité au chapitre 13.) [Madan K. Bhattacharyya.]

(déterminé par l'allèle *r*). Le croisement monohybride *R/r × R/r* donnait un rapport de descendants de 3 rond : 1 ridé (voir Tableau 2-1). Pour réaliser un croisement dihybride, Mendel débuta son étude avec deux lignées parentales pures. L'une comportait des graines jaunes ridées. Puisque Mendel n'avait aucune idée de la localisation des gènes sur les chromosomes, il nous faut utiliser la représentation avec un point pour écrire ce génotype : *Y/Y · r/r*. L'autre lignée avait des graines vertes et rondes, avec un génotype *y/y · R/R*. Le croisement de ces deux lignées produisit des graines F$_1$ dihybrides de génotype *Y/y · R/r*, qui s'avérèrent rondes et jaunes. Ce résultat montrait que la dominance de *R* sur *r* et de *Y* sur *y* n'était pas affectée par l'état de l'une ou l'autre paire de gènes chez le dihybride *Y/y · R/r*. Mendel réalisa ensuite le croisement dihybride par autofécondation du dihybride F$_1$ pour obtenir la génération F$_2$.

Les graines F$_2$ étaient de quatre types différents, dans les proportions suivantes :

$$\frac{9}{16} \text{ rond, jaune}$$

$$\frac{3}{16} \text{ rond, vert}$$

$$\frac{3}{16} \text{ ridé, jaune}$$

$$\frac{1}{16} \text{ ridé, vert}$$

comme le montre la Figure 2-10. Ce rapport assez inattendu de 9:3:3:1 semble bien plus complexe que les rapports simples 3:1 des croisements monohybrides. Quelle peut en être l'explication? Avant d'essayer d'expliquer ce rapport, Mendel effectua des croisements dihybrides qui comprenaient plusieurs autres combinaisons de caractères, et découvrit qu'on observait chez *tous* les individus dihybrides de la F$_1$ des rapports 9:3:3:1 au niveau des phénotypes des descendants, similaires à ceux obtenus pour la forme et la couleur des graines. Le rapport 9:3:3:1 était un autre mode de transmission héréditaire constant qu'il fallait traduire en idées.

Mendel additionna les nombres d'individus de certaines classes phénotypiques de la F$_2$ (les nombres sont indiqués dans la Figure 2-10) pour déterminer si les rapports 3:1 des F$_2$ monohybrides étaient toujours présents. Il remarqua que pour la forme des graines, il y avait 423 graines rondes (315 + 108) et 133 graines ridées (101 + 32). Ce résultat est proche d'un rapport 3:1. Ensuite, pour la couleur des graines, il y avait 416 graines jaunes (315 + 101) et 140 vertes (108 + 32). Le rapport était également proche de 3:1. La présence de ces deux rapports 3:1 cachés dans le rapport 9:3:3:1 a indiscutablement aidé Mendel à expliquer le rapport 9:3:3:1, car il a réalisé qu'il s'agissait en fait simplement de la combinaison au hasard de deux rapports 3:1. Pour visualiser la combinaison au hasard de ces deux rapports, on peut les représenter sous la forme d'un arbre, de la façon suivante:

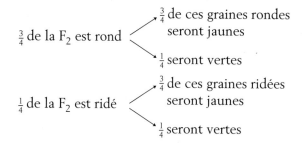

Les proportions combinées sont calculées en multipliant les proportions situées le long des branches dans le schéma. Par exemple $\frac{3}{4}$ de $\frac{3}{4}$ sont calculés par $\frac{3}{4} \times \frac{3}{4}$, soit $\frac{9}{16}$. Ces multiplications nous donnent les quatre proportions suivantes:

$$\frac{3}{4} \times \frac{3}{4} = \frac{9}{16} \text{ rondes jaunes}$$

$$\frac{3}{4} \times \frac{1}{4} = \frac{3}{16} \text{ rondes vertes}$$

$$\frac{1}{4} \times \frac{3}{4} = \frac{3}{16} \text{ ridées jaunes}$$

$$\frac{1}{4} \times \frac{1}{4} = \frac{1}{16} \text{ ridées vertes}$$

Ces proportions constituent le rapport 9:3:3:1 que nous essayons d'expliquer. Toutefois, ne sommes-nous pas simplement en train de jongler avec les nombres? Que pourrait signifier la combinaison des deux rapports 3:1 sur un plan biologique? La façon dont Mendel a formulé son explication correspond en fait à un mécanisme biologique. Dans ce que l'on appelle la **deuxième loi de Mendel**, il conclut que *des paires de gènes différentes s'assortissent indépendamment les unes des autres lors de la formation des gamètes*. Par conséquent, dans le cas de deux paires de gènes hétérozygotes *A/a* et *B/b*, l'allèle *b* a une probabilité égale de se retrouver dans un gamète avec un allèle *a* ou avec un allèle *A*; il en est de même pour l'allèle *B*. Maintenant que l'on connaît les localisations possibles des gènes sur les chromosomes, on sait que cette «loi» n'est vraie que dans certains cas. La plupart des cas d'indépendance sont observés pour des gènes situés sur des chromosomes différents. Les gènes situés sur le même chromosome ne sont en général pas répartis de façon indépendante car ils sont maintenus ensemble physiquement sur ce chromosome. La version moderne de la deuxième loi de Mendel peut donc s'écrire de la façon suivante: *les paires de gènes situées sur des paires différentes de chromosomes sont réparties indépendamment lors de la méiose.*

Nous avons expliqué le rapport phénotypique 9:3:3:1 comme la combinaison de deux rapports phénotypiques 3:1. Mais la deuxième loi s'applique à la répartition des allèles dans les gamètes. Le rapport 9:3:3:1 peut-il être expliqué à partir des génotypes des gamètes? Considérons les gamètes produits par le dihybride F$_1$ *R/r; Y/y* (le point-virgule montre que nous supposons maintenant les gènes situés sur des chromosomes différents). Une fois encore, nous utiliserons un arbre pour commencer, car ce type de représentation permet de bien voir l'indépendance. En

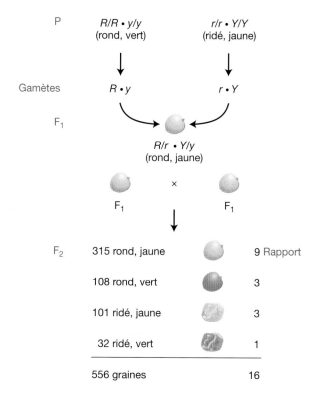

Figure 2-10 Un croisement entre dihybrides produit des descendants dans la F$_2$ dans un rapport 9 : 3 : 3 : 1. La génération F$_2$ résultant d'un croisement dihybride.

associant les lois de Mendel de la ségrégation égale et de l'assortiment (répartition) indépendant, nous pouvons prédire que :

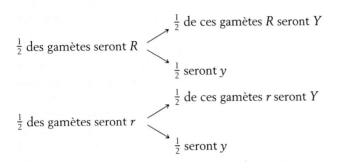

$\frac{1}{2}$ des gamètes seront R → $\frac{1}{2}$ de ces gamètes R seront Y

→ $\frac{1}{2}$ seront y

$\frac{1}{2}$ des gamètes seront r → $\frac{1}{2}$ de ces gamètes r seront Y

→ $\frac{1}{2}$ seront y

La multiplication des proportions le long des branches de l'arbre nous donne les proportions suivantes pour les gamètes :

$$\frac{1}{4} R \; ; Y$$
$$\frac{1}{4} R \; ; y$$
$$\frac{1}{4} r \; ; Y$$
$$\frac{1}{4} r \; ; y$$

Ces proportions sont un résultat direct de l'application des deux lois de Mendel. Cependant, nous ne sommes toujours pas parvenus au rapport 9:3:3:1. L'étape suivante consiste à reconnaître que les gamètes mâles, comme les gamètes femelles présenteront les proportions indiquées ci-dessus, car Mendel n'a pas spécifié de règles distinctes pour la formation des gamètes mâles et femelles. Les quatre types gamétiques femelles seront fécondés au hasard par les quatre types gamétiques mâles pour obtenir la F_2. La meilleure façon de schématiser cela est d'utiliser un *carré de Punnett*, représenté dans la Figure 2-11. Les grilles sont utiles en génétique car leurs proportions peuvent être représentatives des rapports ou proportions génétiques considérés, ce qui permet de visualiser les données. Dans le carré de Punnett de la Figure 2-11 par exemple, nous voyons que les surfaces des 16 cases correspondant aux différentes associations de gamètes représentent chacune un seizième de la surface totale de la grille, simplement parce que les surfaces des lignes et des colonnes représentent les proportions gamétiques correspondantes. Comme le montre le carré de Punnett, la F_2 contient différents génotypes, mais il y a seulement quatre phénotypes, et leurs proportions sont dans un rapport 9:3:3:1. Nous voyons donc que lorsqu'on travaille au niveau de la formation des gamètes, les lois de Mendel expliquent non seulement les phénotypes de la F_2 mais également les génotypes sous-jacents.

Mendel était un scientifique consciencieux. Il a donc testé son principe d'assortiment indépendant de nombreuses façons. Le test le plus direct concernait le rapport gamétique 1:1:1:1 qu'il supposait produit par le dihybride F_1 R/r; Y/y, car ce rapport découlait du principe d'assortiment indépen-

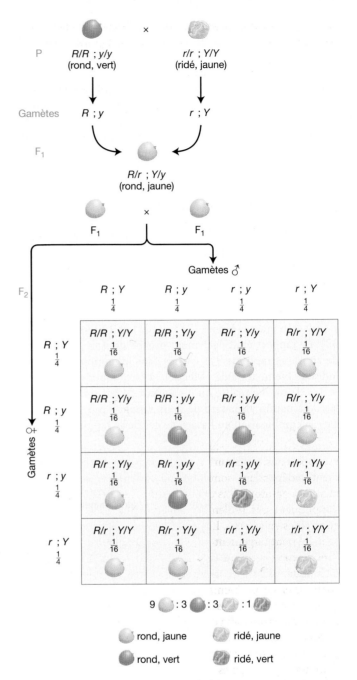

Figure 2-11 L'utilisation d'un carré de Punnett pour prédire le résultat d'un croisement entre dihybrides. Un carré de Punnett montre la constitution génotypique et phénotypique prévue pour la génération F_2 issue d'un croisement dihybride.

dant et était la base biologique du rapport 9:3:3:1 dans la F_2, comme nous venons de le démontrer à l'aide du carré de Punnett. Il fit le raisonnement suivant : s'il y avait en fait un rapport 1:1:1:1 pour les gamètes R; Y, R; y, r; Y et r; y alors s'il croisait le dihybride F_1 avec une plante de génotype r/r; y/y qui produit seulement des gamètes avec des allèles récessifs (génotype r/y), les proportions des descendants de ce croisement devraient être une manifestation directe des proportions gamétiques du dihybride ; en d'autres termes,

$$\frac{1}{4}\ R/r\ ;\ Y/y$$

$$\frac{1}{4}\ R/r\ ;\ y/y$$

$$\frac{1}{4}\ r/r\ ;\ Y/y$$

$$\frac{1}{4}\ r/r\ ;\ y/y$$

Il obtint ces proportions, ce qui était parfaitement cohérent avec ce qu'il prévoyait. Il observa des résultats similaires pour tous les autres croisements dihybrides qu'il réalisa. Ces tests et d'autres encore montrèrent tous qu'il avait établi un modèle fiable pour expliquer les modes de transmission héréditaire observés dans les différents croisements de pois.

Le type de croisement que nous venons de considérer, mettant en jeu un individu de génotype inconnu et un homozygote entièrement récessif est maintenant désigné par le terme de **croisement-test**. L'individu récessif est appelé une **souche-test** (*tester* en anglais). Puisque la souche-test apporte seulement des allèles récessifs, les gamètes de l'individu inconnu peuvent se déduire directement des phénotypes des descendants.

Au début des années 1900, les principes de Mendel furent testés sur un large spectre d'organismes eucaryotes. Les résultats de ces tests montrèrent que les principes de Mendel étaient applicables en règle générale. Les rapports de Mendel ($3:1$, $1:1$, $9:3:3:1$ et $1:1:1:1$) furent très fréquemment obtenus, suggérant que la ségrégation égale et l'assortiment indépendant sont des processus héréditaires fondamentaux omniprésents dans la nature. Les lois de Mendel ne s'appliquent pas seulement aux pois mais aux organismes eucaryotes en général. L'approche expérimentale utilisée par Mendel peut largement s'appliquer aux plantes. Cependant, dans le cas de certaines plantes et de certains animaux, la technique d'autofécondation est impossible. On peut contourner ce problème en croisant des génotypes identiques. Par exemple, des animaux issus de lignées pures distinctes sont croisés afin de produire une génération F_1 comme ci-dessus. Au lieu d'une autofécondation, un animal de la F_1 peut être croisé avec ses frères ou sœurs de la F_1 pour produire une F_2. Les gènes étudiés sont identiques chez les individus F_1, c'est pourquoi le croisement d'individus de la F_1 est l'équivalent d'une autofécondation.

L'utilisation des rapports de Mendel

Les rapports de Mendel apparaissent dans de nombreux aspects de l'analyse génétique. Nous allons examiner dans cette partie deux stratégies importantes qui tournent autour des rapports mendéliens.

PRÉDIRE LES DESCENDANTS DE CROISEMENTS À L'AIDE DES RAPPORTS DE MENDEL
Une part importante de la génétique consiste à prédire les types de descendants qui apparaîtront à la suite d'un croisement et à calculer la fréquence à laquelle on les attend – en d'autres termes, leur probabilité. Nous avons déjà examiné des méthodes pour

résoudre ce type de problème – les carrés de Punnett et les diagrammes sous forme d'arbres. Les carrés de Punnett peuvent être utilisés pour révéler des modes de transmission de caractères héréditaires concernant une paire de gènes, deux paires de gènes (comme dans la Figure 2-11) ou plus. Ce type de grille est un bon outil graphique pour représenter des descendants, mais les écrire prend du temps. Même le carré de Punnett à seize cases de la Figure 2-11 est long à écrire. Pour un trihybride, il y a 2^3, soit 8 types différents de gamètes et le carré de Punnett comporte alors 64 compartiments. Le diagramme sous forme d'arbre (ci-dessous) est plus simple et s'adapte bien aux proportions phénotypiques, génotypiques ou gamétiques, comme on le voit pour le dihybride A/a ; B/b. (Le tiret « — » dans les génotypes indique que l'allèle peut-être présent sous l'une ou l'autre forme, c'est-à-dire dominante ou récessive.)

Remarquez que l'« arborescence » des génotypes est assez encombrante même dans ce cas, qui utilise deux paires de gènes, car il y a $3^2 = 9$ génotypes. Pour trois paires de gènes, il y a 3^3, soit 27 génotypes possibles.

L'application de règles statistiques simples est la troisième méthode pour calculer les probabilités (fréquences attendues) de phénotypes ou génotypes spécifiques issus d'un croisement. Les deux règles de probabilité qu'il faut connaître sont la **règle du produit** et la **règle de la somme**, que nous allons voir dans cet ordre.

> **MESSAGE** La règle du produit s'énonce de la manière suivante : La probabilité que deux événements indépendants se produisent simultanément est le produit de la probabilité de chacun de ces événements.

Les résultats possibles du lancer de dés suivent la règle du produit car le résultat de chacun des dés est indépendant du résultat des autres dés. Considérons par exemple deux dés et calculons la probabilité d'obtenir deux 4 en les lançant. La probabilité d'obtenir un 4 sur un dé est de $1/6$ car le dé a six faces et une seule face porte un 4. Cette probabilité peut s'écrire de la façon suivante :

$$p \text{ (d'un 4)} = \frac{1}{6}$$

Par conséquent, en utilisant la règle du produit, la probabilité qu'un 4 apparaisse sur les deux dés est de $\frac{1}{6} \times \frac{1}{6}$ $\frac{1}{36}$ qui s'écrit :

$$p \text{ (de deux 4)} = \frac{1}{6} \times \frac{1}{6} \quad \frac{1}{36}$$

Voyons à présent la règle de la somme :

> **MESSAGE** La règle de la somme s'énonce de la manière suivante : La probabilité que l'un ou l'autre de deux événements mutuellement exclusifs se produise est égale à la somme de leurs probabilités respectives.

Dans la règle du produit, on s'intéresse au résultat de A et B. Dans la règle de la somme, on s'intéresse au résultat de A ou B. On peut également utiliser des dés pour illustrer la règle de la somme. Nous avons déjà calculé que la probabilité d'avoir deux 4 est $\frac{1}{36}$, et à l'aide du même type de calcul, il est évident que la probabilité d'avoir deux 5 est la même, soit $\frac{1}{36}$. Nous pouvons à présent calculer la probabilité d'avoir deux 4 ou deux 5. Les deux résultats étant mutuellement exclusifs (*c'est-à-dire* si l'un se produit, l'autre ne peut pas se produire en même temps), la règle de la somme peut être utilisée pour nous dire que la réponse est $\frac{1}{36} + \frac{1}{36}$, soit $\frac{1}{18}$. Cette probabilité peut s'écrire de la façon suivante :

$$p \text{ (de deux 4 ou de deux 5)} = \frac{1}{36} + \frac{1}{36} = \frac{1}{18}$$

Considérons à présent un exemple génétique. Supposons que nous disposions de deux plantes de génotypes *A/a ; b/b ; C/c ; D/d ; E/e* et *A/a ; B/b ; C/c ; d/d ; E/e*. À partir d'un croisement de ces plantes, nous voulons récupérer un des descendants de génotype *a/a ; b/b ; c/c ; d/d ; e/e* (peut-être pour l'utiliser comme souche-test dans un croisement-test). Pour estimer le nombre de descendants à faire pousser afin d'avoir une chance raisonnable d'obtenir le génotype désiré, il nous faut calculer la proportion de descendants attendus avec ce génotype. Si l'on suppose que l'assortiment de toutes les paires de gènes est indépendant, alors nous pouvons facilement effectuer ce calcul en utilisant la règle du produit. Les cinq paires de gènes différentes sont considérées individuellement, comme s'il s'agissait de cinq croisements séparés. Les probabilités obtenues sont ensuite multipliées les unes par les autres pour obtenir la réponse.

Pour *A/a* × *A/a*, un quart de la descendance sera *a/a* (voir les croisements de Mendel)
Pour *b/b* × *B/b*, la moitié de la descendance sera *b/b*.
Pour *C/c* × *C/c*, un quart de la descendance sera *c/c*.
Pour *D/d* × *d/d*, la moitié de la descendance sera *d/d*.
Pour *E/e* × *E/e*, un quart de la descendance sera *e/e*.

La probabilité totale (ou la fréquence attendue) de descendants *a/a ; b/b ; c/c ; d/d ; e/e* sera donc $\frac{1}{4} \times \frac{1}{2} \times \frac{1}{4} \times \frac{1}{2} \times \frac{1}{4} = \frac{1}{256}$. Nous apprenons donc qu'il faudra examiner 200 à 300 descendants pour avoir une chance d'obtenir au moins un descendant avec le génotype désiré. Ce calcul de probabilité peut également être utilisé pour prédire les fréquences phénotypiques ou les fréquences gamétiques. En fait, il y a des milliers d'autres utilisations de cette méthode dans l'analyse génétique et nous en rencontrerons un grand nombre dans les chapitres qui suivent.

UTILISER LE TEST DU CHI-DEUX OU χ^2 POUR LES RAPPORTS MENDÉLIENS En génétique, un chercheur est souvent confronté à des résultats proches d'un rapport attendu, mais pas tout à fait identiques. Dans ce cas, comment juger de la proximité de ces rapports ? Il faut un test statistique pour confronter ces rapports aux rapports attendus. Le **test du chi-deux** (χ^2) permet cette vérification.

Dans quelles situations expérimentales le test du χ^2 est-il applicable ? Les résultats des recherches impliquent souvent des objets de plusieurs classes ou catégories distinctes, par exemple, rouge, bleu, mâle, femelle, avec lobe, sans lobe, etc. De plus, il est souvent nécessaire de comparer les nombres d'items observés dans les différentes catégories, avec les nombres prédits à partir d'une hypothèse donnée. C'est le type de situation dans lequel le test du χ^2 est utile : comparer les résultats observés avec les résultats prédits par une hypothèse. Prenons un exemple génétique simple : supposons que vous ayez sélectionné une plante que vous supposez être hétérozygote *A/a*, d'après des analyses antérieures. Pour vérifier cette hypothèse, vous pouvez effectuer un croisement avec une souche-test de génotype *a/a* et compter le nombre de phénotypes *A/–* et de phénotypes *a/a* parmi les descendants. Il vous faudra alors déterminer si les nombres que vous avez obtenus constituent le rapport 1:1 attendu. En cas d'étroite concordance, l'hypothèse est jugée en accord avec le résultat. En revanche, si la concordance est faible, l'hypothèse est rejetée. Pour en juger, nous devons disposer d'un test pour décider si les valeurs observées concordent *suffisamment* avec celles attendues. Il n'y a généralement pas de problème de jugement si les valeurs sont très proches ou au contraire très éloignées, mais il y a inévitablement des zones d'incertitude dans lesquelles la décision n'est pas évidente.

Le test du χ^2 est simplement un moyen de quantifier les différents écarts attendus par le seul fait du hasard entre une valeur prédite et une valeur obtenue expérimentalement, si l'hypothèse est vraie. Reprenons l'hypothèse simple ci-dessus pour laquelle on a prédit un rapport 1:1. Même si cette hypothèse est vraie, on ne s'attend pas toujours à un rapport 1:1 exact. Nous pouvons modéliser cette expérience à l'aide d'un pot contenant un nombre égal de billes rouges et blanches. Si nous prélevons sans les voir des échantillons de 100 billes, en raison du hasard, nous nous attendons à observer fréquemment de petits écarts par rapport au rapport prédit, comme 52 rouges : 48 blanches et plus rarement, des écarts plus importants tels que 60 rouges : 40 blanches. Même obtenir 100 billes rouges est un résultat possible, mais la probabilité de ce résultat est très faible, $(1/2)^{100}$. Mais, si toutes les valeurs prises par les écarts sont assorties de probabilités différentes, même si l'hypothèse est vraie, sur quelle base pourrions-nous rejeter une hypothèse quelconque? C'est une convention scientifique généralement admise qu'une probabilité inférieure ou égale à 5% soit choisie comme critère de rejet. L'hypothèse peut malgré tout être vraie, mais nous devons prendre une décision et le niveau de 5% est une valeur seuil conventionnelle. Par conséquent, malgré le fait que des résultats s'écartant à ce point des valeurs attendues sont prédits dans 5% des cas même quand l'hypothèse nulle est vraie, nous ne rejetterons par erreur l'hypothèse que dans 5% des cas et nous acceptons ce risque d'erreur.

Considérons des données réelles. Nous allons tester l'hypothèse selon laquelle une plante est hétérozygote. Symbolisons par A des pétales rouges et par a des pétales blancs. Les scientifiques testent une hypothèse en faisant des prédictions basées sur celle-ci. Dans la situation présente, l'une des possibilités consiste à prédire les résultats d'un croisement-test. Supposons que nous fassions subir un croisement-test à l'hétérozygote présumé. D'après cette hypothèse, la première loi de Mendel portant sur la ségrégation égale prédit que nous obtiendrons 50% de A/a et 50% de a/a. Supposons qu'en réalité, nous obtenions 120 descendants et que nous comptions 55 rouges et 65 blancs. Le résultat semble assez éloigné du rapport attendu. Ceci nous laisse perplexes, aussi allons-nous utiliser le test du χ^2. On calcule le χ^2 à l'aide de la formule suivante:

$$\chi^2 = \sum (O - E)^2/E \text{ pour toutes les classes}$$

dans laquelle E = le nombre attendu (*expected* en anglais) dans une classe, O = le nombre observé dans la classe et Σ signifie la «somme de».

Il est plus facile d'effectuer ce calcul à l'aide d'un tableau:

Classe	O	E	$(O - E)^2$	$(O - E)^2/E$	
Rouges	55	60	25	25/60	0,42
Blancs	65	60	25	25/60	0,42
				Total χ^2	0,84

Nous devons à présent rechercher cette valeur de χ^2 dans un tableau (Tableau 2-2), qui nous indiquera la valeur de la probabilité que nous recherchons. Les lignes du tableau correspondent aux différentes valeurs des *degrés de liberté* (dl). Le nombre de degrés de liberté est le nombre de variables indépendantes dans les données. Dans cet exemple, il s'agit simplement du nombre de classes phénotypiques moins 1. Dans ce cas, dl = 2 – 1 = 1. Nous devons donc regarder le long de la ligne dl 1. Nous voyons que notre valeur de χ^2 de 0,84 se trouve quelque part entre les colonnes marquées 0,5 et 0,1, en d'autres termes, entre 50% et 10%. Cette valeur de probabilité est nettement supérieure à la valeur seuil de 5%. Nous pouvons donc accepter les résultats observés comme étant compatibles avec l'hypothèse.

Voici quelques éléments importants sur les applications de ce test:

1. Que signifie exactement la valeur de la probabilité? C'est la probabilité d'observer un écart *au moins aussi grand* par rapport aux résultats attendus, du seul fait du hasard, si l'hypothèse est correcte. (Ce n'est donc pas observer un écart *identique*).

Tableau 2-2 Les valeurs critiques de la distribution du χ^2.

dl					P					dl
	0,995	0,975	0,9	0,5	0,1	0,05	0,025	0,01	0,005	
1	0,000	0,000	0,016	0,455	2,706	3,841	5,024	6,635	7,879	1
2	0,010	0,051	0,211	1,386	4,605	5,991	7,378	9,210	10,597	2
3	0,072	0,216	0,584	2,366	6,251	7,815	9,348	11,345	12,838	3
4	0,207	0,484	1,064	3,357	7,779	9,488	11,143	13,277	14,860	4
5	0,412	0,831	1,610	4,351	9,236	11,070	12,832	15,086	16,750	5
6	0,676	1,237	2,204	5,348	10,645	12,592	14,449	16,812	18,548	6
7	0,989	1,690	2,833	6,346	12,017	14,067	16,013	18,475	20,278	7
8	1,344	2,180	3,490	7,344	13,362	15,507	17,535	20,090	21,955	8
9	1,735	2,700	4,168	8,343	14,684	16,919	19,023	21,666	23,589	9
10	2,156	3,247	4,865	9,342	15,987	18,307	20,483	23,209	25,188	10
11	2,603	3,816	5,578	10,341	17,275	19,675	21,920	24,725	26,757	11
12	3,074	4,404	6,304	11,340	18,549	21,026	23,337	26,217	28,300	12
13	3,565	5,009	7,042	12,340	19,812	22,362	24,736	27,688	29,819	13
14	4,075	5,629	7,790	13,339	21,064	23,685	26,119	29,141	31,319	14
15	4,601	6,262	8,547	14,339	22,307	24,996	27,488	30,578	32,801	15

2. Une fois que les résultats précédents ont «passé» avec succès le test du χ^2 parce que $p > 0,05$, cela ne signifie pas que l'hypothèse est forcément vraie, mais plutôt que les résultats sont compatibles avec cette hypothèse. En revanche, si nous avions obtenu une valeur de $p < 0,05$, nous aurions dû rejeter l'hypothèse (alors qu'elle aurait pu être vraie). La science est un ensemble d'hypothèses susceptibles d'être réfutées et non la «vérité».

3. Il faut formuler l'hypothèse avec précaution, car elle comporte souvent des suppositions tacites. L'hypothèse formulée ici en est un exemple. Pour la formuler correctement, il nous faudrait l'énoncer ainsi : «l'individu testé est un hétérozygote A/a et les descendants A/a et a/a ont une viabilité égale». Nous étudierons les effets des allèles au Chapitre 6, mais pour l'instant, nous devons les garder à l'esprit comme une complication possible, car des différences de survie affecteraient les effectifs des différentes classes. Le problème est que si nous rejetons une hypothèse qui comporte des composantes cachées, nous ne pouvons pas savoir laquelle de ces composantes nous rejetons.

4. Le résultat du test du χ^2 dépend fortement de la taille des échantillons (les nombres d'individus dans chaque classe). C'est pourquoi le test doit porter sur des *nombres* et non sur des proportions ou des pourcentages. En outre, plus les échantillons sont importants, plus le test est fiable.

Chacun des rapports mendéliens familiers dont nous avons parlé dans ce chapitre peut être testé à l'aide du test du χ^2 – par exemple, 3:1 (1 dl), 1:2:1 (2 dl), 9:3:3:1 (3 dl) et 1:1:1:1 (3 dl). Nous verrons davantage d'applications du test du χ^2 aux Chapitres 4 et 6.

La transmission autosomique chez l'homme

Les unions humaines, comme celles des organismes expérimentaux, présentent de nombreux exemples des modes de transmission héréditaire décrits plus haut. Puisqu'on ne peut évidemment réaliser d'unions expérimentales contrôlées entre êtres humains, les généticiens doivent se contenter d'examiner les archives dans l'espoir d'y découvrir des unions informatives qui seraient apparues par hasard. Ce type d'examen s'appelle une **analyse d'arbre généalogique**. Le premier membre d'une famille qui retient l'attention d'un généticien est appelé le **propositus**. Dans la plupart des cas, le phénotype du propositus est exceptionnel (par exemple le propositus peut souffrir d'un certain type de maladie). L'enquêteur retrace alors le cheminement du phénotype tout au long de l'histoire de la famille et établit un arbre généalogique en utilisant les symboles conventionnels indiqués dans la Figure 2-12.

Un grand nombre des phénotypes variants chez l'homme sont déterminés par les allèles de gènes autosomiques uniques, comme chez le pois. Les arbres généalogiques humains présentent souvent des modes de transmission héréditaire de ce type mendélien simple. Pourtant, il faut les interpréter différemment, suivant que l'un des phénotypes contrastés

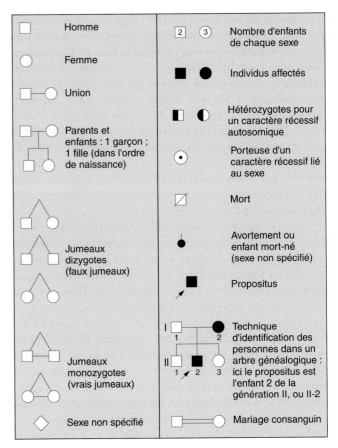

Figure 2-12 Les symboles utilisés dans l'analyse d'arbres généalogiques humains. [D'après W. F. Bodmer et L. L. Cavalli-Sforza, *Genetics, Evolution and Man.* Copyright 1976 par W. H. Freeman and Company.]

est une maladie rare ou que les deux phénotypes d'une paire sont les morphes (formes courantes) d'un même polymorphisme. La plupart des arbres généalogiques de ce type sont établis pour des raisons médicales et concernent de ce fait des maladies qui par définition sont rares. Examinons d'abord les maladies récessives rares provoquées par des allèles récessifs de gènes autosomiques uniques.

L'ANALYSE DE MALADIES RÉCESSIVES À L'AIDE D'UN ARBRE GÉNÉALOGIQUE Le phénotype affecté par une maladie autosomique récessive est déterminé par un allèle récessif. Par conséquent, le phénotype normal correspondant doit être déterminé par l'allèle dominant correspondant. Par exemple, la maladie humaine appelée phénylcétonurie (PCU) se transmet de façon mendélienne comme un phénotype récessif, la PCU étant déterminée par l'allèle p et l'état normal par P. Les personnes affectées par cette maladie ont donc le génotype p/p et celles qui n'en souffrent pas sont soit P/P soit P/p. Quel type de filiation généalogique permettrait de déceler ce mode de transmission héréditaire? Les deux indices clefs sont (1) que la maladie apparaît généralement dans la descendance de parents non affectés et (2) que les descendants atteints comprennent des personnes des deux sexes. Sachant que les descendants des deux sexes peuvent être affectés, nous pouvons conclure que nous avons probablement affaire à une transmission héréditaire de type mendélien simple d'un gène situé sur un autosome plutôt qu'au cas d'un gène présent sur un chromosome sexuel. L'arbre généalogique caractéristique suivant montre que les enfants affectés naissent de parents sains :

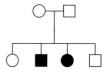

De ce schéma, nous pouvons déduire une transmission mendélienne simple de l'allèle récessif responsable du phénotype exceptionnel (indiqué en noir). En outre, nous pouvons déduire que les parents sont tous deux hétérozygotes, disons de type *A/a*. En effet, les parents doivent tous deux posséder un allèle *a* puisque chacun en transmet un exemplaire à chacun des enfants affectés ainsi qu'un allèle *A* puisqu'ils sont phénotypiquement normaux. Nous pouvons maintenant désigner les génotypes des enfants (dans l'ordre représenté) comme *A/–*, *a/a*, *a/a* et *A/–*. L'arbre généalogique devient donc :

$$A/a \,\text{---}\, A/a$$
$$A/- \quad a/a \quad a/a \quad A/-$$

[Après avoir lu la partie consacrée à la transmission liée au sexe, vous remarquerez que cet arbre généalogique n'indique pas une transmission récessive liée à l'X car, dans cette hypothèse, une fille affectée devrait avoir une mère hétérozygote (possible) et un père hémizygote, ce qui est évidemment impossible car il aurait exprimé le phénotype de la maladie.]

Notons une caractéristique intéressante de l'analyse généalogique familiale : bien que les lois de Mendel s'y appliquent, les rapports mendéliens ne sont que rarement observés dans les familles, en raison de la petite taille des échantillons. Dans l'exemple ci-dessus nous observons un rapport phénotypique 1:1 dans la descendance d'un croisement monohybride. Si le couple avait, disons 20 enfants, le rapport serait sans doute proche de 15 enfants non atteints pour 5 affectés par la PCU (donc un rapport 3:1) mais, au sein d'un échantillon de quatre enfants, tous les rapports sont possibles et d'ailleurs observés dans la pratique.

Dans les arbres généalogiques de maladies autosomiques récessives, celles-ci n'apparaissent que de loin en loin, avec peu de symboles en noir. Une maladie récessive se manifeste par groupes de descendants affectés au sein d'une même fratrie alors que les personnes des générations antérieures et postérieures ont tendance à ne pas être touchées. Pour en connaître la raison, il est important de comprendre la structure génétique des populations porteuses de telles affections rares. Par définition, si la maladie est rare, peu de personnes possèdent l'allèle anormal, et la plupart des personnes affec-

tées sont hétérozygotes. Les hétérozygotes sont beaucoup plus fréquents que les homozygotes récessifs car les deux parents d'un tel homozygote doivent porter l'allèle *a* alors qu'un seul parent porteur suffit pour engendrer un hétérozygote.

L'apparition d'un individu affecté dépend habituellement de l'union aléatoire de deux hétérozygotes non apparentés. Toutefois, les unions consanguines (unions entre personnes de la même famille) augmentent le risque d'union entre hétérozygotes. La Figure 2-13 donne un exemple de mariage entre cousins. Les individus III-5 et III-6 sont cousins germains et engendrent deux homozygotes pour l'allèle rare. Vous pouvez voir dans la Figure 2-13 qu'un ancêtre hétérozygote peut produire de nombreux descendants également hétérozygotes. Par conséquent, deux cousins peuvent porter le *même* allèle récessif rare, reçu d'un ancêtre commun. Pour que deux personnes *non apparentées* soient hétérozygotes, elles devraient avoir reçu l'allèle rare de leurs *deux* familles. Le risque de produire des maladies récessives est en général plus élevé pour les unions entre personnes apparentées qu'entre personnes sans lien de parenté. C'est pour cette raison que les mariages entre cousins germains produisent une proportion importante d'individus affectés de maladies récessives au sein de la population.

Donnons quelques exemples d'affections récessives chez l'homme. Nous avons déjà mentionné la PCU dans une analyse généalogique, mais quel est son phénotype ? La PCU est une maladie due au métabolisme anormal de l'acide aminé phénylalanine, un composant de toutes les protéines de notre nourriture. La phénylalanine est normalement transformée

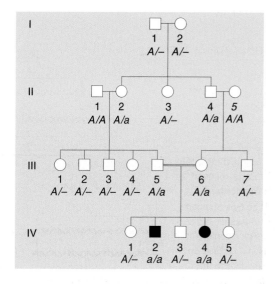

Figure 2-13 L'arbre généalogique d'un phénotype récessif rare déterminé par un allèle récessif *a*. Les symboles des gènes ne sont normalement pas indiqués dans ce type de représentation mais les génotypes ont été rajoutés ici pour une meilleure compréhension. Remarquez que les individus II-1 et II-5 sont arrivés dans la famille par mariage ; ils sont supposés normaux car la maladie héréditaire examinée est rare. Remarquez également qu'il n'est pas possible d'être certain du génotype de certains individus présentant un phénotype normal ; de tels individus sont désignés par *A/–*.

en tyrosine (un autre acide aminé) par l'enzyme phényl-alanine hydroxylase :

$$\text{phénylalanine} \xrightarrow{\text{phénylalanine hydroxylase}} \text{tyrosine}$$

Cependant, si une mutation dans le gène codant cette enzyme modifie la séquence d'acides aminés au voisinage du site actif de l'enzyme, l'enzyme ne peut ni fixer la phényl-alanine (son substrat) ni la transformer en tyrosine. La phényl-alanine s'accumule donc dans l'organisme et est transformée à la place en acide phénylpyruvique. Ce composé interfère avec le développement normal du système nerveux, entraî-nant ainsi un retard mental.

$$\text{phénylalanine} \xrightarrow[]{\substack{\text{phénylalanine}\\\text{hydroxylase}}} \!\!\!\times\!\!\! \longrightarrow \text{tyrosine}$$
$$\longrightarrow \text{acide phénylpyruvique}$$

De nos jours, les bébés subissent des tests de routine pour détecter cette anomalie à la naissance. Si cette déficience est détectée, l'accumulation de phénylalanine peut être évitée par la mise en place d'un régime spécial et le développement de la maladie peut être interrompu.

La mucoviscidose est une autre maladie héréditaire transmise de façon mendélienne sous la forme d'un phéno-type récessif. C'est une maladie dont le symptôme principal est la sécrétion de mucus en quantité importante dans les poumons, ce qui, par une combinaison d'effets, provoque la mort généralement accélérée par une infection des voies res-piratoires supérieures. Le mucus peut être délogé par une

succession de chocs sur la poitrine (*clapping*) et l'infection pulmonaire empêchée par des antibiotiques ; ces traitements permettent aux patients atteints de mucoviscidose d'attein-dre l'âge adulte. L'allèle responsable de la mucoviscidose a été isolé en 1989 et la séquence de son ADN a été détermi-née. Ces recherches ont permis d'établir que cette maladie est due à une protéine déficiente qui transporte des ions chlorure à travers la membrane cellulaire. La modification de l'équilibre ionique qui en résulte modifie la constitution du mucus des poumons. La compréhension nouvelle de la fonc-tion du gène chez les personnes affectées et les personnes non atteintes laisse espérer un traitement plus efficace.

L'albinisme, qui a servi de modèle au Chapitre 1 à pro-pos de la façon dont des allèles différents déterminent des phénotypes contrastés, a également un mode de transmission autosomique récessif standard.

La Figure 2-14 montre comment une mutation dans un allèle conduit à un mode simple de transmission autosomi-que dans un arbre généalogique. Dans cet exemple, l'allèle récessif *a* apparaît à la suite du changement d'une paire de bases qui introduit un codon stop au milieu du gène, condui-sant à la formation d'une protéine tronquée. La mutation, par chance, introduit également un nouveau site cible pour une enzyme de restriction. Une sonde de ce gène détecte donc deux fragments dans le cas de *a* et un seul dans le cas de *A*. (D'autres types de mutations pourraient produire des effets différents détectés par des analyses par transferts de type Southern, Northern et Western.)

Dans tous les exemples examinés jusqu'ici, la maladie est provoquée par un allèle codant une protéine déficiente.

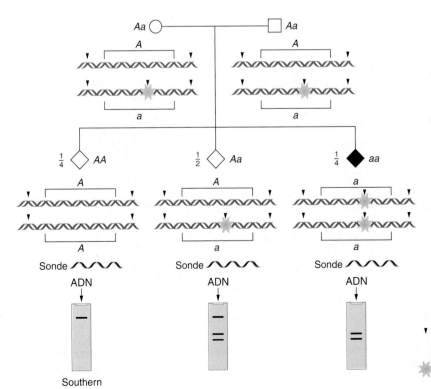

Figure 2-14 La transmission d'un allèle autosomique récessif au niveau moléculaire. Un transfert de type Southern utilisant une sonde qui se fixe à la région contenant la mutation à l'origine de l'albinisme détecte un fragment d'ADN chez les individus homozygotes normaux (*A/A*) et deux fragments chez les individus albinos (*a/a*). Les trois fragments détectés chez les individus hétérozygotes (*A/a*) sont dus à la présence de l'allèle normal et de l'allèle mutant.

Chez les hétérozygotes, l'unique allèle fonctionnel fournit suffisamment de protéine active pour combler les besoins de la cellule. Cette situation est appelée *haplosuffisance*. La quantité de protéine est donc insuffisante uniquement si l'allèle mutant est présent en deux exemplaires, ce qui produit le caractère récessif.

> **MESSAGE** Dans les arbres généalogiques humains, l'apparition de la maladie chez les descendants masculins et féminins de personnes non touchées révèle une maladie autosomique récessive.

L'ANALYSE DE MALADIES AUTOSOMIQUES DOMINANTES À L'AIDE D'UN ARBRE GÉNÉALOGIQUE

À quels modes de transmission doit-on s'attendre dans les arbres généalogiques, dans le cas de maladies autosomiques dominantes. Ici, c'est l'allèle normal qui est récessif et l'allèle anormal dominant. Il peut sembler paradoxal qu'une maladie rare puisse être dominante, mais rappelons que la dominance et la récessivité reflètent simplement la manière dont agissent les allèles et qu'elles ne sont aucunement définies en termes de prédominance dans la population. La pseudo-achondroplasie, une sorte de nanisme, est un bon exemple de phénotype dominant et rare, transmis de façon mendélienne (Figure 2-15). Dans ce cas, les personnes de stature normale sont de génotype *d/d* (*d* pour *dwarf*, nain en anglais) et les personnes de phénotype nain peuvent être *D/d* ou *D/D*. On pense cependant que la présence de deux «doses» de l'allèle *D* dans le génotype *D/D* a des conséquences tellement graves que ce génotype est létal. Si c'est vrai, tous les achondroplasiques sont hétérozygotes.

Dans l'analyse des arbres généalogiques, les principaux indices permettant d'identifier une maladie autosomique dominante à transmission mendélienne sont la tendance du phénotype à apparaître à chaque génération et le fait que pères et mères affectés transmettent le phénotype à leurs filles comme à leurs fils. Une fois encore, le fait que les deux sexes soient représentés parmi les descendants affectés exclut l'éventualité d'une transmission héréditaire liée aux chromosomes sexuels. Le phénotype se manifeste à chaque génération car généralement, l'allèle anormal porté par un individu donné doit provenir d'un parent de la génération précédente. (Des allèles anormaux peuvent apparaître *de novo* par mutation. Ce phénomène est relativement rare mais constitue une possibilité à ne pas perdre de vue.) Une généalogie caractéristique d'une maladie dominante est présentée dans la Figure 2-16. Il faut remarquer une fois encore que les rapports observés au sein des familles ne sont pas nécessairement mendéliens. Comme dans les cas de maladies récessives, les individus porteurs d'un seul exemplaire de l'allèle rare *A* (*A/a*) sont beaucoup plus fréquents que ceux qui en portent deux copies (*A/A*); la plupart des personnes affectées sont donc hétérozygotes et pratiquement toutes les unions dont sont issus des descendants atteints de maladies dominantes sont du type *A/a* × *a/a*. Par conséquent, lorsqu'on totalise les descendants de telles unions, on s'attend à trouver un rapport 1 : 1 entre les individus non touchés (*a/a*) et les personnes atteintes (*A/a*).

La chorée de Huntington est un exemple de maladie transmise comme un phénotype dominant déterminé par un allèle d'un gène unique. Il s'agit d'une dégénérescence du système nerveux entraînant des convulsions et une mort prématurée. C'est cependant une maladie qui se déclare

Figure 2-15 Le phénotype de la pseudo-achondroplasie humaine, illustré par une famille de cinq sœurs et deux frères. Le phénotype est déterminé par un allèle dominant, que nous pouvons appeler *D*, qui interfère avec la croissance des os pendant le développement. Cette photographie a été prise lors de l'arrivée de la famille en Israël après la fin de la seconde guerre mondiale. [UPI/Bettmann News Photos.]

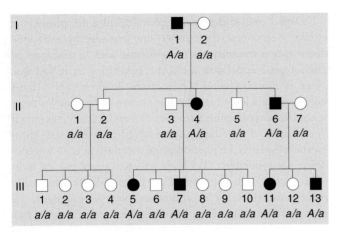

Figure 2-16 L'arbre généalogique d'un phénotype dominant déterminé par un allèle dominant *A*. Dans cet arbre, tous les génotypes ont été déduits.

tardivement, les symptômes n'apparaissant généralement pas avant que l'individu soit en âge de procréer (Figure 2-17). Chaque enfant d'un porteur de l'allèle anormal a une probabilité de 50 % d'en hériter et de contracter la maladie qui lui est associée. Cette situation tragique a suscité d'importants efforts pour créer des méthodes permettant de détecter les porteurs de l'allèle anormal avant que la maladie ne se déclare. L'application de techniques moléculaires a permis de mettre au point une méthode utile de dépistage.

Parmi les autres maladies dominantes rares, citons la polydactylie (doigts surnuméraires), illustrée dans la Figure 2-18, ainsi que la bigarrure de la peau, présentée dans la Figure 2-19.

> **MESSAGE** Les arbres généalogiques de maladies dominantes autosomiques à transmission mendélienne comportent des individus, hommes et femmes, atteints dans chaque génération ; en outre les hommes et les femmes affectés transmettent la maladie à leurs fils et à leurs filles dans des proportions égales.

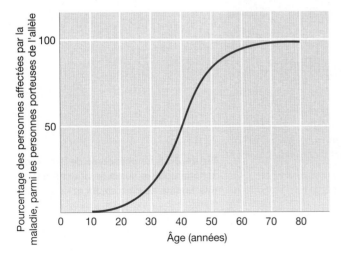

Figure 2-17 Une courbe de l'âge d'apparition de la maladie de Huntington. Le graphique montre que les personnes portant l'allèle n'expriment généralement pas la maladie avant d'être en âge d'avoir des enfants.

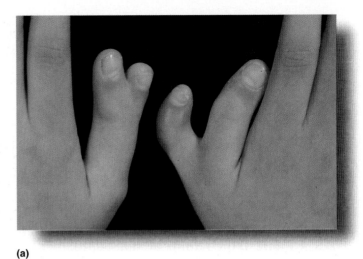

(a)

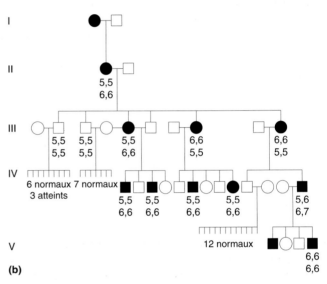

(b)

Figure 2-18 Un phénotype humain dominant peu fréquent qui affecte la main. (a) La polydactylie, un phénotype dominant caractérisé par des doigts et/ou des orteils surnuméraires, déterminé par un allèle *P*. Les nombres figurant dans la généalogie donnée en annexe (*b*) indiquent le nombre de doigts dans les lignes du dessus et le nombre d'orteils en-dessous. (Notez la variation dans l'expression de l'allèle *P*). [Partie a, photographie © Biophoto Associates/Science Source.]

L'ANALYSE DE POLYMORPHISMES AUTOSOMIQUES À L'AIDE D'UN ARBRE GÉNÉALOGIQUE

Nous avons vu au Chapitre 1 qu'un polymorphisme est la coexistence d'au moins deux phénotypes courants d'un caractère dans une population. Les phénotypes alternatifs constituant des polymorphismes sont souvent transmis sous la forme d'allèles d'un même gène autosomique, suivant un mode mendélien standard. Il en existe de nombreux exemples chez l'homme. Considérons par exemple le dimorphisme des yeux marron ou bleus, des cheveux bruns ou blonds, des fossettes au menton ou de leur absence et des lobes des oreilles soudés ou non.

L'interprétation des arbres généalogiques pour les polymorphismes est quelque peu différente de celle des maladies rares, car par définition, les morphes sont courants. Regardons

Figure 2-19 La bigarrure de la peau ou piebaldisme, un phénotype humain dominant rare. Bien qu'il se rencontre de manière sporadique dans toutes les populations, c'est chez les individus à peau sombre que ce phénotype se remarque le plus. (a) Vue de face et de dos des individus affectés IV-1, IV-3, III-5, III-8 et III-9 dans la généalogie montrée en (b). Remarquez la variation de l'expression du gène au sein de la même famille. On pense que ces modes de pigmentation sont dus à une **(a)** interférence de l'allèle dominant avec la migration des mélanocytes (cellules productrices de mélanine) de la face dorsale vers la face ventrale au cours du développement. La tache blanche sur le front est particulièrement caractéristique et s'accompagne souvent d'une mèche de cheveux blancs.

Le piebaldisme n'est pas une forme d'albinisme ; les cellules des taches claires ont le potentiel génétique pour produire la mélanine mais puisqu'elles ne sont pas des mélanocytes, elles ne sont pas programmées pour en fabriquer. Dans le véritable albinisme, les cellules n'ont plus le potentiel pour synthétiser de la mélanine. (Le piebaldisme est dû à des mutations dans c-*kit*, un type de gène appelé proto-oncogène, dont nous parlerons au chapitre 17.) [Parties a et b d'après I. Winship, K. Young, R. Martell, R. Ramesar, D. Curtis et P. Beighton, « Piebaldism : An Autonomous Autosomal Dominant Entity », *Clinical Genetics* 39, 1991, 330.]

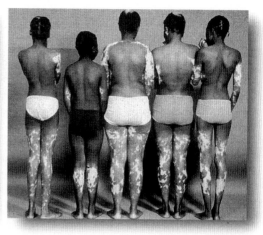

(b)

un arbre généalogique concernant un dimorphisme humain intéressant. La plupart des populations humaines sont dimorphiques pour la capacité de percevoir le goût d'une substance chimique, le phénylthiocarbamide (PTC) ; c'est-à-dire que les gens peuvent soit détecter un goût amer très désagréable soit – à la grande surprise et à l'incrédulité des goûteurs – ne peuvent aucunement en sentir le goût. D'après l'arbre généalogique de la Figure 2-20, on peut voir que deux goûteurs peuvent parfois engendrer des enfants non goûteurs. Ceci montre clairement que l'allèle de détection du goût est dominant et que l'allèle de l'incapacité correspondante est récessif. Remarquez cependant que presque toutes les personnes mariées à des membres de cette famille portaient l'allèle récessif, soit sous forme hétérozygote, soit sous forme homozygote. Un tel arbre diffère de ceux des maladies récessives rares pour lesquelles par convention, on suppose que toutes les personnes mariées à des membres de la famille sont des homozygotes normaux. Comme les deux allèles de PTC sont courants, il n'est pas surprenant que tous les membres de cette famille sauf un se soient mariés à des individus possédant au moins une copie de l'allèle récessif.

Le polymorphisme est un phénomène génétique intéressant. Les généticiens des populations ont été surpris de la quantité de polymorphismes qui existent généralement dans les populations naturelles de végétaux et d'animaux. De plus, même si la génétique des polymorphismes est simple, il y a peu de polymorphismes pour lesquels il existe une

explication satisfaisante de la coexistence des morphes. Mais le polymorphisme est foisonnant à tout niveau d'analyse génétique, même au niveau de l'ADN. En fait, les polymorphismes observés au niveau de l'ADN servent maintenant de points de repère aux généticiens pour l'exploration des chromosomes d'organismes complexes. La génétique des

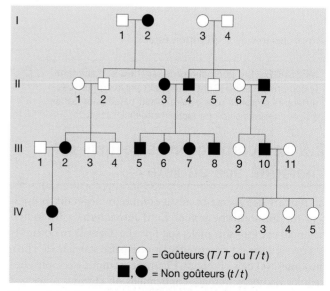

Figure 2-20 Un arbre généalogique de la capacité de percevoir le goût du PTC.

populations et de l'évolution des polymorphismes sera traitée aux Chapitres 19 et 21.

L'une des caractéristiques chromosomiques moléculaires (ou marqueurs) utiles, est le polymorphisme de la longueur des fragments de restriction (RFLP pour *restriction fragment length polymorphism*). Nous avons appris au chapitre 1 que les enzymes de restriction sont des enzymes bactériennes qui coupent l'ADN au niveau de séquences de bases spécifiques dans le génome. Les séquences cibles n'ont aucune signification biologique chez les organismes autres que les bactéries – elles apparaissent par hasard. Bien que les sites cibles se retrouvent en général au niveau de positions spécifiques, parfois, sur n'importe quel chromosome, un site spécifique est absent ou bien il existe un site supplémentaire. Si la présence ou l'absence d'un tel site de restriction se situe à proximité d'une séquence hybridée par une sonde, alors une hybridation par la technique de Southern révélera un polymorphisme de longueur ou RFLP. Considérons l'exemple simple dans lequel un chromosome de l'un des parents contient un site supplémentaire qui ne se retrouve pas dans l'autre chromosome du même type impliqué dans ce croisement :

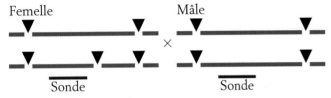

Les hybridations par transfert Southern laisseront apparaître deux bandes dans la piste de la femelle et une dans la piste du mâle. Les fragments «hétérozygotes» seront transmis exactement de la même manière qu'un gène. Le croisement précédent pourrait s'écrire de la façon suivante :

$$\text{long/court} \times \text{long/long}$$

et la descendance sera

$$\tfrac{1}{2} \text{ long/court}$$
$$\tfrac{1}{2} \text{ long/long}$$

d'après les lois de ségrégation égale.

> **MESSAGE** Les populations de végétaux et d'animaux (y compris l'homme) sont hautement polymorphes. Les différents morphes sont généralement déterminés par des allèles transmis selon un mode mendélien simple.

2.2 Les chromosomes sexuels et l'hérédité liée au sexe

La plupart des animaux et de nombreux végétaux présentent un dimorphisme sexuel. En d'autres termes, les individus peuvent être soit mâle, soit femelle. Dans la majorité de ces cas, le sexe est déterminé par une paire spéciale de **chromosomes sexuels**. Prenons l'homme comme exemple. Les cellules du corps humain contiennent 46 chromosomes : 22 paires homologues d'autosomes plus 2 chromosomes sexuels. Chez les femmes, il y a une paire de chromosomes sexuels

identiques, appelés les **chromosomes X**. Chez les hommes, il y a une paire de chromosomes non identiques, constituée d'un X et d'un Y. Le **chromosome Y** est nettement plus court que le chromosome X. Lors de la méiose chez les femmes, les deux chromosomes X s'apparient et se disjoignent comme des autosomes, de sorte que chaque ovule reçoit un chromosome X. Par conséquent, les gamètes portent un seul type de chromosome sexuel et on dit que la femme est le **sexe homogamétique**. Lors de la méiose chez les hommes, le X et le Y s'apparient sur une courte région, ce qui garantit que le X et le Y gagnent des pôles opposés de la cellule en cours de méiose, créant deux sortes de spermatozoïdes ; la moitié reçoit un X et l'autre moitié un Y. L'homme est donc le **sexe hétérogamétique**.

Les modes de transmission héréditaire des gènes présents sur les chromosomes sexuels sont différents de ceux des gènes autosomiques. Ces modes de transmission ont d'abord été étudiés chez la mouche du vinaigre, *Drosophila melanogaster*. Cet insecte est l'un des organismes de recherche les plus importants en génétique. Son cycle de vie court en est une des raisons. Les drosophiles possèdent trois paires d'autosomes et une paire de chromosomes sexuels, également notés X et Y. Comme chez les mammifères, les drosophiles femelles sont de constitution XX et les mâles, XY. Cependant, le mécanisme de détermination du sexe chez la drosophile diffère de celui des mammifères. Chez la drosophile, c'est le *nombre de* X qui détermine le sexe : deux X aboutissent à une femelle et un X à un mâle. Chez les mammifères, *la présence du Y* détermine la masculinité et son absence détermine la féminité. Cette différence est démontrée par les sexes de types chromosomiques anormaux XXY et XO, comme le montre le Tableau 2-3. Nous reprendrons cette discussion au chapitre 15, mais il est important de noter dès maintenant qu'en dépit de cette petite différence dans la détermination des sexes, les modes de transmission des gènes présents sur les chromosomes sexuels présentent des similitudes remarquables chez la drosophile et chez les mammifères.

Les plantes vasculaires présentent une grande variété d'arrangements sexuels. Les espèces **dioïques** sont celles qui présentent un dimorphisme sexuel semblable aux animaux : les plantes femelles portent des fleurs qui contiennent seulement des ovaires et les plantes mâles, des fleurs qui contiennent uniquement des anthères (Figure 2-21). Certaines plantes dioïques mais pas toutes, ont des paires de chromosomes non identiques associées au sexe de la plante (et qui

Tableau 2-3 La détermination chromosomique du sexe chez l'homme et la drosophile.

Espèces	Chromosomes sexuels			
	XX	XY	XXY	XO
Drosophile	♀	♂	♀	♂
Homme	♀	♂	♂	♀

Note : O indique l'absence d'un chromosome.

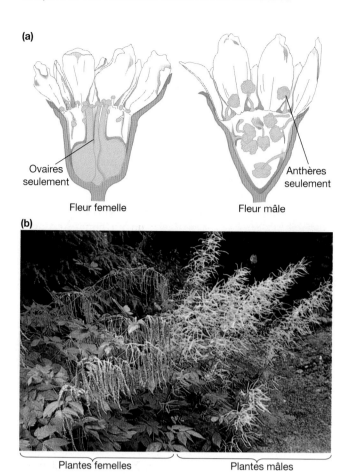

Figure 2-21 Deux espèces de plantes dioïques : (a) *Osmaronia dioica* (famille des Rosacées), (b) *Aruncus dioicus*. [Partie a, Leslie Bohm ; partie b, Anthony Griffiths.]

le déterminent presque certainement). Parmi les espèces avec des chromosomes sexuels non identiques, une grande proportion a un système XY. Par exemple, la plante dioïque *Melandrium album* possède 22 chromosomes par cellule : 20 autosomes plus 2 chromosomes sexuels, les femelles étant XX et les mâles XY. D'autres plantes dioïques ne possèdent pas de paire de chromosomes visiblement différente. Elles pourraient quand même avoir des chromosomes sexuels, mais que l'on ne pourrait distinguer visuellement.

Les modes de transmission héréditaire liés au sexe

Les cytogénéticiens ont divisé les chromosomes X et Y en régions homologues et régions différentielles. Utilisons une fois encore l'homme comme exemple (Figure 2-22). Les régions *homologues* comportent des séquences d'ADN qui présentent de fortes ressemblances dans les deux chromosomes sexuels. Les régions *différentielles* contiennent des gènes qui n'ont pas d'équivalent sur l'autre chromosome sexuel. Pour cette raison, on dit que les gènes situés dans les régions différentielles sont **hémizygotes** («à moitié zygotes») chez les mâles. Le chromosome X contient plusieurs centaines de gènes, dont la plupart ne sont pas impliqués dans la fonction sexuelle et dont la majorité n'ont pas d'équivalent sur le chromosome Y. Celui-ci contient seulement quelques dizai-

nes de gènes. Certains de ces gènes ont leur équivalent sur le chromosome X, mais pas tous. La plupart des gènes propres au Y sont impliqués dans la fonction sexuelle mâle. L'un de ces gènes, SRY, détermine la masculinité. Plusieurs autres gènes sont spécifiques de la production des spermatozoïdes.

Les gènes de la région différentielle du X présentent un mode de transmission héréditaire appelé **liaison à l'X** ; ceux situés dans la région différentielle du Y, une **liaison à l'Y**. En général, on dit que les gènes situés dans les régions différentielles présentent une **liaison au sexe**. On observe pour un gène lié au sexe, un mode de transmission apparenté au sexe. Celui-ci se différencie des modes de transmission héréditaire des gènes situés sur les autosomes, qui n'ont aucun lien avec le sexe. Dans la transmission autosomique, les descendants mâles et femelles présentent des phénotypes héréditaires dans des rapports identiques, tels qu'on en observe dans les résultats de Mendel (par exemple, les deux sexes d'une F$_2$ pourraient afficher un rapport 3 : 1). À l'inverse, les croisements effectués pour rechercher la transmission des gènes situés sur les chromosomes sexuels, produisent souvent des descendants mâles et femelles avec des rapports phénotypiques différents. En fait, dans les études de gènes dont la position chromosomique n'est pas connue, ce mode de transmission signale leur localisation sur les chromosomes sexuels.

Les chromosomes X et Y humains possèdent deux régions homologues, une à chaque extrémité (voir Figure 2-22). Étant homologues, ces régions ressemblent à des régions autosomiques, c'est pourquoi on les appelle *régions pseudo-autosomiques 1* et *2*. L'une de ces régions ou les deux s'apparient au cours de la méiose et subissent des crossing-over (voir le Chapitre 3 pour la discussion sur le crossing-over). De cette façon, le X et le Y peuvent se comporter comme une paire de chromosomes et se répartir dans des nombres égaux de spermatozoïdes.

La transmission héréditaire liée à l'X

Pour notre premier exemple de liaison à l'X, nous examinerons la couleur de l'œil chez la drosophile. La couleur de l'œil de type sauvage de la drosophile est rouge foncé,

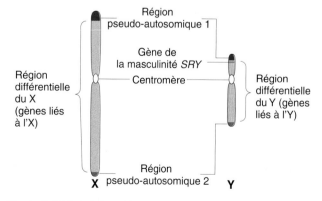

Figure 2-22 La région différentielle et la région d'appariement des chromosomes sexuels de l'homme. Les régions ont été localisées en observant respectivement les endroits où les chromosomes s'appariaient et ceux où ils ne s'appariaient pas lors de la méiose.

ORGANISME MODÈLE   La drosophile

Drosophila melanogaster a été l'un des premiers organismes modèles utilisés en génétique. On la trouve fréquemment sur des fruits mûrs, son cycle de vie est court et elle est simple à élever et à croiser. Le sexe de la drosophile est déterminé par les chromosomes sexuels X et Y (XX = femelle, XY = mâle). Les mâles et les femelles se distinguent facilement. Des phénotypes mutants apparaissent régulièrement dans les populations des laboratoires et l'on peut augmenter leur fréquence grâce à un traitement par des radiations ou des substances chimiques. C'est un organisme diploïde avec 4 paires de chromosomes homologues ($2n = 8$). Dans les glandes salivaires et certains autres tissus, de multiples cycles de réplication de l'ADN sans division chromosomique aboutissent à des «chromosomes géants», qui ont chacun un profil unique de bandes. Ceci offre aux généticiens des points de repère pour la cartographie des chromosomes et leurs réarrangements. Il existe de nombreuses espèces et variétés de drosophile qui ont constitué un matériel important pour l'étude de l'évolution.

> «*Le temps vole comme une flèche, la drosophile comme une banane.*»
> (Groucho Marx)

Drosophila melanogaster, la mouche du vinaigre. [SPL/ Photo Researchers, Inc.]

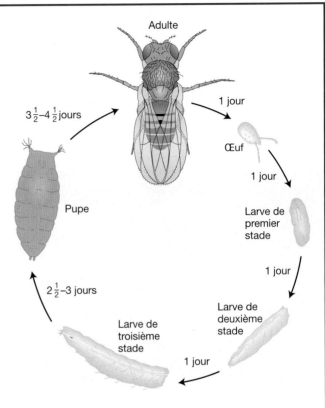

Le cycle vital de *Drosophila melanogaster*, la mouche commune du vinaigre.

---

mais on connaît des lignées pures avec les yeux blancs (Figure 2-23). Cette différence de phénotype est déterminée par deux allèles d'un gène situé dans la région différentielle du chromosome X. Chez la drosophile et de nombreux autres organismes, le nom du gène est choisi par convention en rapport avec le premier allèle mutant trouvé. On désigne alors l'allèle de type sauvage par le symbole du mutant auquel on adjoint un signe plus en exposant. Dans le cas présent, l'allèle mutant étant w pour yeux blancs (*white* en anglais; la minuscule indique qu'il est récessif), l'allèle correspondant de type sauvage est w^+. Lorsqu'on croise des mâles à yeux blancs avec des femelles à yeux rouges, tous les descendants de la F_1 ont des yeux rouges, ce qui montre que l'allèle blanc est récessif. Le croisement des mâles et des femelles F_1 à yeux rouges produit un rapport 3:1 dans la F_2, entre les mouches à yeux rouges et les mouches à yeux blancs, mais toutes les mouches à yeux blancs sont des mâles. Ce mode de transmission s'explique par la transmission d'un gène présent dans la région différentielle du chromosome X, avec un allèle de type sauvage dominant déterminant la couleur rouge et un allèle récessif déterminant la couleur blanche. En d'autres termes, il s'agit d'une liaison à l'X. Les génotypes sont indiqués dans la Figure 2-24. Le croisement réciproque

donne un autre résultat. Un croisement réciproque entre des femelles à yeux blancs et des mâles à yeux rouge donne une F_1 dans laquelle toutes les femelles ont des yeux rouges, mais où tous les mâles ont les yeux blancs. La F_2 est constituée pour moitié de mouches à yeux rouges et pour moitié de mouches à yeux blancs des deux sexes. Dans le cas d'une

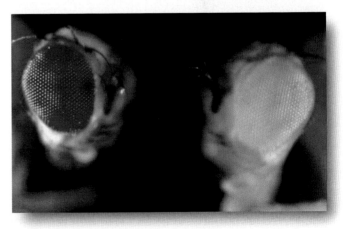

Figure 2-23 Des drosophiles à yeux rouges et à yeux blancs. [Carolina Biological Supply.]

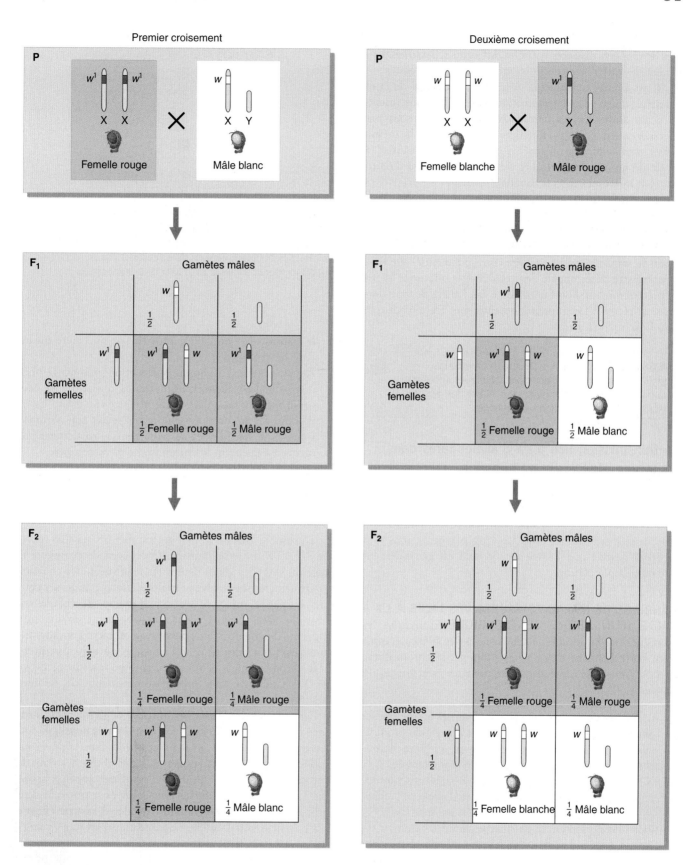

Figure 2-24 Des croisements réciproques entre des drosophiles à yeux rouges (sur fond rouge) et à yeux blancs (sur fond blanc) donnent des résultats différents. Les allèles sont liés à l'X et la transmission du chromosome X explique les rapports phénotypiques observés, qui sont différents de ceux obtenus pour des gènes autosomiques. (Chez la drosophile et chez de nombreux autres systèmes expérimentaux, on utilise un signe plus en exposant pour désigner l'allèle normal ou de type sauvage. Ici : w^+ = rouge et w = blanc [*white* en anglais].)

liaison au sexe, nous voyons donc non seulement des exemples de rapports distincts entre les différents sexes, mais également des différences entre les croisements réciproques.

Il est à noter que chez la drosophile, la couleur de l'œil n'a rien à voir avec la détermination du sexe. Par conséquent, les gènes situés sur les chromosomes sexuels ne sont pas nécessairement liés à la fonction sexuelle. C'est la même chose chez l'homme : l'analyse d'arbres généalogiques a révélé de nombreux gènes liés à l'X. Pourtant, peu d'entre eux sont impliqués dans la fonction sexuelle.

L'exemple de la couleur de l'œil concernait un allèle récessif anormal, qui a dû apparaître par mutation. Des allèles mutants dominants de gènes présents sur le chromosome X peuvent également apparaître. Ils présentent alors un mode de transmission héréditaire correspondant à l'allèle de type sauvage déterminant des yeux rouges que nous avons vu précédemment. Pourtant dans ce cas, l'allèle de type sauvage est récessif. Les rapports obtenus sont les mêmes que dans l'exemple ci-dessus.

> **MESSAGE** L'hérédité liée au sexe se caractérise régulièrement par des rapports phénotypiques différents pour les descendants des deux sexes et par des rapports distincts lors des croisements réciproques.

La transmission liée à l'X d'allèles rares dans les arbres généalogiques humains

Comme dans le cas de l'analyse de gènes autosomiques, les arbres généalogiques de gènes situés sur le chromosome X sont généralement construits pour suivre la transmission d'un certain type de maladie. Une fois encore, il nous faut garder à l'esprit que l'allèle responsable est généralement rare dans la population.

L'ANALYSE DE MALADIES RÉCESSIVES LIÉES À L'X À L'AIDE D'UN ARBRE GÉNÉALOGIQUE
Examinons les arbres généalogiques de maladies dues à des allèles récessifs rares, correspondant à des gènes situés sur le chromosome X. Ces arbres généalogiques présentent les caractéristiques suivantes :

1. Beaucoup plus d'hommes que de femmes présentent le phénotype rare étudié. Ceci est dû à la règle du produit : une femme ne présentera le phénotype que si sa mère *et* son père portent tous deux l'allèle (par exemple, $X^A/X^a \times X^a/Y$), tandis qu'un homme peut présenter le phénotype lorsque la mère *seule* porte l'allèle. Si l'allèle récessif est particulièrement rare, presque tous les individus présentant le phénotype sont des hommes.
2. Aucun des descendants d'un homme affecté ne présente le phénotype, mais toutes ses filles seront des «porteuses», portant l'allèle récessif masqué dans l'état hétérozygote. La moitié des fils nés de ces filles porteuses seront affectés (Figure 2-25). (Il est à noter que dans le cas de phénotypes dus à des allèles récessifs *courants* liés à l'X, l'expression du phénotype peut être masquée par

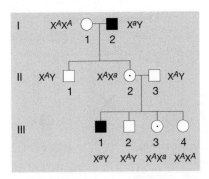

Figure 2-25 Un arbre généalogique montrant des allèles récessifs liés à l'X exprimés chez les hommes. À la génération suivante, ces allèles sont portés sans être exprimés par leurs filles, pour être exprimés à nouveau chez les fils de celles-ci. Remarquez qu'on ne peut différencier III-3 et III-4 sur la base de leur phénotype.

la transmission de l'allèle récessif par une mère ou un père hétérozygote.)
3. Aucun des fils d'un homme affecté ne présente le phénotype étudié, ni ne transmettra la maladie à sa descendance. La raison de cette absence de transmission d'homme à homme est que le fils reçoit son chromosome Y de son père et ne peut donc normalement pas recevoir également le chromosome X de son père.

Dans l'analyse d'arbres généalogiques de maladies récessives liées à l'X, une femme normale de génotype inconnu est supposée homozygote sauf s'il y a des preuves du contraire.

L'exemple sans doute le plus familier de maladie récessive liée à l'X est le daltonisme, l'incapacité de distinguer le rouge du vert. Les gènes déterminant la vision des couleurs ont été caractérisés au niveau moléculaire. La vision des couleurs est basée sur trois sortes différentes de cellules en forme de cônes dans la rétine, chacune étant sensible aux longueurs d'onde du rouge, du vert ou du bleu. Les déterminants génétiques des cônes du rouge et du vert sont situés sur le chromosome X. Comme pour toute maladie récessive liée à l'X, il y a bien plus d'hommes que de femmes atteints.

Un autre exemple familier est celui de l'*hémophilie*, l'absence de coagulation du sang. De nombreuses protéines doivent interagir pour que le sang coagule. Le type le plus courant d'hémophilie est provoqué par l'absence ou le dysfonctionnement de l'une de ces protéines, appelée *facteur VIII*. Les cas d'hémophilie les plus célèbres se trouvent dans l'arbre généalogique des familles royales d'Europe (Figure 2-26). L'allèle initial de l'hémophilie dans l'arbre généalogique est apparu spontanément (sous la forme d'une mutation) dans les cellules reproductrices de l'un ou l'autre des parents de la reine Victoria ou de la reine Victoria elle-même. Alexis, le fils du dernier tsar de Russie reçut l'allèle de la reine Victoria qui était la grand-mère de sa mère Alexandra. De nos jours, l'hémophilie peut être soignée médicalement mais il s'agissait autrefois d'une maladie potentiellement

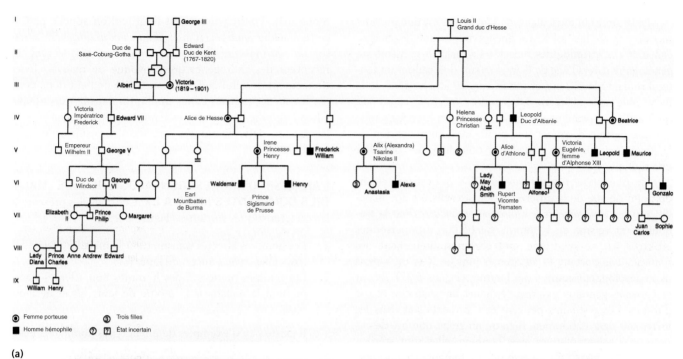

Figure 2-26 La transmission de l'hémophilie, une maladie récessive liée à l'X dans les familles royales d'Europe. Un allèle récessif déterminant l'hémophilie (absence de coagulation du sang) est apparu par mutation dans les cellules reproductrices de la reine Victoria ou de l'un de ses parents. Cet allèle de l'hémophilie s'est répandu dans les autres familles royales par les mariages qu'elles ont contractés entre elles. (a) Cet arbre généalogique partiel montre les hommes affectés et les femmes porteuses (hétérozygotes). La plupart des conjoints des membres de cette famille ont été omis pour plus de simplicité. Pouvez-vous déduire la probabilité que la famille royale d'Angleterre actuelle porte l'allèle récessif? (b) Un tableau montrant la reine Victoria entourée de ses nombreux descendants. [Partie a D'après C. Stern, *Principles of Human Genetics*, 3ᵉ éd. Copyright 1973 par W. H. Freeman et Company; partie b Collection royale, St. James's Palace. Copyright Sa Majesté la Reine Elisabeth II.]

létale. Il est intéressant de remarquer que dans le Talmud juif, il existe des règles sur l'exemption de circoncision pour certains garçons, qui montrent clairement que le mode de transmission de la maladie par l'intermédiaire de femmes porteuses non touchées était bien connu dans les temps anciens. Par exemple, les fils des femmes dont les sœurs avaient eu des fils qui avaient saigné abondamment lors de la circoncision, étaient exemptés.

La dystrophie musculaire de Duchenne est une maladie récessive fatale liée à l'X. Le phénotype est une dégénérescence et une atrophie des muscles. La maladie se manifeste généralement vers l'âge de 6 ans, l'enfant doit utiliser un fauteuil roulant vers 12 ans et meurt vers 20 ans. Le gène de la dystrophie musculaire de Duchenne a été isolé et on sait qu'il code une protéine du muscle, la dystrophine. Une telle avancée permet d'espérer une meilleure compréhension de la physiologie de cette maladie et pour finir, de concevoir une thérapie.

Un phénotype récessif rare lié à l'X qui est intéressant du point de vue de la différenciation sexuelle est une maladie appelée *syndrome de féminisation testiculaire* dont la fréquence est voisine de 1 homme sur 65 000. Les personnes affectées par ce syndrome sont chromosomiquement des hommes, comportant 44 autosomes plus un X et un Y mais ils se développent comme des femmes (Figure 2-27). Ils ont des organes génitaux externes féminins, un vagin clos et pas d'utérus. Les testicules peuvent être présents soit dans les lèvres soit dans l'abdomen. Bien qu'un grand nombre de ces personnes soient mariées avec bonheur, elles sont stériles. Leur état ne peut être inversé par traitement par une hor-

mone mâle (androgène). C'est pourquoi on appelle parfois cette maladie *syndrome d'insensibilité aux androgènes*. La raison de cette insensibilité est une mutation dans le gène du récepteur des androgènes qui provoque un mauvais fonctionnement de celui-ci. L'hormone mâle ne peut donc avoir d'effet sur les organes cibles impliqués dans la masculinité. Chez l'homme, les caractères féminins apparaissent lorsque le système déterminant les caractères masculins n'est pas fonctionnel.

L'ANALYSE D'ARBRES GÉNÉALOGIQUES DE MALADIES DOMINANTES LIÉES À L'X Ces maladies présentent les caractéristiques suivantes (Figure 2-28):

1. Les hommes affectés transmettent la maladie à toutes leurs filles mais à aucun de leurs fils
2. Les femmes mariées à des hommes non affectés transmettent la maladie à la moitié de leurs fils et de leurs filles

Il existe peu d'exemples de phénotypes dominants liés à l'X chez l'homme. L'un d'eux est l'*hypophosphatémie*, une sorte de rachitisme résistant à la vitamine D.

L'hérédité liée à l'Y

Chez l'homme, les gènes situés dans la région différentielle du chromosome Y sont transmis uniquement aux garçons, de père en fils. Le gène qui joue un rôle primordial dans la détermination de la masculinité est le gène **SRY**, qui code le *facteur de détermination testiculaire*. Le gène SRY a été localisé dans la région différentielle du chromosome Y (voir Chapitre 18). Par conséquent, la masculinité elle-même est liée à l'Y et présente le mode attendu de transmission exclusive d'homme à homme. On a découvert certains cas de stérilité masculine dus à des délétions de régions du chromosome Y contenant des gènes inducteurs de spermatozoïdes. La stérilité masculine n'est pas héréditaire, mais il est intéressant de constater que les pères de ces hommes ont des

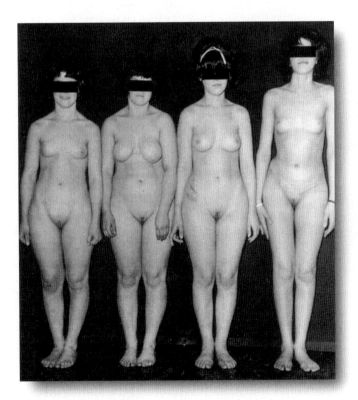

Figure 2-27 Quatre frères présentant un syndrome de féminisation testiculaire (insensibilité congénitale aux androgènes). Les quatre frères de cette photographie possèdent 44 autosomes ainsi qu'un chromosome X et un Y mais ils ont reçu l'allèle récessif lié à l'X responsable de l'insensibilité aux androgènes (hormones mâles). Une de leurs sœurs (non présentée) qui était génétiquement XX, était porteuse de l'allèle et eut un enfant qui présentait également un syndrome de féminisation testiculaire. [Leonard Pinsky, McGill University.]

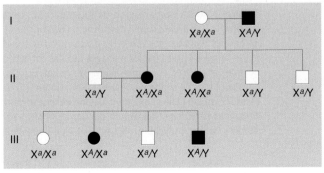

Figure 2-28 L'arbre généalogique d'une maladie dominante liée à l'X. Toutes les filles d'un homme exprimant un phénotype dominant lié à l'X présenteront ce phénotype. Les filles hétérozygotes pour un allèle dominant lié à l'X transmettront la maladie à la moitié de leurs fils et de leurs filles.

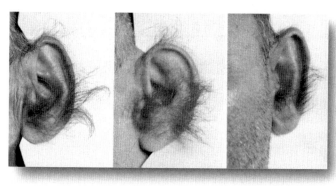

Figure 2-29 La pilosité du bord de l'oreille. Ce phénotype pourrait être dû à un allèle d'un gène lié à l'Y. [D'après C. Stern, W.R. Centerwall et S.S. Sarkar, *The American Journal of Human Genetics* 16, 1964, 467. Avec l'autorisation de Grune & Stratton, Inc.]

chromosome Y normaux, ce qui montre que les délétions sont nouvelles.

Aucun autre cas de variants phénotypiques non sexuels n'a pu être associé avec certitude à l'Y. La pilosité du bord de l'oreille (Figure 2-29) a été suggérée comme un cas possible. Ce phénotype est extrêmement rare parmi les populations de la plupart des pays, mais plus courant en Inde. Dans certaines familles (mais pas toutes), la pilosité du bord de l'oreille est transmise exclusivement de père en fils.

> **MESSAGE** Les modes de transmission héréditaire avec une représentation inégale des phénotypes chez les hommes et chez les femmes peuvent permettre de localiser les gènes concernés sur l'un des chromosomes sexuels.

2.3 La transmission cytoplasmique

Les mitochondries et les chloroplastes sont des organites spécialisés situés dans le cytoplasme. Ils contiennent de petits chromosomes circulaires qui portent une partie définie du génome cellulaire total. Les gènes mitochondriaux sont impliqués dans la production d'énergie par les mitochondries, alors que les gènes des chloroplastes interviennent dans la photosynthèse chloroplastique. Cependant, aucun de ces organites n'est indépendant, car le fonctionnement de chacun d'eux dépend également des gènes nucléaires. Nous n'allons pas essayer d'expliquer ici pourquoi certains des gènes indispensables aux organites se trouvent à l'intérieur de ceux-ci, tandis que d'autres demeurent dans le noyau, car cela reste assez mystérieux.

Une autre particularité des gènes d'organites est le grand nombre de copies par cellule. Chaque organite est non seulement présent en de nombreux exemplaires dans chaque cellule, mais il contient en outre de multiples copies du chromosome. De ce fait, chaque cellule possède des centaines, voire des milliers de chromosomes d'organites. Nous allons pour l'instant supposer que toutes les copies présentes dans une cellule sont identiques, mais il nous faudra revenir plus tard sur cette approximation.

Les gènes d'organites présentent leur propre mode de transmission héréditaire appelé hérédité monoparentale, ce qui signifie que tous les descendants reçoivent exclusivement leurs gènes d'organites de l'un des parents. Dans la plupart des cas, il s'agit de la mère, c'est pourquoi on parle de **transmission maternelle**. Pourquoi seulement la mère? Parce que les chromosomes d'organites sont situés dans le cytoplasme et non dans le noyau. Dans le cas des gènes nucléaires, nous avons vu que les deux parents apportaient une contribution égale au zygote. En revanche, l'ovule fournit l'essentiel du cytoplasme et le spermatozoïde y contribue très peu. Par conséquent, en raison de la localisation des organites dans le cytoplasme, le parent femelle transmet les organites en même temps que le cytoplasme et quasiment aucun ADN d'organite ne provient du parent mâle.

Existe-t-il des mutations dans les organites susceptibles de conduire à des modes observables de transmission héréditaire? Certains variants phénotypiques sont dus à un allèle mutant d'un gène d'organite. Nous supposerons à nouveau temporairement que l'allèle mutant est présent dans toutes les copies, car cette situation est assez fréquente. Lors d'un croisement, le phénotype variant sera transmis aux descendants si le variant utilisé est le parent femelle, mais pas s'il s'agit du parent mâle. Par conséquent, la transmission cytoplasmique présente généralement les caractéristiques suivantes:

♀ mutant × ♂ type sauvage ⟶ descendants tous mutants

♀ type sauvage × ♂ mutant ⟶ descendants tous de type sauvage

La transmission maternelle peut se démontrer clairement chez certains mutants de champignons haploïdes. (Bien que nous n'ayons pas encore traité spécifiquement des cycles haploïdes, nous pouvons quand même utiliser ces champignons comme exemple, car l'haploïdie concerne le génome nucléaire.) Par exemple, chez le champignon *Neurospora*, un mutant appelé *poky* présente un phénotype de croissance lente. On peut croiser les *Neurospora* de telle sorte qu'un parent joue le rôle de parent maternel et fournisse le cytoplasme. Les résultats des croisements réciproques suggèrent que le ou les gènes mutants résident dans les mitochondries (les champignons ne possèdent pas de chloroplastes):

♀ poky × ♂ type sauvage ⟶ descendants tous poky

♀ type sauvage × ♂ poky ⟶ descendants tous de type sauvage

On sait maintenant avec certitude que la mutation poky se trouve dans l'ADN mitochondrial.

> **MESSAGE** Les phénotypes variants dus à des mutations dans l'ADN des organites cytoplasmiques sont généralement transmis par la mère.

Puisqu'une mutation telle que la mutation poky a dû apparaître initialement dans un «chromosome» mitochondrial, comment peut-elle se retrouver dans l'ensemble des chromosomes mitochondriaux d'un mutant poky? Le processus, assez courant parmi les mutations dans les organites, n'est pas encore bien compris. Dans certains cas, il semble résulter d'une série d'événements purement aléatoires. Dans d'autres cas, le chromosome mutant semble manifester une sorte d'avantage au cours de la réplication par rapport aux autres chromosomes.

Les cellules contiennent parfois un mélange d'organites mutants et normaux. On dit que ces cellules sont *hétéroplasmiques*. Dans ces mélanges, on peut détecter un type de **ségrégation cytoplasmique**, dans lequel les deux types d'organites se répartissent dans différentes cellules filles. Le processus le plus probable est une répartition aléatoire au cours de la division cellulaire. Les végétaux fournissent un bon exemple de cette répartition. De nombreux cas de feuilles blanches sont dus à des mutations dans les gènes chloroplastiques qui contrôlent la production et le dépôt de la chlorophylle, le pigment vert. Puisque la chlorophylle est nécessaire à la survie des plantes, ce type de mutation est létal et on ne peut obtenir de plantes à feuilles blanches pour des croisements expérimentaux. Cependant, certaines plantes présentent une panachure (ou bigarrure, *variegation* en anglais) et comportent à la fois des zones blanches et des zones vertes. Ces plantes, elles, sont viables. Les végétaux panachés offrent donc un moyen de démontrer la ségrégation cytoplasmique.

La Figure 2-30 présente un phénotype courant de feuilles et rameaux panachés qui démontre la transmission d'un allèle mutant de gène chloroplastique. L'allèle mutant rend les chloroplastes blancs. À son tour, la couleur des chloroplastes détermine la couleur des cellules et par conséquent, la couleur des rameaux constitués de ces cellules. Les rameaux panachés sont des mosaïques de cellules toutes vertes ou toutes blanches. Des fleurs peuvent se développer sur les rameaux verts, blancs ou panachés et les gènes des chloroplastes des cellules de fleurs seront ceux du rameau sur lequel se forment ces fleurs. Par conséquent, lors de leur croisement (Figure 2-31), c'est le gamète maternel présent dans la fleur (l'ovule) qui détermine la couleur de la feuille et des rameaux des plantes filles. Par exemple, si l'ovule vient d'une fleur située sur un rameau vert, toute la descendance sera verte, quelle que soit l'origine du pollen. Un rameau blanc aura des chloroplastes blancs et toutes les plantes filles seront blanches. (En raison de la létalité de la mutation, les descendants blancs ne survivront pas au-delà du stade de jeune plant.)

Les zygotes panachés (en bas de la figure) démontrent la ségrégation cytoplasmique. Ces descendants panachés sont issus d'ovules qui sont des mélanges cytoplasmiques de deux types de chloroplastes. Il est intéressant de constater que lorsque l'un de ces zygotes se divise, les chloroplastes blancs et verts ségrégent souvent, c'est-à-dire qu'ils se répartissent dans des cellules distinctes, produisant des secteurs verts et blancs séparés qui créent cette panachure des rameaux. Cet exemple offre une démonstration directe de ségrégation cytoplasmique.

> **MESSAGE** Les populations d'organites qui contiennent des mélanges de deux chromosomes génétiquement distincts présentent souvent une ségrégation des deux types dans les cellules filles lors de la division cellulaire. C'est ce que l'on appelle la ségrégation cytoplasmique.

Existe-t-il des mutations cytoplasmiques chez l'homme? Certains arbres généalogiques présentent la transmission d'un phénotype spécifique rare uniquement par les femmes et jamais par les hommes. Ce mode de transmission suggère fortement une transmission cytoplasmique et laisse penser que le phénotype pourrait être dû à une mutation dans l'ADN mitochondrial. La maladie appelée MERRF (épilepsie myoclonique associée à la myopathie des fibres rouges en haillons) présente l'un de ces phénotypes, qui résulte d'un changement unique de base dans l'ADN mitochondrial. Il s'agit d'une maladie musculaire (myopathie) qui comporte également des troubles des yeux et des oreilles. Le syndrome de Kearns-Sayre en est un autre exemple. Il regroupe de nombreux symptômes affectant les yeux, le cœur, les muscles et le cerveau. Il est dû à une perte d'une partie de l'ADN mitochondrial. Dans certains de ces cas, les cellules d'un malade contiennent un mélange de chromosomes normaux et de chromosomes mutants et les proportions de chaque type de chromosome transmis aux descendants peuvent varier en fonction de la ségrégation cytoplasmique. Chez un même individu, les proportions des deux types peuvent également varier en fonction du temps et du tissu. On pense que l'accumulation de certains types de mutations mitochondriales dans le temps pourrait être l'une des causes du vieillissement.

Rameau tout blanc

Rameau tout vert

La tige principale est panachée

Figure 2-30 La panachure des feuilles chez *Mirabilis jalapa*, la belle-de-nuit. Des fleurs peuvent se former sur tous les rameaux (panaché, vert ou blanc) et peuvent être utilisées pour des croisements.

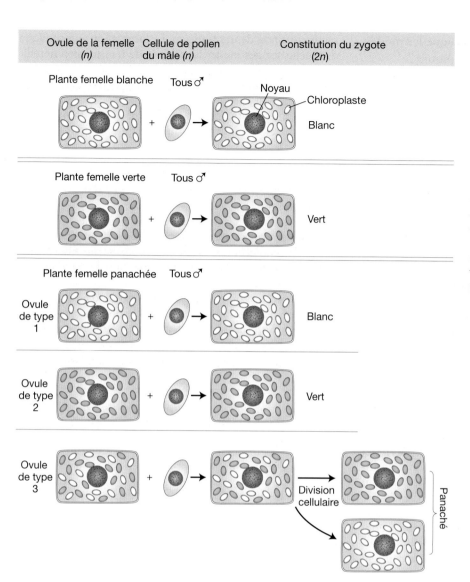

Figure 2-31 Un modèle expliquant les résultats des croisements des belles-de-nuit dans le système autonome de transmission des chloroplastes. Les gros cercles violets sont les noyaux. Les ovales plus petits sont des chloroplastes, verts ou blancs. Chaque ovule est censé contenir de nombreux chloroplastes et chaque cellule de pollen n'en avoir aucun. Les deux premiers croisements correspondent à une transmission maternelle stricte. Si néanmoins le rameau maternel est panaché, trois types de zygotes peuvent apparaître, selon la présence dans l'ovule de chloroplastes uniquement verts, uniquement blancs, ou verts et blancs. Dans ce dernier cas, le zygote résultant peut produire à la fois du tissu vert et du tissu blanc, formant ainsi une plante panachée.

RÉPONSES AUX QUESTIONS CLÉS

• **Comment peut-on affirmer qu'un variant phénotypique a une origine génétique ?**

Dans ce chapitre, nous nous sommes intéressés aux variants discontinus pour lesquels il existe des subdivisions distinctes et non chevauchantes d'un caractère, telles que la division du caractère couleur de l'œil en phénotypes à yeux rouges ou à yeux blancs. La réponse à cette question réside dans le fait que de tels phénotypes variants héréditaires (dans ce cas rouge ou blanc) sont transmis suivant une expression plus ou moins constante (par exemple la même quantité de rouge) d'une génération à l'autre. Ceci suggère alors fortement une origine héréditaire. Si les phénotypes sont observés dans des proportions constantes (voir question suivante), l'hypothèse héréditaire est renforcée.

En réalité, il faut être prudent avec ce genre de déduction. Certains variants qui *ne sont pas* héréditaires *semblent* présenter un certain degré de transmission héréditaire. Par exemple, on peut observer chez une plante une certaine variation de couleur de feuille, comme le jaune, parce qu'elle a été infectée par un virus. Certains de ses descendants peuvent également présenter les mêmes symptômes parce que le virus est toujours dans la serre. Néanmoins, ces cas ne seraient pas représentés dans les proportions spécifiques observées dans le cadre d'une transmission héréditaire.

• **Les variants phénotypiques sont-ils transmis suivant des modes récurrents à travers les générations ?**

Nous avons vu qu'il existe en effet des modes récurrents de transmission. Non seulement les phénotypes héréditaires continuent-ils à apparaître, mais on les observe dans des rapports constants tels que $3:1$; $1:1$; $1:2:1$; $9:3:3:1$, etc. C'est ce que l'on appelle les modes standard de transmission. On peut les trouver chez tous les organismes.

● **Au niveau du gène, qu'est-ce qui explique les modes de transmission des variants phénotypiques ?**

Nous avons vu que de nombreux cas de variation discontinue sont dus à des variants alléliques d'un même gène : un allèle est responsable d'un phénotype et un autre allèle du même gène induit un autre phénotype. La transmission d'une telle paire de variants est gouvernée par des lois établies par Mendel : les gènes existent par paires ; les paires subissent une ségrégation égale au cours de la formation des gamètes ; les gamètes portent donc un membre de chaque paire et les zygotes sont formés par la fusion aléatoire des gamètes mâles et femelles. Ces règles simples gouvernent la production des rapports standard. Le rapport observé dépend des génotypes impliqués dans le croisement.

● **Le mode de transmission est-il influencé par la position du ou des gènes correspondants dans le génome ?**

Nous avons vu que c'est en effet le cas. Trois grandes localisations génomiques peuvent être définies : sur les autosomes, sur les chromosomes sexuels et sur les chromosomes d'organites. Ces positions chromosomiques produisent toutes des modes distincts de transmission. La localisation autosomique débouche sur des modes identiques de transmission héréditaire chez les descendants des deux sexes, la localisation sur les chromosomes sexuels peut produire des modes différents de transmission chez les deux sexes et la localisation sur les chromosomes d'organites crée des modes de transmission qui dépendent uniquement du génotype de l'organite du parent maternel.

● **Le mode de transmission d'un phénotype est-il indépendant de celui des phénotypes d'autres caractères ?**

Les paires d'allèles appartenant à des paires de chromosomes sont effectivement transmises indépendamment, car des paires chromosomiques distinctes subissent un assortiment indépendant lors de la formation des gamètes (essentiellement lors de la méiose). Ceci est vrai dans le cas de paires distinctes d'autosomes ou pour des paires d'autosomes et des paires de chromosomes sexuels. De plus, la transmission des gènes d'organites est indépendante de celle des gènes situés sur les chromosomes nucléaires.

RÉSUMÉ

Au sein d'une espèce, les variants phénotypiques sont courants. On découvre souvent que les variants discrets, discontinus pour un caractère spécifique, sont dus aux allèles d'un même gène, avec un allèle responsable d'un phénotype et l'autre allèle, de l'autre. De tels phénotypes héréditaires discontinus se transmettent d'une génération à l'autre suivant des modes standard de transmission. Dans cette acception, le terme « mode » désigne des rapports précis et spécifiques entre les individus de chaque phénotype. Ce sont en effet ces modes de transmission qui ont conduit Gregor Mendel à proposer l'existence des gènes. D'après l'hypothèse de Mendel, les gènes sont non seulement à l'origine de cette différence phénotypique discrète, mais il existe également un mécanisme de transmission de ces différences. Le fondement de la thèse de Mendel était l'organisation des gènes par paires, leur ségrégation égale dans les gamètes qui contiennent alors un membre de chaque paire (première loi de Mendel) et l'assortiment indépendant des paires de gènes présentes sur des chromosomes distincts (une version moderne de la deuxième loi de Mendel).

Pour n'importe quel gène, les allèles peuvent être classifiés comme dominants ou récessifs, ce qui correspond aux phénotypes dominants ou récessifs. Le terme *dominant* est attribué à l'allèle exprimé pour tout hétérozygote donné. Pour toute paire d'allèles dominants et récessifs, il existe trois génotypes : homozygote dominant (A/A), hétérozygote (A/a) et homozygote récessif (a/a).

Les modes de transmission sont influencés par le type de chromosome sur lequel le gène est situé. La plupart des gènes sont situés sur des autosomes. Dans ce cas, la transmission des gènes suit exactement les principes de Mendel. Un exemple courant de transmission autosomique est celui d'un croisement entre monohybrides, $A/a \times A/a$, dont les descendants sont 1/4 A/A, 1/2 A/a et 1/4 a/a. C'est le résultat d'une ségrégation égale de A et a chez chaque parent. Un croisement entre dihybrides $A/a ; B/b \times A/a ; B/b$ donne pour les descendants : 9/16 $A/– ; B/–$, 3/16 $A/– ; b/b$, 3/16 $a/a ; B/–$ et 1/16 $a/a ; b/b$. Ce rapport des dihybrides résulte de deux rapports indépendants des monohybrides, d'après la deuxième loi de Mendel. Ces modes standard de transmission sont encore utilisés aujourd'hui par les généticiens pour déduire la présence de gènes et pour prédire les génotypes et les phénotypes des descendants de croisements expérimentaux.

Les modes simples de transmission autosomique s'observent également dans les arbres généalogiques de maladies génétiques humaines et les cas de maladies récessives et dominantes sont courants. Les familles humaines étant de petite taille, on observe rarement des rapports mendéliens précis entre les descendants des unions.

Une faible proportion de gènes réside sur le chromosome X (on dit qu'ils sont *liés à l'X*) et leur mode de transmission est souvent différent chez les descendants des deux sexes. Ces différences sont essentiellement dues au fait qu'un garçon possède un seul chromosome X reçu exclusivement de sa mère, tandis que la paire XX d'une fille a pour origine à la fois son père et sa mère. Les arbres généalogiques de certaines maladies humaines récessives ou dominantes présentent une transmission liée à l'X.

On peut comparer à des valeurs calculées, n'importe lequel des rapports observés lors de la transmission autosomique ou liée à l'X, en utilisant le test du χ^2. Ce test indique la probabilité d'obtenir par le seul fait du hasard, des résultats ayant le même écart par rapport aux prévisions. Les valeurs de $P < 5\%$ conduisent à rejeter l'hypothèse à l'origine du rapport attendu.

On trouve une proportion encore plus faible de gènes sur le chromosome mitochondrial (chez les animaux et les plantes) ou sur le chromosome chloroplastique (uniquement chez les plantes). Ces chromosomes sont transmis seulement par le cytoplasme de l'ovule. Les variants apparus par des mutations des gènes de ces organites sont donc transmis uniquement par la mère, un mode de transmission très différent de celui des gènes présents sur les chromosomes nucléaires.

MOTS CLÉS

PROBLÈMES RÉSOLUS

Dans chaque chapitre, cette section présente quelques problèmes résolus qui illustrent l'approche à adopter pour résoudre les problèmes qui suivent. Le but de ces séries de problèmes est de mettre à l'épreuve votre compréhension des principes généraux exposés dans le chapitre. La meilleure manière de prouver sa maîtrise d'un sujet est d'être capable d'appliquer cette connaissance dans une situation réelle ou simulée. N'oubliez pas cependant qu'il n'existe aucune procédure purement automatique pour résoudre ces problèmes. Les trois principales ressources à votre disposition sont les principes génétiques fraîchement appris, le bon sens et le tâtonnement !

Quelques conseils généraux avant de commencer. En premier lieu, il est absolument essentiel de lire et de comprendre la question dans son ensemble. Voyez quels faits sont décrits, quelles suppositions doivent être faites, quels indices sont fournis dans l'énoncé de la question et quelles déductions peuvent être tirées de l'information disponible. En second lieu, soyez méthodiques. Regarder la question fixement n'aide guère. Énoncez à nouveau l'information contenue dans la question à votre manière, de préférence en utilisant un schéma ou un organigramme pour vous aider à réfléchir. Bonne chance.

1. Deux lignées pures de lapin, que nous appellerons A et B ont été croisées entre elles. Un mâle de la lignée A a été accouplé avec une femelle de la lignée B, puis les lapins de la F$_1$ ont été croisés entre eux pour produire une F$_2$. L'analyse a montré que les 3/4 des animaux de la F$_2$ avaient une graisse sous-cutanée blanche et le 1/4 restant une graisse jaune. Lorsque la F$_1$ fut analysée plus tard, on y trouva de la graisse blanche. Plusieurs années après, on répéta l'expérience en reprenant le même mâle de la lignée A et la même femelle de la lignée B. Cette fois, non seulement la F$_1$ mais aussi toute la

F$_2$ (22 animaux) avaient de la graisse blanche. La seule différence paraissant pertinente entre l'expérience originale et sa répétition était que lors de la première, les lapins avaient été nourris de végétaux frais et la fois suivante, d'un mélange commercial. Essayez d'expliquer cette différence et indiquez un moyen de tester votre hypothèse.

Solution

Lors de la première expérience, les éleveurs auraient pu proposer que la couleur blanche ou jaune de la graisse est déterminée par une paire d'allèles, car les résultats ressemblent à ceux obtenus par Mendel avec les petits pois. La couleur blanche semblait dominante. Nous pourrions donc représenter l'allèle blanc par *W* (*white* en anglais) et l'allèle jaune par *w*. Les données pourraient alors être schématisées de la façon suivante :

$$P \qquad W/W \times w/w$$

$$F_1 \qquad W/w$$

$$F_2 \qquad \tfrac{1}{4} W/W$$

$$\tfrac{1}{2} W/w$$

$$\tfrac{1}{4} w/w$$

Nul doute que si les parents avaient été sacrifiés, on aurait prédit que l'un (sans pouvoir dire lequel) devrait avoir de la graisse blanche et l'autre de la graisse jaune. Heureusement il n'en fut rien et les mêmes animaux furent accouplés à nouveau, produisant un résultat différent et fort intéressant. En science, il arrive souvent qu'une observation inattendue mène à la découverte d'un principe nouveau. Plutôt que de s'intéresser à autre chose, il se révèle souvent utile de tenter d'expliquer la contradiction apparente. Donc, dans ce cas pourquoi n'observons-nous plus le rapport 3 : 1 ? Considérons quelques explications possibles.

En premier lieu, il se pourrait que le génotype des parents ait changé. Qu'un changement spontané affecte ainsi l'animal entier ou au moins ses gonades, est très peu probable ; le sens commun lui-même nous enseigne que les organismes tendent à rester stables.

En deuxième lieu, il se pourrait que l'échantillon des 22 lapins de la F$_2$ n'en contienne aucun à graisse jaune du fait du seul hasard. Ceci ne paraît guère vraisemblable non plus, vue la taille respectable de l'échantillon, mais reste néanmoins possible.

Une troisième explication s'inspire du principe discuté au Chapitre 1, d'après lequel les gènes n'agissent pas de manière isolée ; leur effet dépend de l'environnement. D'où l'aphorisme bien utile : « Génotype + environnement = phénotype ». Il s'ensuit naturellement que les mêmes gènes peuvent agir différemment dans des environnements distincts, de telle sorte que :

Génotype 1 + environnement 1 = phénotype 1

et

Génotype 1 + environnement 2 = phénotype 2

Dans le problème qui nous occupe, les différents régimes nutritionnels constituent des environnements différents ; dès lors, il serait possible d'expliquer les résultats en supposant que l'allèle récessif jaune w ne produit de la graisse jaune que lorsque l'animal se nourrit de légumes frais. Cette idée peut être mise à l'épreuve. On pourrait par exemple répéter l'expérience en utilisant un régime alimentaire frais mais les parents pourraient déjà ne plus être en vie. Un test plus convaincant consisterait à croiser entre eux plusieurs des lapins à graisse blanche qui forment la F$_2$ de la deuxième expérience. Si l'interprétation originale est correcte, les 3/4 environ devraient porter au moins un allèle récessif w correspondant à de la graisse jaune et, si leur descendance est nourrie de légumes frais, le caractère jaune devrait apparaître dans des proportions mendéliennes. Par exemple, si l'on choisissait deux lapins, W/w et w/w, la descendance devrait être pour moitié blanche et pour moitié jaune.

S'il n'en était pas ainsi, c'est-à-dire si aucun descendant à graisse jaune n'apparaissait dans la descendance de couples d'individus F$_2$, on serait bien obligé de se rabattre sur la première ou la deuxième explication. La deuxième hypothèse pourrait être testée en examinant un nombre d'animaux plus élevé ; si les résultats ne la confirment pas, il nous reste la première explication, difficile à tester directement.

Comme vous l'avez probablement deviné, c'est bien le régime alimentaire qui était en cause et d'une manière qui illustre admirablement l'influence que peut exercer l'environnement. Les légumes frais contiennent des pigments jaunes, appelés xanthophylles, et l'allèle dominant W confère aux lapins la capacité de dégrader ces substances en dérivés incolores (c'est-à-dire « blancs »). Cependant, les animaux w/w n'ont pas cette capacité et les xanthophylles s'accumu-

lent telles quelles dans la graisse, lui donnant une coloration jaune. Lorsque leur nourriture ne contient pas de xanthophylles, les animaux $W/-$ aussi bien que les animaux w/w ne produisent que de la graisse blanche.

2. Considérez trois pois jaunes et ronds, désignés par A, B et C. Chacun a germé en une plante qui a été croisée avec une autre, issue d'un pois vert et ridé. Cent pois issus de chaque croisement ont été analysés ; ils ont été répartis entre les classes phénotypiques indiquées ci-dessous :

A : 51 jaune, rond
49 vert, rond
B : 100 jaune, rond
C : 24 jaune, rond
26 jaune, ridé
25 vert, rond
25 vert, ridé

Quels étaient les génotypes de A, B et C ? (Utilisez les symboles de gènes de votre choix ; assurez-vous de bien définir chacun d'entre eux.)

Solution

Notez que chacun des pois est impliqué dans un croisement du type :

jaune, rond × vert, ridé
↓
descendance

Comme A, B et C ont tous trois été croisés avec la même plante, toute différence entre les trois populations de descendants doit provenir de différences entre les génotypes des pois A, B et C.

Ceci vous rappelle sans doute bien des choses apprises dans ce chapitre, mais voyons à présent ce que nous pouvons déduire de ces données. Quels sont les caractères dominants ? C'est le croisement B qui nous donne la clef. Dans ce cas, le mode de transmission est :

jaune, rond × vert, ridé
↓
tous jaune, rond

Les phénotypes jaunes et ronds doivent donc être les phénotypes dominants puisque la dominance est définie littéralement comme le phénotype d'un hybride. Maintenant, nous savons que le parent vert et ridé impliqué dans chaque croisement doit être complètement récessif, une situation très commode parce qu'elle signifie que chaque croisement est un croisement-test, le type de croisement généralement le plus instructif.

Considérons maintenant la descendance de A, caractérisée par un rapport 1 : 1 entre les pois jaunes et les pois verts. Ceci constitue une démonstration de la première loi de Mendel (ségrégation égale) et montre qu'en ce qui concerne le caractère de la couleur, le croisement a dû être du type hétérozygote × homozygote récessif. Posons Y = jaune (*yellow* en anglais) et y = vert, nous avons :

$$Y/y \times y/y$$
$$\downarrow$$
$$\tfrac{1}{2} Y/y \text{ (jaune)}$$
$$\tfrac{1}{2} y/y \text{ (vert)}$$

Quant au caractère de la forme, puisque toute la descendance est ronde, le croisement doit avoir été homozygote dominant × homozygote récessif. Si R = rond et r = ridé, nous avons :

$$R/R \times r/r$$
$$\downarrow$$
$$R/r \text{ (rond)}$$

En combinant les deux caractères, nous obtenons :

$$Y/y \; ; \; R/R \times y/y \; ; \; r/r$$
$$\downarrow$$
$$\tfrac{1}{2} Y/y \; ; \; R/r$$
$$\tfrac{1}{2} y/y \; ; \; R/r$$

Dès lors, il devient évident que le croisement B doit avoir été :

$$Y/Y \; ; \; R/R \times y/y \; ; \; r/r$$
$$\downarrow$$
$$Y/y \; ; \; R/r$$

puisque toute hétérozygotie dans un pois B aurait produit plusieurs phénotypes de descendants, et non un seul.

Qu'en est-il de C ? Ici nous sommes confrontés à un rapport de 50 jaune : 50 vert (1 : 1) et un rapport de 49 rond : 51 ridé (également 1 : 1). Donc les deux gènes du pois C doivent avoir été hétérozygotes. Dès lors, le croisement C était :

$$Y/y \; ; \; R/r \times y/y \; ; \; r/r$$

ce qui est une bonne démonstration de la deuxième loi de Mendel (comportement indépendant de gènes différents).

Comment un généticien aurait-il analysé ces croisements ? Essentiellement comme nous mais avec moins d'étapes intermédiaires : « jaune et rond dominants ; ségrégation d'un seul gène en A ; B homozygote dominant ; ségrégation indépendante de deux gènes en C ».

3. La phénylcétonurie (PCU) est une maladie humaine héréditaire qui empêche le corps de métaboliser la phénylalanine, un constituant des protéines de notre alimentation. La PCU se manifeste dès la petite enfance et, si elle n'est pas traitée, provoque généralement un retard mental. La PCU est déterminée par un allèle récessif dont la transmission héréditaire est de type mendélien simple.

Un couple veut avoir des enfants mais consulte un conseiller génétique parce que l'homme a une sœur atteinte de PCU et la femme, un frère dans le même cas. Il n'y a aucun autre cas connu dans les deux familles. Ils demandent au conseiller de déterminer la probabilité que leur premier enfant soit atteint de PCU. Quelle est cette probabilité ?

Solution

Que pouvons-nous déduire des données ? Si nous désignons l'allèle responsable de la PCU par p et son équivalent normal par P, le frère de la femme et la sœur de l'homme doivent tous deux être p/p. Pour avoir engendré ces individus atteints, les quatre grands-parents devaient être des hétérozygotes normaux. Nous pouvons dès lors établir la généalogie comme suit :

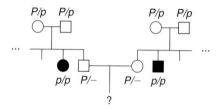

Ces conclusions tirées, le problème devient une simple application de la règle du produit. Un homme et une femme ne peuvent avoir un enfant atteint de PCU que s'ils sont tous deux hétérozygotes (il va de soi qu'eux-mêmes ne sont pas malades). Les unions entre grands-parents sont toutes deux des croisements monohybrides mendéliens simples et donneront normalement naissance à des descendants dans les proportions suivantes :

$$\left.\begin{array}{l} \tfrac{1}{4} P/P \\ \tfrac{1}{2} P/p \end{array}\right\} \text{Normal} \left(\tfrac{3}{4}\right)$$
$$\tfrac{1}{4} p/p \quad \text{PCU} \left(\tfrac{1}{4}\right)$$

Nous savons que l'homme et la femme sont normaux ; dès lors la probabilité d'être hétérozygote est pour chacun de 2/3, parce que dans la classe $P/-$, 2/3 sont P/p et 1/3 P/P.

La probabilité que l'homme et la femme soient *tous deux* hétérozygotes est $\tfrac{2}{3} \times \tfrac{2}{3} \quad \tfrac{4}{9}$. S'ils sont tous deux hétérozygotes, alors un quart de leurs enfants seront affectés de PCU, de sorte que la probabilité que leur premier enfant soit atteint est de $\tfrac{1}{4}$; par conséquent la probabilité qu'ils soient hétérozygotes *et* que leur premier enfant ait la PCU (c'est-à-dire la réponse à notre problème) est de $\tfrac{4}{9} \times \tfrac{1}{4}$ $\tfrac{4}{36} \quad \tfrac{1}{9}$.

4. Une maladie humaine rare affecte une famille de la façon indiquée dans l'arbre généalogique ci-dessous.

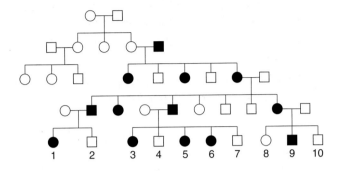

a. Déduisez-en le mode de transmission héréditaire le plus probable.

b. Quel serait le résultat des unions suivantes entre cousins : 1 × 9, 1 × 4, 2 × 3 et 2 × 8 ?

Solution

a. Le mode de transmission héréditaire le plus probable est une dominance liée à l'X. On suppose que le phénotype de la maladie est dominant, car après avoir été introduit dans l'arbre généalogique par l'homme de la génération II, ce phénotype apparaît à chaque génération. On suppose que le phénotype est lié à l'X car les hommes ne transmettent pas la maladie à leurs fils. Si le mode de transmission était autosomique dominant, la transmission de père en fils serait courante.

En théorie, un mode de transmission autosomique dominant est possible mais improbable. Remarquez en particulier les mariages entre membres affectés de la famille et membres extérieurs sains. Si la maladie était autosomique récessive, des enfants affectés pourraient naître de ces mariages seulement si chaque personne de la famille était un hétérozygote. Les unions seraient alors a/a (affecté) × A/a (non

affecté). Toutefois, on nous dit que la maladie est rare. Dans un cas comme celui-ci, il est hautement improbable que les hétérozygotes soient aussi courants. La transmission récessive liée à l'X est impossible car une union entre une femme affectée et un homme normal ne pourrait engendrer des filles affectées. Nous pouvons donc désigner par A l'allèle responsable de la maladie, et par a l'allèle normal.

b. 1 × 9 : Le numéro 1 doit être hétérozygote A/a car elle a dû recevoir un allèle a de sa mère normale. Le numéro 9 doit être A/Y. L'union est donc :

Gamètes femelles	Gamètes mâles	Descendants
$\frac{1}{2}A$	$\frac{1}{2}A$	$\frac{1}{4}$♀ A/A
	$\frac{1}{2}Y$	$\frac{1}{4}$♂ A/Y
$\frac{1}{2}a$	$\frac{1}{2}A$	$\frac{1}{4}$♀ A/a
	$\frac{1}{2}Y$	$\frac{1}{4}$♂ a/Y

1×4 : Doit être ♀ A/a × ♂ a/Y.

Gamètes femelles	Gamètes mâles	Descendants
$\frac{1}{2}A$	$\frac{1}{2}a$	$\frac{1}{4}$♀ A/a
	$\frac{1}{2}Y$	$\frac{1}{4}$♂ A/Y
$\frac{1}{2}a$	$\frac{1}{2}a$	$\frac{1}{4}$♀ a/a
	$\frac{1}{2}Y$	$\frac{1}{4}$♂ a/Y

2×3 : Doit être ♂ a/Y × ♀ A/a (comme pour 1×4).

2×8 : Doit être ♂ a/Y × ♀ a/a (toute la descendance est normale).

PROBLÈMES

PROBLÈMES ÉLÉMENTAIRES

1. Quelles sont les lois de Mendel ?

2. Si vous disposiez d'une mouche du vinaigre (*Drosophila melanogaster*) de phénotype A, quelle expérience feriez-vous pour déterminer si elle est A/A ou A/a ?

3. Au cours de plusieurs années, un couple de cobayes noirs a produit 29 descendants noirs et 9 blancs. Expliquez ces résultats en indiquant les génotypes des parents et ceux de leurs descendants.

4. Regardez le carré de Punnett de la Figure 2-11.

a. Combien de génotypes y a-t-il dans les 16 cases de la grille ?

b. Quel est le rapport génotypique sous-jacent au rapport phénotypique 9:3:3:1 ?

c. Pouvez-vous imaginer une formule simple pour calculer le nombre de génotypes dans les descendances respectives de croisements dihybrides, trihybrides, etc. ? Même question pour les phénotypes.

d. Mendel a prédit que dans toutes les classes phénotypiques du carré de Punnett sauf une, il devait y avoir plusieurs génotypes différents. Il a réalisé en particulier de nombreux croisements pour identifier les génotypes sous-jacents au phénotype rond, jaune. Trouvez deux moyens différents qui permettraient d'identifier les différents génotypes sous-jacents au phénotype rond, jaune. (Rappelez-vous que tous les pois jaunes et ronds ont le même aspect.)

5. Vous avez trois dés : un rouge (R), un vert (V) et un bleu (B). Lorsque vous lancez les trois dés en même temps, calculez la probabilité d'obtenir les résultats suivants :

a. 6(R) 6(V) 6(B)

b. 6(R) 5(V) 6(B)

c. 6(R) 5(V) 4(B)

d. aucun six

e. 2 six et 1 cinq quelle que soit la couleur

f. 3 six ou 3 cinq

g. le même nombre sur les trois dés

h. un nombre différent sur chaque dé

6. Dans l'arbre généalogique ci-dessous, les symboles noirs représentent des individus atteints d'une maladie très rare du sang.

Si vous ne disposiez pas d'autres informations, penseriez-vous que la probabilité est plus grande que la maladie soit dominante ou récessive ? Justifiez votre réponse.

7. **a.** La capacité de percevoir le goût de la substance phénylthiocarbamide est un phénotype autosomique dominant et l'incapacité correspondante est récessive. Si une femme goûteuse dont le père est non goûteur, épouse un homme goûteur qui, lors d'un mariage précédent a eu une fille non goûteuse, quelle est la probabilité que leur premier enfant soit

   (1) une fille non goûteuse

   (2) une fille goûteuse

   (3) un garçon goûteur

   b. Quelle est la probabilité que leurs deux premiers enfants soient goûteurs quel que soit leur sexe ?

8. John et Martha envisagent d'avoir des enfants mais le frère de John souffre de galactosémie (une maladie autosomique récessive) et l'arrière-grand-mère de Martha en était affectée aussi. Martha a une sœur qui a trois enfants dont aucun n'est galactosémique. Quelle est la probabilité que le premier enfant de John et Martha soit atteint de galactosémie ?

DÉCOMPOSONS LE PROBLÈME N°8

Dans certains chapitres nous développons un problème spécifique en présentant une liste d'exercices qui aident à organiser les principes et autres connaissances concernant le domaine du problème. Vous pouvez procéder de même pour d'autres problèmes. Avant de chercher une solution au problème 8, arrêtez-vous aux questions suivantes, que nous présentons ici simplement comme exemples.

1. Peut-on présenter le problème sous la forme d'un arbre généalogique ? Si oui, établissez-en un.

2. Certaines parties du problème peuvent-elles être représentées sous la forme de carrés de Punnett ?

3. Certaines parties du problème peuvent-elles être représentées sous la forme de diagrammes en arbre ?

4. Dans la généalogie, identifiez une union qui illustre la première loi de Mendel.

5. Définissez tous les termes scientifiques du problème et vérifiez tous les autres termes dont vous n'êtes pas certain.

6. Quelles suppositions devez-vous faire pour répondre au problème ?

7. Quels membres de la famille, non mentionnés, faut-il prendre en compte et pourquoi ?

8. Quelles règles de statistique pourraient être utilisées ici et dans quelles situations peut-on les appliquer ? Y a-t-il des situations de ce genre dans ce problème ?

9. Citez deux caractéristiques générales des maladies autosomiques récessives dans les populations humaines.

10. En quoi la rareté du phénotype étudié est-elle importante à considérer dans l'analyse généalogique en général et que peut-on conclure dans ce problème ?

11. Dans cette famille quels sont les génotypes dont on est certain et ceux dont on ne l'est pas ?

12. En quoi la partie de cette généalogie propre à John diffère-t-elle de celle de Martha ? De quelle façon cette différence affecte-t-elle vos calculs ?

13. Le problème comporte-t-il des informations sans importance ?

14. En quoi la résolution de ce problème est-elle semblable ou différente des problèmes que vous avez déjà réussi à résoudre ?

15. Pouvez-vous résumer le dilemme humain que pose ce problème ?

À présent, tentez de résoudre le problème. Si vous n'y arrivez pas, essayez d'identifier ce qui vous gêne et d'écrire une ou deux phrases pour décrire cette difficulté. Retournez ensuite aux questions précédentes et voyez si l'un de ces points concerne votre difficulté.

9. Les taureaux de race frisonne sont normalement noir et blanc. Un superbe taureau noir et blanc, Charlie, a été acheté 100 000 euros par un fermier. Tous les descendants de Charlie avaient un aspect normal. Cependant, certaines paires de ses descendants, croisés entre eux, donnèrent des descendants rouge et blanc à une fréquence voisine de 25 %. Charlie a vite été retiré des listes d'animaux reproducteurs des éleveurs de frisonnes. Expliquez précisément pourquoi en utilisant des symboles.

10. Supposez qu'un homme et sa femme soient tous deux hétérozygotes pour un allèle récessif de l'albinisme. S'ils engendrent des jumeaux dizygotes (issus de deux œufs

fécondés), quelle est la probabilité que les jumeaux aient tous deux le même phénotype de pigmentation?

11. La plante appelée «nombril de Vénus» (*Omphalodes verna*) pousse sur l'Île de Vancouver et sur la partie continentale de la Colombie Britannique (province du Canada). Les populations sont dimorphiques pour les taches violettes sur leurs feuilles – certaines plantes ont des taches, d'autres non. Près de Nanaimo, une plante trouvée dans la nature présentait des feuilles tachetées. Cette plante, qui n'avait pas encore fleuri, a été déterrée et rapportée dans un laboratoire, où on lui a permis de s'autoféconder. Les graines ont été ramassées et mises à pousser pour obtenir les plantes de la descendance. Une feuille cueillie au hasard (mais caractéristique) de chaque plante de la descendance est présentée dans l'illustration ci-dessous.

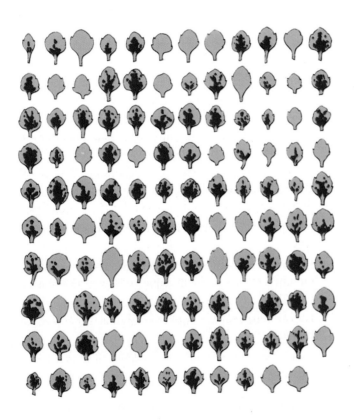

a. Formulez une hypothèse génétique concise pour expliquer ces résultats. Expliquez tous les symboles et montrez toutes les classes génotypiques (et le génotype de la plante d'origine).

b. Comment pourriez vous vérifier votre hypothèse? Soyez précis.

12. Peut-on prouver qu'un animal *n'est pas* porteur d'un allèle récessif (c'est-à-dire qu'il n'est pas hétérozygote pour un gène donné)? Expliquez.

13. Dans la nature, la plante *Plectritis congesta* est dimorphique pour la forme de ses fruits. C'est-à-dire que chacune des plantes porte soit des fruits ailés, soit des fruits sans aile, comme le montre l'illustration. Les plantes ont été

Fruit sans aile   Fruit ailé

ramassées dans la nature avant de fleurir et ont été croisées ou autofécondées avec les résultats suivants:

| | Nombre de descendants | |
Pollinisation	Ailés	Sans aile
Ailé (autofécondé)	91	1*
Ailé (autofécondé)	90	30
Sans aile (autofécondé)	4*	80
Ailé × Sans aile	161	0
Ailé × Sans aile	29	31
Ailé × Sans aile	46	0
Ailé × Ailé	44	0
Ailé × Ailé	24	0

*Le phénotype n'a probablement pas d'explication génétique.

Interprétez ces résultats et déduisez-en le mode de transmission de ces phénotypes de la forme des fruits, en utilisant des symboles. À votre avis, quelle est l'explication non génétique des phénotypes marqués d'un astérisque dans le tableau?

14. L'arbre généalogique suivant concerne une maladie héréditaire rare de la peau mais relativement bénigne.

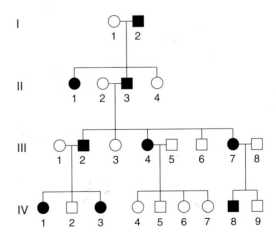

a. La maladie est-elle transmise comme un phénotype dominant ou récessif? Justifiez votre réponse.

b. Donnez les génotypes du maximum d'individus possible dans l'arbre généalogique. (Inventez vos propres symboles d'allèles et définissez-les.)

c. Considérez les quatre enfants non affectés des parents III-4 et III-5. Dans toutes les descendances de quatre enfants issues de parents ayant ces génotypes, à votre avis quelle sera la proportion d'enfants non affectés?

15. Quatre arbres généalogiques humains sont représentés dans l'illustration ci-dessous. Les symboles noirs représentent un phénotype anormal transmis de façon mendélienne simple.

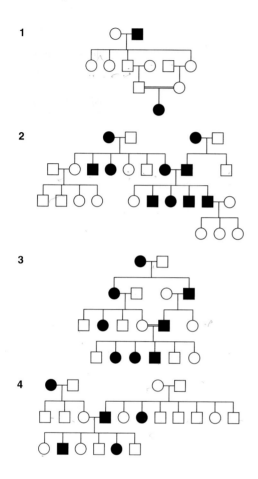

a. Pour chaque arbre généalogique, déterminez si le phénotype anormal est dominant ou récessif. Essayez d'indiquer le raisonnement suivi.

b. Pour chaque arbre, identifiez le génotype du maximum de personnes possible.

16. La maladie de Tay-Sachs (ou «idiotie infantile amaurotique») est une maladie humaine rare due à l'accumulation de substances toxiques dans les cellules nerveuses. L'allèle récessif responsable de cette maladie est transmis selon un mode mendélien simple. Pour des raisons inconnues, l'allèle est plus fréquent dans les populations de Juifs ashkénazes de l'Europe de l'Est. Une femme désire épouser son cousin germain mais le couple découvre que la sœur de leur grand-père commun est morte de la maladie de Tay-Sachs durant sa petite enfance.

a. Représentez les parties concernées de la généalogie et identifiez les génotypes aussi complètement que possible.

b. Quelle est la probabilité que le premier enfant de ce couple de cousins ait la maladie de Tay-Sachs en supposant que toutes les personnes qui se sont mariées à des membres de cette famille sont des homozygotes normaux?

17. Voici l'arbre généalogique correspondant à une maladie rare des reins:

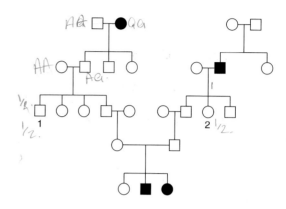

a. Déduisez le mode de transmission de cette maladie, en exposant vos raisons.

b. Si les individus 1 et 2 se marient ensemble, quelle est la probabilité que leur premier enfant soit atteint de cette maladie des reins?

18. L'arbre généalogique ci-dessous concerne la chorée de Huntington (CH), un dysfonctionnement du système nerveux qui se manifeste tardivement. Les traits indiquent les membres de la famille décédés.

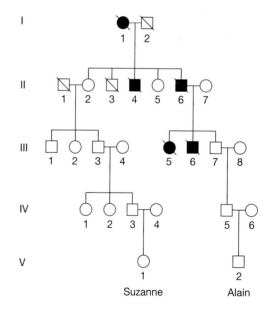

a. Cette généalogie est-elle compatible avec le mode de transmission héréditaire de la CH mentionné dans ce chapitre?

b. Considérez deux nouveau-nés dans les deux branches de l'arbre généalogique, Suzanne à gauche et Alain à droite. Étudiez le schéma de la Figure 2-17 et donnez votre opinion sur la probabilité qu'auront ces enfants de développer la maladie. Supposez pour la discussion que les parents ont des enfants à l'âge de 25 ans.

19. Considérez l'arbre généalogique suivant d'une maladie rare, autosomique et récessive, la PCU.

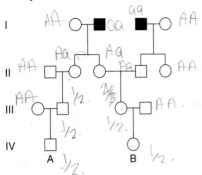

a. Dressez la liste des génotypes du plus grand nombre d'individus possible.

b. Si les individus A et B se marient ensemble, quelle est la probabilité que leur premier enfant ait la PCU?

c. Si leur premier enfant est normal, quelle est la probabilité que le second ait la PCU?

d. Si leur premier enfant a la maladie, quelle est la probabilité que le second ne l'ait pas?

(Supposez que toutes les personnes mariées à des membres de cette famille ne portent pas l'allèle anormal.)

20. Un homme est dépourvu de lobes d'oreilles, alors que sa femme en a. Leur premier enfant, un garçon, est également dépourvu de lobes.

a. Si l'on suppose que la différence phénotypique est due à deux allèles d'un même gène, est-il possible que le gène soit lié à l'X?

b. Est-il possible de décider si l'absence de lobes d'oreilles est dominante ou récessive?

21. Un allèle récessif rare, transmis suivant un mode mendélien, provoque la maladie appelée mucoviscidose. Un homme au phénotype normal dont le père était atteint de mucoviscidose épouse une femme au phénotype normal, étrangère à la famille, et le couple envisage d'avoir un enfant.

a. Représentez l'arbre généalogique sur la base de ces données.

b. Si la fréquence d'hétérozygotes pour la mucoviscidose au sein de la population est de 1 sur 50, quel est la probabilité que le premier enfant du couple en soit atteint?

c. Si le premier enfant est atteint de mucoviscidose, quelle est la probabilité que le deuxième enfant ne le soit pas?

22. L'allèle c est responsable de l'albinisme chez les souris (C rend les souris noires). Si le croisement effectué est C/c × c/c et qu'il donne lieu à 10 descendants, quelle est la probabilité qu'ils soient tous noirs?

23. Chez les chiens, la couleur noire du pelage est dominante par rapport au caractère albinos et les poils courts sont dominants sur les poils longs. En supposant que ces effets sont dus à deux gènes dont l'assortiment est indépendant, écrivez les génotypes des parents dans chacun des croisements indiqués ici, dans lesquels D et A correspondent respectivement aux phénotypes noir (*dark* en anglais) et albinos et où L et S (*short* en anglais) correspondent respectivement aux poils longs et courts.

	Phénotypes parentaux	__	Nombre de descendants	__	__
		D, S	D, L	A, S	A, L
a.	D, S × D, S	89	31	29	11
b.	D, S × D, L	18	19	0	0
c.	D, S × A, S	20	0	21	0
d.	A, S × A, S	0	0	28	9
e.	D, L × D, L	0	32	0	10
f.	D, S × D, S	46	16	0	0
g.	D, S × D, L	30	31	9	11

Utilisez les symboles C et c pour les allèles noir et albinos de la couleur du pelage et les symboles S et s pour les allèles des poils courts et longs respectivement. Faites l'hypothèse de l'homozygotie sauf s'il y a des preuves du contraire.

(Le problème 23 est reproduit avec la permission de Macmillan Publishing Co., Inc., d'après *Genetics* de M. Strickberger. Copyright 1968 par Monroe W. Strickberger.)

24. Chez les tomates, deux allèles d'un même gène déterminent la couleur des tiges, violettes (P pour *purple* en anglais) ou vertes (G pour *green* en anglais), et deux allèles d'un gène indépendant déterminent l'aspect des feuilles [feuilles entières, du type «pomme de terre» (Po), ou feuilles «découpées» (C pour *cut* en anglais)]. Voici les résultats de cinq croisements de phénotypes de plants de tomates:

Croisement	Phénotypes parentaux	Nombre de descendants			
		P, C	P, Po	G, C	G, Po
1	P, C × G, C	321	101	310	107
2	P, C × P, Po	219	207	64	71
3	P, C × G, C	722	231	0	0
4	P, C × G, Po	404	0	387	0
5	P, Po × G, C	70	91	86	77

a. Quels sont les allèles dominants?

b. Quels sont les génotypes les plus probables pour les parents de chaque croisement?

(Problème 24, d'après A.M. Srb, R.D. Owen, et R.S. Edgar, *General Genetics*, 2e éd. Copyright 1965 par W.H. Freeman and Company.)

25. Chez la drosophile, l'allèle récessif s (*small*: petit en anglais) détermine la formation de petites ailes et l'allèle s[1] la formation d'ailes normales. On sait que ce gène est lié à l'X. Si un mâle à petites ailes est croisé avec

une femelle homozygote de type sauvage, à quel rapport entre mouches normales et mouches à petites ailes doit-on s'attendre pour chaque sexe de la F_1 ? Si les mouches de la F_1 sont croisées ensemble, à quels rapports doit-on s'attendre dans la F_2 ? Quels rapports peut-on prédire chez les descendants d'un croisement en retour entre des femelles de la F_1 et leur père ?

26. L'hypophosphatémie est provoquée chez l'homme par un allèle dominant lié à l'X. Un homme atteint d'hypophosphatémie épouse une femme normale. Quelle sera la proportion de leurs fils atteints d'hypophosphatémie ?

27. La dystrophie musculaire de Duchenne est liée au sexe et n'affecte habituellement que les garçons. Les victimes de cette maladie s'affaiblissent progressivement dès les premières années de leur vie.

   a. Quelle est la probabilité qu'une femme dont le frère est affecté de myopathie de Duchenne ait un enfant atteint ?

   b. Si le frère de votre mère (votre oncle) était atteint de myopathie de Duchenne, quelle serait la probabilité que vous ayez reçu l'allèle ?

   c. Si le frère de votre père avait la maladie, quelle serait la probabilité que vous ayez reçu l'allèle ?

28. L'arbre généalogique suivant concerne une anomalie dentaire héréditaire, appelée amélogenèse imparfaite.

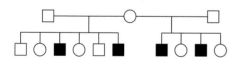

   a. Quel type d'hérédité rend *le mieux* compte de la transmission de ce caractère ?

   b. Indiquez le génotype de tous les membres de la famille d'après votre hypothèse.

29. Un allèle récessif *c* lié au sexe est responsable du daltonisme (cécité au rouge et au vert) chez l'être humain. Une femme normale dont le père était daltonien épouse un daltonien.

   a. Quels sont les génotypes possibles de la mère de l'époux daltonien ?

   b. Quelle est la probabilité que le premier enfant de ce mariage soit daltonien ?

   c. À quel pourcentage de filles daltoniennes issues de cette union peut-on s'attendre ?

   d. Quelle proportion des enfants (des deux sexes) issus de ce mariage aura-t-elle une perception normale des couleurs ?

30. Les chats domestiques mâles sont noirs ou orange ; les femelles sont noires, orange ou calico.

   a. Si ces phénotypes de la couleur du pelage sont déterminés par un gène lié au sexe, comment peut-on expliquer ces observations ?

   b. En utilisant les symboles appropriés, déterminez les phénotypes attendus dans la descendance d'un croisement entre un mâle noir et une femelle orange.

   c. Faites de même pour le croisement réciproque.

   d. La moitié des femelles issues d'un croisement donné est calico, l'autre moitié est noire ; la moitié des mâles est orange et l'autre moitié noire. De quelle couleur sont les parents mâle et femelle dans ce type de croisement ?

   e. Une autre sorte de croisement produit une descendance dans les proportions suivantes : 1/4 de mâles orange, 1/4 de femelles orange, 1/4 de mâles noirs et 1/4 de femelles calico. De quelle couleur sont les parents mâle et femelle dans ce type de croisement ?

31. L'arbre généalogique ci-dessous se rapporte à une certaine maladie rare, incapacitante mais non mortelle.

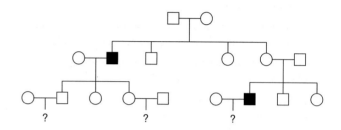

   a. Déterminez le mode de transmission le plus probable de cette maladie.

   b. Écrivez le génotype de chaque membre de la famille en fonction du mode de transmission que vous avez proposé.

   c. Si vous étiez le médecin de cette famille, que diriez-vous aux trois couples de la troisième génération quant à la probabilité d'avoir un enfant atteint ?

32. Les souris porteuses d'un allèle mutant donné ont une queue coudée. Six paires de souris ont été croisées. Leurs phénotypes et ceux de leur descendance sont indiqués dans le tableau ci-dessous. N est le phénotype normal, B est le phénotype coudé (*bent* en anglais). Déduisez le mode de transmission de ce phénotype.

	Parents		Descendants	
Croisement	♀	♂	♀	♂
1	N	B	Toutes B	Tous N
2	B	N	$\frac{1}{2}$ B, $\frac{1}{2}$ N	$\frac{1}{2}$ B, $\frac{1}{2}$ N
3	B	N	Toutes B	Tous B
4	N	N	Toutes N	Tous N
5	B	B	Toutes B	Tous B
6	B	B	Toutes B	$\frac{1}{2}$ B, $\frac{1}{2}$ N

   a. Est-il récessif ou dominant ?

   b. Est-il autosomique ou lié au sexe ?

   c. Quels sont les génotypes de tous les parents et descendants ?

33. La couleur normale de l'œil chez la drosophile est rouge, mais il existe des souches pour lesquelles toutes les mouches ont des yeux bruns. De même, normalement les ailes sont longues, mais il existe des souches à ailes courtes. Une femelle issue d'une lignée pure à yeux bruns et ailes courtes est croisée avec un mâle d'une lignée pure normale. La F_1 est constituée de femelles normales et de mâles à ailes courtes. Une F_2 est ensuite produite en croisant des mouches de la F_1 entre elles. Les mouches de la F_2 des *deux* sexes présentent les phénotypes suivants :

$$\frac{3}{8} \text{ yeux rouges, ailes longues}$$

$$\frac{3}{8} \text{ yeux rouges, ailes courtes}$$

$$\frac{1}{8} \text{ yeux bruns, ailes longues}$$

$$\frac{1}{8} \text{ yeux bruns, ailes courtes}$$

Déduisez le mode de transmission de ces phénotypes en utilisant des symboles génétiques de votre choix, clairement définis. Indiquez les génotypes des trois générations et les proportions génotypiques de la F_1 et de la F_2.

DÉCOMPOSONS LE PROBLÈME N°33

Avant de chercher une solution à ce problème, essayez de répondre aux questions suivantes.

1. Que signifie le terme «normal» dans ce problème?

2. Les mots «lignée» et «souche» sont utilisés tous deux dans l'énoncé. Que signifient-ils et sont-ils interchangeables?

3. Faites un croquis simple des deux parents en représentant leurs yeux, leurs ailes et leurs différences sexuelles.

4. Combien de caractères différents entrent en jeu dans ce problème?

5. Combien de phénotypes y a-t-il dans ce problème et à quels caractères sont-ils associés?

6. Quel est le phénotype complet des femelles de la F_1 qualifiées de «normales»?

7. Quel est le phénotype complet des mâles «à ailes courtes» de la F_1?

8. Établissez les rapports phénotypiques de la F_2 pour tous les caractères que vous avez identifiés à la question 4.

9. Que déduisez-vous de ces rapports?

10. Quel mode de transmission différencie l'hérédité liée au sexe de l'hérédité autosomique?

11. Les données concernant la F_2 présentent-elles un tel critère distinctif?

12. Les données concernant la F_1 présentent-elles un tel critère distinctif?

13. Que pouvez-vous connaître de la dominance dans la F_1? dans la F_2?

14. Quelles règles concernant le symbolisme du type sauvage pouvez-vous utiliser pour décider des symboles alléliques à choisir pour ces croisements?

15. Que signifie «déduire le mode de transmission de ces phénotypes»?

Essayez à présent de résoudre le problème. Si vous n'y arrivez pas, rédigez une liste de questions sur les choses que vous n'avez pas comprises. Examinez la partie «Pour l'essentiel» située au début du chapitre et regardez si certains points se rapportent à vos questions. Si ce n'est pas le cas, faites de même pour les messages présents dans ce chapitre.

34. Dans une population naturelle de plantes annuelles, on observe une plante d'aspect chétif, avec des feuilles jaunâtres. On déterre cette plante et on la rapporte au laboratoire. On trouve des taux de photosynthèse très bas. On utilise le pollen d'une plante normale à feuilles vert foncé pour féconder des fleurs de la plante jaune dont on a enlevé les anthères. On obtient une centaine de graines. Parmi ces graines, seules 60 germent. Les plantes résultantes ont toutes un aspect chétif et jaunâtre.

a. Proposez une explication génétique pour ce mode de transmission.

b. Suggérez un test simple pour votre modèle.

c. Expliquez la photosynthèse réduite, l'aspect chétif et la couleur jaunâtre.

35. Quelle est l'origine de la panachure vert-blanc des feuilles de la belle-de-nuit *Mirabilis*? Si l'on effectue le croisement suivant :

$$♀ \text{ panaché} \times ♂ \text{ verte}$$

quels types de descendants peut-on prédire? Qu'en sera-t-il du croisement réciproque?

36. Chez *Neurospora*, le mutant *stp* présente des arrêts et des reprises irréguliers de la croissance. On sait que le site mutant se trouve dans l'ADN mitochondrial. Si une souche *stp* est utilisée comme parent femelle lors d'un croisement avec une souche normale comme mâle, à quels types de descendants s'attend-on? Qu'en est-il des descendants du croisement réciproque?

37. On étudie deux plants de maïs. L'un est résistant (R) et l'autre sensible (S) à un champignon pathogène donné. On effectue les croisements suivants, avec les résultats indiqués :

$$♀ \text{ S} \times ♂ \text{ R} \longrightarrow \text{ tous les descendants S}$$
$$♀ \text{ R} \times ♂ \text{ S} \longrightarrow \text{ tous les descendants R}$$

Que pouvez-vous conclure quant à la position des déterminants génétiques de R et de S?

38. Une généticienne des plantes possède deux lignées pures, l'une avec des pétales violets, l'autre avec des pétales bleus. Elle suppose que la différence phénotypique est due à deux allèles d'un même gène. Pour tester cette hypothèse, elle recherche un rapport 3 : 1 dans la F_2. Elle croise les deux lignées et découvre que tous les descendants de la F_1 sont violets. Elle fait subir une autofécondation aux plantes de la F_1 et obtient 400 plantes dans la

F$_2$. Parmi celles-ci, 320 sont violettes et 80 sont bleues. Utilisez le test du χ^2 pour déterminer si ces résultats s'accordent avec son hypothèse.

39. À partir d'un croisement-test $A/a \times a/a$ imaginaire dans lequel A = rouge et a = blanc, utilisez le test du χ^2 pour trouver parmi ces résultats possibles, lequel ou lesquels s'accorderaient avec les prévisions :

   a. 120 rouge, 100 blanc

   b. 5000 rouge, 5 400 blanc

   c. 500 rouge, 540 blanc

   d. 50 rouge, 54 blanc

40. On fait subir à une drosophile supposée dihybride B/b; F/f un croisement-test avec b/b; f/f. (B = corps noir; b = corps brun; F = soies fourchues; f = soies non four-chues.) Les résultats sont les suivants :

Noir, fourchu	230
Noir, non fourchu	210
Brun, fourchu	240
Brun, non fourchu	250

   Utilisez le test du χ^2 pour déterminer si ces résultats s'accordent avec les résultats attendus à la suite du croisement-test du dihybride supposé.

41. Les nombres de descendants ci-dessous sont-ils cohé-rents avec les résultats attendus à l'issue de l'autofécon-dation d'une plante supposée être dihybride pour deux gènes dont l'assortiment est indépendant, H/h; R/r? (H = feuilles velues; h = feuilles lisses; R = ovaire rond; r = ovaire allongé.)

Velu, rond	178
Velu, allongé	62
Lisse, rond	56
Lisse, allongé	24

PROBLÈMES D'ÉVALUATION

42. Vous disposez de trois urnes contenant des billes, répar-ties comme suit :

urne 1	600 rouges	et	400 blanches
urne 2	900 bleues	et	100 blanches
urne 3	10 vertes	et	990 blanches

   a. Si vous retirez à l'aveuglette une bille de chaque pot, calculez la probabilité d'obtenir

   (1) une rouge, une bleue et une verte

   (2) trois blanches

   (3) une rouge, une verte et une blanche

   (4) une rouge et deux blanches

   (5) une colorée et deux blanches

   (6) au moins une blanche

   b. Chez une certaine plante, R = rouge et r = blanc. Vous laissez s'autoféconder un hétérozygote rouge R/r dans le but d'obtenir une plante blanche pour une expérience. Quel est le nombre minimal de graines à semer pour avoir au moins 95 % de chances d'obtenir au moins une plante blanche ? (Un conseil : songez à votre réponse à la partie a de la question.)

   c. Lorsqu'une femme reçoit un œuf fécondé *in vitro*, la probabilité qu'il s'implante correctement est de 20 %. Si l'on injecte simultanément 5 œufs à une femme, quelle est la probabilité que celle-ci débute une grossesse ? (Partie c d'après Margaret Holm.)

43. Le grand-père d'un homme est atteint de galactosémie. Il s'agit d'une maladie autosomique récessive rare due à l'incapacité de métaboliser le galactose. Elle conduit à un dysfonctionnement des muscles, des nerfs et des reins. L'homme épouse une femme dont la sœur est atteinte de galactosémie. Cette femme est enceinte de leur premier enfant.

   a. Dessinez l'arbre généalogique correspondant au cas décrit.

   b. Quelle est la probabilité que leur enfant soit atteint de galactosémie ?

   c. Si leur premier enfant est atteint de galactosémie, quelle est la probabilité que leur second enfant en soit atteint lui aussi ?

44. On trouve dans les populations humaines un curieux polymorphisme : certaines personnes peuvent recourber vers le haut les bords de leur langue (nous dirons «rouler leur langue») alors que d'autres en sont incapables. Il s'agit donc d'un exemple de dimorphisme, dont la cause reste un mystère. Dans une famille, un garçon ne pou-vait rouler sa langue alors qu'à son grand dépit, sa sœur en était capable. En outre, ses parents, ses deux grands-pères, un de ses oncles paternels et une de ses tantes paternelles le pouvaient; par contre une de ses tantes paternelles, un de ses oncles paternels et un de ses oncles maternels étaient incapables de rouler leur langue.

   a. Établissez l'arbre généalogique de cette famille en définissant clairement les symboles que vous utilisez et déduisez les génotypes du plus grand nombre possible des membres de cette famille.

   La généalogie que vous avez établie est représentative de la transmission du caractère et a conduit les géné-ticiens au même mécanisme de transmission que celui auquel vous avez sûrement abouti. Cependant, dans une étude consacrée à 33 paires de vrais jumeaux on en a trouvé 18 dont les membres pouvaient tous deux rouler leur langue, 8 dont aucun ne le pouvait et 7 dont un le pouvait mais l'autre non. Comme les vrais jumeaux pro-viennent de la scission du même œuf fécondé en deux embryons, les membres d'une paire doivent être géné-tiquement identiques. Dès lors comment pouvez-vous concilier l'existence de ces sept paires divergentes avec votre explication génétique de la généalogie ?

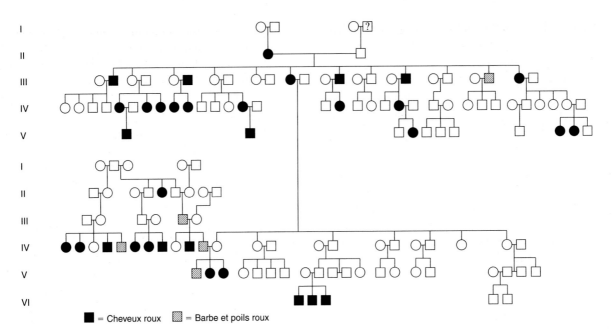

■ = Cheveux roux   ▨ = Barbe et poils roux

45. Les cheveux roux se transmettent dans les familles et l'illustration ci-dessus représente une généalogie nombreuse, établie pour ce caractère.

(Arbre généalogique d'après W.R. Singleton et B. Ellis, *Journal of Heredity*, 55, 1964, 261.)

a. Le mode de transmission apparaissant dans cette généalogie suggère-t-il que la couleur rousse est due à un allèle dominant ou récessif d'un gène transmis suivant un mode mendélien simple?

b. Pensez-vous que l'allèle roux est fréquent ou rare dans la population?

46. Plusieurs familles furent examinées pour leur aptitude à percevoir le goût du phénylthiocarbamide (PTC). Les unions ont été regroupées en trois types et les descendants de chaque type ont été dénombrés. Les résultats sont indiqués ci-dessous :

	Nombre de familles	*Enfants*	
Parents		Goûteurs	Non goûteurs
goûteur × goûteur	425	929	130
goûteur × non goûteur	289	483	278
non goûteur × non goûteur	86	5	218

En supposant que l'aptitude à percevoir le goût du PTC soit dominante (*P*) et l'inaptitude récessive (*p*), comment peut-on expliquer les rapports respectifs de descendants issus de ces trois types d'unions?

47. Chez la tomate, la couleur rouge du fruit est dominante par rapport à la couleur jaune, la présence dans le fruit de deux locules est dominante par rapport à la présence de nombreux locules, et la grande taille est dominante par rapport au nanisme. Un cultivateur dispose de deux lignées pures, l'une rouge, à deux locules et naine, et l'autre jaune, à nombreux locules et de grande taille. À partir de ces deux lignées, il désire produire une nouvelle lignée pure qui soit jaune, à deux locules et de grande taille. Comment doit-il procéder? Indiquez non seulement les croisements à efffectuer mais aussi le nombre de descendants à examiner dans chaque cas.

48. Nous avons surtout envisagé jusqu'à présent des croisements impliquant deux gènes, mais les mêmes principes s'appliquent dans le cas de plus de deux gènes. Considérons le croisement suivant :

$$A/a \; ; B/b \; ; C/c \; ; D/d \; ; E/e \times a/a \; ; B/b \; ; c/c \; ; D/d \; ; e/e$$

a. Quelle proportion de la descendance sera *phénotypiquement* semblable (1) au premier parent, (2) au second, (3) à l'un ou l'autre des parents et (4) à aucun des deux?

b. Quelle proportion de la descendance sera *génotypiquement* semblable (1) au premier parent, (2) au second, (3) à l'un ou l'autre, et (4) à aucun des deux?

Supposez que l'assortiment de tous ces gènes soit indépendant.

49. L'arbre généalogique suivant montre le mode de transmission de deux phénotypes humains rares : la cataracte et le nanisme hypophysaire. Les symboles dont la moitié *gauche* est en noir désignent les individus atteints de cataracte, ceux dont la moitié *droite* est en noir désignent les nains hypophysaires.

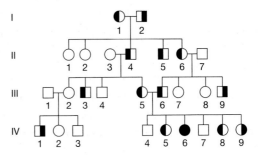

a. Quel est le mode de transmission le plus probable pour chacun de ces phénotypes ? Expliquez.

b. Donnez le plus grand nombre possible de génotypes de la génération III.

c. Si une union se produisait entre les individus IV-1 et IV-5, quelle serait la probabilité que leur premier enfant soit nain et atteint de cataracte ? Qu'il soit phénotypiquement normal ?

(Problème 49 d'après J. Kuspira et R. Bhambhani, *Compendium of Problems in Genetics*. Copyright 1994 par Wm. C. Brown.)

50. Un généticien du maïs possède trois lignées pures de génotypes *a/a* ; *B/B* ; *C/C*, *A/A* ; *b/b* ; *C/C* et *A/A* ; *B/B* ; *c/c*. Tous les phénotypes déterminés par *a*, *b* et *c* accroissent la valeur marchande du maïs, c'est pourquoi naturellement, le généticien désire les combiner en une lignée pure de génotype *a/a* ; *b/b* ; *c/c*.

a. Imaginez un programme efficace de croisements pour obtenir la lignée pure *a/a* ; *b/b* ; *c/c*.

b. À chaque étape, précisez exactement les phénotypes qui seront sélectionnés et donnez-en les fréquences prévues.

c. Existe-t-il plusieurs façons d'obtenir le génotype désiré ? Quelle est la meilleure ?

(Supposez un assortiment indépendant des trois paires de gènes. NB : le maïs se prête bien aux croisements et à l'autofécondation.)

51. Une maladie connue sous le nom d'*ichtyosis hystrix gravior* s'est manifestée chez un garçon au début du dix-huitième siècle. Sa peau est devenue très épaisse et s'est couverte d'épines dont elle se dépouillait périodiquement. Devenu adulte, cet «homme porc-épic» se maria et eut six fils présentant tous cette maladie, et plusieurs filles, toutes normales. Durant quatre générations, cette maladie fut transmise de père en fils. Sur la base de ces données, quelle hypothèse pouvez-vous proposer en ce qui concerne la localisation du gène ?

52. Les ailes du papillon *Abraxas*, ou phalène mouchetée de type sauvage (W) sont parsemées de grandes taches. En revanche, la variété «laiteuse» (L) de cette espèce est caractérisée par de très petites taches. Des croisements ont été réalisés entre des souches qui diffèrent au niveau de ce caractère, avec les résultats suivants :

	Parents		Descendants	
Croisement	♀	♂	F_1	F_2
1	L	W	♀ W	♀ $\frac{1}{2}$ L, $\frac{1}{2}$ W
			♂ W	♂ W
2	W	L	♀ L	♀ $\frac{1}{2}$ W, $\frac{1}{2}$ L
			♂ W	♂ $\frac{1}{2}$ W, $\frac{1}{2}$ L

Donnez une explication génétique claire des résultats de ces deux croisements en précisant les génotypes de tous les individus.

53. L'arbre généalogique ci-dessous montre le mode de transmission d'une maladie humaine rare. Ce profil correspond-il à la transmission d'un allèle récessif lié à l'X ou d'un allèle autosomique dominant dont l'expression est limitée aux hommes ?

(Arbre généalogique d'après J.F. Crow, *Genetics Notes*, 6e éd. Copyright 1967 par Burgers Publishing Company, Minneapolis.)

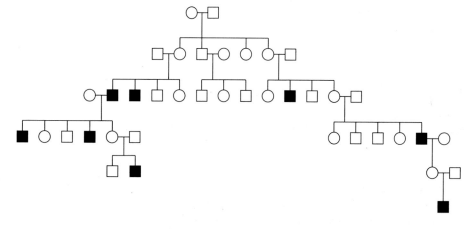

54. Chez l'être humain, la perception des couleurs dépend de gènes codant trois pigments. Les gènes *R* (pigment rouge) et *V* (pigment vert) sont situés sur le chromosome X et le gène *B* (pigment bleu) est autosomique. Une mutation dans n'importe lequel de ces gènes peut provoquer le daltonisme. Supposez qu'un homme daltonien épouse une femme qui perçoit normalement les couleurs ; tous leurs fils sont daltoniens et toutes leurs filles sont normales. Donnez les génotypes des deux parents et de tous les enfants possibles en expliquant votre raisonnement. (Dessiner un arbre généalogique serait probablement utile.)

(Problème proposé par Rosemary Redfield.)

55. Un certain type de surdité chez l'homme a une transmission héréditaire récessive liée au sexe. Un homme atteint de ce type de surdité épouse une femme normale et ils attendent un enfant. Ils découvrent qu'ils sont de lointains parents. Voici une partie de leur arbre généalogique.

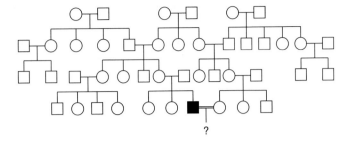

Que diriez-vous aux parents sur la probabilité que leur enfant soit un garçon sourd, une fille sourde, un garçon non atteint ou une fille non atteinte ? Détaillez toutes les suppositions que vous serez amenés à faire.

56. L'arbre généalogique ci-dessous montre un profil de transmission extrêmement inhabituel mais qui existe dans la réalité. Tous les descendants sont représentés mais les pères de chaque union ont été omis afin d'attirer l'attention sur ce profil remarquable.

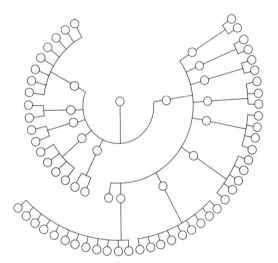

a. Dites avec précision ce qu'il y a d'inhabituel dans cet arbre généalogique.

b. Ce profil peut-il s'expliquer par

(i) le hasard (si tel est le cas, avec quelle probabilité) ?

(ii) des facteurs cytoplasmiques ?

(iii) une transmission mendélienne ?

Expliquez.

57. Considérons l'arbre généalogique ci-dessous qui concerne une maladie musculaire humaine rare :

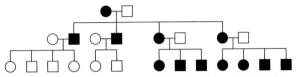

a. Quelle est la caractéristique inhabituelle qui différencie cet arbre de ceux étudiés précédemment dans ce chapitre ?

b. À votre avis, à quel endroit de la cellule se trouve l'ADN mutant responsable de ce phénotype ?

3

LES FONDEMENTS CHROMOSOMIQUES DE L'HÉRÉDITÉ

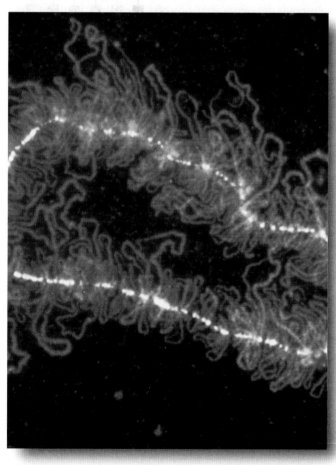

Des chromosomes en écouvillon. Les chromosomes de certains animaux adoptent cet aspect en écouvillon au cours du stade diplotène de la méiose chez les femelles. On suppose que cette structure en écouvillon est un reste de l'organisation sous-jacente de tous les chromosomes : une armature centrale (qui apparaît ici brillante avec le colorant) et des boucles qui se projettent latéralement à partir de celle-ci (coloration rouge) formées d'un brin d'ADN continu replié, associé à des protéines, les histones. [M. Roth & J. Gall.]

QUESTIONS CLÉS

- Comment savons-nous que les gènes sont des éléments des chromosomes ?

- De quelle manière les gènes sont-ils disposés sur les chromosomes ?

- Un chromosome contient-il autre chose que des gènes ?

- De quelle façon le nombre de chromosomes est-il maintenu constant à travers les générations ?

- Quelle est l'origine chromosomique de la loi de Mendel sur la ségrégation égale ?

- Quelle est l'origine chromosomique de la loi de Mendel sur l'assortiment indépendant ?

- Comment l'ADN peut-il tenir dans un si petit noyau ?

SOMMAIRE

L'ESSENTIEL DU CHAPITRE

L'élégance de l'analyse de Mendel réside dans le fait que pour faire correspondre des allèles à des différences de phénotype et pour prédire les résultats des croisements, il n'est pas nécessaire de savoir ce que sont les gènes ni comment ils déterminent le phénotype, ni même de quelle façon les lois de la ségrégation égale et de l'assortiment indépendant sont mises en œuvre dans la cellule. Il suffit simplement de représenter les gènes comme des facteurs abstraits et hypothétiques à l'aide de symboles et de leur faire subir des croisements sur le papier sans se préoccuper de leur structure moléculaire ou de leur localisation dans une cellule. Toutefois, la curiosité nous pousse naturellement à nous demander où sont situés les gènes dans la cellule et par quels mécanismes la ségrégation et l'assortiment indépendant des allèles sont réalisés au niveau cellulaire.

Nous verrons dans ce chapitre que les éléments clés pour répondre à nos questions sur l'origine cellulaire de l'hérédité sont les chromosomes. Dans les cellules eucaryotes, la plupart des chromosomes sont des structures filamenteuses, situées dans le noyau. Chez la majorité des grands organismes qui nous sont familiers, chaque noyau contient deux jeux homologues complets de chromosomes, un état que l'on appelle la *diploïdie*. Les gènes sont des régions fonctionnelles du long fragment enroulé et continu d'ADN qui constitue un chromosome. Il existe d'autres segments d'ADN entre les gènes. Ce matériel intergénique varie d'une espèce à l'autre par son étendue et sa nature. Chez les organismes supérieurs, la majeure partie de cet ADN intergénique est répétitif et de fonction inconnue.

Puisqu'une cellule diploïde possède deux jeux de chromosomes, les gènes sont présents par paires. Pourtant, bien que les gènes et les chromosomes des organismes diploïdes

UNE VUE D'ENSEMBLE DU CHAPITRE

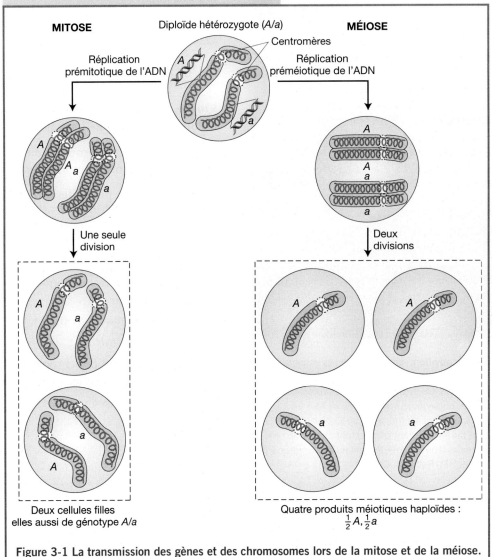

Figure 3-1 La transmission des gènes et des chromosomes lors de la mitose et de la méiose.

soient présents par groupes de deux, les chromosomes ne sont pas physiquement appariés dans les cellules du corps. Lorsque ces cellules se divisent, chaque chromosome se divise lui aussi au cours d'un processus nucléaire simultané appelé *mitose*. Les chromosomes homologues s'apparient physiquement uniquement lors de la division nucléaire qui se déroule pendant la formation des gamètes – ces deux divisions nucléaires constituent la *méiose*.

Lors de la mitose et de la méiose, les chromosomes dupliqués sont répartis entre les cellules filles, grâce à des «cordes» nucléaires appelées *fibres du fuseau*. Ces fibres se fixent à des régions spécialisées des chromosomes, les *centromères*.

Lorsqu'un hétérozygote (A/a) subit une mitose, les chromosomes A et a se répliquent et les copies gagnent les pôles opposés des cellules filles. Celles-ci ont alors un génotype identique à celui de la cellule d'origine (A/a). Ce processus est résumé dans la Figure 3-1.

La méiose est constituée de deux divisions nucléaires consécutives, et commence avec une paire de chromosomes répliqués. Lorsqu'une cellule subit une méiose, la séparation des chromosomes répliqués à l'aide des fibres du fuseau donne naissance à quatre cellules haploïdes. Lorsqu'un hétérozygote (A/a) subit une méiose, la moitié des cellules haploïdes sont de génotype A et l'autre moitié, a (voir Figure 3-1). La séparation des allèles dans les différentes cellules haploïdes permet d'expliquer la première loi de Mendel sur la ségrégation égale.

Puisque l'action des fibres du fuseau sur des paires différentes de chromosomes est totalement indépendante, chez un dihybride A/a ; B/b, la séparation vers les deux pôles est indépendante pour chaque paire de gènes, ce qui conduit à l'assortiment indépendant (deuxième loi de Mendel).

Les chromosomes mitochondriaux et chloroplastiques sont pour la plupart circulaires. Ils sont bien plus petits que les chromosomes nucléaires et n'ont pas l'aspect filamenteux des chromosomes nucléaires à l'état condensé. Ils contiennent de petits groupes de gènes également disposés de manière continue, mais séparés par un faible espace. Les gènes présents sur ces chromosomes n'obéissent pas aux lois de Mendel. C'est leur localisation particulière et leur abondance qui sont à l'origine de leurs modes particuliers de transmission.

3.1 Le développement historique de la théorie chromosomique

Un progrès majeur dans la théorie et la pratique de la génétique au début du vingtième siècle fut d'associer les gènes, tels que Mendel les a caractérisés, à des structures cellulaires spécifiques : les chromosomes. Ce concept est connu sous le nom de **théorie chromosomique de l'hérédité**. Bien que simple, cette idée a eu d'énormes conséquences, en permettant de corréler les résultats d'expériences de croisements au comportement de structures visibles au microscope. Cette fusion entre génétique et cytologie est toujours un élément essentiel de l'analyse génétique contemporaine et trouve bon nombre d'applications dans la génétique appliquée à la médecine, à l'agriculture ou encore à l'évolution. Nous allons tout d'abord nous intéresser à l'historique de cette idée.

Les preuves issues de la cytologie

Comment la théorie chromosomique a-t-elle été élaborée ? Des indices d'origines variées se sont accumulés progressivement. L'une des premières séries d'indices vint du comportement des chromosomes pendant la division du noyau cellulaire.

Les résultats de Mendel passèrent inaperçus dans la littérature scientifique jusqu'en 1900, où ils furent redécouverts de manière indépendante par d'autres chercheurs. Vers la fin des années 1800, des biologistes, bien qu'ignorant les résultats de Mendel, s'intéressèrent à l'hérédité. L'une des questions principales portait sur la localisation du matériel héréditaire dans la cellule. Les gamètes étaient une cible d'investigation de premier ordre puisqu'ils constituent le seul lien entre les générations. On savait que l'ovule et le spermatozoïde contribuent de façon égale au patrimoine génétique de la descendance, même si leur taille est très différente. Puisqu'un ovule a un volume de cytoplasme bien plus important qu'un spermatozoïde, il paraissait improbable que le cytoplasme soit le siège des structures héréditaires. On savait par contre que les noyaux d'un ovule et d'un spermatozoïde sont de taille approximativement égale, c'est pourquoi ils apparurent comme de bons candidats pour abriter les structures héréditaires.

Que savait-on du contenu du noyau cellulaire ? Il apparut bientôt que ses constituants principaux étaient les chromosomes. Entre les divisions cellulaires, le contenu des noyaux apparaît sous la forme d'une masse dense dont il est difficile de distinguer la forme des constituants. Au cours de la division cellulaire cependant, les chromosomes nucléaires ressemblent à des filaments, bien visibles au microscope. Les chromosomes se sont avérés posséder des propriétés uniques qui les distinguent des autres structures cellulaires. L'une des propriétés qui intriguait particulièrement les biologistes était le nombre de chromosomes, constant d'une cellule à l'autre d'un organisme, d'un organisme à l'autre au sein d'une même espèce et d'une génération à l'autre dans cette espèce. La question qui se posait alors était : Comment le nombre de chromosomes est-il maintenu constant ? La réponse à cette question apparut en observant sous le microscope le comportement ordonné des chromosomes au cours de la mitose, la division nucléaire qui accompagne la division simple des cellules. Ces études ont montré de quelle façon le nombre de chromosomes est maintenu d'une cellule à l'autre. Les ressemblances entre le comportement des chromosomes et celui des gènes laissait penser que les chromosomes sont les structures qui contiennent les gènes.

La paternité de la théorie chromosomique de l'hérédité – l'idée selon laquelle les gènes font partie de structures visibles appelées chromosomes – est généralement attribuée à Walter Sutton (un Américain à l'époque étudiant en troisième cycle) et à Theodor Boveri (un biologiste allemand). En travaillant cette fois sur la méiose, ces chercheurs constatèrent en 1902, de façon indépendante, que le comportement des particules de Mendel au cours de la production des gamètes chez les pois était exactement parallèle à celui des chromosomes lors de la méiose : les gènes existent par paires (les chromosomes aussi) ; les allèles d'un gène subissent une ségrégation égale entre les gamètes (comme les membres d'une paire de chromosomes homologues) ; les gènes différents se comportent de façon indépendante (comme les paires de chromosomes différentes). Les deux chercheurs arrivèrent à la même conclusion : le comportement parallèle des gènes et des chromosomes suggérait fortement que les gènes sont situés sur les chromosomes.

Il est intéressant d'examiner quelques-unes des objections formulées à l'encontre de la théorie de Sutton et Boveri. Par exemple, on ne pouvait à l'époque, déceler les chromosomes lors de l'interphase (l'étape séparant les divisions cellulaires). Boveri dut se livrer à une étude extrêmement détaillée de la position des chromosomes avant et après l'interphase avant de pouvoir affirmer de façon convaincante que les chromosomes, bien que cytologiquement invisibles, conservent leur intégrité physique lors de l'interphase. D'aucuns firent également remarquer que chez certains organismes, plusieurs paires de chromosomes différentes se ressemblent, ce qui ne permet pas de dire à partir d'observations visuelles qu'ils ne s'apparient pas au hasard, alors que les lois de Mendel exigeaient un appariement et une ségrégation ordonnés des allèles. Toutefois, on vérifia que chez des espèces où les chromosomes diffèrent par la taille et par la forme, les chromosomes s'apparient et que les homologues s'apparient physiquement et subissent une ségrégation lors de la méiose.

En 1913, Elinor Carothers découvrit une situation chromosomique inhabituelle chez certaines sauterelles – une situation qui permit de vérifier de façon directe que des paires différentes de chromosomes subissent effectivement une ségrégation indépendante. En étudiant les testicules de ces sauterelles, elle déduisit d'une situation très inhabituelle des explications sur la situation courante, une approche désormais classique en analyse génétique. Elle observa chez une sauterelle, une «paire» de chromosomes dont les membres n'étaient pas identiques. Une telle paire est dite *hétéromorphe* et les chromosomes qui la constituent ne présentent probablement qu'une homologie partielle. De plus, la même sauterelle possédait un autre chromosome, non apparenté à la paire hétéromorphe qui n'avait aucun partenaire avec lequel s'apparier. Carothers se servit de ces chromosomes inhabituels comme de marqueurs cytologiques visibles pour l'étude du comportement des chromosomes lors de la méiose. En observant de nombreuses méioses, elle put compter le nombre de fois où un membre donné de la paire hétéromorphe migrait vers le même pôle que le chromosome sans partenaire (Figure 3-2). Elle vit que les deux schémas possibles de migration chromosomique se produisaient à la même fréquence. Bien que ces chromosomes inhabituels ne soient pas représentatifs, les résultats suggèrent néanmoins que l'assortiment des chromosomes non homologues est indépendant.

D'autres chercheurs objectèrent que comme tous les chromosomes avaient l'apparence de structures filamen-

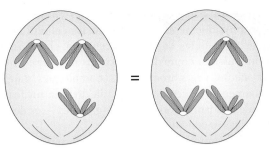

Figure 3-2 La démonstration de l'assortiment indépendant lors de la méiose. Les deux schémas de ségrégation possibles d'une paire hétéromorphe et d'un chromosome non apparié dans les gamètes, tels que Carothers les a observés.

teuses, il n'était pas possible de déceler entre eux de réelles différences qualitatives. Ils suggérèrent que tous les chromosomes avaient plus ou moins le même contenu. Faisons une entorse à la chronologie pour présenter ici des travaux qui réfutent catégoriquement cette objection. En 1922, Alfred Blakeslee étudiait les chromosomes de la stramoine (*Datura stramonium*), une plante qui possède 12 paires de chromosomes. Il obtint 12 souches différentes. Chacune d'entre elles avait, en plus des 12 paires normales de chromosomes, un exemplaire supplémentaire d'un chromosome d'une des paires. Blakeslee montra que chaque souche était phénotypiquement distincte des autres (Figure 3-3). On n'observerait pas ce résultat s'il n'y avait aucune différence génétique entre les chromosomes.

Tous ces résultats désignaient indirectement les chromosomes comme les emplacements des gènes. Cela rendit la théorie de Sutton et Boveri extrêmement attrayante, mais il n'existait toujours pas de preuve véritable que les gènes fussent localisés sur les chromosomes. Ce raisonnement était simplement basé sur l'existence d'une corrélation. D'autres observations fournirent la preuve attendue, elles commencèrent par la découverte de la liaison au sexe.

Les preuves issues de la liaison au sexe

La plupart des croisements analysés donnèrent les mêmes résultats que les croisements réciproques, comme le montra Mendel. La première exception à ce schéma fut découverte en 1906 par L. Doncaster et G.H. Raynor. Ils étudiaient la couleur de l'aile chez un papillon, la phalène du groseillier (*Abraxas*) en utilisant deux lignées différentes : une lignée à ailes claires et une à ailes sombres. Ils effectuèrent les croisements réciproques suivants :

Femelles à ailes claires × mâles à ailes sombres
↓
Tous les descendants ont des ailes sombres
(ce qui montre que l'allèle déterminant les ailes claires est récessif)

Femelle à ailes sombres × mâle à ailes claires
↓
Toutes les femelles de la descendance ont des ailes claires
Tous les mâles de la descendance ont des ailes sombres

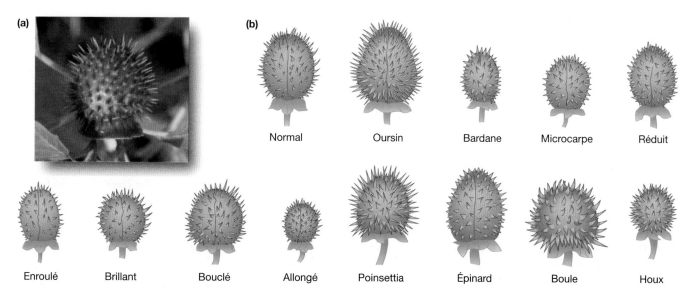

Normal   Oursin   Bardane   Microcarpe   Réduit

Enroulé   Brillant   Bouclé   Allongé   Poinsettia   Épinard   Boule   Houx

Figure 3-3 Les fruits de la plante *Datura* (la stramoine). (a) Le fruit de *Datura*. (b) Chaque plante *Datura* possède un chromosome surnuméraire distinct. Leur apparence caractéristique suggère que chaque chromosome est différent. (D'après E. W. Sinnott, L. C. Dunn et T. Dobzhansky, *Principles of Genetics*, 5e éd. McGraw-Hill Book Company, New York.)

Ces deux croisements réciproques ne donnaient donc pas les mêmes résultats dans le second croisement et les phénotypes des ailes étaient associés au sexe des papillons. Remarquez que les femelles issues de ce second croisement sont phénotypiquement semblables à leurs pères et les mâles à leurs mères. Plus tard, William Bateson découvrit que chez les poulets, la transmission du motif du plumage appelé «barré» était exactement la même que celle de la couleur sombre des ailes de *Abraxas*.

L'explication de ces résultats vint du laboratoire de Thomas Hunt Morgan qui, en 1909, entreprit l'étude de l'hérédité chez la mouche du vinaigre (*Drosophila melanogaster*). Le choix de la drosophile comme organisme de recherche s'avéra extrêmement heureux pour les généticiens, en particulier pour Morgan dont les travaux furent couronnés par un prix Nobel en 1934.

La couleur normale de l'œil de la drosophile est rouge foncé. Très tôt, Morgan découvrit un mâle aux yeux complètement blancs. Il constata que les croisements réciproques ne donnaient pas les mêmes résultats et que les rapports phénotypiques différaient selon le sexe des descendants, comme nous l'avons vu au chapitre 2 (voir Figure 2-24). Ce résultat

ressemblait beaucoup à ceux des exemples des poulets et des papillons, même si les résultats étaient inversés pour les deux sexes.

Avant de se tourner vers l'explication que Morgan donna de ses résultats avec les drosophiles, voyons sur quelles informations d'ordre cytologique il pouvait s'appuyer pour les interpréter, car les idées nouvelles ne tombent pas du ciel.

En 1905, Nettie Stevens découvrit que les mâles et les femelles du coléoptère *Tenebrio* possèdent le même nombre de chromosomes, mais l'une des paires de chromosomes chez le mâle est hétéromorphe. Un des membres de la paire hétéromorphe est identique aux membres d'une des paires de la femelle; Stevens l'appela chromosome X. On ne trouve jamais l'autre membre de la paire hétéromorphe chez les femelles; Stevens, l'appela le chromosome Y (Figure 3-4). Elle découvrit une situation similaire chez *Drosophila melanogaster*, qui possède quatre paires de chromosomes dont l'une est hétéromorphe chez le mâle (Figure 3-5).

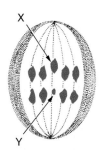

Figure 3-4 Des chromosomes d'un coléoptère mâle T*enebrio* (le ténébrion meunier) en cours de ségrégation. La ségrégation de la paire de chromosomes hétéromorphe (X et Y) pendant la méiose chez un mâle de *Tenebrio*. Les chromosomes X et Y gagnent les pôles opposés lors de l'anaphase I. [D'après A.M. Srb, R.D. Owen et R.S. Edgar, *General Genetics*, 2e éd. Copyright 1965, par W.H. Freeman and Company.]

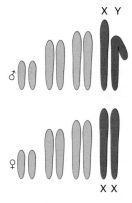

Figure 3-5 Les chromosomes du mâle et de la femelle de drosophile.

En s'aidant de cette information, Morgan élabora une interprétation de ses résultats génétiques. Tout d'abord, il ressortait que les chromosomes X et Y déterminent le sexe de la mouche. Les femelles de drosophile possèdent quatre paires de chromosomes tandis que les mâles ont trois paires de chromosomes homologues et une paire hétéromorphe. Donc la méiose chez la femelle produit des ovules qui contiennent chacun un chromosome X. Bien que les chromosomes X et Y du mâle soient hétéromorphes, ils semblent s'apparier et subir une ségrégation comme des homologues, comme nous l'avons vu au chapitre 2. Ainsi, la méiose chez le mâle produit-elle deux types de spermatozoïdes, l'un contenant un chromosome X et l'autre un chromosome Y.

Morgan aborda ensuite le problème de la couleur de l'œil. Il fit l'hypothèse que les allèles dictant la couleur rouge ou blanche de l'œil sont présents sur le chromosome X mais qu'il n'y a pas de gène équivalent sur le chromosome Y. Les femelles auraient donc deux allèles de ce gène et les mâles un seul. Les résultats génétiques des deux croisements réciproques s'accordaient parfaitement avec ce que l'on savait du comportement méiotique des chromosomes X et Y. Cette expérience constituait un argument solide en faveur de la localisation des gènes sur les chromosomes. Toutefois, il ne s'agissait encore que d'une corrélation et non d'une preuve directe de la théorie de Sutton et Boveri.

Peut-on appliquer la théorie sur les chromosomes XX et XY aux résultats obtenus antérieurement lors de croisements de poulets et de papillons? Vous vous rendrez compte que ce n'est pas le cas. Toutefois, Richard Goldschmidt s'aperçut que ces résultats pouvaient s'expliquer grâce à une hypothèse analogue: il suffisait de supposer que dans ce cas, ce sont les *mâles* qui ont une paire de chromosomes identiques et les *femelles* une paire de chromosomes différents. Pour distinguer cette situation de celle de XY chez la drosophile, Morgan suggéra d'appeler W et Z les chromosomes sexuels des poulets et des papillons, les mâles étant ZZ et les femelles WZ. Si des gènes sont situés sur le chromosome Z lors de croisements de poulets ou de papillons, les croisements peuvent être représentés schématiquement comme dans la Figure 3-6. Cette interprétation est en accord avec les données génétiques. En outre dans ce cas, des observations cytologiques confirmèrent l'hypothèse génétique. En 1914, J. Seiler vérifia que les deux chromosomes sont identiques dans toutes les paires de papillons mâles alors que les femelles possèdent une paire de chromosomes différents.

MESSAGE Le mode de transmission héréditaire de certains gènes laisse penser qu'ils se trouvent sur les chromosomes sexuels, qui présentent un mode de transmission héréditaire parallèle.

(a) PAPILLONS

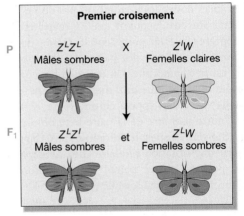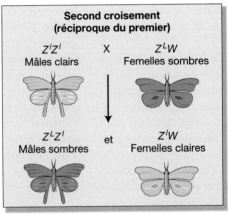

(b) POULETS

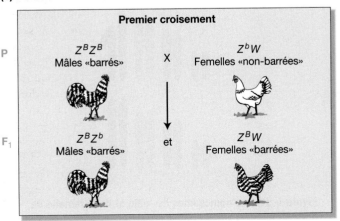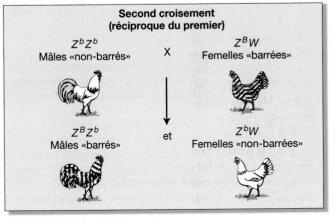

Figure 3-6 Le mode de transmission WZ. Le mode de transmission des gènes présents sur les chromosomes de deux espèces, dont la détermination sexuelle repose sur un mécanisme WZ.

Les preuves issues de la ségrégation anormale des chromosomes

L'analyse qui fournit la preuve irréfutable de la théorie chromosomique de l'hérédité fut apportée par l'un des étudiants de Morgan, Calvin Bridges. Il supposa que si les gènes étaient effectivement situés sur les chromosomes, certains résultats génétiques inattendus devaient s'expliquer par l'existence de réarrangements chromosomiques anormaux. Il observa ensuite certains de ceux-ci sous le microscope, exactement comme il l'avait prédit.

Les travaux de Bridges débutèrent par l'un des croisements de drosophiles que nous avons vus précédemment:

Femelles à yeux blancs × mâles à yeux rouges

En utilisant les symboles conventionnels, nous pouvons écrire les génotypes parentaux ♀ X^wX^w (yeux blancs) × ♂ $X^{w+}Y$ (yeux rouges). Nous savons que la descendance attendue est $X^{w+}X^w$ (femelles à yeux rouges) et X^wY (mâles à yeux blancs). Néanmoins, lorsque Bridges réalisa ce croisement à grande échelle, il observa quelques exceptions parmi le grand nombre de descendants. Un descendant de la F_1 sur 2 000 environ était une femelle à yeux blancs ou un mâle à yeux rouges. L'ensemble de ces individus est appelé *descendants exceptionnels de la première génération*. Tous les mâles exceptionnels de la première génération s'avérèrent stériles. Comment Bridges expliqua-t-il ces types de descendants exceptionnels?

Comme toutes les drosophiles femelles, les femelles exceptionnelles doivent avoir deux chromosomes X. Elles doivent recevoir ces deux chromosomes de leur mère, car seuls les chromosomes maternels peuvent fournir les deux allèles *w* qui confèrent les yeux blancs à une mouche. De

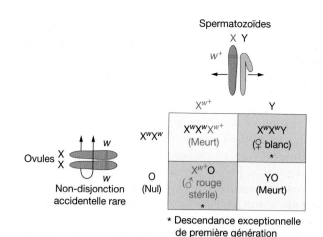

Figure 3-7 L'explication proposée de l'origine de la descendance exceptionnelle de première génération. À la suite de la non-disjonction des chromosomes X, le parent maternel produit des chromosomes avec soit deux chromosomes X, soit aucun (O, ou nul). Rouge = drosophile à yeux rouges; blanc = drosophile à yeux blancs.

même, les mâles exceptionnels doivent recevoir leurs chromosomes X de leur père, puisque ces chromosomes portent l'allèle *w⁺*. Bridges émit l'hypothèse que de rares accidents se produisent lors de la méiose chez la femelle, à la suite desquels les chromosomes X appariés ne se séparent ni lors de la première ni lors de la seconde division. Il en résulterait des noyaux méiotiques contenant soit deux chromosomes X soit aucun. Une telle absence de ségrégation est appelée **non-disjonction**. La fécondation d'un ovule comportant ce type de noyaux, par un spermatozoïde issu d'un mâle de type sauvage va produire quatre classes zygotiques, XXX, XXY, XO et YO (Figure 3-7).

ENCADRÉ 3-1   Une parenthèse à propos des symboles génétiques

Chez la drosophile, un symbolisme spécial fut introduit pour distinguer les allèles variants d'un allèle désigné comme l'allèle «normal». Ce système est à présent utilisé par de nombreux généticiens et facilite considérablement l'analyse génétique. Pour un caractère donné de la drosophile, l'allèle le plus fréquemment rencontré dans les populations naturelles (ou l'allèle présent dans les souches de référence des laboratoires) sert de référence; on l'appelle l'allèle standard ou de **type sauvage**. Tous les autres allèles sont dès lors mutants. La désignation symbolique d'un gène vient du premier allèle mutant découvert. Dans les expériences de Morgan sur les drosophiles, il s'agissait de l'allèle déterminant les yeux blancs symbolisé par *w* (*white*: blanc en anglais). Son équivalent sauvage est affecté conventionnellement du signe + en exposant, de sorte que l'allèle normal déterminant les yeux rouges s'écrit *w⁺*.

En cas de polymorphisme, on peut rencontrer couramment plusieurs allèles dans les populations naturelles, qui pourraient tous prétendre au titre d'allèle sauvage. Dans ce cas, on distingue les différents allèles grâce aux exposants.

Par exemple, les populations de drosophiles présentent deux formes courantes de l'enzyme alcool déshydrogenase. Ces deux formes se déplacent à des vitesses différentes en électrophorèse sur gel. On appelle les allèles codant ces deux formes Adh^F et Adh^S [F et S font référence respectivement aux migrations rapide (*fast*) et lente (*slow*)].

L'allèle sauvage peut être dominant ou récessif par rapport à un allèle mutant. L'utilisation d'une minuscule pour les deux allèles *w* et *w⁺* indique que le type sauvage est dominant par rapport à l'allèle des yeux blancs (c'est-à-dire que *w* est récessif par rapport à *w⁺*). Prenons comme autre exemple l'aspect de l'aile de la mouche. Le phénotype sauvage d'une aile de mouche est droit et plat et un allèle mutant lui donne un aspect ondulé. Pour indiquer que cet allèle est dominant par rapport à l'allèle sauvage, on l'écrit *Cy*, (abrégé de *Curly*, recourbé en anglais), et l'allèle sauvage *Cy⁺*. Remarquez que dans ce cas, la lettre capitale indique la dominance de *Cy* sur *Cy⁺*. (Notez bien aussi que les symboles d'un gène unique peuvent être composés de plusieurs lettres.)

Pour suivre la logique de Bridges, rappelons que chez la drosophile, XXY est une femelle et XO est un mâle. Bridges supposa que les zygotes XXX et YO meurent avant que leur développement soit achevé. Les deux types de descendants exceptionnels viables attendus doivent donc être X^wX^wY (femelles à yeux blancs) et $X^{w+}O$ (mâles stériles à yeux rouges). Qu'en est-il de la stérilité des mâles exceptionnels de la première génération? Cette stérilité s'explique si nous supposons que le chromosome Y est indispensable à la fertilité d'un mâle.

En résumé, Bridges expliqua les descendants exceptionnels de la première génération en postulant l'existence de méioses anormales rares produisant des femelles XXY et des mâles XO viables. Pour tester ce modèle, il examina au microscope les chromosomes des descendants exceptionnels de la première génération et montra qu'ils étaient bien tels qu'il les avait prédits, XXY et XO. Ainsi, en faisant l'hypothèse de la localisation chromosomique du gène de la couleur de l'œil, Bridges fut capable de prédire avec précision plusieurs réarrangements chromosomiques inhabituels ainsi qu'un processus génétique inconnu auparavant, la non-disjonction.

3.2 La nature des chromosomes

Que savons-nous des chromosomes aujourd'hui, un siècle après que Sutton et Boveri ont émis pour la première fois l'idée de la localisation chromosomique des gènes? Une photographie récente d'un groupe de chromosomes obtenue à l'aide de la technologie moderne est présentée dans la Figure 3-8. Dans cette photographie, chaque paire de chromosomes homologues a été marquée par une couleur différente, grâce à une procédure particulière. Dans la partie supérieure de la figure, on voit un noyau qui n'est pas en cours de division. Remarquez que les chromosomes apparaissent étroitement empaquetés tout en occupant des emplacements distincts dans le noyau. La partie inférieure de la figure montre les trois paires de chromosomes au cours de la division cellulaire.

Quelle est la structure de ces chromosomes? Nous commencerons par mettre en relation les chromosomes et l'ADN.

Un chromosome contient une seule molécule d'ADN

Si l'on casse des cellules eucaryotes et qu'on examine le contenu de leur noyau au microscope électronique, chaque chromosome apparaît comme une masse de spaghetti d'un diamètre proche de 30 nm. Un exemple est présenté dans la micrographie électronique de la Figure 3-9. Dans les années 1960, Ernest DuPraw étudia méticuleusement ce type de chromosomes et découvrit qu'aucune extrémité ne dépassait de la masse fibrillaire. Cette découverte suggère que chaque chromosome est une fibre longue et fine, repliée d'une façon ou d'une autre. Si la fibre correspond à une molécule d'ADN, on arrive alors à l'idée que chaque chromosome est une molécule d'ADN fortement repliée.

En 1973, Ruth Kavenoff et Bruno Zimm montrèrent expérimentalement que cette idée était vraisemblablement correcte. Ils étudièrent l'ADN de drosophile grâce à une

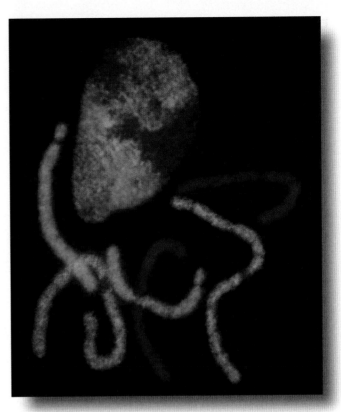

Figure 3-8 Le génome nucléaire des cellules d'une femelle de Muntjac, une petite biche d'Asie du Sud-Est et d'Inde (2n = 6). Les six chromosomes visibles proviennent d'une cellule interrompue dans son processus de division mitotique. Les trois paires de chromosomes ont été colorées à l'aide de sondes d'ADN spécifiques de chaque chromosome, chaque sonde étant associée à un colorant fluorescent distinct («peinture chromosomique»). Un noyau provenant d'une autre cellule est figé entre deux divisions mitotiques: remarquez que les chromosomes sont dans un état plus étiré et semblent «remplir» tout le noyau. [Photographie communiquée par Fengtang Yang et Malcolm Ferguson-Smith de l'Université de Cambridge. Couverture de *Chromosome Research* vol.6, No.3, Avril 1998.]

technique dite de relâchement viscoélastique qui consiste à mesurer la taille de molécules d'ADN en solution. De façon très simplifiée, la méthode consiste à étirer l'ADN au maximum – un peu comme s'il s'agissait d'un ressort – et à mesurer le temps qu'il lui faut pour retrouver son état d'enroulement original. L'ADN est étiré en faisant tourner une pale dans la solution d'ADN, puis on le laisse revenir à son état d'enroulement relâché. Le temps de relaxation est proportionnel à la taille des molécules les plus longues d'ADN présentes en solution. Dans leur étude, Kavenoff et Zimm ont obtenu une valeur correspondant à une masse moléculaire de 41×10^9 daltons pour la plus grande molécule d'ADN présente dans le génome de type sauvage. Ils ont ensuite étudié deux réarrangements chromosomiques chez la drosophile qui produisaient des chromosomes d'une taille supérieure à la normale et ont montré que l'augmentation de la viscoélasticité est proportionnelle à la taille du chromosome. Il était donc vraisemblable que chaque chromosome contienne une seule molécule d'ADN qui s'étend d'une extrémité du chromosome à l'autre en passant par le centromère. Kavenoff et

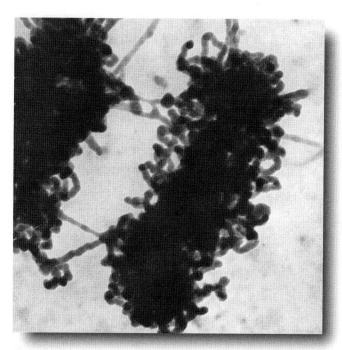

Figure 3-9 Une micrographie électronique de chromosomes métaphasiques d'abeille. Chaque chromosome apparaît composé d'une fibre continue de 30 nm de large. [D'après E. J. DuPraw, *Cell and Molecular Biology*. Copyright 1968 par Academic Press.]

Zimm réussirent également à mettre bout à bout des micrographies électroniques de molécules d'ADN longues d'environ 1,5 cm, qui correspondaient probablement chacune à un chromosome de drosophile (Figure 3-10).

Enfin, les généticiens démontrèrent directement que certains chromosomes contiennent une seule molécule d'ADN. Ils utilisèrent, entre autres, la technique de l'électrophorèse en champs alternés, une technique électrophorétique spécialisée qui permet de séparer de très longues molécules d'ADN en fonction de leur taille. L'ADN extrait d'un organisme qui possède des chromosomes assez courts, comme chez la moisissure *Neurospora*, est soumis à une électrophorèse de ce type pendant un temps suffisamment long. Le

nombre de bandes séparées qui apparaissent dans le gel est égal au nombre de chromosomes (sept, dans le cas de *Neurospora*). Si chaque chromosome contenait plus d'une molécule d'ADN, le nombre de bandes observé serait supérieur au nombre de chromosomes. Ce type de séparation ne peut s'appliquer aux très longs chromosomes d'organismes tels que l'homme ou la drosophile, car leurs molécules d'ADN sont trop longues pour migrer dans le gel. Néanmoins, le séquençage de génomes entiers a démontré que le nombre d'unités linéaires à deux extrémités dans la séquence est égal au nombre de chromosomes. Par conséquent, tous les résultats permettent de conclure qu'un chromosome contient une molécule d'ADN.

> **MESSAGE** Chaque chromosome eucaryote contient une longue molécule unique d'ADN repliée sur elle-même.

L'arrangement des gènes sur les chromosomes

Les gènes sont les régions fonctionnelles appartenant à la molécule d'ADN constituant le chromosome – les régions qui sont transcrites pour produire un ARN. La position d'un gène donné peut être révélée en utilisant comme sonde, une copie clonée et marquée de ce gène (Figure 3-11). Mais les chromosomes doivent contenir un grand nombre de gènes – on le sait depuis l'époque de Morgan, lorsqu'il a été montré que la ségrégation de nombreuses combinaisons de gènes

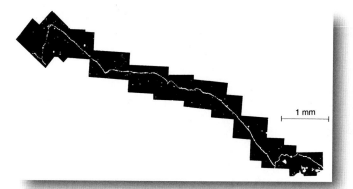

Figure 3-10 Une micrographie électronique reconstituée d'une molécule unique d'ADN formant un chromosome de drosophile. La longueur totale est de 1,5 cm. [D'après R. Kavenoff, L. C. Klotz et B. H. Zimm, *Cold Spring Harbor Symposium on Quantitative Biology*. 38, 1974, 4.]

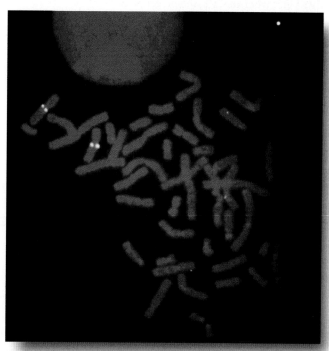

Figure 3-11 Des chromosomes hybridés *in situ* avec une sonde fluorescente, destinée à localiser un gène. La sonde est spécifique d'un gène présent en un seul exemplaire dans chaque jeu de chromosomes – dans ce cas, le gène d'une protéine du muscle. Seul un locus présente une tache fluorescente, correspondant à la sonde liée au gène de la protéine du muscle. [D'après Peter Lichter et col., *Science* 247, 1990, 64.]

Tableau 3-1 La relation entre la taille des gènes et la taille des ARNm.

Espèce	Nombre moyen d'exons	Longueur moyenne des gènes (kb)	Longueur moyenne de l'ARNm (kb)
Hemophilus influenzae	1	1,0	1,0
Methanococcus jannaschii	1	1,0	1,0
S. cerevisiae	1	1,6	1,6
Champignon filamenteux	2	1,5	1,5
Caenorhabditis elegans	5	5,0	3,0
D. melanogaster	4	11,3	2,7
Poulet	9	13,9	2,4
Mammifères	7	16,6	2,2

Source : D'après B. Lewin, *Genes 5*, Tableau 2-2. Oxford University Press. 1994.

n'était pas indépendante. Ces cas ont révélé des modes de transmission héréditaire qui ont suggéré que certaines combinaisons de gènes étaient transmises conjointement, en d'autres termes comme si ces gènes appartenaient au même chromosome (voir Chapitre 4). De plus, les milliers de caractéristiques d'un organisme semblaient nécessiter des milliers de gènes. C'est pourquoi, bien avant l'apparition des techniques de séquençage de l'ADN, il était clair qu'un chromosome porte de multiples gènes ordonnés de manière linéaire et que cette succession de gènes est différente pour chaque chromosome. Les techniques moléculaires disponibles avant l'avènement du séquençage à grande échelle étaient également en faveur de ce principe général.

Le séquençage génomique révéla cependant des détails inconnus auparavant. En particulier, il fournit des informations sur l'ADN présent entre les gènes, pas seulement sur la taille des segments intergéniques, mais également sur la présence de segments répétés. Le séquençage montra également la taille extrêmement variable des gènes, à la fois entre les espèces et au sein d'une espèce. La majeure partie de cette variation est due à des différences entre la taille et le nombre des introns qui séparent les séquences codantes d'un gène (ses exons). Des exemples de tailles des gènes sont présentés dans le Tableau 3-1. Les distances entre les gènes sont également très variables entre les espèces et au sein d'une espèce. La plus grande part de cette variation est due à des éléments répétitifs d'ADN. Il en existe de nombreuses sortes comme nous le verrons dans les Chapitres 12 et 13. Deux régions spécifiques d'un chromosome humain sont représentées dans la Figure 3-12 pour illustrer l'arrangement des gènes chez l'homme. D'autres espèces sont comparées à l'ADN humain dans la Figure 3-13.

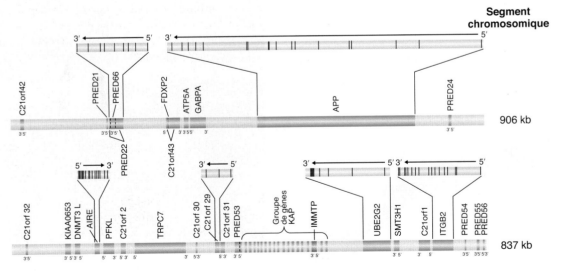

Figure 3-12 Les régions transcrites des gènes (en vert) dans deux fragments du chromosome 21, d'après la séquence complète de ce chromosome. (Deux gènes, FDXP2 et IMMTP ont été colorés en orange pour les distinguer des gènes voisins.) Certains gènes sont agrandis pour rendre visibles leurs exons (traits noirs) et leurs introns (en vert clair). Les lettres verticales sont des noms de gènes (certains de fonction connue, d'autres de fonction inconnue). Les chiffres 5' et 3' indiquent le sens de la transcription des gènes. [Modifié d'après M. Hattori *et al.*, *Nature* 405, 2000, 311-319.]

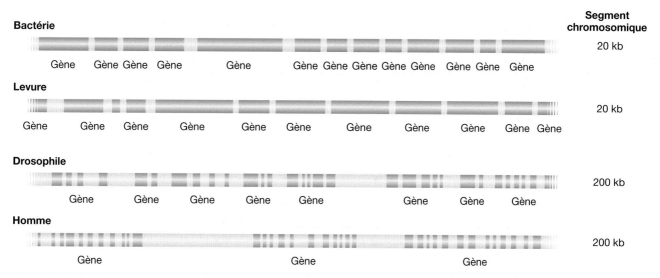

Figure 3-13 Les différences topographiques entre des gènes appartenant à quatre espèces. Vert clair = introns ; vert foncé = exons ; blanc = régions situées entre les séquences codantes (comprenant les régions régulatrices et l'ADN «intercalaire»). Remarquez les différences d'échelle entre les deux illustrations du haut et les deux du bas.

Les caractéristiques visibles des chromosomes

La taille et la forme des chromosomes peuvent varier considérablement. Les cytogénéticiens sont capables d'identifier des chromosomes spécifiques en les observant sous le microscope, en étudiant leurs caractéristiques distinctives qui servent de «points de repère» chromosomiques. Dans ce paragraphe, nous allons envisager les éléments caractéristiques qui permettent aux cytogénéticiens de distinguer un jeu de chromosomes d'un autre, ainsi qu'un chromosome d'un autre.

LE NOMBRE DE CHROMOSOMES Des espèces différentes ont des nombres de chromosomes qui leur sont propres. Le nombre de chromosomes est le produit de deux autres nombres, le nombre haploïde et le nombre de jeux de chromosomes. Le nombre haploïde, noté n, est le nombre de chromosomes dans un ensemble génomique élémentaire.

Chez la plupart des champignons et des algues, les cellules des structures visibles ont un seul jeu de chromosomes et sont donc dites **haploïdes**. Chez la plupart des animaux et des végétaux qui nous sont familiers, les cellules du corps (somatiques) possèdent deux jeux de chromosomes ; ces cellules sont dites **diploïdes** et sont représentées par $2n$. La variation entre les nombres haploïdes est immense, elle peut aller de deux chromosomes chez certaines plantes à fleurs, jusqu'à plusieurs centaines chez certaines fougères. Des exemples sont présentés dans le Tableau 3-2.

LA TAILLE DES CHROMOSOMES La taille des chromosomes peut varier considérablement au sein d'un même génome. Dans le génome humain par exemple, cette taille varie d'un facteur trois à quatre, depuis le chromosome 1 (le plus grand) jusqu'au chromosome 21 (le plus petit), comme le montre le Tableau 3-3.

Tableau 3-2 Nombre de paires de chromosomes dans différentes espèces de végétaux et d'animaux.

Nom usuel	Nom scientifique	Nombre de paires de chromosomes	Nom usuel	Nom scientifique	Nombre de paires de chromosomes
Moustique	*Culex pipiens*	3	Blé	*Triticum aestivum*	21
Mouche commune	*Musca domestica*	6	Homme	*Homo sapiens*	23
Oignon	*Allium cepa*	8	Pomme de terre	*Solanum tuberosum*	24
Crapaud	*Bufo americanus*	11	Bovin	*Bos taurus*	30
Riz	*Oryza sativa*	12	Âne	*Equus asinus*	31
Grenouille	*Rana pipiens*	13	Cheval	*Equus caballus*	32
Alligator	*Alligator mississipiensis*	16	Chien	*Canis familiaris*	39
Chat	*Felis domesticus*	19	Poulet	*Gallus domesticus*	39
Souris commune	*Mus musculus*	20	Carpe	*Cyprinus carpio*	52
Singe rhésus	*Macaca mulatta*	21			

Tableau 3-3 Chromosomes humains.

Groupe	Nombre	Représentation schématique	Longueur relative*	Index centromérique†
Grands chromosomes				
A	1		8,4	48 (M)
	2		8,0	39
	3		6,8	47 (M)
B	4		6,3	29
	5		6,1	29
Chromosomes moyens				
C	6		5,9	39
	7		5,4	39
	8		4,9	34
	9		4,8	35
	10		4,6	34
	11		4,6	40
	12		4,7	30
D	13		3,7	17 (A)
	14		3,6	19 (A)
	15		3,5	20 (A)
Petits chromosomes				
E	16		3,4	41
	17		3,3	34
	18		2,9	31
F	19		2,7	47 (M)
	20		2,6	45 (M)
G	21		1,9	31
	22		2,0	30
Chromosomes sexuels				
	X		5,1 (groupe C)	40
	Y		2,2 (groupe G)	27 (A)

* Pourcentage de la longueur combinée totale d'un jeu haploïde de 22 autosomes.

† Longueur du bras court en pourcentage de la longueur totale du chromosome. Les quatre chromosomes les plus métacentriques sont indiqués par un (M) ; les quatre chromosomes les plus acrocentriques par un (A).

L'HÉTÉROCHROMATINE Les généticiens appellent **chromatine** l'ensemble des matériaux qui constituent un chromosome. Lorsque des chromosomes sont traités avec des substances chimiques qui réagissent avec l'ADN, tels que le colorant Feulgen, on observe des régions distinctes qui réagissent de manière différente à la coloration. Les régions dont la coloration est dense constituent l'**hétérochromatine** et les régions faiblement colorées, l'**euchromatine**. Cette différence de comportement reflète le degré de compacité ou d'enroulement de l'ADN dans le chromosome. La position de la majeure partie de l'hétérochromatine sur le chromosome est constante et, dans ce sens, il s'agit d'une caractéristique héréditaire. Regardez plus loin la Figure 4-14 (page 130) dans laquelle l'hétérochromatine de la tomate est bien visible.

Nous savons désormais que la plupart des gènes actifs se trouvent dans l'euchromatine. Le marquage de l'euchromatine est moins dense car son empaquetage est plus lâche. On pense couramment qu'un empaquetage plus lâche rend les gènes plus accessibles à la transcription et favorise donc leur activité. On étudie actuellement la façon dont l'euchromatine et l'hétérochromatine sont maintenues à une position plus ou moins constante.

MESSAGE L'euchromatine contient la plupart des gènes actifs. L'hétérochromatine est davantage condensée et présente un marquage plus dense.

LES CENTROMÈRES Le centromère est la région du chromosome à laquelle s'attachent les fibres du fuseau. Le chromosome apparaît généralement avec un étranglement au niveau de la région centromérique. La position de cette constriction définit le rapport entre les longueurs respectives des deux bras d'un chromosome. Ce rapport est une caractéristique utile pour différencier les chromosomes (voir Tableau 3-3). Les positions des centromères sont classifiées en **télocentriques** (à l'une des extrémités), **acrocentriques** (loin du centre) ou **métacentriques** (au milieu).

Lorsque l'ADN génomique subit une ultracentrifugation dans un gradient de densité de chlorure de césium, l'ADN se regroupe en une bande principale visible. Cependant, on observe souvent des bandes satellites, distinctes de la bande principale. Cet **ADN satellite** est constitué de multiples répétitions en tandem de courtes séquences nucléotidiques. Ces alignements peuvent s'étendre sur des centaines de kilobases. Les sondes correspondantes peuvent être préparées à partir de cet ADN de séquence simple. On les laisse alors se fixer aux chromosomes partiellement dénaturés. On sait que la grande majorité de l'ADN satellite se trouve dans les régions hétérochromatiques qui flanquent les centromères. Il peut y avoir une ou plusieurs unités élémentaires répétées, mais leur longueur dépasse rarement 10 bases. Par exemple chez *Drosophila melanogaster*, on trouve des alignements en tandem de la séquence AATAACATAG autour de tous les centromères. De même chez le cochon d'Inde, des alignements d'une séquence plus courte, CCCTAA, flanquent les centromères. Le résultat d'une expérience de marquage *in situ* d'ADN satellite de souris est présenté dans la Figure 3-14.

Les répétitions centromériques ne sont pas représentatives de l'ADN génomique. Aussi, leur contenu en G + C peut-il s'écarter de façon significative de celui du reste de l'ADN. Pour cette raison, l'ADN forme une bande satellite distincte dans un gradient de densité. Aucune fonction n'a pu être attribuée jusqu'ici à l'ADN répétitif centromérique, pas plus qu'il ne semble y avoir de rapport particulier entre cet ADN et l'hétérochromatine ou certains gènes localisés dans l'hétérochromatine. Certains organismes contiennent des quantités ahurissantes de cet ADN; par exemple, l'ADN de kangourou peut comporter jusqu'à 50 % d'ADN satellite centromérique.

LES ORGANISATEURS NUCLÉOLAIRES Les **nucléoles** sont des organites situés dans le noyau, qui contiennent de l'ARN ribosomial, un composant important des ribosomes. Le nombre de nucléoles varie fortement d'un organisme à l'autre, un jeu de chromosomes pouvant comporter de un à un grand nombre de nucléoles. Les cellules diploïdes possèdent fréquemment deux nucléoles. Les nucléoles sont situés à proximité de constrictions secondaires des chromosomes, appelées **organisateurs nucléolaires** (**ON**, Figure 3-15), qui occupent des positions bien définies dans le jeu de chromosomes. Les organisateurs nucléolaires contiennent les gènes qui codent l'ARN ribosomial. Les ON ne fixent pas les colorants habituels de la chromatine. Les ON des chromosomes X et Y de la drosophile contiennent respectivement 250 et 150 copies en tandem des gènes d'ARNr. Un ON humain en possède environ 250 copies. Une telle redondance permet de garantir une grande quantité d'ARNr par cellule.

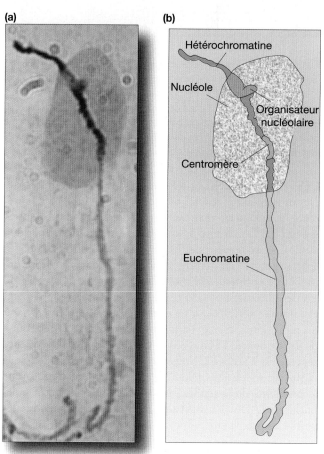

Figure 3-15 Le chromosome 2 de tomate montrant le nucléole et l'organisateur nucléolaire. (a) Photographie; (b) interprétation. [Photographie Peter Moens. D'après « The genetic location of the centromere of chromosome 2 in the tomato », P Moens et L. Butler, *Can. J. Genet. Cytol.* 5, 1963, 364-370.]

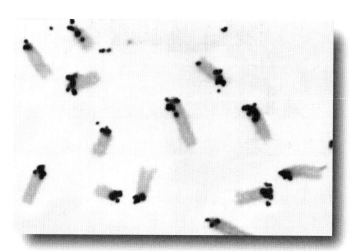

Figure 3-14 La localisation de l'ADN satellite dans des chromosomes de souris (murins). L'hybridation *in situ* des chromosomes murins permet de localiser l'ADN satellite (points noirs) au niveau des centromères. Remarquez que tous les chromosomes de souris ont leur centromère situé à une extrémité. [D'après M. L. Pardue et J. G. Gall, *Science*, 168, 1970, 1356.]

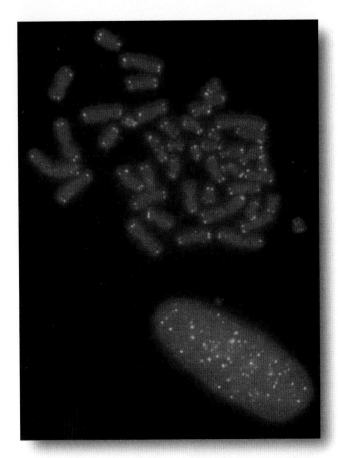

Figure 3-16 La visualisation des télomères. Les brins d'ADN des chromosomes sont légèrement séparés et sont mis au contact d'un court fragment d'ADN simple-brin qui se fixe spécifiquement aux télomères par appariement des bases complémentaires. Le court fragment a été couplé à une substance qui émet une fluorescence jaune sous le microscope. Les chromosomes ont formé des chromatides sœurs. Un noyau intact est visible en bas. [Robert Moyzis.]

LES TÉLOMÈRES Les **télomères** sont les extrémités des chromosomes. En général, aucune structure visible ne représente le télomère, mais au niveau de l'ADN, on peut le repérer par la présence de séquences nucléotidiques particulières. Les extrémités des chromosomes constituent un défi spécial pour le mécanisme de la réplication des chromosomes et ce problème est résolu par la présence aux extrémités des chromosomes, de répétitions en tandem de séquences simples d'ADN qui ne codent ni ARN ni protéine. Par exemple, chez le cilié *Tetrahymena*, on trouve la répétition de la séquence TTGGGG et chez l'homme, la séquence répétée est TTAGGG. Nous verrons au Chapitre 7 de quelle façon ces répétitions télomériques permettent de résoudre le problème de la réplication des extrémités des molécules linéaires d'ADN. L'hybridation d'une sonde télomérique est visible dans la Figure 3-16.

L'ORGANISATION DES BANDES Des procédés particuliers de coloration ont révélé chez un grand nombre d'organismes différents, des groupes complexes de bandes chromosomiques (bandes transversales). La position et la taille des **bandes chromosomiques** sont constantes et spécifiques

de chaque chromosome. L'un des motifs courants de bandes chromosomiques est celui produit par le réactif de Giemsa, un colorant de l'ADN appliqué après une légère digestion protéolytique des chromosomes. Ce réactif produit des motifs alternés de régions réagissant faiblement à la coloration (G-claires) et de régions y réagissant fortement (G-sombres). On peut voir un exemple de bandes G sur des

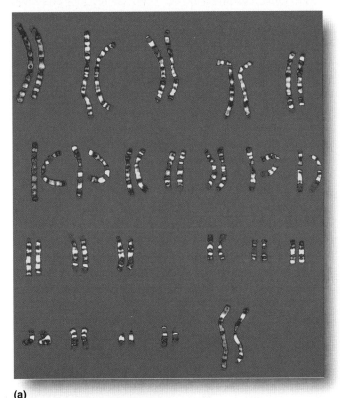

(a)

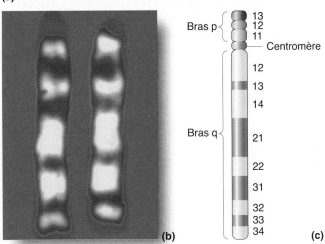

(b) **(c)**

Figure 3-17 La visualisation des bandes G sur les chromosomes d'une femme. (a) Un jeu complet (44A XX). Les chromosomes sont disposés par paires homologues et par taille décroissante, en commençant par le plus grand autosome (chromosome 1) et en terminant par le chromosome X, qui est assez grand. (b) Un agrandissement de la paire de chromosomes 13. (c) Le marquage des bandes G du chromosome 13. Par convention, on note p le bras court et q le bras long. [Parties a et b d'après L. Willatt, East Anglian Regional Genetics Service/Science Photo Library/Photo Researchers.]

chromosomes humains dans la Figure 3-17. Dans le jeu complet de 23 chromosomes humains, il y a environ 850 bandes G-sombres visibles durant le stade de la mitose appelé *métaphase*, qui précède juste le moment où les paires de chromosomes gagnent des pôles opposés. Ces bandes ont permis de subdiviser les différentes régions chromosomiques, et on a attribué à chacune un numéro spécifique.

On pensait autrefois que la différence entre régions réagissant faiblement ou fortement à la coloration était due à des différences entre les proportions relatives des bases : les bandes G-claires semblaient relativement riches en GC et les bandes G-sombres en AT. On pense cependant actuellement que ces différences sont trop faibles pour expliquer les alternances de bandes. Le facteur essentiel semble être à nouveau la densité d'empaquetage de la chromatine : les régions G-sombres sont empaquetées de façon plus étroite, avec davantage de tours, ce qui augmente la densité de l'ADN susceptible d'absorber le colorant.

De plus, de nombreuses autres corrélations ont été établies entre les bandes G et différentes propriétés. Par exemple, les études de marquage de nucléotides ont montré que les bandes G-claires se répliquent tôt. En outre, si de l'ARN polysomial (poly*ribo*somial : représentant des gènes transcrits activement) est utilisé pour colorer les chromosomes *in situ*, alors la majeure partie de la coloration se fixe aux régions G-claires, suggérant que ces régions contiennent la plupart des gènes actifs. Ce type d'analyse laisse penser que la densité de gènes actifs est supérieure dans les bandes G-claires.

Notre vision des bandes chromosomiques est basée largement sur la façon dont les chromosomes sont colorés lorsqu'ils sont en métaphase mitotique. Quoi qu'il en soit, les domaines révélés par les bandes des chromosomes en métaphase doivent garder les mêmes positions relatives lors de l'interphase.

Il existe un système de bandes bien particulier, largement utilisé par les cytogénéticiens depuis de nombreuses années, qui est caractéristique de ce que l'on appelle les **chromosomes polytènes**. On trouve ces chromosomes dans certains organes des diptères (les insectes à deux ailes). Ils se développent de la façon suivante. Dans les tissus sécrétoires tels que les tubules de Malpighi, le rectum, l'intestin, les extrémités des pattes et les glandes salivaires des diptères, les chromosomes impliqués répliquent leur ADN un grand nombre de fois sans se scinder. Par conséquent, au fur et à mesure que le chromosome multiplie ses répliques, il s'allonge et s'épaissit. Ce faisceau de répliques porte le nom de chromosome polytène. Nous pouvons prendre la drosophile comme exemple. Cet insecte a un nombre $2n$ égal à 8, mais les organes spéciaux contiennent seulement quatre chromosomes polytènes (Figure 3-18). Ils sont quatre et non huit car, pour une raison que l'on ignore, les homologues restent étroitement appariés au cours du processus de réplication. En outre, les quatre chromosomes polytènes sont soudés ensemble au niveau d'une structure appelée **chromocentre,**

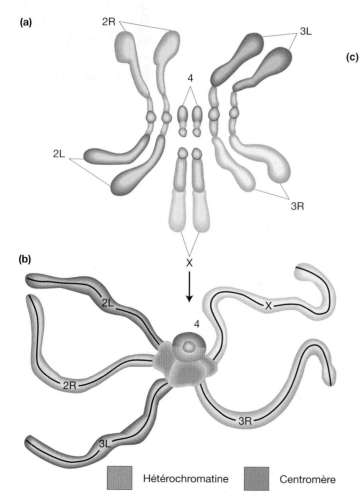

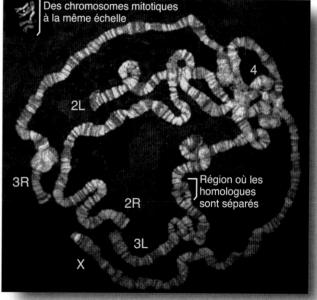

Figure 3-18 Les chromosomes de drosophile. Les chromosomes polytènes forment un chromocentre dans une glande salivaire de drosophile. (a) Le jeu élémentaire de chromosomes tel qu'on le voit dans des cellules en cours de division, avec les bras représentés par des teintes différentes. (b) Dans les glandes salivaires, l'hétérochromatine fusionne pour former le chromocentre. (c) Une photographie de chromosomes polytènes. [Aimablement communiqué par Brian Harmon et John Sedat, University of California, San Fransisco.]

formée par la coalescence des zones hétérochromatiques présentes autour des centromères de ces quatre paires de chromosomes. La Figure 3-18b montre le chromocentre des chromosomes des glandes salivaires de la drosophile ; L et R désignent les bras des chromosomes considérés arbitrairement comme gauche (*left*) et droit (*right*).

Le long d'un chromosome polytène on peut identifier des raies transversales, appelées **bandes**. Les bandes polytènes sont bien plus nombreuses que les bandes G ; elles se comptent par centaines sur chaque chromosome (voir Figure 3-18c). Ces bandes diffèrent par leur largeur et leur morphologie. L'organisation des bandes de chaque chromosome est donc unique et caractéristique de ce chromosome. Des études moléculaires récentes ont montré que n'importe quelle région chromosomique de la drosophile contient davantage de gènes qu'il n'existe de bandes polytènes. Il n'y a donc pas de correspondance terme à terme entre les bandes et les gènes, comme on le supposait autrefois.

Une autre technique utile pour distinguer les chromosomes consiste à les marquer à l'aide d'étiquettes spécifiques, associées à différents colorants fluorescents, une procédure appelée **FISH** (hybridation fluorescente *in situ*). C'est grâce à cela que l'on a obtenu les images des Figures 3-8 et 3-11. En utilisant l'ensemble des caractéristiques chromosomiques connues, les cytogénéticiens peuvent identifier les différents chromosomes de nombreuses espèces. Pour illustrer cela, la Figure 3-19 présente un schéma des caractéristiques des chromosomes du génome du maïs. Remarquez de quelle façon chacun des 10 chromosomes peut être distingué des autres sous le microscope.

> **MESSAGE** Les caractéristiques telles que la taille, le rapport des longueurs des bras, l'hétérochromatine, le nombre et la position des renflements, le nombre et la position des organisateurs nucléolaires ainsi que l'organisation des bandes permettent d'identifier chaque chromosome au sein de la garniture chromosomique qui caractérise une espèce.

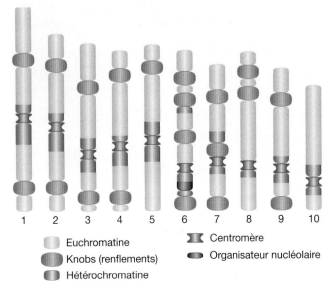

Figure 3-19 Les éléments caractéristiques qui différencient les chromosomes du maïs les uns des autres.

La structure tridimensionnelle des chromosomes

Combien d'ADN y a-t-il dans un jeu de chromosomes ? L'unique chromosome du Procaryote *Escherichia coli* est constitué d'environ 1,3 mm d'ADN. Une cellule humaine contient près de 2 mètres d'ADN (1 m par jeu de chromosomes), ce qui présente un contraste étonnant. Le corps humain est composé d'environ 10^{13} cellules et contient donc au total près de 2×10^{13} m d'ADN. On peut se faire une idée de cette longueur si importante en la comparant à la distance qui sépare la Terre du Soleil, soit $1,5 \times 10^{11}$ m. L'ADN contenu dans notre corps pourrait donc relier la Terre au Soleil et en revenir une cinquantaine de fois. Cet exemple souligne à quel point l'ADN des Eucaryotes est efficacement empaqueté. En fait cette compaction a lieu au niveau du noyau, dans lequel les 2 mètres d'ADN d'une cellule humaine sont empaquetés en 46 chromosomes, qui tiennent tous dans un noyau de 0,006 mm de diamètre. Dans ce paragraphe, nous devrons transposer ce que nous avons appris de la structure et de la fonction des gènes eucaryotes, dans le « monde réel » du noyau. Nous pouvons nous imaginer l'intérieur du noyau comme quelque chose qui ressemble fort à une pelote de laine étroitement enroulée.

Quels sont les mécanismes qui organisent l'ADN en chromosomes ? Comment le très long filament d'ADN est-il converti en cette structure filamenteuse qu'est un chromosome ? La chromatine, le matériel qui constitue les chromosomes, est constituée d'un mélange d'ADN et de protéines. Si la chromatine est extraite et soumise à des concentrations salines différentes, on observe des degrés différents de compaction ou de condensation sous le microscope électronique. À faible concentration saline, on voit une structure d'environ 10 nm de diamètre, qui ressemble à un collier de perles. Le fil entre les perles du collier peut être digéré par une enzyme, l'ADNase. On peut donc en déduire que le fil est de l'ADN. On appelle les perles du collier des **nucléosomes**. Ceux-ci sont constitués d'ADN et de protéines chromosomiques spéciales, les **histones**. La structure des histones est remarquablement conservée à travers tout l'éventail des organismes eucaryotes et les nucléosomes contiennent toujours un octamère constitué de deux molécules de chacune des histones H2A, H2B, H3 et H4. L'ADN est enroulé deux fois autour de l'octamère comme on le voit dans la Figure 3-20. À des concentrations salines plus élevées, le collier de perles adopte progressivement l'aspect d'un **solénoïde** (voir Figure 3-20b). Ce solénoïde produit *in vitro* a un diamètre de 30 nm et correspond probablement aux structures en spaghetti visibles *in vivo* comme dans la Figure 3-9. On pense que le solénoïde est stabilisé par une autre histone, H1, qui se trouve au centre de la structure, comme le montre la Figure 3-20b.

Nous voyons donc que pour atteindre le premier niveau de compaction, l'ADN s'enroule autour des histones, qui jouent en quelque sorte le rôle de bobines. Le degré d'enroulement supérieur aboutit à la conformation en solénoïde. Cependant, il faut encore au moins un degré d'enroulement supplémentaire pour convertir les solénoïdes en cette structure tridimensionnelle que nous appelons le *chromosome*.

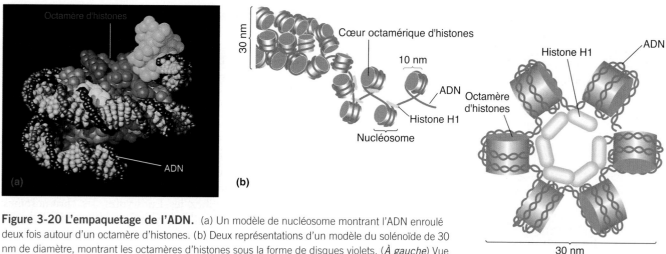

Figure 3-20 L'empaquetage de l'ADN. (a) Un modèle de nucléosome montrant l'ADN enroulé deux fois autour d'un octamère d'histones. (b) Deux représentations d'un modèle du solénoïde de 30 nm de diamètre, montrant les octamères d'histones sous la forme de disques violets. (*À gauche*) Vue latérale partiellement déroulée. (*À droite*) Vue de l'enroulement complet. L'histone H1 supplémentaire est représentée au centre de l'enroulement, où elle joue probablement le rôle de stabilisateur. Lorsqu'on augmente les concentrations salines, les nucléosomes se rapprochent pour former un solénoïde avec six nucléosomes par tour. [Partie a ; d'après Alan Wolffe et Van Moudrianakis ; partie b. D'après H. Lodish, D. Baltimore, A. Berk, S. L. Zipursky, P. Matsudaira et J. Darnell, *Molecular Cell Biology*, 3e éd. Copyright 1995 par Scientific American Books.]

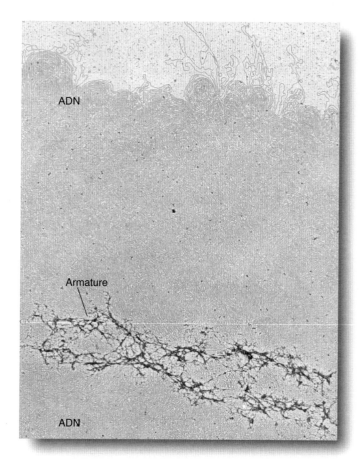

Figure 3-21 Une micrographie électronique de chromosome issu d'une cellule humaine en cours de division. Remarquez le cœur ou armature, à partir duquel les brins d'ADN s'étendent vers l'extérieur. Aucune extrémité n'est visible à la périphérie (*en haut*). [D'après W. R. Baumbach et K. W. Adolph, *Cold Spring Harbor Symp. on Quant. Biol.*, 1977.]

Alors que le diamètre du solénoïde est de 30 nm, le diamètre des supertours qui constituent le niveau supérieur d'enroulement est le même que le diamètre du chromosome au cours de la division cellulaire, soit généralement de l'ordre de 700 nm. Qu'est-ce qui produit ce superenroulement ? L'observation de chromosomes en métaphase de mitose dont on a retiré chimiquement les histones apporte un élément de réponse. Après un tel traitement, les chromosomes apparaissent avec une partie centrale formée de protéines non histones, fortement colorées, appelée l'**armature**, que l'on voit dans la Figure 3-21 et dans la micrographie électronique de la première page de ce chapitre. De cette armature protéique partent latéralement des boucles d'ADN. À de forts grossissements, on voit clairement sur les micrographies électroniques que chaque boucle d'ADN commence et finit au niveau de l'armature. L'armature centrale des chromosomes métaphasiques est en grande partie composée de l'enzyme topoisomérase II. Cette enzyme est capable de faire passer un brin d'ADN au travers d'un autre brin coupé. Cette armature centrale organise probablement le vaste écheveau d'ADN au cours de la réplication, évitant de nombreux problèmes qui pourraient empêcher le déroulement des brins d'ADN lors de cette étape cruciale.

Interrogeons-nous à nouveau sur la façon dont le superenroulement du chromosome est produit. Les arguments les plus forts suggèrent que le solénoïde est arrangé en boucles qui partent de l'armature centrale, dont la forme est celle d'une spirale. Nous en voyons une représentation générale dans la Figure 3-22, qui montre des chromosomes interphasiques lâchement enroulés et des chromosomes métaphasiques enroulés plus étroitement. Comment les boucles sont-elles fixées à l'armature ? Il semble y avoir des régions particulières le long de l'ADN, appelées **régions de fixation à l'armature** ou **SAR** (de l'anglais *Scaffold Attachment Regions*).

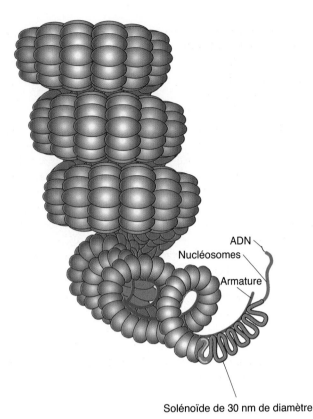

Solénoïde de 30 nm de diamètre

Figure 3-22 Un modèle de chromosome superenroulé au cours de la division cellulaire. Les boucles sont empaquetées si étroitement que seules leurs extrémités sont visibles. Au niveau des extrémités libres, les solénoïdes sont montrés déroulés pour donner une idée approximative de l'échelle relative.

La preuve de l'existence de ces régions est la suivante. Lorsque de la chromatine débarrassée de ses histones est traitée par des enzymes de restriction, les boucles d'ADN sont coupées de l'armature, tandis que des régions particulières d'ADN lui restent attachées. On a montré que des protéines sont associées à ces régions. Lorsque ces protéines sont digérées, les régions d'ADN restantes peuvent être analysées, et on a montré chez la drosophile qu'elles contiennent des séquences spécifiques de la fixation des topoisomérases. Il est donc vraisemblable que ces régions soient les SAR qui fixent les boucles à l'armature. Les SAR se trouvent toutes dans des régions non transcrites de l'ADN.

Des études récentes sur des chromosomes mitotiques de triton ont mis en doute l'existence d'une armature centrale, au moins chez cet organisme. Un chromosome étiré de triton présente une certaine élasticité, tant qu'il n'a pas été soumis à un aérosol d'ADNase. Ceci suggère que c'est

> **MESSAGE** Il existe des niveaux successifs d'empaquetage des chromosomes
> 1. L'ADN s'enroule autour des bobines d'histones.
> 2. La chaîne nucléosomiale s'enroule en un solénoïde.
> 3. Le solénoïde forme des boucles et ces boucles se fixent à l'armature centrale.
> 4. L'armature et les boucles s'organisent en un superenroulement géant.

l'ADN lui-même qui est responsable de l'intégrité structurale du chromosome et non une armature. Les auteurs de l'expérience pensent qu'il existe des protéines formant des pontages avec l'ADN, qui seraient présentes dans l'ensemble du chromosome, et non sous la forme d'une armature centrale.

3.3 La mitose et la méiose

Lorsque les cellules se divisent, les chromosomes doivent également fabriquer des copies d'eux-mêmes (se répliquer) pour que les cellules filles possèdent le nombre adéquat de chromosomes. Chez les Eucaryotes, les chromosomes se répliquent lors de deux types principaux de divisions nucléaires, appelés *mitose* et *méiose*. Même si ces deux types de division sont très différents et remplissent des fonctions distinctes, ils ont certaines caractéristiques communes. Les trois principaux processus moléculaires à étudier sont la *réplication* de l'ADN, la *cohésion* des chromosomes répliqués et le *déplacement* ordonné des chromosomes dans les cellules filles.

La **mitose** est la division nucléaire associée à la division asexuée des cellules. Chez les organismes pluricellulaires, la mitose se déroule lors de la division des cellules somatiques, les cellules du corps. Chez les Eucaryotes unicellulaires tels que les levures, la mitose a lieu lors des divisions cellulaires qui conduisent à l'accroissement de la population. Puisque la division cellulaire asexuée sert à la reproduction directe du type cellulaire, il est nécessaire que le jeu de chromosomes

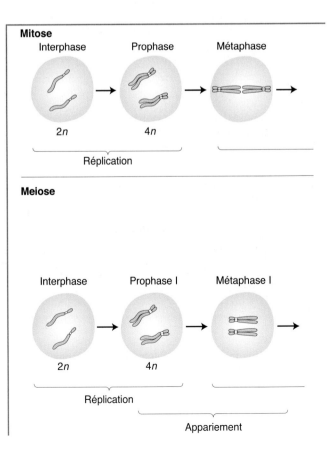

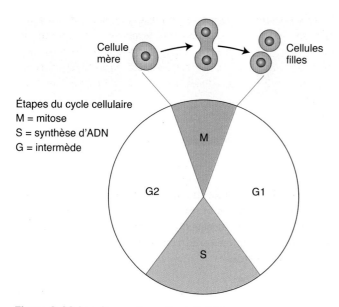

Étapes du cycle cellulaire
M = mitose
S = synthèse d'ADN
G = intermède

Figure 3-23 Les étapes du cycle cellulaire.

soit maintenu constant à travers les générations cellulaires, ce qui est le rôle de la mitose.

Les étapes du cycle de division cellulaire (Figure 3-23) sont similaires chez la plupart des organismes. Les deux grandes parties du cycle sont l'**interphase** [comprenant l'intermède 1 (*gap* 1 : G1), la synthèse et l'intermède 2 : G2] et la mitose. Un événement essentiel pour la propagation du génotype a lieu lors de la **phase S** (la phase de synthèse), car c'est à ce moment que la réplication proprement dite de l'ADN de chaque chromosome se produit. À la suite de la réplication de l'ADN, chaque chromosome devient une paire de **chromatides sœurs** associées côte à côte. Ces chromatides sœurs restent attachées sous l'action de protéines spécifiques de cohésion.

Suivons les étapes de la mitose sur la version simplifiée présentée dans la Figure 3-24.

1. La **prophase** : les paires de chromatides sœurs, qui ne sont pas visibles lors de l'interphase, apparaissent. Les chromosomes se contractent en une forme plus courte et plus épaisse qui peut être déplacée plus facilement.
2. La **métaphase** : les paires de chromatides sœurs gagnent le plan équatorial de la cellule.

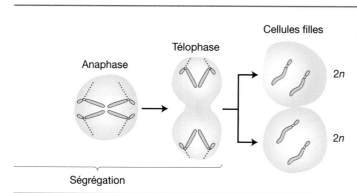

Figure 3-24 Une représentation simplifiée de la mitose et de la méiose dans des cellules diploïdes (2n = diploïde, n = haploïde). (Des versions détaillées de ces processus sont présentées dans les Figures 3-28 et 3-29.)

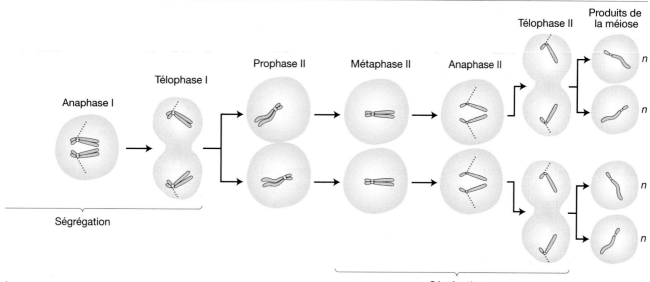

Figure 3-25 Le marquage fluorescent du fuseau nucléaire (en vert) et des chromosomes (en bleu) lors de la mitose : (a) avant que les chromatides ne se séparent en gagnant les pôles opposés ; (b) au cours de leur déplacement vers les pôles. [D'après J. C. Waters, R. W. Cole et C. L. Rieder, *J. Cell Biol.* 122, 1993, 361 ; aimablement communiqué par C. L. Rieder.]

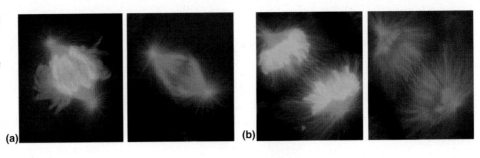

(a)   **(b)**

3. **L'anaphase** : les chromatides sœurs sont tirées vers les extrémités opposées de la cellule par les microtubules qui se fixent aux centromères. Les microtubules appartiennent au **fuseau nucléaire**, un groupe de fibres parallèles qui s'étendent d'un pôle de la cellule à l'autre.

Les fibres nucléaires du fuseau fournissent la force motrice qui sépare les chromosomes lors de la mitose et de la méiose (Figure 3-25). Pendant la division nucléaire, les fibres du fuseau se forment parallèlement à l'axe de la cellule et relient les deux pôles de la cellule. Ces fibres sont des polymères d'une protéine appelée *tubuline*. Chaque centromère agit comme un site sur lequel se fixe un complexe multiprotéique, le kinétochore (Figure 3-26). Le kinétochore sert de site de fixation aux microtubules des fibres du fuseau. Un ou plusieurs microtubules émanant d'un pôle se fixent à un kinétochore et un nombre similaire issu de l'autre pôle se fixe au kinétochore de la chromatide homologue. Bien que les microtubules du fuseau aient l'aspect de cordes, ils n'agissent pas comme des cordes. Au lieu de cela, la tubuline est dépolymérisée au niveau des kinétochores, ce qui provoque le raccourcissement du microtubule et sépare donc les chromatides sœurs (Figure 3-27). Les chromatides sont ensuite séparées sous l'action de protéines motrices agissant sur

un autre groupe de microtubules qui ne sont pas reliés au kinétochore mais qui s'étendent d'un pôle à l'autre. Le système du fuseau et le complexe des kinétochores et des centromères sont responsables de la fidélité de la division nucléaire.

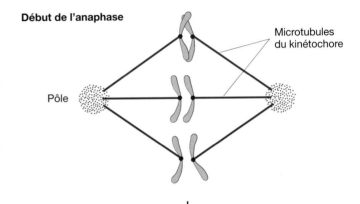

Début de l'anaphase

Microtubules du kinétochore

Pôle

Les microtubules du kinétochore se dépolymérisent au niveau des extrémités du kinétochore et les kinétochores se déplacent vers les pôles

Anaphase

Tubuline libre

Pas de dépolymérisation

Région de dépolymérisation

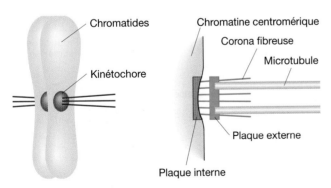

Chromatides

Kinétochore

Chromatine centromérique

Corona fibreuse

Microtubule

Plaque externe

Plaque interne

Figure 3-26 La fixation des microtubules au kinétochore. Les microtubules s'attachent au kinétochore au niveau de la région centromérique de la chromatide dans les cellules animales. Le kinétochore est constitué d'une plaque interne, d'une plaque externe et de la corona fibreuse. [Adapté de A. G. Pluta et al., *Science* 270, 1995, 1592 ; repris de H. Lodish, D. Baltimore, A. Berk, S. L. Zipursky, P. Matsudaira & J. Darnell, *Molecular Cell Biology*, 4e éd. Copyright 2000 par W. H. Freeman and Company. Traduction française chez De Boeck, 2005, Biologie moléculaire de la cellule.]

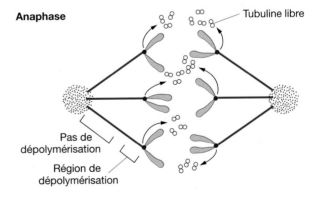

Figure 3-27 L'action des microtubules. Les microtubules exercent une force de traction sur les chromatides en se dépolymérisant en sous-unités de tubuline au niveau des kinétochores. [Adapté de G. J. Gorbsky, P. J. Sammak et G. Borisy, *J. Cell Biol.* 104, 1987, 9 et G. J. Gorbsky, P. J. Sammak et G. Borisy, *J. Cell Biol.* 106, 1988, 1185 ; modifié d'après H. Lodish, A. Berk, S. L. Zipursky, P. Matsudaira, D. Baltimore et J. Darnell, *Molecular Cell Biology*, 4e éd., 2000, W. H. Freeman and Company. Traduction française chez De Boeck, 2005, *Biologie moléculaire de la cellule.*]

4. La **télophase**: les chromatides ont atteint les pôles et le processus de traction est terminé. Une membrane nucléaire se reforme autour de chaque noyau et la cellule se divise en deux **cellules filles**. Chaque cellule fille reçoit l'une des paires de chromatides sœurs, qui deviennent alors des chromosomes à part entière.

Par conséquent, les principaux événements de la mitose sont la *réplication* et la *cohésion* des chromatides sœurs, suivies de la *ségrégation* des chromatides sœurs dans chaque cellule fille. Dans une cellule diploïde, pour n'importe quel type de chromosomes, le nombre de copies varie ainsi: $2 \rightarrow 4 \rightarrow 2$. Une description complète de la mitose chez un végétal est présentée dans la Figure 3-28.

Même si les premiers chercheurs ne connaissaient pas l'ADN et ignoraient qu'il se réplique durant l'interphase, l'observation au microscope montrait sans doute possible que la mitose est le moyen par lequel le nombre de chromosomes est maintenu constant au cours de la division cellulaire. Les chromosomes semblaient donc être des candidats logiques au rôle de porteurs des gènes. Il restait cependant une énigme à propos du cycle sexué, au cours duquel deux gamètes fusionnent lors de la fécondation. Les chercheurs savaient qu'au cours de ce processus, les deux noyaux fusionnent mais que le nombre de chromosomes du produit de la fécondation reste malgré tout constant. Qu'est-ce qui empêche le doublement du nombre de chromosomes à chaque génération? Cette énigme fut résolue grâce à la supposition d'un type particulier de division nucléaire qui *diviserait par deux* le nombre de chromosomes. Cette division particulière, qui fut finalement découverte dans les tissus producteurs de gamètes, tant chez les animaux que chez les végétaux, est appelée *méiose*. Une représentation simplifiée de la méiose est présentée dans la Figure 3-24.

La **méiose** est le nom donné à l'ensemble des *deux* divisions nucléaires successives appelées *méiose I* et *méiose II*, qui se déroulent dans des cellules spéciales, les **méiocytes**. En raison de l'existence de deux divisions méiotiques successives, chaque méiocyte donne naissance à quatre cellules, 1 cellule $\rightarrow$ 2 cellules $\rightarrow$ 4 cellules. Ces quatre cellules sont appelées les **produits de la méiose**. Chez les animaux et les végétaux, les produits de la méiose deviennent les **gamètes** haploïdes. Chez l'homme et les autres animaux, la méiose se déroule dans les gonades, et les produits de la méiose sont les gamètes – les spermatozoïdes et les ovules (œufs non fécondés). Chez les plantes à fleurs, la méiose se déroule dans les anthères et les ovaires. Les produits de la méiose sont les **méiospores**, qui donnent naissance aux gamètes.

Avant la méiose, une phase S duplique chaque ADN chromosomique pour former des chromatides sœurs,

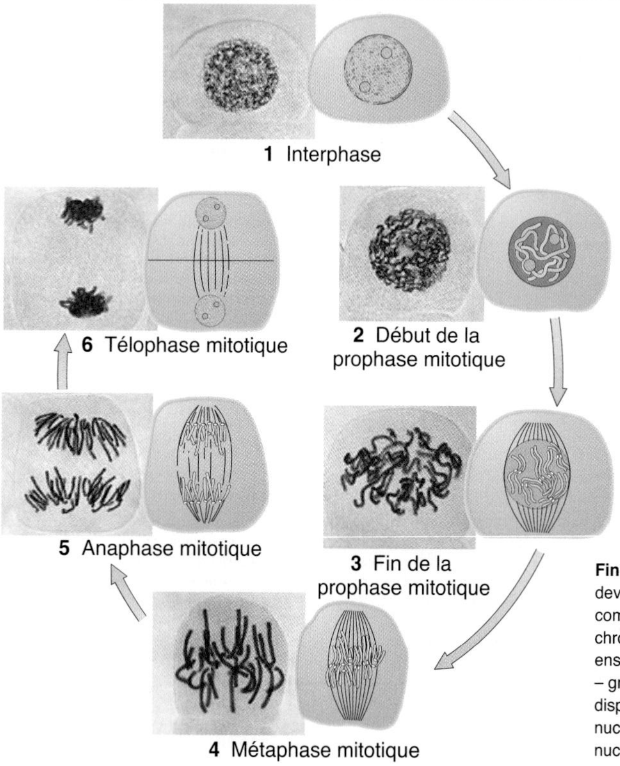

1 Interphase

Début de la prophase. On distingue les chromosomes pour la première fois. Ils se raccourcissent progressivement grâce à un processus de contraction, ou condensation, en une série de spirales ou tours; l'enroulement produit des structures qui seront plus faciles à déplacer.

Télophase. Une membrane nucléaire se reforme autour de chaque noyau fils, les chromosomes se décondensent et les nucléoles réapparaissent - contribuant à reformer des noyaux interphasiques. À la fin de la télophase, le fuseau a été dispersé et le cytoplasme a été divisé en deux par une nouvelle membrane cellulaire.

6 Télophase mitotique

2 Début de la prophase mitotique

5 Anaphase mitotique

3 Fin de la prophase mitotique

Anaphase. Les paires de chromatides sœurs se séparent, chaque paire gagnant un pôle. Les centromères, qui apparaissent alors divisés, se séparent en premier. Lorsque chaque chromatide bouge, ses deux bras semblent remorquer son centromère. Un groupe de structures en V en résulte, les pointes des V étant dirigées vers les pôles.

Fin de la prophase. Lorsque les chromosomes deviennent visibles, ils apparaissent doublés, composés de deux moitiés longitudinales appelées chromatides. Ces chromatides «sœurs» sont liées ensemble au niveau du centromère. Les nucléoles – grandes structures sphériques intranucléaires – disparaissent à cette étape. La membrane nucléaire commence à se rompre et le nucléoplasme et le cytoplasme fusionnent.

4 Métaphase mitotique

Métaphase. Le fuseau nucléaire devient prépondérant. C'est une structure qui ressemble à une cage d'oiseau et forme la zone nucléaire. Il est constitué d'une série de fibres parallèles dont les extrémités se trouvent au niveau des pôles de la cellule. Les chromosomes se déplacent vers le plan équatorial de la cellule, où les centromères se fixent à une fibre du fuseau émanant de chaque pôle.

Figure 3-28 La mitose. Les photographies montrent les noyaux de cellules des extrémités des racines de *Lilium regale* (le lys royal). [D'après J. McLeish et B. Snoad, *Looking at Chromosomes*. Copyright 1958, St Martin's, Macmillan.]

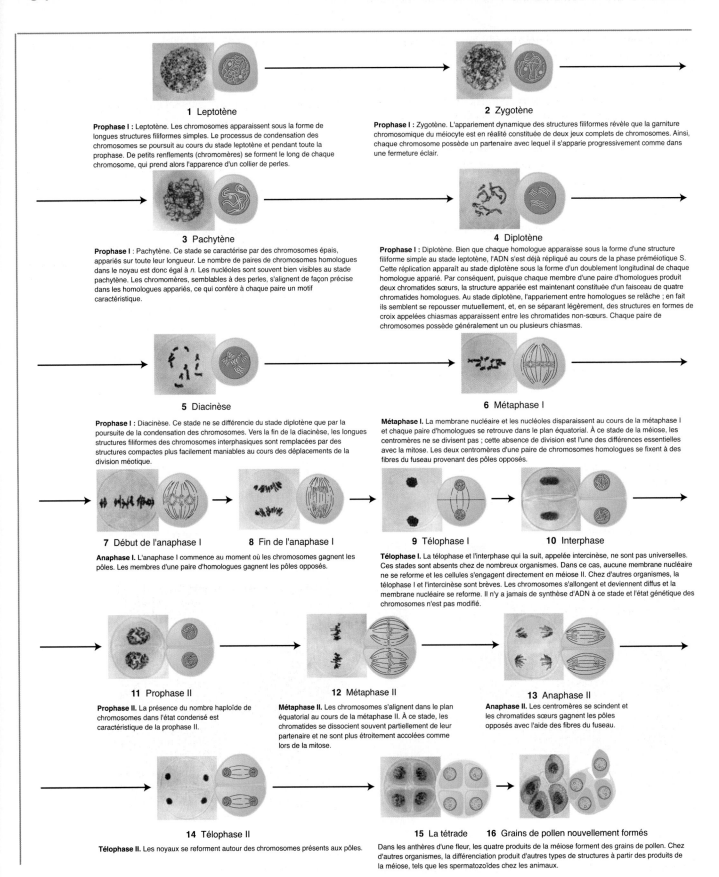

1 Leptotène

Prophase I : Leptotène. Les chromosomes apparaissent sous la forme de longues structures filiformes simples. Le processus de condensation des chromosomes se poursuit au cours du stade leptotène et pendant toute la prophase. De petits renflements (chromomères) se forment le long de chaque chromosome, qui prend alors l'apparence d'un collier de perles.

2 Zygotène

Prophase I : Zygotène. L'appariement dynamique des structures filiformes révèle que la garniture chromosomique du méiocyte est en réalité constituée de deux jeux complets de chromosomes. Ainsi, chaque chromosome possède un partenaire avec lequel il s'apparie progressivement comme dans une fermeture éclair.

3 Pachytène

Prophase I : Pachytène. Ce stade se caractérise par des chromosomes épais, appariés sur toute leur longueur. Le nombre de paires de chromosomes homologues dans le noyau est donc égal à *n*. Les nucléoles sont souvent bien visibles au stade pachytène. Les chromomères, semblables à des perles, s'alignent de façon précise dans les homologues appariés, ce qui confère à chaque paire un motif caractéristique.

4 Diplotène

Prophase I : Diplotène. Bien que chaque homologue apparaisse sous la forme d'une structure filiforme simple au stade leptotène, l'ADN s'est déjà répliqué au cours de la phase préméiotique S. Cette réplication apparaît au stade diplotène sous la forme d'un doublement longitudinal de chaque homologue apparié. Par conséquent, puisque chaque membre d'une paire d'homologues produit deux chromatides sœurs, la structure appariée est maintenant constituée d'un faisceau de quatre chromatides homologues. Au stade diplotène, l'appariement entre homologues se relâche ; en fait ils semblent se repousser mutuellement, et, en se séparant légèrement, des structures en formes de croix appelées chiasmas apparaissent entre les chromatides non-sœurs. Chaque paire de chromosomes possède généralement un ou plusieurs chiasmas.

5 Diacinèse

Prophase I : Diacinèse. Ce stade ne se différencie du stade diplotène que par la poursuite de la condensation des chromosomes. Vers la fin de la diacinèse, les longues structures filiformes des chromosomes interphasiques sont remplacées par des structures compactes plus facilement maniables au cours des déplacements de la division méotique.

6 Métaphase I

Métaphase I. La membrane nucléaire et les nucléoles disparaissent au cours de la métaphase I et chaque paire d'homologues se retrouve dans le plan équatorial. À ce stade de la méiose, les centromères ne se divisent pas ; cette absence de division est l'une des différences essentielles avec la mitose. Les deux centromères d'une paire de chromosomes homologues se fixent à des fibres du fuseau provenant des pôles opposés.

7 Début de l'anaphase I **8 Fin de l'anaphase I**

Anaphase I. L'anaphase I commence au moment où les chromosomes gagnent les pôles. Les membres d'une paire d'homologues gagnent les pôles opposés.

9 Télophase I **10 Interphase**

Télophase I. La télophase et l'interphase qui la suit, appelée intercinèse, ne sont pas universelles. Ces stades sont absents chez de nombreux organismes. Dans ce cas, aucune membrane nucléaire ne se reforme et les cellules s'engagent directement en méiose II. Chez d'autres organismes, la télophase I et l'intercinèse sont brèves. Les chromosomes s'allongent et deviennent diffus et la membrane nucléaire se reforme. Il n'y a jamais de synthèse d'ADN à ce stade et l'état génétique des chromosomes n'est pas modifié.

11 Prophase II

Prophase II. La présence du nombre haploïde de chromosomes dans l'état condensé est caractéristique de la prophase II.

12 Métaphase II

Métaphase II. Les chromosomes s'alignent dans le plan équatorial au cours de la métaphase II. À ce stade, les chromatides se dissocient souvent partiellement de leur partenaire et ne sont plus étroitement accolées comme lors de la mitose.

13 Anaphase II

Anaphase II. Les centromères se scindent et les chromatides sœurs gagnent les pôles opposés avec l'aide des fibres du fuseau.

14 Télophase II

Télophase II. Les noyaux se reforment autour des chromosomes présents aux pôles.

15 La tétrade **16 Grains de pollen nouvellement formés**

Dans les anthères d'une fleur, les quatre produits de la méiose forment des grains de pollen. Chez d'autres organismes, la différenciation produit d'autres types de structures à partir des produits de la méiose, tels que les spermatozoïdes chez les animaux.

Figure 3-29 La méiose et la formation du pollen chez *Lilium regale*. Note : Pour plus de simplicité, les multiples chiasmas ne sont dessinés qu'entre deux des chromatides ; en réalité, les quatre chromatides peuvent y participer. [D'après J. McLeish et B. Snoad, *Looking at Chromosomes*. Copyright 1958, St Martin's, Macmillan.]

exactement comme lors de la mitose. La méiose comporte ensuite les étapes suivantes (Figures 3-24 et 3-29) :

1. La **prophase I** : comme dans la mitose, les chromatides sœurs deviennent visibles et sont étroitement accolées. Toutefois, à l'inverse de la mitose, les chromatides sœurs (bien que complètement répliquées au niveau de l'ADN) présentent un centromère qui lui, n'est apparemment pas divisé. Les paires de chromatides sœurs s'appellent à ce stade des **dyades**, du mot grec qui signifie «deux».

2. La **métaphase I** : les dyades homologues s'apparient à ce moment pour former des structures appelées bivalents. Chaque bivalent contient donc un total de quatre chromatides, parfois appelé tétrade (du grec quatre). Cette étape constitue la différence la plus évidente avec la mitose.

    L'appariement entre chromosomes homologues lors de la méiose est le fait d'assemblages moléculaires appelés **complexes synaptonémaux**, présents entre les paires de chromatides sœurs (Figure 3-30). Bien que l'existence des complexes synaptonémaux soit connue depuis un certain temps, le fonctionnement précis de ces structures reste à déterminer.

    Les chromatides non-sœurs s'engagent dans un processus de cassure et de réunion appelé **crossing-over**, qui sera traité en détail au Chapitre 4. Le crossing-over apparaît comme le croisement des deux chromatides qui forme une structure appelée **chiasma**. Chez les espèces que nous connaissons bien, il faut au moins un cros-sing-over par tétrade avant la séparation ordonnée des chromosomes.

3. L'**anaphase I** : chacune des deux paires de chromatides sœurs (dyades) est tirée vers un pôle différent.

4. La **télophase I** : un noyau se forme à chaque pôle.

5. La **prophase II** : les dyades réapparaissent.

6. La **métaphase II** : les dyades gagnent le plan équatorial.

7. L'**anaphase II** : chacune des chromatides sœurs d'une dyade est conduite vers un noyau fils différent lorsque la cellule se divise pour la seconde fois.

Nous voyons donc que les événements fondamentaux de la méiose sont la *réplication de l'ADN* et la *cohésion* des chromatides sœurs entre elles, suivies de l'*appariement* des homologues, de leur *ségrégation* puis d'une autre *ségrégation*. Par conséquent, dans une cellule, le nombre de copies d'un chromosome du même type évolue de la façon suivante $2 \rightarrow 4 \rightarrow 2 \rightarrow 1$ et chaque *produit de la méiose* doit donc contenir un chromosome de chaque type, soit la moitié du nombre de chromosomes du méiocyte d'origine.

> **MESSAGE** *Lors de la mitose*, chaque chromosome est répliqué pour former des chromatides sœurs, qui subissent une ségrégation vers les cellules filles. *Lors de la méiose*, chaque chromosome est répliqué pour former des chromatides sœurs. Les chromosomes homologues s'apparient physiquement et subissent une ségrégation lors de la première division. Les chromatides sœurs subissent à leur tour une ségrégation lors de la seconde division.

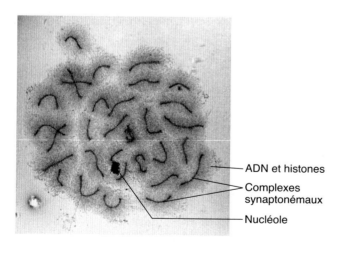

(a)

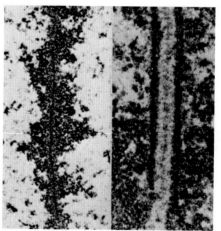

Complexe synaptonémal

(b)

Figure 3-30 Des complexes synaptonémaux. (a) Chez *Hyalophora cecropia*, le bombyx, le nombre normal de chromosomes pour un mâle est de 62, ce qui donne lieu à 31 complexes synaptonémaux. Chez l'individu présenté ici, un chromosome (*au centre*) est représenté trois fois. Un tel chromosome est qualifié de *trivalent*. L'ADN est arrangé en boucles régulières autour du complexe synaptonémal. (b) Un complexe synaptonémal classique chez *Lilium tyrinum*. Remarquez (*à droite*) les deux éléments latéraux du complexe synaptonémal et également (*à gauche*) un chromosome non apparié, présentant une partie centrale correspondant à l'un des éléments latéraux. [Parties (a) et (b) aimablement communiquées par Peter Moens.]

3.4 Le comportement des chromosomes et les modes de transmission chez les Eucaryotes

Armés de nos connaissances sur la structure générale et le comportement des chromosomes, nous pouvons à présent interpréter plus clairement les modes de transmission abordés au chapitre précédent.

Les cycles vitaux élémentaires

Tout modèle de mode de transmission doit prendre en compte le cycle vital d'un organisme. Les Eucaryotes présentent trois grands types de cycles vitaux, qui sont les suivants :

Les diploïdes : ce sont des organismes qui sont dans un état diploïde pendant la majeure partie de leur cycle vital (Figure 3-31), c'est-à-dire que pendant la plus grande partie de leur cycle vital, ils sont constitués de cellules possédant deux jeux de chromosomes homologues. C'est le cas des animaux. Dans la plupart des espèces, les cellules diploïdes proviennent d'un œuf fécondé. La méiose se déroule dans des méiocytes diploïdes spéciaux, présents pour cette raison dans les gonades (testicules ou ovaires) et aboutit à des gamètes haploïdes. Il s'agit des spermatozoïdes et des ovules qui s'unissent lors de la fécondation de l'ovule, produisant le zygote. Le zygote subit ensuite des mitoses répétées pour parvenir à un état pluricellulaire.

Les haploïdes : ce sont des organismes qui sont dans un état diploïde durant la majeure partie de leur cycle vital (Figure 3-32). Les moisissures et les levures, toutes deux des champignons, en sont des exemples. Un organisme apparaît sous la forme d'une spore haploïde, qui subit ensuite des mitoses répétées pour produire un réseau ramifié de cellules haploïdes accrochées bout à bout

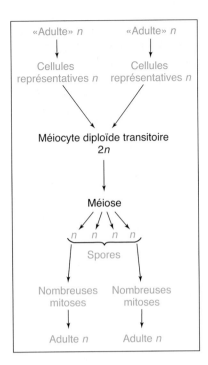

Figure 3-32 Le cycle vital haploïde.

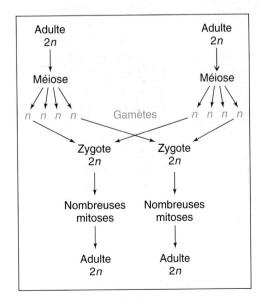

Figure 3-31 Le cycle vital diploïde.

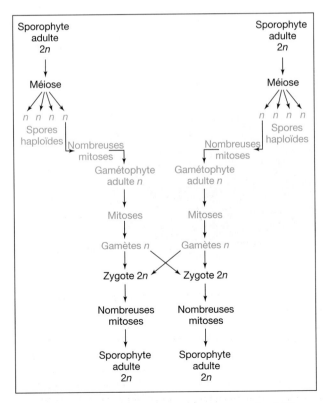

Figure 3-33 L'alternance des stades diploïdes et haploïdes dans le cycle vital des végétaux.

(comme chez les moisissures), ou une population de cellules identiques (comme chez les levures). Comment la méiose se déroule-t-elle dans un organisme haploïde ? Après tout, la méiose nécessite l'appariement de deux jeux de chromosomes homologues. La réponse à cette question tient dans la fusion des deux cellules haploïdes en un méiocyte diploïde transitoire. La méiose se déroule dans le méiocyte, formant des spores haploïdes.

Les organismes avec une alternance de générations haploïdes-diploïdes : ce sont des organismes haploïdes pendant une partie de leur cycle vital et diploïdes le reste du temps. Pendant ces deux périodes, l'organisme croît par mitose, mais la méiose se produit uniquement au stade diploïde. Les végétaux présentent une telle alternance de générations haploïdes et diploïdes : au cours du stade haploïde du cycle, l'organisme s'appelle un *gamétophyte* et au cours du stade diploïde, un *sporophyte*, comme on le

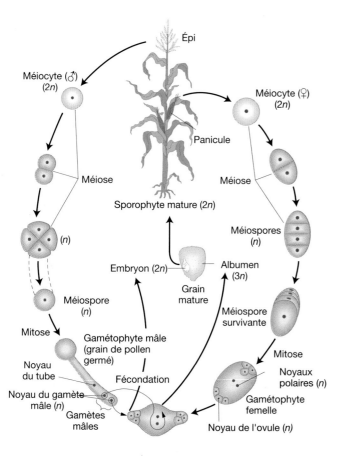

Figure 3-34 L'alternance de générations chez le maïs. Le gamétophyte mâle provient d'un méiocyte du panicule. Le gamétophyte femelle est produit à partir d'un méiocyte de l'épi femelle. Un spermatozoïde du gamétophyte mâle fusionne avec un noyau de l'ovule du gamétophyte femelle et le zygote diploïde ainsi formé donne naissance à l'embryon. L'autre spermatozoïde fusionne avec les deux noyaux polaires situés au centre du gamétophyte femelle, formant une cellule triploïde (3*n*) qui est à l'origine de l'albumen (ou endosperme), le tissu qui entoure l'embryon. L'albumen assure la nourriture de l'embryon durant la germination de la graine. Quelles sont les parties du schéma qui correspondent au stade haploïde ? Au stade diploïde ?

voit dans la Figure 3-33. Les plantes telles que les mousses et les fougères, ont des stades haploïdes indépendants. Les plantes à fleurs sont principalement diploïdes mais présentent un stade gamétophytique haploïde réduit à quelques cellules, qui se déroule aux dépens des tissus diploïdes, à l'intérieur de la fleur (voir la Figure 3-34 qui montre le cycle vital du maïs). Néanmoins, dans la majorité des études génétiques, les plantes peuvent être traitées comme ayant simplement un cycle diploïde.

Le devenir de génotypes spécifiques après la mitose et la méiose

En gardant ces cycles à l'esprit, examinons le devenir de génotypes spécifiques lorsque les cellules se divisent. La première question porte sur la façon dont le génotype est maintenu au cours de la division asexuée. Nous avons vu précédemment que la mitose peut se dérouler dans des cellules diploïdes ou haploïdes. La mitose dans des cellules diploïdes ou haploïdes de génotypes spécifiques est représentée dans les deux colonnes de gauche de la Figure 3-35. Les schémas montrent clairement que les deux cellules filles ont le même génotype que le parent dans chaque cas. La mitose maintient le génotype grâce à la fidélité du processus de réplication, qui produit les chromatides sœurs au cours de la phase S. La Figure 3-36 illustre la façon dont la réplication fidèle des chromosomes produit des molécules identiques.

Que devient le génotype spécifique d'un méiocyte qui subit une méiose ? Les modes de transmission observés initialement par Mendel chez le pois et étendus à de nombreux autres végétaux et animaux étaient basés sur la production de gamètes mâles et femelles lors de la méiose, suivie de leur union. Nous allons à présent considérer la façon dont les événements spécifiques de la méiose donnent lieu aux modes de transmission – les rapports mendéliens – prédits par les lois de Mendel.

Le mécanisme à l'origine de la première loi de Mendel (la loi de la ségrégation égale) est la ségrégation ordonnée d'une paire de dyades homologues au cours de la méiose. Ceci est illustré dans la colonne de droite de la Figure 3-35. Autrement dit, cette chorégraphie cellulaire complexe est simplement la répartition des quatre copies d'ADN qui constituent la tétrade. Si nous commençons par un méiocyte diploïde de génotype *A/a*, alors la réplication des chromosomes produira deux dyades de type *A/A* et *a/a*, l'équivalent d'une tétrade de quatre chromatides que nous pouvons représenter par *A/A/a/a*. Le résultat des deux divisions cellulaires de la méiose consiste simplement à placer l'une de ces chromatides dans chaque produit de la méiose. Par conséquent, le nombre de produits *A* doit être égal au nombre de produits *a*, ce qui aboutira à un rapport 1 : 1 de *A* et *a*.

Existe-t-il une démonstration directe de ce mécanisme au niveau d'un méiocyte *individuel* ? Rappelons que Mendel a illustré la ségrégation égale en croisant *A/a* × *a/a* et en observant un rapport 1 : 1 dans la descendance. Pourtant, cette démonstration est basée sur le comportement d'une *population* de gamètes apparus à partir de nombreux

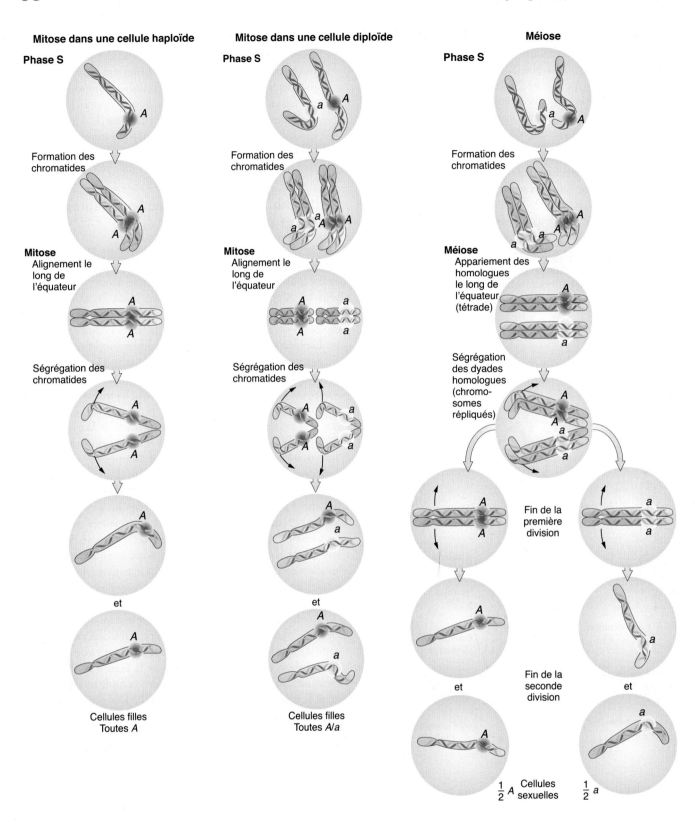

Figure 3-35 La transmission de l'ADN et des gènes au cours de la mitose et de la méiose chez les Eucaryotes. La phase S et les principaux stades de la mitose et de la méiose sont représentés. Les divisions mitotiques (*deux premières colonnes*) conservent le génotype de la cellule initiale. Dans la troisième colonne, les deux divisions méiotiques successives qui se produisent au cours de la période sexuée du cycle vital aboutissent à la division par deux du nombre de chromosomes. Les allèles *A* et *a* d'un gène sont utilisés pour montrer de quelle façon les génotypes sont transmis au cours de la division cellulaire.

La réplication de l'ADN et la formation des chromatides

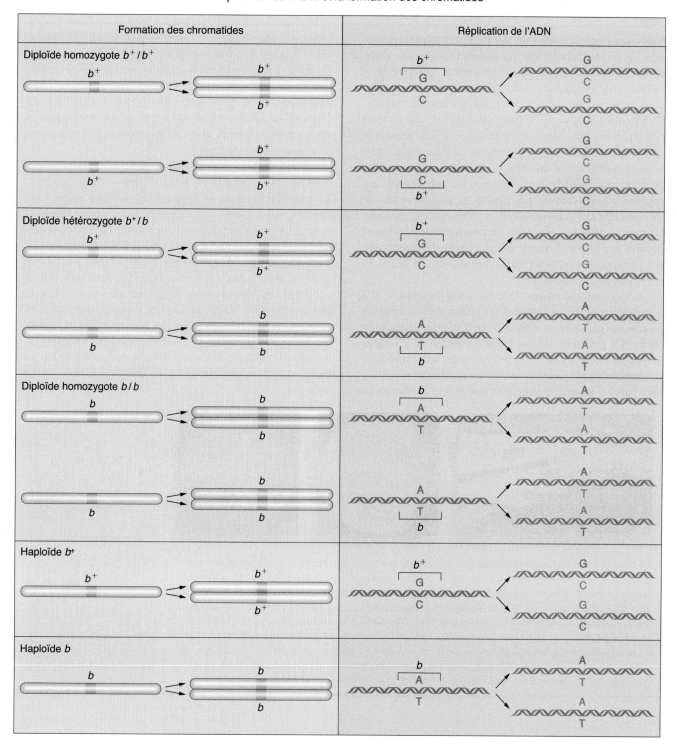

Figure 3-36 La formation des chromatides et la réplication sous-jacente de l'ADN. *(À gauche)*
Chaque chromosome se divise longitudinalement en deux chromatides ; *(à droite)* au niveau moléculaire,
la molécule unique d'ADN de chaque chromosome se réplique, produisant deux molécules d'ADN, une
pour chaque chromatide. On voit également diverses combinaisons d'un gène avec un allèle normal *b+*
et une forme mutante *b*, résultant du changement d'une seule paire de bases de GC en AT. Remarquez
qu'au niveau de l'ADN, les deux chromatides produites lorsqu'un chromosome est répliqué, sont toujours
identiques l'une à l'autre ainsi qu'au chromosome initial.

ORGANISME MODÈLE *Neurospora*

Neurospora crassa a été l'un des premiers micro-organismes eucaryotes adopté par les généticiens comme organisme modèle. Il s'agit d'un champignon haploïde ($n = 7$) qui se développe sur des végétaux morts et que l'on peut trouver dans de nombreuses parties du monde. Lorsqu'une spore asexuée (haploïde) germe, elle produit une structure tubulaire qui s'étend rapidement grâce à la croissance de l'une de ses extrémités et émet de nombreuses ramifications latérales. Le résultat est une masse de filaments ramifiés (que l'on appelle une *hyphe*), qui constituent une colonie. Les hyphes ne possèdent pas de cloison cellulaire transversale. Pour cette raison, une colonie est une sorte de cellule unique contenant de nombreux noyaux haploïdes. À partir d'une colonie bourgeonnent des millions de spores asexuées, qui peuvent se disperser et répéter le cycle asexué.

Les colonies asexuées s'entretiennent facilement et à peu de frais en laboratoire sur un milieu défini constitué de sels inorganiques et d'une source d'énergie telle qu'un sucre. (Un gel inerte tel que l'agar est ajouté pour fournir une surface stable.) Le fait que *Neurospora* soit capable de synthétiser chimiquement toutes ses molécules essentielles à partir d'un milieu simple a conduit les chercheurs en

génétique physiologique (emmenés par Beadle et Tatum, voir Chapitre 6) à l'utiliser pour l'étude des voies de biosynthèse. Les généticiens ont découvert les étapes constitutives de ces voies en introduisant des mutations chez *Neurospora* et en observant leurs effets. L'état haploïde de *Neurospora* est idéal pour ce type d'analyse par mutation car les allèles mutants sont toujours exprimés directement au niveau du phénotype.

Il existe deux types sexuels MAT-A et MAT-a, qui peuvent être considérés comme des «sexes» simples. Lorsque des colonies de type sexuel différent entrent en contact, leurs parois cellulaires et leurs noyaux fusionnent, ce qui produit de nombreux noyaux diploïdes transitoires, subissant chacun une méiose. Les quatre produits haploïdes d'une méiose restent ensemble à l'intérieur d'un sac appelé *asque*. Chacun de ces produits méiotiques subit ensuite une division mitotique, aboutissant à huit ascospores dans chaque asque. Les ascospores germent et forment des colonies exactement comme celles produites par les spores asexuées. C'est pourquoi, ces champignons *ascomycètes* sont idéaux pour l'étude de la ségrégation et de la recombinaison des gènes au cours de méioses individuelles.

 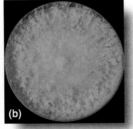 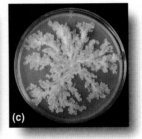 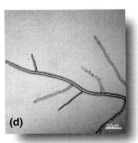

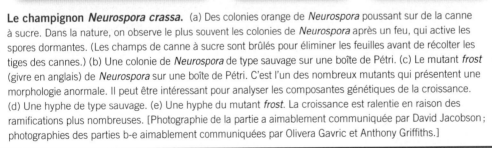 

Le champignon *Neurospora crassa*. (a) Des colonies orange de *Neurospora* poussant sur de la canne à sucre. Dans la nature, on observe le plus souvent les colonies de *Neurospora* après un feu, qui active les spores dormantes. (Les champs de canne à sucre sont brûlés pour éliminer les feuilles avant de récolter les tiges des cannes.) (b) Une colonie de *Neurospora* de type sauvage sur une boîte de Pétri. (c) Le mutant *frost* (givre en anglais) de *Neurospora* sur une boîte de Pétri. C'est l'un des nombreux mutants qui présentent une morphologie anormale. Il peut être intéressant pour analyser les composantes génétiques de la croissance. (d) Une hyphe de type sauvage. (e) Une hyphe du mutant *frost*. La croissance est ralentie en raison des ramifications plus nombreuses. [Photographie de la partie a aimablement communiquée par David Jacobson ; photographies des parties b-e aimablement communiquées par Olivera Gavric et Anthony Griffiths.]

méiocytes. L'explication *la plus probable* est que la ségrégation égale a lieu dans chaque méiocyte *A/a*. Pourtant, elle ne peut être observée *directement* chez les plantes (ou chez les animaux). Il existe heureusement un moyen de visualiser directement la ségrégation égale. Des champignons haploïdes appelés *ascomycètes* présentent une propriété unique car pour un méiocyte donné, les spores qui sont les produits de la méiose sont maintenues ensemble dans un sac membraneux que l'on appelle un **asque**. Il est donc possible de voir les produits d'une méiose chez ces organismes. Chez la moisissure du pain *Neurospora*, les fuseaux nucléaires des

méioses I et II ne se chevauchent pas dans l'asque étroit. De ce fait, les produits d'un méiocyte sont alignés (Figure 3-37a). De plus, pour une raison que l'on ignore, il existe une *mitose post-méiotique*, qui ne présente pas non plus de chevauchement des fuseaux, ce qui aboutit à un asque linéaire contenant huit spores appelées *ascospores*. On effectue un croisement chez *Neurosopora* en mélangeant deux souches haploïdes parentales de type sexuel opposé, comme le montre la Figure 3-38. Le type sexuel est une forme simple de sexe, déterminée par deux allèles d'un gène, appelés MAT-A et MAT-a.

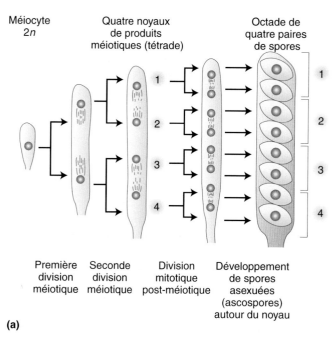

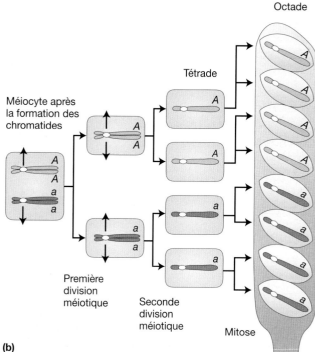

Figure 3-37 *Neurospora* est un système modèle idéal pour étudier la ségrégation allélique lors de la méiose. (a) Les quatre produits de la méiose (tétrade) subissent une mitose, formant une octade. Les produits sont contenus dans un asque. (b) Un méiocyte *A/a* subit une méiose, puis une mitose, donnant lieu à des nombres égaux de produits *A* et *a*, ce qui démontre le principe de la ségrégation égale.

responsable de la production du pigment et *al*, l'allèle responsable de l'albinisme :

Type sauvage pigmenté   albinos
al^+ $\times$ al

Dans le cycle sexué haploïde, nous avons vu que les cellules parentales haploïdes de chaque type fusionnaient pour former des méiocytes diploïdes transitoires, produisant chacun un asque à huit spores. Chaque asque du croisement ci-dessus comporte quatre ascospores pigmentées (al^+) et quatre blanches (al), ce qui constitue une démonstration directe de la loi de Mendel sur la ségrégation égale au niveau d'un méiocyte unique (Figure 3-37b).

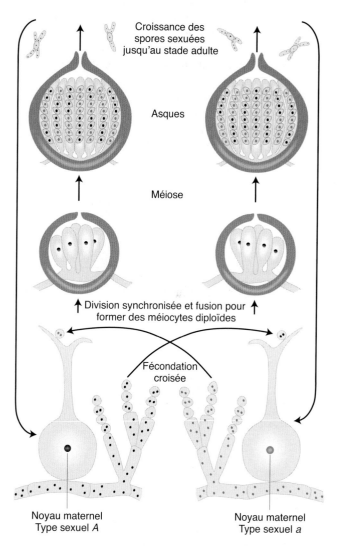

Figure 3-38 Le cycle vital de *Neurospora crassa*, la moisissure orange du pain. L'autofécondation n'est pas possible dans cette espèce. Il existe deux types sexuels, déterminés par les allèles *A* et *a* d'un gène. Un croisement réussira seulement s'il est *A* × *a*. Une spore asexuée issue du type sexuel opposé fusionne avec un pilus récepteur et un noyau traversera le pilus pour s'apparier avec un noyau du groupe de cellules du mycélium. La paire *A* et *a* subit ensuite des mitoses synchronisées puis fusionne pour former des méiocytes diploïdes.

Effectuons un croisement entre le type sauvage pigmenté et une souche albinos résultant d'une mutation dans un gène de pigment. Nous supposerons que ces moisissures sont de type sexuel opposé. Le croisement entre les parents haploïdes peut donc être représenté très simplement de la manière suivante, où *al*⁺ représente l'allèle de type sauvage

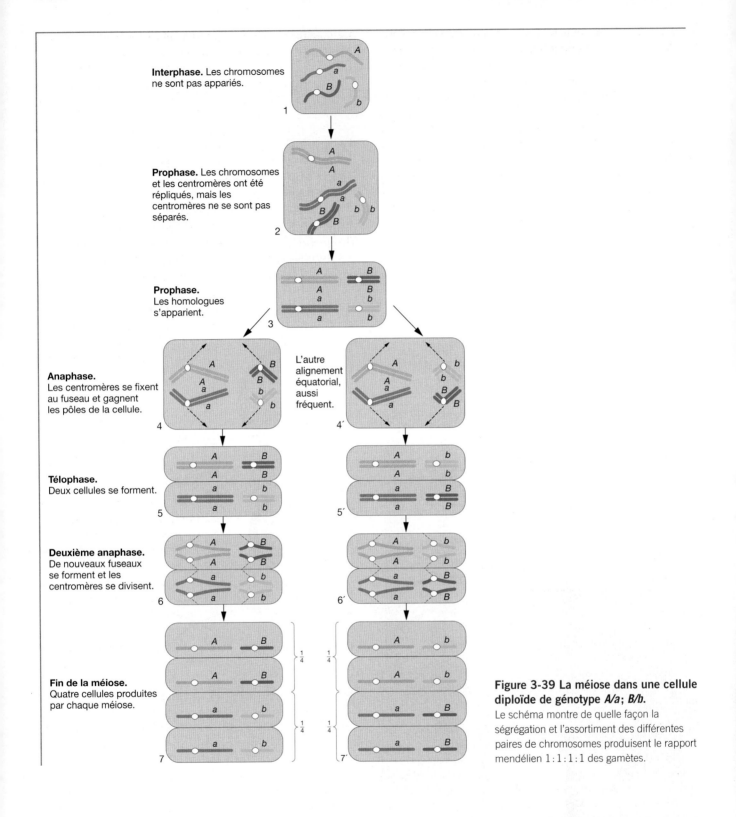

Interphase. Les chromosomes ne sont pas appariés.

1

Prophase. Les chromosomes et les centromères ont été répliqués, mais les centromères ne se sont pas séparés.

2

Prophase. Les homologues s'apparient.

3

Anaphase. Les centromères se fixent au fuseau et gagnent les pôles de la cellule.

4

L'autre alignement équatorial, aussi fréquent.

4′

Télophase. Deux cellules se forment.

5   5′

Deuxième anaphase. De nouveaux fuseaux se forment et les centromères se divisent.

6   6′

Fin de la méiose. Quatre cellules produites par chaque méiose.

7   7′

Figure 3-39 La méiose dans une cellule diploïde de génotype *A/a*; *B/b*. Le schéma montre de quelle façon la ségrégation et l'assortiment des différentes paires de chromosomes produisent le rapport mendélien 1:1:1:1 des gamètes.

Quittons à présent *Neurospora* pour considérer la loi de l'assortiment indépendant. Cette situation est schématisée dans la Figure 3-39. La figure illustre la façon dont le comportement distinct des deux paires différentes de chromosomes produit les rapports mendéliens 1:1:1:1 des types gamétiques, caractéristiques de l'assortiment indépendant. Le génotype des méiocytes est *A/a*; *B/b* et les deux paires alléliques, *A/a* et *B/b* sont représentées sur deux paires dis-

tinctes de chromosomes. La cellule imaginaire possède quatre chromosomes : une paire de chromosomes homologues longs et une paire d'homologues courts. Les parties 4 et 4′ de la Figure 3-39 montrent l'étape clé permettant de comprendre les conséquences des lois de Mendel : elles illustrent à la fois la ségrégation égale et l'assortiment indépendant. Il existe deux modes différents de ségrégation allélique, l'un présenté en 4 et l'autre, en 4′ de la figure. Ils résultent de deux fixations aussi fréquentes des fuseaux aux centromères lors de la première anaphase. La méiose produit ensuite quatre cellules dont les génotypes sont indiqués à partir de chacun de ces modes de ségrégation. Les modes de ségrégation 4 et 4' sont aussi fréquents. De ce fait, les produits méiotiques qui sont les cellules de génotypes $A\,;B$, $a\,;b$, $A\,;b$ et $a\,;B$ sont produits suivant des fréquences égales. En d'autres termes, la fréquence de chacun des quatre génotypes est de 1/4. Cette distribution gamétique est celle que postulait Mendel pour un dihybride et c'est également celle que nous avons écrite sur l'un des côtés du carré de Punnett. La fusion aléatoire de ces gamètes produit un rapport phénotypique $9:3:3:1$ dans la F_2.

> **MESSAGE** Les lois de Mendel s'appliquent à la méiose de n'importe quel organisme. Leur formulation générale est la suivante :
> 1. Lors de la méiose, les allèles d'un gène subissent une ségrégation égale entre les produits haploïdes de la méiose.
> 2. Lors de la méiose, la ségrégation des allèles d'un gène est indépendante de celle des allèles des gènes portés par d'autres paires de chromosomes.

3.5 Les chromosomes d'organites

Les génomes des organites ne sont ni haploïdes ni diploïdes. Considérons par exemple les chloroplastes. Toute cellule végétale verte possède de nombreux chloroplastes et chacun d'eux contient un grand nombre de molécules circulaires identiques d'ADN, que l'on appelle les chromosomes chloroplastiques. Par conséquent, le nombre de chromosomes chloroplastiques par cellule peut se chiffrer par centaines,

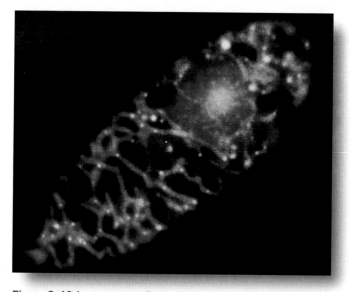

Figure 3-40 Le marquage fluorescent d'une cellule d'*Euglena gracilis* (l'euglène). Avec les colorants utilisés, le noyau apparaît en rouge en raison de la fluorescence de grandes quantités d'ADN nucléaire. Les mitochondries présentent une fluorescence verte et dans celles-ci, les concentrations d'ADNmt (nucléoïdes) fluorescent en jaune. [D'après Y. Huyashi et K. Veda, *Journal of Cell Science* 93, 1989, 565.]

voire par milliers et ce nombre peut même varier d'une cellule à l'autre. L'ADN est empaqueté dans l'organite, dans des structures appelées *nucléoïdes* qui apparaissent lors d'un marquage par un colorant spécifique de l'ADN (Figure 3-40). L'ADN est replié à l'intérieur du nucléoïde mais ne présente pas le type de reploiement associé aux histones, que l'on observe pour les chromosomes nucléaires. L'ADN des mitochondries possède la même organisation.

De nombreux chromosomes d'organites ont désormais été séquencés. La Figure 3-41 présente des exemples de rapport entre la taille des gènes et leur espacement dans l'ADN mitochondrial (**ADNmt**) et l'ADN chloroplastique (**ADNcp**). Les gènes d'organites sont très proches les uns des autres et chez certains organismes, ils peuvent contenir des introns. Remarquez que la plupart de ces gènes sont impliqués dans les réactions chimiques qui se déroulent dans l'organite lui-même : la photosynthèse dans les chloroplastes et la phosphorylation oxydative dans les mitochondries. Néanmoins, les chromosomes d'organites ne se suffisent pas à eux-mêmes : de nombreuses protéines qui interviennent dans l'organite sont codées par des gènes nucléaires (voir Figure 1-9).

Les chromosomes des organites cytoplasmiques suivent les lois de la théorie chromosomique de l'hérédité mais il faut faire attention de ne pas associer leurs modes de transmission à la mitose ni à la méiose, qui sont toutes deux des processus exclusivement nucléaires. Un zygote reçoit ses organites du cytoplasme de l'ovule. Pour cette raison, la transmission des organites est généralement maternelle, comme nous l'avons vu au Chapitre 2. Par conséquent, alors qu'il n'y a qu'une copie des chromosomes nucléaires par gamète, il en existe de nombreuses du chromosome des organites. Lors d'un croisement entre types sauvages, c'est une *population* de chromosomes identiques d'organites qui est transmise à la descendance par l'ovule. Les variants phénotypiques dus à des mutations dans des gènes d'organites sont également transmis par la mère. De ce fait, le « rapport » produit est $1:0$ ou $0:1$ selon le parent maternel. Notez bien à nouveau que, bien que ce rapport de descendants puisse être observé chez les produits même de la méiose, il n'a rien à voir avec celle-ci. Ce mode de transmission est présenté pour le mutant *poky* (littéralement *exigu*) de *Neurospora* dans la Figure 3-42.

Étant donné qu'une cellule est une population de molécules d'organites, comment est-il possible d'obtenir une cellule mutante « pure » contenant uniquement des chromosomes mutants ? Le plus probable est que les mutants purs soient créés de la façon suivante dans des cellules asexuées. Les variants apparaissent par mutation dans un seul gène à l'intérieur d'un chromosome unique. Dans certains cas, la fréquence du chromosome portant la mutation peut alors, par simple hasard, augmenter dans la population à l'intérieur de la cellule. Ce processus s'appelle la *dérive génétique aléatoire*. On qualifie d'**hétéroplasmiques** les cellules comportant des mélanges de génotypes d'organites. Une cellule hétéroplasmique peut comporter par exemple 60 % de chromosomes A et 40 % de chromosomes a. Lorsque cette cellule se divise, parfois tous les chromosomes A gagnent

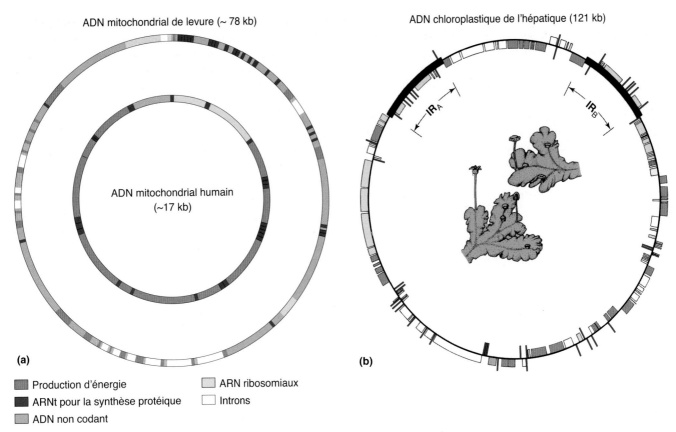

ADN mitochondrial de levure (~ 78 kb)

ADN chloroplastique de l'hépatique (121 kb)

ADN mitochondrial humain (~17 kb)

(a)

(b)

Production d'énergie

ARN ribosomiaux

ARNt pour la synthèse protéique

Introns

ADN non codant

Figure 3-41 Les cartes d'ADN de mitochondries et de chloroplastes. Un grand nombre des gènes d'organites codent des protéines qui assurent les fonctions de production d'énergie de ces organites (en vert), tandis que d'autres (en rouge et en orange) sont impliqués dans la synthèse protéique. (a) Des cartes des ADNmt de levure et d'homme. (Remarquez que la carte humaine n'est pas dessinée à la même échelle que la carte de levure.) (b) Le génome chloroplastique de 121 kb de l'hépatique *Marchantia polymorpha*. Les gènes dessinés à l'intérieur de la carte sont transcrits dans le sens des aiguilles d'une montre et ceux à l'extérieur, dans le sens inverse. IR$_A$ et IR$_B$ désignent des répétitions inversées. Le dessin au centre de la carte représente des plantes *Marchantia* mâle (*en haut*) et femelle (*en bas*). [D'après K. Umesono & H. Ozeki, *Trends in Genetics* 3, 1987.]

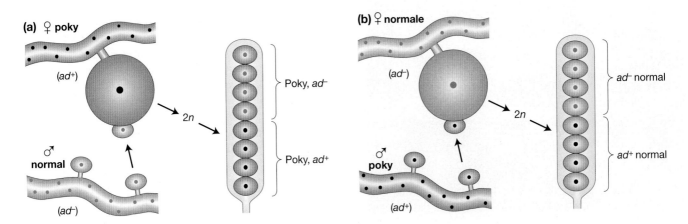

(a) ♀ poky

(ad$^+$)

♂ normal

(ad$^-$)

2n

Poky, ad$^-$

Poky, ad$^+$

(b) ♀ normale

(ad$^-$)

♂ poky

(ad$^+$)

2n

ad$^-$ normal

ad$^+$ normal

Figure 3-42 L'explication des résultats différents obtenus à partir des croisements réciproques de *Neurospora* **poky et normales.** Le parent fournissant la majorité du cytoplasme aux cellules filles est appelé femelle. La couleur marron représente du cytoplasme contenant des mitochondries avec la mutation poky et la couleur verte, du cytoplasme avec des mitochondries normales. Remarquez qu'en (a) les descendants sont tous poky, alors qu'en (b) ils sont tous normaux. Par conséquent, les deux croisements présentent une transmission maternelle. Le gène nucléaire avec les allèles *ad$^+$* (en noir) et *ad$^-$* (en rouge) est utilisé pour illustrer la ségrégation des gènes nucléaires dans le rapport mendélien 1:1 attendu pour cet organisme haploïde.

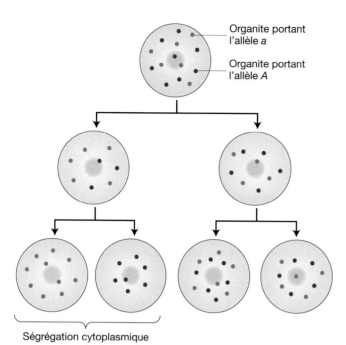

Figure 3-43 La ségrégation cytoplasmique. Par le seul fait du hasard, des organites génétiquement distincts peuvent ségréger dans des cellules séparées au cours de divisions cellulaires successives. Les points bleus et les points rouges représentent des populations d'organites génétiquement distincts, tels que des mitochondries avec ou sans une mutation.

une cellule fille et tous les chromosomes *a*, l'autre (une fois encore par pur hasard). Le plus souvent, cette répartition nécessite plusieurs générations successives de divisions cellulaires avant d'être atteinte (Figure 3-43). En conséquence, à la suite de ces événements aléatoires, les deux allèles sont exprimés dans des cellules filles distinctes et cette séparation se poursuivra chez les descendants de ces cellules. Ce type de ségrégation génétique s'appelle la **ségrégation cytoplasmique**. Remarquez qu'il ne s'agit pas d'un processus mitotique. Il se produit dans des cellules asexuées en cours de division, mais n'a aucun lien avec la mitose. Dans les chloroplastes, la ségrégation cytoplasmique est un mécanisme courant pour produire des plantes panachées (vert/blanc) comme nous l'avons vu au Chapitre 2. Chez le mutant *poky* du champignon *Neurospora*, également traité au Chapitre 2, la mutation originelle dans une molécule d'ADNmt a dû s'accumuler et subir une ségrégation cytoplasmique pour produire la souche exprimant les symptômes poky.

La Figure 3-44 représente quelques-unes des mutations dans des gènes mitochondriaux humains susceptibles de conduire à une maladie, lorsque par dérive génétique et ségrégation cytoplasmique, leur fréquence est si élevée

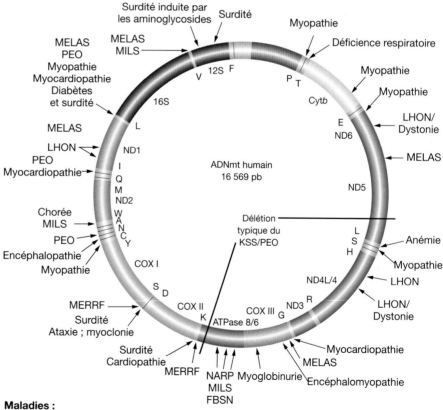

Figure 3-44 Une carte de l'ADN mitochondrial humain (ADNmt) montrant les locus des mutations déterminant des cytopathies. Les gènes d'ARNt sont représentés par des abréviations à une lettre des acides aminés. ND = NADH déshydrogénase ; COX = cytochrome oxydase ; 12S et 16S font référence aux ARN ribosomiaux. (D'après S. DiMauro et col., «Mitochondria in Neuromuscular Disorders», *Biochimica et Biophysica Acta* 1366, 1998, 199-210.)

Maladies :

MERRF	Épilepsie myoclonique associée à la myopathie des fibres rouges en haillons
LHON	Neuropathie optique héréditaire de Leber
NARP	Rétinite pigmentaire avec neuropathie et ataxie
MELAS	Encéphalomyopathie mitochondriale avec acidose lactique et accidents vasculaires cérébraux
MMC	Myopathie et myocardiopathie transmises par la mère
PEO	Ophtalmoplégie externe progressive
KSS	Syndrome de Kearns-Sayre
MILS	Syndrome de Leigh transmis par la mère

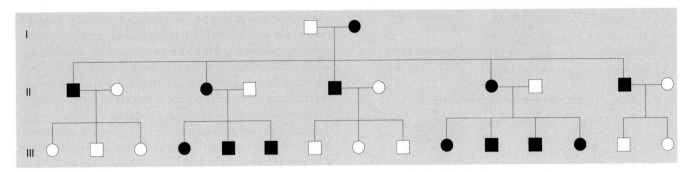

Figure 3-45 Un arbre généalogique montrant la transmission maternelle d'une maladie mitochondriale humaine.

qu'elle perturbe la fonction cellulaire correspondante. La transmission d'une maladie mitochondriale humaine est présentée dans la Figure 3-45. Il est à noter que cette maladie est toujours transmise par les mères et jamais par les pères. De temps à autre, la mère engendre un enfant non atteint (non représenté), ce qui reflète probablement la ségrégation cytoplasmique dans le tissu à l'origine des gamètes. La ségrégation cytoplasmique d'une accumulation de mutations nuisibles dans certains tissus comme le muscle et le cerveau pourrait être l'un des mécanismes du vieillissement.

Dans certains systèmes particuliers, on a pu obtenir des cellules hétéroplasmiques «dihybrides» (c'est-à-dire *A B* dans un chromosome d'organite et *a b* dans l'autre). Dans ce cas, des processus rares de type crossing-over peuvent se produire mais ceci doit être considéré seulement comme un phénomène génétique mineur. L'assortiment indépendant est un terme qui ne s'applique pas aux chromosomes d'organites car le chromosome d'organite est unique.

MESSAGE Les allèles situés sur les chromosomes d'organites.
1. Ils sont transmis par un seul des parents (généralement le parent maternel) lors des croisements sexués et ne présentent donc pas les rapports de ségrégation des gènes nucléaires.
2. Les cellules asexuées peuvent présenter une ségrégation cytoplasmique.
3. On peut observer occasionnellement des processus analogues au crossing-over dans les cellules asexuées.

RÉPONSES AUX QUESTIONS CLÉS

• **Comment savons-nous que les gènes appartiennent aux chromosomes ?**

Ceci fut démontré à l'origine par la correspondance exacte entre les modes de transmission des gènes et le comportement des chromosomes lors de la méiose. Le séquençage de l'ADN a confirmé que les gènes font partie des chromosomes.

• **De quelle manière les gènes sont-ils disposés sur les chromosomes ?**

Suivant une organisation linéaire, d'une extrémité à l'autre de la molécule d'ADN.

• **Un chromosome contient-il autre chose que des gènes ?**

La réponse comporte deux parties. Tout d'abord, un chromosome contient des protéines en plus de l'ADN, en particulier des histones, qui permettent l'enroulement et le reploiement de l'ADN dans le noyau. En outre, dans l'ADN lui-même, il existe de l'ADN non codant entre les gènes. Chez certains organismes, les gènes sont très proches les uns des autres, avec très peu d'ADN intercalaire entre eux. Chez d'autres, les gènes sont séparés par une distance qui peut être importante, principalement par différents types d'ADN répété.

• **De quelle façon le nombre de chromosomes est-il maintenu constant à travers les générations ?**

Lors de la division asexuée, l'ADN se réplique avant la division cellulaire et une copie gagne chaque cellule fille lors de la mitose. Au moment de la production des gamètes chez un organisme diploïde, l'ADN se réplique avant la division du méiocyte diploïde. Deux divisions successives aboutissent ensuite à des produits méiotiques haploïdes. La fusion de ces produits haploïdes restaure la diploïdie.

• **Quelle est l'origine chromosomique de la loi de Mendel sur la ségrégation égale ?**

Lorsqu'un hétérozygote *A/a* subit une méiose, l'appariement des homologues *A* et *a* suivi de leur séparation au cours de la méiose, garantit que 1/2 des produits seront *A* et 1/2, *a*.

• **Quelle est l'origine chromosomique de la loi de Mendel sur l'assortiment indépendant ?**

Chez un dihybride *A/a* ; *B/b*, la fixation des fibres du fuseau et la traction sont deux phénomènes séparés et indépendants pour les deux paires de chromosomes. Par conséquent *A* peut gagner le même pôle que *B* lors de certaines méioses, ou le même pôle que *b* dans d'autres.

• **Comment l'ADN peut-il tenir dans un si petit noyau ?**

Grâce à l'enroulement et au reploiement. L'ADN est enroulé, puis superenroulé. Les supertours sont ensuite organisés en boucles autour d'une armature centrale.

RÉSUMÉ

Lorsque les principes de Mendel se révélèrent applicables à grande échelle, les scientifiques cherchèrent à identifier les structures cellulaires correspondant aux unités hypothétiques de l'hérédité de Mendel, que nous appelons maintenant les gènes. Lorsqu'ils s'aperçurent que le comportement des chromosomes au cours de la méiose était parallèle à celui des gènes, Sutton et Boveri suggérèrent que les gènes sont localisés dans ou sur les chromosomes. Les données obtenues par Morgan grâce à l'hérédité liée au sexe renforcèrent cette hypothèse. C'est l'utilisation par Bridges de comportements chromosomiques aberrants qui permit d'expliquer les anomalies de l'hérédité et prouva que les gènes sont situés dans les chromosomes.

Les chromosomes se distinguent les uns des autres par différentes caractéristiques topologiques telles que la position du centromère ou du nucléole, leur taille et l'organisation de bandes qui apparaissent après coloration. Les chromosomes sont composés de chromatine, un mélange d'ADN et de protéines. Chaque chromosome est constitué d'une seule molécule d'ADN enroulée autour d'octamères de protéines, les histones. Entre les divisions cellulaires, les chromosomes se trouvent dans un état relativement étiré, bien qu'ils soient toujours associés à leurs histones. Lors de la division cellulaire, les chromosomes se condensent en adoptant un enroulement plus étroit. Cet état condensé permet au fuseau nucléaire de les manipuler facilement au cours de la division cellulaire.

L'ADN des génomes eucaryotes est constitué en partie de séquences transcrites (les gènes) et d'ADN répétitif de fonction inconnue. Il existe de nombreuses classes d'ADN répétitif, avec une gamme de tailles très étendue. L'une des sortes d'ADN hautement répétitif est constituée de courtes séquences répétées situées autour du centromère.

La mitose est la division nucléaire qui produit deux noyaux fils dont le matériel génétique est identique à celui du noyau initial. La mitose peut se produire dans les cellules diploïdes ou haploïdes au cours de la division cellulaire asexuée.

La méiose est la division nucléaire par laquelle un méiocyte se divise deux fois, donnant lieu à quatre produits méiotiques, tous haploïdes (avec un seul jeu de chromosomes).

Nous connaissons à présent les mécanismes chromosomiques responsables des rapports mendéliens. La première loi de Mendel (ségrégation égale) est la conséquence de la répartition des chromosomes homologues d'une paire entre les cellules issues de la première division. La seconde loi de Mendel (assortiment indépendant) résulte du comportement indépendant de différentes paires de chromosomes homologues.

Étant donné que les lois de Mendel sont basées sur la méiose, l'hérédité mendélienne se retrouve chez tout organisme dont le cycle vital comporte une étape méiotique. Parmi les organismes concernés, certains sont diploïdes, d'autres haploïdes et chez d'autres encore, il y a alternance de générations haploïdes et diploïdes.

Les gènes présents sur les chromosomes d'organites ont leurs propres modes de transmission, qui sont différents de ceux des gènes nucléaires. La transmission maternelle et la ségrégation cytoplasmique des mélanges d'organites hétérogènes sont les deux principaux types observés.

MOTS CLÉS

Acrocentrique (p. 85)

ADN satellite (p. 85)

ADNcp (p. 103)

ADNmt (p. 103)

Anaphase (p. 92)

Armature (p. 89)

Asque (p. 100)

Bandes (p. 88)

Bandes chromosomiques (p. 86)

Bivalents (p. 95)

Cellule fille (p. 93)

Cellule hétéroplasmique (p. 103)

Chiasma (p. 95)

Chromatides sœurs (p. 91)

Chromatine (p. 84)

Chromocentre (p. 87)

Chromosomes polytènes (p. 87)

Complexes synaptonémaux (p. 95)

Crossing-over (p. 95)

Diploïde (p. 83)

Dyades (p. 95)

Euchromatine (p. 84)

FISH (hybridation fluorescente *in situ*) (p. 88)

Fuseau nucléaire (p. 92)

Gamète (p. 93)

Haploïde (p. 83)

Hétérochromatine (p. 84)

Histones (p. 88)

Interphase (p. 91)

Kinétochore (p. 92)

Méiocytes (p. 93)

Méiose (p. 93)

Méiospores (p. 93)

Métacentrique (p. 85)

Métaphase (p. 91)

Mitose (p. 90)

n (p. 83)

Non-disjonction (p. 79)

Nucléoles (p. 85)

Nucléosome (p. 88)

Organisateurs nucléolaires (ON) (p. 85)

Phase S (p. 91)

Produits de la méiose (p. 93)

Prophase (p. 91)

Régions de fixation à l'armature (SAR) (p. 89)

Ségrégation cytoplasmique (p. 105)

Solénoïde (p. 88)

Télocentrique (p. 85)

Télomères (p. 86)

Télophase (p. 93)

Tétrade (p. 95)

Théorie chromosomique de l'hérédité (p. 75)

Type sauvage (p. 79)

PROBLÈMES RÉSOLUS

1. Deux drosophiles à ailes normales (transparentes, longues) ont été croisées. La progéniture présentait deux phénotypes nouveaux : des ailes sombres (d'aspect semi-opaque) et des ailes «coupées» (aux extrémités carrées). La descendance était la suivante :

Femelles	179	transparentes, longues
	58	transparentes, coupées
Mâles	92	transparentes, longues
	89	sombres, longues
	28	transparentes, coupées
	31	sombres, coupées

a. Donnez une explication chromosomique de ces résultats en indiquant les génotypes des chromosomes des parents et de toutes les classes de descendants de votre modèle.
b. Imaginez une expérience pour tester votre modèle.

Solution

a. La première chose à faire est de relever tous les aspects intéressants des données. Le premier fait majeur est l'apparition de deux phénotypes nouveaux. Nous avons rencontré ce phénomène au chapitre 2 où il s'expliquait par la présence d'allèles récessifs masqués par leurs équivalents dominants. Nous pourrions donc commencer par supposer que l'une des mouches parentales, ou les deux, portent des allèles récessifs de deux gènes distincts. Cette déduction est confortée par l'observation d'un seul des nouveaux phénotypes chez certains descendants. Si les nouveaux phénotypes apparaissaient toujours ensemble, nous pourrions supposer qu'ils sont déterminés tous les deux par le même allèle récessif.

Cependant, l'autre donnée majeure qui ressort des résultats et qui ne peut être expliquée par les principes mendéliens exposés au Chapitre 2, est la différence de répartition évidente des phénotypes entre les sexes. Bien qu'il y ait approximativement le même nombre de descendants mâles et femelles, les mâles se répartissent en quatre classes phénotypiques, et les femelles en deux classes seulement. Ceci suggère immédiatement un cas d'hérédité liée au sexe. Lorsque nous regardons les données, nous voyons que les phénotypes «ailes longues» ou «ailes coupées» subissent une ségrégation tant chez les mâles que chez les femelles, alors que seuls les mâles sont de phénotype «ailes sombres». Ceci indique que le profil de transmission héréditaire de la transparence des ailes diffère de celui de la forme des ailes. Tout d'abord, les ailes longues et coupées se trouvent dans un rapport 3 : 1 chez les mâles et les femelles. Ceci peut s'expliquer si les deux parents sont hétérozygotes pour un gène autosomique ; nous pouvons les représenter par L/l, L désignant l'allèle «ailes longues» et l, l'allèle «ailes coupées».

Après cette première analyse, nous voyons que c'est seulement la transmission de la transparence des ailes qui est liée au sexe. La situation la plus probable est que les allèles «ailes transparentes» (D) et «ailes sombres» (d) (*dusky* en anglais) se trouvent sur le chromosome X, car nous avons vu au chapitre 2 que la localisation d'un gène sur ce chromosome donne lieu à ce type de profil de transmission lié au sexe. Si cette hypothèse est correcte, c'est le parent femelle

qui doit porter l'allèle d. En effet, si le mâle possédait l'allèle d, il devrait avoir les ailes sombres alors qu'on sait qu'elles sont transparentes. Le parent femelle devrait donc être D/d et le parent mâle D. Voyons si cette hypothèse est possible : si elle est vraie, toute la descendance femelle devrait hériter de l'allèle D du père et aurait donc des ailes transparentes. C'est ce qui est observé. La moitié des fils devrait avoir l'allèle D (transparentes) et l'autre l'allèle d (sombres), ce qui est également observé.

Par conséquent, nous pouvons représenter le parent femelle par D/d ; L/l et le parent mâle par D ; L/l. La descendance devrait alors être :

Femelles

$$\frac{1}{2}\,D/D \begin{cases} \frac{3}{4}\,L/- \longrightarrow \frac{3}{8}\,D/D\,;\,L/- \\ \frac{1}{4}\,l/l \longrightarrow \frac{1}{8}\,D/D\,;\,l/l \end{cases}$$
$$\frac{1}{2}\,D/d \begin{cases} \frac{3}{4}\,L/- \longrightarrow \frac{3}{8}\,D/d\,;\,L/- \\ \frac{1}{4}\,l/l \longrightarrow \frac{1}{8}\,D/d\,;\,l/l \end{cases}$$

$\frac{3}{4}$ transparentes, longues

$\frac{1}{4}$ transparentes, coupées

Mâles

$$\frac{1}{2}\,D \begin{cases} \frac{3}{4}\,L/- \longrightarrow \frac{3}{8}\,D\,;\,L/- \quad \text{transparentes, longues} \\ \frac{1}{4}\,l/l \longrightarrow \frac{1}{8}\,D\,;\,l/l \quad \text{transparentes, coupées} \end{cases}$$
$$\frac{1}{2}\,d \begin{cases} \frac{3}{4}\,L/- \longrightarrow \frac{3}{8}\,d\,;\,L/- \quad \text{sombres, longues} \\ \frac{1}{4}\,l/l \longrightarrow \frac{1}{8}\,d\,;\,l/l \quad \text{sombres, coupées} \end{cases}$$

b. La façon classique de tester ce genre de modèle est d'effectuer un croisement et d'en prédire le résultat. Mais quel croisement choisir ? Nous devons prédire un certain rapport phénotypique dans la descendance, donc il importe de réaliser un croisement qui donnera un rapport phénotypique unique. Remarquons que l'utilisation d'une des femelles de la descendance comme parent ne nous aiderait pas : nous ne pouvons déduire le génotype d'aucune de ces femelles à partir de son phénotype. Une femelle avec des ailes transparentes peut être D/D ou D/d et une femelle à ailes longues peut être L/L ou L/l. Il serait par contre intéressant de croiser la femelle parentale avec un de ses fils à ailes sombres et coupées parce que, selon notre modèle, leurs génotypes complets devraient apparaître dans le phénotype. Selon notre modèle, ce croisement est le suivant :

$$D/d\,;\,L/l \times d\,;\,l/l$$

À partir de là, nous prédisons :

Femelles

$$\frac{1}{2}\,D/d \begin{cases} \frac{1}{2}\,L/l \longrightarrow \frac{1}{4}\,D/d\,;\,L/l \\ \frac{1}{2}\,l/l \longrightarrow \frac{1}{4}\,D/d\,;\,l/l \end{cases}$$
$$\frac{1}{2}\,d/d \begin{cases} \frac{1}{2}\,L/l \longrightarrow \frac{1}{4}\,d/d\,;\,L/l \\ \frac{1}{2}\,l/l \longrightarrow \frac{1}{4}\,d/d\,;\,l/l \end{cases}$$

Mâles

$$\frac{1}{2} D \begin{cases} \frac{1}{2} L/l \longrightarrow \frac{1}{4} D \; ; L/l \\ \frac{1}{2} l/l \longrightarrow \frac{1}{4} D \; ; l/l \end{cases}$$

$$\frac{1}{2} d \begin{cases} \frac{1}{2} L/l \longrightarrow \frac{1}{4} d \; ; L/l \\ \frac{1}{2} l/l \longrightarrow \frac{1}{4} d \; ; l/l \end{cases}$$

2. Deux plants de maïs sont étudiés; l'un est A/a et l'autre a/a. Ces deux plants sont croisés de deux façons : en utilisant A/a comme femelle et a/a comme mâle et en utilisant a/a comme femelle et A/a comme mâle. Rappelez-vous de la Figure 3-34. Nous avons vu que l'albumen est $3n$ et qu'il est formé de l'union d'un spermatozoïde et de deux noyaux polaires du gamétophyte femelle.

a. Quels génotypes les albumens auront-ils dans chaque croisement ?

b. Dans une expérience destinée à étudier les effets « de dosage » des allèles, vous désirez produire des albumens de génotypes $a/a/a$, $A/a/a$, $A/A/a$ et $A/A/A$ (contenant respectivement 0, 1, 2 et 3 « doses » de A). Quels croisements effectueriez-vous pour obtenir de tels génotypes dans l'albumen ?

Solution

a. Dans une question de ce type, nous devons envisager en même temps la méiose et la mitose. Les méiospores sont produites par méiose ; les noyaux des gamétophytes mâles et femelles des végétaux supérieurs sont produits par division mitotique du noyau de la méiospore. Nous devons également étudier le cycle vital du maïs pour savoir quels noyaux fusionnent pour former l'albumen.

Premier croisement : ♀ A/a × ♂ a/a

Dans ce cas, la méiose chez la femelle produira des spores dont une moitié sera A et l'autre moitié a. Par conséquent les deux types de gamétophytes femelles haploïdes seront produits en nombres égaux. Leurs noyaux seront soit A soit a car la mitose reproduit fidèlement le génotype. De la même façon, tous les noyaux des gamétophytes mâles seront a. Dans le cycle vital du maïs, l'albumen se forme à partir de deux noyaux femelles et d'un noyau mâle, de sorte que deux types d'albumen vont être produits, comme suit :

	Noyaux		Albumen
Spore ♀	polaires ♀	Spermatozoïde ♂	$3n$
$\frac{1}{2} A$	A et A	a	$\frac{1}{2} A/A/a$
$\frac{1}{2} a$	a et a	a	$\frac{1}{2} a/a/a$

Deuxième croisement : ♀ a/a × ♂ A/a

	Noyaux		Albumen
Spore ♀	polaires ♀	Spermatozoïde ♂	$3n$
toutes a	tous a et a	$\frac{1}{2} A$	$\frac{1}{2} A/a/a$
		$\frac{1}{2} a$	$\frac{1}{2} a/a/a$

Remarquez que les rapports des caractères de l'albumen seraient toujours mendéliens, même si les génotypes sous-jacents étaient légèrement différents. (Bien sûr, ce type de problème ne se rencontre pas si l'on utilise des caractères embryonnaires, puisque les embryons sont diploïdes.)

b. Ce type d'expérience s'est avéré extrêmement utile dans l'étude de la génétique et de la biologie moléculaire des végétaux. Pour répondre à la question, il nous suffit de réaliser que les deux noyaux polaires qui contribuent à former l'albumen sont génétiquement identiques. Pour obtenir des albumens qui seront tous $a/a/a$, n'importe quel croisement $a/a × a/a$ fera l'affaire. Pour obtenir des albumens qui seront tous $A/a/a$, le croisement devra être ♀ a/a × ♂ A/A. Pour obtenir des albumens qui seront tous $A/A/a$, le croisement devra être ♀ A/A × ♂ a/a . Pour $A/A/A$, n'importe quel croisement $A/A × A/A$ conviendra. Remarquez que ces génotypes d'albumens peuvent être obtenus par d'autres croisements, mais seulement en combinaison avec d'autres génotypes d'albumens.

PROBLÈMES

PROBLÈMES ÉLÉMENTAIRES

1. Indiquez les fonctions clés de la mitose.

2. Indiquez les fonctions clés de la méiose.

3. Pouvez-vous imaginer un système de division nucléaire différent, qui donnerait le même résultat que la méiose ?

4. Dans un scénario de science-fiction, la fécondité des mâles devient nulle mais heureusement, des scientifiques développent un moyen pour les femmes de produire des bébés sans fécondation. Les méiocytes sont convertis directement (sans subir de méiose) en zygotes, qui s'implantent ensuite de la façon habituelle. Quels seraient les effets à court terme et à long terme de ce genre de société ?

5. Sur quels points la deuxième division de la méiose diffère-t-elle de la mitose ?

6. **a.** On observe dans une cellule deux dyades homologues, l'une à chaque pôle. À quel stade de la division nucléaire cette situation correspond-elle ?

b. Dans un méiocyte dans lequel $2n = 14$, combien de bivalents seront visibles ?

7. Chez le champignon *Neurospora*, l'allèle mutant *lys-5* rend blanches les ascospores qui le possèdent, tandis que

l'allèle de type sauvage *lys-5+* aboutit à des ascospores noires. (Les ascospores sont les spores qui constituent l'octade.) Dessinez une octade linéaire pour chacun des croisements suivants :

a. *lys-5 × lys-5+*

b. *lys-5 × lys-5*

c. *lys-5+ × lys-5+*

8. Imaginez un moyen mnémotechnique pour vous rappeler les cinq stades de la prophase I de la méiose et les quatre stades de la mitose.

9. Chez *Neurospora*, 100 méiocytes se développent de la façon habituelle. Combien d'ascospores en résulteront ?

10. Une mitose normale se produit dans une cellule diploïde de génotype *A/a ; B/b*. Parmi les génotypes suivants, lequel ou lesquels représenteront des cellules filles possibles ?

a. *A ; B*	**e.** *A/A ; B/B*
b. *a ; b*	**f.** *A/a ; B/b*
c. *A ; b*	**g.** *a/a ; b/b*
d. *a ; B*	

11. Pour rendre la méiose plus simple à comprendre pour leurs étudiants, des savants fous mettent au point une technique pour empêcher la phase S préméiotique et ne faire subir aux cellules qu'une seule division, qui comprend l'appariement des chromosomes, les crossing-over et la ségrégation. Ce système pourrait-il fonctionner et les produits d'un tel système seraient-ils différents de ceux du système actuel ?

12. Chez un organisme diploïde, $2n = 10$. Supposez que vous pouvez marquer tous les centromères dérivés du parent femelle et tous les centromères dérivés du parent mâle. Lorsque cet organisme produit des gamètes, combien de combinaisons de centromères marqués mâle et marqués femelle pourriez-vous obtenir dans ces gamètes ?

13. On mesure les quantités d'ADN de plusieurs noyaux de cellules de maïs, d'après leur absorption de lumière. Ces mesures sont :

$$0,7 ; 1,4 ; 2,1 ; 2,8 \text{ et } 4,2$$

Quelles sont les cellules qui ont pu être utilisées pour ces mesures ?

14. Dessinez une mitose haploïde du génotype *a+ ; b*.

15. Les pois sont diploïdes et dans leur cas, $2n = 14$. *Neurospora* est haploïde et $n = 7$. S'il était possible de fractionner l'ADN génomique des deux organismes en utilisant une électrophorèse en champs alternés, combien de bandes distinctes seraient visibles dans chaque espèce ?

16. La fève (*Vicia faba*) est diploïde et $2n = 18$. Chaque jeu haploïde de chromosomes contient approximativement 4 m d'ADN. La taille moyenne de chaque chromosome durant la métaphase de la mitose est de 13 µm. Quel est le rapport de condensation (ou d'empaquetage) moyen de l'ADN lors de la métaphase ? (Rapport de condensation = longueur du chromosome sur longueur de la molécule d'ADN qu'il contient.) Comment cet empaquetage est-il réalisé ?

17. Boveri disait : « Le noyau ne se divise pas ; il est divisé. » Que voulait-il dire ?

18. Selon Galton, un généticien de l'ère prémendélienne, la moitié de notre patrimoine génétique vient de chaque parent, un quart de chaque grand-parent, un huitième de chaque arrière-grand-parent, etc. Avait-il raison ? Expliquez.

19. Si les enfants reçoivent la moitié de leurs gènes d'un de leurs parents et l'autre moitié de l'autre parent, pourquoi les frères et sœurs ne sont-ils pas identiques ?

20. Dans le maïs, l'allèle *s* produit un albumen sucré, alors que *S* produit un albumen farineux. Quels génotypes d'albumens observera-t-on à la suite des croisements suivants ?

femelle *s/s* × mâle *S/S*

femelle *S/S* × mâle *s/s*

femelle *S/s* × mâle *S/s*

21. Chez la mousse, les gènes *A* et *B* sont exprimés uniquement dans le gamétophyte. On permet à un sporophyte de génotype *A/a ; B/b* de produire des gamétophytes.

a. Quelle proportion de gamétophytes sera *A ; B* ?

b. Si la fécondation est aléatoire, quelle proportion de sporophytes de la génération suivante sera *A/a ; B/b* ?

22. Lorsqu'une cellule de génotype *A/a ; B/b ; C/c* ayant tous ces gènes situés sur des paires différentes de chromosomes se divise lors de la mitose, quels sont les génotypes des cellules filles ?

23. Chez la levure haploïde *Saccharomyces cerevisiae*, les deux types sexuels sont appelés MATa et Matα. Vous croisez une souche violette (*ad−*) de type sexuel *a* et une souche blanche (*ad+*) de type sexuel α. Si *ad−* et *ad+* sont les deux allèles d'un même gène et que *a* et α sont les allèles de deux gènes transmis indépendamment et présents sur une autre paire de chromosomes, à quelle descendance vous attendez-vous ? Dans quelles proportions ?

24. Expliquez où se produisent la mitose et la méiose chez une fougère, une mousse, une plante à fleurs, un pin, un champignon, une grenouille, un papillon et un escargot.

25. Les cellules humaines possèdent normalement 46 chromosomes. Pour chacun des stades suivants, indiquez le nombre de molécules d'ADN nucléaire présentes dans une cellule humaine :

a. La métaphase de la mitose

b. La métaphase I de la méiose

c. La télophase de la mitose

d. La télophase I de la méiose

e. La télophase II de la méiose

26. Quatre des événements suivants se produisent à la fois au cours de la méiose et au cours de la mitose, mais l'un d'entre eux ne se produit que lors de la méiose. Lequel? (1) la formation des chromatides, (2) la formation du fuseau, (3) la condensation des chromosomes, (4) la migration des chromosomes vers les pôles, (5) la syndèse (appariement des chromosomes).

27. Supposons que vous ayez découvert deux anomalies cytologiques intéressantes et *rares* dans le caryotype d'un homme. (Un caryotype est la garniture chromosomique complète visible.) L'*un* des chromosomes de la paire 4 possède un segment supplémentaire (ou satellite) et l'un des chromosomes de la paire 7 apparaît de façon anormale après coloration. En supposant que tous les gamètes de cet homme soient également viables, quelle proportion de ses enfants présentera le même caryotype que lui?

28. Supposons que la méiose ait lieu lors du stade diploïde transitoire du cycle d'un organisme haploïde ayant *n* chromosomes. Quelle est la probabilité qu'une cellule haploïde individuelle résultant de la division méiotique reçoive un jeu parental complet de centromères (c'est-à-dire un jeu provenant entièrement de l'un ou l'autre parent)?

29. Supposons que nous soyons en 1868. Vous êtes un jeune fabricant habile de lentilles optiques travaillant à Vienne. Grâce à la qualité de vos dernières lentilles, vous venez de construire un microscope dont le pouvoir de résolution est bien supérieur à celui de tous les autres instruments disponibles à cette époque. Au cours de vos essais sur ce microscope, vous avez observé des cellules de testicules de sauterelles et vous avez été fasciné par le comportement d'étranges structures allongées que vous avez vues à l'intérieur des cellules en cours de division. Un jour, à la bibliothèque, vous lisez un article récent, écrit par G. Mendel sur des «facteurs» hypothétiques qui selon lui, expliquent les résultats de certains croisements de pois. Vous avez une révélation et vous êtes frappé par le parallèle qui existe entre vos observations sur les sauterelles et les études de Mendel. Vous décidez de lui envoyer une lettre. Que lui écrivez-vous?

(D'après une idée de Ernest Kroeker.)

30. Un papillon femelle sombre est croisé avec un mâle sombre. Les descendants mâles sont tous sombres, alors que la moitié des femelles sont claires et l'autre moitié, sombres. Proposez une explication pour ce mode de transmission.

31. On effectue des croisements réciproques et des auto-fécondations entre deux espèces de mousses, *Funaria mediterranea* et *F. hygrometrica*. Les sporophytes et les feuilles des gamétophytes sont représentés dans le schéma ci-contre.

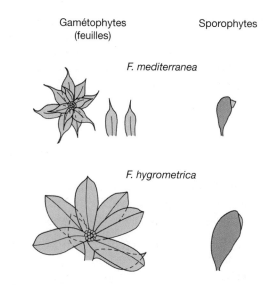

Gamétophytes (feuilles)   Sporophytes

F. mediterranea

F. hygrometrica

Les croisements sont écrits avec en premier le parent femelle.

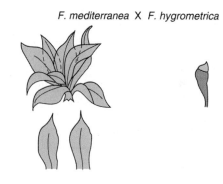

F. mediterranea X *F. hygrometrica*

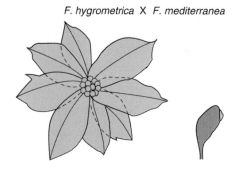

F. hygrometrica X *F. mediterranea*

a. Décrivez les résultats présentés en résumant les principales découvertes.

b. Proposez une explication de ces résultats.

c. Expliquez comment vous testeriez votre explication. Assurez-vous d'indiquer comment vous la distingueriez d'autres hypothèses.

32. Supposez qu'une plante diploïde A possède un cytoplasme génétiquement distinct de celui d'une plante B. Pour étudier les relations noyau-cytoplasme, vous souhaitez obtenir une plante possédant le cytoplasme de la plante A et la majeure partie du génome nucléaire de la plante B. Comment vous y prendriez-vous pour obtenir une telle plante?

33. Vous étudiez une plante dont les tissus comportent à la fois des secteurs blancs et des secteurs verts. Vous aimeriez pouvoir décider si ce phénomène est dû (1) à une mutation chloroplastique telle que nous en avons considérées dans ce chapitre ou (2) à une mutation nucléaire dominante qui inhibe la production de chlorophylle et est présente uniquement dans certaines couches tissulaires de la plante, lui donnant l'aspect d'une mosaïque. Décrivez l'approche expérimentale que vous suivriez pour résoudre ce problème.

34. a. Au début du développement d'une plante, une mutation dans l'ADNcp supprime un site de restriction spécifique de *Bgl*II (*B*) comme on le voit ci-dessous :

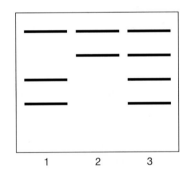

Dans cette espèce, l'ADNcp est transmis par la mère. On plante des graines de cette plante et l'on examine l'ADNcp chez les plantes résultantes. Les ADNcp sont coupés par *Bgl*II et les transferts de type Southern sont hybridés avec la sonde P représentée. Les autoradiogrammes présentent trois profils d'hybridation :

Expliquez la formation de ces trois types de graines.

PROBLÈMES D'ÉVALUATION

35. Chez la plante *Haplopappus gracilis* (une astéracée), 2*n* = 4. Une culture de cellules diploïdes a été établie et lors de la phase prémitotique S, un nucléotide radioactif a été ajouté et incorporé dans de l'ADN néosynthétisé. Les cellules ont ensuite été retirées du bain de radioactivité, lavées, puis on les a laissées subir une mitose. Les chromosomes ou chromatides radioactifs peuvent être détectés en plaçant sur les cellules une émulsion photographique ; les chromosomes ou chromatides radioactifs apparaissent alors couverts de grains d'argent provenant de l'émulsion. (Les chromosomes « se prennent en photo ».) Dessinez les chromosomes lors de la prophase et de la télophase de la première et de la seconde divisions mitotiques qui suivent le traitement radioactif. S'ils sont radioactifs, montrez-le sur votre schéma. S'il y a plusieurs possibilités, montrez-les aussi.

36. Dans l'espèce du problème 35, vous pouvez introduire de la radioactivité en l'injectant dans les anthères lors de la phase S précédant la méiose. Dessinez les quatre produits de la méiose et leurs chromosomes et montrez lesquels sont radioactifs.

37. Les doubles hélices d'ADN des chromosomes peuvent être partiellement déroulées *in situ* par des traitements spéciaux.

a. Si une telle préparation est immergée dans un bain contenant une sonde radioactive, spécifique d'un seul gène, comment la radioactivité apparaîtra-t-elle ?

b. Si une telle préparation est immergée dans un bain contenant une sonde radioactive spécifique d'un ADN répétitif dispersé, comment la radioactivité apparaîtra-t-elle ?

c. Si une telle préparation est immergée dans un bain contenant une sonde radioactive spécifique d'un ARN ribosomial, comment la radioactivité apparaîtra-t-elle ?

38. Si l'ADN génomique est coupé par une enzyme de restriction puis soumis à une électrophorèse qui sépare les fragments en fonction de leur taille, quel profil d'hybridation du transfert Southern obtiendra-t-on en utilisant les trois sondes du problème 37 ?

39. Chez le maïs, l'allèle *f′* produit un albumen farineux et *f″* un albumen siliceux. Dans le croisement ♀ *f′/f′* × ♂ *f″/f″*, tous les albumens produits sont farineux, mais dans le croisement réciproque, tous les albumens produits sont siliceux. Donnez une explication possible ? (Confrontez-la au cycle vital du maïs.)

40. La plante *Haplopappus gracilis* est diploïde et 2*n* = 4. Elle possède une paire de chromosomes longs et une paire de chromosomes courts. Le schéma ci-dessous représente des anaphases (étapes de migration vers les pôles) de cellules individuelles en méiose ou en mitose, dans une plante qui est génétiquement dihybride (*A/a* ; *B/b*) pour des gènes appartenant à des chromosomes différents. Les traits représentent des chromosomes ou chromatides et les pointes des V, leur centromère. Dans chaque cas, dites si le schéma représente une cellule en méiose I, en méiose II ou en mitose. Si l'un des dessins correspond à une situation impossible, signalez-le.

41. L'arbre généalogique ci-dessous montre la récurrence d'une maladie neurologique rare (symboles noirs) et des avortements fœtaux spontanés (petits symboles noirs) dans une famille. (Les barres obliques symbolisent les individus décédés.) Donnez une explication de cet arbre en ce qui concerne la ségrégation cytoplasmique des mitochondries déficientes.

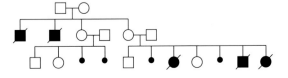

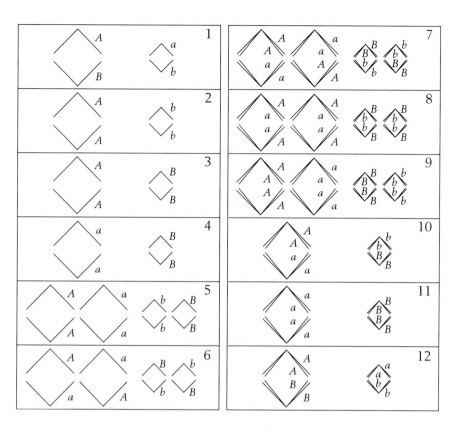

Schéma du problème 40

42. Une forme de stérilité mâle chez le maïs est transmise par le parent maternel. Des plantes appartenant à une lignée dans laquelle les mâles sont stériles sont croisées avec du pollen normal. Les plantes mâles issues de ces croisements sont stériles. De plus, on sait qu'il existe certaines lignées de maïs qui portent un gène nucléaire dominant (*Rf*) restaurant la fertilité du pollen dans les lignées dont les mâles sont stériles.

a. La recherche montre que l'introduction de gènes restaurateurs n'affecte pas le maintien des facteurs cytoplasmiques déterminant la stérilité des mâles. Quels types de résultats expérimentaux pourraient conduire à une telle conclusion?

b. Une plante mâle stérile est croisée avec le pollen provenant d'une plante homozygote pour le gène *Rf*. Quel sera le génotype de la F_1? Et son phénotype?

c. Les plantes de la F_1 de la partie b sont utilisées comme femelles lors d'un croisement-test avec du pollen issu d'une plante normale (*rf/rf*). Quel sera le résultat de ce croisement-test? Indiquez les génotypes et les phénotypes ainsi que le type de cytoplasme.

d. Le gène restaurateur décrit précédemment peut être appelé *Rf-1*. Un autre restaurateur dominant, *Rf-2* a été découvert. *Rf-1* et *Rf-2* sont situés sur des chromosomes différents. L'un de ces allèles restaurateurs ou les deux restaureront la fertilité du pollen. En utilisant une plante mâle stérile comme souche-test, quel sera le résultat d'un croisement dans lequel le parent mâle est:

(i) Hétérozygote au niveau de deux locus restaurateurs?

(ii) Homozygote dominant au niveau d'un locus restaurateur et homozygote récessif au niveau de l'autre?

(iii) Hétérozygote au niveau d'un locus restaurateur et homozygote récessif au niveau de l'autre?

(iv) Hétérozygote au niveau d'un locus restaurateur et homozygote dominant au niveau de l'autre?

4

LA CARTOGRAPHIE DES CHROMOSOMES EUCARYOTES PAR RECOMBINAISON

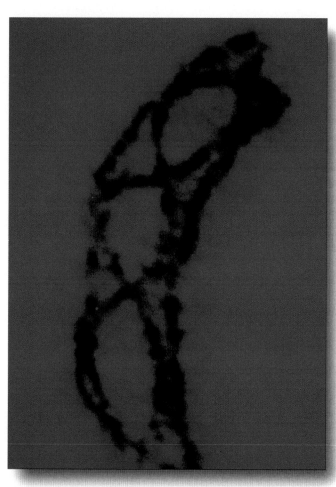

Des chiasmas, les manifestations visibles de crossing-over au cours de la mitose dans un testicule de sauterelle. (John Cabisco/Visuals Unlimited.)

QUESTIONS CLÉS

- Dans le cas de gènes situés sur le même chromosome (appelés *gènes liés*), peut-on détecter de nouvelles combinaisons d'allèles dans la descendance d'un dihybride ?

- Si de nouvelles combinaisons d'allèles apparaissent, par quel mécanisme cellulaire cela se produit-il ?

- La fréquence des nouvelles combinaisons d'allèles de gènes liés peut-elle être mise en relation avec la distance qui les sépare sur le chromosome ?

- Lorsqu'on ignore si deux gènes sont liés, existe-t-il un test qui permette de répondre à cette question ?

SOMMAIRE

L'ESSENTIEL DU CHAPITRE

Ce chapitre traite de l'utilisation de l'analyse de croisements pour cartographier les positions des gènes sur les chromosomes. La position d'un gène sur une carte est une information essentielle pour analyser sa fonction. Vous pourriez penser que le séquençage des génomes complets rend superflue l'analyse de croisements car un tel séquençage révèle les gènes et leurs positions sur le chromosome. Pourtant, on ignore la fonction de la plupart des gènes identifiés grâce au séquençage, ainsi que leur impact sur l'organisme. De ce fait, le gène identifié par l'analyse phénotypique doit être relié au gène identifié par le séquençage. C'est à ce niveau que les cartes chromosomiques sont fondamentales.

Les expériences de Mendel indiquaient que les paires alléliques des gènes influençant différents caractères des pois tels que la taille et la couleur présentent un assortiment indépendant, donnant lieu à des rapports précis de descendants. Pour expliquer l'assortiment indépendant, nous avons montré que les gènes influençant la couleur et la texture sont situés sur des chromosomes différents et que des paires distinctes de chromosomes se comportent indépendamment lors de la méiose. Mais que se passe-t-il lorsque des paires alléliques de gènes différents sont situées sur le *même*

UNE VUE D'ENSEMBLE DU CHAPITRE

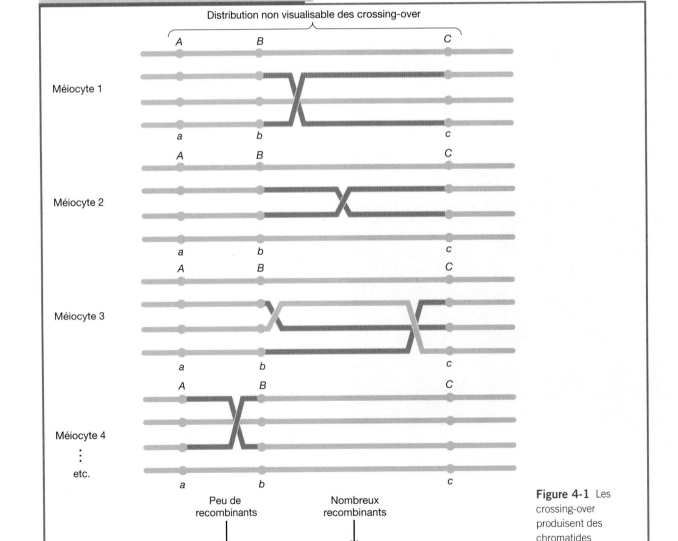

Figure 4-1 Les crossing-over produisent des chromatides recombinantes dont la fréquence d'apparition peut servir à cartographier les gènes sur un chromosome.

chromosome? Ces paires d'allèles présentent-elles une certaine régularité dans leurs modes de transmission? Existe-t-il des rapports caractéristiques ou d'autres modes de transmission associés à ces gènes? Effectivement, il existe des modes simples de transmission propres aux gènes qui résident sur les mêmes chromosomes. Ces modes de transmission vont faire l'objet de ce chapitre.

Une fois encore, l'un des éléments clés de cette analyse est le dihybride – un individu hétérozygote pour deux gènes intéressants (par exemple, *A/a* et *B/b*). Supposons que les deux gènes soient situés sur le même chromosome. Ces dihybrides peuvent être représentés de la manière suivante :

$$\frac{A \qquad B}{a \qquad b}$$

Ce chapitre analyse au niveau le plus simple les modes de transmission produits chez les descendants de ces dihybrides.

Quel serait le résultat du croisement du dihybride ci-dessus? Au lieu de subir un assortiment indépendant, *A* et *B* seront vraisemblablement transmis ensemble, de même que *a* et *b* (après tout, ils sont reliés par le segment chromosomique situé entre eux). En conséquence, le mode de transmission qui en résultera sera différent de celui d'un assortiment indépendant. Parfois cependant, la combinaison des allèles présents sur les chromosomes parentaux *peut* être modifiée, de telle sorte que dans un cas comme celui du dessus, *A* pourra être transmis avec *b* et *a* avec *B*. Le mécanisme de cet assortiment est une cassure et une réunion précises des chromatides parentales au cours de la méiose. Ce processus de «couper-coller» est appelé *crossing-over*. Il a lieu durant le stade où les quatre chromatides produites à partir d'une paire de chromosomes sont regroupées sous la forme d'une tétrade. Les événements du crossing-over se produisent plus ou moins au hasard dans la tétrade. Dans certains méiocytes, ils ont lieu à certaines positions et dans d'autres, en des endroits différents.

La situation générale est illustrée dans la Figure 4-1. Ce schéma est un «instantané» de quatre méiocytes différents qui symbolise la façon dont des crossing-over peuvent se distribuer entre les quatre chromatides. (De nombreux autres arrangements sont possibles.) Dans la figure, les chromatides qui portent les nouvelles combinaisons d'allèles à la suite de crossing-over sont représentées d'une autre couleur. Les crossing-over présentent une propriété très utile: plus la région séparant deux gènes est grande, plus la probabilité d'un crossing-over y est élevée. De ce fait, les crossing-over sont plus probables entre deux gènes éloignés l'un de l'autre sur un chromosome, et moins probables entre deux gènes proches. Grâce à cela, la fréquence des nouvelles combinaisons nous indique si deux gènes sont éloignés ou proches l'un de l'autre et peut être utilisée pour cartographier les positions des gènes sur les chromosomes. On peut voir une carte de ce type au bas de la Figure 4-1, avec les positions des gènes désignées par le terme «locus». Ces types de cartes ont une grande importance dans l'analyse génomique.

4.1 La découverte des modes de transmission des gènes liés

Aujourd'hui, l'analyse des modes de transmission des gènes situés sur le même chromosome est réalisée en routine en recherche génétique. La façon dont les premiers généticiens ont déduit ces modes de transmission est une bonne introduction, car elle permet d'aborder la plupart des idées et procédures fondamentales de cette analyse.

Les écarts par rapport à l'assortiment indépendant

Au début des années 1900, William Bateson et R.C. Punnett étudiaient l'hérédité de deux gènes chez le pois de senteur. Lors de l'autofécondation standard d'un dihybride de la F_1, la F_2 ne présentait pas le rapport $9:3:3:1$ prédit par le principe de l'assortiment indépendant. En fait, Bateson et Punnett observèrent certaines combinaisons d'allèles plus souvent que prévu, ce qui laissait penser que ces allèles étaient d'une façon ou d'une autre liés physiquement. Ils ne trouvèrent pas d'explication à cette découverte.

Plus tard, Thomas Hunt Morgan mit en évidence un écart similaire par rapport à la deuxième loi de Mendel, en étudiant deux gènes autosomiques chez la drosophile. Il proposa une explication du phénomène de l'association apparente des allèles.

Examinons les données de Morgan. L'un de ces gènes affectait la couleur des yeux (*pr*, pourpre, et *pr⁺*, rouge) et l'autre la longueur des ailes (*vg*, vestigiales, et *vg⁺*, normales). Les allèles de type sauvage des deux gènes sont dominants. Morgan effectua un croisement pour obtenir des dihybrides, suivi d'un croisement-test :

P $pr/pr \cdot vg/vg \times pr^+/pr^+ \cdot vg^+/vg^+$

$\downarrow$

F_1 $pr^+/pr \cdot vg^+/vg$
Dihybride

Croisement-test

♀ $pr^+/pr \cdot vg^+/vg$ ×   ♂ $pr/pr \cdot vg/vg$
Femelle dihybride F_1 Mâle de la souche-test

Son utilisation du croisement-test est importante. Comme nous l'avons vu au Chapitre 2, étant donné que le parent de la souche-test ne fournit que des gamètes portant les allèles récessifs, le phénotype des descendants révèle directement les allèles apportés par les gamètes du parent dihybride. Ainsi, le chercheur peut se concentrer sur la méiose d'un seul parent (le dihybride) et ne pas tenir compte de l'autre (la souche-test), au contraire de ce qui se produit dans une F_1 autofécondée, où deux séries de méioses sont à considérer: l'une pour le parent mâle, et l'autre pour le parent femelle.

Voici les résultats obtenus lors du croisement-test de Morgan (la liste qui suit est celle des classes de gamètes issus du dihybride).

$pr^+ \cdot vg^+$	1339
$pr \cdot vg$	1195
$pr^+ \cdot vg$	151
$pr \cdot vg^+$	154
	2839

Ces chiffres sont manifestement très éloignés du rapport mendélien 1:1:1:1 attendu, et indiquent clairement une association de certains allèles. Les allèles associés sont ceux que l'on trouve dans les classes les plus importantes, les combinaisons $pr^+ \cdot vg^+$ et $pr \cdot vg$. Ce sont exactement les combinaisons alléliques introduites par les mouches parentales homozygotes. Le croisement-test révèle également un élément nouveau : il y a environ un rapport 1 : 1 non seulement entre les deux combinaisons parentales ($1339 \approx 1195$) mais également entre les deux combinaisons non parentales ($151 \approx 154$).

Examinons un autre croisement réalisé par Mendel en utilisant les mêmes allèles mais selon une combinaison différente. Dans ce croisement, chaque parent est homozygote pour l'allèle dominant d'un gène et l'allèle récessif de l'autre gène. Une fois encore, on a fait subir un croisement-test aux femelles de la F_1 :

P $\qquad pr^+/pr^+ \cdot vg/vg \times pr/pr \cdot vg^+/vg^+$

$\downarrow$

$F_1 \qquad pr^+/pr \cdot vg^+/vg$
Dihybride

Croisement-test

$\qquad$ ♀ $pr^+/pr \cdot vg^+/vg \qquad \times \qquad$ ♂ $pr/pr \cdot vg/vg$
Femelle dihybride F_1 $\qquad$ Mâle de la souche-test

Les descendants suivants ont été obtenus à l'issue de ce croisement-test :

$pr^+ \cdot vg^+$	157
$pr \cdot vg$	146
$pr^+ \cdot vg$	965
$pr \cdot vg^+$	1067
	2335

Une fois encore, ces résultats sont très éloignés d'un rapport mendélien 1:1:1:1. Pourtant, cette fois-ci, les classes les plus importantes sont inversées par rapport à celles obtenues lors de la première analyse. Notez cependant qu'une nouvelle fois, les classes les plus fréquentes des descendants du croisement-test correspondent aux combinaisons alléliques apportées initialement à la F_1 par les mouches parentales.

Morgan suggéra que les deux gènes de ses analyses étaient situés *sur la même paire de chromosomes homologues*. Donc, lors de la première analyse, lorsque *pr* et *vg* étaient introduits par l'un des parents, ils étaient physiquement situés sur le même chromosome, alors que pr^+ et vg^+ étaient sur le chromosome homologue de l'autre parent (Figure 4-2).

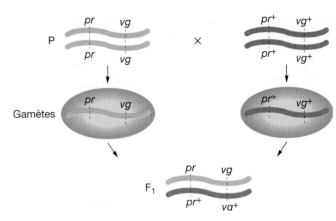

Figure 4-2 La transmission des gènes liés. La transmission simple de deux paires d'allèles situées sur la même paire de chromosomes.

Dans la seconde analyse, un chromosome parental portait *pr* et vg^+, et l'autre pr^+ et *vg*.

Les résultats de ce type sont fréquents dans les analyses génétiques et font partie du processus normal de la transmission des gènes. Ils indiquent que les gènes étudiés sont sur le même chromosome. On dit désormais que des gènes situés sur le même chromosome sont **liés**.

> **MESSAGE** Lorsque deux gènes sont proches l'un de l'autre sur la même paire de chromosomes (c'est-à-dire, liés) leur assortiment n'est pas indépendant.

Le symbolisme et la terminologie de la liaison génétique

Les travaux de Morgan ont montré que des gènes liés chez un dihybride peuvent exister dans deux conformations élémentaires. Dans l'une, les deux allèles dominants ou de type sauvage sont présents sur le même homologue (comme dans la Figure 4-2). On appelle cet arrangement une **conformation *cis***. Dans l'autre, ils se trouvent sur des homologues différents, dans ce que l'on appelle la **conformation *trans***. Les deux conformations s'écrivent de la façon suivante :

Cis $\qquad A\,B/a\,b$
Trans $\qquad A\,b/a\,B$

Voici quelques conventions :

1. Les allèles situés sur le même homologue ne sont séparés par aucun signe de ponctuation.
2. Une barre oblique sépare les deux homologues.
3. Les allèles sont toujours écrits dans le même ordre sur chaque homologue.
4. Comme nous l'avons vu dans des chapitres précédents, lorsque l'on sait que des gènes sont situés sur des chromosomes différents (gènes non liés), on les sépare par un point-virgule – par exemple, *A/a* ; *C/c*.
5. Dans ce livre, les gènes dont on ignore la liaison ou l'absence de liaison sont séparés par un point, $A/a \cdot D/d$.

Les nouvelles combinaisons d'allèles apparaissent à la suite de crossing-over

L'hypothèse de la liaison explique pourquoi les combinaisons alléliques issues des générations parentales restent ensemble – parce qu'elle sont physiquement reliées par le segment de chromosome présent entre elles. Mais comment expliquer l'apparition de la classe minoritaire des combinaisons non parentales ? Morgan suggéra que, lorsque des chromosomes homologues s'apparient durant la méiose, les chromosomes se cassent parfois et échangent des parties d'eux-mêmes au cours d'un processus appelé **crossing-over**. La Figure 4-3 illustre cet échange physique de segments de chromosomes. Les deux nouvelles combinaisons sont appelées **produits de crossing-over**.

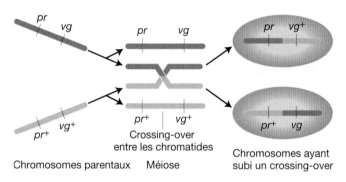

Figure 4-3 Un crossing-over durant la méiose. L'échange de segments par crossing-over peut produire des chromosomes gamétiques dont la combinaison des allèles diffère de celle des parents.

Existe-t-il un processus cytologiquement observable qui pourrait expliquer les crossing-over ? Nous avons vu au Chapitre 3 qu'au cours de la méiose, lorsque les chromosomes homologues dupliqués s'apparient entre eux, une structure en forme de croix appelée *chiasma*, se forme souvent entre deux chromatides non-sœurs. Les chiasmas sont bien visibles dans la figure de présentation du chapitre. Pour Morgan, l'apparition de ces chiasmas confirmait visuellement le concept de crossing-over. (Notons que ces chiasmas semblent indiquer que les crossing-over se produisent entre *chromatides*, et non entre chromosomes non dupliqués. Nous y reviendrons plus loin.)

> **MESSAGE** Les chiasmas sont les manifestations visibles des crossing-over.

Ce qui prouve que le crossing-over est un processus de cassure et de réunion

L'idée selon laquelle les recombinants sont produits par une sorte d'échange de matériel entre des chromosomes homologues était très séduisante, mais il était nécessaire de vérifier expérimentalement cette hypothèse. L'une des premières étapes de cette vérification consistait à rechercher un cas

dans lequel l'échange de parties entre des chromosomes serait visible sous le microscope. Plusieurs chercheurs envisagèrent le problème de la même façon. Nous allons décrire l'une de ces analyses.

En 1931, Harriet Creighton et Barbara McClintock étudiaient deux gènes du maïs qu'elles savaient situés tous deux sur le chromosome 9. L'un affectait la couleur des graines (C, colorées ; c, incolore) et l'autre la composition de l'albumen (*Wx*, ferme : waxy en anglais ; *wx*, farineux). Pourtant, dans une plante, le chromosome 9 dans lequel se trouvaient C et *Wx* était inhabituel car il portait un grand élément au marquage intense (appelé *knob* ou renflement) à l'extrémité C et un morceau plus long de chromosome à l'extrémité *Wx*. L'hétérozygote se présentait ainsi :

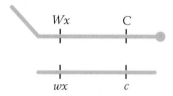

Après avoir fait subir un croisement-test à cette plante, elles comparèrent les chromosomes portant de nouvelles combinaisons alléliques avec les chromosomes portant les allèles parentaux. Elles découvrirent que tous les recombinants avaient reçu l'un ou l'autre des deux chromosomes ci-dessous, selon leur type de recombinaison :

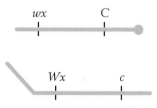

Il y avait donc une corrélation précise entre l'événement *génétique* de l'apparition de nouvelles combinaisons alléliques et l'événement *chromosomique* du crossing-over. Par conséquent, les chiasmas semblaient être les sites d'échange, même si la preuve décisive ne fut apportée qu'en 1978.

Que peut-on dire à propos du mécanisme moléculaire d'échange chromosomique lors d'un événement de crossing-over ? Pour être bref, un crossing-over résulte de la cassure et de la réunion de l'ADN. Deux chromosomes parentaux se cassent à la même position, puis chaque partie se réassocie avec la partie voisine de l'*autre* chromosome. Nous étudierons au Chapitre 14 des modèles des processus moléculaires qui permettent à l'ADN de se rompre et de se réassocier d'une manière si précise qu'aucun matériel génétique n'est gagné ni perdu.

> **MESSAGE** Un crossing-over est une rupture de deux molécules d'ADN à la même position, suivie de leur réassociation selon deux combinaisons réciproques non parentales.

Ce qui prouve que le crossing-over se produit au stade quatre chromatides

Comme nous l'avons vu précédemment, la représentation schématique du crossing-over dans la Figure 4-3 montre un crossing-over au stade quatre chromatides de la méiose. Cependant, il était *théoriquement* possible que ce crossing-over ait lieu au stade *deux* chromosomes (avant la réplication). Cette incertitude fut levée grâce à l'analyse génétique d'organismes dont les quatre produits de méiose restent groupés sous la forme de **tétrades**. Ces organismes, dont nous avons parlé au Chapitre 3, sont des champignons et des algues unicellulaires. Les produits de la méiose contenus dans une même tétrade peuvent être isolés, ce qui équivaut à isoler les quatre chromatides provenant d'un seul méiocyte. Les analyses de tétrades lors de croisements dans lesquels des *gènes sont liés* montrent de nombreuses tétrades contenant quatre combinaisons alléliques différentes. Par exemple, à partir du croisement

$$A\ B \times a\ b$$

certaines tétrades (mais pas toutes) contiennent quatre génotypes :

$$A\ B$$
$$A\ b$$
$$a\ B$$
$$a\ b$$

Ce résultat peut s'expliquer seulement si des crossing-over se produisent au stade quatre chromatides car, s'ils avaient lieu au stade deux chromosomes, il y aurait au maximum deux génotypes différents par tétrade. Ce raisonnement est illustré dans la Figure 4-4.

Des crossing-over multiples peuvent impliquer plus de deux chromatides

L'analyse de tétrades permet également de montrer deux autres caractéristiques importantes du crossing-over. Tout d'abord, dans un méiocyte, plusieurs crossing-over peuvent avoir lieu le long d'une même paire de chromosomes. Par ailleurs, dans un méiocyte, ces crossing-over multiples peuvent mettre en jeu plus de deux chromatides. Pour envisager ce point, examinons le cas le plus simple : celui des doubles crossing-over. Pour étudier les doubles crossing-over, nous avons besoin de trois gènes liés. Par exemple, dans un croisement tel que

$$A\ B\ C \times a\ b\ c$$

de nombreux types différents de tétrades sont possibles, mais certains d'entre eux sont utiles dans le cas présent car ils ne peuvent s'expliquer que par des doubles crossing-over impliquant plus de deux chromatides. Considérons par exemple la tétrade suivante :

$$A\ B\ c$$
$$A\ b\ C$$
$$a\ B\ C$$
$$a\ b\ c$$

Cette tétrade s'explique par deux crossing-over impliquant *trois* chromatides, comme on le voit dans la Figure 4-5a. De plus, le type suivant de tétrade montre que les *quatre* chromatides peuvent participer à des crossing-over au cours de la même méiose (voir Figure 4-5b) :

$$A\ B\ c$$
$$A\ b\ c$$
$$a\ B\ C$$
$$a\ b\ C$$

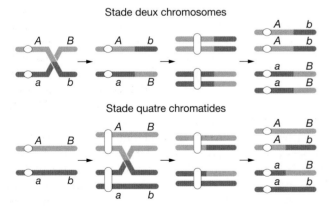

Figure 4-4 Les crossing-over se produisent au stade quatre chromatides. Puisque l'on peut observer dans certaines tétrades plus de deux produits différents à la suite d'une seule méiose, les crossing-over ne peuvent pas se produire au stade deux chromatides (avant la réplication de l'ADN). Le cercle blanc indique la position du centromère. Lorsque les chromatides sœurs sont visibles, le centromère apparaît non répliqué.

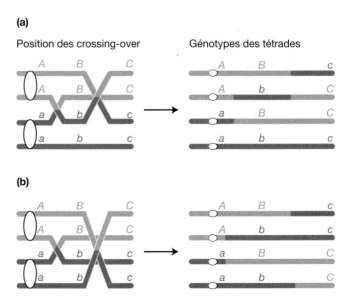

Figure 4-5 Des crossing-over doubles impliquant (a) trois chromatides ou (b) quatre chromatides.

Par conséquent, pour n'importe quelle paire de chromosomes homologues, deux, trois ou même quatre chromatides peuvent être impliquées dans des événements de crossing-over à l'intérieur d'un même méiocyte.

Vous vous demandez peut-être s'il existe des crossing-over entre chromatides sœurs. Il en existe effectivement, mais ils sont rares. Ils ne produisent pas de nouvelles combinaisons alléliques, c'est pourquoi en général, on ne s'en préoccupe pas.

4.2 La recombinaison

La production de nouvelles combinaisons alléliques est désignée par le terme de *recombinaison*. Les crossing-over sont l'un des mécanismes de la recombinaison, de même que l'assortiment indépendant. Nous allons définir dans cette section la recombinaison de façon à ce que vous puissiez la reconnaître en observant des résultats expérimentaux. Nous décrirons également l'analyse et l'interprétation de la recombinaison.

La recombinaison peut se produire dans un certain nombre de situations biologiques, mais nous ne la définirons pour l'instant que dans le cadre de la méiose. On parle de **recombinaison méiotique** *pour tout processus méiotique donnant lieu à un produit haploïde, qui présente de nouvelles combinaisons des allèles portés par les génotypes haploïdes à l'origine du méiocyte dihybride*. Cette définition apparemment complexe est en réalité très simple. Elle souligne le fait que l'on détecte la recombinaison en comparant les génotypes *de sortie* (génotypes résultants) de la méiose et les génotypes *d'entrée* (génotypes parentaux de départ) (Figure 4-6). Ces derniers sont représentés par les deux génotypes haploïdes dont la combinaison produit le méiocyte, la cellule diploïde qui subit la

méiose. Chez les humains, les cellules de départ sont l'ovule et le spermatozoïde parentaux qui s'unissent pour former un zygote diploïde. Ces gamètes donnent donc naissance à toutes les cellules du corps, y compris les méiocytes stockés dans les gonades. Les génotypes de sortie sont les produits haploïdes de la méiose. Chez les humains, il s'agit des ovules ou des spermatozoïdes de chaque individu. Tout produit méiotique qui possède une nouvelle combinaison des allèles fournis par les deux génotypes d'entrée est par définition un **recombinant**.

> **MESSAGE** Lors de la méiose, la recombinaison produit des recombinants, qui sont les produits méiotiques haploïdes possédant de nouvelles combinaisons des allèles apportés par les génotypes haploïdes dont l'union a produit le méiocyte.

Il est facile de détecter les recombinants chez des organismes dont les cycles vitaux sont haploïdes, tels que les champignons ou les algues. Les génotypes d'entrée et de sortie des cycles haploïdes sont les génotypes des individus et peuvent donc être déduits directement des phénotypes. La Figure 4-6 montre pourquoi il est possible d'identifier facilement des recombinants chez des organismes avec des cycles vitaux haploïdes. Détecter les recombinants dans le cas d'organismes dont les cycles vitaux sont diploïdes est bien plus compliqué. Les génotypes d'entrée et de sortie des cycles vitaux diploïdes sont les gamètes. C'est pourquoi nous devons connaître les génotypes des gamètes de départ et des gamètes résultants pour détecter les recombinants chez un organisme avec un cycle diploïde. Nous ne pouvons détecter directement les génotypes des gamètes de départ ni des gamètes résultants. Pour connaître les gamètes de départ, il est nécessaire que les parents diploïdes soient de souche pure car dans ce cas, ils ne peuvent produire qu'un seul type de gamète. Pour détecter les gamètes recombinants résultants, il nous faut réaliser un croisement-test avec l'individu diploïde et observer sa descendance (Figure 4-7). S'il est démontré qu'un descendant du croisement-test est issu d'un produit recombinant de la méiose, il est lui aussi appelé *recombinant*. Il faut à nouveau souligner que le croisement-test nous permet de nous concentrer sur *une seule* méiose, et d'éviter ainsi toute ambiguïté. À la suite de l'autofécondation de la F_1 de la Figure 4-7, par exemple, un descendant recombinant *A/A ; B/b* ne peut être distingué de *A/A ; B/B* sans croisements supplémentaires.

Les recombinants sont produits par deux processus cellulaires distincts : l'assortiment indépendant et les crossing-over. La proportion de recombinants est une notion clé ici car c'est la valeur qui permet de dire si deux gènes sont liés ou non. Nous allons d'abord considérer l'assortiment indépendant.

La recombinaison des gènes non liés a lieu par assortiment indépendant

Chez un dihybride dont les gènes se trouvent sur des chromosomes séparés, les recombinants sont produits par

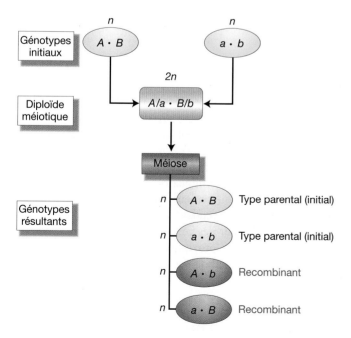

Figure 4-6 La recombinaison méiotique. Les recombinants sont les produits de la méiose dont les combinaisons alléliques diffèrent de celles des cellules haploïdes à l'origine du diploïde méiotique.

Figure 4-7 La détection de la recombinaison chez des organismes diploïdes. Le plus facile pour détecter les produits recombinants d'une méiose diploïde est d'effectuer un croisement entre un hétérozygote et une souche-test récessive. Remarquez que la Figure 4-6 fait partie de ce schéma.

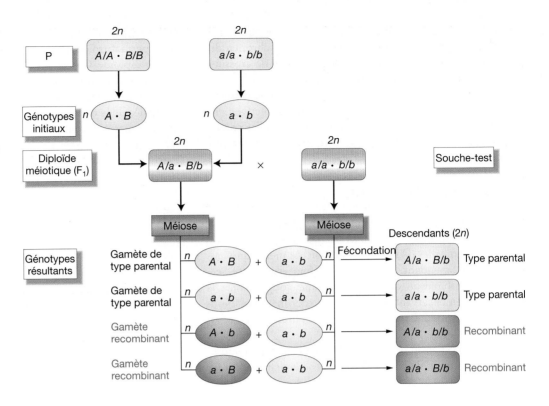

assortiment indépendant, comme le montre la Figure 4-8. Reprenons une analyse mendélienne standard pour illustrer la façon dont les recombinants sont produits.

P	A/A ; B/B	×	a/a ; b/b
Gamètes	A ; B		a ; b
F_1	A/a ; B/b		
Croisement-test	A/a ; B/b	×	a/a ; b/b
	Dihybride de la F_1		Souche-test
Descendants	$\frac{1}{4}$ A/a ; B/b		
	$\frac{1}{4}$ a/a ; b/b		
	$\frac{1}{4}$ A/a ; b/b recombinant		
	$\frac{1}{4}$ a/a ; B/b recombinant		

Les deux derniers génotypes doivent être recombinants car ils sont formés à partir des gamètes du dihybride (génotypes de sortie) qui différaient des gamètes de la F_1 (génotypes d'entrée). Remarquez que la fréquence des recombinants issus d'un assortiment indépendant doit être de 50 % ($\frac{1}{4}+\frac{1}{4}$).

Une fréquence de recombinaison de 50 % dans un croisement-test suggère que l'assortiment des deux gènes étudiés est indépendant. L'interprétation la plus simple et la plus probable d'un assortiment indépendant est que les deux gènes sont situés sur des paires distinctes de chromosomes. (Toutefois, des gènes suffisamment distants l'un de l'autre sur le *même* chromosome peuvent se comporter quasiment indépendamment et donner le même résultat; se reporter à la fin du chapitre.)

La recombinaison des gènes liés a lieu par crossing-over

Lors de l'étude de Morgan, les gènes liés ne pouvaient ségréger indépendamment mais il y avait pourtant des recombinants. Comme nous l'avons vu, ils avaient obligatoirement été produits par crossing-over. Les analyses de tétrades chez les champignons avaient montré que pour n'importe quel doublet de gènes liés spécifiques, des crossing-over se produisaient entre eux dans certains méiocytes mais pas dans d'autres. La situation générale est représentée dans la Figure 4-9. (Les crossing-over multiples sont plus rares, nous en parlerons plus tard.)

En général, dans le cas de gènes suffisamment proches l'un de l'autre sur la même paire de chromosomes, les fréquences de recombinants sont significativement inférieures à 50 % (Figure 4-10, page 124). Nous avons vu un exemple de cette situation dans les données de Morgan (voir page 117) où la fréquence de recombinaison était (151 + 154) ÷ 2839 = 10,7 %. Ceci est nettement inférieur aux 50 % attendus d'un assortiment indépendant. La fréquence de recombinaison qui apparaît pour des gènes liés génétiquement varie de 0 à 50 %, selon leur proximité (voir ci-dessous). Plus des gènes sont éloignés, plus leur fréquence de recombinaison est proche de 50 %. Qu'en est-il des fréquences de recombinaison supérieures à 50 % ? En fait, on n'observe *jamais* de telles fréquences, comme nous le verrons plus loin.

Remarquez dans la Figure 4-9 qu'un crossing-over unique donne lieu à des produits recombinants réciproques, ce qui explique pourquoi les classes de recombinants réciproques ont généralement une fréquence voisine.

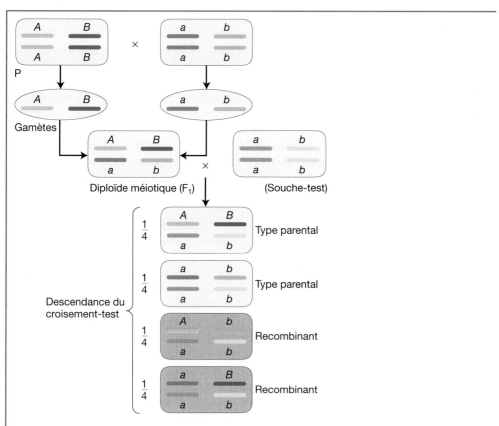

Figure 4-8 La recombinaison entre des gènes non liés à la suite d'un assortiment indépendant. Ce schéma montre deux paires de chromosomes chez un organisme diploïde avec A et a sur l'une des paires et B et b sur l'autre. L'assortiment indépendant des gènes produit toujours une fréquence de recombinants de 50 %. Notez que nous pourrions représenter la situation haploïde en enlevant le croisement parental (P) et le croisement-test.

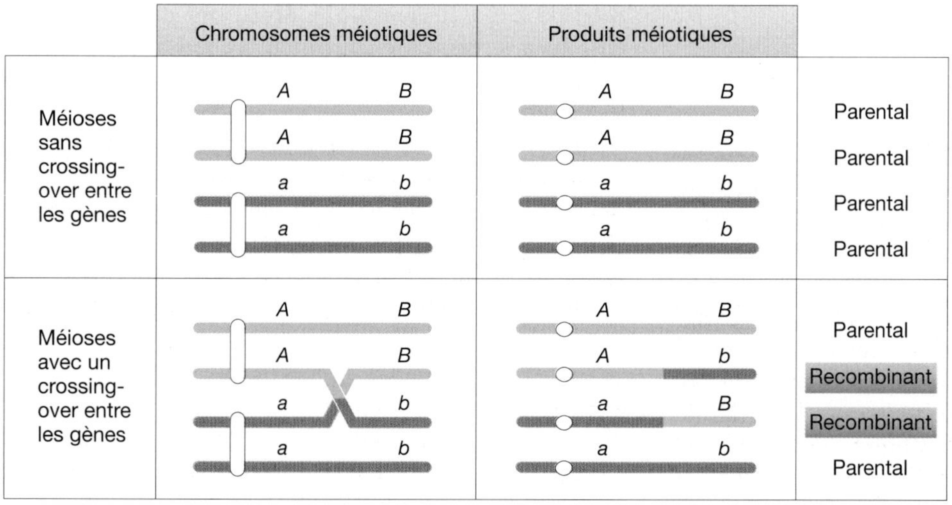

	Chromosomes méiotiques	Produits méiotiques	
Méioses sans crossing-over entre les gènes	A B A B a b a b	A B A B a b a b	Parental Parental Parental Parental
Méioses avec un crossing-over entre les gènes	A B A B a b a b	A B A b a B a b	Parental Recombinant Recombinant Parental

Figure 4-9 La recombinaison entre des gènes liés à la suite d'un crossing-over. Les recombinants apparaissent à la suite de méioses au cours desquelles un crossing-over se produit entre des chromatides non-sœurs, dans une région étudiée.

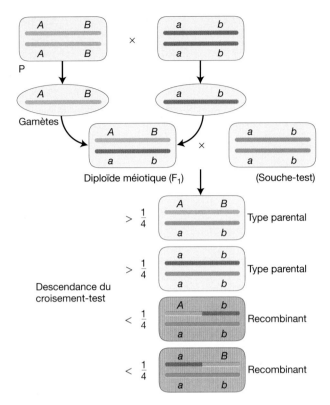

Figure 4-10 Les fréquences de recombinants produites par un crossing-over. Les fréquences de ces recombinants ne dépassent jamais 50 %.

> **MESSAGE** Une fréquence de recombinaison significativement inférieure à 50 % indique que les gènes sont liés. Une fréquence de recombinaison de 50 % signifie généralement que les gènes ne sont pas liés et sont sur des chromosomes différents.

4.3 Les cartes de liaison génétique

Plus Morgan étudiait de gènes liés génétiquement, plus il constatait que la proportion de recombinants dans la descendance était variable selon le couple de gènes liés étudiés. Il supposa que de telles variations des fréquences de recombinants pourraient indiquer d'une façon ou d'une autre les distances réelles séparant les gènes sur les chromosomes. Morgan délégua l'étude de ce problème à un étudiant, Alfred Sturtevant, qui (comme Bridges) devint un généticien réputé. Morgan demanda à Sturtevant, alors étudiant en deuxième cycle, d'expliquer les données correspondant aux crossing-over entre des gènes liés différents. En une nuit, Sturtevant développa une méthode pour cartographier les gènes, encore utilisée aujourd'hui. Selon ses propres termes, «à la fin de 1911, lors d'une conversation avec Morgan, je réalisai brusquement que les variations dans l'importance de la liaison génétique, déjà attribuées par Morgan à des différences d'éloignement entre gènes, m'offraient la possibilité de déterminer des séquences linéaires de gènes le long des chromosomes. Je rentrai chez moi et consacrai la majeure partie de la nuit (au détriment de mon travail universitaire) à établir la première carte chromosomique».

Dans la logique de Sturtevant, considérons les résultats de l'un des croisements-test de Morgan, mettant en jeu les gènes *pr* et *vg*, à partir desquels il calcula une fréquence de recombinaison de 10,7 %. Sturtevant suggéra d'utiliser ce pourcentage de recombinants comme une indication quantitative de la distance linéaire séparant deux gènes sur une carte génétique, ou **carte de liaison génétique**, comme on l'appelle parfois.

L'idée de base est relativement simple. Imaginons deux gènes donnés, séparés par une distance fixe. Supposons ensuite que des crossing-over se produisent de façon aléatoire sur toute la longueur des homologues appariés. Au cours de certaines divisions méiotiques, des crossing-over ont lieu au hasard entre les chromatides non-sœurs, dans la région chromosomique qui sépare ces deux gènes; de ces méioses, sont issus des recombinants. Dans d'autres divisions méiotiques, aucun crossing-over ne se produit entre ces gènes et aucun recombinant ne sera donc produit par ces méioses. (Revenez vers la Figure 4-1 pour une représentation schématique.) Sturtevant postula alors l'existence d'une proportionnalité approximative : plus la distance séparant les gènes liés est grande, plus la probabilité qu'un crossing-over se produise dans la région chromosomique qui les sépare est élevée, et donc, plus la proportion de recombinants produits est importante. En déterminant la fréquence des recombinants, nous pouvons donc en déduire une mesure de la distance séparant les gènes. En fait, Sturtevant définit une **unité génétique** (u.g.) comme la distance entre deux gènes, pour laquelle un produit de méiose sur 100 est un recombinant. Autrement dit, une **fréquence de recombinaison (F.R.)** de 0,01 (1 %) est définie comme 1 u.g. Cette unité est parfois appelée le **centimorgan (cM)**, en l'honneur de Thomas Hunt Morgan.

Une conséquence directe de la façon dont la distance génétique est mesurée est que, si les gènes *A* et *B* sont distants de 5 unités génétiques (5 u.g.), et que les gènes *A* et *C* sont distants de 3 u.g., alors *B* et *C* devraient être séparés de 8 ou de 2 u.g. (Figure 4-11). Sturtevant découvrit que tel était bien le cas. En d'autres termes, son analyse suggérait fortement que les gènes sont arrangés de façon linéaire sur les chromosomes.

La place occupée par un gène sur la carte génétique – et sur le chromosome – est appelée le **locus du gène** (au pluriel, loci ou locus). Le locus du gène de la couleur des yeux et le locus du gène de la longueur des ailes, par exemple, sont distants de 11 u.g. Ils sont habituellement schématisés de la façon suivante :

$$\underset{pr}{\vdash} \quad\quad\quad 11,0 \quad\quad\quad \underset{vg}{\dashv}$$

On abrège généralement le locus du gène de la couleur des yeux en «locus *pr*», d'après le premier allèle mutant découvert, mais il représente en fait la place sur le chromosome de *n'importe quel* allèle du même gène.

L'analyse génétique fonctionne dans les deux sens. À partir d'une distance génétique donnée (en unités génétiques), nous pouvons prédire les fréquences des descendants dans les différentes classes. Par exemple, la distance génétique

Figure 4-11 Les distances génétiques sont additives. Une région chromosomique comportant trois gènes liés. Le calcul des distances *A-B* et *A-C* nous laisse deux possibilités indiquées pour la distance *B-C*.

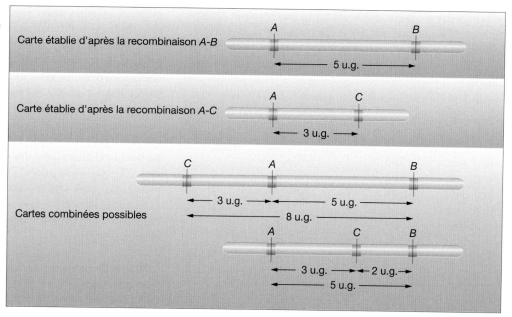

Carte établie d'après la recombinaison *A-B*

A   *B*

← 5 u.g. →

Carte établie d'après la recombinaison *A-C*

A   *C*

← 3 u.g. →

Cartes combinées possibles

C   *A*   *B*

← 3 u.g. → ← 5 u.g. →

← 8 u.g. →

A   *C*   *B*

← 3 u.g. → ← 2 u.g. →

← 5 u.g. →

entre les locus *pr* et *vg* chez la drosophile est d'environ 11 unités génétiques. Par conséquent, dans la descendance du croisement-test d'une femelle dihybride en conformation *cis* (*pr vg/pr⁺ vg⁺*), nous savons qu'il y a 11 % de recombinants. Ces recombinants seront constitués de deux recombinants réciproques de fréquence égale : donc 5,5 % seront *pr vg⁺ /pr vg*, et 5,5 % *pr⁺ vg/pr vg*. Dans la descendance du croisement-test d'une femelle dihybride en conformation *trans* (*pr vg⁺/ pr⁺ vg*), 5,5 % seront *pr vg/pr vg* et 5,5 % *pr⁺ vg⁺/pr vg*.

Il y a de fortes chances pour que la « distance » représentée sur une carte de liaison génétique corresponde à une distance physique sur le chromosome, et c'est très certainement ce que Morgan et Sturtevant voulaient mettre en évidence. Cependant, nous devons bien comprendre que la carte génétique est une entité construite à partir d'une analyse purement génétique. La carte génétique aurait pu être réalisée même en ignorant l'existence des chromosomes. De plus, à ce niveau de la discussion, nous ne pouvons dire si les « distances génétiques » calculées à partir des fréquences de recombinaison représentent des distances physiques réelles sur les chromosomes. Pourtant, des analyses cytogénétiques et des séquençages génomiques ont montré que les distances génétiques sont en fait approximativement proportionnelles aux distances chromosomiques. Néanmoins, il faut souligner que la structure hypothétique (la carte de liaison génétique) a été développée par rapport à une structure très réelle (le chromosome). En d'autres termes, la théorie chromosomique a permis la mise au point de la cartographie génétique.

MESSAGE La recombinaison entre des gènes liés peut être utilisée pour établir la distance qui sépare ces gènes sur un chromosome. L'unité de cartographie génétique (1 u.g.) se définit comme une fréquence de recombinaison de 1 %.

Les croisements-test à trois points

Jusqu'ici nous avons considéré la liaison génétique lors de croisements de dihybrides (doubles hétérozygotes) avec des souches-test doubles récessives. Le niveau de complexité suivant consiste à effectuer le croisement d'un trihybride (triple hétérozygote) avec une souche-test triple récessive. Ce type de croisement, appelé **croisement-test à trois points**, est une approche standard utilisée pour l'analyse de liaison génétique. Le but est de déduire si les trois gènes sont liés et, si c'est le cas, de déterminer leur ordre et les distances génétiques qui les séparent.

Considérons un exemple, qui provient également de la drosophile. Ici, les allèles mutants sont *v* (yeux vermillon), *cv* (absence de veine transversale sur l'aile), et *ct* (bords des ailes coupés). L'analyse est effectuée en réalisant les croisements suivants :

P $v⁺/v⁺ \cdot cv/cv \cdot ct/ct \times v/v \cdot cv⁺/cv⁺ \cdot ct⁺/ct⁺$

Gamètes $v⁺ \cdot cv \cdot ct$ $v \cdot cv⁺ \cdot ct⁺$

Trihybride de la F₁ $v/v⁺ \cdot cv/cv⁺ \cdot ct/ct⁺$

On fait subir aux femelles trihybrides un croisement-test avec des mâles triples récessifs :

P ♀ $v/v⁺ \cdot cv/cv⁺ \cdot ct/ct⁺$ × ♂ $v/v \cdot cv/cv \cdot ct/ct$

Femelle trihybride de la F₁   Mâle de la souche-test

On peut obtenir 2 × 2 × 2 = 8 génotypes gamétiques possibles à partir de n'importe quel trihybride. Ce sont les génotypes que l'on observe chez les descendants du croisement-test. La tableau (à la page suivante) indique le nombre de chacun des huit génotypes gamétiques, obtenus à partir d'un échantillon de 1448 mouches filles. Les colonnes de droite indiquent les génotypes recombinants (R) pour les locus considérés deux par deux. Nous devons être prudents en ce qui concerne la classification des types parentaux et recombinants. Notons que les génotypes parentaux des triples hétérozygotes sont $v^+ \cdot cv \cdot ct$ et $v \cdot cv^+ \cdot ct^+$. Toute combinaison différente des deux précédentes correspond à un recombinant.

Gamètes		*Recombinant pour les locus*		
		v et cv	v et ct	cv et ct
$v \cdot cv^+ \cdot ct^+$	580			
$v^+ \cdot cv \cdot ct$	592			
$v \cdot cv \cdot ct^+$	45	R		R
$v^+ \cdot cv^+ \cdot ct$	40	R		R
$v \cdot cv \cdot ct$	89	R	R	
$v^+ \cdot cv^+ \cdot ct^+$	94	R	R	
$v \cdot cv^+ \cdot ct$	3		R	R
$v^+ \cdot cv \cdot ct^+$	5		R	R
	1448	268	191	93

Analysons les locus deux par deux en commençant par les locus v et cv. En d'autres termes, nous allons seulement regarder dans la liste des gamètes les deux premières colonnes et cacher la troisième. Puisque les gamètes parentaux sont $v \cdot cv^+$ et $v^+ \cdot cv$, nous savons que par définition, les recombinants sont $v \cdot cv$ et $v^+ \cdot cv^+$. Il y a $45 + 40 + 89 + 94 = 268$ de ces recombinants, soit sur 1448 mouches, une FR de 18,5 %.

Pour les locus v et ct, les recombinants sont $v \cdot ct$ et $v^+ \cdot ct$. Il y a $89 + 94 + 3 + 5 = 191$ de ces recombinants parmi les 1448 mouches, soit une FR de 13,2 %.

Enfin, pour ct et cv, les recombinants sont $cv \cdot ct^+$ et $cv^+ \cdot ct$. Il y a $45 + 40 + 3 + 5 = 93$ de ces recombinants parmi les 1448 mouches, soit une FR de 6,4 %.

Tous les locus sont liés, car les valeurs de FR sont toutes considérablement inférieures à 50 %. Puisque les locus v et cv présentent la valeur de FR la plus élevée, ils doivent être les plus éloignés l'un de l'autre ; par conséquent, le locus ct doit se situer entre eux deux. On peut représenter une carte comme ci-dessous :

Le croisement-test peut être réécrit ainsi, maintenant que nous connaissons l'ordre de liaison des locus :

$$v^+ ct\ cv/v\ ct^+ cv^+ \times v\ ct\ cv/v\ ct\ cv$$

À ce stade, il faut souligner plusieurs points importants. Tout d'abord, l'ordre des gènes que nous avons déduit est différent de celui de notre énoncé des génotypes de la descendance. Le but de l'exercice étant de déterminer la relation de liaison génétique entre ces gènes, la disposition de départ ne pouvait qu'être arbitraire ; l'ordre était tout simplement inconnu avant l'analyse des données. Il faut donc réécrire les gènes dans l'ordre correct.

Deuxièmement, nous avons établi de manière sûre la position de ct entre v et cv, ainsi que les distances entre ct et ces locus en unités génétiques. Mais nous avons placé arbitrairement v à gauche et cv à droite ; en réalité, la carte pourrait aussi bien être inversée.

Il est à noter pour finir que les cartes de liaison génétique ne représentent que les relations des locus les uns par rapport aux autres, avec des unités génétiques définies. Nous ne savons pas où se situent les locus sur un chromosome – ni même sur quel chromosome ils se trouvent. Cependant, augmenter le nombre de locus cartographiés par rapport à ces trois locus, permettra à terme de « baliser » entièrement le chromosome.

> **MESSAGE** Un croisement-test à trois points (ou plus) permet aux généticiens d'évaluer en un seul croisement la liaison génétique qui existe entre trois gènes (ou plus).

Un dernier point à souligner est que la somme des deux plus petites distances établies, soit 13,2 u.g. et 6,4 u.g., est de 19,6 u.g., ce qui est supérieur à 18,5 u.g., la distance calculée pour v et cv. Comment expliquer cela ? La réponse à cette question se trouve dans la façon dont nous avons analysé les deux classes de recombinants les plus rares (pour un total de 8) par rapport à la recombinaison de v et cv. Maintenant que nous disposons de la carte, nous pouvons constater que ces deux classes rares sont en fait des doubles recombinants issus de deux crossing-over (Figure 4-12). Cependant, lorsque nous avons calculé la valeur de la FR pour v et cv, nous n'avons pas compté les génotypes $v\ ct\ cv^+$ et $v^+\ ct^+\ cv$; après tout, pour v et cv, il s'agit de combinaisons parentales ($v\ cv^+$ et $v^+\ cv$). Une fois la carte établie pourtant, nous voyons que nous avons sous-estimé la distance séparant les locus v et cv. Non seulement, il aurait fallu compter ces deux classes rares, mais encore aurait-il fallu les compter deux fois, puisque chacune d'elles représente une classe de doubles recombinants. La correction à apporter s'obtient donc en ajoutant les nombres $45 + 40 + 89 + 94 + 3 + 3 + 5 + 5 = 284$. Pour le total de 1 448 mouches, ce nombre correspond exactement à 19,6 %, ce qui équivaut exactement à la somme des deux valeurs de FR obtenues ci-dessus.

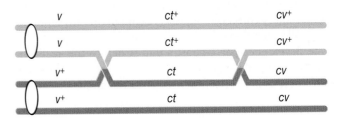

Figure 4-12 Un exemple de double crossing-over impliquant deux chromatides. Remarquez qu'un double crossing-over produit des chromatides doubles recombinantes qui ont les combinaisons alléliques parentales au niveau des locus des extrémités. Il n'est pas possible de déterminer la position du centromère à partir des données expérimentales. Il a été indiqué pour mémoire.

Déduire l'ordre des gènes par simple examen

Forts de l'expérience acquise avec le croisement-test à trois points, nous pouvons reconsidérer la composition de la descendance et constater que dans le cas de trihybrides dont les gènes sont liés, il est souvent possible de déduire l'ordre des gènes par simple examen, sans analyser les fréquences de recombinaison. Seuls trois ordres de gènes sont possibles, chacun avec un gène différent en position médiane. En général, les classes de doubles recombinants sont les moins importantes. Un seul ordre est compatible avec les classes les plus réduites formées par des doubles crossing-over, comme on le voit dans la Figure 4-13, c'est-à-dire que seul un ordre donne des doubles recombinants de génotype $v\ ct\ cv^+$ et $v^+\ ct^+\ cv$.

L'interférence

Connaître l'existence des doubles crossing-over nous permet de nous poser des questions sur leur possible interdépendance. Nous pouvons nous demander si les crossing-over ayant lieu dans des régions chromosomiques adjacentes sont des événements indépendants, ou si un crossing-over dans une région peut modifier la probabilité qu'un autre crossing-over ait lieu dans une région adjacente. Il s'avère que les crossing-over s'inhibent généralement mutuellement en raison d'une interaction appelée **interférence**. Les classes de doubles recombinants peuvent être utilisées pour déduire l'étendue de cette interférence.

L'interférence peut être mesurée de la façon suivante. Si les crossing-over dans les deux régions se produisaient indépendamment, alors nous pouvons utiliser la règle du produit (voir page 39) pour estimer la fréquence des doubles recombinants : celle-ci devrait être égale au produit des fréquences de recombinants dans les régions adjacentes. Dans l'exemple *v-ct-cv*, la FR de *v-ct* est de 0,132, et la FR de *ct-cv* est de 0,064, de sorte que, s'il n'y avait pas d'interférence, les doubles recombinants devraient apparaître à une fréquence de

$0,132 \times 0,064 = 0,0084$ (0,84 %). Dans l'échantillon de 1448 mouches, il faudrait s'attendre à $1448 \times 0,0084 = 12$ doubles recombinants. Pourtant, nous n'en observons que 8. Si ce nombre de doubles recombinants inférieur au nombre attendu était couramment observé, cela signifierait que les deux régions ne sont pas indépendantes et suggérerait que la distribution des crossing-over favorise les simples crossing-over au détriment des doubles. En d'autres termes, on pourrait conclure à une certaine interférence – un crossing-over réduisant la probabilité qu'un autre crossing-over se produise dans une région adjacente.

L'interférence peut se quantifier en calculant un terme appelé **coefficient de coïncidence (c.d.c.)**, qui est le rapport entre le nombre de doubles recombinants observés et le nombre de doubles recombinants attendus. L'interférence (I) est définie comme $1 - $ c.d.c. Ainsi

$$I = 1 - \frac{\text{Fréquence ou nombre de doubles recombinants observés}}{\text{Fréquence ou nombre de doubles recombinants attendus}}$$

Dans notre exemple,

$$I = 1 - \frac{8}{12} = \frac{4}{12} = \frac{1}{3}, \text{soit } 33\,\%$$

Dans certaines régions, on n'observe jamais de doubles recombinants. Dans ces cas, c.d.c. = 0, de sorte que I = 1 et l'interférence est totale. La plupart du temps, les valeurs de l'interférence observées lorsqu'on cartographie des locus chromosomiques sont comprises entre 0 et 1.

Vous pouvez vous demander pourquoi nous utilisons toujours des femelles hétérozygotes pour les croisements-test chez la drosophile. L'explication réside dans l'existence d'une particularité chez les drosophiles mâles. Lorsque des mâles $pr\ vg/pr^+\ vg^+$ sont croisés avec des femelles $pr\ vg/pr\ vg$, on obtient uniquement des descendants $pr\ vg/pr^+\ vg^+$ et $pr\ vg/pr\ vg$. Ce résultat montre qu'il n'y a pas de crossing-over chez les drosophiles mâles ! Toutefois, cette absence de crossing-over chez l'un des sexes est limitée à certaines espèces ; ce n'est pas le cas pour les mâles de toutes les espèces (ni pour le sexe hétérogamétique). Chez d'autres organismes, il y a des crossing-over chez les mâles XY et les femelles WZ. Cette absence de crossing-over chez les drosophiles mâles s'explique par une prophase I inhabituelle, sans complexes synaptonémaux. Entre parenthèses, il y a également une différence de recombinaison entre homme et femme. Pour les mêmes locus, on observe des taux de recombinaison plus élevés chez la femme que chez l'homme.

La cartographie à l'aide de marqueurs moléculaires

Les gènes sont bien évidemment importants lorsqu'on analyse leur fonction, mais lors des analyses de liaison génétique, ils sont souvent utilisés comme de simples « marqueurs » sur les cartes chromosomiques, comme les bornes kilométriques sur les routes. Pour qu'un gène puisse remplir son rôle de marqueur, il doit comporter au moins deux allèles pour que l'on dispose d'un hétérozygote pour des analyses cartographiques. Durant les premières années de la cartographie génétique,

Ordres possibles des gènes	Chromatides doubles recombinantes

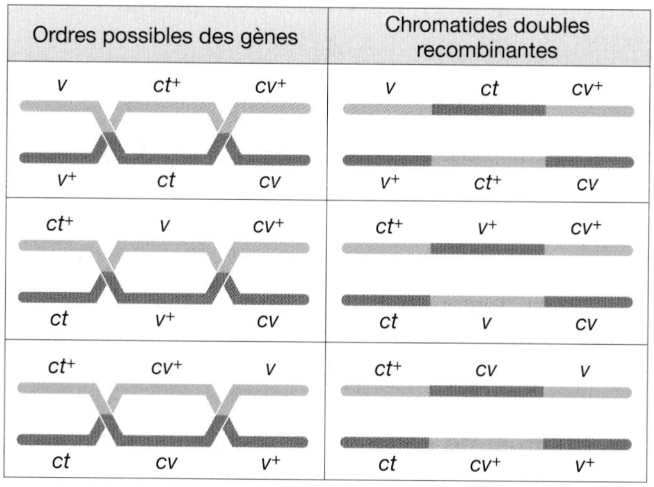

Figure 4-13 Chaque ordre de gènes crée des génotypes uniques de doubles recombinants. Les trois ordres possibles de gènes et les produits résultant d'un double crossing-over sont représentés. Seule la première possibilité est compatible avec les données du texte. Remarquez que seules les chromatides non-sœurs impliquées dans le double crossing-over sont figurées.

les marqueurs étaient des gènes dont les différents allèles produisaient des phénotypes distincts reconnaissables. Plus les organismes étaient étudiés, plus on disposait d'allèles mutants, d'où un grand nombre de gènes utilisables comme marqueurs pour les études de cartographie. Cependant, même lorsque les cartes paraissaient «pleines» de locus d'effet phénotypique connu, les mesures révélèrent que ces gènes étaient séparés par de grandes quantités d'ADN. Ces intervalles ne pouvaient être cartographiés par une analyse de liaison génétique car aucun phénotype ne pouvait être associé aux gènes dans ces régions. Il aurait fallu trouver un grand nombre de marqueurs génétiques supplémentaires pour combler les vides afin d'obtenir une carte génétique de plus haute résolution. La découverte de différentes sortes de marqueurs moléculaires apporta une solution à ce problème.

Un **marqueur moléculaire** est un site qui présente une hétérozygotie pour un type de changement d'ADN, qui n'est associé à aucune variation phénotypique mesurable. On parle alors de changements *silencieux*. Un tel site hétérozygote peut être cartographié par analyse génétique comme une paire d'allèles hétérozygote traditionnelle. Puisque l'on peut détecter facilement les marqueurs moléculaires et qu'ils sont si nombreux dans un génome, lorsqu'on les cartographie, ils remplissent les vides entre les gènes de phénotype connu. Les deux types fondamentaux de marqueurs moléculaires sont basés sur des différences nucléotidiques ou de quantités d'ADN répétitif.

L'UTILISATION DES POLYMORPHISMES NUCLÉOTIDIQUES POUR LA CARTOGRAPHIE

Certaines positions dans l'ADN sont occupées par un nucléotide différent dans des chromosomes homologues distincts. On appelle ces différences, des polymorphismes de nucléotides uniques ou SNP (prononcez «snip», pour *single nucleotide polymorphism* en anglais). Bien que la plupart d'entre eux soient silencieux, ils fournissent des marqueurs pour la cartographie. Il existe plusieurs façons de détecter ces polymorphismes, dont la plus simple consiste à les visualiser par analyse à l'aide d'enzymes de restriction. Les enzymes de restriction bactériennes coupent l'ADN au niveau de séquences cibles spécifiques qui existent par hasard dans l'ADN d'autres organismes. Généralement, les sites cibles se trouvent à la même position dans l'ADN d'individus différents d'une même population, c'est-à-dire dans l'ADN de chromosomes homologues. Toutefois, assez souvent, un site particulier peut être absent à la suite d'une mutation silencieuse qui touche un ou plusieurs nucléotides. La mutation peut se produire à l'intérieur d'un gène ou dans une zone intergénique non codante. Si un individu est hétérozygote pour la présence et l'absence d'un tel site (+/−), alors ce locus peut servir à la cartographie. L'une des façons de découvrir les sites +/− consiste à appliquer la technique de Southern, en utilisant une sonde provenant de l'ADN de cette région. Voici un exemple typique de marqueur hétérozygote :

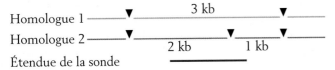

Sur une hybridation de type Southern d'un tel individu, la sonde révélerait trois fragments, de tailles respectives 3, 2 et 1 kb. Les multiples formes de cette région constituent un **polymorphisme de longueur des fragments de restriction** (RFLP pour *restriction fragment length polymorphism*). Vous pouvez voir que dans ce cas, le RFLP est basé sur le SNP au niveau du site central. Le RFLP hétérozygote peut être lié à un gène hétérozygote, comme on le voit ci-dessous pour le gène *D* dans sa conformation *cis* avec le morphe (1 − 2) :

Des crossing-over entre ces sites donneraient des produits recombinants détectables sous la forme *D* − 3 et *d* −2−1. De cette façon, le locus du RFLP peut être cartographié par rapport aux gènes ou à d'autres marqueurs moléculaires, ce qui fournirait d'autres bornes pour la navigation chromosomique.

L'UTILISATION DE SÉQUENCES RÉPÉTÉES EN TANDEM POUR LA CARTOGRAPHIE

Chez de nombreux organismes, certains segments d'ADN sont répétés en tandem à des positions précises. Pourtant, le nombre de ces unités répétées est variable. C'est pourquoi on les appelles des VNTR (de l'anglais *variable number tandem repeats*). Des individus peuvent être hétérozygotes pour des VNTR : le site présent sur un homologue peut contenir par exemple huit unités répétées et le site situé sur l'autre homologue, disons cinq. Les mécanismes qui produisent cette variation ne nous concernent pas pour l'instant. L'important est que les individus hétérozygotes puissent être détectés et que le site hétérozygote puisse être utilisé comme marqueur moléculaire pour la cartographie. Il faut une sonde qui se fixe à l'ADN répétitif. L'exemple suivant utilise des sites cibles pour des enzymes de restriction, situés à l'extérieur de la région répétée, ce qui permet de couper la région du VNTR en un seul bloc. L'unité élémentaire de la région concernée est représentée par une flèche.

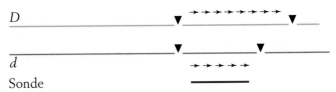

Ce locus de VNTR formera deux bandes, une longue et une courte, sur l'autoradiographie d'une hybridation de type Southern. Une fois encore, ce site hétérozygote peut être utilisé pour la cartographie exactement comme un locus de RFLP.

Un exemple de carte de liaison génétique

Les cartes chromosomiques sont essentielles pour l'étude génétique expérimentale de tout organisme. Elles sont le prélude à toute manipulation génétique sérieuse. En quoi la cartographie est-elle importante ? Les types de gènes que possède un organisme et leurs positions dans le jeu des chromosomes sont des composants fondamentaux de l'analyse génétique. La cartographie sert principalement à comprendre la *fonction* des gènes, leur *évolution* et à faciliter la *culture des souches*.

1. *La fonction des gènes*. En quoi connaître la position d'un gène sur une carte aide-t-il à comprendre sa fonction? La position permet en fait de «se concentrer» sur un fragment d'ADN. Si le génome d'un organisme n'a pas été séquencé, connaître sa position sur la carte permet d'isoler physiquement le gène (c'est ce que l'on appelle le *clonage positionnel*, qui sera décrit au Chapitre 11). Même si le génome a été entièrement séquencé, l'impact de la plupart des gènes de la séquence sur le phénotype est inconnu et la cartographie offre un moyen de corréler la position d'un allèle d'effet phénotypique connu avec un gène candidat dans la séquence génomique. La position d'un gène sur la carte peut fournir d'autres renseignements. Elle est parfois importante car elle peut affecter l'expression des gènes, un phénomène que l'on appelle couramment «effet de voisinage». Les gènes de fonctions apparentées sont souvent proches les uns des autres dans les chromosomes bactériens, parce qu'ils sont généralement transcrits sous la forme d'une unité. Chez les Eucaryotes, la position d'un gène à proximité ou à l'intérieur de l'hétérochromatine peut affecter son expression.

2. *L'évolution du génome*. La connaissance de la localisation des gènes est utile pour les études de l'évolution car, d'après les positions relatives des mêmes gènes dans des organismes apparentés, on peut déduire le réarrangement des chromosomes au cours de l'évolution. Il faut mentionner à part l'évolution dirigée des animaux et des végétaux due à l'homme (par sélection) dans le but d'obtenir des génotypes avantageux.

3. *La mise au point des souches*. Lorsque l'on souhaite élaborer des souches de génotype complexe pour la recherche en génétique, il est utile de savoir si les allèles que l'on veut réunir sont liés ou non.

Les gènes de nombreux organismes ont déjà été intensivement cartographiés. Les cartes qui en résultent représentent un énorme travail d'analyse génétique réalisé par les efforts conjoints de groupes de recherche du monde entier. La Figure 4-14 présente un exemple de carte de liaison génétique provenant de la tomate. La tomate présente des perspectives intéressantes tant en recherche génétique fondamentale qu'appliquée et son génome est l'un des mieux cartographiés chez les végétaux.

Les différentes illustrations de la Figure 4-14 montrent certains des stades par lesquels on passe pour établir une carte complète. D'abord, bien que les chromosomes soient visibles au microscope, il n'y a au départ aucun moyen de localiser les gènes sur eux. Cependant, les chromosomes peuvent être identifiés individuellement et numérotés grâce à des caractéristiques telles que leur réaction à une coloration ou la position des centromères, comme dans les parties a et b de la Figure 4-14. Ensuite, l'analyse des fréquences de recombinaison nous donne un ensemble de groupes de gènes liés qui

doivent correspondre aux chromosomes, mais sans qu'à ce niveau, une relation spécifique puisse être établie avec les chromosomes numérotés. À un certain stade, d'autres types d'analyses permettent de faire correspondre les groupes de liaison génétique à des chromosomes spécifiques. De nos jours, ceci se fait principalement par des approches moléculaires. Par exemple, un gène cloné connu pour appartenir à un certain groupe de liaison génétique peut être utilisé comme sonde dans un groupe de chromosomes partiellement dénaturés (hybridation *in situ*; voir page 403). La sonde se fixe au chromosome correspondant à ce groupe de liaison.

La Figure 4-14c présente une carte génétique de la tomate établie en 1952, qui indique les liaisons entre gènes connues à ce moment-là. Chaque locus est représenté par les deux allèles utilisés dans les expériences de cartographie de l'époque. Au fur et à mesure de la découverte des locus, leur position fut établie par rapport à celles des locus connus dans la figure. La carte actuelle comporte plusieurs centaines de locus. Certains des numéros attribués aux chromosomes dans la Figure 4-14c sont des hypothèses et ne correspondent pas au système de numérotation moderne des chromosomes. Remarquez que les gènes ayant des fonctions apparentées (par exemple ceux qui déterminent la forme des fruits) sont disséminés.

La cartographie des centromères à l'aide des tétrades linéaires

Chez la plupart des Eucaryotes, l'analyse par recombinaison ne permet pas de cartographier les locus de séquences particulières d'ADN appelées centromères, car ces régions ne présentent aucune hétérozygotie qui permettrait de les utiliser comme marqueurs. Pourtant, chez les champignons qui produisent des tétrades linéaires (voir Chapitre 3, page 100), les centromères *peuvent* être cartographiés. Prenons comme exemple le champignon *Neurospora*. Rappelons que chez les champignons tels que *Neurospora* (un haploïde), les méioses ont lieu le long de l'axe longitudinal de l'asque, de sorte que chaque méiocyte produit une succession linéaire de huit ascospores (une **octade**). Ces huit spores représentent les quatre produits de la méiose (une tétrade) et d'une mitose post-méiotique.

Dans sa forme la plus simple, on utilise la cartographie du centromère pour tenter de déterminer la distance entre le locus d'un gène donné et le centromère de son chromosome. Cette technique est basée sur le fait qu'un ensemble différent d'allèles apparaîtra dans une tétrade à la suite d'une méiose dans laquelle s'est produit un crossing-over entre un gène et son centromère. Considérons un croisement entre deux individus, ayant chacun un allèle différent au niveau d'un locus (par exemple, $a \times A$). D'après la première loi de Mendel sur la ségrégation égale, il y aura toujours quatre ascospores de génotype a et quatre A. S'il n'y a pas eu de crossing-over dans la région comprise entre a/A et le centromère, l'octade linéaire comportera deux blocs adjacents de quatre ascospores (voir Figure 3-37). Néanmoins, s'il y a eu un crossing-over dans cette région, l'octade comportera l'un des quatre profils

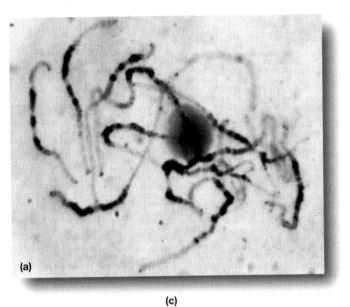

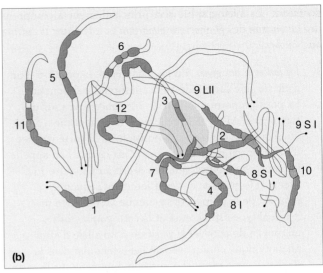

(c)

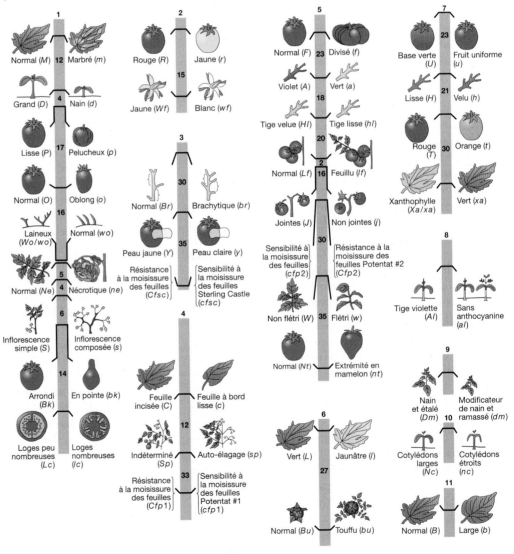

Figure 4-14 La cartographie des 12 chromosomes de la tomate. (a) Une microphotographie d'une prophase méiotique I (pachytène) dans les anthères, montrant les 12 paires de chromosomes. (b) L'illustration des 12 chromosomes visibles en (a). Les chromosomes sont désignés selon le système de numérotation actuel des chromosomes. Les centromères sont en orange, et les régions adjacentes, à la coloration dense (hétérochromatine), en vert. (c) Une carte de liaison génétique réalisée en 1952. De part et d'autre de chaque locus se trouve un dessin du phénotype sauvage et du phénotype variant correspondant. Les distances génétiques entre les locus sont indiquées en unités génétiques. (Parties a et b d'après C. M. Rick, *The tomato.* Copyright 1978 par Scientific American Inc. Tous droits réservés. Partie c d'après L. A. Butler.)

différents possibles, qui présentera au moins *certains blocs de deux ascospores*. Certaines données provenant d'un croisement réel de *A* × *a* sont présentées dans le tableau ci-dessous.

Octades

A	*a*	*A*	*a*	*A*	*a*
A	*a*	*A*	*a*	*A*	*a*
A	*a*	*a*	*A*	*a*	*A*
A	*a*	*a*	*A*	*a*	*A*
a	*A*	*A*	*a*	*a*	*A*
a	*A*	*A*	*a*	*a*	*A*
a	*A*	*a*	*A*	*A*	*a*
126	132	9	11	10	12

Total = 300

Les deux premières colonnes correspondent à des méioses sans crossing-over dans la région comprise entre le locus *A* et le centromère. On les appelle **profils de ségrégation de première division (profils M_I)** car les deux allèles différents ségrègent dans les deux noyaux fils lors de la première division de méiose. Les quatre autres profils correspondent tous à des méiocytes avec un crossing-over. On les appelle **profils de ségrégation de seconde division (M_{II})** car, à la suite d'un crossing-over dans la région comprise entre le centromère et le locus, les allèles *A* et *a* se retrouvent ensemble dans les noyaux à la fin de la première division de méiose (Figure 4-15). Il n'y a pas de ségrégation lors de la première division. En revanche, la seconde division méiotique entraîne la migration des allèles *A* et *a* dans des noyaux séparés. La Figure 4-15 montre comment l'un de ces profils M_{II} est produit. Les autres profils sont créés de manière similaire. La différence vient du fait que les chromatides ne vont pas dans le même sens lors de la seconde division (Figure 4-16).

Vous pouvez constater que la fréquence des octades dans un profil M_{II} devrait être proportionnelle à la taille de la région entre le centromère et le locus *a/A* et devrait pouvoir servir de mesure pour la taille de cette région. Dans notre exemple, la fréquence de M_{II} est de 42/300 = 14 %. Ce pourcentage signifie-t-il que le locus du type sexuel est distant de 14 u.g. du centromère ? La réponse est non, mais cette valeur peut être utilisée pour calculer la distance en unités génétiques. Les 14 % représentent un pourcentage de *méioses*, ce qui ne correspond pas à la façon dont sont définies les unités génétiques. Les unités génétiques sont définies en termes de pourcentage de *chromatides* recombinantes issues des méioses. Puisqu'un crossing-over dans n'importe quelle méiose produit seulement 50 % de chromatides

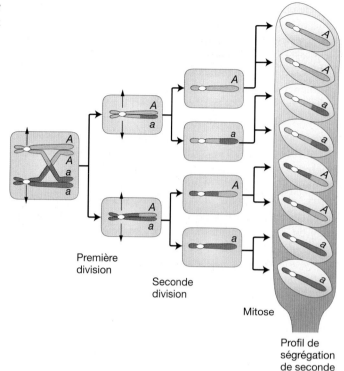

Figure 4-15 Un profil de ségrégation de seconde division. *A* et *a* ségrègent dans des noyaux différents lors de la seconde division méiotique, à la suite d'un crossing-over entre le locus *A* et le centromère.

recombinantes (4 sur 8 ; voir Figure 4-15), il nous faut diviser les 14 % par 2 pour convertir la fréquence de M_{II} (une fréquence de *méioses*) en unités génétiques (une fréquence de *chromatides* recombinantes). Cette région doit donc être distante de 7 u.g. et cette mesure peut être ajoutée à la carte du chromosome considéré.

4.4 L'utilisation du test du χ^2 pour l'analyse de la liaison génétique

Lors des analyses de liaison génétique, on se demande souvent si deux gènes sont liés. Parfois, la réponse est évidente, parfois elle ne l'est pas. Dans ces deux situations, il est cependant utile d'appliquer un test statistique objectif pour confirmer ou infirmer notre intuition. Le test du χ^2, que nous avons abordé au Chapitre 2, est un bon moyen de décider si deux gènes sont liés ou non. Comment ce test s'applique-t-il à la liaison génétique ? Nous avons vu plus tôt dans ce

Figure 4-16 Quatre profils de ségrégation de seconde division dans des asques linéaires. Au cours de la seconde division méiotique, les centromères s'attachent aux fuseaux de façon aléatoire, produisant avec une fréquence égale les quatre arrangements représentés.

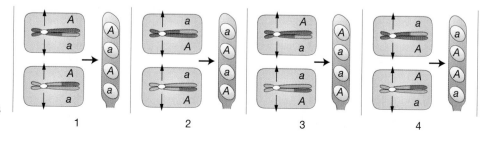

chapitre que nous pouvions déduire la liaison de deux gènes sur le même chromosome si leur FR est inférieure à 50%. Mais à partir de quel écart par rapport à ces 50%? Il n'est pas possible de tester directement la liaison car a priori, on ne dispose pas d'une distance précise de liaison pour calculer des valeurs attendues si l'hypothèse est vraie. Les gènes sont-ils distants de 1 u.g.? De 10 u.g.? De 45 u.g.? Le seul critère génétique de liaison que nous pouvons utiliser pour faire une supposition précise est la présence ou l'absence d'assortiment indépendant. Par conséquent, il est nécessaire de tester l'hypothèse de l'absence de liaison. Si les résultats observés nous conduisent à rejeter l'hypothèse de l'absence de liaison, nous pouvons alors conclure à l'existence d'une liaison génétique. Ce type d'hypothèse, appelé hypothèse nulle, est généralement utile pour l'analyse par χ^2, car il fournit une attente expérimentale précise qui peut être testée.

Examinons un ensemble spécifique de données pour étudier une liaison génétique à l'aide du test du χ^2. Supposons que nous croisions des parents de lignée pure de génotypes $A/A \cdot B/B$ et $a/a \cdot b/b$ et que nous obtenions un dihybride $A/a \cdot B/b$. Nous lui faisons subir un croisement-test avec $a/a \cdot b/b$ et nous obtenons 500 descendants répartis ci-dessous en quatre classes (écrits sous la forme des gamètes issus du dihybride):

142	$A \cdot B$	parental
133	$a \cdot b$	parental
113	$A \cdot b$	recombinant
112	$a \cdot B$	recombinant
500		Total

D'après ces données, nous voyons que la fréquence de recombinaison est de 225/500 = 45%. Ceci semble être un cas de liaison génétique car la FR est inférieure aux 50% attendus pour un assortiment indépendant. Toutefois, il est possible que les deux classes de recombinants soient inférieures à 50% simplement par hasard. Il nous faut donc réaliser un test du χ^2 pour calculer la probabilité que ce résultat soit obtenu par simple hasard.

Comme l'exige un test du χ^2, la première étape consiste à calculer les valeurs attendues E (pour *expected*, attendu en anglais) pour chaque classe. Comme nous l'avons vu plus haut, l'hypothèse à tester dans ce cas est l'assortiment indépendant des deux locus (c'est-à-dire l'absence de liaison). Comment peut-on calculer les valeurs gamétiques E? L'une des possibilités consiste à faire une supposition simple basée sur la première et la deuxième lois de Mendel, comme on peut le voir ci-dessous:

Valeurs de E

On peut alors poser comme hypothèse que si les paires d'allèles du dihybride présentent un assortiment indépendant, il devrait y avoir un rapport 1:1:1:1 des types gamétiques. Il semble donc raisonnable d'utiliser 1/4 de 500, soit 125, comme proportion attendue pour chaque classe gamétique. Il faut cependant noter que ce rapport 1:1:1:1 n'est attendu que si tous les génotypes ont la même viabilité. Il est fréquent que les génotypes n'aient pas la même viabilité car les individus portant certains allèles ne survivent pas jusqu'à l'âge adulte. Par conséquent, au lieu des rapports alléliques 0,5:0,5 utilisés ci-dessus, nous pourrions observer (par exemple) des rapports 0,6 A: 0,4 a ou 0,45 B: 0,55 b. Nous devrions alors utiliser ces rapports dans nos suppositions d'indépendance.

Disposons dans un tableau les classes génotypiques observées, afin de faire apparaître plus clairement les proportions alléliques.

VALEURS OBSERVÉES

		Ségrégation de A et a		
		A	a	Total
Ségrégation de B et b	B	142	112	254
	b	113	133	246
	Total	255	245	500

Nous voyons que les proportions alléliques sont de 255/500 pour A, 245/500 pour a, 254/500 pour B et 246/500 pour b. Nous allons à présent calculer les valeurs attendues pour l'assortiment indépendant, simplement en multipliant ces proportions alléliques. Par exemple, pour trouver le nombre attendu de génotypes $A B$ dans l'échantillon, si les deux rapports sont combinés au hasard, il suffit de multiplier les termes suivants:

$$\text{Valeur attendue } (E) \text{ pour } A B$$
$$= (255/500) \times (254/500) \times 500 = 129,54$$

En utilisant cette approche, le tableau des valeurs de E peut être complété de la manière suivante:

VALEURS ATTENDUES

		Ségrégation de A et a		
		A	a	Total
Ségrégation de B et b	B	129,54	124,46	254
	b	125,46	120,56	246
	Total	255	245	500

La valeur du χ^2 est calculée de la manière suivante:

Génotype	O	E	$(O–E)^2/E$
$A B$	142	129,54	1,19
$a b$	133	120,56	1,29
$A b$	113	125,46	1,24
$a B$	112	124,46	1,25

Total (égal à la valeur de χ^2) = 4,97

La valeur obtenue pour χ^2 (4,97) est utilisée pour trouver la valeur p de la probabilité correspondante, à l'aide de la table du χ^2 (voir Tableau 2-2). En général, dans un test statistique, le nombre de degrés de liberté est le nombre de valeurs indépendantes. L'étude de l'«expérience imaginaire» suivante va montrer ce que l'on entend par là. Dans les tableaux 2 × 2 des données (tels que ceux que nous avons utilisés plus haut), puisque les totaux des lignes et des colonnes proviennent des résultats expérimentaux, connaître n'importe quelle valeur du tableau permet de connaître automatiquement les trois autres. Il y a donc une seule valeur indépendante et donc, un seul degré de liberté. Un point de repère utile pour les tableaux plus grands est que le nombre de degrés de liberté est égal au nombre de classes représentées dans les lignes moins un, multiplié par le nombre de classes représentées dans les colonnes moins un. Si l'on applique cette règle à l'exemple actuel, on obtient :

$$dl = (2 - 1) \times (2 - 1) = 1$$

Par conséquent, dans le Tableau 2-2, on regarde le long de la ligne correspondant à un degré de liberté jusqu'à ce que l'on repère notre valeur du χ^2 de 4,97. Toutes les valeurs de χ^2 ne sont pas représentées dans le tableau, mais 4,97 est proche de la valeur 5,021. Pour cette raison, la valeur de probabilité correspondante est elle-même très proche de 0,025, soit 2,5 %. Cette valeur de p est la probabilité que nous recherchons d'obtenir un écart de cet ordre ou plus grand par rapport à nos suppositions. Puisque cette probabilité est inférieure à 5 %, l'hypothèse d'un assortiment indépendant doit être rejetée. Rejeter cette hypothèse nous amène alors à conclure que les locus sont probablement liés.

4.5 L'utilisation des Lod scores pour tester la liaison génétique dans les arbres généalogiques humains

Les humains possèdent des milliers de phénotypes transmis par des autosomes, ce qui laisse penser qu'il devrait être relativement simple de cartographier les locus des gènes responsables de ces phénotypes en utilisant les techniques développées dans ce chapitre. Pourtant, les progrès de la cartographie de ces locus furent très lents au départ pour plusieurs raisons. Tout d'abord, il n'est pas possible d'effectuer des unions contrôlées chez les humains et les généticiens durent calculer les fréquences de recombinants à partir des dihybrides occasionnels apparus par hasard à la suite d'unions humaines. Les croisements équivalents aux croisements-test sont extrêmement rares. De plus, les unions humaines produisent en général de petits nombres de descendants, ce qui rend difficile l'obtention de données pour calculer des distances génétiques fiables. Enfin, le génome humain est immense, ce qui signifie qu'en moyenne, les distances séparant les gènes connus sont très importantes.

Pour obtenir des valeurs fiables de FR, des échantillons de grande taille sont nécessaires. Toutefois, même lorsque le nombre de descendants de n'importe quelle union est petit, une estimation plus fiable peut être réalisée en combinant

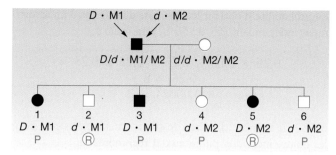

Figure 4-17 Un arbre généalogique correspondant à un croisement-test dihybride. *D/d* sont des allèles correspondant à un gène de maladie ; M1 et M2 sont des «allèles» moléculaires, tels que deux formes d'un RFLP. P, parental (non recombinant) ; R, recombinant.

les résultats de nombreuses unions identiques. La procédure classique consiste à calculer des **Lod scores**. (*Lod* signifie «log des chances».) Cette méthode calcule simplement deux probabilités différentes d'obtenir un ensemble de résultats dans une famille. La première probabilité est calculée en supposant l'assortiment indépendant et la seconde, en faisant l'hypothèse d'un degré spécifique de liaison génétique. Puis, on calcule le rapport (les chances) des deux probabilités. On calcule ensuite le logarithme de ce nombre, qui est la valeur de Lod. Les logarithmes étant des exposants, cela permet d'additionner les Lod scores d'unions différentes pour lesquelles on utilise les mêmes marqueurs. On peut donc cumuler les données et vérifier si oui ou non elles sont en faveur d'une valeur de liaison génétique particulière. Regardons un exemple simple de ce type de calcul.

Supposons que nous ayons une famille qui soit l'équivalent d'un croisement-test de dihybride. Supposons également que pour l'individu dihybride, nous puissions déduire les gamètes initiaux et donc savoir quels sont les gamètes qui interviendront dans la recombinaison. Le dihybride est hétérozygote pour un allèle dominant responsable d'une maladie (*D/d*) et pour un marqueur moléculaire (M1/M2). Supposons qu'il s'agisse d'un homme et que les gamètes qui ont fusionné pour le former aient été $D \cdot M1$ et $d \cdot M2$. Sa femme est $d/d \cdot M2/M2$. L'arbre généalogique de la Figure 4-17 montre leurs six enfants, classés comme parentaux ou recombinants, selon le gamète reçu du père. Parmi les six, deux enfants sont recombinants, ce qui nous donnerait une FR de 33 %. Toutefois, il est possible que l'assortiment des gènes soit indépendant et que ces enfants constituent un échantillon non aléatoire. Calculons la probabilité d'obtenir ce résultat en émettant plusieurs hypothèses. Le tableau ci-dessous montre les proportions que l'on attend pour les génotypes parentaux (P) et recombinants (R), pour trois valeurs de FR et dans le cas d'un assortiment indépendant :

	RF			
	0,5	0,4	0,3	0,2
P	0,25	0,3	0,35	0,4
P	0,25	0,3	0,35	0,4
R	0,25	0,2	0,15	0,1
R	0,25	0,2	0,15	0,1

La probabilité d'obtenir les résultats dans le cas d'un assortiment indépendant (FR de 50%) sera égale à :

$$0,25 \times 0,25 \times 0,25 \times 0,25 \times 0,25 \times$$
$$0,25 \times B$$
$$= 0,00024 \times B$$

où B = le nombre d'ordres possibles dans la naissance pour les quatre individus, parentaux et recombinants.

Pour une FR de 0,2, la probabilité est :

$$0,4 \times 0,1 \times 0,4 \times 0,4 \times 0,1 \times 0,4 \times B$$
$$= 0,00026 \times B$$

Le rapport des deux est donc 0,00026/0,00024 = 1,08 (remarquez que les B s'éliminent). D'après ces données, l'hypothèse d'une FR de 0,2 est 1,08 fois plus probable que celle d'un assortiment indépendant. On calcule ensuite le logarithme du rapport pour obtenir la valeur de Lod. D'autres rapports et leurs valeurs de Lod sont indiqués dans le tableau ci-dessous :

		FR		
	0,5	0,4	0,3	0,2
Probabilité	0,00024	0,00032	0,00034	0,00026
Rapport	1,0	1,33	1,41	1,08
Lod	0	0,12	0,15	0,03

Ces nombres nous confirment dans notre hypothèse d'une FR voisine de 30 à 40%, car ces hypothèses produisent les Lod scores les plus élevés. Cependant, ces données seules ne nous permettent pas de conclure à un modèle particulier de liaison génétique. Par convention, un Lod score supérieur ou égal à 3, obtenu en additionnant les scores de nombreuses unions est considéré comme une indication convaincante d'une valeur spécifique de FR. Remarquez qu'un Lod score de 3 représente une valeur de FR 1 000 fois (soit 10^3 fois) plus probable que l'hypothèse d'une absence de liaison génétique.

4.6 L'explication des crossing-over multiples non détectés

Dans notre discussion sur les croisements-test à trois points, nous avons vu que certaines chromatides parentales (non recombinantes) résultaient de *doubles* crossing-over. Ces crossing-over ne sont pas pris en compte pour le calcul de la fréquence de recombinaison, ce qui fausse les résultats. Cette possibilité conduit à l'idée inquiétante que *toutes* les distances génétiques calculées à partir des fréquences de recombinaison sont sous-estimées par rapport aux véritables distances chromosomiques. Ceci serait dû à l'existence de crossing-over multiples, dont certains des produits ne seraient pas recombinants. Plusieurs approches mathématiques ont été imaginées pour résoudre ce problème des crossing-over

multiples. Nous allons considérer deux de ces méthodes. Examinons en premier lieu celle mise au point par J. B. S. Haldane au début de la génétique.

Une fonction cartographique

L'approche suivie par Haldane a été de concevoir une **fonction cartographique**, une formule qui met en relation la valeur de FR avec la distance physique «réelle». Une mesure précise de la distance physique correspond au *nombre moyen de crossing-over* dans un segment déterminé au cours d'une méiose. Appelons le *m*. Notre but est donc de trouver une fonction qui relie la FR et *m*.

Pour trouver cette formule, nous devons d'abord penser aux différents résultats des crossing-over possibles. Dans toute région chromosomique, on peut s'attendre à des méioses avec zéro, un, deux, trois, quatre crossing-over, ou plus encore. En fait, curieusement, la seule classe importante est celle sans crossing-over. Pour en comprendre la raison, voyons le raisonnement suivant. Il y a un fait curieux mais non intuitif selon lequel *n'importe quel nombre* de crossing-over produit une fréquence de 50% de recombinants *dans ces méioses*. La Figure 4-18 montre cela dans le cas des crossing-over simples et doubles, mais cela est vrai pour n'importe quel nombre de crossing-over. Le déterminant essentiel de la FR est donc constitué par les tailles relatives des classes sans crossing-over par rapport aux classes avec un nombre non nul de crossing-over.

Il faut à présent calculer la taille de la classe sans crossing-over. L'existence des crossing-over dans une région chromosomique spécifique est bien décrite par une distribution statistique appelée **distribution de Poisson**. La distribution de Poisson décrit la distribution des «succès» dans des échantillons lorsque la probabilité moyenne des succès est faible. Prenons comme exemple une épuisette pour enfants que l'on plonge dans un bassin à poissons : la plupart des plongées ne rapporteront aucun poisson, une proportion plus faible en rapportera un, une proportion encore plus faible deux, etc. On peut transcrire cette analogie directement dans une région chromosomique, qui présentera, lors de différentes méioses, 0, 1, 2, etc., «réussites» de crossing-over. La formule de Poisson (ci-dessous) nous indiquera la proportion des classes avec les différents nombres de crossing-over.

$$f_i = (e^{-m} m^i)/i!$$

Les termes dans la formule ont la signification suivante :
  e = base des logarithmes népériens
  (approximativement 2,7)
  m = nombre moyen de succès
  dans une taille définie d'échantillon
  i = nombre réel de succès
  dans un échantillon de cette taille
  f_i = fréquence des échantillons
  avec *i* succès
  ! = symbole de la factorielle
  (ex : 5 ! = 5 × 4 × 3 × 2 × 1)

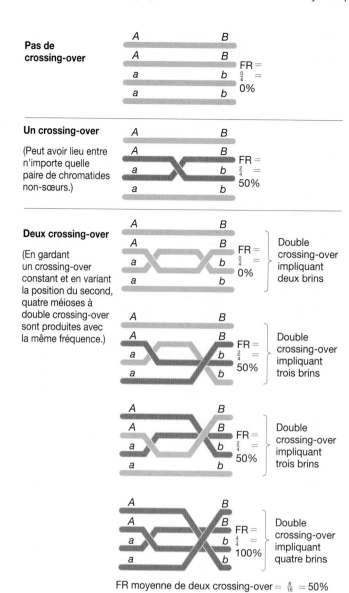

Pas de crossing-over

Un crossing-over

(Peut avoir lieu entre n'importe quelle paire de chromatides non-sœurs.)

Deux crossing-over

(En gardant un crossing-over constant et en variant la position du second, quatre méioses à double crossing-over sont produites avec la même fréquence.)

$$\text{FR moyenne de deux crossing-over} = \tfrac{8}{16} = 50\%$$

Figure 4-18 La démonstration du fait que la FR moyenne est de 50 %, pour les méioses au cours desquelles le nombre de crossing-over n'est pas nul. Les chromatides recombinantes sont en marron. Les doubles crossing-over impliquant deux fois les mêmes chromatides produisent l'ensemble des types parentaux, de sorte que toutes les chromatides sont orange. Remarquez que tous les crossing-over se produisent entre des chromatides non-sœurs. Essayez de représenter vous-même la classe des triples crossing-over.

La distribution de Poisson nous dit que la classe $i = 0$ (la classe fondamentale) est

$$e^{-m}\frac{m^0}{0!}$$

et puisque m^0 et $0!$ sont tous deux égaux à 1, la formule se réduit à e^{-m}.

Nous pouvons à présent écrire une fonction qui met en relation FR et m. La fréquence de la classe sans crossing-over sera $1 - e^{-m}$ et dans ces méioses, 1/2 des produits seront recombinants. Dès lors,

$$\text{FR} = \tfrac{1}{2}\left(1 - e^{-m}\right)$$

Cette formule est la fonction cartographique que nous recherchions.

Examinons un exemple pour voir de quelle manière cette formule fonctionne. Supposons que dans un croisement-test, nous obtenions une valeur de FR de 27,5 % (0,275). En introduisant cette valeur dans la fonction, nous obtenons pour m :

$$0{,}275 = \tfrac{1}{2}\left(1 - e^{-m}\right)$$

Donc

$$e^{-m} = 1 - (2 \times 0{,}275) = 0{,}45$$

En utilisant une calculatrice, on peut déduire que $m = 0{,}8$. C'est-à-dire qu'en moyenne, il y a 0,8 crossing-over par méiose dans cette région chromosomique.

La dernière étape consiste à convertir cette mesure de distance physique en unités génétiques « corrigées ». L'expérience imaginaire suivante révèle le protocole à suivre :

« *Dans de très petites régions génétiques, on s'attend à ce que la FR constitue une mesure exacte de la distance physique car il ne doit pas y avoir de crossing-over multiples. En fait, les méioses comporteront zéro ou un crossing-over. La fréquence des crossing-over (m) pourra donc être traduite en une fraction 'correcte' de recombinants de m/2 car les recombinants seront 1/2 des chromatides apparues à partir de la classe contenant un crossing-over. Ceci définit une relation générale entre m et une fraction corrigée de recombinants. Par conséquent, pour n'importe quelle taille de région, on peut associer la fraction corrigée de recombinants à m/2.* »

De ce fait, dans l'exemple numérique ci-dessus, la valeur m de 0,8 peut être convertie en une fraction corrigée de recombinants de $0{,}8/2 = 0{,}4$ (40 %) ou 40 unités génétiques. Nous voyons bien que cette valeur est nettement supérieure aux 27,5 u.g. que nous aurions déduites à partir de la FR observée.

Remarquez que la fonction cartographique explique pourquoi la valeur maximum de la FR est de 50 %. Quand m devient très grande, e^{-m} tend vers zéro et la FR tend vers 1/2, soit 50 %.

La formule de Perkins

Une autre façon de compenser les crossing-over multiples peut être appliquée aux champignons, en utilisant l'analyse de tétrades. En général, dans l'analyse de tétrades de « dihybrides », seuls trois types de tétrades sont possibles, selon la présence des génotypes parentaux ou recombinants dans les produits. Dans un croisement $A\,B \times a\,b$, ce sont :

Ditype parental (DP)	Tétratype (T)	Ditype non parental (DNP)
$A \cdot B$	$A \cdot B$	$A \cdot b$
$A \cdot B$	$A \cdot b$	$A \cdot b$
$a \cdot b$	$a \cdot B$	$a \cdot B$
$a \cdot b$	$a \cdot b$	$a \cdot B$

Les génotypes recombinants sont indiqués en rouge. Si les gènes sont liés, une approche simple pour cartographier la distance qui les sépare pourrait être d'utiliser la formule suivante :

$$\text{distances génétiques} = FR = 100 \ (DNP + 1/2 \ T)$$

car cette formule indique le pourcentage de tous les recombinants. Cependant, dans les années 1960, David Perkins a développé une formule pour compenser les effets des doubles crossing-over qui sont les crossing-over multiples les plus courants. La formule de Perkins fournit une estimation plus précise de la distance génétique :

$$\text{distance génétique corrigée} = 50 \ (T + 6 \ DNP)$$

Nous ne nous étendrons pas sur cette formule sauf pour dire qu'elle est basée sur les totaux des classes DP, T et DNP attendues pour des méioses avec 0, 1 et 2 crossing-over (elle suppose que les nombres plus élevés de crossing-over sont très rares). Examinons un exemple de l'utilisation de cette formule. Supposons que dans notre croisement imaginaire $AB \times ab$, les fréquences observées des classes de tétrades soient : 0,56 DP, 0,41 T et 0,03 DNP. En utilisant la formule de Perkins, la distance génétique corrigée entre les locus a et b est :

$$50 \ [0,41 + (6 \times 0,03)] = 50 \ (0,59) = 29,5 \ \text{u.g.}$$

Comparons cette valeur à la valeur non corrigée obtenue directement à partir de la FR.

En utilisant les mêmes données :

$$\begin{aligned}
\text{distance génétique} &= 100 \ (1/2 \ T + DNP) \\
&= 100 \ (0,205 + 0,03) \\
&= 23,5 \ \text{u.g.}
\end{aligned}$$

C'est 6 u.g. de moins que l'estimation obtenue à l'aide de la formule de Perkins car elle ne comporte pas la correction des doubles crossing-over.

Faisons une parenthèse. Quelles sont les valeurs attendues de DP, DNP et T lorsqu'il s'agit de gènes non liés ? Les tailles des classes de DP et DNP seront égales en raison de l'assortiment indépendant. La classe T ne pourra être produite qu'à la suite d'un crossing-over entre l'un ou l'autre des deux locus et son propre centromère. Par conséquent, la taille de la classe T dépendra de la taille totale des deux régions comprises entre le locus et son centromère. Cependant, la formule (T + 1/2 DNP) donnera toujours comme résultat 0,50, reflétant l'assortiment indépendant.

> **MESSAGE** La tendance inhérente des crossing-over multiples à produire une sous-estimation des distances génétiques peut être contrebalancée par l'utilisation de fonctions cartographiques (pour n'importe quel organisme) ou de la formule de Perkins (chez les organismes producteurs de tétrades tels que les champignons).

Un résumé des rapports phénotypiques

La figure ci-dessous présente les principaux rapports phénotypiques rencontrés jusqu'à présent dans ce livre pour les monohybrides, les dihybrides et les trihybrides. Vous pouvez visualiser les rapports d'après les largeurs relatives des cases colorées le long des lignes. Remarquez que dans les cas de liaison génétique, les tailles des classes dépendent des distances génétiques.

Rapports phénotypiques

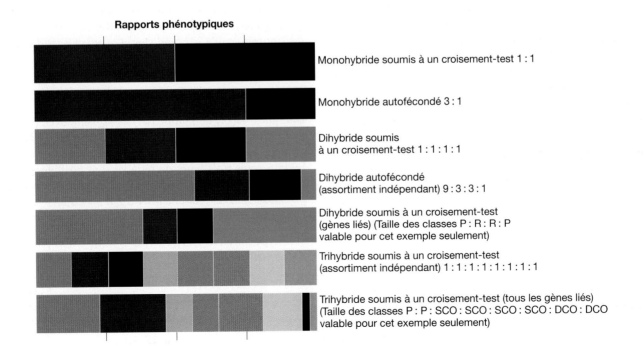

Monohybride soumis à un croisement-test 1 : 1

Monohybride autofécondé 3 : 1

Dihybride soumis à un croisement-test 1 : 1 : 1 : 1

Dihybride autofécondé (assortiment indépendant) 9 : 3 : 3 : 1

Dihybride soumis à un croisement-test (gènes liés) (Taille des classes P : R : R : P valable pour cet exemple seulement)

Trihybride soumis à un croisement-test (assortiment indépendant) 1 : 1 : 1 : 1 : 1 : 1 : 1 : 1

Trihybride soumis à un croisement-test (tous les gènes liés) (Taille des classes P : P : SCO : SCO : SCO : SCO : DCO : DCO valable pour cet exemple seulement)

RÉPONSES AUX QUESTIONS CLÉS

- **Dans le cas de gènes situés sur le même chromosome (appelés *gènes liés*), peut-on détecter de nouvelles combinaisons d'allèles dans la descendance d'un dihybride?**

Oui, de nouvelles combinaisons d'allèles (recombinants) apparaissent régulièrement à partir des dihybrides. Elles sont détectées en routine grâce à des croisements-tests avec des souches-tests homozygotes récessives. Leur fréquence est variable et dépend des gènes étudiés. Pour n'importe quelle paire de gènes, on obtient une valeur constante.

- **Si de nouvelles combinaisons d'allèles apparaissent, par quel mécanisme cellulaire cela se produit-il?**

Les crossing-over en sont le mécanisme cellulaire responsable. Ils se produisent plus ou moins au hasard le long du chromosome au stade quatre chromatides de la méiose et peuvent produire des recombinants. N'importe quelle région peut subir un crossing-over dans un méiocyte et ne pas en subir dans un autre méiocyte. Toute paire de chromatides sœurs peut être impliquée dans un crossing-over. Cependant, certains crossing-over doubles aboutissent à des non-recombinants.

- **La fréquence des nouvelles combinaisons d'allèles de gènes liés peut-elle être mise en relation avec la distance qui les sépare sur le chromosome?**

Oui en général, si l'on utilise la fréquence des nouvelles combinaisons alléliques (recombinants) comme une mesure de la distance sur le chromosome, on peut établir une carte cohérente des positions relatives des locus des gènes sur le chromosome. Les distances génétiques sont plus ou moins additives, en particulier dans les régions les plus petites.

- **Lorsqu'on ignore si deux gènes sont liés, existe-t-il un test qui permette de répondre à cette question?**

Oui, le test diagnostique consiste à établir si la fréquence de recombinaison est de 50 %, ce qui indique un assortiment indépendant (le plus souvent, une absence de liaison) ou significativement inférieure à 50 %, ce qui indique une liaison génétique. Le test du χ^2 est utilisé pour prendre une décision dans les situations incertaines.

RÉSUMÉ

Lors d'un croisement-test avec un dihybride de drosophile, Thomas Hunt Morgan observa un écart par rapport à la loi d'assortiment indépendant établie par Mendel. Il postula alors que les deux gènes étaient situés sur la même paire de chromosomes homologues. Ce phénomène s'appelle la *liaison génétique*.

La liaison génétique explique pourquoi des combinaisons parentales de gènes restent associées, mais n'explique pas l'apparition de combinaisons recombinantes (non parentales). Morgan postula que pendant la méiose, un échange physique de morceaux de chromosomes pouvait se produire par un processus appelé *crossing-over*. Par conséquent, il existe deux types de recombinaison méiotique. La recombinaison par un assortiment indépendant mendélien produit une fréquence de recombinaison de 50 %. Le crossing-over aboutit à une fréquence de recombinaison généralement inférieure à 50 %.

À mesure qu'il étudiait des gènes liés, Morgan découvrit une variation considérable entre les fréquences de recombinaison (FR) et il se demanda si elles pouvaient être en rapport avec la distance réelle séparant des gènes sur un même chromosome. Alfred Sturtevant, un étudiant de Morgan, mit au point une méthode pour déterminer la distance séparant des gènes sur une carte de liaison génétique, basée sur la FR. La façon la plus simple de mesurer la FR consiste à faire subir un croisement-test à un dihybride ou à un trihybride. Les valeurs de FR calculées sous la forme de pourcentages peuvent être utilisées comme unités génétiques pour construire une carte chromosomique montrant les locus des gènes analysés. La variation silencieuse de l'ADN est désormais utilisée comme un réservoir de marqueurs pour cartographier les chromosomes. Chez les champignons ascomycètes, les centromères peuvent également être localisés sur la carte en mesurant les fréquences de ségrégation lors des secondes divisions.

Même si le test élémentaire de la liaison génétique consiste à établir l'existence d'un écart vis-à-vis de l'assortiment indépendant, sa mise en évidence à la suite d'un croisement-test n'est pas toujours simple et un test statistique est nécessaire. Le test du χ^2, qui nous indique la fréquence à laquelle un écart vis-à-vis de valeurs supposées se produira uniquement par hasard, est particulièrement utile pour nous aider à déterminer s'il y a liaison génétique ou non.

Le crossing-over est le résultat d'une cassure physique suivie d'une réassociation des fragments de chromosomes. Il se produit lors du stade quatre chromatides de la méiose.

Les tailles des échantillons, lors de l'analyse d'arbres généalogiques humains, sont trop petites pour permettre la cartographie, mais l'addition des données, exprimées sous forme de Lod scores, peut servir à démontrer l'existence ou l'absence de liaison génétique.

Certains crossing-over multiples produisent des chromatides non recombinantes, ce qui conduit à une sous-estimation des distances génétiques basées sur la FR. La formule de Perkins joue le même rôle dans l'analyse de tétrades.

MOTS CLÉS

Carte de liaison génétique (p. 124)
Centimorgan (cM) (p. 124)
Coefficient de coïncidence (c.d.c.) (p. 127)
Conformation *cis* (p. 118)
Conformation *trans* (p. 118)
Croisement-test à trois points (p. 125)
Crossing-over (p. 119)
Distribution de Poisson (p. 134)
Fonction cartographique (p. 134)
Fréquence de recombinaison (FR) (p. 124)

PROBLÈMES RÉSOLUS

1. Un arbre généalogique humain montre des personnes affectées du syndrome rare d'onychartrose (ongles et rotules mal formés) et indique également le génotype du groupe sanguin de chaque individu. Les deux locus concernés sont autosomiques. Étudiez l'arbre généalogique ci-dessous.

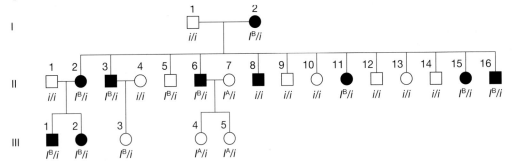

a. Le syndrome d'onychartrose est-il un phénotype dominant ou récessif? Donnez des arguments confirmant votre réponse.

b. Y a-t-il des preuves de liaison génétique entre le gène d'onychartrose et le gène de type sanguin ABO, comme le laisserait penser l'arbre généalogique? Pourquoi ou pourquoi non?

c. S'il y a des preuves de liaison génétique, dessinez les allèles sur les homologues correspondants des grands-parents. S'il n'y a pas de preuve de liaison génétique, dessinez les allèles sur deux paires d'homologues.

d. D'après votre modèle, quels descendants représentent les recombinants?

e. Quelle est la meilleure estimation de la FR?

f. Si l'homme III-1 se marie avec une femme normale de type sanguin O, quelle est la probabilité que leur premier enfant soit de type sanguin B et qu'il soit affecté du syndrome d'onychartrose?

Solution

a. Le syndrome d'onychartrose est très probablement dominant. On nous dit qu'il s'agit d'une maladie rare. Il est donc peu probable que les personnes arrivées dans la famille par mariage portent un allèle présumé récessif pour le syndrome d'onychartrose. Appelons N l'allèle responsable. Toutes les personnes atteintes de ce syndrome sont hétérozygotes N/n car toutes (y compris sans doute la grand-mère) apparaissent à la suite de l'union avec un individu normal n/n. Remarquez que le syndrome apparaît dans les trois générations successives – une autre indication de la transmission dominante.

b. Il y a des preuves de liaison génétique. Remarquez que la plupart des personnes touchées – celles qui portent l'allèle N – portent également l'allèle I^B. Ces allèles sont donc fort probablement liés sur le même chromosome.

c.
$$\frac{n \quad\quad i}{n \quad\quad i} \times \frac{N \quad\quad I^B}{n \quad\quad i}$$

(La grand-mère doit porter les deux allèles récessifs pour engendrer des descendants de génotype i/i et n/n.)

d. Remarquez que l'union des grands-parents est équivalente à un croisement-test. Les recombinants de la génération II sont donc

$$\text{II-5}: n\, I^B/n\, i \quad \text{et} \quad \text{II-8}: N\, i/n\, i$$

alors que tous les autres sont non recombinants. Ils sont soit $N\, I^B/n\, i$ soit $n\, i/n\, i$.

e. Remarquez que l'union des grands-parents et les deux premières unions dans la génération II sont identiques et sont tous des croisements-test. Trois des 16 descendants sont recombinants (II-5, II-8 et III-3). Ceci donne une fréquence de recombinaison FR = 3/16 = 18,8%. (Nous ne pouvons inclure l'union II-6 X II-7 car nous ignorons si la descendance est recombinante ou non.)

f. (III-1 ♂) $\dfrac{N \quad\quad I^B}{n \quad\quad i} \times \dfrac{n \quad\quad i}{n \quad\quad i}$ (♀ type O normal)

$\downarrow$

Gamètes

$$81,2\% \begin{cases} N I^B & 40,6\% & \longleftarrow \text{Onychartrose} \\ n i & 40,6\% & \text{Type sanguin B} \end{cases}$$

$$18,8\% \begin{cases} N i & 9,4\% \\ n I^B & 9,4\% \end{cases}$$

Les deux classes parentales sont toujours égales, de même que les deux classes de recombinants. La probabilité que le premier enfant soit atteint du syndrome d'onychartrose et ait le type sanguin B est donc de 40,6 %.

2. Chez la drosophile, l'allèle *b* correspond à un corps noir et l'allèle *b⁺*, à un corps brun (le phénotype sauvage). L'allèle *wx* d'un gène distinct spécifie des ailes cireuses et l'allèle *wx⁺*, des ailes non-cireuses. L'allèle *cn* d'un troisième gène, détermine des yeux de couleur cinabre et *cn⁺* des yeux rouges, ce qui correspond au phénotype sauvage. Une femelle hétérozygote pour ces trois gènes subit un croisement-test et la descendance qui comporte 1 000 individus se répartit ainsi : 5 de type sauvage ; 6 noir, cireux, cinabre ; 69 cireux, cinabre ; 67 noir ; 382 cinabre ; 379 noir, cireux ; 48 cireux et 44 noir, cinabre. Remarquez qu'un groupe de descendants peut être défini en donnant simplement la liste des phénotypes mutants.

a. Expliquez ces chiffres.

b. Dessinez les allèles dans leur position réelle sur les chromosomes du triple hétérozygote.

c. Si elle intervient dans le cadre de votre explication, calculez la valeur de l'interférence.

Solution

a. Un bon conseil est d'être méthodique. C'est une bonne idée ici de commencer par établir la liste des génotypes que l'on peut déduire des phénotypes. Le croisement est un croisement-test du type

$$b^+/b \cdot wx^+/wx \cdot cn^+/cn \times b/b \cdot wx/wx \cdot cn/cn$$

Notez que les classes phénotypiques se présentent par paires, en termes de fréquence. Déjà, nous pouvons deviner que les classes les plus nombreuses représentent les chromosomes parentaux, que les deux classes d'environ 68 correspondent à des crossing-over simples dans une région, que les deux classes d'environ 45 correspondent à des crossing-over simples dans l'autre région, et que les deux classes d'environ 5 sont issues de doubles crossing-over. Nous pouvons dès lors répartir les descendants en classes de gamètes provenant de la femelle :

$b^+ \cdot wx^+ \cdot cn$	382
$b \cdot wx \cdot cn^+$	379
$b^+ \cdot wx \cdot cn$	69
$b \cdot wx^+ \cdot cn^+$	67
$b^+ \cdot wx \cdot cn^+$	48
$b \cdot wx^+ \cdot cn$	44
$b \cdot wx \cdot cn$	6
$b^+ \cdot wx^+ \cdot cn^+$	5
	1000

Écrire les classes de cette façon confirme que chaque paire de classes correspond en fait à des génotypes réciproques issus de 0, 1 ou 2 crossing-over.

À première vue, comme nous ne connaissons pas les parents de la femelle triple hétérozygote, il semble que l'on ne puisse pas appliquer la définition de la recombinaison, dans laquelle il faut comparer les génotypes gamétiques aux deux génotypes qui ont produit l'hétérozygote. Mais à la réflexion, les seuls types parentaux compatibles avec les données présentées sont $b^+/b^+ \cdot wx^+/wx^+ \cdot cn/cn$ et $b/b \cdot wx/wx \cdot cn^+/cn^+$, puisque ces classes demeurent les plus représentées.

Nous pouvons à présent calculer les fréquences de recombinaison.
Pour $b - wx$,

$$\text{FR} = \frac{69 + 67 + 48 + 44}{1000} = 22,8\%$$

pour $b - cn$,

$$\text{FR} = \frac{48 + 44 + 6 + 5}{1000} = 10,3\%$$

et pour $wx - cn$,

$$\text{FR} = \frac{69 + 67 + 6 + 5}{1000} = 14,7\%$$

La carte sera donc la suivante

b. Les chromosomes parentaux chez le triple hétérozygote étaient

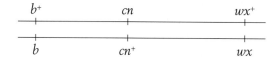

c. Le nombre de doubles recombinants attendus est de $0,103 \times 0,147 \times 1\,000 = 15,141$. Le nombre de recombinants observés est de $6 + 5 = 11$, de sorte que l'interférence peut être calculée de la manière suivante :

$$I = 1 - 11/15,141 = 1 - 0,726 = 0,274$$
$$= 27,4\%.$$

3. On effectue un croisement entre une souche haploïde de *Neurospora* de génotype *nic⁺ ad* et une autre souche haploïde, de génotype *nic ad⁺*. Mille asques linéaires

1	2	3	4	5	6	7
$nic^+ \cdot ad$	$nic^+ \cdot ad^+$	$nic^+ \cdot ad^+$	$nic^+ \cdot ad$	$nic^+ \cdot ad$	$nic^+ \cdot ad^+$	$nic^+ \cdot ad^+$
$nic^+ \cdot ad$	$nic^+ \cdot ad^+$	$nic^+ \cdot ad^+$	$nic^+ \cdot ad$	$nic^+ \cdot ad$	$nic^+ \cdot ad^+$	$nic^+ \cdot ad^+$
$nic^+ \cdot ad$	$nic^+ \cdot ad^+$	$nic^+ \cdot ad$	$nic \cdot ad$	$nic \cdot ad^+$	$nic \cdot ad$	$nic \cdot ad$
$nic^+ \cdot ad$	$nic^+ \cdot ad^+$	$nic^+ \cdot ad$	$nic \cdot ad$	$nic \cdot ad^+$	$nic \cdot ad$	$nic \cdot ad$
$nic \cdot ad^+$	$nic \cdot ad$	$nic \cdot ad^+$	$nic^+ \cdot ad^+$	$nic^+ \cdot ad$	$nic^+ \cdot ad^+$	$nic^+ \cdot ad$
$nic \cdot ad^+$	$nic \cdot ad$	$nic \cdot ad^+$	$nic^+ \cdot ad^+$	$nic^+ \cdot ad$	$nic^+ \cdot ad^+$	$nic^+ \cdot ad$
$nic \cdot ad^+$	$nic \cdot ad$	$nic \cdot ad$	$nic \cdot ad^+$	$nic \cdot ad^+$	$nic \cdot ad$	$nic \cdot ad^+$
808	1	90	5	90	1	5

issus de ce croisement sont isolés et répartis en classes tel qu'on le voit dans le tableau ci-dessus. Cartographiez les locus *ad* et *nic* par rapport à leurs centromères et l'un par rapport à l'autre.

Solution

À quels principes allons-nous faire appel pour résoudre ce problème ? Il est judicieux de commencer par faire quelque chose de simple, en l'occurrence, de calculer les distances des deux locus par rapport à leur centromère. Nous ignorons si les locus *ad* et *nic* sont liés, mais nous n'avons pas besoin de le savoir. Les fréquences des profils M_{II} de chaque locus nous donnent la distance qui les sépare de leur centromère. (Nous nous préoccuperons ultérieurement de savoir s'il s'agit ou non du même centromère.)

Souvenez-vous qu'un profil M_{II} correspond à tout profil qui n'est pas constitué de deux blocs de quatre génotypes identiques. Commençons par la distance entre le locus *nic* et le centromère. Il suffit d'additionner les asques des classes 4, 5, 6 et 7, qui présentent tous un profil M_{II} pour le locus *nic*. Le total est de $5 + 90 + 1 + 5 = 101$ sur 1 000, soit 10,1 %. Dans ce chapitre, nous avons vu que pour convertir cette valeur en unités génétiques, il convient de la diviser par 2, donc la distance est de 5,05 u.g.

nic

|——•————|

5,05 u.g.

Faisons de même pour le locus *ad*. Dans ce cas, le total des profils M_{II} correspond à la somme des asques des types 3, 5, 6 et 7. Ce total se monte à $90 + 90 + 1 + 5 = 186$ sur 1000, soit 18,6 %, ce qui équivaut à 9,3 u.g.

ad

|——•————————|

9,30 u.g.

Nous devons à présent réunir ces deux résultats et choisir l'une des alternatives suivantes, toutes compatibles avec les distances locus-centromère que nous venons d'établir :

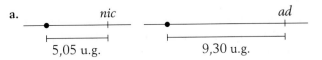

a.   nic   ad
      |——•——| |——•————|
       5,05 u.g.   9,30 u.g.

b.
nic   ad

|——•——————————|
|——————|——————————|
5,05 u.g.   9,30 u.g.

c.
           nic   ad

|——•————|——|
|——————|
5,05 u.g.
|——————————|
9,30 u.g.

Le bon sens et une analyse simple vont nous livrer la solution. Tout d'abord, un examen des asques nous montre que la classe la plus courante est celle que nous avons appelée classe 1, qui contient plus de 80 % de tous les asques. Cette classe contient uniquement les génotypes $nic^+ \cdot ad$ et $nic \cdot ad^+$ qui sont les génotypes parentaux. Nous savons ainsi que la recombinaison entre les deux locus est faible et qu'ils sont certainement liés. Ceci élimine la solution a.

Considérons à présent l'alternative c ; si celle-ci était correcte, un crossing-over entre le centromère et *nic* devrait produire un profil M_{II} non seulement pour ce locus, mais également pour le locus *ad* qui est plus loin du centromère que *nic*. L'organisation des asques correspondants devrait être

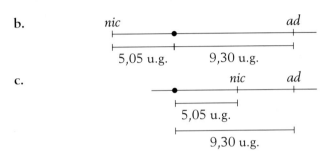

nic^+ ad
nic^+ ad
nic ad^+
nic ad^+
nic^+ ad
nic^+ ad
nic ad^+
nic ad^+

Rappelons-nous que les classes d'asques 4, 5, 6 et 7 (au total, 101 asques) présentent des profils M_{II} pour *nic*. Parmi celles-ci, la classe 5 est précisément celle que nous venons de décrire et contient 90 asques. La solution c semble donc correcte car les asques de type 5 constituent à peu près 90 % des asques M_{II} pour le locus *nic*. Cette relation ne serait pas observée si la solution b était correcte, car les crossing-over

de part et d'autre du centromère devraient aboutir à des profils M_{II} indépendants pour *nic* et *ad*.

La distance entre *nic* et *ad* est-elle tout simplement $9,30 - 5,05 = 4,25$ u.g.? Cette valeur s'en approche, mais n'est pas tout à fait correcte. La meilleure manière de calculer les distances génétiques entre les locus est toujours de mesurer directement leur fréquence de recombinaison (FR). Nous pourrions passer tous les asques en revue et compter les ascospores recombinantes, mais il est plus simple d'appliquer la formule FR = 1/2T + DNP. Les asques T sont représentés par les classes 3, 4 et 7, et les asques DNP par les classes 2 et 6. D'où, FR = [1/2(100) + 2] /1 000 = 5,2 % ou 5,2 u.g., et la carte correcte est :

```
        nic      ad
  •———————|———————|
  
  5,05 u.g. 5,2  u.g.
  |————————|———————|
  |————————————————|
       10,25 u.g.
```

La raison de la sous-estimation de la distance *ad*-centromère calculée sur la base des fréquences de M_{II}, est l'existence de doubles crossing-over, qui font apparaître un profil de type M_I pour *ad*, comme dans les asques de type 4 :

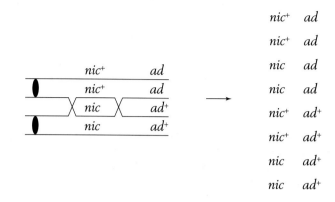

nic^+	ad
nic^+	ad
nic	ad
nic	ad
nic^+	ad^+
nic^+	ad^+
nic	ad^+
nic	ad^+

PROBLÈMES

PROBLÈMES ÉLÉMENTAIRES

1. Une plante de génotype

$$\frac{A \quad\quad B}{a \quad\quad b}$$

subit un croisement-test avec

$$\frac{a \quad\quad b}{a \quad\quad b}$$

Si les deux locus sont distants de 10 u.g., quelle proportion de descendants sera *A B/a b* ?

2. Le locus *A* et le locus *D* sont si étroitement liés qu'on n'observe jamais de recombinaison entre eux. Si *A d/A d* est croisé avec *a D/a D* et que les membres de la F_1 sont croisés les uns avec les autres, quels phénotypes observera-t-on dans la F_2 et dans quelles proportions ?

3. Les locus liés *R* et *S* sont distants de 35 u.g. Si une plante de génotype

$$\frac{R \quad\quad S}{r \quad\quad s}$$

subit une autofécondation, quels phénotypes seront observés dans la descendance, et dans quelles proportions ?

4. À la suite du croisement *E/E · F/F × e/e · f/f*, la F_1 subit un croisement en retour avec le parent récessif. Les génotypes de la descendance sont déduits des phénotypes. Ces génotypes, donnés sous la forme des gamètes reçus du parent hétérozygote, s'observent dans les proportions suivantes :

$E \cdot F$	$\frac{2}{6}$
$E \cdot f$	$\frac{2}{6}$
$e \cdot F$	$\frac{2}{6}$
$e \cdot f$	$\frac{2}{6}$

Expliquez ces résultats.

5. Une souche de Neurospora de génotype *H · I* est croisée avec une souche de génotype *h · i*. La moitié de la descendance est *H · I*, et l'autre moitié *h · i*. Comment est-ce possible ?

6. Un animal femelle de génotype *A/a · B/b* est croisé avec un mâle double récessif (*a/a · b/b*). Leur descendance comporte 442 *A/a · B/b*, 458 *a/a · b/b*, 46 *A/a · b/b* et 54 *a/a · B/b*. Expliquez ces résultats.

7. Si *A/A · B/B* est croisé avec *a/a · b/b*, et que la F_1 subit un croisement-test, quel pourcentage de la descendance sera *a/a · b/b* si les deux gènes sont **(a)** non liés ; **(b)** totalement liés (aucun crossing-over entre eux) ; **(c)** distants de 10 unités génétiques ; **(d)** distants de 24 u.g. ?

8. Chez un organisme haploïde, les locus C et D sont distants de 8 u.g. À partir d'un croisement C *d* × *c* D, donnez la proportion de chacune de ces classes de descendants : **(a)** C D **(b)** c d **(c)** C d **(d)** tous les recombinants.

9. Une drosophile de génotype *B R/b r* subit un croisement-test avec une drosophile de génotype *b r/b r*. Dans 84 % des méioses, il n'y a pas de chiasmas entre les gènes liés ; dans 16 % des méioses, un chiasma se produit entre les gènes. Quelle proportion de la descendance sera *B r/b r* ?

10. Un croisement-test à trois points a été réalisé avec du maïs. Les résultats et une analyse de la recombinaison sont présentés dans le tableau ci-dessous, caractéristique des croisements-test à trois points (p = feuilles pourpres, = vertes; v = plantules résistantes au virus, = sensibles; b = lunule brune sur le grain, = uniforme). Étudiez le tableau pour répondre aux questions a à c.

P   / · / · /   × $p/p \cdot v/v \cdot b/b$

Gamètes   · · $p \cdot v \cdot b$

F_1 $/p \cdot$ $/v \cdot$ $/b$ × $p/p \cdot v/v \cdot b/b$ (Souche-test)

8. Quelle méiose est le sujet d'étude principal? Marquez-la sur votre dessin.

9. Pourquoi les gamètes de la souche-test ne sont-ils pas indiqués?

10. Pourquoi y a-t-il seulement huit classes phénotypiques? En manque-t-il?

11. Quelles classes (et dans quelles proportions) attendez-vous si tous les gènes se trouvent sur des chromosomes séparés?

12. À quoi correspondent les quatre paires de taille des classes (très grandes, deux intermédiaires, très petites)?

					Recombinants pour	
Classe	Phénotypes des descendants	Gamètes de la F_1	Nombres	$p-b$	$p-v$	$v-b$
1	ver sen uni	· ·	3 210			
2	pou res bru	$p \cdot v \cdot b$	3 222			
3	ver res uni	· v ·	1 024		R	R
4	pou sen bru	$p \cdot$ · b	1 044		R	R
5	pou res uni	$p \cdot v$ ·	690	R		R
6	ver sen bru	· · b	678	R		R
7	ver res bru	· $v \cdot b$	72	R	R	
8	pou sen uni	$p \cdot$ ·	60	R	R	
		Total	10 000	1 500	2 200	3 436

a. Déterminez les gènes liés.

b. Dessinez une carte en y indiquant les distances en u.g.

c. Calculez s'il y a lieu l'interférence.

DÉCOMPOSONS LE PROBLÈME N°10

1. Faites des croquis du parent (P), de la F_1 et des souches-test de plants de maïs et utilisez des flèches pour montrer exactement comment vous réaliseriez cette expérience. Indiquez où sont ramassées les graines.

2. Pourquoi tous les   sont-ils identiques, même lorsqu'ils se rapportent à des gènes différents? Pourquoi cela n'entraîne-t-il pas de confusion?

3. Comment un phénotype peut-il être violet et brun (par exemple) en même temps?

4. Est-il important que les gènes soient écrits dans l'ordre p-v-b dans le problème?

5. Qu'est-ce qu'une souche-test et pourquoi est-elle utilisée dans cette analyse?

6. Que représente la colonne marquée «phénotypes des descendants»? Dans la classe 1 par exemple, dites exactement ce que signifie «ver sen uni».

7. Que représente la ligne marquée «Gamètes» et en quoi est-elle différente de la colonne marquée «Gamètes de la F_1»? En quoi la comparaison de ces deux types de gamètes a-t-elle un rapport avec la recombinaison?

13. Que pouvez-vous dire sur l'ordre des gènes simplement en examinant les classes phénotypiques et leur fréquence?

14. Quelle est la distribution attendue des classes phénotypiques si seulement deux gènes sont liés?

15. Que signifie le terme «point» dans un croisement-test à trois points? Son usage implique-t-il une liaison génétique? À quoi ressemblerait un croisement-test à quatre points?

16. Quelle est la définition de *recombinant* et comment est-elle appliquée ici?

17. Que signifient les colonnes «recombinant pour»?

18. Pourquoi y a-t-il seulement trois colonnes «recombinant pour»?

19. Que signifient les R et comment sont-ils déterminés?

20. Que signifient les totaux des colonnes? Comment sont-ils utilisés?

21. Quel est le test pour vérifier s'il y a liaison génétique?

22. Qu'est-ce qu'une unité génétique? Est-ce la même chose qu'un centimorgan?

23. Dans un croisement-test à trois points tel que celui-ci, pourquoi ne considère-t-on pas la F_1 et la souche-test comme parentales lors du calcul de la recombinaison? (*Ce sont* des parents en un sens.)

24. Quelle est la formule de l'interférence? Comment les fréquences «attendues» sont-elles calculées dans le coefficient de la formule de coïncidence?

25. Pourquoi est-il écrit «s'il y a lieu» dans la partie c du problème?

26. Quel travail cela représente-t-il d'obtenir un tel nombre de descendants dans le maïs? Lequel des trois gènes demanderait le plus de travail de dénombrement? Combien y a-t-il approximativement de descendants par épi de maïs?

11. Vous disposez d'une lignée de drosophile homozygote pour les allèles récessifs autosomiques *a*, *b*, et *c*, liés dans cet ordre. Vous croisez des femelles de cette lignée avec des mâles homozygotes pour les allèles sauvages correspondants. Vous croisez ensuite les mâles hétérozygotes de la F_1 avec leurs sœurs hétérozygotes. Vous obtenez les phénotypes suivants dans la F_2 (les lettres correspondent aux phénotypes récessifs et les plus aux phénotypes sauvages): 1364   , 365 *a b c*, 87 *a b* , 84   *c*, 47 *a*   , 44   *b c*, 5 *a*   *c* et 4   *b*   .

    a. Quelle est la fréquence de recombinaison entre *a* et *b*? Entre *b* et *c*? (Rappelez-vous qu'il n'y a pas des crossing-over chez les mâles.)

    b. Quel est le coefficient de coïncidence?

12. R.A. Emerson croisa deux lignées pures différentes de maïs et obtint une F_1 de phénotype sauvage hétérozygote pour trois allèles déterminant des phénotypes récessifs: *an* détermine le phénotype anthère, *br* brachytique, et *f* fin. Il fit ensuite subir à la F_1 un croisement-test avec une souche-test homozygote récessive pour les trois gènes et obtint les classes phénotypiques suivantes dans la descendance: 355 anthère; 339 brachytique, fin; 88 entièrement de type sauvage; 55 anthère, brachytique, fin; 21 fin, 17 anthère, brachytique; 2 brachytique et 2 anthère, fin.

    a. Quels étaient les génotypes des lignées parentales?

    b. Dessinez une carte génétique comportant les trois gènes (en indiquant les distances génétiques).

    c. Calculez la valeur d'interférence.

13. Le chromosome 3 du maïs porte trois locus (*b* pour l'amplificateur de la couleur, *v* pour la couleur verte et *lg* pour l'absence de ligule). Un croisement-test entre des triples récessifs et les plantes de la F_1 hétérozygotes pour ces trois gènes, a donné les génotypes suivants dans la descendance: 305   *v lg*, 275 *b*   , 128 *b*   *lg*, 112   *v* , 74   *lg*, 66 *b v* , 22   , et 18 *b v lg*. Donnez l'ordre de ces gènes sur le chromosome, les distances génétiques qui les séparent et le coefficient de coïncidence.

14. Le groody est un organisme haploïde utile (mais fictif) utilisé comme outil en génétique. Un groody de type sauvage a un corps volumineux, une longue queue, et des flagelles. On connaît des lignées mutantes avec un corps mince, ou sans queue, ou encore sans flagelles. Les groodies peuvent s'accoupler (mais ils sont si timides que nous ignorons comment), et produire des recombinants. Un groody de type sauvage s'accouple avec un groody à corps mince sans queue ni flagelles. Les 1000 bébés groodies issus de cet accouplement se répartissent

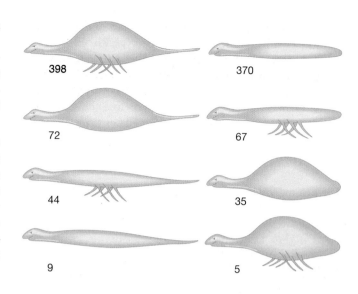

398	370
72	67
44	35
9	5

entre les classes phénotypiques indiquées dans l'illustration ci-dessus. Attribuez les génotypes, et localisez ces trois gènes sur une carte.

(Problème 14 d'après Burton S. Guttman.)

15. Chez la drosophile, l'allèle dp^+ détermine des ailes longues et *dp* des ailes courtes (*dumpy*, courtaud en anglais). Un autre gène e^+, situé à un locus différent, détermine un corps gris et *e* un corps couleur ébène. Les deux locus sont autosomiques. Les croisements suivants ont été réalisés, à partir de parents de lignées pures.

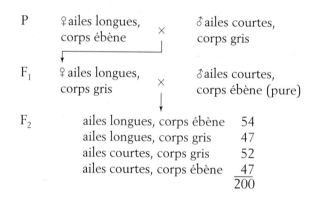

P	♀ ailes longues, corps ébène	×	♂ ailes courtes, corps gris
F_1	♀ ailes longues, corps gris	×	♂ ailes courtes, corps ébène (pure)

F_2		
ailes longues, corps ébène		54
ailes longues, corps gris		47
ailes courtes, corps gris		52
ailes courtes, corps ébène		47
		200

Utilisez le test du χ^2 pour déterminer si ces locus sont liés. Indiquez (a) l'hypothèse, (b) le calcul du χ^2, (c) la valeur de *p*, (d) la signification de la valeur de *p*, (e) votre conclusion, (f) la constitution chromosomique des parents ainsi déduite, de la F_1, de la souche-test et de la descendance.

16. La mère d'une famille de dix enfants est de type sanguin Rh⁺. Elle est également atteinte d'une maladie rare, l'elliptocytose (phénotype E), qui provoque l'apparition de globules rouges ovales et non pas ronds, mais sans effets cliniques défavorables. Le père est Rh⁻ (n'a pas l'antigène Rh⁺) et ses globules rouges sont normaux (phénotype e). Les enfants se répartissent comme suit: 1 Rh⁺ e, 4 Rh⁺ E et 5 Rh⁺ e. Les génotypes des grands-parents maternels sont connus: Rh⁺ E et Rh⁻ e. Un des

dix enfants (Rh⁺ E) épouse une personne de génotype Rh⁺ e, et ils ont un enfant de génotype Rh⁺ E.

a. Dessinez l'arbre généalogique de toute la famille.

b. Cette généalogie s'accorde-t-elle avec l'hypothèse selon laquelle Rh^+ est dominant et Rh^- est récessif?

c. Quel est le mode de transmission de l'elliptocytose?

d. Les gènes gouvernant les phénotypes E et Rh pourraient-ils être situés sur le même chromosome? Dans l'affirmative, estimez la distance qui les sépare et commentez votre résultat.

17. Les individus de la F_1 de génotype $A/A \cdot B/B \times a/a \cdot b/b$ issus de plusieurs croisements de type $A/a \cdot B/b$, ont été soumis à un croisement-test avec des individus $a/a \cdot b/b$. Les résultats sont les suivants:

	Descendance du croisement-test			
Croisement-test de la F_1 issue du croisement	$A/a \cdot B/b$	$a/a \cdot b/b$	$A/a \cdot b/b$	$a/a \cdot B/b$
1	310	315	287	288
2	36	38	23	23
3	360	380	230	230
4	74	72	50	44

Pour chaque groupe de descendants, utilisez le test du χ^2 pour décider de l'existence ou non d'une liaison.

18. Dans les deux arbres généalogiques dessinés ci-contre, un trait vertical dans un symbole désigne une déficience en stéroïde sulfatase et un trait horizontal une déficience en ornithine transcarbamylase.

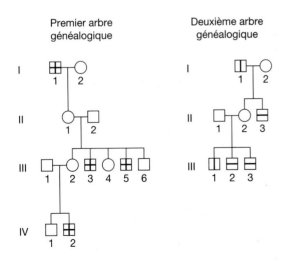

a. Y a-t-il dans ces arbres généalogiques une indication de liaison génétique entre les gènes responsables de ces déficiences?

b. Si les gènes sont liés, y a-t-il dans ces arbres une indication de crossing-over entre eux?

c. Donnez le génotype du maximum d'individus possible.

19. Dans l'arbre généalogique suivant, les traits verticaux désignent un cas de daltonisme protéranope et les traits horizontaux un daltonisme deutéranope. Il s'agit de deux anomalies distinctes entraînant une mauvaise perception des couleurs, chacune étant déterminée par un gène distinct.

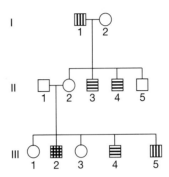

a. L'arbre généalogique donne-t-il une indication de liaison génétique entre les deux gènes?

b. Si c'est le cas, y a-t-il une indication de crossing-over? Expliquez vos deux réponses à l'aide d'un schéma.

c. Pouvez-vous calculer une fréquence de recombinaison entre ces gènes? S'agit-il d'une forme de recombinaison par assortiment indépendant ou par crossing-over?

20. Chez le maïs, on a obtenu un triple hétérozygote portant les allèles mutants s (ratatiné), w (grains d'aleurone blancs) et y (albumen cireux), tous associés à leurs allèles sauvages normaux. Ce triple hétérozygote a été soumis à un croisement-test. La descendance comportait 116 ratatiné, blanc; 4 entièrement de type sauvage; 2 538 ratatiné; 601 ratatiné, cireux; 626 blanc; 2 708 blanc, cireux; 2 ratatiné, blanc, cireux et 113 cireux.

a. Déterminez si certains de ces locus sont liés, et si c'est le cas, donnez les distances génétiques.

b. Montrez la disposition des allèles sur les chromosomes du triple hétérozygote utilisé dans le croisement-test.

c. Calculez l'interférence, s'il y a lieu.

21. **a.** On réalise un croisement de souris $A/a \cdot B/b \times a/a \cdot b/b$ et dans la descendance on trouve:

$$25\% \ A/a \cdot B/b, \ 25\% \ a/a \cdot b/b,$$
$$25\% \ A/a \cdot b/b, \ 25\% \ a/a \cdot B/b,$$

Expliquez ces proportions à l'aide de schémas simplifiés de la méiose.

b. On réalise un croisement de souris $C/c \cdot D/d \times c/c \cdot d/d$ et dans la descendance on trouve:

$$45\% \ C/c \cdot d/d, \ 45\% \ c/c \cdot D/d,$$
$$5\% \ c/c \cdot d/d, \ 5\% \ C/c \cdot D/d,$$

Expliquez ces proportions à l'aide de schémas simplifiés de la méiose.

22. Chez la petite plante modèle *Arabidopsis*, l'allèle récessif *hyg* confère aux graines la résistance à l'hygromycine, et *her*, un allèle récessif d'un autre gène, confère aux graines la résistance aux herbicides. Une plante homozygote *hyg/hyg · her/her* a été croisée avec un type sauvage et la F$_1$ a été autofécondée. Les graines produites par la F$_1$ ont été placées dans des boîtes de Petri contenant à la fois de l'hygromycine et des herbicides.

a. Si les deux gènes ne sont pas liés génétiquement, à votre avis, quel pourcentage de graines poussera?

b. En fait, 13 % des graines poussent. Ce pourcentage soutient-il l'hypothèse d'une absence de liaison génétique? Expliquez. Si ce n'est pas le cas, calculez le nombre d'unités génétiques séparant les locus.

c. D'après votre hypothèse, si l'on fait subir un croisement-test à la F$_1$, quelle proportion de graines poussera sur le milieu contenant de l'hygromycine et de l'herbicide?

23. Dans l'arbre généalogique de la Figure 4-17, calculez le Lod score pour une fréquence de recombinaison de 34 %.

24. Chez un organisme diploïde de génotype *A/a* ; *B/b* ; *D/d*, les paires d'allèles sont toutes situées sur des paires différentes de chromosomes. Les schémas suivants illustrent les anaphases (stades auxquels les chromosomes sont tirés vers les pôles opposés) dans des cellules individuelles. Une ligne représente un chromosome ou une chromatide et le point indique la position du centromère. Dites pour chaque dessin s'il représente une mitose, une méiose I, une méiose II ou encore s'il ne peut s'appliquer au génotype donné.

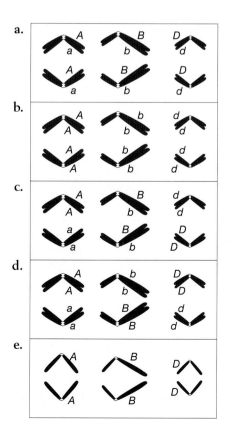

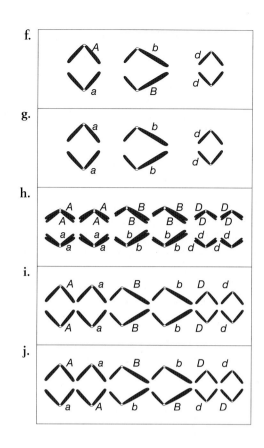

25. On effectue chez *Neurospora* le croisement *al-2$^+$* × *al-2*. L'analyse de tétrades linéaires révèle que la fréquence de ségrégation de seconde division est de 8 %.

a. Dessinez deux schémas de ségrégation de seconde division dans ce croisement.

b. Que peut-on calculer à partir de la valeur de 8 %?

26. Lors d'un croisement *arg-6 · al-2 × arg-6$^+$ · al-2$^+$*, quels seront les génotypes des spores dans des tétrades non ordonnées qui sont

(a) des ditypes parentaux?

(b) des tétratypes?

(c) des ditypes non parentaux?

27. Dans une région donnée d'un chromosome, le nombre moyen de crossing-over par méiose est de deux. Dans cette région, quelle proportion des méioses attend-on

(a) sans crossing-over?

(b) avec 1 crossing-over?

(c) avec 2 crossing-over?

28. On effectue chez *Neurospora* un croisement entre une souche portant l'allèle de type sexuel *A* et l'allèle mutant *arg-1*, et une autre souche portant l'allèle de type sexuel *a* et l'allèle sauvage *arg-1* ( ). L'analyse de 400 octades linéaires fait apparaître les sept classes suivantes (pour simplifier le tableau, on les a représentées sous la forme de tétrades):

1	2	3	4	5	6	7
$A \cdot arg$	$A \cdot$	$A \cdot arg$	$A \cdot arg$	$A \cdot arg$	$A \cdot$	$A \cdot$
$A \cdot arg$	$A \cdot$	$A \cdot$	$a \cdot arg$	$a \cdot$	$a \cdot arg$	$a \cdot arg$
$a \cdot$	$a \cdot arg$	$a \cdot arg$	$A \cdot$	$A \cdot arg$	$A \cdot$	$A \cdot arg$
$a \cdot$	$a \cdot arg$	$a \cdot$	$a \cdot$	$a \cdot$	$a \cdot arg$	$a \cdot$
127	125	100	36	2	4	6

a. Déduisez l'arrangement des locus liés du type sexuel et de *arg-1*. Positionnez également le ou les centromères sur votre carte. Indiquez la taille de *tous* les intervalles en unités génétiques.

b. Représentez précisément les divisions méiotiques qui ont produit la classe 6.

DÉCOMPOSONS LE PROBLÈME N°28

1. Les champignons sont-ils généralement haploïdes ou diploïdes ?
2. Combien d'ascospores y a-t-il dans un asque de *Neurospora* ? Votre réponse s'accorde-t-elle avec le nombre figurant dans ce problème ? Expliquez toute différence éventuelle.
3. Qu'est-ce que le type sexuel chez les champignons ? À votre avis, comment le détermine-t-on expérimentalement ?
4. Les symboles *A* et *a* ont-ils un rapport avec la dominance et la récessivité ?
5. Que signifie le symbole *arg-1* ? Comment mettre ce génotype en évidence ?
6. Quelle est la relation entre le symbole *arg-1* et le symbole ?
7. Que signifie l'expression *type sauvage* ?
8. Que signifie le terme *mutant* ?
9. La fonction biologique des allèles représentés a-t-elle un rapport avec la solution de ce problème ?
10. Que signifie l'expression « analyse d'octades linéaires » ?
11. En général, que peut-on apprendre de plus de l'analyse de tétrades linéaires que de l'analyse de tétrades non ordonnées ?
12. Comment s'effectue un croisement chez un champignon tel que *Neurospora* ? Décrivez l'isolement d'asques et d'ascospores individuels. Quelle relation y a-t-il entre les termes *tétrade, asque* et *octade* ?
13. À quel moment du cycle vital de *Neurospora* la méiose se produit-elle ? (Indiquez l'endroit sur un schéma du cycle cellulaire.)
14. Quel rapport le Problème 28 a-t-il avec la méiose ?
15. Pouvez-vous écrire les génotypes des deux souches parentales ?
16. Pourquoi n'y a-t-il que quatre génotypes représentés dans chaque classe ?
17. Pourquoi y a-t-il seulement sept classes ? Combien de manières de classer les tétrades avez-vous apprises ?

Laquelle de ces classifications s'applique-t-elle aussi bien aux tétrades linéaires qu'aux tétrades non ordonnées ? Pouvez-vous appliquer ces classifications aux tétrades de ce problème ? (Classifiez chaque classe d'un maximum de façons possible.) D'autres tétrades sont-elles possibles dans ce croisement ? Si c'est le cas, pourquoi ne sont-elles pas représentées ?

18. À votre avis, y a-t-il plusieurs ordres différents des spores dans chaque classe ? Pourquoi ces ordres différents ne justifient-ils pas une classification distincte ?
19. Pourquoi la classe suivante

$$a \cdot$$
$$a \cdot$$
$$A \cdot arg$$
$$A \cdot arg$$

n'est-elle pas présente dans la liste ?
20. Que signifie l'expression *locus liés* ?
21. Qu'est-ce qu'un *intervalle* génétique ?
22. Pourquoi l'énoncé du problème mentionne-t-il « le ou les centromères » et pas seulement « le centromère » ? Quelle est la méthode à suivre pour cartographier les centromères dans l'analyse de tétrades ?
23. Quelle est la fréquence totale des ascospores $A \cdot$? (L'avez-vous calculée en vous servant d'une formule ou en comptant les ascospores ? S'agit-il d'un génotype recombinant ? Si c'est le cas, est-ce le seul génotype recombinant ?)
24. Les deux premières classes sont les plus abondantes et ont des fréquences approximativement égales. Qu'en déduisez-vous ? Combien de génotypes parentaux et recombinants contiennent-elles ?

29. Un généticien étudie 11 paires différentes de locus chez *Neurospora* en réalisant des croisements de type $a \cdot b \times a^+ \cdot b^+$. Cent asques linéaires issus de chaque croisement sont ensuite analysés. Pour pouvoir représenter les résultats sous la forme d'un tableau, le généticien organise les données comme si les 11 paires de locus avaient les mêmes symboles, *a* et *b*, comme on peut le voir ici :
Pour chaque croisement, représentez les locus les uns par rapport aux autres et par rapport à leurs centromères.

NOMBRE D'ASQUES DE TYPE

Croisement	$a \cdot b$ $a \cdot b$ $a^+ \cdot b^+$ $a^+ \cdot b^+$	$a \cdot b^+$ $a \cdot b^+$ $a^+ \cdot b$ $a^+ \cdot b$	$a \cdot b$ $a \cdot b^+$ $a^+ \cdot b^+$ $a^+ \cdot b$	$a \cdot b$ $a^+ \cdot b$ $a^+ \cdot b^+$ $a \cdot b^+$	$a \cdot b$ $a^+ \cdot b^+$ $a^+ \cdot b^+$ $a \cdot b$	$a \cdot b^+$ $a^+ \cdot b$ $a^+ \cdot b$ $a \cdot b^+$	$a \cdot b^+$ $a^+ \cdot b$ $a^+ \cdot b^+$ $a \cdot b$
1	34	34	32	0	0	0	0
2	84	1	15	0	0	0	0
3	55	3	40	0	2	0	0
4	71	1	18	1	8	0	1
5	9	6	24	22	8	10	20
6	31	0	1	3	61	0	4
7	95	0	3	2	0	0	0
8	6	7	20	22	12	11	22
9	69	0	10	18	0	1	2
10	16	14	2	60	1	2	5
11	51	49	0	0	0	0	0

30. Chez *Neurospora*, les produits de trois croisements différents sont analysés comme des tétrades non ordonnées. Chaque croisement fait intervenir une paire différente de gènes liés. Les résultats sont présentés dans le tableau ci-dessous :

Croisement	Parents	Ditypes parentaux (%)	Tétra-types (%)	Ditypes non parentaux (%)
1	$a \cdot b^+ \times a^+ \cdot b$	51	45	4
2	$c \cdot d^+ \times c^+ \cdot d$	64	34	2
3	$e \cdot f^+ \times e^+ \cdot f$	45	50	5

Pour chaque croisement, calculez :
a. La fréquence de recombinaison (FR).
b. La distance génétique non corrigée basée sur la FR.
c. La distance génétique corrigée, basée sur les fréquences des tétrades.

PROBLÈMES D'ÉVALUATION

31. On fait subir à un individu hétérozygote pour quatre gènes $A/a \cdot B/b \cdot C/c \cdot D/d$, un croisement-test avec un individu $a/a \cdot b/b \cdot c/c \cdot d/d$. On obtient 1 000 descendants que l'on classe d'après la contribution gamétique du parent hétérozygote :

$a \cdot B \cdot C \cdot D$	42
$A \cdot b \cdot c \cdot d$	43
$A \cdot B \cdot C \cdot d$	140
$a \cdot b \cdot c \cdot D$	145
$a \cdot B \cdot c \cdot D$	6
$A \cdot b \cdot C \cdot d$	9
$A \cdot B \cdot c \cdot d$	305
$a \cdot b \cdot C \cdot D$	310

a. Quels sont les gènes liés ?
b. Si deux lignées pures avaient été croisées pour produire l'individu hétérozygote, quels auraient été leurs génotypes ?
c. Dessinez une carte génétique des gènes liés, en faisant figurer l'ordre des gènes et les distances qui les séparent en unités génétiques.
d. Calculez s'il y a lieu la valeur de l'interférence.

32. Il existe chez l'homme un allèle autosomique, *N*, qui provoque des anomalies au niveau des ongles et des rotules, syndrome que l'on appelle *onychartrose*. Considérons des mariages dans lesquels un partenaire est atteint d'onychartrose et est de groupe sanguin A et l'autre partenaire n'est pas atteint d'onychartrose et est de groupe sanguin O. Certains des enfants issus de ces unions naissent avec ce syndrome et le groupe sanguin A. Supposons que des enfants de ce phénotype, sans lien de parenté entre eux, se marient à leur tour et aient eux-mêmes des enfants. Quatre phénotypes sont observés dans cette seconde génération avec les pourcentages suivants :

onychartrose, groupe sanguin A	66 %
normal, groupe sanguin O	16 %
normal, groupe sanguin A	9 %
onychartrose, groupe sanguin O	9 %

Analysez ces données en détail, en expliquant les fréquences relatives de ces quatre phénotypes.

33. Supposez qu'il existe trois paires d'allèles chez la *drosophile* : x^+ et x, y^+ et y, z^+ et z. Comme le montrent les symboles, chaque allèle mutant est récessif par rapport à l'allèle sauvage correspondant. Un croisement effectué entre des femelles hétérozygotes pour ces trois locus, et des mâles de type sauvage produit la descendance suivante : 1 010 femelles $x^+ \cdot y^+ \cdot z^+$, 430 mâles $x \cdot y^+ \cdot z$, 441 mâles $x^+ \cdot y \cdot z^+$, 39 mâles $x \cdot y \cdot z$, 32 mâles $x^+ \cdot y^+ \cdot z$,

30 mâles $x^+ \cdot y^+ \cdot z^+$, 27 mâles $x \cdot y \cdot z^+$, 1 mâle $x^+ \cdot y \cdot z$, et 0 mâle $x \cdot y^+ \cdot z^+$.

a. Sur quel chromosome de drosophile ces gènes se trouvent-ils ?

b. Dessinez les chromosomes impliqués du parent femelle hétérozygote, en montrant la disposition des allèles.

c. Calculez les distances génétiques entre les gènes et le coefficient de coïncidence.

34. D'après les cinq groupes de données indiqués dans le tableau ci-dessous, déterminez l'ordre des gènes par simple examen – c'est-à-dire sans calculer les fréquences de recombinaison. Les phénotypes récessifs sont symbolisés par des lettres minuscules et les phénotypes dominants par des signes plus.

Phénotypes observés dans un croisement-test à trois points	Résultats				
	1	2	3	4	5
	317	1	30	40	305
c	58	4	6	232	0
b	10	31	339	84	28
b c	2	77	137	201	107
a	0	77	142	194	124
a c	21	31	291	77	30
a b	72	4	3	235	1
a b c	203	1	34	46	265

35. À partir des données phénotypiques mentionnées dans le tableau ci-dessous pour deux croisements-test à trois points impliquant (1) *a*, *b* et *c*, et (2) *b*, *c* et *d*, déterminez l'ordre des quatre gènes *a*, *b*, *c* et *d* et les trois distances génétiques qui les séparent. Les phénotypes récessifs sont symbolisés par des lettres minuscules et les phénotypes dominants par des signes plus.

1		2	
	669	b c d	8
a b	139	b	441
a	3	b d	90
c	121	c d	376
b c	2		14
a c	2 280	d	153
a b c	653	c	65
b	2 215	b c	141

36. Le père de M. Spock, premier officier du vaisseau spatial *Entreprise*, venait de la planète Vulcain ; sa mère venait de la Terre. Un Vulcanien a les oreilles pointues (déterminées par un allèle *P*), n'a pas de glandes surrénales (*S*), et a le cœur à droite (*D*). Tous ces allèles sont dominants par rapport aux allèles terriens normaux. Les

trois locus sont autosomiques et sont liés entre eux de la façon indiquée sur la carte génétique :

Si M. Spock épouse une Terrienne et qu'il n'y a pas d'interférence (génétique), quelle proportion de leurs enfants aura :

a. Les phénotypes vulcaniens pour les trois caractères ?

b. Les phénotypes terriens pour les trois caractères ?

c. Les oreilles et le cœur des Vulcaniens mais les glandes surrénales des Terriens ?

d. Les oreilles des Vulcaniens mais le cœur et les glandes surrénales des Terriens ?

(Problème 36 d'après D. Harrison, *Problems in Genetics*. Addison-Wesley, 1970.)

37. Chez une certaine plante diploïde, les trois locus *A*, *B*, et *C* sont liés de la façon suivante :

Vous disposez d'une plante (appelons-la la plante parentale) de génotype *A b c/a B C*.

a. En supposant l'absence d'interférence, à la suite de l'autofécondation de la plante, quelle proportion de la descendance sera de génotype *a b c/a b c* ?

b. En supposant à nouveau l'absence d'interférence, si la plante parentale est croisée avec la plante de génotype *a b c/a b c*, quelles classes génotypiques trouvera-t-on dans la descendance ? Quelles seront leurs fréquences si la descendance comporte 1 000 individus ?

c. Répondez à nouveau à la question b en supposant cette fois une interférence de 20 % entre les régions.

38. L'arbre généalogique ci-après concerne une famille présentant deux phénotypes anormaux rares : la maladie des sclérotiques bleues et des os cassants, représentée par des symboles à bordure noire, et l'hémophilie représentée par des symboles au centre noir. Les individus souffrant des deux anomalies sont représentés par des symboles complètement noirs. Les nombres dans certains symboles correspondent au nombre d'individus du type concerné.

a. Quel est le mode de transmission héréditaire de chacune de ces anomalies dans cet arbre généalogique ?

b. Donnez le génotype du maximum possible de membres de la famille.

c. Y a-t-il une indication de liaison génétique ?

d. Y a-t-il une indication d'assortiment indépendant ?

e. Y a-t-il des membres de la famille que l'on peut considérer comme recombinants (c'est-à-dire formés à partir d'au moins un gamète recombinant) ?

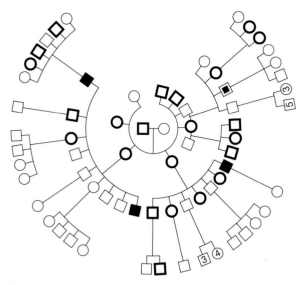

39. Chez l'homme, les gènes du daltonisme et de l'hémophilie sont tous deux situés sur le chromosome X et présentent une fréquence de recombinaison d'environ 10 %. La liaison génétique entre un gène pathologique et un gène relativement inoffensif peut être utilisée pour un pronostic génétique. Un fragment d'arbre généalogique est présenté ci-dessous. Les symboles noirs indiquent que les sujets sont atteints d'hémophilie et les croix de daltonisme. Que pourriez-vous dire aux femmes III-4 et III-5 quant à la probabilité d'avoir des fils hémophiles ?

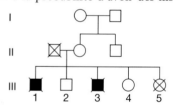

(Le problème 39 est adapté de J.F. Crow, *Genetics notes : An Introduction to Genetics*, Burgess 1983.)

40. Un généticien cartographiant les gènes *A*, *B*, *C*, *D*, et *E* réalise deux croisements-test à trois points. Le premier croisement entre lignées pures est :

$A/A \cdot B/B \cdot C/C \cdot D/D \cdot E/E$

$\times\ a/a \cdot b/b \cdot C/C \cdot d/d \cdot E/E$

Le généticien croise la F_1 avec une souche-test récessive et classe les descendants en fonction de la contribution génétique de la F_1 :

$$
\begin{array}{llll}
A \cdot B \cdot C \cdot D \cdot E & 316 \\
a \cdot b \cdot C \cdot d \cdot E & 314 \\
A \cdot B \cdot C \cdot d \cdot E & 31 \\
a \cdot b \cdot C \cdot D \cdot E & 39 \\
A \cdot b \cdot C \cdot d \cdot E & 130 \\
a \cdot B \cdot C \cdot D \cdot E & 140 \\
A \cdot b \cdot C \cdot D \cdot E & 17 \\
a \cdot B \cdot C \cdot d \cdot E & \underline{13} \\
& 1000
\end{array}
$$

Le deuxième croisement de lignées pures est

$A/A \cdot B/B \cdot C/C \cdot D/D \cdot E/E$

$\times\ a/a \cdot B/B \cdot c/c \cdot D/D \cdot e/e$

Le généticien croise la F_1 issue de ce croisement avec une souche-test récessive et obtient :

$$
\begin{array}{llll}
A \cdot B \cdot C \cdot D \cdot E & 243 \\
a \cdot B \cdot c \cdot D \cdot e & 237 \\
A \cdot B \cdot c \cdot D \cdot e & 62 \\
a \cdot B \cdot C \cdot D \cdot E & 58 \\
A \cdot B \cdot C \cdot D \cdot e & 155 \\
a \cdot B \cdot c \cdot D \cdot E & 165 \\
a \cdot B \cdot C \cdot D \cdot e & 46 \\
A \cdot B \cdot c \cdot D \cdot E & \underline{34} \\
& 1000
\end{array}
$$

Le généticien sait aussi que l'assortiment des gènes *D* et *E* est indépendant.

a. Dessinez une carte avec ces gènes, en indiquant lorsque c'est possible, les distances en unités génétiques.
b. Existe-t-il une indication d'interférence ?

41. Chez la plante *Arabidopsis*, les locus de la longueur des cosses (*L* = longue, *l* = courte) et de la pilosité du fruit (*H* = poilu, *h* = lisse) sont distants de 16 u.g. sur le même chromosome. Les croisements suivants ont été effectués :

(i) $L\ H/L\ H \times l\ h/l\ h \rightarrow F_1$

(ii) $L\ h/L\ h \times l\ H/l\ H \rightarrow F_1$

Si l'on croise les F_1 issues de (i) et (ii)
a. Parmi les descendants, quelle proportion de *l h/l h* attend-on ?
b. Parmi les descendants, quelle proportion de *L h/l h* attend-on ?

42. La carte génétique d'une partie du chromosome 4 du maïs (*Zea mays*) est la suivante. *w*, *s* et *e* représentent des allèles mutants récessifs affectant la couleur et la forme du pollen.

$$
\begin{array}{ccc}
w & s & e \\
\vdash & \vdash & \dashv \\
\end{array}
$$

$\longleftarrow$ 8 u.g. $\longrightarrow$ $\longleftarrow$ 14 u.g. $\longrightarrow$

Si l'on effectue le croisement suivant

$\times\ w\ s\ e/w\ s\ e$

et que l'on fait subir à la F_1 un croisement-test avec *w s e/w s e*, et si l'on suppose qu'il n'y a pas d'interférence dans cette région du chromosome, quelle proportion de descendants sera de génotype :

a.

b. *w s e*

c.   *s e*

d. *w*

e.   *e*

f. *w s*

g. *w   e*

h.   *s*

43. Tous les vendredis soirs, l'étudiante en génétique Jeannette Allèle, épuisée par ses études, se rend au bowling de la faculté pour s'y détendre un peu. Même là, la génétique la poursuit. La modeste piste de bowling n'est équipée que de quatre boules: deux rouges et deux bleues. Elles sont lancées vers les quilles, puis sont récupérées et ramenées vers les joueurs par un toboggan dans lequel elles reviennent sans ordre précis. Au cours de la soirée, Jeannette remarque que les séquences dans lesquelles les quatre boules reviennent ont quelque chose de familier. Machinalement, elle se met à compter les différentes séquences. Quelles séquences observe-t-elle, avec quelles fréquences et quel est leur rapport avec la génétique?

44. Dans une analyse de tétrades, la disposition des locus liés p et q est la suivante:

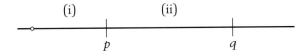

On suppose que

• dans la région i, il n'y a pas de crossing-over dans 88% des méioses et un seul crossing-over dans 12% des méioses;

• dans la région ii, il n'y a pas de crossing-over dans 80% des méioses et un seul crossing-over dans 20% des méioses;

• il n'y a pas d'interférence (en d'autres termes, les événements qui se produisent dans une région n'ont pas d'effet sur la région voisine).

Quelles proportions de tétrades auront-elles les types suivants? **(a)** $M_I M_I$, DP; **(b)** $M_I M_I$, DNP; **(c)** $M_I M_{II}$, T; **(d)** $M_{II} M_I$, T; **(e)** $M_{II} M_{II}$, DP; **(f)** $M_{II} M_{II}$, DNP; **(g)** $M_{II} M_{II}$, T. (**Remarque**: Le profil M écrit en premier est celui qui se rapporte au locus p.) **Une astuce:** La façon la plus simple de résoudre ce problème est de commencer par calculer les fréquences des asques avec des crossing-over dans les deux régions, puis dans la région i, dans la région ii et enfin dans aucune des deux. Il faut ensuite déterminer quels profils de ségrégation M_I et M_{II} en résultent.

45. Dans une expérience avec des levures haploïdes, vous disposez de deux cultures différentes. Chacune croît sur un milieu minimum (des sels inorganiques plus du sucre) additionné d'arginine, mais aucune d'elles ne croît sur milieu minimum seul. En suivant la procédure appropriée, vous induisez le croisement des deux cultures. Les cellules diploïdes subissent alors la méiose et forment des tétrades non ordonnées. Certaines ascopores poussent sur milieu minimum. Vous classifiez un grand nombre de ces tétrades en fonction de leur phénotype ARG⁻ (auxotrophie pour l'arginine) et ARG⁺ (prototrophie pour l'arginine) et vous obtenez les données suivantes:

Ségrégation de ARG⁻:ARG⁺	Fréquence (%)
4:0	40
3:1	20
2:2	40

a. En utilisant des symboles de votre choix, attribuez des génotypes aux deux cultures parentales. Pour chacun des trois modes de ségrégation, attribuez un génotype aux ségrégeants.

b. Si l'auxotrophie pour l'arginine est gouvernée par plus d'un locus, ces locus sont-ils liés?

5

LA GÉNÉTIQUE DES BACTÉRIES ET DE LEURS VIRUS

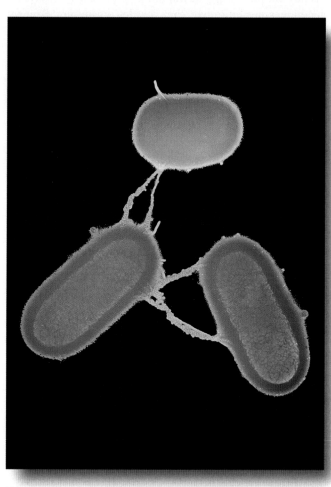

L'union sexuée des bactéries. Des cellules d'*Escherichia coli* attachées par des «pilus» avant un transfert d'ADN entre des cellules donneuses et des cellules receveuses. (Dr. L. Caro/Science Photo Library/Photo Researchers.)

QUESTIONS CLÉS

- Les cellules bactériennes s'apparient-elles parfois au cours d'un type quelconque de cycle sexué ?

- Les génomes bactériens peuvent-ils subir des recombinaisons ?

- Si c'est le cas, de quelle façon les génomes s'associent-ils pour permettre la recombinaison ?

- La recombinaison bactérienne ressemble-t-elle à la recombinaison eucaryote ?

- Les génomes des virus bactériens peuvent-ils subir une recombinaison ?

- Les génomes des bactéries et des virus interagissent-ils physiquement ?

- Les chromosomes des virus et des bactéries peuvent-ils être cartographiés grâce à la recombinaison ?

SOMMAIRE

L'ESSENTIEL DU CHAPITRE

Une part considérable de l'histoire de la génétique et de la génétique moléculaire moderne a trait aux bactéries et à leurs virus. Bien que les bactéries possèdent des gènes constitués d'ADN et disposés linéairement sur un «chromosome», leur matériel génétique n'est pas organisé de la même façon que celui des Eucaryotes. Elles appartiennent à une classe d'organismes appelés **Procaryotes**, qui comprennent les algues bleues désormais appelées *cyanobactéries* et les bactéries. L'une des caractéristiques des Procaryotes qui permet de les définir comme tels est l'absence d'un noyau délimité par une membrane.

Les **virus** sont également très différents des organismes que nous avons étudiés jusqu'à présent. Ils ont cependant en commun avec ceux-ci certaines propriétés comme leur matériel génétique formé d'ADN ou d'ARN et organisé en un «chromosome» de petite taille. Pourtant, de nombreux biologistes considèrent les virus comme des entités qui ne sont pas à proprement parler vivantes car ils ne peuvent ni croître ni se multiplier par eux-mêmes. Pour se reproduire, les virus doivent parasiter des cellules vivantes et utiliser la machinerie moléculaire de celles-ci. Les virus qui parasitent les bactéries sont appelés **bactériophages** ou simplement **phages**.

Lorsque les scientifiques commencèrent à étudier les bactéries et les phages, ils s'intéressèrent naturellement à leurs systèmes de transmission héréditaire. À l'évidence, ces organismes devaient en posséder puisque leur apparence et leur fonction sont constantes d'une génération à l'autre (on peut les classifier). Mais de quelle façon ces systèmes héréditaires fonctionnent-ils? Les bactéries, comme les organismes unicellulaires eucaryotes, se reproduisent de manière asexuée par croissance et division cellulaire; une cellule donne naissance à deux cellules. Ceci est très facile à démontrer expérimentalement. Pourtant, existe-t-il parfois des unions entre des types différents, qui donnent lieu à une reproduction sexuée? En outre, comment les phages, qui sont bien plus petits, se reproduisent-ils – s'unissent-ils parfois au cours d'un cycle sexué? Les réponses à ces questions feront l'objet de ce chapitre.

Nous verrons qu'il existe de nombreux types de processus héréditaires chez les bactéries et les phages. Ces processus sont intéressants en raison de la biologie élémentaire de ces formes. Néanmoins, l'étude de la génétique de ces organismes fournit également des informations sur les processus génétiques mis en œuvre chez *tous* les organismes. Pour un généticien, ces formes présentent un grand attrait car elles sont si petites qu'elles peuvent être cultivées en grande quantité. Ceci permet de détecter et d'étudier des événements très rares, difficiles, voire impossibles à étudier chez les Eucaryotes. Nous pouvons ajouter que la génétique des bactéries et des phages est à la base du génie génétique des génomes de tous les organismes car ces formes simples sont des vecteurs commodes pour transporter l'ADN des organismes supérieurs.

Quels processus héréditaires peut-on observer chez les Procaryotes? Comparés aux Eucaryotes, les bactéries et les virus ont des chromosomes simples. Ils possèdent en général un seul chromosome, présent en un exemplaire unique. Les cellules et leurs chromosomes étant très petits, les événements éventuels de fusion sexuée sont très difficiles à observer,

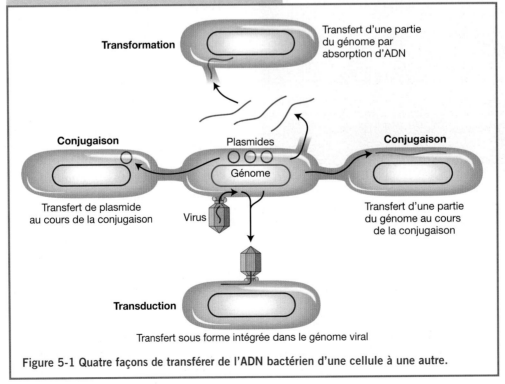

Figure 5-1 Quatre façons de transférer de l'ADN bactérien d'une cellule à une autre.

même à l'aide d'un microscope. Par conséquent, l'approche générale est basée sur la génétique et repose sur la détection de recombinants. Le raisonnement est le suivant : si des organismes différents s'associent d'une manière ou d'une autre, des recombinants doivent apparaître occasionnellement. À l'inverse, si l'on détecte des recombinants avec le marqueur A pour l'un des parents et le marqueur B pour l'autre, c'est qu'il doit y avoir eu une sorte d'union « sexuée ». De ce fait, même si les bactéries et les phages ne subissent pas de méiose, l'approche de l'analyse génétique de ces formes ressemble étonnamment à celle suivie pour les Eucaryotes.

La recombinaison génétique chez les bactéries peut survenir de différentes façons, mais dans tous les cas, deux molécules d'ADN sont réunies. Les diverses possibilités sont décrites dans la Figure 5-1. Le premier processus examiné ici sera la *conjugaison* : une cellule bactérienne transfère son ADN dans un sens vers une autre cellule grâce à un contact direct cellule-cellule. L'ADN transféré peut être une partie ou l'ensemble du génome bactérien ou bien être un élément d'ADN extragénomique appelé *plasmide*. Un fragment génomique peut recombiner avec le chromosome de la bactérie receveuse après l'entrée de celui-ci.

Une cellule bactérienne peut également acquérir un fragment d'ADN provenant de l'environnement et l'incorporer dans son propre chromosome. Ce processus s'appelle la *transformation*. De plus, certains phages peuvent emporter un fragment d'ADN d'une cellule bactérienne et l'injecter dans une autre cellule dans laquelle il pourra être intégré dans le chromosome au cours d'un procédé appelé *transduction*.

Les phages peuvent eux-mêmes subir une recombinaison lorsque deux génotypes différents infectent simultanément la même cellule bactérienne (**recombinaison phagique**).

5.1 Travailler avec des micro-organismes

Les bactéries se divisent rapidement et prennent peu de place. Ce sont donc des organismes modèles très utiles pour la génétique. Les bactéries peuvent être cultivées en milieu liquide ou sur une surface solide telle qu'un gel d'agar, à condition de leur fournir les éléments nutritifs de base. Chaque cellule bactérienne se divise de la façon suivante : $1 \rightarrow 2 \rightarrow 4 \rightarrow 8 \rightarrow 16$, etc., jusqu'à ce que les produits nutritifs soient épuisés ou que des produits toxiques (déchets) s'accumulent, atteignant une concentration qui provoque l'arrêt de la croissance de la population. Une petite quantité d'une culture liquide de ce type peut être prélevée au moyen d'une pipette, déposée sur une boîte de Pétri contenant un milieu solide d'agar et étalée régulièrement à la surface de celui-ci à l'aide d'une spatule d'étalement stérile, un procédé appelé **étalement** (Figure 5-2). Les cellules se divisent, mais comme elles sont quasiment immobilisées sur le gel, elles restent regroupées. Quand cette masse atteint 10^7 cellules, elle devient visible à l'œil nu sous la forme d'une **colonie**. Chaque colonie isolée sur la boîte est issue d'une seule cellule originelle. Les individus d'une colonie descendent tous d'un ancêtre génétique commun et sont appelés des **clones**.

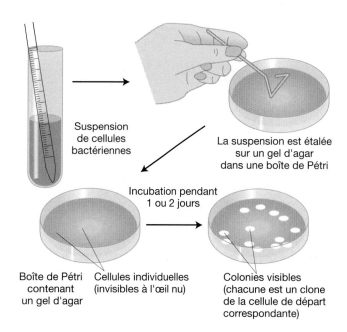

Figure 5-2 Les modes de culture des bactéries en laboratoire. Les bactéries peuvent croître dans un milieu liquide contenant des nutriments. Quelques cellules bactériennes provenant d'un tel milieu liquide peuvent être étalées sur un milieu d'agar contenant également les nutriments appropriés. Chacune de ces cellules formera une colonie. Toutes les cellules d'une colonie auront les mêmes phénotype et génotype.

Les mutants bactériens sont également très utiles. Les mutants nutritionnels en sont un bon exemple. Les bactéries de type sauvage sont **prototrophes**. Ceci signifie qu'elles peuvent croître et se diviser sur un **milieu minimum** – un substrat qui ne contient que des sels inorganiques, une source de carbone pour l'énergie et de l'eau. On peut obtenir des mutants **auxotrophes** à partir d'une culture prototrophe. Ces cellules ne poussent pas tant que le milieu ne contient pas un ou plusieurs nutriments spécifiques, par exemple, l'adénine, la thréonine ou la biotine. Un autre type utile de mutant diffère du type sauvage par sa capacité d'utiliser une source spécifique d'énergie. Par exemple, le type sauvage *peut* utiliser le lactose alors qu'un mutant peut en être *incapable* (Figure 5-3). Dans une autre catégorie de mutant, alors que les types sauvages sont sensibles à un inhibiteur tel que la streptomycine (un antibiotique), les **mutants résistants** peuvent se diviser et former des colonies en présence de cet inhibiteur. Tous ces types de mutants permettent au généticien de distinguer différentes souches individuelles, ce qui fournit des **marqueurs génétiques** (allèles marqueurs) pour suivre des génomes et des cellules lors d'expériences. Le Tableau 5-1 indique certains phénotypes bactériens mutants et leurs symboles génétiques.

Dans les sections suivantes, nous étudierons la découverte des différents processus grâce auxquels les génomes bactériens recombinent. Les protocoles utilisés sont intéressants en soi, mais permettent également d'introduire les différents procédés de recombinaison, ainsi que les techniques analytiques encore en usage aujourd'hui.

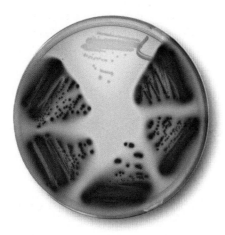

Figure 5-3 Des colonies bactériennes poussant sur un milieu coloré. Les colonies colorées en rouge contiennent des bactéries de type sauvage capables d'utiliser du lactose comme source d'énergie (*lac*⁺). Les cellules non colorées sont des mutants incapables de métaboliser le lactose (*lac*⁻). [Jeffrey H. Miller.]

Tableau 5-1 Quelques symboles génétiques utilisés en génétique bactérienne.

Symbole	Caractère ou phénotype associé au symbole
bio⁻	A besoin de biotine en plus du milieu minimum
arg⁻	A besoin d'arginine en plus du milieu minimum
met⁻	A besoin de méthionine en plus du milieu minimum
lac⁻	Ne peut utiliser le lactose comme source de carbone
gal⁻	Ne peut utiliser le galactose comme source de carbone
*str*ʳ	Résistant à l'antibiotique streptomycine
*str*ˢ	Sensible à l'antibiotique streptomycine

Note : le milieu minimum est le milieu synthétique élémentaire qui permet la croissance des bactéries sans addition de nutriments.

 ORGANISME MODÈLE *Escherichia coli*

Le naturaliste du dix-septième siècle Antonie van Leeuwenhoek a sans doute été le premier à observer des cellules bactériennes et à se rendre compte de leur petite taille : « Il y a probablement plus d'organismes vivants sur les dents d'un homme que d'hommes dans le monde entier. » Toutefois, la bactériologie n'a vraiment commencé qu'au dix-neuvième siècle. Dans les années 1940, Joshua Lederberg et Edward Tatum ont fait une découverte qui a fait entrer la bactériologie dans le domaine en pleine expansion de la génétique : ils ont découvert qu'une certaine bactérie abritait un type de cycle sexué comprenant un processus semblable à un crossing-over. L'organisme qu'ils choisirent pour cette expérience est devenu un modèle non seulement pour la génétique des Procaryotes, mais également pour l'ensemble de la génétique. Il s'agissait d'*Escherichia coli*, une bactérie qui porte le nom du bactériologiste allemand, Theodore Escherich, qui l'a découverte au dix-neuvième siècle.

Le choix d'*E. coli* fut judicieux puisque cette bactérie se révéla posséder de nombreuses caractéristiques adaptées à la recherche en génétique, dont la moindre n'est pas la facilité avec laquelle on peut s'en procurer puisqu'on la trouve dans les intestins de l'homme et d'autres animaux. Dans les intestins, il s'agit d'un symbiote inoffensif, mais elle peut parfois provoquer des infections urinaires ou des diarrhées.

E. coli possède un chromosome circulaire unique, long de 4,6 mégabases. Parmi ses 4 000 gènes dépourvus d'introns, environ 35 % n'ont pas de fonction connue. Le cycle sexué est possible en raison de l'action d'un plasmide extragénomique appelé *F*, qui détermine un type de « masculinité ». D'autres plasmides portent des gènes dont les fonctions fournissent à la cellule ce qu'il lui faut pour vivre dans des environnements spécifiques, tels que des gènes de résistance à certaines substances chimiques. Ces plasmides ont été transformés en vecteurs de gènes, formant la base des transferts de gènes qui sont au cœur du génie génétique moderne.

E. coli est un organisme unicellulaire qui se développe par simple division cellulaire. En raison de sa petite taille (~ 1 µm de long), on peut la cultiver en grande quantité, la soumettre à une sélection intensive et la cribler pour rechercher des événements génétique rares. La recherche sur *E. coli* représente le début de l'application du concept de la « boîte noire » en génétique : grâce à la sélection et à l'analyse de mutants, le fonctionnement de la machinerie génétique put être déduit, même si elle est trop petite pour être observée. Les phénotypes tels que la taille des colonies, la résistance à des substances chimiques, l'utilisation d'une source de carbone et la production de substances colorées ont remplacé les phénotypes visibles de la génétique eucaryote.

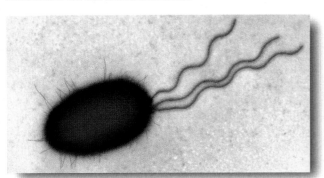

Une cellule d'*E. coli*. Une micrographie électronique d'*E. coli* montrant les longs flagelles permettant la locomotion et les pili communs, des filaments protéiques importants pour l'ancrage des cellules aux tissus animaux. (Les pilus sexuels ne sont pas visibles sur cette photo.) [Dr. Dennis Kunkel/Visuals Unlimited.]

5.2 La conjugaison bactérienne

Les premières études de génétique bactérienne révélèrent le processus inattendu de la conjugaison cellulaire.

La découverte de la conjugaison

Les bactéries disposent-elles de processus similaires à la reproduction sexuée et à la recombinaison ? La réponse à cette question fut apportée par une expérience à la fois simple et élégante, réalisée par Joshua Lederberg et Edward Tatum qui, en 1946, découvrirent chez les bactéries un processus de type sexué. Ils étudiaient deux souches d'*E. coli* présentant des mutations auxotrophes différentes. La souche A poussait uniquement si l'on ajoutait au milieu minimum

de la méthionine et de la biotine ; la souche B ne poussait que si l'on enrichissait le milieu en thréonine, leucine et thiamine. Nous pouvons donc décrire les souches comme étant

Souche A : *met⁻ bio⁻ thr⁺ leu⁺ thi⁺*
Souche B : *met⁺ bio⁺ thr⁻ leu⁻ thi⁻*

La Figure 5-4a décrit de façon simplifiée le fondement de cette expérience. Les souches A et B furent mélangées, incubées ensemble pendant plusieurs heures puis étalées sur un milieu minimum sur lequel aucun auxotrophe ne put se développer. Quelques cellules (1 sur 10^7) cependant purent pousser comme des prototrophes. Il devait donc s'agir de bactéries de type sauvage, qui avaient retrouvé la capacité de

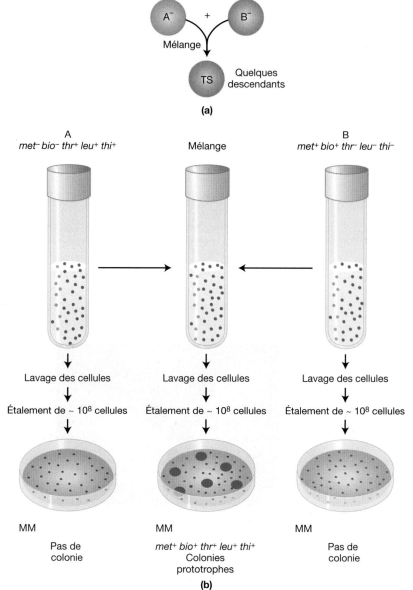

Figure 5-4 La démonstration par Lederberg et Tatum de la recombinaison génétique entre cellules bactériennes. (a) Le concept fondamental : deux cultures auxotrophes (A⁻ et B⁻) sont mélangées, produisant quelques cellules de type sauvage (TS). (b) Les cellules de type A ou B ne peuvent pousser sur un milieu sans supplément (milieu minimum : MM) car A et B portent chacune des mutations qui les rendent incapables de synthétiser certains constituants nécessaires à leur croissance. En revanche, lorsque A et B sont mélangées quelques heures puis étalées, quelques colonies apparaissent sur l'agar. Ces colonies proviennent de cellules uniques dans lesquelles s'est produit un échange de matériel génétique. Elles sont donc capables de synthétiser tous les constituants nécessaires à leur métabolisme.

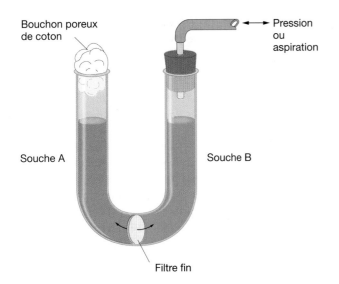

Figure 5-5 Un contact physique entre bactéries est nécessaire pour que la recombinaison génétique ait lieu. Des souches A et B de bactéries auxotrophes sont cultivées de part et d'autre d'un tube en forme de U. Le liquide peut passer d'un bras à l'autre grâce à l'application d'une pression ou d'une aspiration, au contraire des bactéries qui ne peuvent traverser le filtre. Après incubation et étalement, aucune bactérie ne pousse sur milieu minimum.

pousser sans addition de nutriments. Sur certaines de ces boîtes n'étaient étalées que des bactéries de souche A et sur d'autres, que des bactéries de souche B. Ces boîtes servaient de témoins et aucun prototrophe n'apparut sur elles. La Figure 5-4b illustre cette expérience plus en détail. Ces résultats suggéraient qu'une sorte de recombinaison des gènes avait eu lieu entre les génomes des deux souches, produisant des prototrophes.

On aurait pu imaginer que les cellules de ces deux souches n'échangeaient pas réellement des gènes, mais qu'elles sécrétaient plutôt certaines substances que les autres cellules pouvaient absorber et utiliser pour leur croissance. Cette hypothèse d'une alimentation mutuelle (*cross-feeding* en anglais) des bactéries fut exclue de la façon suivante par Bernard Davis. Il construisit un tube en U dont les deux bras étaient séparés par un filtre fin. Les pores du filtre étaient trop étroits pour laisser passer des bactéries, mais assez larges pour permettre le passage des substances dissoutes (Figure 5-5). La souche A fut introduite dans un bras et la souche B, dans l'autre. Après une période d'incubation, Davis testa les cellules contenues dans chaque bras du tube pour voir s'il y avait des cellules prototrophes. Il n'en trouva aucune. Ceci signifie qu'un *contact physique* entre les deux souches est nécessaire pour que des cellules de type sauvage apparaissent. Il apparut donc qu'une sorte d'union des génomes avait eu lieu et que des recombinants génétiques avaient effectivement été produits. L'union physique des cellules bactériennes est visible au microscope électronique et on l'appelle désormais la **conjugaison**.

La découverte du facteur sexuel (F)

En 1953, William Hayes établit que dans les types de «croisements» décrits précédemment, la participation des parents à la conjugaison était *inégale* (nous verrons plus tard des moyens de le démontrer). Il semblait qu'un parent (et *uniquement* ce parent) transférait une partie ou la totalité de son génome dans une autre cellule. Par conséquent, une cellule jouait le rôle de **donneur** et l'autre, de **receveur**. Ceci est très différent des croisements eucaryotes lors desquels les parents apportent une contribution égale au génome nucléaire.

> **MESSAGE** Le transfert de matériel génétique lors de la conjugaison chez *E. coli* n'est pas réciproque. Une cellule, le donneur, transfère une partie de son génome à l'autre cellule, qui joue le rôle de receveur.

Par accident, Hayes découvrit un variant de sa souche donneuse d'origine qui ne produisait pas de recombinants lors de croisements avec la souche receveuse. Apparemment, la souche donneuse avait perdu sa capacité de transférer du matériel génétique et s'était transformée en une souche receveuse. En étudiant ce variant donneur «stérile», Hayes découvrit qu'il pouvait retrouver la capacité de jouer le rôle de donneur lorsqu'on l'associait à d'autres souches donneuses. En fait, la capacité de donner était transmise rapidement et efficacement entre les souches au cours de la conjugaison. Une sorte de «transfert infectieux» d'un facteur semblait se produire. Hayes suggéra que la capacité de donner est elle-même un état héréditaire conféré par un **facteur sexuel (F)** (ou **facteur de fertilité**). Les souches porteuses de F peuvent jouer le rôle de donneur et sont appelées **F⁺**, tandis que les souches dépourvues de F ne peuvent donner et sont receveuses. On les appelle **F⁻**.

Nous connaissons dorénavant bien davantage de choses sur F. Il s'agit d'un exemple de petite molécule circulaire non essentielle d'ADN, que l'on appelle un **plasmide**, capable de se répliquer dans le cytoplasme, indépendamment du chromosome de l'hôte. Les Figures 5-6 et 5-7 montrent de quelle façon les bactéries peuvent transférer des plasmides tels que F. Le plasmide F commande la synthèse de pilus, des

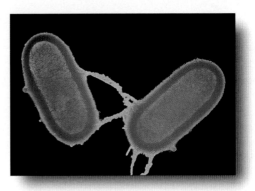

Figure 5-6 Les bactéries sont capables de transférer des plasmides (des ADN circulaires) par conjugaison. Une cellule donneuse émet une ou plusieurs projections – des pilus – qui se fixent à une cellule receveuse et rapprochent les deux bactéries l'une de l'autre. [Oliver Meckes/MPI-Tübingen, Photo Researchers.]

Figure 5-7 La conjugaison.
(a) Au cours de la conjugaison, le pilus rapproche les deux bactéries l'une de l'autre. (b) Puis, un pont (une sorte de pore) se forme entre les deux cellules. Une copie simple-brin de l'ADN plasmidique est produite dans la cellule donneuse et passe ensuite dans la bactérie receveuse. Il y est utilisé comme matrice pour être converti en une hélice double-brin.

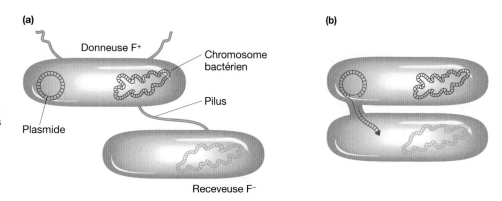

projections qui initient le contact avec la cellule receveuse (Figure 5-6) et les rapprochent encore. L'ADN F dans la cellule donneuse fabrique une copie simple-brin de lui-même selon un mécanisme particulier appelé **réplication en cercle roulant**. Le plasmide circulaire «roule» et, à mesure qu'il tourne, il laisse filer une copie simple-brin comme une ligne de canne à pêche. Cette copie passe à travers un pore dans la cellule receveuse, pendant que l'autre brin est synthétisé, formant une double hélice. Cette réplication aboutit au maintien d'une copie de F chez le donneur et à l'apparition d'une copie chez le receveur, comme on le voit dans la Figure 5-7. Remarquez que dans la figure, le génome d'*E. coli* est représenté comme un chromosome circulaire unique. (Nous examinerons les preuves de ceci plus tard.) La plupart des génomes bactériens sont circulaires, une caractéristiques très différente de celles des chromosomes nucléaires eucaryotes. Nous verrons que cette particularité est responsable de nombreuses caractéristiques de la génétique bactérienne.

Les souches Hfr

Un progrès important fut réalisé lorsque Luca Cavalli-Sforza découvrit un dérivé d'une souche F⁺ avec deux propriétés inhabituelles:

1. Croisée avec des souches F⁻, cette nouvelle souche produisait 1 000 fois plus de recombinants qu'une souche F⁺ normale. Cavalli-Sforza appela cette souche **Hfr** pour symboliser sa capacité d'induire une *h*aute *f*réquence de *r*ecombinaison.
2. Dans les croisements Hfr × F⁻, quasiment aucun des parents F⁻ n'était converti en F⁺ ou en Hfr. Ce résultat s'opposait à celui des croisements F⁺ × F⁻, où, comme nous l'avons vu, le transfert infectieux de F conduisait à la transformation d'une grande proportion des parents F⁻ en F⁺.

Il devint évident qu'une souche Hfr résulte de l'intégration du facteur F dans le chromosome comme on le voit dans la Figure 5-8. Nous pouvons désormais expliquer la première propriété inhabituelle des souches Hfr. Au cours de la conjugaison, le facteur F inséré dans le chromosome

dirige efficacement une partie ou la totalité du chromosome dans la cellule F⁻. Le fragment chromosomique peut alors recombiner avec le chromosome receveur. Les rares recombinants observés par Lederberg et Tatum lors des croisements F⁺ × F⁻ étaient dus à la formation spontanée mais rare de cellules Hfr dans la culture F⁺. Cavalli-Sforza isola certaines de ces cellules rares issues des cultures F⁺ et découvrit qu'elles se comportaient comme de véritables Hfr.

Une cellule Hfr meurt-elle après avoir donné son matériel chromosomique à une cellule F⁻? La réponse est non. Exactement comme le plasmide F, au cours de la conjugaison le chromosome Hfr se réplique et transfère un simple-brin vers la cellule F⁻. L'état simple-brin de l'ADN transféré peut être démontré visuellement en utilisant des souches spéciales et des anticorps, comme on le voit dans la Figure 5-9. La réplication du chromosome garantit la présence d'un chromosome complet dans la cellule donneuse après le croisement. Le brin transféré est converti en une double hélice dans la cellule receveuse et certains gènes du donneur peuvent être incorporés dans le chromosome du receveur grâce à des crossing-over, ce qui crée une cellule recombinante (Figure 5-10). S'il n'y a pas de recombinaison, les fragments d'ADN transférés sont simplement perdus au cours de la division cellulaire.

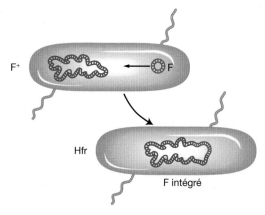

Figure 5-8 La formation d'une Hfr. De temps à autre, le facteur F indépendant se combine avec le chromosome d'*E. coli*, créant une souche Hfr.

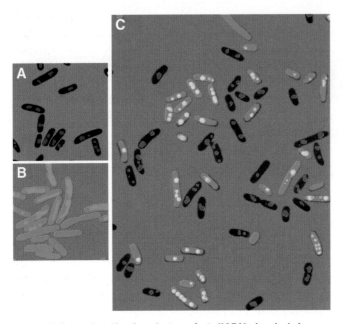

Figure 5-9 La visualisation du transfert d'ADN simple-brin dans des cellules d'*E. coli* en cours de conjugaison, à l'aide d'anticorps fluorescents spécifiques. Des souches parentales Hfr (A) en noir, avec l'ADN en rouge. La couleur rouge est due à la liaison d'un anticorps à une protéine normalement fixée à l'ADN. Les cellules F⁻ receveuses (B) sont colorées en vert en raison de la présence de la protéine GFP. Comme elles sont mutantes pour un gène donné, elles ne fixent pas la protéine qui lie l'anticorps. Lorsque de l'ADN simple-brin pénètre dans la bactérie receveuse, il entraîne la fixation inhabituelle de la protéine en question, qui émet une fluorescence jaune sur ce fond. La partie C montre les Hfr (inchangées) et les exconjugants avec l'ADN transféré en jaune. [D'après Masamichi Kohiyama, Sota Hiraga, Ivan Matic et Miroslav Radman, « Bacterial Sex : Playing Voyeurs 50 Years Later », *Science*, 8 août 2003, p. 803, Figure 1.]

LA TRANSMISSION LINÉAIRE DES GÈNES HFR À PARTIR D'UN POINT FIXE On parvint à une meilleure compréhension du comportement des souches Hfr en 1957, lorsque Elie Wollman et François Jacob étudièrent le schéma de transmission des gènes de Hfr aux cellules F⁻ lors d'un croisement. Ils croisèrent

$$\text{Hfr } azi^r \ ton^r \ lac^+ \ gal^+ \ str^s \times \text{F}^- \ azi^s \ ton^s \ lac^- \ gal^- \ str^r$$

À intervalles réguliers après le mélange, ils prélevèrent des échantillons qui furent placés pendant quelques secondes dans un mixeur de cuisine pour séparer les paires de cellules en cours d'appariement. Ce protocole expérimental est appelé **conjugaison interrompue**. Chaque échantillon était ensuite étalé sur un milieu contenant de la streptomycine afin de tuer les cellules Hfr donneuses, qui présentaient l'allèle *str^s* responsable de la sensibilité à cette substance. Les cellules *str^r* furent alors analysées pour rechercher la présence d'allèles du génome donneur. Toutes les cellules *str^r* qui portaient un allèle du donneur devaient avoir participé à la conjugaison ; de telles cellules sont appelées **exconjugants**. La Figure 5-11a montre une représentation graphique des résultats, avec l'entrée des allèles du donneur en fonction du temps : *azi^r*, *ton^r*, *lac^+* et *gal^+*. La Figure 5-11b décrit le processus de transfert des allèles Hfr.

Les éléments clés de ces résultats sont :

1. Chaque allèle du donneur apparaît pour la première fois dans les receveurs F⁻ à un instant précis après le début du croisement.
2. Les allèles du donneur apparaissent dans un ordre déterminé.
3. Les allèles du donneur qui pénètrent plus tard sont présents dans un nombre décroissant de cellules receveuses.

En intégrant toutes ces observations, Wollman et Jacob conclurent que, dans la cellule Hfr en cours de conjugaison, le transfert d'ADN simple-brin s'opère à partir d'un point fixe du chromosome du donneur, appelé **origine (O)**, et procède de façon linéaire. On sait maintenant que le point O est

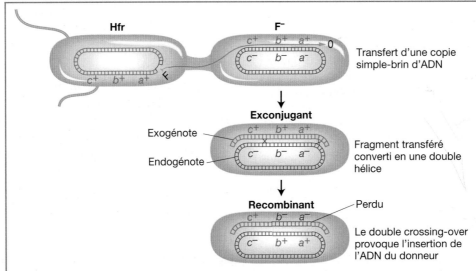

Figure 5-10 La conjugaison bactérienne et la recombinaison. Le transfert d'un fragment simple-brin du chromosome du donneur et la recombinaison avec le chromosome du receveur.

(a)

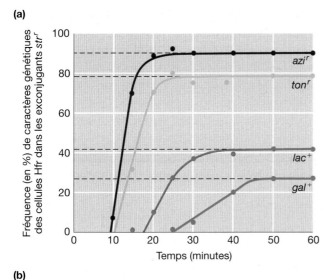

(b)

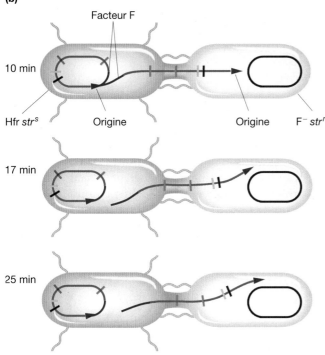

Figure 5-11 Des expériences de conjugaison interrompue. Des cellules F⁻ résistantes à la streptomycine et présentant les mutations *azi*, *ton*, *lac* et *gal* sont incubées pendant des durées différentes avec des cellules Hfr sensibles à la streptomycine et qui portent les allèles sauvages correspondants. (a) Un graphique représentant la fréquence des allèles du donneur dans les exconjugants en fonction du temps écoulé depuis le croisement. (b) Une représentation schématique du transfert des marqueurs dans le temps (représentés avec des couleurs différentes). [Partie a d'après E. L. Wollman, F. Jacob et W. Hayes, *Cold Spring Harbor Symp. Quant. Biol.* 21, 1956, 141.]

le site au niveau duquel le plasmide F est inséré. Plus un gène est éloigné du point O, plus il est transféré tard dans la cellule F⁻. Le processus de transfert s'arrête généralement avant l'entrée des gènes les plus éloignés de O. De ce fait, ils ne sont présents que dans un nombre décroissant d'exconjugants.

Comment expliquer la deuxième propriété inhabituelle des croisements de Hfr, c'est-à-dire la conversion rare des

exconjugants F⁻ en Hfr ou F⁺? Lorsque Wollman et Jacob laissèrent des croisements Hfr × F⁻ se poursuivre pendant deux heures avant l'interruption au mixeur, ils découvrirent qu'en réalité quelques exconjugants étaient convertis en Hfr. En d'autres termes, la partie importante de F qui confère la capacité de donneur était finalement transmise, mais avec une efficacité très faible. La rareté des exconjugants Hfr suggérait que le facteur F inséré était le *dernier* élément transmis du chromosome linéaire. Nous pouvons résumer ceci à l'aide de la carte suivante, dans laquelle la flèche symbolise le déroulement du transfert, qui commence par O :

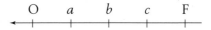

En conséquence, presque aucun des receveurs F⁻ n'est converti car le facteur sexuel est le dernier élément transmis et le processus de transmission est généralement interrompu avant d'y parvenir.

> **MESSAGE** Le chromosome d'une Hfr, qui est normalement circulaire, se déroule et est ensuite transféré dans la cellule F⁻ de façon linéaire, le facteur F pénétrant en dernier.

DÉDUIRE LES SITES D'INTÉGRATION DE F ET LA CIRCULARITÉ DES CHROMOSOMES Wollman et Jacob poursuivirent leurs expériences pour comprendre où et comment le plasmide F s'intégrait pour former une Hfr. Ce faisant, ils mirent à jour la circularité du chromosome. Ils effectuèrent des expériences de conjugaison interrompue en utilisant des souches Hfr avec des origines différentes. L'ordre de transmission des allèles différait significativement d'une souche à l'autre, comme dans les exemples suivants :

Souche Hfr

H	O *thr pro lac pur gal his gly thi* F
1	O *thr thi gly his gal pur lac pro* F
2	O *pro thr thi gly his gal pur lac* F
3	O *pur lac pro thr thi gly his gal* F
AB 312	O *thi thr pro lac pur gal his gly* F

Chaque ligne peut être considérée comme une carte montrant l'ordre des allèles sur le chromosome. À première vue, on pourrait croire à un remaniement aléatoire des gènes. Pourtant, lorsqu'on aligne les allèles identiques des différentes cartes des Hfr, la similitude de la séquence apparaît clairement.

H	F *thi gly his gal pur lac pro thr* O
(écrit en sens inverse)	
1	O *thr thi gly his gal pur lac pro* F
2	O *pro thr thi gly his gal pur lac* F
3	O *pur lac pro thr thi gly his gal* F
AB 312	F *gly his gal pur lac pro thr thi* O
(écrit en sens inverse)	

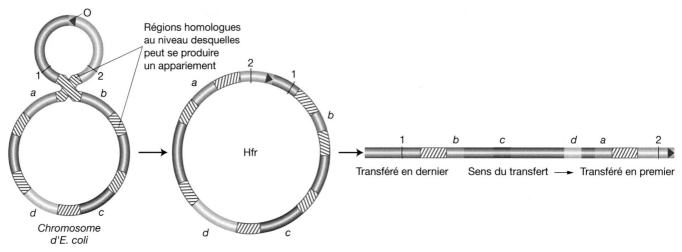

Figure 5-12 L'insertion du facteur F dans le chromosome d'*E. coli* par crossing-over. Des marqueurs imaginaires appelés 1 et 2 sont indiqués sur F pour montrer le sens d'insertion. L'origine (O) est le point de mobilisation à partir duquel l'insertion commence dans le chromosome d'*E. coli*. La région d'appariement est homologue à une région du chromosome d'*E. coli* ; *a-d* sont des gènes représentatifs du chromosome d'*E. coli*. Les gènes de fertilité sur F sont responsables du phénotype F⁺. Les régions d'appariement (hachurées) sont identiques sur le plasmide et le chromosome. Elles proviennent d'éléments mobiles appelés *séquences d'insertion* (voir Chapitre 13). Dans cet exemple, la cellule Hfr créée par l'insertion de F transférerait ses gènes dans l'ordre *a, d, c, b*.

La relation des séquences entre elles s'explique si chaque carte correspond à un fragment de cercle. Ceci était la première indication en faveur d'un chromosome circulaire. Plus tard, Alan Campbell proposa une hypothèse surprenante qui expliquait la différence des cartes des Hfr. Il suggéra que si F était circulaire, alors l'insertion pouvait se dérouler grâce à un simple crossing-over entre F et le chromosome bactérien (Figure 5-12). Si c'était bien le cas, n'importe quels chromosomes linéaires de Hfr pouvaient être produits simplement en insérant F dans l'anneau à l'endroit approprié et dans l'orientation convenable (Figure 5-13).

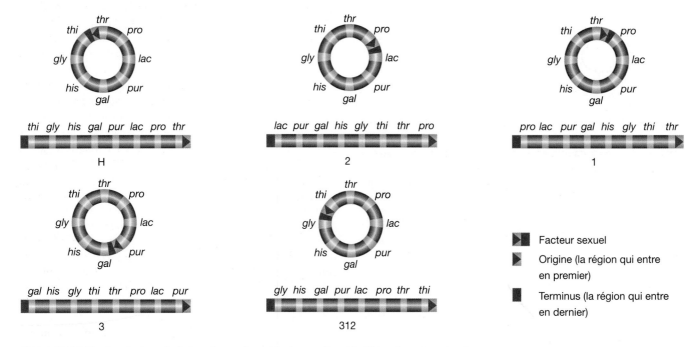

Figure 5-13 L'ordre du transfert des gènes. Dans les cinq souches Hfr d'*E. coli* représentées, le facteur F est inséré dans le chromosome en divers endroits et en différents sens. Toutes les souches présentent le même ordre de gènes. L'orientation du facteur F détermine le gène qui entre en premier dans la cellule receveuse. Le gène le plus proche du terminus pénètre en dernier.

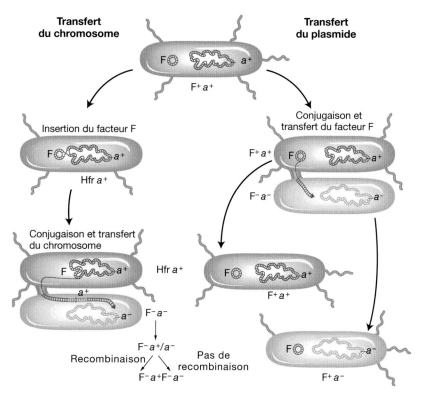

Figure 5-14 Un résumé de la conjugaison. Les différents événements qui se produisent au cours du cycle de conjugaison d'*E. coli*.

Plusieurs conclusions – confirmées plus tard – découlaient de l'hypothèse de Campbell.

1. À une extrémité du facteur F intégré se trouve l'**origine**, l'endroit au niveau duquel commence le transfert ; le **terminus** du transfert se trouve à l'autre extrémité de F.
2. L'orientation selon laquelle F s'insère détermine l'ordre d'entrée des allèles du donneur. Si l'anneau contient les gènes *A*, *B*, *C* et *D*, alors l'insertion entre *A* et *D* se ferait dans l'ordre *ABCD* ou *DCBA* selon l'orientation. Vérifiez les différentes orientations des insertions dans la Figure 5-12.

Comment F peut-il s'intégrer en différents sites ? Si l'ADN de F possédait une région homologue de plusieurs régions sur le chromosome bactérien, n'importe laquelle pourrait servir de région d'appariement au niveau de laquelle un appariement pourrait être suivi d'un crossing-over. On sait aujourd'hui que ces régions d'homologie sont essentiellement des fragments d'éléments transposables appelés *séquences d'insertion*. Nous en reparlerons en détail au Chapitre 13.

Le facteur sexuel existe donc en deux états :

1. À l'état de plasmide : sous la forme d'un élément cytoplasmique libre, facilement transféré aux receveuses F⁻.
2. À l'état intégré : sous la forme d'une partie intégrante d'un chromosome circulaire, transmise seulement vers la fin de la conjugaison.

Le cycle de conjugaison d'*E. coli* est résumé dans la Figure 5-14.

La cartographie des chromosomes bactériens

LA CARTOGRAPHIE CHROMOSOMIQUE À GRANDE ÉCHELLE À L'AIDE DU TEMPS D'ENTRÉE Wollman et Jacob réalisèrent qu'il serait facile de construire des cartes de liaison à partir des résultats d'expériences de conjugaison interrompue, en utilisant comme mesure de «distance», les temps auxquels les allèles du donneur apparaissent pour la première fois après le croisement. Dans ce cas, les unités de distances sont des minutes. Par conséquent, si b^+ pénètre dans la cellule F⁻ 10 minutes après a^+, alors a^+ et b^+ sont séparés de 10 unités. Comme les cartes eucaryotes établies sur la base de fréquences de crossing-over, ces cartes de liaison sont de pures constructions génétiques. À l'époque où elles furent élaborées, elles ne reposaient sur aucune donnée physique.

LA CARTOGRAPHIE CHROMOSOMIQUE PRÉCISE À L'AIDE DES FRÉQUENCES DE RECOMBINANTS Pour qu'un exconjugant acquière des gènes du donneur de manière définitive dans son génome, le fragment du donneur doit recombiner avec le chromosome du receveur. Il faut cependant noter que la cartographie à l'aide des temps d'entrée n'est pas basée sur des fréquences de recombinaison. En effet, les unités sont des minutes et non des FR. Il est néanmoins possible d'utiliser la fréquence de recombinaison pour un type plus précis de cartographie chez les bactéries. C'est vers cette méthode que nous allons nous tourner à présent.

Nous devons d'abord comprendre certaines particularités de l'événement de recombinaison chez les bactéries. Il faut savoir que la recombinaison n'implique pas deux génomes complets (comme c'est le cas chez les Eucaryotes). Au lieu de cela, elle se produit entre un génome *complet* issu de F⁻, appelé l'**endogénote**, et un génome *incomplet*, issu du donneur Hfr, appelé l'**exogénote**. À ce stade, la cellule possède deux copies d'un fragment d'ADN – une copie est l'exogénote et une copie fait partie de l'endogénote. À ce stade, la cellule est donc un diploïde partiel ou **mérozygote**. La génétique des bactéries est la génétique des mérozygotes. Un seul crossing-over dans un mérozygote romprait le cercle et ne produirait donc pas de recombinants viables, comme on le voit dans la Figure 5-15. Pour que l'anneau reste intact, il faut un nombre pair de crossing-over, ce qui produit un chromosome circulaire intact et un fragment. Bien que de tels événements de recombinaison soient représentés par des doubles crossing-over, le véritable mécanisme moléculaire est quelque peu différent. Il ressemble davantage à une invasion de l'endogénote par un fragment interne de l'exogénote. L'autre produit du «double crossing-over», le fragment, est généralement perdu lors des divisions cellulaires suivantes. Par conséquent, sur les deux produits réciproques de recombinaison, un seul survit. Pour cette raison, une autre propriété caractéristique de la recombinaison chez les bactéries est que, dans la plupart des cas, il ne faut généralement pas s'attendre à en retrouver les produits d'échange réciproque.

> **MESSAGE** La recombinaison au cours de la conjugaison résulte d'un événement semblable à un double crossing-over, qui produit des recombinants réciproques dont un seul survit.

Armés de nos connaissances, examinons la cartographie par recombinaison. Supposons que nous voulions calculer les distances séparant trois locus proches les uns des autres : *met*, *arg* et *leu*. Imaginons qu'une expérience de conjugaison interrompue ait montré que l'ordre est *met, arg, leu* avec *met* transféré en premier et *leu* en dernier. Nous voulons à présent examiner la recombinaison de ces gènes mais nous ne pouvons étudier cela que chez des «trihybrides», des exconjugants qui ont reçu les trois marqueurs du donneur. En d'autres termes, nous voulons établir le schéma du mérozygote représenté ci-dessous :

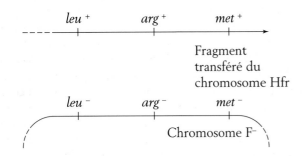

Pour cela, nous devons d'abord sélectionner des exconjugants stables portant le *dernier* allèle du donneur, qui dans ce cas est *leu⁺*. Pourquoi ? Parce que nous savons que chaque cellule qui a reçu un fragment de chromosome portant le

Figure 5-15 Un crossing-over entre exogénote et endogénote chez un mérozygote. Un crossing-over unique conduirait à un chromosome linéaire partiellement diploïde.

dernier marqueur a également reçu les marqueurs antérieurs, c'est-à-dire *arg⁺* et *met⁺*.

Le but est désormais de compter les fréquences des crossing-over aux différentes positions. Les recombinants *leu⁺* sélectionnés peuvent ou non avoir incorporé les autres marqueurs du donneur, selon l'endroit où le double crossing-over a eu lieu. La procédure consiste donc à sélectionner en premier lieu les exconjugants *leu⁺* puis à isoler et tester un échantillon important de ces exconjugants pour voir quels autres marqueurs ont été incorporés. Regardons un exemple. Dans le croisement Hfr *met⁺ arg⁺ leu⁺ str*ˢ × F⁻ *met⁻ arg⁻ leu⁻ str*ʳ, nous sélectionnerions les recombinants *leu⁺*, puis nous les examinerions pour rechercher les allèles *arg⁺* et *met⁺*, appelés **marqueurs non sélectionnés**. La Figure 5-16 représente les différents types d'événements de doubles crossing-over attendus. Par conséquent, un crossing-over doit se produire à gauche du marqueur *leu* et le second, à droite. Supposons que les exconjugants *leu⁺* soient des types ci-dessous avec les fréquences indiquées :

leu⁺ arg⁻ met⁻	4%
leu⁺ arg⁺ met⁻	9%
leu⁺ arg⁺ met⁺	87%

Les doubles crossing-over nécessaires pour produire ces génotypes sont représentés dans la Figure 5-16. Les deux premières classes sont essentielles puisqu'elles nécessitent un crossing-over entre *leu* et *arg* dans le premier cas et entre *arg* et *met* dans le second. Les fréquences relatives de ces classes reflètent donc les tailles de ces deux régions. Nous pouvons en conclure que la taille de la région *arg-leu* est de 4 u.g. et celle de *arg-met*, de 9 u.g.

Dans un croisement tel que celui que nous venons de décrire, la formation d'une classe de recombinants potentiels de génotype *leu⁺ arg⁻ met⁺*, requiert quatre crossing-over au lieu de deux (voir le bas de la Figure 5-16). On observe très rarement ces recombinants, en raison de leur fréquence très réduite comparée à celle des autres classes de recombinants.

Les plasmides F qui portent des fragments du génome

Le facteur F dans les souches Hfr est généralement très stable à la position dans laquelle il est inséré. Pourtant, de temps à autre, un facteur F quitte le chromosome par l'inversion exacte du processus de recombinaison grâce auquel il a été inséré. Les deux régions homologues d'appariement situées de part et d'autre s'apparient à nouveau et un crossing-over

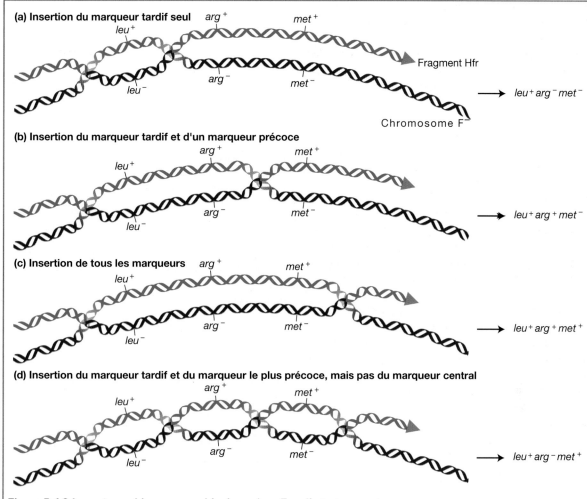

(a) Insertion du marqueur tardif seul

leu⁺ arg⁺ met⁺ Fragment Hfr

leu⁻ arg⁻ met⁻ Chromosome F⁻

→ leu⁺ arg⁻ met⁻

(b) Insertion du marqueur tardif et d'un marqueur précoce

leu⁺ arg⁺ met⁺

leu⁻ arg⁻ met⁻

→ leu⁺ arg⁺ met⁻

(c) Insertion de tous les marqueurs

leu⁺ arg⁺ met⁺

leu⁻ arg⁻ met⁻

→ leu⁺ arg⁺ met⁺

(d) Insertion du marqueur tardif et du marqueur le plus précoce, mais pas du marqueur central

leu⁺ arg⁺ met⁺

leu⁻ arg⁻ met⁻

→ leu⁺ arg⁻ met⁺

Figure 5-16 La cartographie par recombinaison chez *E. coli*. Après un croisement avec une Hfr, on sélectionne le marqueur *leu⁺*, qui est transféré en dernier. Les marqueurs précoces (*arg⁺* et *met⁺*) peuvent ou non être insérés, selon le site où se produit la recombinaison entre le fragment Hfr et le chromosome F⁻. Les fréquences des événements schématisés dans les parties a et b sont utilisées pour déterminer les tailles relatives des régions *leu-arg* et *arg-met*. Remarquez que dans chaque cas, seul l'ADN inséré dans le chromosome F⁻ persiste. L'autre fragment est perdu.

se produit, libérant le plasmide F. Parfois cependant, la sortie n'est pas exactement l'inverse de l'insertion et le plasmide emporte avec lui une partie du chromosome bactérien. Un plasmide F portant de l'ADN génomique bactérien est appelé **plasmide F' (F prime)**.

Le premier élément révélateur de ce processus fut découvert lors d'expériences menées en 1959 par Edward Adelberg et François Jacob. Ils découvrirent une Hfr dans laquelle le facteur F était intégré près du locus *lac⁺*. En utilisant cette souche Hfr *lac⁺*, Jacob et Adelberg obtinrent un dérivé F⁺ qui transférait l'allèle *lac⁺* à une très haute fréquence à des receveurs F⁻ *lac⁻*. (Ces receveurs pouvaient être repérés grâce à un étalement sur un milieu dépourvu de lactose.) En outre, ces exconjugants F⁺ *lac⁺* engendraient parfois des cellules filles F⁻ *lac⁻* à la fréquence de 1×10^{-3}. Par conséquent, le génotype de ces receveurs semblait être F⁺ *lac⁺*/F⁻ *lac⁻*. En d'autres termes, les exconjugants *lac⁺* semblaient

porter un plasmide F ayant incorporé une partie du chromosome du donneur. La formation de ce plasmide F' est décrite dans la Figure 5-17. Remarquez que cette excision incorrecte a lieu en raison de la présence d'une autre région homologue qui s'apparie avec la région originale. Le facteur F' dans notre exemple est également appelé F' *lac* car le fragment de chromosome de l'hôte qu'il porte contient le gène *lac*. Les facteurs F' peuvent porter une grande variété de gènes chromosomiques et ils sont désignés d'après les gènes qu'ils contiennent. Par exemple, les facteurs F' qui portent les gènes *gal* ou *trp* sont appelés respectivement F' *gal* et F' *trp*. Comme les cellules F *lac⁺*/*lac⁻* ont un phénotype Lac⁺, nous en déduisons que *lac⁺* est dominant sur *lac⁻*

Les diploïdes partiels fabriqués en utilisant des souches F' sont utiles pour certaines pratiques courantes de la génétique bactérienne, telles que l'étude de la dominance ou de l'interaction des allèles. Certaines souches F' peuvent porter

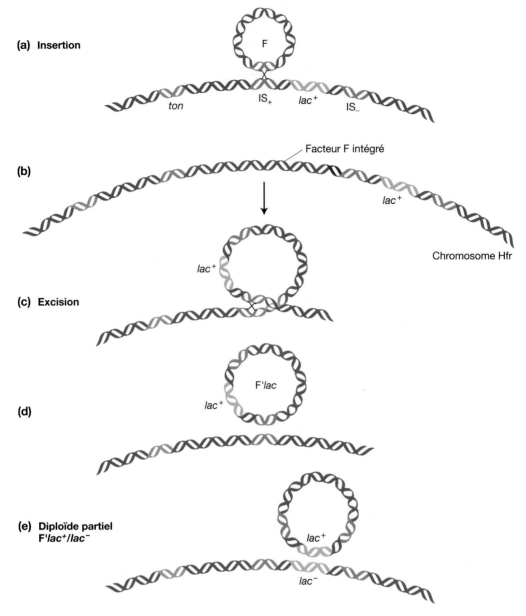

(a) Insertion

F

ton   IS₊   lac⁺   IS₋

Facteur F intégré

(b)

lac⁺

Chromosome Hfr

(c) Excision

lac⁺

(d)

F'lac

lac⁺

(e) Diploïde partiel
F'lac⁺/lac⁻

lac⁺

lac⁻

Figure 5-17 L'origine du facteur F'. (a) F s'est inséré dans une souche Hfr au niveau d'un élément répété appelé IS₁, situé entre les allèles *ton* et *lac⁺*. (b) Le facteur F inséré. (c) La formation anormale d'un intermédiaire en boucle par crossing-over avec un autre élément, IS₂, qui conduit à l'intégration du locus *lac*. (d) La particule F' *lac⁺* résultante. (e) Un diploïde partiel *lac⁺/lac⁻* est créé par le transfert de la particule F' *lac* dans une receveuse F⁻ *lac⁻*. [D'après G. S. Stent et R. Calendar, *Molecular Genetics*, 2ᵉ éd. Copyright 1978 par W. H. Freeman and Company.]

de très grands fragments (juqu'à un quart) du chromosome bactérien. Ces plasmides ont été des vecteurs très utiles pour porter l'ADN lors du séquençage de génomes de grande taille (voir Chapitres 11 et 12).

> **MESSAGE** L'ADN d'un plasmide F' est constitué d'une partie du facteur F et d'une partie du génome bactérien. F' se transfère rapidement, comme F, et peut être utilisé pour former des diploïdes partiels en vue d'études de dominance et d'interaction des gènes chez les bactéries.

Les plasmides R

Une propriété alarmante des bactéries pathogènes a été découverte dans les hôpitaux japonais, au cours d'études menées dans les années 1950. La dysenterie bactérienne est provoquée par des bactéries du genre *Shigella*. Cette bactérie était initialement sensible à une vaste gamme d'antibiotiques utilisés pour enrayer la maladie. Dans les hôpitaux japonais pourtant, les bactéries *Shigella* isolées à partir de malades atteints de dysenterie se révélèrent simultanément résistantes à un grand nombre de ces médicaments, y compris la pénicilline, la tétracycline, le sulfanilamide, la streptomycine

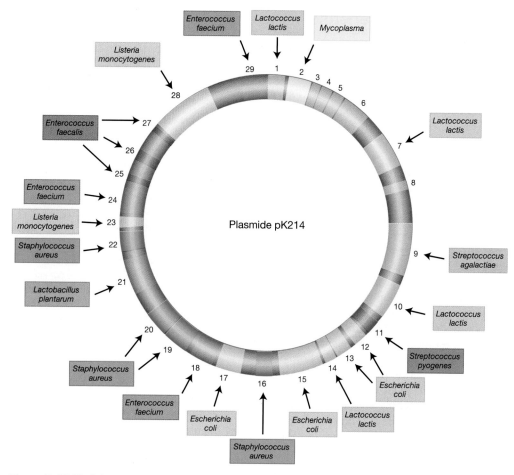

Figure 5-18 L'origine des gènes du plasmide pK214 de *Lactococcus lactis*. Les gènes proviennent de nombreuses bactéries différentes. [Données provenant du Tableau 1 dans V. Perreten, F. Schwarz, L. Cresta, M. Boeglin, G. Dasen et M. Teuber, *Nature* 389, 1997, 801-802.]

et le chloramphénicol. Ce phénotype de résistance multiple aux antibiotiques était transmis sous la forme d'un groupe génétique unique et pouvait se transmettre par infection, non seulement à d'autres souches sensibles de *Shigella*, mais également à d'autres espèces apparentées de bactéries. Cette propriété, qui ressemble à la mobilité du plasmide F chez *E. coli*, est extraordinairement utile pour la bactérie pathogène car la résistance peut se propager rapidement à travers une population. D'un point de vue médical, cette propriété est terrifiante car la maladie bactérienne devient soudain résistante au traitement par une vaste gamme de médicaments.

Du point de vue du généticien cependant, le mécanisme est très intéressant et utile pour le génie génétique. Les vecteurs transportant ces multiples résistances d'une cellule à une autre se sont révélés appartenir à un autre groupe de plasmides appelés **plasmides R.** Ils sont transférés rapidement lors de conjugaisons cellulaires, quasiment comme le plasmide F chez *E. coli*.

En fait, les plasmides R de *Shigella* ont été les premiers découverts parmi une longue série de facteurs de même type. Ils existent tous à l'état plasmidique dans le cytoplasme et portent de nombreux types différents de gènes chez les

Tableau 5-2	Les déterminants génétiques portés par les plasmides
Caractéristique	**Exemples de plasmides**
Fertilité	F, R1, Col
Production de bactériocine	Col E1
Résistance aux métaux lourds	R6
Production d'entérotoxine	Ent
Métabolisme du camphre	Cam
Tumorigénicité dans les plantes	T1 (chez *Agrobacterium tumefaciens*)

bactéries. Le Tableau 5-2 dresse la liste de certaines des caractéristiques susceptibles d'être portées par les plasmides. La Figure 5-18 montre un exemple de plasmide facilement transféré, isolé à partir des produits laitiers.

Les plasmides R prennent une grande importance en génie génétique pour la construction de souches, car les plasmides font facilement la navette entre les cellules et les gènes des plasmides R peuvent permettre de les localiser.

5.3 La transformation bactérienne

La transformation, une autre sorte de transfert des gènes bactériens

Certaines bactéries peuvent capter des fragments d'ADN à partir du milieu extérieur. L'ADN peut provenir d'autres cellules de la même espèce ou de cellules d'autres espèces. Dans certains cas, l'ADN provient de cellules mortes. Dans d'autres cas, l'ADN a été sécrété hors de cellules bactériennes vivantes. L'ADN capté s'intègre dans le chromosome du receveur. Si cet ADN provient d'un génome différent de celui du receveur, le génotype du receveur peut être changé durablement, un processus appelé **transformation**.

La transformation fut découverte chez la bactérie *Streptococcus pneumoniae* en 1928 par Frederick Griffith. En 1944, Oswald T. Avery, Colin M. MacLeod et Maclyn McCarty démontrèrent que le «principe transformant» était l'ADN. Ces deux résultats constituèrent des étapes cruciales dans l'élucidation de la nature moléculaire des gènes. Nous décrirons ces travaux plus en détail au Chapitre 7.

L'ADN transformant est incorporé dans le chromosome bactérien par un processus analogue à la production des exconjugants recombinants décrite pour des croisements Hfr × F⁻. Remarquez cependant qu'au cours de la *conjugaison*, l'ADN est transféré d'une cellule vivante à une autre par contact étroit, alors qu'au cours de la *transformation*, des fragments isolés d'ADN externe sont captés par la cellule par la paroi cellulaire et la membrane plasmique. La Figure 5-19 décrit l'un des déroulements possibles de ce processus.*

La transformation a fourni un outil commode pour plusieurs domaines de la recherche sur les bactéries car le génotype d'une souche peut être modifié de manière délibérée et d'une façon très spécifique grâce à une transformation par un fragment adéquat d'ADN. La transformation est par exemple très utilisée en génie génétique. Plus récemment, on a réussi à transformer des cellules eucaryotes, en utilisant des procédures analogues et cette technique a permis de les modifier durablement.

La cartographie des chromosomes à l'aide de la transformation

On peut utiliser la transformation pour rechercher des informations sur la liaison des gènes bactériens. Lors de son extraction pour des expériences de transformation, l'ADN (le chromosome bactérien) est inévitablement fragmenté en petits morceaux. Si deux gènes du donneur sont proches l'un de l'autre sur le chromosome, ils auront une grande probabilité de se retrouver ensemble sur le même fragment

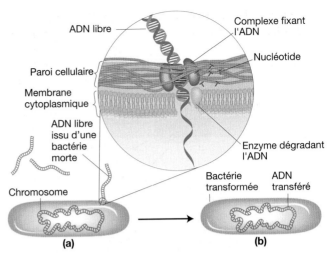

Figure 5-19 La transformation. Une bactérie en cours de transformation (a) absorbe de l'ADN libéré par une bactérie morte. Au fur et à mesure de l'entrée de l'ADN au niveau de complexes de fixation à la surface de la bactérie, des enzymes dégradent l'un des brins en nucléotides; un dérivé de l'autre brin peut être intégré dans le chromosome bactérien (b). [D'après R. V. Miller, *Bacterial Gene Swapping in Nature*. Copyright 1998 par Scientific American, Inc. Tous droits réservés.]

d'ADN transformant et donc d'être à l'origine d'une **double transformation**. Inversement, si deux gènes sont très éloignés l'un de l'autre sur le chromosome, ils seront transportés par des fragments transformants distincts. Les doubles transformants apparaîtront très probablement à la suite de transformations indépendantes les unes des autres. Par conséquent, dans le cas de gènes séparés par une grande distance, la fréquence d'apparition de doubles transformants sera égale au produit des fréquences de transformation de chaque gène considéré séparément. Il devrait donc être possible de déduire l'existence d'une liaison génétique d'après l'écart par rapport à la règle du produit. En d'autres termes, si les gènes sont liés, alors la proportion de doubles transformants sera supérieure au produit des simples transformants.

Malheureusement, la situation est plus complexe du fait de plusieurs facteurs. Le plus important d'entre eux est que seules certaines cellules d'une population bactérienne sont compétentes, c'est-à-dire susceptibles d'être transformées. Néanmoins, vous pouvez vous exercer à l'analyse génétique par transformation en résolvant l'un des problèmes à la fin du chapitre, où l'on fait l'hypothèse que 100 % des cellules receveuses sont compétentes.

> **MESSAGE** Les bactéries peuvent capter des fragments d'ADN du milieu extérieur, qui une fois dans la cellule, peuvent s'intégrer au chromosome de celle-ci.

5.4 La génétique des bactériophages

Le terme *bactériophage*, qui désigne les virus des bactéries, signifie «mangeur de bactéries». Des travaux précurseurs menés sur la génétique des bactériophages dans la seconde moitié du vingtième siècle constituèrent les fondements de la recherche plus récente des virus oncogènes et autres types de

---

* *N.D.T.*: Selon le modèle le plus généralement accepté de la recombinaison accompagnant la transformation bactérienne, un des brins de l'ADN transformant est dégradé lors de son entrée dans la cellule. L'autre brin envahit l'ADN de la cellule receveuse en déplaçant le brin homologue du chromosome de l'hôte, qui est à son tour dégradé. L'ADN résultant contient dès lors une région double-brin hétérologue dans laquelle un brin est «d'origine» et l'autre provient de l'ADN transformant. Cette recombinaison a donc un caractère non réciproque.

virus infectant les animaux ou les végétaux. Pour cette raison, les virus bactériens ont fourni un système modèle important.

Ces virus, qui parasitent et tuent les bactéries, peuvent être utilisés pour deux types distincts d'analyse génétique. Tout d'abord, on peut croiser deux génotypes phagiques différents afin de mesurer la recombinaison et donc de cartographier le génome viral. Les bactériophages peuvent également permettre de réunir des gènes bactériens pour des études de liaison ou d'autres sortes d'études génétiques. Nous étudierons cet aspect dans la section suivante. Nous verrons en outre au Chapitre 11 que les phages sont utilisés dans la technologie de l'ADN comme porteurs ou vecteurs d'inserts d'ADN étranger provenant de n'importe quel organisme. Avant de pouvoir comprendre la génétique des phages, nous devons d'abord examiner leur cycle infectieux.

L'infection des bactéries par des phages

La plupart des bactéries sont sensibles à l'attaque de bactériophages. Un phage se compose d'un «chromosome» d'acide nucléique (de l'ADN ou de l'ARN), entouré d'une paroi de protéines. Les phages ne sont pas désignés par le nom de leur espèce mais par des symboles, par exemple le phage T4, le phage λ, etc. Les Figures 5-20 et 5-21 montrent la structure du phage T4.

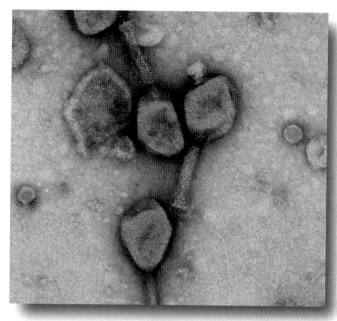

Figure 5-21 Le bactériophage T4. Un grossissement du bactériophage *d'E. coli*, T4, montrant les détails de sa structure : remarquez la tête, la queue et les fibres de la queue. [Photographie de Jack D. Griffith.]

Au cours d'une infection, un phage se fixe à une bactérie et injecte son matériel génétique dans le cytoplasme bactérien (Figure 5-22). L'information génétique du phage détourne alors à son profit la machinerie de synthèse de la bactérie en bloquant la synthèse des composants bactériens et en affectant la machinerie bactérienne de synthèse à la production de composants phagiques. Les têtes néosynthétisées des phages sont remplies individuellement de répliques du chromosome phagique. Finalement, de nombreux descendants phagiques sont fabriqués et libérés lorsque la paroi bactérienne est rompue. Cette rupture s'appelle la **lyse**.

Comment étudier l'hérédité chez des phages si petits qu'ils sont visibles seulement au microscope électronique ? Dans ce cas, nous ne pouvons produire de colonies visibles après étalement, mais nous pouvons utiliser une manifestation

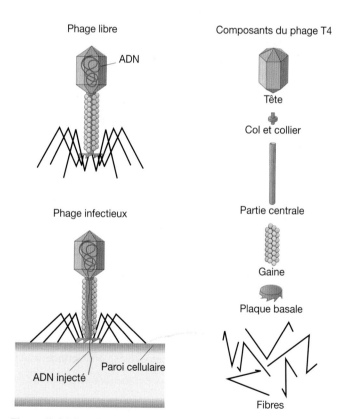

Figure 5-20 Le phage infectieux injecte de l'ADN dans la cellule, au travers de sa partie centrale. Dans la partie gauche de la figure, le phage T4 est représenté dans son état libre et au cours du processus d'infection d'une cellule *d'E. coli*. Les principaux éléments structuraux de T4 sont détaillés à droite. [D'après R. S. Edgar et R. H. Epstein, «The Genetics of a Bacterial Virus». Copyright 1965 par Scientific American, Inc. Tous droits réservés.]

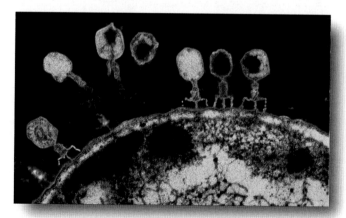

Figure 5-22 Une micrographie de bactériophages se fixant à une bactérie et injectant leur ADN. [Dr. L. Caro/Science Photo Library, Photo Researchers.]

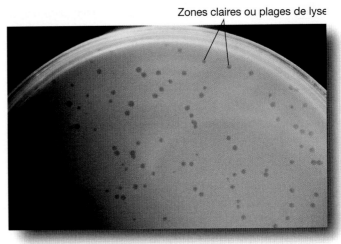

Figure 5-24 Des plages de lyse produites par des phages. À la suite de l'infection répétée d'un phage et de la production de particules phagiques filles, un seul phage produit une zone claire ou plage de lyse sur le tapis opaque constitué de cellules bactériennes. [Barbara Morris, Novagen.]

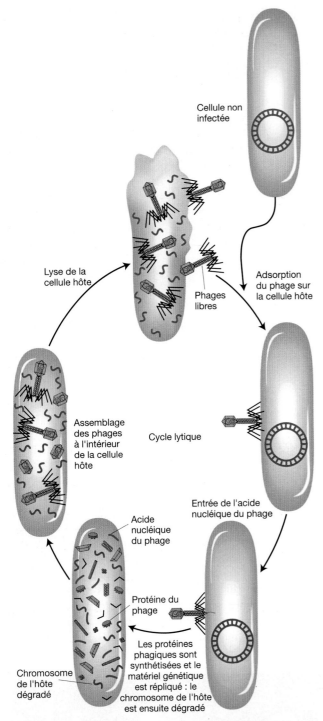

Zones claires ou plages de lyse

Figure 5-23 Une représentation générale d'un cycle lytique de bactériophage. [Adapté de H. Lodish, D. Baltimore, A. Berk, S. L. Zipursky, P. Matsudaira et J. Darnell, *Biologie moléculaire de la cellule.* Traduction française de la 5ᵉ éd. chez De Boeck, 2005.]

visible de l'infection d'une bactérie par un phage, en nous servant de plusieurs caractéristiques phagiques.

Examinons les conséquences de l'infection d'une seule cellule bactérienne par un phage. La Figure 5-23 montre la séquence d'événements du cycle infectieux, qui conduit à la libération des descendants phagiques par la cellule lysée.

Après la lyse, ces phages vont à leur tour infecter les bactéries voisines. La répétition de ce processus lors de cycles successifs d'infection aboutit à une augmentation exponentielle du nombre de cellules lysées. Une quinzaine d'heures après l'infection d'une cellule bactérienne unique par une seule cellule de phage, les effets en sont visibles à l'œil nu sous la forme d'une zone claire ou **plage de lyse**, qui se distingue du tapis opaque de bactéries recouvrant une boîte de milieu solide (Figure 5-24). Selon le génotype du phage, ces plages seront plus ou moins grandes, auront des contours nets ou diffus, etc. La *morphologie de la plage de lyse* est donc un caractère du phage qui peut être analysé au niveau génétique. De même, le *spectre d'hôtes* peut être analysé. En effet, les phages diffèrent entre eux par le spectre des souches bactériennes qu'ils peuvent infecter et lyser. Par exemple, une souche bactérienne peut être résistante au phage 1, mais sensible au phage 2.

La cartographie des chromosomes phagiques à l'aide des croisements de phages

On peut croiser deux génotypes phagiques comme on croise d'autres organismes. Prenons comme exemple de croisement une expérience réalisée par Alfred Hershey avec le phage T2. Les génotypes des deux souches parentales croisées par Hershey étaient $h^- r^+ \times h^+ r^-$. Les allèles correspondent aux phénotypes suivantes :

h^- : peut infecter deux souches différentes d'*E. coli* (que nous pouvons appeler souches 1 et 2)

h^+ : peut infecter uniquement la souche 1

r^- : provoque une lyse rapide des cellules et par conséquent, produit de grandes plages de lyse

r^+ : lyse lentement les cellules et produit donc des plages plus petites.

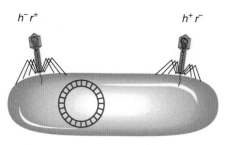

Souche 1 d'E. coli

Figure 5-25 Une double infection d'*E. coli* par deux phages.

Pour réaliser ce croisement, la souche 1 d'*E. coli* est infectée par deux génotypes parentaux de phages T2. Ce type d'infection est appelé **infection mixte** ou **infection double** (Figure 5-25). Après une période d'incubation suffisante, le lysat phagique (les descendants des phages) est analysé par étalement sur un tapis bactérien composé d'un mélange de cellules des souches 1 et 2 d'*E. coli*. On observe quatre types de plages (Figure 5-26). Les grandes plages de lyse signalent la lyse rapide (r^-) et les petites plages de lyse, la lyse lente (r^+). Les plages de lyse avec l'allèle h^- infectent les deux hôtes, formant une plage de lyse claire, alors que h^+ crée une plage de lyse trouble car l'un des hôtes n'est pas infecté. De cette façon, les quatre génotypes peuvent facilement être classifiés comme parentaux ($h^- r^+$ et $h^+ r^-$) et

recombinants ($h^- r^-$ et $h^+ r^+$), et l'on peut calculer une fréquence de recombinaison de la façon suivante :

$$FR = \frac{(h^+ r^+) + (h^- r^-)}{\text{nombre total de plages}}$$

Si nous supposons que les chromosomes phagiques recombinants sont linéaires, alors des crossing-over simples produisent des produits réciproques viables. Néanmoins, les croisements de phages sont sujets à certaines complications analytiques. Tout d'abord, plusieurs cycles d'échanges peuvent avoir lieu dans la bactérie hôte : un recombinant produit peu après l'infection pourra participer à d'autres recombinaisons dans la même cellule ou dans des cycles ultérieurs d'infection. Deuxièmement, la recombinaison peut avoir lieu aussi bien entre des phages génétiquement similaires qu'entre des phages de génotypes différents. Par conséquent, si l'on appelle P_1 et P_2 les génotypes parentaux, des croisements $P_1 \times P_1$ et $P_2 \times P_2$ se produiront tout autant que $P_1 \times P_2$. Pour ces deux raisons, les recombinants issus de croisements entre phages doivent être considérés comme résultant d'*événements multiples* et non d'un événement unique ayant lieu à un moment déterminé du cycle. Néanmoins, *toutes choses étant égales par ailleurs*, la formule de calcul de la FR constitue une estimation correcte de la distance cartographique sur le génome phagique.

Puisqu'un nombre considérable de phages peut être utilisé pour les analyses de recombinaison phagique, il est possible de détecter des crossing-over très rares. Dans les années 1950, Seymour Benzer utilisa ces événements rares de crossing-over pour cartographier des sites mutants *à l'intérieur* du gène rII du phage T4, un gène qui contrôle la lyse. Le site mutant de différents allèles mutants rII apparus spontanément se trouve en général à des positions distinctes dans le gène. De ce fait, lorsque deux mutants rII différents sont croisés, quelques crossing-over rares peuvent avoir lieu entre les sites mutants, produisant des recombinants de type sauvage, comme on le voit ci-dessous :

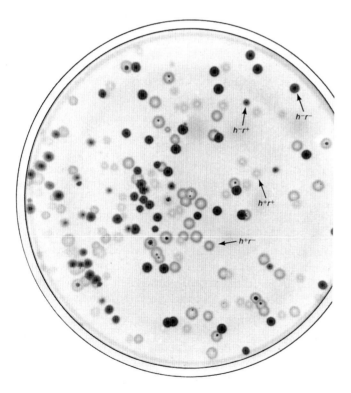

Figure 5-26 Les phénotypes des plages de lyse produites par les descendants du croisement $h^- r^+$ X $h^+ r^-$. On peut distinguer quatre phénotypes distincts de plages de lyse, représentant deux types parentaux et deux types recombinants. [D'après G. S. Stent, *Molecular Biology of Bacterial Viruses*. Copyright 1963 par W. H. Freeman and Company.]

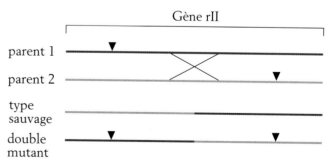

Puisque la probabilité de tels événements de crossing-over augmente avec la distance entre les sites mutants, la fréquence des recombinants rII$^+$ est une mesure de cette distance dans le gène. (Le produit réciproque est un double mutant et ne peut donc être distingué des parents.)

Remarquons en passant l'approche astucieuse suivie par Benzer pour détecter les très rares recombinants rII$^+$. Il utilisa le fait que les mutants rII n'infectent pas la souche d'*E. coli* appelée K. Il effectua donc le croisement rII × rII avec une autre souche puis étala le lysat phagique sur un tapis de bactéries de souche K. Seuls les recombinants rII⁺ formaient des plages de lyse sur ce tapis bactérien. Cette façon d'identifier un événement génétique rare (dans ce cas, un recombinant) est un **système sélectif**: *seul* l'événement rare recherché peut produire un certain résultat visible. Ce système est à opposer au **criblage**, un système dans lequel on observe un grand nombre d'individus pour chercher «une aiguille dans une botte de foin».

Cette approche peut être utilisée pour cartographier des sites mutants dans les gènes de tout organisme à partir duquel on peut obtenir un grand nombre de cellules et pour lequel il est possible de distinguer phénotypes sauvage et mutants. Toutefois, ce type de cartographie intragénique a été remplacé en grande partie par les techniques chimiques peu coûteuses de séquençage de l'ADN, qui identifient directement les positions des sites mutants.

> **MESSAGE** La recombinaison entre des chromosomes phagiques peut être étudiée en rassemblant les chromosomes parentaux dans une même cellule hôte, par le biais d'une infection mixte. On peut rechercher chez les descendants phagiques les génotypes parentaux et recombinants.

5.5 La transduction

Certains phages sont capables de «prendre» des gènes bactériens et de les transporter d'une cellule à une autre. Ce phénomène est appelé **transduction**. La transduction s'ajoute donc à la palette des modes de transfert de matériel génomique entre bactéries qui comprenait déjà le transfert de chromosome de Hfr, le transfert de plasmides F' et la transformation.

La découverte de la transduction

En 1951, Joshua Lederberg et Norton Zinder étudiaient la recombinaison chez la bactérie *Salmonella typhimurium* à l'aide de techniques qui s'étaient avérées efficaces dans le cas d'*E. coli*. Ils utilisèrent deux souches différentes: l'une était *phe⁻ trp⁻ tyr⁻* et l'autre, *met⁻ his⁻*. Nous ne nous préoccuperons pas de la nature de ces allèles, si ce n'est pour préciser qu'ils sont tous responsables d'une auxotrophie. Quand l'une ou l'autre de ces souches était étalée sur milieu minimum, aucune cellule de type sauvage n'était visible. En revanche, si Lederberg et Zinder étalaient un mélange des deux souches, des prototrophes de type sauvage apparaissaient à une fréquence proche de 1 sur 10⁵. La situation semblait donc analogue à celle de la recombinaison observée chez *E. coli*.

Cependant, dans ce cas, les chercheurs récupérèrent également des recombinants à la suite d'une expérience dans un tube en U, au cours de laquelle la conjugaison était rendue impossible par la présence d'un filtre entre les deux bras. En faisant varier le diamètre des pores du filtre, ils établirent que l'agent responsable du transfert des gènes avait la même taille qu'un phage tempéré de *Salmonella* dont on connaissait déjà l'existence, le phage P22. En outre, l'agent traversant le filtre

et P22 présentaient la même sensibilité à un antisérum et la même résistance vis-à-vis d'enzymes hydrolytiques. C'est ainsi que Lederberg et Zinder découvrirent un nouveau mode de transfert génétique effectué par un virus. Ils furent les premiers à appeler ce phénomène, la *transduction*. Dans de rares cas au cours du cycle lytique, certaines particules virales emportent des gènes bactériens qu'elles transfèrent à d'autres bactéries lorsqu'elles les infectent. Depuis, la transduction a été mise en évidence chez de nombreuses bactéries.

Pour comprendre le processus de transduction, il faut distinguer deux sortes de cycle phagique. Les **phages virulents** sont ceux qui lysent immédiatement l'hôte et le tuent. Les **phages tempérés** peuvent demeurer pendant un certain temps dans la cellule hôte sans la tuer. Leur ADN s'intègre alors dans le chromosome de l'hôte, se répliquant en même temps que lui ou sous la forme d'un plasmide, de manière séparée dans le cytoplasme. Un phage intégré dans le génome bactérien s'appelle un **prophage**. Une bactérie qui contient un phage quiescent (au repos) est dite **lysogène**. De temps à autre, une bactérie lysogène se lyse spontanément. Un phage tempéré résidant confère une résistance à l'infection par d'autres phages de ce type.

Seuls les phages tempérés peuvent effectuer la transduction. Il existe deux types de transduction: généralisée et spécialisée. Dans la transduction *généralisée*, les phages peuvent transporter *n'importe quelle* région du chromosome bactérien, alors que dans la transduction *spécialisée*, les phages transfèrent des parties bien spécifiques de celui-ci.

> **MESSAGE** Les phages virulents ne peuvent se transformer en prophages; ils sont toujours lytiques. Les phages tempérés peuvent exister dans la cellule bactérienne sous la forme de prophages, permettant à leur hôte de survivre à l'état de bactérie lysogène. Ils sont également capables occasionnellement d'induire la lyse des bactéries.

La transduction généralisée

Par quels mécanismes un phage peut-il effectuer une **transduction généralisée**? En 1965, K. Ikeda et J. Tomizawa réalisèrent une série d'expériences sur le phage tempéré d'*E. coli*, P1, qui permirent de répondre à cette question. Ils découvrirent que lorsqu'une cellule donneuse est lysée par P1, le chromosome bactérien est dégradé en petits fragments. De temps à autre, les particules virales en formation incorporent par erreur un fragment d'ADN bactérien dans la tête phagique, à la place de l'ADN phagique. C'est là l'origine des phages transducteurs.

Un phage portant de l'ADN bactérien peut infecter une autre cellule. Cet ADN bactérien peut ensuite être incorporé par recombinaison dans le chromosome de la cellule receveuse (Figure 5-27). Puisque n'importe quel gène de la région appartenant au génome de l'hôte peut être transduit, ce type de transduction est nécessairement une transduction généralisée.

Les phages P1 et P22 appartiennent tous deux au groupe des phages qui effectuent la transduction généralisée. L'ADN de P22 s'intègre dans le chromosome de l'hôte, tandis que

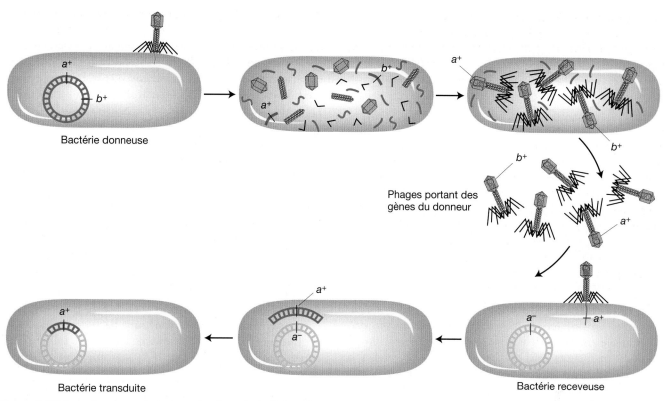

Figure 5-27 Le mécanisme de la transduction généralisée. En réalité, seule une faible minorité des descendants phagiques (1 sur 10000) porte les gènes du donneur.

l'ADN de P1 se maintient à l'état libre comme un grand plasmide. Cependant, leur capacité de transduction résulte dans chaque cas de l'encapsidation fortuite d'ADN bactérien.

La transduction généralisée peut servir à obtenir des informations sur la liaison génétique chez les bactéries, lorsque les gènes sont suffisamment proches les uns des autres pour que le phage puisse les emporter et les transduire sous la forme d'un seul fragment d'ADN. Supposons par exemple que nous voulions mesurer la liaison génétique qui existe entre *met* et *arg* chez *E. coli*. Nous pourrions faire croître le phage P1 sur une souche donneuse *met+ arg+*, puis laisser les phages P1 obtenus grâce à la lyse de cette souche, infecter une souche *met- arg-*. On sélectionne d'abord un allèle donneur, par exemple, *met+*. On mesure ensuite le pourcentage de colonies *met+* également *arg+*. Les souches transduites simultanément en *met+* et *arg+* sont appelées des **cotransductants**. Plus la fréquence de cotransduction est *élevée*, plus deux marqueurs génétiques sont *proches* l'un de l'autre (c'est l'inverse de la plupart des corrélations pour la cartographie). Les valeurs de liaison sont généralement exprimées sous la forme de fréquences de transduction (Figure 5-28).

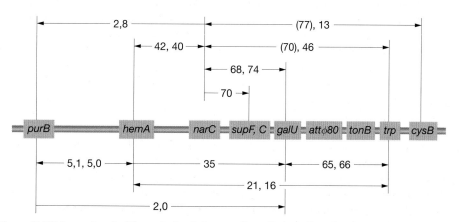

Figure 5-28 La carte génétique de la région *purB-cysB* chez *E. coli*, déterminée grâce à la cotransduction par P1. Les nombres indiqués sont les moyennes (en pourcentage) des fréquences de cotransduction obtenues dans plusieurs expériences. Les valeurs entre parenthèses ne sont pas considérées comme fiables. [D'après J. R. Guest, *Molecular and General Genetics* 105, 1969, 285.]

Tableau 5-3   Les marqueurs accompagnant les transductions spécifiques du phage P1

Expérience	Marqueur sélectionné	Marqueurs non sélectionnés
1	*leu⁺*	50% sont *aziʳ*; 2% sont *thr⁺*
2	*thr⁺*	3% sont *leu⁺*; 0% sont *ariʳ*
3	*leu⁺* et *thr⁺*	0% sont *aziʳ*

En utilisant une extension de cette approche, nous pouvons estimer la *taille* du fragment du chromosome de l'hôte qu'un phage peut emporter. Le type d'expérience illustré ci-dessous utilise le phage P1 :

donneur *leu⁺ thr⁻ aziʳ* ⟶ receveur *leu⁺ thr⁺ aziˢ*

Dans cette expérience, le phage P1 formé sur la souche donneuse *leu⁺ thr⁺ aziʳ* infecte la souche receveuse *leu⁻ thr⁻ aziˢ*. La stratégie consiste à sélectionner chez le receveur un ou plusieurs marqueurs issus du donneur puis à rechercher la présence d'autres marqueurs non sélectionnés dans ces transductants. Les résultats sont indiqués dans le Tableau 5-3. L'expérience 1 dans le Tableau 5-3 nous apprend que *leu* est relativement proche de *azi* et éloigné de *thr*, ce qui nous laisse deux possibilités :

```
thr        leu  azi
 |          |    |
```

ou

```
thr        azi  leu
 |          |    |
```

L'expérience 2 nous apprend que *leu* est plus proche de *thr* que de *azi* ; la carte doit donc être la suivante :

```
thr        leu  azi
 |          |    |
```

En sélectionnant à la fois *thr⁺* et *leu⁺* chez les phages transducteurs de l'expérience 3, nous voyons que le fragment de matériel génétique transduit ne comporte jamais le locus *azi* car la tête du phage ne peut contenir un fragment d'ADN aussi gros. P1 peut cotransduire des gènes uniquement s'ils sont distants de moins de 1,5 minute environ sur la carte du chromosome d'*E. coli*.

La transduction spécialisée

Nous avons vu que le phage P22, un phage effectuant une transduction généralisée, emportait au hasard des fragments d'ADN de l'hôte. Qu'en est-il des autres phages qui se comportent comme des transducteurs spécialisés, capables de n'emporter que certains gènes de l'hôte dans des cellules receveuses ? Nous pouvons dire brièvement que les transducteurs spécialisés s'insèrent en une position précise du chromosome bactérien. Lorsqu'ils en sortent, un intermédiaire en boucle se forme (qui ressemble au processus de formation des plasmides F'). Ils peuvent donc à ce moment emporter avec eux et transduire uniquement les gènes qui étaient proches de leur point d'insertion.

Le premier exemple de la **transduction spécialisée** est le résultat des études menées par Joshua et Esther Lederberg sur un phage tempéré d'*E. coli* appelé *lambda* (λ). Depuis, le phage λ est devenu le phage le plus étudié et le mieux caractérisé.

LE COMPORTEMENT DU PROPHAGE Le phage λ a des effets inhabituels lorsque des cellules lysogènes pour celui-ci sont impliquées dans des croisements. Lors du croisement d'une Hfr non lysogène avec une F⁻ receveuse lysogène [Hfr × F⁻(λ)], il est facile d'obtenir des exconjugants F⁻ lysogènes contenant des gènes de Hfr. En revanche, dans le croisement réciproque Hfr(λ) × F⁻, les *premiers* marqueurs du chromosome Hfr sont retrouvés parmi les exconjugants, mais aucun recombinant pour les marqueurs *tardifs* n'est récupéré. En outre, ces croisements réciproques ne produisent presque jamais d'exconjugants lysogènes. Comment expliquer cette absence de réciprocité ? Les observations prennent un sens si l'on considère que le prophage λ se comporte comme un locus génétique bactérien (c'est-à-dire comme une partie du chromosome bactérien). Le prophage pénétrerait alors dans la cellule F⁻ à un moment spécifique correspondant à sa position sur le chromosome. On retrouve les premiers gènes parce qu'ils pénètrent avant le prophage, mais pas les gènes tardifs car la lyse détruit la cellule receveuse. Au cours d'expériences de conjugaison interrompue, le prophage λ pénètre toujours dans la cellule F⁻ à un moment précis, proche de celui du locus *gal*.

Lors d'un croisement Hfr(λ) × F⁻, l'entrée du prophage λ dans la cellule déclenche immédiatement l'engagement du prophage dans un cycle lytique ; ce phénomène est appelé **induction zygotique** (Figure 5-29). Mais lors du croisement de *deux* cellules Hfr(λ) × F⁻(λ), il n'y a pas d'induction zygotique. La présence de n'importe quel prophage empêche un autre virus infectant une cellule de déclencher la lyse de celle-ci. Le prophage produit un facteur cytoplasmique qui réprime la multiplication du virus. (L'hypothèse d'un

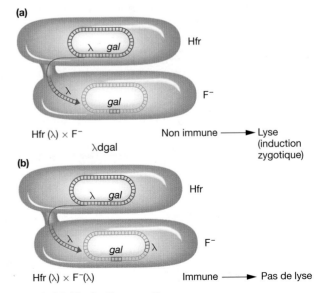

Figure 5-29 L'induction zygotique.

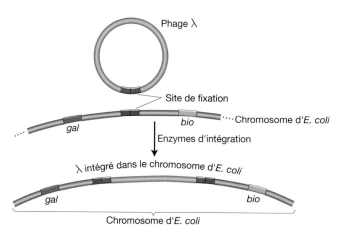

Figure 5-30 Le modèle pour l'intégration du phage λ dans le chromosome d'*E. coli.* La recombinaison réciproque se déroule entre un site spécifique de fixation sur l'ADN circulaire de λ et une région spécifique du chromosome bactérien située entre les gènes *gal* et *bio*.

répresseur spécifié par le phage et présent dans le cytoplasme des bactéries lysogènes fournit une explication élégante de leur immunité, car tout phage surinfectant rencontrerait immédiatement un répresseur et serait inactivé.)

L'INSERTION DE λ Les expériences de conjugaison interrompue décrites plus haut ont montré que le prophage λ fait partie du chromosome de la bactérie lysogène. Comment le prophage λ s'insère-t-il dans le génome bactérien? Allan Campbell proposa en 1962 que λ s'insère dans le chromosome bactérien par un crossing-over unique entre son chromosome circulaire et le chromosome circulaire d'*E. coli*, comme on le voit dans la Figure 5-30. Le crossing-over se produirait au niveau d'un site spécifique du chromosome de λ, appelé **site de fixation de λ**, et un site du chromosome bactérien situé entre les gènes *gal* et *bio*, car λ s'intègre à cette position du chromosome d'*E. coli*. Le crossing-over est réalisé par un système de recombinaison codé par le phage.

L'un des aspects attrayants du modèle de Campbell est qu'il permet de formuler une série d'hypothèses que les généticiens peuvent tester. Par exemple, l'intégration du prophage dans le chromosome d'*E. coli* devrait accroître la distance génétique entre les marqueurs bactériens flanquant son point d'insertion, ce que l'on peut voir dans la Figure 5-30 pour *gal* et *bio*. Des études montrent effectivement que la lysogénie provoque l'augmentation du temps d'entrée ou des distances de recombinaison entre les gènes bactériens. Ce site de fixation unique de λ explique sa transduction spécialisée.

Le mécanisme de la transduction spécialisée

En tant que prophage, λ s'intègre toujours entre la région *gal* et la région *bio* du chromosome de l'hôte (voir Figure 5-31). Au cours d'expériences de transduction, comme on s'y attend, λ ne peut transduire que les gènes *gal* et *bio*.

Comment λ emporte-t-il des gènes voisins? L'explication se trouve une nouvelle fois dans une inversion imparfaite du mécanisme d'insertion proposé par Campbell,

comme dans le cas de la transduction généralisée. L'événement de recombinaison entre les régions spécifiques de λ et le chromosome bactérien est catalysé par un système enzymatique spécifique. Le site de fixation de λ et l'enzyme qui utilise ce site comme substrat imposent à λ de s'intégrer uniquement à cet endroit du chromosome (Figure 5-31a). De plus, au cours de la lyse, le prophage λ s'excise normalement au niveau du site correct pour produire un chromosome circulaire normal de λ comme on le voit dans la Figure 5-31b(i). Dans de très rares cas, l'excision est erronée en raison de la formation anormale d'un intermédiaire en boucle. Elle peut aboutir à la production de particules phagiques qui portent un gène bactérien proche du point d'excision de λ et ont laissé dans le chromosome bactérien certains gènes phagiques [voir Figure 5-31b(ii)]. Le génome phagique résultant est déficient en raison des gènes phagiques abandonnés, mais

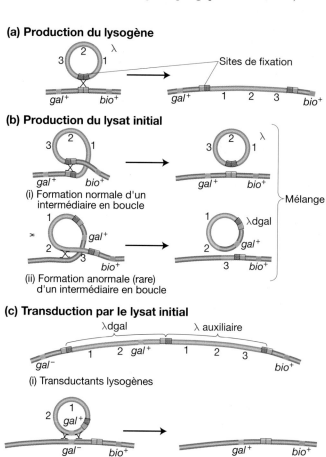

Figure 5-31 Le mécanisme de la transduction spécialisée chez le phage λ. (a) Un crossing-over au niveau du site spécifique de fixation produit une bactérie lysogène. (b) Une bactérie lysogène peut produire (i) un phage λ normal ou, plus rarement (ii) une particule λdgal contenant le gène *gal* et capable de transduction. (c) Les transductants *gal*+ peuvent être produits soit (i) grâce à l'incorporation conjointe de λdgal et d'un λ de type sauvage (servant de phage auxiliaire) soit, plus rarement, (ii) grâce à des crossing-over de part et d'autre du gène *gal*. Les doubles carrés bleus correspondent au site de fixation de la bactérie, les doubles carrés violets, au site de fixation de λ et les carrés bleu et violet associés, à des sites hybrides dérivés en partie d'*E. coli* et en partie de λ.

il contient en plus un gène bactérien *gal* ou *bio*. On appelle ces phages λdgal (pour λ-défectueux gal) ou λdbio. Cet ADN anormal transportant des gènes proches du site d'intégration peut être empaqueté dans les têtes phagiques et infecter d'autres bactéries. En présence d'une seconde particule phagique (normale) lors d'une double infection, λdgal peut s'intégrer dans le chromosome de l'hôte au site de fixation de λ (Figure 5-31c). De cette manière, les gènes *gal* dans ce cas sont transduits chez le second hôte.

> **MESSAGE** La transduction se produit lorsque des phages en formation s'emparent de gènes de l'hôte et les transfèrent dans d'autres cellules bactériennes. Le processus de *transduction généralisée* permet de transférer n'importe quel gène de l'hôte. Il se produit lorsqu'un phage encapside accidentellement de l'ADN bactérien à la place de l'ADN phagique. La *transduction spécialisée* est due à une séparation inexacte du prophage et du chromosome bactérien en raison de la formation anormale d'un intermédiaire en boucle, de sorte que le nouveau phage comprend à la fois des gènes phagiques et des gènes bactériens. Le phage transducteur peut transférer uniquement certains gènes spécifiques de l'hôte.

5.6 Cartes physiques ou cartes de liaison génétique?

Des cartes chromosomiques très détaillées de plusieurs bactéries ont été établies en combinant les techniques de cartographie par conjugaison interrompue, par recombinaison, par transformation et par transduction. De nos jours, les marqueurs génétiques nouvellement découverts sont tout d'abord localisés par conjugaison interrompue dans un secteur chromosomique correspondant à 10 à 15 minutes. Cette technique permet de sélectionner les marqueurs utilisés lors d'expériences de recombinaison ou de cotransduction par le phage P1.

La carte d'*E. coli* établie en 1963 (Figure 5-32) présentait déjà les positions détaillées d'environ 100 gènes. Après 27 années supplémentaires de recherche, la carte de 1990 comportait les positions de plus de 1 400 gènes. La Figure 5-33 présente une portion de 5 minutes de la carte de 1990 (qui est divisée en 100 minutes). La complexité de ces cartes illustre la puissance et la sophistication de l'analyse génétique. Dans quelle mesure ces cartes correspondent-elles à la réalité physique? En 1997, la totalité du séquençage du

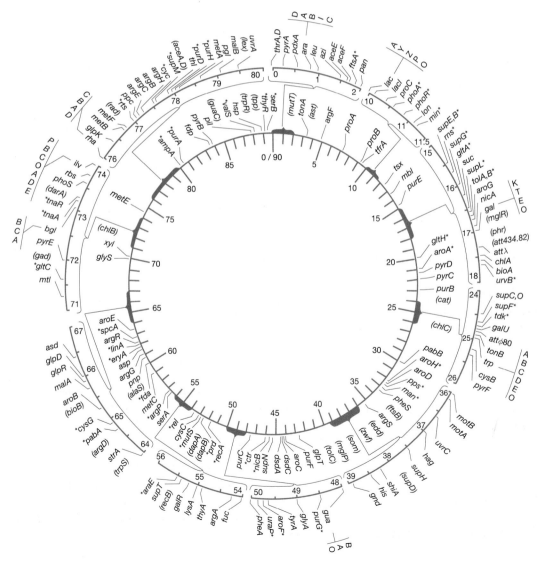

Figure 5-32 La carte génétique d'*E. coli* construite en 1963. Les unités sont des minutes. Les distances sont établies d'après des expériences de conjugaison interrompue, chronométrées à partir d'une origine choisie arbitrairement. Les astérisques sur la carte font référence aux positions qui sont moins précises que les autres. [D'après G. S. Stent, *Molecular Biology of Bacterial Viruses*. Copyright 1963 par W. H. Freeman and Company.]

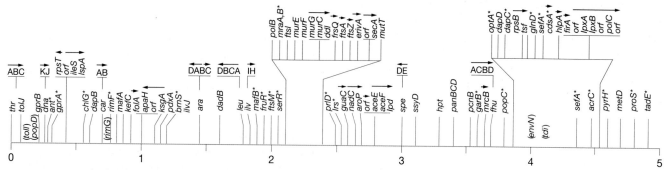

Figure 5-33 Une échelle linéaire représentant 5 minutes de la carte de liaison de 100 minutes d'*E. coli*, établie en 1990. Les parenthèses et les astérisques désignent les marqueurs dont la position exacte n'était pas connue au moment de la publication. Les flèches au-dessus des gènes et groupes de gènes indiquent le sens de transcription de ces locus. [D'après B. J. Bachmann, «Linkage Map of *Escherichia coli* K-12, Edition 8», *Microbilogical Reviews*, 54, 1990, 130-197.]

génome d'*E. coli* fut achevée, ce qui nous permet de comparer la position exacte des gènes sur la carte génétique avec la position des séquences codantes correspondantes sur la séquence linéaire de l'ADN. La Figure 5-34 présente une comparaison de ce type pour un fragment des deux cartes. À l'évidence, les positions sur la carte génétique correspondent très précisément aux positions relatives sur la carte physique.

Une petite digression en conclusion. Il est intéressant de savoir qu'un grand nombre des expériences historiques ayant révélé la nature circulaire des génomes bactériens et plasmidiques coïncidèrent avec la publication et le succès du livre de J. R. R. Tolkien, *Le Seigneur des Anneaux*. Pour cette raison, une revue de génétique bactérienne de cette époque se terminait par la citation suivante, issue de la trilogie :

«Un Anneau pour les gouverner tous,
Un Anneau pour les trouver,
Un Anneau pour les tenir tous et dans les ténèbres les lier.»

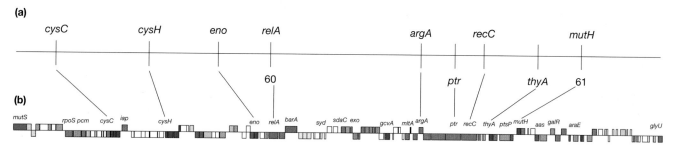

Figure 5-34 La corrélation entre les cartes génétique et physique. (a) Les marqueurs correspondant à la région comprise entre 60 et 61 minutes sur la carte génétique de 1990. (b) Les positions exactes de chaque gène d'après la séquence complète du génome d'*E. coli*. (Pour des raisons de simplicité, cette figure ne contient pas le nom de tous les gènes.) Les cases allongées sont des gènes avérés ou potentiels. Chaque couleur représente un type différent de fonction. Par exemple, le rouge correspond aux fonctions régulatrices et le bleu foncé, à la réplication de l'ADN, la recombinaison et la réparation. La correspondance de l'ordre des gènes entre les deux cartes est indiquée.

RÉPONSES AUX QUESTIONS CLÉS

- **Les cellules bactériennes s'apparient-elles parfois au cours d'un type quelconque de cycle sexué ?**

Oui, il existe un processus semblable à un croisement appelé *conjugaison*, gouverné par le plasmide F. Toutes les conjugaisons ont lieu entre une cellule avec F et une cellule sans F.

- **Les génomes bactériens peuvent-ils subir des recombinaisons ?**

Oui, on peut détecter des recombinants. Ils sont relativement rares mais on peut démontrer leur existence grâce à

des protocoles de sélection : par exemple, la sélection sur des boîtes de Pétri de recombinants prototrophes issus de deux parents auxotrophes.

- **Si c'est le cas, de quelle façon les génomes s'associent-ils pour permettre la recombinaison ?**

La conjugaison, la transformation et la transduction sont trois moyens de réunir des gènes provenant de bactéries parentales différentes.

- **La recombinaison bactérienne ressemble-t-elle à la recombinaison eucaryote ?**

Oui et non. Oui car *A B* peut être produit à partir de *A b* et *a B*. Non car la recombinaison a toujours lieu dans un diploïde partiel (mérozygote) qui n'est pas un vrai diploïde. La recombinaison est donc formellement un événement de double crossing-over, nécessaire pour maintenir intact le chromosome circulaire de la bactérie.

- **Les génomes des virus bactériens peuvent-ils subir une recombinaison ?**

Oui, si une bactérie hôte est infectée simultanément par deux types de phages, le phage recombinant se retrouve dans le lysat.

- **Les génomes des bactéries et des virus interagissent-ils physiquement ?**

Oui, les phages tempérés peuvent emporter des fragments du génome bactérien au cours de la lyse et les transférer dans les bactéries qu'ils infectent ultérieurement. Certains phages emportent seulement une région spécifique ; d'autres peuvent prendre n'importe quel segment dont la taille peut être contenue dans la tête du phage.

- **Les chromosomes des virus et des bactéries peuvent-ils être cartographiés grâce à la recombinaison ?**

Oui, tous les mérozygotes bactériens peuvent être utilisés pour une cartographie basée sur les fréquences de recombinaison. Il existe également des méthodes plus inhabituelles, par exemple, la cartographie basée sur les temps d'entrée au cours de la conjugaison et la fréquence de cotransduction par le phage. Les chromosomes des virus peuvent eux aussi être cartographiés.

RÉSUMÉ

Les découvertes dans le domaine de la génétique microbienne au cours des cinquante dernières années ont jeté les bases des progrès récents de la biologie moléculaire (que nous aborderons dans des chapitres ultérieurs). Au tout début de cette période, le transfert de gènes et la recombinaison furent mis en évidence entre différentes souches de bactéries. Chez les bactéries cependant, ce transfert de matériel génétique est unidirectionnel et s'effectue d'une cellule donneuse (F+ ou Hfr) vers une cellule receveuse (F−). La capacité de transférer du matériel génétique est conférée par la présence dans la cellule d'un facteur sexuel (F), un type de plasmide.

De temps à autre, le facteur F présent à l'état libre dans les cellules F+ peut s'intégrer dans le chromosome d'*E. coli* et former une cellule Hfr. Dans ce cas, un transfert de gènes puis une recombinaison se produisent. De plus, le facteur F peut s'intégrer en plusieurs sites du chromosome bactérien. Grâce à cela, les généticiens purent démontrer la circularité du chromosome d'*E. coli*. L'interruption à intervalles de temps précis du transfert chromosomique entre bactéries a fourni aux généticiens une nouvelle technique pour établir la carte de liaison génétique du chromosome unique d'*E. coli* et d'autres bactéries apparentées.

Des caractères génétiques peuvent également être transmis entre bactéries sous la forme de fragments d'ADN captés par la cellule à partir de son environnement. Ce processus de *transformation* dans des cellules bactériennes a été la première démonstration du fait que l'ADN est le matériel génétique. Pour que la transformation ait lieu, il faut que l'ADN soit incorporé par la cellule receveuse et qu'une recombinaison se produise entre cet ADN et le chromosome bactérien.

Les bactéries peuvent également être infectées par des bactériophages. L'infection par des phages peut suivre deux scénarios. Le chromosome phagique injecté dans la cellule bactérienne peut détourner la machinerie métabolique de la cellule infectée en l'engageant dans la production de descendants phagiques qui lyseront la bactérie hôte. Une fois libérés, ces nouveaux phages pourront infecter d'autres cellules. Si deux phages de génotypes différents infectent le même hôte, une recombinaison entre leurs chromosomes peut se produire pendant le déroulement du cycle lytique.

Dans l'autre mode d'infection qu'est la lysogénie, l'ADN phagique se maintient à l'état latent (prophage) dans la cellule bactérienne. Dans de nombreux cas, le prophage s'intègre dans le chromosome de l'hôte et est répliqué avec lui. Spontanément ou à la suite d'un stimulus approprié, le prophage peut sortir de sa latence et lyser la bactérie hôte.

Les phages peuvent transporter des gènes bactériens d'une cellule donneuse vers une cellule receveuse. Dans le cas de la transduction généralisée, seul de l'ADN de l'hôte bactérien est incorporé dans la tête du phage lors de la lyse. Dans le cas de la transduction spécialisée, l'excision erronée du prophage d'un site spécifique du chromosome de l'hôte s'accompagne de l'encapsidation de gènes spécifiques de l'hôte et d'un peu d'ADN phagique dans la tête de celui-ci.

MOTS CLÉS

PROBLÈMES RÉSOLUS

1. Supposons qu'une cellule soit incapable d'effectuer la recombinaison généralisée (*rec⁻*). Comment cette cellule se comporterait-elle comme receveuse dans la transduction généralisée et dans la transduction spécialisée ? Comparez d'abord chaque type de transduction, puis expliquez l'effet de la mutation *rec⁻* sur la transmission des gènes par chacun des processus.

Solution

La transduction généralisée provoque l'incorporation de fragments de chromosome dans des têtes de phage, qui infectent ensuite des souches receveuses. Les fragments chromosomiques sont incorporés de façon aléatoire dans les têtes des phages, de sorte que n'importe quel marqueur du chromosome de la bactérie hôte peut être transduit dans une autre souche par transduction généralisée. À l'inverse, la transduction spécialisée provoque l'intégration de l'ADN du phage en un site précis du chromosome bactérien et l'incorporation (rare) de marqueurs chromosomiques proches du site d'intégration dans le génome du phage. Par conséquent, seuls les marqueurs proches du site d'intégration du phage sur le chromosome de l'hôte peuvent être transduits.

La transmission des marqueurs suit des voies différentes dans la transduction généralisée et dans la transduction spécialisée. Un phage à transduction généralisée injecte un fragment du chromosome de la souche donneuse dans la souche receveuse. Ce fragment doit être incorporé par recombinaison dans le chromosome de la souche receveuse, grâce au système de recombinaison de celle-ci. Par conséquent, une souche receveuse *rec⁻* ne pourra incorporer les fragments d'ADN transduits, ni acquérir des marqueurs par transduction généralisée. En revanche, la voie principale de transmission de marqueurs par la transduction spécialisée implique l'intégration de l'ADN du phage transducteur dans le chromosome de l'hôte, au niveau du site spécifique d'intégration du phage. Cette intégration, qui nécessite parfois la participation d'un phage auxiliaire (helper) de type sauvage, est effectuée par un système enzymatique spécifique du phage, qui est indépendant des enzymes normales du système de recombinaison. C'est pourquoi, une souche receveuse *rec⁻* peut malgré tout acquérir des marqueurs génétiques par transduction spécialisée.

2. Chez *E. coli*, quatre souches Hfr transfèrent une série de marqueurs génétiques dans l'ordre indiqué ci-dessous :

Souche 1 :	Q	W	D	M	T
Souche 2 :	A	X	P	T	M
Souche 3 :	B	N	C	A	X
Souche 4 :	B	Q	W	D	M

Toutes ces souches Hfr sont dérivées de la même souche F⁺. Quel est l'ordre des marqueurs sur le chromosome circulaire de la F⁺ d'origine ?

Solution

Rappelez-vous la bonne vieille méthode qui consiste à aborder le problème en deux étapes : (1) établir le principe sous-jacent et (2) dessiner un schéma. Le principe ici est évidemment que chaque souche Hfr transmet ses marqueurs génétiques à partir d'une origine déterminée sur le chromosome circulaire et que les marqueurs les plus proches de l'origine sont transmis avec la fréquence la plus élevée. Puisque aucune des Hfr ne transmet tous les marqueurs considérés, seuls les marqueurs proches de l'origine doivent être transmis par chaque Hfr. Chaque souche nous permet de dessiner les cercles suivants :

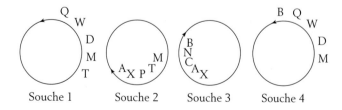

Souche 1   Souche 2   Souche 3   Souche 4

À partir de cette information, nous pouvons réunir les différents cercles en une seule carte de liaison circulaire dans laquelle l'ordre des marqueurs est : Q, W, D, M, T, P, X, A, C, N, B, Q.

3. Lors d'un croisement Hfr × F⁻, *leu⁺* est le premier marqueur à entrer, mais l'ordre des autres marqueurs est inconnu. Si la souche Hfr est de type sauvage et la F⁻ auxotrophe pour tous les marqueurs considérés, quel est l'ordre des marqueurs dans un croisement où parmi les recombinants *leu*⁺ sélectionnés, 27 % sont *ile*⁺, 13 % *mal*⁺, 82 % *thr*⁺ et 1 % *trp*⁺?

Solution

Rappelez-vous que la rupture spontanée des paires en cours de conjugaison crée un gradient naturel de transfert qui rend le transfert d'un marqueur d'autant moins probable qu'il est plus éloigné de l'origine. Comme nous avons sélectionné des recombinants correspondant au marqueur qui entre en premier dans le croisement considéré, la fréquence des recombinants est fonction de l'ordre d'entrée des marqueurs correspondants. Par conséquent, nous pouvons déduire immédiatement l'ordre des marqueurs génétiques en comparant les pourcentages de recombinants obtenus pour chacun d'entre eux, parmi les recombinants *leu*⁺ sélectionnés. La transmission de *thr*⁺ étant la plus élevée, ce doit être le premier marqueur qui pénètre après *leu*. La séquence complète est *leu, thr, ile, mal, trp*.

4. On croise une Hfr *met*⁺ *thi*⁺ *pur*⁺ avec une F⁻ *met*⁻ *thi*⁻ *pur*⁻. Des expériences de conjugaison interrompue montrent que *met*⁺ entre le dernier dans le receveur ; c'est pourquoi les recombinants *met*⁺ sont sélectionnés sur un milieu contenant des suppléments satisfaisant uniquement les exigences en *pur* et en *thi*. On recherche chez ces recombinants la présence des allèles *thi*⁺ et *pur*⁺. Pour chaque génotype, on trouve le nombre suivant d'individus :

met⁺ *thi*⁺ *pur*⁺	280
met⁺ *thi*⁺ *pur*⁻	0
met⁺ *thi*⁻ *pur*⁺	6
met⁺ *thi*⁻ *pur*⁻	52

a. Pourquoi n'y avait-il pas de méthionine (*met*) dans le milieu de sélection ?
b. Quel est l'ordre des gènes ?
c. Quelles sont les distances cartographiques en unités de recombinaison ?

Solution

a. Il n'y a pas eu d'addition de méthionine dans le milieu pour permettre la sélection de recombinants *met*⁺, car *met*⁺ est le dernier marqueur à pénétrer dans la souche receveuse. La sélection de *met*⁺ garantit que tous les locus considérés dans le croisement auront déjà pénétré dans chaque recombinant analysé.
b. Il est utile ici de schématiser les ordres possibles des gènes. Puisque nous savons que *met* pénètre le dernier dans la souche receveuse, il n'y a que deux possibilités, en supposant que la premier marqueur entré se trouve à droite : *met, thi, pur* ou *met, pur, thi*. Comment pouvons-nous choisir entre ces deux ordres ? Heureusement, l'une des quatre classes de recombinants requiert deux crossing-over supplémentaires. Chaque ordre possible prédit qu'une classe distincte devra apparaître à la suite de quatre crossing-over au lieu de deux. Par exemple, si l'ordre était *met, thi, pur*, les recombinants *met*⁺ *thi*⁻ *pur*⁺ devraient être très rares. Si par contre, l'ordre était *met, pur, thi*, la classe à quatre crossing-over serait *met*⁺

pur⁻ *thi*⁺. L'information dont nous disposons montre clairement que c'est la classe *met*⁺ *pur*⁻ *thi*⁺ qui est la classe à quatre crossing-over et donc que l'ordre des gènes est *met, pur, thi*.

c. Reportons-nous au schéma ci-dessous :

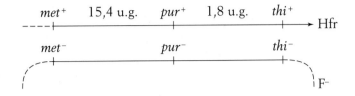

Pour calculer la distance entre *met* et *pur*, déterminons le pourcentage de *met*⁺ *pur*⁻ *thi*⁻ parmi les *met*⁺, qui est de 52/338 = 15,4 u.g. De même, la distance entre *pur* et *thi* est de 6/338 = 1,8 u.g.

5. Comparez les mécanismes de transfert et de transmission héréditaire des gènes *lac*⁺ dans des croisements avec des souches Hfr, F⁺ et F'-*lac*⁺. Comment une cellule F⁻ chez laquelle la recombinaison homologue normale serait impossible (*rec*⁻) se comporterait-elle dans des croisements avec chacune de ces trois souches ? Cette cellule pourrait-elle recevoir les gènes *lac*⁺ ?

Solution

Chacune de ces trois souches transfère des gènes par conjugaison. Dans le cas des souches Hfr et F⁺, ce seront les gènes *lac*⁺ présents sur le chromosome de l'hôte qui seront transférés. Dans la souche Hfr, le facteur F est intégré dans le chromosome de chaque cellule, ce qui rend possible le transfert efficace de marqueurs chromosomiques, particulièrement de ceux localisés près du site d'intégration de F et qui sont transmis en début de croisement. La population de cellules F⁺ contient un faible pourcentage de cellules Hfr, chez lesquelles F s'est intégré dans le chromosome. De toute la culture F⁺, seules ces cellules seront capables de transférer des gènes chromosomiques. Quand les gènes sont transmis par des Hfr ou des F⁺, leur acquisition héréditaire requiert l'incorporation du fragment transféré par recombinaison (deux crossing-over sont nécessaires) dans le chromosome de la F⁻. Par conséquent, une souche F⁻ qui ne peut effectuer de recombinaison ne peut recevoir de marqueurs chromosomiques d'un donneur, même si ces gènes sont transférés par des souches Hfr ou des cellules Hfr dans des souches F⁺. Les fragments transférés ne peuvent être incorporés dans le chromosome par recombinaison. Ces fragments étant incapables de se répliquer dans la cellule F⁻, ils sont rapidement perdus par dilution au cours des divisions cellulaires successives.

Contrairement aux cellules Hfr, les cellules F' transfèrent des gènes portés par le facteur F', un processus qui n'exige pas de transfert chromosomique. Dans ce cas, les gènes *lac*⁺ sont liés au F' et seront transférés avec lui avec une grande efficacité. Dans la cellule F⁻, aucune recombinaison n'est nécessaire, puisque la souche F' *lac*⁺ peut se répliquer et se maintenir de façon stable dans la population de F⁻ en cours de division. Par conséquent, les gènes *lac*⁺ seront transmis, même chez une souche *rec*⁻.

PROBLÈMES

PROBLÈMES ÉLÉMENTAIRES

1. Décrivez l'état du facteur F dans une souche Hfr, F$^+$ et F$^-$.

2. De quelle façon une culture de cellules F$^+$ peut-elle transférer des marqueurs du chromosome de l'hôte dans une souche receveuse?

3. Comparez le transfert de gènes et l'intégration des gènes transférés dans le génome receveur:
   a. dans des croisements impliquant une souche Hfr par conjugaison et transduction généralisée;
   b. lors du transfert de dérivés F' tels que F' *lac* par transduction spécialisée.

4. Pourquoi la transduction généralisée permet-elle le transfert de n'importe quel gène, alors que la transduction spécialisée se limite à un petit groupe de gènes?

5. Une microbiologiste isole une nouvelle mutation chez *E. coli* et désire la localiser sur sa carte chromosomique. Elle réalise pour cela des expériences de conjugaison interrompue avec différentes souches Hfr et des expériences de transduction généralisée avec le phage P1. Expliquez pourquoi chacune de ces techniques, utilisée isolément, ne permet pas une localisation précise.

6. Chez *E. coli*, quatre souches Hfr transfèrent une série de marqueurs dans l'ordre indiqué ci-dessous:

Souche 1:	M	Z	X	W	C
Souche 2:	L	A	N	C	W
Souche 3:	A	L	B	R	U
Souche 4:	Z	M	U	R	B

   Toutes ces souches Hfr dérivent d'une même souche F$^+$. Quel est l'ordre de ces marqueurs sur le chromosome circulaire de la F$^+$ d'origine?

7. On vous donne deux souches d'*E. coli*. La souche Hfr est *arg*$^+$ *ala*$^+$ *glu*$^+$ *pro*$^+$ *leu*$^+$ T^s; la F$^-$ est *arg*$^-$ *ala*$^-$ *glu*$^-$ *pro*$^-$ *leu*$^-$ T^r. Tous les marqueurs sont de type nutritionnel, sauf T, qui représente la sensibilité ou la résistance au phage T1. L'ordre de transfert est le suivant: *arg*$^+$ pénètre le premier dans la souche receveuse et T^s, le dernier. Vous découvrez que la souche F$^-$ meurt quand elle est exposée à la pénicilline (*pen*^{s}), mais pas la souche Hfr (*pen*^{r}). Où situeriez-vous le locus *pen* par rapport à *arg*, *ala*, *glu*, *pro* et *leu*? Exposez votre réponse logiquement en expliquant bien les étapes et en les illustrant par des schémas lorsque c'est possible.

8. On croise deux souches d'*E. coli*: Hfr *arg*$^+$ *bio*$^+$ *leu*$^+$ et F$^-$ *arg*$^-$ *bio*$^-$ *leu*$^-$. Des expérience de conjugaison interrompue montrent qu'*arg*$^+$ pénètre en dernier dans la souche receveuse. Les recombinants *arg*$^+$ sont sélectionnés sur un milieu contenant seulement *bio* et *leu*. On recherche chez eux la présence de *bio*$^+$ et *leu*$^+$. On trouve le nombre suivant d'individus pour chaque génotype:

arg$^+$ *bio*$^+$ *leu*$^+$	320
arg$^+$ *bio*$^+$ *leu*$^-$	8
arg$^+$ *bio*$^-$ *leu*$^+$	0
arg$^+$ *bio*$^-$ *leu*$^-$	48

   a. Quel est l'ordre des gènes?
   b. Quelles sont les distances cartographiques en pourcentages de recombinaison?

9. Les cartes de liaison chez une souche bactérienne Hfr sont calculées en minutes (le nombre de minutes séparant deux gènes correspond au temps écoulé entre l'entrée du premier gène et l'entrée du second gène au cours de la conjugaison). En établissant de telles cartes, les microbiologistes supposent que le chromosome bactérien est transféré d'une Hfr vers une F$^-$ à une vitesse constante. Par conséquent, deux gènes proches de l'origine, séparés de 10 minutes, sont censés être séparés l'un de l'autre par la même distance physique que deux gènes, proches de l'extrémité terminale de F, distants également de 10 minutes. Suggérez une expérience pour tester la validité de cette hypothèse.

10. Normalement une souche Hfr donnée transfère en dernier le marqueur *pro*$^+$ lors d'expériences de conjugaison. À la suite d'un croisement entre cette souche et une souche F$^-$, on recueille certains recombinants *pro*$^+$ au début du processus de conjugaison. Lorsque ces cellules *pro*$^+$ sont mélangées avec des cellules F$^-$, la majorité des cellules F$^-$ est convertie en cellules *pro*$^+$ qui portent également le facteur F. Expliquez ces résultats.

11. Des souches F' d'*E. coli* sont obtenues à partir de souches Hfr. Dans certains cas, ces souches F' présentent un taux élevé de réintégration dans le chromosome bactérien d'une seconde souche. De plus, le site d'intégration est souvent le même site que celui occupé par le facteur sexuel dans la souche Hfr d'origine (avant la création des souches F'). Expliquez ces résultats.

12. Vous possédez deux souches d'*E. coli*, F$^-$ *str*^{r} *ala*$^-$ et Hfr *str*^{s} *ala*$^+$, dans laquelle le facteur F est intégré près de *ala*$^+$. Imaginez un test de criblage pour détecter les souches portant F' *ala*$^+$.

13. Cinq souches Hfr (de A à E) sont dérivées d'une même souche F$^+$ d'*E. coli*. Le tableau ci-dessous indique les temps d'entrée des cinq premiers marqueurs dans une souche F$^-$, lorsque chacun est utilisé pour une expérience de conjugaison interrompue:

A		B		C		D		E	
mal$^+$	(1)	*ade*$^+$	(13)	*pro*$^+$	(3)	*pro*$^+$	(10)	*his*$^+$	(7)
str^s	(11)	*his*$^+$	(28)	*met*$^+$	(29)	*gal*$^+$	(16)	*gal*$^+$	(17)
ser$^+$	(16)	*gal*$^+$	(38)	*xyl*$^+$	(32)	*his*$^+$	(26)	*pro*$^+$	(23)
ade$^+$	(36)	*pro*$^+$	(44)	*mal*$^+$	(37)	*ade*$^+$	(41)	*met*$^+$	(49)
his$^+$	(51)	*met*$^+$	(70)	*str*^{s}	(47)	*ser*$^+$	(61)	*xyl*$^+$	(52)

a. Dessinez une carte de la souche F⁺, indiquant les positions de tous les gènes et les distances qui les séparent en minutes.

b. Indiquez le point d'insertion et l'orientation du plasmide F dans chaque souche Hfr.

c. Pour chacune de ces souches Hfr, indiquez le gène que vous sélectionneriez pour obtenir la proportion la plus élevée d'exconjugants parmi les Hfr.

14. Des cellules de *Streptococcus pneumoniae* de génotype $str^s\ mtl^-$ sont transformées par l'ADN d'un donneur de génotype $str^r\ mtl^+$ et (dans une autre expérience) par un mélange de deux ADN de donneurs de génotypes $str^r\ mtl^-$ et $str^s\ mtl^+$. Les résultats sont donnés dans le tableau ci-dessous.

	Pourcentage de cellules transformées en		
ADN transformant	$str^r\ mtl^-$	$str^s\ mtl^+$	$str^r\ mtl^+$
$str^r\ mtl^+$	4,3	0,40	0,17
$str^r\ mtl^- + str^s\ mtl^+$	2,8	0,85	0,0066

a. Que vous indique la première ligne du tableau? Pourquoi?

b. Que vous indique la seconde ligne du tableau? Pourquoi?

15. Nous avons considéré au Chapitre 4 la possibilité qu'un événement de crossing-over puisse influencer la probabilité d'un autre crossing-over. Chez le bactériophage T4, le gène *a* est distant de 1 u.g. du gène *b*, qui est lui-même distant de 0,2 u.g. du gène *c*. L'ordre des gènes est *a*, *b*, *c*. Dans une expérience de recombinaison, vous récupérez cinq cas de doubles crossing-over entre *a* et *c* sur 100 000 particules phagiques filles. Est-il exact de conclure qu'il y a une interférence négative? Expliquez votre réponse.

16. Vous infectez des cellules d'*E. coli* avec deux souches de virus T4. Une des souches lyse rapidement (*r*), produit des plages de petite dimension («minute», *m*) et troubles (*tu*); l'autre est de type sauvage pour les trois marqueurs. Les produits lytiques de cette infection sont étalés et classifiés. Sur 10 342 plages de lyse analysées, les effectifs des huit génotypes sont distribués de la manière suivante:

m r tu	3467	*m*	520
	3729	*r tu*	474
m r	853	*r*	172
m tu	162	*tu*	965

a. Déterminez les distances entre *m* et *r*, entre *r* et *tu* et entre *m* et *tu*.

b. À votre avis, quel est l'ordre des trois gènes?

c. Quel est le coefficient de coïncidence dans ce croisement (voir Chapitre 4) et que signifie-t-il?

(Le problème 16 est reproduit avec l'autorisation de Macmillan Publishing Co., Inc., d'après Monroe W. Strickberger, *Genetics*, Copyright 1968 par Monroe W. Strickberger.)

17. En utilisant comme phages à transduction généralisée, des phages P22 cultivés dans une souche bactérienne donneuse $pur^+\ pro^+\ his^+$, une souche receveuse de génotype $pur^-\ pro^-\ his^-$ est infectée et incubée. Après cela, on sélectionne individuellement les transductants pur^+, pro^+ et his^+, respectivement au cours des expériences I, II et III.

a. Quels sont les milieux de sélection utilisés pour ces expériences?

b. On recherche chez les transductants la présence de marqueurs non sélectionnés du donneur. On obtient les résultats suivants:

I		II		III	
$pro^-\ his^-$	87%	$pur^-\ his^-$	43%	$pur^-\ pro^-$	21%
$pro^+\ his^-$	0%	$pur^+\ his^-$	0%	$pur^+\ pro^-$	15%
$pro^-\ his^+$	10%	$pur^-\ his^+$	55%	$pur^-\ pro^+$	60%
$pro^+\ his^+$	3%	$pur^+\ his^+$	2%	$pur^+\ pro^+$	4%

Quel est l'ordre des gènes bactériens?

c. Quels sont les deux gènes les plus proches?

d. D'après l'ordre que vous avez proposé dans la question c, expliquez les proportions relatives des génotypes observés dans l'expérience II.

(Problème 17, d'après D. Freifelder, *Molecular Biology and Biochemistry*, Copyright 1978 par W. H. Freeman and Company, New York.)

18. Bien que la plupart des transductants gal^+ obtenus par transduction avec le phage λ soient des lysogènes inductibles, un faible pourcentage d'entre eux ne sont pas lysogènes (ne contiennent pas de λ intégré). Des expériences de contrôle montrent que ces transductants ne sont pas produits par mutation. Quelle est l'origine probable de ces types de phages?

19. On sait qu'une souche bactérienne $ade^+\ arg^+\ cys^+\ his^+\ leu^+\ pro^+$ est lysogène pour un phage nouvellement découvert, mais le site du prophage n'est pas connu. Voici la carte génétique de la bactérie:

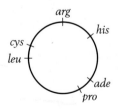

On produit des phages à partir de la souche lysogène, que l'on utilise pour infecter une souche bactérienne de génotype $ade^-\ arg^-\ cys^-\ his^-\ leu^-\ pro^-$. Après une courte incubation, des échantillons de ces bactéries sont étalés sur différents milieux, contenant les suppléments nutritionnels indiqués dans le tableau ci-dessous. Le tableau indique également si des colonies sont ou non observées sur les différents milieux.

| Milieu | Nutriments ajoutés dans le milieu | | | | | | Présence de colonies |
	Ade	Arg	Cys	His	Leu	Pro	
1	–	+	+	+	+	+	N
2	+	–	+	+	+	+	N
3	+	+	–	+	+	+	C
4	+	+	+	–	+	+	N
5	+	+	+	+	–	+	C
6	+	+	+	+	+	–	N

(Dans ce tableau, un signe plus indique la présence d'un supplément nutritif, et un signe moins, son absence. C indique la présence de colonies et N, leur absence.)

a. Quel est le processus génétique impliqué ici?

b. Quel est le locus approximatif du prophage?

20. Dans un système de transduction généralisée utilisant le phage P1, le donneur est *pur⁺ nad⁺ pdx⁻* et le receveur est *pur⁻ nad⁻ pdx⁺*. Après transduction, on sélectionne l'allèle *pur⁺* du donneur et on recherche chez 50 des transductants *pur⁺* la présence des autres allèles. Voici les résultats:

Génotype	Nombre de colonies
nad⁺ pdx⁺	3
nad⁺ pdx⁻	10
nad⁻ pdx⁺	24
nad⁻ pdx⁻	13
	50

a. Quelle est la fréquence de cotransduction de *pur* et *nad*?

b. Quelle est la fréquence de cotransduction de *pur* et *pdx*?

c. Lequel des locus non sélectionnés est-il le plus proche de *pur*?

d. *nad* et *pdx* se trouvent-ils du même côté de *pur* ou de part et d'autre? Expliquez. (Dessinez les échanges nécessaires pour produire les différentes classes de transformants dans chaque ordre, de façon à déterminer celui qui en nécessite le moins pour produire les résultats obtenus.)

21. Dans une expérience de transduction généralisée, des phages sont recueillis à partir d'une souche donneuse d'*E. coli* de génotype *cys⁺ leu⁺ thr⁺* et utilisés pour transduire un receveur de génotype *cys⁻ leu⁻ thr⁻*. La population receveuse est tout d'abord étalée sur un milieu minimum additionné de leucine et de thréonine. On obtient de nombreuses colonies.

a. Quels sont les génotypes possibles de ces colonies?

b. Après réplique, ces colonies sont étalées sur trois milieux différents: (1) minimum plus thréonine seulement, (2) minimum plus leucine seulement et (3) mini-

mum. En théorie, quels génotypes pourraient croître sur ces trois milieux?

c. On observe que 56% des colonies d'origine poussent sur (1), 5% sur (2), et aucune sur (3). Quels sont en réalité les génotypes des colonies étalées sur les milieux 1, 2 et 3?

d. Dessinez une carte montrant l'ordre des trois gènes, qui indique également lequel des deux gènes externes est le plus proche du gène central.

22. Déduisez les génotypes des quatre souches d'*E. coli* ci-dessous:

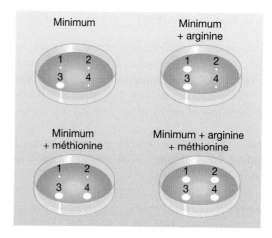

23. Lors d'une expérience de conjugaison interrompue chez *E. coli*, on a établi que le gène *pro* pénétrait dans la bactérie receveuse après le gène *thi*. Une Hfr *pro⁺ thi⁺* est croisée avec une souche F⁻ *pro⁻*. Les exconjugants sont étalés sur un milieu contenant de la thiamine mais dépourvu de proline. 360 colonies ont été observées et ont été isolées et cultivées sur un milieu complet. On a ensuite testé chez ces cultures la capacité de croître sur un milieu dépourvu de proline et de thiamine (milieu minimum) et on a découvert que 320 de ces cultures pouvaient se développer mais pas les 40 autres.

a. Déduisez les génotypes des deux types de culture.

b. Dessinez les événements de crossing-over nécessaires pour produire ces génotypes

c. Calculez la distance séparant les gènes *pro* et *thi* en unités de recombinaison.

DÉCOMPOSONS LE PROBLÈME 23

1. Quel type d'organisme est *E. coli*?
2. À quoi ressemble une culture d'*E. coli*?
3. Sur quels types de substrats *E. coli* se développe-t-elle généralement dans son habitat naturel?
4. Quelles sont les conditions minimum pour que les cellules d'*E. coli* se divisent?

5. Définissez les termes *prototrophe* et *auxotrophe*.

6. Dans cette expérience, quelles cultures sont prototrophes et lesquelles sont auxotrophes?

7. Si vous disposiez de souches de génotype inconnu en ce qui concerne la thiamine et la proline, comment testeriez-vous leurs génotypes? Précisez le protocole expérimental ainsi que le matériel utilisé.

8. Quels types de composés chimiques sont la proline et la thiamine? Ceci a-t-il une importance dans cette expérience?

9. Dessinez un schéma montrant l'ensemble des manipulations effectuées dans cette expérience.

10. À votre avis, pourquoi cette expérience a-t-elle été réalisée?

11. Comment a-t-on établi que *pro* entrait dans la bactérie receveuse après *thi*? Indiquez les étapes expérimentales précises.

12. En quoi une expérience de conjugaison interrompue diffère-t-elle de l'expérience décrite dans ce problème?

13. Qu'est-ce qu'un exconjugant? Comment pensez-vous que ces exconjugants ont été obtenus? (Ceci pourrait impliquer d'autres gènes non décrits dans ce problème.)

14. Lorsque l'on dit que le gène *pro* entre après *thi*, cela signifie-t-il l'allèle *pro*, l'allèle *pro*+, l'un ou l'autre, ou bien les deux?

15. Qu'est-ce qu'un milieu complet dans le contexte de ce problème?

16. Certains exconjugants ne se sont pas développés sur milieu minimum. Sur quel milieu auraient-ils pu pousser?

17. Indiquez les types de crossing-over impliqués dans la recombinaison Hfr × F−. En quoi ces crossing-over diffèrent-ils des crossing-over chez les Eucaryotes?

18. Qu'est-ce qu'une unité de recombinaison dans le contexte de cette analyse? En quoi diffère-t-elle des unités génétiques utilisées dans la génétique des Eucaryotes?

24. Une expérience de transduction généralisée utilise une souche *metE*+ *pyrD*+ comme donneur et une souche *metE*− *pyrD*− comme receveur. On sélectionne les transductants *metE*+ et on teste chez eux la présence ou l'absence de l'allèle *pyrD*+. On obtient les nombres ci-dessous:

$$metE^+ \ pyrD^- \qquad 857$$
$$metE^+ \ pyrD^+ \qquad 1$$

Ces résultats suggèrent-ils que ces locus sont étroitement liés? Quelles autres explications peut-il y avoir pour la seule bactérie contenant les deux allèles du donneur?

PROBLÈMES D'ÉVALUATION

25. Quatre souches d'*E. coli* de génotype *a*+ *b*− sont désignées par 1, 2, 3 et 4. Quatre souches de génotype *a*− *b*+ sont désignées par 5, 6, 7 et 8. Les deux génotypes sont mélangés suivant toutes les combinaisons possibles,

puis (après incubation) sont étalés pour déterminer la fréquence des recombinants *a*+ *b*+. Les résultats obtenus sont rassemblés dans le tableau suivant, où N = nombreux recombinants, P = peu de recombinants et O = pas de recombinants.

	1	2	3	4
5	O	N	N	O
6	O	N	N	O
7	P	O	O	N
8	O	P	P	O

D'après ces résultats, attribuez un type sexuel (Hfr, F+ ou F−) à chaque souche.

26. Une souche Hfr de génotype *a*+ *b*+ *c*+ *d*− *str*s est croisée avec une souche femelle de génotype *a*− *b*− *c*− *d*+ *str*r. À intervalles réguliers, la culture est agitée vigoureusement pour séparer les paires en cours de conjugaison. Les cellules sont ensuite étalées sur trois milieux d'agar de composition différente, dans lesquels le nutriment A permet la croissance des cellules *a*−; le nutriment B, des cellules *b*−; C, celle des *c*− et D, celle des *d*− (un signe + indique la présence de streptomycine ou d'un nutriment, un signe −, leur absence):

Type d'agar	Str	A	B	C	D
1	+	+	+	−	+
2	+	−	+	+	+
3	+	+	−	+	+

a. Quels gènes du donneur sélectionne-t-on sur chaque type d'agar?

b. Le tableau ci-dessous présente le nombre de colonies apparues sur chaque type d'agar correspondant à des échantillons prélevés aux temps indiqués à partir du mélange des souches. Utilisez cette information pour déterminer l'ordre des gènes *a*, *b* et *c*.

Durée écoulée avant le prélèvement (minutes)	Nombre de colonies sur l'agar de type		
	1	2	3
0	0	0	0
5	0	0	0
7,5	100	0	0
10	200	0	0
12,5	300	0	75
15	400	0	150
17,5	400	50	225
20	400	100	250
25	400	100	250

c. Cent colonies apparues sur chacune des boîtes contenant les échantillons «25 minutes» sont transplantées sur une boîte d'un milieu comportant tous les nutriments sauf D. Le nombre de colonies ayant poussé sur ce milieu est de 89 pour l'échantillon venant de l'agar de type 1, de 51 pour l'échantillon de l'agar de type 2 et de 8 pour l'échantillon de l'agar de type 3. D'après ces résultats, situez le gène *d* dans la séquence des gènes *a*, *b* et *c*.

d. À partir de quelle durée écoulée avant le prélèvement vous attendriez-vous à voir apparaître des colonies sur de l'agar contenant C et de la streptomycine, mais ni sur A ni sur B?

(Problème 26, d'après D. Freifelder, *Molecular Biology and Biochemistry*. Copyright 1978 par W. H. Freeman and Company.)

27. Dans le croisement Hfr *aro⁺ arg⁺ eryʳ strˢ* × F⁻ *aro⁻ arg⁻ eryˢ strʳ*, les marqueurs sont transférés dans l'ordre indiqué (*aro⁺* entrant le premier), mais les trois premiers gènes sont très proches les uns des autres. Les exconjugants sont étalés sur un milieu contenant Str (de la streptomycine, pour tuer les cellules Hfr), Ery (érythromycine), Arg (arginine) et Aro (acides aminés aromatiques). On obtient les résultats suivants, lorsqu'on étale 300 colonies sur ces milieux et que l'on teste leur croissance sur différents autres milieux: sur Ery seule, 263 souches poussent; sur Ery + Arg, 264 souches poussent; sur Ery + Aro, 290 souches poussent et sur Ery + Arg + Aro, 300 souches poussent.

a. Dressez la liste des génotypes en indiquant le nombre d'individus de chacun d'eux.

b. Calculez les fréquences de recombinaison.

c. Calculez le rapport entre la taille de la région *arg-aro* et la taille de la région *ery-arg*.

28. Dans une expérience de transformation, la souche donneuse est résistante à quatre substances chimiques: A, B, C et D. La souche receveuse est sensible à ces quatre produits. La population de cellules receveuses traitées est divisée et étalée sur des milieux contenant différentes combinaisons de ces substances. Les résultats sont présentés dans le tableau ci-dessous:

Substance(s) ajoutée(s)	Nombre de colonies	Substance(s) ajoutée(s)	Nombre de colonies
Aucune	10 000	BC	51
A	1 156	BD	49
B	1 148	CD	786
C	1 161	ABC	30
D	1 139	ABD	42
AB	46	ACD	630
AC	640	BCD	36
AD	942	ABCD	30

a. À l'évidence, l'un des gènes est très éloigné des trois autres, qui semblent étroitement liés. Quel est le gène éloigné?

b. Quel est l'ordre probable des trois gènes proches?

(Problème 28 d'après Franklin Stahl. *The Mechanics of Inheritance*, 2ᵉ éd. Copyright 1969, Prentice-Hall, Englewood Cliffs, New Jersey. Reproduit avec autorisation.)

29. Vous disposez de deux souches de λ capables de lysogéniser *E. coli*. La figure ci-dessous présente leurs cartes génétiques:

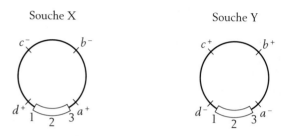

Souche X   Souche Y

Le fragment noté 1-2-3 au bas du chromosome est la région responsable de l'appariement et de la recombinaison avec le chromosome d'*E. coli*. (Indiquez ces marqueurs sur tous vos schémas.)

a. Faites un schéma de la façon dont la souche X de λ s'insère dans le chromosome d'*E. coli* (ce qui provoque la lysogénie d'*E. coli*).

b. Il est possible de surinfecter par la souche Y, les bactéries lysogènes pour la souche X. Un certain nombre de ces bactéries surinfectées deviennent «doublement» lysogènes (c'est-à-dire lysogènes pour les deux souches). Représentez le mécanisme de cette double lysogénisation. (Ne vous préoccupez pas de la façon dont on détecte les doubles lysogènes.)

c. Dessinez l'appariement des deux prophages λ.

d. Il est possible d'isoler les produits de crossing-over entre les deux prophages. Faites le schéma d'un tel événement de crossing-over et de ses conséquences.

30. Vous disposez de trois souches d'*E. coli*. La souche A est F' *cys⁺ trp1* / *cys⁺ trp1* (c'est-à-dire que F' et le chromosome portent tous deux *cys⁺* et *trp1*, un allèle responsable d'une auxotrophie pour le tryptophane). La souche B est F⁻ *cys⁻ trp2 Z* (cette souche exige de la cystéine pour croître et porte *trp2*, un autre allèle entraînant l'auxotrophie pour le tryptophane; la souche B est lysogène pour le phage à transduction généralisée Z). La souche C est F⁻ *cys⁺ trp1* (c'est un dérivé F⁻ de la souche A qui a perdu le F'). Comment détermineriez-vous si *trp1* et *trp2* sont des allèles du même locus? (Décrivez les croisements et les résultats attendus.)

31. Un phage à transduction généralisée est utilisé pour transduire une souche receveuse *a⁻ b⁻ c⁻ d⁻ e⁻* d'*E. coli* avec un donneur *a⁺ b⁺ c⁺ d⁺ e⁺*. La culture receveuse est étalée sur différents milieux avec les résultats indiqués dans le tableau ci-dessous. (Remarquez que *a⁻*

détermine un besoin en nutriment A, etc.) Que pouvez-vous conclure sur la liaison et l'ordre des gènes?

Composés ajoutés au milieu minimum	Présence (+) ou absence (–) de colonies
C D E	–
B D E	–
B C E	+
B C D	+
A D E	–
A C E	–
A C D	–
A B E	–
A B D	+
A B C	–

32. En 1965, Jon Beckwith et Ethan Signer élaborèrent une technique permettant d'obtenir des phages à transduction spécialisée portant la région *lac*. Ils savaient que le site d'intégration du phage tempéré φ80 (un parent du phage λ), appelé *att80*, se trouvait à proximité d'un gène appelé *tonB* impliqué dans la résistance au phage virulent T1 :

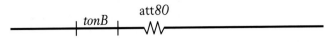

Ils utilisèrent un plasmide F' *lac*⁺ incapable de se répliquer à température élevée, dans une souche comportant une délétion des gènes *lac*. En forçant les cellules à rester *lac*⁺ à haute température, les chercheurs purent sélectionner les souches chez lesquelles l'épisome s'était intégré dans le chromosome, permettant ainsi à F' *lac* de se maintenir (d'être répliqué) à température élevée. En combinant cette sélection avec celle de la résistance au phage T1, ils découvrirent que les seules cellules survivantes étaient celles chez lesquelles le F' *lac* s'était intégré dans le locus *tonB*, comme le montre la figure ci-dessous.

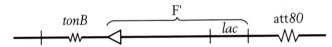

Cette sélection positionnait la région *lac* près du site d'intégration du phage φ80. Décrivez les étapes ultérieures que les chercheurs ont dû suivre pour isoler des particules à transduction spécialisée du phage φ80 portant la région *lac*.

DES GÈNES AUX PHÉNOTYPES

Les couleurs des poivrons sont déterminées par l'interaction de plusieurs gènes. Un allèle *Y* entraîne l'élimination précoce de la chlorophylle (un pigment vert), ce qui n'est pas le cas de *y*. *R* détermine la couleur rouge et *r* les pigments caroténoïdes jaunes. Les allèles *c1* et *c2* de deux gènes différents régulent en aval les quantités de pigments caroténoïdes, donnant lieu à des couleurs moins vives. La couleur orange correspond à une régulation en aval du rouge. Le marron correspond à du vert additionné de rouge. Le jaune pâle est dû à une régulation en aval du jaune. [Anthony Griffiths.]

QUESTIONS CLÉS

- Comment chaque gène exerce-t-il son influence sur la constitution d'un organisme ?

- Dans la cellule, les gènes agissent-ils directement ou par l'intermédiaire d'une sorte de produit de gène ?

- Quelle est la nature des produits des gènes ?

- Que font les produits des gènes ?

- Est-il correct de dire que l'allèle d'un gène détermine un phénotype spécifique ?

- De quelle(s) façon(s) les gènes interagissent-ils au niveau cellulaire ?

- Comment peut-on analyser l'interaction complexe des gènes à l'aide d'une approche mutationnelle ?

SOMMAIRE

L'ESSENTIEL DU CHAPITRE

Une grande partie du succès de la génétique repose sur la corrélation des phénotypes et des allèles, comme la correspondance établie par Mendel entre *Y* et les pois jaunes et *y* et les pois verts. Ce raisonnement nous amène cependant à considérer les allèles comme *déterminant* d'une façon ou d'une autre les phénotypes. Bien que ce soit mentalement un raccourci utile, nous devons examiner à présent la véritable relation qui existe entre les gènes et les phénotypes. En réalité, un gène n'a aucun effet par lui-même. (Imaginons un gène – un fragment isolé d'ADN – seul dans un tube à essai.) Pour qu'un gène ait une influence sur un phénotype, il doit agir de concert avec de nombreux autres gènes ainsi qu'avec l'environnement tant interne qu'externe. Un allèle comme *Y* par exemple ne peut donc produire de couleur jaune sans la participation de nombreux autres gènes ou influences de l'environnement. Nous examinerons dans ce chapitre la façon dont se déroulent ces interactions.

Même si de telles interactions représentent un niveau supérieur de complexité, il existe des approches standard dont l'utilisation peut permettre de découvrir le type d'inte-raction mis en jeu dans un cas précis. Les principales approches utilisées en génétique sont les suivantes :

1. L'*analyse génétique* fait l'objet de ce chapitre. Les gènes interagissant pour produire un phénotype spécifique sont identifiés par la recherche de tous les types différents de mutants affectant ce phénotype.

2. La *génomique fonctionnelle* (Chapitre 12) offre des moyens puissants de définir l'ensemble des gènes qui participent à un système donné. Par exemple, les gènes qui collaborent à un processus spécifique peuvent être déduits de la découverte des transcrits d'ARN présents lors du déroulement de ce processus.

3. La *protéomique* (également au Chapitre 12) teste directement l'interaction des protéines. Le principe de cette technique consiste à utiliser une protéine comme «appât» et à identifier les protéines cellulaires qui s'y fixent, ce qui suggère qu'elles appartiennent à une machine cellulaire multiprotéique commune.

Comment fonctionne l'approche par analyse génétique? Les mutants recueillis lors d'une chasse aux mutants permettent d'identifier un groupe de gènes représentant les

UNE VUE D'ENSEMBLE DU CHAPITRE

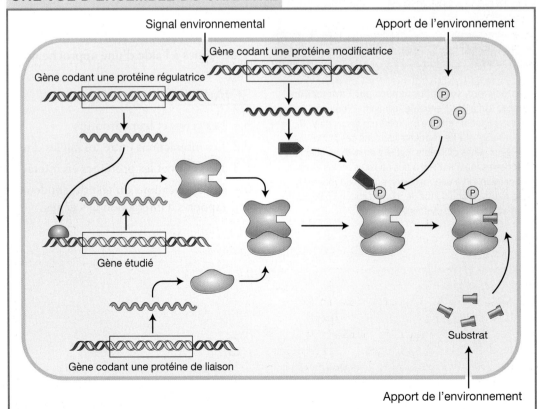

Figure 6-1 Les éléments génétiques et environnementaux qui affectent l'action des gènes. P = groupement phosphate.

composants individuels du système biologique à l'origine du phénotype spécifique étudié. Les types d'interaction peuvent souvent être déduits du croisement de différents mutants pour créer des doubles mutants. Le phénotype d'un double mutant et les rapports phénotypiques produits lorsqu'il est croisé, suggèrent certains types connus d'interaction. Dans la cellule, l'interaction des gènes se manifeste par l'interaction physique entre protéines ou entre protéines et ADN ou ARN.

Les interactions physiques des gènes les uns avec les autres ou avec l'environnement sont résumées dans la Figure 6-1. Voici certaines des interactions présentées dans cette figure :

• La transcription d'un gène peut être activée ou inactivée par d'autres gènes appelés *gènes régulateurs*. Les protéines régulatrices codées par ces gènes se fixent généralement à une région située en amont du gène régulé.

• Les protéines codées par un gène peuvent se fixer à des protéines codées par d'autres gènes pour former un complexe actif qui remplit une fonction particulière. Ces complexes, qui peuvent être bien plus gros que ceux représentés dans la figure, sont appelés *machineries moléculaires* car ils sont constitués de plusieurs parties fonctionnelles en interaction, exactement comme des machines.

• Les protéines codées par un gène peuvent modifier les protéines codées par un second gène, afin d'activer ou de désactiver une fonction protéique. Par exemple, des protéines peuvent être modifiées par l'addition de groupements phosphate.

• L'environnement interagit de plusieurs façons avec le système. Dans le cas d'une enzyme, son activité peut dépendre de la présence d'un substrat présent dans l'environnement. Des signaux émis par l'environnement peuvent également mettre en route une chaîne d'étapes consécutives contrôlées par des gènes, qui se succèdent comme une cascade de dominos. La succession d'événements déclenchée par un signal environnemental est appelée *transduction du signal*.

Des noms spécifiques ont été donnés à certains types d'interactions courantes entre les mutations de différents gènes : la Figure 6-1 illustre certaines des interactions traitées dans ce chapitre. Si la mutation d'un gène empêche l'expression des allèles d'un autre gène, le premier est qualifié d'*épistatique*. Citons comme exemple une mutation dans un gène régulateur. Si la protéine qu'il code est déficiente, tout allèle d'un gène qu'il régule ne pourra être transcrit. Parfois, une mutation dans un gène peut restaurer l'expression de type sauvage modifiée auparavant par une mutation dans un autre gène. Dans ce cas, la mutation restauratrice est appelée *suppresseur* (ou *mutation suppressive*). Des protéines qui se fixent l'une à l'autre en sont un exemple : une mutation provoquant un changement de forme dans une protéine peut conduire à un dysfonctionnement car elle ne peut plus fixer sa protéine partenaire. Cependant, une mutation dans le gène de cette protéine partenaire peut entraîner un chan-gement de forme de celle-ci qui permettra la liaison de la protéine anormale codée par le premier gène et restaurera alors un complexe actif.

6.1 Les gènes et leurs produits

Les premiers indices relatifs à la fonction du gène vinrent de l'étude de l'homme. Au début du vingtième siècle, Archibald Garrod, un médecin anglais (Figure 6-2), remarqua que plusieurs maladies récessives chez l'homme pouvaient être mises directement en relation avec des défauts métaboliques – des modifications défavorables de la chimie élémentaire de l'organisme. Cette observation a conduit les chercheurs à considérer ces maladies génétiques comme des «défauts héréditaires du métabolisme». Nous savons par exemple que la phénylcétonurie (PCU), qui est causée par un allèle autosomique récessif, résulte de l'incapacité à transformer la phénylalanine en tyrosine. En conséquence, la phénylalanine s'accumule et est transformée spontanément en acide phénylpyruvique, un composé toxique. Dans un autre exemple présenté au Chapitre 1, l'incapacité à convertir la tyrosine en mélanine (un pigment) aboutit à l'albinisme. Les observations de Garrod attirèrent l'attention sur le contrôle du métabolisme par les gènes.

L'hypothèse « un gène-une enzyme »

Des recherches effectuées par Georges Beadle et Edward Tatum durant les années 1940 clarifièrent le rôle des gènes. Ces chercheurs reçurent plus tard le prix Nobel pour leurs travaux qui marquèrent les débuts de la biologie moléculaire. Beadle et Tatum travaillaient sur le champignon haploïde *Neurospora*, dont nous avons déjà parlé à propos de notre discussion sur l'analyse d'octades. Ils irradièrent tout d'abord *Neurospora* pour provoquer des mutations et examinèrent ensuite les cultures des ascospores irradiées afin d'identifier

Figure 6-2 Archibald Garrod.

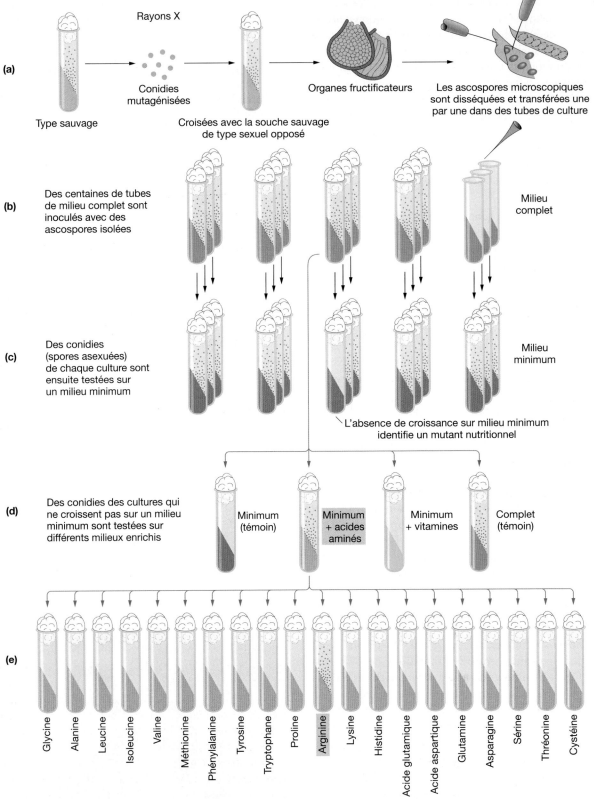

Figure 6-3 L'approche expérimentale suivie par Beadle et Tatum pour créer un grand nombre de mutants de *Neurospora*. On voit ici l'isolement d'un mutant *arg⁻*. [D'après Peter J. Russell, *Genetics*, 2ᵉ éd. Scott, Foresman.]

les phénotypes mutants qui les intéressaient. Ils détectèrent de nombreux mutants auxotrophes tels que nous en avons décrits chez les bactéries. Beadle et Tatum déduisirent que dans chaque cas, la mutation responsable du caractère auxotrophe résultait de la transmission d'une mutation touchant un seul gène, car chaque souche conduisait à un rapport 1 : 1 lorsqu'elle était croisée avec une souche de type sauvage. Notons *aux* une mutation auxotrophe :

$$+ \quad \times \quad aux$$
$$\downarrow$$
$$\text{descendants} \qquad \tfrac{1}{2} +$$
$$\tfrac{1}{2} \; aux$$

La Figure 6-3 décrit le protocole expérimental suivi par Beadle et Tatum. L'un des groupes de souches mutantes exigeait spécifiquement de l'arginine pour croître. Ces souches auxotrophes pour l'arginine constituèrent le point de départ de leurs analyses. Ils constatèrent que ces mutations auxotrophes pour l'arginine étaient localisées en trois endroits différents sur des chromosomes distincts. Appelons les gènes présents au niveau de ces trois locus, gènes *arg-1*, *arg-2* et *arg-3*. La découverte fondamentale de Beadle et Tatum fut la différence de réponse à l'ornithine et à la citrulline (des composés chimiques apparentés d'un point de vue structural à l'arginine), de la part des auxotrophes correspondant à chacun des trois locus (Figure 6-4). Les mutants *arg-1* croissaient sur un milieu minimum enrichi en ornithine, citrulline ou arginine. Les mutants *arg-2* se développaient en présence de citrulline ou d'arginine mais pas d'ornithine. Les mutants *arg-3* ne croissaient qu'en présence d'arginine. Ces comportements sont décrits clairement dans le Tableau 6-1.

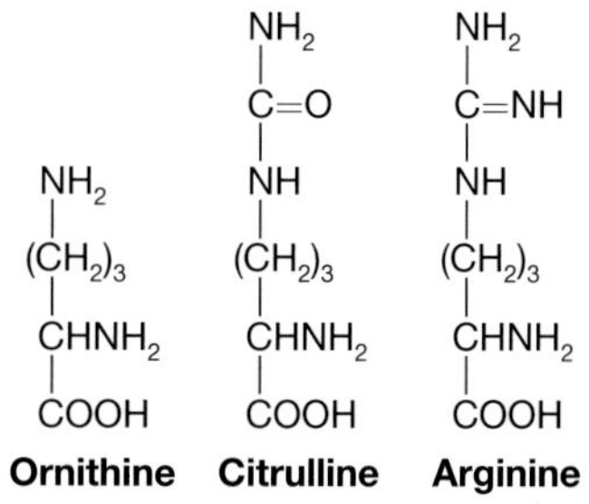

Figure 6-4 La structure chimique de l'arginine et de composés apparentés, la citrulline et l'ornithine.

On savait déjà que des enzymes cellulaires interconvertissent des composés apparentés tels que ceux présentés ci-dessus. D'après les propriétés des mutants *arg*, Beadle et Tatum en collaboration avec leurs collègues proposèrent une voie biochimique décrivant ces conversions chez *Neurospora* :

$$\text{précurseur} \xrightarrow{\text{enzyme X}} \text{ornithine} \xrightarrow{\text{enzyme Y}}$$
$$\text{citrulline} \xrightarrow{\text{enzyme Z}} \text{arginine}$$

Tableau 6-1 La croissance des mutants *arg* en réponse à différents suppléments.

	Supplément		
Mutant	Ornithine	Citrulline	Arginine
arg-1	+	+	+
arg-2	−	+	+
arg-3	−	−	+

Note: un signe plus indique la croissance et un signe moins, l'absence de croissance.

Cette suite réactionnelle explique bien les trois classes de mutants représentées dans le Tableau 6-1. Selon ce modèle, les mutants *arg-1* possèdent une enzyme X défectueuse. Ils sont donc incapables de convertir le précurseur en ornithine, ce qui est la première étape de la formation de l'arginine. Toutefois, ils possèdent des enzymes Y et Z normales et sont donc capables de produire l'arginine lorsqu'ils sont cultivés sur un milieu additionné d'ornithine ou de citrulline. De même, les mutants *arg-2* sont dépourvus d'enzyme Y et les mutants *arg-3*, d'enzyme Z. Ainsi, une mutation touchant un gène déterminé affecte la production d'une seule enzyme. L'enzyme défectueuse crée un blocage dans une voie de biosynthèse. Ce blocage peut être contourné en fournissant aux cellules n'importe quel intermédiaire postérieur au blocage dans la voie de biosynthèse.

Nous pouvons à présent proposer un modèle biochimique plus complet :

Ce modèle brillant, connu sous le nom d'*hypothèse un gène-une enzyme*, constitua la première découverte spectaculaire de l'étude de la fonction des gènes : d'une manière ou d'une autre, les gènes étaient responsables de la fonction des enzymes et chaque gène contrôlait apparemment une enzyme spécifique. D'autres chercheurs obtinrent des résultats analogues pour d'autres voies de biosynthèse et l'hypothèse fut bientôt unanimement acceptée. On découvrit alors que toutes les protéines, qu'il s'agisse ou non d'enzymes, sont codées par des gènes. Ce postulat fut affiné par la suite et devint l'hypothèse **un gène-une protéine**, ou plus précisément, **un gène-un polypeptide**. (Rappelons qu'un polypeptide est le type le plus simple de protéine. Il est constitué d'une chaîne unique d'acides aminés.) Il devint vite clair qu'un gène code la *structure physique* d'une protéine, qui dicte à son tour la fonction de celle-ci. L'hypothèse de Beadle et Tatum devint l'un des grands concepts unificateurs de la biologie parce qu'elle jetait un pont entre les deux grands domaines de recherche que sont la génétique et la biochimie.

Il faut ajouter que, même si la grande majorité des gènes codent des protéines, certains codent des ARN exerçant des fonctions particulières. Tous les gènes sont transcrits en ARN. Les gènes codant des protéines sont transcrits en ARN messagers (ARNm), traduits à leur tour en protéines. Cependant, l'ARN d'une faible minorité de gènes n'est jamais traduit en protéine car il exerce lui-même une fonction spécifique. Nous pouvons appeler ces ARN, des **ARN fonctionnels**. Citons comme exemples les ARN de transfert, les ARN ribosomiaux et de petits ARN cytoplasmiques – dont nous reparlerons dans d'autres chapitres.

MESSAGE La majorité des gènes exercent leur influence sur des propriétés biologiques à un niveau purement chimique, en codant les structures de protéines cellulaires. Chaque gène de ce type code un polypeptide, la protéine la plus simple (une chaîne unique d'acides aminés). Quelques gènes codent des ARN fonctionnels qui ne seront jamais traduits en protéines.

Gènes et protéines mutants

Si les gènes codent des protéines, comment l'allèle mutant d'un gène affecte-t-il le produit protéique correspondant ? Examinons la question en nous penchant sur la phényl-cétonurie (PCU), une maladie humaine dont nous avons parlé au Chapitre 2. Rappelons que la PCU est une maladie

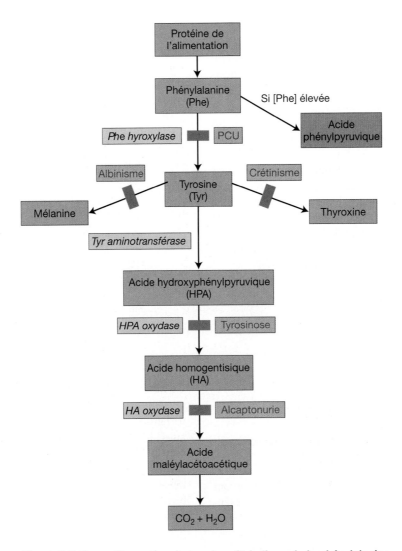

Figure 6-5 Une petite portion de la voie métabolique de la phénylalanine sur laquelle figurent certaines maladies associées à des blocages enzymatiques. La maladie PCU est due à un dysfonctionnement de l'enzyme phénylalanine hydroxylase. L'accumulation de phénylalanine provoque une augmentation de la concentration d'acide phénylpyruvique, qui interfère avec le développement du système nerveux. [D'après I. M. Lerner et W. J. Libby, *Heredity, Evolution and Society*, 2e éd. Copyright 1976 par W. H. Freeman and Company.]

autosomique récessive due à un allèle déficient du gène codant la phénylalanine hydroxylase (PAH), une enzyme présente dans le foie. En l'absence de la PAH normale, la phénylalanine apportée dans le corps par l'alimentation n'est pas dégradée, ce qui provoque son accumulation. Dans ces conditions, la phénylalanine est convertie en acide phénylpyruvique, qui est transporté jusqu'au cerveau par le système circulatoire et empêche le développement normal de celui-ci, provoquant un retard mental. La partie de la voie métabolique responsable des symptômes de la PCU est représentée dans la Figure 6-5. (Cette figure présente également d'autres erreurs congénitales du métabolisme dues à des blocages à d'autres étapes de cette séquence réactionnelle.)

L'enzyme PAH est constituée d'un seul polypeptide. Le séquençage récent d'allèles mutants présents chez un grand nombre de patients a révélé de nombreuses mutations au niveau de sites différents le long du gène. Ces mutations sont présentées dans la Figure 6-6. Tous ces allèles codent une PAH défectueuse. Ils inactivent tous une partie essentielle de la protéine codée par le gène. Dans une enzyme, les positions au niveau desquelles la fonction de celle-ci peut être modifiée défavorablement sont présentées dans la Figure 6-7. Elles correspondent en général aux séquences codant le site actif de l'enzyme, la région de la protéine qui catalyse la réaction chimique dégradant la phénylalanine. Les mutations peuvent se produire n'importe où dans le gène, mais celles qui sont éloignées du site actif ont une forte probabilité d'être des mutations silencieuses, qui ne produiront pas de protéine défectueuse et pour lesquelles on observera le phénotype sauvage.

Figure 6-6 La structure du gène humain de la phénylalanine hydroxylase et un résumé des mutations conduisant à un dysfonctionnement de cette enzyme. La liste des mutations dans les exons ou régions codant des protéines (en noir) est indiquée au-dessus du gène. La liste des mutations dans les introns (en vert, numérotées de 1 à 13) qui modifient l'épissage est indiquée sous le gène. Les différents symboles représentent différents types de changements mutationnels. [Modifié d'après C. R. Scriver, *Ann. Rev. Genet.* 28, 1994, 141-165.]

Figure 6-7
Les positions
représentatives des
sites mutants et
leurs conséquences
fonctionnelles.

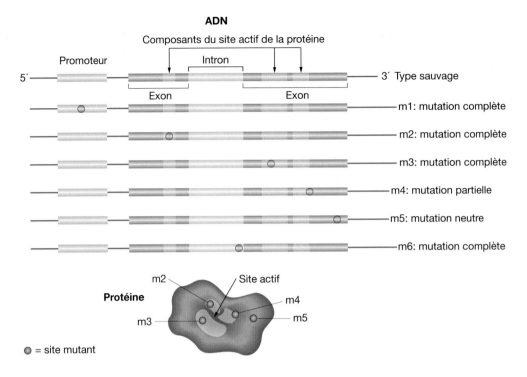

Un grand nombre des allèles mutants sont généralement des allèles **porteurs d'une mutation complète** (allèles **nuls**) : les protéines qu'ils codent sont entièrement dépourvues de la fonction de PAH. Soit il n'y a pas de produit protéique, soit il existe mais n'est pas fonctionnel. D'autres allèles mutants produisent des protéines qui conservent une fonction résiduelle : on parle alors de mutations **partielles** (*leaky* en anglais). Il est donc particulièrement intéressant que la raison pour laquelle les personnes atteintes expriment les symptômes de la maladie (le phénotype de cette maladie) soit l'absence d'un ensemble de réactions importantes dans la chimie générale de la cellule. Le plus souvent, il en est de même pour les mutations dans un organisme : un changement dans la structure d'un gène altère la fonction de son produit, provoquant en général la diminution ou la disparition de celle-ci. L'absence d'une protéine parfaitement fonctionnelle perturbe la chimie de la cellule et entraîne l'apparition d'un phénotype mutant.

Le cas de la PCU montre également que de **multiples allèles** peuvent exister au niveau d'un même locus. Cependant, ils peuvent en général être regroupés en deux grandes catégories : le type sauvage représenté par P ou p^+ et toutes les mutations récessives, complètes ou partielles, provoquant une déficience et représentées par p. L'ensemble des allèles connus d'un même gène s'appelle une **série allélique**.

6.2 Les interactions entre les allèles d'un gène

Que se passe-t-il lorsque deux allèles différents sont présents chez un hétérozygote ? Dans de nombreux cas, l'un est exprimé et l'autre non. Ces réponses correspondent à des types d'interaction appelés respectivement dominance et récessivité. Nous avons vu que la PCU et de nombreu-

ses autres maladies dues à un gène unique sont récessives. Certaines maladies provoquées par un seul gène telles que l'achondroplasie sont dominantes. Quelle est l'explication générale de la dominance et de la récessivité au niveau des produits de gènes ?

La PCU est un bon modèle général pour les mutations récessives. Un allèle PAH déficient est récessif car une « dose » de l'allèle P de type sauvage suffit à produire le phénotype sauvage. On dit que le gène de PAH est **haplo-suffisant**. Pour cette raison, P/P (deux doses) et P/p (une dose) possèdent suffisamment d'activité PAH pour permettre le déroulement normal des réactions chimiques de la cellule. Les individus p/p ne possèdent bien sûr aucune dose de l'activité PAH. La Figure 6-8 illustre ces trois situations.

Comment s'expliquent les mutations dominantes ? Il existe plusieurs mécanismes moléculaires pour la dominance, mais le plus souvent, l'allèle sauvage d'un gène est **haplo-insuffisant**. Ceci signifie qu'une dose de type sauvage *n'est pas* suffisante pour permettre un niveau normal de la fonction concernée. Supposons que 16 unités du produit d'un gène soient nécessaires pour la chimie normale de la cellule et que chaque allèle de type sauvage y contribue pour 10 unités. Deux allèles de type sauvage produiront 20 unités de produit, soit plus que nécessaire. Une mutation complète combinée à un allèle unique de type sauvage produirait $10 + 0 = 10$ unités de produit, soit moins qu'il n'en faut. Par conséquent, l'hétérozygote (type sauvage/mutation complète) est mutant et la mutation est par définition dominante.

> **MESSAGE** La récessivité d'un allèle mutant résulte généralement de l'haplo-suffisance de l'allèle de type sauvage de ce gène. La dominance d'un allèle mutant découle souvent de l'haplo-*ins*uffisance de l'allèle de type sauvage de ce gène.

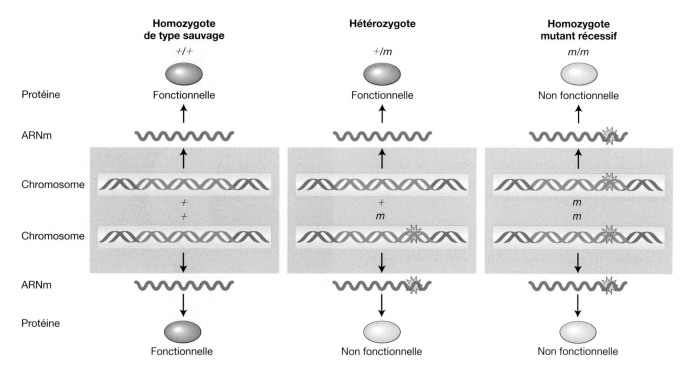

Figure 6-8 La récessivité d'un allèle mutant d'un gène haplo-suffisant. Chez l'hétérozygote, même si la copie mutée du gène produit une protéine non fonctionnelle, la copie de type sauvage produit suffisamment de protéine fonctionnelle pour que le phénotype soit de type sauvage.

Le type de dominance que nous venons de décrire s'appelle la **dominance complète**. Dans les cas de dominance complète, le dominant homozygote ne peut se distinguer de l'hétérozygote ; c'est-à-dire que $A/A = A/a$. Néanmoins, il existe des variations sur ce thème comme nous le verrons dans les prochaines sections.

La dominance incomplète

Les belles-de-nuit sont des plantes originaires d'Amérique tropicale. Leur nom vient du fait qu'elles s'ouvrent vers la fin de l'après-midi. Lorsqu'une lignée pure de belle-de-nuit de type sauvage à pétales rouges est croisée avec une lignée pure à pétales blancs, alors la F_1 a des pétales roses. Si une F_2 est produite en croisant les plantes de la F_1 ensemble, alors le résultat est :

$\frac{1}{4}$ des plantes ont des pétales rouges

$\frac{1}{2}$ des plantes ont des pétales roses

$\frac{1}{4}$ des plantes ont des pétales blancs

La Figure 6-9 montre ces phénotypes. Le rapport étant de $1:2:1$ dans la F_2, nous pouvons en déduire une transmission basée sur deux allèles d'un même gène. Cependant, les hétérozygotes (la F_1 et la moitié de la F_2) ont des phénotypes intermédiaires. En inventant des symboles pour les allèles, nous pouvons dresser la liste des génotypes des belles-de-nuit de cette expérience : c^+/c^+ (rouge), c/c (blanc) et c^+/c (rose). L'apparition d'un phénotype intermédiaire suggère une **dominance incomplète**, le terme qui décrit la situation générale dans laquelle le phénotype d'un hétérozygote est

Figure 6-9 Les phénotypes rouge, rose et blanc des belles-de-nuit. L'hétérozygote rose présente une dominance incomplète. [R. Calentine/Visuals Unlimited.]

intermédiaire entre ceux des deux homozygotes, sur une échelle de mesure quantitative.

Comment expliquer la dominance incomplète au niveau moléculaire? Dans les cas de dominance incomplète, chaque allèle de type sauvage produit une dose définie de son produit protéique. Le nombre de doses d'un allèle de type sauvage détermine la concentration d'une substance chimique fabriquée par la protéine (telle qu'un pigment). Deux doses produisent davantage de copies du transcrit et donc de protéine, d'où une quantité plus importante de substance chimique. Une dose produit moins de substance chimique et aucune dose n'en produit pas du tout.

La codominance

Les groupes sanguins humains ABO sont déterminés par trois allèles d'un gène. Ces trois allèles présentent plusieurs types d'interaction pour produire les quatre types sanguins du système ABO. Les trois allèles principaux sont i, I^A et I^B, mais une personne ne peut posséder que deux des trois allèles (ou deux copies d'un même allèle). Les combinaisons conduisent à six génotypes différents: les trois homozygotes et trois types distincts d'hétérozygotes. Dans cette série allélique, les allèles déterminent la présence et la forme d'un antigène, une molécule présente à la surface des cellules et qui peut être reconnue par le système immunitaire. Les allèles I^A et I^B déterminent deux formes différentes de cet

Génotype	Type sanguin
I^A/I^A, I^A/i	A
I^B/I^B, I^B/i	B
I^A/I^B	AB
i/i	O

antigène, qui est déposé à la surface des globules rouges. En revanche, l'allèle i ne produit aucune protéine antigénique de ce type (il s'agit d'un allèle mutant complet). Dans les génotypes I^A/i et I^B/i, les allèles I^A et I^B sont complètement dominants sur i. Cependant, dans le génotype I^A/I^B, chacun des allèles produit sa propre forme d'antigène. On dit donc qu'ils sont **codominants**. La codominance est définie comme l'expression chez un hétérozygote des *deux* phénotypes normalement dus à chacun des deux allèles.

L'anémie à cellules falciformes, une maladie humaine, donne un autre aperçu intéressant de la dominance. Le gène concerné affecte le principal constituant des globules rouges, la molécule d'hémoglobine qui transporte l'oxygène. Les trois génotypes ont des phénotypes différents comme on le voit ci-dessous:

Hb^A/Hb^A: Normal; les globules rouges n'ont jamais la forme de faucille.

Hb^S/Hb^S: Anémie grave, souvent mortelle; l'hémoglobine anormale provoque la déformation des globules rouges en faucilles.

HB^A/Hb^S: Pas d'anémie; les globules rouges n'adoptent la forme de faucilles que lorsque la concentration en oxygène est faible.

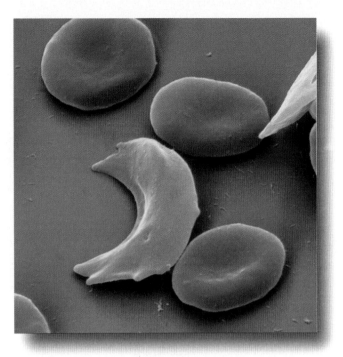

Figure 6-10 Une micrographie électronique montrant un globule rouge en forme de faucille. D'autres cellules, plus arrondies, semblent quasiment normales. [Meckes/Ottawa/Photo Researchers.]

La Figure 6-10 présente une micrographie électronique de globules rouges en forme de faucille. Au vu de la présence ou de l'absence d'anémie, l'allèle Hb^A est dominant. Un seul Hb^A produit suffisamment d'hémoglobine fonctionnelle pour empêcher l'anémie. En ce qui concerne la forme des globules rouges cependant, il y a dominance incomplète, comme le montre le fait qu'un grand nombre des cellules sont légèrement en forme de faucille. Pour finir, en ce qui concerne l'hémoglobine elle-même, il y a codominance. Les allèles Hb^A et Hb^S codent deux formes différentes d'hémoglobine qui se distinguent par un seul acide aminé. Ces deux formes sont synthétisées chez l'hétérozygote. Il s'avère que les formes A et S de l'hémoglobine ont des charges différentes, ce qui permet de les séparer par électrophorèse (Figure 6-11). Nous voyons que les personnes homozygotes normales possèdent un type d'hémoglobine (A) et les personnes anémiques un autre (type S), qui se déplace plus lentement dans le champ électrique. Les hétérozygotes possèdent les deux types, A et S. En d'autres termes, il y a codominance au niveau moléculaire. La génétique des populations si intéressante des allèles Hb^A et Hb^S sera considérée au Chapitre 19.

L'anémie à cellules falciformes illustre le fait que les termes *dominance*, *dominance incomplète* et *codominance* sont quelque peu arbitraires. Le type de dominance que l'on déduit dépend du niveau phénotypique auquel on effectue les tests – moléculaire, cellulaire ou de l'organisme. La même analyse peut être appliquée à de nombreuses catégories utilisées par les scientifiques pour classifier les structures et les réactions. Ces catégories sont imaginées par des hommes pour faciliter les analyses.

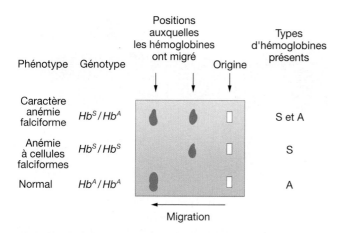

Figure 6-11 Une électrophorèse d'hémoglobine normale et d'hémoglobine mutante. On voit ici l'hémoglobine provenant d'un hétérozygote (avec le «caractère anémie falciforme»), d'un individu atteint d'anémie à cellules falciformes, et d'un individu normal. Les taches montrent les positions auxquelles les hémoglobines migrent dans le gel.

MESSAGE Le type de dominance est déterminé par les fonctions moléculaires des allèles d'un gène et par le niveau d'analyse.

Les feuilles du trèfle présentent plusieurs variations en ce qui concerne la dominance. Le trèfle est le nom courant des plantes du genre *Trifolium*. Il en existe de nombreuses espèces. Certaines sont originaires d'Amérique du Nord, d'autres sont apparues comme des mauvaises herbes. Beaucoup de recherches génétiques ont été effectuées sur le trèfle blanc, qui présente une variation inter-individuelle considérable du motif curieux en V ou chevron, sur les feuilles. Les différentes formes de chevron (et l'absence de chevron) sont déterminées par de multiples allèles d'un gène, comme le montre la Figure 6-12. La figure présente les nombreux types différents d'interactions possibles, même pour un allèle.

Les allèles récessifs létaux

De nombreux allèles mutants peuvent entraîner la mort d'un organisme : on parle alors d'**allèles létaux**. Les allèles des maladies humaines en sont un bon exemple. Un gène dont les mutations peuvent être létales est à l'évidence un gène essentiel. La capacité de déterminer si un gène est essentiel est une aide précieuse pour la recherche sur les organismes expérimentaux, en particulier lorsqu'on travaille sur un gène dont on ignore la fonction. Cependant, conserver des souches portant des allèles létaux pour mener des recherches en laboratoire constitue un défi. Chez les diploïdes, les allèles récessifs létaux peuvent être maintenus à l'état hétérozygote. Chez les haploïdes, les allèles létaux thermosensibles sont utiles. Ces allèles appartiennent à la classe générale des **mutations thermosensibles (ts)**. Leur phénotype est sauvage à la **température permissive** (souvent la température ambiante), mais il est mutant à la **température restrictive**. On pense que les allèles thermosensibles

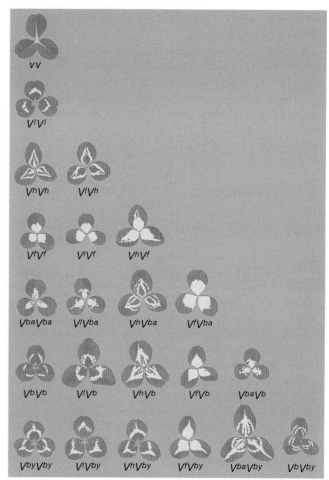

Figure 6-12 Des allèles multiples déterminent le motif en chevron sur les feuilles de trèfle blanc. Le génotype de chaque plante est indiqué sous elle. [Adapté d'une photographie de W. Ellis Davies.]

apparaissent à la suite de mutations qui favorisent l'enroulement ou le reploiement de la protéine en une conformation inactive à la température restrictive. Les souches destinées à la recherche peuvent facilement être conservées en l'état dans les conditions permissives et le phénotype mutant étudié à la suite d'un transfert dans les conditions restrictives.

L'un des allèles de la couleur du pelage chez les souris est un bon exemple d'allèle récessif létal (voir l'encadré Organisme modèle à la page 196). Les souris de type sauvage ont des pelages dont la pigmentation est dans l'ensemble assez sombre. Une mutation appelée *yellow* (jaune en anglais, une couleur de pelage plus claire) présente un mode de transmission étrange. Si une souris jaune est croisée avec une souris homozygote de type sauvage, on observe toujours un rapport 1:1 entre les souris jaunes et de type sauvage dans la descendance. Ce résultat suggère qu'une souris jaune est toujours hétérozygote pour l'allèle *yellow* et que cet allèle est dominant par rapport au type sauvage. Toutefois, si deux souris jaunes sont croisées l'une avec l'autre, le résultat est toujours le suivant :

$$\text{jaune} \times \text{jaune} \rightarrow \tfrac{2}{3} \text{ jaune, } \tfrac{1}{3} \text{ de type sauvage}$$

La Figure 6-13 montre une portée typique d'un croisement entre deux souris jaunes.

Comment peut-on expliquer le rapport 2 : 1 ? Les résultats deviennent compréhensibles si l'on suppose que l'allèle *yellow* est létal à l'état homozygote. On sait que l'allèle *yellow* correspond à un gène appelé *A* qui détermine la couleur du pelage. Appelons-le A^Y. Le résultat du croisement de deux souris jaunes est :

$$A^Y/A \times A^Y/A$$

$$\downarrow$$

Descendants	$\frac{1}{4} A^Y/A$	létal
	$\frac{1}{2} A^Y/A$	jaune
	$\frac{1}{4} A^Y/A$	type sauvage

Figure 6-13 La portée de deux souris hétérozygotes pour l'allèle de la couleur jaune du pelage. Cet allèle est létal en dose double. Tous les descendants ne sont pas visibles. [Anthony Griffiths.]

ORGANISME MODÈLE   La souris

La souris de laboratoire descend de la souris commune *Mus musculus*. Les lignées pures utilisées aujourd'hui comme références proviennent des croisements réalisés au cours des siècles passés par les «éleveurs» de souris. Parmi les organismes modèles, c'est celui dont le génome ressemble le plus au génome humain. Elle possède un nombre diploïde de chromosomes de 40 (à comparer aux 46 chromosomes humains) et son génome est légèrement plus petit que celui de l'homme (3 000 Mb). Il comprend approximativement le même nombre de gènes (l'estimation actuelle est voisine de 30 000). En outre, il semble que tous les gènes de la souris (gènes murins) aient leur équivalent chez l'homme. Un grand nombre de ces gènes sont organisés en blocs dont les positions correspondent exactement aux positions des gènes équivalents chez l'homme.

La recherche sur la génétique mendélienne des souris a commencé au début du vingtième siècle. L'une des contributions les plus importantes à cette époque fut la découverte du contrôle par les gènes, de la couleur du pelage et de sa transmission. Le contrôle génétique de la couleur du pelage de la souris a fourni un modèle pour tous les mammifères y compris les chats, les chiens, les chevaux et les bovins. Une partie importante de ces études fut également menée grâce à des mutations induites par des radiations ou des substances chimiques. La génétique murine a joué un rôle important en médecine. Beaucoup de maladies génétique humaines ont leur équivalent chez la souris, qui sert aux études expérimentales (on les appelle des «modèles murins»). La souris a joué un rôle particulièrement important dans les connaissances que nous avons actuellement des gènes responsables des cancers.

Le génome murin peut être modifié par l'insertion de fragments spécifiques d'ADN dans un œuf fécondé ou dans des cellules somatiques. Les souris sur la photo de droite ont reçu un gène de méduse codant la protéine verte fluorescente (GFP pour *green fluorescent protein* en anglais) qui leur fait émettre une fluorescence verte. Les inactivations complètes ou les replacements de gènes sont également possibles.

L'une des principales limitations de la génétique murine est son coût. Travailler avec un million d'individus

E. coli ou *S. cerevisiae* est courant, alors qu'un million de souris nécessitent un laboratoire de la taille d'une usine. De plus, bien que les souris se reproduisent rapidement (par rapport aux humains), la durée de leur cycle vital ne peut rivaliser avec celle des micro-organismes. Pour ces raisons, les sélections et criblages à grande échelle nécessaires pour détecter les événements génétiques rares sont impossibles avec les souris.

Des embryons de souris modifiés génétiquement, émettant une fluorescence verte. Le gène de méduse codant la protéine verte fluorescente a été inséré dans les chromosomes des souris qui fluorescent. Les souris normales sont plus sombres sur la photographie. [Kyodo News.]

Figure 6-14 Le chat de l'Ile de Man. Un allèle dominant qui empêche la formation de la queue est létal dans sa forme homozygote. Les yeux vairons n'ont pas de lien avec l'absence de queue. [Gérard Lacz/NHPA.]

Le rapport monohybride attendu de 1 : 2 : 1 se rencontrerait parmi les zygotes, mais il est changé en un rapport 2 : 1 dans la descendance née car les zygotes avec un génotype létal A^Y/A^Y ne survivent pas et ne sont donc pas comptés. Cette hypothèse est confirmée par le retrait de l'utérus de souris femelles pleines à la suite d'un croisement jaune × jaune. Un quart des embryons sont retrouvés morts.

L'allèle A^Y a des effets sur deux caractères : la couleur du pelage et la survie. Il est parfaitement possible cependant que les deux effets de l'allèle A^Y résultent de la même cause élémentaire, qui induit la couleur jaune du pelage en une seule dose et la mort en dose double.

Le phénotype sans queue des chats de l'Ile de Man (Figure 6-14) est également produit par un allèle létal à l'état homozygote. Une seule dose de l'allèle M^L de Man interfère sévèrement avec le développement normal de la colonne vertébrale, aboutissant à l'absence de queue chez l'hétérozygote M^L/M. Mais chez l'homozygote M^L/M^L, la double dose du gène produit une anomalie si importante du développement de la colonne vertébrale que l'embryon ne survit pas.

Qu'un allèle soit létal ou non dépend souvent de l'environnement dans lequel l'organisme se développe. Alors que certains allèles sont létaux dans la plupart des environnements, d'autres sont viables dans un environnement mais létaux dans un autre. Les maladies héréditaires humaines en fournissent quelques exemples. La mucoviscidose et l'anémie à cellules falciformes sont des maladies qui seraient mortelles sans traitement. D'autre part, un grand nombre des allèles privilégiés et sélectionnés par les éleveurs d'animaux et les cultivateurs seraient presque tous éliminés dans la nature à la suite de la compétition entre les membres de la population naturelle. Les variétés mutantes naines de graines, à très haut rendement, en sont de bons exemples ; seule une sélection attentive par le fermier a maintenu de tels allèles dans notre intérêt.

Les généticiens rencontrent couramment des situations dans lesquelles les rapports phénotypiques attendus sont régulièrement décalés dans un sens car l'allèle d'un gène entraîne une viabilité réduite. Par exemple dans le croisement $A/a \times a/a$, nous prévoyons un rapport des descendants de 50 % de A/a et de 50 % de a/a, mais nous pouvons observer régulièrement des rapports tels que 55 % : 45 % ou 60 % : 40 %. Dans un cas tel que celui-ci, l'allèle récessif est dit *sublétal* car la létalité est exprimée seulement chez quelques individus homozygotes mais pas tous. La létalité peut donc aller de 0 à 100 %, selon le gène lui-même, le reste du génome et l'environnement.

> **MESSAGE** Un gène peut avoir plusieurs états ou formes – c'est ce qu'on appelle des *allèles multiples*. On dit que les allèles constituent une série allélique et les membres d'une série peuvent présenter différents degrés de dominance les uns par rapport aux autres.

6.3 Les gènes et les protéines en interaction

L'un des premiers éléments qui ont laissé penser que les gènes n'agissaient pas seuls fut l'observation au début des années 1900 de multiples effets provoqués par des mutations uniques de gènes. Même si les conséquences d'une mutation se voient principalement dans le caractère étudié, de nombreuses mutations peuvent avoir des conséquences dans d'autres caractères. (Nous venons d'en voir un exemple avec l'allèle déterminant la couleur jaune du pelage chez la souris. Cet allèle affecte à la fois la couleur du pelage et les chances de survie.) De tels effets multiples s'appellent des **effets pléiotropes**. Certains de ces effets peuvent être subtils tandis que d'autres sont forts. L'explication réside dans le fait que la pléiotropie repose sur la complexité des interactions des gènes dans la cellule.

Réexaminons la PCU en considérant cette fois la complexité de l'interaction des gènes pour produire un phénotype particulier. Le modèle simple de la PCU, une maladie provoquée par un gène unique, a été très utile du point de vue médical. Il a notamment permis de concevoir un traitement efficace et une thérapie pour cette maladie – la simple limitation de l'apport de phénylalanine dans le régime alimentaire. De nombreux malades atteints de PCU ont bénéficié de ce traitement. Néanmoins, il existe quelques complications informatives qui attirent l'attention sur la complexité sous-jacente du système génétique impliqué. Par exemple, certains cas de concentration élevée de phénylalanine et ses symptômes ne sont pas associés au locus PAH, mais à ceux d'autres gènes. En outre, certaines personnes atteintes de PCU et du symptôme associé de la concentration élevée en phénylalanine ont un développement cognitif normal. Ces exceptions apparentes au modèle montrent que l'expression des symptômes de la PCU ne dépend pas uniquement du locus PAH mais repose aussi sur de nombreux autres gènes et sur l'environnement.

Cette situation complexe est résumée dans la Figure 6-15. La figure montre qu'il existe de nombreuses étapes dans la voie conduisant de l'ingestion de la phénylalanine jusqu'au développement cognitif anormal. N'importe laquelle d'entre elles peut présenter une certaine variation. Tout d'abord, la quantité de phénylalanine dans l'alimentation est évidemment un facteur déterminant. La phénylalanine est ensuite transportée dans des sites spécifiques du foie, l'« usine chimique » du corps. Dans le foie, la PAH doit agir de concert avec son cofacteur, la tétrahydrobioptérine. Si un excès d'acide phénylpyruvique est produit, ses conséquences sur le développement cognitif impliquent son transport jusqu'au cerveau par le sang, et donc son passage à travers la barrière hémato-encéphalique. Dans le cerveau, les processus développementaux doivent être sensibles à l'action défavorable de l'acide phénylpyruvique. Chacune de ces multiples étapes est un site possible pour y observer une variation génétique ou environnementale. Par conséquent, ce qui semble être une simple maladie « monogénique » dépend en réalité d'un jeu complexe de processus. Cet exemple illustre bien l'idée selon laquelle des gènes individuels ne « déterminent » pas le phénotype. On voit également comment des exceptions au

modèle simple de la PCU peuvent s'expliquer. Par exemple, on voit de quelle façon des mutations dans des gènes autres que la PAH peuvent provoquer une augmentation de la concentration de phénylalanine. L'un de ces gènes est le gène nécessaire à la synthèse de tétrahydrobioptérine.

De quelle façon la génétique expérimentale permet-elle d'analyser la complexité ?

Il existe une méthodologie génétique standard pour identifier les gènes en interaction qui contribuent à une propriété biologique particulière. En résumé, l'approche est la suivante :

Étape 1. Les cellules sont traitées à l'aide d'agents provoquant des mutations (mutagènes), tels que les radiations ultraviolettes. Ce traitement produit un grand nombre de mutants ayant une expression anormale de la propriété étudiée.

Étape 2. On teste ces mutants pour déterminer le nombre de locus impliqués et pour établir les mutations qui sont des allèles du même gène.

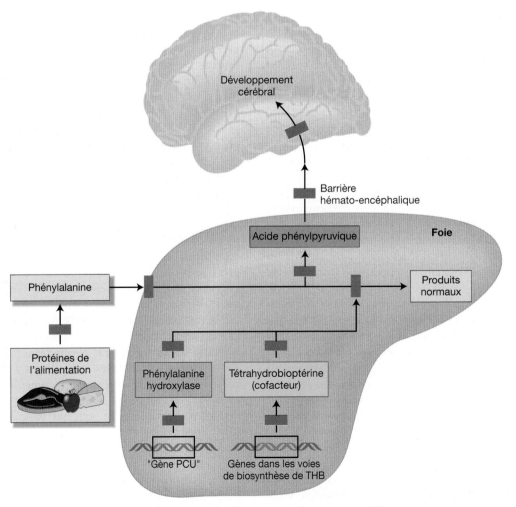

Figure 6-15 La manifestation de la PCU implique une série complexe d'étapes. Les rectangles rouges signalent les étapes au niveau desquelles des variations ou des blocages sont possibles.

Étape 3. On combine les mutations par paires au moyen de croisements pour produire des **doubles mutants** afin de voir si ces mutations interagissent l'une avec l'autre. Rappelons que l'interaction des gènes implique l'interaction des produits de ces gènes dans la cellule. Nous verrons que les classes de descendants apparaissent dans des rapports spécifiques, comme dans le cas des croisements dihybrides dont nous avons parlé au Chapitre 2. Ces rapports fournissent des preuves sur le type d'interaction des gènes mis en jeu.

Le protocole comprend donc trois étapes : la « chasse » aux mutants, les tests de l'allélisme et les tests de l'interaction des gènes. Les techniques de l'induction des mutants et de leur sélection seront traitées au Chapitre 16. Supposons pour l'instant que nous ayons réuni un groupe de mutations n'affectant chacune qu'un seul gène gouvernant une propriété biologique donnée qui nous intéresse. Il nous faut à présent déterminer le *nombre* de gènes représentés dans ce groupe (étape 2). Ceci est réalisé grâce à un **test de complémentation**.

La complémentation

Illustrons le test de complémentation avec l'exemple de la campanule (genre *Campanula*) chez laquelle la fleur de type sauvage est de couleur bleue. Supposons qu'après lui avoir fait subir des radiations mutagènes, nous ayons induit trois mutants à pétales blancs et qu'il s'agisse de souches homozygotes de lignée pure. Tous ont la même apparence, aussi ne pouvons-nous *a priori* pas dire s'ils sont génétiquement identiques ou non. Nous pouvons appeler ces souches mutantes $, £ et ¥, afin d'éviter tout symbolisme utilisant les lettres, qui pourrait impliquer une dominance. Lorsqu'on les croise avec le type sauvage, tous les mutants donnent les mêmes résultats dans la F_1 et la F_2, comme indiqué ci-dessous :

blanc $ × bleu → F_1, toutes bleues → F_2, $\frac{3}{4}$ bleu, $\frac{1}{4}$ blanc.

blanc £ × bleu → F_1, toutes bleues → F_2, $\frac{3}{4}$ bleu, $\frac{1}{4}$ blanc.

blanc ¥ × bleu → F_1, toutes bleues → F_2, $\frac{3}{4}$ bleu, $\frac{1}{4}$ blanc.

Une campanule (espèce Campanula). [Gregory G. Dimijian / Photo Researchers.]

Dans chaque cas, les résultats montrent que l'état mutant est déterminé par l'allèle récessif d'un seul gène. Cependant, s'agit-il de trois allèles d'*un* même gène, de deux gènes ou encore de trois gènes ? On peut répondre à la question en se demandant si les mutants *complémentent* les uns avec les autres. La complémentation se définit comme la production d'un phénotype sauvage lorsque deux allèles mutants récessifs sont réunis dans la même cellule.

> **MESSAGE** La complémentation est la production d'un phénotype de type sauvage lorsque deux génomes haploïdes portant des mutations récessives différentes sont réunis dans la même cellule.

Pour un organisme diploïde, le test de complémentation est réalisé en croisant deux individus homozygotes pour des mutations récessives différentes. L'étape suivante consiste à regarder si la descendance est ou non de phénotype sauvage. Si les mutations récessives sont des allèles du même gène, elles ne produiront *pas* de descendants de type sauvage, car les descendants seront quasiment tous homozygotes. On peut désigner de tels allèles par a' et a'', en utilisant les primes pour faire la différence entre deux allèles mutants distincts d'un gène dont l'allèle de type sauvage est a^+. Ces allèles pourraient avoir des sites mutants différents dans le même gène, mais ils seraient tous deux non fonctionnels. L'hétérozygote a'/a'' serait :

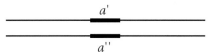

En revanche, deux mutations récessives dans des gènes *différents* auraient une fonction de type sauvage assurée par leurs allèles de type sauvage respectifs. Nous pouvons dans ce cas appeler les gènes *a1* et *a2*, d'après leurs allèles mutants. Nous pouvons représenter les hétérozygotes de la façon suivante, selon que les gènes sont situés sur le même chromosome ou sur des chromosomes différents :

Chromosomes différents :

$a1$		$+$
$+$		$a2$

Même chromosome (représenté en conformation *trans*) :

$a1$	$+$
$+$	$a2$

Revenons à l'exemple de la campanule et croisons les mutants pour tester leur complémentation. Nous pouvons supposer que les résultats des croisements des mutants $, £ et ¥ sont les suivants :

blanc $ ×   blanc £ → F_1, toutes blanches

blanc $ ×   blanc ¥ → F_1, toutes bleues

blanc £   ×   blanc ¥ → F_1, toutes bleues

Figure 6-16 L'origine moléculaire de la complémentation génétique. Trois mutants blancs phénotypiquement identiques – $, £ et ¥ – sont croisés les uns avec les autres. Des mutations situées dans le même gène (comme pour $ et £) ne peuvent complémenter car la F$_1$ possède un gène dont les deux allèles sont mutants. La voie biochimique est bloquée et les fleurs sont blanches. Lorsque les deux mutations se trouvent dans des gènes différents (comme pour £ et ¥), il y a complémentation des allèles de type sauvage de chaque gène dans l'hétérozygote de la F$_1$. Le pigment est synthétisé et les fleurs sont bleues. (À votre avis, quel serait le résultat d'un croisement entre $ et ¥ ?)

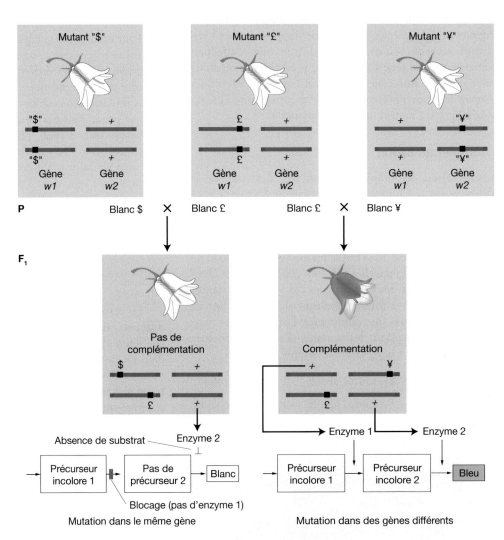

D'après ces résultats, nous pouvons conclure que les mutants $ et £ sont des allèles d'un même gène (disons *w1*) car ils ne complémentent pas. ¥, au contraire est un allèle mutant d'un autre gène (*w2*) car on observe une complémentation.

Comment la complémentation fonctionne-t-elle au niveau moléculaire ? La couleur bleue normale de la fleur de campanule est due à un pigment bleu appelé *anthocyanine*. Les pigments sont des substances chimiques qui absorbent certaines parties du spectre visible. Dans le cas de la campa-

nule, l'anthocyanine absorbe toutes les longueurs d'onde sauf le bleu, qui se reflète dans l'œil de l'observateur. Toutefois l'anthocyanine est fabriquée à partir de précurseurs chimiques qui ne sont pas des pigments, c'est-à-dire qu'ils n'absorbent pas de lumière de longueur d'onde spécifique mais reflètent simplement la lumière blanche du soleil à l'observateur, donnant un aspect blanc à la fleur. Le pigment bleu est le produit terminal d'une série de conversions biochimiques de non-pigments. Chaque étape est catalysée par une enzyme particulière codée par un gène spécifique. Nous pouvons schématiser les résultats par la suite réactionnelle ci-dessous :

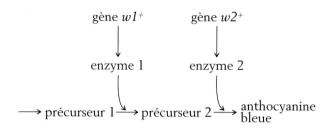

Une mutation homozygote dans l'un ou l'autre des gènes conduira à l'accumulation d'un précurseur, ce qui rendra simplement la fleur blanche. On peut à présent écrire les génotypes mutants de la façon suivante :

$$\$ \qquad w1_\$/w1_\$ \cdot w2^+/w2^+$$
$$£ \qquad w1_£/w1_£ \cdot w2^+/w2^+$$
$$¥ \qquad w1^+/w1^+ \cdot w2_¥/w2_¥$$

Cependant en pratique les symboles placés en indice seraient supprimés et les génotypes écrits ainsi :

$$\$ \qquad w1/w1 \cdot w2^+/w2^+$$
$$£ \qquad w1/w1 \cdot w2^+/w2^+$$
$$¥ \qquad w1^+/w1^+ \cdot w2/w2$$

Par conséquent, une F_1 provenant de $\$ \times £$ sera :

$$w1/w1 \cdot w2^+/w2^+$$

Ces individus de la F_1 posséderont deux allèles déficients pour $w1$. Ils seront donc bloqués à l'étape 1. Même si l'enzyme 2 est parfaitement fonctionnelle, elle n'aura pas de substrat sur lequel agir. Aucun pigment bleu ne sera donc produit et le phénotype sera blanc.

En revanche, la F_1 provenant des autres croisements possédera les allèles de type sauvage codant les deux enzymes nécessaires pour assurer les interconversions des intermédiaires jusqu'au produit bleu final. Leurs génotypes seront :

$$w1^+/w1 \cdot w2^+/w2$$

Nous voyons ici que la complémentation est effectivement le résultat de l'interaction coopérative des allèles de *type sauvage* des deux gènes. La Figure 6-16 présente un résumé schématique de l'interaction de mutants blancs qui complémentent et qui ne complémentent pas.

Dans le cas d'un organisme haploïde, le test de complémentation ne peut être réalisé par un croisement entre plantes de la même génération. Chez les champignons, une autre façon de réunir des allèles mutants pour tester la complémentation consiste à fabriquer un **hétérocaryon** (Figure 6-17). Les cellules de champignons fusionnent facilement. Lorsque deux souches différentes fusionnent, les noyaux haploïdes des deux souches occupent la même cellule que l'on appelle un *hétérocaryon* (du grec *heterokaryon* : « différentes graines »). Les noyaux d'un hétérocaryon ne fusionnent généralement pas. En un sens, cet état est une sorte d'« imitation » d'état diploïde.

Supposons que dans des souches différentes il y ait des mutations de deux gènes distincts, conférant le même phénotype mutant – par exemple, un besoin d'arginine pour croître. Nous pouvons appeler ces gènes *arg-1* et *arg-2*. Les génotypes des deux souches peuvent être représentés par *arg-1 . arg-2⁺* et *arg-1⁺ . arg-2*. Ces deux souches peuvent fusionner pour former un hétérocaryon avec les deux noyaux dans le même cytoplasme :

Le noyau 1 est *arg-1 · arg-2⁺*
Le noyau 2 est *arg-1⁺ · arg-2*

Les produits des gènes étant synthétisés dans un cytoplasme commun, les deux allèles de type sauvage peuvent exercer leur effet dominant et coopérer pour produire un hétérocaryon de phénotype sauvage. En d'autres termes, les deux mutations complémentent exactement de la même manière que s'il s'agissait d'un diploïde. Si les mutations correspondaient aux allèles d'un même gène, il n'y aurait pas eu de complémentation.

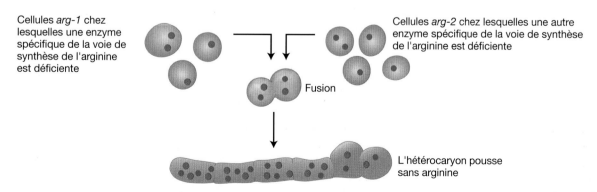

Figure 6-17 La formation d'un hétérocaryon chez *Neurospora* imite l'état diploïde. Lorsque des cellules végétatives fusionnent, les noyaux haploïdes partagent le même cytoplasme dans un hétérocaryon. Dans cet exemple, des noyaux haploïdes avec des mutations dans des gènes différents de la voie de biosynthèse de l'arginine complémentent pour produire une levure *Neurospora* qui n'a plus besoin d'arginine.

MESSAGE Lorsque deux allèles mutants récessifs qui proviennent de deux origines distinctes et qui produisent des phénotypes récessifs similaires ne complémentent pas, les allèles correspondent au même gène.

Un rapport modifié dans la F$_2$ peut être utile pour soutenir l'hypothèse d'une complémentation des gènes. Considérons comme exemple le rapport F$_2$ résultant du croisement de campanules dihybrides de la F$_1$. La F$_2$ présente à la fois des plantes bleues et des plantes blanches dans un rapport 9:7. Comment peut-on expliquer ces résultats? Le rapport 9:7 est à l'évidence une modification du rapport dihybride 9:3:3:1, la combinaison 3:3:1 correspondant au 7. Le croisement des deux lignées blanches et les générations suivantes peuvent être représentés ainsi:

$$w1/w1 \; ; \; w2^+/w2^+ \text{(blanc)} \quad \times \quad w1^+/w1^+ \; ; \; w2/w2 \text{(blanc)}$$

$$\downarrow$$

$$\text{F}_1 \quad w1^+/w1 \; ; \; w2^+/w2 \text{(bleu)}$$
$$w1^+/w1 \; ; \; w2^+/w2 \quad \times \quad w1^+/w1 \; ; \; w2^+/w2$$

$$\downarrow$$

$$\text{F}_2 \quad \begin{matrix} 9 \; w1^+/- \; ; \; w2^+/- & \text{(bleu)} & \quad 9 \\ 3 \; w1^+/- \; ; \; w2/w2 & \text{(blanc)} \\ 3 \; w1/w1 \; ; \; w2^+/- & \text{(blanc)} \\ 1 \; w1/w1 \; ; \; w2/w2 & \text{(blanc)} \end{matrix} \left. \begin{matrix} \\ \\ \\ \end{matrix} \right\} 7$$

Les résultats montrent qu'une plante aura des pétales blancs si elle est homozygote pour l'allèle mutant récessif de *l'un* ou *des deux* gènes. Pour avoir le phénotype bleu, une plante doit avoir au moins l'un des allèles dominants des deux gènes car ils sont tous deux nécessaires pour complémenter et compléter les étapes essentielles dans chacune des voies biochimiques. Par conséquent, trois des classes génotypiques produiront le même phénotype. C'est pourquoi deux phénotypes seulement apparaîtront.

L'exemple de la complémentation chez les campanules impliquait différentes étapes d'une voie biochimique. Des résultats similaires ont été obtenus à partir de la régulation des gènes. Un gène régulateur agit souvent en produisant une protéine qui se fixe à un site régulateur présent en amont du gène cible, facilitant la transcription du gène par l'ARN polymérase (Figure 6-18). En l'absence de la protéine régulatrice, le gène cible serait transcrit à un taux très faible, qui ne couvrirait pas les besoins de la cellule. Croisons une lignée pure *r/r* déficiente pour la protéine régulatrice, avec une lignée pure *a/a* déficiente pour la protéine cible. Le croisement est *r/r*; a^+/a^+ × r^+/r^+; *a/a*. On observera chez le dihybride r^+/r; a^+/a une complémentation entre les génotypes mutants car r^+ et a^+ seront tous deux présents, ce qui permettra la transcription normale de l'allèle de type sauvage. L'autofécondation du dihybride de la F$_1$ produira également un rapport phénotypique 9:7 dans la F$_2$:

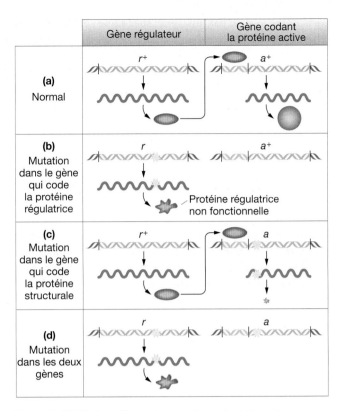

Figure 6-18 L'interaction entre un gène régulateur et sa cible. Le gène r^+ code une protéine régulatrice et le gène a^+, une protéine structurale. Ces deux protéines doivent être normales pour qu'une protéine structurale fonctionnelle («active») soit synthétisée.

Proportion	Génotype	Protéine fonctionnelle a^+	Rapport
$\frac{9}{16}$	$r^+/-$; $a^+/-$	Oui	9
$\frac{3}{16}$	$r^+/-$; a/a	Non	
$\frac{3}{16}$	r/r ; $a^+/-$	Non	7
$\frac{1}{16}$	r/r ; a/a	Non	

La transmission de la couleur de la peau chez les serpents des blés est un exemple d'interaction de gènes impliqués dans des voies biochimiques différentes. La couleur normale du serpent est un motif de camouflage répété constitué d'une succession de noir et d'orange, comme le montre la Figure 6-19a. Le phénotype est produit par deux pigments distincts, tous deux sous contrôle génétique. Un gène détermine le pigment orange et les allèles que nous allons voir sont o^+ (présence de pigment orange) et o (absence de pigment orange). Un autre gène détermine le pigment noir, avec les allèles b^+ (présence de pigment noir, *black* en anglais) et b (absence de pigment noir). Ces deux gènes ne sont pas liés génétiquement. Le motif naturel est produit par le génotype $o^+/-$; $b^+/-$. Un serpent o/o; $b^+/-$ est noir car il n'a pas de pigment orange (Figure 6-19b). Un serpent $o^+/-$; b/b est

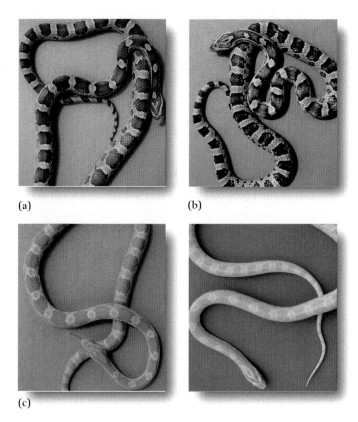

(a) **(b)**

(c)

Figure 6-19 Les motifs de pigmentation de la peau de la couleuvre *Elaphe guttata.* Des combinaisons des pigments orange et noir déterminent les quatre phénotypes visibles sur les photographies. (a) Un serpent avec un camouflage noir et orange synthétise les deux pigments, orange et noir. (b) Un serpent noir ne synthétise pas de pigment orange. (c) Un serpent orange ne synthétise pas de pigment noir. (d) Un serpent albinos ne synthétise ni pigment noir ni pigment orange.

orange car il n'a pas de pigment noir (Figure 6-19c). Le double homozygote récessif o/o ; b/b est albinos (Figure 6-19d). Remarquez cependant que la couleur rose pâle de l'albinos est due à un autre pigment, l'hémoglobine du sang, qui est visible au travers de la peau de ce serpent lorsque les autres pigments sont absents. Le serpent albinos montre également clairement qu'un autre élément se superpose à la pigmentation de la peau. Il s'agit du motif répété à l'intérieur et autour duquel le pigment est déposé.

Si un serpent homozygote orange et un serpent homozygote noir sont croisés, la F_1 est de type sauvage (avec camouflage), ce qui démontre l'existence de la complémentation :

$$\text{femelle } o^+/o^+ ; b/b \quad \times \quad \text{mâle } o/o ; b^+/b^+$$
$$\text{(orange)} \qquad\qquad\qquad \text{(noir)}$$

$$F_1 \qquad o^+/o ; b^+/b$$
$$\text{(avec camouflage)}$$

Ici cependant, une F_2 présente un rapport $9:3:3:1$ standard :

$$\text{femelle } o^+/o ; b^+/b \quad \times \quad \text{mâle } o^+/o ; b^+/b$$
$$\text{(avec camouflage)} \qquad\qquad \text{(avec camouflage)}$$

$$F_2 \qquad
\begin{array}{lll}
9 \; o^+/- ; \; b^+/- & \text{(avec camouflage)} \\
3 \; o^+/- ; \; b/b & \text{(orange)} \\
3 \; o/o ; \; b^+/- & \text{(noir)} \\
1 \; o/o ; \; b/b & \text{(albinos)}
\end{array}$$

On observe le rapport dihybride $9:3:3:1$ car les gènes en interaction sont indépendants au niveau de l'action cellulaire :

$$\text{précurseur} \xrightarrow{\;b^+\;} \text{pigment noir}$$
$$\text{précurseur} \xrightarrow{\;o^+\;} \text{pigment orange}$$
$$\left.\vphantom{\begin{array}{c}a\\a\end{array}}\right\}\begin{array}{l}\text{avec}\\\text{camouflage}\end{array}$$

L'épistasie

Lorsqu'on souhaite mettre en évidence l'interaction de plusieurs gènes, on peut rechercher des cas présentant un type d'interaction entre gènes appelé **épistasie**. Ce terme signifie littéralement «dominer». Il fait référence au fait qu'une mutation au niveau d'un locus masque une mutation au niveau d'un autre locus chez un double mutant. La mutation apparente est dite *épistatique*, tandis que la mutation cachée est *hypostatique*. L'épistasie se produit uniquement lorsque des gènes appartiennent à la même voie biochimique cellulaire. Dans le cas d'une voie biochimique simple, la mutation épistatique touche un gène situé «en amont» (plus tôt dans la suite réactionnelle) par rapport à la mutation hypostatique. Le phénotype mutant produit par le gène en amont est prioritaire, quoi qu'il se passe plus tard dans la voie biochimique.

Il est difficile de rechercher l'épistasie autrement qu'en combinant des mutations candidates deux par deux afin de former des doubles mutants. Comment identifie-t-on un double mutant? Chez les champignons, l'analyse de tétrades est utile. Par exemple, un asque dont la moitié des produits sont de type sauvage doit contenir des doubles mutants. Considérons le croisement suivant :

$$a \cdot b^+ \quad \times \quad a^+ \cdot b$$

Une tétrade présentant une co-ségrégation de a et b par pur hasard (un asque avec un ditype non parental) présenterait les phénotypes suivants :

type sauvage	$a^+ \cdot b^+$
type sauvage	$a^+ \cdot b^+$
double mutant	$a \cdot b$
double mutant	$a \cdot b$

Le double mutant doit donc être de génotype non sauvage.

Chez les diploïdes, le double mutant est plus difficile à repérer, mais les rapports peuvent nous aider à identifier l'épistasie. Examinons un exemple concernant la synthèse des pigments des pétales chez la plante *Collinsia parviflora*, dont le type sauvage est bleu. Débutons l'analyse avec deux lignées pures mutantes, l'une avec des pétales blancs (*white* en anglais: *w/w*) et l'autre avec des pétales rouge magenta (*m/m*). Les gènes *m* et *w* ne sont pas liés. Les F_1 et F_2 sont les suivantes :

$$w/w \; ; \; m^+/m^+ \text{ (blanc)} \quad \times \quad w^+/w^+; \; m/m \text{ (magenta)}$$

F_1 $\qquad\qquad w^+/w \; ; \; m^+/m \qquad\qquad$ (bleu)

$$w^+/w \; ; \; m^+/m \quad \times \quad w^+/w \; ; \; m^+/m$$

$\downarrow$

F_2 $\qquad\qquad 9 \; w^+/- \; ; \; m^+/- \text{ (bleu)} \qquad 9$

$\qquad\qquad\qquad 3 \; w^+/- \; ; \; m/m \text{ (magenta)} \qquad 3$

$\qquad\qquad\qquad 3 \; w/w \; ; \; m^+/- \text{ (blanc)}$

$\qquad\qquad\qquad 1 \; w/w \; ; \; m/m \text{ (blanc)} \qquad\quad 4$

La complémentation aboutit à une F_1 de type sauvage. Cependant dans la F_2, le rapport phénotypique est de 9 : 3 : 4. Ce rapport est caractéristique de l'épistasie : il nous indique que le double mutant doit être blanc. Par conséquent, la couleur blanche est épistatique sur le rouge magenta. Pour repérer le double mutant pour d'autres études, il faudrait soumettre les individus de la F_2 à un croisement-test.

Au niveau cellulaire, l'épistasie s'explique par le type suivant de suite réactionnelle (voir également la Figure 6-20).

$$\text{incolore} \xrightarrow{\text{gène } w^+} \text{magenta} \xrightarrow{\text{gène } m^+} \text{bleu}$$

> **MESSAGE** On déduit une épistasie lorsqu'un allèle mutant d'un gène masque l'expression des allèles d'un autre gène et exprime son propre phénotype à la place.

Un autre cas d'épistasie récessive est celui de la couleur du pelage de certains labradors retriever. Deux allèles *B* et *b* déterminent respectivement des pelages noir et marron (*brown* en anglais). Ces deux allèles produisent de la mélanine noire et de la mélanine marron. Mais l'allèle *e* d'un autre gène est épistatique sur eux, donnant un pelage jaune (Figure 6-21). Les génotypes *B/–* ; *e/e* et *b/b* ; *e/e* aboutissent tous deux à un phénotype jaune tandis que *B/–* ; *E/–* et *b/b* ; *E/–* sont noir et marron respectivement. Ce cas d'épistasie n'est *pas* dû à un blocage en amont dans une voie de synthèse conduisant au pigment noir. Les chiens jaunes peuvent fabriquer des pigments noirs ou marron, comme on peut le voir sur leur nez ou leurs babines. L'action de l'allèle *e* est d'empêcher le dépôt de pigments dans leurs poils. Dans ce cas, le gène épistatique est situé *en aval dans le développement* ; il représente une sorte de cible du développement qui doit être de génotype *E* avant que le pigment puisse être déposé.

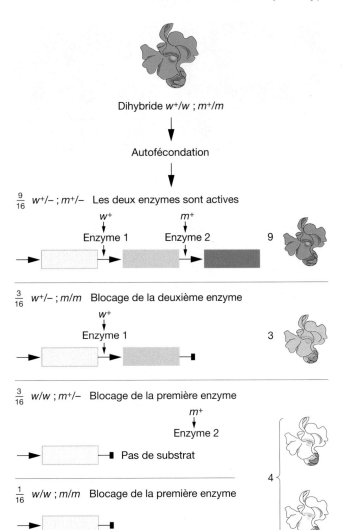

Figure 6-20 Un mécanisme moléculaire pour l'épistasie récessive. Les allèles de type sauvage de deux gènes (*w*[+] et *m*[+]) codent des enzymes catalysant des étapes successives dans la synthèse d'un pigment bleu des pétales. Les plantes homozygotes *m/m* produisent des fleurs magenta et les plantes homozygotes *w/w*, des fleurs blanches. Le double mutant *w/w* ; *m/m* présente également des fleurs blanches, ce qui indique que le blanc est épistatique sur le magenta.

> **MESSAGE** L'épistasie indique une interaction de gènes dans une séquence biochimique ou développementale.

Les suppresseurs

La *suppression* est un autre type d'interaction des gènes qui peut être détecté plus facilement. Un suppresseur est un allèle mutant d'un gène qui inverse l'effet d'une mutation d'un autre gène, restaurant entièrement ou presque le phénotype normal (type sauvage). Supposons par exemple qu'un allèle *a*[+] produise le phénotype normal, tandis qu'un allèle récessif mutant *a* entraîne une anomalie. L'allèle

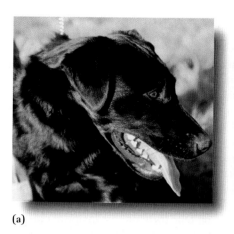
(a)

(b)

(c)

Figure 6-21 La transmission de la couleur du pelage chez les labradors retriever. Deux allèles *B* et *b* d'un gène de pigment déterminent (a) le noir et (b) le marron, respectivement. L'allèle *E* d'un gène différent permet le dépôt des pigments de couleur dans le pelage ; *e/e* empêche ce dépôt, aboutissant (c) au phénotype jaune (on parle de «golden retriever»). C'est un cas d'épistasie récessive. [Anthony Griffiths.]

mutant récessif *s* d'un autre gène supprime l'effet de *a*. Le génotype *a/a · s/s* aura donc un phénotype sauvage (comme *a*⁺). Les allèles suppresseurs n'ont parfois aucun effet en l'absence d'une autre mutation. Dans ce cas, le phénotype de *a⁺/a⁺ · s/s* serait de type sauvage. Dans d'autres cas, le suppresseur produit son propre phénotype anormal.

Une fois encore, une interaction génétique (suppression) implique d'une façon ou d'une autre l'interaction de produits de gènes. Les suppresseurs sont donc utiles pour révéler ce type d'interactions. La recherche de suppresseurs est assez directe. Lorsqu'on dispose d'un mutant pour un processus particulier, on l'expose à des agents mutagènes tels que des radiations à haute énergie et on recherche des types sauvages parmi les descendants. Chez les haploïdes tels que les champignons, ce criblage est réalisé simplement en étalant les cellules ayant subi la mutagenèse et en recherchant les colonies de type sauvage. De nombreux types sauvages apparaissant alors correspondent simplement à des réversions : on les appelle donc des **révertants**. Un grand nombre d'entre eux cependant sont des doubles mutants, chez lesquels l'une des mutations est une suppression. On peut distinguer la réversion de la suppression par des croisements appropriés. Chez la levure par exemple, les deux résultats se distingueraient de la manière suivante :

Révertant *a*⁺ × type sauvage standard *a*⁺
Descendants   tous *a*⁺

Mutant avec suppression *a · s* × type sauvage standard *a*⁺ *· s*⁺
  Descendants   *a*⁺ *· s*⁺ type sauvage
                    a⁺ *· s* type sauvage
                    a *· s*⁺ mutant originel
                    a *· s* type sauvage
                              (avec suppression)

L'apparition du phénotype mutant originel permet de désigner le parent comme un mutant comportant une suppression.

Chez les diploïdes, les suppresseurs produisent des rapports spécifiques dans la F₂, qui sont utiles pour confirmer la suppression. Regardons un exemple réel issu de la drosophile. L'allèle récessif *pd* entraîne l'apparition d'une couleur violette de l'œil en l'absence de suppression. Un allèle récessif *su* n'engendre pas par lui-même de phénotype détectable, mais il supprime l'allèle récessif *pd* qui ne lui est pas lié. Par conséquent, *pd/pd ; su/su* a un aspect de type sauvage et des yeux rouges. L'analyse suivante illustre le mode de transmission. Une mouche homozygote aux yeux violets est croisée avec une souche homozygote normale aux yeux rouges, portant le suppresseur.

$$pd/pd \; ; \; su^+/su^+ \text{ (violet)} \times pd^+/pd^+ \; ; \; su/su \text{ (rouge)}$$

$$\downarrow$$

F₁   tous *pd*⁺/*pd* ; *su*⁺/*su* (rouge)

pd⁺/*pd* ; *su*⁺/*su* (rouge) × *pd*⁺/*pd* ; *su*⁺/*su* (rouge)

$$\downarrow$$

F₂   9 *pd*⁺/– ; *su*⁺/–   rouge ⎫
           3 *pd*⁺/– ; *su/su*   rouge ⎬ 13
           1 *pd/pd* ; *su/su*   rouge ⎭
           3 *pd/pd* ; *su*⁺/–   violet   3

Le rapport global dans la F₂ est de 13 rouge : 3 violet. Ce rapport est caractéristique d'un suppresseur récessif agissant sur une mutation récessive. Il existe à la fois des suppresseurs dominants et des suppresseurs récessifs et ils peuvent agir sur des mutations dominantes ou récessives. Ces possibilités aboutissent à des rapports phénotypiques variés.

On confond parfois la suppression avec l'épistasie. Cependant, la différence fondamentale est qu'un suppresseur efface l'expression d'un allèle mutant et restaure le phénotype de type sauvage correspondant. Le rapport modifié de la F₂ est un indicateur de ce type d'interaction. De plus, la ségrégation ne concerne souvent que deux phénotypes (comme dans l'exemple précédent) et non trois comme dans l'épistasie.

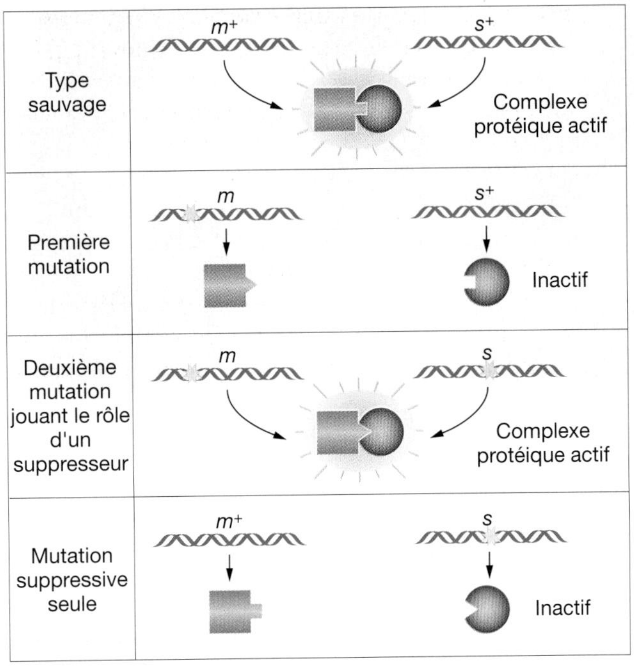

Figure 6-22 Un mécanisme moléculaire pour la suppression.

Comment les suppresseurs agissent-ils au niveau moléculaire? Il y a de nombreux mécanismes possibles. Un type de suppression particulièrement utile est basé sur la liaison physique des produits de gènes dans la cellule, par exemple des associations protéine-protéine comme dans le cas des machineries protéiques. Deux protéines ont généralement des formes complémentaires lorsqu'elles doivent accomplir ensemble une fonction cellulaire particulière. Lorsqu'une mutation provoque un changement de forme de la première protéine, sa forme n'est plus complémentaire de la seconde et la fonction commune est donc perdue (Figure 6-22). Toutefois, une mutation suppressive dans la seconde protéine peut restaurer la complémentarité de forme et donc la fonction normale du complexe protéique. On peut identifier de cette façon les protéines en interaction qui appartiennent à des machineries cellulaires.

Dans certaines situations, lorsqu'une mutation provoque un blocage dans une voie métabolique, le suppresseur contourne le blocage – par exemple en acheminant dans la voie bloquée des intermédiaires similaires à ceux situés au-delà du blocage. Dans l'exemple suivant, le suppresseur fournit l'intermédiaire B qui permet de contourner le blocage.

<u>Sans suppresseur</u>

A —|→ ~~B~~ ——→ ~~produit~~

<u>Avec suppresseur</u>

A —|→ B ——→ produit
B ↗

MESSAGE Les suppresseurs effacent l'expression d'un allèle mutant appartenant à un autre gène, ce qui restaure le phénotype normal de type sauvage.

Les modificateurs

Comme son nom le suggère, une mutation modificatrice (ou modificateur) au niveau d'un second locus change l'expression d'un gène muté initialement. Les gènes régulateurs en sont une illustration simple. Comme nous l'avons vu dans un exemple antérieur, des protéines régulatrices se fixent à la séquence de l'ADN en amont du site de début de la transcription. Ces protéines régulent le taux de transcription. Dans la discussion sur la complémentation, nous avons considéré une mutation complète dans un gène régulateur, qui empêchait quasiment toute transcription. Cependant, certaines mutations régulatrices modifient le taux de transcription du gène cible de telle sorte qu'une quantité plus ou moins importante de protéine est produite. En d'autres termes, une mutation dans une protéine régulatrice peut «surréguler» ou «sous-réguler» le gène transcrit. Examinons un exemple dans lequel une mutation sous-régulatrice b affecte un gène A chez un champignon tel que la levure. Nous pouvons croiser deux champignons, l'un avec une mutation partielle a et l'autre avec la mutation régulatrice b:

mutation partielle $a \cdot b^+$ × mutation régulatrice inefficace $a^+ \cdot b$

Descendants	Phénotype
$a^+ \cdot b^+$	type sauvage
$a^+ \cdot b$	déficiente (faible transcription)
$a \cdot b^+$	déficiente (protéine A déficiente)
$a \cdot b$	extrêmement déficiente (faible transcription de la protéine A déficiente)

L'action du modificateur se traduit par l'apparition de deux degrés de phénotypes mutants *au sein d'une même* descendance.

Les mutants létaux synthétiques

Dans certains cas, lorsque deux mutants viables sont croisés l'un avec l'autre, les doubles mutants résultants sont létaux. Ces mutants **létaux synthétiques** peuvent être considérés comme appartenant à une catégorie particulière d'interaction des gènes. Ils peuvent révéler certains types spécifiques d'interaction des produits de gènes. Par exemple, l'analyse génomique a mis en évidence la création au cours de l'évolution de nombreux processus redondants dans la cellule. L'un des avantages de ce système est de fournir une «copie de secours». Si des mutations complètes touchent les deux systèmes redondants, alors le système défaillant n'a plus aucune copie de secours. L'individu concerné ne peut alors effectuer la fonction vitale concernée et meurt. Il peut également arriver qu'une mutation partielle dans une étape d'une voie biochimique provoque un ralentissement dans cette voie mais qu'il reste une activité suffisante de la fonction touchée pour permettre la survie de l'individu. Néanmoins, si des doubles mutants sont combinés, chacun avec une mutation partielle dans une étape différente de la voie biochimique, la voie complète peut s'interrompre. Ce dernier type d'interaction peut être illustré par la présence de deux mutations dans une machinerie protéique, comme le montre la Figure 6-3.

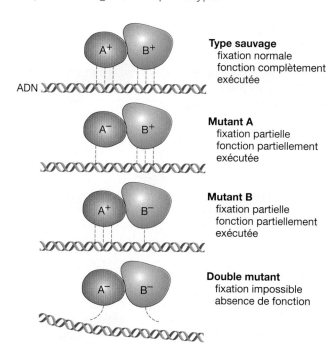

Figure 6-23 Un mécanisme génétique expliquant l'origine de la létalité synthétique. Deux protéines en interaction accomplissent ensemble une fonction essentielle sur un substrat tel que l'ADN, mais doivent d'abord s'y fixer. Une fixation réduite de l'une ou l'autre protéine laisser persister une partie de la fonction mais une fixation réduite des deux protéines est létale.

La construction d'une machinerie protéique repose sur la rencontre des protéines constituantes grâce aux déplacements aléatoires dus à l'agitation moléculaire et la correspondance des formes complémentaires. Néanmoins, certaines étapes de l'assemblage nécessitent de l'énergie et des enzymes. La Figure 6-24 présente un exemple de ce type. N'importe lequel des composants en interaction, qu'il s'agisse des constituants de la machinerie ou des enzymes associées, peut être étudié grâce à l'analyse des mutants létaux synthétiques.

La pénétrance et l'expressivité

Dans les exemples précédents, la dépendance d'un gène par rapport à un autre a été déduite de rapports génétiques précis. Dans ces cas, on peut utiliser le phénotype afin de distinguer avec une certitude de 100 % le génotype sauvage des génotypes mutants. On dit alors que la mutation est pénétrante à 100 %. Cependant, de nombreuses mutations présentent une pénétrance *incomplète*. Tous les individus possédant ce génotype ne vont pas forcément exprimer le phénotype correspondant. La **pénétrance** est donc définie comme le pourcentage d'*individus* avec un allèle donné, qui présentent le phénotype associé à cet allèle.

Pourquoi un organisme aurait-il un génotype particulier et n'exprimerait pourtant pas le phénotype correspondant ? Il y a plusieurs raisons possibles à cela :

1. L'influence de l'environnement. Nous avons vu au Chapitre 1 que les individus ayant le même génotype peuvent présenter une gamme variée de phénotypes, selon l'environnement dans lequel ils se trouvent. Il est possible que la gamme de phénotypes des individus mutants et des individus de type sauvage se chevauche : le phénotype d'un individu mutant apparu dans certaines circonstances peut correspondre au phénotype d'un individu de type sauvage apparu dans d'autres circonstances. Lorsque c'est le cas, il devient impossible de distinguer mutants et type sauvage.

2. L'influence d'autres gènes. Des gènes modificateurs, épistatiques ou suppresseurs dans le reste du génome, peuvent empêcher l'expression du phénotype caractéristique.

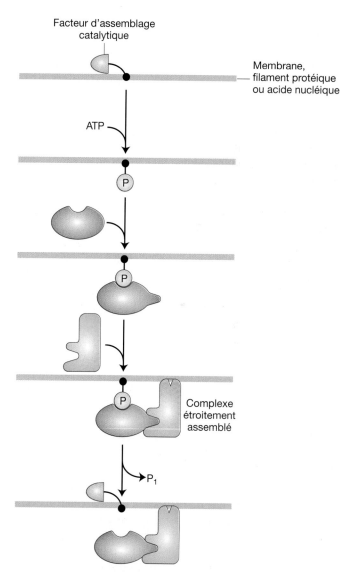

Figure 6-24 La construction d'une machinerie protéique. La phosphorylation active un facteur d'assemblage qui permet l'assemblage des éléments constituant la machinerie protéique *in situ* sur une membrane, un filament ou un acide nucléique. [B. Alberts, «The Cell as a Collection of Protein Machines», *Cell*, 92, 1998, 291-294.]

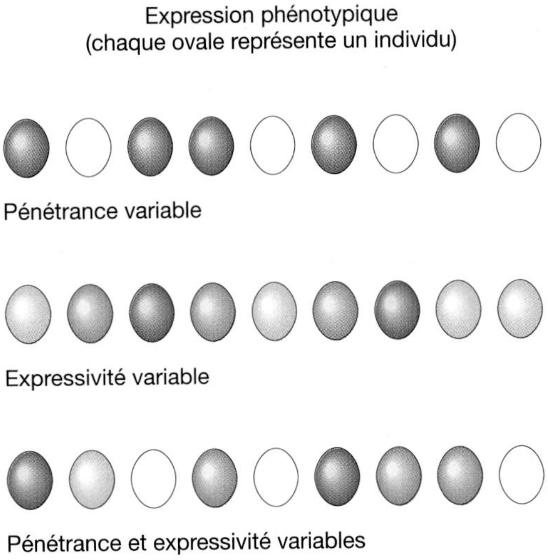

Expression phénotypique
(chaque ovale représente un individu)

Pénétrance variable

Expressivité variable

Pénétrance et expressivité variables

Figure 6-25 L'intensité des pigments comme exemple de pénétrance et d'expressivité. Supposons que tous les individus présentés aient le même allèle de pigment (*P*) et possèdent la même capacité de synthèse des pigments. Des effets dus au reste du génome et à l'environnement peuvent supprimer ou modifier la production de pigment chez un individu. La couleur reflète le taux d'expression.

3.   La subtilité du phénotype mutant. Les effets subtils dus à l'absence de la fonction d'un gène peuvent être difficiles à mesurer dans une étude en laboratoire.

L'**expressivité** est une autre mesure servant à décrire la gamme d'expression phénotypique. L'expressivité mesure le niveau auquel un allèle donné est exprimé au niveau phénotypique. L'expressivité mesure l'intensité du phénotype. Par exemple, les individus «marron» (*brown* en anglais) (génotype *b/b*) de différentes souches peuvent présenter des intensités très différentes du pigment marron, allant du marron clair au marron foncé. Des degrés d'expression différents chez des individus distincts peuvent être dus à une variation dans la constitution allélique du reste du génome ou à des facteurs environnementaux. La Figure 6-25 illustre la différence entre pénétrance et expressivité. Comme la pénétrance, l'expressivité fait partie du concept de norme de réaction. Un exemple de l'expressivité variable chez les chiens est représenté dans la Figure 6-26.

Les phénomènes de pénétrance incomplète et d'expressivité variable peuvent fortement compliquer toutes sortes d'analyses génétiques, telles que l'analyse d'un arbre généalogique humain ou les prédictions d'un conseiller génétique. Par exemple, il est fréquent qu'un allèle responsable d'une maladie ne soit pas complètement pénétrant. Ainsi, une personne pourrait posséder l'allèle en question mais ne présenter aucun signe de la maladie. Lorsque c'est le cas, il est difficile de donner un bulletin de santé génétique exact à tous les individus d'un arbre généalogique (par exemple l'individu *R* dans la Figure 6-27). D'autre part, l'analyse d'un arbre généalogique peut parfois permettre d'identifier des individus qui n'expriment pas, mais qui ont presque certainement le génotype de la maladie (par exemple,

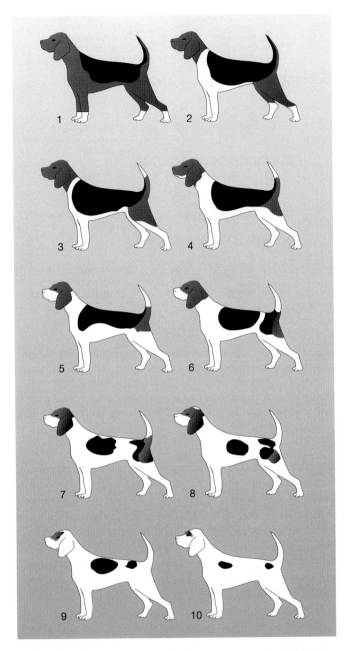

Figure 6-26 L'expressivité variable illustrée par 10 degrés de taches pie chez les beagles. Chacun des chiens possède S^P, l'allèle responsable des taches pie chez les chiens. [D'après Clarence C. Little. *The Inheritance of Coat Color in Dogs*, Cornell University Press, 1957 et Giorgio Schreiber, *Journal of Heredity* 9, 1930, 403.]

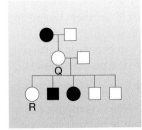

Figure 6-27 Un arbre généalogique correspondant à un allèle dominant qui n'est pas complètement pénétrant. L'individu Q ne présente pas le phénotype mais a transmis l'allèle dominant à deux de ses enfants. Puisque l'allèle n'est pas complètement pénétrant, les autres descendants (par exemple R) peuvent ou non avoir reçu l'allèle dominant.

l'individu Q dans la Figure 6-27). De la même façon, l'expressivité variable peut compliquer les conseils génétiques car une expressivité faible peut induire des erreurs dans le diagnostic.

> **MESSAGE** Les termes *pénétrance* et *expressivité* quantifient la modification de l'expression des gènes lorsque le contexte environnemental et génétique varie; ils mesurent respectivement le pourcentage des cas dans lesquels le gène est exprimé et le niveau d'expression.

6.4 Les applications du test du chi deux (χ^2) aux rapports d'interaction des gènes

Souvent, les rapports observés lors de l'interaction de certains gènes spécifiques ne correspondent pas exactement à ceux attendus. Le généticien utilise le test du χ^2 pour décider si ces rapports sont suffisamment proches des résultats attendus pour indiquer la présence de l'interaction supposée. Examinons un exemple. Nous croisons deux lignées pures de plantes, l'une avec des pétales jaunes et l'autre avec des pétales rouges. Dans la F_1, les pétales de toutes les plantes sont orange. La F_2 obtenue à la suite de l'autofécondation de la F_1 présente les résultats suivants :

orange	182
jaune	61
rouge	77
Total	320

Quelle hypothèse pouvons-nous imaginer pour expliquer ces résultats ? Il y a au moins deux possibilités :

Hypothèse 1. Dominance incomplète
$$G^1/G^1 \text{ (jaune)} \times G^2/G^2 \text{ (rouge)}$$
$$\downarrow$$

			Nombres attendus
F_1		G^1/G^2 (orange)	
F_2	$\frac{1}{4}$	G^1/G^1 (jaune)	80
	$\frac{1}{2}$	G^1/G^2 (orange)	160
	$\frac{1}{4}$	G^2/G^2 (rouge)	80

Hypothèse 2. Épistasie récessive de *r* (rouge) sur *Y* (orange) et *y* (jaune)
$$y/y \; ; \; R/R \text{ (jaune)} \times Y/Y \; ; \; r/r \text{ (rouge)}$$
$$\downarrow$$

			Nombres attendus
F_1		$Y/y \; ; \; R/r$ (orange)	
F_2	$\frac{9}{16}$	$Y/- \; ; \; R/-$ (orange)	180
	$\frac{3}{16}$	$y/y \; ; \; R/-$ (jaune)	60
	$\frac{3}{16}$	$Y/- \; ; \; r/r$ (rouge)	
	$\frac{1}{16}$	$y/y \; ; \; r/r$ (rouge)	80

Rappelons la formule générale du calcul du χ^2 :

$$\chi^2 \quad \Sigma(O-E)^2/E \text{ pour toutes les classes}$$

Pour l'hypothèse 1, le calcul est le suivant :

	O	E	$(O-E)^2$	$(O-E)^2/E$
orange	182	160	484	3,0
jaune	61	80	361	4,5
rouge	77	80	9	0,1
			χ^2	7,6

Pour convertir la valeur du χ^2 en une probabilité, nous utilisons le Tableau 2-2 page 41, qui indique les valeurs de χ^2 pour différents degrés de liberté (dl). Dans ce cas, il y a 2 degrés de liberté. Regardons le long de la ligne 2 dl, nous trouvons que la valeur du χ^2 place la probabilité à moins de 0,025, soit 2,5 %. Ceci signifie que si l'hypothèse est vraie, des écarts aussi importants ou plus que ceux obtenus entre les valeurs observées de cette expérience et les valeurs prédites, sont attendus dans approximativement 2,5 % des cas. Comme nous l'avons dit plus tôt, par convention le niveau de 5 % sert de valeur seuil. Lorsque l'on obtient des valeurs inférieures à 5 %, l'hypothèse est rejetée parce qu'elle est trop improbable. L'hypothèse de dominance incomplète doit donc être rejetée.

Pour l'hypothèse 2, le calcul est fait de la manière suivante :

	O	E	$(O-E)^2$	$(O-E)^2/E$
orange	182	180	4	0,02
jaune	61	60	1	0,02
rouge	77	80	9	0,11
			χ^2	0,15

La valeur de la probabilité (pour 2 dl) est cette fois supérieure à 0,9, soit 90 %. Un écart aussi important ou plus important est donc attendu dans environ 90 % des cas – en d'autres termes, très fréquemment. 90 % étant supérieur à 5 %, il est logique de conclure que les résultats soutiennent l'hypothèse de l'épistasie récessive.

RÉPONSES AUX QUESTIONS CLÉS

- **Comment chaque gène exerce-t-il son influence sur la constitution d'un organisme ?**

Chaque gène appartient à un groupe de gènes nécessaires pour assurer une certaine propriété au cours du développement. Ces gènes interagissent avec l'environnement qui fournit des signaux, des nutriments et différentes autres conditions indispensables.

- **Dans la cellule, les gènes agissent-ils directement ou par l'intermédiaire d'une sorte de produit de gène ?**

Ils agissent par l'intermédiaire des produits des gènes.

- **Quelle est la nature des produits des gènes ?**

Le produit de la plupart des gènes est un polypeptide (une chaîne protéique unique). Dans certains cas cependant, le produit est un ARN fonctionnel qui n'est jamais traduit en protéine.

- **Que font les produits des gènes ?**

Ils contrôlent la chimie de la cellule. Le meilleur exemple est celui des enzymes, qui catalysent des réactions bien trop lentes en leur absence.

- **Est-il correct de dire que l'allèle d'un gène détermine un phénotype spécifique ?**

Non, un gène est seulement une partie d'un ensemble de gènes nécessaires pour créer un phénotype particulier. Les variants d'un même gène peuvent produire des variants phénotypiques, mais même dans ce cas, ils interagissent avec d'autres gènes et avec l'environnement.

- **De quelle(s) façon(s) les gènes interagissent-ils au niveau cellulaire ?**

Parmi les interactions essentielles, citons la production des différents composants d'une même voie biochimique, la régulation mutuelle de ces composés et la synthèse des constituants des assemblages de plusieurs molécules («machineries»).

- **Comment peut-on analyser l'interaction complexe des gènes à l'aide d'une approche mutationnelle ?**

Les mutants affectant un caractère spécifique sont réunis, mis en correspondance avec des gènes grâce au test de complémentation puis associés deux à deux pour produire des mutations doubles qui peuvent révéler des interactions. Les suppresseurs peuvent être détectés directement.

RÉSUMÉ

Les gènes agissent par l'intermédiaire de leurs produits qui sont dans la plupart des cas des protéines mais peuvent parfois être des ARN fonctionnels (non traduits). Des mutations dans des gènes peuvent modifier la fonction de ces produits, ce qui aboutit à un changement du phénotype. Les mutations sont des changements dans la séquence d'ADN d'un gène. Il existe différents types de mutations qui peuvent survenir en des positions variées, créant de multiples allèles. Les mutations récessives sont souvent la conséquence d'une haplo-suffisance de l'allèle de type sauvage, tandis que les mutations dominantes résultent en général de l'haplo-insuffisance du type sauvage. Certaines mutations homozygotes ont des conséquences graves voire mortelles (mutations létales).

Bien qu'il soit possible par analyse génétique, d'isoler un gène unique dont les allèles déterminent deux phénotypes alternatifs pour un caractère, ce gène ne contrôle pas le caractère par lui-même : le gène doit interagir avec de nombreux autres gènes du génome et avec l'environnement. L'analyse génétique de la complexité débute par la collecte de mutants affectant un caractère intéressant. Le test de complémentation permet de décider si deux mutations récessives séparées se trouvent dans un même gène ou dans deux gènes distincts. Les génotypes mutants sont réunis chez un individu de la F_1, et si le phénotype est mutant, alors il n'y a pas eu de complémentation et les deux allèles doivent correspondre au même gène. Si on observe une complémentation, les allèles doivent correspondre à des gènes différents.

L'interaction de différents gènes peut être détectée en testant des doubles mutants, car l'interaction des allèles implique l'interaction des produits des gènes au niveau fonctionnel. Les types fondamentaux d'interaction comprennent l'épistasie, la suppression et la létalité synthétique. L'épistasie est le remplacement d'un phénotype mutant résultant d'une mutation, par le phénotype mutant dû à une mutation dans un autre gène. L'observation d'une épistasie suggère une voie biochimique commune. Un suppresseur est une mutation dans un gène, qui restaure le phénotype sauvage qu'une mutation dans un autre gène avait modifié. Les suppresseurs révèlent souvent des protéines ou des acides nucléiques impliqués dans une interaction physique. Certaines combinaisons de mutants viables sont létales, un résultat que l'on appelle la *létalité synthétique*. Les mutants létaux synthétiques peuvent révéler différentes interactions, selon la nature des mutations.

Les différents types d'interactions de gènes produisent dans la F_2 des rapports dihybrides qui sont des modifications du rapport standard $9:3:3:1$. Par exemple, l'épistasie récessive aboutit à un rapport $9:3:4$.

Lorsqu'on observe un rapport phénotypique modifié, on peut le tester par rapport à ce qu'on attend d'une hypothèse spécifique d'interaction des gènes, grâce à l'utilisation du test du χ^2.

MOTS CLÉS

Allèle létal (p. 195)
Allèle nul (p. 192)
Allèles multiples (p. 192)
ARN fonctionnels (p. 190)
Codominant (p. 194)
Dominance complète (p. 193)
Dominance incomplète (p. 194)
Doubles mutants (p. 199)
Effets pléiotropes (p. 197)
Épistasie (p. 203)

Expressivité (p. 208)
Haplo-insuffisant (p. 192)
Haplo-suffisant (p. 192)
Hétérocaryon (p. 201)
Hypothèse un gène-un polypeptide (p. 189)
Hypothèse un gène-une protéine (p. 189)
Mutant létal synthétique (p. 206)
Mutations complètes (p. 192)

Mutations partielles (p. 192)
Mutations thermosensibles (p. 195)
Pénétrance (p. 207)
Révertants (p. 205)
Série allélique (p. 192)
Température permissive (p. 195)
Température restrictive (p. 195)
Test de complémentation (p. 199)

PROBLÈMES RÉSOLUS

1. La plupart des arbres généalogiques montrent que la polydactylie (voir Figure 2-18) est transmise comme une maladie autosomique dominante rare. Cependant, les arbres généalogiques de certaines familles ne se conforment pas exactement à ce que l'on attend d'un tel mode de transmission héréditaire. L'une de ces généalogies est présentée ci-dessous. (Les losanges blancs indiquent le nombre de personnes non affectées de sexe inconnu.)

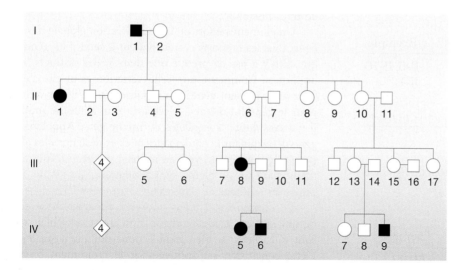

a. Quelle irrégularité cet arbre généalogique présente-t-il?

b. Quel phénomène génétique cet arbre généalogique illustre-t-il?

c. Suggérez un mécanisme spécifique d'interaction des gènes qui pourrait produire un tel arbre généalogique, en indiquant les génotypes des membres pertinents de la famille.

Solution

a. Ce que l'on attend d'une maladie autosomique dominante est que tout individu affecté ait un parent atteint, mais ce n'est pas ce que l'on observe dans cet arbre généalogique. Ceci constitue donc l'irrégularité. Quelles sont les explications possibles?

Certains cas de polydactylie pourraient-ils être dus à un gène différent, qui serait dominant et lié à l'X? Cette suggestion est inutile car il nous reste à expliquer l'absence de la maladie chez les personnes II-6 et II-10. De plus, pour supposer une transmission récessive, qu'elle soit autosomique ou liée au sexe, il faudrait un grand nombre de personnes hétérozygotes dans l'arbre généalogique, ce qui n'est pas possible en raison de la rareté de la polydactylie.

b. Nous devons donc en conclure que la polydactylie doit parfois être incomplètement pénétrante. Nous avons appris dans ce chapitre que certains individus qui avaient le génotype correspondant à un phénotype donné n'exprimaient pas ce phénotype. Dans cet arbre généalogique, II-6 et II-10 semblent appartenir à cette catégorie; ils doivent porter le gène de la polydactylie hérité de I-1 car ils le transmettent à leur descendance.

c. Nous avons vu dans ce chapitre que la suppression de l'expression d'un gène par l'environnement pouvait entraîner une pénétrance incomplète, comme dans le cas d'une suppression par un autre gène. Pour donner l'explication génétique demandée, il nous faut émettre une hypothèse génétique. Que devons-nous expliquer ? L'élément clé est que I-1 transmet le gène à deux types de descendants, représentés par II-1, qui exprime le gène, et par II-6 et II-10 qui ne l'expriment pas. (D'après l'arbre généalogique, nous ne pouvons dire si les autres enfants de I-1 portent le gène.) Y a-t-il une suppression génétique ? I-1 ne possède pas d'allèle suppresseur, car il exprime la polydactylie. La seule personne qui pourrait transmettre un suppresseur serait donc I-2. De plus, I-2 doit être hétérozygote pour le gène suppresseur car au moins un de ses enfants exprime la polydactylie. Nous avons donc émis l'hypothèse que l'union dans la génération I a dû être

$$(\text{I-1}) \; P/p \cdot s/s \; \times \; (\text{I-2}) \; p/p \cdot S/s$$

où S est le suppresseur et P l'allèle responsable de la polydactylie. D'après cette hypothèse, nous prédisons que la descendance comportera les quatre types suivants, si les gènes ségrègent :

Génotype	Phénotype	Exemple
$P/p \cdot S/s$	normal (supprimé)	II-6, II-10
$P/p \cdot s/s$	polydactyle	II-1
$p/p \cdot S/s$	normal	
$p/p \cdot s/s$	normal	

Si S est rare, les unions et les descendances de II-6 et II-10 seront probablement :

Génotype des descendants	Exemple
$P/p \cdot S/s$	III-13
$P/p \cdot s/s$	III-8
$p/p \cdot S/s$	
$p/p \cdot s/s$	

Nous ne pouvons exclure la possibilité que II-2 et II-4 aient le génotype $P/p \cdot S/s$ et que par hasard, aucun de leurs descendants ne soit affecté.

2. Les scarabées d'une espèce particulière peuvent avoir des ailes de couleur verte, bleue ou turquoise. Des scarabées vierges ont été sélectionnés dans une population polymorphe de laboratoire et croisés pour déterminer le mode de transmission de la couleur des ailes. Les croisements et les résultats sont indiqués dans le tableau suivant :

Croisement	Parents			Descendants
1	bleu	×	vert	tous bleu
2	bleu	×	bleu	$\frac{3}{4}$ bleu, $\frac{1}{4}$ turquoise
3	vert	×	vert	$\frac{3}{4}$ vert, $\frac{1}{4}$ turquoise
4	bleu	×	turquoise	$\frac{1}{2}$ bleu, $\frac{1}{2}$ turquoise
5	bleu	×	bleu	$\frac{3}{4}$ bleu, $\frac{1}{4}$ vert
6	bleu	×	vert	$\frac{1}{2}$ bleu, $\frac{1}{2}$ vert
7	bleu	×	vert	$\frac{1}{2}$ bleu, $\frac{1}{4}$ vert, $\frac{1}{4}$ turquoise
8	turquoise	×	turquoise	tous turquoise

a. Déduisez l'explication génétique de la couleur des ailes dans cette espèce.

b. Écrivez le maximum possible de génotypes pour les parents et les descendants.

Solution

a. Ces données semblent complexes à première vue, mais le mode de transmission devient clair si l'on considère les croisements les uns après les autres. Pour résoudre ce type de problème, il faut commencer par regarder tous les croisements et regrouper les données pour en déduire les modes de transmission.

Un élément ressort de la considération globale des données : tous les rapports correspondent à ceux d'un gène unique. Il n'y a pas de preuve que deux gènes distincts soient impliqués. Comment une telle variation peut-elle s'expliquer avec un seul gène ? La réponse est qu'il y a variation pour le gène lui-même – c'est-à-dire un allélisme multiple. Il y a sans doute trois allèles du même gène. Appelons w le gène déterminant la couleur des ailes et désignons les allèles par w^g (g pour *green* : vert en anglais), w^b et w^t. Nous avons maintenant un problème supplémentaire, qui est de déterminer les relations de dominance entre ces allèles.

Le croisement 1 nous apprend quelque chose sur la dominance, car les descendants d'un croisement bleu × vert sont tous bleus ; le bleu semble donc dominant sur le vert. Cette conclusion est appuyée par le croisement 5, car le déterminant vert devait être présent dans la souche parentale pour apparaître dans la descendance. Le croisement 3 nous donne des renseignements sur le déterminant turquoise qui devait être présent, bien qu'inexprimé, dans la souche parentale car certains des descendants présentent des ailes turquoises. Le vert doit donc être dominant sur le turquoise. Nous venons d'établir un modèle dans lequel la dominance est $w^b > w^g > w^t$. De plus, la position en fin de cette série allélique, déduite pour w^t, est confirmée par les résultats du croisement 7, dans lequel la couleur turquoise apparaît dans la descendance d'un croisement bleu × vert.

b. Il s'agit maintenant seulement de déduire les génotypes spécifiques. Remarquez que l'énoncé précise que les parents ont été retirés d'une population polymorphe ; ceci signifie qu'ils pouvaient être soit homozygotes, soit hétérozygotes. Un parent avec des ailes bleues par exemple, pouvait être homozygote (w^b/w^b) ou hétérozygote (w^b/w^g ou w^b/w^t). Ici un peu d'essai-erreur et de bon sens sont nécessaires mais à ce stade, la question a presque été résolue et il reste seulement à «mettre les points sur les i». Les génotypes suivants expliquent les résultats. Un tiret indique que le génotype peut être *soit* homozygote, *soit* hétérozygote s'il comporte un allèle situé plus loin dans la série allélique («moins dominant»).

Croisement	Parents		Descendants
1	w^b/w^b ×	$w^g/-$	w^b/w^g ou $w^b/-$
2	w^b/w^t ×	w^b/w^t	$\frac{3}{4} w^b/- : \frac{1}{4} w^t/w^t$
3	w^g/w^t ×	w^g/w^t	$\frac{3}{4} w^g/- : \frac{1}{4} w^t/w^t$
4	w^b/w^t ×	w^t/w^t	$\frac{1}{2} w^b/w^t : \frac{1}{2} w^t/w^t$
5	w^b/w^g ×	w^b/w^g	$\frac{3}{4} w^b/- : \frac{1}{4} w^g/w^g$
6	w^b/w^g ×	w^g/w^g	$\frac{1}{2} w^b/w^g : \frac{1}{2} w^g/w^g$
7	w^b/w^t ×	w^g/w^t	$\frac{1}{2} w^b/- : \frac{1}{4} w^g/w^t : \frac{1}{4} w^t/w^t$
8	w^t/w^t ×	w^t/w^t	*tous* w^t/w^t

3. Les feuilles d'ananas peuvent être classées en trois types: épineux (E), à bouts épineux (BE) et non épineux (NE). Lors de croisements entre des souches pures, suivis par des croisements entre membres de la F_1, les résultats suivants ont été obtenus:

		Phénotypes	
Croisement	Parents	F_1	F_2
1	BE × E	BE	99 BE : 34 E
2	NE × BE	NE	120 NE : 39 BE
3	NE × S	NE	95 NE : 25 BE : 8 E

a. Attribuez des symboles aux gènes. Expliquez ces résultats en fonction des génotypes produits et de leurs rapports.

b. En utilisant le modèle de la partie a, indiquez les rapports phénotypiques que vous attendriez si vous croisiez (1) la descendance F_1 issue du croisement non épineux × épineux avec la souche parentale épineuse et (2) la descendance F_1 du croisement non épineux × épineux avec la descendance F_1 du croisement épineux × bouts épineux.

Solution

a. Regardons tout d'abord les rapports de la F_2. Nous avons des rapports 3:1 évidents dans les croisements 1 et 2, ce qui indique des ségrégations concernant un gène unique. Le croisement 3 au contraire, présente un rapport qui est presque certainement un rapport 12:3:1. Comment savons-nous cela? Il n'existe en fait pas tant de rapports complexes que cela en génétique, et une procédure d'essai-erreur nous amène rapidement à un rapport 12:3:1. Sur les 128 descendants, on attend les nombres 96:24:8. Les résultats expérimentaux s'approchent remarquablement de ces valeurs attendues.

L'un des principes de ce chapitre est que des rapports mendéliens modifiés révèlent des interactions entre

des gènes. Le croisement 3 donne pour la F_2 des nombres cohérents avec un rapport mendélien dihybride modifié. Il semble donc que nous ayons affaire à une interaction entre deux gènes. Ceci semble le meilleur point de départ. Nous pourrons revenir aux croisements 1 et 2 et essayer de les intégrer plus tard.

Tout rapport dihybride est basé sur les proportions phénotypiques 9:3:3:1. La modification que l'on observe regroupe les proportions de la façon suivante:

$$\left.\begin{array}{l} 9 \; A/- \; ; \; B/- \\ 3 \; A/- \; ; \; b/b \end{array}\right\} 12 \text{ non épineux}$$

$$3 \; a/a \; ; \; B/- \quad 3 \text{ à bouts épineux}$$

$$1 \; a/a \; ; \; b/b \quad 1 \text{ épineux}$$

Sans nous inquiéter du nom du type d'interaction entre les gènes (on ne nous le demande pas de toute façon), nous pouvons déjà définir nos trois phénotypes de feuilles d'ananas d'après les paires alléliques proposées, A/a et B/b:

$$\text{non épineux} = A/- \; (B/b \text{ n'intervient pas})$$
$$\text{bouts épineux} = a/a \; ; \; B/-$$
$$\text{épineux} = a/a \; ; \; b/b$$

Qu'en est-il des parents du croisement 3? Le parent épineux doit être $a/a \; ; \; b/b$ et, puisque le gène B est nécessaire pour produire les individus à bouts épineux de la F_2, le parent non épineux doit être $A/A \; ; \; B/B$. (Remarquez qu'on nous *dit* que tous les parents sont de lignée pure ou homozygotes.) La F_1 doit donc être $A/a \; ; \; B/b$.

Sans plus réfléchir, nous pouvons écrire le croisement 1 de la façon suivante:

$$a/a \; ; \; B/B \; \times \; a/a \; ; \; b/b \longrightarrow$$

$$a/a \; ; \; B/b \begin{array}{l} \nearrow \frac{3}{4} \, a/a \; ; \; B/- \\ \searrow \frac{1}{4} \, a/a \; ; \; b/b \end{array}$$

Le croisement 2 peut être partiellement écrit de la façon suivante, en utilisant nos symboles arbitraires de gènes:

$$A/A \; ; \; -/- \; \times \; a/a \; ; \; B/B \longrightarrow$$

$$A/a \; ; \; B/- \begin{array}{l} \nearrow \frac{3}{4} \, A/- \; ; \; -/- \\ \searrow \frac{1}{4} \, a/a \; ; \; B/- \end{array}$$

Nous savons que la F_2 du croisement 2 présente une ségrégation de gène unique et il semble à présent certain que la paire allélique A/a joue un rôle. Mais l'allèle B est nécessaire pour produire le phénotype à bouts épineux. Les individus doivent donc tous être homozygotes B/B:

$$A/A \; ; \; B/B \; \times \; a/a \; ; \; B/B \longrightarrow$$

$$A/a \; ; \; B/B \begin{array}{l} \nearrow \frac{3}{4} \, A/- \; ; \; B/B \\ \searrow \frac{1}{4} \, a/a \; ; \; B/B \end{array}$$

Remarquez que les deux ségrégations de gène unique dans les croisements 1 et 2 ne montrent pas que les gènes n'interagissent *pas*. On voit que l'interaction des deux gènes *n'apparaît pas* dans ces croisements – seulement dans le croisement 3, dans lequel la F_1 est hétérozygote pour les deux gènes.

b. Il suffit maintenant d'utiliser les lois de Mendel pour prédire les résultats des croisements :

(1) A/a ; $B/b \times a/a$; $b/b \rightarrow$

(assortiment indépendant dans un croisement-test standard)

$\frac{1}{4} A/a$; B/b $\Big\}$ non épineux
$\frac{1}{4} A/a$; b/b

$\frac{1}{4} a/a$; B/b à bouts épineux

$\frac{1}{4} a/a$; b/b épineux

(2) A/a ; $B/b \times a/a$; $B/b \rightarrow$

$\frac{1}{2} A/a \Big\langle \begin{array}{l} \frac{3}{4} B/- \longrightarrow \frac{3}{8} \\ \frac{1}{4} b/b \longrightarrow \frac{1}{8} \end{array} \Big\}$ $\frac{1}{2}$ non épineux

$\frac{1}{2} a/a \Big\langle \begin{array}{l} \frac{3}{4} B/- \longrightarrow \frac{3}{8} \text{ à bouts épineux} \\ \frac{1}{4} b/b \longrightarrow \frac{1}{8} \text{ épineux} \end{array}$

PROBLÈMES

PROBLÈMES ÉLÉMENTAIRES

1. Chez l'homme, la galactosémie provoque un retard mental à un âge précoce, car le lactose du lait ne peut être décomposé et ce défaut affecte le fonctionnement du cerveau. Quel traitement indirect de la galactosémie pourriez-vous proposer ? À votre avis, ce phénotype est-il dominant ou récessif ?

2. Chez l'homme, la phénylcétonurie (PCU) est une maladie causée par un défaut d'activité de l'enzyme impliquée à l'étape A de la séquence réactionnelle simplifiée illustrée ci-dessous. L'alcaptonurie (ACU) touche l'enzyme correspondant à l'une des réactions résumées ici par l'étape B :

$$\text{phénylalanine} \xrightarrow{\text{A}} \text{tyrosine} \xrightarrow{\text{B}} CO_2 + H_2O$$

Une personne atteinte de PCU épouse une personne atteinte d'ACU. Quels phénotypes prévoyez-vous pour leurs enfants ? Tous normaux, tous atteints de PCU uniquement, tous atteints d'ACU uniquement, tous atteints à la fois de PCU et d'ACU, ou certains atteints d'ACU et d'autres de PCU ?

3. Chez la drosophile, la mutation autosomique récessive *bw* produit un œil marron foncé tandis que la mutation autosomique récessive non liée *st* produit un œil rouge vif. Un homozygote pour les deux gènes a les yeux blancs. Nous avons donc les correspondances suivantes entre génotypes et phénotypes :

st^+/st^+ ; bw^+/bw^+ = œil rouge (type sauvage)
st^+/st^+ ; bw/bw = œil marron foncé
st/st ; bw^+/bw^+ = œil rouge vif
st/st ; bw/bw = œil blanc

Construisez une voie de biosynthèse imaginaire, montrant de quelle façon les produits interagissent et pourquoi les différentes combinaisons de mutations des gènes conduisent à des phénotypes distincts.

4. Plusieurs mutants sont isolés. Ils exigent tous le composé G pour croître. Les intermédiaires (A à E) de la voie de biosynthèse de G sont connus, mais on ignore leur ordre dans cette voie. Chacun est testé pour son aptitude à permettre la croissance de chacun des mutants (1 à 5). Dans le tableau suivant, un signe plus indique la croissance et un signe moins, l'absence de croissance :

| | *Composé testé* | | | | | |
	A	B	C	D	E	G
Mutant 1	–	–	–	+	–	+
2	–	+	–	+	–	+
3	–	–	–	–	–	+
4	–	+	+	+	–	+
5	+	+	+	+	–	+

a. Quel est l'ordre des composés A à E dans la voie de biosynthèse ?

b. À quelle étape de la biosynthèse chaque mutant est-il bloqué ?

c. Un hétérocaryon formé des doubles mutants 1,3 et 2,4 croîtra-t-il sur un milieu minimum ? Et celui formé de 1,3 et 3,4 ? de 1,2 et 2,4 ou de 1,2 et 1,4 ?

5. Chez une certaine plante, les pétales des fleurs sont violets. Deux mutations récessives apparaissent chez des plantes séparées et se révèlent appartenir à des chromosomes différents. La mutation 1 (m_1) donne des pétales bleus chez les homozygotes (m_1/m_1). La mutation 2 (m_2) donne des pétales rouges chez les homozygotes (m_2/m_2). Les biochimistes travaillant sur la synthèse des pigments des fleurs de cette espèce ont déjà décrit la voie métabolique suivante :

$$\text{composé sans couleur (blanc)} \Big\langle \begin{array}{l} \xrightarrow{\text{enzyme A}} \text{pigment bleu} \\ \xrightarrow{\text{enzyme B}} \text{pigment rouge} \end{array}$$

a. À votre avis, chez quel mutant l'activité enzymatique A est-elle déficiente ?

b. Une plante a pour génotype M_1/m_1 ; M_2/m_2. À votre avis, quel est son phénotype ?

c. Si une plante de la question b se reproduit par auto-fécondation, quelles couleurs auront ses descendants, et dans quelles proportions ?

d. Pourquoi ces mutants sont-ils récessifs ?

6. Chez les pois de senteur, la synthèse du pigment anthocyanine violet dans les pétales est contrôlée par deux gènes, *B* et *D*. La voie de synthèse est la suivante :

intermé-diaire blanc $\xrightarrow[\text{enzyme}]{\text{gène } B}$ intermé-diaire bleu $\xrightarrow[\text{enzyme}]{\text{gène } D}$ anthocyanine (violet)

a. À quelle couleur de pétale vous attendez-vous, pour une plante homozygote présentant une mutation réces-sive qui l'empêche de catalyser la première réaction ?

b. À quelle couleur de pétale vous attendez-vous, pour une plante homozygote présentant une mutation réces-sive qui l'empêche de catalyser la seconde réaction ?

c. Si les plantes des questions a et b sont croisées entre elles, quelle couleur de pétales auront les plantes de la F_1 ?

d. À quel rapport violet : bleu : blanc vous attendez-vous dans la F_2 ?

7. Si un homme de groupe sanguin AB se marie avec une femme de groupe sanguin A dont le père était du groupe O, à quels groupes sanguins les enfants nés de cet homme et de cette femme pourront-ils appartenir ?

8. Les poules herminettes ont des plumes claires pour la plupart, avec occasionnellement une plume noire, ce qui leur donne une apparence tachetée. Un croisement entre deux herminettes a produit un total de 48 descendants, comprenant 22 herminettes, 14 noires et 12 blanches pures. Quelle explication génétique du motif du plumage des herminettes est suggérée ici ? Comment pourriez-vous tester vos hypothèses ?

9. Les radis peuvent être longs, ronds ou ovales et ils peuvent être rouges, blancs ou violets. Vous croisez une variété blanche longue avec une variété rouge ronde et vous obtenez une F_1 violette ovale. La F_2 comporte 9 classes phénotypiques qui sont les suivantes : 9 long, rouge ; 15 long, violet ; 19 ovale, rouge ; 32 ovale, violet ; 8 long, blanc ; 16 rond, violet ; 8 rond, blanc ; 16 ovale, blanc et 9 rond, rouge.

a. Donnez une explication génétique de ces résultats. Assurez-vous de définir les génotypes et d'indiquer la constitution des parents, de la F_1 et de la F_2.

b. Prédisez les proportions génotypiques et phénotypi-ques dans la descendance d'un croisement entre un radis long violet et un radis ovale violet.

10. On donne la série d'allèles multiples qui déterminent la couleur du pelage des lapins, c^+ code la couleur agouti, c^{ch}, la couleur chinchilla (un pelage beige) et c^h, la couleur himalayen. La dominance se présente dans l'ordre suivant : $c^+ > c^{ch} > c^h$. Dans un croisement $c^+/c^{ch} \times c^{ch}/c^h$ quelle proportion de descendants sera de couleur chinchilla ?

11. Noir, sépia, crème et albinos sont des couleurs de pelage de cochons d'Inde. Des animaux (qui n'étaient pas nécessairement de lignée pure) de ces couleurs ont été croisés les uns avec les autres. Les résultats sont regroupés dans le tableau ci-dessous, où les abréviations A (albinos), B (noir, *black* en anglais), C (crème) et S (sépia) représentent les phénotypes :

Croisement	Phénotypes parentaux	Phénotypes des descendants			
		B	S	C	A
1	B × B	22	0	0	7
2	B × A	10	9	0	0
3	C × C	0	0	34	11
4	S × C	0	24	11	12
5	B × A	13	0	12	0
6	B × C	19	20	0	0
7	B × S	18	20	0	0
8	B × S	14	8	6	0
9	S × S	0	26	9	0
10	C × A	0	0	15	17

a. Déduisez le mode de transmission de ces couleurs de pelage, en utilisant les symboles de gènes de votre choix. Indiquez les génotypes de tous les parents et de tous les descendants.

b. Si les animaux noirs des croisements 7 et 8 sont croi-sés, quelles proportions pouvez-vous prédire parmi les descendants à l'aide de votre modèle ?

12. Dans une maternité, quatre bébés ont été accidentellement mélangés. On sait que les groupes sanguins ABO des quatre bébés sont O, A, B et AB. Les groupes sanguins des quatre couples de parents ont été déterminés. Indiquez le bébé qui correspond à chaque couple de parents : **(a)** AB × O, **(b)** A × O, **(c)** A × AB, **(d)** O × O.

13. Considérons deux polymorphismes sanguins que possèdent les humains en plus du système ABO. Deux allèles L^M et L^N déterminent les groupes sanguins M, N et MN. L'allèle dominant *R* d'un gène différent détermine chez la personne le phénotype Rh⁺ (rhésus positif), tandis que l'homozygote pour *r* est Rh⁻ (rhésus négatif). Deux hommes se disputent une paternité en justice, chacun revendiquant trois enfants. Les groupes sanguins des hommes, des enfants et de la mère sont les suivants :

Personne	Groupe sanguin		
mari	O	M	Rh⁺
amant de la femme	AB	MN	Rh⁻
femme	A	N	Rh⁺
enfant 1	O	MN	Rh⁺
enfant 2	A	N	Rh⁺
enfant 3	A	MN	Rh⁻

D'après ces données, peut-on établir la paternité de ces enfants ?

14. Dans un élevage de renards du Wisconsin, une mutation est apparue. Elle donne une couleur de pelage « platine ». La couleur platine est en fait très populaire chez les acheteurs de fourrure de renards mais les éleveurs n'ont pas réussi à développer de lignée pure platine. À chaque fois que deux renards platine sont croisés, quelques renards normaux apparaissent dans la descendance. Par exemple, l'accouplement répété de la même paire de renards platine a produit 82 descendants platine et 38 descendants normaux. Tous les autres croisements ont donné des rapports similaires. Donnez une hypothèse génétique précise pour expliquer ces résultats.

15. Pendant une période de plusieurs années, Hans Nachtsheim a étudié une anomalie héréditaire des globules blancs de lapin. Cette anomalie, appelée *anomalie de Pelger* est l'arrêt de la segmentation des noyaux de certains globules blancs. Cette anomalie ne semble pas poser de problème majeur aux lapins.

a. Lorsque des lapins présentant l'anomalie de Pelger furent croisés avec des lapins issus de lignée pure normale, Nachtsheim compta 217 descendants présentant l'anomalie de Pelger et 237 descendants normaux. Quelle semble être l'origine génétique de l'anomalie de Pelger ?

b. Lorsque des lapins présentant l'anomalie de Pelger furent croisés les uns avec les autres, Nachtsheim obtint 223 descendants normaux, 439 présentant l'anomalie de Pelger et 39 descendants extrêmement anormaux. Ceux-ci avaient non seulement des globules blancs déficients mais présentaient également des anomalies graves du système squelettique ; ils moururent presque tous, peu après la naissance. En termes génétiques, que pensez-vous que ces lapins représentent ? D'après vous, pourquoi n'y en avait-il que 39 ?

c. Quel élément de réponse supplémentaire devriez-vous obtenir pour confirmer ou infirmer vos réponses à la question b ?

d. À Berlin, environ 1 humain sur 1 000 présente au niveau de ses globules blancs, une anomalie de Pelger qui ressemble beaucoup à celle que nous venons de décrire chez les lapins. L'anomalie est transmise comme un caractère simple dominant, mais on ne l'a pas observé à l'état homozygote chez l'homme. Pouvez-vous suggérer pourquoi, si vous pouvez utiliser une analogie avec l'anomalie chez les lapins ?

e. Une fois encore, par analogie avec les lapins, quels phénotypes et génotypes pourriez-vous attendre pour les enfants d'un homme et d'une femme affectés tous deux de l'anomalie de Pelger ?

(Problème 15 d'après A. M. Srb, R. D. Owen et R. S Edgar, *General Genetics*, 2e éd. W. H. Freeman and Company, 1965.)

16. Deux mouches du vinaigre d'apparence normale ont étés croisées et dans la descendance, il y avait 202 femelles et 98 mâles.

a. Qu'y a-t-il d'inhabituel dans ce résultat ?

b. Donnez une explication génétique de cette anomalie.

c. Indiquez un test de votre hypothèse.

17. On vous a donné une femelle de drosophile vierge. Vous remarquez que les soies sur son thorax sont bien plus courtes que la normale. Vous l'accouplez avec un mâle normal (à soies longues) et vous obtenez la descendance F_1 suivante : 1/3 de femelles à soies courtes, 1/3 de femelles à soies longues et 1/3 de mâles à soies longues. Un croisement entre les femelles à soies longues de la F_1 et leurs frères donne une F_2 uniquement à soies longues. Un croisement entre les femelles à soies courtes de la F_1 et leurs frères donne 1/3 de femelles à soies courtes, 1/3 de femelles à soies longues et 1/3 de mâles à soies longues. Présentez une hypothèse génétique pour expliquer tous ces résultats, en montrant les génotypes de chaque croisement.

18. Un allèle dominant H réduit le nombre de soies sur le corps des drosophiles, donnant lieu à un phénotype « glabre ». Dans l'état homozygote, H est létal. Un allèle dominant S dont l'assortiment est indépendant du précédent, n'a pas d'effet sur le nombre de soies, sauf en présence de H, où une seule dose de S supprime le phénotype glabre, restaurant le phénotype velu. Toutefois, S est également létal dans l'état homozygote (S/S).

a. Quel rapport entre les mouches velues et glabres trouverez-vous dans la descendance vivante d'un croisement entre deux mouches velues portant toutes deux l'allèle H dans l'état supprimé ?

b. Lorsque la descendance glabre subit un croisement en retour (*backcross*) avec une mouche velue parentale, quel rapport phénotypique vous attendez-vous à trouver dans leur descendance vivante ?

19. Après avoir irradié des cellules de type sauvage de *Neurospora* (un champignon haploïde), un généticien découvre deux mutants auxotrophes pour la leucine. Il combine les deux mutants en un hétérocaryon et découvre que celui-ci est prototrophe.

a. Les mutations présentes dans les deux auxotrophes se trouvaient-elles dans le *même* gène dans la voie de biosynthèse de la leucine ou dans deux gènes *différents* de cette voie ? Justifiez votre réponse.

b. Écrivez le génotype des deux souches d'après votre modèle.

c. À votre avis, quels seront les descendants produits à la suite du croisement des deux mutants auxotrophes et dans quelle proportion les observera-t-on ? (Supposez un assortiment indépendant.)

20. Un généticien de la levure irradie des cellules haploïdes d'une souche mutante auxotrophe pour l'adénine, dont la mutation se trouve dans le gène *ade1*. Des millions de cellules irradiées sont étalées sur un milieu minimum et un petit nombre de cellules se divisent

et produisent des colonies prototrophes. Ces colonies sont croisées chacune à leur tour avec une souche de type sauvage. Le généticien obtient deux sortes de résultats :

prototrophe × type sauvage · descendants tous prototrophes

prototrophe × type sauvage · descendants : 75 % prototrophes, 25 % auxotrophes pour l'adénine

a. Expliquez la différence entre ces deux types de résultats.

b. Écrivez les génotypes des prototrophes dans chaque cas.

c. À votre avis, quels seront les phénotypes des descendants produits à la suite du croisement d'un prototrophe de type 2 et de l'auxotrophe *ade1* initial ?

21. On sait que chez les roses, la synthèse du pigment rouge se fait grâce à une voie en deux étapes :

$$\text{intermédiaire incolore} \xrightarrow{\text{gène } P}$$

$$\text{intermédiaire magenta} \xrightarrow{\text{gène } Q} \text{pigment rouge}$$

a. Quel serait le phénotype d'une plante homozygote pour une mutation complète du gène P ?

b. Quel serait le phénotype d'une plante homozygote pour une mutation complète du gène Q ?

c. Quel serait le phénotype d'une plante homozygote pour des mutations complètes des gènes P et Q ?

d. Écrivez les génotypes des trois souches des questions **a**, **b** et **c**.

e. À quels rapports vous attendez-vous dans la F_2 produite à la suite du croisement entre les plantes des questions **a** et **b** ? (Supposez un assortiment indépendant.)

22. Les gueules-de-loup (*Antirrhinum*) synthétisent le pigment anthocyanine. C'est pourquoi leurs pétales sont d'un rouge violacé. Deux lignées pures d'*Antirrhinum* dépourvues d'anthocyanine ont été développées, l'une en Californie et l'autre en Hollande. Elles semblaient identiques en raison de leur absence totale de pigment rouge, qui se manifestait par des fleurs blanches (albinos). Cependant, lorsque des pétales des deux lignées furent broyés ensemble dans un tampon, à l'intérieur du même tube à essai, la solution, incolore au début, devint progressivement rouge.

a. Quelles expériences de contrôle un chercheur devrait-il réaliser avant de continuer son analyse ?

b. Qu'est-ce qui pourrait expliquer la formation de la couleur rouge dans le tube à essai ?

c. D'après votre explication pour la partie b, quels seraient les génotypes des deux lignées ?

d. Si les deux lignées blanches étaient croisées, quels phénotypes prédiriez-vous pour la F_1 et la F_2 ?

23. La poule frisée est très admirée des amateurs de volailles. Elle tire son nom de la façon inhabituelle dont ses plumes se recourbent, donnant l'impression (selon les mots mémorables du généticien animalier F. B. Hutt) «d'avoir été caressées à rebrousse-plumes». Malheureusement il n'existe pas de lignée pure de poules frisées. Lorsque deux poules frisées sont croisées, elles produisent toujours 50 % de frisées, 25 % de normales et 25 % avec des plumes laineuses particulières qui tombent rapidement, laissant les oiseaux nus.

a. Donnez une explication génétique de ces résultats, en indiquant les génotypes correspondant à chacun des phénotypes.

b. Si vous vouliez réaliser une production de masse des poules frisées pour les vendre, quels types utiliseriez-vous de préférence pour votre paire de reproducteurs ?

24. Les pétales de la fleur *Collinsia parviflora* sont normalement bleus. Deux lignées pures ont été obtenues à partir de variants de couleur découverts dans la nature ; la première lignée avait des pétales roses et la deuxième, des pétales blancs. Les croisements suivants ont étés réalisés entre les lignées pures avec les résultats indiqués ci-dessous :

Parents	F_1	F_2
bleu × blanc	bleu	101 bleu, 33 blanc
bleu × rose	bleu	192 bleu, 63 rose
rose × blanc	bleu	272 bleu, 121 blanc, 89 rose

a. Donnez une explication génétique de ces résultats. Définissez les symboles d'allèles que vous utilisez et indiquez la constitution génétique des parents, de la F_1 et de la F_2.

b. Un croisement entre une plante bleue de la F_2 et une plante blanche de la F_2 a donné des descendants dont $\frac{3}{8}$ étaient bleus, $\frac{1}{8}$ étaient roses et $\frac{1}{2}$ étaient blancs. Quels devaient être les génotypes de ces deux plantes de la F_2 ?

DÉCOMPOSONS LE PROBLÈME N° 24

1. Quel est le caractère étudié ?
2. Quel est le phénotype sauvage ?
3. Qu'est-ce qu'un variant ?
4. Quels sont les variants dans ce problème ?
5. Que signifie «dans la nature» ?
6. De quelle façon les variants ont-ils pu être trouvés dans la nature ? (Décrivez les étapes de la recherche.)
7. À quelles étapes des expériences les graines ont-elles été utilisées ?
8. Écrire un croisement «bleu × blanc» (par exemple) signifie-t-il la même chose qu'écrire «blanc × bleu» ? Vous attendez-vous à des résultats identiques ? Pourquoi ou pourquoi pas ?

9. En quoi les deux premières lignes du tableau sont-elles différentes de la troisième?
10. Quels sont les phénotypes dominants?
11. Qu'est-ce que la complémentation?
12. D'où provient la couleur bleue dans les descendants du croisement rose × blanc?
13. Quel phénomène génétique représente la production d'une F_1 bleue à partir de parents rose et blanc?
14. Dressez la liste de tous les rapports que vous pouvez voir.
15. Y a-t-il des rapports monohybrides?
16. Y a-t-il des rapports dihybrides?
17. Que nous apprend l'observation des rapports mono- et dihybrides?
18. Indiquez quatre rapports mendéliens modifiés qui vous viennent à l'esprit.
19. Y a-t-il des rapports mendéliens modifiés dans ce problème?
20. Qu'indiquent généralement des rapports mendéliens modifiés?
21. Qu'indiquent le ou les rapports spécifiques modifiés dans ce problème?
22. Dessinez les chromosomes représentant les méioses chez les parents du croisement bleu × blanc et la méiose de la F_1.
23. Faites la même chose pour le croisement bleu × rose.

25. Une femme possédait un caniche femelle albinos de lignée pure (un phénotype récessif autosomique) et voulait des chiots blancs. Elle emmena donc la chienne chez un éleveur. Celui-ci dit qu'il allait la croiser avec un mâle reproducteur albinos, également de lignée pure. Six chiots naquirent, tous noirs et la femme poursuivit l'éleveur en justice, affirmant qu'il avait remplacé le mâle reproducteur par un chien noir, engendrant ces six chiots non désirés. Vous êtes appelé comme témoin expert et la défense vous demande s'il est possible de produire des descendants noirs à partir de deux parents albinos récessifs de lignées pures. Quel témoignage apportez-vous?

26. Une gueule-de-loup de lignée pure pour les pétales blancs a été croisée avec une plante de lignée pure pour ses pétales violets et tous les descendants de la F_1 avaient des pétales blancs. On laissa la F_1 s'autoféconder. Parmi la F_2, trois phénotypes furent observés avec les nombres suivants:

blanc	240
violet uniforme	61
violet tacheté	19
Total	320

a. Proposez une explication génétique de ces résultats, en montrant les génotypes de toutes les générations (inventez vos symboles et définissez-les).

b. Une plante blanche de la F_2 a été croisée avec une plante de la F_2 de couleur violette uniforme. La descendance fut:

blanc	50%
violet uniforme	25%
violet tacheté	25%

Quels étaient les génotypes des plantes de la F_2 croisées?

27. La plupart des coléoptères de la farine sont noirs, mais on connaît plusieurs variants de la couleur. Des croisements entre parents de lignée pure ont donné les résultats suivants dans la génération F_1 et le croisement de membres de la F_1 issus de chaque croisement a donné les rapports indiqués pour la génération F_2. Les phénotypes sont abrégés en Bl, noir (*black* en anglais); Br, marron (*brown*); Y, jaune (*yellow*) et W, blanc (*white*).

Croisement	Parents	F_1	F_2
1	Br × Y	Br	3 Br : 1 Y
2	Bl × Br	Bl	3 Bl : 1 Br
3	Bl × Y	Bl	3 Bl : 1 Y
4	W × Y	Bl	9 Bl : 3 Y : 4 W
5	W × Br	Bl	9 Bl : 3 Br : 4 W
6	Bl × W	Bl	9 Bl : 3 Y : 4 W

a. D'après ces résultats, déduisez et expliquez la transmission de ces couleurs.
b. Écrivez les génotypes de chaque parent, de la F_1 et de la F_2 dans tous les croisements.

28. Deux albinos se marient et ont quatre enfants normaux. Comment est-ce possible?

29. Considérons la production de la couleur des fleurs des volubilis du Japon (*Pharbitis nil*). Les allèles dominants de l'un ou l'autre de deux gènes distincts ($A/-$ · b/b ou a/a · $B/-$) produisent des pétales violets. $A/-$ · $B/-$ donne des pétales bleus et a/a · b/b des pétales écarlates. Déduisez les génotypes des parents et de leurs descendants dans les croisements suivants:

Croisement	Parents	Descendants
1	bleu × écarlate	$\frac{1}{4}$ bleu : $\frac{1}{2}$ violet : $\frac{1}{4}$ écarlate
2	violet × violet	$\frac{1}{4}$ bleu : $\frac{1}{2}$ violet : $\frac{1}{4}$ écarlate
3	bleu × bleu	$\frac{3}{4}$ bleu : $\frac{1}{4}$ violet
4	bleu × violet	$\frac{3}{8}$ bleu : $\frac{4}{8}$ violet : $\frac{1}{8}$ écarlate
5	violet × écarlate	$\frac{1}{2}$ violet : $\frac{1}{2}$ écarlate

30. Les cultivateurs de maïs ont obtenu des lignées pures dont les grains deviennent rouge vif, rose, violet ou orange au soleil (les grains normaux restent jaunes lorsqu'ils sont exposés au soleil). Des croisements entre ces lignées ont donné les résultats suivants. Les phénotypes sont abrégés en O, orange; R rose; E, écarlate; RV, rouge vif et J, jaune.

Croisement	Phénotypes		
	Parents	F₁	F₂
1	RV × R	tous RV	66 RV : 20 R
2	O × RV	tous RV	998 RV : 314 O
3	O × R	tous O	1300 O : 429 R
4	O × E	tous J	182 J : 80 O : 58 E

Analysez les résultats de chaque croisement et présentez une hypothèse qui pourrait expliquer *tous* les résultats. (Expliquez les symboles que vous utilisez.)

31. De nombreux animaux sauvages ont un pelage de type agouti, dans lequel chaque poil présente une bande jaune.

a. Chez les souris noires et d'autres animaux noirs, la bande jaune n'est pas présente et chaque poil est entièrement noir. Cette absence du motif agouti sauvage est appelée *non-agouti*. Lorsque des souris de souche pure agouti sont croisées avec des non-agouti, la F₁ est entièrement agouti et la F₂ a un rapport 3:1 entre les agouti et les non-agouti. Représentez ce croisement en appelant *A* l'allèle responsable du phénotype agouti et *a*, non-agouti. Indiquez les phénotypes et génotypes des parents, de leurs gamètes, des souris de la F₁, de leurs gamètes et de la F₂.

b. Une autre modification héréditaire de la couleur chez les souris remplace le noir par du marron dans le pelage de type sauvage. Les souris marron-agouti sont dites de couleur *cannelle*. Lorsque des souris de type sauvage sont croisées avec des souris cannelle, la F₁ est entièrement de type sauvage et la F₂ a un rapport 3:1 entre le type sauvage et les souris cannelle. Représentez le croisement comme dans la question a, en appelant *N* l'allèle déterminant le type sauvage noir et *n* l'allèle marron cannelle.

c. Lorsque des souris de lignée pure cannelle sont croisées avec des souris de lignée pure non-agouti (noire), toute la F₁ est de type sauvage. Utilisez un diagramme génétique pour expliquer ce résultat.

d. Dans la F₂ du croisement de la partie c, une quatrième couleur appelée *chocolat* apparaît, en plus des couleurs parentales cannelle et non-agouti et du type sauvage de la F₁. Les souris chocolat sont d'un marron prononcé uniforme. Quelle est leur constitution génétique?

e. En supposant l'assortiment des paires alléliques *A/a* et *N/n* indépendant, qu'attendez-vous des fréquences relatives des quatre types de couleur dans la F₂, décrits dans la partie d. Représentez les croisements des parties c et d, en indiquant les phénotypes et les génotypes (y compris ceux des gamètes).

f. Quels phénotypes devrait-on observer et dans quelles proportions dans la descendance d'un croisement en retour des souris F₁ de la partie c avec la souche parentale cannelle? avec la souche parentale non-agouti (noire)? Schématisez ces croisements en retour.

g. Établissez un diagramme pour le croisement-test de la F₁ de la partie c. Quelles couleurs en résulteront et dans quelles proportions?

h. Des souris albinos (blanches avec des yeux roses) sont homozygotes pour l'allèle récessif de la paire *C/c*, dont l'assortiment est indépendant de celui des paires *A/a* et *B/b*. Supposez que vous disposiez de quatre lignées d'albinos (présumées homozygotes). Vous croisez chacune d'elles avec une lignée pure de type sauvage, et vous élevez une descendance F₂ abondante à partir de chacun de ces croisements. Quels génotypes déduirez-vous des phénotypes F₂ du tableau ci-dessous, pour les lignées albinos?

(Problème 31 d'après A.M. Srb, R.D. Owen, et R.S. Edgar, *General Genetics*, 2ᵉ éd. W.H. Freeman and Company, 1965.)

32. Un allèle *A* qui n'est pas létal à l'état homozygote, produit un pelage jaune chez les rats. L'allèle *R* d'un gène distinct dont l'assortiment est indépendant produit un pelage noir. *A* et *R* ensemble aboutissent à un pelage grisâtre, alors que *a* et *r* présents simultanément produisent un pelage blanc. Un mâle gris est croisé avec une femelle jaune et la F₁ est constituée de 3/8 de jaunes, 3/8 de gris, 1/8 de noirs et 1/8 de blancs. Déterminez les génotypes des parents.

33. Chez la poule, le génotype *r/r ; p/p* donne une crête de type simple, *R/– ; P/–* une crête de type noix (découpée comme une noix), *r/r ; P/–* une crête de type pois et *R/– ; p/p* une crête de type rose (voir les illustrations). Supposez un assortiment indépendant.

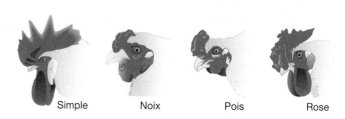

Simple   Noix   Pois   Rose

a. Quels types de crête apparaîtront dans la F₁ et dans la F₂ et dans quelles proportions si l'on croise des oiseaux à crête simple avec des oiseaux de lignée pure à crête de type noix?

b. Quels sont les génotypes des parents dans un croisement noix × rose dont les descendants sont 3/8 rose, 3/8 noix, 1/8 pois et 1/8 simple?

c. Quels sont les génotypes des parents d'un croisement noix × rose dont toute la descendance est de type noix?

d. Combien de génotypes produisent un phénotype noix? Écrivez-les tous.

34. La production du pigment de la couleur de l'œil chez la drosophile requiert l'allèle dominant *A*. L'allèle dominant *P* d'un deuxième gène indépendant convertit le pigment en violet mais son allèle récessif le laisse rouge. Une mouche dépourvue de pigment a les yeux blancs. Deux lignées pures ont été croisées avec les résultats suivants :

P   femelle à yeux rouges × mâle à yeux blancs

F$_1$ femelles à yeux violets
              mâles à yeux rouges
                  F$_1$ × F$_1$

F$_2$ pour les mâles et les femelles : $\frac{3}{8}$ à yeux violets
                                          $\frac{3}{8}$ à yeux rouges
                                          $\frac{2}{8}$ à yeux blancs

Expliquez ce mode de transmission héréditaire et donnez les génotypes des parents, de la F$_1$ et de la F$_2$.

35. Lorsque des chiens bruns de race pure sont croisés avec des chiens blancs de race pure, tous les chiots de la F$_1$ sont blancs. La F$_2$ issue de croisements F$_1$ × F$_1$ comporte 118 chiots blancs, 32 noirs et 10 bruns. Quelle est l'explication génétique de ces résultats ?

36. Des souches de type sauvage du champignon haploïde *Neurospora* peuvent fabriquer leur propre tryptophane. Un allèle anormal, *td* rend le champignon incapable de fabriquer son tryptophane. Un individu de génotype *td* pousse seulement sur un milieu enrichi en tryptophane. L'assortiment de l'allèle *su* est indépendant de celui de *td*; son seul effet connu est de supprimer le phénotype *td*. Les souches portant *td* et *su* n'ont donc pas besoin de tryptophane pour croître.
   a. Si une souche *td*; *su* est croisée avec une souche de génotype sauvage, quels seront les génotypes dans la descendance et dans quelles proportions ?
   b. Quel sera le rapport entre descendants tryptophane-dépendants et descendants tryptophane-indépendants dans le croisement de la partie a ?

37. Des souris de génotypes *A/a*; *B/B*; *C/C*; *D/D*; *S/S* et *a/a*; *b/b*; *c/c*; *d/d*; *s/s* sont croisées. Les descendants sont croisés entre eux. Quels phénotypes seront produits dans la F$_2$ et dans quelles proportions ? [Ces symboles d'allèles correspondent à : *A* = agouti, *a* = uniforme (non agouti); *B* = pigment noir, *b* = marron; *C* = pigmenté, *c* = albinos; *D* = non atténué, *d* = atténué (couleur laiteuse); *S* = sans taches, *s* = taches de pigment sur un fond blanc.]

38. Considérons les génotypes de deux lignées de poulets : la lignée pure Hondurien tacheté est *i/i*; *D/D*; *M/M*; *W/W* et la lignée pure Livourne est *I/I*; *d/d*; *m/m*; *w/w*, où

         I = plumes blanches, *i* = plumes colorées
         D = crête double, *d* = crête simple
         M = barbu, *m* = sans barbe
         W = peau blanche, *w* = peau jaune

L'assortiment de ces quatre gènes est indépendant. À partir de ces deux lignées pures, quel est le moyen le plus rapide et le plus pratique pour produire une lignée pure d'oiseaux à plumes colorées, à crête simple, sans barbe et à peau jaune ? Assurez-vous d'indiquer

   a. La généalogie du croisement.
   b. Le génotype de chaque animal représenté.
   c. Le nombre d'œufs qu'il faut faire éclore dans chaque croisement en le justifiant.
   d. En quoi la procédure que vous proposez est-elle la plus rapide et la plus pratique ?

39. L'arbre généalogique suivant concerne un phénotype dominant déterminé par un gène autosomique. Que suggère ce pedigree quant au phénotype, et que pouvez-vous déduire au sujet du génotype de l'individu A ?

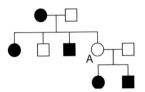

40. La couleur des pétales chez la digitale est déterminée par trois gènes. *M* code une enzyme qui synthétise l'anthocyanine, le pigment violet visible dans ces pétales, *m/m* ne produit aucun pigment, ce qui aboutit au phénotype albinos avec des taches jaunâtres. *D* est un amplificateur (*enhancer*) de l'anthocyanine, qui conduit à un pigment plus sombre; *d/d* ne présente pas d'amplification. Au niveau du troisième locus, *w/w* permet le dépôt du pigment sur les pétales, mais *W* empêche ce dépôt sauf sous forme de taches, ce qui conduit donc à un phénotype blanc tacheté. Considérons les deux croisements suivants :

Croise-ment	Parents		Descendants
1	violet foncé	× blanc avec des tâches jaunâtres	$\frac{1}{2}$ violet foncé $\frac{1}{2}$ violet clair
2	blanc avec des tâches jaunâtres	× violet clair	$\frac{1}{2}$ blanc avec des tâches violettes : $\frac{1}{4}$ violet foncé : $\frac{1}{4}$ violet clair

Dans chaque cas, donnez les génotypes des parents et des descendants pour les trois gènes en cause.

41. Chez une espèce de drosophile, les ailes sont normalement rondes, mais vous avez obtenu deux lignées pures, l'une avec des ailes ovales et l'autre avec des ailes en forme de faucille. Les résultats suivants ont été observés après des croisements entre ces lignées pures :

Parents		F_1	
Femelle	Mâle	Femelle	Mâle
faucille	ronde	faucille	faucille
ronde	faucille	faucille	ronde
faucille	ovale	ovale	faucille

a. Donnez une explication génétique de ces résultats, en définissant tous les symboles alléliques.

b. Si les femelles F_1 à ailes ovales du croisement 3 sont croisées avec des mâles F_1 à ailes rondes du croisement 2, quelles proportions phénotypiques sont attendues pour chaque sexe de la descendance?

42. Les souris ont normalement une bande jaune sur leurs poils, mais on connaît des variants avec deux ou trois bandes. On a croisé une souris femelle à une bande avec un mâle à trois bandes. (Aucun animal n'était de lignée pure.) La descendance était:

Femelles	$\frac{1}{2}$ une bande
	$\frac{1}{2}$ trois bandes
Mâles	$\frac{1}{2}$ une bande
	$\frac{1}{2}$ deux bandes

a. Donnez une explication détaillée du mode de transmission de ces phénotypes.

b. D'après votre modèle, quel serait le résultat d'un croisement entre un descendant femelle à trois bandes et un descendant mâle à une bande?

43. Chez les visons, les types sauvages ont une fourrure quasiment noire. Les éleveurs ont développé de nombreuses lignées pures de variants de couleur pour l'industrie de la fourrure de vison. Deux lignées pures de ce type sont platine (gris bleu) et aléoutien (gris argenté). Ces lignées ont été utilisées dans des croisements, avec les résultats suivants:

Croisement	Parents	F_1	F_2
1	sauvage × platine	sauvage	18 sauvage, 5 platine
2	sauvage × aléoutien	sauvage	27 sauvage, 10 aléoutien
3	platine × aléoutien	sauvage	133 sauvage
			41 platine
			46 aléoutien
			17 saphir (nouveau)

a. Donnez une explication génétique pour chacun de ces trois croisements. Indiquez les génotypes des parents, de la F_1 et de la F_2 dans les trois croisements et assurez-vous de présenter pour chaque individu les allèles de chacun des gènes que vous avez considérés par hypothèse.

b. Prédisez les rapports phénotypiques pour la F_1 et la F_2 à partir du croisement des visons saphir avec les lignées pures platine et aléoutien.

44. Chez la drosophile, un gène autosomique spécifie la forme des soies, C déterminant une soie droite et c une soie courbée. Sur un autre autosome se trouve un gène dont un allèle dominant I inhibe la formation des soies, de sorte que la mouche est glabre (i n'a pas d'effet phénotypique connu).

a. Si une mouche à soies droites de lignée pure est croisée avec une mouche glabre de lignée pure dont le génotype est en fait courbé inhibé, quels seront les génotypes de la F_1 et de la F_2?

b. Quel croisement donnera le rapport 4 glabre : 3 droite : 1 courbée?

45. L'arbre généalogique suivant concerne les phénotypes de l'œil chez les coléoptères du genre *Tribolium*. Les symboles noirs représentent des yeux noirs, les symboles blancs des yeux marron et les croix symbolisent le phénotype «sans yeux».

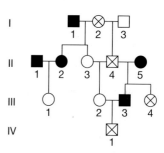

a. Déduisez de ces données le mode de transmission héréditaire de ces trois phénotypes.

b. En utilisant des symboles de gènes définis, donnez le génotype de l'individu II-3.

46. On a laissé s'autoféconder une plante que l'on pense hétérozygote pour une paire d'allèles B/b (où B code la couleur jaune et b la couleur bronze). Dans la descendance, il y avait 280 individus de couleur jaune et 120 individus de couleur bronze. Ces résultats sont-ils cohérents avec l'hypothèse d'une plante B/b?

47. On a laissé s'autoféconder une plante supposée hétérozygote pour deux gènes dont l'assortiment est indépendant (P/p; Q/q) et la descendance était:

88	$P/-$; $Q/-$
32	$P/-$; q/q
25	p/p ; $Q/-$
14	p/p ; q/q

Ces résultats soutiennent-ils l'hypothèse selon laquelle la plante d'origine était P/p; Q/q?

48. On a laissé s'autoféconder une plante de phénotype 1 et dans la descendance, il y avait 100 individus de phénotype 1 et 60 individus d'un phénotype alternatif 2. Ces nombres sont-ils compatibles avec les rapports attendus de 9:7, 13:3 et 3:1? Faites une hypothèse génétique basée sur vos calculs.

49. Quatre lignées mutantes récessives homozygotes de *Drosophila melanogaster* (numérotées de 1 à 4) présentent une coordination anormale des pattes, qui rend leur démarche fortement hésitante. On croise ces lignées les unes avec les autres. Les phénotypes des mouches de la F₁ sont représentés dans le tableau ci-dessous, dans lequel « + » représente une démarche de type sauvage et « – » une démarche anormale.

	1	2	3	4
1	–	+	+	+
2	+	–	–	+
3	+	–	–	+
4	+	+	+	–

a. À quelle sorte de test correspond cette analyse?

b. Combien de gènes différents ont été mutés pour créer ces quatre lignées?

c. Inventez des symboles mutants et de type sauvage et écrivez les génotypes complets des quatre lignées et des individus de la F₁.

d. Ces données nous indiquent-elles si les gènes sont liés? Si ce n'est pas le cas, comment la liaison pourrait-elle être testée?

e. Ces données nous permettent-elles de connaître le nombre total de gènes impliqués dans la coordination des pattes chez cet animal?

50. Trois souches mutantes d'une levure haploïde, auxotrophes pour le tryptophane et isolées indépendamment, sont appelés *trpB*, *trpD* et *trpE*. Des suspensions cellulaires de chacune sont étalées sur une boîte de culture contenant un milieu nutritif enrichi avec juste assez de tryptophane pour permettre une faible croissance d'une souche *trp*. Les traînées sont disposées en un motif triangulaire, de façon à ce qu'elles ne se touchent pas. On note une croissance très importante aux deux extrémités de la bande *trpE* et à une extrémité de la bande *trpD* (consulter la figure ci-dessous).

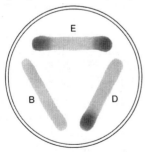

a. Pensez-vous que la complémentation intervienne ici?

b. Expliquez brièvement la disposition des zones de croissance abondante.

c. Quel est l'ordre des étapes enzymatiques déficientes chez *trpB*, *trpD* et *trpE* dans la voie de synthèse du tryptophane?

d. Pourquoi était-il nécessaire d'ajouter une petite quantité de tryptophane au milieu, afin de démontrer un tel mode de croissance?

51. Une lignée pure de gourdes (courges) qui produisent des fruits en forme de disque (voir l'illustration ci-dessous) a été croisée avec une lignée pure à longs fruits. La F₁ présente des fruits en forme de disque, mais la F₂ présente un phénotype nouveau, sphérique, dans les proportions suivantes:

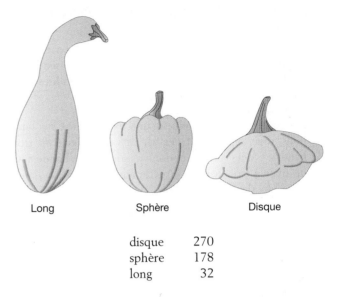

Long   Sphère   Disque

disque	270
sphère	178
long	32

Proposez une explication pour ces résultats et donnez les génotypes de la génération parentale P et des générations F₁ et F₂.

(Illustration d'après P. J. Russell, *Genetics*, 3ᵉ éd. Harper-Collins, 1992.)

52. Le syndrome de Marfan est une maladie du tissu conjonctif fibreux qui se caractérise par de nombreux symptômes, dont des doigts et des orteils longs et fins, des défauts de l'œil, une maladie cardiaque et de longs membres. (Flo Hyman, la star américaine de volley-ball souffrait du syndrome de Marfan. Elle mourut peu après un match d'une rupture de l'aorte.)

a. Utilisez l'arbre généalogique du haut de la page 223 pour proposer un mode de transmission du syndrome de Marfan.

b. Quel phénomène génétique apparaît dans cet arbre?

c. Imaginez une raison à un tel phénomène.

(Illustration d'après J. V. Neel et W. J. Schull, *Human Heredity*. University of Chicago Press, 1954.)

53. Chez le maïs, trois allèles dominants, appelés *A*, *C* et *R*, doivent être présents pour produire des graines colorées. Le génotype *A/–* ; *C/–* ; *R/–* est coloré: tous les autres sont incolores. Une plante colorée est croisée avec trois plantes-test de génotype connu. Avec la souche-test *a/a* ; *c/c* ; *R/R*, la plante colorée produit 50 % de graines colorées; avec *a/a* ; *C/C* ; *r/r*, il se forme 25 % de graines colorées et avec *A/A* ; *c/c* ; *r/r*, il se forme 50 % de graines colorées. Quel est le génotype de la plante colorée?

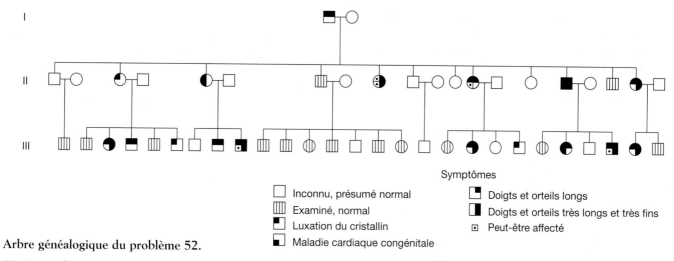

Symptômes

☐ Inconnu, présumé normal
▥ Examiné, normal
◼ Luxation du cristallin
◼ Maladie cardiaque congénitale

▤ Doigts et orteils longs
▤ Doigts et orteils très longs et très fins
⊡ Peut-être affecté

Arbre généalogique du problème 52.

54. La production de pigment dans l'enveloppe externe des graines de maïs nécessite que chacun des trois gènes *A*, *C* et *R*, dont l'assortiment est indépendant, soit représenté par au moins un allèle dominant, comme mentionné au Problème 53. Un quatrième gène, dont l'allèle dominant est *Pr*, est nécessaire pour convertir le composé précurseur en un pigment violet, et son allèle récessif *pr* rend le pigment rouge. Les plantes qui ne synthétisent pas de pigment ont des graines jaunes. Considérons un croisement entre une souche de génotype *A/A*; *C/C*; *R/R*; *pr/pr* et une souche de génotype *a/a*; *c/c*; *r/r*; *Pr/Pr*.

a. Quels sont les phénotypes des parents?

b. Quelle sera le phénotype de la F$_1$?

c. Quels phénotypes apparaîtront dans la descendance d'une F$_1$ autofécondée et dans quelles proportions?

d. Quelles seront les proportions des descendants d'un croisement-test avec la F$_1$?

55. Chez la souris, l'allèle *B* donne un pelage noir, et l'allèle *b* un pelage brun. Le génotype *e/e* d'un autre gène dont l'assortiment est indépendant du premier empêche l'expression de *B* et *b*, donnant un pelage de couleur beige, alors que *E/–* permet l'expression de *B* et *b*. Les deux gènes sont situés sur des autosomes. Dans le pedigree suivant, les symboles noirs indiquent un pelage noir, les symboles roses un pelage brun et les symboles blancs un pelage beige.

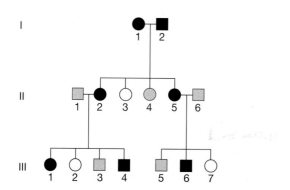

a. Quel est le nom donné au type d'interaction des gènes dans cet exemple?

b. Quels sont les génotypes des individus dans le pedigree? (S'il y a plusieurs possibilités, indiquez-les toutes.)

56. Un chercheur croise deux lignées de gueules-de-loup à fleurs blanches (*Antirrhinum*), de la façon suivante et obtient les résultats ci-dessous:

$$\text{lignée pure 1} \ \times \ \text{lignée pure 2}$$
$$\downarrow$$
$$F_1 \qquad \text{toutes blanches}$$
$$F_1 \ \times \ F_1$$
$$\downarrow$$
$$F_2 \qquad \text{131 blanches}$$
$$\text{29 rouges}$$

a. Déduisez le mode de transmission héréditaire de ces phénotypes en utilisant des symboles de gènes bien définis. Donnez les génotypes des parents, ainsi que ceux de la F$_1$ et de la F$_2$.

b. Prédisez le résultat des croisements de la F$_1$ avec chacune des lignées parentales.

57. Supposons que deux pigments, rouge et bleu, se mélangent pour donner la couleur violette normale des pétales de pétunias. Des voies biochimiques distinctes synthétisent les deux pigments, comme on le voit dans les deux lignes du haut du schéma ci-dessous. «Blanc» fait référence à des composés qui ne sont pas des pigments. (L'absence totale de pigments aboutit à des pétales blancs.) Le pigment rouge se forme à partir d'un intermédiaire jaune qui se trouve normalement à une concentration trop faible pour colorer les pétales.

voie I $\qquad ... \longrightarrow \text{blanc}_1 \xrightarrow{E} \text{bleu}$

voie II $\qquad ... \longrightarrow \text{blanc}_2 \xrightarrow{A} \text{jaune} \xrightarrow{B} \text{rouge}$

$\uparrow C$

voie III $\qquad\qquad ... \longrightarrow \text{blanc}_3 \xrightarrow{D} \text{blanc}_4$

Une troisième voie biochimique dont le composé ne contribue pas à la pigmentation des pétales n'affecte normalement pas les voies de synthèse du pigment rouge et du pigment bleu. Cependant, si la concentration de l'un de ses intermédiaires (blanc₃) peut augmenter suffisamment, ce composé est converti en l'intermédiaire jaune de la voie de synthèse du pigment rouge.

Dans le schéma ci-dessous, Les lettres A à E représentent des enzymes; les gènes qui les déterminent (qui ne sont pas liés génétiquement les uns aux autres) peuvent être symbolisés par les mêmes lettres.

Supposons que les allèles de type sauvage soient dominants et codent la fonction enzymatique, et que les allèles récessifs aboutissent à l'absence de la fonction enzymatique. Déduisez les croisements entre génotypes parentaux de lignées pures qui pourraient produire les descendants de la F₂ dans les rapports suivants:

a. 9 violet : 3 vert : 4 bleu

b. 9 violet : 3 rouge : 3 bleu : 1 blanc

c. 13 violet : 3 bleu

d. 9 violet : 3 rouge : 3 vert : 1 jaune

(**Note**: Le bleu mélangé à du jaune donne du vert; supposez qu'aucune mutation n'est létale.)

58. Les fleurs de capucine (*Tropaeolum majus*) peuvent être simples (S), doubles (D), ou superdoubles (Sd). Les superdoubles sont des femelles stériles; elles sont issues d'une variété à fleurs doubles. Des croisements entre variétés ont donné lieu aux descendants indiqués dans le tableau suivant, dans lequel *pure* signifie «lignée pure».

Croisement	Parents	Descendants
1	pure S × pure D	Tous S
2	F₁ du croisement 1 × F₁ du croisement 1	78 S : 27 D
3	pure D × Sd	112 Sd : 108 D
4	pure S × Sd	8 Sd : 7 S
5	pure D × descendance Sd du croisement 4	18 Sd : 19 S
6	pure D × descendance S du croisement 4	14 D : 16 S

En utilisant vos propres symboles génétiques, proposez une explication de ces résultats en indiquant

a. tous les génotypes dans chacune des six lignes;

b. une proposition sur l'origine des fleurs superdoubles.

59. Chez une espèce de mouche, la couleur normale de l'œil est rouge (R). Quatre phénotypes anormaux de la couleur de l'œil ont été décelés: deux d'entre eux (Y1 et Y2) sont jaunes (*yellow* en anglais), un autre brun (B) et un autre encore orange (O). Une lignée pure a été obtenue pour chaque phénotype et toutes les combinaisons possibles de lignées pures ont été croisées. Les mouches de chacune des F₁ ont été croisées entre elles pour obtenir une F₂. Les F₁ et les F₂ sont reprises dans le carré ci-dessous; les lignées pures sont indiquées dans la marge.

		Y1	Y2	B	O
Y1	F₁	toutes Y	toutes R	toutes R	toutes R
	F₂	toutes Y	9 R	9 R	9 R
			7 Y	4 Y	4 O
				3 B	3 Y
Y2	F₁		toutes Y	toutes R	toutes R
	F₂		toutes Y	9 R	9 R
				4 Y	4 Y
				3 B	3 O
B	F₁			toutes B	toutes R
	F₂			toutes B	9 R
					4 O
					3 B
O	F₁				toutes O
	F₂				toutes O

a. Définissez vos propres symboles et indiquez les génotypes des quatre lignées pures.

b. Montrez comment sont produits les phénotypes de la F₁ et les rapports de la F₂.

c. Dessinez une voie biologique qui explique les résultats génétiques, en indiquant le gène qui contrôle chaque enzyme.

60. Chez le froment, *Triticum aestivum*, la couleur des grains est déterminée par de nombreux gènes dupliqués, dont chacun a un allèle *R* et un allèle *r*. N'importe quel nombre d'allèles *R* donnera des grains rouges, et l'absence totale d'allèle R donnera le phénotype blanc. Lors d'un croisement entre une lignée pure rouge et une lignée pure blanche, la F₂ était $\frac{63}{64}$ pour rouge et $\frac{1}{64}$ blanche.

a. Combien de gènes *R* ségrégent-ils dans ce système?

b. Donnez les génotypes des parents, de la F₁ et de la F₂.

c. Différentes plantes de la F₂ subissent un croisement en retour avec le parent blanc. Donnez des exemples de génotypes qui aboutiraient aux rapports de descendants suivants lors de tels croisements en retour: (1) 1 rouge : 1 blanc, (2) 3 rouge : 1 blanc, (3) 7 rouge : 1 blanc.

d. Quelle est la formule qui relie en général le nombre de gènes qui ségrégent à la proportion d'individus rouges dans la F₂ de tels systèmes?

61. L'arbre généalogique suivant montre la transmission héréditaire de la surdi-mutité.

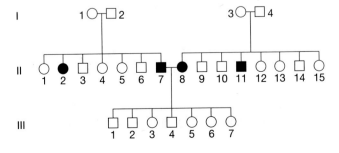

a. Expliquez le mode de transmission héréditaire de cette maladie rare dans les deux familles, dans les générations I et II en donnant les génotypes d'autant d'individus que possible. Utilisez les symboles de votre choix.

b. Expliquez comment il se peut que seuls des individus normaux apparaissent à la génération III, en vous assurant que votre explication est compatible avec votre réponse à la partie a.

62. L'arbre généalogique suivant concerne la maladie des sclérotiques bleues (parois externes des yeux bleutées) et des os cassants :

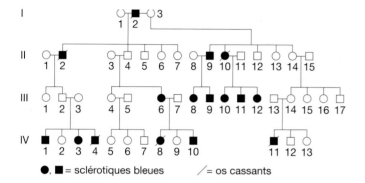

●, ■ = sclérotiques bleues   / = os cassants

a. Ces deux anomalies sont-elles causées par le même gène ou par des gènes distincts ? Exposez clairement vos arguments.

b. Le gène (ou les gènes) est-il autosomique ou lié au sexe ?

c. L'arbre généalogique présente-t-il une preuve d'expressivité ou de pénétrance incomplète ? Si c'est le cas, faites les meilleurs calculs possibles de ces mesures.

63. Les travailleuses de la lignée d'abeilles appelée *Brown* présentent ce que l'on appelle un «comportement hygiénique», c'est-à-dire qu'elles débouchent les compartiments de la ruche contenant des pupes mortes et enlèvent celles-ci. Ceci prévient la propagation de bactéries infectieuses au sein de la colonie. Les travailleuses de la lignée *Van Scoy* n'accomplissent pas ce genre d'action et cette lignée est dite «non-hygiénique». Lorsqu'une reine de la lignée *Brown* est croisée avec des abeilles mâles *Van Scoy*, toute la F₁ a un comportement non-hygiénique. Lorsque des abeilles mâles de cette F₁ fécondent une reine de la lignée *Brown*, les comportements suivants sont observés dans la descendance :

$\frac{1}{4}$ hygiénique
$\frac{1}{4}$ débouchage non suivi d'enlèvement des pupes
$\frac{1}{2}$ non-hygiénique

Cependant, en examinant plus en détail les individus non-hygiéniques, on met en évidence que si les compartiments contenant des pupes mortes sont débouchés par l'apiculteur, environ la moitié des individus enlèvent les pupes mortes, tandis que l'autre moitié ne le fait pas.

a. Proposez une hypothèse génétique pour expliquer ces types de comportement.

b. Discutez les données en relation avec l'épistasie, la dominance et les interactions dues à l'environnement.

(**Note** : Les travailleuses sont stériles, et toutes les abeilles d'une même lignée portent les mêmes allèles.)

64. Chez les gueules-de-loup, la couleur normale des fleurs est rouge. On a trouvé certaines lignées pures présentant des variations de la couleur des fleurs. Lorsque ces lignées pures sont croisées entre elles, on obtient les résultats suivants :

Croisement	Parents	F₁	F₂
1	orange × jaune	orange	3 orange : 1 jaune
2	rouge × orange	rouge	3 rouge : 1 orange
3	rouge × jaune	rouge	3 rouge : 1 jaune
4	rouge × blanc	rouge	3 rouge : 1 blanc
5	jaune × blanc	rouge	9 rouge : 3 jaune : 4 blanc
6	orange × blanc	rouge	9 rouge : 3 orange : 4 blanc
7	rouge × blanc	rouge	9 rouge : 3 jaune : 4 blanc

a. Expliquez le mode de transmission héréditaire de ces couleurs.

b. Écrivez les génotypes des parents, de la F₁ et de la F₂.

65. Considérons les individus suivants d'une F₁ dans différentes espèces et les rapports de la F₂ produite par une autofécondation :

F₁	Rapport phénotypique dans la F₂			
1 crème	$\frac{12}{16}$ crème	$\frac{3}{16}$ noir	$\frac{1}{16}$ gris	
2 orange	$\frac{9}{16}$ orange	$\frac{7}{16}$ jaune		
3 noir	$\frac{13}{16}$ noir	$\frac{3}{16}$ blanc		
4 rouge uniforme	$\frac{9}{16}$ rouge uniforme	$\frac{3}{16}$ moucheté de rouge	$\frac{4}{16}$ petits points rouges	

Si chaque F₁ subissait un croisement-test, quels rapports phénotypiques obtiendrait-on dans la descendance de ce croisement-test ?

66. Pour comprendre le contrôle génétique de la locomotion chez le ver nématode diploïde *Caenorhabditis elegans*, des mutations récessives ont été obtenues. Un ver qui porte n'importe laquelle de ces mutations se tortille sans pouvoir avancer, au lieu de glisser de façon régulière. Ces mutations affectent sans doute le système nerveux ou le système musculaire. Douze mutants homozygotes ont été croisés les uns avec les autres, et les hybrides de la F₁ ont été examinés pour voir s'ils se tortillaient. Les résultats ont été les suivants, où un signe plus signifie

que l'hybride de la F_1 était de type sauvage (glissant) et «t» signifie que l'hybride se tortillait sans avancer.

	1	2	3	4	5	6	7	8	9	10	11	12
1	t	+	+	+	t	+	+	+	+	+	+	+
2		t	+	+	+	t	+	t	+	t	+	+
3			t	t	+	+	+	+	+	+	+	+
4				t	+	+	+	+	+	+	+	+
5					t	+	+	+	+	+	+	+
6						t	+	t	+	t	+	+
7							t	+	+	+	t	t
8								t	+	t	+	+
9									t	+	+	+
10										t	+	+
11											t	t
12												t

a. Expliquez ce que cette expérience devait vérifier.

b. Utilisez ce raisonnement pour attribuer des génotypes aux 12 mutants.

c. Expliquez en quoi les hybrides de la F_1 obtenus entre les mutants 1 et 2 ont un phénotype différent de celui des hybrides obtenus entre les mutants 1 et 5.

67. Un généticien travaillant sur un champignon haploïde effectue un croisement entre deux mutants à croissance lente appelés *mossy* (*moussu* en anglais) et *spider* (*araignée* en anglais), en référence à l'aspect anormal de leurs colonies. Les tétrades issues du croisement sont de trois types (A, B, C) mais deux de ces types contiennent des spores qui ne germent pas.

Spore	A	B	C
1	type sauvage	type sauvage	araignée
2	type sauvage	araignée	araignée
3	pas de germination	moussu	moussu
4	pas de germination	pas de germination	moussu

Imaginez un modèle pour expliquer ces résultats génétiques et proposez une explication de ce modèle au niveau moléculaire.

L'ADN : LA STRUCTURE ET LA RÉPLICATION

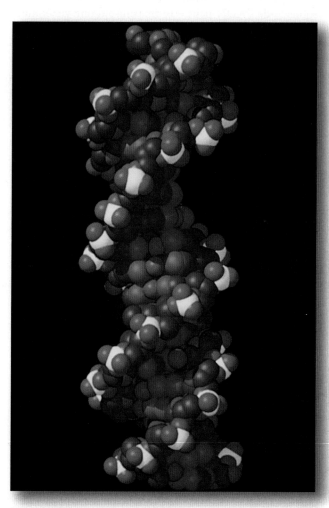

Un modèle informatique de l'ADN. [J. Newdol, Computer Graphics Laboratory, Université de Californie, San Francisco. Copyright par Regents, Université de Californie.]

QUESTIONS CLÉS

- Avant la découverte de la structure en double hélice, quelle preuve expérimentale permettait d'affirmer que l'ADN est le matériel génétique ?

- Quelles données permirent de déduire le modèle en double hélice de la structure de l'ADN ?

- De quelle manière la structure en double hélice suggère-t-elle un mécanisme de réplication pour l'ADN ?

- Pourquoi qualifie-t-on les protéines qui répliquent l'ADN de machinerie biologique ?

- Comment la réplication de l'ADN peut-elle être à la fois rapide et précise ?

- Quel mécanisme particulier assure la réplication des extrémités des chromosomes ?

SOMMAIRE

L'ESSENTIEL DU CHAPITRE

Nous allons nous intéresser dans ce chapitre à l'ADN, à sa structure et à la fabrication de copies d'ADN au cours d'un processus appelé réplication. James Watson (un Américain travaillant en génétique bactérienne) et Francis Crick (un physicien anglais) résolurent l'énigme de la structure de l'ADN en 1953. Le modèle qu'ils présentèrent était révolutionnaire. Il proposait une définition du gène d'un point de vue chimique et ce faisant, permit de mieux comprendre l'action des gènes et de l'hérédité au niveau moléculaire.

L'histoire commence dans la première moitié du vingtième siècle, lorsque plusieurs résultats expérimentaux ont conduit les scientifiques à conclure que l'ADN, et non toute autre sorte de molécule biologique (telle que des sucres ou des acides gras), est le matériel génétique. L'ADN est une molécule simple constituée seulement de quatre éléments de construction différents (les quatre nucléotides). Il a donc fallu comprendre comment une molécule aussi simple pouvait contenir les plans de la diversité incroyable des organismes sur terre.

Le modèle de la double hélice proposé par Watson et Crick a été élaboré d'après les résultats obtenus auparavant par d'autres scientifiques. Ils se sont appuyés sur des découvertes antérieures concernant la composition chimique de l'ADN et les rapports entre ses différentes bases. De plus, des images de diffraction de l'ADN aux rayons X ont révélé que l'ADN est une hélice de dimensions précises. Watson et Crick ont conclu que l'ADN est une double hélice constituée de deux brins formés de nucléotides reliés, qui s'enroulent l'un autour de l'autre.

La structure proposée pour le matériel héréditaire a immédiatement suggéré la façon dont il pouvait servir de support informationnel et dont ces informations pouvaient être transmises d'une génération à l'autre. Tout d'abord, l'information permettant de construire un organisme est codée dans la séquence des bases nucléotidiques constituant les deux brins d'ADN de l'hélice. Ensuite, en raison des règles de la complémentarité des bases découvertes par Watson et Crick, la séquence d'un brin dicte la séquence de l'autre. De cette façon, l'information génétique contenue dans la séquence de l'ADN peut être transmise d'une génération à l'autre grâce à l'utilisation de chacun des brins séparés de l'ADN comme matrice pour produire de nouvelles copies de la molécule, comme on le voit dans la Figure 7-1.

Le mécanisme exact de la réplication de l'ADN est toujours un sujet de recherche actif cinquante ans après la découverte de la double hélice. Notre compréhension actuelle donne un rôle prépondérant à une machinerie protéique appelée le réplisome. Ce complexe de protéines coordonne les nombreuses réactions nécessaires à la réplication rapide et précise de l'ADN.

UNE VUE D'ENSEMBLE DU CHAPITRE

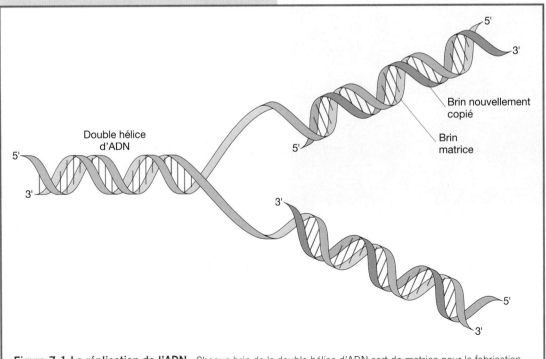

Figure 7-1 La réplication de l'ADN. Chaque brin de la double hélice d'ADN sert de matrice pour la fabrication d'une nouvelle copie du brin complémentaire.

7.1 L'ADN : le matériel génétique

Avant de considérer la façon dont Watson et Crick élucidè-rent la structure de l'ADN, rappelons ce que l'on savait des gènes et de l'ADN au moment où ces chercheurs entamè-rent leur collaboration historique :

1. On savait que les gènes – les « facteurs » héréditaires décrits par Mendel – étaient associés à des caractères spécifiques, mais leur nature physique était inconnue. De même, on savait que certaines mutations modifiaient la fonction de gènes mais on ignorait en quoi consistait exactement une mutation.
2. La théorie un gène–une protéine (décrite au chapitre 6) postulait que les gènes contrôlent la structure des protéines.
3. On savait que les gènes sont portés par les chromoso-mes.
4. On avait montré que les chromosomes sont constitués d'ADN et de protéines.
5. Les résultats d'une série d'expériences débutées dans les années 1920 avaient révélé que l'ADN est le maté-riel génétique. Ces expériences, décrites plus loin, montraient que des cellules bactériennes qui expri-ment un phénotype déterminé peuvent être transfor-mées en cellules qui expriment un phénotype différent et que l'agent transformant est l'ADN.

La découverte de la transformation

Frederick Griffith fit une observation inattendue au cours d'expériences menées en 1928 sur la bactérie *Streptococ-cus pneumoniae*. Cette bactérie, qui provoque la pneumo-nie chez l'homme, est généralement létale pour les souris. Toutefois, au cours de l'évolution, certaines souches de cette espèce sont devenues moins virulentes (moins capables de provoquer la maladie ou la mort) que les bactéries sauvages. Les expériences de Griffiths sont résumées dans la Figure 7-2. Dans ces expériences, Griffith a utilisé deux souches discernables par l'aspect des colonies qu'elles forment lors-qu'elles sont cultivées en laboratoire. L'une de ces souches était un type virulent normal, mortel pour la plupart des animaux de laboratoire. Ces cellules étaient entourées d'une enveloppe polysaccharidique donnant aux colonies une apparence lisse (*smooth* en anglais) ; cette souche fut donc appelée *S*. L'autre souche de Griffiths était un mutant non virulent qui se développait chez la souris mais n'était pas létal. L'enveloppe polysaccharidique était absente de cette souche et les colonies avaient un aspect rugueux ; cette sou-che fut donc appelée *R*.

Griffith tua quelques cellules virulentes en les faisant bouillir, puis inocula ces cellules mortes à des souris. Celles-ci survécurent, montrant que les cellules tuées ne causaient pas la mort des souris. En revanche, les souris inoculées avec un mélange de cellules virulentes tuées par la chaleur

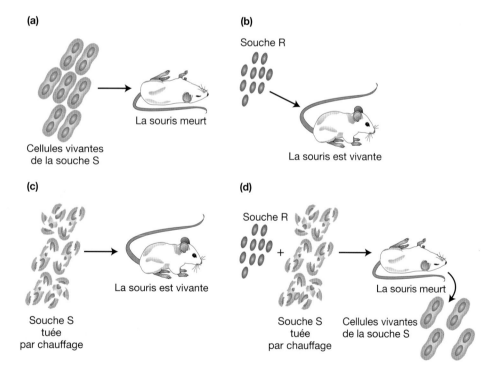

Figure 7-2 La présence de cellules S tuées par la chaleur transforme des cellules R vivantes en cellules S vivantes. (a) Une souris meurt après l'injection de la souche virulente S. (b) Une souris survit à l'injection de la souche R. (c) Une souris survit à l'injection de la souche S tuée par chauffage. (d) Une souris meurt après l'injection d'un mélange de la souche S tuée par chauffage et de la souche R vivante. D'une manière ou d'une autre, la souche S tuée par chauffage peut transformer R en souche virulente. [Adapté de G. S. Stent et R. Calendar, *Molecular Genetics*, 2e éd. Copyright 1978 par W. H. Freeman and Company. D'après R. Sager et F. J. Ryan, *Cell Heredity*, John Wiley, 1961.]

et de cellules non virulentes vivantes moururent. En outre, des cellules vivantes purent de nouveau être isolées à partir des souris mortes; elles formaient des colonies lisses et se montraient virulentes après une nouvelle inoculation. D'une façon ou d'une autre, les débris des cellules S chauffées avaient converti les cellules R vivantes en cellules S. Ce processus, déjà abordé au Chapitre 5, est appelé *transformation*.

L'étape suivante consistait à identifier le composant chimique des cellules donneuses mortes responsable de cette transformation. Cette substance avait modifié le génotype de la souche receveuse et était donc un candidat potentiel au titre de matériel héréditaire. Ce problème fut résolu en 1944 par Oswald Avery et deux de ses collaborateurs C. M. MacLeod et M. McCarthy (Figure 7-3). Leur approche consistait à détruire chimiquement une par une les principales catégories de substances chimiques présentes dans l'extrait de cellules mortes et à établir si l'extrait avait perdu son aptitude à induire la transformation. Les cellules virulentes possédaient une enveloppe polysaccharidique lisse, au contraire des cellules non virulentes. Les polysaccharides étaient donc de bons candidats au rôle d'agent transformant. Néanmoins, lorsque les polysaccharides furent détruits, le mélange conservait sa capacité de transformation. Avery, MacLeod et McCarthy montrèrent également que les protéines, les acides gras et les acides ribonucléiques (ARN) n'étaient pas non plus des agents transformants. Le mélange perdait sa capacité d'induire la transformation uniquement

après avoir été traité par l'enzyme désoxyribonucléase (ADNase), qui hydrolyse l'ADN. Ces résultats désignaient nettement l'ADN comme étant le matériel génétique. On sait désormais que l'ADN transformant conférant la virulence s'intègre dans le chromosome bactérien et y remplace des fragments équivalents à l'origine de l'absence de virulence.

> **MESSAGE** La démonstration du rôle de principe transformant de l'ADN a constitué la première preuve de la composition en ADN des gènes (le matériel héréditaire).

L'expérience de Hershey et Chase

Les expériences réalisées par Avery et ses collaborateurs étaient concluantes, mais de nombreux scientifiques se refusaient encore à admettre que l'ADN (plutôt que les protéines) était bien le matériel génétique. D'autres preuves furent fournies en 1952 par Alfred Hershey et Martha Chase. Ils utilisèrent le phage T2, un virus qui infecte les bactéries. D'après eux, le phage infectieux devait injecter dans la bactérie l'information spécifique ordonnant la production de nouvelles particules virales. Ils pensaient que s'ils pouvaient identifier le matériel injecté par le phage dans la bactérie hôte, ils auraient déterminé le matériel génétique de ce phage.

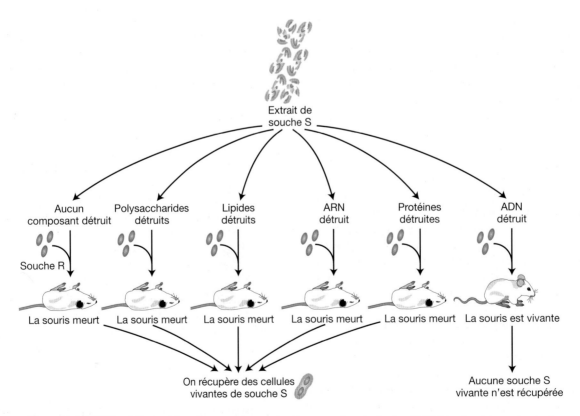

Figure 7-3 L'ADN est l'agent transformant la souche R en souche virulente. Si l'ADN présent dans un extrait de cellules de souche S tuées par la chaleur est détruit, alors les cellules auxquelles on injecte un mélange de cellules tuées par la chaleur et de cellules vivantes non virulentes de la souche R ne meurent plus.

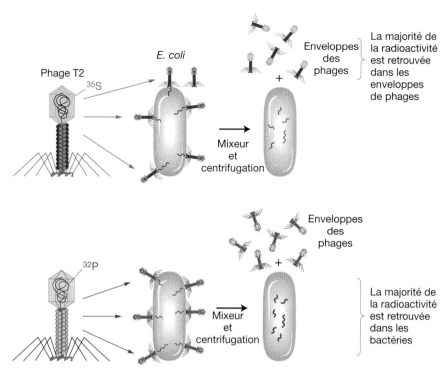

Figure 7-4 L'expérience de Hershey et Chase a démontré que le matériel génétique des phages est l'ADN, et non les protéines. L'expérience fait appel à deux cultures de bactériophages T2. Dans l'une, l'enveloppe protéique est marquée au soufre radioactif (^{35}S) qui n'est pas un constituant de l'ADN. Dans l'autre, l'ADN est marqué au phosphore radioactif (^{32}P) qui n'est pas présent dans les protéines. Seul le ^{32}P est injecté dans les cellules d'*E. coli*, ce qui indique que l'ADN est l'agent nécessaire à la production de nouveaux phages.

La constitution moléculaire du phage est relativement simple. Sa structure est principalement de nature protéique et son ADN est enfermé dans l'enveloppe protéique de sa « tête ». Hershey et Chase décidèrent de marquer l'ADN et les protéines du phage en utilisant des isotopes radioactifs afin de pouvoir suivre les deux types de matériel au cours de l'infection. On ne trouve pas de phosphore dans les protéines alors que c'est un élément constitutif de l'ADN ; à l'inverse, le soufre est présent dans les protéines mais jamais dans l'ADN. Hershey et Chase incorporèrent le radio-isotope du phosphore (^{32}P) dans l'ADN d'une culture de phage et celui du soufre (^{35}S) dans les protéines d'une autre culture phagique. Comme on le voit dans la Figure 7-4, ils infectèrent ensuite deux cultures d'*E. coli*, à raison d'un nombre élevé de particules virales par cellule : une culture d'*E. coli* reçut le phage marqué au ^{32}P et l'autre, le phage marqué au ^{35}P. Après un temps suffisant pour que l'infection ait lieu, ils séparèrent les enveloppes vides de phage (que l'on appelle des *fantômes*) des cellules bactériennes par agitation dans un mixeur de cuisine. Ils séparèrent ensuite par centrifugation les cellules bactériennes des fantômes phagiques, puis mesurèrent la radioactivité dans les deux fractions. En utilisant les phages marqués au ^{32}P pour infecter *E. coli*, la majeure partie de la radioactivité aboutissait dans les cellules bactériennes, indiquant que l'ADN phagique avait pénétré dans ces cellules. Au contraire, à partir de phages marqués au ^{35}S, la majorité du matériel radioactif restait dans les enveloppes des phages, montrant que les protéines du phage n'étaient jamais entrées dans la cellule bactérienne. La conclusion de ces observations était incontestable : l'ADN est le matériel héréditaire. Les protéines de phages ne sont qu'un emballage structural, écarté une fois que l'ADN viral a été injecté dans la cellule bactérienne.

7.2 La structure de l'ADN

Même avant la découverte de la structure de l'ADN, des études génétiques indiquaient que le matériel héréditaire devait posséder trois propriétés essentielles :

1. Puisque quasiment toutes les cellules d'un organisme possèdent la même constitution génétique, il est essentiel que le matériel génétique soit répliqué précisément à chaque division cellulaire. Les caractéristiques structurales de l'ADN *doivent donc permettre une réplication exacte*. Ces caractéristiques structurales seront considérées plus loin dans ce chapitre.

2. Comme il doit coder la multitude des protéines que l'on trouve dans un organisme, le matériel génétique *doit posséder le contenu informationnel*. Nous verrons aux Chapitres 8 et 9 de quelle façon l'information codée dans l'ADN est déchiffrée pour produire des protéines.

3. Puisque les changements génétiques, que l'on appelle des mutations, servent de fondement à la sélection au cours de l'évolution, le matériel génétique *doit être capable de changer* en de rares occasions. Cependant, la structure de l'ADN doit être relativement stable pour permettre aux organismes de s'appuyer sur l'information codée par l'ADN. Nous traiterons des mécanismes de la mutation au Chapitre 14.

La structure de l'ADN avant Watson et Crick

Considérons la découverte de la structure en double hélice de l'ADN par Watson et Crick comme la solution d'un puzzle très complexe en trois dimensions. Ce qui est incroyable, c'est que Watson et Crick réussirent à assembler les pièces de ce puzzle sans effectuer une seule expérience. Leur démarche a consisté à construire des maquettes, réalisées en assemblant les résultats d'expériences antérieures (les pièces du puzzle) pour former le puzzle en trois dimensions (le modèle de la double hélice). Pour comprendre comment ils y sont parvenus, nous devons connaître les pièces du puzzle dont disposaient Watson et Crick en 1953.

LES ÉLÉMENTS DE CONSTRUCTION DE L'ADN La première pièce de puzzle était la connaissance des éléments fondamentaux de construction de l'ADN. La composition chimique de l'ADN est assez simple. Il contient trois types de composés chimiques : (1) du **phosphate**, (2) un sucre appelé **désoxyribose** et (3) quatre **bases** azotées – l'adénine, la guanine, la cytosine et la thymine. Pour pouvoir les repérer facilement, on a attribué une notation particulière aux atomes de carbone des bases. On a également numéroté les atomes de carbone du sucre. Ces numéros sont dans ce cas suivis par un prime (1', 2', etc). Le sucre présent dans l'ADN s'appelle le « désoxyribose » car il possède un atome d'hydro-

gène (H) attaché à l'atome de carbone 2', au contraire du ribose (de l'ARN) qui possède un groupement hydroxyle (OH) à cette position. Deux des bases, l'adénine et la guanine, ont une structure avec deux cycles liés, caractéristique d'un type de substance chimique appelé **purine**. Les deux autres bases, la cytosine et la thymine, possèdent un seul cycle, une structure appelée **pyrimidine**. Les composants chimiques de l'ADN sont organisés en **nucléotides**, constitués chacun d'un groupement phosphate, d'une molécule de désoxyribose (le sucre) et de l'une des quatre bases (Figure 7-5). Il est commode de désigner chaque nucléotide par la première lettre du nom de la base qu'il contient : A, G, C ou T. Le nucléotide dont la base est l'adénine s'appelle la désoxyadénosine 5'-monophosphate, le 5' désignant la position de l'atome de carbone dans le cycle du sucre, auquel le groupement (mono) phosphate est attaché.

LES RÈGLES DE CHARGAFF POUR LA COMPOSITION DES BASES La deuxième pièce de puzzle utilisée par Watson et Crick provenait du travail réalisé plusieurs années auparavant par Erwin Chargaff. En étudiant les ADN d'un grand nombre d'organismes différents (Tableau 7-1),

Nucléotides puriques

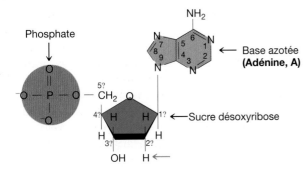

Désoxyadénosine 5'-monophosphate (dAMP)

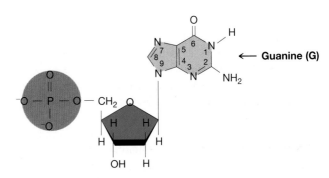

Désoxyguanosine 5'-monophosphate (dGMP)

Nucléotides pyrimidiques

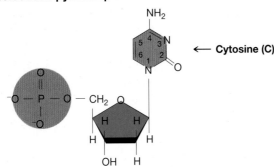

Désoxycytidine 5'-monophosphate (dCMP)

Désoxythymidine 5'-monophosphate (dTMP)

Figure 7-5 La structure chimique des quatre nucléotides présents dans l'ADN. Ces nucléotides (deux contenant des bases puriques et deux contenant des bases pyrimidiques) sont les blocs de construction fondamentaux de l'ADN. Le sucre est appelé *désoxyribose* parce qu'il diffère d'une forme plus courante, le ribose, qui possède un atome d'oxygène supplémentaire (au niveau de la position indiquée par la flèche rouge).

Tableau 7-1 Les concentrations molaires des bases* de l'ADN de diverses origines.

Organisme	Tissu	Adénine	Thymine	Guanine	Cytosine	$\dfrac{A + T}{G + C}$
Escherichia coli (K12)	—	26,0	23,9	24,9	25,2	1,00
Diplococcus pneumoniae	—	29,8	31,6	20,5	18,0	1,59
Mycobacterium tuberculosis	—	15,1	14,6	34,9	35,4	0,42
Levure	—	31,3	32,9	18,7	17,1	1,79
Paracentrotus lividus (oursin)	Sperme	32,8	32,1	17,7	18,4	1,85
Hareng	Sperme	27,8	27,5	22,2	22,6	1,23
Rat	Moelle osseuse	28,6	28,4	21,4	21,5	1,33
Humain	Thymus	30,9	29,4	19,9	19,8	1,52
Humain	Foie	30,3	30,3	19,5	19,9	1,53
Humain	Sperme	30,7	31,2	19,3	18,8	1,62

*Exprimées en moles de constituants azotés pour 100 atomes-grammes de phosphate dans l'hydrolysat.
Source: E. Chargaff et J. Davidson, Éds, *The Nucleic Acids*. Academic Press, 1995.

Chargaff établit des règles empiriques concernant les quantités de chaque type de nucléotide présent dans l'ADN :

1. La quantité totale de nucléotides pyrimidiques (T + C) est toujours égale à la quantité totale de nucléotides puriques (A + G).
2. La quantité de T est toujours égale à la quantité de A et la quantité de C, à celle de G. Mais la quantité de A + T n'est pas nécessairement égale à celle de G + C, comme le montre la dernière colonne du Tableau 7-1. Ce rapport varie suivant les organismes mais il est quasiment constant dans les différents tissus d'un même organisme.

L'ANALYSE DE L'ADN PAR DIFFRACTION DES RAYONS X La troisième pièce de puzzle et la plus importante fut apportée par des résultats d'analyses de diffraction des rayons X sur l'ADN obtenus par Rosalind Franklin lorsqu'elle travaillait dans le laboratoire de Maurice Wilkins (Figure 7-6). Dans ce type d'expériences, on dirige un faisceau de rayons X sur les fibres d'ADN et la diffraction des rayons par ces chaînes est mise en évidence par leur réception sur un film photographique sur lequel ils produisent un certain nombre de taches. L'angle de diffraction que représente chaque tache visible sur le film fournit une indication quant à la position d'un atome ou de certains groupes d'atomes dans la molécule d'ADN. Ce n'est pas une méthode facile à mettre en œuvre (ni à expliquer), et l'interprétation des taches est très complexe. Les informations disponibles à l'époque suggéraient que l'ADN était une molécule longue et étroite comportant deux parties similaires parallèles l'une à l'autre sur toute la longueur de la molécule. Les données obtenues aux rayons X montraient que la molécule avait la forme d'une hélice (ou d'une spirale). D'autres éléments de régularité ressortaient de la disposition des taches dans les images de diffraction, mais personne encore n'avait imaginé une

structure tridimensionnelle capable de rendre compte de ces informations.

La double hélice

Un article écrit par Watson et Crick, publié en 1953 dans la revue *Nature* commençait par les deux phrases suivantes qui ouvrirent une nouvelle ère en biologie : «Nous voudrions suggérer une structure pour le sel d'acide désoxyribonucléique (A.D.N.). Cette structure a des caractéristiques nouvelles qui présentent un intérêt biologique considérable.» La structure de l'ADN était au centre d'un débat animé depuis les expériences d'Avery et d'autres chercheurs en 1944. Comme nous l'avons vu, on connaissait la composition générale de l'ADN, mais on ignorait comment ses constituants étaient assemblés les uns avec les autres. La structure devait remplir les principales exigences pour une molécule à l'origine de la transmission héréditaire : la capacité de stocker de l'information, d'être répliquée et de muter.

La structure tridimensionnelle imaginée par Watson et Crick est constituée de deux chaînes («brins») de nucléotides côte à côte, entrelacées en une **double hélice** (Figure 7-7). Les deux brins nucléotidiques sont maintenus ensemble par une association faible entre les bases de chaque brin, formant une structure semblable à un escalier en colimaçon (Figure 7-8a). Le squelette de chaque brin est constitué d'une alternance d'unités phosphate et désoxyribose (le sucre) reliées par des liaisons phosphodiester (Figure 7-8b). Nous pouvons utiliser ces liaisons pour décrire l'organisation d'une chaîne de nucléotides. Comme nous l'avons déjà vu, les atomes de carbone des groupements sucrés sont numérotés de 1' à 5'. Une liaison phosphodiester relie l'atome de carbone 5' d'un désoxyribose à l'atome de carbone 3' du désoxyribose adjacent. Pour cette raison, on dit que chaque squelette sucre-phosphate a une polarité (ou sens) 5' vers 3'. Comprendre cette polarité est essentiel pour comprendre la

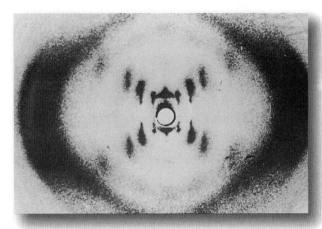

Figure 7-6 Rosalind Franklin (*à gauche*) et son motif de diffraction de l'ADN aux rayons X (*à droite*). [(*À gauche*) Aimablement communiqué par National Portrait Gallery, Londres. (*À droite*) Rosalind Franklin/Science Source. Photo Researchers.]

Figure 7-7 James Watson et Francis Crick devant leur modèle d'ADN. [Camera Press.]

façon dont l'ADN remplit ses différents rôles. Dans la molécule d'ADN double-brin, les deux squelettes ont une orientation opposée ou **antiparallèle** (voir Figure 7-8b).

Chaque base est attachée à l'atome de carbone 1' d'un désoxyribose du squelette de son brin et fait face, vers l'intérieur de l'hélice, à une base située dans l'autre brin. Des liaisons hydrogène entre les paires de bases maintiennent les deux brins de la molécule d'ADN ensemble. Les liaisons hydrogène sont indiquées par des pointillés dans la Figure 7-8b.

Deux chaînes nucléotidiques appariées de manière antiparallèle adoptent automatiquement une conformation en double hélice (Figure 7-9), principalement grâce à l'interac-

tion des paires de bases. Ces paires de bases, qui sont des structures planes, sont empilées les unes sur les autres au centre de la double hélice (Figure 7-9a). Cet empilement ajoute à la stabilité de la molécule d'ADN en excluant les molécules d'eau des espaces compris entre les paires de bases. La forme la plus stable résultant de l'empilement des bases est une double hélice dont les deux sillons parcourant la spirale ont des tailles différentes : le **grand sillon** et le **petit sillon** visibles à la fois sur la représentation en ruban et le modèle compact (Figure 7-9b). Une chaîne nucléotidique seule n'a pas de structure hélicoïdale ; la forme hélicoïdale de l'ADN dépend uniquement de l'appariement et de l'empilement des bases dans les brins antiparallèles. L'ADN est une hélice droite. En d'autres termes, elle a la même structure qu'une vis que l'on enfoncerait en la tournant dans le sens des aiguilles d'une montre.

La double hélice rendait exactement compte des résultats obtenus par diffraction des rayons X et respectait parfaitement les règles de Chargaff. En outre, en examinant les modèles structuraux qu'ils avaient construits, Watson et Crick constatèrent que la valeur du rayon de la double hélice (tirée des données obtenues grâce aux rayons X) ne s'expliquait que si une purine s'appariait toujours (par des liaisons hydrogène) avec une pyrimidine (Figure 7-10, page 236). Cette règle d'appariement respectait l'égalité (A + G) = (T + C) observée par Chargaff mais prévoyait quatre arrangements possibles : T···A, T···G, C···A et C···G. Les résultats de Chargaff indiquaient toutefois que T se lie uniquement avec A et C seulement avec G. Watson et Crick conclurent que chaque paire de bases est constituée d'une purine et d'une pyrimidine, appariées selon la règle suivante : G avec C et A avec T.

Notons que la paire G–C possède trois liaisons hydrogène, tandis que la paire A–T n'en a que deux. Nous pouvons donc prédire qu'un ADN contenant de nombreuses paires

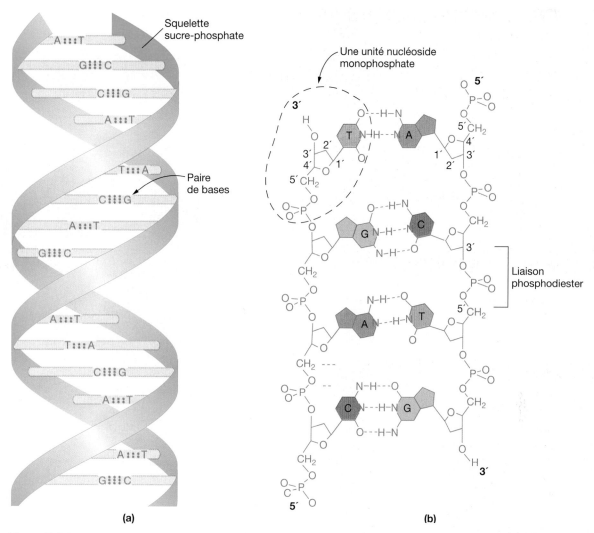

Figure 7-8 La structure de l'ADN. Un modèle simplifié montrant la structure hélicoïdale de l'ADN. Les barreaux représentent les paires de bases et les rubans, les squelettes sucre-phosphate des deux chaînes antiparallèles. (b) Une représentation chimique plus détaillée de la double hélice d'ADN, déroulée pour montrer les squelettes sucre-phosphate (en bleu) et les barreaux formés par l'appariement des paires de bases (en rouge). Les chaînes ont des orientations opposées et leurs extrémités sont appelées 5' et 3' d'après l'orientation des atomes de carbone 5' et 3' des cycles du sucre. Chaque paire de bases comporte une base purique, adénine (A) ou guanine (G), et une base pyrimidique, thymine (T) ou cytosine (C), reliées par des liaisons hydrogène (pointillés). [D'après R. E. Dickerson, *The DNA Helix and How It Is Read* Copyright 1983 par Scientific American, Inc. Tous droits réservés.]

G–C sera plus stable qu'un ADN contenant de nombreuses paires A–T, une déduction qui a été confirmée expérimentalement. La chaleur entraîne la séparation de la double hélice d'ADN (un processus appelé fusion ou dénaturation de l'ADN). On peut montrer que des ADN dont le contenu en G + C est plus important exigent des températures plus élevées pour pouvoir être dénaturés en raison de l'attraction supérieure des bases de l'appariement G–C par rapport à celles de l'appariement A–T.

> **MESSAGE** L'ADN est une double hélice constituée de deux chaînes nucléotidiques maintenues ensemble par un appariement complémentaire de A avec T et de G avec C.

L'élucidation de la structure de l'ADN par Watson et Crick est considérée par certains comme la découverte la plus importante du vingtième siècle pour la biologie. La raison en est qu'en plus de s'accorder avec les résultats antérieurs concernant la structure de l'ADN, la double hélice remplit les trois exigences d'une substance héréditaire.

1. La structure en double hélice suggérait la manière dont le matériel génétique peut déterminer la structure des protéines. Il devenait envisageable que la *séquence* de paires de nucléotides dans l'ADN dicte la séquence des acides aminés de la protéine spécifiée par ce gène. En d'autres termes, une sorte de **code génétique** pourrait spécifier l'information dans l'ADN sous la forme d'une

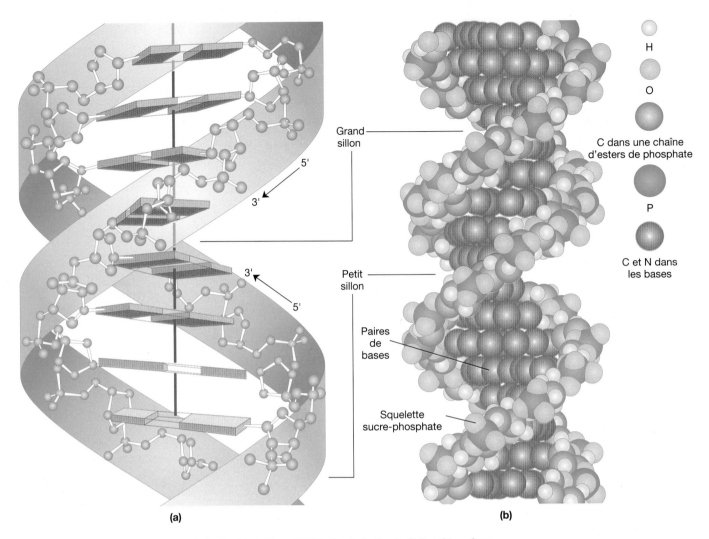

(a)   (b)

Figure 7-9 Deux représentations de la double hélice d'ADN. [Partie b d'après C. Yanofsky, «Gene Structure and Protein Structure». Copyright 1967 par Scientific American, Inc. Tous droits réservés.]

séquence de nucléotides puis la traduire en un langage différent constituant la séquence d'acides aminés de la protéine. Nous verrons comment cela se produit au Chapitre 9.

2. Si la séquence des bases de l'ADN spécifie la séquence d'acides aminés, alors une mutation peut se produire grâce à la substitution d'un type de base par un autre en une ou plusieurs positions. Les mutations seront traitées au Chapitre 14.

3. Comme Watson et Crick l'avaient suggéré énigmatiquement dans la conclusion de leur article dans *Nature* en 1953 qui portait sur la structure en double hélice de l'ADN : «Il ne nous a pas échappé que l'appariement spécifique dont nous avons fait l'hypothèse suggère immédiatement un mécanisme possible de copie du matériel génétique.» Pour les généticiens de cette époque, la signification de cette phrase était claire, comme nous le verrons dans la section suivante.

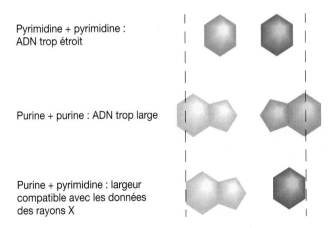

Pyrimidine + pyrimidine : ADN trop étroit

Purine + purine : ADN trop large

Purine + pyrimidine : largeur compatible avec les données des rayons X

Figure 7-10 L'appariement des bases dans l'ADN.
L'appariement des purines avec les pyrimidines rend compte du diamètre exact de la double hélice d'ADN, déterminé par diffraction des rayons X. [D'après R. E. Dickerson, *The DNA Helix and How It Is Read*. Copyright 1983 par Scientific American, Inc. Tous droits réservés.]

7.3 La réplication semi-conservative

Le mécanisme de copie auquel Watson et Crick faisaient référence est appelé réplication semi-conservative et est schématisé dans la Figure 7-11. Les squelettes sucre-phosphate sont représentés par des rubans et l'ordre des paires de bases est aléatoire. Imaginons que la double hélice ressemble à une fermeture éclair qui s'ouvre à partir d'une extrémité (au bas de la Figure 7-11). Nous voyons que si l'analogie avec la fermeture éclair est exacte, le déroulement des deux brins aboutira à l'exposition des bases isolées sur chacun d'entre eux. Chaque base exposée peut s'apparier avec des nucléotides libres en solution. Cependant, puisque les contraintes d'appariement imposées par la structure de l'ADN sont très sévères, chaque base exposée ne pourra s'apparier qu'avec sa **base complémentaire**, A avec T et G avec C. En raison de cette complémentarité, chaque simple brin servira de **matrice**, ou de moule pour imposer l'assemblage des bases complémentaires afin de reformer une double hélice identique à la double hélice d'origine. Les nucléotides constituant les nouvelles chaînes sont supposés provenir d'une réserve (*pool*) de nucléotides libres présents dans la cellule.

Si ce modèle est correct, chaque molécule fille devrait comporter une chaîne nucléotidique parentale et une chaîne néosynthétisée. En réalité, en réfléchissant un peu, on conçoit qu'il existe au moins trois manières d'envisager la relation qui s'établit entre la molécule parentale et les molécules filles. Ces modèles hypothétiques de réplication sont appelés semi-conservatif (le modèle de Watson et Crick), conservatif et dispersif (Figure 7-12). Dans la **réplication semi-conservative**, chaque double hélice fille contient un brin de la molécule initiale et un brin néosynthétisé. Au contraire, dans la **réplication conservative**, le duplex parental est conservé et une seule double hélice fille est produite, constituée de deux brins néosynthétisés. Dans la **réplication dispersive**, les molécules filles sont constituées de brins qui comportent *tous deux à la fois* des fragments d'ADN parental et d'ADN néosynthétisé.

L'expérience de Meselson et Stahl

Le premier obstacle à la compréhension de la réplication de l'ADN consistait à déterminer si le mécanisme de réplication était semi-conservatif, conservatif ou dispersif.

En 1958, deux jeunes scientifiques, Matthew Meselson et Franklin Stahl imaginèrent une expérience pour déterminer laquelle de ces possibilités décrivait correctement la réplication de l'ADN. Leur idée consistait à laisser des molécules d'ADN parental contenant des nucléotides d'une densité particulière se répliquer dans un milieu contenant des nucléotides d'une autre densité. Si l'ADN se répliquait de manière semi-conservative, les molécules filles devaient contenir une moitié de la densité d'origine et une moitié de la nouvelle densité et donc être de densité intermédiaire. Pour réaliser cette expérience, ils cultivèrent des cellules d'*E. coli* dans un milieu contenant l'isotope lourd de l'azote (^{15}N) au lieu de la forme légère normale (^{14}N). Cet isotope fut inséré

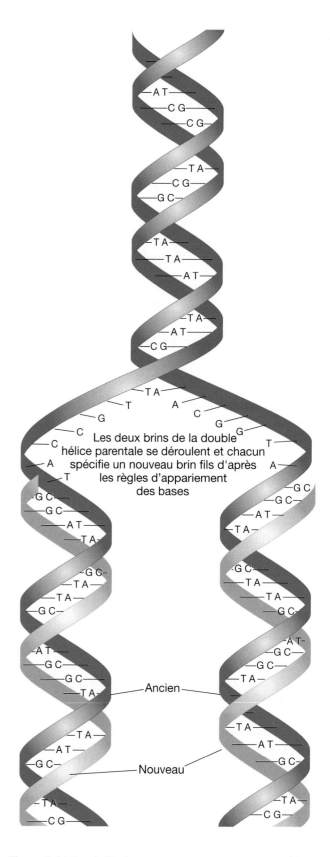

Figure 7-11 La réplication semi-conservative de l'ADN. Le modèle de réplication de l'ADN proposé par Watson et Crick repose sur la spécificité des liaisons hydrogène entre les paires de bases. Les brins parentaux, représentés en bleu, servent de matrice pour la polymérisation. Les brins néosynthétisés, en jaune, ont des séquences de bases complémentaires de leurs matrices respectives.

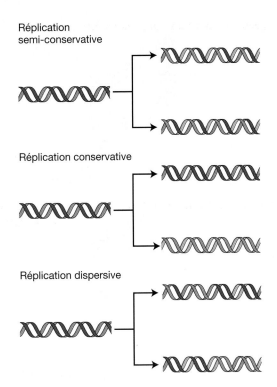

Figure 7-12 Trois modes alternatifs de réplication de l'ADN. Le modèle de Watson et Crick conduit au premier profil (semi-conservatif). Les lignes jaunes représentent les brins néosynthétisés.

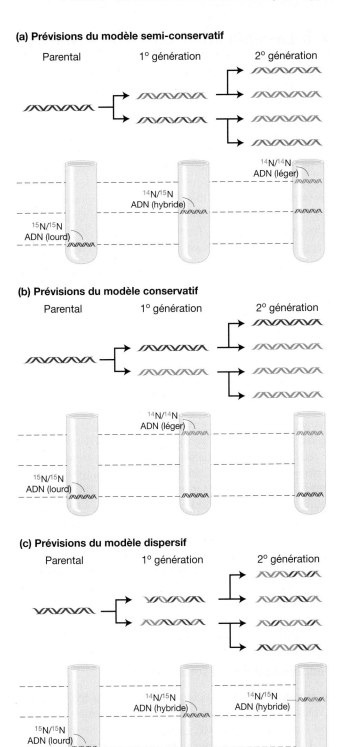

dans les bases azotées, qui furent ensuite incorporées dans les brins néosynthétisés d'ADN. Après un grand nombre de divisions cellulaires en présence de ^{15}N, tout l'ADN de ces cellules était marqué par l'isotope lourd. Les cellules furent ensuite retirées du milieu au ^{15}N et transférées sur un milieu au ^{14}N. Après respectivement une et deux divisions cellulaires, des échantillons furent prélevés et l'ADN fut isolé à partir de chaque échantillon.

Meselson et Stahl réussirent à distinguer les ADN de densités différentes car ces molécules peuvent être séparées par un procédé appelé *centrifugation en gradient de chlorure de césium*. Lorsque le chlorure de césium est centrifugé à très haute vitesse (50 000 rpm) pendant plusieurs heures, les ions césium et chlorure migrent vers le fond du tube sous l'action de la force centrifuge. Finalement, un gradient d'ions s'établit dans le tube, avec la concentration ionique (ou densité) la plus élevée dans le fond. L'ADN centrifugé en présence de chlorure de césium forme une bande en une position identique à sa densité dans le gradient. Les ADN de densités différentes forment des bandes à des endroits distincts. Les cellules cultivées initialement en présence de l'isotope lourd ^{15}N présentaient un ADN de densité élevée. Cet ADN est représenté en rouge dans la partie gauche de la Figure 7-13a. Après avoir cultivé ces cellules en présence de l'isotope léger ^{14}N pendant une génération, les chercheurs découvrirent que l'ADN était de densité intermédiaire, représenté pour moitié en rouge (^{15}N) et pour moitié en vert (^{14}N) dans la partie centrale. Après deux générations, ils

Figure 7-13 L'expérience de Meselson-Stahl démontre que l'ADN est copié par une réplication semi-conservative. L'ADN centrifugé dans un gradient de chlorure de césium (CsCl) formera des bandes selon sa densité. (a) Lorsque les cellules cultivées sur un milieu contenant du ^{15}N sont transférées sur un milieu contenant du ^{14}N, la première génération produit une bande intermédiaire unique d'ADN et la deuxième génération, deux bandes : une intermédiaire et une légère. Ce résultat s'accorde avec les prévisions du modèle semi-conservatif de réplication de l'ADN. (b et c) Les résultats prévus par la réplication conservative et la réplication dispersive, représentés ici, *n'ont pas* été obtenus.

observèrent à la fois de l'ADN de faible densité et de l'ADN de densité intermédiaire (partie droite de la Figure 7-13a), ce que prédisait exactement le modèle de Watson et Crick.

> **MESSAGE** L'ADN est répliqué grâce au déroulement de la double hélice et à la synthèse d'un nouveau brin complémentaire de chacun des brins séparés de la double hélice d'origine.

La fourche de réplication

Une autre des prévisions du modèle de réplication de l'ADN de Watson et Crick est qu'une *fourche* de réplication devrait être observée dans la molécule d'ADN en cours de réplication. Cette fourche correspond au site au niveau duquel la double hélice se déroule pour produire les deux brins qui servent de matrices pour la copie des nouveaux brins. En 1963, John Cairns testa cette hypothèse en incorporant de la thymidine tritiée ([³H]-thymidine) – le nucléotide thymidine marqué par un isotope radioactif de l'hydrogène appelé tritium – dans de l'ADN bactérien en cours de réplication. Théoriquement, chaque molécule fille devait contenir un brin radioactif («chaud», avec ³H) et un autre non radioactif («froid», avec ²H). À différents intervalles et après des nombres variables de cycles de réplication en milieu marqué, Cairns lysa précautionneusement les bactéries et laissa le contenu des cellules se répandre sur un morceau de papier filtre, placé ensuite sur une lamelle de microscope. Pour finir, Cairns recouvrit le filtre d'une émulsion photographique et l'exposa dans le noir pendant deux mois. Cette procédure appelée autoradiographie permit à Cairns de développer une photographie révélant la position de ³H dans le matériel cellulaire. Lorsque ³H se désintègre, il émet une particule bêta (un électron chargé d'énergie). L'émulsion photographique révèle une réaction chimique à chaque endroit où une particule bêta heurte l'émulsion. L'émulsion peut ensuite être développée comme une épreuve photographique, sur laquelle l'émission de chaque particule bêta apparaît sous la forme d'une tache noire ou grain.

Après un cycle de réplication dans la [³H]-thymidine, un anneau formé de points apparut sur l'autoradiogramme. Cairns interpréta cet anneau comme étant un brin radioactif néosynthétisé dans une molécule fille d'ADN circulaire, comme le montre la Figure 7-14a. On voit également dans cette figure que le chromosome bactérien est circulaire – une conclusion qui était déjà ressortie d'analyses génétiques décrites précédemment (Chapitre 5). Pendant le second cycle de réplication, les fourches prévues par le modèle devinrent effectivement visibles. De plus, la densité des grains dans les trois segments permit l'interprétation présentée dans la Figure 7-14b : la courbe épaisse de points coupant l'intérieur du cercle d'ADN serait le brin fils néosynthétisé, constitué cette fois de *deux* brins radioactifs. Cairns observa des profils autoradiographiques en forme de croissants de lune de toutes tailles, correspondant au déplacement progressif des fourches de réplication autour de l'anneau. Les structures

(a) Un chromosome après un cycle de réplication

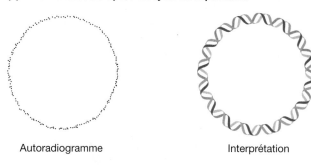

Autoradiogramme   Interprétation

(b) Un chromosome au cours du deuxième cycle de réplication

Fourches de réplication

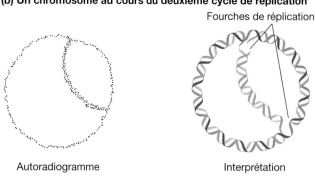

Autoradiogramme   Interprétation

Figure 7-14 Un chromosome bactérien en cours de réplication possède deux fourches de réplication. (a) *À gauche* : l'autoradiogramme d'un chromosome bactérien après une réplication en présence de thymidine tritiée. D'après le modèle semi-conservatif de la réplication, l'un des deux brins devrait être radioactif. *À droite* : l'interprétation de l'autoradiogramme. Les brins jaunes correspondent aux brins tritiés. (b) *À gauche* : L'autoradiogramme d'un chromosome bactérien au cours du deuxième cycle de réplication en présence de thymidine tritiée. Dans cette structure thêta (θ), la double hélice néo-répliquée qui traverse le cercle pourrait comporter deux brins radioactifs (si le brin parental était le brin marqué). *À droite* : l'épaisseur double du tracé radioactif sur l'autoradiogramme semble confirmer l'interprétation proposée ici.

du type présenté dans la Figure 7-14b sont appelées des **structures thêta (θ)**.

Les ADN polymérases

L'un des problèmes auxquels étaient confrontés les scientifiques était de comprendre la façon précise dont les bases sont acheminées jusqu'à la matrice double-brin. Bien que les scientifiques supposaient une participation d'enzymes, cette possibilité ne fut prouvée qu'en 1959, lorsque Arthur Kornberg isola l'ADN polymérase. Cette enzyme ajoute des désoxyribonucléotides à l'extrémité 3' d'une chaîne nucléotidique en cours d'élongation, en utilisant comme matrice un seul des brins d'ADN exposé par le déroulement local de la double hélice (Figure 7-15). Les substrats de l'ADN polymérase sont les formes triphosphate des désoxyribonucléotides, dATP, dGTP, dCTP et dTTP.

On sait maintenant qu'il existe trois ADN polymérases chez *E. coli*. La première enzyme purifiée par Kornberg est désormais appelée ADN polymérase I, ou pol I. Bien que

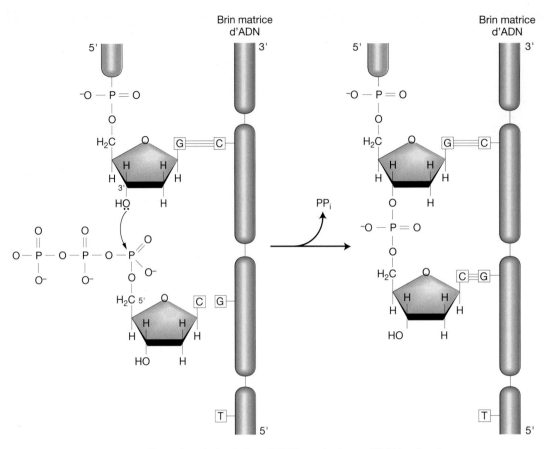

Figure 7-15 La réaction d'élongation de la chaîne d'ADN catalysée par l'ADN polymérase. L'énergie de la réaction provient de la rupture de la liaison phosphate riche en énergie du substrat triphosphate.

pol I participe à la réplication de l'ADN (voir section suivante), l'ADN pol III accomplit la majorité de la synthèse de l'ADN.

7.4 Une vue d'ensemble de la réplication de l'ADN

À mesure que l'ADN pol III avance, la double hélice est déroulée de façon continue devant l'enzyme afin d'exposer des segments de plus en plus longs des brins d'ADN qui serviront de matrices (Figure 7-16). L'ADN pol III agit au niveau de la **fourche de réplication**, la zone au niveau de laquelle la double hélice est déroulée. Cependant, comme l'ADN polymérase ajoute toujours les nucléotides à l'extrémité 3' *en cours d'élongation*, seul l'un des deux brins antiparallèles peut servir de matrice à la réplication qui se déroule dans le sens de la progression de la fourche de réplication. Pour ce brin, la synthèse peut avoir lieu sans problème de manière continue dans ce sens. Le nouveau brin synthétisé à partir de cette matrice s'appelle le **brin précoce**.

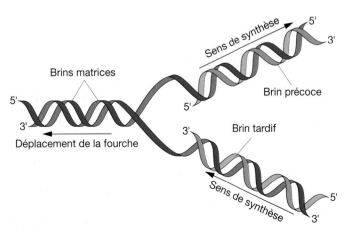

Figure 7-16 La réplication de l'ADN au niveau d'une fourche de réplication en croissance. Lors de la synthèse d'ADN, la fourche se déplace en même temps que la double hélice se déroule. La synthèse du brin précoce peut se produire sans accroc de façon continue dans le sens du déplacement de la fourche de réplication, mais la synthèse du brin tardif doit se dérouler dans le sens opposé à celui du déplacement de la fourche de réplication.

1. La primase synthétise de courts oligonucléotides d'ARN copiés à partir d'ADN

2. L'ADN polymérase II allonge les amorces d'ARN par de l'ADN néosynthétisé.

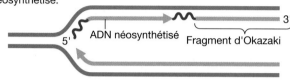

3. L'ADN polymérase I enlève l'ARN à l'extrémité 5' du fragment voisin et comble les brèches.

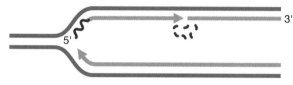

4. L'ADN ligase relie les fragments adjacents.

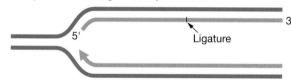

Figure 7-17 Les étapes de la synthèse du brin tardif. La synthèse d'ADN se déroule de façon continue sur le brin précoce et de façon discontinue sur le brin tardif.

La synthèse à partir de l'autre matrice a également lieu à partir des extrémités 3' en cours d'élongation, mais cette synthèse a lieu dans le « mauvais » sens car, pour ce brin, le sens de synthèse 5' vers 3' est toujours à l'opposé du sens de progression de la fourche de réplication (voir Figure 7-16). Comme nous le verrons, la nature de la machinerie de réplication nécessite la synthèse des deux brins au niveau de la région de la fourche de réplication. Par conséquent, la synthèse qui se déroule à l'envers du sens de progression de la fourche ne peut avoir lieu sur de longues distances. Elle doit être effectuée en courts fragments. La polymérase synthétise un fragment, puis revient jusqu'à l'extrémité 5' de celui-ci, au niveau de laquelle la fourche a exposé une nouvelle partie de la matrice, et le processus recommence. Ces courts fragments (1 000 à 2 000 nucléotides) d'ADN néosynthétisé sont appelés **fragments d'Okazaki**.

La réplication de l'ADN pose un nouveau problème en raison du fait que l'ADN polymérase peut allonger une chaîne mais est incapable de commencer sa synthèse. C'est pourquoi la synthèse du brin précoce et de chaque fragment d'Okazaki doit débuter par une **amorce**. Il s'agit d'une courte chaîne de nucléotides qui se fixe au brin matrice pour former un fragment d'acide nucléique double-brin. On peut voir une amorce dans la réplication de l'ADN représentée

dans la Figure 7-17. Les amorces sont synthétisées par un complexe protéique appelé **primosome**, dont l'un des composants principaux est une enzyme appelée **primase**, qui est une sorte d'ARN polymérase. La primase synthétise un court fragment (~ 8 à 12 nucléotides) d'ARN complémentaire d'une région spécifique du chromosome. Dans le cas du brin précoce, seule une amorce est nécessaire, car après ce premier amorçage, le brin d'ADN en cours d'élongation sert d'amorce pour l'addition ininterrompue des nucléotides. En revanche, dans le cas du brin tardif, chaque fragment d'Okazaki a besoin de sa propre amorce. La chaîne d'ARN constituant l'amorce est ensuite étendue par une chaîne d'ADN synthétisée par l'ADN pol III.

Une autre ADN polymérase, pol I retire les amorces d'ARN et remplit les brèches ainsi créées par de l'ADN. Comme nous l'avons dit plus haut, pol I est l'enzyme purifiée initialement par Kornberg. Une autre enzyme, l'**ADN ligase** relie l'extrémité 3' de l'ADN ajouté dans la brèche, à l'extrémité 5' du fragment d'Okazaki situé en aval. Le nouveau brin ainsi formé est appelé **brin tardif**. L'ADN ligase relie les fragments d'ADN en catalysant la formation d'une liaison phosphodiester entre l'extrémité 5' phosphate d'un fragment et le groupement 3' OH adjacent d'un autre fragment.

C'est la seule enzyme capable de réunir des chaînes d'ADN.

> **MESSAGE** La réplication de l'ADN se déroule au niveau de la fourche de réplication, le site au niveau duquel la double hélice est déroulée et où les deux brins se séparent. La réplication de l'ADN se déroule de façon continue pour le brin précoce dans le sens de progression de la fourche de réplication. L'ADN du brin tardif est synthétisé sous la forme de courts fragments dans le sens inverse de la progression de la fourche. L'ADN polymérase a besoin qu'une amorce (une courte chaîne de nucléotides) soit déjà en place pour commencer sa synthèse.

L'une des caractéristiques de la réplication de l'ADN est sa précision, ou fidélité : il y a au total moins de 1 erreur pour 10^{10} nucléotides insérés. L'une des raisons de la précision de la réplication de l'ADN s'explique par la présence dans l'ADN pol I et l'ADN pol III, d'une activité exonucléasique 3' vers 5' qui tient lieu de « correction d'épreuves » (*proofreading* en anglais) en excisant les bases mal appariées insérées par erreur. Les souches dépourvues d'une exonucléase 3' vers 5' fonctionnelle ont un taux de mutation plus élevé. De plus, la primase étant dépourvue d'activité de correction d'épreuves, l'amorce d'ARN a une probabilité plus élevée de comporter des erreurs que l'ADN. Pour maintenir la fidélité élevée de la réplication, il est essentiel que les amorces d'ARN présentes aux extrémités des fragments d'Okazaki soient retirées et remplacées par de l'ADN grâce à l'ADN pol I. La réparation de l'ADN sera traitée en détail au Chapitre 14.

7.5 Le réplisome : une remarquable machinerie de réplication

La deuxième caractéristique de la réplication de l'ADN est sa vitesse. Le temps nécessaire à la réplication du chromosome d'*E. coli* peut descendre jusqu'à 40 minutes. Par conséquent, son génome constitué d'environ 5 millions de paires de bases doit être copié à une vitesse d'environ *2 000 nucléotides par seconde*. Grâce à l'expérience de Cairns, nous savons qu'*E. coli* utilise deux fourches de réplication pour copier la totalité de son génome. Chaque fourche doit donc être capable de se déplacer à une vitesse pouvant atteindre *1 000 nucléotides par seconde*. Ce qui est remarquable dans le processus de réplication de l'ADN considéré dans son

ensemble, c'est qu'il ne sacrifie pas la vitesse à la précision. Comment peut-il maintenir à la fois rapidité et fidélité, étant donné la complexité des réactions qui doivent se dérouler au niveau de la fourche de réplication ? En réalité, l'ADN polymérase appartient à un gros complexe « nucléoprotéique » qui coordonne les activités au niveau de la fourche de réplication. Ce complexe, appelé **réplisome**, est un exemple de « machinerie moléculaire ». Nous en verrons d'autres exemples dans des chapitres ultérieurs. La découverte du fait que la plupart des fonctions essentielles des cellules – la réplication, la transcription et la traduction par exemple – sont réalisées par de gros complexes comportant de multiples sous-unités a modifié notre façon de considérer la cellule. Pour en avoir une idée, examinons plus en détail le réplisome.

Certains des composants du réplisome en interaction chez *E. coli* sont présentés dans la Figure 7-18. Au niveau de la fourche de réplication, la partie catalytique centrale de l'ADN pol III appartient en fait à un complexe plus gros appelé **holoenzyme pol III**. Ce complexe est constitué de deux parties catalytiques et de nombreuses **protéines**

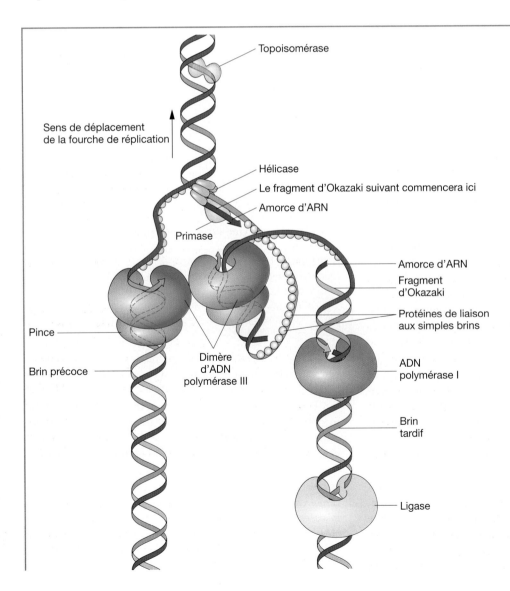

Figure 7-18 Des détails du réplisome et des protéines accessoires au niveau de la fourche de réplication. La topoisomérase et l'hélicase déroulent la double hélice en vue de la réplication de l'ADN. Une fois la double hélice déroulée, des protéines de liaison aux simples brins empêchent la double hélice d'ADN de se reformer. La figure représente ce que l'on appelle le modèle en trombone (appelé ainsi car il ressemble à un trombone en raison de la formation d'une boucle dans le brin tardif) qui montre comment l'on imagine la coordination par les deux parties catalytiques centrales des nombreux événements dans la réplication du brin précoce et du brin tardif. [Adapté de Geoffrey Copper, *The Cell*. Sinauer Associates, 2000.]

accessoires. L'un des centres catalytiques assure la synthèse du brin précoce alors que l'autre se charge de celle du brin tardif. Certaines des protéines accessoires (non représentées sur la Figure 7-18) forment une connexion qui relie les deux centres catalytiques, coordonnant ainsi la synthèse des brins précoce et tardif. Le brin tardif est représenté formant une boucle, ce qui permet au réplisome de coordonner la synthèse des deux brins et de progresser dans le même sens que la fourche de réplication. On voit également une protéine accessoire importante appelée **pince coulissante** (*sliding clamp* en anglais), qui encercle l'ADN comme un beignet. L'association de pol III avec la protéine en forme de pince maintient pol III attachée à la molécule d'ADN. Ainsi, pol III, qui était une enzyme capable d'ajouter seulement 10 nucléotides avant de se décrocher de la matrice (appelé **enzyme distributive**) se transforme-t-elle en une enzyme qui reste fixée à la fourche de réplication en mouvement et ajoute des dizaines de milliers de nucléotides (une **enzyme processive**). Grâce à l'action des protéines accessoires, la synthèse des brins précoce et tardif est donc à la fois rapide et hautement coordonnée. Il faut également remarquer que la primase, l'enzyme qui synthétise l'amorce d'ARN, ne touche pas la pince coulissante. Pour cette raison, la primase se comporte comme une enzyme distributive – elle ajoute seulement quelques ribonucléotides avant de se dissocier de la matrice. Ce mode d'action s'explique par le fait que l'amorce doit juste avoir la longueur nécessaire pour former un point de départ double-brin convenable pour l'ADN pol III.

Le déroulement de la double hélice

Lorsque le modèle de la double hélice fut proposé en 1953, l'une des principales objections était que la réplication d'une telle structure nécessiterait le déroulement de la double hélice au niveau de la fourche de réplication et la rupture des liaisons hydrogène qui maintiennent les brins associés. Comment l'ADN pourrait-il être déroulé si rapidement et, même si c'était le cas, cela ne conduirait-il pas au surenroulement de l'ADN derrière la fourche et donc à un enchevêtrement insurmontable ? Nous savons désormais que le réplisome contient deux classes de protéines qui ouvrent l'hélice et empêchent le surenroulement : il s'agit des **hélicases** et des **topoisomérases** respectivement. Les hélicases sont des enzymes qui rompent les liaisons hydrogène maintenant ensemble les deux brins de la double hélice. Comme la pince coulissante, l'hélicase encercle l'ADN. À partir de cette position, elle sépare rapidement les deux brins de la double hélice en amont de la synthèse de l'ADN. L'ADN déroulé est stabilisé par des **protéines de liaison aux simples brins** (**protéines SSB** pour *single-strand binding*), qui se fixent à l'ADN simple-brin et empêchent le duplex (le double brin) de se reformer.

L'ADN circulaire peut être enroulé et replié, exactement comme on peut introduire des tours supplémentaires dans un élastique. Le déroulement de la fourche de réplication par les hélicases provoque un enroulement supplémentaire dans d'autres régions. Ces tours, appelés supertours, se forment pour libérer les contraintes créées par l'enroulement

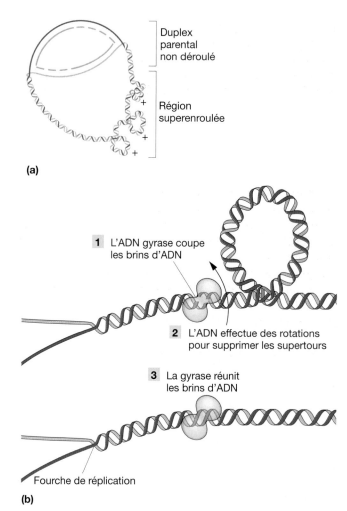

(a)

(b)

Figure 7-19 L'activité de l'ADN gyrase (une topoisomérase) au cours de la réplication. (a) Des régions superenroulées positivement s'accumulent devant la fourche de réplication lorsque les brins parentaux se séparent en vue de la réplication. (b) Une topoisomérase telle que l'ADN gyrase supprime le superenroulement de ces régions en coupant les brins d'ADN (ce qui les laisse libres d'effectuer des rotations) puis en les reliant. [Partie a d'après A. Kornberg et T. A. Baker, *DNA Replication*, 2e éd. Copyright 1992 par W. H. Freeman and Company.]

supplémentaire des brins devant la zone séparée. L'enroulement et les supertours doivent être supprimés pour permettre la poursuite de la réplication. Ces supertours peuvent être créés ou supprimés par des enzymes appelées topoisomérases, dont l'ADN gyrase (Figure 7-19) est un exemple. Les topoisomérases suppriment les supertours de l'ADN en rompant l'un des brins d'ADN ou les deux, ce qui permet à l'ADN d'effectuer des rotations jusqu'à devenir une molécule relâchée. La topoisomérase termine son action en réunissant les brins de la molécule d'ADN à présent relâchée.

> **MESSAGE** Une machinerie moléculaire appelée réplisome effectue la synthèse de l'ADN. Le réplisome comprend deux unités d'ADN polymérase pour effectuer la synthèse de chaque brin et coordonner l'activité des protéines accessoires nécessaires à la synthèse des amorces, au déroulement de la double hélice et à la stabilisation des simples brins.

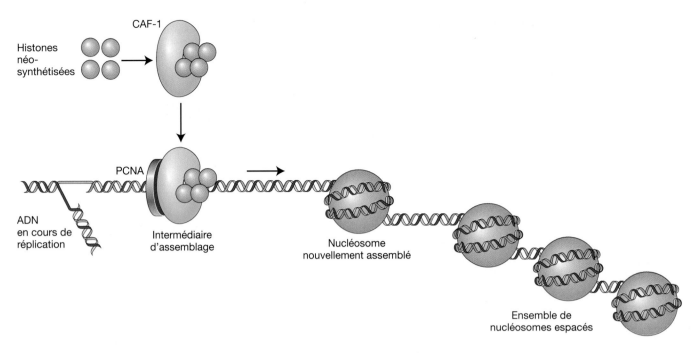

Figure 7-20 L'assemblage des nucléosomes au cours de la réplication de l'ADN. La protéine CAF-1 achemine les histones jusqu'à la fourche de réplication, où elles sont assemblées pour former des nucléosomes. Pour des raisons de simplicité, l'assemblage des nucléosomes n'est détaillé que pour l'une des molécules répliquées d'ADN.

Le réplisome eucaryote

La réplication de l'ADN, tant chez les Procaryotes que chez les Eucaryotes, fait appel à un mécanisme semi-conservatif et comporte la synthèse d'un brin précoce et d'un brin tardif. Pour cette raison, il n'est pas surprenant que les constituants du réplisome des Procaryotes et des Eucaryotes présentent de grandes similitudes. Néanmoins, plus la complexité des organismes augmente, plus le nombre des composants du réplisome est élevé. On connaît maintenant 13 composants du réplisome d'*E. coli* et 27 dans les réplisomes de la levure et des mammifères. L'une des raisons de cette complexité supplémentaire du réplisome eucaryote est due à la complexité plus importante de la matrice eucaryote. Rappelons que, au contraire du chromosome bactérien, les chromosomes eucaryotes sont présents dans le noyau sous la forme de chromatine. Comme nous l'avons vu au Chapitre 3, l'unité de base de la chromatine est le **nucléosome** qui est constitué d'ADN enroulé autour de protéines, les histones. Le réplisome doit donc non seulement copier les brins parentaux, mais également dissocier les nucléosomes dans les brins parentaux et les reformer dans les molécules filles. Ceci est réalisé grâce à une distribution aléatoire des anciennes histones (à partir des nucléosomes existants) entre les molécules filles et à l'acheminement de nouvelles histones en association avec une protéine appelée **facteur d'assemblage de la chromatine 1 (CAF-1** pour *chromatin assembly factor 1* en anglais) jusqu'au réplisome. CAF-1 se fixe aux histones et les dirige vers la fourche de réplication, où elles peuvent être assemblées avec l'ADN néosynthétisé. CAF-1 et son chargement d'histones arrivent au niveau de la fourche de

réplication en se fixant à l'équivalent eucaryote de la protéine coulissante, appelé **antigène nucléaire de prolifération cellulaire (PCNA** pour *proliferating cell nuclear antigen* en anglais) (Figure 7-20).

> **MESSAGE** Le réplisome eucaryote remplit les mêmes fonctions que le réplisome procaryote mais il doit en outre dissocier et reformer les complexes ADN-protéines appelés nucléosomes.

7.6 L'assemblage du réplisome : l'amorçage de la réplication

L'assemblage du réplisome chez les Procaryotes comme chez les Eucaryotes est un processus ordonné qui commence au niveau de sites précis sur le chromosome (appelés **origines**) et se produit seulement à certains moments de la vie de la cellule.

Les origines procaryotes de réplication

Chez *E. coli*, la réplication commence à partir d'une origine fixe (appelée ***ori*C**) puis se poursuit dans les deux sens (avec des fourches de réplication en mouvement aux deux extrémités, comme nous l'avons vu dans la Figure 7-14) jusqu'à ce que les deux fourches se rejoignent. La Figure 7-21a décrit le déroulement de ce processus. La première étape de l'assemblage du réplisome est la fixation d'une protéine

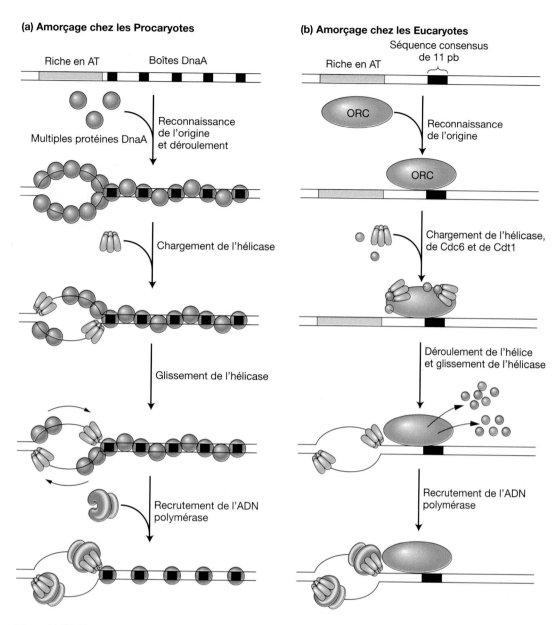

(a) Amorçage chez les Procaryotes

(b) Amorçage chez les Eucaryotes

Figure 7-21 L'amorçage de la synthèse de l'ADN au niveau des origines de réplication chez les Procaryotes (a) et chez la levure, un Eucaryote simple (b). Dans les deux cas, les protéines se fixent à l'origine (*oriC* et *ORC*) où elles séparent les deux brins de la double hélice et recrutent les composants du réplisome au niveau des deux fourches de réplication. Chez les Eucaryotes, la réplication est corrélée au cycle cellulaire par la disponibilité de deux protéines : Cdc6 et Cdt1.

appelée **DnaA** à une séquence spécifique longue de 13 pb (appelée «boîte DnaA», *DnaA box* en anglais) répétée cinq fois dans *oriC*. En réponse à la fixation de DnaA, l'origine est déroulée au niveau d'un groupe de nucléotides A et T. Rappelons que les paires de bases AT sont maintenues par deux liaisons hydrogène seulement, alors qu'il y en a trois pour les paires GC. Par conséquent, la séparation (**fusion**) de la double hélice est plus facile au niveau des étendues d'ADN riches en bases A et T.

Après le début de la séparation des brins, d'autres protéines DnaA se fixent aux régions devenues simple-brin. DnaA recouvrant désormais l'origine, deux hélicases (la pro-

téine **DnaB**) se fixent alors et glissent dans le sens 5' vers 3' pour commencer à ouvrir l'hélice au niveau de la fourche de réplication. La primase et l'holoenzyme ADN pol III sont alors recrutées au niveau de la fourche de réplication par des interactions protéine-protéine et la synthèse d'ADN commence. Vous pourriez vous demander pourquoi DnaA n'est pas représentée dans la Figure 7-18 (la machinerie du réplisome). La réponse s'explique par le fait que malgré sa nécessité pour l'assemblage du réplisome, elle ne fait pas partie de la machinerie de réplication. Sa fonction est en fait de conduire le réplisome au bon endroit dans le chromosome circulaire pour permettre l'amorçage de la réplication.

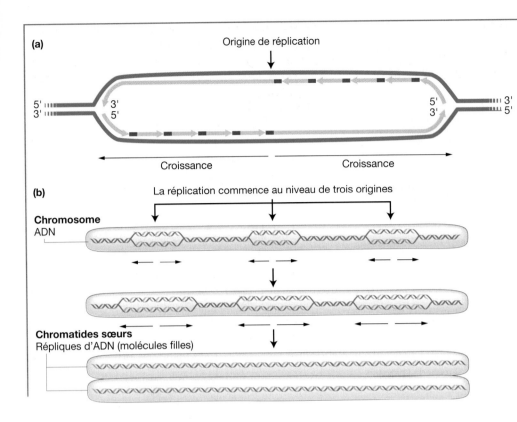

Figure 7-22 La nature bidirectionnelle de la réplication de l'ADN. Les flèches noires indiquent le sens de l'allongement des molécules filles d'ADN. (a) Débutant au niveau de l'origine, les ADN polymérases s'en éloignent dans les deux sens. Les longues flèches orange représentent les brins précoces et les successions de flèches courtes, les brins tardifs. (b) Le déroulement de la réplication au niveau chromosomique. Trois origines de réplication sont représentées dans cet exemple.

Les origines eucaryotes de réplication

Les bactéries telles que *E. coli* effectuent généralement un cycle complet de réplication-division en 20 à 40 minutes. Chez les Eucaryotes, le cycle peut durer de 1,4 heure chez la levure à 24 heures dans des cellules animales en culture, voire de 100 à 200 heures pour certaines cellules. Les Eucaryotes doivent résoudre le problème de la coordination de la réplication de plusieurs chromosomes et celui de la réplication de la structure complexe du chromosome lui-même.

Les origines des Eucaryotes simples tels que la levure ressemblent beaucoup à *ori*C chez *E. coli*. Elles comportent des régions riches en AT dont les deux brins se séparent lorsqu'une protéine d'amorçage se fixe à des sites de liaison adjacents. Les origines de réplication ne sont pas bien caractérisées chez les organismes supérieurs mais on sait qu'elles sont bien plus longues que celles des Procaryotes et peuvent comporter jusqu'à plusieurs milliers voire des dizaines de milliers de nucléotides. Au contraire des chromosomes procaryotes, chaque chromosome eucaryote possède un grand nombre d'origines de réplication afin de répliquer rapidement les génomes eucaryotes d'une taille nettement supérieure à celle des génomes procaryotes. Environ 400 origines de réplication sont réparties dans les 16 chromosomes de la levure et on estime à plusieurs milliers le nombre de fourches en mouvement dans les 23 chromosomes humains. Par conséquent chez les Eucaryotes, la réplication se déroule dans les deux

sens à partir de multiples sites d'origine (Figure 722). Les doubles hélices produites au niveau de chaque origine de réplication s'agrandissent et finissent par se rejoindre. Lorsque la réplication des deux brins est achevée, deux **molécules filles** identiques d'ADN sont produites.

> **MESSAGE** Les moments et les lieux auxquels se produit la réplication sont soigneusement contrôlés par l'assemblage ordonné du réplisome au niveau d'un site précis appelé origine. La réplication a lieu dans les deux sens à partir d'une même origine sur le chromosome circulaire procaryote. Elle se déroule dans les deux sens à partir de centaines ou de milliers d'origines présentes sur chacun des longs chromosomes linéaires eucaryotes.

La réplication de l'ADN et le cycle cellulaire eucaryote

Nous avons vu au Chapitre 3 que la synthèse d'ADN ne se produit que lors d'une des étapes du cycle cellulaire eucaryote, la phase S (synthèse) (Figure 7-23). De quelle façon le début de la synthèse d'ADN est-il limité à cette étape unique ? Chez la levure (le système eucaryote le mieux caractérisé) la technique de contrôle repose sur la corrélation de l'assemblage du réplisome avec le cycle cellulaire, comme le montre la Figure 7-21b. Chez la levure, trois protéines sont nécessaires pour débuter l'assemblage du réplisome. Le

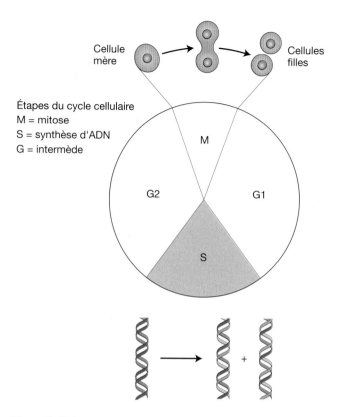

Figure 7-23 Les étapes du cycle cellulaire.

La réplication est corrélée au cycle cellulaire par l'intermédiaire de la disponibilité de Cdc6 et Cdt1. Chez la levure, ces protéines sont synthétisées à la fin de la mitose et au cours de l'intermède 1 (G1) et sont détruites par protéolyse après le début de la synthèse. De cette façon, le réplisome peut être assemblé uniquement avant la phase S. Une fois la réplication commencée, aucun nouveau réplisome ne peut se former au niveau des origines, car Cdc6 et Cdt1 sont dégradées pendant la phase S et ne sont donc plus disponibles. Ceci signifie que les origines ne peuvent recevoir leur autorisation une fois la phase S commencée.

7.7 Les télomères et la télomérase : la terminaison de la réplication

La réplication de la molécule linéaire d'ADN d'un chromosome eucaryote a lieu dans les deux sens à partir de nombreuses origines de réplication, comme le montre la Figure 7-22. Ce processus permet la réplication de la majeure partie de l'ADN chromosomique, mais il existe un problème inhérent à la réplication des deux extrémités des molécules linéaires d'ADN, au niveau des régions appelées **télomères**. La synthèse continue du brin précoce peut se poursuivre jusqu'à l'extrémité de la matrice. En revanche, la synthèse du brin tardif nécessite des amorces en amont de la réaction. De ce fait, lorsque la dernière amorce est dégradée, il reste une extrémité simple-brin dans l'une des molécules filles d'ADN (Figure 7-24). Si le chromosome fils possédant cette molécule d'ADN subit en l'état une nouvelle réplication, les séquences terminales absentes du brin conduiront à une molécule double-brin raccourcie après la réplication. À chacun des cycles suivants de réplication, le télomère continuera à raccourcir, jusqu'à entraîner une perte d'information.

Les cellules ont élaboré un système spécialisé pour empêcher cette perte. Elles ajoutent de multiples copies d'une séquence simple non codante à l'ADN présent aux extrémités des chromosomes afin d'éviter ce raccourcissement. Par exemple, chez le cilié unicellulaire *Tetrahymena*, des copies de la séquence TTGGGG sont ajoutées à l'extrémité 3' de chaque chromosome. Chez l'homme, ce sont des copies de la séquence TTAGGG. Cette extension de la molécule d'ADN crée un ADN non codant qui peut être « sacrifié » pour les besoins du processus de réplication.

complexe de reconnaissance de l'origine (**ORC** pour *origin recognition complex* en anglais) se fixe d'abord aux séquences des origines de levure, comme la protéine DnaA chez *E. coli*. Bien que découvert chez la levure, un complexe similaire a été identifié également chez tous les Eucaryotes étudiés. La présence de ORC au niveau de l'origine sert à recruter deux autres protéines, Cdc6 et Cdt1. Ces deux protéines, en association avec ORC, peuvent recruter l'hélicase réplicative appelée complexe MCM, ainsi que les autres composants du réplisome. On dit que la fixation de l'hélicase « **accorde un permis de continuer** (*license* en anglais) » à l'origine. Les origines doivent recevoir ce permis (ou autorisation) avant de pouvoir favoriser l'assemblage du réplisome et débuter la synthèse d'ADN.

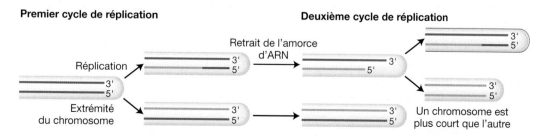

Figure 7-24 Le problème de la réplication au niveau des extrémités des chromosomes. Une fois retirée l'amorce de la dernière portion du brin tardif, il n'est plus possible de polymériser ce segment et un chromosome tronqué (raccourci) serait produit si le chromosome contenant le brin incomplet était répliqué en l'état.

(a) Élongation   **(b) Translocation**

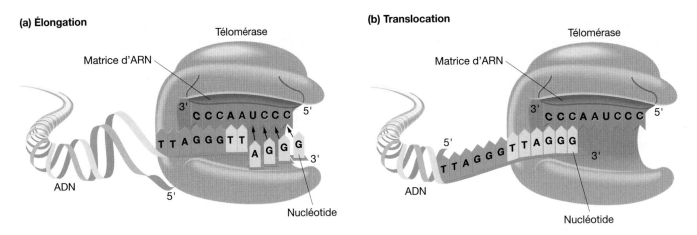

Figure 7-25 L'allongement des télomères. (a) La télomérase porte une courte molécule d'ARN qui sert de matrice pour l'addition de la séquence d'ADN complémentaire, ajoutée nucléotide par nucléotide à l'extrémité 3' de la double hélice. Chez l'homme, la séquence d'ADN ajoutée (souvent en de nombreux exemplaires) est TTAGGG. (b) Pour ajouter une autre répétition, la translocase subit une translocation à l'extrémité de la répétition qu'elle vient d'ajouter.

Une enzyme appelée **télomérase** assure l'addition de cette séquence non codante à l'extrémité 3'. La télomérase porte une petite molécule d'ARN dont une partie sert de matrice pour la polymérisation de l'unité télomérique répétée. Chez l'homme, la séquence d'ARN 3'-AAUCCC-5' sert de matrice à l'unité répétée 5'-TTAGGG-3' grâce au mécanisme décrit dans la Figure 7-25. La Figure 3-16 met en évidence les positions de l'ADN télomérique grâce à une technique particulière de marquage chromosomique.

RÉPONSES AUX QUESTIONS CLÉS

- **Avant la découverte de la structure en double hélice, quelle preuve expérimentale permettait d'affirmer que l'ADN est le matériel génétique ?**

Avery et ses collaborateurs démontrèrent que l'ADN est le composant chimique issu de cellules mortes, capable de transformer des bactéries vivantes non virulentes en bactéries virulentes. Hershey et Chase étendirent cette découverte aux virus bactériens (phages) en montrant que l'infection bactérienne suit l'injection d'ADN phagique et non de protéines, dans des cellules bactériennes.

- **Quelles données furent utilisées pour déduire le modèle en double hélice de la structure de l'ADN ?**

On connaissait tout d'abord les composants de l'ADN et le mode de formation des chaînes uniques. On savait également d'après les règles de Chargaff que (1) la quantité totale de nucléotides pyrimidiques (T + C) est toujours égale à la quantité totale de nucléotides puriques (A + G) et (2) que la quantité de T est toujours égale à celle de A, de même que la quantité de G est égale à celle de C. En revanche la quantité de A + T n'est pas toujours égale à celle de G + C. Enfin, les profils de diffraction aux rayons X de Rosalind Franklin avaient montré que l'ADN est organisé en une double hélice et avaient fourni les dimensions de cette hélice. Watson et Crick utilisèrent les règles de Chargaff et les dimensions de la double hélice pour établir que A s'apparie toujours avec T et G avec C.

- **De quelle manière la structure en double hélice suggère-t-elle un mécanisme de réplication pour l'ADN ?**

Les deux moitiés de la double hélice doivent se séparer et, en raison de la spécificité de l'appariement des bases, elles servent toutes deux de matrices pour la polymérisation des nouveaux brins, formant ainsi deux doubles hélices filles identiques.

- **Pourquoi qualifie-t-on les protéines qui répliquent l'ADN de machinerie biologique ?**

Un grand nombre des protéines impliquées dans la réplication de l'ADN interagissent par le biais de contacts protéine-protéine et sont assemblées uniquement aux endroits (les origines) et aux moments où elles sont nécessaires pour coordonner un processus biologique complexe.

- **Comment la réplication de l'ADN peut-elle être à la fois rapide et précise ?**

La réplication est rapide car l'ADN pol III reste attachée au substrat qui lui sert de matrice (enzyme processive) ; elle est précise en raison de l'activité de correction d'épreuves de l'ADN pol III et de la coordination par le réplisome des multiples étapes de synthèse des brins précoce et tardif, qui comprennent également le retrait des nucléotides incorporés par erreur.

- **Quel mécanisme particulier assure la réplication des extrémités des chromosomes ?**

Les extrémités des chromosomes (télomères) sont allongées par une enzyme particulière (la télomérase) constituée à la fois d'une protéine et d'un ARN.

RÉSUMÉ

Le travail expérimental réalisé pour déterminer la nature moléculaire du matériel héréditaire a démontré de manière décisive que l'ADN (et non les protéines, les lipides ou quelque autre substance) est effectivement le matériel génétique. Utilisant des données obtenues par d'autres chercheurs, Watson et Crick ont déduit un modèle de double hélice comportant deux brins d'ADN enroulés l'un autour de l'autre et orientés de manière antiparallèle. La spécificité de la liaison des deux brins est fondée sur l'ajustement de l'adénine (A) à la thymine (T) et sur celui de la guanine (G) à la cytosine (C). La paire A-T est maintenue par deux liaisons hydrogène et la paire G-C, par trois.

Le modèle de Watson et Crick montre de quelle façon l'ADN peut se répliquer de manière ordonnée – une nécessité capitale pour le matériel génétique. La réplication est effectuée de manière semi-conservative tant chez les Procaryotes que chez les Eucaryotes. Une double hélice est répliquée en deux hélices identiques, possédant exactement les mêmes séquences linéaires de nucléotides. Chacune des deux nouvelles doubles hélices est constituée d'un ancien et d'un nouveau brin d'ADN.

La double hélice d'ADN est déroulée au niveau d'une fourche de réplication et les deux simples brins ainsi produits servent de matrice pour la polymérisation des nucléotides libres. Les nucléotides sont polymérisés par l'ADN polymérase (une enzyme), qui ajoute les nouveaux nucléotides uniquement à l'extrémité 3' d'une chaîne d'ADN en cours d'élongation. L'addition étant effectuée exclusivement à partir des extrémités 3', la polymérisation est continue sur l'un des brins, produisant le brin précoce, tandis qu'elle est discontinue sur l'autre brin, où elle est exécutée par addition de courts fragments (les fragments d'Okazaki), formant le brin tardif. La synthèse du brin précoce et de chaque fragment d'Okazaki débute par une courte amorce d'ARN (synthétisée par la primase) qui fournit une extrémité 3' pour l'addition des désoxyribonucléotides.

Les multiples événements qui doivent se produire précisément et rapidement au niveau de la fourche de réplication sont assurés par le réplisome, une machinerie biologique qui comprend deux unités d'ADN polymérase agissant à la fois sur le brin précoce et sur le brin tardif. De cette façon, le temps supplémentaire nécessaire pour synthétiser et relier les fragments d'Okazaki en un brin continu peut être coordonné à la synthèse plus simple du brin précoce. Les moments et les endroits auxquels la réplication a lieu sont soigneusement contrôlés par l'assemblage ordonné du réplisome au niveau de certains sites du chromosome appelés origines. Les génomes eucaryotes peuvent comporter des dizaines de milliers d'origines au niveau desquelles l'assemblage des réplisomes ne peut avoir lieu qu'à un moment spécifique du cycle cellulaire. Les extrémités des chromosomes linéaires (télomères) posent un problème au système de réplication car elles comportent toujours un court fragment sur un brin qui ne peut être amorcé. L'addition d'un certain nombre de courtes séquences répétées pour maintenir la longueur des chromosomes est assurée par une enzyme, la télomérase, qui comporte un court ARN servant de matrice pour la synthèse des répétitions télomériques.

MOTS CLÉS

ADN ligase (p. 241)

Amorce (p. 241)

Antigène nucléaire de prolifération cellulaire (PCNA) (p. 244)

Antiparallèle (p. 234)

Autorisation (p. 247)

Base (p. 232)

Base complémentaire (p. 237)

Brin précoce (p. 240)

Brin tardif (p. 241)

Code génétique (p. 235)

Complexe de reconnaissance de l'origine (ORC) (p. 246)

Désoxyribose (p. 232)

DnaA (p. 245)

DnaB (p. 245)

Double hélice (p. 233)

Enzyme distributive (p. 243)

Enzyme processive (p. 243)

Facteur d'assemblage de la chromatine 1 (CAF-1) (p. 244)

Fourche de réplication (p. 240)

Fragment d'Okazaki (p. 241)

Fusion (p. 245)

PROBLÈMES RÉSOLUS

1. La mitose et la méiose ont été traitées au Chapitre 3. D'après ce que nous avons vu dans ce chapitre au sujet de la réplication de l'ADN, tracez un graphique montrant le contenu en ADN en fonction du temps, d'une cellule subissant la mitose puis la méiose. Supposez qu'il s'agit d'une cellule diploïde.

Solution

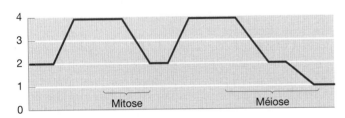

2. Si le contenu en GC d'une molécule d'ADN est de 56 %, quels sont les pourcentages des quatre bases (A, T, G et C) de cette molécule ?

Solution

Si le contenu en GC d'une molécule est de 56 %, alors, puisque G = C, le contenu en G est de 28 % comme celui de C. Le contenu en AT est de 100 − 56 = 44 %. Comme A = T, le contenu en A et celui de T sont tous deux de 22 %.

3. Décrivez le profil de bandes attendu dans un gradient de CsCl pour la réplication *conservative* dans l'expérience de Meselson et Stahl. Faites un schéma.

Solution

Reportez-vous à la Figure 7-13 pour une explication supplémentaire. Dans la réplication conservative, si les bactéries sont cultivées en présence de ^{15}N et transférées ensuite dans un milieu contenant du ^{14}N, une molécule d'ADN sera entièrement marquée au ^{15}N après la première génération, tandis que l'autre molécule ne contiendra que du ^{14}N. Ceci se traduira par une bande lourde et une bande légère dans le gradient. Après la deuxième génération, l'ADN ^{15}N fournira une molécule ne contenant que du ^{15}N et une molécule ne contenant que du ^{14}N, tandis que l'ADN ^{14}N fournira seulement de l'ADN ^{14}N. Ainsi, seuls des ADN contenant uniquement du ^{14}N ou uniquement du ^{15}N seront observés au cours de l'expérience, produisant à nouveau une bande légère et une bande lourde :

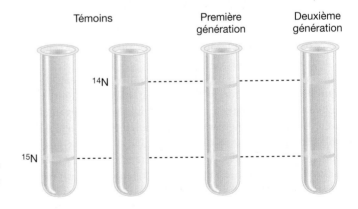

Incubation des cellules lourdes dans du ^{14}N

PROBLÈMES

PROBLÈMES ÉLÉMENTAIRES

1. Décrivez les différents types de liaisons chimiques dans la double hélice d'ADN.

2. Expliquez ce que signifient les termes *réplication conservative* et *réplication semi-conservative*.

3. Qu'entend-on par *amorce* et pourquoi des amorces sont-elles nécessaires à la réplication de l'ADN ?

4. Que sont les hélicases et les topoisomérases ?

5. Pourquoi la synthèse de l'ADN est-elle continue sur un brin et discontinue sur le brin opposé ?

6. Si les quatre désoxyribonucléotides présentaient un appariement non spécifique de leurs bases (A avec C, A avec G, T avec G, etc.) l'information spécifique contenue dans un gène serait-elle conservée d'un cycle de réplication à l'autre ? Justifiez votre réponse.

7. Si les hélicases étaient absentes du processus de réplication, que se passerait-il alors ?

8. Les deux brins d'une molécule d'ADN sont répliqués simultanément de manière continue sur un brin et de manière discontinue sur l'autre. Pourquoi un brin ne peut-il être répliqué dans sa totalité (d'une extrémité à l'autre) avant le début de la réplication de l'autre brin ?

9. Que se passerait-il si au cours de la réplication, les topoisomérases étaient incapables de réunir les fragments d'ADN de chaque brin après le déroulement (relâchement) de la molécule d'ADN ?

10. Que se produirait-il si la synthèse d'ADN était discontinue sur les deux brins ?

    a. Les fragments d'ADN provenant des deux nouveaux brins pourraient être mélangés, ce qui pourrait provoquer des mutations.

    b. La synthèse d'ADN n'aurait pas lieu car les enzymes capables d'assurer la réplication discontinue sur les deux brins seraient absentes.

    c. La synthèse pourrait durer plus longtemps, mais à part cela, il n'y aurait pas de différence notable.

    d. La synthèse d'ADN n'aurait pas lieu, car il faudrait dérouler la totalité du chromosome avant de pouvoir répliquer les deux brins de manière discontinue.

11. Parmi les propositions suivantes, laquelle *n'est pas* une propriété essentielle du matériel héréditaire ?

    a. Il doit pouvoir être copié de manière précise.

    b. Il doit coder l'information nécessaire pour former des protéines et des structures complexes.

    c. Il doit muter de temps à autre.

    d. Il doit être capable de s'adapter à chacun des tissus du corps.

12. Il est essentiel que les amorces d'ARN aux extrémités des fragments d'Okazaki soient retirées et remplacées par de l'ADN car sinon :

    a. L'ARN pourrait ne pas être lu de façon précise au cours de la transcription, ce qui interférerait alors avec la synthèse protéique.

    b. L'ARN aurait une probabilité plus forte de contenir des erreurs car la primase est dépourvue d'activité de correction d'épreuves.

    c. Les fragments d'ARN seraient déstabilisés et commenceraient à se fragmenter en nucléotides, ce qui créerait des brèches dans la séquence.

    d. Les amorces d'ARN établiraient probablement des liaisons hydrogène les unes avec les autres, ce qui créerait des structures complexes qui pourraient interférer avec la formation correcte de l'hélice d'ADN.

13. Les polymérases ajoutent généralement 10 nucléotides environ à un brin d'ADN avant de se dissocier. Cependant au cours de la réplication, l'ADN pol III peut ajouter des dizaines de milliers de nucléotides au niveau d'une fourche de réplication en mouvement. Comment cela se produit-il ?

14. Au niveau de chaque origine de réplication, il y a deux fourches bidirectionnelles de réplication. Que se passerait-il si un mutant apparaissait avec une seule fourche de réplication par bulle de réplication ? (Voir schéma ci-dessous.)

Normal   Mutant

    a. Il n'y aurait aucun changement dans la réplication.

    b. La réplication se produirait uniquement au niveau d'une moitié du chromosome.

    c. La réplication ne serait complète que pour le brin précoce.

    d. La réplication prendrait deux fois plus de temps.

15. Dans une cellule diploïde dans laquelle $2n = 14$, combien y a-t-il de télomères dans chacune des phases suivantes du cycle cellulaire : **(a)** G_1 ; **(b)** G_2 ; **(c)** la prophase mitotique ; **(d)** la télophase mitotique ?

16. Si la thymine représente 15 % des bases dans une molécule d'ADN déterminée, quel est le pourcentage de cytosine ?

17. Si le contenu en GC d'une molécule d'ADN est de 48 %, quels sont les pourcentages des quatre bases (A, T, G et C) dans cette molécule ?

18. Supposons qu'un certain chromosome bactérien possède une origine de réplication. Dans des conditions particulières de division cellulaire rapide, la réplication pourrait débuter au niveau de cette origine avant la fin du cycle de réplication précédent. Combien de fourches de réplication seraient présentes dans ces conditions ?

19. Une molécule de composition :

    5'-AAAAAAAAAAA-3'
    3'-TTTTTTTTTTTTT-5'

est répliquée dans une solution d'adénine nucléoside triphosphate dont tous les atomes de phosphore sont des isotopes radioactifs ^{32}P. Les deux molécules filles seront-elles radioactives? Justifiez votre réponse. Répondez à nouveau à cette question pour la molécule

5'-ATATATATATATAT-3'
3'-TATATATATATATA-5'

20. L'expérience de Meselson et Stahl aurait-elle fonctionné si des cellules diploïdes eucaryotes avaient été utilisées à la place des cellules d'*E. coli*?

21. Considérons le fragment suivant d'ADN, qui appartient à une molécule plus longue constituant un chromosome:

5'.....ATTCGTACGATCGACTGACTGACAGTC.....3'
3'.....TAAGCATGCTAGCTGACTGACTGTCAG.....5'

Si l'ADN polymérase commence à répliquer ce segment à partir de la droite,

a. quel brin servira de matrice à la réplication du brin précoce?

b. Dessinez la molécule lorsque l'ADN polymérase se trouve à mi-chemin sur ce fragment.

c. Dessinez les deux molécules filles entières.

d. Votre schéma de la question b est-il compatible avec une réplication bidirectionnelle à partir d'une origine unique, qui est le mode habituel de réplication?

22. Les ADN polymérases sont positionnées sur le fragment suivant d'ADN (qui appartient à une molécule beaucoup plus longue) et se déplacent de droite à gauche. Si l'on suppose qu'un fragment d'Okazaki est synthétisé à partir de ce fragment, quelle sera sa séquence? Indiquez ses extrémités 5' et 3'.

5'.....CCTTAAGACTAACTACTTACTGGGATC.....3'
3'.....GGAATTCTGATTGATGAATGACCCTAG.....5'

23. On laisse des chromosomes d'*E. coli* dont tous les atomes d'azote sont marqués (c'est-à-dire dont chaque atome d'azote est l'isotope lourd ^{15}N au lieu de l'isotope normal ^{14}N) se répliquer dans un environnement dans lequel tout l'azote est du ^{14}N. En utilisant une ligne continue pour représenter une chaîne polynucléotidique lourde et une ligne en pointillés pour représenter une chaîne légère, faites des schémas de chacune des descriptions ci-dessous:

a. Le chromosome parental lourd et les produits de la première réplication après transfert sur un milieu au ^{14}N, en supposant que le chromosome est une double hélice d'ADN et que la réplication est semi-conservative.

b. Même question qu'en (a) mais en supposant cette fois que la réplication est conservative.

c. Même question qu'en (a) mais en supposant que le chromosome est en réalité constitué de deux doubles hélices placées côte à côte et se répliquant chacune de manière semi-conservative.

d. Même question qu'en (c) mais en supposant que chacune des doubles hélices placées côte à côte se réplique de façon conservative et que la réplication de l'ensemble du *chromosome* est semi-conservative.

e. Si les chromosomes fils issus de la première division en présence de ^{14}N sont centrifugés dans un gradient de densité de chlorure de césium (CsCl) et si une bande unique est obtenue, lesquelles des possibilités (a) à (d) peuvent-elles être écartées? Réexaminez l'expérience de Meselson et Stahl: que *prouve*-t-elle?

24. Une étudiante travaillant dans le laboratoire de Griffith découvre trois échantillons de cellules marqués «A», «B» et «C». Ignorant ce que contient chaque échantillon, l'étudiante décide de les injecter dans certaines de ses souris à la fois individuellement ou combinés, pour voir si elle peut déterminer ce qu'il y avait dans chacun d'eux. Elle observe les réponses des souris infectées après une période d'incubation et récupère des échantillons de sang de chacun des groupes de test afin de rechercher la présence possible de cellules infectieuses. Elle note ces observations dans le tableau ci-dessous. En supposant que chaque échantillon contient une seule chose dans sa forme pure, à votre avis, que contenaient les échantillons «A», «B» et «C»?

Échantillon injecté	Réponse des souris	Type de cellules recueillies à partir des souris
A	mortes	Cellules S vivantes
B	aucune	aucun
C	aucune	Cellules R vivantes
A + B	mortes	Cellules S vivantes
A + C	mortes	Cellules R et S vivantes
B + C	mortes	Cellules S vivantes
A + B + C	mortes	Cellules S vivantes

25. Si dans l'expérience du Problème 24, les protéines de l'enveloppe cellulaire étaient les facteurs transformants, à quels résultats vous attendriez-vous? Remplissez le tableau ci-dessous. (Rappelez-vous que les échantillons sont les mêmes que dans le Problème 24.)

Échantillon injecté	Réponse des souris	Type de cellules recueillies à partir des souris
A		
B		
C		
A + B		
A + C		
B + C		
A + B + C		

26. Si une mutation inactivant la télomérase se produit dans une cellule (activité de la télomérase dans la cellule = zéro) quel sera le résultat de cette mutation ?

27. Sur la planète Rama, l'ADN comporte six sortes de nucléotides : A, B, C, D, E et F. A et B sont appelés des *marzines*, C et D des *orsines*, et E et F des *pirines*. Les règles suivantes sont valables pour tous les ADN de Rama :

Total des marzines = total des orsines = total des pirines

$$A = C = E$$
$$B = D = F$$

a. Imaginez un modèle pour la structure de l'ADN de Rama.

b. Sur Rama, la mitose produit trois cellules filles. D'après cette information, proposez un profil de réplication pour votre modèle d'ADN.

c. Considérez le processus de la méiose sur Rama. Quels commentaires ou conclusions pouvez-vous proposer ?

28. Si vous extrayez l'ADN du coliphage ΦX174, vous constaterez que sa composition est de 25 % de A, 33 % de T, 24 % de G et 18 % de C. Ceci a-t-il un sens d'après les règles de Chargaff ? Comment interpréteriez-vous ce résultat ? Comment un tel phage pourrait-il répliquer son ADN ?

L'ARN : LA TRANSCRIPTION ET LA MATURATION

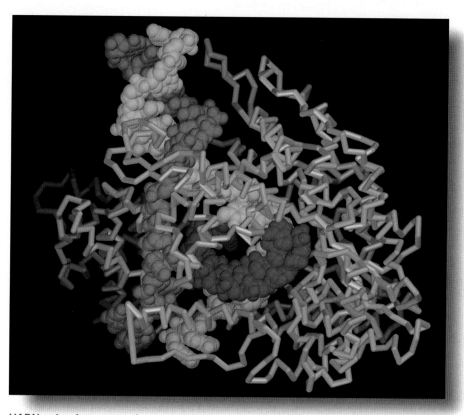

L'ARN polymérase en action. Une ARN polymérase de très petite taille (en bleu) synthétisée par le bactériophage T7, transcrit l'ADN en un brin d'ARN (en rouge). L'enzyme sépare les deux brins de la double hélice d'ADN (en jaune et en orange), exposant le brin matrice pour qu'il soit copié en ARN. [David S. Goodsell, Scripps Research Institute.]

QUESTIONS CLÉS

- En quoi la structure de l'ARN diffère-t-elle de celle de l'ADN ?

- Quelles sont les différentes classes d'ARN présentes dans la cellule ?

- Comment l'ARN polymérase est-elle positionnée au bon endroit pour débuter la transcription chez les Procaryotes ?

- Comment l'ARN eucaryote synthétisé par l'ARN polymérase II est-il modifié avant de quitter le noyau ?

- Pourquoi la découverte des introns doués d'auto-épissage est-elle considérée par certains comme aussi importante que la découverte de la double hélice d'ADN ?

SOMMAIRE

L'ESSENTIEL DU CHAPITRE

Nous examinerons dans ce chapitre les premières étapes du transfert de l'information des gènes jusqu'à leurs produits. La séquence d'ADN du génome de tout organisme contient l'information codée spécifiant chacun des produits des gènes que cet organisme est en mesure de fabriquer. Ces séquences d'ADN codent non seulement la structure de ces produits, mais elles contiennent également l'information qui spécifie les moments, les endroits et les quantités de produits à synthétiser. Pourtant, cette information est constante dans un organisme ; elle est contenue dans la séquence de l'ADN. Pour l'utiliser, une molécule intermédiaire qui est une copie d'un gène donné, doit être synthétisée avec l'utilisation de la séquence d'ADN comme guide. Cette molécule est un ARN et sa synthèse à partir de l'ADN s'appelle la *transcription*.

La Figure 8-1 montre un résumé des principales idées de ce chapitre, appliquées aux systèmes procaryotes et eucaryotes. Nous pouvons considérer l'action des gènes comme un processus de copie et de déchiffrage de l'information codée dans le gène. Le transfert de l'information du gène jusqu'à son produit se déroule en plusieurs étapes. La première étape, qui fait l'objet de ce chapitre, consiste à copier (*transcrire*) l'information en un brin d'ARN en utilisant l'ADN comme un guide d'alignement ou matrice. Chez les Procaryotes, l'information contenue dans l'ARN est presque aussitôt convertie en une chaîne d'acides aminés (polypeptide)

par un processus appelé *traduction*. Cette deuxième étape fera l'objet du Chapitre 9. Chez les Eucaryotes, la transcription et la traduction sont séparées dans l'espace. En effet, la transcription a lieu dans le noyau et la traduction, dans le cytoplasme. Cependant, avant que les ARN soient prêts à être transportés dans le cytoplasme pour y être traduits, ils subissent une maturation importante, qui comprend le retrait des introns, l'addition d'une coiffe spéciale en 5' et d'une queue de nucléotides adénine en 3'. Un ARN dont la maturation est achevée s'appelle ARN *messager* (ARNm). Comme la réplication de l'ADN, sa transcription est effectuée par une machinerie moléculaire qui coordonne la synthèse et la maturation de l'ARNm. Pour une minorité de gènes, l'ARN est le produit final et dans ce cas, il n'est jamais traduit en protéine.

La fonction de l'ADN et de l'ARN est basée sur deux principes :

1. La complémentarité des bases impose la séquence d'un nouveau brin d'ADN lors de la réplication et de la séquence de l'ARN lors de la transcription. Grâce à l'appariement des bases complémentaires, l'ADN est répliqué et l'information qu'il code est transférée à l'ARN (et en dernier lieu, à la protéine).

2. Certaines protéines reconnaissent des séquences particulières de bases dans l'ADN. Ces protéines de liaison aux acides nucléiques se fixent à ces séquences et agissent à leur niveau.

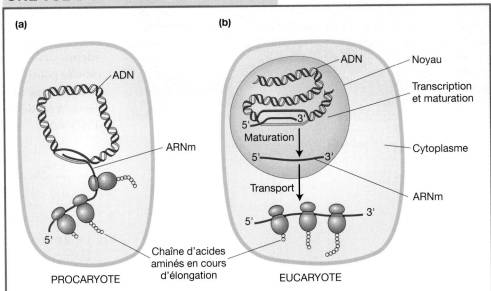

UNE VUE D'ENSEMBLE DU CHAPITRE

Figure 8-1 La transcription et la traduction. Ces deux processus se déroulent dans le même compartiment cellulaire chez les Procaryotes, mais dans des compartiments différents chez les Eucaryotes. De plus, au contraire des transcrits procaryotes d'ARN, les transcrits eucaryotes subissent une maturation importante avant d'être traduits en protéines. [D'après J. Darnell, H. Lodish et D. Baltimore, *Molecular Cell Biology*, 2e éd. Copyright 1990 par Scientific American Books, Inc. Tous droits réservés. Traduction française de la 5e édition chez De Boeck.]

Nous verrons ces deux principes à l'œuvre à travers les discussions détaillées de la transcription et de la traduction dans ce chapitre et dans des chapitres ultérieurs.

> **MESSAGE** Les opérations touchant l'ADN et l'ARN ont lieu grâce à la complémentarité des séquences de bases et à la fixation de différentes protéines à des sites spécifiques sur l'ADN ou l'ARN.

8.1 L'ARN

Les premiers chercheurs avaient de bonnes raisons de croire que l'information n'était pas transférée directement de l'ADN aux protéines. Dans une cellule eucaryote, on trouve l'ADN dans le noyau alors que les protéines sont synthétisées dans le cytoplasme. Un intermédiaire est donc nécessaire.

Les premières expériences suggèrent un intermédiaire d'ARN

En 1957, Elliot Volkin et Lawrence Astrachan firent une observation importante. Ils constatèrent qu'un des événements moléculaires les plus significatifs qui suivent l'infection d'*E. coli* par le bactériophage T2 est une augmentation très nette de la synthèse d'ARN. En outre, cet ARN induit par le phage se renouvelle rapidement; c'est-à-dire que sa durée de vie est courte. Son apparition et sa disparition rapides suggéraient que l'ARN pourrait jouer un rôle dans l'expression du génome de T2, nécessaire pour fabriquer des particules virales supplémentaires.

Volkin et Astrachan démontrèrent le renouvellement rapide de l'ARN en utilisant un protocole appelé **expérience de chasse isotopique** (*pulse chase* en anglais). Pour effectuer ce type d'expérience, les bactéries infectées sont d'abord cultivées sur de l'uracile radioactif (une molécule nécessaire à la synthèse de l'ARN mais pas de l'ADN). Tout ARN synthétisé dans les bactéries à partir de ce moment sera «marqué» par l'uracile radioactif qui est facilement détectable. Après une courte période d'incubation, l'uracile radioactif est éliminé par lavage et remplacé (chassé) par de l'uracile non radioactif. Cette procédure «chasse» le marquage hors de l'ARN car, lorsqu'il est dégradé, seuls les précurseurs non marqués sont disponibles pour synthétiser de nouvelles molécules d'ARN. L'ARN isolé peu après le marquage est radioactif mais celui que l'on récupère un peu plus tard (après la chasse) n'est pas marqué, ce qui montre que l'ARN a un temps de demi-vie très court.

Une expérience similaire peut être réalisée avec les cellules eucaryotes. Les cellules sont d'abord mises au contact d'uracile radioactif. Peu de temps après, elles sont transférées sur un milieu contenant de l'uracile non marqué. Dans les échantillons prélevés avant la période de marquage, la majeure partie du marquage se retrouve dans le noyau. Dans les échantillons prélevés après cette période, l'ARN marqué est présent dans le cytoplasme (Figure 8-2). Apparemment chez les Eucaryotes, l'ARN est synthétisé dans le noyau. Il gagne ensuite le cytoplasme, dans lequel sont synthétisées les protéines. L'ARN est donc un bon candidat au rôle d'intermédiaire de transfert d'information entre l'ADN et les protéines.

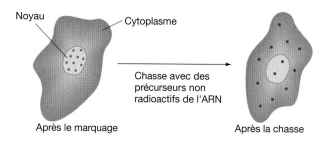

Figure 8-2 L'ARN synthétisé dans le noyau gagne le cytoplasme. Les cellules sont cultivées pendant une courte période en présence d'uracile radioactif afin de marquer l'ARN néosynthétisé (pulse). Les cellules sont ensuite lavées pour éliminer l'uracile radioactif puis cultivées en présence d'un excès d'uracile non radioactif (chasse). Les points rouges signalent les positions des ARN contenant de l'uracile radioactif à la fin de l'expérience.

Les propriétés de l'ARN

Considérons les caractéristiques générales de l'ARN. Bien que l'ARN et l'ADN soient tous deux des acides nucléiques, l'ARN se distingue de l'ADN par plusieurs éléments importants :

1. L'ARN est généralement une chaîne nucléotidique simple-brin et non une double hélice comme l'ADN. L'une des conséquences de ceci est que l'ARN est davantage flexible et peut adopter une variété bien plus importante de formes moléculaires tridimensionnelles que l'ADN double-brin. Un brin d'ARN peut se recourber de telle sorte que ses propres paires de bases peuvent s'apparier entre elles. Un tel appariement *intramoléculaire* est un déterminant important de la conformation de l'ARN.

2. Le sucre présent dans les nucléotides de l'ARN est le **ribose** et non le désoxyribose comme dans l'ADN. Comme leurs noms le suggèrent, les deux sucres se différencient uniquement par la présence ou l'absence d'un atome d'oxygène. Les groupements sucrés de l'ARN contiennent une paire oxygène-hydrogène liée au carbone 2', alors qu'un seul atome d'hydrogène est lié à cet endroit du carbone 2' dans les groupements sucrés de l'ADN.

Comme les brins individuels d'ADN, un brin d'ARN est formé d'un squelette sucre-phosphate, avec une base liée covalemment à la position 1' de chaque ribose. Les liaisons sucre-phosphate sont établies au niveau des positions 5' et 3' du sucre, exactement comme dans l'ADN. De ce fait, une chaîne d'ARN aura une extrémité 5' et une extrémité 3'.

3. Les nucléotides d'ARN (appelés ribonucléotides) comportent les bases adénine, guanine et cytosine, mais on trouve la base pyrimidique **uracile** (abrégé en **U**) à la place de la thymine.

Uracile

L'uracile forme des liaisons hydrogène avec l'adénine, exactement comme la thymine. La Figure 8-3 représente les quatre ribonucléotides présents dans l'ARN.

4. L'ARN – comme les protéines mais au contraire de l'ADN – est capable de catalyser d'importantes réactions biologiques. Les molécules d'ARN qui jouent le rôle d'enzymes s'appellent des **ribozymes**.

Les classes d'ARN

Les ARN peuvent être regroupés en deux grandes classes. L'une de ces classes d'ARN sert d'intermédiaire lors du processus de décodage des gènes en chaînes polypeptidiques. Nous qualifierons d'ARN messagers (ARNm) ces ARN «informationnels» car ils transmettent l'information comme des messagers, de l'ADN jusqu'à la protéine. Pour la minorité restante de gènes qui ne codent pas d'ARNm, l'ARN est lui-même le produit fonctionnel final. Nous qualifierons ces ARN d'«ARN fonctionnels».

L'ARN MESSAGER Les étapes par l'intermédiaire desquelles un gène influence le phénotype sont appelées *expression des gènes*. Pour la grande majorité des gènes, le transcrit d'ARN est seulement un intermédiaire nécessaire à la synthèse d'une protéine, qui est le produit fonctionnel final influençant le phénotype.

L'ARN FONCTIONNEL Plus on comprend en détail la biologie cellulaire, plus il devient évident que les ARN fonctionnels se répartissent en diverses classes dont les rôles sont différents. Une fois encore, il convient de souligner que les ARN fonctionnels sont actifs à l'état d'ARN; ils ne sont jamais traduits en polypeptides. Chaque classe d'ARN

Ribonucléotides puriques

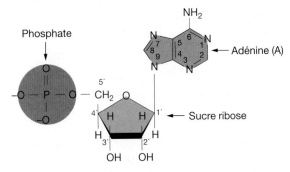

Ribonucléotides pyrimidiques

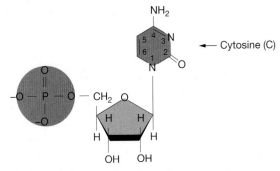

Figure 8-3 Les quatre ribonucléotides présents dans l'ARN.

fonctionnel est codée par un petit nombre de gènes (de quelques dizaines à quelques centaines au maximum). Pourtant, même si les gènes qui les codent sont relativement peu nombreux, certains ARN fonctionnels représentent un fort pourcentage de l'ARN cellulaire, car ils sont à la fois stables et transcrits en un grand nombre de copies.

Les principales classes d'ARN fonctionnels participent à différentes étapes du traitement de l'information de l'ADN jusqu'aux protéines. On trouve deux de ces classes d'ARN fonctionnels chez les Procaryotes et les Eucaryotes : les ARN de transfert et les ARN ribosomiaux.

- Les molécules d'**ARN de transfert (ARNt)** sont responsables de l'acheminement des acides aminés corrects jusqu'à l'ARNm, au cours du processus de traduction.

- Les **ARN ribosomiaux (ARNr)** sont les principaux constituants des ribosomes, qui sont de grosses machineries macromoléculaires qui guident l'assemblage de la chaîne d'acides aminés grâce à l'ARNm et aux ARNt.

Une autre classe d'ARN fonctionnels participe à la maturation de l'ARN et est spécifique des Eucaryotes.

- Les **petits ARN nucléaires (ARNsn** pour *small nuclear RNA* en anglais) appartiennent au système qui fait subir une maturation supplémentaire aux transcrits d'ARN dans les cellules eucaryotes. Certains ARNsn guident les modifications des ARNr. D'autres s'associent à plusieurs sous-unités protéiques pour former le complexe ribonucléoprotéique de maturation (appelé *splicéosome*) qui retire les introns des ARNm eucaryotes.

> **MESSAGE** Il existe deux types d'ARN : ceux qui codent des protéines (la majorité des ARN) et ceux qui sont fonctionnels à l'état d'ARN.

8.2 La transcription

La première étape du transfert de l'information du gène à la protéine est la synthèse d'un brin d'ARN dont la séquence de bases correspond à celle d'un fragment d'ADN. Cette synthèse est parfois suivie de la modification de cet ARN pour le préparer aux rôles cellulaires spécifiques qu'il devra jouer. Pour cette raison, l'ARN est synthétisé au cours d'un processus qui copie la séquence nucléotidique de l'ADN. Ce processus rappelle la transcription (copie) de mots, c'est pour cela que l'on appelle **transcription** la synthèse d'ARN. On dit que l'ADN est transcrit en ARN et l'ARN s'appelle un **transcrit**.

Une vue d'ensemble : l'ADN en tant que matrice de transcription

Comment l'information codée dans la molécule d'ADN est-elle transférée dans le transcrit d'ARN ? La transcription repose sur l'appariement complémentaire des bases. Considérons la transcription d'un segment chromosomique consti-

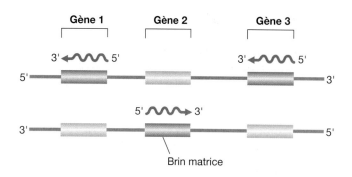

Figure 8-4 Les brins d'ADN utilisés comme matrices pour la transcription. Le sens de transcription est toujours le même pour un gène donné. Il commence à l'extrémité 3' de la matrice et c'est donc l'extrémité 5' du transcrit d'ARN qui est synthétisée en premier. Les gènes transcrits en sens inverse utilisent de ce fait comme matrices les brins opposés de l'ADN.

tuant un gène. Tout d'abord, les deux brins de la double hélice d'ADN se séparent localement et l'un des brins séparés sert de **matrice** pour la synthèse d'ARN. Dans le chromosome considéré dans sa totalité, les deux brins d'ADN sont utilisés comme matrices ; *mais dans un gène, seul l'un des brins est utilisé.* Dans ce gène, il s'agit toujours du même brin (Figure 8-4). Ensuite, des ribonucléotides synthétisés chimiquement à d'autres endroits de la cellule forment des paires stables avec les bases de la matrice dont ils sont complémentaires. Le ribonucléotide A s'apparie avec T dans l'ADN, G avec C, C avec G et U avec A. Chaque ribonucléotide est positionné face à sa base complémentaire par l'enzyme appelée **ARN polymérase**, qui se fixe à l'ADN et se déplace le long de celui-ci, reliant les uns aux autres les ribonucléotides alignés afin de fabriquer une molécule d'ARN comme on le voit dans la Figure 8-5a. Nous rencontrons donc une nouvelle fois en action les deux principes de complémentarité des bases et de fixation d'une protéine aux acides nucléiques (dans ce cas, il s'agit de l'ARN polymérase).

Nous avons vu que l'ARN possède une extrémité 5' et une extrémité 3'. Au cours de la synthèse, la croissance de l'ARN se déroule toujours dans le sens 5' vers 3'. En d'autres termes, les nucléotides sont toujours ajoutés à l'extrémité 3' en cours d'élongation comme le représente la Figure 8-5b. Les brins complémentaires d'acides nucléiques ayant une orientation inverse, le fait que l'ARN soit synthétisé dans le sens 5' vers 3' signifie que le brin matrice doit être orienté dans le sens 3' vers 5'.

Au fur et à mesure du déplacement de la molécule d'ARN polymérase le long du gène, elle déroule la double hélice d'ADN devant elle et enroule à nouveau l'ADN qui vient d'être transcrit. À mesure que la molécule d'ARN s'allonge, son extrémité 5' est déplacée de la matrice en même temps que la bulle de transcription se referme derrière la polymérase. Des «convois» d'ARN polymérases synthétisant chacune une molécule d'ARN se déplacent le long du gène. Le microscope électronique permet de visualiser les multiples brins d'ARN qui s'étendent à partir d'une seule

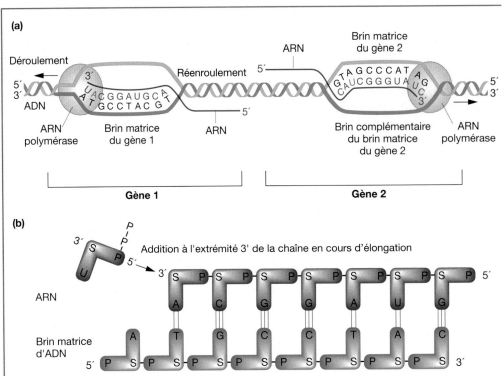

Figure 8-5 Une vue d'ensemble de la transcription. (a) La transcription de deux gènes en sens inverse. Les gènes 1 et 2 de la Figure 8-4 sont représentés ici. Le gène 1 est transcrit à partir du brin du bas. L'ARN polymérase se déplace vers la gauche en lisant le brin matrice dans le sens 3'→5' et en synthétisant l'ARN dans le sens 5'→3'. Le gène 2 est transcrit en sens inverse, vers la droite, car le brin du haut est la matrice. À mesure que la transcription se poursuit, l'extrémité 5' de l'ARN est déplacée de la matrice en même temps que la bulle de transcription se referme derrière la polymérase. (b) Lorsque le gène 1 est transcrit, le groupement phosphate de l'extrémité 5' du ribonucléotide (U) entrant se fixe à l'extrémité 3' de la chaîne d'ARN en cours d'élongation.

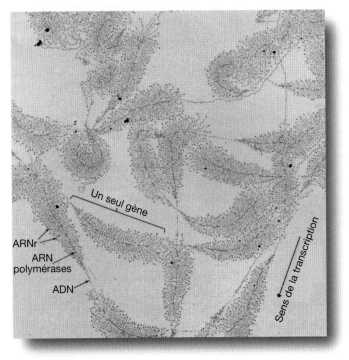

Figure 8-6 La transcription de gènes d'ARN ribosomiaux (ARNr) répétés en tandem, dans le noyau de *Triturus viridescens*, un amphibien. De nombreuses molécules d'ARN polymérases sont attachées le long de chaque gène et effectuent toutes la transcription dans le même sens. Les transcrits d'ARN en cours de synthèse apparaissent comme des fils qui s'écartent du squelette d'ADN. Les transcrits les plus courts sont plus proches du début de la transcription; les plus longs sont près de l'extrémité du gène. D'où l'aspect en «sapin de Noël». [Photographie de O. L. Miller, Jr., et Barbara A. Hamkalo.]

molécule d'ADN, ce qui rend visible l'allongement progressif des brins d'ARN (Figure 8-6).

Nous avons également vu que les bases du transcrit et de la matrice sont complémentaires. Par conséquent, la séquence nucléotidique de l'ARN doit être la même que celle du brin d'ADN complémentaire du brin matrice, à l'exception des T qui sont remplacés par des U, comme le montre la Figure 8-7. Lorsque les séquences de bases de l'ADN sont citées dans la littérature scientifique, on indique par convention la séquence du brin complémentaire du brin matrice, car cette séquence correspond à celle de l'ARN. C'est pour cette

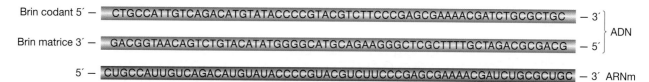

Figure 8-7 Une comparaison des séquences d'ARNm et d'ADN d'une région transcrite d'ADN. La séquence d'ARNm est complémentaire du brin matrice d'ADN à partir duquel il est transcrit et correspond donc à la séquence du brin codant (à l'exception des U dans l'ARN à la place des T dans l'ADN). Cette séquence appartient au gène de l'enzyme β-galactosidase.

raison que l'on qualifie ce brin de **brin codant**. Il faut impérativement garder cette distinction à l'esprit au cours des discussions qui vont suivre sur la transcription.

> **MESSAGE** La transcription est asymétrique : seul un brin de l'ADN d'un gène est utilisé comme matrice pour la transcription. Ce brin est orienté dans le sens 3'→5' et l'ARN est synthétisé dans le sens 5'→3'.

Les étapes de la transcription

Dans un gène, la séquence qui code la protéine est un segment relativement court d'ADN contenu dans une molécule d'ADN bien plus longue (le chromosome). Comment le segment approprié est-il transcrit en une molécule d'ARN simple-brin de la taille et de la séquence nucléotidique correctes ? L'ADN d'un chromosome étant une unité continue, la machinerie transcriptionnelle doit être dirigée vers le début d'un gène afin de commencer la transcription au bon endroit, de poursuivre celle-ci sur toute la longueur du gène et de l'interrompre à l'autre extrémité de ce gène. Ces trois étapes distinctes de la transcription s'appellent l'**amorçage** (ou **initiation**), l'**élongation** et la **terminaison**. Bien que le processus complet de la transcription ait de grandes similitudes chez les Procaryotes et les Eucaryotes, il existe certaines différences importantes. Pour cette raison, nous allons d'abord suivre les trois étapes chez les Procaryotes (en utilisant la bactérie intestinale *E. coli* comme exemple), puis chez les Eucaryotes.

L'AMORÇAGE CHEZ LES PROCARYOTES Comment l'ARN polymérase trouve-t-elle le point de départ correct pour la transcription ? Chez les Procaryotes, l'ARN polymérase se fixe généralement à une séquence spécifique d'ADN que l'on appelle un **promoteur**. Cette séquence est proche du début de la région transcrite. Un promoteur est une partie importante de la région régulatrice d'un gène. Rappelons que, puisque la synthèse d'un transcrit d'ARN commence à partir de son extrémité 5' et se poursuit dans le sens 5' vers 3', on dessine par convention le gène et on en parle également selon son orientation 5' vers 3'. En général, l'extrémité 5' est représentée à gauche et l'extrémité 3', à droite. Dans cette représentation, puisque le promoteur doit être proche de l'endroit du gène où commence la transcription, on dit qu'il se trouve au niveau de l'extrémité 5' du gène. C'est pourquoi on appelle également la région promotrice, région régulatrice en 5' (Figure 8-8a).

La Figure 8-8b représente les séquences promotrices de sept gènes différents dans le génome d'*E. coli*. Puisque la même ARN polymérase se fixe aux promoteurs de ces différents gènes, il n'est pas surprenant de constater des similitudes entre les promoteurs. En particulier, deux régions se ressemblent fortement dans presque tous les cas. On a appelé ces régions les *régions −35* (moins 35) et *−10* car elles sont situées respectivement à 35 paires de bases et 10 paires de bases avant (on dit généralement **en amont** de) la première base transcrite. Elles sont colorées en jaune dans la Figure 8-8b. Comme vous pouvez le constater, les régions −35 et −10 de différents gènes n'ont pas besoin d'être identiques pour remplir une fonction similaire. Néanmoins, il est possible d'établir une séquence de nucléotides qui présente une forte homologie avec la plupart des séquences. On l'appelle la **séquence consensus**. La séquence consensus du promoteur d'*E. coli* est indiquée dans le bas de la Figure 8-8b. Une holoenzyme d'ARN polymérase (voir le paragraphe suivant) se fixe à l'ADN en ce point, puis déroule la double hélice d'ADN et commence la synthèse d'une molécule d'ARN. La première base transcrite se trouve toujours à la même position, que l'on appelle *site d'amorçage* (ou *site d'initiation*) et à laquelle on attribue le numéro +1. Remarquez dans la Figure 8-8a que la transcription débute *avant* le segment du gène qui code la protéine (généralement au niveau de la séquence ATG, qui, comme nous le verrons au Chapitre 9, est l'endroit auquel commence habituellement la traduction). Un transcrit possède donc ce que l'on appelle une **région 5' non traduite** (**UTR 5'** pour *untranslated region* en anglais).

L'ARN polymérase bactérienne qui parcourt l'ADN à la recherche d'une séquence promotrice s'appelle l'**holoenzyme ARN polymérase** (Figure 8-9). Ce complexe à sous-unités multiples est constitué de quatre sous-unités de la **partie centrale** (ou cœur) **de l'enzyme** (deux sous-unités de α, une de β et une de β') ainsi qu'une sous-unité appelée **facteur sigma** (σ). La sous-unité σ se fixe aux régions −10 et −35, positionnant ainsi l'holoenzyme pour qu'elle débute la transcription au niveau du site de départ correct (Figure 8-9a). La sous-unité σ intervient également dans la séparation (la fusion) des brins d'ADN autour de la région −10, de sorte que la partie centrale de l'enzyme peut se fixer étroitement à l'ADN en vue de la synthèse d'ARN. Une fois le cœur de l'enzyme fixé, la transcription commence et la sous-unité σ se dissocie du reste du complexe (Figure 89b).

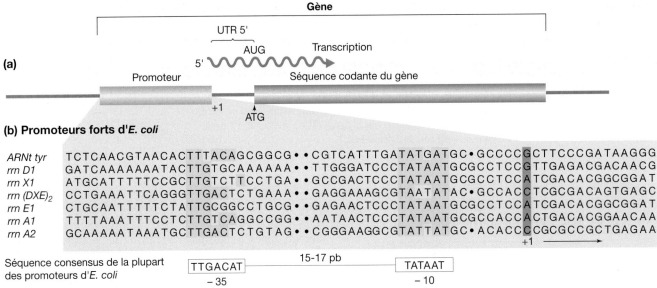

Figure 8-8 Les séquences promotrices. (a) Le promoteur est situé «en amont» (vers l'extrémité 5')
du site d'amorçage et des séquences codantes. (b) Les promoteurs contiennent des régions de séquences
similaires, comme l'indiquent les régions en jaune dans sept séquences promotrices différentes d'*E. coli*. Les
espaces (points) ont été ajoutés dans les séquences pour maximiser l'homologie des séquences communes.
Les nombres correspondent au nombre de paires de bases avant (–) ou après (+) le site d'amorçage de
la synthèse d'ARN. La séquence consensus de la plupart des promoteurs d'*E. coli* est indiquée au bas de
la figure. [D'après H. Lodish, D. Baltimore, A. Berk, S. L. Zipursky, P. Matsudaira & J. Darnell, *Biologie
moléculaire de la cellule*. Traduction française de la 3e éd. chez De Boeck, 1997. Voir aussi W. R. McClure,
Annual Review of Biochemistry 54, 1985, 171 (Séquences consensus).]

E. coli, comme la plupart des autres bactéries, possède
plusieurs facteurs σ différents. L'un d'eux, appelé σ^{70} car
sa masse est de 70 kilodaltons, est la sous-unité de σ utilisée pour amorcer la transcription de la grande majorité des
gènes d'*E. coli*. D'autres facteurs σ reconnaissent des promoteurs différents. Grâce à cela, en s'associant à différents facteurs σ, la même partie centrale d'enzyme peut reconnaître
différentes séquences promotrices et transcrire des groupes
distincts de gènes.

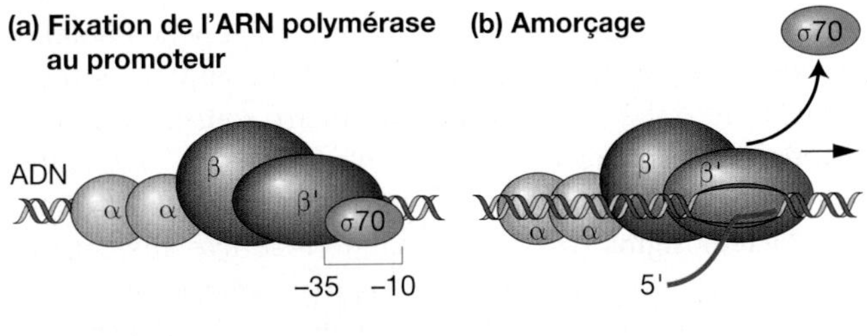

L'ÉLONGATION À mesure que l'ARN polymérase parcourt
l'ADN, elle déroule celui-ci devant elle et enroule l'ADN qui
a déjà été transcrit. De cette façon, elle maintient une région
d'ADN sous forme simple-brin que l'on appelle une **bulle
de transcription**, dans laquelle le brin matrice est exposé.
Dans la bulle, la polymérase catalyse la fixation d'un ribonu-
cléoside triphosphate libre à la base exposée suivante sur la
matrice d'ADN et, s'il y a complémentarité des bases, elle
l'ajoute à la chaîne en cours d'élongation. L'énergie nécessaire à l'addition d'un nucléotide provient de la rupture de
la liaison riche en énergie du groupement triphosphate et à
la libération de diphosphate inorganique, d'après la formule
générale ci-dessous :

$$NTP + (NMP)_n \xrightarrow[\substack{Mg^{2+} \\ ARN\ polymérase}]{ADN} (NMP)_{n+1} + PP_i$$

**(a) Fixation de l'ARN polymérase
au promoteur**   **(b) Amorçage**

**Figure 8-9 L'amorçage de la transcription chez les Procaryotes
et les sous-unités qui composent l'ARN polymérase
procaryote.** (a) La fixation de la sous-unité σ aux régions – 10 et
– 35 positionne les autres sous-unités pour permettre un amorçage
correct. (b) Peu après le début de la synthèse d'ARN, la sous-unité
σ se dissocie des autres sous-unités, qui poursuivent la transcription.
[D'après B. M. Turner, *Chromatin and Gene Regulation*. Copyright
2001 par Blackwell Science Ltd.]

La Figure 8-10a donne une représentation physique de
l'élongation. Dans la bulle de transcription, les 10 derniers
nucléotides ajoutés à la chaîne d'ARN forment un hybride
ARN:ADN grâce à l'appariement des bases complémentaires avec le brin matrice.

(a) Élongation

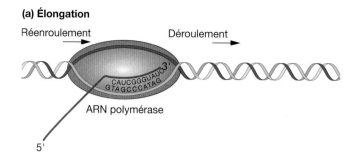

(b) Terminaison : mécanisme intrinsèque

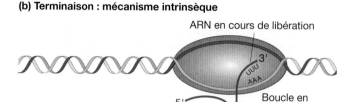

Figure 8-10 L'amorçage et la terminaison de la transcription. Les quatre sous-unités de l'ARN polymérase sont représentées sous la forme d'une ellipse unique englobant la bulle de transcription. (a) *Élongation* : La synthèse d'un brin d'ARN complémentaire de la région simple-brin du brin matrice d'ADN a lieu dans le sens 5'→3'. L'ADN est déroulé devant l'ARN polymérase et réenroulé derrière elle, après avoir été transcrit. (b) *Terminaison* : Le mécanisme intrinsèque détaillé ici est l'une des deux façons utilisées pour terminer la synthèse d'ARN et libérer de l'ADN le transcrit achevé d'ARN et l'ARN polymérase. Dans ce cas, c'est la formation d'une boucle en épingle à cheveux qui déclenche leur libération. Tant pour le mécanisme intrinsèque que pour le mécanisme rho-dépendant, la terminaison nécessite au préalable la synthèse de certaines séquences d'ARN.

LA TERMINAISON La transcription d'un gène individuel se termine au-delà du segment du gène codant la protéine, ce qui crée une **région 3' non traduite (UTR 3')** à l'extrémité du transcrit. L'élongation se poursuit jusqu'à ce que l'ARN polymérase reconnaisse des séquences nucléotidiques particulières qui servent de signal pour la terminaison de la chaîne. La rencontre avec les nucléotides du signal entraîne la libération de l'ARN naissant et le décrochage de l'enzyme fixée à la matrice (Figure 8-10b). Les deux principaux mécanismes de terminaison chez *E. coli* (et d'autres bactéries) sont appelés **mécanisme intrinsèque** et **mécanisme rho-dépendant**.

Dans le premier mécanisme, la terminaison est directe. Les séquences de terminaison comportent environ 40 paires de bases et se terminent par une séquence riche en GC suivie d'un segment de six A ou plus. Puisque G et C dans la matrice détermineront la présence respectivement de C et G dans le transcrit, l'ARN dans cette région est également riche en GC. Ces bases C et G peuvent former des liaisons hydrogène complémentaires l'une avec l'autre, ce qui provoque la création d'une **boucle en épingle à cheveux** (*hairpin loop* en anglais) (Figure 8-11). Rappelons qu'une paire de bases G–C est plus stable qu'une paire A–T, car elle comporte trois liaisons hydrogène au lieu de deux pour la paire

A–T (ou A-U). Les boucles en épingle à cheveux qui comportent majoritairement des paires G–C sont plus stables que les boucles à majorité de paires A–U. La boucle est suivie d'une séquence d'environ huit U qui correspondent aux résidus A sur la matrice d'ADN.

Normalement, au cours de l'élongation de la transcription, l'ARN polymérase marque une pause si le court hybride ADN-ARN présent dans la bulle de transcription est peu stable et rebrousse chemin pour le stabiliser. Comme les boucles en épingle à cheveux, la stabilité de l'hybride est déterminée par le nombre relatif de paires de bases G–C et A–U (ou A–T dans les hybrides ARN-ADN). Dans le mécanisme intrinsèque, on pense que la polymérase marque une pause après la synthèse de la succession de U (qui forme un hybride peu stable ADN-ARN). Cependant, la polymérase qui fait marche arrière rencontre la boucle en épingle à cheveux qui l'empêche de trouver un hybride stable. Ce blocage provoque la libération de l'ARN à partir de la polymérase et le décrochage de la polymérase depuis la matrice d'ADN.

Dans le deuxième type de mécanisme de terminaison, l'intervention du facteur **rho** est nécessaire à l'ARN polymérase pour reconnaître les signaux de terminaison. Les ARN dont les signaux de terminaison dépendent de rho ne présentent pas de succession de résidus U à leur extrémité et sont habituellement dépourvus de boucle en épingle à cheveux. Ils possèdent à la place une séquence d'environ 40 à 60 nucléotides, riche en résidus C et pauvre en résidus G. Ils comportent en amont une partie appelée site *rut* (utilisation de rho, *rho utilization* en anglais). Le facteur rho est un hexamère constitué de six sous-unités identiques qui se fixe à une chaîne naissante d'ARN au niveau de *rut*. Les sites *rut* sont localisés juste en amont (c'est-à-dire en 5') de séquences au niveau desquelles l'ARN polymérase effectue une pause. Après sa liaison, rho facilite la libération de l'ARN à partir de l'ARN polymérase. La terminaison rho-dépendante comprend donc la liaison de rho à *rut*, la pause de l'ARN polymérase et la dissociation par l'intermédiaire de rho de l'ARN à partir de l'ARN polymérase.

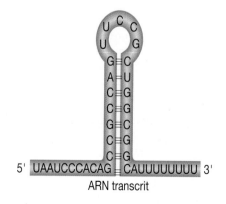

Figure 8-11 La structure d'un site de terminaison pour l'ARN polymérase bactérienne. La structure en épingle à cheveux se forme par appariement des bases complémentaires dans un brin d'ARN comportant une région riche en GC. La plupart des appariements de bases dans l'ARN ont lieu entre G et C mais il y a une paire unique A–U.

8.3 La transcription chez les Eucaryotes

Nous avons vu au Chapitre 7 que la réplication de l'ADN chez les Eucaryotes, bien que plus complexe, ressemble beaucoup à la réplication de l'ADN chez les Procaryotes. Sur certains points, il en est de même pour la transcription car les Eucaryotes ont conservé un grand nombre des événements associés à l'amorçage, l'élongation et la terminaison chez les Procaryotes. La réplication de l'ADN est plus complexe chez les Eucaryotes, en grande partie parce qu'il y a bien plus d'ADN à copier. La transcription est plus compliquée chez les Eucaryotes essentiellement pour trois raisons.

1. Les génomes eucaryotes, bien plus grands que les génomes procaryotes, ont un nombre bien plus élevé de gènes qui doivent être reconnus et transcrits. Alors que les bactéries ne comportent en général que quelques milliers de gènes, les Eucaryotes en possèdent des dizaines de milliers. De plus, il y a bien plus d'ADN non codant chez les Eucaryotes. L'ADN non codant apparaît à la suite de différents mécanismes que nous verrons au Chapitre 13. Par conséquent, même si les Eucaryotes possèdent beaucoup plus de gènes que les Procaryotes, leurs gènes sont en moyenne bien plus distants les uns des autres. Par exemple, alors que la densité de gènes (le nombre moyen de gènes pour une longueur donnée d'ADN) chez *E. coli* est de 900 gènes pour un million de paires de bases, ce nombre chute à 110 chez la drosophile et il est seulement de 9 chez l'homme. Cette densité rend la transcription, en particulier l'étape d'amorçage, bien plus compliquée. Dans les génomes des Eucaryotes pluricellulaires, trouver le début d'un gène revient à chercher une aiguille dans une botte de foin.

   Comme nous le verrons, les Eucaryotes font face à cette situation de plusieurs façons. Tout d'abord, le travail de la transcription est réparti entre trois polymérases différentes.
   a. L'ARN polymérase I transcrit les gènes d'ARNr (sauf l'ARNr 5S).
   b. L'ARN polymérase II transcrit tous les gènes codant des protéines pour lesquelles le transcrit après maturation est un ARNm ainsi que certains ARNsn.
   c. L'ARN polymérase III transcrit les petits gènes des ARN fonctionnels (tels que les gènes de l'ARNt, certains ARNsn et l'ARNr 5S).

Dans cette section, nous nous intéresserons à l'ARN polymérase II.

Les Eucaryotes exigent également l'assemblage de nombreuses protéines au niveau d'un promoteur avant que l'ARN polymérase II puisse commencer la synthèse de l'ARN. Certaines de ces protéines, appelées **facteurs généraux de transcription** (GTF pour *general transcription factors* en anglais) se fixent à l'ADN avant l'ARN polymérase II, tandis que d'autres s'y fixent après. Le rôle des GTF et leur interaction avec l'ARN polymérase II seront décrits dans la section concernant l'amorçage de la transcription chez les Eucaryotes.

2. L'une des différences importantes entre les Eucaryotes et les Procaryotes est la présence d'un noyau chez les Eucaryotes. L'ARN est synthétisé dans le noyau, qui contient également l'ADN et doit subir plusieurs types de modifications avant d'être exporté hors du noyau pour gagner le cytoplasme afin d'y être traduit. On parle de **maturation de l'ARN** pour désigner l'ensemble de ces modifications. Comme nous le verrons, la moitié 5' de l'ARN subit sa maturation alors même que la moitié 3' est en cours de synthèse. L'une des raisons de la complexité nettement supérieure de l'ARN polymérase II (une enzyme à sous-unité multiples, considérée comme une autre machinerie moléculaire) par rapport à l'ARN polymérase procaryote est qu'elle doit synthétiser l'ARN tout en coordonnant différents événements de maturation. Pour distinguer l'ARN avant et après la maturation, l'ARN néosynthétisé est appelé **transcrit primaire** ou **pré-ARNm** et les termes **ARNm** et **ARN mature** sont réservés au transcrit ayant subi une maturation complète qui peut être exporté hors du noyau. La coordination de la maturation de l'ARN et sa synthèse par l'ARN polymérase II seront développées dans la section concernant l'élongation de la transcription chez les Eucaryotes.

3. Enfin, la matrice de la transcription – l'ADN génomique – est organisée en chromatine chez les Eucaryotes (voir Chapitre 3), alors qu'elle est quasiment «nue» chez les Procaryotes. Comme nous l'apprendrons au Chapitre 10, certaines structures chromatiniennes peuvent bloquer l'accès de l'ARN polymérase à la matrice d'ADN. Cette caractéristique de la chromatine a évolué jusqu'à devenir un mécanisme très sophistiqué de régulation de l'expression des gènes. Nous n'entrerons toutefois pas pour l'instant dans une discussion de l'influence de la chromatine sur la capacité de l'ARN polymérase II d'amorcer la transcription car nous allons nous concentrer sur les événements qui se déroulent *après* que l'ARN polymérase II a eu accès à la matrice d'ADN.

L'amorçage de la transcription chez les Eucaryotes

Comme nous l'avons dit plus tôt, la transcription débute chez les Procaryotes lorsque la sous-unité σ de l'holoenzyme ARN polymérase reconnaît les régions −10 et −35 dans le promoteur d'un gène. Après le début de la transcription, la sous-unité σ se dissocie et la partie centrale (cœur) de la polymérase continue à synthétiser l'ARN dans une bulle de transcription qui parcourt l'ADN. De même chez les Eucaryotes, le cœur de l'ARN polymérase II ne peut reconnaître seul les séquences promotrices. Au contraire de ce qui se passe chez les bactéries où le facteur σ fait partie intégrante de l'holoenzyme polymérase, chez les Eucaryotes des GTF doivent se fixer à des régions du promoteur *avant* la fixation de la partie centrale de l'enzyme.

   L'amorçage de la transcription chez les Eucaryotes présente certaines caractéristiques qui rappellent l'amorçage de la réplication au niveau des origines de réplication. Nous avons vu au Chapitre 7 que des protéines qui n'appartiennent pas au réplisome amorcent l'assemblage de la machinerie de réplication. DnaA chez *E. coli* et ORC chez la levure par exemple, reconnaissent tout d'abord les séquences de l'origine de l'ADN puis s'y fixent. Ces protéines servent à attirer les protéines responsables de la réplication, y compris l'ADN polymérase III, grâce à des interactions protéine-protéine. De même les GTF, qui ne participent pas à la synthèse d'ARN, reconnaissent des séquences dans le promoteur et s'y fixent ou se reconnaissent et se fixent les uns aux autres. Ils servent à attirer la partie centrale de l'ARN polymérase II et à la positionner au niveau du site correct pour débuter la transcription. On appelle les GTF TFIIA, TFIIB, etc. (pour *transcription factor of RNA polymerase II*, facteur de transcription de l'ARN polymérase II en anglais).

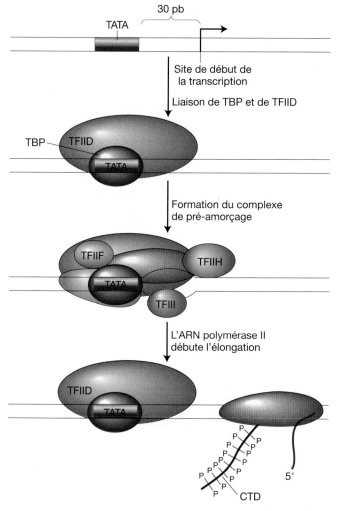

Figure 8-12 L'amorçage de la transcription chez les Eucaryotes. La formation du complexe de pré-amorçage commence généralement par la fixation de la protéine de liaison à TATA (TBP) qui recrute ensuite les autres facteurs généraux de la transcription et l'ARN polymérase II au niveau du site de début de la transcription. La transcription commence après la phosphorylation du domaine carboxy-terminal (CTD) de l'ARN polymérase II. [D'après «RNA Polymerase II Holoenzyme and Transcription Factors» *Encyclopedia of Life Sciences*. Copyright 2001, Macmillan Publishing Group Ltd./Nature Publishing Group.]

Les GTF et le cœur de l'ARN polymérase II constituent **le complexe de pré-amorçage** (ou complexe de pré-initiation). Ce complexe est très gros : il contient six GTF qui sont *chacun* des complexes multiprotéiques, ainsi que la partie centrale de l'ARN polymérase II, constituée d'une douzaine ou plus de sous-unités protéiques. La séquence d'acides aminés de certaines des sous-unités de la partie centrale de l'ARN polymérase II est conservée de la levure jusqu'à l'homme. Cette conservation peut être prouvée en remplaçant certaines sous-unités de l'ARN polymérase II de levure par leurs équivalents humains, afin de former un complexe d'ARN polymérase II *chimérique* fonctionnel. (Le terme *chimérique* vient d'une créature de la mythologie grecque qui crachait du feu, avait une tête de lion, un corps de chèvre et une queue de serpent.)

Comme les promoteurs procaryotes, les promoteurs eucaryotes sont situés du côté 5' (en amont) du site de début de la transcription. Lorsqu'on aligne les régions promotrices des eucaryotes, on peut voir que la séquence TATA est souvent distante d'environ 30 paires de bases (− 30 pb) du site de début de la transcription (Figure 8-12). Cette séquence, appelée **boîte TATA** (*TATA box* en anglais) est le site du premier événement de la transcription : la fixation de la **protéine de liaison à TATA** (**TBP** pour *TATA binding protein* en anglais). TBP fait partie du complexe TFIID, qui est l'un des six GTF. Une fois liée à la boîte TATA, TBP attire d'autres GTF ainsi que la partie centrale de l'ARN polymérase II jusqu'au promoteur, formant alors le complexe de pré-amorçage. Après l'amorçage de la transcription, l'ARN polymérase II se dissocie de la plupart des GTF afin d'allonger le transcrit primaire d'ARN. Certains des GTF restent présents au niveau du promoteur pour attirer le cœur suivant de l'ARN polymérase. De cette façon, de multiples ARN polymérases II peuvent synthétiser simultanément les transcrits d'un même gène.

Comment la partie centrale de l'ARN polymérase II parvient-elle à se séparer des GTF et à commencer la transcription ? Bien que les détails de ce processus ne soient pas encore élucidés, on sait que la queue d'une protéine de la sous-unité *ß* de l'ARN polymérase II appelée **domaine carboxy-terminal** (**CTD** pour *carboxyl tail domain* en anglais), participe à l'amorçage et à plusieurs phases critiques de la synthèse et de la maturation de l'ARN. Le CTD est localisé stratégiquement près du site d'où l'ARN naissant sortira de la polymérase. La phase d'amorçage s'arrête et la phase d'élongation commence après la phosphorylation du CTD par l'un des GTF. On pense que cette phosphorylation affaiblit d'une façon ou d'une autre la connexion de l'ARN polymérase II aux autres protéines du complexe de pré-amorçage et permet l'élongation.

MESSAGE Les promoteurs eucaryotes sont d'abord reconnus par les facteurs généraux de transcription dont la fonction est d'attirer l'ARN polymérase II afin de la positionner pour qu'elle commence la synthèse de l'ARN au niveau du site de début de la transcription.

L'élongation, la terminaison et la maturation des pré-ARNm chez les Eucaryotes

L'élongation se déroule à l'intérieur de la bulle de transcription de façon quasiment semblable à ce que nous avons décrit pour la synthèse de l'ARN procaryote. Pourtant, l'ARN naissant a un devenir très différent chez les Procaryotes et chez les Eucaryotes. Chez les Procaryotes, la traduction commence au niveau de l'extrémité 5' de l'ARN naissant, alors que la moitié 3' est toujours en cours de synthèse. Le processus de traduction sera décrit plus en détail au Chapitre 9. À l'inverse, l'ARN des Eucaryotes doit subir une maturation supplémentaire avant de pouvoir être traduit. Cette maturation comprend (1) l'addition d'une coiffe (*cap* en anglais) à l'extrémité 5', (2) l'addition d'une queue de nucléotides adénine en 3' (polyadénylation) et (3) une étape d'excision-épissage pour éliminer les introns.

Comme la réplication de l'ADN, la synthèse et la maturation d'un pré-ARNm en ARNm nécessitent de nombreuses étapes qui doivent être exécutées rapidement et avec précision. On pensait initialement que la plus grande partie de la maturation d'un pré-ARNm eucaryote se déroulait après la fin de la synthèse de l'ARN; on parle alors de maturation **post-transcriptionnelle**. Pourtant, des données expérimentales indiquent qu'en réalité la maturation se déroule pendant la synthèse de l'ARN. Elle est dite alors **co-transcriptionnelle**. Par conséquent, l'ARN partiellement synthétisé (naissant) subit des réactions de maturation lorsqu'il émerge du complexe ARN polymérase II.

Le domaine carboxy-terminal (CTD) de l'ARN polymérase II eucaryote joue un rôle central dans la coordination de l'ensemble des événements de maturation. Le CTD est constitué de nombreuses répétitions d'une séquence de sept acides aminés. Ces répétitions servent de sites de liaisons pour certaines des enzymes et d'autres protéines nécessaires à l'addition d'une coiffe à l'ARN, à l'étape d'excision-épissage et au clivage suivi de la polyadénylation. Le CTD est localisé près du site d'où l'ARN naissant sort de la polymérase. C'est donc une place idéale pour orchestrer la fixation et le décrochage des protéines nécessaires à la maturation du transcrit naissant d'ARN pendant la poursuite de la synthèse d'ARN. Dans les différentes phases de la transcription, les acides aminés du CTD sont modifiés de façon réversible – généralement par l'addition et le retrait de groupements phosphate (que l'on appelle respectivement la phosphorylation et la déphosphorylation). L'état phosphorylé du CTD détermine les protéines de la maturation qui peuvent s'y fixer. De cette façon, le CTD impose la tâche à accomplir sur l'ARN lorsque celui-ci émerge de la polymérase. Les événements de la maturation et le rôle du CTD dans leur exécution sont décrits dans la Figure 8-13 et seront traités en détail plus loin.

La maturation des extrémités 5' et 3' La Figure 8-13a décrit la maturation de l'extrémité 5' du transcrit d'un gène codant une protéine. Lorsque l'ARN naissant sort pour la première fois de l'ARN polymérase II, une structure spéciale appelée **coiffe** est ajoutée à l'extrémité 5' par plusieurs protéines qui interagissent avec le CTD. La coiffe est formée d'un résidu 7-méthylguanosine lié au transcrit par trois groupements phosphate. La coiffe remplit deux fonctions. Tout d'abord, elle protège l'ARN de la dégradation – une étape importante si l'on considère qu'un ARNm eucaryote a un long trajet à parcourir avant d'être traduit. De plus, comme nous le verrons au Chapitre 9, la coiffe est nécessaire à la traduction de l'ARNm.

L'élongation de l'ARN se poursuit jusqu'à ce que la séquence conservée, AAUAAA ou AUUAAA proche de l'extrémité 3' soit reconnue par une enzyme qui coupe

(a) Addition d'une coiffe

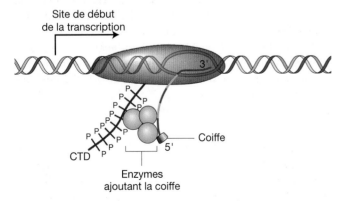

(b) Épissage

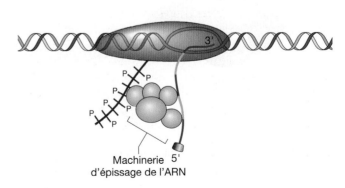

Figure 8-13 La maturation co-transcriptionnelle de l'ARN. La maturation cotranscriptionnelle est coordonnée par le domaine carboxy-terminal (CTD) de la sous-unité *β* de l'ARN polymérase II. La phosphorylation réversible des acides aminés du CTD (indiquée par les P) crée des sites de liaison pour les différentes enzymes de maturation et les facteurs nécessaires (a) à l'addition d'une coiffe et (b) à l'épissage. [D'après R. I. Drapkin et D. F. Reinberg, «RNA Synthesis», *Encyclopedia of Life Sciences.* Copyright 2002, Macmillan Publishing Group Ltd./Nature Publishing Group.]

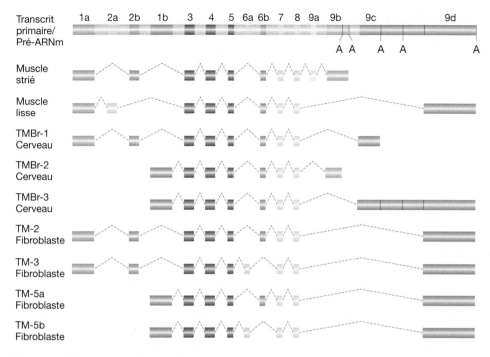

Figure 8-14 La complexité de l'épissage des ARNm eucaryotes. Le pré-ARNm transcrit à partir du gène de l'α-tropomyosine de rat subit un épissage alternatif dans des types cellulaires différents. Les rectangles vert clair représentent les introns ; les autres couleurs correspondent aux exons. Les signaux de polyadénylation sont indiqués par un A. Les lignes en pointillés dans les ARN matures indiquent des régions excisées. TM = tropomyosine. (D'après J. P. Lees et al., *Molecular and Cellular Biology* 10, 1990, 1729-1742.)

l'extrémité de l'ARN environ 20 bases plus loin. Une séquence de 150 à 200 nucléotides adénine appelée **queue de poly(A)** est ajoutée à cette extrémité coupée. La séquence AAUAAA présente dans les gènes codant des protéines s'appelle donc *signal de polyadénylation*.

L'épissage de l'ARN, le retrait des introns La grande majorité des gènes eucaryotes contient des **introns**, des segments de fonction inconnue qui ne codent pas de polypeptide. Les introns sont présents non seulement dans les gènes codant des protéines mais également dans certains gènes d'ARNr et même d'ARNt. Les introns sont retirés du transcrit primaire pendant sa synthèse et après l'addition de la coiffe, mais avant le transport du transcrit dans le cytoplasme. Le retrait des introns (excision) et la réunion des exons s'appelle l'**épissage**, car ce processus rappelle le montage d'un film qui permet de couper puis de recoller la bande afin d'en retirer un segment spécifique. L'épissage réunit les régions codantes, les **exons**, de sorte que l'ARNm contient à présent une séquence codante parfaitement colinéaire de la séquence de la protéine qu'il code.

Le nombre et la taille des introns varient d'un gène et d'une espèce à l'autre. Par exemple, environ seulement 235 des 6 000 gènes de la levure possèdent des introns, alors que les gènes typiques des mammifères y compris de l'homme en comportent plusieurs. La taille moyenne d'un intron de mammifère est proche de 2 000 nucléotides. Un pourcentage bien plus important de l'ADN des mammifères code donc des introns et non des exons. Un exemple extrême est celui du gène de la dystrophie musculaire de Duchenne. Ce gène possède 79 exons et 78 introns répartis sur 2,5 millions de paires de bases. Une fois épissés, ses 79 exons produisent un ARNm de 14 000 nucléotides, ce qui signifie que les introns représentent la majeure partie des 2,5 millions de paires de bases.

L'épissage alternatif Des épissages alternatifs peuvent produire des ARNm différents et donc, des protéines distinctes à partir du même transcrit primaire. Les différentes formes de la même protéine produites par l'épissage alternatif sont généralement utilisées dans des types cellulaires distincts ou à des stades différents du développement. La Figure 8-14 montre les multiples combinaisons produites par l'épissage alternatif du transcrit primaire du gène de l'α-tropomyosine. Ces différents épissages aboutiront à la synthèse d'un groupe de protéines apparentées qui fonctionneront de façon optimale dans chaque type cellulaire.

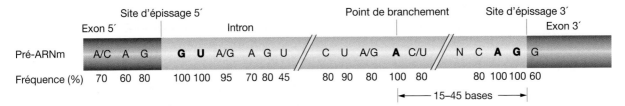

Figure 8-15 Les séquences conservées impliquées dans l'excision des introns. Les nombres indiqués sous les nucléotides correspondent au pourcentage de ressemblance entre les organismes. Les résidus G et U à l'extrémité 5', les résidus A et G à l'extrémité 3' et le résidu A indiqué par « point de branchement» ont une importance particulière (voir la Figure 8-16 pour une représentation de la structure ramifiée). N représente n'importe quelle base.

Le mécanisme de l'épissage des exons La Figure 8-15 montre les jonctions exon-intron des pré-ARNm. Ces jonctions sont les sites au niveau desquels les réactions d'épissage se déroulent. Au niveau de ces jonctions, certains nucléotides spécifiques sont identiques dans le gène et dans l'espèce. Ils ont été conservés car ils participent aux réactions d'épissage. Chaque intron sera coupé à chacune de ses extrémités, qui auront toujours GU du côté 5' et AG du côté 3' (la **règle GU-AG**). Le résidu A situé entre les nucléotides 15 et 45 en amont du site d'épissage en 3' est un autre site invariant. Ce résidu est impliqué dans une réaction intermédiaire nécessaire à l'excision des introns. On trouve d'autres nucléotides moins bien conservés de part et d'autre des résidus invariants.

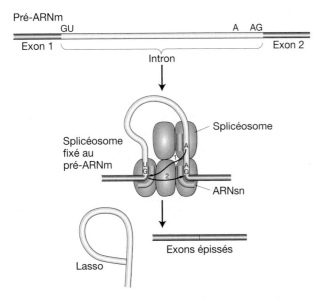

Figure 8-16 La structure et la fonction d'un splicéosome. Le splicéosome est constitué de plusieurs RNPsn qui se fixent successivement à l'ARN, en adoptant les positions représentées grossièrement ci-dessus. L'alignement des RNPsn résulte de la formation de liaisons hydrogène entre les molécules d'ARNsn et leurs séquences complémentaires dans l'intron. De cette façon, les réactifs sont correctement alignés et les réactions d'excision et d'épissage (étapes 1 et 2) peuvent avoir lieu. Les deux extrémités de la boucle en forme de P ou structure en lasso formée par l'intron excisé sont reliées par le nucléotide central adénine.

Ces nucléotides conservés dans le transcrit sont reconnus par de petites particules ribonucléoprotéiques nucléaires (RNPsn), qui sont des complexes de protéines et de petits ARN nucléaires. Une unité fonctionnelle d'épissage est constituée d'un groupe de RNPsn appelé **splicéosome**. Des composants du splicéosome interagissent avec le CTD et se fixent aux séquences introniques et exoniques, comme on le voit dans les Figures 8-12 et 8-16. Les ARNsn du splicéosome aident à aligner les sites d'épissage en formant des liaisons hydrogène avec les séquences introniques conservées. Le splicéosome catalyse alors le retrait de l'intron grâce à deux étapes consécutives d'épissage, notées 1 et 2 sur la Figure 8-16. La première étape fixe une extrémité de l'intron à l'adénine interne conservée, produisant une structure en forme de lasso. L'étape 2 libère le lasso et réunit les deux exons adjacents. La Figure 8-17 décrit la chimie sous-jacente de l'excision des introns. D'un point de vue chimique, les étapes 1 et 2 sont des réactions de transestérification entre les nucléotides conservés.

MESSAGE Les pré-ARNm eucaryotes subissent une maturation importante avec l'addition d'une coiffe en 5', une polyadénylation en 3', le retrait des introns et l'épissage des exons avant d'être transportés vers le cytoplasme à l'état d'ARNm, pour y être traduits en protéines. Ces événements sont co-transcriptionnels et sont coordonnés par une partie du complexe de l'ARN polymérase II.

Les introns doués d'auto-épissage et le monde de l'ARN

Un cas exceptionnel d'épissage d'ARN a conduit à une découverte aussi importante pour certains que la structure en double hélice de l'ADN. En 1981, Tom Cech et ses collaborateurs ont rapporté que, dans un tube à essai, le transcrit primaire d'un ARN provenant du protozoaire cilié *Tetrahymena* avait excisé l'un de ses *propres* introns de 413 nucléotides sans l'addition d'aucune protéine. On a découvert depuis d'autres introns ayant la même propriété que

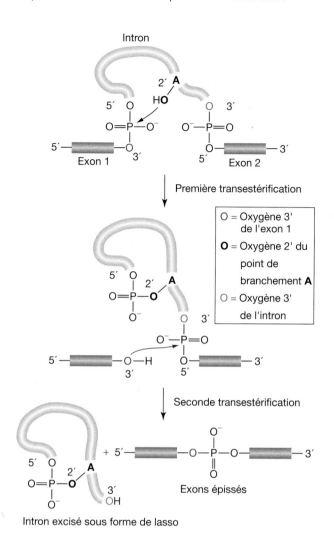

Intron

2′ **A**

HO

5′ O   O 3′

O=P—O⁻   O⁻—P=O

5′ ▭—O 3′   5′ ▭—3′

Exon 1   Exon 2

↓ Première transestérification

> O = Oxygène 3'
> de l'exon 1
>
> **O** = Oxygène 2' du
> point de
> branchement **A**
>
> O = Oxygène 3'
> de l'intron

5′ O   2′ **A**

O=P—**O**

O⁻   O 3′

O⁻—P=O

5′ ▭—O—H   O ▭—3′
3′   5′

↓ Seconde transestérification

5′ O   2′ **A**   + 5′ ▭—O—P—O—▭—3′
O=P—**O**   O
O⁻   3′   O⁻
OH

Exons épissés

Intron excisé sous forme de lasso

Figure 8-17 Les réactions conduisant à l'excision d'un intron, des deux exons entre lesquels il est situé. Deux réactions de transestérification ont lieu. La première relie l'extrémité GU au site interne de branchement (réaction 1 dans la Figure 8-16) et la seconde réunit les deux exons (réaction 2 dans la Figure 8-16). (D'après H. Lodish, D. Baltimore, A. Berk, S. L. Zipurski, P. Matsudaira et J. Darnell, *Biologie Moléculaire de la Cellule*. Traduction française de la 5ᵉ éd. chez De Boeck, 2005.)

l'on qualifie maintenant d'**introns doués d'auto-épissage**. La découverte de Cech est considérée comme un événement majeur, car on a montré pour la première fois qu'une molécule autre qu'une protéine était capable de catalyser une réaction. Cette découverte et d'autres découvertes analogues ont fourni de solides arguments en faveur d'une théorie appelée le **monde de l'ARN**. Selon cette théorie, l'ARN a dû être le matériel génétique des premières cellules car il est la seule molécule connue pour assurer deux fonctions : coder de l'information génétique et catalyser des réactions biologiques.

La découverte des introns doués d'auto-épissage a conduit à réexaminer le rôle des ARNsn dans le splicéosome. On cherche actuellement à savoir si l'excision des introns est catalysée par l'ARN ou par le composant protéique du splicéosome. Comme nous le verrons au Chapitre 9, on pense désormais que les ARN (les ARNr) présents dans le ribosome et non les protéines ribosomiales jouent le rôle principal dans la plupart des événements importants de la synthèse protéique.

RÉPONSES AUX QUESTIONS-CLÉS

• **En quoi la structure de l'ARN diffère-t-elle de celle de l'ADN ?**

Alors que l'ADN est une double hélice, l'ARN est généralement présent dans la cellule à l'état de chaîne unique. De plus, comme son nom l'indique, le sucre qui entre dans la composition de l'ARN est le ribose, alors que celui de l'ADN est le désoxyribose. Enfin, l'une des bases de l'ADN appelée thymine est remplacée par l'uracile dans l'ARN.

• **Quelles sont les différentes classes d'ARN présentes dans la cellule ?**

Certains ARN codent des protéines (ce sont des ARNm) tandis que d'autres sont fonctionnels en l'état. Les ARN fonctionnels (par exemple, les ARNr, les ARNt et les ARNsn) sont actifs sous la forme d'ARN et ne sont jamais traduits en polypeptides.

• **Comment l'ARN polymérase est-elle positionnée au bon endroit pour débuter la transcription chez les Procaryotes ?**

La sous-unité σ de l'holoenzyme ARN polymérase reconnaît les régions −10 et −35 du promoteur. Après l'amorçage de la transcription, la sous-unité σ se dissocie de la partie centrale de la polymérase qui poursuit la synthèse de l'ARN.

• **Comment l'ARN eucaryote synthétisé par l'ARN polymérase II est-il modifié avant de quitter le noyau ?**

Une coiffe est ajoutée à son extrémité 5', les introns sont retirés par le splicéosome, l'extrémité 3' est clivée par une endonucléase et enfin, une queue de poly(A) est ajoutée à l'extrémité 3'.

• **Pourquoi la découverte des introns doués d'auto-épissage est-elle considérée par certains comme aussi importante que la découverte de la double hélice d'ADN ?**

La découverte de l'excision par le transcrit primaire d'ARNr de *Tetrahymena* de son propre intron a mis en évidence pour la première fois l'activité de catalyseur biologique d'un ARN. De nombreux autres ARN doués d'une activité catalytique et appelés ribozymes ont été identifiés depuis, ce qui laisse penser que l'ARN était le matériel génétique des premières cellules.

RÉSUMÉ

Nous savons désormais que l'information n'est pas transférée directement de l'ADN aux protéines. En effet, dans une cellule eucaryote, l'ADN se trouve dans le noyau alors que les protéines sont synthétisées dans le cytoplasme. Le transfert d'information de l'ADN jusqu'aux protéines nécessite un intermédiaire. Il s'agit de l'ARN.

Bien que l'ADN et l'ARN soient des acides nucléiques, l'ARN diffère de l'ADN par le fait que (1) il est généralement simple-brin alors que l'ADN est organisé en une double hélice, (2) le sucre de ses nucléotides est le ribose et non le désoxyribose, (3) il contient de l'uracile comme base pyrimidique à la place de la thymine et (4) il peut servir de catalyseur biologique.

La ressemblance entre ARN et ADN suggère que le flux d'information de l'ADN vers l'ARN repose sur la complémentarité des bases qui est également la clé de voûte de la réplication de l'ADN. L'ARN est copié, ou transcrit, à partir d'un brin matrice d'ADN. Cette transcription aboutit soit à des ARN fonctionnels (tels que les ARNt ou les ARNr) qui ne sont jamais traduits en polypeptides, soit à des ARN messagers à l'origine des protéines.

Chez les Procaryotes, toutes les classes d'ARN sont transcrites par une même ARN polymérase. Cette enzyme à multiples sous-unités amorce la transcription en se fixant aux promoteurs de l'ADN comportant des séquences spécifiques au niveau des bases situées aux positions −35 et −10 avant le site de début de la transcription en + 1. Une fois fixée, l'ARN polymérase déroule localement l'ADN et commence à incorporer des ribonucléotides complémentaires du brin matrice d'ADN. La chaîne est allongée dans le sens 5' vers 3' jusqu'à ce que l'un des deux mécanismes – intrinsèque ou rho-dépendant – provoque la dissociation de la polymérase et de l'ARN depuis la matrice d'ADN. Comme nous le verrons au Chapitre 9, en raison de l'absence de noyau, les ARN procaryotes codant des protéines sont traduits alors même qu'ils sont en cours de transcription.

Chez les Eucaryotes, il existe trois ARN polymérases différentes. Seule l'ARN polymérase II transcrit des ARNm. Globalement, les phases d'amorçage, d'élongation et de terminaison de la synthèse d'ARN chez les Eucaryotes ressemblent à celles des Procaryotes. Néanmoins, il existe quelques différences importantes. L'ARN polymérase II ne se fixe pas directement au promoteur d'ADN mais il s'associe aux facteurs généraux de la transcription, dont l'un reconnaît la séquence TATA de la plupart des promoteurs eucaryotes. L'ARN polymérase II est une molécule bien plus grosse que son équivalent procaryote. Elle comporte de nombreuses sous-unités dont la fonction n'est pas seulement d'allonger le transcrit primaire d'ARN mais également de coordonner les événements importants de maturation nécessaires pour produire l'ARNm mature. Ces événements sont l'addition d'une coiffe en 5', le retrait des introns et l'épissage des exons par les spliceosomes ainsi que le clivage de l'extrémité 3' suivi de sa polyadénylation. Une partie du cœur de l'ARN polymérase II, le domaine carboxy-terminal, est positionné idéalement pour interagir avec l'ARN naissant dès qu'il émerge de la polymérase. De cette façon, l'ARN polymérase II coordonne les nombreux événements de synthèse et de maturation de l'ARN.

La découverte des introns doués d'auto-épissage a démontré que l'ARN peut jouer le rôle de catalyseur, tout comme les protéines. Depuis la découverte de ces ribozymes, la communauté scientifique a commencé à accorder beaucoup plus d'attention à l'ARN. Ce qui semblait être un modeste messager est maintenant reconnu comme un participant polyvalent et dynamique dans de nombreux processus cellulaires. Nous en apprendrons davantage sur les différents rôles de l'ARN dans les chapitres suivants.

MOTS CLÉS

Amont (p. 261)

Amorçage (p. 261)

ARN de transfert (ARNt) (p. 259)

ARN messager (ARNm) (p. 264)

ARN polymérase (p. 259)

ARN ribosomial (ARNr) (p. 259)

Boîte TATA (p. 265)

Boucle en épingle à cheveux (p. 263)

Brin codant (p. 261)

Bulle de transcription (p. 262)

Coiffe (p. 266)

Complexe de pré-amorçage (p. 265)

Domaine carboxy-terminal (CTD) (p. 265)

Élongation (p. 261)

Épissage (p. 262)

Exon (p. 267)

Expérience de chasse isotopique (p. 257)

Facteur général de la transcription (GTF) (p. 264)

Facteur sigma (σ) (p. 261)

Holoenzyme ARN polymérase (p. 261)

Intron (p. 267)

Intron doué d'auto-épissage (p. 268)

Matrice (p. 259)

Maturation co-transcriptionnelle (p. 266)

Maturation de l'ARN (p. 264)

Maturation post-transcriptionnelle (p. 266)

Mécanisme intrinsèque (p. 263)

Mécanisme rho-dépendant (p. 263)

Monde de l'ARN (p. 268)

Partie centrale de l'enzyme (p. 261)

Petit ARN nucléaire (ARNsn) (p. 259)

Promoteur (p. 261)

Protéine de liaison à TATA (TBP) (p. 265)

Queue de poly(A) (p. 267)

Région non traduite en 3' (UTR 3') (p. 263)

Région non traduite en 5' (UTR 5') (p. 261)

PROBLÈMES

PROBLÈMES ÉLÉMENTAIRES

1. Les deux brins de l'ADN du phage λ diffèrent par leur contenu en GC. Grâce à cette propriété, ils peuvent être séparés dans un gradient de chlorure de césium alcalin (les conditions alcalines dénaturent la double hélice). Lorsque l'ARN synthétisé par le phage λ est isolé à partir de cellules infectées, on découvre qu'il forme des hybrides avec les deux brins de l'ADN de λ. Que vous suggère cette découverte ? Formulez des prévisions vérifiables expérimentalement.

2. Décrivez chez les Procaryotes et les Eucaryotes ce qui se passe sur l'ARN pendant que l'ARN polymérase synthétise un transcrit à partir de la matrice d'ADN.

3. Donnez trois exemples de protéines agissant sur les acides nucléiques.

4. Quelle est la fonction principale du facteur sigma ? Existe-t-il chez les Eucaryotes une protéine analogue au facteur sigma ?

5. Vous avez identifié chez la levure (un Eucaryote unicellulaire) une mutation qui empêche l'addition d'une coiffe à l'extrémité 5' du transcrit d'ARN. Pourtant, à votre grand étonnement, toutes les enzymes nécessaires à l'addition de la coiffe sont normales. Vous découvrez alors que la mutation touche l'une des sous-unités de l'ARN polymérase II. Quelle est la sous-unité mutée et comment cette mutation empêche-t-elle l'addition d'une coiffe à l'ARN de levure ?

6. Pourquoi l'ARN est-il produit uniquement à partir du brin matrice d'ADN et non à partir des deux brins ?

7. Un plasmide linéaire comporte seulement deux gènes, transcrits en sens inverse, chacun à partir de l'une des extrémités vers le centre du plasmide. Dessinez des schémas qui montrent :

   a. L'ADN plasmidique, avec les extrémités 5' et 3' des brins nucléotidiques

   b. Le brin matrice pour chaque gène

   c. Les positions du site d'amorçage de la transcription

   d. Les transcrits, en indiquant leurs extrémités 5' et 3'

8. Existe-t-il des similitudes entre les bulles de réplication de l'ADN et les bulles de transcription présentes chez les Eucaryotes ? Justifiez votre réponse.

9. Parmi les propositions suivantes, lesquelles sont vraies pour l'ARNm eucaryote ?

   a. Le facteur sigma est essentiel pour l'amorçage correct de la transcription.

   b. La maturation de l'ARNm naissant peut débuter avant la fin de sa transcription.

   c. La maturation se déroule dans le cytoplasme.

   d. La terminaison a pour intermédiaire une boucle en épingle à cheveux ou l'utilisation du facteur rho.

   e. Un grand nombre d'ARN peuvent être transcrits simultanément à partir d'une matrice d'ADN.

10. Une chercheuse introduisait des mutations dans des cellules procaryotes en insérant des fragments d'ADN. De cette façon, elle obtint la mutation suivante :

Original	TTGACAT 15 à 17 pb TATAAT
Mutant	TATAAT 15 à 17 pb TTGACAT

    a. Que représente cette séquence ?

    b. À votre avis, quel sera l'effet d'une telle mutation. Justifiez votre réponse.

11. Nous examinerons plus en détail le génie génétique au Chapitre 11, mais avec vos connaissances actuelles, essayez de résoudre le problème suivant : *E. coli* est très utilisée dans les laboratoires pour produire des protéines codées par d'autres organismes.

    a. Vous venez d'isoler un gène de levure codant une enzyme métabolique et vous voulez faire produire cette enzyme par *E. coli*. Vous supposez que le promoteur de levure ne fonctionnera pas chez *E. coli*. Pourquoi ?

    b. Après avoir remplacé le promoteur de levure par un promoteur d'*E. coli*, vous êtes heureux de détecter l'ARN correspondant au gène de levure mais surpris car cet ARNm est quasiment deux fois plus long que son équivalent isolé à partir de la levure. Expliquez ce qui a pu se passer.

12. Dessinez un gène procaryote et l'ARN qui lui correspond. Assurez-vous de faire figurer le promoteur, les sites de début et de terminaison de la transcription, les régions non traduites et les extrémités 5' et 3'.

13. Dessinez un gène eucaryote qui comporte deux introns, ainsi que son pré-ARNm et son ARNm. Assurez-vous de faire figurer toutes les caractéristiques du gène procaryote indiquées dans le Problème 12 ainsi que les événements de maturation nécessaires pour produire cet ARNm.

14. Un gène de drosophile codant une protéine comporte un intron. Si l'on examine un grand nombre d'allèles comportant une mutation complète de ce gène, pensez-vous que l'un des sites mutants sera :

a. Dans les exons ?

b. Dans l'intron ?

c. Dans le promoteur ?

d. À la frontière intron-exon ?

PROBLÈMES D'ÉVALUATION

15. Les données ci-dessous représentent les compositions en bases d'ADN double-brin provenant de deux espèces bactériennes différentes ainsi que des ARN produits *in vitro* à partir de ces ADN.

Espèce	(A+T)/ (G+C)	(A+U)/ (G+C)	(A+G)/ (U+C)
Bacillus subtilis	1,36	1,30	1,02
E. coli	1,00	0,98	0,80

a. D'après ces données, pouvez-vous déterminer si l'ARN de ces espèces est copié à partir d'un seul ou des deux brins de l'ADN ? Comment ? Il sera plus facile de résoudre ce problème en dessinant un schéma.

b. Expliquez comment il vous est possible de dire si l'ARN lui-même est simple- ou double-brin.

(Le problème 15 est reproduit avec la permission de Macmillan Publishing Co., Inc., d'après M. Strickberger, *Genetics*. Copyright 1968, Monroe W. Strickberger.)

15. On a découvert un gène humain comportant trois exons et deux introns. Les exons sont longs de 456, 224 et 524 pb tandis que les introns ont une longueur de 2,3 kb et 4,6 kb.

a. Dessinez ce gène en indiquant le promoteur, les introns, les exons ainsi que les sites de début et de terminaison de la transcription.

b. Curieusement, on découvre que ce gène code non pas un mais deux ARNm qui n'ont que 224 nucléotides en commun. L'ARNm original possède 1024 nucléotides tandis que le nouvel ARNm en comporte 2524. Utilisez votre schéma pour montrer comment il est possible pour cette région unique d'ADN de coder ces deux transcrits.

9

LES PROTÉINES ET LEUR SYNTHÈSE

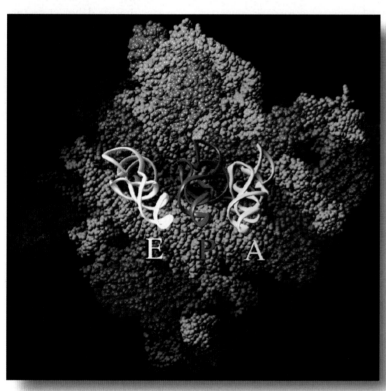

La structure du ribosome. Cette image montre au niveau atomique une surface d'un ribosome provenant de la bactérie *Haloarcula marismortui*, déduite par cristallographie aux rayons X. La région du ribosome constitué d'ARN est en vert, les parties protéiques en violet. Les structures blanche, rouge et jaune au centre sont des ARNt présents dans les sites de liaison E, P et A avec leurs tiges acceptrices qui disparaissent dans une crevasse située dans le ribosome. [D'après P. Nissen, J. Hansen, N. Ban, P. B. Moore et T. A. Steitz, «The Structural Basis of Ribosome Activity in Peptide Bond Synthesis» *Science* 289, 2000, 920-930, Figure 10A, p. 926.]

QUESTIONS CLÉS

- Quel lien existe-t-il entre la séquence d'un gène et celle de la protéine qu'il code?

- Pourquoi dit-on que le code génétique est non chevauchant et dégénéré?

- Comment l'acide aminé correct s'apparie-t-il avec chaque codon d'ARNm?

- Pourquoi la fixation d'un acide aminé à l'ARNt correct est-elle considérée comme une étape essentielle de la synthèse des protéines?

- Qu'est-ce qui prouve le rôle essentiel de l'ARN ribosomial et non des protéines ribosomiales dans les étapes clés de la traduction?

- Quelles sont les différences dans l'amorçage de la traduction chez les Procaryotes et les Eucaryotes?

- Qu'est-ce que la maturation post-traductionnelle et pourquoi est-elle importante pour la fonction des protéines?

SOMMAIRE

L'ESSENTIEL DU CHAPITRE

Nous avons vu aux Chapitres 7 et 8 de quelle façon l'ADN est copié d'une génération à l'autre et comment l'ARN est synthétisé à partir de régions spécifiques d'ADN. Nous pouvons considérer ces processus comme deux étapes du transfert d'information : la *réplication* (la synthèse d'ADN) et la *transcription* (la synthèse d'une copie d'ARN correspondant à une partie de l'ADN). Nous examinerons dans ce chapitre l'étape finale de ce transfert d'information : la *traduction* (la synthèse d'un polypeptide à partir des instructions contenues dans la séquence d'ARN).

Comme nous l'avons appris au Chapitre 8, l'ARN transcrit à partir des gènes est classifié comme ARN messager (ARNm) ou comme ARN fonctionnel. Dans ce chapitre, nous considérerons le devenir de ces deux classes d'ARN. La grande majorité des gènes codent des ARNm dont la fonction est de servir d'intermédiaire à la synthèse du produit final du gène, la protéine. Rappelons que les ARN *fonctionnels* sont quant à eux actifs sous la forme d'ARN : ils ne sont jamais traduits en protéines. Les principales classes d'ARN

fonctionnels sont des acteurs importants dans la synthèse protéique. Parmi eux se trouvent les ARN de transfert et les ARN ribosomiaux.

• Les molécules d'**ARN de transfert** (**ARNt**) sont les adaptateurs qui traduisent chaque codon de trois nucléotides dans l'ARNm, en l'acide aminé correspondant qui est acheminé jusqu'au ribosome au cours du processus de traduction. Les ARNt appartiennent à la machinerie de traduction. Une molécule d'ARNt peut amener un acide aminé jusqu'au ribosome lors de la traduction de *n'importe quel* ARNm.

• Les **ARN ribosomiaux** (**ARNr**) sont les principaux constituants des **ribosomes**, de gros complexes macromoléculaires qui assemblent les acides aminés afin de former la protéine dont la séquence est codée par un ARNm spécifique. Les ribosomes sont composés de plusieurs types d'ARNr et de nombreuses protéines différentes. Comme l'ARNt, les ribosomes exercent une fonction générale dans le sens où ils peuvent être utilisés pour traduire les ARNm de *n'importe quel* gène codant des protéines.

UNE VUE D'ENSEMBLE DU CHAPITRE

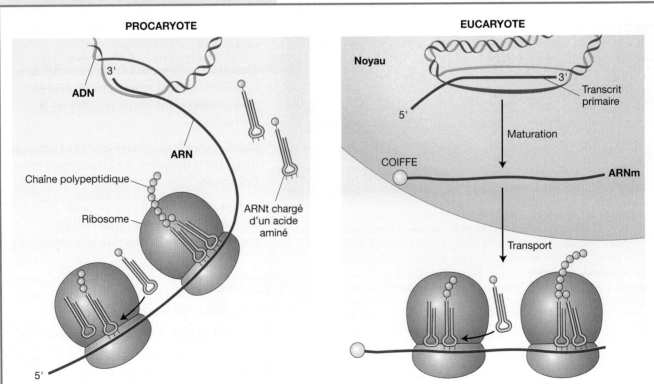

Figure 9-1 Le transfert d'information génétique de l'ADN vers l'ARN puis vers les protéines chez les Procaryotes et les Eucaryotes. La transcription et la traduction ont lieu dans des compartiments distincts dans la cellule eucaryote mais dans le même compartiment dans la cellule procaryote. À part cela, le processus de traduction présente beaucoup de similitudes chez tous les organismes : un ARN appelé ARNt achemine chaque acide aminé jusqu'au ribosome, qui est une machinerie moléculaire assemblant les acides aminés en une chaîne d'après l'information fournie par l'ARNm.

Bien que la plupart des gènes codent des ARNm, les ARN fonctionnels représentent de loin la fraction la plus importante des ARN cellulaires totaux. Dans une cellule eucaryote ayant une activité typique de division, l'ARNr et l'ARNt représentent près de 95 % des ARN totaux, alors que l'ARNm ne correspond qu'à 5 % environ. Deux facteurs expliquent l'abondance des ARNr et des ARNt. Tout d'abord, ils sont bien plus stables que les ARNm et restent donc intacts beaucoup plus longtemps. De plus, la transcription des gènes d'ARNr et d'ARNt représente plus de la moitié de la transcription nucléaire totale dans des cellules eucaryotes actives et près de 80 % de la transcription dans les cellules de levure.

Les composants de la machinerie de traduction et du processus de traduction ont une forte ressemblance chez les Procaryotes et les Eucaryotes. Il existe néanmoins plusieurs différences, détaillées dans la Figure 9-1, qui sont dues principalement à la localisation distincte de la transcription et de la traduction dans la cellule : les deux processus ont lieu dans le même compartiment chez les Procaryotes alors qu'ils sont séparés physiquement chez les Eucaryotes. Après une maturation importante, les ARNm eucaryotes sont exportés du noyau pour être traduits sur les ribosomes présents dans le cytoplasme. À l'inverse, la transcription et la traduction sont couplées chez les Procaryotes : la traduction d'un ARN commence au niveau de son extrémité 5' pendant que le reste de l'ARNm est en cours de synthèse.

9.1 La structure des protéines

Lorsqu'un transcrit primaire a subi une maturation complète et est devenu une molécule d'ARN mature, la traduction en protéine peut avoir lieu. Avant de considérer la synthèse des protéines, nous devons comprendre leur structure.

Les protéines sont les principaux déterminants de la forme et de la fonction biologiques. Ces molécules influencent fortement la forme, la couleur, la taille, le comportement et la physiologie des organismes. La plupart des gènes codent des protéines. Pour cette raison, il est essentiel de connaître la nature des protéines pour comprendre l'action des gènes.

Une protéine est un polymère constitué de monomères appelés **acides aminés**. En d'autres termes, une protéine est une chaîne d'acides aminés. Les acides aminés étaient autrefois appelés *peptides*. C'est pourquoi on appelle parfois **polypeptide** la chaîne d'acides aminés. Les acides aminés ont tous la formule générale suivante :

$$H_2N-\underset{\underset{R}{|}}{\overset{\overset{H}{|}}{C}}-COOH$$

Tous les acides aminés ont une chaîne latérale, ou groupement R (réactif). On connaît 20 acides aminés dans les protéines, qui possèdent chacun un groupement R différent conférant à l'acide aminé ses propriétés spécifiques. La chaîne latérale des acides aminés peut être constituée de différents groupements, qui vont de l'atome d'hydrogène (comme dans la

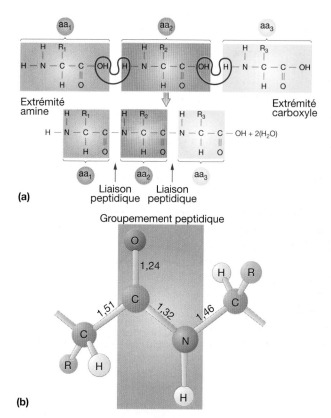

Figure 9-2 La liaison peptidique. (a) Un polypeptide est formé à la suite de l'élimination de molécules d'eau entre les acides aminés, ce qui crée des liaisons peptidiques. Chaque aa désigne un acide aminé. R_1, R_2 et R_3 représentent les groupements R (chaînes latérales) qui différencient les acides aminés. (b) Le groupement peptidique est une unité plane rigide dont les groupements R saillent du squelette C-N. Les longueurs standard des liaisons (en angströms) sont indiquées.
[Partie b d'après L. Stryer, *Biochemistry*, 4e éd. Copyright 1995 par Lubert Stryer.]

glycine) jusqu'au cycle complexe (comme dans le tryptophane). Dans les protéines, les acides aminés sont reliés les uns aux autres par des liaisons covalentes appelées liaisons peptidiques. Une liaison peptidique est formée de la liaison de l'**extrémité amine** (NH_2) d'un acide aminé avec l'**extrémité carboxyle** (COOH) d'un autre acide aminé. Une molécule d'eau est éliminée au cours de la réaction (Figure 9-2). En raison de la façon dont se forme la liaison peptidique, une chaîne polypeptidique possède toujours une extrémité amine (NH_2) et une extrémité carboxyle (COOH), comme le montre la Figure 9-2a.

Les protéines ont une structure complexe qui présente quatre niveaux d'organisation, comme l'illustre la Figure 9-3. La séquence linéaire des acides aminés d'une chaîne polypeptidique constitue la **structure primaire** d'une protéine. La **structure secondaire** est la forme spécifique adoptée par la chaîne polypeptidique lorsqu'elle se replie. Cette forme est due aux forces des liaisons établies entre les acides aminés situés à proximité les uns des autres dans la séquence linéaire. Ces forces comprennent plusieurs types de liaisons faibles, en particulier des liaisons hydrogène, des forces électrostatiques et des liaisons de van der Waals. Les structures

(a) Structure primaire

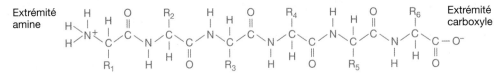

(b) Structure secondaire

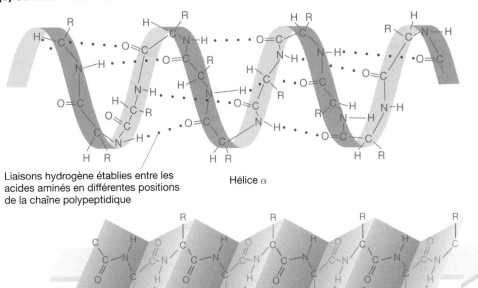

Liaisons hydrogène établies entre les acides aminés en différentes positions de la chaîne polypeptidique

Hélice α

Feuillet plissé

(c) Structure tertiaire

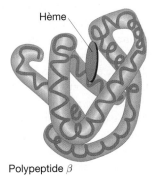

Hème

Polypeptide β

(d) Structure quaternaire

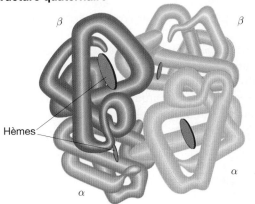

Hèmes

Figure 9-3 Les niveaux de structure des protéines. (a) La structure primaire. (b) La structure secondaire. Le polypeptide peut adopter une structure hélicoïdale (hélice α) ou une structure en zigzag (feuillet). Le feuillet possède deux segments polypeptidiques de polarité opposée comme l'indiquent les flèches. (c) La structure tertiaire. L'hème est une structure non protéique organisée en un cycle avec un atome de fer au centre. (d) La structure quaternaire illustrée par l'hémoglobine, qui est constituée de quatre sous-unités polypeptidiques : deux sous-unités α et deux sous-unités β.

secondaires les plus courantes sont l'hélice α et le feuillet β. Différentes protéines présentent tantôt l'un tantôt l'autre ou parfois les deux types d'organisation dans leur structure. La **structure tertiaire** est créée par le reploiement de la structure secondaire. Certaines protéines possèdent une **structure quaternaire**. Elles sont alors constituées de deux polypeptides ou plus repliés individuellement, appelés également **sous-unités**, et réunis par des liaisons faibles. L'association quaternaire peut avoir lieu entre différents types de polypeptides (produisant alors un hétérodimère) ou entre des polypeptides identiques (donnant lieu à un homodimère). L'hémoglobine est un exemple d'hétérotétramère. Elle est constituée de deux copies de deux sortes de polypeptides différents, colorés en vert et en violet dans la Figure 9-3.

De nombreuses protéines ont des structures compactes; on parle alors de **protéines globulaires**. Les enzymes et les anticorps sont parmi les protéines globulaires les mieux connues. Les protéines de forme linéaire, appelées **protéines fibreuses**, sont des constituants importants de structures telles que les cheveux ou les muscles.

La forme est de la plus haute importance pour une protéine car c'est elle qui lui permet de remplir un rôle spécifique dans la cellule. La forme d'une protéine est déterminée par sa séquence primaire d'acides aminés et par les conditions dans lesquelles a lieu le reploiement de la protéine et l'établissement des liaisons nécessaires à la formation des structures d'ordre supérieur. Le reploiement des protéines dans leur conformation correcte sera traité à la fin de ce chapitre. La séquence d'acides aminés détermine également les groupements R présents à des positions spécifiques et donc disponibles pour se fixer à d'autres composants cellulaires. Les sites actifs des enzymes constituent un bon exemple des interactions précises des groupements R. Chaque enzyme

possède une poche appelée **site actif** dans laquelle son ou ses substrats peuvent s'insérer (Figure 9-4). Dans le site actif, les groupements R de certains acides aminés sont positionnés de manière stratégique afin d'interagir avec un substrat et de catalyser différentes réactions chimiques.

On ne comprend pas encore parfaitement la façon dont la structure primaire est convertie en une structure d'ordre supérieur. On peut malgré tout prédire les fonctions de certaines régions particulières d'une protéine d'après sa séquence primaire. Les points de contact avec les phospholipides membranaires qui positionnent une protéine dans une membrane sont par exemple des séquences protéiques caractéristiques. D'autres séquences spécifiques servent à fixer la protéine à l'ADN. Les séquences d'acides aminés associées à des fonctions particulières sont appelées **domaines**. Une protéine peut contenir un domaine ou plusieurs domaines distincts.

9.2 La colinéarité des gènes et des protéines

L'hypothèse un gène-une enzyme émise par Beadle et Tatum (voir Chapitre 6) a conduit à l'une des découvertes les plus intéressantes sur la fonction des gènes: d'après cette hypothèse, les gènes étaient d'une façon ou d'une autre responsables de la fonction des enzymes et chaque gène semblait contrôler une enzyme. Cette hypothèse devint l'un des grands concepts unificateurs de la biologie car elle permit d'établir un lien entre les concepts et les techniques de recherche de la génétique et de la biochimie. Lorsque la structure de l'ADN fut élucidée en 1953, il semblait probable qu'il y ait une correspondance linéaire entre la séquence nucléotidique de l'ADN et la séquence d'acides aminés de la protéine correspondante (telle qu'une enzyme). Pourtant, il fallut attendre 1963 avant que l'on parvienne à obtenir une démonstration expérimentale de cette colinéarité. Cette année-là, Charles Yanofsky de l'Université de Stanford dirigeait l'un des deux groupes de recherche qui mit en évidence la correspondance linéaire entre les nucléotides de l'ADN et les acides aminés de la protéine correspondante.

Yanofsky démontra la relation qui existait entre des gènes altérés et des protéines modifiées en étudiant une enzyme, la tryptophane synthétase, et son gène. La tryptophane synthétase est un hétérotétramère constitué de deux sous-unités α et de deux sous-unités β. Elle catalyse la conversion d'indol glycérol phosphate en tryptophane.

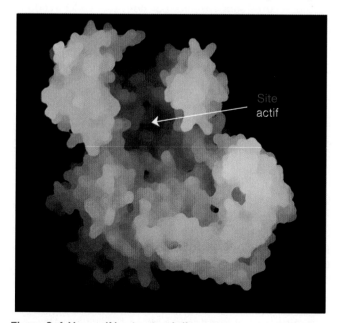

Figure 9-4 Un modèle structural d'enzyme. Le substrat se fixe à l'enzyme dans le site actif.
[D'après H. Lodish, D. Baltimore, A. Berk, S. L. Zipursky, P. Matsudaira et J. Darnell, *Biologie moléculaire de la cellule*. Traduction française de la 3e éd. chez De Boeck, 1997.]

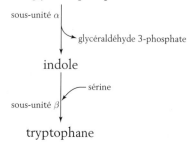

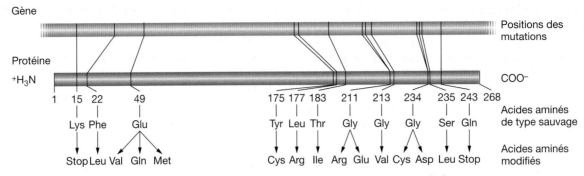

Figure 9-5 La colinéarité entre les mutations *trpA* et les changements d'acides aminés. Bien que l'ordre des mutations sur la carte du gène et celui des positions des acides aminés soient les mêmes, leurs positions relatives diffèrent car la carte du gène a été obtenue à partir de fréquences de recombinaison, qui ne sont pas uniformes sur toute la longueur du gène.
[D'après C. Yanofsky, *Gene Structure and Protein Structure.* Copyright 1967 par Scientific American. Tous droits réservés.]

Yanofsky induisit la formation de 16 allèles mutants du gène *trpA* d'*E. coli*, dont l'allèle sauvage correspondant était connu pour coder la sous-unité α de l'enzyme. Les 16 allèles mutants produisirent tous des formes inactives de l'enzyme. Yanofsky montra que tous les allèles mutants avaient une structure quasiment identique à celle codée par l'allèle de type sauvage mais différaient au niveau des 16 sites mutants distincts. Il cartographia les positions des sites mutants. En 1963, le séquençage de l'ADN n'avait pas encore été inventé, mais les sites mutants purent être cartographiés grâce à l'analyse par recombinaison, que nous avons décrite au Chapitre 4.

Grâce à l'analyse biochimique de la protéine TrpA, Yanofsky montra que chacune des 16 mutations résultait d'une substitution d'acide aminé à une position différente de la protéine. Plus extraordinaire encore, il montra que les sites des mutations dans la carte du gène *trpA* apparaissaient dans le même ordre que les acides aminés modifiés correspondants dans la chaîne polypeptidique de TrpA (Figure 9-5). Il révéla en outre que la distance entre les sites mutants, mesurée par la fréquence de recombinaison, était corrélée à la distance séparant les acides aminés modifiés dans les protéines mutantes correspondantes. Yanofsky démontra donc la **colinéarité** – la correspondance entre la séquence linéaire du gène et celle du polypeptide. On montra plus tard que ces résultats s'appliquaient plus généralement aux mutations dans d'autres protéines.

> **MESSAGE** La séquence linéaire des nucléotides dans un gène détermine la séquence des acides aminés dans une protéine.

9.3 Le code génétique

Si les gènes sont des segments d'ADN et si un brin d'ADN est simplement une succession de nucléotides, la séquence de nucléotides doit d'une façon ou d'une autre dicter la séquence d'acides aminés des protéines. Comment la séquence d'ADN peut-elle dicter la séquence de la protéine? L'analogie avec un code vient immédiatement à l'esprit. Le bon sens nous dit

que si les nucléotides sont les «lettres» d'un code, alors une combinaison de lettres pourrait former des «mots» représentant différents acides aminés. Nous devons d'abord nous demander comment ce code est lu. Les mots du code se chevauchent-ils ou non? Nous devons ensuite déterminer combien de lettres dans l'ARNm forment un mot, ou **codon**, et quel(s) codon(s) spécifique(s) représente(nt) chaque acide aminé. Le déchiffrement du code génétique est l'histoire que nous allons raconter dans cette section.

Un code avec ou sans chevauchement?

La Figure 9-6 montre les différences qui existent entre un code avec chevauchement et un code sans chevauchement. L'exemple présenté est celui d'un code à trois lettres ou code à **triplets**. Dans un code sans chevauchement, les acides aminés consécutifs sont spécifiés par des mots codes (codons)

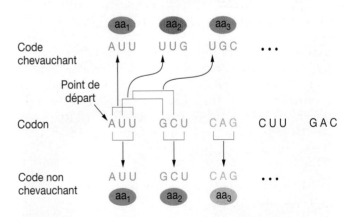

Figure 9-6 La comparaison d'un code génétique chevauchant et d'un code non chevauchant. L'exemple illustré ici utilise un codon formé de trois nucléotides dans l'ARN (code à triplets). Dans un code chevauchant, un même nucléotide occupe plusieurs positions dans différents codons. Dans cette figure, le troisième nucléotide dans l'ARN, U, est présent dans trois codons. Dans un code sans chevauchement, une protéine est traduite à partir de la lecture séquentielle des nucléotides par groupes de trois. Un nucléotide n'appartient qu'à un seul codon. Dans cet exemple, le U en troisième position dans l'ARN est présent uniquement dans le premier codon.

consécutifs comme le montre la partie inférieure de la Figure 9-6. Dans un code chevauchant, les acides aminés consécutifs sont spécifiés dans l'ARNm par des codons qui ont en commun certaines bases consécutives; par exemple, les deux dernières bases d'un codon peuvent également être les deux premières bases du codon suivant. Des codons chevauchants sont représentés dans la partie supérieure de la Figure 9-6. Ainsi, pour la séquence AUUGCUCAG dans un code sans chevauchement, les trois triplets AUU, GCU et CAG codent respectivement les trois premiers acides aminés. Mais dans un code avec chevauchement, les triplets AUU, UUG et UGC codent les trois premiers acides aminés, si le chevauchement est de deux bases, comme dans l'exemple de la Figure 9-6.

Dès 1961, il fut établi que le code génétique était sans chevauchement. L'analyse de protéines modifiées par mutation montrait qu'un seul acide aminé était modifié à chaque fois dans une région de la protéine. C'est ce qui est prévu pour un code sans chevauchement. Comme vous pouvez le voir dans la Figure 9-6, un code avec chevauchement prévoit que le changement d'une seule base modifiera jusqu'à trois acides aminés adjacents dans la protéine.

Le nombre de lettres dans le codon

Lorsqu'on lit une molécule d'ARNm d'une extrémité à l'autre, on ne trouve qu'une des quatre bases A, U, G ou C à chaque position. Par conséquent, si les mots ne comportaient qu'une lettre, quatre mots seulement pourraient être écrits avec ce code. Ce vocabulaire ne peut constituer le code génétique puisqu'il faut un mot pour chacun des 20 acides aminés rencontrés habituellement dans les protéines cellulaires. Si les mots comportaient deux lettres, $4 \times 4 = 16$ mots seraient possibles; par exemple, AU, CU ou CC. Ce vocabulaire est encore insuffisant.

Si les mots comportaient trois lettres, alors $4 \times 4 \times 4 = 64$ mots seraient possibles; par exemple, AUU, GCG ou UGC. Ce code fournit plus de mots qu'il n'en faut pour spécifier les vingt acides aminés. Nous pouvons donc conclure que chaque mot du code génétique est constitué d'au moins trois paires de nucléotides. Toutefois, si tous les mots sont des «triplets», il y a alors un excès considérable de mots par rapport aux 20 nécessaires pour représenter les acides aminés habituels. Nous reviendrons plus loin dans ce chapitre sur ces codons surnuméraires.

L'utilisation des suppresseurs pour démontrer qu'il s'agit d'un code à triplets

La preuve décisive du fait qu'un codon comporte effectivement trois lettres (et pas davantage) fut fournie par d'élégantes expériences génétiques rapportées pour la première fois en 1961 par Francis Crick, Sidney Brenner et leurs collaborateurs, qui utilisèrent des mutants du locus *rII* du phage T4. L'utilisation de mutations produisant le phénotype *rII* dans l'analyse par recombinaison a été abordée au Chapitre 5. Le phage T4 peut généralement se développer sur deux souches différentes *d'E. coli* appelées B et

K. Cependant, des mutations dans le gène *rII* modifient la gamme d'hôtes du phage: le phage mutant reste capable de croître sur la souche B *d'E. coli* mais ne l'est plus sur la souche K. Les mutations responsables de ce phénotype *rII* furent induites au moyen d'un agent chimique appelé proflavine qui passait pour provoquer des insertions ou des délétions d'une seule paire de nucléotides dans l'ADN. (Cette hypothèse est fondée sur des preuves expérimentales qui ne sont pas rapportées ici.) Les exemples suivants illustrent le mode d'action de la proflavine sur l'ADN double-brin.

Partant d'une mutation particulière induite par la proflavine et appelée FCO, Crick et ses collègues découvrirent

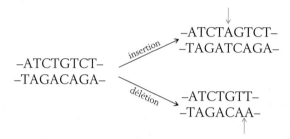

des «réversions» (des mutations inverses) qui permettaient la croissance des phages sur la souche K *d'E. coli*. L'analyse génétique de ces plages de lyse montra que les «révertants» n'étaient pas identiques aux véritables phages de type sauvage. La réversion n'était donc pas exactement l'inverse de la mutation directe d'origine. En réalité, on démontra que la réversion était due à la présence d'une *seconde mutation* en un site différent de celui de FCO, mais dans le même gène. Cette deuxième mutation «supprimait» l'effet de la mutation FCO initiale. Nous avons vu au Chapitre 6 qu'une mutation suppressive neutralise ou supprime les effets d'une autre mutation.

Les chercheurs réussirent à établir la présence de deux mutations dans un gène en utilisant l'approche cartographique que Benzer avait mise au point avec le système rII (voir Chapitre 5). Des croisements montrèrent que la mutation suppressive pouvait être séparée de la mutation directe originelle par recombinaison, ce qui démontrait que les deux mutations occupaient des sites différents. En outre, la fréquence de recombinaison était très faible, ce qui prouvait que le suppresseur était lui aussi une mutation du gène *rII* (Figure 9-7).

Comment expliquer ces résultats? Si nous supposons que le gène n'est lu qu'à partir d'une de ses extrémités, l'addition ou la délétion initiale induite par la proflavine entraînerait alors l'expression d'un phénotype mutant parce qu'elle interrompait le mécanisme normal de lecture qui indique les groupes de bases à lire en mots. Par exemple, si chaque triplet de bases de l'ARNm résultant formait un mot, alors le «cadre de lecture» pourrait être établi en prenant comme premier mot les trois premières bases à partir d'une extrémité, les trois bases suivantes comme deuxième mot, et ainsi de suite. Dans ce cas, l'addition ou la délétion d'une seule paire de bases dans l'ADN, provoquée par la proflavine, décalerait le cadre de lecture dans l'ARNm à partir de ce point et provoquerait la lecture erronée de tous les

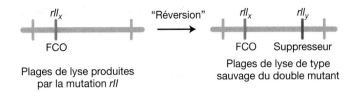

Plages de lyse produites
par la mutation *rII*

Plages de lyse de type
sauvage du double mutant

FCO et la mutation suppressive sont séparées par un crossing-over

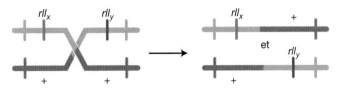

Figure 9-7 La démonstration de la présence d'une mutation suppressive dans le même gène que la mutation originale. Le suppresseur d'une mutation *rII* initiale (FCO) est lui-même identifié comme une mutation *rII* après la séparation de ces mutations par crossing-over. Le mutant initial, FCO, avait été induit par la proflavine. Par la suite, lorsque la souche FCO fut traitée une nouvelle fois par la proflavine, un révertant qui à première vue semblait être une souche sauvage fut obtenu. Toutefois, on constata qu'une seconde mutation avait été induite dans la région *rII* et que le double mutant *rII*$_x$ *rII*$_y$ n'était pas tout à fait identique à la souche sauvage de départ.

mots suivants. Une telle mutation par décalage du cadre de lecture réduirait la majeure partie du message génétique à du charabia. Toutefois, le cadre normal de lecture pourrait être restauré par une insertion ou une délétion compensatrice située à un endroit différent et ne laissant subsister qu'une courte portion de charabia entre les deux sites de mutations. Voyons l'exemple suivant où des mots de trois lettres sont utilisés pour représenter les codons :

	ILS	ONT	MIS	UNE	DES	SIX	VIS
Supprimons M:	ILS	ONT	ISU	NED	ESS	IXV	IS

Insérons A: ILS ONT ISA UNE DES SIX VIS

L'insertion supprime l'effet de la délétion en restaurant le sens de la majeure partie de la phrase. Pourtant, considérée séparément, l'insertion bouleverse la phrase :

ILS ONT MIS AUN EDE SSI XVI S

Si nous supposons que la mutation FCO est due à l'addition d'une base, la seconde mutation (suppression) doit être une délétion puisque, comme nous l'avons vu, seule une délétion rétablit le cadre de lecture du message résultant (une seconde insertion ne corrigerait pas le cadre de lecture). Dans les schémas suivants, pour des raisons de simplicité, nous utilisons une chaîne nucléotidique imaginaire pour représenter l'ARN. Nous supposons également que les mots du code comportent trois lettres et sont lus dans un seul sens (de gauche à droite dans nos schémas).

1.   Message de type sauvage :

CAU   CAU   CAU   CAU   CAU

2.   Message *rII*$_a$: les mots situés après l'addition sont modifiés (x) par une mutation par décalage du cadre de lecture (les mots sous lesquels figure le signe ✓ sont inchangés)

Addition

CAU   ACA   UCA   UCA   UCA   U___
 ✓   x   x   x   x

3.   Message *rII*$_a$*rII*$_b$: quelques mots sont faux mais le cadre de lecture est restauré pour les suivants

Délétion

CAU   ACA   UCU   CAU   CAU
 ✓   x   x   ✓   ✓

Les quelques mots erronés dans le génotype objet de la suppression expliquent pourquoi les «révertants» obtenus par Crick et ses collaborateurs ne présentaient pas exactement le même phénotype que les vraies souches sauvages.

Nous avons supposé ici que la mutation initiale responsable du décalage du cadre de lecture était une addition, mais cette explication s'applique aussi bien au cas où la mutation FCO initiale est une délétion et la mutation suppressive, une addition. Si la mutation FCO est définie comme «plus», alors la mutation suppressive est nécessairement «moins». Les résultats des expériences ont confirmé qu'un plus ne peut pas supprimer un plus, ni un moins, un moins. En d'autres termes, deux mutations de même signe ne peuvent jamais agir comme des suppresseurs l'une de l'autre.

Il est intéressant de constater que des combinaisons de *trois* plus ou de *trois* moins peuvent rétablir conjointement le phénotype sauvage. Cette observation constitua la première démonstration expérimentale du fait qu'un mot du code génétique comporte trois nucléotides successifs, c'est-à-dire un triplet. Ceci provient du fait que trois additions ou trois délétions dans un gène restaurent automatiquement le cadre de lecture dans l'ARNm si les mots sont des triplets. Par exemple,

Délétions

CAU   CAU   CAU   CAU   CAU   CAU   CAU
CAU   ACA   UAU   CAU   CAU   CAU
 ✓   x   x   ✓   ✓   ✓

La preuve que les conclusions génétiques sur la proflavine étaient correctes fut fournie par l'analyse des mutations induites par cet agent. Mais dans ce cas, les mutations se trouvaient dans un gène dont le produit protéique pouvait être analysé. George Streisinger utilisa le gène qui code le lysozyme dont la séquence d'acides aminés était connue. Il induisit une mutation dans ce gène au moyen de la proflavine et sélectionna ensuite des «révertants», également induits par la proflavine. Ceux-ci furent identifiés génétiquement comme des doubles mutants (portant des mutations de signes opposés). En analysant la protéine synthétisée par le double mutant, il constata la présence d'une séquence incorrecte d'acides aminés entre deux extrémités de type sauvage, exactement comme on le prévoyait :

Type sauvage:
> –Thr–Lys–Ser–Pro–Ser–Leu–Asn–Ala–

Mutant faisant l'objet d'une suppression:
> –Thr–Lys–Val–His–His–Leu–Met–Ala–

La dégénérescence du code génétique

Comme nous l'avons dit précédemment, avec quatre lettres possibles à chaque position, un codon de trois lettres permet de former $4 \times 4 \times 4 = 64$ mots. Seuls 20 mots sont nécessaires pour spécifier les 20 acides aminés courants. On peut donc se demander à quoi servent les autres mots, s'ils ont effectivement une utilité. Les travaux de Crick suggéraient que le code génétique présente une **dégénérescence**, ce qui signifie que chacun des 64 triplets doit avoir une signification dans le code. Par conséquent, certains acides aminés au moins doivent être spécifiés par deux triplets différents ou plus.

Le raisonnement est le suivant. Si 20 triplets seulement étaient utilisés, alors les 44 autres seraient des codons non-sens, ne codant aucun acide aminé. Dans ce cas, nous nous attendrions à ce que la plupart des mutations par décalage du cadre de lecture créent des mots dépourvus de sens, qui arrêteraient probablement le processus de synthèse des protéines. Si c'était le cas, la suppression des mutations non-sens serait rare, voire inexistante. Par contre, si tous les triplets spécifiaient un acide aminé, les codons modifiés provoqueraient simplement l'insertion d'un acide aminé incorrect dans la protéine. C'est pourquoi Crick supposa que beaucoup, sinon tous les acides aminés devaient avoir plusieurs noms différents dans le code ; cette hypothèse fut confirmée par la suite par des expériences biochimiques.

> **MESSAGE** La discussion à ce stade démontre que :
> 1. Le code génétique ne comporte pas de chevauchement.
> 2. Trois bases codent un acide aminé. Ces triplets sont appelés des codons.
> 3. Le code est lu à partir d'un point fixe et se poursuit jusqu'à la fin de la séquence codante. Nous savons cela parce qu'une seule mutation par décalage du cadre de lecture, à n'importe quel endroit de la séquence codante suffit à modifier tous les codons qui suivent dans cette séquence.
> 4. Le code est dégénéré, en ce sens que certains acides aminés sont spécifiés par plus d'un codon.

Le déchiffrement du code

Le déchiffrement du code génétique, c'est-à-dire la détermination de l'acide aminé spécifié par chaque triplet, fut l'une des découvertes les plus remarquables de la génétique des cinquante dernières années. Une fois les techniques expérimentales disponibles, le code génétique fut déchiffré extrêmement rapidement.

L'une des étapes décisives fut la mise au point d'ARNm synthétiques. Si les nucléotides qui constituent un ARN sont mis en présence d'une enzyme particulière (la polynucléotide phosphorylase), un ARN simple-brin est formé au cours de la réaction. Au contraire de la transcription, aucun ADN n'est nécessaire pour cette synthèse et les nucléotides sont donc incorporés au hasard. La possibilité de synthétiser des ARNm ouvrit la perspective exaltante de pouvoir créer des séquences spécifiques d'ARNm et de découvrir ensuite les acides aminés spécifiés. Le premier messager synthétique obtenu fut synthétisé en mélangeant uniquement des nucléotides uracile avec l'enzyme synthétisant l'ARN, produisant alors –U–U–U–U– [le poly(U)]. En 1961, Marshall Nirenberg et Heinrich Matthaei mirent en présence *in vitro* du poly(U) et la machinerie de synthèse protéique d'*E. coli* et *ils observèrent la formation d'une protéine*. La séquence d'acides aminés de cette protéine était évidemment attendue avec curiosité. Elle s'avéra être la polyphénylalanine – une chaîne de molécules de phénylalanine associées en un polypeptide. Ainsi, le triplet UUU devait coder la phénylalanine :

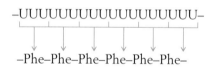

Des ARNm contenant deux types de nucléotides organisés en groupements répétés furent ensuite synthétisés. Par exemple, l'ARNm synthétique de séquence $(AGA)_n$, qui correspond à une longue séquence de AGAAGAAGAAGAAGA, fut utilisé pour stimuler la synthèse polypeptidique *in vitro* (dans un tube à essai qui contenait également un extrait cellulaire avec tous les composants nécessaires à la traduction). D'après la séquence des polypeptides résultants et des triplets susceptibles d'être présents dans d'autres ARN synthétiques, de nombreux mots du code purent être vérifiés. (Ce type d'expérience est détaillé dans le Problème 30, à la fin de ce chapitre. En le résolvant, vous vous mettrez à la place de H. Gobind Khorana qui reçut le Prix Nobel pour avoir réalisé ces expériences.)

D'autres approches expérimentales permirent d'attribuer un ou plusieurs codons à chaque acide aminé. Rappelons que le code était supposé dégénéré, ce qui signifiait qu'à certains acides aminés devaient correspondre plusieurs codons. Cette dégénérescence apparaît clairement dans la Figure 9-8, qui montre les codons et les acides aminés spécifiés. Presque tous les organismes de la planète utilisent ce code génétique. (Il existe seulement quelques exceptions pour lesquelles un petit nombre de codons seulement ont des significations différentes – par exemple, dans les génomes mitochondriaux.)

Deuxième lettre

	U	C	A	G	
U	UUU ⎫ Phe UUC ⎭ UUA ⎫ Leu UUG ⎭	UCU ⎫ UCC ⎬ Ser UCA ⎪ UCG ⎭	UAU ⎫ Tyr UAC ⎭ UAA Stop UAG Stop	UGU ⎫ Cys UGC ⎭ UGA Stop UGG Trp	U C A G
C	CUU ⎫ CUC ⎬ Leu CUA ⎪ CUG ⎭	CCU ⎫ CCC ⎬ Pro CCA ⎪ CCG ⎭	CAU ⎫ His CAC ⎭ CAA ⎫ Gln CAG ⎭	CGU ⎫ CGC ⎬ Arg CGA ⎪ CGG ⎭	U C A G
A	AUU ⎫ AUC ⎬ Ile AUA ⎪ AUG Met	ACU ⎫ ACC ⎬ Thr ACA ⎪ ACG ⎭	AAU ⎫ Asn AAC ⎭ AAA ⎫ Lys AAG ⎭	AGU ⎫ Ser AGC ⎭ AGA ⎫ Arg AGG ⎭	U C A G
G	GUU ⎫ GUC ⎬ Val GUA ⎪ GUG ⎭	GCU ⎫ GCC ⎬ Ala GCA ⎪ GCG ⎭	GAU ⎫ Asp GAC ⎭ GAA ⎫ Glu GAG ⎭	GGU ⎫ GGC ⎬ Gly GGA ⎪ GGG ⎭	U C A G

Première lettre (colonne de gauche) — Troisième lettre (colonne de droite)

Figure 9-8 Le code génétique.

Les codons stop

Vous avez peut-être remarqué dans la Figure 9-8 que certains codons ne spécifient aucun acide aminé. Ces codons sont appelés codons de terminaison ou codons stop. On peut les considérer comme des points ou des virgules ponctuant le message codé dans l'ADN.

L'un des premiers indices de l'existence de codons de terminaison fut fourni en 1965 par le travail de Brenner sur

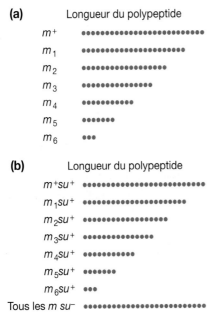

Figure 9-9 L'introduction et la suppression des mutants ambre. (a) Les longueurs de la chaîne polypeptidique de la protéine de la tête du phage T4 chez le type sauvage (m^+) et chez divers mutants ambre (m_1–m_6). Les mutants ambre présentent un seul changement de nucléotide qui introduit un codon stop. (b) Un suppresseur d'ambre (su) conduit au développement d'une chaîne de type sauvage du point de vue phénotypique.

le phage T4. Brenner analysa certaines mutations (m_1–m_6) qui affectent l'unique gène spécifiant la protéine de la tête du phage. Il découvrit que la protéine de la tête de chaque mutant était une chaîne polypeptidique plus courte que celle codée par le type sauvage (Figure 9-9a).

Brenner examina les extrémités des protéines raccourcies et les compara avec celles de la protéine sauvage. Il nota pour chaque mutant l'acide aminé qui *aurait* dû être inséré ensuite pour continuer la chaîne sauvage. Les acides aminés étaient pour les six mutations respectivement, une glutamine, une lysine, un acide glutamique, une tyrosine, un tryptophane et une sérine. Aucun motif évident ne ressortait de l'examen de ces résultats, mais Brenner conclut brillamment que certains des codons correspondant à ces acides aminés avaient pour point commun de pouvoir être mutés en un codon UAG par le changement d'une seule paire de nucléotides de l'ADN. Il postula dès lors que UAG était un codon stop (de terminaison), c'est-à-dire un signal indiquant à la machinerie de traduction que la protéine est terminée.

Le codon UAG fut le premier codon de terminaison déchiffré; on l'appelle le codon ambre. Les mutants déficients en raison de la présence d'un codon anormal ambre sont appelés des *mutants ambre*. De même, UGA est appelé **codon opale**, et UAA, **codon ocre**. Les mutants qui présentent une déficience due à la présence d'un codon opale ou ocre anormal sont appelés respectivement mutants opale et mutants ocre. Les codons stop sont souvent appelés codons non-sens parce qu'ils ne désignent aucun acide aminé.

Les phages mutants de Brenner présentaient une deuxième caractéristique intéressante, en plus de la présence chez eux d'une protéine de tête raccourcie : la présence d'une mutation suppressive (su^-) dans le chromosome de l'hôte provoquait la synthèse d'une protéine de tête de longueur normale (type sauvage) en dépit de la présence de la mutation m (Figure 9-9b). Nous reviendrons sur les codons stop et leurs suppresseurs après avoir traité le processus de synthèse protéique.

9.4 L'ARNt : l'adaptateur

Après que l'on eût découvert que la séquence d'acides aminés d'une protéine était déterminée par les codons (triplets) de l'ARNm, les scientifiques commencèrent à s'interroger sur le fonctionnement de cette détermination. L'un des premiers modèles rapidement abandonné car il était naïf et très improbable proposait que les codons d'ARNm pouvaient se replier et former 20 cavités distinctes qui fixeraient directement les acides aminés spécifiques dans l'ordre correct. À la place de ce modèle, Crick admit en 1958 que

> Il est naturel de supposer que l'acide aminé est transporté jusqu'à la matrice par une molécule adaptatrice et que cet adaptateur est la partie qui s'adapte à l'ARN. Dans sa forme la plus simple (cette hypothèse) nécessiterait vingt adaptateurs, un pour chaque acide aminé.

Il supposa que l'adaptateur «pourrait contenir des nucléotides. Cette propriété lui permettrait de s'associer sur la matrice d'ARN, par le même appariement de bases que celui qui existe dans l'ADN». De plus, «une autre enzyme serait nécessaire pour réunir chaque adaptateur avec son propre acide aminé».

Nous savons maintenant que l'«hypothèse d'un adaptateur» émise par Crick était en grande partie correcte. Les acides aminés sont en réalité attachés à un adaptateur (rappelons que les adaptateurs constituent une classe spéciale d'ARN stables appelés *ARN de transfert*). Chaque acide aminé est fixé par un ARNt spécifique, qui achemine ensuite cet acide aminé jusqu'au ribosome, le complexe moléculaire qui ajoutera l'acide aminé à un polypeptide en cours de synthèse.

La traduction des codons par l'ARNt

C'est dans la structure de l'ARNt que réside le secret de la spécificité entre un codon d'ARNm et l'acide aminé auquel il correspond. La molécule d'ARNt simple-brin a la forme d'une feuille de trèfle constituée de quatre tiges en double hélice et de trois boucles simple-brin (Figure 9-10a). La boucle située au milieu de chaque ARNt est appelée boucle de l'anticodon car elle porte un triplet de nucléotides appelé **anticodon**. Cette séquence est complémentaire du codon de l'acide aminé porté par l'ARNt. L'anticodon dans l'ARNt et le codon dans l'ARNm s'associent grâce à un appariement spécifique de bases ARN-ARN. (Nous voyons une nouvelle fois à l'œuvre le principe de complémentarité, cette fois par la fixation de deux ARN différents.) Les codons de l'ARNm étant lus dans le sens 5'→3', les anticodons sont orientés et écrits dans le sens 3'→5', comme le montre la Figure 9-10a.

Les acides aminés sont fixés aux ARNt par des enzymes appelées **aminoacyl-ARNt synthétases**. On dit d'un ARNt auquel est fixé un acide aminé qu'il est **chargé**. À chaque acide aminé correspond une synthétase spécifique qui l'unit exclusivement aux ARNt qui reconnaissent les codons qui le spécifient. Un acide aminé est fixé à l'extrémité 3' libre de son ARNt, l'acide aminé alanine dans le cas représenté dans la Figure 9-10a.

La feuille de trèfle «aplatie» dans la Figure 9-10a n'est pas la conformation normale des molécules d'ARNt. Un ARNt ressemble normalement à une feuille de trèfle en forme de L, comme le montre la Figure 9-10b. La structure tridimensionnelle de l'ARNt a été déterminée par cristallographie aux rayons X. Depuis son utilisation pour élucider la

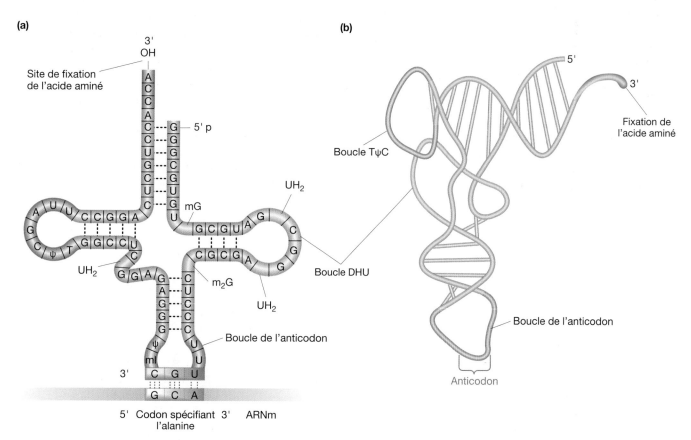

Figure 9-10 La structure de l'ARN de transfert. (a) La structure de l'ARNt de l'alanine de levure, montrant l'anticodon de l'ARNt fixé à son codon complémentaire dans l'ARNm. (b) Un schéma de la structure tridimensionnelle réelle de l'ARNt de la phénylalanine de levure. Les abréviations ψ, mG, m$_2$G, mI et UH$_2$ sont des abréviations correspondant aux bases modifiées pseudouridine, méthylguanosine, diméthylguanosine, méthylinosine et dihydrouridine, respectivement.
[Partie a d'après S. Arnott «The Structure of Transfer RNA», *Progress in Biophysics and Molecular Biology* 22, 1971, 186; partie b d'après L. Stryer, *Biochemistry*, 4e éd. Copyright 1995 par Lubert Stryer. La partie b est basée sur un dessin de Sung-Hou Kim.]

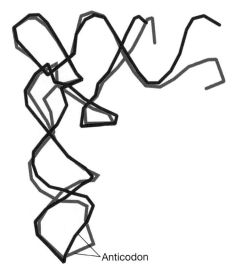

Anticodon

Figure 9-11 Deux ARNt superposés. Une fois repliés dans leur structure tridimensionnelle correcte, l'ARNt de levure spécifique de la glutamine (en bleu) recouvre presque entièrement l'ARNt de levure spécifique de la phénylalanine (en rouge) à l'exception de la boucle de l'anticodon et de l'extrémité aminoacyle.
[D'après M. A. Rould, J. J. Perona, D. Soll et T. A. Steitz, «Structure of *E. coli* Glutaminyl-tRNA Synthetase Complexed with tRNA(Gln) and ATP at 2.8 Å Resolution» *Science* 246, 1989, 1135-1142.]

structure en double hélice de l'ADN, cette technique a été améliorée et peut désormais servir à déterminer la structure de macromolécules très complexes telles que les ribosomes. Bien que les ARNt diffèrent par leur séquence primaire, ils se replient tous en une conformation quasiment identique en forme de L, même s'ils présentent des différences dans la boucle de l'anticodon et dans la boucle acceptrice. Cette similitude de structure est bien visible dans la Figure 9-11, qui montre deux ARNt différents superposés. La conservation de la structure indique à quel point cette forme est importante pour la fonction des ARNt. Comme nous le verrons plus loin dans ce chapitre, cette forme est cruciale pour l'interaction de l'ARNt avec le ribosome au cours de la synthèse protéique.

Que se passerait-il si un acide aminé incorrect était lié covalemment à un ARNt? Les résultats d'une expérience très convaincante ont permis de répondre à cette question. L'expérience utilisait le cystéinyl-ARNt (ARNt^{Cys}), l'ARNt spécifique de la cystéine. Cet ARNt était «chargé» d'une cystéine, ce qui signifie que la cystéine était fixée à l'ARNt. L'ARNt chargé fut traité par l'hydrure de nickel qui convertit la cystéine (toujours liée à l'ARNt^{Cys}) en un autre acide aminé, l'alanine, sans modifier l'ARNt:

$$\text{cystéine — ARNt}^{Cys} \xrightarrow[\text{de nickel}]{\text{hydrure}} \text{alanine — ARNt}^{Cys}$$

La protéine synthétisée en présence de cette espèce hybride comportait de l'alanine partout où l'on attendait de la cystéine. Cette expérience démontrait donc que les acides aminés sont «illettrés»; ils sont insérés à la position correcte

parce que les ARNt «adaptateurs» reconnaissent les codons de l'ARNm et insèrent l'acide aminé adéquat. La fixation de l'acide aminé correct à l'ARNt qui lui est spécifique est une étape clé pour garantir la synthèse correcte d'une protéine. Si un acide aminé incorrect est fixé, il n'y a aucun moyen d'empêcher son incorporation dans une chaîne protéique en cours d'élongation. Comme nous l'avons déjà vu, la fixation d'un acide aminé à son ARNt est réalisée par une aminoacyl-ARNt synthétase qui possède deux sites de liaison: un pour l'acide aminé et un autre pour l'ARNt. Il existe 20 de ces enzymes remarquables dans la cellule, une pour chacun des 20 acides aminés.

Retour sur la dégénérescence

Nous avons vu dans la Figure 9-8 que le nombre de codons correspondant à un acide aminé varie de un (UGG pour le tryptophane) à six (UCU, UCC, UCA, UCG, AGU ou AGC pour la sérine). On ne sait pas exactement pourquoi le code génétique présente une telle variation mais il existe deux éléments de réponse:

1. La plupart des acides aminés sont acheminés jusqu'au ribosome par plusieurs types alternatifs d'ARNt. Chaque type possède un anticodon différent qui s'apparie avec un codon distinct dans l'ARNm.

2. Certaines espèces d'ARNt chargés peuvent apporter leur acide aminé spécifique en réponse à plusieurs codons. Ces ARNt reconnaissent plusieurs codons alternatifs et s'y fixent, et pas seulement le codon dont la séquence est complémentaire en raison d'un certain appariement lâche des bases situées à l'extrémité 3' du codon avec les bases situées à l'extrémité 5' de l'anticodon. Cet appariement lâche est appelé **flottement** (*wobble* en anglais).

Le flottement est une situation dans laquelle le troisième nucléotide (à l'extrémité 5') d'un anticodon peut former deux alignements (Figure 9-12). Ce troisième nucléotide peut établir des liaisons hydrogène non seulement avec le nucléotide complémentaire normal en troisième position du

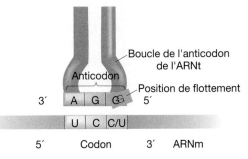

Figure 9-12 Le flottement. Au niveau du troisième site (extrémité 5') de l'anticodon, G peut adopter l'une ou l'autre des deux positions flottantes et peut donc s'apparier soit avec U, soit avec C. Ceci signifie qu'une seule espèce d'ARNt portant un acide aminé (dans ce cas, une sérine) peut reconnaître deux codons – UCU et UCC – dans l'ARNm.

Tableau 9-1	Les appariements codon-anticodon permis par les règles du flottement.
Extémité 5' de l'anticodon	**Extrémité 3' de l'anticodon**
G	C ou U
C	G seulement
A	U seulement
U	A ou G
I	U, C, ou A

codon, mais également avec un autre nucléotide présent à cette position. Il existe des «règles de flottement» qui indiquent quels nucléotides peuvent ou non, en raison du flottement, former des liaisons hydrogène avec des nucléotides alternatifs (Tableau 9-1). Dans ce tableau, la lettre *I* désigne l'inosine, l'une des bases rares présentes dans les ARNt, souvent dans l'anticodon.

Tableau 9-2	Les différents ARNt capables de reconnaître les codons de la sérine.	
ARNt	**Anticodon**	**Codon**
ARNt$^{Ser}_1$	AGG + flottement	UCC
		UCU
ARNt$^{Ser}_2$	AGU + flottement	UCA
		UCG
ARNt$^{Ser}_3$	UCG + flottement	AGC
		AGU

Le Tableau 9-2 dresse la liste de tous les codons spécifiant la sérine et montre de quelle façon trois ARNt différents (ARNt$^{Ser}_1$, ARNt$^{Ser}_2$ et ARNt$^{Ser}_3$) peuvent s'apparier avec ces codons. Certains organismes possèdent un type supplémentaire d'ARNt (que nous pourrions symboliser par ARNt$^{Ser}_4$) dont l'anticodon est identique à l'un des trois indiqués dans le Tableau 9-2 mais diffère dans sa séquence nucléotidique à d'autres endroits. Ces quatre ARNt sont appelés des **ARNt isoaccepteurs** parce qu'ils acceptent le même acide aminé, mais sont tous transcrits à partir de gènes différents d'ARNt.

> **MESSAGE** On dit que le code génétique est dégénéré car dans de nombreux cas, plusieurs codons spécifient le même acide aminé. En outre, plusieurs codons peuvent s'apparier avec plus d'un anticodon (flottement).

9.5 Les ribosomes

La synthèse protéique a lieu lorsque les molécules d'ARNt et d'ARNm s'associent avec des *ribosomes*. La tâche des ARNt et des ribosomes est de traduire la séquence des codons de nucléotides de l'ARNm en une séquence d'acides aminés qui forme la protéine. Le terme de *machinerie biologique* a été utilisé dans les chapitres précédents pour

caractériser des complexes à sous-unités multiples qui exécutent des fonctions cellulaires. Le réplisome par exemple est une machinerie biologique capable de répliquer l'ADN rapidement et précisément. Le site de la synthèse protéique, le ribosome, est bien plus gros et plus complexe que les machineries décrites jusqu'ici. Sa complexité est due au fait qu'il doit accomplir plusieurs tâches avec précision et vitesse. Pour cette raison, il vaut mieux l'imaginer comme une usine contenant de nombreuses machines agissant de concert. Voyons de quelle façon cette usine est organisée pour remplir ses multiples fonctions.

Chez tous les organismes, le ribosome est constitué d'une petite et d'une grande sous-unités. Chacune d'elles est composée d'ARN (appelé ARN ribosomial ou ARNr) et de protéines. Chaque sous-unité comporte plusieurs types d'ARNr et jusqu'à 50 protéines. Les sous-unités ribosomiales ont été caractérisées initialement par leur vitesse de sédimentation au cours d'une ultracentrifugation. Pour cette raison, leurs noms correspondent à leurs coefficients de sédimentation en unités Svedberg (S), ce qui donne une idée de leur taille moléculaire. Chez les Procaryotes, la petite et la grande sous-unités sont appelées respectivement 30S et 50S. Elles s'associent en une particule 70S (Figure 9-13, en haut). Leurs équivalents eucaryotes sont appelés 40S et 60S, et le ribosome complet est une particule 80S (Figure 9-13, en bas). Bien que les ribosomes eucaryotes soient plus gros en raison de leurs composants plus nombreux et de plus grande taille, les constituants et les étapes de la synthèse protéique sont globalement similaires. Les ressemblances indiquent clairement que la traduction est un processus ancien apparu chez un ancêtre commun aux Eucaryotes et aux Procaryotes.

Lorsque les ribosomes furent étudiés pour la première fois, les chercheurs furent surpris de constater que quasiment les deux tiers de leur masse étaient constitués d'ARN et seulement un tiers, de protéines. On supposa pendant des années que les ARNr, qui se replient grâce à un appariement intramoléculaire de leurs bases en structures secondaires stables (Figure 9-14) formaient l'armature nécessaire à l'assemblage correct des protéines ribosomiales. D'après ce modèle, les protéines ribosomiales assuraient seules la responsabilité des étapes importantes de la synthèse protéique. Cette vision changea avec la découverte dans les années 1980 des ARN catalytiques (voir Chapitre 8). Comme nous le verrons, les scientifiques pensent désormais que ce sont les ARNr, assistés des protéines ribosomiales, qui effectuent les étapes importantes de la synthèse protéique.

Les caractéristiques des ribosomes

Le ribosome réunit les autres acteurs importants de la synthèse protéique – les molécules d'ARNt et d'ARNm – pour traduire la séquence nucléotidique d'un ARNm en la séquence d'acides aminés d'une protéine. Les molécules d'ARNr et d'ARNt sont positionnées dans le ribosome de telle sorte que le codon de l'ARNm peut interagir avec l'anticodon de l'ARNt. Les principaux sites d'interaction sont illustrés dans la Figure 9-15. Le site de liaison de l'ARNm

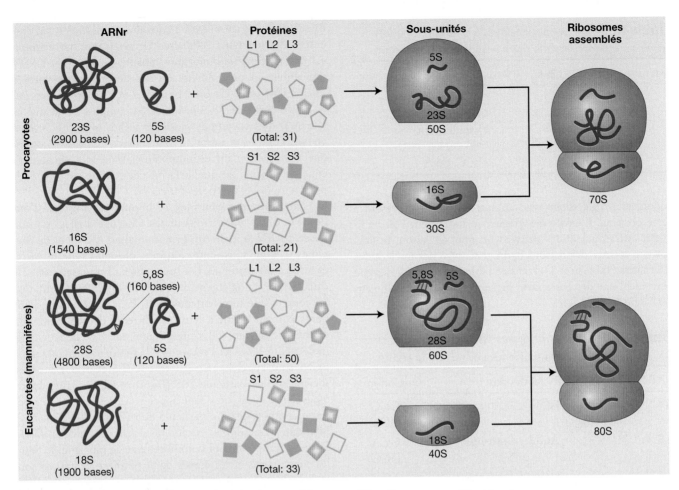

Figure 9-13 Un ribosome contient une grande et une petite sous-unités. Chaque sous-unité est formée d'ARNr de longueurs variées et d'un ensemble de protéines. Il y a deux molécules principales d'ARNr dans tous les ribosomes (représentées dans la colonne de gauche). Les ribosomes procaryotes contiennent également un ARNr de 120 bases qui sédimente avec un coefficient de 5S, tandis que les ribosomes eucaryotes comportent deux petits ARNr : une molécule d'ARNr 5S analogue à l'ARNr 5S procaryote et une molécule d'ARNr 5,8S de 160 bases de long. Les protéines de la grande (*large* en anglais) sous-unité sont appelées L1, L2, etc. et les protéines de la petite (*small* en anglais) sous-unité, S1, S2, etc.

[D'après H. Lodish, D. Baltimore, A. Berk, S. L. Zipurski, P. Matsudaira et J. Darnell, *Biologie Moléculaire de la Cellule*, 3ᵉ éd. 1995. Traduction De Boeck Université, 1997.]

Figure 9-14 La structure repliée de l'ARN ribosomial 16S procaryote de la petite sous-unité ribosomiale.

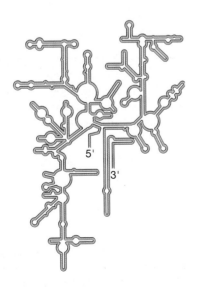

est situé dans sa totalité à l'intérieur de la petite sous-unité. Il existe trois sites de liaison pour les molécules d'ARNt. Chaque ARNt fixé forme un pont entre les sous-unités 30S et 50S, avec l'extrémité qui porte l'anticodon dans la première et l'extrémité aminoacyl (portant l'acide aminé) dans la seconde. Le **site A** (pour aminoacyl) fixe un aminoacyl-ARNt entrant, dont l'anticodon correspond au codon présent dans le site A de la sous-unité 30S. En avançant dans le sens 5' de l'ARNm, le codon suivant interagit avec l'anticodon de l'ARNt dans le **site P** (pour peptidyl) de la sous-unité 30S. L'ARNt dans le site P contient la chaîne polypeptidique en cours de synthèse, dont une partie se trouve à l'intérieur d'une structure en forme de tunnel appartenant à la sous-unité 50S. Le **site E** (pour *exit*, sortie en anglais) contient un ARNt désacétylé (qui ne porte plus d'acide aminé) prêt à être libéré du ribosome. On ignore encore si les interactions codon-anticodon ont également lieu entre l'ARNm et l'ARNt dans le site E.

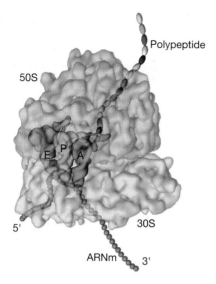

(b) Modèle schématique

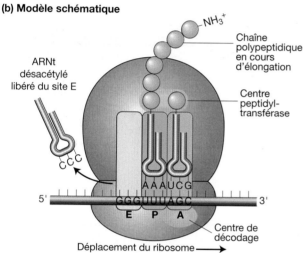

Figure 9-15 Les sites essentiels d'interaction dans un ribosome au cours de la phase d'élongation de la traduction. (a) Un modèle informatique de la structure tridimensionnelle du ribosome comprenant l'ARNm, les ARNt et la chaîne polypeptidique naissante lorsqu'elle émerge de la grande sous-unité ribosomiale. (b) Un modèle schématique du ribosome au cours de l'élongation de la traduction. Voir le texte pour les détails.
[Partie a d'après J. Franck, *Bioessays* 23, 2001, 725-732, Figure 2.]

Deux autres régions dans le ribosome sont essentielles à la synthèse protéique. Le **centre de décodage** dans la sous-unité 30S garantit que seuls les ARNt portant les anticodons correspondant au codon seront acceptés dans le site A. Ces ARNt s'associent avec le **centre peptidyltransférase** dans la sous-unité 50S, dans lequel la formation des liaisons peptidiques est catalysée. La structure des ribosomes associés aux ARNt a récemment été déterminée au niveau atomique grâce à plusieurs techniques, y compris la cristallographie aux rayons X. Les résultats de ces études élégantes ont clairement montré que les deux centres sont entièrement constitués de régions d'ARNr, ce qui signifie que les contacts importants dans ces centres sont des contacts ARNt-ARNr. On pense même que la formation des liaisons peptidiques

est catalysée par un site actif présent dans l'ARN ribosomial qui serait seulement assisté par des protéines ribosomiales.

Le processus de traduction peut être divisé en trois phases : l'amorçage (ou initiation), l'élongation et la terminaison. En plus du ribosome, de l'ARNm et des ARNt, des protéines supplémentaires sont nécessaires pour la réussite complète de chaque phase. Certaines étapes de l'amorçage diffèrent fortement chez les Procaryotes et chez les Eucaryotes, c'est pourquoi l'amorçage sera décrit séparément pour les deux groupes d'organismes. La description des phases d'élongation et de terminaison repose largement sur ce qui se passe chez les bactéries qui ont fait l'objet de nombreuses études récentes de la traduction.

L'amorçage de la traduction

La principale tâche de l'amorçage (ou initiation) est de placer le premier aminoacyl-ARNt dans le site P du ribosome et de cette façon, d'établir le cadre de lecture correct de l'ARNm. Chez la plupart des Procaryotes et chez tous les Eucaryotes, le premier acide aminé de tout peptide néosynthétisé est la méthionine, spécifiée par le codon AUG. Il est inséré non pas par ARNt^{Met} mais par un ARNt spécial appelé **ARNt initiateur** ou **ARNt d'amorçage**, symbolisé par ARNt$^{Met}_i$. Chez les bactéries, un groupement formyle est ajouté à la méthionine pendant que l'acide aminé est fixé à l'initiateur, produisant de la N-formylméthionine. (Le groupement formyle de la N-formylméthionine sera retiré plus tard.)

Comment la machinerie de traduction sait-elle à quel endroit commencer ? En d'autres termes, comment le codon de départ (ou codon d'amorçage) AUG est-il sélectionné parmi les nombreux codons AUG présents dans une molécule d'ARNm ? Rappelons que, chez les Procaryotes comme chez les Eucaryotes, l'ARNm possède une région non traduite en 5' constituée de la séquence présente entre le site de début de la transcription et le site de début de la traduction. Chez les Procaryotes, les codons de départ sont précédés de séquences spéciales appelées **séquences de Shine-Dalgarno** qui s'apparient avec l'extrémité 3' d'un ARNr appelé ARNr 16S, dans la sous-unité ribosomiale 30S. Cet appariement positionne correctement le codon initiateur

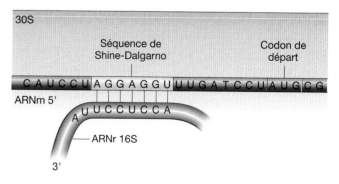

Figure 9-16 La séquence de Shine-Dalgarno. Chez les bactéries, la complémentarité des bases entre l'extrémité 3' de l'ARNr 16S de la petite sous-unité ribosomiale et la séquence de Shine-Dalgarno de l'ARNm positionne le ribosome pour qu'il puisse débuter la traduction au niveau du codon AUG en aval.

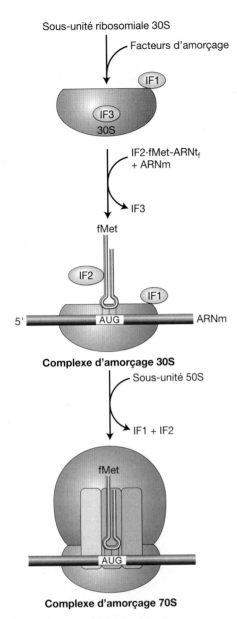

Figure 9-17 L'amorçage de la traduction chez les Procaryotes. Les facteurs d'amorçage aident à l'assemblage du ribosome au niveau du site de début de la traduction puis se dissocient avant la traduction.
[D'après J. Berg, J. Tymoczko et L. Stryer, *Biochemistry*, 5e éd. Copyright 2002 par W. H. Freeman and Company.]

de l'association de la grande sous-unité 50S avec le complexe d'amorçage et la libération des facteurs d'amorçage.

Puisqu'il n'existe pas de compartiment nucléaire chez un Procaryote pour séparer la transcription de la traduction, le complexe d'amorçage procaryote peut se former au niveau d'une séquence de Shine-Dalgarno proche de l'extrémité 5' d'un ARN en cours de transcription. À l'inverse, la transcription et la traduction ont lieu dans des compartiments séparés de la cellule eucaryote. Comme nous l'avons vu au Chapitre 8, les ARNm eucaryotes sont transcrits et

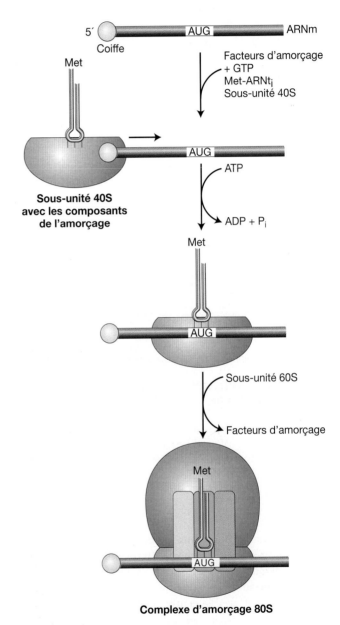

Figure 9-18 L'amorçage de la traduction chez les Eucaryotes. Le complexe d'amorçage se forme au niveau de l'extrémité 5' de l'ARNm puis parcourt celui-ci dans le sens 3' à la recherche d'un codon de début de la traduction. La reconnaissance de ce codon déclenche l'assemblage du ribosome complet et la dissociation des facteurs d'amorçage (non figurés). L'hydrolyse d'ATP fournit l'énergie nécessaire au processus de parcours de l'ARNm.
[D'après J. Berg, J. Tymoczko et L. Stryer, *Biochemistry*, 5e éd. Copyright 2002 par W. H. Freeman and Company.]

dans le site P dans lequel l'ARNt initiateur se fixera (Figure 9-16). L'ARNm peut s'apparier uniquement avec une sous-unité 30S dissociée du reste du ribosome. Remarquez une fois encore que l'ARNr assure la fonction primordiale du placement correct du ribosome pour débuter la traduction.

Chez les bactéries, trois protéines – IF1, IF2 et IF3 (pour **facteur d'amorçage**, *initiation factor* en anglais) – sont nécessaires pour un amorçage correct (Figure 9-17). Alors que IF3 est nécessaire pour maintenir la sous-unité 30S dissociée de la sous-unité 50S, l'action de IF1 et IF2 permet de garantir l'entrée exclusive de l'ARNt initiateur dans le site P. La sous-unité 30S, l'ARNm et l'ARNt initiateur constituent le complexe d'amorçage. Le ribosome 70S complet est formé

subissent une maturation dans le noyau avant d'être exportés dans le cytoplasme pour y être traduits. Une fois parvenu dans le cytoplasme, l'ARNm est généralement recouvert de protéines et certaines de ses régions peuvent adopter une structure en double hélice en raison d'appariements intramoléculaires. Ces structures secondaires doivent être supprimées afin d'exposer le codon initiateur AUG. Ce retrait est effectué par des facteurs d'amorçage (appelés eIF4A, B et G) qui s'associent avec la coiffe (présente à l'extrémité 5' de la plupart des ARNm eucaryotes) ainsi qu'avec la sous-unité 40S et l'ARNt initiateur, puis se déplacent dans le sens 5'→3'pour dérouler les régions appariées (Figure 9-18). Au même moment, la séquence exposée est parcourue pour y rechercher un codon AUG au niveau duquel la traduction peut débuter lorsque le complexe d'amorçage est rejoint par la sous-unité 60S pour former le ribosome 80S. Comme chez les Procaryotes, les facteurs eucaryotes d'amorçage se dissocient du ribosome avant la phase d'élongation de la traduction.

L'élongation

C'est au cours du processus d'élongation que le ribosome ressemble le plus à une usine. L'ARNm sert d'empreinte pour spécifier l'acheminement des ARNt reconnaissant les codons, portant chacun un acide aminé. Chaque acide aminé est ajouté à la chaîne polypeptidique en cours d'élongation, pendant que l'ARNt désacétylé est recyclé en fixant un autre acide aminé. La Figure 9-19 détaille les étapes de l'élongation et la participation de deux facteurs protéiques appelés **facteur d'élongation Tu** (EF-Tu pour *elongation factor Tu* en anglais) et **facteur d'élongation G** (**EF-G**).

Nous avons vu plus tôt dans ce chapitre qu'un aminoacyl-ARNt est formé par la fixation covalente d'un acide aminé à l'extrémité 3' d'un ARNt qui contient l'anticodon correct. Avant que les aminoacyl-ARNt puissent être utilisés dans la synthèse protéique, ils s'associent avec le facteur protéique EF-Tu pour former un **complexe ternaire** (constitué d'ARNt, d'acide aminé et de EF-Tu). Le cycle d'élongation commence avec un ARNt initiateur (et la méthionine qui lui est fixée) dans le site P et avec le site A prêt à accepter un complexe ternaire (voir Figure 9-19). La reconnaissance codon-anticodon dans le centre de décodage de la petite sous-unité détermine le complexe ternaire à accepter parmi les 20 possibles (voir Figure 9-15b). Lorsque l'appariement correct a lieu, le ribosome change de forme, le facteur EF-Tu quitte le complexe ternaire et les deux extrémités aminoacyle sont juxtaposées dans le centre peptidyltransférase de la grande sous-unité (voir Figure 9-15b). Là, une liaison peptidique est formée grâce au transfert de la méthionine présente dans le site P, sur l'acide aminé présent dans le site A. Grâce à l'action du second facteur protéique, EF-G, qui

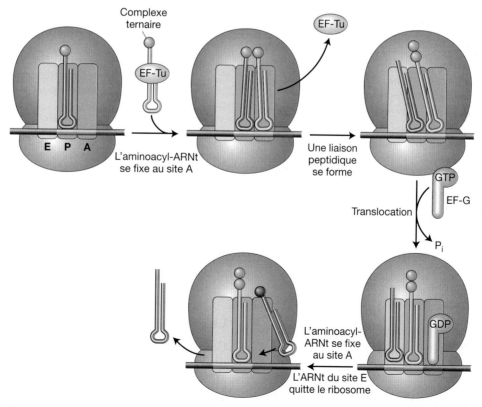

Figure 9-19 Les étapes de l'élongation. Un complexe ternaire constitué d'un aminoacyl-ARNt attaché à un facteur EF-Tu se fixe au site A. Lorsque son acide aminé a rejoint la chaîne polypeptidique en cours d'élongation, un facteur EF-G se fixe au site A, poussant alors les ARNt et leurs codons d'ARNm dans les sites E et P. Voir le texte pour les détails.

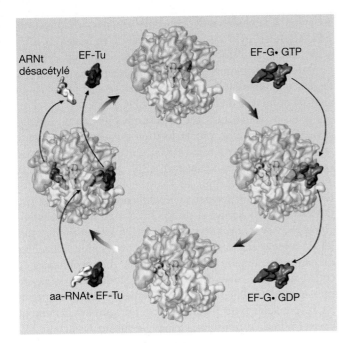

Figure 9-20 Les étapes du cycle d'élongation, montrant les structures tridimensionnelles des composants qui interagissent. Ces structures ont été déduites à l'aide de la microscopie électronique à haute résolution et de la cristallographie aux rayons X. Remarquez la similitude de forme et d'orientation entre l'aminoacyl-ARNt dont le EF-Tu associé est lié au site A et le facteur EF-G qui se fixe au même site.
[D'après J. Frank, «Conformational Proteomics of Macromomecular Architecture.» World Scientific Publishing Co., 2003.]

semble s'ajuster dans le site A, les ARNt présents dans les sites A et P sont déplacés vers les sites P et E respectivement et l'ARNm passe à travers le ribosome, de telle sorte que le codon suivant est positionné dans le site A (Figure 9-20). Lorsque EF-G quitte le ribosome, le site A est ouvert pour accepter le complexe ternaire suivant.

Au cours des cycles ultérieurs, un nouveau complexe ternaire occupe le site A lorsque l'ARNt désacétylé quitte le site E. Lorsque l'élongation progresse, le nombre d'acides aminés sur le peptidyl-ARNt (dans le site P) augmente et l'extrémité amino-terminale du polypeptide en croissance émerge du tunnel de la sous-unité 50S et dépasse du ribosome.

La terminaison

Le cycle se poursuit jusqu'à ce que le codon présent dans le site A soit l'un des trois codons stop : UGA, UAA ou UAG. Rappelons qu'aucun ARNt ne reconnaît ces codons. Ce sont des protéines appelées **facteurs de relargage** ou **facteurs de libération** (RF1, RF2 et RF3 chez les bactéries, pour *release factors* en anglais) qui reconnaissent ces codons stop (Figure 9-21). Chez les bactéries, RF1 reconnaît UAA ou UAG, tandis que RF2 reconnaît UAA ou UGA. Tous deux sont assistés par RF3. L'interaction entre les facteurs de relargage 1 et 2 et le site A diffère sur deux points principaux de l'interaction des composants du complexe ternaire. Tout d'abord, les codons stop sont reconnus par des tripeptides

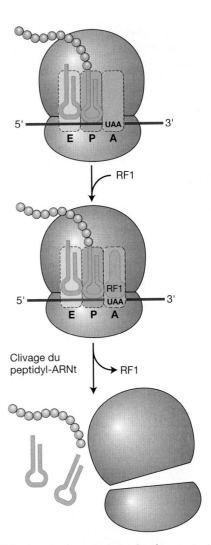

Figure 9-21 La terminaison de la traduction. La traduction se termine lorsque les facteurs de relargage reconnaissent les codons stop dans le site A du ribosome.
[D'après H. Lodish *et al.*, *Biologie Moléculaire de la Cellule*. Traduction française de la 5e éd. chez De Boeck, 2004.]

dans les protéines RF et non par un anticodon. De plus, les facteurs de relargage s'adaptent dans le site A de la sous-unité 30S mais ne participent pas à la formation de la liaison peptidique. Au lieu de cela, une molécule d'eau pénètre dans le centre peptidyltransférase et provoque la libération du polypeptide depuis l'ARNt présent dans le site P. Les sous-unités ribosomiales se séparent et la sous-unité 30S est alors prête à former un nouveau complexe d'amorçage.

Le mimétisme moléculaire

Une découverte remarquable a eu lieu lorsque la structure tridimensionnelle du complexe ternaire a été comparée avec les structures des facteurs protéiques EF-G, RF1 et RF2 – toutes déterminées par cristallographie aux rayons X. La forme de EF-G est étonnamment similaire à celle du complexe ternaire (l'aminoacyl-ARNt lié à EF-Tu), mais la forme des facteurs de relargage ressemble à celle des ARNt désacétylés (Figure 9-22). La capacité d'une molécule

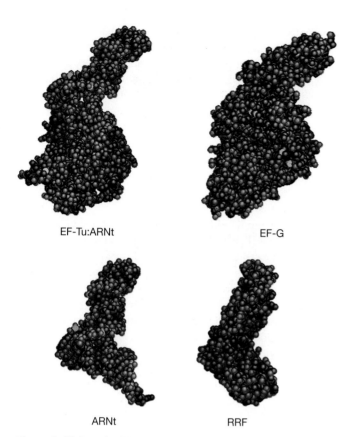

Figure 9-22 Le mimétisme moléculaire. Ces modèles compacts de structures tridimensionnelles illustrent la ressemblance entre EF-G et un complexe ternaire formé de EF-Tu, l'ARNt et un acide aminé (en haut) ainsi qu'entre le facteur de relargage RRF et un ARNt associé à son acide aminé (en bas). L'acide aminé lié à l'ARNt et au complexe ternaire dans cette image est la phénylalanine.
[S. Al-Karadaghi, O. Kristensen et A. Liljas, «A Decade of Progress in Understanding the Structural Basis of Protein Synthesis», *Progress in Biophysics and Molecular Biology* 73, 2000, 167-193, p. 184.]

d'adopter la structure d'une autre molécule s'appelle le *mimétisme moléculaire*. Les ressemblances structurales aident à expliquer comment ces protéines remplissent leur rôle au cours de la traduction. Plus clairement, le fait que EF-G ressemble au complexe ternaire signifie qu'il interagit à la fois avec la sous-unité 30S et la sous-unité 50S en remplaçant le complexe ternaire dans le site A de l'élongation. De même, comme l'extrémité ARNt du complexe ternaire, les facteurs de libération peuvent s'ajuster dans le centre de décodage mais, sans l'extrémité qui se fixe au site A dans la sous-unité 50S, la synthèse protéique va se terminer.

> **MESSAGE** La traduction est effectuée par des ribosomes qui se déplacent le long de l'ARNm dans le sens 5' → 3'. Un groupe de molécules d'ARNt conduit les acides aminés jusqu'au ribosome, leurs anticodons se fixant aux codons des ARNm exposés sur le ribosome. Un acide aminé entrant est relié à l'extrémité amine de la chaîne polypeptidique en cours d'élongation dans le ribosome.

Les mutations suppresseurs de non-sens

Il est intéressant de considérer les suppresseurs de mutations non-sens définis par Brenner et ses collaborateurs. Rappelons que chez le phage, des mutations appelées mutations ambre remplacent des codons de type sauvage par des codons stop, mais que des mutations suppressives dans le chromosome de l'hôte provoquent la disparition des effets des mutations ambre. Nous pouvons dire maintenant plus précisément à quel endroit ces mutations suppressives étaient situées et comment elles fonctionnaient. Beaucoup de ces mutations suppresseurs de non-sens se trouvent dans des gènes codant des ARNt. On sait qu'elles altèrent la boucle de l'anticodon d'ARNt spécifiques, rendant ainsi ces ARNt capables de reconnaître un codon non-sens dans l'ARNm. Ainsi, un acide aminé est inséré en réponse au codon de terminaison et la traduction se poursuit au-delà de ce triplet. Dans la Figure 9-23, une mutation ambre remplace un codon de type sauvage par le codon non-sens UAG. Seul, le codon UAG interromprait prématurément la protéine à la position correspondante, alors que dans ce cas, la mutation suppressive produit un ARNt^{Tyr} dont l'anticodon reconnaît le codon stop UAG du mutant. Le mutant supprimé contient alors une tyrosine à cette position dans la protéine.

L'ARNt produit par une mutation suppressive se fixe-t-il également aux signaux normaux de terminaison présents à l'extrémité des protéines ? La présence d'un suppresseur de non-sens empêche-t-elle la terminaison normale ? Beaucoup de signaux naturels de terminaison consistent en deux codons stop successifs. Or, en raison de la compétition avec les facteurs de libération, la probabilité de suppression de deux codons non-sens successifs est faible. Par conséquent, très peu de protéines contenant des acides aminés anormaux résultent d'une traduction qui passe outre à un codon stop naturel.

9.6 Les événements post-traductionnels

Une fois libérées du ribosome, les protéines néosynthétisées ne peuvent généralement pas remplir leur fonction. Ceci peut paraître surprenant si l'on imagine que les séquences protéiques codées dans l'ADN et transcrites en ARNm suffisent à expliquer le fonctionnement d'un organisme. Comme nous le verrons dans cette section et dans des chapitres ultérieurs, la séquence d'ADN ne détient qu'une partie de l'histoire. Dans ce cas, toutes les protéines néosynthétisées doivent se replier correctement et les acides aminés de certaines protéines doivent être modifiés chimiquement. Puisque le reploiement des protéines et les modifications qu'elles subissent ont lieu après leur synthèse, on les qualifie d'événements post-traductionnels.

Le reploiement des protéines dans la cellule

L'événement post-traductionnel le plus important est le reploiement de la protéine **naissante** (néosynthétisée) en sa forme tridimensionnelle correcte. On dit d'une protéine correctement repliée qu'elle est dans sa conformation **native** (au contraire d'une protéine mal ou non repliée qui est dite

(a) Une mutation ambre introduit un codon stop UAG. La traduction s'arrête.

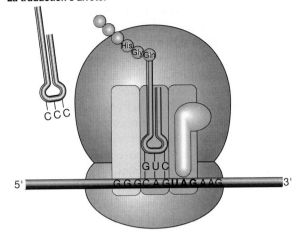

(b) L'anticodon de l'ARNt tyrosine est changé en AUC.

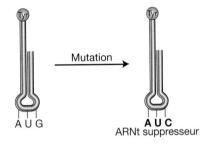

(c) L'ARNt tyrosine lit le codon UAG. La traduction continue.

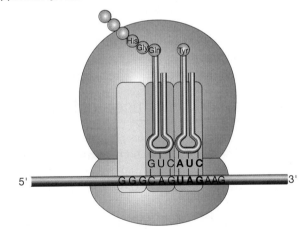

Figure 9-23 L'action d'un suppresseur. (a) La terminaison de la traduction. Ici la machinerie de traduction ne peut poursuivre son avancée au-delà d'un codon non-sens (UAG dans ce cas), car aucun ARNt ne peut reconnaître le triplet UAG. Par conséquent, la synthèse protéique se termine et le fragment polypeptidique est ensuite libéré. Les facteurs de relargage ne sont pas représentés ici. (b) Les conséquences moléculaires d'une mutation qui modifie l'anticodon d'un ARNt tyrosine. Cet ARNt peut alors lire le codon UAG. (c) La suppression du codon UAG par l'ARNt modifié, qui permet de poursuivre l'élongation de la chaîne.
[D'après D. Watson, J. Tooze et D. T. Kurtz, *Recombinant DNA: A Short Course.* Copyright 1983 par W. H. Freeman and Company.]

non native). Comme nous l'avons vu au début de ce chapitre, les protéines adoptent des structures très diverses qui sont essentielles pour leur activité enzymatique, leur capacité de se fixer à l'ADN, ou pour leurs rôles structuraux dans la cellule. Bien que l'on sache depuis 1950 que la séquence d'acides aminés d'une protéine détermine sa structure tridimensionnelle, on sait également que l'environnement aqueux dans la cellule ne favorise pas le reploiement correct de la plupart des protéines. Étant donné que les protéines se replient correctement à l'intérieur de la cellule, l'une des questions fondamentales a porté sur la façon dont ce reploiement correct avait lieu.

Il semblerait que les protéines naissantes se replient correctement avec l'aide de **chaperons** – une classe de protéines présentes chez tous les organismes, de la bactérie à l'homme en passant par les végétaux. L'une des familles de chaperons, appelés **chaperonines GroE**, forme de gros complexes à sous-unités multiples appelés **chaperonines** (machineries moléculaires de reploiement). Bien que l'on n'en connaisse pas encore précisément le mécanisme, on pense que les protéines néosynthétisées pénètrent dans une chambre de cette machinerie de reploiement qui assure un micro-environnement neutre dans lequel la protéine naissante peut se replier correctement et adopter sa conformation native.

La modification post-traductionnelle des chaînes latérales d'acides aminés

Comme nous l'avons déjà vu, les protéines sont des polymères de 20 acides aminés. Toutefois, l'analyse biochimique de nombreuses protéines révèle que diverses molécules peuvent établir des liaisons covalentes avec les groupements R. Par exemple, les enzymes appelées *kinases* fixent des groupements phosphate aux groupements hydroxyle des acides aminés sérine et thréonine, alors que les enzymes appelées *phosphatases* les enlèvent. L'addition de groupements phosphate à des acides aminés particuliers et le retrait de ces groupements sont utilisés dans la cellule à la manière d'un commutateur permettant de contrôler l'activité protéique.

L'adressage des protéines

Chez les Eucaryotes, toutes les protéines synthétisées sur les ribosomes sont situées dans le cytoplasme. Pourtant, certaines de ces protéines gagnent le noyau, les mitochondries, s'ancrent à la membrane ou sont sécrétées hors de la cellule. Comment ces protéines «savent»-elles où elles sont supposées aller? La réponse à ce problème apparemment complexe est en réalité très simple: les protéines sont synthétisées avec de courtes séquences qui jouent le rôle de codes barres pour diriger la protéine vers l'endroit ou le compartiment cellulaire corrects. Par exemple, les protéines membranaires ou les protéines sécrétées à partir de la cellule sont synthétisées avec un court peptide de tête appelé **séquence signal**, au niveau de leur extrémité amino-terminale. Cette séquence de 15 à 25 acides aminés est reconnue par des protéines membranaires qui transportent la nouvelle protéine à

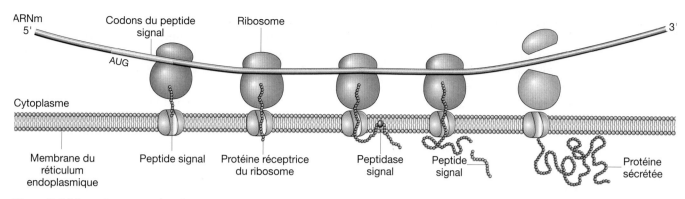

Figure 9-24 Les séquences signal. Les protéines destinées à être sécrétées hors de la cellule possèdent une séquence amino-terminale riche en résidus hydrophobes. Cette séquence signal se fixe à la membrane et guide le reste de la protéine à travers la bicouche lipidique. La séquence signal est clivée de la protéine au cours de ce processus par une enzyme appelée *peptidase signal*.

travers la membrane cellulaire. Au cours de ce processus, la séquence signal est clivée par une peptidase (Figure 9-24). Un phénomène similaire existe pour certaines protéines bactériennes qui sont sécrétées.

Inversement, des protéines destinées au noyau (telles que les ARN et les ADN polymérases et les facteurs de transcription traités aux Chapitres 7 et 8) comportent des séquences d'acides aminés enchâssées à l'intérieur des protéines et qui sont nécessaires au transport du cytoplasme vers le noyau. Ces **séquences de localisation nucléaire (NLS** pour *nuclear localization sequence* en anglais) sont reconnues par les protéines qui constituent les pores nucléaires – des sites membranaires à travers lesquels les grosses molécules peuvent entrer ou sortir du noyau. Une protéine dont l'emplacement n'est pas dans le noyau sera dirigée vers celui-ci si on lui fixe une séquence de localisation nucléaire.

Pourquoi les séquences signal sont-elles clivées au cours de l'adressage, alors que les séquences de localisation nucléaire, situées à l'intérieur des protéines, y demeurent après l'arrivée de la protéine dans le noyau ? L'une des explications pourrait être qu'au cours de la désintégration du noyau qui accompagne la mitose, les protéines situées dans le noyau peuvent alors se retrouver dans le cytoplasme. Comme ces protéines contiennent une NLS, elles peuvent regagner le noyau d'une des cellules filles créées par la mitose.

RÉPONSES AUX QUESTIONS CLÉS

- **Quel lien existe-t-il entre la séquence d'un gène et celle de la protéine qu'il code ?**

L'ordre des codons dans l'ARN dicte l'ordre des acides aminés dans la protéine correspondante. Ce concept a été démontré en établissant la correspondance linéaire entre les positions de changements de bases dans des gènes mutants *trpA* et celles des changements d'acides aminés dans les protéines TrpA mutantes correspondantes.

- **Pourquoi dit-on que le code génétique est non chevauchant et dégénéré ?**

Le code génétique est non chevauchant car des acides aminés consécutifs sont spécifiés par des codons consécutifs. Il est dégénéré car à certains acides aminés correspondent plusieurs ARNt.

- **Comment l'acide aminé correct s'apparie-t-il avec chaque codon d'ARNm ?**

La molécule d'ARNt joue le rôle d' « adaptateur » qui apparie chaque codon avec l'acide aminé correct. Imaginez la prise adaptatrice qui rend un écran compatible avec un ordinateur. Le câble qui sort de l'écran peut ne pas s'adapter directement à l'ordinateur mais pourra s'y fixer s'il est attaché à l'adaptateur correct qui modifie sa forme de façon à ce qu'elle s'adapte à l'ordinateur. De même, une extrémité de la molécule d'ARNt fixe un acide aminé. L'extrémité anticodon-codon se fixe (par complémentarité des bases) à un codon dans l'ARNm. De cette façon, l'ARNt traduit le codon de l'ARNm en un acide aminé de la protéine.

- **Pourquoi la fixation d'un acide aminé à l'ARNt correct est-elle considérée comme une étape essentielle de la synthèse des protéines ?**

Les résultats de certaines expériences ont montré que l'anticodon d'un ARNt chargé d'un acide aminé incorrect continuait à interagir avec le codon complémentaire dans l'ARNm, provoquant alors l'incorporation du mauvais acide aminé dans la chaîne polypeptidique en cours d'élongation. Il n'existe dans le ribosome aucun mécanisme de correction d'épreuves ni de relecture qui permettrait de retirer ces acides aminés incorrects.

- **Qu'est-ce qui prouve le rôle essentiel de l'ARN ribosomial et non des protéines ribosomiales dans les étapes clés de la traduction ?**

La structure cristalline des ribosomes montre clairement que le centre de décodage présent dans la sous-unité 30S et le centre peptidyltransférase situé dans la sous-unité 50S sont constitués uniquement d'ARNr.

• Quelles sont les différences dans l'amorçage de la traduction chez les Procaryotes et les Eucaryotes ?

Chez les Procaryotes, la traduction débute lorsque l'ARNr 16S dans la sous-unité ribosomiale 30S se fixe à la séquence de Shine-Dalgarno près de l'extrémité 5' d'un ARN en cours de transcription. Le complexe d'amorçage s'assemble alors au niveau de ce site, qui se trouve en amont d'un codon de départ AUG. À l'inverse, les ARNm eucaryotes sont transportés hors du noyau vers le cytoplasme, où un facteur d'élongation se fixe à la coiffe en 5'. Le complexe d'amorçage peut s'assembler et parcourir l'ARNm dans le sens 5'→3', déroulant l'ARN à la recherche d'un codon AUG qui se trouve près des éléments de séquence qui signalent le début de la traduction.

• Qu'est-ce que la maturation post-traductionnelle et pourquoi est-elle importante pour la fonction des protéines ?

Certaines protéines ne peuvent fonctionner tant qu'elles n'ont pas été modifiées par l'addition de certaines molécules telles que des groupements phosphate ou des glucides. De plus, il existe des protéines qui ne fonctionnent pas tant qu'elles n'ont pas été transportées vers un compartiment cellulaire précis. Les protéines destinées au noyau comportent des séquences de localisation nucléaire, alors que celles qui seront sécrétées ou transportées dans des organites contiennent des séquences signal au niveau de leurs extrémités amine. Ces séquences signal sont clivées au cours de l'adressage et ne font pas partie de la protéine mature.

RÉSUMÉ

Nous avons vu dans ce chapitre la traduction de l'information codée dans la séquence nucléotidique des ARNm, en séquence d'acides aminés de la protéine correspondante. Notre identité, notre essence, reposent bien plus sur les protéines que sur toute autre macromolécule. Elles sont les enzymes responsables du métabolisme de la cellule y compris de la synthèse d'ADN et d'ARN et elles sont également les facteurs régulateurs nécessaires à l'expression du programme génétique. Les multiples fonctions des protéines en tant que molécules biologiques se manifestent par la diversité des formes qu'elles peuvent adopter. De plus, même après leur synthèse, elles peuvent être modifiées de bien des façons par l'addition de molécules susceptibles de changer leur fonction.

Étant donné le rôle central des protéines dans la vie, il n'est pas surprenant que le code génétique et la machinerie qui traduit ce code en protéines, soit si fortement conservés, de la bactérie à l'homme. Les principaux composants de la traduction sont trois classes d'ARN : les ARNt, les ARNm et les ARNr. La précision de la traduction dépend de la liaison enzymatique d'un acide aminé à l'ARNt qui lui correspond, produisant une molécule d'ARNt chargé. En tant qu'adaptateurs, les ARNt sont les molécules fondamentales de la traduction. En revanche le ribosome, une particule de grande taille, est l'usine dans laquelle l'ARNm, les ARNt chargés et d'autres facteurs protéiques se réunissent pour accomplir la synthèse protéique.

La décision essentielle dans la traduction est la position de l'amorçage de la traduction. Chez les Procaryotes, le complexe d'amorçage s'assemble sur l'ARNm au niveau de la séquence de Shine-Dalgarno, juste en amont du codon AUG qui marque le début de la traduction. Le complexe d'amorçage chez les Eucaryotes s'assemble au niveau de la coiffe en 5' de l'ARNm et se déplace dans le sens 5'→3' jusqu'à ce qu'il reconnaisse le codon de départ. La phase la plus longue de la traduction est le cycle d'élongation. Lors de cette phase, le ribosome parcourt l'ARNm, révélant le codon ultérieur qui interagira avec l'ARNt chargé qui lui correspond, de sorte que l'acide aminé chargé sur cet ARNt pourra être ajouté à la chaîne polypeptidique en cours d'élongation. Ce cycle continue jusqu'à la rencontre d'un codon stop, au niveau duquel des facteurs de libération facilitent la terminaison de la traduction.

Ces dernières années, de nouvelles techniques d'imagerie ont été utilisées pour révéler les interactions ribosomiales au niveau atomique. Avec ces nouveaux «yeux», on perçoit désormais le ribosome comme une machinerie incroyablement dynamique qui change de forme en réponse aux contacts établis avec les ARNt et les facteurs protéiques qui ressemblent aux molécules d'ARNt. En outre, la résolution atomique a révélé que les ARN ribosomiaux et non les protéines ribosomiales, sont étroitement associés aux centres fonctionnels du ribosome.

MOTS CLÉS

Acide aminé (p. 275)
Aminoacyl-ARNt synthétase (p. 283)
Anticodon (p. 283)
ARN de transfert (ARNt) (p. 274)
ARN ribosomial (ARNr) (p. 274)
ARNt chargé (p. 283)
ARNt initiateur (p. 287)

ARNt isoaccepteur (p. 285)
Centre de décodage (p. 287)
Centre peptidyltransférase (p. 287)
Chaperon (p. 292)
Chaperonine (machinerie moléculaire de repliement (p. 292)
Code dégénéré (p. 281)

Codon (p. 278)
Colinéarité (p. 278)
Complexe ternaire (p. 289)
Domaine (p. 277)
Extrémité amine (p. 275)
Extrémité carboxyle (p. 275)
Facteur d'amorçage (p. 288)

PROBLÈMES RÉSOLUS

1. Nous avons considéré dans ce chapitre différents aspects de la structure des protéines. Reportez-vous à la Figure 9-8 et expliquez les effets respectifs, sur l'activité d'une protéine, de mutations non-sens, faux sens et de décalage du cadre de lecture dans le gène codant cette protéine.

Solution

Les mutations non-sens provoquent la terminaison de la synthèse protéique. Seul un fragment de la protéine est synthétisé. Comme on peut le voir dans la Figure 9-8, des fragments de protéines ne seront pas capables d'adopter la configuration correcte pour former le site actif. C'est pourquoi ces fragments de protéines seront dépourvus d'activité. Les mutations faux-sens par ailleurs, entraînent le remplacement d'un acide aminé par un autre. Si cet acide aminé est important pour le reploiement correct de la protéine ou s'il fait partie du site actif, ou encore s'il est impliqué dans l'interaction des sous-unités, sa substitution conduira souvent à une protéine inactive. En revanche, si l'acide aminé substitué se trouve dans la partie externe de la protéine et n'est pas impliqué dans son activité ou ses fonctions, beaucoup de ces substitutions seront alors compatibles avec l'activité protéique, qui ne sera pas affectée. Les mutations par décalage du cadre de lecture modifient celui-ci et provoquent l'incorporation d'acides aminés différents de ceux qui sont codés dans le cadre de lecture de type sauvage. À moins que la mutation ne soit localisée à la fin de la protéine, la protéine modifiée résultante ne pourra pas se replier dans la configuration correcte et n'aura pas d'activité.

2. En vous servant de la Figure 9-10, montrez les conséquences sur la traduction, de l'addition d'une adénine au début de la séquence codante suivante :

Ⓐ
↓
–CGA–UCG–GAA–CCA–CGU–GAU–AAG–CAU–
– Arg – Ser – Glu – Pro – Arg – Asp – Lys – His –

Solution

En ajoutant un A au début de la séquence codante, le cadre de lecture est décalé et un groupe différent d'acides aminés

est spécifié par la séquence, comme on le voit ici (notez que des codons non-sens sont formés, ce qui provoque la terminaison de la chaîne) :

–ACG–AUC–GGA–ACC–ACG–UGA–UAA–GCA–
– Thr – Ile – Gly – Thr – Thr – stop – stop –

3. L'addition d'un seul nucléotide suivie de la délétion d'un autre nucléotide, 20 pb plus loin environ dans l'ADN, entraîne un changement dans la séquence de la protéine de

–His–Thr–Glu–Asp–Trp–Leu–His–Gln–Asp–

en

–His–Asp–Arg–Gly–Leu–Ala–Thr–Ser–Asp–

Quel nucléotide a été ajouté et lequel a été délété? Quelle est la séquence initiale de l'ARNm et quelle est sa nouvelle séquence? (Suggestion : Consultez la Figure 9-8.)

Solution

Nous pouvons écrire la séquence d'ARNm d'après la séquence de la protéine initiale (en tenant compte des ambiguïtés inhérentes à ce stade) :

–His–Thr–Glu–Asp–Trp–Leu–His–Gln–Asp

–CA$_{C}^{U}$–ACC–GA$_{G}^{A}$–GA$_{C}^{U}$–UGG–CUC–CA$_{C}^{U}$–CA$_{G}^{A}$–GA$_{C}^{U}$
   A   A
   G   G
                          UUA
                            G

Puisque le changement de la séquence protéique indiqué dans l'énoncé débute après le premier acide aminé (His) par l'addition d'un seul nucléotide, nous pouvons en déduire qu'un codon Thr doit être changé en un codon Asp. Ce changement doit provenir de l'addition d'un G (entouré d'un carré) juste avant le codon Thr, ce qui décale le cadre de lecture de la manière suivante :

$$-\text{CA}^{\text{U}}_{\text{C}}-\boxed{\text{G}}\text{AC}-\text{UGA}-^{\text{A}}_{\text{G}}\text{GA}-\text{U}\textcircled{\text{U}}\text{G}-\text{G}\textcircled{\text{C}}\text{U}-\text{UCA}-\text{U}\textcircled{\text{A}}\text{A}\uparrow-\text{GA}^{\text{U}}_{\text{C}}-$$

entouré de cercles sous les bases : (A) sous GA et (A) sous UCA, G sous ces A.

– His – Asp – Arg – Gly – Leu – Ala – Thr – Ser – Asp –

De plus, puisqu'une délétion d'un nucléotide doit restaurer le dernier codon Asp en rétablissant le cadre normal de lecture, un A ou un G doit avoir été délété à la fin de l'avant-dernier codon d'origine (indiqué par une flèche). La séquence protéique de départ nous permet d'écrire la séquence de l'ARNm avec un certain nombre d'ambiguïtés. Néanmoins, la séquence protéique qui résulte du décalage du cadre de lecture nous permet de déterminer le nucléotide présent dans l'ARNm d'origine à l'endroit de la plupart de ces ambiguïtés. Les nucléotides qui devaient se trouver dans la séquence initiale sont entourés par des cercles. L'ambiguïté ne subsiste que dans quelques cas.

PROBLÈMES

Problèmes élémentaires

1. **a.** Utilisez le dictionnaire des codons de la Figure 9-8 pour compléter le tableau suivant. Supposez que la lecture s'effectue de gauche à droite et que les colonnes représentent l'alignement de la transcription et de la traduction.

C			T	G	A		Double hélice d'ADN
	C	A		U			ARNm transcrit
					G	C	A	Anticodon de l'ARNt approprié
		Trp					Acides aminés incorporés dans la protéine

b. Indiquez les extrémités 5′ et 3′ de l'ADN et de l'ARN ainsi que les extrémités amine et carboxyle de la protéine.

2. Considérons le fragment d'ADN ci-dessous :

5′ GCTTCCCAA 3′
3′ CGAAGGGTT 5′

Supposons que le brin du haut soit le brin matrice utilisé par l'ARN polymérase.

a. Dessinez l'ARN transcrit.

b. Indiquez ses extrémités 5′ et 3′.

c. Dessinez la chaîne correspondante d'acides aminés.

d. Indiquez ses extrémités amine et carboxyle.

Répondez à nouveau aux questions en supposant cette fois que le brin matrice est le brin du bas.

3. Une mutation provoque l'insertion d'une paire supplémentaire de nucléotides dans l'ADN. Lequel de ces résultats attendez-vous ? (1) Pas de protéine du tout ; (2) une protéine dans laquelle un acide aminé est modifié ; (3) une protéine dans laquelle trois acides aminés sont modifiés ; (4) une protéine dans laquelle deux acides aminés sont modifiés ; (5) une protéine dans laquelle la plupart des acides aminés présents après le site de l'insertion sont modifiés.

4. Avant que la vraie nature du procédé de codage génétique ne fût parfaitement connue, on pensait que le message pouvait être lu par triplets chevauchants. Par exemple, la séquence GCAUC aurait pu être lue comme GCA CAU AUC :

Imaginez une vérification expérimentale de cette hypothèse.

5. Dans les systèmes de synthèse protéique *in vitro*, l'addition d'un ARNm humain spécifique à la

G   C   A   U   C

machinerie de traduction d'*E. coli* (ribosomes, ARNt, etc.) entraîne la synthèse d'une protéine qui ressemble beaucoup à celle spécifiée par cet ARNm. Que montre ce résultat ?

6. Quel anticodon prévoyez-vous pour une espèce d'ARNt transportant de l'isoleucine ? Y a-t-il plusieurs réponses possibles ? Si c'est le cas, énoncez toutes les possibilités.

7. **a.** Combien de fois dans le code génétique, seriez-vous *dans l'impossibilté* d'identifier l'acide aminé spécifié par un codon en ne connaissant que les deux premiers nucléotides de ce codon ?

b. Combien de fois seriez-vous dans l'impossibilité de déterminer les deux premiers nucléotides d'un codon en connaissant l'acide aminé qu'il spécifie ?

8. Indiquez quels auraient pu être les six codons de type sauvage chez les mutants qui permirent à Brenner de déduire la nature du codon ambre UAG.

9. Si un polyribonucléotide contient des quantités égales d'adénine et d'uracile placées au hasard, quelle sera la proportion de ses triplets qui coderont : **(a)** la phénylalanine, **(b)** l'isoleucine, **(c)** la leucine, **(d)** la tyrosine ?

10. Vous avez synthétisé trois ARN messagers différents contenant des bases incorporées au hasard dans les rapports suivants : **(a)** 1U : 5C, **(b)** 1A : 1C : 4U, **(c)** 1A :

1C : 1G : 1U. Dans un système de synthèse protéique *in vitro*, indiquez l'identité et les proportions des acides aminés qui seront incorporés dans les protéines lorsque chacun de ces ARNm sera testé. (Reportez-vous à la Figure 9-8.)

11. On a obtenu des mutants du champignon *Neurospora* dépourvus d'activité pour une enzyme donnée. On a découvert par cartographie que les mutations se trouvaient dans l'un ou l'autre de deux gènes non liés. Proposez une explication reposant sur la structure quaternaire de la protéine.

12. Chez un mutant donné, on ne décèle aucune fonction d'une enzyme spécifique. Si vous disposiez d'un anticorps qui détecte cette protéine dans un transfert de type Western (voir Chapitre 1), vous attendriez-vous à ce que l'anticorps révèle la présence de la protéine chez ce mutant ? Justifiez votre réponse.

13. Dans un transfert de type Western (voir Chapitre 1), l'enzyme tryptophane synthétase apparaît généralement sous la forme de deux bandes de mobilité différente dans le gel. Certains mutants dépourvus de cette activité enzymatique présentaient exactement les mêmes bandes que le type sauvage. D'autres mutants sans activité ne présentaient que la bande à mobilité lente et d'autres mutants encore, seulement la bande à mobilité rapide.

(a) Expliquez les différents types de mutants au niveau de la structure protéique.

(b) À votre avis, pourquoi les mutants présentaient-ils au moins une bande ?

14. Dans les expériences de Crick-Brenner décrites dans ce chapitre, trois «plus» ou trois «moins» restauraient le cadre de lecture normal, ce qui a permis de déduire que le code fonctionnait par groupe de trois nucléotides. Ces expériences prouvent-elles réellement ce résultat ? Un codon ne pourrait-il pas être constitué de six bases par exemple ?

15. Un mutant est dépourvu d'activité pour l'enzyme isocitrate lyase. Ce résultat prouve-t-il que la mutation a lieu dans le gène codant cette enzyme ?

16. Un suppresseur de non-sens donné restaure chez un mutant qui ne se développait pas, un état proche mais non identique de l'état sauvage (sa croissance demeure anormale). Suggérez une raison pour laquelle cette réversion pourrait ne pas être une correction parfaite.

17. Dans les gènes bactériens, dès qu'un transcrit partiel d'ARNm est produit par le système de l'ARN polymérase, le ribosome s'en empare et débute la traduction. Schématisez ce processus en indiquant les extrémités 5' et 3' de l'ARNm, les extrémités COOH et NH$_2$ de la protéine, l'ARN polymérase et au moins un ribosome. (Pourquoi ce système ne pourrait-il pas fonctionner chez les Eucaryotes ?)

18. Chez un haploïde, un suppresseur de non-sens *su1* agit sur la mutation 1 mais pas sur la mutation 2 ni la mutation 3 du gène *P. Un suppresseur de non-sens su2* qui n'est pas lié au premier, agit sur la mutation 2 mais pas sur la 1 ni la 3. Expliquez ce schéma de suppression d'après la nature des mutations et celle des suppresseurs.

19. Des systèmes de traduction *in vitro* ont été mis au point, dans lesquels des molécules spécifiques d'ARN peuvent être ajoutées à un tube à essai contenant tous les composants nécessaires à la traduction (ribosomes, ARNt, acides aminés). Si un acide aminé radioactif est ajouté, une protéine traduite à partir de cet ARN peut être détectée et révélée sur un gel. Si un ARNm eucaryote est ajouté dans le tube à essai, une protéine radioactive sera-t-elle produite ? Expliquez.

20. Dans un système eucaryote de traduction comparable (contenant un extrait de cellule eucaryote) une protéine sera-t-elle produite par un ARN bactérien ? Si non, pourquoi ?

21. Un système chimérique de traduction contenant la grosse sous-unité ribosomiale d'*E. coli* et la petite sous-unité ribosomiale de levure (un eucaryote unicellulaire) sera-t-il capable d'effectuer une synthèse protéique ?

22. Des mutations qui changent un seul acide aminé dans le site actif d'une enzyme peuvent conduire à la synthèse de quantités normales d'une enzyme inactive. Pouvez-vous imaginer d'autres régions de la protéine dans lesquelles le changement d'un seul acide aminé aurait les mêmes conséquences ?

23. Quels sont les éléments qui laissent penser que les ARN ribosomiaux jouent un rôle plus important que les protéines ribosomiales ?

PROBLÈMES D'ÉVALUATION

24. L'addition d'un seul nucléotide à un endroit et l'élimination d'un autre nucléotide environ 15 résidus plus loin dans l'ADN provoquent un changement de séquence de

Lys – Ser – Pro – Ser – Leu – Asn – Ala – Ala – Lys

en

Lys – Val – His – His – Leu – Met – Ala – Ala – Lys

a. Quelles sont l'ancienne et la nouvelle séquences de nucléotides de l'ARNm ? (Utilisez le dictionnaire des codons de la Figure 9-8.)

b. Quel nucléotide a été ajouté et lequel a été délété ? (Problème 24 d'après W. D. Stansfield, *Theory and Problems of Genetics*, MacGraw-Hill, 1969.)

25. Vous étudiez un gène d'*E. coli* qui spécifie une protéine. Une partie de la séquence de la protéine est :

– Ala – Pro – Trp – Ser – Glu – Lys – Cys – His –

Vous recueillez une série de mutants de ce gène qui ne présentent aucune activité enzymatique. En isolant les enzymes des mutants, vous obtenez les séquences suivantes :

Mutant 1:

   –Ala–Pro–Trp–Arg–Glu–Lys–Cys–His–

Mutant 2:

   –Ala–Pro–

Mutant 3:

   –Ala–Pro–Gly–Val–Lys–Asn–Cys–His–

Mutant 4:

   –Ala–Pro–Trp–Phe–Phe–Thr–Cys–His–

Quelle est la nature moléculaire de chaque mutation? Quelle est la séquence d'ADN qui spécifie cette partie de la protéine?

26. On connaît désormais des suppresseurs de mutations provoquant des décalages du cadre de lecture. Proposez un mécanisme pour leur action.

27. Considérez l'un des gènes qui spécifient la structure de l'hémoglobine. Classez les événements suivants dans leur ordre de déroulement le plus probable.

   a. Une anémie est observée.

   b. La forme du site de liaison de l'oxygène est modifiée.

   c. Un codon incorrect est transcrit dans l'ARNm de la chaîne de l'hémoglobine concernée.

   d. L'ovule (gamète femelle) reçoit une dose élevée de radiation.

   e. Un codon incorrect est produit dans l'ADN de ce gène de l'hémoglobine.

   f. Une mère (technicienne en radiologie) se retrouve accidentellement devant un générateur de rayons X en fonctionnement.

   g. Un enfant meurt.

   h. La capacité de transport de l'oxygène de l'organisme est sévèrement altérée.

   i. L'anticodon d'ARNt qui s'apparie avec ce codon est d'un type qui introduit un acide aminé inadéquat.

   j. Une substitution d'une paire de nucléotides a lieu dans l'ADN d'un des gènes de l'hémoglobine.

28. Un mutant cellulaire induit est isolé à partir d'une culture tissulaire de hamster, en raison de sa résistance à l'α-amanitine (un poison extrait d'un champignon). Une électrophorèse montre que le mutant possède une ARN polymérase modifiée; *une seule* bande électrophorétique se trouve à une position différente de celle de la polymérase de type sauvage. Les cellules sont supposées être diploïdes. Que vous indiquent les résultats de cette expérience sur la manière de détecter des mutants récessifs parmi de telles cellules?

29. Une molécule d'ADN double-brin possédant la séquence indiquée ci-après produit *in vivo* un polypeptide long de cinq acides aminés:

TAC ATG ATC ATT TCA CGG AAT TTC TAG CAT GTA
ATG TAC TAG TAA AGT GCC TTA AAG ATC GTA CAT

a. Quel est le brin d'ADN transcrit et dans quel sens cette transcription a-t-elle lieu?

b. Indiquez les extrémités 5' et 3' de chaque brin.

c. Si une inversion se produit entre les deuxième et troisième triplets à partir, respectivement, des extrémités gauche et droite et si le même brin d'ADN est transcrit, quelle sera la longueur du polypeptide résultant?

d. Supposez que la molécule initiale soit intacte et que le brin du bas soit transcrit de gauche à droite. Donnez la séquence des bases et indiquez les extrémités 5' et 3' de l'anticodon qui insère le *quatrième* acide aminé dans le polypeptide naissant. Quel est cet acide aminé?

30. L'une des techniques utilisées pour déchiffrer le code génétique consistait à synthétiser des polypeptides *in vitro* en utilisant des ARNm synthétiques contenant diverses séquences répétées de bases – par exemple, $(AGA)_n$, qui peut s'écrire AGAAGAAGAAGAAGA… Parfois, le polypeptide synthétisé ne contenait qu'un seul acide aminé (un homopolymère), mais parfois il en contenait plusieurs (un hétéropolymère), selon la séquence répétée utilisée. En outre, plusieurs polypeptides différents étaient parfois synthétisés à partir du même ARNm synthétique, suggérant que la synthèse des protéines dans un système *in vitro* ne débute pas toujours au niveau du premier nucléotide du messager. Par exemple, trois polypeptides pouvaient être formés à partir d'$(AGA)_n$: l'homopolymère aa_1 (abrégé en aa_1-aa_1), l'homopolymère aa_2 (abrégé en aa_2-aa_2) et l'homopolymère aa_3 (abrégé en aa_3-aa_3). Ces polypeptides correspondent vraisemblablement aux lectures suivantes obtenues en commençant la traduction à partir de différentes positions de la séquence:

AGA AGA AGA AGA . . .
GAA GAA GAA GAA . . .
AAG AAG AAG AAG . . .

Le tableau ci-dessous montre les résultats obtenus à partir de l'expérience réalisée par Khorana.

ARNm synthétique	Polypeptide(s) synthétisé(s)
$(UG)_n$	(Ser-Leu)
$(UG)_n$	(Val-Cys)
$(AC)_n$	(Thr-His)
$(AG)_n$	(Arg-Glu)
$(UUC)_n$	(Ser-Ser) et (Leu-Leu) et (Phe-Phe)
$(UUG)_n$	(Leu-Leu) et (Val-Val) et (Cys-Cys)
$(AAG)_n$	(Arg-Arg) et (Lys-Lys) et (Glu-Glu)
$(CAA)_n$	(Thr-Thr) et (Asn-Asn) et (Gln-Gln)
$(UAC)_n$	(Thr-Thr) et (Leu-Leu) et (Tyr-Tyr)
$(AUC)_n$	(Ile-Ile) et (Ser-Ser) et (His-His)
$(GUA)_n$	(Ser-Ser) et (Val-Val)
$(GAU)_n$	(Asp-Asp) et (Met-Met)
$(UAUC)_n$	(Tyr-Leu-Ser-Ile)
$(UUAC)_n$	(Leu-Leu-Thr-Tyr)
$(GAUA)_n$	Aucun
$(GUAA)_n$	Aucun

[**Note** : l'ordre dans lequel sont écrits les polypeptides ou les acides aminés n'a pas d'importance, sauf pour $(UAUC)_n$ et $(UUAC)_n$.]

a. Pourquoi $(GUA)_n$ et $(GAU)_n$ ne codent-ils chacun que deux homopolypeptides ?

b. Pourquoi $(GAUA)_n$ et $(GUAA)_n$ ne déclenchent-ils aucune synthèse ?

c. Attribuez un acide aminé à chacun des triplets de la liste suivante. Rappelez-vous qu'il y a souvent plusieurs codons pour un seul acide aminé et que les deux premières lettres d'un codon sont habituellement les plus importantes (mais que la troisième lettre est parfois significative). Souvenez-vous également que des codons apparemment très différents codent parfois le même acide aminé. Essayez d'effectuer ce travail sans consulter la Figure 9-8.

AUG	GAU	UUG	AAC
GUG	UUC	UUA	CAA
GUU	CUC	AUC	AGA
GUA	CUU	UAU	GAG
UGU	CUA	UAC	GAA
CAC	UCU	ACU	UAG
ACA	AGU	AAG	UGA

La solution de ce problème exige à la fois de la logique et des essais répétés. Ne perdez pas courage : Khorana reçut le prix Nobel pour y être parvenu. Bonne chance !

[Problème 30 d'après J. Kuspira et G. W. Walker, *Genetics : Questions and Problems*, McGraw-Hill, 1973.]

LA RÉGULATION DE LA TRANSCRIPTION DES GÈNES

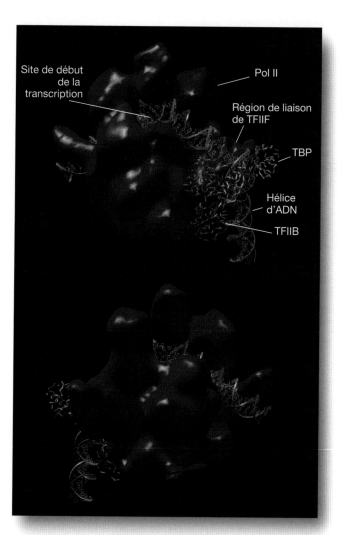

Site de début
de la
transcription

Pol II

Région de liaison
de TFIIF

TBP

Hélice
d'ADN

TFIIB

Un modèle tridimensionnel de l'ADN promoteur complexé à l'ARN polymérase eucaryote (Pol II) et à d'autres protéines d'amorçage de la transcription (TBP, TFIIB). [D'après H. Lodish, D. Baltimore, A. Berk, S. L. Zipurski, P. Matsudaira et J. Darnell, *Molecular Cell Biology*, 4e éd. Copyright 2000 par Scientific American Books, p. 383. Adapté de T.-K. Kim et al., *Proceedings of the National Academy of Sciences U.S.A.* 94, 1997, 12268.]

QUESTIONS CLÉS

- De quelles façons les niveaux d'expression des gènes varient-ils (du point de vue du rendement de leurs ARN et de leurs produits protéiques) ?

- Dans une cellule ou dans l'environnement de celle-ci, quels facteurs déclenchent des changements du niveau d'expression d'un gène ?

- Quels sont les mécanismes moléculaires de régulation des gènes chez les Procaryotes et chez les Eucaryotes ?

- Comment un Eucaryote parvient-il à établir des milliers de sortes d'interactions entre ses gènes en ne disposant que d'un nombre limité de protéines régulatrices ?

- En quoi la transmission épigénétique diffère-t-elle de la transmission génétique ?

- Quels sont les deux moyens de changer la structure de la chromatine ?

SOMMAIRE

L'ESSENTIEL DU CHAPITRE

Les propriétés biologiques de chaque cellule reposent en grande partie sur les protéines actives exprimées dans celle-ci. Cette multitude de protéines exprimées détermine la plus grande part de l'architecture de la cellule, de ses activités enzymatiques, de ses interactions avec l'environnement et de nombreuses autres propriétés physiologiques. Pourtant, à tout moment dans la vie d'une cellule, seule une fraction des ARN et des protéines codés dans son génome est exprimée. À des moments distincts, le profil des produits de gènes exprimés peut présenter de grandes différences, à la fois par les protéines exprimées et par leur niveau d'expression. Comment ces profils spécifiques sont-ils créés ?

La régulation de la synthèse du transcrit d'un gène et de son produit protéique est souvent appelée **régulation des gènes**. Si le produit final est une protéine (comme c'est le cas pour la majorité des gènes), on pourrait s'attendre à ce que la régulation soit réalisée en ajustant la transcription de l'ADN en ARN ou la traduction de l'ARN en protéine. En fait, la régulation des gènes a également lieu à bien d'autres niveaux. Elle peut porter par exemple sur la stabilité des

ARNm et les modifications post-traductionnelles des protéines. Cependant, il semble que la régulation se déroule le plus souvent au niveau de la transcription des gènes. Pour cette raison, ce chapitre traitera principalement de la régulation de la transcription. Le mécanisme fondamental à l'œuvre est dû à des signaux moléculaires provenant de l'extérieur ou de l'intérieur de la cellule, qui conduisent à la fixation de protéines régulatrices à des sites spécifiques d'ADN adjacents à la région codant la protéine et à la fixation de ces protéines qui module le taux de transcription. Ces protéines peuvent assister directement ou indirectement l'ARN polymérase lors de sa fixation à son site d'amorçage de la transcription – le *promoteur* – ou peuvent réprimer la transcription en empêchant la fixation de l'ARN polymérase. Pour moduler la transcription, les protéines régulatrices possèdent un ou plusieurs des *domaines fonctionnels* suivants :

1. Un domaine qui reconnaît l'élément régulateur correct (c'est-à-dire le site d'ancrage de la protéine sur l'ADN).

2. Un domaine qui interagit avec une ou plusieurs protéines de l'appareil élémentaire de transcription (l'ARN polymérase ou une protéine associée à celle-ci).

UNE VUE D'ENSEMBLE DU CHAPITRE

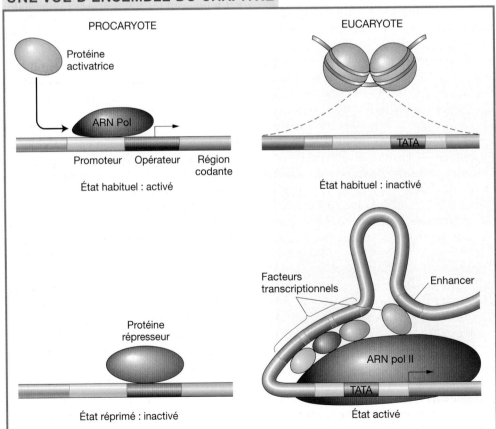

Figure 10-1 Une vue d'ensemble de la régulation de la transcription chez les Procaryotes et les Eucaryotes. Chez les Procaryotes, l'ARN polymérase peut généralement débuter la transcription sauf si une protéine répresseur l'en empêche. Chez les Eucaryotes en revanche, l'empaquetage de l'ADN dans les nucléosomes empêche la transcription, sauf si d'autres protéines régulatrices sont présentes pour exposer des séquences promotrices en modifiant la densité des nucléosomes ou leur position.

3. Un domaine qui interagit avec des protéines liées à proximité des sites d'ancrage, ce qui leur permet de réguler la transcription de manière coopérative.

4. Un domaine qui influence la condensation de la chromatine directement ou indirectement.

5. Un domaine qui joue le rôle de capteur des conditions physiologiques dans la cellule.

La régulation a évolué afin de permettre à une cellule de s'adapter aux variations dans des circonstances particulières telles que la disponibilité des substances nutritives, des invasions d'agents infectieux, des changements de température ou d'autres chocs et des changements dans l'état de développement de la cellule. De ce fait, certaines molécules régulatrices – en général des protéines – doivent avoir un domaine capteur qui interagit avec les facteurs appropriés dans l'environnement cellulaire, de sorte que son rôle régulateur peut répondre aux besoins de la cellule à un moment donné.

Bien que les Procaryotes et les Eucaryotes possèdent de nombreux mécanismes communs de régulation des gènes, il existe certaines différences fondamentales dans la logique sous-jacente de ces deux systèmes. Les ressemblances et les différences sont résumées dans la Figure 10-1. Ces deux familles d'organismes utilisent toutes deux des protéines régulatrices qui se fixent près de la région codant la protéine, afin de moduler le taux de transcription. Pourtant, étant donné que les génomes eucaryotes sont bien plus grands et que leurs propriétés sont beaucoup plus variées, leur régulation est inévitablement plus complexe, nécessitant davantage de types de protéines régulatrices et de sortes d'interactions avec les régions régulatrices adjacentes. La différence la plus importante réside dans le fait que l'ADN eucaryote est empaqueté dans des *nucléosomes*, formant de la *chromatine*, alors que l'ADN procaryote est dépourvu de nucléosomes. Chez les Eucaryotes, la structure de la chromatine est dynamique et elle constitue un élément essentiel de la régulation des gènes.

Comme le montre la Figure 10-1, un gène procaryote est naturellement dans son état «activé» (*on* en anglais). Par conséquent, l'ARN polymérase peut généralement se fixer à un promoteur lorsque aucune autre protéine ne se trouve aux alentours pour se fixer à l'ADN. Chez les Procaryotes, l'amorçage de la transcription est rendu impossible ou réduit si la fixation de l'ARN polymérase est bloquée, généralement en raison de la fixation d'une protéine répresseur régulatrice. Les protéines activatrices augmentent la fixation de l'ARN polymérase aux promoteurs, au niveau desquels une petite aide est nécessaire. À l'inverse, chez les Eucaryotes, un gène est naturellement dans son état «inactivé» (*off* en anglais). Par conséquent, l'appareil transcriptionnel de base (qui comprend l'ARN polymérase II et les facteurs généraux de la transcription associés) ne peut se fixer au promoteur en l'absence d'autres protéines régulatrices. Dans de nombreux cas, la fixation de l'appareil transcriptionnel est impossible en raison de la présence des nucléosomes (ADN plus histones) sur les sites clés de liaison dans le promoteur. Le nucléosome, comme on se le rappelle, est l'unité de base de la chromatine. Pour cette raison, la structure chromatinienne doit en général être modifiée pour que la transcription eucaryote soit activée. La structure de la chromatine est héréditaire, exactement comme la séquence de l'ADN. La transmission de cette structure est une forme de transmission épigénétique.

Nous commencerons ce chapitre par des exemples provenant des Procaryotes les plus simples. Des découvertes résultant d'études menées sur la régulation des gènes procaryotes débutées dans les années 1950 ont fourni le modèle fondamental de la régulation des gènes encore d'actualité aujourd'hui.

10.1 La régulation des gènes chez les Procaryotes

En dépit de la simplicité de leur forme, les bactéries ont un besoin fondamental de réguler l'expression de leurs gènes. L'une des raisons principales vient du fait que ce sont des opportunistes en matière de nutrition. Considérons la façon dont les bactéries se procurent les nombreux composants importants tels que les sucres, les acides aminés et les nucléotides nécessaires à leur métabolisme. Les bactéries nagent dans une mer de nutriments potentiels. Elles peuvent se procurer ces composants dans leur environnement ou les synthétiser grâce à des voies enzymatiques. La synthèse des enzymes nécessaires à ces voies demande de l'énergie et des ressources cellulaires. Par conséquent, si elles ont le choix, les bactéries privilégieront les composés issus de l'environnement. Par souci d'économie, elles synthétiseront les enzymes nécessaires à la production de ces composants uniquement lorsqu'elles n'auront pas d'autre possibilité – en d'autres termes, lorsque ces composants seront absents de leur environnement proche.

Les bactéries ont élaboré des systèmes régulateurs couplant l'expression des produits de gènes aux systèmes capteurs qui détectent le composant correspondant dans l'environnement proche de la bactérie. La régulation des enzymes participant au métabolisme des sucres en est un exemple. Les molécules de sucres peuvent être oxydées pour fournir de l'énergie ou peuvent servir d'éléments de construction pour un grand nombre de composés organiques. Néanmoins, il existe de nombreux types différents de sucres susceptibles d'être utilisés par les bactéries, dont le lactose, le glucose, le galactose et le xylose. Tout d'abord, l'importation de chacun de ces sucres dans la cellule se fait grâce à une protéine différente. De plus, un groupe spécifique d'enzymes est nécessaire pour métaboliser chacun de ces sucres. Si une cellule devait synthétiser simultanément toutes les enzymes dont elle pourrait avoir besoin à un moment de sa vie, elle dépenserait bien plus d'énergie et de matériaux qu'elle ne pourrait en obtenir grâce à la dégradation des sources potentielles de carbone. La cellule a mis au point des mécanismes pour supprimer (réprimer) la transcription de tous les gènes codant des enzymes non nécessaires à un moment donné et pour activer les gènes codant les enzymes indispensables. Par exemple, s'il y a du lactose dans l'environnement de la cellule, celle-ci réprimera la transcription des gènes codant les enzymes nécessaires à l'importation et au métabolisme du glucose, du galactose, du xylose et d'autres sucres. Inversement, la cellule favorisera la transcription des gènes codant les enzymes nécessaires à l'importation et au métabolisme du lactose. En résumé, les cellules ont besoin de mécanismes qui remplissent deux critères :

1. Ces mécanismes doivent pouvoir reconnaître les conditions environnementales dans lesquelles il leur faut activer ou réprimer la transcription des gènes correspondants.

2. Ils doivent être capables d'alterner entre l'activation et la répression de la transcription de chaque gène ou groupe de gènes spécifiques.

Intéressons-nous au modèle actuel de la régulation de la transcription chez les Procaryotes, puis nous utiliserons un exemple bien connu – la régulation des gènes du métabolisme du lactose – afin de l'examiner en détail.

Les fondements de la régulation de la transcription chez les Procaryotes

Deux types d'interaction ADN-protéine sont nécessaires pour réguler la transcription. Tous deux se produisent au niveau du site auquel commence la transcription des gènes.

L'une de ces interactions ADN-protéine détermine l'endroit auquel commence la transcription. L'ADN qui participe à cette interaction est un segment d'ADN appelé **promoteur** et la protéine qui se fixe à ce site est l'ARN polymérase. Lorsque l'ARN polymérase se fixe au promoteur, la transcription peut débuter quelques bases au-delà de ce site. Chaque gène doit avoir un promoteur pour pouvoir être transcrit.

L'autre type d'interaction ADN-protéine décide si la transcription induite par le promoteur peut avoir lieu. Des segments d'ADN proches du promoteur servent de sites de liaison pour des protéines régulatrices appelées **activateurs** et **répresseurs**. Chez les bactéries, la plupart de ces sites s'appellent des **opérateurs**. Pour certains gènes, une protéine activatrice doit se fixer à son site cible sur l'ADN avant que la transcription puisse commencer. Ces exemples sont parfois qualifiés de *régulation positive* en raison de la nécessité de la *présence* de la protéine liée pour débuter la transcription (Figure 10-2). Dans le cas d'autres gènes, il faut empê-

cher une protéine répresseur de se fixer à son site cible pour que la transcription puisse commencer. On appelle parfois ce type de situation *régulation négative* car c'est l'*absence* du répresseur lié qui permet à la transcription de commencer. Comment les activateurs et les répresseurs régulent-ils la transcription ? Souvent, une protéine activatrice liée à l'ADN aide physiquement l'ARN polymérase à s'ancrer à son promoteur, ce qui permet à la polymérase de débuter la transcription. Une protéine répresseur liée à l'ADN interfère en général avec la fixation de l'ARN polymérase à son promoteur (bloquant l'amorçage de la transcription) ou empêche le déplacement de l'ARN polymérase le long de la chaîne d'ADN (bloquant la transcription).

> **MESSAGE** Les gènes doivent contenir deux sortes de sites de liaison pour permettre la régulation de la transcription. Tout d'abord, des sites de liaison pour l'ARN polymérase sont nécessaires. En outre, des sites de liaison pour des protéines jouant le rôle d'activateurs ou de répresseurs peuvent être présents au voisinage du promoteur.

Les activateurs et répresseurs protéiques doivent être capables de reconnaître les conditions environnementales appropriées à leurs actions et agir de concert. Par conséquent, pour que des activateurs ou des répresseurs protéiques remplissent leurs fonctions, chacun doit pouvoir exister dans deux états : l'un capable de se fixer à ses cibles sur l'ADN et l'autre non. L'état de liaison doit répondre à un ensemble de conditions physiologiques dans la cellule et dans son environnement. Pour de nombreuses protéines régulatrices, la fixation à l'ADN est réalisée par l'interaction de deux sites différents dans la structure tridimensionnelle de la protéine. L'un de ces sites est le **domaine de liaison à l'ADN**. L'autre site, le **site allostérique**, agit comme un commutateur qui fait basculer le domaine de liaison à l'ADN dans l'un des deux modes : fonctionnel ou non fonctionnel. Le site allostérique interagit avec de petites molécules appelées *effecteurs allostériques*. Dans le métabolisme du lactose, le lactose (un sucre) est un effecteur allostérique. Un **effecteur allostérique** se fixe au site allostérique de la protéine régulatrice, de telle sorte qu'il provoque un changement de forme de la structure de son domaine de liaison à l'ADN. Certains activateurs ou répresseurs protéiques doivent fixer leurs effecteurs

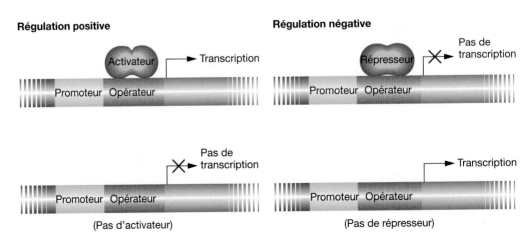

Figure 10-2 La fixation des protéines régulatrices peut soit activer, soit bloquer la transcription.

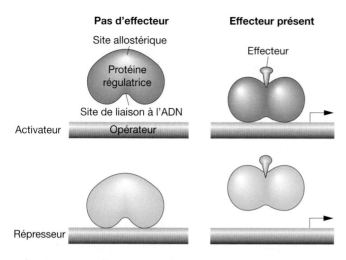

Figure 10-3 L'influence des effecteurs allostériques sur l'activité de liaison à l'ADN des activateurs et des répresseurs.

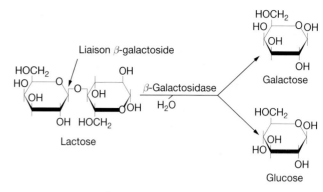

Figure 10-5 Le métabolisme du lactose. L'enzyme β-galactosidase catalyse une réaction au cours de laquelle une molécule d'eau est ajoutée à la liaison β-galactoside, ce qui scinde le lactose en deux molécules distinctes de galactose et de glucose.

allostériques pour pouvoir se lier à l'ADN. D'autres peuvent se lier à l'ADN uniquement en l'absence de leurs effecteurs allostériques. La Figure 10-3 décrit deux de ces situations.

> **MESSAGE** Les effecteurs allostériques contrôlent la capacité des activateurs ou des répresseurs protéiques de se fixer à leurs sites cibles sur l'ADN.

Un aperçu du circuit régulateur *lac*

Le travail novateur de François Jacob et Jacques Monod dans les années 1950 démontra la régulation génétique du métabolisme du lactose. Examinons ce système dans deux conditions : la présence et l'absence de lactose. La Figure 10-4 présente une vue simplifiée des composants de ce système. L'ensemble des acteurs de la régulation de *lac* comprend des gènes codant des protéines et des sites sur l'ADN qui sont des cibles pour des protéines de liaison à l'ADN.

LES GÈNES STRUCTURAUX DU SYSTÈME *lac* Le métabolisme du lactose nécessite deux enzymes : une perméase pour transporter le lactose à l'intérieur de la cellule et une β-galactosidase pour cliver la molécule de lactose en glucose et en galactose (Figure 10-5). Les structures de la β-galactosidase et de la perméase sont codées par deux

séquences adjacentes, *Z* et *Y* respectivement. Une troisième séquence contiguë code une autre enzyme appelée *transacétylase*, qui n'est pas nécessaire au métabolisme du lactose. Nous appellerons *Z*, *Y* et *A* des *gènes structuraux* – en d'autres termes, des segments codant des structures protéiques – tout en réservant notre jugement sur leur classification pour plus tard. Nous allons nous intéresser particulièrement à *Z* et *Y*. Les trois gènes sont transcrits en une seule molécule d'ARN messager. La régulation de la production de cet ARNm permet de coordonner la synthèse des trois enzymes. Ceci signifie que toutes ces enzymes sont traduites ou qu'aucune d'entre elles ne l'est.

> **MESSAGE** Si les gènes codant des protéines appartiennent à la même unité de transcription, l'expression de tous ces gènes sera régulée de façon coordonnée.

LES COMPOSANTS RÉGULATEURS DU SYSTÈME *lac*
Les composants régulateurs principaux du système du métabolisme du lactose comprennent une protéine régulatrice de la transcription et deux sites d'ancrage – un site pour la protéine régulatrice et un autre site pour l'ARN polymérase.

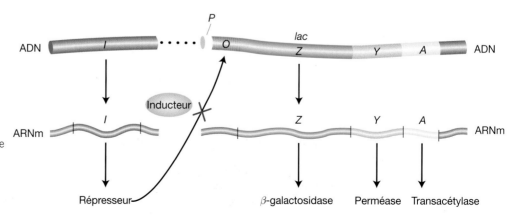

Figure 10-4 Un modèle simplifié de l'opéron *lac*. L'expression coordonnée des gènes, *Z*, *Y* et *A* est sous le contrôle négatif du produit du gène *I*, le répresseur. Lorsque l'inducteur se fixe au répresseur, l'opéron est exprimé intégralement.

1. *Le gène du répresseur Lac*. Un quatrième gène, le gène *I*, code la protéine répresseur Lac, ainsi appelée car elle peut bloquer l'expression des gènes *Z*, *Y* et *A*. Le gène *I* est physiquement proche des gènes *Z*, *Y* et *A* mais cette proximité ne semble pas jouer de rôle particulier pour sa fonction.

2. *Le site du promoteur lac*. Le promoteur (*P*) est le site de l'ADN sur lequel se fixe l'ARN polymérase pour amorcer la transcription des gènes *lac* structuraux (*Z*, *Y* et *A*).

3. *Le site de l'opérateur lac*. L'opérateur (*O*) est le site de l'ADN auquel se fixe le répresseur Lac. Il est situé entre le promoteur et le gène *Z* près du site de début de la transcription de l'ARNm multigénique.

L'INDUCTION DU SYSTÈME *lac* L'ensemble des segments *P*, *O*, *Z*, *Y* et *A* (présentés dans la Figure 10-6) constitue un **opéron**. Un opéron est défini comme un segment d'ADN codant un ARNm multigénique ainsi qu'un promoteur commun et une région régulatrice adjacents. Le gène *lacI* codant le répresseur Lac *n'est pas* considéré comme appartenant à l'opéron *lac* lui-même, mais l'interaction entre le répresseur Lac et le site opérateur *lac* est essentielle pour une régulation correcte de l'opéron *lac*. Le répresseur Lac possède un site de *liaison à l'ADN* capable de reconnaître la séquence de l'opérateur de l'ADN et un *site allostérique* qui fixe le lactose ou des analogues de celui-ci, utiles du point de vue expérimental. Le répresseur se fixera sur l'ADN uniquement au site proche des gènes qu'il contrôle mais pas aux autres sites distribués dans l'ensemble du chromosome. En se fixant à l'opérateur, le répresseur empêche la transcription par l'ARN polymérase fixée au site promoteur adjacent.

Lorsque le lactose ou ses analogues se fixent à la protéine répresseur, celle-ci subit une **transition allostérique**, qui est un changement de forme. Cette légère modification de forme entraîne à son tour le changement du site de liaison à l'ADN, ce qui abaisse l'affinité du répresseur pour l'opérateur. De ce fait, en réponse à la fixation de lactose, le répresseur se détache de l'ADN. La réponse du répresseur au lactose satisfait l'une des exigences de ce système de contrôle : la présence du lactose stimule la synthèse des gènes nécessaires à son métabolisme. La levée de la répression pour des systèmes tels que *lac* s'appelle l'**induction**. Le lactose et ses analogues qui inactivent allostériquement le répresseur et entraînent l'expression des gènes *lac* sont appelés **inducteurs**.

Résumons-nous. En l'absence d'inducteur (le lactose ou un analogue), le répresseur Lac se fixe au site opérateur *lac* et empêche la transcription de l'opéron *lac* en bloquant le déplacement de l'ARN polymérase. Sur ce point, le répresseur Lac agit comme un barrage routier sur l'ADN. Par conséquent, tous les gènes structuraux de l'opéron *lac* (les gènes *Z*, *Y* et *A*) sont réprimés et il n'y a pas de ß-galactosidase, de ß-galactoside perméase ni de transacétylase dans la cellule. Inversement, lorsqu'un inducteur est présent, il se fixe au site allostérique de chaque sous-unité du répresseur Lac, inactivant alors le site de liaison à l'opérateur. Le répresseur Lac se

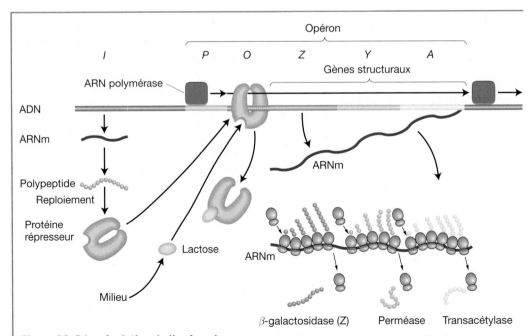

Figure 10-6 La régulation de l'opéron *lac*. Le gène *I* fabrique en permanence des molécules de répresseur. En l'absence de lactose, le répresseur se fixe à la région *O* (opérateur) et bloque la transcription. La fixation du lactose modifie la forme du répresseur, l'empêchant ainsi de se lier à *O*. L'ARN polymérase peut alors transcrire les gènes structuraux *Z*, *Y* et *A*. Ainsi, les trois enzymes sont produites.

décroche de l'ADN, ce qui permet le début de la transcription des gènes structuraux de l'opéron *lac*. Les enzymes ß-galactosidase, ß-galactoside perméase et transacétylase apparaissent alors dans la cellule de manière coordonnée.

10.2 La découverte du système de contrôle négatif *lac*

Pour étudier la régulation des gènes, il faut dans l'idéal disposer de trois choses : un test biochimique qui permette de mesurer la quantité d'ARNm ou de protéine exprimée ou les deux, des conditions fiables dans lesquelles des différences de niveau d'expression se produisent dans un génotype sauvage et des mutations qui perturbent les niveaux d'expression. En d'autres termes, il faut un moyen de décrire la régulation des gènes de type sauvage et disposer de mutations capables de perturber le processus de régulation de type sauvage. Lorsqu'on dispose de ces éléments, on peut analyser l'expression des génotypes mutants, en traitant les mutations individuellement ou en association, afin de comprendre chaque type d'événement de régulation des gènes. Jacob et Monod ont suivi l'application classique de cette approche en réalisant des études sur la régulation des gènes bactériens, qui font autorité dans ce domaine.

Jacob et Monod utilisèrent le système du métabolisme du lactose chez *E. coli* (voir Figure 10-4) pour effectuer une analyse génétique de l'induction enzymatique – c'est-à-dire le fait qu'une enzyme spécifique n'apparaisse qu'en présence de ses substrats. Ce phénomène avait été observé chez les bactéries depuis de nombreuses années mais on ignorait comment une cellule pouvait « savoir » exactement quelles enzymes synthétiser ou comment un substrat déterminé pouvait induire l'apparition d'une enzyme spécifique.

Dans le système *lac*, la présence du lactose, l'inducteur, entraînait la production par les cellules de plus de 1 000 fois plus de ß-galactosidase qu'elles n'en produisaient lorsqu'elles étaient cultivées en l'absence de lactose. Quel rôle jouait l'inducteur dans ce phénomène d'induction ? On pensait que l'inducteur pouvait simplement activer une forme précurseur de la ß-galactosidase accumulée au préalable dans la cellule. Pourtant, lorsque Jacob et Monod suivirent des acides aminés radioactifs ajoutés à des cellules en croissance soit avant, soit après l'addition d'un inducteur, ils découvrirent que l'induction résultait de la synthèse de nouvelles molécules d'enzymes, comme l'indiquait la présence des acides aminés radioactifs dans les enzymes. Ces nouvelles molécules étaient déjà décelables trois minutes après l'addition d'un inducteur. De plus, le retrait de cet inducteur provoquait un arrêt brutal de la synthèse de la nouvelle enzyme. Dès lors, il devint clair que la cellule possédait un mécanisme rapide et efficace qui lui permettait de déclencher ou d'arrêter l'expression d'un gène en réponse aux signaux de l'environnement.

Le contrôle concerté des gènes

Lorsque Jacob et Monod induisirent la ß-galactosidase, ils découvrirent qu'ils induisaient également une autre enzyme,

la perméase, qui est nécessaire au transport du lactose dans la cellule. L'analyse des mutants indiqua que chacune de ces enzymes est codée par un gène différent. La transacétylase (une enzyme qui n'est pas indispensable et dont la fonction n'est toujours pas connue) était également induite en même temps que la ß-galactosidase et la perméase. On montra plus tard qu'elle était codée par un gène distinct. Jacob et Monod avaient donc identifié trois **gènes contrôlés de manière coordonnée**. La cartographie par recombinaison établit que ces trois gènes *Z*, *Y* et *A* sont étroitement liés sur le chromosome.

La démonstration génétique de l'existence de l'opérateur et du répresseur

Nous arrivons maintenant au cœur du travail de Jacob et Monod. Comment déduisirent-ils les mécanismes de régulation des gènes dans le système *lac* ? Là encore, ils suivirent une approche génétique classique : ils examinèrent les conséquences physiologiques des mutations. Comme nous le verrons, les propriétés des mutations dans les gènes structuraux et les éléments régulateurs de l'opéron *lac* sont très différentes, ce qui fournit des éléments importants à Jacob et Monod.

Les inducteurs naturels tels que le lactose ne sont pas les plus appropriés pour ces expériences car ils sont hydrolysés par la ß-galactosidase. La concentration de l'inducteur diminue au fur et à mesure de l'expérience, rendant très compliquées les mesures de l'induction enzymatique. À la place, Jacob et Monod utilisèrent pour leurs expériences des inducteurs de synthèse tels que l'isopropyl-ß-D-thiogalactoside (IPTG ; Figure 10-7) qui n'est pas hydrolysé par la ß-galactosidase.

Jacob et Monod découvrirent que plusieurs classes différentes de mutations pouvaient modifier l'expression des gènes structuraux de l'opéron *lac*. Ils s'intéressèrent aux interactions entre les nouveaux allèles, par exemple en évaluant la dominance. Mais pour effectuer ce type de test, il faut des diploïdes. Or les bactéries sont haploïdes. Cependant, en utilisant des facteurs F' (voir Chapitre 5) portant la région *lac* du génome, Jacob et Monod purent produire des bactéries partiellement diploïdes et hétérozygotes pour les mutations *lac* recherchées. Ces diploïdes partiels leur permirent de distinguer les mutations dans le site régulateur

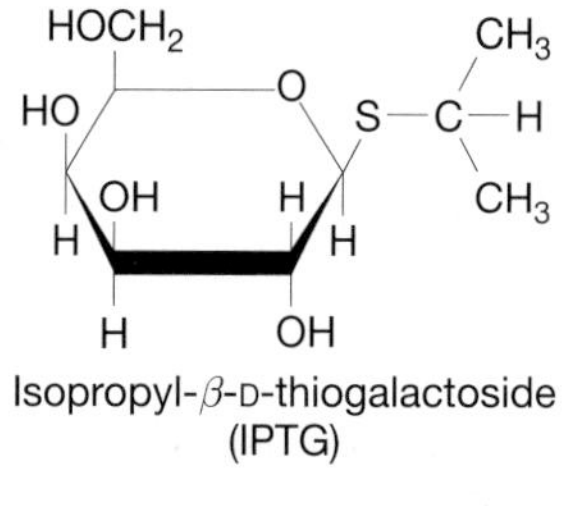

Isopropyl-β-D-thiogalactoside
(IPTG)

Figure 10-7 La structure de l'IPTG, un inducteur de l'opéron *lac*.

		ß-Galactosidase (Z)		**Perméase** (Y)		
Souche	Génotype	Non induite	Induite	Non induite	Induite	Conclusion
1	$O^+Z^+Y^+$	−	+	−	+	Le type sauvage est inductible
2	$O^+Z^+Y^+/F'O^+Z^-Y^+$	−	+	−	+	La mutation Z^+ est dominante sur Z^-
3	$O^CZ^+Y^+$	+	+	+	+	La mutation O^C est constitutive
4	$O^+Z^-Y^+/F'O^CZ^+Y^-$	+	+	−	+	L'opérateur agit en *cis*

TABLEAU 10-1   La synthèse de *ß*-galactosidase et de perméase chez des souches haploïdes et diploïdes hétérozygotes, mutantes pour l'opérateur.

Note: Les bactéries ont été cultivées en présence de glycérol (en l'absence de glucose) avec ou sans l'inducteur IPTG. La présence ou l'absence d'enzyme est indiquée par un signe + ou − respectivement. Toutes les souches sont I^+.

de l'ADN (l'opérateur *lac*) des mutations dans la protéine régulatrice (le gène *I* codant le répresseur Lac).

Commençons par examiner les mutations qui inactivent les gènes structuraux de la *ß*-galactosidase et de la perméase (allèles Z^- et Y^- respectivement). La première chose que nous apprenons est que Z^- et Y^- sont récessifs par rapport à leurs allèles respectifs de type sauvage (Z^+ et Y^+). Par exemple, la souche 2 dans le Tableau 10-1 peut être induite pour synthétiser la *ß*-galactosidase (comme la souche haploïde 1 de type sauvage dans ce tableau), même si elle est hétérozygote pour les allèles mutant et de type sauvage Z. Ceci démontre que l'allèle Z^+ est dominant sur son équivalent Z^-.

Jacob et Monod identifièrent tout d'abord deux classes de mutations régulatrices appelées O^C et I^- qu'ils appelèrent mutations **constitutives**, ce qui signifie qu'elles provoquaient l'expression des gènes structuraux de l'opéron *lac*, indépendamment de la présence de leur inducteur. Jacob et Monod découvrirent l'existence de l'opérateur grâce à leur analyse des mutations O^C. Ces mutations rendent l'opérateur incapable de se fixer au répresseur et l'opéron est de ce fait toujours activé (état *on*) (Tableau 10-1, souche 3). Curieusement, les

effets constitutifs des mutations O^C étaient exclusivement limités aux gènes structuraux de *lac* présents *sur le même chromosome*. Pour cette raison, on dit que le mutant touché au niveau de son opérateur **agit en *cis***, comme le démontrait le phénotype de la souche 4 dans le Tableau 10-1. Dans ce cas, puisque le gène de type sauvage de la perméase (Y^+) est en *cis* par rapport à l'opérateur de type sauvage, l'activité de la perméase est induite uniquement lorsque le lactose ou l'un de ses analogues est présent. Inversement, le gène de type sauvage de la *ß*-galactosidase (Z^+) est en *cis* par rapport à l'opérateur mutant O^C; c'est pourquoi la *ß*-galactosidase est exprimée de manière constitutive. Cette propriété inhabituelle de l'action en *cis* suggérait que l'opérateur joue simplement le rôle de site de liaison pour les protéines et ne fabrique *aucun* produit de gène. Le site de liaison pour l'opérateur est donc un segment d'ADN qui influence uniquement l'expression des gènes structuraux qui lui sont liés (Figure 10-8).

Jacob et Monod effectuèrent des tests génétiques comparables avec les mutations I^- (Tableau 10-2). Une comparaison de la souche inductible I^+ de type sauvage (souche 1)

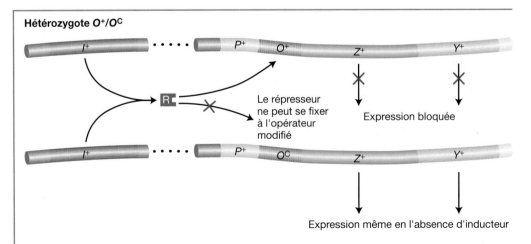

Figure 10-8 Les hétérozygotes O^+/O^C démontrent que les opérateurs agissent en *cis*. Puisqu'un répresseur ne peut se fixer aux opérateurs O^C, les gènes *lac* structuraux liés à un opérateur O^C sont exprimés même en l'absence d'inducteur. Toutefois, les gènes *lac* adjacents à un opérateur O^+ continuent à subir une répression.

TABLEAU 10-2 La synthèse de *ß*-galactosidase et de perméase chez des souches haploïdes et diploïdes hétérozygotes portant les allèles *I⁺* et *I⁻*.

Souche	Génotype	*ß*-Galactosidase (Z)		*Perméase* (Y)		Conclusion
		Non induite	Induite	Non induite	Induite	
1	*I⁺Z⁺Y⁺*	−	+	−	+	*I⁺* est inductible
2	*I⁻Z⁺Y⁺*	+	+	+	+	*I⁻* est constitutive
3	*I⁺Z⁻Y⁺/F'I⁻Z⁺Y⁺*	−	+	−	+	*I⁺* est dominante sur *I⁻*
4	*I⁻Z⁻Y⁺/F'I⁺Z⁺Y⁻*	−	+	−	+	*I⁺* agit en trans

Note : les bactéries ont été cultivées en présence de glycérol (en l'absence de glucose) et induites par l'IPTG. La présence de la concentration maximale de l'enzyme est indiquée par un signe plus, l'absence ou une concentration très faible d'enzyme, par un signe moins. (Toutes les souches sont O⁺.)

avec les souches *I⁻* montre que les mutations *I⁻* sont constitutives (souche 2). La souche 3 démontre que le phénotype inductible de *I⁺* est dominant par rapport au phénotype constitutif de *I⁻*. Cette observation a révélé à Jacob et Monod que la quantité de protéine de type sauvage codée par une copie du gène est suffisante pour réguler les deux copies de l'opérateur dans une cellule diploïde. L'observation cruciale fut celle de la souche 4 qui leur montra que le produit du gène *I⁺* **agit en *trans***, ce qui signifie que le produit du gène peut réguler *tous* les gènes structuraux de l'opéron *lac*, qu'ils soient en *cis* ou en *trans* (résidant sur des molécules différentes d'ADN). Au contraire de l'opérateur, l'action du gène *I* est celle d'un gène standard codant une protéine. Le produit protéique du gène *I* peut diffuser et agir sur les deux opérateurs dans le diploïde partiel (Figure 10-9).

> **MESSAGE** Les mutations dans l'opérateur révèlent qu'un tel site agit en *cis*; c'est-à-dire qu'il régule l'expression d'une unité adjacente de transcription située sur la même molécule d'ADN. Au contraire, des mutations dans le gène codant une protéine répresseur révèlent que cette protéine agit en *trans*; c'est-à-dire qu'elle peut agir sur n'importe quelle copie du site cible sur l'ADN dans la cellule.

La démonstration génétique de l'allostérie

Enfin, Jacob et Monod purent démontrer l'allostérie grâce à l'analyse d'une autre classe de mutations répressives. Rappelons que le répresseur Lac inhibe la transcription de l'opéron *lac* en l'absence d'inducteur, mais permet la transcription en sa présence. Cette régulation est réalisée au niveau d'un second site sur la protéine répresseur, le site allostérique, qui se fixe à l'inducteur. Une fois fixé à l'inducteur, le répresseur subit un changement dans sa structure globale ce qui empêche désormais son site de liaison à l'ADN de fonctionner.

Jacob et Monod isolèrent une autre classe de mutations répressives appelées *mutations super-répressives* (*Iˢ*). Les *mutations Iˢ* provoquent une répression même en présence d'un inducteur (comparez la souche 2 dans le Tableau 10-3 avec la souche inductible 1 de type sauvage). Au contraire de ce qui se passe pour *I⁻*, les mutations *Iˢ* sont dominantes par rapport à *I⁺* (voir Tableau 10-3, souche 3). Cette observation clé conduisit Jacob et Monod à supposer que les mutations *Iˢ* modifient le site allostérique qui ne peut dès lors plus se fixer à l'inducteur. En conséquence, le répresseur protéique codé par *Iˢ* se fixe continûment à l'opérateur – empêchant la transcription de l'opéron *lac* même lorsque l'inducteur est présent dans la cellule. Dans ces conditions, on peut voir pourquoi *Iˢ* est dominante sur *I⁺*. La protéine mutante *Iˢ* se

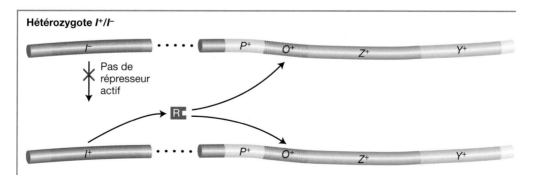

Figure 10-9 La nature récessive des mutations *I⁻* démontre que le répresseur agit en *trans*. Bien qu'aucun répresseur actif ne soit synthétisé à partir du gène *I⁻*, le gène de type sauvage (*I⁺*) fournit un répresseur fonctionnel qui se fixe aux deux opérateurs dans une cellule diploïde et bloque l'expression de l'opéron *lac* (en l'absence d'inducteur).

TABLEAU 10-3 La synthèse de ß-galactosidase et de perméase chez des souches de type sauvage et des souches possédant différents allèles du gène I.

Souche	Génotype	ß-Galactosidase (Z)		Perméase (Y)		Conclusion
		Non induite	Induite	Non induite	Induite	
1	$I^+Z^+Y^+$	–	+	–	+	I^+ est inductible
2	$I^SZ^+Y^+$	–	–	–	–	I^S est toujours réprimée
3	$I^SZ^+Y^+/F'I^+Z^+Y^+$	–	–	–	–	I^S est dominante sur I^+

Note : les bactéries ont été cultivées en présence de glycérol (en l'absence de glucose) avec ou sans l'inducteur IPTG. La présence de l'enzyme indiquée est représentée par un signe + et son absence ou une concentration très faible d'enzyme par un signe –.

fixe aux deux opérateurs dans la cellule, même en présence d'un inducteur et indépendamment de la présence dans la même cellule de la protéine codée par I^+ (Figure 10-10).

L'analyse génétique du promoteur *lac*

L'analyse mutationnelle a démontré également qu'un élément essentiel à la transcription de *lac* est situé entre *I* et *O*. Cet élément, appelé *promoteur* (*P*) sert de site d'amorçage pour la transcription. Il existe deux régions de liaison pour l'ARN polymérase dans un promoteur procaryote type, visibles dans la Figure 10-11 et qui sont les deux régions hautement conservées en –35 et –10. Les mutations dans le promoteur agissent en *cis* car elles affectent la transcription de tous les gènes structuraux adjacents dans l'opéron. Cette dominance en *cis* est due au fait que les promoteurs, comme les opérateurs, sont des sites sur la molécule d'ADN auxquels se fixent les protéines alors qu'eux-mêmes ne produisent aucun produit protéique.

La caractérisation moléculaire du répresseur Lac et de l'opérateur *lac*

L'expérience décisive pour démontrer l'existence du système *lac* fut réalisée en 1966 par Walter Gilbert et Benno Müller-Hill. Ils mesurèrent la fixation de l'inducteur radioactif IPTG à la protéine répresseur purifiée. Ils montrèrent tout d'abord que le répresseur est constitué de quatre sous-unités identiques et contient donc quatre sites de liaison pour l'IPTG. (Une description plus détaillée du répresseur sera donnée plus loin dans ce chapitre.) Ils observèrent ensuite que dans un tube à essai, la protéine répresseur se lie à un fragment d'ADN contenant l'opérateur et s'en détache en présence d'IPTG.

Gilbert et ses collaborateurs montrèrent que le répresseur peut protéger des bases spécifiques de l'opérateur contre des agents chimiques. Ils choisirent le fragment d'ADN de l'opéron auquel le répresseur était lié et le traitèrent par l'ADNase, une enzyme qui dégrade l'ADN.

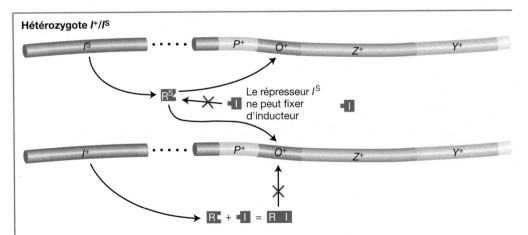

Figure 10-10 La dominance de la mutation *I^S* est due à l'inactivation du site allostérique sur le répresseur lac. Dans une cellule diploïde *I^S/I^+*, aucun des gènes *lac* structuraux n'est transcrit. Le répresseur *I^S* est dépourvu de site fonctionnel pour la fixation du lactose (le site allostérique) et n'est donc pas inactivé par un inducteur. C'est pourquoi, même en présence d'un inducteur, le répresseur *I^S* se fixe de façon irréversible à tous les opérateurs présents dans une cellule, bloquant de ce fait la transcription de l'opéron *lac*.

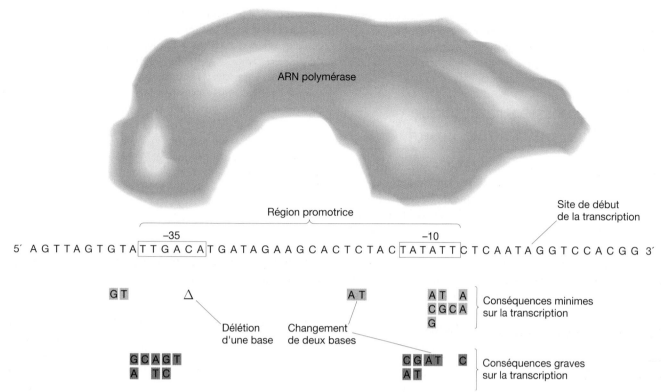

Figure 10-11 Certaines séquences spécifiques d'ADN sont importantes pour une transcription efficace des gènes d'*E. coli* par l'ARN polymérase. Les séquences encadrées sont hautement conservées dans tous les promoteurs d'*E. coli*, ce qui est une indication de leur rôle de sites de contact pour la fixation de l'ARN polymérase sur l'ADN. Les mutations dans ces régions peuvent avoir des conséquences minimes (en jaune) ou graves (en marron) sur la transcription. Les mutations peuvent être des changements d'un seul ou d'une paire de nucléotides, ou encore une délétion (D).
[D'après J. D. Watson, M. Gilman, J. Witkowski et M. Zoller, *L'ADN Recombinant*. Traduction française de la 2e édition chez De Boeck, 1994.]

Ils purent recueillir de courts fragments d'ADN qui avaient été protégés de l'action de l'enzyme par la molécule de répresseur et constituaient probablement la séquence de l'opérateur. La séquence des bases de chaque brin fut déterminée et on montra que chaque mutation de l'opérateur résulte d'une altération de la séquence (Figure 10-12). Ces résultats démontrèrent que le locus opérateur est une séquence spécifique de 17 à 25 nucléotides située juste avant le gène structural *Z*. Ils montrèrent également l'étonnante spécificité de la reconnaissance répresseur-opérateur, qui peut être perturbée par le changement d'une seule base. Lorsqu'on détermina la séquence de bases de l'ARNm de *lac* (transcrit à partir de l'opéron *lac*), les 21 premières bases de son extrémité 5' apparurent complémentaires de la séquence déterminée par Gilbert comme étant l'opérateur, montrant que la séquence de l'opérateur est transcrite.

Les résultats de ces expériences apportèrent la preuve définitive du mécanisme d'action du répresseur proposé par Jacob et Monod.

Les mutations polaires

On découvrit que certaines des mutations cartographiées au niveau des gènes *Z* et *Y* présentaient une polarité – c'est-à-dire qu'elles affectaient les gènes situés « en aval » dans l'opé-

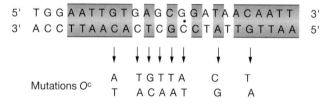

Figure 10-12 La séquence de bases de l'ADN de l'opérateur lactose et les changements de bases associés à huit mutations *O*^c. Les régions présentant une symétrie de rotation binaire sont signalées par les rectangles colorés et par un point symbolisant leur centre de symétrie.
[D'après W. Gilbert, A. Maxam et A. Mirzabekov chez N. O. Kjeldgaard et O. Malløe, Éds, *Control of Ribosome Synthesis*. Academic Press, 1976. Utilisé avec l'autorisation de Munskgaard International Publishers, Ltd., Copenhague.]

ron. Par exemple, les mutations polaires *Z* suppriment toute fonction non seulement pour *Z* mais aussi pour *Y* et *A*. Les mutations polaires dans *Y* affectent *A* mais pas *Z*. Ces mutations polaires étaient les observations génétiques qui suggérèrent à Jacob et Monod que les trois gènes étaient transcrits en une seule unité, à partir d'une extrémité. Les mutations polaires résultent de codons stop qui provoquent le décrochage des ribosomes du transcrit. Ceci laisse un fragment d'ARNm nu qui est dégradé, ce qui inactive les gènes situés en aval. (Le codon stop et le codon de réamorçage situés entre les gènes de structure provoquent le décrochage des ribosomes de l'ARNm présent puis leur nouvelle fixation sans déclencher cette dégradation.)

10.3 La répression catabolique de l'opéron *lac* : un contrôle positif

Le système *lac* actuel a été sélectionné à la suite d'un long processus évolutif pour fonctionner de manière optimale du point de vue du rendement énergétique de la cellule bactérienne. Sans doute pour cette raison, deux conditions environnementales doivent être satisfaites pour que les enzymes du métabolisme du lactose soient exprimées.

La première condition est la présence de lactose dans l'environnement. Cette exigence s'explique par le fait qu'il ne servirait à rien pour la cellule de produire les enzymes du métabolisme du lactose s'il n'y avait aucun substrat à métaboliser. Nous avons vu que la cellule est informée de la présence ou de l'absence de lactose grâce à une protéine répresseur.

L'autre condition est la nécessité de l'absence du glucose dans l'environnement de la cellule. La cellule peut obtenir plus d'énergie de la dégradation du glucose que de celle des autres sucres. C'est pourquoi elle a davantage intérêt à métaboliser le glucose plutôt que le lactose. Des mécanismes ont donc été élaborés pour empêcher la cellule de synthétiser les enzymes nécessaires au métabolisme du lactose lorsque lactose *et* glucose sont présents simultanément. La répression de la transcription des gènes du métabolisme du lactose en présence de glucose est un exemple de **répression catabolique**. La transcription des protéines nécessaires au métabolisme de nombreux sucres différents est réprimée de la même manière en présence de glucose. Nous verrons la répression catabolique à l'œuvre au travers d'une *protéine activatrice*.

Les fondements de la répression catabolique de l'opéron *lac* : le choix du meilleur sucre à métaboliser

Si le lactose *et* le glucose sont présents simultanément, la synthèse de la ß-galactosidase n'est pas induite tant que le glucose n'a pas été épuisé. Ainsi, la cellule conserve son énergie pour métaboliser tout le glucose disponible avant de mettre en place le processus coûteux en énergie qui consiste à fabriquer une nouvelle machinerie pour métaboliser le lactose.

Les résultats de certaines études indiquent qu'en réalité un produit de la dégradation du glucose, ou *catabolite*, empêche l'activation de l'opéron *lac* par le lactose. C'est pourquoi cet effet fut appelé répression catabolique. L'identité de ce catabolite est pour l'instant inconnue. On sait malgré tout que l'effet de ce produit du catabolisme du glucose module la concentration d'un constituant cellulaire important appelé **adénosine monophosphate cyclique (AMPc)**. Lorsque le glucose est présent en concentration élevée, la concentration d'AMPc est faible. Lorsque la concentration du glucose diminue, celle de l'AMPc augmente proportionnellement. Une concentration élevée d'AMPc est nécessaire à l'activation de l'opéron *lac*. Les mutants incapables de convertir l'ATP en AMPc ne peuvent être induits pour produire de la ß-galactosidase, car la concentration d'AMPc est insuffisante pour activer l'opéron *lac*. De plus, il existe d'autres mutants qui produisent l'AMPc mais qui sont incapables d'activer les enzymes Lac parce qu'ils sont dépourvus d'une autre protéine appelée **CAP (protéine activatrice des gènes du catabolisme** ; *catabolite activator protein* en anglais ; également appelée protéine réceptrice de l'AMPc) et codée par le gène *crp*. La protéine CAP se fixe à un site spécifique de l'opéron *lac*. La protéine CAP liée à l'ADN peut alors interagir physiquement avec l'ARN polymérase et augmenter l'affinité de l'enzyme pour le promoteur *lac*. Seule, CAP ne peut se fixer au site CAP de l'opéron *lac*. Néanmoins, en fixant son effecteur allostérique, l'AMPc, CAP est capable de se fixer au site CAP et d'activer l'ARN polymérase. De cette façon, le système de répression catabolique contribue à l'activation sélective de l'opéron *lac* (Figure 10-13).

(a) Les concentrations de glucose régulent les concentrations d'AMPc

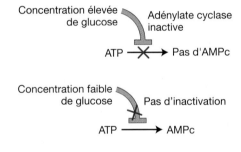

(b) Le complexe AMPc-CAP active la transcription

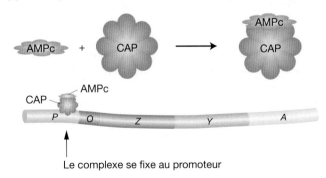

Le complexe se fixe au promoteur

Figure 10-13 Le contrôle de l'opéron *lac* par les catabolites. (a) C'est seulement en présence d'une concentration faible de glucose que l'adénylate cyclase est active et que l'AMPc (adénosine monophosphate cyclique) est formé. (b) Lorsque l'AMPc est présent, il forme un complexe avec CAP (la protéine activatrice des gènes du catabolisme ou protéine réceptrice de l'AMPc) qui active la transcription en se fixant à une région située à l'intérieur du promoteur de *lac*.

> **MESSAGE** L'opéron *lac* possède un niveau supplémentaire de contrôle qui lui permet de rester inactif en présence de glucose, même si du lactose est également présent. Un effecteur allostérique, l'AMPc, se fixe à l'activateur CAP pour permettre l'induction de l'opéron *lac*. Cependant, des concentrations élevées des catabolites du glucose se traduisent par de faibles concentrations d'AMPc, ce qui empêche la formation des complexes AMPc-CAP et par conséquent, l'activation de l'opéron *lac*.

Les structures des sites cibles de l'ADN

On connaît désormais les séquences d'ADN auxquelles se fixe le complexe CAP–AMPc. Ces séquences (voir Figure 10-14) sont très différentes des séquences auxquelles se fixe le répresseur Lac, bien que tous deux se lient à l'extrémité 5' de l'opéron. Ces différences sont à l'origine de la spécificité de liaison à l'ADN de ces protéines régulatrices très différentes. L'une des propriétés communes à ces séquences et à de nombreux autres sites de liaison à l'ADN est une symétrie binaire de rotation. En d'autres termes, si l'on fait tourner la séquence d'ADN de 180° dans le plan de la page, la séquence des bases sur fond de couleur dans la figure, correspondant aux sites de liaison, sera identique. On pense que ces bases constituent les sites importants de contact pour les interactions protéine–ADN. Cette symétrie de rotation correspond aux symétries que l'on observe dans les protéines qui se fixent à l'ADN, qui sont pour un grand nombre d'entre elles constituées de deux ou quatre sous-unités identiques. Nous reviendrons plus tard dans ce chapitre sur les structures de certaines protéines de liaison à l'ADN.

Comment la fixation du complexe AMPc–CAP à l'opéron favorise-t-elle la liaison de l'ARN polymérase au promoteur *lac*? Dans la Figure 10-15, on voit l'ADN courbé lors de la liaison de CAP. Cette courbure de l'ADN pourrait faciliter la fixation de l'ARN polymérase au promoteur. Il existe également des preuves d'un contact direct entre CAP et l'ARN polymérase, qui est important pour l'effet d'acti-

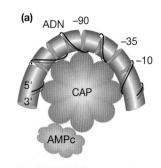
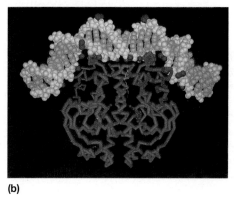

(a)

(b)

Figure 10-15 La fixation de CAP à l'ADN. Lorsque CAP se fixe au promoteur, il se forme dans l'ADN un coude dont l'angle est supérieur à 90°. La partie b provient de l'analyse structurale du complexe CAP-ADN.

[Partie a redessinée d'après B. Gartenberger et D. M. Crothers, *Nature* 333, 1988, 824. (Voir H. N. Lie-Johnson *et al.*, *Cell* 47, 1986, 995.) D'après H. Lodish, D. Baltimore, A. Berk, S. L. Zipurski, P. Matsudaira et J. Darnell, *Molecular Cell Biology*, Traduction française de la 3e éd. chez De Boeck, 1997. Partie b d'après L. Schultz et T. A. Steitz.]

vation de CAP. La séquence des bases montre que CAP et l'ADN polymérase se fixent directement côte à côte sur le promoteur *lac* (Figure 10-16).

> **MESSAGE** Si l'on généralise le scénario de l'opéron *lac*, on peut imaginer le chromosome décoré de nombreuses protéines régulatrices fixées aux sites opérateurs qu'elles contrôlent. Les guirlandes de protéines correspondront aux gènes activés ou inactivés et à la régulation de chaque opéron, assurée par des activateurs ou des répresseurs.

Un résumé de l'opéron lac

Nous pouvons à présent intégrer les sites de liaison pour le complexe CAP–AMPc et pour l'ARN polymérase dans le modèle détaillé de l'opéron *lac* tel qu'on peut le voir dans la Figure 10-17. La présence de glucose empêche le métabolisme du lactose, car un produit de dégradation du glucose inhibe le maintien des concentrations élevées d'AMPc nécessaires à la formation du complexe CAP–AMPc, qui à son tour est indispensable à la fixation de l'ARN polymérase au site promoteur de *lac*. Même lorsqu'il y a pénurie des catabolites du glucose, des complexes CAP–AMPc se forment et le mécanisme du métabolisme du lactose ne sera activé

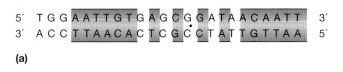

```
5'  T G G A A T T G T G A G C G G A T A A C A A T T  3'
3'  A C C T T A A C A C T C G C C T A T T G T T A A  5'
```

(a)

```
5'   G T G A G T T A G C T C A C   3'
3'   C A C T C A A T C G A G T G   5'
```

(b)

Figure 10-14 Les séquences de bases de l'ADN de (a) l'opérateur *lac* auquel se fixe le répresseur Lac et (b) le site de liaison de CAP auquel se fixe le complexe CAP–AMPc. Les séquences présentant une symétrie de rotation binaire sont signalées par les rectangles colorés et par un point symbolisant leur centre de symétrie.

[Partie a d'après W. Gilbert, A. Maxam & A. Mirzabekov chez N. O. Kjeldgaard et O. Malløe, Éds, *Control of Ribosome Synthesis*. Academic Press, 1976. Utilisé avec l'autorisation de Munskgaard International Publishers, Ltd., Copenhague.]

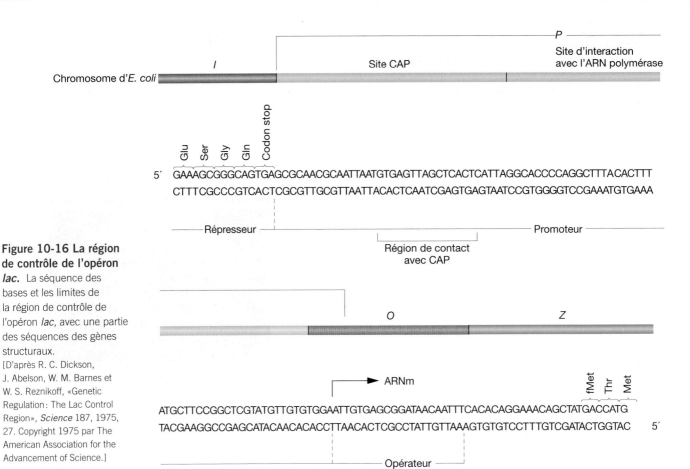

Figure 10-16 La région de contrôle de l'opéron lac. La séquence des bases et les limites de la région de contrôle de l'opéron *lac*, avec une partie des séquences des gènes structuraux.
[D'après R. C. Dickson, J. Abelson, W. M. Barnes et W. S. Reznikoff, «Genetic Regulation: The Lac Control Region», *Science* 187, 1975, 27. Copyright 1975 par The American Association for the Advancement of Science.]

(a) Glucose présent (AMPc faible) ; pas de lactose ; pas d'ARNm *lac*

(b) Glucose présent (AMPc faible) ; lactose présent

(c) Pas de glucose (AMPc élevé) ; lactose présent

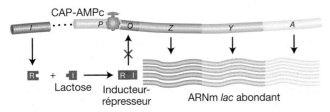

qu'en présence de lactose. Ce niveau de contrôle est dû au fait que du lactose doit se fixer à la protéine répresseur pour l'enlever du site opérateur et permettre la transcription de l'opéron *lac*. Grâce à cela, la cellule conserve son énergie et ses ressources en produisant les enzymes du métabolisme du lactose uniquement lorsqu'elles sont nécessaires et utiles.

Le contrôle inducteur-répresseur de l'opéron *lac* est un exemple de répression ou **contrôle négatif**, dans lequel l'expression est normalement bloquée. À l'inverse, le système CAP–AMPc est un exemple d'activation ou **contrôle positif**, car il agit comme un signal activant l'expression – dans

Figure 10-17 Le contrôle positif et négatif de l'opéron *lac* respectivement par le répresseur *lac* et la protéine activatrice des gènes du catabolisme (CAP). De grandes quantités d'ARNm sont produites uniquement lorsque du lactose est présent pour inactiver le répresseur et que des concentrations faibles de glucose induisent la formation du complexe CAP–AMPc, ce qui conduit à une régulation positive de la transcription.
[Redessiné d'après B. Gartenberg et D. M. Crothers, *Nature* 333, 1988, 824. (Voir H. N. Lie-Johnson *et al.*, *Cell* 47, 1986, 955.) Adapté de H. Lodish, D. Baltimore, A. Berk, S. L. Zipursky, P. Matsudaira et J. Darnell, *Biologie moléculaire de la cellule*. Traduction française de la 3e éd. chez De Boeck, 1997.]

(a) Répression

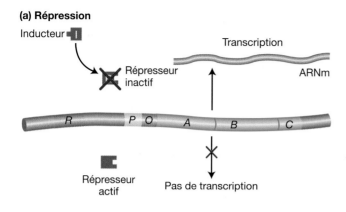

(b) Activation

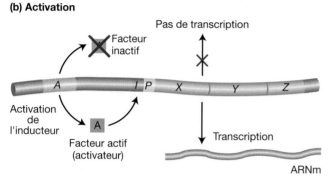

Figure 10-18 La comparaison de la répression et de l'activation. (a) Dans la répression, un répresseur actif (codé par le gène *R* dans l'exemple ci-dessus) bloque l'expression des gènes *A*, *B*, *C* de l'opéron en se fixant à un site opérateur (*O*). (b) Dans l'activation, un activateur fonctionnel est nécessaire à l'expression des gènes. Un activateur non fonctionnel empêche toute expression des gènes *X*, *Y*, *Z*. De petites molécules peuvent rendre fonctionnel un activateur non fonctionnel. Celui-ci se fixe alors à la région de contrôle de l'opéron, appelée *I* dans ce cas. Les positions de *O* et *I* par rapport au promoteur *P* dans les deux exemples, sont dessinées de façon arbitraire.

ce cas, le signal activateur est l'interaction du complexe CAP–AMPc avec le site CAP. La Figure 10-18 décrit ces deux grands types de systèmes de contrôle.

MESSAGE L'opéron *lac* est un groupe de gènes structuraux qui spécifient des enzymes impliquées dans le métabolisme du lactose. Ces gènes sont contrôlés par les actions coordonnées des promoteurs et des opérateurs agissant en *cis*. L'activité de ces régions est à son tour déterminée par des répresseurs et des activateurs spécifiés par des gènes régulateurs distincts.

10.4 Le double contrôle positif et négatif : l'opéron arabinose

Comme le système *lac*, le contrôle procaryote de la transcription est rarement exclusivement positif ou exclusivement négatif ; au lieu de cela, il semble mêler et adapter de différentes manières divers aspects des régulations positive et négative. La régulation de l'opéron arabinose offre

Figure 10-19 Une carte de la région *ara*. L'ensemble formé par les gènes *B*, *A* et *D* et les sites *I* et *O* constitue l'opéron *ara*. *I* désigne *araI*.

un exemple dans lequel une protéine unique de liaison à l'ADN peut agir *soit* comme répresseur, *soit* comme activateur (Figure 10-19).

Les gènes structuraux (*araB*, *araA* et *araD*) codent les enzymes métaboliques qui dégradent le sucre arabinose. Les trois gènes sont transcrits sous la forme d'un seul ARNm. La transcription est activée au niveau de la région *araI*, l'**initiateur**, qui contient à la fois un site opérateur et un promoteur. Le gène *araC*, proche sur la carte génétique, code une protéine activatrice. Une fois liée à l'arabinose, cette protéine active la transcription de l'opéron *ara*, peut-être en aidant l'ARN polymérase à se fixer au promoteur. En outre, le système de répression catabolique CAP–AMPc qui régule l'expression de l'opéron *lac* régule également l'expression de l'opéron *ara*.

En présence d'arabinose, le complexe CAP–AMPc et le complexe AraC-arabinose doivent se fixer à la région opératrice de *araI* pour que l'ARN polymérase se fixe au promoteur et transcrive l'opéron *ara* (Figure 10-20a). En l'absence d'arabinose, la protéine AraC adopte une conformation différente et réprime l'opéron *ara* en se fixant à la fois à *araI* et à une seconde région opératrice, *araO*, formant alors une boucle (Figure 10-20b) qui empêche la transcription. La protéine AraC a donc deux conformations, l'une qui agit comme un activateur et l'autre comme un répresseur. Les

(a) Contrôle positif

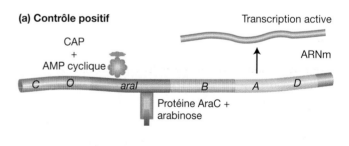

(b) Contrôle négatif

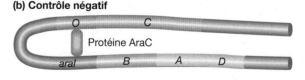

Figure 10-20 Le double contrôle de l'opéron *ara*. (a) En présence d'arabinose, la protéine AraC se fixe à la région *araI*. Le complexe CAP–AMPc se fixe à un site adjacent à *araI*, ce qui stimule la transcription des gènes *araB*, *araA* et *araD*. (b) En l'absence d'arabinose, la protéine AraC se fixe aux régions *araI* et *araO*, formant une boucle d'ADN. Ceci empêche la transcription de l'opéron *ara*.

deux conformations, selon la fixation ou non de l'effecteur allostérique (l'arabinose) à la protéine, diffèrent par leur capacité de liaison à un site spécifique dans la région *araO* de l'opéron.

> **MESSAGE** La transcription de l'opéron peut être régulée à la fois par activation et par répression. Les opérons régulant le métabolisme de composés similaires tels que les sucres peuvent être régulés de manière très différente.

10.5 Les voies métaboliques

La régulation coordonnée des gènes est fréquente chez les bactéries et les bactériophages. Nous avons vu dans la section précédente des exemples illustrant la régulation des voies de dégradation et de synthèse de sucres spécifiques. En fait, la majeure partie des fonctions de gènes coordonnées s'exerce par le biais d'opérons. Dans de nombreuses voies dans lesquelles sont synthétisées des molécules essentielles à partir d'éléments de construction inorganiques simples, les gènes qui codent les enzymes sont organisés en opérons transcrits en ARNm multigéniques. De plus, dans les situations dans lesquelles la séquence de l'activité catalytique est connue, il y a une correspondance remarquable entre la séquence des gènes dans l'opéron sur le chromosome et l'ordre dans lequel leurs produits interviennent dans la voie métabolique. Cette similitude est clairement illustrée par l'organisation de l'opéron tryptophane chez *E. coli* (Figure 10-21). Dans l'ensemble, tous les systèmes procaryotes de régulation des gènes se ressemblent, même si chacun possède sa spécificité.

Il est intéressant de voir de quelle façon l'existence des opérons affecte notre définition d'un gène. Nous avons considéré jusqu'ici un gène d'un point de vue eucaryote, comme une séquence d'ADN capable de produire un transcrit aux moments et aux sites adéquats lors du développement. Cependant, cette définition rendrait équivalents le gène et l'opéron car il s'agit de l'unité transcrite. Que seraient alors

les régions codant des protéines telles que *Z*, *Y* et *A*? Il n'y a pas de réponse exacte à cette question. Les mots du langage humain ne permettent pas de décrire de façon correcte toute la gamme des variants observés dans la nature.

> **MESSAGE** Chez les Procaryotes, les gènes qui codent des enzymes intervenant dans les mêmes voies métaboliques sont généralement organisés en opérons.

10.6 La régulation de la transcription chez les Eucaryotes

En apparence, la transcription et sa régulation ont de nombreuses caractéristiques communes chez les Procaryotes et les Eucaryotes. Comme les gènes procaryotes, la plupart des gènes eucaryotes sont contrôlés au niveau transcriptionnel et certains mécanismes de régulation de la transcription ressemblent beaucoup à ceux que l'on trouve chez les bactéries. Par exemple, les Eucaryotes utilisent également des protéines régulatrices qui agissent en *trans* et se fixent sur la molécule d'ADN aux séquences régulatrices cibles qui agissent en *cis*. Comme dans le cas de certains gènes procaryotes dont nous avons parlé, ces protéines régulatrices déterminent le niveau de transcription d'un gène en contrôlant la liaison de l'ARN polymérase au promoteur du gène.

Toutefois, la régulation des gènes eucaryotes est un domaine de recherche très actif et les scientifiques continuent à découvrir de nouveaux mécanismes. Les caractéristiques spécifiques de la régulation des gènes eucaryotes dont nous avons parlé feront l'objet du reste de ce chapitre. Certaines différences ont déjà été soulignées au Chapitre 8.

1. Chez les Procaryotes, tous les gènes sont transcrits en ARN par la même ARN polymérase, alors que trois ARN polymérases interviennent chez les Eucaryotes. L'ARN polymérase II, qui transcrit les ARNm, était le sujet du chapitre 8 et sera la seule polymérase discutée ici.

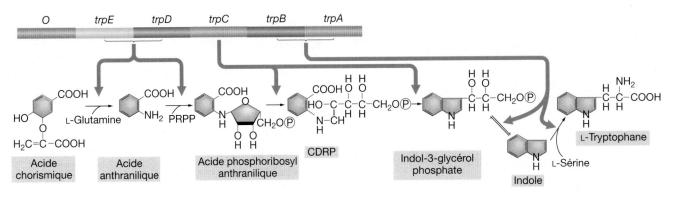

Figure 10-21 L'ordre des gènes sur le chromosome dans l'opéron *trp* d'*E. coli* et la séquence de réactions catalysées par les produits enzymatiques des gènes *trp* structuraux. Les produits des gènes *trpD* et *trpE* forment un complexe qui, comme les produits des gènes *trpB* et *trpA*, catalyse des étapes spécifiques. La tryptophane synthétase est une enzyme tétramérique formée par les produits de *trpB* et *trpA*. Elle catalyse un processus en deux étapes conduisant à la synthèse de tryptophane. [PRPP = phosphoribosyl pyrophosphate ; CDRP = 1-(*o*-carboxyphénylamino)-1-désoxyribulose 5-phosphate.]

[D'après S. Tanemura et R. H. Bauerle, *Genetics* 95, 1980, 545.]

2. Les transcrits d'ARN subissent une maturation importante au cours de la transcription chez les Eucaryotes. Les extrémités 5' et 3' sont modifiées et les introns sont excisés.

3. L'ARN polymérase II est bien plus grosse et plus complexe que son équivalent procaryote. L'une des raisons de cette complexité supplémentaire est que l'ARN polymérase II doit synthétiser l'ARN *et* coordonner les événements de maturation propres aux Eucaryotes. Dans ce chapitre, nous apprendrons que cette complexité de l'ARN polymérase II est également une caractéristique importante de la régulation des gènes eucaryotes.

La régulation des gènes chez les Eucaryotes : une vue d'ensemble

Les Eucaryotes possèdent en général des dizaines de milliers de gènes, soit 10 à 100 fois plus que la moyenne chez les Procaryotes. De plus, les patrons d'expression des gènes eucaryotes peuvent être extrêmement complexes. C'est-à-dire qu'il peut y avoir une variation importante entre le moment où un gène est transcrit et celui où il n'est pas transcrit, ainsi qu'en ce qui concerne la quantité de transcrit synthétisé. Par exemple, un gène peut être transcrit uniquement au début du développement et un autre, seulement en cas d'infection virale. Enfin, à tout moment dans une cellule eucaryote, la grande majorité des gènes ne sont pas activés. D'après ces seules considérations, la régulation des gènes chez les Eucaryotes doit être capable :

1. d'inactiver l'expression de la plupart des gènes du génome.

2. de créer des milliers de profils d'expression de gènes avec un nombre limité de protéines régulatrices.

Comme nous le verrons plus loin dans ce chapitre, des mécanismes complexes et ingénieux ont été mis au point afin de garantir que la plupart des gènes dans une cellule eucaryote ne soient pas transcrits (on dit qu'ils sont **inactivés**). Avant de considérer l'inactivation (*silencing* en anglais) transcriptionnelle, tournons-nous vers une autre question : comment les gènes eucaryotes peuvent-ils présenter des profils d'expression aussi nombreux et aussi divers ? La réponse à cette question repose sur deux éléments. Tout d'abord, lorsqu'il se fixe seul à un promoteur, le volumineux complexe de l'ARN polymérase II peut catalyser la transcription uniquement à un taux très faible (niveau *élémentaire*). Pour cette raison, le complexe de l'ARN polymérase II est également appelé **appareil élémentaire de transcription**. Inversement, la **transcription activée**, à des degrés élevés, nécessite la fixation de protéines régulatrices appelées facteurs transcriptionnels ou activateurs, à des éléments agissant en *cis* situés dans l'ADN de part et d'autre du gène. Les autres éléments fondamentaux permettant de créer des patrons aussi divers d'expression des gènes sont la **modularité** et la **coopérativité** : les profils complexes d'expression ont besoin de nombreux sites de liaisons pour différentes protéines régulatrices afin d'interagir les uns avec les autres et avec l'appareil élémentaire de transcription. Ce composant de la diversité de l'expression des gènes est appelé **interaction combinatoire**, car différentes combinaisons de facteurs de transcription peuvent conduire à des interactions spécifiques qui se traduisent par des profils distincts d'expression des gènes. Pour adapter tous ces sites de liaison aux multiples facteurs transcriptionnels, les régions régulatrices de nombreux gènes eucaryotes sont souvent plus longues que le gène lui-même. Examinons à présent ces régions régulatrices en détail.

Les éléments régulateurs agissant en cis

Pour que l'ARN polymérase II puisse assurer la transcription de l'ADN en ARN avec le rendement maximum, une coopération entre de multiples éléments régulateurs agissant en *cis* est nécessaire. Nous pouvons distinguer trois classes d'éléments d'après leurs positions relatives. (1) Près du site d'amorçage de la transcription se trouve le *promoteur*, qui est la région à laquelle se fixe l'ARN polymérase II (la fixation de l'ARN polymérase II au promoteur a été traitée au Chapitre 8). (2) Près du promoteur se trouvent les séquences *proches du promoteur* qui agissent en *cis* et auxquelles se fixent des protéines qui aident à leur tour la fixation de l'ARN polymérase II à son promoteur. (3) D'autres éléments de séquence agissant en *cis* peuvent exercer leur fonction à des distances considérables : on appelle ces éléments des *enhancers* (ou éléments amplificateurs)* et des *silenceurs* (éléments répresseurs, *silencers* en anglais). Souvent, un enhancer ou un silenceur agit seulement dans un ou un petit nombre de types cellulaires chez un Eucaryote pluricellulaire. Les promoteurs, les éléments proches des promoteurs et les éléments dont la fonction est indépendante de la distance, représentent tous des cibles de liaison pour différentes protéines qui agissent en *trans* en se fixant à l'ADN.

LE PROMOTEUR ET LES ÉLÉMENTS PROCHES DU PROMOTEUR La Figure 10-22 est une représentation schématique du promoteur et des éléments de séquences proches du promoteur. Comme nous l'avons déjà dit, la fixation de l'ARN polymérase II à ce promoteur ne permet pas une transcription efficace. La transcription a un rendement légèrement supérieur lorsque des facteurs transcriptionnels se fixent aux **éléments proches du promoteur** (ou éléments proximaux, encore appelés **éléments en amont du promoteur**, UPE pour

---

* *N.D.T.* : Nous avons choisi de conserver le terme anglais *enhancer* car c'est le terme utilisé dans les laboratoires.

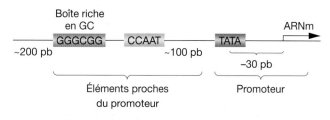

Figure 10-22 La région en amont du site de début de la transcription chez les Eucaryotes supérieurs.

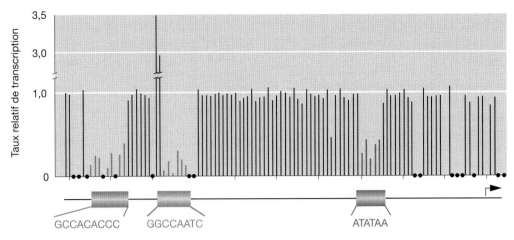

Figure 10-23 Les conséquences des mutations ponctuelles dans le promoteur du gène de la ß-globine. On a déterminé l'effet des mutations ponctuelles de la région promotrice sur le niveau de transcription. La hauteur de chaque trait représente le taux de transcription par rapport à un promoteur de type sauvage (1,0). Seules les substitutions de bases qui se trouvent à l'intérieur des trois éléments du promoteur modifient le taux de transcription. [D'après T. Maniatis, S. Goodbourn et J. A. Fisher, *Science* 236, 1987, 1237.]

upstream promoter elements en anglais) qui sont distants de 100 à 200 pb du site d'amorçage de la transcription. L'un de ces UPE est la boîte CAT (boîte CCAAT ou *CCAAT box* en anglais) et on observe également souvent en amont un segment riche en GC. Les facteurs transcriptionnels qui se fixent aux éléments proches du promoteur sont exprimés de manière constitutive, dans toutes les cellules à tout moment, de sorte qu'ils sont capables d'activer la transcription dans tous les types cellulaires. Des mutations dans ces sites peuvent avoir un effet spectaculaire sur la transcription, ce qui démontre leur importance. Un exemple des conséquences de la mutation de ces éléments de séquence sur les taux de transcription est présenté dans la Figure 10-23.

LES ÉLÉMENTS AGISSANT EN CIS DONT LA FONCTION EST INDÉPENDANTE DE LA DISTANCE
Tous les éléments promoteurs discutés jusqu'à présent sont proches du site de début de la transcription et pour cette raison, ils ressemblent aux éléments régulateurs procaryotes. Néanmoins, au contraire des Procaryotes, la fixation aux éléments régulateurs proximaux ne suffit généralement pas pour induire un niveau élevé de transcription chez les Eucaryotes. Les gènes eucaryotes sont typiquement exprimés à des degrés élevés uniquement dans un ensemble particulier de tissus ou en réponse à un signal tel qu'une hormone ou un agent pathogène. Chez les Eucaryotes, on peut distinguer deux classes d'éléments agissant en *cis*, capables d'exercer leur action à des distances considérables du promoteur. Les **enhancers** sont des séquences d'ADN agissant en *cis*, qui peuvent fortement *augmenter* le taux de transcription à partir de promoteurs situés sur la même molécule d'ADN. Ils peuvent donc activer (ou réguler de façon positive) la transcription. Les **silenceurs** exercent un effet inverse. Ce sont des séquences auxquelles se fixent des répresseurs, inhibant ainsi les activateurs et *réduisant* le taux de transcription.

Les enhancers et les silenceurs, comme les régions proches du promoteur, sont organisés en une succession de séquences auxquelles se fixent des protéines régulatrices. Toutefois, ils se différencient des éléments proches du promoteur par le fait qu'ils sont capables d'agir à distance, parfois à 50 kb ou plus, et d'exercer leur fonction en amont ou en aval du promoteur qu'ils contrôlent. Les enhancers ont une structure très complexe et sont eux-mêmes constitués de multiples sites de liaison pour de nombreuses protéines régulatrices agissant en *trans*. Les interactions des protéines régulatrices entre elles ou avec le complexe de l'ARN polymérase II ou encore ces deux types d'interaction déterminent le taux de transcription.

Comment ces enhancers et ces silenceurs distants régulent-ils la transcription ? L'un des modèles d'une telle action à distance comprend un type de formation de boucle dans l'ADN. La Figure 10-24a décrit en détail un modèle de formation de boucle dans l'ADN pour l'activation du complexe d'amorçage. Dans ce modèle, une boucle d'ADN rapproche les protéines activatrices liées aux éléments proches du promoteur, des protéines activatrices liées à des enhancers distants, ce qui leur permet d'interagir et de stabiliser le complexe d'amorçage de l'ARN polymérase II lié à la boîte TATA et à l'ADN environnant. La courbure ou la formation de boucle dans l'ADN nécessite une classe spéciale de protéines de liaison à l'ADN, que l'on appelle les protéines *architecturales* (Figure 10-24b). Un autre modèle d'activation et d'inactivation à grande distance comporte des changements dans la structure de la chromatine et sera décrit plus loin dans ce chapitre.

Les facteurs transcriptionnels et les domaines de liaison à l'ADN

Les facteurs transcriptionnels, qu'ils soient liés aux enhancers ou aux éléments proches du promoteur, doivent remplir au moins deux fonctions : (1) la fixation à l'ADN et (2) l'activation ou la répression de la transcription. Pour cette raison, ils sont généralement constitués d'au moins deux domaines, un

(a)

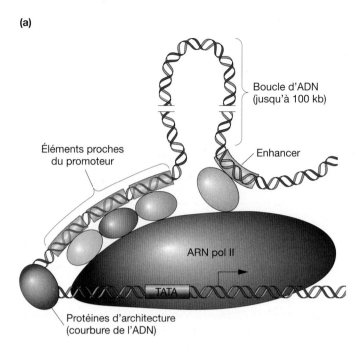

Boucle d'ADN
(jusqu'à 100 kb)

Éléments proches
du promoteur

Enhancer

ARN pol II

TATA

Protéines d'architecture
(courbure de l'ADN)

(b)

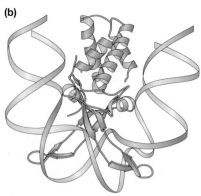

Figure 10-24 La régulation de l'ARN polymérase II par les éléments proches du promoteur. (a) L'ADN forme une boucle qui rapproche un enhancer des éléments proches du promoteur. Leur interaction avec l'ARN polymérase II amorce la transcription. (b) L'interaction de la protéine qui courbe l'ADN avec celui-ci.
[Partie a d'après B. Turner, *Chromatin and Gene Regulation*. Blackwell Science, 2001.]

qui se fixe à l'ADN et l'autre qui influence la transcription en fixant une autre protéine liée. Par exemple, un facteur de transcription peut posséder un domaine de liaison à l'ADN au niveau de son extrémité amine et un domaine d'activation au niveau de son extrémité carboxyle.

On a donné à certains domaines caractéristiques de liaison à l'ADN des noms imagés tels que hélice-tour-hélice, doigt à zinc, hélice-boucle-hélice et fermeture éclair à leucines. Le domaine hélice-tour-hélice est le mieux étudié et est présent à la fois dans les protéines régulatrices procaryotes et eucaryotes. Comme son nom l'indique, il est constitué d'au moins deux hélices α. La plupart des domaines de liaison à l'ADN sont chargés positivement. En conséquence, ils sont attirés par le squelette de phosphate de l'ADN, chargé négativement. Lorsque ces domaines s'approchent de l'ADN, la formation de liaisons hydrogène entre les bases et les acides aminés affine les interactions. Les domaines de liaison s'adaptent généralement au grand sillon de la double hélice. La Figure 10-25 montre de quelle façon le domaine hélice-tour-hélice interagit avec l'ADN.

Les domaines de liaison à l'ADN sont conservés de la levure à l'homme en passant par les végétaux. Nous avons vu au cours de notre discussion sur le mimétisme molécu-

laire que les protéines sont dotées de multiples capacités, peuvent adopter une vaste gamme de formes et présentent diverses surfaces chargées. Dans ce cas, un petit nombre de domaines protéiques qui ont été capables de s'insérer dans la double hélice d'ADN ont évolué depuis les premières formes vivantes et ont été abondamment utilisés pour accomplir différentes fonctions. De ce fait, en raison de la construction modulaire des facteurs transcriptionnels, le même domaine de liaison à l'ADN dans deux organismes peut être présent dans des facteurs transcriptionnels ayant des rôles régulateurs très éloignés.

MESSAGE Les structures des protéines de liaison à l'ADN leur permettent d'entrer en contact avec des séquences spécifiques d'ADN par le biais de domaines polypeptidiques qui s'adaptent au grand sillon de la double hélice d'ADN.

Les interactions coopératives : la signification de tous ces sites de liaison

Le développement d'un organisme complexe nécessite une régulation adaptée des différents niveaux de transcription. Un mécanisme de régulation ressemble en réalité davantage à un rhéostat qu'à un interrupteur. Chez les Eucaryotes, les niveaux de transcription sont finement ajustables grâce au regroupement d'éléments agissant en *cis* en enhancers. La présence de plusieurs copies du même facteur de transcription ou de facteurs différents liés à des sites adjacents (des sites présents à la bonne distance) conduit à un effet amplifié ou démultiplié sur l'activation de la transcription. Lorsqu'un effet est supérieur à un effet additif on dit qu'il est **synergique**.

La présence de multiples sites de liaison permet de catalyser la formation d'un **enhanceosome**, un gros complexe protéique qui active la transcription de manière synergique.

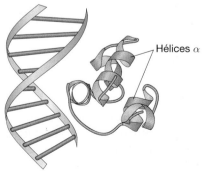

Hélices α

**Figure 10-25
L'interaction avec l'ADN du domaine de liaison à motif hélice-tour-hélice.**

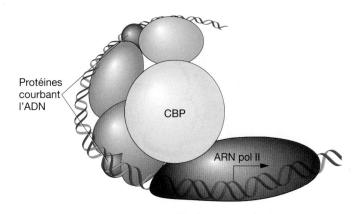

Figure 10-26 Un modèle d'action de l'enhanceosome. L'enhanceosome de l'interféron ß. Dans ce cas, les facteurs transcriptionnels recrutent un co-activateur (CBP) qui se fixe à la fois aux facteurs transcriptionnels et à l'ARN polymérase II, amorçant ainsi la transcription.
[D'après A. J. Courey, *Current Biology* 7, 2001, R250-R253, Figure 1.]

la mutation de n'importe quel facteur transcriptionnel ou site de liaison réduit si fortement l'activité de l'enhancer ou pourquoi la distance entre des éléments agissant en *cis* dans l'enhancer est un élément si important.

> **MESSAGE** Les enhancers et silenceurs eucaryotes peuvent agir à une grande distance afin de moduler l'activité de l'appareil transcriptionnel élémentaire. Les enhancers contiennent des sites de liaison pour de nombreux facteurs transcriptionnels qui se fixent et interagissent de manière coopérative afin de produire une réponse synergique.

La régulation tissu-spécifique de la transcription

Chez les Eucaryotes supérieurs, de nombreux enhancers activent la transcription de manière tissu-spécifique – c'est-à-dire qu'ils induisent l'expression d'un gène dans un ou quelques types cellulaires. Par exemple, les gènes d'anticorps sont encadrés de puissants enhancers qui fonctionnent uniquement dans les lymphocytes B du système immunitaire. Un enhancer peut agir de façon tissu-spécifique si l'activateur qui s'y fixe est présent dans quelques types cellulaires seulement.

L'expression de certains gènes peut être contrôlée par des groupes simples d'enhancers. Par exemple chez la drosophile, les vitellogénines sont de grosses protéines du vitellus, fabriquées dans les ovaires et le corps gras (un organe qui correspond pratiquement au foie pour la mouche) des femelles adultes et transportées dans l'ovocyte en cours de développement. Deux enhancers distincts régulent le gène de la vitellogénine. Ils sont situés dans les centaines de bases jouxtant le promoteur; l'un contrôle l'expression dans les ovaires et l'autre dans le corps gras.

Le groupe d'enhancers rattachés à un gène peut être très complexe, contrôlant des modes d'expression de gènes de complexité similaire. Le gène *dpp* (*decapentaplegic*) de la drosophile par exemple, code une protéine qui transmet des messages entre les cellules. Ce gène contient de nombreux enhancers, sans doute des dizaines ou des centaines, dispersés le long d'un segment de 50 kb d'ADN. Certains de ces enhancers sont situés en 5' (en amont) du site d'amorçage de la transcription de *dpp*, tandis que d'autres sont en aval du promoteur, ou dans les introns, ou encore en 3' du site de polyadénylation du gène. Chacun de ces enhancers régule l'expression de *dpp* dans un site différent, chez l'animal en cours de développement. Certains des enhancers de *dpp* les mieux caractérisés sont présentés dans la Figure 10-27.

On peut voir dans la Figure 10-26 de quelle façon des protéines architecturales courbent l'ADN afin de favoriser des interactions coopératives entre les autres protéines de liaison à l'ADN. Grâce à ce mode d'action en enhanceosome, la transcription est activée à très haut niveau uniquement lorsque toutes les protéines sont présentes et sont en contact les unes avec les autres de la manière adéquate. Pour mieux comprendre ce qu'est un enhanceosome et son action synergique, examinons un exemple spécifique.

UNE ÉTUDE DE CAS : L'ENHANCEOSOME DE L'INTERFÉRON ß

Le gène humain de l'interféron ß, qui code l'interféron, une protéine antivirale, est l'un des gènes les mieux caractérisés chez les Eucaryotes. Il est inactivé en temps normal mais sa transcription atteint des taux très élevés en cas d'infection virale. L'activation de ce gène repose sur l'assemblage de facteurs de transcription en enhanceosome environ 100 pb en amont de la boîte TATA et du site de début de la transcription. Les protéines régulatrices de l'enhanceosome de l'interféron ß se fixent toutes sur la même face de la double hélice d'ADN. Sur l'autre face de l'hélice se lient plusieurs protéines architecturales qui courbent l'ADN et permettent aux différentes protéines régulatrices de se toucher et de former un complexe activé. Lorsque toutes les protéines régulatrices sont fixées et interagissent correctement, elles forment une «piste d'atterrissage», un site de liaison à haute affinité pour un co-activateur (CPB) qui active ensuite l'ARN polymérase jusqu'à des degrés élevés de transcription (*voir* Figure 10-26). Le **co-activateur** est une classe spéciale de complexe régulateur qui sert de pont pour rapprocher des protéines régulatrices et l'ARN polymérase.

Ce type d'interactions coopératives aide à expliquer certaines observations étonnantes effectuées sur les enhancers. Elles permettent par exemple de comprendre pourquoi

Les éléments régulateurs et les mutations dominantes

Les propriétés des éléments régulateurs servent à comprendre certaines catégories de mutations dominantes. Les mutations dominantes peuvent être réparties en deux grandes classes. Dans le cas de certaines mutations dominantes, l'inactivation de l'une des deux copies d'un gène abaisse la

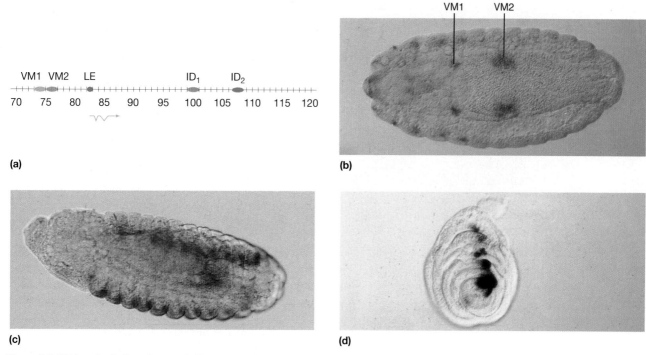

Figure 10-27 La régulation tissu-spécifique complexe du gène *dpp*. (a) Une carte moléculaire d'une région de 50 kb du gène *dpp*. L'unité élémentaire de transcription du gène est représentée sous la ligne des coordonnées de la carte. Les abréviations figurant au-dessus de la ligne indiquent les sites des enhancers tissu-spécifiques. Dans les parties b à d, l'expression de différents enhancers a été examinée en fusionnant chaque enhancer avec la région codante d'un gène qui produit une coloration bleue lorsqu'il est exprimé (un gène rapporteur). (b) L'activité des enhancers VM1 et VM2 détectée dans deux parties du mésoderme viscéral embryonnaire, le précurseur de la musculature des intestins. (c) L'activité de l'enhancer LE détectée dans l'ectoderme latéral d'un embryon. (d) ID est l'un des nombreux enhancers déclenchant l'expression de *dpp* dans les disques imaginaux. (Un disque imaginal est un cercle aplati de cellules chez la larve, qui donne naissance à l'un des appendices de l'adulte.)
[Partie b aimablement communiquée par D. Hursh, partie c par R. W. Padgett et partie d par R. Blackman et M. Sanicola.]

quantité du produit de ce gène sous un seuil critique, ce qui empêche de produire le phénotype normal. Nous pouvons considérer ces mutations comme des **mutations dominantes perte-de-fonction**, résultant de l'haplo-insuffisance de ce gène. Dans d'autres cas, le phénotype dominant est dû à une nouvelle propriété du gène mutant et non à une diminution de son activité normale ; cette classe comprend les **mutations dominantes gain-de-fonction**.

Les mutations dominantes gain-de-fonction peuvent apparaître à la suite de la fusion des éléments régulateurs d'un gène avec les séquences d'un autre gène codant un ARN structural ou une protéine. Ces fusions peuvent avoir lieu au niveau des points de cassure, lors des réarrangements chromosomiques tels que les inversions, les translocations, les duplications ou les délétions (voir Chapitre 15). Par exemple, un réarrangement chromosomique peut provoquer la juxtaposition des enhancers d'un gène et de l'unité de transcription d'un autre gène. Dans ce cas, les enhancers du gène situés au niveau de l'un des points de cassure peuvent réguler la transcription d'un gène proche de l'autre point de cassure. Souvent, le résultat est une expression inappropriée de l'ARNm codé par l'unité de transcription en question.

Un exemple de ce type d'expression inappropriée due à une telle fusion de gènes est celui de la mutation *Tab* (*Transabdominal*) chez la drosophile. *Tab* est responsable du développement du tissu normalement caractéristique du sixième segment abdominal (A6 ; Figure 10-28), à la place de certaines parties du thorax de la mouche adulte. *Tab* est associée à une inversion chromosomique : le chromosome se casse en deux endroits et le segment situé entre les points de cassure subit une rotation de 180° et est réinséré entre les points de cassure. L'un des points de cassure de l'inversion se trouve dans une région enhancer d'un autre gène, le gène *sr* (rayé, *striped* en anglais). Les enhancers du gène *sr* induisent l'expression du gène dans certaines parties du thorax de la mouche. L'autre point de cassure est situé à proximité de l'unité de transcription du gène *Abd-B* (*Abdominal-B*). Le gène *Abd-B* code un facteur de transcription, exprimé en temps normal uniquement dans les régions postérieures de l'animal. Ce facteur transcriptionnel Abd-B est responsable de l'apparition d'un phénotype abdominal dans tous les tissus qui l'expriment. (Nous aurons d'autres choses à dire sur les gènes tels que *Abd-B* lorsque nous parlerons des gènes homéotiques, au Chapitre 18.) Dans l'inversion

Figure 10-28 La mutation *Tab*. La mouche de gauche est un mâle de type sauvage. La mouche de droite est un mâle mutant hétérozygote *Tab*/+. Chez la mouche mutante, une partie du thorax (le tissu noir) est changée en un tissu qui se trouve normalement dans la partie dorsale de l'un des segments abdominaux postérieurs.

[D'après S. Celniker et E. B. Lewis, *Genes and Development* 1, 1987, 111.]

Tab, les enhancers de *sr* contrôlant l'expression thoracique sont juxtaposés à l'unité de transcription *Abd-B*, entraînant l'activation du gène *Abd-B* dans les parties du thorax où *sr* est exprimé d'habitude (voir Figure 10-28). En raison de la fonction du facteur de transcription Abd-B, son activation dans ces cellules thoraciques modifie leur évolution, les transformant en cellules de l'abdomen postérieur.

Les fusions de gènes sont une source extrêmement importante de variation génétique. Grâce aux réarrangements chromosomiques, de nouveaux profils d'expression des gènes peuvent être produits. En fait, on peut imaginer pour ces fusions un rôle important dans les changements des modes d'expression des gènes, dans la divergence et l'évolution des espèces (traitées au Chapitre 21). En plus de leurs conséquences sur le développement (que nous verrons au Chapitre 18), ces mutations peuvent avoir une action centrale dans la formation et le développement de nombreux cancers (discutés au Chapitre 17).

> **MESSAGE** La fusion d'enhancers tissu-spécifiques avec des gènes qui ne sont normalement pas sous leur contrôle peut produire des phénotypes mutants dominants gain-de-fonction.

10.7 Le rôle de la chromatine dans la régulation des gènes eucaryotes

À ce stade, vous pouvez penser que les mécanismes de régulation des gènes eucaryotes ressemblent beaucoup à ce que vous avez lu plus tôt, dans la partie du chapitre décrivant la régulation procaryote. Il y a moins de dix ans, de nombreux scientifiques pensaient également que la régulation eucaryote était simplement une version plus complexe de ce qui avait été découvert chez les Procaryotes, à l'exception d'un nombre plus élevé de protéines régulatrices se fixant à davantage d'éléments agissant en *cis* pour créer un nombre plus important de profils d'expression des gènes.

Dans la dernière décennie, cette vision a changé fondamentalement lorsque les scientifiques ont commencé à envisager les conséquences de l'organisation de l'ADN génomique chez les Eucaryotes. L'ADN des Procaryotes est quasiment «nu», ce qui le rend facilement accessible à l'ARN polymérase. Inversement, les chromosomes sont organisés en chromatine, qui est composée d'ADN et de protéines (essentiellement des histones). Comme nous l'avons décrit au Chapitre 3, l'unité fondamentale de la chromatine est le nucléosome, qui contient environ 150 pb d'ADN enroulé deux fois autour d'un octamère d'histones (Figure 10-29a). Cet octamère est constitué de deux sous-unités comportant chacune quatre histones: les histones 2A, 2B, 3 et 4. Les nucléosomes peuvent s'associer en structures d'ordre supérieur qui intensifient la condensation de l'ADN. Comme nous l'avons vu au Chapitre 3, la chromatine n'est pas uniforme dans l'ensemble des chromosomes. La chromatine hautement condensée s'appelle l'**hétérochromatine** et la chromatine moins condensée, l'**euchromatine** (Figure 10-29b). La condensation de la chromatine varie également au cours du cycle cellulaire. La chromatine des cellules qui s'engagent dans la mitose devient hautement condensée lorsque les chromosomes s'alignent en vue de la division cellulaire. Après la division cellulaire, les régions formant de l'hétérochromatine restent condensées particulièrement autour des centromères et des télomères (on appelle ces régions l'**hétérochromatine constitutive**) alors que les régions formant l'euchromatine se décondensent.

Au début de l'histoire de la génétique, les généticiens pensaient que l'influence de la structure de la chromatine sur la régulation des gènes était limitée. À cette époque, on avait remarqué que l'ADN présent dans l'hétérochromatine contenait peu de gènes, alors que l'euchromatine était riche en gènes. Mais qu'est-ce que l'hétérochromatine s'il ne s'agit pas de gènes? La plus grande partie du génome eucaryote est composée de séquences répétées qui ne codent aucune protéine ni aucun ADN structural – on l'appelle parfois l'ADN poubelle (*junk DNA* en anglais). Pour cette raison, on disait que les nucléosomes à l'empaquetage dense dans l'hétérochromatine formaient une structure «fermée» inaccessible aux protéines régulatrices et peu accueillante pour l'activité des gènes. Inversement, on supposait que l'euchromatine, avec ses nucléosomes plus espacés, adoptait une structure «ouverte» qui permettait la transcription. L'existence de

(a)

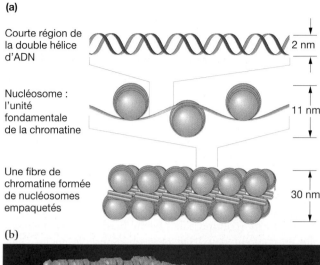

Courte région de la double hélice d'ADN — 2 nm

Nucléosome : l'unité fondamentale de la chromatine — 11 nm

Une fibre de chromatine formée de nucléosomes empaquetés — 30 nm

(b)

Figure 10-29 La structure de la chromatine. (a) Le nucléosome dans la chromatine décondensée et dans la chromatine condensée. (b) La structure de la chromatine varie sur toute la longueur d'un chromosome. La chromatine la moins condensée est en jaune, les régions de condensation intermédiaire sont en orange et bleu et l'hétérochromatine recouverte de protéines spéciales (en violet) est en rouge.

[Partie b d'après Peter J. Horn et Craig L. Peterson, «Chromatin Higher Order Folding : Wrapping Up Transcription», *Science* 297, September 13, 2002, p. 1827, Figure 3. Copyright 2002, AAAS.]

régions ouvertes et fermées dans la chromatine était également supposée en raison d'un rapport de 100 à 1 000 fois entre les fréquences de recombinaison dans l'euchromatine et l'hétérochromatine. L'euchromatine, avec sa structure plus ouverte, semblait plus accessible aux protéines nécessaires à la recombinaison de l'ADN. Remarquez que dans ce cas, la chromatine joue un rôle passif : les régions du génome sont soit ouvertes soit fermées et la transcription ainsi que la recombinaison sont principalement limitées aux régions de la chromatine ouverte. Pourtant, l'observation de trois phénomènes commença à modifier cette vision. Ces phénomènes démontraient que la chromatine eucaryote pouvait être modifiée et, plus important encore, que les gènes actifs dans cette région pouvaient devenir inactifs. Les trois phénomènes dont il s'agit sont l'inactivation d'un chromosome X, l'empreinte parentale et la bigarrure par effet de position.

> **MESSAGE** La chromatine des Eucaryotes n'est pas uniforme. Les régions hautement condensées d'hétérochromatine possèdent moins de gènes et ont des fréquences de recombinaison plus basses que les régions d'euchromatine moins condensées.

L'inactivation d'un chromosome X chez les mammifères femelles

Nous étudierons au Chapitre 15 les effets du nombre de copies des gènes sur le phénotype d'un organisme. Pour le moment, il suffit de savoir que le nombre de transcrits produits par un gène est généralement proportionnel au nombre de copies de ce gène dans une cellule. Les mammifères par exemple sont diploïdes et possèdent deux copies de chaque gène, présentes sur leurs autosomes. Pourtant, comme nous l'avons vu au Chapitre 2, le nombre de chromosomes sexuels X et Y diffère entre les sexes, les femelles de mammifères ayant deux chromosomes X et les mâles, un seul. On pense que le chromosome X de mammifère contient environ 1 000 gènes. Les femelles possèdent deux fois plus de copies de ces gènes liés à l'X et devraient normalement exprimer deux fois plus de transcrits de ces gènes que les mâles. (L'absence de chromosome Y n'est pas un problème pour les femelles car les rares gènes présents sur ce chromosome concernent le développement des mâles.) Ce déséquilibre de dosage est corrigé par un processus appelé **compensation du dosage**, qui rend la quantité de la plupart des produits de gènes issus des deux copies du chromosome X chez les femelles, équivalente à la dose unique du chromosome X chez les mâles. Cette équivalence est réalisée par une inactivation au hasard de l'un des deux chromosomes X dans chaque cellule à un stade précoce du développement. Cet état inactivé est transmis ensuite à toutes les cellules filles. (Dans la lignée germinale, le second X est réactivé au cours de l'ovogenèse.) Le chromosome inactivé, appelé **corpuscule de Barr**, est visible dans le noyau grâce à sa structure hétérochromatique hautement condensée, qui présente un marquage dense.

Deux aspects de l'inactivation d'un chromosome X doivent entrer en jeu dans une discussion sur la chromatine et la régulation de l'expression des gènes. Tout d'abord, l'expression de la plupart des gènes présents sur le chromosome X inactivé est supprimée (on dit qu'ils sont *inactivés*). Dans les organismes chez lesquels ce phénomène est le mieux caractérisé, on peut voir que la modification de la structure chromatinienne de ce chromosome a inactivé des gènes autrefois actifs. De plus, les gènes présents sur le chromosome inactivé restent inactifs chez tous les descendants de ces cellules. Une telle modification héréditaire, dans laquelle la séquence de l'ADN elle-même est inchangée s'appelle la **transmission épigénétique**.

Un magnifique exemple d'inactivation du X est le profil de la couleur du pelage des chats calico (Figure 10-30). Puisque le même chromosome X est inactivé chez tous les descendants d'une cellule, des secteurs de couleur uniforme de grande taille d'un tissu peuvent avoir en commun l'inactivation du même chromosome X.

(a)

(b)

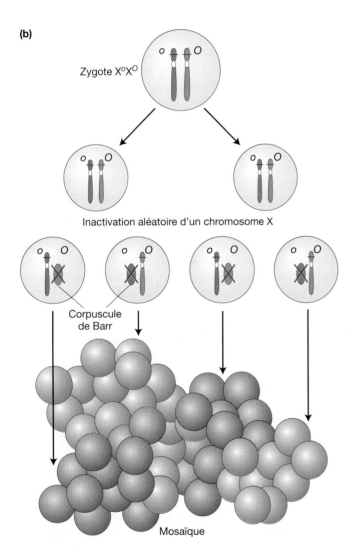

Figure 10-30 L'inactivation du X produit le motif du pelage d'une chatte calico. (a) Une chatte calico. (b) Les chats calico sont des femelles hétérozygotes pour les allèles *O* (qui produit un pelage orange) et *o* (un pelage noir). L'inactivation du chromosome X portant *O* produit une tache noire dans laquelle *o* est exprimé et l'inactivation du chromosome X portant *o* produit une tache orange dans laquelle *O* est exprimé. Les zones blanches sont dues à un déterminant génétique distinct, présent chez les chattes calico.
[Partie a d'après Anthony Griffiths.]

L'empreinte parentale

Un autre exemple de transmission épigénétique, découvert il y a 15 ans environ chez les mammifères, est celui de l'**empreinte parentale**. Dans l'empreinte parentale, certains gènes autosomiques ont apparemment des modes inhabituels de transmission. Par exemple, le gène *igf2* est exprimé chez la souris seulement s'il a été transmis par le parent mâle. On dit qu'il est soumis à une empreinte maternelle car la copie du gène héritée de la mère est inactive. À l'inverse, le gène *H19* de la souris est exprimé uniquement s'il a été transmis par la mère ; *H19* est donc soumis à une empreinte paternelle. Les gènes soumis à l'empreinte parentale sont exprimés comme si chaque cellule possédait une seule copie du gène présent (comme s'ils étaient hémizygotes), même si elle en contient deux. De plus, on n'observe aucun changement dans les séquences d'ADN des gènes soumis à une empreinte parentale. Plus exactement, le seul changement que l'on observe est la présence de groupements méthyle ($-CH_3$) supplémentaires sur certaines bases de l'ADN, généralement sur la cytosine d'un dinucléotide CG. Ces groupements méthyle sont ajoutés enzymatiquement par l'action de méthyltransférases spéciales.

Le niveau de méthylation est généralement corrélé à l'état transcriptionnel d'un gène : les gènes actifs sont moins méthylés que les gènes inactifs. Nous avons vu que les chromosomes bactériens sont méthylés, mais cet exemple illustre le fait que de temps à autre, des bases de l'ADN des organismes supérieurs sont également méthylées (citons comme exceptions la levure et la drosophile).

Il faut savoir que l'empreinte parentale peut fortement affecter l'analyse d'arbre généalogique. Comme l'allèle reçu d'un parent est inactif, une mutation dans l'allèle transmis par l'autre parent peut sembler dominante, alors qu'en réalité, l'allèle est exprimé du fait que seul l'un des deux homologues est actif pour ce gène.

Les résultats d'études récentes suggèrent qu'il pourrait y avoir dans le génome des mammifères environ une centaine de gènes autosomiques soumis à une empreinte parentale. L'analyse mutationnelle a montré que les gènes soumis à une empreinte parentale sont importants dans le développement des mammifères et que plusieurs d'entre eux sont impliqués dans la régulation de la croissance de l'embryon et dans sa différenciation. Comme nous le verrons au Chapitre 15, dans de nombreuses espèces d'insectes telles que les abeilles, les guêpes et les fourmis, les mâles sont capables de se développer par *parthénogenèse* (le développement d'un type spécialisé d'œuf non fécondé en un embryon, sans recours à une fécondation). Puisque les gènes soumis à une empreinte parentale sont nécessaires au développement, on peut imaginer que la parthénogenèse pourrait être un problème pour les mammifères. En fait, la parthénogenèse n'existe pas chez les mammifères, en grande partie à cause de la présence de gènes soumis à une empreinte parentale.

Certaines maladies génétiques humaines telles que le syndrome de Prader-Willi (PWS pour *Prader-Willi syndrome* en anglais) sont dues à des gènes soumis à une empreinte parentale. Les malades atteints de PWS sont de petite taille, présentent un retard mental léger, un tonus musculaire faible et ce sont des mangeurs compulsifs. Chez les malades atteints de PWS, les deux copies du gène *SNRPN* situé sur le chromosome humain 15, sont inactives. Dans la plupart des cas, la copie maternelle est inactive en raison de l'empreinte parentale, tandis que la copie paternelle est inactive à la suite d'une mutation aléatoire (Figure 10-31).

De nombreuses étapes sont nécessaires à l'empreinte parentale (Figure 10-32). Peu après la fécondation, les mammifères mettent de côté des cellules qui deviendront leurs cellules germinales. Les empreintes parentales sont retirées ou effacées avant la formation des cellules germinales. Sans leur «marque» distinctive (par exemple les bases méthylées sur l'ADN), on dit que ces gènes sont «équivalents d'un point de vue épigénétique». Lorsque ces cellules germinales primordiales deviennent des gamètes matures, les gènes soumis à l'empreinte parentale reçoivent leur marque sexe-spécifique qui déterminera leur activité ou leur inactivité après la fécondation.

En 1996, le monde a reçu un choc au moment du clonage de la brebis Dolly. Ce clonage a été une surprise car le clonage des animaux à partir de cellules somatiques était supposé impossible. Pourtant, Dolly s'est développée à partir

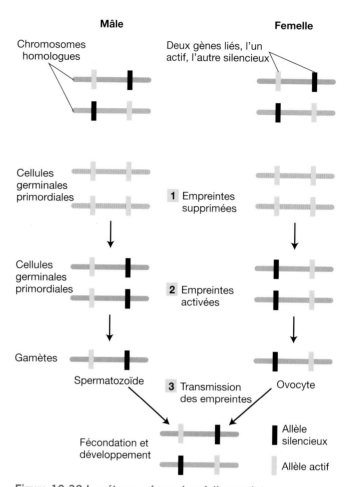

Figure 10-32 Les étapes nécessaires à l'empreinte parentale. La figure montre de quelle façon deux gènes peuvent subir une empreinte parentale différente chez les mâles et les femelles.

de noyaux somatiques adultes qui avaient été implantés dans des œufs énucléés (dont les noyaux avaient été retirés). Plus récemment des vaches, des cochons, des souris et d'autres mammifères ont également été clonés (Figure 10-33). Bien que l'on suppose que le génome du noyau adulte transplanté soit soumis à une reprogrammation intensive, on pense que ces événements de reprogrammation ne comprennent

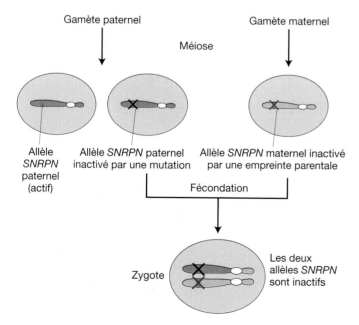

Figure 10-31 L'origine génétique du syndrome de Prader-Willi. Ce syndrome peut être causé par une mutation de l'allèle d'origine paternelle *SNRPN* et par une empreinte parentale de l'allèle d'origine maternelle *SNRPN*.

Figure 10-33 Des veaux clonés. Ces cinq veaux de sept mois dans une ferme de l'Iowa ont été clonés à partir d'un même individu.
[Advanced Cell Technologies/AP/Wide World Photos.]

probablement pas l'effacement des marques des gènes soumis à une empreinte parentale, car cela aurait presque certainement empêché le développement normal de l'embryon.

La bigarrure par effet de position

Un phénomène génétique intéressant découvert chez la drosophile a révélé que les signaux épigénétiques sont capables de passer d'une région chromosomique à la région adjacente. Lors de ces expériences, des mouches ont été irradiées par des rayons X afin d'induire des mutations dans leurs cellules germinales. On a recherché des phénotypes inhabituels parmi les descendants des mouches irradiées. Une mutation dans le gène *white* (blanc en anglais) situé près d'une extrémité du chromosome X a produit des descendants avec des yeux blancs et non plus de la couleur rouge de type sauvage. Certains des descendants présentaient des yeux très inhabituels avec un mélange de facettes rouges et de facettes blanches. L'examen cytologique a mis en évidence un réarrangement chromosomique chez les mouches mutantes: le chromosome X présentait une inversion d'un fragment du chromosome portant le gène *white* (Figure 10-34). Les inversions et d'autres réarrangements chromosomiques seront traités au Chapitre 15. Dans ce réarrangement, le gène *white* normalement situé dans une région euchromatique du chromosome X se trouvait alors près du centromère hétérochromatique. Dans certaines cellules, l'hétérochromatine s'est «propagée»

à l'euchromatine voisine et a inactivé le gène *white*. Les zones de tissu blanc dans l'œil provenaient des descendants d'une cellule unique dans laquelle le gène *white* avait subi une inactivation épigénétique et était resté inactivé pendant les divisions cellulaires ultérieures. À l'inverse, les zones rouges provenaient de cellules dans lesquelles l'hétérochromatine ne s'était pas propagée au gène *blanc*. Pour cette raison, ce gène restait inactif chez tous ses descendants.

Des découvertes réalisées lors d'études ultérieures sur la drosophile et la levure ont montré que de nombreux gènes actifs sont inactivés de manière variable lorsqu'ils se retrouvent dans des régions hétérochromatiques voisines (près des centromères ou des télomères). Par conséquent, l'aptitude de l'hétérochromatine à se propager dans l'euchromatine et à inactiver les gènes dans l'euchromatine est une caractéristique commune à de nombreux organismes. On appelle ce phénomène la **bigarrure** ou **panachure par effet de position** (*position-effect variegation* en anglais ou PEV). La bigarrure par effet de position démontre clairement que la structure chromatinienne peut réguler l'expression des gènes – dans ce cas, en déterminant si les gènes ayant une séquence identique d'ADN seront actifs ou silencieux.

> **MESSAGE** Une modification héréditaire dans laquelle la séquence d'ADN elle-même reste inchangée s'appelle la transmission épigénétique.

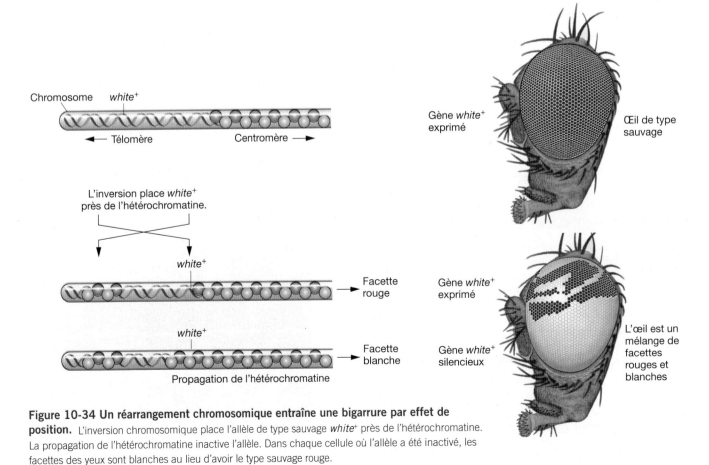

Figure 10-34 Un réarrangement chromosomique entraîne une bigarrure par effet de position. L'inversion chromosomique place l'allèle de type sauvage *white*⁺ près de l'hétérochromatine. La propagation de l'hétérochromatine inactive l'allèle. Dans chaque cellule où l'allèle a été inactivé, les facettes des yeux sont blanches au lieu d'avoir le type sauvage rouge.

[D'après J. C. Eissenberg et S. Elgin, *Encyclopedia of Life Sciences*. Nature Publishing Group, 2001, p. 3, Figure 1.]

Le remodelage de la chromatine

L'empreinte parentale, l'inactivation d'un chromosome X et la bigarrure par effet de position démontrent que l'expression des gènes peut être réduite ou inactivée sans changement de la séquence d'ADN du gène. De plus, l'existence de ces phénomènes implique que l'organisation des nucléosomes est dynamique. Ceci signifie qu'elle peut répondre à des changements dans le métabolisme cellulaire ou les programmes développementaux en se condensant et en se décondensant, et de cette façon, participer à l'activation et à l'inactivation des gènes.

Notre compréhension de la structure chromatinienne et de ses effets sur l'expression des gènes évolue constamment à mesure que de nouvelles découvertes expérimentales modifient les concepts et définitions existants. Par exemple, bien qu'il existe une différence nette entre l'euchromatine et l'hétérochromatine constitutive (les régions génomiques très fortement condensées proches des centromères et des télomères), l'état précis de la chromatine nécessaire pour inactiver les gènes n'est pas clair. Lorsqu'un gène est inactivé, l'euchromatine se transforme-t-elle en hétérochromatine ? Probablement pas. En réalité, il existe sans doute de nombreux états intermédiaires de condensation entre l'euchromatine et l'hétérochromatine constitutive. Le terme d'*hétérochromatine facultative* a été utilisé pour décrire les régions d'euchromatine capables d'adopter une structure chromatinienne plus condensée. Nous utiliserons ici l'expression **chromatine silencieuse** pour décrire ces régions dynamiques de l'euchromatine dans l'état condensé qui conduit à l'inactivation des gènes.

On peut imaginer plusieurs façons de modifier la structure chromatinienne. Par exemple, un mécanisme pourrait permettre simplement de déplacer les nucléosomes le long de l'ADN. Dans les années 1980, des techniques biochimiques ont été mises au point pour permettre aux chercheurs de déterminer la position des nucléosomes à l'intérieur et autour des gènes. Dans ces études, la chromatine a été isolée à partir d'un tissu dans lequel un gène était activé, puis comparée à la chromatine provenant d'un tissu dans lequel le même gène était inactivé. La plupart des gènes analysés présentaient un changement des positions nucléosomiales, en particulier dans leurs régions régulatrices. On peut donc conclure que les nucléosomes sont dynamiques : leurs positions peuvent varier au cours de la vie d'un organisme. La transcription peut être réprimée lorsque la boîte TATA et les séquences flanquantes sont enroulées dans un nucléosome et sont incapables de fixer le complexe de l'ARN polymérase II. L'activation de la transcription nécessiterait le retrait ou le déplacement du nucléosome bloquant. Ce changement de position des nucléosomes est désormais appelé **remodelage de la chromatine**. Après avoir découvert que le remodelage de la chromatine était partie intégrante de l'expression des gènes eucaryotes, le but était de déterminer le ou les mécanismes sous-jacents et les protéines régulatrices responsables.

LES CRIBLAGES GÉNÉTIQUES PERMETTENT D'IDENTIFIER LES PROTÉINES REMODELÉES

L'analyse génétique d'un organisme modèle, la levure, s'est révélée essentielle pour l'analyse des composants de la régulation des gènes eucaryotes. En tant qu'organisme eucaryote unicellulaire

avec un temps de génération très court, la levure est idéale pour l'analyse et l'isolement de mutants (voir l'encadré Organisme Modèle). Dans le cas qui y est développé, deux criblages génétiques menés pour rechercher des mutants atteints dans des processus apparemment sans relation ont conduit au même gène. Lors de l'un des criblages, des mutations ont été introduites dans des gènes de cellules de levure à la suite de leur exposition à des agents chimiques ayant endommagé l'ADN. On a ensuite criblé les cellules mutagénisées de levure incapables de croître sur du saccharose (*sugar nonfermenting* mutants, *snf*). Lors d'un autre criblage, on a recherché parmi les cellules mutagénisées de levure, les mutants présentant une déficience pour le changement de type sexuel (mutants *switch*, *swi*) (voir l'encadré Organisme Modèle). De nombreux mutants ont été recueillis à la suite des deux criblages, mais on a trouvé un gène mutant responsable des deux phénotypes. C'est-à-dire que des mutants ayant une mutation au niveau du locus *swi-snf* (appelé switch-sniff) ne pouvaient ni utiliser efficacement le saccharose, ni changer de type sexuel.

Les chercheurs se sont demandés quel était le lien entre la capacité d'utiliser un sucre et celle de changer de type sexuel. La protéine SWI-SNF fut purifiée et on montra qu'elle appartenait à un gros complexe à sous-unités multiples capable de repositionner les nucléosomes dans un tube à essai, si on y ajoutait de l'ATP comme source d'énergie. Comme nous le verrons plus loin dans ce chapitre, dans certaines situations le complexe à sous-unités multiples SWI-SNF active la transcription en déplaçant les nucléosomes qui recouvrent la séquence TATA, ce qui facilite la liaison de l'ARN polymérase II (Figure 10-35). Apparemment, chez un mutant

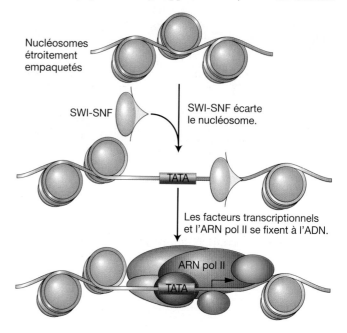

Figure 10-35 Le remodelage de la chromatine. Le déplacement des nucléosomes en réponse à l'activité de SWI-SNF est représenté (voir Figure 10-38 pour les détails du recrutement de SWI-SNF sur une région particulière de l'ADN). Dans cet exemple, le remodelage de la chromatine a exposé la boîte TATA, facilitant ainsi la liaison du complexe de l'ARN polymérase II.

ORGANISME MODÈLE   La levure

Saccharomyces cerevisiae, également appelée levure de boulangerie ou levure bourgeonnante, s'est imposée ces dernières années comme le principal système génétique eucaryote. L'homme a cultivé des levures pendant des siècles car il s'agit d'un composant essentiel de la bière, du pain et du vin. La levure possède de nombreuses caractéristiques qui font d'elle un organisme modèle idéal. En tant qu'Eucaryote unicellulaire, on peut la mettre en culture sur des boîtes d'agar et, avec un cycle vital de 90 minutes seulement, on peut en cultiver de grandes quantités en milieu liquide. Elle possède un génome très compact de seulement 12 mégabases d'ADN (soit 12 milliards de paires de bases, à comparer aux 2 500 mégabases de l'homme) qui contiennent 6 000 gènes répartis sur 16 chromosomes. C'est le premier eucaryote dont le génome a été séquencé.

Le cycle vital de la levure la rend précieuse pour des études variées de laboratoire. Les cellules peuvent être cultivées à l'état haploïde ou diploïde. Dans les deux cas, la cellule mère produit un bourgeon contenant une cellule fille identique. Les cellules diploïdes continuent à croître soit en bourgeonnant, soit en subissant une méiose, qui produit quatre spores haploïdes maintenues ensemble sous la forme d'un *asque* (également appelé *tétrade*). Les

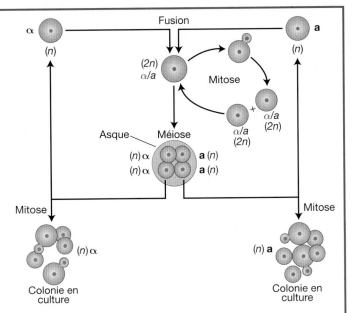

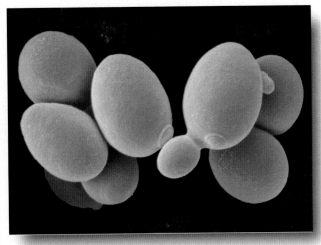

Une micrographie électronique de cellules de levure en cours de bourgeonnement. [SciMAT/Photo Researchers.]

Le cycle vital de la levure de boulangerie. Les allèles a et α du génome nucléaire déterminent le type sexuel

spores haploïdes de type sexuel opposé (**a** ou α) fusionneront et formeront un diploïde. Les spores de type sexuel identique continueront à pousser en bourgeonnant.

On a surnommé la levure, l'*E. coli* des Eucaryotes, en raison des facilités qu'elle offre pour l'analyse de mutants. Pour isoler des mutants, les cellules haploïdes subissent une mutagenèse (par des rayons X par exemple) et on recherche des phénotypes mutants après avoir étalé ces cellules sur des boîtes. Ce protocole comprend généralement l'étalement des cellules sur un milieu riche sur lequel toutes les cellules poussent, puis la copie ou *réplique sur tampon de velours* des colonies provenant de la boîte matrice sur des boîtes répliques contenant des milieux sélectifs ou soumises à des conditions particulières de croissance. Par exemple, les mutants thermosensibles se développeront sur la boîte matrice à température permissive mais ne pousseront pas sur une boîte réplique soumise à une température restrictive. La comparaison des colonies sur les boîtes matrice et répliques révélera les mutants thermosensibles.

SWI-SNF, la transcription de certains des gènes nécessaires à l'utilisation du sucre et au changement de type sexuel ne peut être activée. Le fait que des protéines de type SWI-SNF aient été isolées à partir d'une vaste gamme d'organismes – de la levure à l'homme – indique que cette protéine est impliquée dans la régulation des gènes eucaryotes.

Les histones et le remodelage de la chromatine

Les complexes protéiques tels que SWI-SNF qui remodèlent la chromatine en repositionnant les nucléosomes se sont révélés être une partie de la machinerie nécessaire aux changements de l'organisation de la chromatine. Rappelons que la chromatine est constituée de la même quantité de protéines que d'ADN. Une même séquence d'ADN pouvant être empaquetée en différentes formes de chromatine, on a pensé que des modifications des protéines de la chromatine pourraient d'une façon ou d'une autre déterminer la présence dans une région d'ADN de nucléosomes largement espacés ou étroitement regroupés. Bien que la chromatine soit constituée de nombreuses sortes différentes de protéines, les résultats des expériences génétiques ont conduit les scientifiques à penser que les protéines histones étaient la clé des changements de la structure de la chromatine.

UNE RÉDUCTION DES HISTONES CHEZ LA LEVURE MODIFIE L'EXPRESSION DES GÈNES

En plus de ses autres attributs en tant qu'organisme génétique modèle, la levure possède seulement deux copies de chaque gène codant les histones centrales, ce qui les rend utilisables pour des analyses mutationnelles. Inversement, les Eucaryotes supérieurs peuvent comporter des centaines de copies des gènes d'histones.

Vers la fin des années 1980, des expériences ont été réalisées afin de déterminer si une réduction importante en histone 4 (H4) provoquait des changements dans la structure de la chromatine et l'expression des gènes. Le protocole expérimental requérait l'utilisation de souches de levure portant des mutations dans les deux gènes de H4. De plus, une copie d'un gène H4 avait été «modifiée» par génie génétique dans un tube à essai afin de permettre à l'expérimentateur de contrôler le niveau d'expression des gènes. Normalement, les gènes d'histones sont transcrits de manière constitutive, c'est-à-dire qu'ils sont transcrits continuellement. Pour contrôler la quantité de protéine H4, les scientifiques fabriquèrent un gène chimérique en combinant dans un tube à essai la séquence codante de H4 provenant du gène H4, avec le promoteur d'un autre gène. Ils introduisirent ensuite ce gène artificiel (que l'on appelle une construction génique) dans des cellules de levure comportant des mutations dans les deux gènes H4. Le gène chimérique fut ensuite inséré dans une petite molécule d'ADN extrachromosomique (un plasmide), qui permettait de maintenir ce gène dans le noyau, à l'écart du chromosome. Ces techniques de l'ADN recombinant seront décrites plus en détail au Chapitre 11.

La Figure 10-36 résume les résultats de l'expérience. La construction génique contient la séquence codante de H4 liée (*fusionnée*) avec le promoteur provenant d'un autre gène, qui permet d'activer la séquence de H4 en cultivant la levure sur du galactose et de l'inactiver presque complètement si l'on place les levures en croissance sur du glucose et en l'absence de galactose. Par conséquent, les souches culti-vées sur du galactose présentaient des concentrations normales de H4 car le gène chimérique était transcrit à un taux élevé, tandis que les souches cultivées sur du glucose avaient des concentrations très faibles de H4 car le gène chimérique était très peu transcrit. Une analyse de ces souches a montré que les levures dont les concentrations en H4 étaient faibles présentaient également une structure chromatinienne modifiée – dans ce cas, des nucléosomes moins étroitement empaquetés. On s'attendait à ce résultat car l'octamère d'histones est incapable de s'assembler en l'absence de H4, qui est l'un de ses principaux constituants. Les expérimentateurs découvrirent également que l'expression des gènes était modifiée de manière très intéressante dans ces souches. En effet, l'expression des gènes exprimés de manière constitutive était identique, que les souches de levure soient cultivées sur du glucose ou du galactose. En revanche, les gènes inductibles (des gènes réprimés en temps normal sauf en présence d'une molécule inductrice dans le milieu) étaient exprimés de manière constitutive lorsque la concentration de H4 était basse. Ce résultat permit de conclure que la densité de nucléosomes n'a pas d'influence sur l'expression des gènes qui sont toujours actifs. Au contraire, la structure chromatinienne – plus spécifiquement, la densité de nucléosomes – est importante pour la répression de l'expression des gènes inductibles. Ces résultats suggéraient également que les histones pouvaient influencer la structure de la chromatine.

> **MESSAGE** L'analyse mutationnelle des histones et des protéines de remodelage de la chromatine chez la levure a montré que les nucléosomes interviennent à part entière dans la régulation des gènes eucaryotes.

UN CODE DES HISTONES

Examinons le nucléosome plus en détail afin de voir si une partie de cette structure pourrait porter l'information nécessaire pour déterminer le degré de condensation de la chromatine.

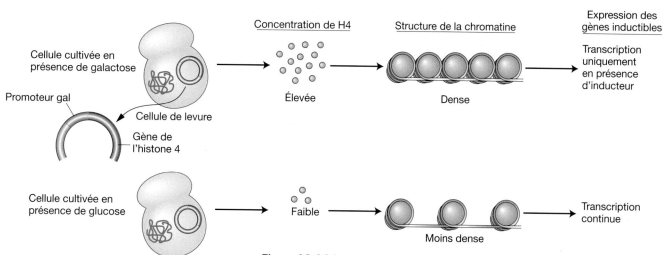

Figure 10-36 Les conséquences de la concentration de H4 sur l'expression des gènes de levure. S'il n'y a pas suffisamment d'histones pour former des nucléosomes, les gènes normalement réprimés en présence de glucose continuent à être transcrits.

Comme nous l'avons déjà vu, la plupart des nucléosomes sont constitués d'un octamère composé de deux copies de chacune des quatre histones du cœur. On sait que les histones sont les protéines les plus conservées dans la nature. C'est-à-dire que les histones sont presque identiques chez tous les organismes eucaryotes, de la levure à l'animal en passant par les plantes. Cette conservation laissait supposer que les histones ne pouvaient participer à rien de plus complexe que l'empaquetage de l'ADN pour qu'il tienne dans le noyau. Pourtant, rappelons-nous que l'ADN avec ses quatre bases était considéré comme une molécule «trop stupide» pour porter les empreintes génétiques de tous les organismes vivant sur terre. Comme nous l'avons vu au Chapitre 9, quatre bases sont malgré tout suffisantes pour spécifier les 20 acides aminés.

La Figure 10-37 présente un modèle de structure pour le nucléosome construit à partir des résultats de nombreuses études. Il est important de savoir que les histones sont organisées dans l'octamère central avec leurs extrémités N-terminales saillant du nucléosome. Ces extrémités saillantes sont appelées **queues d'histones**. Depuis le début des années 1960, on sait que des résidus spécifiques de lysine présents dans les queues d'histones peuvent être modifiés covalemment par la fixation de groupements acétyle ou méthyle. Ces réactions se produisent après la traduction de la protéine histone et même après son incorporation dans un nucléosome.

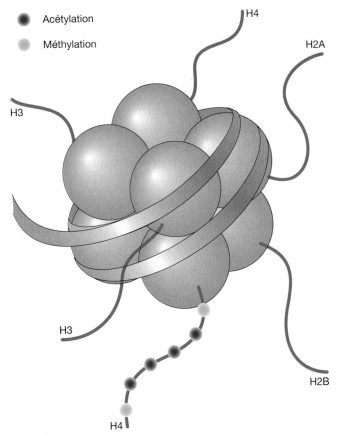

Figure 10-37 La structure du nucléosome montrant les queues d'histones qui dépassent. Les sites de modifications post-traductionnelles telles que l'acétylation et la méthylation sont indiqués sur une queue d'histone. En réalité, toutes les queues contiennent ce type de sites.

La réaction d'acétylation est la modification la mieux caractérisée des histones :

Remarquez que la réaction est réversible, ce qui signifie que des groupements acétyle peuvent être ajoutés et enlevés du même résidu d'histone. Avec 44 résidus lysine disponibles pour accepter des groupements acétyle, la présence ou l'absence de ces groupements représente une quantité gigantesque d'information. Pour cette raison, on appelle **code d'histones**, la modification covalente des queues d'histones. Les scientifiques ont inventé l'expression «code d'histones» car la modification covalente des queues d'histones rappelle le code génétique. Dans le cas du code d'histones, l'information est stockée dans les patrons de modification des histones plutôt que dans la séquence nucléotidique. Pourtant, avant qu'ils ne déchiffrent le code génétique, les scientifiques savaient déjà qu'il déterminait la séquence protéique et que les molécules d'ARNt jouaient le rôle d'adaptateurs. En revanche, ils ignoraient comment (et même si c'était réellement le cas) les résidus modifiés dans les queues d'histones pourraient influencer la structure de la chromatine et contrôler l'expression des gènes.

L'ACÉTYLATION DES HISTONES ET L'EXPRESSION DES GÈNES Des preuves se sont accumulées pendant de nombreuses années, laissant penser que les histones associées aux nucléosomes des gènes actifs étaient riches en groupements acétyle (histones **hyperacétylées**), tandis qu'elles étaient sous-acétylées (histones **hypoacétylées**) dans les gènes inactifs. Par exemple, le chromosome X inactif chez les mammifères femelles est hypoacétylé.

L'enzyme responsable de l'addition des groupements acétyle, l'histone acétyltransférase (HAT), s'est révélée très difficile à isoler. Lorsqu'on y parvint enfin et que l'on réussit à déduire sa séquence protéique, on découvrit qu'elle ressemblait beaucoup à un activateur de la transcription appelé GCN5, qui est nécessaire à l'activation d'un ensemble de gènes de levure. On conclut donc que GCN5 se fixait à l'ADN dans les régions régulatrices de certains gènes et activait la transcription en acétylant des histones voisines. On s'est également aperçu que l'enzyme qui retire les groupements acétyle, l'histone désacétyltransférase (HDAC), était apparentée au répresseur de la transcription Rpd3 de la levure. Dans ce cas, on a fait l'hypothèse que la fixation de Rpd3 à des régions régulatrices des gènes chez la levure pourrait réprimer la transcription grâce à la désacétylation d'histones voisines.

Rappelons que les facteurs transcriptionnels possèdent deux domaines ou plus. Comme nous l'avons vu plus tôt dans ce chapitre, l'un des domaines sert à fixer l'ADN et l'autre à effectuer une activité biologique d'activation ou de répression de la transcription. La découverte de la présence dans les activateurs et répresseurs de la transcription, de domaines apparentés à HAT et HDAC respectivement, a révélé que certains facteurs transcriptionnels remplissaient leur fonction en modifiant le code d'histones. Mais comment des changements dans le code d'histones peuvent-ils conduire à des modifications de la structure chromatinienne? On pense maintenant que certaines protéines qui se fixent à l'ADN, telles que les facteurs de transcription, reconnaissent non seulement une séquence spécifique d'ADN mais également un code particulier d'histones. De ce fait, les histones acétylées peuvent servir à recruter des complexes de remodelage qui décondensent la chromatine, alors que des histones désacétylées recrutent d'autres complexes protéiques qui condensent encore davantage les nucléosomes et transforment la chromatine en chromatine silencieuse.

Les études sur la signification du code d'histones en sont à leurs débuts. Pour l'instant, on ne sait pas très bien comment des modifications des histones peuvent provoquer des changements dans la chromatine. De plus, au contraire du code génétique, il est peu probable que le code d'histones soit universel (c'est-à-dire identique pour tous les organismes).

> **MESSAGE** Le code d'histones désigne l'ensemble des modifications post-traductionnelles des acides aminés présents dans les queues d'histones. Certains facteurs transcriptionnels possèdent un domaine qui modifie les queues des histones voisines pour provoquer un changement local dans la structure de la chromatine.

Retour sur le gène de l'interféron ß

L'enhanceosome du gène de l'interféron ß a été introduit plus tôt dans ce chapitre (voir Figure 10-26). Pour des raisons de simplicité, le promoteur de l'interféron ß est représenté sans les nucléosomes, afin de mettre l'accent sur les interactions coopératives et synergiques entre les facteurs transcriptionnels. On sait désormais que l'enhanceosome ne contient pas de nucléosomes mais qu'il est encadré par deux nucléosomes appelés nuc I et nuc II dans la Figure 10-38. L'un d'eux, nuc II, englobe stratégiquement la boîte TATA et le site de début de la transcription. Comme nous l'avons dit précédemment, les facteurs transcriptionnels interagissent pour former un site de liaison à haute affinité pour le co-activateur CBP. Cependant, on sait maintenant que la fixation de GCN5 précède celle de CBP. Comme nous l'avons vu plus haut, GCN5 code un domaine responsable de l'activité acétylase d'histones, qui acétyle les histones présentes sur nuc II. Cette acétylation est suivie du recrutement du co-activateur CBP, de l'holo-enzyme ARN pol II et du complexe de remodelage de la chromatine SWI-SNF. SWI-SNF est alors positionnée afin de déplacer le nucléosome de 37 pb hors de la boîte TATA, ce qui rend celle-ci accessible à la protéine de liaison à TATA et permet donc l'amorçage de la transcription.

La transmission héréditaire de l'état de la chromatine

La transmission épigénétique peut désormais être définie comme la transmission des domaines de la chromatine d'une génération cellulaire à la suivante. Cette transmission signifie qu'au cours de la réplication de l'ADN, la séquence

de l'ADN et la structure de la chromatine sont transmises fidèlement à la génération cellulaire suivante. Pourtant, au contraire de la séquence d'ADN, la structure de la chromatine peut varier au cours du cycle cellulaire lorsque par exemple, des facteurs transcriptionnels modifient le code d'histones, provoquant des changements locaux des positions des nucléosomes.

Comme nous l'avons vu au Chapitre 7, le réplisome copie non seulement les brins parentaux mais dissocie également les nucléosomes dans les brins parentaux et les réassemble à la fois dans les brins parentaux et les brins fils. On pense que ceci se fait grâce à la distribution aléatoire des anciennes histones dans les brins fils à partir des nucléosomes existants et à l'apport de nouvelles histones au

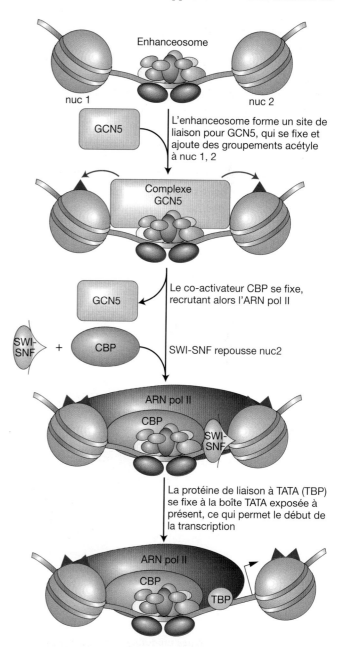

Figure 10-38 L'action de l'enhanceosome sur les nucléosomes. L'enhanceosome de l'interféron ß déplace les nucléosomes en recrutant le complexe SWI-SNF.

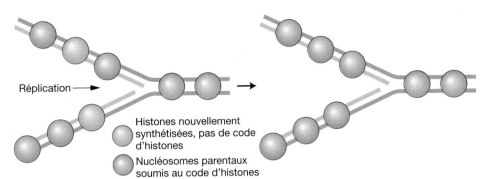

Réplication

Histones nouvellement synthétisées, pas de code d'histones

Nucléosomes parentaux soumis au code d'histones

Figure 10-39 La transmission des états de la chromatine. Au cours de la réplication, les anciens nucléosomes avec leurs codes d'histones (en violet) sont distribués au hasard entre les brins fils, où ils commandent le codage des histones adjacentes nouvellement assemblées (en rose).

réplisome. De cette façon, les anciennes histones avec leurs queues modifiées et les nouvelles histones avec leurs queues non modifiées sont assemblées en nucléosomes qui s'associent aux deux brins fils. Le code contenu dans les anciennes histones guide très probablement la modification des nouvelles histones et la reconstitution de la structure locale de la chromatine qui existait avant la synthèse d'ADN et la mitose (Figure 10-39).

Retour sur la bigarrure par effet de position

Rappelons qu'il a été prouvé qu'un phénotype bigarré de l'œil de drosophile était dû à des réarrangements chromosomiques qui déplaçaient le gène *white* (blanc) à côté de l'ADN hétérochromatique (voir Figure 10-34). À l'évidence, l'hétérochromatine peut se propager aux régions adjacentes d'euchromatine et inactiver l'expression du gène *white*. Pour identifier les protéines impliquées dans la propagation de l'hétérochromatine, les généticiens ont isolé des mutations en un second site qui supprimaient ou intensifiaient la bigarrure (Figure 10-40). Les suppresseurs de bigarrure [appelés *Su(var)*] sont des gènes qui, lorsqu'ils sont mutés,

limitent la propagation de l'hétérochromatine. Ceci signifie que le produit de type sauvage de ces gènes est nécessaire à la propagation. Parmi les 50 produits de gènes de drosophile identifiés par ces criblages se trouvait la protéine 1 de l'hétérochromatine (HP-1 pour *heterochromatin protein-1* en anglais) que l'on avait déjà rencontrée associée aux télomères et centromères hétérochromatiques. Il est donc évident qu'une mutation dans le gène HP-1 se traduira par un allèle *Su(var)*, car la protéine est nécessaire pour produire ou conserver l'hétérochromatine. Des protéines similaires à HP-1 ont été isolées dans diverses espèces, ce qui suggère la conservation d'une fonction eucaryote importante.

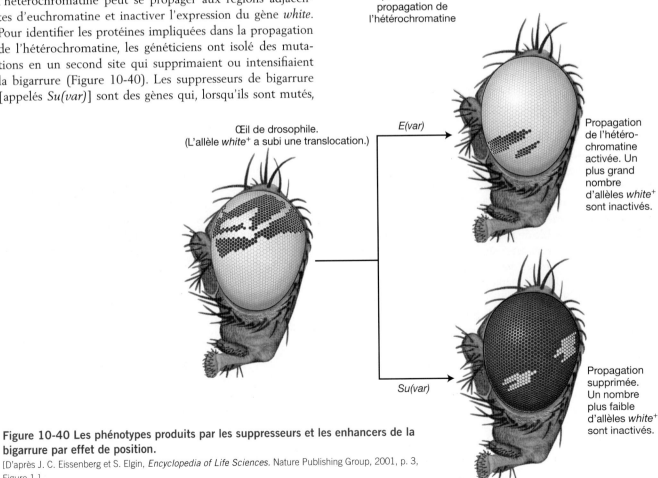

Mutations en un second site qui affectent la propagation de l'hétérochromatine

Œil de drosophile. (L'allèle *white*+ a subi une translocation.)

E(var)

Propagation de l'hétérochromatine activée. Un plus grand nombre d'allèles *white*+ sont inactivés.

Su(var)

Propagation supprimée. Un nombre plus faible d'allèles *white*+ sont inactivés.

Figure 10-40 Les phénotypes produits par les suppresseurs et les enhancers de la bigarrure par effet de position.
[D'après J. C. Eissenberg et S. Elgin, *Encyclopedia of Life Sciences*. Nature Publishing Group, 2001, p. 3, Figure 1.]

RÉPONSES AUX QUESTIONS CLÉS

- **De quelles façons les niveaux d'expression des gènes varient-ils (du point de vue du rendement de leurs ARN et de leurs produits protéiques) ?**

Le niveau de transcription d'un gène donné varie en fonction du temps et de sa position dans un organisme en développement. Les mécanismes de régulation garantissent que les produits spécifiques de gènes nécessaires à chaque stade soient produits à temps.

- **Dans une cellule ou dans l'environnement de celle-ci, quels facteurs déclenchent des changements du niveau d'expression d'un gène ?**

Ces facteurs sont nombreux. Les bactéries doivent être capables de réagir à la présence ou à l'absence de nutriments spécifiques dans le milieu. Chez les Eucaryotes, des agents tels que les hormones indiquent aux cellules d'activer ou d'inactiver des groupes spécifiques de gènes.

- **Quels sont les mécanismes moléculaires de régulation des gènes chez les Procaryotes et chez les Eucaryotes ?**

Les bactéries utilisent des protéines régulatrices qui se fixent près du promoteur pour moduler la liaison de l'ARN polymérase. Certaines de ces protéines provoquent une augmentation du degré d'activité de la polymérase tandis que d'autres entraînent sa diminution.

Comme les Procaryotes, les Eucaryotes utilisent des protéines régulatrices, mais le nombre et la complexité des interactions de ces protéines avec la région promotrice sont bien plus importants. Les Eucaryotes se servent également des processus épigénétiques pour réguler la transcription. La condensation de la chromatine en est un exemple. Elle est influencée de multiples façons, par exemple par la modification de l'ADN grâce à la méthylation et l'acétylation des queues d'histones.

- **Comment un Eucaryote parvient-il à établir des milliers de sortes d'interactions entre ses gènes en ne disposant que d'un nombre limité de protéines régulatrices ?**

De multiples facteurs interagissent de manière coopérative suivant différentes combinaisons pour déclencher plusieurs réponses biologiques distinctes. L'activité d'un complexe est supérieure aux effets additionnés de chacun de ses composants. Par conséquent, il s'agit d'effets synergiques.

- **En quoi la transmission épigénétique diffère-t-elle de la transmission génétique ?**

La transmission épigénétique est la transmission de la structure de la chromatine, alors que la transmission génétique est celle de la séquence d'ADN.

- **Quels sont les deux moyens de changer la structure de la chromatine ?**

En modifiant le code d'histones et par le biais de l'activité des complexes de remodelage de la chromatine tels que SWI-SNF. Ces mécanismes ne sont probablement pas indépendants l'un de l'autre. C'est-à-dire que des changements dans le code d'histones pourraient être nécessaires directement ou indirectement à la fixation des complexes de remodelage qui effectuent le « gros œuvre » en déplaçant les nucléosomes.

RÉSUMÉ

La régulation des gènes est souvent effectuée par l'intermédiaire de protéines qui réagissent à des signaux émis dans l'environnement, en provoquant une augmentation ou une diminution des taux de transcription de gènes spécifiques. La logique de cette régulation est simple. Pour que la régulation fonctionne correctement, les protéines régulatrices devraient posséder des capteurs intégrés qui enregistreraient en permanence les conditions cellulaires. Les activités de ces protéines dépendraient alors de la réunion d'un ensemble de conditions environnementales.

Chez les Procaryotes, le contrôle de plusieurs gènes structuraux peut être coordonné en regroupant les gènes en opérons sur le chromosome, de façon à ce qu'ils soient transcrits sous la forme d'ARNm multigéniques. Le contrôle coordonné simplifie la tâche des bactéries car un groupe de sites régulateurs par opéron suffit à réguler l'expression de tous les gènes de cet opéron.

Au cours du contrôle régulateur négatif, une protéine répresseur bloque la transcription en se fixant à l'ADN au niveau du site opérateur. Le contrôle régulateur négatif est illustré par le système *lac*. La régulation négative est un moyen direct pour le système *lac* d'inactiver des gènes en l'absence des sucres appropriés dans l'environnement. Dans le contrôle régulateur positif, des facteurs protéiques sont nécessaires pour activer la transcription. Certains types de contrôle de gènes procaryotes tels que la répression catabolique ainsi que de nombreux événements de régulation de gènes eucaryotes procèdent par contrôle positif des gènes.

Un grand nombre de protéines régulatrices appartiennent à des familles de protéines qui possèdent des motifs de liaison à l'ADN ou d'autres caractéristiques structurales très semblables. D'autres parties des protéines telles que leurs domaines d'interaction protéine-protéine, présentent souvent moins de similitudes.

De nombreux aspects de la régulation des gènes eucaryotes ressemblent à la régulation des opérons procaryotes. Toutes deux se déroulent en grande partie au niveau transcriptionnel et reposent sur des protéines agissant en *trans* qui se fixent à des séquences régulatrices cibles agissant en *cis* sur la molécule d'ADN. Ces protéines régulatrices déterminent le niveau de transcription d'un gène en contrôlant la fixation de l'ARN polymérase au promoteur de ce gène. En tant qu'organismes complexes, les Eucaryotes pluricellulaires doivent produire des milliers de patrons d'expression des gènes à l'aide d'un nombre limité de protéines régulatrices (les facteurs transcriptionnels). Ils en sont capables grâce à des interactions combinatoires entre les facteurs transcriptionnels. Les enhanceosomes sont des complexes de protéines régulatrices qui interagissent de manière coopérative et synergique pour induire des niveaux élevés de transcription grâce au recrutement de l'ARN polymérase II au niveau du site de début de la transcription.

À tout moment, la grande majorité des dizaines de milliers de gènes présents dans un génome eucaryote type est inactivée. Les gènes sont maintenus dans un état inactif du point de vue de la transcription grâce à la condensation des nucléosomes, qui sert à rendre la chromatine plus compacte et à empêcher la fixation de l'ARN polymérase II. Le niveau de condensation de la chromatine est commandé par le code d'histones, qui est l'ensemble des modifications post-traductionnelles des queues d'histones. Le code d'histones peut être modifié par des facteurs transcriptionnels qui se fixent à des régions régulatrices et modifient enzymatiquement des nucléosomes adjacents. Le remodelage de la chromatine est effectué par de gros complexes protéiques à sous-unités multiples qui utilisent l'énergie de l'hydrolyse d'ATP pour déplacer ou replacer les nucléosomes.

La réplication de l'ADN transmet fidèlement la séquence d'ADN ainsi que la structure de la chromatine des cellules mères aux cellules filles. Les cellules nouvellement formées reçoivent à la fois l'information génétique contenue dans la séquence nucléotidique de l'ADN et l'information épigénétique, qui semble être écrite au moins en partie dans le code d'histones.

MOTS CLÉS

Action en *cis* (p. 308)
Action en *trans* (p. 309)
Activateur (p. 304)
Adénosine monophosphate cyclique (AMPc) (p. 312)
Appareil élémentaire de transcription (p. 317)
Bigarrure par effet de position (PEV) (p. 326)
CAP (protéine activatrice des gènes du catabolisme) (p. 312)
Chromatine silencieuse (p. 327)
Co-activateur (p. 320)
Code d'histones (p. 330)
Compensation du dosage (p. 323)
Contrôle négatif (p. 314)
Contrôle positif (p. 314)
Coopérativité (p. 317)
Corpuscule de Barr (p. 323)
Domaine de liaison à l'ADN (p. 304)
Effecteur allostérique (p. 304)

Effet de synergie (p. 319)
Élément en amont du promoteur (UPE) (p. 317)
Élément proche du promoteur (p. 317)
Empreinte parentale (p. 324)
Enhanceosome (p. 319)
Enhancer (p. 318)
Euchromatine (p. 322)
Expression constitutive (p. 308)
Gène inactivé (p. 317)
Gènes soumis à un contrôle coordonné (p. 307)
Hétérochromatine (p. 322)
Hétérochromatine constitutive (p. 322)
Histone hyperacétylée (p. 330)
Histone hypoacétylée (p. 330)
Inactivation épigénétique (p. 334)
Inducteur (p. 306)
Induction (p. 306)

Initiateur (p. 315)
Interaction combinatoire (p. 317)
Modularité (p. 317)
Mutation dominante gain-de-fonction (p. 321)
Mutation dominante perte-de-fonction (p. 321)
Opérateur (p. 304)
Opéron (p. 306)
Promoteur (p. 304)
Queue d'histone (p. 330)
Régulation des gènes (p. 302)
Remodelage de la chromatine (p. 327)
Répresseur (p. 304)
Répression catabolique (p. 312)
Silenceur (p. 318)
Site allostérique (p. 304)
Transcription activée (p. 317)
Transition allostérique (p. 306)
Transmission épigénétique (p. 323)

PROBLÈMES RÉSOLUS

Ces quatre problèmes résolus, qui sont semblables au Problème 4 des Problèmes Élémentaires de la fin du chapitre, ont été conçus pour tester votre compréhension du modèle de l'opéron. Nous avons ici plusieurs diploïdes, et nous devons déterminer si les produits des gènes Z et Y sont fabriqués en présence ou en l'absence d'un inducteur. Utilisez un tableau semblable à celui du Problème 4 pour donner vos réponses, mais indiquez à la place les intitulés suivants pour les colonnes :

	Gène Z		*Gène Y*	
Génotype	Inducteur absent	Inducteur présent	Inducteur absent	Inducteur présent

1. $\dfrac{I^- P^- O^C Z^+ Y^+}{I^+ P^+ O^+ Z^- Y^-}$

Solution

Une façon d'aborder ces problèmes consiste à considérer d'abord chaque chromosome séparément, puis à construire un schéma. L'illustration suivante représente ce diploïde :

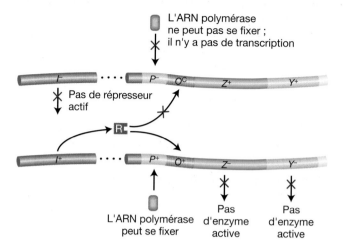

Le premier chromosome est P^-. La transcription est donc bloquée et aucune enzyme Lac ne peut être synthétisée à partir de celui-ci. Le deuxième chromosome (P^+) peut être transcrit et cette transcription est donc susceptible d'être réprimée (O^+). Toutefois, les gènes structuraux liés au promoteur approprié sont déficients ; par conséquent, aucun produit Z ni Y actif ne peut être synthétisé. Les symboles à ajouter dans votre tableau sont « –, –, –, – ».

2. $\dfrac{I^+P^-O^+Z^+Y^+}{I^-P^+O^+Z^+Y^-}$

Solution

Le premier chromosome est P^-. Aucune enzyme Lac ne peut donc être synthétisée à partir de celui-ci. Le deuxième chromosome est O^+ ; la transcription est donc réprimée par le répresseur produit à partir du premier chromosome, qui peut agir en *trans* en diffusant dans le cytoplasme. Cependant, seul le gène Z de ce chromosome est intact. C'est pourquoi, en l'absence d'inducteur, aucune enzyme n'est produite. En présence d'un inducteur, seul le produit du gène Z, la ß-galactosidase, est synthétisé. Les symboles à ajouter dans votre tableau sont « –, +, –, – ».

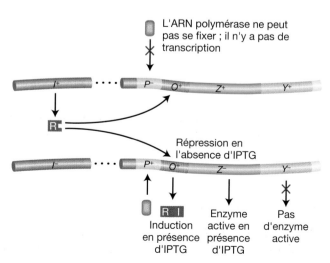

3. $\dfrac{I^+P^+O^CZ^-Y^+}{I^+P^-O^+Z^+Y^-}$

Solution

Le deuxième chromosome étant P^-, nous n'avons besoin de considérer que le premier chromosome. Ce chromosome est O^C. L'enzyme est donc fabriquée en présence et en l'absence d'inducteur, bien qu'en raison de la mutation Z^- seule la perméase active soit synthétisée. Les symboles à ajouter dans votre tableau sont « –, –, +, + ».

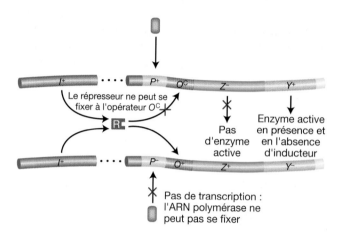

4. $\dfrac{I^SP^+O^+Z^+Y^-}{I^-P^+O^CZ^-Y^+}$

Solution

En présence d'un répresseur I^S, tous les opérateurs de type sauvage seront inactivés avec ou sans inducteur. Le premier chromosome est donc incapable de produire les enzymes. Cependant, le deuxième chromosome possède un opérateur modifié (O^C) et peut produire des enzymes à la fois en présence et en l'absence d'inducteur. Seul le gène Y est de type sauvage sur le chromosome O^C et de ce fait, la perméase est la seule enzyme produite de façon constitutive. Les symboles à ajouter dans votre tableau sont « –, –, +, + ».

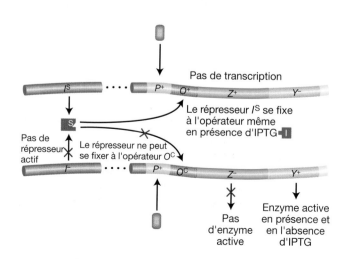

PROBLÈMES

1. Expliquez pourquoi les mutations I^- dans le système *lac* sont normalement récessives par rapport aux mutations I^+ et pourquoi les mutations I^+ sont récessives par rapport aux mutations I^S.

2. Que signifie «les mutations O^C dans le système *lac* agissent en *cis*»?

3. Les gènes indiqués dans le tableau ci-dessous appartiennent au système de l'opéron *lac* d'*E. coli*. Les symboles *a*, *b* et *c* représentent le gène du répresseur (*I*), la région opératrice (*O*) et le gène structural (*Z*) de la ß-galactosidase, bien qu'ils ne soient pas nécessairement dans cet ordre. De plus, l'ordre dans lequel les symboles sont écrits dans les génotypes ne correspond pas obligatoirement à la véritable séquence dans l'opéron *lac*.

Gène Z actif (+) ou inactif (−)

Génotype	Inducteur absent	Inducteur présent
$a^-\ b^+\ c^+$	+	+
$a^+\ b^+\ c^-$	+	+
$a^+\ b^-\ c^-$	−	−
$a^+\ b^-\ c^+/a^-\ b^+\ c^-$	+	+
$a^+\ b^+\ c^+/a^-\ b^-\ c^-$	−	+
$a^+\ b^+\ c^-/a^-\ b^-\ c^+$	−	+
$a^-\ b^+\ c^+/a^+\ b^-\ c^-$	+	+

a. Déterminez le symbole (*a*, *b* ou *c*) représentant chacun des gènes *lac*: *I*, O et Z.

b. Dans le tableau, un exposant «moins» accolé à un symbole de gène indique simplement un mutant, mais vous savez que des mutants dont l'action est particulière ont des dénominations spécifiques. Utilisez les symboles traditionnels de gènes de l'opéron *lac* pour désigner chaque génotype du tableau.

(Problème 3 d'après J. Kuspira et G. W. Walker, *Genetics: Questions and Problems*. Copyright 1973 par McGraw-Hill.)

4. La carte de l'opéron *lac* est la suivante:

POZY

La région promotrice (*P*) est le site au niveau duquel débute la transcription, qui commence par la fixation de la molécule d'ARN polymérase avant la production véritable d'ARNm. Les promoteurs modifiés par mutation (*P⁻*) ne peuvent apparemment pas fixer la molécule d'ARN polymérase. On peut faire certaines prédictions quant aux conséquences des mutations *P⁻*. Utilisez vos prédictions et votre connaissance du système lactose pour compléter le tableau ci-dessous. Mettez un «+» lorsqu'une enzyme est produite et un «−» dans le cas contraire. La première ligne a été complétée à titre d'exemple.

	ß-Galactosidase		Perméase	
Génotype	Pas de lactose	Lactose	Pas de lactose	Lactose
$I^+\ P^+\ O^+\ Z^+\ Y^+/I^+\ P^+\ O^+\ Z^+\ Y^+$	−	+	−	+
a. $I^-\ P^+\ O^C\ Z^+\ Y^-/I^+\ P^+\ O^+\ Z^-\ Y^+$				
b. $I^+\ P^-\ O^C\ Z^-\ Y^+/I^-\ P^+\ O^C\ Z^+\ Y^-$				
c. $I^S\ P^+\ O^+\ Z^+\ Y^-/I^+\ P^+\ O^+\ Z^-\ Y^+$				
d. $I^S\ P^+\ O^+\ Z^+\ Y^+/I^-\ P^+\ O^+\ Z^+\ Y^+$				
e. $I^-\ P^+\ O^C\ Z^+\ Y^-/I^-P^+\ O^+\ Z^-\ Y^+$				
f. $I^-\ P^-\ O^+\ Z^+\ Y^+/I^-\ P^+\ O^C\ Z^+\ Y^-$				
g. $I^+\ P^+\ O^+\ Z^-\ Y^+/I^-\ P^+\ O^{+-}\ Z^+\ Y^-$				

5. Expliquez les différences fondamentales entre le contrôle négatif et le contrôle positif de la transcription.

6. Les mutants *lacY⁻* conservent la capacité de synthétiser la ß-galactosidase. Toutefois, même si le gène *lacI* est intact, la ß-galactosidase ne peut plus être induite par l'addition de lactose dans le milieu. Comment pouvez-vous expliquer cela?

7. Quelles analogies pouvez-vous établir entre les facteurs transcriptionnels agissant en *trans* qui activent l'expression des gènes chez les Eucaryotes et les facteurs correspondants chez les Procaryotes? Donnez un exemple.

8. Comparez la disposition des sites agissant en *cis* dans les régions de contrôle des Eucaryotes et des Procaryotes.

   a. $R^+ O^+ A^+$

   b. $R^- O^+ A^+/R^+ O^+ A^-$

   c. $R^+ O^- A^+/R^+ O^+ A^-$

9. Que signifie l'expression *transmission épigénétique*? Citez-en deux exemples.

10. Qu'est-ce qu'un enhanceosome? Pourquoi une mutation dans n'importe quelle protéine de l'enhanceosome peut-elle entraîner une forte diminution du taux de transcription?

11. Pourquoi les mutations présentes dans des gènes soumis à une empreinte parentale sont-elles généralement dominantes?

12. Qu'est-ce qui différencie un gène inactivé épigénétiquement d'un gène qui n'est pas exprimé en raison d'une modification de sa séquence d'ADN?

13. Quel mécanisme semble être responsable de la transmission de l'information épigénétique?

14. Quelle est la différence fondamentale entre la régulation des gènes procaryotes et celle des gènes eucaryotes?

15. Parmi les propositions suivantes, laquelle ou lesquelles correspondent à une interaction synergique?

   a. Un facteur transcriptionnel qui active la transcription

   b. Trois facteurs transcriptionnels qui interagissent pour recruter un co-activateur au niveau d'un enhancer

   c. La fixation de la protéine TFIID à la boîte TATA

   d. L'acétylation des queues d'histones par un facteur transcriptionnel possédant un domaine acétylase

   e. Aucune des propositions ci-dessus

16. Pourquoi dit-on que la régulation de la transcription chez les Eucaryotes se caractérise par la modularité?

Problèmes d'évaluation

17. La transcription d'un gène appelé *VGF* (Votre Gène Favori) est activée lorsque trois facteurs transcriptionnels (TFA, TFB et TFC) interagissent pour recruter le co-activateur CRX. TFA, TFB, TFC, CRX et leurs sites respectifs de liaison constituent un enhanceosome situé à 10 kb du site de début de la transcription. Faites un schéma représentant la façon dont vous imaginez que l'enhanceosome recrute l'ARN polymérase au niveau du promoteur de VGF.

18. Dans les conditions du Problème 17, une mutation dans l'un des facteurs de transcription provoque une forte diminution de la transcription de VGF. Représentez l'idée que vous vous faites du fonctionnement de cette interaction mutante.

19. À partir du Problème 18, dessinez les conséquences d'une mutation dans le site de liaison de l'un des facteurs transcriptionnels.

20. Des souches de levure présentant des concentrations réduites de la protéine histone 4 ne peuvent réprimer la transcription de certains gènes inductibles (voir Figure 10-36). À votre avis, quelles conséquences l'augmentation par un expérimentateur (plutôt qu'une diminution) de la quantité d'histone 4 dans une cellule de levure aurait-elle sur l'expression des gènes de levure?

21. Une mutation intéressante dans *lacI* aboutit à des répresseurs dont l'affinité de liaison, tant à l'ADN opérateur que non opérateur, est multipliée par 100. Ces répresseurs présentent une courbe d'induction «inverse», permettant la synthèse de ß-galactosidase en l'absence d'un inducteur (IPTG) mais réprimant partiellement l'expression de la ß-galactosidase en présence d'IPTG. Comment pouvez-vous expliquer cela? (Remarquez que lorsque l'IPTG se fixe à un répresseur, il ne supprime pas complètement son affinité pour l'opérateur, mais la réduit d'environ 1 000 fois. De plus, lorsque les cellules se divisent et que de nouveaux opérateurs sont produits par la synthèse de brins fils, le répresseur doit trouver les nouveaux opérateurs en parcourant l'ADN, en se fixant rapidement aux séquences non opératrices puis en s'en détachant.)

22. Vous étudiez un gène de souris exprimé dans les reins des souris mâles. Vous avez déjà cloné ce gène. Vous voulez à présent identifier les segments d'ADN qui contrôlent l'expression tissu- et sexe-spécifique de ce gène. Décrivez une approche expérimentale qui vous permettrait de remplir votre objectif.

23. Chez *Neurospora*, toutes les mutations affectant les enzymes carbamyl phosphate synthétase et aspartate transcarbamylase sont situées au niveau du locus *pyr-3*. Lorsque vous induisez des mutations dans *pyr-3* avec de l'ICR-170 (un mutagène chimique), vous découvrez que les deux fonctions enzymatiques sont absentes, ou que seule la fonction transcarbamylase est absente. On n'observe jamais de synthétase inactive lorsque la transcarbamylase est active. (On suppose que l'ICR-170 induit des décalages du cadre de lecture.) Interprétez ces résultats en fonction d'un éventuel opéron.

24. Certaines mutations *lacI* empêchent la fixation du répresseur Lac à l'opérateur mais n'affectent pas l'association des sous-unités en un tétramère, qui est la forme active du répresseur. Ces mutations sont partiellement dominantes sur le type sauvage. Pouvez-vous expliquer le phénotype I^- partiellement dominant des hétérodiploïdes I^-/I^+?

25. Vous étudiez la régulation de l'opéron lactose chez la bactérie *Escherichia coli*. Vous isolez sept nouvelles souches indépendantes dépourvues des produits des trois gènes structuraux. Vous supposez que certaines de ces mutations sont des mutations *lacI*^{S} et que d'autres mutations sont des changements qui empêchent la

fixation de l'ARN polymérase à la région promotrice. En utilisant tous les génomes haploïdes et diploïdes partiels qui vous semblent nécessaires, citez un ensemble de génotypes qui vous permettra de différencier les classes *lacI* et *lacP*, des mutations inductibles.

26. Vous étudiez les propriétés d'une nouvelle sorte de mutation régulatrice de l'opéron lactose. Cette mutation, appelée *S*, conduit à la répression complète des gènes *lacZ*, *lacY* et *lacA*, indépendamment de la présence de l'inducteur (lactose). Les résultats des études de cette mutation chez des diploïdes partiels démontrent que cette mutation est complètement dominante par rapport au type sauvage. Lorsque vous traitez des bactéries de la souche mutante *S* par un mutagène et que vous sélectionnez les bactéries mutantes capables d'exprimer les enzymes codées par les gènes *lacZ*, *lacY* et *lacA* en présence de lactose, vous découvrez que certaines des mutations sont situées dans la région de l'opérateur *lac* et d'autres dans le gène du répresseur *lac*. D'après vos connaissances sur l'opéron lactose, donnez une explication génétique au niveau moléculaire de toutes ces propriétés de la mutation *S*. Donnez également une explication de la nature constitutive des «mutations inverses».

27. Chez *E. coli*, l'opéron *trp* code des enzymes essentielles à la biosynthèse du tryptophane. Le mécanisme général de contrôle de l'opéron *trp* est similaire à celui observé pour l'opéron *lac* : lorsque le répresseur se fixe à l'opérateur, la transcription ne peut avoir lieu ; lorsque le répresseur ne s'y fixe pas, la transcription a lieu. La régulation de l'opéron *trp* diffère de la régulation de l'opéron *lac* par les caractéristiques suivantes : les enzymes codées par l'opéron *trp* ne sont pas synthétisées en présence de tryptophane mais sont produites en son absence. Dans l'opéron *trp*, le répresseur possède deux sites de liaison : un pour l'ADN et l'autre pour la molécule effectrice, le tryptophane. Le répresseur *trp* doit d'abord fixer une molécule de tryptophane avant de pouvoir se lier lui-même à l'opérateur *trp*.

a. Dessinez une carte de l'opéron tryptophane en indiquant le promoteur (*P*), l'opérateur (*O*) et le premier gène structural de l'opéron tryptophane (*trpA*). Indiquez sur votre dessin le site de l'ADN au niveau duquel se lie la protéine répresseur lorsqu'elle a fixé du tryptophane.

b. Le gène *trpR* code le répresseur ; *trpO*, l'opérateur et *trpA*, l'enzyme tryptophane synthétase. Un répresseur appelé *trpR²* ne peut fixer de tryptophane ; un opérateur, *trpO²* empêche la fixation du répresseur et l'enzyme codée par un gène mutant *trpA²* est totalement inactive. Vous attendez-vous à trouver de la tryptophane synthétase active dans chacune des souches mutantes ci-dessous lorsque les cellules sont cultivées en présence de tryptophane ? En son absence ?

i. $R^+ O^+ A^+$ (type sauvage)

ii. $R^- O^+ A^+/R^+ O^+ A^-$

iii. $R^+ O^- A^+/R^+ O^+ A^-$

28. On mesure l'activité de l'enzyme ß-galactosidase produite par des cellules de type sauvage cultivées sur un milieu enrichi en différentes sources de carbone. On observe les résultats suivants, indiqués en unités relatives :

Glucose	Lactose	Lactose + glucose
0	100	1

Prédisez les niveaux relatifs de l'activité ß-galactosidase dans des cellules cultivées dans des conditions similaires lorsque ces cellules sont *lacI⁻*, *lacIˢ*, *lacO* et *crp⁻*.

29. Le schéma suivant représente la structure d'un gène de *Drosophila melanogaster*. Les segments bleus correspondent aux exons et les segments jaunes, aux introns.

a. Quels seront les segments du gène présents dans le transcrit initial ?

b. Quels seront les segments du gène excisés lors de l'épissage de l'ARN ?

c. À quels segments se fixeront le plus probablement les protéines qui interagissent avec l'ARN polymérase ?

30. Vous souhaitez découvrir les éléments d'ADN *cis*-régulateurs responsables des réponses transcriptionnelles de deux gènes, *c-fos* et *globin*. La transcription du gène *c-fos* est activée en réponse au facteur fibroblastique de croissance (FGF) mais est inhibée par le cortisol (Cort). D'autre part, la transcription du gène *globin* n'est affectée ni par FGF ni par le cortisol, mais est stimulée par l'hormone érythropoïétine (EP). Pour identifier dans l'ADN les éléments *cis*-régulateurs responsables de ces réponses transcriptionnelles, vous utilisez les clones suivants des gènes *c-fos* et *globin*, ainsi que deux combinaisons «hybrides» (gènes de fusion) représentées à la page suivante. A est le gène *c-fos* intact, D est le gène *globin* intact, et B et C sont des fusions de gènes *c-fos-globin*. Les exons (E) et les introns (I) de *c-fos* et *globin* sont numérotés. Par exemple, E3(f) est le troisième exon du gène *c-fos* et I2(g) est le deuxième intron du gène *globin*. (Ces annotations vous sont données pour rendre votre réponse claire.) Les sites de début de la transcription (flèches noires) et les sites de polyadénylation (flèches rouges) sont également indiqués.

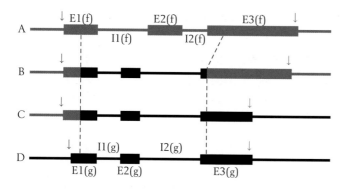

Vous introduisez simultanément ces quatre clones dans des cellules présentes dans une culture tissulaire et vous stimulez individuellement des aliquotes de ces cellules contenant l'un des trois facteurs. L'analyse des gels des ARN isolés à partir de ces cellules donne les résultats suivants. Les niveaux de synthèse des transcrits produits à partir des gènes introduits en réponse aux différents traitements sont représentés ci-contre. L'intensité de ces bandes est proportionnelle à la quantité de trans-

crit fabriquée à partir d'un clone particulier. (L'absence d'une bande indique que le taux de transcription n'est pas détectable.)

a. Où se trouve dans l'ADN l'élément qui permet l'activation par FGF?

b. Où se trouve dans l'ADN l'élément qui permet la répression par Cort?

c. Où se trouve dans l'ADN l'élément qui permet l'induction par EP? Justifiez votre réponse.

L'ISOLEMENT ET LA MANIPULATION DES GÈNES

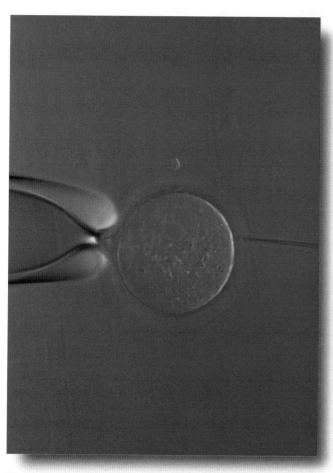

L'injection d'ADN étranger dans une cellule animale. La micro-aiguille utilisée pour l'injection est visible à droite et une pipette maintenant la cellule, à gauche.

QUESTIONS CLÉS

- Comment isole-t-on un gène et l'amplifie-t-on grâce au clonage ?

- Comment identifie-t-on dans des mélanges d'acides nucléiques des ADN ou des ARN spécifiques ?

- Comment peut-on amplifier de l'ADN sans avoir recours au clonage ?

- Comment l'ADN amplifié est-il utilisé en génétique ?

- Quelle sont les applications des technologies de l'ADN en médecine ?

SOMMAIRE

L'ESSENTIEL DU CHAPITRE

Les gènes sont au cœur de la génétique. Pour cette raison, il est souvent nécessaire d'isoler un gène donné (ou n'importe quelle région d'ADN) du génome et de l'amplifier afin d'en obtenir une quantité suffisante pour l'étudier. La **technologie de l'ADN** est le terme qui désigne l'ensemble des techniques nécessaires pour obtenir, amplifier et manipuler des fragments spécifiques d'ADN. Depuis le milieu des années 1970, le développement de la technologie de l'ADN a révolutionné l'étude de la biologie en permettant d'effectuer de multiples recherches au niveau moléculaire. Le **génie génétique**, l'application de la technologie de l'ADN à des problèmes spécifiques de la biologie, la médecine ou l'agriculture, est désormais une branche à part entière de la technologie. La **génomique** est l'extension de la technologie qui permet l'analyse dans leur globalité des acides nucléiques présents dans un noyau, une cellule, un organisme ou un groupe d'espèces apparentées (Chapitre 12).

Comment peut-on isoler des échantillons de segments d'ADN sur lesquels on puisse travailler ? Cette tâche peut à première vue ressembler à chercher une aiguille dans une botte de foin. Les chercheurs y sont parvenus grâce à l'avènement de techniques permettant de fabriquer des échantillons importants d'ADN, en détournant la machinerie de réplication afin de répliquer un segment donné d'ADN. Ce type de réplication peut se dérouler dans des cellules bactériennes vivantes (*in vivo*) ou dans un tube à essai (*in vitro*).

Dans l'approche *in vivo* (Figure 11-1a), le chercheur débute son protocole avec un échantillon de molécules d'ADN contenant le gène qui l'intéresse. On appelle cet échantillon, l'**ADN donneur** et il s'agit le plus souvent d'un génome complet. Des fragments de l'ADN donneur sont insérés dans des chromosomes «accessoires» (non essentiels),

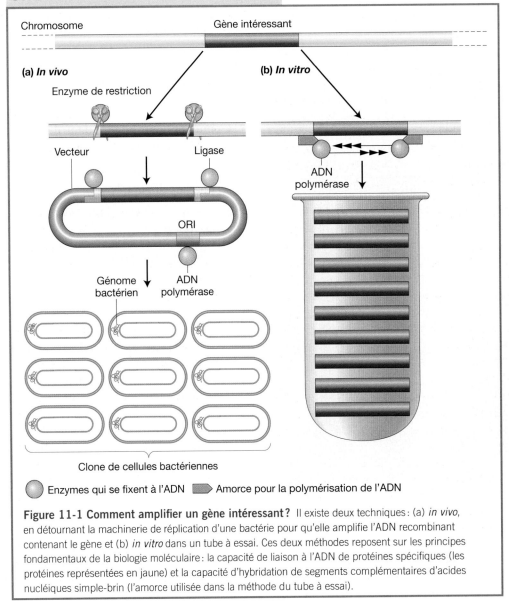

UNE VUE D'ENSEMBLE DU CHAPITRE

Chromosome — Gène intéressant

(a) *In vivo*

Enzyme de restriction

Vecteur — Ligase

ORI

Génome bactérien — ADN polymérase

Clone de cellules bactériennes

(b) *In vitro*

ADN polymérase

⬤ Enzymes qui se fixent à l'ADN　▨ Amorce pour la polymérisation de l'ADN

Figure 11-1 Comment amplifier un gène intéressant ? Il existe deux techniques : (a) *in vivo*, en détournant la machinerie de réplication d'une bactérie pour qu'elle amplifie l'ADN recombinant contenant le gène et (b) *in vitro* dans un tube à essai. Ces deux méthodes reposent sur les principes fondamentaux de la biologie moléculaire : la capacité de liaison à l'ADN de protéines spécifiques (les protéines représentées en jaune) et la capacité d'hybridation de segments complémentaires d'acides nucléiques simple-brin (l'amorce utilisée dans la méthode du tube à essai).

tels que des plasmides ou des virus bactériens modifiés. Ces chromosomes accessoires vont «porter» et amplifier le gène étudié ; pour cette raison, on les appelle des **vecteurs**. Les molécules d'ADN sont tout d'abord coupées à l'aide d'enzymes appelées endonucléases de restriction, qui jouent le rôle de «ciseaux» moléculaires. Ces enzymes constituent une classe de protéines de liaison à l'ADN, qui se fixent à l'ADN et coupent le squelette sucre-phosphate de chacun des deux brins de la double hélice au niveau d'une séquence spécifique. Elles coupent de longues molécules d'ADN de la taille d'un chromosome en centaines voire en milliers de fragments de taille plus facile à manipuler. Ensuite, chaque fragment est fusionné avec un chromosome vecteur coupé afin de former des molécules **d'ADN recombinant**. L'union avec l'ADN vecteur repose généralement sur de courtes séquences terminales simple-brin produites par les enzymes de restriction. Ces séquences simple-brin s'associent aux séquences complémentaires présentes aux extrémités de l'ADN vecteur. (Ces extrémités se comportent comme du Velcro pour relier les différentes molécules d'ADN les unes aux autres afin de produire l'ADN recombinant.) Les ADN recombinants sont insérés dans des cellules bactériennes et généralement, chaque cellule bactérienne n'absorbe qu'une molécule recombinante. Le chromosome accessoire étant amplifié normalement, par réplication, la molécule recombinante est elle aussi amplifiée au cours de la croissance et de la division de la cellule bactérienne dans laquelle réside le chromosome. Ce processus conduit à la formation d'un *clone* de cellules identiques, contenant chacune la molécule d'ADN recombinant. Pour cette raison, cette technique d'amplification s'appelle le **clonage de l'ADN**. L'étape suivante consiste à repérer le clone rare contenant l'ADN recherché.

Dans l'approche *in vitro* (Figure 11-1b), un gène intéressant est amplifié chimiquement grâce à la machinerie de réplication extraite de bactéries spéciales. Le système «trouve» le gène donné grâce à l'appariement complémentaire de courtes amorces spécifiques aux extrémités de la séquence recherchée. Ces amorces guident ensuite le processus de réplication, dont la répétition permet une augmentation exponentielle du nombre de copies du gène recherché.

Nous verrons à plusieurs reprises que la technologie de l'ADN dépend de deux éléments essentiels de la recherche en biologie moléculaire :

- La capacité de protéines spécifiques de reconnaître des séquences spécifiques de bases dans la double hélice d'ADN et de s'y fixer (des exemples sont présentés dans la Figure 11-1).
- La capacité de séquences simple-brin complémentaires d'ADN ou d'ARN de s'unir spontanément en molécules double-brin. Citons comme exemple la fixation des extrémités collantes et la liaison des amorces.

Dans le reste du chapitre, nous explorerons des exemples d'utilisations de ces techniques, comme l'ADN amplifié. Ces exemples vont de l'isolement en routine des gènes pour la recherche fondamentale en biologie, jusqu'à la thérapie génique destinée à guérir certaines maladies humaines.

11.1 La fabrication des molécules d'ADN recombinant

Pour illustrer la façon dont on fabrique l'ADN recombinant, considérons le clonage du gène de l'insuline humaine, une hormone protéique utilisée pour le traitement du diabète. Le diabète est une maladie dans laquelle la glycémie (le taux de sucre dans le sang) est anormalement élevée, soit parce que le corps ne produit pas assez d'insuline (diabète de type I) soit parce que les cellules sont incapables de répondre à l'insuline (diabète de type II). Dans les formes bénignes de type I, le diabète peut être traité par des restrictions alimentaires mais pour de nombreux patients, des apports quotidiens d'insuline sont nécessaires. Jusqu'à il y a vingt ans environ, les vaches constituaient la principale source d'insuline. La protéine était prélevée dans le pancréas d'animaux sacrifiés à l'abattoir et soumis à une purification intense afin d'éliminer la majorité des protéines et des autres contaminants présents dans les extraits pancréatiques. En 1982, la première insuline recombinante humaine est apparue sur le marché pharmaceutique. On a pu ainsi fabriquer de l'insuline humaine plus pure, moins chère et à une échelle industrielle car elle était produite grâce aux bactéries, suivant les techniques de l'ADN recombinant. L'insuline recombinante représente une proportion élevée des protéines dans la cellule bactérienne, ce qui permet de la purifier bien plus facilement. Nous allons considérer les principales étapes nécessaires à la fabrication de l'ADN recombinant, puis nous les étendrons à l'insuline.

Le type d'ADN donneur

Le choix de l'ADN à utiliser comme donneur peut sembler évident, mais il existe en réalité trois possibilités.

- *L'ADN génomique.* Cet ADN est obtenu directement à partir des chromosomes de l'organisme étudié. C'est la source la plus directe d'ADN. Il faut le couper pour qu'un clonage soit possible.
- *L'ADNc.* L'**ADN complémentaire** (**ADNc**) est l'ADN double-brin correspondant à une molécule d'ARNm. Chez les Eucaryotes supérieurs, un ARNm donne davantage d'informations sur une séquence polypeptidique qu'une séquence génomique, car les introns ont été excisés. Les chercheurs préfèrent utiliser de l'ADNc plutôt que l'ARNm lui-même, car les ARN sont par nature moins stables que les ADN et il n'existe pas de techniques pour amplifier et purifier en routine des molécules individuelles d'ARN. L'ADNc est fabriqué à partir d'un ARNm, à l'aide d'une enzyme particulière appelée *transcriptase inverse*, isolée à l'origine à partir des rétrovirus. En utilisant comme matrice une molécule d'ARNm, la transcriptase inverse synthétise une molécule d'ADN simple-brin qui pourra alors servir elle-même de matrice à la synthèse d'un ADN double-brin (Figure 11-2). L'ADNc n'a pas besoin d'être coupé pour être cloné.

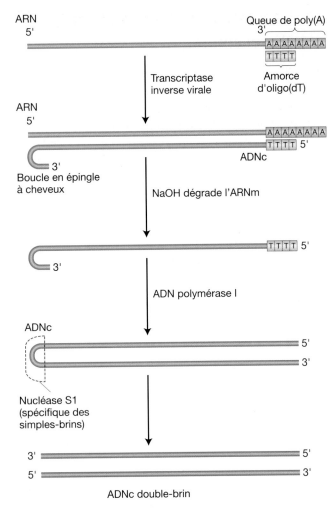

Figure 11-2 La synthèse d'ADNc double-brin à partir d'ARNm. Une courte chaîne d'oligo(dT) est hybridée à la queue de poly(A) d'un brin d'ARNm. Le segment d'oligo(dT) sert d'amorce à la transcriptase inverse virale, une enzyme qui utilise l'ARNm comme matrice pour la synthèse d'un brin d'ADN complémentaire. L'ADNc résultant se termine par une boucle en épingle à cheveux. Lorsque le brin d'ARNm est dégradé au moyen d'un traitement par NaOH, la boucle en épingle à cheveux sert d'amorce à l'ADN polymérase I, qui complète le brin d'ADN apparié. La boucle est ensuite clivée par la nucléase S1 (qui agit uniquement sur les boucles simple-brin), ce qui produit une molécule d'ADNc double-brin.

[D'après J. D. Watson, J. Tooze et D. T. Kurtz, *Recombinant DNA : A Short Course.* Copyright 1983 par W. H. Freeman and Company.]

- *L'ADN obtenu par synthèse chimique.* Parfois, il est nécessaire pour un chercheur d'inclure dans une molécule d'ADN recombinant une séquence spécifique qui, pour une raison ou une autre, ne peut être isolée à partir d'ADN génomiques naturels ou d'ADNc. Si l'on connaît la séquence de cet ADN (souvent à partir de la séquence d'un génome complet) alors le gène peut être synthétisé chimiquement, grâce à des techniques automatisées.

Pour créer des bactéries capables d'exprimer l'insuline humaine, il a fallu utiliser de l'ADNc car les bactéries sont incapables d'exciser les introns présents dans l'ADN génomique naturel.

Couper l'ADN génomique

Le plus souvent, on coupe l'ADN à l'aide d'**enzymes de restriction** bactériennes. Ces enzymes coupent l'ADN au niveau de séquences cibles spécifiques appelées *sites de restriction*. Cette propriété est l'une des caractéristiques qui rend ces enzymes si intéressantes pour la manipulation de l'ADN. Par le seul fait du hasard, n'importe quelle molécule d'ADN, qu'elle provienne d'un virus, d'une mouche ou d'un homme, contient des sites cibles pour des enzymes de restriction. Pour cette raison, une enzyme de restriction coupera l'ADN en un ensemble de **fragments de restriction** déterminés par les positions des sites de restriction.

Certaines enzymes de restriction possèdent également la propriété intéressante de produire des «extrémités collantes» (ou extrémités cohésives). Examinons-en un exemple. L'enzyme de restriction *Eco*RI (provenant d'*E. coli*) reconnaît la séquence suivante de six paires de nucléotides dans l'ADN de n'importe quel organisme :

$$5'\text{-GAATTC-}3'$$
$$3'\text{-CTTAAG-}5'$$

Ce type de fragment s'appelle un **palindrome** d'ADN, ce qui signifie que les deux brins possèdent la même séquence

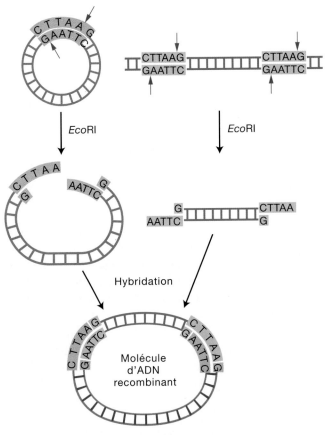

Figure 11-3 La formation d'une molécule d'ADN recombinant. L'enzyme de restriction *Eco*RI coupe une molécule circulaire d'ADN portant une séquence cible, ce qui produit une molécule linéaire avec des extrémités collantes simple-brin. Grâce à la complémentarité, d'autres molécules linéaires possédant des extrémités collantes produites par *Eco*RI peuvent s'hybrider avec l'ADN circulaire linéarisé, formant une molécule d'ADN recombinant.

nucléotidique mais suivant une orientation antiparallèle. Des enzymes de restriction différentes coupent l'ADN au niveau de séquences palindromiques distinctes. Parfois, les coupures se trouvent à le même position sur chacun des deux brins antiparallèles. Cependant, les enzymes de restriction les plus utiles effectuent des coupures décalées. Par exemple, l'enzyme *Eco*RI coupe uniquement l'ADN entre les nucléotides G et A sur chacun des brins du palindrome :

$$\text{5'-G}\overset{\downarrow}{\text{AATTC-3'}}$$
$$\text{3'-CTTA}\underset{\uparrow}{\text{AG-5'}}$$

Ces extrémités décalées laissent une paire d'extrémités collantes identiques, constituées chacune d'un simple-brin de cinq bases de long. On qualifie ces extrémités de *collantes* car, étant simples-brins, elles peuvent s'apparier (c'est-à-dire

coller) à une séquence complémentaire. On appelle parfois **hybridation**, ce type d'appariement entre simples-brins. La Figure 11-3 (en haut à gauche) illustre le fonctionnement de l'enzyme *Eco*RI qui pratique une coupure unique dans une molécule d'ADN circulaire telle qu'un plasmide. La coupure ouvre le cercle et la molécule linéaire ainsi produite possède deux extrémités collantes. Elle peut désormais s'apparier avec un fragment d'une molécule différente d'ADN possédant les mêmes extrémités collantes complémentaires.

On connaît maintenant des dizaines d'enzymes de restriction ayant des spécificités différentes de séquences. Certaines sont indiquées dans la Figure 11-4. Des enzymes telles que *Eco*RI ou *Pst*I effectuent des coupures décalées, tandis que d'autres, comme *Sma*I, pratiquent des coupures alignées et laissent donc des extrémités franches. Même les coupures alignées, qui ne laissent pourtant pas d'extrémités collantes, peuvent être utilisées pour fabriquer de l'ADN recombinant.

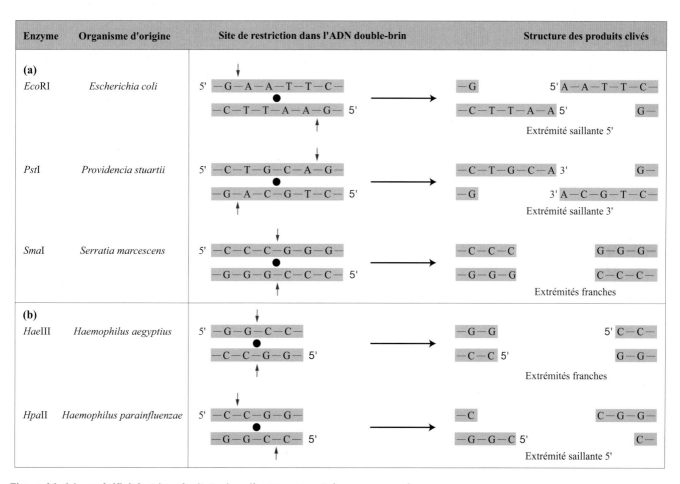

Figure 11-4 La spécificité et les résultats des clivages par certaines enzymes de restriction. L'extrémité 5' de chaque brin d'ADN et le site de clivage (petites flèches rouges) sont indiqués. Le gros point symbolise le centre de symétrie de rotation de chaque site de reconnaissance. Remarquez que les sites de reconnaissance varient selon les enzymes. Les positions des sites coupés peuvent également différer d'une enzyme à l'autre, produisant des extrémités saillantes simple-brin (extrémités collantes) au niveau de l'extrémité 5' ou 3' de chaque molécule d'ADN double-brin ou produisant des extrémités franches si les sites coupés ne sont pas décalés. (a) Trois sites hexanucléotidiques (6 pb) de reconnaissance et les enzymes de restriction qui les clivent. Remarquez qu'un site présente une extrémité 5' saillante, un autre une extrémité 3' saillante et le troisième, une extrémité franche. (b) Des exemples d'enzymes ayant des sites de reconnaissance tétranucléotidiques (4 pb).

Des enzymes spéciales peuvent réunir des extrémités franches. D'autres enzymes sont capables de transformer des extrémités franches en extrémités collantes.

> **MESSAGE** Les enzymes de restriction coupent l'ADN en fragments de taille utilisable et nombre d'entre elles produisent des extrémités collantes simples-brins qui permettent de fabriquer de l'ADN recombinant.

Relier l'ADN donneur et l'ADN du vecteur

La plupart du temps, on fait subir à l'ADN donneur et à l'ADN du vecteur une digestion par une enzyme de restriction qui crée des extrémités collantes complémentaires. On mélange ensuite les molécules linéaires dans un tube à essai pour permettre aux extrémités collantes de l'ADN donneur et de l'ADN du vecteur de s'associer et de former des molécules recombinantes. La Figure 11-5a montre un ADN plasmidique bactérien contenant un site unique de restriction pour *Eco*RI. La digestion par l'enzyme de restriction *Eco*RI convertit donc l'ADN circulaire en une molécule linéaire unique avec des extrémités collantes. L'ADN donneur de n'importe quelle origine (par exemple de l'ADN humain) est lui aussi traité par l'enzyme *Eco*RI pour produire une population de fragments comportant les mêmes extrémités collantes. Lorsque les deux populations d'ADN sont mélangées dans des conditions physiologiques appropriées, les fragments d'ADN des deux origines peuvent s'assembler, car des doubles hélices se forment entre leurs extrémités collantes (Figure 11-5b). Il y a un grand nombre de molécules ouvertes de plasmides en solution ainsi que de nombreux

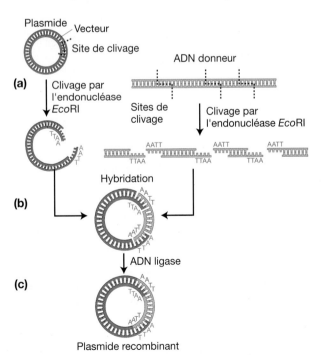

Figure 11-5 Le procédé de fabrication d'un plasmide d'ADN recombinant contenant des gènes provenant d'ADN étranger.
[D'après S. N. Cohen, « The Manipulation of Genes ». Copyright 1975 par Scientific American, Inc. Tous droits réservés.]

fragments différents issus de la coupure de l'ADN donneur par *Eco*RI. Une vaste gamme de plasmides recombinés avec des fragments donneurs distincts sera donc produite. À cette étape, les squelettes sucre-phosphate des molécules hybridées ne sont pas encore liés covalemment. Ces squelettes peuvent être soudés par addition de l'enzyme **ADN ligase**, qui crée des liaisons phosphodiester au niveau des jonctions (Figure 11-5c).

L'ADNc peut être relié au vecteur en utilisant la ligase seule ou de courtes extrémités collantes peuvent être ajoutées à chaque extrémité d'un plasmide et d'un vecteur.

Il faut également savoir qu'à ce stade, si le gène cloné doit être transcrit et traduit dans la bactérie hôte, il doit être inséré près de séquences régulatrices bactériennes. Par conséquent, pour produire de l'insuline humaine dans des cellules bactériennes, le gène doit être adjacent aux séquences régulatrices bactériennes correctes.

L'amplification dans une cellule bactérienne

L'amplification repose sur des processus génétiques procaryotes tels que la transformation bactérienne, la réplication plasmidique et la croissance des bactériophages, que nous avons décrits au Chapitre 5. La Figure 11-6 illustre le clonage d'un segment d'ADN donneur. Un vecteur recombinant unique pénètre dans une cellule bactérienne et est amplifié par la réplication qui se déroule lors de la division cellulaire. Il existe généralement de nombreuses copies de chaque vecteur dans une cellule bactérienne. Par conséquent, après amplification, une colonie de bactéries contient en général des milliards de copies de l'ADN donneur unique fusionné avec son chromosome accessoire. Ce groupe de copies amplifiées du fragment d'ADN donneur présent dans le vecteur de clonage s'appelle le *clone* d'ADN recombinant. La réplication des molécules recombinantes exploite les mécanismes normaux utilisés par la cellule bactérienne pour répliquer son ADN chromosomique. L'une des exigences fondamentales est la présence d'une origine de réplication dans l'ADN (comme nous l'avons vu au Chapitre 7).

LE CHOIX DES VECTEURS DE CLONAGE Les vecteurs doivent être de petites molécules afin d'être manipulées facilement. Ils doivent pouvoir être répliqués un grand nombre de fois dans une cellule vivante afin d'amplifier le fragment donneur inséré. Ils doivent également comporter des sites de restriction commodes au niveau desquels l'ADN à cloner peut être inséré. Dans l'idéal, le site de restriction devrait être présent en un seul exemplaire dans le vecteur pour que les fragments de restriction de l'ADN donneur puissent s'insérer en une position unique du vecteur. Il est également important de posséder un moyen d'identifier la molécule recombinante et de pouvoir l'isoler rapidement. De nombreux vecteurs de clonage sont utilisés actuellement, selon la taille de l'insert d'ADN ou selon les utilisations auxquelles est destiné le clone. Nous allons décrire à présent certaines des grandes classes de vecteurs de clonage.

Les vecteurs plasmidiques Comme nous l'avons décrit précédemment, les plasmides bactériens sont de petites molécules

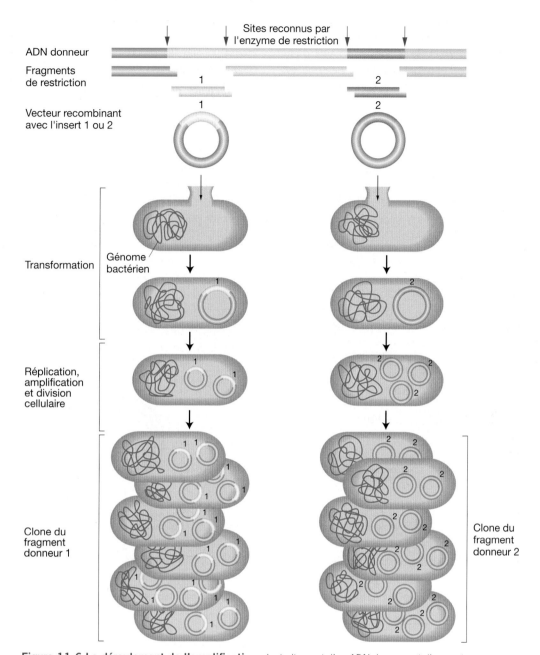

ADN donneur

Sites reconnus par
l'enzyme de restriction

Fragments
de restriction

1   2

Vecteur recombinant
avec l'insert 1 ou 2

1   2

Transformation

Génome
bactérien

Réplication,
amplification
et division
cellulaire

Clone du
fragment
donneur 1

Clone du
fragment
donneur 2

Figure 11-6 Le déroulement de l'amplification. Le traitement d'un ADN donneur et d'un vecteur par
des enzymes de restriction permet l'insertion de fragments individuels dans des vecteurs. Un vecteur unique
pénètre dans une bactérie hôte, dans laquelle la réplication et la division cellulaire aboutissent à la formation de
nombreuses copies du fragment donneur.

circulaires d'ADN qui se répliquent indépendamment du
chromosome bactérien. Les plasmides utilisés le plus souvent comme vecteurs portent des gènes de résistance à des
substances chimiques. Ces gènes de résistance fournissent un
moyen commode pour sélectionner les cellules transformées
par les plasmides : les cellules vivantes après une exposition
à la substance chimique doivent porter les vecteurs plasmidiques contenant l'insert d'ADN, comme on le voit dans la
partie gauche de la Figure 11-7. Les plasmides constituent
également un moyen efficace d'amplifier de l'ADN cloné car
il en existe de nombreuses copies par cellule, qui peuvent
atteindre plusieurs centaines dans le cas de certains plasmi-

des. Des exemples de vecteurs plasmidiques spécifiques sont
représentés dans la Figure 11-7.

Les vecteurs bactériophagiques Différentes classes de vecteurs bactériophagiques peuvent porter des tailles distinctes d'inserts d'ADN donneur. Un bactériophage donné peut
contenir une quantité standard d'ADN sous la forme d'un
insert «empaqueté» dans la particule phagique. Le bactériophage λ (lambda) est un vecteur de clonage efficace pour les
inserts d'ADN double-brin dont la taille peut aller jusqu'à
15 kb environ. Les têtes des phages lambda peuvent contenir des molécules d'ADN dont la taille totale est inférieure
à 50 kb environ (la taille du chromosome normal de λ). La

partie centrale délétée du génome phagique n'est nécessaire ni à la réplication ni à l'empaquetage des molécules d'ADN de λ dans *E. coli*, ce qui permet de la couper à l'aide d'enzymes de restriction et de l'éliminer. La partie centrale est alors remplacée par des inserts d'ADN donneur. Un insert a une taille comprise entre 10 et 15 kb car ainsi, l'ensemble formé par l'insert et le reste du chromosome a une taille correspondant à la taille initiale de 50 kb du chromosome phagique (Figure 11-8).

Comme le montre la Figure 11-8, les molécules recombinantes peuvent être empaquetées directement dans des têtes phagiques *in vitro* puis introduites dans la bactérie. Les molécules recombinantes peuvent également être transfor-

mées directement dans les cellules d'*E. coli*. Dans les deux cas, l'apparition d'une plage de lyse phagique sur le tapis bactérien signale automatiquement la présence du phage recombinant portant un insert.

Les vecteurs portant des inserts plus longs Les plasmides standard et les vecteurs du phage λ décrits jusqu'à présent peuvent accepter des ADN donneurs dont la taille peut atteindre 25 à 30 kb. Cependant, de nombreuses expériences font appel à des inserts de taille nettement supérieure à cette limite. Pour répondre à ces besoins, les vecteurs que nous allons considérer ont été créés. Dans chaque cas, après leur entrée dans la bactérie, les ADN se répliquent comme de grands plasmides.

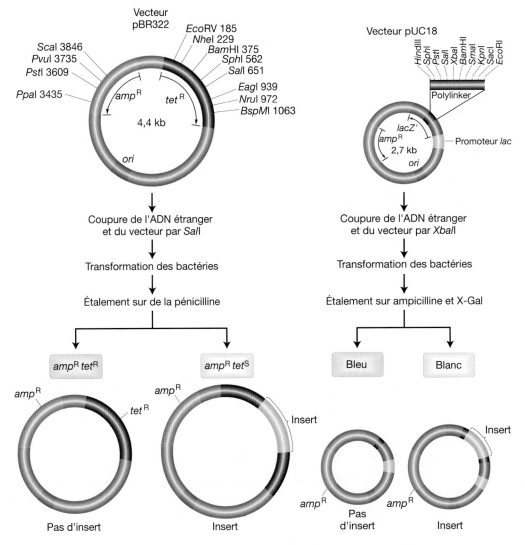

Figure 11-7 Deux plasmides conçus pour le clonage d'ADN dont on peut voir la structure générale ainsi que les sites de restriction. L'insertion dans pBR322 est détectée par l'inactivation d'un gène de résistance à un antibiotique (*tet*^R), indiquée par le phénotype *tet*^S (sensible). L'insertion dans pUC18 est détectée par l'inactivation de la fonction ß-galactosidase de *lacZ'*, qui aboutit à l'incapacité de convertir le substrat artificiel X-Gal en un colorant bleu. Le polylinker possède plusieurs sites possibles de restriction dans lesquels l'ADN donneur peut être inséré.

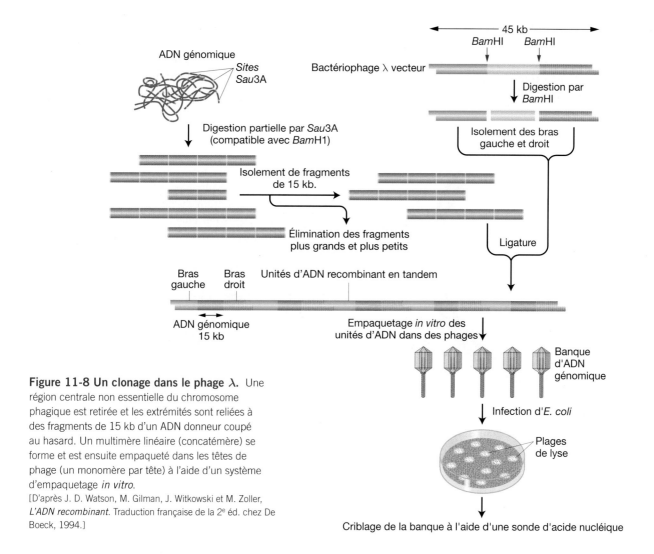

Figure 11-8 Un clonage dans le phage λ. Une région centrale non essentielle du chromosome phagique est retirée et les extrémités sont reliées à des fragments de 15 kb d'un ADN donneur coupé au hasard. Un multimère linéaire (concatémère) se forme et est ensuite empaqueté dans les têtes de phage (un monomère par tête) à l'aide d'un système d'empaquetage *in vitro*.
[D'après J. D. Watson, M. Gilman, J. Witkowski et M. Zoller, *L'ADN recombinant*. Traduction française de la 2e éd. chez De Boeck, 1994.]

Les **cosmides** sont des vecteurs qui peuvent transporter des inserts de 35 à 45 kb. Ce sont des hybrides d'ADN de phage λ et d'ADN plasmidique bactérien, fabriqués par génie génétique. Les cosmides sont insérés dans des particules de phage λ qui jouent le rôle de «seringues», introduisant ces gros fragments d'ADN recombinant dans des cellules receveuses d'*E. coli*. La composante plasmidique du cosmide fournit les séquences nécessaires à sa réplication. Une fois dans la cellule, ces hybrides forment des molécules circulaires qui se répliquent indépendamment du chromosome, de la même manière que les plasmides. Les vecteurs **PAC** (*P1 artificial chromosome* en anglais, **chromosome artificiel de P1**) délivrent l'ADN d'une manière similaire mais peuvent accepter des inserts d'une taille allant de 80 à 100 kb. Dans ce cas, le vecteur est un dérivé du bactériophage P1, dont le génome est naturellement plus grand que celui de λ. Les vecteurs **BAC** (*bacterial artificial chromosome* en anglais, **chromosome bactérien artificiel**), dérivés du plasmide F, peuvent porter des inserts dont la taille peut atteindre 150 à 300 kb

(Figure 11-9). L'ADN à cloner est inséré dans le plasmide et ce grand ADN circulaire recombinant est introduit dans la bactérie grâce à un type particulier de transformation. Les BAC sont des «bêtes de somme» pour le clonage à grande échelle requis pour les projets de séquençage intégral des génomes (traités au Chapitre 12). Enfin, les inserts d'une taille supérieure à 300 kb nécessitent un vecteur eucaryote appelé **YAC** (pour *yeast artificial chromosome* en anglais, **chromosome artificiel de levure**, décrit plus loin dans ce chapitre).

Pour le clonage du gène de l'insuline humaine, on a sélectionné un plasmide hôte afin de porter les inserts relativement courts d'ADNc d'environ 450 pb. Cet hôte était un type particulier de plasmide appelé *vecteur plasmidique d'expression*. Les vecteurs d'expression comportent des promoteurs bactériens qui amorcent la transcription à un degré élevé lorsque le régulateur allostérique approprié est ajouté au milieu de croissance. Le vecteur d'expression induit la production de grandes quantités d'insuline humaine recombinante par chaque bactérie contenant le plasmide.

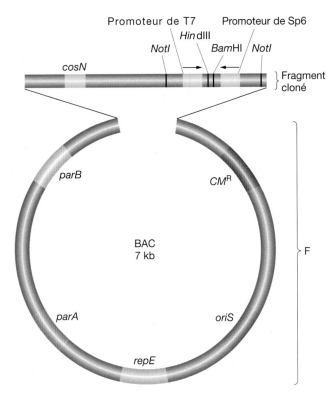

Figure 11-9 La structure d'un chromosome bactérien artificiel (BAC) utilisé pour cloner de grands fragments d'ADN donneur. *CM*^R est un marqueur sélectionnable par la résistance au chloramphénicol. *OriS*, *repE*, *parA* et *parB* sont les gènes F de la réplication et de la régulation du nombre de copies. *cosN* est le site *cos* du phage λ. *Hin*dIII et *Bam*H1 sont des sites de clonage au niveau desquels l'ADN donneur est inséré. Les deux promoteurs servent à la transcription du fragment inséré. Les sites *Not*I servent à exciser le fragment inséré.

L'entrée des molécules recombinantes dans la cellule bactérienne

Les molécules d'ADN étranger peuvent pénétrer dans une cellule bactérienne de deux façons : par transformation ou grâce aux phages transducteurs (Figure 11-10). Lors de la transformation, les cellules sont immergées dans une solution contenant la molécule d'ADN recombinant, qui pénè-

tre dans la cellule et forme un chromosome plasmidique (Figure 11-10a). Lorsqu'on utilise des phages, la molécule recombinante est associée aux protéines de la tête et de la queue du phage. Ces phages fabriqués par génie génétique sont ensuite mélangés aux bactéries et ils injectent leur chargement d'ADN dans les cellules bactériennes. Le résultat de cette injection est l'introduction d'un nouveau plasmide recombinant (Figure 11-10b) ou la production de phages fils portant la molécule d'ADN recombinant (Figure 11-10c) selon le système vecteur. Dans ce dernier cas, les particules phagiques libres résultantes infecteront des bactéries voisines. Lors de l'utilisation du phage λ, des cycles répétés d'infections successives entraînent la formation à partir de chaque bactérie infectée initialement, d'une plage de lyse pleine de particules phagiques, contenant chacune une copie du chromosome recombinant originel de λ.

Le recueil des molécules recombinantes amplifiées

L'ADN recombinant empaqueté dans des particules phagiques est facilement récupéré en recueillant le lysat phagique et en isolant l'ADN contenu dans celui-ci. Dans le cas des plasmides, les bactéries sont fragmentées chimiquement ou mécaniquement. Le plasmide d'ADN recombinant est séparé du chromosome bactérien principal, bien plus grand, par centrifugation, électrophorèse, ou d'autres techniques de sélection.

> **MESSAGE** Le clonage des gènes est réalisé grâce à l'introduction de vecteurs recombinants uniques dans des cellules bactériennes receveuses, suivie de l'amplification de ces molécules grâce à la tendance naturelle de ces vecteurs à se répliquer.

Fabriquer des banques génomiques et des banques d'ADNc

Nous avons vu de quelle façon fabriquer et amplifier des molécules individuelles d'ADN recombinant. Chacun des clones représente une petite partie du génome d'un organisme ou l'une des milliers de molécules d'ARNm que l'organisme est capable de synthétiser. Pour garantir le clonage

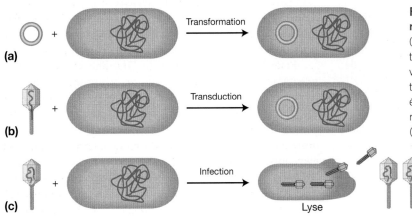

Figure 11-10 Les modes d'introduction de l'ADN recombinant dans des cellules bactériennes.
(a) Un vecteur plasmidique est introduit à la suite d'une transformation par l'intermédiaire d'un ADN. (b) Certains vecteurs tels que les cosmides sont introduits dans les têtes phagiques (transduction). Cependant, après avoir été injectés dans la bactérie, ils se circularisent et se répliquent comme des plasmides de grande taille.
(c) Les vecteurs phagiques tels que le bactériophage λ infectent la bactérie et la lysent, libérant un clone de phages fils, qui portent tous une molécule identique d'ADN recombinant dans leur génome.

du segment recherché d'ADN, il faut recueillir de vastes collections de segments d'ADN dont l'ensemble recouvre la totalité du génome. Par exemple, on récupère l'ensemble de l'ADN d'un génome, on le fragmente en segments de la taille adéquate pour le vecteur de clonage utilisé et on insère chaque fragment dans une copie différente du vecteur. Ceci permet de créer une collection de molécules d'ADN recombinant dont l'ensemble représente le génome complet. Chacune de ces molécules est alors transformée ou transduite dans des bactéries receveuses distinctes, dans lesquelles elle est amplifiée. La collection complète des bactéries ou bactériophages portant l'ADN recombinant s'appelle une **banque génomique**. Si l'on utilise un vecteur de clonage qui accepte en moyenne un insert de 10 kb et si le génome entier comporte 100 000 kb (la taille approximative du génome du nématode *Caenorhabditis elegans*), alors 10 000 clones indépendants correspondront à l'équivalent de l'ensemble du génome. Pour obtenir avec une bonne probabilité la représentation de la totalité du génome dans les séquences clonées, chacune d'elles devra être présente au moins cinq fois dans la banque (dans notre exemple, il y aura 50 000 clones indépendants dans la banque génomique). Cette représentation en excès des fragments d'ADN rend très improbable l'absence d'une séquence donnée dans la banque.

De même, des collections représentatives d'inserts d'ADNc nécessitent des centaines ou des milliers de milliers de clones indépendants d'ADNc. Ces collections s'appellent des **banques d'ADNc** et correspondent uniquement aux régions codantes du génome. Une banque d'ADNc correcte est construite à partir d'échantillons d'ARNm provenant de tissus différents, à des stades variés du développement et issus d'organismes élevés dans des conditions environnementales distinctes.

Le choix de la construction d'une banque d'ADN génomique ou d'une banque d'ADNc dépend de la situation. Si l'on recherche un gène spécifique actif dans un type particulier de tissu chez une plante ou un animal, il convient alors de construire une banque d'ADNc à partir d'un échantillon de ce tissu. Supposons par exemple que l'on veuille identifier les ADNc correspondant aux ARNm de l'insuline. Les cellules des îlots B du pancréas constituent la source principale d'insuline. Par conséquent, les ARNm provenant des cellules pancréatiques représenteront l'origine appropriée pour construire une banque d'ADNc, car les ARNm correspondant au gène de l'insuline devraient y être plus nombreux qu'ailleurs. Une banque d'ADNc représente une fraction des régions transcrites du génome. Pour cette raison, elle est nécessairement plus petite qu'une banque génomique complète. Bien que les banques génomiques soient de taille plus importante, elles ont l'avantage de contenir les gènes dans leur forme native, avec les introns et les séquences régulatrices non transcrites. Une banque génomique est un préalable nécessaire au clonage d'un gène entier ou d'un génome complet.

> **MESSAGE** L'isolement d'un clone correspondant à un gène spécifique commence par la création d'une banque d'ADN génomique ou d'ADNc – enrichie si possible en séquences contenant le gène en question.

Repérer un clone spécifique

La création d'une banque telle que nous l'avons décrite précédemment est parfois qualifiée de clonage aléatoire (*shotgun* en anglais) car l'expérimentateur clone un échantillon important de fragments et espère que l'un des clones sera «le bon» – contiendra le gène désiré. La tâche suivante consiste à trouver ce clone.

TROUVER DES CLONES SPÉCIFIQUES À L'AIDE DE SONDES Une banque peut contenir jusqu'à des centaines de milliers de fragments clonés. Il faut cribler cette vaste collection de fragments pour trouver la molécule d'ADN recombinant contenant le gène intéressant un chercheur. Un criblage de ce type est réalisé en utilisant une **sonde** spécifique qui repérera et marquera uniquement le clone désiré. Il existe deux types de sondes : celles qui reconnaissent une séquence spécifique d'acide nucléique et celles qui reconnaissent une protéine spécifique.

Les sondes qui reconnaissent l'ADN L'utilisation de sondes pour l'ADN repose sur la complémentarité des bases. Deux acides nucléiques simples-brins présentant une séquence complémentaire partielle ou totale de leurs bases se «trouveront» en solution par collision aléatoire. Une fois formé, l'hybride double-brin est stable. Ceci offre une approche efficace pour repérer des séquences spécifiques. Dans le cas de l'ADN, toutes les molécules doivent être rendues simple-brin par chauffage. Une sonde simple-brin marquée radioactivement ou chimiquement est introduite dans une population d'ADN telle qu'une banque afin qu'elle trouve sa séquence cible complémentaire. Des sondes dont la taille peut être aussi petite que 15 à 20 bases s'hybrideront avec leurs séquences complémentaires contenues dans des ADN clonés nettement plus grands. On peut donc imaginer les sondes comme des «appâts» pour identifier des «proies» bien plus grosses.

L'identification d'un clone spécifique dans une banque est un protocole en deux étapes (Figure 11-11). Tout d'abord, des colonies ou des plages de lyse provenant d'une boîte de Pétri sont transférées sur une membrane absorbante (souvent de la nitrocellulose), en déposant simplement la membrane à la surface du milieu. La membrane est ensuite retirée, les colonies ou plages de lyse fixées à sa surface sont lysées *in situ* et l'ADN qu'elles contiennent est dénaturé. Ensuite, la membrane est trempée dans une solution contenant une sonde simple-brin spécifique de l'ADN recherché. En général, la sonde est elle-même un fragment cloné d'ADN dont la séquence est homologue de celle du gène désiré. La sonde doit être marquée avec un isotope radioactif ou un colorant fluorescent. Ainsi, la position du clone positif sera révélée grâce à l'emplacement du marquage radioactif ou fluorescent concentré. Dans le cas d'un marqueur radioactif, la membrane est placée sur un fragment de film sensible aux rayons X et la désintégration du radio-isotope produit des particules subatomiques qui «exposent» le film, provoquant l'apparition d'une tache noire sur le film adjacent à l'emplacement du radio-isotope concentré. Ce type de film exposé s'appelle un **autoradiogramme**. Dans le cas d'un marqueur

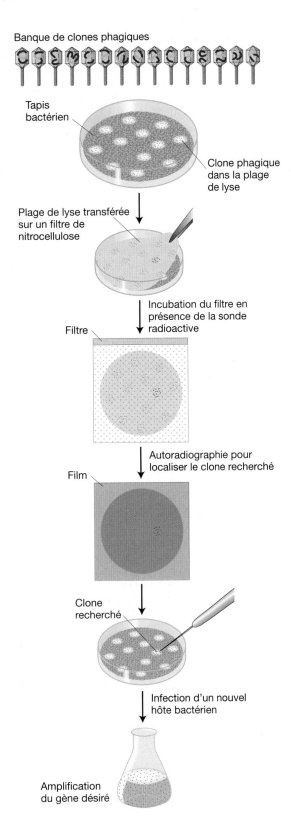

Banque de clones phagiques

Tapis bactérien

Clone phagique dans la plage de lyse

Plage de lyse transférée sur un filtre de nitrocellulose

Incubation du filtre en présence de la sonde radioactive

Filtre

Autoradiographie pour localiser le clone recherché

Film

Clone recherché

Infection d'un nouvel hôte bactérien

Amplification du gène désiré

Figure 11-11 L'utilisation de sondes d'ADN ou d'ARN pour identifier le clone portant un gène intéressant. Le clone est identifié grâce au criblage d'une banque génomique (constituée dans ce cas en clonant des gènes dans des bactériophages λ) avec un ADN ou un ARN apparenté au gène recherché. Une sonde radioactive s'hybride avec n'importe quel ADN recombinant ayant incorporé une séquence correspondante d'ADN. La position du clone contenant l'ADN est révélée par autoradiographie. Le clone désiré peut alors être sélectionné à partir de la tache correspondante sur la boîte de Pétri et transféré dans un nouvel hôte bactérien, ce qui permet d'obtenir un gène pur.
[D'après R. A. Weinberg, « A Molecular Basis of Cancer » et P. Leder, « The Genetics of Antibody Diversity ». Copyright 1983, 1982 par Scientific American, Inc. Tous droits réservés.]

fluorescent, la membrane est exposée à la longueur d'onde lumineuse permettant d'activer la fluorescence du colorant. On prend ensuite une photographie de la membrane afin de repérer la position du colorant fluorescent.

D'où provient l'ADN utilisé pour fabriquer une sonde? Cet ADN peut avoir différentes origines.

- *L'ADNc d'un tissu qui exprime un gène intéressant à forte concentration.* Dans le cas du gène de l'insuline, le pancréas serait le choix évident.
- *Un gène homologue issu d'un organisme apparenté.* Cette technique dépend de la conservation à travers l'évolution de séquences d'ADN. Même si la sonde d'ADN et l'ADN du clone recherché ne sont pas identiques, leur ressemblance est généralement suffisante pour permettre l'hybridation. À titre de plaisanterie, on appelle cette technique «clonage par téléphone», car si vous connaissez un collègue qui possède un clone du gène recherché chez un organisme apparenté, alors votre travail de clonage est grandement facilité.
- *Le produit protéique du gène recherché.* La séquence d'acides aminés d'une partie de la protéine peut être traduite en sens inverse en utilisant le tableau du code génétique à l'envers (de l'acide aminé vers les codons), afin de déterminer la séquence d'acide aminé qui la code. Une sonde d'ADN qui correspond à cette séquence est ensuite synthétisée. Il faut toutefois se rappeler que le code génétique est dégénéré – c'est-à-dire que la plupart des acides aminés sont codés par plusieurs codons. Par conséquent, plusieurs séquences possibles d'ADN pourraient en théorie coder la protéine en question, mais seule l'une de ces séquences est présente dans le gène qui code réellement la protéine. Pour contourner ce problème, on sélectionne un court segment d'acides aminés ayant le minimum de dégénérescence possible. Un mélange de sondes est ensuite fabriqué. Il contient toutes les séquences possibles d'ADN qui codent cette séquence d'acides aminés. Ce «cocktail» d'oligonucléotides est utilisé comme sonde. Le brin correct à l'intérieur de ce cocktail trouve alors le gène recherché. Vingt nucléotides environ présentent une spécificité suffisante pour localiser une séquence complémentaire unique d'ADN dans la banque.

- *L'ARN libre marqué*. Ce type de sonde n'est possible que lorsqu'on peut isoler une population relativement pure de molécules identiques d'ARN, tels que des ARNr.

Les sondes qui reconnaissent les protéines Si l'on connaît le produit protéique d'un gène et qu'il a été isolé dans sa forme pure, alors on peut utiliser cette protéine pour détecter le clone du gène correspondant dans une banque. La procédure, décrite dans la Figure 11-12, comporte deux étapes. Il faut en premier lieu une banque d'expression, créée grâce à des vecteurs d'expression. Pour fabriquer la banque, l'ADNc est inséré dans le vecteur, suivant le cadre de lecture en phase avec une protéine bactérienne (dans ce cas, la ß-galactosidase). Les cellules contenant le vecteur

et son insert produisent ensuite une protéine «de fusion» qui est une traduction partielle de l'insert d'ADNc et de la ß-galactosidase normale. Ensuite, le protocole nécessite un **anticorps** dirigé contre le produit protéique codé par le gène recherché. (Un anticorps est une protéine fabriquée par le système immunitaire d'un animal, qui se fixe avec une affinité élevée à une molécule donnée.) L'anticorps est utilisé pour cribler la banque d'expression à la recherche de cette protéine. Une membrane est déposée à la surface du milieu, puis retirée, de sorte que quelques cellules de chaque colonie sont fixées à présent sur la membrane, à des positions qui correspondent à celles de la boîte de Pétri initiale (voir Figure 11-12). La membrane portant les empreintes est ensuite séchée puis trempée dans une solution contenant l'anticorps, qui se fixe à l'empreinte de toute colonie contenant la protéine de fusion recherchée. Les clones positifs sont révélés par un anticorps secondaire marqué qui se fixe au premier anticorps. En détectant la protéine correcte, l'anticorps identifie le clone contenant le gène qui a dû synthétiser cette protéine et contient donc l'ADNc désiré.

> **MESSAGE** Un gène cloné peut être sélectionné dans une banque en utilisant des sondes correspondant à la séquence d'ADN du gène ou au produit protéique de celui-ci.

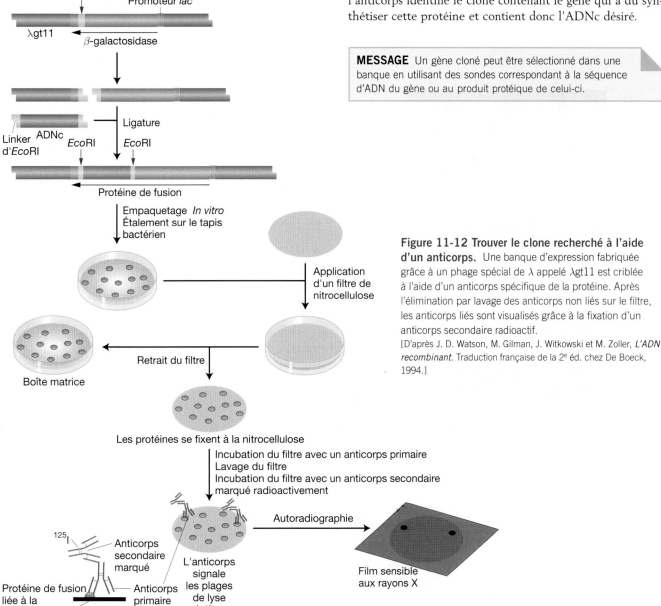

Figure 11-12 Trouver le clone recherché à l'aide d'un anticorps. Une banque d'expression fabriquée grâce à un phage spécial de λ appelé λgt11 est criblée à l'aide d'un anticorps spécifique de la protéine. Après l'élimination par lavage des anticorps non liés sur le filtre, les anticorps liés sont visualisés grâce à la fixation d'un anticorps secondaire radioactif.
[D'après J. D. Watson, M. Gilman, J. Witkowski et M. Zoller, *L'ADN recombinant*. Traduction française de la 2e éd. chez De Boeck, 1994.]

LE CRIBLAGE DESTINÉ À TROUVER UN ACIDE NUCLÉIQUE SPÉCIFIQUE DANS UN MÉLANGE

Comme nous le verrons plus loin dans ce chapitre, lors de la manipulation des gènes et des génomes, il est souvent nécessaire de détecter et d'isoler des molécules spécifiques d'ADN ou d'ARN à partir d'un mélange complexe.

La technique la plus utilisée pour détecter une molécule dans un mélange est le transfert. Le transfert débute par la séparation des molécules contenues dans le mélange, grâce à une électrophorèse sur gel. Examinons d'abord l'ADN. Un mélange d'ADN linéaires est déposé dans un puits creusé dans un gel d'agarose et ce puits est placé à proximité de la cathode d'un champ électrique. Puisque les molécules d'ADN contiennent des charges, les fragments traversent le gel en direction de l'anode à une vitesse inversement proportionnelle à leur taille (Figure 11-13). Par conséquent, des molécules de tailles différentes dans le mélange forment alors des bandes distinctes dans le gel. On peut visualiser les bandes en marquant l'ADN avec du bromure d'éthidium, qui rend l'ADN fluorescent en présence de lumière ultraviolette. La taille des fragments de restriction dans le mélange peut être déterminée en faisant migrer une « échelle » standard de fragments de taille connue dans le même gel et en comparant la distance de migration des fragments avec cette échelle. Si les bandes sont bien séparées, il est possible de couper une bande dans le gel et d'enlever l'échantillon d'ADN purifié de la gélose. L'électrophorèse d'ADN peut donc servir de diagnostic (en montrant les tailles et quantités relatives des fragments d'ADN présents) ou de préparation (utile pour isoler des fragments spécifiques d'ADN).

La digestion d'ADN génomique par des enzymes de restriction produit un si grand nombre de fragments que le gel d'électrophorèse laisse apparaître une traînée continue de bandes d'ADN. Une sonde peut identifier un fragment dans ce mélange, à l'aide d'une technique mise au point par E. M. Southern, que l'on appelle le **transfert par la technique de Southern** ou transfert de type Southern (*Southern blot*) (Figure 11-14). Comme l'identification des clones (voir Figure 11-11), cette technique permet d'obtenir une empreinte des molécules d'ADN sur une membrane, en utilisant cette membrane pour transférer le gel après la fin de l'électrophorèse. L'ADN doit d'abord être dénaturé, ce qui lui permet de coller à la membrane. La membrane est ensuite hybridée avec une sonde marquée. Un autoradiogramme ou une photographie des bandes fluorescentes révélera la présence des bandes du gel dont la séquence est complémentaire de celle de la sonde. Si cela est nécessaire, ces bandes peuvent être coupées du gel et subir une nouvelle analyse.

On peut élargir la technique de transfert Southern à la détection d'une molécule spécifique d'*ARN* à partir d'un mélange d'ARN séparés dans un gel. Cette technique s'appelle le **transfert de type Northern** (*Northern blot*) par opposition au transfert de type Southern qui sert à l'analyse d'*ADN*. L'ARN fractionné est transféré sur une membrane et criblé de la même façon que l'ADN pour le transfert de type Southern. L'une des applications du transfert de type Northern consiste à déterminer si un gène spécifique est transcrit dans un tissu donné ou dans certaines conditions environnementales.

Nous avons donc vu que l'ADN cloné a de nombreuses applications en tant que sonde, pour détecter un clone, un fragment d'ADN ou encore une molécule d'ARN spécifique. Dans tous ces cas, c'est la capacité des acides nucléiques de séquences nucléotidiques *complémentaires* de se retrouver et de se lier les uns aux autres dans la solution qui est exploitée.

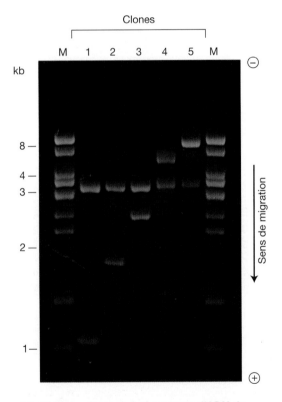

Figure 11-13 Des mélanges de fragments d'ADN de tailles différentes, séparés par électrophorèse dans un gel d'agarose. Ici, les échantillons sont cinq vecteurs recombinants traités par *Eco*RI. Les mélanges sont introduits dans des puits au sommet du gel. Sous l'influence d'un courant électrique, les fragments migrent ensuite en différentes positions du gel, selon leur taille (et donc leur nombre de charges). Les bandes d'ADN sont visibles grâce à un marquage par du bromure d'éthidium et une photographie prise sous lumière UV. (*M* représente les pistes contenant des fragments de taille connue qui servent d'échelle pour estimer la longueur de l'ADN.)
[D'après H. Lodish, D. Baltimore, A. Berk, S. L. Zipursky, P. Matsudaira et J. Darnell, *Biologie moléculaire de la cellule*. Traduction française de la 3e éd. chez De Boeck, 1997.]

> **MESSAGE** Parmi les techniques de l'ADN recombinant qui reposent sur la complémentarité avec une sonde d'ADN cloné figurent les systèmes de transfert et d'hybridation permettant l'identification de clones, de fragments de restriction ou d'ARNm particuliers, ou la mesure de la taille d'ADN ou d'ARN spécifiques.

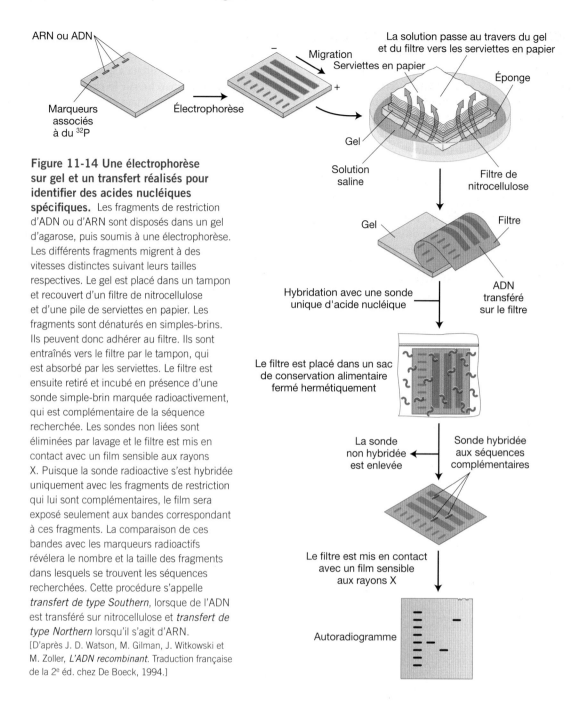

Figure 11-14 Une électrophorèse sur gel et un transfert réalisés pour identifier des acides nucléiques spécifiques. Les fragments de restriction d'ADN ou d'ARN sont disposés dans un gel d'agarose, puis soumis à une électrophorèse. Les différents fragments migrent à des vitesses distinctes suivant leurs tailles respectives. Le gel est placé dans un tampon et recouvert d'un filtre de nitrocellulose et d'une pile de serviettes en papier. Les fragments sont dénaturés en simples-brins. Ils peuvent donc adhérer au filtre. Ils sont entraînés vers le filtre par le tampon, qui est absorbé par les serviettes. Le filtre est ensuite retiré et incubé en présence d'une sonde simple-brin marquée radioactivement, qui est complémentaire de la séquence recherchée. Les sondes non liées sont éliminées par lavage et le filtre est mis en contact avec un film sensible aux rayons X. Puisque la sonde radioactive s'est hybridée uniquement avec les fragments de restriction qui lui sont complémentaires, le film sera exposé seulement aux bandes correspondant à ces fragments. La comparaison de ces bandes avec les marqueurs radioactifs révélera le nombre et la taille des fragments dans lesquels se trouvent les séquences recherchées. Cette procédure s'appelle *transfert de type Southern*, lorsque de l'ADN est transféré sur nitrocellulose et *transfert de type Northern* lorsqu'il s'agit d'ARN. [D'après J. D. Watson, M. Gilman, J. Witkowski et M. Zoller, *L'ADN recombinant.* Traduction française de la 2ᵉ éd. chez De Boeck, 1994.]

DÉCOUVRIR DES CLONES SPÉCIFIQUES GRÂCE À LA COMPLÉMENTATION FONCTIONNELLE La plupart du temps, on ne dispose pas d'une sonde du gène au début de l'étude, mais on possède une mutation récessive du gène recherché. Si l'on peut réintroduire l'ADN fonctionnel dans l'espèce portant cet allèle (voir Section 11.5, Le génie génétique) on peut détecter des clones spécifiques dans une banque bactérienne ou phagique grâce à leur capacité de restaurer la fonction éliminée par la mutation récessive dans cet organisme. Cette procédure s'appelle la **complémentation fonctionnelle** ou le **sauvetage des mutants**. Les étapes fondamentales du protocole sont les suivantes :

Construire une banque bactérienne ou phagique contenant des inserts d'ADN donneur recombinant de type sauvage a^+.

↓

Transformer les cellules d'une lignée cellulaire mutante récessive a^- en utilisant l'ADN de clones individuels de la banque.

↓

Identifier les clones de la banque qui produisent des cellules transformées avec le phénotype dominant a^+.

↓

Récupérer le gène a^+ à partir du clone phagique ou bactérien positif.

DÉCOUVRIR DES CLONES SPÉCIFIQUES GRÂCE À LA POSITION DES GÈNES SUR UNE CARTE GÉNÉTIQUE – LE CLONAGE POSITIONNEL

On peut utiliser des informations sur la position d'un gène donné dans le génome afin d'éviter le travail fastidieux qui consiste à tester la totalité d'une banque pour trouver le clone recherché. Le terme de **clonage positionnel** s'applique à toute technique destinée à trouver un clone spécifique à partir de la position du gène sur son chromosome. Deux éléments sont nécessaires au clonage positionnel :

- *Des repères génétiques qui permettent de délimiter une zone susceptible de contenir le gène.* Lorsque cela est possible, le plus intéressant est de disposer de repères de part et d'autre du gène, car ils délimitent alors la localisation possible de celui-ci. Ces repères peuvent être des RFLP ou d'autres polymorphismes moléculaires (voir Chapitres 4 et 12) ou des points de cassure de chromosomes cartographiés avec précision (Chapitre 15).
- *La capacité d'étudier le segment continu d'ADN qui s'étend entre les bornes génétiques délimitantes.* Chez les organismes modèles, les gènes présents dans ce bloc d'ADN sont connus d'après la séquence génomique (voir Chapitre 12). On peut choisir dans ces gènes, des gènes candidats qui pourraient correspondre au gène recherché. Chez d'autres espèces, on utilise une technique appelée **marche sur le chromosome** pour découvrir et ordonner les clones situés entre les frontières génétiques. La Figure 11-15 résume le déroulement de cette technique. Le principe est d'utiliser comme sonde la séquence de la borne proche, pour identifier un deuxième groupe de clones qui chevauche le clone marqueur contenant la borne mais s'étend à partir de celle-ci dans l'un des deux sens (vers la cible ou à partir de celle-ci). Les fragments terminaux de ce nouveau groupe de clones peuvent être utilisés comme sondes pour identifier un troisième groupe de clones chevauchants à partir de la banque génomique. Dans cette technique qui fonctionne étape par étape, on peut examiner un jeu de clones représentant la région du génome qui s'étend hors du clone marqueur, jusqu'à ce qu'on obtienne des clones qui comprennent le gène cible, par exemple qui complémentent un mutant de ce gène. Ce procédé s'appelle marche sur le chromosome car il comporte une série d'étapes d'un clone au clone voisin.

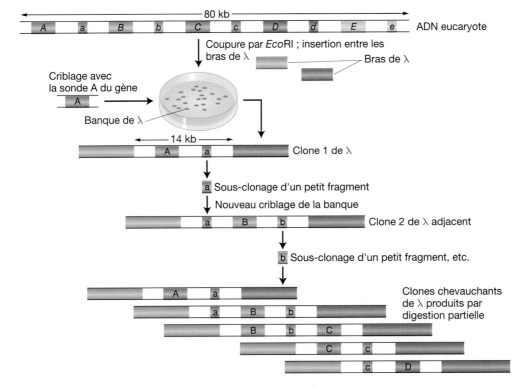

Figure 11-15 La marche sur le chromosome. Un phage recombinant obtenu à partir d'une banque phagique construite par digestion partielle d'un génome eucaryote par *Eco*RI peut être utilisé pour isoler un autre phage recombinant contenant un segment voisin d'ADN eucaryote. Cette marche illustre comment commencer au niveau d'un repère moléculaire A pour aboutir au gène cible D.
[D'après J. D. Watson, J. Tooze et D. T. Kurtz, *Recombinant DNA : A Short Course*. Copyright 1983 par W. H. Freeman and Company.]

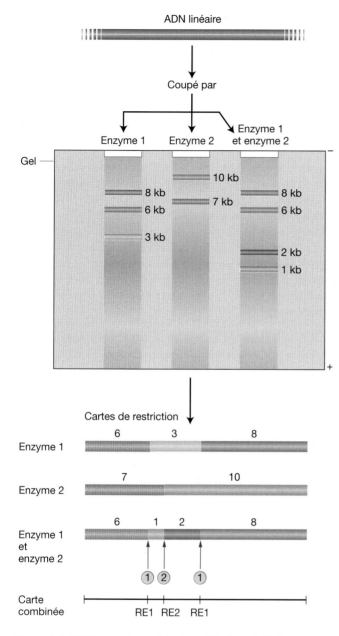

ADN linéaire

Coupé par

Enzyme 1   Enzyme 2   Enzyme 1 et enzyme 2

Gel

10 kb
8 kb   8 kb
7 kb
6 kb   6 kb
3 kb
2 kb
1 kb

Cartes de restriction

Enzyme 1
6   3   8

Enzyme 2
7   10

Enzyme 1 et enzyme 2
6   1   2   8

Carte combinée
RE1 RE2 RE1

Figure 11-16 Une cartographie de restriction réalisée en comparant les séparations électrophorétiques à la suite de digestions simples et multiple. Dans cet exemple simplifié, la digestion par l'enzyme 1 montre qu'il y a deux sites de restriction pour cette enzyme mais ne permet pas de savoir si le segment de 3 kb produit par celle-ci se trouve au milieu ou à la fin de la séquence digérée, longue de 17 kb. La digestion combinée par les enzymes 1 (RE1) et 2 (RE2) laisse intacts les segments de 6 et 8 kb produits par l'enzyme 1 mais coupe le fragment de 3 kb, ce qui montre que l'enzyme 2 possède un site cible à l'intérieur du fragment de 3 kb. Ce fragment est donc au milieu. Si cette région de 3 kb se trouvait à l'une des extrémités de la séquence de 17 kb, la digestion de cette séquence par l'enzyme 2 seule donnerait un fragment de 1 ou 2 kb en coupant au même site que celui au niveau duquel cette enzyme a coupé l'ADN pour cliver le fragment de 3 kb au cours de la digestion combinée par les enzymes 1 et 2. Puisque ce n'est pas le cas, parmi les trois fragments produits par l'enzyme 1, le fragment de 3 kb doit se trouver au milieu. Le fait que le site de RE2 soit plus proche de la région de 6 kb que de celle de 8 kb peut se déduire des longueurs de 7 et 10 kb de la digestion par l'enzyme 2.

Une marche sur le chromosome est efficace si l'on sait de quelle façon se chevauchent les différents clones qui s'hybrident à une sonde donnée. Pour cela, on compare les cartes de restriction des clones. Une **carte de restriction** est une carte linéaire montrant l'ordre et les distances séparant des sites de coupure par une endonucléase de restriction dans un segment d'ADN. Les sites de restriction représentent des repères ponctuels dans le clone. Un exemple de technique utilisée pour créer une carte de restriction d'un clone est décrit dans la Figure 11-16.

Il est à noter qu'il existe de nombreuses autres applications de la cartographie de restriction. On peut considérer une carte de restriction comme une carte partielle de séquence d'un segment d'ADN, car chaque site de restriction correspond à l'emplacement d'une courte séquence spécifique d'ADN (selon l'enzyme de restriction utilisée pour la coupure au niveau de ce site). Les cartes de restriction sont très importantes dans de nombreux aspects du clonage de l'ADN car la distribution des sites de coupure par les endonucléases de restriction détermine les endroits au niveau desquels un biologiste moléculaire travaillant sur l'ADN recombinant peut créer un fragment d'ADN avec des extrémités collantes, susceptible d'être cloné.

Déterminer la séquence de bases d'un segment d'ADN

Après avoir cloné le gène recherché, on recherche sa fonction. Le langage de bases du génome est constitué d'une succession de nucléotides A, T, C et G. Déterminer la séquence nucléotidique complète d'un segment d'ADN offre souvent des informations précieuses pour comprendre l'organisation de ce gène et sa régulation, sa relation avec les autres gènes ou la fonction de l'ARN ou de la protéine qu'il code. En effet, dans la plupart des cas, traduire la séquence d'un ADNc pour découvrir la séquence d'acides aminés de la chaîne polypeptidique qu'il code est souvent plus simple que de séquencer directement le polypeptide lui-même. Nous allons considérer dans cette section les techniques utilisées pour lire la séquence nucléotidique de l'ADN.

Comme les autres technologies de l'ADN recombinant, le séquençage de l'ADN exploite la complémentarité des paires de bases ainsi que la compréhension du mécanisme fondamental de la réplication de l'ADN. Plusieurs techniques ont été élaborées mais l'une d'entre elles est actuellement la plus utilisée. On l'appelle le **séquençage des didésoxynucléotides** ou technique de **séquençage de Sanger**, du nom de son créateur. Le terme *didésoxynucléotide* vient d'un nucléotide modifié particulier appelé didésoxynucléotide triphosphate (d'abréviation générale ddNTP). Ce nucléotide modifié est à la base de la technique de Sanger car il bloque la synthèse de l'ADN. Qu'est-ce qu'un didésoxynucléotide triphosphate? Et comment bloque-t-il la synthèse d'ADN? Un didésoxynucléotide est dépourvu du groupement 3'-hydroxyle ainsi que du groupement 2'-hydroxyle, qui est également absent des désoxynucléotides (Figure 11-17). Pour que la synthèse d'ADN puisse avoir lieu, l'ADN polymérase doit catalyser une

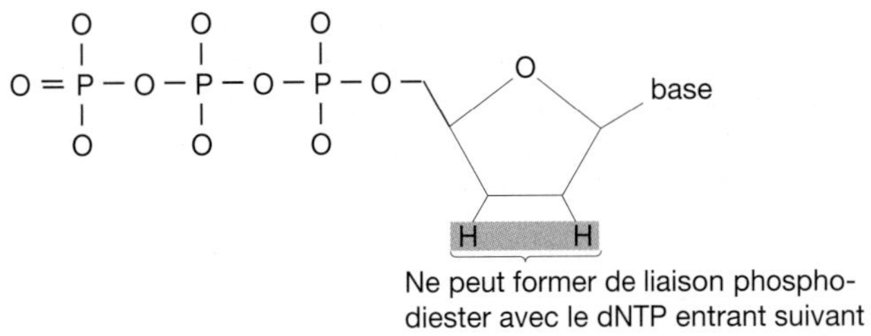

Ne peut former de liaison phosphodiester avec le dNTP entrant suivant

Figure 11-17 La structure des 2', 3'-didésoxynucléotides utilisés dans la technique de Sanger pour le séquençage de l'ADN.

réaction de condensation entre le groupement 3'-hydroxyle du dernier nucléotide ajouté à la chaîne en cours d'élongation et le groupement 5'-phosphate du nucléotide entrant, libérant une molécule d'eau et formant une liaison phospho-diester avec l'atome de carbone 3' du sucre adjacent. Un didésoxynucléotide étant dépourvu du groupement 3'-hydroxyle, la réaction ne peut avoir lieu et la synthèse d'ADN est donc bloquée au moment de cette addition.

Le principe du séquençage de Sanger est simple. Supposons que l'on veuille lire la séquence d'un fragment d'ADN cloné long de 5 000 paires de bases par exemple. Il faut d'abord dénaturer les deux brins de ce fragment. Il faut ensuite créer une amorce pour la synthèse d'ADN, qui s'hybridera en une position précise du fragment cloné, puis ajouter un «cocktail» spécial constitué d'ADN polymérase, de nucléotides triphosphate normaux (dATP, dCTP, dGTP et dTTP) et d'une petite quantité d'un didésoxynucléotide spécial pour chacune des quatre bases (par exemple, du désoxyadénosine triphosphate, abrégé en ddATP). La polymérase va commencer à synthétiser le brin complémentaire d'ADN en commençant par l'amorce, mais s'arrêtera à chaque fois que le didésoxynucléotide triphosphate sera incorporé dans la chaîne d'ADN en cours d'élongation à la place du nucléotide triphosphate normal. Supposons que la séquence du fragment d'ADN que l'on essaye de séquencer soit la suivante :

5' ACGGGATAGCTAATTGTTTACCGCCGGAGCCA 3'

La synthèse d'ADN à partir d'une amorce complémentaire serait donc :

5' ACGGGATAGCTAATTGTTTACCGCCGGAGCCA 3'
3'   CGGCCTCGGT 5'
⟵ Sens de synthèse de l'ADN

En utilisant le cocktail spécial pour la synthèse de l'ADN contenant du ddATP par exemple, on créera un ensemble de fragments d'ADN ayant le même point de départ mais des extrémités différentes, selon le site d'insertion du ddATP à la place du dATP ayant provoqué l'arrêt de la réplication de l'ADN. L'ensemble des différentes chaînes d'ADN interrompues par le ddATP ressemble au schéma figurant au bas de cette page. (*A indique le didésoxynucléotide.)

On peut créer un groupe de fragments de ce type pour chacun des quatre didésoxynucléotides triphosphate possibles, en utilisant quatre cocktails séparés (un avec du ddATP, un avec du ddCTP, un avec du ddGTP et un avec du ddTTP). Chacun donne lieu à un ensemble différent de fragments, et deux cocktails ne produisent jamais de fragments de la même taille. De plus, en regroupant les résultats obtenus avec chacun des quatre cocktails, on voit que les fragments peuvent être ordonnés suivant leur longueur, qui augmente d'une base à la fois. Les dernières étapes du processus sont les suivantes :

1. La séparation des fragments en fonction de leur taille grâce à une électrophorèse sur gel.

2. Le marquage des brins néosynthétisés pour pouvoir les visualiser après leur séparation par électrophorèse. Il peut être réalisé par un marquage radioactif ou fluorescent de l'amorce (marquage d'amorçage) ou du didésoxynucléotide triphosphate (marquage de terminaison).

Les produits de ces réactions de séquençage à l'aide des didésoxynucléotides sont représentés dans la Figure 11-18. Ce résultat est une échelle de chaînes marquées d'ADN dont la longueur augmente d'une base à chaque fois. Il suffit donc de lire le gel pour lire la séquence d'ADN du brin synthétisé dans le sens 5' vers 3'.

Si le marqueur est un colorant fluorescent et que l'on dispose d'un émetteur de fluorescence de couleur différente pour chacune des quatre réactions avec les ddNTP, alors celles-ci peuvent se dérouler dans le même tube à essai et les quatre jeux de chaînes tronquées d'ADN peuvent être soumis ensemble à une électrophorèse. Grâce à cela, on peut déterminer quatre fois plus de séquences qu'en effectuant les réactions séparément. Ce principe est utilisé pour la détection par fluorescence grâce aux machines de séquençage automatisé de l'ADN. Ces appareils ont permis d'intensifier

5'	ATGGGATAGCTAATTGTTTACCGCCGGAGCCA	3'	ADN cloné qui sert de matrice
3'	CGGCCTCGGT	5'	Amorce pour la synthèse
	⟵		Sens de synthèse de l'ADN
3'	*ATGGCGGCCTCGGT	5'	Fragment 1 contenant un didésoxynucléotide
3'	*AATGGCGGCCTCGGT	5'	Fragment 2 contenant un didésoxynucléotide
3'	*AAATGGCGGCCTCGGT	5'	Fragment 3 contenant un didésoxynucléotide
3'	*ACAAATGGCGGCCTCGGT	5'	Fragment 4 contenant un didésoxynucléotide
3'	*AACAAATGGCGGCCTCGGT	5'	Fragment 5 contenant un didésoxynucléotide
3'	*ATTAACAAATGGCGGCCTCGGT	5'	Fragment 6 contenant un didésoxynucléotide
3'	*ATCGATTAACAAATGGCGGCCTCGGT	5'	Fragment 7 contenant un didésoxynucléotide
3'	*ACCCTATCGATTAACAAATGGCGGCCTCGGT	5'	Fragment 8 contenant un didésoxynucléotide

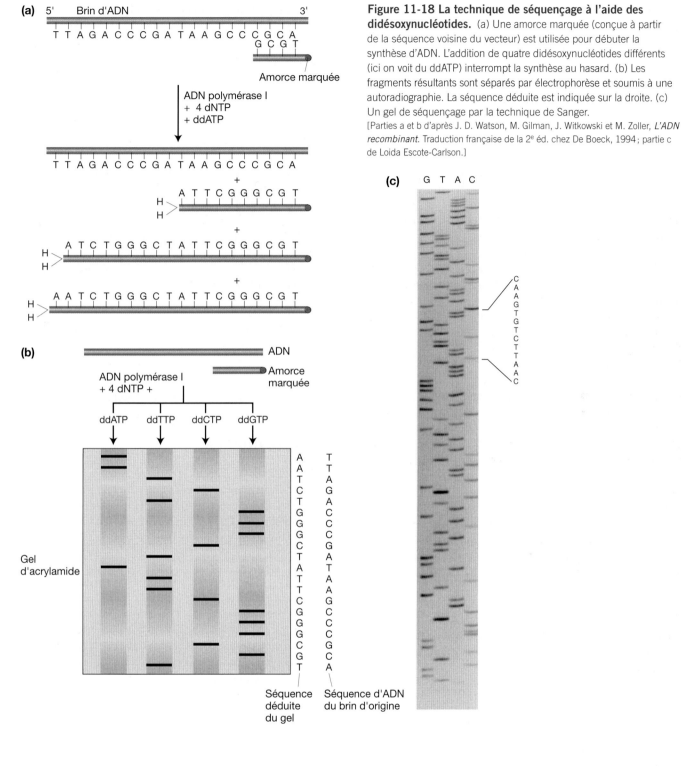

Figure 11-18 La technique de séquençage à l'aide des didésoxynucléotides. (a) Une amorce marquée (conçue à partir de la séquence voisine du vecteur) est utilisée pour débuter la synthèse d'ADN. L'addition de quatre didésoxynucléotides différents (ici on voit du ddATP) interrompt la synthèse au hasard. (b) Les fragments résultants sont séparés par électrophorèse et soumis à une autoradiographie. La séquence déduite est indiquée sur la droite. (c) Un gel de séquençage par la technique de Sanger.
[Parties a et b d'après J. D. Watson, M. Gilman, J. Witkowski et M. Zoller, *L'ADN recombinant*. Traduction française de la 2e éd. chez De Boeck, 1994 ; partie c de Loida Escote-Carlson.]

les séquençages d'ADN et d'obtenir la séquence de génomes complets en employant à grande échelle les protocoles décrits dans cette section. La Figure 11-19 illustre le résultat d'un séquençage automatique. Chaque pic de couleur représente un fragment d'ADN de taille différente qui se termine par une base fluorescente détectée grâce à l'analyseur de fluorescence du séquenceur automatique d'ADN. Les quatre couleurs distinctes correspondent aux quatre bases

d'ADN. Les applications de la technologie du séquençage automatisé à grande échelle seront l'un des sujets centraux du Chapitre 12.

> **MESSAGE** Un segment cloné d'ADN peut être séquencé en caractérisant une série de fragments synthétiques tronqués d'ADN, terminés à des positions différentes correspondant à l'incorporation d'un didésoxynucléotide.

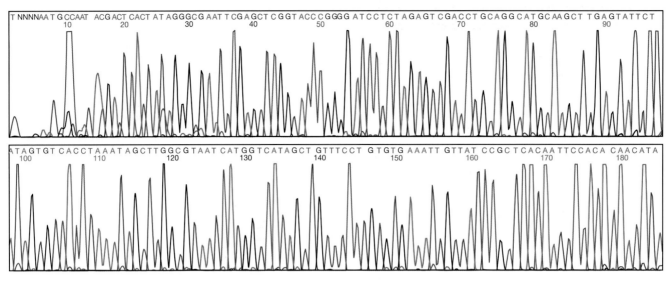

Figure 11-19 Un enregistrement obtenu à partir d'un séquenceur automatique qui utilise des colorants fluorescents. Chacune des quatre couleurs correspond à une base différente. N représente une base que l'on ne peut déterminer car les pics sont trop bas. Remarquez que s'il s'agissait d'un gel comme celui de la Figure 11-18c, chacun de ces pics correspondrait à l'une des bandes sombres du gel. En d'autres termes, ces pics colorés représentent une lecture différente des même types de résultats que ceux obtenus à partir d'un gel de séquençage.

Supposons que nous ayons déterminé la séquence nucléotidique d'un fragment cloné d'ADN. Comment déterminer s'il contient un ou plusieurs gènes? La séquence nucléotidique est introduite dans un ordinateur qui passe alors en revue les six cadres de lecture (trois dans chaque sens) à la recherche de régions susceptibles de coder des protéines débutant par un codon d'amorçage ATG, se terminant par un codon stop et suffisamment longues pour qu'une séquence continue de cette taille ne puisse être apparue par simple hasard. On appelle ces séquences, des **cadres de lecture ouverts (ORF** pour *open reading frames* en anglais). Il s'agit de séquences qui sont des gènes candidats. La Figure 11-20 montre une analyse de ce type dans laquelle deux gènes candidats ont été identifiés comme ORF. Les utilisations des techniques expérimentales et informatiques de recherche de gènes dans des séquences d'ADN seront traitées au Chapitre 12.

11.2 L'amplification de l'ADN in vitro: la réaction en chaîne de la polymérase

Si l'on connaît la séquence de certaines parties au moins du gène ou d'un fragment intéressant, on peut l'amplifier dans un tube à essai. Cette procédure s'appelle la **réaction en chaîne de la polymérase** (**PCR** pour *polymerase chain reaction* en anglais). Son déroulement est résumé dans la Figure 11-21. Lors de la PCR, on utilise de multiples copies d'une paire de courtes amorces de 15 à 20 bases synthétisées chimiquement, chacune se fixant à une extrémité du gène ou de la région à amplifier. Les deux amorces se lient aux brins opposés de l'ADN, avec leurs extrémités 3' qui se font face. Les polymérases ajoutent des bases à ces amorces et le processus de polymérisation navigue d'une extrémité à l'autre, formant un nombre de molécules d'ADN double-brin dont la croissance est exponentielle. Voici les détails du processus.

Figure 11-20 La recherche des cadres de lecture ouverts. N'importe quel fragment d'ADN comporte 6 cadres de lecture possibles, 3 dans chaque sens. Ici, l'ordinateur a examiné une séquence de plasmide de champignon de 9 kb en recherchant les ORF (gènes potentiels). Deux longs ORF, 1 et 2, sont les meilleurs candidats pour des gènes potentiels. Les ORF en jaune sont trop courts pour être des gènes.

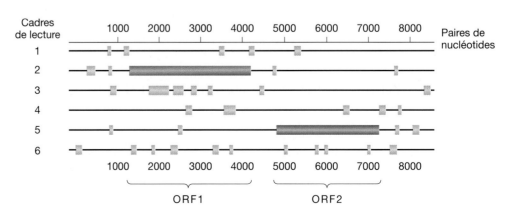

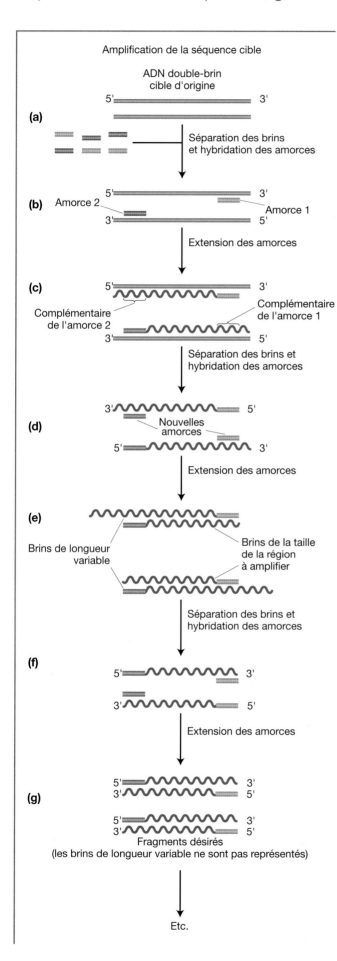

Amplification de la séquence cible

ADN double-brin
cible d'origine

(a)   Séparation des brins
et hybridation des amorces

(b) Amorce 2   Amorce 1

Extension des amorces

(c) Complémentaire   Complémentaire
de l'amorce 2   de l'amorce 1

Séparation des brins et
hybridation des amorces

(d)   Nouvelles
amorces

Extension des amorces

(e) Brins de longueur   Brins de la taille
variable   de la région
à amplifier

Séparation des brins et
hybridation des amorces

(f)

Extension des amorces

(g)   Fragments désirés
(les brins de longueur variable ne sont pas représentés)

Etc.

Figure 11-21 La réaction en chaîne de la polymérase.
(a) Un ADN double-brin contenant la séquence cible. (b) Deux amorces choisies ou créées ont des séquences complémentaires des sites de liaison de l'amorce aux extrémités 3' du gène cible sur les deux brins. Les brins sont séparés par chauffage, ce qui permet aux deux amorces de s'hybrider avec leurs sites de liaison. Les deux amorces encadrent donc la séquence recherchée. (c) La *Taq* polymérase synthétise ensuite le premier jeu de brins complémentaires au cours de la réaction. Ces deux premiers brins sont de longueur variable, car ils n'ont pas de signal d'arrêt commun. Ils se poursuivent au-delà des extrémités de la séquence cible, telle qu'elle était délimitée par les sites de liaison des amorces. (d) Les deux doubles-brins sont à nouveau chauffés, exposant quatre sites de liaison. (Pour des raisons de simplicité, seuls les deux nouveaux brins sont dessinés.) Les deux amorces se lient à nouveau à leurs brins respectifs au niveau des extrémités 3' de la région cible. (e) La *Taq* polymérase synthétise une nouvelle fois deux brins complémentaires. Bien que les brins matrices soient de longueur variable à cette étape, les deux brins qui viennent d'être synthétisés à partir de ceux-ci ont exactement la longueur de la séquence cible désirée. Ceci s'explique par le fait que chaque nouveau brin commence au niveau du site de liaison de l'amorce, à une extrémité de la séquence cible et se poursuit jusqu'à la fin de la matrice, à l'autre extrémité de la séquence cible. (f) Chaque nouveau brin commence à présent par une séquence amorce et se termine par la séquence de liaison de l'autre amorce. Après la séparation des brins, les amorces s'hybrident à nouveau et les brins sont allongés jusqu'à ce qu'ils atteignent la longueur de la séquence cible. (Les brins de longueur variable de la partie c produisent également des brins de la longueur de la séquence cible, qui, pour des raisons de simplicité, ne sont pas représentés.) (g) Le processus peut être répété indéfiniment, en créant à chaque fois deux molécules d'ADN double-brin identiques à la séquence cible.
[D'après J. D. Watson, M. Gilman, J. Witkowski et M. Zoller, *L'ADN recombinant*. Traduction française de la 2e éd. chez De Boeck, 1994.]

On commence le protocole avec une solution contenant l'ADN à amplifier, les amorces, les quatre désoxyribonucléotides triphosphate et une ADN polymérase particulière. On dénature l'ADN en le chauffant et l'on obtient des molécules d'ADN simple-brin. Les amorces s'hybrident avec leurs séquences complémentaires parmi les molécules d'ADN simple-brin présentes dans la solution refroidie. Une ADN polymérase spécifique, présentant une résistance élevée à la chaleur, réplique les segments d'ADN simple-brin en polymérisant les nucléotides à partir de l'amorce. L'ADN polymérase appelée *Taq* polymérase, provenant de la bactérie *Thermus aquaticus*, est l'une des enzymes couramment utilisées. (Cette bactérie se développe en temps normal dans les sources d'eau chaude et a donc développé des protéines extrêmement résistantes à la chaleur. Grâce à cela, son ADN polymérase peut résister aux températures élevées nécessaires pour séparer les duplex d'ADN, ce qui dénaturerait et inactiverait les ADN polymérases de la plupart des autres espèces.) Les nouveaux brins complémentaires sont synthétisés comme lors d'une réplication normale d'ADN dans des cellules, formant deux molécules d'ADN double-brin identiques à la molécule double-brin parentale. Après la réplication du segment situé entre les deux amorces (un cycle), les deux nouveaux duplex sont dénaturés à leur tour par la chaleur afin de produire des matrices simple-brin et un deuxième cycle de réplication est effectué en abaissant la température en présence de tous les composants nécessaires à la polymérisation. Des cycles répétés de dénaturation, hybridation et synthèse aboutissent à une augmentation exponentielle du nombre de segments répliqués. Ainsi, on peut obtenir jusqu'à un million d'exemplaires du fragment d'origine en 1 à 2 heures.

La PCR est très intéressante car elle comporte beaucoup moins d'étapes que le clonage. En effet, la position des amorces établit la spécificité du segment d'ADN amplifié. Si les séquences correspondant aux amorces sont toutes deux présentes en un seul exemplaire dans le génome et si elles sont suffisamment proches l'une de l'autre (avec une distance maximale de 2 kb environ), le *seul* segment d'ADN susceptible d'être amplifié est celui qui se trouve entre les deux amorces. C'est également le cas si ce segment d'ADN est présent à une concentration très faible (par exemple un pour un million de fragments d'ADN) dans un mélange complexe de fragments d'ADN tel que l'on peut en obtenir à partir d'une préparation d'ADN génomique humain.

La PCR étant une technique très sensible, elle possède de nombreuses autres applications en biologie. Elle peut amplifier des séquences cibles présentes en un nombre extrêmement faible de copies dans un échantillon, dès lors que l'on dispose d'amorces spécifiques de cette séquence rare. Par exemple, les enquêteurs de la police scientifique peuvent amplifier des fragments d'ADN humain à partir des quelques cellules folliculaires entourant un unique cheveu arraché.

Bien que la sensibilité et la spécificité de la PCR constituent des avantages évidents, cette technique présente cependant des limites. La synthèse des amorces destinées à la PCR nécessite la connaissance de certaines informations au moins sur la séquence du fragment d'ADN à amplifier. En l'absence de l'information nécessaire, la PCR est impossible. La polymérase amplifie fidèlement des segments d'ADN uniquement lorsqu'ils sont inférieurs à 2 kb. La PCR est donc plus fiable pour les petits fragments d'ADN recombinant.

> **MESSAGE** La réaction en chaîne de la polymérase utilise des amorces conçues spécialement pour une amplification directe de courtes régions spécifiques d'ADN dans un tube à essai.

11.3 Le gène de l'alcaptonurie : un autre cas d'école

Nous avons utilisé plus haut le gène de l'insuline humaine comme exemple de clonage. On disposait de nombreuses informations sur ce gène avant de le cloner et la principale raison de ce clonage était la production d'insuline comme médicament. Dans la plupart des cas de clonage cependant, on sait peu de choses sur le gène car on le clone pour en connaître davantage. Le clonage du gène humain déficient dans l'alcaptonurie (son histoire est racontée dans la Figure 11-22) est un exemple de ce cas. Le processus réunit plusieurs techniques que nous avons déjà décrites : le clonage des gènes *in vivo* et la PCR *in vitro*.

L'alcaptonurie est une maladie humaine présentant plusieurs symptômes, le plus frappant étant le fait que l'urine vire au noir lorsqu'elle est exposée à l'air. En 1898, un médecin anglais appelé Archibald Garrod montra que la substance responsable de cette couleur noire était l'acide homogentisique, qui est excrété en quantité anormalement élevée dans l'urine des malades atteints d'alcaptonurie. En 1902, au début de l'ère post-mendélienne, Garrod suggéra, d'après le mode de transmission de la maladie dans les arbres généalogiques, que l'alcaptonurie se transmettait comme un caractère mendélien récessif. Peu de temps après, en 1908, il avança l'idée que la maladie était due à l'absence d'une enzyme qui, en temps normal, coupe le noyau aromatique de l'acide homogentisique pour le convertir en acide maléylacétoacétique. Il pensait que cette déficience enzymatique entraînait l'accumulation de l'acide homogentisique. L'alcaptonurie est donc parmi les premiers cas supposés d'« erreur congénitale du métabolisme », une déficience enzymatique provoquée par un gène défectueux. Il se passa 50 ans avant que d'autres chercheurs montrent que dans le foie des malades atteints d'alcaptonurie, l'activité de l'enzyme qui coupe normalement l'acide homogentisique, une enzyme appelée homogentisate 1,2-dioxygénase (HGO), est effectivement complètement absente. Il semblait donc probable que l'enzyme HGO soit codée en temps normal par le gène de l'alcaptonurie.

En 1992, la position du gène de l'alcaptonurie fut établie génétiquement au niveau de la bande 2 du bras long du chromosome 3 (bande 3q2). En 1995, Jose Fernández-Cañon et ses collègues clonèrent et caractérisèrent un

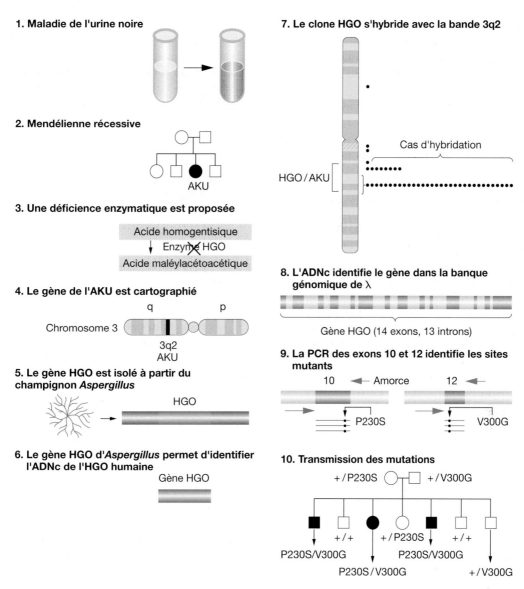

Figure 11-22 Les étapes de l'analyse biochimique, génétique et moléculaire de l'alcaptonurie.

gène codant l'enzyme HGO chez le champignon *Aspergillus nidulans* (la même enzyme que celle absente chez les humains atteints d'alcaptonurie). En 1996, ils utilisèrent la séquence déduite d'acides aminés de ce gène pour effectuer une recherche informatique parmi un grand nombre de fragments séquencés d'une banque d'ADNc humains. Ils identifièrent un clone positif contenant un gène humain de 445 acides aminés qui présentait une ressemblance de 52 % avec le gène d'*Aspergillus*. Lorsque le gène humain était exprimé dans un vecteur d'expression d'*E. coli*, il présentait une activité HGO. Le gène HGO humain fut ensuite utilisé comme sonde sur des chromosomes dont l'ADN avait été au préalable partiellement dénaturé (hybridation *in situ* – voir Chapitre 12). Cette sonde se liait à la bande 3q2, qui est la position connue du gène de l'alcaptonurie.

Après avoir identifié le gène de l'alcaptonurie, les chercheurs tentèrent de savoir quelles étaient la ou les mutations qui inactivaient le gène. Le clone d'ADNc fut utilisé pour récupérer le gène complet à partir d'une banque génomique. On découvrit que le gène comportait 14 exons et s'étendait au total sur 60 kb. On rechercha la présence de mutations dans ce gène chez une famille de sept personnes dans laquelle trois enfants étaient atteints d'alcaptonurie. L'analyse par PCR fut utilisée pour amplifier individuellement tous les exons. Les produits amplifiés furent séquencés. Un parent était hétérozygote pour une substitution proline → sérine en position 230 de l'exon 10 (mutation P230S). L'autre parent était hétérozygote pour une substitution valine → glycine en position 300 de l'exon 12 (mutation V300G). Les trois enfants atteints d'alcaptonurie avaient la constitution P230S/V300G, comme on s'y attendait s'il s'agissait effectivement des sites mutants inactivant l'enzyme HGO. Grâce à cela, les chercheurs identifièrent avec certitude cette partie du génome codant le gène HGO de l'alcaptonurie.

Nous venons de voir de quelle façon des informations sur la séquence, la position chromosomique et la conservation entre des espèces au cours de l'évolution ont toutes contribué à l'identification réussie du clone du gène de l'alcaptonurie.

Nous avons présenté dans les sections précédentes les techniques fondamentales qui ont révolutionné la génétique. Le reste du chapitre sera consacré aux applications de ces techniques au diagnostic de maladies humaines et au génie génétique.

11.4 Détecter les allèles de maladies humaines : les diagnostics utilisant la génétique moléculaire

L'un des facteurs impliqués dans plus de 500 maladies génétiques humaines est un allèle mutant récessif d'un gène unique. Il est important pour les familles présentant le risque de transmettre ces maladies, de détecter les parents potentiellement hétérozygotes afin d'offrir un conseil génétique efficace. Il faut également être capable de détecter de manière précoce les enfants homozygotes, idéalement au stade fœtal, afin que des médicaments ou des traitements alimentaires soient appliqués au plus tôt. Il y aura sans doute à l'avenir une possibilité de thérapie génique. Les maladies dominantes peuvent également nécessiter un diagnostic génétique. Par exemple, les personnes à risque pour la chorée de Huntington, une maladie qui se déclare à l'âge adulte, ont besoin de savoir qu'elles portent l'allèle de la maladie avant d'avoir des enfants.

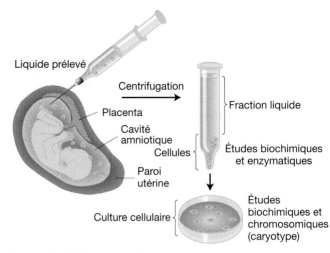

Figure 11-23 L'amniocentèse.

Les tests utilisés en routine permettent de détecter des allèles présentant une déficience homozygote dans des cellules fœtales. Pour repérer de telles déficiences génétiques, on peut prélever quelques cellules fœtales dans le liquide amniotique, les séparer des autres composants et les mettre en culture pour pouvoir analyser les chromosomes, les protéines, les réactions enzymatiques et autres propriétés biochimiques. Ce procédé, appelé **amniocentèse** (Figure 11-23) permet d'identifier un grand nombre de maladies connues. Le Tableau 11-1 en donne quelques exemples. L'**analyse des villosités choriales** (CVS pour *chorionic villus sampling* en

Tableau 11-1 Quelques maladies génétiques courantes.	
Erreurs congénitales du métabolisme	Fréquence approximative parmi les enfants nés vivants
1. Mucoviscidose (protéine déficiente dans le canal à chlorure)	1/1 600 Caucasiens
2. Dystrophie musculaire de Duchenne (protéine musculaire déficiente, dystrophine)	1/3 000 garçons (liée à l'X)
3. Maladie de Gaucher (déficit en glucocérébrosidase)	1/2 500 Juifs askhénazes ; 1/75 000 chez les autres
4. Maladie de Tay-Sachs (déficit en hexosaminidase A)	1/3 500 Juifs askhénazes ; 1/35 000 chez les autres
5. Pentosurie essentielle (une maladie bénigne)	1/2 000 Juifs askhénazes ; 1/50 000 chez les autres
6. Hémophilie classique (déficit en facteur de coagulation VIII)	1/10 000 garçons (liée à l'X)
7. Phénylcétonurie (déficit en phénylalanine hydroxylase)	1/5 000 Irlandais celtes ; 1/15 000 chez les autres
8. Cystinurie (déficit en transporteur membranaire de la cystine)	1/15 000
9. Leucodystrophie métachromatique (déficit en arylsulfatase A)	1/40 000
10. Galactosémie (déficit en galactose 1-phosphate uridyl transférase)	1/40 000
11. Anémie à cellules falciformes (chaîne de la ß-globine déficiente)	1/400 chez les Noirs Américains. Chez certaines populations d'Afrique occidentale, la fréquence des hétérozygotes est de 40 %.
12. Thalassémie (chaîne de la ß-globine absente ou en concentration faible)	1/400 chez certaines populations méditerranéennes

Note: bien qu'une large majorité des 500 maladies génétiques récessives connues soient extrêmement rares, elles représentent ensemble un énorme problème de santé pour l'humanité. Comme ces maladies sont transmises suivant un mode mendélien, leur fréquence d'apparition est plus élevée chez certaines populations.

Source: J. D. Watson, M. Gilman, J. Witkowski et D. T. Kurtz, J. D. Watson, M. Gilman, J. Witkowski et M. Zoller, L'ADN Recombinant. Traduction française de la 2ᵉ éd. chez De Boeck, 1994.

anglais) est une technique voisine, au cours de laquelle un petit échantillon de cellules de placenta est aspiré grâce à une longue seringue. Au cours de la grossesse, la CVS peut être réalisée plus tôt que l'amniocentèse, qui nécessite la formation d'un volume suffisant de liquide amniotique.

Ce type d'études a permis jusqu'ici d'identifier uniquement des maladies détectables grâce à une déficience chimique dans les cellules en culture. Toutefois, la technologie de l'ADN recombinant permet d'analyser directement l'ADN. En principe, le gène fœtal examiné devrait être cloné et sa séquence comparée à celle d'un gène cloné normal pour voir s'il est normal lui aussi. Cependant, cette procédure serait longue et peu commode. Il a donc fallu imaginer des raccourcis pour permettre un examen plus rapide. Plusieurs des techniques utiles développées dans ce but seront expliquées dans les sections suivantes.

Les mutations permettant un diagnostic grâce à la modification des sites de restriction

Parfois, une mutation responsable d'une maladie spécifique supprime un site de restriction qui est présent en temps normal. À l'inverse, en d'autres occasions, une mutation associée à une maladie modifie la séquence normale et crée ainsi un nouveau site de restriction. Dans les deux cas, la présence ou l'absence d'un site de restriction fournit un test simple pour détecter le génotype responsable d'une maladie. L'anémie à cellules falciformes est une maladie génétique généralement due à une mutation bien caractérisée. Affectant près de 0,25 % des Noirs américains, la maladie se traduit par une hémoglobine modifiée, dans laquelle une valine (un acide aminé) remplace un acide glutamique en position 6 de la chaîne de β-globine. Le changement de GAG en GTG responsable de cette substitution supprime un site de coupure pour l'enzyme de restriction *Mst*II, qui coupe la séquence CCTNAGG (dans laquelle N représente n'importe laquelle des quatre bases). Le changement de CCTGAGG en CCTGTGG peut donc être détecté grâce à une analyse par transfert de type Southern, en utilisant comme sonde de l'ADNc marqué de β-globine, car l'ADN provenant des personnes atteintes d'anémie à cellules falciformes a un fragment d'ADN de moins que celui des personnes saines et présente un grand fragment (non clivé), absent dans le cas de l'ADN normal (Figure 11-24).

Les mutations permettant un diagnostic par hybridation d'une sonde

La plupart des mutations responsables de maladies ne modifient aucun site de restriction. Dans ce cas, il existe des techniques qui permettent de distinguer allèles mutants et normaux si l'on dispose d'une sonde qui s'hybride à l'allèle. Des sondes oligonucléotidiques peuvent être synthétisées pour détecter une différence d'une seule paire de bases. Le meilleur exemple est celui de la déficience en α_1-antitrypsine, qui augmente fortement la probabilité de développer un emphysème pulmonaire. La maladie est due au changement d'une seule base

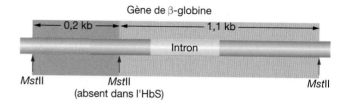

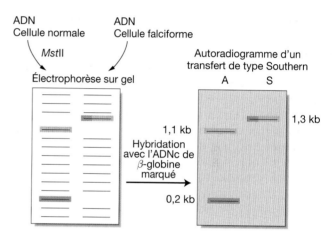

Figure 11-24 La détection du gène d'hémoglobine responsable de l'anémie à cellules falciformes, par hybridation sur un transfert de type Southern. Le changement de base (A → T) qui provoque l'anémie à cellules falciformes détruit un site cible de *Mst*II présent dans le gène normal de la β-globine. Cette différence peut être détectée par le transfert de type Southern. [D'après J. D. Watson, M. Gilman, J. Witkowski et M. Zoller, *L'ADN recombinant*. Traduction française de la 2e éd. chez De Boeck. 1994.]

en une position connue. Une sonde oligonucléotidique synthétique, qui contient la séquence de type sauvage dans la région correspondante du gène, peut être utilisée lors d'une analyse par la technique de Southern pour déterminer si l'ADN contient la séquence de type sauvage ou la séquence mutante. À des températures élevées, une séquence complémentaire s'hybridera, tandis qu'une séquence contenant même une seule base mal appariée ne s'hybridera pas.

Le diagnostic grâce aux tests par PCR

Puisque la PCR permet à un chercheur de se concentrer sur une séquence d'ADN potentiellement déficiente, elle peut être utilisée pour amplifier ce fragment, qui peut ensuite être séquencé. Une approche encore plus simple consiste à synthétiser des amorces capables de s'hybrider à l'allèle normal et qui peuvent ensuite être utilisées pour la procédure d'amplification. Cette technique permet de diagnostiquer des maladies dans lesquelles interviennent un site spécifique de mutation.

> **MESSAGE** La technologie de l'ADN recombinant offre de multiples techniques à haute résolution pour détecter des allèles déficients.

11.5 Le génie génétique

La technologie de l'ADN recombinant permet d'isoler des gènes dans un tube à essai et de caractériser leur séquence nucléotidique, mais ce n'est pas tout. Nous allons voir plus loin que la connaissance d'une séquence est souvent le début d'un nouveau cycle de manipulation génétique. Une fois bien caractérisée, une séquence peut être manipulée pour modifier le génotype d'un organisme. L'introduction d'un gène modifié dans un organisme est devenue un aspect central de la recherche fondamentale en génétique, mais elle a également trouvé des applications commerciales. Parmi les exemples récents citons (1) les chèvres qui sécrètent dans leur lait des antibiotiques dérivés d'un champignon et (2) des plantes qui ont la propriété de ne pas geler en raison de l'introduction du gène «antigel» du poisson arctique dans leur génome. L'utilisation des techniques de l'ADN recombinant pour modifier ainsi le génotype et le phénotype d'un organisme s'appelle le *génie génétique*.

Il a fallu étendre les techniques de génie génétique développées à l'origine chez les bactéries et décrites dans la première partie de ce chapitre, aux Eucaryotes modèles qui constituent une grande proportion des organismes modèles utilisés pour la recherche. Les gènes eucaryotes continuent pourtant à être clonés et séquencés dans des hôtes bactériens, mais on les introduit ensuite dans un Eucaryote, qui peut être

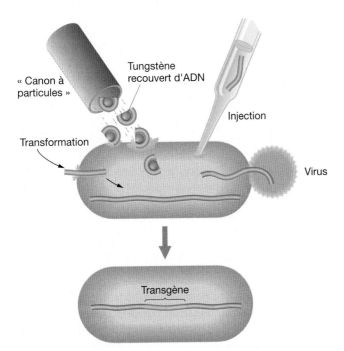

« Canon à particules »
Tungstène recouvert d'ADN
Injection
Transformation
Virus
Transgène

Figure 11-25 Quelques-unes des techniques utilisées pour introduire un ADN étranger dans une cellule.

l'espèce donneuse d'origine ou une espèce complètement différente. On appelle **transgène** le gène transféré et **organismes transgéniques** les organismes contenant ces transgènes.

Le transgène peut être introduit dans une cellule eucaryote par différentes techniques y compris la transformation, l'injection, l'infection virale ou bactérienne ou encore le bombardement à l'aide de particules de tungstène ou d'or recouvertes d'ADN (Figure 11-25). Lorsque le transgène est introduit dans une cellule, il peut gagner le noyau dans lequel, pour devenir une partie stable du génome, il doit s'insérer dans un chromosome ou (dans quelques espèces seulement) se répliquer s'il est intégré dans un plasmide. En cas d'insertion, il peut remplacer le gène résidant ou bien subir une insertion ectopique, c'est-à-dire en d'autres positions du génome. Les transgènes issus d'autres espèces subissent le plus souvent une insertion ectopique.

> **MESSAGE** La transgenèse permet d'introduire du matériel génétique nouveau ou modifié dans des cellules eucaryotes.

Nous allons maintenant envisager des exemples chez les champignons, les plantes et les animaux et considérer des essais de thérapie génique humaine.

Le génie génétique chez *Saccharomyces cerevisiae*

La levure *Saccharomyces cerevisiae* est devenue le modèle eucaryote le plus sophistiqué pour la technologie de l'ADN recombinant. La plupart des techniques utilisées pour le génie génétique eucaryote ont été mises au point chez la levure. C'est pourquoi nous allons considérer les principales voies de transgenèse chez cet organisme.

LES PLASMIDES INTÉGRATIFS Les vecteurs de levure les plus simples sont les plasmides intégratifs de levure (YIp pour *yeast integrative plasmid* en anglais), qui sont des dérivés de plasmides bactériens dans lesquels de l'ADN de levure a été inséré (Figure 11-26a). Lorsque des cellules de levure sont transformées par ces plasmides modifiés, ceux-ci s'insèrent dans le chromosome de levure en général par recombinaison homologue avec le gène résidant, par un crossing-over simple ou double (Figure 11-27). À la suite de cela, le plasmide complet ou l'allèle visé est remplacé par l'allèle porté par le plasmide. Ce dernier cas est un exemple de *remplacement d'un gène* – ici, le remplacement du gène originel de la cellule de levure par un gène modifié par génie génétique. Le remplacement de gène peut être utilisé pour déléter un gène ou remplacer un allèle mutant par son équivalent sauvage, ou à l'inverse, substituer un allèle sauvage par un allèle mutant. Ces remplacements peuvent être détectés en étalant les cellules sur un milieu permettant de sélectionner l'allèle marqueur présent dans le plasmide.

Une origine bactérienne de réplication est différente d'une origine eucaryote; c'est pourquoi les plasmides bactériens ne peuvent se répliquer dans des cellules de levure. De ce fait, le seul moyen pour que ces vecteurs créent un génotype modifié stable est leur intégration dans le chromosome de levure.

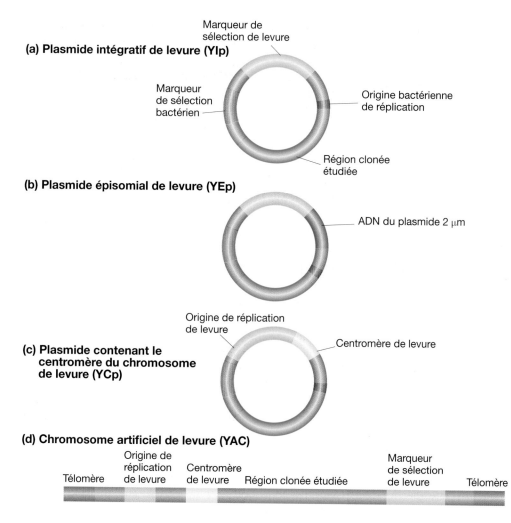

(a) Plasmide intégratif de levure (YIp)

Marqueur de sélection de levure

Marqueur de sélection bactérien

Origine bactérienne de réplication

Région clonée étudiée

(b) Plasmide épisomial de levure (YEp)

ADN du plasmide 2 μm

Origine de réplication de levure

Centromère de levure

(c) Plasmide contenant le centromère du chromosome de levure (YCp)

(d) Chromosome artificiel de levure (YAC)

Origine de réplication de levure

Centromère de levure

Région clonée étudiée

Marqueur de sélection de levure

Télomère

Télomère

Figure 11-26 Des représentations simplifiées de quatre types différents de plasmides utilisés chez la levure. Chacun est présenté dans son rôle de vecteur pour une région génétique étudiée, déjà insérée dans le vecteur. On peut étudier la fonction de ces fragments en transformant une souche de levure de génotype approprié. Des marqueurs de sélection sont nécessaires à la détection en routine du plasmide chez les bactéries ou les levures. Les origines de réplication sont des sites indispensables aux enzymes de réplication de bactérie ou de levure pour amorcer le processus de la réplication. (L'ADN dérivé du plasmide naturel de levure 2 μm dispose de ses propres origines de réplication.)

LES VECTEURS À RÉPLICATION AUTONOME Certaines souches de levure possèdent un plasmide naturel circulaire de levure de 6,3 kb, présent dans le noyau et qui ségrège dans la plupart des cellules filles lors de la méiose et de la mitose. Ce plasmide, dont la circonférence est de 2 μm, est connu sous le nom de plasmide «2 microns». Si un plasmide contenant le transgène comporte également l'origine de réplication du plasmide de 2 μm, alors ce plasmide pourra se répliquer indépendamment du noyau. Ce type de plasmide s'appelle le plasmide épisomial de levure (YEp pour *yeast episomal plasmid* en anglais) (Figure 11-26b). Bien qu'un YEp puisse se répliquer de manière autonome, il recombine parfois avec des séquences homologues appartenant au chromosome, exactement comme un YIp. Certains éléments de YEp possèdent également une origine bactérienne de réplication. Ces éléments sont des «vecteurs navettes» très utiles car ils peuvent être étudiés dans une espèce, puis transférés immédiatement dans une autre.

LES CHROMOSOMES ARTIFICIELS DE LEVURE Lorsqu'on utilise n'importe quel type de plasmide à réplication autonome, il est possible qu'une cellule fille n'en reçoive aucune copie, car la répartition des copies de plasmides entre les cellules filles dépend de l'endroit où ces copies se trouvent dans la cellule au moment de la formation de la

nouvelle paroi cellulaire. Cependant, si l'on ajoute au plasmide un centromère de chromosome de levure ainsi que des origines de réplication (Figure 11-26c), alors le fuseau nucléaire responsable de la ségrégation correcte des chromosomes traitera le plasmide contenant le centromère du chromosome de levure (YCp pour *yeast centromere plasmid*) quasiment de la même façon qu'un chromosome, et répartira équitablement ses copies entre les cellules filles lors de la division cellulaire. L'addition d'un centromère est une étape vers la création d'un chromosome artificiel. Une étape supplémentaire a été franchie en linéarisant un plasmide contenant un centromère et en ajoutant aux extrémités l'ADN télomérique de levure (Figure 11-26d). Si ce plasmide contient les origines de réplication de levure (également appelées séquences à réplication autonome), alors il constitue un **chromosome artificiel de levure** (YAC pour *yeast artificial chromosome* en anglais) qui se comporte à de nombreux égards comme un petit chromosome de levure lors de la mitose et de la méiose. Par exemple, lorsque deux cellules haploïdes – l'une contenant un YAC *ura*+ et l'autre un YAC *ura*− – sont réunies pour former un diploïde, de nombreuses tétrades présenteront la ségrégation 2:2 attendue si ces deux éléments se comportent comme de véritables chromosomes.

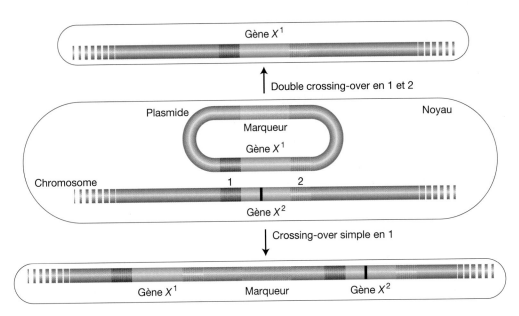

Figure 11-27 Deux façons de transformer une souche de levure receveuse portant un gène déficient (*X⁻*), par un plasmide portant un allèle actif (gène *X⁺*). Le site mutant du gène *X⁻* est représenté par un trait noir vertical. Des crossing-over simples en position 2 sont également possibles mais ils ne sont pas représentés ici.

Rappelons que nous avons abordé les YAC dans le contexte des vecteurs de clonage portant de grands inserts. Notons par exemple que la taille de la région codant le facteur de coagulation VIII chez l'homme s'étend sur 190 kb, alors que le gène de la dystrophie musculaire de Duchenne s'étend sur plus de 1 000 kb. Les YAC constituent l'un des rares moyens de manipuler ce type de gènes intacts grâce au génie génétique.

> **MESSAGE** Les vecteurs de levure peuvent s'intégrer dans un chromosome, se répliquer de façon autonome ou ressembler à des chromosomes artificiels, ce qui permet d'isoler des gènes, de les manipuler puis de les réinsérer pour les soumettre à une analyse génétique moléculaire.

Le génie génétique chez les végétaux

En raison de leur importance économique en agriculture, les végétaux sont depuis longtemps soumis à des analyses génétiques afin d'améliorer les variétés existantes. La technologie de l'ADN recombinant a donné une dimension nouvelle à ces tentatives, car les modifications du génome permises par cette technologie sont quasiment illimitées. La diversité génétique n'est plus seulement réalisée par la sélection de variants d'une espèce donnée. On peut désormais introduire de l'ADN provenant d'autres espèces de végétaux, d'animaux, ou même de bactéries. En réponse à ces nouvelles possibilités, une partie de la population a exprimé des inquiétudes sur le fait que l'introduction d'**organismes génétiquement modifiés (OGM)** dans la nourriture pourrait entraîner des problèmes de santé inattendus. Ces préoccupations à propos des OGM constituent une facette d'un débat public en cours sur la complexité des questions soulevées par les nouvelles technologies de la génétique sur le plan de la santé, de la sécurité, de l'éthique et de l'éducation.

LE SYSTÈME DU PLASMIDE TI Le **plasmide Ti** est un vecteur utilisé en routine pour produire des plantes transgéniques. C'est un plasmide naturel dérivé de la bactérie du sol *Agrobacterium tumefaciens*. Cette bactérie provoque une maladie appelée *gale du collet* (ou tumeur de crown-gall) au cours de laquelle la plante infectée produit des excroissances incontrôlées (tumeurs ou gales), généralement à la base (collet) de la plante. Le responsable de la formation de tumeurs est un grand ADN plasmidique circulaire (200 kb) – *le plasmide Ti* (inducteur de tumeurs : *tumor-inducing* en anglais). Lorsque la bactérie infecte une cellule végétale, une partie du plasmide Ti – une région appelée *ADN-T* pour ADN de transfert – est transférée et insérée, apparemment plus ou moins au hasard, dans le génome de la plante hôte (Figure 11-28). La structure d'un plasmide Ti est décrite dans la Figure 11-29. Les gènes dont les produits catalysent ce transfert d'ADN-T résident dans une région du plasmide Ti à l'extérieur de l'ADN-T. La région de l'ADN-T code plusieurs fonctions intéressantes qui contribuent à la capacité de la bactérie de croître et de se diviser à l'intérieur de la cellule végétale. Ces fonctions sont assurées par des enzymes impliquées dans la production de tumeurs et d'autres protéines responsables de la synthèse de composés appelés *opines*, qui sont des substrats importants pour la croissance de la bactérie. La nopaline est une opine importante. Les opines sont en fait synthétisées par les cellules de la plante infectée, qui expriment les gènes de synthèse de l'opine situés dans la région de l'ADN-T transféré. Les opines sont importées dans les cellules bactériennes de la tumeur en formation et sont métabolisées par des enzymes codées par les gènes utilisant les opines, présents sur le plasmide Ti.

Le comportement habituel du plasmide Ti fait de lui un vecteur de choix pour le génie génétique chez les végétaux. Si l'ADN étudié peut être épissé dans l'ADN-T, alors l'ensemble peut être inséré de façon stable dans un chromosome végétal. Ce système a été conçu essentiellement dans ce but, mais avec certaines modifications indispensables. Examinons un protocole expérimental.

Les plasmides Ti sont bien trop grands pour être manipulés aisément. Cependant, on ne peut pas réduire facilement

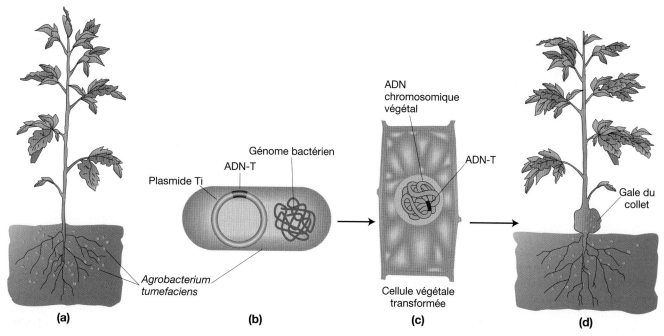

Figure 11-28 L'infection par le plasmide Ti. Au cours du processus responsable de la gale du collet, la bactérie *Agrobacterium tumefaciens* insère une partie de son plasmide Ti (une région appelée ADN-T) dans un chromosome de la plante hôte.

leur taille car ils contiennent peu de sites uniques de restriction et parce que la plus grande partie du plasmide est nécessaire à sa réplication ou à l'infection ainsi qu'au processus de transfert. Par conséquent, un plasmide Ti modifié de façon adéquate par génie génétique est créé en plusieurs étapes. Les premières étapes de clonage se déroulent dans les cellules *d'E. coli*, en utilisant un vecteur intermédiaire

nettement plus petit que Ti. Ce vecteur intermédiaire transporte le transgène dans l'ADN-T. Il peut être recombiné avec un plasmide Ti «désarmé», formant alors un *plasmide co-intégré* qui peut être introduit dans une cellule végétale grâce à une infection par *Agrobacterium* et une transformation. L'un des éléments importants du plasmide co-intégré est un marqueur sélectionnable utilisable pour détecter des cellules transformées. La résistance à la kanamycine est l'un de ces marqueurs.

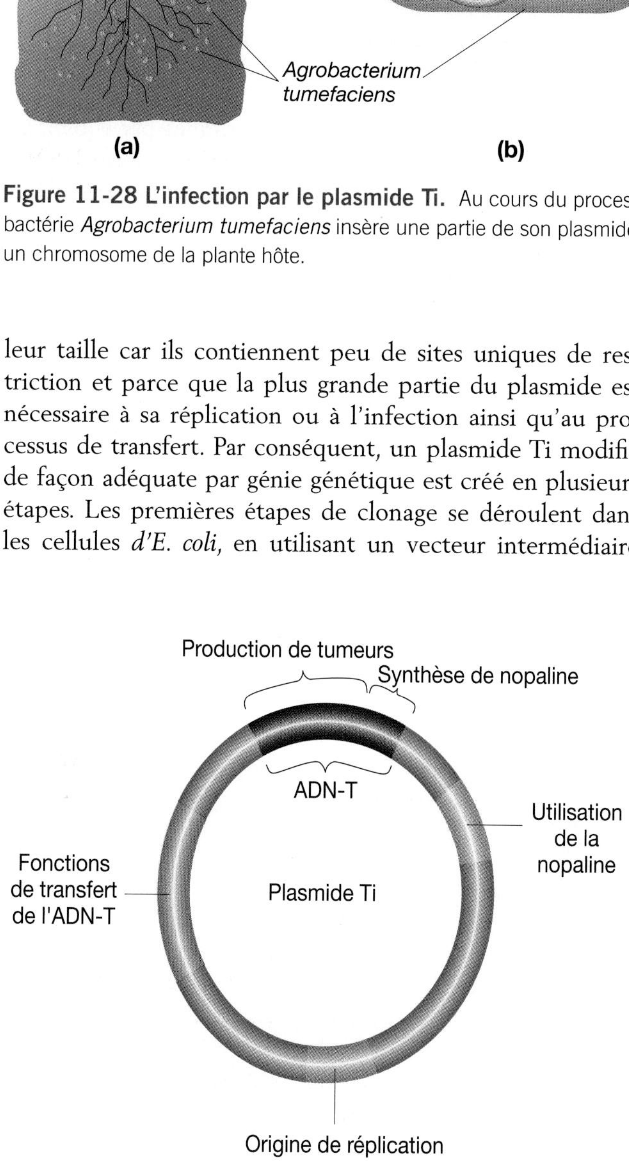

Comme le montre la Figure 11-30, les bactéries contenant les plasmides co-intégrés sont utilisées pour infecter des fragments de tissu végétal, tels que des disques découpés dans des feuilles. Dans les cellules infectées, n'importe quel matériel génétique présent entre les séquences situées à droite et à gauche de l'ADN-T peut être inséré dans un chromosome végétal. Si les disques découpés dans des feuilles sont placés sur un milieu contenant de la kanamycine, les seules cellules végétales qui subissent la division cellulaire sont celles ayant acquis le gène *kan*R présent dans le plasmide co-intégré de l'ADN-T. La croissance de ces cellules donne lieu à un amas cellulaire, ou cal, dont on peut induire la transformation en pousses et en racines. Ces cals peuvent ensuite être transférés dans le sol où ils formeront des plantes transgéniques (voir Figure 11-30). Souvent, un seul insert d'ADN-T est détectable dans un génome donné de plante, dans lequel il ségrège comme un allèle mendélien normal au cours de la méiose (Figure 11-31). On peut vérifier la présence de l'insert en recherchant dans le tissu transgénique des marqueurs génétiques transgéniques ou la présence de nopaline, ou encore en criblant de l'ADN purifié au moyen d'une sonde d'ADN-T lors d'une hybridation de type Southern.

Figure 11-29 Une représentation simplifiée des principales régions du plasmide Ti de *A. tumefaciens*. L'ADN-T, lorsqu'il est inséré dans l'ADN chromosomique de la plante hôte, commande la synthèse de nopaline qui est ensuite utilisée par la bactérie pour ses propres besoins. L'ADN-T provoque également la division incontrôlée de la cellule végétale, produisant une tumeur.

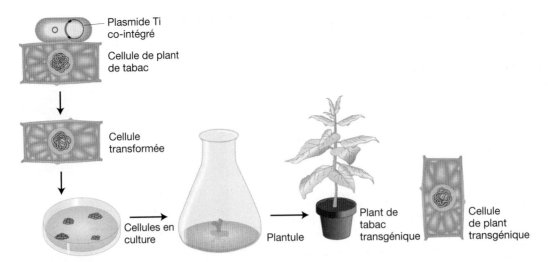

Figure 11-30 La création d'une plante transgénique à partir d'une cellule transformée par l'ADN-T.

Les plantes transgéniques portant l'un des multiples gènes étrangers en usage, y compris des plantes de l'agriculture portant des gènes de résistance à certaines bactéries ou champignons nuisibles, sont couramment utilisées et bien d'autres sont en cours de développement. On manipule non seulement les propriétés des plantes, mais, comme les micro-organismes, on utilise également ces plantes comme des « usines » pour produire des protéines codées par des gènes étrangers.

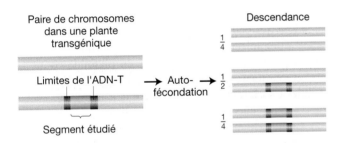

Figure 11-31 Le mode de transmission de l'ADN-T. La région d'ADN-T et n'importe quel ADN inséré dans un chromosome de la plante transgénique sont transmis suivant un mode mendélien.

Le génie génétique chez les animaux

Les technologies transgéniques sont actuellement utilisées sur de nombreux systèmes animaux modèles. Nous allons nous intéresser en particulier aux trois modèles animaux les plus utilisés pour la recherche fondamentale en génétique : le nématode *Caenorhabditis elegans*, la mouche du vinaigre ou drosophile, *Drosophila melanogaster* et la souris, *Mus musculus*. Des versions adaptées d'un grand nombre des techniques envisagées jusqu'à présent peuvent également être appliquées dans ces systèmes animaux.

LA TRANSGENÈSE CHEZ *C. ELEGANS* La technique utilisée pour introduire des transgènes dans C. *elegans* est simple : des ADN transgéniques peuvent être injectés directement dans l'organisme, généralement sous forme de plasmides, de cosmides, ou d'autres ADN clonés dans des bac-

téries. La stratégie d'injection est déterminée par la biologie reproductrice du ver. Les gonades du ver sont formées d'un syncytium, ce qui signifie que chaque cellule gonadique contient de nombreux noyaux. L'une des cellules syncytiales correspond à une grande partie d'un bras de la gonade, et l'autre, à la majeure partie de l'autre bras (Figure 11-32a). Ces noyaux ne forment pas de cellule individuelle avant la méiose, lors de laquelle ils commencent leur transformation en ovocytes ou spermatozoïdes individuels. Une solution d'ADN est injectée dans la région syncytiale de l'un des bras, exposant ainsi plus de cent noyaux à l'ADN transformant. Par simple hasard, quelques-uns de ces noyaux incorporeront l'ADN (rappelons que la membrane nucléaire se rompt au cours de la division et que de ce fait, le cytoplasme dans lequel l'ADN est injecté se mélange avec le nucléoplasme). Le plus souvent, l'ADN transgénique forme des *assemblages extrachromosomiques de copies multiples* (Figure 11-32b)

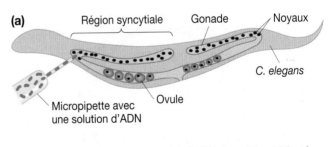

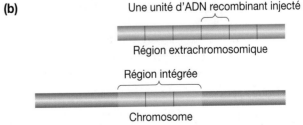

Figure 11-32 La création de transgènes chez *C. elegans.*
(a) La technique d'injection. (b) Les deux principaux types de résultats transgéniques : des insertions extrachromosomiques et des insertions ectopiques dans le chromosome.

qui existent sous la forme d'unités indépendantes hors des chromosomes. Plus rarement, les transgènes s'intégreront en une position ectopique du chromosome, toujours sous la forme d'une région à copies multiples. Malheureusement, des séquences contenues dans ces régions peuvent se mélanger, ce qui complique le travail du chercheur.

LA TRANSGENÈSE CHEZ *D. MELANOGASTER* La transgenèse chez *D. melanogaster* nécessite une technique plus complexe mais évite les difficultés posées par les régions à copies multiples. Elle a lieu grâce à un mécanisme différent de celui que nous venons de décrire, basé sur les propriétés d'un **élément transposable** appelé élément P, qui joue le rôle de vecteur. Un élément transposable est un segment d'ADN capable de se déplacer d'une position du génome à une ou plusieurs autres. Nous considérerons plus en détail au Chapitre 13 les éléments transposables et leur mode de déplacement.

Pour le moment, il faut savoir qu'il existe deux types d'éléments P (Figure 11-33a) :

- Un type d'élément long de 2912 pb code une protéine appelée **transposase**, nécessaire aux éléments P pour qu'ils puissent gagner de nouvelles positions dans le génome. On qualifie d'«autonome» ce type d'élément car il peut être transposé grâce à l'action de sa propre transposase.

- Le second type d'élément a été délété de sa transposase et est qualifié de ce fait d'élément non autonome. Toutefois, un élément non autonome peut gagner une nouvelle position génomique si la transposase est fournie par un élément autonome. La seule exigence est la présence dans l'élément non autonome des 200 premières et 200 dernières paires de bases de l'élément autonome, qui comprend les séquences reconnues par la transposase pour qu'elle assure la transposition. De plus, tout ADN inséré entre les extrémités d'un élément P non autonome sera également transposé.

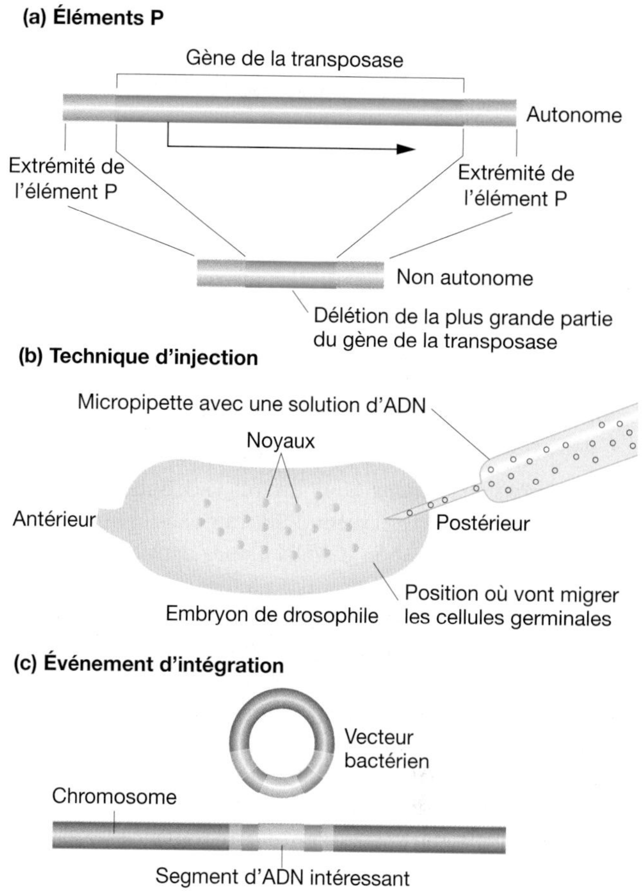

Comme dans le cas de *C. elegans*, l'ADN est injecté dans un syncytium – dans ce cas, l'embryon de drosophile à un stade précoce de développement (Figure 11-33b). Plus précisément, l'ADN est injecté au site de formation des cellules germinales, au niveau du pôle postérieur de l'embryon. Les adultes qui se développent à partir d'un œuf ayant subi une injection n'exprimeront généralement pas le transgène mais comporteront certaines cellules germinales transgéniques et ces cellules seront exprimées chez les descendants.

Quel type de vecteur porte l'ADN injecté ? Pour produire des drosophiles transgéniques, il faut injecter *deux* plasmides recombinants bactériens distincts. L'un contient l'élément P autonome qui fournit les séquences codantes de la transposase. Cet élément est le plasmide P auxiliaire (*helper* en anglais). L'autre, l'élément P vecteur, est un élément non autonome modifié par génie génétique contenant les extrémités de l'élément P et, inséré entre celles-ci, le fragment d'ADN cloné que l'on veut incorporer comme transgène à l'intérieur du génome de la mouche. Une solution d'ADN contenant ces deux plasmides est injectée dans

(a) Éléments P

Gène de la transposase

Autonome

Extrémité de l'élément P

Extrémité de l'élément P

Non autonome

Délétion de la plus grande partie du gène de la transposase

(b) Technique d'injection

Micropipette avec une solution d'ADN

Noyaux

Antérieur

Postérieur

Embryon de drosophile

Position où vont migrer les cellules germinales

(c) Événement d'intégration

Vecteur bactérien

Chromosome

Segment d'ADN intéressant

Figure 11-33 La création de transgènes chez *D. Melanogaster*. (a) La structure globale des éléments P transposables autonomes et non autonomes. (b) La technique d'injection. (c) L'élément P circulaire (*à droite*) et un événement type d'intégration au niveau d'une position chromosomique ectopique (*à gauche*). Remarquez que les séquences bactériennes du vecteur ne s'intègrent pas dans le génome. Au lieu de cela, lors de l'intégration, une copie unique du segment d'ADN se retrouve entre les extrémités de l'élément P.

le pôle postérieur de l'embryon syncytial. La transposase P exprimée à partir du plasmide auxiliaire injecté catalyse l'insertion de l'élément P vecteur dans le génome de la mouche. La nature de la réaction enzymatique de la transposase garantit l'insertion d'une copie unique de l'élément en une position donnée (Figure 11-33c).

Comment détecter parmi les descendants issus des gamètes ceux qui ont bien reçu l'ADN cloné ? On les repère généralement grâce au fait qu'ils expriment un allèle transgénique dominant de type sauvage d'un gène dont la souche receveuse porte un allèle mutant récessif.

Les éléments transposables sont abondamment utilisés pour la transgenèse chez les plantes ainsi que chez les insectes. Le meilleur exemple végétal connu est sans doute le système de l'élément transposable *Activateur* décrit pour la première fois chez *Zea mays* (le maïs) qui a été transformé en vecteur de clonage transgénique et est utilisé dans de nombreuses plantes.

LA TRANSGENÈSE CHEZ *M. MUSCULUS* Les souris sont les organismes modèles les plus importants pour la génétique des mammifères. Elles présentent un grand intérêt car la majeure partie de la technologie mise au point chez la souris semble pouvoir être appliquée à l'homme. Il existe deux stratégies de transgenèse chez la souris, ayant toutes deux leurs avantages et leurs inconvénients.

- *Les insertions ectopiques.* Les transgènes sont insérés au hasard dans le génome, généralement sous la forme de séries de copies sur un même fragment.
- *L'inactivation ciblée d'un gène.* La séquence transgénique est insérée en une position occupée par une séquence homologue dans le génome, ce qui signifie que le transgène remplace son homologue normal.

Les insertions ectopiques Pour insérer des transgènes dans des positions aléatoires, il suffit d'injecter dans le noyau d'un œuf fécondé, une solution d'ADN clonés dans des bactéries (Figure 11-34a). On introduit ensuite dans l'oviducte d'une femelle, plusieurs œufs ayant subi l'injection. Certains d'entre eux se développeront en souriceaux. À un stade ultérieur, le transgène s'intègre au hasard dans les chromosomes de quelques noyaux. Parfois, des cellules transgéniques feront partie de la lignée germinale et dans ce cas, des embryons contenant l'injection se développent en souris adultes dont les cellules germinales contiennent le transgène inséré en une position aléatoire dans l'un des chromosomes (Figure 11-34b). Certains des descendants de ces adultes reçoivent le transgène dans toutes leurs cellules. Il y a une région contenant de multiples copies du gène en chaque point d'insertion, mais la position, la taille et la structure de ces régions sont différentes pour chaque événement d'intégration. Cette technique pose cependant certains problèmes : (1) le patron d'expression des gènes insérés au hasard peut être anormal (ce que l'on appelle un **effet de position**) car l'environnement local du chromosome est dépourvu des séquences régulatrices normales du gène et (2) des réarrangements de l'ADN peuvent se produire au sein des zones à copies multiples (en général, des mutations). Néanmoins, cette technique est plus efficace et moins laborieuse que l'inactivation ciblée des gènes.

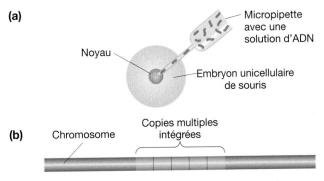

(a)

Micropipette avec une solution d'ADN

Noyau

Embryon unicellulaire de souris

(b)

Chromosome

Copies multiples intégrées

11-34 La création de transgènes chez *M. musculus* qui s'insèrent à des positions ectopiques du chromosome. (a) La technique d'injection. (b) Un élément typique intégré en une position ectopique avec de multiples copies du transgène recombinant insérées dans une région.

L'inactivation ciblée des gènes L'inactivation ciblée (ou dirigée) des gènes permet d'éliminer ou de modifier la fonction codée par un gène. Dans l'une de ses applications, un allèle mutant peut être réparé grâce à un **remplacement de gène** dans lequel un allèle de type sauvage remplace un allèle mutant à sa position chromosomique normale. Le remplacement de gène évite à la fois l'effet de position et les réarrangements de l'ADN associés à l'insertion ectopique, car une copie unique du gène est insérée dans son environnement chromosomique normal.

L'inactivation ciblée des gènes chez la souris est effectuée dans des cellules souches embryonnaires en culture (cellules ES pour *embryonic stem* en anglais). En général, les cellules souches sont des cellules indifférenciées dans un tissu ou un organe donné, qui se divisent de manière asymétrique pour produire une cellule souche fille et une cellule qui se différenciera jusqu'au type cellulaire terminal. Les cellules ES sont des cellules souches particulières capables de se différencier pour former n'importe quel type cellulaire du corps – y compris, et c'est le plus important, la lignée germinale.

Pour illustrer le processus d'inactivation ciblée des gènes, examinons la façon dont il atteint l'un de ses résultats typiques – c'est-à-dire le remplacement d'un gène normal par une copie inactive. Une telle inactivation dirigée (ou ciblée) est appelée **inactivation complète des gènes** ou **knockout des gènes**. Tout d'abord, on dirige l'insertion d'un gène

Figure 11-35 La production de cellules contenant une mutation dans un gène spécifique, appelée mutation ciblée (ou dirigée) ou inactivation d'un gène. (a) Des copies d'un gène cloné sont modifiées *in vitro* pour produire le vecteur de remplacement. Le gène présenté ici a été inactivé par insertion du gène de résistance à la néomycine (*neo*R), dans la région codante d'une protéine (exon 2) du gène et a été inséré dans un vecteur. Le gène *neo*R servira plus tard de marqueur pour indiquer l'intégration de l'ADN du vecteur dans un chromosome. Le vecteur a également été conçu pour porter un second marqueur à l'une de ses extrémités : le gène *tk* de l'herpès. Ces marqueurs sont des standards, mais on pourrait en utiliser d'autres à leur place. Lorsqu'un vecteur avec ses deux marqueurs est complet, il est introduit dans des cellules isolées à partir d'embryons de souris. (b) Lorsque la recombinaison homologue se produit (*à gauche*), les régions homologues du vecteur ainsi que n'importe quel ADN placé entre elles (mais sans le marqueur présent à l'extrémité) prennent la place du gène d'origine. Cet événement est important car les séquences du vecteur servent d'étiquette pour détecter la présence de ce gène mutant. Dans de nombreuses cellules toutefois, le vecteur complet (avec le marqueur de l'extrémité) subit une insertion ectopique dans un chromosome (*au milieu*) ou ne s'intègre pas du tout (*en bas*). (c) Pour isoler les cellules portant une mutation ciblée, toutes les cellules sont placées dans un milieu contenant des substances chimiques sélectionnées, ici un analogue de la néomycine (G418) et du gancyclovir. G418 est létal pour les cellules, sauf si elles portent le gène *neo*R fonctionnel. Cette substance permet donc d'éliminer les cellules dans lesquelles l'ADN du vecteur ne s'est pas intégré (en jaune). Pendant ce temps, le gancyclovir tue les cellules qui portent le gène *tk*, éliminant ainsi les cellules dans lesquelles le vecteur s'est intégré au hasard (en rouge). Par conséquent, les seules cellules ou presque qui vont survivre et proliférer porteront l'insertion ciblée (en vert). [D'après M. R. Capecchi, « Targeted Gene Replacement ». Copyright 1994 par Scientific American, Inc. Tous droits réservés.]

(a) La création de cellules ES avec une inactivation complète de gène

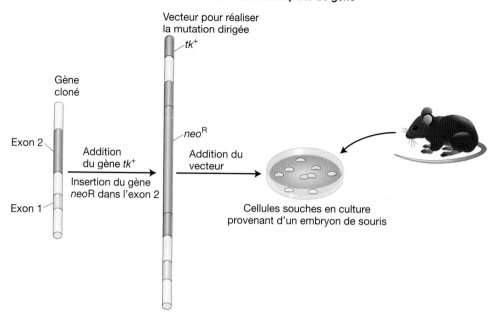

Vecteur pour réaliser
la mutation dirigée

tk⁺

Gène
cloné

Exon 2

*neo*ᴿ

Addition
du gène *tk*⁺

Addition du
vecteur

Insertion du gène
*neo*R dans l'exon 2

Exon 1

Cellules souches en culture
provenant d'un embryon de souris

(b) L'insertion ciblée de l'ADN du vecteur par recombinaison homologue

Résultats possibles

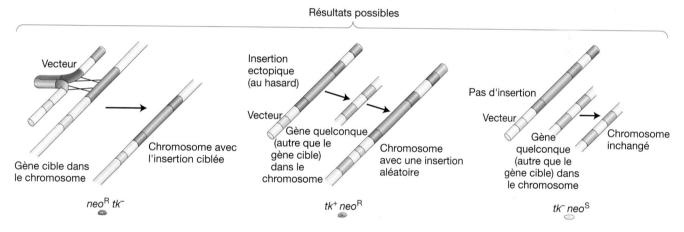

Vecteur

Insertion
ectopique
(au hasard)

Pas d'insertion

Vecteur

Vecteur

Chromosome avec
l'insertion ciblée

Gène quelconque
(autre que le
gène cible)
dans le
chromosome

Chromosome
avec une insertion
aléatoire

Gène
quelconque
(autre que le
gène cible) dans
le chromosome

Chromosome
inchangé

Gène cible dans
le chromosome

*neo*ᴿ *tk*⁻

tk⁺ *neo*ᴿ

tk⁻ *neo*ˢ

(c) Sélection des cellules présentant une inactivation complète du gène

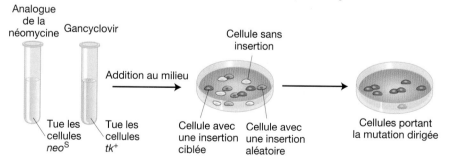

Analogue
de la
néomycine

Gancyclovir

Cellule sans
insertion

Addition au milieu

Tue les
cellules
*neo*ˢ

Tue les
cellules
tk⁺

Cellule avec
une insertion
ciblée

Cellule avec
une insertion
aléatoire

Cellules portant
la mutation dirigée

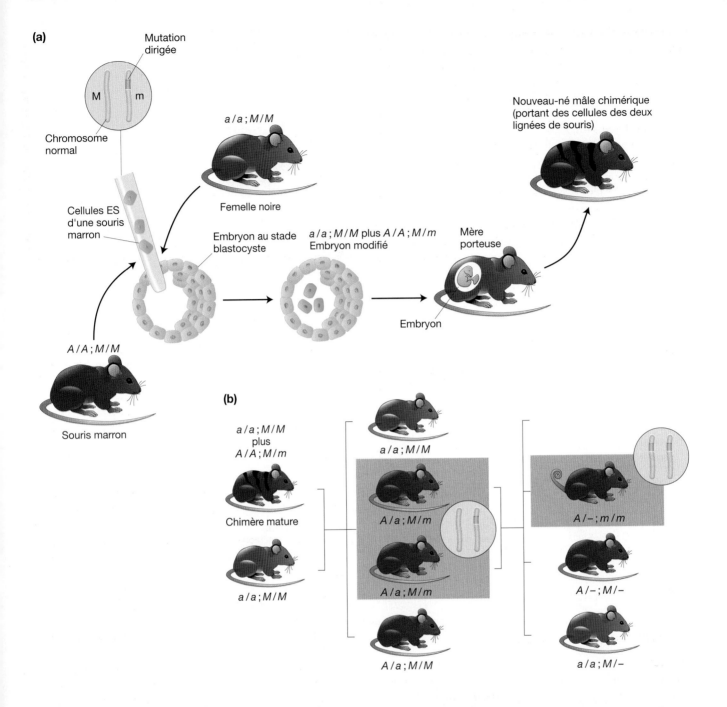

Figure 11-36 La création d'une souris KO portant la mutation dirigée. (a) Des cellules de la lignée embryonnaire (ES) sont isolées à partir d'une souche de souris agouti (marron) (*A/A*) et modifiées pour porter une mutation dirigée (*m*) dans un de leurs chromosomes. Les cellules ES sont ensuite introduites dans de jeunes embryons, dont un seul est représenté. La couleur du pelage des futurs nouveau-nés indique si les cellules ES ont survécu dans l'embryon. On introduit ensuite généralement les cellules ES dans des embryons qui, en l'absence des cellules ES, auraient un pelage complètement noir. Ces embryons proviennent d'une lignée noire, dépourvue de l'allèle dominant agouti (*a/a*). Les embryons contenant les cellules ES se développent jusqu'à terme dans des mères porteuses. Les nouveau-nés ayant dans leur pelage à la fois des poils noirs et des poils agouti indiquent que les cellules ES ont survécu et proliféré chez l'animal. (On appelle ces souris des *chimères* car elles contiennent des cellules provenant de deux lignées distinctes de souris.) Une couleur noire

uniforme indiquerait au contraire que les cellules ES ont péri et l'on exclurait ces souris. *A* représente la couleur agouti, *a*, la couleur noire ; *m* est la mutation dirigée et *M*, l'allèle de type sauvage. (b) Des mâles chimériques sont croisés avec des femelles noires (non-agouti). On examine les descendants à la recherche de preuves de la mutation ciblée (*en vert dans le cercle*) dans le gène concerné. Un examen direct des gènes de la souris agouti révèle lesquels parmi ces animaux (*dans l'encadré*) ont reçu la mutation dirigée. Les mâles et femelles portant la mutation sont croisés les uns avec les autres pour produire des souris dont les cellules portent la mutation choisie dans les deux copies du gène cible (*dans le cercle*) et sont donc dépourvues du gène fonctionnel. De tels animaux (*dans l'encadré*) sont identifiés de façon formelle par des analyses directes de leur ADN. L'extinction de ce gène aboutit à un phénotype de queue recourbée.
[D'après M. R. Capecchi, « Targeted Gene Replacement ». Copyright 1994 par Scientific American, Inc. Tous droits réservés.]

cloné déficient inactif pour remplacer le gène fonctionnel dans une culture de cellules ES, produisant des cellules ES contenant un gène inactivé (Figure 11-35a). Les constructions d'ADN contenant le gène déficient sont injectées dans les noyaux des cellules ES en culture. Le gène déficient s'insère bien plus fréquemment dans des sites non homologues (ectopiques) que dans des sites homologues (Figure 11-35b). Pour cette raison, l'étape suivante consiste à sélectionner les rares cellules dans lesquelles le gène déficient a remplacé le gène fonctionnel visé. Comment est-il possible de sélectionner des cellules ES contenant un remplacement rare de gène? Le génie génétique permet d'intégrer des allèles de résistance à des substances chimiques dans la construction d'ADN, disposés de telle sorte que l'on peut distinguer les remplacements des insertions ectopiques. La Figure 11-35c en présente un exemple.

Dans la seconde partie du protocole, les cellules ES contenant une copie du gène inactivé intéressant sont injectées dans un embryon à un stade précoce de développement (Figure 11-36a). Les adultes qui se développent à partir de ces embryons sont croisés avec des souris normales. Les descendants résultants sont chimériques car ils possèdent une partie de leurs tissus héritée de la lignée originelle et l'autre, de la lignée ES transplantée. Les souris chimériques sont ensuite croisées avec leurs frères ou sœurs pour produire des souris homozygotes avec une inactivation de chacune des copies du gène (Figure 11-36b). Les souris contenant ce type de transgène dans chacune de leurs cellules sont identifiées grâce à des sondes moléculaires spécifiques de séquences propres au transgène.

> **MESSAGE** Les techniques de transgenèse dans la lignée germinale ont été développées pour toutes les espèces eucaryotes les plus étudiées. Pour mettre en œuvre ces techniques, il faut connaître la biologie de la reproduction de l'espèce receveuse.

La thérapie génique humaine

Un garçon est né avec une maladie qui rend inefficace son système immunitaire. Les tests de diagnostic établissent qu'il est atteint d'une maladie génétique récessive appelée *immunodéficience combinée grave* ou *déficit immunitaire grave* (SCID pour *severe combined immunodeficiency disease* en anglais) connue également sous le nom de *maladie des enfants bulles*. Cette maladie est due à une mutation dans le gène codant l'adénosine désaminase (ADA), une enzyme du sang. La perte de cette enzyme entraîne l'absence de cellules précurseurs de l'un des types cellulaires du système immunitaire. Ce garçon n'ayant aucun moyen de combattre les infections, il doit vivre dans un environnement stérile et complètement isolé – c'est-à-dire une bulle dans laquelle l'air est filtré pour qu'il soit stérile (Figure 11-37). Aucun médicament ni aucune thérapie classique n'est disponible pour soigner cette maladie. Une greffe de tissu contenant les cellules précurseurs d'une autre personne serait inefficace car ces cellules finiraient par provoquer une réaction

Figure 11-37 Un garçon atteint de SCID dans une bulle protectrice. [UPI/Bettman/Corbis.]

immunitaire contre les propres tissus du garçon (maladie du greffon contre l'hôte). Ces vingt dernières années, on a développé des techniques qui offrent la possibilité d'effectuer une autre sorte de thérapie par transplantation – la **thérapie génique** – au cours de laquelle dans ce cas, un gène normal de ADA est «transplanté» dans les cellules du système immunitaire du garçon, ce qui permet leur survie et leur fonctionnement normal.

Le but fondamental de la thérapie génique est de s'attaquer à l'origine génétique de la maladie: de «guérir» ou corriger un état anormal dû à un allèle mutant, par l'introduction d'un allèle transgénique de type sauvage dans les cellules. Cette technique a été appliquée avec succès sur de nombreux organismes expérimentaux et a le potentiel de corriger certaines maladies héréditaires chez l'homme, en particulier celles qui sont associées à des dysfonctionnements d'un seul gène. Bien que la thérapie génique ait été tentée pour plusieurs maladies de ce type, elle n'a pour l'instant pas donné de résultats probants. Cependant, la portée de la thérapie génique est si importante qu'elle mérite d'être décrite ici.

Pour comprendre cette approche, considérons un exemple montrant la correction d'une déficience d'une hormone de croissance chez des souris par la thérapie génique (Figure 11-38). Les souris portant la mutation récessive *lit* (pour *little*: petite en anglais) sont naines car elles sont dépourvues d'une protéine (le récepteur de l'hormone de libération de l'hormone de croissance ou GHRHR) nécessaire à l'hypophyse de la souris pour qu'elle sécrète l'hormone de croissance dans le système circulatoire. L'étape initiale de la correction de cette déficience est l'injection d'environ 5 000 copies d'une construction transgénique dans des ovocytes fécondés homozygotes *lit/lit*. Cette construction est un fragment linéaire d'ADN de 5 kb contenant les séquences codantes du gène de l'hormone de croissance de rat (*RGH*, pour *rat growth hormone* en anglais), fusionnées avec les séquences régulatrices du gène de la métallothionéine de souris. Ces séquences régulatrices conduisent à l'expression de tout gène situé immédiatement à côté d'elles, en présence

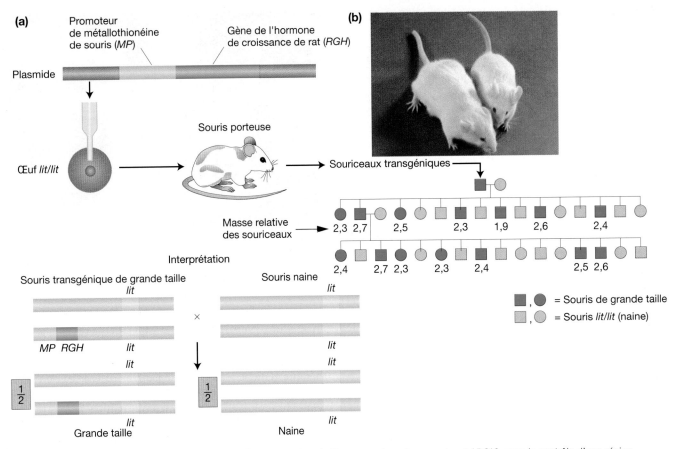

Figure 11-38 La thérapie génique chez la souris. (a) Le gène de l'hormone de croissance de rat (*RGH*), sous le contrôle d'une région promotrice de souris qui réagit à la présence de métaux lourds dans l'organisme, est inséré dans un plasmide et utilisé pour produire une souris transgénique. *RGH* compense le nanisme (*lit/lit*) de la souris. *RGH* est transmis suivant un mode mendélien dominant dans le pedigree de souris ci-dessus. (b) Une souris transgénique. Les deux souris sont sœurs mais la souris de gauche provient d'un œuf fécondé transformé par injection d'un nouveau gène composé du promoteur de la métallothionéine de souris, fusionné avec le gène structural de l'hormone de croissance de rat. (Cette souris pèse 44 g et sa sœur non traitée 29 g.) Le nouveau gène est transmis à la descendance suivant un mode mendélien, ce qui prouve qu'il s'est intégré dans un chromosome. [D'après R. L. Brinster.]

de métaux lourds. Les ovocytes sont ensuite implantés dans des souris porteuses et les souriceaux naissent et grandissent. Environ 1 % de ceux-ci s'avèrent transgéniques, présentant une augmentation de leur taille lorsqu'on leur administre des métaux lourds au cours de leur développement. Une souris transgénique mâle représentative est ensuite croisée avec une femelle homozygote *lit/lit*. Le pedigree résultant est présenté dans la Figure 11-38a. Nous pouvons voir ici que des souris dont la masse équivaut à deux ou trois fois celle de leurs parents *lit/lit* apparaissent dans les générations suivantes (Figure 11-38b). Ces souris non naines sont toujours hétérozygotes dans ce pedigree, ce qui montre que le transgène de l'hormone de croissance de rat se comporte comme un allèle dominant. Ainsi, l'introduction du transgène *RGH* a conduit à une «guérison», au sens où les descendants ne présentent pas le phénotype anormal.

Cet exemple permet de dégager certains points importants concernant le processus de thérapie génique. La déficience génétique se produit dans GHRHR, le gène qui code un régulateur de la production d'hormone de croissance chez la souris. Néanmoins, la thérapie génique n'a pas pour but de corriger la déficience originelle du gène GHRHR. Au lieu de cela, cette procédure contourne le besoin de GHRHR

et produit l'hormone de croissance par un autre moyen, ici en faisant exprimer l'hormone de croissance de rat sous le contrôle d'un promoteur inductible et dans des tissus dans lesquels GHRHR n'est pas nécessaire à la libération de l'hormone de croissance. (Vous vous demandez peut-être pourquoi on a utilisé de l'hormone de croissance de rat et non de souris. Le gène recombinant de l'hormone de croissance de rat produisait à la fois l'ARNm et la protéine avec des séquences distinguables de celles de la souris, ce qui permettait de mesurer directement la quantité des deux molécules.)

Tournons-nous à présent vers les différentes approches techniques. Deux grands types de thérapie génique peuvent être appliqués à l'homme: la thérapie germinale et la thérapie somatique. Le but de la **thérapie génique germinale** (Figure 11-39a) est le plus ambitieux: introduire des cellules transgéniques dans la lignée germinale et dans la population des cellules somatiques. Cette thérapie devrait non seulement guérir la personne traitée mais celle-ci pourrait également transmettre le transgène thérapeutique à ses enfants. Le traitement de la déficience récessive *lit* de la souris est un exemple de thérapie génique germinale. Ces technologies dépendent actuellement de l'intégration ectopique

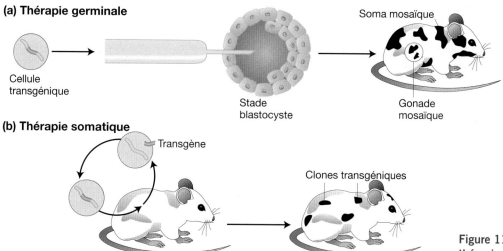

(a) Thérapie germinale

Cellule transgénique

Stade blastocyste

Soma mosaïque

Gonade mosaïque

(b) Thérapie somatique

Transgène

Clones transgéniques

Figure 11-39 Les différents types de thérapie génique chez les mammifères.

ou du remplacement des gènes par simple hasard et ces événements sont suffisamment rares pour rendre la thérapie génique germinale inutilisable aujourd'hui.

La **thérapie génique somatique** (Figure 11-39b) tente de corriger un phénotype de maladie en traitant *quelques* cellules somatiques chez la personne atteinte. Aucun transgène ne pénètre dans la lignée germinale. Actuellement, il n'est pas possible de rendre un organisme entièrement transgénique. Cette technique s'applique donc aux maladies causées par des gènes exprimés de façon prédominante dans un tissu. Dans ce cas, il n'est probablement pas nécessaire que toutes les cellules de ce tissu deviennent transgéniques ; une fraction de ces cellules rendues transgéniques pourra atténuer les symptômes de la maladie. La technique consiste à prélever des cellules d'un malade présentant le génotype déficient et à rendre ces cellules transgéniques grâce à l'introduction de copies du gène cloné de type sauvage. Les cellules transgéniques sont ensuite réintroduites dans le corps du malade et la fonction normale du gène s'y exerce.

Revenons au cas du garçon atteint d'une immunodéficience combinée grave (SCID) décrite au début de cette section. Dans son cas, le défaut se trouve dans les cellules souches du système immunitaire, qui peuvent être isolées à partir de la moelle osseuse. Si l'on peut remédier à la déficience en adénosine désaminase dans ces cellules souches grâce à l'introduction d'un gène ADA normal, alors les descendants de ces cellules réparées coloniseront son système immunitaire et guériront la maladie. Puisqu'il suffit de réparer un petit groupe de cellules souches pour guérir la SCIF, celle-ci semble parfaitement adaptée à la thérapie génique. Comment cela fonctionne-t-il dans la réalité ?

La thérapie génique utilise un type spécifique de virus (un rétrovirus) contenant le transgène normal de ADA épissé dans son génome et qui remplace la plupart des gènes viraux. Ce rétrovirus est incapable d'engendrer des virus fils et est donc non virulent ou «désarmé». Le cycle naturel des rétrovirus comprend l'intégration du génome viral en un endroit de l'un des chromosomes de la cellule hôte. Le génome viral emmène le transgène de ADA avec lui dans le chromosome. Des cellules souches sanguines sont prélevées dans la moelle osseuse d'une personne atteinte de SCID,

le vecteur rétroviral contenant le transgène de ADA est ajouté et les cellules transgéniques sont réintroduites dans le système sanguin. Jusqu'à présent, aucun traitement à long terme n'a été réalisé mais des résultats encourageants ont été obtenus (Figure 11-40).

Ce vecteur rétroviral pose un problème potentiel, car l'insertion du virus peut également avoir lieu dans un gène résistant inconnu et l'inactiver. Plusieurs individus atteints d'une forme de SCID liée à l'X ont développé une leucémie après avoir subi une thérapie génique, sans doute à la suite de l'inactivation d'un gène. Un autre problème posé par ce type de vecteurs est qu'un rétrovirus attaque seulement les cellules qui prolifèrent, comme les cellules du sang, et ne peut donc être utilisé pour traiter les nombreuses maladies héréditaires qui affectent des tissus dans lesquels les cellules ne se divisent que rarement ou même jamais.

Figure 11-40 Ashanti de Silva, la première personne ayant bénéficié d'une thérapie génique. Elle a été soignée pour une SCID et ses symptômes se sont améliorés.
[Aimablement communiqué par Van de Silva.]

L'autre vecteur utilisé en thérapie génique humaine est l'adénovirus. En temps normal, ce virus attaque l'épithélium respiratoire, en injectant son génome dans les cellules épithéliales tapissant la surface du poumon. Le génome viral ne s'intègre pas dans un chromosome mais reste à l'état libre dans les cellules, ce qui supprime le risque d'inactiver un gène résidant lors de l'insertion du vecteur. Un autre avantage de l'utilisation de l'adénovirus comme vecteur est qu'il attaque les cellules qui ne se divisent pas, ce qui rend en principe la plupart des tissus sensibles. Puisque la mucoviscidose est une maladie de l'épithélium respiratoire, l'adénovirus est un bon choix de vecteur pour traiter la maladie. On réalise actuellement des essais pour traiter la mucoviscidose à l'aide de ce vecteur. Des virus portant l'allèle sauvage de la mucoviscidose sont introduits dans le nez par pulvérisation.

Bien que l'on pense que les obstacles techniques à la thérapie génique somatique ont une chance d'être franchis, ils sont néanmoins considérables. L'un d'eux consiste à conduire le système de transport du transgène vers le tissu adéquat pour une maladie donnée. Une autre difficulté est la construction de transgènes de façon à garantir des niveaux élevés d'expression. Un troisième problème porte sur la protection contre des effets secondaires potentiellement dangereux, tels que ceux causés par une expression inadaptée du gène transgénique. Ce sont actuellement les principaux obstacles de la recherche sur la thérapie génique.

> **MESSAGE** Les technologies de la transgenèse sont actuellement appliquées à l'homme dans le but spécifique d'utiliser la thérapie génique pour corriger certaines maladies héréditaires. Les défis sur le plan de la technique, de la société et de l'éthique posés par ces technologies sont considérables et constituent des domaines actifs de recherche et de débat.

RÉPONSES AUX QUESTIONS CLÉS

• **Comment isole-t-on un gène et l'amplifie-t-on grâce au clonage ?**

L'ADN génomique est coupé par des enzymes de restriction et épissé dans un chromosome vecteur qui se réplique ensuite dans une cellule bactérienne.

• **Comment identifie-t-on dans des mélanges d'acides nucléiques des ADN ou des ARN spécifiques ?**

Très simplement en recherchant une séquence clonée qui s'hybridera à la molécule en question (toutes deux ayant été dénaturées, c'est-à-dire rendues simple-brin).

• **Comment peut-on amplifier de l'ADN sans avoir recours au clonage ?**

On utilise la réaction en chaîne de la polymérase. Deux amorces spécifiques situées de part et d'autre de la région concernée sont hybridées pour dénaturer l'ADN. Puis les ADN polymérases naviguent entre les amorces, amplifiant ainsi de manière exponentielle la séquence concernée.

• **Comment l'ADN amplifié est-il utilisé en génétique ?**

Parmi ses nombreuses utilisations, citons l'obtention de la séquence d'une région ou d'un génome complet sous forme de sonde et sous forme d'une séquence à insérer comme transgène pour modifier un génome receveur.

• **Quelle sont les applications des technologies de l'ADN en médecine ?**

Le diagnostic de maladies héréditaires et la thérapie génique de celles-ci en sont deux applications.

RÉSUMÉ

Les méthodologies de l'ADN recombinant reposent sur les deux principes fondamentaux de la biologie moléculaire : (1) la formation de liaisons hydrogène entre des séquences nucléotidiques antiparallèles complémentaires et (2) des interactions entre des protéines spécifiques et des séquences nucléotidiques données. Les exemples d'applications de ces principes sont nombreux. On exploite la complémentarité des bases pour relier des fragments d'ADN possédant des extrémités collantes, rechercher des séquences spécifiques dans des clones et dans des transferts par la technique de Southern ou de Northern, pour amorcer la synthèse d'ADNc, la PCR et les réactions de séquençage de l'ADN. La spécificité des interactions entre les protéines et les séquences nucléotidiques permet aux endonucléases de restriction de couper les acides nucléiques au niveau de sites cibles reconnus spécifiquement et aux transposases de transposer des transposons spécifiques.

L'ADN recombinant est fabriqué en coupant l'ADN donneur en fragments transférés individuellement dans un ADN vecteur. L'ADN vecteur est souvent un plasmide bactérien ou un ADN viral. L'ADN donneur et l'ADN vecteur sont coupés par la même endonucléase de restriction au niveau de séquences spécifiques. Les enzymes de restriction les plus utiles pour le clonage de l'ADN sont celles qui coupent l'ADN au niveau de séquences palindromiques et en des endroits légèrement décalés dans les deux brins d'ADN, ce qui laisse une courte extrémité simple-brin de chaque côté. Chacune de ces extrémités possède une séquence d'ADN caractéristique pour une enzyme de restriction donnée. L'ADN vecteur et l'ADN donneur sont réunis dans un tube à essai par la liaison complémentaire de leurs extrémités saillantes, dans des conditions qui permettent à celles-ci d'établir entre elles des liaisons hydrogène stables. Les brins ainsi réunis sont liés covalemment grâce à l'action de l'ADN ligase pour établir des liaisons phosphodiester covalentes, formant alors un squelette sucre-phosphate intact pour chaque brin d'ADN.

La construction ADN donneur-vecteur est amplifiée dans des cellules hôtes grâce au détournement de la machinerie élémentaire de réplication de la cellule qui réplique alors les molécules recombinantes. Le vecteur doit donc contenir tous les signaux nécessaires à la réplication et à la ségrégation correctes dans cette cellule hôte. Dans le cas des systèmes utilisant des plasmides, le vecteur doit comporter une origine de réplication et des marqueurs de sélection tels que des gènes de résistance à des substances chimiques, qui garantiront la présence du plasmide dans la cellule hôte. Le vecteur qui pénètre dans un bactériophage doit posséder toutes les séquences nécessaires pour que celui-ci (et l'ADN étranger qu'il a intégré) s'engage dans le cycle lytique. Cette amplification se traduit par la formation de multiples copies de chaque construction d'ADN recombinant, appelées clones.

Souvent, il faut cribler une banque génomique entière pour trouver un clone spécifique. Une banque génomique est un ensemble de clones, empaquetés dans le même vecteur, dont l'ensemble représente la totalité du génome de l'organisme en question. Le nombre de clones constituant une banque génomique dépend (1) de la taille du génome concerné et (2) de la taille des inserts tolérée par le vecteur de clonage considéré. De même, une banque d'ADNc représente l'ensemble des ARNm totaux produits par un tissu donné ou à un stade précis du développement et les ADNc peuvent fournir des informations sur les positions des sites de début et de fin de la transcription, ainsi que sur les frontières entre les introns et les exons.

Les sondes marquées constituées d'ADN ou d'ARN simple-brin sont des «appâts» de choix pour «pêcher» des séquences similaires ou identiques dans des mélanges complexes de molécules, soit dans des banques génomiques ou d'ADNc, soit grâce au transfert par la technique de Southern ou de Northern. Le principe fondamental de cette technique d'identification de clones ou de fragments dans un gel consiste à créer sur papier filtre, une «image» des colonies ou plages de lyse présentes sur des cultures dans des boîtes de Pétri remplies d'agar, ou d'acides nucléiques séparés par l'application d'un champ électrique dans une matrice gélosée. L'ADN ou l'ARN est ensuite dénaturé et mélangé avec une sonde dénaturée marquée à l'aide d'un colorant fluorescent ou d'un marqueur radioactif. Après l'élimination par lavage de la sonde non liée, la position de la sonde est détectée soit en observant sa fluorescence, soit, si le marqueur est radioactif, en exposant l'échantillon à un film sensible aux rayons X. Les positions de la sonde correspondent aux emplacements de l'ADN ou de l'ARN recherché dans la boîte de Pétri originelle ou dans le gel d'électrophorèse.

La réaction en chaîne de la polymérase (PCR) est une technique puissante pour amplifier directement une séquence relativement courte d'ADN à partir d'un mélange complexe d'ADN. Elle ne nécessite aucune utilisation de cellule hôte et requiert très peu de matériel de départ. Cette technique exige cependant de disposer d'amorces complémentaires des régions flanquantes de la séquence, sur chacun des deux brins d'ADN. Ces régions servent de sites de polymérisation. Des cycles multiples de dénaturation, amorçage et polymérisation permettent une amplification exponentielle de la séquence recherchée.

Les molécules d'ADN recombinant peuvent servir à évaluer le risque d'une maladie génétique. L'une des catégories de diagnostic utilise des fragments de restriction comme marqueurs pour rechercher la présence d'un gène associé à une maladie héréditaire. Dans ce cas, la technique peut être adaptée pour identifier la présence d'un allèle mutant, de son équivalent de type sauvage ou des deux.

Les transgènes sont des molécules d'ADN modifiées par génie génétique, qui sont introduites et exprimées dans des cellules eucaryotes. Ces molécules peuvent être utilisées pour démontrer une association entre une mutation récessive et une séquence spécifique d'ADN, par complémentation fonctionnelle avec un transgène de type sauvage. Elles peuvent également servir à créer une nouvelle mutation ou à étudier des séquences régulatrices qui constituent une partie d'un gène. Les transgènes peuvent être introduits sous la forme de molécules extrachromosomiques ou être intégrés dans un chromosome, soit à des positions aléatoires (insertions ectopiques) soit à la place du gène homologue, selon le système. Les mécanismes utilisés pour introduire un transgène dépendent typiquement de la compréhension et de l'exploitation de la biologie de la reproduction de l'organisme considéré.

La thérapie génique est l'extension de la technologie de la transgenèse appliquée au traitement des maladies humaines. Pour atténuer certaines maladies, la thérapie génique somatique tente d'introduire dans des tissus *somatiques* spécifiques un transgène qui remplace l'allèle mutant ou supprime le phénotype mutant. Avec la thérapie génique germinale, on essaie d'introduire un transgène dans la lignée germinale afin de corriger la déficience mutante ou de la contourner.

MOTS CLÉS

ADN complémentaire (ADNc) (p. 343)

ADN donneur (p. 343)

ADN ligase (p. 346)

ADN recombinant (p. 343)

Amniocentèse (p. 364)

Anticorps (p. 353)

Autoradiogramme (p. 351)

BAC (chromosome bactérien artificiel) (p. 349)

Banque d'ADNc (p. 351)

Banque génomique (p. 351)

Cadre de lecture ouvert (ORF) (p. 360)

Carte de restriction (p. 357)

Chromosome artificiel de levure (YAC) (p. 349)

Clonage de l'ADN (p. 343)

Clonage positionnel (p. 356)

Complémentation fonctionnelle (p. 355)

Cosmide (p. 349)

Échantillonnage des villosités choriales (p. 364)

Effet de position (p. 372)

Électrophorèse sur gel (p. 354)

Élément transposable (p. 371)

Enzyme de restriction (p. 344)

Fragment de restriction (p. 344)

Génie génétique (p. 342)

PROBLÈMES RÉSOLUS

1. Nous avons étudié au Chapitre 9 la structure des molécules d'ARNt. Supposons que vous vouliez cloner un gène de champignon qui code un ARNt donné. Vous disposez d'un échantillon de l'ARNt purifié et d'un plasmide d'*E. coli* qui contient un seul site de coupure par *Eco*RI dans un gène *tet*^{R} (résistance à la tétracycline) ainsi qu'un gène de résistance à l'ampicilline (*amp*^{R}). Comment pourriez-vous cloner ce gène ?

Solution

Vous pouvez utiliser comme sonde l'ARNt lui-même ou une copie d'ADNc clonée de celui-ci, pour repérer l'ADN contenant le gène. Un protocole possible consiste à digérer l'ADN génomique par *Eco*RI puis à le mélanger avec le plasmide, lui-même coupé par *Eco*RI. Après transformation d'un receveur *amp*^{S}*tet*^{S}, on sélectionne les colonies Amp^R, qui indiquent les transformations réussies. Parmi ces colonies Amp^R, on sélectionne les colonies Tet^S. Elles contiennent les vecteurs porteurs d'inserts dans le gène *tet*^{R} et un grand nombre d'entre elles sont nécessaires pour construire la banque. La banque est ensuite criblée en utilisant l'ARNt comme sonde. Les clones qui s'hybrident avec la sonde contiennent le gène recherché.

Vous pouvez également soumettre l'ADN génomique digéré par *Eco*RI à une électrophorèse sur gel puis identifier la bande correcte en utilisant l'ARNt comme sonde. Cette région du gel peut être coupée et utilisée comme source enrichie en ADN, à cloner dans le plasmide coupé par *Eco*RI. On crible ensuite ces clones en utilisant l'ARNt comme sonde pour confirmer que ces clones contiennent le gène recherché.

2. L'enzyme de restriction *Hin*dIII coupe l'ADN au niveau de la séquence AAGCTT et l'enzyme de restriction *Hpa*II le coupe au niveau de la séquence CCGG. Quelle est la fréquence moyenne à laquelle chacune de ces enzymes coupe un ADN double-brin ? (En d'autres termes, quelle est la distance moyenne entre deux sites de restriction d'un même type ?)

Solution

Nous n'avons à considérer qu'un des brins d'ADN car les deux séquences seront présentes dans le même site sur les brins opposés, en raison de la symétrie des séquences. La fréquence d'apparition des séquences de six bases reconnues par *Hin*dIII est en théorie de $(1/4)^6 = 1/4096$, car il y a quatre possibilités pour chacune des six positions. L'espacement moyen entre deux sites *Hin*dIII est donc d'environ 4 kb. Pour *Hpa*II, la fréquence d'apparition de la séquence de quatre bases est de $(1/4)^4$, soit 1/256. La distance moyenne entre deux sites *Hpa*II est d'environ 0,25 kb.

3. Un plasmide de levure portant le gène de levure *leu2*$^+$ est utilisé pour transformer des cellules de levure haploïdes *leu2*$^-$. Plusieurs colonies *leu*$^+$ transformées apparaissent sur un milieu sans leucine. L'ADN *leu2*$^+$ est donc probablement entré dans les cellules receveuses, mais il nous faut maintenant découvrir ce qui s'est passé à l'intérieur de ces cellules. Des croisements de transformants avec des souches-test *leu2*$^-$ révèlent trois types de transformants, A, B et C qui reflètent une évolution différente du gène *leu2*$^+$ lors de la transformation. Les résultats sont les suivants :

$$\text{type A} \times leu2^- \rightarrow \tfrac{1}{2}\, leu^-$$
$$\tfrac{1}{2}\, leu^+ \times leu2^+ \text{ standard}$$
$$\rightarrow \tfrac{3}{4}\, leu^+$$
$$\tfrac{1}{4}\, leu^-$$

$$\text{type B} \times leu2^- \rightarrow \tfrac{1}{2}\, leu^-$$
$$\tfrac{1}{2}\, leu^+ \times leu2^+ \text{ standard}$$
$$\rightarrow 100\,\%\, leu^+$$
$$0\,\%\, leu^-$$

$$\text{type C} \times leu2^- \rightarrow 100\,\%\, leu^+$$

Quelles sont les trois évolutions différentes de l'ADN *leu2*$^+$ suggérées par ces résultats ? Assurez-vous d'expliquer *tous* les résultats avec vos hypothèses. Faites des dessins lorsque cela est possible.

Solution

Si le plasmide de levure ne s'intègre pas, il se réplique alors indépendamment des chromosomes. Lors de la méiose, les plasmides fils seront répartis entre les cellules filles, ce qui produira 100 % de transformants. C'est ce qui est observé pour les transformants de type C.

Si une copie du plasmide est insérée, la descendance d'un croisement avec une souche *leu2⁻* présentera un rapport 1 *leu⁺* : 1 *leu⁻*. C'est ce qui est observé pour les types A et B.

Lorsque les cellules *leu⁺* résultantes sont croisées avec des souches standard *leu2⁻*, les résultats obtenus dans le cas du type A suggèrent que le gène inséré ségrège indépendamment du gène *leu2⁺* standard. Le transgène *leu2⁺* a donc subi une insertion ectopique dans un autre chromosome.

Type A

Lorsque les cellules résultantes sont croisées avec une souche standard de type sauvage,

$$\underline{\qquad\qquad leu2^+ \qquad\qquad}\qquad \underline{\qquad\qquad}$$

on obtient les résultats suivants lors de la ségrégation :

$$\frac{1}{2}\,leu2^- \begin{cases} \nearrow \frac{1}{2}\,leu2^+ \longrightarrow \frac{1}{4}\,+ \\ \searrow \frac{1}{2}\,\text{sans l'allèle} \longrightarrow \frac{1}{4}\,- \end{cases}$$

$$\frac{1}{2}\,leu2^+ \begin{cases} \nearrow \frac{1}{2}\,leu2^+ \longrightarrow \frac{1}{4}\,+ \\ \searrow \frac{1}{2}\,\text{sans l'allèle} \longrightarrow \frac{1}{4}\,+ \end{cases}$$

Les résultats obtenus à partir des cellules de type B suggèrent que le gène inséré a remplacé l'allèle *leu2⁺* standard au niveau de son locus normal.

Type B $\underline{\qquad\qquad leu2^+ \qquad\qquad}\qquad \underline{\qquad\qquad}$

Lorsque l'on croise les cellules de type B avec le type sauvage standard, tous les descendants sont *leu⁺*.

PROBLÈMES

PROBLÈMES ÉLÉMENTAIRES

1. Établissez une liste de tous les exemples de ce chapitre concernant (a) l'hybridation des ADN simple-brin et (b) les protéines qui se fixent à l'ADN puis agissent sur lui.

2. Qu'est-ce que l'hydroxyde de sodium utilisé pour la fabrication de l'ADNc ?

3. Comparez et soulignez les différences entre l'utilisation du terme *recombinant* dans les expressions (a) ADN recombinant et (b) fréquence de recombinants.

4. Pourquoi une ligase est-elle nécessaire à la fabrication de l'ADN recombinant ? Si l'on oubliait d'ajouter cette enzyme, quelle conséquence immédiate cela aurait-il sur le processus de clonage ?

5. Supposez que les bases de l'ADN sont positionnées aléatoirement (ce n'est pas le cas en réalité). Si l'on sélectionne au hasard une séquence de sept paires de bases, quelle est la probabilité qu'il s'agisse d'un palindrome ?

6. Dans le processus de PCR, si l'on suppose que chaque cycle dure 5 minutes, de combien de fois le fragment sera-t-il amplifié au bout d'une heure ?

7. La position du gène de l'actine (une protéine) chez le champignon haploïde *Neurospora* est connue depuis que l'on a séquencé la totalité du génome de cet organisme. Si vous possédiez un mutant à croissance lente qui semblerait comporter une mutation dans le gène de l'actine et pour lequel vous souhaiteriez vérifier que c'est bien le cas, (a) cloneriez-vous le mutant en utilisant des sites de restriction adéquats flanquant le gène de l'actine puis séquenceriez-vous ce gène ou (b) amplifieriez-vous la séquence mutante par PCR et la séquenceriez-vous ?

8. Classez les vecteurs suivants de clonage d'après la taille des inserts d'ADN qu'ils peuvent porter : (a) BAC ; (b) cosmide ; (c) YAC ; (d) plasmide pBR322.

9. En quoi l'utilisation d'un champignon a-t-elle joué un rôle important pour le clonage du gène humain de l'alcaptonurie ?

10. Un plasmide est coupé par une enzyme de restriction donnée. Les fragments obtenus sont ensuite soumis à une électrophorèse sur gel. Les bandes révélées par le marquage au bromure d'éthidium sont longues de 3, 5 et 10 kb. Pouvez-vous conclure *avec certitude* que le plasmide a une taille totale de 18 kb ?

11. Vous obtenez la séquence d'ADN d'un mutant d'un gène de 2 kb qui vous intéresse. Ce mutant présente des différences de bases en trois endroits appartenant à des codons distincts. L'une d'elles est un changement silencieux mais les deux autres correspondent à des mutations faux sens (les nouveaux codons spécifient des acides aminés différents). Comment démontrer que ces changements sont de véritables mutations et non des erreurs de séquençage ? (Supposez que le séquençage ait une fiabilité de 99,9 %.)

12. Lors d'un test diagnostic pour l'anémie à cellules falciformes, supposez que l'intron de la ß-globine soit excisé, cloné et utilisé comme sonde pour une analyse par la technique de Southern de l'ADN génomique d'un fœtus donné, coupé par *Mst*II. Le transfert révèle deux bandes, l'une de 1,1 kb et l'autre de 1,3 kb. Quel est le génotype du fœtus ?

13. Lors de la transformation de l'ADN-T d'une plante par un transgène provenant d'un champignon (mais absent des végétaux), la plante transgénique supposée n'exprime pas le phénotype attendu du transgène. Comment démontreriez-vous la présence effective du transgène ?

14. Comment produiriez-vous une souris homozygote pour un transgène de l'hormone de croissance du rat ?

15. Pourquoi a-t-on utilisé l'ADNc et non l'ADN génomique lors du clonage commercial du gène de l'insuline humaine ?

16. Calculez la distance moyenne (en paires de nucléotides) séparant les sites de restriction dans l'organisme X, pour les

enzymes de restriction suivantes en supposant un rapport AT:GC de 50:50.

AluI	5'	AGCT	3'
	3'	TCGA	5'
EcoRI	5'	GAATTC	3'
	3'	CTTAAG	5'
AcyI	5'	G Pu CG Py C	3'
	3'	C Py GC Pu G	5'

(Note: Py = n'importe quelle pyrimidine; Pu = n'importe quelle purine.)

17. Un plasmide bactérien circulaire (pBP1) possède un site unique de restriction pour l'enzyme HindIII, au milieu d'un gène de résistance à la tétracycline (tet^R). L'ADN génomique de la mouche du vinaigre est digéré par HindIII et une banque est construite à l'aide du vecteur plasmidique pBP1. Le criblage révèle que le clone 15 contient un gène intéressant, spécifique de la drosophile. Le clone 15 est soumis à une analyse par l'enzyme de restriction HindIII et une autre enzyme de restriction, EcoRV. Le gel d'électrophorèse coloré au bromure d'éthidium présente les bandes figurant dans le schéma ci-dessous (le témoin était un plasmide pBP1 sans insert). Les tailles des bandes (en kilobases) sont indiquées à gauche. (Note: Les molécules circulaires ne donnent pas de bandes de forte intensité dans ce type de gel; vous pouvez donc supposer que toute les bandes correspondent à des molécules linéaires.)

a. Dessinez les cartes de restriction du plasmide pBP1 avec et sans l'insert, en montrant les sites des séquences cibles et la position approximative du gène tet^R.

b. Si le même gène tet^R, cloné dans un vecteur sans aucune homologie, est marqué radioactivement et utilisé comme sonde lors d'un transfert de ce gel par la technique de Southern, à votre avis, quelles seront les bandes radioactives sur un autoradiogramme?

c. Si le gène équivalent chez une mouche étroitement apparentée à la drosophile a été cloné dans un vecteur non homologue et est utilisé comme sonde pour le même gel, quelles bandes vous attendez-vous à voir sur l'autoradiogramme?

DÉCOMPOSONS LE PROBLÈME 17

1. Quel type de plasmide, décrit dans ce chapitre, semble le plus proche de pBP1?

2. Quelle est l'importance d'un site de restriction unique pour HindIII?

3. Pourquoi est-il important que ce site unique se trouve à l'intérieur d'un gène de résistance? Serait-il utile si ce n'était pas le cas?

4. Quelles sont les conséquences de l'insertion de l'ADN donneur dans le gène de résistance? Ces conséquences sont-elles importantes pour ce problème?

5. Qu'est-ce qu'une banque? Quel type de banque a été utilisé lors de cette expérience et cela a-t-il une importance dans ce problème?

6. Quel type de criblage aurait permis de montrer que le clone 15 contient le gène recherché? Cela a-t-il une importance dans ce problème?

7. Qu'est-ce qu'un gel d'électrophorèse?

8. À quoi sert le bromure d'éthidium dans cette expérience?

9. Le gel représente-t-il un transfert par la technique de Southern, de Northern ou ni l'un ni l'autre?

10. Quels sont les types généraux de molécules visibles dans le gel?

11. Combien de fragments sont produits si une molécule circulaire est coupée une seule fois?

12. Combien de fragments sont produits si une molécule circulaire est coupée deux fois?

13. Pouvez-vous écrire une formule simple reliant dans une molécule circulaire, le nombre de sites pour des enzymes de restriction au nombre de fragments produits?

14. Si une enzyme produit n fragments et une autre enzyme, m fragments, combien y aura-t-il de fragments si les deux enzymes sont utilisées conjointement?

15. Dans le schéma, à quels endroits du gel les échantillons d'ADN ont-ils été déposés?

16. Pourquoi les fragments de plus faible masse moléculaire se retrouvent-ils au bas du gel?

17. Quelle est la masse moléculaire totale des fragments présents dans toutes les pistes? Quelles dispositions des fragments observez-vous?

18. Le fait que la somme des tailles des fragments de 3 et 2 kb soit égale à celle du fragment de 5 kb est-il une coïncidence?

19. Le fait que la somme des tailles des fragments de 1,5 et 1 kb soit égale à celle du fragment de 2,5 kb est-il une coïncidence?

20. Que signifie le fait qu'un fragment produit par une enzyme disparaisse lorsque l'ADN est traité conjointement par cette enzyme et par une autre enzyme?

21. Qu'est-ce qui détermine si une sonde s'hybridera à un transfert d'ADN (dénaturé)?

22. Dans la partie c, pourquoi précise-t-on qu'on utilise un vecteur non homologue?

À présent, essayez de résoudre le problème.

18. Vous avez purifié une molécule d'ADN et vous désirez localiser les sites de restriction sur celle-ci. Après digestion par EcoRI, vous obtenez quatre fragments: 1, 2, 3 et 4. Après digestion de chacun de ces fragments par HindII, vous constatez que le fragment 3 donne deux

sous-fragments (3_1 et 3_2) et que le fragment 2 en donne trois (2_1, 2_2 et 2_3). Après digestion de la molécule complète par *Hind*II, vous récupérez quatre fragments : A, B, C et D. Lorsque ces fragments sont traités par *Eco*RI, le fragment D produit les fragments 1 et 3_1, le fragment A, 3_2 et 2_1 et le fragment B, 2_3 et 4. Le fragment C est identique à 2_2. Dessinez une carte de restriction de cet ADN.

19. Des fragments d'ADN de drosophile obtenus après traitement par une enzyme de restriction sont insérés dans des plasmides et sélectionnés sous forme de clones d'*E. coli*. Grâce à cette technique de clonage aléatoire, on peut récupérer toutes les séquences de l'ADN de drosophile dans une banque.

    a. Comment pourriez-vous identifier le clone contenant l'ADN qui code l'actine, une protéine dont on connaît la séquence d'acides aminés ?

    b. Comment procéderiez-vous pour identifier un clone contenant un gène codant un ARNt particulier ?

20. Vous avez isolé et cloné un fragment d'ADN qui est présent en un exemplaire dans le génome humain. Il est situé près de l'extrémité du chromosome X et mesure environ 10 kb. Vous marquez les extrémités 5' avec du ^{32}P et vous coupez la molécule par *Eco*RI. Vous obtenez deux fragments, l'un de 8,5 kb, l'autre de 1,5 kb. Vous partagez en deux fractions une solution contenant le fragment de 8,5 kb et faites une digestion partielle de l'une par *Hae*III et de l'autre par *Hind*II. Vous séparez ensuite chaque échantillon dans un gel d'agarose. Par autoradiographie, vous obtenez les résultats suivants :

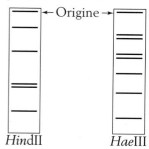

Dessinez une carte des sites de restriction de la molécule complète de 10 kb.

21. Un fragment d'ADN linéaire est coupé d'une part par *Hind*III, d'autre part par *Sma*I, puis conjointement par les deux enzymes. Les fragments obtenus sont les suivants :

*Hind*III	2,5 kb, 5,0 kb
*Sma*I	2,0 kb, 5,5 kb
*Hind*III et *Sma*I	2,5 kb, 3,0 kb, 2,0 kb

    a. Dessinez la carte de restriction.

    b. Le mélange des fragments produits par la combinaison des deux enzymes est ensuite digéré par l'enzyme *Eco*RI, ce qui fait disparaître le fragment de 3 kb (une bande colorée au bromure d'éthidium dans un gel d'agarose) et fait apparaître une bande colorée correspondant à un

fragment de 1,5 kb. Indiquez le site de clivage d'*Eco*RI sur la carte de restriction.

(Problème 21 aimablement communiqué par Joan McPherson. D'après A. J. F. Griffiths et J. McPherson, *1001 Principles of Genetics*. W. H. Freeman and Company, 1989.)

22. Le gène de la ß-tubuline de *Neurospora* a été cloné et est disponible. Imaginez étape par étape un protocole expérimental permettant de cloner le gène correspondant chez le champignon apparenté *Podospora*, en utilisant comme vecteur de clonage le plasmide pBR d'*E. coli* présenté ci-dessous, où *kan* = kanamycine et *tet* = tétracycline :

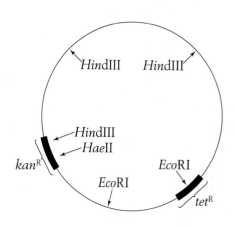

23. Dans une cellule eucaryote transformée (de *Neurospora* par exemple) comment pouvez-vous dire si l'ADN transformant (inséré dans un vecteur circulaire bactérien)

    a. a remplacé le gène résidant du receveur à la suite d'un double ou d'un simple crossing-over ?

    b. a subi une insertion ectopique ?

24. Dans un gel d'électrophorèse soumis à un puissant champ électrique alterné, l'ADN du champignon haploïde *Neurospora crassa* ($n = 7$) migre lentement mais forme finalement sept bandes qui représentent des fractions d'ADN de tailles distinctes et qui ont donc migré à des vitesses différentes. On suppose que ces bandes correspondent aux sept chromosomes. Comment pourriez-vous montrer à quel chromosome correspond chaque bande ?

25. La protéine codée par le gène de l'alcaptonurie comporte 445 acides aminés et pourtant, le gène s'étend sur 60 kb. Comment est-ce possible ?

26. Chez la levure, vous avez séquencé un fragment d'ADN de type sauvage qui contient à l'évidence un gène. Cependant, vous ignorez de quel gène il s'agit. Pour en savoir plus, vous aimeriez découvrir un phénotype mutant. Comment utiliseriez-vous le gène cloné de type sauvage pour cela ? Détaillez clairement les étapes expérimentales.

PROBLÈMES D'ÉVALUATION

27. Un plasmide bactérien circulaire contenant un gène de résistance à la tétracycline a été coupé par l'enzyme de restriction *Bgl*II. L'électrophorèse montre une bande de 14 kb.

a. Que peut-on déduire de ce résultat?

Le plasmide a été coupé par *Eco*RV et l'électrophorèse a produit deux bandes, de 2,5 kb et 11,5 kb.

b. Que peut-on déduire de ce résultat?

La digestion conjointe par les deux enzymes a donné trois bandes : de 2,5 kb, 5,5 kb et 6 kb.

c. Que peut-on déduire de ce résultat?

L'ADN du plasmide coupé par *Bgl*II a été mélangé et ligaturé avec des fragments de l'ADN donneur également coupé par *Bgl*II pour former des molécules d'ADN recombinant. Tous les clones recombinants se sont montrés sensibles à la tétracycline.

d. Que peut-on déduire de ce résultat?

Un clone recombinant a été coupé par *Bgl*II et des fragments de 4 kb et de 14 kb ont été observés.

e. Expliquez ce résultat.

Le même clone a été traité par *Eco*RV et des fragments de 2,5 kb, 7 kb et 8,5 kb ont été observés.

f. Expliquez ces résultats en dessinant une carte de restriction de l'ADN recombinant.

28. a. Un fragment d'ADN de souris avec des extrémités collantes produites par *Eco*RI porte le gène *M*. Ce fragment d'ADN, long de 8 kb, est inséré dans le plasmide bactérien pBR322, au niveau du site d'*Eco*RI. Le plasmide recombinant est coupé par trois traitements utilisant des enzymes de restriction différentes. La disposition des fragments colorés au bromure d'éthidium, après électrophorèse en gel d'agarose est présentée dans le schéma ci-dessous :

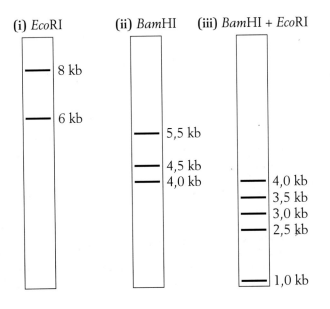

Un transfert de type Southern est préparé à partir du gel iii. Quels fragments s'hybrideront avec une sonde d'ADN plasmidique pBR, marquée par du ^{32}P?

b. Le gène *X* est porté par un plasmide constitué de 5 300 paires de nucléotides (5 300 pb). Le clivage du plasmide par l'enzyme de restriction *Bam*HI produit les fragments 1, 2 et 3 comme le montre le schéma ci-dessous (*B* = sites de restriction pour *Bam*HI). Des copies en tandem du gène *X* sont présentes dans un seul fragment *Bam*HI. Si le gène *X* code une protéine X de 400 acides aminés, indiquez les positions approximatives et les orientations des copies du gène *X*.

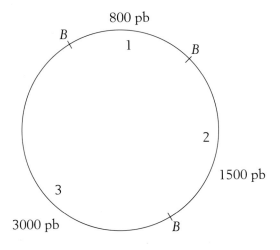

(Problème 28 aimablement communiqué par Joan McPherson. D'après A. J. F. Griffiths et J. McPherson, *1001 Principles of Genetics*. W. H. Freeman and Company, 1989.)

29. La prototrophie est un phénotype fréquemment sélectionné pour détecter des transformants. Les cellules prototrophes sont utilisées pour l'extraction de l'ADN donneur. Cet ADN est ensuite cloné et les clones sont ajoutés à une culture receveuse auxotrophe. Les cellules transformées sont identifiées en étalant la culture receveuse sur milieu minimum et en recherchant les colonies. Quelle construction expérimentale utiliseriez-vous pour être sûr que l'une des colonies que vous souhaitez récupérer n'est pas en réalité :

a. une cellule prototrophe qui a contaminé la culture receveuse?

b. un révertant (une mutation ayant restauré la prototrophie grâce à l'apparition d'une seconde mutation dans le gène muté initialement) de la mutation auxotrophe?

30. On étudie chez deux enfants l'expression d'un gène (*D*) qui code une enzyme importante pour le développement musculaire. Les résultats des études de ce gène et de son produit sont les suivants :

Enfant 1

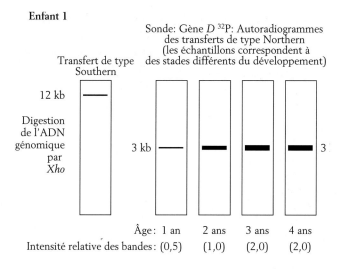

Sonde: Gène *D* ³²P: Autoradiogrammes des transferts de type Northern (les échantillons correspondent à des stades différents du développement)

Transfert de type Southern

12 kb

Digestion de l'ADN génomique par *Xho*

3 kb

Âge: 1 an — 2 ans — 3 ans — 4 ans

Intensité relative des bandes: (0,5) (1,0) (2,0) (2,0)

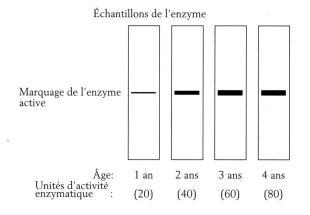

Échantillons de l'enzyme

Marquage de l'enzyme active

Âge: 1 an — 2 ans — 3 ans — 4 ans

Unités d'activité enzymatique: (20) (40) (60) (80)

Enfant 2

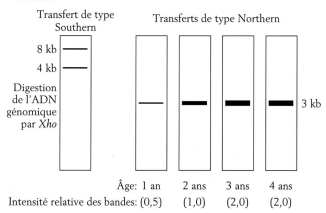

Transfert de type Southern

Transferts de type Northern

8 kb
4 kb

Digestion de l'ADN génomique par *Xho*

3 kb

Âge: 1 an — 2 ans — 3 ans — 4 ans

Intensité relative des bandes: (0,5) (1,0) (2,0) (2,0)

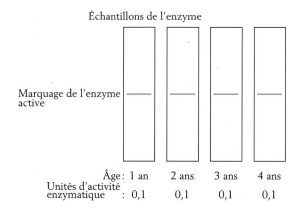

Échantillons de l'enzyme

Marquage de l'enzyme active

Âge: 1 an — 2 ans — 3 ans — 4 ans

Unités d'activité enzymatique: 0,1 0,1 0,1 0,1

Pour l'enfant 2, l'activité enzymatique était très faible à tous les stades de développement des muscles et a été évaluée à approximativement 0,1 unité aux âges de 1, 2, 3 et 4 ans.

a. Pour les deux enfants, dessinez des graphiques représentant l'expression du gène en fonction du développement. (Indiquez la légende des deux axes.)

b. Comment pouvez-vous expliquer le très faible niveau d'activité enzymatique de l'enfant 2? (La dégradation des protéines n'est qu'une possibilité parmi d'autres.)

c. Comment pourriez-vous expliquer la différence qui existe dans les transferts Southern lorsqu'on compare l'enfant 2 à l'enfant 1?

d. Si un seul gène mutant a été détecté lors des études familiales des deux enfants, définissez chacun d'eux comme homozygote ou hétérozygote pour le gène *D*.

(Problème 30 aimablement communiqué par Joan McPherson. D'après A. J. F. Griffiths et J. McPherson, *1001 Principles of Genetics*. W. H. Freeman and Company, 1989.)

31. Un fragment cloné d'ADN a subi un séquençage à l'aide des didésoxynucléotides. Une partie de l'autoradiogramme du gel de séquençage est représentée ici.

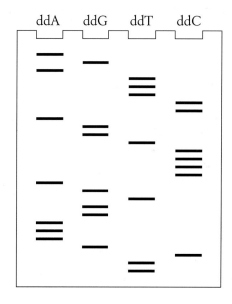

a. Déduisez la séquence nucléotidique de la chaîne d'ADN synthétisée à partir de l'amorce. Marquez les extrémités 5' et 3'.

b. Déduisez la séquence nucléotidique de la chaîne d'ADN utilisée comme brin matrice. Marquez les extrémités 5' et 3'.

c. Écrivez la séquence nucléotidique de la double hélice d'ADN (marquez les extrémités 5' et 3').

d. Dans la mesure où il est possible de le déterminer, combien des six cadres de lecture sont-ils «ouverts»?

32. Le clone d'ADNc du gène humain codant la tyrosinase a été marqué radioactivement et utilisé lors d'une analyse par transfert de type Southern d'un ADN génomique de souris de type sauvage digéré par *Eco*RI. On observe trois fragments radioactifs de souris (hybridés avec la sonde). On a fait subir une analyse par transfert Southern à des souris albinos, mais dans ce cas, aucun fragment génomique ne s'est lié à la sonde. Expliquez ces résultats par rapport à la nature sauvage ou mutante des allèles de souris.

33. On a obtenu des plants de tabac transgénique dans lesquels le gène étudié a été introduit par l'intermédiaire du vecteur plasmidique Ti, en même temps qu'un gène adjacent conférant la résistance à la kanamycine. Le mode de transmission de l'insertion chromosomique a été suivi en testant la résistance à la kanamycine chez la descendance. Deux types principaux de plants apparaissent dans les résultats obtenus. Lorsque l'on fait subir un croisement en retour au plant 1 avec un plant de tabac sauvage, 50 % de la descendance est résistante à la kanamycine et 50 % y est sensible. Quand on fait subir au plant 2 un croisement en retour avec le type sauvage, 75 % de la descendance est résistante à la kanamycine et 25 % y est sensible. Quelle est la différence entre les deux plants transgéniques ? Que diriez-vous de la situation du gène étudié ?

34. Dans un arbre généalogique donné, une mutation responsable de la mucoviscidose est due au changement d'une seule paire de nucléotides. Ce changement supprime un site de restriction pour *Eco*RI, qui englobe normalement cette position. Comment utiliseriez-vous cette information pour estimer chez cette famille, la probabilité de chaque individu d'être porteur de l'allèle mutant ? Décrivez précisément les expériences nécessaires. Supposons que vous établissiez qu'une femme de cette famille est porteuse, et que vous sachiez qu'elle a épousé un homme sans lien de parenté qui est également hétérozygote pour la mucoviscidose. Dans son cas cependant, il s'agit d'une mutation distincte dans le même gène. Que diriez-vous à ce couple sur les risques d'avoir un enfant atteint de mucoviscidose ?

35. La glucuronidase bactérienne convertit une substance incolore appelée X-gluc en un pigment bleu indigo. Le gène de la glucuronidase s'exprime aussi chez les plantes si on lui associe une région promotrice végétale. Comment utiliseriez-vous ce gène comme rapporteur pour savoir dans quels tissus de la plante un gène nouvellement cloné est normalement actif ? (On suppose que le X-gluc est capté facilement par les tissus végétaux.)

36. Un généticien travaillant sur *Neurospora* s'intéresse aux gènes qui contrôlent l'allongement des hyphes. Il décide de cloner certains de ces gènes. On sait grâce à des analyses mutationnelles antérieures de *Neurospora* qu'un type courant de mutant forme des petites colonies (phénotype « colonial ») sur les boîtes de Pétri, à cause d'un développement anormal des hyphes. C'est pourquoi ce généticien décide de réaliser une expérience de recherche de marqueurs génétiques (ou étiquetage, en anglais *tagging protocol*) en utilisant de l'ADN transformant pour produire des mutants « colonial » par mutagenèse par insertion. Il transforme les cellules de *Neurospora* à l'aide d'un plasmide bactérien porteur du gène de résistance au benomyl (*ben*-R) et isole les colonies résistantes sur un milieu contenant du benomyl. Certaines colonies présentent le phénotype « colonial » recherché. Le chercheur en isole et en analyse quelques-unes. Elles se révèlent être de deux types :

type 1 *col · ben*-R × type sauvage (+ · *ben*-S)
Descendance   1/2 *col · ben*-R
                   1/2 + · *ben*-S

type 2 *col · ben*-R × type sauvage (+ · *ben*-S)
Descendance   1/4 *col · ben*-R
                   1/4 *col · ben*-S
                   1/4 + · *ben*-R
                   1/4 + · *ben*-S

a. Expliquez la différence entre ces deux types de résultats.

b. Quel type devrait utiliser ce généticien pour essayer de cloner les gènes affectant l'allongement des hyphes ?

c. Comment devrait-il mener son expérience d'étiquetage ?

d. Si une sonde spécifique du plasmide bactérien est disponible, quelle descendance devra être hybridée avec cette sonde ?

DÉCOMPOSONS LE PROBLÈME **36**

1. Qu'est-ce que l'allongement des hyphes et pourquoi s'y intéresser ?
2. Comment l'approche suivie dans cette expérience se situe-t-elle par rapport à l'approche génétique générale de l'analyse mutationnelle ?
3. *Neurospora* est-elle haploïde ou diploïde et ceci a-t-il une importance dans ce problème ?
4. Est-il cohérent de transformer un champignon (Eucaryote) avec un plasmide bactérien ? Est-ce important ?
5. Qu'est-ce que la transformation et quelle est son utilité en génétique moléculaire ?
6. Comment prépare-t-on les cellules pour la transformation ? (Pensez-vous qu'il faille retirer enzymatiquement leurs parois cellulaires ?)
7. Quel est le sort de l'ADN transformant si la transformation réussit ?
8. Dessinez l'entrée réussie d'un plasmide dans la cellule hôte, ainsi qu'une transformation stable.
9. Est-il important pour ce protocole expérimental de savoir ce qu'est le benomyl ? Quel rôle le gène de résistance au benomyl joue-t-il dans cette expérience ? L'expérience réussirait-elle avec un autre marqueur de résistance ?
10. Que signifie le terme « colonial » dans ce contexte ? Pourquoi l'expérimentateur pense-t-il que l'obtention et la caractérisation de mutations « colonial » aiderait à la compréhension de l'allongement des hyphes ?
11. À votre avis, à quel type « d'analyses mutationnelles antérieures » est-il fait allusion ?

12. Dessinez l'aspect d'une boîte de Pétri caractéristique après transformation et sélection, en accordant un soin particulier à la représentation des colonies.

13. Qu'est-ce que l'étiquetage? Quel rapport cela a-t-il avec la mutagenèse par insertion? Comment une insertion provoque-t-elle une mutation?

14. Comment effectue-t-on des croisements et isole-t-on la descendance chez *Neurospora*?

15. La recombinaison intervient-elle dans ce problème? Peut-on calculer une valeur de FR? Qu'est-ce que cela signifie?

16. Pourquoi y a-t-il seulement deux types «colonial»? Peut-on prédire lequel est le plus courant?

17. Qu'est-ce qu'une sonde? Quelle est l'utilité des sondes en génétique moléculaire? Comment une expérience de criblage est-elle menée?

18. Comment obtenir une sonde spécifique du plasmide bactérien?

37. La plante *Arabidopsis thaliana* a été transformée à l'aide d'un plasmide Ti dans lequel un gène de résistance à la kanamycine a été inséré dans la région de l'ADN-T. Deux colonies résistantes à la kanamycine (A et B) ont été sélectionnées et des plantes se sont formées à partir de celles-ci. On a laissé les plantes s'autoféconder. Les résultats sont les suivants:

Plante A autofécondée → $\frac{3}{4}$ de la descendance résistante à la kanamycine
$\frac{1}{4}$ de la descendance sensible à la kanamycine

Plante B autofécondée → $\frac{15}{16}$ de la descendance résistante à la kanamycine
$\frac{1}{16}$ de la descendance sensible à la kanamycine

a. Dessinez les chromosomes impliqués dans chacune des deux plantes.

b. Expliquez l'existence de deux rapports différents.

38. Deux vecteurs plasmidiques circulaires de levure différents (YP1 et YP2) ont été utilisés pour transformer des cellules *leu⁻* en *leu⁺*. Les cultures *leu⁺* résultant des deux expériences ont été croisées avec une même cellule *leu⁻* de type sexuel opposé. Les résultats sont les suivants:

YP1 *leu⁺* × *leu⁻* → Toute la descendance est *leu⁺* et l'ADN de tous ces descendants s'hybride avec la sonde spécifique du vecteur YP1

YP2 *leu⁺* × *leu⁻* → ½ de la descendance est *leu⁺* et s'hybride avec la sonde du vecteur spécifique de YP2

a. Expliquez l'action différente de ces deux plasmides au cours de la transformation.

b. Si l'ADN total des transformants obtenus avec YP1 et YP2 est extrait et digéré par une enzyme de restriction qui coupe une fois le vecteur (et pas l'insert), prédisez les résultats de l'électrophorèse et des analyses d'ADN par transfert de type Southern. Utilisez le plasmide spécifique comme sonde dans chaque cas.

39. Un plasmide linéaire de 9 kb de *Neurospora*, mar1, présente la carte de restriction suivante:

On suppose que ce plasmide s'insère parfois dans l'ADN génomique. Pour tester cette hypothèse, le grand fragment central résultant de la digestion par *Bgl*II est cloné dans un vecteur plasmidique de type pUC et le vecteur résultant est utilisé comme sonde pour une hybridation de type Southern de l'ADN génomique d'une souche contenant le plasmide mar1, digéré par *Xba*I. À quoi ressemblera l'autoradiogramme si

a. le plasmide ne s'intègre jamais,

b. le plasmide s'intègre occasionnellement dans l'ADN génomique?

12

LA GÉNOMIQUE

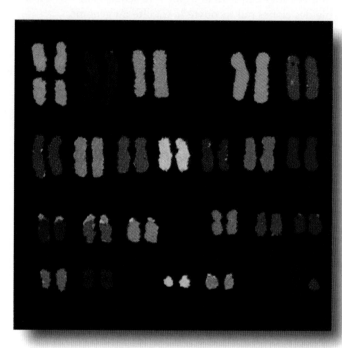

Le génome nucléaire humain vu sous la forme d'un ensemble d'ADN marqués. L'ADN de chaque chromosome a été marqué avec un colorant qui émet une fluorescence de longueur d'onde spécifique (produisant une couleur particulière).
[Evelin Schrock et Thomas Ried.]

QUESTIONS CLÉS

- Qu'est-ce que la génomique ?

- Comment les cartes des séquences des génomes sont-elles établies ?

- Comment peut-on trouver un gène particulier grâce aux cartes des séquences de génomes ?

- Quelle est la nature de l'information contenue dans le génome ?

- À quelles nouvelles questions permet de répondre une analyse au niveau du génome ?

SOMMAIRE

L'ESSENTIEL DU CHAPITRE

La science progresse parfois à une vitesse vertigineuse et inattendue. Les généticiens contemporains les plus anciens ont commencé leur carrière en essayant de comprendre la nature des gènes et en travaillant pour cela exclusivement à partir de leurs phénotypes mutants. Ils espéraient seulement avoir au cours de leur vie la chance de voir le concept du gène se transformer en réalité, de même que la séquence et la fonction de l'ADN. Le séquençage de génomes complets n'était même pas envisageable. Pourtant aujourd'hui, de nombreux génomes ont été séquencés et un grand nombre sont en passe de l'être. De plus, l'utilisation de ces séquences est devenue classique pour l'analyse génétique. En effet, la connaissance de génomes entiers a non seulement révolutionné la génétique, mais également la plupart des domaines de recherche en biologie. Nous examinerons dans ce chapitre l'essor et le fonctionnement de ce nouveau domaine si exaltant appelé **génomique**, qui est l'étude des génomes dans leur totalité.

L'une des étapes fondamentales de la génomique est d'obtenir la séquence d'un génome complet, ce qui est réalisé grâce au séquençage automatisé de nombreux clones. Il existe deux grandes stratégies. La première consiste à séquencer au hasard un grand nombre de clones et à les assembler grâce au chevauchement de leurs séquences. La seconde est centrée sur l'assemblage de clones chevauchants grâce à l'alignement de divers marqueurs moléculaires tels que des sites de restriction, suivi du séquençage de l'ensemble des clones qui recouvre la totalité du génome.

Après le séquençage du génome, la biologie en tant que telle peut commencer. Par exemple, la Figure 12-1 montre

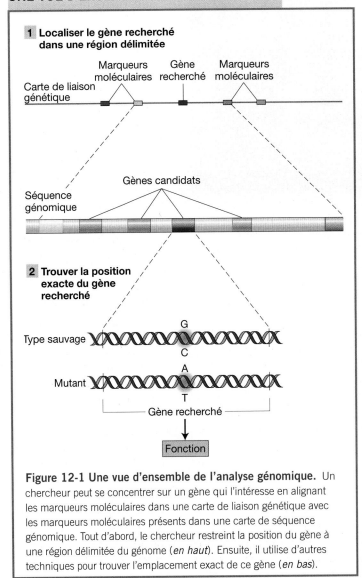

Figure 12-1 Une vue d'ensemble de l'analyse génomique. Un chercheur peut se concentrer sur un gène qui l'intéresse en alignant les marqueurs moléculaires dans une carte de liaison génétique avec les marqueurs moléculaires présents dans une carte de séquence génomique. Tout d'abord, le chercheur restreint la position du gène à une région délimitée du génome (*en haut*). Ensuite, il utilise d'autres techniques pour trouver l'emplacement exact de ce gène (*en bas*).

certaines des étapes permettant de localiser un gène recherché dans une séquence génomique. La séquence du génome peut être utilisée pour identifier la séquence d'ADN d'un gène ayant un phénotype mutant intéressant. Ceci peut être effectué en combinant la séquence du génome avec d'autres cartes telles que les cartes de recombinaison ou les cartes cytogénétiques. Par exemple, si l'on connaît la position d'un gène sur une carte de recombinaison, alors on peut se concentrer sur les gènes candidats à cette position de la séquence génomique, par exemple par PCR. Cette méthode est beaucoup plus rapide que le clonage standard de gènes.

La séquence d'ADN du génome devient le point de départ de nombreuses analyses portant sur la structure, la fonction et l'évolution du génome et de ses composants.

- La *bioinformatique* analyse le contenu informationnel des génomes entiers. Cette information comprend le nombre et les types de gènes et de produits de gènes, ainsi que les sites d'ancrage sur l'ADN et l'ARN qui permettent au produit fonctionnel d'être synthétisé au moment et à l'endroit opportuns.

- La *génomique comparée* met en relation les génomes d'espèces apparentées plus ou moins étroitement pour découvrir leur relation au sein de l'évolution.

- La *génomique fonctionnelle* utilise différentes procédures automatisées pour déterminer les réseaux de gènes en interaction au cours d'un processus donné du développement.

12.1 La nature de la génomique

Après la mise au point de la technologie de l'ADN recombinant dans les années 1970, les laboratoires de recherche entreprenaient pour la plupart le clonage et le séquençage d'«un gène à la fois» (comme nous l'avons vu au Chapitre 11) seulement après avoir découvert quelque chose d'intéressant à propos de ce gène par une analyse mutationnelle classique. Dans les années 1980, certains scientifiques eurent une idée : si de nombreux chercheurs mettaient en commun leurs efforts, ils pourraient cloner et séquencer le génome *entier* d'un organisme donné. Ces **projets de séquençage des génomes** rendraient alors les clones et les séquences disponibles pour tous. L'un des intérêts de ce projet était que, dès lors que les chercheurs s'intéressaient à un gène dans une espèce dont le génome avait été séquencé, ils avaient seulement besoin de connaître l'emplacement de ce gène sur la carte du génome et pouvaient alors se concentrer sur sa séquence et sa fonction potentielle. Ainsi, un gène pourrait être caractérisé bien plus rapidement que par le clonage et le séquençage en aveugle, un projet dont la réalisation peut demander plusieurs années. Cette approche est désormais une réalité pour la plupart des organismes modèles. De même, en génétique humaine, la séquence du génome permet de rechercher les gènes responsables de maladies.

Dans une perspective plus vaste, les projets de séquençage de génomes donnent un aperçu des principes à partir desquels les génomes sont bâtis. Obtenir la séquence d'un génome ressemble à déterrer une tablette ancienne sur laquelle est gravé un langage inconnu. Le génome humain par exemple, est constitué de 24 chaînes de paires de bases, représentant les chromosomes X et Y et les 22 autosomes. Au total, le génome humain contient 3 000 millions de paires de bases d'ADN. Bien que l'on puisse être persuadé de comprendre la nature et le fonctionnement d'un gène précis, considérer les gènes dans leur ensemble révélera sans nul doute des secrets importants de la biologie humaine. Le défi principal de la génomique est actuellement la compréhension du génome dans son ensemble : comment pouvons-nous avoir accès à l'information contenue dans la séquence de ces génomes ?

Les techniques élémentaires nécessaires au séquençage de génomes complets étaient déjà disponibles dans les années 1980 – les vecteurs de clonage pour la création de banques génomiques, la PCR pour amplifier les gènes et les séquenceurs d'ADN (voir Chapitre 11). Mais l'échelle à laquelle il fallait séquencer un génome complexe était techniquement bien au-delà de la capacité de la communauté scientifique de l'époque. La génomique vers la fin des années 1980 et dans les années 1990 se développa à partir de centres importants de recherche qui pouvaient intégrer ces technologies en une chaîne de fabrication à l'échelle industrielle. Ces centres s'appuyaient sur la robotique et l'automatisation pour réaliser les milliers d'étapes de clonage et les millions de réactions de séquençage nécessaires pour déterminer la totalité de la séquence d'un organisme complexe. Ces centres ont été mis en place vers la fin des années 1990 et nous sommes depuis dans l'âge d'or du séquençage des génomes. Actuellement, il faut à un centre de génomique un jour pour séquencer le génome d'une espèce bactérienne, une semaine pour un champignon, un à deux mois pour un insecte et un à deux ans pour un mammifère.

La génomique a déjà eu des conséquences majeures sur le déroulement de la recherche en biologie. Exactement comme le projet de la NASA d'aller sur la Lune a eu toutes sortes de retombées sur la science et l'ingénierie, telles que la miniaturisation de l'électronique et des ordinateurs, les projets de séquençage de génomes ont eu de vastes répercussions sur la science et la technologie. La génomique a encouragé les chercheurs à développer des moyens d'expérimentation et à analyser par informatique le génome dans son ensemble et non plus un gène à la fois. Cela a également démontré l'intérêt de recueillir des résultats à grande échelle avant de les utiliser, offrant alors un gros potentiel de résolution de problèmes spécifiques de recherche. Enfin, cela a modifié la sociologie de la recherche en biologie, démontrant la valeur des vastes réseaux de collaboration en plus de l'intérêt des petits laboratoires de recherche indépendants (qui continuent à fleurir). Ces effets vont continuer à se faire sentir avec l'expansion de l'information, de la technologie et des connaissances. Dans la dernière section de ce chapitre, nous examinerons certains effets de la génomique sur la recherche fondamentale et appliquée au tout début de ce vingt-et-unième siècle. D'autres applications seront détaillées dans les chapitres suivants.

12.2 La carte de la séquence d'un génome

Lorsque des hommes découvrent un nouveau territoire, l'une de leurs premières préoccupations consiste à établir une carte qui puisse leur servir de référence commune lorsqu'ils parlent de ce territoire. Cette pratique est vraie pour les géographes, les océanographes, les astronomes, et même pour les généticiens. Ces derniers utilisent de multiples sortes de cartes pour explorer le terrain que constitue un génome. Nous en avons vu des exemples dans des chapitres précédents, comme les cartes de liaison génétique basées sur les modes de transmission des gènes dont les allèles déterminent des différences de phénotype, des cartes cytogénétiques établies à partir de la position de caractéristiques visibles au microscope telles que des points de cassures de réarrangements chromosomiques et des cartes de restriction comportant les sites de l'ADN sensibles aux endonucléases de restriction.

La carte ayant la résolution la plus élevée est la séquence complète de l'ADN du génome – c'est-à-dire la totalité de la succession des nucléotides A, T, C et G de chaque double hélice du génome. Établir une carte de la séquence complète d'un génome est une tâche si vaste, jamais accomplie auparavant en biologie, que de nombreuses stratégies doivent être utilisées, toutes basées sur des machines automatisées.

Transformer des fragments de séquences en une carte

Vous avez probablement assisté à un tour de magie au cours duquel le magicien coupe une feuille de journal en un grand nombre de morceaux, les mélange dans un chapeau, prononce une formule magique et *voilà*!* une page intacte de journal réapparaît. Voici une façon simpliste d'expliquer la fabrication des cartes de séquences génomiques. L'approche consiste (1) à fragmenter plus ou moins aléatoirement un génome en plusieurs milliers voire plusieurs millions de morceaux, (2) à lire la séquence de chaque fragment, (3) à faire coïncider les fragments là où leurs séquences sont identiques et (4) à poursuivre ce chevauchement avec des morceaux de taille croissante jusqu'à avoir utilisé tous les fragments (Figure 12-2). À la fin de ces opérations, vous avez établi la carte de la séquence d'un génome.

Pourquoi ce processus a-t-il besoin d'être automatisé ? Pour le comprendre, considérons le génome humain qui comporte 3×10^9 pb (soit 3 gigabases = 3 Gpb) d'ADN. Supposons que l'on puisse purifier en le gardant intact l'ADN de chacun des 24 chromosomes (X, Y et les 22 autosomes), mettre séparément ces 24 échantillons d'ADN dans un séquenceur

---
* En français dans le texte (*N.d.T.*).

et lire leurs séquences directement d'un télomère à l'autre. La création d'une carte de la séquence complète serait assez facile et s'apparenterait à lire un livre comportant 24 chapitres – ce serait malgré tout un livre très long avec 3 milliers de millions de caractères. Malheureusement, il n'existe pas de séquenceur de ce type. Au lieu de cela, le séquençage automatisé basé sur la détection par fluorescence discuté au Chapitre 11 est à la pointe de la technologie actuelle du séquençage de l'ADN. Les réactions individuelles de séquençage (appelées *lectures de séquence*) produisent des successions de lettres longues de 600 bases environ. Ces longueurs sont infimes comparées à l'ADN d'un seul chromosome. Par exemple, une lecture correspond seulement à 0,0002 % du chromosome humain le plus long (environ 3×10^8 pb d'ADN) et à seulement 0,00002 % du génome humain entier. Même dans un clone BAC de 300 000 pb, une lecture individuelle de séquence correspond à seulement 0,2 % de la longueur de ce clone. Par conséquent, l'une des difficultés principales du projet de séquençage des génomes est l'**assemblage des séquences**, c'est-à-dire l'accolement de toutes les lectures individuelles en une **séquence consensus**, une séquence pour laquelle il existe un consensus (ou agrément) qui est une représentation authentique de la séquence de chaque molécule d'ADN de ce génome. (Le consensus à atteindre concerne à la fois les chercheurs et les différents résultats !)

Observons ces nombres d'un autre angle afin de mieux comprendre l'ampleur du problème. Comme dans toute observation expérimentale, les séquenceurs automatiques ne donnent pas toujours des lectures exactes de séquences. Le taux d'erreur n'est pas constant. Il dépend de facteurs tels que les colorants fixés aux molécules séquencées, la pureté et l'homogénéité de l'échantillon initial d'ADN ainsi que de la séquence spécifique des paires de bases dans l'échantillon d'ADN. Par conséquent, pour garantir une certaine précision, les projets de séquençage de génomes exigent par convention 10 lectures indépendantes pour chaque paire de bases du génome. Ceci garantit que les erreurs dues au hasard dans les lectures ne conduisent pas à une reconstruction erronée de la séquence consensus. Étant donné une lecture de séquence moyenne de 600 bases d'ADN et un génome humain de 3 000 milliards de bases, 50 millions de lectures indépendantes réussies sont nécessaires pour que chaque paire de bases soit séquencée en moyenne 10 fois. Cependant, les lectures ne sont pas toutes réussies. Le taux d'échec est voisin de 20 %. Pour cette raison, il faut en réalité près de 60 millions d'essais de lecture pour couvrir l'ensemble du génome humain. Ceci explique pourquoi la quantité nécessaire d'information et de matériel est gigantesque. Pour essayer de minimiser l'erreur humaine et le nombre de personnes indispensables pour réaliser des tâches hautement répétitives, les laboratoires impliqués dans les projets de séquençage ont privilégié l'automatisation, la recherche informatique à l'aide de codes barres et les systèmes d'analyse informatique lorsque cela était possible.

Pour ces raisons, la préparation des clones, l'isolement de l'ADN, l'électrophorèse et les protocoles de séquençage ont tous été adaptés pour pouvoir être automatisés. Par exemple, l'une des récentes avancées a été la mise au

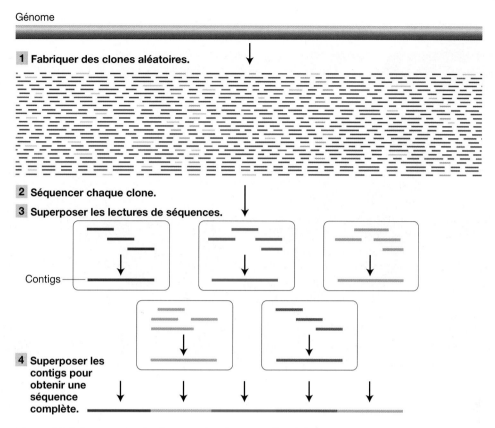

Figure 12-2 Comment créer la carte de séquence d'un génome? Le génome est fragmenté en petits morceaux qui sont ensuite clonés et séquencés. Les lectures de séquences ainsi produites sont superposées les unes aux autres en faisant correspondre les séquences identiques dans des clones différents jusqu'à ce qu'on obtienne une séquence consensus unique pour chaque double hélice d'ADN du génome.

point de machines de séquençage sous forme de chaînes de fabrication qui fonctionnent en permanence sans intervention humaine et produisent environ 96 lectures toutes les 3 heures. Un centre de génomique équipé de 200 de ces séquenceurs peut produire environ 150 000 lectures en une seule journée. Ces chiffres montrent comment un centre de séquençage a maintenant la capacité d'établir la séquence d'un mammifère (3 Gpb) en 1 à 2 ans. La Figure 12-3 montre une chaîne de montage destinée au séquençage.

Dans quels buts séquence-t-on un génome? Tout d'abord, on essaie d'obtenir une séquence consensus qui soit une représentation la plus fidèle et la plus précise possible du génome, en commençant par un individu ou une souche de référence dont on possède l'ADN. Cette séquence servira alors de séquence de référence pour l'espèce. On sait maintenant qu'il existe de nombreuses différences dans la séquence d'ADN d'organismes distincts au sein d'une même espèce et même, entre les génomes d'origine maternelle et paternelle chez un organisme diploïde donné. Par conséquent, aucune séquence génomique ne représente exactement le génome de toute l'espèce. Néanmoins, cette séquence sert de standard ou de référence à laquelle les autres séquences peuvent être comparées et elle peut être analysée pour déterminer l'information codée dans l'ADN, telle que l'ensemble des ARN et des polypeptides codés.

Quand la séquence d'un génome est-elle complète?

Comme les manuscrits, la qualité des séquences génomiques peut varier de *médiocre* (les informations générales sont là mais il y a beaucoup d'erreurs typographiques, de phrases mal tournées, de paragraphes à remanier, etc.) à *supérieure* (très peu d'erreurs typographiques, quelques paragraphes absents mais vous avez fait votre possible pour essayer de combler les vides), jusqu'à *parfaite* (aucune erreur typographique, chaque base est absolument correcte d'un télomère à l'autre). Mener le séquençage d'un génome jusqu'à atteindre une qualité médiocre ou parfaite repose sur l'évaluation du rapport qualité-prix. Il est très facile d'établir un séquençage de qualité médiocre et très difficile d'aboutir à une séquence «finie» par les méthodes actuelles. Dans les sections suivantes, nous considérerons les méthodes générales pour produire des assemblages médiocres et parfaits des séquences génomiques, ainsi que certaines des caractéristiques d'un génome qui compliquent les projets de séquençage.

Figure 12-3 Une partie de la chaîne de fabrication d'un centre de séquençage du génome humain. Tout cet équipement sert à traiter rapidement les nombres gigantesques de clones pour le séquençage de l'ADN. [Copyright Bethany Versoy ; tous droits réservés.]

Le problème de l'ADN répétitif dans le séquençage du génome

L'un des principaux écueils à l'établissement d'une séquence consensus pour un génome eucaryote est l'existence de nombreuses classes de séquences répétées, certaines disposées en tandem et d'autres dispersées. Pourquoi constituent-elles un problème pour le séquençage des génomes? Il n'est pas rare que la longueur totale d'une séquence répétée en tandem soit supérieure à la longueur maximale d'une lecture de séquence. Dans ce cas, il n'existe aucun moyen de combler la brèche entre des séquences adjacentes uniques. Parfois, les blocs de séquences répétées sont relativement courts et leur longueur totale est inférieure à une lecture de séquence. Des éléments répétitifs dispersés peuvent provoquer des alignements erronés de lectures provenant de différents chromosomes.

> **MESSAGE** Les chromosomes eucaryotes comportent une panoplie de segments répétés d'ADN. Ces segments sont difficiles à aligner sous la forme de lectures de séquences.

12.3 Établir des cartes de séquences génomiques

Toutes les stratégies actuelles visant à séquencer les génomes sont basées sur la création de clones. On construit tout d'abord une banque de clones, puis on détermine pour chaque clone la séquence de l'insert immédiatement adjacent au vecteur. Il existe toutefois deux façons d'assembler une séquence consensus pour un génome. L'une est appelée *séquençage par clonage aléatoire d'un génome entier* et l'autre, *séquençage des clones ordonnés*.

Séquencer un génome simple grâce à l'approche par clonage aléatoire d'un génome entier

Le principe du séquençage par clonage aléatoire d'un génome entier (WGS pour *whole genome shotgun* en anglais) est : séquencer d'abord, cartographier ensuite. On commence par établir des lectures de séquences de clones sélectionnés au hasard à partir d'une banque génomique complète sans disposer d'aucune information sur la position de ces clones dans le génome. Ce type de banque s'appelle *banque de clonage aléatoire*. Ces lectures de séquences sont ensuite assemblées en une séquence consensus couvrant l'ensemble du génome en faisant coïncider les séquences homologues communes aux lectures de clones chevauchants.

L'ADN bactérien est essentiellement un ADN *à copie unique*, sans séquences répétées. Par conséquent, toute séquence lue à partir d'un génome bactérien sera issue d'un emplacement unique dans ce génome. De plus, l'ADN d'un génome bactérien type a une taille de quelques mégabases seulement. Grâce à ces propriétés, le séquençage WGS peut être appliqué assez simplement aux génomes bactériens.

Comment les séquences sont-elles obtenues? Nous avons vu au Chapitre 11 qu'une réaction de séquençage débute par une amorce de séquence connue. Étant donné qu'on ignore la séquence d'un insert cloné (c'est le but du protocole), les

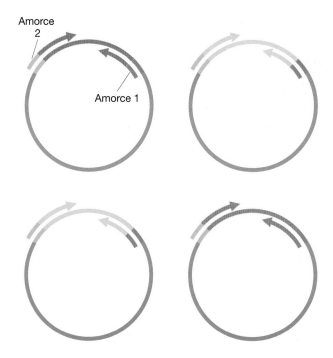

Figure 12-4 La production de lectures lors du séquençage des extrémités d'un insert. L'utilisation de deux sites d'amorçage de séquences différentes, un à chaque extrémité du vecteur, permet de séquencer jusqu'à 600 paires de bases à chaque extrémité de l'insert génomique. Si les deux extrémités du même clone sont séquencées, les deux lectures de séquences résultantes sont appelées *lectures d'extrémités appariées*.

amorces sont construites à partir de la séquence de l'ADN vecteur adjacent. On utilise ces amorces pour guider la réaction de séquençage en direction de l'insert. Par conséquent, on peut séquencer de courtes régions au niveau d'une ou des deux extrémités des inserts génomiques (Figure 12-4). Après le séquençage, on obtient une vaste collection de courtes séquences aléatoires, dont certaines se chevauchent. Les séquences des lectures chevauchantes sont assemblées en unités appelées **contigs de séquence** (séquences contiguës, qui se touchent). Chaque contig recouvre une grande région du génome bactérien. On rencontre des lacunes occasionnelles lorsqu'une région du génome n'a par hasard pas été incluse dans la banque de clonage aléatoire – certains fragments d'ADN ne sont pas stables dans des types particuliers de vecteurs de clonage. Ces lacunes sont comblées par des techniques telles que la **marche sur le chromosome** – en utilisant la fin d'une séquence clonée comme amorce pour séquencer des fragments non clonés adjacents. Grâce à l'approche par WGS, en juillet 2003, 112 espèces procaryotes avaient été entièrement séquencées et plus de 200 autres projets de séquençage de Procaryotes étaient en cours.

Utiliser l'approche du clonage aléatoire d'un génome entier pour établir une ébauche de la séquence d'un génome complexe

Comme nous l'avons dit plus haut, le problème du séquençage des génomes complexes (excepté leur taille supérieure)

est la présence d'ADN répétitif. Le séquençage par WGS est particulièrement adapté pour produire des séquences de qualité médiocre pour les génomes complexes. Considérons comme exemple le génome de la mouche du vinaigre, *Drosophila melanogaster*, séquencé initialement grâce à cette méthode. Le projet a débuté par le séquençage de banques de clones génomiques de différentes tailles (2 kb, 100 kb, 150 kb). Des lectures de séquences des *deux* extrémités des inserts des clones génomiques ont été obtenues et alignées sur le même principe que celui utilisé pour le séquençage WGS des Procaryotes. Grâce à cette logique, on a repéré des chevauchements de séquences homologues et les clones ont été ordonnés, produisant des contigs de séquences – des séquences consensus pour ces régions du génome à copie unique. Pourtant, au contraire des bactéries chez lesquelles il existe seulement de l'ADN à copie unique, les contigs se terminaient par un segment d'ADN répété, par exemple un élément génétique mobile qui empêchait l'assemblage sans ambiguïté des contigs en un génome complet. Les contigs avaient une taille moyenne de 150 kb environ. La difficulté consistait alors à réunir ces milliers de contigs dans l'ordre et l'orientation corrects.

La solution à ce problème fut d'identifier des groupes de deux séquences appartenant aux extrémités opposées des inserts génomiques d'un même clone – on appelle ces lectures des **lectures d'extrémités appariées**. L'idée était de trouver des lectures d'extrémités appariées qui recouvraient les lacunes entre les deux contigs de séquences (Figure 12-5). En d'autres termes, si une extrémité de l'insert appartenait à un contig et que l'autre appartenait à un deuxième contig, alors cet insert devait couvrir la brèche séparant les deux contigs, qui étaient à l'évidence proches l'un de l'autre. En effet, la taille de chaque clone étant connue (car il provenait d'une banque contenant des inserts génomiques de taille uniforme, dans une banque de 2 kb, 100 kb, 150 kb) on connaissait la distance entre les lectures des extrémités. De plus, aligner les séquences des deux contigs en utilisant des lectures d'extrémités appariées détermine automatiquement l'orientation relative des deux contigs. De cette manière, les contigs d'ADN de copie unique peuvent être réunis, en dépit des lacunes correspondant à la présence des éléments répétés. Ces collections incomplètes réunissant des contigs

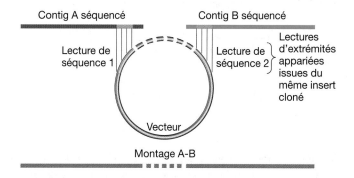

Figure 12-5 Comment utiliser des lectures d'extrémités appariées pour relier deux contigs de séquences en une seule échelle ordonnée et orientée?

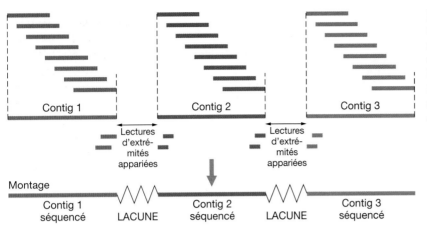

Figure 12-6 Le séquençage d'un génome complexe grâce au clonage aléatoire du génome complet. Tout d'abord, les chevauchements uniques de séquence entre les lectures sont utilisés pour construire des contigs. Les lectures d'extrémités appariées servent ensuite à ordonner et orienter les contigs en unités plus longues appelées *montage*.

sont appelées **échelles** (ou parfois **supercontigs**). La plupart des répétitions de drosophile étant longues (3-8 kb) et largement espacées (une répétition toutes les 150 kb environ), cette technique fut extrêmement efficace pour produire une séquence médiocre correctement assemblée de l'ADN à copie unique. Un résumé de la logique de cette approche est présenté dans la Figure 12-6.

Utiliser l'approche du séquençage des clones ordonnés pour séquencer un génome complexe

Le principe du séquençage des clones ordonnés est l'inverse de celui de l'approche du clonage aléatoire d'un génome entier : cartographier d'abord, cloner ensuite. On recherche parmi des inserts clonés individuellement à partir d'une banque génomique, des ressemblances entre les sites de reconnaissance des enzymes de restriction, ce qui indiquerait que les deux inserts sont contigus dans le génome. Ceci conduit à un groupe de clones ordonnés et orientés dont l'ensemble couvre le génome complet, que l'on appelle une **carte physique** du génome. Ici, le mot «physique» est utilisé pour signifier que les objets cartographiés sont réels (des segments d'ADN) et peuvent être isolés et étudiés dans un tube à essai. Après avoir obtenu la carte physique, on choisit parmi tous les clones utilisés pour construire la carte, un groupe de clones ayant un chevauchement minimum, dont l'ensemble recouvre la totalité du génome. Ces clones sont ensuite séquencés intégralement en traitant chaque clone génomique comme un projet individuel de séquençage de minigénome, dans lequel de multiples lectures de séquences du clone sont réunies en suivant la logique de l'approche du clonage aléatoire d'un génome entier. Enfin, les séquences du clone sont assemblées en une séquence consensus complète pour le génome, selon l'ordre connu de ces clones sur la carte physique.

Les vecteurs capables de porter des inserts de très grande taille sont les plus utiles car on aura besoin de fragmenter le génome en un nombre plus faible de morceaux et il y aura donc moins de clones à suivre. Les cosmides, les BAC et les PAC sont les principaux types de vecteurs utilisés (voir Chapitre 11). Cependant, même avec l'utilisation de vecteurs capables de porter de grands inserts, éta-

blir une carte physique est une tâche fastidieuse. Même les soi-disant petits génomes comportent de grandes quantités d'ADN. Considérons par exemple le génome de 100 Mb du minuscule ver nématode *Caenorhabditis elegans*. L'insert d'un cosmide étant en moyenne long de 40 kb, il faudrait au moins 2 500 cosmides pour contenir ce génome et bien plus encore pour garantir la présence de tous ses segments. Si vous disposiez d'une banque de BAC pour *C. elegans* avec une taille moyenne de 200 kb pour l'insert, votre tâche serait cinq fois plus simple.

> **MESSAGE** Les cartes physiques établissent l'ordre, le chevauchement et l'orientation de fragments du génome isolés *physiquement* – en d'autres termes, des cartes de la distribution de l'ADN génomique cloné à partir de banques génomiques de clones.

Maintenant que nous connaissons l'essentiel de cette approche, examinons-en certains détails. Le protocole commence par la réunion d'un grand nombre d'inserts clonés au hasard. Ensuite, chaque clone est caractérisé de la manière suivante. Tout insert génomique possède sa propre séquence spécifique, qui peut être utilisée pour produire une «empreinte d'ADN». La digestion par de multiples enzymes de restriction produit un groupe de bandes dont le nombre et la position représentent une empreinte propre à ce clone. Le patron de bandes produit par chaque clone peut être numérisé, et les bandes issues de chaque clone peuvent être alignées par informatique afin de déterminer s'il existe un chevauchement entre les ADN insérés. Cette technique ne permet pas de déterminer l'ordre des bandes, mais uniquement la proportion de bandes communes à deux clones. Les expérimentateurs décident ensuite de la proportion de bandes communes qui indiquent un véritable chevauchement. En général, 25 à 50 % des bandes doivent être communes pour que ce soit le cas. Enfin, ces chevauchements sont utilisés comme guides pour construire des **contigs de clones** – un groupe ordonné et orienté de clones (Figure 12-7).

> **MESSAGE** On peut établir des cartes physiques en faisant coïncider les empreintes d'ADN de clones génomiques et en les alignant.

(a) Empreinte d'ADN

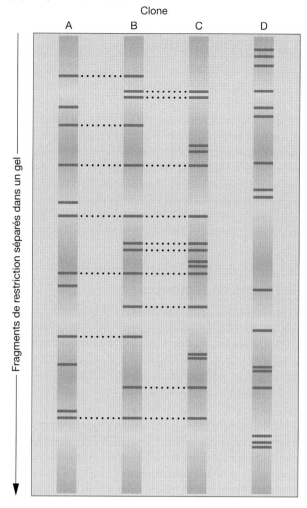

(b) Carte physique

Figure 12-7 Créer une carte physique grâce à la cartographie par prise d'empreintes de clones. (a) Quatre clones sont digérés par de multiples enzymes de restriction et le mélange complexe résultant de fragments de restriction est séparé en fonction de la taille des fragments par une électrophorèse sur gel. Les bandes contenant les fragments sont marquées pour que l'on repère leur position. On détermine le nombre de bandes de taille identique pour chaque paire de fragments. Les fragments A et B obtenus après digestion ont plus de 50 % de bandes communes, de même que les digestions par B et C, ce qui indique que ces fragments appartiennent à des régions chevauchantes du génome. On trouve plusieurs bandes dans les trois digestions A, B et C, ce qui suggère que les trois clones se chevauchent en un endroit. (b) La carte physique obtenue d'après les résultats de (a). Le clone D provient d'une région différente du génome, car il n'a aucune partie commune avec les trois autres clones.

Au début d'un projet de séquençage de génome, les contigs représentant des segments distincts du génome sont nombreux. Mais, plus on caractérise de clones, plus on trouve de clones qui ont une partie commune avec des clones précédemment caractérisés. Ces «clones chevauchants» permettent ensuite de fusionner les deux contigs de clones en un contig plus grand. Ce processus de fusion des contigs se poursuit jusqu'à ce que l'on obtienne un nombre de contigs égal au nombre de chromosomes. À ce moment, si chaque contig s'étend jusqu'aux télomères de son propre chromosome, la carte physique est complète.

> **MESSAGE** On établit une carte physique grâce à l'assemblage de clones en groupes chevauchants appelés *contigs de clones*. Plus on dispose de données, plus les contigs s'allongent, jusqu'à atteindre la longueur d'un chromosome entier.

Une fois la carte physique complète, on peut commencer à séquencer les clones ordonnés. Considérons comme exemple le séquençage du génome du ver nématode *Caenorhabditis elegans*. Comme nous l'avons vu plus haut, on a construit une empreinte des clones de cosmides du génome et ceux-ci ont été arrangés en une carte physique complète du génome de *C. elegans*. Pour des raisons d'économie et d'efficacité, il était souhaitable que les clones de séquence se chevauchent le moins possible. Par conséquent, comme le montre la Figure 12-8, l'étape suivante consistait à sélectionner un sous-ensemble de clones de cosmides dans la carte physique, ayant un chevauchement évident mais limité. Cet ensemble de clones s'appelle un **tuilage minimum** car il contient le nombre minimum de clones représentant la totalité du génome. Dans le tuilage minimum, les clones ont été divisés en fragments plus petits. Ceux-ci ont été insérés dans des vecteurs de clonage qui peuvent accepter des inserts de 2 kb, créant alors des «sous-clones» qui correspondent chacun à un des clones de cosmide. Les inserts ont ensuite été séquencés en utilisant l'approche illustrée dans la Figure 12-4.

Après le séquençage, il faut assembler les séquences. L'étape suivante consiste à assembler les lectures de séquences de chaque sous-clone en une séquence consensus correspondant à son propre clone. L'ordre des clones ayant été préalablement déterminé par l'établissement d'une carte physique, il est alors facile de fusionner chaque séquence consensus avec ses voisines, pour finir par produire une séquence consensus complète du génome entier. La possibilité de s'appuyer sur la carte physique pour ordonner et orienter les séquences des clones est un avantage important de l'approche par le séquençage des clones ordonnés. Un autre avantage majeur est sa capacité à intégrer certains éléments répétitifs. Bien qu'il existe de nombreuses familles d'éléments mobiles dans le génome de *C. elegans*, les éléments d'une même famille sont dispersés. Il est donc rare d'en rencontrer plusieurs dans le même cosmide. De ce fait, la position de l'élément mobile dans le clone est établie avec certitude, ce qui est un avantage essentiel de la création d'une séquence consensus clone par clone.

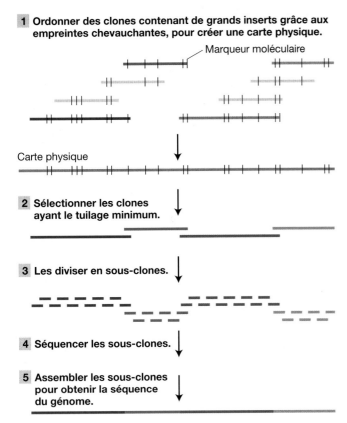

1 Ordonner des clones contenant de grands inserts grâce aux empreintes chevauchantes, pour créer une carte physique.

Marqueur moléculaire

Carte physique

2 Sélectionner les clones ayant le tuilage minimum.

3 Les diviser en sous-clones.

4 Séquencer les sous-clones.

5 Assembler les sous-clones pour obtenir la séquence du génome.

Figure 12-8 Une stratégie permettant de séquencer des clones ordonnés. La cartographie physique permet d'identifier une série de clones ayant un chevauchement minimum. On appelle ce groupe un *tuilage minimum*. Les clones qui le composent sont divisés en sous-clones qui sont séquencés puis assemblés de nouveau.

> **MESSAGE** Les deux grandes approches du séquençage génomique sont le séquençage ordonné de clones à partir de cartes physiques en suivant la démarche du tuilage minimum et le séquençage de génomes complets par clonage aléatoire.

Combler les lacunes entre deux séquences

Tant dans le clonage aléatoire des génomes complets que dans le séquençage ordonné des clones, il demeure généralement des lacunes (des fragments non séquencés). Parfois, ces lacunes sont dues à des séquences du génome incapables de se multiplier dans l'hôte bactérien utilisé pour le clonage. Il faut utiliser des techniques particulières pour combler ces lacunes lors des assemblages de séquences. Si ces lacunes sont petites, il est possible de produire par PCR des fragments à partir des amorces situées aux extrémités de l'assemblage. Ces fragments obtenus par PCR peuvent alors être séquencés directement sans étape de clonage. Des marches successives sur le chromosome peuvent parfois servir à combler une lacune. Si les lacunes sont plus longues cependant, on peut essayer de cloner les séquences correspondantes dans un hôte différent, par exemple une levure. Si cette tentative échoue, alors les lacunes persisteront.

12.4 Utiliser la séquence d'un génome pour trouver un gène spécifique

En génétique, on considère que des gènes sont intéressants essentiellement d'après les phénotypes qu'ils produisent. La nature moléculaire de ces gènes intéressants peut être révélée en isolant le gène et en le séquençant (Chapitre 11) ou en se focalisant sur ce gène dans la séquence du génome à l'aide de comparaisons de cartes. Chacun des types de cartes décrits dans ce texte – cartes de liaison génétique, cartes cytogénétiques, cartes physiques et cartes de séquences – donnent un aperçu du génome, mais d'un point de vue différent. Réunir les données contenues dans toutes ces cartes est un moyen puissant pour localiser avec précision un gène spécifique.

Faire coïncider les cartes de mutations et les cartes de séquences

Les mutations peuvent être de deux grands types : (1) des changements dans des gènes et (2) des ruptures dans la structure des molécules d'ADN constituant les chromosomes. Les génomes sont de grande taille et le séquençage d'un génome coûte plusieurs millions d'euros, c'est pourquoi trouver un gène en séquençant un génome complet pour découvrir la séquence modifiée d'une mutation est impensable. Au lieu de cela, on peut utiliser une carte de liaison génétique ou une carte cytogénétique pour se focaliser sur la région de la séquence génomique contenant le gène recherché. Malheureusement, le pouvoir de résolution de ce type de cartes est faible (chez l'homme, 1 % de recombinaison équivaut à environ 1 Mpb d'ADN et l'une des bandes chromosomiques les plus petites visible au microscope a environ la même taille). Par conséquent, il faut une densité élevée de marqueurs moléculaires autour des gènes recherchés sur ces cartes à faible résolution, afin de rétrécir le plus possible la recherche à une région de la carte physique et de la séquence génomique (Figure 12-9). Le plus souvent, les marqueurs moléculaires des cartes de liaison génétique sont des variants neutres polymorphes tels que les RFLP et les VNTR que nous avons abordés au Chapitre 4. Dans les cartes cytogénétiques, un marqueur moléculaire est un fragment d'ADN dont la position peut être établie sur les chromosomes observés sous microscope, grâce aux techniques d'hybridation ADN-ADN. Nous allons examiner plus en détail ces deux types de marqueurs.

> **MESSAGE** On peut trouver un gène spécifique dans la séquence génomique, en faisant correspondre les cartes de liaison génétique et les cartes cytologiques avec la séquence du génome.

Remplir une carte de liaison génétique de marqueurs moléculaires

Nous avons vu au Chapitre 4 les principes de l'approche utilisée pour établir une carte de liaison génétique. Une telle

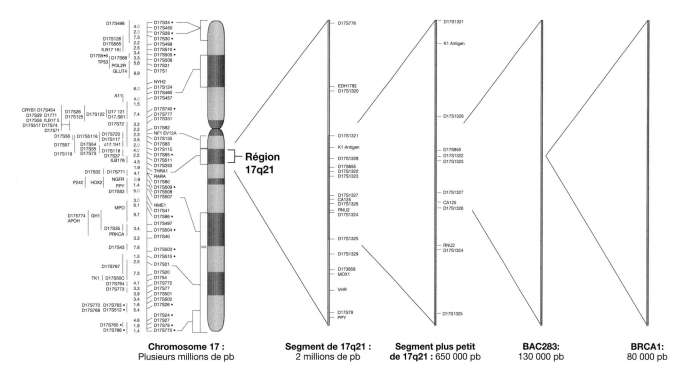

Figure 12-9 Le repérage d'un gène spécifique. Un gène spécifique, le gène BRCA1 responsable du cancer du sein, a été localisé en utilisant les cartes génomiques de niveaux croissants de résolution. [Copyright 1994 par New York Times Company. Reproduit avec autorisation.]

carte peut comprendre à la fois des marqueurs moléculaires et des marqueurs phénotypiques classiques. Les marqueurs moléculaires sont des polymorphismes d'ADN, des variations dans la séquence nucléotidique de différents individus normaux au sein d'une population. Les polymorphismes d'ADN peuvent concerner un seul nucléotide ou des séquences de grande taille. Ces polymorphismes peuvent représenter 0,01 % à plus de 1 % des paires de bases du génome, selon l'espèce et le segment concerné dans le génome. La densité potentielle des marqueurs moléculaires sur une carte de liaison génétique est donc bien plus élevée que celle des marqueurs classiques. Regardons-en quelques exemples.

LES POLYMORPHISMES DE LONGUEUR DES FRAGMENTS DE RESTRICTION

Les polymorphismes de longueur des fragments de restriction (RFLP pour *restriction fragment length polymorphism* en anglais) correspondent à la présence ou l'absence de sites de reconnaissance pour des enzymes de restriction chez différents individus. Deux individus quelconques présenteront de nombreux RFLP différents. On teste un RFLP en utilisant comme sonde un fragment d'ADN cloné. La sonde doit se fixer à un site unique et dans un transfert par la technique de Southern, elle révélera des fragments de restriction de tailles différentes, qui définiront un «locus» de RFLP.

Dans de nombreux organismes modèles, la cartographie à l'aide des RFLP est réalisée sur un ensemble donné de souches ou d'individus qui fournissent des locus standard de RFLP pour la cartographie de cette espèce. Dans la cartographie du génome humain à l'aide des RFLP, la référence est un ensemble d'individus issus de 61 familles ayant chacune en moyenne huit enfants. Cet ADN a été recueilli dans le

monde entier. La Figure 12-10 présente un exemple d'allèle de maladie humaine lié à un locus de RFLP. Cette information sur la liaison génétique offre un moyen d'estimer la probabilité qu'une personne soit atteinte de la maladie. En raison de cette liaison génétique étroite, on pourra prédire aux futures générations d'enfants présentant le morphe 1 du RFLP («allèle» 1 du locus de RFLP) qu'ils ont une forte probabilité d'avoir reçu l'allèle *D* de la maladie. Plus on dispose d'arbres généalogiques similaires et plus la liaison du RFLP et du gène de la maladie peut être mesurée précisément à l'aide des Lod scores (Chapitre 4).

LES POLYMORPHISMES DE NUCLÉOTIDES UNIQUES

Les RFLP sont généralement basés sur un type de SNP (*single nucleotide polymorphism* en anglais, polymorphisme de nucléotide unique ; Chapitre 4). Cependant, il existe un nombre bien plus grand de SNP (prononcer snip) que ceux qui peuvent être détectés par les sondes de RFLP, car la plupart d'entre eux sont localisés hors des sites de restriction connus. Les SNP sont utiles pour la cartographie car ils sont très nombreux à l'intérieur du génome. Chez l'homme, les SNP sont espacés de 11 à 300 bases. Ils peuvent être détectés de plusieurs façons dont certaines peuvent être très rapides. Il est facile par exemple de séquencer simplement une région chez plusieurs personnes et de comparer ces régions pour en identifier les différences. La plupart des SNP se trouvent hors des gènes et servent simplement à marquer des régions chromosomiques. Quelques SNP sont présents à l'intérieur des gènes et servent d'étiquettes (*tag* en anglais) spécifiques pour des allèles de maladies. Actuellement, des chercheurs de laboratoires du monde entier recherchent des SNP et les cartographient.

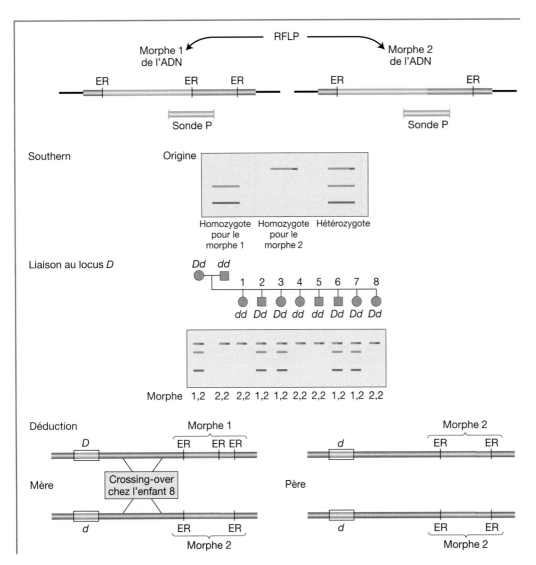

Figure 12-10 La détection et la transmission d'un polymorphisme de longueur des fragments de restriction (RFLP). Une sonde P détecte deux morphes dans l'ADN lorsque celui-ci est coupé par une enzyme de restriction donnée (ER). L'arbre généalogique du phénotype dominant de la maladie D montre la liaison du locus *D* au locus du RFLP. Seul l'enfant 8 est recombinant.

LES POLYMORPHISMES DE LONGUEUR DE SÉQUENCES SIMPLES

Nous avons appris au Chapitre 3 qu'une catégorie d'ADN répétitif était constituée de répétitions d'une séquence courte très simple. Les marqueurs d'ADN reposant sur des nombres variables de répétitions de séquences courtes sont désignés sous le terme collectif de **polymorphismes de longueur de séquences simples** (SSLP pour *simple-sequence length polymorphism* en anglais).

Les SSLP présentent deux avantages par rapport aux RFLP. Premièrement, dans le cas des RFLP, on trouve en général seulement un ou deux «allèles» ou morphes, dans un arbre généalogique ou une population à l'étude. Dans le cas des SSLP au contraire, l'allélisme multiple est bien plus courant et on peut trouver jusqu'à 15 allèles par locus de SSLP. Par conséquent, on peut parfois suivre 4 allèles (2 de chaque parent) dans un arbre généalogique. Deux types de SSLP sont à présent utilisés couramment en génomique – les marqueurs minisatellites et microsatellites.

Les marqueurs minisatellites Ils reposent sur la variation du nombre de répétitions en tandem, les VNTR (*variable number tandem repeat* en anglais). Dans l'espèce humaine, les locus de VNTR sont des séquences de 1 à 5 kb consti-

tuées d'un nombre variable d'une unité répétée de 15 à 100 nucléotides de long. Il existe des VNTR ayant la même unité répétée mais un nombre différent de répétitions, dispersées dans l'ensemble du génome.

Pour trouver un VNTR, l'ADN génomique total est d'abord coupé par une enzyme de restriction qui n'a pas de site cible dans les régions de VNTR, mais en possède juste à côté. La longueur de chaque fragment contenant un VNTR correspond donc au nombre de répétitions. S'il existe une sonde reconnaissant l'un des VNTR, alors un transfert de type Southern révélera un grand nombre de fragments de tailles différentes, hybridés par la sonde. En fait, ces profils de bandes sont parfois appelés **empreintes d'ADN**. Si des parents diffèrent pour une bande donnée, alors cette différence devient un site hétérozygote qui peut être utilisé pour la cartographie. Un exemple simple est présenté dans la Figure 12-11.

Les marqueurs microsatellites Ce sont des régions dispersées du génome constituées d'un nombre variable de dinucléotides répétés en tandem. Le type le plus courant est une répétition de CA et de son complémentaire GT, comme dans l'exemple suivant :

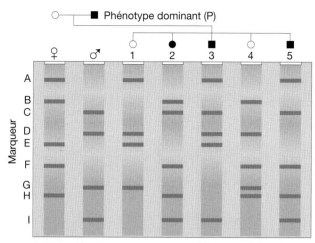

EXEMPLES D'ANALYSE

F et H — Toujours transmis ensemble : liés ?
A et B — Dans la descendance, toujours A ou B : «alléliques» ?
A et D — Quatre combinaisons ; A et D, A, D, ou aucun des deux : non liés ?
F, H et E — Toujours F et H *ou* E : étroitement liés en *trans* ?
Allèle *P* — Peut-être lié à I et C.

Figure 12-11 L'utilisation des bandes des empreintes de restriction d'ADN comme marqueurs moléculaires pour la cartographie. Des empreintes simplifiées sont représentées pour les parents et cinq enfants. Ces exemples illustrent les techniques d'analyse de liaison génétique.

5' C-A-C-A-C-A-C-A-C-A-C-A-C-A-C-A 3'
3' G-T-G-T-G-T-G-T-G-T-G-T-G-T-G-T 5'

Les marqueurs variants se distinguent par PCR à l'aide d'amorces complémentaires des régions entourant chaque répétition du microsatellite. L'ADN cloné contenant le microsatellite et l'ADN adjacent sont séquencés, ce qui permet de synthétiser des amorces à partir de ces régions.

Amorce 1
──────────────→
──────────── (CA)ₙ ────────────
──────────── (GT)ₙ ────────────
                    ←──────────
                    Amorce 2

Une paire d'amorces amplifiera ce locus de microsatellite uniquement parce que les amorces sont spécifiques. Toute variation par rapport à la taille du microsatellite sera révélée grâce à une électrophorèse sur gel des produits obtenus par PCR à partir de différents individus. Par conséquent, toutes les variations de taille de la répétition microsatellite pourront être détectées. Une proportion élevée de ces analyses par PCR révèle plusieurs «allèles» marqueurs ou des régions de différentes tailles constituées de répétitions. Un exemple de la technique de cartographie à l'aide des microsatellites est présenté dans la Figure 12-12. On peut fabriquer des milliers de paires d'amorces de microsatellites afin de détecter des milliers de locus qui serviront de marqueurs.

La Figure 12-13 montre de quelle façon les marqueurs moléculaires peuvent baliser une carte de liaison génétique. Un centimorgan (une unité de liaison génétique) d'ADN humain est un long segment estimé à 1 mégabase

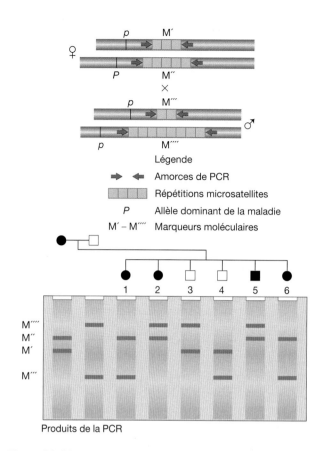

Figure 12-12 L'utilisation de répétitions microsatellites comme marqueurs moléculaires pour la cartographie. La répartition des bandes hybridées est présentée pour une famille ayant six enfants. Cette répartition est interprétée en haut de l'illustration à l'aide de quatre «allèles» microsatellites de tailles différentes, de M' à M'''', dont l'un d'entre eux (M'') est probablement lié en configuration *cis* à l'allèle *P* responsable d'une maladie.

(1 Mb = 1 million de paires de bases, ou 1 000 kb). On peut voir sur la carte que le nombre de marqueurs moléculaires cartographiés dépasse nettement le nombre de marqueurs phénotypiques cartographiés (qu'on appelle des gènes). Il faut remarquer qu'en raison de leur densité nettement plus élevée, les SNP ne peuvent être représentés sur la carte d'un chromosome complet, tels qu'ils le sont sur cet extrait.

> **MESSAGE** L'analyse par recombinaison qui utilise à la fois les positions des gènes d'effet phénotypique connu et les positions des marqueurs d'ADN a permis d'établir des cartes de liaison génétique de haute précision.

Placer des marqueurs moléculaires sur des cartes cytogénétiques

Les cartes de marqueurs moléculaires basées sur la recombinaison sont des concepts abstraits. Il est souhaitable de corréler ce type de carte avec la structure réelle qu'elle représente : le chromosome. On peut placer des marqueurs moléculaires sur des cartes cytogénétiques de chromosomes de différentes façons, en mettant en relation les positions des

Figure 12-13 Une carte de liaison génétique du chromosome 1 humain et sa mise en parallèle avec l'organisation des bandes chromosomiques. Le schéma montre la distribution de toutes les différences génétiques cartographiées sur le chromosome 1 au moment où cette carte a été établie. Certains marqueurs sont des gènes de phénotype connu (leur nombre est écrit sur fond vert), mais la plupart sont des marqueurs polymorphes (les nombres en violet et en bleu représentent deux classes différentes de marqueurs moléculaires). Au centre de la figure se trouve une carte de liaison génétique qui montre les marqueurs. Elle a été réalisée à partir d'analyses de fréquences de recombinants du type décrit dans ce chapitre. Les distances génétiques sont indiquées en centimorgans (cM). La longueur totale du chromosome 1 est de 356 cM ; c'est le chromosome humain le plus long. Certains marqueurs ont également été localisés sur la carte cytogénétique du chromosome 1 (carte de droite, que l'on appelle un *idiogramme*) à l'aide de techniques traitées plus loin dans ce chapitre. Des marqueurs communs aux différentes cartes génétiques permettent d'estimer la position d'autres gènes et marqueurs moléculaires sur chaque carte. La plupart des marqueurs figurant sur la carte de liaison génétique sont des marqueurs moléculaires, mais plusieurs gènes (surlignés en vert clair) sont également présents.

[D'après B. R. Jasney et al., *Science*, September 30, 1994.]

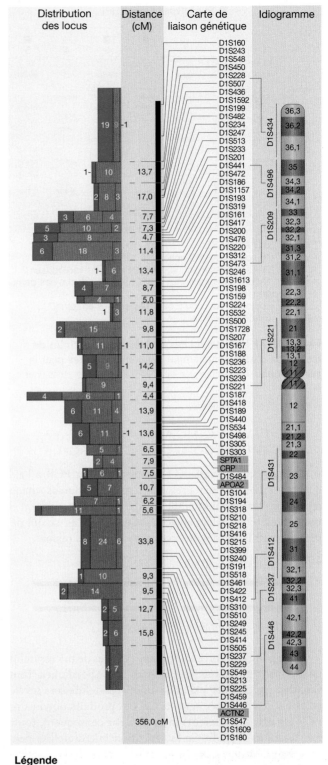

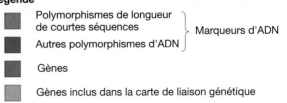

marqueurs d'ADN avec les caractéristiques cytogénétiques telles que les bandes chromosomiques, ou avec les cassures chromosomiques de position connue. Examinons certaines techniques courantes.

LA CARTOGRAPHIE PAR HYBRIDATION *IN SITU* Si une partie du génome a été clonée, alors on peut l'utiliser pour fabriquer une sonde marquée destinée à l'hybridation *in situ* des chromosomes. Le principe de cette approche est identique à celui de n'importe quelle technique d'hybridation telle que le transfert de type Southern, excepté le fait que dans ce cas, des chromosomes quasiment intacts sont la cible de l'hybridation de la sonde (plutôt que de l'ADN sur une membrane). Dans cette technique, on casse les cellules pour qu'elles libèrent leurs chromosomes qui sont alors déposés sur des lamelles de microscope. L'ADN de ces chromosomes est dénaturé, de sorte qu'il est en majorité simple-brin. La sonde marquée, elle aussi dénaturée, est ajoutée à la préparation. La sonde s'hybridera aux sites des séquences homologues «*in situ*» dans l'ADN chromosomique. Dans **l'hybridation fluorescente *in situ*** ou **FISH** (pour *fluorescent in situ hybridization* en anglais), la sonde est marquée à l'aide d'un colorant fluorescent et la position du fragment homologue est révélée par une tache fluorescente brillante sur le chromosome (Figure 12-14). La séquence de la sonde peut être cartographiée d'après l'emplacement approximatif sur le chromosome avec lequel elle s'hybride, en notant sa position par rapport aux profils de bandes, au centromère et à d'autres caractéristiques cytologiques. La position est *approximative* car cette technique n'offre pas le même pouvoir de résolution que la cartographie par recombinaison. Par exemple, elle ne permettra pas de distinguer les positions de deux gènes distants de 5 cM ou moins dans le génome humain.

La «**peinture chromosomique**» (*chromosome painting* en anglais) est une extension de la technique de FISH. Au lieu d'utiliser des caractéristiques visibles des chromosomes comme points de repère, cette technique fait appel à un ensemble témoin standard de sondes homologues à des positions connues afin d'établir la carte cytogénétique. Les sondes sont marquées avec des colorants fluorescents distincts qui «peignent» des régions spécifiques et permettent leur identification sous le microscope (Figure 12-15). Si une sonde consistant en une séquence clonée dont on ignore la position est marquée avec un autre colorant, alors sa position pourra être établie dans la zone colorée.

LA CARTOGRAPHIE À L'AIDE DES POINTS DE CASSURE DES RÉARRANGEMENTS Nous traiterons au Chapitre 15 des réarrangements chromosomiques, une classe de mutations qui résultent de la cassure d'un chromosome en une position et de sa réunion avec un autre site, cassé lui aussi sur le même chromosome ou sur un chromosome différent. Dans certains réarrangements chromosomiques, il y a un échange d'ADN au niveau des points de cassure. Ainsi, un segment de chromosome se retrouve à côté d'une nouvelle séquence. Dans d'autres cas, certains des segments d'ADN sont perdus des chromosomes réunifiés, de sorte qu'une partie du génome est absente. On dit d'un chromosome qui a perdu une partie de son ADN qu'il porte une délétion.

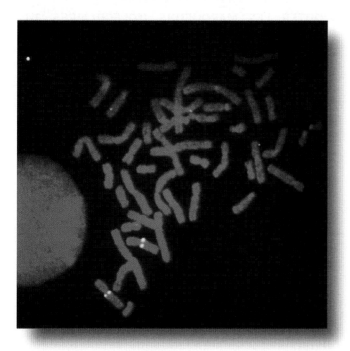

Figure 12-14 L'analyse par FISH. Les chromosomes sont hybridés *in situ* avec une sonde fluorescente spécifique d'un gène présent en une seule copie dans chaque jeu de chromosomes – dans ce cas, un gène de protéine musculaire. Seul un locus présente une tache de fluorescence jaune correspondant à la sonde liée au gène de cette protéine musculaire. On peut voir quatre taches correspondant à ce locus car lors de la prophase de la mitose, il y a deux chromosomes homologues formés chacun de deux chromatides.
[D'après Peter Lichter *et al.*, « High-Resolution Mapping of Human Chromosome 11 by In Situ Hybridization with Cosmid Clones », *Science* 247, 1990, 64.]

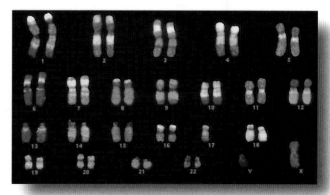

Figure 12-15 Des chromosomes colorés par une hybridation *in situ* avec des sondes marquées différemment. Chaque sonde émet une fluorescence à une longueur d'onde différente. En exposant la lamelle successivement à chacune de ces longueurs d'onde distinctes puis en représentant chaque émission de lumière à une longueur d'onde par une couleur virtuelle spécifique sur un écran d'ordinateur, on peut produire des images multicolores correspondant aux différents motifs caractéristiques de chaque chromosome du caryotype.
[Applied Imaging, Hylton Park, Wessington, Sunderland, Royaume-Uni.]

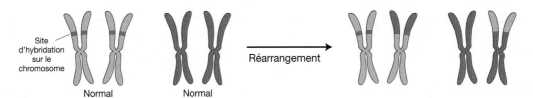

Site d'hybridation sur le chromosome

Normal　　　　Normal　　　　　　　　Réarrangement

FISH : quatre taches　　　　　　　　　　　FISH : six taches

12-16 Les points de cassure des réarrangements chromosomiques détectés par FISH. Une sonde qui englobe le point de cassure s'hybride à quatre taches sur le caryotype normal. Après réarrangement, deux autres taches colorées sont visibles. Elles correspondent à une partie de la séquence d'origine, qui se trouve désormais sur un autre chromosome.

Pourquoi ces réarrangements structuraux sont-ils intéressants pour les cartes génétiques ? Certaines cassures peuvent également provoquer l'apparition de phénotypes mutants, soit parce qu'un gène situé au niveau d'un point de cassure est inactivé, soit parce que la jonction provoque la fusion de deux gènes, ce qui en crée un nouveau. Certaines délétions peuvent provoquer des phénotypes mutants. On peut alors établir un lien entre une mutation et une position sur le chromosome. Comment peut-on cartographier des points de cassure de réarrangements chromosomiques par rapport aux marqueurs moléculaires ? On peut par exemple effectuer une analyse par FISH. Lorsqu'un clone qui détecte un marqueur moléculaire s'étend sur un point de cassure, celui-ci peut facilement être repéré car, dans la cartographie par FISH, il y a deux sites de marquage au lieu d'un (Figure 12-16).

> **MESSAGE** La corrélation des caractéristiques structurales sur les chromosomes avec la position de l'ADN cloné d'une sonde permet d'introduire les marqueurs moléculaires sur les cartes cytogénétiques.

Unifier les cartes

Maintenant que nous savons comment intégrer les marqueurs moléculaires sur les cartes de liaison génétique et les cartes cytogénétiques, comment peut-on relier ces cartes avec les cartes physiques et les cartes de séquences ? Ceci peut être réalisé de plusieurs façons (Figure 12-17).

AJOUTER LES MARQUEURS MOLÉCULAIRES AUX CARTES PHYSIQUES Les sondes ou amorces de PCR

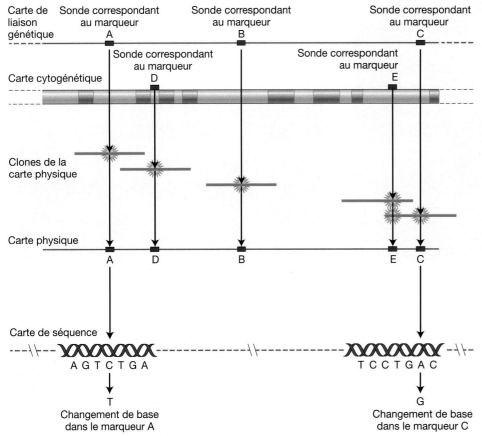

Carte de liaison génétique

Sonde correspondant au marqueur A

Sonde correspondant au marqueur B

Sonde correspondant au marqueur C

Sonde correspondant au marqueur D

Carte cytogénétique

Sonde correspondant au marqueur E

Clones de la carte physique

Carte physique

A　D　　B　　　E　C

Carte de séquence

A G T C T G A　　　　　　T C C T G A C

T　　　　　　　　　　G

Changement de base dans le marqueur A　　　Changement de base dans le marqueur C

12-17 Réunir les cartes de liaison génétique et cytogénétique et les cartes moléculaires. Pour mettre en relation ces différents types de cartes, les marqueurs moléculaires provenant des cartes de liaison génétique et cytogénétique sont ajoutés sur la carte physique et la carte de séquence génomique.

utilisées pour détecter des marqueurs moléculaires peuvent être appliquées à l'ensemble des clones génomiques arrangés en une carte physique. Ceci révélera les positions des marqueurs moléculaires sur la carte physique (Figure 12-17, en haut).

AJOUTER LES MARQUEURS MOLÉCULAIRES AUX CARTES DE SÉQUENCE GÉNOMIQUE

En général, les sondes destinées aux marqueurs moléculaires pour la cartographie ont déjà été séquencées. Même lorsque ce n'est pas le cas, leur séquençage est facile. Une fois la séquence connue, on peut chercher la carte des séquences avec un ordinateur, afin d'identifier la position de la séquence identique dans le génome (Figure 12-17, en bas). On peut donc identifier les positions des marqueurs moléculaires sur la carte de séquence jusqu'à une résolution d'une paire de bases.

METTRE EN RELATION LES MUTATIONS ET LES POINTS DE CASSURE DES CHROMOSOMES AVEC LA CARTE DE SÉQUENCE

Tout ce dont nous venons de parler dans ce chapitre était un préliminaire. Notre but réel est de trouver un gène précis. Par conséquent, la tâche à laquelle nous sommes confrontés consiste à délimiter une zone de la séquence génomique dans laquelle se trouve une mutation intéressante de ce gène. Nous possédons désormais les outils pour cette recherche. Le protocole pour définir la région concernée est assez simple (Figure 12-18).

1. Sur la carte de liaison génétique ou la carte cytogénétique, identifier le marqueur moléculaire le plus proche situé à gauche de la mutation ou du point de cassure du réarrangement qui nous intéresse.

2. De même, sur la carte de liaison génétique ou la carte cytogénétique, identifier le marqueur moléculaire le plus proche situé à droite de la mutation ou du point de cassure du réarrangement qui nous intéresse.

3. Déterminer les positions de ces marqueurs sur la carte de séquence génomique.

4. La mutation ou le point de cassure du réarrangement doit se trouver entre ces marqueurs moléculaires frontières.

Nous avons maintenant établi les limites de la position du gène intéressant, identifié à l'origine par un phénotype mutant. Cependant, le généticien veut connaître l'emplacement *exact* de cette mutation. Les étapes suivantes dépendent de la taille de la région moléculaire délimitée. Si elle est relativement petite, on peut la séquencer entièrement chez l'individu mutant afin d'identifier la lésion mutationnelle exacte ou le point de cassure du réarrangement. Si elle est un peu plus longue, on peut essayer l'**approche du gène candidat**. On peut faire une supposition assez bonne des gènes le plus probablement affectés dans la souche mutante en comparant le phénotype du mutant avec les fonctions connues des meilleurs gènes candidats. On concentre ensuite ses efforts spécifiquement sur le ou les gènes candidats dans la région délimitée. On peut également suivre une approche indirecte, en regardant par exemple s'il y a complémentation fonctionnelle entre des segments spécifiques du génome. On peut diviser la région délimitée en sous-régions et appliquer le test de complémentation à chacune d'elles, en transformant chaque sous-région avec un transgène de type sauvage

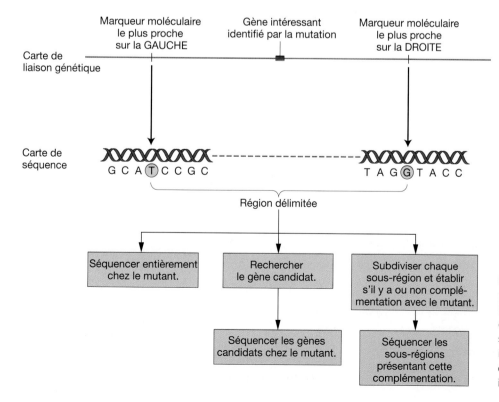

12-18 Identifier un gène intéressant sur une carte de séquence. Une mutation permettant d'identifier un gène intéressant est localisée tout d'abord dans une région délimitée d'une carte de séquence. Les cases au bas de la figure indiquent trois stratégies différentes pour établir la séquence d'une mutation et identifier le gène muté.

et en regardant si cela provoque une réversion de la mutation récessive. Un résultat positif laisserait fortement penser que l'on a identifié un fragment d'ADN contenant l'allèle mutant ou un point de cassure de réarrangement.

12.5 La bioinformatique : la signification de la séquence génomique

La séquence génomique est un code très complexe contenant l'information nécessaire pour construire un organisme fonctionnel et le maintenir en bon état. L'étude du contenu informationnel des génomes s'appelle la **bioinformatique**. On est bien loin de pouvoir lire cette information du début à la fin comme on le ferait avec un livre. Même si l'on connaît les lettres de l'alphabet et que l'on sait quels triplets codent les acides aminés des segments codant des protéines, une grande partie de l'information contenue dans un génome reste indéchiffrable.

La nature du contenu informationnel de l'ADN

L'information se définit littéralement comme «ce qui est nécessaire pour donner la forme». L'ADN contient ce type d'information, mais de quelle façon celle-ci est-elle codée? Par convention, on considère que l'information est la somme de tous les produits de gènes, c'est-à-dire les protéines et les ARN. Cependant, la réalité est plus complexe que cela. Vu d'un autre angle, le génome est ce qui code une série de *sites des facteurs d'ancrage* pour différents ARN et protéines. De nombreuses protéines s'ancrent au niveau de sites présents sur l'ADN lui-même, tandis que d'autres protéines et des ARN s'attachent à des sites présents sur l'ARNm (Figure 12-19). Les séquences et les positions relatives de ces sites d'ancrage permettent aux gènes d'être transcrits, épissés et traduits correctement au moment adéquat et dans le tissu approprié. Par exemple, des sites de liaison pour des protéines régulatrices déterminent quand, où et en quelle quantité un gène sera exprimé. Pour que la transcription ait lieu, de multiples sites d'ancrage sur l'ADN doivent être convenablement espacés pour que l'ARN polymérase puisse être simultanément en contact avec chacun d'eux. Au niveau de l'ARN chez les Eucaryotes, les positions des sites d'ancrage pour les ARN et les protéines des spliceosomes détermineront les sites d'excision en 5' et en 3' au niveau desquels seront retirés les introns. Indépendamment du fait qu'un site d'ancrage joue son rôle ou non dans l'ADN ou l'ARN, ce site doit être codé dans l'ADN. (Si l'on pousse la notion de site d'ancrage jusqu'à sa limite, on peut conclure que même les codons dans la région traduite d'un ARNm sont de vrais sites d'ancrage pour des aminoacyl-ARNt spécifiques. Toutefois, on ne considère pas les codons comme des sites d'ancrage.) En résumé, l'information contenue dans le génome peut être conçue comme la somme de toutes les séquences codant des protéines et des ARN, ainsi que des sites d'ancrage de facteurs divers, qui permettent leur fonction correcte dans le temps et dans les tissus.

Repérer les gènes codant des protéines dans la séquence génomique

Les protéines présentes dans une cellule déterminent en grande partie sa morphologie et ses propriétés physiologiques, c'est pourquoi l'une des premières tâches lors de l'analyse d'un génome consiste à essayer de dresser une liste de tous les polypeptides codés par le génome d'un organisme. On appelle cette liste, le **protéome** d'un organisme. Elle peut être considérée comme une «liste des éléments» de la cellule. Pour établir la liste des polypeptides, il faut déduire la séquence de chaque ARNm codé par le génome. En raison de l'excision des introns, cette tâche est particulièrement ardue chez les Eucaryotes supérieurs, chez lesquels les introns sont courants. Chez l'homme par exemple, un gène contient en moyenne 10 exons. De plus, de nombreux gènes codent des exons alternatifs – c'est-à-dire que des exons donnés sont inclus dans certaines versions d'un ARNm mature mais sont absents dans d'autres (Chapitre 8). Les ARNm ayant subi un épissage alternatif peuvent coder des polypeptides présentant une partie mais pas la totalité de leur séquence d'acides aminés en commun. Même si l'on possède de nombreux exemples de gènes et d'ARNm intégralement séquencés, il n'est pas possible d'identifier avec certitude les sites d'épissage en 5' et en 3'. De ce fait, on ne peut pas être sûr qu'une séquence donnée soit un intron. Les tentatives d'identification des exons sont encore plus sujettes à erreur. Pour ces raisons, déduire la totalité de la «liste des éléments» polypeptidiques chez les Eucaryotes supérieurs à partir de la séquence d'ADN est un grand problème. Nous allons envisager plusieurs approches possibles pour y faire face.

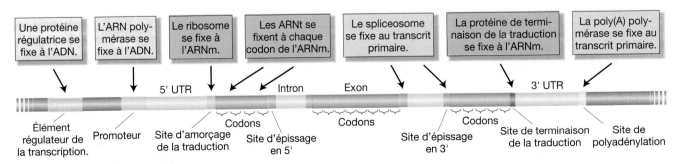

Figure 12-19 Une représentation d'un gène dans l'ADN sous la forme d'une série de sites d'ancrage pour des protéines et des ARN.

LA DÉTECTION DES ORF La principale approche pour obtenir une liste des polypeptides repose sur l'analyse informatique de la séquence génomique pour prédire les séquences des ARNm et des polypeptides, ce qui représente une part importante de la bioinformatique. L'approche élémentaire consiste à rechercher les **cadres de lecture ouverts** ou **ORF** (pour *open reading frame* en anglais). Un ORF est une séquence de la taille d'un gène, constituée de codons sens possédant les séquences 5' et 3' appropriées (telles que des codons de départ et des codons stop). Les introns possibles sont traités par informatique. Un ORF de ce type semble être un bon candidat au rôle de gène. Pour trouver des ORF candidats, l'ordinateur parcourt la séquence d'ADN des deux brins suivant chaque cadre de lecture. Comme il y a trois cadres de lecture possibles sur chaque brin, il y a au total six cadres de lecture.

UNE PREUVE DIRECTE À PARTIR DES SÉQUENCES D'ADNc Les séquences d'ADNc sont très précieuses pour identifier les exons d'un gène car les ADNc sont des copies d'ADN obtenues à partir d'ARNm (Figure 12-20). L'alignement des ADNc avec la séquence génomique correspondante définit clairement les exons et par conséquent, les introns, qui sont assimilés aux régions situées entre les exons. Dans l'ADNc, l'ORF doit être continu du codon d'amorçage jusqu'au codon stop. Par conséquent, posséder les séquences des ADNc aide grandement à identifier le cadre de lecture correct, ainsi que le codon d'amorçage et le codon stop. Un ADNc *full-length* (littéralement de longueur totale) est une preuve indiscutable pour identifier la séquence d'une unité de transcription, déterminer le mode de maturation du transcrit et localiser l'ORF qu'il code.

En plus des séquences *full-length* des ADNc, il existe d'importantes banques de données d'ADNc dont les extrémités 5', 3' ou les deux ont été séquencées. Ces courtes lectures de séquences d'ADNc s'appellent des **séquences marqueurs exprimées** ou **EST** (pour *expressed sequence tag*). Les EST peuvent être alignées avec l'ADN génomique et utilisées alors pour établir les extrémités 5' et 3' des transcrits – en d'autres termes, pour déterminer les frontières du transcrit comme le montre la Figure 12-20.

DÉFINIR LES SITES D'ANCRAGE POTENTIELS Comme nous l'avons déjà dit, un gène est un segment d'ADN qui code un transcrit ainsi que les signaux régulateurs qui déterminent quand, où et en quelle quantité ce transcrit sera synthétisé. À son tour, ce transcrit possède les signaux nécessaires pour déterminer son épissage en ARNm et la traduction de cet ARNm en un polypeptide (Figure 12-21). Il existe maintenant des programmes informatiques statistiques de «recherche de gènes» qui recherchent les séquences attendues des différents sites d'ancrage utilisés comme sites de début de la transcription, des sites d'épissage en 5' et en 3' ainsi que des codons d'amorçage de la traduction à l'intérieur de l'ADN génomique. Ces hypothèses sont basées sur des motifs consensus de séquences connues de ce type, mais elles sont loin d'être parfaites.

UTILISER LES SIMILITUDES DES SÉQUENCES POLYPEPTIDIQUES ET DE L'ADN Les ORF candidats prédits grâce aux techniques décrites ci-dessus peuvent souvent être matérialisés en les comparant à tous les autres gènes rencontrés. Ceci se fait en introduisant les séquences candidates sous la forme de «séquences requêtes» dans des bases publiques de données. Ce procédé s'appelle une recherche par BLAST (BLAST pour *basic local alignment search tool* en anglais, outil de recherche élémentaire d'alignement local). La séquence peut être introduite sous la forme d'une séquence nucléotidique (une recherche BLASTn) ou d'une séquence d'acides aminés (BLASTp). Les organismes ayant tous des ancêtres communs, les séquences de gènes présentent généralement une grande similitude. Pour cette raison, une séquence requête qui correspond à un gène réel aura probablement des gènes apparentés déjà isolés et séquencés chez d'autres organismes, en particulier dans les espèces les plus proches. Le programme informatique parcourt la base de données et produit en réponse une liste de correspondances partielles ou totales, en commençant par les ressemblances les plus fortes. Si la séquence candidate ressemble beaucoup à celle d'un gène préalablement identifié chez un autre organisme, alors cet ORF est très certainement un véritable gène. Les correspondances moins fortes sont également utiles. Par exemple, une identité des acides aminés de 35% seulement mais à des

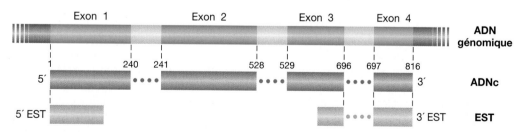

Figure 12-20 L'alignement d'ADNc et d'EST entièrement séquencés avec l'ADN génomique. Les lignes en pointillés indiquent les régions d'alignement. Dans le cas de l'ADNc, ces régions correspondent aux exons du gène. Les points figurant entre les segments d'ADNc ou les séquences marqueurs exprimées (EST) indiquent les régions de l'ADN génomique qui ne s'alignent ni avec l'ADNc, ni avec les EST. Ces régions correspondent aux positions des introns. Les nombres au-dessus de la ligne de l'ADNc indiquent les coordonnées des bases de la séquence d'ADNc, où la base 1 est la base la plus en 5' et la base 816, la plus en 3' sur l'ADNc. Dans le cas des EST, on obtient seulement une courte lecture de séquence à partir de chaque extrémité (5' et 3') de l'ADNc correspondant. Ces lectures de séquences définissent les frontières de l'unité de transcription, mais n'apportent aucune information sur la structure interne du transcrit, sauf si les séquences des EST rencontrent celle d'un intron (comme c'est le cas pour l'EST en 3' représentée ici).

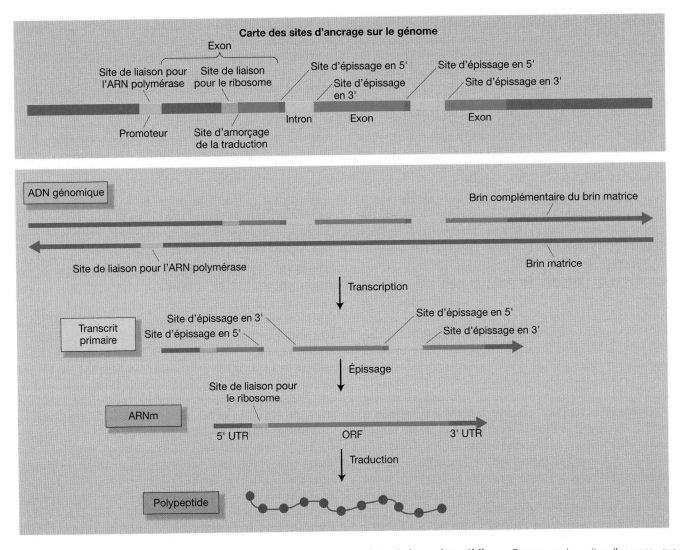

Figure 12-21 Le transfert d'information chez les Eucaryotes du gène à la chaîne polypeptidique. Remarquez les «sites d'ancrage» sur l'ADN et l'ARN, auxquels se fixent des complexes protéiques pour amorcer les événements de transcription, d'épissage et de traduction.

positions identiques laisse fortement penser à l'existence de structures tridimensionnelles communes.

Les recherches par BLAST sont utilisées de nombreuses autres façons, mais leur but commun est toujours d'en savoir plus sur une séquence identifiée par un chercheur.

LES PRÉDICTIONS BASÉES SUR LE BIAIS D'UTILISATION DES CODONS

Nous avons vu au Chapitre 9 que le code de triplets des acides aminés est dégénéré, c'est-à-dire que la plupart des acides aminés sont codés par deux codons ou plus (voir Figure 9-8). Les codons multiples spécifiant un même acide aminé sont appelés *codons synonymes*. Dans une espèce donnée, les codons synonymes d'un même acide aminé ne sont pas tous utilisés à la même fréquence. Au contraire, certains codons sont bien plus fréquents dans les ORF. Par exemple, chez *Drosophila melanogaster*, parmi les deux codons spécifiant la cystéine, UGC est utilisé dans 73 % des cas, et UGU dans 27 % seulement. Ce «biais d'utilisation des codons» est spécifique de la drosophile car, chez d'autres organismes, il est très différent. On pense que ces biais sont dus à l'abondance relative des ARNt complémentaires de ces

différents codons chez une espèce donnée. Si l'utilisation des codons d'un ORF prédit correspond à l'usage relatif connu des codons d'une espèce, alors cette correspondance incline fortement à penser que l'ORF proposé est authentique.

RASSEMBLER TOUTES LES DONNÉES

Un résumé de toutes les sources possibles d'information vues jusqu'à présent et destinées à donner les meilleures prédictions possibles d'ARNm et d'ORF est représenté dans la Figure 12-22. Ces différents éléments sont complémentaires et peuvent se confirmer mutuellement. Par exemple, la structure d'un gène peut être déduite de la similitude de la protéine correspondante dans une région de l'ADN génomique délimitée par des EST en 5' et en 3'. Des hypothèses utiles sont possibles même en l'absence de séquence d'ADNc ou de preuves issues de similitudes de protéines. Un programme de prédiction de site d'ancrage peut proposer un ORF hypothétique et un biais conforme d'utilisation des codons tendrait à le confirmer.

La Figure 12-23 présente un exemple de prédiction de gène pour un chromosome du génome humain. Ces prédictions sont continuellement révisées à mesure que de

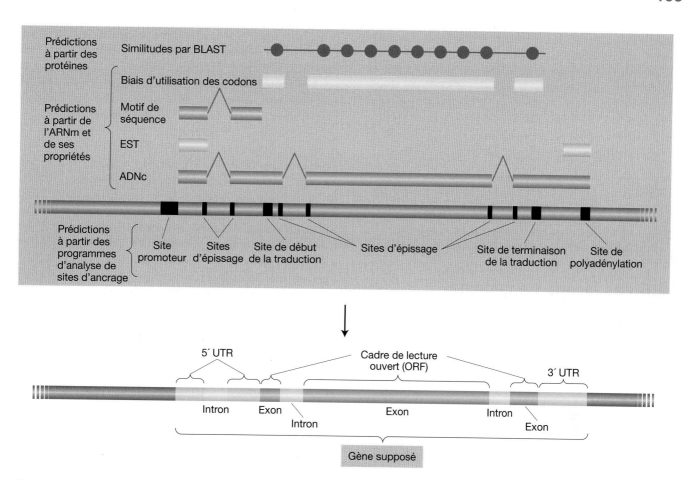

Figure 12-22 Faire l'hypothèse de gènes. Les différentes formes de preuves de l'existence de produits de gènes – ADNc, EST, similitudes par BLAST, biais d'utilisation des codons et présence de motifs particuliers – sont réunies pour prédire l'existence de gènes. Lorsqu'on trouve plusieurs types de preuves associés à une séquence particulière d'ADN génomique, la probabilité que la prédiction de l'existence d'un gène soit juste est élevée.

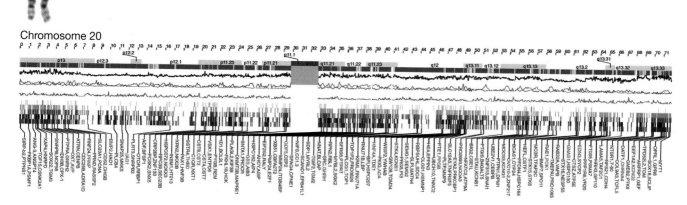

Figure 12-23 La carte de séquence du chromosome 20 humain. Les coordonnées de la carte de recombinaison et de la carte cytogénétique sont indiquées en haut de la figure. Plusieurs graphiques représentent la densité des gènes et différentes propriétés de l'ADN sont figurées au milieu. Les codes d'identification des gènes supposés sont indiqués au bas de la figure.

[Aimablement communiqué par Jim Kent, Ewan Birney, Darryl Leja et Francis Collins. Adapté de The International Human Genome Sequencing Consortium, « Initial Sequencing and Analysis of the Human Genome », *Nature* 409, 2001, 860-921.]

nouvelles données et de nouveaux programmes informatiques sont disponibles. L'état actuel de ces prédictions est accessible sur de nombreux sites Internet, plus précisément dans les banques publiques de données d'ADN des États-Unis et d'Europe (voir Appendice B). Ces prédictions sont les meilleures hypothèses actuelles de gènes codant des protéines dans les espèces dont le génome a été séquencé et, en tant qu'hypothèses de travail, sont amenées à évoluer.

> **MESSAGE** Les prédictions concernant l'ARNm et la structure polypeptidique, établies à partir de la séquence d'ADN génomique, dépendent d'une intégration de l'information issue de la séquence d'ADNc, des prédictions des sites d'ancrage, des similitudes de polypeptides et de biais d'utilisation des codons.

12.6 Les leçons du génome

Il existe maintenant un tel déluge d'informations génomiques que toute tentative pour les résumer en quelques paragraphes est vouée à l'échec. Intéressons-nous à la place à quelques aperçus d'une vue d'ensemble des structures du génome considéré dans sa totalité et des listes des éléments des espèces dont les génomes ont été séquencés. Nous allons examiner les séquences des génomes en nous interrogeant sur ce que l'on peut apprendre en regardant un génome dans sa totalité. Nous allons utiliser les génomes de l'homme et de la levure comme exemples.

La structure du génome humain

Lorsqu'on examine la structure globale du génome humain, le plus frappant est sa structure répétée. Une fraction considérable de ce génome, environ 45 %, est répétitive et constituée d'éléments transposables. En réalité, une fraction de l'ADN à copie unique restant comporte également des séquences suggérant que cet ADN pourrait provenir d'anciens éléments transposables devenus immobiles et ayant accumulé des mutations aléatoires, ce qui aurait provoqué une divergence de leur séquence par rapport à celle des éléments transposables ancestraux. Il semble donc que la plus grande partie du génome humain soit composée d'auto-stoppeurs génétiques.

Seule une faible partie du génome humain code des polypeptides, c'est-à-dire qu'un peu moins de 3 % code des exons spécifiant des ARNm. Les exons sont typiquement petits (environ 150 bases) tandis que les introns sont grands. En effet, beaucoup comportent plus de 1 000 bases et certains même, plus de 100 000 bases. Les transcrits sont composés de 10 exons en moyenne, même si nombre d'entre eux en possèdent bien davantage. Enfin, les introns peuvent être excisés du même gène à des positions variables. Cette variation de la position des sites d'épissage produit une diversité considérable dans les séquences des ARNm et des polypeptides. D'après les banques actuelles de données concernant les ADNc et les EST, 60 % des gènes codant des protéines humaines possèdent probablement deux variants d'épissage ou plus. En moyenne, il existe trois variants d'épissage par

gène. Pour cette raison, le nombre de protéines différentes codées par le génome humain est environ trois fois plus grand que le nombre de gènes reconnus.

Les protéines peuvent être regroupées en familles de protéines structuralement ou fonctionnellement apparentées, d'après la ressemblance de leurs séquences d'acides aminés. Pour une famille protéique donnée connue chez de nombreux organismes, le nombre de protéines qui la composent est supérieur chez l'homme au nombre présent chez les organismes dont les génomes ont été séquencés y compris les invertébrés. Les protéines sont constituées de domaines modulaires qui sont mélangés et adaptés pour remplir des rôles différents. De nombreux domaines sont associés à des fonctions biologiques spécifiques. Le nombre de domaines modulaires par protéine semble également plus élevé chez l'homme que chez tous les autres organismes dont le génome a été séquencé. Dans des chapitres ultérieurs de ce livre, nous rencontrerons de nombreuses familles de protéines et nous étudierons leur rôle dans les processus biologiques.

Le degré de similitude nous informe de la fiabilité avec laquelle on peut mettre en relation un membre connu d'une famille de protéines avec des membres potentiels. Nous verrons des exemples de membres d'une famille de protéines qui sont à l'évidence «frères» ou «sœurs» au sens où ils possèdent en commun tous leurs domaines protéiques et où ils agissent de manière similaire dans des processus parallèles, ou encore lorsqu'ils agissent de façon coordonnée ou selon un mode coopératif dans le même processus biologique. Nous rencontrerons également des exemples de membres d'une famille protéique qui sont «demi-frères» ou «demi-sœurs», ce qui signifie qu'ils ont certains domaines protéiques (et attributs fonctionnels) en commun, mais pas tous. Enfin, dans de nombreux cas, le degré de similitude de deux protéines se trouve dans une zone intermédiaire, dans laquelle on ignore s'il y a ou non une relation significative (par exemple «cousins du deuxième ou troisième degré»). Actuellement, il est très difficile de donner un sens à ces cas, simplement en comparant les séquences primaires d'acides aminés. On espère cependant que des études fouillées des structures tridimensionnelles de toutes les familles protéiques (un projet parfois appelé **génomique structurale**) éclaireront ces relations éloignées. Les résultats de ces études révéleront le degré de parenté de séquences lointainement apparentées du point de vue de la conservation de la forme et par déduction, de la fonction.

Plus on dispose d'informations précises sur le génome humain, plus on découvre de caractéristiques nouvelles. La carte achevée de la séquence de l'un des chromosomes humains les plus étudiés – le chromosome 7 – en est un exemple récent. Au départ, ce chromosome a été très étudié parce qu'il contenait le gène qui, à l'état non fonctionnel, est responsable de la mucoviscidose. La position de ce gène fut identifiée au début du projet de séquençage du génome humain en superposant la carte de liaison génétique avec la carte physique et la carte de séquence comme nous l'avons vu plus haut dans ce chapitre. Des groupes de recherche ont continué à étudier ce chromosome en détail. On sait ou

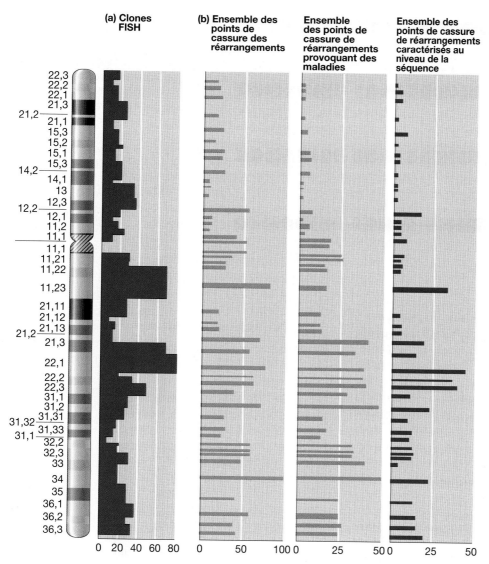

(a) Clones FISH

(b) Ensemble des points de cassure des réarrangements

Ensemble des points de cassure de réarrangements provoquant des maladies

Ensemble des points de cassure de réarrangements caractérisés au niveau de la séquence

Figure 12-24 La carte cytogénétique du chromosome 7 humain. (a) Les clones FISH de la carte physique sur la carte cytogénétique. (b) La distribution des points de cassure des réarrangements chez des patients souffrant de maladies génétiques.
[D'après W. S. Scherer *et al.*, « Human Chromosome 7 : DNA Sequence and Biology », *Science*, May 2, 2003, pp. 769 et 771, Figures 2 et 5.]

on suppose que 1 700 gènes résident sur le chromosome 7. Environ 800 clones de carte physique ont été cartographiés par FISH sur le chromosome 7, créant ainsi une carte cytogénétique de haute densité (Figure 12-24a). Grâce à ces clones, près de 1 600 points de cassure de réarrangements associés à une maladie ont été cartographiés par FISH (par la méthode décrite plus haut) et on connaît la séquence de 440 d'entre eux, ce qui permet d'associer un phénotype mutant aux gènes présents dans les séquences d'ADN (Figure 12-24b).

Déchiffrer l'information codée grâce à la génomique comparée

Le domaine de la génomique qui compare les génomes de différents organismes s'appelle la **génomique comparée**. Il s'agit d'une méthode puissante pour identifier des séquences essentielles. La conservation d'une séquence identique dans de nombreux groupes différents au cours des années écoulées depuis leur divergence est prise comme preuve du fait qu'elle a été conservée par la sélection naturelle car elle

joue un rôle essentiel. Malheureusement, cette conservation de séquence ne peut pas nous dire de quel rôle essentiel il s'agit. Les résultats d'études récentes menées sur quatre espèces apparentées de la levure du genre *Saccharomyces* ont démontré la puissance des comparaisons de multiples espèces ayant divergé à des moments distincts. La Figure 12-25 détaille une région de 50 kb du génome de *S. cerevisiae*. Même si la génétique de *S. cerevisiae* a été étudiée intensivement pendant plus d'un demi-siècle et que son génome a été séquencé entièrement il y a environ dix ans, l'étude comparative a fourni des preuves de l'existence de nombreux gènes codant des protéines, dont l'existence n'avait jamais été prédite jusque-là. On a découvert d'autres séquences conservées dans les régions 5' des nouvelles unités de transcription proposées, suggérant que ces séquences sont importantes pour la régulation de la transcription. Enfin, la présence de séquences conservées peut fournir des informations sur l'évolution des chromosomes considérés dans leur intégralité. Ainsi, le chromosome 7 humain semble être constitué de séquences fortement conservées dans le génome de la souris (Figure 12-26) mais les séquences murines homologues des

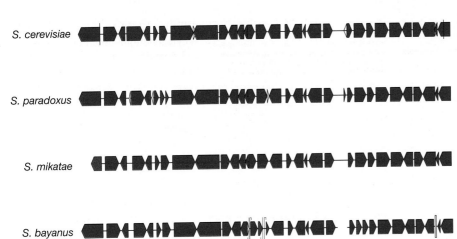

Figure 12-25 Les ORF prédits à partir de quatre espèces de levure *Saccharomyces*. Les ORF supposés sont représentés par des rectangles colorés. L'extrémité en forme de tête de flèche indique le sens de transcription. La plupart des ORF sont présents chez les quatre levures; ils sont représentés en rouge. Les correspondances ambiguës entre ORF sont en bleu et les ORF propres à chaque levure sont en blanc. Une région de 50 kb du génome est représentée dans cette figure.
[D'après M. Kellis *et al.*, *Nature*, May 15, 2003, p. 243.]

séquences du chromosome 7 humain sont fragmentées en 19 blocs répartis sur six chromosomes différents. La génomique comparée révèle donc que le réarrangement chromosomique, traité en détail au Chapitre 15, est un mécanisme clé pour l'évolution des chromosomes. Le processus de l'évolution peut être considéré comme l'expérience génétique la plus longue dont nous disposons. Nous apprenons tout juste à utiliser la puissance de la génomique comparée pour nous aider à déchiffrer l'information codée dans un génome.

Les conséquences de la génomique sur la recherche en biologie

Même si la génomique en tant que technologie et approche n'a même pas 20 ans, son nom est déjà connu de tous. L'analyse de génomes entiers a un lien avec chaque domaine de la biologie. Du point de vue de l'évolution, la génomique offre une vue détaillée de la façon dont les génomes ont divergé et se sont adaptés au cours du temps géologique. Les chercheurs en écologie développent des outils pour étudier la répartition d'un organisme en détectant la présence et la concentration de différents génomes dans des échantillons naturels. Dans les domaines fondamentaux de la biologie cellulaire et moléculaire, l'analyse de génomes entiers offre un point de départ pour l'analyse globale du rôle physiologique de tous les produits de gènes grâce au développement du domaine appelé *biologie des systèmes*. En génétique humaine, la génomique fournit des moyens nouveaux pour localiser les gènes impliqués dans de nombreuses maladies génétiques et que l'on suppose déterminées par une combinaison complexe de facteurs (appelées maladies multifactorielles).

Il faudra toutefois attendre 10 à 15 ans avant que la séquence génomique d'une personne fasse couramment partie de son dossier médical. Néanmoins, si ces données ne sont pas maintenues dans le domaine privé, quelles pourraient être les conséquences de leur accessibilité à des tiers tels que des employeurs ou des assureurs? La politique publique, qui décide de la privauté et d'autres sujets de société devra réglementer l'utilisation de la génomique dans le futur.

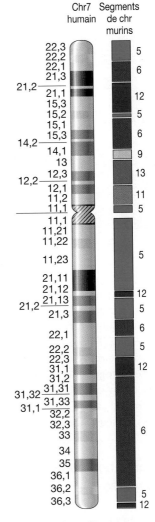

Figure 12-26 Une comparaison du chromosome 7 humain et d'un chromosome de la souris. Des segments du chromosome 7 humain sont conservés chez la souris mais répartis entre 6 chromosomes murins. Les numéros à droite correspondent au numéro du chromosome murin sur lequel se trouve le segment concerné.
[D'après W. S. Scherer *et al.*, « Human Chromosome 7: DNA Sequence and Biology », *Science*, May 2, 2003, p. 769, Figure 2.]

12.7 La génomique fonctionnelle

Les généticiens étudient l'expression et les interactions des produits de gènes depuis 50 ans environ. Pourtant, ces études ont été réalisées à petite échelle et ont porté sur un ou quelques gènes à la fois. L'essor de la génomique offre l'opportunité d'étendre ces études à un niveau global, en utilisant les approches suivies pour la génomique afin d'étudier simultanément tous les produits de gènes ou presque. Cette approche globale de l'étude de l'expression et de l'interaction des produits de gènes s'appelle la **génomique fonctionnelle**.

Ome, Sweet Ome[*]

En plus du génome, il existe d'autres sortes de données globales qui présentent un intérêt. En suivant l'exemple du terme génome, pour lequel «gène» + «ome» forme un nouveau mot pour désigner «l'ensemble des gènes», les chercheurs en génomique ont créé plusieurs termes pour décrire d'autres groupes de données globales sur lesquels ils travaillent. Cette liste de mots finissant par -ome comprend :

Le transcriptome. La séquence et les patrons d'expression de tous les transcrits (où, quand, en quelle quantité).

Le protéome. La séquence et les patrons d'expression de toutes les protéines (où, quand, en quelle quantité).

L'interactome. La totalité des interactions physiques entre protéines et segments d'ADN, entre protéines et segments d'ARN et entre protéines.

Le phénome. La description de la totalité des phénotypes produits par l'inactivation de la fonction d'un gène, pour chaque gène du génome.

Nous ne considérerons pas tous ces –omes dans cette section mais nous nous intéresserons à certaines des techniques globales qui commencent à être exploitées pour stocker toutes ces données.

L'utilisation des micro-alignements d'ADN pour étudier le transcriptome et l'interactome

Les puces à ADN sont des échantillons d'ADN étalés sous la forme d'une série de dépôts microscopiques fixés sur une «puce» de verre de la taille d'une lamelle. Une puce peut contenir des dépôts de segments d'ADN correspondant à tous les gènes d'un génome complexe. L'ensemble de ces ADN est désigné sous le terme de **micro-alignement**. Les puces à ADN ont révolutionné la génétique en permettant un test direct et simultané de tous les produits de gènes au cours d'une même expérience.

Voici l'un des protocoles possibles pour fabriquer des puces à ADN. Des robots possédant de multiples têtes d'impression ressemblant à des stylos plumes miniatures déposent de microscopiques gouttelettes d'une solution d'ADN à des positions spécifiques (adresses) sur la puce. L'ADN est séché puis traité de manière à être fixé sur le verre. Plusieurs milliers d'échantillons peuvent être déposés sur une même puce. Dans l'une des approches, l'ensemble des ADN correspond à la totalité des ADNc connus du génome. On peut également s'intéresser à des oligonucléotides synthétisés chimiquement *in situ* sur la puce elle-même. Ces groupes d'ADN sont exposés à une sonde, par exemple celle qui correspond à la totalité des molécules d'ARN extraites d'un type cellulaire donné à un stade spécifique du développement. Des marquages fluorescents sont fixés à la sonde et la liaison des molécules de sonde aux dépôts homologues d'ADN sur la puce en verre est enregistrée automatiquement grâce à un microscope éclairé par un faisceau laser. La Figure 12-27 présente des résultats caractéristiques de cette technique. Ceci permet de tester les gènes actifs à n'importe quel stade du développement ou dans des conditions environnementales précises. Le but est d'identifier les réseaux de protéines actifs dans la cellule à un stade donné intéressant. La Figure 12-28 montre un exemple de patron développemental d'expression obtenu en travaillant avec ce type de puce.

Il est à noter que ces techniques d'alignement de l'ADN offrent une approche de l'analyse génétique différente de l'analyse mutationnelle. Dans ces deux méthodes, le but est de définir le groupe de gènes ou de protéines impliqué dans un processus spécifique à l'étude. Les analyses mutationnelles traditionnelles remplissent cet objectif en réunissant des mutations qui touchent l'ensemble complet des gènes actifs au cours d'un processus. La technologie des puces à ADN fait de même en détectant directement des ARNm spécifiques exprimés au cours de ce processus (voir Chapitre 16).

Les puces à ADN peuvent également être utilisées pour détecter des interactions protéines-ADN. Par exemple, une protéine qui se fixe à l'ADN peut être marquée par fluorescence et liée à des fragments d'ADN sur une puce, afin d'identifier des sites spécifiques de liaison dans le génome.

L'interactome

L'une des façons d'étudier l'interactome repose sur l'utilisation d'un système modifié par génie génétique appelé **test du double hybride** qui détecte les interactions physiques entre deux protéines. Ce test emploie l'activateur transcriptionnel du gène *GAL4* de la levure. La protéine possède deux domaines, un domaine de liaison à l'ADN qui se fixe au site de début de la transcription et un domaine d'activation qui peut activer la transcription mais est incapable de se fixer seul à l'ADN. Ces deux domaines doivent donc être proches l'un de l'autre pour que la transcription du gène *GAL4* ait lieu. Dans le système du double hybride, le gène codant l'activateur transcriptionnel GAL4 est coupé en deux et chaque partie est intégrée dans un plasmide différent. Ainsi, l'un des plasmides contient la partie codant le domaine de liaison à l'ADN et l'autre, la partie codant le domaine d'activation. Sur un plasmide, un gène codant une protéine à l'étude est épissé au fragment d'ADN codant le

---

[*] Petite plaisanterie à propos de la terminologie utilisée en biologie, faisant référence à l'expression «Home, Sweet Home» qui signifie qu'on est bien chez soi (*N.D.T.*).

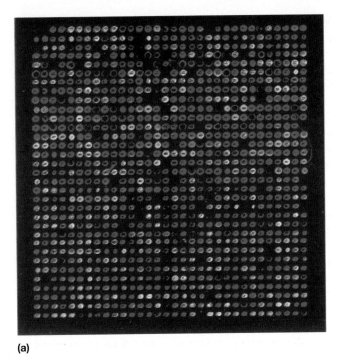

(a)

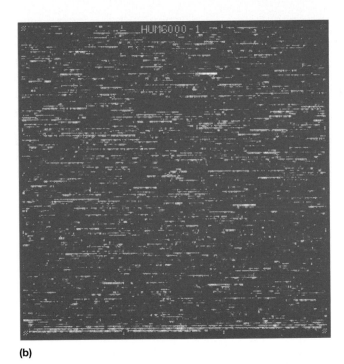

(b)

Figure 12-27 La détection par fluorescence de la fixation d'une sonde à des micro-alignements d'ADN. (a) Un ensemble de rangées contenant 1046 ADNc hybridés avec une sonde d'ADNc marquée par fluorescence, obtenue à partir d'un ARNm provenant de la moelle osseuse. L'intensité du signal suit les couleurs du spectre, la plus élevée étant rouge et la plus faible, bleue. (b) GeneChip Affymetrix, un arrangement contenant 65 000 oligonucléotides qui représentent 1641 gènes, hybridés avec des ADNc tissu-spécifiques.
[Partie a aimablement communiquée par Mark Scheria, Stanford University. Image parue dans *Nature Genetics* 16, June 1997, p. 127, Figure 1a. Partie b aimablement communiquée par Affymetrix Inc. Santa Clara, Californie. Image réalisée par David Lockhart. Affymetrix et GeneChip sont des marques déposées aux États-Unis, utilisées par Affimetrix. Cette image est parue dans *Nature Genetics* 16, June 1997, p. 127, Figure 1b.]

domaine de liaison à l'ADN et la protéine de fusion ainsi produite sert d'«appât». Sur un autre plasmide, un gène codant une autre protéine étudiée est épissé au gène codant le domaine d'activation et la protéine de fusion résultante est considérée comme la «cible» (Figure 12-29). Les deux plasmides hybrides sont ensuite introduits dans la même cellule de levure – par exemple en croisant deux cellules

haploïdes contenant les plasmides appât et cible. La dernière étape consiste à rechercher l'activation de la transcription de GAL4, qui serait la preuve de la liaison de l'appât et de la cible. On peut révéler une liaison réussie en utilisant un **gène rapporteur** (un gène codant une protéine facilement détectable) fusionné en aval de la région d'amorçage de la transcription de GAL4. Le système du double hybride peut

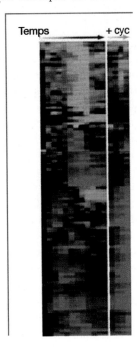

Figure 12-28 La visualisation des modes d'expression des gènes détectés grâce à des micro-alignements d'ADN. Chaque ligne correspond à un gène distinct et chaque colonne à un moment différent. Le rouge correspond à un niveau d'activité du gène supérieur à l'activité initiale et le vert, à un niveau inférieur d'activité. Les quatre colonnes intitulées + cyc proviennent de cellules cultivées en présence de cycloheximidine, ce qui signifie qu'aucune synthèse protéique n'a eu lieu dans ces cellules.
[Mike Eisen et Vishy Iyer, Stanford University. Image parue dans *Nature Genetics*, 18, March 1998, p. 196, Figure 1.]

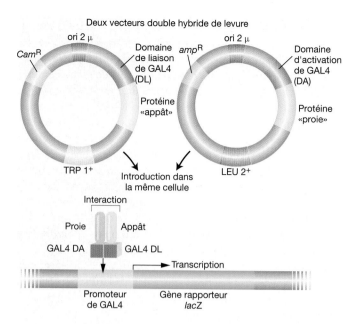

Figure 12-29 Le système de levure dit «double hybride», utilisé pour détecter l'interaction entre des gènes. Le système repose sur l'association de deux protéines étudiées, qui restaure la fonction de la protéine GAL4, ce qui active un gène rapporteur. *Cam*, TRP et LEU sont des composants des systèmes de sélection induisant le déplacement des plasmides entre les cellules. Le gène rapporteur est *LACZ* qui se trouve sur un chromosome de levure (représenté en vert).

être automatisé pour rechercher les interactions protéiques dans l'ensemble du protéome.

La génomique et toutes les autres «omiques» constituent une discipline appelée **biologie des systèmes**. Alors que l'approche de la génétique est par tradition réductionniste – on analyse un organisme comportant des mutations, dont on veut identifier les différentes parties – la biologie des systèmes tente de rassembler ces parties. Elle considère l'organisme dans sa totalité et l'envisage comme un système. Les biologistes des systèmes illustrent leur approche en disant que connaître toutes les parties d'un avion ne permet pas d'expliquer comment il vole. L'avion qui vole est un système nécessitant l'interaction des parties de manière intégrée. Un système biologique comprend des réseaux de régulation de gènes, des cascades de transduction du signal, des communications intercellulaires et de nombreuses formes d'interactions des molécules «génétiques» entre elles mais également avec toutes les autres molécules de la cellule et de l'environnement. Comprendre le système (comme l'avion) nécessite non seulement de connaître chacune des parties en action, mais plus important encore, de formuler les principes grâce auxquels ce système peut exister et fonctionner. On dit que nous vivons dans l'ère post-génomique. Avec tout le travail de séquençage accompli, nous sommes désormais au seuil d'une ère au cours de laquelle nous disposerons de nouveaux moyens pour comprendre la vie.

RÉPONSES AUX QUESTIONS CLÉS

- **Qu'est-ce que la génomique?**

C'est l'étude d'une ou plusieurs séquences de génomes complets.

- **Comment les cartes de séquences des génomes sont-elles établies?**

À partir du séquençage d'un grand nombre de clones. On peut d'abord cartographier les clones en utilisant des marqueurs moléculaires, puis les séquencer ou bien on peut les séquencer au hasard et les aligner grâce aux chevauchements de leurs séquences.

- **Comment peut-on trouver un gène particulier grâce aux cartes de séquences de génomes?**

Si un gène mutant a été cartographié sur une carte de liaison génétique, sa position relative sur cette carte peut être comparée à sa position dans la séquence du génome et on peut

tester les gènes candidats – par exemple, pour rechercher la présence de mutations.

- **Quelle est la nature de l'information contenue dans le génome?**

On peut la concevoir comme la somme des produits fonctionnels (protéines et ARN) ou comme un ensemble de sites d'ancrage pour des molécules telles que des protéines qui se fixent à l'ADN ou à l'ARN.

- **À quelles nouvelles questions permet de répondre une analyse au niveau du génome?**

La génomique comparée examine les mécanismes de l'évolution des génomes. La génomique fonctionnelle porte sur l'étude de l'ensemble des gènes actifs au cours d'un stade particulier du développement. La biologie des systèmes envisage le génome comme une série de composants en interaction qui s'unissent pour créer et maintenir la vie.

RÉSUMÉ

L'analyse génomique reprend l'approche de l'analyse génétique et l'applique à l'ensemble des résultats obtenus pour parvenir à des buts tels que la cartographie et le séquençage de génomes entiers ainsi que la caractérisation de tous les transcrits et protéines. Les techniques de la génomique nécessitent le traitement rapide d'un grand nombre de données obtenues à partir de matériel expérimental, qui repose sur une automatisation intensive.

La difficulté principale lorsqu'on veut obtenir la séquence précise d'un génome est d'utiliser de courtes lectures de séquences et de les relier les unes aux autres grâce à leurs parties redondantes afin d'établir la séquence consensus d'un génome complet. On peut faire cela directement pour les génomes procaryotes en alignant des séquences chevauchantes issues de différentes lectures de séquences jusqu'à obtenir le génome complet, car la plupart ou la totalité des segments d'ADN d'un Procaryote sont présents en un seul exemplaire. Le problème avec les Eucaryotes est la présence dans leur génome d'un grand nombre de séquences répétitives qui interfèrent avec la création de contigs précis de séquences. Ce problème est résolu grâce au séquençage par clonage aléatoire d'un génome entier (WGS) qui utilise des lectures ayant des extrémités appariées, ou bien grâce au séquençage clone par clone qui traite les éléments répétitifs dispersés tels que des éléments mobiles, individuellement dans des clones. Au contraire du séquençage par WGS, le séquençage clone par clone nécessite qu'une carte physique de la distribution ordonnée et orientée des clones soit produite avant que les clones appropriés formant un tuilage minimum du génome puissent être sélectionnés et séquencés.

Les cartes des séquences génomiques servent à prédire la structure des gènes. Les cartes cytogénétiques et de liaison génétique indiquent les positions approximatives des mutations ayant des effets phénotypiques définis. Localiser les marqueurs moléculaires morphologiques à la fois sur les cartes de séquences et les cartes génétiques permet de situer les mutations dans des régions délimitées des cartes de séquences génomiques. Cette technique a permis de grands progrès dans le clonage positionnel de gènes intéressants.

La carte de séquence génomique fournit le texte codé du génome. Le rôle de la bioinformatique est l'interprétation de ces informations codées. Pour analyser les produits de gènes, l'interprétation est réalisée en combinant les données expérimentales disponibles sur les structures des transcrits (séquences d'ADNc), les ressemblances de protéines, la connaissance de motifs caractéristiques de séquences et la génomique comparée.

La génomique fonctionnelle tente de comprendre le fonctionnement du génome en tant que système. Une approche fondamentale consiste à déterminer l'interactome, l'ensemble des interactions entre les produits de gènes et d'autres molécules qui permettent la création et le fonctionnement d'une cellule vivante.

MOTS CLÉS

Approche du gène candidat (p. 405)
Assemblage de séquences (p. 392)
Bioinformatique (p. 406)
Biologie des systèmes (p. 415)
Cadre de lecture ouvert (ORF) (p. 407)
Carte physique (p. 396)
Contig de clones (p. 396)
Contig de séquences (p. 395)
Empreinte d'ADN (p. 400)
Gène rapporteur (p. 414)
Génomique (p. 390)

Génomique comparée (p. 411)
Génomique fonctionnelle (p. 413)
Génomique structurale (p. 410)
Hybridation fluorescente in situ (FISH) (p. 403)
Lectures d'extrémités appariées (p. 395)
Marche sur le chromosome (p. 395)
Marqueur microsatellite (p. 400)
Marqueur minisatellite (p. 400)
Micro-alignement (p. 413)
Montage (p. 396)

Peinture chromosomique (p. 403)
Polymorphisme de longueur de séquences simples (SSLP) (p. 400)
Projet de séquençage des génomes (p. 391)
Protéome (p. 406)
Séquence consensus (p. 392)
Séquence marqueur exprimée (EST) (p. 407)
Supercontig (p. 396)
Test du double hybride (p. 413)
Tuilage minimum (p. 397)

PROBLÈMES RÉSOLUS

1. Une généticienne travaillant sur *Neurospora* vient d'isoler une nouvelle mutation responsable de l'insensibilité à l'aluminium (*al*) dans une souche sauvage appelée Oak Ridge. Elle souhaite isoler le gène de la séquence génomique et a donc besoin de la cartographier à l'aide de RFLP. Il existe de nombreux RFLP entre la souche Oak Ridge et une autre souche appelée Mauriceville. Pour des raisons sur lesquelles nous passerons, elle soupçonne ce gène d'être situé près de l'extrémité du bras droit du chromosome 4. Par chance, il y a trois marqueurs RFLP (1, 2 et 3) disponibles dans le voisinage. Elle effectue donc le croisement suivant :

al (Oak Ridge de type sauvage) × *al*⁺ (Mauriceville de type sauvage)

Elle isole cent descendants et regarde s'ils contiennent *al* et les six allèles de RFLP 1ᴼ, 2ᴼ, 3ᴼ, 1ᴹ, 2ᴹ et 3ᴹ. Les résultats sont les suivants. O et M représentent les allèles des RFLP, *al* et + correspondent respectivement à *al* et *al*⁺ :

RFLP 1	O	M	O	M	O	M
RFLP 2	O	M	M	O	O	M
RFLP 3	O	M	M	O	M	O
Locus *al*	*al*	+	*al*	+	*al*	+
Total des génotypes	34	36	6	4	12	8

a. Le locus *al* se trouve-t-il effectivement dans cette région ?

b. Si c'est le cas, de quel RFLP est-il le plus proche ?

c. Combien d'unités génétiques séparent les trois locus de RFLP ?

Solution

Il s'agit d'un problème de cartographie, à ceci près que certains des marqueurs sont de type classique (comme ceux que nous avons rencontrés dans les chapitres précédents) alors que d'autres sont des marqueurs moléculaires (dans ce cas, des RFLP). Quoi qu'il en soit, le principe de la cartographie est le même que celui utilisé auparavant ; en d'autres termes, il est basé sur la fréquence de recombinants. Dans toute analyse de recombinaison, il faut que le génotype des parents soit clair avant d'entreprendre la répartition des descendants en classes de recombinants. Dans ce cas, nous savons que le parent de type Oak Ridge doit contenir tous les allèles O, et le parent de type Mauriceville, tous les allèles M. Par conséquent, les parents étaient :

$$al\ 1^O 2^O 3^O \times al^+\ 1^M 2^M 3^M$$

Sachant cela, il est facile de déterminer les classes recombinantes. Nous voyons d'après les résultats que les classes parentales sont les deux plus courantes (34 et 36). Nous remarquons en premier lieu que les allèles *al* sont étroitement liés au RFLP 1 (tous les descendants sont *al* 1^O ou $+\ 1^M$). Par conséquent, le locus *al* est sans aucun doute sur cette partie du chromosome 4. Il y a $6 + 4 = 10$ recombinants entre les RFLP 1 et 2. Ces locus doivent donc être distants de 10 unités génétiques. Il y a $12 + 8 = 20$ recombinants entre les RFLP 2 et 3 ; c'est-à-dire qu'ils sont distants de 20 unités génétiques. Il y a $6 + 4 + 12 + 8 = 30$ recombinants entre les RFLP 1 et 3, ce qui montre que ces deux locus doivent être situés de part et d'autre du RFLP 2. La carte est donc la suivante :

al RFLP 1   10 u.g.   RFLP 2   20 u.g.   RFLP 3

À l'évidence, il n'y a pas de doubles recombinants, qui devraient être M O M ou O M O.

Remarquez qu'aucun principe nouveau n'est utilisé pour résoudre ce problème ; le plus difficile est de comprendre la nature des RFLP et la façon dont on les utilise pour la cartographie du génome. Si vous n'avez toujours pas compris ce que sont les RFLP, demandez-vous comment on vérifie expérimentalement leur présence.

2. La dystrophie musculaire de Duchenne (DMD) est une maladie récessive humaine liée à l'X, qui affecte les muscles. Six jeunes garçons sont atteints de DMD ainsi que de diverses autres maladies. On a découvert de petites délétions dans leur chromosome X, comme on le voit ci-dessous :

a. D'après cette information, quelle région chromosomique est la plus susceptible de contenir le gène responsable de la DMD ?

b. Pourquoi ces garçons présentent-ils d'autres symptômes en plus de ceux de la DMD ?

c. Comment utiliseriez-vous les échantillons d'ADN obtenus à partir de ces six garçons et l'ADN de garçons non affectés pour obtenir un échantillon enrichi en ADN contenant le gène de la DMD, avant de le cloner ?

Solution

a. La seule région perdue par toutes les délétions est la région chromosomique notée 5. C'est probablement celle qui contient le gène de la DMD.

b. Les autres symptômes résultent sans doute de la délétion des autres régions entourant la région de la DMD.

c. Si l'ADN de tous les patients présentant des délétions DMD est dénaturé (c'est-à-dire, si ses brins sont séparés) et fixé sur un filtre, l'ADN normal peut être coupé mécaniquement ou à l'aide d'enzymes de restriction, dénaturé et passé au travers d'un filtre contenant l'ADN délété. La plupart des ADN se fixeront au filtre, mais l'ADN de la région 5 passera au travers. Ce processus peut être répété plusieurs fois. L'ADN qui n'a pas été retenu sur le filtre peut être cloné, puis utilisé pour une analyse par FISH pour voir s'il se fixe au chromosome X des malades présentant des délétions DMD. Si ce n'est pas le cas, on peut supposer qu'il contient la séquence DMD.

PROBLÈMES

PROBLÈMES ÉLÉMENTAIRES

1. Le terme *contig* provient du mot *contigu*. Expliquez-en la raison.

2. Détaillez l'approche que vous suivriez pour séquencer le génome d'une espèce bactérienne nouvellement découverte.

3. Une analyse par FISH avec une sonde de séquence inconnue (l'étiquette s'est détachée du tube qui la contenait) révèle une tache fluorescente à l'extrémité de chaque chromosome. Pourrait-il s'agir :

a. d'une sonde correspondant à un gène unique ?

b. d'une sonde de centromère ?

c. d'une sonde de télomère ?

4. Les lectures de séquences terminales d'inserts clonés sont obtenues en routine lors du séquençage des génomes. Comment peut-on déterminer la séquence de la partie centrale d'un insert cloné ?

5. Lors du séquençage d'un génome de 1 gigabase en utilisant cinq fois plus de BAC que nécessaire, combien de clones obtiendrait-on ?

6. Des empreintes de trois inserts clonés appelés P, Q et R ont été obtenues. Le clone P n'a aucune bande commune avec le clone Q mais a deux bandes en commun avec le clone R. Q a trois bandes communes avec R. Quel est l'ordre de ces trois inserts dans le génome ? Montrez de quelle façon ils se chevauchent.

7. Pour quelle raison choisit-on un ensemble de clones qui représente un tuilage minimum ?

8. Comment pourrait-on sous-cloner un clone BAC ? Pourquoi cela est-il nécessaire pour l'assemblage de la séquence d'un génome ?

9. Quelle est la différence entre un contig et un montage ?

10. On suppose que deux contigs donnés sont proches l'un de l'autre mais sont sans doute séparés par de l'ADN répétitif. Pour essayer de les relier, on utilise des séquences terminales comme amorces afin de couvrir la brèche qui les sépare. Cette approche est-elle raisonnable ? Dans quelle situation ce protocole ne va-t-il pas fonctionner ?

11. On peut tester par PCR des spermatozoïdes individuels pour y rechercher certains marqueurs. Un homme hétérozygote pour un locus microsatellite (M'/M'') est également hétérozygote pour un allèle de maladie provoquée par une courte délétion. La moitié de ses spermatozoïdes contient M' et l'autre moitié, M''. Pensez-vous que ces locus sont liés ? Dessinez un schéma pour expliquer votre réponse.

12. Un fragment d'ADN cloné contenant un gène codant une protéine est marqué radioactivement et utilisé pour une hybridation *in situ*. On observe de la radioactivité dans cinq régions appartenant à des chromosomes distincts. Comment cela est-il possible ?

13. Lors d'une expérience d'hybridation *in situ*, un clone donné s'est lié uniquement au chromosome X d'un garçon sans symptômes de maladie. Pourtant, chez un garçon atteint de dystrophie musculaire de Duchenne (maladie récessive liée à l'X), il s'est fixé au chromosome X ainsi qu'à un autosome. Expliquez cela. Ce clone pourrait-il servir à identifier le gène de la DMD ?

14. Lors d'une analyse par recombinaison, on a découvert un mutant morphologique de *Neurospora* appelé «stubby» (*stu*), qui possède des ramifications anormales. Il a été cartographié vers l'extrémité gauche du chromosome 5. La séquence génomique complète de *Neurospora* disponible dans des bases publiques de données indique trois gènes candidats possibles dans cette zone. Comment pourriez-vous déterminer lequel de ces candidats (s'il y en a un) correspond à ce mutant stubby. (**Une astuce** : Il est très facile de transformer *Neurospora*.)

15. Lors d'une analyse génomique destinée à rechercher un gène spécifique, on a trouvé un gène candidat ayant une substitution d'une seule paire de bases correspondant à un changement non synonyme d'acide aminé. Que devriez-vous vérifier avant de sabler le champagne ?

16. Dans quel sens peut-on dire qu'un codon appartenant à un ORF peut servir d'élément d'ancrage ?

17. Un opérateur bactérien est-il un élément d'ancrage ?

18. Un ADNc donné de 2 kb de long est hybridé à huit fragments génomiques d'une taille totale de 30 kb et contient deux courts EST. On a également trouvé ces EST dans deux des fragments génomiques, ayant chacun une taille de 2 kb. Donnez une explication possible de ces résultats.

19. Un fragment séquencé d'ADN de drosophile a été utilisé lors d'une recherche par BLAST. La correspondance la meilleure (la plus proche) est celle avec un gène de kinase issu de *Neurospora*. Cette correspondance signifie-t-elle que la séquence de drosophile contient un gène de kinase ?

20. Lors d'un test du double hybride, un gène *A* a donné des résultats positifs avec deux clones M et N. Lorsque M a été utilisé, il a donné des résultats positifs avec trois clones, A, S et Q. M a donné un seul résultat positif (avec A). Donnez une interprétation possible de ces résultats.

21. Un gène cloné chez *Arabidopsis* est utilisé comme sonde radioactive en présence d'échantillons d'ADN issus de chou (de la même famille de végétaux) digérés par trois enzymes de restriction différentes. Dans le cas de l'enzyme 1, il y avait trois bandes sur l'autoradiogramme ; pour l'enzyme 2, une bande et pour l'enzyme 3, deux bandes. Comment pouvez-vous expliquer ces résultats ?

22. On a examiné le contenu en séquences marqueurs (STS) : STS1 à STS7 de cinq clones de YAC d'ADN humain (YAC A à YAC E). (Un STS est une courte séquence unique amplifiée par PCR à l'aide d'une paire spécifique d'amorces.) Les résultats sont présentés dans le tableau ci-dessous, dans lequel un signe plus signifie que le YAC contient ce STS et un signe moins, qu'il en est dépourvu.

YAC	STS						
	1	2	3	4	5	6	7
A	+	−	+	+	−	−	−
B	+	−	−	−	+	−	−
C	−	−	+	+	−	−	+
D	−	+	−	−	+	+	−
E	−	−	+	−	−	−	+

a. Dessinez une carte physique montrant l'ordre des STS.

b. Alignez les YAC en un contig.

23. Vous possédez deux souches du champignon ascomycète *Aspergillus nidulans* qui proviennent de deux continents distincts et ont sans doute accumulé de nombreuses variations génétiques différentes depuis leur isolement géographique l'une de l'autre. Vous détectez des polymorphismes dans ces souches en utilisant une séquence

unique comme amorce pour la PCR. Cette amorce s'hybride au hasard et amplifie différentes régions du génome, qui apparaissent sous forme de bandes dans un gel. [C'est ce qu'on appelle une analyse des ADN polymorphes amplifiés de façon aléatoire (RAPD pour *randomly amplified polymorphic DNA* en anglais).] Une amorce a permis d'amplifier deux bandes dans la souche 1 et aucune dans la souche 2. Ces souches ont été croisées entre elles et sept descendants ont été analysés. Les résultats sont les suivants :

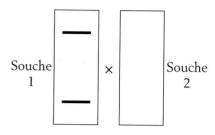

Descendants

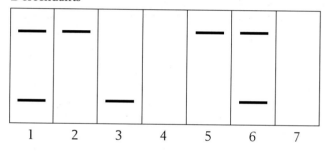

a. Faites des schémas pour expliquer la différence entre les parents.

b. Expliquez l'origine des descendants et leur fréquence relative.

c. Dessinez un exemple de tétrade unique issue de ce croisement en montrant les bandes amplifiées.

24. Une maladie donnée, causée par un allèle *N*, est transmise suivant un mode autosomique dominant. On a remarqué que certains patients présentaient des réarrangements chromosomiques qui possèdent tous un point de cassure chromosomique dans la bande 3q3.1 du chromosome 3. On connaît quatre sondes moléculaires (a à d) qui s'hybrident *in situ* avec cette bande, mais on ignore dans quel ordre. Dans les réarrangements, seule la sonde c s'hybride à un côté du point de cassure du chromosome 3 et les sondes a, b et d s'hybrident toujours à l'autre côté du point de cassure.

a. Dessinez des schémas illustrant la signification de ces découvertes.

b. Comment utiliseriez-vous cette information pour un clonage positionnel de l'allèle normal *n* ?

c. Une fois *n* cloné, comment utiliseriez-vous ce clone pour rechercher la nature des mutations chez des patients atteints de la même maladie, mais dépourvus du réarrangement chromosomique avec un point de cassure dans la bande 3q3.1 ?

25. Placez les techniques suivantes dans l'ordre selon lequel vous les utiliseriez pour entreprendre un projet de séquençage du génome de résolution croissante. (Il n'est pas forcément nécessaire d'utiliser toutes ces techniques.)

a. La cartographie à l'aide des RFLP

b. L'assemblage des contigs de clones

c. La cartographie à l'aide des microsatellites

d. La cartographie par empreinte d'ADN

e. Le séquençage de l'ADN de clones BAC

f. La cartographie à l'aide de marqueurs phénotypiques

g. L'assemblage des échelles de clones

h. Les lectures d'extrémités appariées

26. Vous avez obtenu à partir d'un clone génomique de *Drosophila melanogaster* les lectures suivantes de séquences :

Lecture 1 : TGGCCGTGATGGGCAGTTCCGGTG
Lecture 2 : TTCCGGTGCCGGAAAGA
Lecture 3 : CTATCCGGGCGAACTTTTGGCCG
Lecture 4 : CGTGATGGGCAGTTCCGGTG
Lecture 5 : TTGGCCGTGATGGGCAGTT
Lecture 6 : CGAACTTTTGGCCGTGATGGGCAGTTCC

Utilisez ces six lectures de séquences pour créer un contig de cette partie du génome de *D. melanogaster*.

27. Lors du séquençage d'un génome entier par clonage aléatoire, on utilise des lectures d'extrémités appariées pour réunir les contigs en échelles. Vous possédez deux contigs appelés *contig A* et *contig B*. Le contig A comporte 4833 nucléotides et le contig B, 3320. Les lectures d'extrémités appariées ont été réalisées à partir des deux extrémités d'un clone contenant un insert génomique de 2 000 pb. La lecture de la séquence de l'une des extrémités de ce clone a 210 pb de long et elle s'aligne sur les nucléotides 4572-4781 du contig A. La lecture de la séquence de l'autre extrémité du clone a 342 nucléotides de long et elle s'aligne sur les nucléotides 245-586 du contig B. À partir de ces informations, dessinez une carte de l'échelle contenant les contigs A et B, en indiquant la taille totale de l'échelle et la taille de la brèche entre le contig A et le contig B.

28. Les ADNc se révèlent parfois être des « monstres », c'est-à-dire des fusions de copies d'ADN de deux ARNm différents insérés accidentellement l'une à côté de l'autre dans le même clone. Vous suspectez un clone d'ADNc issu du nématode *Caenorhabditis elegans* d'être un tel monstre car la séquence de l'insert d'ADNc correspond à une protéine ayant deux domaines structuraux que l'on n'observe habituellement pas dans la même protéine. Si vous disposiez de la totalité de la séquence génomique, comment feriez-vous pour vérifier que ce clone d'ADNc est un monstre ou non ?

29. Vous avez séquencé le génome de la bactérie *Salmonella typhimurium* et vous réalisez une analyse par BLAST pour rechercher des similitudes entre les séquences codantes du génome de *S. typhimurium* et les séquences de protéines connues. Vous découvrez une protéine identique à 100 % chez la bactérie *Escherichia coli*. Lorsque vous comparez les séquences nucléotidiques des gènes de *S. typhimurium* et d'*E. coli*, vous découvrez cependant que leur séquence nucléotidique ne présente que 87 % d'identité.

a. Expliquez cette observation.

b. Que vous indiquent ces observations quant aux avantages des recherches de similitudes de nucléotides par rapport aux similitudes de protéines pour l'identification de gènes apparentés ?

PROBLÈMES D'ÉVALUATION

30. D'après des hybridations *in situ*, on sait que cinq YAC différents contenant des fragments génomiques, s'hybrident avec une bande chromosomique spécifique du génome humain. L'ADN génomique a été digéré par des enzymes de restriction à sites rares de coupure (dont les sites de reconnaissance comportent 8 pb et qui coupent l'ADN en moyenne une fois toutes les 64 000 pb). Les YAC marqués radioactivement ont été hybridés à des produits de la digestion après leur transfert. L'autoradiogramme est le suivant :

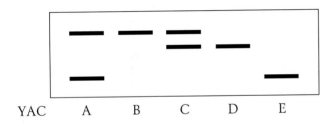

a. À l'aide des ces résultats, indiquez l'ordre des trois fragments de restriction hybridés.

b. Indiquez les positions des YAC par rapport aux trois fragments de restriction génomiques de la question a.

DÉCOMPOSONS LE PROBLÈME 30

1. Citez deux types d'hybridation utilisés en génétique. Quels types d'hybridation sont utilisés dans ce problème et sur quel principe moléculaire reposent-ils ? (Dessinez un schéma grossier montrant ce qui se passe au niveau moléculaire au cours de l'hybridation.)
2. Comment les hybridations *in situ* sont-elles effectuées en général ? Comment les hybridations *in situ* spécifiques dont il est question dans ce problème ont-elles été réalisées (voir la première phrase du problème) ?
3. Qu'est-ce qu'un YAC ?
4. Que sont les bandes chromosomiques et quel procédé utilise-t-on pour les produire ? Dessinez un chromosome

avec quelques bandes et montrez à quoi ressembleraient des hybridations *in situ*.

5. Comment a-t-on pu montrer que cinq YAC différents s'hybridaient à une bande ?
6. Qu'est-ce qu'un fragment génomique ? Vous attendez-vous à ce que les cinq YAC contiennent le même fragment génomique ou des fragments différents ? À votre avis, de quelle façon ces fragments génomiques ont-ils été produits ? (Indiquez quelques procédés généraux utilisés pour fragmenter de l'ADN.) La façon dont l'ADN a été fragmenté a-t-elle une importance ?
7. Qu'est-ce qu'une enzyme de restriction ?
8. Qu'est-ce qu'une enzyme à sites rares de coupure ?
9. Pourquoi les YAC ont-ils été marqués radioactivement ? (Que veut dire marquer radioactivement quelque chose ?)
10. Qu'est-ce qu'un autoradiogramme ?
11. Écrivez une phrase comportant les mots *ADN*, *digestion*, *enzyme de restriction*, *transfert* et *autoradiogramme*.
12. Expliquez précisément de quelle façon l'arrangement des bandes sombres présenté dans ce problème a été obtenu.
13. Combien un génome humain contient-il approximativement de kilobases d'ADN ?
14. Si l'ADN génomique humain était digéré par une enzyme de restriction, combien de fragments environ seraient produits ? Des dizaines ? Des centaines ? Des milliers ? Des dizaines de milliers ? Des centaines de milliers ?
15. Tous ces fragments d'ADN seraient-ils différents les uns des autres ? La plupart d'entre eux seraient-ils différents ?
16. Si ces fragments étaient séparés dans un gel d'électrophorèse, que verriez-vous si vous ajoutiez dans le gel un colorant spécifique de l'ADN ?
17. En quoi votre réponse à la question 16 rejoint-elle le nombre de bandes dans l'autoradiogramme schématisé ?
18. La partie a du problème mentionne « trois fragments de restriction hybridés ». Indiquez-les sur le schéma.
19. En réalité y a-t-il des fragments de restriction sur un autoradiogramme ?
20. Quels sont les YAC qui s'hybrident à un fragment de restriction et quels sont ceux qui s'hybrident à deux fragments ?
21. Comment est-il possible pour un YAC de s'hybrider à deux fragments d'ADN ? Suggérez deux explications et choisissez celle qui semble la plus probable dans ce problème. Le fait que tous les YAC de ce problème se fixent à une bande chromosomique (et apparemment à rien d'autre) vous aide-t-il à choisir ? Un YAC peut-il s'hybrider à plus de deux fragments ?
22. Précisez la différence qui existe entre le mot *bande* utilisé par les cytogénéticiens (ceux qui observent les chromosomes au microscope) et l'utilisation du mot *bande* par les biologistes moléculaires. De quelle façon ces deux acceptions se rejoignent-elles dans ce problème ?

31. Vous possédez les lectures suivantes de séquences issues d'un clone génomique du génome d'*Homo sapiens* :

Lecture 1 : ATGCGATCTGTGAGCCGAGTCTTTA
Lecture 2 : AACAAAAATGTTGTTATTTTTATTTCAGATG
Lecture 3 : TTCAGATGCGATCTGTGAGCCGAG
Lecture 4 : TGTCTGCCATTCTTAAAAACAAAAATGT
Lecture 5 : TGTTATTTTTATTTCAGATGCGA
Lecture 6 : AACAAAAATGTTGTTATT

a. Utilisez ces six lectures de séquences pour créer un contig de séquences de cette partie du génome de *H. sapiens*.

b. Traduisez le contig dans tous les cadres de lecture possibles.

c. Allez sur la page BLAST de NCBI (http://www.ncbi.nlm.nih.gov/BLAST/, rendez-vous dans l'appendice B) et regardez si vous pouvez identifier le gène auquel appartient cette séquence suivant l'un des cadres de lecture, en effectuant une recherche par comparaison protéine-protéine (BLASTp).

32. Un généticien travaillant sur *Neurospora* veut cloner le gène *cys-1* qui semble situé près du centromère du chromosome 5. Deux marqueurs RFLP (RFLP1 et RFLP2) localisés à proximité sont disponibles. Il réalise donc le croisement suivant :

Oak Ridge *cys-1* × Mauriceville *cys-1⁺*

(Voir le Problème 1 pour la définition des souches Oak Ridge et Mauriceville.) Cent ascospores sont ensuite examinées pour connaître leur génotype en ce qui concerne les RFLP et *cys-1*. Les résultats sont les suivants :

RFLP 1	O	M	O	M	O	M
RFLP 2	O	M	M	O	M	O
Locus *cys*	*cys*	+	+	*cys*	*cys*	+
Total des génotypes	40	43	2	3	7	5

a. *cys-1* se trouve-t-il dans cette région du chromosome ?

b. Si c'est le cas, dessinez une carte des locus dans cette région et indiquez les unités génétiques.

c. Quelle serait l'étape ultérieure adéquate pour le clonage du gène *cys-1* ?

33. Certaines régions de grande taille appartenant à des chromosomes différents du génome humain présentent plus de 99 % de nucléotides identiques les unes avec les autres. On a examiné ces régions pour établir une ébauche de séquence du génome humain en raison de leur degré élevé de similitude. Parmi les techniques de cartographie décrites dans ce chapitre, laquelle ou lesquelles permettraient aux chercheurs en génomique de repérer l'existence de telles régions dupliquées.

34. Voici un contig d'une région du chromosome 2 de *Caenorhabditis*. Les lettres A à H correspondent à des cosmides.

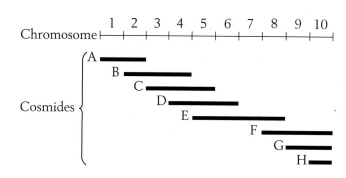

a. Un gène cloné, *pBR322-x* s'hybride aux cosmides C, D et E. Quelle est la position approximative de ce gène *x* sur le chromosome ?

b. Un gène cloné, *pUC18-y* s'hybride uniquement aux cosmides E et F. Quelle est sa position ?

c. Expliquez précisément de quelle façon les deux sondes peuvent s'hybrider au cosmide E.

35. On suppose que le gène de la maladie autosomique dominante présentée dans l'arbre généalogique ci-dessous se trouve sur le chromosome 4. On a donc recherché cinq RFLP (1 à 5), cartographiés sur le chromosome 4, chez tous les membres de la famille. Les résultats du test sont indiqués sous chaque membre de la famille figurant dans cet arbre généalogique. Les lignes verticales représentent les deux chromosomes homologues et les exposants, les différents allèles des locus de RFLP.

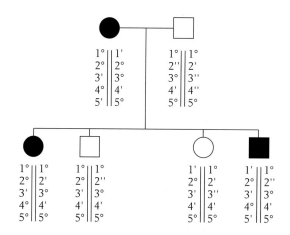

a. Expliquez de quelle façon cette expérience a été menée.

b. À votre avis, quel est le locus de RFLP le plus proche du gène de la maladie (expliquez votre raisonnement) ?

c. Comment utiliseriez-vous cette information pour cloner le gène de la maladie ?

36. La mucoviscidose (CF pour *cystic fibrosis* en anglais) est une maladie qui se transmet suivant un mode autosomique récessif. Un couple a sept enfants dont trois sont atteints de mucoviscidose, comme le montre l'arbre généalogique de la page suivante. Leur fils aîné (non atteint) vient de se marier avec une cousine issue de germain (cousine au deuxième degré). Il fait faire une étude moléculaire pour déterminer son risque d'avoir des enfants atteints de CF. On a utilisé trois sondes détectant des RFLP connus pour être très proches du gène *CF*, afin d'étudier les génotypes de toute la famille.

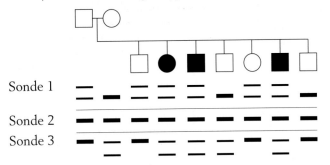

Répondez aux questions suivantes en expliquant votre raisonnement.

a. Cet homme est-il homozygote normal ou porteur ?

b. Ses trois frères et sa sœur non atteints sont-ils homozygotes normaux ou porteurs ?

c. De quel parent chaque porteur a-t-il reçu l'allèle de la maladie ?

(Problème 36 de Tamara Western.)

37. Certains exons du génome humain sont très petits (moins de 75 pb de long). L'identification de ces « micro-exons » est difficile car ces distances sont trop faibles pour un usage fiable de l'identification des ORF ou du biais d'utilisation des codons pour déterminer si de petites séquences génomiques font réellement partie d'un ARNm et d'un polypeptide. Quelles techniques de « repérage de gènes » peut-on utiliser pour vérifier si une région donnée de 75 pb constitue un exon ?

13

LE GÉNOME DYNAMIQUE : LES ÉLÉMENTS TRANSPOSABLES

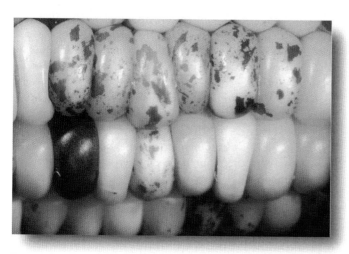

Des grains sur un épi de maïs. Les grains mouchetés sur cet épi de maïs résultent de l'interaction d'un élément génétique mobile (un élément transposable) avec un gène du maïs dont le produit est nécessaire à la pigmentation. [Cliff Weil & Susan Wessler.]

QUESTIONS CLÉS

- Pourquoi les éléments transposables ont-ils été découverts chez le maïs mais isolés pour la première fois chez *E. coli* ?

- Comment les éléments transposables participent-ils à la propagation des bactéries résistantes à certains antibiotiques ?

- Pourquoi les éléments transposables sont-ils classés comme transposons d'ADN ou transposons d'ARN ?

- En quoi les éléments transposables autonomes et non autonomes diffèrent-ils les uns des autres ?

- Comment l'être humain peut-il survivre alors que plus de 50 % de son génome provient d'éléments transposables ?

- Comment l'étude des rétrotransposons de levure peut-elle conduire à l'amélioration des protocoles de thérapie génique chez l'homme ?

SOMMAIRE

L'ESSENTIEL DU CHAPITRE

Commencées dans les années 1930, les études génétiques sur le maïs ont donné des résultats bousculant fortement les théories de la génétique classique qui postulent l'association d'un gène à un locus invariant sur le chromosome principal*. La littérature scientifique a alors commencé à fournir des données suggérant l'existence d'éléments génétiques présents sur les chromosomes principaux, capables de se déplacer de manière autonome d'une position à une autre. Ces découvertes ont été considérées avec scepticisme pendant de nombreuses années, mais on sait maintenant que de tels éléments mobiles sont courants dans la nature.

Ces éléments génétiques ont reçu un grand nombre de noms pittoresques (dont certains aident à décrire leurs propriétés respectives) : éléments de contrôle, gènes sauteurs, gènes mobiles, éléments génétiques mobiles et transposons. Nous avons choisi dans cet ouvrage les termes d'éléments transposables et de transposons, qui embrassent toute la gamme des types possibles. Les éléments transposables peuvent se déplacer vers de nouvelles positions à l'intérieur du même chromosome ou même d'un chromosome à un autre. Ils ont été détectés génétiquement dans des organismes modèles tels qu'*E. coli*, le maïs, la levure et la drosophile, grâce aux mutations qu'ils provoquent lorsqu'ils inactivent les gènes dans lesquels ils s'insèrent.

Le séquençage de l'ADN des génomes de différents micro-organismes, végétaux et animaux, indique qu'il existe des éléments transposables dans presque tous les organismes. Il est même étonnant de constater qu'ils sont de loin les

* Par opposition aux chromosomes B (*N.D.T.*)

composants les plus importants du génome humain puisqu'ils représentent plus de 50 % de l'ADN de nos chromosomes. En dépit de leur abondance, on ignore le rôle génétique exact de ces éléments. On sait cependant que les plantes et les animaux utilisent tous deux des mécanismes épigénétiques pour réguler la prolifération de leurs éléments transposables (Chapitre 10).

Comme le montre la Figure 13-1, les éléments transposables eucaryotes se répartissent en deux classes, les **éléments de classe 1** et les **éléments de classe 2**. On les distingue par le fait qu'ils s'insèrent par l'intermédiaire d'une copie d'ARN (élément de classe 1), ou bien directement sous la forme d'ADN (classe 2). On appelle également les éléments de classe 1 **éléments d'ARN** car l'élément d'ADN dans le génome est transcrit en une copie d'ARN. Cette copie est ensuite reconvertie en une copie d'ADN capable de s'insérer en un autre site (cible) du génome de l'hôte. Les éléments de classe 1 sont également appelés **rétro-éléments** car leur déplacement (la **rétrotransposition**) se caractérise par un flux inverse de celui de l'information génétique, de l'ARN vers l'ADN. Le nombre de copies d'éléments de classe 1 dans un génome hôte peut être très élevé. Il existe par exemple près d'un million de copies d'un élément de classe 1 appelé *Alu* dans le génome humain. Un nombre si élevé de copies est possible car de nombreux ARN peuvent être transcrits à partir d'un même élément de classe 1 et chacun d'eux peut théoriquement s'insérer sous forme d'ADN en un nouvel emplacement du génome de l'hôte. De plus, comme la copie d'ARN est l'intermédiaire de la transposition, les insertions d'éléments de classe 1 dans le génome

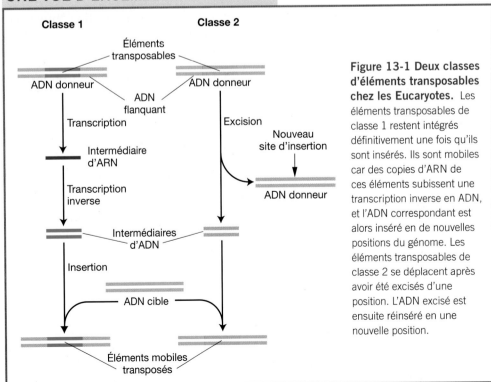

UNE VUE D'ENSEMBLE DU CHAPITRE

Figure 13-1 Deux classes d'éléments transposables chez les Eucaryotes. Les éléments transposables de classe 1 restent intégrés définitivement une fois qu'ils sont insérés. Ils sont mobiles car des copies d'ARN de ces éléments subissent une transcription inverse en ADN, et l'ADN correspondant est alors inséré en de nouvelles positions du génome. Les éléments transposables de classe 2 se déplacent après avoir été excisés d'une position. L'ADN excisé est ensuite réinséré en une nouvelle position.

sont quasiment définitives, c'est-à-dire que ces éléments ne peuvent être excisés du site donneur. On les considère malgré tout comme des éléments mobiles car leurs copies peuvent s'insérer dans un nouvel ADN cible.

À l'inverse, on appelle **éléments d'ADN** les éléments de classe 2, car ceux-ci se déplacent eux-mêmes d'un site du génome à un autre. Au contraire des éléments de classe 1, les éléments de classe 2 peuvent s'exciser du site donneur, ce qui signifie que si l'insertion dans un gène a provoqué une mutation, l'excision de l'élément peut conduire à la réversion de cette mutation. Les premiers éléments transposables découverts chez le maïs étaient des éléments de classe 2 qui conduisaient à des grains d'aspect tacheté en raison de leur excision de gènes responsables de la production de pigments dans le grain.

Pour leurs recherches, les scientifiques sont capables d'exploiter la capacité des éléments transposables de s'insérer dans de nouveaux sites du génome. Les éléments transposables modifiés par génie génétique *in vitro* sont des outils efficaces, tant chez les Procaryotes que chez les Eucaryotes, pour la cartographie génétique, la création de mutants, le clonage des gènes et même la production d'organismes transgéniques. Retraçons à présent quelques-unes des étapes essentielles de l'évolution de notre compréhension des éléments transposables. Nous découvrirons ainsi les principes qui régissent ces unités génétiques fascinantes.

13.1 La découverte des éléments transposables chez le maïs

Les expériences de McClintock : l'élément *Ds*

Dans les années 1940, Barbara McClintock fit une découverte étonnante en étudiant les grains colorés du maïs indien (maïs, voir l'encadré Organisme Modèle à la page 428). McClintock étudiait la cassure des chromosomes chez le maïs, qui possède 10 chromosomes numérotés du plus grand (1) au plus petit (10). La cassure des chromosomes se produit au hasard et à des moments imprévisibles au cours de la vie de tout organisme. Pourtant, McClintock découvrit que dans une souche de maïs, le chromosome 9 se cassait très fréquemment et au niveau d'un site particulier (locus ; Figure 13-2). Elle établit que la cassure chromosomique au niveau de ce locus était due à la présence de deux facteurs génétiques. L'un de ces facteurs, qu'elle appela **Ds** (pour *Dissociation*), était situé au niveau du site de cassure. L'autre, un facteur génétique non lié, était nécessaire pour « activer » la cassure du chromosome 9 au niveau du locus *Ds*. McClintock appela donc ce second facteur **Ac** (pour **Activator** : activateur en anglais).

McClintock commença à suspecter *Ac* et *Ds* d'être des éléments génétiques mobiles car elle ne parvenait pas à cartographier *Ac*. Dans certaines plantes, cet allèle apparaissait en une position, tandis que dans d'autres plantes de la même lignée, il était localisé en d'autres endroits. Comme si cela ne constituait pas déjà une curiosité suffisante, la souche originale qui présentait des cassures fréquentes du chromosome 9

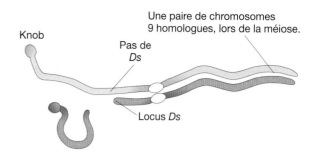

Figure 13-2 Une cassure chromosomique au niveau du locus *Ds* chez le maïs. Le chromosome 9 se rompt dans le locus *Ds*, au niveau duquel l'élément transposable *Ds* s'est inséré.

produisait de rares grains avec des phénotypes extrêmement différents. L'un de ces grains était incolore avec quelques taches pigmentées.

La Figure 13-3 compare le phénotype de la souche comportant les cassures chromosomiques avec le phénotype de l'une de ces souches dérivées de la souche originale. Dans le cas de la souche comportant les cassures chromosomiques, la cassure du chromosome au niveau de *Ds* ou près de celui-ci provoquait la perte des allèles de type sauvage des gènes *C*, *Sh* et *Wx*. Dans l'exemple décrit dans la Figure 13-3a, une cassure s'est produite dans une cellule unique, qui s'est divisée par mitose pour produire ce secteur étendu de tissu mutant (*c sh wx*). La cassure a pu se produire à de nombreuses reprises dans un même grain, mais dans chaque secteur de tissu, aucun des trois gènes n'était exprimé. Inversement, chaque nouvelle souche dérivée de la souche originelle était affectée au niveau de l'expression d'un seul gène. L'une des souches dérivées affectée uniquement au niveau de l'expression du gène *C* est représentée dans la Figure 13-3b. Dans cet exemple, des taches pigmentées sont apparues sur un grain incolore. Bien que l'expression du gène *C* ait été modifiée de cette manière étrange, l'expression de *Sh* et de *Wx* était normale.

Pour expliquer ces nouvelles souches dérivées, McClintock supposa que *Ds* était passé d'un site proche du centromère jusque dans le gène *C* situé près de l'extrémité télomérique. À cette nouvelle position, *Ds* produisait des changements inhabituels de l'expression du gène *C*. Le grain tacheté est un exemple de **phénotype instable**. McClintock conclut que ces phénotypes instables résultaient du déplacement ou de la transposition de *Ds* hors du gène *C*. C'est-à-dire que le grain de maïs commençait son développement avec un gène *C* muté par l'insertion de *Ds*. Cependant, dans certaines cellules du grain, *Ds* quittait le gène *C*, permettant ainsi la réversion du phénotype mutant en type sauvage (ce que prouvait la production de pigments) dans la cellule originale ainsi que dans tous ses descendants mitotiques. On observe de grosses taches de couleur lorsque *Ds* quitte le gène *C* au début du développement du grain (car il y a davantage de descendants produits par mitose), alors qu'on voit de petites taches lorsque *Ds* quitte le gène *C* plus tard au cours du développement du grain. Les phénotypes mutants instables qui réversent en type sauvage sont une preuve de la participation des éléments mobiles.

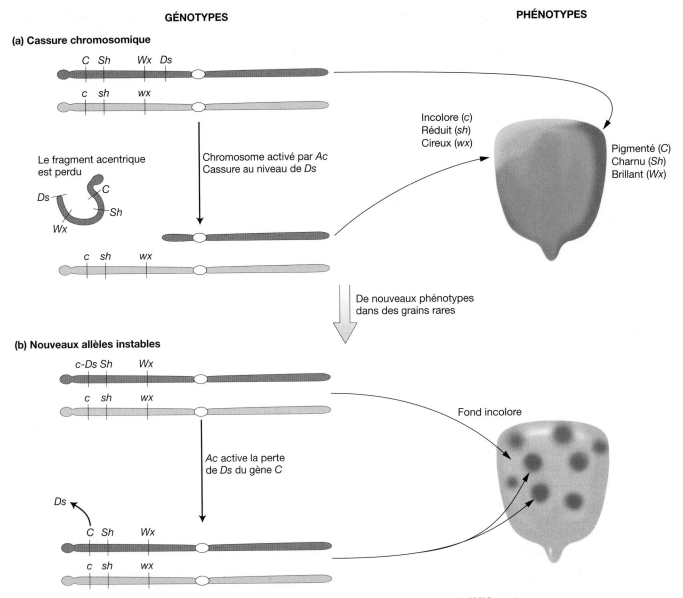

Figure 13-3 De nouveaux phénotypes produits chez le maïs à la suite du déplacement de l'élément transposable *Ds* sur le chromosome 9. (a) Un fragment chromosomique est perdu à la suite de la cassure du chromosome au niveau du locus *Ds*. Les allèles récessifs présents sur le chromosome homologue sont exprimés, produisant le secteur incolore dans le grain. (b) L'insertion de *Ds* dans le gène *C* (en haut) crée des cellules incolores dans le grain de maïs. L'excision de *Ds* du gène *C* grâce à l'action de *Ac* dans les cellules et leurs descendants mitotiques permet à la couleur d'être exprimée de nouveau, produisant le phénotype moucheté.

Les éléments autonomes et non autonomes

Quelle relation existe-t-il entre *Ac* et *Ds* ? Comment interagissent-ils avec des gènes et des chromosomes pour produire ces phénotypes inhabituels et intéressants ? Ces questions ont pu être résolues grâce à d'autres analyses génétiques. Les interactions entre *Ds*, *Ac* et le gène *C* déterminant la synthèse de pigments sont utilisées comme exemples dans la Figure 13-4. Dans celle-ci, *Ds* est représenté comme un fragment d'ADN ayant inactivé le gène C [l'allèle s'appelle *c-mutable(Ds)* ou *c-m(Ds)* en abrégé] en s'insérant dans la région codante de celui-ci. Une souche contenant *c-m(Ds)* mais pas *Ac* présente des grains incolores car *Ds* ne peut

se déplacer. Il est donc bloqué dans le gène C. Une souche comportant à la fois *c-m(Ds)* et *Ac* a des grains tachetés car *Ac* active *Ds* dans certaines cellules, ce qui lui permet de quitter le gène C (**s'exciser** ou **se transposer**) et restaure la fonction de ce gène.

On a isolé d'autres souches dans lesquelles l'élément *Ac* lui-même s'était inséré dans le gène C [appelé *c-m(Ac)*]. Au contraire de l'allèle *c-m(Ds)* qui est instable uniquement en présence de *Ac* dans son génome, *c-m(Ac)* est toujours instable. De plus, McClintock découvrit qu'en de rares occasions, un allèle de type *Ac* pouvait être transformé en un allèle de type *Ds*. Cette transformation était due à la production

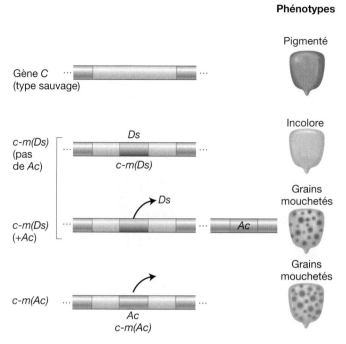

Phénotypes

Gène *C* (type sauvage)

Pigmenté

c-m(Ds) (pas de *Ac*)

Incolore

Ds

c-m(Ds)

c-m(Ds) (+*Ac*)

Ds

Ac

Grains mouchetés

c-m(Ac)

Ac

c-m(Ac)

Grains mouchetés

Figure 13-4 Un résumé des principaux effets des éléments transposables chez le maïs. *Ac* et *Ds* sont utilisés comme exemples d'action sur le gène *C* contrôlant la synthèse de pigment.

spontanée d'un élément *Ds* à partir de l'élément *Ac* inséré. En d'autres termes, *Ds* semble être une version mutée incomplète de *Ac* lui-même.

McClintock et d'autres généticiens travaillant sur le maïs découvrirent plusieurs systèmes semblables à *Ac/Ds*. *Dotted* (*Dt*, pour moucheté en anglais, découvert par Marcus Rhoades) et *Suppressor/mutator* [(en anglais suppresseur/ inducteur de mutation), *Spm* découvert indépendamment par McClintock et Peter Peterson qui l'appela *Enhancer/*

Inhibitor (*En/In*) : Enhancer /Inhibiteur en anglais]. De plus, comme nous le verrons dans les sections suivantes, des éléments ayant un comportement génétique similaire ont été isolés à partir de bactéries, de plantes et d'animaux.

Le comportement génétique commun de ces éléments a conduit les généticiens à proposer de nouvelles catégories pour classifier ces éléments. *Ac* et les éléments présentant des propriétés génétiques similaires sont maintenant qualifiés d'**éléments autonomes** car ils n'ont besoin d'aucun autre élément pour se déplacer. Par ailleurs, *Ds* et les éléments présentant des propriétés génétiques similaires sont appelés **éléments non autonomes**. Une *famille* d'éléments est constituée d'un élément autonome et des membres non autonomes dont il permet le déplacement. Les éléments autonomes codent l'information nécessaire à leur propre déplacement et à celui d'éléments non autonomes du génome, qui ne leur sont pas liés. Les éléments non autonomes ne codent pas les fonctions nécessaires à leur propre déplacement, aussi peuvent-ils bouger uniquement si un élément non autonome appartenant à leur famille est présent dans le génome.

Les Figures 13-5 et 13-6 montrent des exemples des effets des transposons chez le maïs et des effets similaires chez la gueule-de-loup.

> **MESSAGE** Les éléments transposables chez le maïs peuvent inactiver un gène dans lequel ils résident, provoquer des cassures chromosomiques et se transposer en de nouvelles positions à l'intérieur du génome. Les éléments autonomes peuvent remplir ces fonctions sans aide. Les éléments non autonomes peuvent se transposer uniquement à l'aide d'un élément autonome situé ailleurs dans le génome.

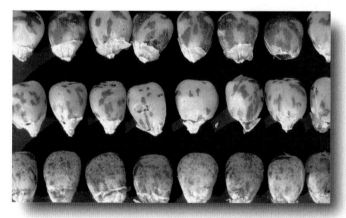

Figure 13-5 La mosaïque qui apparaît en raison de l'activité d'un élément transposable chez le maïs. L'insertion d'un élément transposable perturbe la production de pigments, ce qui aboutit à des grains jaunes (incolores). L'excision de l'élément transposable restaure la production de pigments. On voit ici des grains dans lesquels l'élément transposable a été excisé à différents stades. Plus la tache est large, plus l'excision a eu lieu tôt dans le développement du grain. [Anthony Griffiths.]

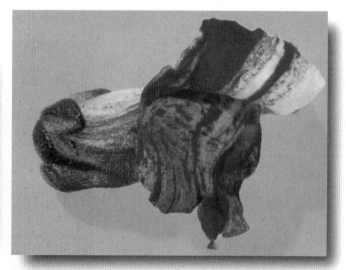

Figure 13-6 La mosaïque apparue à la suite de l'excision d'éléments transposables chez la gueule-de-loup (*Anthirrhinum*). L'insertion d'un élément transposable perturbe la production de pigments, ce qui aboutit à des fleurs blanches. L'excision de l'élément transposable restaure la production de pigments, ce qui provoque l'apparition de secteurs de tissu rouge dans la fleur. [Photographie de Rosemary Carpenter et Enrico Coen.]

ORGANISME MODÈLE   Le maïs

Le maïs actuel est l'espèce *Zea mays*, qui appartient à la famille des graminées. Les graminées – qui comprennent également le riz, le blé et l'orge – sont les sources énergétiques alimentaires les plus importantes pour l'humanité. Le maïs fut cultivé à partir de la graminée téosinte (*Zea mexicana*) par les Indiens du Mexique et d'Amérique Centrale et fut introduit en Europe par Christophe Colomb lorsqu'il revint du Nouveau Monde.

Dans les années 1920, Rollins A. Emerson fonda un laboratoire à l'Université Cornell pour étudier la génétique des caractéristiques du maïs (dont la couleur des grains) qui étaient idéales pour l'analyse génétique. En outre, la séparation physique des fleurs mâles et femelles situées dans l'épi et le panicule respectivement rend les croisements génétiques contrôlés relativement faciles à réaliser. Parmi les généticiens connus ayant travaillé dans ce laboratoire, citons Marcus Rhoades, Barbara McClintock et George Beadle (voir Chapitre 6). Avant l'avènement de la biologie moléculaire et l'utilisation des micro-organismes comme organismes modèles, les généticiens effectuaient l'analyse microscopique des chromosomes et reliaient leur comportement à la ségrégation des caractères. Les gros chromosomes pachytènes du maïs et les chromosomes des glandes salivaires de la drosophile faisaient de ces organismes des sujets de choix pour les analyses cytogénétiques. Les résultats de ces premières études permirent de comprendre le comportement des chromosomes au cours de la méiose et de la mitose, y compris les événements tels que la recombinaison, les conséquences des cassures chromosomiques comme les inversions, les translocations et la duplication ainsi que la capacité de structures renflées (*knob* en anglais) de se comporter comme des centromères (on les appelle des néocentromères) lors de la méiose.

Le laboratoire du maïs de Rollins A. Emerson à l'Université Cornell, en 1929. Debout, de gauche à droite : Charles Burnham, Marcus Rhoades, R. A. Emerson et Barbara McClintock. À genoux : George Beadle. McClintock et Beadle (voir Chapitre 6) reçurent tous deux le Prix Nobel.
[Aimablement communiqué par le Département d'amélioration des plantes, Université Cornell.]

Le maïs est toujours utilisé comme organisme génétique modèle. Les biologistes moléculaires continuent à exploiter ses magnifiques chromosomes pachytènes en utilisant de nouvelles sondes constituées d'anticorps (voir la photographie ci-dessous) et ont utilisé les nombreux éléments transposables bien caractérisés génétiquement pour identifier et isoler des gènes importants.

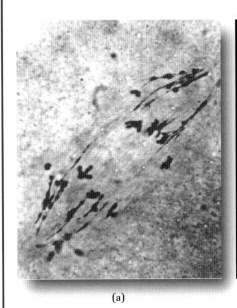

(a)

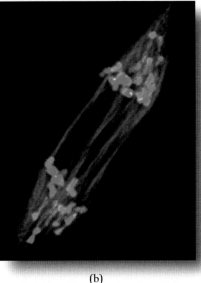

(b)

Des analyses des chromosomes du maïs dans les années 1950 et dans les années 2000. Les chromosomes du maïs sont grands et peuvent être visualisés facilement au microscope photonique. (a) Une image obtenue par Marcus Rhoades (1952). (b) Cette image est comparable à celle de la partie a, à l'exception des couleurs : bleu pour le fuseau (marqué à l'aide d'anticorps anti-tubuline), rouge pour le centromère (marqué à l'aide d'anticorps dirigés contre une protéine associée au centromère) et vert pour les chromosomes.
[Partie a d'après M. M. Rhoades, « Preferential Segregation in Maize », in J. W. Gowen, Éd., *Heterosis.* Iowa State College Press, Ames, 1952, pp. 66-80. Partie b d'après R. K. Dawe, L. Reed, H.-G. Yu, M. G. Muszynski et E. N. Hiatt, «A Maize Homolog of Mammalian CENPC is a Constitutive Component of the Inner Kinetochore», *Plant Cell* 11, 1999, 1227-1238.]

Les éléments transposables : uniquement dans le maïs ?

Même si les généticiens ont assez facilement accepté la découverte par McClintock des éléments transposables chez le maïs, beaucoup rechignaient à considérer la présence d'éléments similaires dans les génomes d'autres organismes. Leur existence dans tous les organismes impliquerait que les génomes sont par nature instables et dynamiques. Cette idée ne s'accordait pas avec le fait que les cartes génétiques des membres d'une même espèce étaient identiques. Après tout, si l'on pouvait cartographier génétiquement les gènes en une position chromosomique précise, cette cartographie devrait signifier qu'ils ne se déplacent pas en un autre endroit.

Comme McClintock était une généticienne hautement respectée, on expliqua ses résultats en disant que le maïs n'est pas un organisme naturel, qu'il s'agit d'une espèce cultivée qui est le produit de la sélection et de la culture par l'homme. Quelques personnes conservèrent cette idée jusque dans les années 1960, lorsque les premiers éléments transposables furent isolés du génome d'*E. coli* et qu'on étudia leur séquence d'ADN. Des éléments transposables furent ensuite isolés successivement de génomes de nombreux organismes y compris la drosophile et la levure. Lorsqu'il devint évident que les éléments transposables étaient un constituant important des génomes de la plupart et peut-être même de tous les organismes, Barbara McClintock reçut en 1983 le Prix Nobel de physiologie et médecine pour sa découverte majeure.

13.2 Les éléments transposables chez les Procaryotes

La découverte génétique des éléments transposables a soulevé de nombreuses questions sur l'aspect de ces éléments au niveau de la séquence d'ADN et sur leur capacité de déplacement d'un site du génome en un autre. Tous les organismes en possèdent-ils ? Tous les éléments se ressemblent-ils ou existe-t-il différentes classes d'éléments transposables ? Si c'est le cas, peuvent-elles coexister dans un même génome ? Le nombre d'éléments transposables varie-t-il d'une espèce à l'autre ? La nature moléculaire des éléments génétiques transposables fut comprise en premier chez les bactéries. Nous allons donc continuer à raconter cette histoire en examinant les premières études menées sur les Procaryotes.

Les séquences bactériennes d'insertion

Les **séquences d'insertion** ou **éléments de séquences d'insertion** (**IS** pour *insertion sequence* en anglais) sont des fragments d'ADN bactérien capables de se déplacer d'une position sur un chromosome à une position distincte sur le même chromosome ou sur un chromosome différent. Lorsque des éléments IS s'intègrent au milieu d'un gène, ils interrompent la séquence codante et inactivent l'expression de ce gène. En raison de leur taille et parfois de la présence de signaux de terminaison de la transcription ou de la traduction, les éléments IS peuvent également bloquer l'expression d'autres gènes dans le même opéron, si ces gènes sont en aval du promoteur de l'opéron. Les éléments IS ont été découverts chez *E. coli* et dans l'opéron *gal* – un groupe de trois gènes impliqués dans le métabolisme du galactose (un sucre).

La démonstration physique de l'insertion d'ADN

Nous avons vu au Chapitre 5 que le phage λ s'insère à proximité de l'opéron *gal* et qu'il est facile d'obtenir des particules phagiques λ*dgal* qui ont emporté avec elles la région *gal*. Lorsque les mutations dues aux IS dans *gal* sont incorporées dans des phages λ*dgal* et que la densité des phages dans un gradient de chlorure de césium (CsCl) est comparée à celle des phages λ*dgal* normaux, l'ADN portant la mutation IS apparaît sans conteste plus long que l'ADN de type sauvage. Cette expérience démontre clairement que les mutations sont dues à l'insertion d'une quantité significative d'ADN dans l'opéron *gal*. La Figure 13-7 décrit cette expérience plus en détail.

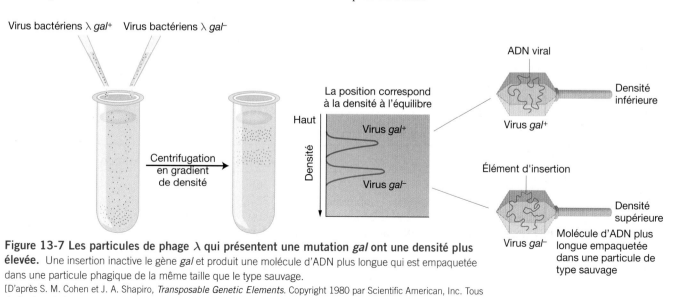

Figure 13-7 Les particules de phage λ qui présentent une mutation *gal* ont une densité plus élevée. Une insertion inactive le gène *gal* et produit une molécule d'ADN plus longue qui est empaquetée dans une particule phagique de la même taille que le type sauvage.

L'IDENTIFICATION DES DIFFÉRENTS ÉLÉMENTS IS On a découvert plusieurs mutants *gal⁻* d'*E. coli* contenant des insertions d'ADN de grande taille dans l'opéron *gal*. Cette découverte a conduit naturellement à la question suivante : les fragments d'ADN qui s'insèrent dans les gènes sont-ils simplement des fragments aléatoires d'ADN ou des entités génétiques distinctes ? Des expériences d'hybridation montrent que de nombreuses mutations par insertion sont dues à un petit nombre de séquences d'insertion. Ces expériences sont réalisées avec des phages λ*dgal* qui contiennent l'opéron *gal⁻* provenant de plusieurs souches mutantes *gal* isolées indépendamment. On isole de ces souches des phages individuels dont on utilise l'ADN pour synthétiser de l'ARN radioactif *in vitro*. On voit certains fragments de cet ARN s'hybrider à l'ADN contenant d'autres mutations *gal⁻* dues à des insertions d'ADN de grande taille mais pas à l'ADN de type sauvage. Ces résultats signifient que des mutants *gal* isolés indépendamment contiennent un fragment supplémentaire d'ADN. Ces fragments particuliers d'ARN s'hybrident également à l'ADN provenant d'autres mutants IS, ce qui montre que le même fragment d'ADN s'est inséré en différents endroits dans des mutants IS distincts.

Les mutants par insertion sont classés en plusieurs catégories, d'après les résultats d'hybridation croisée. La première séquence, le fragment de 800 pb identifié dans la région *gal*, est appelé *IS1*. Une deuxième séquence, appelée IS2, est longue de 1350 pb. Le Tableau 13-1 dresse la liste de certaines séquences d'insertion et de leurs tailles. Bien que les éléments IS aient des séquences différentes d'ADN, ils possèdent plusieurs caractéristiques communes. Par exemple, tous les éléments IS codent une protéine appelée **transposase**, qui est une enzyme nécessaire au déplacement des éléments IS d'un site du chromosome à un autre. De plus, tous les éléments IS débutent et se terminent par de courtes séquences répétées inversées nécessaires à leur mobilité. La transposition des éléments IS et d'autres éléments génétiques mobiles sera considérée plus loin dans ce chapitre.

Le génome de la bactérie de type sauvage *E. coli* qui sert de référence est riche en éléments IS : il contient huit copies de IS1, cinq copies de IS2 et des copies d'autres types de IS, moins bien étudiés. Les éléments IS étant des régions de séquence identique, ils constituent des sites au niveau desquels les crossing-over peuvent avoir lieu. Par exemple, la

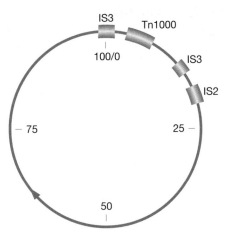

Figure 13-8 La distribution des éléments IS dans un facteur F. Les positions des éléments IS2, IS3 et Tn1000 (rectangles) sont représentées par rapport aux coordonnées de la carte de 0 à 100. La flèche indique l'origine et le sens du transfert de l'ADN de F durant la conjugaison.

recombinaison entre le facteur plasmidique F et le chromosome d'*E. coli* pour former des souches *Hfr* se déroule par l'intermédiaire d'un crossing-over simple entre un élément IS situé sur le plasmide et un élément IS situé sur le chromosome. La Figure 13-8 montre un exemple de distribution des éléments IS sur un facteur F.

> **MESSAGE** Le génome bactérien contient des fragments d'ADN, appelés éléments IS, qui peuvent se déplacer d'une position du chromosome en une position différente sur le même chromosome ou sur un chromosome différent.

Les transposons procaryotes

Nous avons abordé au Chapitre 5 les **facteurs R** qui sont des plasmides portant des gènes codant une résistance à plusieurs antibiotiques. Ces facteurs R (pour résistance) sont transférés rapidement par conjugaison cellulaire, comme le facteur F chez *E. coli*.

Les facteurs R se sont révélés les premiers de multiples facteurs semblables au facteur F. On a découvert que les

Séquence d'insertion	Fréquence habituelle chez *E. coli*	Longueur (en pb)	Répétition inversée* (en pb)
IS1	5–8 copies sur le chromosome	768	18–23
IS2	5 copies sur le chromosome ; 1 copie sur F	1 327	32–41
IS3	5 copies sur le chromosome ; 2 copies sur F	1 400	32–38
IS4	1 ou 2 copies sur le chromosome	1 400	16–18
IS5	Inconnue	1 250	Courte

Tableau 13-1   Les éléments procaryotes d'insertion.

* Les nombres représentent les longueurs des copies 5' et 3' des répétitions inversées imparfaites.
Source : M. P. Calaos & J. H. Miller, *Cell* 20, 1980, 579-595.

facteurs R transportaient de nombreux types de gènes dans des bactéries. Quel est le mode d'action de ces plasmides ? Comment acquièrent-ils leurs capacités génétiques nouvelles ? Comment les transportent-ils d'une cellule à l'autre ? On a localisé les gènes de résistance à certaines substances chimiques sur un élément génétique mobile appelé **transposon (Tn)**. Il existe deux types de transposons bactériens. Les **transposons composites** contiennent différents gènes situés entre deux éléments IS quasiment identiques orientés en sens inverse (Figure 13-9a) et qui de ce fait, forment une **répétition inversée** (**IR** pour *inverted repeat* en anglais). La transposase codée par l'un des deux éléments IS est nécessaire pour catalyser le déplacement du transposon entier. Tn10 est un exemple de transposon composite ; il est présenté dans la Figure 13-9a. Tn10 porte un gène qui confère la résistance à l'antibiotique tétracycline et est flanqué de deux éléments IS10 orientés en sens inverse. Les éléments IS appartenant aux transposons composites sont incapables de se transposer seuls en raison des mutations qu'ils portent.

Les **transposons simples** sont encadrés de courtes séquences IR (< 50 pb) et ne codent pas l'enzyme transposase nécessaire à leur transposition. Leur mobilité ne repose donc pas sur une association avec des éléments IS. Outre le fait de porter des gènes bactériens, les transposons simples codent leur propre transposase. Tn3 est un exemple de transposon simple ; il est présenté dans la Figure 13-9b.

En résumé, les éléments IS sont de courtes séquences mobiles codant uniquement les protéines nécessaires à leur mobilité. Les transposons composites et les transposons simples contiennent des gènes supplémentaires qui confèrent de nouvelles fonctions aux cellules bactériennes qui les abritent. Qu'ils soient composites ou simples, on parle en général simplement de transposons et les différents transposons sont notés Tn1, Tn2, Tn505, etc.

(a) Transposon composite

(b) Transposon simple

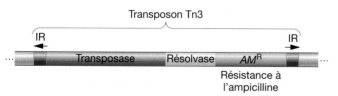

Figure 13-9 Les caractéristiques structurales des transposons composites et simples. (a) Tn10, un exemple de transposon composite. Les éléments IS sont insérés en sens inverse et forment des répétitions inversées (IR). (b) Tn3, un exemple de transposon simple. Les courtes répétitions inversées sont dépourvues de transposase. Inversement, les transposons simples codent leur propre transposase. La résolvase est une protéine qui induit la recombinaison et scinde les plasmides intégratifs (Figure 13-13).

Tableau 13-2 Les déterminants génétiques portés par des plasmides.

Caractéristique	Exemples de plasmides
Fertilité	F, RI, col
Production de bactériocine	Col E1
Résistance aux métaux lourds	R6
Production d'entérotoxine	Ent
Métabolisme du camphre	Cam

Les transposons sont plus longs que les éléments IS (généralement quelques kilobases de long) car ils contiennent des gènes supplémentaires codant des protéines. Le Tableau 13-2 dresse la liste de quelques déterminants génétiques susceptibles d'être portés par des plasmides. Bien que les éléments IS et les transposons soient définis comme des éléments procaryotes mobiles, leurs propriétés ressemblent sur de nombreux points à celles des éléments mobiles présents chez les Eucaryotes.

MESSAGE Les transposons ont été identifiés initialement comme des éléments génétiques mobiles conférant une résistance à une substance chimique. Un grand nombre de ces éléments sont constitués d'éléments IS reconnaissables, encadrant un gène codant une résistance à une substance chimique. Les éléments IS et les transposons sont désormais regroupés sous l'appellation commune d'*éléments transposables*.

Un transposon peut sauter d'un plasmide à un chromosome bactérien ou d'un plasmide à un autre. Des plasmides portant de nombreuses résistances à des substances chimiques sont ainsi produits. La Figure 13-10 présente un schéma récapitulatif d'un **plasmide R**, indiquant les différentes localisations possibles des transposons. Nous allons à présent considérer la façon dont de tels événements de **transposition** ou de mobilisation se produisent.

Le mécanisme de transposition

Comme nous l'avons vu plus haut, le déplacement d'un élément transposable d'un site du chromosome à l'autre ou d'un plasmide vers un chromosome a lieu par l'intermédiaire d'une transposase. Dans l'une des premières étapes de la transposition, la transposase effectue une coupure décalée dans l'ADN du site cible (qui ressemble aux coupures décalées catalysées par les endonucléases de restriction dans le squelette sucre-phosphate de l'ADN). La Figure 13-11 montre les étapes de l'intégration d'un transposon générique par l'intermédiaire d'une transposase qui effectue des coupures de 5 paires de bases. Le transposon s'insère entre les extrémités décalées et les extrémités simple-brin saillantes sont utilisées comme amorces (par la machinerie de réparation de l'ADN de l'hôte) pour créer un second brin complémentaire. Dans cet exemple, l'intégration induit une duplication

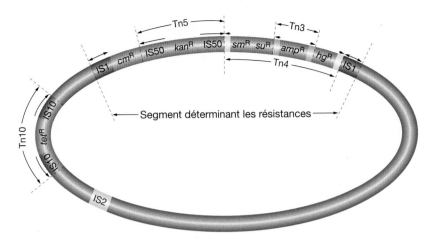

Figure 13-10 Une carte schématique d'un plasmide portant des gènes de résistance dans des transposons simples et composites. Les gènes codant la résistance aux antibiotiques : tétracycline (*tet*R), kanamycine (*kan*R), streptomycine (*sm*R), sulfonamide (*su*R) et ampicilline (*amp*R), ainsi qu'au mercure (*Hg*R) sont représentés. Le segment déterminant les résistances peut se déplacer sous la forme d'un groupe de gènes de résistance. Le transposon Tn3 est situé à l'intérieur de Tn4. Chaque transposon peut être transféré indépendamment. [D'après S. N. Cohen et J. A. Shapiro, « Transposable Genetic Elements ». Copyright 1980 par Scientific American, Inc. Tous droits réservés.]

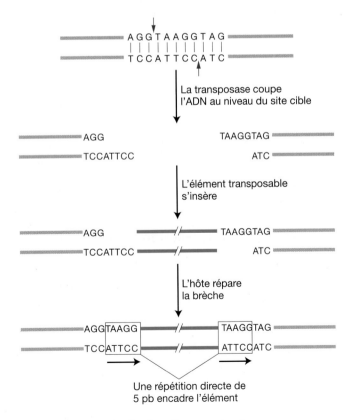

Figure 13-11 La duplication d'une courte séquence d'insertion d'ADN au niveau du site d'insertion. L'ADN receveur est clivé au niveau de sites décalés (une coupure décalée de 5 pb est représentée), ce qui produit deux copies de la séquence de 5 paires de bases flanquant l'élément inséré.

de 5 pb appelée **duplication du site cible**. Presque tous les éléments transposables (tant chez les Procaryotes que chez les Eucaryotes) sont flanqués d'une duplication du site cible, ce qui indique qu'ils utilisent tous un mécanisme d'intégration similaire à celui décrit dans la Figure 13-11. Ce qui diffère d'un élément transposable à l'autre est la longueur de la duplication. Un type donné d'élément transposable chez les Procaryotes (ainsi que chez les Eucaryotes) a une longueur caractéristique pour la duplication de son site cible – qui peut descendre jusqu'à deux paires de bases dans le cas de certains éléments.

La plupart des éléments transposables chez les Procaryotes (ainsi que chez les Eucaryotes) utilisent l'un des deux mécanismes possibles de transposition, appelés **réplicatif** et **conservatif** (non réplicatif) comme l'illustre la Figure 13-12. Dans le mode réplicatif (illustré par Tn3), une nouvelle copie de l'élément transposable est produite au cours de l'événement de transposition. À la suite de la transposition, une copie apparaît en un nouveau site, tandis qu'une autre demeure dans le site initial. Dans le mode conservatif (illustré par Tn10), il n'y a pas de réplication. Au lieu de cela, l'élément est excisé du chromosome ou du plasmide et intégré dans le nouveau site. On parle également de «**couper-coller**» à propos du mode conservatif.

LA TRANSPOSITION RÉPLICATIVE Ce mécanisme étant un peu compliqué, nous allons à présent le décrire en détail. Comme l'illustre la Figure 13-12, une copie de Tn3 est produite à partir d'une copie initiale unique; on obtient ainsi deux copies de Tn3.

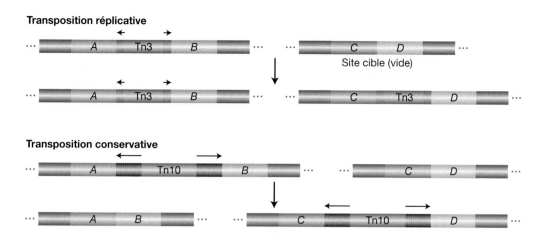

Transposition réplicative

Transposition conservative

Figure 13-12 Les deux modes principaux de transposition d'éléments mobiles. Voir le texte pour les détails.

[Adapté avec la permission de *Nature Reviews : Genetics 1*, n° 2, p. 138, Figure 3, November 2000, « Mobile Elements and the Human Genome », E. T. Luning Prak et H. H. Kazazian, Jr. Copyright 2000 par Macmillan Magazines Ltd.]

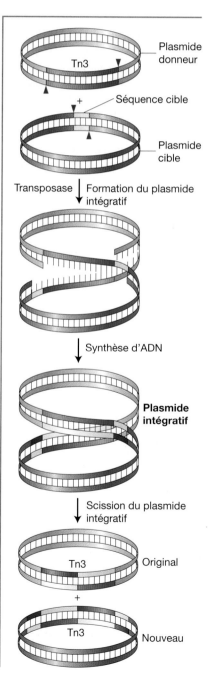

Figure 13-13 La transposition réplicative de Tn3 utilise un plasmide intégratif comme intermédiaire.

[Adapté de la Figure 18.14, in Robert J. Brooker, *Genetics : Analysis and Principles.* Benjamin Cummings, 1999.]

La Figure 13-13 montre les détails des intermédiaires lors de la transposition de Tn3 d'un plasmide (le donneur) à un autre plasmide (la cible). L'intermédiaire de la transposition est un plasmide double, résultant de la fusion du plasmide donneur et du plasmide receveur. La formation de cet intermédiaire est catalysée par la transposase codée par Tn3. Celle-ci effectue des coupures simple-brin aux deux extrémités de Tn3 ainsi que des coupures décalées au niveau de la séquence cible (cette réaction était représentée dans la Figure 13-11) et relie les extrémités libres les unes aux autres. La combinaison circulaire issue de la fusion de deux éléments circulaires s'appelle un **co-intégré** ou **plasmide intégratif**. L'élément transposable est dupliqué au cours de cette fusion. Le plasmide intégratif se scinde en deux cercles plus petits au cours d'un événement qui ressemble à une recombinaison, laissant une copie de l'élément transposable à la position de départ tandis que l'autre est intégrée en une nouvelle position du génome.

LA TRANSPOSITION CONSERVATIVE Certains transposons comme Tn10 s'excisent du chromosome et s'intègrent dans l'ADN cible. Dans ce cas, l'ADN de l'élément n'est pas répliqué et celui-ci est perdu du site du chromosome d'origine (voir Figure 13-12). Comme pour la transposition réplicative, cette réaction est amorcée par la transposase codée par l'élément, qui coupe celui-ci au niveau des extrémités du transposon. Cependant, au contraire de la transposition réplicative, la transposase coupe l'élément. Celui-ci quitte alors le site donneur. La transposase pratique ensuite une coupure décalée au niveau d'un site cible et insère l'élément dans celui-ci. Nous réexaminerons ce mécanisme plus en détail dans une discussion sur la transposition des éléments transposables eucaryotes, qui comprend la famille *Ac/Ds* du maïs.

> **MESSAGE** Chez les Procaryotes, la transposition peut se produire de deux façons différentes au moins. Certains éléments transposables peuvent répliquer une copie de l'élément dans le site cible, laissant une copie dans le site d'origine. Dans d'autres cas, la transposition consiste en l'excision directe de l'élément et sa réinsertion en un nouveau site.

13.3 Les éléments transposables chez les Eucaryotes

Bien que les éléments transposables aient été découverts chez le maïs, les premiers éléments eucaryotes caractérisés au niveau moléculaire ont été isolés à partir de gènes mutants de levure et de drosophile. Comme le montre la Figure 13-1, les éléments transposables eucaryotes se répartissent en deux classes : les rétrotransposons de classe 1 et les transposons d'ADN de classe 2. La première classe isolée, celle des rétrotransposons, ne ressemblait pas du tout aux éléments IS ni aux transposons procaryotes.

Classe 1 : les rétrotransposons

Le laboratoire de Gerry Fink fut l'un des premiers à utiliser la levure comme organisme modèle pour étudier la régulation des gènes eucaryotes. Au fil des ans, Fink et ses collègues isolèrent des milliers de mutations dans le gène *HIS4*, qui code l'une des enzymes de la voie de biosynthèse de l'acide aminé histidine.

Ils isolèrent plus de 1 500 mutants spontanés *HIS4* et découvrirent que deux d'entre eux présentaient un phénotype mutant instable. La fréquence de réversion de ces mutants instables [de his⁻ en His⁺ (les lettres majuscules et un signe plus en exposant sont utilisés pour désigner le type sauvage, tandis que les lettres minuscules, un signe moins en exposant ou encore un numéro de mutation indiquent qu'il s'agit d'un mutant)] était 1 000 fois plus élevée que celle des autres mutants *HIS4*. Comme les mutants *gal⁻* d'*E. coli*, on découvrit que ces mutants de levure présentaient une grande délétion d'ADN dans le gène *HIS4*. L'insertion se révéla similaire à l'un des **éléments Ty** déjà caractérisés chez la levure. Il existe en fait environ 35 copies de l'élément inséré appelé *Ty1*, dans le génome de la levure.

Le clonage des éléments provenant de ces allèles mutants a montré que les insertions ne ressemblaient pas du tout aux éléments IS bactériens ni aux transposons mais à la classe bien caractérisée des virus animaux appelés rétrovirus. Un **rétrovirus** est un virus à ARN simple-brin qui utilise un ADN double-brin comme intermédiaire pour la réplication. L'ARN est copié en ADN par l'enzyme appelée **transcriptase inverse**. L'ADN double-brin est intégré dans l'un des chromosomes de l'hôte à partir duquel il est transcrit pour produire les protéines et le génome viraux qui forment les nouvelles particules virales. Le cycle vital d'un rétrovirus type est présenté dans la Figure 13-14. Certains rétrovirus tels que le virus de la tumeur mammaire des souris (MMTV pour *mouse mammary tumor virus* en anglais) et le virus du sarcome de Rous (RSV pour *Rous sarcoma virus* en anglais) sont responsables de l'induction de tumeurs cancéreuses. Lorsqu'ils s'intègrent dans les chromosomes de l'hôte sous la forme d'ADN double-brin, on appelle cette copie d'ADN double-brin du génome rétroviral, un **provirus**.

La Figure 13-15 montre la ressemblance entre la structure et le contenu génique d'un rétrovirus et de l'élément *Ty1* isolé à partir de mutants *HIS4*. Tous deux sont flanqués de **longues répétitions terminales** (**LTR** pour *long terminal repeat* en anglais) qui comportent plusieurs centaines de paires de bases et possèdent deux gènes communs, *gag* et *pol*.

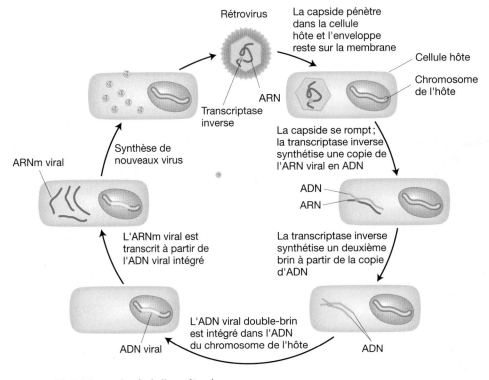

Figure 13-14 Le cycle vital d'un rétrovirus.

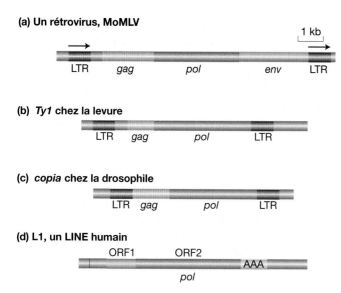

(a) Un rétrovirus, MoMLV

1 kb

LTR   *gag*   *pol*   *env*   LTR

(b) *Ty1* chez la levure

LTR   *gag*   *pol*   LTR

(c) *copia* chez la drosophile

LTR   *gag*   *pol*   LTR

(d) L1, un LINE humain

ORF1   ORF2

AAA

pol

Figure 13-15 Une comparaison structurale d'un rétrovirus et des rétrotransposons présents dans les génomes eucaryotes. (a) Un rétrovirus, le virus de la leucémie murine de Moloney (MoMLV) de la souris. LTR = longue répétition terminale. (b) Un rétrotransposon, *Ty1*, chez la levure. (c) Un rétrotransposon, *copia*, chez la drosophile. (d) Un élément typique de la famille des longs éléments dispersés (LINE) chez l'homme. ORF = cadre de lecture ouvert.

Les rétrovirus codent au moins trois protéines impliquées dans la réplication virale : les produits des gènes *gag*, *pol* et *env*. La protéine codée par *gag* intervient dans la maturation du génome d'ARN, *pol* code la transcriptase inverse qui joue un rôle de premier plan et *env* code la protéine structurale qui entoure le virus. Cette protéine est nécessaire au virus pour qu'il quitte la cellule afin d'en infecter d'autres. Il est intéressant de constater que les éléments *Ty1* possèdent des gènes apparentés à *gag* et à *pol* mais pas à *env*. Ces observations ont conduit à l'hypothèse selon laquelle, comme les rétrovirus, les éléments *Ty1* sont transcrits en ARN et copiés à leur tour en ADN double-brin par la transcriptase inverse. Cependant, au contraire des rétrovirus, les éléments *Ty1* ne peuvent quitter la cellule car ils ne codent pas *env*. Les copies d'ADN double-brin sont alors réinsérées dans le génome de la même cellule. Ces étapes sont schématisées dans la Figure 13-16.

En 1985, David Garfinkel, Jef Boeke et Gerald Fink ont montré qu'à l'instar des rétrovirus, les éléments *Ty* se transposent par l'intermédiaire d'un ARN. La Figure 13-17 décrit le protocole expérimental correspondant. Ils ont commencé par modifier un élément *Ty1* de levure cloné sur un plasmide. Puis, près d'une extrémité d'un élément, ils ont inséré un promoteur susceptible d'être activé par l'addition de galactose dans le milieu. Ils ont ensuite introduit un intron provenant d'un autre gène de levure dans la région codante du transposon *Ty*.

L'addition de galactose provoque une forte augmentation de la fréquence de transposition de l'élément *Ty* altéré. Cette fréquence accrue suggère l'implication de l'ARN car le galactose stimule la transcription de l'ARN de *Ty* à par-

tir du promoteur sensible au galactose. Le résultat expérimental principal est cependant le devenir de l'ADN de *Ty* transposé. Les chercheurs ont découvert que l'intron avait été retiré de l'ADN de *Ty* à la suite des transpositions. Les introns étant excisés uniquement au cours de la maturation de l'ARN (voir Chapitre 8), l'ADN transposé de *Ty* devait avoir été copié à partir d'un intermédiaire d'ARN transcrit à partir de l'élément *Ty* original et épissé avant la transcription inverse. La copie d'ADN de l'ARNm épissé est ensuite intégrée dans le chromosome de levure. Les éléments transposables qui utilisent la transcriptase inverse pour se transposer par l'intermédiaire d'un ARN sont appelés **rétrotransposons**. On les appelle également éléments transposables de classe I. Les rétrotransposons tels que *Ty1* qui possèdent de *longues répétitions terminales* (LTR) à leurs extrémités sont appelés **rétrotransposons à LTR**.

On a montré que plusieurs mutations spontanées isolées au fil des ans chez la drosophile contenaient également des insertions de rétrotransposons. Les **éléments de type *copia*** de la drosophile présentent des ressemblances structurales avec les éléments *Ty1* et apparaissent en 10 à 100 positions du génome de drosophile (voir Figure 13-15c). Certaines mutations classiques de drosophile résultent de l'insertion d'éléments de type *copia* ou d'autres éléments. Par exemple, la mutation *white-apricot* (*w*ᵃ) touchant la couleur de l'œil, est due à l'insertion d'un élément de la famille *copia* dans le locus *white*. On a également montré que l'insertion des rétrotransposons à LTR dans des gènes de plantes (y compris le maïs) contribuait aux mutations spontanées dans le règne végétal.

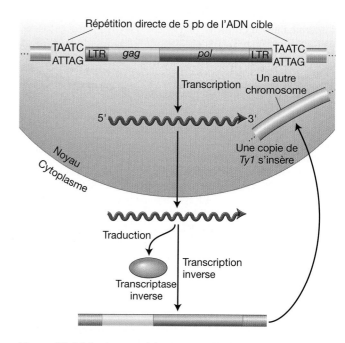

Figure 13-16 La transposition par un rétrotransposon. Un transcrit d'ARN du rétrotransposon subit une transcription inverse en ADN, par une transcriptase inverse codée par le rétrotransposon. La copie d'ADN est insérée en une nouvelle position du génome.

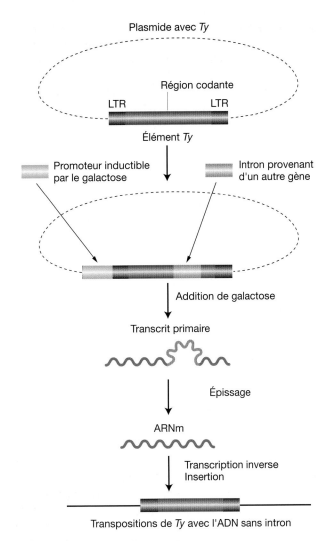

Plasmide avec *Ty*

Région codante

LTR   LTR

Élément *Ty*

Promoteur inductible par le galactose

Intron provenant d'un autre gène

Addition de galactose

Transcrit primaire

Épissage

ARNm

Transcription inverse
Insertion

Transpositions de *Ty* avec l'ADN sans intron

Figure 13-17 La démonstration de la transposition par l'intermédiaire d'un ARN. Un élément *Ty* est modifié par l'addition d'un intron et d'un promoteur activable par l'adjonction de galactose. Les séquences introniques sont excisées avant la transcription inverse. [D'après H. Lodish, D. Baltimore, A. Berk, S. L. Zipursky, P. Matsudaira et J. Darnell, *Molecular Cell Biology*, 3e éd., p 332. Traduction française chez De Boeck, 1995.]

MESSAGE Les éléments transposables qui se transposent par l'intermédiaire d'ARN sont spécifiques des Eucaryotes. Les rétrotransposons, également appelés éléments de classe 1, codent une transcriptase inverse qui synthétise une copie d'ADN double-brin (à partir d'un intermédiaire d'ARN) capable de s'intégrer en une nouvelle position du génome.

Les transposons d'ADN

Certains éléments mobiles présents chez les Eucaryotes semblent se transposer grâce à des mécanismes similaires aux mécanismes bactériens. Comme nous l'avons vu dans la Figure 13-12 dans le cas des éléments IS et des transposons, l'entité qui s'insère en une nouvelle position du génome est soit l'élément lui-même soit une copie de cet élément. Les éléments qui se transposent de cette manière sont appe-

lés éléments de classe 2 ou **transposons d'ADN**. On sait maintenant que les premiers éléments transposables découverts par McClintock chez le maïs étaient des transposons d'ADN. Toutefois, les premiers transposons d'ADN caractérisés au niveau moléculaire étaient les éléments *P* de la drosophile.

LES ÉLÉMENTS P Parmi tous les éléments transposables existant chez la drosophile, les plus surprenants et les plus utiles pour les généticiens sont les **éléments P**. Ces éléments ont été découverts à la suite de l'étude de la **dysgénésie hybride** – un phénomène qui se produit lorsqu'on croise des femelles de *Drosophila melanogaster* provenant de souches de laboratoire avec des mâles issus de populations naturelles. Dans ces croisements, on dit que les souches de laboratoire possèdent un **cytotype M** (type cellulaire) et les souches naturelles, un **cytotype P.** Lors d'un croisement M (femelle) × P (mâle), les descendants présentent une gamme de phénotypes surprenants qui se manifestent dans la lignée germinale, parmi lesquels la stérilité, un taux élevé de mutation et une fréquence élevée d'aberration chromosomique et de non-disjonction (Figure 13-18). Ces descendants hybrides sont *dysgéniques* ou présentent une déficience biologique (d'où l'expression *dysgénésie hybride*). Curieusement, le croisement réciproque P (femelle) × M (mâle) ne produit aucun descendant dysgénique. On a constaté qu'un fort pourcentage de ces mutations induites par dysgénésie sont instables, c'est-à-dire qu'elles réversent vers le type sauvage ou vers d'autres allèles mutants à des fréquences très élevées. Cette instabilité est généralement limitée à la lignée germinale d'une mouche possédant un cytotype M.

Les ressemblances entre les mutants instables de drosophile et les mutants du maïs caractérisés par McClintock suggérèrent que les mutations dysgéniques sont causées par l'insertion d'éléments transposables dans des gènes spécifiques, ce qui les rend inactifs. Selon ce point de vue, la réversion devrait normalement résulter de l'excision de ces séquences insérées. Cette hypothèse a été testée en isolant des mutations instables créées par dysgénésie au niveau du locus *white* de la couleur de l'œil. On a constaté que la plupart des mutations résultaient de l'insertion d'un élément transposable dans le gène *white⁺*. Cet élément, appelé *élément P*, est présent en 30 à 50 copies par génome dans les souches P, mais est complètement absent des souches M. La taille des éléments P varie et peut aller de 0,5 à 2,9 kb. Cette différence de taille reflète l'existence de nombreux éléments *P* déficients dont une portion centrale a été délétée. L'élément *P* entier ressemble aux transposons simples des bactéries, car ses extrémités sont de courtes (31 pb) répétitions inversées et il code une transposase. Toutefois, ce gène de transposase eucaryote contient trois introns et quatre exons (Figure 13-19).

L'explication actuelle de la dysgénésie hybride est basée sur l'hypothèse de la présence dans les souches P d'éléments *P* et d'un répresseur qui empêche la transposition des éléments *P* dans le génome. Selon ce modèle décrit dans la Figure 13-20, les éléments *P* comme les éléments bactériens IS et Tn, codent une transposase responsable de leur mobi-

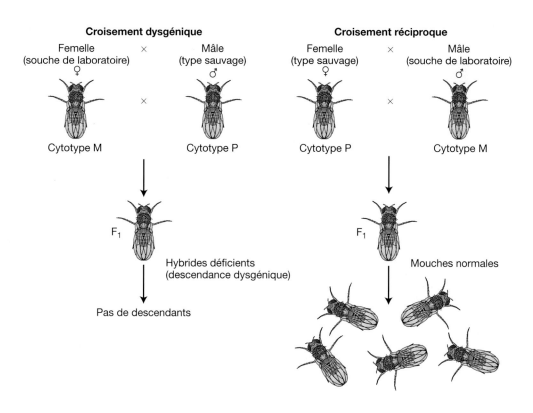

Figure 13-18 La dysgénésie hybride. Voir le texte pour les détails.

Croisement dysgénique

Femelle (souche de laboratoire) ♀ × Mâle (type sauvage) ♂

Cytotype M   Cytotype P

F₁

Hybrides déficients (descendance dysgénique)

Pas de descendants

Croisement réciproque

Femelle (type sauvage) ♀ × Mâle (souche de laboratoire) ♂

Cytotype P   Cytotype M

F₁

Mouches normales

lisation. De plus, les éléments *P* codent un répresseur dont la tâche est d'empêcher la synthèse de transposase, ce qui bloque donc la transposition. Pour une raison que l'on ignore, la plupart des souches de laboratoire sont dépourvues d'éléments *P*. Par conséquent, elles ne possèdent pas non plus dans leur cytoplasme de répresseur codé par l'élément *P*. Chez les hybrides issus du croisement M (femelle, sans élément *P*) × P (mâle, avec éléments *P*), les éléments *P* présents chez le zygote ainsi formé sont dans un environnement dépourvu de répresseur, car le spermatozoïde fournit le génome (avec des éléments *P*) mais pas de cytoplasme (avec le répresseur). Les éléments *P* dérivés du génome du mâle peuvent alors se transposer dans l'ensemble du génome, ce qui crée différentes lésions lorsqu'ils s'insèrent dans des gènes et y provoquent des mutations. Ces événements moléculaires se traduisent par les différentes manifestations de la dysgénésie hybride. D'autre part, comme nous l'avons vu précédemment, les croisements P (femelle) × M (mâle) ne provoquent pas de

dysgénésie car dans cas, le cytoplasme de l'ovule contient le répresseur *P*.

Une question reste cependant non résolue : pourquoi les souches de laboratoire sont-elles dépourvues d'éléments *P* alors que les souches prélevées dans la nature en possèdent ? L'une des hypothèses est que la plupart des souches actuelles de laboratoire descendent des souches prélevées dans la nature par Morgan et ses étudiants, il y a près d'un siècle. À un moment donné entre la capture de ces souches originelles et celle des souches actuelles, il est possible que les éléments *P* se soient répandus dans les populations naturelles mais pas dans les souches de laboratoire. On a remarqué cette différence seulement lorsque de nouvelles souches sauvages ont été capturées puis croisées avec des souches de laboratoire.

Bien que le scénario exact de la propagation des éléments *P* dans les populations sauvages ne soit pas clair, on sait avec certitude que les éléments transposables peuvent se propager rapidement à partir de quelques individus d'une population. De ce point de vue, la propagation des éléments *P* ressemble à celle des transposons portant des gènes de résistance à certains agents, à l'intérieur de populations bactériennes sensibles autrefois à ces agents.

RETOUR SUR LES ÉLÉMENTS TRANSPOSABLES DU MAÏS

Bien que les agents responsables des mutations instables aient été identifiés génétiquement chez le maïs comme étant des éléments transposables, il s'écoula près de 50 ans avant l'isolement des éléments *Ac* et *Ds* et la démonstration de leur parenté avec les transposons d'ADN chez les bactéries et d'autres Eucaryotes. Comme l'élément *P* de la drosophile, *Ac* possède des répétitions terminales inversées et code une protéine unique, la transposase. L'élément non autonome *Ds* ne code pas de transposase et ne peut donc se

Élément *P*

Gène de la transposase

Introns

1 kb

Figure 13-19 La structure des éléments *P*. L'analyse de la séquence d'ADN de l'élément de 2,9 kb révèle un gène constitué de quatre exons et trois introns, qui code une transposase. Il y a une répétition inversée parfaite de 31 pb à chaque extrémité.

[D'après G. Robin, in J. A. Shapiro, Éd., *Mobile Genetic Elements*, pp. 329-361. Copyright 1983 par Academic Press.]

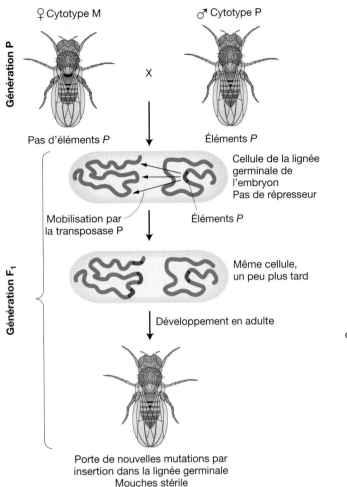

Figure 13-20 Les événements moléculaires à l'origine de la dysgénésie hybride. Le croisement d'une drosophile mâle possédant la transposase P avec une drosophile femelle dépourvue d'éléments P fonctionnels produit des mutations dans la lignée germinale des descendants de la F$_1$ dues aux insertions de l'élément P. Les éléments P peuvent se déplacer. Ils provoquent alors des mutations car le spermatozoïde mâle n'apporte pas de répresseurs en même temps que ces éléments.

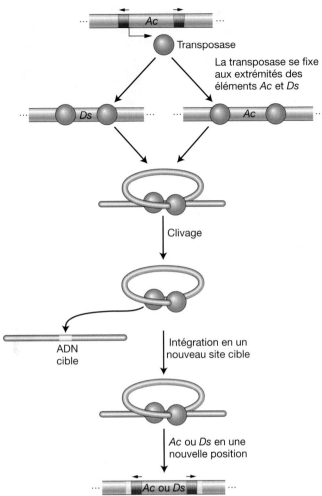

Figure 13-21 L'action de l'élément *Ac* chez le maïs. L'élément *Ac* code une transposase qui fixe ses propres extrémités ou celles d'un élément *Ds*, excisant l'élément, clivant le site cible et permettant à l'élément de s'insérer ailleurs dans le génome.

transposer seul. Lorsque *Ac* est présent dans le génome, sa transposase peut se fixer aux extrémités des éléments *Ac* ou *Ds* et permettre leur transposition (Figure 13-21).

Comme nous l'avons noté plus haut dans ce chapitre, *Ac* et *Ds* appartiennent à la même famille de transposons. Il existe également d'autres familles d'éléments transposables chez le maïs. Chaque famille comporte un élément autonome codant une transposase capable de déplacer des éléments appartenant à la même famille mais pas ceux qui proviennent d'autres familles. En effet, la transposase peut se fixer uniquement aux extrémités des éléments appartenant à sa famille.

Bien que certains organismes tels que la levure soient dépourvus de transposons d'ADN, les éléments présentant une ressemblance structurale avec les éléments *P* et *Ac* ont été isolés chez de nombreuses espèces végétales et animales. Par exemple, le gène de pigment responsable du mutant de la gueule-de-loup photographié dans la Figure 13-6 est

dû à l'insertion d'un élément appelé *Tam3* qui ressemble beaucoup à *Ac*. Plusieurs copies de *Tam3* résident en temps normal dans le génome de la gueule-de-loup.

> **MESSAGE** Les premiers éléments transposables identifiés chez le maïs sont des transposons d'ADN dont la structure ressemble à celle des transposons d'ADN chez d'autres Eucaryotes et chez les bactéries. Les transposons d'ADN codent une transposase qui excise le transposon du chromosome et catalyse sa réinsertion en d'autres positions chromosomiques.

L'utilité des transposons d'ADN pour la découverte des gènes

En plus de leur intérêt comme phénomène génétique, les transposons d'ADN sont devenus des outils de premier plan utilisés par les généticiens travaillant sur différents organismes. Leur mobilité a été exploitée pour étiqueter des gènes en vue d'un clonage et pour insérer des transgènes. L'élément *P* de la drosophile est l'un des meilleurs exemples de la façon dont les généticiens exploitent les propriétés des éléments transposables chez les Eucaryotes.

UTILISER LES ÉLÉMENTS *P* POUR ÉTIQUETER LES GÈNES EN VUE DE LES CLONER

Les éléments *P* peuvent servir à créer des mutations par insertion, marquer la position de gènes et faciliter le clonage de gènes. Les éléments *P* insérés dans des gènes *in vivo* inactivent ces gènes de manière aléatoire, créant des mutants de phénotypes différents. Des drosophiles avec des phénotypes mutants intéressants peuvent être sélectionnées pour cloner le gène mutant marqué par la présence de l'élément *P*. Le gène inactivé peut être cloné en utilisant des segments de l'élément *P* comme sonde, une technique appelée **étiquetage à l'aide de transposons** (*transposon tagging* en anglais). Des fragments du gène mutant peuvent alors servir de sonde pour isoler le gène de type sauvage.

UTILISER LES ÉLÉMENTS *P* POUR INSÉRER DES GÈNES

Gerald Rubbin et Allan Spradling ont montré que l'ADN de l'élément *P* peut être un véhicule efficace pour transférer des gènes d'un donneur vers la lignée germinale d'une mouche receveuse. Ils ont imaginé le protocole expérimental suivant (Figure 13-22). Le génotype receveur est homozygote pour la mutation *rosy* (*ry⁻*), qui confère à l'œil une couleur caractéristique. Des embryons sont recueillis à partir de cette souche après neuf divisions nucléaires environ. À cette étape, l'embryon est une cellule plurinucléée et les noyaux destinés à former les cellules germinales sont regroupés à une extrémité. (La mobilisation des éléments *P* a lieu uniquement dans les cellules germinales.) Deux sortes d'ADN sont injectées dans les embryons de ce type. La première est un plasmide bactérien portant un élément *P* déficient (qui ressemble à l'élément *Ds* du maïs par le fait qu'il ne code pas de transposase mais possède malgré tout les extrémités auxquelles peut se fixer la transposase, ce qui permet sa transposition) dans lequel le gène *ry⁺* a été inséré. Cet élément délété n'est pas capable de se transposer. Par conséquent, comme nous l'avons dit plus tôt, un plasmide auxiliaire (*helper*) portant un élément complet est injecté simultanément. Les mouches qui se développent à partir de ces embryons présentent toujours le phénotype mutant *rosy*, mais parmi leurs descendants se trouve une proportion importante de mouches *ry⁺*. Ces descendants *ry⁺* présentent une transmission mendélienne du gène *ry⁺* nouvellement acquis, ce qui suggère qu'il est situé sur un chromosome. Cette localisation a été confirmée par une hybridation *in situ* qui a montré que le gène *ry⁺* s'est inséré conjointement avec l'élément *P*, dans l'une des nombreuses positions chromosomiques possibles. Aucune insertion ne se produit exactement au niveau du locus normal du gène *rosy*. On

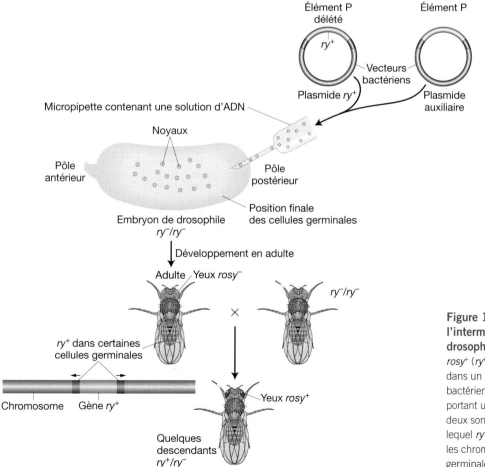

Figure 13-22 Le transfert d'un gène par l'intermédiaire d'un élément *P* chez la drosophile. Le gène de la couleur de l'œil *rosy⁺* (*ry⁺*) est modifié par génie génétique dans un élément *P* délété porté par un vecteur bactérien. Simultanément, un plasmide auxiliaire portant un élément *P* intact est utilisé. Tous deux sont injectés dans un embryon *ry⁻*, dans lequel *ry⁺* se transpose avec l'élément *P* dans les chromosomes des cellules de la lignée germinale.

a remarqué cependant que ces nouveaux gènes ry^+ étaient transmis de façon stable.

L'élément P étant capable de se transposer uniquement chez la drosophile, ces applications sont limitées à cet usage. Au contraire, l'élément Ac du maïs peut se transposer après avoir été introduit dans le génome d'espèces végétales parmi lesquelles *Arabidopsis*, la laitue, la carotte, le riz, l'orge et de nombreuses autres plantes. Comme les éléments P, Ac a été modifié par génie génétique pour servir à l'isolement de gènes grâce à l'étiquetage à l'aide de transposons. De cette façon, Ac, le premier élément transposable découvert par Barbara McClintock constitue un outil important pour les généticiens des plantes depuis plus de 50 ans.

> **MESSAGE** Les transposons d'ADN ont été modifiés et utilisés par les scientifiques pour deux grands buts : (1) pour fabriquer des mutants identifiables au niveau moléculaire grâce à un étiquetage à l'aide de transposons et (2) comme vecteurs capables d'introduire des gènes étrangers dans le chromosome.

13.4 Le génome dynamique : davantage d'éléments transposables qu'on l'avait imaginé

Comme nous l'avons vu, les éléments transposables ont été découverts chez le maïs, en suivant une approche génétique. Dans ces études, les éléments ont révélé leur présence lors de leur transposition dans un gène ou sont apparus comme des sites de cassure ou de réarrangement chromosomique. Après l'isolement de l'ADN d'éléments transposables à partir de mutations instables, les scientifiques ont pu utiliser cet ADN comme sonde moléculaire afin de déterminer s'il y avait d'autres copies apparentées dans le génome. Dans tous les cas, il y avait au moins plusieurs copies de l'élément dans le génome et ce nombre pouvait atteindre plusieurs centaines.

Les scientifiques se sont interrogés sur l'importance du nombre d'éléments transposables dans les génomes. Existait-il dans le génome d'autres éléments transposables demeurés inconnus parce qu'ils n'avaient pas provoqué de mutations étudiables en laboratoire ? Existait-il des éléments transposables dans la grande majorité des organismes incompatibles avec l'analyse génétique ? Cela revenait à se demander si les organismes dépourvus de mutations induites par des éléments transposables possèdent néanmoins des éléments transposables dans leurs génomes. Ces interrogations rappellent la question : « si un arbre tombe dans la forêt, sa chute produit-elle un son si personne n'est là pour l'écouter ? »

Les génomes de grande taille comportent de nombreux éléments transposables

Bien avant l'avènement des projets de séquençage d'ADN, les scientifiques ont utilisé différentes techniques biochimiques qui ont permis de découvrir que le contenu en ADN (appelé **valeur C**) variait fortement chez les Eucaryotes et n'était pas corrélé à la complexité biologique. Par exemple, le génome de la salamandre est 20 fois plus grand que le génome humain, tandis que le génome de l'orge est plus de 10 fois plus long que celui du riz, qui est pourtant une graminée apparentée. L'absence de corrélation entre la taille des génomes et la complexité biologique d'un organisme est connue sous le nom de **paradoxe de la valeur C**.

L'orge et le riz sont tous deux des céréales et pour cette raison, les gènes qu'ils contiennent devraient être similaires. Pourtant, si les gènes sont un composant relativement constant des génomes des organismes pluricellulaires, quel est le responsable du paradoxe de la valeur C ? D'après les résultats d'expériences complémentaires, les scientifiques ont pu déterminer que les séquences d'ADN répétées des milliers, voire des centaines de milliers de fois, constituent une fraction élevée des génomes eucaryotes et que certains génomes comportent davantage d'ADN répétitif que d'autres.

Grâce à de multiples projets récents de séquençage de génomes de nombreux groupes d'espèces (y compris la drosophile, l'homme, la souris, *Arabidopsis* et le riz), nous savons désormais qu'il existe de multiples classes de séquences répétées dans les génomes des organismes supérieurs. Certaines d'entre elles sont similaires aux transposons d'ADN et aux rétrotransposons responsables de mutations chez les plantes, la levure et les insectes. Il est encore plus remarquable de constater que ces séquences représentent la majeure partie de l'ADN dans les génomes d'organismes pluricellulaires.

Au lieu d'être corrélée au contenu en gènes, la taille d'un génome est fréquemment liée à la quantité d'ADN du génome dérivée d'éléments transposables. Les organismes ayant des génomes de grande taille possèdent de nombreuses séquences qui ressemblent aux éléments transposables, tandis que des organismes possédant des génomes plus petits en ont bien moins. Deux exemples, l'un provenant du génome humain et l'autre d'une comparaison de génomes de graminées illustrent ce point. Les caractéristiques structurales des éléments transposables présents dans les génomes eucaryotes sont résumées dans la Figure 13-23 et seront traitées dans la section suivante.

Les éléments transposables dans le génome humain

Près de la moitié du génome humain provient d'éléments transposables. La grande majorité de ces éléments correspond à deux types de rétrotransposons appelés **longs éléments nucléaires dispersés** ou **LINE** (pour *long interspersed nuclear elements* en anglais) et **courts éléments nucléaires dispersés** ou **SINE** (pour *short interspersed nuclear elements* en anglais) (voir Figure 13-23). Les LINE se déplacent par rétrotransposition en utilisant la transcriptase inverse codée par l'élément mais sont dépourvus de certaines caractéristiques structurales des éléments de type rétroviral, y compris les LTR (Figure 13-15d). On peut décrire les SINE comme des LINE non autonomes car ils possèdent les caractéristiques structurales des LINE mais ne codent pas leur propre transcriptase inverse. Ils sont sans doute mobilisés par les

Types d'éléments transposables dans le génome humain

Élément	Transposition	Structure	Longueur	Nombre de copies	Fraction du génome
LINE	Autonome	ORF1 ORF2 *(pol)* ▬▬▬▬▬ AAA	1–5 kb	20 000–40 000	21%
SINE	Non autonome	▬▬ AAA	100–300 pb	1 500 000	13%
Transposons d'ADN	Autonome	← transposase →	2–3 kb	300 000	3%
	Non autonome	← →	80–3000 pb		

Figure 13-23 Les principales classes d'éléments transposables présents dans le génome humain.

[Reproduit avec l'autorisation de *Nature* 409, 880 (15 February 2001), « Initial Sequencing and Analysis of the Human Genome ». *The International Human Genome Sequencing Consortium.* Copyright 2001 par Macmillan Magazines Ltd.]

transcriptases inverses codées par les LINE qui résident dans le génome.

Les SINE les plus abondants dans le génome humain sont les séquences *Alu*, ainsi nommées car elles contiennent un site cible pour l'enzyme de restriction *Alu*. Le génome humain contient bien plus d'un million de séquences *Alu* entières ou partielles, dispersées entre les gènes et dans les introns. Ces séquences *Alu* constituent plus de 10 % du génome humain. La séquence *Alu* complète est longue d'environ 200 nucléotides et présente une ressemblance remarquable avec l'ARN 7SL, un ARN appartenant à un complexe grâce auquel les polypeptides néosynthétisés sont sécrétés à travers le réticulum endoplasmique. Les séquences *Alu* proviennent vraisemblablement de transcrits inverses de ces molécules d'ARN.

Le génome humain contient environ 20 fois plus d'ADN dérivé d'éléments transposables que d'ADN codant des protéines. La Figure 13-24 illustre le nombre et la diversité des éléments transposables présents dans le génome humain, en utilisant comme exemple les positions des séquences *Alu*, d'autres SINE et des LINE au voisinage d'un gène humain donné.

Le génome humain semble typique de celui d'un organisme pluricellulaire du point de vue de l'abondance et de la distribution des éléments transposables. Par conséquent, on est amené à se demander comment les végétaux et les animaux survivent et se développent avec autant d'insertions dans leurs gènes et d'ADN mobile dans leur génome. Tout d'abord, en ce qui concerne la fonction des gènes, tous les éléments représentés dans la Figure 13-24 sont insérés dans des introns. Ainsi, l'ARN produit par ce gène ne comporte aucune séquence issue d'éléments transposables car elles ont été excisées du pré-ARNm en même temps que l'intron qui les contenait. Les éléments transposables s'insèrent sans doute à la fois dans les exons et les introns mais seules les insertions dans les introns persistent dans les populations car elles ont un risque moins élevé de provoquer une mutation. On dit que les insertions dans les exons sont soumises à une

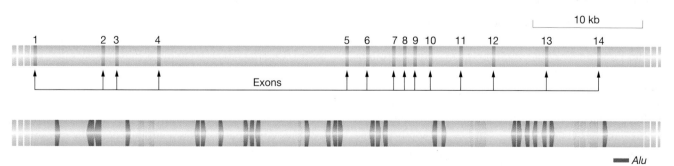

Figure 13-24 Les éléments répétés dans le gène humain (*HGO*) codant l'homogentisate 1,2-dioxygénase, l'enzyme dont la déficience entraîne l'alcaptonurie. La ligne du haut représente la position des exons de *HGO*. Les positions des séquences *Alu* (en bleu), des autres SINE (en violet) et des LINE (en jaune) dans la séquence de *HGO* sont indiquées sur la ligne du bas.

[D'après B. Granadino, D. Beltrán-Valero de Bernabé, J. M. Fernández-Cañón, M. A. Peñalva et S. Rodríguez de Córdoba, « The Human Homogentisate 1,2-Dioxygenase (*HGO*) Gene » *Genomics* 43, 1997, 115.]

sélection négative. En second lieu, l'homme ainsi que de nombreux organismes pluricellulaires peuvent survivre malgré cette quantité si élevée d'ADN mobile dans leur génome, car la grande majorité de celui-ci est inactive et ne peut ni se déplacer, ni accroître son nombre de copies. La plupart des séquences d'éléments transposables dans un génome sont des vestiges ayant accumulé des mutations inactivatrices au cours de l'évolution. D'autres restent capables de se déplacer mais sont rendues inactives par les mécanismes régulateurs de l'hôte. Les mécanismes épigénétiques qui servent à inactiver les éléments transposables seront traités plus en détail un peu plus loin dans ce chapitre. Il existe cependant quelques LINE et *Alu* actifs qui ont réussi à échapper au système de contrôle de l'hôte et se sont insérés dans des gènes importants, provoquant alors plusieurs maladies humaines. Trois insertions distinctes de LINE ont inactivé le gène du facteur VIII, provoquant l'hémophilie A. On a montré qu'au moins 11 insertions d'*Alu* dans des gènes humains étaient responsables de plusieurs maladies y compris l'hémophilie B (dans le gène du facteur IX), la neurofibromatose (dans le gène *NF1*) et un type de cancer du sein (dans le gène *BRCA2*).

La fréquence totale de mutation spontanée due à l'insertion d'éléments de classe 2 chez l'homme est très faible et représente moins de 0,2 % (1 sur 500) de toutes les mutations spontanées connues. Curieusement, les insertions de rétrotransposons constituent près de 10 % des mutations spontanées chez un autre mammifère, la souris. L'augmentation de près de 50 fois du taux de mutations spontanées dues à l'insertion de rétrotransposons chez la souris est vraisemblablement liée à l'activité nettement plus élevée de ces éléments dans le génome murin que dans le génome humain.

> **MESSAGE** Les éléments transposables représentent la fraction la plus importante du génome humain, les LINE et les SINE étant les plus abondants dans cette catégorie. La grande majorité des éléments transposables correspond à des vestiges d'éléments incapables désormais de se déplacer ou d'augmenter le nombre de leurs copies. Quelques éléments restent actifs et leur déplacement dans des gènes peut provoquer des maladies.

Les graminées : les rétrotransposons à LTR se développent dans les génomes de grande taille

Comme nous l'avons mentionné précédemment, le paradoxe de la valeur C désigne l'absence de corrélation entre la taille du génome d'un organisme et sa complexité biologique. Comment des organismes peuvent-ils posséder un ensemble de gènes très voisin et avoir une taille de génome si différente ? On a examiné cette situation chez les céréales. On a montré que les différences de taille des génomes de ces graminées étaient directement liées au nombre d'une classe d'éléments, les rétrotransposons à LTR. Les céréales possèdent un ancêtre commun dans l'évolution, qui existait il y a environ 70 millions d'années. Pour cette raison, leurs génomes ont un ensemble de gènes et une organisation très proches (appelée **synténie**, voir Chapitre 21) et l'on peut comparer directement les régions. Ces comparaisons révèlent que des gènes liés dans le petit génome du riz sont physi-

quement plus proches que les mêmes gènes dans les génomes plus grands du maïs et de l'orge. Dans ces derniers, les gènes sont séparés par de grands groupes de rétrotransposons (Figure 13-25).

> **MESSAGE** Le paradoxe de la valeur *C* désigne l'absence de corrélation entre la taille du génome d'un organisme et sa complexité biologique. Les gènes constituent une fraction si faible du génome des organismes pluricellulaires que la taille d'un génome est généralement davantage corrélée à la quantité de séquences d'éléments transposables plutôt qu'au contenu en gènes.

En lieu sûr : les zones protégées

L'abondance d'éléments transposables dans les génomes d'organismes pluricellulaires a conduit certains chercheurs à postuler que des éléments transposables insérés avec succès (ceux qui sont capables d'atteindre un nombre très élevé de copies) ont mis au point des mécanismes pour ne pas endommager leurs hôtes en ne s'insérant pas à l'intérieur des gènes de ceux-ci. Au lieu de cela, ces éléments transposables s'insèrent dans ce que l'on appelle des **zones protégées** ou **refuges** dans le génome. Dans le cas des graminées, les refuges semblent se trouver au sein de rétrotransposons déjà présents. D'autres zones protégées pour l'insertion de nombreuses classes d'éléments transposables dans les espèces animales et végétales se trouvent dans l'hétérochromatine centromérique, qui contient peu de gènes mais beaucoup d'ADN répétitif.

LES ZONES PROTÉGÉES DANS LES PETITS GÉNOMES : LES INSERTIONS CIBLÉES
Au contraire des génomes d'Eucaryotes pluricellulaires, le génome de la levure unicellulaire est très compact et contient des gènes très proches les uns des autres avec peu d'introns. Avec près de 70 % du génome de la levure constitué d'exons, il existe une forte probabilité que les nouvelles insertions d'éléments transposables interrompent une séquence codante. Pourtant, comme nous l'avons vu plus haut dans ce chapitre, le génome de la levure abrite une multitude de rétrotransposons à LTR appelés éléments *Ty*.

Comment ces éléments transposables sont-ils capables de se propager dans de nouveaux sites des génomes comportant peu de refuges ? Les chercheurs ont identifié plusieurs centaines d'éléments *Ty* dans le génome séquencé de la levure et ont remarqué qu'ils n'étaient pas distribués au hasard. En effet, chaque famille d'éléments *Ty* s'insère dans une région génomique particulière. Par exemple, la famille de *Tn3* s'insère presque exclusivement à proximité des gènes d'ARNt (mais pas dans ceux-ci), au niveau de sites qui n'interfèrent pas avec la production de ces ARNt et ne sont sans doute pas néfastes pour leurs hôtes. Le mécanisme élaboré par les éléments *Ty* pour s'insérer dans des régions particulières du génome comprend l'interaction spécifique des protéines de *Ty* nécessaires à l'intégration et des protéines de levure liées à l'ADN génomique. Les protéines de *Ty3* par exemple reconnaissent des sous-unités du complexe de l'ARN polymérase assemblées au niveau des promoteurs d'ARNt et se fixent à ces sous-unités (Figure 13-26a).

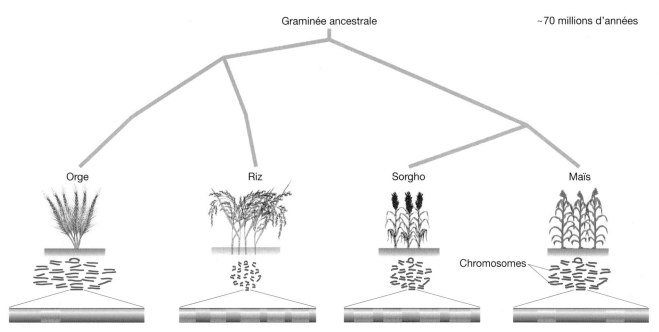

Figure 13-25 Les éléments transposables chez les graminées, responsables des différences de taille des génomes. Les graminées, qui comprennent l'orge, le riz, le sorgho et le maïs, ont un ancêtre commun qui existait il y a environ 70 millions d'années. Depuis cette époque, des éléments transposables se sont accumulés en différentes quantités dans chaque espèce. Les chromosomes sont plus grands chez le maïs et l'orge dont les génomes contiennent de grandes quantités de rétrotransposons à LTR. La couleur verte dans le génome partiel figurant en bas représente un groupe de transposons et la couleur orange, des gènes.

La capacité de certains transposons de s'insérer préférentiellement au niveau de certaines séquences ou régions génomiques s'appelle le **ciblage** (*targeting* en anglais). Les éléments *R1* et *R2* des arthropodes, y compris de la drosophile, sont de remarquables exemples de ciblage. *R1* et *R2* sont des LINE (voir Figure 13-23) qui s'insèrent uniquement dans des gènes codant des ARN ribosomiaux. Chez les arthropodes, plusieurs centaines de gènes d'ARNr sont organisés en régions en tandem (Figure 13-26b). Avec un nombre si élevé de gènes codant le même produit, l'hôte tolère l'insertion d'éléments transposables dans certains d'entre eux. Toutefois, on a montré que trop d'insertions de

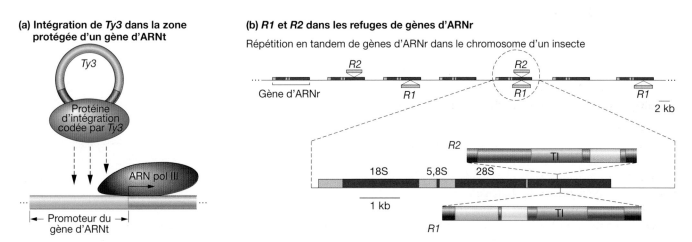

Figure 13-26 L'insertion des éléments transposables dans des zones protégées.
(a) Le rétrotransposon de levure *Ty3* s'insère dans la région promotrice des gènes d'ARNt. (b) Les rétrotransposons sans LTR (LINE) de la drosophile, *R1* et *R2* s'insèrent dans des gènes codant l'ARN ribosomial, qui sont organisés en longues répétitions en tandem sur le chromosome. Seuls les gènes spécifiant la transcriptase inverse (TI) ainsi que *R1* et *R2* sont indiqués.

[Partie a inspirée de D. F. Voytas et J. D. Boeke. « Ty1 and Ty5 of *Saccharomyces cerevisiae* » in *Mobile DNA II*, Chapitre 26, Figure 15, p. 652. ASM Press, 2002. Partie b adaptée de T. H. Eickbush, in *Mobile DNA II*, Chapitre 34, « R2 and Related Site-Specific Non-Long Terminal Inverted Repeat Retrotransposons », Figure 1, p. 814. ASM Press,

R1 et *R2* peuvent abaisser la viabilité des insectes sans doute en interférant avec l'assemblage des ribosomes.

RETOUR SUR LA THÉRAPIE GÉNIQUE
Nous avons vu au Chapitre 11 que des rétrovirus modifiés avaient été utilisés lors d'essais de thérapie génique pour acheminer des transgènes susceptibles de corriger certaines maladies humaines. L'un des premiers essais fut réalisé sur des patients atteints d'une immunodéficience combinée grave (SCID) liée à l'X, une maladie mortelle si elle n'est pas soignée car elle atteint gravement le système immunitaire. Des cellules de moelle osseuse de chaque patient ont été prélevées et traitées à l'aide d'un vecteur rétroviral contenant un gène intact codant l'une des chaînes du récepteur de l'interleukine-2 (le gène muté chez ces patients). Les cellules transformées ont ensuite été réinjectées chez les malades. Les systèmes immunitaires de la plupart des patients se sont nettement améliorés. Pourtant, cette thérapie a eu de graves effets secondaires : deux des patients ont développé une leucémie. Chez ces deux patients, le vecteur rétroviral s'est inséré (s'est intégré) près d'un gène cellulaire dont l'expression aberrante est associée à la leucémie. Il est probable que l'insertion du vecteur rétroviral près du gène cellulaire a altéré son expression et directement ou indirectement, a provoqué une leucémie.

Il est évident que ce type de thérapie génique pourra être nettement amélioré lorsque les médecins seront capables de contrôler le site d'insertion du vecteur rétroviral dans le génome humain. Nous avons déjà vu qu'il existait de nombreuses similitudes entre les rétrotransposons à LTR et les rétrovirus. On espère qu'en comprenant le ciblage de *Ty* chez la levure, on pourra apprendre à construire des vecteurs rétroviraux qui s'inséreront avec leur transgène dans des refuges du génome humain.

> **MESSAGE** Un élément transposé avec succès peut augmenter son nombre de copies sans être dangereux pour son hôte. L'un des moyens utilisés par ce type d'élément est de cibler ses nouvelles insertions pour qu'elles se produisent dans des zones protégées, des régions du génome contenant peu de gènes.

Les rétrotransposons *HeT-A* et *TART* sont essentiels à la survie de la drosophile

Depuis la découverte des éléments transposables, il existe une forte controverse entre ceux qui pensent qu'il s'agit de simples parasites du génome (que l'on appelle **ADN poubelle**, *junk DNA* en anglais) et ceux qui pensent qu'ils sont utiles à l'organisme dans lequel ils résident. Ce débat est entré dans une nouvelle phase depuis le moment où l'on a découvert que les éléments transposables constituaient souvent la fraction la plus importante des génomes eucaryotes. Il est clair que de nombreux éléments transposables ont élaboré des stratégies pour augmenter leur nombre de copies sans tuer leurs hôtes. Dans plusieurs exemples, des séquences d'éléments transposables se sont incorporées dans des régions régulatrices de gènes cellulaires ou même dans des régions codantes spécifiant des protéines cellulaires.

Les éléments ***HeT-A*** et ***TART*** sont deux exemples remarquables d'éléments transposables qui remplissent la fonction de télomères dans tous les chromosomes de la drosophile. Nous avons vu au Chapitre 7 que les télomères sont les séquences d'ADN présentes aux extrémités des chromosomes. Ils sont constitués de courtes séquences répétées ajoutées après la réplication par une télomérase, qui est une enzyme comportant un ARN (voir Figure 7-25). La télomérase est en fait une transcriptase inverse qui utilise son ARN comme matrice pour la synthèse d'ADN. Sans télomérase, les chromosomes raccourciraient progressivement de génération en génération. Les scientifiques ont été étonnés de découvrir que les télomères de la drosophile n'étaient pas constitués de courtes séquences répétées mais étaient formés à la place des rétrotransposons sans LTR (LINE) *HeT-A* et *TART*. Les extrémités des chromosomes de drosophile sont conservées grâce à la transposition répétée de ces éléments au niveau des extrémités. Ce processus est décrit dans la Figure 13-27, dans laquelle l'ARN codé par le rétrotransposon est représenté en train de jouer un rôle similaire à celui de l'ARN de la télomérase. Le rétrotransposon contient une transcriptase inverse analogue à la télomérase qui catalyse l'addition d'ADN à l'extrémité 5' du chromosome.

On ignore pourquoi les télomères de drosophile sont allongés par rétrotransposition et comment cette situation

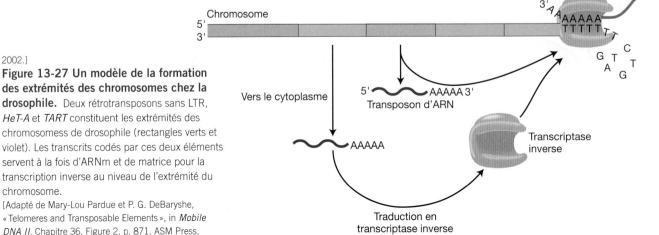

2002.]

Figure 13-27 Un modèle de la formation des extrémités des chromosomes chez la drosophile. Deux rétrotransposons sans LTR, *HeT-A* et *TART* constituent les extrémités des chromosomess de drosophile (rectangles verts et violet). Les transcrits codés par ces deux éléments servent à la fois d'ARNm et de matrice pour la transcription inverse au niveau de l'extrémité du chromosome.

[Adapté de Mary-Lou Pardue et P. G. DeBaryshe, « Telomeres and Transposable Elements », in *Mobile DNA II*, Chapitre 36, Figure 2, p. 871. ASM Press,

s'est établie. Cependant, il est raisonnable de supposer qu'un ancêtre de la drosophile utilisait une télomérase comme les autres organismes mais que ce mécanisme a été perdu en faveur de la rétrotransposition des éléments *HeT-A* et *TART*.

13.5 La régulation des éléments transposables par l'hôte

Les changements réversibles de l'activité de *Ac*

Lorsque Barbara McClintock essaya de caractériser les éléments transposables du maïs, elle découvrit un phénomène tout à fait inhabituel. Certains éléments autonomes tels que *Ac* étaient inactivés pendant une partie du cycle vital de la plante ou même pendant plusieurs générations, puis était activés de nouveau. À l'état inactivé, *Ac* ne pouvait se déplacer ni induire le déplacement des éléments *Ds* dans le génome. Elle appela ce changement réversible de l'activité de *Ac* le **changement de phase**.

Pour mieux comprendre ce que recouvre cette appellation, intéressons-nous à la façon dont le phénomène apparaît dans le pigment des grains de maïs. Nous avons vu dans la Figure 13-4 qu'une souche dont un élément *Ds* était inséré dans le gène C [l'allèle *c-m(Ds)*] présentait des grains mouchetés si *Ac* se trouvait dans le génome. Pourtant, dans certaines de ces souches, les grains n'étaient pas mouchetés, mais à la place tous les grains de l'épi étaient incolores (Figure 13-28). Dans les générations suivantes cependant, des grains mouchetés réapparaissaient. Confrontée à une situation similaire à celle-ci, McClintock fit l'hypothèse que *Ac* subissait des phases *réversibles* d'activation et d'inactivation. Ce phénomène étonnant rappelle deux autres exemples d'activation et d'inactivation réversibles : l'empreinte parentale et l'inactivation d'un chromosome X. Comme nous l'avons vu au Chapitre 10, on sait désormais que tous deux sont des phénomènes épigénétiques. Ceci signifie que les gènes sont rendus inactifs (**silencieux**) par des modifications de la structure de la chromatine et non par des mutations dans l'ADN. Au contraire des gènes mutants, les gènes inactivés peuvent être réactivés lorsque la chromatine adopte une structure plus ouverte, ce qui rend le gène à

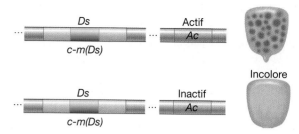

2002.]

Figure 13-28 Un changement de phase produit des grains incolores de maïs. (*en haut*) Un élément *Ac* actif mobilise un élément *Ds*, provoquant l'excision de celui-ci du gène *C* dans certaines cellules et aboutissant à un phénotype moucheté. (*en bas*) Un élément *Ac* inactif

nouveau accessible pour l'ARN polymérase II. Les mutations réversibles telles que l'inactivation de l'élément *Ac* ou l'impossibilité d'exprimer des gènes en raison d'une empreinte parentale indiquent des changements dans la régulation épigénétique et on les qualifie désormais d'**épimutations**.

L'inactivation des transgènes

On sait maintenant que l'inactivation épigénétique des éléments *Ac* chez le maïs fait partie d'un système complexe qui a évolué afin de protéger les organismes des effets mutagènes des transposons. Mais ceci ne fut pas tout de suite évident. Comme c'est souvent le cas dans les sciences, les résultats d'une série d'expériences apparemment sans rapport les unes avec les autres ont permis de découvrir la régulation par l'hôte de l'activité des transposons.

Vers la fin des années 1980, Richard Jorgensen et Carolyn Napoli réalisèrent une série d'expériences au cours desquelles ils insérèrent différents transgènes contenant des gènes de pigments de fleurs dans des plants mutants de pétunia et dans des plantes normales à fleurs violettes. Ils ne s'attendaient à aucun changement dans la coloration des fleurs de la souche normale de pétunia qui servait de témoin. Pourtant, ils observèrent des motifs très inhabituels sur les fleurs, comme ceux photographiés dans la Figure 13-29. Ils conclurent que le transgène possédait un mécanisme inconnu qui

(a)

(b)

(c)

ne peut mobiliser d'élément *Ds* ; aucun grain pigmenté n'est donc produit.

Figure 13-29 Des fleurs de pétunia démontrant la cosuppression. Sur la gauche se trouve le phénotype sauvage (sans transgène). À droite et au centre, on peut voir les phénotypes de cosuppression résultant de la transformation du pétunia de type sauvage photographié en (a) par un gène de pétunia nécessaire à la pigmentation. Dans les régions incolores, le transgène et la copie chromosomique du même gène ont été inactivés épigénétiquement.

déclenchait sa propre suppression et celle du gène homologue dans le chromosome de pétunia. Ce phénomène s'appelle désormais la **cosuppression**.

Maintenant que la transformation de certaines espèces végétales possédant des gènes étrangers est réalisée en routine, les scientifiques remarquent que différents transgènes sont efficacement inactivés dans le génome de la plante hôte. Les transgènes pouvant fréquemment être réactivés, cette mise sous silence a été reconnue comme étant une forme de régulation épigénétique. Toutefois, il était hautement improbable que des végétaux aient élaboré des mécanismes pour inactiver des transgènes introduits par les scientifiques. On supposa au contraire que les transgènes étaient inactivés car ils ressemblaient à une menace naturelle pour leur hôte, par exemple à leurs propres éléments transposables ou à des virus infectants ou aux deux. Comme les éléments transposables et les virus, les transgènes peuvent s'insérer dans de nouveaux sites du génome de l'hôte. Serait-il possible que les organismes possèdent des mécanismes de défense capables de reconnaître ces «envahisseurs» et de les inactiver en rendant leur expression silencieuse, sans doute grâce à des changements de structure de la chromatine?

Pour essayer d'identifier les gènes de l'hôte impliqués dans l'inactivation des transgènes et sans doute des éléments transposables, les généticiens ont recherché des souches suppressives ayant perdu la capacité d'inactiver les transgènes. L'une de ces approches utilisait une souche de l'algue verte unicellulaire *Chlamydomonas rheinhardii* contenant un transgène inactivé responsable en temps normal de la résistance à l'antibiotique spectinomycine chez l'algue. Cette souche, incapable de croître sur des boîtes d'agar contenant de la spectinomycine fut traitée par un mutagène et étalée sur des boîtes contenant l'antibiotique. Les cellules présentant une mutation dans un gène nécessaire pour inactiver le transgène devaient être capables de se développer sur ces boîtes. Des souches mutantes furent en effet isolées de cette façon et comme prévu, elles étaient incapables d'inactiver le gène de résistance à la spectinomycine ou d'autres transgènes introduits dans ces cellules. De plus, plusieurs éléments transposables normalement inactifs dans le génome de *Chlamydomonas* étaient réactivés dans les souches mutantes et on put démontrer qu'ils s'inséraient en de nouvelles positions chromosomiques.

Des résultats similaires obtenus chez les végétaux et les animaux ont souligné le fait que la régulation épigénétique ne constitue pas seulement un moyen efficace d'inactiver des gènes cellulaires (Chapitre 10) mais qu'il s'agit également d'un moyen de défense fondamental pour se protéger des effets potentiellement mutagènes de l'activité des transposons.

Une compétition génomique?

Nous avons déjà vu que les éléments transposables sont responsables de diverses mutations chez les plantes et les animaux. Par conséquent en certains moments, la régulation par l'hôte des éléments transposables peut sans doute être évitée et les éléments silencieux peuvent être réactivés. Ou à l'inverse, si la régulation par l'hôte était sans faille, il n'y aurait plus d'éléments transposables. Ils seraient inactivés, incapables de se transposer et subiraient des mutations successives qui les transformeraient en séquences impossibles à reconnaître. Au lieu de cela, il semble y avoir une compétition constante entre la prolifération des éléments transposables et les tentatives d'inactivation par l'hôte.

À cet égard, certains d'entre vous peuvent se sentir concernés par le fait que près de 50% de notre génome dérive d'éléments transposables. Il n'y a pas de quoi s'inquiéter. L'homme et les autres organismes ont co-évolué avec leurs éléments transposables et ont élaboré différents mécanismes qui leur permettent de coexister. Les organismes qui n'ont pas été capables de s'accommoder de façon satisfaisante de leurs éléments transposables au cours de l'évolution ont vraisemblablement disparu.

RÉPONSES AUX QUESTIONS CLÉS

• **Pourquoi les éléments transposables ont-ils été découverts chez le maïs mais isolés pour la première fois chez *E. coli*?**

Le comportement génétique des éléments transposables dans les gènes du maïs a produit des grains avec des phénotypes étonnants, repérés par les généticiens du maïs, en particulier par Barbara McClintock. Cependant, le génome du maïs est immense (il a presque la taille du génome humain) et l'isolement moléculaire des éléments du maïs a eu lieu plusieurs décennies après leur découverte génétique. L'isolement des gènes a été réalisé en premier chez *E. coli* (son génome est plus de 1 000 fois plus petit que celui du maïs) et chez cet organisme, les premiers éléments clonés ont été les éléments IS issus de mutations.

• **Comment les éléments transposables participent-ils à la propagation des bactéries résistantes à certains antibiotiques?**

On trouve fréquemment des gènes de résistance aux antibiotiques dans le chromosome ou les plasmides, dans lesquels ils sont encadrés par des éléments IS. Ces éléments IS, conjointement avec le gène qu'ils encadrent, se déplacent dans des plasmides capables de s'introduire par conjugaison bactérienne dans des cellules non résistantes.

• **Pourquoi les éléments transposables sont-ils classés comme transposons d'ARN ou transposons d'ADN?**

Les transposons d'ARN, également appelés éléments de classe 1, comprennent les rétrotransposons (les LINE et les rétrotransposons à LTR) et les SINE (tels que *Alu* chez l'homme). Tous les transposons d'ARN utilisent un ARN comme intermédiaire de transposition. Inversement, l'intermédiaire de transposition de tous les éléments d'ADN, également appelés éléments de classe 2, est de l'ADN.

- **En quoi les éléments transposables autonomes et non autonomes diffèrent-ils les uns des autres ?**

Les éléments autonomes codent toutes les protéines nécessaires pour se déplacer eux-mêmes et pour induire le déplacement des éléments non autonomes de la même famille. Les éléments non autonomes dépendent des éléments autonomes pour leur déplacement car ils ne codent pas les protéines nécessaires, y compris la transcriptase inverse (pour les éléments d'ARN) et la transposase (pour les éléments d'ADN).

- **Comment l'être humain peut-il survivre alors que plus de 50 % de son génome provient d'éléments transposables ?**

Il y a trois raisons principales à cela. Tout d'abord, la plupart des séquences d'éléments transposables sont mutantes et sont donc incapables de transposition. Par ailleurs, la transposition de quelques éléments actifs dans le génome est généralement bloquée par les mécanismes régulateurs de l'hôte. Enfin, la grande majorité des séquences d'éléments transposables dans le génome humain se trouvent dans l'ADN non codant, qui comprend les télomères, les centromères, l'ADN intergénique et les introns.

- **Comment l'étude des rétrotransposons de levure peut-elle conduire à l'amélioration des protocoles de thérapie génique chez l'homme ?**

Les rétrotransposons de levure ciblent leurs nouvelles insertions dans ce que l'on appelle des refuges, qui sont des régions du génome comportant peu de gènes. En comprenant les mécanismes sous-jacents, les scientifiques seront peut-être capables d'élaborer de nouvelles stratégies pour diriger les gènes impliqués dans la thérapie génique, dans des zones protégées du génome humain.

RÉSUMÉ

Barbara McClintock a identifié chez le maïs les éléments transposables comme étant la cause de plusieurs mutations instables. *Ds* est un exemple d'élément non autonome qui nécessite la présence de l'élément autonome *Ac* dans le génome pour se transposer.

Les éléments des séquences bactériennes d'insertion (IS) ont été les premiers éléments transposables isolés au niveau moléculaire. Il existe de nombreux types différents d'éléments IS dans les souches d'*E. coli* et ils sont généralement présents en plusieurs exemplaires. Les transposons composites contiennent des éléments IS flanquant un ou plusieurs gènes, tels que les gènes conférant une résistance à un antibiotique. Les transposons incluant ces gènes de résistance peuvent s'insérer dans des plasmides et sont ensuite transférés par conjugaison dans des bactéries non résistantes.

Il existe deux groupes principaux d'éléments transposables chez les Eucaryotes : les rétro-éléments de classe 1 et les éléments d'ADN de classe 2. L'élément *P* a été le premier transposon d'ADN de la classe 2 isolé au niveau moléculaire. Il a été isolé à partir de mutations instables chez la drosophile, induites par dysgénésie hybride. Les éléments *P* ont été changés en vecteurs pour pouvoir introduire de l'ADN étranger dans des cellules germinales de drosophile.

Ac, *Ds* et *P* sont des exemples de transposons d'ADN, appelés ainsi car l'intermédiaire de leur transposition est l'élément d'ADN lui-même. Les éléments autonomes tels que *Ac* codent une transposase qui se fixe aux extrémités des éléments autonomes et non autonomes et catalyse l'excision de l'élément hors du site donneur et sa réinsertion dans un nouveau site cible, en une nouvelle position du génome.

Les rétrotransposons ont été les premiers isolés au niveau moléculaire à partir de mutants de levure et leur ressemblance avec les rétrovirus est apparue immédiatement. Les rétrotransposons sont des éléments de classe 1, comme tous les éléments transposables qui utilisent un ARN comme intermédiaire de transposition.

Les éléments transposables actifs isolés à partir d'organismes modèles comme la levure, la drosophile, *E. coli* et le maïs constituent une fraction très faible de tous les éléments transposables présents dans le génome. Le séquençage de génomes entiers, y compris le génome humain, a permis la découverte étonnante du fait que près de la moitié de notre génome provient d'éléments transposables. Les organismes coexistent avec leurs éléments en grande partie grâce aux mécanismes épigénétiques qui se sont mis en place pour empêcher le déplacement des éléments.

MOTS CLÉS

Activator (*Ac*) (p. 425)
ADN poubelle (p. 444)
Alu (p. 441)
Changement de phase (p. 445)
Ciblage (p. 443)
Cosuppression (p. 446)
« Couper-coller » (p. 432)

Courts éléments nucléaires dispersés (SINE) (p. 440)
Cytotype M (p. 436)
Cytotype P (p. 436)
Dissociation (*Ds*) (p. 425)
Duplication du site cible (p. 432)
Dysgénésie hybride (p. 436)
Élément autonome (p. 427)

Élément d'ADN (p. 425)
Élément d'ARN (p. 424)
Élément de classe 1 (p. 424)
Élément de classe 2 (p. 424)
Élément de séquence d'insertion (IS) (p. 429)
Élément de type *copia* (p. 435)
Élément non autonome (p. 427)

PROBLÈMES RÉSOLUS

1. Nous avons étudié au Chapitre 10 le modèle de l'opéron. Notez que pour l'opéron *gal*, l'ordre de transcription des gènes est *E-T-K*. Supposons qu'il existe cinq mutations différentes dans *galT* : *gal-1*, *gal-2*, *gal-3*, *gal-4* et *gal-5*. Le tableau suivant indique l'expression de *galE* et *galK* chez des mutants portant chacune de ces mutations :

Mutation *galT*	Expression de *galE*	Expression de *galK*
gal-1	1	2
gal-2	1	2
gal-3	1	2
gal-4	1	1
gal-5	1	1

De plus, les profils de réversion de ces mutations après une exposition à plusieurs mutagènes étudiés au Chapitre 14 sont indiqués dans le tableau ci-dessous. Dans celui-ci, un «1» indique un taux élevé de réversion en présence du mutagène cité, un «2» correspond à une absence de réversion et «Faible» correspond à un taux faible de réversion.

	Réversion				
Mutation	Spon-tanée	2-Amino purine	ICR191	UV	EMS
gal-1	2	2	1	1	2
gal-2	2	2	1	2	2
gal-3	Faible	Faible	Faible	Faible	Faible
gal-4	2	2	2	2	2
gal-5	Faible	1	Faible	1	1

À votre avis, quelle mutation résulte le plus probablement de l'insertion d'un élément transposable tel que IS1 et pourquoi ? Pouvez-vous classer les autres mutations dans d'autres catégories ?

Solution

Les éléments transposables créeront une polarité, empêchant l'expression des gènes situés en aval du point d'insertion, mais pas des gènes présents en amont. Par conséquent, on s'attend à ce qu'une mutation par insertion empêche l'expression du gène *galK*. Trois mutations appartiennent à cette catégorie,

gal-1, *gal-2* et *gal-3*. Il pourrait s'agir de décalages du cadre de lecture, de mutations non-sens ou d'insertions, puisque chacune de ces mutations peut créer une polarité. L'examen des données concernant la réversion permet cependant de distinguer ces possibilités. Les éléments transposables réversent spontanément à des taux faibles qui ne sont pas augmentés par des analogues de bases, des mutagènes induisant des décalages du cadre de lecture, des agents alkylants ni des UV. D'après ces critères, la mutation *gal-3* résulte très probablement d'une insertion, car son taux de réversion est faible et n'est accru par aucun des mutagènes. *gal-1* pourrait être un décalage du cadre de lecture car elle ne réverse pas avec la 2-AP ni l'EMS alors qu'elle réverse avec l'ICR191, un mutagène induisant des décalages du cadre de lecture, et avec les UV. (Reportez-vous au Chapitre 16 pour les détails de l'action de chaque mutagène.) De la même façon, *gal-2* est probablement un décalage du cadre de lecture car elle ne réverse qu'avec l'ICR191. La mutation *gal-4* est vraisemblablement une délétion car aucun mutagène ne permet sa réversion. La mutation *gal-5* semble être une substitution de base car elle réverse avec la 2-AP mais ne dépasse pas le taux de mutation spontanée obtenu avec l'ICR191.

2. On appelait autrefois les éléments transposables, des «gènes sauteurs», car ils semblaient sauter d'une position à une autre, quittant leur locus d'origine et apparaissant au niveau d'un nouveau locus. À la lumière de ce que nous savons actuellement sur le mécanisme de transposition, pensez-vous que le terme de «gènes sauteurs» convienne aux éléments transposables bactériens ?

Solution

Chez les bactéries, la transposition utilise deux mécanismes différents. Le mode conservatif produit de vrais gènes sauteurs car dans ce cas, l'élément transposable s'excise de sa position de départ et s'insère en une nouvelle position. Il existe un deuxième mécanisme, appelé *mode réplicatif*. Dans ce cas, l'élément transposable gagne une nouvelle position en se répliquant dans l'ADN cible et en laissant dans le site d'origine une copie de lui-même. Lorsqu'ils utilisent le mode réplicatif, les éléments transposables ne peuvent pas réellement être qualifiés de gènes sauteurs car une copie demeure dans le site de départ.

PROBLÈMES

PROBLÈMES ÉLÉMENTAIRES

1. Supposons que vous vouliez déterminer si une nouvelle mutation dans la région *gal* d'*E. coli* est le résultat d'une insertion d'ADN. Décrivez une expérience physique qui vous permettrait de démontrer la présence d'une insertion.

2. Expliquez la différence entre les modes de transposition réplicatif et conservatif. Décrivez brièvement une expérience démontrant chacun de ces modes chez les Procaryotes.

3. Décrivez la façon dont sont produits les plasmides résistant à de multiples substances chimiques.

4. Décrivez brièvement l'expérience qui démontre que la transposition de l'élément *Ty1* de levure utilise un intermédiaire d'ARN.

5. Expliquez de quelle façon les propriétés des éléments *P* chez la drosophile permettent les expériences de transfert de gènes chez cet organisme.

6. Les Prix Nobel sont généralement remis de nombreuses années après les découvertes qu'ils couronnent. Par exemple, Watson, Crick et Wilkens ont obtenu le Prix Nobel de physiologie et médecine en 1962, presque dix ans après leur découverte de la structure en double hélice de l'ADN. Barbara McClintock quant à elle reçut ce même Prix Nobel en 1983, près de quarante ans après sa découverte des éléments transposables chez le maïs. À votre avis, pourquoi s'est-il écoulé si longtemps?

PROBLÈMES D'ÉVALUATION

7. Avant l'intégration d'un transposon, sa transposase effectue une coupure décalée dans l'ADN de l'hôte. Si cette coupure décalée a lieu au niveau des sites indiqués par les flèches dans le schéma ci-dessous, dessinez la séquence de l'ADN de l'hôte après l'insertion du transposon. Vous pouvez représenter le transposon sous la forme d'un rectangle.

$$\downarrow$$
AATTTGGCCTAGTACTAATTGGTTGG
TTAAACCGGATCATGATTAACCAACC
$$\uparrow$$

8. Chez la drosophile, M. Green découvrit un allèle appelé «brûlé» (*sn* pour *singed* en anglais) avec certaines caractéristiques inhabituelles. Les femelles homozygotes pour cet allèle lié à l'X ont des soies brûlées, mais elles présentent de nombreuses zones comportant des soies *sn*+ (de type sauvage) sur leur tête, leur thorax et leur abdomen. Lorsque ces mouches sont croisées avec des mâles *sn*, certaines femelles donnent uniquement des descendants avec des soies brûlées, tandis que d'autres ont à la fois des descendants à soies brûlées et de type sauvage, dans des proportions variables. Expliquez ces résultats.

9. Considérons deux plants de maïs:

   a. L'un a le génotype C/*c*^m^; *Ac*/*Ac*+, où *c*^m^ est un allèle instable en raison de l'insertion de *Ds*.

   b. L'autre a le génotype C/*c*^m^, où *c*^m^ est un allèle instable en raison de l'insertion de *Ac*.

   Quels phénotypes sont produits et dans quelles proportions lorsque (1) chaque plante est croisée avec un mutant *c*/*c* résultant d'une substitution d'une paire de bases et lorsque (2) la plante de la partie a est croisée avec la plante de la partie b? Supposez que *Ac* et *c* ne sont pas liés, que la fréquence des cassures chromosomiques est négligeable et que le mutant *c*/C est *Ac*+.

10. Vous rencontrez une amie scientifique au gymnase. Elle commence à vous parler d'un gène de souris qu'elle étudie actuellement dans son laboratoire. Le produit de ce gène est une enzyme nécessaire pour que la souris ait un pelage brun. Le gène est appelé *PB* et l'enzyme, enzyme PB. Lorsque *PB* est mutant et ne peut produire l'enzyme PB, le pelage est blanc. La scientifique vous dit qu'elle a isolé le gène de deux souris à pelage brun et que curieusement, elle a remarqué que les deux gènes différaient par la présence d'une SINE de 250 pb (comme l'élément *Alu* humain) dans le gène *PB* d'une souris mais pas dans le gène de l'autre. Elle ne comprend pas comment cela est possible, étant donné qu'elle a observé une synthèse de l'enzyme PB par ces deux souris. Pouvez-vous l'aider à formuler une hypothèse qui permettrait d'expliquer pourquoi la souris peut continuer à produire l'enzyme PB malgré la présence d'un élément transposable dans son gène *PB*?

11. Le génome de levure comporte des éléments de classe 1 (*Ty1*, *Ty2*, etc.) mais pas d'élément de classe 2. Pouvez-vous imaginer une raison expliquant pourquoi les éléments d'ADN ne se sont pas transposés avec succès dans le génome de levure?

14

MUTATION, RÉPARATION ET RECOMBINAISON

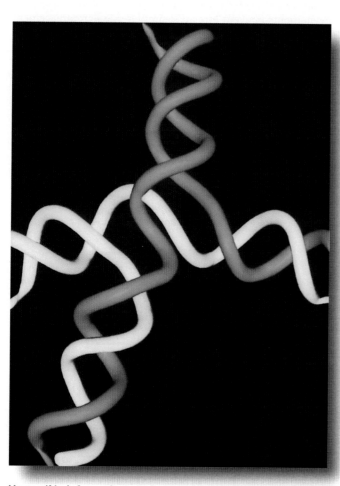

Un modèle informatique de jonction de Holliday. [Julie Newdol,
Computer Graphics Laboratory, Université de Californie, San Francisco.
Copyright par Regents, Université de Californie.]

QUESTIONS CLÉS

- Quelle est la nature moléculaire des mutations ?

- Comment certains types de radiations et de produits chimiques peuvent-ils provoquer des mutations ?

- Les mutations induites sont-elles différentes des mutations spontanées ?

- Une cellule peut-elle réparer des mutations ?

- Quel est le mécanisme moléculaire du crossing-over ?

- Les systèmes de réparation des mutations participent-ils au crossing-over ?

SOMMAIRE

L'ESSENTIEL DU CHAPITRE

La variation génétique entre les individus est le principal fondement de l'évolution. La génétique est l'analyse des différences héréditaires. Pour cette raison, l'analyse génétique ne serait pas possible sans les *variants* – des individus qui présentent des différences phénotypiques au niveau d'un ou plusieurs caractères. Dans les chapitres précédents, nous avons effectué de nombreuses analyses de la transmission de ces variants. Considérons à présent leur origine. Comment apparaissent ces variants génétiques ?

Deux grands processus sont responsables de la variation génétique : la *mutation* et la *recombinaison*. Nous avons vu qu'une mutation est un changement dans la séquence d'ADN d'un gène. La mutation est la principale source de changements au cours de l'évolution. De nouveaux allèles apparaissent chez tous les organismes, certains spontanément, d'autres à la suite d'une exposition à des radiations ou à des produits chimiques présents dans l'environnement. Les nouveaux allèles produits par mutation constituent le matériau de base pour un deuxième niveau de variation, qui se produit par recombinaison. Comme son nom le suggère, la recombinaison est le résultat de processus cellulaires qui regroupent les allèles de gènes différents en de nouvelles combinaisons. En utilisant une analogie, la mutation crée de nouvelles cartes à jouer, la recombinaison les mélange et les répartit en différentes mains.

Dans l'environnement cellulaire, les molécules d'ADN ne sont pas parfaitement stables. Chaque paire de bases appartenant à une double hélice d'ADN a une certaine probabilité de subir une mutation. Comme nous allons le voir, le terme *mutation* couvre une vaste gamme de changements de différents types. Nous considérerons au chapitre suivant les changements mutationnels qui affectent les chromosomes dans leur totalité ou de grands fragments de ceux-ci. Dans ce chapitre, nous nous intéresserons aux événements mutationnels qui ont lieu *à l'intérieur* des gènes individuels. Ces événements s'appellent des *mutations géniques*. De nombreuses sortes d'altérations de gènes peuvent avoir lieu dans les molécules d'ADN. Ces événements peuvent être aussi simples que le remplacement d'une paire de bases par une autre. Certaines mutations peuvent également être des changements du nombre de copies d'une séquence trinucléotidique répétée [comme lorsque (AGC)$_3$ devient (AGC)$_5$]. Des mutations peuvent même être causées par l'insertion d'un élément transposable venu de n'importe quel autre endroit du génome (Chapitre 13). Dans ce chapitre, nous nous consacrerons aux mutations qui n'impliquent pas d'éléments transposables.

UNE VUE D'ENSEMBLE DU CHAPITRE

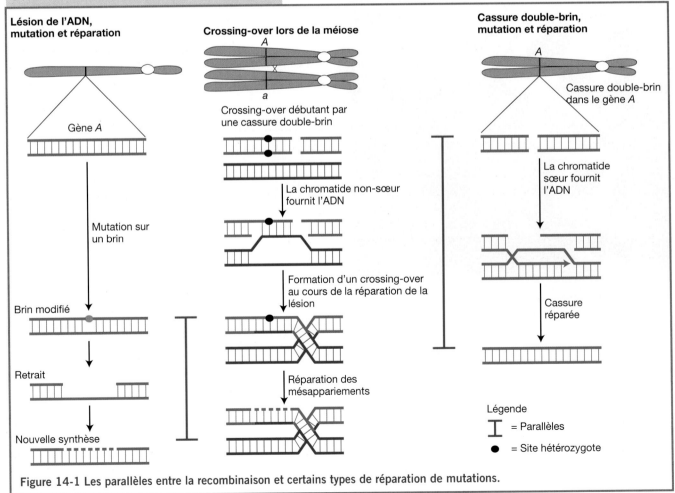

Figure 14-1 Les parallèles entre la recombinaison et certains types de réparation de mutations.

On peut considérer l'ADN comme étant soumis à une lutte acharnée entre les processus chimiques qui endommagent l'ADN et conduisent à de nouvelles mutations et les processus cellulaires de réparation qui vérifient constamment l'ADN pour repérer ces lésions et les corriger. Les mutations résultent souvent de l'action de certains agents appelés *mutagènes* qui provoquent l'augmentation du taux d'apparition des mutations. Elles peuvent également apparaître « spontanément ». Les mutations spontanées sont bien moins fréquentes (et donc beaucoup plus difficiles à étudier) que les mutations induites, mais elles ont une grande importance sur le plan de l'évolution. De nombreux mécanismes moléculaires différents sont à l'origine des mutations. Ils varient de la réaction de l'ADN avec des produits hautement réactifs du métabolisme cellulaire jusqu'aux erreurs lors du processus de réplication.

Les cellules ont mis en place des systèmes sophistiqués pour identifier l'ADN endommagé et le réparer, empêchant ainsi l'apparition de mutations. Il existe différents systèmes de réparation qui reposent pour la plupart sur la complémentarité des bases dans l'ADN. Ils utilisent en effet un brin d'ADN comme matrice pour la correction de la lésion de l'ADN. Par exemple, dans le type de réparation appelé réparation par *excision*, la lésion présente dans un brin est coupée en même temps que les nucléotides adjacents, puis la séquence correcte est resynthétisée en utilisant le brin complémentaire intact comme matrice (Figure 14-1, colonne de gauche).

Enfin, nous verrons que la classe potentiellement la plus grave de lésion de l'ADN, une cassure double-brin, est également une étape intermédiaire d'un processus cellulaire normal, la recombinaison par crossing-over méiotique. Nous pouvons donc établir à deux niveaux des parallèles entre la mutation et la recombinaison. Tout d'abord, comme nous l'avons mentionné plus haut, la mutation et la recombinaison sont les principales sources de variation. Par ailleurs, les mécanismes de réparation et de recombinaison de l'ADN ont quelques caractéristiques communes, y compris l'utilisation de certaines protéines identiques. Pour cette raison, nous explorerons les mécanismes de la recombinaison de l'ADN et nous les comparerons à ceux de la réparation de l'ADN. La Figure 14-1 schématise les parallèles entre le crossing-over et deux sortes de réparation de mutations (l'excision et la réparation de cassures double-brin).

Nous considérerons deux grandes classes de mutations géniques :

- Les mutations affectant des paires uniques de bases dans l'ADN.
- Les mutations modifiant le nombre de copies d'une courte séquence répétée à l'intérieur d'un gène.

14.1 Les mutations ponctuelles

Les mutations ponctuelles désignent généralement les modifications de paires uniques de bases dans l'ADN ou d'un petite nombre de paires de bases adjacentes – c'est-à-dire des mutations cartographiées en une seule position ou « point », dans un gène. Nous nous intéresserons ici aux mutations ponctuelles qui modifient une seule paire de bases à la fois. Ces mutations « ponctuelles » sont quasiment les changements minima susceptibles d'être produits – des changements d'une « lettre » dans le « livre de l'ADN ». La gamme des changements possibles d'un gène de type sauvage par une mutation ponctuelle est très vaste. Pourtant, dans la majorité des cas, ces mutations provoquent une diminution ou une disparition de la fonction du gène touché (on parle de mutations perte-de-fonction), plutôt qu'une augmentation ou une amélioration (mutations gain-de-fonction). La raison en est simple : en changeant ou en enlevant au hasard l'un des composants d'une machine, il est plus facile de la casser que de modifier son mode de fonctionnement. Inversement, les mutations qui augmentent l'activité d'un gène, modifient son type d'activité ou changent le site d'expression de la protéine correspondante dans un organisme pluricellulaire sont bien plus rares.

L'origine des mutations ponctuelles

Les mutations qui surviennent sont réparties en deux catégories : les mutations *induites* et les mutations *spontanées*. Les mutations induites sont définies comme celles qui apparaissent à la suite d'un traitement délibéré par des mutagènes, des agents de l'environnement connus pour augmenter le taux de mutations. Les mutations spontanées sont créées en l'absence de traitement mutagène *connu*. Elles correspondent au « bruit de fond mutationnel » et sont sans doute la principale source de variation génétique naturelle visible dans les populations.

La fréquence d'apparitions des mutations spontanées est faible et touche généralement une cellule sur 10^5 à 10^8. Par conséquent, si l'on a besoin d'un nombre élevé de mutants pour une analyse génétique, les mutations doivent être induites. L'induction des mutations se fait à l'aide d'un traitement des cellules par des mutagènes. La création de mutations par une exposition à des mutagènes s'appelle la **mutagenèse** et on dit que l'organisme est *mutagénisé*. Les mutagènes les plus utilisés sont des radiations de forte intensité ou des produits chimiques spécifiques. Des exemples de ces mutagènes et de leur efficacité sont donnés dans le Tableau 14-1. Plus la dose de mutagène est élevée, plus le nombre de mutations induites augmente, comme on le voit dans la Figure 14-2. Remarquez que cette figure montre une réponse *linéaire* à la dose de mutagène, ce qui est fréquent lorsqu'on induit des mutations ponctuelles.

Il faut reconnaître que la distinction entre induite et spontanée tient uniquement dans la façon dont la mutation est produite. Si l'on sait qu'un organisme a été exposé à un mutagène, alors on en déduit que la majorité des mutations apparues récemment sont dues à ce mutagène. Pourtant, ce n'est pas parfaitement exact. En réalité, les mécanismes responsables de l'apparition des mutations spontanées continuent à agir dans l'organisme mutagénisé. En effet, une fraction des mutations apparues après mutagenèse sont toujours créées indépendamment de l'action du mutagène. La proportion des mutations qui appartiennent à cette catégorie dépend de la puissance du mutagène. Plus le taux de

Tableau 14-1   Fréquences de mutations obtenues avec divers mutagènes chez *Neurospora*.

Traitement mutagène	Temps d'exposition (minutes)	Survie (%)	Nombre de mutants *ad-3* pour 10^6 survivants
Pas de traitement (taux spontané)	–	100	~0,4
Aminopurine (1-5 mg/ml)	Pendant la croissance	100	3
Éthylméthanesulfonate (1 %)	90	56	25
Acide nitreux (0,05 M)	160	23	128
Rayons X (2000 r/min)	18	16	259
Méthylméthanesulfonate (20 mM)	300	26	350
UV (600 erg/mm^2/min)	6	18	375
Nitrosoguanidine (25 mM)	240	65	1500
Moutarde d'acridine ICR-170 (5 mg/ml)	480	28	2287

Note: le test mesure la fréquence de mutants ad-3. Il s'avère que ces mutants sont rouges, ce qui permet de les détecter parmi les colonies blanches *ad-3*$^+$.

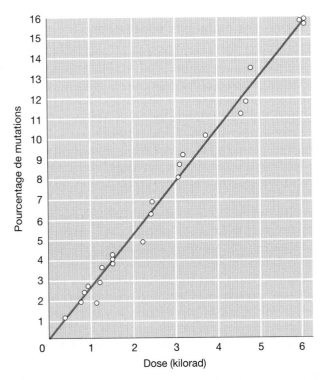

Figure 14-2 La relation linéaire entre la dose de rayons X et les mutations. Cette relation est mesurée par l'induction de mutants létaux récessifs liés au sexe chez la drosophile.

mutations induites est élevé, plus la proportion de mutations nouvelles effectivement «spontanées» est faible.

Les mutations spontanées et induites apparaissent généralement à la suite de mécanismes différents et seront donc traitées séparément. Après avoir considéré ces mécanismes, nous examinerons la réparation biologique des mutations. Sans ces mécanismes de réparation, le taux de mutation serait si élevé que les cellules accumuleraient trop de mutations pour pouvoir survivre et se reproduire. Les événements mutationnels qui se produisent réellement sont des événements rares qui n'ont pas été repérés ni corrigés par les processus de réparation.

Les types de mutations ponctuelles

Les mutations ponctuelles sont classifiées selon leur nature moléculaire dans le Tableau 14-2, qui présente les principaux types de changements dans l'ADN et leurs conséquences sur la fonction de la protéine lorsqu'ils se produisent dans la région codante d'un gène.

Il existe deux grands types de mutations ponctuelles dans l'ADN : les *substitutions de bases* et les *additions* ou *délétions de bases*. Les substitutions de bases sont les mutations dans lesquelles une paire de bases est remplacée par une autre. Elles peuvent à leur tour être divisées en deux sous-classes : les transitions et les transversions. Pour décrire ces sous-classes, nous allons considérer la façon dont une mutation modifie la séquence d'un brin d'ADN (le changement complémentaire aura lieu dans l'autre brin). Une **transition** est un remplacement d'une base par l'autre base de la même catégorie chimique (une purine remplacée par une purine : A par G ou G par A ; une pyrimidine remplacée par une pyrimidine : C par T ou T par C). Une **transversion** est l'opposé – le remplacement d'une base appartenant à une catégorie chimique par une base appartenant à l'autre catégorie (une pyrimidine remplacée par une purine : C par A, C par G, T par A, T par G ; une purine remplacée par une pyrimidine : A par C, A par T, G par C, G par T). Lorsqu'on décrit les mêmes changements pour les ADN double-brin, il faut spécifier les deux membres d'une paire de bases dans la même position relative. Un exemple de transition serait donc : $G \cdot C \rightarrow A \cdot T$ et celui d'une transversion, $G \cdot C \rightarrow T \cdot A$.

Les mutations par addition ou délétion concernent en réalité des paires de *nucléotides*, mais par convention, on les appelle des additions ou des délétions de paires de *bases*. On les désigne sous le terme collectif de *mutations indel* (pour *insertion-dél*étion). Les plus simples de ces mutations sont des additions ou des délétions d'une seule paire de bases. Certaines mutations entraînent l'addition ou la délétion simultanée de plusieurs paires de bases. Comme nous le verrons plus loin dans ce chapitre, les mécanismes qui produisent sélectivement des additions ou des délétions de multiples paires de bases sont à l'origine de certaines maladies génétiques humaines.

Tableau 14-2 Les mutations ponctuelles au niveau moléculaire.

Type de mutation	Résultat et exemples
Au niveau de l'ADN	
Transition	Purine remplacée par une purine différente ou pyrimidine remplacée par une pyrimidine différente :
	A · T → G · C → G · C → A · T C · G → T · A T · A → C · G
Transversion	Purine remplacée par une pyrimidine ou pyrimidine remplacée par une purine :
	A · T → C · G A · T → T · A G · C → T · A G · C → C · G
	T · A → G · C T · A → A · T C · G → A · T C · G → G · C
Indel	Insertion ou délétion d'une ou plusieurs paires de bases d'ADN (les bases insérées ou délétées sont soulignées) :
	AAGACTCCT → AAGA<u>G</u>CTCCT
	AA<u>G</u>ACTCCT → AAACTCCT
Au niveau protéique	
Mutation synonyme	Le codon spécifie le même acide aminé
	AGG → CGG
	Arg Arg
Mutation faux-sens	Le codon spécifie un acide aminé différent
Mutation faux-sens conservative	Le codon spécifie un acide aminé chimiquement similaire :
	AAA → AGA
	Lys Arg
	(basique) (basique)
	Ne change pas la fonction protéique dans de nombreux cas
Mutation faux-sens non conservative	Le codon spécifie un acide aminé chimiquement dissemblable :
	UUU → UCU
	Phénylalanine Sérine
	hydrophobe polaire
Mutation non-sens	Le codon signale la terminaison de la chaîne :
	CAG → UAG
	Gln Codon de
	terminaison
	ambre
Mutation par décalage du cadre de lecture	Addition d'une paire de bases (soulignée)
	AAG ACT CCT → AAG A<u>G</u>C TCC T...
	Délétion d'une paire de bases (soulignée)
	AA<u>G</u> ACT CCT → AAA CTC CT...

Les conséquences moléculaires des mutations ponctuelles sur la structure et l'expression des gènes

Quelles sont les conséquences fonctionnelles de ces différentes catégories de mutations ponctuelles ? Considérons tout d'abord ce qui se passe lorsqu'une mutation apparaît dans une partie de gène codant un polypeptide. Les substitutions d'une seule paire de bases ont plusieurs effets possibles, qui sont des conséquences directes de deux aspects du code génétique : la dégénérescence du code et l'existence de codons de terminaison de la traduction (Figure 14-3).

- **Les mutations synonymes.** La mutation change un codon spécifiant un acide aminé en un autre codon du même acide aminé. Les mutations synonymes sont également appelées mutations *silencieuses*.

- **Les mutations faux-sens.** Le codon d'un acide aminé est remplacé par le codon d'un autre acide aminé. Les mutations faux-sens sont également appelées mutations *non synonymes*.

- **Les mutations non-sens.** Le codon d'un acide aminé est remplacé par un codon de terminaison de la traduction (codon stop).

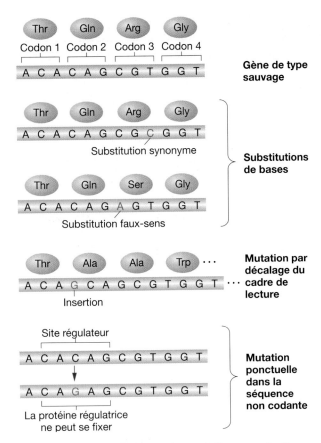

Figure 14-3 Les conséquences des mutations ponctuelles dans les gènes. Dans les quatre dessins du haut, les codons numérotés de 1 à 4 sont situés dans la région codante d'un gène.

Les substitutions synonymes ne modifient jamais la séquence d'acides aminés de la chaîne polypeptidique. La gravité des conséquences des mutations faux-sens et non-sens sur le polypeptide sera différente dans chaque cas. Par exemple, si une mutation faux-sens entraîne la substitution d'un acide aminé par un acide aminé chimiquement similaire, ce qu'on appelle **substitution conservative**, alors il est probable que la modification aura un effet moins grave sur la structure et la fonction de la protéine. À l'inverse, le remplacement d'un acide aminé par un autre chimiquement différent, que l'on appelle **substitution non conservative**, est davantage susceptible de produire des changements importants dans la structure et la fonction de la protéine concernée. Les mutations non-sens aboutissent à une terminaison prématurée de la traduction. Elles ont donc un effet considérable sur la fonction de la protéine. Plus une mutation non-sens est proche de l'extrémité 3' du cadre de lecture ouvert, plus la protéine résultante a de chances de conserver une partie au moins de son activité biologique. Cependant, de nombreuses mutations non-sens aboutissent à la synthèse de protéines sans aucune activité.

Comme les mutations non-sens, les mutations indel peuvent avoir des conséquences sur la séquence polypeptidique qui s'étend bien au-delà du site de mutation lui-même (voir Figure 14-3). Rappelons que la séquence de l'ARNm est «lue» par la machinerie de traduction selon le cadre de lecture, trois bases (un codon) à la fois. L'addition ou la délétion d'une seule paire de bases d'ADN modifie le cadre de

lecture pour le reste du processus de traduction, depuis le site de mutation de la paire de bases jusqu'au codon stop suivant dans le nouveau cadre de lecture. On appelle donc ces lésions des **mutations par décalage du cadre de lecture.** Ces mutations suppriment toute ressemblance entre la séquence d'acides aminés située en aval du site mutant lors de la traduction, et la séquence originelle d'acides aminés. Pour cette raison, les mutations par décalage du cadre de lecture conduisent en général à une perte complète de la structure et de la fonction normales de la protéine.

Tournons-nous à présent vers les mutations qui se produisent dans les séquences régulatrices et les autres séquences non codantes (voir Figure 14-3). Ces parties du gène qui ne codent pas directement la protéine contiennent de nombreux sites d'ADN essentiels pour la liaison de protéines. Ces sites sont dispersés parmi des séquences qui ne sont essentielles ni pour l'expression du gène ni pour son activité. Au niveau de l'ADN, les sites d'ancrage comprennent les sites de fixation de l'ARN polymérase et de ses facteurs associés, ainsi que les sites de liaison pour des protéines spécifiques régulatrices de la transcription. Au niveau de l'ARN se trouvent d'autres sites d'ancrage importants parmi lesquels les sites de liaison pour les ribosomes des ARNm, les sites d'épissage en 5' et en 3' pour la ligature des exons dans les ARNm eucaryotes ainsi que les sites qui régulent la traduction et ceux qui permettent l'acheminement de l'ARNm vers des zones et des compartiments spécifiques dans la cellule.

Il est bien plus difficile de prédire les conséquences des mutations dans des parties du gène autres que les segments codant les polypeptides. En général, les conséquences fonctionnelles de n'importe quelle mutation ponctuelle dans de telles régions dépendent du fait qu'elle supprime (ou crée) un site de liaison. Les mutations qui suppriment ces sites ont le potentiel de changer le profil d'expression d'un gène en modifiant la quantité de produit exprimée à un moment donné ou dans un tissu particulier ou encore en changeant la réponse à certains signaux environnementaux. De telles mutations régulatrices modifient la quantité de protéine synthétisée mais *pas* sa structure. D'autre part, certaines mutations au niveau des sites de liaison peuvent supprimer totalement une étape nécessaire à l'expression normale du gène (comme la liaison de l'ARN polymérase ou des facteurs d'épissage) et donc inactiver totalement le produit du gène ou bloquer sa formation. La Figure 14-4 présente des exemples des conséquences de différents types de mutations sur les ARNm et les protéines.

Il est important de garder à l'esprit la différence entre l'apparition d'une mutation dans un gène – c'est-à-dire un changement dans la séquence d'ADN d'un gène donné – et la détection d'un tel événement au niveau phénotypique. De nombreuses mutations ponctuelles dans les séquences non codantes entraînent un changement phénotypique faible ou nul. Ces mutations se produisent au niveau de sites localisés par exemple entre des sites de liaison pour des protéines régulatrices sur l'ADN. Ces sites peuvent devenir non fonctionnels ou d'autres sites présents dans le gène peuvent dupliquer leur fonction.

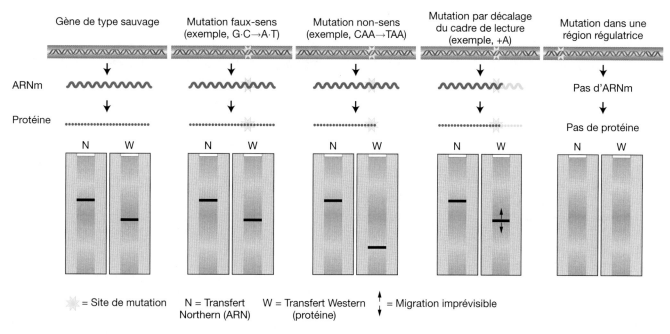

Figure 14-4 **Les effets de certaines mutations courantes.** Les conséquences de certains types courants de mutations au niveau de l'ARN et des protéines.

Les mécanismes d'induction des mutations ponctuelles

Lorsqu'on examine la distribution des mutations induites par des mutagènes différents, on peut voir que chaque mutagène se caractérise par une **spécificité mutationnelle** distincte, ou «préférence», à la fois pour un certain *type* de mutation (par exemple des transitions $G \cdot C \rightarrow A \cdot T$) et pour certains *sites* mutationnels appelés **points chauds**. Une telle **spécificité mutationnelle** a été remarquée pour la première fois au niveau du locus *rII* du bactériophage T4.

Les mutagènes induisent l'apparition de mutations par trois mécanismes différents au moins. Ils peuvent *remplacer* une base dans l'ADN, *modifier* une base de telle sorte qu'elle s'apparie spécifiquement avec une base inadéquate, ou *endommager* une base qui ne peut alors plus du tout s'apparier dans les conditions normales.

LE REMPLACEMENT DES BASES Certains composés chimiques ressemblent suffisamment aux bases azotées normales de l'ADN pour être parfois incorporés dans celui-ci à la place des bases normales. On appelle ce type de composés des **analogues de bases**. Beaucoup de ces composés ont des propriétés d'appariement différentes de celles des bases normales. Ils peuvent donc entraîner des mutations en provoquant l'insertion face à eux, de nucléotides incorrects lors de la réplication. Pour comprendre l'action des analogues de bases, nous devons d'abord considérer la tendance naturelle des bases à adopter différentes formes.

Chacune des bases de l'ADN peut exister sous plusieurs formes alternatives, appelées **tautomères**. Ce sont des isomères qui diffèrent par la position de leurs atomes, ainsi que par les liaisons de ces atomes. Les différentes formes sont en équilibre. La forme **céto** de chaque base est nor-

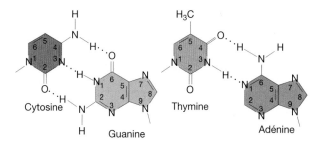

Figure 14-5 **L'appariement entre les formes normales (céto) des bases.**

malement présente dans l'ADN (Figure 14-5), tandis que les formes **imino** et **énol** des bases sont rares. Le tautomère imino ou énol peut s'apparier avec une base inadéquate, formant alors un *mésappariement*. Watson et Crick, lorsqu'ils formulèrent leur modèle de la double hélice (Chapitre 7), furent les premiers à remarquer qu'un mésappariement était susceptible de créer une mutation au cours de la réplication de l'ADN. La Figure 14-6 présente certains des mésappariements possibles à la suite du changement d'un tautomère en un autre, que l'on appelle **changement tautomérique**.

Les mésappariements peuvent apparaître spontanément mais peuvent également résulter de l'ionisation des bases. Le mutagène 5-bromouracile (5-BU) est un analogue de thymine qui possède un brome en position C-5, à la place du groupement CH_3 présent dans la thymine (Figure 14-7a). Son action mutagène est basée sur l'énolisation et l'ionisation. Dans le 5-BU, la position de l'atome de brome ne lui permet pas de former de liaisons hydrogène au cours de l'appariement des bases. Par conséquent, la forme céto du 5-BU s'apparie avec l'adénine, comme le ferait la thymine ; cet appariement est représenté dans la Figure 14-7a. Cependant,

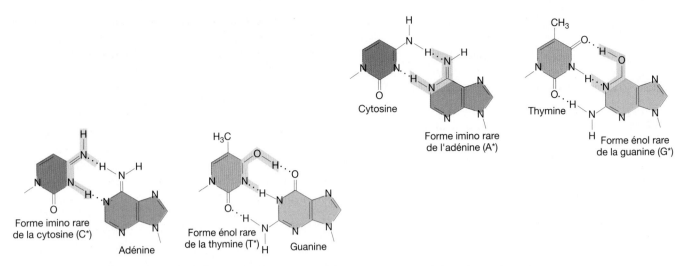

Figure 14-6 Les mésappariements de bases. Les formes tautomériques rares provoquent des mésappariements.

la présence de l'atome de brome modifie significativement la distribution des électrons dans le noyau aromatique de la base. Le 5-BU peut *fréquemment* alterner entre sa forme énol et sa forme ionisée. Ces formes énol et ionisée du 5-BU s'apparient avec la guanine (Figure 14-7b). Le 5-BU provoque des transitions $G \cdot C \rightarrow A \cdot T$ ou $A \cdot T \rightarrow G \cdot C$ au cours de la réplication selon sa forme (énol ou ionisée) dans la molécule d'ADN ou dans la base entrante. L'action mutagène du 5-BU est donc due au fait que la molécule passe la majeure partie de son temps dans sa forme énol ou sa forme ionisée.

Un autre analogue de base largement utilisé est la 2-aminopurine (2-AP). C'est un analogue de l'adénine qui peut s'apparier avec la thymine (Figure 14-8a). Dans sa forme protonée, la 2-AP peut former un mésappariement avec la cytosine (Figure 14-8b). C'est pourquoi, lorsque la 2-AP est incorporée dans l'ADN en s'appariant avec la thymine, elle peut induire des transitions $A \cdot T \rightarrow G \cdot C$ à la suite d'un mésappariement avec la cytosine au cours des réplications ultérieures. Ou bien, si la 2-AP est incorporée par un mésappariement avec la cytosine, il y aura des transitions $G \cdot C \rightarrow A \cdot T$ lorsqu'elle s'appariera avec la thymine lors des réplications suivantes. Des études génétiques ont montré que la 2-AP, comme le 5-BU, est hautement spécifique des transitions.

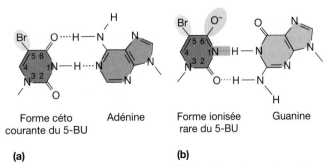

(a)   **(b)**

Figure 14-7 Les différentes possibilités d'appariement pour le 5-bromouracile (5-BU). Le 5-BU est un analogue de thymine qui peut être incorporé par erreur dans l'ADN comme une base. Sa forme ionisée s'apparie avec la guanine.

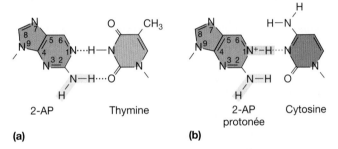

(a)   **(b)**

Figure 14-8 Les possibilités alternatives d'appariement pour la 2-aminopurine (2-AP). Cet analogue de l'adénine peut s'apparier avec la cytosine dans son état protoné (b).

LES MODIFICATIONS DES BASES Certains mutagènes ne sont pas incorporés dans l'ADN et au lieu de cela, modifient une base en provoquant un mésappariement spécifique. Certains agents alkylants tels que l'éthylméthanesulfonate (EMS) et la nitrosoguanidine (NG) fonctionnent de cette façon.

Ces agents ajoutent des groupements alkyles (un groupement éthyle dans le cas de l'EMS et un groupement méthyle dans le cas de la NG) en de nombreuses positions des quatre bases. Pourtant, l'apparition d'une mutation est bien plus probable lorsque le groupement alkyle est ajouté à l'oxygène en position 6 de la guanine, créant ainsi une O-6-alkylguanine. Cette alkylation conduit au mésappariement direct avec la thymine, comme le montre la Figure 14-9 et à des transitions $G \cdot C \rightarrow A \cdot T$ au cycle suivant de réplication. Les agents alkylants peuvent également modifier les bases des nucléotides entrants au cours de la synthèse d'ADN.

Les **agents intercalants** constituent une autre classe importante de modificateurs d'ADN. Ce groupe de composés comprend la **proflavine**, l'**acridine orange** et une classe de substances chimiques appelées **composés ICR** (Figure 14-10a). Ces agents sont des molécules planes qui ressemblent aux paires de bases et sont capables de se glisser (de *s'intercaler*) entre les bases azotées empilées au cœur de la

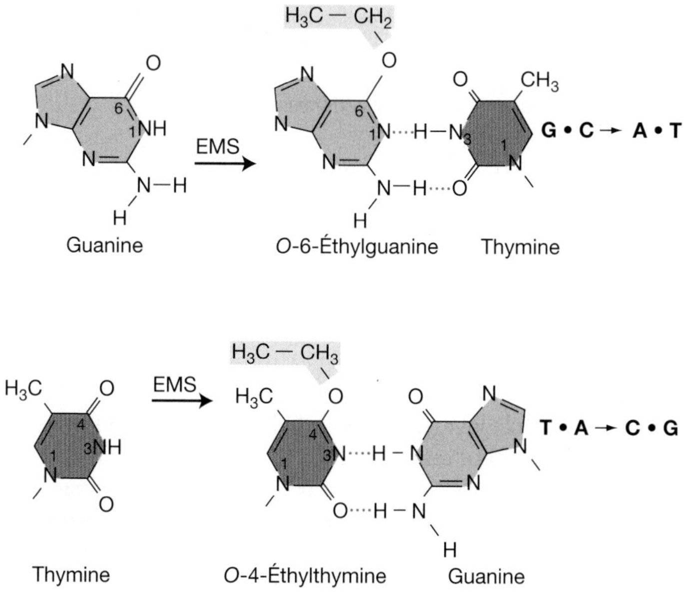

G•C → A•T

T•A → C•G

Figure 14-9 Les mésappariements spécifiques induits par l'alkylation. Un traitement par l'EMS modifie la structure de la guanine et de la thymine et conduit à des mésappariements.

double hélice d'ADN (Figure 14-10b). Dans cette position, l'agent peut provoquer des insertions ou des délétions d'une seule paire de nucléotides.

LES LÉSIONS DES BASES Un grand nombre de mutagènes *endommagent* une ou plusieurs bases, empêchant alors tout appariement spécifique de celles-ci. Le résultat est un blocage de la réplication, car l'ADN polymérase ne peut poursuivre la synthèse d'ADN au-delà d'une base endommagée de la matrice. Tant chez les Procaryotes que chez les Eucaryotes, ce type d'obstacle à la réplication peut être *franchi* grâce à l'insertion de bases non spécifiques. Chez *E. coli*, ce processus nécessite l'activation d'un système spécial, le **système SOS.** Le système SOS et d'autres mécanismes de réparation biologique seront décrits ultérieurement dans ce chapitre. Nous présenterons cependant une vue d'ensemble de ce mécanisme de réparation dans cette section car, ironie de la nature, certains mécanismes de réparation provoquent parfois eux-mêmes des mutations dans l'ADN. Le système

SOS porte ce nom car il apparaît comme une solution de secours pour empêcher la mort de la cellule en présence d'une lésion importante de l'ADN. L'induction SOS se fait en dernier ressort, ce qui permet à la cellule d'échapper à la mort au prix d'un certain niveau de mutagenèse.

Il a fallu plus de 30 ans pour comprendre comment le système SOS crée des mutations tout en permettant à l'ADN polymérase de franchir des lésions au niveau de fourches de réplication en attente. Comme nous le verrons plus loin, la lumière ultraviolette (UV) provoque des dégâts dans les bases nucléotidiques de la plupart des organismes. Une classe inhabituelle de mutants d'*E. coli* capables de survivre à une exposition aux UV sans subir de mutations supplémentaires a été isolée dans les années 1970. Le fait même que ces mutants existent suggère que certains gènes d'*E. coli* créent des mutations lorsqu'ils sont exposés à la lumière UV.

Il n'y aura pas de mutation induite par les UV lorsque les gènes *DinB, UmuC* ou *UmuD* sont mutés. On a découvert récemment que ces gènes codaient deux ADN polymérases prédisposées aux erreurs: *DinB* code l'ADN polymérase IV, alors que *UmuC* et *UmuD'* codent des sous-unités de l'ADN polymérase V. Ces polymérases contournent le blocage lors de la réplication en ajoutant des nucléotides au brin opposé aux bases endommagées. Les polymérases prédisposées aux erreurs (également appelées *polymérase EP* ou *copieurs imprécis*) ont également été observées chez des espèces variées d'Eucaryotes, allant de la levure à l'homme, chez lesquelles elles sont impliquées dans un mécanisme de tolérance aux lésions appelé *synthèse d'ADN translésionnelle* qui ressemble au système SOS de franchissement d'*E. coli*. La Figure 14-11 montre comment ces polymérases, pol τ et pol η chez l'homme, fonctionnent chez celui-ci.

Alors que les polymérases prédisposées aux erreurs semblent être présentes continuellement dans les cellules eucaryotes, elles sont induites par une exposition aux UV chez *E. coli*. La première étape du mécanisme SOS a lieu lorsque des UV induisent la synthèse d'une protéine appelée RecA. Nous détaillerons davantage cette protéine plus tard dans ce chapitre car elle joue un rôle clé dans de nombreux mécanismes de réparation et de recombinaison de l'ADN. Lorsque la polymérase assurant la réplication (ADN

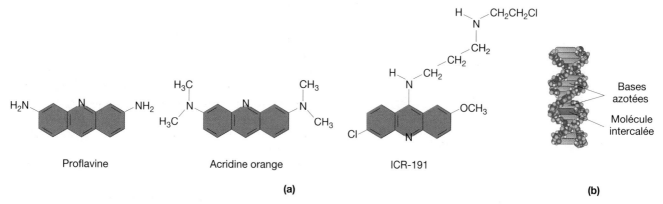

Figure 14-10 Des agents intercalants. (a) La structure des agents intercalants usuels et (b) leur interaction avec l'ADN. [D'après L. S. Lerman, *Proc. Natl. Acad. Sci. USA* 39, 1963, 94.]

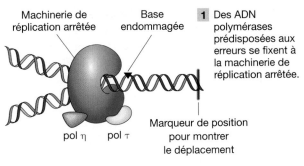

1 Des ADN polymérases prédisposées aux erreurs se fixent à la machinerie de réplication arrêtée.

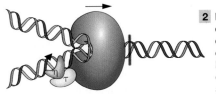

2 Leur liaison entraîne un changement conformationnel. La réplication commence. pol η ajoute des bases erronées.

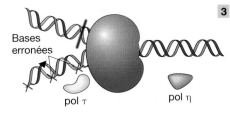

3 pol η se dissocie. pol τ continue à ajouter des bases erronées sur le brin opposé à celui contenant la base endommagée.

Figure 14-11 La synthèse translésionnelle de l'ADN. Des ADN polymérases η et τ prédisposées aux erreurs permettent à la machinerie de réplication de franchir une base endommagée volumineuse, ce qui conduit à l'incorporation de bases erronées.

polymérase III) s'arrête au niveau d'un site de lésion sur l'ADN, l'ADN situé devant la polymérase continue à être déroulé, exposant les régions de l'ADN simple-brin auxquelles se fixe la protéine de liaison aux simples-brins (SSB pour *single strand-binding protein* en anglais). Ensuite, des protéines RecA la rejoignent et forment un filament protéine-ADN. Ce filament de RecA est la forme biologique active de la protéine. Dans cette situation, RecA joue le rôle d'un signal qui déclenche l'induction de la polymérase prédisposée aux erreurs et l'attire au niveau de la fourche en arrêt.

L'action des mutagènes qui créent des bases incapables de former des paires de bases stables dépend donc du système SOS et de systèmes similaires, car l'incorporation de nucléotides incorrects nécessite l'activation du système SOS. La catégorie des mutagènes SOS-dépendants est importante car elle contient la plupart des agents provoquant des cancers (carcinogènes), tels que la lumière ultraviolette (UV) et l'aflatoxine B_1. De nombreuses études ont été menées sur la relation entre les mutagènes et les carcinogènes. Le lien entre mutation et cancer sera traité en détail au Chapitre 17.

Figure 14-12 Les photoproduits créés par les UV. Les photoproduits qui réunissent des pyrimidines adjacentes dans l'ADN provoquent très souvent des mutations. [Figure de gauche adaptée de E. C. Friedberg, *DNA Repair*. Copyright 1985 par W. H. Freeman and Company. Figure de droite d'après J. S. Taylor et al.]

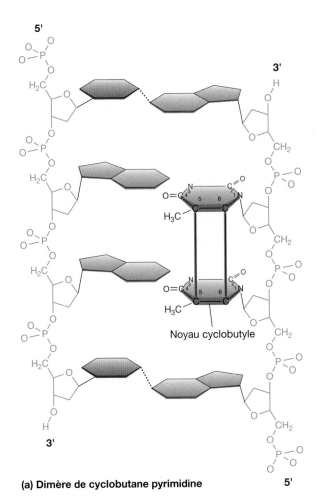

(a) Dimère de cyclobutane pyrimidine

(b) Photoproduit 6-4

La lumière ultraviolette crée de nombreux types distincts de lésions dans l'ADN, appelés *photoproduits*, du grec photo qui signifie «lumière». Les deux lésions les plus susceptibles de produire des mutations sont celles qui relient des pyrimidines adjacentes dans le même brin. Ces lésions sont le photodimère de cyclobutane pyrimidine et le photoproduit 6-4. Dans le cas du dimère de cyclobutane pyrimidine, la lumière ultraviolette stimule la formation d'un noyau cyclobutyle à quatre atomes (représenté en vert dans la Figure 14-12a) entre deux pyrimidines adjacentes sur le même brin d'ADN, en agissant sur les doubles liaisons 5,6. Le photoproduit 6-4 (Figure 14-12b) se forme entre les positions C-6 et C-4 de deux pyrimidines adjacentes, le plus souvent 5'-CC-3' et 5'-TC-3'. Les photoproduits créés par les UV perturbent fortement la structure locale de la double hélice. Ces lésions interfèrent avec l'appariement normal des bases. Par conséquent, l'induction du système SOS est nécessaire à la mutagenèse. Les bases incorrectes sont insérées en face des photoproduits créés par les UV en position 3' du dimère. La transition C → T est la mutation la plus fréquente, mais d'autres substitutions de bases (transversions) et des décalages de cadres de lecture sont également induits par la lumière UV, de même que des duplications et des délétions plus grandes.

L'**aflatoxine B₁ (AFB₁)** est un puissant carcinogène isolé pour la première fois dans des arachides infectées par un champignon. L'aflatoxine se fixe en position N-7 de la guanine (Figure 14-13). La formation de ce produit d'addition conduit à la cassure de la liaison entre la base et le sucre, libérant ainsi la base et créant un **site apurinique** (Figure 14-14). Les études menées sur les sites apuriniques produits *in vitro* ont démontré que le franchissement de ces sites par le système SOS conduisait fréquemment à l'insertion préférentielle d'une adénine en face d'un site apurinique. Ceci laisse prévoir que les agents responsables de dépurination au niveau de résidus guanine devraient induire préférentiellement des transversions G · C→T · A.

> **MESSAGE** Les mutagènes induisent des mutations par différents mécanismes. Certains mutagènes ressemblent aux bases normales et sont incorporés dans l'ADN, où ils peuvent former des mésappariements. D'autres endommagent des bases qui sont ensuite identifiées de manière incorrecte par l'ADN polymérase au cours de la réplication, produisant ainsi des mésappariements.

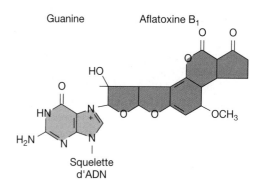

Figure 14-13 La liaison à l'ADN de l'aflatoxine B₁ un produit du métabolisme.

14.2 Les mutations spontanées

L'origine des changements héréditaires spontanés a toujours fait l'objet d'un grand intérêt. L'une des premières questions soulevées par les généticiens était de savoir si les mutations spontanées sont induites en réponse à des stimuli externes ou si des variants sont présents à une fréquence faible dans la plupart des populations. L'analyse chez les bactéries des mutations qui confèrent une résistance à des agents spécifiques de l'environnement que les types sauvages ne tolèrent pas en temps normal est un système expérimental idéal pour étudier cette question importante.

Le test de fluctuation de Luria et Delbrück

L'une des expériences menées par Salvador Luria et Max Delbrück en 1943 eut une influence particulière sur notre compréhension de la nature des mutations, non seulement chez les bactéries, mais chez les organismes en général. On savait à l'époque que si l'on étalait des bactéries *E. coli* sur une boîte de Pétri contenant un milieu nutritif en présence du phage T1, le phage infectait et tuait rapidement les bactéries. Pourtant, rarement mais régulièrement, on observait des colonies résistantes à l'attaque du phage. Ces colonies étaient stables et apparaissaient donc comme de véritables mutants. On ignorait cependant si ces mutants étaient produits spontanément mais de manière aléatoire au cours du

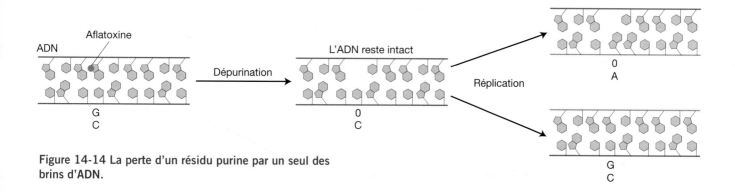

Figure 14-14 La perte d'un résidu purine par un seul des brins d'ADN.

temps ou si la présence du phage induisait un changement physiologique responsable de cette résistance.

Luria suggéra que si ces mutations se produisaient spontanément, on devait s'attendre à en observer à différents moments et dans des cultures variées. Ainsi, le nombre résultant de colonies résistantes par culture devrait présenter une forte variation (ou «fluctuation» selon le terme de Luria). Il affirma plus tard avoir eu cette idée en regardant les résultats obtenus par ses collègues jouant sur des machines à sous lors d'une soirée organisée par la faculté dans une discothèque locale; d'où le terme de *mutation «jackpot»*.

Luria et Delbrück conçurent leur «**test de fluctuation**» de la manière suivante: ils inoculèrent 20 petites cultures contenant chacune quelques cellules et les incubèrent jusqu'à obtenir 10^8 cellules par millilitre. Au même moment, une culture de grande taille fut également inoculée et incubée jusqu'à contenir 10^8 cellules par millilitre. Les 20 cultures individuelles et les 20 échantillons de la même taille issus de la culture de grande taille furent ensuite étalés en présence de phages. Les 20 cultures individuelles présentaient une variation élevée du nombre de colonies résistantes: 11 boîtes n'avaient aucune colonie résistante et les autres boîtes en avaient respectivement 1, 1, 3, 5, 5, 6, 35, 64 et 107. Les 20 échantillons issus de la culture de grande taille présentaient une variation bien plus faible d'une boîte à l'autre et toutes comportaient de 14 à 26 colonies résistantes. Si le phage était

responsable de l'induction des mutations, il n'y aurait pas dû y avoir une telle fluctuation entre les cultures individuelles, car elles avaient toutes subi la même exposition au phage. La meilleure explication était que les mutations apparaissent de manière aléatoire au cours du temps: les mutations les plus précoces donnent les nombres les plus élevés de cellules résistantes car elles ont le temps de produire de nombreux descendants résistants. Les mutations les plus tardives produisent peu de cellules résistantes (Figure 14-15b).

Cette analyse élégante suggérait que les cellules résistantes sont sélectionnées par l'agent environnemental (dans ce cas, le phage) au lieu d'être produites par celui-ci. L'existence de mutants dans une population avant sélection pouvait-elle être démontrée directement? Cette démonstration fut permise par l'utilisation d'une technique appelée **réplique sur velours**, mise au point par Joshua et Esther Lederberg en 1952. Une population de bactéries est étalée sur un milieu non sélectif – c'est-à-dire sans phage – et une colonie se développe à partir de chaque cellule. Cette boîte est appelée *boîte matrice*. Un morceau stérile de velours est appuyé légèrement contre la surface de la boîte matrice et le velours fixe des cellules dès qu'il y a une colonie (Figure 14-16). De cette façon, le velours porte une «empreinte» des colonies présentes sur toute la boîte. En appliquant le velours contre des boîtes répliques contenant un milieu sélectif (c'est-à-dire des phages T1), les cellules tombant du

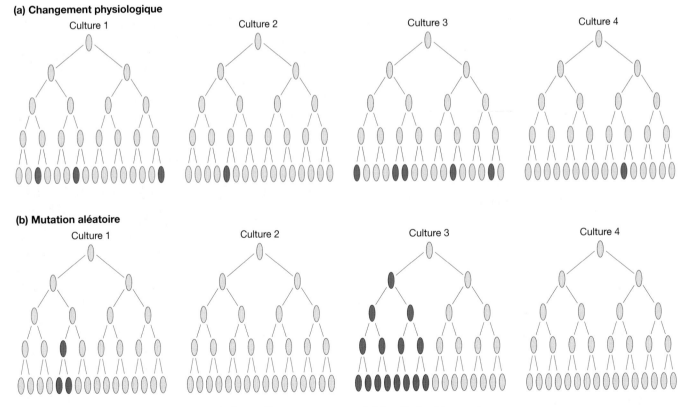

(a) Changement physiologique

Culture 1   Culture 2   Culture 3   Culture 4

(b) Mutation aléatoire

Culture 1   Culture 2   Culture 3   Culture 4

Figure 14-15 Les hypothèses du «test de fluctuation». Ces lignées cellulaires illustrent les prédictions des deux hypothèses opposées sur l'origine des cellules résistantes.
[D'après G. S. Stent et R. Calendar, *Molecular Genetics*, 2e éd. W. H. Freeman and Company, 1978.]

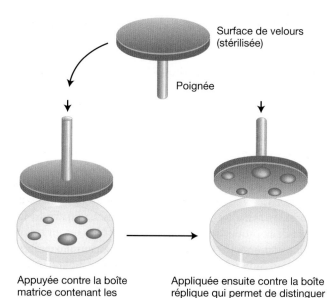

Figure 14-16 La technique de la réplique sur tampon de velours. Cette technique permet d'identifier les colonies mutantes sur une boîte matrice, d'après leur comportement sur des boîtes contenant un milieu sélectif. [D'après G. S. Stent et R. Calendar, *Molecular Genetics*, 2ᵉ éd. W. H. Freeman and Company, 1978.]

velours sont inoculées dans ces boîtes répliques aux mêmes positions relatives que leurs colonies d'origine dans la boîte matrice. Comme prévu, de rares colonies mutantes résistantes furent observées sur les boîtes répliques, mais les multiples boîtes répliques présentaient des motifs identiques de colonies résistantes (Figure 14-17). Si les mutations étaient

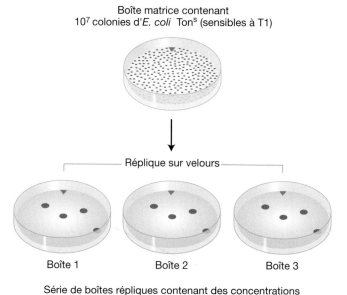

Figure 14-17 La technique de réplique sur velours permet de démontrer la présence de mutants avant la sélection. Ce sont les mêmes colonies qui apparaissent sur les trois répliques, ce qui prouve que les colonies résistantes existaient sur la boîte matrice. [D'après G. S. Stent et R. Calendar, *Molecular Genetics*, 2ᵉ éd. W. H. Freeman and Company, 1978.]

apparues *après* l'exposition aux agents sélectifs, les motifs de colonies observés sur les boîtes auraient été aussi aléatoires que les mutations. Par conséquent, on a pu conclure que les événements mutationnels se sont produits avant l'exposition à l'agent de sélection.

> **MESSAGE** La mutation est un processus aléatoire. N'importe quel allèle, de n'importe quelle cellule peut être touché à n'importe quel moment.

La réplique sur velours est devenue une technique classique en génétique microbienne. Elle est utile pour rechercher les mutants qui *ne poussent pas* dans les conditions de sélection utilisées. La position d'une colonie absente sur la réplique sert à repérer le mutant sur la boîte matrice. Par exemple, la réplique sur velours est idéale pour identifier des mutants auxotrophes. Elle constitue en général un moyen de conserver une série de souches d'origine sur une boîte matrice, tout en soumettant simultanément des répliques à des tests variés, sur des milieux sélectifs distincts ou dans des conditions environnementales différentes.

Les mécanismes des mutations spontanées

Nous savons désormais que les mutations spontanées apparaissent de différentes façons, y compris à la suite d'erreurs lors de la réplication de l'ADN, de lésions spontanées et comme nous l'avons vu au Chapitre 13, de l'insertion d'éléments transposables. Les mutations spontanées sont très rares, ce qui rend très difficile la détermination des mécanismes responsables. Comment dès lors réussir à identifier les processus gouvernant les mutations spontanées ? Même si ces mutations sont rares, certains systèmes de sélection permettent d'obtenir des mutations spontanées et de les caractériser au niveau moléculaire – par exemple en déterminant leur séquence d'ADN. D'après la nature de ces changements de séquence, on peut déduire des renseignements sur les processus responsables de ces mutations spontanées.

LES LÉSIONS SPONTANÉES Les lésions qui apparaissent naturellement dans l'ADN, qu'on appelle des **lésions spontanées**, peuvent causer des mutations. Deux des lésions spontanées les plus courantes sont la dépurination et la désamination, la dernière étant la plus fréquente.

Nous avons appris plus haut que l'aflatoxine induisait la **dépurination**, qui est la perte d'une base purique. Cependant, la dépurination peut également se produire spontanément. Une cellule de mammifère perd spontanément près de 10 000 purines de son ADN durant les 20 heures de son temps de génération à 37 °C. Si ces lésions persistaient, elles provoqueraient de sérieux dégâts génétiques car, au cours de la réplication, les sites apuriniques ainsi produits ne pourraient spécifier la base complémentaire de la purine d'origine, laissant cette dernière non appariée. Toutefois, comme nous l'avons mentionné plus haut dans ce chapitre, dans certaines conditions une base peut être insérée face à un site apurinique ; cette insertion conduit cependant souvent à une mutation.

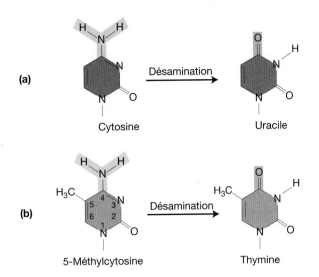

Figure 14-18 La désamination (a) de la cytosine et (b) de la 5-méthylcytosine.

La **désamination** de la cytosine produit de l'uracile (Figure 14-18a). Des résidus uracile non réparés s'apparie-ront avec de l'adénine au cours de la réplication, provoquant la conversion d'une paire G · C en une paire A · T (une transition G · C→A · T). La désamination de la 5-méthyl-cytosine peut également se produire (Figure 14-18b). (Chez les Procaryotes et les Eucaryotes, certaines bases sont méthy-lées en temps normal.) La désamination de la 5-méthylcy-tosine produit de la thymine (5-méthyluracile). Par consé-quent, les transitions C→T produites par désamination sont également observées fréquemment au niveau des sites de 5-méthylcytosine. L'analyse de la séquence d'ADN des points chauds des transitions G · C→A · T dans le gène *lacI* a montré que des résidus 5-méthylcytosine étaient présents au niveau de chaque point chaud. Certaines des données provenant de l'étude de *lacI* sont reprises dans la Figure 14-19. La hauteur de chaque barre du graphique représente la fréquence des mutations au niveau de chacun des nombreux

sites étudiés. On peut voir que les positions des résidus 5-méthylcytosine sont étroitement corrélées avec la plupart des sites mutables.

Les **bases endommagées par oxydation** constituent un troisième type de lésion spontanée susceptible de provoquer des mutations. Les formes d'oxygène actif, telles que les radi-caux superoxyde ($O_2 \cdot^-$), le peroxyde d'hydrogène (H_2O_2) et les radicaux hydroxyle (OH·) sont des sous-produits du métabolisme aérobie normal. Ces types d'oxygène peuvent provoquer des lésions oxydatives dans l'ADN, ainsi que dans les précurseurs de l'ADN (tels que le GTP), ce qui crée des mutations. Ce type de mutations a été mis en cause dans de nombreuses maladies génétiques humaines. La Figure 14-20 montre deux produits de lésion oxydative. L'un est un résidu thymine endommagé et l'autre, un résidu guanosine endom-magé. La 8-oxo-7-hydrodésoxyguanosine (8-oxodG, ou « GO ») forme fréquemment un mésappariement avec A, ce qui aboutit à un niveau élevé de transversions G→T.

LES ERREURS LORS DE LA RÉPLICATION DE L'ADN
Les erreurs effectuées par la machinerie de réplication de l'ADN sont une autre source de mutations.

Les substitutions de bases Aucune réaction chimique n'est parfaitement efficace. De ce fait, une erreur lors de la réplica-tion de l'ADN peut se produire lorsqu'une paire inadéquate de nucléotides (par exemple A · C) se forme au cours de la

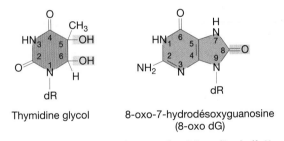

Thymidine glycol   8-oxo-7-hydrodésoxyguanosine (8-oxo dG)

Figure 14-20 Des bases endommagées à la suite de l'attaque de l'ADN par des radicaux oxygène.

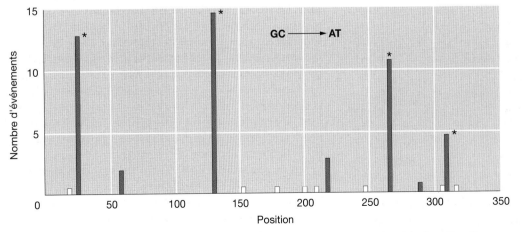

Figure 14-19 Les positions où la 5-méthylcytosine est fréquente (points chauds) chez *E. coli*.
Les mutations non-sens qui se produisent en 15 sites différents de *lacI* ont été notées. Toutes ont provoqué une transition G · C → A · T. Les astérisques (*) signalent les positions des 5-méthylcytosines. Les colonnes blanches représentent des sites au niveau desquels des transitions pourraient se produire mais où aucune mutation de ce type n'a eu lieu. [D'après C. Coulondre, J. H. Miller, P. J. Farabaugh et W. Gilbert, *Nature* 274, 1978, 775.]

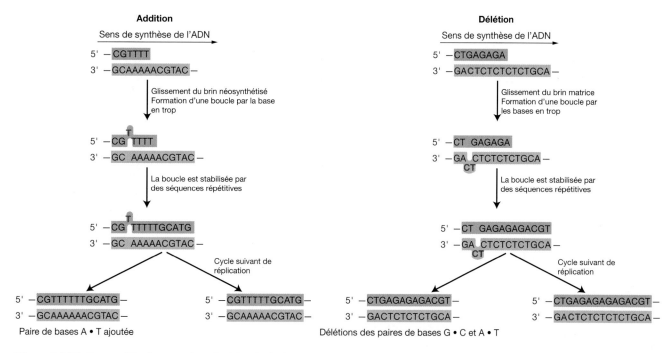

Figure 14-21 Un modèle de mutations indel créant des décalages du cadre de lecture. dr = désoxyribose.

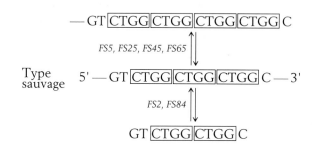

synthèse d'ADN, conduisant à une substitution de base. Nous avons vu plus haut dans ce chapitre qu'il existe plusieurs formes de chaque base appelées *tautomères* et que le changement d'une forme tautomérique en une autre peut aboutir à un mésappariement au cours de la réplication de l'ADN.

Les insertions et délétions de bases Bien que certaines erreurs lors de la réplication produisent des mutations par substitution de bases, d'autres types d'erreurs au cours de ce processus peuvent provoquer l'apparition de **mutations indel** – c'est-à-dire, des insertions ou des délétions d'une ou plusieurs paires de bases. Lorsque ces mutations ajoutent ou enlèvent un nombre de bases qui n'est pas divisible par trois, elles entraînent un décalage du cadre de lecture dans les régions codantes des gènes. La séquence nucléotidique au niveau des points chauds des mutations par décalage du cadre de lecture a été déterminée dans le gène codant le lysozyme du phage T4. Ces mutations se produisent souvent dans des séquences répétées. Le modèle actuel (Figure 14-21) propose que les mutations indel apparaissent lorsque des boucles formées dans des régions simple-brin sont stabilisées par un «appariement décalé» de séquences répétées au cours de la réplication. Ce mécanisme est parfois appelé *glissement réplicatif*. Dans le gène *lacI* d'*E. coli*, certains points chauds résultent de séquences répétées, comme le prédit ce modèle. La Figure 14-22 représente la distribution des mutations spontanées dans le gène *lacI*. Remarquez à quel point un site domine la distribution. Dans le gène *lacI*, le principal point chaud des mutations indel est une séquence de quatre paires de bases (CTGG) répétées trois fois en tandem chez le type sauvage (pour plus de simplicité, seul un brin d'ADN est représenté):

La majorité des mutations au niveau de ce site (représentées ici par les mutations *FS5*, *FS25*, *FS45* et *FS65*) résulte de l'addition d'un groupe supplémentaire des quatre bases CTGG. Une minorité d'entre elles (représentées ici par les mutations *FS2* et *FS84*) résulte de la perte d'un des groupes de quatre bases CTGG.

Comment peut-on expliquer ces observations? Le modèle prédit que la fréquence d'une mutation indel particulière dépend du nombre de paires de bases susceptibles de se former au cours de l'appariement décalé des séquences répétées. La séquence de type sauvage indiquée pour *lacI* peut faire glisser une séquence CTGG et la faire sortir. Cette structure est ensuite stabilisée grâce à la formation de neuf paires de bases. (Appliquez le modèle de la Figure 14-21 à la séquence indiquée pour *lacI*.) Si le glissement a lieu respectivement sur le brin matrice ou sur le brin néosynthétisé, il s'ensuivra une délétion ou une addition.

Les délétions de grande taille (de plus de quelques paires de bases) représentent une part importante des mutations spontanées comme le montre la Figure 14-22. La majorité des délétions se produit au niveau de séquences répétées. La Figure 14-23 montre 9 délétions analysées au niveau de la séquence d'ADN dans le gène *lacI* d'*E. coli*. D'autres études ont montré que les points chauds des délétions se trouvent

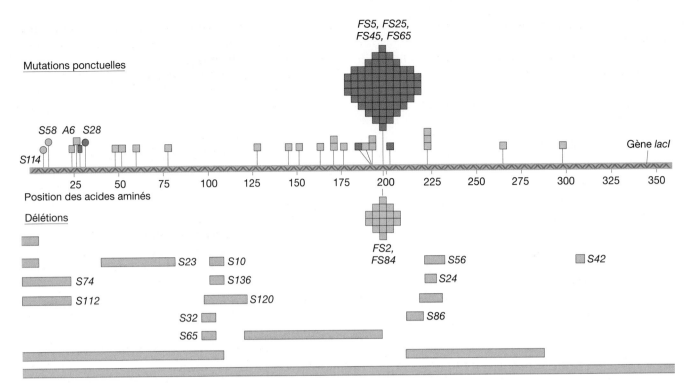

Figure 14-22 La distribution de 140 mutations spontanées dans *lacI*. Les carrés correspondent aux positions des mutations ponctuelles. Les carrés rouges symbolisent les mutations qui réversent facilement. Les délétions sont représentées en jaune. Les cercles correspondent aux mutants présentant des délétions et des insertions plus grandes. Les numéros d'allèles font référence aux mutants séquencés.
[D'après P. J. Farabaugh, U. Schmeissner, M. Hofer et J. H. Miller, *Journal of Molecular Biology* 126, 1978, 847.]

dans les séquences répétées les plus longues. Des duplications de segments d'ADN ont également été observées chez de nombreux organismes. Comme les délétions, elles se produisent souvent au niveau de répétitions de séquences.

Il faut noter que, en plus de leur création par un glissement réplicatif, les délétions et les duplications peuvent apparaître à la suite d'une recombinaison homologue décalée entre des copies des répétitions.

> **MESSAGE** Les mutations spontanées peuvent être produites par plusieurs processus différents. Les erreurs de réplication et les lésions spontanées créent respectivement la plupart des mutations par substitution de base et des mutations indel.

S74, S112	75 bases

```
CAATTCAGGGTGGTGAATGTGAAACC------CGCGTGGTGAACCAGG
```

Site (N°. des bp)	Répétition de séquence	Nbre de bases délétées	Nombre d'événements	
20 à 95	GTGGTGAA	75	2	S74, S112
146 à 269	GCGGCGAT	123	1	S23
331 à 351	AAGCGGCG	20	2	S10, S136
316 à 338	GTCGA	22	2	S32, S65
694 à 707	CA	13	1	S24
694 à 719	CA	25	1	S56
943 à 956	G	13	1	S42
322 à 393	Aucune	71	1	S120
658 à 685	Aucune	27	1	S86

Figure 14-23 Une analyse des délétions dans *lacI* dans les régions contenant des séquences répétées. Dans les délétions qui se produisent dans *S74* et *S112*, l'une des deux séquences répétées et toutes les séquences intermédiaires sont délétées, ce qui aboutit à la même séquence.
[D'après P. J. Farabaugh, U. Schmeissner, M. Hofer et J. H. Miller, *Journal of Molecular Biology* 126, 1978, 847.]

Les mutations spontanées chez l'homme – les maladies provoquées par des répétitions trinucléotidiques

L'analyse de la séquence d'ADN a révélé des mutations géniques responsables de nombreuses maladies humaines héréditaires. Un grand nombre de ces maladies sont dues aux substitutions attendues d'une base ou d'une paire de bases de type indel. Cependant, certaines mutations sont plus complexes. Plusieurs maladies humaines sont dues à des **duplications** de courtes séquences répétées.

Un mécanisme courant responsable de nombreuses maladies génétiques est l'amplification de répétitions de 3 paires de bases. Pour cette raison, on les qualifie de maladies dues à des **répétitions trinucléotidiques**. L'une des maladies humaines appelée *syndrome du X fragile* en est un exemple. Ce syndrome est la forme la plus courante de retard mental héréditaire. Il touche près de 1 garçon sur 1 500 et 1 fille sur 2 500. Il se manifeste dans les cellules par un site fragile dans le chromosome X, qui se casse *in vitro*. Le syndrome du X fragile est dû à des changements du nombre de répétitions $(CGG)_n$ dans une région du gène *FMR-1* qui est transcrite mais non traduite (Figure 14-24a).

De quelle façon le nombre de répétitions est-il corrélé au phénotype de la maladie ? Les êtres humains présentent généralement une variation considérable du nombre de répétitions CGG dans le gène *FMR-1*, qui va de 6 à 54, avec 29 répétitions dans l'allèle le plus fréquent. Parfois, des parents et des grands-parents non affectés ont des descendants atteints du syndrome du X fragile. Les descendants présentant les symptômes de la maladie ont un nombre très élevé de répétitions, qui va de 200 à 1 300 (voir Figure 14-24b). Les parents et grands-parents non affectés possèdent également un nombre d'exemplaires de la répétition supérieur à la moyenne, compris cependant seulement entre 50 et 200. Pour cette raison, on dit que ces ascendants portent des *pré-mutations*. Les répétitions dans ces allèles pré-mutés ne sont pas suffisantes pour faire apparaître le phénotype de la maladie. Toutefois, ces allèles sont bien moins stables (c'est-à-dire que le nombre de répétitions augmente plus facilement) que les allèles normaux. Ils conduisent donc à une expansion encore plus importante chez les descendants. (Il semblerait qu'en général, plus le nombre de répétitions augmente, plus l'allèle est instable.)

Le mécanisme proposé pour la création de ces répétitions est un appariement décalé au cours de la synthèse d'ADN, comme dans le cas de l'expansion de la répétition au niveau du point chaud de *lacI* dont nous avons parlé plus haut. Cependant, la fréquence extraordinairement élevée de mutations au niveau des répétitions trinucléotidiques dans le syndrome du X fragile suggère que dans les cellules humaines, au-delà d'un seuil d'environ 50 répétitions, la machinerie de réplication ne peut plus répliquer fidèlement la séquence correcte, ce qui aboutit à de grandes variations dans le nombre de répétitions.

D'autres maladies telles que la chorée de Huntington (voir Chapitre 2) sont également associées à l'augmentation du nombre de répétitions trinucléotidiques dans un gène. Ces maladies ont plusieurs points communs. Dans la chorée de Huntington par exemple, le gène HD de type sauvage comporte une séquence répétée, souvent dans la région codante du gène, et la mutation s'accompagne d'une expansion considérable de cette région répétée. La gravité de la maladie est corrélée au nombre de copies répétées.

La chorée de Huntington et la maladie de Kennedy (également appelée *atrophie musculaire bulbaire et médullaire liée à l'X*) résultent de l'amplification d'une répétition de trois paires de bases – dans ce cas, une répétition de CAG. Les personnes non atteintes ont en moyenne 19 à 21 répétitions CAG dans ce gène, contre 46 pour les malades. Dans la maladie de Kennedy qui se caractérise par une atrophie et une faiblesse musculaires progressives, l'expansion de la répétition trinucléotidique a lieu dans le gène qui code le récepteur des androgènes.

Les caractéristiques partagées par certaines maladies dues à des répétitions trinucléotidiques suggèrent un

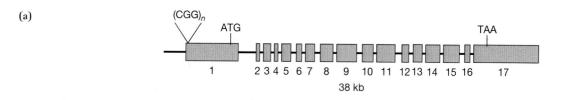

Figure 14-24 Le gène *FMR-1* impliqué dans le syndrome du X fragile. (a) La distribution des exons dans le gène et la répétition CGG en amont. (b) La transcription et la méthylation dans un allèle normal, un allèle ayant subi une pré-mutation et un allèle nul (inactivé complètement). Les cercles rouges représentent des groupements méthyle. [W. T. O'Donnell et S. T. Warren, *Ann. Rev. Neuroscience* 25, 2002, 315-338, Figure 1.]

mécanisme commun qui produit les phénotypes anormaux. Tout d'abord, un grand nombre de ces maladies semblent inclure une neurodégénérescence – c'est-à-dire la mort de cellules dans le système nerveux. De plus, dans ces maladies, les répétitions trinucléotidiques sont en phase avec le cadre de lecture ouvert des transcrits de ces gènes, ce qui conduit à des augmentations ou des diminutions du nombre de répétitions d'un acide aminé unique dans le polypeptide (par exemple, des répétitions de CAG codent la polyglutamine). Ce n'est donc pas accidentellement que ces maladies provoquent une augmentation d'unités de trois paires de bases, c'est-à-dire de la taille d'un codon.

Mais cette explication n'est pas valable pour toutes les maladies dues à des répétitions trinucléotidiques. Après tout dans le syndrome du X fragile, l'expansion trinucléotidique se produit près de l'extrémité 5' de l'ARNm de *FMR-1*, *avant* le site de début de la transcription. Par conséquent, on ne peut pas attribuer aux anomalies phénotypiques dues aux mutations de *FMR-1* un effet sur la structure de la protéine. L'une des clés du problème avec les gènes *FMR-1* mutants est que, au contraire du gène normal, ils sont hyperméthylés. Cette hyperméthylation est une caractéristique associée aux gènes inactivés au niveau de la transcription (voir Figure 14-24b). D'après ces découvertes, on suppose que l'augmentation du nombre de répétitions conduit à des changements dans la structure de la chromatine qui inactivent la transcription du gène mutant (voir Chapitre 10). Un élément en faveur de ce modèle est la découverte du fait que le gène *FMR-1* est délété chez certains patients atteints du syndrome du X fragile. Ces observations tentent à indiquer une mutation perte-de-fonction.

> **MESSAGE** Les maladies dues à des répétitions trinucléotidiques apparaissent à la suite de l'expansion du nombre de copies d'une séquence de trois paires de bases normalement présente en plusieurs exemplaires, souvent dans la région codante d'un gène.

14.3 Les mécanismes biologiques de la réparation

Les cellules vivantes ont élaboré une série de systèmes enzymatiques qui réparent les lésions de l'ADN de différentes façons. Le taux faible de mutations spontanées est un indicateur de l'efficacité de ces systèmes de réparation. On peut imaginer le taux de mutations spontanées comme étant à un point d'équilibre entre le taux auquel apparaissent les lésions pré-mutationnelles et le taux auquel les systèmes de réparation reconnaissent ces lésions et restaurent la séquence normale des bases. La déficience de l'un de ces systèmes peut conduire à un taux de mutation plus élevé que la moyenne comme nous le verrons plus tard.

Examinons à présent certains de ces systèmes de réparation, à commencer par la réparation sans erreur. Dans le cas de ce mécanisme, deux choses peuvent se produire :

• Le système de réparation répare chimiquement les lésions touchant la base d'ADN.

• Le système de réparation introduit une délétion au niveau de l'ADN endommagé et utilise une séquence complémentaire existante comme matrice pour restaurer la séquence normale.

Le retour à l'état antérieur

La façon la plus directe de réparer une lésion est de l'inverser, en régénérant la base normale (Figure 14-25a). Cette inversion n'est pas toujours possible, car certains types de lésions sont quasiment irréversibles. Un photodimère mutagène résultant de l'action de la lumière UV en est un exemple. Le photodimère de cyclobutane pyrimidine peut être réparé par une enzyme appelée *photolyase*. Cette enzyme se fixe au photodimère et le scinde en deux en présence de certaines longueurs d'onde de la lumière visible, pour redonner les bases d'origine (Figure 14-26). Ce mécanisme de réparation s'appelle *réparation par la lumière* ou *photoréparation*. La photolyase ne peut agir dans le noir, aussi d'autres voies de réparation sont-elles nécessaires pour supprimer ces dégâts dus aux UV en l'absence de lumière visible.

Les alkyltransférases sont également des enzymes qui inversent directement les lésions. Elles enlèvent certains groupements alkyles qui ont été ajoutés en position O-6 de la guanine (voir Figure 14-9) par des mutagènes tels que la nitrosoguanidine et l'éthyl méthanesulfonate. La méthyltransférase d'*E. coli* a été étudiée en détail. Cette enzyme transfère le groupement méthyle de l'O-6-méthylguanine

(a) Réversion directe

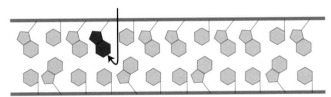

(b) Excision et remplacement de la base

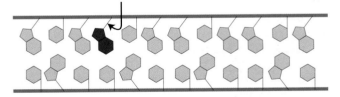

(c) Retrait et remplacement du segment contenant la base

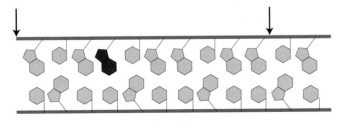

Figure 14-25 Trois types de réparation d'ADN comportant une base endommagée.

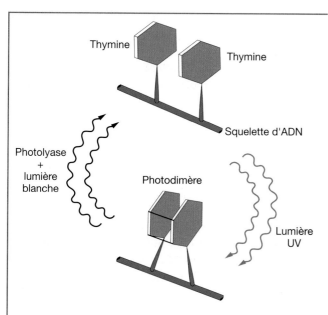

Figure 14-26 L'induction et le retrait d'un photodimère de pyrimidine induit par des UV.

La réparation par excision de bases La réparation par excision de bases (voir Figure 14-25b) est effectuée par **des ADN glycosylases** qui clivent des liaisons base-sucre, libérant ainsi les bases endommagées et produisant des sites apuriniques ou apyrimidiques. Une enzyme appelée endonucléase AP coupe ensuite le squelette sucre-phosphate auquel il manque une base. Une troisième enzyme, la désoxyribophosphodiestérase nettoie le squelette en enlevant un segment de résidus sucre-phosphate voisins, ce qui permet ensuite à l'ADN polymérase de combler la brèche avec des nucléotides complémentaires de l'autre brin. L'ADN ligase relie ensuite les nouveaux nucléotides au squelette (Figure 14-27).

Il existe de nombreuses ADN glycosylases. L'une d'entre elles, l'uracil-ADN glycosylase retire l'uracile de l'ADN. Les résidus uracile, qui apparaissent à la suite de la désamination spontanée de la cytosine (voir Figure 14-18) peuvent conduire à une transition C→T s'ils ne sont pas réparés. La présence d'une thymine (5-méthyluracile) plutôt que d'un uracile face à l'adénine dans l'ADN est avantageuse, car elle permet la reconnaissance de ces événements spontanés de désamination de la cytosine comme anormaux. Les résidus anormaux peuvent alors être excisés et réparés. Si l'uracile était un composant normal de l'ADN, une telle réparation serait impossible.

à un résidu cystéine de la protéine. Cependant ce transfert inactive l'enzyme, de sorte que ce système de réparation peut être saturé si le niveau d'alkylation devient trop élevé.

Les systèmes de réparation dépendant de l'homologie

L'un des fondements des systèmes génétiques cellulaires est la complémentarité des séquences nucléotidiques. (Rappelons que l'analyse génétique repose elle aussi en grande partie sur ce principe.) Certains systèmes importants de réparation exploitent les propriétés de complémentarité antiparallèle pour restaurer des segments endommagés d'ADN afin qu'ils retrouvent leur état intact antérieur. Dans ces systèmes, un segment d'une chaîne d'ADN est retiré et remplacé par un segment néosynthétisé complémentaire du brin opposé au brin matrice. Ces systèmes dépendent de la complémentarité ou homologie entre le brin matrice et le brin réparé, c'est pourquoi on les appelle **systèmes de réparation dépendant de l'homologie**. Cette réparation utilise une matrice, aussi les règles de la réplication de l'ADN garantissent-elles une réplication à haute fidélité, c'est-à-dire *sans erreur*. Il existe deux systèmes essentiels de réparation sans erreur dépendant de l'homologie. L'un d'eux (la réparation par excision) répare les dégâts détectés avant la réplication. L'autre (la réparation post-réplicationnelle) répare des lésions repérées au cours du processus de réplication ou après celui-ci.

LES VOIES DE RÉPARATION PAR EXCISION Au contraire des exemples d'inversion directe de lésions décrits plus hauts, la réparation par excision comprend le retrait et le remplacement de bases.

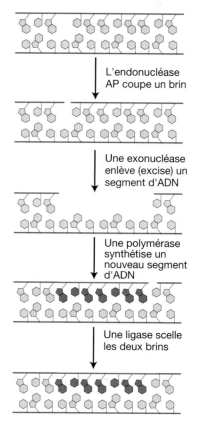

Figure 14-27 La réparation des sites AP (apuriniques ou apyrimidiques). Les endonucléases AP reconnaissent les sites AP et coupent la liaison phosphodiester. Un segment d'ADN est enlevé par une exonucléase, la brèche résultante est comblée par l'ADN polymérase I en utilisant le brin complémentaire comme matrice et refermée par l'ADN ligase.

[D'après B. Lewin, *Genes*. Copyright 1983 par John Wiley.]

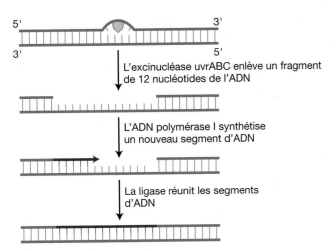

Figure 14-28 La réparation par excision de nucléotides. La réparation d'une région d'ADN contenant un dimère de thymidine. Ce dimère est représenté en bleu et la nouvelle région d'ADN en rouge.

La réparation par excision de nucléotides La réparation par excision de bases peut corriger uniquement les bases endommagées qui peuvent être retirées par une ADN glycosylase spécifique. Pourtant, il existe plus de façons d'endommager des bases que de glycosylases pour enlever celles-ci. Un autre système est donc nécessaire pour réparer les dégâts sur lesquels les glycosylases ne peuvent pas intervenir. Plutôt que de reconnaître une base endommagée particulière, le **système de réparation par excision de nucléotides** détecte les déformations de la double hélice dues à la présence d'une base anormale (voir Figure 14-25c). Parmi les mutations provoquant ce type de déformation se trouvent les dimères de pyrimidine créés par la lumière UV et l'addition d'aflatoxine aux résidus guanine. La détection d'une déformation amorce un processus de réparation en plusieurs étapes impliquant un grand nombre de protéines. Chez *E. coli*, un complexe constitué de trois activités enzymatiques codées par les gènes *uvrABC* détecte la déformation et coupe le brin endommagé au niveau de deux sites présents de part et d'autre de la lésion (Figure 14-28). L'excinucléase uvrABC, comme on l'appelle, excise précisément 12 nucléotides : 8 d'un côté de la lésion et 4 de l'autre côté. La brèche de 12 nucléotides est ensuite comblée par l'ADN polymérase I, qui utilise le brin matrice pour synthétiser une copie exacte de la séquence originale d'ADN. L'ADN ligase soude ensuite le nouvel oligonucléotide aux bases voisines.

> **MESSAGE** La réparation par excision de bases et la réparation par excision de nucléotides sont des mécanismes de réparation dépourvus d'erreur qui reconnaissent et enlèvent des bases mal appariées avant la réplication et utilisent le brin d'ADN complémentaire non endommagé comme modèle pour la réparation.

La réparation couplée à la transcription chez les Eucaryotes Comme chez les Procaryotes, la réparation eucaryote sans erreur implique des systèmes distincts de réparation par excision de bases et de réparation par excision de nucléotides. Les systèmes de réparation de l'ADN chez les Eucaryotes sont hautement conservés de la levure à l'homme et pour

cette raison, la levure s'est révélée être un modèle très utile. Comme nous le verrons plus tard dans ce chapitre, plusieurs maladies humaines sont dues à des mutations dans certains des gènes qui codent les protéines de réparation.

Chez la levure, la réparation par excision de nucléotides est effectuée par le réparosome, néologisme désignant un complexe de multiples sous-unités constitué de plus de 20 polypeptides différents. Le réparosome est capable de reconnaître l'ADN endommagé, d'exciser environ 30 nucléotides autour de la lésion et de combler la brèche en utilisant le brin complémentaire comme matrice (Figure 14-29). On a remarqué que ce système réparait préférentiellement le brin matrice (transcrit) d'ADN. Comment ce réparosome peut-il « savoir » lequel des brins est transcrit et lequel ne l'est pas ? Ceci pourrait être dû au fait que sept des polypeptides du réparosome sont également des sous-unités de l'appareil élémentaire de transcription qui est capable de différencier le brin matrice d'ADN de son brin complémentaire (décrit au Chapitre 8). Dans l'un des modèles, la présence de la lésion dans l'ADN conduit à la dissociation de l'appareil élémentaire de transcription et à l'assemblage du réparosome. De cette façon sans doute, un gène mutant sera réparé avant de pouvoir être transcrit.

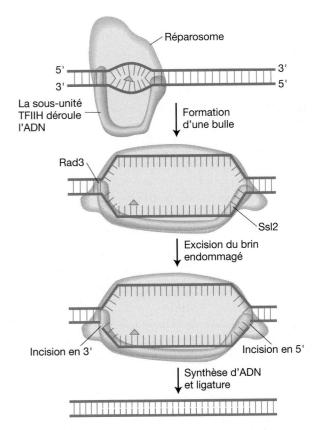

Figure 14-29 La réparation par excision de nucléotides chez les Eucaryotes. Dans cet exemple, un dimère de pyrimidine (triangle) provoque un renflement qui est reconnu par un réparosome. Différentes protéines du réparosome fabriquent une bulle simple-brin et l'un des simples-brins est coupé et resynthétisé.

[Adapté de *Encyclopedia of Life Sciences*, 2001, E. C. Friedberg, « Nucleotide Excision Repair in Eukaryotes », Figure 1.]

Pourquoi est-il important de coupler transcription et réparation? Exceptées les cellules à forte division chez *E. coli* et la plupart des autres Procaryotes, la majorité des cellules d'un organisme pluricellulaire en sont à un stade terminal de différenciation et ne se divisent plus. La réparation couplée à la réplication n'est donc pas possible. Ces cellules ne sont pas mortes cependant. Leurs gènes sont transcrits activement en ARNm qui à leur tour sont traduits en protéines. L'ADN endommagé dans ces cellules doit également être réparé, car des mutations dans certains gènes peuvent avoir des conséquences dramatiques sur la santé de l'organisme entier. Comme nous le verrons au Chapitre 17, la plupart des tumeurs cancéreuses se développent à partir de cellules somatiques qui ont subi des mutations non réparées.

LA RÉPARATION POST-RÉPLICATIONNELLE Certains systèmes de réparation sont capables de reconnaître des erreurs qui se produisent généralement au cours de la réplication mais ne sont pas corrigées par la fonction de correction d'épreuves 3' → 5' (*proofreading* en anglais) de la polymérase réplicative. Un exemple, appelé système de **réparation des mésappariements**, peut détecter ce type d'erreurs. Les systèmes de réparation des mésappariements doivent accomplir au moins trois tâches:

1. Reconnaître les paires de bases mal appariées.
2. Déterminer la base incorrecte à l'intérieur du mésappariement.
3. Exciser la base incorrecte et effectuer une synthèse réparatrice.

La deuxième propriété de ce système est essentielle. À moins d'être capable de distinguer les bases correctes des bases incorrectes, le système de réparation des mésappariements ne peut déterminer la base à exciser pour empêcher l'apparition d'une mutation. Si par exemple, un mésappariement G-T se produit à la suite d'une erreur de réplication, comment le système peut-il déterminer qui de G ou de T est la base incorrecte? Toutes deux sont des bases normales de l'ADN. Toutefois, les erreurs de réplication produisent des mésappariements sur le brin néosynthétisé. Ce système sait donc que c'est la base de ce brin qui doit être reconnue et excisée.

Le système de réparation des mésappariements est bien caractérisé chez les bactéries. Nous avons vu au Chapitre 10 que l'ADN bactérien est méthylé. Cette méthylation se déroule normalement après la réplication. Pour différencier le brin ancien (matrice) du brin néosynthétisé, le système bactérien de réparation se sert du retard dans la méthylation de la séquence suivante:

5'-G-A-T-C-3'
3'-C-T-A-G-5'

L'enzyme responsable de la méthylation est l'**adénine méthylase**, qui crée une 6-méthyladénine sur chaque brin. Il faut cependant à l'adénine méthylase plusieurs minutes pour reconnaître et modifier les séquences GATC néosynthétisées. Durant cet intervalle, le système de réparation des mésappariements peut fonctionner, puisqu'il peut à ce moment distinguer l'ancien brin du nouveau grâce à la présence ou à l'absence

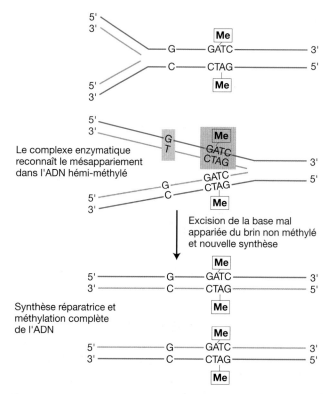

Figure 14-30 Un modèle de réparation des mésappariements chez *E. coli*. L'ADN est méthylé au niveau des résidus A dans la séquence GATC. La réplication de l'ADN produit un ADN double-brin *hémi-méthylé* qui persiste jusqu'à ce que la méthylase puisse modifier le brin néosynthétisé. Le système de réparation des mésappariements effectue toutes les corrections nécessaires d'après la séquence présente dans le brin méthylé (matrice originelle). [D'après E. C. Friedberg, *DNA Repair*. Copyright 1985 par W. H. Freeman and Company, New York.]

de méthylation. La méthylation en position 6 de l'adénine n'affecte pas l'appariement des bases et fournit un marquage commode, qui peut être détecté par d'autres systèmes enzymatiques. La Figure 14-30 montre la fourche de réplication au cours de la correction d'un mésappariement. Remarquez que juste après la réplication, seul le brin ancien est méthylé au niveau des séquences GATC. Une fois le site de mésappariement identifié, le système de réparation corrige l'erreur.

Le système de réparation des mésappariements a également été mis en évidence chez l'homme. La Figure 14-31 présente un modèle de correction du système de réparation des mésappariements chez l'homme. L'une des cibles importantes de ce système est constituée de courtes séquences répétées dont le nombre peut être augmenté ou réduit au cours de la réplication grâce au mécanisme d'appariement décalé décrit précédemment (voir Figure 14-21). On a montré que des mutations dans certains des composants de cette voie étaient responsables de plusieurs maladies humaines, en particulier de cancers. Il existe plusieurs milliers de courtes répétitions (microsatellites) dans l'ensemble du génome. Bien que la plupart soient situées dans des régions non codantes (puisque la majeure partie du génome est non codante), quelques-unes sont présentes dans des gènes essentiels pour une croissance et un développement normaux de l'organisme.

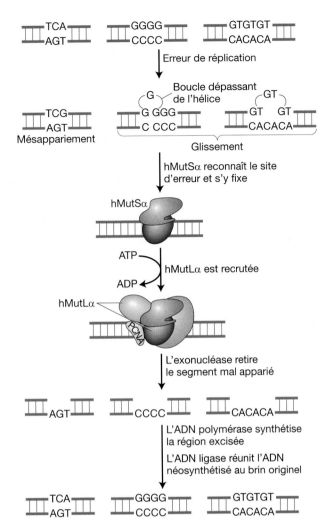

Figure 14-31 Un modèle de réparation des mésappariements chez l'homme. Des erreurs survenant lors de la réplication telles que des régions mal appariées et des boucles créées par un glissement réplicatif peuvent être retirées et repolymérisées par les protéines représentées. [Adapté de *Encyclopedia of Life Sciences*, 2001, P. Karran, «Human Mismatch Repair: Defects and Predisposition to Cancer», Figure 1.]

MESSAGE Le système de réparation des mésappariements corrige des erreurs au cours de la réplication auxquelles n'a pas remédié la fonction de correction d'épreuves de l'ADN polymérase réplicative. La réparation est limitée au brin néosynthétisé, qui est reconnu par la machinerie de réplication chez les Procaryotes parce qu'il est dépourvu de marqueurs de méthylation.

La réparation des cassures double-brin

Comme nous l'avons vu, la complémentarité de l'ADN est une ressource importante, exploitée par de nombreux systèmes de correction dépourvus d'erreur. Une telle réparation sans erreur se caractérise par deux étapes: (1) le retrait de l'ADN endommagé et de l'ADN voisin appartenant à un brin de la double hélice et (2) l'utilisation de l'autre brin comme matrice pour la synthèse d'ADN nécessaire pour combler la brèche simple-brin. Pourtant, que se passe-t-il si les *deux* brins de la double hélice sont endommagés de telle sorte que la complémentarité ne peut plus être utilisée? Cela est possible par exemple si les deux brins de la double hélice se sont cassés au niveau de sites proches. Une mutation de ce type s'appelle une **cassure double-brin**. Si elles ne sont pas réparées, ces cassures double-brin peuvent provoquer différentes aberrations chromosomiques aboutissant à la mort de la cellule ou à un état pré-cancéreux.

Il faut noter que certains processus cellulaires normaux qui comportent des réarrangements de l'ADN possèdent cette capacité d'introduire des cassures double-brin. La création d'anticorps dans les cellules du système immunitaire des mammifères en est un exemple. Un autre exemple est celui de la recombinaison méiotique, qui utilise des cassures double-brin pour créer de la diversité génétique. Comme nous le verrons dans le reste de ce chapitre, la cellule utilise beaucoup de protéines et de voies similaires pour réparer les cassures double-brin et effectuer la recombinaison méiotique. Pour cette raison, nous commencerons par nous intéresser aux mécanismes moléculaires qui réparent les cassures double-brin avant de nous tourner vers le mécanisme de la recombinaison méiotique.

Les cassures double-brin peuvent apparaître spontanément (par exemple, en réponse à certaines formes réactives de l'oxygène) ou être induites par des radiations ionisantes. Deux mécanismes distincts sont utilisés pour réparer ces lésions qui peuvent être létales: la recombinaison par réunion d'extrémités homologues et la recombinaison par réunion d'extrémités non homologues.

LA RÉUNION D'EXTRÉMITÉS NON HOMOLOGUES Comme nous l'avons mentionné plus haut, la réparation de l'ADN est importante pour empêcher les mutations pré-cancéreuses de se produire dans des cellules d'organismes pluricellulaires qui ne se divisent plus. Pourtant, lorsqu'une cassure double-brin a lieu dans des cellules qui ont arrêté de se diviser, la réparation sans erreur n'est pas possible car aucune source d'ADN non endommagé ne peut servir de matrice pour une nouvelle synthèse d'ADN. En effet, la complémentarité ne peut être exploitée car les deux brins de l'hélice d'ADN sont endommagés et, en l'absence de réplication, il n'y a pas de chromatide sœur. Cependant, comme c'était le cas pour la synthèse translésionnelle prédisposée aux erreurs (qui comprend le système SOS d'*E. coli*), les conséquences d'une réparation imparfaite peuvent être moins dangereuses pour la cellule que la persistance de la lésion non réparée. Dans ce cas, il vaut mieux réunir les extrémités libres afin qu'elles n'entraînent pas de réarrangements chromosomiques, même si cela signifie qu'une partie de la séquence peut être perdue. La réunion de ces extrémités est exécutée par un mécanisme appelé *réunion des extrémités non homologues*, qui comprend les trois étapes décrites dans la Figure 14-32. Ces étapes sont la fixation de trois protéines (KU70, KU80 et une grosse protéine kinase dépendante de l'ADN) aux extrémités cassées, suivie de l'égalisation des extrémités afin qu'elles puissent être réunies. Chez les mammifères, plusieurs des protéines impliquées dans cette voie participent

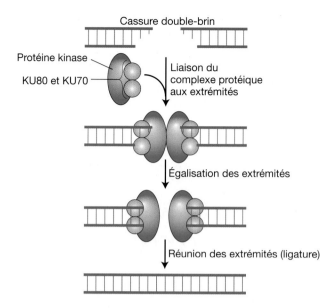

Figure 14-32 Le mécanisme de la réunion d'extrémités non homologues lors des cassures double-brin. Il s'agit d'un mécanisme prédisposé aux erreurs.

également aux réactions de réunion des extrémités, lors des réarrangements programmés des gènes d'anticorps.

LA RECOMBINAISON HOMOLOGUE Le mécanisme de la recombinaison homologue se sert de la chromatide sœur pour réparer les cassures double-brin. Pour cette raison, la réparation est généralement dépourvue d'erreur. Le mécanisme de la recombinaison homologue est représenté dans la Figure 14-33. Les étapes clés sont la fixation de protéines spécialisées et d'enzymes aux extrémités cassées, l'égalisation des extrémités 5' pour exposer des régions simple-brin et le recouvrement de ces régions par des protéines qui comprennent un homologue de RecA, RAD51. Rappelons qu'au cours de la réponse SOS, des monomères de RecA s'associent à des régions d'ADN simple-brin pour former de longs filaments hélicoïdaux. De la même façon, la protéine RAD51 forme de longs filaments à mesure qu'elle s'associe à la région simple-brin exposée. Le filament RAD51-ADN participe ensuite à une recherche remarquable de la chromatide sœur non endommagée afin que sa séquence complémentaire serve de matrice pour la synthèse d'ADN. Une fois la région complémentaire repérée, une *molécule mixte* se forme entre l'ADN double-brin endommagé et son homologue intact. Les séquences absentes du brin endommagé sont alors copiées d'après la chromatide sœur complémentaire.

> **MESSAGE** Les cassures double-brin sont extrêmement dangereuses car elles peuvent provoquer des réarrangements chromosomiques qui conduisent à la mort cellulaire ou à une croissance et un développement aberrants. Les cellules qui ne se divisent plus réunissent efficacement les extrémités des cassures double-brin à l'aide d'un processus prédisposé aux erreurs appelé *réunion d'extrémités non homologues*. Les cellules qui se divisent utilisent la recombinaison homologue lors de laquelle les extrémités libres envahissent la région homologue de la chromatide sœur afin d'amorcer la synthèse d'ADN et une réparation sans erreur.

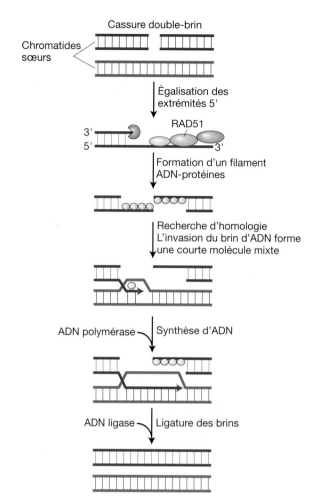

Figure 14-33 La réparation d'une cassure double-brin par recombinaison homologue. Après une cassure double-brin, une enzyme digère progressivement les extrémités 5', laissant des bouts saillants en 3' qui sont alors recouverts de protéines, dont RAD51, un homologue de RecA. Un segment de la chromatide sœur (en bleu) est utilisé comme matrice pour réparer la cassure.

[D'après D. C. van Gent, J. H. J. Hœijmakers et R. Kandar, *Nature Reviews: Genetics* 2, 2001, 196-206.]

14.4 Le mécanisme du crossing-over méiotique

Notre discussion à propos des cassures double-brin nous conduit naturellement à aborder le sujet du crossing-over lors de la méiose. Ceci est dû au fait que dans le modèle moléculaire actuel du crossing-over, une cassure double-brin débute l'événement de crossing-over. Les détails moléculaires du déroulement du crossing-over sembleront très familiers après la discussion précédente sur la réparation des cassures double-brin.

Le crossing-over est un processus remarquablement précis. Il se produit entre deux chromatides homologues non-sœurs. Un certain type de machinerie cellulaire s'empare de ces deux gros assemblages moléculaires, les casse à la même position relative puis les réunit suivant un nouvel arrangement qui évite toute perte ou tout gain de matériel génétique par les deux chromatides. Le mécanisme moléculaire semble comporter deux étapes clés :

1. **Une cassure double-brin.** L'une des preuves les plus convaincantes est que la transformation d'un génome de levure par un plasmide est multipliée par 1 000 lorsque le plasmide est coupé pour qu'il devienne linéaire. Les extrémités de l'ADN coupé semblent être *recombinogènes*, c'est-à-dire qu'elles induisent la recombinaison.

2. **La formation d'un ADN double-brin hétérologue** (ou hétéroduplex d'ADN). Il s'agit d'un type hybride de molécule d'ADN constitué d'un seul brin d'ADN d'une chromatide provenant d'un parent et d'un brin d'une chromatide provenant de l'autre parent.

Le premier élément en faveur d'un ADN double-brin hétérologue fut également fourni par la génétique, plus spécialement par l'analyse d'asques. Les octades sont particulièrement informatives pour indiquer l'existence d'un ADN double-brin hétérologue lors des crossing-over. Nous avons vu au Chapitre 2 que chez les champignons, un croisement *A* × *a* crée un méiocyte monohybride *A/a* dont on attend une ségrégation avec un rapport 1:1 dans les produits méiotiques selon la loi de la ségrégation égale. En effet, on remarque ce rapport 1:1 dans la plupart des méiocytes de champignon : on observe 4 *A* et 4 *a*. Toutefois, dans de rares méiocytes (généralement de l'ordre de 0,1 à 1 %) on peut trouver l'un des quatre types de rapports aberrants, ce qui fournit les éléments nécessaires pour construire un modèle de crossing-over utilisant un ADN double-brin hétérologue. Les rapports aberrants sont les suivants :

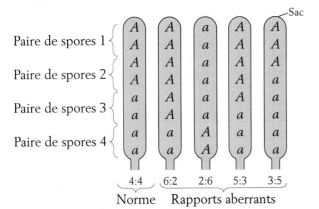

Ces asques possèdent tous plus de 4 copies d'un génotype. Ce résultat est inattendu si l'on se base sur la première loi de Mendel à propos de la ségrégation égale. On dit que le ou les quelques cas «supplémentaires» ont subi une **conversion de gènes** du type sauvage vers le type mutant ou inversement. Tous les rapports aberrants doivent être expliqués mais nous allons nous concentrer sur deux d'entre eux, 5:3 et 6:2, car leur explication repose sur les mêmes éléments que tous les autres.

Le rapport 5:3 est particulièrement intéressant car dans cette octade se trouve une paire de *spores sœurs non identiques*. (Rappelons que l'étape post-méiotique de la mitose est supposée produire des cellules sœurs de génotype identi-

que.) Les génotypes non identiques de spores sœurs ont dû apparaître à partir d'un ADN double-brin hétérologue dans le produit méiotique, c'est-à-dire un ADN avec un segment dans lequel un brin est la séquence nucléotidique de l'allèle *A* et l'autre brin, la séquence nucléotidique de l'allèle *a*. Après la mitose, les deux cellules sœurs résultant de la division d'un tel noyau contenant un ADN double-brin hétérologue seront différentes, l'une possédera *A* et l'autre *a*.

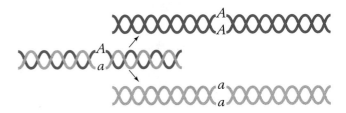

Supposons que *A* et *a* diffèrent par une seule paire de bases. Cette paire de bases est par exemple G · C dans *A* et A · T dans *a*. Supposons en outre que pour un gène donné, il soit rare qu'un seul ADN double-brin hétérologue se forme lors de la méiose transformant alors la paire A · T dans l'un des produits en G · T (nous en verrons bientôt le mécanisme). Nous pouvons alors représenter ainsi les produits de la méiose :

1. G · C   2. G · C   3. **G · T**   4. A · T

Après la mitose post-méiotique, l'octade résultante sera :

1. G · C   2. G · C   3. G · C   4. G · C
5. **G · C**   6. **A · T**   7. A · T   8. A · T

qui est le rapport 5:3 observé.

Cependant, d'après ce que nous avons appris dans ce chapitre, nous savons que la paire G · T de l'ADN double-brin hétérologue est un candidat pour la réparation des mésappariements. Supposons qu'un tel système de réparation excise le T de l'ADN double-brin hétérologue GT et insère à la place un C, ce qui conduit à la paire GC. Dans cet asque, il y aura un rapport 3:1 de GC:AT et l'octade présentera un rapport 6:2.

Dans les méioses qui produisent des rapports aberrants, on a observé l'existence d'un crossing-over entre les gènes flanquants, à des fréquences nettement supérieures à celles attendues. Il semble donc probable que la formation de l'ADN double-brin hétérologue puisse faire partie du processus normal de crossing-over. De plus, sans doute par hasard, le gène hétérozygote étudié se trouve rarement impliqué dans les événements moléculaires qui conduisent à la conversion des gènes. Tous ces éléments ont conduit au modèle de cassure double-brin, qui est l'un des modèles de crossing-over impliquant un ADN double-brin hétérologue.

Ce modèle est présenté dans la Figure 14-34. Une cassure double-brin se produit dans une chromatide *a* et la digestion progressive des extrémités aboutit à de courtes régions d'ADN simple-brin. L'extrémité 3' de l'un de ces brins «envahit» une chromatide *A*. L'envahisseur amorce la synthèse de ses bases manquantes en utilisant le brin antiparallèle de la chromatide *A* comme matrice. Cette nouvelle synthèse déplace une boucle simple-brin qui s'hybride avec

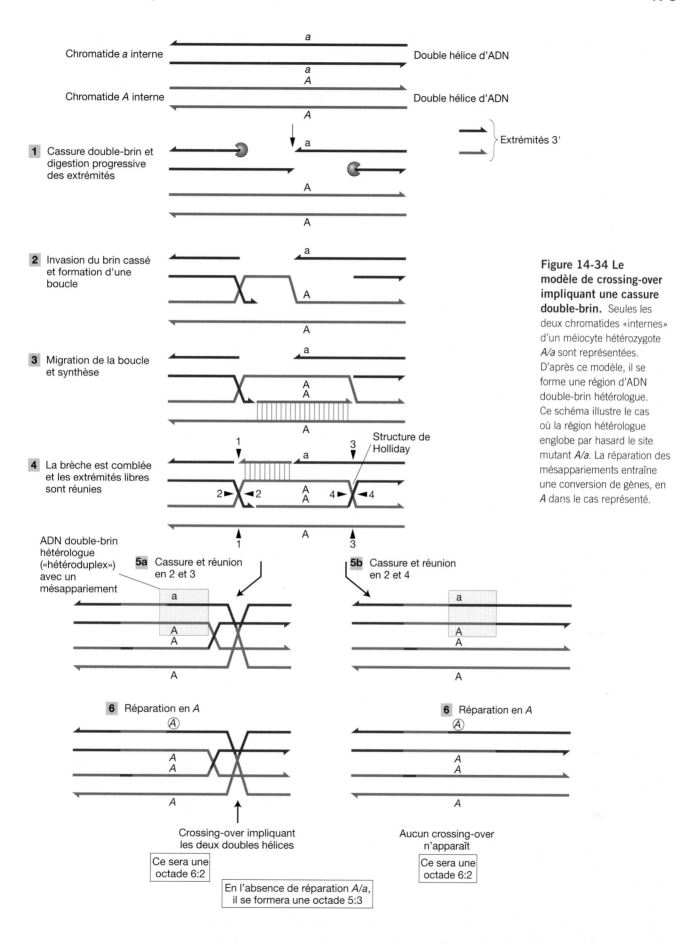

Figure 14-34 Le modèle de crossing-over impliquant une cassure double-brin. Seules les deux chromatides «internes» d'un méiocyte hétérozygote A/a sont représentées. D'après ce modèle, il se forme une région d'ADN double-brin hétérologue. Ce schéma illustre le cas où la région hétérologue englobe par hasard le site mutant A/a. La réparation des mésappariements entraîne une conversion de gènes, en A dans le cas représenté.

le simple-brin contenant *a*, formant alors une courte région d'ADN double-brin hétérologue «*Aa*» qui sert de matrice pour restaurer les bases manquantes sur ce brin. Le remplissage des brèches par l'activité polymérasique et la réunion des extrémités de l'ADN par la ligase aboutissent à une structure particulière qui ressemble à deux crossing-over simple-brin. Remarquez que cette structure contient également l'ADN double-brin hétérologue unique qui est nécessaire.

Les crossing-over impliquant un brin de chaque double-brin sont appelés *structures de Holliday*, d'après le nom de Robin Holliday qui fut le premier à proposer ce modèle dans les années 1960. La preuve physique (par opposition à la preuve génétique) des structures de Holliday a été obtenue indépendamment. Ces structures sont instables et disparaissent de deux manières possibles. En simplifiant, disons qu'elles peuvent être supprimées par une cassure «horizontale» ou «verticale» et une réunion des simples-brins, comme on le voit dans la figure. L'une des résolutions (suppressions) aboutit à un crossing-over réciproque double-brin (représenté à gauche) et l'autre à l'absence de crossing-over (à droite). L'association avec les crossing-over s'explique donc ainsi. Remarquez que si l'ADN double-brin hétérologue est formé à la suite d'une cassure double-brin sur l'autre chromatide, cela explique les rapports 3:5 et 2:6.

Notez une fois encore les mécanismes moléculaires impliqués dans le crossing-over, qui semblent avoir été «détournés» des processus de réparation et de mutation. Bien que ces enzymes aient sans aucun doute évolué à partir de la réparation des mutations, elles ont été utilisées à de nouvelles fins.

> **MESSAGE** Une cassure double-brin sur une chromatide conduit à deux jonctions simple-brin de Holliday de part et d'autre d'une région d'ADN double-brin hétérologue. La suppression de cette structure moléculaire globale peut conduire à un crossing-over double-brin réciproque. La réparation ou l'absence de réparation de l'ADN double-brin hétérologue aboutit à un rapport 6:2 ou 5:3.

La recombinaison entre les allèles d'un gène

Lors d'un croisement entre deux allèles mutants, par exemple $a' \times a''$, l'ADN double-brin hétérologue peut englober un site mutant, ou même deux. Un tel ADN double-brin hétérologue pourrait être:

$$----a^+----- + -----$$
$$----- + -----a^-----$$

La réparation des mésappariements en au moins un site, reformant la séquence d'origine, conduirait à un simple-brin réparé de type sauvage. Ces recombinants intragéniques peuvent être repérés de plusieurs façons. Lors des croisements entre des micro-organismes auxotrophes, il y aurait des prototrophes, qui pourraient être détectés simplement grâce à un étalement sur un milieu minimum.

RÉPONSES AUX QUESTIONS CLÉS

● **Quelle est la nature moléculaire des mutations?**

Une grande proportion des mutations correspond à des changements, des additions, des délétions d'une base ou d'un petit nombre de bases dans la séquence génique. Ces changements peuvent provoquer un changement d'acide aminé (mutations faux-sens) ou produire un nouveau codon stop (mutations non-sens). Les additions ou les délétions peuvent entraîner des mutations par décalage du cadre de lecture.

● **Comment certains types de radiations et de produits chimiques peuvent-ils provoquer des mutations?**

En agissant sur l'ADN et en le modifiant chimiquement. Les changements les plus courants sont les remplacements, les modifications ou les lésions de bases.

● **Les mutations induites sont-elles différentes des mutations spontanées?**

Les mutations spontanées sont très souvent le résultat d'erreurs commises par des enzymes cellulaires. Un large spectre de changements peut en résulter. Certains mutagènes peuvent également produire de nombreux types de changements, mais un grand nombre d'entre eux entraînent principalement un changement donné tel qu'une transition $C \cdot G \rightarrow A \cdot T$.

● **Une cellule peut-elle réparer des mutations?**

Oui. Certains systèmes de réparation sont très efficaces pour restaurer la séquence originelle. D'autres sont prédisposés aux erreurs: ils convertissent l'événement chimique responsable en une mutation permanente.

● **Quel est le mécanisme moléculaire du crossing-over?**

Dans le meilleur modèle actuel, une cassure double-brin dans une chromatide provoque la formation d'une paire de jonctions de Holliday simple-brin qui peuvent être supprimées pour former un crossing-over standard dans une structure en double hélice. Un ADN double-brin hétérologue est formé au cours de ce processus, et s'il englobe un gène hétérozygote, on peut observer des rapports d'asques aberrants.

● **Les systèmes de réparation des mutations participent-ils au crossing-over?**

Oui, certaines étapes du modèle double-brin (telles que les cassures double-brin, l'activité exonucléasique, la réparation des mésappariements, l'activité polymérasique et l'activité ligase) ressemblent beaucoup à plusieurs sortes de réparations de mutations. Des enzymes identiques sont également impliquées dans ces deux processus.

RÉSUMÉ

Un changement d'ADN dans un gène (mutation ponctuelle) implique généralement une ou quelques paires de bases. Des substitutions d'une seule paire de bases peuvent créer des codons faux-sens ou non-sens (codons de terminaison de la transcription). Le remplacement d'une purine par une autre purine (ou d'une pyrimidine par une autre pyrimidine) s'appelle une *transition*. Le remplacement d'une purine par une pyrimidine (ou *vice versa*) s'appelle une *transversion*. Des additions ou délétions (mutations indel) d'une seule paire de bases provoquent des mutations par décalage du cadre de lecture. Certains gènes humains contenant des répétitions de trinucléotides – en particulier ceux qui sont exprimés dans le tissu neural – sont mutés à la suite de l'augmentation du nombre de ces répétitions, ce qui peut provoquer des maladies. La formation de répétitions d'acides aminés identiques dans les polypeptides codés par ces gènes est responsable de phénotypes mutants.

Les mutations peuvent être spontanées ou induites par des radiations ou des produits chimiques mutagènes. Les changements spontanés sont souvent assez variés. Les mutagènes provoquent généralement un certain type de changement en raison de leur spécificité chimique. Certains d'entre eux par exemple produisent exclusivement des transitions $G \cdot C \rightarrow A \cdot T$ et d'autres, uniquement des décalages du cadre de lecture.

Les remplacements spontanés de bases peuvent être créés par un type d'isomérisation chimique appelé *changement tautomérique*. Certaines substances chimiques accentuent ce type de changement. Quelques mutagènes modifient la structure d'une base, conduisant à de nouvelles propriétés de formation de liaisons hydrogène. D'autres agents (comme les UV) provoquent des lésions à grande échelle au niveau des bases ou entraînent le retrait de celles-ci.

Les enzymes cellulaires participent de plusieurs façons au processus de mutation. Des erreurs commises par ces enzymes peuvent endommager un ADN. La réplication est souvent nécessaire pour stabiliser la nouvelle base dans l'ADN. Plusieurs enzymes sont spécialisées dans la réparation. Certaines d'entre elles permettent des inversions exactes, d'autres sont prédisposées aux erreurs et provoquent des mutations. La réparation peut avoir lieu par une inversion directe de la lésion, une excision et une nouvelle synthèse utilisant des matrices existantes, une réparation post-réplicationnelle, une réparation couplée à la transcription, une réunion des extrémités de l'ADN ou une réparation par recombinaison homologue.

On pense que le mécanisme moléculaire du crossing-over implique des processus qui ressemblent à ceux de la réparation. Dans le meilleur modèle actuel, une cassure double-brin dans une chromatide débute par la formation d'une paire de jonctions de Holliday impliquant un brin de chaque double-brin qui peuvent être supprimées pour aboutir à un crossing-over standard en double hélice. Un ADN double-brin hétérologue est formé lors de ce processus et s'il englobe un gène hétérozygote, des rapports d'asques aberrants peuvent être observés. Certaines étapes du modèle de cassure double-brin (telles que les cassures double-brin, l'activité exonucléasique, la réparation des mésappariements, l'activité polymérasique et l'activité ligase) ressemblent beaucoup à plusieurs sortes de réparation de mutations. Des enzymes identiques sont également impliquées dans ces deux processus et on observe des mutants pour un système qui affecte souvent l'autre.

MOTS CLÉS

Acridine orange (p. 458)
Adénine méthylase (p. 471)
ADN double-brin hétérologue (p. 474)
ADN glycosylases (p. 469)
Aflatoxine B_1 (AFB$_1$) (p. 461)
Agents intercalants (p. 458)
Analogues de bases (p. 457)
Bases endommagées par oxydation (p. 464)
Cassure double-brin (p. 472)
Changement tautomérique (p. 457)
Composés ICR (p. 458)
Conversion de gènes (p. 474)
Dépurination (p. 463)
Désamination (p. 464)
Énol (p. 457)

Forme céto (p. 457)
Forme imino (p. 457)
Lésions spontanées (p. 463)
Mutagenèse (p. 453)
Mutations faux-sens (p. 455)
Mutations indel (p. 465)
Mutations non-sens (p. 455)
Mutations par décalage du cadre de lecture (p. 456)
Mutations synonymes (p. 455)
Points chauds (p. 457)
Proflavine (p. 458)
Réparation par excision de bases (p. 469)
Répétition de trinucléotides (p. 466)

Site apurinique (p. 461)
Spécificité mutationnelle (p. 457)
Substitution conservative (p. 456)
Substitution non conservative (p. 456)
Système de réparation des mésappariements (p. 471)
Système de réparation par excision de nucléotides (p. 470)
Système SOS (p. 459)
Systèmes de réparation dépendant de l'homologie (p. 469)
Tautomères (p. 457)
Test de fluctuation (p. 462)
Transition (p. 454)
Transversion (p. 454)

PROBLÈMES RÉSOLUS

1. Nous avons appris au Chapitre 9 que les codons UAG et UAA sont deux des triplets non-sens de terminaison de la traduction. En vous basant sur la spécificité de l'aflatoxine B_1 et de l'éthylméthanesulfonate (EMS), dites si chaque mutagène serait capable de provoquer la réversion de ces codons vers le type sauvage.

Solution

L'EMS induit essentiellement des transitions $G \cdot C \rightarrow A \cdot T$. Les codons UAG ne pourraient subir une réversion vers le type sauvage, car l'EMS ne pourrait provoquer qu'un changement UAG→UAA, ce qui créerait donc un codon non-sens (ocre). L'EMS n'agirait pas sur les codons UAA. L'aflatoxine B_1

induit essentiellement des transversions $G \cdot C \rightarrow T \cdot A$. Elle agirait seulement sur la troisième position des codons UAG, entraînant un changement UAG $\rightarrow$ UAU (au niveau de l'ARNm), qui code une tyrosine. Donc, si la tyrosine était un acide aminé acceptable au site correspondant de la protéine, l'aflatoxine B_1 pourrait provoquer la réversion des codons UAG mais pas celle des codons UAA car aucune paire de bases $G \cdot C$ n'apparaît à la position correspondante de ce triplet dans l'ADN.

2. Expliquez pourquoi les mutations induites par les acridines chez le phage T4 ou par l'ICR-191 chez les bactéries ne peuvent être réversées par le 5-bromouracile.

Solution

Les acridines et l'ICR-191 induisent des mutations en délétant ou en ajoutant une ou plusieurs paires de bases, ce qui crée un décalage du cadre de lecture. En revanche, le 5-bromouracile induit des mutations en provoquant la substitution d'une base par une autre. Cette substitution ne peut compenser le décalage du cadre de lecture résultant de l'ICR-191 ou des acridines.

3. Un mutant d'*E. coli* est hautement résistant à la mutagenèse induite par de nombreux agents, y compris la lumière ultraviolette, l'aflatoxine B_1 et le benzo(*a*)pyrène. Expliquez l'une des causes possibles de ce phénotype mutant.

Solution

Le mutant peut être dépourvu du système SOS et peut comporter un défaut dans le gène *UmuC*. Une telle souche ne serait pas capable de franchir les lésions bloquant la réplication, causées par les trois mutagènes cités. Sans traitement de ces lésions pré-mutationnelles, on ne retrouverait pas ces mutations dans des cellules viables.

PROBLÈMES

PROBLÈMES ÉLÉMENTAIRES

1. Considérons les séquences mutante et de type sauvage ci-dessous :

   Type sauvage ....CTTGCAAGCGAATC....
   Mutante ....CTTGC**TAG**CGAATC....

   La substitution représentée *semble* avoir créé un codon stop. De quelle autre information auriez-vous besoin pour être sûr que c'est bien le cas ?

2. De quel type de mutation s'agit-il ci-dessous (représentée sous la forme d'ARNm) ?

   Type sauvage .....5'AAUCCUUACGGA 3'.....
   Mutante .....5'AAUCCUACGGA 3'.......

3. Est-ce qu'une mutation faux-sens d'une proline en une histidine peut être créée par un mutagène provoquant des transitions $G \cdot C \rightarrow A \cdot T$? Qu'en est-il d'une mutation faux-sens d'une proline en une sérine ?

4. Dans le cas d'une substitution d'une paire de bases, citez tous les changements synonymes qui peuvent avoir lieu à partir du codon CGG.

5. **a.** Citez toutes les transversions qui peuvent avoir lieu à partir du codon CGG.

   b. Parmi celles-ci, lesquelles seront des mutations faux-sens ? Pouvez-vous en être sûr ?

6. Quel tautomère de la thymine peut former le plus de liaisons hydrogène en s'appariant avec les autres bases de l'ADN ?

7. **a.** Si la forme énol de la thymine est insérée dans une matrice simple-brin au cours de la réplication, quelle substitution de paire de bases en résultera ?

   b. Si la thymine s'énolise en servant de matrice au cours de la réplication, quelle substitution de paire de bases en résultera ?

8. **a.** L'acridine orange est un mutagène efficace pour produire des allèles nuls (mutants complets) par mutation. À votre avis, quelle en est la raison ?

   b. Un certain composé ressemblant à l'acridine produit seulement des insertions uniques. Une mutation induite par ce composé est traitée par le même composé et certains révertants sont produits. Comment cela est-il possible ?

9. On a découvert qu'un nouveau système SOS de franchissement insérait préférentiellement de la thymine en face des sites apuriniques. Quel type de mutation sera produit majoritairement ?

10. Dessinez des schémas comparant le glissement réplicatif et les crossing-over asymétriques comme causes possibles de multiples répétitions en tandem.

11. Lors d'un projet au cours duquel elle essaye d'induire des mutations à l'aide de radiations UV, une étudiante remarque qu'elle obtient beaucoup moins de mutations les jours très ensoleillés. Suggérez une explication.

12. Une lésion mutationnelle aboutit à une séquence contenant une paire de bases mal appariées :

    5'AGCTGCCTT 3'
    3'ACG<u>AT</u>G<u>G</u>AA 5'
                Codon

    Si la réparation des mésappariements a lieu dans les deux sens, quels acides aminés pourrait-on observer au niveau de ce site ?

13. Quel aspect du modèle de cassure double-brin a permis de découvrir que la conversion de gènes s'accompagne souvent d'un crossing-over ?

14. Normalement, les asques aberrants 6:2 sont plus fréquents que les asques aberrants 5:3. Quelle pourrait être l'explication de ceci d'après le modèle des cassures double-brin ?

15. Dans le modèle des cassures double-brin, dressez la liste de tous les stades auxquels les exo- et endonucléases peuvent agir.

16. Indiquez les différences entre les éléments des paires suivantes :

    a. Les transitions et les transversions.

    b. Les mutations synonymes et neutres

    c. Les mutations faux-sens et non-sens

    d. Les mutations non-sens et par décalage du cadre de lecture

17. Pourquoi les mutations par décalage du cadre de lecture sont-elles davantage susceptibles que les mutations faux-sens d'entraîner la synthèse de protéines dépourvues de leur fonction normale ?

18. Schématisez deux mécanismes différents pour la création de délétions. Quel type d'information fourni par le séquençage de l'ADN permet de distinguer ces deux possibilités ?

19. Décrivez deux lésions spontanées qui peuvent conduire à des mutations.

20. Comparez le mécanisme d'action du 5-bromouracile (5-BU) à celui de l'éthylméthanesulfonate (EMS), lors de la création de mutations. Expliquez la spécificité de la mutagenèse pour chaque agent d'après le mécanisme proposé.

21. Comparez les deux systèmes distincts nécessaires pour la réparation des sites AP et le retrait des photodimères.

22. Dans des cellules adultes qui ont cessé de se diviser, quels types de systèmes de réparation peuvent fonctionner ?

23. Un composé donné analogue de la cytosine (une base) peut être incorporé dans l'ADN. Il forme normalement des liaisons hydrogène exactement comme la cytosine mais il s'isomérise souvent en une forme qui établit des liaisons hydrogène de la même manière que la thymine. Vous attendez-vous à ce que ce composé soit mutagène et si c'est le cas, quels types de changements pourrait-il induire au niveau de l'ADN ?

24. Décrivez les systèmes de réparation qui interviennent après la dépurination ou la désamination.

25. Décrivez le modèle de la formation des mutations indel. Montrez comment ce modèle peut expliquer les points chauds mutationnels dans le gène *lacI* d'*E. coli*.

PROBLÈMES D'ÉVALUATION

26. a. Pourquoi est-il impossible d'induire des mutations non-sens (représentées au niveau de l'ARNm par les triplets UAG, UAA et UGA) en traitant des souches de type sauvage par des mutagènes qui provoquent uniquement des transitions $A \cdot T \to G \cdot C$ dans l'ADN ?

    b. L'hydroxylamine (HA) induit seulement des transitions $G \cdot C \to A \cdot T$ dans l'ADN. HA produira-t-elle des mutations non-sens dans des souches de type sauvage ?

    c. Un traitement par HA entraînera-t-il la réversion des mutations non-sens ?

27. Plusieurs mutants ponctuels auxotrophes de *Neurospora* sont traités par divers agents pour rechercher s'il y a réversion. Les résultats suivants ont été obtenus (un signe plus indique une réversion ; HA provoque uniquement des transitions $G \cdot C \to A \cdot T$).

Mutant	5-BU	HA	Proflavine	Réversion spontanée
1	−	−	−	−
2	−	−	+	+
3	+	−	−	+
4	−	−	−	+
5	+	+	−	+

    a. Pour chacun des cinq mutants, décrivez la nature de l'événement initial de mutation (pas la réversion) au niveau moléculaire. Soyez aussi précis que possible.

    b. Pour chacun des cinq mutants, citez un mutagène qui aurait pu causer l'événement initial de mutation. (La mutation spontanée n'est pas une réponse acceptable.)

    c. Dans l'expérience de réversion du mutant 5, un dérivé prototrophe particulièrement intéressant a été obtenu. Lorsque ce type est croisé avec une souche standard de type sauvage, la descendance est constituée de 90 % de prototrophes et de 10 % d'auxotrophes. Donnez une explication complète de ces résultats, ainsi qu'une justification précise des fréquences observées.

28. Vous utilisez de la nitrosoguanidine pour «réverser» des allèles mutants *nic-2* (prototrophes pour le nicotinamide) de *Neurospora*. Vous traitez les cellules, vous les étalez sur un milieu dépourvu de nicotinamide et vous recherchez les colonies prototrophes. Vous obtenez les résultats suivants pour deux allèles mutants. Expliquez ces résultats au niveau moléculaire et indiquez de quelle façon vous testeriez vos hypothèses.

    a. Avec l'allèle 1 de *nic-2*, vous n'obtenez aucun prototrophe.

    b. Avec l'allèle 2 de *nic-2*, vous obtenez trois colonies prototrophes A, B et C que vous croisez chacune séparément avec une souche de type sauvage. À partir du croisement prototrophe A x type sauvage, vous obtenez 100 descendants qui sont tous prototrophes. À partir du croisement prototrophe B x type sauvage, vous obtenez 100 descendants, dont 78 sont prototrophes et 22 auxotrophes pour le nicotinamide. À partir du croisement prototrophe C x type sauvage, vous obtenez 1 000 descendants, dont 996 sont prototrophes et 4 sont auxotrophes pour le nicotinamide.

29. Remplissez le tableau suivant à l'aide d'un signe plus (+) pour indiquer que la lésion mutagène (endommagement

d'une base) induit le changement de base indiqué et d'un signe moins (-) dans le cas contraire.

Changement de base	O-6-méthyl G	8-oxo dG	Photodimère C–C
A · T en G · T			
G · C en T · A			
G · C en A · T			

30. Vous travaillez sur un mutagène découvert récemment et vous souhaitez déterminer le changement de base qu'il crée dans l'ADN. Vous avez établi jusqu'à présent que le mutagène modifie chimiquement une base unique et change de manière définitive ses propriétés d'appariement. Pour déterminer la spécificité de ce changement, vous examinez les changements d'acides aminés provoqués par la mutagenèse. Voici un échantillon des résultats obtenus :

Original: Gln-His-Ile-Glu-Lys
Mutant: Gln-His-Met-Glu-Lys

Original: Ala-Val-Asn-Arg
Mutant: Ala-Val-Ser-Arg

Original: Arg-Ser-Leu
Mutant: Arg-Ser-Leu-Trp-Lys-Thr-Phe

Quelle est la spécificité du changement de base du mutagène ?

31. Vous venez de découvrir un nouveau mutant à partir de l'expérience du Problème 30 :

Original :   Ile-Leu-His-Gln
Mutant :   Ile-Pro-His-Gln

La spécificité du changement de base de votre réponse au Problème 30 pourrait-elle rendre compte de cette mutation ? Pourquoi ou pourquoi non ?

32. Une souche A de *Neurospora* présente une mutation *ad-3* qui réverse spontanément à un taux de 10^{-6}. Cette souche A est croisée avec une souche de type sauvage nouvellement isolée et l'on récupère des souches *ad-3* dans la descendance. Lorsque l'on examine 28 souches filles *ad-3* différentes, on observe 13 lignées dont le taux de réversion est de 10^{-6}, alors que le taux de réversion des 15 lignées restantes est de 10^{-3}. Formulez une hypothèse pour expliquer ces découvertes et décrivez en détail le programme expérimental à mettre en œuvre pour la vérifier.

33. Pour chacune des lésions a à g, indiquez parmi les systèmes de réparation proposés ci-dessous, celui ou ceux qui répareront la lésion.

(1) alkyltransférase

(2) endonucléase

(3) photolyase

(4) glycosylase MutY

(5) glycosylase MutM

(6) uracile ADN glycosylase

(7) réparation générale des excisions de nucléotides

(8) réparation des mésappariements dus au méthyle

a. Désamination de cytosine

b. 8-oxo dG

c. Composé d'addition d'aflatoxine B_1

d. Mésappariement G · T à la suite d'une erreur de réplication

e. Dimère 5'-CC-3'

f. Site AP

g. O-6-méthylguanine

34. Parmi les asques linéaires suivants, lesquels présentent une conversion de gènes au niveau du locus *arg-2* ?

1	2	3	4	5	6
	arg			arg	arg
	arg	arg	arg	arg	arg
arg	arg	arg			arg
arg	arg	arg	arg		arg
arg		arg	arg	arg	arg
arg		arg	arg	arg	arg

35. Supposez que vous veniez d'effectuer un croisement chez *Neurospora* en utilisant un mutant qui présente trois sites mutants dans le même gène, appelés *1*, *2* et *3*, et qui sont espacés régulièrement dans le gène de 2 kb :

$$\underline{1\ 2\ 3} \ \times \ \underline{}$$

Expliquez l'origine probable des deux asques suivants :

1 2 3	*1 2 3*
1 2 3	*1 2 3*
	1 2
	1 2

36. Dans le modèle de la cassure double-brin illustré dans ce chapitre, un ADN double-brin hétérologue est produit. Dans d'autres modèles, deux ADN double-brin hétérologues identiques sont formés au cours de la même méiose, de sorte que les chromatides sont : parent 1, ADN double-brin hétérologue, ADN double-brin hétérologue, parent 2. Quels profils d'octades seraient produits par les différentes combinaisons de réparation et d'absence de réparation des erreurs d'appariements résultant de la formation de ces hétéroduplex ?

15

LES CHANGEMENTS CHROMOSOMIQUES À GRANDE ÉCHELLE

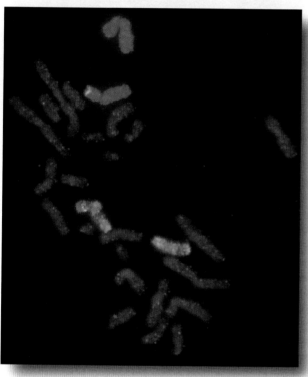

Une translocation réciproque démontrée par une technique appelée coloration des chromosomes. Grâce à un dispositif électronique, une suspension de chromosomes provenant de nombreuses cellules est triée en fonction de la taille des différents chromosomes. L'ADN est extrait de chacun des chromosomes, dénaturé, associé à un colorant fluorescent, puis ajouté à des chromosomes partiellement dénaturés déposés sur une lame de microscope. L'ADN fluorescent «trouve» son propre chromosome et s'y fixe sur toute sa longueur par complémentarité des bases, ce qui entraîne la coloration de ce dernier. Dans cette préparation, un colorant bleu clair et un colorant rose ont été utilisés pour colorer les différents chromosomes. La préparation montre un chromosome rose et un chromosome bleu clair normaux et deux chromosomes qui ont échangé leurs extrémités. [Laboratoire de Lawrence Berkeley.]

QUESTIONS CLÉS

- Les polyploïdes (organismes avec de multiples jeux de chromosomes) sont-ils répandus ?

- Comment les polyploïdes apparaissent-ils ?

- Les polyploïdes possèdent-ils des propriétés particulières ?

- L'état polyploïde est-il transmissible à la descendance ?

- Quels profils de transmission observe-t-on dans la descendance des polyploïdes ?

- Comment les aneuploïdes (des variants chez lesquels un chromosome a été gagné ou perdu) apparaissent-ils ?

- Les aneuploïdes possèdent-ils des propriétés particulières ?

- Quels profils de transmission sont produits par les aneuploïdes ?

- Comment les réarrangements chromosomiques à grande échelle (délétions, duplications, inversions et translocations) apparaissent-ils ?

- Ces réarrangements possèdent-ils des propriétés particulières ?

- Quels profils de transmission sont produits par ces réarrangements ?

SOMMAIRE

481

L'ESSENTIEL DU CHAPITRE

Un jeune couple envisage d'avoir des enfants. Le mari sait que sa grand-mère a eu un enfant atteint du syndrome de Down lors d'un second mariage. Le syndrome de Down (ou trisomie 21) est un ensemble de déficiences physiques et mentales dû à la présence d'un chromosome 21 supplémentaire (Figure 15-1). On ne dispose d'aucune information sur cette naissance qui a eu lieu au début du vingtième siècle mais l'homme et la femme n'ont entendu parler d'aucun autre cas de syndrome de Down dans leurs familles respectives.

Le couple a entendu dire que le syndrome de Down résulte d'une erreur aléatoire rare dans la production de l'œuf et pense donc qu'il a un risque faible d'avoir un enfant atteint. L'homme et la femme décident donc d'avoir un enfant. Leur premier enfant n'est pas affecté, mais la grossesse suivante avorte spontanément (fausse couche) et leur deuxième enfant est atteint du syndrome de Down. S'agit-il d'une coïncidence ou est-il possible qu'il y ait un lien entre la constitution génétique de l'homme et celle de sa grand-mère qui les a conduits tous deux à avoir un enfant trisomique? La fausse couche est-elle significative? Quels tests pourrait-il être nécessaire d'effectuer pour étudier cette situation? L'analyse de ces questions fait l'objet de ce chapitre.

Nous avons vu au Chapitre 10 que les mutations géniques sont l'une des sources de changements génomiques. Cependant, le génome peut également être remodelé à plus grande échelle par des modifications de la structure des chromosomes ou par des changements du nombre de copies des chromosomes dans une cellule. On appelle ces variations à grande échelle **mutations chromosomiques** pour les distinguer des mutations géniques. Pour simplifier, les mutations géniques sont définies comme des changements

Figure 15-1 Un enfant atteint du syndrome de Down.
[Bob Daemmrich/The Image Works.]

dans un gène tandis que les mutations chromosomiques sont des changements touchant une région du chromosome qui comporte plusieurs gènes. Les mutations chromosomiques peuvent être détectées par un examen microscopique, une analyse génétique ou les deux. En revanche, les mutations géniques ne sont pas décelables au microscope. Un chromosome portant une mutation a le même aspect sous le microscope que le même chromosome de type sauvage. Les mutations chromosomiques ont été le mieux caractérisées chez les Eucaryotes, c'est pourquoi tous les exemples de ce chapitre proviennent de cette catégorie.

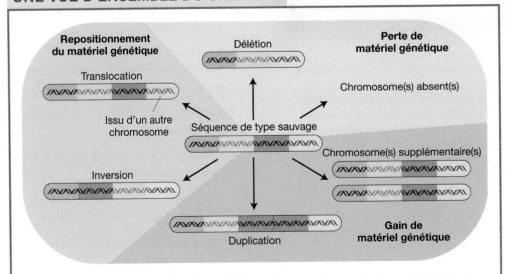

Figure 15-2 Une vue d'ensemble des mutations chromosomiques. La figure a été divisée en trois régions colorées pour représenter les principaux types de mutations chromosomiques qui peuvent se produire. Parmi celles-ci se trouvent la perte, le gain ou le repositionnement de chromosomes entiers ou de segments chromosomiques. Le chromosome de type sauvage est représenté au centre.

Les mutations chromosomiques sont importantes pour plusieurs aspects biologiques. Tout d'abord, elles peuvent permettre de comprendre la façon dont les gènes agissent de manière coordonnée à l'échelle du génome. Elles peuvent aussi révéler des caractéristiques importantes de la méiose et de l'architecture des chromosomes. Elles constituent en outre de précieux outils pour la manipulation génomique expérimentale. Elles fournissent également des renseignements sur les processus évolutifs.

De nombreuses mutations chromosomiques provoquent des anomalies dans la cellule et la fonction de l'organisme. La plupart de ces anomalies concernent des changements du *nombre de gènes* ou de la *position des gènes*. Dans certains cas, une mutation chromosomique aboutit à la cassure du chromosome. Si cette cassure se produit dans un gène, le résultat est une *inactivation* fonctionnelle de celui-ci.

Nous allons ici diviser les mutations chromosomiques en deux groupes : les changements du *nombre* de chromosomes et les changements de la *structure* du chromosome. Ces deux groupes représentent deux types d'événements fondamentalement différents. Les changements du nombre de chromosomes ne sont pas associés à des modifications structurales des molécules d'ADN dans la cellule. C'est en réalité le *nombre* de ces molécules d'ADN qui change et ce changement de nombre est à l'origine des conséquences génétiques de ces mutations. Les changements dans la structure des chromosomes quant à eux, conduisent à de nouveaux arrangements de la séquence dans une ou plusieurs doubles hélices d'ADN. Ces deux types de mutations chromosomiques sont illustrés dans la Figure 15-2, qui est un résumé des sujets de ce chapitre. Nous commencerons par étudier la nature et les conséquences des changements du nombre de chromosomes.

15.1 Les changements du nombre de chromosomes

Dans le domaine de la génétique, peu de sujets ont une influence aussi directe sur l'homme que les changements du nombre de chromosomes présents dans les cellules. En effet, il existe un groupe de maladies génétiques courantes qui résulte de la présence d'un nombre anormal de chromosomes. Bien que ce groupe soit réduit, il est à l'origine de maladies génétiques qui affligent l'homme. L'homme est également concerné par le rôle des mutations chromosomiques pour l'amélioration des plantes : les cultivateurs manipulent en routine le nombre de chromosomes de certaines céréales ayant une grande importance économique afin de les améliorer.

Les changements du nombre de chromosomes se répartissent en deux grands types : les changements de jeux *complets* de chromosomes qui aboutissent à un état appelé *euploïdie aberrante* et les changements de *parties* de jeux de chromosomes, aboutissant à l'état d'*aneuploïdie*.

L'euploïdie aberrante

Les organismes possédant un nombre multiple du nombre haploïde de chromosomes sont dits **euploïdes**. Nous avons appris dans les chapitres précédents que les Eucaryotes familiers tels que les végétaux, les animaux et les champignons possèdent dans leurs cellules un jeu de chromosomes (haploïdie) ou bien deux jeux (diploïdie). Dans ces espèces, les états haploïde et diploïde sont tous deux des cas d'euploïdie normale. Les organismes qui possèdent un nombre supérieur ou inférieur au nombre normal de jeux de chromosomes sont des polyploïdes aberrants. Les **polyploïdes** sont des organismes individuels qui possèdent plus de deux jeux de chromosomes. On peut les représenter par l'abréviation $3n$ (**triploïdes**), $4n$ (**tétraploïdes**), $5n$ (**pentaploïdes**), $6n$ (**hexaploïdes**), etc. (Le nombre de jeux de chromosomes s'appelle la ploïdie ou le niveau de ploïdie.) Un individu appartenant à une espèce normalement diploïde, qui possède lui-même un seul jeu de chromosomes (n) est dit **monoploïde**, pour le distinguer d'un individu appartenant à une espèce normalement haploïde (n également). Des exemples de ces maladies sont présentés dans les quatre premières lignes du Tableau 15-1.

TABLEAU 15-1 Les chromosomes d'un organisme normalement diploïde avec trois chromosomes (notés A, B et C) dans son jeu élémentaire.

Nom	Symbole	Constitution chromosomique	Nombre de chromosomes
Euploïdes			
Monoploïde	n	A B C	3
Diploïde	$2n$	AA BB CC	6
Triploïde	$3n$	AAA BBB CCC	9
Tétraploïde	$4n$	AAAA BBBB CCCC	12
Aneuploïdes			
Monosomique	$2n - 1$	A BB CC	5
		AA B CC	5
		AA BB C	5
Trisomique	$2n \times 1$	AAA BB CC	7
		AA BBB CC	7
		AA BB CCC	7

LES MONOPLOÏDES Les mâles chez les abeilles, guêpes et fourmis sont monoploïdes. Au cours des cycles vitaux normaux de ces insectes, les mâles se développent par **parthénogenèse**, c'est-à-dire à partir d'œufs non fécondés. Toutefois, chez la plupart des espèces, les zygotes monoploïdes ne se développent pas. Ceci s'explique par le fait que presque tous les individus des espèces diploïdes possèdent un certain nombre de mutations récessives défavorables, désignées par le terme collectif de «**charge génétique**». À l'état diploïde, ces allèles récessifs délétères sont masqués par les allèles de type sauvage, mais ils sont automatiquement exprimés chez un monoploïde issu d'un diploïde. Les individus monoploïdes qui se développent malgré tout à un stade avancé sont anormaux. S'ils survivent jusqu'à l'âge adulte, leurs cellules germinales ne peuvent s'engager normalement dans la méiose, car leurs chromosomes n'ont pas de partenaire avec lesquels s'apparier. De ce fait, les monoploïdes ont la caractéristique d'être stériles. (Les mâles chez les abeilles, guêpes et fourmis court-circuitent la méiose; les gamètes sont alors produits par *mitose*.)

LES POLYPLOÏDES La polyploïdie est très courante chez les plantes mais plus rare chez les animaux (pour des raisons que nous considérerons plus tard). En effet, une augmentation du nombre de jeux de chromosomes a été un facteur important pour la création de nouvelles espèces végétales. La preuve de ce fait est présentée dans la Figure 15-3 qui montre la distribution des fréquences du nombre de chromosomes haploïdes dans des espèces de plantes dicotylédones. Au-dessus d'un nombre haploïde de 12, les nombres pairs sont beaucoup plus courants que les nombres impairs. Ce profil de distribution est une conséquence de l'origine polyploïde de nombreuses espèces végétales, car un doublement suivi d'un autre doublement de ce nombre conduit forcément à un nombre pair. On n'observe pas une telle distribution dans les espèces animales en raison de la rareté relative des animaux polyploïdes.

Chez les euploïdes aberrants, il existe souvent une corrélation entre le nombre de copies d'un jeu de chromosomes et la taille de l'organisme. Un organisme tétraploïde par exemple ressemble beaucoup à son équivalent diploïde dans ses proportions, avec une taille supérieure cependant, à la fois dans sa globalité et au niveau de ses différentes parties. Plus le niveau de ploïdie est élevé, plus la taille de l'organisme est importante (Figure 15-4).

MESSAGE Les plantes polyploïdes sont souvent plus grandes et ont de plus grands organes que leurs équivalents diploïdes.

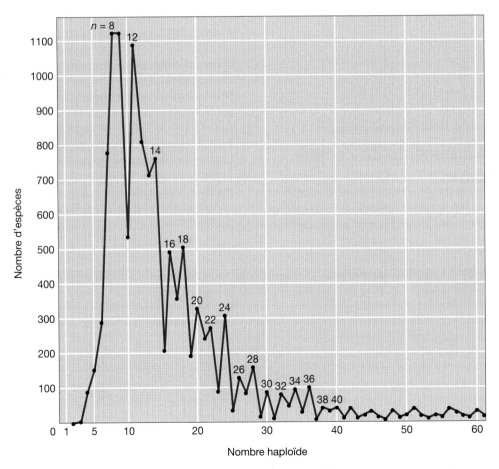

Figure 15-3 La distribution des fréquences des nombres haploïdes de chromosomes chez les plantes dicotylédones. Remarquez l'excès de nombres pairs dans les valeurs supérieures, ce qui suggère une polyploïdisation ancestrale.
[Adapté de Verne Grant, *The Origin of Adaptations*. Columbia University Press, 1963.]

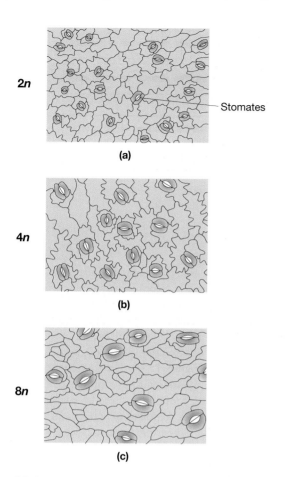

Figure 15-4 Des cellules d'épiderme de feuilles de tabac de ploïdie croissante. La taille des cellules augmente, ce qui est particulièrement évident dans le cas des stomates, conjointement avec l'augmentation de la ploïdie. (a) Diploïde ; (b) tétraploïde ; (c) octoploïde. [D'après W. Williams, *Genetic Principles and Plant Breeding*, Blackwell Scientific Publications, Ltd.]

Chez les polyploïdes, il faut distinguer les **autopolyploïdes**, composés de multiples jeux provenant d'une même espèce, des **allopolyploïdes**, comportant des jeux de chromosomes issus de deux espèces différentes ou plus. Les allopolyploïdes ne se forment qu'entre des espèces étroitement apparentées. Il faut cependant garder à l'esprit que les différents jeux de chromosomes sont **homéologues** (partiellement homologues) et non parfaitement homologues comme chez les autopolyploïdes.

Les autopolyploïdes Les triploïdes sont généralement des autopolyploïdes. Ils apparaissent spontanément dans la nature ou sont construits par des généticiens à partir d'un croisement entre un 4n (tétraploïde) et un 2n (diploïde). Les gamètes du 2n et du n produits respectivement par le tétraploïde et le diploïde, s'unissent pour former un triploïde 3n. Les triploïdes ont la caractéristique d'être stériles. Le problème comme pour les monoploïdes est l'appariement lors de la méiose. Les mécanismes moléculaires pour la synapse, ou appariement vrai, imposent à l'appariement de ne se produire qu'entre deux des trois chromosomes de chaque type (Figure 15-5). Les homologues appariés (**bivalents**) ségrègent vers les pôles opposés, tandis que les homologues non appariés (**monovalents**) gagnent au hasard l'un ou l'autre pôle. Dans le cas d'un **trivalent** (un groupe apparié de trois chromosomes) les centromères appariés ségrègent sous la forme d'un bivalent et le chromosome non apparié sous la forme d'un monovalent. Ces ségrégations ont lieu pour chaque groupe de trois chromosomes. Par conséquent, pour chaque type de chromosome, le gamète peut recevoir soit un, soit deux chromosomes. Il y a une probabilité très faible qu'un gamète reçoive *deux* exemplaires de *chaque* type de chromosome, ou *un seul* exemplaire de *chacun*. Dans la plupart des cas, les gamètes possèdent un nombre de chromosomes intermédiaire entre le nombre haploïde et le nombre diploïde. De tels génomes sont dits **aneuploïdes** («non euploïdes»).

Les gamètes aneuploïdes ne produisent le plus souvent pas de descendants viables. Chez les plantes, les grains aneuploïdes de pollen ne sont généralement pas viables et sont donc incapables de féconder le gamète femelle. Chez tous les organismes, les zygotes qui peuvent apparaître à la suite de la fusion d'un gamète haploïde et d'un gamète aneuploïde sont eux-mêmes aneuploïdes et ne sont généralement pas viables. Nous examinerons la raison de cette non-viabilité des aneuploïdes lorsque nous aborderons le dosage des gènes plus tard au cours de ce chapitre.

MESSAGE Les polyploïdes possédant un nombre impair de chromosomes, comme les triploïdes, sont stériles ou très peu fertiles car leurs gamètes et leurs descendants sont aneuploïdes.

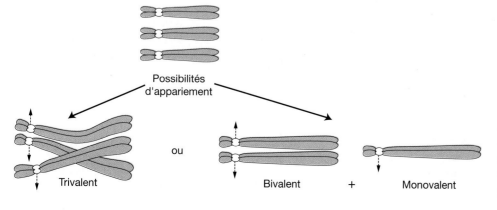

Figure 15-5 L'appariement de trois chromosomes homologues. Les trois chromosomes homologues d'un triploïde peuvent s'apparier de deux manières lors de la méiose, sous la forme d'un trivalent ou d'un bivalent plus un monovalent.

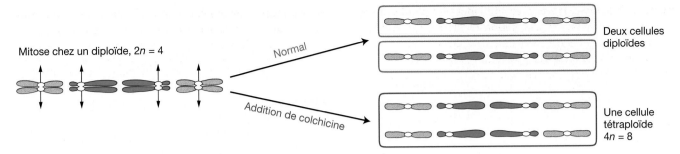

Figure 15-6 L'utilisation de la colchicine pour produire un tétraploïde à partir d'un diploïde.
La colchicine ajoutée aux cellules mitotiques en cours de métaphase et d'anaphase perturbe la formation des fibres du fuseau, empêchant la migration des chromatides après la scission du centromère. Une cellule unique est créée. Elle contient des paires de chromosomes identiques, homozygotes pour tous les locus.

Les **autotétraploïdes** apparaissent à la suite du doublement d'un génome $2n$ en un génome $4n$. Ce doublement peut être spontané mais il peut également être induit artificiellement en appliquant des agents chimiques qui empêchent la polymérisation des microtubules. Nous avons vu au Chapitre 3 que la ségrégation des chromosomes est assurée par les fibres du fuseau, qui sont des polymères de la protéine tubuline. L'inactivation de la polymérisation des microtubules bloque donc la ségrégation des chromosomes. Le traitement chimique est normalement appliqué au tissu somatique au cours de la formation des fibres du fuseau dans les cellules présentant une activité de division. Le tissu polyploïde résultant (tel que le rameau polyploïde d'une plante) peut être détecté en examinant sous microscope des chromosomes marqués provenant du tissu. Un tel rameau peut être coupé et utilisé comme bouture pour produire une plante polyploïde. On peut également lui faire produire des fleurs et laisser celles-ci s'autoféconder pour obtenir des descendants polyploïdes. La colchicine est un agent anti-tubuline couramment utilisé. Il s'agit d'un alcaloïde extrait de la colchique. Dans les cellules traitées par la colchicine, la phase S du cycle cellulaire a lieu, mais pas la ségrégation

des chromosomes ni la division cellulaire. Lorsque la cellule traitée s'engage dans la télophase, une membrane nucléaire se forme autour de l'ensemble doublé des chromosomes. Par conséquent, en traitant des cellules diploïdes ($2n$) par de la colchicine pendant un cycle cellulaire, on obtient des tétraploïdes ($4n$) avec exactement quatre copies de chaque sorte de chromosome (Figure 15-6). Un traitement pendant un cycle cellulaire supplémentaire produit des octaploïdes ($8n$) etc. Cette méthode fonctionne chez les plantes et les animaux mais les plantes semblent généralement plus tolérantes à la polyploïdie. Remarquez que tous les allèles du génotype sont doublés. Ainsi, si une cellule diploïde de génotype A/a ; B/b est doublée, l'autotétraploïde résultant aura pour génotype : $A/A/a/a$; $B/B/b/b$.

Quatre étant un nombre pair, les autotétraploïdes peuvent subir une méiose normale, même si c'est loin d'être toujours le cas. L'élément crucial est la façon dont les quatre chromosomes de chaque jeu s'apparient et ségrégent. Il y a plusieurs possibilités comme le montre la Figure 15-7. Si les chromosomes s'apparient sous la forme de bivalents ou de tétravalents, les chromosomes ségrégent normalement, produisant des gamètes diploïdes. La fusion des gamètes au

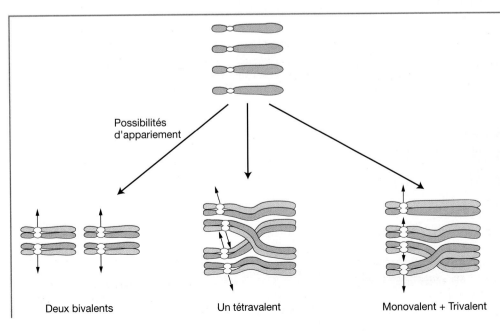

Possibilités d'appariement

Deux bivalents   Un tétravalent   Monovalent + Trivalent

Figure 15-7 Trois possibilités différentes d'appariement lors de la méiose chez des tétraploïdes. Les quatre chromosomes homologues peuvent s'apparier sous la forme de deux bivalents ou d'un tétravalent. Les deux possibilités peuvent conduire à des gamètes fonctionnels. Les quatre chromosomes peuvent également s'apparier en une combinaison univalent-trivalent, ce qui conduit à des gamètes non fonctionnels.

moment de la fécondation régénère l'état tétraploïde. Si des trivalents se forment, la ségrégation conduit à des gamètes aneuploïdes non fonctionnels, et donc à la stérilité.

Quels sont les rapports génétiques produits par un auto-tétraploïde ? Supposons pour plus de simplicité que le tétraploïde forme uniquement des bivalents. Si l'on choisit une plante tétraploïde $A/A/a/a$ et qu'on la laisse s'autoféconder, quelle proportion de descendants sera $a/a/a/a$? Il nous faut évidemment déduire la fréquence des gamètes a/a puisque c'est le seul type capable de produire un homozygote récessif. Les gamètes a/a peuvent apparaître seulement si les appariements sont tous deux de A avec a et que les deux allèles a ségrégent ensuite vers le même pôle. Calculons les fréquences de chaque résultat possible grâce à l'expérience théorique suivante. Considérons les options du point de vue d'un des chromosomes a par rapport aux options d'appariement de l'autre chromosome a avec l'un des deux chromosomes A. Si l'appariement est aléatoire, la probabilité de s'apparier avec le chromosome contenant A est de $\frac{2}{3}$. Si c'est le cas, alors l'appariement des deux chromosomes restants sera obligatoirement de A avec a car ce sont les seuls chromosomes qui restent. Avec ces deux appariements de A avec a, il y a deux ségrégations équiprobables et au total 1/4 des produits contiendra les deux allèles a au niveau du même pôle. La probabilité d'un gamète a/a sera donc de $\frac{2}{3} \times \frac{1}{4} = \frac{1}{6}$. De ce fait, si les gamètes s'apparient au hasard, la probabilité d'obtenir un zygote $a/a/a/a$ sera de $\frac{1}{6} \times \frac{1}{6} = \frac{1}{36}$ et par soustraction, la probabilité d'obtenir $A/–/–/–$ sera de $\frac{35}{36}$. On attend donc un rapport phénotypique de 35 : 1.

Le séquençage génomique a montré que de nombreuses espèces qui se comportent comme des diploïdes ou des haploïdes « normaux » sont en fait des descendants d'autopolyploïdes apparus plus tôt au cours de l'évolution. Par exemple, l'analyse génomique de la levure haploïde *Saccharomyces cerevisiae* a montré que la plupart des régions chromosomiques ont une réplique d'elles-mêmes ailleurs dans le génome. En fait, le génome ancestral de cette levure ressemblait très probablement à celui du champignon filamenteux *Ashbya gossypii*, comme l'a révélé la comparaison des tailles et du contenu en gènes de leurs génomes lorsqu'ils ont été entièrement séquencés. Il est donc probable que le génome de *Ashbya* ait doublé il y a très longtemps en un site donné. Les réarrangements ultérieurs, la mutation et la perte partielle de certains segments chromosomiques ont sans doute donné naissance à l'espèce moderne de la levure.

Les allopolyploïdes Un allopolyploïde est une plante hybride entre deux espèces ou plus, contenant deux copies ou davantage de chacun des génomes de départ. Le « prototype » des allopolyploïdes est un allotétraploïde synthétisé en 1928 par G. Karpechenko. Il voulait fabriquer un hybride fécond ayant les feuilles du chou (*Brassica*) et les racines du radis (*Raphanus*), car ces parties sont les plus consommées de chaque plante. Chacune de ces deux espèces possède 18 chromosomes, de sorte que $2n_1 = 2n_2 = 18$, et $n_1 = n_2 = 9$. Leur parenté est suffisamment étroite pour que l'on puisse les croiser. La fusion des gamètes n_1 et n_2 a produit une descendance hybride viable de constitution $n_1 + n_2 = 18$. Cependant, cet

hybride était fonctionnellement stérile car les 9 chromosomes du parent chou étaient suffisamment différents des chromosomes du radis pour empêcher les paires de s'associer et ségréger normalement lors de la méiose. L'hybride était donc incapable de produire des gamètes fonctionnels.

Finalement un jour, cet hybride (quasiment) stérile produisit quelques graines. Lorsque Karpechenko les planta, il obtint des individus fertiles avec 36 chromosomes. Tous ces individus étaient allopolyploïdes. Ils provenaient apparemment d'un doublement spontané accidentel des chromosomes en $2n_1 + 2n_2$ dans une région de l'hybride stérile, sans doute dans du tissu qui forma une fleur et subit la méiose pour produire des gamètes. Donc dans le tissu $2n_1 + 2n_2$, il y avait un partenaire d'appariement pour chaque chromosome et des gamètes fonctionnels de type $n_1 + n_2$ furent produits. Ces gamètes fusionnèrent pour donner des descendants allopolyploïdes $2n_1 + 2n_2$, également fertiles. Ce type d'allopolyploïde est parfois appelé **amphidiploïde**, ce qui signifie « diploïde doublé » (Figure 15-8). Le traitement de l'hybride stérile par de la colchicine augmente fortement la probabilité de doublement des jeux de chromosomes. Les amphidiploïdes sont désormais synthétisés en routine de cette manière. (Malheureusement pour Karpechenko, son amphidiploïde avait les racines du chou et les feuilles du radis !)

Lorsque l'allopolyploïde de Karpechenko était croisé avec l'une ou l'autre des espèces parentales – le radis ou le chou – il obtenait des descendants stériles. La descendance du croisement avec le chou était $2n_1 + n_2$, constituée d'un gamète $n_1 + n_2$ issu de l'allopolyploïde et d'un gamète n_1 provenant du chou. Les chromosomes n_2 n'avaient pas de

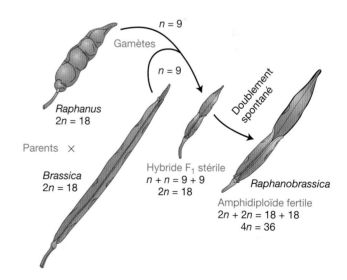

Figure 15-8 L'origine de l'amphidiploïde (*Raphanobrassica*) formé à partir du chou (*Brassica*) et du radis (*Raphanus*). L'amphidiploïde fertile est apparu dans ce cas après un doublement spontané chez l'hybride stérile $2n = 18$.
[D'après A. M. Srb, R. D. Owen et R. S. Edgar, *General Genetics*, 2e éd. Copyright 1965 par W. H. Freeman and Company. Adapté de G. Karpechenko, *Z. Indukt. Abst. Vererb.* 48, 1928, 27.]

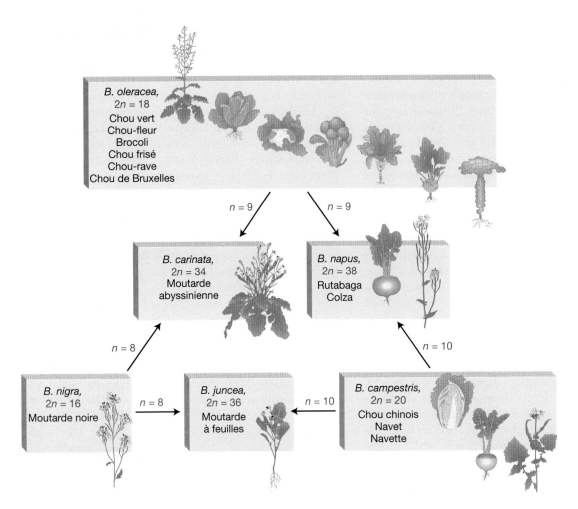

Figure 15-9 Trois espèces de *Brassica* (rectangles bleus) et leurs allopolyploïdes (rectangles roses) montrant l'importance de l'allopolyploïdie dans la production de nouvelles espèces.

partenaires avec lesquels s'apparier, ce qui rendait impossible toute méiose normale et les descendants étaient stériles. Par conséquent, Karpechenko avait effectivement créé une nouvelle espèce, incapable d'échanger des gènes avec le chou ou le radis. Il appela ce nouveau type de plante *Raphanobrassica*.

Dans la nature, l'allopolyploïdie semble avoir été un élément majeur dans la création de nouvelles espèces végétales. Le genre *Brassica* en est un très bon exemple ; il est illustré dans la Figure 15-9. Trois espèces parentales différentes ont été hybridées suivant toutes les combinaisons deux à deux possibles pour former de nouvelles espèces amphidiploïdes. La polyploïdie naturelle était considérée autrefois comme un événement assez rare, mais des travaux récents ont montré que c'est un événement récurrent chez de nombreuses espèces végétales. L'utilisation de marqueurs d'ADN a permis de montrer que les polyploïdes d'une population ou d'une zone géographique données qui semblent être identiques peuvent avoir de nombreux génotypes parentaux différents en raison de multiples fusions indépendantes par le passé. On estime que 50 % de toutes les plantes angiospermes sont polyploïdes en raison d'auto- ou d'allopolyploïdie. À la suite de multiples polyploïdisations, l'ampleur de la variation allélique dans une espèce polyploïde est nettement supérieure à ce qui était supposé autrefois, ce qui constitue sans doute un potentiel d'adaptation.

Le blé utilisé pour faire le pain, *Triticum aestivum* ($6n = 42$) est un allopolyploïde naturel particulièrement intéressant. En étudiant différentes espèces sauvages apparentées, les généticiens ont pu reconstituer l'histoire probable de l'évolution de cette plante. La Figure 15-10 montre que le blé du pain est composé de deux jeux de trois génomes ancestraux. Lors de la méiose, l'appariement a toujours lieu entre des homologues provenant du même génome ancestral. Par conséquent, dans une méiose du blé du pain, il y a toujours 21 bivalents.

Les cellules des plantes allopolyploïdes peuvent également être obtenues artificiellement en fusionnant des cellules diploïdes issues de différentes espèces. Tout d'abord, les parois des deux cellules diploïdes sont retirées par un traitement enzymatique, puis les membranes des deux cellules fusionnent pour n'en former qu'une. Les noyaux fusionnent eux aussi fréquemment, formant alors un polyploïde. Si on fournit à la cellule les hormones et les nutriments appropriés, elle se divise et devient une petite plantule allopolyploïde, qui peut alors être plantée dans le sol.

MESSAGE Les plantes allopolyploïdes peuvent être synthétisées en croisant des espèces apparentées et en doublant les chromosomes de l'hybride ou en fusionnant les cellules diploïdes.

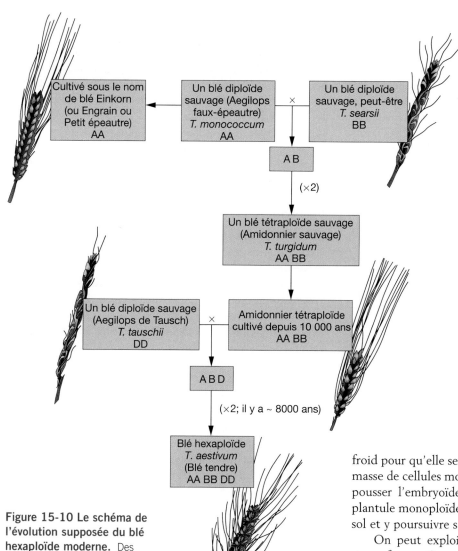

Figure 15-10 Le schéma de l'évolution supposée du blé hexaploïde moderne. Des amphidiploïdes ont été produits à deux moments au cours de l'évolution. A, B et D sont des jeux différents de chromosomes.

LES APPLICATIONS À L'AGRICULTURE

Les variations du nombre de chromosomes ont été exploitées pour créer de nouvelles lignées de plantes ayant des caractéristiques intéressantes. En voici quelques exemples.

Les monoploïdes La diploïdie est un inconvénient pour les agronomes. Lorsqu'ils veulent induire et sélectionner de nouvelles mutations récessives favorables à l'agriculture, celles-ci ne peuvent être détectées que si elles sont homozygotes. Les agronomes peuvent également tenter de découvrir de nouvelles combinaisons d'allèles favorables dont les locus sont différents. Cependant, ces combinaisons favorables d'allèles chez les hétérozygotes peuvent être rompues lors de la méiose. Les monoploïdes sont un des moyens permettant de contourner ces problèmes.

Les monoploïdes peuvent être obtenus artificiellement à partir de produits de méiose issus des anthères d'une plante. Une cellule destinée à devenir un grain de pollen peut à la place être induite par un traitement au froid pour qu'elle se développe en un **embryoïde**, une petite masse de cellules monoploïdes qui se divisent. On peut faire pousser l'embryoïde sur de l'agar. Il deviendra alors une plantule monoploïde qui pourra ensuite être plantée dans le sol et y poursuivre sa maturation (Figure 15-11).

On peut exploiter les monoploïdes végétaux de plusieurs façons. On peut d'abord examiner les combinaisons alléliques favorables apparues à l'issue de la recombinaison des allèles déjà présents chez un parent diploïde hétérozygote. Ainsi, à partir d'un parent *A/a ; B/b*, on peut obtenir la combinaison allélique favorable *a ; b*. Le monoploïde peut alors être soumis à un doublement de ses chromosomes pour former des cellules diploïdes homozygotes *a/a ; b/b* capables d'une reproduction normale.

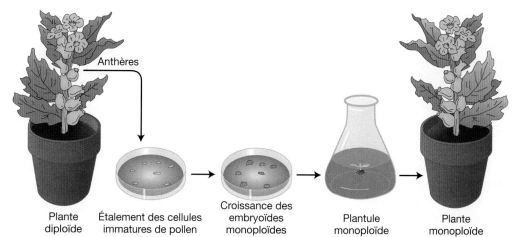

Plante diploïde   Étalement des cellules immatures de pollen   Croissance des embryoïdes monoploïdes   Plantule monoploïde   Plante monoploïde

Figure 15-11 La production de plants monoploïdes à partir d'une culture de tissus.

On peut aussi traiter des cellules monoploïdes comme une population d'organismes haploïdes, au cours d'une procédure de mutagenèse et de sélection. On isole alors une population de cellules monoploïdes, on supprime les parois de ces cellules par un traitement enzymatique puis on les traite par un mutagène. On les étale ensuite sur un milieu qui sélectionne le phénotype souhaité. Cette approche a été utilisée pour sélectionner des cellules résistantes à des composés toxiques produits par l'un des parasites d'une plante, ainsi que pour sélectionner une résistance à des herbicides utilisés par les agriculteurs pour tuer les mauvaises herbes. Les plantules résistantes se développent ensuite en plantes monoploïdes dont on peut doubler le nombre de chromosomes en utilisant la colchicine. Ce traitement produit du tissu diploïde. Enfin, en coupant une bouture de la plante ou en laissant une fleur s'autoféconder, on obtient une plante diploïde résistante. Ces techniques puissantes permettent de court-circuiter le processus normalement lent de sélection des plantes par la méiose. Ces techniques ont été utilisées avec succès sur des plantes cultivées abondamment telles que le soja et le tabac.

> **MESSAGE** Pour créer de nouvelles lignées végétales, les généticiens peuvent produire des monoploïdes dont les génotypes sont favorables, puis doubler leurs chromosomes afin de former des diploïdes homozygotes fertiles.

Les autotriploïdes Les bananes que l'on trouve dans le commerce sont des triploïdes stériles comportant 11 chromosomes dans chaque jeu ($3n = 33$). L'expression la plus évidente de la stérilité des bananes est l'absence de graine dans les fruits que nous mangeons. (Les petites taches noires que l'on observe dans les bananes ne sont pas des graines. Les graines des bananes sont dures comme de la pierre et peuvent menacer les dents des consommateurs!) La production de pastèques triploïdes est un autre exemple d'exploitation commerciale de la triploïdie chez les végétaux.

Les autotétraploïdes De nombreuses plantes autotétraploïdes cultivées sont des espèces importantes du point de vue commercial car elles ont souvent une taille supérieure à la normale (Figure 15-12). Les fruits et fleurs de grande taille sont particulièrement privilégiés.

Figure 15-12 Des raisins diploïdes (à gauche) et tétraploïdes (à droite). [Copyright Leonard Lessin/Peter Arnold Inc.]

Les allopolyploïdes L'allopolyploïdie (la formation de polyploïdes entre des espèces différentes) a joué un rôle important dans la production des espèces cultivables actuelles. Le coton d'Amérique est un allopolyploïde naturel apparu spontanément, comme le blé. Les allopolyploïdes peuvent également être synthétisés artificiellement pour combiner les caractéristiques avantageuses des espèces parentales en un même type. En fait, un seul amphidiploïde de synthèse a été largement utilisé. Il s'agit de *Triticale*, un amphidiploïde entre blé (*Triticum*, $6n = 42$) et seigle (*Secale*, $2n = 14$). Par conséquent, pour *Triticale* $2n = 2 \times (21 + 7) = 56$. Cette nouvelle plante combine les rendements élevés du blé et la robustesse du seigle.

LES ANIMAUX POLYPLOÏDES La polyploïdie est plus courante chez les végétaux que chez les animaux, mais il existe des cas d'animaux polyploïdes apparus dans la nature. Des espèces polyploïdes de vers plats, de sangsues et de crevettes se reproduisent par parthénogenèse. Des drosophiles triploïdes et tétraploïdes ont été synthétisées expérimentalement. Cependant, les exemples ne sont pas limités aux formes de vie dites inférieures. Les amphibiens et reptiles polyploïdes naturels sont étonnamment courants. Ils possèdent plusieurs modes de reproduction : les espèces polyploïdes de grenouilles et de crapauds, mâles et femelles, ont une reproduction sexuée tandis que les salamandres et lézards polyploïdes sont parthénogénétiques. La famille des Salmonidés (qui comprend le saumon et la truite) est un exemple familier des nombreuses espèces animales apparues sans doute à partir d'une polyploïdie ancestrale.

La stérilité des triploïdes a été exploitée commercialement tant chez les animaux que chez les végétaux. Des huîtres triploïdes ont été élaborées, qui ont un avantage commercial sur leurs homologues diploïdes. En effet, les huîtres diploïdes passent par une saison de ponte pendant laquelle elles sont immangeables, alors que les triploïdes, en raison de leur stérilité, ne pondent pas et sont donc consommables toute l'année.

L'aneuploïdie

L'aneuploïdie est la deuxième grande catégorie de mutations chromosomiques dues à un nombre anormal de chromosomes. Un aneuploïde est un organisme dont le nombre de chromosomes diffère du type sauvage par une partie du jeu de chromosomes. Généralement, le jeu aneuploïde de chromosomes diffère du type sauvage seulement par un chromosome ou par un petit nombre de chromosomes. Les aneuploïdes peuvent comporter un nombre de chromosomes supérieur ou inférieur à celui du type sauvage. La nomenclature des aneuploïdes (voir Tableau 15-1) est basée sur le nombre de copies du chromosome concerné dans l'état aneuploïde. Dans le cas des autosomes d'organismes diploïdes, l'aneuploïde $2n + 1$ est dit **trisomique**, $2n - 1$ est **monosomique** et $2n - 2$ (le $- 2$ représente la perte des deux homologues du même chromosome) est **nullisomique.** Chez les haploïdes, $n + 1$ est **disomique**. On utilise une notation spéciale pour les aneuploïdes touchés au niveau de leurs chromosomes sexuels car il peut s'agir de deux chromosomes différents. La notation correspond simplement à la liste de chaque chromosome sexuel, par exemple XXY, XYY, XXX ou XO (le «O» symbolise l'absence d'un chromosome et est ajouté pour indiquer que le symbole X unique n'est pas une erreur typographique).

LA NON-DISJONCTION La cause de la plupart des états aneuploïdes est la **non-disjonction** au cours de la méiose ou de la mitose. La *disjonction* désigne la ségrégation normale des chromatides ou des chromosomes homologues vers les pôles opposés pendant les divisions méiotiques ou mitotiques. La non-disjonction est un défaut de ce processus au cours duquel les deux chromosomes ou chromatides gagnent un pôle tandis qu'aucun(e) ne gagne l'autre.

Une non-disjonction *mitotique* au cours du développement crée des régions aneuploïdes dans le corps (*secteurs* aneuploïdes). La non-disjonction *méiotique* est plus fréquente. Elle aboutit à des produits méiotiques aneuploïdes et les descendants qui en résultent sont entièrement aneuploïdes. Lors de la non-disjonction méiotique, les chromosomes peuvent ne pas se séparer lors de la première ou de la seconde division (Figure 15-13). Des gamètes $n + 1$ et $n - 1$ sont produits dans les deux cas. Si un gamète $n - 1$ est fécondé par un gamète n, il se forme un zygote monosomique $(2n - 1)$. La fusion d'un gamète $n + 1$ et d'un gamète n conduit à un trisomique $2n + 1$.

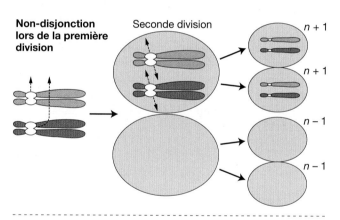

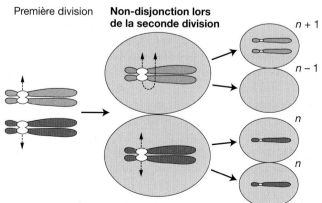

Figure 15-13 La formation de gamètes aneuploïdes à la suite d'une non-disjonction lors de la première ou de la seconde division méiotique. Remarquez que tous les autres chromosomes sont présents en un nombre normal et que certaines cellules sans chromosome sont représentées.

> **MESSAGE** Les organismes aneuploïdes résultent essentiellement de la non-disjonction au cours d'une méiose parentale.

La non-disjonction se produit spontanément. Comme la plupart des mutations géniques, il s'agit d'un autre exemple d'échec aléatoire d'un processus cellulaire élémentaire. Les processus moléculaires précis qui échouent lors de la non-disjonction ne sont pas connus, mais dans des systèmes expérimentaux, la fréquence de non-disjonction peut être augmentée si on interfère avec la polymérisation des microtubules, ce qui inhibe le déplacement normal des chromosomes. Il semble que la disjonction ait plus de probabilités de rater lors de la méiose I. Ceci n'est pas surprenant car la disjonction normale lors de l'anaphase I nécessite le maintien des chromosomes homologues de la tétrade appariés au cours de la prophase I et de la métaphase I, ainsi que des crossing-over. Au contraire, une disjonction correcte lors de l'anaphase II ou de la mitose exige que le centromère se scinde correctement en deux mais ne requiert pas d'appariement des chromosomes ni de crossing-over.

Les crossing-over sont un composant nécessaire du processus normal de disjonction. D'une façon ou d'une autre, la formation d'un échange (chiasma) dans une paire de chromosomes aide à maintenir la tétrade intacte et garantit que les membres d'une même paire gagnent des pôles opposés. Chez la plupart des organismes, le nombre de crossing-over est suffisant pour garantir que toutes les tétrades auront normalement subi au moins un échange par méiose. Chez la drosophile, un grand nombre des chromosomes n'ayant pas réussi leur disjonction dans des gamètes disomiques $(n + 1)$ sont non-recombinants, ce qui montre qu'ils résultent de méioses au cours desquelles aucun crossing-over n'a eu lieu sur le chromosome concerné. Des observations similaires ont été réalisées pour des trisomies humaines. De plus, chez plusieurs organismes expérimentaux différents, les mutations qui interfèrent avec la recombinaison augmentent massivement la fréquence de non-disjonction lors de la méiose I. Ceci montre le rôle important que joue le crossing-over dans le maintien des associations chromosomiques à l'intérieur de la tétrade. En l'absence de ces associations, les chromosomes sont plus facilement sujets à une non-disjonction lors de l'anaphase I.

> **MESSAGE** Les crossing-over sont nécessaires pour maintenir la tétrade intacte jusqu'à l'anaphase I. Si le crossing-over échoue pour une raison quelconque, il n'y a pas de disjonction lors de la première division.

LES MONOSOMIQUES $(2n - 1)$ Il manque aux monosomiques une copie d'un chromosome. Chez la plupart des organismes diploïdes, l'absence d'une copie d'un chromosome dans une paire est défavorable. Chez l'homme, les monosomiques pour n'importe quel autosome meurent *in utero*. De nombreux monosomiques pour le chromosome X meurent également *in utero* mais certains sont viables. Chez l'homme, une garniture chromosomique comportant 44 autosomes + 1 X conduit au **syndrome de Turner**, représenté par XO. Les personnes atteintes ont un phénotype caractéristique : ce sont des femmes stériles, de petite taille, qui ont souvent un pli de la peau entre le cou et les épaules (Figure 15-14). Bien que leur intelligence soit quasiment normale, certaines fonctions cognitives spécifiques sont déficientes chez elles. Environ 1 fille sur 5 000 est atteinte du syndrome de Turner.

Les généticiens ont utilisé des végétaux monosomiques viables pour attribuer les locus d'allèles mutants récessifs nouvellement découverts à des chromosomes précis. Par exemple, un généticien peut obtenir différentes lignées monosomiques, chacune dépourvue d'un chromosome spécifique. Les homozygotes pour le nouvel allèle mutant sont croisés avec chaque lignée monosomique et l'on recherche dans la descendance de chacun des croisements, l'expression du phénotype récessif. L'apparition du phénotype récessif permet d'établir que l'allèle est normalement situé sur le chromosome dont une copie est absente. Ce test fonctionne parce que la moitié des gamètes d'un parent monosomique fertile seront $n-1$ et que lors de la fusion d'un gamète $n-1$ et d'un gamète portant une nouvelle mutation sur le chromosome homologue, l'allèle mutant sera le seul allèle du gène présent. De ce fait, il sera exprimé.

Envisageons un exemple. Supposons qu'un gène A/a soit situé sur le chromosome 2. Des croisements de a/a avec des monosomiques pour le chromosome 1 et le chromosome 2 illustrent cette méthode (le chromosome 1 est abrégé en chr1) :

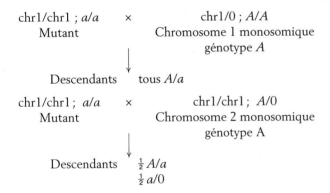

LES TRISOMIQUES ($2n + 1$) Les trisomiques possèdent une copie supplémentaire d'un chromosome. Chez les organismes diploïdes généralement, le déséquilibre chromosomique dû à l'état trisomique peut entraîner l'anormalité ou la mort. Il existe cependant de nombreux exemples de trisomiques viables. De plus, les trisomiques peuvent être féconds. Lorsque les cellules issues de certains organismes trisomiques sont observées au microscope lors de l'appariement des chromosomes au cours de la méiose, on voit les chromosomes trisomiques former un trivalent (une association de trois chromosomes) alors que les autres chromosomes forment des bivalents normaux.

Quels rapports génétiques devons-nous attendre des gènes situés sur le chromosome trisomique ? Considérons un gène A proche du centromère de ce chromosome et supposons que le génotype soit $A/a/a$. Supposons de plus que lors de l'anaphase I, les deux centromères appariés du trivalent

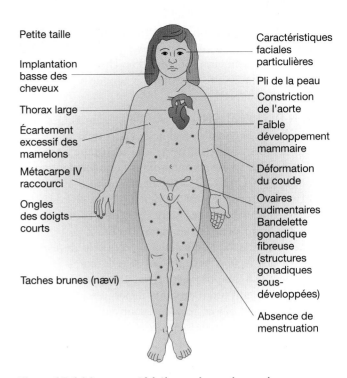

Figure 15-14 Les caractéristiques du syndrome de Turner. Cette maladie est due à la présence d'un seul chromosome X (XO). [Adapté de F. Vogel et A. G. Motulsky, *Human genetics.* Springer-Verlag, 1982.]

gagnent des pôles opposés et que l'autre centromère gagne aléatoirement l'un ou l'autre pôle. Nous pouvons alors prédire les trois ségrégations de fréquence égale présentées dans la Figure 15-15. Ces ségrégations aboutissent à un rapport gamétique global indiqué dans les six compartiments de la Figure 15-15, c'est-à-dire

$$\frac{1}{6}\ A$$
$$\frac{2}{6}\ a$$
$$\frac{2}{6}\ A/a$$
$$\frac{1}{6}\ a/a$$

Si l'on dispose d'un groupe de lignées portant chacune un chromosome trisomique différent, une nouvelle mutation peut alors être localisée sur un chromosome en déterminant laquelle des lignées donne le rapport adéquat.

Il existe plusieurs exemples de trisomies humaines viables. Plusieurs types de trisomiques touchés au niveau des chromosomes sexuels peuvent atteindre l'âge adulte. Chacun de ces types a une fréquence voisine de 1 pour 1 000 naissances du sexe correspondant. [Puisque nous considérons les trisomies humaines concernant des chromosomes sexuels, rappelons que chez les mammifères, le sexe est déterminé par la présence ou l'absence du chromosome Y.] La combinaison XXY conduit au **syndrome de Klinefelter**. Les personnes atteintes de ce syndrome sont des hommes dégingandés, stériles, qui présentent un retard mental (Figure 15-16). Une autre combinaison anormale XYY a une

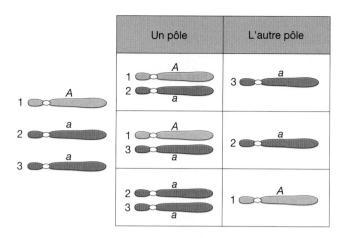

Figure 15-15 Les génotypes des produits méiotiques d'un trisomique *A/a/a*. Il y a trois ségrégations équiprobables.

histoire controversée. On a tenté de relier l'état XYY avec une prédisposition à la violence. Il est clair à présent qu'un état XYY ne conditionne en aucune façon un tel comportement. Les hommes XYY sont généralement féconds. Leurs méioses montrent un appariement normal entre le X et l'un des Y. L'autre Y ne s'apparie jamais et n'est pas transmis aux gamètes. Par conséquent, ces gamètes contiennent X ou Y mais jamais YY, ni XY. Les femmes trisomiques triplo-X

(XXX) sont phénotypiquement normales et sont fécondes. La méiose présente un appariement de seulement deux des chromosomes X, le troisième ne s'appariant pas. Par conséquent, les ovules portent uniquement un X et, comme dans le cas des individus XYY, cet état n'est pas transmis aux descendants.

Le type le plus familier de trisomies humaines est le **syndrome de Down** (Figure 15-17) que nous avons abordé au début de ce chapitre. Sa fréquence à la naissance est voisine de 0,15 %. La plupart des individus affectés possèdent une copie supplémentaire du chromosome 21 en raison de la non-disjonction du chromosome 21 chez un parent chromosomiquement normal. Dans ce type *sporadique* de syndrome, il n'y a pas d'antécédents familiaux d'aneuploïdie. Certains types rares de syndrome de Down apparaissent à la suite de translocations (un type de réarrangement chromosomique discuté plus loin dans ce chapitre). Dans ce cas comme nous allons le voir, le syndrome de Down revient de manière récurrente dans l'arbre généalogique car la translocation peut être transmise du parent atteint à son enfant.

Les phénotypes du syndrome de Down sont un retard mental (avec un QI compris entre 20 et 50), un visage aplati et large, des yeux présentant un épicanthus, une petite taille, des mains courtes avec un sillon au milieu et une langue large et plissée. Les femmes peuvent être fécondes et donner naissance à une descendance normale ou trisomique, mais les hommes sont tous stériles. La durée de vie moyenne est de 17 ans et seules 8 % des personnes atteintes survivent au-delà de 40 ans.

L'apparition du syndrome de Down est liée à l'âge de la mère. Les mères les plus âgées ont un risque nettement accru d'avoir des enfants atteints du syndrome de Down (Figure 15-18). Pour cette raison, on recommande maintenant

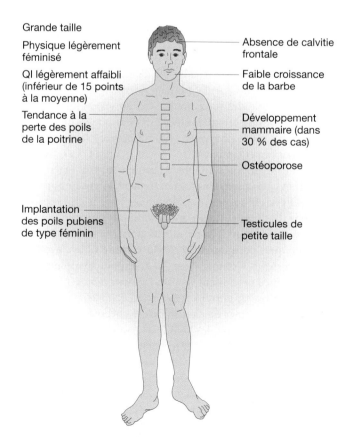

Figure 15-16 Les caractéristiques du syndrome de Klinefelter (XXY). [Adapté de F. Vogel et A. G. Motulsky, *Human genetics*. Springer-Verlag, 1982.]

Grande taille

Physique légèrement féminisé

QI légèrement affaibli (inférieur de 15 points à la moyenne)

Tendance à la perte des poils de la poitrine

Implantation des poils pubiens de type féminin

Absence de calvitie frontale

Faible croissance de la barbe

Développement mammaire (dans 30 % des cas)

Ostéoporose

Testicules de petite taille

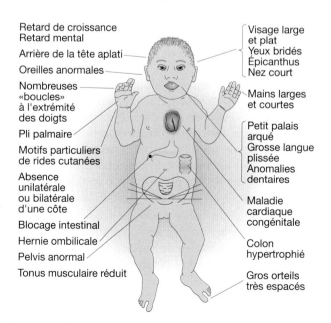

Figure 15-17 Les caractéristiques du syndrome de Down (trisomie 21). [Adapté de F. Vogel et A. G. Motulsky, *Human genetics*. Springer-Verlag, 1982.]

Retard de croissance
Retard mental

Arrière de la tête aplati

Oreilles anormales

Nombreuses «boucles» à l'extrémité des doigts

Pli palmaire

Motifs particuliers de rides cutanées

Absence unilatérale ou bilatérale d'une côte

Blocage intestinal

Hernie ombilicale

Pelvis anormal

Tonus musculaire réduit

Visage large et plat
Yeux bridés
Épicanthus
Nez court

Mains larges et courtes

Petit palais arqué
Grosse langue plissée
Anomalies dentaires

Maladie cardiaque congénitale

Colon hypertrophié

Gros orteils très espacés

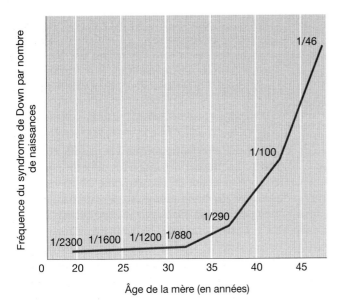

Figure 15-18 La relation entre l'âge maternel et l'apparition du syndrome de Down dans la descendance. [D'après L. S. Penrose et G. F. Smith, *Down's anomaly*. Little, Brown and Company, 1966.]

l'analyse des chromosomes du fœtus (par amniocentèse ou examen des villosités chorioniques) pour les mères les plus âgées. Un effet de l'âge du père, quoique moins prononcé, a également été démontré.

Même si l'effet de l'âge maternel a été démontré de nombreuses années auparavant, la cause en est encore inconnue. Quoi qu'il en soit, il existe certaines corrélations biologiques intéressantes. Il est possible qu'il y ait une diminution dépendante de l'âge de la mère de la probabilité de maintenir intacte la tétrade de chromosomes au cours de la prophase I de la méiose. L'arrêt de la méiose dans les ovocytes (méiocytes femelles) vers la fin de la prophase I est un phénomène courant chez de nombreux animaux. Chez les femmes, tous les ovocytes sont bloqués au stade diplotène avant la naissance. La méiose reprend seulement après la puberté, ce qui signifie que les associations correctes de chromosomes dans la tétrade doivent être maintenues pendant des dizaines d'années. Si nous supposons que ces associations ont une probabilité croissante dans le temps de se rompre accidentellement, nous pouvons envisager un mécanisme contribuant à une non-disjonction maternelle accrue avec l'âge. La plupart des non-disjonctions liées à l'âge maternel se produisent lors de l'anaphase I et non lors de l'anaphase II, ce qui s'accorde bien avec cette hypothèse.

Les seuls autres bébés trisomiques autosomiques qui survivent jusqu'à la naissance sont ceux atteints de trisomie 13 (syndrome de Patau) ou de trisomie 18 (syndrome d'Edwards). Ces deux trisomies induisent des anomalies physiques et mentales graves. Le phénotype général de la trisomie 13 comprend un bec-de-lièvre, une tête petite et malformée, une dysplasie des pieds et une durée de vie moyenne de 130 jours. Celui de la trisomie 18 comporte des oreilles pointues, une petite mâchoire, un pelvis étroit et une dysplasie des pieds. La plupart des bébés atteints de trisomie 18 meurent

dans les semaines qui suivent leur naissance. Tous les autres trisomiques meurent *in utero*.

Le concept d'équilibre des gènes

Lorsque nous avons étudié l'euploïdie aberrante, nous avons remarqué qu'une augmentation du nombre de jeux complets de chromosomes était corrélée avec l'augmentation de la taille de l'organisme, mais que sa forme générale et ses proportions restaient quasiment les mêmes. À l'inverse, l'aneuploïdie autosomique modifie de façon caractéristique la forme et les proportions des organismes.

Les végétaux sont en général plus tolérants à l'aneuploïdie que les animaux. Des études de la stramoine (*Datura stramonium*) constituent un exemple classique des effets de l'aneuploïdie et de la polyploïdie. Chez la stramoine, le nombre haploïde de chromosomes est de 12. Comme prévu, la stramoine polyploïde a les mêmes proportions que les diploïdes normaux, à l'exception de sa taille qui est supérieure. Inversement, chacun des 12 trisomiques possibles est disproportionné, mais d'une façon qui lui est propre comme le montrent les changements de la forme de la capsule de la graine (voir Figure 3-3). Les 12 trisomies différentes conduisent à 12 changements de forme de la capsule, distincts et caractéristiques. Ces particularités (et d'autres encore) de chacune des trisomies sont si spécifiques que l'on peut utiliser le phénotype pour identifier la trisomie portée par un plant. De la même façon, les 12 monosomies sont elles-mêmes différentes les unes des autres et de chacune des trisomies. En général, un plant monosomique pour un chromosome particulier a des anomalies plus graves que le trisomique correspondant.

Nous avons vu des tendances identiques chez les aneuploïdes animaux. Chez la mouche du vinaigre (*Drosophila*), les seuls aneuploïdes autosomiques qui survivent jusqu'à l'âge adulte sont les trisomiques et les monosomiques du chromosome 4, qui est le plus petit chromosome de la drosophile : il représente seulement 1 à 2 % du génome. Les trisomiques pour le chromosome 4 sont seulement très légèrement atteints et leurs anomalies sont nettement moins importantes que celles des mouches monosomiques pour le chromosome 4. Chez l'homme, aucun monosomique autosomique ne se développe jusqu'à la naissance alors que trois trisomies autosomiques permettent la survie, comme nous l'avons vu précédemment. Comme pour la stramoine aneuploïde, ces trois trisomies produisent des syndromes phénotypiques qui leur sont propres, en raison des conséquences particulières des dosages modifiés de chacun de ces chromosomes.

Pourquoi les aneuploïdes ont-ils des anomalies plus marquées que les polyploïdes ? Pour quelle raison les aneuploïdies touchant des chromosomes distincts ont-elles leurs propres conséquences phénotypiques ? Et pourquoi les organismes monosomiques sont-ils plus sévèrement touchés que les trisomiques correspondants ? La cause semble être la modification de l'**équilibre entre les gènes (équilibre génique)**. Chez un euploïde, le rapport entre les gènes de n'importe quel chromosome et les gènes des autres chromosomes est toujours de 1:1 que l'on considère un monoploïde, un diploïde, un triploïde ou un tétraploïde. Par exemple, chez un tétraploïde, dans le cas d'un gène A présent sur le chromosome 1 et d'un gène B sur le chromosome 2, la rapport est de $4A : 4B$, soit $1 : 1$. À l'inverse chez un aneuploïde, le rapport entre les gènes présents sur le chromosome aneuploïde et les gènes situés sur les autres chromosomes diffère de 50 % par rapport au type sauvage (50 % pour les monosomiques, 150 % pour les trisomiques). En utilisant le même exemple que précédemment, chez un trisomique pour le chromosome 2, le rapport entre les gènes A et B est de $2A : 3B$. Nous voyons donc que l'équilibre est rompu pour les gènes aneuploïdes. En quoi cela peut-il nous aider à répondre aux questions posées ?

Il faut savoir qu'en général, la quantité de transcrit produit par un gène est directement proportionnelle au nombre de copies de ce gène présentes à l'intérieur d'une cellule. C'est-à-dire que pour un gène donné, le taux de transcription est directement lié au nombre de matrices disponibles d'ADN. Par conséquent, plus il y a de copies du gène, plus le nombre de transcrits produits est élevé et plus il y a de produit protéique correspondant synthétisé. La relation entre le nombre de copies d'un gène et la quantité de produit de ce gène s'appelle l'**effet de dosage des gènes**.

Nous pouvons déduire que la physiologie normale d'une cellule dépend du rapport correct des produits des gènes dans la cellule euploïde. Ce rapport est l'équilibre normal des gènes. Si le dosage relatif de certains gènes change – par exemple, à la suite du retrait de l'une des deux copies du chromosome (ou même d'un segment chromosomique) – des déséquilibres physiologiques peuvent apparaître dans des voies cellulaires.

Dans certains cas, les déséquilibres de l'aneuploïdie sont dus à quelques gènes « essentiels » dont le dosage a été modifié plutôt qu'à des changements dans le dosage de tous les gènes d'un chromosome. On peut considérer ce type de gènes comme *haplo-anormaux* (produisant un phénotype anormal s'ils sont présents en un seul exemplaire) ou *triplo-anormaux* (produisant un phénotype anormal s'ils sont présents en trois exemplaires) ou les deux. Ils contribuent de manière significative aux syndromes phénotypiques aneuploïdes. Par exemple, l'étude de personnes trisomiques pour seulement une partie du chromosome humain 21 a permis de localiser des déterminants spécifiques du syndrome de Down dans diverses régions du chromosome 21, laissant penser que certains aspects du phénotype pourraient être dus à la triplo-anomalie de quelques gènes essentiels dans ces régions chromosomiques. En plus des effets de ces gènes essentiels, d'autres aspects des syndromes aneuploïdes sont sans doute dus aux effets cumulatifs de l'aneuploïdie de nombreux gènes dont l'équilibre des produits est totalement rompu. Indubitablement, le phénotype aneuploïde complet est une synthèse des conséquences de la rupture de l'équilibre de quelques gènes essentiels ainsi que du déséquilibre cumulé de nombreux gènes mineurs.

Toutefois, l'idée d'un équilibre entre les gènes ne nous dit pas pourquoi avoir trop peu de produits de gènes (monosomie) est bien pire pour l'organisme que d'en avoir trop (trisomie). On pourrait également se demander pourquoi il existe bien plus de gènes haplo-anormaux que de gènes triplo-anormaux. Un des facteurs importants pour expliquer l'anormalité des monosomies est que tous les allèles récessifs désavantageux présents sur un autosome monosomique seront automatiquement exprimés

Comment appliquer l'idée d'un équilibre entre les gènes aux cas d'aneuploïdie pour des chromosomes sexuels ? L'équilibre génique s'applique aussi aux chromosomes sexuels, mais il faut également prendre en compte les propriétés particulières de ceux-ci. Chez les organismes ayant une détermination du sexe XY, le chromosome Y semble être un chromosome X dégénéré qui contient très peu de gènes fonctionnels autres que ceux impliqués dans la détermination sexuelle elle-même ou dans la production de spermatozoïdes, ou les deux. À l'inverse, le chromosome X contient de nombreux gènes impliqués dans les processus cellulaires élémentaires (« gènes de ménage ») qui résidaient sur le chromosome originel ayant évolué en chromosome X. Les mécanismes de détermination sexuelle XY ont probablement évolué indépendamment 10 à 20 fois dans des groupes taxonomiques (de classification) différents. Il semble donc y avoir un mécanisme de détermination sexuelle commun à tous les mammifères, mais il est complètement différent du mécanisme gouvernant la détermination sexuelle XY de la drosophile.

En un sens, les chromosomes X sont naturellement aneuploïdes. Dans les espèces avec une détermination du sexe XY, les femelles possèdent deux chromosomes X tandis que les mâles n'en ont qu'un. Malgré tout, on a découvert que les gènes de ménage du chromosome X sont exprimés en quantité égale par cellule chez les femelles et chez les mâles. Ceci implique qu'il y a une **compensation du dosage**. Comment cela est-il possible ? La réponse dépend de l'organisme. Chez la drosophile, le chromosome X du mâle semble être hyperactivé, ce qui lui assure un taux de transcription double de celui du chromosome X chez la femelle. Par conséquent, le mâle drosophile XY présente un dosage des gènes du chromosome Y équivalent à celui d'une femelle XX. Chez les mammifères au contraire, le nombre de X présents n'a aucune importance, car il n'y a qu'un chromosome X transcriptionnellement actif par cellule somatique. Cette règle garantit au mammifère femelle un dosage des gènes du chromosome X équivalent à celui d'un mâle XY. Cette compensation du dosage chez les mammifères est due à une inactivation d'un chromosome X. Une femme possédant deux chromosomes X par exemple est une mosaïque de deux types cellulaires dans lesquels l'un ou l'autre X est actif. Nous avons examiné ce phénomène au Chapitre 10. Les individus XY et XX produisent donc la même quantité de produits des gènes de ménage présents sur le chromosome X. L'inactivation du chromosome X explique également pourquoi les femmes triplo-X sont phénotypiquement normales, car seul l'un de leurs trois chromosomes X est transcriptionnellement actif dans chaque cellule. De même, un homme XXY est seulement modérément affecté car seul l'un de ses chromosomes X est actif dans chaque cellule.

Pourquoi les individus XXY sont-ils anormaux alors que les individus triplo-X sont phénotypiquement normaux ? Il s'avère que quelques gènes dispersés sur un « X inactif » sont en fait transcriptionnellement actifs. Chez les hommes XXY, la transcription de ces gènes est double de celle des hommes XY. Chez les femmes XXX en revanche, les quelques gènes sont seulement 1,5 fois plus transcrits que chez les femmes XX. Ce niveau d'«aneuploïdie fonctionnelle» plus faible chez les XXX que chez les XXY et le fait que les gènes actifs du chromosome X semblent conduire à une féminisation, peuvent expliquer le phénotype féminisé des individus XXY. La gravité du syndrome de Turner (XO) peut être interprétée comme le résultat des effets néfastes de la monosomie et de l'activité inférieure des gènes transcrits sur le chromosome X (par rapport aux femmes XX). Comme on le voit généralement chez les aneuploïdes, la monosomie du chromosome X produit un phénotype davantage anormal que la présence d'une copie supplémentaire du même chromosome (femmes triplo-X ou hommes XXY).

Le dosage des gènes est également important dans les phénotypes des polyploïdes. Les zygotes polyploïdes humains apparaissent à la suite de différents types d'erreurs lors de la division cellulaire. La plupart meurent *in utero*. De temps à autre, des bébés triploïdes naissent mais aucun ne survit. Ce fait semble contredire le principe discuté plus haut – à savoir que les polyploïdes sont plus normaux que les aneuploïdes. L'explication de cette contradiction semble résider dans la compensation du dosage des chromosomes X. Une partie de la règle d'un X actif unique semble être la présence d'un X actif pour chaque paire de copies de la garniture chromoso-

mique autosomique. On a donc découvert chez des mammifères triploïdes, certaines cellules possédant un X actif tandis que d'autres curieusement en avaient deux. Aucune situation n'est en équilibre avec les gènes autosomiques.

> **MESSAGE** L'aneuploïdie est presque toujours défavorable en raison du déséquilibre des gènes – le rapport des gènes est différent de celui des euploïdes et cette différence interfère avec le fonctionnement normal du génome.

15-2 Les changements dans la structure des chromosomes

Les changements dans la structure des chromosomes, appelés **réarrangements**, comprennent plusieurs classes d'événements. Un segment chromosomique peut être perdu, ce qui constitue une **délétion**, ou doublé, formant alors une **duplication**. Un segment chromosomique peut être tourné de 180°, ce qu'on appelle une **inversion**. Un segment peut également être déplacé sur un autre chromosome, constituant alors **translocation**. La cassure de l'ADN est une cause essentielle dans chacun de ces événements. Les deux brins d'ADN doivent être cassés en deux positions différentes, puis les extrémités cassées doivent être réunies pour produire un nouvel arrangement chromosomique (Figure 15-19). Les réarrangements chromosomiques à la suite de cassures peuvent être

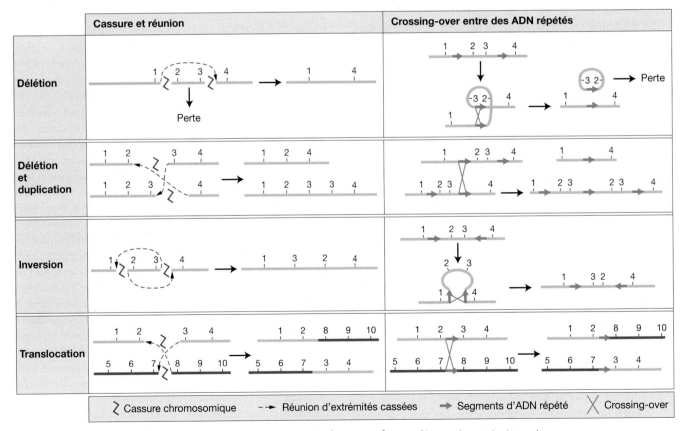

Figure 15-19 Les origines des réarrangements chromosomiques. Chacun des quatre types de réarrangements chromosomiques peut être produit par l'un ou l'autre de deux mécanismes de base : une cassure chromosomique suivie d'une réunion ou un crossing-over entre des ADN répétés. Les régions chromosomiques sont numérotées de 1 à 10. Les chromosomes homologues sont de la même couleur.

induits artificiellement à l'aide de radiations ionisantes. Ce type de radiations, en particulier les rayons X ou γ, sont des radiations à haute énergie qui provoquent de nombreuses cassures double-brin dans l'ADN.

Pour comprendre de quelle façon les réarrangements chromosomiques sont produits par cassure, il nous faut garder plusieurs informations à l'esprit :

1. Chaque chromosome est une molécule d'ADN double-brin.

2. Le premier événement lors de la production d'un réarrangement chromosomique est la création de deux cassures double-brin ou plus dans les chromosomes d'une cellule (voir Figure 15-19, ligne du haut à gauche).

3. Les cassures double-brin sont potentiellement létales sauf si elles sont réparées.

4. Les systèmes de réparation dans la cellule corrigent les cassures double-brin en réunissant les extrémités cassées (voir Chapitre 14 pour une discussion détaillée de la réparation de l'ADN).

5. Si au contraire les deux extrémités produites par la même cassure sont réunies, l'ordre initial de l'ADN est restauré. Si les extrémités de deux cassures différentes sont réunies, il en résulte un autre type de réarrangement chromosomique.

6. Les seuls réarrangements chromosomiques qui survivent à la méiose sont ceux qui produisent des molécules d'ADN avec un centromère et deux télomères. Si un réarrangement produit un chromosome dépourvu de centromère, un tel chromosome **acentrique** ne gagnera aucun pôle lors de l'anaphase de la mitose ou de la méiose et ne sera pas incorporé dans le noyau fils. Par conséquent, les chromosomes acentriques ne sont pas transmis. Si un réarrangement produit un chromosome avec deux centromères (**dicentrique**), il sera souvent tiré en même temps vers les deux pôles lors de l'anaphase, formant ainsi un **pont anaphasique**. Les chromosomes avec un pont anaphasique ne sont généralement pas incorporés dans l'une ou l'autre cellule fille. Si une cassure chromosomique produit un chromosome dépourvu de télomère, ce chromosome ne peut se répliquer correctement. Nous avons vu au Chapitre 7 que les télomères sont nécessaires à une réplication correcte de l'ADN des extrémités (voir Figure 7-24).

7. Si un réarrangement provoque la duplication ou la délétion d'un segment de chromosome, l'équilibre des gènes peut en être affecté. Plus le segment perdu ou dupliqué est de grande taille, plus il est probable que le déséquilibre des gènes entraînera des anomalies phénotypiques.

Une autre cause importante de réarrangements réside dans les crossing-over entre des segments d'ADN répétitif. Chez les organismes possédant de courtes séquences répétées d'ADN dans un chromosome ou dans plusieurs chromosomes distincts, il y a une ambiguïté sur les répétitions qui s'apparient les unes aux autres lors de la méiose. Si les séquences qui s'apparient ne sont pas aux mêmes positions relatives sur les homologues, un crossing-over peut créer des chromosomes aberrants. Les délétions, duplications, inversions et translocations peuvent toutes apparaître à la suite de tels crossing-over (voir Figure 15-19, partie de droite).

Il existe deux grands types de réarrangements : équilibrés et déséquilibrés. Les **réarrangements équilibrés** modifient l'ordre des gènes sur les chromosomes mais ne suppriment ni ne dupliquent aucun segment d'ADN. Les deux classes les plus simples de réarrangements équilibrés sont les inversions et les translocations réciproques. Une **inversion** est un réarrangement d'un segment interne dans un chromosome qui a été cassé deux fois, son retournement de 180° et la réunion des extrémités rompues.

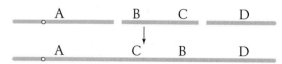

Une **translocation réciproque** est un réarrangement lors duquel deux chromosomes non homologues sont cassés chacun une fois, ce qui crée des fragments acentriques qui échangent ensuite leurs places :

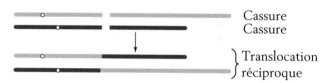

Parfois, les cassures de l'ADN qui précèdent la formation d'un réarrangement ont lieu *à l'intérieur* des gènes. Lorsque c'est le cas, elles inactivent la fonction du gène car une partie de celui-ci gagne une nouvelle position et aucun transcrit entier ne peut être synthétisé. De plus, les séquences d'ADN situées de part et d'autre des extrémités réunies d'un chromosome réarrangé sont des parties qui ne sont normalement pas juxtaposées. Parfois, la jonction se produit de telle sorte que la fusion crée un gène hybride non fonctionnel composé des parties de deux autres gènes.

Les **réarrangements déséquilibrés** modifient le dosage des gènes d'un segment chromosomique. Comme dans le cas de l'aneuploïdie pour des chromosomes entiers, la perte d'une copie d'un segment ou l'addition d'une copie supplémentaire peut modifier l'équilibre normal des gènes. Les deux classes simples de réarrangements déséquilibrés sont les délétions et les duplications. Une **délétion** est la perte d'un segment dans un bras chromosomique et la juxtaposition des deux segments situés auparavant de part et d'autre du segment délété, comme dans cet exemple qui montre la perte du segment C-D :

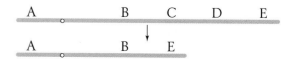

Une **duplication** est la répétition d'un segment d'un bras chromosomique. Dans le type le plus simple de duplication, les deux segments sont adjacents (une duplication en tandem) comme pour la duplication du segment C :

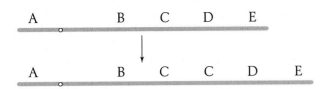

Toutefois, le segment dupliqué peut se terminer en une position différente sur le même chromosome ou même sur un chromosome distinct.

Nous considérerons dans les sections suivantes les propriétés de ces réarrangements équilibrés et déséquilibrés.

Les inversions

Il existe deux grands types d'inversions. Si le centromère n'est pas impliqué dans l'inversion, on dit de celle-ci qu'elle est **paracentrique**. Les inversions qui englobent le centromère sont quant à elles **péricentriques**.

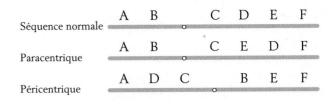

Les inversions étant des réarrangements équilibrés, elles ne modifient pas la quantité totale de matériel génétique et ne provoquent donc pas de déséquilibre des gènes. Les individus présentant des inversions sont généralement normaux s'il n'y a pas de cassure à l'intérieur des gènes. Une cassure qui inactive un gène produit une mutation qui peut se détecter par un phénotype anormal. Si le gène remplit une fonction essentielle, alors la cassure chromosomique se manifeste comme une mutation létale liée à l'inversion. Dans ce cas, il n'est pas possible de rendre l'inversion homozygote. Toutefois, on peut rendre homozygotes de nombreuses inversions. De plus, certaines inversions s'observent chez des organismes haploïdes, indiquant clairement que dans ce cas, les points de cassure ne touchent pas de région essentielle. Certains des résultats possibles de l'inversion au niveau de l'ADN sont représentés dans la Figure 15-20.

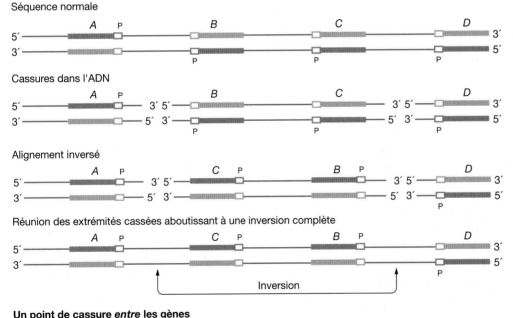

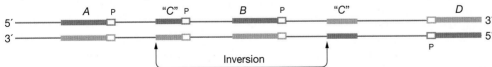

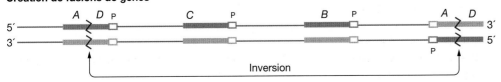

Figure 15-20 Les conséquences des inversions au niveau de l'ADN. Les gènes sont désignés par *A*, *B*, *C* et *D*. Le brin matrice est en vert foncé ; le brin complémentaire du brin matrice est en vert clair ; les lignes brisées indiquent les endroits sur l'ADN au niveau desquels une fusion de gènes (*A* avec *D*) s'est produite après une inversion et une réunion. La lettre P désigne les promoteurs ; les flèches indiquent les positions des points de cassure.

(a)

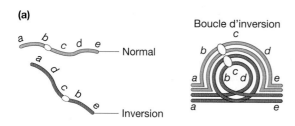

(b)

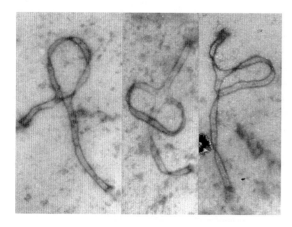

Figure 15-21 Les chromosomes des hétérozygotes pour une inversion s'apparient en formant une boucle lors de la méiose. (a) Une représentation schématique. (b) Des micrographies électroniques de complexes synaptonémaux lors de la prophase I de la méiose chez une souris hétérozygote pour une inversion paracentrique. Trois méiocytes distincts sont présentés. [Partie b d'après M. J. Moses, Département d'Anatomie, Duke Medical Center.]

La plupart des analyses d'inversions se pratiquent sur des cellules diploïdes qui comportent un jeu normal de chromosomes ainsi qu'un jeu portant l'inversion. Ce type de cellule s'appelle un **hétérozygote par inversion**, mais notez que cette appellation n'implique pas l'hétérozygotie d'un quelconque locus de gène mais plutôt la présence d'un jeu normal et d'un jeu anormal de chromosomes. L'emplacement du segment inversé peut souvent être détecté au microscope. Au cours de la méiose, l'un des chromosomes effectue un tour complet au niveau des extrémités de l'inversion pour s'apparier avec le chromosome normal. Les deux homologues forment ainsi une **boucle d'inversion** visible (Figure 15-21).

Dans le cas d'une inversion *paracentrique*, un crossing-over dans la boucle de l'inversion relie entre eux les centromères des deux homologues par un **pont dicentrique** et produit également un **fragment acentrique** (Figure 15-22). Par conséquent, lorsque les chromosomes se séparent au cours de l'anaphase I, les centromères restent liés par le pont. Le fragment acentrique ne peut s'aligner sur le fuseau ni se déplacer ; il est donc perdu. Sous l'effet de la tension, le pont dicentrique se rompt, formant alors deux chromosomes affectés de délétions terminales. Les gamètes contenant de tels chromosomes ou les zygotes qu'ils formeront

ne survivront probablement pas. Par conséquent, le crossing-over qui engendre normalement la classe recombinante des produits de la méiose est létal pour ces produits. Le résultat global est une diminution très forte de la fréquence des recombinants viables. En fait, pour les gènes contenus dans l'inversion, la FR est proche de zéro. (Elle n'est pas exactement nulle car des doubles crossing-over impliquant uniquement deux chromatides – ce qui est rare – donnent des produits viables.) Pour les gènes flanquant l'inversion, la FR est réduite en proportion de la taille de celle-ci, car plus une inversion est grande, plus la probabilité d'un crossing-over dans celle-ci aboutissant à un produit méiotique non viable est élevée.

Dans le cas d'une inversion *péricentrique* hétérozygote, les conséquences génétiques sont les mêmes que celles

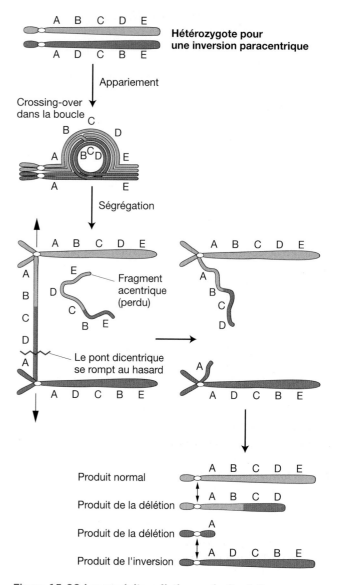

Figure 15-22 Les produits méiotiques résultant d'un crossing-over unique à l'intérieur d'une boucle d'inversion paracentrique. Deux chromatides non-sœurs participent au crossing-over à l'intérieur de la boucle.

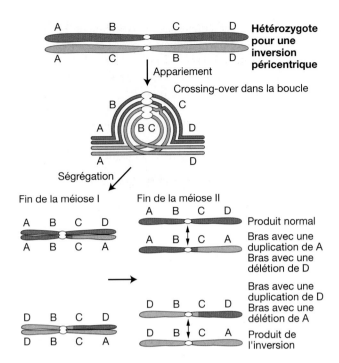

Figure 15-23 Les produits méiotiques résultant d'un crossing-over unique à l'intérieur d'une boucle d'inversion péricentrique.

d'une inversion paracentrique – on ne récupère pas les produits des crossing-over – mais pour des raisons différentes. Lors d'une inversion péricentrique, les centromères se trouvent dans la région contenant l'inversion. Par conséquent, les chromosomes impliqués dans le crossing-over se disjoignent de la façon habituelle, sans création d'un pont (Figure 15-23). Toutefois, le crossing-over produit des chromatides qui possèdent une duplication et une délétion affectant différentes parties du chromosome. Dans ce cas, si un gamète contenant un chromosome recombiné est fécondé, le zygote ainsi produit meurt en raison de son déséquilibre génétique. Une fois encore, seules des chromatides sans crossing-over seront présentes chez les descendants viables. La FR des gènes dans une inversion péricentrique est donc elle aussi voisine de zéro.

Les inversions affectent également la recombinaison d'une autre façon. Les hétérozygotes pour une inversion ont souvent des problèmes mécaniques d'appariement dans la région de l'inversion. La boucle de l'inversion provoque une déformation importante qui peut s'étendre au-delà de la boucle elle-même. Cette déformation réduit la probabilité d'un crossing-over dans les régions voisines.

Considérons un exemple des effets d'une inversion sur la fréquence de recombinaison. Un spécimen de drosophile de type sauvage issu d'une population naturelle est croisé avec une souche homozygote récessive de laboratoire *dp cn/dp cn*. (L'allèle *dp* [*dumpy*] code des ailes réduites ou tronquées et *cn* [cinabre], des yeux cinabre. On sait que les deux gènes sont distants de 45 unités génétiques et sont situés sur le chromosome 2.) La génération F_1 est de type sauvage. Lors-

qu'une femelle F_1 est croisée avec le parent récessif, la descendance est

250 type sauvage	*+ +/dp cn*
246 tronqué cinabre	*dp cn/dp cn*
5 tronqué	*dp +/dp cn*
7 cinabre	*+ cn/dp cn*

Dans ce croisement qui est effectivement un croisement-test entre dihybrides, on s'attend à ce que 45 % des descendants soient tronqué ou cinabre (ils constituent les classes avec crossing-over), mais on en obtient seulement 12 parmi les 508 mouches, soit 2 %. Quelque chose réduit le nombre de crossing-over dans cette région et l'explication la plus probable est une inversion englobant la plus grosse partie de la région *dp-cn*. La FR attendue étant basée sur des mesures effectuées sur des souches de laboratoire, la mouche de type sauvage issue de la nature était l'origine la plus probable du chromosome portant une inversion. On peut donc représenter le chromosome 2 dans la F_1 de la façon suivante :

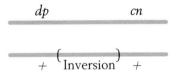

On peut également détecter les inversions péricentriques au microscope d'après les nouveaux rapports de longueur des bras du chromosome. Considérons l'inversion péricentrique suivante :

Remarquez que le rapport de longueur entre bras long et bras court est passé de 4:1 environ à près de 1:1 en raison de l'inversion. Les inversions péricentriques ne modifient pas le rapport de longueur des bras mais elles peuvent être détectées au microscope en observant les changements du profil des bandes ou d'autres caractéristiques du chromosome s'il en existe dans les régions concernées.

> **MESSAGE** Les principaux signes diagnostiques des inversions hétérozygotes sont les boucles d'inversion, la diminution de la fréquence de recombinaison et la diminution de la fertilité en raison des produits de méiose délétés ou déséquilibrés.

Dans certains systèmes expérimentaux modèles, en particulier la mouche du vinaigre (*Drosophila*) et le nématode (*Caenorhabditis elegans*), les inversions sont utilisées comme «balancers». Un chromosome «**balancer**» contient de *multiples* inversions, de sorte que lorsqu'il est combiné avec le chromosome de type sauvage correspondant, il ne peut y avoir aucun produit viable contenant un crossing-over. Dans certaines analyses, il est important de conserver une souche contenant l'ensemble des allèles sur un même chromosome. La combinaison de ces chromosomes avec un balancer élimine les crossing-over et seules les combinaisons parentales survivent. Pour des raisons pratiques, les chromosomes balancer sont marqués à l'aide d'une mutation morphologique dominante. Le marqueur permet ainsi au généticien de suivre à la trace la ségrégation du *balancer* entier ou de son homologue normal en suivant la présence ou l'absence du marqueur.

Les translocations réciproques

Il existe plusieurs types de translocations mais nous ne considérerons ici que les translocations réciproques, qui sont le type le plus simple. Comme pour les autres réarrangements, la méiose chez des hétérozygotes possédant deux chromosomes remaniés par translocation et leurs équivalents normaux produit des configurations caractéristiques. La Figure 15-24 illustre la méiose chez un individu hétérozygote pour une translocation réciproque. Notez que cette configuration a la forme d'une croix. La loi de l'assortiment indépendant étant toujours en vigueur, il y a deux profils courants de ségrégation. Appelons N_1 et N_2 les chromosomes normaux et T_1 et T_2 les chromosomes ayant subi une translocation. La ségréga-

Figure 15-25 Une microphotographie de pollen normal et avorté chez un plant de maïs semi-stérile. Les grains de pollen clairs abritent les produits méiotiques avec un déséquilibre chromosomique d'un hétérozygote pour une translocation réciproque. Les grains de pollen opaques, qui contiennent soit le génotype complet et porteur de la translocation, soit les chromosomes normaux, sont fonctionnels lors de la fécondation et du développement. [William Sheridan.]

tion de chacun des chromosomes de structure normale avec l'un des chromosomes ayant subi une translocation ($T_1 + N_2$ et $T_2 + N_1$) est appelée **ségrégation adjacente-1**. Chacun des deux produits de méiose présente une déficience dans l'un des bras de la croix et une duplication dans un autre. Ces produits ne sont pas viables. Dans l'autre cas, les deux chromosomes normaux peuvent ségréger ensemble, comme les parties réciproques des chromosomes transloqués, ce qui aboutit aux produits $N_1 + N_2$ et $T_1 + T_2$. On parle alors de **ségrégation alternée**. Ces produits sont à la fois équilibrés et viables.

Comme les ségrégations adjacentes-1 et les ségrégations alternées se produisent avec la même fréquence, la moitié des gamètes seulement seront viables, un état appelé **semi-stérilité** (ou demi-stérilité). La semi-stérilité est un élément important de diagnostic pour identifier des hétérozygotes pour une translocation. Toutefois, elle ne se manifeste pas de la même façon chez les plantes et les animaux. Chez les plantes, les 50 % de produits méiotiques déséquilibrés dus aux ségrégations adjacentes-1 avortent généralement dès le stade gamétique (Figure 15-25). Chez les animaux au contraire, ces produits donnent des gamètes viables mais se révèlent létaux au stade zygotique.

Rappelons-nous que les hétérozygotes pour des inversions peuvent présenter une fertilité réduite qui dépend de la taille de la région affectée. La réduction de 50 % exactement du nombre de gamètes ou de zygotes viables est généralement un bon indice de translocation.

D'un point de vue génétique, des gènes situés sur des chromosomes ayant subi une translocation se comportent comme s'ils étaient liés si leurs locus sont proches du point de cassure de la translocation. La Figure 15-26 illustre un cas de translocation hétérozygote établie en croisant un individu *a/a* ; *b/b* et un individu homozygote pour une translocation, portant les allèles de type sauvage. Si l'on soumet l'hétérozygote à un croisement-test, les seuls descendants viables seront ceux qui portent les génotypes parentaux, de sorte

Hétérozygote pour une translocation

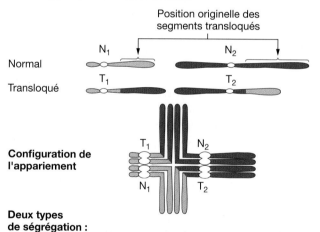

Position originelle des segments transloqués

Normal

Transloqué

Configuration de l'appariement

Deux types de ségrégation :

Adjacente-1		Produits méiotiques finaux	
Haut	$T_1 + N_2$	Duplication du fragment violet, délétion du fragment transloqué orange	Rarement viables
Bas	$N_1 + T_2$	Duplication du fragment orange, délétion du fragment transloqué violet	
Alternée			
Haut	$T_1 + T_2$	Génotype avec la translocation	Tous deux complets et viables
Bas	$N_1 + N_2$	Normal	

Figure 15-24 Les deux types les plus courants de ségrégation chromosomique chez un hétérozygote pour une translocation réciproque. N_1 et N_2 sont des chromosomes non homologues normaux ; T_1 et T_2 sont des chromosomes ayant subi une translocation. Haut et Bas désignent les pôles opposés vers lesquels migrent les homologues lors de l'anaphase I.

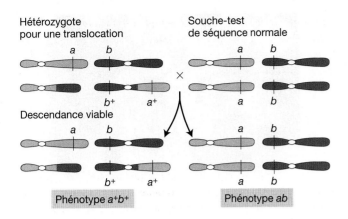

Descendance viable

Phénotype *a*+*b*+   Phénotype *ab*

Figure 15-26 Une pseudo-liaison de gènes due à une translocation. Lorsqu'un fragment ayant subi une translocation porte un gène marqueur, ce marqueur peut présenter une liaison avec des gènes présents sur l'autre chromosome.

qu'on observera une liaison entre des locus situés à l'origine sur des chromosomes différents. L'observation d'une liaison entre des gènes connus pour appartenir à des chromosomes non homologues – que l'on appelle parfois **pseudo-liaison** – est un indice génétique de translocation.

> **MESSAGE** Les translocations hétérozygotes réciproques se manifestent génétiquement par la semi-stérilité et par la liaison apparente de gènes originellement situés sur des chromosomes différents.

Les applications des inversions et des translocations

Les inversions et les translocations se sont révélées des outils génétiques très utiles. Voici quelques exemples de leurs utilisations.

LA CARTOGRAPHIE DES GÈNES Les inversions et les translocations se sont révélées utiles pour la cartographie suivie de l'isolement de gènes spécifiques. Le gène humain de la neurofibromatose fut isolé de cette façon. Ce sont les chromosomes de personnes non seulement atteintes de cette affection mais aussi porteuses de translocations chromosomiques qui ont fourni les informations essentielles. Toutes les translocations possédaient un point de cassure commun, dans une bande proche du centromère dans le chromosome 17. Il apparut que cette bande devait être le locus du gène de la neurofibromatose car il avait été inactivé par le point de cassure de la translocation. Une analyse ultérieure montra que les points de cassure dans le chromosome 17 n'étaient pas situés à des positions identiques. Cependant, puisqu'ils devaient se trouver dans le gène, l'ensemble de leurs positions révéla le segment chromosomique constituant le gène de la neurofibromatose. L'isolement des fragments d'ADN de cette région permit ensuite d'isoler le gène lui-même.

LA CRÉATION DE DUPLICATIONS OU DE DÉLÉTIONS SPÉCIFIQUES Les translocations et les inversions sont utilisées en routine pour déléter ou dupliquer des segments chromosomiques spécifiques. Rappelons par exemple que les translocations et les inversions péricentriques aboutissent toutes deux à des produits de méiose contenant une duplication *et* une délétion (voir Figures 15-23 et 15-24). Si le segment dupliqué ou délété est très petit, alors les produits méiotiques contenant cette duplication-délétion sont équivalents à des duplications ou des délétions respectivement. Les duplications et les délétions sont utiles pour diverses applications expérimentales telles que la cartographie des gènes et la variation du dosage des gènes pour l'étude de la régulation, comme nous le verrons dans les sections suivantes.

Une autre approche pour créer des duplications repose sur l'utilisation de translocations unidirectionnelles *par insertion*, dans lesquelles un segment de chromosome est retiré puis inséré dans un autre chromosome. Chez un hétérozygote pour une translocation par insertion, une duplication est créée si le chromosome contenant l'insertion ségrége conjointement avec la copie normale.

LA BIGARRURE PAR EFFET DE POSITION L'action d'un gène peut être bloquée s'il se trouve à proximité de régions chromosomiques au marquage dense appelées *hétérochromatine*. Les translocations ou les inversions peuvent être utilisées pour étudier cet effet. Le locus responsable de la couleur blanche des yeux (*white* en anglais) chez la drosophile est proche d'une extrémité du chromosome X. Considérons une translocation dans laquelle l'extrémité d'un chromosome X portant *w*+ se retrouve à côté de la région hétérochromatique du chromosome 4 par exemple (Figure 15-27a, en haut). On observe une **bigarrure** (ou panachure) **par effet de position** chez les mouches hétérozygotes pour une telle translocation, qui possèdent le chromosome X normal portant l'allèle récessif *w*. Le phénotype attendu pour l'œil est rouge puisque l'allèle de type sauvage est dominant sur *w*. Toutefois dans les cas cités précédemment, on observe un mélange de facettes rouges et de facettes blanches (Figure 15-27b). Comment expliquer la présence de ces dernières ? L'allèle *w*+ n'est pas toujours exprimé car la frontière de l'hétérochromatine est quelque peu variable : dans certaines cellules, l'hétérochromatine s'étend et inactive le gène *w*+, ce qui permet alors l'expression de *w*. Si la position des allèles *w*+ et *w* est échangée à la suite d'un crossing-over, alors on ne détecte pas de bigarrure par effet de position (Figure 15-27a, en bas).

Les délétions

Une délétion est simplement la perte d'une partie d'un bras chromosomique. Le processus de délétion exige deux cassures chromosomiques pour éliminer le segment intermédiaire. Le fragment ainsi délété ne possède pas de centromère ; par conséquent il ne pourra s'attacher au fuseau mitotique et sera perdu lors des divisions cellulaires. Les conséquences des délétions dépendent de leur taille. Une petite délétion *à l'intérieur* d'un gène, appelée **délétion intragénique**, inactive le gène et a les mêmes conséquences que d'autres mutations

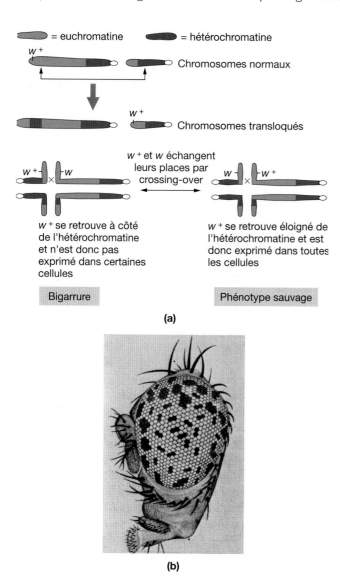

Figure 15-27 La bigarrure par effet de position. (a) La translocation de w^+ en une position voisine de l'hétérochromatine supprime la fonction de w^+ dans certaines cellules, entraînant une bigarrure par effet de position. (b) Un œil de drosophile présentant une bigarrure par effet de position. [Partie b d'après Randy Mottus.]

complètes de ce gène. Si le phénotype du mutant complet est viable (comme par exemple pour l'albinisme humain), la délétion homozygote sera viable elle aussi. On peut distinguer les délétions intragéniques des changements nucléotidiques uniques, car les premières sont irréversibles.

Dans la plus grande partie de cette section, nous considérerons essentiellement des **délétions multigéniques**, qui retirent de deux à plusieurs milliers de gènes. Elles ont des conséquences plus graves que les délétions intragéniques. Si à la suite d'une union consanguine, une telle délétion devient homozygote (c'est-à-dire si les deux homologues présentent la même délétion), cette combinaison sera toujours létale. Ce fait suggère que la plupart des régions des chromosomes sont essentielles à la viabilité et que l'élimination complète de n'importe quel fragment du génome est nuisible. Même un organisme donné, hétérozygote pour une délétion multigénique – c'est-à-dire qui possède un homologue normal et

l'autre porteur de la délétion – peut ne pas survivre. Cette issue fatale est principalement due à une rupture de l'équilibre des gènes. Une délétion peut aussi «démasquer» des allèles récessifs défavorables, permettant ainsi l'expression de ces copies uniques.

> **MESSAGE** La létalité des délétions hétérozygotes de grande taille peut s'expliquer par le déséquilibre des gènes et par l'expression d'allèles récessifs nuisibles.

De petites délétions sont parfois viables lorsqu'elles sont combinées avec un homologue normal. Dans ce cas, ces délétions peuvent être identifiées en examinant les chromosomes méiotiques sous le microscope. L'absence d'appariement du segment correspondant sur l'homologue normal produit une **boucle de délétion** visible (Figure 15-28a). Chez les insectes, on détecte également des boucles de délétions dans les chromosomes polytènes, chez lesquels les homologues sont étroitement appariés et alignés (Figure 15-28b). On peut localiser précisément une délétion chromosomique en examinant les chromosomes polytènes au microscope et en déterminant la position de cette boucle de délétion sur le chromosome.

La délétion d'un segment sur un homologue démasque parfois des allèles récessifs présents sur l'autre homologue, ce qui conduit à leur expression inattendue et indique la présence d'une délétion. Considérons par exemple la délétion représentée dans le schéma ci-dessous:

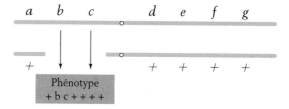

S'il n'y a pas de délétion, aucun des sept allèles récessifs ne devrait être exprimé. Toutefois, si b et c sont exprimés, alors

(a) Chromosomes méiotiques

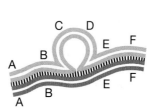

(b) Chromosomes polytènes

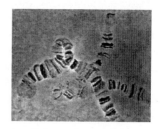

Figure 15-28 Des configurations comportant des boucles chez une drosophile hétérozygote pour une délétion. (a) Lors de l'appariement méiotique, l'homologue normal forme une boucle. Les gènes présents dans cette boucle n'ont pas d'allèles avec lesquels s'apparier. (b) Les chromosomes polytènes de drosophile présentent des arrangements spécifiques de bandes grâce auxquels on peut déduire les bandes absentes de l'homologue délété, en observant les bandes visibles dans la boucle de l'homologue normal. [Partie b d'après William M. Gelbart.]

Figure 15-29 La cartographie des allèles mutants à l'aide de la pseudo-dominance.
On utilise une souche de drosophile hétérozygote pour un chromosome normal et un chromosome portant une délétion. Les rectangles rouges montrent l'étendue des fragments délétés dans 13 délétions. Tous les allèles récessifs en face desquels se trouve une délétion dans un chromosome homologue seront exprimés.

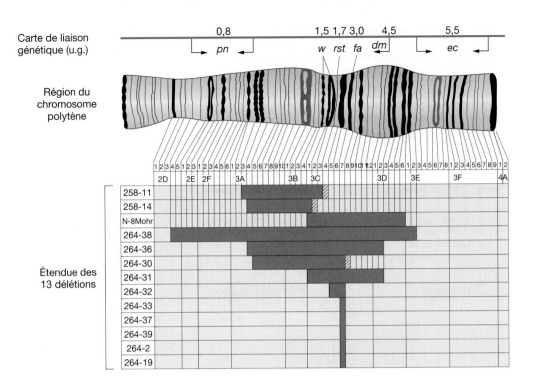

une délétion englobant les allèles *b*⁺ et *c*⁺ s'est probablement produite sur l'autre homologue. Comme dans de tels cas les allèles récessifs semblent être dominants, cet effet s'appelle la **pseudo-dominance**.

Dans le cas contraire – si l'on connaît déjà la position de la délétion – on peut appliquer l'effet de pseudo-dominance selon la procédure inverse afin de cartographier les positions des allèles mutants. Cette procédure appelée **cartographie à l'aide de délétions** associe les mutations à un groupe de délétions chevauchantes définies. La Figure 15-29 présente un exemple issu de la drosophile. Dans ce schéma, la carte de recombinaison se trouve en haut, avec les distances indiquées en unités génétiques à partir de l'extrémité gauche. Les rectangles rouges horizontaux en dessous du chromosome montrent l'étendue des délétions identifiées à gauche. Chaque délétion est associée à chaque mutation étudiée et on observe le phénotype afin de définir si la mutation est pseudo-dominante. La mutation prune (*pn*) par exemple présente une pseudo-dominance seulement avec la délétion 264-38, ce qui établit sa position dans la région 2D-4 à 3A-2. Par ailleurs, la mutation *fa* (*facet*, synonyme *Notch*) présente une pseudo-dominance avec toutes les délétions sauf deux (258-11 et 258-14). Elle peut donc être localisée dans la bande 3C-7 qui est une région commune à toutes les délétions sauf les deux citées.

> **MESSAGE** Les délétions peuvent être identifiées grâce aux boucles de délétion et à la pseudo-dominance.

Les cliniciens découvrent régulièrement des délétions dans les chromosomes humains. Dans la plupart des cas, ces délétions sont relativement petites. Néanmoins, elles ont des conséquences graves sur le phénotype, même à l'état hétérozygote. Les délétions de régions spécifiques des chro-

mosomes humains entraînent des syndromes particuliers d'anomalies phénotypiques. La maladie *du cri-du-chat* par exemple est due à une délétion hétérozygote de l'extrémité du bras court du chromosome 5 (Figure 15-30). Les bandes délétées dans le syndrome du cri-du-chat sont la 5p15.2 et la 5p15.3, les deux bandes identifiables les plus distales de la 5p. Le phénotype le plus caractéristique de ce syndrome est celui qui lui donne son nom, le cri ressemblant à un miaulement des bébés atteints de cette délétion. Parmi les autres manifestations phénotypiques se trouvent une microcéphalie (tête anormalement petite) et un visage rond. Comme les syndromes provoqués par d'autres délétions, la maladie du cri-du-chat s'accompagne également d'un retard mental. Le taux de mortalité est bas et de nombreuses personnes porteuses de cette délétion atteignent l'âge adulte.

Le syndrome de Williams est un autre exemple instructif. Il s'agit d'un syndrome autosomique dominant caractérisé par un développement inhabituel du système nerveux et par certaines caractéristiques morphologiques. Le syndrome de Williams touche près de 1 personne sur 10 000. Ceux qui en sont atteints présentent généralement une aptitude prononcée pour le chant ou la musique. Ce syndrome est presque toujours dû à une délétion de 1,5 Mb sur un homologue du chromosome 7. L'analyse de la séquence de ce segment a montré qu'il contient 17 gènes dont certains ont des fonctions connues et d'autres non. Le phénotype anormal est donc dû à l'haplo-insuffisance d'un ou plusieurs de ces 17 gènes. L'analyse de séquence a également révélé l'origine de cette délétion, car la séquence normale est délimitée par des copies répétées d'un gène appelé *PMS* qui code une protéine de réparation de l'ADN. Comme nous l'avons vu, les séquences répétées peuvent être impliquées dans les crossing-over inégaux. Un crossing-over entre l'une des copies de chaque extrémité conduit à une duplication

Syndrome du cri-du-chat

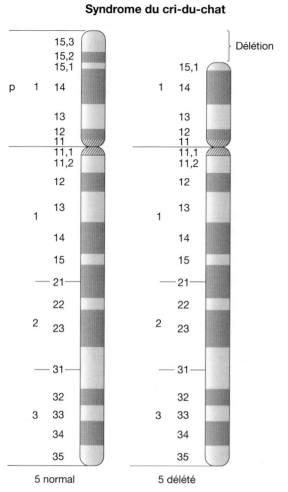

Figure 15-30 **L'origine du syndrome du *cri-du-chat*.** Cette maladie humaine est due à la perte de l'extrémité du bras court de l'un des homologues du chromosome 5.

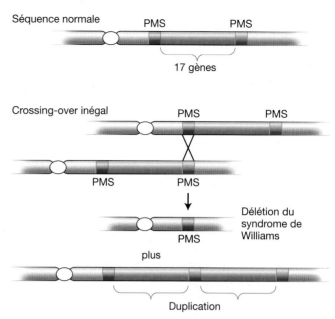

Figure 15-31 **L'origine probable de la délétion responsable du syndrome de Williams.** Un crossing-over entre des gènes situés de part et d'autre de séquences répétées aboutit à deux réarrangements réciproques, dont l'un correspond à la délétion du syndrome de Williams.

(non identifiée) et à une délétion responsables du syndrome de Williams, comme le montre la Figure 15-31.

La plupart des délétions humaines, telles que celles que nous venons de considérer, apparaissent spontanément dans la lignée germinale de l'un des parents normaux d'une personne affectée. On ne trouve donc généralement aucun signe de délétion dans les chromosomes des cellules somatiques des parents. Plus rarement, des individus portant une délétion apparaissent dans la descendance d'un individu présentant un réarrangement équilibré non détecté dans ses chromosomes. La maladie du cri-du-chat par exemple peut apparaître chez un enfant dont l'un des parents est hétérozygote pour une translocation réciproque, car la ségrégation adjacente produit des délétions. La recombinaison chez un hétérozygote pour une inversion péricentrique entraîne également des délétions. Les animaux et les plantes présentent des différences en ce qui concerne la survie des gamètes et des descendants portant ces délétions. Un animal mâle ayant une délétion sur l'un de ses chromosomes produit des spermatozoïdes fonctionnels possédant l'un ou l'autre des deux chromosomes à peu près en nombre égal. En d'autres termes, ces spermatozoïdes semblent se comporter dans une cer-

taine mesure indépendamment de leur contenu génétique. Chez les végétaux diploïdes au contraire, le pollen fabriqué par un hétérozygote pour une délétion est de deux types : (1) du pollen fonctionnel portant le chromosome normal et (2) du pollen non fonctionnel (avorté) portant l'homologue déficient. Les cellules de pollen semblent donc sensibles aux changements quantitatifs du matériel chromosomique et cette sensibilité pourrait conduire à l'élimination des délétions. Cet effet est analogue à la sensibilité du pollen vis-à-vis de l'aneuploïdie de l'ensemble des chromosomes, décrite plus tôt dans ce chapitre. Au contraire des spermatozoïdes animaux dont l'activité métabolique repose sur des enzymes qu'ils ont déjà reçues au cours de leur formation, les cellules de pollen doivent germer et produire ensuite le long tube de pollen qui croît pour féconder l'ovule. Cette croissance exige que la cellule de pollen fabrique de grandes quantités de la protéine, ce qui la rend sensible aux anomalies génétiques présentes dans son propre noyau. Les ovules de plantes quant à eux sont assez tolérants aux délétions, sans doute en raison du rôle nourricier des tissus maternels environnants.

Les duplications

Les processus de mutation chromosomique produisent parfois une copie supplémentaire d'une région chromosomique. Les régions dupliquées peuvent être adjacentes – on parle alors de **duplication en tandem** – ou la copie supplémentaire peut être située en un autre endroit du génome – ce qui s'appelle une **duplication par insertion**. Une cellule diploïde contenant une duplication possédera trois copies de la région chromosomique en question ; deux dans un jeu de chromosomes et une dans l'autre. Il s'agit d'un exemple d'hétérozygotie pour une duplication. Dans la prophase de la méiose, les hétérozygotes pour une duplication en tandem présentent une grande boucle formée de la région supplémentaire non appariée.

On peut utiliser des duplications de synthèse de localisation connue pour la cartographie des gènes. Chez les haploïdes par exemple, une souche chromosomiquement normale portant une nouvelle mutation récessive *m* peut être croisée avec des souches portant différents réarrangements, créant ainsi des duplications (par exemple des translocations et des inversions péricentriques). Si dans l'un des croisements, des descendants possédant la duplication ont un phénotype «m», la duplication ne comprend pas le gène *m* car si c'était le cas, son segment supplémentaire masquerait l'allèle récessif *m*.

Identifier les mutations chromosomiques grâce à la génomique

Les micro-alignements d'ADN (voir Figure 12-27) ont permis de détecter et de quantifier des duplications ou des délétions dans un segment donné d'ADN. Cette technique s'appelle l'*hybridation génomique comparative*. L'ADN total d'un type sauvage et celui d'un mutant sont marqués par deux colorants fluorescents différents qui émettent des longueurs d'onde distinctes de lumière. Ces ADN marqués sont ajoutés conjointement à un micro-alignement d'ADNc et tous deux s'hybrident à celui-ci. On balaye ensuite le micro-alignement avec un détecteur réglé sur l'une des longueurs d'onde fluo-

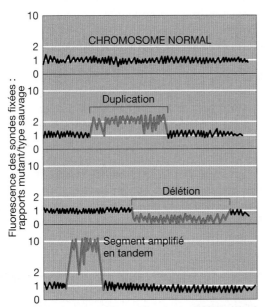

Figure 15-32 La détection des changements de la quantité d'ADN grâce à l'hybridation génomique comparative. Des ADN génomiques mutants et de type sauvage sont marqués à l'aide de colorants qui émettent une lumière fluorescente à des longueurs d'onde différentes. On les ajoute à des clones d'ADNc disposés en micro-alignements ordonnés comme sur leur chromosome d'origine. On calcule pour chaque clone le rapport entre la fluorescence fixée pour chaque longueur d'onde. Les résultats attendus pour un génome normal et trois types de mutants sont illustrés.

rescentes, puis on fait de même pour l'autre longueur d'onde. On calcule le rapport des valeurs pour chaque ADNc. Un rapport mutant/type sauvage nettement supérieur à 1 représente une région amplifiée. Un rapport de 2 indique une duplication et un rapport inférieur à 1, une délétion. Quelques exemples sont présentés dans la Figure 15-32.

15.3 Les conséquences à grande échelle des mutations chromosomiques humaines

Les mutations chromosomiques apparaissent avec une fréquence étonnamment élevée lors de la reproduction sexuée chez l'homme. Ceci montre que les processus cellulaires correspondants sont sujets à un taux important d'erreurs. La Figure 15-33 représente une estimation de la distribution des mutations chromosomiques parmi les conceptions humaines qui se développent suffisamment pour s'implanter dans l'utérus. Parmi les 15 % estimés de conceptions avortant spontanément (les grossesses qui s'interrompent naturellement) au moins la moitié présentent des anomalies chromosomiques. Certains médecins généticiens pensent que ce taux si élevé est malgré tout une sous-estimation, car de nombreux cas ne sont jamais détectés. Parmi les naissances d'enfants vivants, 0,6 % présentent des anomalies chromosomiques résultant d'aneuploïdie et de réarrangements chromosomiques.

Après avoir considéré de nombreuses analyses sur les mutations chromosomiques, revenons à la famille présentée au début du chapitre, dont un enfant est atteint du syndrome de Down. Il est possible que la naissance d'un trisomique soit une coïncidence – après tout, les coïncidences existent. Cependant, la fausse couche indique qu'autre chose pourrait être en jeu. Rappelons qu'une proportion importante des avortements spontanés correspond à des anomalies chromosomiques. Ceci peut donc être la cause dans cet exemple. Si tel est le cas, le couple pourrait avoir deux embryons atteints de mutations chromosomiques, dont l'existence serait très peu probable s'il n'y avait pas de cause commune. On sait qu'une faible proportion des cas de syndrome de Down résulte d'une translocation chez l'un des parents. Nous avons vu que ces translocations peuvent aboutir à des enfants avec une fraction surnuméraire du génome, telle qu'une translocation impliquant le chromosome 21. Celle-ci peut donner naissance à des enfants ayant du matériel génétique supplémentaire correspondant à ce chromosome. La translocation responsable du syndrome de Down s'appelle une *translocation robertsonienne*. Les enfants qui la portent possèdent une copie supplémentaire quasiment complète du chromosome 21. La translocation et sa ségrégation sont illustrées dans la Figure 15-34. Il faut noter qu'en plus des garnitures chromosomiques responsables du syndrome de Down, d'autres garnitures chromosomiques aberrantes sont produites, dont la plupart avortent. Dans notre exemple, l'homme pourrait présenter cette translocation qu'il aurait pu recevoir de sa grand-mère. Pour confirmer cela, il faudrait examiner ses chromosomes. Son enfant non affecté pourrait avoir reçu deux chromosomes normaux et non le chromosome portant cette translocation.

**Figure 15-33
Le destin d'un
million de zygotes
humains après leur
implantation (dans
l'utérus).** [D'après
K. Sankaranarayanan,
Mutation Research 61,
1979.]

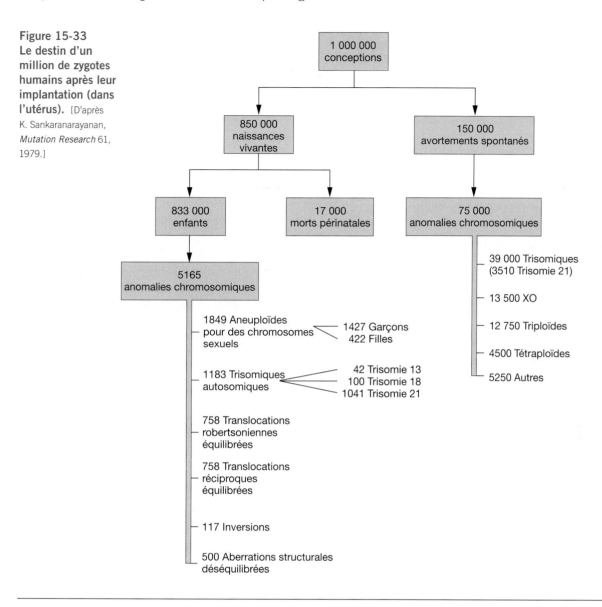

Figure 15-34 L'une des causes du syndrome de Down. Dans une faible minorité de cas, l'origine du syndrome de Down est un parent hétérozygote pour une translocation robertsonienne impliquant le chromosome 21. La ségrégation méiotique produit quelques gamètes portant un chromosome avec un segment supplémentaire de grande taille du chromosome 21. Combiné avec un chromosome 21 normal fourni par le gamète du sexe opposé, les symptômes du syndrome de Down apparaissent même s'il ne s'agit pas d'une trisomie 21 totale.

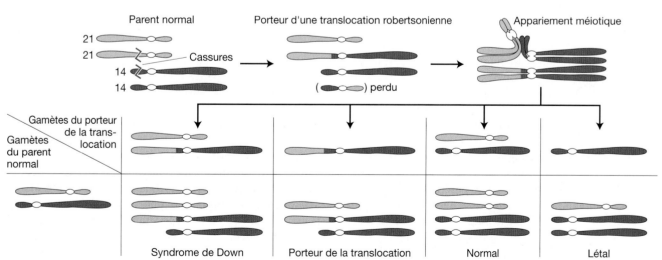

RÉPONSES AUX QUESTIONS CLÉS

• **Les polyploïdes (organismes avec de multiples jeux de chromosomes) sont-ils répandus ?**
Une grande proportion des espèces végétales est polyploïde depuis longtemps ou récemment. On observe également chez les animaux et les champignons de nombreux exemples de polyploïdie (majoritairement d'origine ancienne). Beaucoup des espèces cultivées actuellement ont été rendues polyploïdes par des généticiens des plantes.

• **Comment les polyploïdes apparaissent-ils ?**
Soit par un doublement des chromosomes spontané ou induit par la colchicine (autopolyploïdes), soit par la fusion de gamètes d'espèces différentes, suivie d'un doublement (allopolyploïdes).

• **Les polyploïdes possèdent-ils des propriétés particulières ?**
Souvent leur taille est supérieure à la normale et les allopolyploïdes présentent parfois des combinaisons des caractéristiques parentales. Certains sont stériles en raison de chromosomes non appariés.

• **L'état polyploïde est-il transmissible à la descendance ?**
Oui, dans le cas de polyploïdes comportant des nombres pairs de chromosomes, le niveau de ploïdie est souvent transmis à la descendance.

• **Quels profils de transmission observe-t-on dans la descendance des polyploïdes ?**
Les rapports phénotypiques ne sont pas des rapports mendéliens car le point de départ n'est pas formé de deux allèles comme chez les diploïdes mais de quatre, six, etc. Par exemple, si un autotétraploïde $A/A/a/a$ subit une autofécondation, on observe un rapport de 35 : 1.

• **Comment les aneuploïdes (des variants chez lesquels un chromosome a été gagné ou perdu) apparaissent-ils ?**
Principalement à la suite d'une non-disjonction lors de la méiose I ou de la méiose II.

• **Les aneuploïdes possèdent-ils des propriétés particulières ?**
Les proportions relatives des gènes sur un chromosome aneuploïde sont modifiées et conduisent généralement à des anomalies en raison du déséquilibre des gènes.

• **Quels profils de transmission sont produits par les aneuploïdes ?**
Ce sont des profils non mendéliens qui dépendent de la nature de l'aneuploïde.

• **Comment les réarrangements chromosomiques à grande échelle (délétions, duplications, inversions et translocations) apparaissent-ils ?**
Soit par une cassure chromosomique et une réunion, soit par un crossing-over entre des segments répétitifs présents à des positions différentes.

• **Ces réarrangements possèdent-ils des propriétés particulières ?**
Oui, chacun a ses propres propriétés comme la semi-stérilité pour les translocations réciproques hétérozygotes et la pseudo-dominance pour les allèles récessifs associés à des chromosomes portant une délétion.

• **Quels profils de transmission sont produits par ces réarrangements ?**
Ceci varie avec le réarrangement. Par exemple, les translocations hétérozygotes présentent une liaison des gènes sur différents chromosomes et les inversions hétérozygotes affichent des valeurs de FR inférieures pour les gènes impliqués dans l'inversion ou une partie de celle-ci.

RÉSUMÉ

La polyploïdie est un état anormal dans lequel le nombre de jeux de chromosomes est supérieur au nombre caractéristique d'une espèce. Les polyploïdes tels que les triploïdes (3X) et les tétraploïdes (4X) sont courants dans le règne végétal et existent même dans le règne animal. Un nombre impair de jeux de chromosomes rend un organisme stérile car les chromosomes n'ont pas tous de partenaire lors de la méiose. Les chromosomes non appariés gagnent au hasard un pôle ou l'autre de la cellule au cours de la méiose, ce qui aboutit à des jeux déséquilibrés de chromosomes dans les gamètes résultants. Ces gamètes déséquilibrés ne donnent pas de descendants viables. Chez les polyploïdes possédant un nombre pair de jeux de chromosomes, chaque chromosome a un partenaire potentiel avec lequel s'apparier et peut même produire des gamètes équilibrés et des descendants viables. La polyploïdie peut aboutir à un organisme dont les dimensions sont supérieures à la normale. Cette découverte a permis de réaliser de grands progrès dans l'amélioration des espèces horticoles et agricoles.

Chez les plantes, les allopolyploïdes (polyploïdes formés par la combinaison de jeux de chromosomes provenant d'espèces différentes) peuvent être fabriqués en croisant deux espèces apparentées, puis en doublant les chromosomes fils à l'aide de colchicine ou en fusionnant des cellules somatiques. Ces techniques ont des applications potentielles dans l'amélioration des espèces agricoles, car les allopolyploïdes combinent les caractéristiques des deux espèces parentales.

Lorsque des accidents cellulaires modifient des parties de jeux de chromosomes, des aneuploïdes sont produits. Les aneuploïdes sont importants pour la modification par génie génétique de génotypes spécifiques de plantes cultivées, bien que l'aneuploïdie elle-même aboutisse généralement à un génotype déséquilibré avec un phénotype anormal. Parmi les aneuploïdes, citons les monosomiques $(2n - 1)$ et les trisomiques $(2n + 1)$. Le syndrome de Down (trisomie 21), le syndrome de Klinefelter (XXY) et le syndrome de Turner (XO) sont des exemples bien connus de maladies aneuploïdes chez l'homme. Le taux d'apparition spontanée d'aneuploïdie est assez élevé chez l'homme et produit une forte proportion de maladies d'origine génétique dans les populations humaines. Le phénotype d'un organisme aneuploïde dépend en grande partie du chromosome impliqué. Dans certains cas tels que la trisomie 21 chez l'homme, il existe de nombreux phénotypes caractéristiques associés.

La plupart des exemples d'aneuploïdie résultent d'une ségrégation accidentelle incorrecte d'un chromosome lors de la méiose (non-disjonction). L'erreur est spontanée et peut se produire dans n'importe quel méiocyte lors de la première ou de la seconde division. Chez l'homme, il existe un effet de l'âge maternel associé à la non-disjonction du chromosome 21, qui entraîne une augmentation de la probabilité du syndrome de Down chez les enfants des mères les plus âgées.

L'autre grande catégorie de mutations est celle des réarrangements structuraux, qui comprennent les délétions, les duplications, les inversions et les translocations. Les réarrangements chromosomiques sont une cause importante de maladies dans les populations humaines. Ils sont utiles en biologie fondamentale ou appliquée pour concevoir des souches spéciales d'organismes. Chez les organismes possédant un jeu normal de chromosomes plus un jeu réarrangé (réarrangements hétérozygotes), on observe des structures inhabituelles d'appariement lors de la méiose en raison de la forte affinité d'appariement des régions chromosomiques homologues. Par exemple, les hétérozygotes pour une inversion présentent une boucle et les chromosomes portant des translocations réciproques adoptent des structures en forme de croix. La ségrégation de ces structures aboutit à des produits méiotiques anormaux spécifiques de ce réarrangement.

Une inversion est un retournement de 180 degrés d'une partie d'un chromosome. À l'état homozygote, les inversions peuvent ne causer que peu de problèmes à un organisme, à moins que l'hétérochromatine entraîne un effet de position ou que l'une des cassures inactive un gène. À l'inverse, les hétérozygotes pour une inversion présentent des boucles d'inversion lors de la méiose et des crossing-over dans la boucle aboutissent à des produits non viables. Les produits des crossing-over lors d'inversions péricentriques (qui englobent le centromère) diffèrent des produits des crossing-over lors d'inversions paracentriques (qui n'englobent pas le centromère). Ces deux sortes de produits présentent toutefois une fréquence de recombinaison réduite dans la région affectée, ainsi qu'une diminution de leur fertilité.

Une translocation déplace un segment chromosomique en une autre position du génome. Une translocation réciproque en est un exemple simple. Dans celle-ci, des parties de chromosomes non homologues échangent leurs positions. À l'état hétérozygote, les translocations conduisent à des produits méiotiques contenant des duplications ou des délétions, qui peuvent conduire à des zygotes déséquilibrés. De nouvelles liaisons entre gènes peuvent se former à la suite de translocations. La ségrégation aléatoire des centromères chez un hétérozygote pour une translocation conduit à la formation de 50 % de produits méiotiques déséquilibrés et à 50 % de stérilité (*semi-stérilité*).

Les délétions correspondent à des pertes de matériel chromosomique, soit en raison de cassures chromosomiques suivies de la perte du segment intermédiaire, soit en raison de la ségrégation lors d'autres translocations ou inversions hétérozygotes. Si la région délétée est vitale, une délétion homozygote sera létale. Les délétions hétérozygotes peuvent être viables ou être létales en raison d'un déséquilibre chromosomique ou parce qu'elles démasquent des allèles récessifs nuisibles. Lorsqu'une délétion dans un homologue permet l'expression phénotypique des allèles récessifs dans l'autre chromosome, le démasquage de ces allèles s'appelle la *pseudo-dominance*.

Les duplications sont généralement produites à partir d'autres réarrangements ou de crossing-over aberrants. Les duplications peuvent également créer un déséquilibre du matériel génétique, entraînant ainsi des effets phénotypiques nuisibles pour l'organisme, voire sa mort. Toutefois, les duplications peuvent offrir un nouveau matériel pour l'évolution car la fonction peut être assurée par une copie, laissant l'autre copie libre d'évoluer vers de nouvelles fonctions.

MOTS CLÉS

PROBLÈMES RÉSOLUS

1. On a obtenu un plant de maïs hétérozygote pour une translocation réciproque et donc semi-stérile. On croise cette plante avec une souche chromosomiquement normale, homozygote pour l'allèle récessif brachytique (petite taille, *b*) situé sur le chromosome 2. On fait ensuite subir à une plante F₁ semi-stérile un croisement en retour avec la souche brachytique homozygote. La descendance obtenue présente les phénotypes suivants :

Non brachytique		*Brachytique*	
Semi-stérile	Fertile	Semi-stérile	Fertile
334	27	42	279

a. À quel rapport de descendants vous attendez-vous si le chromosome portant l'allèle brachytique n'est pas impliqué dans la translocation ?

b. Pensez-vous que le chromosome 2 soit impliqué dans la translocation ? Expliquez votre réponse en montrant la conformation des chromosomes correspondants de la F₁ semi-stérile et donnez une interprétation des effectifs obtenus.

Solution

a. Nous devrions commencer par l'approche méthodique qui consiste simplement à transcrire les données sous la forme d'un schéma, dans lequel :

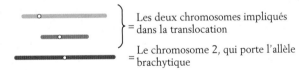

} = Les deux chromosomes impliqués dans la translocation

= Le chromosome 2, qui porte l'allèle brachytique

Pour simplifier ce schéma, nous ne représenterons pas les chromosomes divisés en chromatides (bien que ce soit le cas à ce stade de la méiose). Le premier croisement peut donc se représenter ainsi :

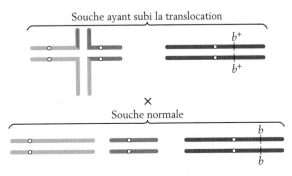

Souche ayant subi la translocation

×

Souche normale

Tous les descendants de ce croisement sont hétérozygotes pour le chromosome portant l'allèle brachytique, mais qu'en est-il des chromosomes impliqués dans la translocation ? Nous avons vu dans ce chapitre que seuls les produits ayant subi une ségrégation alternée survivent, que la moitié de ces survivants sont chromosomiquement normaux et que l'autre moitié présente un réarrangement des deux chromosomes. La combinaison réarrangée produit un hétérozygote pour la translocation lorsqu'elle se combine avec la garniture chromosomique normale issue du parent normal. Ces derniers types – les F₁ semi-stériles – sont représentés lors d'un croisement en retour avec la souche parentale brachytique :

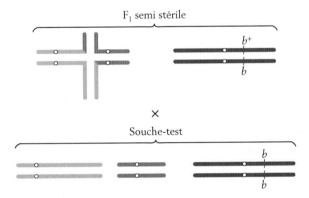

F₁ semi stérile

×

Souche-test

Pour calculer le rapport attendu des phénotypes issus de ce croisement, nous pouvons considérer le comportement de ces chromosomes ayant subi une translocation indépendamment de celui du chromosome 2. Nous pouvons donc prédire que la descendance sera :

$\frac{1}{2}$ hétérozygotes pour la translocation (semi-stériles)
— $\frac{1}{2}$ b^+/b → $\frac{1}{4}$ semi-stériles non brachytiques
— $\frac{1}{2}$ b/b → $\frac{1}{4}$ semi-stériles brachytiques

$\frac{1}{2}$ normaux (fertiles)
— $\frac{1}{2}$ b^+/b → $\frac{1}{4}$ fertiles non brachytiques
— $\frac{1}{2}$ b/b → $\frac{1}{4}$ fertiles brachytiques

Ce rapport 1:1:1:1 attendu est très différent de celui obtenu lors du croisement réel.

b. Puisque nous observons un écart entre le rapport obtenu et le rapport attendu d'après l'indépendance du phénotype brachytique et de la semi-stérilité, il semble probable que le chromosome 2 *soit* impliqué dans la translocation. Supposons que le locus brachytique (*b*) soit sur le chromosome orange. Mais où exactement ? Pour ce schéma, l'endroit où

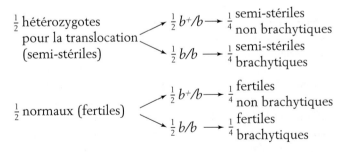

nous plaçons le locus n'a pas d'importance, mais il en a sur le plan génétique car la position du locus *b* affecte les rapports des descendants. Si nous supposons que le locus *b* se trouve près de l'extrémité du fragment déplacé lors de la translocation, nous pouvons redessiner le pedigree de la façon suivante :

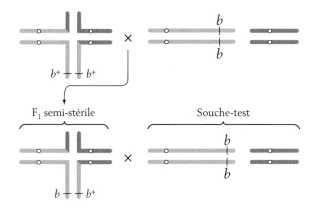

Si les chromosomes de la F₁ semi-stérile ségrégent de la façon représentée ici, nous pouvons alors prédire

$\frac{1}{2}$ fertiles brachytiques

$\frac{1}{2}$ semi-stériles non brachytiques

La plupart des descendants sont assurément de ce type ; nous devons donc être sur la bonne piste. Comment les deux types les moins fréquents sont-ils produits ? D'une façon ou d'une autre, il nous faut placer l'allèle *b*⁺ sur le chromosome orange normal et l'allèle *b* sur le chromosome ayant subi la translocation. Ceci doit avoir lieu à la suite d'un crossing-over entre le point de cassure de la translocation (le centre de la structure en forme de croix) et le locus brachytique.

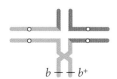

Les chromosomes recombinants produisent une partie de la descendance fertile et non brachytique et une partie stérile et brachytique (l'ensemble de ces deux classes représente 69 descendants sur un total de 682, soit une fréquence voisine de 10 %). Nous pouvons voir que cette fréquence correspond en réalité à une mesure de la distance génétique (10 u.g.) entre le locus brachytique et le point de cassure. (On obtiendrait le même résultat en représentant le locus brachytique dans la partie du chromosome située de l'autre côté du point de cassure.)

2. Nous disposons de souris de lignées pures pour deux phénotypes comportementaux alternatifs que nous savons être déterminés par deux allèles situés au niveau d'un même locus : *v* donne une démarche « valsante » aux souris, alors que *V* leur donne une démarche normale. Après un croisement des lignées pures à démarche normale et valsante, on observe que la plupart des F₁ sont normales

mais que curieusement, l'une des femelles a une démarche valsante. On croise cette souris valseuse F₁ avec deux souris valseuses mâles différentes et on s'aperçoit que toute la descendance a une démarche valsante. Lorsqu'on croise cette femelle avec des mâles normaux, tous les descendants sont normaux et aucun n'a une démarche valsante. On croise trois de ses descendants femelles avec deux de leurs frères et ces souris produisent 60 descendants, tous normaux. Toutefois, lorsque l'on croise l'une de ces mêmes trois femelles avec un troisième frère, on obtient six petits normaux et deux souris valseuses sur une portée de huit. Si l'on considère les parents de la souris F₁ à démarche valsante, on peut envisager plusieurs explications possibles à ces résultats :

a. Un allèle dominant peut avoir été muté en allèle récessif chez le parent normal.

b. Chez l'un des parents, il peut y avoir eu une mutation dominante dans un second gène qui a créé un allèle épistatique empêchant l'expression de *V* et qui aboutit à la démarche valsante.

c. Une non-disjonction méiotique du chromosome portant *V* chez le parent normal peut avoir donné un aneuploïde viable.

d. Il peut y avoir eu une délétion viable englobant *V* dans le méiocyte provenant du parent normal.

Parmi ces explications, lesquelles sont possibles et lesquelles peut-on éliminer par analyse génétique ? Justifiez votre réponse.

Solution

La meilleure façon de répondre à cette question consiste à envisager les explications les unes après les autres et à regarder si chacune correspond aux résultats donnés.

a. Une mutation de *V* en *v*.

Cette hypothèse exige que la femelle exceptionnelle à démarche valsante soit homozygote *v/v*. Cette supposition est compatible avec les résultats de son croisement avec les deux souris valseuses mâles qui, si elle est *v/v*, produirait uniquement des descendants à démarche valsante (*v/v*) et de son croisement avec des mâles normaux, qui produirait uniquement des descendants normaux (*V/v*). Toutefois, le croisement entre frères et sœurs de cette descendance normale produirait alors un rapport 3 : 1 entre souris normales et souris valseuses. Puisque certains des croisements frères-sœurs ne produisent en réalité aucune souris à démarche valsante, cette hypothèse n'explique pas les données dont on dispose.

b. Une mutation épistatique de *s* sur *S*.

Dans ce cas, les parents seraient *V/V · s/s* et *v/v · s/s* et une mutation germinale chez l'un d'entre eux donnerait à la souris valseuse de la F₁ le génotype *V/v · S/s*. En croisant cette souris avec un mâle à démarche valsante, de génotype *v/v · s/s*, on attendrait des souris *V/v · s/s* de phénotype normal. Toutefois, ce croisement n'a donné aucune descendance normale. Cette hypothèse doit donc être rejetée. Une liaison génétique pourrait nous amener temporairement à conserver cette hypothèse, en supposant que la mutation a eu lieu chez le parent normal, donnant un gamète *VS*. La souris valseuse de la F$_1$ serait alors *VS/vs* et si la liaison était suffisamment étroite, on obtiendrait peu ou pas de gamètes *Vs* du type nécessaire pour donner les souris *Vs/vs* normales une fois combiné avec le gamète *vs* du mâle. Cependant si c'était vrai, le croisement avec les mâles normaux serait *VS/vs* × *Vs/Vs*, ce qui devrait donner un pourcentage élevé de descendants *VS/Vs* à démarche valsante, alors qu'aucun n'a été observé.

c. Une non-disjonction chez le parent normal.

Cette explication conduirait à un gamète nullisomique qui se combinerait avec *v* pour donner à la F$_1$ valsante, le génotype hémizygote *v*. Les croisements ultérieurs seraient les suivants :

- *v* × *v/v* donne des descendants *v/v* et *v*, tous à démarche valsante.
  Ceci est compatible.
- *v* × *V/V* donne des descendants *V/v* et *V*, tous à démarche normale. Cela est également compatible.
- Les premiers croisements entre descendants normaux : *V* × *V*. Ceci donne *V* et *V/V*, qui sont tous normaux. Cela est compatible.
- Les deuxièmes croisements entre descendants normaux : *V* × *V/v*. Ceci donne 25 % de chaque : *V/V*,

V/v, *V* (tous normaux) et *v* (souris valseuses). Cela est également compatible.

Cette hypothèse est donc cohérente avec les données.

d. La délétion de *V* chez le parent normal.

Appelons D la délétion. La F$_1$ à démarche valsante serait *D/v* et les croisements ultérieurs seraient :

- *D/v* × *v/v*. Ceci donne *v/v* et *D/v*, tous à démarche valsante. Cela est compatible.
- *D/v* × *V/V*. Ceci donne *V/v* et *D/V*, tous à démarche normale. Cela est compatible.
- Les premiers croisements des descendants normaux : *D/V* × *D/V*. Ceci donne *D/V* et *V/V*, tous à démarche normale. Cela est compatible.
- Les deuxièmes croisements entre descendants normaux : *D/V* × *V/v*. Ceci donne 25 % de chaque : *V/V*, *V/v* et *D/V* (tous normaux) et *D/v* (souris valseuses). Cela est également compatible.

Une fois encore, cette hypothèse est cohérente avec les données fournies. Il nous reste donc deux hypothèses compatibles avec les résultats. D'autres expériences seraient nécessaires pour les distinguer l'une de l'autre. Il serait par exemple simple d'observer au microscope les chromosomes de la femelle exceptionnelle. L'aneuploïdie devrait être relativement facile à distinguer de la délétion.

PROBLÈMES

PROBLÈMES ÉLÉMENTAIRES

1. En vous aidant du Tableau 15-1, comment qualifieriez-vous les organismes MM N OO ; MM NN OO ; MMM NN PP ?

2. Une plante de taille supérieure à la moyenne est apparue dans une population naturelle. D'un point de vue qualitatif, elle ressemble aux autres, à l'exception de sa taille. Est-il plus probable que cette plante soit allopolyploïde ou autopolyploïde ? Comment vérifieriez-vous qu'il s'agit bien d'un polyploïde et que sa taille supérieure n'est pas due simplement au fait qu'elle a poussé dans un sol riche ?

3. Un trisomique est-il un aneuploïde ou un polyploïde ?

4. Chez un tétraploïde *B/B/b/b* combien d'appariements tétravalents sont possibles ? Dessinez-les (voir Figure 15-7).

5. Quelqu'un vous dit que le chou-fleur est un amphidiploïde ? Êtes-vous d'accord ?

6. Pourquoi *Raphanobrassica* est-il fertile alors que sa descendance ne l'est pas ?

7. Lorsqu'on représente les génomes du blé, combien de chromosomes sont symbolisés par la lettre B ?

8. Comment vous y prendriez-vous pour « re-créer » le blé hexaploïde avec lequel on fait du pain, à partir de *Triticum tauschii* et de l'amidonnier tétraploïde (*Triticum dicoccoides*) ?

9. Comment fabriqueriez-vous une plantule monoploïde à partir d'une plante diploïde ?

10. On obtient un produit disomique lors d'une méiose. Quelle est son origine probable ? D'après votre hypothèse, quels

autres génotypes vous attendez-vous à observer parmi les produits de cette méiose ?

11. Un trisomique *A/A/a* peut-il produire un gamète de génotype *a* ?

12. Parmi ces aneuploïdes pour un chromosome sexuel chez les êtres humains, certains sont-ils fertiles : XXX, XXY, XYY, XO ?

13. Pourquoi fait-on passer en routine aux mères les plus âgées une amniocentèse ou une analyse des villosités choriales ?

14. Dans une inversion, l'extrémité 5' d'un ADN peut-elle se lier à une autre extrémité 5' ? Expliquez.

15. Si vous observez un pont dicentrique lors d'une méiose, à quel réarrangement pensez-vous ?

16. Pourquoi un fragment acentrique est-il perdu ?

17. Représentez un cas de translocation créée à partir d'ADN répétitif. Faites de même pour une délétion.

18. À partir d'un ensemble important de réarrangements chez *Neurospora* disponibles à partir d'un centre de souches génétiques de champignons, quel type choisiriez-vous pour synthétiser une souche qui présente une duplication du bras droit du chromosome 3 et une délétion de l'extrémité du chromosome 4 ?

19. Vous observez une boucle d'appariement de très grande taille lors d'une méiose. La probabilité est-elle plus élevée qu'il s'agisse d'une inversion hétérozygote ou d'une délétion hétérozygote ? Justifiez votre réponse.

20. Un nouvel allèle mutant récessif ne présente de pseudo-dominance avec aucune des délétions présentes sur le chromosome 2 de la drosophile. Quelle pourrait en être l'explication?

21. Indiquez les ressemblances et les différences entre les origines du syndrome de Turner, du syndrome de Williams, du syndrome du cri-du-chat et du syndrome de Down. (Pourquoi les qualifie-t-on de *syndromes*?).

22. Énumérez les caractéristiques (génétiques ou cytologiques) permettant d'identifier les modifications chromosomiques suivantes:

   a. Délétions

   b. Duplications

   c. Inversions

   d. Translocations réciproques

23. La séquence normale de neuf gènes sur un chromosome donné de drosophile est 123 · 456789, où le point représente le centromère. On a isolé des mouches présentant des aberrations chromosomiques dont les structures sont les suivantes:

   a. 123 · 476589

   b. 123 · 46789

   c. 1654 · 32789

   d. 123 · 4566789

Donnez le nom de chaque type de réarrangement chromosomique et dessinez des schémas montrant de quelle façon chacun de ces chromosomes s'apparierait avec son homologue normal.

24. Les deux locus *P* et *Bz* sont normalement distants de 36 u.g. sur le même bras d'un chromosome d'un végétal donné. Une inversion paracentrique englobe environ un quart de cette région mais ne comprend aucun des deux locus. Quelle fréquence de recombinaison approximative prédiriez-vous entre les locus *P* et *Bz* dans des plantes qui sont

   a. Hétérozygotes pour l'inversion paracentrique?

   b. Homozygotes pour l'inversion paracentrique?

25. Comme nous l'avons vu dans le Problème Résolu 2, certaines souris appelées *valseuses* présentent une mutation récessive qui leur donne une démarche étrange. W. H. Gates a croisé des souris valseuses avec des homozygotes normales et a découvert parmi plusieurs centaines de descendants normaux, une seule souris valseuse femelle. Lorsqu'il l'a croisée avec un mâle à démarche valsante, toute leur descendance était valseuse. Croisée avec un mâle homozygote normal, tous leurs descendants étaient normaux. Certains mâles et femelles de cette descendance normale furent croisés entre eux et aucune souris valseuse ne fut observée dans la descendance. T. S. Painter examina les chromosomes des souris valseuses issues de certains des croisements de Gates, qui présentaient un comportement de croisement similaire à celui de la femelle valseuse inhabituelle d'origine. Il découvrit que ces individus possédaient 40 chromoso-

mes, comme les souris normales ou les souris valseuses habituelles. Chez les valseuses inhabituelles cependant, l'un des membres d'une paire de chromosomes était anormalement court. Interprétez ces observations de façon aussi complète que possible, tant sur le plan génétique que cytologique.

(Problème 25 d'après A. M. Srb, R. D. Owen et R. S. Edgar, *General Genetics*, 2e éd. W. H. Freeman and Company, 1965.)

26. Six bandes d'un chromosome de glande salivaire de drosophile sont présentées dans la figure suivante, avec l'étendue de cinq délétions (Del1 à Del5):

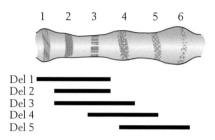

On sait que des allèles récessifs *a*, *b*, *c*, *d*, *e* et *f* sont situés dans cette région mais on ignore dans quel ordre ils se trouvent. Lorsque les délétions sont combinées avec chaque allèle, on obtient les résultats suivants:

	a	*b*	*c*	*d*	*e*	*f*
Del 1	−	−	−	+	+	+
Del 2	−	+	−	+	+	+
Del 3	−	+	−	+	−	+
Del 4	+	+	−	+	−	+
Del 5	+	+	+	−	−	−

Dans ce tableau, un signe moins signifie que la délétion englobe l'allèle de type sauvage correspondant (la délétion démasque l'allèle récessif) et un signe plus signifie que l'allèle de type sauvage correspondant est toujours présent. Utilisez ces données pour déduire la bande du chromosome salivaire correspondant à chaque gène.

(Problème 26 d'après D. L. Hartl, D. Friefelder et L. A. Snyder, *Basic Genetics*. Jones and Bartlett, 1988.)

27. On a découvert une drosophile hétérozygote pour une inversion paracentrique. Toutefois, il n'a pas été possible d'obtenir des mouches homozygotes pour cette inversion, même après de nombreux croisements. Quelle est l'explication la plus probable de ce résultat?

28. Les orangs-outans sont une espèce menacée dans leur environnement naturel (les îles de Bornéo et de Sumatra). Un programme de reproduction en captivité a donc été mis en place avec les orangs-outans présents actuellement dans les zoos du monde entier. L'un des composants de ce programme est une recherche sur la cytogénétique des orangs-outans. Cette recherche a montré que tous les orangs-outans issus de Bornéo portent une forme du chromosome 2 comme dans le schéma ci-dessous, tandis que tous les orangs-outans provenant de Sumatra présentent l'autre forme. Avant d'avoir établi cette différence cytogénétique, certains croisements avaient été effectués entre des animaux provenant d'îles différentes et 14 descendants hybrides sont actuellement élevés en captivité.

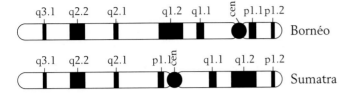

a. Quel est ou quels sont les termes qui décrivent les différences entre ces chromosomes?

b. Dessinez les chromosomes 2 appariés au cours de la première prophase méiotique d'un tel orang-outan hybride. Assurez-vous de faire figurer tous les éléments indiqués dans le schéma précédent et d'annoter toutes les parties de votre schéma.

c. Dans 30% des méioses, il y aura un crossing-over quelque part dans la région comprise entre les bandes p1.1 et q1.2. Dessinez les chromosomes 2 des gamètes qui résulteraient d'une méiose lors de laquelle se produirait un seul crossing-over dans la bande q1.1.

d. Quelle fraction des gamètes produits par un orang-outan hybride donnera naissance à une descendance viable, si ce sont les seuls chromosomes qui diffèrent entre les deux parents?

(Problème 28 d'après Rosemary Redfield.)

29. Chez le maïs, on sait que les gènes déterminant la longueur des épis (allèles *T* et *t*) ainsi que la résistance à la rouille (allèles *R* et *r*), sont situés sur des chromosomes distincts. En effectuant des croisements en routine, un cultivateur a remarqué qu'une plante *T/t ; R/r* donnait des résultats inhabituels lors d'un croisement-test avec un pollen parental double récessif *t/t ; r/r*. Les résultats étaient:

Descendants: *T/t ; R/r*   98
               t/t ; r/r   104
               T/t ; r/r   3
               t/t ; R/r   5

Épis de maïs: environ moitié moins de grains que d'habitude

a. Par quelles caractéristiques essentielles, les résultats obtenus sont-ils différents des résultats attendus?

b. Donnez une hypothèse précise permettant d'expliquer les résultats.

c. Indiquez les génotypes des parents et des descendants.

d. Dessinez un schéma montrant l'arrangement des allèles sur les chromosomes.

e. Expliquez l'origine des deux classes de descendants comportant 3 et 5 membres.

DÉCOMPOSONS LE PROBLÈME 29

1. Que signifient «un gène déterminant la longueur des épis» et «un gène de résistance à la rouille»?
2. Est-il important que la signification précise des symboles alléliques *T*, *t*, *R* et *r* ne soit pas indiquée? Pourquoi ou pourquoi pas?
3. De quelle façon les termes *gène* et *allèle* tels qu'ils sont utilisés ici s'apparentent-ils aux concepts de locus et de paire de gènes?
4. Quelle preuve expérimentale antérieure a pu donner aux généticiens du maïs l'idée que les deux gènes sont situés sur des chromosomes distincts?
5. À votre avis, que sont les «croisements en routine» pour un cultivateur de maïs?
6. Quel terme est utilisé pour décrire les génotypes de type *T/t ; R/r*?
7. Qu'est-ce qu'un «pollen parental»?
8. Que sont les croisements-test et pourquoi les généticiens les trouvent-ils si utiles?
9. Quels types et fréquences de descendants le cultivateur aurait-il pu attendre du croisement-test?
10. Décrivez la façon dont la descendance observée diffère de la descendance attendue.
11. Que signifie pour vous l'égalité approximative des deux premières classes de descendants?
12. Que signifie pour vous l'égalité approximative des deux dernières classes de descendants?
13. Quels étaient les gamètes de la plante inhabituelle et dans quelles proportions étaient-ils présents?
14. Quels étaient les gamètes majoritaires?
15. Quels étaient les gamètes minoritaires?
16. Quels types de descendants semblent être recombinants?
17. Quelles combinaisons d'allèles semblent liées d'une façon ou d'une autre?
18. Comment peut-il y avoir une liaison entre des gènes censés être sur des chromosomes distincts?
19. Que nous indiquent ces classes majoritaires et minoritaires sur les génotypes des parents de la plante inhabituelle?
20. Qu'est-ce qu'un épi de maïs?
21. À quoi ressemble un épi de maïs normal? (Dessinez-en un et annotez-le.)
22. À quoi ressemblent les épis de maïs issus de ce croisement? (Dessinez-en un.)
23. Qu'est-ce qu'un grain?
24. Quel effet pourrait conduire à l'absence de la moitié des grains?
25. La moitié des grains sont-ils morts? Si c'est le cas, est-ce le parent mâle ou le parent femelle qui en est responsable?

À présent, essayez de résoudre le problème.

30. Chez la drosophile, le corps jaune (*yellow* en anglais) est dû à un allèle mutant *y* d'un gène situé à l'extrémité du chromosome X (l'allèle de type sauvage détermine un corps gris). Au cours d'une expérience d'irradiation, un

mâle de type sauvage a été irradié avec des rayons X, puis croisé avec une femelle à corps jaune. La plupart des descendants mâles étaient jaunes comme attendu, mais l'examen de milliers de mouches a révélé deux mâles à corps gris (de phénotype sauvage). Ces deux mâles ont été croisés avec des femelles à corps jaune, avec les résultats suivants :

	Descendants
mâle gris 1 × femelle jaune	femelles toutes jaunes
	mâles tous gris
mâle gris 2 × femelle jaune	$\frac{1}{2}$ femelles jaunes
	$\frac{1}{2}$ femelles grises
	$\frac{1}{2}$ mâles jaunes
	$\frac{1}{2}$ mâles gris

a. Expliquez l'apparition du mâle gris 1 et son comportement lors des croisements.

b. Expliquez l'apparition du mâle gris 2 et son comportement lors des croisements.

31. Chez le maïs, l'allèle *Pr* détermine des tiges vertes et l'allèle *pr*, des tiges violettes (*purple* en anglais). Un plant de maïs de génotype *pr/pr* qui possède des chromosomes standard est croisé avec un plant *Pr/Pr* homozygote pour une translocation réciproque entre les chromosomes 2 et 5. La F₁ est semi-stérile et de phénotype Pr. Un croisement en retour avec le parent possédant des chromosomes standard donne 764 semi-stériles Pr ; 145 semi-stériles pr ; 186 normaux Pr et 727 normaux pr. Quelle est la distance génétique entre le locus *Pr* et le point de translocation ?

32. Expliquez ce qui différencie les syndromes de Klinefelter, de Down et de Turner.

33. Indiquez comment fabriquer un allotétraploïde entre deux espèces diploïdes apparentées de plantes chez lesquelles 2*n* = 28.

34. Chez la drosophile, les trisomiques et les monosomiques pour le minuscule chromosome 4 sont viables, ce qui n'est pas le cas des nullisomiques ni des tétrasomiques. Le locus *b* est situé sur ce chromosome. Déduisez les proportions phénotypiques dans la descendance des croisements suivants de trisomiques.

a. *b⁺/b/b* × *b/b*

b. *b⁺/b⁺/b* × *b/b*

c. *b⁺/b⁺/b* × *b⁺/b*

35. On découvre qu'une femme atteinte du syndrome de Turner est daltonienne (un phénotype récessif lié à l'X). Son père et sa mère perçoivent tous deux les couleurs.

a. Expliquez l'apparition simultanée du syndrome de Turner et du daltonisme par le comportement anormal des chromosomes lors de la méiose.

b. Votre explication vous permet-elle de dire si la non-disjonction est d'origine maternelle ou paternelle ?

c. Votre explication vous permet-elle de dire si la non-disjonction a eu lieu lors de la première ou de la seconde division méiotique ?

d. Reprenez le problème pour un homme daltonien atteint du syndrome de Klinefelter.

36. **a.** Comment feriez-vous pour synthétiser un penta-ploïde ?

b. Comment feriez-vous pour synthétiser un triploïde de génotype *A/a/a* ?

c. Vous venez d'obtenir une mutation récessive rare *a** chez une plante diploïde dont l'analyse mendélienne révèle qu'elle est *A/a**. À partir de cette plante, comment feriez-vous pour synthétiser un tétraploïde (4X) de génotype *A/A/a*/a** ?

d. Comment feriez-vous pour synthétiser un tétraploïde de génotype *A/a/a/a* ?

37. Supposez que vous disposiez d'une lignée de souris qui présente des formes cytologiquement distinctes du chromosome 4. L'extrémité du chromosome peut avoir un knob (renflement, appelé 4ᴷ), un satellite (4ˢ) ou ni l'un ni l'autre (4). Voici des représentations des trois types :

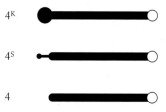

Vous croisez une femelle 4ᴷ/4ˢ avec un mâle 4/4 et vous découvrez que la plupart des descendants sont 4ᴷ/4 ou 4ˢ/4, comme prévu. Toutefois, vous observez occasionnellement quelques types rares qui sont les suivants (tous les autres chromosomes sont normaux).

a. 4ᴷ/4ᴷ/4

b. 4ᴷ/4ˢ/4

c. 4ᴷ

Expliquez les types rares que vous avez découverts. Indiquez aussi précisément que possible les stades auxquels ils sont apparus et dites s'ils proviennent du parent mâle, du parent femelle ou du zygote. (Justifiez brièvement vos réponses.)

38. On réalise un croisement de tomates entre une plante femelle trisomique pour le chromosome 6 et une plante mâle normale diploïde, homozygote pour l'allèle récessif feuille à bord régulier (*potato leaf* en anglais) (*p/p*). On fait subir à une plante trisomique de la F₁ un croisement en retour avec le mâle dont les feuilles sont à bord régulier.

a. Quel sera le rapport entre plantes à feuilles normales et plantes à feuilles à bord régulier si l'on suppose que *p* se trouve sur le chromosome 6 ?

b. Quel sera le rapport entre plantes à feuilles normales et plantes à feuilles à bord régulier si l'on suppose que *p* ne se trouve pas sur le chromosome 6 ?

39. Une généticienne de la tomate essaie d'attribuer cinq gènes récessifs à des chromosomes spécifiques, en utilisant des trisomiques. Elle croise chaque mutant homozygote (2*n*) successivement avec chacun des trois trisomiques impliquant respectivement les chromosomes 1, 7 et 10. À partir de ces croisements, la généticienne sélectionne des descendants trisomiques (qui sont moins vigoureux) et leur fait subir un croisement en retour avec le récessif homozygote adéquat. La descendance *diploïde* issue de ces croisements est examinée. Les résultats obtenus par la généticienne, dans lesquels l'écriture des rapports correspond à type sauvage:type mutant sont les suivants :

Trisomie pour le chromosome	Gène				
	d	*y*	*c*	*h*	*cot*
1	48:55	72:29	56:50	53:54	32:28
7	52:56	52:48	52:51	58:56	81:40
10	45:42	36:33	28:32	96:50	20:17

À quel chromosome la généticienne peut-elle attribuer chaque gène ? (Détaillez votre réponse.)

40. Un pétunia est hétérozygote pour les autosomes homologues représentés ci-dessous :

A	*B*	*C*	*D*	*E*	*F*	*G*	*H*	*I*
a	*b*	*c*	*d*	*h*	*g*	*f*	*e*	*i*

a. Dessinez la configuration d'appariement que vous observeriez lors de la métaphase I et annotez toutes les parties de votre schéma. Numérotez séquentiellement les chromatides de haut en bas.

b. Un double crossing-over impliquant trois brins se produit. L'un des crossing-over a lieu entre les locus C et *D* sur les chromatides 1 et 3, et le second, entre les locus *G* et *H* sur les chromatides 2 et 3. Schématisez les résultats de ces événements de recombinaison tels que vous les observeriez lors de l'anaphase I et annotez votre schéma.

c. Représentez l'arrangement des chromosomes que vous observeriez lors de l'anaphase II, après le déroulement des crossing-over décrits dans la partie b.

d. Indiquez les génotypes des gamètes issus de cette méiose, qui donneront naissance à des descendants viables. Supposez que tous les gamètes soient fécondés par du pollen dont l'ordre des gènes est *A B C D E F G H I*.

41. Deux groupes de généticiens, l'un en Californie et l'autre au Chili, commencent à élaborer une carte de liaison génétique de la mouche méditerranéenne des fruits. Ils découvrent indépendamment que les locus déterminant la couleur du corps [*B* = noir (*black* en anglais), *b* = gris] et la forme des yeux (*R* = rond, *r* = étoilé) sont liés génétiquement et séparés de 28 u.g. Ils s'envoient mutuelle-

ment des souches et effectuent des croisements. Voici un résumé de leurs découvertes :

Croisement	F₁	Descendant de F₁ × n'importe quel *b r/b r*	
B R/B R (Calif.) × *b r/b r* (Calif.)	*B R/b r*	*B R/b r*	36%
		b r/b r	36
		B r/b r	14
		b R/b r	14
B R/B R (Chili) × *b r/b r* (Chili)	*B R/b r*	*B R/b r*	36
		b r/b r	36
		B r/b r	14
		b R/b r	14
B R/B R (Calif.) × *b r/b r* (Chili) ou *b r/b r* (Calif.) × *B R/B R* (Chili)	*B R/b r*	*B R/b r*	48
		b r/b r	48
		B r/b r	2
		b R/b r	2

a. Donnez une explication génétique qui permette d'expliquer les trois groupes de résultats des croisements-test.

b. Représentez les caractéristiques chromosomiques principales de la méiose dans la F₁ provenant d'un croisement entre lignées de Californie et du Chili.

42. Un plant aberrant de maïs présente les valeurs suivantes de FR lorsqu'on lui fait subir des croisements-test :

	Intervalle				
	d–f	*f–b*	*b–x*	*x–y*	*y–p*
Témoin	5	18	23	12	6
Plant aberrant	5	2	2	0	6

(L'ordre des locus est : centromère-*d-f-b-x-y-p*.) Le plant aberrant pousse normalement mais produit nettement moins d'ovules et de grains de pollen normaux que le plant témoin.

a. Proposez une hypothèse pour expliquer les valeurs anormales de recombinaison et la fertilité réduite du plant aberrant.

b. Utilisez des schémas pour expliquer l'origine des recombinants d'après votre hypothèse.

43. Les locus ci-dessous sont situés sur un bras du chromosome 9 du maïs, dans l'ordre indiqué (les distances séparant deux locus consécutifs sont données en unités génétiques) :

$$c\text{---}bz\text{---}wx\text{---}sh\text{---}d\text{---centromère}$$
$$\quad 12 \quad 8 \quad\; 10 \quad 20 \;\; 10$$

C détermine un aleurone coloré ; *c*, un aleurone blanc.
Bz détermine des feuilles vertes ; *bz*, des feuilles couleur bronze.
Wx détermine des graines farineuses ; *wx*, des graines non farineuses.
Sh détermine des graines lisses ; *sh*, des graines ridées.
D détermine des plants de grande taille ; *d*, des plants nains.

Tableau du problème 45	Embryons (nombre moyen)			
Croisement	Implantés dans la paroi utérine	Dégénérescence après implantation	Normaux	Dégénérescence (%)
♂ exceptionnel × ♀ normale	8,7	5,0	3,7	57,5
♂ normal × ♀ normale	9,5	0,6	8,9	6,5

Une plante issue d'une souche standard homozygote pour les cinq allèles récessifs est croisée avec une plante de type sauvage provenant du Mexique, qui est homozygote pour les cinq allèles dominants. Toutes les plantes de la F$_1$ expriment les allèles dominants. De plus, lorsqu'elles subissent un croisement en retour avec le parent récessif, on obtient les phénotypes suivants de descendants :

coloré, vert, farineux, lisse, grand	360
blanc, bronze, non farineux, ridé, nain	355
coloré, bronze, non farineux, ridé, nain	40
blanc, vert, farineux, lisse, grand	46
coloré, vert, farineux, lisse, nain	85
blanc, bronze, non farineux, ridé, grand	84
coloré, bronze, non farineux, ridé, grand	8
blanc, vert, farineux, lisse, nain	9
coloré, vert, non farineux, lisse, grand	7
blanc, bronze, farineux, ridé, nain	6

Proposez une hypothèse pour expliquer ces résultats, sans omettre :

a. une explication générale de votre hypothèse, avec des schémas si nécessaire.

b. d'expliquer l'existence de 10 classes.

c. un compte-rendu expliquant l'origine de chaque classe, y compris sa fréquence.

d. au moins un test de votre hypothèse.

44. Des plants de maïs chromosomiquement normaux possèdent un locus p sur le chromosome 1 et un locus s sur le chromosome 5.

P donne des feuilles vert foncé ; p, des feuilles vert clair. S donne des épis de grande taille ; s, des épis ratatinés.

Une plante d'origine de génotype P/p ; S/s présente le phénotype attendu (feuilles vert foncé, épis de grande taille) mais donne des résultats inattendus dans les croisements suivants :

- Après autofécondation, la fertilité est normale mais la fréquence des types p/p ; s/s est de 1/4 (et non de 1/16 comme prévu).
- Croisés avec une souche-test normale de génotype p/p ; s/s, les descendants F$_1$ sont 1/2 P/p ; S/s et 1/2 p/p ; s/s ; la fertilité est normale.
- Lorsqu'une plante de la F$_1$ P/p ; S/s est croisée avec une souche-test normale p/p ; s/s, elle est semi-stérile, mais une fois encore les descendants sont 1/2 P/p ; S/s et 1/2 p/p ; s/s.
  Expliquez ces résultats en indiquant les génotypes complets de la plante d'origine, de la souche-test et des plantes de la F$_1$. Comment testeriez-vous votre hypothèse ?

45. Un rat mâle de phénotype normal présente des anomalies de la reproduction lorsqu'on le compare à des rats mâles normaux, comme le montre le tableau ci-dessus. Proposez une explication génétique de ces résultats inhabituels et dites comment votre idée pourrait être testée.

46. Une généticienne de la tomate travaillant sur Fr, un allèle mutant dominant provoquant la maturation rapide des fruits, cherche à établir sur quel chromosome se trouve ce gène en utilisant un groupe de lignées, dont chacune est trisomique pour un chromosome. Pour cela, elle croise un mutant diploïde homozygote avec chacune des lignées trisomiques de type sauvage.

a. Une plante trisomique de la F$_1$ est croisée avec une plante diploïde de type sauvage. Quel sera le rapport plantes à maturation rapide : plantes à maturation lente parmi les descendants *diploïdes* de ce second croisement, si Fr est situé sur le chromosome trisomique ? Utilisez des schémas pour expliquer votre réponse.

b. Quel sera le rapport plantes à maturation rapide : plantes à maturation lente parmi les descendants *diploïdes* de ce second croisement si Fr n'est pas situé sur le chromosome trisomique ? Utilisez des schémas pour expliquer votre réponse.

c. Voici les résultats des croisements. Sur quel chromosome Fr est-il situé et pourquoi ?

Trisomie pour le chromosome	Plantes à maturation rapide : plantes à maturation lente dans la descendance diploïde
1	45:47
2	33:34
3	55:52
4	26:30
5	31:32
6	37:41
7	44:79
8	49:53
9	34:34
10	37:39

(Problème 46 de Tamara Western.)

PROBLÈMES D'ÉVALUATION

47. Le locus *un-3* de *Neurospora* est proche du centromère sur le chromosome 1 et les crossing-over entre *un-3* et le centromère sont très rares. Le locus *ad-3* se trouve de l'autre côté du centromère sur le même chromosome et on observe des crossing-over entre *ad-3* et le centromère dans 20 % des méioses environ (aucun crossing-over multiple ne se produit).

a. Lors d'un croisement standard *un-3 ad-3* × type sauvage, quels types d'asques linéaires (voir Chapitre 4) prévoyez-vous et à quelle fréquence ? (Précisez les génotypes des spores présentes dans les asques.)

b. La plupart du temps, ce type de croisements donne les résultats attendus, mais dans un cas, une souche standard *un-3 ad-3* est croisée avec un type sauvage isolé à partir d'un champ de canne à sucre d'Hawaï. Les résultats sont les suivants :

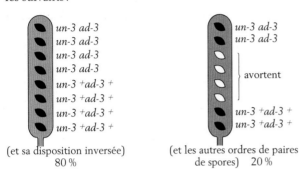

(et sa disposition inversée) 80 %

(et les autres ordres de paires de spores) 20 %

Expliquez ces résultats et dites comment vous testeriez votre interprétation. (Note : Chez *Neurospora* , les ascospores contenant du matériel chromosomique supplémentaire survivent et sont de la couleur noire habituelle, alors que les ascospores auxquelles il manque n'importe quelle région chromosomique sont blanches et ne sont pas viables.)

48. Chez *Neurospora*, deux mutations auxotrophes, *ad-3* et *pan-2* sont situées respectivement sur les chromosomes 1 et 6. Une lignée *ad-3* inhabituelle apparaît en laboratoire, donnant les résultats indiqués dans le tableau au bas de la page. Expliquez les trois résultats à l'aide de schémas clairement annotés. (Note : Chez *Neurospora*, les ascospores contenant du matériel chromosomique supplémentaire survivent et sont de la couleur noire habituelle, tandis que les ascospores dépourvues de n'importe quelle région chromosomique sont blanches et non viables.)

49. Déduisez les proportions phénotypiques parmi les descendants des croisements suivants d'autotétraploïdes chez lesquels le locus *a⁺/a* est très proche du centromère. (Supposez que les quatre chromosomes homologues de tous les types s'apparient deux à deux au hasard et que seule une copie de l'allèle *a⁺* soit nécessaire à l'expression du phénotype sauvage.)

a. $a^+/a^+/a/a \times a/a/a/a$

b. $a^+/a/a/a \times a/a/a/a$

c. $a^+/a/a/a \times a^+/a/a/a$

d. $a^+/a^+/a/a \times a^+/a/a/a$

50. L'espèce américaine de coton *Gossypium hirsutum* possède un nombre $2n$ de chromosomes égal à 52. Chez les deux espèces européennes *G. thurberi* et *G. herbaceum*, $2n = 26$. Les hybrides de ces espèces présentent les arrangements d'appariements chromosomiques suivants lors de la méiose :

Hybride	Arrangement des appariements
G. hirsutum × *G. thurberi*	13 petits bivalents + 13 grands monovalents
G. hirsutum × *G. herbaceum*	13 grands bivalents + 13 petits monovalents
G. thurberi × *G. herbaceum*	13 grands monovalents + 13 petits monovalents

Dessinez des schémas pour donner une interprétation phylogénétique de ces observations, en indiquant clairement les relations entre les espèces. Comment feriez-vous pour prouver que votre interprétation est correcte ?

(Problème 50 adapté de A. M. Srb, R. D. Owen et R. S. Edgar, *General Genetics*, 2ᵉ éd. W. H. Freeman and Company, 1965.)

51. Il existe six espèces principales du genre *Brassica* : *B. carinata*, *B. campestris*, *B. nigra*, *B. oleracea*, *B. juncea* et *B. napus*. Vous pouvez déduire les relations qui existent entre les six espèces à partir du tableau suivant :

Espèce ou hybride de la F₁	Nombre de chromosomes	Nombre de bivalents	Nombre de monovalents
B. juncea	36	18	0
B. carinata	34	17	0
B. napus	38	19	0
B. juncea × *B. nigra*	26	8	10
B. napus × *B. campestris*	29	10	9
B. carinata × *B. oleracea*	26	9	8
B. juncea × *B. oleracea*	27	0	27
B. carinata × *B. campestris*	27	0	27
B. napus × *B. nigra*	27	0	27

"Resultats" du Problème 48	Aspect des ascospores	FR entre *ad-3* et *pan-2*
1. *ad-3* normale × *pan-2* normale	Toutes noires	50 %
2. *ad-3* anormale × *pan-2* normale	Environ ½ noires et ½ blanches (non viables)	1 %

3. Parmi les spores noires issues du croisement 2, environ la moitié étaient complètement normales et la moitié reproduisaient le même comportement que la souche *ad-3* anormale d'origine.

a. Déduisez le nombre de chromosomes de *B. campestris*, *B. nigra* et *B. oleracea*.

b. Montrez clairement toute relation dans l'évolution entre les six espèces, déductible de l'analyse au niveau chromosomique.

52. On dispose de nombreuses informations sur plusieurs cas de mosaïque sexuelle chez l'homme. Suggérez de quelle façon chacun des exemples suivants a pu apparaître à la suite d'une non-disjonction lors de la *mitose* :

    a. XX/XO (c'est-à-dire qu'il y a deux types de cellules dans le corps, XX et XO)

    b. XX/XXYY

    c. XO/XXX

    d. XX/XY

    e. XO/XX/XXX

53. Chez la drosophile, on a effectué un croisement (croisement 1) entre deux mouches mutantes, l'une homozygote pour la mutation récessive ailes coudées (*b* pour *bent wings* en anglais) et l'autre, homozygote pour la mutation récessive sans yeux (*e* pour *eyeless* en anglais). Les mutations *e* et *b* sont des allèles de deux gènes différents que l'on sait très proches l'un de l'autre sur le petit chromosome autosomique 4. Tous les descendants sont de phénotype sauvage. L'un des descendants femelles a été croisé avec un mâle de génotype *b e/b e* ; appelons cela le *croisement 2*. La plupart des descendants du croisement 2 étaient de phénotypes attendus, mais il y avait également une femelle exceptionnelle de phénotype sauvage.

    a. À votre avis, quels seront les descendants principaux du croisement 2 ?

    b. La femelle exceptionnelle de type sauvage a-t-elle pu apparaître (1) par crossing-over ? (2) à la suite d'une non-disjonction ? Expliquez.

    c. La femelle exceptionnelle de type sauvage a subi un croisement-test avec un mâle de génotype *b e/b e* (croisement 3). La descendance était

    $\frac{1}{6}$ type sauvage
    $\frac{1}{6}$ ailes recourbées, sans yeux
    $\frac{1}{3}$ ailes recourbées
    $\frac{1}{3}$ sans yeux

    Laquelle des explications de la partie b est compatible avec ce résultat ? Expliquez les génotypes et les phénotypes des descendants du croisement 3 ainsi que leurs proportions.

DÉCOMPOSONS LE PROBLÈME 53

1. Définissez *homozygote, mutation, allèle, étroitement liés, récessif, type sauvage, crossing-over, non-disjonction, croisement-test, phénotype* et *génotype*.

2. Ce problème a-t-il un rapport avec la liaison au sexe ? Expliquez.

3. Combien de chromosomes la drosophile possède-t-elle ?

4. Dessinez un pedigree clair résumant les résultats des croisements 1, 2 et 3.

5. Dessinez les gamètes produits par les deux parents dans le croisement 1.

6. Dessinez les chromosomes 4 présents chez chaque descendant du croisement 1.

7. Est-il surprenant que les descendants du croisement 1 soient de phénotype sauvage ? Que vous indique ce résultat ?

8. Dessinez les chromosomes 4 de la souche-test mâle utilisée lors du croisement 2 et les gamètes qu'elle peut produire.

9. En ce qui concerne le chromosome 4, quels gamètes le parent femelle du croisement 2 peut-il produire en l'absence de non-disjonction ? Lesquels seraient courants et lesquels seraient rares ?

10. Dessinez une non-disjonction méiotique de première et de seconde division chez le parent femelle du croisement 2, ainsi que les gamètes résultants.

11. Certains des gamètes de la question 10 sont-ils aneuploïdes ?

12. À votre avis, les gamètes aneuploïdes donneront-ils naissance à des descendants viables ? Ces descendants seront-ils nullisomiques, monosomiques, disomiques ou trisomiques ?

13. Quels phénotypes seraient produits chez les descendants issus des différents gamètes considérés dans les questions 9 et 10 ?

14. Considérons le rapport phénotypique des descendants du croisement 3. De nombreux rapports génétiques sont basés sur des demis et des quarts, mais ce rapport est basé sur des tiers et des sixièmes. Qu'est-ce que cela pourrait indiquer ?

15. Le fait que les croisements concernent des gènes présents sur un chromosome de très petite taille pourrait-il avoir de l'importance ? Dans quels cas la taille des chromosomes joue-t-elle un rôle en génétique ?

16. Dessinez les descendants attendus du croisement 3 dans les deux hypothèses et donnez une estimation des proportions relatives.

54. Chez le champignon *Ascobolus* (voisin de *Neurospora*), les ascospores sont normalement noires. La mutation *f* qui produit des ascospores fauves se trouve dans un gène situé juste à droite du centromère sur le chromosome 6, tandis que la mutation *b*, produisant des ascospores beiges, se trouve dans un gène situé juste à gauche du même centromère. À la suite d'un croisement entre un parent fauve et un parent beige (+ *f* X *b* +), la plupart des octades présentent quatre ascospores beiges et quatre ascospores fauves, mais on observe trois octades exceptionnelles qui sont représentées dans l'illustration ci-dessous. Dans le schéma, le noir correspond au phénotype sauvage, un trait vertical au phénotype fauve, un trait horizontal au beige et un cercle vide correspond à une ascospore avortée (morte).

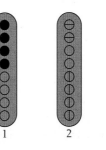
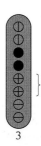

} Doubles mutants (*bf*)

1   2   3

a. Donnez des explications rationnelles pour ces trois octades exceptionnelles.

b. Schématisez la méiose qui a donné lieu à l'octade 2.

55. Le cycle vital du champignon haploïde *Ascobolus* ressemble à celui de *Neurospora*. Un traitement mutationnel produit deux souches mutantes 1 et 2, qui, lorsqu'elles sont croisées avec une souche de type sauvage, donnent toutes deux des tétrades non ordonnées, toutes du type suivant (fauve est une couleur marron clair; normalement, les croisements produisent uniquement des ascospores noires) :

paire de spores 1	noir
paire de spores 2	noir
paire de spores 3	fauve
paire de spores 4	fauve

a. Que montre ce résultat ? Expliquez.

Les deux souches mutantes sont croisées ensemble. La plupart des tétrades non ordonnées sont du type suivant :

paire de spores 1	fauve
paire de spores 2	fauve
paire de spores 3	fauve
paire de spores 4	fauve

b. Que suggère ce résultat ? Expliquez.

Lorsque l'on examine de nombreuses tétrades non ordonnées au microscope, un très petit nombre d'entre elles contiennent des spores noires. Quatre cas sont présentés ici :

	Cas A	Cas B	Cas C	Cas D
paire de spores 1	noir	noir	noir	noir
paire de spores 2	noir	fauve	noir	avorte
paire de spores 3	fauve	fauve	avorte	fauve
paire de spores 4	fauve	fauve	avorte	fauve

(Note : Les ascospores contenant du matériel chromosomique surnuméraire survivent, celles qui possèdent moins d'un génome haploïde avortent.)

c. Proposez des explications génétiques raisonnables pour chacun de ces quatre cas rares.

d. Pensez-vous que les mutations présentes dans les deux souches mutantes d'origine touchaient le même gène ? Expliquez.

16

L'ANALYSE DE LA FONCTION DES GÈNES

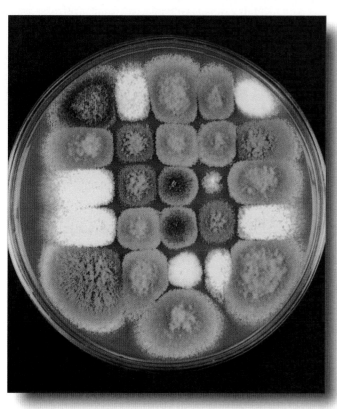

Des colonies mutantes de la moisissure *Aspergillus*. Les mutations se trouvent dans des gènes qui contrôlent le type et la quantité de plusieurs pigments différents synthétisés par ce champignon dont la couleur normale est vert foncé. [Aimablement communiqué par J. Peberdy, Department of Life Sciences, Université de Nottingham, Angleterre.]

QUESTIONS CLÉS

- Quel est le but de l'analyse mutationnelle ?

- Quelles sont les principales stratégies de l'analyse mutationnelle ?

- Comment les mutations sont-elles caractérisées ?

- Existe-t-il des alternatives aux mutagènes classiques pour analyser la fonction des gènes ?

SOMMAIRE

L'ESSENTIEL DU CHAPITRE

Souvent, les analystes en génétique cherchent à comprendre les fonctions exercées par les gènes impliqués dans un processus biologique donné qui les intéresse. L'approche traditionnelle en génétique consiste à examiner la fonction normale du gène. Si l'on suit cette stratégie, on supprime l'activité normale du gène et on analyse les phénotypes des organismes mutants ainsi produits, qui fournissent des informations sur la fonction du gène inactivé. Comme nous le verrons, cette approche repose sur l'utilisation de la mutation. Ces dernières années, d'autres techniques sont apparues (on les désigne sous l'appellation globale de «création de phénocopie»). Ces techniques inactivent l'expression ou l'activité des gènes. Au contraire des mutations, ces inactivations ne sont pas héréditaires. Nous étudierons les deux approches dans ce chapitre. Nous nous concentrerons cependant davantage sur les approches mutationnelles parce qu'elles permettent une étude plus vaste et plus approfondie de la contribution biologique normale d'un gène.

Dans certains cas, les généticiens recherchent dans un génome tous les gènes impliqués dans un processus biologique particulier – par exemple, le développement du cerveau. Dans ce cas, après avoir soumis un nombre important de géno-mes à une mutagenèse, il faut passer au crible l'ensemble des individus afin d'identifier les rares phénotypes suggérant une mutation qui affecte un processus tel que le développement du cerveau. Dans d'autres cas, les généticiens connaissent déjà l'un des phénotypes produits par des mutations dans un gène donné mais ils souhaitent étudier une gamme plus vaste de mutations dans ce même gène afin de comprendre l'ensemble de ses effets. La collection d'individus mutagénisés est alors examinée pour identifier les individus présentant des mutations dans ce gène précis. L'étape suivante consiste à cloner et à séquencer le gène, puis à découvrir ce qui est altéré chez lui. On peut considérer tous ces cas comme relevant de la **génétique directe**, car le généticien analyse en premier les phénotypes transmissibles au niveau génétique avant d'effectuer l'analyse moléculaire des mutants découverts.

Aujourd'hui cependant, l'analyse a souvent lieu en sens inverse. Un chercheur ayant identifié un segment d'ADN, d'ARN ou de protéine qui l'intéresse, veut connaître son influence sur l'organisme. Une étape clé consiste à découvrir le phénotype qui apparaît lorsque le gène codant ce produit est muté. Cette approche, au cours de laquelle on part de la molécule puis on mute le gène qui la code, est appelée **génétique inverse**. Les deux approches sont résumées dans la Figure 16-1.

UNE VUE D'ENSEMBLE DU CHAPITRE

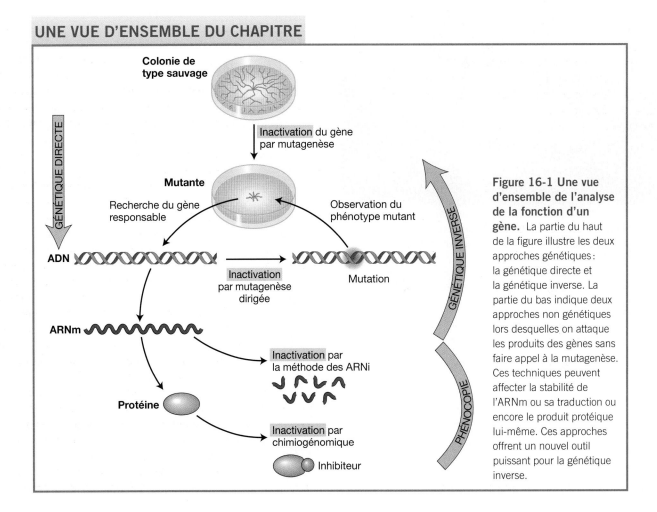

Figure 16-1 Une vue d'ensemble de l'analyse de la fonction d'un gène. La partie du haut de la figure illustre les deux approches génétiques : la génétique directe et la génétique inverse. La partie du bas indique deux approches non génétiques lors desquelles on attaque les produits des gènes sans faire appel à la mutagenèse. Ces techniques peuvent affecter la stabilité de l'ARNm ou sa traduction ou encore le produit protéique lui-même. Ces approches offrent un nouvel outil puissant pour la génétique inverse.

16.1 La génétique directe

Lorsqu'on suit une approche par génétique directe, on commence généralement en mutant au hasard le génome de type sauvage à l'aide d'un mutagène, puis en recherchant systématiquement dans celui-ci les mutations entraînant un phénotype commun. On appelle parfois ce protocole la *chasse aux mutants*. Dans l'idéal, on identifie des mutations dans quasiment tous les gènes du génome susceptibles d'êtres mutés en un état entraînant l'apparition de ce phénotype particulier. On peut alors dire qu'on a *saturé* le génome de mutations de cette classe. En réalité, il est très difficile d'atteindre une saturation totale et ce, pour plusieurs raisons. Un mutagène a le plus souvent une probabilité faible et plus ou moins équivalente de produire des mutations dans n'importe quelle région du génome. Cependant, les tailles des gènes au sein d'une même espèce peuvent varier considérablement. Plus la taille d'un gène est importante, plus la cible du mutagène est grande et plus la probabilité qu'il y ait une mutation dans ce gène est élevée. De plus, les mutations étant souvent pléiotropes (elles ont de nombreux effets sur le phénotype), il est possible qu'un effet plus grave de la mutation – qui par exemple entraîne la mort au cours du développement – puisse masquer des manifestations plus faibles telles que le changement de la couleur du pelage chez l'adulte. Pour cette raison, une analyse par génétique directe peut empêcher de récupérer des mutations si elles ont des effets pléiotropes.

L'un des premiers exemples de chasse aux mutants fut effectué par H. J. Muller en 1927. Il recherchait dans le chromosome X de *Drosophila melanogaster* toutes les mutations à la fois létales et récessives. Le protocole qu'il a suivi est décrit dans la Figure 16-2. Il a utilisé des rayons X pour irradier des chromosomes X de type sauvage chez des mâles. Les femelles de l'expérience possédaient des chromosomes X appelés *ClB*. Le C signifie «suppresseur de crossing-over»; il s'agit en réalité d'une inversion. Le *l* désigne une mutation récessive létale connue. Le symbole *B* correspond à une mutation dominante qui donne le phénotype yeux Bar. Dans la F$_1$, les seuls mâles survivants était les types non-*ClB* qui n'avaient pas reçu les chromosomes *ClB* de leur mère. Ils étaient croisés individuellement avec des femelles F$_1$ *ClB* qui devaient porter le chromosome X irradié (indiqué par des astérisques sur la figure) reçu de leur père. L'absence de descendants mâles dans un tube de croisement individuel a montré que la femelle portait au moins un allèle létal nouvellement induit sur l'autre chromosome X.

Le choix des mutagènes pour la génétique directe

Le choix du mutagène a une grande influence sur les résultats obtenus par la génétique directe. Grâce à ces expériences, le généticien essaie de créer une population d'individus dont l'ensemble présente des mutations dans chacun des gènes du génome (Figure 16-3a). Lors de ces mutagenèses aléatoires, les mutagènes qui créent des mutations dans n'importe quel type de séquence d'ADN sont les plus adaptés. Il faut que le mutagène soit suffisamment efficace pour provoquer une augmentation du taux de mutation qui facilite la récupération des mutants. Cependant, le dosage est également important. Les mutations ponctuelles présentent en général une augmentation linéaire en réponse à la dose de mutagène. Si l'on induit trop de mutations dans un génome, cela peut provoquer l'apparition de mutations multiples, ce qui rendrait difficile l'analyse génétique. Il est également possible que la cellule ne survive pas. Il faut trouver un équilibre. Lorsqu'on soumet les cellules de micro-organismes à un mutagène, une dose qui aboutit à 50% de survivants est un point de repère pour un recueil optimal de mutations touchant un gène unique.

Le choix du mutagène varie suivant l'organisme. Les radiations UV sont commodes à utiliser sur les micro-organismes et produisent une vaste gamme de mutations ponctuelles. Chez ces organismes, on utilise souvent des mutagènes chimiques tels que la nitrosoguanidine et l'acide nitreux. Chez la drosophile, les agents alkylants EMS et MMS sont pratiques puisque les mouches ingèrent facilement le mutagène lorsqu'il est ajouté à un papier filtre dans une solution sucrée. Il est généralement souhaitable d'obtenir au moins des mutations de types faux-sens, non-sens et par décalage du cadre de lecture car elles altèrent le gène de différentes manières qui peuvent toutes entraîner la modification fonctionnelle désirée. Dans le cas des changements à grande échelle tels que les délétions intragéniques, les radiations ionisantes comme les rayons X ou les rayons gamma sont les plus adaptées.

Les éléments transposables, décrits au Chapitre 13, peuvent être des mutagènes très puissants et très commodes

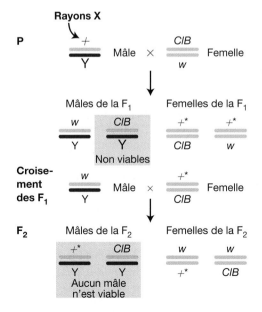

Figure 16-2 Le protocole suivi par Muller pour obtenir des mutations récessives létales dans l'ensemble du chromosome X de drosophile. Voir le texte pour la discussion.

Figure 16-3 Une comparaison de la mutagenèse générale et de la mutagenèse ciblée. (a) La mutagenèse générale produit différentes mutations (représentées par les ovales de couleurs différentes). (b) À l'inverse, la mutagenèse ciblée (ou dirigée) traitée dans le cadre de la génétique inverse, produit des mutations (représentées par les ovales rouges) uniquement dans le gène ciblé.

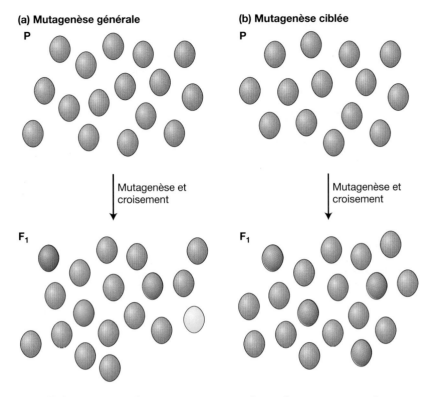

pour la génétique directe. Une fois introduit dans une cellule, un transposon actif est capable de s'insérer dans la séquence nucléotidique d'un génome de façon plus ou moins aléatoire. S'il s'intègre dans la séquence d'un gène, il peut rompre l'intégrité de l'un de ses exons ou modifier son profil d'épissage ou sa régulation, selon son site d'insertion. Comme nous le verrons, les transposons sont encore plus pratiques si une mutation est induite car ils servent d'étiquette pour marquer l'allèle mutant. Ceci peut permettre d'identifier facilement le gène inséré par exemple par PCR. Ce protocole s'appelle l'**étiquetage à l'aide de transposons**.

> **MESSAGE** Les mutagènes chimiques et les radiations ou les transposons peuvent être utilisés pour augmenter le taux de production des mutants lors d'une chasse aux mutants.

Les systèmes de recherche de mutations pour la génétique directe

Les mutations et les mutants sont rares, même après une mutagenèse et leur fréquence est souvent inférieure ou égale à 10^{-5}. Il faut donc un système efficace pour les repérer. Il existe deux grandes approches : les sélections et les criblages.

Certains protocoles de mutagenèse sont conçus ingénieusement, de telle sorte que seul le phénotype mutant désiré survit ou se réplique. Ces protocoles s'appellent des **sélections génétiques** (Figure 16-4, *à gauche*). Une autre approche consiste à établir un protocole qui permette d'identifier facilement le phénotype désiré parmi un grand nombre d'individus. Ces protocoles sont les **criblages génétiques** (voir Figure 16-4, *à droite*). Quels sont les avantages respectifs des deux approches ? Les sélections sont efficaces

pour obtenir un type spécifique de mutation prédéterminée. Les criblages sont plus fastidieux mais ils ont l'avantage de permettre le choix d'une gamme de phénotypes au sein d'une classe plus vaste.

> **MESSAGE** Les sélections génétiques sont très efficaces mais ne permettent pas de détecter de nombreuses sortes de phénotypes mutants. Les criblages génétiques sont plus fastidieux mais plus adaptables à la détection de multiples classes de phénotypes mutants.

La sélection en génétique directe

Les micro-organismes sont adaptés à la sélection car on peut les cultiver en très grand nombre sur des boîtes de Pétri ou dans des tubes à essai, sur des milieux contenant des substances spécifiques qui jouent le rôle d'agents de sélection. Ces agents tueront toutes les cellules sauf celles qui portent les mutations responsables du phénotype désiré. Il existe de nombreux phénotypes sélectionnables tels que la capacité d'utiliser un nutriment spécifique comme source de carbone, la capacité de croître en l'absence d'un nutriment particulier et la résistance à divers inhibiteurs ou pathogènes.

Considérons les mutations responsables du phénotype de survie à des quantités toxiques d'un inhibiteur spécifique. Les individus présentant de telles mutations sont facilement récupérés si l'on fait croître les organismes sur un milieu contenant l'inhibiteur. Les individus de type sauvage meurent tous. Il existe de nombreuses sortes d'inhibiteurs qui interfèrent spécifiquement avec l'un des processus cellulaires fondamentaux tels que la réplication de l'ADN, la transcription ou la traduction. Par exemple, des mutants d'*E. coli* peuvent être récupérés grâce à leur résistance à la streptomycine, un antibiotique. La streptomycine se fixe à

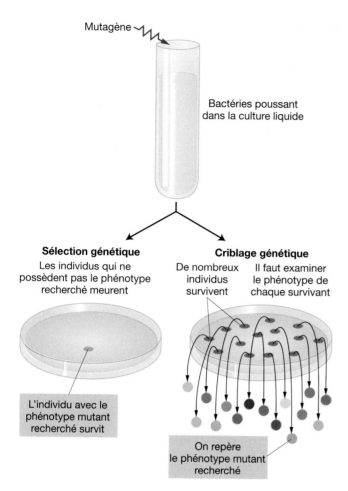

Figure 16-4 Une comparaison des sélections génétiques et des criblages génétiques. Lors des sélections, seul le mutant survit. Dans les criblages, on recherche les mutants en observant de vastes populations.

une sous-unité protéique du ribosome d'*E. coli* et interfère avec la traduction. Les formes mutantes de cette protéine ne peuvent fixer la streptomycine. Les cellules qui les contiennent peuvent donc survivre à des doses de cet antibiotique, toxiques pour les cellules de type sauvage.

La résistance peut également apparaître à la suite de divers autres types de mutations. Dans certains cas, les mutations inactivent les protéines nécessaires à la cellule pour absorber l'inhibiteur. De ce fait, les cellules étalées sur un analogue toxique d'acide aminé révèlent souvent une déficience dans leur système de transport actif qui absorbe normalement les acides aminés du milieu environnant. La recherche de ces différentes mutations permet d'identifier les divers composants du système d'absorption. Chez les champignons filamenteux, les mutants résistants au chlorate présentent des mutations dans le gène codant l'enzyme nitrate réductase (une enzyme essentielle qui métabolise l'azote) ou possèdent dans certains cas des systèmes déficients de capture de l'inhibiteur. Chez les bactéries, la résistance aux phages résulte généralement d'une mutation dans un gène codant la protéine qui joue le rôle de récepteur du phage sur l'enveloppe bactérienne.

On peut concevoir des systèmes de sélection pour les mutations auxotrophes chez certains micro-organismes. Chez les champignons filamenteux par exemple, la nature physique de l'organisme peut être utilisée dans une technique appelée *enrichissement par filtration*, qui sert à sélectionner des mutants auxotrophes (Figure 16-5). Dans un milieu minimum liquide, les cellules prototrophes de type sauvage croissent et adoptent la forme de balles allongées alors que les mutants auxotrophes ne se développent pas. On peut éliminer les types sauvages en les filtrant, ce qui laisse les cellules auxotrophes désirées, qui peuvent ensuite être transférées dans un milieu plus favorable pour s'y développer ultérieurement si on y ajoute les nutriments spécifiques qu'elles ne sont pas capables de synthétiser. La filtration permet donc de distinguer facilement état sauvage et état mutant et c'est paradoxalement l'absence de croissance des bactéries qui permet leur survie. C'est grâce à cette méthode entre autres que l'on a pu recueillir les mutations nutritionnelles qui ont permis de relier les voies métaboliques les unes aux autres. Le protocole qui permet de déterminer le génotype des auxotrophes est décrit dans la Figure 16-6.

La réversion vers le type sauvage convient souvent elle aussi à la sélection : les conditions sont telles que le mutant meurt tandis que le révertant sauvage ou partiellement sauvage survit. La réversion de l'auxotrophie vers la prototrophie en est un bon exemple. Les sélections inverses

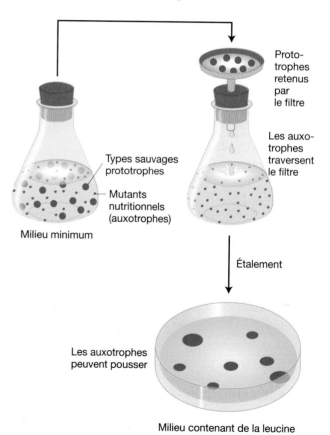

Figure 16-5 La sélection des champignons auxotrophes grâce à un enrichissement par filtration. Seuls les phénotypes recherchés passent au travers du filtre. Dans ce cas, le phénotype désiré est une auxotrophie pour la leucine présente dans le milieu.

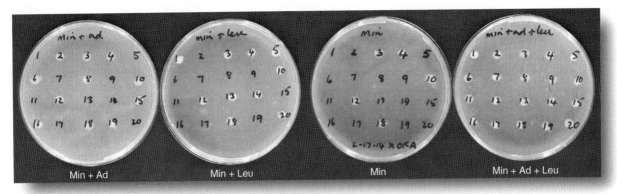

Figure 16-6 Un test d'auxotrophie et de prototrophie pour des souches de *Neurospora crassa*. Dans cet exemple, on inocule 20 descendants issus d'un croisement *ad . leu⁺ × ad⁺ . leu* dans un milieu minimum (Min) avec soit de l'adénine (Ad, *en premier*), soit de la leucine (Leu, *en deuxième*), rien (*en troisième*), ou les deux (*en quatrième*). La croissance se manifeste par une petite colonie circulaire (en blanc sur la photographie). Toute culture poussant sur milieu minimum doit être *ad⁺ leu⁺*, une culture poussant sur adénine mais sans leucine doit être *leu⁺* et une culture poussant sur leucine sans adénine doit être *ad⁺*. Par exemple, la culture 8 doit être *ad · leu⁺* ; 9, *ad · leu*; 10, *ad · leu⁺* et 13, *ad⁺ · leu*. [Anthony Griffiths.]

produisent souvent non seulement des révertants vrais, mais également des suppresseurs capables de faire disparaître les effets de la mutation. Les suppresseurs permettent d'identifier les gènes dont les protéines interagissent avec le gène original portant la mutation.

Les mutants pour certains types de comportement animal peuvent être soumis à une sélection. La réponse de la drosophile à la lumière en est un exemple. Les mouches de type sauvage migrent vers la lumière et les mutants chez les-

quels cette réponse est absente peuvent être sélectionnés en plaçant les mouches dans un tube en forme de T dans lequel un bras est illuminé et l'autre est dans le noir (Figure 16-7).

MESSAGE Les sélections génétiques permettent de distinguer les états mutant et sauvage en tuant ou en inhibant le type sauvage, ce qui permet d'obtenir facilement un grand nombre de mutants.

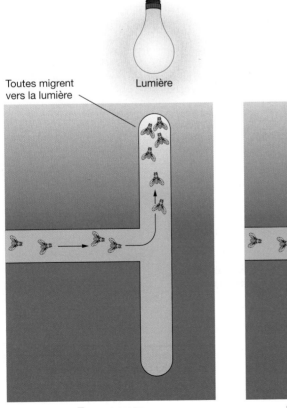
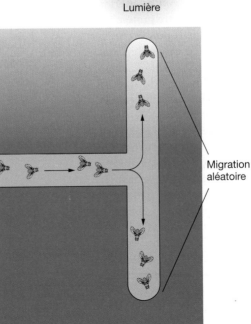

Type sauvage — **Mutant pour la phototaxie**

Figure 16-7 La sélection de mutants comportementaux de drosophile. Un tube en forme de T permet d'identifier des mutants qui sont incapables de s'orienter et de se diriger vers la lumière. Les mouches de type sauvage présentent une phototaxie positive et s'amassent toutes à l'extrémité éclairée du tube. Les mutants chez qui la phototaxie est déficiente se dirigent dans le tube avec une probabilité égale vers la lumière ou vers l'obscurité.

Les criblages pour la génétique directe

Les criblages génétiques peuvent être utilisés pour analyser (disséquer) n'importe quel processus biologique. Leur efficacité dépend seulement de l'ingéniosité du chercheur dans la mise au point d'un protocole qui révèle la classe recherchée de mutations. En voici quelques exemples :

L'ANALYSE DE LA MORPHOGENÈSE CHEZ *NEUROS-PORA* La morphogenèse (le développement de la forme) chez les champignons filamenteux tels que *Neurospora* reprend simplement le processus du développement des hyphes à partir de leur extrémité et leur ramification. Si une mutation touche l'un des gènes affectant ces processus, la colonie adopte un aspect anormal (Figure 16-8). Il est donc simple de soumettre une vaste population de cellules haploïdes à une mutagenèse, de les étaler à des densités élevées puis de rechercher en les observant les colonies ayant un aspect inhabituel. Des centaines de locus ont été identifiés grâce à ce type de criblages. Ils correspondent aux gènes qui induisent la croissance des extrémités et leur ramification. Parmi ces gènes se trouvent ceux de l'actine, la dynactine et la dynéine, trois protéines associées au cytosquelette.

Figure 16-8 Des mutants de *Neurospora* touchés au niveau de la croissance, obtenus par un criblage lors duquel on a recherché une morphologie anormale. Chaque phénotype mutant est dû à une mutation dans un gène de croissance différent. [Olivera Gavric & Anthony Griffiths.]

Morphologie normale

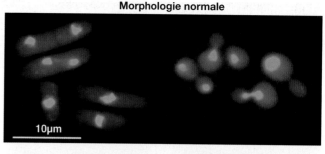

10μm

Mutants avec un cycle cellulaire déficient

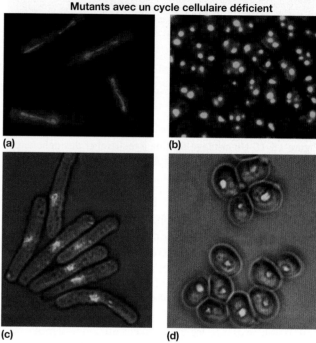

(a)

(b)

(c)

(d)

Figure 16-9 Des cellules de type sauvage et des mutants du cycle cellulaire des levures *Schizosaccharomyces pombe* (à gauche) et *Saccharomyces cerevisiae* (à droite). Les mutants sont détectés d'après la forme anormale des cellules, la position du noyau ou leur nombre (marqués). (a) Une mitose anormale : l'ADN ségrége de manière irrégulière le long du fuseau chez les mutants. (b) Les mutants s'engagent en méiose à partir du stade haploïde. (c) Les mutants s'allongent sans se diviser. (d) Les mutants interrompent leur développement sans former de bourgeon. [Photographies aimablement communiquées par Susan L. Forsburg, The Salk Institute. « The Art and Design of Genetic Screens : Yeast » *Nature Reviews : Genetics* 2, 2001, 659-668.]

L'ANALYSE DU CYCLE CELLULAIRE CHEZ LA LEVU-RE La levure bourgeonnante *Saccharomyces cerevisiae* et la levure *Schizosaccharomyces pombe* qui se développe par fission ont été au cœur de l'analyse génétique. On a même formé un acronyme en leur honneur – TAPOYG (les initiales de la citation anglaise : «le pouvoir extraordinaire de la génétique de la levure»). L'un des criblages relativement simple mais important a été utilisé pour identifier les mutants qui interfèrent avec le cycle de division cellulaire (mutants *cdc*) grâce auquel Leland Hartwell et Paul Nurse ont reçu un Prix Nobel. La Figure 16-9 présente des photographies illustrant les types de mutations recueillies lors d'un criblage, lorsqu'on recherchait des mutations bloquant la mitose en des endroits spécifiques. Comme

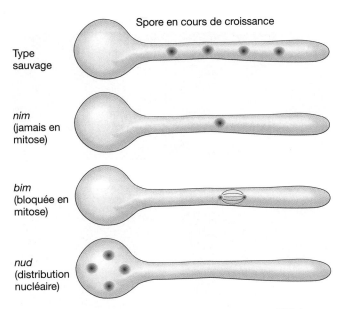

Figure 16-10 Un criblage destiné à rechercher des déficiences dans la division nucléaire chez *Aspergillus*, qui a révélé trois classes de mutants.

on s'attendait à ce que de telles mutations soient létales, le criblage portait sur des mutations *cdc* thermosensibles qui sont de type sauvage à basse température mais deviennent mutantes à température élevée. Elles provoquent des changements d'acides aminés qui conduisent à des modifications nuisibles de la forme de la protéine à température élevée. Ces mutants peuvent se multiplier à température ambiante (la température permissive). On les transfère ensuite à une température plus élevée (la température restrictive) à laquelle ils expriment le phénotype mutant. L'ensemble des mutants dérivés de ce type de criblage a permis aux chercheurs de définir un grand nombre des protéines qui régulent l'avancée programmée avec précision à travers le cycle cellulaire. La génomique comparée a montré que ces gènes intervenaient aussi dans le cycle cellulaire de l'homme et qu'un grand nombre d'entre eux sont déficients dans les cancers.

L'ANALYSE DE LA DIVISION NUCLÉAIRE CHEZ *ASPERGILLUS* *Aspergillus* est un champignon filamenteux qui, comme *Neurospora*, a joué un grand rôle comme organisme modèle en génétique. L'un des criblages intéressants d'*Aspergillus* permettait d'observer des mutants dont les divisions nucléaires étaient altérées. Le criblage révéla trois classes principales de mutants, *nim* (pour *never in mitosis* : jamais engagé en mitose), *bim* (pour *blocked in mitosis*, bloqué en mitose) et *nud* (*nuclear distribution*, distribution nucléaire), comme on le voit dans la Figure 16-10. Comme pour les mutants *cdc* de levure, il s'agissait d'allèles thermosensibles portés par des organismes capables de se développer à température permissive et transférés ensuite à température restrictive pour une étude de leur phénotype. Des études ultérieures montrèrent que NimA est une kinase (elle phosphoryle d'autres protéines), BimC est une kinésine (un moteur moléculaire ; une protéine qui déplace les organites le long du cytosquelette) et NudA est une sous-unité de la dynéine (un autre moteur

moléculaire). Ces protéines se sont avérées être des acteurs essentiels de la division et de la croissance des cellules.

L'ANALYSE DE LA SÉCRÉTION CHEZ *ESCHERICHIA COLI* *E. coli* possède plusieurs systèmes qui font d'elle un organisme idéal pour l'analyse génétique. Le plus important est le gène *lacZ*. La fonction de ce gène (qui code l'enzyme ß-galactosidase) peut facilement être mesurée en ajoutant au milieu un composé appelé *Xgal*. La protéine LacZ convertit Xgal en un composé de couleur bleue (qui s'avère être le même colorant que celui utilisé pour colorer les blue jeans !). Le grand intérêt de ce système est que *lacZ* peut être fusionné à des gènes codant d'autres protéines que l'on désire étudier. La production de la couleur bleue par LacZ sert de rapporteur à ces gènes. Deux types de fusions sont possibles, les fusions transcriptionnelles et les fusions traductionnelles (Figure 16-11). Les fusions transcriptionnelles aboutissent à la synthèse de deux protéines distinctes à partir du même transcrit. Elles sont utiles pour enregistrer les taux de transcription car LacZ est synthétisée séparément de l'autre protéine. Les fusions traductionnelles conduisent à la traduction d'une protéine de fusion «hybride». Elles servent aux études au cours desquelles la protéine hybride (et donc le rapporteur LacZ) participent aux actions cellulaires habituelles du gène étudié. Les fusions traductionnelles ont permis d'étudier la sécrétion des protéines hors d'une cellule d'*E. coli*. Différentes protéines sécrétoires telles que les protéines d'adressage membranaire (séquences signal) et les protéines d'ancrage à la membrane ont été fusionnées avec LacZ. Par exemple, après la fusion traductionnelle de *lacZ* et de MalF, le gène d'une protéine membranaire sécrétoire, la protéine ßGAL associée se retrouvait enfoncée dans la membrane et ne pouvait alors

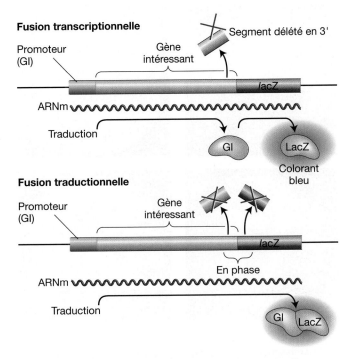

Figure 16-11 Des fusions avec le gène rapporteur *lacZ* destinées à examiner l'expression d'un gène intéressant.
GI = gène intéressant.

pas produire la couleur bleue. Les colonies étaient donc blanches. Lorsque cette souche était mutagénisée, les mutants affectés à n'importe quel stade de la sécrétion maintenaient *ß*GAL dans le cytoplasme et une colonie de couleur bleue apparaissait. Un criblage des mutants bleus a ainsi révélé de nombreux mutants intéressants. Ces études ont permis de réunir les différents acteurs du processus de sécrétion.

L'analyse du développement du poisson zèbre

Ces dix dernières années, le poisson zèbre (*Danio rerio*) est devenu un organisme modèle important en génétique pour l'étude du développement et de la neurobiologie des vertébrés. Ce poisson est petit, se développe rapidement (pour un vertébré) et produit de nombreux descendants. Ses embryons sont transparents, ce qui rend facile l'observation des anomalies dans les stades précoces du développement.

Au cours d'un criblage type à grande échelle en génétique directe, lors duquel on recherche des mutations récessives chez le poisson zèbre, un mâle de la génération parentale est exposé dans un bassin à de l'eau contenant un mutagène chimique (ENU, éthylnitrosourée) qui produit essentiellement des substitutions de bases. Chacun des spermatozoïdes du mâle porte potentiellement un groupe distinct de mutations par substitutions de bases. Chaque descendant de la F$_1$ possède un génome normal (de sa mère) et un génome mutagénisé (de son père). Les mâles F$_1$ sont croisés individuellement avec des femelles sauvages et on laisse les descendants se croiser au hasard dans le même bassin. La consanguinité permet d'obtenir à l'état homozygote toute mutation récessive. Des exemples de mutants phénotypiques apparus au cours de criblages de cette sorte sont photographiés dans la Figure 16-12.

Le criblage dont il est question peut être long et laborieux. Certaines astuces permettent cependant d'accélérer

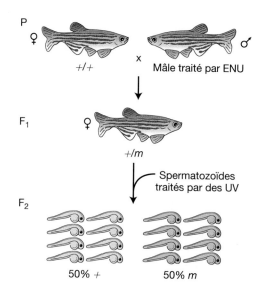

Figure 16-13 Un criblage mené sur des poissons zèbres haploïdes. L'irradiation de spermatozoïdes de poisson zèbre aboutit à des descendants haploïdes, dont la moitié exprimeront une mutation nouvellement induite héritée du parent femelle.

l'identification des mutations chez les poissons zèbres. L'une d'entre elles est la création d'un poisson haploïde. Pour créer des poissons haploïdes, les mâles sont soumis à des doses élevées de lumière UV. Les noyaux des spermatozoïdes exposés subissent une mutagenèse si forte qu'ils sont incapables de transmettre leur génome au zygote. Ils restent néanmoins capables de traverser la membrane de l'ovule et d'activer le développement du noyau de l'ovocyte haploïde. Les poissons haploïdes ainsi produits ne deviennent généralement pas adultes, mais ils survivent plusieurs jours et l'on peut rechercher chez ces poissons immatures des phénotypes récessifs (Figure 16-13). Le généticien peut donc rechercher

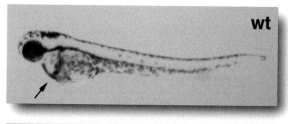

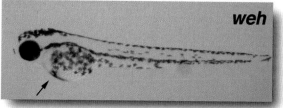

Concentrations réduites d'hémoglobine (marquage orangé indiqué par le flèches).

Profil anormal de bandes.

Figure 16-12 Certains phénotypes apparus lors du criblage de mutants du poisson zèbre atteints au niveau de leur développement. *weh* = weissherbst : *hémoglobine réduite dans le sang*. *hag* = *hagoramo*: des bandes anormales sur le corps.
[*À gauche*: D. F. Ransom et al., OHSU, «Characterization of Zebrafish Mutants with Defects in Embryonic Hematopoiesis» *Development* 123, 1996, 311-319. *À droite*: Photographies aimablement communiquées par Nancy Hopkins. K. Kawakami et al., *Current Biology* 10, 2000, 436-466. Copyright 2000 par Elsevier Science.]

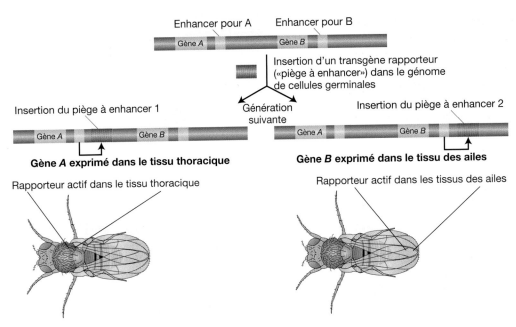

dans les bassins correspondants des mutations intéressantes et récupérer les mutants par un croisement consanguin avec le parent femelle de la F$_1$.

Une autre façon d'accélérer le criblage consiste à utiliser un marqueur moléculaire. Nous avons vu plus haut que les transposons peuvent jouer ce rôle. Chez les poissons zèbres, les vecteurs rétroviraux servent de marqueurs. Rappelons que les rétrovirus sont des virus à ARN qui utilisent la transcriptase inverse pour créer une copie d'ADN double-brin de leur génome viral. Le virus est injecté dans des embryons de 1 000 à 2 000 cellules. Lorsque l'ADN du rétrovirus est répliqué dans une cellule, ce nouvel ADN s'intègre au hasard dans les chromosomes de l'hôte. L'ADN rétroviral provoque l'apparition de mutations à la suite d'une inactivation des gènes et constitue également un marqueur moléculaire commode pour les gènes inactivés. Les poissons résultants sont soumis à un programme de croisements consanguins comme précédemment, pour rendre homozygotes les mutations. Une fois qu'un mutant a été identifié dans une génération ultérieure, le gène qui a été inséré peut être déterminé grâce à sa séquence amplifiée par PCR. L'insert viral sert d'amorce pour amplifier la séquence dans la région adjacente.

Les criblages de la génétique directe à l'aide de pièges à enhancers

Chez les Eucaryotes supérieurs, de nombreuses séquences régulatrices d'ADN jouent le rôle d'enhancers (amplificateurs) pour contrôler la transcription (comme nous l'avons vu au Chapitre 10). Dans les organismes modèles tels que la drosophile, on peut élaborer des criblages afin de rechercher ces enhancers. Ces éléments régulateurs provoquent une augmentation de la transcription de tout gène dont le site de début de la transcription (site de départ) est proche. La stratégie consiste donc à insérer au hasard une construction transgénique rapporteuse conçue pour répondre à n'importe

quel enhancer voisin. La construction possédera un site de départ et un gène « rapporteur » tel que celui de la protéine verte fluorescente (GFP pour *green fluorescent protein* en anglais) ou de la ß-galactosidase qui produit le colorant bleu. La construction est portée par un transposon. On effectue des croisements pour mobiliser cette construction rapporteuse afin qu'elle se transpose en différents sites du génome. On observe ensuite la distribution de la protéine rapporteuse. Par ce moyen, on peut identifier les positions des enhancers qui déclenchent un profil particulier d'expression d'un gène (Figure 16-14). Les insertions du transgène rapporteur s'appellent des **pièges à enhancers**.

Supposons que l'insertion d'un rapporteur donné s'exprime uniquement lors du développement du tissu oculaire de la drosophile. On peut en déduire qu'il est probable qu'un gène exprimé dans l'œil réside au voisinage du site d'insertion. Pour cette raison, les gènes voisins peuvent être impliqués dans un aspect du développement de l'œil et peuvent être isolés puis étudiés.

16.2 La génétique inverse

L'analyse par génétique inverse débute avec une molécule connue – une séquence d'ADN, d'ARNm ou de protéine. On essaie ensuite d'inactiver cette molécule pour découvrir le rôle du produit normal du gène dans la biologie de l'organisme.

La génétique inverse utilise plusieurs approches. L'une d'elles consiste à mutagéniser aléatoirement le génome puis à repérer le gène intéressant grâce à la cartographie ou à des tests d'allélisme par complémentation. On peut également effectuer une mutagenèse ciblée (ou mutagenèse dirigée) qui privilégie nettement la production de mutations dans le gène étudié. Une troisième voie consiste à créer des *phénocopies* – des effets comparables aux phénotypes mutants – par un traitement à l'aide d'agents interférant avec l'ARNm ou avec l'activité du produit final de la protéine.

Chacune de ces approches présente ses propres avantages. La mutagenèse aléatoire est la plus facile à mettre en œuvre mais elle nécessite du temps et des efforts pour identifier parmi toutes les mutations la faible proportion qui comprend le gène étudié. La mutagenèse ciblée est elle aussi laborieuse, mais une fois que l'on a obtenu la mutation souhaitée, elle est plus facile à caractériser. Créer des phénocopies peut être très efficace mais il y a des limites aux sortes de phénotypes qui peuvent être copiées. Nous allons considérer des exemples de chacune de ces approches.

La génétique inverse par mutagenèse aléatoire

La mutagenèse aléatoire pour la génétique inverse utilise les mêmes types de mutagènes que la génétique directe : des agents chimiques, des radiations ou des éléments génétiques transposables. Néanmoins, au lieu de cribler le génome dans sa totalité pour rechercher des mutations responsables d'un effet particulier sur le phénotype, la génétique inverse se concentre sur le gène concerné. Ceci peut être réalisé de deux manières.

On peut se concentrer sur la position du gène sur la carte. Seules les mutations situées dans la même région du génome que le gène sont conservées pour une analyse moléculaire plus détaillée. Cette approche nécessite donc une cartographie des mutations récupérées. On peut facilement combiner les nouveaux mutants avec une délétion ou une mutation connue du gène étudié. On note symboliquement les appariements : *nouveau mutant/Δ* ou *nouveau mutant/ mutant connu*. Seuls les appariements aboutissant au phénotype mutant (présentant une absence de complémentation) sont conservés pour être étudiés.

Lors d'une autre approche, on teste directement des lésions moléculaires au niveau de l'ADN et on les compare avec le gène étudié. Par exemple, si le mutagène provoque de petites délétions, alors après amplification par PCR, on peut comparer les gènes du génome parental et du génome mutagénisé en recherchant un génome mutagénisé qui comporte un fragment de taille réduite obtenu par PCR. De même, on peut facilement détecter des insertions d'éléments transposables dans le gène étudié car la taille du gène est alors augmentée. Il existe également des techniques pour reconnaître des substitutions de paires uniques de bases. On peut ainsi cribler efficacement des génomes mutagénisés aléatoirement pour identifier la fraction réduite des mutations qui intéressent le chercheur.

La génétique inverse par mutagenèse spécifique d'un gène

Pendant la plus grande partie du vingtième siècle, les chercheurs ont considéré la capacité de produire spécifiquement des mutations dans un gène spécifique (voir Figure 16-3, *à droite*) comme le « saint Graal » inaccessible de la génétique. Pourtant il existe aujourd'hui plusieurs techniques pour y parvenir. Une fois qu'un gène est inactivé chez un individu, les généticiens peuvent examiner le phénotype produit pour y chercher des indications sur la fonction du gène. Nous allons examiner plusieurs méthodes pour diriger des mutations dans des gènes spécifiques.

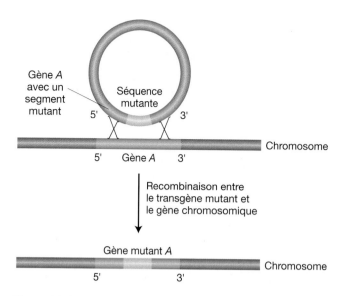

Figure 16-15 L'événement moléculaire fondamental dans le remplacement d'un gène ciblé. Un transgène contenant des séquences issues des deux extrémités d'un gène, mais avec un segment sélectionnable d'ADN entre elles, est introduit dans une cellule. Une double recombinaison entre le transgène et un gène chromosomique normal produit un segment chromosomique recombinant qui a incorporé le segment anormal.

La mutagenèse spécifique d'un gène implique généralement le remplacement d'une copie résidante de type sauvage du gène par un segment transgénique contenant une version mutée du gène. Le gène muté s'insère dans le chromosome par un mécanisme qui ressemble à une recombinaison homologue et remplace la séquence normale par la séquence mutante (Figure 16-15).

Cette approche peut être utilisée pour une inactivation complète du gène cible lors de laquelle un allèle nul remplace la copie de type sauvage.

La **mutagenèse dirigée** ou **ciblée** est une technique plus fine. Cette méthode permet de créer des mutations dans n'importe quel site spécifique d'un gène qui a été cloné et séquencé. La mutation doit être introduite dans un transgène porté par un vecteur. La construction mutée est ensuite introduite dans une cellule receveuse. Dans un protocole, le gène étudié est inséré dans un vecteur bactériophagique simple-brin tel que le phage M13. On fabrique un oligonucléotide contenant la mutation désirée. On laisse cet oligonucléotide s'hybrider avec le site complémentaire dans le gène étudié présent dans le vecteur. L'oligonucléotide sert ensuite d'amorce pour la synthèse *in vitro* du brin complémentaire du vecteur M13 (Figure 16-16a). On peut programmer n'importe quel changement spécifique de base dans la séquence de l'amorce synthétique [Figure 16-16a(i)]. Malgré la présence d'une base mal appariée, l'oligonucléotide synthétique peut encore s'hybrider à la séquence complémentaire dans le vecteur M13. Après leur réplication dans *E. coli*, de nombreux phages résultants porteront le mutant désiré. Les oligonucléotides comportant des insertions ou des délétions provoqueront également des

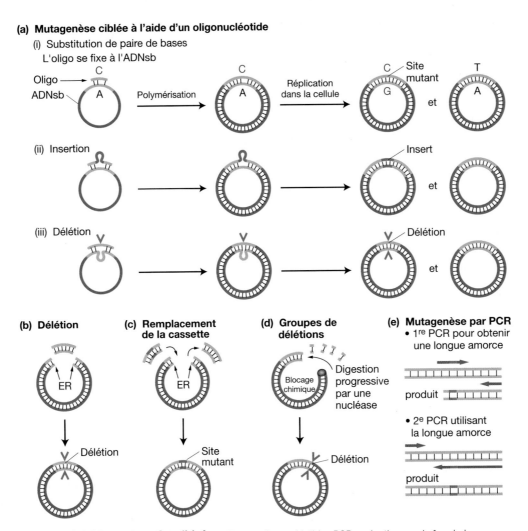

Figure 16-16 La mutagenèse dirigée. (Oligo = oligonucléotide ; PCR = réaction en chaîne de la polymérase ; ER = enzyme de restriction ; ADNsb = ADN simple-brin.) Voir le texte pour la discussion.

mutations similaires dans le gène résidant [Figure 16-16a(ii) et (iii)]. La mutagenèse ciblée à l'aide d'un oligonucléotide peut également être utilisée avec des gènes clonés dans des vecteurs double-brin si leur ADN est dénaturé au préalable.

La connaissance des sites de restriction est également utile pour introduire des mutations dirigées dans un transgène. Une petite délétion par exemple peut être effectuée en retirant le fragment qui est libéré par une coupure au niveau de deux sites de restriction (Figure 16-16b). À l'aide d'une double coupure similaire, on peut insérer un fragment ou *cassette* dans un site de restriction afin de produire une duplication ou une autre modification (Figure 16-16c). Une autre approche consiste à éroder enzymatiquement une extrémité coupée, créée par une enzyme de restriction, afin de créer des délétions de différentes longueurs (Figure 16-16d). On peut aussi faire appel à la PCR pour produire un fragment d'ADN contenant une mutation spécifique et y introduire ensuite un transgène (Figure 16-16e).

Chez le champignon *Neurospora*, la fabrication en routine de cellules transgéniques a révélé un mécanisme de mutation que l'on n'avait jamais imaginé et qui se produit spontanément dans l'organisme. Ce mécanisme s'appelle **RIP** (pour *repeat-induced point mutation* en anglais) ou **mutation ponctuelle induite par une répétition**. Il est très utile pour créer des mutations dans un gène spécifique. Lorsqu'un transgène est introduit dans des cellules haploïdes, il ne remplace pas le gène résidant mais s'insère dans des positions aléatoires (c'est-à-dire de manière ectopique). La cellule contient donc deux copies du gène, la copie résidante plus le transgène. Néanmoins, lorsque l'on croise une telle souche, les deux copies de la souche transgénique ressortent du croisement avec de multiples transitions GC · AT qui les inactivent toutes les deux. Le système mutagène, qui intervient juste avant la méiose, semble être une défense contre des transposons ou virus malvenus car *Neurospora* est remarquablement dépourvue d'ADN répétitif. Les généticiens peuvent s'appuyer sur le mécanisme RIP car toute copie clonée de type sauvage d'un gène peut être introduite sous la forme d'un transgène qui sera ensuite inactivé par le processus RIP (Figure 16-17).

Introduction du transgène de type sauvage étudié dans une cellule haploïde

Insertion

Copie résidante

RIP

×

Mutations
GC → AT

Méiose

Produits de la méiose

Mutant

Type
sauvage

Figure 16-17 L'utilisation du mécanisme RIP pour produire des mutations ciblées chez *Neurospora*.

MESSAGE Le remplacement ciblé d'un gène et le mécanisme RIP sont deux moyens d'inactiver des gènes spécifiques afin de déduire leur fonction d'après le phénotype mutant qu'ils produisent.

La génétique inverse par phénocopie

L'avantage d'inactiver le gène étudié lui-même réside dans la transmission de la mutation d'une génération à l'autre, ce qui permet d'obtenir une lignée de mutants disponibles pour des études ultérieures. Pourtant, seuls les organismes utilisés couramment comme modèles génétiques moléculaires peuvent être soumis à de telles manipulations. En revanche, on peut appliquer la phénocopie à un nombre nettement plus élevé d'organismes quel que soit le niveau de développement de la technologie génétique atteint pour une espèce donnée. Nous décrirons dans les deux sections suivantes deux techniques de phénocopie.

L'INTERFÉRENCE DE L'ARN Une autre découverte étonnante a été faite ces dix dernières années. Il s'agit d'un autre mécanisme très répandu dont la fonction naturelle semble être de protéger la cellule de l'ADN étranger. Ce mécanisme s'appelle l'**interférence de l'ARN** ou **ARNi**. Comme dans le cas du RIP, les chercheurs se sont servis de ce mécanisme cellulaire pour élaborer une technique très efficace d'inactivation de gènes spécifiques. Cette inactivation se déroule de la façon suivante. On fabrique un ARN double-brin avec des séquences homologues d'une partie du gène étudié, que l'on introduit ensuite dans une cellule (Figure 16-18). Le résultat net est une diminution considérable des concentrations d'ARNm qui dure plusieurs heures voire plusieurs jours, ce qui annule alors l'expression du gène. Cette technique a été appliquée avec succès à plusieurs systèmes modèles, y compris *Caenorhabditis elegans*, la drosophile et plusieurs espèces végétales.

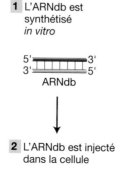

1 L'ARNdb est synthétisé *in vitro*

5'━━━━━━3'
3'━━━━━━5'
ARNdb

2 L'ARNdb est injecté dans la cellule

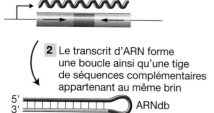

1 Un transgène contenant une répétition inversée est introduit dans le génome

2 Le transcrit d'ARN forme une boucle ainsi qu'une tige de séquences complémentaires appartenant au même brin

5'━━━━━━
3'━━━━━━ ARNdb

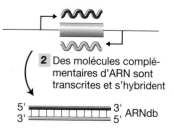

1 Un transgène contenant deux promoteurs orientés en sens inverse est introduit dans le génome

2 Des molécules complémentaires d'ARN sont transcrites et s'hybrident

5'━━━━━━3'
3'━━━━━━5' ARNdb

Figure 16-18 Trois façons de créer et d'introduire de l'ARN double-brin dans une cellule. L'ARNdb déclenchera ensuite l'interférence de l'ARN. [Reproduit avec l'autorisation de S. Hammond, A. Caudy et G. Hannon, *Nature Reviews*: *Genetics* 2, 2001, 116.]

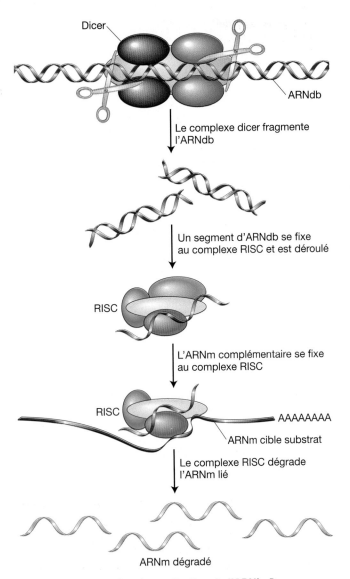

Figure 16-19 Le mécanisme d'action de l'ARNi. Dans ce mécanisme, l'ARNdb interagit spécifiquement avec le complexe dicer qui le coupe en morceaux. Le complexe RISC utilise les petits ARNdb pour localiser et détruire l'ARNm homologue transcrit à partir de l'ADN cible, ce qui annule ainsi l'expression du gène. [Modifié d'après S. Hammond, A. Caudy et G. Hannon, *Nature Reviews: Genetics* 2, 2001, 115.]

Comment l'introduction d'un ARN double-brin inactive-t-elle le gène homologue? Le mécanisme d'action de l'ARNi a été élucidé chez C. *elegans* (Figure 16-19). L'ARN double-brin introduit est fragmenté en segments de 22 nucléotides de long par un complexe moléculaire appelé *dicer*. Ces fragments, les *ARN interférents*, sont ensuite liés à un complexe appelé *RISC* (*RNA-induced silencing complex* en anglais, complexe d'inactivation induit par l'ARN). Un composant d'ARN du complexe, l'*ARN guide*, aide le complexe à trouver des ARNm complémentaires des ARN interférents. Après s'être fixé à l'ARNm cible, le complexe le dégrade. La traduction étant momentanément interrompue en raison de l'absence des ARNm, l'organisme exprime le phénotype mutant.

LA CHIMIOGÉNOMIQUE Le processus de transfert de l'information peut également être interrompu par phénocopie au stade de la protéine. Une technique à l'échelle du génome a été développée. Elle porte le nom de **chimiogénomique** ou **génétique chimique**. La technique est basée sur la réduction de l'activité de la protéine codée par le gène cible grâce à la fixation d'une petite molécule inhibitrice (Figure 16-20). Des robots testent dans des banques des milliers de petites molécules synthétiques apparentées capables de se lier étroitement à une protéine spécifique. Une molécule qui semble adéquate est ensuite introduite dans une cellule. On examine alors sa capacité d'inhiber l'activité de la protéine. Si elle inhibe suffisamment l'activité protéique, alors on pourra

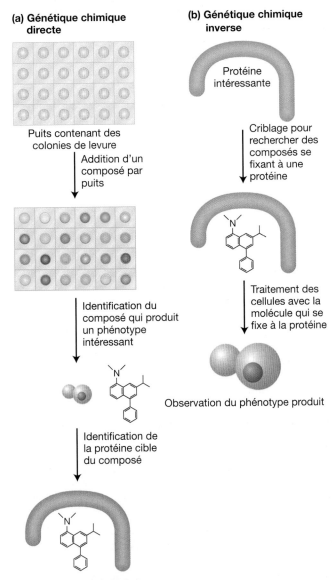

Figure 16-20 La génétique chimique. (a) Un exemple de génétique chimique *directe* dans laquelle on teste directement de petites molécules sur des cellules de levure, pour identifier celle qui produit un phénotype intéressant. (b) Un exemple de génétique chimique *inverse* dans lequel on remarque d'abord une petite molécule donnée qui se fixe à une protéine et dont on teste ensuite l'effet phénotypique lorsqu'on l'applique à des cellules. [D'après B. Stockwell, *Nature Reviews: Genetics* 1, 2000, 117.]

traiter une cellule ou un organisme avec ce composé chimique pour parvenir à une phénocopie du phénotype mutant pour le gène cible.

En dépit de son nom, la chimiogénomique ou génétique chimique n'est pas une technique génétique car il n'y a pas de transmission aux descendants. Il s'agit plutôt d'une extension systématique des inhibiteurs chimiques utilisés de longue date (une forme de phénocopie) pour inactiver une protéine impliquée dans un processus biochimique spécifique dans la cellule. Le problème posé par la plupart des inhibiteurs chimiques est qu'ils ne sont pas spécifiques à 100 % d'une seule protéine. Pour cette raison, ils peuvent inhiber de multiples protéines et processus biochimiques dans un organisme, ce qui crée des ambiguïtés dans l'interprétation des résultats. Grâce à l'utilisation des banques de substances chimiques et des tests automatisés de la spécificité, la chimiogénomique devrait permettre d'atteindre une spécificité nettement plus élevée que celle des composés inhibiteurs traditionnels.

> **MESSAGE** L'ARNi et la chimiogénomique offrent des moyens d'interférer expérimentalement avec la fonction d'un gène spécifique sans changer sa séquence d'ADN (ce que l'on désigne par le terme général de *phénocopie*). Il s'agit d'une approche alternative à la génétique inverse.

16.3 L'analyse des mutations recueillies

Une fois les mutations détectées et isolées, on peut utiliser leurs propriétés pour déduire la façon dont les produits normaux du gène fonctionnent et interagissent. Les Chapitres 17 et 18 offrent des exemples détaillés de l'analyse d'une série de mutations pour comprendre un processus biologique. Nous allons envisager ici les aspects généraux de cette analyse.

Compter les gènes impliqués dans un processus biologique

Un criblage ou une sélection type de mutations permet de récupérer un grand nombre de mutations représentant de multiples «atteintes» à un petit nombre de gènes. Combien de gènes sont représentés par cet ensemble de mutants ? On obtient la réponse en cartographiant les mutations et en effectuant des tests de complémentation (Figure 16-21). Rappelons que deux mutations que l'on peut séparer par une recombinaison touchent des gènes différents. Les mutations localisées dans la même région du génome peuvent représenter de multiples atteintes au même gène ou des mutations dans un même groupe de gènes. Le test de complémentation permet de distinguer ces deux possibilités. Nous avons vu au Chapitre 6 que si deux mutations *récessives m1* et *m2* complémentent (c'est-à-dire si *m1/m2* a un phénotype sauvage), ces mutations touchent des gènes différents (le génotype doit donc être *m1 +/+ m2*). En revanche, si deux mutations réces-

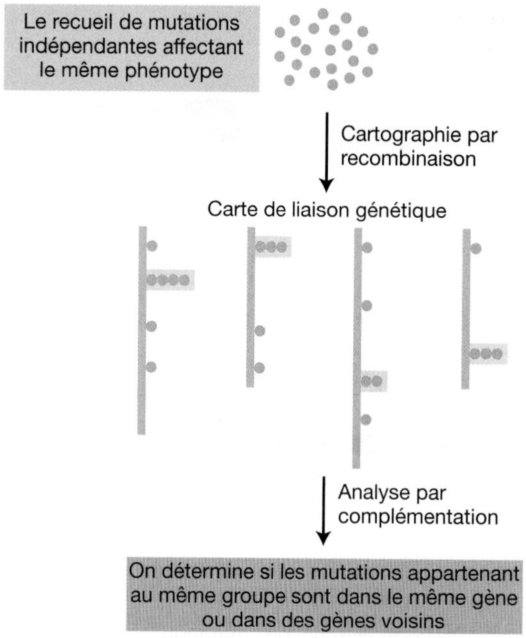

Figure 16-21 Compter les gènes impliqués dans un phénotype. La cartographie par recombinaison et l'analyse par complémentation peuvent permettre d'établir le nombre de gènes mutés dans un ensemble donné de mutations conduisant à un phénotype commun. L'analyse par recombinaison aide à localiser les mutations et les groupes de mutations (rectangles bleu clair) doivent être testés grâce à une analyse par complémentation afin de déterminer si les mutations appartenant au même groupe sont situées dans le même gène.

sives ne complémentent pas (c'est-à-dire si *m1/m2* a un phénotype mutant), alors les deux mutations sont des mutations alléliques touchant le même gène. (Rappelons que ce test ne fonctionne pas avec les mutations dominantes. Par définition, dans un cas de dominance, le phénotype est mutant quel que soit l'état de l'autre allèle.)

> **MESSAGE** De nouvelles mutations présentant le même phénotype ou des phénotypes très proches peuvent être regroupées au cours d'une cartographie par recombinaison. Les mutations récessives étroitement liées peuvent alors être différenciées grâce à un test de complémentation.

Distinguer perte-de-fonction et gain-de-fonction

Nous avons suivi le raisonnement selon lequel un généticien obtenait des renseignements sur un processus biologique en inactivant celui-ci par mutagenèse ou par d'autres moyens, en observant les conséquences de cette inactivation et en utilisant l'information obtenue pour déterminer les étapes du processus normal. Une telle analyse est facilitée lorsqu'on sait de quel défaut est atteint le gène mutant car on peut alors mieux comprendre un changement fonctionnel spécifique. Il est essentiel d'établir si la mutation représente une perte de fonction ou un gain de fonction. Les mutations récessives sont généralement causées par des allèles entraînant une perte de fonction dans un gène haplosuffisant. La plupart des mutations sont d'ailleurs de ce type. Les mutations

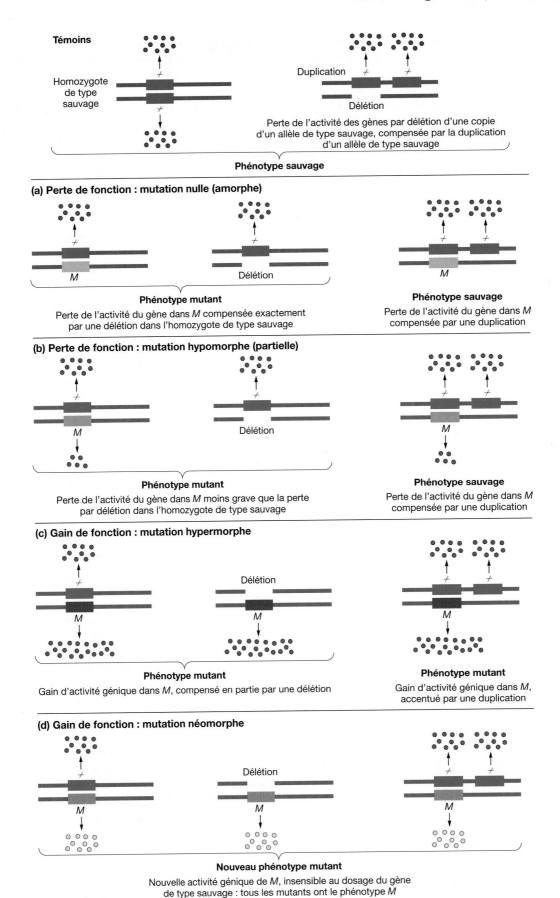

Figure 16-22 Distinguer les différentes causes fonctionnelles des mutations dominantes. Voir le texte pour la discussion.

dominantes sont plus variées mais souvent plus intéressantes et des tests particuliers sont nécessaires pour distinguer les mutations dominantes qui représentent une *perte de fonction* de celles qui entraînent un *gain de fonction*.

Intéressons-nous aux mutations dominantes (Figure 16-22). Considérons une mutation nulle (inactivation complète) dominante. Dans ce cas, une copie unique de l'allèle de type sauvage ne permet pas la synthèse d'une quantité suffisante du produit du gène pour produire un phénotype sauvage. Par conséquent, si un gène entraîne une mutation perte-de-fonction dominante, on peut en déduire que celle-ci correspond à la classe appelée *haplo-insuffisance*. On peut reconnaître ce type de mutation en comparant d'abord le phénotype +/M avec le phénotype produit par une délétion +/Δ s'il est disponible, puis avec le phénotype produit par une duplication Dup/M (voir Figure 16-22a). Tout d'abord, le phénotype d'un gène mutant apparié avec un gène de type sauvage devrait être le même que le phénotype dû à une délétion. De plus, le phénotype créé par la mutation dominante devrait être « guéri » par l'addition d'une copie dupliquée du type sauvage.

La perte de fonction ne se produit pas toujours à 100 %. Elle peut apparaître à un niveau intermédiaire. Certaines mutations perte-de-fonction éliminent complètement l'activité du produit du gène (mutations nulles ; Figure 16-22a). D'autres mutations provoquent simplement une baisse de l'activité du produit du gène. On les qualifie d'**hypomorphes** ou **partielles** (*leaky* en anglais) (Figure 16-22b). Le dosage des gènes (délétions et duplications) permet également de distinguer les différents niveaux de la perte de fonction. Dans le paragraphe précédent décrivant une mutation nulle, nous avons vu que l'hétérozygote mutant/type sauvage a un phénotype identique à celui d'un hétérozygote délétion/type sauvage. Nous avons symbolisé cela par $M/+ = \Delta/+$. Dans le cas d'une mutation hypomorphe d'un gène haplo-insuffisant, l'hétérozygote mutant/type sauvage devrait avoir une activité *plus* normale que l'hétérozygote pour une délétion (voir Figure 16-22b). On peut écrire symboliquement, $M/+ > \Delta/+$ (où « > » signifie « plus normal que »).

Comparons ces prédictions avec celles des mutations dominantes *gain-de-fonction*. Les hypermorphes et les néomorphes sont deux exemples de mutations dominantes gain-de-fonction. Un **hypermorphe** est une mutation qui produit *plus* d'activité génique par dose de gène que le type sauvage, mais par ailleurs, le produit du gène est normal (voir Figure 16-22c). Si la mutation hypermorphe est dominante, l'activité génique supplémentaire de l'allèle mutant M produit un nouveau phénotype chez l'hétérozygote $M/+$. Si l'on introduit une délétion dans l'allèle $+$ (M/Δ), on diminue l'activité combinée des deux allèles. Le phénotype devrait alors devenir plus normal – soit $M/\Delta > M/+$. Inversement, si l'on augmente le dosage du type sauvage grâce à une duplication, alors le phénotype devrait être plus mutant ; c'est-à-dire $M/+ > M/Dup$.

Un **néomorphe** est une mutation qui produit une nouvelle activité génique différente de celle du type sauvage. Par exemple, si les séquences codantes de deux gènes sont fusionnées suivant le même cadre de lecture, une nouvelle protéine peut être synthétisée, dont les activités cellulaires peuvent être différentes de celles de l'une ou l'autre protéine parentale. La fusion du gène sauvage de la protéine avec un promoteur différent peut également entraîner une régulation inadaptée qui fera exprimer la protéine dans un tissu dans lequel le produit du gène de type sauvage n'est normalement pas exprimé. Cette protéine peut alors modifier les voies biochimiques dans les cellules de ce tissu et produire ainsi un nouveau phénotype totalement imprévisible. Comment peut-on identifier une mutation néomorphe ? Le produit du gène ou le site d'action étant nouveau, une mutation néomorphe est insensible au dosage de l'allèle de type sauvage (voir Figure 16-22d). La présence de 0, 1 ou 2 copies de l'allèle de type sauvage dans un génotype avec la mutation néomorphe correspondante produit le même phénotype mutant dominant. On peut symboliser une mutation néomorphe par $M/+ = M/\Delta = M/Dup$.

> **MESSAGE** Des mutations dominantes peuvent apparaître à la suite de plusieurs types de changements au niveau fonctionnel, y compris la perte de fonction totale ou partielle dans un gène haplo-insuffisant, la production d'une quantité plus élevée du produit de type sauvage ou encore la synthèse d'un nouveau produit. On peut distinguer ces différentes possibilités en combinant le nouvel allèle avec des doses variables de l'allèle de type sauvage.

Quelles autres informations peut-on obtenir à partir d'un ensemble de mutations ? Les étapes importantes sont l'identification moléculaire des gènes, de leurs ARNm et de leurs produits protéiques. Ceci nécessite en général le clonage, le séquençage et la caractérisation fonctionnelle du gène et de ses produits, comme nous l'avons décrit au Chapitre 11. Après l'étude de chaque gène aux niveaux moléculaire et cellulaire, la tâche suivante consiste à intégrer les fonctions géniques correspondant au processus biologique en cours d'étude. Ceci peut être long et difficile et exiger de nombreuses années de recherche impliquant un grand nombre de chercheurs. Nous verrons dans les deux prochains chapitres la réponse à ces questions pour des voies à l'origine de la régulation du nombre de cellules et de la régulation du développement.

16.4 Les applications à plus grande échelle de l'analyse fonctionnelle

La plus grande partie de notre discussion sur l'analyse mutationnelle et la phénocopie a porté sur les organismes génétiques modèles. L'un des objectifs suivants est d'élargir l'application de ces systèmes, entre autres aux espèces ayant un impact négatif sur la société humaine, telles que les parasites, les vecteurs de maladies ou les insectes nuisibles pour l'agriculture. Les techniques de la génétique classique ne sont pas facilement applicables à la plupart de ces espèces, mais l'analyse fonctionnelle peut être réalisée par transgenèse ou par phénocopie.

La première approche – l'analyse fonctionnelle d'organismes non modèles grâce à la transgenèse – est décrite dans la

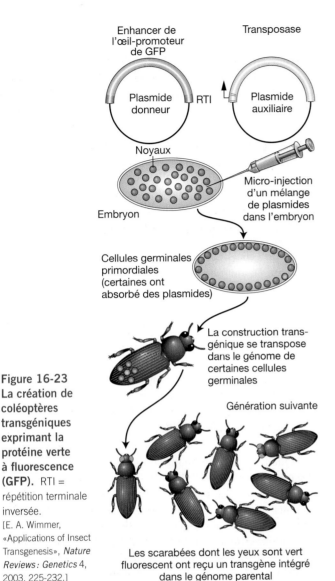

Figure 16-23
La création de coléoptères transgéniques exprimant la protéine verte à fluorescence (GFP). RTI = répétition terminale inversée.
[E. A. Wimmer, «Applications of Insect Transgenesis», *Nature Reviews: Genetics* 4, 2003, 225-232.]

Figure 16-23. Cet exemple porte sur les coléoptères, dont un grand nombre sont nuisibles pour l'agriculture. On peut créer des coléoptères transgéniques en utilisant la même méthodologie que celle utilisée pour produire des drosophiles transgéniques. Cependant, l'un des problèmes réside dans le fait que chez la plupart des coléoptères, aucun marqueur récessif ne peut être utilisé dans des animaux receveurs pour signaler une transgenèse réussie. La technique dépend donc de l'utilisation de constructions transgéniques portant des phénotypes mutants dominants qui peuvent être exprimés dans une souche receveuse de type sauvage. La protéine verte fluorescente (GFP) isolée initialement chez la méduse, est un rapporteur utile pour cette application. Comme chez la drosophile, les insertions transgéniques peuvent être mobilisées à l'aide de transposons puis servir comme mutagènes par insertion dans le génome du coléoptère. La Figure 16-23 montre l'utilisation de transgènes de GFP dont la transcription est commandée par un enhancer qui induit l'expression du produit du gène dans les yeux de l'insecte. Cette méthode a également été utilisée efficacement pour créer des transgènes exprimant GFP chez le moustique qui transmet la fièvre jaune et la dengue (*Aedes aegypti*), un coléoptère de la farine (*Tribolium castaneum*) et le bombyx du mûrier (*Bombyx mori*) (Figure 16-24).

Les techniques de phénocopie sont également largement applicables aux organismes non modèles. Les gènes cibles peuvent être identifiés grâce à la génomique comparée. On peut alors produire des séquences d'ARNi afin d'inhiber les gènes cibles spécifiques. Cette technique a déjà été mise en œuvre sur un moustique vecteur du paludisme (*Anopheles gambiae*). En utilisant ces techniques, les scientifiques peuvent mieux comprendre les mécanismes biologiques régissant ces espèces qui ont un impact médical ou économique important. Par exemple, les gènes qui contrôlent le cycle vital complexe du parasite responsable du paludisme, en partie dans un hôte du moustique et en partie dans le corps humain pourraient être mieux compris. Ceci ouvrirait de nouvelles perspectives pour contrôler la première maladie infectieuse du monde. On peut également envisager de nombreuses autres applications.

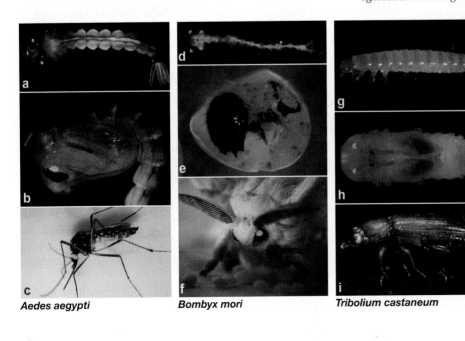

Aedes aegypti   *Bombyx mori*   *Tribolium castaneum*

Figure 16-24 Des exemples d'organismes chez lesquels la protéine GFP servant de rapporteur est exprimée dans les yeux d'insectes qui ne sont pas utilisés comme modèles en génétique. L'expression est déclenchée par un promoteur unique actif dans l'œil. Les insectes sont un moustique (*Aedes aegypti*), le bombyx du mûrier (*Bombyx mori*) et un coléoptère (*Tribolium castaneum*).
[*À gauche*: Aimablement communiqué par V. A. Kooks et A. S. Raikhel. *Au milieu* (en haut) J. L. Thomas *et al.* Copyright 2002 par Elsevier Science; (milieu et bas) aimablement communiqué par M. Jindra. *À droite*: Copyright 2000 par Elsevier Science.]

RÉPONSES AUX QUESTIONS CLÉS

- **Quel est le but de l'analyse mutationnelle ?**

C'est de trouver et de caractériser tous les gènes ou la plupart d'entre ceux qui contribuent à un processus biologique intéressant.

- **Quelles sont les principales stratégies de l'analyse mutationnelle ?**

On commence l'analyse avec un ensemble de mutants obtenus par sélection ou criblage puis en caractérisant leur fonction de type sauvage au niveau moléculaire (génétique directe). On peut également commencer l'analyse avec un ensemble de séquences spécifiques d'ADN que l'on mute et dont on observe ensuite les phénotypes (génétique inverse).

- **Comment les mutations sont-elles caractérisées ?**

Elles peuvent d'abord être classifiées en mutations gain-de-fonction, perte-de-fonction ou mutations entraînant une nouvelle fonction. On peut ensuite caractériser leur séquence et leur profil d'expression dans les cellules.

- **Existe-t-il des alternatives aux mutagènes classiques pour analyser la fonction des gènes ?**

Oui, il existe des moyens pour imiter les phénotypes mutants (on fabrique des phénocopies). On peut y parvenir par interférence avec l'ARNm (ARNi) ou en fixant à des protéines des inhibiteurs hautement spécifiques (chimiogénomique).

RÉSUMÉ

L'analyse des mutations remplit plusieurs objectifs. Elle sert à identifier les gènes (et donc les produits des gènes) impliqués dans un processus biologique spécifique. Par exemple, on peut découvrir l'ensemble des gènes qui régulent le cycle de division cellulaire chez la levure en identifiant des mutations qui le bloquent en des endroits spécifiques. Il s'agit d'un exemple d'analyse génétique directe. On peut également effectuer une analyse mutationnelle pour comprendre l'influence sur le phénotype de gènes caractérisés au niveau moléculaire mais pas au niveau génétique. Ce type d'analyse des mutations s'appelle l'analyse génétique inverse. Dans ce cas, on utilise l'information moléculaire pour limiter la mutagenèse à une petite région précise du génome. On cherche à obtenir ces mutations du gène intéressant aussi vite que possible, soit par mutagenèse aléatoire, soit par mutagenèse ciblée, ou encore à l'aide des technologies de phénocopie.

Il existe trois étapes essentielles en vue d'une analyse mutationnelle : la sélection de l'agent mutagène, l'établissement du protocole de sélection phénotypique ou de criblage et la détermination du plan de croisement le plus adapté à une espèce spécifique. On identifie les mutations d'après les phénotypes qu'elles provoquent. Certains phénotypes sont directement sélectionnables. C'est le type le plus efficace d'identification puisque la sélection permet au chercheur de repérer le phénotype qui l'intéresse au milieu de nombres gigantesques de génomes mutagénisés. Les criblages demandent davantage d'efforts mais ils sont plus adaptables car de nombreux phénotypes ne se prêtent pas à une sélection. La création de phénocopies offre des alternatives très intéressantes aux techniques classiques pour inactiver complètement la fonction d'un gène. Nous avons envisagé deux exemples de création de phénocopies. Dans l'ARNi, on utilise un mécanisme cellulaire qui dégrade toutes les séquences d'ARN correspondant aux fragments d'ARN double-brin et on l'applique à des ARNm cibles spécifiques. Dans la chimiogénomique, on crible des banques de petites molécules pour tester leur capacité de fixation aux protéines étudiées. On examine ensuite la capacité de ces ligands fixés d'inhiber ou d'activer les protéines cibles. Ces techniques ne nécessitent pas de manipulation génétique, ce qui permet de les automatiser.

La suite de l'analyse comprend la caractérisation aux niveaux moléculaire et phénotypique. Il est important d'analyser l'effet de la mutation sur la fonction du gène – établir s'il s'agit d'une mutation gain-de-fonction ou perte-de-fonction. En combinant une mutation dominante avec des délétions ou des duplications connues du gène, il est possible de déduire si la mutation augmente, réduit ou supprime l'activité normale du gène ou encore si elle crée une nouvelle fonction.

MOTS CLÉS

PROBLÈME RÉSOLU

Vous voulez étudier le développement du système olfactif (perception des odeurs) chez la souris. Vous savez que les cellules qui captent des odeurs chimiques spécifiques (molécules odorantes) sont situées sur le revêtement des fosses nasales de la souris. Décrivez plusieurs approches de génétique directe et de génétique inverse pour étudier l'odorat.

Solution

On peut imaginer de nombreuses approches.

a. Pour la génétique directe, la première chose à faire est de développer un système de test. L'un de ces systèmes pourrait être comportemental. On peut par exemple identifier les molécules odorantes qui attirent ou repoussent les souris de type sauvage. On peut ensuite effectuer un criblage génétique après la mutagenèse pour rechercher les souris qui ne perçoivent pas cette molécule odorante, en utilisant un labyrinthe dans lequel un courant d'air contenant la molécule est dirigé vers les souris situées du côté opposé. Ce test a l'avantage de nous permettre d'analyser des lots de souris mutagénisées sans analyse anatomique.

Pour la première étape, on peut essayer d'identifier les mutations dominantes qui affectent la perception des odeurs, simplement parce que ces mutations ne peuvent être repérées par un criblage de la F_1. Si cela ne marche pas, il faudra peut-être cribler la F_2 pour rechercher les mutations récessives liées à l'X ou la F_3 pour rechercher les mutations autosomiques récessives. Étant donné qu'on ignore tout sur le nombre et la taille des gènes cibles responsables du phénotype, on peut faire appel à un agent à fort pouvoir mutagène tel qu'un mutagène créant des substitutions de bases qui est capable de produire très efficacement des mutations dans la plupart des gènes codant des protéines.

b. Dans le cas de la génétique inverse, on aimerait identifier les gènes candidats exprimés dans le revêtement des cloisons nasales. Grâce aux techniques de la génomique fonctionnelle (Chapitre 9), ceci peut être réalisé en purifiant de l'ARN de cellules isolées des conduits nasaux et en l'utilisant comme sonde sur des puces à ADN contenant des séquences correspondant à tous les ARNm connus chez la souris. Par exemple, on peut examiner en premier les ARNm exprimés uniquement dans le revêtement des fosses nasales qui sont de bons candidats pour jouer un rôle spécifique dans l'odorat. (Beaucoup des molécules candidates pourraient également exercer d'autres rôles dans le corps mais il faut bien commencer quelque part.) On peut aussi choisir de commencer par les gènes dont les produits protéiques sont situés dans la membrane cellulaire comme des protéines candidates pour la fixation de molécules odorantes. Quel que soit votre choix, l'étape suivante consiste à réaliser une inactivation complète du gène qui code chaque ARNm ou protéine intéressant(e) ou à utiliser une injection d'ARN anti-sens ou d'ARN double-brin pour essayer de créer une phénocopie du phénotype perte-de-fonction de chacun des gènes candidats.

PROBLÈMES

Problèmes élémentaires

1. L'une des façons de rechercher des mutants auxotrophes chez des micro-organismes consiste à inoculer des milliers de colonies mutagénisées à des positions spécifiques de boîtes de Pétri contenant des milieux enrichis, puis à utiliser un tampon de velours stérile pour transférer les cellules de ces colonies à des positions similaires sur des boîtes contenant un milieu minimum («réplique sur coussin de velours»). Les auxotrophes ne pourront croître sur milieu minimum. Ce procédé de recherche des auxotrophes est-il une sélection ou un criblage? Justifiez votre réponse.

2. Vous recherchez des mutants de l'algue haploïde *Chlamydomonas* dont le fonctionnement du flagelle est déficient. Imaginez un protocole de sélection et de criblage de ces mutants.

3. Chez *Neurospora*, les colonies *ad-3* sont violettes. On dispose d'un hétérocaryon *ad-3⁺/Δ* (Δ = délétion de *ad-3*). À l'aide de cette information, imaginez un protocole de sélection et de criblage pour récupérer les mutants *ad-3*.

4. Le champignon haploïde *Ustilago hordei* est un pathogène pour l'orge mais il se développe également en laboratoire sur *Neurospora* et *Aspergillus*. Sur un milieu contenant une faible concentration d'un colorant alimentaire rouge (utilisé pour la décoration des gâteaux), les colonies *Ustilago* absorbent et concentrent le colorant, devenant ainsi rouge foncé. À l'aide de ce système, imaginez une analyse génétique pour étudier le rôle joué dans la pathogénicité par l'absorption de nourriture chez le champignon.

5. Dans les tests de la Figure 16-6, la boîte Min + Ad + Leu est-elle réellement nécessaire?

6. Dans l'expérience de la Figure 16-7, quels types de fonctions de gènes mutés pourraient conduire les mouches vers la voie non éclairée?

7. Pourquoi les mutants *cdc* de la levure ont-ils un lien avec le cancer humain?

8. Vous fabriquez chez la levure des doubles mutants *nim · bim*, *nim · nud* et *bim · nud*. À votre avis, quel mutant sera épistatique dans chaque cas?

9. Vous voulez utiliser des fusions contenant *lacZ* pour étudier la sécrétion des protéines dans le milieu par *E. coli*. Allez-vous utiliser une fusion transcriptionnelle ou une fusion traductionnelle? Comment allez-vous concevoir cette expérience?

10. Votre neveu de 10 ans jette un œil à vos exercices de génétique et lit les termes «votre gène favori» et un «gène intéressant» et vous demande de les lui expliquer. Que lui direz-vous?

11. Lors d'un criblage sur des poissons zèbres haploïdes, vous découvrez une femelle très intéressante qui présente exactement le phénotype développemental que vous recherchiez dans sa descendance haploïde. Comment vous y prendrez-vous pour produire une lignée diploïde homozygote pour cette mutation (en supposant qu'elle soit viable)?

12. Vous vous intéressez au développement de la tête de la drosophile. De quelle façon vous serviriez-vous d'un piège à enhancers utilisant *lacZ* pour trouver les «gènes de la tête»?

13. Chez *Neurospora*, vous vous intéressez au gène de la phospholipase C (PLC). Vous connaissez sa séquence et vous en possédez deux clones. L'un est de type sauvage et l'autre présente un gène de résistance à l'hygromycine intégré au milieu de sa séquence. Montrez de quelle façon vous pourriez inactiver complètement le gène PLC en le remplaçant par RIP.

14. Lors d'une mutagenèse par PCR, pourquoi la «longue amorce de PCR» est-elle nécessaire?

15. Dans l'interférence de l'ARN, indiquez les différences entre les rôles du complexe RISC et du complexe *dicer*.

16. Pour inactiver un gène par ARNi, de quelle information avez-vous besoin? Devez-vous connaître la position du gène cible sur une carte génétique?

17. Chez un champignon haploïde, vous effectuez une approche par génétique directe pour rechercher des mutants touchés au niveau de leur croissance et vous obtenez neuf souches mutantes d'aspect très semblable. Elles se trouvent en deux positions. Cinq sont sur le chromosome 1 et quatre sur le chromosome 5. Celles qui sont sur le chromosome 1 ne complémentent jamais les unes avec les autres. Les mutations sur le chromosome 5 présentent les complémentations suivantes (+ = complémentation; – = absence de complémentation):

	1	2	3	4
1	–	+	+	–
2		–	–	+
3			–	+
4				–

Combien de gènes avez-vous découvert?

18. Chez la plupart des organismes, le site actif de l'enzyme que vous étudiez chez un organisme modèle (par exemple un champignon) se trouve entre les nucléotides 50 et 70. Quel test génétique effectueriez-vous pour vérifier qu'il s'agit bien du site actif dans le cas de votre organisme?

19. Lorsqu'il est associé à un type sauvage, un nouveau mutant présente un phénotype sauvage. Comment classifieriez-vous le gène impliqué?

20. Une nouvelle mutation de drosophile, combinée avec un allèle de type sauvage, donne un pigment noir inhabituel dans tout le corps. Un mutant associé à une délétion et à une duplication présente la même quantité de pigment noir. Un homozygote est complètement noir. Comment classifieriez-vous cette mutation?

21. Un nouveau mutant combiné avec un allèle de type sauvage présente un phénotype sauvage. À l'état homozygote, un phénotype mutant apparaît. Lorsque l'allèle mutant est associé à une délétion, la combinaison est létale. Imaginez un modèle qui explique ces résultats.

22. Une certaine espèce de plante produit des fleurs avec des pétales qui sont normalement bleus. Les plantes avec la mutation *w* possèdent des pétales blancs (*white* en anglais). Chez une plante de génotype *w/w*, un allèle *w* réverse au cours du développement d'un pétale. Quel résultat détectable cette réversion produira-t-elle dans le pétale résultant? Cette mutation sera-t-elle transmissible à la descendance?

23. Comment sélectionneriez-vous des révertants de l'allèle de levure *pro-1*? Cet allèle confère l'incapacité de synthétiser l'acide aminé proline, qui peut être fabriqué par la levure de type sauvage et qui est nécessaire à la croissance de cet organisme.

24. Supposons que vous vouliez déterminer si la caféine induit des mutations chez les organismes supérieurs tels que l'homme. Comment procéderiez-vous expérimentalement? (N'omettez pas les tests de contrôle.)

25. L'une des tâches de la Commission des victimes des bombes atomiques de Nagasaki et Hiroshima consistait à évaluer les conséquences génétiques des explosions. L'une des premières choses étudiées fut le *sex ratio* (rapport des naissances de garçons/naissances de filles) chez les descendants des survivants. Pourquoi à votre avis?

26. Des cellules d'une souche sauvage haploïde de *Neurospora* furent mutagénisées par l'EMS. Un grand nombre de ces cellules furent étalées sur des boîtes et formèrent des colonies à 25°C sur milieu complet (contenant tous les nutriments possibles). Ces souches furent testées sur milieu minimum et milieu complet à 25°C et 37°C dans les deux cas. Plusieurs phénotypes mutants apparurent, comme le montre le schéma ci-dessous. Les cercles représentent une croissance abondante, les symboles étoilés, une croissance faible et les espaces vides, une absence totale de croissance. Dans quelles catégories classeriez-vous les mutants 1 à 5?

Souche	Minimum		Complet	
	25°C	37°C	25°C	37°C
Mutant 1			●	●
Mutant 2	●		●	●
Mutant 3	❋	❋	●	●
Mutant 4	●	❋	●	❋
Mutant 5	●	●	●	●
Type sauvage (témoin)	●	●	●	●

27. Concevez des protocoles imaginatifs pour détecter les mutants suivants :

    a. Des mutants de drosophile touchés au niveau des nerfs

    b. Des mutants dépourvus de flagelle chez une algue unicellulaire haploïde

    c. Des mutants géants chez des bactéries

    d. Des mutants qui surexpriment la mélanine (un composé noir) dans des cultures de champignons normalement blanches

    e. Des humains (dans de grandes populations) dont les yeux polarisent la lumière entrante

    f. Des drosophiles ou des algues unicellulaires présentant une phototrophie négative

    g. Des mutants de levure haploïde sensibles aux UV

28. Un homme et une femme sans trace de maladie génétique dans leur famille respective ont un enfant atteint de neurofibromatose (maladie autosomique dominante) et un autre enfant qui n'en est pas atteint. La pénétrance de la neurofibromatose est proche de 100%.

    a. Expliquez la naissance de l'enfant affecté.

    b. Quel conseil donneriez-vous aux parents s'ils envisageaient d'avoir un autre enfant ?

29. Décrivez trois techniques différentes utilisées pour produire des phénocopies. À quoi la création de phénocopies sert-elle ?

30. Quel avantage l'utilisation d'un chromosome balancer offre-t-elle ?

31. Quelle est la différence entre une mutation directe et une mutation inverse ?

32. Quels sont les avantages et les inconvénients des criblages génétiques par rapport aux sélections ?

Problèmes d'évaluation

33. Une souche haploïde d'*Aspergillus nidulans* porte une mutation auxotrophe *met-8*, responsable de l'auxotrophie pour la méthionine. Plusieurs millions de spores asexuées sont étalées sur milieu minimum, à partir desquelles deux colonies prototrophes poussent et sont isolées. On fait subir à ces prototrophes un croisement sexué avec deux souches différentes. La descendance est présentée dans le tableau suivant, où *met⁺* signifie qu'il n'y a pas besoin de méthionine pour la croissance et *met⁻* qu'il y en a besoin.

	Croisé avec une souche de type sauvage	Croisé avec une souche portant l'allèle *met-8* d'origine
Prototrophe 1	Tous *met⁺*	1/2 *met⁺* 1/2 *met⁻*
Prototrophe 2	3/4 *met⁺* 1/4 *met⁻*	1/2 *met⁺* 1/2 *met⁻*

    a. Expliquez l'origine des deux colonies prototrophes recueillies après culture.

    b. À l'aide de symboles de gènes clairement définis, expliquez les résultats des quatre croisements.

Décomposons le Problème 33

Avant d'essayer de résoudre ce problème, répondez aux questions ci-dessous qui concernent le système expérimental.

1. Dessinez un schéma montrant de quelle façon l'expérience a été réalisée et annotez-le. Représentez les tubes à essai, les boîtes de Pétri, etc.
2. Définissez tous les termes génétiques de ce problème.
3. De nombreux problèmes comportent un nombre après le symbole de mutation auxotrophe – ici le nombre 8 après *met*. Que signifie ce nombre ? Est-il nécessaire de le savoir pour résoudre le problème ?
4. Combien de croisements ont été effectués en réalité ? Quels étaient-ils ?
5. Représentez les croisements en utilisant des symboles génétiques.
6. Le problème concerne-t-il une mutation somatique ou une mutation germinale ?
7. Le problème concerne-t-il une mutation directe ou une réversion ?
8. Pourquoi a-t-on trouvé un si petit nombre de colonies prototrophes (deux) dans la boîte de Pétri ?
9. Pourquoi les millions de spores asexuées n'ont-elles pas poussé ?
10. Pensez-vous que parmi les millions de spores qui n'ont pas poussé, il y avait des mutants ? Sont-ils morts ?
11. Pensez-vous que le type sauvage utilisé dans les croisements était prototrophe ou auxotrophe ? Expliquez pourquoi.
12. Si vous disposiez des deux prototrophes issus des boîtes de Pétri et de la souche sauvage dans trois tubes de culture différents, pourriez-vous les identifier simplement en les regardant ?
13. Comment pensez-vous que la mutation *met-8* a été obtenue à l'origine ? (Montrez-le avec un schéma simple. **Note** : *Aspergillus* est un champignon filamenteux.)
14. Pensez-vous que le concept de recombinaison soit impliqué dans ce problème ?
15. Quelle descendance attendez-vous du croisement de *met-8* avec un type sauvage ? De *met-8* × *met-8* ? Et de type sauvage × type sauvage ?
16. Pensez-vous qu'il s'agit de l'analyse de descendants méiotiques choisis au hasard ou d'une analyse de tétrades ?
17. Dessinez un schéma simple du cycle vital d'un organisme haploïde montrant l'endroit où la méiose se produit dans le cycle.
18. Considérez le rapport 3/4 : 1/4. Chez les haploïdes, les croisements hétérozygotes pour un gène donnent généralement des rapports de descendants basés sur des moitiés. Comment cette idée peut-elle être étendue à l'obtention de rapports basés sur des quarts ?

34. Chaque mutagène provoque un type caractéristique d'événement mutationnel. Justifiez vos réponses aux questions suivantes:

a. À votre avis, les mutations hypomorphes seront-elles plus fréquentes parmi les mutations produites par des mutagènes provoquant des substitutions de bases ou des décalages du cadre de lecture?

b. Même question pour les mutations nulles (inactivations complètes).

35. On peut induire la réversion des mutations néomorphes par un traitement à l'aide de mutagènes standard. Lorsqu'on examine les révertants, ils portent tous des mutations récessives perte-de-fonction. Expliquez cette observation.

36. Vous essayez d'identifier toutes les mutations qui affectent le développement de la nageoire dorsale du poisson zèbre. Vous effectuez une analyse par mutagenèse sur la F_3 dans laquelle vous recherchez les mutations récessives responsables de l'absence de cette nageoire. Grâce à une analyse par recombinaison et complémentation, vous découvrez que 40 des mutations que vous avez isolées correspondent à des mutations dans cinq gènes. 12 mutations sont présentes dans un gène, 10 dans deux autres, 7 dans un quatrième gène et seulement 1 dans le cinquième.

a. Est-il surprenant que vous récupériez autant de mutations dans chacun des quatre premiers gènes et seulement une dans le cinquième? Justifiez votre réponse.

b. Pensez-vous que ce criblage a permis d'identifier tous les gènes impliqués dans le développement de la nageoire dorsale? Pourquoi ou pourquoi non? Si vous pensez qu'il pourrait y avoir d'autres classes de mutations, proposez quelques expériences pour les identifier.

37. Vous étudiez des protéines impliquées dans la traduction chez la souris. Grâce à une analyse par BLAST des protéines candidates dans le génome de la souris, vous identifiez un groupe de gènes qui codent des protéines dont les séquences sont similaires à celles de facteurs eucaryotes connus d'amorçage de la traduction. Vous souhaitez déterminer les phénotypes associés aux mutations perte-de-fonction de ces gènes.

a. Allez-vous utiliser la génétique directe ou la génétique inverse pour identifier ces mutations?

b. Décrivez dans leurs grandes lignes deux approches différentes qui vous permettraient de rechercher les phénotypes perte-de-fonction de ces gènes.

38. Des mutants auxotrophes normaux («tight») ne poussent pas du tout en l'absence de la supplémentation appropriée du milieu. Pourtant, lors de chasses au mutants destinées à repérer des mutants auxotrophes, il est fréquent de découvrir des mutants (appelés *partiels*) qui poussent très lentement en l'absence du supplément approprié et normalement en présence de celui-ci. Proposez une explication pour l'action moléculaire des mutants partiels dans une voie biochimique et expliquez comment vous testeriez cette hypothèse.

39. Une botaniste intéressée par les réactions chimiques grâce auxquelles les plantes capturent l'énergie lumineuse du soleil décide de réaliser une analyse génétique de ce processus. Elle pense que la fluorescence des feuilles serait un phénotype mutant utile pour la sélection car il montrerait une erreur dans le processus grâce auquel les électrons sont normalement transférés à partir de la chlorophylle. Elle obtient quatre mutants fluorescents (*fl*) après mutagenèse de la plante *Arabidopsis*. Tous présentent un mode de transmission mendélien récessif simple. Des souches homozygotes des mutants sont croisées les unes avec les autres et on soumet chaque F_1 à un croisement-test avec une souche homozygote récessive pour tous les gènes impliqués dans ce croisement. Les résultats sont présentés dans le tableau ci-dessous.

Croisement	Pourcentage de types sauvages dans la F_1	Pourcentage de types sauvages dans les descendants du croisement-test de la F_1
1 × 2	100	25
1 × 3	100	25
1 × 4	0	0
2 × 3	100	10
2 × 4	100	25
3 × 4	100	25

a. Combien de gènes sont représentés par ces mutants?

b. Que pouvez-vous déduire sur la position chromosomique de ces gènes?

c. Utilisez vos propres symboles de gènes pour expliquer les résultats de la F_1 et des croisements-test.

40. La totalité du génome de la levure *Saccharomyces cerevisiae* a été séquencée. Ce séquençage a conduit à l'identification de tous les cadres de lecture ouverts (ORF) dans le génome (des séquences de la taille d'un gène qui possèdent les signaux appropriés d'amorçage et de terminaison). Certains de ces ORF correspondent à des gènes déjà connus, mais les autres sont des cadres de lecture non attribués (URF pour *unassigned reading frames* en anglais). Pour déduire les fonctions possibles de ces URF, ils sont systématiquement convertis un par un en allèles nuls par les techniques d'inactivation complète *in vitro*. Les résultats sont les suivants:

15 % sont létaux lorsqu'on les inactive.

25 % présentent un phénotype mutant (morphologie modifiée, nutrition différente, etc.).

60 % n'entraînent l'apparition d'aucun phénotype mutant détectable et ressemblent au type sauvage.

Expliquez l'origine possible au niveau de la génétique moléculaire de ces trois catégories de mutants en inventant des exemples lorsque c'est possible.

41. Chez la drosophile, les gènes codant un corps ébène (*e*) et des soies épaisses (*s* pour *s stubby* en anglais) sont liés sur le même bras du chromosome 2. Les mouches de génotype + *s/e* + se développent de manière prédominante par rapport au type sauvage mais présentent à l'occasion deux types différents d'anomalies inattendues sur leur corps. La première anomalie est la présence de paires de taches adjacentes, l'une avec des soies épaisses et l'autre avec la couleur ébène. La seconde anomalie est la présence de taches isolées sur la couleur ébène.

a. Dessinez des schémas montrant l'origine probable de ces deux types d'anomalies inattendues.

b. Expliquez pourquoi il n'y a pas de tache isolée avec des soies épaisses. (**Astuce**: Quel serait le résultat d'un crossing-over entre des homologues qui s'apparieraient accidentellement au cours de la *mitose*?)

42. Une souche d'*Aspergillus* est soumise à une mutagenèse par les rayons X et deux mutants auxotrophes pour le tryptophane (A et B) sont isolés. Ces souches auxotrophes sont étalées en grand nombre pour obtenir des révertants vers le type sauvage. Vous ne récupérez aucun révertant à partir du mutant A et vous en obtenez un à partir du mutant B. Vous croisez ce révertant avec une souche normale de type sauvage.

a. Quelle proportion des descendants de ce croisement sera de type sauvage si la réversion a restauré exactement le type sauvage?

b. Quelle proportion des descendants de ce croisement sera de type sauvage si le phénotype révertant a été produit par une mutation dans un second gène situé sur un chromosome différent (c'est-à-dire si la nouvelle mutation supprime *trp*⁻)?

c. Expliquez pourquoi aucun révertant n'a été obtenu à partir du mutant A.

(Dana Burns-Pizer.)

17

LA RÉGULATION GÉNÉTIQUE DU NOMBRE DE CELLULES : LES CELLULES NORMALES ET LES CELLULES CANCÉREUSES

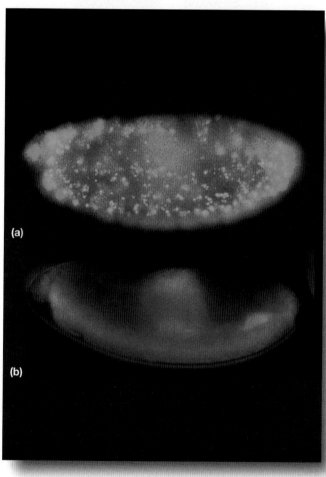

La mort cellulaire chez l'embryon de drosophile. (a) Un embryon de type sauvage dans lequel les taches brillantes correspondent aux cellules engagées dans le processus de mort cellulaire (apoptose). (b) Un embryon mutant dans lequel ce programme génétique ne fonctionne pas. [Kristin White, Massachusetts General Hospital and Harvard Medical School.]

QUESTIONS CLÉS

- Pourquoi est-il important que les organismes pluricellulaires possèdent des mécanismes pour réguler le nombre de leurs cellules ?

- Pourquoi l'avancée dans le cycle cellulaire est-elle régulée ?

- Pourquoi la mort cellulaire programmée est-elle nécessaire ?

- Comment les cellules influencent-elles la prolifération et la mort des cellules voisines ?

- Pourquoi le cancer est-il considéré comme une maladie génétique des cellules somatiques ?

- Comment les mutations induisent-elles des tumeurs ?

- Comment les méthodologies de la génomique peuvent-elles être appliquées à la recherche sur le cancer et à la médecine ?

SOMMAIRE

L'ESSENTIEL DU CHAPITRE

La régulation du nombre de cellules somatiques est un magnifique exemple d'homéostasie – les mécanismes sophistiqués qui maintiennent la physiologie d'un organisme dans des limites normales. La prolifération cellulaire chute et des cellules meurent lorsque trop de cellules d'un type donné sont présentes. À l'inverse, la prolifération cellulaire s'accélère et la mort cellulaire est inhibée en cas de déficience de cellules d'un type particulier. Si la prolifération cellulaire et la mort cellulaire sont en temps normal soigneusement équilibrées, que se passe-t-il lorsque ces mécanismes homéostatiques se dérèglent en raison de mutations dans les gènes gouvernant ces processus ? Les conséquences chez de nombreux organismes, y compris l'homme, sont dramatiques : l'accumulation de multiples mutations accélérant la prolifération et bloquant la mort cellulaire dans la même cellule somatique est l'une des causes du cancer.

Nous allons explorer dans ce chapitre la régulation du nombre de cellules et les causes sous-jacentes de dérégulation qui conduisent à la formation de tumeurs et au cancer (Figure 17-1). Dans sa forme la plus simple, la régulation normale du nombre de cellules peut être considérée comme l'interaction entre les mécanismes qui contrôlent la prolifération

UNE VUE D'ENSEMBLE DU CHAPITRE

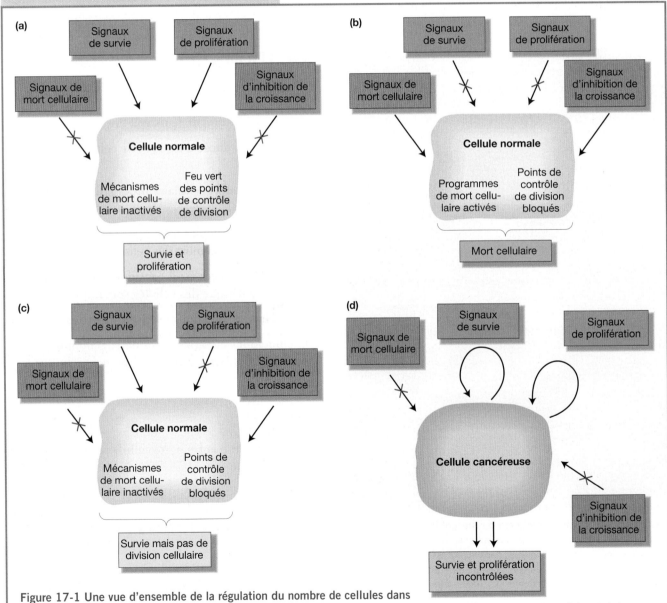

Figure 17-1 Une vue d'ensemble de la régulation du nombre de cellules dans les cellules normales et les cellules cancéreuses. (a) Les signaux externes normaux responsables de la survie des cellules et de leur prolifération. (b) Les signaux externes normaux responsables de la mort cellulaire normale ou de l'inhibition de la prolifération cellulaire. (c) Les signaux externes normaux responsables de la survie normale des cellules sans prolifération. (d) Les signaux de survie et de prolifération créés par les cellules cancéreuses elles-mêmes.

cellulaire et ceux qui régissent la mort cellulaire. La prolifération cellulaire est contrôlée par le cycle cellulaire mitotique alors que la mort cellulaire résulte d'un mécanisme appelé mort cellulaire programmée ou *apoptose*. Dans les deux cas, des événements biochimiques successifs dépendent du déroulement correct d'événements antérieurs. Dans le cycle cellulaire, des dispositifs de sûreté – appelés *points de contrôle* – empêchent le cycle cellulaire de progresser tant que les événements d'une étape ne sont pas terminés. De même, des facteurs de survie bloquent l'avancée dans la voie de l'apoptose. Chez les animaux pluricellulaires, des groupes de cellules participent à la prise de décision pour la mise en route de ces mécanismes. Des capteurs moléculaires (protéines réceptrices) interagissent avec des protéines de signalisation chimique présentes dans le milieu externe immédiat de la cellule. Ces signaux protéiques et ces capteurs sont reliés à la machinerie du cycle cellulaire ou de l'apoptose pour servir d'accélérateurs ou de freins à l'une de ces deux voies.

L'origine génétique du cancer est l'inactivation de ces mécanismes homéostatiques à la suite de mutations. Les cancers sont des tumeurs *malignes* qui présentent une croissance incontrôlée et à un stade plus avancé, acquièrent la capacité de former des *métastases* – de se répandre dans le corps.

Lorsqu'on dit que le cancer a une «origine génétique», on utilise cette expression de façon différente de son usage dans l'analyse génétique standard. Dans ce dernier cas, on fait référence à la transmission d'allèles distincts d'un gène d'un parent à ses descendants. Bien que certains cancers soient héréditaires, l'apparition d'un cancer est sporadique dans la plupart des cas. C'est-à-dire qu'un type particulier de cancer survient chez un membre d'une famille mais ne touche aucune des personnes qui lui sont apparentées. Dans ce cas, les mutations sous-jacentes apparaissent dans une lignée de cellules somatiques de cet individu après la séparation de la lignée germinale et de la lignée somatique pendant le développement. Au cours du temps, des mutations s'accumulent dans la même lignée de cellules somatiques, altérant ou inactivant la fonction de plusieurs gènes jusqu'à ce qu'une cellule cancéreuse soit produite. La descendance de cette cellule cancéreuse forme un clone de cellules cancéreuses qui constituent la tumeur primaire. Si on ne s'en aperçoit pas, la tumeur continue à s'étendre et finit par envahir d'autres tissus et organes du corps.

La plupart des cancers résultent de mutations dans les cellules somatiques et non dans les cellules germinales, c'est pourquoi on ne peut les étudier par analyse génétique standard. Il faut utiliser d'autres approches pour découvrir les lésions dues aux mutations et pour comprendre de quelle façon elles affectent leurs voies cellulaires. Nous verrons que la formation de cancers peut se produire de nombreuses façons mais que toutes aboutissent à la formation de cellules insensibles à la régulation normale du cycle cellulaire et de l'apoptose.

Lorsque nous traiterons ces sujets, nous retrouverons le thème récurrent de la modulation par les cellules de l'activité de protéines cibles essentielles, grâce à des modifications relativement mineures dans celles-ci telles que la formation de complexes de protéines avec des effecteurs allostériques. La plus grande partie de la génétique et même de la biologie de la cellule dépend de ces régulations fines au cours desquelles des protéines clés alternent entre états actif et inactif.

17.1 L'équilibre entre perte cellulaire et prolifération cellulaire

Les tissus adultes sont composés en majorité de **cellules différenciées** – des cellules qui ne se divisent plus et remplissent un rôle physiologique spécialisé dans le tissu. Il y a généralement un renouvellement (*turnover* en anglais) faible mais constant des populations cellulaires différenciées. C'est-à-dire que de temps à autre des cellules meurent et dans ce cas, sont remplacées par de nouvelles cellules. La perte de cellules est parfois accidentelle – par exemple à la suite d'une brûlure ou d'une coupure. Elle peut également résulter de la mort cellulaire programmée (apoptose) d'une cellule présentant une certaine anomalie (elle se divise par exemple trop rapidement ou réplique un virus qui l'a infectée).

Les cellules anormales peuvent avoir des effets dévastateurs. Une cellule qui se divise trop rapidement peut être en train de devenir cancéreuse. Une cellule infectée par un virus peut produire des particules virales qui circuleront dans l'ensemble du corps et propageront l'infection. La perte d'une telle cellule serait négligeable mais son maintien serait catastrophique pour l'organisme entier. Comme il s'agit de la régulation du nombre des cellules *somatiques* (et pas des cellules germinales) la perte d'une cellule n'est pas un problème pour l'organisme tant que la population cellulaire peut être renouvelée. L'un des rôles de la machinerie de l'apoptose est donc de surveiller les anomalies cellulaires et de déclencher un mécanisme d'autodestruction de la cellule quand ces anomalies sont détectées.

S'il n'y avait que des pertes cellulaires et aucune prolifération, nous finirions par manquer de cellules. Ce n'est pas le cas car la plupart des populations de cellules matures ont en réserve des **cellules souches**. Les cellules souches sont des cellules indifférenciées capables de se diviser en différents types cellulaires – en cellules de la peau ou cellules folliculaires dans l'épiderme, en lymphocytes T, lymphocytes B ou mastocytes dans le système immunitaire, etc. Chaque tissu possède sa propre réserve de cellules souches. Lorsque les mécanismes de surveillance détectent une sous-représentation d'un type cellulaire spécifique, les cellules souches voisines s'engagent dans la mitose. Les mitoses des cellules souches sont asymétriques. En effet, elles donnent naissance à deux cellules filles de taille différente. La plus grosse des deux cellules deviendra comme la cellule mère – une cellule souche – et la plus petite se différenciera en une cellule spécialisée du type sous-représenté dans le tissu. Comme la division d'une cellule souche produit toujours une autre cellule souche, l'apport de cellules de remplacement en réserve pour la réparation des tissus est quasiment illimité.

Comment une cellule souche peut-elle savoir qu'elle doit se diviser pour réapprovisionner un type cellulaire particulier ? Elle reçoit l'ordre des cellules voisines de faire appel à la machinerie de division cellulaire. Comment débute le programme de mort cellulaire ? Souvent, la cellule perçoit une lésion et induit elle-même sa propre mort. Dans d'autre cas, le programme d'apoptose est déclenché par des signaux émis par des cellules voisines qui imposent à la cellule de mourir. Ces signaux peuvent avoir la forme de protéines ou d'autres molécules qui se fixent aux récepteurs présents à la surface de la cellule souche ou de la cellule en train de mourir. Les cellules eucaryotes ont élaboré des voies de signalisation intercellulaire qui servent d'indicateurs de l'environnement. Certains signaux appelés *mitogènes* stimulent la prolifération cellulaire alors que d'autres l'inhibent. Les signaux de mort peuvent activer l'apoptose alors que les signaux de survie bloquent son activation.

La machinerie de prolifération cellulaire et la machinerie de mort cellulaire doivent toutes deux être connectées aux systèmes cellulaires qui surveillent dans l'environnement externe de la cellule la présence des molécules de signalisation. Les voies de signalisation intercellulaire sont donc typiquement constituées de plusieurs composants : les signaux eux-mêmes, les récepteurs des signaux et les systèmes de transduction qui relaient le signal aux différentes parties de la cellule. Les divers composants des systèmes de signalisation intercellulaire sont modifiés – grâce à la phosphorylation des protéines, à des interactions allostériques entre des protéines et de petites molécules et à l'interaction entre des sous-unités protéiques – afin de contrôler l'activité de ces voies.

17.2 La machinerie de prolifération des cellules dans le cycle cellulaire

Avant de considérer les systèmes régulateurs qui contrôlent la prolifération des cellules, il est d'abord important de comprendre les principaux événements du cycle cellulaire. Le cycle cellulaire est divisé en quatre grandes parties : la phase M – la mitose, le processus de division nucléaire décrit en détail au Chapitre 3 – et les trois parties qui constituent l'interphase : G1, l'intermède (*gap* en anglais) entre la fin de la mitose et le début de la réplication de l'ADN ; S, la période de synthèse de l'ADN et G2, la période qui suit la réplication de l'ADN et précède la prophase mitotique. Les phases S, G2 et M ont normalement une durée fixe. G1 au contraire peut être très variable car le cycle cellulaire peut entrer dans une phase de repos facultative, G0.

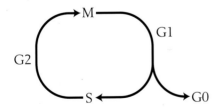

Certaines cellules telles que les cellules d'un embryon qui vient d'être formé se divisent rapidement et ne s'engagent pas dans la phase G0. À l'autre extrême, les cellules différenciées sont en phase G0 pour le reste de leur vie normale. Les cellules souches alternent entre G0 et le cycle de division cellulaire. Dans cette section, nous nous intéresserons aux signaux moléculaires qui interviennent dans le déroulement

du cycle cellulaire. Dans un paragraphe ultérieur, nous verrons de quelle façon ces molécules sont intégrées dans la biologie générale de la cellule.

Les cyclines et les protéines kinases cycline-dépendantes

Les moteurs qui permettent le passage d'une étape à l'autre dans le cycle cellulaire sont une série de complexes protéiques appelés complexes CDK-cycline. L'entrée dans l'étape suivante du cycle cellulaire nécessite l'activation de gènes dont les produits protéiques sont indispensables à la phase suivante du cycle cellulaire. Celle-ci résulte de l'activation des facteurs de transcription par les complexes CDK-cycline (Figure 17-2). Considérons par exemple le complexe CDK-cycline actif au cours de la phase G1, qui fait entrer le cycle cellulaire dans la phase S, lors de laquelle l'ADN est synthétisé. Le complexe CDK-cycline de la phase G1 active de multiples composants cellulaires :

- Un facteur de transcription qui active les gènes codant les sous-unités de l'ADN polymérase.

- Les gènes des enzymes qui produisent des désoxyribonucléotides.

- D'autres protéines impliquées dans la duplication des chromosomes.

- Le gène de l'une des sous-unités du complexe CDK-cycline nécessaire à la phase suivante.

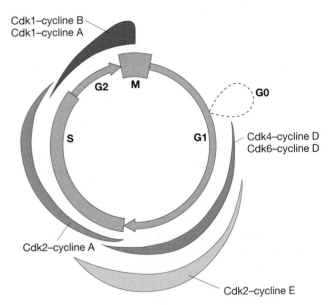

Figure 17-2 Les variations des activités CDK-cycline pendant le cycle cellulaire d'une cellule de mammifère. La largeur des bandes indique les activités kinases relatives des différents complexes CDK-cycline. Remarquez que plusieurs cyclines et plusieurs CDK différentes peuvent s'associer pour former des complexes distincts, ce qui augmente la gamme de combinaisons des complexes CDK-cycline susceptibles de se former au cours du cycle cellulaire.
[D'après H. Lodish, A. Berk, S. L. Zipursky, P. Matsudaira, D. Baltimore et J. Darnell, *Biologie Moléculaire de la Cellule*. 4e éd. Copyright 2000 par W. H. Freeman and Company.]

À mesure que les différents complexes CDK-cycline apparaissent et disparaissent, les protéines nécessaires à l'exécution des différentes phases du cycle de division cellulaire sont transcrites et traduites comme un ballet bien orchestré. La chorégraphie nécessite que chaque complexe CDK-cycline actif soit «sur scène» uniquement pendant une partie limitée du cycle cellulaire. Si un complexe CDK-cycline actif est présent au mauvais moment, il déclenchera l'activation ou l'inactivation de la transcription de groupes inadéquats de gènes.

Les complexes protéiques CDK-cycline sont composés de deux sous-unités : une **cycline** et une **protéine kinase cycline-dépendante** (abrégée en **CDK** pour *cyclin-dependent protein* en anglais).

- Les *cyclines*. Chaque Eucaryote possède une famille de cyclines apparentées du point de vue structural et fonctionnel. Les cyclines sont ainsi nommées car elles ne sont présentes dans la cellule que pendant une ou plusieurs parties définies du cycle cellulaire. L'apparition d'une cycline spécifique est le résultat de l'activité du complexe CDK-cycline précédent, qui déclenche l'activation d'un facteur de transcription pour la nouvelle cycline.

- Les *CDK*. Les protéines kinases cycline-dépendantes constituent une autre famille de protéines apparentées structuralement et fonctionnellement. Les **kinases** sont des enzymes qui ajoutent des groupements phosphate aux substrats cibles. Dans le cas des protéines kinases telles que les CDK, les substrats sont les chaînes latérales d'acides aminés spécifiques appartenant à des protéines particulières. Chaque CDK catalyse la phosphorylation de résidus sérine et thréonine appartenant à une ou plusieurs protéines cibles spécifiques. La phosphorylation de la protéine cible entraîne un changement de son activité.

On qualifie de «cycline-dépendantes» les CDK car chacune d'elles doit être attachée à une cycline pour fonctionner. La cycline ancre la protéine cible de façon à ce que la CDK puisse la phosphoryler (Figure 17-3). Des CDK sont présentes pendant tout le cycle cellulaire. Le complexe actif est donc déterminé par la cycline présente à un moment donné. Les différentes cyclines étant présentes à des stades distincts du cycle cellulaire (voir Figure 17-2), chaque phase du cycle cellulaire est caractérisée par la phosphorylation de protéines cibles différentes.

Lors du passage d'un stade à l'autre du cycle cellulaire, l'inactivation des complexes CDK-cycline actifs est aussi importante que l'activation des nouveaux. L'ARNm de la cycline et la cycline elle-même sont hautement instables. C'est pourquoi la réserve de cyclines d'un type donné et de ses ARNm sera rapidement éliminée à la suite de l'inactivation du gène de la cycline par le facteur transcriptionnel. Les événements de phosphorylation sont transitoires et réversibles. Lorsqu'un complexe CDK-cycline disparaît, ses substrats protéiques phosphorylés sont rapidement déphosphorylés par d'autres enzymes présentes dans la cellule.

Les cibles des CDK

De quelle façon la phosphorylation de certaines protéines cibles contrôle-t-elle le cycle cellulaire ? La phosphorylation déclenche une cascade d'événements qui aboutit à l'activation de certains facteurs de transcription. Ces facteurs provoquent à leur tour la transcription de certains gènes dont les produits sont nécessaires au stade ultérieur du cycle cellulaire.

Une grande partie de nos connaissances sur le cycle cellulaire vient à la fois des études génétiques de la levure (voir l'encadré Organisme Modèle, La levure) et des études biochimiques de cellules de mammifères en culture. Des travaux menés sur le cycle cellulaire ont d'ailleurs été couronnés par le Prix Nobel de Médecine et Physiologie en 2001. La voie Rb-E2F dans les cellules de mammifères est un exemple bien compris de liaison entre l'apparition d'une cycline et la transcription d'un gène. Rb est la protéine cible d'un complexe CDK-cycline appelé Cdk2-cycline A et E2F est le facteur transcriptionnel régulé par Rb (Figure 17-4). De la fin de la phase M au milieu de G1, les protéines Rb et E2F se combinent en un complexe protéique incapable d'amorcer la transcription. Vers la fin de la phase G1 cependant, le complexe Cdk2-cycline A est produit et phosphoryle la protéine Rb. Cette phosphorylation entraîne un changement de forme de Rb qui ne peut plus alors se fixer à la

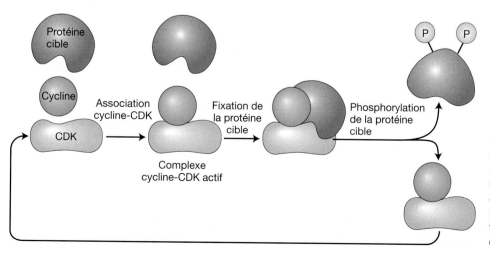

Figure 17-3 La phosphorylation des protéines cibles par le complexe CDK-cycline. La protéine cible se fixe à la partie cycline du complexe CDK-cycline actif, ce qui met les sites cibles de la phosphorylation à proximité du site actif de la CDK. Une fois phosphorylée, la protéine cible ne peut plus rester fixée à la cycline et est alors libérée du complexe.

Protéine cible

Cycline

Association cycline-CDK

CDK

Complexe cycline-CDK actif

Fixation de la protéine cible

Phosphorylation de la protéine cible

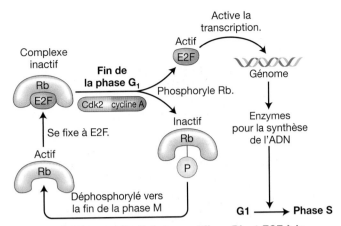

Figure 17-4 La contribution des protéines Rb et E2F à la régulation de la transition entre la phase G1 et la phase S dans une cellule de mammifère. [D'après H. Lodish, D. Baltimore, A. Berk, S. L. Zipursky, P. Matsudaira et J. Darnell, *Biologie Moléculaire de la Cellule*. Traduction française de la 3e éd. chez De Boeck, 1997.]

protéine E2F. La protéine E2F libre devient alors capable de déclencher la transcription de certains gènes qui codent des enzymes essentielles à la synthèse d'ADN et d'autres aspects de la réplication chromosomique. Ceci active également l'expression du gène de la cycline suivante, la cycline B. Avec l'apparition de la cycline B, la phase ultérieure du cycle cellulaire – la phase S – peut commencer.

Rb et E2F sont en fait les représentantes de deux familles de protéines apparentées. Chez les mammifères, différents complexes CDK-cycline phosphorylent de façon sélective des protéines distinctes de la famille Rb, qui libèrent chacune à leur tour le membre spécifique de la famille E2F auquel elles sont liées. Les différents facteurs transcriptionnels E2F déclenchent alors la transcription de gènes spécifiques qui exécutent des aspects particuliers du cycle cellulaire.

> **MESSAGE** L'activation séquentielle de différents complexes CDK-cycline assure le contrôle du déroulement du cycle cellulaire.

Les points de contrôle qui jouent le rôle de freins dans l'avancée du cycle cellulaire

La chorégraphie correcte des événements du cycle cellulaire est essentielle à la production de cellules filles ayant le nombre normal de chromosomes intacts. Par exemple, si l'on essaie de condenser des chromosomes et de les déplacer en métaphase (les stades de la mitose sont décrits dans la Figure 3-28) avant la fin de la réplication des molécules d'ADN qui les constituent, cela pourrait aboutir à la production de fragments chromosomiques ou à d'autres types de lésions. Tenter de séparer les chromosomes vers les deux pôles lors de l'anaphase avant que les kinétochores soient fixés aux fibres du fuseau pourrait conduire à la non-disjonction et à l'aneuploïdie des cellules filles. Ces problèmes potentiellement désastreux sont évités grâce à une série de **points de contrôle** (ou systèmes de sûreté) – des circuits reliés au système du cycle cellulaire chargé d'empêcher l'avancée vers le stade suivant tant que l'étape précédente n'est pas parfaitement achevée.

Comment les points de contrôle jouent-ils le rôle de freins dans le cycle cellulaire ? Ils activent des protéines capables d'inhiber l'activité protéine kinase de l'un des complexes CDK-cycline. De cette façon, le cycle cellulaire peut être maintenu sous contrôle jusqu'à ce que les mécanismes de vérification des points de contrôle donnent leur «feu vert», ce qui indique à la cellule qu'elle est prête à s'engager dans la phase suivante du cycle.

L'un des exemples du fonctionnement de ce système de sûreté commence avec de l'ADN endommagé (Figure 17-5). Lorsque de l'ADN subit une lésion au cours de la phase G1 (par exemple à la suite d'une irradiation par des rayons X), les complexes CDK-cycline arrêtent de phosphoryler leurs protéines cibles. Une protéine appelée p53 reconnaît certains types de mésappariements dans l'ADN. Elle active alors une autre protéine, p21. Lorsque la concentration de p21 est élevée, celle-ci se fixe au complexe CDK-cycline et inhibe l'activité protéine kinase de ce complexe. La CDK ne peut alors plus phosphoryler ses protéines cibles et le cycle cellulaire ne peut pas passer de G1 en S. Les processus inhibiteurs sont levés à la suite de la baisse de concentration de p53 qui suit la réparation de l'ADN. En l'absence de p53, l'activité protéine kinase du complexe CDK-cycline n'est plus inhibée, ce qui conduit à la levée du blocage par le point de contrôle de la transition G1-S. Un point de contrôle est donc une protéine régulatrice telle que p53 qui peut servir de frein pour l'activité protéine kinase des complexes CDK-cycline.

> **MESSAGE** Des systèmes de sûreté appelés points de contrôle empêchent la progression du cycle cellulaire avant que la cellule ait achevé tous les événements antérieurs, nécessaires à sa survie dans les étapes qui suivent.

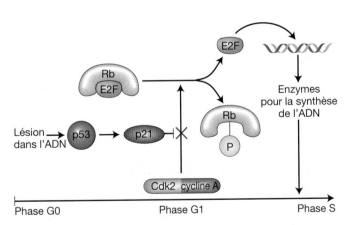

Figure 17-5 Le contrôle inhibiteur de la progression dans le cycle cellulaire des mammifères. En présence d'ADN endommagé, la protéine p53 est induite. Elle induit à son tour la protéine p21. Des concentrations élevées de p21 inhibent l'activité protéine kinase du complexe Cdk2-cycline A. E2F reste complexé à Rb et la cellule ne s'engage pas dans la phase S. Après la réparation de l'ADN endommagé, les concentrations de p53 et p21 chutent. L'inhibition de l'activité protéine kinase du complexe Cdk2-cycline est levée, ce qui permet à la cellule d'entrer dans la phase S. [D'après C. J. Sherr et J. M. Roberts, *Genes and Development* 9, 1995, 1150.]

ORGANISME MODÈLE   La levure

La levure, un modèle pour le cycle cellulaire

Le travail effectué par Leland Hartwell et ses associés sur la génétique du cycle cellulaire de la levure bourgeonnante *Saccharomyces cerevisiae* a révélé un grand nombre des fonctions génétiques qui assurent le déroulement correct du cycle cellulaire. Ces fonctions ont été identifiées grâce à un ensemble spécifique de mutations thermosensibles (ts) appelées *cdc* (cycle de division cellulaire). Cultivées à basse température, les levures portant ces mutations *cdc* se développent normalement. Lorsqu'on les transfère à des températures plus élevées (restrictives), ces levures mutantes *cdc* arrêtent de pousser. Ces mutations *cdc* se distinguent de la classe plus générale des mutations *ts* par le fait que le cycle cellulaire d'un mutant *cdc* est interrompu à une étape spécifique et que l'on obtient ainsi des cellules de levure d'aspect identique. Considérons quelques exemples chez *S. cerevisiae*, une levure qui se divise par bourgeonnement. Au cours de ce processus, une cellule mère développe une petite excroissance, un « bourgeon ». Le bourgeon grandit et la mitose se produit. Durant

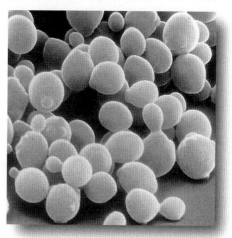

Une photographie prise sous microscope électronique à balayage de cellules de S. cerevisiae à différents stades du cycle cellulaire, comme l'indiquent les tailles variées des bourgeons.
[Aimablement communiqué par E. Schachtbach et I. Herskowitz.]

celle-ci, un pôle du fuseau se trouve dans la cellule mère et l'autre dans le bourgeon. Le bourgeon continue à grandir jusqu'à atteindre la taille de la cellule mère. Le bourgeon et la cellule mère se séparent ensuite en deux cellules filles. Tout mutant *ts* typique de *S. cerevisiae*, une fois transféré à une température restrictive, interrompt sa croissance à différents moments du cycle de formation du bourgeon et de sa croissance. Au contraire, après transfert à une température restrictive, une mutation *cdc* particulière chez *S. cerevisiae* produit des cellules de levure avec de minuscules bourgeons, tandis qu'une autre mutation ne produit que des cellules de levure avec des bourgeons plus gros, de la moitié de la taille de la cellule mère. Ces phénotypes Cdc différents révèlent des déficiences variées de la machinerie nécessaire à l'exécution d'événements spécifiques au cours du cycle cellulaire.

Avec la détermination de la séquence complète du génome de *S. cerevisiae*, nous pouvons désormais identifier la gamme complète des protéines des familles des cyclines et des CDK (22 et 5 membres, respectivement). Ces gènes sont actuellement mutés systématiquement et caractérisés génétiquement pour découvrir leur contribution individuelle.

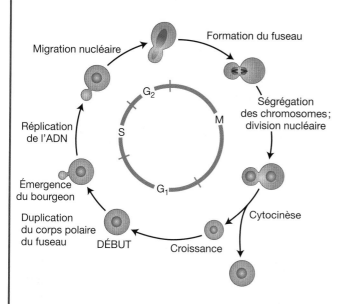

Le cycle cellulaire de S. cerevisiae. [D'après H. Lodish, D. Baltimore, A. Berk, S. L. Zipursky, P. Matsudaira et J. Darnell, Biologie moléculaire de la cellule. Traduction française de la 3e éd. chez De Boeck, 1997.]

Il est nécessaire non seulement de relâcher le « frein » du cycle cellulaire, mais également d'engager la « transmission » et le « moteur » pour que le cycle cellulaire puisse se poursuivre. En ce qui concerne les complexes CDK-cycline, il ne suffit pas de lever l'inhibition et d'ajouter la cycline correcte. Les complexes doivent également être activés par phosphorylation. Une fois le frein levé, des signaux indépendants provenant de l'extérieur ou de l'intérieur de la cellule induisent

une cascade de protéines kinases qui phosphorylent le complexe CDK-cycline adéquat. L'activation de ce complexe lui permet de phosphoryler à son tour ses protéines cibles. Comme une voiture incapable d'avancer tant qu'elle ne possède pas un moteur, une transmission, une direction, un accélérateur et un frein fonctionnels, la machinerie du cycle cellulaire est inefficace tant que tous les composants nécessaires au contrôle de son déroulement ne sont pas présents.

17.3 La machinerie de la mort cellulaire programmée

Les organismes pluricellulaires ont mis au point des systèmes pour éliminer les cellules endommagées (et donc potentiellement dangereuses) qui comportent un mécanisme d'auto-destruction et d'élimination des déchets : la **mort cellulaire programmée** ou **apoptose**. Ce mécanisme d'autodestruction peut être activé dans de nombreuses circonstances différentes, par exemple lorsque des cellules ne sont plus nécessaires au développement. Néanmoins, les événements de l'apoptose semblent être toujours les mêmes (Figure 17-6). Tout d'abord, l'ADN des chromosomes est fragmenté, la structure des organites est détruite, la cellule perd sa forme normale et devient sphérique. Puis elle se rompt en petits fragments cellulaires appelés *corps apoptotiques* qui sont phagocytés (littéralement : dévorés) par des éboueurs cellulaires mobiles.

Les moteurs de l'autodestruction sont une série d'enzymes appelées **caspases** (abrégé de *cysteine-containing aspartate-specific proteases* en anglais : protéases contenant des cystéines, spécifiques de l'aspartate) (voir l'encadré Organisme modèle, *Caenorhabditis elegans*). Les protéases sont des enzymes qui clivent d'autres protéines. Le clivage des protéines s'appelle la *protéolyse*. Chaque caspase est une protéine riche en cystéines qui, une fois activée, clive certaines protéines cibles au niveau de résidus aspartate spécifiques. Ces protéines cibles entraînent la fragmentation de l'ADN, la rupture des organites et d'autres événements qui caractérisent l'apoptose.

Chaque organisme pluricellulaire contient une famille de caspases, dont les séquences polypeptidiques sont apparentées les unes aux autres. Chez l'homme par exemple, 14 caspases ont été identifiées jusqu'à présent. Dans les cellules normales, chaque caspase est présente dans un état inactif que l'on appelle la forme **zymogène**. En général, un zymogène est une forme précurseur inactive d'une enzyme, dont la chaîne polypeptidique est plus longue que celle de l'enzyme active finale. Pour convertir la forme zymogène en une caspase active, une partie du polypeptide est coupée par clivage enzymatique.

Les caspases se répartissent en deux classes : les *initiatrices* et les *exécutrices*. Les caspases initiatrices sont clivées en réponse aux signaux d'activation émis par d'autres classes de protéines. Celles-ci clivent alors l'une des caspases exécutrices, qui en clive une autre à son tour, etc., jusqu'à ce que toutes les caspases exécutrices soient actives. Au contraire du *cycle* cellulaire dont le nom implique une activation répétée, une cellule donnée ne peut mourir qu'une seule fois. De ce fait, au lieu d'être reliés les uns aux autres de façon circulaire comme dans le cycle cellulaire, les événements constituant l'apoptose ne doivent se dérouler que dans un sens. La logique des étapes programmées dans chacun de ces systèmes s'accorde bien avec la nécessité de se produire de façon cyclique ou d'atteindre une conclusion définitive.

> **MESSAGE** La mort cellulaire programmée est réalisée par l'intermédiaire d'une cascade d'événements de protéolyse qui activent des enzymes programmées pour détruire plusieurs composants cellulaires essentiels.

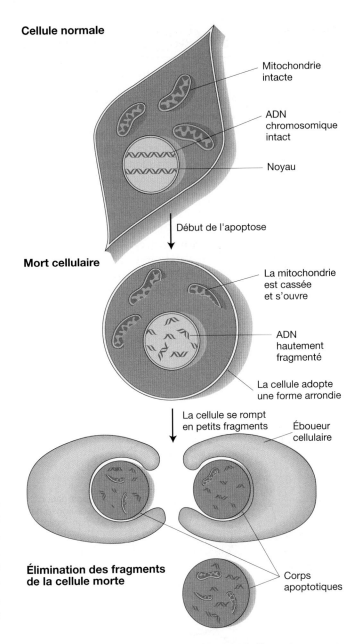

Figure 17-6 La séquence des événements de l'apoptose. Tout d'abord, les membranes des organites tels que les mitochondries sont rompues et leur contenu se répand dans le cytoplasme. L'ADN chromosomique est fragmenté en petits morceaux et la cellule perd sa forme normale. Elle se rompt alors en petits fragments qui sont avalés par des éboueurs cellulaires, les phagocytes.

Comment les caspases exécutrices exécutent-elles la sentence de mort ? En plus d'activer d'autres caspases, les caspases exécutrices coupent enzymatiquement d'autres protéines cibles dans la cellule endommagée (Figure 17-7). L'une des cibles est une protéine « de séquestration » qui forme un complexe avec une endonucléase de l'ADN, maintenant ainsi cette dernière (l'emprisonnant, la séquestrant) dans le cytoplasme. Après le clivage de la protéine de séquestration, l'endonucléase est libre de pénétrer dans le noyau et de couper l'ADN en morceaux. Les caspases ont une autre cible. Il s'agit d'une protéine qui, une fois coupée, clive l'actine (un composant essentiel du cytosquelette). Les filaments

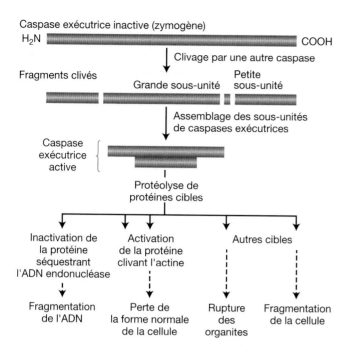

Figure 17-7 Le rôle des caspases exécutrices dans l'apoptose. Le clivage de la forme zymogène (précurseur inactif) conduit à la formation de caspases exécutrices actives enzymatiquement. Lorsque les caspases exécutrices clivent les protéines cibles, les différents événements de cassure cellulaire ont lieu, ce qui conduit à la mort de la cellule et à son élimination.

d'actine sont alors détruits, ce qui conduit à la perte de la forme normale de la cellule. De même, tous les autres événements de l'apoptose semblent être déclenchés par des protéases activées par des caspases.

Qu'est-ce qui déclenche l'activation des caspases ? On sait depuis plusieurs années que d'une manière ou d'une autre, de nombreuses sortes de dégâts cellulaires provoquent la rupture des mitochondries, entraînant ainsi la réponse apoptotique. En effet, il semble maintenant qu'un des systèmes de « démarreur » de l'apoptose soit la libération dans le cytoplasme du cytochrome *c*, l'une des protéines mitochondriales qui participe normalement à la respiration cellulaire. On suppose que le cytochrome *c* présent dans le cytoplasme se fixe à une autre protéine appelée Apaf (*apoptotic protease activating factor* : facteur activateur des protéases apoptotiques). Le complexe cytochrome *c*-Apaf se lie ensuite à la caspase initiatrice et l'active.

La mort cellulaire est irréversible, c'est pourquoi il est essentiel que les cellules saines soient préservées de l'apoptose. Cette nécessité a probablement été le facteur déterminant dans l'évolution des systèmes de sauvegarde, qui maintiennent les voies de l'apoptose « fermées » dans les conditions normales. Des protéines telles que Bcl-2 et Bcl-x chez les mammifères jouent le rôle de « barrages routiers » pour empêcher le déclenchement de l'apoptose. Il est possible que ces protéines Bcl bloquent, entre autres, la libération de cytochrome *c* à partir des mitochondries (sans doute en rendant plus difficile l'éclatement de celles-ci) et se fixent à l'Apaf, empêchant ainsi son interaction avec la caspase initiatrice.

17.4 Les signaux extracellulaires

Une cellule appartenant à un organisme pluricellulaire évalue en permanence son propre état pour déterminer si les conditions nécessitent le déclenchement du cycle cellulaire ou de l'apoptose. Néanmoins, les capacités de prolifération et de survie d'une cellule doivent obéir aux besoins de la population de cellules à laquelle elle appartient (une population comme un embryon aux premiers stades de son développement, un tissu ou encore une partie de l'organisme telle qu'un membre ou un organe). Lorsque certaines cellules sont sous-représentées par exemple, les cellules environnantes remarquent que leurs voisines sont absentes et envoient un signal extracellulaire aux cellules souches pour les avertir qu'elles doivent se diviser. Avant de considérer la connexion de ces signaux dans les voies de l'apoptose et de la prolifération, il nous faut d'abord connaître le circuit de base qui permet les échanges entre cellules, ce que l'on appelle souvent **communication cellule-cellule** ou **communication intercellulaire**.

Les mécanismes de la communication intercellulaire

La coordination de la plupart des aspects du développement et de la physiologie de nombreux organismes pluricellulaires requiert la transmission d'un grand nombre de signaux entre les cellules. Tous les systèmes de communication intercellulaire possèdent de multiples composants. La communication débute par la sécrétion d'une molécule appelée **ligand**, par une cellule de signalisation (Figure 17-8). Certains ligands (les hormones) sont des **signaux endocrines** agissant à longue distance, produits par des organes endocrines qui les transmettent dans tout le corps en les libérant dans le système

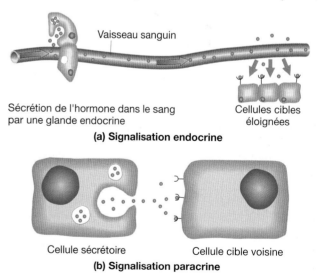

Figure 17-8 Les deux voies de signalisation intercellulaire. (a) Les signaux endocrines pénètrent dans le système circulatoire et peuvent être reçus par des cellules cibles éloignées. (b) Les signaux paracrines agissent localement et sont reçus par des cellules cibles voisines. [D'après H. Lodish, D. Baltimore, A. Berk, S. L. Zipursky, P. Matsudaira et J. Darnell, *Biologie Moléculaire de la Cellule*. Traduction française de la 3e éd. chez De Boeck, 1997.]

ORGANISME MODÈLE   *Caenorhabditis elegans*

Le nématode *Caenorhabditis elegans*, un modèle pour la mort cellulaire programmée

Ces quinze dernières années, les études génétiques menées par Robert Horvitz et ses associés sur le nématode (ver rond) *Caenorhabditis elegans* ont permis une avancée importante des connaissances sur la mort cellulaire programmée. Les chercheurs ont cartographié toutes les divisions des cellules somatiques qui produisent les 1 000 cellules environ du ver adulte. Il est apparu que lors de certaines divisions cellulaires de l'embryon et de la larve, en particulier celles qui contribuent à la formation du système nerveux du ver, une cellule mère donne naissance à deux cellules filles dont l'une subit l'apoptose (voir l'illus-tration ci-dessous). Les divisions de ce type sont nécessai-res pour que la cellule fille remplisse son rôle normal dans le développement.

On a identifié chez *C. elegans* un groupe de mutations qui empêchent la mort cellulaire programmée ; la cellule fille qui devrait mourir reste en vie. Certaines de ces muta-tions inactivent complètement les gènes codant les caspa-ses. *ced-3* (gène de mort cellulaire numéro 3) est un exem-ple qui met clairement en cause ces caspases dans le processus d'apoptose. D'autres acteurs importants de ce processus son en cours d'étude grâce à l'analyse d'autres gènes présentant des phénotypes mutants de mort cellu-laire chez les vers et d'autres systèmes expérimentaux.

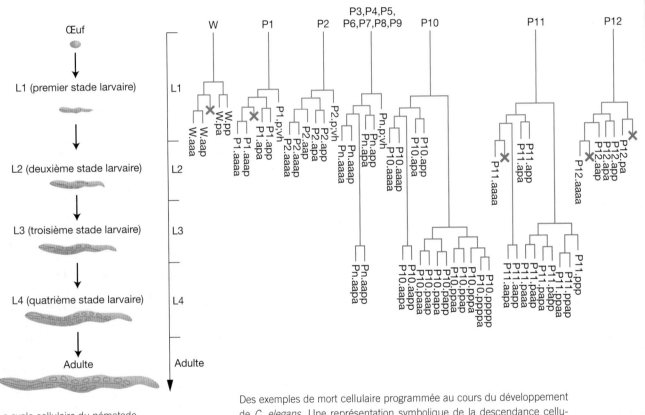

Le cycle cellulaire du nématode *C. elegans*.

Des exemples de mort cellulaire programmée au cours du développement de *C. elegans*. Une représentation symbolique de la descendance cellu-laire de 13 cellules (la cellule W, la cellule P1 et ainsi de suite) au cours de l'embryogenèse. L'axe vertical représente le temps : il commence au moment de l'éclosion de l'œuf, au début du premier stade larvaire (L1). Dans chaque lignée, un trait bleu vertical relie les différents événements de division cellulaire (représentés par des traits bleus horizontaux). Les noms des dernières cellules sont indiqués, comme W.aaa ou P1.apa. Dans plusieurs cas, une division cellulaire produit une cellule viable et une cel-lule qui subit l'apoptose. Les cellules qui subissent l'apoptose sont indi-quées par une croix bleue à l'extrémité d'une branche de la descendance. Chez les homozygotes pour les mutations telles que *ced-3*, il n'y a pas d'apoptose.

circulatoire. Les hormones peuvent agir comme des interrupteurs généraux de contrôle pour de nombreux tissus, qui peuvent alors répondre de façon coordonnée. D'autres ligands sécrétés jouent le rôle de **signaux paracrines** ; c'est-à-dire qu'ils ne pénètrent pas dans le système circulatoire mais exercent uniquement une action locale, dans certains cas seulement sur des cellules adjacentes. La plupart des signaux endocrines (mais pas tous) sont de petites molécules, comme les hormones stéroïdes de mammifères responsables des phénotypes sexuels spécifiques. À l'inverse, la plupart des signaux paracrines sont des protéines. Les signaux à l'origine de la prolifération cellulaire et de la mort cellulaire émanent de cellules voisines, c'est pourquoi nous allons nous intéresser ici à la signalisation paracrine utilisant des ligands protéiques.

Les ligands protéiques et les récepteurs transmembranaires

Les ligands protéiques jouent le rôle de signaux, en se fixant à des récepteurs transmembranaires qui sont des protéines enchâssées dans la membrane plasmique à la surface de la cellule. Ces complexes ligand-récepteur libèrent des signaux chimiques dans le cytoplasme, juste à l'intérieur de la membrane plasmique de la cellule. Ces signaux sont transmis par une succession de molécules intermédiaires jusqu'à ce qu'ils modifient la structure de facteurs de transcription présents dans le noyau. Cette modification conduit à l'activation de la transcription de certains gènes et à la répression de certains autres.

Les récepteurs transmembranaires possèdent une partie située à l'extérieur de la cellule (le domaine extracellulaire), une partie centrale qui traverse une ou plusieurs fois la membrane plasmique et une autre partie (le domaine cytoplasmique) à l'intérieur de la cellule (Figure 17-9). C'est sur le domaine extracellulaire du récepteur que se fixe le ligand. La fixation du ligand modifie la structure du récepteur, ce qui déclenche l'activité de signalisation. De nombreux ligands polypeptidiques sont des dimères qui peuvent se fixer simultanément à deux monomères du récepteur. Cette fixation simultanée rapproche les domaines cytoplasmiques des deux sous-unités du récepteur et déclenche leur activité de signalisation. Certains récepteurs des ligands polypeptidiques sont des récepteurs à activité tyrosine kinase (RTK pour *receptor tyrosine kinase* en anglais, voir Figure 17-9b). Leurs domaines cytoplasmiques, une fois activés, peuvent phosphoryler certains résidus tyrosine sur des protéines cibles. D'autres récepteurs sont des sérines/thréonines kinases. D'autres récepteurs encore n'ont pas d'activité enzymatique, mais lorsque leurs ligands s'y fixent, ils subissent des changements conformationnels qui entraînent à leur tour des changements conformationnels (et l'activation) de protéines liées à leurs domaines cytoplasmiques.

Successivement, le changement de conformation d'une protéine conduit à la modification de la conformation d'une autre protéine, ce qui provoque un changement dans les activateurs et les répresseurs de la transcription qui modifient à leur tour les activités de nombreux gènes dans la cel-

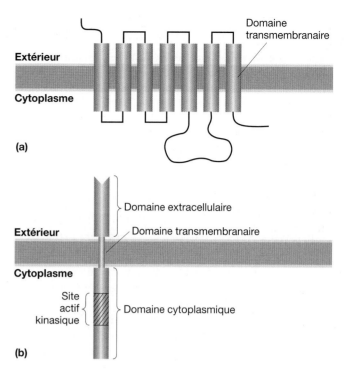

Figure 17-9 Des exemples de récepteurs transmembranaires. (a) Un récepteur qui traverse sept fois la membrane cellulaire. (b) Une tyrosine kinase réceptrice (RTK) qui possède un seul domaine transmembranaire. Le domaine extracellulaire fixe un ligand. Le site actif de la tyrosine kinase se trouve dans le domaine cytoplasmique. [D'après H. Lodish, D. Baltimore, A. Berk, S. L. Zipursky, P. Matsudaira & J. Darnell, *Biologie Moléculaire de la Cellule*. Traduction française de la 3e éd. chez De Boeck, 1997.]

lule cible. Chaque protéine modifiée sert de signal dans cette succession. La série de signaux qui part du complexe ligand-récepteur et s'achève par la modification de l'activité du gène s'appelle une **cascade de transduction du signal.**

Les ligands protéiques libérés dans un tissu peuvent jouer le rôle de signaux de régulation du cycle de division cellulaire ou de l'apoptose. Il existe donc des voies qui contrôlent la prolifération des cellules et d'autres qui régulent leur destruction. L'activation de ces voies nécessite la présence de tous les signaux positifs indispensables et l'absence des signaux négatifs ou inhibiteurs correspondants.

LE CYCLE CELLULAIRE : LES CONTRÔLES EXTRACELLULAIRES POSITIFS La division cellulaire est déclenchée par l'action de **mitogènes**, des ligands protéiques libérés généralement à partir d'une source paracrine (voisine). On appelle également les mitogènes, des **facteurs de croissance** (GF pour *growth factors* en anglais). De nombreux mitogènes activent une tyrosine kinase réceptrice et une voie de transduction du signal qui se termine par l'expression des gènes de la cycline D qui agit lors de la phase G1. Parmi les mitogènes se trouve l'EFG (facteur épidermique de croissance) qui active la voie de signalisation en se fixant à une tyrosine kinase réceptrice appelée récepteur de l'EGF (EGFR).

LE CYCLE CELLULAIRE : LES CONTRÔLES EXTRACELLULAIRES NÉGATIFS On sait que certaines protéines sécrétées inhibent la division des cellules dans des tissus intacts lorsque la croissance n'est pas nécessaire. Le TGF-*ß* en est un exemple. Il s'agit d'un ligand qui semble être sécrété dans de nombreux tissus, dans des conditions d'inhibition de la croissance. Le TGF-*ß* se fixe à son récepteur et déclenche ainsi l'activité sérine/thréonine kinase de celui-ci. À la suite de cette cascade de transduction du signal, la phosphorylation et l'inactivation de la protéine Rb sont bloquées. Nous avons vu plus haut dans ce chapitre le rôle de Rb dans la régulation du cycle cellulaire, qui est d'empêcher l'activation du facteur de transcription E2F. Le blocage de l'inactivation de Rb empêche donc l'expression de E2F. Par conséquent, les ingrédients nécessaires à la réplication de l'ADN sont absents et le cycle cellulaire est bloqué.

L'APOPTOSE : LES CONTRÔLES EXTRACELLULAIRES POSITIFS
Souvent, l'ordre d'autodestruction d'une cellule vient d'une cellule voisine. Dans le système immunitaire par exemple, seul un faible pourcentage des cellules B et T subissent une maturation pour fabriquer respectivement des anticorps fonctionnels ou des protéines réceptrices. Les cellules B et T immatures et non fonctionnelles doivent être éliminées grâce à une autodestruction induite, sinon la grande majorité d'entre elles encombreraient le système immunitaire. Le signal d'autodestruction est activé par le système Fas (Figure 17-10) et par d'autres récepteurs impliqués dans l'apoptose. La présence d'une protéine liée à la face extracellulaire de la membrane plasmique des cellules, appelée FasL (ligand de Fas) est le signal d'autodestruction pour une cellule adjacente. La protéine FasL se fixe aux récepteurs de surface de Fas, présents sur la cellule adjacente. Cette fixation entraîne la trimérisation de trois récepteurs. Une protéine FasL unique se fixe à chaque trimère. La trimérisation de leurs domaines cytoplasmiques active alors indirectement une molécule telle que Apaf. Comme nous l'avons vu plus haut dans ce chapitre, Apaf active une caspase initiatrice qui fait partie de la cascade des caspases conduisant à la mort cellulaire.

L'APOPTOSE : LES CONTRÔLES EXTRACELLULAIRES NÉGATIFS
Il semble que l'autodestruction soit dans certains cas un état par défaut et que les cellules reçoivent en permanence des signaux leur ordonnant de rester en vie. L'avantage d'un tel système pourrait être de permettre à un organisme d'éliminer rapidement les cellules anormales afin de se prémunir contre les dangers qu'elles représentent. Les signaux capables de bloquer l'activation de la voie de l'apoptose sont appelés **facteurs de survie**. Certains facteurs de survie jouent également le rôle de mitogènes, comme EGF. L'action de EGF et de son récepteur EGFR sur la survie a principalement pour intermédiaire une cascade de transduction du signal différente de la voie habituelle des tyrosines kinases réceptrices. Cette cascade alternative aboutit directement ou indirectement à l'activation des protéines de la famille de Bcl-2.

> **MESSAGE** Les systèmes de signalisation intercellulaire communiquent des instructions qui déterminent la poursuite ou l'interruption du cycle cellulaire et la mise en œuvre ou le report de l'autodestruction.

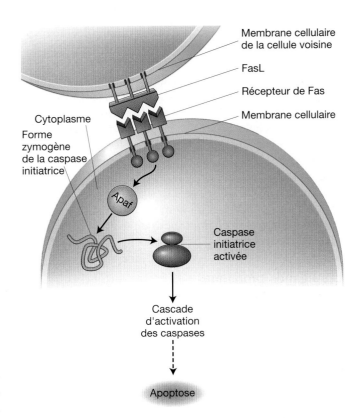

Figure 17-10 Le contrôle extracellulaire positif de l'apoptose. L'interaction récepteur-ligand conduit à l'activation d'une molécule (Apaf) qui entraîne à son tour la protéolyse et l'activation de la caspase initiatrice. Des caspases sont ensuite protéolysées successivement et activées tour à tour, ce qui aboutit à l'apoptose de la cellule. [D'après S. Nagata, *Cell* 88, 1997, 357.]

Les cascades de transduction du signal

Les récepteurs de ligands polypeptidiques les mieux connus sont peut-être les récepteurs à activité tyrosine kinase (RTK) (Figure 17-11). Une RTK est un monomère qui « flotte » dans la membrane plasmique. Lorsque le ligand se fixe à deux unités adjacentes de RTK, les deux monomères s'associent en un dimère. Un complexe ligand-RTK est donc constitué d'une molécule unique de ligand fixée à un dimère de molécules de RTK. La dimérisation des RTK déclenche l'activité protéine kinase du domaine cytoplasmique du récepteur. Les premières cibles de phosphorylation de la kinase sont plusieurs tyrosines de son domaine cytoplasmique. Ce processus est appelé *auto-phosphorylation*, car la kinase agit sur elle-même. La RTK phosphorylée subit un changement de conformation qui conduit son site à activité tyrosine kinase à phosphoryler d'autres protéines cibles.

Très souvent, l'étape ultérieure de la propagation des signaux est l'activation d'une protéine G. Une protéine G est liée alternativement à du GDP (dans son état inactif) et à du GTP (dans son état actif). La RTK auto-phosphorylée active une protéine qui se fixe à la protéine G inactive, modifiant sa conformation de façon à ce qu'elle fixe une molécule de GTP et devienne active (Figure 17-12). La protéine G en question s'appelle la protéine Ras. Elle a une

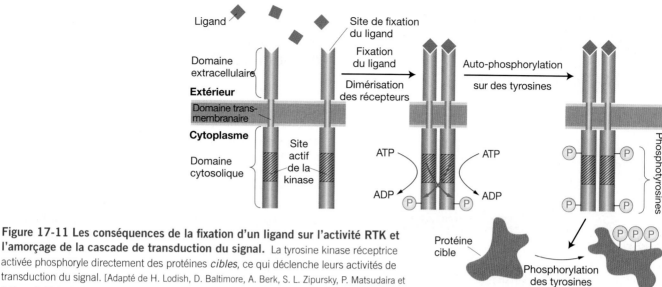

Figure 17-11 Les conséquences de la fixation d'un ligand sur l'activité RTK et l'amorçage de la cascade de transduction du signal. La tyrosine kinase réceptrice activée phosphoryle directement des protéines *cibles*, ce qui déclenche leurs activités de transduction du signal. [Adapté de H. Lodish, D. Baltimore, A. Berk, S. L. Zipursky, P. Matsudaira et J. Darnell, *Biologie Moléculaire de la Cellule*. Traduction française de la 3ᵉ éd. chez De Boeck, 1997.]

importance particulière dans la carcinogenèse, comme nous le verrons plus loin.

La protéine G activée (liée à du GTP) se lie ensuite à une protéine kinase cytoplasmique, ce qui modifie la conformation de cette dernière. La protéine kinase peut dès lors fixer une molécule de GTP ; elle devient alors active (Figure 17-12). La protéine G appelée Ras joue un rôle essentiel dans la carcinogenèse, comme nous l'expliquerons plus tard.

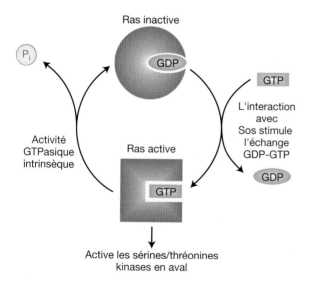

Figure 17-12 Ras est un exemple de l'activité cyclique de la protéine G. Lorsque Ras est liée à du GDP, elle ne transmet pas de signaux. L'interaction avec une autre protéine appelée Sos entraîne l'échange de GDP contre du GTP. Le complexe actif Ras-GTP interagit alors avec une sérine/thréonine kinase cytoplasmique, ce qui transmet le signal à l'étape suivante de la voie de transduction du signal. Lorsque le complexe Ras-GTP est libéré de la protéine Sos, il hydrolyse le GTP en GDP et retourne ainsi à son état inactif Ras-GDP. [D'après J. D. Watson, M. Gilman, J. Witkowski et M. Zoller. *Recombinant DNA : A Short Course*, 2ᵉ éd. Copyright 1992 par James. D. Watson, Michael Gilman, Jan Witkowski et Mark Zoller.]

Le protéine G activée (liée à du GTP) se fixe ensuite à une protéine kinase cytoplasmique. Elle modifie la conformation de celle-ci, déclenchant ainsi son activité protéine kinase. Cette protéine kinase phosphoryle alors d'autres protéines, y compris d'autres protéines kinases. (Dans l'exemple de la Figure 17-13, les protéines kinases en aval dans la cascade sont appelées Raf, MEK et MAP kinases.) Les cibles de certaines de ces protéines kinases sont des activateurs ou des répresseurs de la transcription. La phosphorylation des facteurs de transcription modifie leur conformation, ce qui conduit à la transcription de certains gènes et à la répression de certains autres gènes (voir Figure 17-13).

Les étapes de la fixation des ligands à leurs récepteurs et de la signalisation intracellulaire dépendent de changements conformationnels. Par exemple, les changements conformationnels provoqués par la fixation de certains ligands à leurs récepteurs activent des voies de signalisation. De la même façon, les changements conformationnels dans les protéines kinases leur permettent de phosphoryler des acides aminés particuliers sur des protéines spécifiques, tandis que d'autres protéines subissent des changements conformationnels lorsqu'elles fixent du GTP. Ces changements conformationnels permettent non seulement une réponse rapide à un signal initial, mais ils sont également facilement réversibles, ce qui permet de faire rapidement disparaître les signaux et de recycler les composants du système de signalisation, qui sont alors en mesure de recevoir d'autres signaux.

Une vue d'ensemble du contrôle du nombre des cellules

Nous sommes en train de constater qu'il existe un couplage étroit entre les décisions concernant la prolifération des cellules et celles qui régissent l'apoptose. Nous avons vu l'exemple du système de signalisation EGF-EGFR, qui agit à la fois comme stimulateur de mitose et comme facteur de survie,

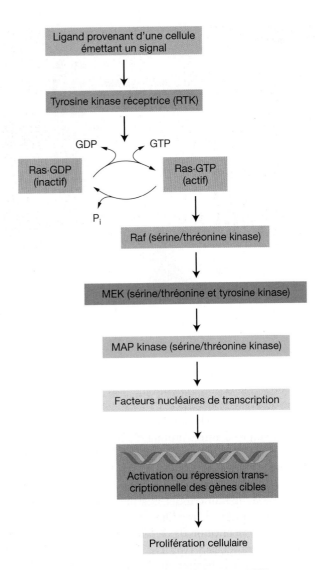

Figure 17-13 Une voie de signalisation par les RTK. Raf, MEK et la MAP kinase sont trois protéines kinases cytoplasmiques activées successivement dans la cascade de transduction du signal. [D'après H. Lodish, D. Baltimore, A. Berk, S. L. Zipursky, P. Matsudaira et J. Darnell, *Biologie Moléculaire de la Cellule*. Traduction française de la 3e éd. chez De Boeck, 1997.]

17.5 Le cancer : la génétique de la régulation aberrante du nombre de cellules

L'analyse génétique apporte un grand espoir, car grâce à elle nous avons beaucoup appris sur la biologie normale et les maladies, en étudiant les propriétés des mutations qui perturbent les processus normaux. C'est le cas du cancer. On sait maintenant que presque tous les cancers de cellules somatiques sont dus à une série de mutations spéciales qui s'accumulent dans une cellule. Certaines de ces mutations altèrent l'activité d'un gène, d'autres l'éliminent simplement. Les mutations à l'origine de cancers sont classées en plusieurs grandes catégories : celles qui provoquent l'augmentation de la capacité de prolifération d'une cellule, celles qui induisent la diminution de la sensibilité d'une cellule vis-à-vis de l'apoptose, celles qui sont responsables de l'augmentation du taux général de mutations dans la cellule ou qui augmentent sa longévité, ce qui rend plus probable l'apparition de toutes les mutations, y compris celles qui favorisent la prolifération ou l'apoptose de la cellule. Les progrès dans les diagnostics et le traitement des cancers ont été considérables. Cependant, même si de grandes batailles ont été remportées, nous sommes loin d'avoir gagné la guerre contre le cancer. L'analyse génétique et génomique du cancer offre de nouvelles voies à explorer.

Les différences entre cellules cancéreuses et cellules normales

Les tumeurs malignes ou **cancers** sont des agrégats de cellules qui descendent toutes de la même cellule fondatrice aberrante. En d'autres termes, les cellules malignes appartiennent toutes au même clone. Ceci est vrai même dans le cas des cancers à un stade avancé qui ont formé des tumeurs dans de nombreux endroits du corps. Les cellules cancéreuses se distinguent souvent de leurs voisines normales par une foule de caractères phénotypiques, tels qu'un taux élevé de division, la capacité d'invasion de nouveaux territoires cellulaires, un métabolisme très actif et une forme anormale. Par exemple, lorsque des feuillets normaux de cellules épithéliales sont mis en culture, ils ne peuvent pousser que s'ils sont ancrés à la boîte de culture elle-même. De plus, des cellules épithéliales normales en culture se divisent jusqu'à ce qu'elles forment une monocouche continue (Figure 17-14a). Elles reconnaissent alors d'une façon ou d'une autre qu'elles ont constitué un feuillet épithélial unique et arrêtent de se diviser. Au contraire, les cellules malignes provenant d'un tissu épithélial continuent à proliférer et s'empilent les unes sur les autres (Figure 17-14b).

À l'évidence, les facteurs régulant la différenciation cellulaire normale ont été atteints. Quelle est donc la cause du cancer ? De nombreux types cellulaires distincts peuvent être convertis en un état malin. Ces différents types de cancer reposent-ils sur les mêmes mécanismes ou chacun apparaît-il d'une façon qui lui est propre ? En réalité, on peut envisager le cancer d'une manière générale : il apparaît à la suite de multiples

en inhibant l'apoptose. De même, il s'avère que la protéine p53 active, qui est un intermédiaire fondamental dans le point de contrôle entre S et G2, induit l'apoptose en attaquant l'intégrité de la mitochondrie ainsi qu'en inhibant l'expression des gènes dont les produits contribuent à la survie de la cellule. Pourquoi est-il important que le cycle cellulaire et l'apoptose soient liés ? En simplifiant, parce que les conditions favorisant la prolifération cellulaire exigent que la cellule survive pour pouvoir se dupliquer. D'autre part, une cellule dont l'ADN est endommagé représente un danger pour l'organisme lui-même. C'est donc dans son intérêt qu'un organisme élabore des mécanismes qui bloquent la progression dans le cycle cellulaire mais retirent également une cellule qui pourrait le rendre anormal.

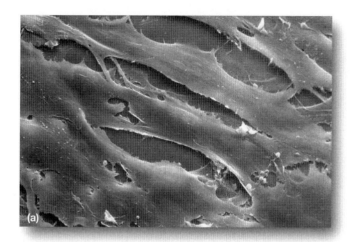
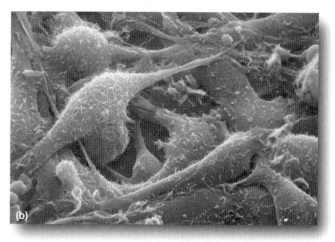

Figure 17-14 Des cellules normales et des cellules transformées par un oncogène. Des photographies prises au microscope électronique à balayage (a) de cellules normales et (b) de cellules transformées par le virus du sarcome de Rous qui infecte les cellules possédant l'oncogène *src***.** (a) Une lignée cellulaire normale appelée 3T3. Remarquez la structure en monocouche des cellules. (b) Un dérivé transformé de 3T3. Remarquez que les cellules sont plus rondes et s'empilent les unes sur les autres. [D'après H. Lodish, A. Berk, S. L. Zipursky, P. Matsudaira, D. Baltimore et J. Darnell, *Biologie Moléculaire de la Cellule*. 4ᵉ éd. Copyright 2000 par W. H. Freeman and Company, Aimablement communiqué par L.-B. Chen.]

mutations dans une seule cellule, qui provoquent la prolifération incontrôlée de celle-ci. Certaines de ces mutations peuvent être transmises à la descendance par la lignée germinale des parents. La plupart cependant apparaissent *de novo* dans la lignée cellulaire somatique d'une cellule donnée.

La solution pluricellulaire élaborée par les animaux supérieurs pour survivre repose sur la collaboration et la communication entre les cellules organisées des tissus et des organes. En un sens, les cellules cancéreuses sont retournées à l'état isolé et antisocial d'autrefois, dans lequel elles peuvent agir sans contrainte extérieure. Les cellules cancéreuses sont «sourdes» aux signaux émis par les cellules voisines qui leur ordonnent d'arrêter de se diviser ou d'activer leur système d'autodestruction.

Les mutations dans les cellules cancéreuses

Plusieurs voies de recherche ont révélé l'origine génétique de la transformation des cellules d'un état sain en un état cancéreux.

1. La plupart des agents carcinogènes (produits chimiques et radiations) sont également mutagènes, ce qui suggère qu'ils provoquent un cancer en introduisant des mutations dans des gènes.

2. Ces dernières années, plusieurs allèles de prédisposition au cancer ont été clonés et cartographiés.

3. On a identifié des mutations fréquemment associées à des types particuliers de cancers. Dans certains cas, les chercheurs ont introduit des copies transgéniques ou complètement inactivées de ces mutations naturelles, dans des lignées cellulaires en culture ou dans des organismes expérimentaux intacts. Ces mutations artificielles entraînent l'apparition de phénotypes cancéreux ou qui y ressemblent.

> **MESSAGE** Les tumeurs apparaissent à la suite d'une succession d'événements mutationnels qui conduisent à une prolifération incontrôlée des cellules et à leur immortalité.

Les tumeurs n'apparaissent pas à la suite d'événements génétiques isolés mais résultent d'atteintes multiples au cours desquelles plusieurs mutations doivent apparaître pour qu'une cellule devienne cancéreuse. Parfois, une mutation est suffisamment puissante pour déclencher un cancer à elle seule. Certains cancers par exemple sont transmis comme des facteurs mendéliens uniques à forte pénétrance. La forme héréditaire du rétinoblastome, un cancer de la rétine dont nous reparlerons à la page 564, en est un exemple. Les allèles qui présentent une pénétrance moins forte et qui augmentent la probabilité de développer un type particulier de cancer sont sans doute les plus courants. Dans certains cas bien connus, on a montré que le développement du cancer du colon et de l'astrocytome (un cancer du cerveau) comportait l'accumulation séquentielle de plusieurs mutations différentes dans les cellules malignes (Figure 17-15).

Selon la façon dont les mutations agissent dans une cellule cancéreuse, on en considère deux grands types : les mutations oncogènes et les mutations dans les gènes suppresseurs de tumeurs.

- Les mutations **oncogènes** se comportent dans la cellule cancéreuse comme des mutations gain-de-fonction dominantes (voir le Chapitre 16 pour une discussion sur ces mutations). C'est-à-dire que pour participer à la formation de tumeurs, la mutation n'a besoin d'apparaître que dans un allèle. Lorsque la mutation se trouve dans l'ADN codant, l'oncogène provoque un changement structural de la protéine codée. Lorsqu'elle se trouve dans un élément régulateur, l'oncogène entraîne une mauvaise régulation de la protéine structuralement normale. Le gène dans sa forme normale (non mutée) s'appelle un **proto-oncogène**.

(a) Cancer du colon

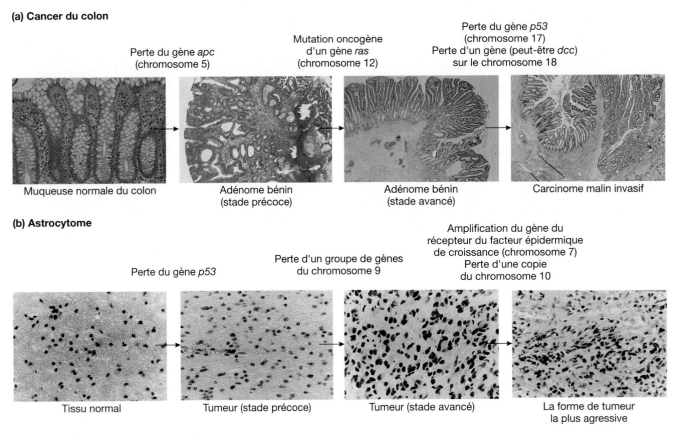

(b) Astrocytome

Figure 17-15 Les multiples étapes vers la malignité dans les cancers du colon et du cerveau. On peut distinguer plusieurs stades histologiquement différents dans la progression de ces tissus, de l'état normal aux tumeurs bénignes, pour finir par un cancer malin. (a) La séquence classique des événements mutationnels dans la progression vers le cancer du colon. Remarquez que le tissu devient de plus en plus désorganisé à mesure que la tumeur progresse vers la malignité. (b) Une série différente de mutations, également caractéristique, marque la progression vers un astrocytome malin, une forme de cancer du cerveau. [Micrographies de E. R. Fearon et K. Cho. D'après W. K. Cavanee et R. L. White, *Scientific American*, mars 1995, pp. 78-79.]

• Les mutations dans les **gènes suppresseurs de tumeurs** qui déclenchent la formation de tumeurs sont des mutations perte-de-fonction récessives. C'est-à-dire que pour que le cancer apparaisse, les deux allèles du gène doivent coder des produits de gènes ayant une activité réduite ou nulle (mutations *null*, voir Chapitre 16).

> **MESSAGE** Les protéines codées par les oncogènes sont *activées* dans les cellules tumorales tandis que les protéines codées par les gènes suppresseurs de tumeurs sont *inactivées*.

De nombreuses protéines altérées par des mutations provoquant des cancers sont impliquées dans la communication intercellulaire et dans la régulation du cycle cellulaire et de l'apoptose (Tableau 17-1). Les gènes qui se transforment en oncogènes codent des protéines qui contrôlent positivement (activent) le cycle cellulaire ou contrôlent négativement (bloquent) l'apoptose. Les protéines mutantes sont actives même en l'absence des signaux adéquats d'activation. Par conséquent, les oncogènes provoquent l'augmentation du taux de prolifération cellulaire ou empêchent le

déclenchement de l'apoptose. À l'inverse, les gènes suppresseurs de tumeurs codent des protéines qui interrompent le cycle cellulaire ou induisent l'apoptose. Dans ce cas, la cellule perd le frein qui bloquait sa prolifération.

La raison pour laquelle les mutations qui provoquent l'augmentation du taux de prolifération cellulaire causent des tumeurs est évidente. Il est moins intuitif en revanche de comprendre pourquoi les mutations qui diminuent la probabilité d'une cellule de subir l'apoptose conduisent aussi à la formation de tumeurs. La raison semble avoir une double origine : (1) une cellule incapable de s'engager dans l'apoptose a une durée de vie plus longue, lors de laquelle elle peut accumuler des mutations induisant la prolifération et (2) les types de lésions et de changements physiologiques inhabituels qui se produisent dans une cellule tumorale déclencheraient en temps normal la voie d'autodestruction. Les cellules tumorales ne seraient donc pas capables de survivre à moins d'avoir acquis les mutations qui empêchent le déclenchement de l'apoptose.

Comment les mutations induisant des tumeurs ont-elles été identifiées ? Plusieurs approches ont été suivies. On sait bien que certains types de cancers peuvent « apparaître de

TABLEAU 17-1	Les fonctions des protéines de type sauvage et les propriétés des mutations inductrices de tumeurs dans les gènes correspondants.

Type de fonction de la protéine sauvage	Propriétés des mutations induisant des tumeurs
Induit l'avancée dans le cycle cellulaire	Oncogène (gain-de-fonction)
Inhibe l'avancée dans le cycle cellulaire	Mutation suppresseur de tumeurs (perte-de-fonction)
Déclenche l'apoptose	Mutation suppresseur de tumeurs (perte-de-fonction)
Inhibe l'apoptose	Oncogène (gain-de-fonction)
Déclenche la réparation de l'ADN	Mutation suppresseur de tumeurs (perte-de-fonction)

loin en loin dans une famille ». Grâce aux techniques modernes d'analyse généalogique, les tendances héréditaires à certains types de cancers peuvent être cartographiées par rapport à des marqueurs moléculaires tels que les microsatellites. Dans plusieurs cas, cela a permis d'identifier des gènes mutés impliqués. Par ailleurs, nombre de tumeurs de nature variée sont caractérisées par des translocations chromosomiques caractéristiques ou des délétions de régions chromosomiques particulières. Dans certains cas, ces réarrangements chromosomiques sont tellement caractéristiques d'un type de cancer qu'ils peuvent être utilisés comme outil de diagnostic. Par exemple, 95 % des malades atteints de leucémie myélogène chronique (LMC) présentent une translocation caractéristique entre les chromosomes 9 et 22. Cette translocation, appelée *chromosome Philadelphie* du nom de la ville dans laquelle elle a été décrite pour la première fois, est un élément essentiel du diagnostic de la LMC. Toutefois, les mutations induisant des tumeurs ne sont pas toutes spécifiques d'un type donné de cancer. Ainsi, certaines mutations semblent capables d'induire des tumeurs dans différents types cellulaires et se retrouvent donc dans de nombreux cancers.

MESSAGE Les mutations induisant des tumeurs peuvent être identifiées de différentes façons. Une fois localisées, elles peuvent être clonées et étudiées pour déterminer de quelle façon elles contribuent à l'état malin des cellules.

Les classes d'oncogènes

Cent oncogènes environ ont été identifiés (des exemples sont donnés dans le Tableau 17-2). Comment fonctionnent leurs équivalents normaux, les proto-oncogènes ? Ces derniers codent généralement une classe de protéines qui ne sont actives que lorsque les signaux régulateurs appropriés le permettent. Comme nous l'avons vu, un grand nombre de produits de proto-oncogènes sont impliqués dans des voies qui induisent le cycle cellulaire (contrôle positif). Parmi eux se trouvent les récepteurs de facteurs de croissance, les protéines de transduction du signal et les régulateurs de la transcription. D'autres produits de proto-oncogènes interviennent dans l'inhibition (contrôle négatif) de la voie de l'apoptose. Dans les deux types de mutations oncogènes, l'activité de la protéine mutante n'a plus de relation avec sa

Tableau 17-2	Certains des oncogènes bien caractérisés et les fonctions des protéines qu'ils codent.

Oncogène	Localisation	Fonction
Régulateurs nucléaires de la transcription		
jun	Noyau	Facteur transcriptionnel
fos	Noyau	Facteur transcriptionnel
erbA	Noyau	Membre de la famille des récepteurs de stéroïdes
Transducteurs de signaux intracellulaires		
abl	Cytoplasme	Protéine tyrosine kinase
raf	Cytoplasme	Protéine sérine kinase
gsp	Cytoplasme	Sous-unité α de la protéine G
ras	Cytoplasme	Protéine fixant le GTP/GDP
Mitogène		
sis	Extracellulaire	Facteur de croissance sécrété
Récepteurs de mitogènes		
erbB	Transmembranaire	Récepteur à fonction tyrosine kinase
fms	Transmembranaire	Récepteur à fonction tyrosine kinase
Inhibiteur de l'apoptose		
bcl2	Cytoplasme	Inhibiteur en amont de la cascade des caspases

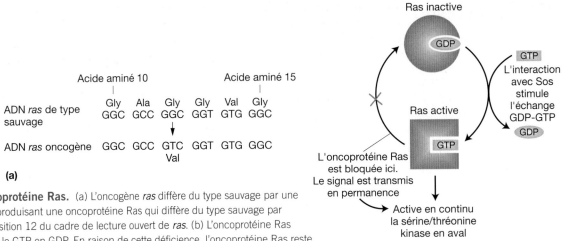

Figure 17-16 L'oncoprotéine Ras. (a) L'oncogène *ras* diffère du type sauvage par une seule paire de bases, produisant une oncoprotéine Ras qui diffère du type sauvage par un acide aminé, en position 12 du cadre de lecture ouvert de *ras*. (b) L'oncoprotéine Ras incapable d'hydrolyser le GTP en GDP. En raison de cette déficience, l'oncoprotéine Ras reste dans l'état actif Ras-GTP et active de façon continue la sérine/thréonine kinase en aval (voir Figure 17-13).

voie régulatrice, ce qui aboutit à son expression continue. Le produit protéique d'un oncogène exprimé en continu s'appelle une **oncoprotéine**. Plusieurs catégories d'oncogènes ont été établies suivant les voies dans lesquelles les fonctions régulatrices sont découplées.

> **MESSAGE** Les équivalents sauvages des oncogènes participent au contrôle positif du cycle cellulaire ou au contrôle négatif de l'apoptose.

Les exemples suivants illustrent certains des types de mutations des oncogènes et leur participation à la formation d'une cellule cancéreuse.

LES MUTATIONS PONCTUELLES D'UN TRANSDUCTEUR INTRACELLULAIRE DU SIGNAL
L'oncogène *ras* illustre une mutation inductrice de tumeurs dans une molécule impliquée dans une voie de transduction du signal. Le changement entre la forme normale d'une protéine et l'oncoprotéine comporte souvent des modifications structurales de la protéine elle-même, provoquées dans ce cas par une simple mutation ponctuelle. Une seule substitution de paire de bases qui convertit la glycine (l'acide aminé numéro 12) en valine dans la protéine Ras par exemple, produit l'oncoprotéine présente dans le cancer humain de la vessie (Figure 17-16a). Rappelons que la protéine Ras normale est une sous-unité de la protéine G qui intervient dans la transduction du signal. Elle alterne normalement entre l'état actif (Ras associée à du GTP) et l'état inactif (associée à du GDP) (voir Figure 17-12). La mutation faux-sens dans l'oncogène *ras* produit une oncoprotéine qui reste associée en permanence à du GTP (Figure 17-16b), même en l'absence des signaux habituels. De cette façon, l'oncoprotéine Ras propage en continu le signal induisant la prolifération cellulaire.

LA DÉLÉTION D'UN DOMAINE PROTÉIQUE APPARTENANT À UNE TYROSINE KINASE RÉCEPTRICE MITOGÈNE
Un facteur de croissance n'est pas nécessaire pour déclencher la voie de prolifération cellulaire si son récepteur a subi la mutation adéquate. L'oncogène *v-erbB* est un gène muté impliqué dans un virus inducteur de tumeurs qui infecte les oiseaux. Il code une forme mutée d'une tyrosine kinase réceptrice appelée EGFR, un récepteur du facteur épidermique de croissance (EGF) (Figure 17-17). Plusieurs

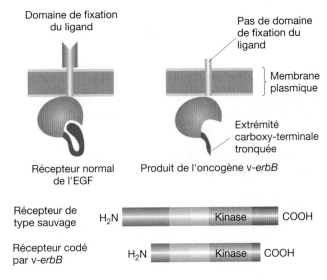

Figure 17-17 Une mutation oncogène affectant la signalisation entre les cellules. Normalement, l'activité kinase de l'EGFR n'est déclenchée que lorsque l'EGF se fixe au domaine de liaison du ligand. Le virus tumoral de l'érythroblastose porte l'oncogène *v-erb*, qui code une forme mutante de l'EGFR. La protéine mutante est dimérisée de façon constitutive. Elle est donc soumise à une auto-phosphorylation en continu qui aboutit à la transduction continue d'un signal à partir du récepteur. [D'après J. D. Watson, M. Gilman, J. Witkowski et M. Zoller, *L'ADN recombinant*. Traduction française de la 2e éd. chez De Boeck, 1994.]

parties de l'EGFR normale sont absentes dans la forme mutée. Celle-ci est dépourvue du domaine extracellulaire auquel se fixe normalement le ligand, ainsi que de certains composants régulateurs du domaine cytoplasmique. À la suite de ces délétions, l'oncoprotéine EGFR tronquée est capable de se dimériser même en l'absence de son ligand, l'EGF. Le dimère de l'oncoprotéine EGFR est toujours l'auto-phosphorylé grâce à son activité tyrosine kinase et active en permanence une cascade de transduction du signal qui induit la prolifération cellulaire.

UNE FUSION DE PROTÉINES IMPLIQUANT UN TRANSDUCTEUR INTRACELLULAIRE DU SIGNAL

Le type d'oncoprotéine structuralement modifié sans doute le plus remarquable est dû à une fusion de gènes. L'exemple classique de gènes fusionnés provient d'études du chromosome Philadelphie, qui, comme nous l'avons déjà dit, est une translocation entre les chromosomes 9 et 22 qui sert d'outil de diagnostic pour la leucémie myélogène chronique (LMC). Les techniques de l'ADN recombinant ont montré que les points de cassure de la translocation du chromosome Philadelphie se ressemblaient beaucoup d'un malade atteint de LMC à un autre et entraînaient la fusion de deux gènes, *bcr1* et *abl* (Figure 17-18). Le proto-oncogène *abl* (*Abelson*) code une protéine kinase cytoplasmique spécifique des tyrosines, impliquée dans une voie de transduction du signal. Il s'agit plus spécifiquement d'une voie de transduction du signal activée par un facteur de croissance responsable de prolifération cellulaire. L'oncoprotéine de fusion Bcr1-Abl possède une activité protéine kinase constitutive (permanente), responsable de son état oncogène. L'oncoprotéine propage continuellement son signal de croissance en aval dans la voie de transduction, que le signal en amont soit présent ou non.

LES FUSIONS DE GÈNES RESPONSABLES D'UNE EXPRESSION ERRONÉE D'UN INHIBITEUR DE L'APOPTOSE

Certains oncogènes produisent des oncoprotéines dont la structure est identique à celle des protéines normales. Dans ce cas, la mutation oncogène induit une expression impropre de la protéine – c'est-à-dire qu'elle est exprimée dans des types cellulaires dont elle est absente d'ordinaire. Nous allons voir ici le cas d'un oncogène qui, à la suite d'une fusion de gènes, provoque la surexpression d'une protéine qui inhibe l'apoptose dans une cellule du système immunitaire.

Plusieurs oncogènes provoquant une expression impropre des protéines sont associés au diagnostic de translocations chromosomiques de différentes tumeurs des lymphocytes B. Les lymphocytes B et leurs descendants, les plasmocytes, sont des cellules qui synthétisent des anticorps ou des immunoglobulines. Dans les translocations oncogènes de ces cellules B, aucune protéine de fusion n'est produite. Au lieu de cela, le réarrangement chromosomique conduit à l'expression impropre d'un gène proche de la cassure chromosomique, dans un tissu dans lequel le gène sauvage ne s'exprime pas. Une translocation entre les chromosomes 14 et 18 est présente chez 85 % des patients atteints de lymphome folliculaire (Figure 17-19). Près du point de cassure du chromosome 14 se trouve un enhancer de la transcription pour l'un des gènes d'immunoglobulines. À la suite de la translocation, cet enhancer est fusionné avec le gène *bcl-2*, qui est un régulateur négatif de l'apoptose. Cette fusion

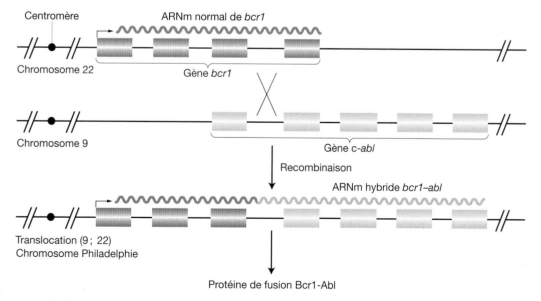

Figure 17-18 Le réarrangement chromosomique de la leucémie myéloïde chronique (LMC). Le chromosome Philadelphie qui sert de diagnostic pour la LMC est une translocation entre les chromosomes 9 et 22. La translocation produit une protéine hybride Bcr1-Abl qui ne subit plus les contrôles normaux réprimant l'activité tyrosine kinase de la protéine codée par *c-abl*. Seul l'un des deux chromosomes réarrangés après la translocation réciproque est représenté. [D'après J. D. Watson, M. Gilman, J. Witkowski et M. Zoller, *L'ADN recombinant*. Traduction française de la 2e éd. chez De Boeck, 1994.]

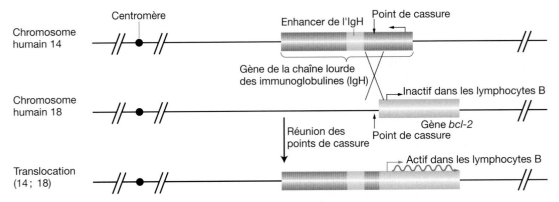

Figure 17-19 Le réarrangement chromosomique dans le lymphome folliculaire. La translocation entraîne la fusion de l'enhancer transcriptionnel d'un gène situé sur le chromosome 14 codant une sous-unité protéique d'un anticorps, avec l'unité de transcription d'un gène situé sur le chromosome 18 codant Bcl-2, un régulateur négatif de l'apoptose. De cette façon, la protéine Bcl-2 est synthétisée dans les cellules produisant les anticorps, empêchant ainsi les signaux déclenchant l'autodestruction d'induire l'apoptose dans ces cellules.

enhancer-*bcl-2* entraîne la production de grandes quantités de Bcl-2 dans les lymphocytes B. Ceci bloque quasiment l'apoptose dans ces lymphocytes B mutants et leur confère une durée de vie exceptionnellement longue, au cours de laquelle peuvent s'accumuler des mutations induisant la prolifération des cellules

> **MESSAGE** Les oncogènes dominants contribuent à l'état oncogène en provoquant l'expression d'une protéine dans sa forme activée ou son expression impropre dans certaines cellules.

Les classes de gènes suppresseurs de tumeurs

Les fonctions normales des gènes suppresseurs de tumeurs se répartissent en catégories complémentaires de celles des proto-oncogènes (voir Tableau 17-1). Certains gènes suppresseurs de tumeurs codent des régulateurs négatifs du cycle cellulaire, tels que la protéine Rb ou des éléments de la voie de signalisation de TGF-*ß*. D'autres codent des régulateurs positifs de l'apoptose (une partie de la fonction de p53 au moins s'inscrit dans cette catégorie). D'autres encore sont des acteurs indirects du cancer et jouent un rôle normal dans la réparation de l'ADN endommagé ou dans le contrôle de la longévité cellulaire. Nous allons en voir deux exemples à présent.

L'INACTIVATION COMPLÈTE D'UNE PROTÉINE QUI INHIBE LA PROLIFÉRATION CELLULAIRE Le rétino-
blastome est un cancer de la rétine qui affecte généralement les jeunes enfants. Dans cette maladie, le gène codant la protéine Rb intervenant dans la régulation du cycle cellulaire, est muté. Les cellules de la rétine dépourvues d'un gène *RB* fonctionnel prolifèrent de manière incontrôlée. Le cancer est un caractère récessif au niveau cellulaire: les deux allèles du gène codant la protéine Rb doivent être inactivés, soit par la même mutation, soit par une mutation différente dans chacun d'eux. La plupart des patients présentent une

ou plusieurs tumeurs localisées en un site d'un œil, et cette maladie est sporadique. En d'autres termes, il n'y a pas de cas connu de rétinoblastome dans la famille du patient et celui-ci ne transmet la maladie à aucun de ses descendants masculins ni féminins. Dans ce cas, les mutations *rb* apparaissent dans une cellule somatique dont les descendants colonisent la rétine (Figure 17-20). Il est probable que les mutations apparaissent par hasard à différents moments du développement dans la même lignée cellulaire.

Quelques patients présentent toutefois une forme héréditaire de la maladie, appelée rétinoblastome bilatéral héréditaire (HBR pour *hereditary binocular retinoblastoma*). Ces patients présentent de nombreuses tumeurs et la rétine de chaque œil est affectée. Paradoxalement, même si *rb* est un allèle récessif au niveau cellulaire, la transmission du HBR est celle d'un caractère autosomique dominant (voir Figure 17-20b). Comment expliquer ce paradoxe? Une mutation dans la lignée germinale inactive complètement l'une des deux copies du gène *RB* dans toutes les cellules rétiniennes des deux yeux. Il est presque certain que le seul gène *RB* normal restant acquerra une mutation *rb* dans certaines cellules rétiniennes au moins. Ces cellules ne produiront pas de protéine Rb fonctionnelle.

Pourquoi l'absence de protéine Rb entraîne-t-elle la formation de tumeurs? Rappelez-vous notre discussion sur le cycle cellulaire. Nous avons vu que la protéine Rb fonctionne en se fixant au facteur de transcription E2F. La fixation de Rb empêche E2F d'induire la transcription des gènes dont les produits sont nécessaires à la réplication de l'ADN et à d'autres fonctions de la phase S. Une Rb inactive est incapable de fixer E2F. E2F peut dès lors déclencher la transcription des gènes de la phase S. Dans les cellules mutantes homozygotes pour une mutation complète de *rb*, la protéine Rb est inactive en permanence. E2F peut donc toujours induire la phase S et au contraire des cellules normales, les cellules touchées par le rétinoblastome ne s'arrêtent jamais à la fin de la phase G1.

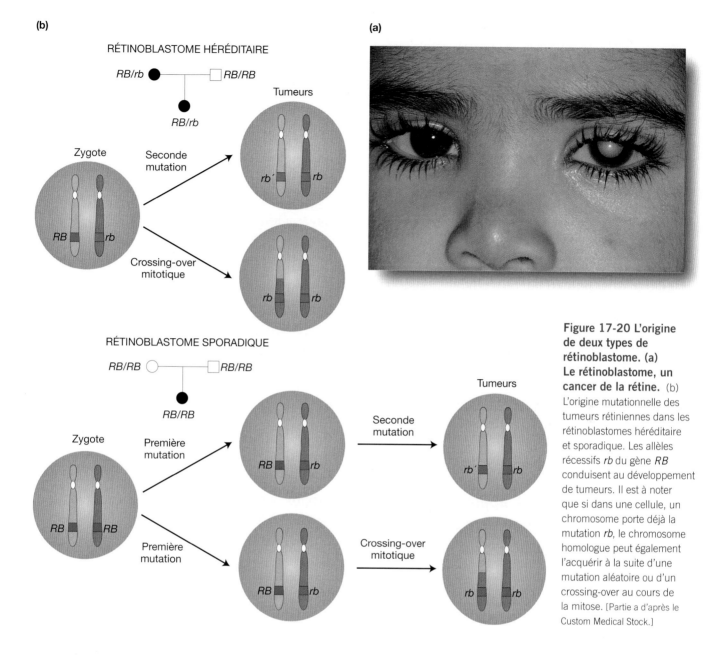

Figure 17-20 L'origine de deux types de rétinoblastome. (a) Le rétinoblastome, un cancer de la rétine. (b) L'origine mutationnelle des tumeurs rétiniennes dans les rétinoblastomes héréditaire et sporadique. Les allèles récessifs *rb* du gène *RB* conduisent au développement de tumeurs. Il est à noter que si dans une cellule, un chromosome porte déjà la mutation *rb*, le chromosome homologue peut également l'acquérir à la suite d'une mutation aléatoire ou d'un crossing-over au cours de la mitose. [Partie a d'après le Custom Medical Stock.]

Comme nous l'avons déjà noté, la mutation *rb* dans la lignée germinale est seulement un événement aboutissant au phénotype perte-de-fonction rb. L'autre allèle doit lui aussi être inactivé complètement par mutation, par délétion de l'autre allèle, ou encore à la suite d'une anomalie mitotique (un crossing-over mitotique ou une non-disjonction mitotique). Parmi ces possibilités, la délétion et le crossing-over ou la non-disjonction mitotique conduiraient à la perte de l'un des deux allèles du gène, un état appelé **perte d'hétérozygotie** ou **LOH** (abrégé de *loss-of-heterozygosity* en anglais). Il existe désormais de nombreux moyens pour identifier la perte d'hétérozygotie dans les cellules tumorales en comparant leur contenu en ADN avec celui de leurs voisines de type sauvage grâce à des polymorphismes moléculaires tels que les SNP, les SSLP ou les RFLP (voir Chapitre 12). À l'inverse, si l'on devait identifier une région du génome présentant une LOH dans un type particulier de tumeur, on

s'attendrait fortement à la présence d'un gène suppresseur de tumeur résidant en temps normal dans cette région du génome.

L'INACTIVATION COMPLÈTE D'UNE PROTÉINE INHIBANT LA PROLIFÉRATION CELLULAIRE ET INDUISANT L'APOPTOSE

Le gène *p53* est également un gène suppresseur de tumeurs. Les mutations dans *p53* sont associées à de nombreux types de tumeurs, et l'on estime à 50 % les tumeurs humaines dépourvues de gène *p53* fonctionnel. La protéine p53 est un régulateur de la transcription activé en réponse à des lésions dans l'ADN. La protéine p53 active est un régulateur de la transcription activé en réponse à une lésion dans l'ADN. La protéine p53 de type sauvage activée joue un double rôle : elle bloque le cycle cellulaire tant que la lésion dans l'ADN n'est pas réparée et dans certaines circonstances, induit l'apoptose. En l'absence d'un gène *p53* fonctionnel, le cycle cellulaire se poursuit même si la lésion dans l'ADN n'est pas réparée. L'entrée en mitose augmente la fréquence totale des mutations, des réarrangements chromosomiques et de l'aneuploïdie. De ce fait, elle accroît la probabilité d'apparition d'autres mutations induisant la prolifération cellulaire ou bloquant l'apoptose.

Il est maintenant certain que les mutations nulles capables de provoquer une augmentation du taux de mutation sont des acteurs importants du développement des tumeurs chez l'homme. Ces inactivations complètes sont des mutations récessives dans des gènes suppresseurs de tumeurs qui participent normalement aux voies de réparation de l'ADN et interfèrent donc avec celle-ci. Elles provoquent indirectement la croissance des tumeurs. En effet, leur taux élevé de mutations augmente la probabilité d'apparition d'autres mutations oncogènes ou de mutations dans des gènes suppresseurs de tumeurs, altérant la régulation normale du cycle cellulaire et de la mort cellulaire programmée. Un grand nombre de ces mutations dans des gènes suppresseurs de tumeurs ont été identifiées. Certaines d'entre elles sont associées à des formes héréditaires de cancer dans des tissus spécifiques. Les mutations *BRCA1* et *BRCA2* et le cancer du sein en sont des exemples.

> **MESSAGE** Les mutations dans les gènes suppresseurs de tumeurs, comme les mutations dans les oncogènes, agissent directement ou indirectement pour déclencher le cycle cellulaire ou bloquer l'apoptose.

17.6 L'application des approches génomiques à la recherche sur le cancer, au diagnostic et aux thérapies

Nous avons à présent une compréhension générale des types de lésions créées par des mutations, qui provoquent la formation de cancers. La plupart de ces informations proviennent de résultats d'études menées sur des gènes spécifiques. Actuellement cependant, on applique plutôt des méthodes d'analyse à l'échelle du génome à différents sujets de recherche sur le cancer et la médecine. Considérons brièvement ces approches.

Les approches génomiques pour identifier des mutations inductrices de tumeurs

Bien que l'on ait démontré jusqu'à présent que plusieurs centaines de gènes peuvent subir dans certaines circonstances des mutations qui les rendent capables d'induire des tumeurs, la chasse pour ce type de gènes est loin d'être terminée. À titre d'exemple d'approche à l'échelle du génome pour trouver des gènes responsables de cancers, considérons la façon dont la perte d'hétérozygotie (LOH) peut être exploitée. Rappelons que des mutations dans des gènes suppresseurs de tumeurs se comportent comme des allèles récessifs dans des cellules tumorales. Souvent, l'inactivation complète d'un gène est due à son retrait du génome et la

position de l'allèle absent peut être déterminée grâce à l'observation de marqueurs polymorphes qui présentent eux aussi une LOH. On peut supposer qu'un tel polymorphisme se trouve au voisinage du gène suppresseur de tumeur sur la carte de séquence du génome humain.

Une étude récente sur le cancer de la prostate a porté sur la recherche de LOH chez 11 patients, à l'aide d'environ 1 500 SNP dans tout le génome, détectables grâce à une hybridation différentielle sur des puces à oligonucléotides d'ADN (puces à SNP). Le but de cette approche était d'identifier des SNP hétérozygotes dans des cellules normales provenant de ces malades (seul un sous-groupe des patients était hétérozygote pour un SNP donné) et de regarder ensuite si les deux variants de ces SNP étaient présents dans les cellules des tumeurs de la prostate. Si un seul SNP était présent, il y avait eu LOH. La Figure 17-21 montre la distribution de 32 sites du génome qui présentaient une LOH, superposés à une carte cytogénétique humaine. On a pu soumettre chacune de ces régions à un criblage plus intensif des SNP ou d'autres marqueurs polymorphes hétérozygotes au voisinage des sites identifiés de LOH, afin de déterminer la taille de la région perdue. Une fois établies, les tailles de ces régions peuvent être comparées avec les gènes connus sur la carte de séquence englobant ces régions. La comparaison permettra aux chercheurs de se concentrer sur les gènes suppresseurs de tumeurs et de déterminer parmi eux ceux qui sont effectivement inactivés complètement dans ces tumeurs.

Les approches génomiques pour les diagnostics de cancer et les thérapies

L'un des objectifs du diagnostic des cancers est leur classification correcte. Ceci est souvent effectué grâce à une analyse des cellules tumorales au microscope. Toutefois, des approches génomiques ont révélé que certaines tumeurs d'aspect semblable sous le microscope pouvaient avoir des origines moléculaires très différentes. Examinons de quelle façon la génomique peut être utilisée pour aborder ce problème de diagnostic. Intéressons-nous par exemple à une forme de lymphome.

Les lymphomes et les leucémies sont des cancers des globules blancs – les cellules qui constituent le système immunitaire. Dans ces maladies, certains globules blancs prolifèrent massivement, conduisant à un déséquilibre des cellules immunitaires qui aboutit à une déficience du système immunitaire. L'une des classes de lymphomes s'appelle le lymphome diffus à grandes cellules B (LDGC); c'est la forme la plus courante de lymphome non hodgkinien. Dans les seuls États-Unis, environ 25 000 nouveaux cas de LDGC sont diagnostiqués chaque année. Le diagnostic est basé sur la découverte d'un groupe caractéristique de symptômes et sur l'histologie (l'examen microscopique de la morphologie des cellules et des tissus) des ganglions lymphatiques affectés (Figure 17-22). Une chimiothérapie standard guérit environ 40 % des patients atteints de LDGC mais les autres patients y restent insensibles. Pourquoi existe-t-il ces deux

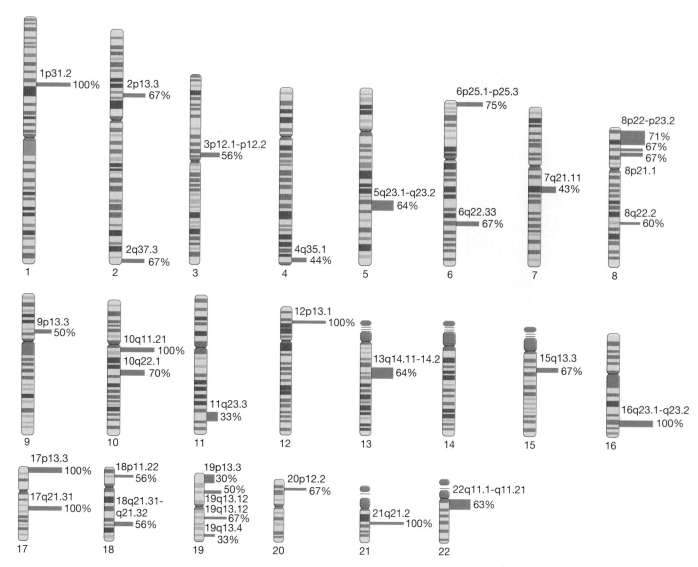

Figure 17-21 L'analyse génomique des SNP présentant une LOH pour 11 malades atteints d'un cancer de la prostate. Les rectangles indiquent la position des régions présentant une LOH, déterminées par superposition avec la carte cytogénétique. Les traits horizontaux représentent la proportion (en pourcentage) des patients atteints d'un cancer de la prostate présentant une LOH aux locus indiqués. [D'après C. I. Dumur et al., «Genomic-wide Detection of LOH in Prostate Cancer Using Human SNP Microarray Technology», *Genomics* 81, 2003, 265.]

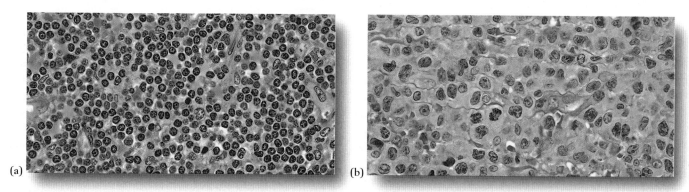

Figure 17-22 L'histologie (a) d'un ganglion lymphatique normal et (b) d'un lymphome diffus à grandes cellules B (LDGC). Les cellules à coloration sombre sont des cellules lymphoïdes. Remarquez que dans le ganglion lymphatique normal, les lymphocytes sont petits et de forme régulière alors que les cellules du lymphome sont grandes et de taille plus variée. [G. W. Willis, M.D./Visuals Unlimited.]

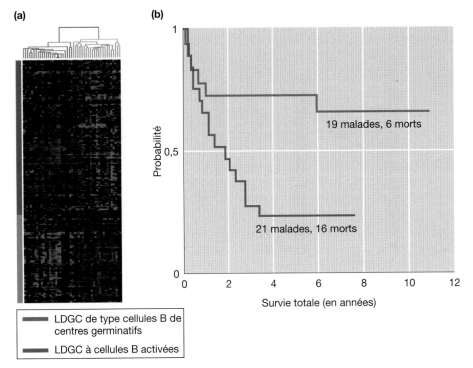

Figure 17-23 L'analyse génomique fonctionnelle du LDGC. (a) Une analyse à l'aide de micro-alignements de cellules malignes indique que les patients possèdent l'un ou l'autre des deux profils de base d'expression d'ARN, le profil d'expression de type centre germinatif (GCB) ou le profil des cellules B activées. (b) La durée de vie plus longue des patients est corrélée avec le profil d'ARN du GC de type B. [Reproduit avec la permission de L. Liotta et E. Petricoin, *Nature Reviews: Genetics* 1, 2000, 53. Macmillan Magazines Ltd.]

types de réponse au traitement dans la population des malades ? Cela pourrait provenir de facteurs génétiques ou environnementaux, de différences dans l'avancée de la maladie ou de nombreux autres facteurs.

Une avancée a été réalisée en dressant le profil de la transcription des gènes dans les cellules malignes de 40 patients à l'aide de la technologie des micro-alignements (Figure 17-23). Dans cette étude, deux profils différents d'expression des gènes ont été observés. L'un d'eux, appelé profil d'expression de type cellules B de centres germinatifs (GCB), est corrélé avec une probabilité de survie du patient après une chimiothérapie standard nettement supérieure à celle de l'autre profil appelé LDGC ou profil des cellules B activées. (Le nom donné à ces profils correspond aux similitudes entre l'expression de leurs gènes et celle de certains types de lymphocytes B normaux.) Cette observation suggère que même si le LDGC est diagnostiqué histologiquement comme une seule maladie, au niveau moléculaire il ressemble davantage à deux maladies. Ce résultat donne l'espoir d'un diagnostic et d'un traitement plus précis, spécifique de chaque maladie. De plus, ces expériences sur les micro-alignements commencent à révéler des ARN inattendus qui diffèrent soit entre cellules normales et tumorales, soit entre les différents stades de malignité. Les produits protéiques de ces ARN sont des cibles potentielles pour la thérapie médicamenteuse.

Un défi: Ces exemples donnent juste un aperçu de l'application des technologies de la génomique à la recherche sur le cancer et à la médecine. En vous appuyant sur les techniques traitées plus tôt dans le texte, imaginez d'autres façons d'appliquer les techniques génomiques pour comprendre l'origine moléculaire du cancer, pour diagnostiquer rapidement un cancer et pour mettre au point de nouvelles thérapies contre le cancer.

La complexité du cancer

Comme nous l'avons vu dans ce chapitre, de nombreuses mutations induisant le développement de tumeurs peuvent apparaître. Ces mutations modifient les processus normaux qui gouvernent la prolifération et l'apoptose (Figure 17-24). Toutefois, l'histoire ne s'arrête pas là. Il existe des preuves du fait que d'autres modes d'inactivation des gènes tels que l'empreinte génétique, peuvent produire des lésions responsables de tumeurs. On sait également que la surexpression de la télomérase est une autre condition nécessaire à l'immortalité des cellules, qui est une caractéristique des cellules cancéreuses. (Les cellules somatiques normales chez l'homme peuvent subir un nombre relativement faible de divisions avant que leurs télomères n'aient une taille trop réduite pour permettre aux cellules de continuer à se diviser. Dans les cellules tumorales cependant, la longueur des télomères semble avoir été

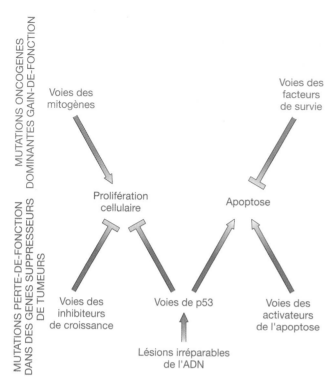

Figure 17-24 Les principaux événements contribuant à la formation des tumeurs : l'augmentation de la prolifération cellulaire ou de la durée de survie de la cellule (diminution de l'apoptose). Les voies en rouge sont sensibles aux mutations oncogènes gain-de-fonction. Les voies en bleu sont sensibles aux mutations perte-de-fonction dans des gènes suppresseurs de tumeurs.

fortement accrue probablement grâce à la surexpression de la télomérase.) Même les tumeurs malignes diffèrent par leur taux de prolifération et leur capacité d'invasion d'autres tissus (la formation de métastases). À l'évidence, même dans un état malin, l'accumulation de nouvelles mutations se poursuit dans la cellule tumorale, ce qui continue à activer sa prolifération et sa capacité d'invasion d'autres tissus. Il reste donc un long chemin à parcourir avant d'avoir une compréhension globale de l'apparition et du développement des tumeurs.

Malgré tout, il y a une lumière au bout du tunnel. Au début des années 1990, des chercheurs ont réussi grâce à la fusion avec le gène du chromosome Philadelphie, à corréler la surexpression de la tyrosine kinase Abelson avec la leucémie myélogène chronique. Les chimistes ont ensuite élaboré un composé appelé ST1571, qui se fixe au site de liaison de l'ATP de la tyrosine kinase Abelson et inhibe alors sa capacité de phosphorylation des tyrosines sur ses protéines cibles. On a montré que le ST1571 inhibe la prolifération des cellules induites par *bcr-abl* dans les lignées cellulaires et on a ensuite testé le médicament Gleevec lors d'essais cliniques. Le traitement a eu des effets considérables. Plus de 90 % des patients traités ont retrouvé une numération sanguine normale. Encore plus étonnant, plus de la moitié n'a montré aucune cellule avec un signe de la présence du chromosome Philadelphie dans le système sanguin. Aucun autre traitement pour la LMC ne s'est révélé efficace. C'est le premier cas dans lequel la compréhension de la biologie moléculaire de la création d'un état malin s'est traduite par un traitement ciblé hautement efficace.

RÉPONSES AUX QUESTIONS CLÉS

• **Pourquoi est-il important que les organismes pluricellulaires possèdent des mécanismes pour réguler le nombre de leurs cellules ?**

Le bon fonctionnement des organismes pluricellulaires dépend fortement de la répartition des tâches entre les différentes cellules d'un tissu. Pour y maintenir la proportion et le nombre corrects des cellules des différents types, des mécanismes sont nécessaires pour remplacer des cellules perdues par accident et éliminer les cellules anormales qui présentent un danger pour l'organisme dans son ensemble.

• **Pourquoi l'avancée dans le cycle cellulaire est-elle régulée ?**

Tout d'abord, la régulation au niveau des points de contrôle garantit que la cellule passe d'un stade du cycle cellulaire au stade suivant seulement lorsque les conditions préalables sont réunies. Par ailleurs, le cycle cellulaire étant connecté au système intracellulaire de signalisation, la prolifération peut être interrompue jusqu'à ce que les signaux corrects soient émis.

• **Pourquoi la mort cellulaire programmée est-elle nécessaire ?**

L'apoptose est un mécanisme normal d'autodestruction qui élimine les cellules endommagées et potentiellement dange-

reuses ainsi que les cellules dont les fonctions sont seulement temporaires au cours du développement. La survie des cellules nécessite des signaux directs de survie inhibant l'activation du programme d'autodestruction. Le prix à payer pour remplacer ces cellules inappropriées est bien plus faible que le risque de compromettre la santé de l'organisme entier.

• **Comment les cellules influencent-elles la prolifération et la mort des cellules voisines ?**

Les protéines sécrétées ou présentées par des cellules voisines servent de signal. Ces protéines se fixent à des protéines transmembranaires réceptrices sur les cellules recevant les signaux, activant ainsi une voie de transduction du signal qui aboutit au changement de l'expression de gènes clés dans le cycle cellulaire ou les voies de l'apoptose.

• **Pourquoi le cancer est-il considéré comme une maladie génétique des cellules somatiques ?**

Les cancers résultent de l'accumulation d'un groupe de mutations dans une cellule somatique unique. Ces mutations contournent les mécanismes élémentaires de contrôle qui empêchent la prolifération incontrôlée des cellules.

• **Comment les mutations induisent-elles des tumeurs ?**

Les mutations inductrices de tumeurs lèvent les contrôles inhibiteurs normaux du cycle cellulaire ou bloquent l'apoptose. De plus, les mutations qui augmentent le taux de mutations dans la cellule favorisent l'apparition de tumeurs, sans doute parce que les mutations augmentent la prolifération cellulaire ou induisent la voie de l'apoptose.

• **Comment les méthodologies de la génomique peuvent-elles être appliquées à la recherche sur le cancer et à la médecine ?**

La technologie des micro-alignements peut être utilisée pour chercher des mutations dans des gènes suppresseurs de tumeurs et pour diagnostiquer plus précisément le type de cancer touchant des malades dont le phénotype histologique tumoral est le même.

RÉSUMÉ

Les cellules somatiques des Eucaryotes supérieurs composent de multiples tissus et peuvent être de nombreux types différents, chacun jouant un rôle spécialisé dans la physiologie de l'organisme. La régulation du nombre de cellules est essentielle pour maintenir un équilibre physiologique correct entre les différents tissus et types cellulaires. Les organismes eucaryotes supérieurs ont élaboré des mécanismes qui contrôlent la survie des cellules et leur capacité de prolifération.

La prolifération normale des cellules est contrôlée par la régulation du cycle cellulaire. Cette régulation remplit plusieurs objectifs. Tout d'abord, la régulation au niveau des points de contrôle du cycle cellulaire garantit que celui-ci ne passe à l'étape suivante que lorsqu'un ensemble de conditions préliminaires garantissant ensuite la réplication correcte des chromosomes et leur ségrégation sont remplies. De plus, le cycle cellulaire étant connecté au système intercellulaire de signalisation, la prolifération peut être interrompue jusqu'à l'arrivée des signaux appropriés.

L'apoptose est un mécanisme normal d'autodestruction qui élimine les cellules endommagées et potentiellement dangereuses ainsi que les cellules dont les fonctions sont seulement temporaires au cours du développement. Nous savons désormais que la survie des cellules exige la réception de signaux directs de survie qui inhibent l'activation du programme d'exécution et la cascade des caspases, qui conduit à l'autodestruction.

La prolifération cellulaire et l'apoptose sont coordonnées dans une population de cellules grâce aux systèmes intercellulaires de signalisation. La signalisation correspond à la sécrétion d'un signal par des cellules émettrices, la réception de celui-ci par des récepteurs de surface présents sur des cellules cibles et la transduction de ce signal du récepteur transmembranaire vers l'intérieur (généralement le noyau) des cellules cibles.

Le cancer est une maladie génétique des cellules somatiques. Dans le cancer, les cellules prolifèrent de manière incontrôlée et échappent aux mécanismes d'autodestruction en raison de l'accumulation d'une série de mutations suppresseurs de tumeurs dans la même cellule somatique. De nombreux gènes induisant des cancers lorsqu'ils sont mutés, contribuent en temps normal directement ou indirectement au contrôle de la croissance des cellules et de leur différenciation. Les gènes qui stimulent normalement la survie ou la prolifération cellulaire peuvent être mutés et se transformer en oncogènes. Les mutations oncogènes se comportent dans la cellule cancéreuse comme des mutations gain-de-fonction dominantes, dans lesquelles leur effet inducteur de tumeurs est dû à une activité modifiée du produit du gène mutant. Les gènes qui normalement accélèrent l'apoptose ou inhibent la mitose sont des gènes suppresseurs de tumeurs. Les mutations dans ces gènes se comportent dans la cellule cancéreuse comme des mutations perte-de-fonction récessives. En d'autres termes, la disparition de l'activité de ces produits de gènes déclenche la formation de tumeurs. De plus, les mutants touchés dans leurs voies de réparation ainsi que ceux qui présentent une augmentation du taux général de mutation accroissent la probabilité d'apparition de mutations inductrices de tumeurs et favorisent donc indirectement le développement de tumeurs.

La génomique fonctionnelle sert aux tests de diagnostic et à identifier des cibles de médicaments, lors d'études destinées à améliorer la détection et le traitement du cancer. Au lieu d'appliquer les méthodes classiques pour rechercher la contribution de gènes spécifiques au développement de tumeurs, nous sommes maintenant quasiment capables d'examiner le génome complet pour y rechercher des changements dans l'activité des gènes associés à la formation de tumeurs. Même si l'on ne comprend pas la nature de tous les changements, la génomique fonctionnelle révèle les « empreintes » de l'expression des gènes qui permettent l'identification des différents états de la maladie.

MOTS CLÉS

Apoptose (p. 552)

Cancer (p. 558)

Cascade de transduction du signal (p. 555)

Caspase (p. 552)

Cellule différenciée (p. 547)

Cellule souche (p. 547)

Communication intercellulaire (p. 553)

Complexes CDK-cyline (p. 548)

Cycline (p. 549)

Facteur de croissance (p. 555)

Facteur de survie (p. 556)

Gène suppresseur de tumeurs (p. 560)

Kinase (p. 549)

Ligand (p. 553)
Mitogène (p. 555)
Mort cellulaire programmée (p. 552)
Oncogène (p. 559)
Oncoprotéine (p. 562)

Perte d'hétérozygotie (LOH)
(p. 565)
Point de contrôle (p. 550)
Protéine kinase cycline-dépendante
(CDK) (p. 549)

Proto-oncogène (p. 559)
Signal endocrine (p. 553)
Signal paracrine (p. 555)
Zymogène (p. 552)

PROBLÈME RÉSOLU

1. Dans la forme héréditaire du rétinoblastome, un enfant atteint est hétérozygote pour une mutation *rb* qui a pu être transmise par l'un des parents ou apparaître *de novo* dans le noyau du spermatozoïde ou de l'ovule ayant donné naissance à l'enfant. Les cellules hétérozygotes *RB/rb* ne sont toutefois pas malignes. L'allèle *RB* de l'hétérozygote doit être inactivé complètement dans le tissu rétinien en cours de développement pour créer une cellule tumorale. Un telle inactivation complète peut se produire à la suite d'une mutation indépendante de l'allèle *RB* ou d'un crossing-over mitotique qui rendrait homozygote la mutation *rb* initiale.

a. Si le rétinoblastome était transmis également à d'autres frères et sœurs de l'enfant malade, pourrions-nous déterminer si la mutation initiale a été transmise par le père ou par la mère ? De quelle façon ?

b. Pourrions-nous déterminer si la mutation *rb* a été transmise par la mère ou par le père dans le cas où elle est apparue *de novo* dans une cellule germinale de l'un des parents ?

Solution

a. Si le caractère est transmis, nous pouvons déterminer de quel parent il provient. L'approche la plus directe consiste à identifier les polymorphismes de l'ADN, tels que les polymorphismes de longueur des fragments de restriction (RFLP), qui sont situés à l'intérieur ou près du gène *RB*. *RB* a la propriété étonnante d'être transmis comme un caractère autosomique dominant, même s'il est récessif au niveau cellulaire. Étant donné le mode dominant de la transmission, découvrir des différences d'ADN dans les génomes paren-taux à proximité de chacun des quatre allèles parentaux devrait permettre d'identifier l'allèle transmis à toute la descendance affectée. Cet allèle est l'allèle mutant.

b. Si le caractère apparaît *de novo* dans le spermatozoïde ou l'ovule, il est sans doute possible de déterminer de quel parent il provient, mais avec de plus grandes difficultés cette fois-ci. L'une des approches possibles consiste à utiliser des techniques de clonage de l'ADN recombinant pour isoler chacune des deux copies du gène *RB* à partir des cellules normales. L'un de ces allèles seulement devrait être mutant. Une fois le gène cloné, le séquençage de l'ADN des deux allèles devrait nous permettre d'identifier la mutation qui inactive *RB*. Si elle est apparue *de novo* dans le spermato-zoïde ou l'ovule, cette mutation sera absente des cellules somatiques des parents. Si le séquençage révèle également quelques polymorphismes (par exemple, au niveau de sites de reconnaissance d'enzymes de restriction) qui différen-cient les allèles, il devrait être possible de revenir à l'ADN des parents et de vérifier si celui du père ou de la mère porte les polymorphismes présents dans l'allèle mutant cloné. (La réussite de cette approche dépendra de la nature exacte des allèles parentaux et de la mutation.)

Si la mutation est apparue à la suite d'un crossing-over mitotique, des outils supplémentaires sont à notre disposi-tion. Dans ce cas, toute la région autour du gène *rb* sera homozygote pour le chromosome mutant. En examinant les polymorphismes de l'ADN que l'on sait être situés dans cette région, il devrait être possible de déterminer si ce chro-mosome provient du père ou de la mère. La solution de ce problème s'apparente alors à un exercice standard de déter-mination d'empreinte génétique de l'ADN, semblable à celui décrit dans la partie a.

PROBLÈMES

PROBLÈMES ÉLÉMENTAIRES

1. Donnez trois arguments indiquant que le cancer est une maladie génétique.

2. Décrivez trois mécanismes utilisés pour contrôler les activités des protéines dans le cycle cellulaire et la mort cellulaire.

3. Quels sont les deux rôles des cyclines ? Comment leurs concentrations sont-elles régulées ?

4. Citez trois grandes catégories de mutations conduisant à l'apparition d'un cancer.

5. Quels sont les rôles des protéines Apaf et Bcl dans l'apoptose ?

6. Quels sont les deux mécanismes par lesquels des transloca-tions peuvent conduire à la formation d'oncogènes ?

7. Comment l'activité des caspases est-elle contrôlée ?

8. Donnez un exemple d'oncogène. Pourquoi la mutation des oncogènes est-elle dominante ?

9. Donnez un exemple de gène suppresseur de tumeurs. Pourquoi les mutations dans ce type de gène sont-elles récessives ?

10. De quelle façon les mutations suivantes conduisent-elles à l'apparition d'un cancer ?

   a. v-*erbB*

   b. oncogène *ras*

   c. chromosome Philadelphie

11. Pour chacune des protéines suivantes, décrivez la façon dont une mutation peut conduire à la formation d'un oncogène.

   a. récepteur de facteur de croissance

   b. régulateur de la transcription

   c. protéine G

PROBLÈMES D'ÉVALUATION

12. On suppose que le cancer est dû à l'accumulation de deux «atteintes» géniques ou plus – c'est-à-dire deux mutations ou plus affectant la prolifération cellulaire et la survie d'une même cellule. Un grand nombre de ces mutations oncogènes sont dominantes : une copie mutante du gène concerné est suffisante pour modifier les propriétés de prolifération d'une cellule. Dans la liste suivante, quels sont les types généraux de mutations susceptibles de produire des oncogènes dominants ? Justifiez chaque réponse.

   a. Une mutation augmentant le nombre de copies d'un activateur de la transcription de la cycline A.

   b. Une mutation non-sens située peu après le codon de début de la traduction d'un gène codant le récepteur d'un facteur de croissance.

   c. Une mutation augmentant la concentration de FasL.

   d. Une mutation perturbant le site actif d'une protéine cytoplasmique à fonction tyrosine kinase, spécifique des tyrosines.

   e. Une translocation juxtaposant un gène codant un inhibiteur de l'apoptose, à un enhancer activant l'expression d'un gène dans le foie.

13. Un grand nombre des protéines qui permettent le déroulement du cycle cellulaire sont modifiées de façon réversible, tandis que dans la voie de l'apoptose, les événements de modification sont irréversibles. Expliquez ces observations à l'aide de vos connaissances sur la nature et les résultats finaux de ces deux voies.

14. Les mutations induisant des tumeurs sont décrites comme étant de type gain-de-fonction ou perte-de-fonction. Décrivez les effets des deux classes de mutations inductrices de tumeurs sur le cycle cellulaire et l'apoptose.

15. En temps normal, FasL est présent sur les cellules uniquement lorsque celles-ci doivent ordonner à leurs voisines de s'engager dans l'apoptose. Supposons que vous rencontriez une mutation entraînant l'apparition de FasL à la surface de toutes les cellules du foie.

   a. Si la mutation est présente dans la lignée germinale, pensez-vous qu'elle est dominante ou récessive ?

   b. Si un tel mutant apparaît dans du tissu somatique, pensez-vous qu'il induira des tumeurs ? Pourquoi ou pourquoi non ?

16. Certains gènes peuvent être mutés en oncogènes par l'augmentation du nombre de leurs copies. Ceci est vrai par exemple pour le gène codant le facteur de transcription Myc. À l'inverse, les mutations oncogènes de *ras* sont toujours des mutations ponctuelles qui modifient la structure de la protéine Ras. Expliquez ces observations en vous servant de vos connaissances sur les rôles des versions normales et oncogènes de Ras et de Myc.

17. Nous savons désormais que l'on trouve des mutations provoquant l'inhibition de l'apoptose dans des tumeurs. La prolifération n'étant pas directement induite par l'inhibition de l'apoptose, expliquez de quelle façon cette inhibition peut contribuer à la formation de tumeurs.

18. Supposez que vous puissiez introduire des copies normales d'un gène dans une cellule tumorale dont le gène correspondant présente des mutations induisant la croissance des tumeurs.

   a. Si les mutations se trouvent dans un gène suppresseur de tumeurs, pensez-vous que les transgènes normaux pourraient bloquer l'activité inductrice de tumeurs des mutations ? Pourquoi ou pourquoi non ?

   b. Mêmes questions si les mutations sont de type oncogène.

19. L'insuline est une protéine sécrétée par le pancréas (un organe endocrine) lorsque la concentration de sucre dans le sang est élevée. L'insuline agit à distance sur de nombreux tissus, en se fixant et en activant un récepteur à activité tyrosine kinase, ce qui entraîne la diminution du sucre dans le sang par un stockage adapté des produits du métabolisme des sucres. Le diabète est une maladie dans laquelle la concentration de sucre dans le sang reste élevée car une partie de la voie empruntée par l'insuline est déficiente. L'un des types de diabètes (appelons-le type A) peut être soigné en injectant de l'insuline aux personnes atteintes. Un autre type de diabète (appelons-le type B) ne répond pas au traitement par l'insuline.

   a. Quel type de diabète semble dû à une déficience dans le pancréas et quel type semble provoqué par un défaut dans les cellules cibles ? Justifiez votre réponse.

   b. Le diabète de type B peut être provoqué par des mutations dans un gène parmi plusieurs possibles. Expliquez cette observation.

20. Une lésion irréparable de l'ADN peut avoir des conséquences à la fois sur le cycle cellulaire et sur l'apoptose. Expliquez les conséquences de cette lésion ainsi que les voies par lesquelles elles se matérialisent dans une cellule.

21. Les rétinoblastomes apparaissent à la suite de mutations dans le gène *RB*. Dans le rétinoblastome bilatéral

héréditaire (HBR), le gène est transmis d'un parent à ses enfants sous la forme d'un caractère autosomique dominant simple. Pourtant, on pense que *RB* est un gène récessif suppresseur de tumeur. Dans le HBR, il y a généralement des tumeurs dans les deux yeux. Au contraire, dans la forme de rétinoblastome qui n'est pas héréditaire (appelée rétinoblastome sporadique), les tumeurs sont moins nombreuses et sont limitées à un œil. Expliquez ces observations à l'aide de vos connaissances sur le type de mutations touchant les gènes suppresseurs de tumeurs, qui conduisent à une néoplasie (formation de tumeurs).

22. La protéine Rb de type sauvage piège (séquestre) E2F dans le cytoplasme. Au moment approprié du cycle cellulaire, E2F est libéré, ce qui lui permet de se comporter comme un facteur de transcription fonctionnel.

a. Dans des cellules homozygotes pour une mutation perte-de-fonction *rb*, dans quelle partie de la cellule se trouvera E2F à votre avis ?

b. Si une cellule est homozygote pour des mutations perte-de-fonction à la fois dans le gène *RB* et dans le gène *E2F*, vous attendez-vous à observer la formatione tumeurs ? Justifiez votre réponse.

c. De quelle façon une mutation dans la protéine RB qui se fixe de manière irréversible à E2F affecte-t-elle le cycle cellulaire ?

18

L'ORIGINE GÉNÉTIQUE DU DÉVELOPPEMENT

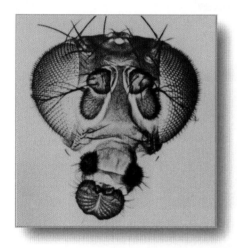

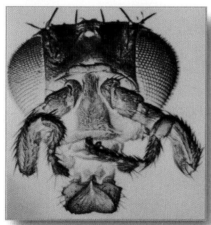

Une mutation homéotique qui modifie le patron élémentaire d'organisation du corps chez la drosophile. La transformation homéotique est le remplacement d'une partie du corps par une autre. À la place d'une antenne en temps normal (visible dans la photographie du haut), la mutation *Antennapedia* conduit les cellules précurseurs des antennes à former une patte. [F. R. Turner/BPS.]

QUESTIONS CLÉS

- Quelle séquence d'événements produit le patron élémentaire d'organisation du corps chez un animal?

- Comment les polarités qui déterminent les principaux axes du corps sont-elles créées?

- Comment les cellules reconnaissent-elles leurs positions le long des axes du développement?

- Les cellules participent-elles à un seul ou à plusieurs processus de prise de décision?

- Quel rôle la communication intercellulaire joue-t-elle dans la construction du patron élémentaire d'organisation du corps?

- Les voies de construction du patron biologique sont-elles conservées entre des espèces éloignées?

SOMMAIRE

L'ESSENTIEL DU CHAPITRE

Le patron élémentaire d'organisation du corps chez un animal est un ensemble spécifique de structures, commun à
tous les membres d'une espèce et même à de nombreuses espèces différentes. Toutes les espèces de mammifères possèdent
quatre membres, tandis que les insectes en ont six. Malgré cela,
tous les mammifères et les insectes doivent au cours de leur
développement différencier leurs extrémités antérieure et postérieure, ainsi que leurs faces ventrale et dorsale. Les yeux et les
pattes apparaissent toujours aux endroits adéquats. Le schéma
corporel élémentaire semble assez stable au sein d'une espèce,
c'est-à-dire que le programme génétique interne produit le
même plan corporel dans une vaste gamme de conditions
environnementales. Il ne faut pas oublier toutefois que l'étude
de la détermination génétique de ces processus élémentaires
du développement ne nous fournit pas d'explication sur les
différences phénotypiques entre des membres d'une même
espèce considérés *individuellement*. Ce chapitre est consacré
aux processus à la base de la formation du patron des divisions
cellulaires, qui conduit à la construction de la forme complexe
de l'organisme. Ces processus sont dictés par un programme
génétique développemental pour construire le patron élémentaire d'organisation du corps chez un organisme.

Nous allons montrer dans ce chapitre que la création du
patron corporel d'organisation est un processus progressif dans
lequel le canevas des principales subdivisions du corps apparaît
d'abord sous la forme de bandes larges qui s'affinent ensuite
jusqu'à constituer le patron final d'expression. Les principales
étapes du développement d'un embryon de drosophile sont
résumées dans la Figure 18-1. Des substances sont déposées aux
pôles de l'œuf par le parent maternel. Ces substances donnent
ensuite lieu aux gradients des axes antéro-postérieur et dorso-
ventral. L'interaction de ces gradients permet l'apparition de
zones larges d'expression des gènes. Ces patrons d'expression
restent en mémoire pendant toute la division cellulaire, de sorte
que toutes les cellules filles sont programmées pour un destin
précis au cours du développement. Une signalisation génique
ultérieure à la fois entre les cellules et à l'intérieur de celles-ci,
établit des régions plus fines d'expression des gènes.

Cette approche dans la construction de l'organisme est
judicieuse car elle permet de compenser les erreurs. Tous les
ajustements nécessaires pour corriger les erreurs sont effectués en même temps que le système progresse. Tout d'abord,
quelques populations différentes de cellules sont fabriquées
et chaque population est subdivisée progressivement en un
groupe de plus en plus important de types cellulaires distincts
qui finit par former des tissus et des organes fonctionnels.
Souvent, la prolifération cellulaire progresse de concert. À
chaque étape du processus, il existe une opportunité d'ajuster
les types et le nombre des cellules si l'étape précédente ne
s'est pas déroulée correctement. C'est seulement après des
évaluations à mi-parcours et l'exécution des corrections que
le système peut passer à l'étape suivante.

Comprendre la mise en place d'un patron d'expression
exige de connaître toutes les voies alternatives à travers un
réseau de voies développementales, mais avec une attention particulière sur certains points – les interrupteurs qui permettent

UNE VUE D'ENSEMBLE DU CHAPITRE

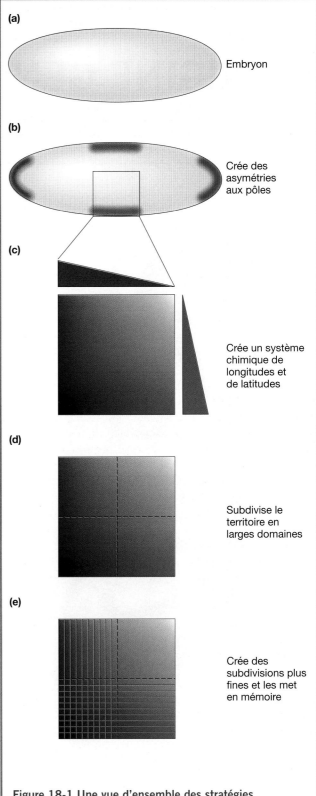

(a) Embryon

(b) Crée des asymétries aux pôles

(c) Crée un système chimique de longitudes et de latitudes

(d) Subdivise le territoire en larges domaines

(e) Crée des subdivisions plus fines et les met en mémoire

**Figure 18-1 Une vue d'ensemble des stratégies
développementales.** Le tissu maternel environnant met en
place un matériau qui crée des asymétries, produisant des
gradients qui définissent ensuite plusieurs zones de grande taille.
Une interaction ultérieure entre des gènes subdivise ces régions.
Ces identités sont ensuite «mises en mémoire».

l'accès à des routes spécifiques du réseau. Le développement d'un plan corporel comporte des endroits au niveau desquels des choix doivent être effectués : certains sont comme des interrupteurs et d'autres ressemblent aux boutons de présélection d'une radio. Les interrupteurs n'ont que deux positions : ouverte (ON) ou fermée (OFF). Les boutons de présélection permettent de sélectionner une option parmi de nombreux états alternatifs possibles. Tous les éléments moléculaires qui constituent ces points de prise de décision ont été discutés dans des chapitres précédents. Le défi de la formation du patron d'organisation (morphogenèse) consiste à comprendre la façon dont ces éléments moléculaires sont interconnectés de façon cohérente et reproductible pour construire le même patron corporel chez chaque membre d'une espèce.

Dans les circuits génétiques, ces points de prise de décision aboutissent à la modulation de l'activité d'une multitude de gènes qui donnent à une cellule les caractéristiques développementales qui la définissent – les types cellulaires auxquels elle donne naissance. Un patron corporel est produit par l'établissement de connexions au sein de l'appareil transcriptionnel dans une cellule, qui lui permettent de transmettre ses décisions aux cellules adjacentes. De cette façon, chaque cellule peut partager à tout moment avec ses voisines l'information concernant l'état des décisions prises pour son développement. Grâce à ce partage d'informations, la population cellulaire totale peut mettre en place un effort coordonné afin de garantir que tous les types cellulaires nécessaires seront représentés et occuperont l'espace de manière à permettre la construction des tissus, des organes et des appendices du corps mature. Dans ce chapitre, nous ne présenterons pas de nouveaux types de fonctions moléculaires. Nous rencontrerons en fait la même distribution d'acteurs que ceux impliqués dans la régulation des gènes et dans la signalisation intercellulaire mais avec davantage encore d'intégration et de coordination. Ceci ne devrait pas nous surprendre car l'un des thèmes fondamentaux de la biologie est le mélange et l'adaptation d'un groupe limité d'outils existants par la sélection naturelle, afin de résoudre de nouveaux problèmes comme l'élaboration des plans complexes de construction du corps.

18.1 La logique de la morphogenèse

Chez tous les organismes supérieurs, la vie commence sous la forme d'une cellule unique, l'œuf nouvellement fécondé. L'organisme atteint sa maturité lorsqu'une population de milliers, de millions ou même de milliards de cellules se combine en un organisme complexe comprenant de nombreux organes interconnectés. Le but de la biologie du développement est de percer à jour les processus fascinants et mystérieux qui transforment un œuf en un adulte. Puisque nos connaissances les plus avancées sur le développement concernent les systèmes animaux plutôt que les plantes ou les champignons pluricellulaires, nous porterons notre attention initialement sur les premiers.

Chaque cellule présente un profil protéique particulier. Il s'agit des types et des quantités de protéines qu'elle abrite. Dans un organisme pluricellulaire, le profil protéique d'une cellule est le résultat final d'une série de décisions qui déterminent le « quand, où et combien » de l'expression des gènes.

Par conséquent pour un gène donné, un généticien cherche à savoir dans quels tissus et à quels moments du développement le gène est transcrit et quelle quantité des produits de gènes est synthétisée. De ce point de vue, toute la programmation du développement est déterminée par l'information régulatrice codée dans l'ADN. Nous pouvons considérer le génome comme un catalogue de tous les produits de gènes (ARN et protéines) susceptibles d'être synthétisés et comme un manuel d'instruction indiquant quand, où et en quelle quantité ces produits doivent être exprimés. L'un des aspects de la génétique du développement est donc de comprendre comment fonctionne ce manuel d'instructions pour diriger les cellules vers différentes voies du développement, afin de produire un grand nombre de types cellulaires caractéristiques (reportez-vous à la Figure 18-1).

D'autres questions se posent cependant à propos de la création de la diversité cellulaire au cours du développement. Comment les différents types de cellules se déploient-ils de façon cohérente et constructive ? En d'autres termes,

- comment les cellules s'organisent-elles en organes et en tissus ?

- comment ces organes et ces tissus forment-ils un organisme intégré dont le fonctionnement est cohérent ?

Nous allons aborder ces questions en examinant la formation du plan élémentaire d'organisation du corps chez les animaux.

Au cours de l'élaboration du plan d'organisation du corps, les cellules doivent s'engager à un moment donné dans une **identité cellulaire** spécifique, c'est-à-dire se différencier en un type cellulaire particulier. Le devenir d'une cellule doit prendre en compte sa localisation. Il ne servirait à rien en effet qu'une cellule de la queue se transforme en une cellule du cerveau par exemple, ni pour une cellule du cristallin de se développer en cellule de la rétine. Tous les organes et les tissus sont constitués de nombreuses cellules et la structure globale d'un organe ou d'un tissu exige une division du travail entre les cellules constituantes. D'une façon ou d'une autre, la position d'une cellule doit donc être identifiée et les devenirs cellulaires doivent être répartis entre un groupe de cellules coopératives appelé **champ morphogénétique** (ou champ développemental).

La position d'une cellule est généralement établie grâce à des signaux protéiques émis à partir d'un endroit spécifique dans le zygote monocellulaire d'origine ou à partir d'une ou plusieurs cellules du champ développemental. Exactement comme nous avons besoin des longitudes et des latitudes pour voyager sur terre, une cellule doit disposer d'informations sur sa position dans un champ morphogénétique. Cette information s'appelle **information de position** ou information positionnelle. Elle permet à la cellule d'exécuter le programme développemental adapté à sa position. Lorsque cette information est reçue, quelques types cellulaires précurseurs différents sont généralement créés à l'intérieur d'un champ. À travers d'autres processus de division cellulaire et de prise de décisions, une population de cellules présentant la diversité des identités finales et la distribution spatiale nécessaire est mise en place.

Ces processus complémentaires – **l'affinement du choix de l'identité** – peuvent être de deux sortes. Dans certaines situations, les divisions asymétriques d'un des types de cellules précurseurs créent des descendants ayant reçu des instructions régulatrices différentes, qui adoptent alors des identités distinctes. On peut considérer cela comme un mécanisme de répartition des identités finales *dépendant des lignées cellulaires*. Les décisions évolutives peuvent également être prises par un «comité de cellules» – c'est-à-dire que le destin d'une cellule dépend de signaux transmis par des cellules voisines et émis en retour vers celles-ci. On peut considérer ce mécanisme de répartition des destins cellulaires comme *dépendant du voisinage*. Les mécanismes cellulaires dépendants du voisinage offrent une certaine souplesse développementale pour permettre à un organisme de compenser les accidents tels que la mort d'une cellule. Si certaines cellules sont perdues par accident, le système de communication intercellulaire est utilisé pour reprogrammer les cellules voisines survivantes. Celles-ci vont alors se diviser et une partie de leurs descendants remplacera les cellules mortes. En effet, la régénération de membres coupés telle qu'elle se produit chez des animaux comme l'étoile de mer ou les amphibiens repose sur des mécanismes dépendants du voisinage.

> **MESSAGE** Les cellules appartenant à un champ morphogénétique doivent être capables d'identifier leur position spatiale et de prendre des décisions développementales, en accord avec les décisions prises par leurs voisines.

De nombreuses décisions prises au cours du développement comportent deux phases distinctes: (1) la prise de la décision et (2) l'application de celle-ci. Prendre une décision développementale s'apparente comme nous l'avons vu à appuyer sur un interrupteur ou à tourner le bouton d'une radio. L'application de celle-ci demande la création d'un système de mise en mémoire qui verrouille définitivement une cellule *et ses descendants* dans la position «on» ou «off» correspondant à la décision spécifique. Prendre une décision concernant le développement et se la rappeler au cours des divisions cellulaires suivantes sont essentiels à l'adoption par les cellules de leur destin spécifique.

Le processus de détermination des cellules dans une voie particulière est progressif. Une cellule dans un état indéterminé ou **totipotent** n'adopte pas une spécialisation définitive en une seule étape. Chaque grande prise de décision est en réalité constituée d'une série d'événements au cours desquels des cellules sont progressivement dirigées vers une évolution différente. Si l'on examine une **lignée cellulaire** – c'est-à-dire l'arbre généalogique d'une cellule somatique et de ses descendants – on voit que les cellules parentales dans l'arbre sont moins engagées dans la différenciation que leurs descendants.

> **MESSAGE** La prolifération des cellules dans un organisme en cours de développement s'accompagne de prises de décisions pour spécifier de plus en plus précisément l'orientation du développement des cellules d'une même lignée.

18.2 Les choix binaires au cours du développement: lignée germinale ou lignée somatique

La prise de décision de type «interrupteur» peut conduire à deux résultats: on parle donc de décision identitaire binaire. Comment ces interrupteurs fonctionnent-ils dans les cellules? Nous allons nous intéresser aux processus qui subdivisent l'embryon en populations cellulaires distinctes. L'une des décisions essentielles prise au cours du développement animal concerne la séparation de la lignée germinale (les cellules formant les gamètes) et de la lignée somatique (toutes les autres cellules). Une fois que cette séparation a eu lieu, elle est irréversible. Les cellules germinales n'interviennent pas dans les structures somatiques. Les cellules somatiques quant à elles, ne peuvent former de gamètes. C'est pourquoi leurs descendants ne transmettent jamais de matériel génétique à la génération suivante. Examinons à présent l'interrupteur à l'origine de cette décision.

Dans les cas les mieux compris, le choix entre lignée germinale et lignée somatique utilise les asymétries cellulaires. Depuis le moment où un ovocyte est fécondé, des molécules régulatrices spéciales sont ancrées à une extrémité de la cellule. Par conséquent après la division, seul un sous-groupe des cellules filles acquiert ces molécules régulatrices dans son cytoplasme. C'est cet ensemble de cellules qui formera la lignée germinale. Les cellules dépourvues de ces molécules régulatrices deviendront les cellules somatiques. En d'autres termes, dans le cas de cet interrupteur qui fonctionne comme un aiguillage, on peut considérer la cellule somatique comme étant dans un état par défaut ou état OFF et la cellule germinale comme étant dans l'état ON. Nous devons donc envisager à présent trois questions:

- Quelle est la nature des structures asymétriques dans la cellule?
- De quelle façon les molécules régulatrices s'accumulent-elles à une extrémité de ces structures?
- Quelles sont ces molécules régulatrices et comment fonctionnent-elles?

Commençons par considérer les asymétries intracellulaires, exploitées par le système de détermination de la lignée germinale – les composants asymétriques du **cytosquelette**, qui est l'armature traversant le cytoplasme de la cellule et donnant à celle-ci sa forme et sa structure.

Le cytosquelette de la cellule

Le cytosquelette est constitué de plusieurs réseaux hautement organisés de bâtonnets ou baguettes, présents dans chaque cellule. Chaque réseau est constitué de l'un des trois types de bâtonnets: les filaments intermédiaires, les microfilaments et les microtubules (Figure 18-2). Chacun a sa propre architecture, constituée de sous-unités protéiques induisant la polymérisation ou la destruction des baguettes. Nous nous intéresserons principalement aux deux dernières classes

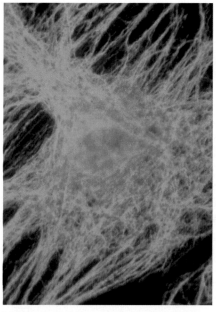 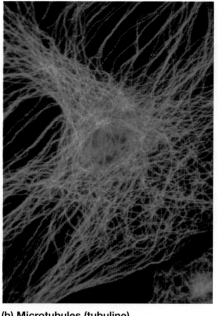 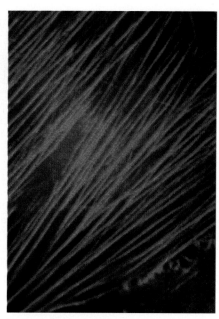

(a) Filaments intermédiaires (vimentine)   **(b) Microtubules (tubuline)**   **(c) Microfilaments (actine)**

Figure 18-2 Les différents systèmes de cytosquelette dans la même cellule. La distribution
de (a) la vimentine, la protéine constituant les filaments intermédiaires, (b) la tubuline, la protéine
formant les microtubules et (c) l'actine, la protéine des microfilaments. [Aimablement communiqué par
V. Small. Reproduit d'après H. Lodish, D. Baltimore, A. Berk, S. L. Zipursky, P. Matsudaira et J. Darnell, *Biologie
moléculaire de la cellule*. Traduction française de la 3ᵉ éd. chez De Boeck, 1997.]

d'éléments cytosquelettiques. Les **microfilaments** sont des polymères linéaires d'une protéine structurale, l'actine, alors que les **microtubules** sont des polymères linéaires de deux protéines structurales étroitement apparentées, l'α-tubuline et la ß-tubuline. Chaque type de bâtonnet est impliqué dans des réseaux d'ordre supérieur, en formant des liaisons croisées avec des bâtonnets voisins du même type que lui. Les différents systèmes cytosquelettiques jouent souvent plusieurs rôles biologiques. Les microfilaments d'actine par exemple jouent un rôle essentiel dans la motilité cellulaire, comme la contraction musculaire ou la « reptation » des amibes, alors que les microtubules sont des éléments cytosquelettiques participant aux fuseaux mitotiques et méiotiques lors des divisions cellulaires.

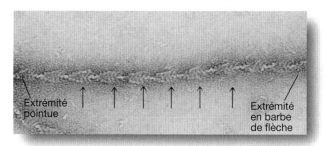

Figure 18-3 La polarité des sous-unités dans un microfilament d'actine. D'ordinaire, un microfilament d'actine n'a pas cet aspect, mais celui-ci a été enrobé d'une protéine qui, en se fixant, révèle la polarité sous-jacente du microfilament d'actine. [Aimablement communiqué par R. Craig. Reproduit d'après H. Lodish, D. Baltimore, A. Berk, S. L. Zipursky, P. Matsudaira et J. Darnell, *Biologie moléculaire de la cellule*. Traduction française de la 3ᵉ éd. chez De Boeck, 1997.]

Le cytosquelette accomplit plusieurs tâches importantes pour la création des asymétries : le contrôle de la localisation du plan de clivage mitotique dans les cellules, le contrôle de la forme des cellules et le transport dirigé des molécules et des organites dans la cellule. Tous ces rôles reposent sur la polarité des bâtonnets du cytosquelette (Figure 18-3), c'est-à-dire qu'une extrémité d'un bâtonnet du cytosquelette peut se distinguer chimiquement de l'autre.

Exploiter la polarité des microfilaments et des microtubules

Les microfilaments et les microtubules sont des « autoroutes » intracellulaires le long desquelles d'autres molécules qui s'apparentent à des véhicules différents peuvent circuler dans les deux sens à l'intérieur de la cellule.

Pour comprendre de quelle façon les déplacements orientés peuvent se produire le long des bâtonnets du cytosquelette, considérons les microtubules. Près du centre de la plupart des types cellulaires se trouvent toutes les extrémités « – » (moins) des microtubules (Figure 18-4). Cet emplacement s'appelle le **centre d'organisation des microtubules** (MTOC pour *microtubule organizing center* en anglais). Les extrémités « + » (plus) des microtubules sont situées à la périphérie de la cellule. Comme une automobile utilise la combustion du carburant pour créer de l'énergie qui est transformée en mouvement, des protéines « motrices » particulières hydrolysent de l'ATP (la source d'énergie) et cette énergie sert à propulser les molécules le long d'un microtubule. Par

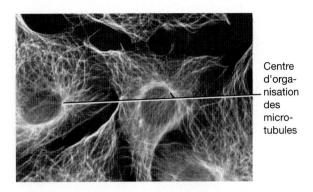

Centre
d'orga-
nisation
des
micro-
tubules

Figure 18-4 Une photographie prise sous microscope à fluorescence, montrant la distribution de la tubuline dans un fibroblaste animal en interphase. Remarquez le rayonnement des microtubules à partir d'un centre d'organisation des microtubules. Les extrémités négatives (moins) des microtubules sont au centre et les extrémités positives (plus) sont à la périphérie de la cellule. [Aimablement communiqué par M. Osborn. Reproduit d'après H. Lodish, D. Baltimore, A. Berk, S. L. Zipursky, P. Matsudaira et J. Darnell, *Biologie moléculaire de la cellule.* Traduction française de la 3ᵉ éd. chez De Boeck, 1997.]

exemple, une protéine appelée kinésine est capable de se déplacer dans le sens « – » vers «+» le long des microtubules, en transportant des «charges» telles que des vésicules, du centre de la cellule vers sa périphérie (Figure 18-5a et b). Le «moteur» – la partie de la kinésine qui interagit directement avec le microtubule – se trouve dans la tête globulaire de la protéine (Figure 18-5c). On suppose que c'est au niveau de la queue de la protéine que sont fixées les charges. Ces charges peuvent être des molécules individuelles, des organites ou d'autres particules subcellulaires qui doivent être transportées d'une partie de la cellule à une autre. (Des moteurs comparables existent pour le transport dans le sens + vers – le long des microtubules et d'autres moteurs encore pour le déplacement dans un sens ou dans l'autre le long des microfilaments d'actine.) Quel est l'intérêt d'avoir de multiples systèmes indépendants de transport? Une partie de la réponse se trouve dans la répartition du travail. Différents composants cellulaires doivent être transportés en de multiples endroits et à des vitesses variées.

Figure 18-5 Le déplacement des vésicules le long des microtubules.
(a) Une photographie prise sous microscope électronique à balayage, de deux petites vésicules fixées à un microtubule. (b) Un schéma hypothétique de la façon dont la kinésine fixe au niveau de sa queue des charges cellulaires telles que des vésicules, et les transporte le long du microtubule dans le sens moins vers plus en utilisant le domaine moteur de sa tête. (c) Un schéma de la kinésine, montrant les fonctions associées aux différentes parties de la molécule. [Partie a d'après B. J. Schnapp et al., *Cell* 40, 1985, 455. Aimablement communiqué par B. J. Schnapp, R. D. Valle, M. P. Sheetz et T. S. Reese. Toutes les parties sont reproduites d'après H. Lodish, D. Baltimore, A. Berk, S. L. Zipursky, P. Matsudaira et J. Darnell, *Biologie moléculaire de la cellule.* Traduction française de la 3ᵉ éd. chez De Boeck, 1997.]

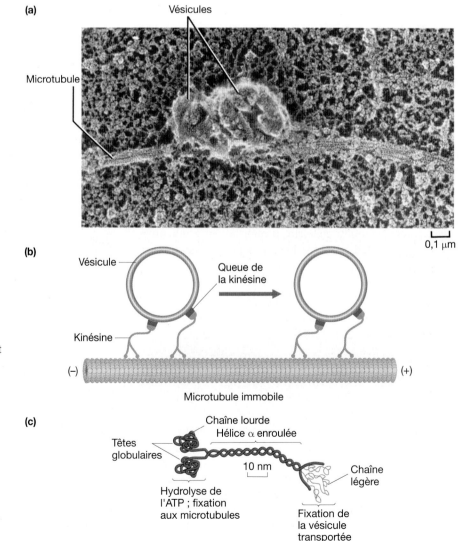

> **MESSAGE** Le cytosquelette est comparable à un système autoroutier, servant au déplacement contrôlé des organites et des particules subcellulaires.

La mise en place des cellules de la lignée germinale grâce aux asymétries du cytosquelette

Chez de nombreux organismes, on peut voir un type de particule distribué de manière asymétrique dans les cellules qui formeront la lignée germinale. On appelle ces particules des granules P chez *Caenorhabditis elegans*, des granules polaires chez la drosophile et du plasme germinatif chez la grenouille. On pense que ces particules se comportent comme des véhicules de transport qui circulent sur des autoroutes spécifiques du cytosquelette pour distribuer aux futures cellules germinales les déterminants des cellules germinales (molécules régulatrices) qui leur sont attachés. Chez C. *elegans* et chez la drosophile, les éléments mettant en relation la détermination de la lignée germinale avec les mécanismes qui dépendent du cytosquelette sont particulièrement convaincants. Considérons chacun des cas l'un après l'autre et examinons leurs caractéristiques communes.

LA DÉTERMINATION DE LA LIGNÉE GERMINALE CHEZ C. ELEGANS
Les premières divisions cellulaires du zygote de C. *elegans* illustrent la façon dont les asymétries du cytosquelette participent à la formation de la lignée germinale. L'une des propriétés intéressantes de C. *elegans* en tant que système expérimental est que le même patron de divisions cellulaires se retrouve d'un animal à un autre – un patron qui peut facilement être suivi sous microscope. On peut alors construire un arbre généalogique indiquant l'origine de chacune des mille cellules somatiques environ qui composent le ver.

Comme on peut suivre la trace de chaque cellule somatique du ver, chacune d'elles a reçu un nom. Le zygote unicellulaire de C. *elegans*, produit lors de la fécondation, est appelé cellule P_0. Il s'agit d'une cellule ellipsoïdale qui se divise de façon asymétrique perpendiculairement au grand axe de celle-ci, produisant ainsi une grande cellule antérieure, AB et une cellule postérieure plus petite, P_1 (Figure 18-6). Cette division est très importante car elle établit déjà des rôles spécialisés pour les descendants de ces deux premières cellules. Les descendants de la cellule AB produiront la majeure partie des cellules de la peau du ver (l'hypoderme) ainsi que la plupart des neurones du système nerveux, alors que la cellule P_1 donnera naissance à la majorité des muscles et à l'intégralité du système digestif et des cellules de la lignée germinale.

La clé de la formation de la lignée germinale est la présence de particules fluorescentes appelées granules P. Avant la fécondation, les granules P sont distribués uniformément dans l'ensemble du cytoplasme de l'ovocyte. L'entrée du spermatozoïde définit la face antérieure du futur embryon, ce qui provoque une réorganisation du réseau de microfilaments d'actine. Ce réseau réorganisé achemine les granules P jusqu'à la face postérieure du cytoplasme du zygote nouvellement formé. Ce phénomène, au cours duquel la fécondation provoque une réorganisation du réseau cyto-

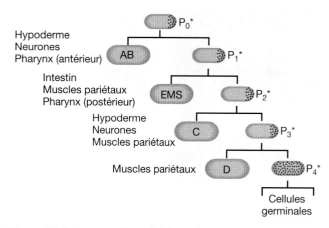

Figure 18-6 Les premières divisions du zygote de C. elegans. Les types cellulaires matures qui apparaissent à partir des différentes cellules filles des premières divisions sont indiqués. Remarquez que l'intégralité de la lignée germinale provient de la cellule P_4. Chacune des divisions des cellules P indiquée par un astérisque est asymétrique et chacune des cellules filles postérieures reçoit tous les granules P, que l'on suppose être les déterminants de la lignée germinale chez le ver. Les lettres (par exemple AB, EMS) sont des symboles correspondant aux noms des cellules filles.

squelettique d'actine en quelques secondes, se produit chez de nombreux animaux, y compris certains vertébrés tels que les amphibiens. C'est une manière très efficace de se servir d'une marque asymétrique (le site de fécondation) pour commencer à créer un patron d'organisation.

Les granules P acheminés jusqu'au pôle postérieur du zygote se retrouvent dans la cellule P_1. Lorsque cette cellule se divise, elle aussi de manière asymétrique, elle donne naissance à deux cellules filles, une grosse cellule antérieure et une cellule P postérieure plus petite appelée P_2. Ce patron antéro-postérieur de divisions cellulaires asymétriques se poursuit, produisant une série de cellules P correspondant à la plus postérieure des deux cellules filles créées lors des divisions cellulaires successives. Les descendants postérieurs de P_0 (P_1, P_2, etc.) reçoivent tous les granules P. La cellule P_4 donne naissance à la lignée germinale du ver – toutes les autres cellules sont somatiques. Les granules P ont besoin des microfilaments pour être transportés jusqu'à leur position de départ dans les cellules P_0. Lorsqu'on empêche la polymérisation des microfilaments de la cellule P_0 grâce à des substances chimiques, les granules P sont répartis de manière équitable entre les deux cellules filles. (Sans doute parce que les autres déterminants de la spécification sont alors distribués de façon anormale, les embryons résultants sont assez «désorganisés» et meurent sous la forme de masses cellulaires qui ne ressemblent pas du tout à un ver normal.)

LA DÉTERMINATION DE LA LIGNÉE GERMINALE CHEZ D. MELANOGASTER
Au début du développement de la drosophile, le cytosquelette est également exploité pour la détermination de la lignée germinale. Les molécules régulatrices sont dans ce cas les *granules polaires*, qui ont sous le microscope l'aspect de particules denses. Au cours de l'ovogenèse dans l'ovaire de la mère, les granules polaires sont ancrés au pôle postérieur de l'ovocyte. Ils restent

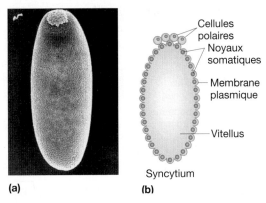

(a)   **(b)**

Figure 18-7 La formation de la lignée germinale au stade syncytial du jeune embryon de drosophile. (a) Une photographie prise sous microscope électronique à balayage, d'un embryon de drosophile dont le chorion a été retiré. Remarquez que les cellules polaires (la coiffe de cellules en haut de l'embryon) se trouve hors du syncytium somatique. (b) Un schéma montrant une coupe longitudinale de l'embryon de la partie a, dans lequel on voit que les cellules germinales – les cellules polaires – ont été formées, tandis que le soma est encore à l'état de syncytium. [Modifié d'après F. R. Turner et A. P. Mahowald, *Develomental Biology* 50, 1976, 95.]

à cette position pendant tout le début de l'embryogenèse. Les premières phases du développement de la drosophile ont une particularité : les 13 premières mitoses sont des divisions nucléaires sans division des cellules. L'embryon se retrouve alors à l'état de syncytium – une cellule plurinucléée. Après la division nucléaire 9, quelques noyaux migrent vers le pôle postérieur où sont ancrés les granules polaires. La membrane plasmique de l'ovocyte s'invagine au pôle postérieur pour entourer chaque noyau, emportant en même temps une partie du cytoplasme contenant les granules polaires. Ce processus crée les **cellules polaires**, qui sont les premières cellules mononucléées de l'embryon. Elles donneront naissance exclusivement à la lignée germinale de la mouche (Figure 18-7).

Comment les granules polaires sont-ils ancrés au pôle postérieur de l'ovocyte ? Une fois encore, l'un des réseaux du cytosquelette transporte les granules vers le pôle postérieur et fournit les bâtonnets auxquels s'attachent les granules. À l'inverse de *C. elegans* chez lequel les granules P se fixent à des microfilaments à base d'actine, ici ce sont les microtubules à base de tubuline qui assurent l'essentiel du système de transport.

18.3 La construction d'un patron complexe : la logique de la prise de décision

Les principales décisions concernant la morphogenèse dans le soma exigent un ensemble d'étapes finement chorégraphiées qui conduisent à la formation de tous les types cellulaires nécessaires, selon la distribution spatiale appropriée. Dans l'embryon animal nouvellement fécondé, ce groupe d'étapes sert à mettre en place le patron corporel global. Plus tard au cours du développement, des groupes de cellules sont isolés pour former les différents organes et appen-

dices du corps. Une fois isolé, chacun de ces groupes de cellules subit une chorégraphie similaire qui divise à nouveau la population initiale jusqu'à ce qu'elle soit constituée de son ensemble final de types cellulaires. En d'autres termes, lorsque l'évolution des métazoaires a « inventé » une « danse » simple pour former un patron complexe, elle utilise cette « innovation » comme solution à de nombreux problèmes de l'embryogenèse et de l'organogenèse.

Quelles sont les étapes chorégraphiques de ce processus ? En résumé (Figure 18-8) ce sont les suivantes :

- La création d'une population de cellules de niveau de développement identique (partie a de la Figure 18-8).
- La création d'une asymétrie au sein de cette population (partie b).
- L'exploitation de cette asymétrie pour établir un gradient de concentration chimique dans la population des cellules (partie c).

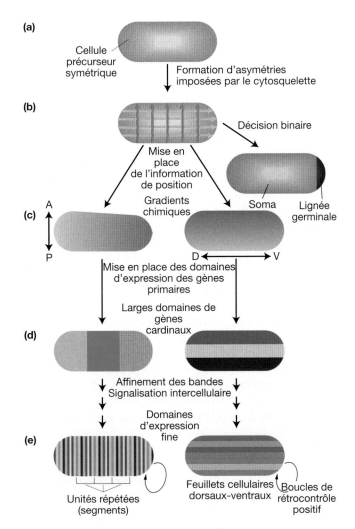

Figure 18-8 Les étapes de la formation du patron d'organisation chez la drosophile. (a) Le cytosquelette impose une asymétrie à l'œuf. (b) Une lignée germinale est mise à part par division cellulaire. (c) Des gradients de substances chimiques solubles sont établis sur les axes A-P et D-V, stimulant l'action des gènes et (d) conduisant à la formation de larges bandes. (e) Dans ces bandes, des interactions plus complexes de gènes subdivisent ces régions larges.

- La création d'un système capable d'élaborer une réponse différentielle à la concentration locale, créant ainsi de multiples états cellulaires (partie d).

- La création de mécanismes de communication entre les cellules des différents états, ce qui leur permet d'adopter encore d'autres états, d'affiner leurs positions et d'ajuster leur nombre (partie e).

- À mesure que les décisions clés sont prises, la mise en place de systèmes qui permettent à ces décisions d'être fixées dans la mémoire moléculaire d'une cellule et de ses descendants.

Nous nous intéresserons en particulier à la construction du plan élémentaire d'organisation du corps de la drosophile chez l'embryon, car on connaît bien le déroulement de cette chorégraphie. Nous examinerons en particulier la mise en place des deux principaux axes de l'embryon : antéro-postérieur (tête-queue) et dorso-ventral (avant-arrière). Le développement de ces deux axes conduit aux événements suivants :

- La subdivision de l'axe antéro-postérieur de l'embryon en une série d'unités distinctes appelées **segments** ou métamères et l'attribution de rôles spécifiques à chaque segment en fonction de sa position dans l'animal en cours de développement. Dans le cas présent, une cellule peut adopter l'un des nombreux états cellulaires possibles, correspondant aux 14 segments distincts et même à l'intérieur de chaque segment, de multiples états cellulaires différents. Cette décision est donc bien plus complexe que la simple décision oui-non qui permet de séparer lignée germinale et lignée somatique.

- La subdivision de l'axe embryonnaire dorso-ventral en feuillets cellulaires externe, intermédiaire et interne, appelés **feuillets embryonnaires** et l'attribution d'un rôle distinct à chacun de ces feuillets. Une fois encore, nous sommes face à la mise en place d'une grande variété de types cellulaires dans chacun des trois feuillets germinaux primaires : les cellules de l'épiderme, des systèmes nerveux, circulatoire, immunitaire, musculaire, respiratoire, digestif, excréteur et reproducteur, etc.

18.4 La formation d'un patron complexe d'organisation : la mise en place de l'information de position

Les premières étapes dans le processus de formation d'un patron d'organisation se produisent dans l'ovocyte en cours de développement dans l'ovaire maternel. Un circuit génétique est activé. Il conduit à l'**expression maternelle** des gènes responsables de la création des asymétries et des gradients chimiques de concentration de l'information positionnelle utilisés par l'embryon pour sa coordination spatiale (on parle alors de gènes maternels). L'existence de l'effet maternel (et de nombreux autres aspects du développement de la drosophile) a été découverte grâce à des études menées sur les mutants. Plus précisément, les généticiens ont mis à jour des mutations dans des **gènes maternels** qui produisent des anomalies dans l'axe

antéro-postérieur seulement lorsqu'ils sont exprimés chez la mère. Par conséquent, si l'on symbolise une mutation à effet maternel par « *m* » lors d'un croisement entre une femelle *m/m* et un mâle   / , tous les embryons ont un phénotype anormal même s'ils sont génétiquement normaux (/*m*). Voir l'encadré Organisme Modèle de la drosophile pour une description de la façon dont a isolé ces mutants et de leur analyse.

Les asymétries du cytosquelette et l'axe antéro-postérieur de la drosophile

Nous avons vu que la lignée germinale de la drosophile est établie grâce à la présence de molécules régulatrices spécifiques ancrées aux microtubules dans une zone précise de l'embryon. Il en va de même pour la détermination du type des cellules de l'avant vers l'arrière de l'organisme (l'axe antéro-postérieur ou axe A-P). L'information de position le long de l'axe A-P de l'embryon de drosophile au stade syncytial est établie initialement grâce à la création de gradients de concentration de deux facteurs de transcription : les protéines BCD et HB-M, qui sont les produits de deux gènes maternels. Ces facteurs interagissent pour créer différents patrons d'expression des gènes le long de l'axe. La protéine BCD codée par le gène *bicoid* (*bcd*) est distribuée chez le jeune embryon suivant un gradient décroissant plus rapidement que celui de la protéine HB-M, codée par l'un

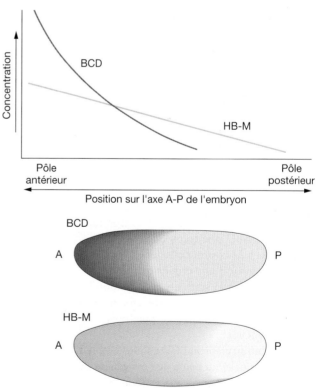

Figure 18-9 Les gradients de concentration des protéines BCD et HB-M. Le gradient de BCD est celui qui varie le plus vite. La protéine BCD n'est pas détectable dans la moitié postérieure du jeune embryon de drosophile. Le gradient de HB-M est plus progressif et l'on peut facilement détecter la protéine HB-M dans la moitié postérieure de l'embryon.

ORGANISME MODÈLE *La drosophile*

L'analyse mutationnelle des stades précoces du développement de la drosophile

Les premières découvertes concernant le contrôle génétique de la formation du plan de construction ont été faites lors d'études sur la mouche du vinaigre, *Drosophila melanogaster*. Le développement de la drosophile s'est révélé être une mine d'or pour les chercheurs, car les problèmes concernant le développement peuvent être abordés par l'utilisation simultanée de techniques génétiques et moléculaires. Considérons les principales techniques génétiques et moléculaires utilisées.

L'embryon de drosophile a joué un grand rôle dans la compréhension de la formation du plan élémentaire du corps de l'animal. L'une des raisons importantes est que la formation de l'exosquelette du stade larvaire de l'embryon de drosophile permet d'identifier facilement les phénotypes mutants du plan de base. L'exosquelette de la larve de drosophile est une structure non cellulaire constituée d'un polymère polysaccharidique appelé chitine, sécrété par les cellules épidermiques de l'embryon. Chaque structure de l'exosquelette est construite à partir de la ou des cellules épidermiques situées sous cette structure. Avec son patron complexe de soies, d'indentations et d'autres structures, l'exosquelette offre de nombreux points de repère qui servent d'indicateurs des identités adoptées par les nombreuses cellules de l'épiderme. En particulier, il existe de nombreuses structures anatomiques distinctes le long des axes antéro-postérieur (A-P) et dorso-ventral (D-V). De plus, puisque tous les nutriments nécessaires au développement de l'embryon en stade larvaire sont mis en réserve dans l'œuf, les embryons mutants chez lesquels les identités des cellules A-P ou D-V sont fortement modifiées peuvent malgré tout se développer jusqu'à la fin de l'embryogenèse et produire une larve mutante. L'exosque-

lette de ce type de larves mutantes reflète les identités mutantes adoptées par des petits groupes de cellules épidermiques et offre donc une meilleure possibilité d'identifier des gènes méritant une analyse détaillée.

Des chercheurs, en particulier Christiane Nüsslein-Volhard, Eric Wieschaus et leurs collègues, ont réalisé de très nombreux criblages mutationnels, essentiellement en saturant le génome de mutations qui modifient la mise en place des axes A-P et D-V de l'exosquelette larvaire. Ces criblages mutationnels ont permis d'identifier deux grandes classes de gènes affectant le plan élémentaire du corps: les gènes zygotiques et les gènes maternels (voir schémas). Les gènes zygotiques sont ceux dont les produits contribuent aux stades précoces du développement et sont exprimés exclusivement chez le zygote. Ils appartiennent à l'ADN même du zygote et sont des types de gènes «standard», tels que ceux dont nous avons l'habitude de parler. Les

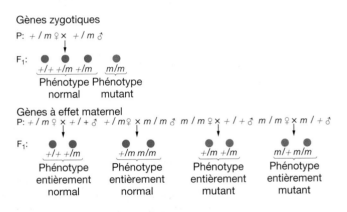

La distinction génétique entre des mutations récessives de gènes zygotiques et de gènes maternels.

des ARNm du gène *hunchback* (*hb*) (Figure 18-9). Les gradients présentent tous deux leur concentration maximale au pôle antérieur. D'une façon quelque peu différente, les gradients de ces deux protéines dépendent de la diffusion de la protéine à partir d'une origine déterminée: chaque protéine est synthétisée à la suite de la traduction localisée de deux espèces d'ARNm, l'une ancrée aux microtubules au pôle antérieur et l'autre ancrée au pôle postérieur de l'embryon au stade syncytial.

L'origine du gradient BCD est plus simple. L'ARNm maternel de *bcd*, stocké au cours de l'ovogenèse dans l'ovocyte en développement, est ancré aux extrémités – (moins) des microtubules, qui sont situées au pôle antérieur (Figure 18-10a). La traduction de la protéine BCD commence lors du développement embryonnaire, après l'achèvement de la moitié des premières divisions nucléaires de l'embryon. La protéine diffuse dans le cytoplasme commun du syncytium. La protéine étant un facteur de transcription, elle contient des signaux qui la

dirigent vers le noyau. Par simple diffusion, les noyaux les plus proches du lieu d'origine de la traduction (le pôle antérieur) incorporent une concentration plus élevée de protéines BCD que ceux plus éloignés; cette différence produit un gradient de protéines BCD plus abrupt (Figure 18-10).

Figure 18-10 Des microphotographies montrant l'expression des déterminants de A-P et leur position dans l'embryon.

(a) L'hybridation *in situ* à l'ARN permet de voir la position de l'ARNm de *bcd* (*bicoid*) vers l'extrémité antérieure (à gauche) de l'embryon.
(b) Le marquage à l'aide d'anticorps permet de visualiser un gradient de la protéine Bicoid (marquage marron), avec sa concentration la plus élevée à l'extrémité antérieure. (c) Grâce aux mêmes techniques, on peut voir l'ARNm de *nanos* (*nos*) localisé vers l'extrémité postérieure (à droite) de l'embryon et (d) la protéine NOS organisée en un gradient dont la concentration la plus élevée se trouve au pôle postérieur.
[Parties a et b d'après C. Nüsslein-Volhard, *Development*, Suppl. 1, 1991, 1. Parties c et d communiquées par E. R. Gavis, L. K. Dickinson et R. Lehmann, Massachusetts Institute of Technology.]

mutations récessives dans des gènes zygotiques ne donnent lieu à des phénotypes mutants que chez les animaux homozygotes mutants. Les produits des gènes de l'autre catégorie – les gènes maternels – ont déjà été synthétisés dans l'ovaire de la mère. Les protéines maternelles sont déjà présentes dans l'ovocyte au moment de la fécondation. Dans le cas des mutations dans les gènes maternels, le phénotype de la descendance dépend du génotype de la mère et non de celui de la descendance, car la source des produits des gènes est constituée par les gènes de la mère. Une mutation récessive dans un gène maternel produira des animaux mutants seulement si la mère est elle-même un mutant homozygote.

Les gènes impliqués dans la morphogenèse de la drosophile peuvent être clonés et caractérisés assez facilement au niveau moléculaire. N'importe quel gène de drosophile peut être cloné, dès lors que sa position sur la carte chromosomique a été clairement établie, à l'aide des techniques de l'ADN recombinant telles que celles décrites au Chapitre 11. L'analyse des gènes clonés donne souvent des informations précieuses sur la fonction du produit protéique – généralement en utilisant des protéines de séquence d'acides aminés proche de celle du polypeptide codé, par des comparaisons avec toutes les séquences protéiques stockées dans les bases de données accessibles à tous. De plus, des techniques histochimiques permettent d'étudier l'expression spatiale et temporelle (1) d'un ARNm, à l'aide de séquences d'ADN simple-brin marquées et complémentaires de l'ARNm pour réaliser une hybridation in situ de l'ARN, ou (2) d'une protéine, à l'aide d'anticorps marqués qui se fixent de manière spécifique à la protéine.

Les techniques de mutagenèse in vitro sont également largement utilisées. Les éléments P servent à la transformation de la lignée germinale chez la drosophile (voir Chapitre 11). Un gène cloné participant à la formation du plan du corps est muté dans un tube à essai et réintroduit chez la mouche. Le gène muté est ensuite analysé pour voir de quelle façon la mutation modifie la fonction du gène.

L'utilisation des informations obtenues chez un organisme modèle pour la recherche sur les plans d'organisation d'autres espèces

Avec la découverte de l'existence de nombreux gènes à homéoboîte (homeobox en anglais) dans le génome de la drosophile, des ressemblances parmi les séquences d'ADN de ces gènes peuvent être exploitées pour rechercher d'autres membres de la famille des gènes homéotiques. Ces recherches reposent sur la complémentarité des paires de bases d'ADN. Dans ce but, des hybridations d'ADN ont été réalisées dans des conditions de stringence modérée qui permettent certains mésappariements de bases entre les brins qui s'hybrident, sans perturber la formation des liaisons hydrogène correctes entre les paires de bases voisines. Certaines de ces études ont été menées dans le génome de la drosophile, pour rechercher d'autres membres de la famille. D'autres personnes ont recherché des gènes à homéoboîte chez d'autres animaux, grâce à des zoo blots (des transferts de type Southern d'ADN provenant de différents animaux, digéré par des enzymes de restriction) en utilisant comme sonde l'ADN de l'homéoboîte de drosophile marqué radioactivement. Cette approche a conduit à la découverte de séquences à homéoboîte homologues chez de nombreux animaux différents, y compris l'homme et la souris. (En effet «partir à la pêche» chez votre organisme favori, de gènes apparentés à quasiment n'importe quel gène est une approche donnant de très bons résultats.) Certains de ces gènes à homéoboîte chez les mammifères ont une séquence très voisine de celle des gènes de drosophile.

(a) ARNm de bicoid

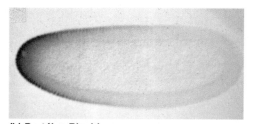

(b) Protéine Bicoid

(c) ARNm de nos

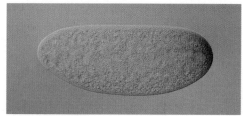

(d) Protéine NOS

L'origine du gradient de protéines HB-M est plus complexe. Au contraire de l'ARNm de *bcd*, l'ARN de *hb-m* est distribué de façon uniforme dans tout l'ovocyte et dans l'embryon au stade syncytial. Toutefois, la traduction de l'ARNm de *hb-m* est bloquée par un répresseur protéique de la traduction – la protéine NOS, codée par le gène *nanos* (*nos*). Chez la mère, l'ARNm de *nos* est déposé au pôle postérieur de l'ovocyte, par une association avec les extrémités + (plus) des microtubules (Figure 18-10c). Lors de leur traduction, les protéines NOS sont distribuées par diffusion, suivant un gradient inverse de celui de BCD. Le gradient de NOS a sa concentration la plus élevée au niveau du pôle postérieur et son niveau proche du bruit de fond se trouve vers le milieu de l'axe A-P de l'embryon (Figure 18-10d). La protéine NOS inhibe la traduction de l'ARNm de *hb-m*. Le niveau d'inhibition est proportionnel à la concentration de la protéine NOS, ce qui produit le gradient antéro-postérieur progressif de la protéine HB-M.

> **MESSAGE** La localisation des ARNm dans une cellule est réalisée par l'ancrage des ARNm à une extrémité des chaînes polarisées du cytosquelette.

Comment les ARNm des gènes maternels *bcd* et *nos* sont-ils ancrés aux extrémités opposées des microtubules polarisés de l'ovocyte et de l'embryon au stade syncytial ? Il existe en fait des séquences spécifiques de l'association

aux microtubules, situées dans les régions non traduites (*UnTranslated Regions* en anglais) UTR – du côté 3' du codon de terminaison de la traduction de l'ARNm. Sur les séquences de localisation des UTR 3' de l'ARNm de *bcd* se fixe une protéine qui peut également se lier aux extrémités moins des microtubules. À l'inverse, l'UTR 3' de l'ARNm de *nos* possède des séquences de localisation qui peuvent se fixer à une protéine, qui se lie également aux extrémités plus des microtubules.

Comment peut-on démontrer que les séquences de localisation se trouvent dans les UTR 3' des ARNm ? Ceci a été établi en partie grâce à des expériences d'« échange ». Lorsqu'on insère dans un génome de drosophile un transgène synthétique qui produit un ARNm avec l'UTR 5' et les régions codantes de l'ARNm normal de *nos*, accolées à l'UTR 3' de l'ARNm normal de *bcd*, cette fusion d'ARNm *nos-bcd* est localisée au pôle antérieur de l'ovocyte. Cette localisation provoque la formation d'un double gradient de NOS : l'un dans le sens antéro-postérieur (dû à l'ARNm du transgène) et l'autre dans le sens postéro-antérieur (dû à l'ARNm normal du gène *nos*). Cette procédure produit un embryon très étrange, avec deux régions postérieures symétriques et sans région antérieure (Figure 18-11). Cet embryon à double abdomen apparaît en raison de la présence de la protéine NOS dans la totalité de l'embryon et de sa répression traductionnelle de l'ARNm de *hb-m* (elle réprime également l'ARNm de *bcd*, bien que l'on ne sache pas s'il s'agit de sa fonction normale chez les animaux de type sauvage).

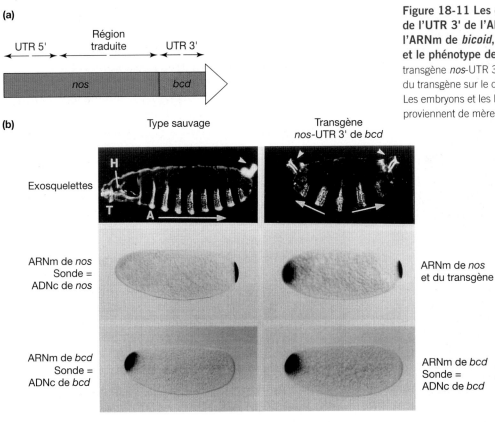

Figure 18-11 Les conséquences du remplacement de l'UTR 3' de l'ARNm de *nanos* par l'UTR 3' de l'ARNm de *bicoid*, sur la localisation de l'ARNm et le phénotype des embryons. (a) La structure du transgène *nos*-UTR 3' de *bcd*. (b) Les conséquences du transgène sur le développement embryonnaire. Les embryons et les larves de la colonne de gauche proviennent de mères de type sauvage ; ceux de la colonne de droite sont issus de mères transgéniques. Tous les embryons sont présentés avec leur extrémité antérieure à gauche et leur extrémité postérieure à droite. Les exosquelettes sont représentés pour que l'on puisse les comparer. Le transgène donne lieu à un embryon comportant deux abdomens parfaitement symétriques. Chez l'embryon issu d'une mère transgénique, les ARNm codant la protéine NOS sont présents aux deux pôles de l'embryon. La protéine NOS inhibera la traduction de l'ARNm de *hb-m* (et en réalité également de l'ARNm de *bcd*). [D'après E. R. Gavis et R. Lehmann, *Cell* 71, 1992, 303.]

MESSAGE L'information de position de l'axe A-P chez la drosophile est créée par des gradients protéiques. Les gradients dépendent en dernier lieu de la diffusion de la protéine néosynthétisée à partir de sources localisées d'ARNm ancrés par leurs UTR 3' aux extrémités de filaments du cytosquelette.

Étudier le gradient BCD

Comment savons-nous que des molécules telles que BCD et HB-M contribuent à l'information de position de l'axe A-P? Considérons en détail l'exemple de BCD.

1. Les changements génétiques dans le gène *bcd* modifient les identités des cellules antérieures. Les embryons issus de mères homozygotes pour des mutations nulles (inactivations complètes) de *bcd* sont dépourvus de segments antérieurs (Figure 18-12). Si à l'inverse, on surexprime *bcd* chez la mère, en faisant passer le nombre normal de deux copies du gène *bcd⁺*, à trois, quatre, ou plus, on «déplace» des identités cellulaires qui apparaissent en temps normal à des positions antérieures, jusqu'à des positions situées de plus en plus postérieurement chez les embryons résultants comme le montre la Figure 18-13. La position du sillon céphalique (un élément normal chez l'embryon) sert d'exemple dans la Figure 18-13. Ces observations suggèrent que la protéine BCD exerce un contrôle global sur l'information de position antérieure.

2. L'ARNm de *bcd* peut remplacer totalement l'activité du déterminant antérieur du cytoplasme antérieur (Figure 18-14). Si l'on retire le cytoplasme antérieur d'un

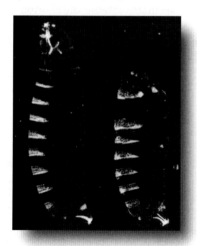

Figure 18-12 Des microphotographies d'exosquelettes de larves issues de mères de type sauvage (à gauche) et de mères portant des mutations létales dans les gènes *bcd* à effet maternel (à droite). Ces microphotographies ont été prises sur fond noir. Les structures denses apparaissent en blanc, comme sur un négatif de photographie. Remarquez les bandes brillantes segmentées répétées de denticules présentes sur la face ventrale de l'embryon. Les génotypes maternels et les phénotypes larvaires (et la classe de mutation) sont les suivants: (*à gauche*) type sauvage, phénotype normal; (*à droite*) *bcd* (*bicoid*), structures antérieures de la tête et du thorax absentes (antérieure). [D'après C. H. Nüsslein-Volhard, G. Fronhöfer et R. Lehmann, *Science* 238, 1987, 1678.]

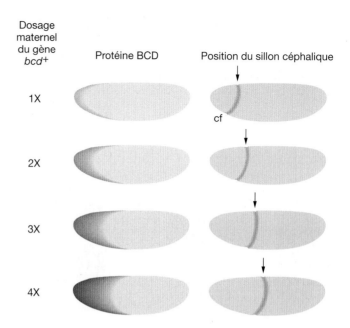

Dosage maternel du gène *bcd⁺* — Protéine BCD — Position du sillon céphalique

1X — cf

2X

3X

4X

Figure 18-13 La concentration de la protéine BCD affecte les identités des cellules de l'axe A-P. La quantité de protéine BCD peut être modifiée en faisant varier le nombre de copies du gène *bcd⁺* chez la mère. Les embryons issus de mères portant une à quatre copies de *bcd⁺* possèdent des quantités croissantes de protéine BCD. (La dose normale du gène à l'état diploïde correspond à deux copies.) Les cellules qui s'invaginent pour former le sillon céphalique (cf pour *cephalic furrow* en anglais) sont déterminées par une concentration spécifique de la protéine BCD. Le passage progressif de une à quatre copies maternelles de *bcd⁺* aboutit à la localisation de cette concentration spécifique de plus en plus postérieurement dans l'embryon. La position du sillon céphalique (marqué dorsalement par la flèche) apparaît de plus en plus postérieurement chez l'embryon, en fonction du dosage du gène *bcd⁺*. [D'après W. Driever et C. Nüsslein-Volhard, *Cell* 54, 1988, 100.]

embryon au stade syncytial, les segments antérieurs (tête et thorax) sont perdus (non représentés). L'injection de cytoplasme antérieur provenant d'un autre embryon, dans la région antérieure de l'embryon délété de son cytoplasme antérieur, restaure la formation normale des segments antérieurs et une larve normale est créée. De même, de l'ARNm synthétique de *bcd* peut être fabriqué en tube à essai et injecté dans la région antérieure d'un embryon délété de son cytoplasme antérieur. Une fois encore, une larve normale est produite. Inversement, lorsqu'on effectue à titre de contrôle la transplantation de cytoplasme issu des régions centrale ou postérieure d'un embryon au stade syncytial, la formation antérieure normale n'est pas restaurée. C'est pourquoi on pense que le déterminant antérieur est situé *uniquement* à l'extrémité antérieure de l'œuf. Comme nous l'avons déjà dit, il s'agit exactement de la zone dans laquelle se trouve l'ARNm de *bcd*.

3. Comme nous l'avons décrit précédemment (voir Figure 18-10b), la protéine BCD présente la distribution asymétrique et progressive nécessaire pour assurer son rôle dans la mise en place de l'information de position.

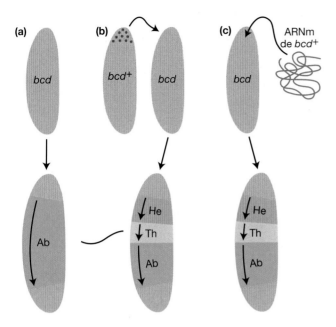

Figure 18-14 On peut remédier au phénotype mutant *bcd* «sans région antérieure» en injectant du cytoplasme de type sauvage ou de l'ARNm de *bcd*+ purifié. (a) Chez les embryons issus de mères *bcd*, les segments antérieurs (tête et thorax) ne se forment pas, ce qui crée un phénotype «sans région antérieure». (b) Si le cytoplasme antérieur issu d'un jeune embryon donneur de type sauvage est injecté dans la région antérieure d'un embryon receveur issu d'une mère mutante *bcd*, un embryon et une larve parfaitement normaux seront produits. Le cytoplasme de n'importe quelle autre partie de l'embryon ne permettra pas de remédier à ce phénotype. (c) L'injection d'ARNm de *bcd*+ dans la région antérieure d'un embryon issu d'une mère mutante *bcd* peut également restaurer une segmentation de type sauvage. [Ab, abdomen ; He, tête (*head* en anglais) ; Th, thorax.] [D'après C. Nüsslein-Volhard, H. G. Fronhüfer et R. Lehmann, *Science* 238, 1987, 1678.]

La signalisation intercellulaire et l'axe dorso-ventral chez la drosophile

Dans les exemples considérés jusqu'à présent, les déterminants de la position des futures parties du corps étaient des produits *intracellulaires* : des ARNm ou des assemblages macromoléculaires plus importants, stockés dans l'ovocyte. Dans de nombreuses circonstances cependant, l'information de position dépend de protéines sécrétées *à l'extérieur de la cellule* à partir d'un groupe localisé de cellules appartenant à un champ développemental. Ces protéines sécrétées diffusent dans l'espace extracellulaire pour former un gradient de concentration du ligand qui se fixe aux récepteurs présents sur les cellules cibles. Le ligand active alors des cellules cibles par l'intermédiaire d'un système de transduction du signal par des récepteurs, qui dépend de la concentration. La quantité de signal reçue à l'extérieur d'une cellule cible donnée détermine le niveau de transduction du signal et la réponse au signal à l'intérieur de la cellule. Le niveau de réponse à l'intérieur de la cellule spécifie alors la combinaison des gènes dont les taux de transcription vont être augmentés ou abaissés dans la cellule cible.

La mise en place de l'axe dorso-ventral (D-V) par la protéine DL chez le jeune embryon de drosophile est un

exemple de ce type de mécanisme pour l'information de position. Le tout premier effet de l'information de position de l'axe D-V est de créer un gradient de l'activité de la protéine DL dans les cellules présentes le long de l'axe D-V. La protéine DL est un facteur de transcription codé par le gène *dorsal* (*dl*). Elle existe sous deux formes : (1) un facteur de transcription actif situé dans le noyau et (2) une protéine inactive présente dans le cytoplasme. Dans ce dernier cas, elle est emprisonnée en formant un complexe avec la protéine CACT, codée par le gène *cactus* (*cact*). Un gradient de concentration des protéines DL actives détermine l'identité des cellules le long de l'axe D-V. L'ARNm de *dl* et la protéine DL sont tous deux distribués de façon uniforme dans l'ovocyte et dans l'embryon aux tout premiers stades du développement. Toutefois, vers la fin du stade syncytial de l'embryon, un gradient de la protéine DL active se met en place et sa concentration la plus élevée se trouve sur la ligne médio-ventrale de l'embryon (Figure 18-15).

Comment le gradient de protéines DL actives est-il créé ? Il résulte d'un ensemble complexe d'interactions de gènes. Les événements clés se produisent au cours de l'ovogenèse (Figure 18-16a) bien avant la fécondation. À ce moment, une interaction a lieu entre l'ovocyte lui-même et le feuillet des cellules somatiques qui l'entourent – les cellules folliculaires, qui constituent également le chorion (Figure 18-16b). Les cellules folliculaires sur la face ventrale de l'ovocyte sécrètent des protéines qui activent un précurseur sécrété du ligand SPZ, codé par le gène *spaetzle* (*spz*). De ce fait, les ligands SPZ activés sont concentrés sur la face ventrale de l'ovocyte, où ils forment un gradient dont la concentration la plus élevée est la ligne médiane de la face ventrale. La frontière interne du chorion est la membrane vitelline (Figure 18-17a). Le ligand SPZ est séquestré dans la membrane vitelline quasiment jusqu'à la fin du stade syncytial de l'embryogenèse, moment auquel il est libéré. Le ligand SPZ actif (avec une concentration maximale le long de la ligne médio-ventrale) se fixe ensuite au récepteur

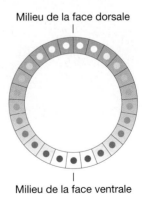

Milieu de la face dorsale

Milieu de la face ventrale

Figure 18-15 La distribution de DL représentée sur une coupe transversale de l'embryon de drosophile au stade blastoderme. Le milieu de la face dorsale est en haut et le milieu de la face ventrale en bas. Remarquez que sur la face ventrale, la protéine DL se trouve dans le noyau (où elle est active) et sur la face dorsale dans le cytoplasme (où elle est inactive). [D'après S. Roth, D. Stein et C. Nüsslein-Volhard, *Cell* 59, 1989, 1196.]

(a) Ovocyte en cours de développement

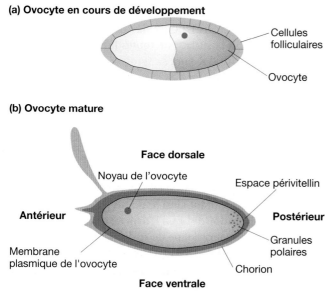

(b) Ovocyte mature

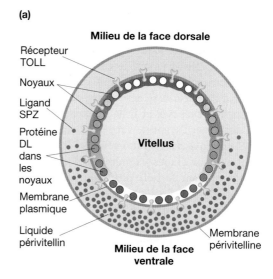

(a)

Figure 18-16 Un ovocyte en cours de développement (a) et un ovocyte mature (b). Les cellules folliculaires qui ont construit et entouré le chorion dans la partie a ont été éliminées de l'ovocyte mature et la membrane plasmique de l'ovocyte se trouve à l'intérieur du chorion. Remarquez les granules polaires situés à l'extrémité postérieure de l'ovocyte. [D'après C. Nüsslein-Volhard, *Development*, Suppl. 1, 1991, 1.]

transmembranaire TOLL codé par le gène *Toll*, qui est présent uniformément dans la membrane plasmique de l'ovocyte (voir Figure 18-17a). Suivant un mode d'action dépendant de la concentration, le complexe SPZ-TOLL active une voie de transduction du signal qui aboutit à la phosphorylation des protéines cytoplasmiques inactives DL et CACT du complexe DL-CACT (Figure 18-17b). La phosphorylation de DL et de CACT provoque des changements conformationnels qui rompent le complexe cytoplasmique. Les protéines DL phosphorylées libérées peuvent alors migrer dans le noyau, où elles servent de facteur de transcription activant des gènes nécessaires à la mise en place des identités cellulaires ventrales. La disposition essentielle est celle du ligand SPZ près de la ligne médio-ventrale qui garantit que seul le ligand DL présent sur la face ventrale de l'embryon est capable d'activer les gènes qui créent les structures de la partie ventrale du corps.

> **MESSAGE** L'information de position peut être mise en place à l'aide d'une signalisation intercellulaire, impliquant le gradient de concentration d'une molécule de signalisation sécrétée.

Les autres rôles du cytosquelette dans la mise en place des axes du corps

Le cytosquelette peut jouer d'autres rôles dans la mise en place des axes du corps. Nous allons en considérer un exemple : la création des pôles dans l'ovocyte de drosophile aux premiers stades de développement.

(b)

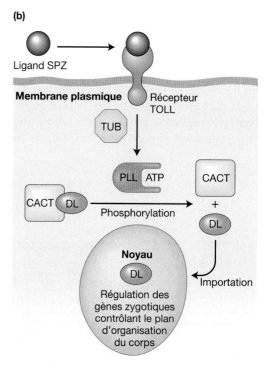

Figure 18-17 La voie de signalisation qui conduit au gradient de la localisation nucléaire ou cytoplasmique de la protéine DL représenté dans la Figure 18-15. (a) Une coupe transversale d'un embryon de drosophile montrant les cellules du blastoderme à l'intérieur de la membrane plasmique et l'espace (espace périvitellin) entre la frontière intérieure du chorion (membrane périvitelline) et la membrane plasmique, dans laquelle le ligand SPZ actif est produit sur la face ventrale de l'embryon. (b) Le ligand SPZ se fixe au récepteur TOLL, activant une cascade de transduction du signal par le biais de deux protéines appelées TUB et PLL, ce qui conduit à la phosphorylation de DL et à sa libération de CACT. DL peut alors migrer dans le noyau, dans lequel elle sert de facteur de transcription pour les gènes cardinaux D-V. [D'après H. Lodish, D. Baltimore, A. Berk, S. L. Zipursky, P. Matsudaira et J. Darnell, *Biologie moléculaire de la cellule*. Traduction française de la 3e éd. chez De Boeck, 1997.]

Il y a un certain aspect «qui de la poule ou de l'œuf est apparu en premier?» lorsqu'on retrace les premières étapes de la mise en place des axes du corps de n'importe quel organisme. C'est effectivement le cas de la formation des axes chez la drosophile. Même avant que les événements qui viennent d'être décrits se déroulent pour établir des gradients le long des axes A-P et D-V, quelque chose doit permettre de distinguer l'avant de l'arrière et le haut du bas de l'ovocyte. Ce *quelque chose* s'est révélé être les microtubules, qui agissent en deux étapes: la première donne aux cellules folliculaires entourant le pôle postérieur de l'ovocyte une identité différente de celle des cellules folliculaires présentes au pôle antérieur. La deuxième phase attribue aux cellules folliculaires dorsales une identité différente de celles de leurs équivalents ventraux et latéraux. Plus tard, des signaux émis par ces cellules folliculaires créeront les asymétries décrites dans les sections précédentes.

L'ovocyte à un stade précoce de développement transcrit très peu de gènes, mais l'un de ceux-ci code un ligand qui ressemble à un facteur épidermique de croissance (ligand de type EGF). Ce ligand agit en se fixant à une tyrosine kinase réceptrice appelée récepteur de l'EGF (EGFR) et en l'activant. Le ligand de type EGF est sécrété vers la surface cellulaire la plus proche à travers des canaux du réticulum endoplasmique localisés à proximité du noyau. Par conséquent, si le noyau est plus proche d'un côté de l'ovocyte, c'est cette face qui sécrétera une concentration plus élevée de ligand de type EGF. L'EGFR, la cible du ligand de type EGF, est présent à la surface de toutes les cellules folliculaires. Cependant, l'EGFR aura sa tyrosine kinase activée *uniquement* si le ligand de type EGF est concentré – c'est-à-dire au voisinage du noyau.

Le but du jeu est donc de déplacer stratégiquement le noyau autour de l'ovocyte. Pour simplifier, on peut dire que ce mouvement est réalisé au cours d'un processus en deux phases (Figure 18-18). Lors de la première phase, le réseau de microtubules s'oriente avec son extrémité plus (+) dirigée vers le futur pôle postérieur de l'ovocyte à un stade précoce du développement, tirant ainsi le noyau de l'ovocyte vers ce pôle. Après l'activation de l'EGFR dans les cellules folliculaires postérieures qui leur ordonne de se différencier de leurs voisines, ces cellules folliculaires renvoient à l'ovocyte un signal qui provoque la réorientation perpendiculaire du réseau de microtubules, de sorte que les extrémités plus (+) du réseau se trouvent désormais au niveau de la future face dorsale de l'ovocyte. Le noyau est tiré, de même que le réticulum endoplasmique rugueux qui lui est fixé, et par conséquent le signal de type EGF. Ce signal sécrété active ensuite l'EGFR dans les cellules folliculaires entourant le noyau, ce qui les oblige à se transformer en cellules folliculaires dorsales.

La Figure 18-19 résume les deux types d'information de position que nous venons de décrire.

(a)

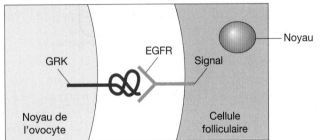

(b) Mise en place de l'axe A-P

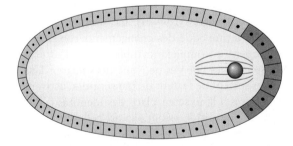

(c) Mise en place de l'axe D-V

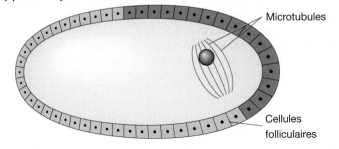

Figure 18-18 La détermination des extrémités antérieure et postérieure de l'embryon de drosophile. (a) Le cytosquelette est réorganisé pour créer des populations de cellules folliculaires postérieures et dorsales grâce à un ligand de type EGF et à la signalisation impliquant des EGFR, entre l'ovocyte et les cellules folliculaires qui l'entourent. (Le ligand de type EGF s'appelle gurken (GRK) car des mutations dans le gène *gurken* produisent un phénotype semblable à de petits cornichons.) (b) La réorganisation des microtubules achemine le noyau vers le pôle postérieur où le signal de type EGF est délivré, ce qui crée des cellules folliculaires dans cette région. (c) Ces cellules folliculaires au pôle postérieur renvoient un signal vers l'ovocyte qui provoque une nouvelle réorganisation des microtubules, inversant la polarité et conduisant le noyau et GRK dans le secteur dorsal antérieur de l'ovocyte où des cellules folliculaires dorsales sont formées. [D'après A. Gonzalez-Reyes, H. Elliott et D. St. Johnston, *Nature* 375, 1995, 657.]

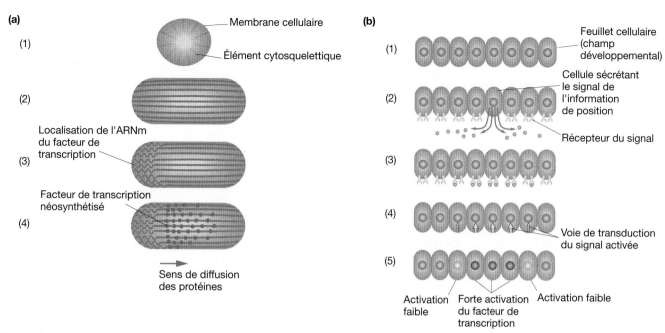

Figure 18-19 Les deux grandes classes d'information de position. (a) L'organisation asymétrique du système cytosquelettique permet la localisation de l'ARNm codant un facteur de transcription qui fournira une information de position. La traduction de l'ARNm ancré conduira à la diffusion du facteur de transcription néosynthétisé et à la formation d'un gradient de ce facteur de transcription avec une concentration maximale près du site de l'ARNm. (b) La sécrétion d'une molécule de signalisation de l'information de position à partir d'une source localisée (cellule) active le système de transduction du signal et les facteurs de transcription cibles, selon la concentration de la molécule de signalisation qui se fixe à son récepteur transmembranaire.

18.5 La formation d'un plan complexe : utiliser l'information de position pour déterminer des identités cellulaires

Pour se développer correctement en une position spécifique, une cellule doit pouvoir interpréter les signaux locaux de position et y répondre. Pour utiliser une analogie géographique, il ne suffit pas d'avoir un système de latitudes et de longitudes, encore faut-il disposer de l'équipement permettant de recevoir ces informations, que ce soit des instruments particuliers permettant de déterminer les positions des étoiles ou des récepteurs capables de trianguler des signaux transmis à partir de radiobalises. De la même façon, le système d'information de position du développement exige que les signaux transmis soient interprétables par des éléments présents dans la cellule.

L'interprétation initiale de l'information de position

Comme nous l'avons vu précédemment, deux types très différents de signaux de position peuvent être produits. L'un est émis à l'intérieur de la cellule et l'autre diffuse hors de la cellule. Malgré tout, ces deux types de signaux aboutissent au même résultat : la création d'un gradient de concentration d'un ou plusieurs facteurs de transcription spécifiques dans

les cellules du champ développemental. Quels éléments de la cellule interprètent l'information dans le gradient ?

Étant donné que l'information de position conduit à un gradient d'activité de facteurs de transcription, on s'attendrait à ce que les récepteurs soient des éléments régulateurs (enhancers et silenceurs) de gènes particuliers. Les produits protéiques de ces gènes peuvent alors s'engager dans le processus progressif de détermination des identités cellulaires. C'est exactement ce que l'on observe. Les gènes cibles des facteurs de transcription des axes A-P et D-V sont des gènes à expression zygotique, désignés sous le terme collectif de **gènes cardinaux** car ce sont les premiers gènes qui répondent à l'information de position contenue dans l'ovocyte. La liste des gènes cardinaux de l'axe A-P se trouve dans le Tableau 18-1.

Pour comprendre de quelle façon fonctionnent ces gènes, nous allons revoir quelques notions d'embryologie chez la drosophile. Après 2 à 3 heures de développement, tous les noyaux somatiques migrent à la surface de l'œuf et la membrane plasmique de celui-ci s'invagine autour de chaque noyau et du cytoplasme qui l'entoure (Figures 18-20 et 18-21a). Le résultat est un stade embryonnaire appelé *blastoderme cellulaire*, une sphère creuse avec une paroi d'une épaisseur d'une cellule. Quelques heures plus tard, cette paroi de cellules a subi de nombreux reploiements, évaginations et autres mouvements et commence alors à manifester les premiers signes de la segmentation. Après 10 heures de développement, l'embryon est déjà divisé extérieurement

Tableau 18-1   Des exemples de gènes de l'axe A-P de drosophile contribuant à la formation du plan d'organisation du corps.

Symbole du gène	Nom du gène	Fonction de la protéine	Rôle(s) au début du développement
hb-z	hunchback-zygotic	Facteur de transcription – Protéine à doigt à zinc	Gène gap
Kr	Krüppel	Facteur de transcription – Protéine à doigt à zinc	Gène gap
kni	knirps	Facteur de transcription – Protéine de type récepteur de stéroïdes	Gène gap
eve	even-skipped	Facteur de transcription – Protéine à homéodomaine	Gène pair-rule
ftz	fushi tarazu	Facteur de transcription – Protéine à homéodomaine	Gène pair-rule
opa	odd-paired	Facteur de transcription – Protéine à doigt à zinc	Gène pair-rule
prd	paired	Facteur de transcription – Protéine PHOX	Gène pair-rule
en	engrailed	Facteur de transcription – Protéine à homéodomaine	Gène de polarité des segments
ci	cubitus-interruptus	Facteur de transcription – Protéine à doigt à zinc	Gène de polarité des segments
wg	wingless	Protéine de signalisation WG	Gène de polarité des segments
hh	hedgehog	Protéine de signalisation HH	Gène de polarité des segments
fu	fused	Sérine/théronine kinase cytoplasmique	Gène de polarité des segments
ptc	patched	Protéine transmembranaire	Gène de polarité des segments
arm	armadillo	Protéine de jonction cellule-cellule	Gène d'identité des segments
lab	labial	Facteur de transcription – Protéine à homéodomaine	Gène d'identité des segments
Dfd	Deformed	Facteur de transcription – Protéine à homéodomaine	Gène d'identité des segments
Antp	Antennapedia	Facteur de transcription – Protéine à homéodomaine	Gène d'identité des segments
Ubx	Ultrabithorax	Facteur de transcription – Protéine à homéodomaine	Gène d'identité des segments

en 14 segments, de la région antérieure vers la région postérieure – 3 segments céphaliques, 3 segments thoraciques et 8 segments abdominaux (Figure 18-21b). À ce moment, chaque segment a développé un groupe spécifique de structures anatomiques, correspondant à son identité et son rôle dans la biologie de l'animal. À la fin de ces 12 heures, des organes distincts apparaissent. Vers 15 heures, l'exosquelette de la larve commence à se former, avec ses soies spécialisées et d'autres structures externes. Seulement 24 heures après le développement commencé lors de la fécondation, une larve parfaitement formée éclot de l'œuf (Figure 18-21c). L'arrangement segmentaire des denticules, des soies et des autres structures sensorielles sur l'exosquelette larvaire rend chaque segment distinct et reconnaissable sous le microscope. Revenons à présent aux gènes cardinaux de l'axe A-P.

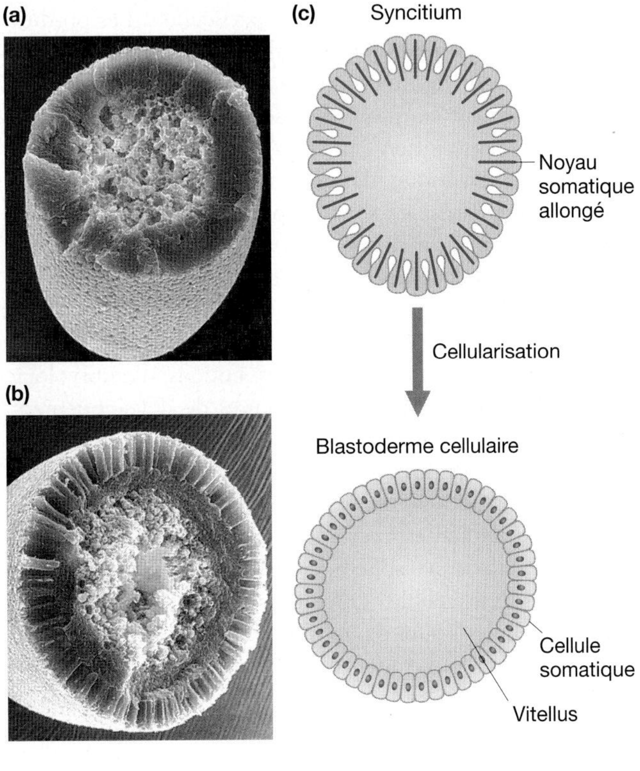

Figure 18-20 La cellularisation de l'embryon de drosophile. L'embryon existe initialement à l'état de syncytium ; la cellularisation n'est pas terminée avant qu'il y ait environ 6000 noyaux. (a) et (b) Photographies prises sous microscope électronique à balayage, d'embryons dont le chorion a été retiré. (a) Un embryon au stade syncytial, cassé pour rendre visible le cytoplasme commun vers la périphérie et la région centrale, remplie par le vitellus. Les bosses à la surface de l'embryon marquent le début de la cellularisation, au cours de laquelle la membrane plasmique de l'œuf s'invagine vers l'intérieur de l'embryon. (b) Un embryon au stade blastoderme, cassé pour rendre visible les cellules en colonnes, formées par les membranes cellulaires qui se sont insérées entre les noyaux allongés pour créer quelque 6000 cellules somatiques mononucléées. (c) Des représentations schématiques des changements ayant lieu au cours de la cellularisation. [D'après F. R. Turner et A. P. Mahowald, *Developmental Biology* 50, 1976, 95.]

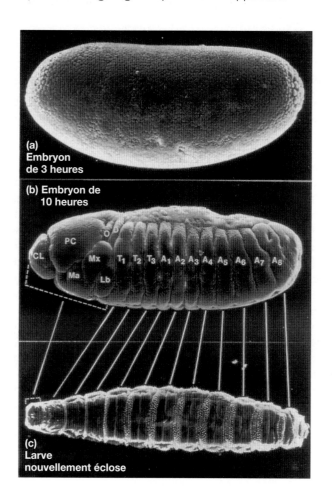

(a)
Embryon
de 3 heures

(b) Embryon de
10 heures

(c)
Larve
nouvellement éclose

Figure 18-21 Des photographies prises sous microscope électronique à balayage (a) d'un embryon de drosophile de 3 heures, (b) d'un embryon de 10 heures et (c) d'une larve qui vient d'éclore. Remarquez que les contours des cellules individuelles sont visibles au bout de 3 heures; vers 10 heures, la segmentation de l'embryon est apparente. Des lignes sont dessinées pour indiquer que l'identité segmentaire des cellules le long de l'axe A-P est déjà déterminée au début du développement. Les abréviations désignent les différents segments de la tête (CL, PC, O, D, Mx, Ma, Lb), du thorax (T_1 à T_3) et de l'abdomen (A_1 à A_8). [T. C. Kaufman et F. R. Turner, Indiana University.]

On appelle également **gènes gap**, les gènes cardinaux de l'axe A-P, car les mouches présentent des mutations dans ces gènes sont dépourvues d'une succession de segments larvaires, produisant une lacune (*gap* en anglais) dans le patron normal de segmentation (regardez les phénotypes des mutations dans deux gènes gap, *Krüppel* et *knirps* dans la Figure 18-22).

Figure 18-22 Des types de mutants de drosophile. Ces schémas décrivent des mutants représentatifs de chaque classe de phénotypes larvaires mutants dus à des mutations dans les trois classes de gènes à expression zygotique contrôlant le nombre de segments chez la drosophile. Les ceintures de denticules, représentées sous la forme de trapèzes rouges, sont des petits groupes de projections denses qui se répètent dans les segments de la face ventrale de l'exosquelette larvaire. La frontière de chaque segment est indiquée par une ligne pointillée. Le schéma de gauche de chaque paire correspond à une larve de type sauvage et le schéma de droite au mutant A-P indiqué. Les régions en rose sur le schéma de la larve de type sauvage correspondent aux domaines A-P de la larve absents chez le mutant.

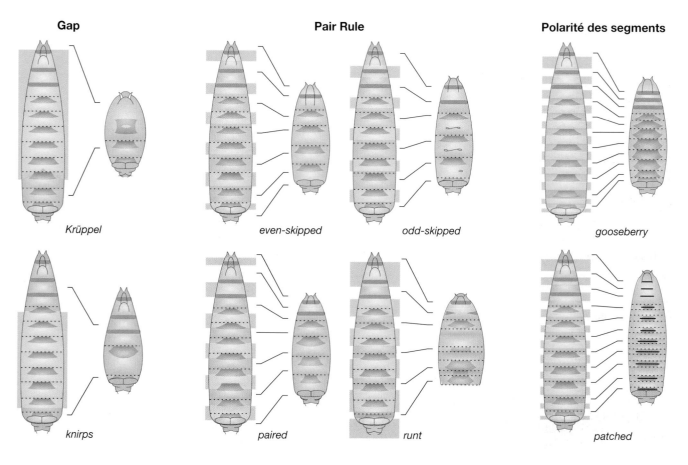

Gap

Krüppel

knirps

Pair Rule

even-skipped

paired

odd-skipped

runt

Polarité des segments

gooseberry

patched

En raison de son expression limitée à une région restreinte de l'axe A-P, chaque gène gap organise la formation d'un jeu de segments localisé précisément dans l'espace. Comment l'expression est-elle limitée à une position précise ? La protéine BCD ou HB-M ou les deux, se fixe(nt) à des enhancers des promoteurs des gènes gap, régulant ainsi leur transcription. Par exemple, la transcription d'un gène, *Krüppel* (*Kr*), est réprimée par des concentrations élevées du facteur de transcription BCD mais elle est activée par de faibles concentrations de BCD et HB-M. À l'inverse, le gène *knirps* (*kni*) est réprimé par la présence de la protéine BCD quelle que soit sa concentration, mais nécessite de faibles concentrations du facteur de transcription HB-M pour être exprimé. Les séquences régulatrices des gènes gap ont donc été finement adaptées par l'évolution afin d'avoir une sensibilité propre aux concentrations des facteurs de transcription du système d'information de position A-P. Le résultat de cette régulation est que le gène *kni* est exprimé davantage postérieurement que *Kr* (Figure 18-23a). En général, grâce aux différences dans les propriétés de leurs éléments régulateurs, les gènes gap sont exprimés dans une série de domaines distincts. Ces domaines deviendront des champs développementaux différents, ce qui signifie que les cellules des divers champs adopteront des identités A-P distinctes. Chaque gène gap code un facteur de transcription différent et est donc capable de réguler un ensemble distinct de gènes cibles en aval, nécessaires pour affiner l'attribution des identités des segments dans ce champ.

Affiner l'attribution des identités cellulaires grâce aux interactions entre facteurs de transcription

Enfin, chacune des rangées cellulaires des 14 segments établira sa propre identité A-P au cours du processus de segmentation. Le nombre de gènes gap est clairement trop faible et les profils d'expression de ces gènes trop complexes pour expliquer l'apparition de toutes les identités cellulaires nécessaires pour distinguer chacune des bandes des 14 segments. Par conséquent, les domaines de ces gènes gap doivent être affinés pour produire l'anatomie détaillée des 14 segments de la larve correctement formée. Le processus d'affinement commence environ au moment où l'embryon à l'état de masse de cytoplasme se transforme en une structure formée de cellules distinctes. Le cytoplasme de chaque cellule contient une concentration spécifique d'une ou peut-être deux protéines codées par les gènes gap, qui pénètrent dans le noyau. Presque toutes les décisions ultérieures sont déclenchées par les protéines gap spécifiques de l'axe A-P « capturées » dans le noyau d'une cellule blastodermique donnée au moment de la cellularisation.

La voie du développement de l'axe A-P en aval des gènes gap se scinde. Chacune des deux branches apporte des informations sur l'affinement du patron des divisions cellulaires. L'une des branches établit le nombre correct de segments ; l'autre attribue son identité à chacun des segments. (Ces différentes identités se traduisent par les patrons uniques de denticules et

(a) Gènes gap

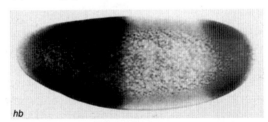

hb

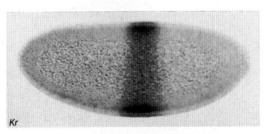

Kr

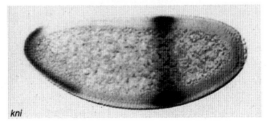

kni

(b) Gènes pair-rule

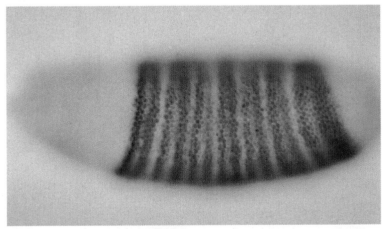

Figure 18-23 Des microphotographies montrant les patrons d'expression des gènes gap et pair-rule chez le jeune embryon. Tous les embryons sont représentés avec le pôle antérieur à gauche et le pôle postérieur à droite. (a) Les patrons d'expression au début du stade blastoderme, de protéines codées par trois gènes gap : *hb-z*, *Kr* et *kni*. (b) Les patrons d'expression à la fin du stade blastoderme, de protéines codées par deux gènes pair-rule : *ftz* (coloration grise) et *eve* (coloration marron). Remarquez les patrons d'expression localisés des gènes gap comparés aux patrons d'expression répétés des gènes pair-rule. [Partie a d'après M. Hulskamp et D. Tautz, *BioEssays* 13, 1991, 261. Partie b d'après Peter Lawrence, *The Making of a Fly.* Copyright 1992 par Blackwell Scientific Publications.]

de soies de chaque segment de la larve, comme nous l'avons vu précédemment.) L'existence de ces deux branches signifie que les facteurs de transcription codés par des gènes gap régulent deux groupes distincts de gènes cibles.

Considérons tout d'abord brièvement la formation du nombre de segments. (Regardez la Figure 18-22 pour une description des phénotypes mutants produits par les différentes classes de gènes déterminant le nombre de segments.) Les gènes gap activent un groupe de gènes secondaires participant à la mise en place du patron A-P, appelés **gènes pair-rule**. Chacun de ces gènes code un facteur de transcription, exprimé suivant un motif répété de sept bandes (voir Figure 18-23b). Chacun des gènes pair-rule produit une disposition des bandes légèrement différente comme le montrent les bandes grises et marron dans la Figure 18-23b. Dans une cellule donnée, plusieurs protéines pair-rule différentes sont exprimées.

Il existe une hiérarchie à l'intérieur de la classe des gènes pair-rule. Certains de ces gènes appelés *gènes pair-rule primaires*, sont régulés directement par les gènes gap. Comment les gènes gap, dont la distribution est asymétrique, produisent-ils le patron d'expression à sept bandes des gènes pair-rule primaires ? Les protéines gap à l'œuvre sont exprimées de manière très différente et asymétrique. La complexité des éléments régulateurs de certains gènes pair-rule est le point essentiel. L'un des gènes pair-rule primaires est *eve* (*even-skipped*). Il contient des enhancers distincts. Chacun d'eux interagit avec une combinaison différente de facteurs de transcription gap afin de produire les sept bandes *eve*. Par exemple, l'enhancer de la bande 1 de *eve* est activé par des concentrations élevées du facteur de transcription gap HB-Z ; l'enhancer de la bande 2 de *eve* est activé par de faibles concentrations de HB-Z mais des concentrations élevées du facteur de transcription gap KR, etc.

> **MESSAGE** La complexité des éléments régulateurs des gènes pair-rule primaires transforme le patron d'expression asymétrique (gènes gap) en un patron d'expression périodique.

Une fois que les gènes pair-rule sont activés, ils activent à leur tour l'expression des autres gènes pair-rule (qui codent également des facteurs de transcription) pour produire le motif complet à sept bandes. Aucun gène pair-rule ne produit exactement le même motif de bandes. Les produits des gènes pair-rule agissent alors de façon combinée pour réguler la transcription des *gènes de polarité des segments* (ou gènes de polarité segmentaire), qui sont exprimés suivant un motif de 14 bandes. La hiérarchie de la régulation des facteurs de transcription s'étend donc du système d'information de position jusqu'au patron périodique de l'expression des gènes de polarité des segments. Les produits des gènes de polarité des segments permettent ainsi la formation des 14 segments et la définition de l'identité de chacune des rangées de cellules A-P à l'intérieur de chaque segment.

> **MESSAGE** Par le biais d'une hiérarchie de profils de régulation de facteurs de transcription, l'information de position conduit à la formation du nombre correct de segments. L'interprétation de l'information de position incite les facteurs de transcription à agir de façon combinée pour mettre en place l'identité appropriée de chaque segment.

Considérons à présent brièvement la création de l'identité des segments. Les gènes gap ont pour cible un groupe de gènes voisins, connus sous le nom de **complexes de gènes homéotiques**. On les appelle complexes de gènes car plusieurs de ces gènes sont regroupés sur l'ADN. La drosophile possède deux groupes de gènes homéotiques. Le complexe ANT-C (complexe *Antennapedia*) est largement responsable de l'identité segmentaire dans la tête et le thorax antérieur, tandis que BX-C (complexe *Bithorax*) est responsable de l'identité segmentaire dans le thorax postérieur et l'abdomen.

La **transformation homéotique** ou homéose est la conversion d'une partie du corps en une autre. Trois exemples de phénotypes de conversion de parties corporelles dus à des mutations dans des gènes homéotiques sont :

1. la classe de mutations perte-de-fonction *bithorax*, qui provoque la transformation du troisième segment thoracique (T3) en deuxième segment thoracique (T2), donnant naissance à des mouches avec quatre ailes au lieu des deux habituelles (Figure 18-24) ;

2. la mutation gain-de-fonction dominante *Tab* décrite au Chapitre 10 (voir Figure 10-28) qui transforme une partie du segment T2 de l'adulte en sixième segment abdominal (A6) et

3. la mutation gain-de-fonction dominante *Antennapedia* (*Antp*) qui transforme des antennes en pattes (voir la photographie à la première page de ce chapitre).

Remarquez que dans chacun de ces cas, le nombre de segments de l'animal reste le même ; le *seul* changement concerne l'identité des segments. En étudiant ces mutations homéotiques, nous avons appris beaucoup de choses sur la façon dont l'identité segmentaire est établie.

Les différentes protéines gap activent les gènes homéotiques cibles pour produire initialement une série de domaines chevauchants comme le montre la Figure 18-25 dans laquelle *Scr* et *Antp* sont deux gènes du complexe *Antennapedia* et *Ubx* et *Abd-B*, deux gènes du complexe Bithorax. Ces gènes homéotiques codent des facteurs de transcription qui forment une classe de protéines appelées protéines à homéodomaine. Les **protéines à homéodomaine** interagissent avec les éléments régulateurs d'autres gènes, suivant une combinaison spécifique dans laquelle chacun des différents segments est unique. (Nous traiterons plus tard des relations de structure et de fonction à l'intérieur des complexes de gènes homéotiques, dans le contexte de l'évolution des mécanismes développementaux.)

Un résumé de la cascade des événements régulateurs

Comme nous l'avons vu, la mise en place de l'axe A-P de l'embryon de drosophile se fait grâce au déclenchement séquentiel d'événements régulateurs. L'information de position définit la distribution de concentrations différentes des facteurs de transcription le long de l'axe A-P et des gènes cibles régulateurs entrent ensuite en jeu pour

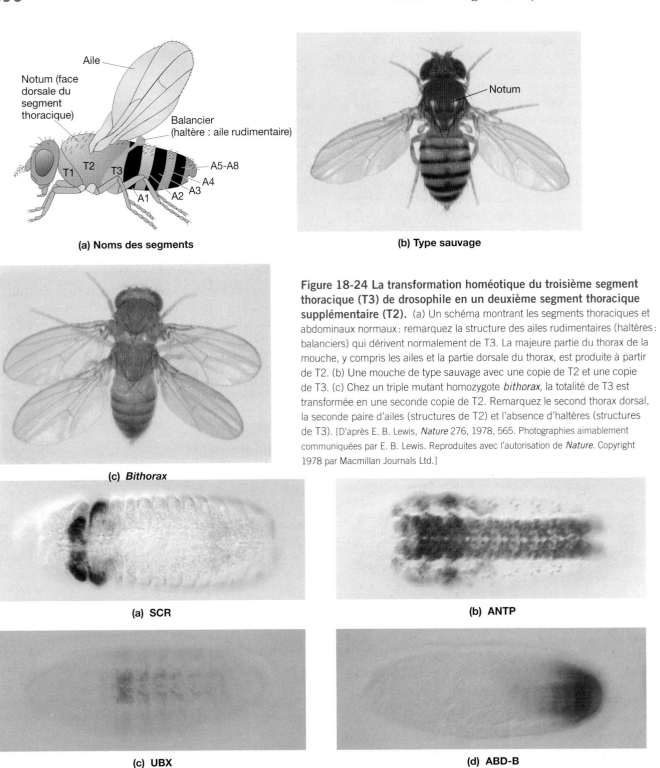

(a) Noms des segments

(b) Type sauvage

(c) Bithorax

Figure 18-24 La transformation homéotique du troisième segment thoracique (T3) de drosophile en un deuxième segment thoracique supplémentaire (T2). (a) Un schéma montrant les segments thoraciques et abdominaux normaux : remarquez la structure des ailes rudimentaires (haltères : balanciers) qui dérivent normalement de T3. La majeure partie du thorax de la mouche, y compris les ailes et la partie dorsale du thorax, est produite à partir de T2. (b) Une mouche de type sauvage avec une copie de T2 et une copie de T3. (c) Chez un triple mutant homozygote *bithorax*, la totalité de T3 est transformée en une seconde copie de T2. Remarquez le second thorax dorsal, la seconde paire d'ailes (structures de T2) et l'absence d'haltères (structures de T3). [D'après E. B. Lewis, *Nature* 276, 1978, 565. Photographies aimablement communiquées par E. B. Lewis. Reproduites avec l'autorisation de *Nature*. Copyright 1978 par Macmillan Journals Ltd.]

(a) SCR

(b) ANTP

(c) UBX

(d) ABD-B

| lab — pb — Dfd — Scr — Antp | Ubx — Abd-A — Abd-B |
| ANT-C | BX-C |

(e)

Figure 18-25 L'expression des gènes homéotiques chez la drosophile. Des microphotographies d'embryons de drosophiles chez lesquels on peut voir les patrons d'expression des protéines codées par des gènes homéotiques. (a-d) La limite antérieure de l'expression des gènes homéotiques est ordonnée de SCR (le plus antérieur) vers ANTP, UBX et ABD-B (le plus postérieur). (e) Cet ordre correspond à l'arrangement linéaire des gènes correspondants sur le chromosome 3. [Parties a et b d'après T. C. Kaufman, Indiana University. Parties c et d d'après S. Celniker et E. B. Lewis, California Institute of Technology.]

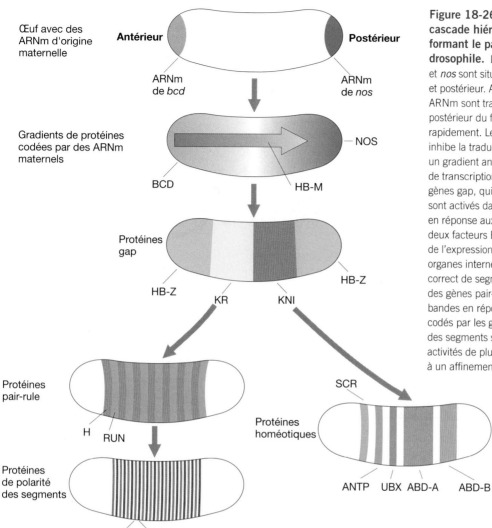

Œuf avec des ARNm d'origine maternelle

Antérieur

Postérieur

ARNm de *bcd*

ARNm de *nos*

Gradients de protéines codées par des ARNm maternels

— NOS

BCD

HB-M

Protéines gap

HB-Z

HB-Z

KR

KNI

Protéines pair-rule

SCR

Protéines homéotiques

H RUN

Protéines de polarité des segments

ANTP UBX ABD-A ABD-B

WG EN

Nombre de segments

Identité des segments

Figure 18-26 Une représentation de la cascade hiérarchique qui active les éléments formant le patron de segmentation A-P chez la drosophile. Les ARNm d'origine maternelle de *bcd* et *nos* sont situés respectivement aux pôles antérieur et postérieur. Au début de l'embryogenèse, ces ARNm sont traduits, produisant un gradient antéro-postérieur du facteur de transcription BCD, qui varie rapidement. Le gradient postéro-antérieur de NOS inhibe la traduction de l'ARNm de *hb-m*, créant ainsi un gradient antéro-postérieur progressif, du facteur de transcription HB-M (indiqué par une flèche). Les gènes gap, qui sont les gènes cardinaux de l'axe A-P, sont activés dans différentes parties de l'embryon en réponse aux gradients antéro-postérieurs des deux facteurs BCD et HB-M. (La bande postérieure de l'expression de HB-Z donne naissance à certains organes internes et non à des segments.) Le nombre correct de segments est déterminé par l'activation des gènes pair-rule, qui produit une succession de bandes en réponse aux facteurs de transcription codés par les gènes gap. Les gènes de polarité des segments sont ensuite activés en réponse aux activités de plusieurs protéines pair-rule, conduisant à un affinement supplémentaire de l'organisation de chaque segment. L'identité correcte de chaque segment est déterminée par l'expression des gènes homéotiques due à une régulation directe par les facteurs de transcription codés par les gènes gap. [D'après J. D. Watson, M. Gilman, J. Witkowski et M. Zoller, *L'ADN recombinant*. Traduction française de la 2ᵉ éd. chez De Boeck, 1994.]

établir les subdivisions de plus en plus fines de l'embryon, déterminant à la fois le nombre et l'identité des segments (Figure 18-26).

18.6 Affiner le patron d'organisation

Les principes dont nous avons parlé dans les paragraphes précédents déterminent les identités cellulaires dans leurs grandes lignes, mais des mécanismes supplémentaires sont nécessaires à la création de tous les aspects du plan. Nous allons voir certains de ces mécanismes dans la section qui suit.

Les systèmes de mise en mémoire de l'identité des cellules

Les décisions sous-jacentes à la mise en place du patron des divisions cellulaires doivent souvent être mises en mémoire dans une lignée cellulaire, pendant toute la durée de la vie de l'organisme. Cette nécessité est certainement vraie pour les patrons d'expression des gènes de polarité des seg-

ments et des gènes homéotiques établis par le patron de l'axe A-P. Une telle mise en mémoire est réalisée par des boucles de rétrocontrôle positif.

De telles boucles de rétrocontrôle positif peuvent se produire exclusivement dans la cellule. Dans plusieurs tissus, des boucles de rétrocontrôle positif sont établies. Dans celles-ci, la protéine à homéodomaine exprimée se fixe aux enhancers de son propre gène, garantissant la production d'autres protéines identiques à homéodomaine (Figure 18-27a).

Dans d'autres cas, le système de mise en mémoire nécessite des interactions intercellulaires (Figure 18-27b). Par exemple, parmi les gènes de polarité des segments, des cellules adjacentes expriment les protéines WG (*wingless*) et EN (*engrailed*). La protéine EN est un facteur de transcription qui active la protéine HH (*hedgehog*) dans les mêmes cellules. HH est une protéine de signalisation sécrétée par la cellule, qui se fixe sur un récepteur présent à la surface de la cellule exprimant WG. Elle induit alors une cascade de transduction du signal dans la cellule exprimant WG, activant ainsi l'expression des gènes *wingless* et augmentant l'expression des protéines WG. WG

(a)

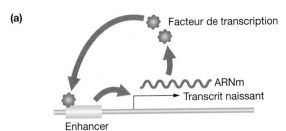

Figure 18-27 Deux types de boucles de rétrocontrôle positif pour maintenir le taux d'activité des facteurs de transcription déterminant l'identité des cellules. (a) Le facteur de transcription se fixe à un enhancer de son propre gène, maintenant ainsi sa transcription active. (b) Chaque cellule adjacente envoie un signal (des signaux différents émis par chaque cellule) qui active des récepteurs, des voies de transduction du signal et l'expression de facteurs de transcription (TF pour *transcription factor* en anglais) dans l'autre cellule. Cette activation conduit à une boucle de rétrocontrôle positif mutuel entre les cellules.

(b)

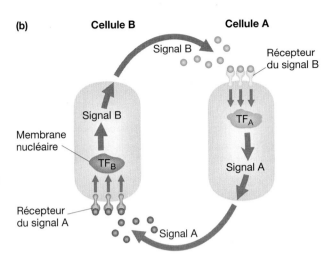

est également une protéine sécrétée qui active l'expression de *engrailed* dans la cellule adjacente, induisant la production de davantage de protéines EN dans cette cellule.

> **MESSAGE** Une fois l'identité d'une lignée cellulaire établie, elle doit être mise en mémoire. Une telle mise en mémoire est réalisée par des boucles de rétrocontrôle positif intracellulaire ou intercellulaire.

Vérifier que toutes les identités cellulaires sont attribuées : les décisions du comité cellulaire

En dernier lieu, pour qu'un champ développemental adopte son état mature d'organe ou de tissu, les cellules doivent atteindre le nombre approprié et les positions adéquates pour remplir l'ensemble des fonctions nécessaires. Les interactions intercellulaires garantissent l'attribution correcte de ces rôles. Nous allons examiner deux types d'interactions

essentielles, qui interviennent tous deux dans le développement de la vulve, l'ouverture vers l'extérieur du tractus reproducteur du nématode *C. elegans* (Figure 18-28). L'un de ces types est la capacité d'une cellule d'engager l'une de ses voisines dans une voie développementale et l'autre, la capacité d'une cellule d'inhiber ses voisines pour les empêcher de s'engager dans la même identité cellulaire qu'elle.

Le développement de la vulve a été étudié en détail par l'analyse de mutants de *C. elegans* qui n'avaient pas de vulve ou en avaient plusieurs. Dans l'hypoderme (le revêtement du ver), plusieurs cellules ont le potentiel pour former certaines parties de la vulve. Initialement, toutes ces cellules peuvent adopter n'importe lequel de ces rôles, c'est pourquoi on les appelle **groupe d'équivalence** – une sorte de champ développemental. Pour fabriquer une vulve complète, l'une des cellules doit devenir la cellule vulvaire primaire et les deux autres, les cellules vulvaires secondaires ; d'autres encore deviennent des cellules tertiaires qui contribuent à l'hypoderme entourant la vulve (Figures 18-29a et b).

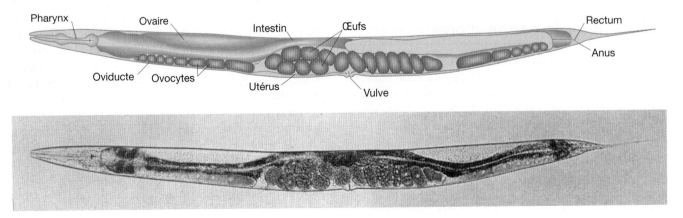

Figure 18-28 Un *Caenorhabditis elegans* adulte. Le schéma et la microphotographie d'un adulte hermaphrodite montrant différents organes déjà identifiés grâce à leur position. Remarquez la position de la vulve à mi-chemin de l'axe antéro-postérieur du ver. [D'après J. E. Sulston et H. R. Horvitz, *Developmental Biology* 56, 1977, 111.]

Figure 18-29 La formation de la vulve chez _C. elegans_ à la suite d'interactions intercellulaires.
(a) Les parties de l'anatomie de la vulve occupées par les descendants des cellules primaires, secondaires et tertiaires. (b) Les types cellulaires primaire, secondaire et tertiaire se distinguent par leurs patrons de divisions cellulaires. (c) Au début du développement, la cellule d'ancrage n'émet pas de signal et toutes les cellules du groupe d'équivalence sont par défaut dans un état de cellule tertiaire. (d) Plus tard au cours du développement, la cellule d'ancrage envoie un signal qui active une cascade de transduction du signal mettant en jeu des tyrosines kinases réceptrices. La cellule la plus proche de la cellule d'ancrage reçoit le signal le plus fort et devient la cellule vulvaire primaire. Elle envoie alors des signaux latéraux d'inhibition à ses voisines, les empêchant de devenir elles aussi des cellules vulvaires primaires et les déroutant vers la voie de formation de cellules vulvaires secondaires. [Partie b d'après R. Horvitz et P. Sternberg, _Nature_ 351, 1991, 357. Parties a, c et d d'après I. Greenwald, _Trends in Genetics_ 7, 1991, 366.]

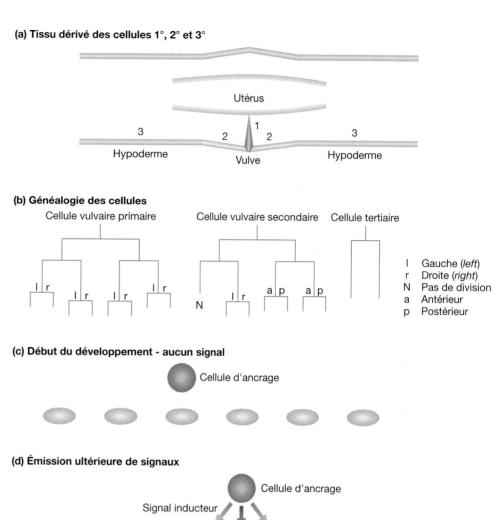

L'élément central qui attribue les différents rôles à ces cellules est une autre cellule unique, appelée **cellule d'ancrage**, qui se trouve sous les cellules du groupe d'équivalence (Figure 18-29c). La cellule d'ancrage sécrète un ligand polypeptidique qui se fixe à une tyrosine kinase réceptrice (RTK) présente sur toutes les cellules du groupe d'équivalence. Seule la cellule qui reçoit le signal le plus élevé (la cellule du groupe d'équivalence la plus proche de la cellule d'ancrage) se transforme en cellule vulvaire primaire. Seule sa voie de transduction du signal fonctionne à un niveau suffisant pour activer les facteurs de transcription nécessaires à cette cellule pour qu'elle devienne une cellule vulvaire primaire (Figure 18-29d). Nous pouvons donc dire que la cellule d'ancrage agit par le biais d'une **interaction inductrice** pour attribuer à une cellule l'identité de cellule vulvaire primaire.

Une fois son rôle attribué, la cellule vulvaire primaire envoie un signal paracrine différent aux cellules adjacentes dans le groupe d'équivalence. Ces cellules sont ainsi inhibées pour qu'elles n'interprètent pas elles aussi le signal de la cellule d'ancrage et n'adoptent pas le rôle primaire. Ce processus d'**inhibition latérale** conduit ces voisines cellulaires à adopter l'identité secondaire. Les autres cellules du groupe d'équivalence se développent en cellules vulvaires tertiaires et participent à la formation de l'hypoderme entourant la vulve. Dans chacun des trois types cellulaires développés par le groupe d'équivalence, un ensemble spécifique de facteurs de transcription est activé et détermine l'état de la cellule : primaire, secondaire ou tertiaire. Grâce à une série de signaux intercellulaires paracrines, un groupe de cellules équivalentes peut former les trois types cellulaires nécessaires.

MESSAGE L'attribution des identités cellulaires peut avoir lieu grâce à une combinaison d'interactions inductrices et d'interactions latérales inhibitrices, entre cellules.

18.7 Les nombreux parallèles entre la formation des plans d'organisation chez les vertébrés et les insectes

Quelle est l'universalité des principes développementaux découverts chez la drosophile ? Même actuellement, le type d'analyse génétique possible chez la drosophile n'est pas réalisable chez la plupart des autres organismes, du moins sans un investissement énorme pour mettre au point des outils génétiques comparables et pour sélectionner et conserver des colonies d'animaux plus gros. Toutefois, ces vingt dernières années, la technologie de l'ADN recombinant a fourni les outils nécessaires pour évaluer le caractère général des découvertes chez la drosophile. L'une des approches importantes consiste simplement à utiliser la puissance de l'hybridation ADN-ADN pour isoler des gènes apparentés dans un organisme différent. Si les génomes ont été séquencés, il suffit alors d'une recherche informatique pour repérer le gène en question. Certains des parallèles les plus spectaculaires et inattendus ont été établis en comparant le développement précoce de la mouche et de la souris, organismes pour lesquels la distance évolutive est très importante.

Le cas peut-être le plus frappant est celui de la ressemblance existant entre certains groupes de gènes à homéoboîte des mammifères et de la drosophile. Chez l'homme, les groupes de gènes homéotiques sont appelés complexes Hox. Ces groupes ressemblent fortement aux groupes de gènes homéotiques ANT-C et BX-C des insectes, désignés sous le terme collectif de HOM-C (complexe de gènes homéotiques) (Figure 18-30). Les groupes ANT-C et BX-C, qui sont très éloignés sur le chromosome 3 de drosophile, forment un seul groupe chez les insectes plus primitifs tels que le coléoptère de la farine *Tribolium castaneum*. Ceci indique la présence d'un seul groupe de gènes homéotiques chez les insectes – HOM-C – qui, au cours de l'évolution de la lignée de la drosophile, s'est séparé en deux groupes. De plus, comme on le voit dans la Figure 18-25e, les gènes du groupe HOM-C sont disposés sur le chromosome selon un ordre colinéaire à celui de leur profil spatial d'expression : les gènes situés vers l'extrémité gauche du complexe sont transcrits près de l'extrémité antérieure de l'embryon ; les gènes situés vers la droite du chromosome sont transcrits de plus en plus postérieurement (comparer les Figures 18-30a et b).

On ignore toujours pourquoi les gènes des insectes sont regroupés ou organisés suivant ce mode colinéaire mais

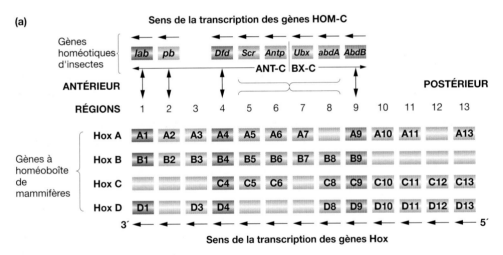

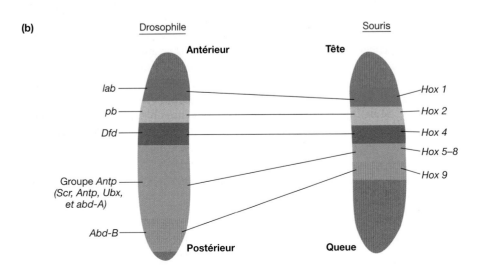

Figure 18-30 Une comparaison des structures et des fonctions des gènes homéotiques d'insectes et de mammifères.
(a) L'anatomie comparée des groupes de gènes HOM-C (insectes) et Hox (mammifères). Les gènes HOM-C sont présentés en haut. Chacun des quatre groupes Hox paralogues (voir texte) est situé sur un chromosome différent. Les gènes de même couleur ont des structures et des fonctions étroitement apparentées les unes aux autres. (b) Les domaines et les régions d'expression des embryons de drosophile et de souris qui nécessitent les différents gènes HOM-C et Hox. Les couleurs du schéma correspondent à celles de la partie a. Remarquez l'ordre des domaines, identique chez les deux embryons. [D'après H. Lodish, D. Baltimore, A. Berk, S. L. Zipursky, P. Matsudaira et J. Darnell, *Biologie moléculaire de la cellule*. Traduction française de la 3e éd. chez De Boeck, 1997.]

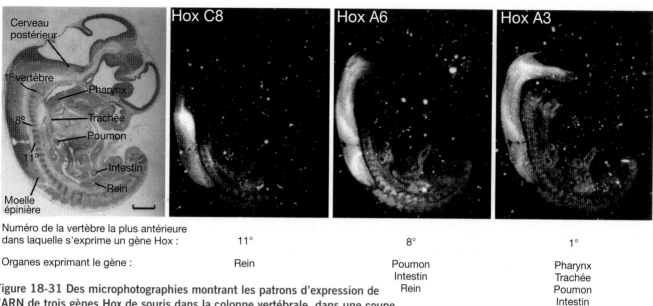

Numéro de la vertèbre la plus antérieure dans laquelle s'exprime un gène Hox :

	11°	8°	1°

Organes exprimant le gène :

	Rein	Poumon Intestin Rein	Pharynx Trachée Poumon Intestin Rein

Figure 18-31 Des microphotographies montrant les patrons d'expression de l'ARN de trois gènes Hox de souris dans la colonne vertébrale, dans une coupe d'embryon de souris âgé de 12,5 jours. Remarquez la limite antérieure des patrons d'expression, propre à chacun d'eux. [D'après S. J. Gaunt et P. B. Singh, *Trends in Genetics* 6, 1990, 208.]

indépendamment du rôle de ces caractéristiques, on observe la même organisation structurale – le regroupement et la colinéarité – pour les gènes équivalents chez les mammifères, organisés en groupes Hox (voir Figure 18-30a). La principale différence entre les mouches et les mammifères est l'existence d'un seul groupe HOM-C dans le génome des insectes et de quatre groupes Hox chez les mammifères, tous localisés sur un chromosome différent. Ces quatre groupes Hox sont **paralogues**, ce qui signifie que l'ordre des gènes dans chaque groupe est très voisin, comme si le groupe entier avait subi un quadruplement au cours de l'évolution des vertébrés. Les gènes situés près de l'extrémité gauche de chaque groupe Hox sont non seulement très semblables entre eux, mais également à l'un des gènes HOM-C des insectes, situé à l'extrémité gauche du groupe. Il existe des relations similaires entre tous les groupes. En dernier lieu et ce qui est le plus spectaculaire, les gènes Hox sont exprimés de telle sorte qu'ils définissent les segments dans les somites en formation (les unités segmentaires de la colonne vertébrale en cours de développement) et dans le système nerveux central de l'embryon de souris (et sans doute de l'homme). Chaque gène Hox est exprimé en un ensemble continu commençant à une frontière antérieure spécifique et continuant postérieurement jusqu'à la fin de la colonne vertébrale en formation (Figure 18-31). La frontière antérieure est propre à chaque gène Hox. Dans chaque groupe Hox, les gènes situés le plus à gauche ont les frontières les plus antérieures. Celles-ci sont situées de plus en plus postérieurement, lorsqu'on considère chaque groupe Hox de gauche à droite. Ainsi, les groupes de gènes Hox semblent arrangés et exprimés suivant un ordre étonnamment similaire à celui des gènes HOM-C des insectes (voir la Figure 18-30b).

Les corrélations de la structure et des patrons d'expression sont renforcées par l'étude des phénotypes mutants. Les

techniques de mutagenèse *in vitro* permettent de créer efficacement des knock-out (inactivations complètes) de gènes chez la souris. De nombreux gènes Hox ont déjà subi des inactivations complètes et le résultat étonnant est que les phénotypes des souris homozygotes pour un knock-out sont apparentés aux phénotypes des mouches homozygotes pour une mutation HOM-C complète. Par exemple, le knock-out de *Hox C8* entraîne la formation de côtes sur la première vertèbre lombaire, L1, qui est normalement la première vertèbre sans côte (Figure 18-32). Lorsque *Hox C* est complètement inactivé, la vertèbre L1 subit une transformation homéotique et prend l'identité segmentaire d'une vertèbre plus antérieure. Pour utiliser le jargon des généticiens, *Hox C8*⁻ a provoqué un glissement de l'identité vers l'avant. À l'évidence, ce gène Hox semble contrôler la détermination de l'identité d'un segment d'une façon qui rappelle beaucoup celle des gènes HOM-C, car par exemple, l'absence du gène *Ubx* chez la drosophile provoque également un glissement de l'identité vers l'avant, au cours duquel T3 et A1 sont transformés en T2.

Comment des organismes si disparates – la mouche, la souris, l'homme (et *C. elegans*) – peuvent-ils posséder des séquences de gènes si semblables ? L'interprétation la plus simple est que les gènes Hox et HOM-C des vertébrés et des insectes sont des descendants d'un groupe de gènes à homéoboîte, présent chez un ancêtre commun quelque 600 millions d'années auparavant. La conservation des gènes HOM-C et Hox au cours de l'évolution n'est pas le seul exemple[*]. En effet, à mesure que nous comparons des génomes entiers, nous découvrons que ce type de conservation fonctionnelle au cours de l'évolution semble être la règle plutôt que l'exception. Par exemple, 60 % des gènes humains associés à une maladie héréditaire ont des gènes apparentés chez la drosophile.

[*] Voir sur ce sujet le livre de François Jacob, *La souris, la mouche et l'homme*, Éditions Odile Jacob, Paris, 1997. (*N.D.T.*)

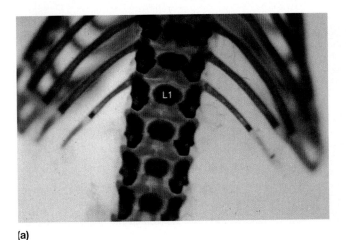

(a)

(b)

Figure 18-32 Le phénotype d'une souris mutante homéotique. Des souris homozygotes pour l'inactivation ciblée du gène *Hox C8* ont été créées à partir de cellules souches embryonnaires en culture. (a) Un agrandissement des vertèbres thoraciques et lombaires d'une souris homozygote mutante *Hox C8⁻*. Remarquez les côtes qui partent de L1, la première vertèbre lombaire. Chez les souris de type sauvage, L1 n'a pas de côte. (b) Un deuxième phénotype inattendu du knock-out conduisant à la formation d'une souris *Hox C8⁻* : remarquez que la souris homozygote mutante de droite a des doigts repliés tandis que la souris de type sauvage à gauche a des doigts normaux. [D'après H. Le Mouellic, Y. Lallemand et P. Brulet, *Cell* 69, 1992, 251.]

> **MESSAGE** Les stratégies élaborées pour le développement des animaux sont très anciennes et hautement conservées. On peut considérer grossièrement qu'un mammifère, un ver et une mouche viennent au monde avec les mêmes éléments de construction et des mécanismes identiques de régulation. *Plus ça change, plus c'est la même chose !**
>
> * En français dans le texte. (*N.D.T.*)

18.8 La génétique de la détermination sexuelle chez l'homme

Le développement sexuel représente une part importante du développement. La plupart des animaux et de nombreuses plantes présentent un dimorphisme sexuel et le plus souvent, la détermination sexuelle est «câblée» génétiquement. Nous allons prendre l'être humain comme exemple, tout en notant qu'il existe une vaste gamme de mécanismes de détermination très différents de celui que nous allons décrire. Malgré tout, nous allons rencontrer dans la détermination sexuelle humaine, certains acteurs du développement qui commencent à nous être familiers – notamment un interrupteur, des facteurs de transcription à grand rayon d'action et la communication intercellulaire.

Pour comprendre cette histoire, reportons-nous à la Figure 18-33, qui présente le développement sexuel chez l'homme. À l'évidence, l'interrupteur central est le gène situé sur le bras court du chromosome Y qui s'appelle *SRY* (*s*ex *r*egulation on the *Y* : régulation sexuelle sur le chromosome Y). La présence de *SRY* détermine la masculinité et son absence, la féminité. Son importance est prouvée par le fait que la délétion de *SRY* ou l'inactivation complète de sa fonction produit une femme XY et qu'inversement, la trans-

location de *SRY* sur un autre chromosome peut produire des hommes XX. Comment fonctionne le produit de SRY ? Il s'agit d'un facteur de transcription qui se lie à l'ADN et agit sur des gènes de la gonade indifférenciée, la transformant en testicule. En l'absence de produit SRY (comme chez les femmes XX normales), la gonade indifférenciée se développe en ovaire. Une fois le testicule développé, les gènes de synthèse de la testostérone sont activés. La testostérone (un androgène) est une hormone stéroïde responsable de la formation des caractères sexuels secondaires masculins tels que la forme du corps ou l'implantation des cheveux et des poils – le phénotype masculin.

En quittant le testicule, la testostérone pénètre dans le système sanguin qui la transporte vers les cellules cibles qui produiront les caractéristiques masculines. L'hormone est liposoluble, ce qui lui permet de traverser les membranes de ses cellules cibles et de pénétrer dans leur cytoplasme. Elle se fixe à un récepteur protéinique appelé récepteur d'androgène, codé par un gène appelé *AR* situé sur le chromosome X. La testostérone et le récepteur auquel elle s'est fixée entrent ensemble dans le noyau des cellules et agissent sur un facteur de transcription qui active les gènes de la masculinité. La protéine AR est essentielle pour la détermination sexuelle masculine. Si *AR* est délété ou si sa fonction est complètement inactivée, alors la testostérone ne peut pas agir et aucun caractère masculin n'apparaît. Nous avons vu au Chapitre 2 une variante humaine récessive liée à l'X appelée syndrome d'insensibilité aux androgènes. Ce syndrome résulte d'une mutation dans le gène *AR*.

Nous venons donc de voir deux gènes clés codant des facteurs de transcription ainsi qu'une vaste palette de «gènes cibles» en aval, à la fois dans les testicules (sexe primaire) et dans les cellules somatiques qui vont subir une différenciation sexuelle secondaire.

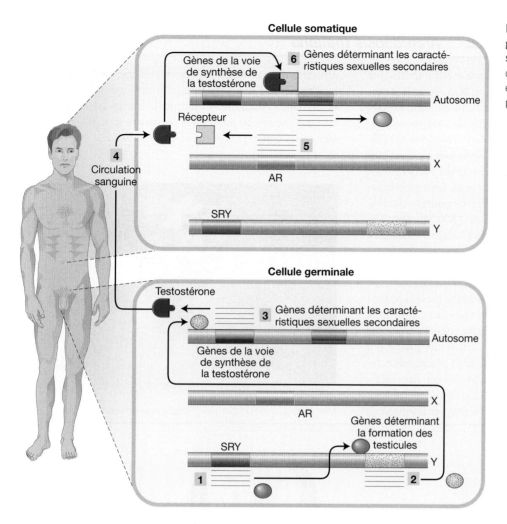

Cellule somatique

Gènes de la voie de synthèse de la testostérone

6 Gènes déterminant les caractéristiques sexuelles secondaires

Autosome

Récepteur

4 Circulation sanguine

5

AR

X

SRY

Y

Cellule germinale

Testostérone

3 Gènes déterminant les caractéristiques sexuelles secondaires

Autosome

Gènes de la voie de synthèse de la testostérone

AR

X

Gènes déterminant la formation des testicules

SRY

1

2

Y

Figure 18-33 L'interaction des gènes lors de la détermination du sexe chez l'homme. La séquence de l'action des gènes est numérotée en commençant par la synthèse de la protéine SRY dans la gonade.

18.9 Les leçons du développement animal s'appliquent-elles aux plantes ?

Les éléments qui se dégagent des études comparatives des patrons de formation chez différents animaux indiquent que de nombreuses voies développementales sont des créations anciennes qui ont été conservées et maintenues dans de nombreuses, sinon toutes les espèces animales. L'histoire de la vie, la biologie cellulaire et les origines des plantes dans l'évolution devraient au contraire fournir des arguments contre l'utilisation des mêmes groupes de voies dans la régulation du développement des plantes. En effet, les plantes ont des organes très différents de ceux des animaux. Leur rigidité structurale dépend de la rigidité de leurs parois cellulaires et les lignées germinales et somatiques se séparent tardivement au cours du développement. Les plantes dépendent également fortement de l'intensité lumineuse et de la durée de celle-ci pour le déclenchement des différents événements de leur développement. Certes, elles utilisent des hormones pour réguler l'activité des gènes, envoyer à des cellules voisines des signaux encore inconnus et déterminer des identités cellulaires grâce à des facteurs de transcription. Il semble que dans ses grandes lignes, la détermination des identités cellulaires chez les animaux soit similaire à celle

des plantes. Cependant, les molécules impliquées dans ces voies développementales sont probablement très différentes de celles du développement animal.

Un domaine actif de la recherche en génétique du développement utilise comme système modèle une petite plante à fleurs appelée *Arabidopsis thaliana* (ou Arabette des dames) (voir l'encadré Organisme modèle à la page suivante). L'événement le plus étudié du développement chez *Arabidopsis* est la formation des fleurs. Exactement comme le groupe de gènes homéotiques contrôle l'identité des segments au cours du développement animal, une série de régulateurs transcriptionnels détermine l'identité des quatre feuillets (les verticilles) de la fleur. Le verticille externe de la fleur forme normalement les sépales, le suivant forme les pétales, celui d'après, les étamines et le plus interne donne naissance au carpelle (Figure 18-34). On a identifié plusieurs gènes dont l'inactivation complète ou l'expression ectopique transforme un ou plusieurs de ces verticilles en un autre. Par exemple, le gène *AP1* (*Apetala-1*) provoque la transformation homéotique des deux verticilles externes en deux verticilles internes. Comme pour les mutants homéotiques chez les animaux, le nombre de verticilles reste le même (quatre) mais leur identité est transformée. L'étude des profils spatiaux d'expression et des phénotypes mutants des différents gènes d'identité

❀ ORGANISME MODÈLE   *Arabidopsis thaliana*

Plus que tout autre organisme génétique modèle traité dans cet ouvrage, *Arabidopsis* est un produit de l'ère de la génomique. Elle possède un génome de 120 mégabases d'ADN seulement, organisé en un jeu haploïde de cinq chromosomes (le nombre diploïde est de 10). Par conséquent, la taille et la complexité du génome d'*Arabidopsis* sont comparables à celles de la mouche du vinaigre, *Drosophila melanogaster*. Au contraire, le génome du maïs, un organisme génétique modèle de longue date (voir l'encadré Organisme modèle au Chapitre 13) a un génome d'environ 2 500 Mb, soit quasiment de la même taille que celui de l'homme. Une autre caractéristique attrayante d'*Arabidopsis* aux yeux des généticiens est son cycle vital bref: il faut environ 6 semaines pour qu'une graine plantée produise une nouvelle récolte de graines. *Arabidopsis* est également très petite (voir la photo) et reste inférieure à 10 cm. Sa petite taille la rend facile à cultiver en laboratoire dans des tubes de culture ou sur des boîtes de Pétri. De plus, comme il s'agit d'une plante qui se reproduit par autofécondation, on peut réaliser directement des criblages des mutagenèses pratiquées dans la F_1, sur les individus de la F_2. Les généticiens ont donc obtenu de nombreuses mutations avec des phénotypes intéressants

affectant divers événements du développement et des voies biochimiques. Enfin, le génome d'*Arabidopsis* a été séquencé et de nombreux outils, y compris la mutagenèse par insertion ont été mis au point pour permettre une superposition aux cartes génétiques et transcriptionnelles de cette plante.

Une plante d'*Arabidopsis*. [Dan Tenaglia, www.missouriplants.com.]

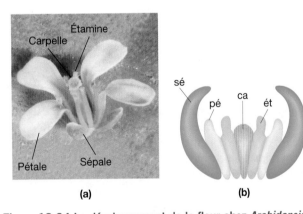

Figure 18-34 Le développement de la fleur chez *Arabidopsis thaliana*. (a) Les produits matures des quatre verticilles d'une fleur. (b) Un schéma en coupe de la fleur en cours de développement, indiquant les identités normales des quatre verticilles. De l'extérieur vers l'intérieur, il y a les sépales (sé), les pétales (pé), les étamines (ét) et le carpelle (ca). [Photographie aimablement communiquée par Vivian. F. Irish, d'après V. F. Irish, «Patterning the Flower», *Developmental Biology* 209, 1999, 211-222.]

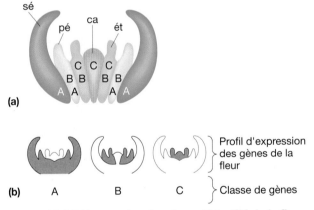

Figure 18-35 L'expression des gènes d'identité de la fleur et la mise en place de l'identité des verticilles. (a) Les profils d'expression des gènes correspondant aux différentes identités des verticilles. (b) Les régions grisées des schémas en coupe de la fleur en cours de développement montrent les profils d'expression des gènes des classes A, B et C. Reportez-vous à la Figure 18-34 pour l'anatomie normale de la fleur en cours de développement. [D'après V. F. Irish, «Patterning the flower», *Developmental Biology* 209, 1999, 211-222.]

des fleurs a permis d'établir un modèle dans lequel l'identité des verticilles est déterminée par l'action combinée de multiples facteurs de transcription (Figure 18-35). Ainsi, les sépales (le verticille le plus externe) sont mis en place grâce à l'expression de facteurs de transcription exprimés uniquement par des gènes de classe A. L'identité des pétales est déterminée grâce à l'action de facteurs de transcription produits par l'expression simultanée des gènes de classe A et de classe B. Les étamines sont formées grâce à l'action

de facteurs de transcription produits par l'expression simultanée de gènes de classe B et de classe C. Enfin, l'identité du carpelle résulte de l'expression de facteurs de transcription exprimés par des gènes de classe C. De même que les gènes homéotiques déterminant les identités des segments chez les animaux codent des facteurs de transcription structuralement apparentés (contenant des homéodomaines), les gènes d'identité des fleurs codent eux aussi des facteurs de transcription structuralement apparentés appelés facteurs de transcription à domaine MADS, présents dans tout le règne eucaryote. (L'acronyme MADS est formé des premières lettres des noms de quatre gènes prototypiques de cette famille.) Par conséquent, bien que différente dans le détail, la stratégie globale de l'expression différentielle de facteurs de transcription est l'une des approches aboutissant à la mise en place de l'identité des cellules chez les plantes. Grâce à l'utilisation des techniques sophistiquées de la génétique et de la génomique, les études du développement d'*Arabidopsis* devraient révéler beaucoup d'informations sur le développement des plantes.

18.10 Les approches génomiques pour comprendre la formation du patron d'organisation

La clé pour l'étude d'une voie ou d'un réseau tels que la formation d'un des axes du corps est la connaissance de tous les éléments impliqués. L'analyse mutationnelle, même si elle s'est révélée très puissante pour découvrir ces éléments, est seulement l'une des approches possibles. De nombreux gènes, pour une raison ou une autre, participent à un processus étudié mais ne peuvent être détectés par une inactivation mutationnelle. Nous savons par exemple que de nombreuses fonctions de gènes sont redondantes, avec plusieurs gènes dans le génome contribuant à une fonction donnée. L'inactivation complète de l'un de ces gènes et du produit d'un autre est suffisante pour produire un phénotype normal. Comment peut-on identifier les pièces de ce puzzle?

L'une des solutions est de détecter l'expression des gènes selon des profils intéressants le long des axes du corps. Toutefois, l'approche gène par gène qu'un généticien peut suivre est fastidieuse étant donné que le génome de la mouche (par exemple) comporte près de 15 000 gènes. Au lieu de cela, grâce à quelques astuces génétiques, on peut établir des profils de transcription grâce à l'utilisation de micro-alignements d'expression pour cribler efficacement ce type de mutations. En voici un exemple récent. Un groupe de chercheurs travaillant sur la drosophile souhaitait étudier des gènes qui pourraient être régulés positivement ou négativement par la protéine DL, distribuée selon un gradient le long de l'axe D-V de l'embryon de drosophile. Les embryons étudiés avaient des mères mutantes pour l'un des trois gènes différents conduisant à des embryons avec des concentrations élevée, faible ou nulle de la protéine DL.

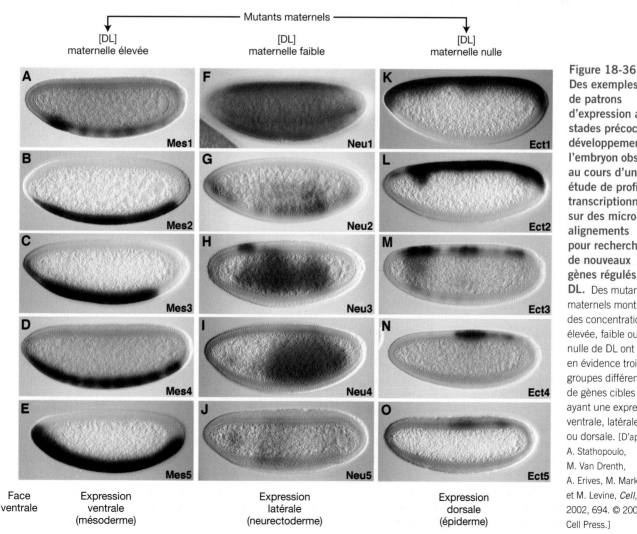

— Mutants maternels —

[DL]
maternelle élevée

[DL]
maternelle faible

[DL]
maternelle nulle

Face ventrale | Expression ventrale (mésoderme)

Expression latérale (neurectoderme)

Expression dorsale (épiderme)

Figure 18-36 Des exemples de patrons d'expression aux stades précoces de développement de l'embryon observés au cours d'une étude de profils transcriptionnels sur des micro-alignements pour rechercher de nouveaux gènes régulés par DL. Des mutants maternels montrant des concentrations élevée, faible ou nulle de DL ont mis en évidence trois groupes différents de gènes cibles ayant une expression ventrale, latérale ou dorsale. [D'après A. Stathopoulo, M. Van Drenth, A. Erives, M. Markstein et M. Levine, *Cell*, 111, 2002, 694. © 2002 par Cell Press.]

Des préparations d'ARNm de chacun de ces trois génotypes maternels furent hybridées sur des micro-alignements comportant chaque gène du génome de drosophile et les patrons d'hybridation furent comparés. Au total, on trouva 40 nouveaux gènes activés ou réprimés par la protéine DL, ce qui augmentait le nombre de gènes cibles connus de 500 %. Dans des expériences ultérieures, le groupe de recherche fut capable de montrer qu'en effet, ces gènes étaient exprimés chez l'embryon à un stade précoce de développement, dans des domaines correspondant aux feuillets embryonnaires le long de l'axe D-V (Figure 18-36). Lors d'une autre approche, une analyse haut-débit de doubles hybrides fut utilisée pour établir des cartes d'interaction des protéines élargissant et affinant les réseaux du plan d'organisation du corps chez la drosophile, obtenus par analyse mutationnelle.

Il s'agit juste de l'une des nombreuses applications des techniques à haut débit de criblage systématique d'un génome complet grâce auxquelles on recherche des gènes particuliers susceptibles d'être analysés intensivement pour participer à la connaissance en détail d'une voie développementale complète. Cette approche n'enlève pas l'intérêt des criblages mutationnels directs. C'est en fait une approche complémentaire puissante. Aucune de ces deux approches ne permet à elle seule d'identifier tous les gènes correspondants mais combinées, elles contribueront à une image plus complète des processus développementaux.

RÉPONSES AUX QUESTIONS CLÉS

• **Quelle séquence d'événements crée le patron élémentaire d'organisation du corps chez un animal ?**

À partir d'une cellule totipotente, les mécanismes génétiques produisent des cellules filles avec des identités génétiques distinctes. Ces identités sont peu à peu subdivisées, ce qui aboutit à la formation d'un ensemble normal d'organes ayant chacun son propre profil d'expression de gènes.

• **Comment les polarités qui déterminent les principaux axes du corps sont-elles créées ?**

Les axes antéro-postérieur et dorso-ventral sont tous deux établis à l'aide de gradients de molécules déposées à l'intérieur ou autour de l'ovocyte par la mère de l'organisme.

• **Comment les cellules reconnaissent-elles leurs positions le long des axes du développement ?**

La position est établie grâce à un patron spécifique de facteurs de transcription qui active différents jeux de gènes cardinaux affinant les domaines développementaux.

• **Les cellules participent-elles à un seul ou à plusieurs processus de prise de décision ?**

À de multiples processus de prise de décision : par exemple, une cellule doit traiter simultanément les informations relatives à sa position sur les axes A-P et D-V.

• **Quel rôle la communication intercellulaire joue-t-elle dans la construction du patron élémentaire d'organisation du corps ?**

Elle affine encore davantage l'identité cellulaire dans les champs développementaux généraux.

• **Les voies de construction du patron biologique sont-elles conservées entre des espèces éloignées ?**

Oui, à un degré plus ou moins élevé selon l'organisme. Les gènes HOM et Hox des mouches et des mammifères sont homologues et agissent de manière similaire pour déterminer le plan d'organisation du corps. Des gradients de facteurs de transcription existent à la fois chez les végétaux et les animaux. Tous les organismes utilisent des interrupteurs génétiques de différentes sortes.

RÉSUMÉ

Un ensemble programmé d'instructions dans le génome d'un organisme supérieur permet d'établir les identités développementales des cellules en fonction des principales caractéristiques du plan élémentaire d'organisation du corps. Ces instructions aboutissent à une mosaïque finement agencée de différents types cellulaires mis en place suivant le patron spatial approprié.

Le zygote est totipotent : il donne naissance à tous les types cellulaires de l'adulte. Au fur et à mesure du développement, des décisions successives maintiennent chaque cellule et ses descendants (une lignée) dans son identité particulière. Les premières décisions développementales sont très grossières. Des gradients de protéines régulatrices d'origine maternelle établissent la polarité le long des principaux axes du corps. Dans tous les cas décrits en détail, la polarité intrinsèque du système cytosquelettique sous-tend la mise en place de cette information de position élémentaire dans l'embryon. Enfin, l'information de position établie le long de chacun des grands axes du corps conduit à l'expression différentielle des facteurs de transcription le long de chaque axe. Les cibles de ces facteurs de transcription sont les éléments régulateurs des gènes cardinaux. En général, ces gènes cardinaux sont eux-mêmes des facteurs de transcription ou appartiennent à une autre classe de molécules qui activent d'autres facteurs de transcription. L'activation des gènes cardinaux amorce le processus de subdivision de l'animal en une série de domaines développementaux grossiers.

Ces profils grossiers sont affinés par la suite grâce à un processus à multiples étapes. Les cellules se communiquent mutuellement des informations sur le plan d'organisation à l'aide de systèmes de signalisation intercellulaire, ce qui garantit le fonctionnement cohérent de la structure en cours de développement (l'embryon, le tissu, l'organe).

Le même groupe élémentaire de gènes identifiés chez la drosophile et les protéines régulatrices codées par ces gènes se retrouve chez les mammifères et semble gouverner les principaux événements du développement chez de nombreux – voire chez tous – les animaux supérieurs. On peut dire que la majorité des gènes des génomes de métazoaires sont communs à la plupart des membres du règne animal. La conclusion qui en ressort est que les événements primordiaux à l'origine de la formation du patron d'organisation du corps sont anciens et sont exploités de nombreuses manières différentes pour produire des animaux qui semblent très différents les uns des autres. Il existe cependant des limites à la généralité de ces mécanismes lorsqu'on les considère en détail. Les molécules responsables de la régulation du développement chez les plantes sont différentes de celles utilisées chez les animaux, mais on retrouve de nombreux éléments communs au développement des végétaux et des animaux. Dans les deux cas, des facteurs transcriptionnels et des systèmes de signalisation sont exploités pour créer le patron d'organisation. Cependant, en raison d'une scission phylogénétique ancienne entre les plantes et les animaux et de la grande différence entre les stratégies vitales des animaux et des végétaux, il n'est pas étonnant que des molécules distinctes remplissent des rôles parallèles.

MOTS CLÉS

Affinement des identités cellulaires (p. 578)
Cellule d'ancrage (p. 599)
Cellule polaire (p. 582)
Cellule totipotente (p. 578)
Champ développemental (p. 577)
Choix binaire au cours du développement (p. 578)
Complexe de gènes homéotiques (p. 595)

Cytosquelette (p. 578)
Expression maternelle (p. 583)
Feuillet embryonnaire (p. 583)
Gène à effet maternel (p. 583)
Gène cardinal (p. 591)
Gène gap (p. 593)
Gène pair-rule (p. 595)
Groupe d'équivalence (p. 598)
Identité cellulaire (p. 577)
Information de position (p. 577)

Inhibition latérale (p. 599)
Interaction inductrice (p. 599)
Microfilament (p. 578)
Microtubule (p. 578)
Paralogue (p. 601)
Protéine à homéodomaine (p. 595)
Segment (p. 583)
Transformation homéotique ou homéose (p. 595)

PROBLÈMES RÉSOLUS

1. Le déterminant antérieur dans l'œuf de drosophile est *bcd*. Une mère hétérozygote pour une délétion *bcd* possède une seule copie du gène *bcd⁺*. En utilisant des éléments P pour insérer par transformation dans le génome des copies du gène cloné *bcd⁺*, il est possible de produire des mères avec des copies supplémentaires du gène. Peu après la formation du blastoderme, l'embryon de drosophile développe une dépression appelée sillon céphalique, qui est plus ou moins perpendiculaire à l'axe longitudinal du corps. Dans la descendance de monosomiques *bcd⁺*, ce sillon est très proche de l'extrémité antérieure. Il se trouve à une position située à 1/6 de la distance entre l'extrémité antérieure et l'extrémité postérieure. Dans la descendance des diploïdes standard de type sauvage (disomiques pour *bcd⁺*), le sillon céphalique apparaît davantage postérieurement, à une position située à 1/5 de la distance entre l'extrémité antérieure et l'extrémité postérieure de l'embryon. Dans la descendance de trisomiques *bcd⁺*, il est encore plus postérieur. Plus on ajoute de doses du gène, plus le sillon est postérieur, jusqu'à ce que dans la descendance d'hexasomiques le sillon céphalique se retrouve à mi-chemin sur l'axe A-P de l'embryon.

a. Expliquez l'effet de dosage du gène *bcd⁺* sur la formation du sillon céphalique, d'après la contribution de *bcd* à la formation du plan de l'axe A-P.

b. Schématisez les patrons relatifs d'expression des ARNm des gènes gap *Kr* et *kni* chez les embryons au stade blastoderme issus de mères monosomiques, trisomiques et hexasomiques pour *bcd*.

Solution

a. La détermination des parties antérieures et postérieures de l'embryon est gouvernée par un gradient de concentration de BCD. Le sillon se développe au niveau d'une concentration critique de *bcd*. Plus le dosage du gène *bcd⁺* (et par conséquent plus la concentration de BCD) diminue, plus le sillon se déplace vers l'avant. Plus le dosage du gène augmente, plus le sillon se déplace vers l'arrière.

b.

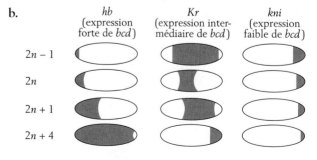

2. Dans les voies développementales, les événements essentiels semblent être l'activation d'interrupteurs centraux qui déclenchent une cascade programmée de réponses

régulatrices. Indiquez les interrupteurs centraux et expliquez la façon dont ils fonctionnent dans la détermination sexuelle chez les mammifères.

Solution

Dans la détermination du sexe chez les mammifères, l'interrupteur central est la présence ou l'absence du gène *SRY*, qui est habituellement situé sur le chromosome Y. En présence du produit protéique de ce gène, qui est une protéine se fixant à l'ADN, certaines cellules de la gonade (cellules de Leydig) synthétisent des androgènes, c'est-à-dire des hormones stéroïdes induisant le développement mâle. Ces hormones sont sécrétées dans le système sanguin et agissent sur des tissus cibles pour induire l'activité de facteurs de transcription des récepteurs d'androgènes. En l'absence de l'activation des récepteurs d'androgènes, le développement se poursuit le long de la voie par défaut, conduisant au développement femelle. On ne connaît pas les facteurs qui activent l'expression de *SRY* dans les testicules. L'interrupteur central étant la présence ou l'absence du gène *SRY* lui-même, il est probable que les molécules régulatrices qui activent *SRY* soient présentes dans les gonades indifférenciées au début du développement.

3. Lors de l'embryogenèse des mammifères, la masse cellulaire interne (MCI : le futur fœtus) se sépare rapidement des cellules qui formeront les membranes entourant l'embryon et les conduits respiratoires, nutritifs et excréteurs, entre la mère et le fœtus.

   a. Imaginez des expériences utilisant des mosaïques chez les souris pour déterminer à quel moment les deux identités cellulaires sont décidées.

   b. Comment pourriez-vous suivre la formation des différentes membranes fœtales ?

Solution

a. Il faut des marqueurs pour distinguer les différentes lignées cellulaires. Ceci peut être réalisé en utilisant des lignées de souris qui diffèrent par leurs marqueurs chromosomiques ou biochimiques. (On pourrait également utiliser les différences entre chromosomes sexuels des cellules XX ou XY, induire la perte de chromosomes ou encore provoquer des aberrations chromosomiques en irradiant des embryons.)

Une fois que vous avez déterminé les marqueurs différentiels à utiliser, une façon de répondre à la question est d'injecter une seule cellule issue de l'une des deux souches dans des embryons de l'autre souche à différents stades du développement. Une autre approche consiste à fusionner les embryons issus des deux souches, comportant un nombre défini de cellules. Dans les deux cas, vous examinerez les embryons lorsque la MCI et les membranes seront distinctes et reconnaissables. Lorsque l'insertion des cellules ou la fusion des embryons aboutit à la formation de membranes et d'une MCI constituées exclusivement d'un type cellulaire et jamais d'une mosaïque des deux, les deux lignées développementales sont établies.

b. Réalisez la même expérience d'injection ou de fusion sur de jeunes embryons. Regardez à présent l'organisation de la mosaïque. Mettez en relation la présence des cellules de génotype similaire dans les différentes membranes. Il devrait être possible de déterminer la lignée des cellules dans chaque groupe de membranes.

PROBLÈMES

Problèmes élémentaires

1. En quoi le cytosquelette ressemble-t-il et diffère-t-il du squelette du corps ?

2. De quel point de vue un microfilament est-il polaire ?

3. Si vous décriviez à un non-biologiste le transport d'une charge le long d'un microtubule, quelle analogie avec la vie quotidienne utiliseriez-vous ? (« C'est comme… »)

4. Chez *C. elegans* combien de divisions cellulaires du zygote sont-elles nécessaires pour former la cellule qui deviendra le précurseur de la lignée germinale ? Quelle est l'origine de ce nombre ?

5. Une traduction approximative de syncytium est « cellules ensemble ». Ce terme est-il approprié pour décrire le syncytium de la drosophile ?

6. Dessinez un graphe représentant un syncytium de drosophile avec deux gradients opposés ayant chacun leur maximum au niveau de l'un des pôles.

7. Décrivez le protocole d'une expérience que vous mèneriez pour créer un gradient d'une molécule donnée dans une solution et démontrer son existence.

8. Décrivez brièvement l'expérience à l'aide de laquelle le gradient de *bicoid* a été mis en évidence dans la Figure 18-10a.

9. Si vous échangiez les UTR 5' de *bicoid* et de *nanos* quelles seraient à votre avis les conséquences sur leurs gradients ?

10. Dans quel but a-t-on utilisé le sillon céphalique dans l'expérience de la Figure 18-13 ?

11. Dans quelle partie des cellules la protéine DL se trouve-t-elle dans la région dorsale du blastoderme de la drosophile ?

12. Quel est l'événement nécessaire avant que la protéine DL pénètre dans le noyau ?

13. *gooseberry*, *runt*, *knirps* et *antennapedia*. Pour un généticien de la drosophile, de quoi s'agit-il ? Qu'est-ce qui les distingue ?

14. Décrivez le profil d'expression du gène *eve* de la drosophile dans le blastoderme à un stade avancé de développement.

15. Comparez la fonction des gènes homéotiques et celle des gènes pair-rule.

16. Qu'entendent les généticiens lorsqu'ils disent que les cellules «communiquent»?

17. Quelle est la différence entre l'action de la cellule d'ancrage sur la communication cellulaire et celle de la cellule primaire sur le développement de la vulve chez *C. elegans*?

18. Quel est l'«ancêtre» du gène B6 dans le groupe de gènes HOM de la drosophile?

19. Dans le système de détermination de la masculinité chez l'homme, à votre avis qu'est-ce qui régule la transcription de *SRY* (si tel est effectivement le cas)?

20. Dans les fleurs d'*Arabidopsis*, quels seraient les verticilles chez des mutants totalement dépourvus de transcrits du gène B?

21. Les humains XYY sont des hommes féconds. Les humains XXX sont des femmes fécondes. Que révèlent ces observations sur les mécanismes de détermination du sexe et de compensation du dosage?

22. De temps à autre, des êtres humains sont des mosaïques de tissus XX et XY. Ils présentent généralement un phénotype sexuel uniforme. Certains d'entre eux sont phénotypiquement des femmes et d'autres, des hommes. Expliquez ces observations en fonction du mécanisme de la détermination du sexe chez les mammifères.

23. De quelle façon les gradients de BCD et de HB-M sont-ils mis en place au cours des stades précoces de l'embryogenèse chez la drosophile? Quel est le rôle du cytosquelette dans ce processus?

24. Quelles sont les ressemblances entre DL/CACT chez la drosophile et Rb/E2F (voir Chapitre 17)?

25. Lors du développement de la vulve chez *C. elegans*, une cellule d'ancrage dans les gonades interagit avec six cellules du groupe d'équivalence (les cellules ayant le potentiel pour former des parties de la vulve). Les six cellules du groupe d'équivalence ont trois identités phénotypiques distinctes: primaire, secondaire et tertiaire. La cellule du groupe d'équivalence la plus proche de la cellule d'ancrage développe le phénotype vulvaire primaire. Si l'on enlève la cellule d'ancrage, les lignées du groupe d'équivalence s'engagent toutes dans l'identité tertiaire.

a. Construisez un modèle pour expliquer ces résultats.

b. La cellule d'ancrage et les six cellules du groupe d'équivalence peuvent être isolées et mises en culture *in vitro*. Imaginez une expérience pour tester votre modèle.

26. Il existe deux types de cellules musculaires chez *C. elegans*: celles des muscles pharyngés et celles des muscles pariétaux (muscles de la paroi). On peut les distinguer l'une de l'autre, même à l'état de cellule unique. Dans la figure suivante, les lettres désignent les deux types de cellules musculaires précurseurs. Les triangles noirs (▲) sont les muscles pharyngés et les triangles blancs (△) sont les muscles pariétaux.

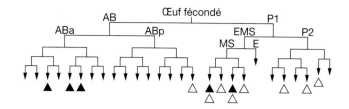

a. Il est possible d'effectuer une permutation entre ces cellules au cours du développement. Lorsque les cellules des positions ABa et ABp sont échangées physiquement, elles se développent conformément à leur nouvelle position. En d'autres termes, la cellule qui était initialement en position ABa se développe alors en une cellule de muscle pariétal, tandis que la cellule qui était initialement en position ABp donne à présent naissance à trois cellules de muscle pharyngé. Que nous apprend cette expérience sur les processus développementaux contrôlant les identités de ABa et ABp?

b. Si la cellule EMS est retirée (par une inactivation par la chaleur à l'aide d'un faisceau laser dirigé au travers d'une lentille de microscope), aucun descendant de la cellule AB ne donne lieu à des cellules musculaires. Que suggère ce résultat?

c. Si la cellule P₂ est supprimée, tous les descendants de la cellule AB se transforment en cellules musculaires. Que suggère ce résultat?

(Figure d'après J. Priess et N. Thomson, *Cell* 48, 1987, 241.)

27. Lorsqu'un embryon est homozygote mutant pour le gène gap *Kr*, les quatrième et cinquième bandes d'expression du gène pair-rule *ftz* (en comptant à partir de l'extrémité antérieure) ne se forment pas normalement. Lorsque le gène gap *kni* est mutant, les cinquième et sixième bandes d'expression de *ftz* ne se forment pas normalement. Expliquez ces résultats d'après la façon dont le nombre de segments est établi chez l'embryon.

28. L'embryon de drosophile présente une polarité mise en place grâce à l'action des gènes à effet maternel exprimés dans le follicule ovarien en cours de développement. Les mères homozygotes pour une mutation *nanos* produisent des embryons dépourvus des segments postérieurs. Cependant, ces embryons ne présentent pas un profil antérieur symétrique (bicéphale). Au contraire, les mères homozygotes pour une mutation *bicoid* produisent des embryons non seulement dépourvus des segments antérieurs mais qui présentent également un profil postérieur symétrique (bicaudal). Expliquez ces observations d'après les rôles de *nanos*, *bicoid* et *hunchback* dans la formation de l'axe antéro-postérieur.

29. Pour un grand nombre des gènes Hox de mammifères, on a pu établir que certains d'entre eux ressemblaient davantage à l'un des gènes HOM-C des insectes qu'aux autres gènes Hox. Décrivez une approche expérimentale utilisant les outils de la biologie moléculaire, qui permettrait de mettre en évidence cette ressemblance.

PROBLÈMES D'ÉVALUATION

30. a. Lorsqu'on enlève les 20 % antérieurs du cytoplasme d'un embryon de drosophile nouvellement formé, on peut créer un phénotype bicaudal dans lequel il y a une duplication symétrique des segments abdominaux. En d'autres termes, de l'extrémité antérieure de l'embryon vers son extrémité postérieure, l'ordre des segments est A8-A7-A6-A5-A4-A4-A5-A6-A7-A8. Expliquez ce phénotype d'après l'action des déterminants antérieurs et postérieurs et d'après la façon dont ils affectent l'expression des gènes gap.

b. Les femelles homozygotes pour la mutation à action maternelle *nanos* (*nos*) produisent des embryons chez lesquels les segments abdominaux sont absents et les segments de la tête et du thorax sont plus larges. En vous référant à l'action des déterminants antérieurs et postérieurs et à l'action des gènes gap, expliquez comment *nos* produit ce phénotype mutant. Dans votre réponse, expliquez pourquoi il y a une perte de segments plutôt qu'une duplication symétrique des segments antérieurs.

31. Les trois protéines à homéodomaine ABD-B, ABD-A et UBX sont codées par des gènes appartenant au complexe bithorax (BX-C) de la drosophile. Chez les embryons de type sauvage, le gène *Abd-B* est exprimé dans les segments abdominaux postérieurs, *Abd-A* dans les segments abdominaux médians et *Ubx* dans les segments abdominaux antérieurs et thoraciques postérieurs. Lorsque le gène *Abd-B* est délété, *Abd-A* est exprimé à la fois dans les segments abdominaux médians et postérieurs. Lorsque *Abd-A* est délété, *Ubx* est exprimé dans les segments thoraciques postérieurs et dans les segments abdominaux antérieurs et médians. Lorsque *Ubx* est délété, les profils d'expression de *Abd-A* et *Abd-B* sont inchangés par rapport à ceux du type sauvage. Lorsque *Abd-A* et *Abd-B* sont tous deux délétés, *Ubx* est exprimé dans tous les segments, du thorax postérieur jusqu'à l'extrémité postérieure de l'embryon. Expliquez ces observations en tenant compte du fait que les gènes gap contrôlent les patrons initiaux d'expression des gènes homéotiques.

32. Lorsque l'on considère la formation des axes A-P et D-V chez la drosophile, il apparaît que pour les mutations telles que *bcd*, les mères homozygotes mutantes produisent toutes des descendants mutants avec des défauts de segmentation. Ce résultat est vrai, que les descendants soient eux-mêmes *bcd⁺/bcd* ou *bcd/bcd*. Certaines des autres mutations létales dans des gènes à effet maternel (dites « mutations à effet maternel ») sont différentes. En effet, on peut « corriger » le phénotype mutant en introduisant par le biais du génome paternel, un allèle sauvage du gène. En d'autres termes, pour de telles mutations à effet maternel létales « curables », les animaux *mut⁺/mut* sont normaux tandis que les animaux *mut/mut* présentent l'anomalie. Expliquez la différence entre les mutations létales à effet maternel curables et non curables.

33. Chez l'embryon de drosophile, les régions 3' non traduites (UTR 3') des ARNm [les régions situées entre les codons de terminaison et les queues de poly(A)] sont responsables de la localisation des ARNm de *bcd* et *nos*, respectivement au pôle antérieur et au pôle postérieur. On a réalisé des expériences au cours desquelles les UTR 3' de *bcd* et *nos* avaient été échangées. Supposons que vous fabriquiez des constructions à l'aide d'une transformation avec des éléments P, contenant les deux permutations (l'ARNm de *nos* avec l'UTR 3' de *bcd* et l'ARNm de *bcd* avec l'UTR 3' de *nos*) et que vous transformiez avec celles-ci un génome de drosophile. Vous fabriquez alors une femelle homozygote mutante pour *bcd* et *nos*, qui porte également les deux constructions permutées. À votre avis, quel sera le phénotype de ses embryons, en ce qui concerne le développement de l'axe A-P ?

34. a. Si vous découvriez une mutation affectant la formation du patron d'organisation antéro-postérieur chez l'embryon de drosophile dans lequel tous les autres segments de la larve mutante en cours de développement sont absents, considéreriez-vous qu'il s'agit d'une mutation dans un gène gap, un gène pair-rule, un gène de polarité des segments ou un gène d'identité des segments ?

b. Vous avez cloné un fragment d'ADN comportant quatre gènes. Comment utiliseriez-vous le profil spatial d'expression de leurs ARNm dans un embryon de type sauvage afin d'identifier lequel représente un gène candidat pour la mutation décrite dans la partie a ?

c. Supposons que vous ayez identifié le gène candidat. Si vous examinez alors le profil spatial d'expression de type sauvage de ses ARNm chez un embryon homozygote mutant pour le gène gap *Krüppel*, vous attendez-vous à observer un patron normal d'expression ? Expliquez.

35. Vous disposez d'une souche de type sauvage et d'une souche mutante *bicoid*. Vous avez également cloné des ADNc correspondant à *nanos* et *bicoid*. Les plasmides sont les suivants :

plasmide 1	ADNc entier de *nanos*
plasmide 2	ADNc entier de *bicoid*
plasmide 3	*bicoid* 5' UTR–*bicoid* ORF–*nanos* 3' UTR
plasmide 4	*nanos* 5' UTR-*bicoid* ORF–*bicoid* 3' UTR
plasmide 5	*nanos* 5' UTR-*bicoid* ORF–*nanos* 3' UTR

où UTR = région non traduite et ORF = cadre de lecture ouvert (région codant la protéine).

Les plasmides sont construits de telle sorte que vous pouvez produire un ARNm synthétique correspondant aux séquences décrites dans chaque ADNc. Décrivez la façon dont vous pourriez utiliser ces ARNm pour démontrer que la localisation de l'ARNm de *bicoid* est due à son UTR 3'.

36. Quels seraient les génotypes d'*Arabidopsis* qui :

a. posséderaient uniquement des carpelles ?

b. ne posséderaient aucun carpelle ?

LA GÉNÉTIQUE DES POPULATIONS

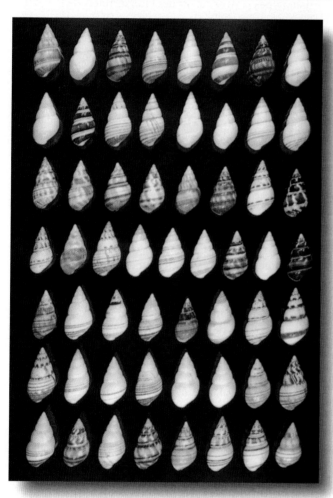

Le polymorphisme de la couleur de la coquille chez *Liguus fasciatus*. [D'après David Hillis, *Journal of Heredity*, Juillet-Août 1991.]

QUESTIONS CLÉS

- Quelle est l'ampleur de la variation génétique dans les populations naturelles des organismes ?

- Quelles sont les conséquences des types de croisements sur la variation génétique ?

- Quelles sont les origines de la variation génétique observée dans les populations ?

- Quels sont les processus qui provoquent des changements dans le type et l'ampleur de la variation génétique dans les populations ?

SOMMAIRE

L'ESSENTIEL DU CHAPITRE

Jusqu'à présent, notre étude de la génétique a porté sur des processus touchant des cellules ou des organismes individuels. Comment la cellule copie-t-elle l'ADN et qu'est-ce qui provoque des mutations? De quelle façon les mécanismes de ségrégation et de recombinaison affectent-ils les types et les proportions des gamètes produits par un organisme? Comment le développement d'un organisme est-il affecté par les interactions entre son ADN, sa machinerie cellulaire de synthèse protéique, ses processus métaboliques et l'environnement extérieur? Il faut garder à l'esprit que les organismes ne vivent pas à l'état d'individus isolés. Au contraire, ils interagissent au sein de groupes appelés **populations**. De fait, certaines questions sur la composition génétique de ces populations ne peuvent être résolues par la seule connaissance des processus génétiques au niveau de l'individu. Pourquoi les allèles des gènes codant le facteur VIII et le facteur IX responsables de l'hémophilie (une déficience de la coagulation du sang) sont-ils si rares au sein de toutes les populations humaines, alors que l'allèle du gène de l'hémoglobine *ß* responsable de l'anémie à cellules falciformes est très courant dans certaines régions d'Afrique? À quels changements de fréquence de l'anémie à cellules falciformes doit-on s'attendre chez les descendants d'Africains vivant en Amérique du Nord, en raison du changement d'environnement et des unions mixtes entre Africains et Européens ou Nord-Américains d'origine? Quels changements génétiques se produisent dans une population d'insectes soumise à des insecticides génération après génération? Quelle est la conséquence d'une augmentation ou d'une diminution du taux d'union entre des parents proches? Toutes ces questions portent sur ce qui détermine la composition génétique des populations et sur l'évolution possible de cette composition au cours du temps. Ces questions appartiennent toutes au domaine de la **génétique des populations**.

> **MESSAGE** La génétique des populations met en relation les processus de l'hérédité individuelle et du développement, avec la composition génétique des populations et les changements de celle-ci au cours du temps et dans l'espace.

La composition génétique d'une population est l'ensemble des fréquences des différents génotypes. Ces fréquences sont la conséquence des processus qui agissent au niveau des organismes eux-mêmes pour augmenter ou abaisser le nombre d'organismes de chaque génotype. Pour établir le lien qui existe entre les processus génétiques et la composition génétique de la population, nous devons étudier les phénomènes suivants (Figure 19-1):

1. Les conséquences des *caractéristiques des unions* sur les différents génotypes de la population. Les individus peuvent s'unir au hasard ou de façon préférentielle avec des parents proches (*endogamie*) ou de façon préférentielle avec des individus de génotype ou de phénotype similaire ou différent (*unions en fonction du génotype ou du phénotype*).

2. Les changements dans la composition de la population dus à la *migration* d'individus entre des populations.

3. Le taux d'introduction de variation génétique nouvelle au sein d'une population par *mutation* qui conduit à l'apparition d'allèles nouveaux dans les locus concernés.

4. La production de nouvelles combinaisons de caractères par *recombinaison*, avec des réassortiments des combinaisons d'allèles présents au niveau de différents locus.

5. Les changements dans la composition de la population dus à l'effet de la *sélection naturelle*. Différents génotypes peuvent avoir des taux distincts de reproduction et des descendants génétiquement différents peuvent avoir des chances distinctes de survie.

6. Les conséquences des *fluctuations aléatoires* dans les taux de reproduction de différents génotypes. Étant donné qu'un individu n'engendre que peu de descendants et que la taille de la population totale est limitée, les rapports génétiques provenant de la méiose dans des familles et des populations réelles ne sont jamais exactement ceux prédits par la théorie. Cette fluctuation aléatoire entraîne une *dérive génétique* dans les fréquences alléliques d'une génération à l'autre.

19.1 La variation et sa modulation

La génétique des populations est une science à la fois expérimentale et théorique. D'un point de vue expérimental, elle fournit des descriptions des profils réels de variation génétique au sein des populations et des estimations des taux des processus d'union, de mutation, de recombinaison, de sélection naturelle et de variation aléatoire des taux d'unions. D'un point de vue théorique, elle permet de proposer des prédictions sur la composition génétique des populations et leur évolution possible en fonction des différentes forces qui agissent sur elles.

Des exemples de variation

Les études de la génétique des populations ont permis d'étudier uniquement des groupes limités de caractères, en raison de la nécessité d'une relation simple entre la variation phénotypique et la variation génotypique. La relation entre phénotype et génotype varie en complexité selon le caractère observé. À un extrême, le phénotype étudié peut être représenté par l'ARNm ou le polypeptide codé par un fragment du génome. À l'autre extrême se situent la majorité des caractères intéressant particulièrement les sélectionneurs et la plupart des spécialistes de l'évolution – les variations de rendement, de taux de croissance, de forme, de métabolisme et de comportement, qui constituent les différences marquantes entre variétés et espèces. Ces caractères sont complexes à définir génotypiquement. Il n'existe aucun allèle qui établit votre taille à 1,75 m ou 1,65 m. Ces différences, si elles résultent de la variation génétique, seront affectées

UNE VUE D'ENSEMBLE DU CHAPITRE

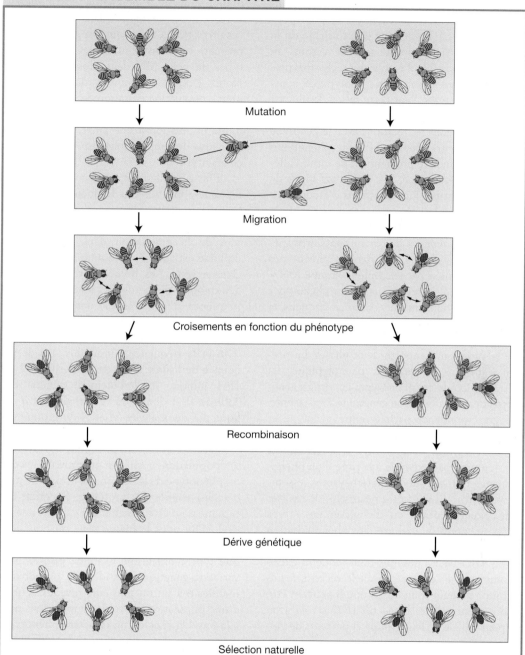

Mutation

Migration

Croisements en fonction du phénotype

Recombinaison

Dérive génétique

Sélection naturelle

Figure 19-1 Une vue d'ensemble du phénomène qui provoque le changement génétique dans les populations. Il existe au départ deux populations aux phénotypes uniformes, dans lesquelles la variation apparaît à la suite de mutations. La migration entre les populations introduit ensuite ces mutations distinctes dans les deux populations. Des croisements en fonction du phénotype peuvent se produire entre des individus de phénotypes différents ou identiques. La recombinaison chez les descendants de ces croisements conduit à de nouvelles combinaisons de caractères qui se trouvaient auparavant chez des individus distincts. La dérive génétique due à l'échantillonnage aléatoire des gamètes modifie les fréquences des génotypes et provoque certaines divergences entre les deux populations du point de vue des fréquences de leurs génotypes et de leurs phénotypes. La sélection naturelle peut ensuite accentuer la divergence des populations.

par un petit ou un grand nombre de gènes ainsi que par la variation environnementale. Pour les analyser, nous devons utiliser les méthodes présentées au Chapitre 20 pour pouvoir dire quelque chose sur les génotypes à l'origine de la variation phénotypique. Mais, comme nous le verrons au Chapitre 20, il n'est pas possible d'établir des règles très précises en ce qui concerne la variation génotypique sous-jacente à ce type de caractères. Pour cette raison, la plupart des études expérimentales en génétique des populations se limitent à des caractères dont les relations avec le génotype sont simples. On peut montrer que les différents phénotypes correspondant à un tel caractère proviennent de formes alléliques distinctes d'un même gène. Les différents types de groupes sanguins ont constitué l'un des objets d'étude favoris des généticiens des populations humaines. Le phénotype d'un groupe sanguin est la présence d'antigènes particuliers à la surface des globules rouges et de certains anticorps spécifiques dans le sérum sanguin. Les différents phénotypes d'un groupe sanguin donné – par exemple le groupe MN – sont codés par les allèles d'un seul locus, et ces phénotypes sont insensibles aux variations du milieu. Par conséquent, la variation observée dans les groupes sanguins est exclusivement la conséquence de différences génétiques simples.

L'étude de la variation comporte deux phases. La première consiste à décrire la variation phénotypique. La seconde est la traduction de ces phénotypes en termes génétiques et la description de la variation génétique sous-jacente. S'il existe une correspondance parfaite entre génotype et phénotype, alors ces deux étapes se fondent en une seule comme dans le cas du groupe sanguin MN. Si la relation est plus complexe – comme par exemple à la suite d'un phénomène de dominance qui fait que les hétérozygotes ressemblent aux homozygotes – il peut être nécessaire de réaliser des croisements expérimentaux ou d'observer des arbres généalogiques pour pouvoir traduire les phénotypes en génotypes. C'est le cas d'un autre système de groupes sanguins, le système ABO chez l'homme, pour lequel il existe deux allèles dominants, I^A et I^B et un allèle récessif, i. Les individus du groupe sanguin A ou du groupe B peuvent être homozygotes pour leurs allèles respectifs ($I^A I^A$ ou $I^B I^B$) ou hétérozygotes pour l'allèle de leur groupe et porteurs de l'allèle récessif ($I^A i$ ou $I^B i$).

La façon la plus simple de décrire la variation d'un gène unique consiste à donner la distribution des proportions observées des génotypes dans une population. On appelle ces proportions, des *fréquences génotypiques*. Le Tableau 19-1 présente cette distribution des fréquences pour trois génotypes du gène MN dans plusieurs populations humaines. Notez l'existence d'une variation entre individus d'une même population en raison de la présence de génotypes distincts et d'une variation de la fréquence de ces génotypes d'une population à une autre. Par exemple, la plupart des individus des populations esquimaudes sont MM, alors que ce génotype est très rare chez les Aborigènes d'Australie.

Plus généralement, au lieu des fréquences des génotypes diploïdes, on utilise les fréquences des allèles alternatifs. La fréquence allélique est simplement la proportion de cette forme allélique du gène parmi toutes les copies du gène au sein de la population dans laquelle chaque organisme diploïde est considéré comme fournissant deux allèles pour chaque gène. Les homozygotes pour un allèle possèdent deux copies de celui-ci et les hétérozygotes, une seule. La fréquence d'un allèle est donc égale à la fréquence des homozygotes plus la moitié de la fréquence des hétérozygotes. Ainsi, si la fréquence d'individus *A/A* est disons de 0,36 et la fréquence d'individus *A/a* de 0,48, alors la fréquence de l'allèle *A* est de 0,36 + 0,48/2 = 0,60. L'encadré 19-1 indique le déroulement général de ce calcul. Le Tableau 19-1 donne les valeurs de *p* et *q*, la **fréquence allélique** des deux allèles M et N du groupe sanguin MN pour chacune des populations étudiées.

Des variations simples peuvent être observées au sein des populations aussi bien qu'entre elles, à différents niveaux, du phénotype de la morphologie externe jusqu'à la séquence d'acides aminés des protéines. En effet, la variation génotypique peut être directement caractérisée par le séquençage de l'ADN pour le même gène ou pour les mêmes régions entre des gènes appartenant à de multiples individus. Chaque type d'organisme examiné jusqu'à présent révèle une variation génétique considérable, ou **polymorphisme**, qui se manifeste à un ou plusieurs niveaux d'observation au sein d'une population, entre des populations ou encore les deux à la fois. Un gène ou un caractère phénotypique est dit *polymorphe* s'il existe plus d'un phénotype de ce gène ou de ce

TABLEAU 19-1   Les fréquences des allèles du locus du groupe sanguin MN dans les génotypes de diverses populations humaines.

Population	Génotype			Fréquences alléliques	
	M/M	M/N	N/N	p(M)	q(N)
Esquimau	0,835	0,156	0,009	0,913	0,087
Aborigène d'Australie	0,024	0,304	0,672	0,176	0,824
Égyptien	0,278	0,489	0,233	0,523	0,477
Allemand	0,297	0,507	0,196	0,550	0,450
Chinois	0,332	0,486	0,182	0,575	0,425
Nigérian	0,301	0,495	0,204	0,548	0,452

Source: W. C. Boyd, *Genetics and the Races of Man*. D. C. Heath, 1950.

ENCADRÉ 19-1   Le calcul des fréquences alléliques

Si $f_{A/A}$, $f_{A/a}$, et $f_{a/a}$ sont les fréquences des trois génotypes d'un locus comportant deux allèles possibles, alors la fréquence p de l'allèle A et la fréquence q de l'allèle a s'obtiennent en comptant les allèles. Puisque chaque homozygote A/A ne comporte que des allèles A et puisque seuls la moitié des allèles de chaque hétérozygote A/a sont des allèles A, la fréquence totale p des allèles A dans la population est calculée de la façon suivante :

$$p = f_{A/A} + 1/2\, f_{A/a} = \text{fréquence de } A$$

De la même façon, la fréquence q des allèles a est donnée par

$$q = f_{a/a} + 1/2\, f_{A/a} = \text{fréquence de } a$$

Par conséquent

$$p + q = f_{A/A} + f_{a/a} + f_{A/a} = 1{,}00$$

et

$$q = 1 - p$$

S'il y a plus de deux formes alléliques différentes, la fréquence de chacun des allèles est simplement la fréquence de son homozygote plus la moitié de la somme des fréquences de tous les hétérozygotes chez lesquels il apparaît.

---

caractère dans une population. Dans certains cas, la quasi-totalité de la population se caractérise par une forme du gène ou du caractère, avec de rares individus portant un variant inhabituel. La forme la plus courante s'appelle le **type sauvage** par opposition aux mutants exceptionnels. Dans d'autres cas, deux formes ou plus sont courantes et il n'est pas possible d'en définir une comme étant le type sauvage. La variation génétique qui pourrait être à la base de tout changement évolutif est omniprésente.

Il est impossible dans ce texte de donner une image exacte de la richesse de la variabilité génétique, même simple, chez les espèces existantes. Nous envisagerons seulement quelques exemples des différents types qui nous permettront d'avoir un aperçu de la diversité génétique dans une espèce. Chacun de ces exemples peut être multiplié à l'infini chez d'autres espèces et pour d'autres caractères.

Les polymorphismes protéiques

LE POLYMORPHISME IMMUNOLOGIQUE Chez les vertébrés, de nombreux locus codent des antigènes spécifiques tels que ceux des groupes sanguins ABO. Plus de 40 spécificités différentes d'antigènes ont été identifiées sur les globules rouges humains et plusieurs centaines sont connues chez les bovins. Un autre groupe polymorphe important chez l'homme est le système HLA des antigènes cellulaires, qui sont impliqués dans les compatibilités tissulaires lors des greffes. Les fréquences alléliques des locus des groupes sanguins ABO pour des populations humaines très différentes sont indiquées dans le Tableau 19-2. Le polymorphisme du système HLA est bien plus étendu. Deux locus principaux semblent le déterminer, chacun d'eux comportant cinq allèles distincts. Il y a donc $5^2 = 25$ types de gamètes possibles, aboutissant à 25 formes homozygotes différentes et à $(25 \times 24)/2 = 300$ hétérozygotes différents. Tous ces génotypes ne peuvent être distingués phénotypiquement de telle sorte que

seules 121 classes phénotypiques peuvent être discernées. Dans une étude portant sur un échantillon de 100 Européens, on a pu observer 53 des 121 phénotypes possibles.

LE POLYMORPHISME DE LA SÉQUENCE D'ACIDES AMINÉS L'étude du polymorphisme génétique a atteint le niveau des polypeptides, codés par les régions codantes des gènes eux-mêmes. Si un gène subit le remplacement d'un codon par un codon non synonyme (disons, GGU en GAU), le résultat est une substitution d'un acide aminé dans le polypeptide correspondant lors de la traduction (dans ce cas, la glycine est changée en acide aspartique). La variation dans la séquence d'acides aminés d'une protéine peut être détectée par le séquençage des ADN codant la protéine, issus d'un grand nombre d'individus. C'est cette méthode que l'on doit utiliser lorsqu'on veut savoir exactement quels acides aminés ont varié dans la séquence, mais il est très long et coûteux de mener de tels projets de séquençage de l'ADN pour de nombreux gènes codant des protéines différentes. Il existe toutefois une alternative pratique au séquençage de l'ADN, qui peut être utilisée si l'on souhaite détecter uniquement

TABLEAU 19-2 Les fréquences des allèles I^A, I^B, et i pour le locus des groupes sanguins ABO chez diverses populations humaines.

Population	I^A	I^B	i
Esquimau	0,333	0,026	0,641
Sioux	0,035	0,010	0,955
Belge	0,257	0,058	0,684
Japonais	0,279	0,172	0,549
Pygmée	0,227	0,219	0,554

Source: W. C. Boyd, *Genetics and the Races of Man*. D. C. Heath, 1950.

les formes variantes d'une protéine lorsqu'un acide aminé en a remplacé un autre. Les protéines portent une charge électrique nette qui est le résultat de l'ionisation des chaînes latérales de cinq acides aminés (l'acide glutamique, l'acide aspartique, l'arginine, la lysine et l'histidine). Des substitutions d'acides aminés peuvent remplacer directement l'un de ces acides aminés chargés, une substitution neutre près de l'un de ceux-ci peut affecter le degré d'ionisation de l'acide aminé chargé, ou encore, une substitution au niveau de la jonction de deux hélices α peut entraîner une légère modification de la configuration tridimensionnelle du polypeptide replié. Dans tous ces cas, la charge nette du polypeptide sera modifiée.

Pour déceler de tels changements de charge nette, la protéine peut être soumise à une électrophorèse sur gel. On peut voir dans la Figure 19-2 le résultat d'une telle séparation électrophorétique. Chaque piste représente des variants de l'enzyme estérase de *Drosophila pseudoobscura* appartenant à une mouche différente. La Figure 19-3 présente un gel similaire pour des variants de l'hémoglobine humaine. Dans ce cas, la plupart des individus sont hétérozygotes pour un variant et l'hémoglobine A normale. Le Tableau 19-3 donne les fréquences des différents allèles de trois gènes codant des enzymes chez *D. pseudoobscura* dans plusieurs populations : un locus quasiment monomorphe (la déshydrogénase malique), un locus moyennement polymorphe (l'α-amylase) et un locus hautement polymorphe (la xanthine déshydrogénase).

La technique d'électrophorèse sur gel (ainsi que le séquençage de l'ADN) diffère fondamentalement des autres techniques d'analyse génétique car elle permet l'étude de gènes qui ne varient pas dans la population, la présence d'une protéine constituant une preuve valable de l'existence d'une séquence d'ADN codant une protéine. Il a donc été possible de rechercher la proportion des gènes de structure polymorphes dans le génome d'une espèce ainsi que la frac-

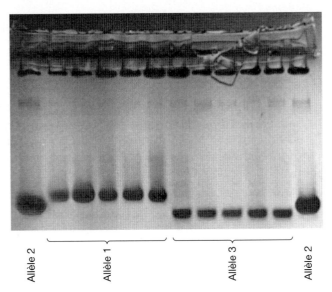

Figure 19-2 Un gel d'électrophorèse de protéines codées par des homozygotes pour trois allèles différents au niveau du locus *estérase-5* chez *Drosophila pseudoobscura*. Chaque piste correspond à une protéine provenant d'une mouche distincte. Plusieurs échantillons du même allèle sont bien identiques, mais les différences entre allèles sont reproductibles.

tion moyenne du génome d'un individu qui se trouve à l'état hétérozygote (l'*hétérozygotie*) dans une population. Un très grand nombre d'espèces ont été analysées par cette technique, y compris des bactéries, des champignons, des végétaux supérieurs, des vertébrés et des invertébrés. Les résultats sont remarquablement constants d'une espèce à l'autre. Environ un tiers des gènes codant des protéines présentent un polymorphisme détectable au niveau protéique et l'hétérozygotie moyenne d'une population pour tous les locus testés est d'environ 10 %. Ceci signifie que l'analyse du

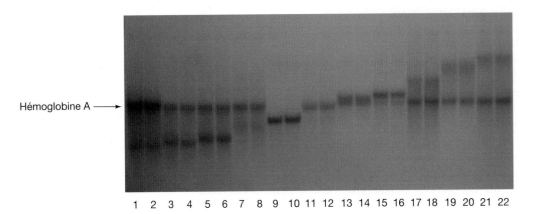

Figure 19-3 Un gel d'électrophorèse montrant l'hémoglobine A normale et différents allèles variants de l'hémoglobine. Chaque piste correspond à un individu différent. L'une des bandes à coloration sombre correspond à l'hémoglobine A, la forme normale. La deuxième bande à coloration sombre visible dans la plupart des pistes (plus visible dans les pistes 3 et 4) représente l'une des multiples hémoglobines variantes dérivées du deuxième allèle de l'hétérozygote. L'hémoglobine A est absente des pistes 9 et 10 car les individus sont homozygotes pour l'allèle variant. [Richard C. Lewontin.]

TABLEAU 19-3 Les fréquences de différents allèles au niveau de trois locus codant des enzymes, chez quatre populations de *Drosophila pseudoobscura*.

Locus (codant une enzyme)	Allèle	Population			
		Berkeley	Mesa Verde	Austin	Bogota
Déshydrogénase malique	A	0,969	0,948	0,957	1,00
	B	0,031	0,052	0,043	0,00
α-amylase	A	0,030	0,000	0,000	0,00
	B	0,290	0,211	0,125	1,00
	C	0,680	0,789	0,875	0,00
Xanthine déshydrogénase	A	0,053	0,016	0,018	0,00
	B	0,074	0,073	0,036	0,00
	C	0,263	0,300	0,232	0,00
	D	0,600	0,581	0,661	1,00
	E	0,010	0,030	0,053	0,00

Source: R. C. Lewontin, *The Genetic Basis of Evolutionary Change.* Columbia University Press, 1974.

génome d'un individu de quasiment n'importe quelle espèce montrerait qu'environ 1 gène sur 10 chez un individu est hétérozygote pour des variations génétiques qui se reflètent dans la séquence d'acides aminés des protéines et qu'environ un tiers de tous les gènes comportent deux allèles de ce type ou plus ségrégeant dans la population. Ceci constitue donc un immense potentiel de variation pour l'évolution. L'inconvénient de la technique électrophorétique est de détecter uniquement la variation dans les régions codantes des gènes et non les changements importants dans les éléments régulateurs à l'origine d'une grande partie de l'évolution de la forme et de la fonction.

La structure de l'ADN et le polymorphisme des séquences

L'analyse de l'ADN permet d'étudier la variation de la structure du génome entre individus et entre espèces. Ces études peuvent se réaliser à trois niveaux. L'étude de la variation du nombre et de la morphologie des chromosomes donne une idée d'ensemble de la réorganisation du génome. On peut avoir une idée relativement grossière de la variation au niveau des paires de bases, d'après la variation des sites de restriction. Au niveau le plus fin, les techniques de séquençage d'ADN permettent de suivre la variation concernant chaque paire de bases.

LE POLYMORPHISME CHROMOSOMIQUE Bien que le caryotype soit souvent présenté comme caractéristique d'une espèce, de nombreuses espèces sont en réalité polymorphes pour le nombre et la morphologie de leurs chromosomes. Des chromosomes surnuméraires, des translocations réciproques et des inversions existent chez de nombreuses populations de végétaux, d'insectes et même de mammifères. La Figure 19-4 présente diverses boucles d'inversion présentes dans des populations naturelles de *Drosophila pseudoobscura*.

Chaque boucle est formée en raison de l'existence de deux chromosomes homologues dont l'un comporte une région orientée en sens inverse de la région correspondante sur l'autre homologue (voir Chapitre 15). Le Tableau 19-4 indique la fréquence des chromosomes surnuméraires et des hétérozygotes pour une translocation dans une population de la plante *Clarkia elegans*, d'origine californienne. Le caryotype «type» de l'espèce serait difficile à identifier car seulement 56% des plantes de cette espèce sont dépourvues de chromosomes surnuméraires et de translocations.

LA VARIATION DES SITES DE RESTRICTION Un moyen rapide et peu coûteux d'observer le niveau global de variation dans les séquences d'ADN consiste à digérer l'ADN à l'aide d'enzymes de restriction (voir Chapitre 11). Il existe de nombreuses enzymes de restriction différentes. Chacune d'elles reconnaît une séquence spécifique de bases et coupe l'ADN au niveau des sites comportant cette séquence. Cette coupure produit deux fragments d'ADN dont les longueurs respectives sont déterminées par la position du site de restriction dans la molécule originale intacte. Une enzyme de restriction qui reconnaît des séquences de six paires de bases reconnaîtra une séquence spécifique environ une fois toutes les $4^6 = 4096$ paires de bases le long d'une molécule d'ADN [calculé à partir de la probabilité qu'une base spécifique (parmi quatre) soit présente à chacune des six positions]. Si un polymorphisme existe dans la population pour l'une des six bases du site de reconnaissance, alors l'enzyme reconnaîtra et coupera l'ADN chez un variant mais pas chez un autre (voir Chapitre 11). Il y aura donc un polymorphisme de longueur de fragments de restriction (RFLP) dans la population. Un ensemble de huit enzymes différentes (par exemple) reconnaissant des sites de six paires de bases permet de vérifier toutes les $4096/8 \cong 500$ paires de bases environ l'existence de ce type de polymorphismes. Toutefois, lorsqu'un tel cas se présente, on ignore laquelle des six paires de bases est polymorphe.

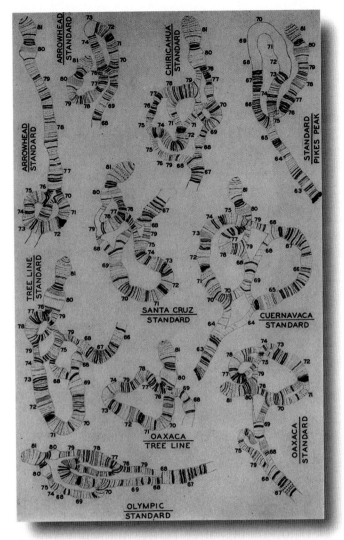

Figure 19-4 Un polymorphisme d'inversion du chromosome 3 dans des populations naturelles de *Drosophila pseudoobscura.* Les noms des inversions correspondent aux localités dans lesquelles elles ont été observées pour la première fois. Les appariements des différents ordres de gènes montrent des boucles dans les chromosomes polytènes, révélant ainsi la position des points de cassure des inversions. [T. Dobzhansky, *Chromosomal Races in Drosophila Pseudoobscura and Drosophila persimilis.* Carnegie Institution of Washington, 47-144, 1944.]

Si l'on utilise des enzymes qui reconnaissent des séquences de quatre bases, un site de reconnaissance sera présent toutes les $4^4 = 256$ paires de bases en moyenne, de sorte qu'un ensemble de huit enzymes différentes pourra vérifier toutes les $256/8 = 32$ paires de bases le long de la séquence d'ADN, l'existence d'un polymorphisme. Outre les changements simples de paires de bases qui détruisent les sites de reconnaissance des enzymes de restriction, des insertions et des délétions de segments d'ADN peuvent se produire le long du brin d'ADN entre les positions des sites de restriction, ce qui peut entraîner des variations de la longueur des fragments de restriction.

Diverses études menées sur des régions différentes du chromosome X et des deux grands autosomes de *Drosophila melanogaster* à l'aide d'enzymes de restriction ont révélé entre 0,1 et 1 % d'hétérozygotie par site nucléotidique, avec une moyenne de 0,4 %. Le résultat de l'une de ces études sur le gène de la xanthine déshydrogénase de *Drosophila pseudoobscura* est présenté dans la Figure 19-5. La figure montre symboliquement le profil de restriction de 58 chromosomes recueillis dans la nature, présentant un polymorphisme pour 78 sites de restriction dans une séquence longue de 4,5 kb. Il est remarquable de constater que parmi les 58 profils, il y en a 53 différents. (Essayez de repérer les paires identiques.)

LES RÉPÉTITIONS EN TANDEM Les études de profils de restriction peuvent révéler une autre forme de variation de la séquence d'ADN qui porte sur le nombre de séquences en tandem répétées de multiples fois. Le génome humain comporte de nombreuses séquences courtes différentes, dispersées dans l'ensemble du génome, chacune étant répétée de multiples fois en *tandem*. Le nombre de répétitions peut varier d'une dizaine à plus de cent dans des génomes distincts. On appelle ces séquences des **répétitions en tandem en nombre variable** (VNTR en anglais pour *variable number tandem repeats*). Si les enzymes de restriction coupent les séquences situées de part et d'autre d'une de ces répétitions en tandem, un fragment sera produit et sa taille sera proportionnelle au nombre d'éléments répétés. Les fragments de tailles différentes migreront à des vitesses distinctes sur un gel d'électrophorèse. Les copies individuelles des éléments des séquences répétées sont trop courtes pour permettre de

---

TABLEAU 19-4 Les fréquences des plantes avec des chromosomes surnuméraires et des hétérozygotes pour une translocation dans une population californienne de *Clarkia elegans.*

Pas de chromosome surnuméraire ni de translocation	Translocations	Chromosomes surnuméraires	Chromosomes surnuméraires et translocations
0,560	0,133	0,265	0,042

Source: H. Lewis, *Evolution* 5, 1951, 142–157.

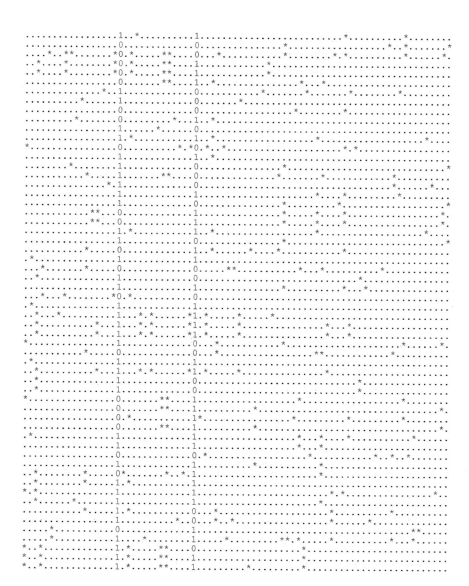

Figure 19-5 Le résultat d'une étude de 58 chromosomes menée à l'aide d'une enzyme reconnaissant une séquence de quatre paires de bases pour rechercher le gène de la xanthine déshydrogénase de _Drosophila pseudoobscura_. Chaque ligne correspond à un chromosome (haplotype) issu d'une population naturelle. Chaque position le long de la ligne est un site de restriction polymorphe dans la séquence de 4,5 kb étudiée. Un astérisque indique un endroit au niveau duquel l'haplotype représenté diffère de la majorité des autres haplotypes, soit parce qu'il présente une coupure à un endroit où la plupart des haplotypes ne sont pas coupés, soit parce qu'il n'est pas coupé au contraire des autres haplotypes. Aucune majorité ne se dégage clairement au niveau de deux sites. Un 0 ou un 1 sont donc utilisés pour montrer que le site est absent ou présent.

distinguer par exemple 64 et 68 répétitions, mais l'on peut établir des classes de taille comportant différents nombres de répétitions et l'on peut tester dans une population les fréquences des différentes classes. Le Tableau 19-5 présente les données correspondant à deux VNTR différentes chez deux groupes d'Indiens d'Amérique originaires du Brésil. Dans un cas, celui de D14S1, les Karitiana sont quasiment homozygotes, alors que les Surui présentent une grande variation. Dans l'autre cas, celui de D14S13, les populations ont toutes deux une certaine variation mais leurs profils des fréquences sont différents.

LES VARIATIONS DE L'ENSEMBLE DE LA SÉQUENCE

Une forme répandue de variation génétique est la variation au niveau d'un seul nucléotide, appelée **polymorphisme de nucléotide unique** (SNP pour _single-nucleotide polymorphism_ en anglais). Les études portant sur la variation au niveau de paires uniques de bases par séquençage d'ADN peuvent fournir des informations de deux types. Tout d'abord, la variation dans la séquence d'ADN peut être étudiée dans les régions codantes des gènes. Les séquences des régions codantes peuvent être traduites pour déterminer exactement les différences entre les séquences d'acides aminés dans des protéines provenant de différents individus d'une population ou à partir d'espèces différentes. La précision du séquençage de l'ADN est supérieure à celle des études électrophorétiques d'une protéine provenant d'individus différents qui peuvent mettre en évidence uniquement les variations entre les séquences d'acides aminés mais ne permettent pas de savoir combien, ni quels acides aminés diffèrent d'un individu à l'autre. Ainsi, lorsque des séquences d'ADN ont été obtenues à partir de différents variants électrophorétiques de l'estérase-5 chez _Drosophila pseudoobscura_ (voir Figure 19-2), on s'est aperçu que les variants électrophorétiques différaient les uns des autres en moyenne de 8 acides aminés, et que les 20 acides aminés différents étaient impliqués dans ce polymorphisme, à une fréquence voisine de celle de leur présence dans la protéine. De telles études ont montré

TABLEAU 19-5   Les fréquences des classes de tailles pour deux séquences différentes contenant des VNTR, D14S1 et D14S13, présentes chez les Karitiana et Surui du Brésil.

Classe de taille	D14S1		D14S13	
	Karitiana	Surui	Karitiana	Surui
3–4	105	41	0	0
4–5	0	3	3	14
5–6	0	11	1	4
6–7	0	2	1	2
7–8	0	1	1	2
8–9	3	3	8	16
9–10	0	11	28	9
10–11	0	2	22	0
11–12	0	4	18	8
12–13	0	0	13	18
13–14	0	0	13	3
> 14	0	0	0	2
	108	78	108	78

Source: Données de J. Kidd et K. Kidd, *American Journal of Physical Anthropology* 81, 1992, 249.

également que les différentes régions d'une même protéine présentaient un taux variable de polymorphisme. Pour la protéine estérase-5 qui comporte 545 acides aminés, 7 % des positions des acides aminés sont polymorphes, mais les derniers acides aminés de l'extrémité carboxy-terminale de la protéine ne varient pas du tout entre les individus, sans doute parce que ces acides aminés sont nécessaires au fonctionnement correct de la protéine.

En second lieu, l'étude de la variation de la séquence d'ADN peut également porter sur les paires de bases dont les changements ne déterminent *pas* ou n'affectent *pas* la séquence protéique. On peut observer ce type de variation de paire de bases dans les séquences flanquantes en 5' dans l'ADN, susceptibles de jouer un rôle régulateur. L'importance de l'étude de la variation dans les séquences régulatrices ne doit pas être sous-estimée. Il a été suggéré que la plus grande partie de l'évolution de la forme, de la physiologie et du comportement repose sur des changements dans les séquences régulatrices. Si c'est le cas, alors la variation de séquence dans les régions codantes et dans les séquences d'acides aminés codées par celles-ci n'en serait la plupart du temps qu'une part minime. On observe également une certaine variation dans les introns, dans la séquence non transcrite en 3' du gène, et au niveau des positions nucléotidiques dans les codons (généralement en troisième position) dont la variation n'entraîne pas de substitution d'acide aminé. Ce polymorphisme de paires de bases dit *silencieux* ou *synonyme* est bien plus répandu que les modifications entraînant un polymorphisme des acides aminés, vraisemblablement parce que de nombreux changements d'acides aminés perturbent la fonction normale de la protéine et sont éliminés par la sélection naturelle.

L'examen du tableau de traduction des codons (Figure 9-8) montre qu'environ 25 % de tous les change-

ments aléatoires de paires de bases sont synonymes, donnant lieu à un codon différent du même acide aminé, alors que 75 % des changements aléatoires modifient l'acide aminé codé. Par exemple, le changement de AAT en AAC code toujours l'asparagine, mais des changements en ATT, ACT, AAA, AAG, AGT, TAT, CAT ou GAT – qui sont tous des changements d'une seule paire de bases par rapport au codon AAT – modifient l'acide aminé codé. Par conséquent, si les mutations de paires de bases sont aléatoires et si la substitution d'un acide aminé n'entraîne pas de changement de la fonction, on s'attend à un rapport 3 : 1 entre les changements d'acides aminés et les polymorphismes silencieux. Les rapports observés chez la drosophile varient en réalité de 2 : 1 à 1 : 10. Visiblement, il y a un fort excès de polymorphisme silencieux, ce qui indique que la plupart des modifications d'acides aminés sont soumises à la sélection naturelle. Il ne faut cependant pas supposer que les sites silencieux au sein des séquences codantes sont libres de toute contrainte. Des triplets alternatifs codant le même acide aminé peuvent être transcrits avec une vitesse et une précision différentes, et l'ARNm correspondant à ces différents triplets peut être traduit à une vitesse et avec une précision variables en raison des limites de l'ensemble des ARNt disponibles. Cette dernière hypothèse est étayée par le fait que les triplets synonymes d'un même acide aminé ne sont pas utilisés de façon égale et que l'inégalité de leur usage est bien plus prononcée pour les gènes transcrits à des taux élevés.

Des contraintes s'exercent également sur les séquences non-codantes 5' et 3' et sur les séquences des introns. Les ADN non codants en 5' et 3' contiennent tous deux des signaux intervenant dans la transcription et les introns peuvent contenir des enhancers de la transcription (voir Chapitre 10).

> **MESSAGE** Une importante variation génétique existe au sein des espèces. Elle se manifeste au niveau morphologique de la structure et du nombre de chromosomes et au niveau de régions d'ADN, sans entraîner obligatoirement de conséquences sur le développement.

19.2 Les conséquences de la reproduction sexuée sur la variation

La ségrégation méiotique et l'équilibre génétique

Si l'hérédité était basée sur la transmission d'une substance continue comme le sang, alors l'union d'individus de phénotypes différents aboutirait à des descendants de phénotype intermédiaire. Croisés à leur tour les uns avec les autres, les descendants résultants seraient eux aussi de phénotype intermédiaire. Une population dans laquelle les unions d'individus auraient lieu au hasard perdrait lentement sa variation. Pour finir, tous les membres de la population présenteraient le même phénotype.

La nature particulière de l'hérédité modifie complètement cette représentation. En raison de la nature discrète des gènes et de la ségrégation des allèles lors la méiose, un croisement entre individus de type intermédiaire *ne conduit pas* à une descendance exclusivement intermédiaire. Au contraire, certains des descendants présenteront des phénotypes extrêmes – les homozygotes. Considérons une population dans laquelle les individus mâles et femelles s'unissent au hasard en ce qui concerne un locus génique donné, *A*; c'est-à-dire que les individus ne choisissent pas leurs partenaires en fonction du génotype de ce locus. De telles unions au hasard reviennent à mélanger tous les ovules et tous les spermatozoïdes présents dans la population et à les associer au hasard.

Le résultat d'une telle association aléatoire entre spermatozoïdes et ovules est facile à calculer. Si dans une population, la fréquence de l'allèle *A* est de 0,60 à la fois chez les spermatozoïdes et les ovules, alors la probabilité qu'un spermatozoïde et un ovule choisis au hasard soient tous deux *A* est de $0,60 \times 0,60 = 0,36$. Ainsi, dans une population présentant cette fréquence allélique et dans laquelle les unions ont lieu au hasard, 36 % des descendants seront *A/A*. De la même façon, la fréquence des descendants *a/a* sera de $0,40 \times 0,40 = 0,16$. Des hétérozygotes seront créés tant par la fusion d'un spermatozoïde *A* et d'un ovule *a* que par la fusion d'un spermatozoïde *a* et d'un ovule *A*. Si les gamètes s'associent au hasard, alors la probabilité qu'un spermatozoïde *A* et un ovule *a* se rencontrent est de $0,60 \times 0,40$; la combinaison inverse présente la même probabilité. La fréquence de la descendance hétérozygote est donc de $2 \times 0,60 \times 0,40 = 0,48$.

Nous pouvons comprendre à présent de quelle façon la variation est conservée dans une population. Le processus d'union au hasard n'a pas modifié les *fréquences alléliques*, ce qui peut facilement se vérifier en calculant les fréquences des allèles *A* et *a* parmi les descendants de cet exemple, à l'aide de la méthode décrite dans l'Encadré 19-1. Il en résulte que dans chaque génération successive, les proportions d'homozygotes et d'hétérozygotes restent inchangées. Ces fréquences constantes forment la **distribution à l'équilibre**. L'encadré 19-2 présente la forme générale de calcul de cet équilibre.

> **MESSAGE** La ségrégation méiotique dans les populations dans lesquelles les unions ont lieu au hasard aboutit à une distribution à l'équilibre des génotypes après une génération seulement, ce qui conduit au maintien de la variation génétique.

La distribution à l'équilibre peut être calculée grâce à la formule:

$$
\begin{array}{ccc}
A/A & A/a & a/a \\
p^2 & 2pq & q^2
\end{array}
$$

où *p* est la fréquence de l'allèle *A*, *q* est la fréquence de l'allèle *a* et $p + q = 1$.

Cette distribution s'appelle **équilibre de Hardy-Weinberg**, d'après G. H. Hardy et W. Weinberg qui l'ont découverte de façon indépendante. (Cet équilibre fut également découvert indépendamment par le généticien russe Sergei Chetverikov.)

L'équilibre de Hardy-Weinberg signifie que la reproduction sexuée n'entraîne pas une réduction constante de la variation génétique à chaque génération; au contraire, le taux de variation demeure constant d'une génération à l'autre, en l'absence d'autres forces de changement. L'équilibre est la conséquence directe de la ségrégation des allèles lors de la méiose chez les hétérozygotes.

Numériquement, l'équilibre montre que, quel que soit le mélange de génotypes dans la génération parentale, la totalité de la distribution génotypique au bout d'une génération est déterminée par la fréquence allélique *p*. Considérons par exemple trois populations imaginaires issues d'unions d'immigrants de différentes origines:

	$f(A/A)$	$f(A/a)$	$f(a/a)$
I	0,3	0,0	0,7
II	0,2	0,2	0,6
III	0,1	0,4	0,5

La fréquence allélique *p* de A dans les trois populations est:

I	$p = f(A/A) + f(A/a) = 0,3 + 1/2(0)$	$= 0,3$
II	$p = 0,2$	$+ 1/2(0,2)$	$= 0,3$
III	$p = 0,1$	$+ 1/2(0,4)$	$= 0,3$

Ainsi, malgré leur composition génotypique très différente, ces populations ont la même fréquence allélique. Cependant, après une génération d'unions au hasard dans chacune

ENCADRÉ 19-2   L'équilibre de Hardy-Weinberg

Si la fréquence de l'allèle A est p à la fois pour les spermatozoïdes et les ovules et que la fréquence de l'allèle a est $q = 1 - p$, alors les conséquences des unions au hasard des spermatozoïdes et des ovules correspondent aux données présentées dans le schéma ci-contre. La probabilité que le spermatozoïde et l'ovule impliqués dans n'importe quel croisement possèdent l'allèle A est

$$p \times p = p^2$$

ce qui sera donc la fréquence des homozygotes A/A à la génération suivante. De même, la probabilité des hétérozygotes A/a sera

$$(p \times q) + (q \times p) = 2pq$$

et la probabilité des homozygotes a/a sera

$$q \times q = q^2$$

Après une génération d'unions au hasard, les trois génotypes auront pour fréquences

$$p^2 : 2pq : q^2$$

La fréquence de A dans la F_1 ne changera pas (ce sera toujours p) car, comme le montre le schéma, la fréquence de A dans les zygotes est la fréquence de A/A plus la moitié de la fréquence de A/a, soit

$$p^2 + pq = p\,(p + q) = p$$

Ainsi, à la deuxième génération, les fréquences des trois génotypes seront toujours

$$p^2 : 2pq : q^2$$

et ainsi de suite, pour toujours. Il s'agit des fréquences de l'équilibre de Hardy-Weinberg.

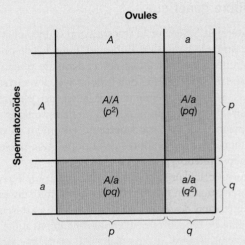

Les fréquences de l'équilibre de Hardy-Weinberg résultant d'unions au hasard.

des trois populations, elles auront toutes les mêmes fréquences génotypiques :

$$\frac{A/A}{p^2 = (0,3)^2 = 0,09}$$

$$\frac{A/a}{2pq = 2(0,3)(0,7) = 0,42}$$

$$\frac{a/a}{q^2 = (0,7)^2 = 0,49}$$

et elles se maintiendront ainsi indéfiniment.

Une conséquence des rapports de Hardy-Weinberg est que les allèles rares n'existent quasiment jamais à l'état homozygote. Si un allèle a une fréquence de 0,001 il ne se retrouvera à l'état homozygote qu'une fois sur un million ; la plupart des copies de ce type d'allèles rares se retrouvent donc chez des hétérozygotes. En général, puisque deux copies d'un allèle sont présentes chez les homozygotes et une seule chez les hétérozygotes, la fréquence relative de l'allèle chez les hétérozygotes (à l'opposé des homozygotes) est, d'après les fréquences de l'équilibre d'Hardy-Weinberg,

$$\frac{2pq}{2q^2} = \frac{p}{q}$$

ce qui, pour $q = 0,001$ donne un rapport de 999:1. Par exemple à l'état homozygote, une mutation récessive provoque la maladie potentiellement létale appelée phénylcétonurie (PCU). L'allèle mutant a une fréquence voisine de 0,01 dans les populations américaines et européennes. La fréquence de la maladie cependant est seulement de 1 sur 10 000 nouveau-nés. La relation générale entre les fréquences d'homozygotes et d'hétérozygotes est représentée en fonction des fréquences alléliques dans la Figure 19-6.

Dans nos calculs fondés sur l'équilibre, nous avons supposé que la fréquence allélique p était la même dans les spermatozoïdes et les ovules. Le théorème de l'équilibre de Hardy-Weinberg ne s'applique pas aux gènes liés au sexe si les mâles et les femelles ont au départ des fréquences inégales de gènes.

Le principe de l'équilibre de Hardy-Weinberg peut être généralisé à des cas dans lesquels la population comporte plus de deux allèles. En général, quel que soit le nombre de types alléliques dans la population, la fréquence d'homozygotes pour un allèle donné est égale au carré de la

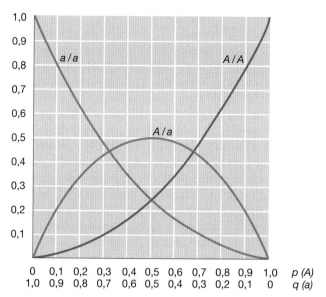

Figure 19-6 Les fréquences des homozygotes et des hétérozygotes en fonction des fréquences alléliques. Des courbes montrant les proportions d'homozygotes *A/A* (courbe bleue), d'homozygotes *a/a* (courbe orange) et d'hétérozygotes *A/a* (courbe verte) dans des populations aux fréquences alléliques différentes, si les populations sont dans un état d'équilibre de Hardy-Weinberg.

L'hétérozygotie

Une mesure de la variation génétique (à opposer à sa *description* par les fréquences alléliques) est donnée par le taux d'**hétérozygotie** pour un gène dans une population, qui correspond à la fréquence totale des hétérozygotes pour ce gène. Cette hétérozygotie peut soit être observée directement en comptant les hétérozygotes, soit être calculée à partir des fréquences alléliques en utilisant les proportions de l'équilibre de Hardy-Weinberg. Si l'un des allèles est représenté à une fréquence très élevée et tous les autres à des fréquences quasiment nulles, il y aura alors très peu d'hétérozygotie puisque la plupart des individus seront homozygotes pour l'allèle le plus répandu. On s'attend à une hétérozygotie plus élevée s'il y a de nombreux allèles d'un gène qui présentent tous la même fréquence. Dans le Tableau 19-1, l'hétérozygotie est simplement égale à la fréquence du génotype *M/N* dans chacune des populations.

Si l'on considère plus d'un locus à la fois, il y a deux façons possibles de calculer l'hétérozygotie. Le gène *S* (qui code le facteur sécréteur déterminant si les protéines M et N sont également présentes dans la salive) est étroitement lié à *M/N* chez l'homme. Le Tableau 19-6 indique les fréquences des quatre combinaisons des deux allèles des deux gènes (*M S*, *M s*, *N S* et *N s*) dans différentes populations. Selon la première façon de mesurer l'hétérozygotie, nous pouvons calculer séparément la fréquence des hétérozygotes au niveau de chaque locus (hétérozygotie allélique). Selon la deuxième façon, nous pouvons regarder si les chromosomes homologues d'un individu portent la même combinaison d'allèles. La combinaison d'allèles de différents gènes présents sur le même chromosome homologue s'appelle un **haplotype**. Pour déterminer si deux allèles de différents gènes sont associés sur le même homologue, il est nécessaire de séquencer l'ADN des individus ou de disposer d'informations sur leurs parents ou leurs descendants. Une fois que nous possédons cette information, nous pouvons considérer individuellement chaque haplotype comme dans le Tableau 19-6 et calculer la proportion des individus porteurs de deux formes haplotypiques ou gamétiques différentes. Cette forme d'hétérozygotie est également appelée *diversité*

fréquence de cet allèle. La fréquence des hétérozygotes pour une paire donnée d'allèles est égale au double du produit de la fréquence de ces deux allèles. Supposons par exemple que nous nous intéressions à trois allèles A_1, A_2 et A_3, dont les fréquences sont respectivement 0,5 ; 0,3 et 0,2. Dès lors, les fréquences des homozygotes dans l'équilibre de Hardy-Weinberg seront :

$$A_1A_1 \qquad A_2A_2 \qquad A_3A_3$$
$$(0,5)^2 = 0,25 \qquad (0,3)^2 = 0,09 \qquad (0,2)^2 = 0,04$$

et les fréquences des hétérozygotes seront

$$A_1A_2 \qquad A_1A_3 \qquad A_2A_3$$
$$2(0,5)(0,3) = 0,30 \quad 2(0,5)(0,2) = 0,020 \quad 2(0,3)(0,2) = 0,12$$

TABLEAU 19-6 Les fréquences des types gamétiques dans le système MNS de diverses populations humaines.

Population	Type gamétique				Hétérozygotie (H)	
	M S	M s	N S	N s	À partir des gamètes	À partir des allèles
Aïnou	0,024	0,381	0,247	0,348	0,672	0,438
Ougandais	0,134	0,357	0,071	0,438	0,658	0,412
Pakistanais	0,177	0,405	0,127	0,291	0,704	0,455
Anglais	0,247	0,283	0,080	0,290	0,700	0,469
Navajo	0,185	0,702	0,062	0,051	0,467	0,286

Source: A. E. Mourant, *The Distribution of the Human Blood Groups.* Blackwell Scientific, 1954.

haplotypique ou *diversité gamétique*. Les résultats obtenus par ces deux modes de calcul sont présentés dans le Tableau 19-6. Il est à noter que la diversité haplotypique est toujours plus élevée que l'hétérozygotie moyenne de locus distincts, car un individu est hétérozygote pour un haplotype si *l'un ou l'autre* de ses locus est hétérozygote.

Les unions au hasard

L'équilibre de Hardy-Weinberg se fonde sur l'hypothèse d'«unions au hasard», mais nous devons être attentifs à distinguer les deux significations de cette expression. Une première interprétation est de dire que les individus ne choisissent pas leurs partenaires en fonction d'un caractère héréditaire. En ce qui concerne les groupes sanguins, les unions entre êtres humains sont aléatoires, puisque les individus ne connaissent généralement pas le groupe sanguin de leur futur partenaire, et même s'ils le savaient, il est peu vraisemblable qu'ils l'utiliseraient comme un critère de choix. Dans ce premier cas, les unions se font au hasard en ce qui concerne des gènes qui n'ont pas d'effet sur l'apparence, le comportement, l'odeur, ou d'autres caractéristiques qui influencent directement le choix du partenaire.

Il y a une seconde signification à l'union au hasard, qui s'applique lorsqu'une espèce se divise en sous-groupes. Si une différenciation génétique existe entre sous-groupes, de telle sorte que les fréquences alléliques diffèrent d'un sous-groupe à l'autre, et si les individus ont tendance à s'unir au sein de leur propre sous-groupe (**endogamie**), alors du point de vue de l'espèce considérée dans son ensemble, nous pouvons dire que les unions n'ont pas lieu au hasard et que les fréquences des génotypes s'écarteront plus ou moins des fréquences prédites par Hardy-Weinberg. En ce sens, les êtres humains ne s'unissent pas au hasard puisque les groupes ethniques et les populations isolées géographiquement diffèrent les uns des autres par les fréquences géniques et présentent des taux élevés d'endogamie, non seulement au sein des principales populations mais aussi dans les ethnies locales. Les Espagnols et les Russes ont des fréquences différentes pour leurs groupes sanguins ABO. Les Espagnols épousent généralement des Espagnoles et les Russes, des Russes. Il y a donc une endogamie non intentionnelle en ce qui concerne les groupes sanguins ABO.

Le Tableau 19-7 montre les unions au hasard dans le premier sens et les unions non aléatoires dans le deuxième sens pour le groupe sanguin MN. Dans les sous-populations esquimaudes, égyptiennes, chinoises et australiennes, les femmes ne choisissent pas leur partenaire en fonction de leur type MN et il existe donc un équilibre de Hardy-Weinberg *au sein* de ces sous-populations. Mais les Égyptiens ne s'unissent pas souvent avec des Esquimaux ou des Aborigènes d'Australie, aussi les associations non aléatoires dans l'espèce humaine considérée *dans son ensemble* aboutissent à des différences importantes entre les fréquences des génotypes d'un groupe à l'autre. Il s'ensuit que si l'on considérait la population humaine dans son ensemble et que l'on pouvait calculer la fréquence allélique moyenne de la totalité de l'espèce, on observerait un écart par rapport à l'équilibre de Hardy-Weinberg pour l'espèce. Pour effectuer ce calcul, il nous faudrait cependant connaître la taille de la population et les fréquences alléliques de chaque population locale. Pour illustrer cela, supposons que nous observions un groupe mixte constitué d'un nombre égal d'Esquimaux et d'Aborigènes d'Australie. D'après les fréquences génotypiques indiquées dans le Tableau 19-7, on peut calculer les fréquences alléliques dans les deux sous-groupes et le groupe complet, qui sont :

	$p(M)$	$q(m)$
Esquimau	0,913	0,087
Aborigène d'Australie	0,176	0,824
Moyenne du groupe	0,545	0,455

Si le groupe mixte était réellement une population unique issue d'unions aléatoires, on s'attendrait à trouver les proportions de Hardy-Weinberg données par les fréquences alléliques moyennes,

$$\begin{array}{ccc} p^2\,(M/M) & 2pq\,(M/N) & q^2\,(N/N) \\ 0,297 & 0,496 & 0,207 \end{array}$$

alors que le résultat obtenu est en réalité la proportion moyenne des homozygotes et des hétérozygotes issus des deux populations parentales d'origine

$$\begin{array}{ccc} (M/M) & (M/N) & (N/N) \\ 0,430 & 0,230 & 0,340 \end{array}$$

TABLEAU 19-7   Une comparaison des fréquences observées des génotypes concernant les allèles du locus du groupe sanguin MN et les fréquences attendues de l'union au hasard.

	Observées			Attendues		
Population	M/M	M/N	N/N	M/M	M/N	N/N
Esquimau	0,835	0,156	0,009	0,834	0,159	0,008
Égyptien	0,278	0,489	0,233	0,274	0,499	0,228
Chinois	0,332	0,486	0,182	0,331	0,488	0,181
Aborigène d'Australie	0,024	0,304	0,672	0,031	0,290	0,679

Note: les fréquences attendues sont calculées d'après l'équilibre de Hardy-Weinberg, en utilisant les valeurs de p et de q calculées à partir des fréquences observées.

Les mariages consanguins et les unions en fonction du phénotype

Les unions au hasard ou panmixie par rapport à un locus sont très répandues au sein des populations, mais ce phénomène n'est pas universel. On peut distinguer deux façons de s'écarter de la panmixie. Premièrement, des individus peuvent s'unir au hasard avec d'autres individus avec lesquels ils possèdent un lien quelconque de parenté, c'est-à-dire un certain degré de relation génétique. Si les unions entre individus apparentés se produisent plus souvent qu'elles n'auraient lieu par pur hasard, alors on dit que la population pratique l'**endogamie**, ou encore qu'elle est **consanguine**. Si par contre les unions entre individus apparentés sont moins fréquentes que celles qui se produiraient fortuitement, alors la population se caractérise par un système d'**exogamie délibérée**.

Deuxièmement, des individus peuvent avoir tendance à s'unir non pas en fonction de leur parenté mais du fait d'une certaine ressemblance pour un caractère donné. Le penchant vers des unions entre individus semblables (donc non au hasard) se dénomme **homogamie**. Des unions entre individus non semblables (donc non au hasard) représentent des cas d'**hétérogamie**. Ces types d'unions ne sont jamais exclusifs, c'est pourquoi dans toute population, certaines unions sont aléatoires et d'autres en fonction du phénotype.

Les unions consanguines se différencient des unions en fonction du phénotype. Des individus étroitement apparentés se ressemblent davantage en moyenne que des individus non apparentés, mais pas nécessairement pour n'importe quel caractère considéré chez des individus donnés. L'endogamie peut donner lieu à des mariages entre individus très dissemblables. D'autre part, le fait que des individus se ressemblent par certains caractères peut s'expliquer par le fait qu'ils sont apparentés, mais des individus non apparentés peuvent également présenter des ressemblances spécifiques. Tous les frères et sœurs d'une même famille n'ont pas forcément les yeux de la même couleur et les individus aux yeux bleus ne sont pas tous apparentés les uns aux autres.

Les unions en fonction du phénotype pour certains caractères sont courantes. Chez l'homme, il y a une nette tendance à l'homogamie en ce qui concerne la couleur de la peau et la taille par exemple. Une différence importante existe entre l'homogamie et l'endogamie : la première porte sur un phénotype particulier, alors que la seconde concerne le génome entier. Des individus peuvent former des unions en fonction du phénotype en ce qui concerne la taille, mais s'unir au hasard quant à leurs groupes sanguins. Des cousins, par contre, présentent en moyenne un degré identique de ressemblance génétique pour tous leurs locus.

L'homogamie et l'endogamie ont toutes deux la même conséquence sur la structure de la population : on observe une augmentation de l'homozygotie au-delà du niveau prédit par l'équilibre de Hardy-Weinberg. Si deux individus sont apparentés, ils ont au moins un ancêtre commun. Il y a donc une certaine probabilité qu'un de leurs allèles soit issu de la même molécule d'ADN. Il en résulte une probabilité supplémentaire de cette **homozygotie par filiation**, à ajouter à la probabilité d'homozygotie ($p^2 + q^2$) due à l'union au hasard

d'individus non apparentés. La probabilité de cette homozygotie par filiation supplémentaire est appelée **coefficient de consanguinité** ou **coefficient d'endogamie** (*F*). La Figure 19-7 illustre le calcul de cette probabilité d'homozygotie par filiation. Les individus I et II sont frère et sœur puisqu'ils ont les mêmes parents. Les allèles des parents sont simplement marqués pour pouvoir être suivis dans la descendance. Les individus I et II s'unissent et engendrent l'individu III. Supposons que l'individu I soit A_1/A_3 et que le gamète qu'il transmet à III contienne l'allèle A_1, nous aimerions alors calculer la probabilité que le gamète issu de II contienne aussi A_1. La probabilité que II reçoive A_1 de son père est de 1/2, et si c'est le cas, la probabilité que II transmette A_1 au gamète en question est également de 1/2. Par conséquent, la probabilité que III reçoive A_1 de II est de 1/2 × 1/2 = 1/4. C'est également la probabilité que III – le produit d'une union frère-sœur – soit homozygote A_1/A_1 par filiation à partir de l'ancêtre d'origine.

Une consanguinité aussi forte peut avoir des conséquences néfastes. Considérons le cas d'un allèle rare et défavorable, *a*, qui à l'état homozygote provoque une maladie métabolique. Si la fréquence de l'allèle dans la population est *p*, alors la probabilité qu'un couple formé au hasard produise un descendant homozygote n'est que de p^2 (d'après l'équilibre de Hardy-Weinberg). Donc, si p = 1/1 000 par exemple, la fréquence des homozygotes sera de 1 sur 1 000 000. Supposons à présent qu'il s'agisse d'un couple frère-sœur. Si l'un de leurs parents était hétérozygote pour la maladie, ils pourraient tous deux recevoir l'allèle délétère et le transmettre à leur descendance. Comme le montre le calcul, il y a une probabilité de 1/4 qu'un descendant du couple frère-sœur soit homozygote pour l'un des allèles portés par ses grands-parents. Supposons que sur les quatre copies du gène transmises par les grands-parents, l'une comportait une mutation défavorable. La probabilité qu'un descendant du couple

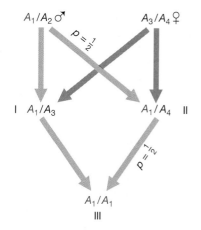

Figure 19-7 Le calcul de l'homozygotie par filiation dans la descendance (III) d'une union frère-sœur (I-II). Supposons que l'individu III ait reçu une copie de A_1 de son grand-père transmise par l'individu I. La probabilité que II reçoive A_1 de son père est de 1/2. Dans ce cas, la probabilité que II transmette A_1 à la génération produisant III est de 1/2. Donc, la probabilité que III hérite A_1 de II est de 1/2 × 1/2 = 1/4.

frère-sœur soit homozygote pour l'allèle délétère est de $1/4 \times 1/4 = 1/16$. Il existe tant d'allèles délétères rares pour différents gènes dans la population humaine que chacun de nous est hétérozygote pour un certain nombre d'entre eux. La probabilité est donc élevée qu'un descendant d'un couple frère-sœur soit homozygote pour au moins l'un d'entre eux.

Des unions systématiques entre personnes étroitement apparentées conduiront à une homozygotie totale de la population, mais à des vitesses différentes selon le degré de parenté. Si dans une population consanguine, deux allèles sont présents, l'un finira par être perdu et l'autre atteindra la fréquence de 1,0 – en d'autres termes, il sera **fixé**. Dans le cas des allèles qui ne sont pas défavorables, l'allèle fixé dans une lignée est le résultat du hasard. Supposons par exemple que plusieurs groupes d'individus soient prélevés dans la population et soumis à des unions consanguines. Si dans la population au sein de laquelle les lignées ont été prélevées, l'allèle A a la fréquence p et l'allèle a, la fréquence $q = 1 - p$, alors une proportion p des lignées homozygotes établies par l'endogamie sera homozygote A/A et une proportion q des lignées sera a/a. La consanguinité convertit la variation génétique présente *au sein* de la population d'origine en une variation *entre* lignées homozygotes prélevées dans la population (Figure 19-8).

Considérons à présent la façon dont l'endogamie conduit à la perte de variation. Supposons qu'une population soit établie par un petit nombre d'individus qui s'unissent au hasard pour engendrer la génération suivante. Supposons également qu'aucune immigration nouvelle ne se produise jamais dans cette population. (Par exemple, les lapins pré-

sents actuellement en Australie, descendent probablement des quelques animaux introduits là-bas au dix-neuvième siècle.) Même si les unions ont lieu au hasard au sein de la population, dans les générations ultérieures chaque individu est apparenté à tous les autres puisque les arbres généalogiques présentent des ancêtres communs ici et là. Par conséquent, une telle population est consanguine, en ce sens qu'il existe une certaine probabilité qu'un gène soit homozygote par filiation. Puisque la population est par nécessité limitée en taille, certaines des lignées introduites s'éteindront à chaque génération, exactement comme certains noms de famille disparaissent dans une population humaine sans aucun apport extérieur, car par hasard, il ne reste aucun descendant mâle porteur de ces noms. À mesure que les lignées originelles disparaissent, la population tend à comporter des descendants d'un nombre de plus en plus réduit d'individus fondateurs, et il devient de plus en plus probable que tous les membres de la population portent les mêmes allèles par filiation. En d'autres termes, le coefficient d'endogamie F augmente et l'hétérozygotie diminue au cours du temps, jusqu'à ce que F atteigne la valeur de 1,00 et l'hétérozygotie celle de 0.

Le taux de diminution de l'hétérozygotie par génération dans une telle population fermée sur elle-même et limitée en nombre, dans laquelle les individus s'unissent au hasard, est inversement proportionnel au nombre total ($2N$) de génomes haploïdes, où N est le nombre d'individus diploïdes dans la population. À chaque génération, $\frac{1}{2N}$ de l'hétérozygotie restante est perdue.

19.3 Les origines de la variation

Pour une population donnée, il existe trois sources possibles de variation : la mutation, la recombinaison et la migration de gènes. Cependant, la recombinaison entre les gènes ne peut donner lieu à des variations que s'il existe déjà une certaine variation allélique au niveau de différents locus. Sinon, il n'y a pas matière à recombinaison. De même, la migration ne peut être une source de variation si l'ensemble de l'espèce est homozygote pour le même allèle. En dernier lieu, l'origine de toute variation se trouve dans la mutation.

La variation due aux mutations

Les mutations sont *à l'origine* de la variation, mais le *processus* de mutation ne conduit pas lui-même à des changements génétiques dans les populations. Le taux de modification des fréquences géniques par mutation est très faible car les taux de mutations spontanées sont eux-mêmes faibles (Tableau 19-8). Le taux de mutation est défini comme la probabilité qu'une copie d'un allèle change de forme allélique en une génération. Par conséquent, l'augmentation de la fréquence d'un mutant allélique est égale au produit du taux de mutation par la fréquence de l'allèle non mutant. Supposons que la totalité d'une population soit homozygote pour A et que les mutations transforment cet allèle en a se produisent à un taux de 1/100 000 par gamète nouvellement

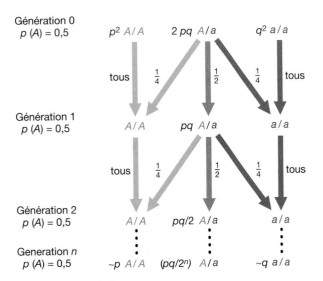

Figure 19-8 Des générations successives de croisements consanguins (ou d'autofécondation) conduisent à la scission d'une population hétérozygote en une série de lignées complètement homozygotes. La fréquence des lignées A/A parmi les lignées homozygotes sera égale à la fréquence (p) de l'allèle A dans la population hétérozygote originelle alors que la fréquence des lignées a/a sera égale à la fréquence initiale de a (q).

Tableau 19-8 Les taux de mutations ponctuelles chez différents organismes.

Organisme	Gène	Taux de mutation par génération
Bactériophage	Gamme d'hôtes	$2,5 \times 10^{-9}$
Escherichia coli	Résistance vis-à-vis d'un phage	2×10^{-8}
Zea mays (maïs)	R (facteur de couleur)	$2,9 \times 10^{-4}$
	Y (graines jaunes)	2×10^{-6}
Drosophila melanogaster	Létalité moyenne	$2,6 \times 10^{-5}$

Source: T. Dobzhansky, *Genetics and the Origin of Species*, 3e éd., rev. Columbia University Press, 1951.

formé. À la génération suivante, la fréquence des allèles *a* sera alors seulement de $1,0 \times 1/100\,000 = 0,00001$ et la fréquence des allèles *A* de 0,99999. Après une autre génération de mutation, la fréquence de *a* augmentera de $0,99999 \times 1/100\,000 = 0,000009$, soit une fréquence de 0,000019 tandis que l'allèle d'origine aura une fréquence abaissée à 0,999981. À l'évidence, le taux d'augmentation de la fréquence du nouvel allèle est extrêmement faible et *deviendra de plus en plus faible à chaque génération* car il restera de moins en moins de copies de l'allèle d'origine, susceptibles d'être mutées. Une formule générale du changement de la fréquence allélique dû aux mutations est présentée dans l'Encadré 19-3.

> **MESSAGE** Les taux de mutation sont si faibles que les mutations ne peuvent expliquer à elles seules les changements génétiques rapides des populations et des espèces.

ENCADRÉ 19-3 Les conséquences des mutations sur la fréquence allélique

Appelons μ le **taux de mutations** de l'allèle *A* en allèle *a* (la probabilité qu'une copie du gène *A* se transforme en *a* au cours de la réplication d'ADN précédant la méiose). Si dans la génération *t*, p_t est la fréquence de l'allèle *A* et $q_t = 1 - p_t$ est la fréquence de l'allèle *a* et s'il n'y a pas d'autres causes de changement de la fréquence du gène (pas de sélection naturelle, par exemple), alors le changement de la fréquence allélique en une génération est

$$\Delta p = p_t - p_{t-1} = (p_{t-1} - \mu p_{t-1}) - p_{t-1} = -\mu p_{t-1}$$

où p_{t-1} est la fréquence allélique dans la génération précédente. Ceci nous indique que la fréquence de *A* diminue (et que la fréquence de *a* augmente) d'une quantité proportionnelle au taux de mutation μ et à la proportion *p* de tous les gènes encore susceptibles d'être mutés. Δp devient donc de plus en plus faible à mesure que la fréquence *p* diminue, car il reste de moins en moins d'allèles *A* susceptibles d'être mutés en *a*. En première approximation, nous pouvons dire qu'après *n* générations de mutations

$$p_n = p_0 e^{-n\mu}$$

où *e* est la base des logarithmes népériens.

Cette relation entre la fréquence allélique et le nombre de générations est décrite dans la figure ci-contre, pour $\mu = 10^{-5}$. Après 10 000 générations de mutation continue de *A* en *a*,

$$p = p_0 e^{-(10^4) \times (10^{-5})} = p_0 e^{-0,1} = 0,904 p_0$$

Si la population de départ ne comporte que des allèles *A* ($p_0 = 1,0$), elle ne contiendra que 10 % d'allèles *a* après

10 000 générations avec ce taux de mutation qui est pourtant relativement élevé. Il faudrait 60 000 générations supplémentaires pour réduire *p* à 0,5.

Même si les taux de mutation étaient doublés (par exemple, par des mutagènes environnementaux), le taux d'évolution resterait très faible. Par exemple, des taux d'irradiation d'une intensité suffisante pour doubler le taux de mutation au cours de la période de reproduction d'un être humain correspondent à la limite de la dose autorisée professionnellement. Une dose de radiations suffisante pour augmenter d'un ordre de grandeur les taux de mutations serait létale, de sorte qu'un changement génétique rapide dans l'espèce ne peut être attribué à l'augmentation des radiations. Bien que nous ayons beaucoup à redouter de la pollution due aux radiations dans l'environnement, nous ne devons pas craindre qu'elle nous transforme en une espèce de monstres.

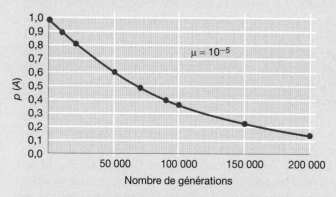

Le changement d'une génération à l'autre de la fréquence d'un gène A, dû à une mutation de A en a, à un taux de mutation constant (μ) de 105.

La plupart des taux de mutation ont été établis comme étant la somme des mutations de *A* en *n'importe quelle* forme mutante dont l'effet est décelable. Le processus de mutation est même plus lent si l'on considère l'augmentation d'un nouveau type allélique *particulier*. Toute substitution *spécifique* de base a généralement une fréquence inférieure de deux ordres de grandeur à la somme de tous les changements.

La variation due à la recombinaison

Lorsqu'une nouvelle mutation d'un gène apparaît dans une population, elle se produit comme un événement unique touchant une copie particulière d'un chromosome porté par un individu. Mais cette copie chromosomique possède une composition allélique particulière pour tous les autres gènes polymorphes présents sur le chromosome. Par conséquent, si l'allèle mutant *a* est apparu au niveau du locus *A* sur une copie chromosomique qui comportait déjà l'allèle *b* au niveau du locus *B*, alors sans recombinaison, tous les gamètes portant l'allèle *a* porteront également l'allèle *b* dans les générations futures. La population possédera ainsi uniquement l'haplotype *A B* originel et le nouvel haplotype *a b* apparu à la suite de la mutation. La recombinaison entre le gène *A* et le gène *B* chez le double hétérozygote *A B/a b* produirait cependant deux nouveaux haplotypes, *A b* et *a B*.

La conséquence de la recombinaison répétée entre les gènes est de rendre aléatoires les combinaisons des allèles correspondant à des gènes différents. Si la fréquence allélique de *a* au niveau du locus *A* est par exemple de 0,2 et la fréquence de l'allèle *b* au niveau du locus *B* de 0,4 alors la fréquence de *a b* sera (0,2) (0,4) = 0,08 si les combinaisons sont aléatoires. Cet état aléatoire s'appelle l'**équilibre de liaison**.

La recombinaison entre des gènes situés sur le même chromosome ne produira pas d'équilibre de liaison en une seule génération si les allèles appartenant aux différents gènes sont apparus par une association non aléatoire les uns avec les autres. Cette association originelle, le **déséquilibre de liaison**, décroît seulement peu à peu d'une génération à l'autre, à un taux proportionnel au taux de recombinaison entre les gènes. Cet élément peut être utilisé pour découvrir la position de gènes inconnus sur les chromosomes et pour fournir des preuves indiquant qu'un variant phénotypique donné est en fait influencé par un gène inconnu. Supposons que cette personne ait souffert d'une maladie quelconque, par exemple le diabète, et qu'elle porte également un gène marqueur sans aucun lien avec la formation d'insuline, plus souvent que ne le laisserait attendre une association aléatoire entre le diabète et l'allèle marqueur. Cette découverte indiquerait que le diabète est influencé par un gène situé sur le même chromosome que le gène marqueur et si le déséquilibre de liaison est suffisamment fort, que le gène lié au diabète était proche du marqueur. L'existence d'un tel déséquilibre de liaison serait sans doute le résultat accidentel de l'apparition de la copie mutée de l'allèle marqueur sur le même chromosome que l'allèle associé au diabète.

La variation génétique peut apparaître bien plus rapidement par recombinaison que par mutation. Ce taux élevé de création de la variation est simplement une conséquence du très grand nombre de chromosomes recombinants distincts qui peuvent être produits, même si l'on ne prend en compte que les crossing-over simples. Si une paire de chromosomes homologues est hétérozygote pour *n* locus, alors un crossing-over peut se produire dans n'importe lequel des *n* − 1 intervalles qui les séparent et, puisque chaque recombinaison donne naissance à deux produits recombinants, 2 (*n* − 1) nouveaux types gamétiques distincts sont produits à partir d'une seule génération de crossing-over, même en considérant seulement les crossing-over simples. Si les locus hétérozygotes sont bien répartis sur le chromosome, ces nouveaux types de gamètes seront fréquents et une variation génétique considérable sera créée. Les organismes asexués ou les organismes tels que les bactéries, qui ne pratiquent que très rarement la recombinaison sexuée, ne possèdent pas cette source de variation, de sorte que les mutations nouvelles constituent la seule manière de modifier les combinaisons des gènes. Par conséquent, sous l'effet de la sélection naturelle, les populations d'organismes asexués pourraient évoluer plus lentement que celles des organismes sexués.

La variation due à la migration

La troisième source de variation dans une population est la migration d'allèles provenant d'autres populations chez lesquelles leur fréquence est différente. La population mixte résultante aura une fréquence allélique intermédiaire entre sa valeur originelle et sa fréquence dans la population donneuse.

Supposons qu'une population reçoive un groupe d'immigrants dont le nombre correspond à 10 % de la population native. La population mixte ainsi formée aura une fréquence allélique qui sera un mélange à 0,90 : 0,10 entre sa fréquence allélique d'origine et la fréquence allélique de la population donneuse. Si sa fréquence pour l'allèle *A* d'origine était par exemple de 0,70 tandis que la population donneuse avait une fréquence allélique de seulement 0,40, alors la nouvelle population mixte devrait avoir une fréquence allélique de 0,70 × 0,90 + 0,40 × 0,10 = 0,67. On peut lire la formule générale dans l'Encadré 19-4. Comme on peut le voir, le changement de la fréquence génique est proportionnel à la différence de fréquence entre la population receveuse et la moyenne des populations donneuses. Contrairement au taux de mutation, le taux de migration (*m*) peut être élevé, de sorte que si la différence dans la fréquence allélique entre la population donneuse et la population receveuse est élevée, les modifications de fréquences peuvent être importantes.

Nous devons comprendre que la *migration* correspond à toute forme d'introduction de gènes, d'une population dans une autre. Par exemple, des gènes d'Européens ont « migré » dans la population d'origine africaine en Amérique du Nord, depuis l'arrivée d'Africains comme esclaves dans ces contrées. Nous pouvons évaluer l'ampleur de cette migration en suivant la fréquence d'un allèle que l'on rencontre exclusivement

ENCADRÉ 19-4   Les conséquences de la migration sur la fréquence allélique

Si p_t est la fréquence d'un allèle dans une population receveuse à la génération t, P, la fréquence de cet allèle dans une population donneuse (ou la fréquence allélique moyenne de plusieurs populations donneuses) et m, la proportion de la population receveuse constituée de nouveaux immigrants issus de la population donneuse, alors la fréquence allélique dans la génération suivante de la population receveuse, p_{t+1} résulte du mélange des $1 - m$

gènes issus de la population receveuse avec m gènes provenant de la population donneuse. Ainsi

$$p_{t+1} = (1 - m)p_t + mP = p_t + m(P - p_t)$$

d'où

$$\Delta p = p_{t+1} - p_t = m(P - p_t)$$

---

chez les Européens alors qu'il est absent chez les Africains et en la comparant à sa fréquence observée chez les Noirs d'Amérique du Nord. Nous pouvons utiliser la formule pour calculer le changement de fréquence génique dû à la migration, en la modifiant légèrement pour tenir compte du fait que l'immigration s'est déroulée pendant plusieurs générations. Si le taux d'immigration n'a pas été trop élevé, alors à peu de choses près la somme des taux d'immigration pour une seule génération, étendue à plusieurs générations (appelons-la M), sera liée au changement total dans la population receveuse après ces générations, par la même expression que celle utilisée dans l'Encadré 19-4 pour calculer les modifications dues à une seule génération d'immigrants. Si comme précédemment, P est la fréquence allélique dans la population donneuse et p_0, la fréquence originelle parmi les receveurs, alors

$$\Delta p_{\text{total}} = M(P - p_0)$$

et

$$M = \frac{\Delta p_{\text{total}}}{P - p_0}$$

Par exemple, l'allèle Fy^a du groupe sanguin Duffy est absent en Afrique mais sa fréquence est de 0,42 chez les Blancs de l'État de Géorgie. Parmi les Noirs de Géorgie, la fréquence de Fy^a est de 0,046. Par conséquent, la migration totale de gènes de Blancs vers la population noire depuis l'introduction des esclaves au dix-huitième siècle est de

$$M = \frac{\Delta p_{\text{total}}}{P - p_0} = \frac{(0,046 - 0,0)}{(0,42 - 0,0)} = 0,1095$$

C'est-à-dire qu'en moyenne, parmi tous les Américains d'origine africaine de Géorgie, environ 11 % de leurs allèles géniques proviennent d'un ancêtre européen. Il s'agit seulement d'une moyenne cependant et des individus différents présenteront des proportions distinctes d'allèles d'origine africaine et d'origine européenne. Lorsqu'on réalise la même analyse chez des Noirs Américains d'Oakland (Californie) et de Détroit, M atteint respectivement les valeurs de 0,22 et 0,26, mettant en évidence soit un plus fort taux d'incorporation dans ces villes qu'en Géorgie, soit des arrivées plus

importantes qu'ailleurs de Noirs Américains ayant davantage d'ancêtres européens. Dans tous les cas, la variation génétique au niveau du locus Fy s'est accrue du fait de cette incorporation. Par ailleurs, la fréquence de la mutation Hb-S responsable de l'anémie à cellules falciformes a chuté chez les Américains d'origine africaine de 10 à 20 % par rapport à sa valeur dans les populations africaines ancestrales en raison du taux d'incorporation plus élevé.

19.4 La sélection

Jusqu'à présent dans ce chapitre, nous avons envisagé les changements apparaissant dans une population sous l'effet de mutations, migrations, recombinaisons et unions. Mais tous ces changements ne peuvent expliquer pourquoi les organismes semblent si bien adaptés à leur environnement et ne tiennent pas compte du mode de vie des organismes dans leur environnement. On observe des changements d'une espèce en réponse à un changement d'environnement, car les différents génotypes produits par mutation et recombinaison donnent aux organismes une capacité propre de survie et de reproduction. Les taux différentiels de survie et de reproduction sont ce que nous entendons par **sélection** et le processus de sélection modifie les fréquences des différents génotypes d'une population. Darwin appela **sélection naturelle**, le processus de survie et de reproduction différentielles de chaque type, par analogie avec la **sélection artificielle** effectuée par les éleveurs et les agronomes qui sélectionnent délibérément certains individus d'un type donné.

La probabilité relative de survie et le taux de reproduction d'un phénotype ou d'un génotype sont appelés actuellement **valeur adaptative darwinienne**. Bien que les généticiens parlent parfois mal à-propos de la valeur adaptative d'un individu, ce concept s'applique en réalité à la probabilité moyenne de survie et au taux moyen de reproduction des individus d'une classe génotypique ou phénotypique. En raison des événements fortuits qui se produisent au cours de la vie de chaque individu, même deux organismes au génotype identique vivant dans le même environnement ne vivront pas jusqu'au même âge et n'auront pas le même nombre de descendants. Parmi tous les individus qui possèdent un génotype, c'est la valeur adaptative moyenne qui compte.

La valeur adaptative reflète la relation qui existe entre le phénotype d'un organisme et l'environnement de celui-ci, de sorte qu'un même génotype présentera des valeurs adaptatives différentes dans des milieux distincts. L'une des raisons est que même des organismes génétiquement identiques peuvent développer des phénotypes différents s'ils sont exposés à des environnements distincts au cours de leur développement. Mais, même si le phénotype est identique, la réussite de l'organisme dépend de son environnement. Avoir des pieds palmés est un grand avantage pour barboter dans l'eau mais constitue un obstacle important pour se déplacer sur terre, ce que l'on peut voir facilement en observant la marche d'un canard. Aucun génotype n'est incontestablement supérieur aux autres en valeur adaptative dans la totalité des environnements.

La valeur adaptative reproductrice ou darwinienne ne doit pas être confondue avec la «condition physique» au sens commun du terme, bien que ces deux notions puissent avoir un lien. Peu importe que le porteur d'un génotype donné soit fort, en bonne santé physique et mentale, ce génotype aura une valeur adaptative nulle si, pour une raison quelconque, l'individu porteur ne laisse aucun descendant. La valeur adaptative d'un génotype est la conséquence de tous les effets phénotypiques des gènes impliqués. Ainsi, un allèle qui double la fécondité des individus qui le portent mais qui en même temps, réduit la durée moyenne de vie de 10 % sera mieux adapté que d'autres formes alléliques, malgré cette dernière caractéristique. L'exemple le plus classique concerne les soins parentaux. Un oiseau adulte qui dépense une grande partie de son énergie à collecter de la nourriture pour sa progéniture aura une probabilité de survie plus faible que celui qui garde toute cette nourriture pour lui-même. Mais un oiseau égoïste ne laissera aucune descendance puisque sa progéniture sera incapable de se débrouiller seule. En conséquence, le comportement d'assistance parentale est favorisé par la sélection naturelle.

Deux formes de sélection

Puisque les différences de reproduction et de survie entre les génotypes dépendent de l'environnement dans lequel ils vivent et se développent et du fait que les organismes peuvent modifier leur propre environnement, il existe deux grandes formes de sélection. Dans le cas le plus simple, la valeur adaptative d'un individu ne dépend pas de la composition de la population; il s'agit alors d'une propriété constante du phénotype de l'individu et de l'environnement physique externe. Par exemple, la capacité relative de deux plantes vivant aux confins du désert de se procurer suffisamment d'eau dépend de la profondeur à laquelle poussent leurs racines et de la quantité d'eau perdue par la surface de leurs feuilles. Ces caractéristiques sont une conséquence de leurs profils de développement et ne sont pas influencées par la composition de la population dans laquelle elles vivent. La valeur adaptative d'un génotype dans un tel cas ne dépend pas de son abondance ou de sa rareté dans la population. La valeur adaptative est alors **indépendante de la fréquence**.

Considérons à présent le cas des organismes en compétition pour capturer une proie ou éviter d'être capturés par un prédateur. Les abondances relatives de deux génotypes différents influenceront leurs valeurs adaptatives relatives. Le mimétisme chez les papillons en est un exemple. Certaines espèces de papillons dont les motifs sont riches en couleurs (tels que le monarque et le vice-roi, *Limenitis archippus*, un papillon américain) ont un goût désagréable pour les oiseaux, qui apprennent après quelques essais à éviter d'attaquer les papillons avec ces motifs colorés qu'ils associent à ce goût. Dans une espèce présentant plusieurs motifs colorés, la sélection naturelle s'exercera à l'encontre des motifs les plus rares. Ils seront en effet désavantagés par rapport aux plus courants puisque les oiseaux auront moins souvent l'occasion d'apprendre à les éviter. Cette sélection en faveur de ceux qui se fondent dans la foule est un exemple de **valeur adaptative dépendante de la fréquence** du génotype, car la valeur adaptative d'un type donné change à mesure que sa fréquence augmente ou diminue dans la population.

Pour des raisons de facilité, la plupart des modèles mathématiques de la sélection naturelle sont basés sur l'emploi d'une valeur adaptative indépendante de la fréquence des gènes. En réalité, un très grand nombre de processus sélectifs (peut-être la majorité d'entre eux) sont dépendants de la fréquence. La cinétique du changement allélique est fonction de la forme exacte de la dépendance vis-à-vis de la fréquence et, rien que pour cette raison, est difficile à généraliser. Pour plus de simplicité et pour illustrer les principales caractéristiques qualitatives de la sélection, nous n'utiliserons que des modèles de sélection basés sur l'indépendance vis-à-vis de la fréquence, mais cette solution de facilité ne doit pas être confondue avec la réalité.

Mesurer les différences de valeur adaptative

Généralement, les différences de valeur adaptative entre génotypes distincts se mesurent plus facilement lorsque les génotypes diffèrent au niveau de nombreux locus. Dans quelques cas comme des mutants de laboratoire, des variétés horticoles et des affections graves du métabolisme, la substitution d'un allèle au niveau d'un seul locus entraîne des différences telles dans le phénotype, qu'elles se traduisent par des différences mesurables de valeur adaptative. La Figure 19-9 décrit la probabilité de survie de l'œuf à l'adulte – c'est-à-dire, la **viabilité** – d'un certain nombre de lignées homozygotes pour le chromosome 2 chez *D. pseudoobscura*, à trois températures différentes. Ces chromosomes étaient issus d'une population naturelle et portaient différents allèles au niveau de multiples locus, comme on s'y attendait en raison de la très grande quantité de variation nucléotidique présente dans la nature (voir pages 619-620). Comme on l'a souvent observé, la valeur adaptative (dans ce cas la viabilité, qui est une composante de la valeur adaptative totale) est différente d'un milieu à un autre. Quelques homozygotes sont létaux ou presque aux trois températures, alors que d'autres présentent régulièrement une viabilité élevée. La plupart des génotypes cependant n'ont pas une viabilité uniforme d'une température à l'autre, et aucun génotype n'apparaît comme le mieux adapté à toutes les températures.

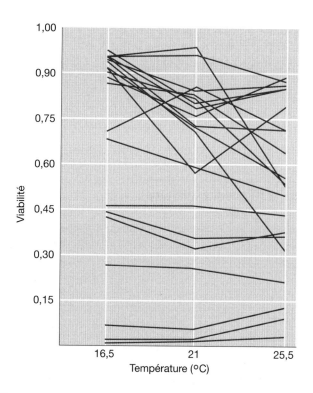

Figure 19-9 La viabilité de différents homozygotes chromosomiques de *Drosophila pseudoobscura* à trois températures différentes.

Il existe des cas dans lesquels des substitutions touchant un seul gène conduisent à des différences nettes de valeur adaptative. Les nombreuses «maladies congénitales du métabolisme» dans lesquelles un allèle récessif perturbe une voie métabolique et entraîne la mortalité des homozygotes en sont des exemples. L'anémie à cellules falciformes en est une bonne illustration. Les individus atteints de cette maladie sont homozygotes pour l'allèle codant l'hémoglobine S au lieu de l'hémoglobine normale. Ils meurent d'une anémie grave car leur hémoglobine cristallise à une pression partielle d'oxygène basse, ce qui provoque la déformation et l'hémolyse des globules rouges (Figure 19-10).

Comme nous l'avons vu au Chapitre 6, la phénylcétonurie chez l'homme en est un autre exemple. Dans cette maladie, une dégénérescence tissulaire résulte de l'accumulation d'un produit intermédiaire toxique dans la voie métabolique de la tyrosine. Ce cas illustre également la relation qui existe entre la valeur adaptative et les changements environnementaux. Les personnes atteintes de phénylcétonurie survivent si elles suivent un régime strict dépourvu de tyrosine.

Comment la sélection s'exerce-t-elle?

La sélection agit en modifiant les fréquences alléliques dans une population. La façon la plus simple de se rendre compte des conséquences de la sélection est de considérer un allèle *a* qui est létal dans tous les cas à l'état homozygote, avant que l'organisme soit en âge de procréer, tel que l'allèle déterminant la maladie de Tay-Sachs. Supposons que dans une génération, la fréquence allélique de ce gène soit de 0,10. Dans

une population dans laquelle les unions ont lieu au hasard, les proportions des trois génotypes après fécondation sont

A/A	A/a	a/a
0,81	0,18	0,01

Les homozygotes *a/a* seront morts avant d'être en âge de procréer, laissant les génotypes dans l'état suivant:

A/A	A/a	a/a
0,81	0,18	0,00

Mais la somme de ces proportions n'est égale qu'à 0,99 car 99% de la population seulement est toujours en vie. Dans la population vivante actuelle en âge de se reproduire, les proportions doivent être recalculées en les divisant par 0,99 afin que la somme de toutes les proportions atteigne 1,00. Après cette correction, nous avons

A/A	A/a	a/a
0,818	0,182	0,00

La fréquence de l'allèle létal *a* parmi les gamètes produits par ces survivants est alors:

$$0,00 + 0,182/2 = 0,091$$

et le changement dans la fréquence de l'allèle létal en une génération, exprimé comme la différence entre la nouvelle valeur et l'ancienne, a été de $0,091 - 0,100 = -0,019$. Inversement, le changement de fréquence de l'allèle normal a été de $+0,019$. On peut refaire ce calcul à chaque génération pour obtenir les fréquences prédites pour les allèles létaux et normaux après plusieurs générations successives.

On peut effectuer le même type de calcul si les génotypes ne sont simplement ni létaux ni normaux, mais si chacun a une probabilité relative de survie. Ce calcul général est

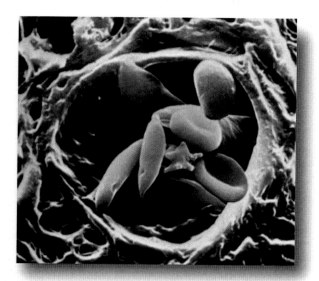

Figure 19-10 Des globules rouges provenant d'une personne atteinte d'anémie à cellules falciformes. Quelques globules rouges ayant la forme discoïdale normale sont entourés de cellules en forme de faucille.

présenté dans l'Encadré 19-5. Après une génération de sélection, la nouvelle valeur de la fréquence A est égale à l'ancienne valeur (p) multipliée par le rapport de la valeur adaptative moyenne des allèles A, $\overline{W}_A$, à la valeur adaptative moyenne de l'ensemble de la population, $\overline{W}$. Si la valeur adaptative des allèles A est supérieure à la valeur adaptative de tous les allèles, alors $\overline{W}_A/\overline{W}$ est supérieure à 1 et p' est

supérieure à p. La fréquence de l'allèle A augmente donc dans la population. À l'inverse, si $\overline{W}_A/\overline{W}$ est inférieur à 1, alors la fréquence de A diminue. Mais la valeur adaptative moyenne de la population ($\overline{W}$) est la valeur adaptative moyenne des allèles A et des allèles a. Par conséquent, si $\overline{W}_A$ est supérieur à la valeur adaptative moyenne de la population, alors elle doit être supérieure à $\overline{W}_a$, la valeur

---

ENCADRÉ 19-5   Les conséquences de la sélection sur la fréquence allélique

Supposons qu'une population dont les individus s'unissent au hasard pour un locus donné comportant deux allèles possibles, ait une taille si importante que (pour l'instant) nous puissions négliger le risque de consanguinité. Aussitôt après la fécondation des œufs, les génotypes des zygotes seront répartis selon l'équilibre de Hardy-Weinberg :

Génotype	A/A	A/a	a/a
Fréquence	p^2	$2pq$	q^2

et

$$p^2 + 2pq + q^2 = (p+q)^2 = 1,0$$

où p est la fréquence de A.

Supposons en outre que les trois génotypes aient une probabilité relative de survie jusqu'à l'âge adulte (viabilité) de $W_{A/A}$, $W_{A/a}$ et $W_{a/a}$. Pour des raisons de simplicité, supposons également que toutes les différences de valeur adaptative portent sur la survie entre l'œuf fécondé et le stade adulte. (Les différences de fécondité donnent lieu à des formules mathématiques bien plus complexes.) Parmi la descendance ayant atteint l'âge adulte, les fréquences seront

Génotype	A/A	A/a	a/a
Fréquence	$p^2 W_{A/A}$	$2pq W_{A/a}$	$q^2 W_{a/a}$

La somme de ces fréquences ajustées n'est pas égale à 1 puisque les W représentent toutes des fractions inférieures à 1. Toutefois, nous pouvons les ajuster pour que ce soit le cas, sans modifier leur rapport, en divisant chaque fréquence par la somme des fréquences après sélection ($\overline{W}$) :

$$\overline{W} = p^2 W_{A/A} + 2pq W_{A/a} + q^2 W_{a/a}$$

Ainsi définie, $\overline{W}$ est appelée la **valeur adaptative moyenne** de la population puisqu'elle est en fait la moyenne des valeurs adaptatives de tous les individus de la population. Après cet ajustement, nous obtenons

Génotype	A/A	A/a	a/a
Fréquence	$p^2 \dfrac{W_{A/A}}{\overline{W}}$	$2pq \dfrac{W_{A/a}}{\overline{W}}$	$q^2 \dfrac{W_{a/a}}{\overline{W}}$

Nous pouvons à présent déterminer la fréquence p' de l'allèle A à la génération suivante en additionnant les chromosomes porteurs de cet allèle :

$$p' = A/A + \tfrac{1}{2}A/a = p^2 \frac{W_{A/A}}{\overline{W}} + pq \frac{W_{A/a}}{\overline{W}}$$
$$= p \frac{pW_{A/A} + qW_{A/a}}{\overline{W}}$$

Finalement, nous pouvons écrire que l'expression $pW_{A/A} + qW_{A/a}$ est la valeur adaptative moyenne des allèles A, puisque d'après les fréquences de Hardy-Weinberg, une fraction p de tous les allèles A est présente chez les homozygotes comportant un autre A, qui dans ces conditions ont une valeur adaptative $W_{A/A}$, tandis qu'une fraction q de tous les allèles A est présente chez les hétérozygotes portant également a, avec une valeur adaptative $W_{A/a}$. En utilisant $\overline{W}_A$ pour signifier $pW_{A/A} + qW_{A/a}$, la valeur adaptative moyenne de l'allèle A nous permet d'exprimer la nouvelle fréquence allélique par

$$p' = p \frac{\overline{W}_A}{\overline{W}}$$

Le processus de sélection peut également être abordé en considérant le *changement* de la fréquence allélique au cours d'une génération :

$$\Delta p = p' - p = p \frac{\overline{W}_A}{\overline{W}} - p$$
$$= \frac{p(\overline{W}_A - \overline{W})}{\overline{W}}$$

Mais $\overline{W}$, la valeur adaptative moyenne de la population, est la moyenne de toutes les valeurs adaptatives, $\overline{W}_A$ et $\overline{W}_a$ de sorte que

$$\overline{W} = p\overline{W}_A + q\overline{W}_a$$

où W_a est la valeur adaptative moyenne pour les allèles a. En remplaçant $\overline{W}$ par cette expression dans la formule de Δp et en se rappelant que $q = 1 - p$, on obtient (après quelques manipulations algébriques)

$$\Delta p = \frac{pq(\overline{W}_A - \overline{W}_a)}{\overline{W}}$$

adaptative moyenne des allèles *a*. L'allèle ayant la valeur adaptative moyenne la plus élevée verra donc sa fréquence augmenter.

Il faut noter que les valeurs adaptatives $W_{A/A}$, $W_{A/a}$ et $W_{a/a}$ peuvent être exprimées comme des probabilités de survie et des taux de reproduction absolus, ou bien être réévaluées en fonction de l'une des valeurs adaptatives, à laquelle on donne la valeur standard de 1,0. Cette opération n'a aucun effet sur la formule permettant de calculer p' puisqu'elle s'élimine du numérateur et du dénominateur.

> **MESSAGE** En raison de la sélection, l'allèle ayant une valeur adaptative moyenne supérieure à la valeur adaptative moyenne des autres allèles augmente dans la population.

Une augmentation de la fréquence de l'allèle dont la valeur adaptative est la plus élevée signifie que la valeur adaptative moyenne de la population entière s'accroît. On peut donc également décrire la sélection comme un processus *augmentant la valeur adaptative moyenne*. Cette règle n'est rigoureusement vraie que dans le cas de valeurs adaptatives génotypiques indépendantes de la fréquence, mais elle est suffisamment générale pour être utile. Cette maximalisation de la valeur adaptative ne conduit pas nécessairement à une propriété optimale pour l'ensemble de l'espèce, parce que les valeurs adaptatives ne se définissent au sein de la population que les unes par rapport aux autres. C'est bien la valeur adaptative (et non absolue) qui est augmentée par la sélection. La population ne s'agrandit pas forcément et ne se développe pas nécessairement plus rapidement non plus, pas plus que la probabilité qu'elle disparaisse ne diminue. Supposons par exemple qu'un allèle entraîne chez les organismes qui le portent la production de davantage d'œufs que ceux qui ont d'autres génotypes dans la population. Cet allèle de fécondité supérieure se répandra dans la population. Mais la taille de la population à l'âge adulte peut également dépendre de l'apport nutritif total aux stades immatures. Il peut alors ne pas y avoir d'augmentation de la taille totale de la population mais seulement une augmentation du nombre d'individus immatures qui meurent de faim avant d'atteindre l'âge adulte.

Le taux de changement de la fréquence génique

L'expression générale du changement de la fréquence allélique, indiquée dans l'Encadré 19-5, est particulièrement explicite. Elle dit que Δp est positive (*A* augmente) si la valeur adaptative moyenne des allèles *A* est supérieure à la valeur adaptative moyenne des allèles *a*, comme nous l'avons vu précédemment. Mais elle montre également que la vitesse du changement dépend non seulement de la différence de valeur adaptative entre les allèles, mais également du facteur *pq*, qui est proportionnel à la fréquence des hétérozygotes (2*pq*). Pour une différence donnée entre la valeur adaptative des allèles, la fréquence des allèles changera le plus rapidement lorsque les allèles *A* et *a* auront une fréquence intermédiaire et donc lorsque *pq* sera grande. Si *p* est proche de 0 ou 1 (c'est-à-dire

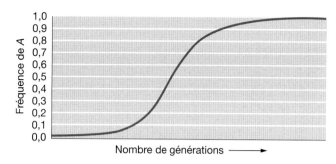

Figure 19-11 L'évolution dans le temps de l'augmentation de la fréquence d'un nouvel allèle favorable *A* qui a pénétré dans une population d'homozygotes *a/a*.

si *A* ou *a* est quasiment fixé à la fréquence de 0 ou de 1), alors *pq* est proche de 0 et le cours de la sélection sera très lent.

La courbe sigmoïdale de la Figure 19-11 représente la vitesse de sélection d'un nouvel allèle avantageux, *A*, récemment apparu dans une population d'homozygotes *a/a*. Tout d'abord, le changement de fréquence est très lent puisque *p* est toujours proche de 0. Il s'accélère ensuite lorsque *A* devient plus fréquent, puis diminue à nouveau lorsque *A* devient majoritaire et *a*, très rare (*q* s'approche de 0). C'est précisément ce que l'on attend d'un processus évolutif. Lorsque la majeure partie de la population est d'un même type, il n'y a plus rien à sélectionner. Pour qu'un changement ait lieu par sélection naturelle, il faut qu'il y ait une variance génétique; plus il y a de variation, plus le processus est rapide.

Une conséquence de la dynamique présentée dans la Figure 19-11 est qu'il est extrêmement difficile de réduire de façon significative la fréquence d'un allèle déjà rare dans une population. C'est pourquoi les programmes d'eugénisme visant à éliminer les allèles récessifs défavorables des populations humaines en empêchant la reproduction des personnes atteintes ne fonctionnent pas. Bien sûr, si l'on pouvait empêcher tous les hétérozygotes de se reproduire, l'allèle pourrait être éliminé en une seule génération (sauf s'il apparaissait par de nouvelles mutations). Cependant, chaque être humain étant hétérozygote pour un certain nombre de gènes récessifs défavorables, il faudrait empêcher tout le monde de se reproduire!

Lorsque des allèles alternatifs ne sont pas rares, la sélection peut entraîner des changements très rapides dans la fréquence allélique. La Figure 19-12 montre le déroulement de l'élimination d'un allèle de la déshydrogénase malique qui présentait une fréquence initiale de 0,5 dans une population de laboratoire de *D. melanogaster*. Les valeurs adaptatives sont dans ce cas

$$W_{A/A} = 1,0 \qquad W_{A/a} = 0,75 \qquad W_{a/a} = 0,40$$

La fréquence de *a* diminue rapidement mais n'atteint pas 0 et une réduction supplémentaire de cette fréquence demanderait de plus en plus de temps, comme nous l'avons vu dans le cas de l'eugénisme négatif.

> **MESSAGE** À moins que les allèles alternatifs ne soient présents à des fréquences intermédiaires, la sélection (en particulier à l'encontre d'allèles récessifs) est très lente. La sélection dépend de la variation génétique.

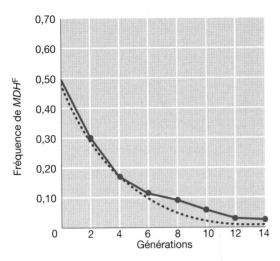

Figure 19-12 La perte d'un allèle _MDH_F au niveau du locus de la déshydrogénase malique, à la suite d'une sélection exercée sur une population de laboratoire de _Drosophila melanogaster_. La ligne rouge en pointillés correspond à la courbe théorique de changement calculée pour des valeurs adaptatives $W_{A/A} = 1,0$; $W_{A/a} = 0,75$ et $W_{a/a} = 0,4$. [D'après R. C. Lewontin, _The Genetic Basis of Evolutionary Change_. Copyright 1974 par Columbia University Press. Données aimablement communiquées par E. Berger.]

19.5 Le polymorphisme équilibré

Nous avons considéré jusqu'à présent les changements de fréquence allélique qui se produisent lorsque des porteurs homozygotes d'un allèle, par exemple A/A, ont une valeur adaptative supérieure à celle des porteurs homozygotes pour un autre allèle, par exemple a/a, tandis que les hétérozygotes A/a ont une valeur adaptative intermédiaire entre celle de A/A et celle de a/a. Il existe toutefois d'autres possibilités.

La surdominance et la sous-dominance

Tout d'abord, l'hétérozygote peut avoir une valeur adaptative _supérieure_ à celle de chaque homozygote, un état appelé **surdominance** (ou superdominance). Lorsque l'un des allèles, par exemple A, est présent à une fréquence faible, il n'y a quasiment aucun homozygote A/A et l'allèle s'observe presque exclusivement à l'état hétérozygote. Puisque les hétérozygotes ont une valeur adaptative supérieure à celle des homozygotes, les allèles A sont presque toujours présents dans le génotype dont la valeur adaptative est la plus élevée, de sorte que la fréquence de A augmente tandis que celle de a diminue. Par ailleurs, lorsque la fréquence de a est très faible, cet allèle s'observe presque toujours à l'état hétérozygote. Dans ce cas, les allèles a existent quasiment exclusivement dans le génotype ayant la valeur adaptative la plus élevée, ce qui augmente leur fréquence aux dépens de celle des allèles A. La conséquence nette de ces deux effets, l'un provoquant l'augmentation de la fréquence des allèles A lorsqu'ils sont rares et l'autre accroissant celle des allèles a lorsque _ceux-ci_ sont rares aboutit à l'apparition d'un équilibre stable des fréquences alléliques, intermédiaire entre une composition constituée exclusivement d'un allèle ou exclusivement de l'autre. Tout écart dû au hasard

des fréquences alléliques d'un côté ou de l'autre de l'équilibre sera contrebalancé par la puissance de sélection. On peut symboliser les valeurs adaptatives des trois génotypes par

$$W_{A/A} \quad W_{A/a} \quad W_{a/a}$$
$$1-t \quad\quad 1 \quad\quad 1-s$$

où t et s sont les désavantages sélectifs des deux homozygotes. La fréquence à l'équilibre de l'allèle A est alors simplement le rapport

$$p(A) = s/(s+t)$$

(Pour résoudre un problème complexe, le lecteur peut essayer d'obtenir ce résultat en remarquant qu'à l'équilibre la valeur adaptative moyenne de l'allèle A, $\overline{W}_A$ est égale à la valeur adaptative moyenne de l'allèle a, $\overline{W}_a$. Poser l'égalité de ces valeurs adaptatives moyennes et trouver la valeur de $p(A)$ permet d'aboutir au résultat.) Cet équilibre explique la fréquence élevée de l'anémie à cellules falciformes en Afrique occidentale. Les homozygotes pour l'allèle anormal _Hb-S_ meurent prématurément d'anémie. Mais en Afrique occidentale, il y a une mortalité élevée due au paludisme provoqué par _Plasmodium falciparum_, qui tue de nombreux homozygotes pour l'allèle normal _Hb-A_. Les hétérozygotes, _Hb-A/Hb-S_ souffrent d'une anémie bénigne non mortelle et sont protégés du paludisme par la présence d'hémoglobine anormale dans leurs globules rouges. Cette surdominance de la valeur adaptative a été perdue cependant lorsque les esclaves ont été emmenés en Amérique car la forme du paludisme due à _Plasmodium falciparum_ y est inconnue. Par conséquent, parmi les esclaves et leurs descendants, la sélection a été effectuée uniquement à l'encontre des homozygotes _Hb-S/Hb-S_, ce qui a conduit à une diminution de la fréquence de cet allèle en raison de la mortalité élevée de ceux qui le portent. La médecine s'est récemment penchée de plus près sur l'anémie à cellules falciformes, ce qui ne fait plus d'elle une cause importante de mortalité. La sélection à l'encontre de l'allèle _Hb-S_ n'est donc plus aussi puissante. La poursuite de la baisse de la fréquence de cet allèle résultera en grande partie d'un métissage avec des populations d'origine non africaine.

Une autre relation possible entre les valeurs adaptatives des allèles peut se traduire par une valeur adaptative de l'hétérozygote _inférieure_ à celle de chaque homozygote (une **sous-dominance** de la valeur adaptative). Dans ce cas, la sélection favorise un allèle lorsqu'il est courant et non lorsqu'il est rare, de sorte que la fréquence allélique intermédiaire est instable. L'allèle A ou l'allèle a pourrait alors se fixer dans la population. Le polymorphisme résultant d'un mélange d'une population A/A et d'une population a/a devrait être rapidement perdu. Un exemple bien connu mais mystérieux de sous-dominance est l'incompatibilité de rhésus (Rh) chez l'être humain. Des enfants de rhésus positif nés de mères de rhésus négatif souffrent souvent d'une anémie hémolytique lorsqu'ils naissent car leurs mères produisent des anticorps dirigés contre les cellules sanguines de leurs fœtus. Les mères Rh négatives sont homozygotes Rh^-/Rh^-, de sorte que leurs enfants Rh positifs qui meurent d'anémie doivent être hétérozygotes Rh^-/Rh^+. Le mystère réside dans le fait que toutes les populations humaines sont polymorphes pour les deux allèles Rh. Pour cette raison, ce polymorphisme humain doit être très ancien et précéder l'apparition des populations géographiques modernes. En théorie, un tel polymorphisme instable devrait pourtant avoir disparu.

L'équilibre entre mutation et sélection

L'équilibre entre les forces de sélection impliquant une surdominance n'est pas la seule situation dans laquelle un équilibre stable des fréquences alléliques peut apparaître. Les fréquences alléliques peuvent également atteindre un équilibre dans des populations lorsque l'introduction de nouveaux allèles par des mutations répétées est équilibrée par leur disparition due à la sélection naturelle. Cet équilibre explique probablement la persistance des maladies génétiques sous la forme de polymorphismes rares dans les populations humaines. De nouvelles mutations défavorables apparaissent constamment, soit de façon spontanée, soit sous l'action de mutagènes. Ces mutations peuvent être complètement récessives ou partiellement dominantes. La sélection les élimine de la population mais un équilibre va s'établir entre leur apparition et leur disparition.

L'expression générale de cet équilibre est détaillée dans l'Encadré 19-6. On y voit que la fréquence de l'allèle défavorable à l'équilibre dépend du rapport μ/s où μ est la probabilité d'une mutation dans un gamète néosynthétisé (taux de mutation) et s est l'intensité de sélection qui s'exerce à l'encontre du génotype défavorable. Pour un allèle défavorable complètement récessif dont la valeur adaptative dans l'état homozygote est de $1 - s$, la fréquence à l'équilibre est

$$q = \sqrt{\frac{\mu}{s}}$$

Ainsi par exemple, un allèle récessif létal ($s = 1$) muté avec un taux de $\mu = 10^{-6}$, aura une fréquence à l'équilibre de 10^{-3}. En effet, si l'on savait qu'un allèle est létal et récessif et n'a pas d'effet à l'état hétérozygote, on pourrait estimer son taux de mutation par le carré de sa fréquence. Mais ce type de calcul doit reposer sur des certitudes. On pensait que l'anémie à cellules falciformes était déterminée par un allèle létal récessif et n'avait pas d'effet lorsque l'allèle responsable se trouvait à l'état hétérozygote, ce qui a conduit à estimer le taux de mutations en Afrique à 0,1 pour ce locus. Nous savons désormais que son équilibre résulte d'une valeur adaptative supérieure des hétérozygotes.

On peut obtenir un résultat voisin pour un allèle défavorable qui a quelques effets lorsqu'il se trouve à l'état hétérozygote. Si l'on suppose que les valeurs adaptatives sont $W_{A/A} = 1,0$; $W_{A/a} = 1 - hs$ et $W_{a/a} = 1 - s$ pour un allèle a partiellement dominant, où h est le degré de dominance de l'allèle défavorable, alors un calcul similaire à celui présenté dans l'Encadré 19-6 nous donne

$$\hat{q} = \frac{\mu}{hs}$$

Ainsi, si $\mu = 10^{-6}$ et que l'allèle létal n'est pas complètement récessif mais a 5 % de conséquences défavorables à l'état hétérozygote ($s = 1,0$; $h = 0,05$) alors

$$\hat{q} = \frac{10^{-6}}{5 \times 10^{-2}} = 2 \times 10^{-5}$$

qui est plus petit de deux ordres de grandeur que la fréquence à l'équilibre pour le cas purement récessif. On peut s'attendre en général à ce que des gènes défavorables complètement récessifs aient des fréquences nettement supérieures

---

ENCADRÉ 19-6 L'équilibre entre sélection et mutation

Si q est la fréquence de l'allèle défavorable a et $p = 1 - q$, celle de l'allèle normal, alors le changement de fréquence allélique dû au taux de mutation μ est

$$\Delta q_{\text{mut}} = \mu p$$

Une façon simple d'exprimer les valeurs adaptatives des génotypes dans le cas d'un allèle récessif défavorable est $W_{A/A} = W_{A/a} = 1,0$ et $W_{a/a} = 1 - s$, où s représente la perte de valeur adaptative chez les homozygotes récessifs. Nous pouvons à présent introduire ces valeurs adaptatives dans l'expression générale du changement de fréquence allélique (voir Encadré 19-5); nous obtenons alors

$$\Delta q_{\text{sel}} = \frac{-pq(sq)}{1 - sq^2} = \frac{-spq^2}{1 - sq^2}$$

L'équilibre signifie que l'accroissement de la fréquence allélique dû à la mutation doit exactement compenser la diminution de la fréquence allélique due à la sélection, de sorte que

$$\Delta \hat{q}_{\text{mut}} + \Delta \hat{q}_{\text{sel}} = 0$$

En nous rappelant que $\hat{q}$ à l'équilibre sera très petit, de sorte que $1 - s\hat{q}^2 \approx 1$, et en substituant les termes pour $\Delta \hat{q}_{\text{mut}}$ et $\Delta \hat{q}_{\text{sel}}$ dans la formule précédente, nous obtenons

$$\mu\hat{p} - \frac{s\hat{p}\hat{q}^2}{1 - s\hat{q}^2} \approx \mu\hat{p} - s\hat{p}\hat{q}^2 = 0$$

ou

$$\hat{q}^2 = \frac{\mu}{s} \text{ et } \hat{q} = \sqrt{\frac{\mu}{s}}$$

à celles des gènes partiellement dominants car les allèles récessifs sont protégés chez les hétérozygotes.

19.6 Les événements aléatoires

Si l'effectif d'une population est limité (comme c'est toujours le cas dans les populations réelles) et si un couple donné de parents n'a qu'un petit nombre de descendants, alors même en l'absence de toute pression de sélection la fréquence d'un gène ne sera pas exactement la même à la génération suivante, du fait de l'erreur d'échantillonnage. Si dans une population de 1 000 individus, la fréquence de a est de 0,5 dans une génération, elle peut être de 0,493 ou de 0,505 à la génération suivante du fait de la naissance aléatoire de quelques descendants de chaque génotype, en plus ou en moins. À la deuxième génération, une autre erreur d'échantillonnage basée sur la nouvelle fréquence du gène conduira la fréquence de a de 0,505 à 0,511 ou en sens inverse à 0,498. Ce processus de fluctuation aléatoire se poursuit de génération en génération sans qu'aucune force ne s'exerce pour ramener la fréquence à sa valeur initiale puisque la population n'a pas de «mémoire génétique» de l'état dans lequel elle se trouvait de nombreuses générations auparavant. Chaque génération constitue un événement indépendant. Ce changement aléatoire dans les fréquences alléliques s'appelle la **dérive génétique.**

Le résultat final de la dérive génétique se traduit par la dérive de la population vers $p = 1$ ou $p = 0$. À ce stade, il n'y a plus de changement possible; la population est devenue homozygote. Une population différente, isolée de la première, subit également cette **dérive génétique aléatoire** mais elle peut devenir homozygote pour l'allèle A, tandis que la première population l'était devenue pour l'allèle a. Au cours du temps, les populations isolées divergent l'une de l'autre, chacune d'entre elles perdant de l'hétérozygotie. La variation originellement présente *au sein* des populations apparaît maintenant comme une variation *entre* les populations.

Une forme de dérive génétique se produit lorsqu'un petit groupe se sépare d'une population plus grande pour fonder une nouvelle colonie. Cette «dérive majeure», appelée **effet fondateur**, résulte d'une seule génération d'échantillonnage d'un petit nombre de colonisateurs issus de la population de grande taille d'origine, suivie de plusieurs générations au cours desquelles les nouvelles colonies demeurent réduites. Même si la population s'agrandit après quelques temps, elle continue à subir une dérive génétique, même à une vitesse plus lente. L'effet fondateur est probablement responsable de l'absence quasi totale du groupe sanguin B chez les Indiens d'Amérique, dont les ancêtres ont migré en très petit nombre à travers le détroit de Béring à la fin de la dernière ère glaciaire il y a environ 20 000 ans, mais dont la population ancestrale en Asie du Nord a une fréquence intermédiaire pour le groupe B.

Le processus de dérive génétique devrait nous sembler familier. Il rappelle en effet la consanguinité au sein des petites populations, dont nous avons parlé précédemment. Les populations qui descendent d'un très petit nombre d'indivi-

dus ancestraux ont une probabilité élevée que toutes les copies d'un allèle particulier soient identiques car elles descendent d'un ancêtre commun unique (voir Figure 19-7). Qu'il soit dû à la consanguinité ou à l'échantillonnage aléatoire des gènes, l'effet est le même. Les populations ne retrouvent pas exactement leur constitution génétique à la génération suivante; il y a une composante aléatoire dans le changement de fréquence génique.

Une conséquence de l'échantillonnage aléatoire est que la plupart des nouvelles mutations, même si elles ne sont pas contre-sélectionnées, ne réussissent jamais à s'implanter à long terme dans la population. Supposons qu'un individu soit hétérozygote pour une nouvelle mutation. Il y a une certaine probabilité pour que cet individu n'ait aucune descendance. Même s'il a un descendant, la probabilité que la nouvelle mutation ne lui soit pas transmise est de 1/2. Si l'individu a deux descendants, la probabilité qu'aucun d'eux ne porte la nouvelle mutation est de 1/4, et ainsi de suite. Supposons que la nouvelle mutation soit effectivement transmise à un descendant. Cette loterie se répète alors à la génération suivante et l'allèle peut à nouveau être perdu. En réalité, si la taille d'une population est N, la probabilité qu'une nouvelle mutation soit perdue par hasard est de $(2N - 1)/2N$. (Pour établir l'origine de ce résultat, qui dépasse le cadre de ce livre, voir les chapitres 2 et 3 de Hartl et Clark, *Principles of Population Genetics*, 3e éd., Sinauer Associates, 1997.) Si cette nouvelle mutation n'est pas perdue, la seule chose qui puisse lui arriver dans une population à effectif limité est de s'y implanter et de s'y fixer. La probabilité d'un tel événement est de $1/2N$. En l'absence de sélection, l'histoire de la population ressemble à ce qui est décrit dans la Figure 19-13. Pendant un certain temps, elle est homozygote; survient alors une nouvelle mutation. Dans la

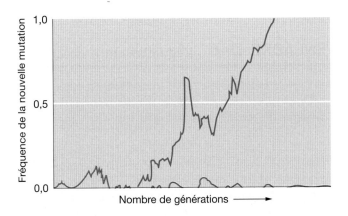

Figure 19-13 L'apparition, la perte et enfin la fixation de nouvelles mutations au cours de la vie d'une population. Si la dérive génétique aléatoire n'entraîne pas la perte d'une nouvelle mutation, elle doit finir par rendre l'ensemble de la population homozygote pour la mutation (en l'absence de sélection). La figure montre l'apparition de 10 mutations dont 9 (en rouge clair en bas du graphe) ont une fréquence qui augmente légèrement, puis s'éteignent. Seule la quatrième mutation (courbe bleue) se répand dans la population. [D'après J. Crow et M. Kimura, *An Introduction to the Population Genetics Theory.* Copyright 1970 par Harper & Row.]

plupart des cas, le nouvel allèle mutant est perdu immédiatement ou très peu de temps après son apparition. De temps en temps cependant, un nouvel allèle se répand dans la population, qui devient homozygote pour cet allèle. Le processus peut alors se répéter.

L'un des exemples frappants des conséquences de la dérive génétique dans les populations humaines est celui de la variation des fréquences des VNTR parmi les populations d'Indiens d'Amérique du Sud, illustrée dans le Tableau 19-5. Dans le cas d'une VNTR appelée D14S1, les Surui présentent une très grande variation mais les Karitiana qui vivent à plusieurs centaines de kilomètres dans la forêt pluviale brésilienne sont quasiment homozygotes pour un allèle, sans doute en raison d'une dérive génétique dans ces populations isolées de très petite taille. Dans le cas de l'autre VNTR, D14S13, aucune population n'est devenue homozygote pour cet allèle mais les profils des fréquences des allèles sont très différents dans les deux populations.

Même une nouvelle mutation légèrement favorisée par la sélection est habituellement perdue au cours des toutes premières générations qui suivent son apparition dans la population, en raison de la dérive génétique. Si une nouvelle mutation a un avantage sélectif s chez l'hétérozygote chez lequel elle apparaît, la probabilité que la mutation réussisse à se maintenir dans la population est seulement de $2s$. Par conséquent, une mutation d'une valeur adaptative supérieure de 1 % à celle de l'allèle standard est perdue dans 98 % des cas par dérive génétique. Il est même possible que la dérive génétique provoque l'augmentation de la fréquence d'une mutation très légèrement défavorable et sa fixation dans une population.

MESSAGE De nouvelles mutations, même si elles ne sont pas favorisées par la sélection naturelle, peuvent s'établir dans une population par un simple processus de dérive génétique aléatoire. Des nouvelles mutations, même avantageuses, sont souvent perdues. De plus, occasionnellement des mutations très légèrement défavorables peuvent prendre l'avantage dans une population en raison de la dérive génétique.

RÉPONSES AUX QUESTIONS CLÉS

- **Quelle est l'ampleur de la variation génétique dans les populations naturelles des organismes ?**

La variation génétique entre les individus appartenant à une même population est extrêmement courante. Dans de nombreuses espèces, il existe un polymorphisme au sein des populations pour des réarrangements chromosomiques tels que des inversions ou des translocations. On observe dans toutes les espèces une variation au niveau de la séquence de l'ADN. En général, une population est polymorphe pour 25 à 33 % de ses gènes codant des protéines, lorsqu'on définit le *polymorphisme* comme la présence de deux allèles ou plus à des fréquences d'au moins 1 % dans la population. Un individu est en moyenne hétérozygote pour environ 10 % de ses nucléotides non synonymes dans les séquences codant des protéines. En moyenne, les individus au sein d'une population diffèrent par 10 à 50 % des nucléotides de leurs génomes. Si l'on choisit deux individus au hasard, ils différeront au niveau de 3 millions de nucléotides.

- **Quelles sont les conséquences des types de croisements sur la variation génétique ?**

Si les unions sont aléatoires en ce qui concerne le génotype, la proportion d'hétérozygotes et d'homozygotes pour un gène génétiquement variable atteint un équilibre qui dépend uniquement de la fréquence des différents allèles (équilibre de Hardy-Weinberg). S'il y a des unions préférentiellement entre personnes apparentées (consanguinité) ou entre individus présentant certaines ressemblances (homogamie), la proportion d'hétérozygotes est plus élevée que ce que prévoit l'équilibre de Hardy-Weinberg. Si les unions ont lieu uniquement entre personnes apparentées, la population finit par devenir entièrement homozygote.

- **Quelles sont les origines de la variation génétique observée dans les populations ?**

La principale source de variation génétique est la mutation. La variation d'un gène dans une population donnée augmentera si l'immigration d'autres populations fournit à la population receveuse des allèles de gènes qui y sont absents ou dont la fréquence est plus faible que dans la population donneuse. La variation du génome considéré dans son ensemble augmente par recombinaison, ce qui réunit de nouvelles combinaisons d'allèles au niveau de locus différents.

- **Quels sont les processus qui provoquent des changements dans le type et l'ampleur de la variation génétique dans les populations ?**

Les changements dans la quantité et le profil de variation dans une population résultent (a) de mutations récurrentes apportant un flux constant de mutations dans la population, (b) d'une immigration de populations ayant des fréquences alléliques différentes de celles de la population receveuse, (c) d'une recombinaison de génotypes au sein de la population, (d) d'une sélection naturelle qui provoque une augmentation ou une diminution de la fréquence de certains génotypes en raison de taux différentiels de survie et de reproduction, (e) de la dérive génétique aléatoire qui provoque des changements aléatoires des fréquences des génotypes à la suite de l'échantillonnage des gamètes pendant plusieurs générations successives, car la population a une taille finie.

RÉSUMÉ

L'étude des changements au sein d'une population, autrement dit la génétique des populations, tente de relier les changements héréditaires chez les populations ou les organismes, aux processus individuels sous-jacents de l'hérédité et du développement. La génétique des populations est l'étude de la variation héréditaire et de ses modifications dans le temps et l'espace.

La variation génétique identifiable au sein d'une population peut être étudiée en examinant les différences entre les séquences d'acides aminés des protéines, ou même plus récemment, les différences entre séquences nucléotidiques des molécules d'ADN. Ces types d'observations ont permis de mettre en évidence dans une population l'existence d'un polymorphisme considérable au niveau de nombreux locus. Le niveau d'hétérozygotie dans une population est une mesure de cette variabilité. Les études de populations ont montré qu'en général les différences génétiques entre individus au sein des populations humaines sont bien plus importantes que les différences moyennes existant entre ces populations.

La source majeure de toute variation est la mutation. Cependant dans une population, la fréquence quantitative de génotypes spécifiques peut également être modifiée par recombinaison, par migration de gènes, par la persistance d'événements mutationnels et par le hasard.

L'une des propriétés de la ségrégation mendélienne est que les unions au hasard produisent une distribution équilibrée des génotypes après une génération. Toutefois en cas d'endogamie, la variation génétique au sein d'une population est convertie en différences entre les populations en rendant chacune d'elles homozygote pour un allèle quelconque, déterminé au hasard. D'autre part, dans la plupart des populations, un équilibre s'établit pour tout milieu donné entre endogamie, mutation d'un allèle en un autre et migration.

La fréquence d'un allèle peut croître ou diminuer dans une population en raison de la sélection naturelle de génotypes ayant des probabilités supérieures de survie et de reproduction. Dans de nombreux cas, ces changements conduisent à l'homozygotie au niveau d'un locus particulier. Toutefois, l'hétérozygote peut être mieux adapté à un milieu donné que chacun des homozygotes, ce qui débouche sur un polymorphisme équilibré.

En général, la variation génétique est le résultat de l'interaction des forces évolutives. Par exemple, un mutant défavorable peut ne jamais être totalement éliminé d'une population, car il peut être réintroduit dans celle-ci de façon continue par mutation. L'immigration peut également réintroduire dans une population, des allèles ayant été éliminés auparavant par la sélection naturelle.

À moins que des allèles alternatifs ne soient présents à des fréquences intermédiaires, la sélection (en particulier à l'encontre des allèles récessifs) est très lente et demande un grand nombre de générations. Dans de nombreuses populations, plus particulièrement celles de taille limitée, de nouvelles mutations peuvent s'établir même si elles ne sont pas avantagées par la sélection naturelle ou peuvent être éliminées même si elles sont favorables, à la suite d'un simple processus de dérive génétique aléatoire.

MOTS CLÉS

Allèle fixé (p. 626)
Coefficient d'endogamie ou coefficient de consanguinité (p. 625)
Dérive génétique aléatoire (p. 636)
Dérive génétique (p. 636)
Déséquilibre de liaison (p. 628)
Distribution à l'équilibre (p. 621)
Effet fondateur (p. 636)
Endogamie (p. 624)
Équilibre de Hardy-Weinberg (p. 621)
Équilibre de liaison (p. 628)
Exogamie délibérée (p. 625)
Fréquence allélique (p. 614)

Fréquence génotypique (p. 614)
Génétique des populations (p. 612)
Haplotype (p. 623)
Hétérogamie (p. 625)
Hétérozygotie (p. 623)
Homogamie (p. 625)
Homozygotie par filiation (p. 625)
Mutation (p. 627)
Polymorphisme de nucléotide unique (SNP) (p. 619)
Polymorphisme (p. 614)
Population consanguine (p. 625)
Population (p. 612)
Répétition en tandem en nombre variable (VNTR) (p. 618)

Sélection artificielle (p. 629)
Sélection naturelle (p. 629)
Sélection (p. 629)
Sous-dominance (p. 634)
Surdominance ou superdominance (p. 634)
Type sauvage (p. 615)
Valeur adaptative darwinienne (p. 629)
Valeur adaptative dépendante de la fréquence (p. 630)
Valeur adaptative indépendante de la fréquence (p. 630)
Valeur adaptative moyenne (p. 632)
Viabilité (p. 630)

PROBLÈMES RÉSOLUS

1. Les polymorphismes de la couleur de la coquille (jaune ou rose) et de la présence ou de l'absence de bandes sur la coquille de l'escargot *Cepaea nemoralis* sont tous deux le résultat de la ségrégation d'une paire d'allèles pour chacun des locus. Imaginez un programme expérimental pour mettre en évidence les forces déterminant la fréquence et la distribution géographique de ces polymorphismes.

Solution

a. Indiquez les fréquences des différents types morphologiques pour des échantillons d'escargots issus d'un grand nombre de populations représentatives de l'aire géographique et écologique de l'espèce. Chaque escargot doit être évalué pour les *deux* types de polymorphisme. En même temps, l'habitat de chaque population est enregistré. Le nombre d'escargots par population est également évalué.

b. Mesurez les distances de migration en marquant un échantillon d'escargots d'une tache de peinture sur la coquille, en les replaçant dans la population et en les prélevant ultérieurement.

c. Élevez la progéniture provenant d'œufs issus d'escargots individuels afin de pouvoir déduire le génotype des parents mâles et observer des modes d'accouplement non aléatoires. Les fréquences de ségrégation *au sein* de chaque famille révéleront les différences entre génotypes, qui portent sur la probabilité de survie dans les phases précoces du développement.

d. Recherchez d'autres éléments en faveur de la sélection à partir (1) de la répartition géographique des fréquences des allèles ; (2) de la corrélation entre les fréquences alléliques et les variables écologiques, y compris la densité de population ; (3) de la corrélation entre les fréquences des deux polymorphismes (les populations avec par exemple, une fréquence élevée de coquilles roses sont-elles caractérisées par une fréquence élevée de bandes sur les coquilles ?) ; (4) *au sein* des populations, des associations non aléatoires d'allèles au niveau des deux locus, indiquant que certaines combinaisons pourraient avoir une valeur adaptative plus élevée.

e. Faites-vous une idée de l'importance de la dérive génétique aléatoire en comparant la variation des fréquences alléliques parmi de petites populations, avec la variation parmi de grandes populations. Si les petites populations varient plus l'une par rapport à l'autre que les grandes, le phénomène de dérive génétique est dès lors impliqué.

2. Environ 70 % des Nord-Américains blancs peuvent percevoir le goût d'un composé chimique, le phénylthiocarbamide, alors que le reste de la population ne lui trouve aucun goût. La capacité de perception de ce composé chimique est déterminée par l'allèle dominant *T*, et l'incapacité correspondante, par l'allèle récessif *t*. En considérant que la population satisfait à l'équilibre de Hardy-Weinberg, quelles sont les fréquences génotypiques et alléliques de cette population ?

Solution

70 % des personnes sont des goûteurs (*T/T* et *T/t*), ce qui implique que 30 % sont des non-goûteurs (*t/t*). La fréquence des homozygotes récessifs est égale à q^2. Pour obtenir q, il suffit d'extraire la racine carrée de 0,30 :

$$q = \sqrt{0,03} = 0,55$$

Puisque $p + q = 1$, on peut écrire

$$p = 1 - q = 1 - 0,55 = 0,45$$

On peut alors calculer

$$p^2 = (0,45)^2 = 0,20 \text{ la fréquence de } T/T$$
$$2pq = 2 \times 0,45 \times 0,55 = 0,50 \text{ la fréquence de } T/t$$
$$q^2 = 0,3 \text{ la fréquence de } t/t$$

3. Dans une population naturelle de grande taille de *Mimulus guttatus* (mimule tacheté), un échantillon d'une feuille a été prélevé sur un grand nombre de plantes. Après broyage, les extraits de feuilles ont été soumis à une électrophorèse sur gel. Le gel a été coloré pour révéler une enzyme spécifique X. Six types différents de profils de bandes ont été observés, comme le montre le schéma ci-dessous :

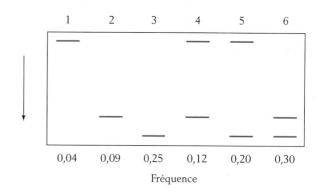

a. En supposant que ces profils sont dus à un seul locus, proposez une explication génétique pour ces six types.

b. Comment pouvez-vous tester votre hypothèse ?

c. Quelles sont les fréquences alléliques dans cette population ?

d. La population satisfait-elle à l'équilibre de Hardy-Weinberg ?

Solution

a. Un examen du gel révèle seulement trois positions différentes des bandes : appelons-les lente, intermédiaire et rapide d'après la distance qu'elles ont parcourue dans le gel. En outre, chaque individu présente seulement une bande ou deux. L'explication la plus simple consiste à dire que trois allèles d'un seul locus (appelons-les *L*, *I* et *R*) sont impliqués et que les individus à deux bandes sont des hétérozygotes. Il s'ensuit que piste 1 = *L/L*, 2 = *I/I*, 3 = *R/R*, 4 = *L/I*, 5 = *L/R*, et 6 = *I/R*.

b. L'hypothèse peut être testée en réalisant des croisements contrôlés. Par exemple, l'autofécondation du type 5 doit conduire à 1/4 de *L/L*, 1/2 de *L/R* et 1/4 de *R/R*.

c. Les fréquences peuvent être calculées par une simple généralisation des formules pour deux allèles. D'où

$$f_L = 0,04 + 1/2\,(0,12) + 1/2\,(0,20) = 0,20 = p$$
$$f_I = 0,09 + 1/2\,(0,12) + 1/2\,(0,30) = 0,30 = q$$
$$f_R = 0,25 + 1/2\,(0,20) + 1/2\,(0,30) = 0,50 = r$$

d. Les fréquences génotypiques de Hardy-Weinberg sont

$$(p + q + r)^2 = p^2 + q^2 + r^2 + 2pq + 2pr + 2qr$$
$$= 0{,}04 + 0{,}09 + 0{,}25$$
$$+ 0{,}12 + 0{,}20 + 0{,}30$$

ce qui correspond précisément aux fréquences observées. On en conclut donc que la population est en équilibre.

4. Dans une population expérimentale de grande taille de drosophile, la valeur adaptative d'un phénotype récessif est estimée à 0,90 et le taux de mutation vers l'allèle récessif à 5×10^{-5}. Si on laisse la population atteindre son équilibre, quelles fréquences alléliques peut-on prédire ?

Solution

La mutation et la sélection opèrent ici en sens inverse. On peut donc prédire l'établissement d'un équilibre, qui se traduira par la formule

$$\hat{q} = \sqrt{\frac{\mu}{s}}$$

Ici, $\mu = 5 \times 10^{-5}$ et $s = 1 - W = 1 - 0{,}9 = 0{,}1$. D'où

$$\hat{q} = \sqrt{\frac{5 \times 10^{-5}}{10^{-1}}} = 2{,}2 \times 10^{-2} = 0{,}022$$
$$\hat{p} = 1 - 0{,}022 = 0{,}978$$

PROBLÈMES

PROBLÈMES ÉLÉMENTAIRES

1. Quelles sont les forces capables de modifier la fréquence d'un allèle dans une population ?

2. Dans une population de souris, le locus A comporte deux allèles (A_1 et A_2). Les résultats d'un test montrent que cette population contient 384 souris de génotype A_1/A_1, 210 de A_1/A_2, et 260 de A_2/A_2. Quelles sont les fréquences de ces deux allèles dans la population ?

3. Dans une population panmictique de drosophiles élevées en laboratoire, 4 % des mouches présentent un corps noir (codé par l'allèle récessif autosomique b) et 96 % ont un corps brun (le type sauvage, codé par B). En supposant que cette population est en équilibre de Hardy-Weinberg, quelles sont les fréquences alléliques de B et b et les fréquences génotypiques de B/B et B/b ?

4. Dans une population sauvage de coléoptères de l'espèce X, vous remarquez un rapport 3:1 entre élytres brillantes (*shiny* en anglais) et mates (*dull* en anglais). Ce rapport prouve-t-il que l'allèle *shiny* est dominant ? (On suppose que les deux états sont dus aux deux allèles d'un même gène.) Si ce n'est pas le cas, que prouve ce rapport ? Comment résoudriez-vous cette situation ?

5. Les valeurs adaptatives de trois génotypes sont $W_{A/A} = 0{,}9$; $W_{A/a} = 1{,}0$ et $W_{a/a} = 0{,}7$.

   a. Si la fréquence allélique de la population est au départ $p = 0{,}5$ quelle sera la valeur de p à la génération suivante ?

   b. À l'équilibre, quelle est la fréquence allélique attendue ?

6. Les individus A/A et A/a ont une fertilité égale. Si 0,1 % de la population est a/a, quelle pression de sélection s'exercera sur a/a si le taux de mutation de A vers a est de 10^{-5} ?

7. Une étude des tribus indiennes d'Arizona et du Nouveau Mexique a montré que les albinos étaient complè-

tements absents ou du moins très rares dans la plupart des tribus (il y a 1 albinos pour 20 000 Nord-Américains caucasiens). Toutefois, dans trois populations d'Indiens, la fréquence des albinos est exceptionnellement élevée : 1 pour 277 Indiens d'Arizona, 1 pour 140 Indiens Jemez du Nouveau-Mexique et 1 pour 247 Indiens Zuni du Nouveau-Mexique. Ces trois populations sont apparentées par leur culture mais pas par leur langue. Quels facteurs envisageriez-vous pour expliquer la fréquence élevée d'albinos dans ces trois tribus ?

PROBLÈMES D'ÉVALUATION

8. Dans une population, le taux de mutation de D vers d est de 4×10^{-6}. Si à l'heure actuelle $p = 0{,}8$, quelle sera sa valeur après 50 000 générations ?

9. Vous étudiez le polymorphisme des protéines dans une population naturelle d'une certaine espèce d'organismes haploïdes à reproduction sexuée. Vous isolez de nombreuses souches à partir de différentes zones de la région étudiée et vous réalisez des électrophorèses d'extraits de chacune de ces souches. Vous colorez les gels avec un réactif spécifique de l'enzyme X et vous découvrez que la population comporte disons, cinq variants électrophorétiques de l'enzyme X. Vous faites l'hypothèse que ces variants représentent différents allèles du gène de structure codant l'enzyme X.

   a. Comment démontrer que cette hypothèse est correcte, à la fois génétiquement et biochimiquement ? (Vous pouvez effectuer des croisements, fabriquer des diploïdes, réaliser des migrations sur gels, tester des activités enzymatiques, des séquences d'acides aminés, etc.) Décrivez de manière précise les étapes suivies et les conclusions que vous attendez.

   b. Citez au moins une autre façon d'expliquer l'apparition des différents variants électrophorétiques et dites comment vous feriez pour distinguer cette possibilité de votre hypothèse mentionnée précédemment.

10. Une étude menée en 1958 dans la ville minière d'Ashibetsu dans la province de Hokkaido au Japon a montré que les fréquences des génotypes des groupes sanguins MN (pour des individus seuls et pour des couples mariés) se répartissaient de la façon suivante :

Génotype	Nombre d'individus ou de couples
Individus	
L^M/L^M	406
L^M/L^N	744
L^N/L^N	332
Total	1482
Couples	
$L^M/L^M \times L^M/L^M$	58
$L^M/L^M \times L^M/L^N$	202
$L^M/L^N \times L^M/L^N$	190
$L^M/L^M \times L^N/L^N$	88
$L^M/L^N \times L^N/L^N$	162
$L^N/L^N \times L^N/L^N$	41
Total	741

a. Montrez si la population est ou non en équilibre de Hardy-Weinberg en ce qui concerne les groupes sanguins MN.

b. Montrez si les couples se forment au hasard par rapport aux groupes sanguins MN.

(Problème 10 d'après J. Kuspira et G.W. Walker, *Genetics: Questions and Problèmes*. Copyright 1973 par McGraw-Hill.)

11. Considérons les populations dont les génotypes sont donnés dans le tableau suivant :

Population	A/A	A/a	a/a
1	1,0	0,0	0,0
2	0,0	1,0	0,0
3	0,0	0,0	1,0
4	0,50	0,25	0,25
5	0,25	0,25	0,50
6	0,25	0,50	0,25
7	0,33	0,33	0,33
8	0,04	0,32	0,64
9	0,64	0,32	0,04
10	0,986049	0,013902	0,000049

a. Quelles sont les populations en équilibre de Hardy-Weinberg ?

b. Quelles sont les valeurs de p et de q dans chaque population ?

c. Dans la population 10, on a pu montrer que le taux de mutation de A vers a est de 5×10^{-6} alors que le taux de réversion est négligeable. Quelle doit être la valeur adaptative du phénotype a/a ?

d. Dans la population 6, l'allèle a est défavorable. De plus, l'allèle A est partiellement dominant, de sorte que A/A a une valeur adaptative optimale de 1,0 ; A/a, une valeur adaptative de 0,8 et a/a, une valeur adaptative de 0,6. Si aucune mutation ne se produit, quelles seront les valeurs de p et de q à la génération suivante ?

12. Le daltonisme est dû à un allèle récessif lié au sexe. Un homme sur dix environ est daltonien.

a. Quelle est la proportion de femmes daltoniennes ?

b. Combien d'hommes souffrant de daltonisme peut-on dénombrer pour chaque femme daltonienne ?

c. Dans quelle proportion des unions le daltonisme affecterait-il la moitié des enfants de chaque sexe ?

d. Dans quelle proportion des unions tous les enfants seraient-ils normaux ?

e. Dans une population qui n'est pas en équilibre, la fréquence de l'allèle responsable du daltonisme est de 0,2 chez les femmes et de 0,6 chez les hommes ? Après une génération d'unions au hasard, quelle sera la proportion de descendants femmes daltoniennes ? Quelle sera la proportion de descendants hommes daltoniens ?

f. Quelles seront les fréquences alléliques chez les hommes et les femmes de la descendance de la partie (e) ?

(Problème 12 aimablement communiqué par Clayton Person.)

13. La plupart des mutations nouvellement apparues semblent défavorables. Pourquoi ?

14. La plupart des mutations sont récessives par rapport aux caractères de type sauvage. Parmi les mutations rares qui apparaissent comme dominantes chez la drosophile, la majorité sont associées à des mutations chromosomiques ou ne peuvent être distinguées des mutations chromosomiques. Expliquez pourquoi le type sauvage est habituellement dominant.

15. 10 % des hommes d'une population de grande taille dont les unions ont lieu au hasard sont daltoniens. Un groupe de 1 000 personnes représentatif de cette population immigre sur une île du Pacifique Sud, déjà habitée par 1 000 personnes et où 30 % des hommes sont daltoniens. En supposant que l'équilibre de Hardy-Weinberg s'applique à tous les cas (aux deux populations avant l'immigration ainsi qu'à la population mixte juste après l'immigration), à quel pourcentage d'hommes et de femmes daltoniens peut-on s'attendre dans la génération suivant immédiatement l'arrivée des immigrants ?

16. En utilisant des schémas d'arbres généalogiques, trouvez la probabilité d'homozygotie par filiation dans la descendance (a) d'unions parents-descendants ; (b) d'unions entre cousins germains ; (c) d'unions tante-neveu ou oncle-nièce.

17. Dans une population animale, 20 % des individus sont A/A, 60 % A/a, et 20 % a/a.

a. Quelles sont les fréquences des allèles dans cette population ?

b. Dans cette population, les croisements se réalisent toujours entre *phénotypes qui se ressemblent*, mais se font au hasard au sein d'un phénotype. Quelles seront les fréquences génotypiques et alléliques à la génération suivante ?

c. Un autre type d'unions en fonction du phénotype se produit lorsque seuls les individus *qui ne se ressemblent pas* s'associent. Répondez à la question précédente dans ce cas précis.

d. Quel sera le résultat final après de nombreuses générations de croisements de chaque type ?

18. Une souche de drosophile isolée à partir d'une population naturelle présente en moyenne 36 soies abdominales. En sélectionnant pour les croiser entre elles les mouches possédant les nombre les plus élevés de soies, la moyenne est élevée à 56 soies après 20 générations.

a. Quelle est l'origine de cette flexibilité génétique ?

b. La souche à 56 soies est stérile. La sélection est donc suspendue pendant plusieurs générations et le nombre de soies tombe à environ 45. Pourquoi ne revient-il pas à 36 ?

c. Lorsque la sélection est à nouveau appliquée, on atteint rapidement 56 soies, mais cette fois la souche n'est *pas* stérile. Comment cette situation peut-elle se produire ?

19. L'allèle *B* est dominant, autosomique et défavorable. La fréquence des individus affectés par ce gène est de $4{,}0 \times 10^{-6}$. Le pouvoir reproducteur de ces individus correspond à environ 30 % de celui des individus normaux. Estimez μ, le taux auquel *b* est muté en son allèle défavorable *B*.

20. Parmi 31 enfants nés d'unions père-fille, six décèdent peu après leur naissance, 12 présentent des anomalies très importantes et décèdent au cours de leur enfance et 13 sont normaux. D'après ces données, calculez grossièrement le nombre de gènes récessifs létaux représentés en moyenne dans un génome humain. (Astuce : Si la réponse était 1, une fille aurait alors une probabilité de 50 % de porter l'allèle létal et la probabilité que l'union produise une combinaison létale serait de $1/2 \times 1/4 = 1/8$. Un n'est donc pas la bonne réponse.) Envisagez aussi la possibilité des décès *in utero* qui ne sont pas détectés lors de telles unions. Comment affecteraient-ils vos résultats ?

21. Si l'on définit dans une population le *coût sélectif total* dû à la présence de gènes récessifs défavorables, comme la perte de valeur adaptative par individu atteint (s) multipliée par la fréquence des individus atteints (q^2), alors

$$\text{coût sélectif} = sq^2$$

a. Supposons qu'une population ait atteint un équilibre entre la mutation et la sélection d'un allèle récessif défavorable, où $s = 0{,}5$ et $\mu = 10^{-5}$. Quelle est la fréquence à l'équilibre de l'allèle ? Quel est le coût sélectif ?

b. Supposons que les individus d'une population soient irradiés de telle sorte que le taux de mutations double. Quelle sera la nouvelle fréquence à l'équilibre de l'allèle ? Quel sera le nouveau coût sélectif ?

c. Si l'on ne change pas le taux de mutations mais que l'on abaisse l'intensité de la sélection à 0,3, quelles en seront les conséquences sur la fréquence à l'équilibre et sur le coût sélectif ?

LA GÉNÉTIQUE QUANTITATIVE

Les fleurs composées de *Gaillardia pulchella* (la gaillarde gracieuse). La variation quantitative de la couleur et du diamètre de la fleur ainsi que du nombre de pièces florales. [J. Heywood, *Journal of Heredity*, Mai/Juin 1986.]

QUESTIONS CLÉS

- La variation observée dans un caractère est-elle influencée *d'une quelconque façon* par la variation génétique ? Existe-t-il des allèles qui ségrégent dans la population et produisent des effets différentiels sur le caractère ou bien la totalité de la variation est-elle simplement le résultat des changements environnementaux et du bruit de fond développemental (voir Chapitre 1) ?

- S'il existe une variation génétique, quelles sont les normes de réaction des différents génotypes ?

- Dans le cas d'un caractère particulier, quelle est l'importance de la variation génétique dans la variation phénotypique totale ? Les normes de réaction et les environnements sont-ils tels que presque toute la variation résulte des différences environnementales et des instabilités du développement ou bien la variation génétique prédomine-t-elle ?

- Pour un caractère précis, y a-t-il un grand nombre de locus (ou quelques-uns seulement) qui varient ? Comment sont-ils distribués dans le génome ?

SOMMAIRE

L'ESSENTIEL DU CHAPITRE

Le but ultime de la génétique est l'analyse des génotypes des organismes. Cependant, un génotype ne peut être identifié – et donc étudié – qu'à travers ses conséquences sur le phénotype. On conclut que deux génotypes sont différents parce que les phénotypes des individus qui les portent sont distincts. Les expériences élémentaires en génétique dépendent donc de l'existence d'une relation simple entre le génotype et le phénotype. C'est pourquoi l'étude des séquences d'ADN est si importante puisqu'elle permet de lire directement les génotypes.

En général, on espère associer un phénotype distinct à chaque génotype et un génotype unique à chaque phénotype. Dans le pire des cas, lorsqu'un allèle exerce une dominance complète, il peut être nécessaire de recourir à un croisement génétique simple pour distinguer l'hétérozygote de l'homozygote. Lorsque cela est possible, les généticiens évitent d'étudier des gènes qui présentent une pénétrance partielle et une expressivité incomplète (voir Chapitre 6) en raison de la difficulté à tirer des conclusions génétiques à partir de tels caractères. Imaginez la difficulté (si ce n'est l'impossibilité) à laquelle Benzer aurait été confronté pour étudier des mutations dans le gène *rII* chez le phage si les seules conséquences chez les mutants *rII* étaient une diminution de 5 % par rapport au type sauvage, de leur capacité de se développer dans des souches K d'*E. coli*. L'étude de la génétique telle qu'elle a été présentée dans les chapitres précédents concerne en grande partie des substitutions alléliques qui entraînent l'apparition de différences *qualitatives* dans le phénotype – des différences aussi frappantes que des fleurs violettes comparées à des fleurs blanches.

Toutefois, la plus grande part de la variation au sein des organismes est quantitative et non qualitative. Des plants de blé dans un champ ou des asters sauvages sur le bord d'une route ne se distribuent pas en catégories parfaitement définies de grande ou de petite taille, pas plus que les hommes ne se répartissent de manière tranchée en «Noirs» ou en «Blancs». La taille, la masse, la forme, la couleur, l'activité métabolique, le taux de reproduction et le comportement sont des caractéristiques qui varient plus ou moins à l'intérieur d'une certaine gamme (Figure 20-1). Même lorsque le caractère peut se décrire par dénombrement (tel que le nombre de facettes de l'œil ou le nombre de soies chez la drosophile), le nombre de classes discernables peut être si élevé que la variation apparaît comme quasi continue. Si l'on considère des cas extrêmes – disons un plant de maïs de 2 m 60 de haut et un autre de 1 m – leur croisement ne produira pas un résultat de type mendélien. Il donnera au contraire des plantes d'une taille voisine de 2 m, mais avec une variation visible parmi tous les descendants du croisement. La F$_2$ issue de l'autofécondation de la F$_1$ ne se distribuera pas en deux ou trois classes de taille distincte dans des rapports de type 3:1 ou 1:2:1. Elle sera au contraire distribuée de façon continue entre les tailles des deux types parentaux.

Comment dès lors étudier des caractères quantitatifs lorsqu'il existe une relation aussi complexe entre le génotype et le phénotype? L'analyse d'un caractère à variation continue peut être effectuée par différentes études, schématisées dans la Figure 20-2:

- Des études de normes de réaction dans lesquelles on laisse différents génotypes se développer dans une gamme d'environnements distincts, afin d'établir l'interaction du génotype et de l'environnement dans le développement de ce caractère.

- Des études de sélection, lors desquelles des générations successives sont produites à partir d'individus extrêmes

Figure 20-1 L'hérédité quantitative de la couleur des bractées chez *Castilleja hispida*. La photographie de gauche montre les extrêmes de la gamme des couleurs et celle de droite présente des exemples de toute la gamme phénotypique.

UNE VUE D'ENSEMBLE DU CHAPITRE

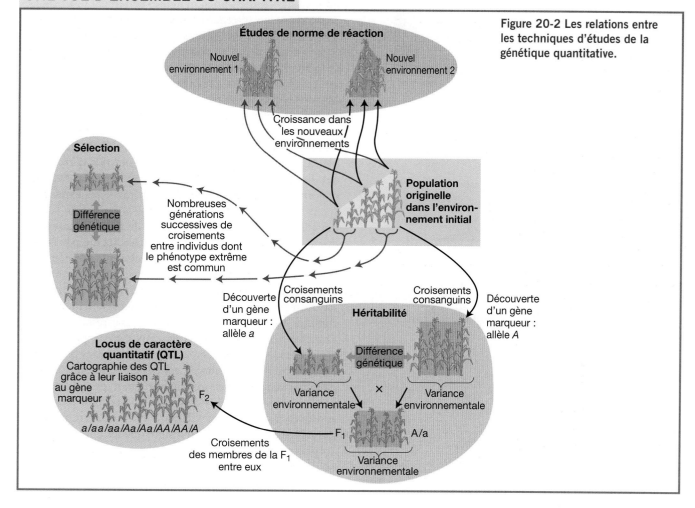

Figure 20-2 Les relations entre les techniques d'études de la génétique quantitative.

issus de la génération précédente. On peut par exemple établir une population à partir du croisement des deux plants de maïs les plus petits et une autre population à la suite du croisement des deux plus grands à partir de l'exemple précédent. Dans chaque génération successive, on croisera les individus les plus extrêmes de la population « de petite taille » avec ceux de la population « de grande taille ». Si après des générations répétées de sélection les populations divergent, alors on peut dire que ces deux populations doivent présenter une divergence génétique au niveau d'un ou plusieurs locus influençant le caractère.

- Des études d'héritabilité au cours desquelles on effectue une analyse statistique de la variation parmi les descendants des croisements, afin d'évaluer dans la population originelle la variation qui résulte de différences génétiques et la proportion issue des différences d'environnement.

- Les études de locus de caractères quantitatifs (QTL pour *quantitative trait locus* en anglais) qui associent des différences phénotypiques aux allèles d'un gène marqueur de position chromosomique connue. Une telle association avec le gène marqueur révèle la posi-

tion approximative d'un gène affectant le caractère quantitatif.

20.1 Les gènes et caractères quantitatifs

L'expérience décrite dans la Figure 20-3 est un exemple classique des résultats de croisements entre des souches différant au niveau d'un caractère quantitatif. La longueur de la corolle a été mesurée chez de nombreuses plantes différentes issues de deux lignées pures de *Nicotiana longiflora*, une espèce apparentée au tabac. La distribution des longueurs des corolles de deux lignées parentales est indiquée dans le schéma du haut de la Figure 20-3. La différence entre les deux lignées est génétique mais la variation entre les plantes d'une même lignée est due à une variation environnementale incontrôlée et au bruit de fond développemental. Les plantes de la F_1 dont la longueur moyenne de la corolle est très proche de la moyenne entre les deux lignées parentales, varient également de l'une à l'autre en raison d'une variation environnementale et développementale. Dans la F_2, la longueur moyenne de la corolle reste quasiment inchangée par rapport à celle de la F_1 mais il y a une forte augmentation de

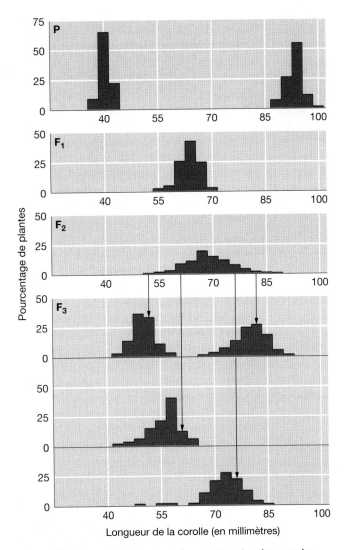

Figure 20-3 Les résultats de croisements entre des souches de *Nicotiana longiflora* (une variété de tabac réputée pour le parfum de ses fleurs) qui diffèrent par la longueur de leur corolle. Les graphes représentent (de haut en bas) la distribution des fréquences de longueur de la corolle dans les deux souches parentales (P), dans la F_1, dans la F_2 et dans quatre croisements produisant une F_3, réalisés à partir de parents issus des quatre parties indiquées dans la distribution de la F_2. [Adapté de K. Mather, *Biometrical Genetics*. Methuen, 1959. Données de E. M. East, *Genetics* 1, 1916, 164-176.]

individus présentant une différence dans l'état allélique d'un gène ayant des effets phénotypiques nettement distincts. Les descendants ne se répartissent pas en rapports mendéliens nets 1:2:1 et il y a de plus en plus de variation individuelle à chaque génération de descendants. Ce type de résultat de croisement ne constitue pas une exception, mais la règle pour de nombreux caractères chez la plupart des espèces. Mendel a obtenu des résultats relativement simples parce qu'il a utilisé des variétés horticoles de pois se distinguant les unes des autres par des différences alléliques simples à effets tranchés sur le phénotype. Les résultats des croisements présentés dans la Figure 20-3 n'ont rien d'exceptionnel. Ils sont de ce type pour la plupart des caractères de la majorité des espèces. Si Mendel avait mené ses expériences sur la variation naturelle des mauvaises herbes de son jardin au lieu de variétés sélectionnées de pois, il n'aurait sans doute jamais découvert les lois sur l'hérédité qui portent son nom. D'une façon générale, des caractères comme la taille, la forme, la couleur, l'activité physiologique et le comportement ne ségrègent pas de façon simple lors des croisements.

Le fait que la plupart des caractères varient de façon continue ne signifie pas que leur variation résulte de mécanismes génétiques différents de ceux qui s'appliquent aux gènes mendéliens considérés dans des chapitres précédents. La continuité du phénotype est en fait le résultat de deux phénomènes. Tout d'abord, chaque génotype ne détermine pas une expression phénotypique unique mais plutôt une norme de réaction (voir Chapitre 1) qui couvre une large gamme de phénotypes. Il en résulte que les différences phénotypiques entre catégories de génotypes s'estompent et qu'il devient impossible d'associer sans ambiguïté un phénotype donné à un génotype particulier.

Deuxièmement, un phénotype donné peut être influencé par des allèles de nombreux locus pouvant s'assortir de différentes manières. Supposons par exemple que cinq locus d'importance égale participent à la détermination du nombre de fleurs qui se développeront chez une plante annuelle et que chaque locus possède deux allèles (appelons-les et −). Pour des raisons de simplicité, supposons également qu'il n'y a pas de dominance et qu'un allèle ajoute une fleur, tandis qu'un allèle − n'ajoute rien. Il y a donc $3^5 = 243$ génotypes différents possibles [trois génotypes possibles (/ , /−, et −/−) au niveau de chacun des cinq locus], qui vont de

en passant par _ _ _ _ _ jusqu'à _ _ _ _ _

ce qui correspond à 11 classes phénotypiques seulement (10, 9, 8, ..., 0) de nombreux génotypes ayant le même nombre d'allèles et −. Par exemple, bien qu'il y ait un seul génotype avec 10 allèles et donc une valeur phénotypique moyenne de 10, il y a 51 génotypes différents ayant tous 5 allèles et 5 allèles −; par exemple,

_ _ − _ _ et _ _ _ _ _

la variation car il y a à présent une ségrégation des différences génétiques héritées des deux lignées parentales d'origine. On voit dans la F_3 qu'une partie au moins de cette variation résulte de différences génétiques entre les plantes de la F_2. Des paires distinctes de plantes parentales ont été choisies à partir de quatre zones de la distribution de la F_2 et ont été croisées pour produire la génération suivante, F_3. Dans chaque cas, la moyenne de la F_3 était proche de la valeur de la zone de distribution des F_2 à partir de laquelle les plants parentaux avaient été prélevés.

Le résultat du croisement est nettement différent des résultats obtenus lorsqu'on effectue un croisement entre

Ainsi, de nombreux génotypes différents peuvent avoir le même phénotype moyen. De plus, en raison de la variation environnementale, deux individus de même génotype peuvent ne pas avoir le même phénotype. Cette absence de correspondance directe entre génotype et phénotype masque le mécanisme mendélien sous-jacent.

Si l'on ne peut étudier le comportement des facteurs mendéliens qui contrôlent directement ce type de caractères, que pouvons-nous apprendre sur leur constitution génétique? À l'évidence, les méthodes utilisées pour étudier des caractères qualitatifs – telles que l'examen des rapports des descendants issus d'un croisement génétique – ne fonctionneront pas pour des caractères quantitatifs. Il faut à la place utiliser des méthodes statistiques pour établir des prévisions sur la transmission des phénotypes si l'on ignore tout sur les génotypes sous-jacents. Cette approche s'appelle la génétique quantitative. La **génétique quantitative** – l'étude de la génétique de caractères présentant une variation continue – tente de répondre aux questions suivantes:

1. La variation observée d'un caractère est-elle *d'une façon ou d'une autre* influencée par la variation génétique? L'ensemble de la variation est-il dû simplement à la variation environnementale et au bruit de fond développemental (voir Chapitre 1)? Ou bien certains des allèles ségrégeant dans la population ont-ils une autre influence sur le caractère?

2. S'il existe une variation génétique, quelles sont les normes de réaction des différents génotypes?

3. Quelle est l'importance de la variation génétique dans la variation phénotypique totale? La quasi-totalité de la variation résulte-t-elle de différences de milieu et de perturbations au cours du développement, ou bien la variation génétique est-elle prédominante?

4. De nombreux locus (ou seulement quelques-uns) contribuent-ils à la variation du caractère? Comment sont-ils distribués dans le génome?

Finalement, on se pose ces questions pour essayer de prédire les types de descendants qui résulteront de croisements entre différents phénotypes.

Le degré de précision avec lequel ces questions peuvent être formulées et résolues est très variable. Chez les organismes expérimentaux, il est relativement simple de déterminer si une influence génétique s'exerce, mais la localisation de ces gènes (même approximative) est extrêmement laborieuse. Chez l'homme, il est même très difficile de répondre ne serait-ce qu'à la question de savoir si une influence génétique s'exerce sur un caractère, car il est presque impossible de distinguer les effets du milieu, des effets génétiques sur un organisme qui ne peut pas être manipulé expérimentalement. On dispose par conséquent de nombreuses données sur la génétique du nombre de soies chez la drosophile, alors qu'on ignore pratiquement tout de la génétique de caractères humains complexes, si

ce n'est qu'un petit nombre d'entre eux (comme la couleur de la peau) sont clairement soumis à l'influence de gènes tandis que d'autres (comme les langues parlées) ne le sont pas. Ce chapitre a pour but de développer les concepts statistiques et génétiques fondamentaux nécessaires pour répondre à ces questions et de donner quelques exemples de leurs applications chez des espèces spécifiques.

20.2 Quelques notions de statistique

Pour répondre aux questions portant sur les types de variation phénotypique et de variation quantitative les plus courants, nous devons d'abord faire connaissance avec certains outils statistiques essentiels à l'étude de la génétique quantitative.

Les distributions statistiques

Dans le cas d'une variation simple qui dépend exclusivement de différences alléliques au niveau d'un locus unique, les descendants d'un croisement se répartissent dans plusieurs classes phénotypiques distinctes. Par exemple, on peut s'attendre à ce qu'un croisement entre une plante à fleurs rouges et une plante à fleurs blanches aboutisse exclusivement à des plantes à fleurs rouges ou s'il s'agit d'un croisement en retour d'une plante de la F$_1$ avec le parent à fleurs blanches, à 1/2 de plantes à fleurs rouges et 1/2 de plantes à fleurs blanches. Il nous faut en revanche un autre mode de description pour les caractères quantitatifs. Si la taille d'un grand nombre d'étudiants masculins est mesurée à 5 centimètres (cm) près, elle variera (disons entre 145 et 195 cm), mais la majorité des étudiants se répartiront entre les catégories intermédiaires (disons entre 170, 175 et 180 cm) plutôt qu'entre les deux extrêmes. Une telle description d'un ensemble de mesures quantitatives s'appelle la **distribution statistique**.

Nous pouvons représenter chaque classe de mesures sous la forme d'une barre, dont la hauteur est proportionnelle au nombre d'individus de cette classe, comme dans la Figure 20-4a. Un graphique de ce type représentant le nombre d'individus observés par classe de mesure porte le nom d'**histogramme de fréquences**. Supposons à présent que cinq fois plus d'individus soient mesurés, au centimètre près cette fois, de sorte qu'ils soient répartis en classes de mesures encore plus limitées. Ceci produirait un histogramme comme celui de la Figure 20-4b. Si l'on continue ce processus en affinant la mesure tout en augmentant proportionnellement le nombre d'individus mesurés, alors l'histogramme tend vers une forme continue présentée dans la Figure 20-4c. Une courbe continue de ce type s'appelle la **fonction de distribution** des tailles de la population.

La **fonction de distribution** est une courbe idéalisée de la véritable distribution des fréquences des tailles dans une population réelle, puisque aucune mesure ne peut être prise avec une précision infinie, ni inclure un nombre illimité d'individus. En outre, le caractère mesuré peut

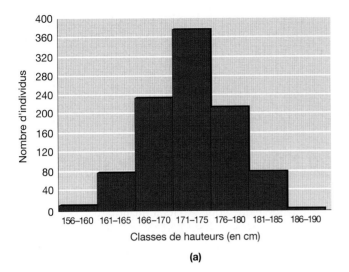

(a)

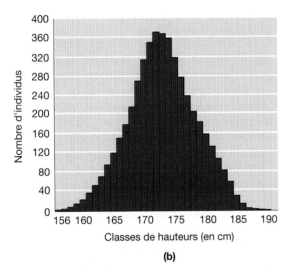

(b)

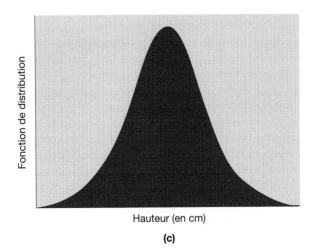

(c)

Figure 20-4 Les distributions des fréquences de la taille des étudiants masculins. (a) Un histogramme de fréquences établi à partir d'intervalles de 5 cm entre les classes. (b) Un histogramme établi à partir d'intervalles de 1 cm entre les classes. (c) Graphique d'une distribution continue.

lui-même être intrinsèquement discontinu, comme dans le cas où il représente la somme d'un certain nombre d'objets distincts, telles les facettes de l'œil ou les soies. Néanmoins il peut être commode de développer des concepts en utilisant cette courbe légèrement idéalisée, plutôt que l'histogramme de fréquences, beaucoup moins maniable.

Les mesures statistiques

Même si une distribution statistique comporte toutes les informations dont nous avons besoin à propos d'une série de mesures, il est souvent utile de traduire celles-ci en un petit nombre de caractéristiques qui contiennent les renseignements nécessaires sur la distribution, sans entrer dans le détail. Plusieurs questions se posent à propos de la distribution des tailles des étudiants masculins, par exemple :

1. Où se situe la distribution dans la gamme des valeurs possibles ? Les valeurs observées sont-elles proches de 100 ou 200 cm ? On peut répondre à cette question à l'aide d'une mesure de la tendance centrale.

2. Quelle est la variation entre les mesures faites à partir d'individus différents ? Sont-elles toutes concentrées autour de la mesure centrale ou varient-elles fortement dans l'ensemble de la gamme ? Pour répondre à cela, il nous faut une mesure de la dispersion.

3. Si l'on s'intéresse à plusieurs quantités mesurées, de quelle façon les valeurs des différentes quantités peuvent-elles être reliées les unes aux autres ? Les parents de grande taille ont-ils nécessairement des fils de grande taille eux aussi ? Si c'est le cas, on considérerait ces données comme une preuve de l'influence des gènes sur la taille. Il nous faut donc des mesures de la relation entre les différents caractères mesurés.

Parmi les mesures les plus couramment utilisées de tendance centrale se trouvent le **mode**, qui est l'observation la plus fréquente, et la **moyenne**, qui est la moyenne arithmétique des observations. La dispersion d'une distribution est presque toujours mesurée par la **variance**, qui est la moyenne des carrés des écarts séparant les observations de leur moyenne. La relation entre les différentes variables est mesurée par leur **corrélation**, qui est égale à l'écart entre une variable et sa moyenne, multiplié par l'écart entre l'autre variable et sa propre moyenne. Ces mesures couramment utilisées sont traitées en détail dans l'Appendice statistique qui porte sur l'analyse statistique à la fin de ce chapitre. L'explication détaillée de ces concepts statistiques est mise à part afin de ne pas interrompre l'explication logique de la génétique quantitative. Il ne faudrait pas croire cependant qu'une bonne compréhension de ces concepts statistiques soit secondaire. En effet, pour bien comprendre la génétique quantitative, il est nécessaire de maîtriser les fondements de l'analyse statistique.

20.3 Les génotypes et la distribution phénotypique

La différence fondamentale entre les caractères quantitatifs et les caractères mendéliens

En nous basant sur les concepts de distribution, moyenne et variance, nous pouvons expliquer la différence entre caractères quantitatifs et mendéliens.

Supposons qu'une population de plantes contienne trois génotypes, chacun d'eux ayant un effet différentiel sur le taux de croissance. Supposons également qu'une variation due au milieu existe d'une plante à l'autre parce que le sol sur lequel se développe la population n'est pas homogène et qu'il existe un bruit de fond développemental (voir Chapitre 1). Pour chaque génotype, il y aura une distribution distincte des phénotypes avec une moyenne et une variance qui dépendent du génotype et des facteurs environnementaux. Supposons que ces distributions se présentent comme les trois distributions de hauteurs de la Figure 20-5a. Ces trois distributions sont concentrées dans trois zones différentes de l'échelle des tailles des plantes, ce qui indique une différence de hauteur moyenne. Ces trois distributions n'occupent pas non plus le même espace sur le graphique, ce qui est dû à des variances distinctes. Supposons enfin que la population soit constituée d'un mélange des trois génotypes mais dans des proportions inégales 1:2:3 (*a/a*:*A/a*:*A/A*).

Dans ces conditions, la distribution phénotypique des plantes individuelles dans l'ensemble de la population ressemblera à la ligne noire de la Figure 20-5b, qui est la somme des trois distributions génotypiques sous-jacentes, pondérées par leurs fréquences dans la population. Cette pondération par la fréquence est indiquée dans la Figure 20-5b par les hauteurs différentes des distributions des composants. La moyenne de cette distribution globale est la moyenne des trois moyennes génotypiques, une fois encore pondérées par les fréquences des génotypes dans la population. La variance de la distribution globale est produite en partie par la variation due à l'environnement dans chaque génotype et en partie par les moyennes légèrement différentes des trois génotypes.

Deux propriétés de la distribution globale sont fondamentales. Tout d'abord, il n'y a qu'un seul mode, qui est l'observation la plus fréquente représentée par la position du sommet de la courbe sur l'axe des hauteurs. En dépit de l'existence de trois distributions génotypiques distinctes, la distribution de la population dans son ensemble ne met pas en évidence des modes distincts. Deuxièmement, n'importe quelle plante individuelle dont la hauteur se situe entre les deux flèches pourrait avoir n'importe lequel des trois génotypes, car les phénotypes de ces trois génotypes se chevauchent en grande partie. Il en résulte que nous ne pouvons pas mener une analyse mendélienne simple pour déterminer le génotype d'une plante individuelle. Supposons par exemple que les trois génotypes soient représentés par les deux homozygotes et l'hétérozygote pour une paire d'allèles au niveau d'un locus donné. Appelons *a/a* l'homozygote de petite taille et *A/A* celui de grande taille, l'hétérozygote étant de taille intermédiaire. En raison du chevauchement important des distributions phénotypiques, on ne peut pas savoir à quel génotype appartient une plante donnée. Réciproquement, si l'on croise un homozygote *a/a* et un hétérozygote *A/a*, la descendance ne se répartira pas entre deux classes distinctes, A/a et a/a dans un rapport 1:1, mais englobera presque la gamme entière des phénotypes. On ne pourra donc pas savoir en observant les descendants que le croisement est en fait *a/a* × *A/a* et non *a/a* × *A/A* ou *A/a* × *A/a*.

Supposons que l'on cultive les plantes imaginaires de la Figure 20-5 dans un environnement qui accentue les différences entre génotypes – par exemple, en doublant le taux de croissance de tous les génotypes, tout en veillant à ce que toutes les plantes se développent exactement dans le même milieu. Dans ce cas, la variance phénotypique de chaque génotype sera réduite puisque toutes les plantes seront cultivées dans des conditions identiques; en même temps, les différences phénotypiques entre les génotypes s'accentueront en raison de l'augmentation de la vitesse de croissance (Figure 20-6a). Le résultat (Figure 20-6b) sera la séparation de l'ensemble de la population en trois distributions phénotypiques non chevauchantes, caractérisant chacune un génotype. Nous devrions dès lors pouvoir mener une analyse

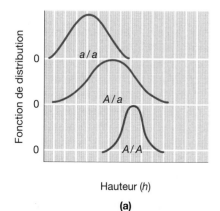

(a)

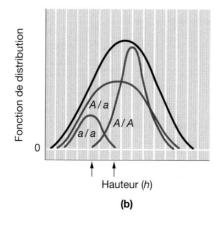

(b)

Figure 20-5 Une distribution génotypique. (a) Les distributions phénotypiques de trois génotypes de plantes. (b) Une distribution phénotypique de la population totale (courbe noire) peut être obtenue en faisant la somme des trois distributions génotypiques dans des proportions 1:2:3 (*a/a*: *A/a*: *A/A*).

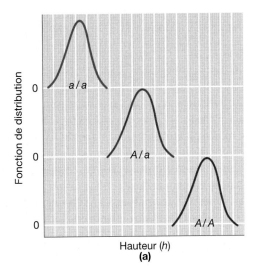

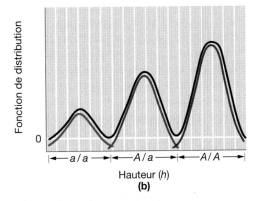

Figure 20-6 Les distributions phénotypiques des trois génotypes de plantes présentées dans la Figure 20-5, cultivées dans des milieux soigneusement contrôlés. Il en résulte une variation phénotypique plus faible pour chaque génotype et une différence accrue entre les génotypes. Les hauteurs de chaque distribution dans la partie b sont proportionnelles aux fréquences des génotypes dans la population.

mendélienne classique de la taille des plantes. Un caractère «quantitatif» a été en quelque sorte converti en un caractère «qualitatif». Cette conversion a été permise en accentuant la différence entre les moyennes des génotypes, par rapport à la variation à l'intérieur de chaque génotype.

> **MESSAGE** Un caractère quantitatif se définit par le fait que les différences phénotypiques moyennes entre les génotypes sont faibles comparées à la variation entre les individus d'un même génotype.

Le nombre de gènes et les caractères quantitatifs

On suppose parfois que la variation continue d'un caractère est nécessairement due à la ségrégation d'un grand nombre de gènes. La variation continue est alors présentée comme un élément de preuve en faveur d'un contrôle multigénique du caractère. Cette **hypothèse des facteurs multiples** (le fait que de nombreux gènes dont chacun n'a qu'un faible

effet ségrégent pour créer une variation quantitative) a longtemps servi de modèle élémentaire à la génétique quantitative, même si comme nous l'avons montré, cette hypothèse n'est pas forcément vraie. Si la différence entre les moyennes génotypiques est faible comparée à la variance due au milieu, alors des cas aussi simples que ceux d'«un gène-deux allèles» peuvent conduire à une variation phénotypique continue.

Si l'amplitude d'un caractère est limitée et si un grand nombre des locus qui ségrégent l'influencent, on s'attend alors à ce que le caractère présente une variation continue, puisque chaque substitution allélique ne doit entraîner qu'une petite modification de ce caractère. Il est cependant important de se rappeler que ce n'est pas le *nombre* de locus qui ségrégent et influencent un caractère, qui distingue les caractères qualitatifs, des caractères quantitatifs. Même en l'absence d'une variation importante due au milieu, quelques locus responsables d'une variation génétique donneront lieu à une variation que l'on ne pourra distinguer de la variation faible due à de nombreux locus. Considérons par exemple l'une des toutes premières expériences en génétique quantitative, menée par Wilhelm Johannsen sur des lignées pures. Par **autofécondation** (en croisant des plantes étroitement apparentées), Johannsen obtint 19 lignées homozygotes de plants de haricots à partir d'une population génétiquement hétérogène. Chaque lignée était caractérisée par une masse moyenne de ses graines, allant de 0,64 g pour les haricots les plus lourds, jusqu'à 0,35 g pour les plus légers. Supposons que toutes ces lignées *aient été* génétiquement différentes. Dans ce cas, les résultats de Johannsen seraient incompatibles avec un modèle d'action génique du type «un locus-deux allèles». Si deux allèles *A* et *a* ségrégeaient effectivement dans la population de départ, toutes les lignées pures dérivées de cette population se situeraient dans l'une des deux classes: *A/A* ou *a/a*. Si au contraire, il y avait dans la population initiale, disons 100 gènes ségrégeant indépendamment et n'exerçant chacun qu'un faible effet, un grand nombre de lignées pures différentes pourraient être produites, chacune présentant une combinaison particulière d'homozygotes pour les différents locus.

Toutefois, nous n'avons pas besoin d'un nombre de locus aussi élevé pour obtenir les résultats observés par Johannsen. Dans le cas de cinq locus comportant chacun trois allèles possibles, $3^5 = 243$ sortes différentes d'homozygotes pourraient être produites par autofécondation. Si nous établissions 19 lignées pures au hasard, il y aurait une bonne chance (environ 50%) que les 19 lignées appartiennent à 19 classes différentes parmi les 243 possibles. Les résultats de Johannsen peuvent donc s'expliquer facilement par un nombre relativement réduit de gènes. Par conséquent, il n'y a pas de distinction nette entre les caractères multigéniques et les autres caractères. On peut raisonnablement affirmer qu'au-delà de la séquence des acides aminés dans un polypeptide, il n'existe aucun caractère qui soit influencé par un seul gène. De plus, des caractères soumis au contrôle de nombreux gènes ne sont pas influencés de la même manière par chacun d'eux. Certains gènes auront des effets majeurs sur un caractère donné, et d'autres, des effets mineurs.

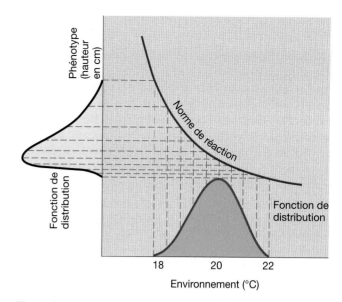

Figure 20-8 Les résultats d'une étude de norme de réaction. La distribution des environnements sur l'axe horizontal est convertie en distribution des phénotypes sur l'axe vertical par la norme de réaction d'un génotype.

> **MESSAGE** La différence majeure entre des caractères mendéliens et quantitatifs ne réside pas dans le nombre de locus qui ségrégent mais dans l'ampleur des différences phénotypiques correspondant aux différents génotypes, comparée à la variation individuelle au sein des classes génotypiques.

20.4 La norme de réaction et la distribution phénotypique

Le phénotype d'un organisme dépend non seulement de son génotype mais également de l'environnement dans lequel il se trouve aux différents stades critiques de son développement. Pour un génotype donné, chaque milieu conduit à un phénotype particulier. La relation entre l'environnement et le phénotype correspondant à un génotype donné s'appelle la **norme de réaction** du génotype. On peut voir la norme de réaction d'un génotype par rapport à un environnement variable – par exemple la température – à l'aide d'un graphe représentant le phénotype en fonction de cette variable, comme dans la Figure 20-7. Dans celle-ci sont représentés les nombres de soies abdominales de différents génotypes de la drosophile.

La distribution phénotypique d'un caractère, comme nous l'avons vu, est fonction des différences phénotypiques moyennes entre les génotypes ainsi que de la variation phénotypique entre individus génotypiquement identiques. Cependant, comme le montrent les normes de réaction dans la Figure 20-7, toutes deux dépendent elles-mêmes des milieux dans lesquels les organismes se développent et vivent. Pour un génotype donné, chaque milieu conduit à un phénotype particulier (en ignorant pour le moment le bruit de fond développemental). Ainsi, pour un génotype donné, la *distribution des environnements* se reflète dans la *distribution des phénotypes*.

La façon dont des environnements différents affectent le phénotype d'un organisme dépend de la norme de réaction, comme on le voit dans la Figure 20-8, dans laquelle l'axe horizontal représente l'environnement (par exemple la température) et l'axe vertical, le phénotype (par exemple la taille des plantes). La courbe traduisant la norme de réaction pour un génotype montre de quelle façon chaque température correspond à une taille déterminée des plantes. Cette norme de réaction convertit une distribution d'environnements en une distribution de phénotypes. Ainsi par exemple, les lignes en pointillés partant du point 18°C sur l'axe horizontal de l'environnement se traduisent par l'intermédiaire de la courbe de la norme de réaction, par une hauteur de plante correspondante sur l'axe vertical des phénotypes, et ainsi de suite pour chaque température. Si un grand nombre de plantes se développent, disons à 20°C, elles présenteront le phénotype correspondant à cette température, comme le montre la ligne en pointillés qui part du point 20°, et si seulement un petit nombre de plantes se développent à 18°C, peu de plantes seront de la taille correspondante. En d'autres termes, la distribution des fréquences des milieux lors du développement se reflétera dans la distribution des

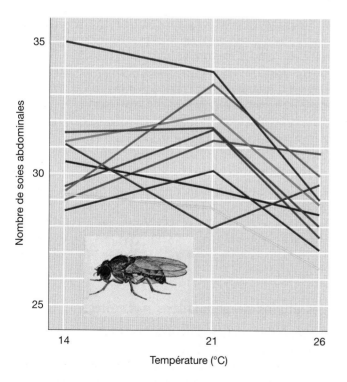

Figure 20-7 Des normes de réaction pour le nombre de soies chez la drosophile. Chaque ligne de couleur représente un génotype distinct. Le nombre de soies abdominales pour différents génotypes homozygotes de *Drosophila pseudoobscura* à trois températures différentes. [Données aimablement communiquées par A. P. Gupta. Image: Planche IV, University of Texas Publication 4313, *Studies in the Genetics of Drosophila III: The Drosophilidae of the Southwest*, par J. T. Patterson. Communiqué par the Life Sciences Library, Université du Texas, Austin.]

fréquences des phénotypes, déterminée par la forme de la courbe de la norme de réaction. Tout se passe comme si un observateur situé sur l'axe vertical des phénotypes voyait la distribution des milieux, non pas directement, mais réfléchie dans le miroir incurvé de la norme de réaction. La forme de la courbe détermine la déformation de la distribution environnementale sur l'axe des phénotypes. Par conséquent, la norme de réaction de la Figure 20-8 décroît très rapidement aux températures basses (le phénotype se modifie rapidement pour de faibles changements de température) mais s'étale aux températures plus élevées, ce qui montre qu'à des températures élevées, la taille des plantes est bien plus sensible aux différences de température. La distribution environnementale symétrique se traduit alors par une distribution asymétrique des phénotypes, caractérisée par un étalement pour les tailles les plus élevées des plantes, correspondant aux températures les plus basses.

> **MESSAGE** Une distribution des environnements se reflète biologiquement sous la forme d'une distribution de phénotypes. La transformation de la distribution environnementale en distribution phénotypique est déterminée par la norme de réaction.

20.5 Déterminer les normes de réaction

On sait vraiment peu de choses sur les normes de réaction des caractères quantitatifs et cela, quelle que soit l'espèce – en partie parce que la détermination d'une norme de réaction exige l'étude de multiples membres de génotype identique (ou presque). On peut créer des clones à partir de nombreuses plantes simplement en coupant la plante en plusieurs morceaux et en laissant chacun d'eux se développer en une plante complète. Cette technique a été utilisée pour établir les normes de réaction de l'achillée millefeuille (*Achillea millefolium*), décrites dans la Figure 1-21. À l'inverse, il est difficile de cloner des animaux. C'est pour cette raison par exemple, qu'une norme de réaction n'a pu être établie pour aucun génotype responsable de caractère quantitatif chez l'homme.

Les plantes et les animaux domestiques

Pour déterminer une norme de réaction, il faut d'abord créer un groupe d'individus génétiquement identiques, c'est-à-dire une lignée homozygote. On peut alors laisser ces individus génétiquement identiques se développer dans des environnements différents pour déterminer une norme de réaction. On peut également croiser deux lignées homozygotes différentes et étudier les descendants hétérozygotes de la F_1, tous génétiquement identiques, dans des environnements variés.

Quelques études de norme de réaction ont été réalisées sur des plantes clonables. Les résultats de l'une de ces expériences sont présentés dans le Chapitre 1. Il est possible de répliquer des génotypes par reproduction sexuée d'organismes étroitement apparentés (technique de l'endogamie).

Ainsi, par autofécondation (lorsque c'est possible) ou en croisant des frères et sœurs dans des générations successives, une **lignée ségrégeante** (qui contient à la fois des homozygotes et des hétérozygotes pour un locus) peut être rendue homozygote.

Dans le cas idéal de l'étude de la norme de réaction, tous les individus devraient être absolument identiques du point de vue génétique, mais le processus d'autofécondation ou de croisement consanguin conduit à une augmentation lente de l'homozygotie du groupe, génération après génération, selon le degré de parenté des individus croisés. Chez le maïs par exemple, on choisit un seul individu, que l'on soumet à une autofécondation. À la génération suivante, un seul descendant est à nouveau choisi, lui aussi soumis à une autofécondation. Dans la troisième génération, un seul de *ses* descendants est choisi et autopollinisé, et ainsi de suite. Supposons que l'individu initial dans la première génération, soit déjà homozygote pour un locus. Tous les descendants issus de son autofécondation seront donc également homozygotes et présenteront un locus identique. Les futures générations autofécondées conserveront cette homozygotie. Si à l'inverse, la plante d'origine était hétérozygote, alors l'autofécondation de *A/a* produira des descendants qui seront pour $\frac{1}{4}$ des homozygotes *A/A* et pour $\frac{1}{4}$ des homozygotes *a/a*. Si l'on choisit un seul descendant à la génération suivante pour propager la lignée, il y aura alors 50 % de chances qu'il soit homozygote. Si par malchance, l'individu choisi était toujours hétérozygote, il y aurait à nouveau 50 % de chances que la plante sélectionnée dans la troisième génération soit homozygote, et ainsi de suite. Sur l'ensemble des locus hétérozygotes, après une génération d'autofécondation, seuls $\frac{1}{2}$ seraient toujours hétérozygotes, $\frac{1}{4}$ après deux générations, $\frac{1}{8}$ après trois générations. À la *n*ième génération

$$\text{Het}_n = \frac{1}{2^n}\text{Het}_0$$

où Het_n est la proportion de locus hétérozygotes à la *n*ième génération et Het_0, la proportion de locus hétérozygotes à la génération 0. Lorsque l'autofécondation n'est pas possible, les croisements frère-sœur aboutissent au même résultat, mais plus lentement. Le Tableau 20-1 est une comparaison du taux d'hétérozygotie persistant après *n* générations d'autofécondation et de croisements frère-sœur.

Les études de populations naturelles

Pour réaliser une étude de norme de réaction dans une population naturelle, on prélève un grand nombre d'échantillons dans la population et on les croise entre eux pendant un nombre de générations suffisant pour garantir que chaque lignée soit quasiment homozygote pour tous ses locus. Chaque lignée est donc homozygote au niveau de chaque locus pour un allèle sélectionné au hasard et présent dans la population d'origine. Ces lignées pures ne peuvent être utilisées pour caractériser les normes de réaction dans la population naturelle car ce type de génotypes entièrement homozygotes n'existe pas dans la population d'origine. Chaque lignée

TABLEAU 20-1 L'hétérozygotie persistant après plusieurs générations de croisements consanguins de deux types.

Génération	Hétérozygotie persistante	
	Autofécondation	Croisements frères-sœurs
0	1,000	1,000
1	0,500	0,750
2	0,250	0,625
3	0,125	0,500
4	0,0625	0,406
5	0,03125	0,338
10	0,000977	0,114
20	$1,05 \times 10^{-6}$	0,014
n	$\text{Het}_n = \frac{1}{2}\text{Het}_{n-1}$	$\text{Het}_n = \frac{1}{2}\text{Het}_{n-1} + \frac{1}{4}\text{Het}_{n-2}$

pure peut être croisée avec chacune des autres lignées pures afin de produire des hétérozygotes reconstituant la population initiale et l'on peut produire un nombre arbitraire d'individus à partir de chaque croisement. Si la lignée pure 1 a pour constitution génétique *A/A.B/B.c/c.d/d.E/E.* ... et la lignée pure 2, *a/a.B/B.C/C.d/d.e/e* ..., alors un croisement entre ces deux lignées produira un grand nombre de descendants, qui seront tous *A/a.B/B.C/c.d/d.E/e* ... et pourront être élevés dans des environnements différents.

Les résultats des études de normes de réaction

Très peu d'études de normes de réaction ont été menées sur des caractères quantitatifs issus de populations naturelles. Un grand nombre en revanche a été réalisé sur des espèces cultivées telles que le maïs, susceptibles de se reproduire par autofécondation, ou sur des fraises, qui peuvent être multipliées par clonage. Les résultats de ce type d'études ressemblent à ceux représentés dans la Figure 20-7. Aucun génotype ne produit de valeur phénotypique supérieure ou inférieure à celle des autres génotypes dans toutes les conditions environnementales. Au lieu de cela, de petites différences apparaissent entre les génotypes et le sens de ces différences est variable dans une vaste gamme d'environnements.

Ces caractéristiques des normes de réaction ont des conséquences importantes. Premièrement, la sélection de génotypes «supérieurs» chez les animaux domestiques et les plantes cultivées aboutira à des variétés adaptées à des conditions très spécifiques, qui n'affirmeront peut-être pas leur supériorité si on les transpose dans d'autres milieux. Ce problème peut être contourné jusqu'à un certain point, en testant délibérément les génotypes dans une série de milieux (par exemple, durant plusieurs années et à des endroits variés). Il serait même préférable que les agronomes puissent tester leurs produits de sélection dans une gamme de milieux contrôlés, où chaque facteur environnemental pourrait être manipulé séparément.

Les conséquences des protocoles d'amélioration des plantes appliqués à l'heure actuelle sont décrites dans la Figure 20-9, dans laquelle les rendements de deux variétés de maïs sont comparés en fonction des modes de culture. La variété 1 est une variété ancienne de maïs hybride ; la variété 2 est une variété hybride «améliorée» ultérieurement. Leurs performances sont comparées à une densité de semis faible, qui était en vigueur lorsque la variété 1 fut développée et à une densité de semis élevée, caractéristique de la pratique agricole lors de la création de l'hybride 2. À densité élevée, la variété 2 est sans conteste supérieure à l'ancienne, dans tous les types de milieu (Figure 20-9a). À faible densité cependant (Figure 20-9b), la situation est tout à fait différente. Notez tout d'abord que la nouvelle variété est moins sensible à la variation environnementale que l'ancien hybride, comme le montre sa norme de réaction plus étalée. Deuxièmement, la nouvelle variété «améliorée» est en fait moins performante que l'ancienne dans les conditions optimales de culture. Troisièmement, l'augmentation de rendement de la nouvelle variété ne se manifeste pas dans les conditions de culture à densité faible de semis, caractéristiques des techniques anciennes de culture.

La nature des normes de réaction a également des conséquences dans les relations sociales des êtres humains et dans la politique. Même s'il s'avérait qu'une variation génétique sous-tend certains caractères mentaux et émotionnels chez l'homme – ce qui n'est pas du tout évident – il est peu probable que cette variation favoriserait un génotype plutôt qu'un autre quel que soit l'environnement. Nous devons nous méfier chez l'homme, de normes de réaction hypothétiques pour des caractères cognitifs qui désigneraient un génotype comme inconditionnellement supérieur à un autre. Même en mettant de côté tout aspect moral ou politique, il n'y a simplement aucune référence permettant de décrire des génotypes humains comme «meilleurs» ou «pires» sur une quelconque échelle de valeurs, à moins que le chercheur ne puisse établir une description exacte du milieu.

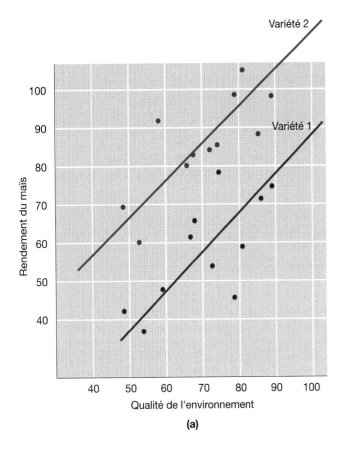

(a)

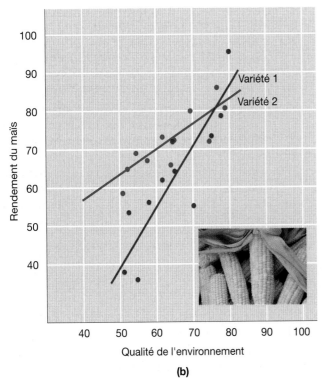

(b)

Figure 20-9 L'environnement et le rendement en grains. Les rendements en grains de deux variétés de maïs dans des milieux différents : (a) à densité élevée de semis ; (b) à densité faible de semis. [Données aimablement communiquées par W. A. Russell, *Proceedings of the 29th Annual Corn and Sorghum Research Conference*, 1974. Photographie Copyright par Bonnie Sue/Photo Researchers.]

MESSAGE Les études portant sur les normes de réaction montrent que dans un environnement donné, il existe seulement des différences phénotypiques faibles entre la plupart des génotypes appartenant aux populations naturelles. De plus, ces différences ne sont pas constantes dans une large gamme d'environnements. Par conséquent, des génotypes établis comme « supérieurs » pour des animaux domestiques ou des plantes cultivées peuvent n'être supérieurs que dans certains milieux. Comme dans le cas des caractéristiques physiques, s'il s'avérait que les populations humaines présentent une variation génétique dans l'expression de divers caractères mentaux et émotionnels, il est peu probable que cette variation favoriserait un génotype par rapport à un autre pour une large gamme d'environnements.

20.6 L'héritabilité d'un caractère quantitatif

La principale question à se poser au sujet d'un caractère quantitatif est de savoir si la variation observée pour ce caractère est influencée ou non par des gènes. Remarquons bien que cette question ne revient pas à se demander si les gènes jouent ou non un rôle dans le développement du caractère considéré. L'action des gènes au cours du développement détermine l'expression de chaque caractère, mais la *variation* pour un caractère d'un individu à l'autre n'est pas nécessairement le résultat d'une *variation génétique*. Ainsi, la capacité de parler n'importe quelle langue dépend essentiellement des structures du système nerveux central, des cordes vocales, de la langue, de la bouche et des oreilles, qui à leur tour dépendent de nombreux gènes du génome humain. Il n'existe aucun milieu dans lequel les vaches parleront. Mais, bien que les langues parlées par l'homme varient d'une nation à l'autre, cette variation n'a aucune origine génétique. On dit qu'un caractère est **héritable** uniquement s'il comporte une variation d'origine génétique.

MESSAGE Déterminer si un caractère est héritable ou non pose la question du rôle joué par les différences géniques dans les différences phénotypiques existant entre individus ou groupes d'individus.

Caractère familial et caractère héritable

En principe, il est facile de déterminer si une quelconque variation génétique influence la variation phénotypique d'un caractère donné. Si des gènes sont impliqués, des individus biologiquement apparentés devraient se ressembler (en moyenne) davantage que des individus non apparentés. Cette ressemblance devrait se refléter par une corrélation positive des valeurs d'un caractère entre parents et descendants ou entre frères et sœurs. Des parents plus grands que la moyenne devraient par exemple avoir une descendance plus grande que la moyenne ; plus une plante produit de graines, plus ses descendants devraient en produire. De telles corrélations entre individus apparentés ne constituent un indice de variation génétique *que si les individus apparentés vivent dans des environnements qui ne sont pas plus semblables que ceux dans lesquels vivent les individus non apparentés*. Il est absolument fondamental d'établir une distinction entre *familial* et *héritable*. Des caractères sont dits **familiaux** si les membres d'une même famille les partagent, quelle qu'en soit la raison. Des caractères ne sont héritables que si leur similitude est due à des génotypes communs.

Il existe deux procédés pour déterminer si un caractère familial est héritable. Le premier dépend de la *ressemblance phénotypique* entre individus apparentés. Ce procédé a été quasiment le seul utilisé au cours de l'histoire de la génétique, de sorte que la plupart des données concernant l'héritabilité de nombreux caractères chez l'homme et chez les organismes expérimentaux ont été établies à l'aide de cette approche. Le deuxième procédé, qui repose sur l'utilisation de la *ségrégation de gènes marqueurs*, consiste à montrer que des génotypes, porteurs d'allèles différents de certains gènes marqueurs, diffèrent aussi par leur phénotype moyen pour un caractère quantitatif. Si l'on trouve des gènes marqueurs (qui n'ont rien à voir avec le caractère étudié) dont la variation est liée à celle du caractère, alors on peut penser qu'ils sont liés à des gènes qui influencent *effectivement* le caractère et sa variation. Dans ce cas, l'héritabilité est démontrée même si les gènes déterminant la variation du caractère sont inconnus. Cette technique exige que l'organisme étudié présente un grand nombre de locus marqueurs, détectables génétiquement et répartis dans l'ensemble du génome. De tels locus marqueurs peuvent être observés par des variations de séquences d'ADN, d'études électrophorétiques de variations entre protéines, ou chez les vertébrés, grâce à des études immunologiques de protéines déterminant les groupes sanguins. Par exemple, chez des poulets de groupes sanguins différents, on observera des variations entre la masse des œufs. Toutefois, d'après nos connaissances actuelles, les antigènes et les anticorps des groupes sanguins n'influencent pas eux-mêmes la taille des œufs. Les gènes influençant la masse de l'œuf sont probablement liés aux locus déterminant le groupe sanguin.

Depuis l'introduction des techniques moléculaires pour étudier les séquences d'ADN, de nombreuses variations génétiques ont été découvertes chez un grand nombre d'organismes. Ces variations incluent à la fois des substitutions de nucléotides uniques ou des nombres variables d'insertions ou de répétitions de courtes régions d'ADN. Elles se détectent généralement par le gain ou la perte de sites de reconnaissance pour des enzymes de restriction ou par la variation de la longueur des séquences d'ADN entre deux sites de restriction donnés. Toutes deux représentent des formes de polymorphisme de longueur des fragments de restriction (RFLP; voir Chapitre 19). Chez la tomate par exemple, des variétés porteuses de divers types de RFLP diffèrent également par les caractéristiques de leurs fruits. On suppose que les séquences d'ADN dans ces RFLP n'influencent pas elles-mêmes les caractéristiques des fruits. Il s'agit plutôt de points de repère situés près des gènes qui en sont responsables et c'est pour cette raison qu'on observe des coségrégations fréquentes avec ces caractéristiques.

Puisque encore aujourd'hui, la plus grande partie de ce qui est connu ou avancé en matière d'héritabilité repose sur la ressemblance phénotypique entre individus apparentés, en particulier en génétique humaine, nous aborderons le problème de l'héritabilité en analysant la ressemblance phénotypique.

La ressemblance phénotypique entre individus apparentés

Chez des organismes expérimentaux, il n'y a pas de problème pour distinguer les ressemblances génétiques, des ressemblances environnementales. La descendance d'une bonne vache laitière et celle d'une mauvaise vache laitière peuvent être élevées dans le même milieu pour déterminer si, malgré l'identité du milieu, chacune d'entre elles ressemble à sa mère. Dans les populations naturelles et particulièrement chez l'homme, ce type d'étude est difficile à réaliser. En raison de la nature des sociétés humaines, les membres d'une même famille partagent non seulement les mêmes gènes, mais vivent également dans des environnements similaires. Par conséquent, l'observation d'une simple similitude familiale de phénotype ne peut pas toujours s'interpréter génétiquement. En général, les gens qui parlent hongrois sont nés de parents parlant hongrois, et les gens qui parlent japonais, de parents parlant japonais. Toutefois, l'expérience d'une immigration massive vers l'Amérique du Nord a démontré que les différences de langues, quoique familiales, ne sont pas génétiques. Les corrélations les plus marquées entre parents et enfants du point de vue de n'importe quel caractère sociologique concernent l'appartenance aux partis politiques et les croyances religieuses, mais ces caractéristiques ne sont pas héréditaires. La distinction entre parenté et hérédité n'est cependant pas toujours aussi évidente. La Commission de Santé Publique qui étudia originellement la pellagre, une maladie causée par une carence vitaminique, dans le sud des États-Unis en 1910, conclut que son origine était génétique parce qu'elle touchait des familles entières! On sait désormais que la pellagre est fréquente dans les populations du sud des États-Unis en raison d'un régime alimentaire pauvre.

Déterminer si un caractère humain est héritable ou non doit se baser sur des cas d'adoption pour éviter la similitude de milieu fréquemment rencontrée chez les individus biologiquement apparentés. Les sujets d'expérience idéaux sont les jumeaux monozygotes (vrais jumeaux) élevés séparément, puisqu'ils sont génétiquement identiques mais évoluent dans des milieux différents. Lors de telles études d'adoption, il faut également se préoccuper du fait qu'aucune corrélation n'existe entre le milieu social de la famille adoptive et celui de la famille biologique, sinon les similitudes entre les environnements des jumeaux ne seront pas éliminées par l'adoption. Ces exigences ne sont que très rarement satisfaites, de sorte qu'en pratique, on ne sait quasiment jamais si les caractères quantitatifs familiaux sont également héritables.

La couleur de la peau est sans conteste héréditaire; il en est de même pour la taille à l'âge adulte, mais même pour des caractères tels que ceux-ci, nous devons être très prudents. Nous savons que la couleur de la peau est contrôlée par des gènes grâce à des études d'adoptions entre populations différentes et d'observations montrant que les descendants d'esclaves africains noirs étaient eux-mêmes noirs, même s'ils étaient nés et élevés en Amérique du Nord. Mais les différences de taille entre Japonais et Européens sont-elles dues à des gènes? Les enfants d'immigrants japonais, nés et élevés en Amérique du

Nord sont plus grands que leurs parents mais cependant plus petits que la moyenne des Nord-Américains, ce qui nous permettrait de conclure à une influence des différences génétiques. Toutefois, les Nippo-Américains de deuxième génération sont encore plus grands que leurs parents nés en Amérique. Il semble qu'une certaine influence culturelle et environnementale se ressente toujours chez la première génération née en Amérique du Nord. Nous ne sommes pas à même de dire avec certitude que des différences génétiques en rapport avec la taille distinguent les Nord-Américains d'origine japonaise, des Nord-Américains d'origine suédoise par exemple.

La personnalité, le tempérament, les aptitudes cognitives (y compris les valeurs de QI) ainsi que toute une gamme de comportements comme l'alcoolisme et de maladies mentales telles que la schizophrénie, ont fait l'objet d'études d'héritabilité dans des populations humaines. Un aspect familial (c'est-à-dire une similitude familiale) apparaît pour un grand nombre de ces caractères. Une corrélation positive a été mise en évidence entre les valeurs de QI des parents et celles de leurs enfants (la corrélation était d'environ 0,5 dans les familles d'Américains blancs), mais cette corrélation ne permet pas de distinguer le caractère familial de l'héritabilité. Pour cela, il faut que la corrélation entre parents et enfants due au milieu soit rompue ; c'est pourquoi les études portant sur les cas d'adoption sont très répandues. Du fait de la difficulté à répartir les milieux au hasard, même dans les cas d'adoption, les preuves d'héritabilité pour la personnalité humaine et les caractères liés au comportement demeurent sujet à caution malgré le nombre important d'études existantes. Les préjugés sur les causes des différences existant entre hommes sont monnaie courante et il en résulte que les critères utilisés dans les études qui tendent à prouver l'héritabilité du QI sont nettement plus vagues que par exemple, ceux employés dans les études portant sur le rendement des vaches laitières.

La Figure 20-10 résume la méthode classiquement utilisée pour tester l'héritabilité d'un caractère chez des organismes expérimentaux. Les individus appartenant aux deux extrêmes de la distribution phénotypique sont croisés avec leurs semblables et les descendances de ces croisements sont élevées dans le même milieu. Si une différence moyenne apparaît entre les deux groupes de descendants, on conclut que la différence phénotypique est héréditaire. La plupart des caractères morphologiques de la drosophile, par exemple, se révèlent héritables, mais ce n'est pas le cas de tous. Si des mouches dont les ailes droites sont légèrement plus longues que les ailes gauches sont croisées entre elles, leur descendance n'a pas davantage tendance à présenter un type à «ailes droites allongées» que la descendance provenant de mouches à «ailes gauches allongées». Comme nous le verrons, cette technique peut également être utilisée pour obtenir des informations de nature quantitative sur l'héritabilité.

> **MESSAGE** Chez les organismes expérimentaux, la ressemblance due à l'environnement peut souvent être distinguée de la ressemblance génétique (ou héritabilité). Chez l'homme en revanche, il est très difficile d'établir qu'un caractère donné est héritable.

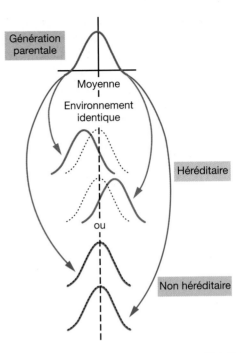

Figure 20-10 La méthode classique pour tester l'héritabilité chez des organismes expérimentaux. Les croisements sont réalisés dans deux populations d'individus sélectionnés à partir des extrémités de la distribution phénotypique dans la génération parentale. Si les distributions phénotypiques des deux groupes de descendants sont significativement différentes les unes des autres (courbes rouges), la différence de caractère est héritable. Si les deux distributions de descendants ressemblent à la distribution de la génération parentale (courbes bleues), la différence de phénotype n'est pas héritable.

20.7 Quantifier l'héritabilité

Si on a montré qu'un caractère présente une certaine héritabilité dans une population, il est alors possible de quantifier son degré d'héritabilité. Nous avons vu dans les Figures 20-5 et 20-6 que la variation entre les phénotypes d'une population a deux origines. En premier lieu, elle provient des différences moyennes entre les génotypes. En second lieu, chaque génotype présente une variation phénotypique due à la variation environnementale. La variance phénotypique totale de la population (s_p^2) peut dès lors être scindée en deux parties : la variance entre les moyennes génotypiques (s_g^2) et la variance restante (s_e^2). La première est appelée **variance génétique** et la seconde, **variance environnementale** ; cependant comme nous le verrons, ces dénominations sont trompeuses. En outre, la décomposition de la variance phénotypique en variances environnementale et génétique exclut la possibilité d'une certaine covariance entre le génotype et le milieu. Supposons par exemple (en fait, nous n'en savons rien) qu'il existe des gènes déterminant une aptitude musicale chez l'homme. Les parents possédant de tels gènes pourraient eux-mêmes être musiciens, ce qui déterminerait un milieu musical pour leurs enfants, qui posséderaient à la fois les gènes et un environnement encourageant les performances musicales. Il en résulterait une augmentation de la variance de l'aptitude musicale qui serait supérieure à celle observée en l'absence d'effet de l'environnement parental sur les enfants. Si le phénotype est la somme d'un effet des gènes et de l'environnement, $p = g + e$, alors d'après la formule de la page 672, la variance du phénotype est la somme de la variance génétique, de la variance environnementale et du double de la covariance entre les effets génotypiques et environnementaux.

$$s_p^2 = s_g^2 + s_e^2 + 2 \text{ cov } ge$$

Si les génotypes ne se répartissent pas au hasard dans les environnements représentés mais que l'on n'en tient pas compte, on observera une certaine covariance entre les valeurs des génotypes et de l'environnement, et la covariance sera masquée au sein des variances génétique et environnementale.

La mesure quantitative de l'héritabilité d'un caractère est la contribution de la variance génétique à la variance phénotypique totale :

$$H^2 = \frac{s_g^2}{s_p^2} = \frac{s_g^2}{s_g^2 + s_e^2}$$

Ainsi défini, **H²** est appelé l'**héritabilité au sens large** du caractère.

Nous devons souligner que cette mesure de «l'influence génétique» nous indique quelle proportion de la *variation* des phénotypes dans la population peut être attribuée à la *variation* des génotypes. Elle ne nous dit cependant pas quelle proportion du phénotype d'un *individu* peut être attribuée respectivement à son génotype et à son environnement. Cette dernière distinction n'est pas très raisonnable. En effet, le phénotype d'un individu est la conséquence de l'interaction de ses gènes avec la succession d'environnements dans lesquels il est amené à vivre. Il serait stupide de déclarer que vous devez 150 cm de votre taille à vos gènes et 25 cm à votre environnement. Toutes les estimations de «l'importance» des gènes sont établies en fonction de la proportion de la variance phénotypique imputable à leur variation. Cette approche est une application spécifique de la technique plus générale de l'**analyse de la variance**, qui permet d'apprécier la contribution relative de diverses causes. La méthode fut en fait inventée pour traiter des expériences dans lesquelles différents facteurs génétiques et environnementaux influençaient la croissance de plantes. (Pour une étude approfondie mais accessible de l'analyse de la variance écrite pour des biologistes, se reporter à R. Sokal & J. Rohlf, *Biometry*, 3e éd., W. H. Freeman and Company, 1995.)

Les méthodes d'estimation de *H²*

L'héritabilité dans une population peut être estimée de plusieurs façons. La plus directe consiste à estimer la variation environnementale dans la population, s_e^2 en établissant une série de lignées homozygotes, en les croisant deux à deux pour obtenir des individus hétérozygotes typiques de la population et en mesurant la variance phénotypique *associée à chaque génotype hétérozygote*. Puisque tous les individus

d'un groupe possèdent le même génotype et puisque de ce fait il n'y a pas de variance génétique au sein de ces groupes, ces variances fournissent (en moyenne) une estimation de s_e^2. Cette valeur peut alors être soustraite de celle de s_p^2 dans la population d'origine pour donner s_g^2. Par cette méthode, toute covariance existant entre génotype et environnement dans la population de départ est cachée dans l'estimation de la variance génétique et l'amplifie. Ainsi par exemple, si des individus possédant des génotypes qui les rendent plus grands que la moyenne dans des environnements choisis au hasard reçoivent également une meilleure alimentation que des individus dont les génotypes les rendent plus petits que la moyenne, alors la différence de taille observée entre les deux groupes sera accentuée.

D'autres façons d'estimer la variance génétique se basent sur les ressemblances génétiques entre individus apparentés. Sur la base des principes mendéliens simples, nous pouvons voir que la moitié des allèles chez des enfants de mêmes parents sont (en moyenne) identiques. Pour des raisons de simplicité, nous pouvons désigner de manière différente les allèles d'un locus, présents respectivement chez l'un des parents, par exemple, A_1/A_2 et A_3/A_4. La probabilité que l'aîné des enfants reçoive A_1 de son père est de 1/2, de même pour le cadet. Les deux enfants ont donc une probabilité de $1/2 \times 1/2 = 1/4$ de porter tous deux A_1. D'autre part, ils pourraient tous deux avoir reçu l'allèle A_2 de leur père. Une fois encore, la probabilité d'avoir reçu cet allèle de leur père est de 1/4. Dès lors, la probabilité que les deux enfants aient reçu le même allèle (A_1 ou A_2) de leur père est de $1/4 + 1/4 = 1/2$. L'autre moitié du temps, l'un des enfants reçoit A_1 alors que l'autre reçoit A_2. Ainsi, en ce qui concerne les allèles hérités du père, les enfants d'une même fratrie ont 50 % de chances de porter le même allèle. Le même raisonnement s'applique aux allèles d'origine maternelle. En faisant la moyenne des allèles d'origine maternelle et paternelle $[(1/2 + 1/2)/2 = 1/2]$, on s'aperçoit que la moitié des allèles de ces enfants sont identiques. Leur **corrélation génétique**, qui est égale à la probabilité de porter le même allèle, est de 1/2 ou 0,5.

Si nous transposons ce raisonnement à des individus de même père mais de mères différentes – des demi-frères ou des demi-sœurs – nous obtenons des résultats différents. Une fois encore, les deux enfants ont une probabilité de 50 % de recevoir un allèle identique de leur père, mais cette fois ils ne pourront recevoir le même allèle de leurs mères, car celles-ci sont différentes. En établissant la moyenne des allèles d'origine paternelle et maternelle, on obtient une probabilité de $(1/2 + 0)/2 = 1/4$ que ces demi-frères (ou demi-sœurs) portent le même allèle.

Nous pourrions être tentés d'utiliser la corrélation théorique existant entre personnes apparentées pour estimer H^2. Si la corrélation phénotypique observée entre frères et sœurs était de 0,4 par exemple et que sur une base purement génétique, nous attendions une corrélation de 0,5, alors l'héritabilité pourrait être estimée à 0,4/0,5 = 0,8. Cependant, une telle estimation ne tient pas compte du fait que les environnements des enfants issus de mêmes parents puissent être corrélés. À moins d'élever ces enfants dans des milieux indépendants, la valeur de H^2 serait surestimée et pourrait même dépasser 1 si la corrélation phénotypique observée était supérieure à 0,5.

Pour éviter ce problème, nous utilisons les *différences* entre les corrélations phénotypiques des diverses personnes apparentées. Par exemple, la différence de corrélation génétique entre des frères et sœurs et des demi-frères et demi-sœurs est 1/2 – 1/4 = 1/4. Comparons cela avec leurs **corrélations phénotypiques**. Si la ressemblance environnementale est la même pour des frères et sœurs que pour des demi-frères et des demi-sœurs – une condition très importante pour estimer l'héritabilité – alors les ressemblances environnementales s'annuleront si nous faisons la différence entre les corrélations des deux types de frères et sœurs. Cette différence de corrélation phénotypique sera alors proportionnelle au pourcentage de la variance d'origine génétique. Ainsi :

$$\begin{pmatrix} \text{corrélation génétique} \\ \text{entre frères et sœurs} \end{pmatrix} - \begin{pmatrix} \text{corrélation génétique entre} \\ \text{demi-frères et demi-sœurs} \end{pmatrix} = \tfrac{1}{4}$$

mais

$$\begin{pmatrix} \text{corrélation phéno-} \\ \text{typique entre} \\ \text{frères et sœurs} \end{pmatrix} - \begin{pmatrix} \text{corrélation phéno-} \\ \text{typique entre demi-frères} \\ \text{et demi-sœurs} \end{pmatrix} = H^2 \times \tfrac{1}{4}$$

une estimation de H^2 est donc :

$$H^2 = 4\left[\begin{pmatrix} \text{corrélation entre} \\ \text{frères et sœurs} \end{pmatrix} - \begin{pmatrix} \text{corrélation entre demi-} \\ \text{frères et demi-sœurs} \end{pmatrix}\right]$$

où la corrélation est ici la corrélation *phénotypique*.

Cette estimation, ainsi que celles basées sur des corrélations entre individus apparentés, dépend *fortement* de l'hypothèse selon laquelle les corrélations entre individus, dues à l'environnement, sont les mêmes pour tous les degrés de parenté – ce qui est rarement le cas. Des frères et sœurs sont généralement élevés par le même couple de parents tandis qu'il est probable que des demi-frères et demi-sœurs soient élevés seulement par leur parent commun. Si des parents plus proches vivent dans des milieux plus similaires, comme c'est le cas chez l'homme, ces estimations d'héritabilité seront faussées. Il est raisonnable de supposer que la plupart des corrélations environnementales entre parents sont positives : dans ce cas, les degrés d'héritabilité seraient surestimés. Toutefois, des corrélations négatives dues au milieu peuvent également exister. Par exemple, si les petits d'une même portée sont en compétition pour une nourriture fournie en faible quantité, des corrélations négatives en termes de taux de croissance pourraient être observées entre ces petits.

La différence de corrélation phénotypique entre jumeaux monozygotes et dizygotes est couramment utilisée en génétique humaine pour estimer l'héritabilité H^2 de caractères cognitifs ou de la personnalité. Dans ce cas, le problème du degré de similitude du milieu est crucial. Les jumeaux monozygotes (vrais jumeaux) sont généralement

traités de manière plus semblable que les jumeaux dizygotes (faux jumeaux). Les parents leur donnent très souvent un prénom similaire, les habillent de la même façon, les traitent de manière identique et en général, accentuent leur ressemblance. Il en résulte une surestimation de l'héritabilité.

La signification de H^2

L'attention donnée aux problèmes d'évaluation de l'héritabilité nous a détournés de la question plus fondamentale de la signification de ce rapport, lorsqu'il peut être estimé. Malgré son usage généralisé en tant que mesure de «l'importance» de l'influence des gènes sur un caractère, H^2 a en fait une signification particulière et limitée.

Deux conclusions peuvent être tirées des résultats d'une étude d'héritabilité bien menée. Premièrement, s'il s'agit d'un cas d'héritabilité non nulle, on peut conclure que dans la population concernée et dans les milieux au sein desquels les organismes se sont développés, des différences génétiques ont influencé la variation phénotypique entre individus, de sorte que le caractère est effectivement modifié par les différences génétiques. Cette constatation est importante et ouvre la voie à une étude plus approfondie du rôle des gènes.

Il est important de souligner que le contraire n'est pas vrai. Si aucune héritabilité n'est mise en évidence pour un caractère, cela ne signifie pas forcément que les gènes ne sont pas impliqués pour ce caractère, mais seulement que dans la population et l'environnement étudiés, il n'y a pas de variation génétique au niveau des locus impliqués ou que des génotypes différents ont le même phénotype. Dans d'autres populations ou d'autres milieux, le caractère pourrait être identifié comme héréditaire.

> **MESSAGE** L'héritabilité d'une différence de caractère est variable selon la population et l'ensemble des milieux dans lesquels celle-ci se développe ; il n'est donc pas permis d'extrapoler les résultats d'une population ou d'un milieu à l'autre.

De plus, nous devons faire la différence entre les *gènes* concernant un caractère et les *différences génétiques* qui se rapportent aux *différences* de ce caractère. Le phénomène naturel d'immigration en Amérique du Nord a prouvé que la capacité de prononcer les sons de l'anglo-américain, au lieu de ceux du français, du suédois ou du russe, n'est pas la conséquence de différences génétiques entre nos ancêtres immigrants. En revanche, sans les gènes appropriés, nous ne pourrions parler aucune langue.

Deuxièmement, la valeur de H^2 ne constitue qu'une prévision limitée des effets de la modification de l'environnement sur un caractère. Si toute la variation environnementale concernée est éliminée et que *le nouvel environnement constant est le même que le milieu moyen de la population de départ*, alors H^2 fournit une estimation de la valeur de la variation phénotypique encore présente. Par conséquent, si l'héritabilité des performances à un test de QI était par exemple de 0,4, on pourrait alors prédire que si tous les enfants vivaient dans les mêmes conditions sociales et développementales que «l'enfant moyen», environ 60 % de la variation des performances au test de QI disparaîtraient et 40 % persisteraient.

Cette prévision requiert expressément que le nouveau milieu constant se situe à la moyenne de la distribution de l'ancien milieu. Si l'environnement est déplacé vers l'une ou l'autre extrémité de la distribution environnementale présente dans la population pour laquelle on a déterminé H^2 ou si un nouvel environnement est introduit, aucune prévision n'est possible. Dans l'exemple des performances au test de QI, l'héritabilité ne nous donne aucune information sur les variations des performances de tous les enfants, si leur milieu social et le milieu dans lequel ils se développent étaient enrichis. Pour comprendre pourquoi il en est ainsi, nous devons revenir au concept de norme de réaction.

La scission de la variance phénotypique entre ses composantes génétique et environnementale, s^2_g et s^2_e, ne sépare pas réellement les causes génétiques de la variation, des causes environnementales. Considérons les résultats présentés dans la Figure 20-9b. Lorsque l'environnement est pauvre (un environnement d'une qualité de 50), la variété de maïs 2 a un rendement nettement supérieur à celui de la variété 1. C'est pourquoi une population composée d'un mélange des deux variétés devrait avoir un rendement avec une forte variance génétique dans cet environnement. Mais dans un environnement plus riche (chiffré à 75), il n'y a pas de différence de rendement entre les variétés 1 et 2. Une population mixte aurait donc un rendement sans variance génétique dans cet environnement. Ainsi, la variance *génétique* a été modifiée par un changement d'*environnement*. À l'inverse, la variété 2 est moins sensible à l'environnement que la variété 1, comme le montrent les pentes des deux courbes. De ce fait, une population composée majoritairement de la variété 2 présenterait une variance environnementale inférieure à celle d'une population constituée majoritairement de la variété 1. Dans ce cas, la variance *environnementale* dans la population est modifiée par un changement de la proportion des *génotypes*.

Par conséquent, connaître l'héritabilité d'une différence de caractère ne permet pas de prédire de quelle façon la distribution de la variation de ce caractère sera modifiée si les fréquences des génotypes ou celles des facteurs environnementaux changent de façon marquée. Ainsi, pour l'exemple de la performance au test de QI, savoir que l'héritabilité est de 0,4 dans un environnement ne nous permet pas de prédire la façon dont la performance au test de QI variera d'un enfant à l'autre dans un environnement différent.

> **MESSAGE** Une héritabilité élevée ne signifie pas que le caractère concerné n'est pas influencé par l'environnement. Comme le génotype et le milieu interagissent pour modeler un phénotype, aucune décomposition de la variation en ses composantes génétique et environnementale ne permet de différencier l'origine de cette variation.

Tout ce que signifie une héritabilité élevée se résume à ce que, pour chaque génotype, dans une population donnée qui se développe dans la gamme de milieux au sein desquels l'héritabilité a été mesurée, les différences moyennes entre génotypes sont grandes comparées à la variation due au milieu. Si l'environnement est modifié, des différences phénotypiques importantes peuvent apparaître.

L'exemple sans doute le plus célèbre de l'emploi abusif d'arguments fondés sur l'héritabilité concerne l'homme, les valeurs de QI et de la réussite sociale. De nombreuses études ont été réalisées sur l'hérédité de la performance au test de QI avec l'idée que dans le cas d'une hérédité élevée, les différents programmes éducatifs conçus pour accroître les performances individuelles sont une perte de temps. L'argument est le suivant: si un caractère présente une héritabilité élevée, il ne peut être modifié fortement par des changements environnementaux. Mais, indépendamment de la valeur correcte de H^2 pour les performances aux tests de QI, la véritable erreur de cet argument réside dans son assimilation d'une héritabilité élevée à l'absence de possibilité de changement. En fait, l'héritabilité du QI n'a *rien à voir* avec la question du degré possible de changement.

Pour nous en convaincre, considérons les résultats habituels des études de QI sur des enfants séparés dès leur plus jeune âge de leurs parents biologiques et élevés par leurs parents adoptifs. Bien que les résultats puissent varier quantitativement d'une étude à l'autre, trois caractéristiques communes s'en dégagent. Premièrement, puisque les parents adoptifs viennent généralement d'une population ayant reçu une meilleure éducation que celle des parents biologiques, ils ont le plus souvent des QI plus élevés que ceux des parents biologiques. Deuxièmement, les enfants adoptés ont des QI plus élevés que leurs parents biologiques. Troisièmement, les enfants adoptés présentent une corrélation de leurs valeurs de QI supérieure avec leurs parents biologiques qu'avec leurs parents adoptifs. Le tableau suivant regroupe des valeurs imaginaires de QI pour illustrer ces concepts. Les valeurs attribuées aux parents sont censées être la moyenne des valeurs du père et de la mère.

Enfants	Parents biologiques	Parents adoptifs
110	90	118
112	92	114
114	94	110
116	96	120
118	98	112
120	100	116
Moyenne 115	95	115

Nous remarquons tout d'abord que les scores des enfants présentent une corrélation élevée avec ceux de leurs parents biologiques et une corrélation faible avec ceux de leurs parents adoptifs. En effet, dans notre exemple hypothétique, la corrélation enfants-parents biologiques est $r = 1,00$ et celle enfants-parents adoptifs est $r = 0$. (Rappelons que la corrélation entre deux séries de nombres ne signifie pas que ces deux séries sont identiques mais qu'à toute augmentation d'une unité dans une série correspond une augmentation proportionnelle constante dans l'autre – voir l'Appendice statistique sur l'analyse statistique à la fin de ce chapitre.) Cette corrélation parfaite avec les parents biologiques et la corrélation nulle avec les parents adoptifs signifient que $H^2 = 1$, d'après les arguments développés précédemment. L'ensemble de la variation des scores de QI entre les enfants s'explique par la variation dans le score de QI parmi les parents biologiques qui n'ont eu aucune influence sur les environnements de leurs enfants.

Deuxièmement, il apparaît que le score de chacun des enfants aux tests de QI est supérieur de 20 points à ceux de leurs parents biologiques respectifs et que la moyenne des QI des enfants est égale à la moyenne des QI des parents adoptifs. L'adoption a donc eu pour effet d'augmenter la moyenne des QI des enfants de 20 points par rapport au QI moyen de leurs parents biologiques, de telle sorte qu'en tant que *groupe*, les enfants ressemblent à leurs parents adoptifs. Il y a donc une héritabilité parfaite accompagnée d'une plasticité élevée en réponse aux modifications environnementales.

Un chercheur sérieusement intéressé par la façon dont les gènes peuvent limiter ou influencer le développement d'un caractère chez un organisme, doit étudier directement les normes de réaction des différents génotypes de la population dans une gamme d'environnements. Se contenter de données moins précises serait vain. Des mesures sommaires telles que H^2 ne sont pas valables en elles-mêmes.

> **MESSAGE** L'héritabilité ne s'oppose pas à la plasticité des phénotypes. Un caractère peut présenter une héritabilité parfaite dans une population et cependant faire l'objet de modifications importantes dues à des variations du milieu.

L'héritabilité au sens strict

La connaissance de l'héritabilité au sens large (H^2) d'un caractère dans une population n'est pas très utile en elle-même, mais une subdivision plus fine de la variance phénotypique peut fournir des informations importantes aux agronomes et aux éleveurs. La variance génétique peut elle-même être subdivisée en deux composantes pour fournir des informations sur l'action des gènes et les possibilités de modeler la constitution génétique d'une population.

Notre discussion préalable sur l'action des gènes suggère que les phénotypes des homozygotes et des hétérozygotes doivent avoir une relation simple. Si l'un des allèles codait un produit de gène moins actif ou entièrement dépourvu d'activité et si l'autre unité du produit du gène était suffisante pour permettre l'activité physiologique intégrale chez l'organisme, on s'attendrait à une dominance complète d'un allèle sur l'autre, comme l'observa Mendel pour la couleur des fleurs de pois. Si, à l'inverse, l'activité physiologique était proportionnelle à la quantité de produit actif de gène, on s'attendrait à ce que le phénotype de l'hétérozygote soit exactement intermédiaire entre les phénotypes des deux homozygotes (absence de dominance).

Pour de nombreux caractères quantitatifs cependant, aucun de ces cas simples ne fait office de règle. En général, les hétérozygotes ne sont pas exactement intermédiaires entre les deux homozygotes mais sont plus proches de l'un ou de l'autre (présentent une dominance partielle), même s'il y a un mélange égal des produits primaires des deux allèles chez l'hétérozygote. Supposons que deux allèles, a et A ségrégent au niveau d'un locus influençant la taille. Dans les environnements dans lesquels vit la population, les phénotypes moyens (tailles) et les fréquences des trois génotypes pourraient être :

	a/a	A/a	A/A
Phénotype	10	18	20
Fréquence	0,36	0,48	0,16

La population présente une variance génétique ; les moyennes phénotypiques des trois classes génotypiques sont différentes. Une partie de la variance apparaît en raison d'un effet moyen sur le phénotype, dû au remplacement de l'allèle a par l'allèle A ; c'est-à-dire que la taille moyenne de tous les individus possédant des allèles A est plus élevée que celle de tous les individus possédant des allèles a. En définissant l'effet moyen d'un allèle comme le phénotype moyen de tous les individus qui le portent, nous rendons nécessairement l'effet moyen de l'allèle, dépendant des fréquences des génotypes.

L'effet moyen est calculé simplement en comptant les allèles a et A et en multipliant leur nombre par les tailles des individus chez lesquels ils apparaissent. Ainsi, 36 % de tous les individus sont homozygotes a/a, chaque individu a/a possède deux allèles a et la taille moyenne de ces individus est de 10 cm. Les hétérozygotes constituent 48 % de la population, chacun possède un allèle a et la mesure phénotypique moyenne de ces individus est de 18 cm. Le « nombre » total d'allèles a est de 2 (0,36) + 1 (0,48). Par conséquent, l'effet moyen de tous les allèles a est :

$$\bar{a} = \text{effet moyen de } a = \frac{2(0,36)(10) + 1(0,48)(18)}{2(0,36) + 1(0,48)}$$

$$= 13,20 \text{ cm}$$

De même

$$\bar{A} = \text{effet moyen de } A = \frac{2(0,16)(20) + 1(0,48)(18)}{2(0,16) + 1(0,48)}$$

$$= 18,80 \text{ cm}$$

La différence moyenne d'effet entre les allèles A et a, l'**effet additif**, est de 5,60 cm et peut expliquer une partie de la variance phénotypique, mais pas sa totalité. L'hétérozygote n'est pas exactement intermédiaire entre les homozygotes ; il y a une certaine dominance.

Nous aimerions séparer l'effet additif dû au remplacement des allèles *A* par les allèles *a*, de la variation due à la dominance, ceci parce que l'effet de l'amélioration sélective dépend de la variation additive et non de la variation due à la dominance. Par conséquent, pour l'amélioration des espèces animales et végétales ou pour établir des prédictions quant à l'évolution par la sélection naturelle, nous devons déterminer la variation additive. Un exemple extrême va nous permettre d'illustrer ce principe. Supposons que la taille de la plante soit influencée par la variation dans un gène et que les moyennes phénotypiques et les fréquences de trois génotypes soient :

	A/A	*A/a*	*a/a*
Phénotype	10	12	10
Fréquence	0,25	0,50	0,25

Il apparaît (et un calcul similaire au précédent le confirmerait) qu'il n'y a pas de différence moyenne entre les allèles *a* et *A*, car chacun a un effet de 11 unités. Il n'y a donc pas de variation *additive*, même si à l'évidence, il y a une variation génétique car il y a une variation phénotypique entre les génotypes. Les plantes les plus grandes sont hétérozygotes. Si un sélectionneur essaie d'augmenter la taille de cette population par amélioration sélective, le croisement de ces hétérozygotes reconstituera simplement la population d'origine. La sélection sera dans ce cas totalement inefficace. Cet exemple illustre la règle générale selon laquelle l'effet de la sélection dépend de la variation génétique *additive* et non de la variation génétique en général.

La variance génétique totale dans une population peut se subdiviser en deux composantes : la **variation génétique additive** (s_a^2), la variance qui apparaît parce qu'il existe une différence moyenne entre les porteurs des allèles *a* et les porteurs des allèles *A*, et la **variance due à la dominance** (s_d^2), qui résulte du fait que les hétérozygotes ne sont pas exactement intermédiaires entre les monozygotes. Par conséquent :

$$s_g^2 = s_a^2 + s_d^2$$

La variance phénotypique totale peut alors être écrite

$$s_p^2 = s_g^2 + s_e^2 = s_a^2 + s_d^2 + s_e^2$$

Nous allons définir un nouveau type d'héritabilité, l'**héritabilité au sens strict** (h^2), par :

$$h^2 = \frac{s_a^2}{s_p^2} = \frac{s_a^2}{s_a^2 + s_d^2 + s_e^2}$$

C'est cette héritabilité (à ne pas confondre avec H^2), qui sert à déterminer si un programme de sélection aboutira à un changement dans la population. Plus h^2 est élevée, plus la fraction de la différence entre les parents sélectionnés et la population dans son ensemble sera élevée. Cette différence sera maintenue dans la descendance des parents sélectionnés.

> **MESSAGE** L'effet de la sélection dépend de la part due à la variance génétique *additive* et non à la variance génétique en général. Il en résulte que c'est l'héritabilité au sens strict, h^2, et non l'héritabilité au sens large, H^2, qui permet de prédire la réponse à la sélection.

L'estimation des composantes de la variance génétique

Les différentes composantes de la variance génétique peuvent être estimées à partir de la covariance entre individus apparentés – le degré de corrélation entre les phénotypes des personnes apparentées considérées deux par deux – mais la façon d'obtenir ces estimations dépasse le cadre de ce livre. Il existe cependant une autre façon d'estimer l'héritabilité au sens strict, h^2, qui donne un aperçu de sa véritable signification. Si dans deux générations d'une population, on représente graphiquement le phénotype – disons la taille – des descendants en fonction du phénotype moyen de leurs deux parents (la **valeur du parent moyen**), on peut observer une relation du type illustré par la courbe rouge de la Figure 20-11. La droite de régression passe par la moyenne de la taille de tous les parents et la moyenne de la taille de tous les descendants, qui sont égales puisque aucun changement ne s'est produit dans la population d'une génération à l'autre. De plus, les parents de grande taille ont des enfants de grande taille et les parents de petite taille, des enfants de petite taille. La pente de la droite de régression est donc positive. Mais la

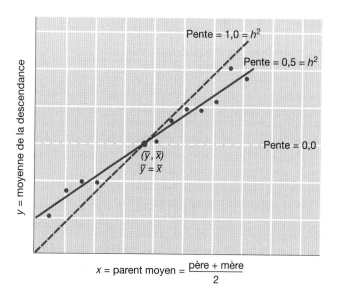

Figure 20-11 La droite de régression (droite rouge) des mesures chez les descendants (*y*) rapportées à la valeur du parent moyen (*x*) pour un caractère avec une héritabilité au sens strict (*h²*) de 0,5. La droite bleue serait la pente de la droite de régression si le caractère avait une héritabilité parfaite.

pente n'est pas égale à 1. En effet, des parents très petits ont généralement des enfants légèrement plus grands qu'eux et des parents très grands, des enfants légèrement plus petits qu'eux. Cette pente inférieure à 1 de la droite de régression est due au fait que l'héritabilité est loin d'être parfaite. Si le phénotype était transmis de manière additive avec une fidélité parfaite, la taille des descendants serait identique à la valeur parentale moyenne; la pente de la droite serait alors égale à 1. À l'inverse, si les descendants ne présentaient aucune ressemblance avec leurs parents, tous les parents auraient une descendance de même taille moyenne et la pente de la droite serait égale à 0. Ce raisonnement suggère que la pente de la droite de régression de la valeur des descendants en fonction de la valeur moyenne des parents constitue une estimation de l'héritabilité additive. En fait, une démonstration mathématique montre que la pente de la droite de régression est une estimation correcte de h^2.

Le fait que la pente de la droite de régression permette d'estimer l'héritabilité additive nous permet d'utiliser h^2 pour prévoir les effets de la sélection artificielle. Supposons que nous choisissions comme parents de la génération suivante, ceux qui sont en moyenne 2 unités de valeur au-dessus de la moyenne générale de la population au sein de laquelle ils ont été choisis. Si $h^2 = 0{,}5$, alors la descendance de ces parents sélectionnés se situera 0,5 (2,0) = 1,0 unité au-dessus de la moyenne de la population parentale, car la pente de la droite de régression prédit l'augmentation de y due à une augmentation de x d'une unité. Nous pouvons définir la **différentielle de sélection** comme l'écart entre les parents sélectionnés et la moyenne de la population entière dans leur génération, et la **réponse à la sélection** comme l'écart entre les descendants des parents sélectionnés et la moyenne de la génération parentale. Ainsi

réponse à la sélection = h^2 × différentielle de sélection

ou

$$h^2 = \frac{\text{réponse à la sélection}}{\text{différentielle de sélection}}$$

La seconde expression nous donne un moyen supplémentaire pour estimer h^2: en réalisant une amélioration sélective des individus pendant une génération et en comparant la réponse à la sélection avec l'écart de sélection. Le plus souvent, ce processus se fait pendant plusieurs générations en utilisant le même écart de sélection, et en se servant de la réponse moyenne comme estimation de h^2.

Rappelez-vous que toute estimation de h^2, comme pour H^2, repose sur l'hypothèse d'une absence de corrélation entre la similitude des environnements des individus et la similitude de leurs génotypes. De plus, h^2 dans une population et dans une gamme donnée de milieux ne sera pas identique à la valeur de h^2 dans une population différente. Pour illustrer ce principe, la Figure 20-12 présente la gamme d'héritabilité au sens strict, établie d'après des études différentes portant sur un grand nombre de caractères chez le poulet. Il existe des différences importantes d'une étude à

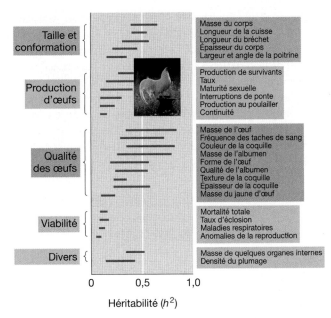

Figure 20-12 La gamme des héritabilités (h^2) pour une série de caractères chez le poulet. [D'après I. M. Lerner et W.J. Libby, *Heredity, Evolution and Society.* Copyright 1976 par W.H. Freeman and Company. Photographie copyright par Kenneth Thomas/Photo Reasearchers.]

l'autre, pour la plupart des caractères pour lesquels une héritabilité appréciable a été constatée, sans doute parce que des populations distinctes ont des taux différents de variation génétique et que les multiples études ont été réalisées dans des environnements distincts. Par conséquent, les éleveurs qui veulent savoir si la sélection sera efficace en changeant certains caractères chez leurs poulets ne peuvent pas compter sur les héritabilités calculées dans d'autres études et doivent donc estimer l'héritabilité dans la population concernée et dans l'environnement dans lequel le programme de sélection est réalisé.

La sélection artificielle

Une étude de grande ampleur a démontré l'efficacité de la sélection artificielle pour modifier les phénotypes dans une population. On a par exemple réussi à augmenter la production de lait chez des animaux et la résistance à la rouille chez le blé. Des expériences de sélection en laboratoire ont permis d'introduire des changements importants dans la physiologie et la morphologie de nombreux organismes y compris des micro-organismes, des végétaux et des animaux. L'analyse de ces expériences en termes de fréquences alléliques n'est pas possible puisque aucun locus individuel n'a été identifié ni suivi. Néanmoins, il est clair que des changements génétiques se sont produits parce que ces populations ont conservé les nouvelles caractéristiques même après la sélection. La Figure 20-13 donne en exemple les variations importantes du nombre moyen de soies, au cours d'une expérience de sélection dans une population de *D. melanogaster*. La Figure 20-14 présente une augmentation

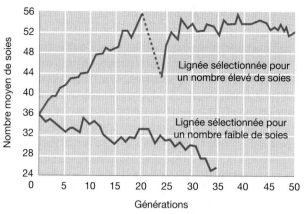

Figure 20-13 Les conséquences de la sélection sur le nombre de soies. Les changements du nombre moyen de soies, obtenus dans deux populations de laboratoire de *Drosophila melanogaster*, par sélection artificielle pour un nombre élevé de soies dans l'une des populations et pour un nombre faible de soies dans l'autre. Le segment en pointillés correspond à une période couvrant cinq générations durant lesquelles aucune sélection n'a été exercée. [D'après K. Mather et B. J. Harrison, «The Manifold Effects of Selection», *Heredity*, 3, 1949, 1.]

du nombre d'œufs pondus par poule à la suite de 30 ans de sélection.

La technique habituelle de sélection pour un caractère présentant une variation continue est la **sélection par troncature**. Les individus d'une génération donnée sont regroupés (sans tenir compte de leur appartenance familiale), un échantillon est mesuré, et seuls les individus au-delà (ou en deçà) d'une valeur phénotypique établie (le point de troncature) sont choisis comme parents pour la génération suivante.

La mise en œuvre de programmes de sélection artificielle montre souvent que plus la population évolue vers des valeurs extrêmes, plus sa viabilité et sa fertilité diminuent. Il en résulte que la sélection ne peut plus enregistrer de progrès, malgré la variance génétique additive présente pour le caractère, puisque les individus sélectionnés ne se reproduisent pas. La perte de

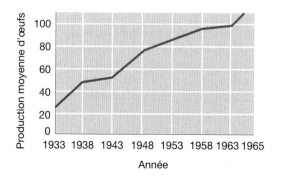

Figure 20-14 Les conséquences de la sélection sur le nombre d'œufs pondus. L'évolution de la production moyenne d'œufs dans une population de poules sélectionnées pour l'accroissement du taux de ponte sur une période de 30 ans. [D'après I. M. Lerner et W. J. Libby, *Heredity, Evolution and Society*, 2ᵉ éd. Copyright 1976 par W.H. Freeman and Company. Données aimablement communiquées par D.C. Lowry.]

valeur adaptative peut être une conséquence phénotypique directe des gènes en rapport avec le caractère sélectionné, auquel cas rien de plus ne peut être fait pour améliorer la population. Souvent cependant, la perte de valeur adaptative est associée non aux gènes impliqués dans la sélection mais à des gènes de stérilité liés aux locus sélectionnés. Dans de tels cas, on laisse un certain nombre de générations sans sélection jusqu'à ce que des recombinants se forment par hasard, ce qui libère les gènes impliqués dans la sélection de leur association à la stérilité. La sélection peut alors être poursuivie, comme pour la lignée sélectionnée du haut de la Figure 20-13.

Nous devons être très prudents dans l'interprétation des programmes à long terme d'amélioration en agriculture. Actuellement, des innovations dans les techniques de culture, l'outillage, les engrais, les insecticides, les herbicides, etc. sont introduites parallèlement à la production de variétés génétiquement améliorées. Les augmentations des rendements moyens sont la conséquence de tous ces changements. Par exemple, le rendement moyen du maïs aux États-Unis a doublé entre 1940 et 1970. Mais des expériences comparatives des nouvelles et anciennes variétés de maïs dans des milieux similaires ont montré que seulement la moitié de ces augmentations pouvait être attribuée aux variétés nouvelles de maïs (l'autre moitié provenant de l'amélioration des techniques de culture). En outre, les variétés nouvelles se montrent supérieures aux anciennes seulement aux hautes densités de semis utilisées en agriculture moderne et pour lesquelles elles avaient été sélectionnées.

L'utilisation de h^2 pour l'amélioration des espèces

Même si h^2 est un nombre qui ne s'applique qu'à une population particulière et à une gamme donnée d'environnements, son importance pratique est grande pour les éleveurs. Un généticien travaillant sur les volailles et désireux d'augmenter leur taux de croissance ne s'intéresse pas à la variance génétique de toutes les basses-cours et distributions environnementales possibles. Pour une population donnée (ou un groupe limité de populations choisies), dans des conditions de milieu qui reflètent celles utilisées pour l'élevage, la question qui se pose est : Est-il possible de concevoir un schéma de sélection permettant d'augmenter la vitesse de croissance et si oui, à quelle vitesse cette augmentation peut-elle avoir lieu? Si un groupe présente une variance génétique élevée pour le taux de croissance et un autre une variance très faible, l'éleveur choisira le premier groupe pour sa sélection. Si l'héritabilité du groupe choisi est très élevée, alors la moyenne de la population répondra rapidement à la pression de sélection imposée, puisque la majeure partie de la supériorité des parents choisis se traduira dans la descendance. Plus h^2 est élevée, plus la corrélation parent-enfant sera élevée elle aussi. À l'inverse, si h^2 est faible, une faible fraction de la supériorité des parents sélectionnés se retrouvera à la génération suivante.

Si h^2 est très faible, un schéma alternatif de sélection ou d'élevage peut être envisagé. Dans ce cas, l'association de H^2 et de h^2 peut être utile au sélectionneur. Supposons que H^2 et h^2 soient toutes deux faibles. Ceci signifie qu'une forte proportion de la variance due au milieu est grande par rapport à la variance génétique. Il faut trouver un moyen de réduire s_e^2. On peut modifier les conditions d'élevage pour abaisser la variance due au milieu ou bien utiliser la **sélection familiale**. Plutôt que de sélectionner les meilleurs individus, le sélectionneur laisse divers couples engendrer plusieurs descendances et en sélectionne certains pour produire la génération suivante, d'après la performance moyenne des descendances. Le calcul d'une moyenne à partir de leurs descendances permet d'éliminer les fluctuations incontrôlées dues au milieu ou au développement et offre une meilleure estimation de la différence génotypique entre couples. Cela permet de choisir les meilleurs couples comme parents de la génération ultérieure.

Si par contre, h^2 est faible mais H^2 élevée, cela signifie que la variance environnementale est minime. Une h^2 faible est le résultat d'une faible proportion de variance génétique additive, comparée à la variance due à la dominance. Une telle situation exige l'application de schémas particuliers de sélection, basés sur la variance non additive. Une telle technique, largement utilisée pour le maïs, est appelée **méthode des hybrides contrôlés**. Cette technique est quasiment universelle pour le maïs. Un grand nombre de lignées pures sont produites par autofécondation. Ces lignées pures sont alors croisées entre elles suivant de nombreuses combinaisons différentes (toutes les combinaisons possibles, si cela se justifie économiquement) et l'on choisit le croisement produisant le meilleur hybride. De nouvelles lignées pures sont alors produites à partir du meilleur hybride et des croisements sont à nouveau réalisés pour déceler le meilleur hybride de ce second cycle. On continue ce processus cycle après cycle. Ce schéma sélectionne non seulement les effets additifs, mais également les effets de dominance, parce qu'il sélectionne les meilleurs hétérozygotes comme parents du cycle suivant. Il a permis de réaliser les progrès génétiques marquants du rendement du maïs hybride en Amérique du Nord depuis 1930. Le rendement du maïs ne semble cependant pas dépendre fortement de la variance génétique non additive, c'est pourquoi on peut se demander si cette technique a *effectivement* permis de créer des variétés plus productives que celles qui auraient résulté d'années de sélection par des techniques simples, basées sur la variance additive.

La méthode des hybrides contrôlés a également été introduite dans la sélection de nombreuses espèces d'animaux et de plantes. Les tomates et les poulets par exemple sont à l'heure actuelle pratiquement tous des hybrides. Des tentatives de sélection de blés hybrides sont également en cours, mais jusqu'à présent les performances de ces hybrides ne sont pas significativement meilleures que celles des variétés non hybrides utilisées actuellement.

> **MESSAGE** La distinction entre la variation génétique et la variation environnementale fournit des informations importantes sur le mode d'action des gènes, qui peuvent être utilisées pour la sélection d'espèces animales ou végétales.

20.8 Localiser les gènes

Il est impossible d'identifier tous les gènes qui influencent le développement d'un caractère donné en utilisant uniquement des techniques génétiques. Dans une population donnée, seul un sous-groupe des gènes impliqués dans le développement d'un caractère particulier présentera une variabilité génétique. C'est pourquoi une partie seulement de la variation possible sera observée. Ceci se vérifie même pour des gènes qui déterminent des caractères qualitatifs simples – par exemple, les gènes spécifiant la constitution antigénique de la membrane du globule rouge chez l'homme. On connaît actuellement environ 40 locus impliqués dans la détermination des groupes sanguins chez l'homme ; chacun d'entre eux a été découvert grâce à l'identification d'au moins une personne dont la spécificité immunologique différait de celle des autres. De nombreux autres locus participant à la détermination de la structure de la membrane des globules rouges peuvent rester inconnus, si dans l'ensemble étudié les individus sont génétiquement identiques. L'analyse *génétique* ne détecte les gènes que s'ils présentent une variation allélique. À l'inverse, l'analyse *moléculaire* porte directement sur l'ADN et sur l'information traduite, ce qui permet d'identifier des gènes à des segments d'ADN codant certains produits, même s'ils ne varient pas – pour autant que les produits des gènes puissent être caractérisés.

Même si un caractère présente une variation phénotypique continue, l'origine génétique des différences peut être une variation allélique au niveau d'un locus unique. La plupart des mutations classiques chez la drosophile ont une expression phénotypiquement variable, et dans de nombreux cas, la classe mutante se différencie peu du type sauvage, de sorte que de nombreuses mouches porteuses de la mutation ne se distinguent pas des mouches normales. Même les gènes du complexe *bithorax*, qui donnent lieu à des mutations homéotiques à effets marqués comme la conversion des haltères (balanciers) en ailes (voir Figure 18-24), présentent également des formes alléliques à effets réduits, qui n'augmentent la taille des haltères que faiblement en moyenne, de sorte que certains génotypes mutants peuvent ressembler au type sauvage.

On peut parfois utiliser des éléments connus de la biochimie et du développement d'un organisme pour deviner que la variation au niveau d'un locus donné est responsable d'au moins une partie de la variation d'un caractère donné. Ce locus devient alors un **gène candidat** dans le cadre de l'étude de la variation phénotypique continue. La variation de l'activité de la phosphatase acide dans les globules rouges humains a été étudiée de cette façon. Puisqu'il s'agit d'une variation d'activité enzymatique, une hypothèse plausible serait d'envisager une variation allélique au niveau du locus qui code cette enzyme. L'examen d'une population anglaise par H. Harris et D. Hopkinson leur permit de mettre en évidence trois formes alléliques *A*, *B* et *C*, codant des enzymes avec des activités différentes. Le Tableau 20-2 présente l'activité moyenne, la variance de cette activité et la fréquence des six génotypes dans la population. La Figure 20-15

TABLEAU 20-2 L'activité de la phosphatase acide dans les globules rouges pour différents génotypes dans la population anglaise.

Génotype	Activité moyenne	Variance de l'activité	Fréquence dans la population
A/A	122,4	282,4	0,13
A/B	153,9	229,3	0,43
B/B	188,3	380,3	0,36
A/C	183,8	392,0	0,03
B/C	212,3	533,6	0,05
C/C	240	—	0,002
Moyenne générale	166,0	310,7	
Distribution totale	166,0	607,8	

Note: les moyennes sont pondérées par les fréquences des génotypes dans la population.
Source: H. Harris, *The Principles of Human Biochemical Genetics*, 3ᵉ éd. North-Holland, 1980.

montre la distribution de l'activité dans l'ensemble de la population et la façon dont elle se répartit entre les différents génotypes. Le Tableau 20-2 indique qu'en moyenne la moitié de la variance de l'activité dans la distribution totale (607,8) s'explique par la variance moyenne entre les génotypes (310,7), et l'autre moitié (607,8 – 310,7 = 297,1) par la variance entre les moyennes des six génotypes. Bien qu'une grande partie de la variation de l'activité s'explique par les différences moyennes entre les génotypes, il reste au sein de chaque génotype une variation qui peut être le résultat d'influences du milieu ou de la ségrégation d'autres gènes restant à découvrir.

En utilisant l'approche par les gènes candidats, on découvre souvent qu'une partie de la variation dans une population est attribuable à différents allèles d'un même locus, mais que la proportion de la variance associée à ce locus unique est en général inférieure à celle trouvée pour l'activité de la phosphatase acide. Par exemple, les trois allèles communs du gène *apoE* qui code l'apolipoprotéine E ne rendent compte que de 16 % environ de la variance du taux dans le sang des lipoprotéines de faible densité, qui transportent le cholestérol et sont impliquées dans les taux excessifs de cette molécule. Le reste de la variance est une conséquence d'une combinaison inconnue de la variation génétique au niveau d'autres locus et de la variation environnementale.

La ségrégation des gènes marqueurs

La plupart du temps, les gènes ségrégeant pour un caractère quantitatif – appelés **locus de caractères quantitatifs** ou **QTL** (*quantitative trait locus* en anglais) – ne peuvent être identifiés individuellement. Il est possible toutefois de localiser les régions du génome dans lesquelles se trouvent ces locus et d'estimer la proportion de la variation totale due à la variation des QTL dans chaque région. Cette analyse peut être effectuée chez des organismes expérimentaux en croisant deux lignées qui diffèrent notablement pour ce caractère quantitatif mais aussi pour des allèles de locus bien connus, les **gènes marqueurs**, grâce auxquels les multiples génotypes peuvent être distingués par des effets phénotypiques visibles, différents de ceux du caractère quantitatif (par exemple, la couleur des yeux chez la drosophile), ou par la mobilité électrophorétique des protéines qu'ils codent, ou encore par la séquence nucléotidique des gènes eux-mêmes. Une expérience classique consiste à croiser deux lignées qui diffèrent de façon marquée au niveau du caractère quantitatif ainsi que par leurs allèles marqueurs. Les membres de la F₁ résultant du croisement entre les deux lignées peuvent ensuite être croisés ensemble, pour créer une ségrégation en F₂, ou bien la F₁ peut subir un croisement en retour avec l'une des lignées parentales. Si des QTL sont étroitement liés à un gène marqueur, alors les différents génotypes marqueurs et les QTL seront transmis ensemble et les génotypes marqueurs différents dans la F₂ ou le croisement en retour

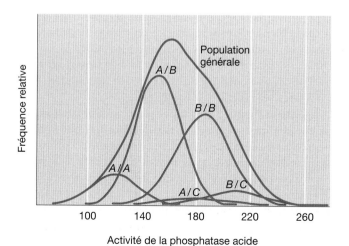

Figure 20-15 La distribution de l'activité enzymatique. L'activité de la phosphatase acide dans des globules rouges de différents génotypes (courbes rouges) et la distribution de l'activité dans une population anglaise constituée d'un mélange de ces génotypes (courbe verte). [H. Harris, *The Principles of Human Biochemical Genetics*, 3ᵉ éd. Copyright 1970, North-Holland.]

présenteront des phénotypes moyens distincts pour le caractère quantitatif.

L'analyse de la liaison quantitative

Pour localiser des QTL dans de petites régions chromosomiques, il faut disposer de locus marqueurs régulièrement répartis sur le chromosome. De plus, il est nécessaire de pouvoir créer des lignées parentales qui diffèrent l'une de l'autre par les allèles présents au niveau de ces locus marqueurs. Avec l'avènement des techniques moléculaires qui permettent de détecter le polymorphisme génétique au niveau de l'ADN, des densités très élevées de locus variants ont été découvertes le long des chromosomes, chez toutes les espèces. Les polymorphismes de longueur des fragments de restriction (RFLP), les répétitions en tandem et les polymorphismes de nucléotides uniques (SNP) dans l'ADN ont été particulièrement utiles. De tels polymorphismes sont si courants que n'importe quel doublet de lignées sélectionnées pour leur différence au niveau de caractères quantitatifs, présentera avec une quasi-certitude des différences pour des marqueurs moléculaires connus, séparés par une très courte distance les uns des autres le long de chaque chromosome.

La Figure 20-16 décrit un protocole expérimental utilisé pour localiser les gènes. Ce protocole utilise des groupes d'individus qui présentent une différence marquée pour des caractères quantitatifs ainsi que pour des locus marqueurs. Ces groupes peuvent être créés par une sélection divergente pendant plusieurs générations successives pour obtenir des lignées extrêmes. On peut également utiliser des variétés existantes ou des groupes familiaux qui diffèrent notable-

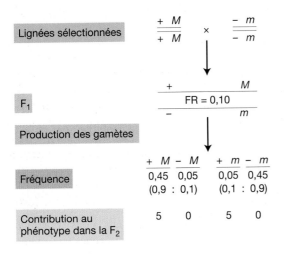

Effet phénotypique moyen de la classe M = 5 (0,9) + 0 (0,1) = 4,5
Effet phénotypique moyen de la classe m = 5 (0,1) + 0 (0,9) = 0,5
Différence entre les gamètes portant M et les gamètes portant m = 4,5 − 0,5 = 4
Différence entre la moyenne des homozygotes M/M de la F_2 et la moyenne des homozygotes m/m de la F_2 = 8

Figure 20-16 Les résultats d'un croisement entre deux lignées sélectionnées qui diffèrent au niveau d'un QTL et d'un marqueur moléculaire situé à 10 unités de crossing-over du QTL. L'allèle + du QTL ajoute 5 unités au phénotype.

ment pour ce caractère. On doit examiner dans ces lignées, les locus de marqueurs qui les distinguent. Ces deux lignées sont croisées. Les membres de la F_1 sont ensuite croisés entre eux pour produire une ségrégation en F_2, ou subissent un croisement en retour avec l'une des lignées parentales, également pour produire une ségrégation. On mesure ensuite le phénotype quantitatif chez un grand nombre de descendants de la génération dans laquelle la ségrégation est observée et on détermine leur génotype pour les locus marqueurs. Un locus marqueur non lié ou faiblement lié à l'un des QTL affectant le caractère quantitatif étudié aura la même valeur moyenne de caractère quantitatif pour tous ses génotypes. En revanche, un locus marqueur étroitement lié à certains QTL présentera une différence de phénotype quantitatif moyen d'un génotype à l'autre.

L'importance de la différence entre le phénotype quantitatif moyen et les divers génotypes marqueurs dépend à la fois de l'importance de l'effet des QTL et de l'étroitesse de la liaison entre les QTL et les locus marqueurs. Supposons par exemple que deux lignées sélectionnées diffèrent de 100 unités pour un caractère quantitatif et que la lignée présentant la valeur supérieure soit homozygote / au niveau d'un QTL donné, tandis que la lignée inférieure est homozygote −/− et que chaque allèle de ce QTL compte pour 5 unités dans la différence totale entre les deux lignées. Supposons en outre que la lignée supérieure soit M/M et la lignée inférieure m/m pour un locus marqueur situé à 10 unités de crossing-over du QTL. Alors, comme le montre la Figure 20-16, il y a 4 unités de différence entre le gamète moyen portant un allèle M et le gamète moyen portant un allèle m dans la F_2 après ségrégation. Nous pouvons donc calculer que 8 unités de la différence entre un homozygote M/M et un homozygote m/m sont attribuables à ce QTL. Nous avons calculé 8 % de différence moyenne entre les lignées sélectionnées à l'origine, alors que les QTL représentent en réalité 10 % de la différence. Cette divergence vient de la recombinaison entre le gène marqueur et le QTL. Nous pouvons répéter ce processus en utilisant des locus marqueurs présents en d'autres positions le long du chromosome et sur des chromosomes différents pour expliquer les autres fractions de la différence quantitative entre les lignées sélectionnées à l'origine.

Cette technique a été utilisée pour localiser des segments de chromosomes associés à des caractères tels que la masse des fruits de la tomate, le nombre de soies chez la drosophile et la croissance chez le maïs. Dans le cas du maïs, 82 caractères de croissance ont été examinés lors d'un croisement entre des lignées qui diffèrent pour 20 marqueurs d'ADN. En moyenne, chaque caractère était associé à 14 marqueurs distincts, mais la proportion de la différence de caractère entre les deux lignées associée à n'importe quel marqueur donné était généralement très faible. La Figure 20-17 montre la proportion des associations marqueur-caractère significatives d'un point de vue statistique (sur l'axe des y) qui rendent compte de proportions variables des différences de caractères entre les lignées. Comme le montre la Figure 20-17, la plupart des associations expliquent moins de 1 % de la

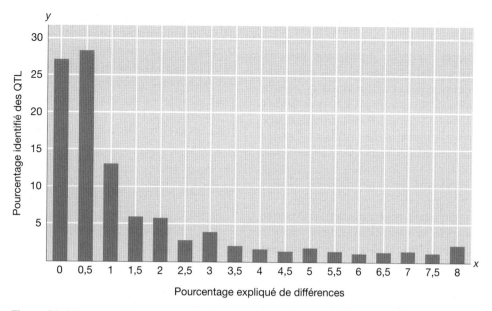

Figure 20-17 La distribution des associations des différences de caractères entre deux lignées de maïs possédant plusieurs marqueurs d'ADN. L'axe des *x* correspond au pourcentage de la différence entre les deux lignées, calculé pour un caractère donné qui peut être associé à un gène marqueur. L'axe des *y* indique la proportion de tous les QTL identifiés permettant de calculer le pourcentage correspondant de la différence. Remarquez que 55 % de toutes les associations (les deux premières colonnes) rendent compte de moins de 1 % des différences de caractères. [D'après M. Lynch et B. Walsh, *Genetics and Analysis of Quantitative Traits.* Sinauer Associates, 1998. Données de M. D. Edwards, C. W. Stuber et J. F. Wendel, *Genetics* 116, 1987, 113-125.]

différence de caractère. Malheureusement en génétique humaine, bien que la ségrégation gène-marqueur puisse être utilisée pour localiser des maladies causées par un gène unique, la petite taille des groupes des arbres généalogiques humains rend la technique de ségrégation des marqueurs inutilisable pour les locus de caractères quantitatifs, car il y a trop peu d'enfants pour que l'union de marqueurs particuliers puisse donner des résultats fiables.

Pour de nombreux organismes (par exemple l'homme), il n'est pas possible de rendre homozygotes des lignées différant par un caractère et de les croiser pour produire une génération ségrégeante. Pour ces organismes, on peut utiliser les différences entre frères et sœurs portant des allèles marqueurs différents de ceux des parents hétérozygotes. Cette méthode est bien moins efficace pour trouver les QTL, en particulier lorsque le nombre de frères et sœurs dans une famille est faible, comme c'est le cas pour l'homme. Par conséquent, les tentatives effectuées pour cartographier les QTL pour les caractères humains n'ont eu que peu de suc-

cès, même si la technique de ségrégation des marqueurs a permis de trouver des locus dont les mutations sont responsables de maladies dues à un seul gène ou pour les caractères quantitatifs dont la variation est fortement influencée par la variation au niveau d'un locus. Citons comme exemple, la capacité des gens de percevoir le goût de la substance appelée phénylthiocarbamide (PTC). Certains peuvent la détecter à faible concentration tandis que d'autres ne la perçoivent qu'en concentration élevée ou ne la perçoivent pas du tout. L'analyse de la liaison génétique à l'aide de polymorphismes de nucléotides uniques a permis d'identifier une région dans la partie 7q d'un chromosome humain qui expliquait 75 % de la variation de sensibilité à ce goût. On savait déjà que cette région chromosomique comportait plusieurs gènes codant des protéines réceptrices de goûts amers. Lorsque l'ADN de ces gènes fut séquencé, on découvrit trois polymorphismes d'acides aminés dans l'un des gènes, fortement associés à la différence entre les phénotypes goûteur et non-goûteur.

APPENDICE STATISTIQUE

On peut donner une information complète sur la distribution d'un phénotype dans une population, en spécifiant la fréquence de chaque classe mesurée, mais une grande partie de l'information peut être résumée en seulement deux valeurs statistiques. Il nous faut tout d'abord une mesure de la position de la distribution le long de l'axe de mesures. (Par exemple, les

mesures individuelles de la taille des étudiants masculins sont-elles plutôt regroupées vers 100 cm ou 200 cm ?) Il nous faut également une mesure de la quantité de variation au sein de la distribution. (Par exemple, les tailles des étudiants masculins sont-elles toutes concentrées autour de la mesure centrale ou varient-elles fortement au sein de la gamme des valeurs ?)

Les mesures de la tendance centrale

Le mode La plupart des distributions de phénotypes ressemblent grossièrement à celle représentée dans la Figure 20-3 : un mode unique est situé près du milieu de la distribution, avec des fréquences décroissantes de part et d'autre. Il existe cependant des exceptions à ce type de distribution. La Figure 20-18a représente la distribution très asymétrique de la masse des graines chez la plante *Crinum longifolium* (une *Amaryllidae*). La Figure 20-18b présente une distribution bimodale (à deux modes) correspondant aux probabilités de survie des larves de différents homozygotes pour le chromosome 2 de *Drosophila willistoni*.

Une distribution bimodale peut indiquer qu'il serait plus adapté de considérer la population étudiée comme un mélange de deux populations, chacune avec son propre mode. Dans la Figure 20-18b, le mode de gauche représente probablement une sous-population de mutations graves portant sur des locus uniques, qui sont extrêmement défavorables lorsqu'elles sont à l'état homozygote, mais dont les effets passent inaperçus à l'état hétérozygote, qui est l'état le plus fréquent pour ces mutations dans les populations naturelles. Le mode de droite représente une partie de la distribution des mutations à viabilité «normale», induisant de faibles modifications.

La moyenne La moyenne arithmétique, ou moyenne, est une mesure plus courante de la tendance centrale. La moyenne des mesures ($\bar{x}$) est simplement la somme de toutes les mesures (x_i), divisée par le nombre de mesures dans l'échantillon (N) :

$$\text{moyenne} = \bar{x} = \frac{x_1 + x_2 + x_3 + \ldots + x_N}{N} = \frac{1}{N}\Sigma x_i$$

où Σ représente la somme de toutes les valeurs de i de 1 à N et x_i est la $i$ème mesure.

Dans un échantillon type de grande taille, la même valeur mesurée apparaîtra plusieurs fois, car plusieurs indivi-dus auront la même valeur, en raison des limites de précision de l'instrument de mesure. Dans ce cas, $\bar{x}$ peut être réécrit comme la somme de toutes les valeurs mesurées, pondérées par leur fréquence dans la population. Sur un total de N individus mesurés, supposons que n_1 appartienne à la classe dont la valeur est x_1, que n_2 soit dans la classe de valeur x_2 et ainsi de suite. Dans ce cas, $\Sigma n_i = N$. Si nous appelons f_i la **fréquence relative** de la $i$ème classe de mesures, avec

$$f_i = \frac{n_i}{N},$$

alors nous pouvons réécrire la moyenne sous la forme suivante :

$$\bar{x} = f_1 x_1 + f_2 x_2 + \ldots + f_k x_k = \Sigma f_i x_i$$

où x_i est égale à la valeur de la $i$ème classe de mesures.

Appliquons ce mode de calcul aux données du Tableau 20-3, qui indiquent le nombre de soies dentées sur les peignes sexuels, respectivement sur les pattes antérieures droite (x) et gauche (y) et sur les deux pattes ($T = x + y$) de 20 drosophiles. En ne considérant pour le moment que la somme sur l'ensemble des deux pattes, T, le nombre moyen de dents sur les peignes sexuels $\bar{T}$, est :

$$\bar{T} = \frac{11 + 12 + 12 + 12 + 13 + \ldots + 15 + 16 + 16}{20}$$
$$= \frac{274}{20}$$
$$= 13,7$$

Ou bien, en utilisant les fréquences relatives des différentes valeurs mesurées, on trouve que

$$\bar{T} = 0,05(11) + 0,15(12) + 0,20(13) + 0,35(14)$$
$$+ 0,15(15) + 0,01(16)$$
$$= 13,7$$

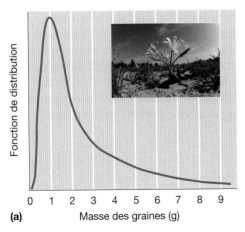

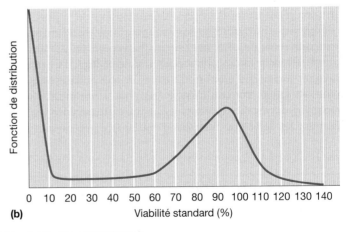

Figure 20-18 Les fonctions de distribution asymétrique. (a) La distribution asymétrique de la masse des graines chez *Crinum longifolium*; (b) la distribution bimodale du taux de survie chez *Drosophila willistoni*, en pourcentage du taux de survie standard. [D'après S. Wright, *Evolution and the Genetics of Populations*, vol. I. Copyright 1968 par University of Chicago Press, 1968. Photographie : Earth Scenes/ Copyright Thompson GOSF.]

TABLEAU 20-3		Le nombre de dents sur les peignes sexuels des pattes droite (x) et gauche (y) et la somme des deux (T) chez 20 drosophiles mâles.		
x	y	T	n_i	$f_i = n_i/N$
6	5	11	1	$\frac{1}{20} = 0,05$
6	6	12 ⎫		
5	7	12 ⎬	3	$\frac{3}{20} = 0,15$
6	6	12 ⎭		
7	6	13 ⎫		
5	8	13 ⎬	4	$\frac{4}{20} = 0,20$
6	7	13		
7	6	13 ⎭		
8	6	14 ⎫		
6	8	14		
7	7	14		
7	7	14 ⎬	7	$\frac{7}{20} = 0,35$
7	7	14		
6	8	14		
8	6	14 ⎭		
8	7	15 ⎫		
7	8	15 ⎬	3	$\frac{3}{20} = 0,15$
6	9	15 ⎭		
8	8	16 ⎫	2	$\frac{2}{20} = 0,10$
7	9	16 ⎭		
$N = 20$		$s_x^2 = 0,8275$		$s_x = 0,9096$
$\bar{x} = 6,25$		$s_y^2 = 1,1475$		$s_y = 1,0722$
$\bar{y} = 7,05$		$s_T^2 = 1,71$		$s_T = 1,308$
$\bar{T} = 13,70$		cov $xy = -0,1325$		
		$r_{xy} = -0,1360$		

Les mesures de la dispersion : la variance

Une deuxième caractéristique importante d'une distribution est représentée par l'amplitude de sa dispersion autour de la classe centrale. Deux distributions avec la même moyenne peuvent différer notablement par la façon dont leurs mesures sont regroupées autour de la moyenne. La mesure la plus répandue de la dispersion autour du point central est la **variance**, qui est définie comme la moyenne des carrés des écarts entre les observations et la moyenne, soit

$$\text{variance} = s^2$$
$$= \frac{(x_1 - \bar{x})^2 (x_2 - \bar{x})^2 + \ldots + (x_N - \bar{x})^2}{N}$$
$$= \frac{1}{N}\Sigma(x_i - \bar{x})^2$$

Lorsque plus d'un individu présente la même valeur, la variance peut s'écrire

$$s^2 = f_1(x_1 - \bar{x})^2 + f_2(x_2 - \bar{x})^2 + \ldots + f_k(x_k - \bar{x})^2$$
$$= \Sigma f_i(x_i - \bar{x})^2$$

Pour éviter de soustraire une à une chaque valeur de x de la moyenne, on peut utiliser une formule algébrique, identique à l'équation précédente :

$$s^2 = \left(\frac{1}{N}\Sigma x_i^2\right) - \bar{x}^2$$

Comme la variance s'exprime en unités au carré (des centimètres carrés, par exemple), on utilise couramment la racine carrée de la variance qui s'exprime donc dans les mêmes unités que les mesures elles-mêmes. Cette racine carrée de la mesure de la dispersion s'appelle l'**écart-type** de la distribution :

$$\text{écart-type} = s = \sqrt{\text{variance}} = \sqrt{s^2}$$

Nous pouvons utiliser comme exemple pour ce type de calcul, les données concernant les soies dentées des peignes sexuels du Tableau 20-3 :

$$s_T^2 = \frac{(11-13,7)^2 + (12-13,7)^2 + (12-13,7)^2}{20}$$
$$\frac{+\ldots+(15-13,7)^2+(16-13,7)^2}{20}$$
$$= \frac{34,20}{20} = 1,71$$

Nous pouvons également utiliser la formule de calcul qui évite de considérer individuellement les écarts :

$$s_T^2 = \frac{1}{N}\Sigma T_i^2 - \overline{T}^2 = \frac{3788}{20} - 187,69 = 1,71$$

et

$$s = \sqrt{1,71} = 1,308$$

La Figure 20-19 présente deux distributions de même moyenne mais d'écarts-types différents (courbes A et B) ainsi que deux distributions dont l'écart-type est le même mais dont les moyennes sont différentes (courbes A et C).

La moyenne et la variance d'une distribution ne suffisent pas à la décrire complètement. Par exemple, elles ne permettent pas de distinguer une distribution symétrique, d'une distribution asymétrique. Il existe même des distributions symétriques qui possèdent la même moyenne et la même variance mais dont la forme est quelque peu différente. Néanmoins, dans la plupart des problèmes de génétique quantitative, la moyenne et la variance suffisent à caractériser une distribution.

Les mesures de relation

La covariance et la corrélation   Une autre notion statistique utilisée en génétique quantitative concerne l'association ou **corrélation** entre des variables. Par suite d'un ensemble de causes complexes dans la nature, de nombreuses variables varient conjointement, mais de manière imparfaite ou approximative. La Figure 20-20a en fournit un exemple. On y voit les longueurs de deux dents données, chez plusieurs spécimens d'un mammifère fossile, *Phenacodus primaevis*. Le plus souvent, plus la première molaire inférieure d'un individu est longue, plus la deuxième molaire l'est aussi, mais il y a une forte dispersion des points représentant ces données autour de cette tendance. À l'inverse, la Figure 20-20b montre une relation très étroite entre la longueur du corps et la longueur de la queue chez des serpents de l'espèce *Lampropeltis polyzona* (couleuvre tâchetée). Tous les points sont très proches d'une ligne droite passant par l'extrémité en bas à gauche du graphe et l'extrémité en haut à droite.

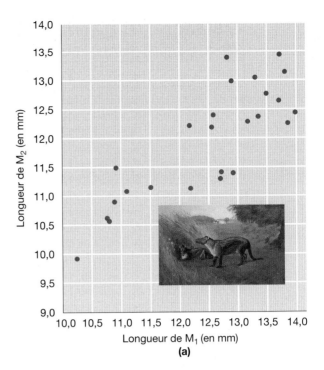

(a)

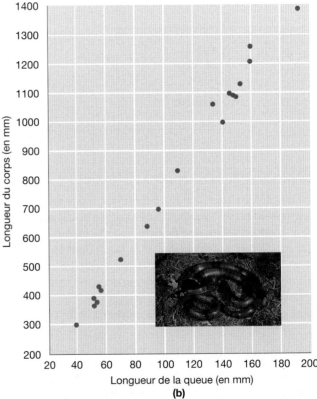

(b)

Figure 20-20 Des diagrammes de dispersion établis pour des couples de variables. (a) La relation entre les longueurs de la première et de la deuxième molaires inférieures (M_1 et M_2) chez le mammifère fossile *Phenacodus primaevis*. Chaque point représente les valeurs mesurées de M_1 et M_2 pour chaque individu. (b) La relation entre la longueur de la queue et celle du corps chez 18 serpents de l'espèce *Lampropeltis polyzona*. [Image : Négatif no. 2430, *Phenacodus*, tableau de Charles Knight ; aimablement communiqué par le Department of Library Services, Muséum américain d'histoire naturelle. Photographie : Animals Animals/Copyright Zig Leszczynski.]

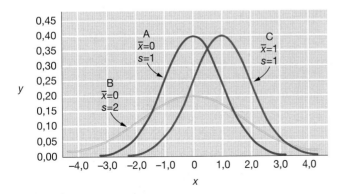

Figure 20-19 Trois fonctions de distribution, dont deux ont la même moyenne (A et B) et deux, le même écart-type (B et C).

La mesure habituelle de la précision d'une relation entre deux variables x et y est le **coefficient de corrélation** (r_{xy}). Il est calculé à partir du produit des écarts entre chaque observation de x et la moyenne des valeurs de x, avec les écarts entre chaque observation de y et la moyenne des valeurs de y – une grandeur appelée **covariance** de x et y (cov xy):

$$\text{cov } xy = \frac{(x_1 - \overline{x})(y_1 - \overline{y}) + (x_2 - \overline{x})(y_2 - \overline{y}) + \ldots}{N}$$
$$\frac{+ (x_N - \overline{x})(y_N - \overline{y})}{N}$$
$$= \frac{1}{N} \Sigma (x_i - \overline{x})(y_i - \overline{y})$$

Il existe une formule algébriquement équivalente mais dont le calcul est plus simple:

$$\text{cov } xy = \left(\frac{1}{N} \Sigma x_i y_i \right) - \overline{xy}$$

À l'aide de cette formule, nous pouvons calculer la covariance entre le nombre de dents des peignes sexuels des pattes droite (x) et gauche (y) du Tableau 20-3.

$$\text{cov } xy = \left(\frac{1}{N} \Sigma xy \right) - \overline{xy}$$
$$= \frac{(6)(5) + (6)(6) + \ldots + (8)(8) + (7)(9)}{20}$$
$$= -(6,65)(7,05)$$
$$= -0,1325$$

La corrélation r_{xy} est définie comme:

$$\text{corrélation} = r_{xy} = \frac{\text{cov } xy}{s_x s_y}$$

Dans la formule de la corrélation, les produits des écarts sont divisés par le produit des écarts-types de x et de y (s_x et s_y). Cette normalisation par les écarts-types rend le nombre r_{xy} sans dimension et donc indépendant des unités utilisées pour mesurer x et y. Ainsi défini, r_{xy} varie de –1, qui traduit une relation négative parfaitement linéaire entre x et y, à +1, qui traduit une relation positive parfaitement linéaire entre x et y. Si $r_{xy} = 0$, il n'y a aucune relation linéaire entre les deux variables. Les valeurs intermédiaires entre 0 et +1 ou –1 correspondent à des degrés intermédiaires de relation entre les variables. Les données de la Figure 20-20a et b se caractérisent par des valeurs de r_{xy} égales respectivement à 0,82 et 0,99. Dans l'exemple des dents des peignes sexuels

du Tableau 20-3, la corrélation entre pattes gauche et droite équivaut à:

$$r_{xy} = \frac{\text{cov } xy}{\sqrt{s_x^2 s_y^2}} = \frac{-0,1325}{\sqrt{(0,8275)(1,1475)}} = -0,1360$$

qui est une valeur très faible. Il est important de remarquer cependant, que parfois en l'absence de relation *linéaire* entre deux variables mais en présence d'une relation régulière *non linéaire* entre elles, une variable peut parfaitement être prédite à partir de l'autre. Considérons par exemple la parabole de la Figure 20-21. Les valeurs de y sont parfaitement prévisibles à partir de celles de x; pourtant, $r_{xy} = 0$ car en moyenne, sur l'ensemble des valeurs de x, les valeurs les plus élevées de x ne sont associées ni aux valeurs les plus élevées, ni aux valeurs les plus basses de y.

La corrélation et l'égalité Il est important de souligner que la corrélation entre deux séries de nombres n'équivaut pas à une identité numérique. Des valeurs peuvent très bien être parfaitement *corrélées*, même si les valeurs d'une série sont nettement supérieures aux valeurs de l'autre série. Considérons les paires suivantes de valeurs:

x	y
1	22
2	24
3	26

Les variables x et y des paires sont parfaitement corrélées ($r = 1,0$), même si chaque valeur de y est supérieure de 20 unités environ à la valeur correspondante de x. Deux variables sont parfaitement corrélées si, pour une augmentation d'une unité de l'une, il y a une augmentation constante de l'autre (ou une diminution constante si r est négatif).

L'importance de la différence entre corrélation et identité apparaît lorsque l'on considère les conséquences de l'environnement sur les caractères héréditaires. Parents et

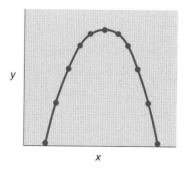

Figure 20-21 Une parabole. Chaque valeur de y peut être prédite avec certitude à partir de la valeur de x, mais il n'y a pas de corrélation linéaire entre ces deux variables.

enfants peuvent être parfaitement corrélés pour un caractère comme la taille, car en raison de la différence d'environnement d'une génération à l'autre, chacun des enfants peut être plus grand que ses parents. Ce phénomène apparaît dans les études sur l'adoption, dans lesquelles les enfants peuvent être corrélés à leurs parents biologiques, mais en moyenne, peuvent en être très différents, en raison d'un changement dans leur situation sociale.

La covariance et la variance d'une somme Dans le Tableau 20-3, les variances des pattes gauche et droite sont 0,8275 et 1,1475 dont la somme vaut 1,975, mais la variance T de la somme des deux pattes est seulement de 1,71. C'est-à-dire que la variance de l'ensemble est inférieure à la somme des variances des parties. Cet écart est une conséquence de la corrélation négative entre les côtés gauches et droits. Des côtés gauches plus grands sont associés à des côtés droits plus petits et *vice versa*. Par conséquent, la somme des deux côtés varie moins que chaque partie considérée séparément. Si à l'inverse, il y avait une corrélation positive entre les côtés, alors des côtés gauches plus grands iraient de pair avec des côtés droits plus grands et la variation de la somme des deux côtés serait plus importante que la somme des deux variances séparées. En général, si $x + y = T$, alors

$$s_T^2 = s_x^2 + s_y^2 + 2\,\text{cov}\,xy$$

Pour les données contenues dans le Tableau 20-3,

$$s_T^2 = 1,71 = 0,8275 + 1,1475 - 2(0,1325)$$

La régression Le coefficient de corrélation ne nous fournit qu'une estimation de la *précision* de la relation existant entre deux variables. Un problème connexe consiste à prédire la valeur d'une variable donnée d'après la valeur prise par l'autre. Si x augmente de deux unités, de combien y augmentera-t-il ? Si la relation entre les deux variables est linéaire, l'expression de cette relation peut alors s'écrire

$$y = bx + a$$

où b est la pente de la droite reliant y à x et a, le point d'intersection de cette droite avec l'axe des y.

La Figure 20-22 présente un diagramme de dispersion des points pour deux variables, y et x, ainsi qu'une droite reflétant l'accroissement linéaire de y en fonction de l'augmentation de x. Cette droite, appelée **droite de régression de y sur x**, a été tracée de telle sorte que les écarts des points par rapport à cette droite soient les plus petits possible. Plus précisément, si Δy est la distance de n'importe quel point de la droite en direction de y, alors la droite a été choisie de telle sorte que la somme des $(\Delta y)^2$ soit égale à un minimum. Toute autre ligne droite passant au travers des points du diagramme de dispersion présenterait une somme plus élevée des carrés des écarts par rapport à ces points.

Il est clair que la **droite de régression des moindres carrés** ne peut être trouvée par approximations successives. Toutefois, si la pente b de la droite est calculée par

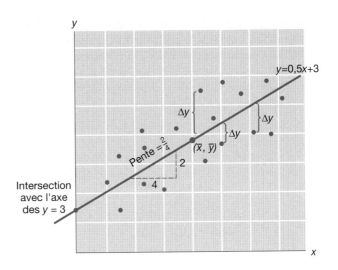

Figure 20-22 Un diagramme de dispersion montrant la relation entre deux variables x et y, avec la droite de régression de y par rapport à x. Cette droite, avec une pente de 2/4, minimise les carrés des écarts des valeurs par rapport à la moyenne (Δy).

$$b = \frac{\text{cov}\,xy}{s_x^2}$$

et si a est calculé par

$$a = \overline{y} - b\overline{x}$$

de telle façon que la droite passe par les points $\overline{x}, \overline{y}$, alors ces valeurs de b et de a permettront d'obtenir l'équation linéaire de la droite de régression des moindres carrés.

Notez que l'équation précédente ne peut prévoir exactement y pour une valeur donnée de x, en raison de la dispersion des points autour de la droite de régression des moindres carrés. L'équation prédit le y *moyen* pour un x donné, si l'on considère des échantillons suffisamment grands.

Les échantillons et les populations Dans les paragraphes précédents, nous avons décrit les distributions et quelques éléments de statistique destinés à des groupes d'individus réunis au cours d'expériences ou de séries d'observations. Dans certains cas, les quelque 100 étudiants ou 18 serpents mesurés ne nous intéressent pas. Au contraire, nous sommes intéressés par des phénomènes de portée plus générale dont les individus étudiés sont représentatifs. Nous pourrions par exemple vouloir connaître la masse moyenne en général des étudiants masculins aux États-Unis. Nous voudrions donc connaître les caractéristiques d'un **ensemble**, dont notre petite collection d'observations ne représente qu'un **échantillon**. Les caractéristiques de chaque échantillon ne sont pas identiques à celles de l'ensemble mais varient d'un échantillon à l'autre.

Nous pouvons utiliser la moyenne d'un échantillon comme estimation de la véritable moyenne de l'ensemble, mais la variance et la covariance seront en moyenne un peu plus faibles que les véritables valeurs de l'ensemble. Cette différence est due au fait que les écarts par rapport à la moyenne ne sont pas tous indépendants les uns des autres. En fait, par définition, la somme de tous les écarts des observations par rapport à la moyenne est 0 ! (Essayez à titre d'exercice de prouver cette affirmation.) Par conséquent, si l'on connaît $N-1$ écarts par rapport à la moyenne dans un échantillon de N observations, on peut calculer l'écart inconnu, car la somme de tous les écarts à la moyenne est zéro.

Il est facile de corriger cet écart par rapport à notre estimation de la variance. Lorsque nous nous intéressons à la variance d'un groupe de mesures – non comme une caractéristique de l'échantillon concerné, mais comme une estimation de l'ensemble représenté par cet échantillon – alors la variable à utiliser à la place de s^2 est $[N/(N-1)]\,s^2$. Remarquez que cette nouvelle quantité est équivalente à la divi-sion de la somme des carrés des écarts par $N-1$ et non par N comme précédemment, ainsi

$$\left(\frac{N}{N-1}\right)s^2 = \left(\frac{N}{N-1}\right)\frac{1}{N}\Sigma(x_i - \overline{x})^2$$
$$= \frac{1}{N-1}\Sigma(x_i - \overline{x})^2$$

Toutes ces considérations sur les corrections à apporter s'appliquent également à la covariance de l'échantillon. Dans la formule précédente du coefficient de corrélation toutefois, le facteur $N/(N-1)$ apparaît à la fois au numérateur et au dénominateur et par conséquent, s'élimine. Il est donc inutile d'en tenir compte dans le calcul.

RÉPONSES AUX QUESTIONS CLÉS

• **La variation observée dans un caractère est-elle influencée *d'une quelconque façon* par la variation génétique ? Existe-t-il des allèles qui ségrègent dans la population et produisent des effets différentiels sur le caractère ou bien la totalité de la variation est-elle simplement le résultat des changements environnementaux et du bruit de fond développemental (voir Chapitre 1) ?**

L'un des éléments indiquant que la variation phénotypique observée est influencée par le génotype est fourni par les résultats d'études d'individus ayant un lien de parenté. Si de proches parents se ressemblent davantage que des parents plus éloignés, alors cette ressemblance est une preuve des effets génétiques sur la variation, uniquement si les groupes comparés se sont développés et vivent dans le même environnement. Sinon, il est impossible de distinguer la ressemblance génétique de la ressemblance environnementale. D'autres éléments de preuve peuvent être obtenus en comparant des individus de génotypes alternatifs connus pour un ou plusieurs gènes bien définis. S'il existe une association entre le génotype marqueur et le caractère phénotypique, cela prouve l'existence d'une composante génétique de la variation phénotypique. Le gène marqueur peut être un gène qui semble être impliqué dans le développement de ce caractère ou il peut s'agir simplement d'un marqueur sans lien fonctionnel, proche sur le chromosome du gène étudié. Une fois encore, les environnements doivent être identiques pour pouvoir distinguer les causes génétiques des causes environnementales de ressemblance.

• **S'il existe une variation génétique, quelles sont les normes de réaction des différents génotypes ?**

Pour réaliser des études de norme de réaction, il est nécessaire de disposer de nombreux individus du même génotype. Ils peuvent être produits à la suite d'une longue série de croisements entre individus étroitement apparentés (croisements consanguins), par des croisements impliquant des marqueurs génétiques qui permettent la production de lignées homo-zygotes d'individus pendant quelques générations, ou grâce à des techniques de clonage. On laisse ensuite les individus génétiquement identiques se développer dans un ensemble d'environnements contrôlés qui diffèrent pour une variable environnementale identifiable. On mesure alors le phénotype dans chaque environnement. Si l'on représente sur un graphe ces mesures en fonction de la variable environnementale, on obtient la norme de réaction du génotype.

• **Dans le cas d'un caractère particulier, quelle est l'importance de la variation génétique dans la variation phénotypique totale ? Les normes de réaction et les environnements sont-ils tels que presque toute la variation résulte des différences environnementales et des instabilités du développement ou bien la variation génétique prédomine-t-elle ?**

Pour obtenir une estimation quantitative de l'ampleur de la variation dans une population, associée aux différences génétiques, aux différences environnementales et aux instabilités dues au développement, il est nécessaire d'effectuer une étude d'héritabilité. Cette étude peut être menée en mesurant le caractère dans des groupes d'individus dont la différence de degré de relation génétique est connue, comme par exemple en comparant la ressemblance entre des vrais et des faux jumeaux ou entre des frères et sœurs et des demi-frères et demi-sœurs. L'héritabilité peut alors être estimée en comparant la différence de ressemblance observée entre individus, avec la valeur prédite à partir de leur degré de relation. Cette comparaison n'est valide que si les différents groupes apparentés se sont développés dans le même environnement. Une deuxième méthode consiste à mesurer le changement de l'héritabilité d'une caractéristique grâce à une expérience de sélection. On sélectionne une population pour modifier la mesure d'un caractère en produisant des descendants à partir d'un groupe de parents sélectionnés. L'ampleur de la différence mesurée entre les parents sélectionnés et la population non sélectionnée (la différentielle de sélection) est ensuite comparée avec l'ampleur de la différence entre les descendants et les parents non sélectionnés (la réponse à la sélection ou encore, gain génétique). Si on n'observe aucune réponse à la sélection, l'héritabilité est nulle. Si la réponse à la sélection est égale à la différentielle de sélection, l'héritabilité est égale à un.

- **Pour un caractère précis, y a-t-il un grand nombre de locus (ou quelques-uns seulement) qui varient ? Comment sont-ils distribués dans le génome ?**

On peut obtenir une estimation du nombre de locus qui influencent la variation observée pour un caractère à partir des résultats d'études de liaison avec des marqueurs génétiques connus distribués dans l'ensemble du génome. Si une proportion détectable des différences entre les individus pour le caractère quantitatif ségrège conjointement avec les différences alléliques au niveau d'un gène marqueur, alors un locus de caractère quantitatif (QTL) a été détecté près du gène marqueur.

RÉSUMÉ

Un grand nombre des caractères phénotypiques – sinon la plupart – observés chez les organismes varient de façon continue. Souvent, la variation du caractère est contrôlée par la ségrégation de plusieurs locus. Chacun de ces locus peut contribuer d'une manière égale à la détermination d'un phénotype donné, mais le plus souvent chacun y participe de manière inégale. La mesure de ces phénotypes et la détermination des contributions d'allèles spécifiques à la distribution doivent dans ce cas être réalisées par une analyse statistique. Certaines de ces variations phénotypiques (comme la taille de certaines plantes) peuvent présenter une distribution normale autour d'une valeur moyenne ; d'autres (comme la masse des graines chez certaines plantes) se caractérisent par une distribution asymétrique autour d'une valeur moyenne.

Un caractère est dit quantitatif si les différences phénotypiques moyennes entre les génotypes sont faibles comparées à la variation existant entre les individus de même génotype. Cette situation se rencontre même pour des caractères influencés par les allèles d'un locus unique. La distribution des environnements se reflète biologiquement sous la forme d'une distribution des phénotypes. La transformation de la distribution environnementale en distribution phénotypique est déterminée par la norme de réaction. Les normes de réaction peuvent être établies chez des organismes pour lesquels il est possible d'obtenir un grand nombre d'individus génétiquement identiques. Des caractères sont dits familiaux s'ils sont communs aux membres d'une même famille, quelle qu'en soit la raison. Les caractères ne sont héréditaires que si leur ressemblance provient de génotypes communs. Chez les organismes expérimentaux, les ressemblances dues au milieu peuvent facilement être distinguées des ressemblances d'origine génétique, qui sont héréditaires. Chez l'homme cependant, l'héritabilité des caractères est très difficile à démontrer. Les études sur les normes de réaction ne montrent que de faibles différences entre les génotypes et ces différences ne sont pas constantes dans une large gamme d'environnements. Ainsi, les génotypes « supérieurs » d'animaux domestiques ou de plantes cultivées peuvent très bien n'être supérieurs que dans certains environnements. Si l'on parvenait à démontrer qu'il existe chez l'homme une variation génétique pour divers caractères mentaux et émotionnels, il est peu probable que cette variation favoriserait un génotype plutôt qu'un autre dans une vaste gamme d'environnements.

Les tentatives visant à quantifier l'influence des gènes sur un caractère donné ont conduit au concept d'héritabilité au sens large (H^2). En général, l'héritabilité d'un caractère est différente dans chaque population et dans chaque série de milieux. De plus, son extrapolation d'une population à une autre ou d'une gamme de milieux à une autre est impossible. En raison du fait que H^2 caractérise des populations particulières dans un environnement donné, elle ne peut pas servir d'outil prévisionnel. L'héritabilité au sens strict (h^2) mesure la proportion de la variation phénotypique due à la substitution d'un allèle par un autre. Cette valeur, si elle est élevée, permet de prédire le succès d'une sélection pour un caractère. Si par contre, h^2 est faible, des modes particuliers de sélection devront être mis en œuvre.

L'utilisation de chromosomes marqués génétiquement permet de déterminer les contributions relatives des différents chromosomes à la variation d'un caractère quantitatif. Elle permet également de reconnaître les effets dus à la dominance et à l'épistasie de chaque chromosome et dans certains cas, de cartographier les gènes ségrégeant pour l'un de ces caractères.

MOTS CLÉS

PROBLÈMES RÉSOLUS

1. Chez certaines espèces d'oiseaux chanteurs, les populations vivant dans des régions géographiques distinctes chantent des «dialectes locaux» variés. Certains y voient le résultat de différences génétiques entre ces populations, tandis que d'autres croient que ces différences proviennent d'idiosyncrasies purement individuelles chez les fondateurs de ces populations, qui ont ensuite été transmises par apprentissage d'une génération à l'autre. Élaborez dans ses grandes lignes un programme expérimental qui permettrait de déterminer l'importance des facteurs génétiques et non génétiques et leur interaction dans la variation des dialectes. Dans le cas d'une différence génétique, quelles expériences pourraient être menées pour décrire de façon détaillée le système génétique en cause, en y incluant le nombre de gènes qui ségrègent, leurs relations de liaison génétique et leurs effets phénotypiques additifs et non additifs?

Solution

Cet exemple a été choisi parce qu'il illustre bien les difficultés expérimentales considérables qui se posent lorsque nous essayons de vérifier si des différences observées de caractères quantitatifs chez une certaine espèce, ont ou non une origine génétique. La moindre affirmation sur les rôles respectifs des gènes et du milieu développemental exige au minimum que les organismes considérés puissent se développer à partir d'œufs fécondés, dans le milieu contrôlé d'un laboratoire. Établir en détail le rôle des génotypes à l'origine de la variation du caractère demande en outre que les résultats de croisements entre parents de phénotype connu et d'ascendance connue puissent être observés et que la descendance de certains de ces croisements puisse à son tour être croisée avec d'autres individus de phénotype et d'ascendance connus. Très peu d'espèces animales satisfont à de telles exigences. Il est bien plus facile de réaliser des croisements contrôlés chez les plantes. Nous supposerons donc que l'espèce d'oiseau chanteur en question peut effectivement être élevée et croisée en captivité, ce qui est déjà un sérieux postulat.

a. Pour déterminer s'il y a ou non des différences génétiques à la base des différences phénotypiques observées entre les dialectes des diverses populations, il faut élever des oiseaux appartenant à chaque population, à partir de l'œuf, en l'absence de tout chant provenant de leurs ancêtres et en présence de combinaisons multiples d'environnements sonores produits par d'autres populations. Ceci se fait en élevant de la façon suivante, des oiseaux à partir de l'œuf:

(1) En condition d'isolement

(2) Entourés d'une couvée ne comportant que des oiseaux appartenant à la même population

(3) Entourés d'une couvée comportant des oiseaux venant d'autres populations

(4) En présence d'adultes chantants issus d'autres populations

(5) En présence d'adultes chantants provenant de leur propre population (comme témoins des conditions d'élevage)

S'il n'y a pas de différences génotypiques et que toutes les différences dialectales sont en fait apprises, alors les oiseaux du groupe 5 chanteront le dialecte de leur population et ceux du groupe 4 le dialecte étranger. Les groupes 1, 2 et 3 pourraient ne pas chanter du tout, ou ils pourraient chanter un chant «généraliste» ne correspondant à aucun des dialectes, ou encore, ils pourraient tous chanter le même dialecte – ce dialecte représentant dès lors le programme développemental «intrinsèque» inchangé par l'apprentissage.

Si les différences de dialecte sont totalement déterminées par des différences génétiques, les oiseaux des groupes 4 et 5 chanteront le même dialecte, celui de leurs parents. Les oiseaux des groupes 1, 2 et 3, s'ils chantent, chanteront le dialecte de leur population parentale, sans être influencés par les autres oiseaux de leur groupe. Il existe également la possibilité de résultats moins tranchés, qui indiqueraient que des différences génétiques et apprises influencent à la fois le caractère en cause. Par exemple, les oiseaux du groupe 4 pourraient émettre un chant reprenant des éléments des deux populations. Notez que si les oiseaux du groupe témoin 5 ne chantent pas leur dialecte normal, le reste des résultats ne peut pas être interprété, car cela signifierait que les conditions d'élevage artificiel interfèrent avec le programme normal du développement.

b. Si les résultats des premières expériences témoignent d'une certaine héritabilité au sens large, alors l'analyse peut se poursuivre. Cette analyse nécessite une population dans laquelle on observe une ségrégation, obtenue à partir d'un croisement entre deux populations dialectales – par exemple A et B. Un croisement entre mâles de la population A et femelles de la population B, ainsi que le croisement réciproque nous donneront une estimation du degré moyen de dominance des gènes influençant le caractère et de la possibilité d'une liaison au sexe. (Rappelez-vous que chez les oiseaux, la femelle est le sexe hétérogamétique.) La descendance de ce croisement et de tous les croisements ultérieurs *doit* être élevée dans des conditions qui excluent la confusion entre la part génétique et la part d'apprentissage des différences, révélées par les expériences du point a. Si les effets d'apprentissage ne peuvent être distingués, cette analyse génétique approfondie est impossible.

c. La localisation des gènes influençant les différences dialectales demanderait l'étude de la ségrégation d'un grand nombre de marqueurs génétiques. Ces marqueurs pourraient être des mutants morphologiques ou des variants moléculaires, tels que des polymorphismes des sites de restriction. Les familles chez lesquelles ségrégent des différences de caractères quantitatifs seraient examinées pour déceler des co-ségrégations entre les locus de l'un ou l'autre des marqueurs et le caractère quantitatif. La co-ségrégation ferait de ces locus des candidats à une liaison aux locus du caractère quantitatif. D'autres croisements entre individus avec et sans marqueurs mutants ainsi que l'estimation des valeurs du caractère quantitatif chez les individus de la F$_2$, permettraient de déterminer s'il y a effectivement une liaison génétique entre les locus marqueurs et les locus du caractère quantitatif. En pratique, il est très peu vraisemblable que des expériences de ce type puissent être réalisées sur une espèce d'oiseaux chanteurs, en raison du temps et des efforts requis pour établir des lignées porteuses d'un grand nombre de gènes marqueurs différents et de polymorphismes moléculaires.

2. Deux lignées pures de haricot sont croisées entre elles. Dans la F$_1$, la variance mesurée de la masse des haricots est de 1,5. La F$_1$ se reproduit par autofécondation et dans la F$_2$, la variance de la masse des haricots est de 6,1. Estimez l'héritabilité au sens large de la masse des haricots dans cette expérience.

Solution

Le point clef ici est de s'apercevoir que la totalité de la variance des individus F$_1$ doit être d'origine environnementale puisque tous les individus doivent avoir le même génotype. De plus, la variance de la F$_2$ doit être une combinaison des composantes génétique et environnementale, puisque tous les gènes hétérozygotes dans la F$_1$ ségrégeront dans la F$_2$ pour donner une gamme de génotypes différents en ce qui concerne la masse des haricots. Nous pouvons donc faire l'estimation suivante

$$s_e^2 = 1,5$$
$$s_e^2 + s_g^2 = 6,1$$

Par conséquent

$$s_g^2 = 6,1 - 1,5 = 4,6$$

et l'héritabilité au sens large est

$$H^2 = \frac{4,6}{6,1} = 0,75 \,(75\%)$$

3. Dans une population expérimentale de *Tribolium* (des coléoptères de la farine), la longueur du corps présente une distribution continue avec une moyenne de 6 mm. Un groupe de mâles et de femelles dont la longueur du corps est de 9 mm sont isolés et croisés entre eux. La longueur moyenne du corps de leurs descendants est de 7,2 mm. À partir de ces données, calculez l'héritabilité au sens strict de la longueur du corps dans cette population.

Solution

La différentielle de sélection est de 9 − 6 = 3 mm, et la réponse à la sélection est de 7,2 − 6 = 1,2 mm. L'héritabilité au sens strict est donc :

$$h^2 = \frac{1,2}{3} = 0,4 \,(40\%)$$

PROBLÈMES

Problèmes élémentaires

1. Expliquez la différence entre la variation continue et la variation discontinue dans une population. Donnez quelques exemples de chaque cas.

2. Le tableau à droite présente une distribution du nombre de soies chez la drosophile. Calculez la moyenne, la variance et l'écart-type de cette distribution.

3. Un traité concernant l'héritabilité du QI affirme les trois points suivants. Discutez la validité de chacune de ces

Nombre de soies	Nombre d'individus
1	1
2	4
3	7
4	31
5	56
6	17
7	4

affirmations et ce qu'elles nous apprennent sur la compréhension de h^2 et H^2 par les auteurs.

a. «La question intéressante est alors ... "Dans quelle mesure est-ce héréditaire?" La réponse (0,01) conduit à une application théorique et pratique très différente de la réponse (0,99).» (Les auteurs parlent de H^2.)

b. «On sait de manière empirique, que lorsque des problèmes d'éducation sont en cause, H^2 est habituellement le coefficient le plus indiqué, et lorsqu'il s'agit de problèmes d'eugénisme et de dysgénisme (la reproduction d'individus sélectionnés), h^2 est généralement le plus adapté.»

c. «Mais que les formes variables de compétences proviennent ou non de différences au niveau des gènes ... n'est pas un critère de sélection pertinent lors d'une embauche. Il pourrait être utile en revanche pour décider ce qui à long terme pourrait être fait pour changer la situation existante.»

(D'après J. C. Loehlin, G. Lindzey et J. N. Spuhler, *Races Differences in Intelligence.* Copyright 1975 par W. H. Freeman and Company.)

4. En utilisant les concepts de norme de réaction, de distributions environnementale, génotypique et phénotypique, essayez de reformuler l'énoncé suivant en termes plus exacts: «la différence entre les performances de QI de deux groupes est à 80% génétique». Quel sens cela aurait-il de parler de l'héritabilité d'une différence entre deux groupes?

Problèmes d'évaluation

5. Dans un vaste troupeau de bovins, trois caractères différents présentant une distribution continue sont mesurés et leurs variances sont indiquées dans le tableau suivant:

	Caractères		
Variance	Longueur du jarret	Longueur du cou	Masse graisseuse
Phénotypique	310,2	730,4	106,0
Environnementale	248,1	292,2	53,0
Génétique additive	46,5	73,0	42,4
Génétique due à la dominance	15,6	365,2	10,6

a. Calculez l'héritabilité au sens large *et* au sens strict pour chacun des caractères.

b. Dans la population des animaux étudiés, quel caractère répondrait le mieux à la sélection? Pourquoi?

c. Un projet est entrepris pour diminuer la masse graisseuse moyenne des animaux du troupeau. Celle-ci est de 10,5%. Des animaux à 6,5% de graisse sont choisis comme parents et croisés entre eux pour donner la génération suivante. Quelle masse graisseuse moyenne peut-on attendre chez les descendants de ces animaux?

6. Supposons que deux triples hétérozygotes A/a; B/b; C/c soient croisés entre eux et que les trois locus soient situés sur des chromosomes différents.

a. Quelle proportion de la descendance sera homozygote pour respectivement un, deux ou trois locus?

b. Quelle proportion de la descendance comportera respectivement 0, 1, 2, 3, 4, 5 et 6 allèles (représentés par une lettre majuscule)?

7. Supposons que dans le Problème 6, l'effet phénotypique moyen des trois génotypes du locus A soit $A/A = 4$, $A/a = 3$, $a/a = 1$ et que les locus B et C aient des effets similaires. De plus, supposons que les effets de ces locus soient additifs. Calculez et représentez graphiquement la distribution des phénotypes dans la population (en supposant une variance environnementale nulle).

8. Supposons que dans le Problème 7, un seuil existe dans l'expression du caractère phénotypique, de sorte que pour une valeur phénotypique supérieure à 9, une drosophile possède trois soies, pour une valeur comprise entre 5 et 9, deux soies, et pour une valeur inférieure ou égale à 4, la mouche possède une soie. Décrivez le résultat des croisements au sein de chaque classe de nombre de soies et entre elles. D'après le résultat, pourriez-vous déduire la situation génétique sous-jacente?

9. Supposons que la forme générale de la distribution d'un caractère pour un génotype donné soit

$$f = 1 - \frac{(x - \bar{x})^2}{s_e^2}$$

pour toutes les valeurs de x pour lesquelles f est positive.

a. Représentez graphiquement à la même échelle, les distributions des trois génotypes caractérisés par les moyennes et les variances environnementales suivantes:

Génotype	$\bar{x}$	s_e^2	Gamme approximative des phénotypes
1	0,20	0,3	$x = 0,03$ à $x = 0,37$
2	0,22	0,1	$x = 0,12$ à $x = 0,24$
3	0,24	0,2	$x = 0,10$ à $x = 0,38$

b. Représentez graphiquement la distribution phénotypique qui existerait si les trois génotypes avaient une fréquence égale dans la population. Pouvez-vous déceler des modes distincts? Dans ce cas, quels sont-ils?

10. Les séries suivantes de données imaginaires représentent des observations conjointes portant sur deux variables (x, y). Représentez chaque série de paires de données sous la forme d'un diagramme de dispersion.

En regardant la répartition des points, devinez intuitivement le coefficient de corrélation entre x et y. Calculez ensuite le coefficient de corrélation pour chaque série de couples de données et comparez cette valeur à votre estimation.

a. $(1, 1)$; $(2, 2)$; $(3, 3)$; $(4, 4)$; $(5, 5)$; $(6, 6)$.

b. $(1, 2)$; $(2, 1)$; $(3, 4)$; $(4, 3)$; $(5, 6)$; $(6, 5)$.

c. $(1, 3)$; $(2, 1)$; $(3, 2)$; $(4, 6)$; $(5, 4)$; $(6, 5)$.

d. $(1, 5)$; $(2, 3)$; $(3, 1)$; $(4, 6)$; $(5, 4)$; $(6, 2)$.

11. Décrivez un protocole expérimental pour une étude portant sur des individus apparentés, en vue d'estimer l'héritabilité au sens large de l'alcoolisme. Rappelez-vous que vous devez d'abord donner une définition du caractère, basée sur une observation adéquate.

12. Une lignée de drosophile, sélectionnée pour son grand nombre de soies, présente une moyenne de 25 soies sternopleurales, alors qu'une lignée sélectionnée pour son faible nombre de soies n'en présente que 2 en moyenne. Des souches comportant des marqueurs présents sur les deux grands autosomes II et III, sont utilisées pour créer des souches avec des combinaisons variées de chromosomes issus des lignées à nombre élevé (h : *high* en anglais) et faible (l : *low* en anglais) de soies. Le nombre moyen de soies pour chaque combinaison de chromosomes est le suivant :

$$\frac{\mathrm{h}\,\mathrm{h}}{\mathrm{h}\,\mathrm{h}}25{,}1 \qquad \frac{\mathrm{h}\,\mathrm{h}}{\mathrm{l}\,\mathrm{h}}22{,}2 \qquad \frac{\mathrm{l}\,\mathrm{h}}{\mathrm{l}\,\mathrm{h}}19{,}0$$

$$\frac{\mathrm{h}\,\mathrm{h}}{\mathrm{h}\,\mathrm{l}}23{,}0 \qquad \frac{\mathrm{h}\,\mathrm{h}}{\mathrm{l}\,\mathrm{l}}19{,}9 \qquad \frac{\mathrm{l}\,\mathrm{h}}{\mathrm{l}\,\mathrm{l}}14{,}7$$

$$\frac{\mathrm{h}\,\mathrm{l}}{\mathrm{h}\,\mathrm{l}}11{,}8 \qquad \frac{\mathrm{h}\,\mathrm{l}}{\mathrm{l}\,\mathrm{l}}9{,}1 \qquad \frac{\mathrm{l}\,\mathrm{l}}{\mathrm{l}\,\mathrm{l}}2{,}3$$

Quelles conclusions pouvez-vous tirer quant à la distribution des facteurs génétiques et à leur action d'après ces données ?

13. Supposons que le nombre de facettes de l'œil soit mesuré dans une population de drosophiles à des températures variées. Supposons également qu'il soit possible d'estimer la variance génétique totale (s^2_g) ainsi que la distribution phénotypique. Supposons enfin que la population ne comporte que deux génotypes. Représentez des paires de normes de réaction qui aboutiraient aux résultats suivants :

a. Une augmentation de la température moyenne abaisse la variance phénotypique.

b. Une augmentation de la température moyenne augmente H^2.

c. Une augmentation de la température moyenne accroît s^2_g mais abaisse H^2.

d. Une augmentation de la *variance* de la température transforme la distribution phénotypique unimodale en une distribution bimodale (une seule norme de réaction suffit ici).

14. Francis Galton a comparé la taille d'étudiants avec celles de leurs pères, et a obtenu les résultats représentés sur le graphique ci-dessous :

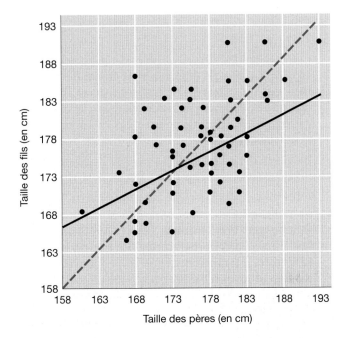

La taille moyenne de tous les pères est la même que la taille moyenne de tous les fils, mais les classes de tailles individuelles ne sont pas semblables d'une génération à l'autre. Les pères très grands ont des fils légèrement plus petits qu'eux, alors que les pères très petits ont des fils un peu plus grands qu'eux. Par conséquent, la meilleure droite qui puisse être tracée au travers des points du diagramme de dispersion a une pente d'environ 0,67 (*ligne continue*) et non de 1,00 (*ligne en pointillés*). Galton a utilisé le terme de *régression* pour désigner cette tendance des phénotypes des fils à être plus proches de la moyenne de la population que les phénotypes de leurs pères.

a. Proposez une explication pour cette régression.

b. Quelle est ici la relation entre régression et héritabilité ?

(Graphique d'après W. F. Bodmer et L. L. Cavalli-Sforza, *Genetics, Evolution, and Man.* Copyright 1976 par W.H. Freeman and Company.)

21

LA GÉNÉTIQUE DE L'ÉVOLUTION

Charles Darwin. [Corbis/Bettmann.]

QUESTIONS CLÉS

- Quels sont les principes de base du mécanisme darwinien de l'évolution ?

- Quels sont les rôles de la sélection naturelle et des autres processus dans l'évolution et de quelle manière interagissent-ils les uns avec les autres ?

- Comment des espèces différentes apparaissent-elles ?

- Quelle différence présentent les génomes de différents types d'organismes ?

- Comment des nouveautés apparaissent-elles au cours de l'évolution ?

SOMMAIRE

L'ESSENTIEL DU CHAPITRE

La théorie moderne de l'évolution est si étroitement associée au nom de Charles Darwin (1809-1882) que de nombreuses personnes pensent que le concept même d'évolution organique fut proposé pour la première fois par celui-ci, alors que ce n'est pas le cas. Bien avant la publication de

L'origine des espèces par Darwin en 1859, la plupart des savants avaient abandonné la notion d'espèces fixes, demeurées inchangées depuis leur apparition lors d'une création universelle de la vie. À cette époque, la majorité des biologistes s'accordaient à penser que les espèces nouvelles apparaissent par évolution d'espèces plus anciennes. Le problème était d'expliquer *comment* cette évolution pouvait avoir lieu.

UNE VUE D'ENSEMBLE DU CHAPITRE

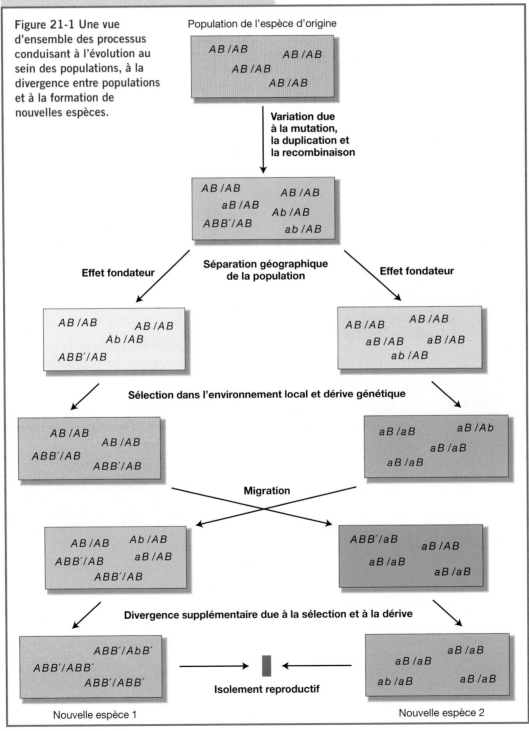

Figure 21-1 Une vue d'ensemble des processus conduisant à l'évolution au sein des populations, à la divergence entre populations et à la formation de nouvelles espèces.

Darwin fournit une explication détaillée du mécanisme de ce processus évolutif. La théorie de Darwin sur les mécanismes de l'évolution se fonde sur la variation qui existe entre les individus d'une même espèce. Les individus d'une même génération sont qualitativement différents les uns des autres. L'évolution de l'espèce dans son ensemble résulte des taux différentiels de survie et de reproduction des divers types d'individus, de telle sorte que les fréquences relatives des différents types se modifient au cours du temps. De ce point de vue, l'évolution se présente comme un processus de tri.

Pour Darwin, l'évolution du groupe provenait des différences de survie et de reproduction caractérisant des variants *déjà présents* dans le groupe – des variants apparus indépendamment du milieu dans lequel vit le groupe mais dont la survie et la reproduction sont influencées par cet environnement (Figure 21-1).

> **MESSAGE** Darwin proposa une nouvelle explication pour rendre compte du phénomène déjà reconnu de l'évolution. Il s'appuyait sur le fait que la population d'une espèce donnée comporte à un moment précis des individus présentant des caractères variables. La population de la génération suivante contiendra à une fréquence plus élevée les types qui survivent et se reproduisent avec le plus de succès dans les conditions environnementales existantes. De ce fait, les fréquences des différents types présents dans l'espèce se modifieront au cours du temps.

Il existe une ressemblance évidente entre le processus d'évolution tel qu'il fut décrit par Darwin et celui par lequel l'agronome ou l'éleveur améliore une plante cultivée ou un animal domestique. L'agronome choisit les plantes au plus haut rendement dans la population existante et (autant que possible) les utilise comme parents de la génération suivante. Si les caractères responsables du rendement élevé sont héréditaires, alors la génération suivante devrait produire des plantes de rendement plus élevé. Ce n'est pas par hasard que Darwin choisit le terme de **sélection naturelle** pour décrire son modèle d'évolution sur la base des taux différentiels de reproduction des variants présents dans la population. Il avait à l'esprit comme modèle de ce processus d'évolution, la sélection exercée par les agronomes ou les éleveurs sur des générations successives de plantes et d'animaux domestiques.

Nous pouvons résumer la théorie de l'évolution par la sélection naturelle de Darwin en trois principes :

1. *Le principe de variation.* Parmi les individus de toute population, il existe une variation concernant aussi bien la morphologie, la physiologie, que le comportement.

2. *Le principe d'hérédité.* Des descendants ressemblent davantage à leurs parents qu'à des individus non apparentés.

3. *Le principe de sélection.* Certains types réussissent mieux que d'autres à survivre et à se reproduire dans un milieu donné.

En d'autres termes, la sélection ne peut modifier la composition d'une population que si celle-ci présente des variations sur lesquelles la sélection peut s'exercer. Si tous les individus sont identiques, aucune différence dans leur capacité de reproduction ne peut modifier la structure de la population à laquelle ils appartiennent. En outre, pour que les différences de reproduction puissent modifier la constitution génétique de la population, la variation doit être au moins partiellement transmissible. Si des animaux de grande taille produisent au sein de la population davantage de descendants que ceux de petite taille, mais que leur descendance n'est en moyenne pas plus grande que celle des animaux de petite taille, aucun changement dans la composition de la population ne pourra se produire d'une génération à l'autre. En dernier lieu, si tous les types de variants engendrent en moyenne le même nombre de descendants, on peut s'attendre à ce que la population demeure inchangée.

> **MESSAGE** Les principes darwiniens concernant la variation, l'hérédité et la sélection doivent être vérifiés pour qu'il puisse y avoir une évolution par un mécanisme de variation.

L'explication darwinienne de l'évolution doit pouvoir rendre compte de deux aspects différents de l'histoire de la vie. Le premier est la succession de changements de formes et de fonctions qui se produisent dans une lignée de descendants continue dans le temps : c'est l'**évolution phylogénique**. La Figure 21-2 montre un changement continu de ce type durant une période de 40 millions d'années, qui porte sur la taille et la courbure de la moitié gauche de la coquille de l'huître *Gryphea*. Le second aspect est la **diversification** qui se produit entre les espèces : dans l'histoire de la vie sur Terre, de nombreuses espèces contemporaines distinctes ont adopté des formes et des modes de vie très différents. La Figure 21-3 montre certaines formes de mollusques bivalves qui ont existé à différents moments au cours des 300 derniers millions d'années. Chaque espèce finit par disparaître et plus de 99,9 % de toutes les espèces ayant existé à un moment ou à un autre ont déjà disparu. Pourtant, le nombre d'espèces et la diversité de leurs formes et de leurs fonctions ont augmenté au cours du dernier milliard d'années. Les espèces ne doivent donc pas seulement changer, elles doivent aussi donner naissance à des espèces nouvelles et différentes au cours de l'évolution.

Ces deux processus – l'évolution phylogénique et la diversification – sont les conséquences de la variation héréditaire au sein des populations. La variation héréditaire constitue le matériel de base pour les changements successifs au sein d'une espèce et pour la multiplication d'espèces nouvelles. Les mécanismes élémentaires de ces changements (traités au Chapitre 19) sont l'origine d'une nouvelle variation par mutations et réarrangements chromosomiques, le changement des fréquences alléliques au sein de la population par la sélection et les processus aléatoires, la divergence entre des populations distinctes en raison d'une différence des

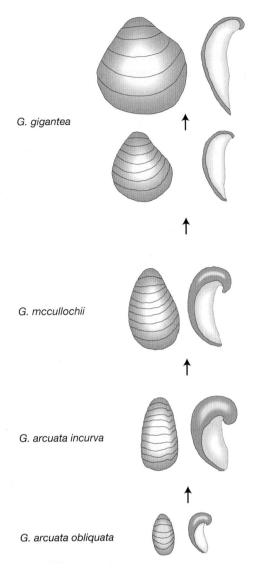

G. gigantea

G. mccullochii

G. arcuata incurva

G. arcuata obliquata

Figure 21-2 Les changements dans la taille et la courbure de la coquille chez le mollusque bivalve *Gryphaea* au cours de son évolution phylétique lors du jurassique inférieur. Seule la partie gauche de la coquille est représentée. Dans chaque cas, l'arrière de la coquille et une coupe longitudinale de celle-ci sont illustrés. [D'après A. Hallam, « Morphology, Palaeoecology and Evolution of the Genus *Gryphaea* in the British Lias », *Philosophical Transactions of the Royal Society of London Series B* 254, 1968, 124.]

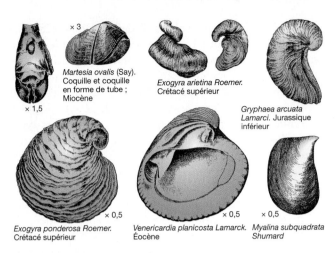

Martesia ovalis (Say). Coquille et coquille en forme de tube ; Miocène × 1,5 × 3

Exogyra arietina Roemer. Crétacé supérieur

Gryphaea arcuata Lamarci. Jurassique inférieur

Exogyra ponderosa Roemer. Crétacé supérieur × 0,5

Venericardia planicosta Lamarck. Éocène × 0,5

Myalina subquadrata Shumard × 0,5

Figure 21-3 Différentes formes de coquilles de mollusques bivalves apparues au cours des 300 derniers millions d'années d'évolution. [D'après C. L. Fenton et M. A. Fenton, *The Fossil Book*, Doubleday, 1958.]

21.1 Une synthèse des forces : la variation et la divergence des populations

Lorsque Darwin arriva aux Iles Galapagos en 1835, il découvrit un groupe remarquable de pinsons (ou géospizes) qui constituait un cas très intéressant pour l'élaboration de sa théorie de l'évolution. L'archipel des Galapagos est un groupe de 29 îles et îlots de différentes tailles, situés sur la ligne de l'équateur à 600 milles environ des côtes de l'Équateur. Les pinsons se nourrissent généralement de graines et possèdent des becs robustes pour casser les enveloppes épaisses de ces graines. La Figure 21-4 présente les 13 espèces de pinsons des Galapagos. Les espèces des Galapagos, bien que pinsons sans aucun doute, présentent une immense variation quant à la forme de leur bec et leur comportement, qui correspondent à leurs sources de nourritures. Par exemple, le pinson végétarien utilise son bec lourd pour manger des fruits et des feuilles, le pinson insectivore possède un bec avec une extrémité pointue pour manger de gros insectes et, le plus remarquable d'entre tous, le pivert, saisit une petite branche dans son bec et s'en sert pour creuser des trous dans les troncs des arbres afin d'y rechercher les insectes qu'il mange. Cette diversité d'espèces est apparue à partir d'une population initiale de pinsons granivores, originaires d'Amérique du Sud, qui s'établirent dans les Galapagos et colonisèrent ces îles. Les descendants des oiseaux d'origine gagnèrent les diverses îles et les différentes parties des îles de grande taille et formèrent des populations locales qui divergèrent les unes des autres pour finir par former des espèces distinctes. Les pinsons illustrent les deux aspects de l'évolution qui doivent être expliqués. Comment une espèce originelle possédant un ensemble particulier de caractéristiques peut-elle donner naissance à plusieurs autres espèces, chacune avec sa propre morphologie et sa propre fonction ? Comment les caractéristiques des espèces s'adaptent-elles si bien aux

forces de sélection ou de la dérive génétique, et enfin la diminution de la variation entre les populations à la suite de migrations. Ces mécanismes de base permettent d'établir un ensemble de principes gouvernant les changements dans la composition génétique des populations. L'application de ces principes de génétique des populations fournit une théorie génétique détaillée de l'évolution.

> **MESSAGE** L'évolution au sens darwinien est la conversion de la variation héréditaire entre les individus au sein des populations, en différences héréditaires entre des populations dans le temps et l'espace, par les mécanismes de la génétique des populations.

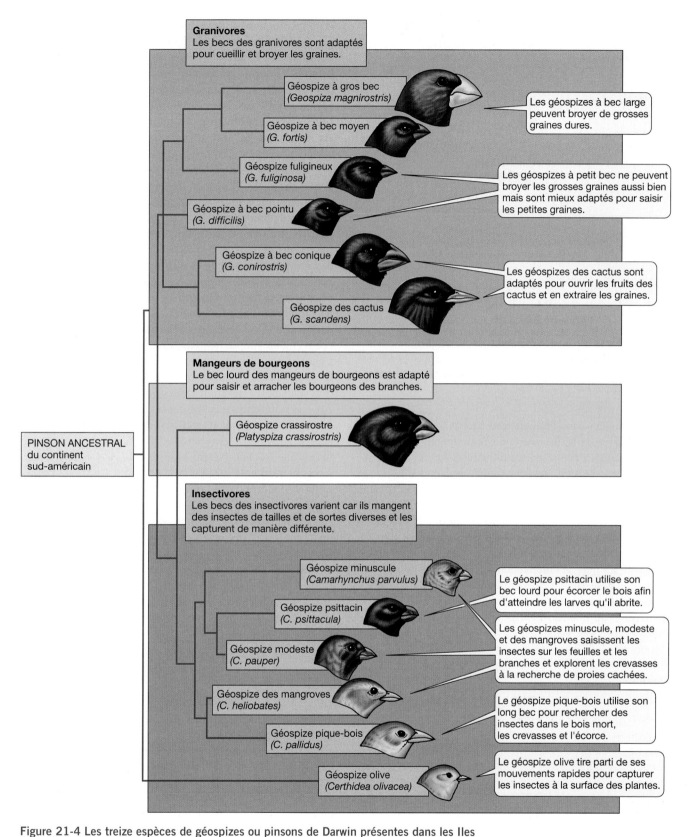

Figure 21-4 Les treize espèces de géospizes ou pinsons de Darwin présentes dans les Iles Galapagos. [D'après W. K. Purves, G. H. Orians et H. C. Heller, *Life : The Science of Biology*, 4ᵉ éd. Sinauer Associates/W. H. Freeman, 1995, Figure 20.3, p 450.]

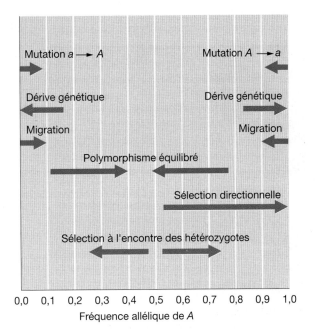

Figure 21-5 Les effets de différentes forces de l'évolution sur la fréquence des gènes. Les flèches bleues indiquent une tendance vers une augmentation de la variation dans la population, les flèches rouges, une diminution.

environnements dans lesquels elles vivent ? Ces problèmes sont à l'origine de la *diversité* et de l'*adaptation*.

Au cours de l'évolution, les différentes forces : mutation, migration et sélection, agissent toutes de façon simultanée dans la population. Nous allons voir de quelle façon ces forces, travaillant de concert, façonnent la constitution génétique des populations pour produire à la fois des variations au sein des populations locales et des différences entre elles.

La variation génétique au sein des populations et entre elles est le résultat de l'interaction des différentes forces évolutives que nous venons de mentionner (Figure 21-5). Généralement, comme le montre le Tableau 21-1, les forces qui augmentent ou maintiennent la variation au sein des populations empêchent généralement celles-ci de se différencier

les unes des autres, alors que la divergence des populations provient des forces qui tendent à rendre chaque population homozygote. Donc, la dérive génétique (ou l'endogamie) conduit à l'homozygotie tout en amenant différentes populations à diverger. Cette tendance à la divergence et à l'homozygotie est contrecarrée par le flux constant de mutation et de migration entre les populations, qui réintroduit la variation dans celles-ci et maintient la ressemblance entre elles.

Considérons le cas d'un locus génétiquement variable avec deux allèles A et a de fréquences p et $1 - p$ respectivement dans une population de grande taille. Supposons qu'un groupe de populations vivant sur des îles isolées ait été fondé par des immigrants issus de cette population unique. Les fondateurs de chaque population sont de petits échantillons de la population initiale et diffèrent donc les uns des autres par leurs fréquences alléliques en raison des effets de l'échantillonnage au hasard. On appelle cette variation initiale, l'**effet fondateur**. Dans les générations suivantes, en raison de la dérive génétique aléatoire dans chaque population, il y a un changement supplémentaire des fréquences alléliques. La fréquence de chacun de ces allèles tend soit vers 1, soit vers 0 dans chaque population, mais la fréquence allélique moyenne dans l'ensemble de ces populations reste constante. Au cours du temps, les fréquences géniques parmi les populations divergent et certaines deviennent fixées pour l'un des allèles. Après $4N$ générations, 80 % des populations sont fixées, une fraction p étant homozygote A/A et une fraction $1 - p$, homozygote a/a. En fin de compte, toutes les populations deviendront fixées pour A/A ou a/a dans ces proportions.

Le processus de différenciation par endogamie au sein de populations insulaires est lent, mais pas à l'échelle de l'évolution ni du temps géologique. Si une île peut contenir, disons 10 000 rongeurs d'une espèce, après 20 000 générations (environ 7 000 ans en supposant trois générations par an), la population sera homozygote pour environ la moitié de tous les locus qui étaient initialement à leur maximum d'hétérozygotie. En outre, cette population insulaire se

TABLEAU 21-1   L'augmentation (+) ou la diminution (−) de la variation due aux forces de l'évolution au sein ou entre des populations.

Force	Variation au sein des populations	Variation entre les populations
Consanguinité ou dérive génétique	−	+
Mutation	+	−
Migration	+	−
Sélection directionnelle	−	+ / −
Équilibrée	+	−
Incompatible	−	+

différenciera d'autres populations insulaires similaires de deux manières : (1) des locus déjà fixés dans cette île continueront à ségréger dans de nombreuses autres îles ou seront fixés pour un allèle différent et (2) les locus qui continuent à ségréger dans toutes les populations insulaires présenteront une fréquence allélique variable d'une île à l'autre.

N'importe quelle population appartenant à une espèce est limitée en taille, de sorte que toutes les populations devraient finalement devenir homozygotes et se différencier les unes des autres, à la suite du phénomène de consanguinité. Toute variation devrait donc disparaître et l'évolution devrait ainsi s'arrêter. Dans la nature cependant, de nouvelles variations sont constamment introduites dans les populations, par mutation et migration. On peut en déduire que la variation réellement disponible pour la sélection naturelle résulte d'un équilibre entre l'introduction d'une variation nouvelle et sa perte par endogamie. Nous avons vu au Chapitre 19 que le taux de diminution de l'hétérozygotie dans une population isolée est de $1/(2N)$ par génération, de sorte que toute différenciation entre populations due à la dérive génétique sera annulée si une nouvelle variation y est introduite à ce taux ou à un taux supérieur. Soit m le taux d'immigration dans une population donnée et μ le taux de mutations créatrices de nouveaux allèles, une population maintiendra approximativement (à un ordre de grandeur près) la majorité de son hétérozygotie et ne se différenciera pas beaucoup d'autres populations par consanguinité si

$$m \geq \frac{1}{N} \quad \text{ou} \quad \mu \geq \frac{1}{N}$$

ou si

$$Nm \geq 1 \quad \text{ou} \quad N\mu \geq 1$$

Pour des populations de taille intermédiaire et même relativement grande, il est peu probable que $N\mu \geq 1$. Par exemple, si la taille d'une population est de 100 000 individus, pour empêcher la perte de variation, le taux de mutation doit être supérieur à 10^{-5}, ce qui constitue un taux élevé parmi les taux connus de mutations, bien qu'il en existe des exemples. Par ailleurs, un taux de migration de 10^{-5} par génération n'est pas inconcevable. En fait,

$$m = \frac{\text{nombre d'immigrants}}{\text{taille de la population totale}} = \frac{\text{nombre d'immigrants}}{N}$$

Donc, la nécessité que $Nm \geq 1$ équivaut à la nécessité que

$$Nm = N \times \frac{\text{nombre d'immigrants}}{N} \geq 1$$

ou que

$$\text{nombre d'immigrants} \geq 1$$

quelle que soit la taille de la population. Dans de nombreuses populations, l'immigration de plus d'un individu par génération est tout à fait concevable. Les populations humaines (même les tribus isolées) ont un taux d'immigration plus élevé que cette valeur minimale. C'est pour cela que chez l'homme, on ne connaît aucun locus pour lequel un allèle soit fixé dans certaines populations et un autre allèle fixé dans d'autres populations.

Les effets de la sélection sont plus variés que ceux de la dérive génétique, car la sélection peut entraîner ou non une population vers l'homozygotie. La **sélection directionnelle** entraîne une population vers l'homozygotie en rejetant la plupart des nouvelles mutations au fur et à mesure de leur apparition, mais occasionnellement (si la mutation est favorable) en répandant un nouvel allèle au sein de la population pour créer un nouvel état homozygote. Qu'une telle sélection directionnelle induise ou non la différenciation des populations dépend à la fois de l'environnement et d'événements fortuits. Deux populations établies dans des milieux très similaires peuvent être maintenues semblables d'un point de vue génétique par la sélection directionnelle, mais si des différences entre milieux existent, la sélection peut amener les populations à des constitutions distinctes.

La plupart du temps, la sélection favorisant les hétérozygotes (la **sélection équilibrée**) maintiendra des polymorphismes plus ou moins similaires dans les différentes populations. Toutefois, si les milieux sont suffisamment différents, les populations présenteront alors quelques divergences. La sélection à l'encontre des hétérozygotes exerce l'effet inverse de la sélection équilibrée et produit des équilibres instables. Une telle sélection conduira à l'apparition d'homozygotie et à une divergence entre les populations.

21.2 Les sommets adaptatifs multiples

Il faut se garder d'avoir une vision simpliste des conséquences de la sélection. Au niveau du gène – ou même au niveau d'une partie du phénotype – il existe plusieurs résultats possibles pour la sélection d'un caractère déterminé dans un environnement donné. Une sélection destinée à modifier un caractère (disons, augmenter la taille) peut être menée à bien d'un grand nombre de manières. En 1952, F. Robertson et E. Reeve réussirent à changer par sélection, la taille des ailes dans deux populations différentes de drosophile. Toutefois, dans l'un des cas, c'est le *nombre* des cellules de l'aile qui fut modifié, tandis que dans l'autre, le changement portait sur la *taille* des cellules des ailes. Deux génotypes différents avaient été sélectionnés, tous deux aboutissant à un changement de la taille des ailes. C'est l'état initial de la population au moment où fut exercée la pression de sélection qui détermina le type de sélection mis en œuvre.

La façon dont la même sélection peut aboutir à des résultats différents peut être illustrée par un cas d'école simple. Supposons que la variation de deux locus (habituellement, ils sont bien plus nombreux) influence un caractère et que (dans un environnement donné) les phénotypes intermédiaires aient la valeur adaptative la plus élevée. (Par exemple, les nouveau-nés ont une plus grande chance de survie s'ils ne sont ni trop petits, ni trop grands.) Si tous les allèles influencent le phénotype d'une façon simple, alors les trois génotypes *AB/ab*, *Ab/Ab*, et *aB/aB* auront une valeur adaptative élevée parce qu'ils sont tous intermédiaires du point de vue du phénotype. Par contre, les doubles homozygotes *AB/AB* et *ab/ab* se caractériseront par une valeur adaptative très faible. Quel sera le résultat de la sélection? On peut prédire les résultats en utilisant la valeur adaptative moyenne $\overline{W}$ d'une population. Comme nous l'avons montré auparavant, la sélection agit dans les cas les plus simples, généralement en augmentant $\overline{W}$. Donc, en calculant $\overline{W}$ pour chaque combinaison possible de fréquences de gènes dans les deux locus, nous pouvons déterminer les combinaisons qui conduiront aux valeurs les plus élevées de $\overline{W}$. Dès lors, nous devrions pouvoir prédire le cours de la sélection en suivant une courbe d'accroissement de $\overline{W}$.

La surface des valeurs adaptatives moyennes pour toutes les combinaisons possibles de fréquences alléliques est appelée **surface adaptative** ou **paysage adaptatif** (Figure 21-6). La figure ressemble à une carte topographique. La fréquence de l'allèle *A* d'un locus est portée sur l'un des axes et la fréquence de l'allèle *B* de l'autre locus est portée sur l'autre axe. La hauteur au-dessus du plan (indiquée par les courbes topographiques) donne la valeur de $\overline{W}$ que la population aurait pour une combinaison particulière des fréquences de *A* et de *B*. D'après la règle de l'accroissement de la valeur adaptative, la sélection devrait conduire la population d'une «vallée» à basse valeur adaptative vers un «sommet» à valeur adaptative élevée. Cependant, la Figure 21-6 comporte deux sommets adaptatifs, correspondant à une population fixée *Ab/Ab* et à une autre population fixée *aB/aB*, séparés par une vallée

adaptative. Le sommet qu'atteindra la population – et donc sa composition génétique finale – dépend de la position de la composition génétique initiale de la population, d'un côté ou de l'autre de «la piste» (en pointillés sur la figure).

> **MESSAGE** Dans des conditions identiques de sélection naturelle, deux populations peuvent parvenir à des compositions génétiques distinctes du seul fait de la sélection naturelle.

Il est important de noter que rien dans la théorie de la sélection n'implique que les différents sommets adaptatifs aient la même hauteur. La cinétique de la sélection est telle que $\overline{W}$ augmente, mais qu'elle n'atteindra pas nécessairement le plus haut sommet possible du point de vue des fréquences géniques. Supposons par exemple qu'une population soit près du sommet *aB/aB* dans la Figure 21-6 et que ce sommet soit plus bas que le sommet *Ab/Ab*. La sélection ne peut mener à elle seule la population vers *Ab/Ab*, car cela exigerait une diminution temporaire de $\overline{W}$ lors de la descente de la population le long de la pente *aB/aB*, sa traversée du fond de la vallée et sa remontée le long de l'autre pente. Or, la force de sélection a la vue courte. Elle conduit la population jusqu'à un maximum *local* de $\overline{W}$ du point de vue des fréquences géniques – et non jusqu'à un maximum *global*.

L'existence de sommets adaptatifs multiples pour un processus de sélection indique que certaines des différences entre espèces sont les conséquences de l'histoire et non de l'environnement de ces espèces. Par exemple, le rhinocéros africain possède deux cornes alors que le rhinocéros indien n'en a

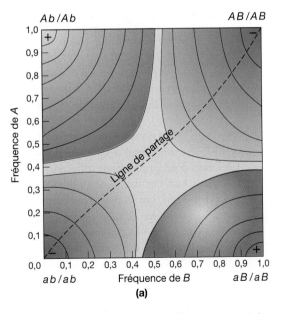

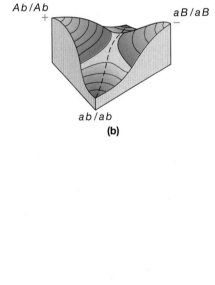

Figure 21-6 Un «paysage adaptatif» comportant deux sommets adaptatifs (en rouge), deux vallées adaptatives (en bleu) et un col topographique au centre du paysage. Les courbes topographiques sont des lignes de même valeur adaptative moyenne. Si la constitution génétique d'une population change toujours de façon telle que la population «grimpe» dans le paysage (pour augmenter la valeur adaptative), alors la constitution finale dépendra du point de départ de la population par rapport à la ligne de partage (en pointillés). (a) Une carte topographique du paysage adaptatif. (b) Un dessin en perspective de la surface décrite sur la carte.

qu'une. Ce n'est pas la peine d'essayer d'expliquer pourquoi le fait d'avoir deux cornes dans les plaines africaines est supérieur au fait de n'en avoir qu'une seule en Inde. Il est bien plus plausible que la présence de deux cornes relativement longues et minces ou d'une corne courte et trapue constituent simplement des caractéristiques adaptatives alternatives et qu'un accident historique a différencié les espèces. L'explication des adaptations par la sélection naturelle n'implique pas nécessairement que chaque différence entre espèces doive être considérée comme une différence adaptative.

L'exploration des sommets adaptatifs

Les forces sélectives et aléatoires ne devraient pas être considérées comme de simples antagonistes. La dérive génétique peut contrecarrer la pression de sélection, mais peut également la renforcer. Le processus évolutif est la résultante de l'exercice simultané de ces deux forces. La Figure 21-7 illustre ces possibilités. Remarquez la présence de plusieurs sommets adaptatifs dans ce paysage. En raison de la dérive génétique, une population soumise à la sélection ne parvient pas à un sommet adaptatif de façon régulière. Au contraire, elle entreprend un parcours irrégulier entre les fréquences de gènes, comme un alpiniste privé d'oxygène. Le chemin I symbolise l'histoire d'une population dans laquelle l'adaptation a échoué. Les variations aléatoires de la fréquence génique ont été suffisamment importantes pour fixer un génotype inadapté dans la population. Dans toute population, une certaine proportion des locus sont fixés avec un allèle sélectivement défavorable puisque l'intensité de la sélection est insuffisante pour surmonter la dérive génétique entraînant la fixation. L'existence

de sommets adaptatifs multiples et la fixation au hasard d'allèles moins adaptés sont des composantes à part entière du processus évolutif. On ne peut pas compter sur la sélection naturelle pour produire le meilleur des mondes possible.

Le chemin II dans la Figure 21-7 à l'inverse, montre de quelle façon la dérive génétique peut améliorer l'adaptation. La population était initialement dans la sphère d'influence du sommet adaptatif inférieur ; toutefois, par une fluctuation aléatoire de la fréquence génique, sa constitution a franchi le col adaptatif et la population s'est vue capturée par le sommet adaptatif supérieur, plus abrupt. Ce passage d'un état adaptatif inférieur à un état stable plus élevé n'aurait jamais pu se produire par sélection dans une population à effectif illimité, puisque par la seule sélection, $\overline{W}$ ne pourrait jamais décroître temporairement de façon à passer d'une pente à l'autre.

Une autre source importante d'incertitude dans le résultat d'un long processus de sélection est le caractère aléatoire de l'apparition des mutations. Après l'augmentation de la variation génétique initiale par la fixation des allèles due à la sélection et au hasard, une nouvelle variation due à l'apparition de mutations peut provoquer d'autres changements évolutifs. Le sens de cette évolution dépend des mutations qui se produisent et de l'ordre dans lequel elles apparaissent. Une illustration très claire du caractère inattendu du processus évolutif au cours du temps est l'expérience de sélection menée par H. Wichman et ses collègues pour permettre au bactériophage ΦX174 de se reproduire à des températures élevées, dans l'hôte *Salmonella typhimurium* au lieu de son hôte habituel *Escherichia coli*. Deux lignées indépendantes du point de vue de la sélection furent établies et appelées TX et ID. Toutes deux évoluèrent du point de vue de leur capacité de reproduction à des températures élevées dans le nouvel hôte. L'une des deux lignées conserva la capacité de se reproduire dans *E. coli* mais l'autre la perdit. Le bactériophage possède seulement 11 gènes et les changements successifs dans l'ADN de tous ces gènes et dans les protéines qu'ils codent furent suivis au cours du processus de sélection. Il y eut 15 changements dans l'ADN de la souche TX, touchant 6 gènes et 14 changements dans la souche ID, touchant 4 gènes. Dans 7 cas seulement, les changements (y compris une délétion importante) dans les deux souches étaient identiques mais même alors, ces changements apparaissaient dans un ordre différent dans les deux lignées. Ainsi par exemple, le changement au niveau du site 1533 de l'ADN, provoquant la substitution d'une thréonine par une isoleucine, était le troisième changement dans la souche ID, mais le quatorzième dans la souche TX.

21.3 L'héritabilité de la variation

Pour pouvoir reconstituer ou prédire l'évolution, il est nécessaire que la variation phénotypique soit héréditaire. Il est facile d'imaginer des théories sur les avantages sélectifs potentiels d'une forme ou d'une autre de caractère, mais il est autrement plus difficile de montrer que la variation dans le caractère correspond à des différences de génotypes (voir le Chapitre 20).

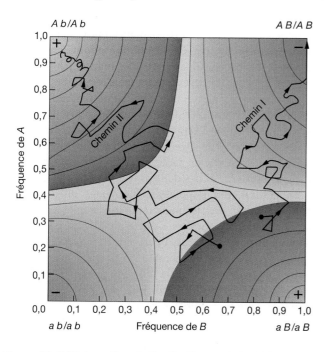

Figure 21-7 L'interaction de la sélection et de la dérive génétique. La sélection et la dérive génétique peuvent interagir pour produire différents changements dans la fréquence des gènes, dans un paysage adaptatif. Sans dérive génétique, les deux populations auraient évolué vers *aB/aB* sous l'effet de la seule sélection.

On ne devrait pas supposer que tous les caractères variables sont héréditaires. Certains caractères métaboliques (tels que la résistance à des concentrations salines élevées chez la drosophile) présentent une variation individuelle mais ne sont pas héréditaires. En général, les caractères comportementaux ont des héritabilités plus faibles que les caractères morphologiques, en particulier chez les organismes possédant des systèmes nerveux complexes, dont le système nerveux central présente une grande flexibilité individuelle. Avant de pouvoir émettre un jugement sur l'évolution d'un caractère quantitatif donné, il est essentiel de déterminer s'il y a une variance génétique pour celui-ci, dans la population dont on prédit l'évolution. Par conséquent, les idées selon lesquelles des caractères dans l'espèce humaine tels que la performance aux tests de QI, le tempérament et l'organisation sociale sont en cours d'évolution ou ont évolué à des époques déterminées de l'histoire de l'homme, dépendent fortement de l'existence de preuves d'une variation génétique de ces caractères. Réciproquement, les caractères qui semblent parfaitement invariants dans une espèce peuvent néanmoins évoluer.

L'une des découvertes les plus importantes en génétique de l'évolution a été celle d'une variation génétique importante, sous-jacente à des caractères dépourvus de variation morphologique. On les appelle des **caractères canalisés** car le stade ultime de leur développement est maintenu dans des limites étroites, en dépit de forces perturbatrices. Des phénotypes distincts pour des caractères canalisés ont un phénotype constant dans la gamme habituelle d'environnements de l'espèce. Les différences génétiques apparaissent lorsque l'on place les organismes dans un environnement perturbateur ou lorsqu'une mutation grave atteint le système développemental. Par exemple, toutes les drosophiles de type sauvage possèdent exactement quatre soies dures (Figure 21-8). Si le mutant récessif *scute* est présent, le nombre de soies est inférieur, mais on observe également une variation d'une mouche à l'autre. Cette variation est héréditaire. Elle va de zéro ou une soie dans certaines lignées à trois ou quatre soies si l'on sélectionne des mouches portant la mutation *scute*. Lorsque l'on supprime la mutation, ces lignées ont alors deux et six soies, respectivement. Des expériences similaires ont été réalisées en utilisant des environnements très perturbateurs à la place des mutants. Cette variation génétique cachée a entre autres conséquences le fait qu'un caractère phénotypiquement uniforme dans une espèce peut néanmoins subir une évolution rapide si un environnement perturbateur révèle la variation génétique.

21.4 La variation au sein des populations et entre elles

Nous avons décrit au Chapitre 19 l'existence d'une variation génétique au sein des populations, au niveau de la morphologie, du caryotype, des protéines et de l'ADN. La conclusion générale est la suivante : environ un tiers de tous les locus codant des protéines sont polymorphes et toutes les classes d'ADN, y compris les exons, les introns, les séquences régulatrices et les séquences flanquantes présentent une diversité nucléotidique d'un individu à l'autre au sein des populations. Plusieurs de ces exemples présentent également des différences dans les fréquences des génotypes entre les populations (voir Tableaux 19-1 à 19-3, et 19-5). Les niveaux relatifs de variation au sein des populations et entre elles varient d'une espèce à l'autre et dépendent à la fois de l'histoire de ces espèces et de leur environnement. Chez l'homme, les fréquences de certains gènes (par exemple, ceux déterminant la couleur de la peau ou la nature des cheveux) diffèrent manifestement entre les populations et les groupes géographiques importants. Si toutefois on considère individuellement les gènes de structure en les caractérisant par immunologie ou par électrophorèse plutôt que par ces caractères phénotypiques externes, la situation s'avère différente. Le Tableau 21-2 présente les trois locus pour lesquels les Caucasiens, les Africains et les Asiatiques sont connus comme étant les plus différents les uns des autres (les groupes sanguins Duffy et Rhésus et l'antigène P). Même dans le cas des locus les plus divergents, aucune des populations géographiques de grande taille n'est homozygote pour un allèle qui serait absent des deux autres populations.

En général, des populations humaines différentes se caractérisent par des fréquences relativement semblables pour des gènes polymorphes. L'étude du polymorphisme des groupes sanguins, des locus d'enzymes et des polymorphismes de l'ADN dans différentes populations humaines a montré qu'environ 85 % de la diversité génétique humaine totale sont portés par des individus au sein d'une même population, que près de 6 % sont associés à des populations locales au sein de chacune des principales populations géographiques et que les 9 % restants sont responsables des différences entre les principales populations géographiques. Il est clair que les gènes associés à la couleur de la peau, la nature des cheveux et la forme du visage, qui sont bien différenciés parmi les populations, ne représentent pas un échantillon aléatoire de locus de gènes de structure.

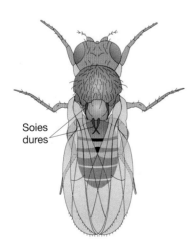

Figure 21-8 Les soies dures de la drosophile adulte, colorées en bleu. Il s'agit d'un exemple de caractère canalisé ; toutes les drosophiles de type sauvage possèdent quatre soies dures dans un très grand nombre d'environnements.

Soies dures

TABLEAU 21-2	Des exemples de différenciation extrême entre des fréquences alléliques de groupes sanguins dans trois grands types de populations géographiques.			

		Population géographique		
Gène	Allèle	Caucasien	Africain	Asiatique
Duffy	Fy	0,0300	0,9393	0,0985
	Fy^a	0,4208	0,0000	0,9015
	Fy^b	0,5492	0,0607	0,0000
Rhésus	R_0	0,0186	0,7395	0,0409
	R_1	0,4036	0,0256	0,7591
	R_2	0,1670	0,0427	0,1951
	r	0,3820	0,1184	0,0049
	r'	0,0049	0,0707	0,0000
	Autres	0,0239	0,0021	0,0000
Antigène P	P_1	0,5161	0,8911	0,1677
	P_2	0,4839	0,1089	0,8323

Source: un résumé est disponible dans L. L. Cavalli-Sforza & W. F. Bodmer, *The Genetics of Human Populations* (W. H. Freeman and Company, 1971), pp. 724–731. Voir L. L. Cavalli-Sforza, P. Menozzi et A. Piazza, *The History and Geography of Human Genes* (Princeton University Press, 1994), pour des données détaillées.

21.5 Le processus de spéciation

Lorsque nous observons le monde vivant, nous voyons que les organismes sont généralement rassemblés en groupes au sein desquels ils ont une ressemblance plus ou moins étroite, mais qui se différencient nettement des autres groupes. Un examen approfondi des frères et sœurs d'une drosophile montrera d'une mouche à l'autre des différences du nombre de soies, de la taille de l'œil et des détails des motifs colorés. Malgré cela, un entomologiste n'aura aucun mal à distinguer une mouche *Drosophila melanogaster* d'une mouche *Drosophila pseudoobscura* par exemple. On ne voit jamais de mouche intermédiaire entre ces deux types. À l'évidence, du moins dans la nature, il n'y a jamais de croisement entre ces deux formes. On appelle **espèce**, un groupe d'organismes capables d'échanger des gènes au sein de leur groupe mais incapables de le faire avec d'autres groupes. Il peut exister au sein d'une espèce, des populations locales qui se distinguent facilement l'une de l'autre en raison de caractères phénotypiques particuliers, mais elles peuvent cependant facilement échanger leurs gènes. Ainsi, il nous est facile à tous de distinguer un Sénégalais «type» d'un Suédois «type», mais ces personnes peuvent s'unir et avoir des enfants. Il y a d'ailleurs eu de nombreuses unions de ce type en Amérique du Nord ces 300 dernières années, ce qui a créé un nombre très important de personnes présentant des degrés intermédiaires entre ces deux populations géographiques. Ce ne sont pas des espèces séparées. En général, il existe des différences dans la fréquence de divers gènes dans des populations géographiques distinctes au sein d'une même espèce, c'est pourquoi la désignation d'une population donnée comme race distincte est arbitraire et que le concept de race n'est plus guère utilisé en biologie.

> **MESSAGE** Une espèce est un groupe d'organismes qui peuvent échanger des gènes entre eux mais sont génétiquement incapables dans la nature d'échanger des gènes avec d'autres groupes comparables. Une race géographique est une population locale qui se distingue par son phénotype au sein d'une espèce et qui est capable d'échanger des gènes avec d'autres races géographiques de la même espèce. Puisque quasiment toutes les populations géographiques se distinguent les unes des autres par les fréquences de certains de leurs gènes, le concept de race géographique ne correspond à aucune distinction biologique claire.

Toutes les espèces qui existent actuellement sont apparentées les unes aux autres par des ancêtres communs à différents moments de leur évolution. Ceci signifie que chacune des espèces s'est séparée d'une espèce préexistante et s'est distinguée génétiquement de sa lignée ancestrale. Dans certaines circonstances extraordinaires, la création d'un tel groupe génétiquement isolé peut résulter d'une mutation unique, mais le porteur de cette mutation devrait être capable d'autofécondation ou de reproduction végétative. De plus, cette mutation devrait rendre impossible tout croisement entre son porteur et l'espèce d'origine et permettre à la lignée nouvelle de rivaliser avec le groupe établi au préalable. Bien qu'ils ne soient pas impossibles, de tels événements doivent être rares.

Le plus souvent, les nouvelles espèces se forment à la suite d'un isolement géographique. Comme nous l'avons vu plus haut dans ce chapitre, ces populations divergeront génétiquement à la suite d'une combinaison unique de mutation, sélection et dérive génétique. Des migrations d'une population à l'autre empêcheront cependant une divergence trop importante. Comme on le voit à la page 685, même un seul immigrant par génération suffit à empêcher des populations de fixer l'un ou l'autre des allèles alternatifs, en raison de la seule dérive génétique. Même la sélection vers l'un des différents sommets adaptatifs ne provoquera pas de divergence complète à moins qu'il soit extrêmement élevé. Par conséquent, des populations qui divergent suffisamment pour former des espèces nouvelles incapables de se reproduire entre elles, doivent être quasiment totalement isolées les unes des autres par une sorte de frontière physique. Cet isolement nécessite presque toujours une séparation spatiale ou bien des obstacles naturels importants au passage des migrants, pour empêcher toute migration efficace. On dit de ces populations isolées géographiquement qu'elles sont **allopatriques**. La barrière isolante peut être par exemple un glacier de taille croissante au cours des différentes époques glaciaires, qui sépare une population distribuée uniformément auparavant, ou bien la dérive des continents qui se retrouvent séparés par de l'eau ou encore la colonisation rare d'îles éloignées des côtes. Le point critique réside dans le fait que ces barrières doivent rendre toute immigration ultérieure très rare. Si c'est le cas, les populations deviennent alors génétiquement indépendantes et continuent à diverger par mutation, sélection et dérive génétique. En dernier lieu, la différenciation génétique entre les populations devient si importante que la formation d'hybrides entre elles est impossible pour des raisons physiologiques, développementales ou comportementales, même si la séparation géographique était supprimée. Ces populations *biologiquement* isolées sont alors de nouvelles espèces, formées par le processus de **spéciation allopatrique**.

> **MESSAGE** La spéciation allopatrique résulte d'un isolement géographique et mécanique initial des populations qui empêche toute circulation de gènes entre elles, puis produit une divergence génétique des populations isolées suffisante pour rendre biologiquement impossible à l'avenir tout échange de gènes entre elles.

Il existe deux mécanismes biologiques d'isolement fondamentaux : les mécanismes prézygotiques d'isolement et les mécanismes post-zygotiques. Il y a **isolement prézygotique** lorsque deux espèces ne peuvent engendrer de zygotes. La raison de cet isolement peut être la période de reproduction à des moments différents de l'année pour deux espèces ou leurs milieux de vie distincts. Cet isolement peut également être dû au fait que les espèces n'éprouvent pas d'attirance sexuelle l'une pour l'autre ou que leurs appareils reproducteurs sont incompatibles ou encore que les gamètes mâles sont physiologiquement incompatibles avec les gamètes femelles.

On connaît de nombreux exemples de mécanismes d'isolement prézygotique chez les plantes et les animaux. Les deux espèces de pins qui poussent dans la péninsule du Monterey, *Pinus radiata* et *P. muricata*, répandent leur pollen, l'une en février et l'autre en avril et de ce fait, n'échangent pas de gènes l'une avec l'autre. Les signaux lumineux émis par les lucioles mâles pour attirer les femelles diffèrent par leur intensité et leur période d'émission d'une espèce à l'autre. Chez la mouche tsé-tsé, *Glossina*, des incompatibilités mécaniques provoquent des blessures graves voire mortelles si les mâles d'une espèce s'accouplent avec les femelles d'une autre espèce. Les pollens des diverses espèces de *Nicotiana*, le genre auquel appartient le tabac, ne germent pas ou ne poussent pas sur le style d'autres espèces. **L'isolement post-zygotique** est l'incapacité d'un zygote fécondé à fournir des gamètes aux générations futures. Les hybrides peuvent ne pas se développer ou avoir une valeur adaptative inférieure à celle des espèces parentales. Les hybrides peuvent également être totalement ou partiellement stériles. L'isolement post-zygotique est plus courant chez les animaux que chez les plantes, sans doute parce que le développement de nombreuses plantes est bien plus tolérant aux incompatibilités génétiques et aux variations chromosomiques. Lorsque des ovules de grenouille-léopard, *Rana pipiens* sont fécondés par des spermatozoïdes de grenouille des bois, *R. sylvatica*, les embryons ne réussissent pas à se développer. Les chevaux et les ânesses peuvent facilement être croisés pour produire des mulets, mais comme chacun le sait, ces hybrides sont stériles.

La génétique de l'isolement des espèces

En général, il est impossible d'effectuer une analyse génétique des mécanismes d'isolement de deux espèces, car par définition, on ne peut les croiser l'une avec l'autre. Il est possible en revanche, d'utiliser des espèces étroitement apparentées entre lesquelles le mécanisme d'isolement repose sur une stérilité ou une disparition partielle des hybrides. On peut alors analyser la descendance ségrégeante de la F$_2$ hybride ou les générations obtenues par croisement en retour, à l'aide de marqueurs génétiques ou de la technique de localisation de locus de caractères quantitatifs (QTL) décrite au Chapitre 20. De telles expériences de marquage réalisées sur d'autres espèces appartenant pour la plupart au genre *Drosophila* ont permis de conclure que les différences géniques responsables de la non viabilité des hybrides sont réparties plus ou moins équitablement sur tous les chromosomes et que, pour la stérilité des hybrides, il y a en plus un effet du chromosome X. Pour l'isolement sexuel ou comportemental, les résultats sont variables. Chez la drosophile, tous les chromosomes sont impliqués, mais chez les lépidoptères, les gènes sont localisés plus précisément, sans doute en raison de l'implication de phéromones spécifiques dont l'odeur est essentielle pour la reconnaissance de l'espèce. Le chromosome sexuel a un effet très important chez les papillons ; chez l'insecte mineur d'Europe par exemple, seuls trois locus dont l'un est sur le chromosome sexuel, sont à l'origine de l'isolement complet entre les populations de phéromones distinctes.

21.6 L'origine de nouveaux gènes

Il ne fait aucun doute que l'évolution est davantage que la substitution d'un allèle par un autre au niveau de locus de fonctions définies. De nouvelles fonctions sont apparues qui ont eu pour résultat de créer de nouveaux modes d'existence divergents. Un grand nombre de ces fonctions, comme le développement de l'oreille interne des mammifères à partir d'une transformation des maxillaires reptiliens, résultent de transformations continues de formes pour lesquelles il n'est pas nécessaire d'invoquer des gènes et des protéines entièrement nouveaux. En revanche, de nouveaux gènes et protéines sont nécessaires pour créer des innovations qualitatives comme la photosynthèse et les parois cellulaires chez les plantes, les protéines contractiles, les nouveaux types cellulaires ou tissulaires, les molécules d'oxygénation telles que l'hémoglobine, le système immunitaire, les cycles de détoxication chimique et les enzymes digestives. Les fonctions métaboliques plus anciennes ont dû être conservées alors que de nouvelles fonctions se sont développées, ce qui signifie que les gènes anciens devaient être préservés tandis que de nouveaux gènes avec de nouvelles fonctions devaient évoluer. D'où vient l'ADN susceptible d'acquérir de nouvelles fonctions?

La polyploïdie

L'un des processus de création d'un nouvel ADN est la duplication du génome complet par polyploïdisation, ce qui est bien plus courant chez les plantes que chez les animaux (Chapitre 15). La preuve du rôle majeur joué par les polyploïdes dans l'évolution des espèces végétales est décrite dans la Figure 21-9, qui montre la distribution des fréquences du nombre de chromosomes haploïdes parmi les espèces de plantes dicotylédones. Au-delà de 12 chromosomes, les nombres pairs sont bien plus courants que les nombres impairs – une conséquence de la polyploïdie fréquente.

Les duplications

La duplication de petites parties du génome est un deuxième processus permettant d'augmenter la quantité d'ADN. Une telle duplication peut se produire à la suite d'une réplication erronée de l'ADN. Une copie d'un élément transposable peut également provoquer l'insertion d'une partie du génome en une autre position (voir Chapitre 11). Après l'apparition d'un segment dupliqué, trois événements peuvent se produire: (1) il peut tout d'abord y avoir une augmentation de la synthèse du polypeptide codé; (2) la

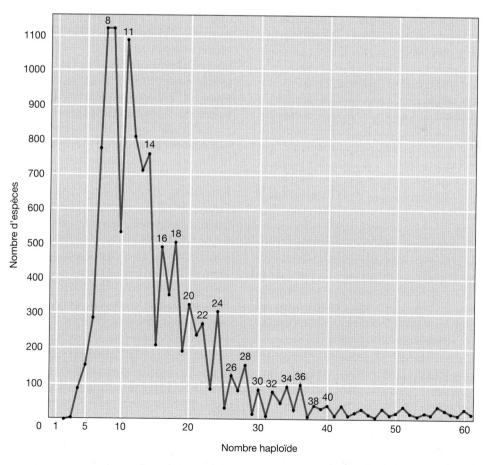

Figure 21-9 La distribution des fréquences du nombre haploïde de chromosomes dans des plantes dicotylédones. [D'après Verne Grant, *The Origin of Adaptations*, Columbia University Press, 1963.]

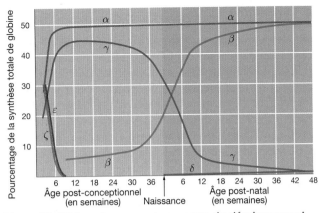

Figure 21-10 Les changements au cours du développement dans la synthèse des globines de type α et de type β qui constituent l'hémoglobine humaine.

α	ζ	β	γ	ε
α	58	42	39	37
ζ		34	38	37
β			73	75
γ				80

TABLEAU 21-3 Le pourcentage d'identité entre les séquences d'acides aminés des chaînes de globine humaine.

fonction générale de la séquence d'origine est conservée dans le nouvel ADN, mais une certaine différenciation des séquences apparaît à la suite d'une accumulation de mutations. On observe ainsi des variations sur le même thème protéique, ce qui permet la création d'une structure moléculaire un peu plus complexe ; ou (3) le nouveau segment peut diverger de façon plus marquée et adopter une fonction entièrement nouvelle.

Le deuxième cas est un exemple classique de l'ensemble des duplications et divergences géniques à l'origine de la production de l'hémoglobine humaine. L'hémoglobine adulte est un tétramère constitué de deux chaînes polypeptidiques α et de deux chaînes β, chacune fixant une molécule d'hème. Le gène codant la chaîne α est situé sur le chromosome 16 et le gène de la chaîne β, sur le chromosome 11. Pourtant, les deux chaînes présentent 49 % d'identité de leurs séquences d'acides aminés, ce qui indique clairement une origine commune. Toutefois, chez les fœtus et jusqu'à la naissance, environ 80 % des chaînes β sont remplacées par une molécule apparentée, la chaîne γ. Ces chaînes polypeptidiques β et γ présentent une identité de 75 %. De plus, le gène de la chaîne γ est proche du gène de la chaîne β sur le chromosome 11 et possède une structure intron-exon identique. Ce changement développemental dans la synthèse de globine appartient à un groupe plus vaste de changements développementaux, présentés dans la Figure 21-10. L'embryon au stade précoce possède des chaînes α, γ, ε et ζ et, au bout de 10 semaines environ, les chaînes ε et ζ sont remplacées par des chaînes α, β et γ. Peu après la naissance, les chaînes β remplacent les chaînes γ et une faible quantité d'une sixième espèce de globine, δ, est produite.

Le Tableau 21-3 indique le pourcentage d'identité des acides aminés de ces chaînes. La Figure 21-11, quant à elle, montre les positions chromosomiques des gènes qui les codent, ainsi que leur structure intron-exon. L'histoire est remarquablement logique. Les chaînes β, δ, γ et ε appartiennent toutes au groupe de «type β». Leurs séquences d'acides aminés sont très ressemblantes et elles sont codées par des gènes de structure intron-exon identique qui se trouvent toutes dans un segment de 60 kb d'ADN sur le chromosome 11. Les chaînes α et ζ appartiennent au groupe de «type α» et sont codées par des gènes situés dans une région de 40 kb sur le chromosome 16. De plus, la Figure 21-11 montre que, tant sur le chromosome 11 que sur le chromosome 16, se trouvent des pseudogènes appelés Ψα et Ψβ. Ces deux pseudogènes sont des exemplaires dupliqués de gènes, qui n'ont pas acquis de fonction nouvelle et que l'accumulation de mutations aléatoires a rendus non fonctionnels. Ce qui est remarquable est le fait que l'ordre des gènes sur chaque chromosome est le même que l'ordre d'apparition des chaînes de globine au cours du développement.

En ce qui concerne l'hémoglobine, l'ADN dupliqué code une nouvelle protéine qui exerce une fonction très proche de la fonction remplie par le gène qui lui a donné naissance. Cependant, l'ADN peut coder une protéine présentant une forte divergence de fonction, comme on peut le voir dans la Figure 21-12. Les oiseaux et les mammifères, comme les autres organismes eucaryotes, possèdent un gène codant le lysozyme, une enzyme protectrice qui rompt la paroi cellulaire des bactéries. Ce gène a été dupliqué chez les mammifères et la deuxième séquence code une protéine non enzymatique complètement différente, l'α-lactalbumine, un composant nutritif du lait. La Figure 21-12 montre que le gène dupliqué possède la même structure intron-exon que le gène du lysozyme, chez lequel la présence de quatre exons et

Figure 21-11 La distribution chez l'homme des gènes de la famille α des globines sur le chromosome 16 et de la famille β des globines sur le chromosome 11. La structure des gènes est schématisée par des rectangles noirs (exons) et des rectangles colorés (introns).

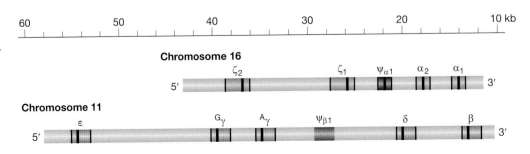

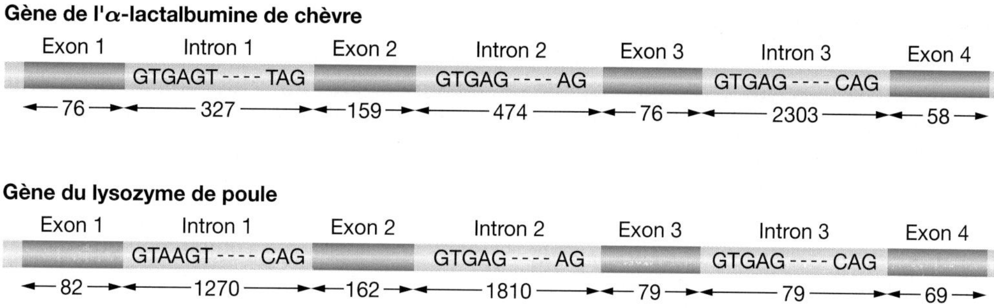

Gène de l'α-lactalbumine de chèvre

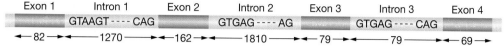

Gène du lysozyme de poule

Figure 21-12 L'identité structurale entre le gène du lysozyme de poule et de l'α-lactalbumine de mammifère. Les exons et les introns sont indiqués par des rectangles vert foncé et vert clair, respectivement. Les séquences nucléotidiques au début et à la fin de chaque intron sont figurées et les nombres font référence aux longueurs nucléotidiques de chaque segment. [D'après I. Kumagai, S. Takeda et K.-I. Miura, «Functional Conversion of the Homologous Proteins α-Lactalbumin and Lysozyme by Exon Exchange», *Proceedings of the National Academy of Sciences USA* 89, 1992, 5887-5891.]

de trois introns suggère un événement antérieur de duplication multiple à l'origine de la formation du lysozyme.

L'ADN importé

Les duplications de l'ADN ne sont pas la seule source d'ADN nouveau, porteur de nouvelles fonctions; l'ADN peut également être importé. De façon répétée au cours de l'évolution, de l'ADN a été importé dans le génome en provenance de sources extérieures, par des mécanismes autres que la reproduction sexuelle habituelle. L'ADN peut s'insérer dans des chromosomes à partir d'autres positions chromosomiques ou même d'autres espèces. Dans certains cas, des gènes issus d'organismes sans aucun lien de parenté peuvent être incorporés dans des cellules, constituer une partie de leur génome et participer à leurs fonctions.

LES ORGANITES CELLULAIRES Les cellules eucaryotes ont acquis de cette façon certains de leurs organites. Les mitochondries ou les chloroplastes chez les organismes

photosynthétiques sont des descendants de Procaryotes qui ont pénétré dans des cellules eucaryotes par infection ou ingestion. Ces Procaryotes sont devenus des symbiotes. Ils ont transféré une grande partie de leur génome dans le noyau de leurs hôtes eucaryotes mais ont conservé des gènes essentiels à leurs fonctions cellulaires. Les mitochondries ont gardé environ trois douzaines de gènes impliqués dans la respiration cellulaire ainsi que quelques gènes d'ARNt. Les génomes chloroplastiques quant à eux possèdent environ 130 gènes codant des enzymes du cycle photosynthétique ainsi que des protéines ribosomiales et des ARNt.

L'un des éléments les plus convaincants de l'origine extracellulaire des mitochondries se trouve dans leur code génétique. Le code «universel» ADN-ARN des gènes nucléaires n'est en réalité pas universel et par certains aspects s'écarte du code en vigueur dans les mitochondries. Le Tableau 21-4 montre que pour 5 des 64 triplets d'ARN, le code des mitochondries diffère de celui du génome nucléaire. De plus, les mitochondries de différents organismes présentent entre elles des différences pour ces éléments codants, révélant que

TABLEAU 21-4 La comparaison du code universel de l'ADN nucléaire avec plusieurs codes mitochondriaux pour cinq triplets pour lesquels ils diffèrent.

	Code du triplet				
	TGA	ATA	AGA	AGG	AAA
Nucléaire	Stop	Ile	Arg	Arg	Lys
Mitochondrial					
Mammifères	Trp	Met	Stop	Stop	Lys
Oiseaux	Trp	Met	Stop	Stop	Lys
Amphibies	Trp	Met	Stop	Stop	Lys
Échinodermes	Trp	Ile	Ser	Ser	Asn
Insectes	Trp	Met	Ser	Stop	Lys
Nématodes	Trp	Met	Ser	Ser	Lys
Plathelminthes	Trp	Met	Ser	Ser	Asn
Cnidaires	Trp	Ile	Arg	Arg	Lys

l'invasion des cellules eucaryotes par des Procaryotes a dû se produire au moins cinq fois, à chaque fois par un Procaryote possédant un système de codage différent. En ce qui concerne les vertébrés, les vers et les insectes, le code mitochondrial est beaucoup plus régulier que le code nucléaire universel. Dans le génome nucléaire par exemple, l'isoleucine est le seul acide aminé codé de manière redondante précisément par trois triplets : ATT, ATC et ATA. La transition au niveau de la troisième base de A en G aboutit au quatrième membre de ce groupe de codons, ATG, mais celui-ci code la méthionine. Dans les mitochondries au contraire, ce groupe de codons comporte deux codons pour la méthionine et deux pour l'isoleucine, qui se distinguent par une transversion.

LE TRANSFERT HORIZONTAL On sait maintenant avec certitude que le génome nucléaire peut incorporer de l'ADN provenant d'autres endroits du génome ou même de l'extérieur. *Dans* un génome, l'ADN peut être transféré grâce à l'action des éléments transposables (voir Chapitre 13). Les chromosomes d'une drosophile donnée par exemple comportent une grande variété de familles d'éléments transposables, avec de multiples copies de chacun distribuées dans l'ensemble du génome. Ainsi, jusqu'à 25 % de l'ADN de drosophile pourrait être d'origine transposable. On ne sait pas encore très bien quel rôle cet ADN mobile joue dans l'évolution fonctionnelle. L'introduction des éléments transposables dans des zygotes en cours de croisement, comme dans le cas des éléments P de drosophile (voir Chapitre 11, page 371) provoque une prolifération intense des éléments dans le génome receveur. Lorsqu'un élément mobile s'insère dans un gène, la mutation résultante a généralement un effet extrêmement néfaste sur l'organisme, mais cet effet peut être un artéfact des stratégies utilisées pour détecter la présence de ce type d'éléments. Les expériences de sélection en laboratoire menées sur des caractères quantitatifs ont montré que la transposition pouvait constituer une source supplémentaire de variation sélectionnable. Enfin, des gènes peuvent être transférés du génome nucléaire d'une espèce vers le génome nucléaire d'une autre espèce par des rétrovirus (voir Chapitre 13). De tels rétrovirus peuvent être transportés par des espèces très éloignées grâce à des vecteurs courants de maladies tels que les insectes ou au cours d'infections bactériennes. Tout matériel génétique étranger porté par un rétrovirus pourrait donc être une source importante pour l'acquisition de nouvelles fonctions par une espèce.

Le rapport entre le changement génétique et le changement fonctionnel

Il n'y a pas de relation simple entre le taux de changement dans l'ADN d'un gène et le changement résultant dans la fonction de la protéine codée. À un extrême, presque toute la séquence d'acides aminés d'une protéine peut être remplacée sans que sa fonction d'origine en soit modifiée. Les Eucaryotes, de la levure à l'homme, produisent une enzyme, le lysozyme, qui rompt les parois cellulaires des bactéries comme nous l'avons dit plus haut. La divergence au cours de l'évolution entre les lignées de levures et de vertébrés depuis leur séparation à partir d'un ancêtre commun a vu le remplacement de quasiment tous les acides aminés de la protéine. Par conséquent, un alignement de leurs deux séquences protéiques ou d'ADN ne révélerait aucune ressemblance. La preuve de leur origine génique commune vient de comparaisons entre des formes intermédiaires dans l'évolution, dont la divergence de séquence augmente conjointement avec la divergence des espèces. L'enzyme a conservé sa fonction malgré le remplacement des acides aminés, car les nouveaux acides aminés ont maintenu la structure tridimensionnelle de l'enzyme.

À l'inverse, la fonction d'une enzyme peut être modifiée à la suite de la substitution d'un seul acide aminé. La mouche verte, *Lucilia cuprina*, a développé une résistance aux insecticides à base de phosphate organique, largement utilisés pour contrôler sa prolifération. R. Newcombe, P. Campbell et leurs collègues ont montré que cette résistance est due à la seule substitution d'une glycine par un acide aspartique dans le site actif d'une enzyme qui, en temps normal, est une carboxylestérase. La mutation supprime toute activité carboxylestérase et remplace celle-ci par une spécificité pour l'estérase. Une modélisation tridimensionnelle de la molécule indique que la protéine modifiée a gagné la capacité de fixer une molécule d'eau près du site de liaison du phosphate organique, qui est ensuite hydrolysé par l'eau.

> **MESSAGE** Il n'y a pas de relation fixe entre le taux de changement dans l'ADN au cours de l'évolution et le taux de changement fonctionnel qui en résulte.

Lorsque plusieurs mutations sont nécessaires à la création d'une nouvelle fonction, l'ordre dans lequel elles se produisent dans l'évolution peut jouer un rôle important. Grâce à une succession de mutations et de sélections, B. Hall a modifié expérimentalement un gène chez *E. coli* pour que la protéine correspondante acquière une nouvelle fonction. En plus des gènes *lacZ* spécifiant l'activité classique de fermentation du lactose chez *E. coli*, un autre locus de gène de structure, *ebg*, spécifie une autre β-galactosidase qui ne catalyse pas la fermentation du lactose, bien que son activité soit induite par celui-ci. La fonction normale de ce second gène est inconnue. Hall réussit à sélectionner des mutations de ce gène supplémentaire pour permettre à *E. coli* de vivre, sans lactose, sur un substrat entièrement nouveau, le lactobionate. Pour cela, il dut tout d'abord muter la séquence régulatrice de *ebg*, afin de rendre son expression constitutive (que son expression ne nécessite plus la présence de lactose). Il essaya ensuite de sélectionner des mutants capables d'effectuer la fermentation du lactobionate, mais il n'y parvint pas. Il dut auparavant sélectionner une forme capable de catalyser la fermentation d'un substrat apparenté, le lactulose. Les formes sélectionnées purent être mutées à nouveau et resélectionnées pour leur capacité à catalyser la fermentation du lactobionate. De plus, parmi les mutants indépendants sélectionnés pour leur capacité d'utilisation du lactulose et à nouveau mutés, très peu purent acquérir la capacité de fonctionner avec le lactobionate. Les autres ne donnèrent aucun résultat. Par conséquent, la séquence d'événements pour cette évolution devait être (1) le passage d'une enzyme inductible à une enzyme constitutive, suivi (2) de la mutation exacte de la fermentation du lactose à celle du lactulose, suivie (3) par une mutation vers la fermentation du lactobionate.

> **MESSAGE** L'évolution de nouvelles fonctions par mutation et sélection doit emprunter un itinéraire précis entre les mutations nécessaires. D'autres voies conduisent à des impasses qui ne permettent plus d'évolution.

21.7 Le taux d'évolution moléculaire

Il n'existe pas de relation simple entre le nombre de mutations dans l'ADN ou de substitutions d'acides aminés dans les protéines et le taux de changement fonctionnel dans ces protéines. Bien qu'il soit possible qu'une ou quelques mutations conduisent à un changement important dans la fonction d'une protéine, la situation la plus courante est l'accumulation dans l'ADN de substitutions durant de longues périodes de l'évolution sans changement qualitatif des propriétés fonctionnelles des protéines codées. Certaines de ces substitutions peuvent cependant avoir des effets de moindre portée, influençant les propriétés cinétiques, le déroulement ou le taux de production de ces protéines codées, qui à leur tour, affectent la valeur adaptative de l'organisme qui les porte. Les mutations dans l'ADN peuvent avoir trois types de conséquences sur la valeur adaptative. Elles peuvent être tout d'abord nuisibles, réduisant la probabilité de survie et de reproduction de leurs porteurs. Tous les mutants de laboratoire utilisés pour les expériences de génétique portent des mutations dont l'effet est nuisible pour la valeur adaptative. Deuxièmement, elles peuvent accroître la valeur adaptative en augmentant l'efficacité ou en élargissant la gamme des conditions environnementales dans lesquelles l'espèce peut vivre, ou en permettant à l'organisme de s'adapter aux changements dans l'environnement. Troisièmement, elles peuvent n'avoir aucun effet sur la valeur adaptative, et maintenir constantes les probabilités de survie et de reproduction ; on les appelle alors des mutations neutres. Pour essayer de comprendre le taux d'évolution moléculaire, nous devons néanmoins introduire une petite distinction – celle qui sépare les mutations *effectivement neutres* des mutations *effectivement sélectionnées*. On peut prouver que dans une population finie de N individus, le processus de dérive génétique ne sera pas modifié matériellement si l'intensité de sélection s sur un allèle est d'ordre inférieur à $1/N$. Ceci signifie que la classe des mutations neutres du point de vue de l'évolution comprend celles qui n'ont absolument aucun effet sur la valeur adaptative et celles dont l'effet sur la valeur adaptative est inférieur à l'inverse de la taille de la population, si faible qu'elles sont effectivement neutres. En revanche, si l'intensité de la sélection, s, est d'ordre supérieur à $1/N$, alors la mutation sera effectivement sélectionnée.

Nous aimerions savoir quelle part d'évolution moléculaire est la conséquence de nouvelles mutations adaptatives favorables dans une espèce, image présentée par une vision simpliste de l'évolution darwinienne, et quelle part est simplement l'accumulation de mutations effectivement neutres par

fixation aléatoire. Il n'est pas nécessaire de prendre en compte les mutations néfastes, car elles se maintiendront dans les populations à des fréquences faibles et ne contribueront pas au changement dans l'évolution. Si une mutation nouvellement apparue est effectivement neutre, alors, comme nous l'avons souligné au Chapitre 19, il y a une probabilité de $1/(2N)$ qu'elle remplace l'allèle antérieur du fait de la dérive génétique aléatoire. Si le taux d'apparition de nouvelles mutations effectivement neutres au niveau d'un locus, par copie de gène et par génération est µ, alors la valeur absolue de nouvelles copies de mutations qui apparaîtront dans une population de N individus diploïdes est $2N\mu$. Chacune de ces nouvelles copies a une probabilité de $1/(2N)$ de s'installer dans la population. Par conséquent, le taux de remplacement d'allèles anciens par des nouveaux au niveau d'un locus par génération, est leur taux d'apparition multiplié par la probabilité que l'un d'entre eux soit conservé par la dérive génétique :

$$\text{Taux d'échange neutre} = 2N\mu \times 1/(2N) = \mu$$

C'est-à-dire que l'on s'attend à chaque génération, à ce qu'il y ait µ substitutions d'un ancien allèle par un nouveau à chaque locus dans la population, exclusivement par dérive génétique de mutations effectivement neutres.

> **MESSAGE** Le taux d'échange dans l'évolution, résultant de la dérive génétique aléatoire de mutations effectivement neutres est égal au taux de mutation de tels allèles, µ.

Le taux constant de substitution neutre prédit que, si l'on trace un graphe représentant le nombre de différences de nucléotides entre deux espèces en fonction du temps écoulé depuis leur divergence à partir d'un ancêtre commun, le résultat devrait être une droite de pente égale à µ. C'est-à-dire que l'évolution devrait obéir à une **horloge moléculaire** dont l'unité de temps serait égale au taux µ. La Figure 21-13 présente un graphe de ce type pour le gène de la chaîne β de la

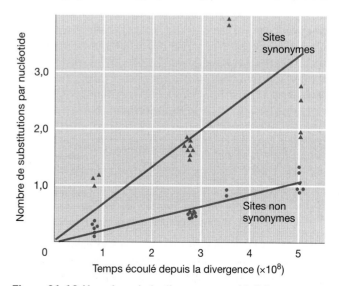

Figure 21-13 L'ampleur de la divergence nucléotidique au niveau des sites synonymes et non synonymes du gène de la β-globine en fonction du temps écoulé depuis la divergence.

globine. Les résultats s'accordent bien avec l'hypothèse selon laquelle les substitutions nucléotidiques ont été effectivement neutres durant les 500 derniers millions d'années. Deux sortes de substitutions nucléotidiques sont représentées : les **substitutions synonymes**, qui correspondent au remplacement d'un codon alternatif par un autre, sans changement de l'acide aminé codé, et les **substitutions non synonymes**, qui provoquent un changement d'acide aminé. La Figure 21-13 montre une pente plus faible dans le cas des substitutions non synonymes que des substitutions synonymes, ce qui signifie que le taux de mutation vers des substitutions non synonymes neutres du point de vue de la sélection est nettement inférieur à celui vers des substitutions synonymes.

C'est précisément ce à quoi nous nous attendions. Les mutations entraînant un changement d'acide aminé ont un effet nuisible supérieur au seuil de l'évolution neutre plus souvent que les substitutions synonymes qui ne changent pas la protéine. Il est important de remarquer que ces observations ne montrent pas que les substitutions synonymes *ne* subissent *pas* de contrainte de sélection ; au lieu de cela, on voit que ces contraintes sont en moyenne inférieures à celles subies par les mutations qui modifient les acides aminés.

L'évolution neutre prévoit aussi que les unités de temps des horloges de protéines distinctes seront différentes, en raison de la fonction métabolique de certaines protéines qui sera bien plus sensible que d'autres aux changements subis par la séquence d'acides aminés. Les protéines dans lesquelles chaque acide aminé joue un rôle critique auront des valeurs plus faibles de leur taux de mutations effectivement neutres, car une proportion inférieure de leurs mutations seront neutres comparées aux protéines tolérant mieux la substitution. La Figure 21-14 présente une comparaison des horloges moléculaires des fibrinopeptides, de l'hémoglobine et du cytochrome *c*. Le fait que les fibrinopeptides aient une

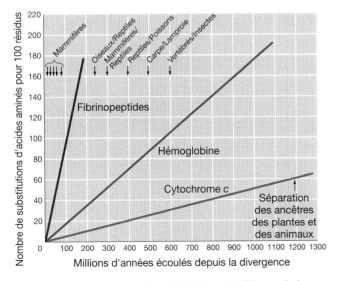

Figure 21-14 Le nombre de substitutions d'acides aminés dans l'évolution des vertébrés en fonction du temps écoulé depuis la divergence. Les trois protéines – fibrinopeptides, hémoglobine et cytochrome *c* – diffèrent par leur taux de divergence, car les proportions de leurs substitutions d'acides aminés neutres du point de vue de la sélection sont différentes.

TABLEAU 21-5	Les polymorphismes synonymes et non synonymes et les différences entre les espèces pour l'alcool déshydrogénase chez trois espèces de drosophiles.

	Différences entre les espèces	Polymorphismes
Non synonymes	7	2
Synonymes	17	42
Rapport	0,29 : 0,71	0,05 : 0,95

Source: J. McDonald & M. Kreitman, *Nature* 351, 1991, 652–654.

proportion plus élevée de mutations neutres est raisonnable, car ces peptides constituent simplement un cran de sûreté non métabolique ; ils sont libérés du fibrinogène lors de la réaction de coagulation. Deviner pourquoi les hémoglobines sont moins sensibles aux changements d'acides aminés que le cytochrome *c* est moins évident.

> **MESSAGE** Le taux d'évolution neutre pour la séquence d'acides aminés d'une protéine dépend de la sensibilité de sa fonction aux changements d'acides aminés.

La métaphore de l'horloge moléculaire laisse penser que la plupart des substitutions nucléotidiques ayant eu lieu au cours de l'évolution sont neutres mais ne nous renseigne pas sur la proportion adaptative de l'évolution moléculaire. L'une des façons de détecter l'évolution adaptative d'une protéine consiste à comparer les polymorphismes synonymes et non synonymes au sein d'une espèce avec les changements synonymes et non synonymes entre les espèces. Sous l'effet de l'évolution neutre par dérive génétique aléatoire, le polymorphisme au sein d'une espèce est simplement une étape vers la fixation définitive d'un nouvel allèle ; si toutes les mutations sont neutres, le rapport entre polymorphismes non synonymes et synonymes au sein d'une espèce devrait donc être le même que le rapport entre substitutions non synonymes et synonymes entre espèces. À l'inverse, si les changements d'acides aminés entre espèces sont dus à une sélection adaptative positive, il devrait y avoir un excès de changements non synonymes entre espèces. Le Tableau 21-5 montre une application de ce principe par J. MacDonald et M. Kreitman au gène de l'alcool déshydrogénase dans trois espèces étroitement apparentées de drosophile. À l'évidence, il y a un excès de substitutions d'acides aminés entre espèces par rapport à ce que l'on attend des polymorphismes.

21.8 Les preuves génétiques d'un ancêtre commun au cours de l'évolution

Dans notre esprit, évolution est synonyme de changement. Les espèces vivant à un moment donné sont différentes de leurs ancêtres. Elles ont changé de forme et de fonction grâce aux mécanismes décrits jusqu'à présent dans notre discussion sur la génétique des processus évolutifs. Mais la diversité de la vie présente une seconde caractéristique, sur laquelle Darwin s'est appuyée pour décrire l'évolution. Les organismes actuels descendent non seulement d'organismes ancestraux différents, mais si l'on remonte dans le temps, des organismes actuellement très différents descendent d'une forme ancestrale unique. En effet, si l'on remonte à l'origine de la vie, tous les organismes sur terre descendent d'un ancêtre commun unique. On s'attend donc à trouver des espèces apparemment très différentes avec des similitudes résultant des attributs de leur ancêtre commun et conservées au cours de l'évolution malgré tous les changements ayant eu lieu.

Avant l'avènement des outils modernes de la biochimie et de la génétique, la principale preuve des similitudes sous-jacentes entre des structures différentes en apparence a été obtenue grâce à des observations anatomiques de formes adultes et embryonnaires. Ainsi, la structure osseuse des ailes des chauves-souris et des pattes antérieures des mammifères terrestres démontre que ces structures ont évolué à partir d'un ancêtre commun de type mammifère. De plus, l'anatomie des ailes des oiseaux indique un ancêtre commun aux mammifères et aux oiseaux (Figure 21-15). Certains pensent même que la segmentation du corps des insectes et celle des vertébrés correspondent à un patron ancestral identique dérivé d'un ancêtre commun aux invertébrés et aux vertébrés. Bien que cet argument puisse paraître exagéré du point de vue de la conservation au cours de l'évolution, il s'avère toutefois, comme nous l'avons vu lors de la discussion à propos des gènes Hox et HOM-C au Chapitre 18, que l'analyse génétique des patrons de développement fournit une démonstration flagrante de l'existence d'un ancêtre commun à des animaux aussi éloignés que les insectes et les mammifères.

Nous avons vu au Chapitre 18 que des organismes aussi différents que la mouche, la souris et l'homme ont des séquences similaires pour les gènes contrôlant le développement de la forme du corps. (Il en va de même pour le ver nématode *C. elegans*.) L'explication la plus simple est que les gènes Hox et HOM-C sont les descendants chez les vertébrés et les insectes d'un groupe de gènes à homéoboîte présents chez un ancêtre commun quelque 600 millions d'années auparavant. La conservation au cours de l'évolution des gènes HOM-C et Hox n'est pas le seul exemple. On a pu mettre en évidence des gènes fortement conservés et même des voies entières de fonction similaire. Par exemple, les voies d'activation des facteurs de transcription DL chez la drosophile et $NF_\kappa B$ chez les mammifères sont presque entièrement conservées à partir d'une voie ancestrale commune (Figure 21-16). À toutes les étapes de la voie d'activation de DL, la protéine de drosophile a une séquence d'acides aminés similaire à celle de son équivalent dans la voie d'activation de $NF_\kappa B$ chez les mammifères. (Ne vous souciez pas de la fonction exercée par ces protéines. Observez seulement la conservation incroyable des voies cellulaires et développementales démontrée par les éléments correspondants dans les deux voies, indiqués par des symboles de forme similaire

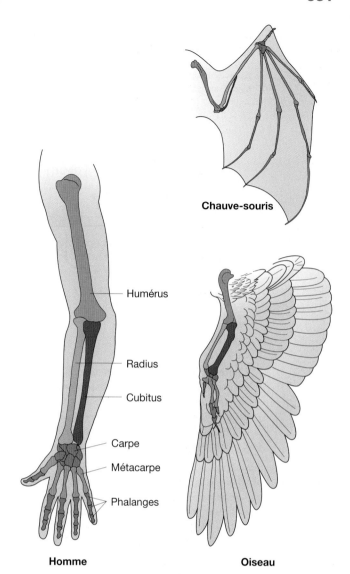

Figure 21-15 Les structures osseuses d'une aile de chauve-souris, d'une aile d'oiseau et d'un bras et d'une main humains. Ces structures osseuses montrent la similitude anatomique sous-jacente entre elles et la façon dont la taille des différents os a augmenté ou diminué pour produire ces différentes structures. [D'après W. T. Keeton et J. L Gould, *Biological Science.* W. W. Norton & Company, 1986.]

dans les schémas. Nous savons cependant que DL et $NF_\kappa B$ participent à des décisions similaires pendant le développement.) En effet, comme le montre une sélection d'exemples connus, une telle conservation fonctionnelle au cours de l'évolution semble être la règle plutôt que l'exception. La démonstration, grâce à l'analyse génétique, du fait que les voies fondamentales du développement et leur origine génétique ont été conservées durant des centaines de millions d'années au cours de l'évolution a fait entrer la génétique du développement dans un domaine passionnant de l'investigation biologique.

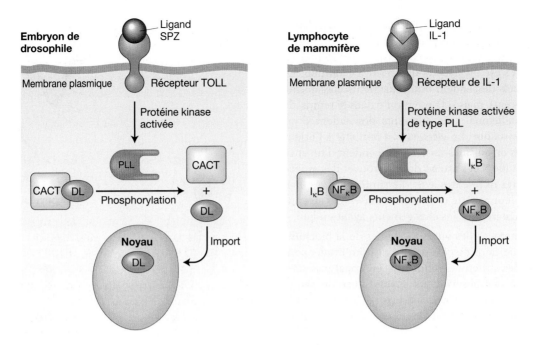

Figure 21-16 Deux voies parallèles de signalisation. La voie de signalisation pour l'activation du morphogène DL de drosophile présente une grande ressemblance avec une voie de signalisation chez les mammifères pour l'activation de $NF_{\kappa}B$, le facteur transcriptionnel qui active la transcription de gènes codant des sous-unités d'anticorps. Il existe des similitudes de structure entre les protéines SPZ et IL-1, TOLL et IL-1R, CACT et $I_{\kappa}B$, ainsi que DL et $NF_{\kappa}B$. [D'après H. Lodish, D. Baltimore, A. Berk, S. L. Zipurski, P. Matsudaira et J. Darnell, Biologie moléculaire de la cellule, Traduction de la 5e édition, De Boeck, 2005.]

> **MESSAGE** Les stratégies du développement chez les animaux sont très anciennes et sont fortement conservées. Pour résumer, disons qu'un mammifère, un ver et une mouche sont formés des mêmes constituants génétiques et des mêmes outils régulateurs. *Plus ça change, plus c'est la même chose*[*].
>
> ───────────
> [*] En français dans le texte. (*N.D.T.*)

Lors d'une étude plus approfondie, nous pouvons observer grâce à la structure de leurs protéines et de leurs génomes, l'origine commune de certains organismes au cours de l'évolution. L'intérêt de l'observation directe des séquences des protéines et de l'ADN est qu'elle n'exige pas l'observation de similitudes entre les formes des protéines ou entre des structures anatomiques résultant de la présence de gènes particuliers. Nous avons déjà vu que le remplacement d'un acide aminé unique peut modifier l'activité d'une protéine d'estérase en phosphatase acide. Pourtant, en dépit de ce changement de fonction, nous n'avons aucune difficulté à établir que les deux enzymes sont produites à l'issue de la lecture de gènes quasiment identiques, dont l'un a été produit par une étape unique de mutation de l'autre, à la suite de l'évolution de la résistance aux insecticides apparue par sélection naturelle.

Au cours de l'évolution, les gènes issus d'un ancêtre commun présenteront une divergence de leur séquence d'ADN et de leur position physique dans le génome, à la suite de mutations et de réarrangements chromosomiques. Après une durée suffisante et sans effet antagoniste de la sélection naturelle, cette divergence aboutirait finalement à la perte de toute similitude observable entre gènes ou protéines de différentes espèces, même si celles-ci avaient un ancêtre commun. En réalité, même le temps écoulé depuis l'existence d'un ancêtre commun aux vertébrés et aux invertébrés actuels n'a pas effacé la ressemblance entre les séquences d'acides aminés de la drosophile et de la souris. Les taux de mutations sont non seulement trop faibles pour provoquer une perte complète de similitudes même après des centaines de millions d'années, mais la plupart des nouvelles mutations ne sont pas non plus conservées car elles entraînent un changement nuisible ou une perte de fonction dans une protéine ou dans le contrôle de sa durée ou de ses sites d'expression. Le taux des divergences conservées au cours de l'évolution a donc été limité.

21.9 La génomique comparée et la protéomique

Comme nous l'avons vu au Chapitre 12, un effort important de la génétique moléculaire porte sur la détermination de la séquence complète d'ADN d'un certain nombre d'espèces différentes. Au moment où nous écrivons ce paragraphe, les génomes de plus de quarante espèces de bactéries, de deux espèces de levure, du champignon *Neurospora crassa*, du nématode *Caenorhabditis elegans*, de deux espèces de drosophile, de deux plantes : *Arabidopsis* et le riz, de la souris et de l'homme, ont été séquencés[*]. Au moment où vous lirez ces

───────────
[*] Au moment de la traduction de cet ouvrage, plus de 300 séquences complètes sont référencées dans les bases du NCBI. (*N.D.T.*)

lignes, un nombre bien plus important de génomes d'autres espèces auront été séquencés. L'accès à ces données permet de reconstruire l'évolution des génomes d'espèces très diverses à partir de leurs ancêtres communs. De plus, on peut maintenant déduire des similitudes et des différences dans les protéomes de ces espèces en comparant les séquences géniques de différentes espèces avec les séquences des gènes codant les séquences d'acides aminés de protéines de fonction connue.

Comparer les protéomes d'espèces très éloignées

En l'état actuel de nos connaissances, nous pouvons faire une hypothèse sur les fonctions de près de la moitié des protéines du protéome de chaque eucaryote dont le génome a été séquencé, à partir des ressemblances de séquences avec des protéines de fonction connue. La Figure 21-17 décrit la répartition de cette moitié de chaque protéome en catégories fonctionnelles générales. Curieusement, le groupe de protéines impliquées dans la défense et l'immunité s'est fortement étendu chez l'homme par rapport aux autres espèces. Dans d'autres catégories fonctionnelles, bien que la lignée humaine comporte un plus grand nombre de protéines, les différences entre l'homme et les autres Eucaryotes ne sont pas aussi prononcées. Comme nous l'avons vu au Chapitre 10, l'expression des gènes est souvent contrôlée grâce à la régulation de la transcription par des protéines appelées facteurs transcriptionnels. En raison du nombre

élevé de types cellulaires qui se différencient chez l'homme, la taille et la distribution des familles de facteurs transcriptionnels spécifiques chez l'homme dépassent nettement celles de leurs équivalents chez les autres Eucaryotes séquencés, à l'exception de l'arabette des dames (*Arabidopsis thaliana*, voir Figure 21-17).

La répartition des protéines décrites dans le paragraphe précédent est une description de la moitié seulement du protéome. Qu'en est-il de l'autre moitié ? Elle peut être scindée elle-même en deux parties. L'un des composants, qui représente environ 30 % de chaque protéome, est formé de protéines dont il existe des protéines apparentées dans d'autres génomes ; cependant, on ne connaît actuellement la fonction d'aucune d'entre elles. L'autre composant, qui forme les 20 % restants environ de chaque protéome, est constitué de protéines dont la séquence d'acides aminés ne présente aucun lien avec des protéines connues dans une autre branche de l'arbre eucaryote de l'évolution. Nous pouvons imaginer deux explications possibles à ces nouveaux polypeptides. Ils peuvent tout d'abord avoir évolué après la séparation de l'espèce à laquelle ils appartiennent et d'une espèce séquencée avec laquelle ils avaient un ancêtre commun. Ces espèces ayant été séparées depuis quelques centaines de millions d'années au moins, il n'est peut-être pas surprenant de trouver cette fréquence de protéines nouvelles. L'autre possibilité est que certaines de ces protéines évoluent très rapidement et que leur origine commune est masquée par la somme des nouvelles mutations accumulées. Il est

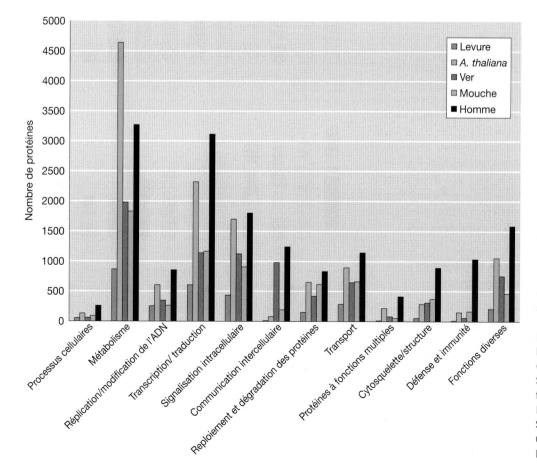

Figure 21-17 La distribution des protéines eucaryotes suivant des catégories importantes de fonction biologique. [Reproduit avec l'autorisation de *Nature* 409, (15 février 2001), 902, « Initial Sequencing and Analysis of the Human Genome », The International Human Genome Sequencing Consortium. Copyright 2001 par MacMillan Magazines Ltd.]

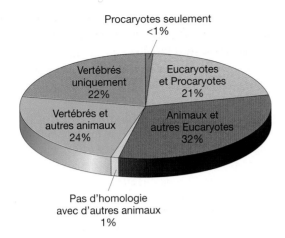

Figure 21-18 La répartition des protéines humaines d'après l'identification de protéines significativement apparentées dans d'autres espèces.   Remarquez que environ un cinquième seulement des protéines humaines a été identifié dans la lignée des vertébrés alors qu'à l'autre extrême, un cinquième a été identifié dans toutes les branches principales de l'arbre de l'évolution. [Reproduit avec l'autorisation de *Nature* 409 (15 février 2001), 902, « Initial Sequencing and Analysis of the Human Genome », *The International Human Genome Sequencing Consortium*. Copyright 2001 Macmillan Magazines Ltd.]

espèces ayant divergé à partir d'un ancêtre commun il y a environ 50 millions d'années. Le génome de la souris (génome murin) a été suffisamment séquencé pour que l'on puisse déterminer des ordres relatifs de gènes. Il s'avère que des blocs de grande taille dans lesquels l'ordre des gènes est conservé peuvent facilement être identifiés. Grâce à des comparaisons systématiques de ce type, on peut dresser des **cartes de synténie**, qui indiquent à l'aide de couleurs sur le caryotype d'une espèce la localisation chromosomique des mêmes séquences dans le génome d'une autre espèce. La Figure 21-19 propose une représentation en couleur des régions synténiques des génomes de la souris et de l'homme. Dans cette figure, 21 couleurs différentes représentent les

presque certain que ces deux possibilités sont correctes pour une partie de ces nouvelles protéines.

Enfin, nous pouvons nous demander d'où viennent les gènes du génome humain qui codent des protéines. La Figure 21-18 représente le pourcentage de gènes communs à l'homme et à d'autres espèces. Environ un cinquième des gènes humains connus ont été observés uniquement chez les vertébrés. Un cinquième des gènes également semblent présents à la fois chez les Eucaryotes et les Procaryotes. Près d'un tiers existent chez les Eucaryotes mais pas chez les bactéries. Curieusement, quelques centaines de gènes (moins de 1 %) semblent être présents uniquement chez l'homme et chez les Procaryotes. Ces gènes étaient donc présents chez un ancêtre commun aux Procaryotes et aux Eucaryotes et ont été éliminés chez la plupart des Eucaryotes au cours de leur évolution ou bien ils nous ont été transmis par les Procaryotes à la suite d'un transfert horizontal des gènes.

Comparer les génomes d'espèces voisines : la génomique comparée homme-souris

On pense que les génomes évoluent en partie en raison d'un processus de réarrangement chromosomique – c'est-à-dire à la suite de la cassure et de la réunion des squelettes de molécules d'ADN double-brin – produisant alors de nouveaux ordres de gènes et de nouveaux chromosomes. (Voir le Chapitre 15 pour une discussion sur les réarrangements chromosomiques.) On peut évaluer l'ampleur de l'accumulation de ces réarrangements au cours de l'évolution en étudiant l'ordre des gènes entre des espèces ayant divergé. À titre d'exemple, comparons les génomes de l'homme et de la souris, deux

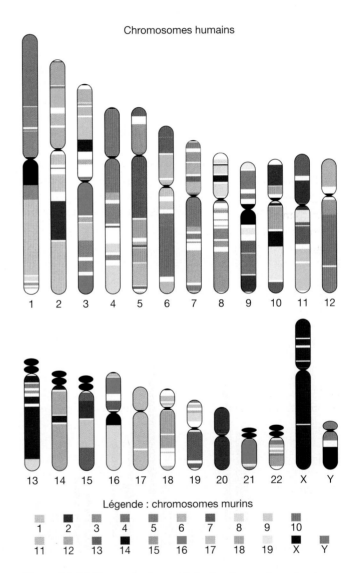

Figure 21-19 Une carte de synténie du génome humain.   La carte utilise un code de couleurs pour représenter les correspondances entre les régions de chaque bloc du génome humain et les zones correspondantes du génome murin. Chaque couleur représente un chromosome murin différent, comme indiqué dans la légende. [Reproduit avec l'autorisation de *Nature* 409 (15 février 2001), 902, « Initial Sequencing and Analysis of the Human Genome », *The International Human Genome Sequencing Consortium*. Copyright 2001 Macmillan Magazines Ltd.]

chromosomes sexuels X et Y ainsi que les 19 autosomes. Par exemple, la plus grande partie du chromosome murin 14 se retrouve dans trois blocs du chromosome 13 humain. On peut en outre en trouver de petits fragments sur les chromosomes humains 3, 8, 10 et 14. Des distributions similaires bloc à bloc sont observées dans le génome humain pour chacun des autres chromosomes murins. Nous pouvons donc conclure qu'un nombre élevé de réarrangements chromosomiques se sont produits entre les êtres humains et la souris mais de manière insuffisante pour effacer toute trace de similitude entre ces deux génomes.

MESSAGE La génomique comparée fournit des informations sur les changements qui se sont produits au cours de l'évolution tant au niveau du gène que du chromosome.

RÉPONSES AUX QUESTIONS CLÉS

• **Quels sont les principes de base du mécanisme darwinien de l'évolution ?**

L'explication de Darwin sur l'évolution organique est basée sur un modèle de variation des populations dans lequel les individus d'une population varient les uns par rapport aux autres et où le nombre de certains variants augmente tandis que celui de certains autres diminue. Un mécanisme de l'évolution basé sur la variation repose sur trois principes : (1) le principe de variation : il existe entre des individus d'une même population des variations de morphologie, de physiologie et de comportement ; (2) le principe d'hérédité : les descendants ressemblent davantage à leurs parents qu'à des individus sans lien de parenté ; (3) le principe d'une probabilité supérieure de survie et de nombre de descendants vivants de certains variants par rapport à d'autres dans un environnement donné. L'ensemble de ces trois principes conduit à un mécanisme expliquant les changements des propriétés d'une population au cours du temps et la divergence de populations distinctes les unes par rapport aux autres.

• **Quels sont les rôles de la sélection naturelle et des autres processus dans l'évolution et de quelle manière interagissent-ils les uns avec les autres ?**

L'évolution résulte de plusieurs processus intervenant au sein des populations et entre elles et interagissant les uns avec les autres. La variation héréditaire sur laquelle repose la théorie de Darwin apparaît par mutation et par des changements chromosomiques, ainsi que par l'introduction de nouveaux segments d'ADN dans le génome par duplication d'ADN déjà présent ou à la suite de la transposition d'ADN provenant d'autres organismes. En l'absence de sélection naturelle, les fréquences des différents variants changent de manière variable. Enfin, les populations se différencient les unes des autres par ce processus car dans certaines populations, une nouvelle mutation va être fixée tandis que dans d'autres, cette mutation a pu ne jamais se produire ou bien a disparu par simple hasard. La migration d'individus entre des populations augmente la variation au sein de celles-ci et réduit les différences qui existent entre elles. L'une des conséquences de la migration est d'introduire de nouvelles mutations dans une population et de permettre ainsi une évolution plus rapide que si les populations restaient parfaitement isolées et devaient attendre l'apparition d'une nouvelle mutation favorable grâce au seul hasard. Si les porteurs d'une nouvelle mutation ont une chance de survie ou de reproduction plus élevée que les génotypes qui constituent la majorité de la population, la fréquence de ces nouveaux génotypes augmentera et deviendra finalement le type caractéristique de la population. Même si un nouveau génotype présente un avantage sélectif, il peut ne pas se répandre si la population a une taille trop limitée et la dérive génétique peut provoquer la perte du nouveau type par simple hasard.

• **Comment des espèces différentes apparaissent-elles ?**

Des espèces différentes apparaissent à partir de populations séparées par une barrière géographique quelconque qui empêche les échanges de gènes entre elles. Lorsqu'une telle séparation existe, chaque population acquiert des mutations qui ne sont pas communes aux autres populations, la dérive génétique entraîne la fixation de mutations dans une population et leur perte dans les autres et des différences écologiques entre des localisations géographiques peuvent privilégier certains génotypes par sélection naturelle dans certaines populations mais pas dans d'autres. Toutes ces forces aboutissent à une augmentation de la différence génétique entre les populations isolées. Enfin, les populations peuvent présenter une telle différence génétique l'une par rapport à l'autre qu'aucun descendant ne peut être engendré par les unions entre des membres des populations distinctes, même après la disparition de la séparation géographique. Des populations de ce type qui se reproduisent indépendamment les unes des autres forment de nouvelles espèces.

• **Quelle différence présentent les génomes de différents types d'organismes ?**

Les génomes de divers types d'organismes peuvent être extrêmement différents du point de vue de la quantité totale d'ADN et de l'organisation des gènes sur les chromosomes, mais il existe une similitude remarquable entre les protéines codées par les génomes de formes très divergentes. Parmi les Eucaryotes qui comprennent des organismes aussi différents que le levure et l'homme, environ la moitié des protéines présentent une ressemblance qui permet de conclure à une fonction voisine. Trente pour cent ont des séquences codantes suffisamment semblables entre différents organismes pour conclure à une origine commune même si l'on n'a pas encore identifié de fonction pour les protéines qu'elles codent. Les vingt autres pour cent de l'ADN codant n'ont pas de ressemblance décelable parmi les organismes et codent des protéines de fonction inconnue.

• Comment des nouveautés apparaissent-elles au cours de l'évolution ?

Des nouveautés apparaissent au cours de l'évolution à partir de trois types de changements dans le génome. Tout d'abord, des mutations dans de l'ADN codant existant peuvent provoquer des substitutions d'acides aminés qui modifient entièrement la fonction de la protéine ou la suppriment. Des changements peuvent également se produire dans des séquences régulatrices d'ADN et modifier la régulation des gènes qu'elles contrôlent, qui sont alors transcrits à de nouveaux taux, moments ou endroits au cours du développement de l'organisme. Le résultat peut être l'apparition de changements de la forme et de la fonction de certaines parties de l'organisme, comme lorsque les pattes des reptiles se sont transformées en ailes chez les oiseaux. Enfin, les nouveautés peuvent provenir de l'évolution d'ADN supplémentaire qui a été ajouté au génome par duplication ou transposition. Cet ADN en plus est libre d'évoluer vers de nouvelles fonctions car les fonctions originelles sont assurées par les gènes en place précédemment.

RÉSUMÉ

La théorie darwinienne de l'évolution explique que les changements survenant dans des populations d'organismes sont le résultat de changements des fréquences relatives des différents variants dans la population. Par conséquent, si dans une espèce il n'y a pas de variation pour un caractère donné, il ne peut y avoir d'évolution. De plus, cette variation doit être influencée par des différences génétiques. Si ces différences ne sont pas héréditaires, elles ne peuvent évoluer car la reproduction variable des différents variants ne sera pas transmise dans les générations ultérieures. Par conséquent, toutes les hypothèses sur le déroulement de l'évolution dépendent fortement de l'hérédité ou non des caractères considérés. Les processus qui donnent naissance à la variation au sein de la population sont indépendants des processus responsables de l'efficacité variable de la reproduction des différents types. C'est de cette indépendance dont on parle lorsqu'on dit que les mutations sont «aléatoires». Le processus de mutation conduit à une variation non dirigée, tandis que la sélection naturelle élimine celle-ci, augmentant la fréquence de ces variants qui, par simple hasard, ont une capacité de survie et de reproduction supérieure au type sauvage. Il y a beaucoup d'appelés mais peu d'élus.

La divergence des populations au cours de l'évolution, dans le temps et dans l'espace, n'est pas seulement une conséquence de la sélection naturelle. Celle-ci n'est pas un processus qui découvre globalement les «meilleurs» organismes pour un environnement donné. Au lieu de cela, elle trouve un ensemble de «bonnes» solutions alternatives à des problèmes adaptatifs et le résultat de cette évolution sélective pour un cas particulier est soumis à des événements historiques aléatoires. Les facteurs aléatoires tels que la dérive génétique et l'apparition ou la perte dues au hasard de nouvelles mutations peuvent conduire à des résultats radicalement différents pour un processus évolutif, même lorsque la puissance de sélection est identique. L'image généralement utilisée est celle d'un «paysage adaptatif» de combinaisons génétiques, la sélection naturelle conduisant la population vers l'un des «sommets» de ce paysage, qui est seulement l'un des sommets localement possibles.

La diversité importante des formes vivantes ayant existé est une conséquence d'histoires évolutives indépendantes qui se sont déroulées dans des populations séparées. Pour que des populations divergent l'une de l'autre, elles ne doivent pas échanger de gènes. Ainsi, l'évolution indépendante d'un grand nombre d'espèces différentes nécessite que ces espèces ne puissent pas se reproduire entre elles. En effet, on définit une espèce comme étant une population d'organismes qui échangent des gènes entre eux mais dont la reproduction avec d'autres espèces est impossible. Les mécanismes empêchant cette reproduction peuvent être prézygotiques ou post-zygotiques. Les mécanismes prézygotiques d'isolement empêchent l'union des gamètes de deux espèces. Il peut s'agir d'une incompatibilité de comportement entre les mâles et les femelles d'espèces distinctes, de différences portant sur le moment ou le lieu de l'activité sexuelle, de différences anatomiques qui rendent mécaniquement impossibles les accouplements, ou de l'incompatibilité physiologique des gamètes eux-mêmes. Parmi les mécanismes d'isolement post-zygotique se trouvent l'incapacité des embryons hybrides à atteindre l'âge adulte, la stérilité des hybrides adultes et la disparition des générations ultérieures de génotypes recombinants. Dans la plupart des cas, les différences génétiques responsables de l'isolement entre des espèces étroitement apparentées sont réparties dans l'ensemble des chromosomes, bien que dans une espèce dont la détermination sexuelle est de nature chromosomique, les gènes d'incompatibilité puissent être concentrés sur le chromosome sexuel.

Si de nouvelles fonctions apparaissent dans l'évolution sans entraîner la disparition de fonctions préexistantes, il faut que de nouveaux fragments d'ADN soient disponibles pour la création de gènes supplémentaires. Ce nouvel ADN peut apparaître par une duplication de la totalité du génome (polyploïdie) suivie d'une lente divergence de ce nouveau jeu de chromosomes au cours de l'évolution, ce qui a souvent été le cas pour les plantes. La duplication de gènes isolés, suivie d'une sélection par différenciation est une autre possibilité. Une troisième source d'ADN, récemment découverte, est l'entrée dans le génome d'ADN provenant d'organismes sans aucun lien de parenté, par une infection suivie d'une intégration de l'ADN étranger dans le génome nucléaire ou par la formation d'organites cellulaires extranucléaires ayant leur propre génome. Les mitochondries et les chloroplastes chez les organismes supérieurs, sont apparus de cette façon.

L'évolution n'est pas uniquement due aux forces de sélection naturelle. Si la différence de sélection entre deux variants génétiques est suffisamment faible, inférieure à l'inverse de la taille de la population, un allèle peut être remplacé par un autre uniquement par dérive génétique. L'évolution moléculaire semble fréquemment remplacer une séquence protéique par une autre, de fonction équivalente. La preuve de cette évolution neutre est la proportionnalité directe entre le nombre de différences d'acides aminés entre deux espèces pour une molécule – par exemple, l'hémoglobine – et le nombre de générations écoulées depuis la divergence de ces espèces à partir d'un ancêtre commun dans l'évolution. On n'observerait pas une telle «horloge moléculaire» à taux constant de changement si la sélection des différences dépendait de changements précis de l'environnement. En outre, on s'attend à ce que le tic tac de l'horloge des protéines soit plus rapide que celui des fibrinopeptides, dans lesquels la composition en acides aminés a peu d'importance pour la fonction. C'est bien ce que l'on observe en réalité. On ne peut donc supposer sans preuve que les changements évolutifs résultent de la sélection naturelle adaptative.

Globalement, l'évolution génétique est un processus soumis à des contingences historiques et au hasard, mais qui est dominé par la nécessité des organismes de survivre et de se reproduire dans un monde perpétuellement en changement.

MOTS CLÉS

Caractères canalisés (p. 688)
Carte de synténie (p. 700)
Diversification (p. 681)
Effet fondateur (p. 684)
Espèces (p. 689)
Évolution phylétique (p. 681)

Horloge moléculaire (p. 695)
Isolement post-zygotique (p. 690)
Isolement prézygotique (p. 690)
Paysage adaptatif (p. 686)
Populations allopatriques (p. 690)
Sélection directionnelle (p. 685)

Sélection équilibrée (p. 685)
Sélection naturelle (p. 681)
Spéciation allopatrique (p. 690)
Substitution non synonyme (p. 696)
Substitution synonyme (p. 696)
Surface adaptative (p. 686)

PROBLÈMES RÉSOLUS

1. Un entomologiste étudiant des insectes qui se nourrissent de la végétation en décomposition a découvert un cas intéressant de diversification de mouches noires (sciarides) sur plusieurs îles d'un archipel. Chaque île possède une population de mouches noires de morphologie très semblable sans être identique, à celle des mouches noires des autres îles vivant chacune sur un type différent de végétation en décomposition qu'on ne trouve pas sur les autres îles. L'entomologiste pense que ces populations sont des espèces étroitement apparentées qui ont divergé progressivement en s'adaptant aux conditions légèrement différentes de décomposition.

Pour étayer son hypothèse, il étudie par électrophorèse une enzyme, l'alcool déshydrogénase, dans les différentes populations. Il découvre que chaque population se caractérise par une forme électrophorétique distincte d'alcool déshydrogénase. Il conclut alors que chacune de ces formes enzymatiques est spécifiquement adaptée aux alcools spécifiques produits par la fermentation de la végétation caractéristique d'une île donnée. Il existe de surcroît dans chaque île un certain polymorphisme pour l'alcool déshydrogénase, mais la fréquence des allèles variants dans chaque île est faible et peut facilement s'expliquer par l'apparition d'une mutation occasionnelle ou de la venue d'un migrant rare issu d'une autre île. Ces mouches noires servent ensuite dans un livre à illustrer la façon dont la diversité entre les espèces peut apparaître par sélection naturelle, en adaptant chaque nouvelle espèce à un environnement distinct.

Une généticienne des populations sceptique lit le livre et émet immédiatement des doutes. Il lui semble que d'après les éléments, il serait aussi probable que ces mouches noires ne constituent pas des espèces mais juste des populations isolées géographiquement qui se seraient légèrement différenciées morphologiquement par dérive génétique aléatoire. De plus, les différentes formes électrophorétiques de l'alcool déshydrogénase pourraient être des variants physiologiquement équivalents d'un gène ayant subi une évolution moléculaire neutre dans des populations isolées.

Imaginez un programme de recherche qui pourrait permettre de déterminer l'explication juste. Comment pourriez-vous découvrir si les différentes populations sont effectivement des espèces distinctes? Comment pourriez-vous vérifier si les différentes formes de l'alcool déshydrogénase ont divergé sous l'effet de la sélection?

Solution

Pour tester l'hypothèse d'une différence d'espèces de mouches noires, il est nécessaire de pouvoir les manipuler et de les laisser se développer en captivité. S'il n'est pas possible de les élever en laboratoire ou dans une serre, alors la différence d'espèces ne pourra être établie. On peut tester la compatibilité de croisement des différentes formes en plaçant un groupe de mâles provenant de deux populations différentes avec des femelles de l'une des formes pour voir si les femelles ont une quelconque préférence pour leurs croisements. On peut répéter la même expérience avec un mélange de femelles et une sorte de mâles, puis avec des mélanges de mâles et de femelles des deux formes. Ces expériences pourront faire ressortir des préférences éventuelles de croisement. Même si l'on observe une faible proportion de croisements entre des formes différentes, cela peut être dû uniquement aux conditions non naturelles dans lesquelles le test est réalisé. À l'inverse, il peut n'y avoir aucun croisement même entre des formes identiques, si les conditions d'accouplement ne sont pas réunies, auquel cas on ne pourrait rien conclure.

Si des croisements entre des formes distinctes se produisent, on peut comparer le taux de survie des hybrides de deux populations avec celui des croisements au sein d'une même population. Si les hybrides survivent, on peut tester leur fertilité en réalisant un croisement en retour avec les deux souches parentales distinctes. Comme dans le cas des tests de croisements, dans les conditions inhabituelles de laboratoire ou de serre, la survie ou la fertilité d'hybrides est possible même si l'isolement dans la nature est total. L'absence de diminution évidente de la survie ou de la fertilité observées chez les hybrides indiquerait fortement une appartenance à des espèces différentes.

Pour vérifier si les différentes séquences d'acides aminés à l'origine des différences de mobilité électrophorétique résultent d'une divergence par la sélection, un programme de séquençage de l'ADN du locus de l'alcool déshydrogénase est nécessaire. Il faut obtenir des échantillons répliqués des séquences *Adh* des populations de chaque île. Le nombre de séquences nécessaires pour chaque population dépend du degré de polymorphisme nucléotidique présent dans les populations, mais les résultats de nombreux locus d'un grand nombre d'espèces suggèrent qu'il faudrait se procurer au moins dix séquences de chaque population. Les sites polymorphes au sein des populations sont répartis en sites *(a)* non synonymes et *(b)* synonymes. Les différences nucléotidiques fixées entre des populations sont également réparties en différences *(c)* non synonymes et *(d)* synonymes. Si la divergence entre les populations résulte uniquement de la dérive génétique aléatoire, alors on s'attend à ce que *a/b* soit égal à *c/d*. Si au contraire il y a une divergence par sélection, il devrait y avoir un excès de différences non synonymes fixées. *a/b* serait alors inférieur à *c/d*. L'égalité de ces rapports peut être testée par un test du χ^2 de contingence 2×2 de la forme

	Polymorphismes	
	Non synonymes	Synonymes
Différences entre	*a*	*b*
les populations	*c*	*d*

$$\chi^2 = \frac{(a+b+c+d)(ad-bc)^2}{(a+c)(b+d)(a+b)(c+d)}$$

2. On observe par électrophorèse que deux allèles distincts pour un locus codant une enzyme sont fixés dans deux espèces étroitement apparentées. Comment pourriez-vous démontrer que cette divergence est due à la sélection naturelle plutôt qu'à une évolution neutre ?

Solution

a. Procurez-vous des séquences d'ADN du gène à partir d'un grand nombre d'individus ou de souches provenant de chacune de ces deux espèces. Il serait souhaitable de disposer d'au moins dix séquences de chaque.

b. Déterminez les différences nucléotidiques entre les individus de chaque espèce (*polymorphismes*) et répartissez ces différences entre celles qui provoquent des changements d'acides aminés (polymorphismes de substitution) et celles qui ne modifient pas l'acide aminé (polymorphismes synonymes).

c. Établissez la même distinction entre différences de substitution et différences synonymes entre les espèces, en ne comptant que les différences qui distinguent véritablement les espèces l'une de l'autre. C'est-à-dire, ne comptez pas dans une espèce un polymorphisme qui comporte un variant présent dans l'autre espèce.

d. Si le rapport entre les différences de substitution et les différences synonymes entre les espèces est supérieur au rapport entre les polymorphismes de substitution et les polymorphismes synonymes, alors optez pour un changement d'acide aminé.

e. Testez l'interprétation statistique du plus important rapport observé par un test du χ^2 2×2 du tableau suivant

		Polymorphismes	
		Substitutions	Synonymes
Différences entre	Substitutions	*a*	*b*
les espèces	synonymes	*c*	*d*

$$\chi^2 = \frac{(a+b+c+d)(ad-bc)^2}{(a+c)(b+d)(a+b)(c+d)}$$

3. Comment pourrait-on utiliser l'évolution moléculaire d'un groupe de protéines distinctes pour fournir des preuves de l'importance relative de la séquence exacte d'acides aminés par rapport à la fonction de chaque protéine ?

Solution

Déterminez les séquences d'ADN des gènes de chaque protéine pour une grande variété d'espèces fortement divergentes dont on connaît approximativement le temps écoulé depuis leur séparation à partir d'un ancêtre commun grâce à l'étude des fossiles. Traduisez les séquences d'ADN en séquences d'acides aminés. Pour chaque protéine, tracez la courbe des différences entre acides aminés pour chaque couple d'espèces en fonction de l'estimation de la durée écoulée depuis la divergence de ces espèces. La droite correspondant à chaque protéine aura une pente proportionnelle à l'importance de la contrainte fonctionnelle exercée sur la substitution d'acides aminés dans cette protéine. Les protéines ayant subi des contraintes élevées auront des taux très bas de

PROBLÈMES

substitution, tandis que les protéines plus tolérantes auront des pentes plus importantes.

PROBLÈMES ÉLÉMENTAIRES

1. Quelle est la différence entre une conception de l'évolution basée sur la transformation et une conception reposant sur la variation? Donnez un exemple de chaque (autre que la théorie darwinienne de l'évolution organique).

2. Quels sont les trois principes de la théorie darwinienne de l'évolution par variation?

3. En quoi l'explication mendélienne de l'hérédité est-elle essentielle au mécanisme darwinien de variation pour l'évolution? Quelles seraient les conséquences sur l'évolution d'une hérédité par mélange du sang? Quelles seraient les conséquences sur l'évolution si les hétérozygotes ne présentaient pas exactement une ségrégation de 50% de chacun des deux allèles au niveau d'un locus, mais qu'il y ait dans tous les cas, un penchant vers l'un ou l'autre des allèles?

4. Qu'est-ce qu'une race géographique? Quelle est la différence entre une race géographique et une espèce distincte? Dans quelles conditions une race géographique devient-elle une espèce nouvelle?

PROBLÈMES D'ÉVALUATION

5. Si le taux de mutation en un nouvel allèle est de 10^{-5}, quelle taille des populations isolées doivent-elle avoir pour empêcher que la différenciation aléatoire ne provoque entre elles une différence de fréquence de cet allèle?

6. Supposez que plusieurs populations locales d'une espèce soient constituées d'environ 10 000 individus chacune et qu'il n'y ait pas de migration entre elles. Supposez en outre qu'elles proviennent d'une population de grande taille dans laquelle la fréquence de l'allèle A au niveau d'un locus était de 0,4. Montrez par des graphes approximatifs quelle serait la distribution des fréquences alléliques parmi les populations locales après 100, 1 000, 5 000, 10 000 et 100 000 générations d'isolement.

7. Présentez les résultats pour les populations décrites dans le Problème 6 s'il y avait un échange d'immigrants entre les populations à un taux de **(a)** un individu migrant par population toutes les dix générations; **(b)** un individu migrant par population à chaque génération.

8. Supposez que dans une population, deux allèles ségrégent au niveau de deux locus et que la probabilité relative de survie des zygotes jusqu'à la maturité sexuelle pour neuf génotypes soit la suivante:

	A/A	A/a	a/a
B/B	0,95	0,90	0,80
B/b	0,90	0,85	0,70
b/b	0,90	0,80	0,65

Calculez la valeur adaptative moyenne de la population, W, si les fréquences alléliques sont $p(A) = 0,8$ et $p(B) = 0,9$. Dans quel sens pensez-vous que les fréquences alléliques vont être modifiées à la génération suivante? Recommencez le calcul et la prévision pour les fréquences alléliques $p(A) = 0,2$ et $p(B) = 0,2$. En examinant les valeurs adaptatives génotypiques, établissez le nombre et la position des sommets adaptatifs. Quelles sont les fréquences alléliques au niveau du ou des sommets?

9. Supposons que les valeurs adaptatives dans le Problème 8 soient:

	A/A	A/a	a/a
B/B	0,9	0,8	0,9
B/b	0,7	0,9	0,7
b/b	0,9	0,8	0,9

Calculez la valeur adaptative moyenne, W, pour des fréquences alléliques $p(A) = 0,5$ et $p(B) = 0,5$. Dans quel sens pensez-vous que les fréquences alléliques vont être modifiées à la génération suivante? Recommencez le même calcul et la même prédiction pour $p(A) = 0,1$ et $p(B) = 0,1$. En examinant les valeurs adaptatives génotypiques, établissez le nombre de sommets adaptatifs et l'endroit où ils sont situés.

10. Comment sait-on que la formation de polyploïdes a été importante dans l'évolution des plantes?

11. Comment sait-on que la duplication des gènes a été à l'origine des familles α et β de l'hémoglobine humaine?

12. L'allèle I^B de groupe sanguin humain a une fréquence proche de 0,10 dans les populations d'Europe et d'Asie mais est quasiment absent dans les populations amérindiennes. Quelles causes peuvent expliquer cette différence?

13. *Drosophila pseudoobscura* et *D. persimilis* sont considérées de nos jours comme deux espèces distinctes, mais elles étaient initialement répertoriées comme la race A et la race B d'une même espèce. On ne peut les différencier morphologiquement l'une de l'autre, sauf en ce qui concerne une petite différence entre les appareils génitaux des mâles. Lorsqu'on les croise en laboratoire, un grand nombre de descendants adultes F_1 des deux sexes sont produits. Établissez un programme d'observations et d'expériences pour déterminer si les deux formes sont bien des espèces différentes.

14. En utilisant les données sur l'identité des acides aminés des chaînes α, β, γ, ζ et ε de la globine indiquées dans le Tableau 21-3, dessinez un arbre représentant l'évolution de ces chaînes à partir d'une séquence ancestrale commune, dans laquelle l'ordre de ramification des branches dans le temps soit aussi cohérent que possible avec l'identité d'acides aminés observée d'après l'hypothèse d'une horloge moléculaire.

15. Des études de séquençage d'ADN pour un gène dans deux espèces étroitement apparentées ont donné les nombres suivants concernant les sites qui varient :

Polymorphismes synonymes	50
Différences non synonymes entre espèces	2
Différences synonymes entre espèces	18
Polymorphismes non synonymes	20

Ce résultat est-il en faveur d'une évolution neutre du gène ? Indique-t-il un remplacement adaptatif des acides aminés ? Quelle explication donneriez-vous de ces observations ?

Guide de quelques organismes modèles

Escherichia coli • *Saccharomyces cerevisiae* • *Neurospora crassa* • *Arabidopsis thaliana*
Caenorhabditis elegans • *Drosophila melanogaster* • *Mus musculus*

Ce petit guide réunit les principales caractéristiques des organismes modèles en lien avec la génétique. Chacun de ces sept organismes est représenté d'une façon similaire afin de permettre aux lecteurs de comparer les organismes modèles et d'en dégager points communs et différences. Chaque description porte sur les caractéristiques spécifiques d'un organisme qui l'ont rendu utile en tant que modèle, les techniques particulières développées pour étudier l'organisme et les principaux apports de son étude à notre compréhension de la génétique. Bien que de nombreuses différences apparaissent, les approches de l'analyse génétique sont similaires dans leurs grandes lignes mais doivent être adaptées pour prendre en compte le cycle vital de l'individu, son niveau de ploïdie, sa taille et sa forme ainsi que ses propriétés génomiques telles que la présence de transposons et de plasmides naturels.

Les organismes modèles ont toujours joué un rôle de premier plan en génétique. Un chercheur choisit un organisme modèle parce que l'une de ses particularités permet l'étude d'un processus génétique qui l'intéresse. Le conseil prodigué ces cent dernières années est «choisissez bien votre organisme modèle». Par exemple, les champignons ascomycètes tels que *Saccharomyces cerevisiae* et *Neurospora crassa* sont bien adaptés à l'étude de processus méiotiques comme le crossing-over car leur caractéristique spécifique, l'asque, maintient ensemble les produits d'une même méiose.

Des espèces distinctes abritent souvent des processus remarquablement similaires, même parmi les membres de groupes de grande taille tels que les Eucaryotes. Nous pouvons donc nous attendre dans une certaine mesure à ce que les enseignements d'une espèce puissent être au moins partiellement appliqués aux autres espèces. En particulier, les généticiens gardent un œil sur les nouvelles découvertes de la recherche qui pourraient s'appliquer à l'homme. L'être humain est relativement difficile à étudier au niveau génétique, c'est pourquoi les progrès de la génétique humaine doivent beaucoup à un siècle de recherches sur des organismes modèles.

Tous les organismes modèles présentent bien plus d'une caractéristique utile pour la génétique ou d'autres études biologiques. Pour cette raison, une fois que l'étude d'un organisme modèle est commencée par quelques personnes dans un but spécifique, elle sert de noyau au développement d'une communauté de recherche – un groupe de chercheurs intéressés par différents éléments d'un organisme modèle particulier. Il existe des communautés de recherche organisées autour de tous les organismes modèles mentionnés dans ce résumé. Leurs membres sont en contact régulier les uns avec les autres, échangent leurs souches mutantes et se rencontrent souvent au moins une fois par an lors de conférences qui peuvent réunir des milliers de personnes. Une telle communauté offre de nombreux services tels que des bases de données stockant les informations sur les recherches, les techniques, les souches génétiques, les clones, les banques d'ADNc et les séquences génomiques.

Pour un chercheur isolé, un autre avantage d'appartenir à une telle communauté est de développer alors un «sentiment pour l'organisme» (une expression de Barbara McClintock, généticienne du maïs et lauréate du Prix Nobel). Cette idée est difficile à concevoir, mais elle sous-entend la compréhension du fonctionnement général de l'organisme. Aucun processus du vivant ne se produit de manière isolée, connaître le comportement général d'un organisme est par conséquent souvent bénéfique lorsqu'on essaie de comprendre un processus et de l'interpréter dans son contexte propre.

À mesure que les bases de données pour chaque organisme modèle se développent (et actuellement, l'essor est rapide grâce à la génomique), les généticiens peuvent avoir une vision de plus en plus globale et sont capables d'appréhender les fonctionnements intégrés de toutes les parties constitutives d'un organisme. De ce point de vue, les organismes modèles servent non seulement de modèles pour des processus isolés mais également pour les processus en interaction dans les organismes vivants. Le terme de biologie des systèmes est utilisé pour décrire cette approche holistique.

Escherichia coli

Organisme clé dans les domaines suivants :

- Transcription, traduction, réplication, recombinaison
- Mutation
- Régulation des gènes
- Technologie de l'ADN recombinant

2 : « Statistiques vitales » génétiques	
Taille du génome :	4,6 Mb
Chromosomes :	1, circulaire
Nombre de gènes :	4000
Pourcentage d'homologie avec le génome humain :	8 %
Taille moyenne d'un gène :	1 kb, sans intron
Transposons :	souche-spécifiques, ~ 60 copies par génome
Génome séquencé en :	1997

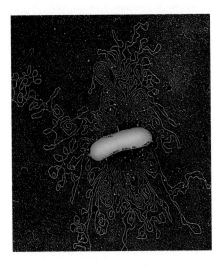

La bactérie unicellulaire *Escherichia coli* est largement connue comme vecteur de maladie, source d'empoisonnement alimentaire et de troubles intestinaux. Pourtant, cette mauvaise réputation est injustifiée. En effet, bien que certaines souches d'*E. coli* soient dangereuses, d'autres sont les résidants naturels et essentiels des intestins humains. En tant qu'organisme modèle, les souches d'*E. coli* jouent un rôle indispensable dans les analyses génétiques. Dans les années 1940, plusieurs groupes ont commencé à étudier la génétique d'*E. coli*. Ils recherchaient un organisme cultivable à faible coût et capable de produire un grand nombre de bactéries individuelles dans le but de découvrir et d'analyser des événements génétiques rares. *E. coli* pouvant être obtenue à partir des intestins humains, étant de petite taille et facile à cultiver, il s'agissait d'un choix naturel. Le travail sur *E. coli* marqua le début du concept de la boîte noire en génétique : la sélection et l'analyse de mutants permirent de déduire le déroulement de processus cellulaires, même si une cellule considérée individuellement est trop petite pour être visible.

Le génome d'*E. coli*. Une micrographie électronique du génome de la bactérie *E. coli*, libéré de la cellule à la suite d'un choc osmotique. [Dr. Gopal Murti/Science Photo Library/Photo Researchers.]

Caractéristiques particulières

Une grande partie du succès d'*E. coli* en tant qu'organisme modèle peut être attribuée à deux paramètres : la taille de sa cellule de 1 micromètre et son temps de génération de 20 minutes. (La réplication du chromosome dure 40 minutes mais de multiples fourches de réplication permettent à la cellule de se diviser en 20 minutes.) Par conséquent, on peut obtenir des cultures d'un nombre gigantesque de cellules de ce Procaryote – une caractéristique qui permet aux généticiens d'identifier des mutations et d'autres événements génétiques rares tels que les recombinaisons intragéniques. *E. coli* est également remarquablement facile à cultiver. Lorsque les cellules sont étalées sur des boîtes de milieu nutritif, chaque cellule se divise *in situ* et forme une colonie visible. On peut également cultiver les cellules en milieu liquide, dans des ampoules. Les phénotypes tels que la taille des colonies, la résistance aux substances chimiques, la capacité d'obtenir de l'énergie à partir de sources particulières de carbone et la production de marqueurs colorés remplacent les phénotypes morphologiques de la génétique des Eucaryotes.

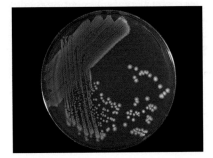

Des colonies bactériennes. [Biophoto Associates/ Science Source/Photo Researchers.]

CYCLE VITAL

E. coli se reproduit de manière asexuée, par simple fission cellulaire ; son génome haploïde se réplique et se répartit entre les deux cellules issues de la division. Dans les années 1940, Joshua Lederberg et Edward Tatum ont découvert qu'*E. coli* possédait également une sorte de cycle sexué dans lequel des cellules de « sexes » génétiquement distincts fusionnaient et échangeaient tout ou partie de leurs génomes, conduisant parfois à une recombinaison (voir Chapitre 5). Les « mâles » peuvent convertir les « femelles » en mâles grâce à la transmission d'un plasmide particulier. Ce plasmide d'ADN extragénomique circulaire de 100 kb, appelé F, détermine un type de « masculinité ». Les cellules F+ qui jouent le rôle de donneurs du caractère mâle transmettent une copie du plasmide F à une cellule receveuse. Le plasmide F peut s'intégrer dans le chromosome pour former un type cellulaire Hfr, qui transmet le chromosome de manière linéaire dans des cellules receveuses F-. Dans la nature, on trouve d'autres plasmides chez *E. coli*. Certains portent des gènes dont les fonctions équipent la cellule pour qu'elle vive dans des environnements spécifiques ; les plasmides R porteurs de gènes de résistance à certaines substances chimiques en sont des exemples.

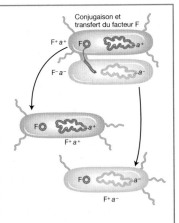

Durée du cycle vital : 20 minutes

Les généticiens se sont également servis de certains éléments génétiques uniques associés à *E. coli*. Des plasmides bactériens et des phages sont utilisés comme vecteurs pour cloner les gènes d'autres organismes à l'intérieur d'*E. coli*. Les éléments transposables issus d'*E. coli* sont capables de s'insérer dans des gènes d'ADN eucaryote cloné et ainsi de les inactiver. Ces éléments bactériens sont des acteurs clés dans la technologie de l'ADN recombinant.

Analyse génétique

Les mutants spontanés d'*E. coli* présentent différents changements au niveau de l'ADN, qui vont des simples substitutions de bases à l'insertion d'éléments transposables. L'étude de mutations spontanées rares chez *E. coli* est possible car on peut cribler des populations de grande taille. On utilise cependant également des mutagènes pour augmenter les fréquences de mutations.

Pour obtenir des phénotypes mutants spécifiques qui pourraient représenter des déficiences dans un processus étudié, des protocoles de criblage ou de sélection peuvent être imaginés (voir Chapitre 16). Par exemple, des mutations nutritionnelles et des mutations conférant une résistance à des substances chimiques ou à des phages peuvent être obtenues sur des boîtes enrichies en substances chimiques, médicaments ou phages spécifiques. Les inactivations complètes de n'importe quel gène essentiel conduiront à l'absence de croissance ; ces mutations peuvent être sélectionnées par l'addition de pénicilline (un antibiotique isolé à partir d'un champignon) qui tue uniquement les cellules en cours de division. Dans le cas des mutations létales conditionnelles, on peut utiliser la technique de réplique sur velours : des colonies mutées présentes sur une boîte matrice sont transférées à l'aide d'un tampon de velours sur d'autres boîtes qui sont ensuite placées dans un environnement toxique. Les mutations affectant l'expression d'un gène intéressant spécifique peuvent être recherchées en fusionnant celui-ci à un gène rapporteur tel que le gène *lacZ* dont le produit protéique synthétise un colorant bleu, ou le gène *GFP*, dont le produit est fluorescent lorsqu'on l'expose à la lumière d'une longueur d'onde particulière.

Après avoir obtenu un groupe de mutants affectant le processus étudié, les mutations sont triées en fonction de leurs gènes par recombinaison et complémentation. Ces gènes sont clonés et séquencés afin d'obtenir des indications sur leurs fonctions. La mutagenèse dirigée peut être utilisée pour corréler des changements mutationnels à des positions protéiques spécifiques (voir p. 531).

Chez *E. coli*, les croisements sont utilisés pour cartographier les mutations et produire des génotypes cellulaires spécifiques (voir Chapitre 5). Les recombinants sont obtenus en mélangeant des cellules Hfr (qui possèdent un plasmide F à l'état intégré) et des cellules F⁻. En général, une donneuse Hfr transmet une partie du chromosome bactérien, formant un mérozygote temporaire dans lequel se produit la recombinaison. On peut utiliser les croisements de Hfr pour la cartographie basée sur les temps d'entrée ou sur les fréquences de recombinaison. Grâce au transfert de dérivés F' transportant des gènes donneurs vers F⁻, il est possible de produire des diploïdes partiels stables afin d'étudier l'interaction des gènes ou leur dominance.

Techniques de manipulation génétique

Mutagenèse standard :

Substances chimiques et radiations	Mutations somatiques aléatoires
Transposons	Insertions somatiques aléatoires

Transgenèse :

Sur un vecteur plasmidique	Libre ou intégré
Sur un vecteur phagique	Libre ou intégré
Transformation	Intégré

Inactivations ciblées de gènes :

Allèle nul dans un vecteur	Remplacement d'un gène par recombinaison
Allèle modifié par génie génétique dans un vecteur	Mutagenèse dirigée par remplacement de gène

---

Génie génétique

Transgenèse. *E. coli* joue un rôle primordial dans l'introduction de transgènes dans d'autres organismes (voir Chapitre 11). C'est l'organisme standard utilisé pour cloner les gènes de n'importe quel organisme. Des plasmides d'*E. coli* ou des bactériophages peuvent être utilisés comme vecteurs, en transportant la séquence d'ADN à cloner. Ces vecteurs sont introduits dans une cellule bactérienne par transformation s'il s'agit d'un plasmide ou par transduction dans le cas d'un phage. Ils se répliquent alors dans le cytoplasme. Les vecteurs sont spécialement modifiés de façon à comporter des sites uniques de clonage susceptibles d'être coupés par différentes enzymes de restriction. D'autres vecteurs «navettes» sont conçus pour transmettre des fragments d'ADN de la levure («l'*E. coli* des Eucaryotes») vers *E. coli*, pour sa plus grande facilité de manipulation génétique ; ils sont ensuite réintroduits dans la levure où leur phénotype est observé.

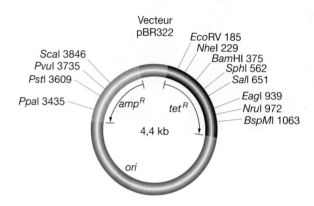

Un plasmide conçu comme vecteur de clonage d'ADN. L'insertion réussie d'un gène étranger dans le plasmide est détectée par l'inactivation d'un gène de résistance à une substance chimique (*tet*ᴿ ou *amp*ᴿ). Les sites de restriction sont indiqués.

Inactivations ciblées de gènes. Les chercheurs sont en train de construire l'ensemble des inactivations de tous les gènes. Dans l'un des protocoles expérimentaux, un transposon porteur de résistance à la kanamycine est introduit dans un gène cloné *in vitro* (à l'aide d'une transposase). Cette construction sert à transformer des bactéries et les colonies résistantes produites par recombinaison homologue portent le transposon inséré.

Principales contributions

Les premières études de génétique ont été réalisées ave *E. coli*. Le plus grand triomphe a sans doute été le déchiffrement du code génétique universel de 64 codons, mais ce résultat est loin d'être la seule contribution de cet organisme. Parmi les principes fondamentaux démontrés pour la première fois chez *E. coli*, citons la nature spontanée des mutations (le test de fluctuation, p. 461), les différents types de changements de bases responsables de mutations et la réplication semi-conservative de l'ADN (l'expérience de Meselson et Stahl, p. 237). Cette bactérie a contribué à développer de nouveaux domaines de la génétique tels que la régulation des gènes (l'opéron *lac*, p. 305 et suivantes) et la transposition de l'ADN (éléments IS, p. 429). Un dernier exemple et non des moindres : la technologie de l'ADN recombinant a été inventée avec *E. coli* et cet organisme continue à jouer un rôle central dans cette technologie.

Autres domaines de contribution

- Métabolisme cellulaire
- Suppresseurs de non-sens
- Colinéarité du gène et du polypeptide
- L'opéron
- Résistance aux substances chimiques grâce à des plasmides
- Transport actif

Saccharomyces cerevisiae

Organisme clé dans les domaines suivants :

- Génomique
- Biologie des systèmes
- Contrôle génétique du cycle cellulaire
- Transduction du signal
- Recombinaison
- Type sexuel
- Transmission mitochondriale
- Interaction des gènes ; système double hybride

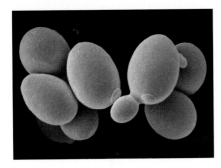

L'ascomycète *S. cerevisiae*, encore appelé «levure de boulangerie», «levure bourgeonnante» ou simplement «levure» est à l'origine des industries de la fabrication du pain et de la bière depuis l'Antiquité. Dans la nature, elle pousse probablement à la surface des plantes, en utilisant des sécrétions comme nutriments, même si sa niche écologique précise demeure un mystère. Bien que les souches de laboratoire soient pour la plupart haploïdes, dans la nature les cellules peuvent être diploïdes ou polyploïdes. En 70 ans environ de recherche génétique, la levure est devenue «l'*E. coli* des Eucaryotes». La levure étant haploïde, unicellulaire et formant des colonies compactes sur des boîtes de culture, elle peut être traitée quasiment de la même façon qu'une bactérie. Cependant, elle a des mitochondries, une méiose et un cycle cellulaire de type eucaryote et ces caractéristiques sont au cœur du succès de la levure.

Cellules de levure, *Saccharomyces cerevisiae*.

Caractéristiques particulières

En tant qu'organisme modèle, la levure combine le meilleur des deux mondes : elle est aussi commode à entretenir qu'une bactérie, mais avec les caractéristiques principales d'un Eucaryote. Les cellules de levure sont petites (10 micromètres) et leur cycle cellulaire dure seulement 90 minutes, ce qui leur permet de se multiplier abondamment en un temps court. Comme les bactéries, la levure peut être cultivée en grandes ampoules dans un milieu liquide qui doit être agité en permanence. La levure produit également des colonies visibles lorsqu'elles sont étalées sur un milieu d'agar, que l'on peut cribler pour rechercher des mutations et sur lesquelles on peut appliquer la technique de réplique sur velours. De manière typique des Eucaryotes, la levure présente un cycle de division cellulaire mitotique, elle subit des méioses et possède des mitochondries dont le génome unique est de petite taille. Les cellules de levure peuvent respirer de manière anaérobie en utilisant le cycle de fermentation et donc, vivre sans mitochondrie, ce qui permet la survie des mutants mitochondriaux.

Analyse génétique

Réaliser des croisements de levure est assez facile. Des souches de type sexuel opposé sont simplement mélangées sur un milieu approprié. Les diploïdes résultants a/α sont induits pour s'engager dans la méiose en utilisant un milieu particulier de sporulation. Les chercheurs peuvent isoler des ascospores à partir d'une tétrade unique en utilisant un appareil appelé micro-manipulateur. Ils peuvent également synthétiser des diploïdes a/a ou α/α dans des buts précis ou créer des diploïdes partiels en utilisant des plasmides conçus spécialement par génie génétique.

En raison d'une vaste gamme disponible de mutants de levure et de constructions d'ADN, on peut fabriquer des souches dans des buts précis en vue de criblages et de sélections en croisant différents types de levure. De plus, de nouveaux allèles mutants peuvent être cartographiés en réalisant des croisements avec des souches contenant un ensemble de marqueurs phénotypiques ou moléculaires de position cartographique connue.

La disponibilité des cellules haploïdes et diploïdes offre une certaine flexibilité pour les études mutationnelles. Les cellules haploïdes sont commodes pour des sélections ou des criblages à grande échelle car les phénotypes mutants sont exprimés directement. Les cellules diploï-

des sont pratiques pour obtenir des mutations dominantes, pour conserver des mutations létales, réaliser des tests de complémentation et étudier l'interaction des gènes.

CYCLE VITAL

La levure est une espèce unicellulaire avec un cycle vital très simple constitué de phases sexuées et asexuées. La phase asexuée peut être haploïde ou diploïde. Une cellule se divise de manière asexuée par bourgeonnement : une cellule mère émet un bourgeon dans lequel l'un des noyaux qui résultent de la mitose est transféré. Pour la reproduction sexuée, il existe deux types sexuels déterminés par les allèles *Matα* et *MATa*. Lorsque des cellules haploïdes de types sexuels différents s'unissent, elles forment une cellule diploïde capable de se diviser par mitose ou subir une division méiotique. Les produits de la méiose sont une tétrade non linéaire de quatre ascospores.

Durée totale du cycle vital : 90 minutes pour un cycle cellulaire complet

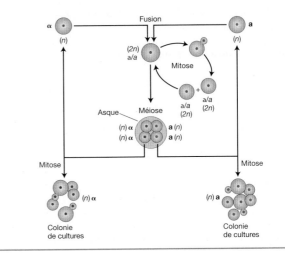

Techniques de manipulation génétique

Mutagenèse standard :

Substances chimiques et radiations	Mutations somatiques aléatoires
Transposons	Insertions somatiques aléatoires

Transgenèse :

Plasmide intégratif	Insertion par recombinaison homologue
Plasmide réplicatif	Peut se répliquer de manière autonome (2μ ou origine de réplication ARS)
Chromosome artificiel de levure	Se réplique et ségrége comme un chromosome
Vecteur navette	Peut se répliquer dans la levure ou *E. coli*

Inactivations ciblées de gènes :

Remplacement de gènes	La recombinaison homologue remplace l'allèle de type sauvage par un allèle nul

Génie génétique

Transgenèse. La levure bourgeonnante offre davantage d'opportunités pour la manipulation génétique que n'importe quel autre Eucaryote (voir p. 366). L'ADN exogène est capté facilement par des cellules dont les parois cellulaires ont été partiellement retirées par digestion enzymatique ou abrasion. Il existe différents types de vecteurs (voir tableau ci-dessus). Pour qu'un plasmide puisse se répliquer indépendamment des chromosomes, il doit contenir une origine de réplication normale de levure (ARS) ou une origine de réplication provenant d'un plasmide 2μ présent dans certains isolats de levure. Le vecteur le plus élaboré, le chromosome artificiel de levure (YAC) est constitué d'une ARS, d'un centromère de levure et de deux télomères. Un YAC peut porter des inserts transgéniques de grande taille, qui sont ensuite transmis de la même façon que des chromosomes mendéliens. Les YAC sont des vecteurs importants pour le clonage et le séquençage de grands génomes tels que le génome humain.

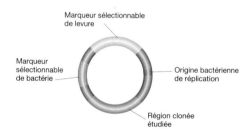

Un vecteur simple de levure. Ce type de vecteur s'appelle un plasmide intégratif de levure (YIp pour *yeast integrative plasmid* en anglais).

Inactivations ciblées. La mutagenèse à l'aide de transposons (étiquetage à l'aide de transposons) peut être effectuée en introduisant dans *E. coli* de l'ADN de levure porté par un vecteur navette ; les transposons bactériens s'intègrent dans l'ADN de levure, en inactivant la fonction du gène. Le vecteur navette est ensuite retransféré dans la levure et les mutants étiquetés remplacent des copies de type sauvage par recombinaison homologue. Les inactivations de gènes peuvent également être réalisées en remplaçant des allèles de type sauvage par une copie nulle fabriquée par génie génétique grâce à la recombinaison homologue. En utilisant ces techniques, les chercheurs ont construit de manière systématique un ensemble complet de souches de levure présentant une inactivation complète spécifique afin de tester les fonctions nulles de chaque gène au niveau phénotypique.

(a)   **(b)**

Des mutants touchés au niveau du cycle cellulaire. (a) Des mutants qui s'allongent sans se diviser. (b) Des mutants dont le cycle cellulaire est bloqué, sans formation de bourgeons.

Principales contributions

Grâce à une combinaison d'outils génétiques et biochimiques, les études de levure ont apporté de nombreuses informations sur le contrôle génétique des processus cellulaires.

Cycle cellulaire. L'identification des gènes de la division cellulaire grâce à des mutants thermosensibles (mutants *cdc*) touchés à ce niveau a permis d'aboutir au modèle détaillé du contrôle génétique de la division cellulaire. Les différents phénotypes Cdc révèlent les composants de la machinerie cellulaire nécessaires à l'exécution d'étapes spécifiques dans l'avancée du cycle cellulaire. Ce travail a permis de comprendre les contrôles anormaux de la division cellulaire qui peuvent mener chez l'homme jusqu'au cancer (voir p. 551).

Recombinaison. Un grand nombre des idées fondamentales des modèles moléculaires actuels de crossing-over (tels que le modèle de cassure double-brin) sont basées sur l'analyse de tétrades lors de conversions de gènes chez la levure (voir p. 474). La conversion de gènes (des rapports alléliques aberrants tels que 3 : 1) sont assez courants dans les gènes de levure, ce qui fournit de nombreuses données pour quantifier les caractéristiques clés de ce processus.

Interactions de gènes. La levure a ouvert la voie à l'étude des interactions de gènes. Les techniques de génétique traditionnelle ont été utilisées pour révéler les patrons de l'épistasie et de la suppression, qui suggèrent des interactions de gènes (voir p. 205). Le système plasmidique double hybride utilisé pour identifier des interactions protéiques a été mis au point chez la levure et a permis d'établir des cartes d'interactions complexes qui représentent les débuts de la biologie des systèmes (voir p. 413). Les mutants létaux synthétiques – les doubles mutants létaux créés en croisant deux simples mutants viables – sont également utilisés pour établir des réseaux d'interactions (voir p. 206).

Génétique mitochondriale. Les mutants possédant des mitochondries déficientes sont reconnaissables à leurs colonies de très petite taille appelées «petite». L'existence de ces «petite» et d'autres mutants mitochondriaux a permis la première analyse détaillée de la structure et de la fonction du génome mitochondrial jamais réalisée pour un organisme.

Génétique du type sexuel. Les allèles *MAT* de levure ont été les premiers gènes de type sexuel caractérisés au niveau moléculaire. Il est intéressant de savoir que la levure subit spontanément un changement d'un type sexuel en un autre. Une copie silencieuse «de réserve» de l'allèle *MAT* de type sexuel opposé résidant en un autre endroit du génome, s'insère dans le locus de type sexuel et remplace l'allèle résidant par recombinaison homologue. La levure est l'un des principaux modèles pour la transduction du signal au cours de la détection et pour la réponse aux hormones de conjugaison émises par le type sexuel opposé.

Autres domaines de contribution

- Génétique du changement de type sexuel entre la croissance de type levure et la croissance filamenteuse
- Génétique de la sénescence

Neurospora crassa

Organisme clé dans les domaines suivants :

- Génétique du métabolisme et de l'absorption de nutriments
- Génétique du crossing-over et de la méiose
- Cytogénétique des champignons
- Croissance polaire
- Rythmes circadiens
- Interactions noyau-mitochondries

« Statistiques vitales » génétiques	
Taille du génome :	43 Mb
Chromosomes :	7 autosomes ($n = 7$)
Nombre de gènes :	10 000
Pourcentage d'homologie avec le génome humain :	6 %
Taille moyenne d'un gène :	1,7 kb ; 1,7 intron/gène
Transposons :	rares
Génome séquencé en :	2003

Neurospora poussant sur une canne à sucre.

Neurospora crassa, la moisissure orange du pain, a été l'un des premiers micro-organismes eucaryotes adoptés par les généticiens comme organisme modèle. Comme la levure, elle a été choisie à l'origine en raison de son haploïdie, de son cycle vital simple et rapide et de la facilité avec laquelle elle peut être cultivée. L'intérêt particulier de cet organisme était sa culture sur un milieu contenant un ensemble défini de nutriments, rendant ainsi possible l'étude du contrôle génétique de la chimie cellulaire. Dans la nature, on la trouve dans de nombreuses parties du monde où elle pousse sur de la végétation en décomposition. Le feu active ses spores dormantes ; pour cette raison il est plus facile de la recueillir après des incendies – par exemple, sous les souches d'arbres brûlés ou dans des champs d'espèces végétales telles que la canne à sucre, qui sont en général brûlés avant la récolte.

Caractéristiques particulières

Neurospora détient le record de vitesse de croissance chez les champignons car chaque hyphe pousse d'environ 10 cm par jour. Cette croissance rapide combinée à son cycle vital haploïde et à sa capacité de se développer sur un milieu défini, a fait de *Neurospora* un organisme de choix pour l'étude de la génétique biochimique de la nutrition et de l'absorption de nutriments.

Une autre caractéristique spécifique de *Neurospora* (et de champignons apparentés) permet aux généticiens de suivre les étapes de méioses individuelles. Les quatre produits haploïdes d'une méiose restent ensemble dans un sac appelé asque. Chacun des quatre produits de la méiose subit une division mitotique supplémentaire (voir pp. 100-101). Cette particularité fait de *Neurospora* un système idéal pour étudier le crossing-over, la conversion de gènes, les réarrangements chromosomiques, la non-disjonction méiotique et le contrôle génétique de la méiose elle-même. Les chromosomes bien que petits sont facilement visibles, ce qui permet d'étudier les processus méiotiques à la fois au niveau génétique et au niveau chromosomique. C'est pourquoi des études fondamentales ont été réalisées chez *Neurospora* sur les mécanismes sous-tendant ces processus (voir p. 120).

L'analyse génétique

L'analyse génétique est directe (voir p. 100). Des centres de réserves de souches fournissent une vaste gamme de mutants affectés au niveau de tous les aspects de la biologie des champignons. Les gènes de ces souches de *Neurospora* peuvent facilement être cartographiés si on croise ces souches avec une banque de souches de locus mutants connus ou d'allèles RFLP connus. Les souches de type sexuel opposé sont croisées par une simple mise en culture simultanée. Un généticien peut récupérer à l'aide d'une aiguille une ascospore unique pour l'étudier. De ce fait, l'analyse à l'aide d'asques complets ou d'ascospores aléatoires est rapide et directe.

CYCLE VITAL

N. crassa présente un cycle vital eucaryote haploïde (voir p. 96). Une spore haploïde asexuée (que l'on appelle une conidie) germe en produisant un tube germinatif qui s'étend au niveau de son extrémité. La croissance progressive de l'extrémité et la ramification produisent une masse de fils ramifiés (que l'on appelle des *hyphes*), qui forment une colonie compacte sur un milieu de croissance. Les hyphes ne possédant pas de paroi, une colonie ressemble à une cellule contenant de nombreux noyaux haploïdes. La colonie émet par bourgeonnement des millions de spores asexuées, qui peuvent se disperser dans l'air et répéter le cycle asexué.

Dans le cycle sexué de *N. crassa*, il existe deux types sexuels d'aspect identique MAT-*A* et MAT-*a*, que l'on peut considérer comme des « sexes » simples. Comme chez la levure, les deux types sexuels sont déterminés par deux allèles d'un gène. Lorsque des colonies de type sexuel distinct entrent en contact, leurs parois cellulaires et leurs noyaux fusionnent. De nombreux noyaux diploïdes transitoires apparaissent, chacun d'eux subit une méiose, produisant ainsi une octade d'ascospores. Les ascospores germent et forment des colonies exactement comme celles produites par les spores asexuées.

Durée du cycle vital : 4 semaines pour un cycle sexué

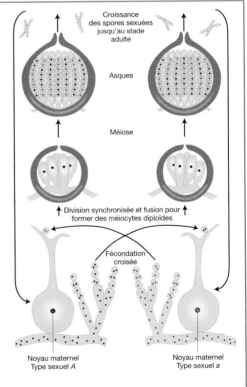

Croissance des spores sexuées jusqu'au stade adulte

Asques

Méiose

Division synchronisée et fusion pour former des méiocytes diploïdes

Fécondation croisée

Noyau maternel Type sexuel *A*

Noyau maternel Type sexuel *a*

 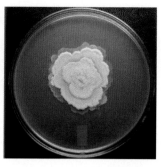

Des *Neurospora* de types sauvage (à gauche) et mutant (à droite) en culture dans une boîte de Pétri.

Neurospora étant haploïde, les nouveaux phénotypes mutants obtenus se détectent facilement grâce à différents types de criblages et de sélections. Par exemple, l'enrichissement par filtration peut être utilisé pour sélectionner des mutants dont la croissance est bloquée (voir p. 525). Un système très utilisé pour l'étude du mécanisme de mutation est le gène *ad-3* car les mutants *ad-3* sont violets et facilement détectables.

Bien qu'il soit difficile d'obtenir des diploïdes végétatifs de *Neurospora*, les généticiens sont capables de fabriquer une «imitation de l'état diploïde» utile pour les tests de complémentation et d'autres analyses nécessitant la présence de deux copies d'un gène (voir p. 201). En résumé, la fusion de deux souches différentes produit un hétérocaryon, qui est un individu contenant deux types nucléaires distincts dans un même cytoplasme. Les hétérocaryons permettent également l'utilisation d'une version du test d'un locus spécifique, une façon de récupérer des mutations touchant un allèle récessif spécifique. (Les cellules provenant d'un hétérocaryon +/*m* sont étalées et l'on recherche des colonies *m*/*m*.)

Techniques de manipulation génétique

Mutagenèse standard :

Substances chimiques et radiations	Mutations somatiques aléatoires
Mutagenèse à l'aide de transposons	N'existe pas

Transgenèse :

Transformation par l'intermédiaire d'un plasmide	Insertion aléatoire

Inactivations ciblées de gènes :

RIP	Mutations GC → AT dans des segments dupliqués transgéniques avant un croisement
PTGS	Inactivation somatique (épigénétique) post-transcriptionnelle de transgènes

---

Génie génétique

Transgenèse. La première transformation eucaryote jamais réalisée a été effectuée sur Neurospora. Actuellement, *Neurospora* est facilement transformée à l'aide de plasmides bactériens portant le transgène désiré plus un marqueur sélectionnable tel que la résistance à l'hygromycine, pour montrer que le plasmide s'est intégré. Aucun plasmide ne se réplique dans *Neurospora*, aussi un transgène n'est-il transmis que s'il est intégré dans un chromosome.

Inactivations ciblées. Au contraire de la levure, chez *Neurospora* les transgènes s'intègrent rarement par recombinaison homologue. Par conséquent, une souche transgénique possède normalement le gène résidant plus le transgène homologue, inséré en une position ectopique aléa-

toire. En raison de cette duplication de matériel, si la souche est croisée, elle est soumise à un mécanisme RIP (mutations ponctuelles induites par des répétitions), un processus génétique spécifique de *Neurospora*. RIP est un mécanisme pré-méiotique qui crée de nombreuses transitions GC → AT dans les deux copies dupliquées, ce qui inactive le gène. Le mécanisme RIP est donc un moyen commode d'inactiver de façon spécifique un gène précis (voir p. 532).

Principales contributions

George Beadle et Edward Tatum ont utilisé *Neurospora* comme organisme modèle dans leurs études novatrices sur les relations gène-enzyme, au cours desquelles ils ont réussi à identifier les étapes enzymatiques de la synthèse de l'arginine (voir p. 187). Leurs travaux sur *Neurospora* constituent les débuts de la génétique moléculaire. Ils ont réalisé de nombreuses études comparables sur la génétique du métabolisme cellulaire de *Neurospora*.

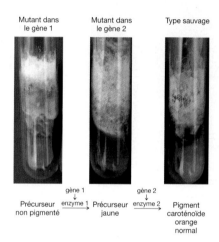

La voie de synthèse du pigment caroténoïde orange chez *Neurospora*.

Des travaux novateurs ont été réalisés sur la génétique des processus méiotiques tels que le crossing-over et la disjonction ainsi que sur le rythme de production des conidies. Des cultures à croissance continue présentent un rythme quotidien de formation de conidies. Les résultats d'études de pointe utilisant des mutations qui modifient ce rythme ont contribué à établir un modèle général de la génétique des rythmes circadiens.

Neurospora sert de modèle à la multitude de champignons filamenteux pathogènes affectant les espèces cultivées et l'homme car la culture et la manipulation génétique de ces champignons sont souvent difficiles. On utilise même *Neurospora* comme système eucaryote simple de test pour l'étude de substances chimiques mutagènes et carcinogènes dans l'environnement humain.

Étant donné que l'on peut effectuer des croisements en utilisant un parent comme femelle, ce cycle permet l'étude de la génétique mitochondriale et des interactions noyau-mitochondrie. Une vaste gamme de plasmides mitochondriaux linéaires et circulaires ont été découverts dans des isolats naturels. Certains d'entre eux sont des rétro-éléments qui semblent être des intermédiaires dans l'évolution des virus.

Autres domaines de contribution

- Diversité et adaptation des champignons
- Cytogénétique (origine chromosomique de la génétique)
- Gènes des types sexuels
- Gènes de compatibilité des hétérocaryons (un modèle pour la génétique de la reconnaissance du soi et du non-soi)

Arabidopsis thaliana

« Statistiques vitales » génétiques	
Taille du génome :	125 Mb
Chromosomes :	diploïde, 5 autosomes ($2n = 10$)
Nombre de gènes :	25 000
Pourcentage d'homologie avec le génome humain :	18 %
Taille moyenne d'un gène :	2 kb, 4 introns/gène
Transposons :	10 % du génome
Génome séquencé en :	2000

Organisme clé dans les domaines suivants :

- Développement
- Expression et régulation des gènes
- Génomique végétale

Arabidopsis thaliana, un membre de la famille végétale des Brassicacées (chou), est l'un des derniers arrivants parmi les organismes modèles en génétique. La plupart des travaux qui lui ont été consacrés ont été menés ces vingt dernières années. *A. thaliana* n'a aucune importance économique – elle se développe de manière prolifique comme mauvaise herbe dans de nombreuses parties tempérées du globe. Cependant, en raison de sa petite taille, de son cycle cellulaire court et de son petit génome, elle a supplanté les modèles végétaux de la génétique classique tels que le maïs et le blé et est devenu l'un des principaux modèles de la génétique moléculaire des plantes.

Arabidopsis thaliana poussant dans la nature. Les types de plantes cultivées en laboratoire sont plus petits.
[Dan Tenaglia, www.missouriplants.com.]

Caractéristiques particulières

Par rapport aux autres plantes, *Arabidopsis* est petite, à la fois par sa taille et celle de son génome – des caractéristiques avantageuses pour un organisme modèle. *Arabidopsis* atteint une hauteur inférieure à 10 cm dans des conditions appropriées et peut donc être cultivée en très grand nombre, ce qui permet des criblages pour rechercher des mutants et des analyses de descendants à grande échelle. La taille totale de son génome de 125 Mb le rend relativement facile à séquencer par rapport aux autres génomes d'organismes modèles végétaux, tels que le génome du maïs (2500 Mb) et celui du blé (16 000 Mb).

Analyse génétique

L'analyse des mutations d'*Arabidopsis* à l'aide de croisements repose sur des méthodes qui ont fait leurs preuves – quasiment les mêmes que celles utilisées par Mendel. Les souches de plantes portant des mutations utiles correspondant à l'expérience conçue sont obtenues à partir de centres publics de réserves de souches. Les lignées peuvent être croisées manuellement entre elles ou bien s'autoféconder. Bien que les fleurs soient petites, la pollinisation croisée est réalisée facilement en retirant les anthères dont les loges polliniques sont encore fermées (qui sont souvent mangées par l'expérimentateur !). Chaque fleur pollinisée produit ensuite une longue cosse contenant un grand nombre de graines. Cette production abondante de descendants (des milliers de graines par plante) est une aubaine pour les généticiens qui recherchent des mutants ou des événements rares. Si une plante porte une nouvelle mutation récessive dans la lignée germinale, l'autofécondation permet la récupération de cette mutation dans les descendants immédiats de la plante.

CYCLE VITAL

Arabidopsis possède le cycle vital familier des végétaux, avec un stade diploïde dominant. Une plante porte plusieurs fleurs produisant chacune de nombreuses graines. Comme beaucoup de mauvaises herbes annuelles, son cycle vital est rapide : il faut seulement 6 semaines à une graine plantée pour produire une nouvelle récolte de graines.

Durée totale du cycle vital : 6 semaines

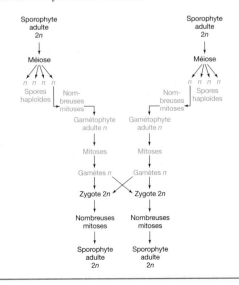

Des mutants d'*Arabidopsis*. (a) Une fleur de type sauvage d'*Arabidopsis*. (b) La mutation *agamous* (*ag*), qui produit des fleurs possédant uniquement des pétales et des sépales (pas de pièces reproductrices). (c) Un double mutant *ap1*, *cal*, qui fait ressembler la fleur à un chou-fleur. (Des mutations similaires chez le chou sont probablement à l'origine de l'apparition des véritables choux-fleurs.) [Photographies de George Haughn.]

Techniques de manipulation génétique

Mutagenèse standard :

Substances chimiques et radiations	Mutations somatiques et germinales aléatoires
ADN-T ou transposons	Insertions étiquetées aléatoires

Transgenèse :

L'ADN-T porte le transgène	Insertion aléatoire

Inactivations ciblées de gènes :

Transgenèse par l'intermédiaire d'ADN-T ou de transposon	Insertion aléatoire ; inactivations dirigées sélectionnées par PCR
ARNi	Imite l'inactivation ciblée

Génie génétique

Transgenèse. L'ADN-T d'*Agrobacterium* est un vecteur commode pour introduire des transgènes (voir p. 368). La construction vecteur-transgène s'insère au hasard dans le génome. Le transgène constitue un moyen efficace pour étudier la régulation des gènes. Le transgène est épissé à un gène rapporteur tel que *GUS*, qui produit un colorant bleu au niveau de toutes les positions de la plante dans lesquelles le gène est actif.

Inactivations ciblées. La recombinaison homologue étant rare chez *Arabidopsis*, il est difficile d'inactiver des gènes spécifiques grâce à leur remplacement homologue par un transgène. Par conséquent, chez *Arabidopsis*, les gènes sont inactivés par l'insertion aléatoire d'un vecteur d'ADN-T ou d'un transposon (on utilise les transposons du maïs tels que *Ac-Ds*), puis des inactivations spécifiques de gènes sont sélectionnées en appliquant une analyse par PCR à l'ADN provenant d'un grand nombre de plantes. La PCR utilise comme première amorce une séquence présente dans l'ADN-T ou dans le transposon et comme seconde amorce, une séquence dans le gène étudié. La PCR amplifie ainsi uniquement des copies du gène étudié comportant une insertion. La subdivision de l'ensemble des plantes et la répétition du processus permettent de trouver la plante spécifique portant l'inactivation. On peut également utiliser l'ARNi pour inactiver un gène spécifique.

Il existe de vastes collections de mutants produits par l'insertion d'ADN-T ; la liste des séquences végétales flanquantes est disponible dans les bases publiques de données. Pour cette raison, si l'on est intéressé par un gène spécifique, on peut voir si la collection comporte une plante qui possède une insertion dans ce gène. Une caractéristique utile des populations inactivées de plantes est leur maintien facile et peu coûteux sous la forme de graines pendant de nombreuses années voire des décennies. Cette possibilité n'existe pas pour la plupart des populations

d'animaux modèles. Le ver *C. elegans* peut être congelé, mais les mouches du vinaigre (*D. melanogaster*) ne peuvent être congelées puis ranimées. Par conséquent, les lignées de mutants de drosophile doivent être maintenues à l'état d'organismes vivants.

Principales contributions

Premier génome végétal à avoir été séquencé, *Arabidopsis* est devenu un modèle important pour l'architecture du génome des plantes et leur évolution. De plus, des études menées sur *Arabidopsis* ont fourni des informations clés pour notre compréhension du contrôle génétique du développement végétal (voir p. 603). Les généticiens ont isolé des mutations homéotiques affectant le développement des fleurs par exemple. Chez ces mutants, un type de pièce florale a été remplacé par un autre. L'intégration de l'action de ces mutations a conduit à un modèle élégant de la détermination des verticilles de la fleur, basé sur le recouvrement de patrons d'expression de gènes régulateurs dans le méristème des fleurs. *Arabidopsis* a également largement contribué à la compréhension de la génétique de la physiologie végétale, de la régulation des gènes ainsi que de l'interaction des plantes et de l'environnement (y compris la génétique des résistances aux maladies). *Arabidopsis* étant une plante naturelle présente dans le monde entier, elle a un potentiel important pour l'étude de la diversification évolutive et de l'adaptation.

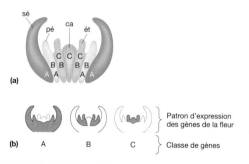

La mise en place des verticilles. (a) Des patrons d'expression des gènes correspondant au développement des différents verticilles. De l'extérieur vers l'intérieur, il y a les sépales (sé), les pétales (pé), les étamines (ét) et le carpelle (ca). (b) Les régions grisées des schémas en coupe de la fleur en cours de développement montrent les profils d'expression des gènes des classes A, B et C.

Autres domaines de contribution

- Réponse au stress environnemental
- Systèmes de contrôles hormonaux

Caenorhabditis elegans

« Statistiques vitales » génétiques	
Taille du génome :	97 Mb
Chromosomes :	5 autosomes ($2n = 10$), chromosome X
Nombre de gènes :	19 000
Pourcentage d'homologie avec le génome humain :	25 %
Taille moyenne d'un gène :	5 kb, 4 introns/gène
Transposons :	Plusieurs types, actifs dans certaines souches
Génome séquencé en :	1998

Caenorhabditis elegans n'est pas très impressionnant lorsqu'on l'observe sous le microscope. Ce petit ver rond de 1 mm de long qui vit sous la terre (un nématode) est effectivement un animal relativement simple, mais cette simplicité est l'une des raisons qui en font un bon organisme modèle. Sa petite taille, sa croissance rapide, sa capacité d'autofécondation, sa transparence et son faible nombre de cellules en font un choix idéal pour l'étude de la génétique du développement eucaryote.

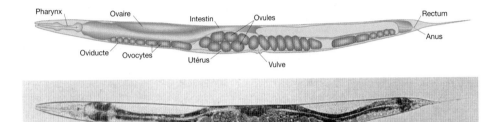

Une microphotographie et un schéma d'un *C. elegans* adulte.

Caractéristiques particulières

Les généticiens peuvent littéralement voir au travers de *C. elegans*! Au contraire des autres organismes modèles pluricellulaires tels que la drosophile ou *Arabidopsis*, ce minuscule ver est transparent et permet de rechercher efficacement dans de grandes populations, des mutations intéressantes affectant quasiment tous les aspects de l'anatomie ou du comportement. La transparence est également très utile pour les études du développement : les chercheurs peuvent observer directement les stades du développement simplement en regardant les vers sous un microscope photonique. Les résultats de ces études ont révélé que le développement de *C. elegans* est minutieusement programmé et que chaque ver présente un nombre étonnamment faible et constant de cellules (959 chez les hermaphrodites et 1031 chez les mâles). Les biologistes ont même suivi à la trace le devenir de cellules spécifiques au cours du développement du ver et ont déterminé le patron exact des divisions cellulaires produisant chaque organe adulte. Cet effort a permis d'obtenir un arbre généalogique de chaque cellule adulte (voir p. 554).

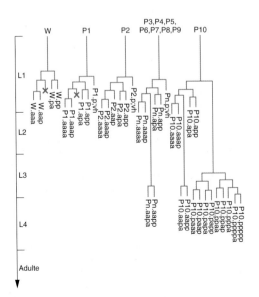

Une représentation symbolique des lignées de 11 cellules. Une cellule qui subit une apoptose est indiquée par un × bleu à la fin de la branche de l'arbre généalogique.

CYCLE VITAL

C. elegans est unique parmi les principaux animaux modèles car l'un des deux sexes est hermaphrodite (XX) et l'autre est mâle (XO). On peut distinguer les deux sexes par la taille supérieure des hermaphrodites et par les différences entre leurs organes sexuels. Les hermaphrodites produisent à la fois des ovules et des spermatozoïdes, ce qui permet leur autofécondation. Les descendants d'un hermaphrodite autofécondé sont également hermaphrodites, sauf si une non-disjonction rare produit un mâle XO. Si l'on mélange des hermaphrodites et des mâles, les deux sexes s'accouplent et de nombreux zygotes résultants auront été fécondés par les spermatozoïdes de type amiboïde des mâles. La fécondation et la production d'embryons ont lieu dans l'hermaphrodite qui pond ensuite des œufs. Les œufs achèvent leur développement en dehors du corps du ver.

Durée totale du cycle vital : 3 1/2 jours

Analyse génétique

Les vers étant petits et se reproduisant de manière rapide et prolifique (une autofécondation produit environ 300 descendants et un croisement près de 1000), ils engendrent des populations abondantes de descendants que l'on peut cribler pour rechercher des événements génétiques rares. De plus, l'hermaphrodisme chez *C. elegans* rend possible l'autofécondation, ce qui permet de récupérer rapidement des vers porteurs de mutations récessives homozygotes en faisant subir une autofécondation aux vers soumis à des traitements. À l'inverse, d'autres animaux modèles tels que la drosophile ou la souris demandent des croisements entre frères et sœurs et exigent plusieurs générations avant que les mutations récessives puissent être récupérées.

Techniques de manipulation génétique

Mutagenèse standard :

Substances chimiques (EMS) et radiations	Mutations germinales aléatoires
Transposons	Insertions germinales aléatoires

Transgenèse :

Injection de transgènes dans les gonades	Assemblage extrachromosomique de transgènes ; intégration occasionnelle

Inactivations ciblées de gènes :

Mutagenèse par l'intermédiaire de transposons	Inactivations sélectionnées par PCR
ARNi	Imite l'inactivation ciblée
Ablation par laser	Inactivation d'une cellule

Génie génétique

Transgenèse. L'introduction de transgènes dans la lignée germinale est possible grâce à une propriété particulière des gonades de *C. elegans*. Les gonades du ver sont constituées d'un syncytium, c'est-à-dire qu'il y a de nombreux noyaux dans un même cytoplasme. Les noyaux ne sont pas incorporés dans des cellules avant la méiose, au début de la formation des ovules et des spermatozoïdes. Grâce à cela, une solution d'ADN contenant le transgène injecté dans la gonade d'un hermaphrodite expose plus de 100 noyaux précurseurs de cellules germinales au transgène. Par hasard, quelques-uns de ces noyaux incorporeront l'ADN (voir p. 370).

Les transgènes recombinent pour former de multiples copies en tandem. Dans un œuf, les insertions n'ont pas lieu dans un chromosome, mais les transgènes insérés continuent à être exprimés. Par conséquent, le gène porté par un clone d'ADN de type sauvage peut être identifié en l'introduisant dans une souche receveuse récessive spécifique (complémentation fonctionnelle). Dans certains cas mais pas dans tous, les insertions transgéniques sont transmises à la descendance. Pour augmenter la probabilité de transmission, les vers sont exposés à des radiations ionisantes qui peuvent induire l'insertion de copies multiples de transgènes en une position ectopique du chromosome et, dans ce site, leur transmission fiable à la descendance.

Inactivations ciblées. Dans les souches comportant des transposons actifs, les transposons eux-mêmes deviennent des agents de mutation en s'insérant à des positions aléatoires du génome et en inactivant ainsi les gènes dans lesquels ils s'introduisent. Si l'on peut identifier des organismes présentant des insertions dans un gène spécifique étudié, on peut isoler une inactivation complète de gène. Les inserts présents dans des gènes spécifiques peuvent être détectés en utilisant la PCR si une amorce de PCR est basée sur la séquence du transposon et l'autre, sur la séquence du gène étudié. On peut également utiliser l'ARNi pour annuler la fonction de gènes spécifiques. On peut aussi tuer les cellules au moyen d'un faisceau laser afin d'en observer les conséquences sur le fonctionnement ou le développement du ver (ablation par laser).

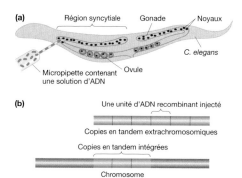

La création de transgènes chez *C. elegans*. (a) La technique d'injection. (b) Des insertions extrachromosomiques et intégrées.

Principales contributions

C. elegans est devenu l'un des modèles favoris pour l'étude de différents aspects du développement en raison de son nombre faible et constant de cellules. L'un des exemples est la mort cellulaire programmée, un aspect crucial du développement normal. Certaines cellules sont programmées génétiquement pour mourir au cours du développement (un processus appelé apoptose). Les résultats d'études menées sur *C. elegans* ont fourni un modèle général utile pour l'apoptose, qui fait également partie du développement humain (voir p. 554).

Le développement de la vulve, l'ouverture externe du tractus reproducteur, est un autre système modèle. Les hermaphrodites dont la vulve est déficiente produisent malgré tout des descendants, qui sont regroupés de manière visible dans le corps du ver. Les résultats d'études d'hermaphrodites sans vulve ou avec plusieurs vulves ont révélé la façon dont des cellules parfaitement équivalentes au départ peuvent se différencier ultérieurement en différents types cellulaires (voir p. 598).

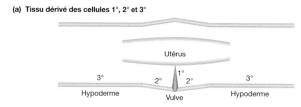

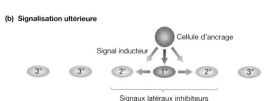

La formation de la vulve chez *C. elegans*. (a) Le tissu entièrement différencié. (b) Le déroulement de la différenciation. Les cellules sont parfaitement équivalentes au départ. Une cellule d'ancrage située derrière les cellules équivalentes envoie un signal aux cellules les plus proches, qui forment alors la vulve. La cellule vulvaire primaire envoie ensuite un signal latéral à ses voisines, pour les empêcher de devenir elles aussi des cellules primaires même si elles aussi ont reçu le signal émis par la cellule d'ancrage.

Le comportement a également fait l'objet d'une analyse génétique. *C. elegans* offre un avantage car les vers dont le comportement est déficient peuvent malgré tout vivre et se reproduire. Les systèmes nerveux et musculaire du ver ont été soumis à une analyse génétique, ce qui a permis de relier certains comportements à des gènes spécifiques.

Autres domaines de contribution

- Signalisation intercellulaire

Drosophila melanogaster

Organisme clé dans les domaines suivants :

- Transmission génétique
- Cytogénétique
- Développement
- Génétique des populations
- Évolution

« Statistiques vitales » génétiques

Taille du génome :	180 Mb
Chromosomes :	Diploïde, 3 autosomes, X et Y ($2n = 8$)
Nombre de gènes :	13 000
Pourcentage d'homologie avec le génome humain :	~ 50 %
Taille moyenne d'un gène :	3 kb, 3 introns/gène
Transposons :	Éléments *P*, entre autres
Génome séquencé en :	2000

Des chromosomes polytènes.

La mouche du vinaigre *Drosophila melanogaster* traduit librement par la «sombre gourmande de rosée» a été l'un des premiers organismes modèles utilisés en génétique. Elle a été choisie entre autres raisons parce qu'on peut l'obtenir facilement à partir de fruits mûrs, du fait de son cycle vital court de type diploïde et de sa simplicité de culture et de croisement dans des tubes contenant une couche de nourriture. Les premières analyses génétiques ont montré que ses mécanismes de transmission présentent de fortes ressemblances avec ceux des autres Eucaryotes, ce qui explique son rôle d'organisme modèle. Sa popularité en tant qu'organisme modèle a commencé à décliner lorsque *E. coli*, la levure et d'autres micro-organismes ont été développés à leur tour comme outils moléculaires. Toutefois, la drosophile a connu un regain d'intérêt car elle est parfaitement adaptée à l'étude de l'origine génétique du développement, l'un des thèmes centraux de la biologie. L'importance de la drosophile en tant que modèle pour la génétique humaine est due au fait qu'environ 60 % des gènes responsables de maladies connues chez l'homme ainsi que 70 % des gènes impliqués dans des cancers possèdent des équivalents chez la drosophile.

Caractéristiques particulières

La drosophile est devenue un organisme expérimental à la mode au début du vingtième siècle en raison de ses caractéristiques communes à la plupart des organismes modèles. Elle est petite (3 mm de long), facile à cultiver (à l'origine dans des bouteilles de lait), sa reproduction est rapide (seulement 12 jours entre l'œuf et l'adulte) et facile à obtenir (il suffit de laisser des fruits se décomposer). Elle a permis d'obtenir un grand nombre d'allèles mutants intéressants qui ont été utilisés pour poser les bases de la génétique de la transmission. Les premiers chercheurs se sont également servis d'une caractéristique spécifique de la drosophile : ses chromosomes polytènes (voir p. 87). Dans les glandes salivaires et dans certains autres tissus, ces «chromosomes géants» sont produits à la suite de multiples cycles de réplication d'ADN sans ségrégation chromosomique. Chaque chromosome polytène présente un patron unique de bandes, ce qui fournit aux généticiens des repères permettant de corréler des cartes établies par recombinaison avec les véritables chromosomes. L'élan donné par ces avancées précoces ainsi que la grande quantité de données accumulées sur cet organisme ont fait de la drosophile un organisme génétique particulièrement intéressant.

Analyse génétique

Il est assez facile d'effectuer des croisements chez la drosophile. Les parents peuvent être des souches de type sauvage ou mutantes obtenues à partir de centres de réserves de souches ou sous la forme de nouvelles lignées mutantes.

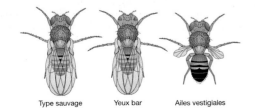

Type sauvage   Yeux bar   Ailes vestigiales

Deux mutants morphologiques de drosophile, avec le type sauvage comme référence.

CYCLE VITAL

La drosophile possède un cycle vital court qui convient bien à l'analyse génétique. Après l'éclosion de l'œuf, la drosophile se développe en passant par plusieurs stades larvaires et un stade pupal avant l'émergence d'un adulte, qui devient rapidement mature sexuellement. Le sexe est déterminé par les chromosomes X et Y (XX = femelle, XY = mâle), mais au contraire de l'homme, le rapport entre le nombre de X et le nombre d'autosomes détermine le sexe (voir p. 48).

Durée totale du cycle vital : 12 jours de l'œuf à l'adulte

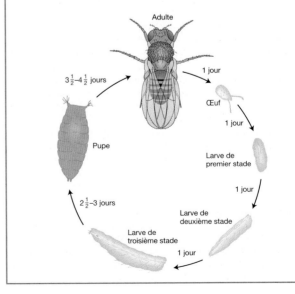

Adulte

$3\frac{1}{2}$–$4\frac{1}{2}$ jours

1 jour

Œuf

1 jour

Larve de premier stade

1 jour

Larve de deuxième stade

Larve de troisième stade

1 jour

Pupe

$2\frac{1}{2}$–3 jours

Pour effectuer un croisement, on place ensemble mâles et femelles dans un tube. Les femelles pondent ensuite leurs œufs dans une couche de nourriture semi-liquide recouvrant le fond du tube. Après l'émergence de la pupe, on peut anesthésier les descendants pour compter les membres de chaque classe phénotypique et pour distinguer mâles et femelles (grâce à leurs motifs différents de bandes abdominales). Cependant, les descendants femelles ne restant vierges que quelques heures après l'émergence de la pupe, ils doivent être isolés immédiatement si l'on veut les utiliser pour des croisements contrôlés. Les croisements conçus pour établir des combinaisons spécifiques de gènes doivent être planifiés attentivement car il n'y a pas de crossing-over chez les drosophiles mâles. Par conséquent chez le mâle, les allèles liés ne recombinent pas et ne permettent donc pas la création de nouvelles associations.

Pour obtenir de nouvelles mutations récessives, des programmes spéciaux de sélection (dont le test ClB de Muller est un prototype) offrent des systèmes commodes de criblage. Dans ces tests, les mouches mutagénisées sont croisées avec une souche possédant un chromosome balancer (voir p. 500). Les mutations récessives sont ensuite rendues homozygotes grâce à des croisements frère-sœur pendant une ou deux générations, en commençant pas des mouches F_1 prises individuellement.

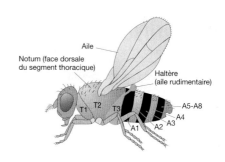

Les segments thoraciques et abdominaux normaux de la drosophile.

Techniques de manipulation génétique

Mutagenèse standard :

Substances chimiques (EMS) et radiations	Mutations somatiques et germinales aléatoires

Transgenèse :

Par l'intermédiaire de l'élément *P*	Insertion aléatoire

Inactivations ciblées de gènes :

Remplacement induit	L'allèle ectopique nul est excisé et recombine avec l'allèle de type sauvage
ARNi	Imite l'inactivation ciblée

Génie génétique

Transgenèse. Créer des mouches transgéniques nécessite l'aide d'un transposon de drosophile appelé élément *P*. Les généticiens fabriquent un vecteur qui porte un transgène flanqué de répétitions de l'élément *P*. Le vecteur transgénique est ensuite injecté dans un œuf fécondé avec l'aide d'un plasmide auxiliaire contenant un gène de transposase. La transposase permet au transgène de sauter au hasard dans le génome des cellules germinales de l'embryon (voir p. 371).

Inactivations ciblées. Les inactivations ciblées de gène peuvent être réalisées en introduisant tout d'abord par transgenèse un allèle nul en une position ectopique puis en induisant des enzymes spéciales qui provoquent l'excision de l'allèle nul. Le fragment excisé (qui est linéaire) trouve ensuite la copie endogène et la remplace par crossing-over homologue. Toutefois, des inactivations complètes fonctionnelles peuvent être produites plus efficacement par ARNi.

Principales contributions

La plus grande partie du développement précoce de la théorie chromosomique de l'hérédité est basée sur des résultats obtenus lors d'études sur la drosophile. Les généticiens travaillant sur la drosophile ont réalisé des avancées fondamentales dans le développement de techniques pour la cartographie des gènes, la compréhension de l'origine et de la nature des mutations géniques et la description de la nature et du comporte-

ment des réarrangements chromosomiques (voir pp. 117, 124). Leurs découvertes ont ouvert la voie à d'autres études novatrices :

- Les premières études de la cinétique de l'induction des mutations et des mesures des taux de mutation ont été réalisées à l'aide de la drosophile. Le test ClB de Muller et des tests similaires ont fourni des méthodes efficaces de criblage pour des mutations récessives (voir p. 523).

- Les réarrangements chromosomiques qui déplacent des gènes à proximité de l'hétérochromatine ont permis de découvrir et d'étudier la bigarrure par effet de position.

- Dans la dernière partie du vingtième siècle, après l'identification de certaines classes mutationnelles clés telles que les mutations homéotiques et à effet maternel, la drosophile a joué un rôle central dans la génétique du développement, un rôle qui se poursuit aujourd'hui (voir Chapitre 18). Les mutations à effet maternel qui affectent le développement des embryons par exemple, ont été essentielles pour la compréhension de la détermination génétique du patron développemental de la drosophile. Ces mutations sont identifiées grâce à la recherche de phénotypes développementaux anormaux chez les embryons d'une femelle spécifique. Les techniques telles que les pièges à enhancers ont permis la découverte de nouvelles régions régulatrices dans le génome, qui affectent le développement. Grâce à ces techniques et à plusieurs autres, les biologistes de la drosophile ont effectué des avancées considérables dans la compréhension de la détermination de la segmentation et des axes du corps. Certains des gènes clés découverts tels que les gènes homéotiques, ont un intérêt qui se retrouve chez les animaux en général.

(a) ARNm de *bicoid* **(b) ARNm de *nos***

Des microphotographies montrant les gradients des déterminants des axes du corps. (a) L'ARNm du gène *bcd* est représenté localisé vers l'extrémité antérieure (*à gauche*) de l'embryon. (b) L'ARNm du gène *nos* est localisé au niveau de l'extrémité postérieure (à droite sur la photographie de l'embryon). La distribution des protéines codées par ces gènes et d'autres gènes détermine les axes du corps.

Autres domaines de contribution

- Génétique des populations
- Génétique de l'évolution
- Génétique comportementale

Mus musculus

Organisme clé dans les domaines suivants :

- Maladies humaines
- Mutations
- Développement
- Couleur du pelage
- Immunologie

« Statistiques vitales » génétiques	
Taille du génome :	2600 Mb
Chromosomes :	19 autosomes, X, Y ($2n = 40$)
Nombre de gènes :	30 000
Pourcentage d'homologie avec le génome humain :	99 %
Taille moyenne d'un gène :	40 kb, 7,3 introns/gène
Transposons :	À l'origine de 38 % du génome
Génome séquencé en :	2002

L'homme et la plupart des animaux domestiques étant des mammifères, la génétique des mammifères présente donc un grand intérêt pour nous. Cependant, les mammifères ne sont pas idéaux pour la génétique : ils ont une taille relativement grande par rapport aux autres organismes modèles, ce qui nécessite des installations vastes et coûteuses, leurs cycles vitaux sont longs et leurs génomes sont complexes et de grande taille. Comparées aux autres mammifères cependant, les souris (*Mus musculus*) sont relativement petites, possèdent un cycle vital court et s'obtiennent facilement, ce qui fait d'elles un excellent choix comme modèle pour les mammifères. De plus, les souris ont un avantage en génétique car leurs «amateurs» ont déjà développé de nombreuses lignées intéressantes qui constituent une source de variants pour l'analyse génétique. La recherche sur la génétique mendélienne des souris a commencé au début du vingtième siècle.

Une souris adulte et sa portée.

Caractéristiques particulières

Les souris ne sont pas exactement des humains velus en miniature mais leur constitution génétique est remarquablement similaire à la nôtre. Parmi les organismes modèles, la souris est l'un de ceux dont le génome ressemble le plus au génome humain. Le génome de souris (génome murin) est environ 14 % plus petit que le génome humain (le génome humain possède 3000 Mb) mais il comporte environ le même nombre de gènes (les estimations actuelles sont juste inférieures à 30 000). Curieusement, 99 % des gènes murins possèdent des homologues chez l'homme. De plus, une grande proportion du génome est synténique à celui de l'homme, c'est-à-dire que de gros blocs contenant les mêmes gènes se trouvent dans les mêmes positions relatives (voir p. 700). Ces ressemblances génétiques sont à l'origine du succès de la souris comme organisme modèle. Elles permettent dans bien des cas aux souris de ser-

vir de «doublures» à leurs homologues humains. Les mutagènes et carcinogènes potentiels qui semblent responsables de dégâts sur l'homme sont par exemple testés sur les souris et les modèles murins sont essentiels à l'étude d'une vaste gamme de maladies génétiques humaines.

Analyse génétique

Les souris mutantes et «de type sauvage» (même si elles ne proviennent pas exactement de la nature) sont faciles à obtenir : on peut s'en procurer à partir de grands centres de réserve qui fournissent des souris appropriées à des croisements et divers autres types d'expérimentations. Un grand nombre de ces lignées proviennent de la descendance de souris croisées pendant les siècles passés par les «amateurs» de souris. Les croisements contrôlés peuvent être effectués simplement en accouplant un mâle avec une femelle non pleine. Dans la plupart des cas, les génotypes parentaux peuvent être fournis par le mâle ou par la femelle.

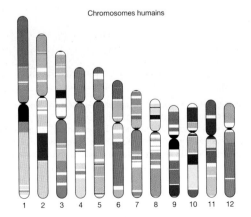

Une carte de synténie souris-homme de 12 chromosomes humains. Le code de couleur est utilisé pour représenter les correspondances de chaque bloc du génome humain avec les parties correspondantes du génome murin. Chaque couleur correspond à un chromosome murin différent.

CYCLE VITAL

Les souris possèdent un cycle vital diploïde classique, avec un système de détermination sexuelle XY similaire à celui de l'homme. Les portées comportent 5 à 10 souriceaux. Cependant, la fertilité des femelles décline après 9 mois et pour cette raison, chacune d'elle a rarement plus de 5 portées.

Durée totale du cycle vital : 10 semaines entre la naissance de la souris et sa première portée, pour la plupart des souches de laboratoire

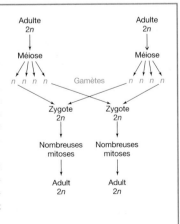

La plupart des estimations standard des taux de mutations chez les mammifères (y compris chez l'homme) sont basées sur des mesures chez la souris. En effet, les souris servent de test final pour des agents potentiellement mutagènes pour l'homme. Les taux de mutation dans la lignée germinale sont mesurés à l'aide du test d'un locus spécifique : une mutagénisation de gonades +/+, un croisement avec *m/m* (*m* est une mutation récessive connue au niveau d'un locus étudié) et la recherche de descendants *m*/m* (*m** étant une nouvelle mutation). Le protocole est répété pour sept locus de l'échantillon. La mesure des taux de mutations somatiques utilise le même procédé, mais le mutagène est injecté dans le fœtus. Les souris ont été abondamment utilisées pour étudier le type de mutation somatique donnant naissance au cancer.

Techniques de manipulation génétique

Mutagenèse standard :

Substances chimiques et radiations	Mutations germinales et somatiques

Transgenèse :

Injection de transgènes dans les zygotes	Insertion aléatoire et homologue
Transgène intégré dans des cellules souches	Insertion aléatoire et homologue

Inactivations ciblées de gènes :

Transgène nul intégré dans des cellules souches	Inactivations ciblées sélectionnées

---

Génie génétique

Transgenèse. La création de souris transgéniques est assez directe mais elle nécessite la manipulation précautionneuse d'un œuf fécondé (voir p. 372). Tout d'abord, l'ADN génomique murin est cloné dans *E. coli* en utilisant des vecteurs bactériens ou phagiques. L'ADN est ensuite injecté dans un œuf fécondé où il s'intègre à des positions ectopiques (aléatoires) dans le génome, ou plus rarement, dans le locus normal. L'activité de la protéine codée par le transgène peut être suivie en fusionnant le transgène à un gène rapporteur tel que *GFP* avant l'injection du gène. En utilisant une méthode voisine, on peut également modifier les cellules somatiques de souris par insertion d'un transgène : des fragments spécifiques d'ADN sont insérés dans des cellules somatiques individuelles qui sont à leur tour introduites dans des embryons de souris.

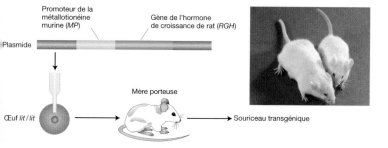

La création d'une souris transgénique. Le transgène, un gène de l'hormone de croissance de rat est associé à un promoteur de souris, puis injecté dans un œuf de souris homozygote pour le gène du nanisme (*lit/lit*).

Inactivations ciblées. Des inactivations de gènes spécifiques en vue d'une analyse génétique peuvent être réalisées en introduisant un transgène contenant un allèle déficient et deux marqueurs de résistance à des anti-

La production de cellules ES avec une inactivation complète de gène

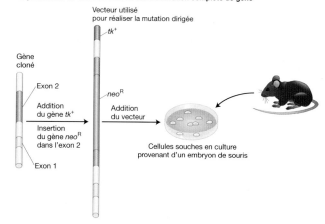

La création d'une inactivation complète de gène. Un gène de résistance à un antibiotique (*neo*R) est inséré dans le transgène, à la fois pour servir de marqueur et pour inactiver le gène. (Le gène *tk* est un second marqueur.) La construction transgénique est ensuite injectée dans des cellules embryonnaires de souris.

biotiques dans une cellule souche embryonnaire de type sauvage (voir p. 372). Les marqueurs sont utilisés pour sélectionner des cellules transformées spécifiques dans lesquelles l'allèle déficient a remplacé l'allèle homologue de type sauvage. Les cellules transgéniques sont ensuite introduites dans des embryons de souris. Une technique similaire peut être utilisée pour remplacer des allèles de type sauvage par un transgène fonctionnel (thérapie génique).

Principales contributions

Au début de la carrière de la souris en tant qu'organisme modèle, les généticiens utilisaient ces animaux pour découvrir les gènes contrôlant la couleur et les motifs du pelage, fournissant ainsi un modèle pour la plupart des animaux à pelage, y compris les chats, les chiens, les chevaux et les bovins (voir p. 195). Plus récemment, les études de la génétique murine ont apporté des contributions ayant un intérêt direct pour la santé humaine :

- Une forte proportion des maladies génétiques humaines possèdent un équivalent chez la souris – appelé « modèle murin » – utile aux études expérimentales.
- Les souris servent de modèles pour les mécanismes de mutations chez les mammifères.
- Les études des mécanismes génétiques du cancer sont réalisées sur la souris.
- De nombreux carcinogènes potentiels sont testés sur la souris.
- Les souris sont des modèles importants pour l'étude de la génétique du développement chez les mammifères (voir p. 601). Par exemple, elles fournissent un système modèle pour l'étude des gènes à l'origine du bec-de-lièvre et de la fente palatine, une anomalie courante du développement chez l'homme.
- Les lignées cellulaires qui sont des hybrides obtenus par fusion de génomes murin et humain ont joué un rôle important pour l'attribution des gènes humains à des chromosomes humains spécifiques. Ces hybrides ont tendance à perdre des chromosomes humains, ce qui permet de corréler la perte de chromosomes humains particuliers à la perte d'allèles humains spécifiques.

Autres domaines de contribution

- Génétique comportementale
- Génétique quantitative
- Gènes du système immunitaire

Appendice A

La nomenclature en génétique

Il n'y a pas de règles universelles pour la dénomination des gènes, des allèles, des produits protéiques et des phénotypes qui leur sont associés. Initialement, les généticiens ont développé leurs propres symboles afin de consigner leurs travaux. Plus tard, des groupes de chercheurs travaillant sur un organisme donné se sont réunis et se sont mis d'accord sur un ensemble de conventions à utiliser. La drosophile étant l'un des premiers organismes utilisés de façon intensive par les généticiens, la plupart des systèmes en vigueur actuellement sont des variants du système de la drosophile. Toutefois, il existe des divergences considérables. Certains scientifiques appellent à une standardisation de ce symbolisme, mais celle-ci n'a toujours pas été réalisée. En effet, la complexité de la situation s'est accrue à la suite de l'apparition de la technologie de l'ADN. Alors que la plupart des gènes avaient reçu leur nom des phénotypes produits par les mutations qui les touchaient, la nouvelle technologie a montré la nature précise des produits d'un grand nombre de ces gènes. Il semble donc désormais plus juste de les nommer d'après leur fonction cellulaire. Cependant, les anciens noms continuent à être utilisés dans la littérature, de sorte que de nombreux gènes possèdent deux systèmes parallèles de nomenclature.

Les exemples suivants ne couvrent en aucun cas tous les organismes utilisés en génétique, mais la plupart des systèmes de nomenclature sont de l'un de ces types.

Drosophila melanogaster (insecte)

ry	Un gène qui, une fois muté, donne des yeux rosy
ry^{502}	Un allèle mutant récessif spécifique produisant des yeux rosy chez les homozygotes
ry$^+$	L'allèle sauvage de *rosy*
ry	Le phénotype mutant rosy
ry$^+$	Le phénotype sauvage (yeux rouges)
RY	Le produit protéique du gène *rosy*
XDH	La xanthine déshydrogénase, une autre description du produit protéique du gène *rosy* ; dénommé d'après l'enzyme qu'il code
D	*Dichaete* ; un gène qui, une fois muté, provoque la perte de certaines soies, la disposition écartée des ailes chez les hétérozygotes et la létalité chez les homozygotes
D^3	Un allèle mutant spécifique du gène *Dichaete*
D$^+$	L'allèle sauvage de *Dichaete*
D	Le phénotype mutant Dichaete
D$^+$	Le phénotype sauvage
D	(selon le contexte) le produit protéique du gène *Dichaete* (une protéine de liaison à l'ADN)

Neurospora crassa (champignon)

arg	Un gène qui, une fois muté, entraîne le besoin d'arginine pour croître (auxotrophie)
arg-1	Un gène *arg* spécifique
arg-1	Un allèle mutant non spécifié du gène *arg*
arg-1 (1)	Un allèle mutant spécifique du gène *arg-1*
arg-1$^+$	L'allèle de type sauvage
arg-1	Le produit protéique du gène *arg-1$^+$*
Arg$^+$	Une souche prototrophe pour l'arginine
Arg$^-$	Une souche auxotrophe pour l'arginine

Saccharomyces cerevisiae (champignon)

ARG	Un gène qui, une fois muté, entraîne une auxotrophie pour l'arginine
ARG1	Un gène *ARG* spécifique
arg1	Un allèle mutant non spécifié du gène *ARG*
arg1-1	Un allèle mutant spécifique du gène *ARG*
ARG1$^+$	L'allèle de type sauvage
ARG1p	Le produit protéique du gène *ARG1$^+$*
Arg$^+$	Une souche prototrophe pour l'arginine
Arg$^-$	Une souche auxotrophe pour l'arginine

Homo sapiens (mammifère)

ACH	Un gène qui, une fois muté, est responsable de l'achondroplasie
ACH^1	Un allèle mutant (la dominance n'est pas spécifiée)
ACH	Le produit protéique du gène *ACH*, de nature inconnue
FGFR3	Le nom récent du gène de l'achondroplasie
FGFR3^1 ou *FGFR3*1* ou *FGFR3<1>*	L'allèle mutant de *FGFR3* (la dominance n'est pas spécifiée)
Protéine *FGFR3*	Le récepteur 3 du facteur de croissance fibroblastique

Mus musculus (mammifère)

Tyrc	Un gène codant la tyrosinase
+^{Tyrc}	L'allèle sauvage de ce gène
Tyrc^{ch} ou *Tyrc-ch*	Un allèle mutant responsable de la couleur chinchilla
Tyrc	Le produit protéique de ce gène
+TYRC	Le phénotype sauvage
TYRCch	Le phénotype chinchilla

Escherichia coli (bactérie)

lacZ	Un gène du métabolisme du lactose
lacZ$^+$	L'allèle de type sauvage
lacZ1	Un allèle mutant
LacZ	Le produit protéique de ce gène
Lac$^+$	Une souche capable d'utiliser le lactose (phénotype)
Lac$^-$	Une souche incapable d'utiliser le lactose (phénotype)

Arabidopsis thaliana (plante)

YGR	Un gène qui, une fois muté, produit des feuilles vert-jaune
YGR1	Un gène *YGR* spécifique
YGR1	L'allèle de type sauvage
ygr1-1	Un allèle mutant récessif spécifique de *YGR1*
ygr1-2D	Un allèle mutant dominant (D) spécifique de *YGR1*
YGR1	Le produit protéique de *YGR1*
Ygr$^-$	Le phénotype jaune-vert
Ygr$^+$	Le phénotype sauvage

Appendice B

Les outils bioinformatiques pour la génétique et la génomique

«Vous trouvez en général quelque chose si vous cherchez, mais ce n'est pas toujours ce à quoi vous vous attendiez.» *Bilbo le Hobbit*, J. R. R. Tolkien

Le domaine de la bioinformatique dépasse l'utilisation des outils informatiques pour traiter des ensembles complexes de données. Les données de la génétique et de la génomique sont si variées que trouver le ou les sites adéquats pour traiter un type spécifique d'informations s'apparente à un parcours du combattant. De plus, les logiciels accessibles sur le Web pour analyser cette information évoluent constamment, à mesure que de nouveaux outils plus puissants sont développés. Dans cet appendice, vous trouverez *quelques* points de départ utiles pour explorer l'univers en expansion rapide des outils de la génétique et de la génomique disponibles en ligne.

1. Trouver des sites Web consacrés à la génétique et à la génomique
Voici certains sites centraux comportant des listes importantes de sites Web adéquats.

- La publication scientifique appelée *Nucleic Acids Research* (NAR) publie un numéro spécial à chaque mois de janvier dans lequel se trouve une liste très variée de bases de données en ligne à : http://nar.oupjournals.org/
- La Bibliothèque virtuelle (Virtual Library) a des subdivisions consacrées aux organismes modèles et à la génétique avec de nombreuses références à Internet à : http://ceolas.org/VL/mo/ et http://www.ornl.gov/TechResources/Human_Genome/organisms.html
- L'Institut national de recherche sur le génome humain (National Human Genome Research Institute : NHGRI) alimente une liste de sites Web destinés au génome à : http://www.nhgri.nih.gov/10000375/
- Le Département de l'énergie (Department of Energy : DOE) gère un site dédié au projet de séquençage du génome humain à http://public.ornl.gov/hgmis/
- SwissProt assure la page de liens Amos'WWW à : http://www.expasy.ch/alinks.html

2. Bases de données générales
Les bases de données concernant les séquences de protéines et d'acides nucléiques Grâce à un accord international, trois groupes collaborent pour héberger des séquences primaires d'ADN et d'ARN de toutes les espèces : le Centre national pour l'information biotechnologique (*National Center for Biotechnology Information* : NCBI) abrite GenBank ; l'Institut européen de bioinformatique (*European Bioinformatics Institute* : EBI) héberge la banque de données du Laboratoire européen de biologie moléculaire (*European Molecular Biology Laboratory* : EMBL) et l'Institut national de la génétique au Japon, la Banque japonaise de données de l'ADN (*DNA DataBase of Japan* : DDBJ).

Des séquences d'ADN venant d'être établies appelées entrées, sont soumises par des groupes individuels de recherche. Outre l'accès à ces séquences d'ADN, ces sites offrent de nombreuses autres données. Par exemple, NCBI contient également RefSeq, une synthèse de l'information connue sur les séquences d'ADN de génomes entièrement séquencés et des produits de gènes codés par ces séquences.

De nombreux autres éléments importants peuvent aussi être trouvés sur les sites NCBI, EBI et DDBJ. Voici quelques pages d'accueil et d'autres sites Web importants :

- **NCBI** http://www.ncbi.nlm.nih.gov/
- **Génomes de NCBI** http://www.ncbi.nlm.nih.gov/Genomes/index.html
- NCBI-RefSeq http://www.ncbi.nlm.nih.gov/LocusLink/refseq.html

- **EBI** http://www.ebi.ac.uk/
- **DDBJ** http://www.nig.ac.jp/

La triste réalité est que, ayant à notre disposition autant d'informations biologiques, rendre ces ressources en ligne «transparentes» pour l'utilisateur n'est pas vraiment réussi. Par conséquent, l'exploration de ces sites vous familiarisera avec le contenu de chacun d'eux et vous permettra de comprendre comment un site peut vous aider à préciser vos questions afin d'obtenir la ou les bonnes réponses. Pour avoir une idée de la puissance de ces sites, considérons la recherche d'une séquence nucléotidique dans NCBI. Les bases de données stockent en général l'information dans des parties séparées appelés «champs». En utilisant des requêtes qui limitent la recherche au champ approprié, vous pouvez poser une question plus directe. En vous servant de l'option «Limites», une phrase requête peut être utilisée pour identifier ou localiser une espèce, un type de séquence (génomique ou d'ARNm), un symbole de gène spécifiques ou n'importe lequel des multiples autres champs de données. Les moteurs de recherche permettent généralement d'accéder simultanément à de multiples requêtes. Par exemple : on peut rechercher toutes les séquences d'ADN enregistrées pour l'espèce *Caenorhabditis elegans* **ET** qui ont été publiées depuis le 1er janvier 2000. En utilisant l'option «Histoire», les résultats de plusieurs requêtes peuvent être recoupés, de telle sorte que seuls ceux qui coïncident avec les multiples requêtes sont transmis. Les options disponibles pour formuler une requête dans un site permettent de supprimer informatiquement un grand nombre de réponses fausses sans éliminer aucune des réponses justes.

Les prévisions de séquences protéiques étant une part naturelle de l'analyse des séquences d'ADN et d'ARNm, les mêmes sites permettent l'accès à différentes bases de données protéiques. L'une des bases de données importantes est SwissProt/TrEMBL. Les séquences de TrEMBL sont automatiquement prédites à partir de séquences d'ADN et/ou d'ARNm. Les séquences de SwissProt sont corrigées, ce qui signifie qu'un expert scientifique parcourt les résultats des analyses informatiques et décide quels résultats accepter ou rejeter. En plus des séquences protéiques primaires enregistrées, SwissProt fournit également des bases de données sur les domaines protéiques et les signatures protéiques (des séquences d'acides aminés caractéristiques de protéines d'un type particulier). La page d'accueil de SwissProt est http://www.ebi.ac.uk/swissprot/.

Les bases de données des domaines protéiques On pense que les unités fonctionnelles des protéines sont des régions de repliement local appelées domaines. La prédiction des domaines dans des protéines nouvellement découvertes est l'une des façons de deviner leur fonction. De nombreuses bases de données de domaines protéiques sont apparues et servent à prédire les domaines des protéines de plusieurs façons différentes. Parmi les bases de données individuelles de domaines, citons Pfam, PROSITE, PRINTS, SMART, ProDom, TIGRFAMs, BLOCKS et CDD. InterPro permet la recherche simultanée de domaines protéiques dans de nombreuses bases de données et présente les résultats combinés. Voici certains des sites Web de plusieurs bases de données consacrées aux domaines :

- **InterPro** http://www.ebi.ac.uk/interpro/
- **Pfam** http://www.sanger.ac.uk/Software/Pfam/index.shtml
- **PROSITE** http://www.expasy.ch/prosite/
- **PRINTS** http://www.bioinf.man.ac.uk/dbbrowser/PRINTS/
- **SMART** http://www.smart.embl-heidelberg.de/
- **ProDom** http://prodes.toulouse.inra.fr/prodom/doc/prodom.html
- **TIGRFAMs** http://www.tigr.org/TIGRFAMs/
- **BLOCKS** http://blocks.fhcrc.org/
- **CDD** http://www.ncbi.nlm.nih.gov/Structure/cdd/cdd.shtml

Les bases de données sur la structure des protéines La représentation des structures tridimensionnelles des protéines est désormais un aspect important de l'analyse moléculaire globale. Les bases de données sur la structure tridimensionnelle sont disponibles à partir des principaux sites de bases de données de séquences ADN/protéines et à partir de bases de données indépendantes sur la structure des protéines, en particulier la Banque de données des protéines (Protein DataBase : PDB). NCBI possède une application appelée Cn3D qui aide à visualiser les données de PDB.

- **PDB** http://www.rcsb.org/pdb/
- **Cn3D** http://www.ncbi.nlm.nih.gov/Structure/CN3D/cn3d.shtml

3. Les bases de données spécialisées

Les bases de données génétiques spécifiques des organismes Pour rassembler quelques classes d'informations sur la génétique et la génomique, en particulier des informations phénotypiques, il faut une connaissance approfondie d'une espèce particulière. Pour cette raison les bases de données sur des organismes modèles (MOD) ont commencé à remplir ce rôle pour les principaux systèmes génétiques. Parmi celles-ci citons celle de *Saccharomyces cerevisiae* (SGD), de *Caenorhabditis elegans* (WormBase), de *Drosophila melanogaster* (FlyBase), de *Danio rerio*, le poisson zèbre (ZFIN), de la souris *Mus musculus* (MGI), du rat *Rattus norvegicus* (RGD), du maïs *Zea mays* (MaizeGDB) et de *Arabidopsis thaliana* (TAIR). Certaines pages d'accueil pour ces MOD sont visibles sur :

- **SGD** http://genome-www.stanford.edu/Saccharomyces/
- **WormBase** http://www.wormbase.org/
- **FlyBase** http://flybase.org/
- **ZFIN** http://zfin.org/
- **MGI** http://www.informatics.jax.org/
- **RGD** http://rgd.mcw.edu/
- **MaizeGDB** http://www.maizegdb.org
- **TAIR** http://www.arabidopsis.org/

Les bases de données de la génomique et de la génétique humaine En raison de l'importance de la génétique en recherche clinique et en recherche fondamentale, différents groupes de bases de données sur la génétique humaine sont apparus. Parmi ceux-ci se trouve une base de données de maladies génétiques humaines appelée Transmission mendélienne en ligne chez l'homme (*Online Mendelian Inheritance in Man* : OMIM), une base de données contenant de brèves descriptions des gènes humains appelée GeneCards, le regroupement de toutes les mutations connues dans les gènes humains appelé Base de données des mutations dans les gènes humains (*Human Gene Mutation Database* : HGMD), une base de données de la carte actuelle de la séquence du génome humain appelée Golden Path et certains liens vers les bases de données de maladies génétiques humaines :

- **OMIM** http://www3.ncbi.nlm.nih.gov/Omim/
- **GeneCards** http://mach1.nci.nih.gov/cards/index.html
- **HGMD** http://www.hgmd.org
- **Golden Path** http://genome.ucsc.edu/goldenPath/hgTracks.html
- **Groupes de soutien génétique en ligne** http://www.mostgene.org/support/index.html
- **Informations sur les maladies génétiques** http://www.geneticalliance.org/diseaseinfo/search.html

Bases de données sur le projet de séquençage des génomes Chaque projet de séquençage possède également son propre site Web, dans lequel ses résultats sont présentés. Ils contiennent en général des informations qui n'apparaissent dans aucun autre site WEB. Les plus gros centres publics de séquençage de génomes comprennent :

- **Institut Whitehead/Centre du MIT pour la recherche sur les génomes** http://www-genome.wi.mit.edu/
- **Centre de séquençage des génomes de l'école de médecine de l'Université de Washington** http://genome.wustl.edu/
- **Centre de séquençage du génome humain de l'école de médecine du Collège Baylor** http://www.hgsc.bcm.tmc.edu/
- **Institut Sanger** http://www.sanger.ac.uk/
- **Institut de génomique DOE** http://www.jgi.doe.gov/

4. Les relations entre les gènes à l'intérieur des bases de données et entre elles

Les produits de gènes peuvent être mis en relation s'ils possèdent une origine commune dans l'évolution, s'ils ont une fonction identique ou s'ils sont impliqués dans la même voie métabolique.

BLAST : Identification de similitudes de séquences Des preuves d'une origine commune dans l'évolution viennent de l'identification de similitudes entre deux séquences ou davantage. L'un des outils les plus importants pour identifier ces ressemblances est BLAST (*Basic Local Alignment Search Tool* : Outil de recherche d'alignement local élémentaire) qui a été développé par le NCBI. BLAST est une succession de programmes apparentés et de bases de données dans lesquels des correspondances entre de longues étendues de séquences peuvent être identifiées et classées. Une requête pour des séquences similaires d'ADN ou de protéines par BLAST est l'une des premières choses qu'effectue un chercheur disposant d'un gène nouvellement séquencé. On peut avoir accès à différentes bases de données de séquences et elles peuvent être organisées par type de séquence (génome de référence, données récentes, non redondantes, EST, etc.). On peut également spécifier une espèce particulière ou un groupe taxonomique spécifique. Une recherche en routine par BLAST fait correspondre une séquence nucléotidique requête traduite suivant les six cadres de lecture avec une base de données de séquences de protéines. Une autre met en correspondance une séquence protéique requête avec la traduction suivant les six cadres de lecture d'une base de données de séquence nucléotidique. D'autres recherches par BLAST sont destinées à identifier de courtes correspondances de profils de séquence ou d'alignements deux à deux, à cribler des segments d'ADN de la taille de génomes, etc, et sont accessibles par la même page d'accueil :

- **NCBI-BLAST** http://www.ncbi.nlm.nih.gov/BLAST/

Les bases de données d'ontologie de fonction Une autre approche pour établir des relations entre les produits de gènes consiste à attribuer à ces produits des rôles fonctionnels basés sur des preuves expérimentales ou sur des prévisions. Disposer d'un moyen commun pour décrire ces rôles quel que soit le système expérimental est alors de première importance. Un groupe de scientifiques travaillant dans des bases de données différentes développent ensemble un groupe commun de termes arrangés hiérarchiquement – une ontologie – pour décrire la *fonction* (événement biochimique), le *processus* (l'événement cellulaire dans lequel est impliquée une protéine) et la *localisation subcellulaire* (la position d'un produit dans une cellule) afin de décrire les activités d'un produit de gène. Cette ontologie particulière s'appelle l'Ontologie des Gènes (*Gene Ontology* : GO) et de nombreuses bases de données distinctes de produits de gènes incluent désormais les termes GO. Une description exhaustive peut être trouvée sur :

- http://www.geneontology.org/

Les bases de données de voies biochimiques ou cellulaires Une troisième façon de relier des produits les uns aux autres consiste à les classer en fonction des étapes des voies biochimiques ou cellulaires dans lesquelles ils interviennent. On peut utiliser les schémas représentant ces voies pour présenter de façon organisée les relations entre ces produits. Parmi les tentatives les plus abouties pour produire ce type de bases de données se trouvent l'Encyclopédie des gènes et des génomes de Kyoto (*Kyoto Encyclopedia of Genes and Genomes* : KEGG), la Base de données de transduction du signal (*Signal Transduction Database* : TRANSPATH) et une base interactive de données sur le métabolisme – What is there (littéralement de quoi s'agit-il ?) (WIT) :

- **KEGG** http://www.genome.ad.jp/kegg/
- **TRANSPATH** http://transpath.gbf.de/
- **WIT** http://wit.mcs.anl.gov/WIT2/

Vous pourrez également trouver des tests, animations FLASH, exercices et outils bioinformatiques sur le site en anglais de l'éditeur américain www.whfreeman.com/iga8e

Glossaire

A

A *Voir* **adénine**; **adénosine**.

aberration chromosomique Tout type de changement dans la structure ou le nombre des chromosomes.

acide aminé L'élément de construction élémentaire des protéines (ou des polypeptides).

acide désoxyribonucléique *Voir* **ADN**.

acide ribonucléique *Voir* **ARN**.

acridine orange Un mutagène qui provoque des mutations par décalage du cadre de lecture.

activateur Une protéine qui, une fois liée à un élément *cis*-régulateur d'ADN tel qu'un opérateur ou un enhancer, active la transcription à partir d'un promoteur adjacent.

adaptation Dans le contexte de l'évolution, une caractéristique héréditaire du phénotype d'un individu qui augmente ses chances de survie et de reproduction dans le milieu environnant.

addition *Voir* **mutation indel**.

adénine (A) Une base de type purique qui s'apparie avec la thymine dans la double hélice d'ADN.

adénine méthylase Une enzyme qui méthyle l'adénine avant la réplication, ce qui permet de distinguer les brins anciens des brins néosynthétisés complémentaires.

adénosine (A) Un nucléoside dont la base est l'adénine.

adénosine monophosphate cyclique (AMPc) Une molécule contenant une liaison diester entre les atomes de carbone 3' et 5' du ribose appartenant au nucléotide. Ce nucléotide modifié ne peut être incorporé dans l'ADN ou l'ARN. Il joue un rôle clé en tant que signal intracellulaire dans la régulation de différents processus.

adénosine triphosphate *Voir* **ATP**.

ADN (acide désoxyribonucléique) Une double chaîne de nucléotides liés les uns aux autres (dont le sucre est le désoxyribose); la substance fondamentale dont sont composés les gènes.

ADN à copie unique Des séquences d'ADN présentes en un seul exemplaire par génome haploïde.

ADN complémentaire (ADNc) Un ADN synthétique transcrit à partir d'un ARN spécifique, sous l'action de l'enzyme transcriptase inverse.

ADN double-brin hétérologue (hétéroduplex) Une double hélice d'ADN, formée par l'appariement de simples-brins d'origine différente. S'il y a une différence structurale entre les brins, l'ADN hétérologue peut présenter certaines anomalies telles que des boucles.

ADN d'un donneur Tout ADN utilisé pour le clonage ou pour une transformation par l'intermédiaire de l'ADN.

ADN étranger Un ADN provenant d'un autre organisme.

ADN glycosylase Une enzyme qui enlève les bases altérées, laissant des sites apuriniques.

ADN intercalant L'ADN présent entre les gènes; sa fonction est inconnue.

ADN ligase Une enzyme importante dans la réplication et la réparation de l'ADN, qui ligature le squelette d'ADN en catalysant la formation de liaisons phosphodiester.

ADN microsatellite Un type d'ADN répétitif constitué de très courtes répétitions telles que des dinucléotides.

ADN minisatellite Un type de séquence d'ADN répétitif, constitué de courtes séquences répétées avec un motif central unique. L'ADN minisatellite est utilisé pour la technique de prise d'empreintes d'ADN.

ADN polymérase Une enzyme capable de catalyser la synthèse de nouveaux brins d'ADN à partir d'une matrice d'ADN; il existe plusieurs enzymes de ce type.

ADN polymorphe amplifié de façon aléatoire (RAPD pour *randomly amplified polymorphic DNA* en anglais) Un groupe de fragments génomiques amplifiés grâce à une amorce unique de PCR. Il est quelque peu variable d'un individu à l'autre. Les hétérozygotes /- pour des fragments donnés peuvent servir de marqueurs pour la cartographie génomique.

ADN poubelle Le nom donné aux éléments transposables par ceux qui pensent qu'il s'agit d'ADN parasites qui ne remplissent aucune fonction utile à l'hôte.

ADN recombinant Une nouvelle séquence d'ADN formée par la combinaison de deux molécules d'ADN non homologues.

ADN redondant *Voir* **ADN répétitif**.

ADN répétitif De l'ADN redondant; des séquences d'ADN présentes en un grand nombre de copies par jeu de chromosomes.

ADN satellite Tout type d'ADN hautement répétitif. On le définit comme l'ADN formant une bande satellite après une centrifugation dans un gradient de chlorure de césium.

ADNc *Voir* **ADN complémentaire**.

ADNcp ADN chloroplastique.

ADNmt ADN mitochondrial.

ADN-T Une partie du plasmide Ti qui s'insère dans le génome d'une cellule végétale hôte.

ADP Adénosine diphosphate.

AFB$_1$ *Voir* **aflatoxine B$_1$**.

affinement des identités cellulaires Le processus par lequel les décisions sont affinées afin que tous les types cellulaires nécessaires soient attribués aux endroits et en nombres adéquats.

aflatoxine B$_1$ (AFB$_1$) Un mutagène qui clive la liaison entre la guanine et le désoxyribose, produisant un site apurinique.

agent alkylant Un agent chimique capable d'ajouter des groupements alkyle (par exemple, des groupements méthyle ou éthyle) à une autre molécule; de nombreux mutagènes fonctionnent par alkylation.

agent intercalant Un mutagène qui peut s'insérer entre des bases empilées au centre de la double hélice d'ADN, ce qui peut provoquer un taux élevé de *mutations indel*.

allèle L'une des différentes formes d'un gène qui peuvent exister au niveau d'un même locus.

allèle dominant Un allèle dont les conséquences phénotypiques s'expriment, même lorsque l'individu porteur est hétérozygote et possède également un allèle récessif. Ainsi, si *A* est dominant sur *a*, alors *A/A* et *A/a* présentent le même phénotype.

allèle fixé Un allèle pour lequel tous les membres d'une population étudiée sont homozygotes, de sorte qu'aucun autre allèle n'existe au niveau de ce locus dans la population.

allèle mutant Un allèle différent de l'allèle le plus courant ou du type sauvage.

allèle nul Un allèle qui provoque soit l'absence du produit normal du gène au niveau moléculaire, soit l'absence de la fonction normale au niveau phénotypique.

allèle récessif Un allèle dont les conséquences phénotypiques ne sont pas exprimées chez un hétérozygote.

allèle sublétal Un allèle responsable de la mort d'une certaine proportion des individus qui l'expriment (mais pas de tous).

allélisme multiple L'existence de plusieurs allèles connus d'un gène.

allopatrique Se dit de populations séparées dans l'espace qui n'échangent pas de gènes.

allopolyploïde *Voir* **amphidiploïde**.

Alu Un court élément transposable qui constitue plus de 10% du génome humain. Les éléments *Alu* sont des rétro-éléments de classe 2 qui ne codent pas de protéine et de ce fait, sont des éléments non autonomes.

aminoacyl-ARNt synthétase Une enzyme qui fixe un acide aminé à un ARNt avant son utilisation pendant la traduction. Il existe 20 aminoacyl-ARNt différents, un pour chaque acide aminé.

amniocentèse Une technique permettant d'examiner le génotype d'un embryon ou d'un fœtus *in utero*, avec un risque minimum pour la mère et l'enfant.

amont Désigne la position d'une séquence d'ADN ou d'ARN située en 5′ d'un site de référence.

amorçage (ou initiation) La première étape de la transcription dont la fonction principale est de positionner correctement l'ARN polymérase avant le stade d'élongation.

amorce Un ADN ou un ARN simple-brin de petite taille, capable de servir de site de départ à l'élongation de la chaîne en 3′, lorsqu'elle est hybridée avec une matrice simple-brin.

AMP Adénosine monophosphate.

AMPc *Voir* **adénosine monophosphate cyclique.**

amphidiploïde Un allopolyploïde; un polyploïde formé par l'union de deux jeux distincts de chromosomes, suivie de leur doublement.

amplification de triplets La multiplication d'une répétition de 3 pb d'un nombre relativement faible en un nombre élevé de copies qui est responsable de nombreuses maladies génétiques, telles que le syndrome du X fragile et la chorée de Huntington.

amplification La production de nombreuses copies d'ADN à partir d'une région donnée d'ADN.

analogue de base Une substance chimique dont la structure moléculaire ressemble à celle d'une base d'ADN; en raison de cette ressemblance, l'analogue peut agir comme un mutagène.

analyse de la variance Une méthode statistique qui attribue dans une population des fractions de la variance à différentes causes et à leurs interactions.

analyse de tétrades L'utilisation de tétrades (définition 2) pour étudier le comportement des chromosomes et des gènes pendant la méiose.

analyse des villosités choriales (CVS pour *chorionic villus sampling* en anglais) Un échantillonnage du placenta permettant d'obtenir du tissu fœtal pour une analyse de l'ADN et des chromosomes, qui permet un diagnostic prénatal de maladies génétiques.

analyse génétique L'utilisation de la recombinaison et des mutations pour déterminer l'ensemble des composants impliqués dans une fonction biologique donnée.

analyse mutationnelle L'étude des composants d'une fonction biologique grâce à l'étude des mutations qui affectent cette fonction.

anaphase Un stade intermédiaire de la division nucléaire au cours duquel les chromosomes gagnent les pôles de la cellule.

anticodon Un triplet nucléotidique dans une molécule d'ARNt, qui s'aligne face à un codon donné d'un ARNm sous le contrôle du ribosome, de sorte que l'acide aminé porté par l'ARNt est ajouté à une chaîne protéique en cours d'élongation.

anticorps Une molécule protéique (immunoglobuline), produite par le système immunitaire, qui reconnaît une substance particulière (antigène) et se fixe à elle.

antigène nucléaire de prolifération cellulaire (PCNA pour *proliferating cell nuclear antigen* en anglais) Une partie du réplisome: le PCNA est la version eucaryote de la pince coulissante des Procaryotes.

antiparallèle Un terme utilisé pour décrire l'orientation opposée des deux brins d'une double hélice d'ADN; l'extrémité 5′ d'un brin s'aligne avec l'extrémité 3′ de l'autre brin.

apoptose Les voies cellulaires responsables de la mort cellulaire et du retrait consécutif des débris de la cellule morte. La mort cellulaire peut être induite par une lésion intracellulaire ou par des signaux émis par des cellules voisines.

appareil élémentaire de transcription Il contient l'ARN polymérase II et des protéines associées.

approche du gène candidat Une approche pour l'identification moléculaire d'un gène (et des produits qu'il code) définie par un ou plusieurs allèles mutants de ce gène, basée sur les fonctions moléculaires possibles, les profils d'expression des gènes ou d'autres propriétés qui pourraient expliquer les phénotypes mutants ou les phénotypes de maladies.

ARN (acide ribonucléique) Un acide nucléique simple-brin qui ressemble à l'ADN. Cependant, son sucre est le ribose et non le désoxyribose, et l'uracile remplace la thymine dans les bases constituantes.

ARN de transfert *Voir* **ARNt.**

ARN fonctionnel Un type d'ARN qui joue un rôle sans être traduit.

ARN mature Un ARNm eucaryote ayant subi une maturation complète, prêt à être exporté du noyau et traduit dans le cytoplasme.

ARN messager *Voir* **ARNm.**

ARN polymérase Une enzyme qui catalyse la synthèse d'un brin d'ARN à partir d'une matrice d'ADN. Chez les Eucaryotes, il existe plusieurs classes d'ARN polymérases; les gènes de structure codant ces protéines sont transcrits par l'ARN polymérase II.

ARN ribosomial *Voir* **ARNr.**

ARNi *Voir* **interférence de l'ARN.**

ARNm (ARN messager) Une molécule d'ARN transcrite à partir de l'ADN d'un gène, et qui sera à son tour traduite en protéine sous l'action des ribosomes.

ARNm polycistronique Un ARNm codant plusieurs protéines.

ARNr (ARN ribosomial) Une classe de molécules d'ARN, codées dans l'organisateur nucléolaire, qui jouent un rôle important (mais mal compris) dans la structure et la fonction des ribosomes.

ARNsn *Voir* **petits ARN nucléaires.**

ARNt (ARN de transfert) Une classe de petites molécules d'ARN transportant des acides aminés jusqu'au ribosome au cours de la traduction. L'acide aminé porté est ensuite inséré dans la chaîne polypeptidique en cours d'élongation lorsque l'anticodon de l'ARNt s'apparie avec un codon de l'ARNm en cours de traduction.

ARNt chargé Une molécule d'ARN de transfert avec un acide aminé attaché à son extrémité 3′. Également appelé aminoacyl-ARNt.

ARNt isoaccepteurs Les différents types de molécules d'ARNt capables de porter un même acide aminé.

ARS *Voir* **site à réplication autonome.**

ascospore Une spore sexuée issue de certaines espèces de champignons chez lesquelles les spores sont contenues dans un sac appelé asque.

asque Chez les champignons, un sac qui contient une tétrade ou une octade d'ascospores.

assemblage des séquences La réunion de milliers ou de millions de lectures de séquences indépendantes d'ADN en un ensemble de contigs et d'échelles.

assortiment indépendant *Voir* **deuxième loi de Mendel.**

ATP (adénosine triphosphate) La «molécule énergétique» des cellules, synthétisée principalement dans les mitochondries et les chloroplastes; l'énergie libérée par la rupture de l'ATP permet le déroulement de nombreuses réactions cellulaires importantes.

auto-assemblage La capacité de certaines structures biologiques polymériques de s'assembler à partir de leurs constituants, à la suite du déplacement aléatoire des molécules et de la formation de liaisons chimiques faibles entre les surfaces de formes complémentaires.

autofécondation La fécondation d'ovules d'un individu avec ses propres spermatozoïdes.

autopolyploïde Un polyploïde formé à la suite du doublement d'un génome unique.

autoradiogramme Un ensemble de points noirs sur un film ou une émulsion photographique, obtenu par la technique de l'autoradiographie.

autoradiographie Un processus au cours duquel des matériaux radioactifs sont incorporés dans des structures cellulaires sur lesquelles on place ensuite un film ou une émulsion photographique, entraînant l'apparition d'un ensemble de points sur le film (un autoradiogramme), qui correspondent à la position des composés radioactifs dans la cellule.

autosome Tout chromosome qui n'est pas un chromosome sexuel.

auxotrophe Une souche de micro-organismes qui prolifère seulement lorsque le milieu est enrichi en une substance spécifique, qui n'est pas nécessaire au développement des organismes de type sauvage (*comparer avec* **prototrophe**).

B

BAC Un chromosome bactérien artificiel ; un plasmide F conçu pour servir de vecteur de clonage, capable de porter des inserts de grande taille.

bactérie lysogène Une cellule bactérienne susceptible de subir une lyse spontanée, à la suite par exemple de l'extraction d'un prophage du chromosome bactérien.

bactériophage (phage) Un virus qui infecte les bactéries.

balancer Un chromosome avec de multiples inversions, utilisé pour conserver des combinaisons alléliques favorables, dans l'homologue sans inversion.

bandes chromosomiques Des stries transversales sur les chromosomes de nombreux organismes, révélées par des protocoles particuliers de coloration.

bandes Des rayures transversales sur les chromosomes, révélées par différents colorants.

banque d'ADNc Une banque constituée d'ADNc, qui ne représentent pas nécessairement la totalité des ARNm.

banque d'expression Une banque dans laquelle le vecteur porte des signaux transcriptionnels permettant à n'importe quel insert cloné de produire un ARNm et en dernier lieu, une protéine.

banque génomique Une banque couvrant l'ensemble du génome.

banque Un ensemble de clones d'ADN obtenus à partir d'un donneur d'ADN.

base ayant subi une lésion oxydative L'origine d'une lésion spontanée dans l'ADN.

bases azotées Des types de molécules qui représentent des parties importantes des acides nucléiques, constituées de structures cycliques contenant de l'azote. Les liaisons hydrogène entre les bases relient les deux brins d'une double hélice d'ADN.

bigarrure (ou panachure) par effet de position La bigarrure provoquée par l'inactivation d'un gène dans certaines cellules, en raison de sa juxtaposition anormale avec de l'hétérochromatine.

bigarrure de la peau Chez les mammifères, un phénotype dans lequel des secteurs de la peau ne sont pas pigmentés en raison de l'absence de mélanocytes. Ce phénotype est généralement transmis comme un caractère autosomique dominant.

bigarrure ou panachure L'apparition dans un tissu, de secteurs de phénotypes différents.

bioinformatique Les systèmes informatiques d'informations et les techniques d'analyse appliqués aux problèmes de la biologie tels que l'analyse génomique.

biologie des systèmes Une tentative d'interprétation d'un génome en tant que système d'interaction holistique.

bivalents Deux chromosomes homologues appariés lors de la méiose.

blastoderme Chez un embryon d'insecte, le stade auquel on observe une seule couche de noyaux (*blastoderme syncytial*) ou de cellules (*blastoderme cellulaire*) autour de la masse interne du vitellus.

blastula Un stade précoce du développement des embryons de vertébrés inférieurs au cours duquel l'embryon est constitué d'une couche unique de cellules entourant le vitellus central.

boîte de culture Un récipient plat utilisé pour la culture des micro-organismes.

boîte TATA Une séquence d'ADN présente dans de nombreux gènes eucaryotes, située environ 30 pb en amont du site de début de la transcription.

boucle d'inversion Une boucle formée lors de la méiose, par l'appariement de deux homologues chez un hétérozygote pour une inversion.

boucle de délétion La boucle formée lors de la méiose par l'appariement d'un chromosome normal et d'un chromosome comportant une délétion.

boucle en épingle à cheveux Une boucle simple-brin dans l'ARN ou l'ADN, créée par la formation de liaisons hydrogène dans un simple-brin d'ARN ou d'ADN.

brin codant Le brin complémentaire du brin matrice dans une molécule d'ADN, qui a la même séquence que le transcrit d'ARN.

brin précoce Lors de la réplication de l'ADN, le brin synthétisé dans le sens 5′→3′ par une polymérisation continue au niveau de l'extrémité 3′ en cours d'élongation.

brin retardé Lors de la réplication de l'ADN, le brin dont la synthèse semble s'effectuer dans le sens 3′→5′, à la suite de la ligature de courts fragments synthétisés individuellement dans le sens 5′→3′.

bruit de fond développemental Une variation dans les résultats du développement qui résulte d'événements aléatoires lors de la division cellulaire, du déplacement des cellules et de petites différences dans le nombre et la position des molécules dans les cellules.

bulle de transcription Le site au niveau duquel la double hélice est déroulée, ce qui permet à l'ARN polymérase d'utiliser l'un des brins d'ADN comme matrice pour la synthèse d'ARN.

C

C *Voir* **cytosine** ; **cytidine**.

cadre de lecture La séquence de codons déterminée par la lecture des nucléotides par groupes de trois, à partir d'un codon de départ spécifique.

cadre de lecture ouvert (ORF pour *open reading frame* en anglais**)** Une partie d'un fragment séquencé d'ADN de la taille d'un gène, qui commence par un codon de départ et se termine par un codon stop. On suppose qu'il s'agit de la séquence codante d'un gène.

CAF-1 (protéine activatrice de la chromatine) Une protéine qui se fixe aux histones et les conduit jusqu'à la fourche de réplication pour qu'elles y soient incorporées dans de nouveaux nucléosomes.

cancer La classe de maladies caractérisées par une prolifération rapide et incontrôlée de cellules dans un tissu, chez un Eucaryote pluritissulaire. On pense généralement que les cancers sont des maladies génétiques des cellules somatiques, apparaissant à la suite d'une série de mutations qui créent des oncogènes et inactivent des gènes suppresseurs de tumeurs.

CAP *Voir* **protéine activatrice des gènes du catabolisme**.

caractère Une particularité des individus dans une espèce pour laquelle des différences héréditaires variées peuvent être définies.

caractère canalisé Un caractère constant au cours du développement quelles que soient les perturbations génétiques et environnementales.

caractère familial Un caractère commun aux membres d'une même famille.

carcinogène Une substance qui provoque un cancer.

carré de Punnett Un tableau utilisé comme représentation graphique des zygotes résultant de différentes fusions de gamètes à la suite d'un croisement spécifique.

carte de liaison Une carte chromosomique ; une carte abstraite de locus chromosomiques, établie d'après des fréquences de recombinaison.

carte de restriction Une carte d'une région chromosomique montrant les positions des sites cibles d'une ou plusieurs enzymes de restriction.

carte de synténie Un schéma superposant la localisation de régions continues dans le génome d'une espèce, au génome d'une autre espèce.

carte génique Une représentation linéaire des sites mutants dans un gène, établie d'après les différentes fréquences de recombinaison interallélique (intragénique).

carte physique La carte ordonnée et orientée de fragments d'ADN clonés représentés sur le génome.

cartographie à l'aide de délétions L'utilisation d'un ensemble de délétions connues, pour cartographier de nouvelles mutations récessives par pseudo-dominance.

cartographie à l'aide des RFLP Une technique dans laquelle les polymorphismes de longueur des fragments de restriction sont utilisés comme locus de référence pour la cartographie, en relation avec des gènes connus ou d'autres locus de RFLP.

cartographie physique Une cartographie des positions des fragments génomiques clonés.

caryotype L'ensemble de la garniture chromosomique d'une cellule ou d'un organisme, tel que l'on peut le voir au cours de la métaphase mitotique.

cascade de transduction du signal Une succession d'événements, tels que des phosphorylations de protéines, qui conduisent à la transmission d'un signal reçu par un récepteur transmembranaire, par le biais d'une série de molécules intermédiaires, jusqu'à ce que des molécules régulatrices finales telles que des facteurs de transcription, soient modifiées en réponse au signal.

caspase Un membre d'une famille de protéases apparentées impliquées dans le déclenchement et l'exécution de la mort cellulaire.

cassure double-brin Une cassure d'ADN clivant les squelettes sucre-phosphate des deux brins de la double hélice d'ADN.

CDK *Voir* protéine kinase cycline-dépendante.

cellule à haute fréquence de recombinaison (Hfr) Chez *E. coli*, une cellule dont le facteur sexuel est intégré dans le chromosome bactérien ; une cellule donneuse (mâle).

cellule aneuploïde Une cellule dont le nombre de chromosomes diffère du nombre normal pour l'espèce, par un petit nombre de chromosomes.

cellule d'ancrage Une cellule impliquée dans le développement de la vulve du ver nématode *Caenorhabditis elegans*. La cellule d'ancrage sécrète un ligand de type EGF qui induit les cellules voisines du groupe d'équivalence de la vulve à adopter des identités cellulaires différentes.

cellule eucaryote Une cellule contenant un noyau.

cellule F⁻ Chez *E. coli*, une cellule dépourvue de facteur sexuel ; une cellule femelle.

cellule F⁺ Chez *E. coli*, une cellule possédant un facteur sexuel séparé du chromosome ; une cellule mâle.

cellule hétéroplasmique Une cellule contenant deux types génétiquement distincts d'un organite spécifique.

cellule polaire L'une des cellules situées au pôle postérieur de l'embryon de drosophile au stade précoce, qui formera la lignée germinale.

cellule procaryote Une cellule sans membrane nucléaire et donc sans noyau délimité.

cellule somatique Une cellule qui n'est pas destinée à devenir un gamète ; une « cellule du corps » dont les gènes ne seront pas transmis aux générations futures.

cellule souche Une cellule qui se divise généralement de manière asymétrique et donne naissance à deux cellules filles distinctes. L'une est une cellule fille qui ressemble à la cellule parentale et l'autre est une cellule qui s'engage dans une voie de différenciation. De cette façon, une population de cellules qui se propagent de manière continue peut se maintenir et engendrer des cellules qui se différencient.

cellules ES *Voir* cellules souches embryonnaires.

cellules filles Deux cellules identiques formées par la division asexuée d'une cellule.

cellules souches embryonnaires (cellules ES pour *embryonic stem* en anglais) Des lignées cellulaires en culture, établies à partir de très jeunes embryons, qui sont quasiment totipotentes. Cela signifie que ces cellules peuvent être implantées dans un embryon hôte et y coloniser tous les tissus ou presque de l'animal en cours de développement, en particulier sa lignée germinale. Les manipulations de ces cellules ES sont très répandues dans la génétique des souris, pour produire des inactivations complètes de gènes spécifiques.

centimorgan (cM) *Voir* unité génétique.

centre de décodage La région de la petite sous-unité du ribosome où la décision de la liaison de l'aminoacyl-ARNt au site A est prise. Cette décision est basée sur la complémentarité entre l'anticodon de l'ARNt et le codon de l'ARNm.

centre peptidyl transférase Le site dans la grande sous-unité ribosomiale au niveau duquel est catalysée la réunion de deux acides aminés.

centromère Une région spécialisée d'ADN sur chaque chromosome eucaryote, qui joue le rôle de site d'ancrage pour les protéines du kinétochore.

champ développemental Un groupe de cellules équivalentes du point de vue du développement qui s'organisent pour former une structure particulière du plan corporel.

changement de phase Un terme utilisé par Barbara McClintock pour décrire la situation dans laquelle un élément transposable (tel que Ac) est inactivé de manière réversible.

chaperon Une protéine qui aide au reploiement correct des protéines néosynthétisées. Les chaperons sont conservés chez tous les organismes, des bactéries à l'homme en passant par les plantes.

chaperonine (machinerie de reploiement) Un complexe protéique à sous-unités multiples dans lequel une protéine néosynthétisée se replie dans sa conformation active.

charge génétique L'ensemble des allèles défavorables dans un génotype donné.

chasse *Voir* expérience de chasse isotopique.

chasse aux mutants La recherche de différents mutants présentant des anomalies dans une structure ou une fonction donnée, en vue de réaliser une analyse de cette fonction par des mutations.

chiasma Une structure en forme de croix couramment observée entre des chromatides non-sœurs lors de la méiose ; le site du crossing-over.

chimère *Voir* mosaïque.

chimiogénomique L'utilisation de banques spécifiques de substances chimiques synthétiques pour rechercher des molécules spécifiques pouvant jouer le rôle d'inhibiteurs ou d'activateurs spécifiques des protéines, produisant ainsi des phénocopies cellulaires de phénotypes mutants.

chromatide L'une des deux répliques accolées, produites par la division des chromosomes.

chromatides sœurs La paire juxtaposée de chromatides formées à l'issue de la réplication d'un chromosome.

chromatine La substance constituant les chromosomes ; on sait maintenant qu'elle est composée d'ADN, de protéines chromosomiques et d'ARN chromosomique.

chromocentre L'endroit au niveau duquel les chromosomes polytènes apparaissent attachés les uns aux autres.

chromomère Une petite structure en forme de perle, visible sur un chromosome au cours de la prophase de la méiose et de la mitose.

chromosome Un arrangement linéaire de gènes et d'autres types d'ADN, parfois associé à des protéines et à de l'ARN.

chromosome acentrique Un chromosome dépourvu de centromère.

chromosome acrocentrique Un chromosome dont le centromère est légèrement plus près d'une extrémité que de l'autre.

chromosome artificiel de levure (YAC pour *yeast artificial chromosome* en anglais) Un système de vecteur de clonage chez *Saccharomyces cerevisiae* utilisant un centromère de levure et une origine de réplication.

chromosome bactérien artificiel *Voir* BAC.

chromosome dicentrique Un chromosome possédant deux centromères.

chromosome métacentrique Un chromosome dont le centromère est en position médiane.

chromosome Philadelphie Une translocation entre les bras longs des chromosomes 9 et 22, que l'on observe souvent dans les globules blancs des personnes atteintes de leucémie myéloïde chronique.

chromosome polytène Un chromosome géant produit dans des tissus spécifiques chez certains insectes, par un processus endomitotique au cours duquel de multiples jeux d'ADN restent liés et forment un nombre haploïde de chromosomes.

chromosome satellite Un chromosome qui semble être ajouté au génome normal.

chromosome sexuel Un chromosome dont la présence ou l'absence est corrélée au sexe du porteur ; un chromosome qui joue un rôle dans la détermination sexuelle.

chromosome télocentrique Un chromosome dont le centromère est situé au niveau d'une extrémité.

chromosome X L'un des chromosomes sexuels, qui se distingue du chromosome Y.

chromosome Y L'un des chromosomes sexuels, qui se distingue du chromosome X.

chromosomes homéologues Des chromosomes partiellement homologues, ce qui indique généralement une homologie ancestrale.

chromosomes homologues Des chromosomes qui s'apparient l'un avec l'autre lors de la méiose, ou des chromosomes d'espèces différentes qui ont conservé la plupart de leurs gènes en commun au cours de leur évolution à partir d'un même ancêtre.

ciblage Une caractéristique de certains éléments transposables qui facilite leur insertion dans des régions du génome où elles ont une probabilité faible de s'insérer dans un gène et de provoquer une mutation.

clonage (1) Dans la recherche à l'aide de l'ADN recombinant, le processus de création et d'amplification de segments spécifiques d'ADN. (2) La production d'organismes génétiquement identiques à partir des cellules somatiques d'un même organisme.

clonage positionnel L'identification des séquences d'ADN codant un gène intéressant, grâce à la connaissance de sa position sur une carte génétique ou cytogénétique.

clone (1) Un groupe de cellules génétiquement identiques ou d'organismes individuels obtenus par division asexuée à partir d'un ancêtre commun. (2) (*dans le langage courant*) Un individu qui, formé par un processus asexué, est donc génétiquement identique à son «parent». (3) *Voir* **clone d'ADN**.

clone d'ADN Un fragment d'ADN qui est inséré dans un vecteur, tel qu'un plasmide ou un chromosome phagique, puis répliqué en de nombreuses copies.

cM (centimorgan) *Voir* **unité génétique**.

co-activateur Une classe particulière de complexes régulateurs eucaryotes qui sert de pont pour réunir les protéines régulatrices et l'ARN polymérase II.

code d'histones Fait référence à l'ensemble des modifications (par exemple l'acétylation, la méthylation, la phosphorylation) des queues d'histones qui peuvent fournir les informations nécessaires à l'assemblage correct de la chromatine.

code génétique dégénéré Un code génétique dans lequel certains acides aminés peuvent être codés par plusieurs codons.

code génétique L'ensemble des correspondances entre les triplets de paires de nucléotides dans l'ADN et les acides aminés dans la protéine.

codominance Une situation dans laquelle un hétérozygote présente les effets phénotypiques des deux allèles, de manière équivalente.

codon Un fragment d'ADN (long de trois paires de nucléotides) qui code un seul acide aminé.

codon ambre Le codon non-sens UAG.

codon non-sens Un codon pour lequel il n'existe aucune molécule déterminée d'ARNt. La présence d'un codon non-sens entraîne la terminaison de la traduction (et donc la terminaison de la chaîne polypeptidique). Les trois codons non-sens sont appelés ambre, ocre et opale.

codon ocre Le codon non-sens UAA.

codon opale Le codon non-sens UGA.

coefficient de coïncidence Le rapport entre le nombre de doubles recombinants observés et attendus.

coefficient de consanguinité La probabilité d'homozygotie due au fait que le zygote reçoit des copies du *même* gène ancestral.

coefficient de corrélation Une mesure statistique de l'importance de la relation entre les variations d'une variable et les variations d'une autre variable.

coefficient de régression La pente de la droite qui s'approche le plus de deux variables corrélées.

coiffe Une structure particulière constituée d'un résidu 7-méthylguanosine lié au transcrit par trois groupements phosphate, qui est ajoutée dans le noyau à l'extrémité 5′ des ARNm eucaryotes. La coiffe protège l'ARNm de la dégradation et est nécessaire à la traduction de l'ARNm dans le cytoplasme.

colinéarité La correspondance entre la position d'un site mutant dans un gène et la position d'une substitution d'acides aminés dans le polypeptide traduit à partir de ce gène.

colonie Un clone visible de cellules.

communication intercellulaire La communication des informations physiologiques et développementales entre cellules, assurée par l'intermédiaire de ligands sécrétés ou présents à la surface des cellules de signalisation qui interagissent avec des récepteurs spécifiques situés sur les cellules cibles.

compensation du dosage Chez les organismes utilisant un mécanisme de détermination sexuelle par les chromosomes (tel que XX ou XY), le processus qui permet aux gènes standard de structure d'être exprimés en quantité identique chez les mâles et les femelles, quel que soit le nombre de chromosomes sexuels. Chez les mammifères, la compensation du dosage a lieu en maintenant un seul chromosome X actif dans chaque cellule. Chez la drosophile, elle s'effectue par une hyperactivation du chromosome X chez les mâles.

complémentaires (paires de bases) Une correspondance de type «clé-serrure» entre la forme et les charges de l'adénine avec la thymine et de la guanine avec la cytosine.

complémentation fonctionnelle L'utilisation d'un fragment cloné d'ADN de type sauvage pour transformer un mutant en type sauvage. Elle est utilisée pour identifier un clone contenant un gène spécifique.

complémentation La production d'un phénotype sauvage lorsque deux mutations différentes sont combinées chez un diploïde ou dans un hétérocaryon.

complexe CDK-cycline L'un des multiples complexes protéiques hétérodimériques activés au cours de certaines parties spécifiques du cycle cellulaire, qui phosphoryle des résidus particuliers sur les protéines cibles spécifiques des complexes.

complexe de gènes homéotiques L'un des groupes étroitement liés de gènes contrôlant la détermination antéro-postérieure des segments chez les animaux segmentés. Tous ces gènes codent des facteurs transcriptionnels à homéodomaine.

complexe de pré-amorçage (PIC) Un très gros complexe protéique eucaryote contenant l'ARN polymérase II et les six facteurs généraux de la transcription (GTF), qui sont chacun des complexes multiprotéiques.

complexe de reconnaissance de l'origine (ORC pour *origin recognition complex* en anglais) Un complexe protéique qui se fixe aux origines de réplication chez la levure.

complexe synaptonémal Une structure complexe qui réunit les homologues au cours de la prophase de la méiose.

complexe ternaire Un complexe contenant un aminoacyl-ARNt (ARNt plus acide aminé) et un facteur d'élongation Tu (EF-Tu). Le complexe ternaire se fixe au site A d'un ribosome.

composé ICR L'un des multiples composés de type quinacrine-moutarde synthétisés à l'Institut de Recherche sur le Cancer (Fox Chase, Pennsylvanie) qui jouent le rôle d'*agents intercalants*.

conditions permissives Les conditions environnementales dans lesquelles un mutant conditionnel présente le phénotype sauvage.

conditions restrictives Les conditions environnementales dans lesquelles un mutant conditionnel présente le phénotype mutant.

conformation *cis* Chez un hétérozygote comportant deux sites mutants dans un gène ou dans un groupe de gènes, l'arrangement $A_1 A_2/a_1 a_2$.

conformation *trans* Chez un hétérozygote pour deux sites mutants dans un gène ou un groupe de gènes, l'arrangement a_1 / a_2.

conjugaison interrompue Une technique utilisée pour cartographier des gènes bactériens en déterminant l'ordre dans lequel les gènes de donneurs pénètrent dans les cellules receveuses.

conjugaison L'union de deux cellules bactériennes, au cours de laquelle du matériel chromosomique est transféré de la cellule donneuse à la cellule receveuse.

constitutif Fait référence à une fonction biologique d'expression constante quelles que soient les conditions environnementales. (1) Appliqué à l'expression des gènes, ce terme désigne un gène exprimé en permanence. (2) Appliqué à la structure des chromosomes, il fait référence aux parties du chromosome toujours sous forme d'hétérochromatine.

contig de clones *Voir* **contig**.

contig de séquences Un groupe de segments clonés chevauchants.

contig Un groupe ordonné de clones chevauchants qui constituent une région chromosomique ou un génome.

contrôle négatif Une régulation par l'intermédiaire de facteurs qui bloquent la transcription.

contrôle positif Une régulation par l'intermédiaire d'une protéine qui est nécessaire à l'activation d'une unité de transcription.

conversion génique Un processus méiotique de changement orienté, dans lequel un allèle impose la conversion de son partenaire allélique en sa propre forme.

coopérativité La nécessité d'une interaction de certaines protéines pour qu'elles puissent remplir leur fonction. La coopérativité des facteurs transcriptionnels est une caractéristique de la régulation des gènes eucaryotes.

corpuscule de Barr Une masse colorée intensément qui représente un chromosome X inactivé.

correction La formation (par exemple par excision et réparation) d'une paire de nucléotides correctement appariés à partir d'une séquence d'ADN hybride qui contient un appariement illégitime.

corrélation génétique Une ressemblance phénotypique entre différents groupes ayant reçu les mêmes gènes.

corrélation La tendance d'une variable à varier proportionnellement à une autre variable, de manière positive ou négative.

corrélation phénotypique Une ressemblance phénotypique entre des groupes, qui résulte ou non d'une similitude génétique.

co-ségrégation Le comportement parallèle de deux gènes en raison de leur liaison étroite sur un chromosome.

cosmide Un vecteur de clonage capable de se répliquer de façon autonome, comme un plasmide, et d'être empaqueté dans un phage.

cosuppression Un phénomène épigénétique dans lequel un transgène est inactivé de manière réversible en même temps que la copie du gène dans le chromosome.

cotransduction La transduction simultanée de deux gènes marqueurs bactériens.

cotransformation La transformation simultanée de deux gènes marqueurs bactériens.

«couper-coller» Un terme imagé utilisé pour désigner un mécanisme de transposition dans lequel un transposon de classe 2 (ADN) est excisé (coupé) du site donneur et inséré (collé) dans un nouveau site cible.

courts éléments nucléaires dispersés (SINE pour *short interspersed nuclear element* en anglais) Un type d'élément transposable de classe 1 qui ne code pas de transcriptase inverse mais semble utiliser la transcriptase inverse codée par les LINE. *Voir aussi* **Alu.**

covariance Une mesure statistique utilisée pour calculer le coefficient de corrélation entre deux variables; la covariance est la moyenne de $(x - \bar{x})(y - \bar{y})$ pour toutes les paires de valeurs des variables x et y, où $\bar{x}$ est la moyenne des valeurs de x et $\bar{y}$, la moyenne des valeurs de y.

criblage génétique *Voir* **criblage.**

criblage Une procédure de mutagenèse au cours de laquelle quasiment tous les descendants mutagénisés sont récupérés et dont on évalue le phénotype mutant individuel. Souvent, le phénotype désiré est marqué de façon à permettre sa détection.

cristallographie aux rayons X Une technique destinée à déduire la structure d'une molécule en dirigeant un faisceau de rayons X au travers d'un cristal du composé et en mesurant la dispersion des rayons.

croisement dihybride Un croisement entre deux individus présentant la même hétérozygotie au niveau de deux locus – par exemple, *AB/ab* X *AB/ab*.

croisement L'union délibérée de deux types parentaux d'organismes, au cours d'une analyse génétique.

croisement monohybride Un croisement entre deux individus hétérozygotes pour la même paire de gènes : par exemple, *A/a* x *A/a*.

croisements réciproques Une paire de croisements du type génotype *A* (femelle) X génotype *B* (mâle) et génotype *B* (femelle) X génotype *A* (mâle).

croisement-test à trois points Un croisement-test au cours duquel on étudie chez un parent trois paires de gènes hétérozygotes.

croisement-test Le croisement d'un individu de génotype inconnu ou d'un hétérozygote (ou d'un hétérozygote multiple) avec un individu de la *souche-test*.

crossing-over L'échange des parties chromosomiques correspondantes entre les homologues, par cassure et réunion.

crossing-over mitotique Un crossing-over résultant de l'appariement des homologues chez un diploïde en cours de mitose.

CTD *Voir* **domaine carboxy-terminal.**

culture Des tissus ou des cellules qu'on laisse se multiplier par division asexuée et se développer, à des fins expérimentales.

CVS *Voir* **analyse des villosités choriales.**

cycle cellulaire L'ensemble des événements qui se déroulent au cours des divisions des cellules mitotiques. Le cycle cellulaire alterne entre mitose (phase M) et interphase. L'interphase peut être subdivisée en phases G_1, S et G_2. La synthèse d'ADN se produit au cours de la phase S. La durée du cycle cellulaire est régulée grâce à une option spéciale de la phase G_1, la phase de repos G_0, dans laquelle peuvent s'engager les cellules en G_1.

cycline Un membre d'une famille de protéines labiles synthétisées et dégradées à des moments spécifiques de chaque cycle cellulaire et qui régulent l'avancée dans le cycle cellulaire par leurs interactions avec des protéines kinases cycline-dépendantes.

cytidine (C) Le nucléoside dont la base est la cytosine.

cytogénétique L'approche cytologique de la génétique, qui consiste principalement en études microscopiques des chromosomes.

cytoplasme Le matériel présent entre les membranes nucléaire et cellulaire. Il comprend du liquide (cytosol), des organites et diverses membranes.

cytosine (C) Une base pyrimidique qui s'apparie avec la guanine.

cytosquelette Les systèmes tubulaires protéiques et les protéines associées, qui forment l'architecture d'une cellule eucaryote.

cytotype M Le nom donné à une lignée de drosophile dépourvue d'éléments transposables *P*.

cytotype P Le nom donné à une lignée de drosophile possédant des éléments transposables *P*.

D

décision binaire développementale Une décision développementale lors de laquelle la présence ou l'absence d'un produit spécifique de gène détermine parmi deux identités opposées laquelle une cellule ou un groupe de cellules adopte.

défauts héréditaires du métabolisme Une maladie métabolique héréditaire ; désigne le plus souvent une maladie humaine.

délétion Le retrait d'un fragment chromosomique dans un jeu de chromosomes.

délétion multigénique Une délétion de plusieurs gènes adjacents.

dénaturation La séparation des deux brins d'une double hélice d'ADN ou la perturbation sévère de la structure d'une molécule complexe sans rupture des liaisons principales de ses chaînes.

déplacement tautomérique L'isomérisation spontanée d'une base azotée de sa forme céto vers une forme dont les liaisons hydrogène sont différentes, la forme énol (ou forme imino).

dérive *Voir* **dérive génétique aléatoire.**

dérive génétique aléatoire Des changements dans la fréquence allélique qui résultent du fait que les gènes apparaissant dans la descendance ne constituent pas un échantillon représentatif des gènes parentaux.

dérive génétique Des changements dans la fréquence d'un allèle dans une population, résultant de différences dues au hasard du nombre de descendants de différents génotypes produits par des individus distincts.

désamination Le retrait des groupements aminés de certains composants. La désamination de la cytosine produit de l'uracile. Si cette désamination n'est pas réparée, des transitions C · T peuvent apparaître.

déséquilibre de liaison Dans une population, un écart de la fréquence des haplotypes par rapport à la fréquence attendue si les allèles présents au niveau de différents locus étaient associés au hasard.

désoxyribose Le pentose (sucre) présent dans le squelette de l'ADN.

déterminant Une molécule localisée dans l'espace, qui conduit des cellules à adopter une identité particulière ou un ensemble d'identités apparentées.

deuxième loi de Mendel La loi de l'assortiment indépendant : des paires de gènes non liées ou liées mais distantes l'une de l'autre, s'assortissent de façon indépendante lors de la méiose.

développement Le processus par lequel une cellule unique devient un organisme différencié.

différence de caractères Des formes alternatives d'une même particularité chez une espèce.

différenciation Les changements de forme et de physiologie d'une cellule, associés à la production des types cellulaires finaux d'un organe ou d'un tissu donné.

dihybride Un double hétérozygote tel que *A/a . B/b.*

dimère de thymine Dans une molécule d'ADN, une paire de thymines adjacentes et liées chimiquement. Les processus cellulaires qui réparent cette lésion font souvent des erreurs qui créent des mutations.

dimorphisme Un «polymorphisme» comportant seulement deux formes.

diploïde Une cellule possédant deux jeux de chromosomes ou un organisme possédant deux jeux de chromosomes dans chacune de ses cellules.

diploïde partiel *Voir* **mérozygote.**

diploïde transitoire Le stade du cycle cellulaire au cours duquel les champignons haploïdes (et les algues) sont prédominants. C'est pendant ce stade que se déroule la méiose.

disomique Un haploïde anormal portant deux copies d'un chromosome.

dispersion La variation des valeurs d'une variable donnée dans une population ou dans un échantillon.

distribution à l'équilibre Un ensemble de fréquences génotypiques ou phénotypiques dans une population, qui reste constante dans le temps.

distribution bimodale Une distribution statistique qui comporte deux modes.

distribution de Poisson Une expression mathématique donnant la probabilité d'observer différentes répétitions d'un événement particulier dans un échantillon, lorsque la probabilité moyenne d'un événement lors de n'importe quel essai est très faible.

distribution statistique L'ensemble des fréquences de différentes classes quantitatives ou qualitatives dans une population.

distribution *Voir* **distribution statistique.**

ditype non parental (DNP) Un type de tétrade contenant deux génotypes différents, tous deux recombinants.

ditype parental (DP) Un type de tétrade contenant deux génotypes différents, tous deux de type parental.

division cellulaire Le processus par lequel deux cellules sont formées à partir d'une seule.

division réductionnelle Une division nucléaire qui produit des noyaux fils possédant chacun la moitié des centromères contenus dans les noyaux parentaux.

DnaA La réplication de l'ADN chez *E. coli* débute lorsque la protéine DnaA se fixe à une séquence de 13 pb (appelée boîte DnaA) au niveau de l'origine de réplication.

DnaB Une protéine d'*E. coli* qui déroule la double hélice d'ADN au niveau de la fourche de réplication. DnaB est une hélicase de l'ADN.

DNP *Voir* **ditype non parental.**

domaine carboxy-terminal (CTD pour *carboxyl tail domain* en anglais) La queue protéique de la sous-unité B de l'ARN polymérase II. Elle coordonne la maturation des pré-ARNm eucaryotes, y compris la mise en place de la coiffe, l'épissage et la terminaison.

domaine Une région d'une protéine associée à une fonction particulière. Certaines protéines comportent plusieurs domaines.

domaine de liaison à l'ADN Dans une protéine de liaison à l'ADN, le site qui interagit directement avec des séquences spécifiques d'ADN.

dominance en *cis* La capacité d'un gène d'affecter les gènes qui lui sont proches sur le même chromosome.

dominance incomplète La situation dans laquelle un hétérozygote présente un phénotype quantitativement intermédiaire (approximativement) entre les phénotypes homozygotes correspondants. (Le milieu exact est l'absence de dominance.)

dosage génique Le nombre de copies d'un gène donné dans le génome.

double crossing-over Deux crossing-over ayant lieu dans une même région chromosomique étudiée.

double hélice La structure de l'ADN proposée pour la première fois par Watson et Crick, constituée de deux hélices entrelacées reliées par des liaisons hydrogène entre les bases appariées.

double infection L'infection d'une bactérie par deux phages génétiquement différents.

double mutant Un génotype avec des allèles mutants pour deux gènes différents.

double transformation La transformation simultanée par deux marqueurs différents d'un donneur.

DP *Voir* **ditype parental.**

droite de régression de *y* par rapport à *x*. La ligne droite qui passe à travers un groupe de points en reliant une variable *x* à une variable *y* et en minimisant les écarts entre les points de la droite et l'axe des *y*.

droite de régression des moindres carrés La ligne droite qui passe à travers un groupe de points en reliant une variable *x* à une variable *y*, de telle sorte que la somme des carrés des écarts de toutes les valeurs de *y* par rapport à la droite soit la plus faible possible.

duplication Dans un jeu de chromosomes, la présence de plus d'une copie d'un fragment chromosomique donné.

duplication du site cible Une courte séquence répétée directe d'ADN (typiquement de 2 à 10 pb de long) adjacente aux extrémités d'un élément transposable créé au cours de l'intégration dans le chromosome de l'hôte.

duplication en tandem Des fragments chromosomiques identiques adjacents.

duplication par insertion Une duplication au cours de laquelle la copie supplémentaire n'est pas à côté de la copie normale.

dyade Une paire de chromatides sœurs reliées l'une à l'autre au niveau du centromère, comme lors de la première division méiotique.

dysgénisme hybride Un syndrome caractérisé entre autres par la stérilité, des mutations, des cassures chromosomiques et une recombinaison chez les mâles, dans la descendance hybride des croisements entre certaines souches naturelles de drosophiles et certaines souches de laboratoire.

E

écart-type La racine carrée de la variance.

échafaudage L'armature centrale d'un chromosome à laquelle le solénoïde d'ADN est fixé sous la forme de boucles. Elle est constituée en grande partie de topoisomérases.

échantillon Un petit groupe d'individus ou d'observations supposés être représentatifs d'une population plus grande dans laquelle a été prélevé ce groupe.

échelle Dans les projets de séquençage des génomes, un groupe ordonné de contigs dans lequel il peut y avoir des fragments non séquencés reliés par des lectures d'extrémités appariées.

effecteur allostérique Une petite molécule qui se fixe à un site allostérique.

effet additif Une différence dans le phénotype résultant de la substitution d'un allèle *A* par un allèle *a* lorsqu'on fait la moyenne de tous les membres d'une population.

effet de dosage des gènes Un changement dans le phénotype provoqué par un nombre anormal d'allèles de type sauvage (observés dans des mutations chromosomiques).

effet de position Fait référence à une situation dans laquelle l'influence phénotypique d'un gène est modifiée en fonction de changements de la position du gène dans le génome.

effet fondateur Une différence aléatoire avec la population parentale pour la fréquence d'un génotype dans une nouvelle colonie établie à partir d'un petit nombre de membres fondateurs.

effet maternel L'influence environnementale des tissus maternels sur le phénotype de la descendance.

effet synergique Une caractéristique des protéines régulatrices eucaryotes pour lesquelles l'activation transcriptionnelle ayant pour intermédiaire l'interaction de plusieurs protéines est supérieure à la somme des effets des protéines considérées individuellement.

EF-G *Voir* **facteur d'élongation G.**

EF-Tu *Voir* **facteur d'élongation Tu.**

électrophorèse Une technique permettant de séparer les composants d'un mélange de molécules (protéines, ADN ou ARN) dans un champ électrique qui passe au travers d'un gel.

électrophorèse en champs alternés Une technique électrophorétique dans laquelle le gel est soumis à des champs électriques alternés suivant des orientations variables, ce qui permet à des fragments d'ADN de très grande taille de «serpenter» dans le gel. Cette technique permet par conséquent une séparation efficace de mélanges de ce type de fragments de grande taille.

électrophorèse sur gel   Une technique de séparation moléculaire au cours de laquelle des ADN, ARN ou protéines sont séparés dans une matrice gélifiée en fonction de leur taille moléculaire, à l'aide d'un champ électrique qui fait circuler les molécules au travers du gel dans un sens déterminé.

élément *Ac* (*Activator* en anglais, activateur)   Un élément transposable d'ADN de classe 2 appelé ainsi par Barbara McClintock qui l'a découvert, car il est nécessaire pour activer la cassure chromosomique au niveau du locus *Dissociation* (*Ds*).

élément *Ac*   Voir Élément *activateur*.

élément agissant en *cis*   Un site sur une molécule d'ADN (ou d'ARN) qui sert de site de liaison pour une protéine se fixant à une séquence spécifique d'ADN (ou d'ARN). L'expression «agissant en *cis*» indique que la liaison de la protéine à ce site affecte uniquement les séquences voisines d'ADN (ou d'ARN) sur la même molécule.

élément *cis*-régulateur   Voir **élément agissant en *cis***.

élément d'ADN   Un élément transposable de classe 2 présent chez les Procaryotes et les Eucaryotes, ainsi appelé car il participe directement à la transposition.

élément d'ARN   Un élément qui se déplace en utilisant pour intermédiaire un ARN. Également appelé *élément de classe 1*.

élément de classe 1   Un élément transposable qui se transpose par l'intermédiaire d'un ARN. Également appelé *élément d'ARN*.

élément de classe 2   Un élément transposable qui passe directement d'un site du génome à un autre.

élément de séquence d'insertion (IS pour *insertion sequence* en anglais)   Un fragment mobile d'ADN bactérien (plusieurs centaines de paires de nucléotides de long) capable d'inactiver un gène dans lequel il s'insère.

élément de type *copia*   Un élément transposable (rétrotransposon) de drosophile, encadré de longues répétitions terminales, qui code généralement une transcriptase inverse.

élément en amont du promoteur (UPE pour *upstream promoter element* en anglais)   Un site de liaison sur l'ADN pour une protéine régulatrice de la transcription, localisé 100 à 200 pb en amont du site de début de la transcription. Également appelé *élément proche du promoteur*.

élément génétique mobile   Voir **élément transposable**.

élément génétique transposable   Un terme général désignant n'importe quelle unité génétique capable de s'insérer dans un chromosome, d'en sortir et de s'insérer en un autre endroit. Parmi ceux-ci se trouvent les séquences d'insertion, les transposons, certains phages et les éléments de contrôle.

élément IS   Voir **élément de séquence d'insertion**.

élément non autonome   Un élément transposable qui a besoin des produits protéiques d'éléments autonomes pour pouvoir se déplacer. *Ds* est un exemple d'élément transposable non autonome.

élément *P*   Un élément transposable de drosophile, utilisé comme outil pour la mutagenèse par insertion et pour la transformation de la lignée germinale.

élément proche du promoteur   La succession de sites de liaison pour des facteurs transcriptionnels, situés près du promoteur central.

élément silenceur   Une séquence *cis*-régulatrice capable d'abaisser le taux de transcription à partir d'un promoteur adjacent.

élément transposable autonome   Un élément transposable qui code la ou les protéines (par exemple la transposase ou la transcriptase inverse) nécessaires à sa transposition et à la transposition d'éléments non autonomes de la même famille.

élément *Ty*   Un rétrotransposon à LTR chez la levure, le premier isolé à partir de n'importe quel organisme.

éléments *Ds* (*Dissociation*)   Un élément transposable non autonome ainsi nommé par Barbara McClintock pour sa capacité à rompre le chromosome 9 du maïs, mais seulement en présence d'un autre élément appelé *Activateur* (*Ac*).

élongation   L'étape de la transcription qui suit l'amorçage et précède la terminaison.

embryoïde   Une petite masse de cellules monoploïdes en cours de division, produites en exposant au froid une cellule destinée à devenir une cellule de pollen.

empreinte d'ADN   Le motif de bandes obtenu après autoradiographie d'une digestion d'ADN par une enzyme de restriction qui coupe en dehors d'une famille de VNTR (nombre variable de répétitions en tandem), suivie d'un transfert de type Southern du gel d'électrophorèse criblé à l'aide de sondes spécifiques des VNTR. Au contraire des empreintes digitales, ces motifs ne sont pas propres à un individu.

empreinte   Le motif caractéristique de taches, produit par une électrophorèse de fragments polypeptidiques obtenus à la suite de la dénaturation d'une protéine donnée par une enzyme protéolytique.

empreinte parentale   Un phénomène épigénétique dans lequel l'activité d'un gène dépend de sa transmission par le père ou par la mère. Certains gènes sont soumis à une empreinte maternelle, d'autres, à une empreinte paternelle.

endogamie   Des unions entre individus appartenant à un groupe ou un sous-groupe, plutôt que des unions aléatoires au sein d'une population.

endogénote   *Voir* **mérozygote**.

endonucléase   Une enzyme qui coupe les liaisons phosphodiester dans une chaîne nucléotidique.

enhanceosome   L'assemblage macromoléculaire responsable de l'interaction entre des enhancers et des promoteurs de gènes.

enhancer   Une séquence *cis*-régulatrice capable d'augmenter le taux de transcription à partir d'un promoteur adjacent. Chez les Eucaryotes supérieurs, de nombreux *enhancers tissu-spécifiques* peuvent déterminer des patrons d'expression des gènes dans l'espace. Les enhancers peuvent agir sur des promoteurs distants de plusieurs dizaines de kilobases d'ADN, et peuvent être situés en 5' ou en 3' du promoteur qu'ils régulent.

enrichissement par filtration   Une technique permettant de récupérer des mutants auxotrophes chez les champignons filamenteux.

environnement   La combinaison de toutes les conditions extérieures à un organisme, susceptibles d'affecter l'expression de son génome.

enzyme de restriction   Une endonucléase qui reconnaît des séquences nucléotidiques cibles spécifiques dans l'ADN et coupe la chaîne d'ADN à ces endroits. On connaît différentes enzymes de ce type et elles sont très utilisées en génie génétique.

enzyme du cœur catalytique   Comme nous l'avons vu au Chapitre 8, toutes les sous-unités de l'ARN polymérase à l'exception de sigma.

enzyme processive   Au Chapitre 7, décrit le comportement de l'ADN polymérase III, capable d'effectuer des milliers de cycles de catalyse sans se dissocier de son substrat (le brin matrice d'ADN).

enzyme   Une protéine qui joue le rôle de catalyseur.

épimutation   Une mutation réversible due aux changements de la régulation épigénétique plutôt qu'à des changements dans la séquence d'ADN.

épissage alternatif   Un processus par lequel des ARN messagers différents sont produits à partir d'un même transcrit primaire à la suite de variations dans le patron d'épissage du transcrit. De multiples «isoformes» d'ARNm peuvent être produites dans une même cellule ou bien les différentes isoformes peuvent présenter des patrons distincts d'expression tissu-spécifique. Si les exons alternatifs se retrouvent dans les cadres de lecture ouverts des isoformes d'ARNm, des protéines différentes seront produites à partir de ces ARNm alternatifs.

épissage   La réaction qui enlève les introns et réunit les exons dans l'ARN.

épistasie   Une situation dans laquelle l'expression phénotypique différentielle d'un génotype au niveau d'un locus dépend du génotype d'un autre locus; une mutation dont l'expression élimine l'expression des allèles d'un autre gène.

équilibre de Hardy-Weinberg   La distribution stable de fréquences de génotypes *A/A*, *A/a* et *a/a* dans les proportions p^2, $2pq$ et q^2 respectivement (où p et q sont les fréquences des allèles *A* et *a*). Cette distribution est la conséquence d'unions au hasard en l'absence de mutation, migration, sélection naturelle ou dérive génétique.

équilibre de liaison   La distribution des fréquences haplotypiques dans une population de telle sorte que les fréquences sont les produits arithmétiques des fréquences des allèles au niveau de différents locus chez l'haplotype.

équilibre des gènes L'idée selon laquelle un phénotype normal nécessite une proportion relative 1:1 de gènes dans le génome.

espèce Un groupe d'organismes capables d'échanger des gènes les uns avec les autres, mais incapables d'en échanger avec d'autres groupes comparables.

EST *Voir* **séquences marqueurs exprimées.**

étaler Répartir des cellules à la surface d'un milieu solide dans une boîte de culture.

étiquetage à l'aide de transposons Une technique utilisée pour identifier et isoler un gène de l'hôte grâce à l'insertion d'un élément transposable cloné dans le gène.

étiquetage des gènes L'utilisation d'un fragment d'ADN étranger ou d'un transposon pour étiqueter un gène afin qu'un clone de ce gène puisse facilement être identifié dans une banque.

étiquetage *Voir* **étiquetage des gènes.**

Eucaryote Un organisme qui possède des cellules eucaryotes.

euchromatine Une région chromosomique qui se colore normalement; on pense qu'elle contient les gènes fonctionnels.

eugénisme Des unions humaines contrôlées dans le but d'«améliorer» les générations futures.

euploïde Une cellule dont tous les jeux de chromosomes sont complets ou un individu composé de ce type de cellules.

événement de mutation La position et le moment auxquels apparaît une mutation.

évolution neutre Des changements non adaptatifs au cours de l'évolution, qui se produisent en raison d'une dérive génétique aléatoire.

évolution phylétique Un changement transmissible au cours du temps, au sein d'une lignée continue de descendants.

excision Décrit le comportement d'un élément transposable lorsqu'il quitte une position chromosomique. Également appelée transposition.

exconjugant Une cellule bactérienne femelle qui vient de se conjuguer avec une cellule mâle et qui contient un fragment d'ADN mâle.

exogamie L'union délibérée avec des individus non apparentés.

exogénote *Voir* **mérozygote.**

exon Dans la séquence codante d'un gène, toutes les parties qui ne sont pas des introns. L'ensemble des exons correspond à l'ARNm qui est traduit en protéine.

exonucléase Une enzyme qui clive les nucléotides un par un, en commençant par une extrémité d'une chaîne polynucléotidique.

expérience de chasse isotopique Une expérience au cours de laquelle des cellules sont mises en culture sur un milieu radioactif pendant une brève période (le marquage), puis transférées sur un milieu froid (non radioactif) pendant une période plus longue (la chasse isotopique).

expression ectopique L'expression d'un gène dans un tissu dans lequel en temps normal, il n'est pas exprimé. L'expression ectopique peut être provoquée par la juxtaposition de nouveaux enhancers à un gène.

expressivité Le degré d'expression d'un génotype donné dans le phénotype.

extension d'amorce L'utilisation d'une amorce correspondant à une région séquencée du génome, pour séquencer une région adjacente inconnue.

extrémité aminée L'extrémité d'une protéine qui possède un groupement aminé libre. Une protéine est synthétisée de son extrémité aminée codée par l'extrémité 5′ de l'ARNm vers son extrémité carboxyle codée par l'extrémité 3′ de l'ARNm au cours de la traduction.

extrémité carboxyle L'extrémité d'une protéine qui possède un groupement carboxyle libre. L'extrémité carboxyle est codée par l'extrémité 3′ de l'ARNm et est la dernière partie de la protéine synthétisée au cours de la traduction.

F

facteur agissant en *trans* Une molécule régulatrice diffusible (presque toujours une protéine) qui se fixe à un élément spécifique agissant en *cis*.

facteur d'élongation G (EF-G) Une protéine non ribosomiale qui interagit avec le site A et induit la translocation du ribosome.

facteur d'élongation Tu (EF-Tu) Une protéine non ribosomiale qui se fixe à un aminoacyl-ARNt, formant le complexe ternaire.

facteur de relargage (ou de libération) (RF pour *release factor* en anglais) Une protéine qui se fixe au site A du ribosome lorsqu'un codon stop est présent dans l'ARNm.

facteur de survie Un ligand qui, fixé à son récepteur, bloque l'activation de la voie de l'apoptose.

facteur de transcription Une protéine qui se fixe à un élément *cis*-régulateur (par exemple, un enhancer) et de cette façon, directement ou indirectement, affecte l'amorçage de la transcription.

facteur F′ Un facteur sexuel dans lequel a été incorporée une partie du chromosome bactérien.

facteur F *Voir* **facteur sexuel.**

facteur général de la transcription (GTF pour *general transcription factor* en anglais) Un complexe protéique eucaryote qui n'est pas impliqué dans la synthèse de l'ARN mais se fixe à la région promotrice pour attirer et positionner correctement l'ARN polymérase II en vue de l'amorçage de la transcription.

facteur sexuel (facteur F) Un épisome bactérien dont la présence confère à la cellule porteuse la propriété de donneur (masculinité).

facteur sigma (σ) Une protéine bactérienne qui, en tant qu'élément de l'holoenzyme ARN polymérase, reconnaît les régions − 10 et − 35 des promoteurs bactériens, positionnant ainsi l'holoenzyme pour qu'elle amorce correctement la transcription au niveau du site de départ. Le facteur sigma se dissocie de l'holoenzyme avant la synthèse d'ARN.

facteurs de croissance Une classe de molécules de signalisation paracrine, généralement des polypeptides sécrétés qui sont mitogènes, c'est-à-dire qui induisent une division cellulaire chez les cellules recevant ces signaux.

famille de gènes Dans un génome, un groupe de gènes descendant tous du même gène ancestral.

feuillet germinal L'un des feuillets primaires de cellules embryonnaires formé à l'issue de la gastrulation. Les feuillets germinaux primaires chez les animaux supérieurs sont l'endoderme, le mésoderme et l'ectoderme.

filtre de nitrocellulose Un type de filtre utilisé pour maintenir en place de l'ADN, en vue d'une hybridation.

FISH *Voir* **hybridation fluorescente *in situ*.**

fission binaire Un processus au cours duquel une cellule parentale se sépare en deux cellules filles de taille quasiment égale.

flottement La capacité de certaines bases en troisième position d'un anticodon de l'ARNt, de former des liaisons hydrogène de différentes façons, ce qui permet l'alignement de cet anticodon avec plusieurs codons différents.

fMet *Voir* **formylméthionine.**

fonction cartographique Une formule exprimant la relation entre la distance sur une carte de liaison et la fréquence de recombinaison.

fonction de distribution Un graphique représentant une mesure quantitative précise d'un caractère en fonction de sa fréquence.

formation du plan d'organisation Les processus développementaux aboutissant à la création de la forme et de la structure complexes des organismes supérieurs.

forme céto *Voir* **changement tautomérique.**

forme énol *Voir* **changement tautomérique.**

forme imino *Voir* **changement tautomérique.**

formylméthionine (fMet) Un acide aminé spécifique, qui est le tout premier incorporé dans la chaîne polypeptidique lors de la synthèse d'une protéine.

fourche de réplication L'endroit au niveau duquel les deux brins de l'ADN sont séparés pour permettre la réplication de chaque brin.

FR *Voir* **fréquence de recombinants.**

fragment acentrique Un fragment chromosomique dépourvu de centromère.

fragment de restriction Un fragment d'ADN produit par la coupure de l'ADN par une enzyme de restriction.

fragment d'Okazaki Un petit segment d'ADN simple-brin synthétisé lors de la réplication de l'ADN et qui appartient au brin retardé.

fréquence allélique Une mesure de la présence d'un allèle dans une population ; la proportion de tous les allèles de ce gène dans la population, qui sont de ce type spécifique.

fréquence de mutation La fréquence des mutants dans une population.

fréquence de recombinants (FR) La proportion (ou le pourcentage) de cellules ou d'individus recombinants.

fréquence génique *Voir* **fréquence allélique**.

fréquence génotypique Dans une population, la proportion d'individus possédant un génotype donné.

fréquence relative Le nombre d'éléments appartenant à une classe dans une population, exprimé sous la forme d'une fraction du nombre total d'éléments.

fuseau L'ensemble des fibres microtubulaires qui semblent déplacer les chromosomes eucaryotes au cours de la division.

fuseau nucléaire L'ensemble des microtubules qui se forment entre les pôles d'une cellule au cours de la division nucléaire ; le fuseau nucléaire sert à la ségrégation des chromosomes ou des chromatides vers les pôles.

fusion Dénaturation de l'ADN.

fusion de gènes Un nouveau gène produit par la juxtaposition de séquences d'ADN provenant de deux gènes distincts. Les fusions de gènes peuvent être produites par des réarrangements chromosomiques, l'insertion d'éléments transposables ou par génie génétique.

G

G *Voir* **guanine** ; **guanosine**.

gamète Une cellule haploïde spécialisée qui fusionne avec un gamète du type sexuel ou du sexe opposé, pour former un zygote diploïde. Chez les mammifères, un ovule ou un spermatozoïde.

gamétophyte Dans le cycle vital des végétaux, le stade lors duquel sont produits les gamètes haploïdes. Ce stade est prépondérant et indépendant chez certaines espèces, mais réduit ou parasite chez d'autres.

gamme d'hôtes L'ensemble des souches d'une espèce bactérienne donnée, qu'une souche particulière de phage peut infecter.

gène L'unité fonctionnelle et physique élémentaire de l'hérédité qui transmet l'information d'une génération à la suivante. Un fragment d'ADN, constitué d'une région transcrite et d'une séquence régulatrice qui permet la transcription.

gène candidat Un gène séquencé dont la fonction est inconnue et qui, en raison de sa localisation chromosomique ou d'une autre propriété, devient candidat pour une fonction donnée, telle que le déclenchement d'une maladie.

gène de polarité des segments Chez la drosophile, un membre d'une classe de gènes qui interviennent vers la fin de la mise en place du nombre correct de segments. Les mutations des gènes de polarité des segments entraînent une perte comparable de la partie correspondante de chaque segment corporel.

gène de structure La partie d'un gène codant la séquence d'acides aminés d'une protéine.

gène gap Chez la drosophile, une classe de gènes cardinaux activés chez le zygote en réponse au gradient antéro-postérieur d'information de position. Grâce à la régulation des gènes homéotiques et pair-rule, les patrons d'expression des différents produits des gènes gap conduisent à la spécification du nombre et des types corrects de segments corporels. Les mutations gap entraînent la perte de plusieurs segments adjacents du corps des drosophiles.

gène hémizygote Un gène présent en une seule copie chez un organisme diploïde – par exemple, un gène lié à l'X chez un mammifère mâle.

gène homéotique Chez les animaux supérieurs, un gène qui contrôle la détermination des segments le long de l'axe antéro-postérieur.

gène létal Un gène dont l'expression entraîne la mort de l'individu qui l'exprime.

gène maternel Un gène qui a un effet uniquement lorsqu'il est présent chez la mère.

gène modificateur Un gène qui affecte l'expression phénotypique d'un autre gène.

gène pair-rule Chez la drosophile, un membre d'une classe de gènes à expression zygotique qui agissent à une étape intermédiaire au cours du processus de mise en place du nombre correct des segments du corps. Les mutations pair-rule conduisent à la formation de la moitié du nombre normal de segments, en raison de la perte d'un segment sur deux.

gène rapporteur Un gène dont l'expression phénotypique est facile à suivre, qui est utilisé pour étudier des activités promotrices et enhancer tissu-spécifiques dans les transgènes.

gène régulateur Un gène qui provoque le déclenchement ou l'arrêt de la transcription de gènes de structure.

gène silencieux (*silenced gene* en anglais) Un gène inactivé de manière réversible en raison de la structure de la chromatine.

gène *SRY* Le gène de la masculinité. Il est situé sur le chromosome Y.

gène suppresseur de tumeurs Un gène codant une protéine qui supprime la formation de tumeurs. On pense que les allèles de type sauvage des gènes suppresseurs de tumeurs jouent le rôle de régulateurs négatifs de la prolifération cellulaire.

génération F$_1$ La première génération de descendants, produite par le croisement de deux lignées parentales.

génération F$_2$ La deuxième génération de descendants, produite par l'autofécondation ou le croisement de frères et sœurs de la F$_1$.

génération parentale Les deux souches ou organismes individuels qui constituent le début d'une expérience d'amélioration génétique ; leurs descendants forment la génération F$_1$.

générations filiales Des générations successives de descendants produits au cours d'une série de croisements contrôlés, avec pour point de départ deux parents spécifiques (génération P) et l'autofécondation ou le croisement de frères et sœurs de chaque nouvelle génération (F$_1$, F$_2$, ...)

gènes cardinaux Les gènes déterminant la formation du patron des divisions cellulaires chez la drosophile, qui s'expriment chez le zygote en réponse aux gradients antéro-postérieur et dorso-ventral d'information positionnelle créés par les gènes maternels impliqués dans la formation du patron des divisions cellulaires. *Voir aussi* **gène gap**.

gènes contrôlés de manière coordonnée Les gènes dont les produits sont simultanément activés ou réprimés en parallèle.

gènes dupliqués Deux paires identiques d'allèles chez un individu diploïde.

gènes paralogues Deux gènes de la même espèce qui ont évolué à partir d'une duplication de gène.

génétique (1) L'étude des gènes. (2) L'étude de l'hérédité.

génétique chimique L'utilisation de banques de petits ligands chimiques pour interférer de manière spécifique avec des fonctions protéiques particulières, provoquant ainsi une phénocopie des effets des mutations dans les gènes codant ces fonctions.

génétique de la transmission L'étude des mécanismes impliqués dans le passage d'un gène d'une génération à la suivante.

génétique des populations L'étude des fréquences de différents génotypes dans des populations et des changements de ces fréquences résultant de patrons de croisements, de sélection naturelle, de mutation, de migration et de changements aléatoires.

génétique directe L'approche classique utilisée pour l'analyse génétique lors de laquelle les gènes sont identifiés par des allèles et des phénotypes mutants puis clonés et soumis à une analyse moléculaire.

génétique inverse La procédure expérimentale qui commence avec un fragment cloné d'ADN ou une séquence protéique et l'utilise (grâce à la mutagenèse dirigée) pour introduire des mutations choisies dans le génome afin de rechercher sa fonction.

génétique moléculaire L'étude des processus moléculaires déterminant la structure et la fonction des gènes.

génétique quantitative L'étude de l'origine génétique de la variation continue dans le phénotype.

génie génétique Les processus permettant de produire un ADN modifié dans un tube à essai et de réintroduire cet ADN dans des organismes hôtes.

génome   L'ensemble du matériel génétique contenu dans un jeu de chromosomes.

génomique comparée   Une analyse des relations entre les séquences génomiques de deux espèces ou plus.

génomique fonctionnelle   L'étude des profils d'expression des transcrits et des protéines et des interactions moléculaires au niveau de l'ensemble du génome.

génomique   Le clonage et la caractérisation moléculaire de génomes entiers.

génomique structurale   L'analyse à grande échelle des structures protéiques tridimensionnelles.

génotype   La constitution allélique spécifique d'une cellule – soit de l'ensemble de la cellule, ou ce qui est le plus courant, d'un certain gène ou groupe de gènes.

gradient   Un changement progressif d'une propriété quantitative, sur une distance spécifique.

grand sillon   Le plus large des deux sillons dans la double hélice d'ADN.

granule P   Un granule cytoplasmique associé à la formation de la lignée germinale chez *C. elegans*.

granules polaires   Des granules cytoplasmiques situés à l'extrémité postérieure d'un ovocyte ou d'un embryon de drosophile à un stade précoce du développement. Ces granules sont associés à la lignée germinale et aux déterminants postérieurs.

groupe de liaison   Un groupe de gènes que l'on sait liés ; un chromosome.

groupe d'équivalence   Un groupe de cellules immatures qui possèdent toutes le même potentiel développemental. Dans de nombreux cas, les cellules d'un groupe d'équivalence finissent par adopter des identités cellulaires différentes les unes des autres.

GTF   *Voir* **facteur général de la transcription**.

guanine (G)   Une base purique qui s'apparie avec la cytosine.

guanosine (G)   Le nucléoside dont la base est la guanine.

H

haploïde   Une cellule possédant un jeu de chromosomes ou un organisme constitué de ce type de cellules.

haplo-insuffisant   Désigne un gène qui, dans une cellule diploïde, est incapable d'induire une fonction de type sauvage s'il est présent en un seul exemplaire (une dose).

haplo-suffisant   Désigne un gène qui, dans une cellule diploïde, permet l'expression d'une fonction de type sauvage s'il est présent en un seul exemplaire (une dose).

haplotype   Une classe génétique décrite par une séquence d'ADN ou de gènes situés sur le même chromosome.

hélicase   Une enzyme qui rompt les liaisons hydrogène dans l'ADN et déroule celui-ci au cours du déplacement de la fourche de réplication.

héréditaire   Un caractère est héréditaire si des descendants ressemblent à leurs parents en raison d'une similitude génétique.

hérédité   La ressemblance biologique entre parents et descendants.

héritabilité au sens large (*H*²)   La proportion de la variance phénotypique totale de la population, due à la variance génétique.

héritabilité au sens strict   La proportion de la variance phénotypique qui peut être attribuée à la variance génétique additive.

hermaphrodite   (1) Une espèce végétale chez laquelle les organes mâles et femelles sont présents dans la même fleur chez un individu. (2) Un animal possédant à la fois des organes sexuels mâles et femelles.

Het-A   Un rétrotransposon qui, associé à un autre rétrotransposon, *TART*, construit les télomères de drosophile.

hétérocaryon   Une culture de cellules comportant deux types nucléaires différents dans un même cytoplasme.

hétérochromatine   Des régions chromosomiques au marquage dense, que l'on suppose être pour la plupart génétiquement inactives.

hétérochromatine facultative   De l'hétérochromatine présente à des positions occupées par de l'euchromatine chez d'autres individus de la même espèce ou même dans l'autre homologue d'une paire de chromosomes.

hétérodimère   Une protéine constituée de deux sous-unités polypeptidiques non identiques.

hétérogamie   L'union préférentielle de partenaires de phénotypes différents.

hétéroplasmie (état d')   Une cellule contenant un mélange de cytoplasmes génétiquement distincts, ainsi que des mitochondries ou des chloroplastes généralement différents.

hétérozygote pour une inversion   Un diploïde comportant un homologue normal et un homologue inversé.

hétérozygote   Un organisme possédant une paire de gènes hétérozygotes.

hétérozygotie   Une mesure de la variation génétique dans une population. Elle est définie comme la fréquence d'hétérozygotes au niveau d'un locus particulier.

hexaploïde   Une cellule possédant six jeux de chromosomes ou un organisme constitué de ce type de cellules.

histogramme de fréquences   Une «courbe en escalier» qui représente les fréquences de plusieurs classes, délimitées de façon arbitraire.

histone   Un type de protéine basique qui forme l'unité autour de laquelle s'enroule l'ADN dans les nucléosomes des chromosomes eucaryotes.

holoenzyme ARN polymérase   Le complexe enzymatique à multiples sous-unités constitué des quatre sous-unités du cœur enzymatique et du facteur sigma.

holoenzyme polymérase III (holoenzyme ADN polymérase III)   Chez *E. coli*, le gros complexe à sous-unités multiples situé au niveau de la fourche de réplication, qui est constitué de deux noyaux catalytiques et de nombreuses protéines accessoires.

homéoboîte (boîte homéotique)   Une famille de séquences d'ADN de 180 pb présentant une forte ressemblance, qui codent une séquence polypeptidique appelée homéodomaine, une séquence spécifique de liaison à l'ADN. Bien que l'homéoboîte (ou homéobox) ait été découverte dans tous les gènes homéotiques, on sait maintenant qu'elle code un motif de liaison à l'ADN bien plus répandu.

homéodomaine   Une famille hautement conservée de séquences longues de 60 acides aminés, présentes dans un grand nombre de facteurs de transcription. Ces séquences sont capables de former des structures hélice-tour-hélice et de se fixer à l'ADN de manière séquence-spécifique.

homéose   Le remplacement d'une partie du corps par une autre. L'homéose peut être provoquée par des facteurs environnementaux conduisant à des anomalies du développement, ou par des mutations.

homogamie   Une situation dans laquelle des phénotypes similaires s'unissent plus fréquemment que ne le laisserait supposer le hasard.

homologue   Un membre d'une paire de chromosomes homologues.

homozygote (n.m.)   Un individu possédant une paire homozygote de gènes ; (adj.) fait référence au fait de porter une paire d'allèles identiques au niveau d'un locus.

homozygote dominant   Fait référence à un génotype tel que *A/A*.

homozygote récessif   Fait référence à un génotype tel que *a/a*.

homozygotie par filiation   L'homozygotie qui résulte de la transmission de deux copies d'un gène présent chez un ascendant.

horloge moléculaire   Un taux constant de changement dans une séquence d'acides aminés ou de protéine, ou encore de nucléotides dans des acides nucléiques pendant une longue période d'évolution.

hormone   Une molécule sécrétée dans le système circulatoire par un organe endocrine, qui peut envoyer des signaux à longue distance en activant des récepteurs présents à la surface ou à l'intérieur des cellules cibles.

hormones stéroïdes   Une classe d'hormones synthétisées par les glandes du système endocrine, qui, grâce à leur nature apolaire, sont capables de passer directement au travers de la membrane plasmique des cellules. Les hormones stéroïdes agissent en fixant et en activant des facteurs de transcription appelés récepteurs d'hormones stéroïdes.

hybridation fluorescente *in situ* (FISH pour *fluorescence in situ hybridization* en anglais)   Une hybridation *in situ* utilisant une sonde couplée à une molécule fluorescente.

hybridation *in situ*   L'utilisation d'une sonde marquée qui se fixe à un chromosome partiellement dénaturé.

hybride (1) Un hétérozygote. (2) Un descendant de n'importe quelle union entre deux personnes de génotypes différents.

hybrider (1) Former un hybride en réalisant un croisement. (2) Renaturer des brins d'acide nucléique d'origines différentes.

hyperacétylation Une surabondance de groupements acétyle attachés à certains acides aminés des queues d'histones. La chromatine active du point de vue de la transcription est généralement hyperacétylée.

hyphe Une structure filiforme (constituée de cellules attachées bout à bout) qui forme le tissu principal chez de nombreuses espèces de champignons.

hypo-acétylation Une sous-abondance de groupements acétyle attachés à certains acides aminés des queues d'histones. La chromatine inactive du point de vue de la transcription est généralement hypo-acétylée.

hypothèse de facteurs multiples Une hypothèse expliquant la variation quantitative en supposant l'interaction d'un grand nombre de gènes (polygènes), ayant chacun un effet faible sur le caractère, mais dont les effets respectifs s'ajoutent les uns aux autres.

hypothèse nulle Une hypothèse qui propose l'absence de différence entre deux groupes de résultats ou plus.

hypothèse un gène-un polypeptide Une hypothèse proposée au milieu du vingtième siècle selon laquelle chaque gène (séquence nucléotidique) code une séquence polypeptidique, à l'exception de l'ARN fonctionnel non traduit.

hypothèse un gène-une protéine Une hypothèse proposée par Beadle et Tatum, affinée ensuite en hypothèse un gène-un polypeptide.

I

identité cellulaire Le stade ultime de différenciation d'une cellule dont le développement a été induit.

identité des segments Le processus par lequel les identités antéro-postérieures des segments sont établies.

in vitro Dans une situation expérimentale, à l'extérieur de l'organisme (littéralement «dans le verre»).

in vivo Dans une cellule ou un organisme vivant.

inactivation (knock out) d'un gène cible L'introduction d'une mutation complète dans un gène, par une modification délibérée dans une séquence clonée d'ADN, qui est ensuite introduite dans le génome par recombinaison homologue et donc par le remplacement de l'allèle normal.

inactivation (KO) d'un gène L'inactivation d'un gène par l'intégration d'un fragment d'ADN modifié spécifiquement par génie génétique. Dans certains systèmes, cette inactivation est aléatoire car les constructions transgéniques peuvent s'insérer en de nombreux endroits différents du génome. Dans d'autres systèmes, elle peut être ciblée. *Voir aussi* **inactivation complète.**

inactivation complète (mutation nulle) Une mutation qui aboutit à l'absence complète de la fonction du gène qu'elle touche.

inactivation du chromosome X Le processus par lequel les gènes d'un chromosome X chez un mammifère peuvent être complètement réprimés au cours du mécanisme de compensation du dosage. *Voir aussi* **compensation du dosage; corpuscule de Barr.**

inactivation épigénétique L'inactivation réversible d'un gène en raison de la structure de la chromatine.

inactivation génique L'inactivation d'un gène par l'intégration d'un fragment d'ADN fabriqué par génie génétique dans un but précis.

inducteur Un agent de l'environnement qui déclenche la transcription à partir d'un opéron.

induction (1) La levée de la répression d'un gène ou d'un groupe de gènes régulés négativement. (2) Une interaction entre deux cellules ou tissus ou davantage, nécessaires à ces cellules ou ces tissus pour modifier leur identité développementale.

induction zygotique La libération soudaine d'un phage lysogène à partir d'un chromosome Hfr, lorsque le prophage pénètre dans la cellule F⁻, et la lyse consécutive de la cellule receveuse.

infection mixte L'infection d'une culture bactérienne par deux phages de génotypes différents.

information de position Le processus par lequel des signaux chimiques participant à la détermination des identités cellulaires le long d'un axe géographique, sont mis en place chez l'embryon en cours de développement ou le primordium tissulaire.

inhibition latérale Le signal émis par une cellule, qui empêche les cellules adjacentes de s'engager dans la même destinée cellulaire qu'elle.

intégration ectopique Chez un organisme transgénique, l'insertion d'un gène introduit dans un site différent de son locus habituel.

interaction combinatoire Des interactions entre différentes combinaisons de facteurs transcriptionnels qui conduisent à des patrons distincts d'expression des gènes.

interaction de gènes La participation de plusieurs gènes différents dans la détermination d'un caractère phénotypique (ou d'un groupe de caractères apparentés).

interaction inductrice L'interaction entre deux groupes de cellules lors de laquelle un signal transmis par un groupe de cellules entraîne chez l'autre groupe une modification du stade développemental (ou de l'identité cellulaire).

interaction ligand-récepteur L'interaction entre une molécule (généralement d'origine extracellulaire) et une protéine située à la surface ou à l'intérieur d'une cellule cible. L'interaction entre des hormones stéroïdes et leurs récepteurs cytoplasmiques ou nucléaires est un exemple d'interaction ligand-récepteur. L'interaction entre les ligands polypeptidiques sécrétés et les récepteurs transmembranaires en est un autre exemple.

interférence Une mesure de l'indépendance des crossing-over les uns des autres, calculée en soustrayant le coefficient de coïncidence de 1.

interférence de l'ARN (ARNi) Une façon d'étudier la fonction d'un gène en introduisant des constructions transgéniques particulières pour inactiver son ARNm.

interférence des chromatides Une situation dans laquelle on peut montrer que l'apparition d'un crossing-over entre n'importe quelle paire de chromatides non-sœurs affecte la probabilité que ces chromatides soient impliquées dans d'autres crossing-over au cours de la même méiose.

interphase Le stade du cycle cellulaire situé entre les divisions nucléaires, lors duquel les chromosomes sont étirés et fonctionnellement actifs.

intragénique Une délétion au sein d'un gène.

intron Un segment dont la fonction dans un gène est très peu connue. Ce segment est transcrit initialement, mais le transcrit ne se retrouve pas dans l'ARNm fonctionnel.

intron doué d'auto-épissage Le premier exemple d'ARN catalytique; dans ce cas, un intron qui peut être retiré d'un transcrit sans l'aide d'une enzyme protéique.

inversion Une mutation chromosomique consistant en un retrait d'un fragment chromosomique, sa rotation de 180 degrés et sa réinsertion à la même position.

inversion paracentrique Une inversion qui n'implique pas le centromère.

inversion péricentrique Une inversion impliquant le centromère.

isolement post-zygotique L'incapacité d'échanger des gènes entre des espèces, car les zygotes formés ne peuvent atteindre le stade adulte ou parce que l'un ou les deux sexes sont stériles.

isolement pré-zygotique L'incapacité d'échanger des gènes entre des espèces en raison de barrières comportementales à l'accouplement, ou de l'incompatibilité des gamètes.

isotope L'une des différentes formes d'un atome, de même numéro atomique mais de masse atomique distincte.

IVS (*intervening sequence* en anglais) *Voir* **intron**

J

jeu de chromosomes Le groupe spécifique de chromosomes qui contient le jeu élémentaire de l'information génétique d'une espèce donnée.

K

kb *Voir* **kilobase.**

kilobase (kb) 1000 paires de nucléotides.

kinase Une enzyme qui ajoute un ou plusieurs groupements phosphate à ses substrats. Si les substrats sont des protéines spécifiques, l'enzyme s'appelle une protéine kinase.

kinétochore Un complexe de protéines auquel se fixe une fibre du fuseau nucléaire.

knock out L'inactivation complète d'un gène spécifique. A le même sens que l'*inactivation* ou l'*invalidation d'un gène*.

L

λdgal Un phage λ portant un gène bactérien gal et présentant une déficience (d) pour une fonction phagique.

lectures d'extrémités appariées Dans l'assemblage après séquençage par clonage aléatoire d'un génome entier, les séquences d'ADN correspondant aux deux extrémités d'un insert d'ADN génomique dans un clone recombinant.

lésion Une zone endommagée dans un gène (un site mutant), un chromosome ou une protéine.

létale synthétique Fait référence à une double mutation qui est létale alors que chaque mutation considérée séparément ne l'est pas.

liaison à l'X et à l'Y Le mode de transmission des gènes présents à la fois sur le chromosome X et le chromosome Y (rares).

liaison à l'X Le mode de transmission des gènes présents sur le chromosome X mais absents du chromosome Y.

liaison à l'Y Le mode de transmission des gènes présents sur le chromosome Y et absents du chromosome X (rares).

liaison au sexe La présence d'un gène sur un chromosome sexuel.

liaison génétique L'association de gènes sur le même chromosome.

liaison hydrogène Une liaison faible dans laquelle un atome partage un électron avec un atome d'hydrogène. Les liaisons hydrogène sont importantes pour la spécificité de l'appariement des bases dans les acides nucléiques et pour la détermination de la forme des protéines.

liaison peptidique Une liaison entre deux acides aminés.

liaison phosphodiester Une liaison entre un groupement sucré et un groupement phosphate ; ce type de liaison se forme dans le squelette sucre-phosphate de l'ADN.

ligand *Voir* **interaction ligand-récepteur**.

ligase Une enzyme capable de reformer une liaison phosphodiester rompue dans un acide nucléique.

lignée germinale Chez un Eucaryote pluritissulaire, la lignée cellulaire dont proviennent les gamètes.

lignée ou souche pure Un groupe d'individus identiques qui produisent toujours des descendants de même phénotype lorsqu'on les croise les uns avec les autres.

lignée ou souche pure *Voir* **lignée pure** ou **souche pure**.

lignée ségrégeante Un groupe d'individus présentant une variation génétique, qui sont les descendants d'une population hybride résultant du croisement de deux lignées uniformes génétiquement différentes.

LINE *Voir* **longs éléments nucléaires dispersés**.

locus de caractère quantitatif (QTL pour *quantitative trait locus* en anglais) Un gène affectant la variation phénotypique dans des caractères à variation continue tels que la hauteur ou le poids.

locus d'un gène L'endroit spécifique d'un chromosome au niveau duquel est situé un gène.

locus *Voir* **locus de gène**.

Lod score Une statistique qui résume les preuves en faveur d'une valeur spécifique de liaison génétique.

LOH *Voir* **perte d'hétérozygotie**.

longs éléments nucléaires dispersés (LINE pour *long interspersed nuclear element* en anglais) Un type d'élément transposable de classe 1 qui code une transcriptase inverse. Les LINE sont également appelées rétrotransposons sans LTR.

longue répétition terminale (LTR pour *long terminal repeat* en anglais) Des régions de séquence identique au niveau des extrémités 5′ et 3′ des rétrovirus et des éléments de type *copia*.

LTR *Voir* **longue répétition terminale**.

lyse La rupture et la mort d'une cellule bactérienne à la suite de la libération de la descendance d'un phage infectant.

lysogène *Voir* **bactérie lysogène**.

M

macromolécule Un polymère de grande taille, tel qu'une molécule d'ADN, une protéine ou un polysaccharide.

marche sur le chromosome Une technique d'analyse de grands fragments d'ADN au cours de laquelle un fragment cloné d'ADN, généralement eucaryote, est utilisé pour cribler des clones d'ADN recombinant à partir de la même banque génomique qui contient les clones comportant des séquences adjacentes.

marqueur génétique Un allèle utilisé comme sonde expérimentale pour suivre un organisme, un tissu, une cellule, un noyau, un chromosome ou encore un gène.

marqueur microsatellite Une différence dans l'ADN à des positions équivalentes dans deux génomes, qui est due à des longueurs répétées distinctes d'un microsatellite.

marqueur minisatellite Un locus hétérozygote représentant un nombre variable de répétitions de minisatellites.

marqueur moléculaire Un site d'hétérozygotie d'ADN qui n'est pas nécessairement associé à la variation phénotypique et qui est utilisé pour étiqueter un locus chromosomique particulier.

marqueur non sélectionné Lors d'une expérience de recombinaison bactérienne, le comptage d'un allèle chez les descendants, dont on recherche la fréquence de coségrégation avec un allèle lié sélectionné.

marqueur *Voir* **marqueurs génétiques**.

matrice Un «moule» moléculaire qui détermine la structure ou la séquence d'une autre molécule. Par exemple, la séquence nuléotidique de l'ADN sert de matrice pour contrôler la séquence nucléotidique de l'ARN au cours de la transcription.

maturation co-transcriptionnelle La transcription et la maturation simultanées des pré-ARNm eucaryotes.

maturation de l'ARNm Le terme collectif désignant les modifications de l'ARN eucaryote, y compris l'addition d'une coiffe et l'épissage, qui sont nécessaires avant que l'ARN puisse être transporté vers le cytoplasme en vue d'y être traduit.

maturation post-transcriptionnelle Des modifications des groupements latéraux d'acides aminés après qu'une protéine a quitté le ribosome.

Mb *Voir* **mégabase**.

mécanisme rho-dépendant L'un des deux mécanismes utilisés pour terminer la transcription bactérienne.

mégabase (Mb) Un million de paires de nucléotides.

méiocyte Une cellule dans laquelle se déroule la méiose.

méiose Deux divisions nucléaires successives (avec les divisions cellulaires correspondantes) qui produisent les gamètes (chez les animaux) ou les spores sexuées (chez les plantes et les champignons) qui possèdent la moitié du matériel génétique de la cellule d'origine.

méiospore Une cellule qui est l'un des produits de la méiose chez les plantes.

mérozygote Une cellule partiellement diploïde d'*E. coli*, formée à partir d'un chromosome complet (l'endogénote) et d'un fragment de chromosome (l'exogénote).

métabolisme Les réactions chimiques qui se produisent dans une cellule vivante.

métaphase Un stade intermédiaire de la division nucléaire au cours duquel les chromosomes s'alignent dans le plan équatorial de la cellule.

méthode des hybrides contrôlés Une technique de culture de plantes qui produit de grands nombres de plantes hétérozygotes génétiquement identiques en croisant différentes lignées rendues homozygotes à la suite de nombreuses générations d'autofécondation.

méthylation La modification d'une molécule par addition d'un groupement méthyle.

micro-alignements Un ensemble de clones contenant tous les gènes ou la plupart d'un génome, déposés sur une petite puce de verre.

microfilament Un élément du système tubulaire de plus faible diamètre du cytosquelette. Les microfilaments sont constitués de polymères d'actine.

microtubule Un élément du système tubulaire de plus grand diamètre du cytosquelette. Les microtubules sont constitués de sous-unités polymérisées de tubuline, formant un tube creux.

migration d'un brin d'ADN lors d'une réparation Un processus au cours duquel un brin unique «invasif» d'ADN étend son appariement partiel avec son brin complémentaire à mesure qu'il déplace le brin résidant.

milieu Tout matériel sur (ou dans) lequel des cultures expérimentales se développent.

milieu minimum Un milieu contenant uniquement des sels inorganiques, une source de carbone et de l'eau.

mitogène *Voir* **facteurs de croissance**.

mitose Un type de division nucléaire (qui se déroule au cours de la division cellulaire) produisant deux noyaux fils identiques au noyau parental.

mode Dans une distribution statistique, la classe possédant la fréquence la plus élevée.

modèle de l'ADN hétérologue Un modèle qui explique à la fois le crossing-over et la conversion des gènes, en supposant la création d'un court fragment d'ADN hétérologue (formé à partir des deux ADN parentaux) au voisinage d'un chiasma.

modèle de réplication en cercle roulant Un mode de réplication utilisé par certaines molécules circulaires d'ADN chez les bactéries (tels que les plasmides) dans lequel le cercle semble subir une rotation à mesure qu'il laisse filer une copie simple-brin.

modularité Une caractéristique de la régulation des gènes eucaryotes dans laquelle l'interaction de différentes combinaisons d'un petit groupe de facteurs de transcription produit différents patrons de transcription.

molécule fille L'un des deux produits de la réplication de l'ADN constitué d'un brin matrice et d'un brin néosynthétisé.

monde de l'ARN Le nom d'une théorie populaire selon laquelle l'ARN devait être le matériel génétique des premières cellules car c'est le seul élément biologique connu à la fois pour coder l'information génétique et catalyser des réactions biologiques.

monohybride Un hétérozygote pour un seul locus, du type *A/a*.

monoploïde Une cellule possédant un seul jeu de chromosomes (il s'agit généralement d'une erreur) ou un organisme constitué de ce type de cellules.

monosomique Une cellule ou un individu normalement diploïde, mais qui possède une seule copie d'un type de chromosome particulier et présente donc un nombre de chromosomes du type $2n + 1$.

monovalent Un chromosome méiotique unique non apparié que l'on observe souvent chez les trisomiques et les triploïdes.

morphe Une forme de polymorphisme génétique. Le morphe peut être un phénotype ou une séquence moléculaire.

morphogène Une molécule capable d'induire l'engagement des cellules dans différentes destinées cellulaires, selon la concentration de morphogène à laquelle une cellule est exposée.

mort cellulaire programmée *Voir* **apoptose**.

mosaïque Une chimère; un tissu contenant deux types cellulaires génétiquement distincts ou plus, ou un individu constitué de cette sorte de tissu.

motif Une courte séquence d'ADN associée à un rôle fonctionnel particulier.

moyenne La moyenne arithmétique.

mutagène Un agent capable d'augmenter le taux de mutation.

mutagenèse Une expérience au cours de laquelle des organismes sont traités à l'aide d'un mutagène et chez les descendants desquels on recherche des phénotypes mutants spécifiques.

mutagenèse à saturation L'induction et la récupération d'un grand nombre de mutations dans une région du génome ou dans une fonction, dans l'espoir d'identifier tous les gènes de cette région qui affectent la fonction étudiée.

mutagenèse dirigée (ou **mutagenèse ciblée**) La modification d'une partie spécifique d'un segment cloné d'ADN suivie de la réintroduction de l'ADN modifié dans l'organisme dans lequel on observe alors le phénotype mutant ou la production de la protéine mutante.

mutagenèse dirigée La modification d'une partie spécifique d'un gène cloné et la réintroduction du gène modifié dans l'organisme d'origine.

mutagenèse *in vitro* La création de mutations spécifiques ou aléatoires dans un fragment d'ADN cloné. En général, l'ADN est ensuite empaqueté de nouveau et introduit dans une cellule ou un organisme pour évaluer les résultats de la mutagenèse.

mutant Un organisme ou une cellule portant une mutation.

mutant partiel Un mutant (typiquement un auxotrophe) qui résulte de l'inactivation partielle (et non, complète) d'une fonction de type sauvage.

mutant résistant Un mutant capable de se développer dans un environnement toxique en temps normal.

mutation (1) Le processus qui crée un gène ou un jeu de chromosomes différent du type sauvage. (2) Le gène ou le jeu de chromosomes qui résulte d'un tel processus.

mutation amplificatrice Une mutation qui aggrave le phénotype d'une mutation touchant un autre gène.

mutation chromosomique Tout type de changement dans la structure ou le nombre des chromosomes.

mutation conditionnelle Une mutation qui présente le phénotype sauvage dans certaines conditions environnementales (permissives) et un phénotype mutant dans d'autres conditions (restrictives).

mutation directe Une mutation qui convertit un allèle de type sauvage en un allèle mutant.

mutation faux-sens Une substitution de paire de nucléotides dans une région codante, qui conduit au remplacement d'un acide aminé par un autre.

mutation gain-de-fonction Une mutation qui entraîne l'apparition d'une nouvelle propriété fonctionnelle d'une protéine, détectable au niveau phénotypique. Les mutations gain-de-fonction sont souvent dominantes car la présence d'une seule copie du nouveau gène est nécessaire pour produire la nouvelle fonction.

mutation génique Un changement dans l'ADN qui touche un seul gène, tel qu'une *mutation ponctuelle* ou une *mutation indel* de plusieurs paires de nucléotides.

mutation homéotique Une mutation qui conduit au remplacement d'une partie du corps par une autre.

mutation hypermorphe Une mutation qui confère un phénotype mutant car les individus mutants produisent davantage du produit du gène que les individus de type sauvage.

mutation hypomorphe Une mutation qui confère un phénotype mutant mais conserve malgré tout un faible taux détectable de fonction de type sauvage.

mutation indel Une mutation dans laquelle une ou plusieurs paires de nucléotides sont ajoutées ou délétées.

mutation instable Une mutation qui présente une fréquence élevée de réversion. Une mutation provoquée par l'insertion d'un élément de contrôle, dont la sortie ultérieure entraîne une réversion.

mutation inverse *Voir* **réversion**.

mutation létale *Voir* **gène létal**.

mutation morphologique Une mutation affectant un aspect de l'apparence d'un organisme donné.

mutation neutre Une mutation qui n'a pas d'effet sur le taux de reproduction ni sur le taux de survie des organismes qui la portent.

mutation non-sens Une substitution de paire de nucléotides dans une région codante, qui change un codon spécifiant un acide aminé en un codon de terminaison.

mutation par décalage du cadre de lecture L'insertion ou la délétion d'une ou plusieurs paires de nucléotides, provoquant une modification du cadre de lecture de la traduction.

mutation par délétion *Voir* **mutation indel**.

mutation par insertion Une mutation apparaissant à la suite de l'intercalation dans un gène, d'ADN étranger tel que celui fourni par une construction transgénique ou un élément transposable.

mutation partielle Une mutation qui confère un phénotype mutant mais conserve toujours un taux d'expression faible mais détectable de la fonction de type sauvage.

mutation perte-de-fonction Une mutation qui élimine partiellement ou en totalité l'activité normale d'un gène. Les mutations hypomorphes et complètes sont des mutations perte-de-fonction.

mutation pléiotrope Une mutation dont les effets touchent plusieurs caractères.

mutation polaire Une mutation qui affecte la transcription ou la traduction de la partie du gène ou de l'opéron, d'un seul côté du site mutant – par exemple des mutations non-sens, des mutations par décalage du cadre de lecture ou encore des mutations induites par IS.

mutation ponctuelle induite par une répétition (RIP pour *repeat-induced point mutation* en anglais) Avant la méiose de *Neurospora*, de multiples substitutions de GC → AT qui se produisent lors de la duplication résultant de la transgenèse.

mutation ponctuelle Une mutation qui peut être localisée au niveau d'un locus précis.

mutation silencieuse Une mutation qui n'a aucune conséquence sur la fonction du produit protéique du gène.

mutation somatique Une mutation qui apparaît dans une cellule somatique et n'est donc pas transmise à la lignée germinale de la génération suivante.

mutation spontanée Une mutation qui se produit en l'absence d'exposition à un mutagène.

mutation synonyme Une mutation qui change un codon spécifiant un acide aminé en un autre codon spécifiant le même acide aminé. Également appelée *mutation silencieuse*.

mutation thermosensible Une mutation conditionnelle qui aboutit à l'expression d'un phénotype mutant dans une gamme de températures et du phénotype sauvage dans une gamme différente.

mutations germinales Des mutations qui ont lieu dans des cellules destinées à devenir des gamètes.

N

n Le nombre haploïde ; le nombre de chromosomes dans le génome.

naissant(e) Néosynthétisé(e) ; utilisé pour décrire les protéines.

native Fait référence à une protéine correctement repliée.

néomorphe Une mutation dont les effets sur le phénotype sont dus à la synthèse d'un nouveau produit de gène ou d'un nouveau patron d'expression d'un gène.

Neurospora Une moisissure rose que l'on observe couramment sur les aliments avariés.

NLS *Voir* **séquence de localisation nucléaire.**

non native Fait référence à une protéine repliée de manière incorrecte.

non-disjonction La séparation incorrecte des homologues (lors de la méiose) ou des chromatides sœurs (lors de la mitose), vers les pôles opposés.

norme de réaction L'ensemble des phénotypes produits par un génotype donné dans différentes conditions environnementales.

nucléase Une enzyme capable de dégrader l'ADN en rompant ses liaisons phosphodiester.

nucléoïde Une masse d'ADN située dans un chloroplaste ou une mitochondrie.

nucléole Un organite présent dans le noyau, contenant de l'ARNr et de multiples copies amplifiées des gènes codant les ARNr.

nucléoside Une base azotée liée à une molécule de sucre.

nucléosome L'unité élémentaire de structure d'un chromosome eucaryote. Une sphère constituée de huit molécules d'histones autour de laquelle s'enroulent deux tours d'ADN.

nucléotide Une molécule composée d'une base azotée, d'un sucre et d'un groupement phosphate. L'unité élémentaire de construction des acides nucléiques.

nullisomique Une cellule ou un individu dépourvu d'une sorte de chromosome, avec un nombre de chromosomes de type $n - 1$ ou $2n - 2$.

O

octade Un asque contenant huit ascospores, produit chez les espèces dans lesquelles la tétrade subit normalement une division mitotique après la méiose.

OGM *Voir* **organisme génétiquement modifié.**

oligonucléotide Un court fragment d'ADN synthétique.

oncogène Une mutation gain-de-fonction qui contribue à la création d'un cancer.

oncoprotéine Le produit protéique d'un gène comportant une mutation oncogène.

opérateur Une région d'ADN située à une extrémité d'un opéron, qui joue le rôle de site de fixation pour une protéine répresseur.

opéron Un groupe de gènes de structure adjacents dont l'ARNm est synthétisé en un seul morceau, avec les signaux régulateurs voisins qui affectent la transcription de ces gènes de structure.

ORC *Voir* **complexe de reconnaissance de l'origine.**

ORF *Voir* **cadre de lecture ouvert.**

organisateur nucléolaire Une région (ou plusieurs régions) du jeu de chromosomes, physiquement associée au nucléole et contenant les gènes d'ARNr.

organisme donneur Un organisme fournissant l'ADN qui sera utilisé pour la technologie de l'ADN recombinant ou pour la transformation.

organisme génétiquement modifié (OGM) Un terme désignant dans le langage courant un organisme transgénique, appliqué en particulier aux organismes transgéniques utilisés pour l'agriculture.

organisme modèle Une espèce choisie pour être utilisée lors d'études génétiques car elle est adaptée à l'étude d'un ou plusieurs processus génétiques.

organisme transgénique Un organisme dont le génome a été modifié par l'échange d'un fragment contre un nouvel ADN d'origine externe.

organite Une structure subcellulaire qui possède une fonction spécialisée – par exemple la mitochondrie, le chloroplaste ou le fuseau mitotique.

origine de réplication L'endroit d'une séquence spécifique au niveau duquel débute la réplication de l'ADN.

P

PAC (chromosome artificiel construit à partir du phage P1) Un dérivé du phage P1 conçu comme un vecteur de clonage capable de porter des inserts de grande taille.

paire de gènes hétérozygotes Une paire de gènes comportant des allèles différents dans les deux jeux de chromosomes d'un individu diploïde – par exemple A/a ou A^1/A^2.

paire de gènes Les deux copies d'un type donné de gène, présentes dans une cellule diploïde (une dans chaque jeu de chromosomes).

paire de nucléotides Une paire de nucléotides (un dans chaque brin d'ADN) reliés par des liaisons hydrogène.

palindrome Une séquence d'ADN qui présente une symétrie de rotation de 180°.

paradoxe de la valeur C L'observation du fait que parfois, des espèces très proches au cours de l'évolution (et de phénotype très similaire) peuvent avoir des contenus en ADN très différents.

paramutation Un phénomène épigénétique chez les plantes, dans lequel l'activité génétique d'un allèle normal est réduite. Cette réduction est héréditaire. C'est la conséquence du fait que cet allèle se soit trouvé à l'état hétérozygote, avec un allèle particulier «paramutagène».

parthénogenèse La production de descendants par une femelle, sans contribution génétique mâle.

patron de ségrégation de seconde division Un patron de génotypes d'ascospores pour une paire de gènes, montrant que les deux allèles gagnent des noyaux différents uniquement lors de la seconde division méiotique, à la suite d'un crossing-over entre cette paire de gènes et son centromère. Il peut être détecté uniquement dans un asque linéaire.

paysage adaptatif Dans un graphique tridimensionnel, la surface recouverte contenant toutes les combinaisons possibles des fréquences alléliques pour différents locus reportées dans le plan et la valeur adaptative moyenne de chaque combinaison reportée dans la troisième dimension.

PCNA *Voir* **antigène nucléaire de prolifération cellulaire.**

PCR *Voir* **réaction en chaîne de la polymérase.**

pedigree Un «arbre généalogique» représenté à l'aide de symboles génétiques standard, montrant les patrons de transmission de caractères phénotypiques spécifiques.

peinture chromosomique L'utilisation de nombreuses sondes d'hybridation *in situ* marquées par fluorescence qui présentent des propriétés distinctes de fluorescence pour chaque chromosome. Après hybridation avec la sonde, chaque chromosome émet une fluorescence de couleur particulière.

pénétrance La proportion d'individus possédant un génotype spécifique, qui expriment ce génotype au niveau phénotypique.

pentaploïde Un organisme qui possède cinq jeux de chromosomes.

peptide *Voir* **acide aminé.**

permis de continuer Chez la levure, on dit que la liaison d'une hélicase «accorde un permis de continuer» à l'origine de réplication et permet l'assemblage du réplisome et la réplication d'ADN qui s'ensuit.

perte d'hétérozygotie (LOH pour *lost of heterozygosity* **en anglais)** Une mutation, un crossing-over mitotique ou une délétion, qui convertit un site hétérozygote en un site homozygote.

petit sillon Le plus étroit des deux sillons dans la double hélice d'ADN.

petits ARN nucléaires (ARNsn pour *small nuclear RNA* **en anglais)** L'un des multiples ARN de petite taille présents dans les noyaux des Eucaryotes où ils aident aux événements de maturation de l'ARN.

phage λ (lambda) Un type («une espèce») de bactériophage tempéré.

phage recombinant Les descendants phagiques résultant d'une double infection, qui portent les allèles des deux souches infectieuses.

phage tempéré Un phage qui peut devenir un prophage.

phage virulent Un phage qui ne peut se transformer en prophage. L'infection par un phage de ce type conduit toujours à la lyse de la cellule hôte.

phage *Voir* **bactériophage.**

phase G$_0$ La phase de repos dans laquelle peuvent s'engager les cellules en cours de phase G$_1$, lors de l'interphase du cycle cellulaire.

phase G$_1$ La partie de l'interphase du cycle cellulaire qui précède la phase S.

phase G$_2$ La partie de l'interphase du cycle cellulaire qui suit la phase S.

phase M La phase mitotique du cycle cellulaire.

phase S La partie de l'interphase du cycle cellulaire au cours de laquelle se déroule la synthèse d'ADN.

phénocopie Un phénotype induit par l'environnement, qui ressemble au phénotype produit par une mutation.

phénotype (1) La forme adoptée par un caractère (ou un groupe de caractères) chez un individu spécifique. (2) Les manifestations extérieures détectables d'un génotype spécifique.

phénotype autonome Un caractère génétique chez des organismes pluricellulaires chez lesquels seules les cellules génotypiquement mutantes présentent le phénotype mutant. À l'inverse, un caractère *non autonome* est un caractère pour lequel les cellules génotypiquement mutantes entraînent l'apparition du phénotype mutant chez d'autres cellules (indépendamment de leur génotype).

phénotype dominant Le phénotype d'un génotype comportant l'allèle dominant; le phénotype parental exprimé chez un hétérozygote.

phénotype instable Un phénotype caractérisé par sa réversion fréquente somatique ou germinale ou les deux, en raison de l'interaction d'éléments transposables avec un gène de l'hôte.

phénotype récessif Le phénotype d'un homozygote pour l'allèle récessif; le phénotype parental qui n'est pas exprimé chez un hétérozygote.

photolyase Une enzyme qui clive des dimères de thymine.

pic adaptatif Un point élevé (parfois un parmi plusieurs) dans un paysage adaptatif. La sélection a tendance à conduire la composition génotypique de la population vers un génotype correspondant à un pic adaptatif.

PIC *Voir* **complexe de pré-amorçage.**

piège à enhancer Une construction transgénique insérée dans un chromosome et utilisée pour identifier des enhancers tissu-spécifiques dans le génome. Dans une telle construction, un promoteur sensible à la régulation par un enhancer est fusionné avec un gène rapporteur, de façon à ce que les patrons d'expression du gène rapporteur identifient la régulation spatiale due aux enhancers voisins.

pilus (pluriel, pili) Un tube de conjugaison; un appendice creux en forme de cheveu d'une cellule donneuse d'*E. coli*, qui sert de pont pour la transmission de l'ADN d'un donneur dans la cellule receveuse lors de la conjugaison.

pince coulissante Une protéine accessoire de la réplication chez les bactéries, qui encercle l'ADN comme un beignet.

plage de lyse Une zone claire dans un tapis bactérien, laissée par la lyse des bactéries à la suite d'infections successives d'un phage et de ses descendants.

plante dioïque Une espèce végétale chez laquelle les organes mâles et femelles se trouvent sur des plantes séparées.

plasmide 2 µm (2 micromètres) Une molécule d'ADN extragénomique circulaire qui existe naturellement dans certaines cellules de levure, de 2 µm de circonférence. Il est utilisé pour construire plusieurs types de vecteurs géniques chez la levure.

plasmide F′ *Voir* **facteur F′.**

plasmide intégratif (ou co-intégré) Le résultat de la fusion de deux éléments circulaires transposables en un cercle unique plus grand lors de la transposition réplicative.

plasmide R Un plasmide contenant un ou plusieurs transposons qui portent des gènes de résistance.

plasmide Ti Un plasmide circulaire d'*Agrobacterium tumefaciens* qui permet à la bactérie d'infecter des cellules végétales et de produire une tumeur (tumeur du collet).

plasmide Une molécule d'ADN extrachromosomique qui se réplique de manière autonome.

ploïdie Le nombre de jeux de chromosomes.

point chaud Une partie d'un gène qui présente une très forte tendance à devenir un site mutant, soit spontanément, soit sous l'action d'un mutagène particulier.

points de contrôle Des moments du cycle cellulaire auxquels certains événements de celui-ci tels que la réplication des chromosomes, doivent être terminés pour que les cellules puissent s'engager dans le stade ultérieur du cycle cellulaire.

poky Un mutant mitochondrial à croissance lente chez *Neurospora*.

polyacrylamide Un matériau utilisé pour fabriquer des gels d'électrophorèse, afin de séparer des mélanges de macromolécules.

polydactylie La présence de plus de cinq doigts par main ou de cinq orteils par pied, ou les deux. Transmise comme un phénotype autosomique dominant.

polygènes *Voir* **hypothèse de facteurs multiples.**

polylinker Une séquence d'ADN d'un vecteur contenant de multiples sites de coupure pour des enzymes de restriction; pratique pour insérer de l'ADN étranger. Parfois appelé MCS (pour *multiple cloning site* en anglais, sites multiples de clonage).

polymère Une protéine constituée de deux sous-unités ou plus.

polymorphisme d'ADN Une variation naturelle dans la séquence d'ADN en une position donnée du génome.

polymorphisme de longueur de séquence simple (SSLP pour *short-sequence-length polymorphism* **en anglais)** La présence de nombres distincts de courts éléments répétitifs (ADN mini- et microsatellite) au niveau d'un locus particulier dans différents chromosomes homologues; les hétérozygotes constituent des marqueurs utiles pour la cartographie des génomes.

polymorphisme de longueur des fragments de restriction (RFLP pour *restriction fragment length polymorphism* **en anglais)** Une différence de séquence d'ADN entre individus ou haplotypes, qui est reconnue par l'existence de différentes longueurs des fragments de restriction. Par exemple, une substitution d'une paire de nucléotides peut provoquer la création d'un site de reconnaissance par une enzyme de restriction dans l'allèle d'un gène et son absence dans un autre. De ce fait, une sonde pour cette région d'ADN s'hybridera avec des fragments de différentes tailles dans les digestions par des enzymes de restriction des ADN provenant de ces deux allèles.

polymorphisme L'existence dans une population (ou dans un ensemble de populations) de plusieurs formes phénotypiques associées aux allèles d'un gène ou aux homologues d'un chromosome.

polymorphismes de nucléotides uniques (SNP pour *single-nucleotide polymorphism* en anglais) Une différence d'une paire de nucléotides en une position donnée dans les génomes de deux individus ou plus.

polypeptide Une chaîne d'acides aminés liés ; une protéine.

polyploïde Une cellule possédant trois jeux de chromosomes ou plus ou un organisme constitué de ce type de cellules.

polysaccharide Un polymère biologique constitué de sous-unités sucrées – par exemple l'amidon, ou la cellulose.

pont anaphasique Dans un chromosome dicentrique, le segment reliant les centromères en train de gagner les pôles opposés lors de la division nucléaire.

pont dicentrique Dans un chromosome dicentrique, le segment reliant les centromères en train de gagner des pôles opposés lors de la division nucléaire.

population Un groupe d'individus qui s'unissent pour engendrer la génération suivante.

porteur Un organisme qui possède un allèle mutant mais ne l'exprime pas dans son phénotype en raison de la présence d'un partenaire allélique dominant. Un individu de génotype *A/a* est donc porteur de *a* si *A* exerce une dominance complète sur *a*.

pré-ARNm *Voir* **transcrit primaire.**

première loi de Mendel Les deux membres d'une paire de gènes ségrégent l'un de l'autre lors de la méiose ; chaque gamète a une probabilité égale de recevoir l'un ou l'autre membre de la paire de gènes.

primase Une enzyme qui fabrique des amorces d'ARN au cours de la réplication de l'ADN.

primosome Un complexe protéique au niveau de la fourche de réplication dont le composant principal est une *primase*.

Procaryote Un organisme constitué d'une cellule procaryote, tel qu'une bactérie ou une algue bleue.

produit de méiose L'une des cellules (généralement quatre) formées par les deux divisions méiotiques.

produits de crossing-over Les cellules résultant de la méiose avec des chromosomes engagés dans un crossing-over.

profil de ségrégation de première division Pour une paire donnée d'allèles, l'agencement linéaire dans un asque, des spores de différents phénotypes. Il se produit lorsque les allèles sont répartis dans des noyaux différents lors de la première division de méiose, ce qui montre qu'aucun crossing-over n'a eu lieu entre la paire d'allèles et le centromère.

proflavine Un mutagène qui crée souvent des mutations par décalage du cadre de lecture.

projet de séquençage des génomes Un projet à grande échelle nécessitant souvent la collaboration de nombreux laboratoires pour séquencer des génomes complexes.

promoteur Une région régulatrice très proche de l'extrémité 5′ d'un gène, qui sert de site de liaison pour l'ARN polymérase.

prophage Un «chromosome» phagique inséré linéairement dans le chromosome d'une bactérie.

prophase Le premier stade de la division nucléaire au cours duquel les chromosomes se condensent et deviennent visibles.

propositus Dans un arbre généalogique humain, la première personne ayant attiré l'attention du généticien.

protéine Une macromolécule constituée d'une ou plusieurs chaînes d'acides aminés ; le principal composant de l'expression phénotypique.

protéine accessoire Une protéine d'*E. coli* associée à l'ADN polymérase III, qui n'appartient pas au noyau catalytique.

protéine activatrice des gènes du catabolisme Une protéine qui fixe l'AMPc en présence de concentrations faibles de glucose et se lie au promoteur *lac* afin de faciliter l'action de l'ARN polymérase.

protéine de liaison à la boîte TATA (TBP pour *TATA binding protein* en anglais) Un facteur général de la transcription qui se fixe à la boîte TATA et aide à attirer d'autres facteurs généraux de la transcription et l'ARN polymérase II au niveau des promoteurs eucaryotes.

protéine de liaison aux simples-brins (SSB pour *single-strand-binding protein* en anglais) Une protéine qui se fixe aux simples-brins d'ADN et empêche le duplex de se reformer avant la réplication.

protéine de structure Une protéine dont la fonction réside dans la structure de l'organisme cellulaire.

protéine fibreuse Une protéine de forme linéaire telle que les composants des cheveux et des muscles.

protéine globulaire Une protéine possédant une structure compacte telle qu'une enzyme ou un anticorps.

protéine kinase cycline-dépendante (CDK) Un membre d'une famille de protéines kinases qui, une fois activées par les cyclines et un ensemble complexe de protéines régulatrices positives et négatives, phosphorylent certains facteurs de transcription dont l'activité est nécessaire à un stade donné du cycle cellulaire.

protéine kinase Une enzyme qui phosphoryle des acides aminés spécifiques sur des protéines cibles.

protéine répresseur Une molécule qui se fixe à l'opérateur et empêche la transcription d'un opéron.

protéines hélice-boucle-hélice (HLH) Une famille de protéines dans laquelle une partie du polypeptide forme deux hélices α séparées par une boucle (le domaine HLH) ; cette structure joue le rôle de domaine séquence-spécifique de liaison à l'ADN. On pense que les protéines HLH sont des facteurs de transcription.

protéines hélice-boucle-hélice *Voir* **protéines HLH.**

protéome Le jeu complet de gènes codant des protéines dans un génome.

protéomique L'étude systématique du protéome.

proto-oncogène L'équivalent cellulaire normal d'un gène susceptible d'être muté en un oncogène dominant.

protoplaste Une cellule végétale dont on a retiré la paroi.

prototrophe Une souche d'organismes qui prolifère sur milieu minimum (*comparer avec* **auxotrophe**).

provirus Un «chromosome» viral intégré dans la génome d'ADN d'un rétrovirus.

pseudo-dominance L'apparition soudaine d'un phénotype récessif dans un arbre généalogique, à la suite de la délétion d'un gène dominant dont l'expression masquait la sienne.

pseudogène Un gène inactif dérivé d'un gène ancestral actif.

pseudo-liaison L'apparition d'une liaison entre deux gènes situés sur des chromosomes ayant subi une translocation.

purine Un type de base azotée ; les bases puriques de l'ADN sont l'adénine et la guanine.

pyrimidine Un type de base azotée ; les bases pyrimidiques de l'ADN sont la cytosine et la thymine.

Q

QTL *voir* **locus de caractère quantitatif**

queue d'histones L'extrémité d'une histone dépassant du noyau central nucléosomial et soumis à une modification post-traductionnelle. *Voir aussi* **code d'histones.**

queue de poly(A) Une chaîne de nucléotides adénine ajoutée à l'ARNm après la transcription.

R

RAPD *Voir* **ADN polymorphe amplifié de façon aléatoire.**

rapport mendélien Un rapport des phénotypes des descendants en accord avec l'application des lois de Mendel.

rapport non mendélien Un rapport inhabituel des phénotypes des descendants, qui n'est pas en accord avec l'application simple des lois de Mendel. Par exemple, des rapports mutant : type sauvage de 3:5, 5:3, 6:2 ou 2:6 dans les tétrades indiquent qu'une conversion de gènes s'est produite.

réaction en chaîne de la polymérase (PCR pour *polymerase chain reaction* en anglais) Une technique permettant d'amplifier *in vitro* un fragment spécifique d'ADN, au cours de laquelle deux amorces s'hybrident en sens inverse aux extrémités du segment et après une succession de cycles, conduisent à la réplication exponentielle de ce segment uniquement.

réarrangement chromosomique Une mutation chromosomique dans laquelle des parties du chromosome présentent de nouveaux arrangements.

réarrangement déséquilibré Un réarrangement au cours duquel du matériel génétique est gagné ou perdu dans un jeu de chromosomes.

réarrangement La création de chromosomes anormaux par cassure et réunion incorrecte de segments chromosomiques ; les inversions, délétions et translocations en sont des exemples.

réarrangements équilibrés Les réarrangements au cours desquels il n'y a ni perte ni gain de matériel génétique.

récepteur à fonction tyrosine kinase (RTK) Un récepteur transmembranaire dont le domaine cytoplasmique comporte une activité enzymatique tyrosine kinase. Dans des situations normales, la kinase est activée uniquement par la fixation du ligand approprié au récepteur.

récepteur transmembranaire Une protéine qui traverse la membrane plasmique d'une cellule. La partie extracellulaire de la protéine a la capacité de fixer un ligand et sa partie intracellulaire possède une activité (telle que l'activité protéine kinase) qui peut être induite par la fixation du ligand.

récepteur *Voir* **interaction ligand-récepteur**.

recombinaison (1) En général, dans une cellule diploïde ou partiellement diploïde, tout processus lors duquel sont produites de nouvelles combinaisons de gènes ou de chromosomes, qui n'existaient pas dans cette cellule ou dans les cellules parentales. (2) Lors de la méiose, le processus qui crée un produit méiotique haploïde dont le génotype est différent de l'un ou l'autre des deux génotypes haploïdes qui ont donné naissance au diploïde méiotique.

recombinaison méiotique La recombinaison à la suite d'un assortiment ou d'un crossing-over lors de la méiose.

recombinant Un individu ou une cellule dont le génotype a été produit par recombinaison.

région interstitielle La région d'un chromosome située entre le centromère et le site d'un réarrangement.

région non traduite en 3′ (UTR 3′) La région du transcrit d'ARN au niveau de l'extrémité 3′, en aval du site de terminaison de la traduction.

région non traduite en 5′ (UTR 5′) La région du transcrit d'ARN au niveau de l'extrémité 5′, en amont du site de début de la traduction.

région régulatrice L'extrémité en amont (5′) d'un gène, à laquelle se fixent diverses protéines régulatrices responsables de la transcription du gène aux moments et aux endroits adéquats.

règle de la somme La probabilité que l'un ou l'autre de deux événements mutuellement exclusifs se produise est la somme de leurs probabilités respectives.

règle du produit La probabilité que deux événements indépendants se produisent simultanément est le produit de leurs probabilités respectives.

règle GU-AG Ainsi nommée car des dinucléotides GU et AG se trouvent presque toujours aux extrémités 5′ et 3′ respectivement des introns où ils sont reconnus par des composants du spliceosome.

remodelage de la chromatine Des changements des positions des nucléosomes le long de l'ADN.

remplacement d'un gène L'insertion d'un transgène fabriqué par génie génétique, à la place d'un gène résidant. Elle est souvent réalisée par un double crossing-over.

renaturation L'alignement spontané de deux simples-brins d'ADN pour former une double hélice.

renaturation Le réalignement spontané de deux simples-brins d'ADN pour reformer une double hélice d'ADN qui avait été dénaturée.

réparation par excision de bases L'une des multiples voies de réparation par excision. Dans celle-ci, de faibles déformations de paires de bases sont corrigées par la création de sites apuriniques suivie d'une synthèse réparatrice.

réparation par excision La réparation d'une lésion d'ADN par le retrait du fragment erroné d'ADN et son remplacement par un fragment de type sauvage.

réparation par le système SOS Le processus prédisposé aux erreurs lors duquel les gros dégâts dans l'ADN sont contournés en permettant à la synthèse d'ADN de passer la lésion grâce à une polymérisation imprécise.

réparation par recombinaison La réparation d'une lésion d'ADN grâce à un processus similaire à une recombinaison, qui utilise des enzymes de recombinaison.

répétition en tandem en nombre variable (VNTR pour *variable number tandem repeat* en anglais) Un locus chromosomique au niveau duquel une séquence répétitive particulière est présente en nombres différents chez des individus distincts ou sur les deux homologues d'un individu diploïde.

répétition trinucléotidique *Voir* **amplification de triplets**.

réplication conservative Un modèle désormais rejeté de synthèse d'ADN, dans lequel la moitié des molécules filles d'ADN ont leurs deux brins constitués de nucléotides nouvellement polymérisés.

réplication dispersive Un modèle désormais rejeté pour la synthèse de l'ADN suggérant une dispersion plus ou moins aléatoire de segments parentaux et néosynthétisés dans des molécules filles d'ADN.

réplication La synthèse d'ADN.

réplication semi-conservative Le modèle confirmé de la réplication de l'ADN dans lequel chaque molécule double-brin est constituée d'un brin parental et d'un brin néosynthétisé.

réplique sur velours En génétique des micro-organismes, une technique de criblage des colonies déposées sur une boîte matrice pour voir si des mutants apparaissent lorsque les micro-organismes sont soumis à d'autres environnements. On utilise un tampon de velours pour transférer les colonies vers des boîtes répliques.

réplisome La machinerie moléculaire située au niveau de la fourche de réplication, qui coordonne les nombreuses réactions nécessaires à une réplication rapide et précise de l'ADN.

réponse à la sélection Le taux de changement dans la valeur moyenne d'un caractère phénotypique donné entre la génération parentale et la génération filiale à la suite de la sélection des parents.

répresseur Une protéine qui se fixe à un élément agissant en *cis* tel qu'un opérateur ou un silenceur, empêchant ainsi la transcription à partir d'un promoteur adjacent.

répression catabolique L'inactivation d'un opéron, due à la présence de grandes quantités du produit métabolique terminal de cet opéron.

rétinoblastome Un cancer de la rétine humaine, qui se déclare dès l'enfance.

rétro-élément Le nom générique donné aux éléments transposables de classe 1 qui se déplacent en utilisant pour intermédiaire un ARN.

rétrotransposition Un mécanisme de transposition caractérisé par le flux inverse d'information, de l'ARN vers l'ADN.

rétrotransposon à LTR Un type d'élément transposable de classe 1 qui se termine par de longues répétitions terminales et code plusieurs protéines y compris la transcriptase inverse.

rétrotransposon Un élément transposable qui utilise la transcriptase inverse pour se transposer par l'intermédiaire d'un ARN.

rétrovirus Un virus à ARN qui se réplique en convertissant d'abord son génome en ADN double-brin.

réversion La production d'un gène de type sauvage à partir d'un gène mutant.

RF *Voir* **facteur de relargage**.

ribose Le pentose (un sucre) de l'ARN.

ribosome Un organite complexe qui catalyse la traduction de l'ARN messager en une séquence d'acides aminés. Les ribosomes sont constitués de protéines et d'ARNr.

ribozyme Un ARN avec une activité enzymatique – par exemple, l'auto-épissage des molécules d'ARN chez *Tetrahymena*.

RIP *Voir* **mutation ponctuelle induite par une répétition**.

robotique L'application de la technologie de l'automatisation pour collecter des données biologiques à grande échelle comme dans les projets de séquençage de génomes.

RTK *Voir* **récepteur à activité tyrosine kinase**.

S

SAR (pour *scaffold attachment regions en anglais*)   Les régions de liaison à l'échafaudage. Le long de l'ADN, les positions au niveau desquelles celui-ci est ancré à l'armature centrale du chromosome.

satellite   Une région terminale d'un chromosome, séparée du corps principal du chromosome par une constriction étroite.

sauvetage des mutants   *Voir* **complémentation fonctionnelle**.

secteur   Une région tissulaire dont le phénotype apparaît différent du phénotype des tissus environnants.

segment   Chez les animaux supérieurs tels que les annélides, les arthropodes et les chordés, l'une des unités répétées le long de l'axe antéro-postérieur du corps.

segmentation   Le processus par lequel le nombre correct de segments est mis en place chez un animal supérieur en cours de développement.

ségrégation   (1) Sur le plan cytologique, la séparation de structures homologues. (2) Sur le plan génétique, la production de deux phénotypes distincts, correspondant à deux allèles d'un gène, soit chez des individus différents (ségrégation méiotique), soit dans des tissus différents (ségrégation mitotique).

ségrégation adjacente   Au cours d'une translocation réciproque, la migration d'un chromosome normal et d'un chromosome transloqué à chacun des pôles.

ségrégation alternée   Au cours d'une translocation réciproque, la migration des deux chromosomes normaux vers un pôle et des deux chromosomes transloqués vers l'autre pôle.

ségrégation cytoplasmique   Une ségrégation dans laquelle deux cellules filles génétiquement différentes se forment à partir d'une cellule mère hétéroplasmique.

ségrégation égale   Des nombres égaux de génotypes de descendants attribuables à la séparation des deux allèles d'un gène lors de la méiose.

sélection   (1) Une procédure expérimentale lors de laquelle un type spécifique de mutant seulement peut survivre. (2) La production de nombres moyens différents de descendants par des génotypes distincts dans une population en raison des propriétés phénotypiques propres à chacun de ces génotypes.

sélection artificielle   La sélection délibérée par l'homme de générations successives de certains phénotypes ou génotypes utilisés comme parents à chaque génération.

sélection différentielle   La différence entre la moyenne d'une population et la moyenne des individus sélectionnés pour être les parents de la génération suivante.

sélection directionnelle   Une sélection qui modifie la fréquence d'un allèle toujours dans le même sens, soit vers la fixation, soit vers la disparition de cet allèle.

sélection équilibrée   La sélection naturelle qui aboutit à un équilibre intermédiaire stable des fréquences alléliques.

sélection familiale   Une technique de croisement consistant à sélectionner un couple d'individus d'après les performances moyennes de leurs descendants.

sélection génétique   *Voir* **système sélectif**.

sélection naturelle   Le taux différentiel de reproduction de types distincts dans la population en raison de caractéristiques physiologiques, anatomiques ou comportementales différentes selon les types.

sélection par troncature   Une technique d'amélioration des espèces dans laquelle des individus dont l'expression quantitative d'un phénotype est inférieure ou supérieure à une certaine valeur (le point de troncature) sont sélectionnés comme parents de la génération suivante.

semi-stérilité (demi-stérilité)   Le phénotype d'individus hétérozygotes pour certains types d'*aberrations chromosomiques*. Il se traduit par un nombre réduit de gamètes viables et donc par une fertilité réduite.

séquençage d'un génome   Un projet de grande ampleur pour séquencer un génome entier.

séquençage de clones ordonnés   Le séquençage d'un ensemble de clones tels que le *tuilage minimum* qui correspond à un segment génomique, un chromosome ou un génome.

séquençage de Sanger   *Voir* **séquençage des didésoxynucléotides**.

séquençage des didésoxynucléotides   La technique la plus utilisée de séquençage de l'ADN. Elle repose sur des didésoxynucléotides triphosphate mélangés à des nucléotides triphosphate standard pour produire une succession de brins d'ADN dont la synthèse est bloquée à différentes longueurs. Cette technique a été introduite dans des séquenceurs automatiques d'ADN. On l'appelle également la technique de Sanger, du nom de son inventeur Sir Fred Sanger.

séquençage par clonage aléatoire d'un génome entier (WGS pour *whole genome shotgun sequencing en anglais*)   Le séquençage des extrémités des clones sans tenir compte de la position de ces clones.

séquence à réplication autonome (ARS pour *autonomous replication sequence en anglais*)   Un fragment d'une molécule d'ADN, nécessaire à l'amorçage de sa réplication ; généralement un site reconnu par des protéines du système de réplication, qui s'y fixent.

séquence consensus   La séquence réelle la plus probable d'un segment d'ADN, déduite de la comparaison de multiples lectures de séquence du même segment.

séquence de localisation nucléaire (NLS pour *nuclear localization sequence en anglais*)   La partie d'une protéine nécessaire à son transport du cytoplasme vers le noyau.

séquence de Shine-Dalgarno   Une courte séquence dans l'ARN bactérien qui précède le codon d'amorçage AUG et sert à positionner correctement ce codon dans le site P du ribosome par appariement (grâce à la complémentarité des bases) avec l'extrémité 3′ de l'ARN 16S dans la sous-unité ribosomiale 30S.

séquence de tête   La séquence à l'extrémité 5′ d'un ARNm, qui n'est pas traduite en protéine.

séquence IR   *Voir* **séquence répétée inversée**.

séquence répétée inversée (IR pour *inverted repeat en anglais*)   Une séquence présente sous une forme identique (mais inversée) – par exemple, aux extrémités opposées d'un transposon.

séquence signal   La séquence N-terminale d'une protéine sécrétée, qui est nécessaire à la traversée de la membrane cellulaire par cette protéine.

séquences marqueurs exprimées (EST pour *expressed sequence tag en anglais*)   Un site marqueur issu d'un clone d'ADNc, utilisé pour positionner et identifier des gènes en analyse génomique.

série allélique   L'ensemble des allèles connus d'un gène.

sexe hétérogamétique   Le sexe qui possède des chromosomes sexuels hétéromorphes (par exemple, XY) et produit donc deux types différents de gamètes en ce qui concerne les chromosomes sexuels.

sexe homogamétique   Le sexe qui possède des chromosomes sexuels homologues (par exemple, XX).

signal endocrine   Une hormone (ligand) sécrétée dans le système circulatoire à partir d'une glande (c'est-à-dire un organe endocrine). Cette hormone se fixe à des récepteurs présents dans une cellule cible ou à sa surface.

signalisation paracrine   Le processus par lequel une molécule sécrétée se fixe à des récepteurs situés à la surface ou à l'intérieur de cellules voisines, induisant ainsi l'activation d'une voie de transduction du signal dans la cellule receveuse.

SINE   *Voir* **courts éléments nucléaires dispersés**.

site A   *Voir* **site de liaison aminoacyl-ARNt**.

site actif   La partie d'une protéine qui doit être maintenue dans une forme spécifique pour que la protéine soit fonctionnelle – par exemple dans une enzyme, la partie à laquelle se fixe le substrat.

site allostérique   Sur une protéine, un site auquel se fixe une petite molécule, provoquant alors un changement dans la conformation de la protéine qui modifie l'activité de son site actif.

site apurinique   Un site d'ADN qui a perdu un résidu purine.

site apyrimidique   Un site d'ADN qui a perdu un résidu pyrimidine.

site de clonage multiple   *Voir* **polylinker**.

site de fixation   Une région au niveau de laquelle s'intègre un prophage.

site de liaison aminoacyl-ARNt   Dans le ribosome, un site qui fixe les aminoacyl-ARNt entrants. L'anticodon de chaque aminoacyl-ARNt entrant correspond au codon de l'ARNm. Également appelé site A.

site de sortie (E pour *exit* en anglais) Sur le ribosome, le site dans lequel peut se trouver l'ARNt désacétylé.

site E *Voir* **site de sortie**.

site mutant La zone endommagée ou modifiée dans un gène muté.

site P *Voir* **site peptidyl**.

site peptidyl (P) Le site du ribosome auquel est fixé un ARNt lié à la chaîne polypeptidique en cours d'élongation.

SNP *Voir* **polymorphisme de nucléotide unique**.

sonde Un fragment déterminé d'acide nucléique, qui peut être utilisé pour identifier des molécules spécifiques d'ADN comportant la séquence complémentaire de ce fragment, généralement par autoradiographie ou fluorescence.

souche Une lignée pure, généralement d'organismes haploïdes, bactéries ou virus.

souche-test Un homozygote pour un ou plusieurs allèles récessifs, utilisé dans un croisement-test.

sous-dominance Une relation phénotypique dans laquelle l'expression phénotypique de l'hétérozygote est inférieure à celle de chacun des homozygotes.

sous-unité Tout polypeptide unique appartenant à une protéine contenant de multiples polypeptides (voir Chapitre 9).

spéciation allopatrique La formation de nouvelles espèces à partir de populations géographiquement isolées l'une de l'autre.

spéciation La formation à partir d'une espèce commune plus ancienne, de deux nouvelles espèces ou plus, incapables d'échanger des gènes les unes avec les autres.

spécificité mutationnelle L'ensemble des lésions mutationnelles qui caractérise un mutagène particulier.

spliceosome Le complexe ribonucléoprotéique de maturation qui retire les introns des ARNm eucaryotes.

spore (1) Chez les plantes et les champignons, les spores sexuées sont les cellules haploïdes produites par la méiose. (2) Chez les champignons, les spores asexuées sont des cellules somatiques qui sont libérées pour agir soit comme gamètes, soit comme point de départ pour de nouveaux individus haploïdes.

sporophyte La génération produisant des spores sexuées diploïdes dans le cycle vital des végétaux. Le stade auquel se déroule la méiose.

SSB *Voir* **protéine de liaison aux simples-brins**.

SSLP Polymorphisme de longueur de séquence simple.

statistique Une quantité calculée caractéristique d'une population, telle que la moyenne.

structure en solénoïde Dans les chromosomes nucléaires eucaryotes, l'arrangement superenroulé de l'ADN produit par l'enroulement de la chaîne continue de nucléosomes.

structure primaire d'une protéine La séquence d'acides aminés d'une chaîne polypeptidique.

structure quaternaire d'une protéine La composition polymérique d'une protéine.

structure secondaire d'une protéine Un arrangement en spirale ou en zigzag de la chaîne polypeptidique.

structure tertiaire d'une protéine Le reploiement ou l'enroulement de la structure secondaire d'une protéine pour former une molécule globulaire.

structure thêta (θ) Une structure intermédiaire dans la réplication d'un chromosome circulaire bactérien.

substitution conservative Une substitution de paire de nucléotides dans une région codant une protéine, qui conduit au remplacement d'un acide aminé par un autre ayant des propriétés chimiques similaires.

substitution de paires de bases *Voir* **substitution d'une paire de nucléotides**.

substitution d'une paire de nucléotides Le remplacement d'une paire spécifique de nucléotides par une autre paire; souvent mutagène.

substitution non conservative Une substitution de paire de nucléotides dans une région codant une protéine qui conduit au remplacement d'un acide aminé par un autre de propriétés chimiques différentes.

substitution non synonyme À la suite d'une mutation, le remplacement d'un acide aminé par un autre, dont les propriétés chimiques sont différentes.

substitution synonyme *Voir* **mutation synonyme**.

substitutions de remplacement Des changements de nucléotides dans la partie codante d'un gène qui entraînent un changement dans la séquence d'acides aminés de la protéine codée.

supercontig *Voir* **échelle**.

supertour Une molécule fermée d'ADN double-brin, qui s'enroule sur elle-même.

suppresseur Une mutation secondaire qui peut supprimer l'effet d'une mutation primaire, conduisant alors à un phénotype sauvage.

suppresseur de non-sens Une mutation qui produit un ARNt modifié qui insérera un acide aminé lors de la traduction, en réponse à un codon non-sens.

suppression La production d'un phénotype plus proche du type sauvage grâce à l'addition d'une autre mutation à un génotype phénotypiquement anormal.

surdominance ou **superdominance** Une relation phénotypique dans laquelle l'expression phénotypique de l'hétérozygote est supérieure à celle de chacun des deux homozygotes.

surface adaptative *Voir* **paysage adaptatif**.

synapse L'appariement étroit des homologues lors de la méiose.

syncytium Une cellule unique possédant un grand nombre de noyaux.

syndrome de Down Un phénotype humain anormal, qui conduit entre autres à un retard mental, dû à une trisomie du chromosome 21. Ce syndrome est plus fréquent chez les bébés nés de mères âgées.

syndrome de Klinefelter Un phénotype anormal chez les hommes, dû à la présence d'un chromosome X surnuméraire (XXY).

syndrome de Turner Un phénotype anormal chez la femme, dû à la présence d'un seul chromosome X (XO).

synténie Une situation dans laquelle les gènes sont disposés en blocs similaires dans des espèces différentes.

système de levure «double hybride» Une paire de vecteurs de *Saccharomyces cerevisiae* (levure), utilisés pour détecter des interactions protéine-protéine. Chaque vecteur porte le gène d'une protéine étudiée différente. Si ces gènes s'unissent physiquement, un gène rapporteur est transcrit.

système de réparation dépendant de l'homologie Un mécanisme de réparation de l'ADN qui repose sur la complémentarité ou l'homologie du brin matrice et du brin à réparer.

système de réparation des mésappariements Un système pour réparer les lésions dans l'ADN qui a déjà été répliqué.

système de réparation par excision de nucléotides Une voie de réparation par excision qui rompt les liaisons phosphodiester de part et d'autre d'une base endommagée, retirant cette base et plusieurs autres de chaque côté, et qui est suivie d'une réplication réparatrice.

système de sélection Une technique expérimentale qui permet d'augmenter le nombre de génotypes spécifiques (généralement rares) recueillis en choisissant des conditions environnementales qui empêchent la croissance ou la survie d'autres génotypes.

T

T (1) *Voir* **thymine**; **thymidine**. (2) *Voir* **tétratype**.

TART Un rétrotransposon qui, avec un autre rétrotransposon, *Het-A*, constitue les télomères de la drosophile.

tautomères Des isomères d'une molécule tels que des bases d'ADN qui diffèrent par les positions des atomes et des liaisons entre les atomes.

taux de mutation Le nombre d'événements mutationnels par gène et par unité de temps (par exemple, par génération cellulaire).

TBP *Voir* **protéine de liaison à la boîte TATA**.

technique de clonage aléatoire Le clonage d'un grand nombre de fragments différents d'ADN avant la sélection d'un type de clone particulier, en vue de l'étudier.

technologie de l'ADN L'ensemble des techniques destinées à obtenir, amplifier et manipuler des fragments spécifiques d'ADN.

télomérase   Une enzyme qui ajoute des unités répétitives aux extrémités des chromosomes linéaires, pour empêcher leur raccourcissement après la réplication. Elle utilise comme matrice un petit ARN particulier.

télomère   L'extrémité d'un chromosome.

télophase   Le dernier stade de la division nucléaire, lors duquel les noyaux fils se reforment.

tendance centrale   La valeur d'une variable continue autour de laquelle se regroupe la distribution des valeurs individuelles.

terminaison   La dernière étape de la transcription ; elle aboutit à la libération de l'ARN et de l'ARN polymérase de la matrice d'ADN.

terminus   L'extrémité représentée par le dernier monomère ajouté dans la synthèse unidirectionnelle d'un polymère tel qu'un ARN ou un polypeptide.

test *cis-trans*   Un test servant à déterminer si deux sites mutants d'un gène se trouvent dans la même unité fonctionnelle ou gène.

test de complémentation   *Voir* **test *cis-trans***.

test de fluctuation   Un test utilisé chez les micro-organismes, pour prouver la nature aléatoire d'une mutation ou pour mesurer les taux de mutation.

test du chi carré ou chi deux (χ^2)   Un test statistique utilisé pour déterminer la probabilité d'obtenir des proportions observées par le seul hasard, selon une hypothèse spécifique.

test d'un locus spécifique   Un système permettant de détecter des mutations récessives chez des diploïdes. Des individus normaux traités par des mutagènes sont croisés avec des souches-test homozygotes pour les allèles récessifs au niveau d'un grand nombre de locus spécifiques ; on recherche ensuite des phénotypes récessifs parmi les descendants.

tétrade   (1) Quatre chromatides homologues dans un faisceau, lors de la première prophase et de la métaphase méiotiques. (2) Les quatre cellules haploïdes produites à partir d'une seule méiose.

tétrade linéaire   Une tétrade produite à la suite de divisions nucléaires méiotiques et post-méiotiques telles que les cellules sœurs restent adjacentes les unes aux autres (sans déplacement des noyaux).

tétrade non linéaire   Une tétrade dans laquelle les produits méiotiques ne se trouvent pas dans un ordre particulier.

tétramère   Une protéine constituée de quatre sous-unités polypeptidiques.

tétraploïde   Une cellule possédant quatre jeux de chromosomes ; un organisme constitué de ce type de cellules.

tétratype (T)   Un type de tétrade contenant quatre génotypes différents, deux parentaux et deux recombinants.

théorie chromosomique de l'hérédité   La théorie selon laquelle les modes de transmission peuvent généralement être expliqués par la présence des gènes au niveau de sites spécifiques sur les chromosomes.

thérapie génique germinale   *Voir* **thérapie génique**.

thérapie génique   La correction d'une déficience génétique dans une cellule par l'addition d'un nouvel ADN et son insertion dans le génome. Certaines techniques permettent une thérapie génique uniquement dans des tissus somatiques tandis que d'autres, en corrigeant la déficience génétique dans le zygote, peuvent également corriger la lignée germinale.

thérapie génique somatique   *Voir* **thérapie génique**.

thymidine (T)   Le nucléoside dont la base est la thymine.

thymine (T)   Une base pyrimidique qui s'apparie avec l'adénine.

Tn   *Voir* **transposon**.

topoisomérase   Une enzyme capable de couper et de reformer des squelettes polynucléotidiques dans l'ADN pour lui permettre d'adopter une conformation plus relâchée.

totipotence   La capacité d'une cellule de passer par tous les stades du développement et donc de produire un adulte normal.

totipotent   Désigne l'état d'une lignée cellulaire capable de donner naissance à toutes les identités cellulaires possibles observées dans un organisme donné.

traduction   La production par l'intermédiaire des ribosomes et des ARNt, d'un polypeptide dont la séquence d'acides aminés est dérivée de la séquence de codons d'une molécule d'ARNm.

transcriptase inverse   Une enzyme qui catalyse la synthèse d'un brin d'ADN à partir d'une matrice d'ARN.

transcription activée   Chez les Eucaryotes, un taux plus élevé de transcription que le taux de base, nécessitant la fixation de facteurs transcriptionnels à des éléments *cis*-régulateurs.

transcription   La synthèse d'ARN utilisant une matrice d'ADN.

transcrit   La molécule d'ARN copiée par l'ARN polymérase à partir du brin matrice d'ADN.

transcrit primaire   L'ARN eucaryote avant sa maturation.

transduction généralisée   La capacité de certains phages de transduire n'importe quel gène dans le chromosome bactérien.

transduction   Le transfert des gènes d'un donneur bactérien à un receveur bactérien, qui utilise un phage comme vecteur.

transduction spécialisée (restreinte)   La situation dans laquelle un phage particulier transduira uniquement des régions spécifiques du chromosome bactérien.

transfection   Le processus par lequel de l'ADN exogène en solution est introduit dans des cellules en culture.

transfert de type Northern   Un transfert de molécules d'ARN séparées par électrophorèse, d'un gel vers une membrane absorbante. Cette membrane est ensuite immergée en présence d'une sonde marquée qui se fixera à l'ARN recherché.

transfert de type Southern   Le transfert de fragments d'ADN séparés par électrophorèse, d'un gel vers une membrane absorbante telle qu'une feuille de papier. Cette membrane est ensuite immergée dans une solution contenant une sonde marquée qui se fixera au fragment recherché.

transfert de type Western   Une membrane portant une empreinte de protéines séparées par électrophorèse. On peut la cribler à l'aide d'un anticorps marqué pour détecter une protéine spécifique.

transfert infectieux   La transmission rapide de plasmides libres (ainsi que de n'importe quel gène chromosomique qu'ils peuvent porter) des cellules donneuses vers des cellules receveuses dans une population bactérienne.

transformation   La modification délibérée d'un génome par l'addition d'ADN d'une cellule de génotype différent.

transgène   Un gène modifié par l'application, hors de sa cellule d'origine, de techniques de l'ADN recombinant, et par sa réintroduction dans le génome par transformation de la lignée germinale.

transition   Un type de substitution de paire de nucléotides impliquant le remplacement d'une purine par une autre purine ou d'une pyrimidine par une autre pyrimidine : par exemple, GC → AT.

transition allostérique   Le changement d'une conformation protéique en une autre.

translocation   Le transfert d'un fragment chromosomique en une position différente dans le génome.

translocation par insertion   L'insertion d'un segment provenant d'un chromosome, dans un autre chromosome qui ne lui est pas homologue.

translocation réciproque   Une translocation dans laquelle une partie d'un chromosome est échangée avec une partie d'un chromosome distinct non homologue.

transmission cytoplasmique   La transmission de caractères héréditaires par l'intermédiaire de gènes présents dans les organites cytoplasmiques.

transmission épigénétique   Les modifications héréditaires de la fonction des gènes qui ne sont pas dues à des changements dans la séquence des bases de l'ADN de l'organisme. La paramutation, l'inactivation du chromosome X et l'empreinte parentale en sont des exemples.

transmission maternelle   Un type de transmission monoparentale dans lequel tous les descendants ont le génotype et le phénotype du parent jouant le rôle de la femelle.

transposase   Une enzyme codée par des éléments transposables qui subissent une transposition conservative.

transposition   Un processus par lequel des éléments génétiques mobiles se déplacent d'une position à une autre, d'un génome vers un autre.

transposition conservative   Un mécanisme de transposition qui fait passer un élément mobile en une nouvelle position du génome tout en le retirant de son ancienne position.

transposition réplicative Un mécanisme de transposition qui produit un nouvel élément d'insertion, inséré en un autre endroit du génome tout en laissant l'élément d'origine dans son site initial d'insertion.

transposon (Tn) Un fragment mobile d'ADN encadré par des séquences répétitives terminales, qui porte généralement des gènes codant des fonctions de la transposition. Les transposons bactériens peuvent être simples ou composites.

transposon composite Un type d'élément transposable bactérien contenant différents gènes situés entre deux éléments de séquences d'insertion (IS pour *insertion sequence* en anglais) quasiment identiques.

transposon d'ADN *Voir* **élément d'ADN**.

transposon simple Un type d'élément transposable bactérien contenant différents gènes, situé entre de courtes séquences répétées inversées.

transversion Un type de substitution de paire de nucléotides impliquant le remplacement d'une pyrimidine par une purine ou *vice versa* – par exemple, GC → TA.

triplet Les trois paires de nucléotides qui constituent un codon.

triploïde Une cellule possédant trois jeux de chromosomes ou un organisme constitué de ce type de cellules.

trisomique Un diploïde possédant un chromosome supplémentaire d'un type, ce qui aboutit à un nombre de chromosomes de la forme $2n + 1$.

trivalent Désigne l'arrangement des trois homologues lors de leur appariement méiotique chez un triploïde ou un trisomique.

tube de conjugaison Un appendice creux qui relie deux bactéries, permettant ainsi le transfert d'ADN entre elles.

tuilage minimum L'ensemble minimum de clones (avec le chevauchement le plus faible) dans une carte physique qui récapitule la totalité d'un génome.

type sauvage Le génotype ou le phénotype présent dans la nature ou dans une souche standard de laboratoire d'un organisme donné.

types sexuels L'équivalent chez les organismes inférieurs, du sexe chez les organismes supérieurs. Les types sexuels se différencient uniquement du point de vue physiologique et en aucun cas par leur forme physique.

U

U *Voir* **uracile**; **uridine**.

u.g. *Voir* **unité génétique**.

union consanguine Une union entre individus apparentés.

unions au hasard L'union de deux individus, dans laquelle le choix du partenaire n'est pas influencé par les génotypes (en ce qui concerne des gènes spécifiques étudiés).

unité génétique (u.g.) La «distance» entre deux paires liées de gènes, lorsque 1 % des produits de la méiose sont recombinants; une unité de distance sur une carte de liaison génétique.

univers La population de très grande taille à partir de laquelle un échantillon est prélevé à des fins statistiques.

UPE *Voir* **élément en amont du promoteur**.

uracile (U) Une base pyrimidique qui apparaît dans l'ARN à la place de la thymine présente dans l'ADN.

uridine (U) Le nucléoside dont la base est l'uracile.

UTR *Voir* **région non traduite en 3′**; **région non traduite en 5′**.

V

valeur adaptative darwinienne La probabilité relative de survie et de reproduction d'un génotype.

valeur adaptative dépendante de la fréquence Des différences de valeurs adaptatives, dont l'intensité varie parallèlement aux changements de fréquences relatives des génotypes dans la population.

valeur adaptative indépendante de la fréquence Une valeur adaptative qui ne dépend pas des interactions avec d'autres individus de la même espèce.

valeur C Le contenu en ADN d'un génome.

valeur parentale moyenne La moyenne des valeurs d'un phénotype quantitatif pour deux parents spécifiques.

variance Une mesure de la variation autour de la classe centrale d'une distribution; la moyenne des carrés des écarts entre les observations et leur valeur moyenne.

variance due à la dominance La variance génétique au niveau d'un locus unique, qui est attribuable à la dominance d'un allèle sur un autre.

variance environnementale La variance due à la variation environnementale.

variance génétique additive La variance génétique associée aux effets moyens de la substitution d'un allèle par un autre.

variance génétique La variance phénotypique associée à la différence moyenne de phénotype parmi de multiples génotypes.

variant Un organisme dont la différence est reconnaissable par rapport au type standard arbitraire de cette espèce.

variation Les différences entre parents et enfants ou entre des individus d'une même population.

variation continue Une variation présentant une gamme ininterrompue de valeurs phénotypiques.

variation discontinue Une variation qui présente des classes phénotypiques distinctes pour un caractère donné.

variation neutre de la séquence d'ADN Une variation dans la séquence d'ADN qui n'est pas soumise à la sélection naturelle.

variation quantitative Pour un caractère spécifique, l'existence d'une gamme de phénotypes correspondant à une variation graduelle du niveau d'expression plutôt qu'à des variations qualitatives discrètes.

vecteur *Voir* **vecteur de clonage**.

vecteur de clonage Dans le clonage, le chromosome plasmidique ou phagique utilisé pour porter le segment cloné d'ADN.

vecteur d'expression Un vecteur possédant les régions bactériennes régulatrices adéquates situées en 5′ du site d'insertion, ce qui permet la transcription et la traduction d'une protéine étrangère par des bactéries.

vecteur navette Un vecteur (par exemple un plasmide) construit de telle façon qu'il peut se répliquer dans deux espèces hôtes au moins, ce qui permet à un fragment d'ADN d'être étudié ou manipulé dans plusieurs conditions cellulaires.

viabilité La probabilité qu'un œuf fécondé survive et se développe en un organisme adulte.

virus Une particule constituée d'acide nucléique et de protéines qui doit infecter une cellule vivante pour se répliquer et se reproduire.

VNTR *Voir* **répétition en tandem en nombre variable**.

voie développementale La succession d'événements moléculaires qui s'appliquent à un groupe de cellules équivalentes et aboutit à l'attribution de différentes identités cellulaires entre ces cellules.

W

WGS *Voir* **séquençage par clonage aléatoire d'un génome entier**.

Y

YAC *Voir* **chromosome artificiel de levure**.

Z

zone protégée Dans le génome, un site dans lequel l'insertion d'un élément transposable a très peu de risques de provoquer une mutation et donc d'être dangereuse pour l'hôte.

zygote La cellule formée par la fusion d'un ovule et d'un spermatozoïde. La cellule diploïde unique qui subit des divisions mitotiques pour créer un organisme diploïde différencié.

zymogène La forme précurseur inactive d'une enzyme. Les zymogènes sont généralement activés par clivage protéolytique.

Réponses à quelques problèmes

Chapitre 1

2. L'ADN détermine toutes les caractéristiques d'une espèce (forme, taille, particularités comportementales, processus biochimiques, etc.) et impose les limites à la variation possible induite par l'environnement.

5. Si l'ADN est sous forme double-brin, A = T et G = C et A + T + C + G = 100 %. Si T = 15 %, alors C = [100 − 15 (2)]/2 = 35 %.

6. Si l'ADN est sous forme double-brin, G = C = 24 % et A = T = 26 %.

10. a. Oui. Puisque A = T et G = C, l'équation A + C = G + T peut être réécrite sous la forme T + C = C + T en remplaçant de part et d'autre un terme par son équivalent.

b. Oui, le pourcentage de purines sera égal au pourcentage de pyrimidines dans l'ADN double-brin.

14. La définition la plus simple est qu'un *gène* est une région chromosomique permettant la synthèse d'un transcrit fonctionnel. Toutefois, cette définition ne prend pas en compte les régions régulatrices proches du gène, nécessaires à l'expression correcte de celui-ci ou les régions qui aident à contrôler la transcription, qui peuvent en être assez éloignées. De plus, un grand nombre d'Eucaryotes possèdent de grandes séquences non codantes (introns) alternant avec les régions codant le produit (exons).

17. Taille de l'ARNm = taille du gène − (nombre d'introns × taille moyenne des introns)

20. a. Une plante incapable de synthétiser le pigment rouge sera bleue.

b. Une plante incapable de synthétiser le pigment bleu sera rouge.

c. Une plante incapable de synthétiser les pigments bleu et rouge sera blanche.

24. a. Récessif. L'allèle normal assure la production d'une quantité suffisante d'enzymes pour que la fonction normale puisse être remplie (la définition de l'haplosuffisance).

b. Il existe de nombreuses façons de muter un gène pour détruire une fonction enzymatique. On peut créer une mutation qui provoque un décalage du cadre de lecture dans un exon du gène. Si l'on délétait une seule paire de bases, la mutation modifierait complètement le produit de la traduction en 3′ de la mutation.

c. On pourrait donner au patient une hormone de substitution.

d. Si l'hormone était nécessaire avant la naissance, on pourrait en donner à la mère.

28. La variation phénotypique au sein d'une espèce peut être due au génotype, à l'environnement ainsi qu'au hasard (bruit de fond). Montrer que la variation d'un caractère donné est d'origine génétique, en particulier pour les caractères présentant une variation continue, demande donc des analyses soigneusement contrôlées, comme nous l'avons vu au Chapitre 20.

Chapitre 2

1. La première loi de Mendel stipule que les allèles sont organisés par paires et ségrègent au cours de la méiose; selon sa seconde loi, l'assortiment des gènes lors de la méiose est indépendant.

4. a. Il suffit de compter les génotypes; il y en a 9 dans le carré de Punnett. Il existe une autre manière de procéder: vous savez qu'il y a trois génotypes possibles par gène – par exemple, *R/R*, *R/r* et *r/r* – et, en raison de l'assortiment indépendant des deux gènes, il y a 3 × 3 = 9 génotypes au total.

b. Une fois encore, il suffit de compter. Les génotypes sont:

1 *R/R* ; *Y/Y*	1 *r/r* ; *Y/Y*	1 *R/R* ; *y/y*	1 *r/r* ; *y/y*
2 *R/r* ; *Y/Y*	2 *r/r* ; *Y/y*	2 *R/r* ; *y/y*	2 *R/R* ; *Y/y*
4 *R/r* ; *Y/y*			

c. Pour trouver une formule permettant de déterminer le nombre de génotypes, considérons d'abord ce qui suit:

Nombre de gènes	Nombre de génotypes	Nombre de phénotypes
1	$3 = 3^1$	$2 = 2^1$
2	$9 = 3^2$	$4 = 2^2$
3	$27 = 3^3$	$8 = 2^3$

6. On vous dit que la maladie étudiée dans cet arbre généalogique est très rare. Si l'allèle responsable de cette maladie est récessif, alors le père doit être homozygote et la mère doit être hétérozygote pour cet allèle. D'autre part, si le caractère est dominant, alors pour expliquer l'apparition de la maladie dans cet arbre généalogique, il suffit que le père soit hétérozygote pour l'allèle responsable. Cette possibilité est meilleure car elle est plus probable, étant donné la rareté de la maladie.

10. $\frac{5}{8}$

15. a. *Arbre généalogique 1*: La meilleure réponse est récessive car deux individus non affectés ont des descendants atteints. De plus, la maladie est absente de certaines générations et apparaît à la suite d'une union entre deux individus apparentés.

Arbre généalogique 2: La meilleure réponse est dominante car deux individus non affectés ont un enfant non atteint. De plus, la maladie apparaît à chaque génération, avec environ la moitié des enfants atteints et tous les individus atteints ayant un parent affecté.

Arbre généalogique 3: La meilleure réponse est dominante pour une partie des raisons indiquées pour l'arbre généalogique 2. La consanguinité, quoique présente dans cet arbre, ne coïncide pas avec un caractère récessif, car elle ne peut expliquer la présence des individus de la deuxième génération.

Arbre généalogique 4: La meilleure réponse est récessive. Deux individus non affectés ont des enfants atteints.

b. Génotypes de l'arbre généalogique 1:
Génération I: *A/−, a/a*
Génération II: *A/a, A/a, A/a, A/−, A/−, A/a*
Génération III: *A/a, A/a*
Génération IV: *a/a*

Génotypes de l'arbre généalogique 2:
Génération I: *A/a, a/a, A/a, a/a*
Génération II: *a/a, a/a, A/a, A/a, a/a, a/a, A/a, A/a, a/a*
Génération III: *a/a, a/a, a/a, a/a, a/a, A/−, A/−, A/−, A/a, a/a*
Génération IV: *a/a, a/a, a/a*

Génotypes de l'arbre généalogique 3:
Génération I: *A/−, a/a*
Génération II: *A/a, a/a, a/a, A/a*
Génération III: *a/a, A/a, a/a, a/a, A/a, a/a*
Génération IV: *a/a, A/a, A/a, A/a, a/a, a/a*

Génotypes de l'arbre généalogique 4:
Génération I: *a/a, A/−, A/a, A/a*
Génération II: *A/a, A/a, A/a, a/a, A/−, a/a, A/−, A/−, A/−, A/−*
Génération III: *A/a, a/a, A/a, A/a, a/a, A/a*

18. a. Oui. Elle est transmise comme un caractère autosomique dominant.

b. Il y a une probabilité très faible que Susan soit atteinte de la chorée de Huntington. Sa grand-mère (individu II-2) a 75 ans et aurait eu le temps de développer la maladie, car environ 100 % des personnes portant l'allèle déficient la déclarent avant cet âge. Si sa grand-mère ne possède pas l'allèle responsable, Susan ne peut pas l'avoir reçu.

La probabilité qu'Alan développe la chorée de Huntington est plus élevée que pour Susan. Son grand-père (individu III-7) a seulement 50 ans et environ 20 % des personnes portant l'allèle déficient n'ont pas encore déclaré la maladie à cet âge. Son grand-père a donc une probabilité de 10 % d'être porteur (probabilité de 50 % d'avoir reçu l'allèle de son père X probabilité de 20 % de ne pas avoir développé les symptômes). Si le grand-père d'Alan développe un jour la chorée de Huntington, il y aura alors une probabilité de 50 % que le père d'Alan ait reçu l'allèle de son propre père et une probabilité de 50 % également qu'Alan l'ait reçu de son père. Par conséquent, Alan a actuellement une probabilité de $\frac{1}{10} \times \frac{1}{2} \times \frac{1}{2} = \frac{1}{40}$ de développer la maladie et une probabilité de $\frac{1}{2} \times \frac{1}{2} = \frac{1}{4}$ si son grand-père finit par la déclarer.

20. a. Un fils reçoit son chromosome X de sa mère. La mère possède des lobes d'oreilles et pas le fils. Si l'allèle spécifiant la présence de lobes d'oreilles est dominant et l'allèle responsable de leur absence, récessif, alors la mère pourrait être hétérozygote pour ce caractère et le gène pourrait être lié à l'X.

b. D'après les données fournies, il est impossible de décider si l'allèle est dominant. Si l'absence des lobes d'oreilles est dominant, alors le père serait hétérozygote et le fils aurait une probabilité de 50 % de recevoir l'allèle dominant « absence de lobes d'oreille ». Si l'absence des lobes d'oreilles est récessive, le caractère pourrait être autosomique ou lié à l'X, mais dans les deux cas, la mère serait hétérozygote.

22. $(\frac{1}{2})^{10}$.

26. Posons H = hypophosphatémie et h = normal. L'union est $H/Y \times h/h$, donnant naissance à des individus H/h (filles) et h/y (garçons). La réponse est 0 %.

28. a. Aucun des parents n'étant affecté, la maladie doit être récessive. La transmission de ce caractère semble spécifique du sexe, elle est donc très probablement liée à l'X. Si elle était autosomique, les trois parents seraient porteurs et par hasard, seuls les fils et aucune des filles n'auraient reçu ce caractère (ce qui est très improbable).

b. I A/Y, A/a, A/Y

    II A/Y, $A/-$, a/Y, $A/-$, A/Y, a/Y, a/Y, $A/-$, a/Y, $A/-$

32. a. D'après le croisement 6, l'allèle queue coudée (B) est dominant sur l'allèle normal (b).

b. D'après le croisement 1, il est lié à l'X.

c. Dans le tableau suivant, le chromosome Y est indiqué; le X est sous-entendu.

Croisement	Parents Femelle	Mâle	Progeny Femelle	Mâle
1	b/b	B/Y	B/b	b/Y
2	B/b	b/Y	B/b, b/b	B/Y, b/Y
3	B/B	b/Y	B/b	B/Y
4	b/b	b/Y	b/b	b/Y
5	B/B	B/Y	B/B	B/Y
6	B/b	B/Y	B/B, B/b	B/Y, b/Y

34. a. La photosynthèse est affectée et les plantes sont jaunes et non vertes. On peut donc en conclure que les chloroplastes sont sans doute déficients. Si cette déficience se trouve effectivement dans l'ADN chloroplastique, alors le caractère est transmis par le parent maternel.

b. Si la déficience se trouve dans l'ADN chloroplastique, alors le caractère est transmis par le parent maternel. Utilisez du pollen des plantes jaunâtres d'aspect chétif et croisez-le avec des fleurs dont on a enlevé les anthères appartenant à une plante à feuilles vert foncé. Tous les descendants devraient présenter le phénotype normal vert foncé.

c. Les chloroplastes contiennent la chlorophylle, un pigment vert, et sont le site de la photosynthèse. Une déficience dans la production de la chlorophylle produirait tous les défauts cités.

37. Les déterminants génétiques de R et S présentent une transmission maternelle et sont donc cytoplasmiques. Il est possible que le gène conférant la résistance se trouve soit dans l'ADNmt soit dans l'ADNcp.

40. L'hypothèse est la suivante: l'organisme testé est un dihybride dont les gènes présentent un assortiment indépendant et tous ses descendants ont une viabilité égale. Les valeurs attendues correspondraient à des phénotypes apparaissant à une fréquence égale. Il y a 4 phénotypes et donc 3 degrés de liberté.

$\chi^2 = \Sigma$ (observées − attendues)^2/attendues

$\chi^2 = [(230 − 233)^2 \quad (210 − 233)^2 \quad (240 − 233)^2$

$\quad (250 − 233)^2]/233$

$2{,}215; p \quad 0{,}50$, non significatif; l'hypothèse ne peut être rejetée

43. a. L'arbre généalogique de la galactosémie :

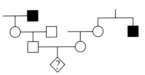

b. $\frac{1}{4} \times \frac{2}{3} \times \frac{1}{2} = \frac{1}{12}$

c. Les enfants à naître auront tous une probabilité de $\frac{1}{4}$ de recevoir l'allèle de la maladie.

45. a. Le patron de transmission des cheveux roux suggéré par cet arbre généalogique est récessif car la plupart des personnes rousses ont des parents dépourvus de ce caractère.

b. En observant les personnes rousses autour de nous, on s'aperçoit que cet allèle est assez rare.

48. a. Comme l'assortiment de chaque gène est indépendant, chaque probabilité doit être considérée séparément. Les probabilités doivent ensuite être multipliées entre elles pour obtenir la réponse.

Pour (1) = $\frac{9}{128}$ Pour (2) = $\frac{9}{128}$

Pour (3) = $\frac{9}{64}$ Pour (4) = $\frac{55}{64}$

b. Pour (1) = $\frac{1}{32}$ Pour (2) = $\frac{1}{32}$

Pour (3) = $\frac{1}{16}$ Pour (4) = $\frac{15}{16}$

51. Si les données historiques sont exactes, elles suggèrent une liaison à l'Y. Il est également possible qu'il s'agisse d'une gène autosomique, dominant chez les hommes et récessif chez les femmes, ce que l'on a observé pour d'autres gènes à la fois chez l'homme et dans d'autres espèces.

53. Remarquez que seuls les hommes sont atteints et que, dans tous les cas sauf un, le caractère peut être suivi du côté des femmes. Malgré tout, il y a un cas dans lequel un homme affecté a des fils également atteints. Si le caractère est lié à l'X, l'épouse de cet homme doit être porteuse, ce qui suggère que la maladie est due à un allèle autosomique dominant dont l'expression est limitée aux hommes et dépend de la rareté de ce caractère dans la population en général.

56. a. L'absence totale de descendants masculins est l'aspect inhabituel de cet arbre généalogique. De plus, tous les descendants qui s'unissent portent le caractère de l'absence de descendant masculin. Si le facteur de létalité masculine était nucléaire, le père y ferait exception. C'est donc la transmission cytoplasmique qui est suggérée.

b. Si toutes les filles apparaissent simplement par hasard, alors la probabilité de ce résultat est $(\frac{1}{2})^n$ où n est le nombre de naissances de filles. Dans ce cas, $n = 72$. Le hasard est donc une explication peu probable de ces observations. Celles-ci peuvent s'expliquer par des facteurs cytoplasmiques en prenant pour hypothèse que la mutation supposée dans les mitochondries soit létale uniquement chez les garçons. La transmission mendélienne ne peut expliquer ces observations car tous les pères devraient porter la mutation létale chez les hommes pour qu'un tel patron d'expression puisse être observé. Ce serait extrêmement peu probable.

Chapitre 3

1. La fonction principale de la mitose est de produire deux cellules filles génétiquement identiques à la cellule mère.

5. Lorsque les cellules se divisent par mitose, chaque chromosome est constitué de chromatides sœurs identiques qui se séparent pour former deux cellules filles génétiquement identiques. Bien que la seconde division méiotique semble être un processus similaire, les chromatides « sœurs » peuvent être différentes. La recombinaison lors des stades précoces de la méiose conduit à l'échange de régions d'ADN entre les chromosomes frères et non-frères, de telle sorte que les deux cellules filles issues de cette division ne sont en général pas identiques du point de vue génétique.

9. Chaque méiocyte diploïde subit une méiose pour former quatre produits, puis chacun de ces produits subit une division mitotique post-méiotique, ce qui aboutit à 8 ascospores par méiocyte. Au total donc, 100 méiocytes donneront lieu à 800 ascospores.

10. Le génotype des cellules résultantes sera identique à celui de la cellule d'origine : *A/a* ; *B/b*.

15. L'électrophorèse en champs alternés sépare les molécules d'ADN en fonction de leur taille. Lorsqu'on isole précautionneusement l'ADN de *Neurospora* (qui possède 7 chromosomes différents), 7 bandes devraient être produites par cette technique. De même, le pois possède 7 chromosomes différents et produira 7 bandes (les chromosomes homologues migreront conjointement sous la forme d'une bande unique).

18. Oui. La moitié de notre patrimoine génétique provient de chacun de nos parents, la moitié du patrimoine génétique de nos parents provient de chacun de leurs parents respectifs, etc.

22. Toutes les cellules filles continueront à être *A/a* ; *B/b* ; *C/c*. La mitose produit des cellules filles génétiquement identiques à la cellule initiale.

26. (5) appariement des chromosomes (synapse)

30. Lorsque les résultats d'un croisement sont spécifiques du sexe, il faut envisager la liaison au sexe. Chez les papillons, le sexe hétérogamétique est la femelle, tandis que le mâle est le sexe homogamétique. En supposant que le gène déterminant une couleur foncée (*D*) est dominant sur le gène spécifiant une couleur claire (*d*), les résultats peuvent s'expliquer par l'hétérozygotie du mâle foncé (*D/d*) et l'hémizygotie de la femelle foncée (*D*). Tous les descendants mâles recevront l'allèle *D* de leur mère et seront donc foncés, tandis que la moitié des femelles recevront *D* de leur père (et seront foncées) et l'autre moitié l'allèle *d* (et seront claires).

34. Les plantes filles ont reçu uniquement de l'ADNcp normal (piste 1), seulement de l'ADNcp mutant (piste 2), ou les deux (piste 3). Pour obtenir de l'ADNcp homozygote comme dans les pistes 1 et 2, les chloroplastes ont dû ségréger.

39. Examinons tout d'abord les croisements et les génotypes résultants de l'albumen :

Femelle	Mâle	Noyaux polaires	Spermato-zoïde	Albumen
f'/f'	*f"/f"*	*f'* et *f'*	*f"/f"*	*f'/f'/f"* (farineux)
f"/f"	*f'/f'*	*f"* et *f"*	*f'/f'*	*f"/f"/f'* (siliceux)

Comme on peut le voir, le phénotype de l'albumen est corrélé à l'allèle prédominant présent.

Chapitre 4

2. P *A d/A d* × *a D/a D*
  F₁ *A d/a D*
  F₂ 1 *A d/A d*   Phénotype : A d
     2 *A d/a D*   Phénotype : A D
     1 *a D/a D*   Phénotype : a D

5. Puisque l'on n'a recueilli que des types parentaux, les deux gènes doivent être étroitement liés, rendant de ce fait la recombinaison très rare. Connaître le nombre de descendants examinés donnerait une indication de la proximité des gènes.

8. (a) 4 % ; (b) 4 % ; (c) 46 % ; (d) 8 %.

11. a. Étant donné que l'on ne peut distinguer *a⁺ b⁺ c⁺/a⁺ b⁺ c⁺* de *a⁺ b⁺ c⁺/a b c*, il faut utiliser la fréquence de *a b c/a b c* pour estimer la fréquence des gamètes *a⁺ b⁺ c⁺* (parentaux) issus de la femelle.

Parentaux :	730	(2 × 365)
CO *a–b* :	91	(*a b c*, *a b c* 47 44)
CO *b–c* :	171	(*a b c*, *a b c* 87 84)
DCO :	9	(*a b c*, *a b c* 4 5)
	1001	

a–b : 100 %(91 9)/1001 10 u.g.
b–c : 100 %(171 9)/1001 18 u.g.

b. Coefficient de coïncidence = (DCO observés)/(DCO attendus) = 9/[(0,1)(0,18)(1001)] = 0,5

14. Posons *F* = corps volumineux, *L* = longue queue et *Fl* = flagelles.
L–Fl : 100 %(72 67 9 5)/1000 15,3 u.g.
F–L : 100 %(44 35 9 5)/1000 9,3 u.g.

20. a et b.

c. Interférence = 0,86

24. (a) méiose I ; **(b)** impossible ; **(c)** méiose I ; **(d)** méiose I ; **(e)** méiose II ; **(f)** méiose II ; **(g)** méiose II ; **(h)** impossible ; **(i)** mitose ; **(j)** impossible.

27. (a) *f*(0) = 13,5 % ; *f*(1) = 27 % ; *f*(2) = 27 %

30. Croisement 1 :
fréquence de recombinaison	4 %	½ (45 %)	26,5 %
distance cartographique non corrigée =	[4 % ½ (45 %)]/100 % 26,5 u.g.		
distance cartographique corrigée	50[45 % 6(4 %)]/100 % 34,5 u.g.		

Croisement 2 :
fréquence de recombinaison	2 %	½ (34 %)	19 %
distance cartographique non corrigée	[2 % ½ (34 %)]/100 % 19 u.g.		
distance cartographique corrigée	50[34 % 6(2 %)]/100 % 29 u.g.		

Croisement 3 :
fréquence de recombinaison	5 %	½ (50 %)	30 %
distance cartographique non corrigée	[5 % ½ (50 %)]/100 % 30 m.u.		
distance cartographique corrigée	50[50 % 6(5 %)]/100 % 40 u.g.		

31. a. Les quatre gènes sont liés.
b. et c. La carte est la suivante :

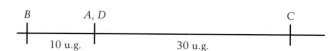

Les chromosomes parentaux étaient en réalité *B* (*A*, *d*) *c/b* (*a*, *D*) C. On ignore l'ordre des gènes entre parenthèses.
d. Interférence = 0,5

34. Pour (1), l'ordre des gènes est *b a c*.
Pour (2), l'ordre des gènes est *b a c*.
Pour (3), l'ordre des gènes est *b a c*.
Pour (4), l'ordre des gènes est *a c b*.
Pour (5), l'ordre des gènes est *a c b*.

37. a. Pour obtenir une plante *a b c/a b c* = 0,0049.
b. Pour 1000 descendants, les résultats attendus sont :

A b c	280	*A b C*	120
a B C	280	*a B c*	120
A B C	70	*A B c*	30
a b c	70	*a b C*	30

c. Pour 1000 descendants, les résultats attendus sont :

A b c	274	*A b C*	126
a B C	274	*a B c*	126
A B C	76	*A B c*	24
a b c	76	*a b C*	24

41. a. 3,36 % ; **b.** 18,2 %.

Chapitre 5

1. Dans une souche Hfr, le facteur sexuel F est intégré dans le chromosome. Dans une souche F⁺, le facteur sexuel est à l'état libre dans le cytoplasme. Une souche F⁻ ne possède pas de facteur sexuel.

4. La transduction généralisée se produit avec des phages lytiques qui pénètrent dans une cellule bactérienne, fragmentent le chromosome bactérien puis, lorsque de nouvelles particules virales sont assemblées, incorporent de manière erronée une partie de l'ADN bactérien dans l'enveloppe protéique virale. Puisque c'est la quantité d'ADN et non le contenu informationnel de celui-ci qui gouverne la formation des particules virales, n'importe quel gène bactérien peut être inclus dans le virus nouvellement formé. Au contraire, la transduction spécialisée résulte de l'excision incorrecte de l'ADN viral hors du chromosome de l'hôte dans les phages lysogènes. Comme le site d'intégration est fixé, seuls les gènes bactériens très proches de celui-ci seront inclus dans le virus nouvellement formé.

6. —M—Z—X—W—C—N—A—L—B—R—U—

9. Le protocole le plus simple consisterait à prélever deux souches Hfr proches des gènes en question mais orientées en sens inverse. Il faudrait ensuite mesurer la durée du transfert entre deux gènes spécifiques dans un cas lorsqu'ils sont transférés précocement et dans l'autre, tardivement. Par exemple,

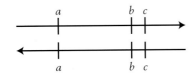

13. a. et **b.**

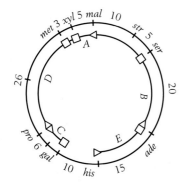

△ Le premier à entrer
□ Le dernier à entrer

c. A : Sélectionne *mal*
     B : Sélectionne *ade*
     C : Sélectionne *pro*
     D : Sélectionne *pro*
     E : Sélectionne *his*

15. Interférence = 1 − (DCO observés/DCO attendus) = 1 − 5/2 = − 1,5. Par définition, l'interférence est négative.

18. Dans un faible pourcentage des cas, les transductants *gal⁺* peuvent apparaître par recombinaison entre l'ADN *gal⁺* du phage transductant λdgal et le gène *gal⁻* sur le chromosome. Ceci produira des transductants *gal⁺* sans intégration phagique.

21. a. En raison du milieu utilisé, toutes les colonies sont *cys⁺* mais elles sont soit + soit – pour les deux autres gènes.

    b. (1) *cys leu thr* et *cys leu thr⁻* (enrichi en thréonine)
       (2) *cys leu thr* and *cys leu⁻ thr* (enrichi en leucine))
       (3) *cys leu thr* (pas de supplément)

    c. 39 % des colonies.

    d.

24. Non. On s'attendrait à ce que des locus étroitement liés soient cotransduits ; plus la fréquence de cotransduction est élevée, plus les locus sont proches l'un de l'autre. Puisque seule 1 sur 858 *metE⁺* était également *pyrD⁺*, les gènes ne sont pas étroitement liés. L'unique *metE⁺ pyrD⁺* pourrait résulter d'une cotransduction ou d'une mutation spontanée de *pyrD* en *pyrD⁺* ou encore d'une co-infection par deux gènes à transduction séparée.

26. Type d'agar   Gènes sélectionnés
        1   *c*
        2   *a*
        3   *b*
    b. L'ordre des gènes est *c b a*. Les trois gènes sont équidistants.

d. Sans A ni B dans l'agar, le milieu sélectionne *a⁺ b⁺* et les premières colonies devraient apparaître à environ 17,5 minutes.

29. a. et **b.**

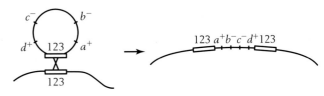

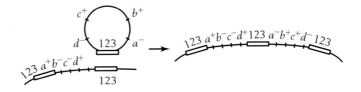

c.

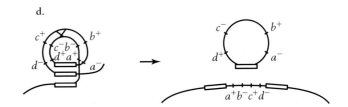

d.

32. Pour isoler des particules à transduction spécialisée du phage Φ80 portant *lac⁺*, les chercheurs devraient lysogéniser la souche par Φ80, induire le phage à l'aide d'UV puis utiliser ces lysats afin de transduire une souche Lac⁻ en Lac⁺. Les colonies Lac⁺ devraient alors être utilisées pour produire un nouveau lysat, qui pourrait ensuite être enrichi en phage transductant *lac⁺*.

Chapitre 6

2. En supposant l'homozygotie pour le gène normal, le croisement est *A/a · b/b* X *a/a · B/B*. Les enfants ne seraient alors pas affectés, avec un génotype *A/a · B/b*.

5. a. Rouge **b.** Violet

    c. 9 $M_1/-$; $M_2/-$ violet
        3   m_1/m_1 ; $M_2/-$ bleu
        3     $M_1/-$; m_2/m_2 rouge
        1   m_1/m_1 ; m_2/m_2 blanc

    d. Les allèles mutants ne produisent pas d'enzyme fonctionnelle. Cependant, une quantité suffisante d'enzyme doit être produite par l'unique allèle de type sauvage de chaque gène pour synthétiser des quantités normales du pigment.

9. a. Le croisement initial était un croisement dihybride. Ovale et violet doivent tous deux représenter un phénotype dominant incomplet.

    b. Un croisement long, violet X ovale, violet se présente ainsi :
P   *L/L* ; *R/R′*   X   *L/L′* ; *R/R″*

                    $\frac{1}{4}$ *R/R* $\frac{1}{8}$ long, rouge
F₁ $\frac{1}{2}$ *L/L* X $\frac{1}{2}$ *R/R′* $\frac{1}{4}$ long, violet
                    $\frac{1}{4}$ *R′/R′* $\frac{1}{8}$ long, blanc

                    $\frac{1}{4}$ *R/R* $\frac{1}{8}$ ovale, rouge
    $\frac{1}{2}$ *L/L′* X $\frac{1}{2}$ *R/R′* $\frac{1}{4}$ ovale, violet
                    $\frac{1}{4}$ *R′/R′* $\frac{1}{8}$ ovale, blanc

12.

Parents		Enfant
a. AB	× O	B
b. A	× O	A
c. A	× AB	AB
d. O	× O	O

16. a. Le *sex ratio* attendu est $1:1$.

    b. Le parent femelle était hétérozygote pour un allèle létal récessif lié à l'X, qui pouvait conduire à un nombre de mâles inférieur de 50 % à celui des femelles.

    c. La moitié des descendants femelles devraient être hétérozygotes pour l'allèle létal et la moitié, homozygotes pour l'allèle non létal. Il faut croiser une par une les femelles de la F_1 et déterminer le *sex ratio* de leurs descendants.

19. a. Les mutations touchent deux gènes différents car l'hétérocaryon est prototrophe (les deux mutations complémentaient).

    b. *leu1 ; leu2⁻* and *leu1⁻ ; leu2*

    c. Avec un assortiment indépendant, on s'attend à

    $\frac{1}{4}$ *leu1 ; leu2⁻*

    $\frac{1}{4}$ *leu1⁻; leu2*

    $\frac{1}{4}$ *leu1⁻ ; leu2⁻*

    $\frac{1}{4}$ *leu1 ; leu2*

23. a. CF LIVRE

    P   *A/a* (frisée) ×   *A/a* (frisée)

    F_1 1 *A/A* (normale) : 2 *A/a* (frisée) : 1 *a/a* (à plumes laineuses)

    b. Si une poule *A/A* (normale) est croisée à *a/a* (à plumes laineuses), tous les descendants seront *A/a* (frisée).

25. Il est possible de produire des descendants noirs à partir de deux parents albinos récessifs de lignée pure si l'albinisme est dû à des mutations dans deux gènes différents. Si l'on représente le croisement par *A/A ; b/b* × *a/a ; B/B*, alors tous les descendants devraient être *A/a ; B/b* et auraient un phénotype noir en raison de la complémentation.

29. Le parent violet peut être soit *A/a ; b/b* soit *a/a ; B/b* pour cette question. Supposons que le parent violet soit *A/a ; b/b*. Le parent bleu devrait être *A/a ; B/b*.

32. Le croisement est gris X jaune, soit *A/– ; R/–* X *A/– ; r/r*. Les descendants de la F_1 sont :

    $\frac{3}{8}$ jaunes $\frac{1}{8}$ noirs $\frac{3}{8}$ gris $\frac{1}{8}$ blancs

Pour que des descendants blancs soient apparus, les deux parents devaient tous deux porter un allèle *r* et un allèle *a*. On peut à présent réécrire le croisement *A/a ; R/r* X *A/a ; r/r*.

35. Le premier chien brun est *w/w ; b/b* et le premier chien blanc est *W/W ; B/B*. Les descendants de la F_1 sont *W/w ; B/b* et les descendants de la F_2 sont :

    9 *W/– ; B/–*   blancs

    3 *w/w ; B/–*   noirs

    3 *W/– ; b/b*   blancs

    1 *w/w ; b/b*   brun

39. Les arbres généalogiques tels que celui présenté sont très courants. Ils indiquent une absence de pénétrance due à une épistasie ou à l'environnement. L'individu A devait posséder le gène autosomique dominant.

41. a. Posons W^o = ovale, W^s = faucille et W^r = ronde. Les trois croisements sont :

    Croisement 1 : W^s/W^s × W^r/Y→W^s/W^r et W^s/Y

    Croisement 2 : W^r/W^r × W^s/Y→W^s/W^r et W^r/Y

    Croisement 3 : W^s/W^s × W^o/Y→W^o/W^s et W^s/Y

    b. W^o/W^s × W^r/Y

    $\frac{1}{4}$ W^o/W^r femelle ovale

    $\frac{1}{4}$ W^s/W^r femelle faucille

    $\frac{1}{4}$ W^o/Y   mâle ovale

    $\frac{1}{4}$ W^s/Y   mâle faucille

44. a. Les génotypes sont :

    P   *B/B ; i/i* × *b/b ; I/I*

    F_1 *B/b ; I/i*   glabre

    F_2 9 *B/– ; I/–*   glabre

       3 *B/– ; i/i*   droite

       3 *b/b ; I/–*   glabre

       1 *b/b ; i/i*   courbée

    b. Les génotypes sont : *B/b ; I/i* X *B/b ; i/i.*

47. Les 159 descendants devraient être répartis en un rapport $9:3:3:1$ si l'assortiment des deux gènes était indépendant. Vous pouvez voir que :

Observés	Attendus
88 *P/–; Q/–*	90
32 *P/–; q/q*	30
25 *p/–; Q/–*	30
14 *p/p ; q/q*	10

50. a. Il y a alimentation croisée, c'est-à-dire qu'une produit synthétisé par une souche diffuse vers une autre souche et permet ainsi la croissance de cette dernière.

    b. Pour que l'alimentation croisée puisse avoir lieu, la souche en croissance devait comporter dans la voie métabolique, un blocage antérieur au blocage de la souche ayant synthétisé le produit permettant sa croissance.

    c. Les données suggèrent que la voie métabolique est *trpE→trpD→trpB*.

    d. En l'absence de tryptophane, il n'y aurait pas eu de croissance du tout et les cellules n'auraient pas vécu assez longtemps pour synthétiser un produit susceptible de diffuser.

52. a. La meilleure explication est que le syndrome de Marfan est transmis comme un caractère autosomique dominant.

    b. L'arbre généalogique montre à la fois la pléiotropie (de multiples caractères affectés) et une expressivité variable (degré variable d'expression du phénotype).

    c. La pléiotropie indique que le produit du gène est nécessaire dans de nombreux tissus, organes ou processus différents. Lorsque le gène est mutant, tous les tissus ayant besoin du produit seront affectés. L'expressivité variable d'un phénotype pour un génotype donné indique une modification par un ou plusieurs autres gènes, un bruit de fond aléatoire ou des effets de l'environnement.

55. a. Ce type d'interaction des gènes s'appelle l'*épistasie*. Le phénotype de *e/e* est épistatique sur les phénotypes de *B/–* ou de *b/b*.

    b. Les génotypes déduits sont indiqués ci-dessous :

    I   1 (*B/b E/e*)   2 (*B/b E/e*)

    II   1 (*b/b E/e*)   2 (*B/b E/e*)   3 (*–/– e/e*)   4 (*b/b E/–*)

       5 (*B/b E/e*)   6 (*b/b E/e*)

    III   1 (*B/b E/–*)   2 (*–/b e/e*)   3 (*b/b, E/–*)   4 (*B/b E/–*)

        5 (*b/b E/–*)   6 (*B/b E/–*)   7 (*–/b e/e*)

58. a. Une série allélique multiple a été détectée : superdouble > unique > double.

    b. Bien que cette explication soit cohérente avec tous les croisements, elle ne prend en compte ni la stérilité des femelles ni l'origine de la plante superdouble à partir d'une variété à fleurs doubles.

60. a. Un croisement trihybride conduirait à un rapport $63:1$. Par conséquent, trois locus *R* ségrègent dans ce croisement.

    b. P $R_1/R_1 ; R_2/R_2 ; R_3/R_3 \times r_1/r_1 ; r_2/r_2 ; r_3/r_3$

      F_1 $R_1/r_1 ; R_2/r_2 ; R_3/r_3$

      F_2 27 $R_1/– ; R_2/– ; R_3/–$ rouge

           9   $R_1/– ; R_2/– ; r_3/r_3$ rouge

           9   $R_1/– ; r_2/r_2 ; R_3/–$ rouge

           9   $r_1/r_1 ; R_2/– ; R_3/–$ rouge

           3   $R_1/– ; r_2/r_2 ; r_3/r_3$ rouge

           3   $r_1/r_1 ; R_2/– ; r_3/r_3$ rouge

           3   $r_1/r_1 ; r_2/r_2 ; R_3/–$ rouge

           1   $r_1/r_1 ; r_2/r_2 ; r_3/r_3$ blanc

    c. (1) Pour obtenir un rapport $1:1$, l'un des gènes seulement peut être hétérozygote. Un croisement représentatif serait $R_1/r_1 ; r_2/r_2 ; r_3/r_3 \times r_1/r_1 ; r_2/r_2 ; r_3/r_3$.

(2) Pour obtenir un rapport 3 rouges : 1 blanc, deux allèles doivent ségréger et ils ne peuvent appartenir au même gène. Un croisement représentatif serait R_1/r_1 ; R_2/r_2 ; $r_3/r_3 \times r_1/r_1$; r_2/r_2 ; r_3/r_3.

(3) Pour obtenir un rapport 7 rouges : 1 blanc, trois allèles doivent ségréger et ils ne peuvent appartenir au même gène. Le croisement serait R_1/r_1 ; R_2/r_2 ; $R_3/r_3 \times r_1/r_1$; r_2/r_2 ; r_3/r_3.

d. La formule est $1 - (\frac{1}{2})^n$, où n est le nombre de locus ségrégeant dans les croisements représentatifs de la partie c.

66. a. Croiser entre elles des souches mutantes qui possèdent toutes un phénotype récessif commun est le principe du test de complémentation. Ce test est conçu pour identifier le nombre de gènes différents capables de muter et de produire un phénotype particulier. Dans ce problème, si les descendants d'un croisement donné continuent à exprimer le phénotype du tortillement, les mutations ne complémentent pas et sont considérées comme les allèles d'un même gène. Si les descendants sont de type sauvage, les mutations complémentent et les deux souches portent des allèles mutants de gènes distincts.

b. Cinq groupes de complémentation (gènes) sont identifiés par ces données.

c. Mutant 1 : $a^1/a^1 \cdot b$ /b $\cdot c$ /c $\cdot d$ /d $\cdot e$ /e (bien que seuls les allèles mutants soient généralement indiqués)

Mutant 2 : a /a $\cdot b^2/b^2 \cdot c$ /c $\cdot d$ /d $\cdot e$ /e

Mutant 5 : $a^5/a^5 \cdot b$ /b $\cdot c$ /c $\cdot d$ /d $\cdot e$ /e

1/5 hybride : $a^1/a^5 \cdot b$ /b $\cdot c$ /c $\cdot d$ /d $\cdot e$ /e

phénotype : tortillement

1 et 5 sont tous deux mutants pour le gène A (le croisement correspondant : a /a $\cdot b^2/b^2 \times a^2/a^2 \cdot b^5/b^5$ donne)

2/5 hybride : a /a$^5 \cdot b$ /b$^2 \cdot c$ /c $\cdot d$ /d $\cdot e$ /e

phénotype : sauvage

2 et 5 sont mutants pour des gènes différents

Chapitre 7

1. Les deux brins de la double hélice d'ADN sont maintenus associés par deux types de liaisons : les liaisons covalentes et les liaisons hydrogène. Les liaisons covalentes se forment dans chaque brin linéaire et lient solidement les bases, les sucres et les groupements phosphate (à la fois dans chaque composant et entre les composants). Les liaisons hydrogène se forment entre les deux brins, entre une base d'un brin et une base de l'autre brin au sein d'appariements complémentaires. Ces liaisons hydrogène considérées individuellement sont faibles, mais prises dans leur ensemble, elles sont très solides.

4. Les hélicases sont des enzymes qui rompent les liaisons hydrogène maintenant les deux brins d'ADN associés en une double hélice. Cette cassure est nécessaire à la fois pour la synthèse d'ARN et d'ADN. Les topoisomérases sont des enzymes qui créent et relâchent le superenroulement dans la double hélice d'ADN. Le superenroulement lui-même résulte de l'enroulement de la double hélice d'ADN qui se produit lors de la séparation des deux brins.

6. Non. L'information contenue dans l'ADN dépend d'un mécanisme de copie fidèle. Les règles strictes de la complémentarité garantissent la reproductibilité de la réplication et de la transcription.

9. Le chromosome serait fragmenté sans espoir de réparation.

12. b. L'ARN serait beaucoup plus susceptible de comporter des erreurs.

16. Si l'ADN est sous forme double-brin, A = T et G = C et A + T + C + G = 100 %. Si T = 15 %, alors C = [100 – 15 (2)]/2 = 35 %.

17. Si l'ADN est sous forme double-brin, G = C = 24 % et A = T = 26 %.

20. Oui. La réplication de l'ADN est également semi-conservative chez les Eucaryotes diploïdes.

22. 3′ ....GGAATTCTGATTGATGAATGACCCTAG.... 5′

26. Sans télomérase fonctionnelle, les télomères raccourciraient à chaque cycle, ce qui aboutirait à la perte d'information codante essentielle et donc à la mort. En réalité, certaines observations actuelles indiquent que la diminution ou la perte de l'activité télomérasique joue un rôle dans le mécanisme du vieillissement humain.

28. Les règles de Chargaff sont : A = T et G = C. Puisque l'on n'observe pas ces égalités, l'interprétation la plus probable est que l'ADN est simple-brin. Le phage devra donc synthétiser un brin complémentaire avant de commencer à produire de multiples copies de lui-même.

Chapitre 8

1. Puisque l'ARN peut s'hybrider avec les deux brins, il doit être transcrit à partir des deux brins. Toutefois, ceci ne signifie pas que les deux brins servent de matrice *pour chaque gène*. On pense qu'un brin unique est utilisé pour un gène mais que les différents gènes ne sont pas tous transcrits dans le même sens le long de l'ADN. Le test le plus direct consisterait à purifier un ARN spécifique codant une protéine particulière et à hybrider celui-ci avec le génome de λ. Seul un brin devrait s'hybrider à l'ARN purifié.

2. Chez les Procaryotes, la traduction commence au niveau de l'extrémité 5′ pendant la synthèse de l'extrémité 3′. Chez les Eucaryotes, la maturation (addition d'une coiffe, épissage) se produit au niveau de l'extrémité 5′ pendant la synthèse de l'extrémité 3′.

4. Le facteur sigma en tant qu'élément de l'holoenzyme ARN polymérase, reconnaît les régions −35 et −10 des promoteurs bactériens et s'y fixe. Il positionne l'holoenzyme afin qu'elle amorce correctement la transcription au niveau du site de départ. Chez les Eucaryotes, TBP (protéine de liaison à la boîte TATA) et d'autres GTF (facteurs généraux de la transcription) possèdent une fonction analogue.

8. Oui. La réplication et la transcription sont toutes deux effectuées par de grosses machineries moléculaires à sous-unités multiples (le réplisome et l'ARN polymérase II respectivement) et toutes deux nécessitent une activité hélicase au niveau de la fourche de la bulle de réplication. Cependant, la transcription se déroule dans un seul sens et seul un brin d'ADN est copié.

10. a. La séquence originale représente les séquences consensus −35 et −10 (avec le nombre correct d'espaces entre elles) d'un promoteur bactérien. Le facteur sigma, en tant qu'élément de l'holoenzyme ARN polymérase, reconnaît ces séquences et s'y fixe.

b. Les séquences mutées (transposées) ne constitueraient pas un site de liaison pour le facteur sigma. Les deux régions ne sont pas dans l'orientation correcte l'une par rapport à l'autre et ne seraient donc pas reconnues en tant que promoteur.

14. a. Oui. Les exons codent la protéine, c'est pourquoi on s'attend à ce que les mutations nulles se trouvent dans les exons.

b. Peut-être. Les séquences proches des frontières des introns et à l'intérieur de ceux-ci sont nécessaires à un épissage correct. Si ces séquences sont modifiées par mutation, l'épissage correct ne sera pas possible. Bien qu'elles puissent être transcrites, leur traduction est peu probable.

c. Oui. Si le promoteur est délété ou modifié de telle sorte que les GTF ne puissent plus s'y fixer, la transcription sera impossible.

d. Oui. Les séquences proches des frontières des introns et dans ceux-ci sont nécessaires à un épissage correct.

Chapitre 9

2. a et b. 5′ UUG GGA AGC 3′

c. et d. En supposant que le cadre de lecture débute au niveau de la première base :

$$NH_3 - Leu - Gly - Ser - COOH$$

Pour le brin du bas, l'ARNm est 5′ GCU UCC CAA 3′ et, en supposant que le cadre de lecture débute au niveau de la première base, la chaîne correspondante d'acides aminés est NH_3-Ala-Ser-Gln-COOH.

5. Ce résultat suggère un très faible changement au cours de l'évolution, de l'appareil transcriptionnel entre *E. coli* et l'homme. Le code est universel, les ribosomes tout comme les ARNt et les enzymes impliquées sont interchangeables.

7. a. En consultant dans ce livre le tableau indiquant le code génétique, vous découvrirez huit cas dans lesquels la connaissance des deux premiers nucléotides ne permet pas de déduire un acide aminé spécifique.

b. Si vous connaissez l'acide aminé, vous ne connaîtriez pas les deux premiers nucléotides dans les cas de Arg, Ser et Leu.

9. a. La probabilité de UUU est $\frac{1}{8}$.

b. La probabilité totale est $\frac{1}{4}$.

c. La probabilité de la leucine est $\frac{1}{8}$.

d. La probabilité de la tyrosine est $\frac{1}{8}$.

11. La structure quaternaire est due aux interactions entre les sous-unités d'une protéine. Dans cet exemple, l'activité enzymatique étudiée peut être assurée par une protéine constituée de deux sous-unités différentes. Les polypeptides des sous-unités sont codés par des gènes distincts et non liés.

15. Non. L'enzyme peut nécessiter une modification post-traductionnelle pour être active. Des mutations dans les enzymes nécessaires à ces modifications n'apparaîtraient pas dans le gène de l'isocitrate lyase.

18. En supposant que les trois mutations du gène *P* sont toutes des mutations non-sens, trois codons stop différents pourraient en être la cause (ambre, ocre ou opale). Une mutation suppressive serait spécifique d'un type de codon non-sens. Par exemple, les suppresseurs d'ambre supprimeraient les mutants ambre mais pas les mutants opale ni ocre.

22. Des changements uniques d'acides aminés peuvent conduire à des changements dans le repliement de la protéine, son adressage ou dans ses modifications post-traductionnelles. N'importe lequel de ces changements pourrait conduire aux résultats indiqués.

26. Si l'anticodon d'une molécule d'ARNt était également muté de telle sorte qu'il comporte alors quatre bases, avec la quatrième base du côté 5' de l'anticodon, la mutation supprimerait l'insertion. Des modifications dans le ribosome peuvent également induire un décalage du cadre de lecture.

27. f, d, j, e, c, i, b, h, a, g

30. a. $(GAU)_n$ code Asp_n $(GAU)_n$, Met_n $(AUG)_n$ et $stop_n$ $(UGA)_n$. $(GUA)_n$ code Val_n $(GUA)_n$, Ser_n $(AGU)_n$ et $stop_n$ $(UAG)_n$. À chaque fois, un cadre de lecture contient un codon stop.

b. Chacun des trois cadres de lecture comporte un codon stop.

c. Si l'on prend en considération le flottement, Glu pourrait également être spécifié par GAA, ce qui laisse AAG pour Lys. D'après la ligne 14, CUU spécifie Leu. Par conséquent, UUC code Phe et UCU, Ser. Dans la ligne 13, si UCU spécifie Ser (voir au-dessus), alors Ile code AUC, Tyr spécifie UAU et Leu, CUA.

Chapitre 10

2. Les mutants O^c présentent des changements dans la séquence d'ADN de l'opérateur, ce qui empêche la fixation du répresseur *lac*. Par conséquent, l'activité de l'opéron *lac* associé à l'opérateur O^c ne peut être interrompue. Puisqu'un opérateur contrôle uniquement les gènes présents sur le même brin d'ADN, il est en *cis* (sur le même brin) et dominant (son expression ne peut être interrompue).

5. Dans le contrôle négatif, un opéron est inactivé par le «modulateur» (généralement appelé *répresseur*) et celui-ci doit être retiré pour que la transcription ait lieu. Dans le contrôle positif, un opéron est activé par le «modulateur» (généralement appelé *activateur*) et l'activateur doit être ajouté ou converti en une forme active pour que la transcription ait lieu.

6. Le gène *lacY* code une perméase qui transporte du lactose dans la cellule. Une cellule contenant une mutation *lacY⁻* ne permet pas le transport du lactose dans la cellule. Par conséquent, la ß-galactosidase ne sera pas induite.

9. On utilise l'expression *transmission épigénétique* pour décrire des modifications héréditaires dans lesquelles la séquence d'ADN elle-même est inchangée. L'empreinte parentale en est un exemple.

13. On suppose que la transmission de la structure de la chromatine est responsable de la transmission de l'information génétique. Cette transmission est due à la transmission du code d'histones et pourrait inclure la transmission des patrons de méthylation de l'ADN.

15. b. L'interaction des trois facteurs pour recruter un co-activateur est synergique.

20. Bien que des concentrations réduites de H4 aient provoqué une baisse du nombre de nucléosomes empaquetés plus lâchement ainsi que l'activation de certains gènes inductibles, il n'est pas sûr que la surproduction de H4 aurait l'effet inverse. En effet, un nucléosome est un octamère constitué de deux sous-unités formées chacune de H2A, H2B, H3 et H4. La surproduction d'une seule histone ne devrait donc pas conduire à la formation de davantage de nucléosomes ni modifier la structure de la chromatine.

22. Construisez un groupe de gènes rapporteurs, avec la région promotrice, les introns, la région en 3' de l'unité de transcription du gène en question contenant différentes modifications qui ne perturbent ni la transcription ni la maturation. Utilisez ces gènes rapporteurs pour fabriquer des animaux transgéniques grâce à une transformation de la lignée germinale. Testez l'expression du gène rapporteur dans différents tissus ainsi que dans les reins des deux sexes.

26. La mutation *S* est une modification de *lacI* qui conduit la protéine répresseur à se fixer à l'opérateur, que l'inducteur soit présent ou non. En d'autres termes, il s'agit d'une mutation inactivant le site allostérique qui se lie à l'inducteur, sans affecter la capacité du répresseur de se fixer au site opérateur. La dominance de la mutation *S* est due à la liaison du répresseur mutant même dans des circonstances dans lesquelles le répresseur normal ne se fixe pas à l'ADN (c'est-à-dire, en présence de l'inducteur). Les mutations inverses constitutives localisées dans *lacI* sont des événements mutationnels qui inactivent la capacité de ce répresseur de se fixer à l'opérateur. Les mutations inverses constitutives localisées dans l'opérateur modifient la séquence de l'ADN opérateur de telle sorte qu'il empêche la fixation de toute molécule de répresseur (répresseur de type sauvage ou mutant).

29. a. D à J – le transcrit primaire comportera tous les exons et les introns.

b. E, G, I – tous les introns seront retirés.

c. A, C, L – les régions du promoteur et de l'enhancer fixeront différents facteurs de transcription capables d'interagir avec l'ARN polymérase.

Chapitre 11

2. La transcriptase inverse polymérise l'ADN en utilisant l'ARN comme matrice. Cet hybride ARN:ADN est ensuite traité à l'aide d'hydroxyde de sodium afin de dégrader l'ARN. (NaOH hydrolyse l'ARN en catalysant la formation d'un phosphate 2', 3'-cyclique.)

4. La ligase est une enzyme essentielle dans toutes les cellules; elle réunit les extrémités des cassures dans le squelette sucre-phosphate de l'ADN. Au cours de la réplication de l'ADN, elle relie les fragments d'Okazaki, créant ainsi un brin continu. On l'utilise également lors des clonages pour réunir les différents fragments d'ADN avec le vecteur. Si on ne l'ajoutait pas, le vecteur et l'ADN cloné resteraient tout simplement séparés.

6. Chaque cycle dure 5 minutes et double la quantité d'ADN. En 1 heure, 12 cycles se dérouleraient, ce qui conduirait à une augmentation de l'ADN de $2^{12} = 4096$ fois.

8. Plasmide (15–20 kb)   cosmide (35–45 kb)   BAC (150–300 kb) YAC (300 kb et plus).

12. Le fœtus est hétérozygote pour l'anémie à cellules falciformes. La mutation responsable affecte un site de restriction de *MstII*, ce qui, lors de la digestion par cette enzyme, conduit à la production d'un fragment plus long (1,3 kb) que la normale (1,1 kb). Les deux bandes étant présentes, le fœtus est hétérozygote.

15. Le clonage industriel de l'insuline était effectué dans des bactéries. Les bactéries sont incapables d'exciser les introns. L'ADN génomique possèderait encore les introns alors que l'ADNc est une copie de l'ARNm ayant subi une maturation (et donc dépourvue d'intron).

16. Ce problème suppose une distribution aléatoire et égale des nucléotides. *Alu*I: $\left(\frac{1}{4}\right)^4$ en moyenne toutes les 256 paires de nucléotides. *Eco*RI: $\left(\frac{1}{4}\right)^6$ en moyenne toutes les 4096 paires de nucléotides. *Acy*I: $\left(\frac{1}{4}\right)^4\left(\frac{1}{2}\right)^2 =$ en moyenne toutes les 1024 paires de nucléotides.

18.

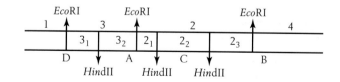

21. a.

b.

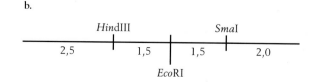

24. La taille, les translocations entre chromosomes connus et l'hybridation à des sondes de position connue peuvent toutes servir à identifier la bande du gel PFGE correspondant à un chromosome particulier.

27. a. Il y a un site *Bgl*II et la longueur du plasmide est de 14 kb.

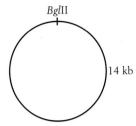

b. Il y a deux sites *Eco*RV.

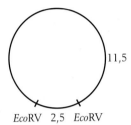

c. Le fragment *Eco*RV de 11,5 kb est coupé par *Bgl*II. La disposition des sites doit être la suivante.

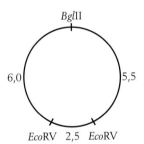

d. Le site *Bgl*II doit se trouver à l'intérieur du gène *tet*.

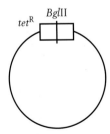

e. Il y avait un insert de 4 kb.

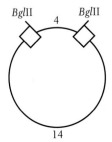

f. Il y avait un site *Eco*RV à l'intérieur de l'insert.

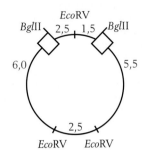

31. a. 5′ TTCGAAAGGTGACCCCTGGACCTTTAGA 3′

b. Par complémentarité, on peut déduire que la matrice était

3′ AAGCTTTCCACTGGGGACCTGGAAATCT 5′

c. La double hélice est

5′ TTCGAAAGGTGACCCCTGGACCTTTAGA 3′
3′ AAGCTTTCCACTGGGGACCTGGAAATCT 5′

d. Il y a au total quatre cadres de lecture ouverts parmi les six possibles.

35. Le promoteur et les régions de contrôle du gène végétal étudié doivent être clonés et réunis dans l'orientation correcte avec le gène codant la glucuronidase. Cette orientation place le gène sous le même contrôle transcriptionnel que le gène étudié. Voici le protocole utilisé pour créer des plantes transgéniques. Transformez les cellules végétales avec la construction contenant le gène rapporteur et laissez-les se développer et former des plantes transgéniques. Le gène codant la glucuronidase ne sera pas exprimé suivant le même patron développemental que le gène étudié et son expression pourra facilement être suivie en baignant la plante dans une solution de X-Gluc et en recherchant le produit réactionnel bleu.

39. a. Si le plasmide ne s'intègre jamais, le plasmide linéaire sera coupé une fois par *Xba*I et deux fragments seront produits. Ceux-ci s'hybrideront tous deux à la sonde *Bgl*II. L'autoradiogramme montrera deux bandes dont la longueur combinée sera égale à la longueur totale du plasmide.

b. Si le plasmide s'intègre occasionnellement, la plupart des cellules comporteront toujours des plasmides libres et ces plasmides seront indiqués par les deux bandes mentionnées dans la partie a. Cependant, lorsque le plasmide est intégré, deux bandes sont encore produites mais leur taille variera en fonction de la position relative des autres sites génomiques *Xba*I par rapport au point d'insertion. Si l'intégration est aléatoire, on observera de nombreuses autres bandes, mais si elle a lieu en un site spécifique, on détectera uniquement deux autres bandes.

Chapitre 12

1. Un contig désigne un ensemble de séquences ou clones adjacents d'ADN assemblés grâce au chevauchement des séquences ou des fragments de restriction. Les fragments étant assemblés de manière à former un ensemble continu, c'est pour cette raison que le terme contig a été créé à partir de l'adjectif contigu.

3. a., b. et **c.** Détecter l'hybridation à une extrémité de chaque chromosome n'indiquerait pas que la sonde utilisée provient d'un gène unique (car l'analyse par FISH signale plusieurs régions d'homologie) ou du télomère (car il y a un télomère à chaque extrémité du télomère et non à une seule extrémité). Cependant, il est possible que la sonde soit issue du centromère car elle s'hybride en une position sur chaque chromosome.

5. Supposez que le vecteur BAC contienne en moyenne 200 kb. Il faudrait 5000 clones BAC pour contenir un génome d'une gigabase. Pour que tous les fragments soient représentés cinq fois en moyenne, il faudrait donc 25 000 clones.

7. Le tuilage minimum est le nombre minimum de clones qui représente la totalité du génome. Pour des raisons d'économie et d'efficacité, il est souhaitable de séquencer les clones avec le plus faible chevauchement possible.

9. Une échelle est également appelée supercontig. Les contigs sont des séquences de lectures chevauchantes assemblées en unités et une échelle est un groupe de contigs réunis les uns aux autres.

13. Oui. Le clone s'hybride et chevauche un point de cassure créé par une translocation qui concerne à la fois le chromosome X et un autosome. Le gène DMD étant normalement localisé sur le chromosome X, il est intéressant qu'une translocation du X soit présente chez un patient atteint de DMD. Si la translocation est la cause de la mutation DMD, le clone identifie au moins une partie du gène ou sa position, ou les deux.

15. Il vous faut malgré tout vérifier que le gène comportant le changement d'acide aminé est le candidat correct pour le phénotype étudié. (Voir Problème 14.)

17. Oui. L'opérateur est la position à laquelle un répresseur se fixe grâce à des interactions entre la séquence d'ADN et la protéine répresseur.

19. Une identité d'acides aminés supérieure ou égale à 35 % à des positions comparables dans deux polypeptides indique une structure tridimensionnelle commune. Elle suggère également que les deux polypeptides ont probablement au moins une partie de leur fonction en commun. Toutefois, ceci ne prouve pas que votre séquence code effectivement une kinase.

22. a. Pour déterminer la carte physique montrant l'ordre des STS, il suffit de dresser la liste des STS positifs, en utilisant des parenthèses si l'ordre est inconnu et de les aligner les uns par rapport aux autres pour obtenir un ordre cohérent :

YAC A :		1	4	3	
YAC B :	5	1			
YAC C :			4	3	7
YAC D :	(6 2)	5			
YAC E :				3	7

b. Lorsqu'on connaît la séquence des STS, on peut aligner les YAC de la manière suivante, même si l'on ignore certains détails précis du chevauchement et les positions exactes des extrémités :

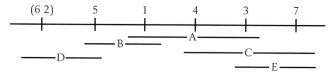

25. De la résolution la plus faible à la plus élevée, l'ordre serait : f, c, (a, d), (e,h), b, g.

28. Vous pouvez déterminer si le clone d'ADNc était un monstre grâce à l'alignement de la séquence d'ADNc et de la séquence génomique. (Il existe des programmes informatiques pour cela.) Provient-il de deux sites différents ? L'ADNc se trouve-t-il dans une région (de la taille d'un gène) du génome ou dans deux régions distinctes ? Notez que la présence des introns peut compliquer la résolution de ce type de problème.

32. a. Le locus *cys-1* est dans la région du chromosome 5. S'il n'était pas dans cette région, on ne pourrait pas observer de liaison aux locus *RFLP*.

b. *cys-1* à *RFLP-1*   (2   3)/100 × 100 %   5 unités génétiques
cys-1 à *RFLP-2*   (7   5)/100 × 100 %   12 unités génétiques
RFLP-1 à *RFLP-2*   (2   3   7   5)/100 × 100 %   17 unités génétiques

```
├── 5 u.g. ──┼────── 12 u.g. ──────┤
RFLP-1      cys-1                 RFLP-2
```

c. Plusieurs stratégies pourraient être utilisés. Puisqu'il s'agit d'un mutant auxotrophe, on peut essayer la complémentation fonctionnelle. Le clonage positionnel et la marche sur le chromosome à partir des RFLP sont également des stratégies très courantes.

34. a. Parmi les régions qui se chevauchent entre les cosmides C, D et E, la région 5 est la seule commune. Le gène *x* est donc situé dans la région 5.

b. La région commune aux cosmides E et F, et donc la position du gène *y*, est la région 8.

c. Les deux sondes peuvent s'hybrider avec le cosmide E, car celui-ci est suffisamment long pour contenir une partie des gènes *x* et *y*.

37. Établir qu'une courte séquence est un exon est une tâche difficile. On peut essayer d'identifier des séquences consensus de sites d'épissage don-

neurs et accepteurs, ou utiliser la génomique comparée – c'est-à-dire la conservation de l'acide aminé prédit, codé par le micro-exon dans le même génome ou dans d'autres génomes.

Chapitre 13

1. Des mutations dans *gal* peuvent être créées et, à partir de ces souches, on peut isoler le phage λd*gal*. Grâce à l'hybridation de l'ADN dénaturé de λd*gal* contenant la mutation, avec l'ADN de type sauvage de λd*gal*, certaines molécules seront des ADN double-brin hétérologues (hétéroduplex) formés d'un brin mutant et d'un brin sauvage. Si la mutation est due à une insertion, les hétéroduplex présenteront une boucle d'ADN simple-brin, confirmant ainsi la présence dans un brin, d'une séquence d'ADN absente dans l'autre.

Si les gènes *gal* sont clonés, la comparaison directe des cartes de restriction ou même de la séquence d'ADN des mutants et de la séquence du type sauvage indiquera si certaines mutations sont le résultat d'insertions.

4. Boeke, Fink et leurs collaborateurs démontrèrent que la transposition de l'élément *Ty* chez la levure nécessitait un ARN intermédiaire. Ils construisirent un plasmide en utilisant un élément *Ty* dont le promoteur pouvait être activé par du galactose, et qui possédait un intron inséré dans sa région codante. Tout d'abord, la fréquence de transposition augmenta fortement à la suite de l'addition de galactose, indiquant qu'une augmentation de la transcription (et de la production d'ARN) était corrélée aux taux de transposition. Ce qui est particulièrement intéressant, c'est qu'ils découvrirent qu'après la transposition, le nouvel ADN de *Ty* ne possédait plus la séquence de l'intron. Puisque l'épissage des introns ne se produit que lors de la maturation des ARN, l'événement de transposition devait comporter un ARN intermédiaire.

7. Les coupures décalées conduiront à une duplication d'un site cible de 9 pb de part et d'autre du transposon inséré.

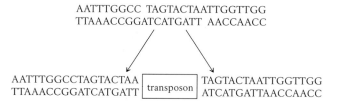

10. Il ne serait pas surprenant de trouver un élément SINE dans un intron du gène, plutôt que dans un exon. La maturation du pré-ARNm enlèverait l'élément transposable appartenant à l'intron et la traduction de l'enzyme FB ne serait pas affectée.

Chapitre 14

2. Le mutant présente une délétion d'une base et cette délétion provoquera une mutation par décalage du cadre de lecture (–1).

4. En supposant des substitutions de paires de bases uniques, CGG peut être changé en CGU, CGA, CGG ou AGG et codera dans tous les cas l'arginine.

6. La forme énol de la thymine établit trois liaisons hydrogène avec la guanine.

9. Les sites apuriniques ont perdu soit un A soit un G. Si la thymine est insérée préférentiellement face à ces sites, des transitions GC · AT pourraient être produites.

11. L'un des mécanismes de réparation des photodimères induits par des UV fait appel à l'enzyme photolyase. Cette enzyme a besoin de lumière visible pour fonctionner et on s'attend donc à ce que son activité augmente les jours de fort ensoleillement.

14. Le modèle de cassure double-brin comporte la formation d'ADN double-brin hétérologue (hétéroduplex). Si le mésappariement allélique n'est pas réparé, on observe un asque 5:3. En revanche, si ce mésappariement est réparé, on obtient un asque 6:2. Une fréquence supérieure d'asques 6:2 par rapport aux asques 5:3 indique que la réparation du mésappariement dans l'hétéroduplex est plus probable que l'absence de réparation.

17. Les mutations par décalage du cadre de lecture apparaissent à la suite de l'addition ou de la délétion d'une ou plusieurs bases en nombres non multiples de 3. Après traduction, cette mutation modifiera le cadre de lecture et donc la séquence d'acides aminés à partir du site de la mutation, jusqu'à la fin du produit protéique. De plus, les mutations par décalage du cadre de lecture aboutissent souvent à des codons stop prématurés suivant le nouveau cadre de lecture, et donc à la synthèse de produits protéiques tronqués (raccourcis). Une mutation faux-sens change un seul acide aminé dans le produit protéique.

19. La dépurination conduit à la perte d'adénine ou de guanine du squelette d'ADN. Puisque le site apurinique résultant ne peut spécifier de base complémentaire, la réplication est bloquée. Dans certaines conditions, la réplication se poursuit par une insertion quasi aléatoire d'une base en face du site apurinique. Une mutation apparaîtra dans les trois-quarts des insertions.

La désamination d'une cytosine donne de l'uracile. S'il n'y a pas de réparation, l'uracile s'apparie avec de l'adénine lors de la réplication, ce qui produit finalement une mutation par transition. La désamination de la 5-méthylcytosine produit de la thymine et conduit donc fréquemment à des transitions C · T.

Les bases ayant subi une lésion oxydative, telles que la 8-oxodG (8-oxo-7-hydroxydésoxyguanosine) peuvent s'apparier avec l'adénine, provoquant alors une transversion.

Des erreurs au cours de la réplication de l'ADN (voir Figure 10-12 dans le texte) peuvent conduire à des mutations indel spontanées.

23. Oui. Il provoquera des transitions CG · TA.

27. a. et **b.** *Mutant 1* : Plus probablement une délétion. Elle pourrait être due à des radiations.

Mutant 2 : La proflavine peut provoquer des additions ou des délétions des bases et la mutation spontanée peut créer des additions ou des délétions. Pour cette raison, la cause la plus probable est une mutation par décalage du cadre de lecture due à un agent intercalant.

Mutant 3 : Le 5-BU peut provoquer des transitions, ce qui signifie que la mutation originale était vraisemblablement une transition. HA induit des transitions GC · AT et ne peut provoquer leur réversion, la mutation originale devait être une transition GC · AT. Elle pourrait avoir été causée par des analogues de bases.

Mutant 4 : Les agents chimiques induisent des transitions ou des mutations par décalage du cadre de lecture. Comme il y a uniquement réversion spontanée, la mutation originale devait être une transversion. L'exposition à des rayons X ou à des agents oxydants pourrait avoir provoqué la mutation initiale.

Mutant 5 : HA provoque des transitions AC · GT, comme le 5-BU. La mutation originale était très probablement une transition GC · AT, qui pourrait être produite par des analogues de bases.

c. L'hypothèse est une réversion en un second site lié au site mutant originel par 20 unités génétiques et donc très probablement dans un second gène. Remarquez que le nombre d'auxotrophes correspond à la moitié du nombre de recombinants.

29. L'O-6-méthylguanine conduit principalement à des concentrations élevées de transitions GC · AT. La 8-oxodG produit essentiellement des concentrations élevées de transitions G · T. Enfin, les photodimères C-C provoquent le plus souvent des transitions C · T, mais quelques transversions sont également possibles.

31. Oui. L'ADN étant une molécule double-brin, la réplication de l'ADN comportant un changement T · T* (un T altéré qui s'apparie avec un G) produit une transition A · G dans le brin d'ADN complémentaire produit par la réplication. Si l'ARNm est transcrit à partir de ce brin comportant le changement A · G (le brin matrice), un changement U · C apparaîtra dans l'ARNm correspondant.

original : leu CUN ; mutant : pro CCN (où N = n'importe quelle base)

34. Les asques 3, 4 et 6 présentent une conversion de gènes.

Chapitre 15

1. MM N OO serait classifié comme $2n - 1$; MM NN OO, comme $2n$ et MMM NN PP, comme $2n + 1$.

4. Il y aurait un tétravalent possible.

7. Sept chromosomes.

9. Les cellules destinées à devenir des grains de pollen peuvent être induites par un traitement au froid qui provoque leur transformation en embryoïdes. Ces embryoïdes peuvent ensuite être cultivés sur de l'agar pour qu'ils se développent en plantules monoploïdes.

11. Oui.

14. Non.

16. Un fragment acentrique ne peut être aligné ni déplacé pendant la méiose (ou la mitose) et il est par conséquent perdu.

19. Les délétions de très grande taille peuvent être létales, soit en raison d'un déséquilibre génomique soit parce que des allèles létaux récessifs sont démasqués. Par conséquent, la boucle d'appariement observée de très grande taille résulte très probablement d'une inversion hétérozygote.

21. Le syndrome de William est le résultat d'une délétion de la région 7q11.23 du chromosome 7. Le syndrome du cri-du-chat provient d'une délétion d'une partie importante du bras court du chromosome 5 (plus précisément des bandes 5p15.2 et 5p15.3). Le syndrome de Turner (XO) et le syndrome de Down (trisomie 21) résultent tous deux d'une non-disjonction méiotique. Le terme de syndrome est utilisé pour décrire un ensemble de phénotypes (souvent complexes et variés) généralement présents simultanément.

26. L'ordre est *b a c e d f*.

Allèle	Bande
b	1
a	2
c	3
e	4
d	5
f	6

27. Les résultats suggèrent que l'un ou les deux points de cassure étaient situés dans un gène essentiel, provoquant une mutation létale récessive.

30. a. Croisés avec des femelles jaunes, les résultats seraient :

X^e/Y^e mâles gris
X^e/X^e femelles jaunes

b. Si l'allèle e^+ était transloqué vers un autosome, les descendants seraient les suivants, où «A» indique un autosome :

P A^e /A ; X^e/Y   ×   A/A X^e/X^e
F$_1$ A^e /A ; X^e/X^e femelle grise
       A^e /A ; X^e/Y   mâle gris
       A/A ; X^e/X^e femelle jaune
       A/A ; X^e/Y   mâle jaune

32. Syndrome de Klinefelter   homme XXY
Syndrome de Down   trisomie 21
Syndrome de Turner   femme XO

36. a. En croisant un 6x avec un 4x, on obtiendrait un 5x.

b. Croisez *A/A* avec *a/a/a/a* pour obtenir *A/a/a*.

c. La technique la plus simple consiste à exposer les cellules végétales *A/A** à la colchicine pendant une division cellulaire. Cette exposition provoquera un doublement des chromosomes en *A/A/a*/a**.

d. Croisez 6x (*a/a/a/a/a/a*) avec 2x (*A/A*) pour obtenir *A/a/a/a*.

e. En culture, exposez des cellules végétales haploïdes à l'herbicide et sélectionnez les colonies résistantes. Traitez les cellules qui poussent avec de la colchicine pour obtenir des cellules diploïdes.

38. a. Le rapport entre plantes à feuilles normales et plantes à feuilles à bord régulier sera de 5 : 1.

b. Si le gène n'est pas situé sur le chromosome 6, il devrait y avoir un rapport 1 : 1 entre feuilles normales et plantes à feuilles à bord régulier.

42. a. La plante aberrante est semi-stérile, ce qui suggère une inversion. Les fréquences de recombinaison *d-f* et *y-p* dans les plantes aberrantes sont normales, par conséquent l'inversion doit impliquer la région *b* à *x*.

b. Si des descendants recombinants sont obtenus lorsqu'une inversion est impliquée, soit un double crossing-over s'est produit dans la région contenant l'inversion, soit des crossing-over simples ont eu lieu entre *f* et l'inversion qui s'est elle-même produite entre *f* et y.

44. La plante originelle possédait deux chromosomes impliqués dans une translocation réciproque qui a rapproché fortement les gènes *P* et *S*. En raison de la liaison étroite, un rapport suggérant un croisement monohybride au lieu d'un croisement dihybride a été observé, à la fois lors de l'autofécondation et lors d'un croisement-test. Tous les gamètes sont fertiles en raison de l'homozygotie.

plante d'origine : P S/p s
souche-test : p s/p s

Descendance F$_1$: hétérozygotes pour la translocation :

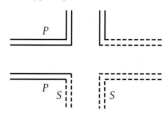

La façon la plus simple de tester cela est de regarder les chromosomes des hétérozygotes lors de la méiose I.

50. Les parents initiaux devaient avoir la constitution chromosomique suivante :

G. hirsutum   26 grands, 26 petits
G. thurberi   26 petits
G. herbaceum   26 grands

G. hirsutum est un polyploïde dérivé d'un croisement entre deux espèces européennes, ce qui peut facilement être vérifié en regardant les chromosomes.

52. a. La perte d'un X dans le fœtus en cours de développement après le stade deux cellules.

b. La non-disjonction conduisant au syndrome de Klinefelter (XXY), suivie d'un événement de non-disjonction dans une cellule au niveau du chromosome Y, après le stade deux cellules, aboutissant à XX et XXYY.

c. La non-disjonction du X au stade une cellule.

d. Des zygotes XX et XY fusionnés (issus de la fécondation séparée soit de deux ovules, soit d'un ovule et d'un corps polaire, par un spermatozoïde portant X et un spermatozoïde portant Y).

e. La non-disjonction du X au stade deux cellules ou après.

Chapitre 16

1. Cela serait considéré comme un criblage pour rechercher des auxotrophes. S'il s'agissait d'une sélection, seul le phénotype mutant désiré survivrait.

5. La croissance sur cette boîte sert de contrôle pour vérifier la viabilité des descendants.

7. Les mutants cdc affectent le cycle cellulaire. La génomique comparée a montré que les mêmes gènes sont impliqués dans le cycle cellulaire humain et d'autres études ont révélé qu'un grand nombre de ces gènes sont déficients dans les cancers.

10. Ces termes sont utilisés comme les symboles en mathématiques pour que les protocoles, les expériences et les résultats puissent être discutés de façon générale sans tenir compte d'un gène spécifique ou d'une situation unique.

12. La construction contenant lacZ est portée par un transposon. On effectue des croisements pour mobiliser la construction afin qu'elle soit transposée dans différents sites aléatoires du génome. On recherche ensuite parmi les mouches chez lesquelles le transgène s'est inséré, celles qui expriment lacZ. Ces mouches affichant le profil d'expression désiré présentent des insertions près de gènes candidats pour participer à un aspect du développement de la tête.

14. Le but de la mutagenèse par PCR est d'amplifier la séquence d'ADN d'un gène comportant une base modifiée dans sa séquence. La longue amorce est nécessaire car elle contient à la fois la base «mutante» et toute la séquence à partir de ce site et jusqu'à une extrémité du gène. (Il faut seulement que la seconde amorce de cette réaction définisse l'autre extrémité du gène mais il n'est pas nécessaire qu'elle englobe la base mutante.)

16. Il n'est pas nécessaire de connaître la position d'un gène pour utiliser l'ARNi. Il faut connaître la séquence du gène que vous souhaitez inactiver car vous devez débuter par un ARN double-brin fabriqué à l'aide de séquences homologues d'une partie du gène.

19. D'après les résultats, le gène est haplo-suffisant. Le phénotype de l'hétérozygote est de type sauvage et celui du mutant est récessif.

23. En commençant avec une souche de levure pro-1, étalez les cellules sur un milieu dépourvu de proline. Seules les cellules capables de synthétiser de la proline formeront des colonies. Presque toutes les colonies se formeront à partir de révertants. Les autres proviendront de cellules avec des suppresseurs en un second site. (Traiter les cellules avec un mutagène avant de les étaler augmentera significativement le rendement.)

25. La commission recherchait des mutations létales récessives induites liées à l'X, ce qui aurait démontré une modification dans le sex ratio. Un décalage est la première indication du fait qu'une population a subi des dégâts génétiques létaux. Bien que d'autres mutations récessives aient pu se produire, elles n'auraient pas été homozygotes et n'auraient donc pas été détectées. Toutes les mutations dominantes seraient immédiatement visibles, sauf si elles étaient létales. Si tel était le cas, la fécondité aurait diminué, les avortements détectés auraient augmenté, ou les deux mais le sex ratio n'aurait pas été modifié nettement.

26. Les mutants peuvent être classifiés de la façon suivante :
Mutant 1 : un mutant auxotrophe
Mutant 2 : un mutant thermosensible, sans lien avec les nutriments
Mutant 3 : un mutant partiel auxotrophe
Mutant 4 : un mutant partiel thermosensible, sans lien avec les nutriments
Mutant 5 : un mutant auxotrophe thermosensible, sans lien avec les nutriments

28. L'allèle de la neurofibromatose a dû apparaître spontanément dans l'une des lignées germinales des parents. La probabilité qu'ils aient un autre enfant affecté serait comprise entre 0 % et 50 % (dans ce dernier cas, la lignée germinale entière serait mutante), selon le moment où cette mutation est apparue (la taille du clone mutant du tissu de la lignée germinale).

31. Une mutation directe correspond à n'importe quel changement qui modifie l'allèle de type sauvage alors qu'une mutation inverse (réversion) est un changement qui restaure l'allèle de type sauvage.

35. Les mutations néomorphes conduisent à une nouvelle activité génique et sont dominantes. La réversion vers le phénotype dominant est souvent le résultat de l'introduction d'une autre mutation dans un gène déjà mutant, ce qui élimine alors entièrement sa fonction. La plupart des inactivations complètes de gènes sont récessives, de sorte que la plupart des «révertants» sont très probablement dus à des mutations récessives perte-de-fonction.

38. Les mutants partiels sont des mutants avec un produit protéique altéré mais qui conserve un faible niveau de fonction. L'activité enzymatique peut par exemple être réduite et non annulée par une mutation.

40. Parmi les fonctions des gènes, 15 % sont essentielles (comme les enzymes nécessaires à la réplication de l'ADN ou à la synthèse des protéines), 25 % sont auxotrophes (des enzymes nécessaires à la synthèse d'acides aminés ou au métabolisme des sucres, etc.) et 60 % sont redondantes ou appartiennent à des voies non étudiées (les gènes des histones, de la tubuline, des ARN ribosomiaux sont présents en de multiples exemplaires ; la levure peut nécessiter un grand nombre de gènes uniquement dans une ou quelques situations précises ou dans d'autres voies qui ne sont pas nécessaires à la vie «en laboratoire»).

Chapitre 17

2. Les activités des protéines contrôlant le cycle cellulaire ou les voies de l'apoptose sont elles-mêmes régulées par phosphorylation/déphosphorylation, par des interactions protéine-protéine et par protéolyse.

4. Les oncoprotéines peuvent être créées par des mutations ponctuelles, des fusions de gènes ou des délétions de domaines régulateurs clés.

7. Les caspases (protéases contenant des cystéines, spécifiques de l'aspartate) étant les premières traduites, elles contiennent des séquences qui bloquent leur propre activité. Ces versions inactives s'appellent des zymogènes. Une partie du polypeptide doit ensuite être retirée par clivage enzymatique pour que la caspase devienne active.

9. Les allèles mutants inducteurs de tumeurs des gènes suppresseurs de tumeurs inactivent les protéines qu'ils codent. Puisque c'est seulement lorsque les deux copies de l'un de ces gènes sont inactivées que l'on observe des tumeurs, ces mutations perte-de-fonction sont par définition récessives. Les gènes p53 et RB en sont des exemples.

13. Une fois l'apoptose amorcée, un commutateur d'autodestruction est enclenché : les endonucléases et les protéases sont libérées, l'ADN est fragmenté et les parois des organites sont rompues. Ce stade est qualifié de «terminal», c'est-à-dire que la cellule n'aura ni la nécessité, ni la possibilité de réutiliser sa machinerie de destruction. D'autre part, les différentes protéines nécessaires à la régulation et à l'exécution du cycle cellulaire seront à nouveau nécessaires si la cellule continue à se diviser. En recyclant une grande partie de ces protéines, la cellule conserve ses ressources (la fabrication des protéines est énergétiquement très coûteuse) et le recyclage permet des divisions rapides car la cellule n'a pas besoin de passer du temps à fabriquer de nouveau tous ces éléments.

15. a. Elle serait dominante. L'expression erronée de FasL à partir d'un allèle serait dominante sur l'expression normale de l'allèle sauvage de FasL. Dans ce cas, chaque cellule du foie signalerait aux cellules voisines de s'engager dans l'apoptose.

b. Non. Le mutant conduirait à une mort cellulaire excessive et non à une prolifération.

18. a. Les mutations dans un gène suppresseur de tumeurs sont récessives et sont dues à une perte de fonction. Cette fonction peut être restaurée par l'introduction d'un allèle de type sauvage.

b. Les mutations dans un oncogène sont dominantes et dues à un gain de fonction (surexpression ou expression erronée). La fonction normale n'inhibera pas ces mutants et le gène introduit ne parviendra pas à restaurer le phénotype normal.

22. a. En l'absence de protéine Rb fonctionnelle, E2F se trouvera dans le noyau.

b. Non. L'absence de E2F fonctionnelle serait épistatique sur l'absence de protéine Rb fonctionnelle.

c. Une mutation qui piège définitivement E2F dans le cytoplasme inhibera très probablement le cycle cellulaire.

Chapitre 18

2. Les microfilaments sont des polymères linéaires d'actine (une protéine). L'arrangement des protéines d'actine en un polymère donne à celui-ci une polarité similaire à celle observée dans les chaînes polynucléotidiques d'acides nucléiques. Certaines protéines qui interagissent avec les microfilaments sont capables de distinguer les deux extrémités (appelées «+» et «–») ou de distinguer le sens dans lequel elles se déplacent le long d'un filament.

5. Le terme syncytium est utilisé pour décrire une cellule plurinucléée. Au début de l'embryogenèse de la drosophile, les 13 premières mitoses comportent des divisions nucléaires sans aucune division cellulaire. En résumé, l'embryon à ce stade est une cellule unique contenant des milliers de noyaux. Plus tard, chacun de ces noyaux sera entouré d'une membrane et deviendra une cellule individuelle. Dans ce sens, les futures cellules partagent donc le même cytoplasme au stade syncytial du développement.

8. Une sonde d'ADN dont la séquence est complémentaire de l'ARNm de *bicoid* a été utilisée. Cette sonde doit être marquée (par fluorescence, radioactivité, etc.) de telle sorte qu'après son hybridation avec l'ARNm de *bicoid*, la localisation de la sonde puisse être identifiée, permettant par déduction de connaître l'emplacement de l'ARNm.

11. On trouve la protéine DL dans le cytoplasme des cellules présentes dans la région dorsale du blastoderme. La protéine DL est liée à la protéine CACT dans ces cellules et reste donc piégée dans le cytoplasme.

14. Le gène primaire pair-rule *eve* (*even-skipped*) serait exprimé en sept bandes le long de l'axe A-P vers la fin du stade blastoderme.

16. Les généticiens disent que les cellules «communiquent» car de nombreuses interactions cellule-cellule ont été mises en évidence. Les cellules «parlent» entre elles par l'intermédiaire des différentes molécules sécrétées qui jouent le rôle de signaux. Ces molécules se fixent ensuite à des récepteurs présents à la surface des cellules ou dans celles-ci et par ce biais délivrent des «messages».

18. La comparaison de séquences permet de déduire que l'ancêtre du gène Hox B6 est le gène *Antp* qui appartient au groupe HOM de la drosophile.

21. Chez l'homme, une seule copie du chromosome Y suffit à induire le développement vers la formation du phénotype mâle normal. La copie supplémentaire du chromosome X est simplement inactivée. Les deux

mécanismes semblent être de type «tout ou rien» et ne paraissent pas basés sur des concentrations.

25. a. Une substance diffusible produite par la cellule d'ancrage doit affecter le développement des six cellules. L'identité primaire a la réponse la plus forte à la substance et l'absence de réponse de l'identité tertiaire est due à une faible concentration ou à l'absence de substance diffusible.

b. Retirez la cellule d'ancrage et les six cellules équivalentes. Disposez les six cellules en un cercle autour de la cellule d'ancrage. Les six cellules développeront le même phénotype qui dépendra de leur distance par rapport à la cellule d'ancrage.

27. L'expression correcte de *ftz* nécessite la présence de *Kr* dans les quatrième et cinquième segments et de *kni* dans les cinquième et sixième segments.

29. Différentes expériences pourraient être élaborées. Une comparaison des séquences d'acides aminés entre les produits de gènes de mammifères et les produits de gènes d'insectes indiquerait les gènes présentant la similitude la plus forte. L'utilisation de séquences d'ADNc clonées à partir de gènes de mammifères pour une hybridation à l'ADN d'insectes indiquerait également les gènes possédant la similitude la plus forte.

31. Si vous schématisez ces résultats, vous constaterez que la délétion d'un gène dont la fonction s'exerce postérieurement permet aux segments consécutifs les plus antérieurs de s'étendre dans le sens postérieur. La délétion d'un gène antérieur ne permet pas l'extension du segment consécutif le plus postérieur dans le sens antérieur. Les gènes *gap* activent *Ubx* à la fois dans les segments thoraciques et abdominaux, tandis que les gènes *abd-A* et *Abd-B* sont activés uniquement dans les segments abdominaux médians et postérieurs. Le fonctionnement des gènes *abd-A* et *Abd-B* dans ces segments empêche d'une façon ou d'une autre l'expression de *Ubx*. Toutefois, si les gènes *abd-A* et *Abd-B* sont délétés, *Ubx* peut être exprimé dans ces régions.

33. L'axe antéro-postérieur serait inversé.

Chapitre 19

1. La fréquence d'un allèle dans une population peut être modifiée par sélection naturelle, mutation, migration, unions non aléatoires et dérive génétique (erreurs d'échantillonnage).

3. La fréquence de *B/B* est $p^2 = 0,64$ et celle de *B/b* est $2pq = 0,32$.

5. a. $p' = 0,5 \ [(0,5)(0,9) + 0,5(1,0)]/[(0,25)(0,9) + (0,5)(1,0) + (0,25)(0,7)] = 0,53$

b. 0,75

8. 0,65

10. a. La population est à l'équilibre.

b. Les unions sont aléatoires en ce qui concerne le groupe sanguin.

12. a. La fréquence dans la population est $q^2 = 0,01$.

b. Il y aurait 10 hommes daltoniens pour 1 femme daltonienne (q/q^2).

c. 0,018.

d. Tous les enfants présenteront un phénotype normal uniquement si la mère est hétérozygote pour l'allèle absence de daltonisme $(p^2 = 0,81)$. Le génotype du père n'importe pas et peut donc être ignoré.

e. La fréquence des femmes daltoniennes sera de 0,12 et celles des hommes daltoniens, de 0,2.

f. L'analyse des résultats de la partie e permet de dire que la fréquence de l'allèle du daltonisme sera de 0,2 chez les hommes (la même que chez les femmes de la génération précédente) et de 0,4 chez les femmes.

15. Avant la migration, $q^A = 0,1$ et $q^B = 0,3$ dans les deux populations. Les deux populations étant de même taille, immédiatement après la migration, $q^{A+B} = 1/2 \ (q^A + q^B) = 1/2 \ (0,1 + 0,3) = 0,2$. Après mise en place du nouvel équilibre, la fréquence des hommes affectés est $q = 0,2$ et la fréquence des femmes atteintes est $q^2 = (0,2)^2 = 0,04$. (Le daltonisme est un caractère lié au sexe.)

18. De nombreux gènes affectent le nombre de soies chez la drosophile. La sélection artificielle a produit des lignées comportant principalement des allèles codant un nombre élevé de soies. Certaines mutations ont pu se produire au cours des 20 générations de croisements consanguins mais la majeure partie de la réponse était due aux allèles présents dans la population d'origine. L'assortiment et la recombinaison ont créé des lignées avec davantage d'allèles codant un nombre élevé de soies.

La fixation de certains allèles responsables d'un nombre élevé de soies empêcherait un retour exact à la situation antérieure. Certains allèles codant un nombre élevé de soies n'auraient pas d'effet négatif sur la valeur adaptative et il n'y aurait donc pas de force tendant à abaisser le nombre de soies en raison de ces locus.

La fertilité faible dans la lignée à nombre élevé de soies pourrait résulter de pléiotropie ou de liaison génétique. Certains allèles spécifiant un nombre élevé de soies pourraient également en être responsables (pléiotropie). Les chromosomes comportant des allèles codant un nombre élevé de soies pourraient également porter au niveau de locus différents des allèles responsables d'une fertilité faible (liaison génétique). Après levée de la sélection artificielle, la sélection naturelle s'exercerait à l'encontre des allèles responsables d'une fertilité faible. Quelques générations de relâchement de la sélection artificielle permettraient aux allèles liés génétiquement aux allèles responsables de fertilité faible de recombiner et d'échapper ainsi à la liaison génétique, produisant des chromosomes porteurs d'allèles codant un nombre élevé de soies dépourvus d'allèles responsables d'une fertilité faible. Après une nouvelle application de la sélection, les allèles de fertilité faible verraient leur fréquence réduite ou seraient séparés des locus spécifiant un nombre élevé de soies. Cette fois-ci, le problème de la fertilité serait moins important.

21. **a.** Coût génétique sq^2 $0,5(4,47 \times 10^{-3})^2$ 10^{-5}
    b. Coût génétique sq^2 $0,5(6,32 \times 10^{-3})^2$ 2×10^{-5}
    c. Coût génétique sq^2 $0,3(5,77 \times 10^{-3})^2$ 10^{-5}

Chapitre 20

1. De nombreux caractères varient de façon plus ou moins continue dans une vaste gamme d'environnements. Par exemple, la taille, le poids, la forme, la couleur, le taux de reproduction, l'activité métabolique, etc., varient quantitativement plutôt que qualitativement. On peut souvent représenter la variation continue par une courbe en cloche, sur laquelle le phénotype «moyen» est plus courant que les phénotypes extrêmes. La variation discontinue décrit les phénotypes discrets facilement classifiables de la génétique mendélienne simple: la forme des graines, les mutants auxotrophes, l'anémie à cellules falciformes, etc. Ces caractères présentent une relation simple entre le génotype et le phénotype.

2. On ignore les informations suivantes: (1) les normes de réaction des génotypes affectant le QI, (2) la distribution environnementale dans laquelle les individus se sont développés et (3) les distributions génotypiques dans les populations. Même si l'on disposait de ces informations, du fait que l'héritabilité est spécifique d'une population et de son environnement, on ne pourrait attribuer une valeur d'héritabilité à la différence entre deux populations distinctes.

6. **a.** p(homozygote au niveau de 1 locus) $3(\frac{1}{2})^3 = \frac{3}{8}$

   p(homozygote au niveau de 2 locus) $3(\frac{1}{2})^3 = \frac{3}{8}$

   p(homozygote au niveau de 3 locus) $2(\frac{1}{2})^3 = \frac{2}{8}$

   b. p(0 lettre majuscule) p(tous homozygotes récessifs) $(\frac{1}{4})^3 = \frac{1}{64}$

   p(1 lettre majuscule) p(1 hétérozygote et 2 homozygotes récessifs) $3(\frac{1}{2})(\frac{1}{4})(\frac{1}{4})^3 = \frac{3}{32}$

   p(2 lettres majuscules) p(1 homozygote dominant et 2 homozygotes récessifs)

   ou

   p(2 hétérozygotes et 1 homozygote récessif) $3(\frac{1}{4})^3 + 3(\frac{1}{4})(\frac{1}{2})^2 = (\frac{15}{64})$

   p(3 lettres majuscules) p(tous hétérozygotes)

   ou

   p(1 homozygote dominant, 1 hétérozygote et 1 homozygote récessif) $(\frac{1}{2})^3 + 6(\frac{1}{4})(\frac{1}{2})(\frac{1}{4}) = (\frac{10}{32})$

   p(4 lettres majuscules) p(2 homozygotes dominants et 1 homozygote récessif)

   ou

   p(1 homozygote dominant et 2 hétérozygotes) $3(\frac{1}{4})^3 + 3(\frac{1}{4})(\frac{1}{2})^2 = (\frac{15}{64})$

   p(5 lettres majuscules) p(2 homozygotes dominants et 1 hétérozygote) $3(\frac{1}{4})^2(\frac{1}{2}) = (\frac{3}{32})$

p(6 lettres majuscules) p(tous homozygotes dominants) $(\frac{1}{4})^3 = (\frac{1}{64})$

8. La population décrite serait distribuée de la façon suivante:

   3 soies $\frac{19}{64}$
   2 soies $\frac{44}{64}$
   1 soie $\frac{1}{64}$

La classe à 3 soies contiendrait 7 génotypes différents, la classe à 2 soies 19 génotypes distincts et la classe à 1 soie, seulement 1 génotype. Déterminer la situation génétique sous-jacente en effectuant des croisements contrôlés et en établissant les fréquences des descendants serait très difficile.

10. **a.**

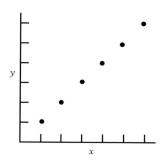

b.

c.

d.

   a. cov xy [(1)(1)   (2)(2)   (3)(3)   (4)(4)   (5)(5)   (6)(6)] − (21/6)(21/6)   2,92

   Déviation standard $x = s_x = \sqrt{1/N\Sigma(x_i - \overline{x})^2} = 1,71$

Déviation standard $y = s_y = \sqrt{1/N\Sigma(y_i - \bar{y})^2} = 1,71$

Par conséquent, r_{xy} 2,92/(1,71)(1,71)   1,0. Les autres coefficients de corrélation sont calculés de la même manière.

    b. 0,83
    c. 0,66
    d. – 020

14. a. La droite de régression représente la relation entre les deux variables. Elle tente de prévoir l'une (la taille des fils) à partir de l'autre (la taille des pères). Si la relation entre les deux variables est parfaitement corrélée, la pente de la droite de régression est voisine de 1. Si l'on suppose que les individus à l'une ou l'autre extrémité du spectre sont homozygotes pour les gènes responsables de ces phénotypes, leurs descendants ont une probabilité plus élevée d'être hétérozygotes que les individus d'origine. C'est-à-dire qu'ils seront moins extrêmes. De plus, aucune tentative n'est faite pour inclure la contribution maternelle à ce phénotype.

    b. D'après les données de Galton, la régression est une estimation de l'héritabilité (h^2) *en supposant* qu'il y avait peu de différences environnementales entre tous les pères et tous les fils, à la fois individuellement et en tant que groupes. Cependant, nous ne disposons d'aucun élément pour déterminer si ces caractères sont familiaux mais non héritables. Ces données indiqueraient une variation génétique uniquement si les environnements des parents n'étaient pas plus semblables entre eux que ceux des personnes non apparentées.

Chapitre 21

2. Les trois principes sont les suivants : (1) les organismes au sein d'une espèce varient les uns par rapport aux autres, (2) la variation est héréditaire et (3) des types distincts engendrent des nombres différents de descendants dans les générations suivantes.

5. Une population ne se différenciera pas des autres populations par une endogamie locale si :

$$\mu \geq 1/N$$

et donc

$$N \geq 1/\mu$$
$$N \geq 10^5$$

7. Une population ne se différenciera pas des autres populations par endogamie locale si le nombre d'individus migrants est ≥ 1 par génération.

Pour la partie a, l'immigration n'est pas suffisante pour empêcher l'endogamie locale et les résultats seront globalement les mêmes que dans le Problème 6. Pour la partie b, il y a un immigrant par génération. Par consé-

quent, les populations ne se différencieront pas et les fréquences alléliques resteront identiques dans toutes les populations.

9. La valeur adaptative moyenne de la population 1 [$p(A)$ = 0,5, $p(B)$ = 0,5] est de 0,825. La valeur adaptative moyenne de la population 2 [$p(A)$ = 0,1, $p(B)$ = 0,1] est de 0,856. Il y a quatre sommets adaptatifs : à $p(A)$ = 0,0 ou 1,0 et à $p(B)$ = 0,0 ou 1,0. (La valeur adaptative moyenne sera de 0,90 au niveau de n'importe lequel de ces points.) Dans la population 1, le sens du changement de $p(A)$ et $p(b)$ sera aléatoire. Les fréquences plus élevées et plus faibles de chaque allèle pourraient toutes deux conduire à une augmentation de la valeur adaptative moyenne (même si certaines combinaisons pourraient l'abaisser). La population 2 étant déjà proche d'un sommet adaptatif de $p(A)$ = 0,0 et $p(B)$ = 0,0, $p(A)$ et $p(B)$ devraient toutes deux diminuer, provoquant ainsi un accroissement de la valeur adaptative moyenne.

12. Toutes les populations humaines possèdent des fréquences élevée i, intermédiaire I^A et faible I^B. Les variations existant entre les différentes populations géographiques sont très probablement dues à la dérive génétique. Il n'y a pas de preuve d'influence de la sélection sur ces allèles.

14.

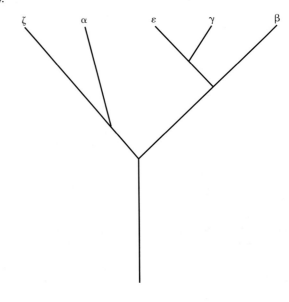

Index

Note: Les numéros de pages suivis d'un f désignent les figures; ceux suivis d'un t indiquent les tableaux. Les numéros de pages en **caractères gras** correspondent aux mots clés.

A

Abd-B, 321–322
Abraxas, couleur des ailes chez, 76–77
Achillea millefolium (Achillée mille-feuille)
  interaction génotype-phénotype chez, 20–21, 20f
  norme de réaction chez, 20–21, 20f
Achillée millefeuille. *Voir Achillea millefolium* (millefeuille)
Achondroplasie, 45, 45f
Acide désoxyribonucléique. *Voir* ADN
Acide ribonucléique. *Voir* ARN
Acides aminés, **275**
  ARNt et, 282–285, 283f, 284f
  chaînes latérales des, 5–7, 6f, 275. *Voir aussi* Polypeptide(s); Protéine(s)
  modification post-traductionnelle des, 275
  codons des, 5, 278–282, 282f. *Voir aussi* Code génétique
  dégénérescence des, 284–285
  formule structurale des, 275
  liaisons peptidiques des, 275, 275f, 276f
  structure des, 275
  séquence des, 279–282. *Voir aussi* Code génétique
  touchés par les mutations, 9–10
Acridine orange, comme mutagène, **458**, 459f
Action des gènes, 6–8, 7f
  facteurs affectant. *Voir* Interactions des gènes
  hypothèse un gène–une enzyme et, 187–189, 188f
  influences de l'environnement sur, 16–22, 17f–22f. *Voir aussi* Interactions gène-environnement
  par l'intermédiaire des produits de gènes, 187–192
Activateurs, **304**, 304f
Adaptation, 685–687, 686f, 687f
Adelberg, Edward, 163
Adénine, 232–233, 232f, 233t. *Voir aussi* Base(s)
Adénosine 5′-monophosphate (AMP), 258, 258f
Adénosine monophosphate cyclique (AMPc), dans la régulation des gènes, 312–315, 312f–315f
ADN chloroplastique (ADNcp), 8, **103**
ADN complémentaire (ADNc). *Voir* ADNc (ADN complémentaire)
ADN de transfert (ADNt), 368–370, 370f
ADN donneur, **343**
ADN génomique, dans la production d'ADN recombinant, 343
ADN glycosylases, **469**, 469f
ADN gyrase, 243, 243f
ADN ligase, **241**, 241f, 242f, **346**

ADN mitochondrial (ADNmt), 8, 103–106, 103f–106f
ADN polymérases, 214f, 239–241, 239–242, 240f–242f
  dans le réplisome, 242, 245, 245f
ADN poubelle, **444**
ADN recombinant, **343**. *Voir aussi* Technologie de l'ADN
ADN répétitif, 85, 85f, 410, 440–442, 441f
  dans le séquençage du génome, 394, 395–396
ADN satellite centromérique, 85, 85f
ADN satellite, **85**, 85f
ADN, **2**, 227–250
  analyse directe de, 12
  bases de, 232–233, 232f. *Voir aussi* Base(s); Appariement des bases/Appariement
  boucle, 318, 318f
  brin codant de, 260f, 261, 261f
  brin matrice de, 259–261, 259f, 260f, 261f, 262
  cassures double-brin dans
    dans les crossing-over, 474–476, 475f, 497, 497f. *Voir aussi* Réarrangements chromosomiques
    réparation de, **472–473**, 472f, 473f
  centrifugation en gradient de chlorure de césium, 238–239, 238f
  chloroplastique, 8, **103–106**, 103f–106f
  clonage de, **343**
  complémentaire. *Voir* ADNc (ADN complémentaire)
  contenu informationnel de, 406
  dans la transcription
    chez les Eucaryotes, 264
    chez les Procaryotes, 259–261, 260f, 261f
  dans les chromosomes, 80–81, 80f, 81f
  de transfert, 368–370, 370f
  donneur, **156**, **343**
  duplication de, 691–693, 692f, 693f. *Voir aussi* Duplication(s)
  dénaturation de, 235, 245, 245f
  déroulement de
    au cours de la réplication, 237, 237f, 240, 240f, 242f, 243, 245, 245f
    au cours de la transcription, 262, 263f
  désoxyribose dans, 232, 232f
  éléments de construction de, 232
  empaquetage de, 80–81, 80f, 81f, 88–90, 89f, 90f
  endommagé
    points de contrôle pour, **550**, 550f
    réparation de. *Voir* Réparation de l'ADN
  études par diffraction des rayons X, 233, 234f
  fils, 246

flux d'information vers l'ARN, 6–8, 7f
fusion de, 235, 245, 245f
identification en tant que matériel génétique, 229–231, 229f–231f
importé, 693–694
intergénique, 74
issu de la duplication du génome, 691–692, 691f
mitochondrial, 8, 103–106, 103f–106f
mobile. *Voir* Éléments transposables
nucléotides de, 232, 232f
origines de, 691–695
palindromique, 344–345
phosphate dans, 232, 232f
poubelle, **444**
pour de nouveau gènes, 691–695
premières études de, 229–231
propriétés fondamentales de, 231
quantité dans les chromosomes, 80–81, 88
recombinant, **343**. *Voir aussi* Technologie de l'ADN
répétitif, 85, 85f, 410, 440–442, 441f
  dans le séquençage génomique, 394, 395–396
résultant de la polyploïdisation, 691, 691f
satellite, **85**, 85f
structure de, 3–4, 4f, 231–240. *Voir aussi* Double hélice
  premières études de, 231–233
superenroulement de, 89–90, 89f, 90f
topoisomérases et, 243, 243f
synthèse de. *Voir* Réplication de l'ADN
synthétisé chimiquement, 344
taille de, 80, 81f
transfert horizontal d', 694. *Voir aussi* Éléments transposables
vue d'ensemble de, 227
à copie unique, 394
ADNc (ADN complémentaire), **343**
  pour la détection des cadres de lecture ouverts, 407, 407f
  pour la production d'ADN recombinant, 343, 344f
  synthèse de, 343–344, 344f
ADNcp (ADN chloroplastique), 8, 103–106, 103f–106f
ADNmt (ADN mitochondrial), 8, **103–106**, 103f–106f
ADN-T, 368–370, 370f
Affinement des identités cellulaires, 578, 594–595, 596f
Aflatoxine B$_1$, comme mutagène, **461**, 461f
Agents alkylants, comme mutagènes, **458–459**, 459f
Agriculture. *Voir* Amélioration des espèces
Agrobacterium tumefaciens, plasmide Ti de, 368–370, 369f

Albinisme, 8–9, 9f, 10, 11f, 44–45, 44f
  complémentation et, 202–203, 230f
Alcaptonurie, 362–364, 441f, 442
Algues, bleues, 152
Alkyltransférases, dans la réparation de l'ADN, 468–469
Allèle nul, **10**, **192**
Allèle(s), **2–3**, 8, **33**, 34–36. *Voir aussi* Gène(s)
  abréviations pour, 8, 35
  de type sauvage, 35, 79
    complémentation et, 199–203, 200f
  dominant, 33, 34, 192–193, 193f. *Voir aussi* Dominance
  dénomination des, 79
  fixé, **626**
  génotype et, 9
  létal, **195**–197, 196f, 197f
    synthétique, **206–207**, 207f
  marqueur, 153, 154t
  multiples, **192**
  mutant, 35, 79. *Voir aussi* Mutation(s)
  nul, **10**, **192**
  phénotype et, 8–9
  propriétés moléculaires de, 34–35
  remplacement de. *Voir aussi* Dérive génétique
  taux de, 695–696
  récessif, 33, 34, 192–193, 193f. *Voir aussi* Récessivité
  sublétal, 197
  ségrégation de, 13, 33–34, 35–36, 91f, 93–95, 94f, 95f, 97–103, 98f, 99f, 101f, 102f. *Voir aussi* Ségrégation
Allèles de type sauvage, 35, **615**
  complémentation et, 199–203, 200f
Allèles fixés, **626**
Allèles létaux, **195–197**, 196f, 197f
Allèles multiples, **192**
Allopolyploïdie, **485**, 487–489, 487f–489f
  dans l'amélioration des espèces végétales, 490
Alu, 424, **441**
Amélioration des espèces animales
  héritabilité au sens strict dans, 662–664
  méthode des hybrides contrôlés pour, 664
  sélection familiale dans, **664**
  transmission mendélienne et, 13–14, 29–45
  variation continue dans, 10
Amélioration des plantes
  allopolyploïdes et, 487–488, 487f–489f, 490
  autofécondation et, 29–30, 39
  autopolyploïdes et, 485–487, 485f, 486f
  croisement-test dans, 39
  croisements dans, 29–32, 31f
  dihybrides, 36–39, 36f–38f